CHIMIE

TOUT-EN-UN

PCSI

2e édition

Sous la direction de

Bruno Fosset

Bruno Fosset

Professeur en MP au lycée Henri IV à Paris

Jean-Bernard Baudin

Professeur de Chimie à l'École Normale Supérieure de la rue d'Ulm à Paris

Frédéric Lahitète

Professeur en PC au lycée Louis Barthou à Pau

Valéry Prévost

Professeur en BCPST 1 au lycée Hoche à Versailles

DUNOD

ISBN 978-2-10-054728-9

Table des matières

Corrigés des exercices et des problèmes

Chapitre 1

Classification périodique des éléments

La classification périodique des éléments est l'objet le plus œcuménique de la chimie : du laboratoire de chimie la plus théorique à la plus appliquée, elle semble être un point de référence. Existant depuis deux siècles, elle n'a eu de cesse d'être complétée et perfectionnée mais jamais elle n'a été remise en cause, et surtout pas par l'avènement de la chimie quantique qui a précisément justifié sa forme actuelle. Historiquement attribuée à Dimitri Ivanovitch MENDELEIEV, elle témoigne des ressemblances chimiques entre éléments, à intervalle périodique de numéros atomiques. Le but ici est de présenter la structure actuelle de la classification (structure en lignes et colonnes) et de mettre en évidence les principales propriétés chimiques des éléments en fonction de leur localisation dans la classification périodique. La réactivité chimique d'un élément est liée au comportement de certains de ses électrons, aussi nous présenterons une introduction à la chimie quantique, qui gouverne le comportement des électrons dans l'atome. Nous étudierons la structure de la classification périodique à la lumière des principaux résultats de chimie quantique. L'évolution de plusieurs paramètres atomiques au sein de cette classification (énergie d'ionisation, affinité électronique, électronégativité...) sera mise en évidence. Certaines familles retiendront notre attention : les principales caractéristiques physico-chimiques des halogènes, métaux alcalins, métaux alcalino-terreux et autres métaux de transition seront évoquées. Notons que l'étude de la classification périodique sera complétée en deuxième période (voir chapitre 2) par une étude approfondie des principes de la chimie quantique.

1 Introduction à la chimie quantique

1.1 Structure de l'atome, notion d'élément chimique

a. Composition du noyau : numéro atomique et nombre de masse

L'atome est constitué d'un **noyau** (association de **protons** et de **neutrons**) autour duquel circulent les **électrons**. L'interaction qui assure la cohésion de l'atome est d'origine électromagnétique : attraction entre les électrons (chargés négativement, en mouvement autour du noyau) et les protons (chargés positivement, situés dans le noyau de l'atome).

Définition

Le numéro atomique (noté Z) correspond au nombre de protons situés dans le noyau de l'atome. Le nombre de masse (noté A) est pour sa part le nombre total de nucléons (protons + neutrons) présents dans le noyau. Z caractérise un élément chimique.

✎ Ainsi, un atome de numéro atomique Z et de nombre de masse A contient Z protons et $A - Z$ neutrons au sein de son noyau. Afin d'assurer la neutralité de l'atome, Z électrons sont liés au noyau.

La structure de l'atome X est résumée sous la forme suivante :

$$^{A}_{Z}X.$$

Considérons l'atome d'hélium noté $^{4}_{2}\mathrm{He}$: son noyau contient deux protons et deux neutrons. À l'état neutre, l'atome contient deux électrons. L'ion He^{+} est un atome d'hélium ayant perdu un électron, le noyau est toujours composé de deux protons et de deux neutrons mais il ne possède plus qu'un seul électron. Pour sa part, l'atome de carbone noté $^{12}_{6}\mathrm{C}$ possède un noyau constitué de six protons et de six neutrons. À l'état neutre, l'atome contient six électrons.

b. Existence d'isotopes

Un élément chimique est caractérisé par son numéro atomique Z. Des atomes de même numéro atomique Z et de nombres de masse A différents sont rencontrés : ils sont alors qualifiés d'**isotopes**. Considérons à titre d'exemple les atomes notés $^{3}_{1}\mathrm{H}$, $^{2}_{1}\mathrm{H}$ et $^{1}_{1}\mathrm{H}$. Ils constituent trois isotopes de l'élément hydrogène (on parle de tritium et de deutérium pour les deux premiers). Ces trois isotopes comportent respectivement deux, un et zéro neutrons. De façon similaire, les atomes notés $^{14}_{6}\mathrm{C}$, $^{13}_{6}\mathrm{C}$ et $^{12}_{6}\mathrm{C}$ sont trois isotopes du carbone (le plus abondant à l'état naturel est le carbone $^{12}_{6}\mathrm{C}$). Des isotopes peuvent se révéler de stabilités différentes. Ainsi le carbone 12 ($^{12}_{6}\mathrm{C}$) est stable alors que le carbone 14 ($^{14}_{6}\mathrm{C}$) subit une décomposition radioactive selon la réaction :

$$^{14}_{6}\mathrm{C} \quad = \quad ^{14}_{7}\mathrm{N} \; + \; \text{électron} \qquad \text{(en libérant de l'énergie).}$$

Cette réaction est à la base d'une méthode de datation.

⚠ Pour les éléments légers (de numéro atomique inférieur à 20), un isotope est très souvent majoritaire (par exemple $^{12}_{6}\mathrm{C}$ pour le carbone, à hauteur de 98,9 %, ou $^{1}_{1}\mathrm{H}$ pour l'hydrogène, à hauteur de 99,985 %). Ceci n'est plus vrai à numéro atomique Z élevé (par exemple le brome ne contient l'isotope majoritaire $^{79}_{35}\mathrm{Br}$ qu'à hauteur de 50,6 %).

1.2 L'avènement de la chimie quantique : contexte historique

La **chimie quantique** voit son acte de naissance signé au début du vingtième siècle avec la découverte de la structure de l'atome, nécessité, conséquence d'observations expérimentales inexplicables dans le cadre théorique existant à l'époque. Le contexte scientifique est pourtant un contexte de plénitude : la certitude fréquemment rencontrée chez les savants de l'époque d'un savoir quasi complet des phénomènes physiques et chimiques. En effet, les équations de MAXWELL régissent l'électromagnétisme et la propagation des ondes électromagnétiques. La thermodynamique gouverne pour sa part les transferts de chaleur et de travail. Le principe de FERMAT indique le trajet suivi par la lumière et les équations de NEWTON fournissent une explication satisfaisante aux phénomènes mécaniques (d'excellents résultats sont apportés notamment en terme de prédiction de trajectoires de comètes et autres objets célestes).

Quelques phénomènes, pudiquement (ou hypocritement) considérés comme marginaux ne sont pourtant pas expliqués, en particulier le comportement du rayonnement du corps noir dans le domaine ultra-violet (*catastrophe ultra-violette*). Cette observation sera à l'origine d'un nouveau courant de pensée, d'une chimie nouvelle : la **chimie quantique**. Son avènement se révèle difficile, soumis à de multiples controverses et donne lieu à des débats passionnés entre physiciens. En effet, sa mise en œuvre oblige l'abandon d'un certain nombre de dogmes, parmi les mieux ancrés de la physique classique. Un électron dans un atome est soumis, dans une description classique, à la force électromagnétique due aux interactions avec les autres charges, donc est accéléré et devrait rayonner. Ceci n'est pas observé expérimentalement.

1.3 Structure ondulatoire de la lumière

Afin d'interpréter correctement les observations expérimentales à l'origine du développement de la chimie quantique, des connaissances concernant la **structure ondulatoire** de la lumière sont nécessaires. La lumière est une **onde plane électromagnétique progressive** (champ électrique $\vec{E}$ et champ magnétique $\vec{B}$ dépendant de l'espace et du temps). Ces vecteurs, eux-mêmes orthogonaux, sont perpendiculaires à la direction de propagation.

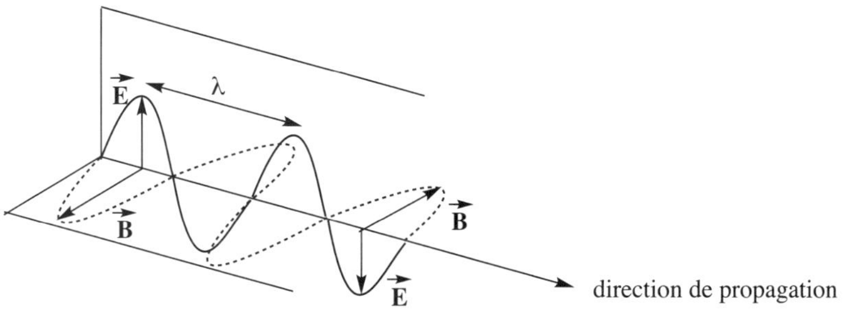

FIGURE 1.1 – Caractère ondulatoire de la lumière.

Le rayonnement lumineux est caractérisé par :

- son **énergie** E (en J) ;
- sa **longueur d'onde** λ (en m), ou période spatiale (il s'agit de la longueur, à une date fixée, au bout de laquelle l'onde se répète identique à elle-même). On utilise parallèlement le nombre d'onde σ (exprimé en m^{-1}), défini par :

$$\sigma = \frac{1}{\lambda}$$

- sa **période** T (en s), ou période temporelle (il s'agit du temps, à position fixée, au bout duquel l'onde se répète identique à elle-même). On utilise parallèlement la **fréquence** ν de l'onde (exprimée en hertz (Hz) lorsque T est exprimée en secondes), définie par :

$$\nu = \frac{1}{T}.$$

Retenons les relations suivantes, liant énergie d'un rayonnement lumineux, fréquence, période et longueur d'onde :

$$E = \mathrm{h}\nu.$$

E est l'énergie exprimée en joules (J), ν, la fréquence, en hertz (Hz) et h est la **constante de** PLANCK, $h = 6{,}62.10^{-34}$ J·s. La distance (en mètres m) parcourue par la lumière durant une période T (en secondes s), à la vitesse c (célérité de la lumière dans le vide $c = 3.10^{8}$ m·s^{-1}) est égale à la longueur d'onde. Retenons donc :

$$\lambda = cT = \frac{c}{\nu} \qquad \text{et par conséquent :} \qquad E = \frac{\mathrm{h}c}{\lambda}.$$

Malgré la nature commune du phénomène, l'usage attribue des noms différents au rayonnement électromagnétique suivant la **longueur d'onde** (et donc l'énergie véhiculée), nous retiendrons le résultat important suivant : le rayonnement visible possède une longueur d'onde comprise entre 400 nm (couleur violette) et 750 nm (couleur rouge). Nous rappelons à la figure 1.2 le **spectre électromagnétique** (nom attribué au rayonnement en fonction de la longueur d'onde).

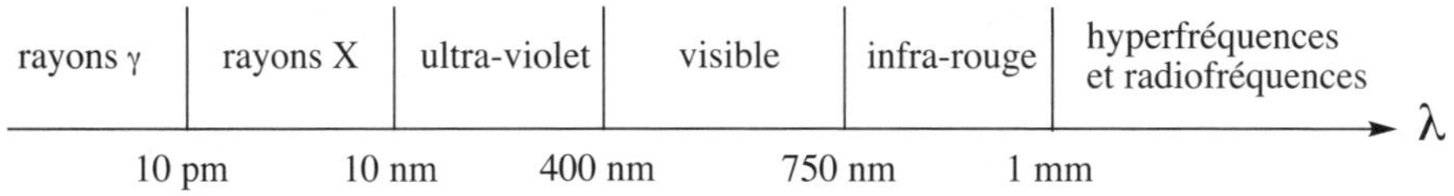

FIGURE 1.2 – Domaines du spectre électromagnétique

1.4 Quantification de l'énergie électronique

Les observations relatées ici visent à montrer que les électrons liés au noyau possèdent une propriété particulière : leur énergie est **quantifiée**. Ce terme signifie que l'énergie d'un électron ne peut pas prendre toutes les valeurs possibles mais un nombre limité de valeurs (des valeurs dites **discrètes** par opposition à **continues**).

a. Observations expérimentales

Expérience de FRANCK et HERTZ Cette expérience, dont les résultats ont été présentés en 1924, a été une expérience décisive pour montrer la quantification de l'énergie électronique dans l'atome. Elle consiste à bombarder de la vapeur de mercure par des électrons accélérés sous une différence de potentiel pouvant atteindre quelques dizaines de volts. Un filament chauffé (jouant le rôle de cathode) émet des électrons qui sont accélérés par une anode (grille) portée à un potentiel très positif. L'expérience a pour objet de mesurer le courant i arrivant sur la grille en fonction de la tension accélératrice U appliquée entre le filament et la grille.

Tant que la tension U est inférieure à 4,9 V, le courant i croît régulièrement en fonction de la tension U. À 4,9 V, ce courant décroît, puis lorsque la tension U augmente encore, le courant i passe par un minimum et augmente à nouveau jusqu'à un nouveau maximum séparé du premier de 4,9 V. Lorsque la tension U augmente jusqu'à 20 V la situation se répète.

L'expérience est interprétée de la façon suivante : tant que l'énergie des électrons est inférieure à 4,9 eV (qui correspond à l'énergie cinétique des électrons accélérés sous une tension égale à 4,9 V), les collisions des électrons avec les atomes de mercure sont élastiques : les électrons perdent peu d'énergie. Lorsque l'énergie des électrons atteint 4,9 eV, ils peuvent exciter les électrons des atomes de mercure de leur état de plus faible énergie vers un nouvel état d'énergie situé à 4,9 eV. L'électron entré en collision avec les atomes de mercure perd alors beaucoup d'énergie (choc inélastique) et ne peut plus atteindre la grille collectrice. Si l'énergie de l'électron est supérieure à $2 \times 4{,}9$ eV, il peut subir deux collisions successives, ceci expliquant l'existence d'un second maximum.

Spectre d'émission de l'atome d'hydrogène L'observation du **spectre d'émission** de l'atome d'hydrogène est aussi une manifestation importante de la propriété de **quantification de l'énergie électronique**. Nous appelons spectre d'émission de l'atome d'hydrogène l'ensemble des ondes électromagnétiques pouvant être émises par un atome d'hydrogène excité (ayant reçu un excédent d'énergie). Celui-ci est obtenu expérimentalement dans un tube à décharge contenant du dihydrogène et muni de deux électrodes métalliques.

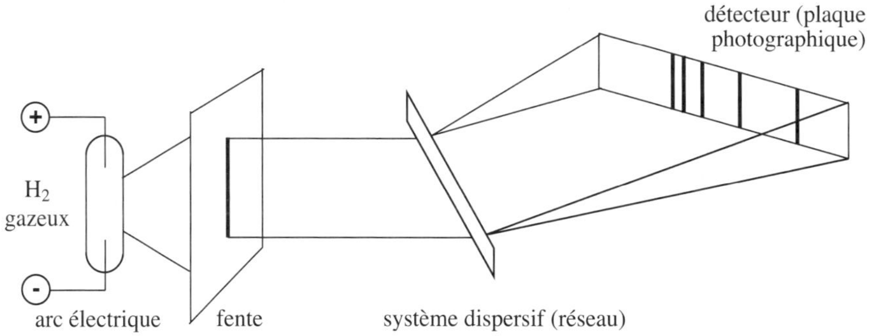

FIGURE 1.3 – Dispositif permettant l'observation du spectre d'émission de l'atome H

Le tube contient du dihydrogène sous faible pression (de l'ordre du mm de mercure), une décharge est opérée et ionise partiellement le dihydrogène H_2. Les ions générés sont accélérés par la différence de potentiel régnant entre les deux électrodes et percutent à grande vitesse les molécules de dihydrogène en provoquant la dissociation en atomes d'hydrogène, ainsi que l'excitation des atomes formés. Les atomes ne gardent que très peu de temps cet excédent d'énergie : ils le libèrent sous forme de lumière (on dit qu'ils se désexcitent). Le rayonnement émis est constitué d'une série de raies de longueurs d'onde différentes. C'est le **spectre d'émission de l'atome d'hydrogène** (voir figure 1.3).

Constatations expérimentales

- Seuls certains rayonnements, d'énergies particulières, sont émis par l'atome d'hydrogène. Représenté selon un axe gradué en longueur d'onde, le spectre prend la forme d'un ensemble de raies. Usuellement, le spectre d'émission de l'atome d'hydrogène est qualifié de **spectre de raies**. L'énergie des rayonnements émis est **quantifiée** (notion introduite par PLANCK dès 1900) ;
- Les raies apparaissent par groupes : le spectre est composé de plusieurs **séries de raies**. La première série est observée par BALMER en 1885 (série située dans le domaine visible). LYMAN découvre une série dans l'ultra-violet en 1906, puis PASCHEN localise une nouvelle série dans le domaine infra-rouge en 1909. Postérieurement aux théories de BOHR, BRACKETT et PFUND identifient deux nouvelles séries en 1922 et 1924 ;
- Au sein d'une même série, les raies ne sont pas séparées d'une même longueur d'onde : les raies se rapprochent quand la longueur d'onde diminue et semblent tendre vers une raie limite (voir figure 1.4).

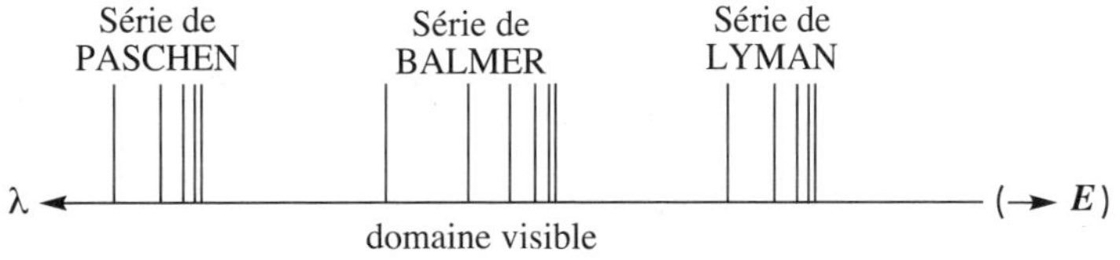

FIGURE 1.4 – Séries de raies

De façon symétrique, il est possible d'observer le **spectre d'absorption** d'un élément. Pour obtenir le spectre d'absorption atomique d'un élément, un échantillon contenant des atomes de cet élément à l'état gazeux est soumis à un rayonnement incident. Ce rayonnement incident est constitué par un spectre continu (il contient toutes les longueurs d'onde d'une fraction du spectre électromagnétique). Le rayonnement est analysé après son passage dans l'échantillon ; il ne contient plus les longueurs d'onde qui ont été absorbées (ces longueurs d'onde sont les mêmes que celles mises en évidence par un spectre d'émission atomique du même élément).

Un spectre d'absorption se présente sous forme d'un spectre continu dont certaines radiations sont manquantes (absorbées). Les radiations absorbées apparaissent sous forme de fines raies noires. De façon tout à fait empirique, les spectroscopistes ont constaté que le nombre d'onde σ des radiations émises (ou absorbées) dans le cas de l'atome d'hydrogène (isotope ${}^{1}_{1}H$) vérifie la relation suivante, dite de RITZ-RYDBERG :

$$\sigma = R_H \left(\frac{1}{n^2} - \frac{1}{p^2} \right) \quad \text{où } p \text{ et } n \text{ sont des entiers non nuls, } p > n$$

R_H est la constante de RYDBERG, $R_H = 109\,677{,}6 \text{ cm}^{-1}$.

⚠ La constante R_H ne s'applique qu'au cas du spectre d'émission de l'atome d'hydrogène (isotope ${}^1_1H$) et n'est en aucun cas généralisable à un autre élément ou isotope (signification du H en indice). Par ailleurs, il faut prendre garde aux unités, si la constante R_H est en cm^{-1}, le nombre d'onde σ est en cm^{-1}(pour obtenir un nombre d'onde en m^{-1} il convient d'utiliser la conversion $1\ cm^{-1} = 100\ m^{-1}$).

Lorsque la valeur de n est fixée, la série de raies est alors définie et porte un nom :
- $n = 1$: série de LYMAN
- $n = 2$: série de BALMER
- $n = 3$: série de PASCHEN
- $n = 4$: série de BRACKETT
- $n = 5$: série de PFUND
- $n = 6$: série de HUMPHREYS

b. Interprétation, transitions entre niveaux d'énergie

BOHR énonce en 1913 deux postulats qui expliquent la forme du spectre d'émission de l'atome d'hydrogène.
- L'électron de l'atome d'hydrogène ne possède qu'un nombre limité d'états stationnaires. Ceci signifie que l'électron ne peut prendre que certaines énergies particulières : son énergie est **quantifiée** ;
- L'émission ou l'absorption de lumière résulte d'une transition entre états électroniques stationnaires.

Ainsi, au cours du processus d'émission, un électron d'énergie E_p peut revenir à l'état d'énergie E_n inférieure, mais il abandonnera son excédent d'énergie sous forme de lumière. Le rayonnement émis sera tel que :

$$\Delta E = E_p - E_n = \frac{hc}{\lambda}$$

(rayonnement de longueur d'onde particulière, voir figure 1.5).

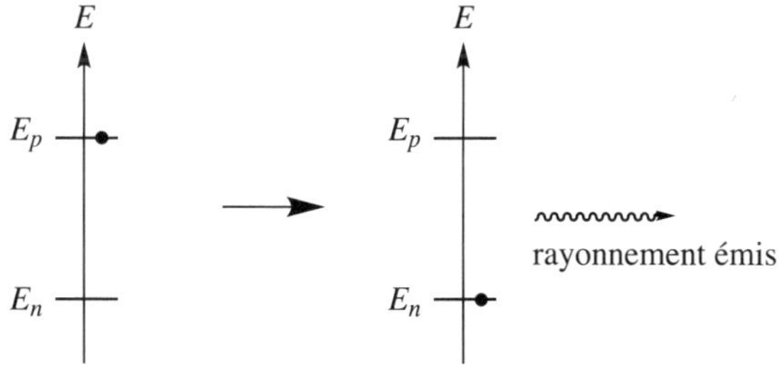

FIGURE 1.5 – Processus d'émission

Au cours du processus d'absorption, un électron d'énergie E_n sera susceptible d'absorber un rayonnement si celui-ci lui permet d'atteindre l'état d'énergie E_p. La radiation absorbée sera telle que :

$$\Delta E = E_p - E_n = \frac{\mathrm{h}c}{\lambda}.$$

(voir figure 1.6).

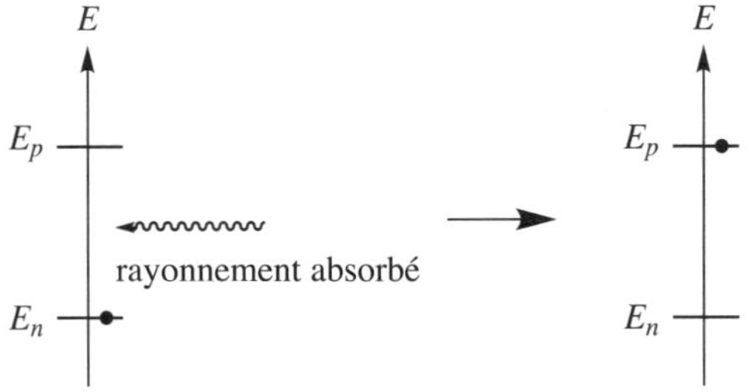

FIGURE 1.6 – Processus d'absorption

2 Résultats quantiques pour l'atome d'hydrogène

Cette partie sera complétée en deuxième période (option PC) par une étude quantique approfondie de l'atome d'hydrogène.

2.1 États d'énergie envisageables

a. Expressions de l'énergie *E*

L'énergie prise par l'électron lié à l'atome (dans le cas précis de l'atome d'hydrogène) ne peut prendre que les valeurs :

$$E_n = -\frac{13.6}{n^2} \text{ (en eV)} \qquad \text{avec } n \text{ entier positif.}$$

Rappelons la valeur de l'électron-volt (eV) : 1 eV = $1{,}6.10^{-19}$ J. L'état d'énergie $E = 0$ (qui correspond à $n \to \infty$) correspond à un électron libre de toute contrainte électrostatique (situé à l'infini du noyau de l'atome et sans énergie cinétique). Il s'agit donc de l'électron correspondant à un atome **ionisé**. Il est ainsi possible de comprendre l'origine du spectre de raies de l'atome d'hydrogène et de calculer le cas échéant énergies et longueurs d'onde relatives aux différentes radiations.

Définition

L'état fondamental de l'hydrogène est l'état électronique d'énergie minimale correspondant à $n = 1$ (l'énergie d'un électron de l'atome d'hydrogène, dans son état fondamental, est $-13{,}6$ eV). Les états correspondant à un n supérieur sont qualifiés d'états excités (et correspondent à l'état d'un électron excité, ayant reçu un excédent d'énergie).

Une série de raies est interprétée comme la manifestation de **désexcitations**, ayant toutes en commun le retour vers un niveau d'énergie E_n donné. Ainsi les désexcitations vers le niveau fondamental constituent la série de LYMAN, les transitions vers $n = 2,3$ et 4 constituent respectivement les séries de BALMER, PASCHEN et BRACKETT. Chaque série est constituée d'un grand nombre de raies dont les longueurs d'onde se rapprochent et tendent vers une longueur d'onde limite (voir la figure 1.7).

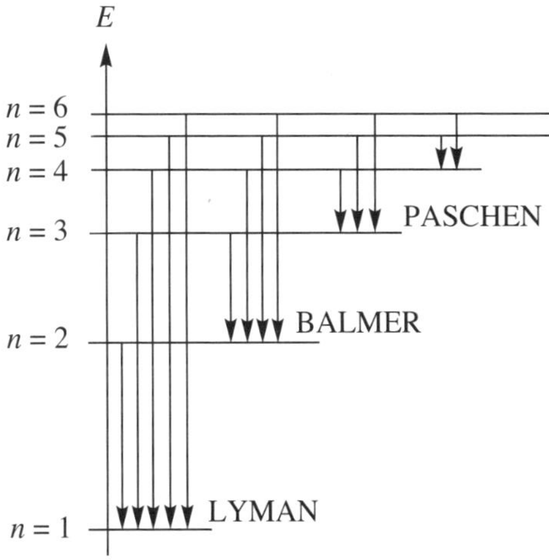

FIGURE 1.7 – Désexcitations envisageables

Les résultats et raisonnements précédents sont généralisables aux **ions hydrogénoïdes**.

Définition

Un ion hydrogénoïde est un ion ne comportant qu'un seul électron (et Z protons).

✎ À titre d'exemple, citons l'ion Li^{2+}. En effet le lithium Li possède 3 protons ($Z = 3$) et donc 3 électrons à l'état atomique ; ainsi l'ion Li^{2+} possède un seul électron (il a perdu 2 charges négatives), il s'agit bien d'un ion hydrogénoïde. De même nous pouvons vérifier que l'ion He^{+} est un ion hydrogénoïde ($Z = 2$ pour l'hélium He).

De façon similaire à l'atome d'hydrogène, l'énergie de l'électron dans un ion hydrogénoïde est quantifiée. Les niveaux d'énergie prennent dans ce cas la forme :

$$E_n = -\frac{13,6}{n^2}Z^2 \qquad \text{(en électron-volts).}$$

⚠ Ne pas oublier le facteur Z^2.

b. Applications

Les exercices concernant ce thème consisteront à calculer l'**énergie** et les **longueurs d'onde** relatives à une transition particulière de l'électron de l'atome d'hydrogène.

Exercice résolu

Transitions extrêmes d'une série de raies

Calculer la longueur d'onde des deux raies extrêmes de la série de LYMAN (correspondant à un retour sur le niveau d'énergie $n = 1$).

Réponse :

Schématisons ces deux transitions (figure ci-dessous) : la plus grande énergie émise correspond à une transition entre l'état $E = 0$ eV ($n \to \infty$) et l'état $E = -13{,}6$ eV ($n = 1$), soit une énergie de 13,6 eV. La plus faible énergie émise correspond à la transition entre l'état $E = -13{,}6/4 = -3{,}4$ eV ($n = 2$) et l'état $E = -13{,}6$ eV ($n = 1$), soit une énergie de 10,2 eV.

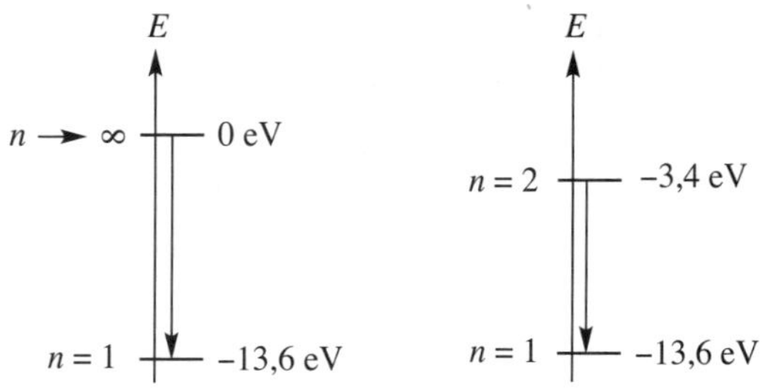

Les énergies des rayonnements engagés sont alors calculables en eV. Pour traduire cette information en longueur d'onde, il reste à appliquer la relation liant l'énergie d'un rayonnement et sa longueur d'onde :

$$E = \frac{hc}{\lambda}.$$

Attention aux unités (E est en J dans cette relation). Ainsi, les deux longueurs d'onde cherchées sont :

- $\lambda_1 = (6{,}62.10^{-34}.3.10^{8})/(13{,}6.1{,}6.10^{-19}) = 9{,}13.10^{-8}$ m $= 91{,}3$ nm ;
- $\lambda_2 = (6{,}62.10^{-34}.3.10^{8})/(10{,}2.1{,}6.10^{-19}) = 1{,}22.10^{-7}$ m $= 122$ nm.

Ces deux rayonnements correspondent au domaine ultra-violet.

Exercice résolu

Raies du domaine visible

Combien de raies de la série de BALMER appartiennent au domaine visible ? Quelles sont leurs couleurs respectives ? (On rappelle que la série de BALMER concerne des transitions vers le niveau $n = 2$).

Réponse :

Nous devons calculer, par une méthode analogue, les longueurs d'onde des premières raies. Au cours de la transition de l'état $n = 3$ vers $n = 2$, un rayonnement d'énergie 1,9 eV est émis, ce qui correspond à une longueur d'onde $\lambda = 656{,}2$ nm (domaine visible, lumière rouge). Les désexcitations des états $n = 4$, $n = 5$ et $n = 6$ vers l'état $n = 2$ correspondent respectivement aux longueurs d'onde $\lambda = 486{,}1$ nm (domaine visible, bleu), $\lambda = 434{,}0$ nm (domaine visible, indigo) et $\lambda = 410{,}1$ nm (domaine visible, violet). Les raies suivantes n'appartiennent plus au domaine visible (la désexcitation de l'état $n = 7$ vers l'état $n = 2$ correspond à une longueur d'onde $\lambda = 397$ nm) et tendent vers la raie limite $\lambda = 365{,}0$ nm.

Exercice résolu

Processus d'ionisation

Calculer l'énergie minimale à fournir à un atome d'hydrogène (initialement dans son état fondamental) pour provoquer une ionisation (on parle alors d'**énergie d'ionisation**).

Réponse :

L'énergie fournie sera absorbée si elle provoque une transition électronique. Pour procéder à une ionisation il faut provoquer une transition entre l'état fondamental ($E = -13{,}6$ eV, $n = 1$) et l'état ionisé ($E = 0$ eV, $n \to \infty$). La transition est schématisée figure ci-dessous.

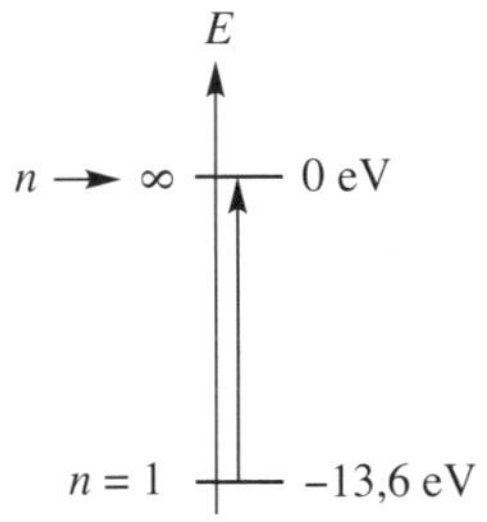

L'énergie à fournir (et susceptible d'être absorbée) est 13,6 eV, soit $21{,}8.10^{-19}$ J ; valeur convertie en une grandeur molaire avec la constante d'Avogadro (nombre d'atomes d'hydrogène présents dans une mole d'atomes d'hydrogène ; $\mathcal{N}_A = 6{,}02.10^{23}$ mol^{-1}), soit :

$$21{,}8.10^{-19}\text{ J} = 21{,}8.10^{-19}.\mathcal{N}_A = 1{,}3.10^6\text{ J}\cdot\text{mol}^{-1} = 1300\text{ kJ}\cdot\text{mol}^{-1}.$$

2.2 Nombres quantiques *n*, ℓ, *m*

Le comportement de l'électron est régi par la donnée de quatre **nombres quantiques** n, ℓ, m et m_s. À ce stade de notre étude nous admettrons ce point qui sera justifié en deuxième période (option PC) et nous présentons les trois premiers nombres quantiques : n, ℓ et m.

a. Nombre quantique *n*

n constitue le **nombre quantique principal**, c'est un entier positif non nul quelconque. Il détermine la **couche quantique** à laquelle appartient l'électron. Le nombre quantique n quantifie l'énergie de l'électron :

$$E_n = -\frac{13{,}6}{n^2}Z^2 \quad (\text{ en eV}) \text{ pour un hydrogénoïde}$$

Nous représentons des niveaux d'énergie dans le cas de l'atome d'hydrogène à la figure 1.8 ($Z = 1$ pour l'atome d'hydrogène).

b. Nombre quantique ℓ

Le nombre quantique ℓ constitue le **nombre quantique secondaire**, ou **azimutal**. Il prend les n valeurs entières comprises entre 0 et $n - 1$ (inclus) et détermine la **sous-couche** à laquelle appartient l'électron. En général la valeur de ℓ est indiquée par une lettre :

- $\ell = 0 \rightarrow$ sous-couche s ;
- $\ell = 1 \rightarrow$ sous-couche p ;
- $\ell = 2 \rightarrow$ sous-couche d ;
- $\ell = 3 \rightarrow$ sous-couche f ;
- au-delà on suit l'ordre alphabétique (à partir de f).

✎ L'origine de ces lettres est historique et provient de nomenclature spectroscopique ; *s* pour *sharp* (aigu), *p* pour *principal* (principal), *d* pour *diffuse* (diffus) et *f* pour *fundamental* (fondamental). Comme nous le verrons chapitre 2, la valeur du nombre ℓ fixe la norme du moment cinétique orbital de l'électron.

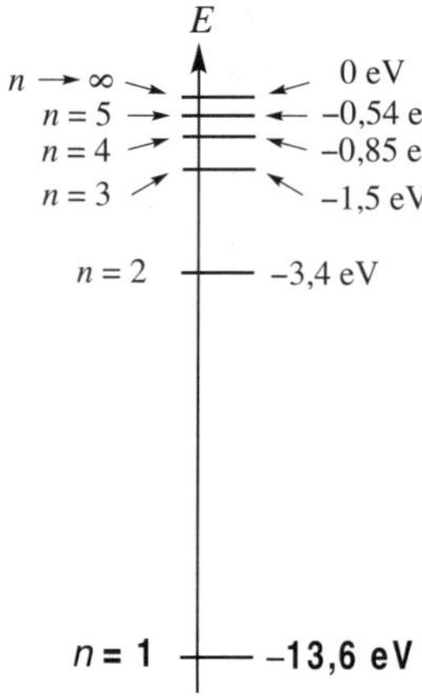

FIGURE 1.8 – Niveaux d'énergie de l'atome d'hydrogène

c. Nombre quantique *m* (ou m_ℓ)

Le nombre quantique m (noté aussi m_ℓ) est le **nombre quantique magnétique**. Il prend les valeurs entières comprises entre $-\ell$ et $+\ell$ (inclus). Comme nous le verrons chapitre 2, la valeur du nombre m fixe la valeur de la projection du moment cinétique orbital selon un axe Oz.

2.3 Notion d'orbitale atomique

La notion d'**orbitale atomique** sera développée en deuxième période (voir le chapitre 2). Nous accepterons à ce stade de notre étude que la donnée des trois nombres quantiques n, ℓ et m définit une fonction mathématique appelée **orbitale atomique**. Une orbitale atomique contient toute l'information physique relative à l'électron qu'elle décrit (à l'exception du **spin**, notion développée plus loin). À chaque orbitale atomique est associée un niveau d'énergie quantifiée. Considérons un électron possédant un nombre $n = 1$, la seule sous-couche correspondante (ℓ compris entre 0 et $n-1$) est $\ell = 0$. Il n'existe alors qu'une seule possibilité caractérisée par $m = 0$ (m varie entre $-\ell$ et $+\ell$). Conclusion : pour un électron caractérisé par $n = 1$, et par conséquent d'énergie $E = -13{,}6$ eV, il n'existe qu'une orbitale atomique décrite par les nombres quantiques $n = 1$, $\ell = 0$ et $m = 0$.
Considérons un électron possédant un nombre $n = 2$. On peut alors envisager $\ell = 0$ et $\ell = 1$.

- Si $\ell = 0$, la seule possibilité pour m est $m = 0$;
- Si $\ell = 1$, alors m peut valoir $-1, 0$ ou $+1$.

Conclusion : pour un électron caractérisé par $n = 2$, et par conséquent d'énergie $E = -3{,}4$ eV, il existe quatre possibilités d'orbitales atomiques. Dans la désignation des orbitales atomiques, la nomenclature alphabétique fournie précédemment pour le nombre quantique secondaire est utilisée. Ainsi l'orbitale notée $1s$ correspond aux nombres quantiques $n = 1$ et $\ell = 0$ (indiqué par la lettre s). La valeur de m n'est pas précisée car celle-ci ne peut être que $m = 0$. De même l'orbitale notée $2s$ correspond aux nombres quantiques $n = 2$ et $\ell = 0$ (indiqué par la lettre s). L'orbitale notée $2p_{-1}$ correspond aux nombres quantiques $n = 2$, $\ell = 1$ et $m = -1$ (la valeur de m est précisée car il y plusieurs possibilités).

Définition

La dégénérescence d'un niveau d'énergie est le nombre d'orbitales atomiques correspondant à ce niveau d'énergie.

Considérons ainsi les deux premiers niveaux d'énergie de l'atome d'hydrogène (figure 1.9).

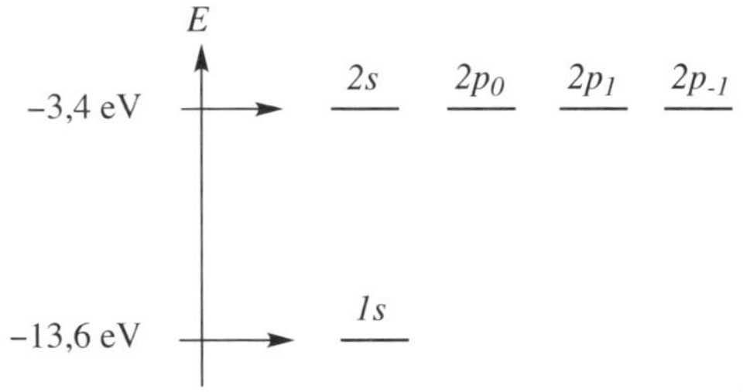

FIGURE 1.9 – Orbitales atomiques des deux premiers niveaux d'énergie

La **dégénérescence** d'un niveau d'énergie vaut ici n^2 (1 pour le niveau $n = 1$ et 4 pour le niveau d'énergie $n = 2$).

3 Atome polyélectronique

3.1 Spin de l'électron

a. Mises en évidence expérimentales

En 1925, alors qu'ils poursuivaient leur formation de troisième cycle à l'université de Leyden, Samuel GOUDSMIT et George UHLENBECK découvrirent que pour expliquer certains détails des spectres d'émission des atomes, l'introduction d'un quatrième nombre quantique (en plus de n, ℓ et m) semblait nécessaire pour décrire le comportement d'un électron.

Des observations précises de spectres d'émission témoignent en effet d'un dédoublement de certaines raies. L'exemple le plus flagrant concerne le spectre d'émission de l'atome de sodium : la transition visible associée à la désexcitation d'un électron $3p$ vers un niveau $3s$ (raie D) correspond en réalité à deux désexcitations d'énergie voisine ($\lambda = 589{,}0$ nm et $\lambda = 589{,}6$ nm). Ce dédoublement de certaines raies d'émission témoigne du dédoublement de niveaux d'énergie dans l'atome (il s'agit de la *structure fine* de l'atome).

b. Notion de spin

Cette notion a été développée par le physicien Paul DIRAC, qui a montré théoriquement sa nécessité (mécanique quantique relativiste) et son adéquation aux observations expérimentales. Les observations conduisent à admettre que pour décrire complètement le comportement d'un électron lié à l'atome, il est nécessaire de préciser la valeur d'un quatrième nombre quantique m_s. Ce nombre m_s peut être égal à $m_s = +1/2$ ou $m_s = -1/2$. Une étude plus précise de la notion de spin est menée en deuxième période (voir chapitre 2).

c. Principe de PAULI

Le principe de PAULI impose aux électrons d'occuper des états quantiques différents (cela impose aux électrons d'un même atome de posséder un ensemble des quatre nombres quantiques n , ℓ, m et m_s à chaque fois différent). Retenons ce principe (dit *d'exclusion* de PAULI) sous la forme :

> Deux électrons d'un même atome ne peuvent pas posséder les quatre mêmes nombres quantiques n, ℓ, m et m_s.

⚠ Un corollaire important de ce principe est qu'une orbitale atomique est définie par la donnée des trois nombres n, ℓ et m. Elle ne pourra décrire que le comportement de deux électrons : un électron possédant un nombre quantique $m_s = 1/2$ et un électron possédant un nombre quantique $m_s = -1/2$.

Notons que lorsqu'un électron est décrit par trois nombres quantiques n, ℓ, m, on dit par abus de langage qu'il *occupe* l'orbitale atomique $(n,\ \ell,\ m)$. Lorsqu'une orbitale est doublement *occupée*, les électrons sont dits **appariés**, sinon l'électron est dit **célibataire**.

Représentation conventionnelle Sur un diagramme d'énergie, une orbitale atomique est schématisée par un segment horizontal représentant un niveau d'énergie. L'état de spin sera représenté par un flèche verticale, dirigée vers le haut pour un état $m_s = +1/2$ et dirigée vers le bas pour un état $m_s = -1/2$. (Voir figure 1.10).

✎ Il est aussi possible de symboliser l'orbitale atomique accueillant les électrons par une case (case quantique) pouvant être peuplée au maximum par deux électrons.

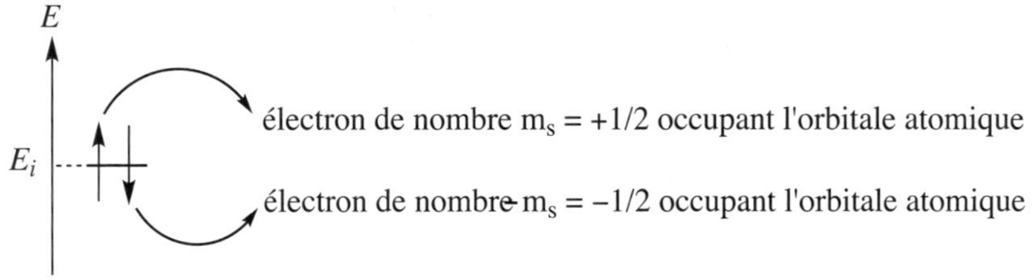

FIGURE 1.10 – Remplissage d'une orbitale atomique

3.2 Configuration électronique des atomes et des ions

Établir une **configuration électronique** signifie indiquer la répartition des électrons de l'ion ou de l'atome au sein des différentes orbitales possibles ($1s$, $2s$, $2p$...). Le nombre d'électrons occupant une orbitale est indiqué en exposant : ainsi la configuration $1s^2$ signifie que deux électrons occupent une orbitale $1s$ (c'est-à-dire qu'ils sont décrits par une fonction d'onde caractérisée par les nombres quantiques $n = 1$ et $\ell = 0$).

Une **configuration électronique** est un résultat essentiellement expérimental (issu de méthodes spectroscopiques). Il existe des règles, parfois empiriques, qui permettent dans la plupart des cas de trouver la configuration électronique réelle à partir de la seule donnée de Z (numéro atomique). Les règles fournies dans ce paragraphe permettent de construire la **configuration électronique fondamentale**, c'est-à-dire de plus basse énergie. Notons qu'un ion ou atome peut exister sous d'autres configurations plus élevées en énergie et qualifiées de **configurations excitées**.

a. Niveaux d'énergie et règle de KLECHKOWSKI

Au sein de l'atome polyélectronique les énergies des orbitales sont accessibles expérimentalement (méthodes spectroscopiques). L'analyse fine permet d'attribuer à une énergie un type d'orbitale et on constate que l'énergie dépend à la fois de la nature de l'élément chimique, du nombre quantique n mais aussi du nombre quantique ℓ. Considérant le nombre d'éléments chimiques il n'est pas envisageable de fournir pour chaque élément les énergies associées à chaque orbitale, d'autant plus que, pour un chimiste, seuls les électrons les moins liés sont concernés par les réactions chimiques.

Cependant certaines similitudes existent entre atomes polyélectroniques, notamment **l'ordre énergétique** dans lequel sont rencontrées les différentes orbitales. Cette constatation est de nature essentiellement expérimentale et se résume de façon simple sous le nom de règle de KLECHKOWSKI. Cette règle est loin d'être toujours vérifiée mais elle donne de bons résultats pour les électrons les moins bien liés (qui interviendront dans les réactions chimiques). La règle de KLECHKOWSKI fournit le principe (mnémotechnique) suivant :

> Dans l'atome polyélectronique, plus la somme $n+\ell$ est élevée, plus l'orbitale atomique correspondante est haute en énergie (et décrit un électron peu lié). Pour une même valeur de $n+\ell$, l'orbitale de nombre quantique n le plus faible est la plus profonde en énergie.

Ainsi l'ordre suivant est observé dans la plupart des atomes :

orbitale	$1s$	$2s$	$2p$	$3s$	$3p$	$4s$	$3d$	$4p$	$5s$	$4d$	$5p$	...$\rightarrow E$ augmente
$n+\ell$	1	2	3	3	4	4	5	5	5	6	6	

Retenons par ailleurs un moyen mnémotechnique pour retrouver rapidement l'ordre énergétique des orbitales atomiques : il suffit de tracer deux axes figurant les nombres quantiques n et ℓ puis de placer les orbitales atomiques correspondantes. L'ordre énergétique est indiqué par la succession des flèches diagonales lues de bas en haut et de droite à gauche (se reporter à la figure 1.12).

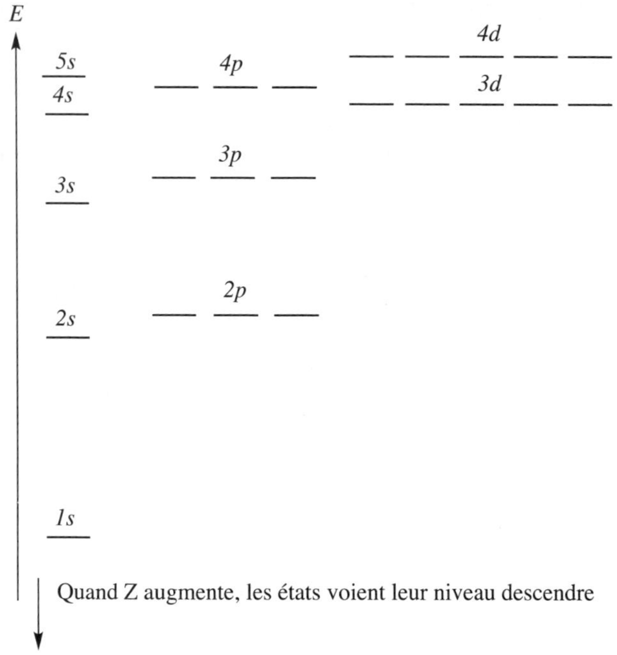

FIGURE 1.11 – Énergies des orbitales atomiques dans un atome polyélectronique

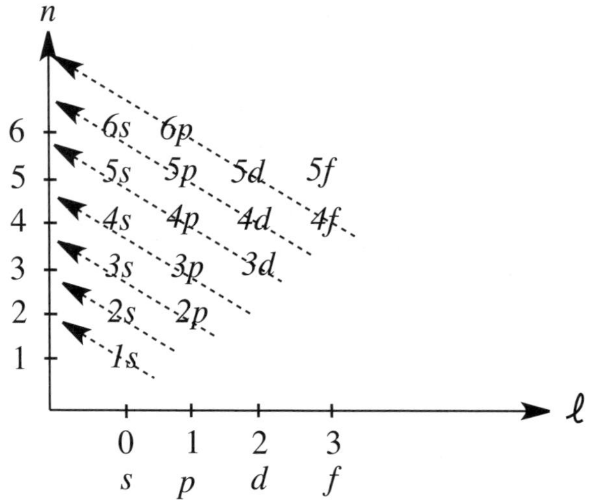

FIGURE 1.12 – Classement énergétique des orbitales atomiques

N'oublions pas qu'à chaque fois qu'intervient une orbitale *s*, celle-ci est unique ($m = 0$) tandis que les orbitales *p* sont toujours au nombre de 3 (m variant entre -1 et $+1$), les orbitales *d* au nombre de 5 (m variant entre -2 et $+2$) et les orbitales *f* au nombre de 7 (m variant entre deux électrons occupent des régions différentes de l'espace, autrement dit lorsqu'ils occupent des orbitales atomiques distinctes.

La préférence pour un alignement des spins dans un même sens (**alignement** dit **parallèle**) est d'origine purement quantique : la stabilisation d'un état possédant deux spins parallèles par rapport à un état possédant deux spins **antiparallèles** (deux spins différents) est appelée **énergie d'échange**. Une application de cette règle est fournie ci-après dans le cas de l'atome d'azote ($Z = 7$) dans son état fondamental. Le diagramme énergétique proposé à la figure 1.14 détaille le remplissage des différentes orbitales atomiques (notamment dans le cas des orbitales $2p$ dégénérées).

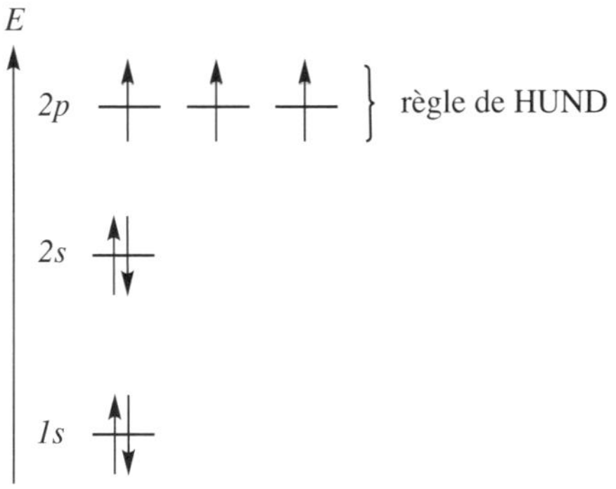

FIGURE 1.14 – Configuration électronique de l'azote (application de la règle de HUND)

e. Électrons de valence, électrons de cœur, lien avec la représentation de LEWIS

Les propriétés chimiques d'un élément s'expliquent par le comportement des électrons périphériques qui sont peu liés (électrons les plus externes, situés loin du noyau et à une haute énergie). Deux catégories d'électrons sont distinguées : les **électrons de cœur** (internes et peu engagés dans la réactivité chimique) et les **électrons de valence** (qui régissent la réactivité). Au sein d'une configuration électronique, les **électrons de valence** sont ceux de nombre quantique n le plus élevé auxquels sont ajoutés le cas échéant les électrons d'une sous-couche non saturée. Par opposition, tous les autres électrons sont qualifiés d'**électrons de cœur**.

Exercice résolu

Détermination des électrons de valence et des électrons de cœur

Identifier les électrons de cœur et les électrons de valence d'un atome de carbone ($Z = 6$) et d'un atome de fer ($Z = 26$).

Réponse :

La configuration électronique du carbone C ($Z = 6$) s'écrit : $1s^2\,2s^2\,2p^2$.

Il y a 4 électrons de valence (électrons $2s$ et $2p$) et 2 électrons de cœur (électrons $1s$).

La configuration électronique du fer Fe ($Z = 26$) a été précisée à l'occasion du précédent exercice résolu : le fer possède 8 électrons de valence (2 électrons $4s$ et 6 électrons $3d$, comptabilisés comme électrons de valence en raison du caractère non saturé du niveau d'énergie $3d$). Il y a par ailleurs 18 électrons de cœur (correspondant à la configuration électronique de l'argon). La distinction électrons de cœur/électrons de valence justifie *a posteriori* l'écriture simplifiée de la configuration sous la forme : [Ar] $3d^6\,4s^2$ puisque les électrons de cœur (correspondant à la configuration électronique de l'argon) ne sont pas mis en jeu dans les réactions chimiques.

À partir de la configuration électronique relative aux électrons de valence et de la règle de HUND, la structure de LEWIS de différents atomes peut être retrouvée et justifiée. Ainsi l'atome d'oxygène ($Z = 8$) possède une configuration électronique du type :

$$1s^2\,2s^2\,2p^4.$$

Les **électrons de valence** se répartissent en un doublet d'électrons $2s$, un doublet d'électrons $2p$ et deux électrons $2p$ célibataires. Ceci correspond à l'écriture bien connue de la structure de LEWIS de l'atome d'oxygène (voir figure 1.15).

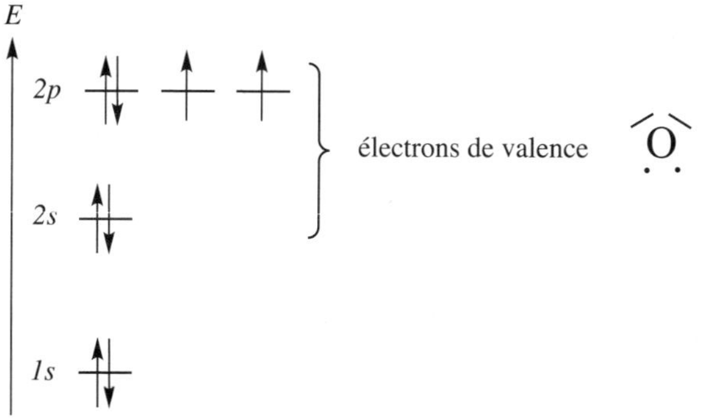

FIGURE 1.15 – Configuration électronique et structure de LEWIS de l'oxygène

Un raisonnement analogue mené sur l'atome d'azote ($Z = 7$) conduit à l'existence au sein des **électrons de valence** d'un doublet d' électrons $2s$ et de 3 électrons $2p$ célibataires ; ceci est en conformité avec la structure de LEWIS pour l'atome d'azote (voir figure 1.16).

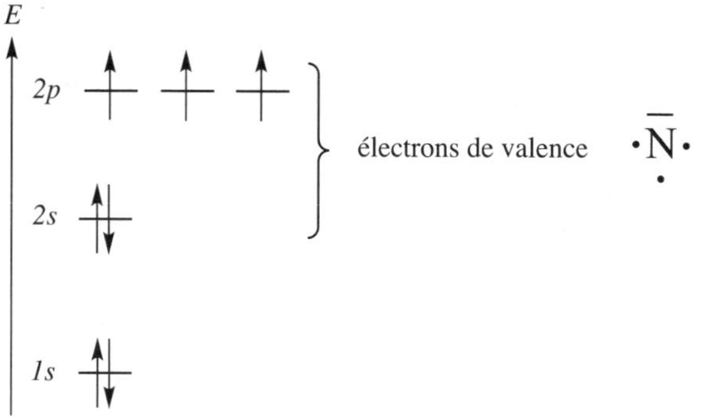

FIGURE 1.16 – Configuration électronique et structure de LEWIS de l'azote

Dans le cas du brome ($Z = 35$), la configuration électronique s'écrit selon la règle de KLECHKOWSKI :

$$1s^2\,2s^2\,2p^6\,3s^2\,3p^6\,4s^2\,3d^{10}\,4p^5.$$

Les **électrons de valence** sont les 2 électrons $4s$ auxquels sont ajoutés les 5 électrons $4p$ (les électrons d ne sont pas ajoutés car ils correspondent à une sous-couche complète et sont assimilés à des électrons de cœur). Ces électrons de valence se répartissent en un doublet d'électrons $4s$, deux doublets d'électrons $4p$ et un électron $4p$ célibataire, ce qui est en accord avec la structure de LEWIS proposée pour un atome d'halogène (voir figure 1.17).

Représentation de LEWIS d'un halogène : 

FIGURE 1.17 – Structure de LEWIS d'un halogène

⚠ La correspondance entre la configuration électronique et la structure de LEWIS n'est pas toujours parfaite. Prenons l'exemple du carbone pour nous en convaincre : la structure de LEWIS communément admise fait intervenir quatre électrons célibataires alors que la structure électronique déduite de la configuration électronique envisage l'existence d'un doublet d'électron ($2s$) et de deux électrons $2p$ non appariés.

f. Lien avec les propriétés macroscopiques : paramagnétisme et diamagnétisme

Les propriétés magnétiques macroscopiques de la matière font apparaître deux types de comportements en présence d'un champ magnétique externe : le **diamagnétisme** et le **paramagnétisme**.

Dans le cas du **diamagnétisme**, il n'y a pas de moment magnétique permanent, ce qui se traduit par une tendance au déplacement vers les zones de champ magnétique faible (la substance occupe spontanément les régions de champ faible). Au contraire dans le cas du **paramagnétisme**, il existe des constituants (atomes ou ions) qui possèdent un moment magnétique permanent mais macroscopiquement il n'y a pas de moment magnétique pour l'échantillon étudié en absence d'un champ magnétique extérieur. Une tendance au déplacement vers les zones de fort champ magnétique est observée (la substance est attirée par le champ magnétique, les moments magnétiques tendent à s'aligner avec le champ magnétique externe).

Le **paramagnétisme** est une propriété associée à l'existence d'électrons célibataires, le **diamagnétisme** est au contraire associé aux entités ne possédant que des électrons appariés. Le diamagnétisme est donc universel. Parce qu'il est beaucoup plus grand que l'effet diamagnétique, l'effet paramagnétique prévaut en présence d'une substance possédant à la fois des électrons appariés et un ou plusieurs électrons célibataires. Ainsi l'atome de fer Fe est un atome paramagnétique (il possède un électron célibataire) tandis que l'atome d'hélium He ou l'atome de zinc Zn sont des atomes diamagnétiques (l'écriture d'une configuration électronique témoigne de l'existence exclusive de doublets d'électrons).

g. Exceptions aux règles de remplissage

Les exceptions aux règles de remplissage sont peu nombreuses dans le haut de la classification périodique (numéro atomique Z peu élevé) mais elles se multiplient dans le bas de la classification. En effet les niveaux d'énergie deviennent très proches et de multiples facteurs interviennent dans le choix de l'état fondamental. Notons tout de même les premières exceptions du haut de la classification périodique :

- le chrome ($Z = 24$) ne possède pas la configuration attendue :

$$[\text{Ar}]\ 3d^4\,4s^2 \qquad \text{mais} \qquad [\text{Ar}]\ 3d^5\,4s^1$$

- le cuivre ($Z = 29$) ne possède pas la configuration attendue :

$$[\text{Ar}]\ 3d^9\,4s^2 \qquad \text{mais} \qquad [\text{Ar}]\ 3d^{10}\,4s^1$$

Une explication établie par des considérations quantiques est le caractère stabilisateur fourni par une couche d (ou f) remplie ou demi-remplie (la configuration réelle du chrome comprend une couche $3d$ demi-remplie et la configuration réelle du cuivre comprend une couche $3d$ remplie). Remarquons que le même type d'irrégularité est observé pour le molybdène et l'argent (situés au-dessous du chrome et du cuivre dans la classification périodique) et adoptant respectivement les configurations :

$$[\text{Kr}]\ 4d^5\,5s^1$$

et :

$$[\text{Kr}]\ 4d^{10}\,5s^1.$$

Des exceptions sont aussi rencontrées pour le niobium Nb, le ruthénium Ru ou le palladium Pd. Elles sont expliquées par la proximité en énergie des orbitales $5s$ et $4d$.

h. Configuration électronique des ions

La configuration électronique d'un anion est facile à déterminer : il suffit d'établir la configuration électronique de l'atome correspondant et d'ajouter le nombre d'électrons correspondant à la charge portée en accord avec toutes les règles présentées précédemment.

Exercice résolu

Configurations électroniques des anions

Écrire la configuration électronique des ions chlorure Cl^-(le numéro atomique du chlore est $Z = 17$) dans leur état fondamental.

Réponse :

La configuration électronique est obtenue à partir de celle de l'atome de chlore Cl :

$$1s^2\,2s^2\,2p^6\,3s^2\,3p^5.$$

Un électron ajouté permet de fournir l'ion chlorure qui possède la configuration électronique :

$$1s^2\,2s^2\,2p^6\,3s^2\,3p^6.$$

Il s'agit de la configuration électronique de l'argon. L'ion chlorure est dit **isoélectronique** à l'argon Ar.

⚠ Isoélectronique ne signifie pas que l'ion chlorure est identique à l'argon. Le noyau de l'ion chlorure renferme toujours 17 protons tandis que le noyau de l'argon en renferme 18. Le positionnement énergétique des différentes orbitales est différent dans l'ion chlorure et dans l'atome d'argon : la seule similitude est une occupation par le même nombre d'électrons du même type d'orbitales.

La configuration d'un cation est elle aussi obtenue à partir de la configuration électronique de l'atome correspondant. Il reste alors à enlever un nombre d'électrons correspondant à la charge de l'ion. Les électrons les plus facilement éjectés de l'atome sont les électrons les moins liés au noyau (situés à une énergie importante).

Exercice résolu

Configuration électronique des cations

Établir les configurations électroniques de l'ion Na^+ ($Z = 11$ pour le sodium Na), de l'ion Al^{3+}($Z = 13$ pour l'aluminium Al) et des ions Fe^{2+} et Fe^{3+} ($Z = 26$ pour le fer Fe) dans leur état fondamental.

Réponse :

- Le sodium Na possède la configuration électronique :

$$1s^2\,2s^2\,2p^6\,3s^1,$$

l'ion Na^+ possède donc la configuration électronique :

$$1s^2\,2s^2\,2p^6$$

(configuration électronique du néon : l'ion Na^+ est isoélectronique au néon Ne).

- L'aluminium Al possède la configuration électronique :

$$1s^2\,2s^2\,2p^6\,3s^2\,3p^1,$$

il suffit d'enlever les 3 électrons de valence pour atteindre la configuration électronique de l'ion Al^{3+}. Là encore l'ion est isoélectronique au néon Ne.

- Le fer Fe possède la configuration électronique (selon la règle de KLECHKOWSKI) :

$$1s^2\,2s^2\,2p^6\,3s^2\,3p^6\,4s^2\,3d^6,$$

corrigée sous la forme :

$$1s^2\,2s^2\,2p^6\,3s^2\,3p^6\,3d^6\,4s^2.$$

La configuration électronique de l'ion Fe^{2+}est obtenue en éliminant les deux électrons les moins liés (électrons 4s). Il s'agit donc de :

$$1s^2\,2s^2\,2p^6\,3s^2\,3p^6\,3d^6\,4s^0$$

ou plus simplement :

$$1s^2\,2s^2\,2p^6\,3s^2\,3p^6\,3d^6.$$

Pour atteindre la configuration électronique de l'ion Fe^{3+} un électron supplémentaire doit être éliminé. Cette configuration s'écrit donc :

$$1s^2\,2s^2\,2p^6\,3s^2\,3p^6\,3d^5.$$

4 Classification périodique des éléments

4.1 Genèse du tableau périodique

La forme actuelle du tableau périodique fut proposée par le chimiste russe Dimitri MENDELEIEV qui, d'après la légende, fit sa découverte en un seul jour de réflexion, le 17 février 1869. Il classa sous forme d'un tableau les 63 éléments chimiques alors connus en mettant en exergue les similitudes de comportement chimique. En réalité, ce travail est issu de la réflexion de nombreux chimistes durant plusieurs dizaines d'années. La première tentative de répertoire des éléments chimiques revient à GUYTON de MORVEAU, LAVOISIER, FOURCROY et BERTHOLLET qui dressent dès 1787 une liste des 33 éléments connus. La périodicité des propriétés chimiques est soulignée en 1817 par l'allemand Johann DOBEREINER, qui classe les éléments en fonction de leur réactivité chimique par groupes de trois (*triades*).

Le caractère bidimensionnel de l'actuelle classification périodique (structure en **lignes** et **colonnes**) est proposé par Peter KREMERS. John NEWLANDS, chimiste anglais, découvre en classant par masse atomique les différents éléments, que chaque élement possède les mêmes propriétés que celui disposé huit cases avant (il parle de *loi des octaves*) ; une nouvelle étape était franchie. En 1868, le chimiste allemand Julius Lothar MEYER élabore un premier tableau périodique mais ne publie son travail qu'en 1870. Ce retard laissa le nom de MENDELEIEV à la postérité puisqu'en 1869 le chimiste russe présente son tableau périodique des éléments. Le succès de la proposition de MENDELEIEV provient du caractère prédictif de son travail. En effet la classification proposée était incomplète et présentait un certain nombre de cases vides : éléments non découverts mais pour lesquels il était possible de prévoir la réactivité chimique. Ce fut le cas du germanium, découvert en 1886, ou celui du gallium en 1875. Il fallut attendre 1913 et les travaux du théoricien hollandais Anton van den BROEK pour préférer un classement en numéro atomique Z plutôt qu'en masse atomique. Cette hypothèse fut validée la même année par les travaux de Henry MOSELEY sur les rayons X.

4.2 Périodicité des propriétés chimiques, allure de la classification périodique

La classification périodique des éléments répertorie tous les éléments chimiques connus, classés par **numéro atomique** Z croissant.

a. Périodicité des propriétés

L'idée fondatrice de la classification périodique des éléments est de mettre en évidence les similitudes de comportement chimique des éléments lorsque le numéro atomique croît. Considérons par exemple les trois métaux que sont le lithium ($Z = 3$), le sodium ($Z = 11$) et le potassium ($Z = 19$). Ces métaux sont tous les trois moins denses que l'eau, ils sont mous (sectionnés par un simple couteau) et possèdent une température de fusion basse (au-dessous de 200 °C). Ils sont tous les trois très réactifs vis-à-vis de l'eau (ils conduisent à des hydroxydes solides, blancs, translucides et corrosifs) :

$$\begin{aligned}
2\,Li\,(s) + 2\,H_2O\,(\ell) &= 2\,LiOH\,(s) + H_2\,(g)\\
2\,Na\,(s) + 2\,H_2O\,(\ell) &= 2\,NaOH\,(s) + H_2\,(g)\\
2\,K\,(s) + 2\,H_2O\,(\ell) &= 2\,KOH\,(s) + H_2\,(g)
\end{aligned}$$

Le magnésium ($Z = 12$), le calcium ($Z = 20$), le strontium ($Z = 38$) et le baryum ($Z = 56$) possèdent eux aussi une réactivité analogue. Ils s'enflamment notamment de façon violente en présence de dioxygène pour former des oxydes cristallins et fortement ioniques (la liaison qui maintient la cohésion de la phase solide est une force d'origine électrostatique) :

$$
\begin{array}{lclcl}
2\,Mg\,(s) & + & O_2\,(g) & = & 2\,MgO\,(s) \\
2\,Ca\,(s) & + & O_2\,(g) & = & 2\,CaO\,(s) \\
2\,Sr\,(s) & + & O_2\,(g) & = & 2\,SrO\,(s) \\
2\,Ba\,(s) & + & O_2\,(g) & = & 2\,BaO\,(s)
\end{array}
$$

Le fluor ($Z = 9$), le chlore ($Z = 17$), le brome ($Z = 35$) et l'iode ($Z = 53$) sont des éléments présents sous forme moléculaire X_2 sous $p = 1$ bar et aux températures usuelles. Ils possèdent une réactivité voisine, en s'associant par exemple avec le sodium pour former des solides blancs selon les réactions suivantes :

$$
\begin{array}{lclcl}
2\,Na\,(s) & + & F_2\,(g) & = & 2\,NaF\,(s) \\
2\,Na\,(s) & + & Cl_2\,(g) & = & 2\,NaCl\,(s) \\
2\,Na\,(s) & + & Br_2\,(\ell) & = & 2\,NaBr\,(s) \\
2\,Na\,(s) & + & I_2\,(s) & = & 2\,NaI\,(s)
\end{array}
$$

En disposant les éléments par **numéro atomique** croissant, les propriétés chimiques évoluent régulièrement pour subir une brusque discontinuité. À partir de cette discontinuité les propriétés évoluent de façon analogue à la série précédente : il apparaît une **périodicité** des propriétés. Ce profil répétitif est mis en évidence par la structure en **lignes** et **colonnes** de la classification périodique.
Chaque **ligne** (ou **période**) constitue une série d'éléments au sein de laquelle les propriétés évoluent régulièrement, le passage à la ligne suivante traduit la discontinuité du comportement chimique (et marque le début d'une nouvelle série, voisine de la précédente).

Tous les éléments chimiques possédant une réactivité analogue se retrouvent par conséquent dans une **même colonne** (appelée aussi famille ou encore groupe). L'actuelle forme de la classification périodique est présentée à la figure 1.18.

b. Lecture de la classification périodique

La forme de la classification périodique la plus usitée comporte **dix-huit colonnes** (numérotées de 1 à 18). À ce stade, considérons le numéro de colonne comme moyen d'identification, nous verrons plus loin que le numéro de colonne renseigne sur le nombre d'électrons engagés dans la réactivité de l'élément chimique. La colonne 1 constitue la famille des **métaux alcalins**, dans la colonne 2 sont rencontrés les **métaux alcalino-terreux**. La colonne 16 regroupe les **chalcogènes**. Dans la colonne 17 sont regroupés les **halogènes**. La colonne la plus à droite (colonne 18) contient les **gaz nobles** (ou **gaz rares**), caractérisés par leur très faible réactivité chimique. Les éléments des colonnes 1 et 2 d'une part et des colonnes 13 à 18 d'autre part sont les *éléments des groupes principaux*. Les éléments rencontrés entre les colonnes 3 et 12 assurent la transition entre les deux ensembles d'éléments dits principaux. À ce titre ils sont qualifiés d'**éléments de transition** (ou **métaux de transition**).

1 H																	2 He
3 Li	4 Be											5 B	6 C	7 N	8 O	9 F	10 Ne
11 Na	12 Mg											13 Al	14 Si	15 P	16 S	17 Cl	18 Ar
19 K	20 Ca	21 Sc	22 Ti	23 V	24 Cr	25 Mn	26 Fe	27 Co	28 Ni	29 Cu	30 Zn	31 Ga	32 Ge	33 As	34 Se	35 Br	36 Kr
37 Rb	38 Sr	39 Y	40 Zr	41 Nb	42 Mo	43 Tc	44 Ru	45 Rh	46 Pd	47 Ag	48 Cd	49 In	50 Sn	51 Sb	52 Te	53 I	54 Xe
55 Cs	56 Ba	57 La	72 Hf	73 Ta	74 W	75 Re	76 Os	77 Ir	78 Pt	79 Au	80 Hg	81 Tl	82 Pb	83 Bi	84 Po	85 At	86 Rn
87 Fr	88 Ra	89 Ac															

58 Ce	59 Pr	60 Nd	61 Pm	62 Sm	63 Eu	64 Gd	65 Tb	66 Dy	67 Ho	68 Er	69 Tm	70 Yb	71 Lu
90 Th	91 Pa	92 U	93 Np	94 Pu	95 Am	96 Cm	97 Bk	98 Cf	99 Es	100 Fm	101 Md	102 No	103 Lr

FIGURE 1.18 – Classification périodique des éléments

L'abondance naturelle de ces éléments est très variable (très importante pour le fer ou le titane, très faible pour le rhénium, l'hafnium ou l'iridium). Notons une particularité : pour des raisons de lisibilité, les éléments dont les numéros atomiques sont compris entre 58 et 71 d'une part et entre 90 et 103 d'autre part, sont regroupés en bas de tableau. Chacune de ces deux séries regroupe des éléments aux propriétés chimiques très ressemblantes. Les éléments de la première série sont qualifiés de **lanthanides** (ou de terres rares) tandis que les éléments de la deuxième série sont les **actinides** (éléments radioactifs dont la plupart ne sont pas rencontrés à l'état naturel).

4.3 Métaux et non-métaux, métalloïdes

Le caractère **métallique** est associé à des propriétés physiques particulières :
- une bonne conduction électrique et thermique ;
- des matériaux malléables (possibilité d'obtention de feuillets par laminage) ;
- des matériaux ductiles (possibilité d'obtention de fils) ;
- une résistivité électrique proportionnelle à la température ;
- des oxydes métalliques non volatils possédant des températures de fusion élevées.

Les métaux et les non-métaux occupent des places bien distinctes au sein de la classification périodique (comme en témoigne la figure 1.19). Les non-métaux sont situés du côté droit dans la partie supérieure et sont délimités des métaux par une ligne zigzag. Les éléments situés à la frontière interviennent dans des corps simples dont le comportement est différent de celui des corps simples typiquement métalliques et de celui des non-métaux. Ce sont des solides plus ou moins brillants, cassants et qui ont de moindres capacités conductrices (électricité, chaleur) que les métaux. À ce titre ils sont qualifiés de **métalloïdes**.

✎ Le silicium et le germanium sont très utilisés dans l'industrie pour la fabrication de transistors.

Au sein de la classification périodique, le francium se révèle l'élément le plus métallique tandis que le fluor est le plus non-métallique. Le caractère métallique augmente globalement de droite à gauche sur une ligne et de haut en bas sur une colonne (voir figure 1.19).

4.4 Configuration électronique et classification périodique

La structure actuelle de la classification périodique des éléments s'appuie sur la mécanique quantique et l'écriture de la configuration électronique de l'atome.

a. Lignes et colonnes

La classification périodique rassemble tous les éléments chimiques connus, classés par numéro atomique Z croissant. Le mode de construction obéit au principe de l'*aufbau* (mot allemand signifiant *construction par empilement*). Ceci signifie que l'on obtient les configurations électroniques des éléments en ajoutant successivement des électrons dans les orbitales atomiques (dans l'ordre énergétique fourni par la règle de KLECHKOWSKI).

Chaque **ligne** de la classification (ou période) est associée à un nombre quantique n : la n-ième ligne débute par le remplissage de l'orbitale ns et finit par le remplissage de l'orbitale np.

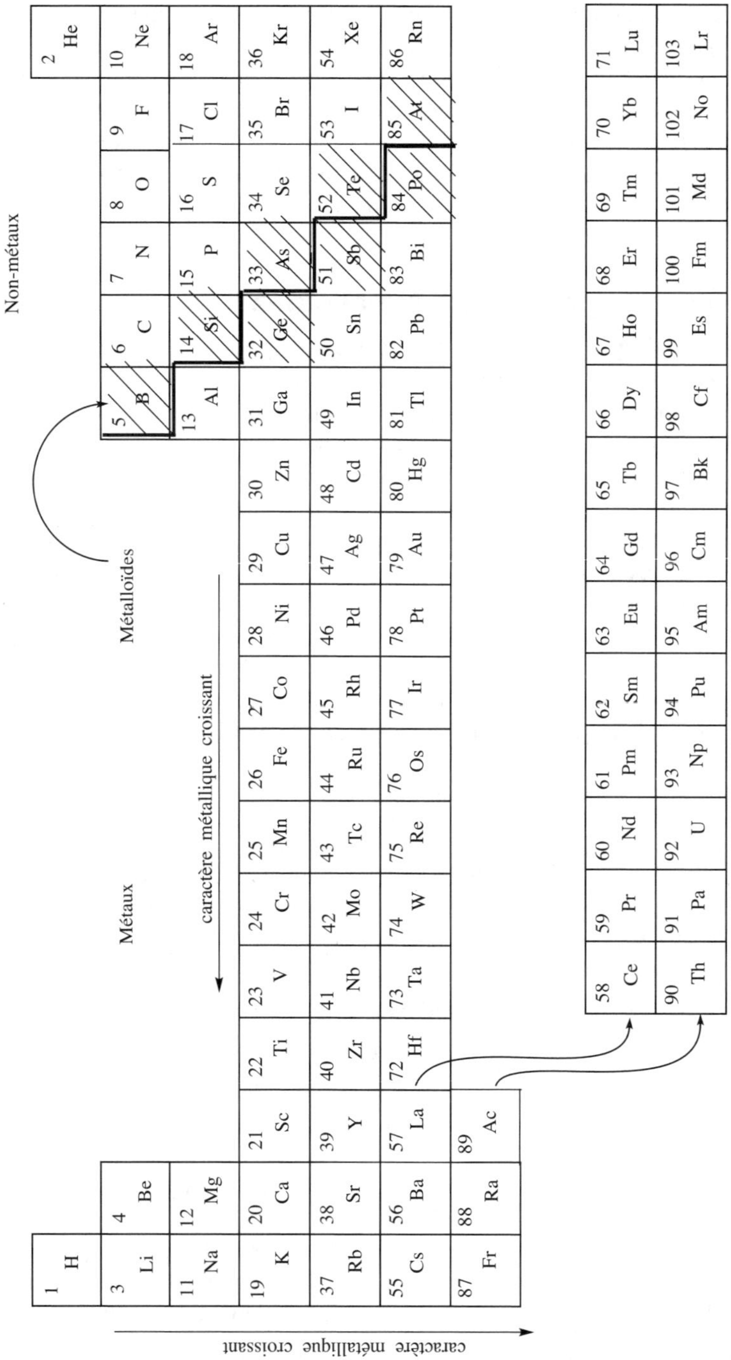

FIGURE 1.19 – Classification périodique et caractère métallique

Chaque **colonne** (ou famille) rassemble des éléments possédant souvent la même structure électronique de valence (un même nombre d'électrons de valence occupant le même type d'orbitales). Dans la mesure où les électrons de valence gouvernent le comportement des éléments chimiques, les éléments situés dans une même colonne possèdent des propriétés chimiques comparables. Ainsi le lithium Li ($Z = 3$) et le potassium K ($Z = 19$) sont situés sur une même colonne : le lithium a pour configuration électronique :

$$1s^2\,2s^1 \qquad \text{ou} \qquad [\text{He}]\,2s^1$$

et le potassium a pour configuration électronique :

$$1s^2\,2s^2\,2p^6\,3s^2\,3p^6\,4s^1 \qquad \text{ou} \qquad [\text{Ar}]\,4s^1.$$

Ces deux éléments ont une structure de valence comparable : un seul électron dans une orbitale de type s. De même le fluor F ($Z = 9$) et le chlore Cl ($Z = 17$) appartiennent à une même colonne : le fluor a pour configuration électronique :

$$1s^2\,2s^2\,2p^5 \qquad \text{ou} \qquad [\text{He}]\,2s^2\,2p^5$$

et le chlore a pour configuration électronique :

$$1s^2\,2s^2\,2p^6\,3s^2\,3p^5 \qquad \text{ou} \qquad [\text{Ne}]\,3s^2\,3p^5.$$

Ces deux éléments ont une structure de valence identique : 2 électrons dans une orbitale s et 5 électrons dans des orbitales p. Le magnésium Mg ($Z = 12$) et le chlore Cl ($Z = 17$) appartiennent à une même ligne. Leurs configurations s'écrivent respectivement $1s^2\,2s^2\,2p^6\,3s^2$ et $1s^2\,2s^2\,2p^6\,3s^2\,3p^5$. Le niveau $n = 3$ est en cours de remplissage dans les deux cas : ces deux éléments appartiennent à la troisième ligne.

⚠ L'hélium fait une légère exception au principe de construction des colonnes. Malgré sa structure électronique $1s^2$, il est situé dans la même colonne que des éléments possédant une structure de valence terminée par 6 électrons p (gaz rares). L'hélium He, du fait du caractère saturé de sa sous-couche $1s$ possède des propriétés semblables à celles des gaz rares, ce qui motive ce choix.

b. Construction des trois premières périodes

La **première période** associée au nombre $n = 1$ est très simple, elle ne comporte que deux éléments chimiques qui correspondent au remplissage de la seule orbitale pour laquelle $n = 1$: l'orbitale $1s$. L'hydrogène a la configuration électronique $1s^1$ et l'hélium possède une configuration électronique $1s^2$. La sous-couche $1s$ mais aussi la couche $n = 1$ sont alors saturées, le remplissage de l'orbitale $2s$ doit débuter pour poursuivre ($n = 2$), et par conséquent s'accompagner d'un passage à la deuxième période (deuxième ligne).

La **deuxième période** débute par le lithium (configuration électronique $[\text{He}]\,2s^1$), le béryllium (configuration électronique $[\text{He}]\,2s^2$) puis se poursuit par le remplissage progressif des orbitales $2p$ (bore, carbone, azote, fluor et néon). Le néon termine la ligne (configuration électronique $1s^2\,2s^2\,2p^6$). la couche $n = 2$ est alors complète, la construction de la classification se poursuit par le remplissage d'une orbitale $3s$ et donc par un passage à la troisième ligne.

La **troisième période** est complétée de façon rigoureusement identique à la deuxième période (remplissage successif des orbitales $3s$ et $3p$). La ligne débute par le sodium de configuration électronique $[\mathrm{Ne}]\,3s^1$ et se termine par l'argon de configuration électronique $[\mathrm{Ne}]\,3s^2\,3p^6$.

c. Éléments de transition

La **quatrième période** débute par le remplissage de la sous-couche $4s$ avec le potassium K (de configuration électronique $[\mathrm{Ar}]\,4s^1$) et le calcium Ca (de configuration électronique $[\mathrm{Ar}]\,4s^2$). Elle se termine par le remplissage de la sous-couche $4p$ (du gallium Ga jusqu'au krypton Kr). Entre ces deux groupes d'orbitales se situe une **série de transition** qui correspond à l'occupation progressive des orbitales $3d$. Une série de transition est rencontrée à chaque fois que le remplissage d'une sous-couche $n' < n$ a lieu après celui de l'orbitale ns. Ici, le remplissage des orbitales $3d$ intervient après celui de l'orbitale $4s$ mais avant celui des orbitales $4p$; dans la classification périodique ceci se manifeste par l'intercalation d'un groupe de 10 éléments (du scandium Sc au zinc Zn) dans la quatrième ligne : il s'agit de la première série des métaux de transition.

Définition

Un élément de transition correspond au remplissage partiel d'une orbitale d ou f pour l'atome ou pour un ion usuel de l'élément.

Ainsi,

- le titane, de configuration de valence $3d^3\,4s^2$ est un élément de transition (il appartient à la première série des métaux de transition à cause de son orbitale $3d$ non saturée) ;
- le cobalt, de configuration de valence $3d^7\,4s^2$ est aussi un élément de la première série des métaux de transition ;
- le zinc, de configuration de valence $3d^{10}\,4s^2$, n'est pas selon la définition proposée un métal de transition (l'ion Zn^{2+} a la configuration $3d^{10}\,4s^0$).

La structure de la **cinquième période** est identique à celle de la quatrième période. Elle débute par le remplissage de la sous-couche $5s$ et se termine par celui de la sous-couche $5p$. Entre ces deux groupes d'orbitales s'intercale une **série de transition** (deuxième série des métaux de transition) correspondant au remplissage des orbitales $4d$. Les exceptions aux règles de remplissage se multiplient à cause de la proximité énergétique des orbitales $4d$ et $5s$ (cas de Nb, Mo, Ru, Rh, Pd et Ag).

La **sixième période** est plus complexe : elle débute par le remplissage de l'orbitale $6s$, se termine par celui des orbitales $6p$ mais voit l'intercalation de deux **séries de transition** (correspondant au remplissage des orbitales $4f$ et $5d$). Le groupe de 14 éléments correspondant au remplissage des orbitales f suit immédiatement le lanthane. Il s'agit de la famille des **lanthanides**. Pour des raisons de lisibilité, ce groupe est expulsé hors de la classification et se trouve traditionnellement au bas du tableau. Seule reste dans la classification au niveau de la sixième ligne la troisième série de métaux de transition, correspondant au remplissage des orbitales $5d$. Il peut arriver qu'un électron occupe une orbitale $5d$ au lieu d'une orbitale $4f$

dans la famille des lanthanides. Les irrégularités deviennent nombreuses en raison du très faible écart d'énergie entre les orbitales $4f$, $5d$ et $6s$ (cas de La, Ce, Gd, Pt et Au).

La **septième période** n'est pas complète, les exceptions sont légions. Elle débute par le remplissage de l'orbitale $7s$. Un groupe de 14 éléments suit immédiatement l'actinium et correspond au remplissage des orbitales $5f$: il s'agit de la famille des **actinides** qui est expulsée au bas de la classification, à l'instar des lanthanides. La classification se termine par des élements dont la sous-couche $6d$ est en cours de remplissage.

✎ Tous les membres de la famille des actinides sont radioactifs (propriété du noyau atomique). En fait, à l'exception du plutonium Pu qui se trouve à l'état de traces, les éléments au-delà de l'uranium U (éléments transuraniens) ne se rencontrent pas à l'état naturel et sont synthétisés dans les réacteurs nucléaires.

Notons qu'en réalité, au sein des actinides et des éléments du groupe $6d$, le remplissage est plus erratique. En raison de la proximité énergétique des orbitales $5f$ et $6d$, il n'est pas facile de prédire, à partir de la simple connaissance des numéros atomiques, la configuration électronique de l'état fondamental.

d. Structure en blocs

Il est intéressant de faire apparaître quatre **blocs** d'orbitales dans la classification périodique (comme le montre la figure 1.20), en fonction de la nature des **électrons de valence** rencontrés dans chaque élément.

- Le premier bloc regroupe les éléments de configuration s^1 et s^2 et correspond donc aux deux premières colonnes. Il s'agit du **bloc** s.
- Le deuxième bloc, qualifié de **bloc** p rassemble les éléments de configuration p^n. Il débute à la deuxième ligne par le bore et se termine par le néon . Ce bloc se poursuit verticalement dans le reste de la classification.
- Le troisième bloc ou **bloc** d s'insère entre le bloc s et le bloc p. Il s'étend actuellement sur quatre lignes (dernière ligne incomplète) et correspond à des sous-couches d en cours de remplissage.
- Le quatrième bloc ou **bloc** f est regroupé en bas de classification périodique et s'intercale à partir de la troisième période d'éléments de transition d. Il est constitué de deux lignes (lanthanides et actinides).

Notons que la configuration électronique obéissant rigoureusement à la règle de KLECHKOWSKI, même si elle ne correspond pas toujours à la configuration réelle (c'est-à-dire expérimentale), permet de placer très rapidement un élément dans la classification périodique à partir de la seule donnée du numéro atomique. Ainsi pour le cuivre Cu ($Z = 29$), la règle de KLECHKOWSKI fournit la configuration :

$$1s^2\,2s^2\,2p^6\,3s^2\,3p^6\,4s^2\,3d^9$$

qui permet de situer l'élément cuivre à la quatrième ligne (car la valeur maximale de n est 4) et à la neuvième colonne du bloc d (car l'exposant de $3d$ est 9). Le cuivre est donc situé à la onzième colonne de la classification périodique alors que la configuration expérimentalement observée est $1s^2\,2s^2\,2p^6\,3s^2\,3p^6\,3d^{10}\,4s^1$.

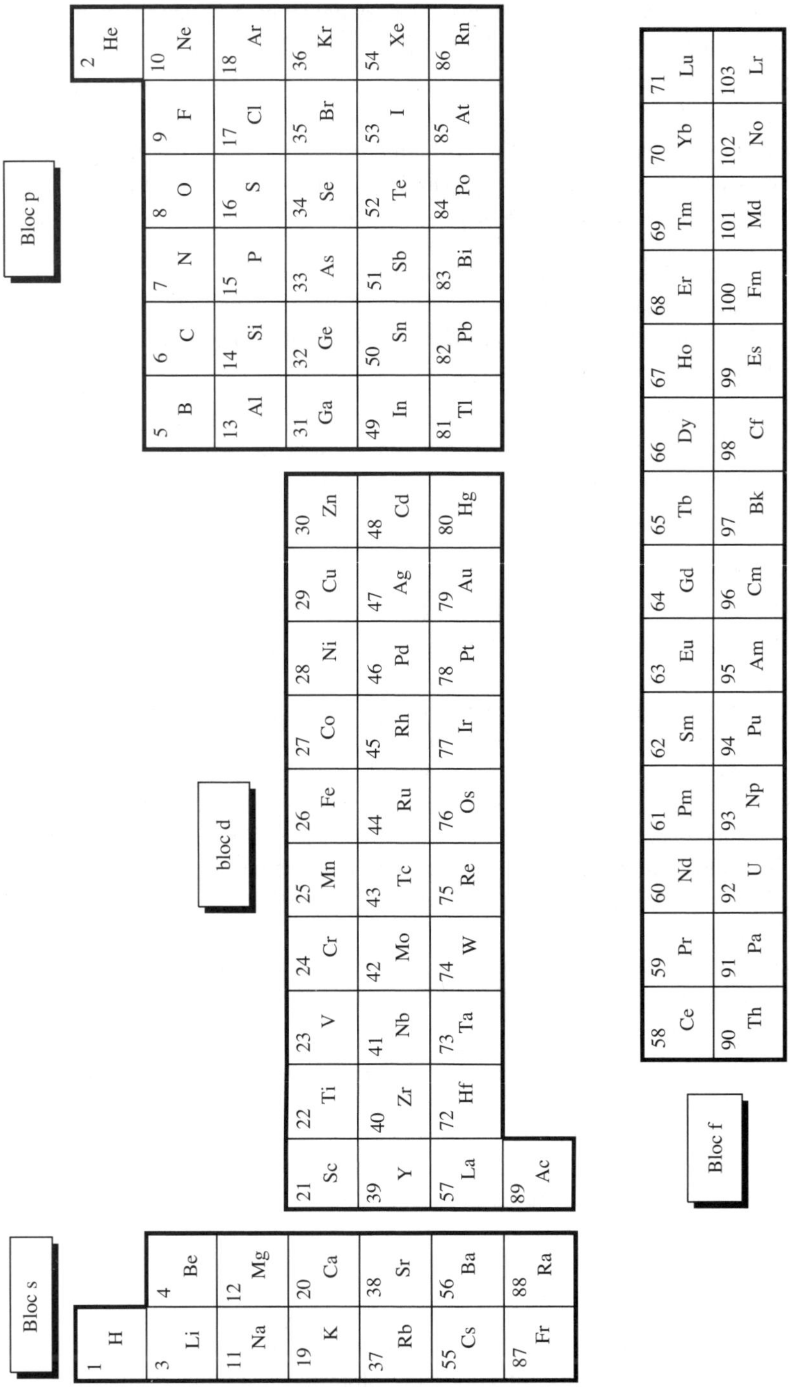

FIGURE 1.20 – Structure en blocs

Pour le gadolinium Gd ($Z = 64$), la règle de KLECHKOWSKI fournit la configuration :

$$1s^2\,2s^2\,2p^6\,3s^2\,3p^6\,4s^2\,3d^{10}\,4p^6\,5s^2\,4d^{10}\,5p^6\,6s^2\,4f^8\,5d^0$$

qui témoigne d'une sous-couche f en cours de remplissage. Cette configuration permet de situer l'élément dans le bloc f et plus exactement à la huitième colonne de la première ligne du bloc f. Pourtant la configuration réelle expérimentalement observée est, pour les électrons de valence, $4f^7\,5d^1\,6s^2$ (configuration qui explique que l'ion fréquemment rencontré est Gd^{3+} et qui est privilégiée en raison d'une sous-couche f à moitié remplie).

5 Évolution de quelques propriétés atomiques

5.1 Énergie d'ionisation et affinité électronique

a. Définitions des deux grandeurs considérées

Définition

L'énergie de première ionisation de X est l'énergie nécessaire pour arracher, à l'état gazeux, un premier électron du cortège électronique de l'atome X. Elle est associée au processus :

$$X(\text{g}) \quad = \quad X^+(\text{g}) \quad + \quad \text{e}^-(\text{g}).$$

Cette définition, suffisante à ce stade de l'étude, sera précisée ultérieurement. L'énergie de n-ième ionisation est l'énergie nécessaire à l'arrachement du n-ième électron à l'état gazeux à partir de l'ion $X^{(n-1)+}$. Elle est donc associée au processus :

$$X^{(n-1)+}(\text{g}) \quad = \quad X^{n+}(\text{g}) \quad + \quad \text{e}^-(\text{g}).$$

L'énergie de première ionisation est notée I_1ou encore EI_1.Elle est quelquefois qualifiée (de façon abusive) de **potentiel d'ionisation**. Expérimentalement, une méthode spectroscopique permet de mesurer les énergies d'ionisation : cette énergie correspond à celle de la longueur d'onde la plus courte du spectre d'émission ou du spectre d'absorption de l'atome étudié. Notons qu'une énergie d'ionisation est une grandeur positive : il faut fournir de l'énergie pour ioniser un atome. Les énergies d'ionisations suivantes (deuxième, troisième ionisation...) sont toujours plus élevées que l'énergie de première ionisation.

Définition

L'énergie d'attachement électronique E_{att} de l'atome X est l'énergie à fournir à l'état gazeux pour fixer un électron et réaliser :

$$X(\text{g}) \quad + \quad \text{e}^-(\text{g}) \quad = \quad X^-(\text{g}).$$

Là encore, cette définition sera précisée ultérieurement. L'énergie d'attachement électronique E_{att} est généralement négative ; son opposé est fréquemment utilisé, il s'agit de l'**affinité**

électronique $AE = -E_{att}$. L'affinité électronique est souvent exprimée en eV (elle se rapporte alors à un seul atome) tandis que l'énergie d'ionisation peut plus fréquemment être rencontrée en $kJ{\cdot}mol^{-1}$ (elle concerne alors une mole d'atomes). Il est indispensable de savoir réaliser une conversion d'unités : $1\ eV = 1{,}6.10^{-19}$ J, le résultat est exprimé en $J{\cdot}mol^{-1}$ après multiplication par la constante d'AVOGADRO $\mathcal{N}_A = 6{,}02.10^{23}\ mol^{-1}$.

b. Évolutions observées dans la classification périodique

La table 1.1 montre l'évolution de l'énergie de première ionisation (en eV) dans la classification périodique.

L'énergie de première ionisation augmente globalement de gauche à droite sur une ligne et augmente de bas en haut dans une colonne.

Ces résultats se justifient dans le cadre du modèle quantique de l'atome polyélectronique. Notons toutefois l'existence d'anomalies, notamment entre Be et B, N et O ou encore entre Mg et Al, P et S... La plus petite énergie de première ionisation est rencontrée dans le césium (bas-gauche de la classification périodique) tandis que la plus grande valeur est rencontrée dans l'angle supérieur droit (vers He). Autrement dit il faut relativement peu d'énergie pour ioniser les atomes voisins du césium et beaucoup plus pour ioniser les atomes des éléments voisins de He. Les faibles valeurs de l'énergie d'ionisation des éléments de l'angle inférieur gauche du tableau périodique sont associées à leur fort caractère réducteur (par exemple Cs, tout comme K ou encore Na, réagit violemment sur l'eau en provoquant une réduction en dihydrogène).

1 **H** 13,6		⟵ bloc d ⟶						2 **He** 24,6
3 **Li** 5,4	4 **Be** 9,3		5 **B** 8,3	6 **C** 11,3	7 **N** 14,3	8 **O** 13,6	9 **F** 17,4	10 **Ne** 15,8
11 **Na** 5,4	12 **Mg** 9,3		13 **Al** 8,3	14 **Si** 11,3	15 **P** 14,3	16 **S** 13,6	17 **Cl** 17,4	18 **Ar** 15,8
19 **K** 5,4	20 **Ca** 9,3		31 **Ga** 8,3	32 **Ge** 11,3	33 **As** 14,3	34 **Se** 13,6	35 **Br** 17,4	36 **Kr** 15,8
37 **Rb** 5,4	38 **Sr** 9,3		49 **In** 8,3	50 **Sn** 11,3	51 **Sb** 14,3	52 **Te** 13,6	53 **I** 17,4	54 **Xe** 15,8

TABLE 1.1 – Énergies de première ionisation (en eV)

D'un point de vue des propriétés chimiques, il est aussi possible de relier cette faible énergie d'ionisation au caractère métallique des éléments de la gauche du tableau périodique.

À l'état solide, un métal est microscopiquement modélisé par une armature de cations immergés dans une *mer* d'électrons très mobiles ; un tel solide n'est envisageable qu'avec des atomes facilement ionisables. Les éléments de la droite du tableau périodique, manifestant une forte énergie d'ionisation, ne présentent pas un caractère métallique. Notons enfin que les énergies d'ionisation suivantes (deuxième, troisième ionisation...) présentent au sein de la classification périodique une évolution similaire à celle observée pour les énergies de première ionisation. Rappelons que l'affinité électronique AE de l'atome X est définie comme l'opposé de l'énergie d'attachement électronique E_{att}. E_{att} est l'énergie à fournir pour réaliser la réaction :

$$X(\text{g}) \quad + \quad \text{e}^-(\text{g}) \qquad = \qquad X^-(\text{g}).$$

Cette définition montre que plus il est facile de fixer un électron à un atome X (à l'état gazeux), plus l'affinité électronique AE est élevée. L'évolution de l'affinité électronique AE (en eV) dans le haut du tableau périodique est fournie table 1.2 ; elle témoigne d'un signe souvent positif (et donc d'une énergie d'attachement souvent négative).

1 **H** 0,75		⟵ bloc d ⟶						2 **He** $-0,21$
3 **Li** 0,62	4 **Be** $-0,18$		5 **B** 0,28	6 **C** 1,26	7 **N** $-0,07$	8 **O** 1,46	9 **F** 3,40	10 **Ne** $-0,30$
11 **Na** 0,55	12 **Mg** $-0,21$		13 **Al** 0,46	14 **Si** 1,38	15 **P** 0,75	16 **S** 2,08	17 **Cl** 3,62	18 **Ar** $-0,36$
19 **K** 0,50	20 **Ca** $-1,93$		31 **Ga** 0,30	32 **Ge** 1,21	33 **As** 0,81	34 **Se** 2,02	35 **Br** 3,37	36 **Kr** $-0,40$
37 **Rb** 0,49	38 **Sr** $-1,51$		49 **In** 0,30	50 **Sn** 1,20	51 **Sb** 1,05	52 **Te** 1,97	53 **I** 2,69	54 **Xe** $-0,43$

TABLE 1.2 – Affinités électroniques (en eV)

La tendance générale qui se dessine dans le tableau périodique (à l'exception des gaz rares) est une augmentation de l'affinité électronique AE dans la partie supérieure droite de la classification périodique (avec une augmentation de gauche à droite sur une ligne *entre les colonnes 13 et 18*). Une quasi-stagnation (à quelques exceptions près) de l'affinité électronique AE est observée le long d'une même colonne. L'affinité électronique est maximale dans la région des halogènes (colonne 17). Il est possible de relier cette forte affinité électronique à un fort pouvoir oxydant : un halogène comme le fluor, le chlore, le brome ou l'iode a une forte tendance à capter un électron. Notons l'intervention d'une anomalie dans la colonne de l'azote : l'affinité électronique AE est anormalement petite. Ceci est expliqué dans le cadre du modèle quantique de l'atome polyélectronique. Les évolutions de l'affinité électronique AE sont plus erratiques que celles de l'énergie d'ionisation. Il est difficile de se hasarder à des prédictions plus précises qui ne relèveraient que de la conjecture.

5.2 Notion d'électronégativité χ

L'**électronégativité** (notée χ) est une grandeur définie arbitrairement et qui cherche à traduire quantitativement la capacité d'un atome à attirer les électrons à l'intérieur d'une molécule. Nous proposerons les trois échelles les plus usuelles de mesure de l'électronégativité.

a. Échelles d'électronégativité

La première échelle présentée est certainement la plus intuitive ; elle est basée sur le principe qu'une forte affinité pour les électrons sera associée à une **énergie d'ionisation** élevée (il est difficile d'expulser un électron) mais aussi à une forte **affinité électronique** (il est facile d'apporter un électron supplémentaire). La première échelle présentée moyenne les deux tendances, il s'agit de l'**échelle de** MULLIKEN. L'électronégativité de l'atome X est proportionnelle à la demi-somme de l'énergie d'ionisation EI et de l'affinité électronique AE :

$$\chi_M = \mathrm{k}\frac{EI + AE}{2}.$$

Notons la difficulté qui consiste à réaliser une application numérique à partir de cette relation. En effet les grandeurs à manipuler ne sont pas exactement les simples énergie d'ionisation et affinité électronique présentées plus haut mais des grandeurs qui tiennent compte des liaisons de l'atome avec ses voisins. En conséquence on ne cherchera pas à retrouver par des calculs trop élémentaires les valeurs numériques indiquées par MULLIKEN, mais on acceptera qu'un traitement adéquat de données s'appuyant de façon non évidente sur les concepts d'énergie d'ionisation et d'affinité électronique permet d'établir cette échelle.

Une deuxième échelle, elle aussi intuitive, est l'**échelle d'**ALLRED-ROCHOW : si l'atome X est électronégatif, il aura tendance à attirer fortement un électron excédentaire. Ainsi dans cette deuxième échelle, l'électronégativité χ est une fonction affine de la force d'attraction qu'exercerait dans une description en physique classique (non quantique) le noyau sur un électron ajouté au cortège électronique. L'électronégativité χ s'écrit :

$$\chi_{AR} = \mathrm{k'}\frac{Z^*}{r^2} + \mathrm{C}$$

où k' et C sont des constantes, r est le rayon de l'atome étudié et Z^* la charge du noyau, ressentie par l'électron ajouté au cortège électronique (la charge Z^* est calculée à partir de règles empiriques (les règles de SLATER) qui tiennent compte de la présence d'électrons entre le noyau et l'électron ajouté (voir chapitre 2, deuxième période PC).

La dernière échelle d'électronégativité est la plus utilisée par les chimistes (notamment en chimie organique). Elle a été introduite en 1932 par Linus PAULING qui avait remarqué que les liaisons $A-B$ sont plus solides que la valeur attendue à partir d'une moyenne des liaisons $A-A$ et $B-B$. L'échelle proposée utilise des données sur les énergies de liaison. L'énergie de liaison AB est l'énergie à fournir à l'état gazeux pour rompre la liaison AB, elle est notée

D_{AB}. Dans l'**échelle de** PAULING la différence d'électronégativité entre les atomes A et B suit la relation :

$$|\chi_{P,A} - \chi_{P,B}|^2 = \text{k"}(D_{AB} - \sqrt{D_{AA}.D_{BB}})$$

où k" est une constante. Conformément à la notation évoquée plus haut, D_{AA}, D_{BB} et D_{AB} sont les énergies de liaison AA, BB et AB. Notons que la constante k qui apparaît dans la définition de l'échelle de MULLIKEN et les constantes k' et C qui apparaissent dans la définition d'ALLRED-ROCHOW sont choisies de façon à fournir $\chi = 2,2$ pour l'hydrogène, valeur qui est à la base de la première échelle de PAULING.

b. Évolution dans le tableau périodique

La figure 1.21 indique l'évolution de l'électronégativité (dans les trois échelles évoquées) au sein du tableau périodique :

De façon générale l'**électronégativité** croît lors d'un déplacement de gauche à droite sur une ligne ainsi que de bas en haut sur une colonne du tableau périodique. L'élément le plus électronégatif est le **fluor**, l'élément le moins électronégatif (qualifié alors d'*électropositif*) est le **césium**. Tous les halogènes ont une forte tendance à capter un électron (l'anion a alors la structure du gaz noble le plus proche) : ils manifestent une forte électronégativité. À l'opposé tous les métaux de la gauche du tableau (Li, Na...) sont très faiblement électronégatifs (ils sont dits *électropositifs* par opposition) : ils auront au contraire tendance à perdre des électrons. Notons que l'hydrogène fait exception à cette évolution et possède une électronégativité voisine de celle du carbone. Ce résultat est important en chimie organique.

c. Utilisation de l'électronégativité

La notion d'électronégativité permet souvent de justifier la réactivité de certaines molécules. La très large majorité des substances rencontrées en chimie (et notamment en chimie organique) est constituée de **corps composés** (qui contiennent plusieurs éléments chimiques différents, par opposition aux **corps simples** qui ne contiennent qu'un seul élément chimique). Certaines propriétés de ces corps composés sont prévisibles, ou du moins justifiables, à partir de l'analyse de la différence d'électronégativité des atomes constituant la substance étudiée. Ainsi les électrons liant deux atomes d'électronégativité très différente se situent préférentiellement sur l'atome d'électronégativité la plus élevée, conférant à la liaison un caractère **polaire** voire **ionique** (la polarité des molécules est étudiée au chapitre 3).

6 Étude de quelques familles

6.1 Éléments du bloc *s*

Les éléments du bloc *s* sont les éléments des deux premières colonnes de la classification périodique. Ils sont partagés entre les **métaux alcalins** (première colonne, un électron externe) et les **métaux alcalino-terreux** (deuxième colonne, deux électrons de valence). Remarquons que l'hydrogène est évidemment un non-métal et n'entre pas dans le cadre de ce paragraphe. Les éléments du bloc *s* possèdent un ou deux électrons externes peu liés, ce qui leur confère un caractère métallique ainsi qu'une forte réactivité chimique.

Z X 1,23 1,17 1,33 → électronégativité de ALLRED-ROCHOW ; électronégativité de MULLIKEN ; électronégativité de PAULING

1 H 2,20 2,21 2,20																	2 He 3,20 3,00 ----
3 Li 0,97 0,84 0,98	4 Be 1,47 1,40 1,57											5 B 2,01 1,93 2,04	6 C 2,50 2,48 2,55	7 N 3,07 2,33 3,04	8 O 3,50 3,17 3,44	9 F 4,10 3,90 3,98	10 Ne 5,10 ---- ----
11 Na 1,01 0,74 0,93	12 Mg 1,23 1,17 1,31											13 Al 1,47 1,64 1,61	14 Si 1,74 2,25 1,93	15 P 2,06 1,84 2,19	16 S 2,44 2,28 2,58	17 Cl 2,83 2,95 3,16	18 Ar 3,30 ---- ----
19 K 0,91 0,77 0,82	20 Ca 1,04 0,99 1,00	21 Sc 1,20 ---- 1,36	22 Ti 1,32 ---- 1,54	23 V 1,45 ---- 1,63	24 Cr 1,56 ---- 1,66	25 Mn 1,60 ---- 1,55	26 Fe 1,64 ---- 1,83	27 Co ---- ---- 1,88	28 Ni ---- ---- 1,91	29 Cu 1,75 1,36 1,90	30 Zn 1,66 1,49 1,65	31 Ga 1,82 1,82 1,81	32 Ge 2,02 2,50 2,01	33 As 2,20 1,59 2,18	34 Se 2,48 2,18 2,55	35 Br 2,74 2,62 2,96	36 Kr 3,10 ---- 2,91
37 Rb 0,89 0,50 0,82	38 Sr 0,99 0,85 0,95	39 Y 1,11 ---- 1,22	40 Zr 1,22 ---- 1,33	41 Nb 1,23 ---- 1,64	42 Mo 1,30 ---- 2,16	43 Tc 1,36 ---- 1,92	44 Ru 1,42 ---- 2,18	45 Rh 1,45 ---- 2,28	46 Pd 1,35 ---- 2,20	47 Ag 1,42 ---- 1,93	48 Cd 1,46 ---- 1,69	49 In 1,49 1,57 1,78	50 Sn 1,72 2,44 1,80	51 Sb 1,82 1,46 2,05	52 Te 2,01 2,08 2,09	53 I 2,21 2,52 2,66	54 Xe 2,4 ---- 2,60
55 Cs 0,86 ---- 0,79	56 Ba 0,97 ---- 0,89	57 La 1,08 ---- 1,10	72 Hf 1,23 ---- 1,29	73 Ta 1,33 ---- 1,50	74 W 1,40 ---- 2,26	75 Re 1,46 ---- 1,94	76 Os 1,52 ---- 2,18	77 Ir 1,55 ---- 2,20	78 Pt 1,44 ---- 2,28	79 Au 1,42 ---- 2,54	80 Hg 1,44 ---- 2,00	81 Tl 1,44 ---- 1,62	82 Pb 1,55 ---- 1,87	83 Bi 1,67 ---- 2,02	84 Po 1,76 ---- 2,00	85 At 1,90 ---- 2,20	86 Rn ---- ---- ----
87 Fr 0,86 ---- 0,70	88 Ra 0,97 ---- 0,90	89 Ac 1,00 ---- 1,10															

58 Ce 1,06 1,12 ----	59 Pr 1,07 1,13 ----	60 Nd 1,07 1,14 ----	61 Pm 1,07 ---- ----	62 Sm 1,07 1,17 ----	63 Eu 1,01 ---- ----	64 Gd 1,11 1,20 ----	65 Tb 1,10 ---- ----	66 Dy 1,10 1,22 ----	67 Ho 1,10 1,23 ----	68 Er 1,11 1,24 ----	69 Tm 1,11 1,25 ----	70 Yb 1,06 ---- ----	71 Lu 1,14 1,27 ----
90 Th 1,11 ---- ----	91 Pa 1,14 ---- ----	92 U 1,22 1,38 ----	93 Np 1,22 1,36 ----	94 Pu 1,20 1,28 ----	95 Am 1,20 ---- ----	96 Cm 1,20 ---- ----	97 Bk 1,20 ---- ----	98 Cf 1,20 ---- ----	99 Es 1,20 ---- ----	100 Fm 1,20 ---- ----	101 Md 1,20 ---- ----	102 No 1,20 ---- ----	103 Lr 1,20 ---- ----

FIGURE 1.21 – Valeurs numériques des électronégativités

Les éléments de la première colonne (alcalins) ont tendance à perdre un électron pour former le cation monochargé correspondant. Les éléments de la deuxième colonne (alcalino-terreux) ont quant à eux tendance à former le cation doublement chargé, correspondant à une double ionisation. Nous pouvons citer à titre d'exemple les ions Li^+, Na^+ et K^+ correspondant aux atomes de lithium, sodium et potassium ayant perdu un électron. Les ions Mg^{2+}, Ca^{2+} ou encore Sr^{2+} correspondent pour leur part à des atomes de magnésium, calcium et strontium ayant perdu deux électrons. D'un point de vue réactivité chimique, tous les éléments de la première colonne réagissent violemment avec l'eau, en la réduisant en dihydrogène. Les éléments de la deuxième colonne (à l'exception du béryllium) réduisent aussi l'eau mais d'une façon beaucoup moins violente. Ainsi, la réduction de l'eau par le potassium s'écrit :

$$2\,\mathrm{K\,(s)} \quad + \quad 2\,\mathrm{H_2O}\,(\ell) \quad = \quad 2\,\mathrm{K^+\,(aq)} \quad + \quad 2\,\mathrm{HO^-\,(aq)} \quad + \quad \mathrm{H_2\,(g)}.$$

Ces métaux ont tendance à former des **oxydes**.

Définition

Un oxyde est un composé de formule M_xO_y dans lequel chacun des atomes ou ions oxygène est lié directement et exclusivement à un atome ou un ion d'un autre élément.

Tous les éléments du bloc *s* forment des **oxydes** solides fortement **ioniques** : c'est-à-dire que dans le cristal (solide du type MO ou M_2O) l'oxygène est pratiquement rencontré à l'état d'ion oxyde O^{2-} tandis que le métal est sous forme de cation M^+ ou M^{2+}. Ce phénomène s'explique facilement en considérant la forte différence d'électronégativité entre l'oxygène et les éléments du bloc *s* : O a eu tendance à capter les électrons que le métal avait naturellement tendance à perdre. Par suite de la présence d'ions O^{2-} (fortement basiques) et de l'absence de propriétés acides des cations, ces oxydes sont qualifiés d'**oxydes basiques** : ils réagissent sur l'eau en captant un proton et en formant des hydroxydes. Ainsi l'oxyde de lithium Li_2O(s) ($2Li^+O^{2-}$) agit sur l'eau selon la réaction :

$$\mathrm{Li_2O\,(s)} \quad + \quad \mathrm{H_2O}\,(\ell) \quad = \quad 2\,\mathrm{Li^+\,(aq)} \quad + \quad 2\,\mathrm{OH^-\,(aq)}.$$

Notons l'existence d'oxydes analogues formés à partir des ions calcium et des ions magnésium : oxyde de calcium CaO(s) ($Ca^{2+}O^{2-}$) et oxyde de magnésium MgO(s) ($Mg^{2+}O^{2-}$). Le béryllium occupe une position particulière car possédant l'énergie d'ionisation la plus élevée de la colonne, son caractère métallique est le moins marqué. L'oxyde BeO engageant le béryllium n'est pas aussi ionique que ses congénères et manifeste à la fois des propriétés acides et basiques : il est **amphotère**.

6.2 Éléments du bloc *p*

a. Métaux du bloc *p*, formation d'oxydes

Certains éléments du bloc *p* manifestent un caractère **métallique**. Rappelons que la frontière séparant métaux et non-métaux traverse le bloc *p* de façon diagonale. Les métaux du bloc *p* ont tendance à former des cations très chargés (citons à titre d'exemple les ions Al^{3+}et Sn^{4+}). Ils interviennent dans des oxydes présentant à la fois un caractère acide (dû à la présence de cations très chargés) et basique (présence d'ions O^{2-}) : ces oxydes sont dits **amphotères**. Ainsi l'oxyde d'aluminium $Al_2O_3(s)$ réagit sur l'eau en se comportant à la fois comme un **acide** et une **base**. Les réactions rencontrées sont :

$$Al_2O_3\,(s) \quad + \quad 3\,H_2O\,(\ell) \quad = \quad 2\,Al^{3+}\,(aq) \quad + \quad 6\,HO^-(aq) \qquad \text{(oxyde basique)}$$

mais aussi :

$$Al_2O_3\,(s) \quad + \quad 7\,H_2O\,(\ell) \quad = \quad 2\,[Al(OH)_4]^-\,(aq) \quad + \quad 2\,H_3O^+\,(aq)$$

(comportement acide).

L'aluminium se comporte d'une façon similaire au béryllium. La ressemblance entre deux éléments voisins de façon diagonale est rencontrée dans plusieurs cas du tableau périodique. Le terme de *parenté diagonale* est parfois utilisé (une tentative d'explication de cette constatation peut avancer que l'électronégativité augmente de gauche à droite sur une ligne, diminue de haut en bas sur une colonne et stagne par conséquent sur une diagonale).

b. Non-métaux du bloc *p*, formation d'oxydes

Les éléments situés à droite de la frontière évoquée ci-dessus sont des non-métaux et donnent naissance à des **oxydes covalents** (l'atome d'oxygène est lié par liaison covalente) en raison d'une électronégativité comparable entre l'oxygène et l'élément lié. Citons les exemples du dioxyde et du trioxyde de soufre (SO_2 et SO_3) ou bien encore du monoxyde et du dioxyde de carbone (CO et CO_2). Les oxydes sont alors des composés gazeux moléculaires et non des solides ioniques. Les halogènes manifestent un rôle particulier dans ce bloc *p*.

c. Halogènes

Les atomes halogènes (souvent notés X) possèdent sept électrons sur leur couche externe. Ils ont tendance à capter un électron et à se présenter sous forme d'anions halogénure X^-. Les halogènes rencontrés en chimie sont le fluor, le chlore, le brome et l'iode. L'astate est un élément radioactif qui se désintègre rapidement (son isotope le plus stable $^{210}_{85}At$ a une durée de demi-vie de $8,3$ h seulement). Les halogènes peuvent établir des liaisons covalentes (mise en commun d'électrons) aussi bien que des liaisons ioniques. Ils établissent par exemple des liaisons covalentes en formant des molécules de dihalogènes X_2 (molécules possédant un pouvoir très **oxydant**) :

- difluor F_2 : gaz jaune pâle (très oxydant) ;
- dichlore Cl_2 : gaz jaune-vert ;
- dibrome Br_2 : liquide rouge-brun ;
- diiode I_2 : solide violacé.

Notons que les états physiques donnés sont ceux rencontrés pour une température $T = 298$ K et une pression $p = 1$ bar. En combinaison avec des éléments très électropositifs, les halogènes forment des solides ioniques : citons les sels halogénures de métaux alcalins ou alcalino-terreux de type NaCl (Na^+Cl^-), KF (K^+F^-), CaF_2 ou encore $MgCl_2$.

d. Gaz rares ou gaz nobles

Les gaz rares ou gaz nobles constituent la dernière colonne du tableau périodique. Ces éléments possèdent huit électrons sur leur couche externe. Ils manifestent une faible réactivité chimique et sont rencontrés la plupart du temps à l'état atomique. L'hélium He provient en grande partie de gisements de gaz naturel et est utilisé comme réfrigérant ou comme diluant de gaz dans des atmosphères artificielles. Le néon et l'argon sont utilisés dans les ampoules à incandescence en raison de leur inertie chimique, de leur caractère non-corrosif et de leur spectre d'émission particulier (appartenant au spectre visible). Seuls le xénon et le krypton peuvent manifester une réactivité chimique : il est possible de les associer à d'autres atomes, notamment oxygène et halogènes, pour former des molécules du type XeO_3 (composé explosif), XeF_4 ou XeF_6.

6.3 Éléments du bloc *d*

Tous les éléments du bloc *d* sont des métaux. Les éléments situés à gauche du groupe ont des propriétés voisines de celles des métaux du bloc *s* tandis que les éléments situés à droite s'apparentent plutôt aux métaux du bloc *p*. Pour cette raison ils sont qualifiés de **métaux de transition**. Les métaux du bloc *d* forment souvent plusieurs types de cations responsables d'une réactivité chimique riche et variée. Par exemple, le fer donne naissance aux cations Fe^{2+}, Fe^{3+} ; le cuivre forme les ions Cu^{2+} ou Cu^{+} et le cobalt les ions Co^{2+} et Co^{3+}. Ces cations sont très souvent **paramagnétiques** : ils ont un comportement particulier dans un champ magnétique. Cette propriété est généralement à relier à la présence d'électrons célibataires. Notons aussi que les cations des métaux de transition sont généralement colorés en solution aqueuse et ont tendance à s'associer à des molécules ou à des ions sous forme d'édifices de centre métallique (appelés **complexes** ou **ions complexes**). Ainsi les ions Cu^{2+} en milieu aqueux apparaissent bleus. En réalité, il s'agit d'un édifice de centre Cu^{2+} associant six molécules d'eau et de formule $[Cu(H_2O)_6]^{2+}$ (ion complexe). Les oxydes de métaux de transition sont quelquefois acides (en raison de cations métalliques très chargés, ils occasionnent une solution acide par contact avec l'eau). C'est notamment le cas de $CrO_3(s)$ qui réagit sur l'eau selon :

$$2\,CrO_3\,(s) \quad + \quad 3\,H_2O\,(\ell) \quad = \quad Cr_2O_7^{2-}\,(aq) \quad + \quad 2\,H_3O^+\,(aq).$$

Ce caractère est d'autant plus marqué que le cation est fortement chargé. Ainsi des oxydes comme $MoO_3(s)$ ou encore $Mn_2O_7(s)$ se révèlent acides.

⚠ Toutes les tendances d'oxydes sont rencontrées chez les éléments du bloc *d* : lorsque les cations sont peu chargés (+1 ou +2), la présence des ions O^{2-} assure un comportement basique notable pour l'oxyde. Ainsi $Cu_2O(s)$ ou $NiO(s)$ sont des oxydes basiques, $ZnO(s)$ est pour sa part un oxyde amphotère.

7 Mise en oeuvre expérimentale (TP-cours)

Quelques expériences simples permettent d'illustrer les principales propriétés chimiques des éléments, en fonction de leur position dans la classification périodique. Des éléments situés dans une même colonne manifestent des propriétés voisines alors que les propriétés chimiques évoluent fortement le long d'une ligne.

7.1 Combustion de quelques corps simples dans le dioxygène

a. Sodium et magnésium : éléments du bloc *s*

Le sodium est préalablement chauffé dans un creuset (bec BUNSEN). Lors de son introduction dans un flacon rempli de dioxygène, il brûle en dégageant des fumées blanches. Si le fond du flacon contient une petite quantité d'eau et de phénolphtaléine (solution incolore), les fumées blanches disparaissent et la solution vire au rose. La réaction d'oxydation fournit $Na_2O(s)$ et $Na_2O_2(s)$ (fumées blanches) selon les réactions :

$$2\,Na\,(s) \quad + \quad \frac{1}{2}\,O_2\,(g) \quad = \quad Na_2O\,(s)$$

et :

$$2\,Na\,(s) \quad + \quad O_2\,(g) \quad = \quad Na_2O_2\,(g).$$

Notons que $Na_2O_2(g)$ est un peroxyde qui contient l'ion O_2^{2-}. Le caractère basique des oxydes formés est mis en évidence par la coloration de la phénolphtaléine (virage au rose en milieu basique). La réaction de $Na_2O(s)$ avec l'eau s'écrit :

$$Na_2O\,(s) \quad + \quad H_2O\,(\ell) \quad = \quad 2\,Na^+\,(aq) \quad + \quad 2\,HO^-\,(aq).$$

La même réaction est menée avec un ruban de magnésium. La réaction est beaucoup plus vive (flamme éblouissante et très riche en ultra-violets dont il faut se protéger en ne regardant pas le ruban en combustion et en portant des lunettes de protection). Il se produit la réaction de combustion :

$$2\,Mg\,(s) \quad + \quad O_2\,(g) \quad = \quad 2\,MgO\,(s).$$

Le caractère basique de l'oxyde est mis en évidence par la coloration de la phénolphtaléine. La réaction engageant l'oxyde de magnésium et l'eau s'écrit :

$$MgO\,(s) \quad + \quad H_2O\,(\ell) \quad = \quad Mg^{2+}\,(aq) \quad + \quad 2\,HO^-\,(aq).$$

b. Carbone et soufre : éléments du bloc *p*

Un flacon est préalablement rempli de dioxygène gazeux (et d'une petite quantité d'eau). Un creuset rempli de soufre est enflammé puis plongé dans le flacon. La réaction a lieu beaucoup plus vivement que dans l'air. Une obturation du flacon avec une membrane en caoutchouc témoigne d'un effet ventouse (le flacon ne doit pas être en verre trop mince). La réaction de combustion s'écrit :

$$S\,(s) \quad + \quad O_2\,(g) \quad = \quad SO_2\,(g).$$

L'effet ventouse est expliqué par la forte solubilité de $SO_2(g)$ dans l'eau. Le dioxyde de soufre possède des propriétés décolorantes (il décolore l'indigo, les encres à stylo, les fleurs colorées...). Un morceau de papier pH trempé dans la solution du flacon témoigne d'un caractère acide : $SO_2(g)$ se dissout dans l'eau sous forme d'acide sulfureux H_2SO_3. Notons qu'il se forme aussi au cours de la combustion une petite quantité de trioxyde de soufre SO_3 (fumées blanches, peu solubles dans l'eau).

La réaction est réitérée avec un morceau de fusain (C(s)) préalablement porté au rouge (bec BUNSEN) et tenu par un support. L'incandescence se révèle plus vive dans le flacon de dioxygène. Le même effet ventouse est constaté que lors de l'expérience utilisant le soufre. La réaction de combustion s'écrit :

$$C\,(s) \quad + \quad O_2\,(g) \qquad = \qquad CO_2\,(g).$$

Le dioxyde de carbone se dissout très facilement dans l'eau sous forme CO_2,H_2O (quelquefois noté H_2CO_3 et appelé acide carbonique). Un test au papier pH montre facilement le caractère acide de la solution.

7.2 Propriétés réductrices des alcalins et des alcalino-terreux

Les éléments de la première colonne manifestent un fort caractère réducteur (tendance à céder un électron). Un petit morceau de sodium convenablement coupé et essuyé est introduit dans un cristallisoir à demi plein d'eau et dans lequel on a préalablement ajouté quelques gouttes de phénolphtaléine. Le morceau de sodium se déplace alors vivement à la surface de l'eau (phénomène de caléfaction) et s'enflamme en donnant une flamme jaune. Une traînée rose apparaît (caractéristique d'un milieu basique) au passage du morceau de sodium. La réaction qui a lieu engage le sodium et l'eau : si la même expérience est réalisée en recouvrant l'eau d'une couche d'huile, le morceau de sodium se positionne à l'interface entre les deux liquides et s'enflamme, ce qui témoigne de l'action de l'eau et non du dioxygène de l'air. Lors de cette réaction, le sodium réduit l'eau en dihydrogène selon l'équation :

$$Na\,(s) \quad + \quad H_2O\,(\ell) \qquad = \qquad Na^+\,(aq) \quad + \quad HO^-\,(aq) \quad + \quad \frac{1}{2}\,H_2\,(g).$$

L'apparition d'un milieu basique est indiquée par la phénolphtaléine. L'expérience peut aussi être menée en utilisant un morceau de calcium (situé dans la deuxième colonne). Lors de la manipulation, le morceau de calcium tombe au fond du cristallisoir et il se dégage du dihydrogène (facile à recueillir avec une éprouvette par déplacement d'eau). La phénolphtaléine permet une nouvelle fois de montrer le caractère basique de la solution. La réaction de réduction de l'eau par le calcium (alcalino-terreux) s'écrit :

$$Ca\,(s) \quad + \quad 2\,H_2O\,(\ell) \qquad = \qquad Ca^{2+}\,(aq) \quad + \quad 2\,HO^-\,(aq) \quad + \quad H_2\,(g).$$

7.3 Propriétés des dihalogènes et des halogénures

Au sein de la classification périodique, les halogènes sont rencontrés en fin de ligne tandis que les métaux alcalins et les métaux alcalino-terreux se situent en début de ligne. Les dihalogènes manifestent des propriétés oxydantes (tendance à capter des électrons).

a. Dichlore gazeux, diiode solide

De la poudre d'aluminium (limaille) est placée dans le coude d'un tube en U. Un bec BUNSEN assure le chauffage de la poudre d'aluminium. Un flux de dichlore gazeux parcourt le tube en U et se trouve au contact de l'aluminium chauffé : des fumées blanches apparaissent. La réaction qui a lieu est une réaction d'oxydation de l'aluminium en chlorure d'aluminium $AlCl_3(s)$ (fumées blanches) selon la réaction :

$$Al\,(s) \quad + \quad \frac{3}{2}\,Cl_2\,(g) \qquad = \qquad AlCl_3\,(s).$$

De façon analogue, le mélange de paillettes de diiode et de poudre d'aluminium additionné d'une goutte d'eau (catalyseur) conduit à une réaction très violente (formation de AlI_3(s)), la réaction n'est pas toujours immédiate.

b. Solutions aqueuses de dichlore et de diiode

Les dihalogènes manifestent aussi leurs propriétés oxydantes en solution aqueuse. Une solution contenant Cl_2 dissous est appelée eau de chlore. Le diiode (solide violacé) se solubilise en solution aqueuse contenant des ions iodure I^- sous forme I_3^- et conduit à une solution brune. Une première expérience consiste à mélanger une petite quantité d'eau de chlore avec une solution (fraîchement préparée) de sulfate de fer(II) (Fe^{2+}(aq) + SO_4^{2-}(aq)). Les ions Fe^{2+}(aq) sont oxydés en ions Fe^{3+}(aq) tandis que Cl_2(aq) est réduit en ions Cl^-(aq) selon la réaction :

$$\mathrm{Cl_2\,(aq)} \quad + \quad 2\,\mathrm{Fe^{2+}(aq)} \quad = \quad 2\,\mathrm{Cl^-(aq)} \quad + \quad 2\,\mathrm{Fe^{3+}(aq)}.$$

La présence des ions Fe^{3+}(aq) est mise en évidence par le test caractéristique suivant : des ions thiocyanate SCN^-(aq) sont ajoutés à la solution, la coloration rouge sang caractéristique de l'entité $[FeSCN]^{2+}$(aq) apparaît (Fe^{3+}(aq) se combine à SCN^-(aq) pour former l'ion complexe $[FeSCN]^{2+}$(aq)). Une deuxième expérience vise à montrer le caractère oxydant d'une solution brune de diiode. Une solution contenant les ions thiosulfate $S_2O_3^{2-}$ est ajoutée à une solution brune de diiode : la coloration brune disparaît. Le diiode a oxydé les ions thiosulfate en ions tétrathionate ($S_4O_6^{2-}$) selon la réaction :

$$\mathrm{I_2\,(aq)} \quad + \quad 2\,\mathrm{S_2O_3^{2-}\,(aq)} \quad = \quad 2\,\mathrm{I^-\,(aq)} \quad + \quad \mathrm{S_4O_6^{2-}\,(aq)}.$$

Cette réaction est à la base des titrages de solution de diiode.

c. Propriétés des ions halogénure

Les ions halogénure possèdent des propriétés comparables, une expérience simple le montre rapidement. Une solution contenant des ions Ag^+(aq) est versée dans trois solutions contenant Cl^-(aq), Br^-(aq) et I^-(aq). Dans les trois cas un solide apparaît : il s'agit d'un précipité blanc de chlorure d'argent AgCl(s) ou de bromure d'argent AgBr(s) et d'un précipité jaune d'iodure d'argent AgI(s). La réaction générique suivante rend compte de la formation des solides :

$$\mathrm{Ag^+\,(aq)} \quad + \quad X^-\,\mathrm{(aq)} \quad = \quad \mathrm{Ag}X\,\mathrm{(s)} \qquad \text{avec } X\text{, atome d'halogène.}$$

Une expérience analogue peut être menée en additionnant des ions Pb^{2+}(aq) à des solutions contenant des ions halogénure. Une nouvelle fois trois solides (précipités) apparaissent (blanc pour $PbCl_2$(s) mais jaune vif pour PbI_2(s)). Les réactions de formation s'écrivent :

$$\mathrm{Pb^{2+}\,(aq)} \quad + \quad 2\,X^-\,\mathrm{(aq)} \quad = \quad \mathrm{Pb}X_2\,\mathrm{(s)}.$$

Chapitre 2

Le modèle quantique de l'atome

Lorsque les mystères sont malins, ils se cachent dans la lumière écrivait Jean GIONO... Nulle phrase ne se prête aussi bien aux principes fondateurs, en apparence bien mystérieux de la chimie quantique. Née au début du siècle d'une similitude de comportement entre matière et lumière, elle gouverne l'intimité même de l'atome. En effet, de multiples observations expérimentales montrent qu'à l'échelle de l'atome, les comportements ne sont plus soumis au règne de la mécanique classique. Nous avons abordé en première période les fondements expérimentaux de la chimie quantique (spectres d'émission et d'absorption de l'atome d'hydrogène) ; le but de ce chapitre est de présenter les concepts et définitions de base (description de l'électron par une fonction d'onde Ψ). Cette étude sera appliquée à l'atome d'hydrogène puis généralisée aux ions hydrogénoïdes. Dans un deuxième temps le cas des atomes polyélectroniques sera évoqué (répartition des électrons dans l'atome), ainsi qu'une modélisation du problème proposée par SLATER. Les notions spécifiquement au programme de l'option PC sont précisées en tête de paragraphe.

1 Notion de fonction d'onde, description quantique de l'électron (options PC et SI)

1.1 Dualité onde-corpuscule en chimie

a. Dualité onde-corpuscule

On distingue en physique classique deux concepts en apparence disjoints : **onde** et **corpuscule**. Les corpuscules sont des petits *grains* de matière, localisés dans l'espace et possédant des trajectoires définies. Tout au long de sa trajectoire, position et vitesse du corpuscule peuvent être connues. Les ondes, pour leur part, ne sont pas localisées. Elles ont une étendue spatiale et n'ont pas une trajectoire à proprement parler ; elles ne transportent pas de matière mais information, quantité de mouvement et énergie. Prenons l'exemple de la houle, le mouvement de l'eau se fait de haut en bas, donnant l'impression d'une progression de l'eau (une impression seulement).

Concernant la lumière, de nombreuses expériences témoignent d'un caractère **ondulatoire** : diffraction, interférences (ces phénomènes sont étudiés à l'occasion du cours de Physique de deuxième année). D'autres prouvent un comportement **corpusculaire** et envisagent la

lumière comme un jet de particules (les photons) : effet photoélectrique (qui valut à A. EINSTEIN le prix NOBEL de Physique en 1921). Il faut alors envisager l'aspect ondulatoire et corpusculaire comme complémentaires : la lumière manifeste tantôt un caractère d'onde, tantôt un caractère de corpuscule. On parle alors de **dualité onde-corpuscule**.
Les deux aspects sont reliés par la relation suivante, liant quantité de mouvement du photon et longueur d'onde associée :

$$p = \frac{h}{\lambda}.$$

b. Généralisation : onde de Louis de BROGLIE

En 1923, L. de BROGLIE propose de généraliser la dualité onde/corpuscule constatée pour la lumière aux particules affectées d'une masse et d'une quantité de mouvement, en particulier à l'électron. Ainsi on associe à une particule de masse m, d'énergie E et de quantité de mouvement p une onde de fréquence ν et de longueur d'onde λ telle que :

$$E = h\nu$$

et :

$$\lambda = \frac{h}{p}.$$

Dans ce cas, il ne s'agit plus d'une onde électromagnétique mais d'une onde de matière. Ce concept peut apparaître *a priori* étonnant mais en 1927 une confirmation est fournie par l'expérience de DAVISSON et GERMER : pour la première fois, un phénomène de diffraction (ondulatoire) par faisceau d'électrons sur un cristal est observé. Pratiquement en même temps, THOMSON montre qu'un faisceau d'électrons est diffracté en traversant une fine feuille d'or. Ce caractère ondulatoire associé à toute particule constitue la base de la mécanique quantique. Il est décrit par une fonction mathématique Ψ appelée **fonction d'onde** qui contient toute l'information physique relative à cette particule.

1.2 Fonction d'onde Ψ

a. Utilisation de coordonnées sphériques

Nous cherchons à repérer la position d'un électron par rapport au noyau (centre du repère) de la façon la plus commode possible. Il s'avère que les coordonnées cartésiennes (x, y, z) sont très peu pratiques et ne permettent pas de rendre compte simplement de la symétrie sphérique de l'atome. Les **coordonnées sphériques** r, θ et φ sont choisies et sont définies de la façon suivante :

- r désigne la distance entre l'électron (M) et le noyau (centre du repère : O) ;
- θ est l'angle formé entre Oz et OM ;
- φ est l'angle formé entre Ox et OM′ (M′ est la projection du point M sur le plan xOy suivant la direction Oz).

Ces coordonnées sont indiquées sur la figure 2.1.

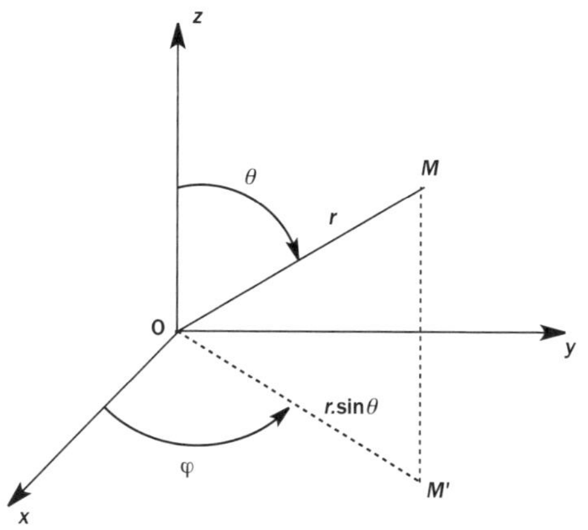

FIGURE 2.1 – Coordonnées sphériques

b. Fonction d'onde : définition

Sur la base de la dualité onde/corpuscule, à toute particule (et en particulier à l'électron) est associée une fonction d'onde $\Psi(x,y,z,t)$ ou $\Psi(r,\theta,\varphi,t)$ en coordonnées sphériques. Cette fonction peut être réelle ou complexe, il s'agit d'un objet mathématique contenant toutes les informations relatives à la particule.
Dans le cadre de ce cours, les fonctions d'onde considérées sont dites **stationnaires** car elles décrivent un état stationnaire de l'électron : elles sont indépendantes du temps. En conséquence la fonction d'onde Ψ ne dépend plus que de trois coordonnées d'espace. Ψ est solution de l'équation fondamentale de la chimie quantique : l'équation de SCHRÖDINGER. Cette équation prend la forme :

$$\widehat{H}(\Psi) = E\Psi.$$

$\widehat{H}$ est un opérateur mathématique (**opérateur Hamiltonien**) qui est appliqué à la fonction d'onde Ψ.
En chimie quantique, un opérateur est un outil mathématique (noté $\widehat{X}$) qui, appliqué à la fonction d'onde Ψ fournit une information sur l'électron décrit par Ψ. Ainsi l'opérateur $\widehat{H}$ appliqué à la fonction Ψ fournit $E\Psi$ où E est un scalaire (réel), il s'agit de l'opérateur permettant de connaître l'énergie à partir de la fonction d'onde. De façon générale, lorsque le résultat de l'application d'un opérateur sur une fonction f donne cette même fonction multipliée par une constante a, la fonction f est dite *fonction propre de l'opérateur* et la constante a est la *valeur propre* associée. En utilisant ce vocabulaire, la fonction d'onde est **fonction propre** de l'opérateur Hamiltonien, et l'énergie associée est une **valeur propre** du même opérateur.
De façon générale, la mécanique quantique substitue à la grandeur physique étudiée (jusqu'à présent pour nous il s'agissait de l'énergie) l'opérateur correspondant (pour l'énergie, l'opérateur Hamiltonien) et les valeurs mesurables expérimentalement sont les valeurs propres de l'opérateur.

✎ Il existe d'autres opérateurs que l'opérateur Hamiltonien $\widehat{H}$, ainsi $\widehat{p_x}$, $\widehat{p_y}$ et $\widehat{p_z}$ sont trois opérateurs fournissant à partir de Ψ les projections du vecteur quantité de mouvement $\vec{p}$ selon les axes Ox, Oy et Oz. Les opérateurs $\widehat{p_x}$, $\widehat{p_y}$ et $\widehat{p_z}$ prennent la forme :

- $\widehat{p_x} = -i\hbar\dfrac{\partial}{\partial x}$ (de valeur propre p_x et de fonction propre Ψ) ;
- $\widehat{p_y} = -i\hbar\dfrac{\partial}{\partial y}$ (de valeur propre p_y et de fonction propre Ψ) ;
- $\widehat{p_z} = -i\hbar\dfrac{\partial}{\partial z}$ (de valeur propre p_z et de fonction propre Ψ).

L'énergie d'un électron dans un champ de potentiel $V(x,y,z)$ et possédant la quantité de mouvement p s'écrit :

$$E = E_c + E_p = \frac{p^2}{2m} + (-e).V(x,y,z).$$

De façon quantique, cette équation prend une forme correspondante : il s'agit de l'équation de SCHRÖDINGER.

Complément : forme de l'équation de SCHRÖDINGER
L'identité précédente devient sous forme d'équation aux valeurs propres :

$$E\Psi = \frac{\widehat{p^2}}{2m}\Psi + (-e).V\Psi = \widehat{H}\Psi.$$

Or :

$$\widehat{p^2} = \widehat{p_x^2} + \widehat{p_y^2} + \widehat{p_z^2} = \left(-i\hbar\frac{\partial}{\partial x}\right)^2 + \left(-i\hbar\frac{\partial}{\partial y}\right)^2 + \left(-i\hbar\frac{\partial}{\partial z}\right)^2.$$

Ainsi :

$$\frac{\widehat{p^2}}{2m}\Psi = -\frac{\hbar^2}{2m}\left(\frac{\partial^2}{\partial x^2}\Psi + \frac{\partial^2}{\partial y^2}\Psi + \frac{\partial^2}{\partial z^2}\Psi\right).$$

La forme de l'équation de SCHRÖDINGER est fournie succinctement de la façon suivante :

$$-\frac{\hbar^2}{2m}\Delta\Psi + E_p\Psi = E\Psi$$

$\Delta\Psi$ est l'opérateur Laplacien appliqué à la fonction Ψ :

$$\Delta\Psi = \frac{\partial^2}{\partial x^2}\Psi + \frac{\partial^2}{\partial y^2}\Psi + \frac{\partial^2}{\partial z^2}\Psi$$

en coordonnées cartésiennes ou encore :

$$\Delta\Psi = \frac{1}{r^2}\left[\frac{\partial}{\partial r}\left(r^2\frac{\partial}{\partial r}\Psi\right) + \frac{1}{\sin\theta}\frac{\partial}{\partial\theta}\left(\sin\theta\frac{\partial}{\partial\theta}\Psi\right) + \frac{1}{\sin^2\theta}\left(\frac{\partial^2}{\partial\varphi^2}\Psi\right)\right]$$

en coordonnées sphériques.
E_p est la valeur de l'énergie potentielle :

$$E_p = (-e).V = -\frac{Ze^2}{4\pi\varepsilon_0 r}.$$

E est l'énergie (quantifiée) prise par l'électron décrit par la fonction d'onde Ψ. La connaissance de la fonction d'onde permet donc de déterminer la valeur de l'énergie associée par application de l'opérateur mathématique $\widehat{H}$.

c. Interprétation physique

La fonction Ψ n'est pas directement interprétable mais contient toute l'information qu'il est possible d'avoir sur le comportement physique de la particule. Il faut retenir que le module de la fonction d'onde élevé au carré est interprétable : $\Psi.\Psi^* = |\Psi|^2$ est une **densité de probabilité de présence** (probabilité de présence par unité de volume).

Notation différentielle : la variation élémentaire (c'est-à-dire infiniment petite) de la variable x est notée dx (différentielle de x). Ainsi dx correspond à un déplacement infiniment petit le long de l'axe des abscisses (coordonnées cartésiennes). Imaginons une boîte, infiniment petite, résultant d'un déplacement infiniment court le long des axes x, y et z, son volume (lui aussi infiniment petit) est noté dV et est qualifié de volume élémentaire (voir la figure 2.2).

$$\mathrm{d}V = \mathrm{d}x.\mathrm{d}y.\mathrm{d}z.$$

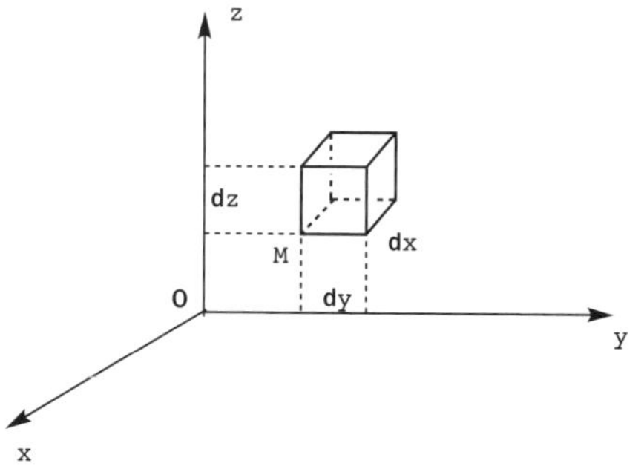

FIGURE 2.2 – Élément différentiel de volume (coordonnées cartésiennes)

La **probabilité** de trouver l'électron (décrit par la fonction d'onde $\Psi(x,y,z)$) dans une boîte centrée en $\mathrm{M}(x,y,z)$ et de volume dV est notée dP. En vertu de l'interprétation de $\Psi.\Psi^*$ évoquée plus haut, cette probabilité dP s'écrit :

$$dP = |\Psi(x,y,z)|^2\, dx.dy.dz.$$

Les coordonnées cartésiennes ne rendent pas facilement compte de la symétrie sphérique de l'atome, on leur préfère les coordonnées sphériques. Le volume élémentaire (produit par la multiplication des trois déplacements infinitésimaux orthogonaux rencontrés lorsque r varie de dr, θ de $d\theta$ et φ de $d\varphi$, les autres variables étant fixées) vaut :

$$dV = (dr).(rd\theta).(r\sin\theta d\varphi) = r^2 \sin\theta.dr.d\theta.d\varphi.$$

(voir la figure 2.3).
Ainsi la **probabilité** de trouver l'électron (décrit par la fonction d'onde $\Psi(r,\theta,\varphi)$) dans le petit élément de volume dV (compris entre r et $r+dr$, θ et $\theta+d\theta$, φ et $\varphi+d\varphi$) s'écrit :

$$dP = |\Psi(r,\theta,\varphi)|^2\, r^2 \sin\theta.dr.d\theta.d\varphi.$$

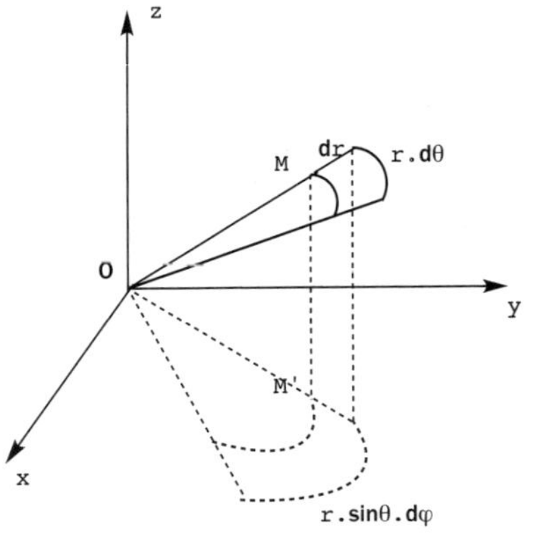

FIGURE 2.3 – Élément différentiel de volume (coordonnées sphériques)

d. Normalisation de la fonction d'onde

L'interprétation probabiliste de la fonction d'onde impose une condition, appelée **condition de normalisation** (ou de **normation**). Cette condition est fondée sur le fait que la probabilité de trouver l'électron dans la totalité de l'espace vaut 1 (certitude). Par conséquent la somme des probabilités infinitésimales dP (dans tous les volume dV présents dans l'espace) vaut 1.
Il s'agit de réaliser une somme continue sur trois coordonnées : **intégrale triple** qui prend la forme :

$$\iiint_{\text{espace}} |\Psi|^2\, dV = 1.$$

En conséquence, les fonctions d'onde appartiennent à une classe particulière de fonctions : les fonctions de carré sommable.

En coordonnées cartésiennes, l'espace est décrit en faisant varier successivement x, y et z entre $-\infty$ et $+\infty$. En coordonnées sphériques, l'espace est décrit en faisant varier r entre 0 et $+\infty$, θ entre 0 et π, et enfin φ entre 0 et 2π. Retenons la forme des conditions de normalisation :

$$\int_{x=-\infty}^{x=+\infty}\int_{y=-\infty}^{y=+\infty}\int_{z=-\infty}^{z=+\infty}|\Psi|^2\,\mathrm{d}x.\mathrm{d}y.\mathrm{d}z = 1$$

$$\int_{r=0}^{\infty}\int_{\theta=0}^{\pi}\int_{\varphi=0}^{2\pi}|\Psi|^2\,r^2\sin\theta.\mathrm{d}r.\mathrm{d}\theta.\mathrm{d}\varphi = 1.$$

Il ne faut pas avoir peur de ces expressions, calculer une intégrale triple se fait progressivement, en calculant trois intégrales simples et en ne faisant varier qu'une variable à la fois. Le choix de coordonnées judicieuses permet souvent de se ramener au produit de trois intégrales simples.

Exercice résolu

Calcul d'un coefficient de normalisation

Considérons la fonction d'onde suivante, susceptible de décrire le comportement de l'électron de l'atome d'hydrogène (a_0 est une grandeur constante homogène à une distance, il s'agit de la valeur de la *première orbite de* BOHR) :

$$\Psi(r,\theta,\varphi) = N.e^{-\frac{r}{a_0}}.$$

N est une constante. Déterminer la valeur de N.

Réponse :

Lorsqu'on demande de compléter une fonction d'onde en déterminant le coefficient N, la condition de normalisation de la fonction d'onde permet un calcul numérique de la valeur de N.

Écriture de la condition de normalisation :

$$\int_{r=0}^{\infty}\int_{\theta=0}^{\pi}\int_{\varphi=0}^{2\pi}N^2r^2e^{-\frac{2r}{a_0}}\sin\theta.\mathrm{d}r.\mathrm{d}\theta.\mathrm{d}\varphi = 1.$$

N^2 est une constante, qui peut sortir de l'intégrale. Calculons alors l'intégrale portant sur φ : r et θ ne varient pas et sortent de la troisième intégrale. Alors :

$$N^2\int_{r=0}^{\infty}\int_{0-0}^{\pi}r^2e^{-\frac{2r}{a_0}}\sin\theta.\mathrm{d}r.\mathrm{d}\theta.\int_{\varphi=0}^{2\pi}\mathrm{d}\varphi = 1$$

soit :

$$2\pi N^2\int_{r=0}^{\infty}\int_{\theta=0}^{\pi}r^2e^{-\frac{2r}{a_0}}\sin\theta.\mathrm{d}r.\mathrm{d}\theta = 1.$$

Calculons ensuite l'intégrale portant sur θ : r ne varie pas et sort de la deuxième intégrale :

$$2\pi N^2\int_{r=0}^{\infty}r^2e^{-\frac{2r}{a_0}}\mathrm{d}r.\int_{\theta=0}^{\pi}\sin\theta.\mathrm{d}\theta = 1$$

ou encore :

$$4\pi N^2 \int_{r=0}^{\infty} r^2 e^{-\frac{2r}{a_0}} dr = 1.$$

Il ne reste plus alors qu'à calculer la dernière intégrale (intégration par parties) pour déterminer N. Le résultat obtenu est :

$$N = 2\sqrt{\frac{1}{4\pi}}\left(\frac{1}{a_0}\right)^{3/2} = \sqrt{\frac{1}{\pi}}\left(\frac{1}{a_0}\right)^{3/2}.$$

1.3 Principe d'incertitude de HEISENBERG

Il s'agit ici d'une spécificité de la chimie quantique qui régit le comportement de la matière à l'échelle microscopique : il existe des grandeurs dont la mesure simultanée n'est pas possible, par exemple la quantité de mouvement et la position. Souvent caricaturé et galvaudé, ce principe limite la précision des mesures. Dans le domaine macroscopique (où s'applique la physique classique) il est possible de procéder à une mesure sans perturber (ou en perturbant peu et de façon évaluable) le système. Par exemple, en plongeant un thermomètre froid dans une eau chaude dont on veut connaître la température, on refroidit l'eau chaude (mais d'une façon tout à fait évaluable). En chimie quantique, une mesure **perturbe** le système *par principe* de sorte que l'on ne peut pas connaître simultanément toutes les grandeurs relatives au système quantique. Ainsi, il ne sera pas possible de connaître à la fois temps et énergie, ou position et quantité de mouvement (impulsion).
Ce sont les inégalités de HEISENBERG qui précisent cette impossibilité en reliant les incertitudes relatives à E, t, p (quantité de mouvement $p = mv$) et x (position) selon :

$$\Delta E.\Delta t \geq \frac{h}{2\pi} \qquad \text{et} \qquad \Delta p.\Delta x \geq \frac{h}{2\pi}.$$

Ainsi, si p est connue avec précision (Δp très faible), la position x de la particule n'est pas connue exactement (Δx grand). Ceci constitue le principe d'incertitude de HEISENBERG.

Exemple Supposons connue à 10^{-6} m·s^{-1} la vitesse d'un projectile de masse $m = 1{,}0$ g. Nous pouvons calculer l'incertitude minimale relative à sa position par application du principe d'incertitude de HEISENBERG. Ainsi :

$$m\Delta v.\Delta x \geq \frac{h}{2\pi} \qquad \text{conduit à :} \qquad \Delta x \geq \frac{6,62.10^{-34}}{2\pi.10^{-3}.10^{-6}} = 1{,}1.10^{-25}\ \text{m}.$$

Cette incertitude est totalement négligeable dans le cadre de l'étude de systèmes macroscopiques. Les lois de la mécanique classique sont applicables. En revanche pour une masse de l'ordre de celle d'un électron, la même incertitude sur la vitesse implique une incertitude sur la position très supérieure au rayon d'un atome. On ne peut plus alors parler de trajectoire : la position de l'électron ne peut pas être déterminée, d'où l'appel à des raisonnements de nature probabiliste.

2 L'atome d'hydrogène : étude quantique (options PC et PSI)

Les fondements de la mécanique quantique ayant été introduits, le problème de l'atome d'hydrogène est désormais envisagé de façon quantique. L'obtention des fonctions d'ondes possibles pour l'électron résulte de la résolution de l'équation de SCHRÖDINGER. Concernant le problème de l'atome d'hydrogène, cette résolution est possible et les solutions proposées sont les solutions exactes de l'équation.

2.1 Expression de la fonction d'onde électronique

L'étude est menée en coordonnées sphériques, symétrie adaptée à l'atome. Le noyau (proton) est supposé fixe, l'électron qui lui est lié est repéré par les coordonnées r, θ et φ. La résolution de l'équation de SCHRÖDINGER montre qu'il existe une infinité de solutions et que chacune des solutions $\Psi(r,\theta,\varphi)$ est le produit d'une fonction ne dépendant que de r et d'une fonction dépendant de θ et de φ :

$$\Psi(r,\theta,\varphi) = R(r).Y(\theta,\varphi).$$

La fonction $R(r)$ est qualifiée de **partie radiale**, $Y(\theta,\varphi)$ est appelée **partie angulaire**.
Lors de la résolution de l'équation apparaissent **trois nombres entiers** (notés n, ℓ et m) qui caractérisent la solution envisagée. Il s'agit des **nombres quantiques** rencontrés en première période. La fonction R est une fonction caractérisée par la donnée des deux nombres n et ℓ tandis que la fonction Y est caractérisée par la donnée du nombre ℓ et du nombre m : ainsi les parties radiale et angulaire sont souvent notées sous la forme $R_{n,\ell}(r)$ et $Y_{\ell,m}(\theta,\varphi)$.
Les fonctions $Y_{\ell,m}(\theta,\varphi)$ sont des fonctions particulières rencontrées en mathématiques. Elles sont appelées *harmoniques sphériques*. Les nombres entiers n, ℓ et m sont appelés **nombres quantiques** : ils caractérisent les parties radiale et angulaire, et ainsi la fonction d'onde $\Psi_{n,\ell,m}(r,\theta,\varphi)$ décrivant le comportement de l'électron.
Étudions désormais plus précisément la signification de ces trois nombres quantiques.

2.2 Nombres quantiques (rappels et compléments)

a. Nombre quantique *n*

n constitue le **nombre quantique principal**, c'est un entier non nul ($n \geq 1$). Il détermine la **couche quantique** à laquelle appartient l'électron. Le nombre quantique n quantifie l'énergie de l'électron :

$$E_n = -\frac{13,6}{n^2}Z^2 \qquad \text{(en eV) pour un ion hydrogénoïde.}$$

La valeur de n quantifie l'énergie et caractérise la fonction d'onde de l'électron.

b. Nombre quantique ℓ

Le nombre ℓ constitue le **nombre quantique secondaire**, ou **azimutal**. Il prend les n valeurs entières comprises entre 0 et $n-1$ (inclus) et détermine la **sous-couche** à laquelle appartient l'électron. Ce nombre quantifie la norme du moment cinétique $\vec{L}$ de l'électron selon :

$$\left\|\vec{L}\right\| = \sqrt{\ell(\ell+1)}\hbar.$$

En effet, l'opérateur $\widehat{L^2}$ possède pour une fonction propre $\Psi_{n,\ell,m}$ la valeur propre $\ell(\ell+1)\hbar^2$.
En mécanique classique le moment cinétique $\vec{L}$ (ou moment cinétique orbital de l'électron en O) est un vecteur défini pour un électron situé en M par :

$$\vec{L} = \vec{OM} \wedge \vec{p} = \vec{OM} \wedge m_e \vec{v}.$$

O est l'origine du repère, confondue avec le proton, m_e est la masse de l'électron et $\vec{v}$ son vecteur vitesse.
En général la valeur de ℓ est indiquée par une lettre :

- $\ell = 0 \rightarrow$ sous-couche s ;
- $\ell = 1 \rightarrow$ sous-couche p ;
- $\ell = 2 \rightarrow$ sous-couche d ;
- $\ell = 3 \rightarrow$ sous-couche f ;
- au-delà on suit l'ordre alphabétique (à partir de f).

✎ L'origine de ces lettres est historique et provient de la nomenclature spectroscopique ; *s* pour *sharp* (aigu), *p* pour *principal* (principal), *d* pour *diffuse* (diffus) et *f* pour *fundamental* (fondamental).

c. nombre quantique m (ou m_ℓ)

Le nombre m (noté aussi m_ℓ) est le **nombre quantique magnétique**. Le nombre m prend des valeurs entre $-\ell$ et $+\ell$ (inclus) par saut de 1. D'un point de vue de l'interprétation physique, il quantifie la valeur de la projection L_z du moment cinétique $\vec{L}$ selon l'axe Oz (voir la figure 2.4) suivant la relation :

$$L_z = m\hbar.$$

En effet l'opérateur $\widehat{L_z}$ possède pour une fonction propre $\Psi_{n,\ell,m}$ la valeur propre $m\hbar$.

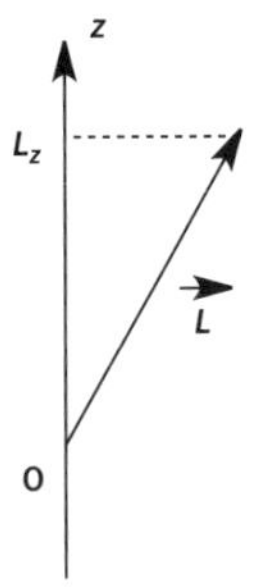

FIGURE 2.4 – Quantification de la projection L_z

Le nombre quantique m est qualifié de *magnétique* : il traduit en effet le comportement de l'électron en présence d'un champ magnétique $\vec{B}$. Comme toute particule chargée possédant un moment cinétique, l'électron possède un moment magnétique proportionnel à la valeur de son moment cinétique :

$$\vec{M} = \gamma.\vec{L}$$

avec γ rapport gyromagnétique pour le mouvement orbitalaire de l'électron. Celui-ci s'exprime en fonction de la charge et de la masse m_e selon :

$$\gamma = -\frac{e}{2m_e}.$$

Placé dans un champ $\vec{B}$ orienté selon Oz son énergie est modifiée d'une valeur :

$$\Delta E = -\vec{M}.\vec{B} = -\gamma.L_z.B$$

c'est-à-dire d'une valeur proportionnelle à $L_z = m\hbar$. Ce phénomène lié au comportement de l'électron dans un champ magnétique est qualifié d'effet ZEEMAN (1896) (la réalité est en fait plus complexe car l'électron possède en plus du moment magnétique orbital un moment magnétique propre, dit de spin. Le comportement dans un champ magnétique est lié à ces deux contributions).

Remarquons que seules la norme et la projection du moment cinétique sont quantifiées. Le vecteur $\vec{L}$ appartient donc à un cône de révolution autour de l'axe Oz.

Considérons un électron possédant un nombre quantique secondaire $\ell = 1$, alors $m = -1$, 0 ou $+1$ (trois projections possibles du vecteur $\vec{L}$ selon l'axe Oz), pour une norme égale à $\sqrt{2}\hbar$. Le vecteur $\vec{L}$ peut donc appartenir aux deux cônes représentés à la figure 2.5, ainsi qu'au disque perpendiculaire à l'axe Oz et de rayon $\sqrt{2}\hbar$.

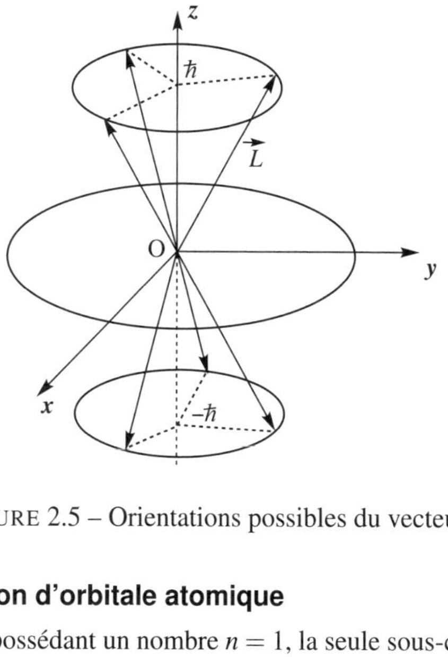

FIGURE 2.5 – Orientations possibles du vecteur $\vec{L}$

d. Retour sur la notion d'orbitale atomique

Considérons un électron possédant un nombre $n = 1$, la seule sous-couche correspondante (ℓ compris entre 0 et $n-1$) est $\ell = 0$. Il n'existe alors qu'une seule possibilité caractérisée par $m = 0$ (m varie entre $-\ell$ et $+\ell$).

Conclusion : pour un électron caractérisé par $n = 1$ (par conséquent d'énergie $E = -13{,}6$ eV), il n'existe qu'une possibilité de fonction d'onde : $\Psi_{1,0,0}$ ($n = 1$, $\ell = 0$ et $m = 0$).
Considérons un électron possédant un nombre $n = 2$. On peut alors envisager $\ell = 0$ et $\ell = 1$.

- Si $\ell = 0$, la seule possibilité pour m est $m = 0$.
- Si $\ell = 1$, alors m peut valoir $-1, 0$ ou $+1$.

Conclusion : pour un électron caractérisé par $n = 2$ (par conséquent d'énergie $E = -3{,}4$ eV), il existe 4 possibilités de fonctions d'onde : $\Psi_{2,0,0}$, $\Psi_{2,1,-1}$, $\Psi_{2,1,0}$ et $\Psi_{2,1,1}$.

Définition

Chacune des fonctions $\Psi_{n,\ell,m}$ est qualifiée d'orbitale atomique.

Dans la désignation des orbitales atomiques, la nomenclature alphabétique fournie précédemment pour le nombre quantique secondaire est utilisée.
Ainsi l'orbitale $\Psi_{1,0,0}$ est notée $1s$ ($n = 1$ et $\ell = 0$ indiqué par la lettre s). La valeur de m n'est pas précisée car celle-ci ne peut être que $m = 0$. De même l'orbitale $\Psi_{2,0,0}$ est notée $2s$ et l'orbitale $\Psi_{2,1,-1}$ est notée $2p_{-1}$ (ici il y a plusieurs possibilités pour m, sa valeur est alors précisée). $\Psi_{2,1,0}$ sera qualifiée d'orbitale $2p_0$ et $\Psi_{2,1,1}$ sera l'orbitale $2p_1$. Pour une valeur fixée des nombres quantiques n et ℓ il existe $2\ell + 1$ possibilités pour le nombre quantique m. En conséquence, pour une valeur fixée des nombres quantiques n et ℓ il existe $2\ell + 1$ orbitales atomiques correspondantes.

⚠ Ne jamais perdre de vue que $2s$, $2p_0$... sont des fonctions mathématiques.
Rappelons que la dégénérescence d'un niveau d'énergie est le nombre de fonctions d'onde correspondant à ce niveau d'énergie (et donc à un même nombre quantique principal n en absence de champ $\vec{E}$ ou $\vec{B}$).

2.3 Expressions des fonctions $R_{n,\ell}(r)$ et $Y_{\ell,m}(\theta, \varphi)$

La forme mathématique des parties radiales et angulaires des solutions de l'équation de SCHRÖDINGER figure ci-dessous dans le cas des ions hydrogénoïdes (et de l'atome d'hydrogène) ; Z désigne la charge du noyau. La grandeur a_0 est une grandeur constante homogène à une distance, il s'agit de la valeur de la *première orbite de* BOHR.

n	ℓ	$R_{n,\ell}(r)$
1	0	$R_{1,0} = Za_0{}^{3/2} 2 e^{-\frac{Zr}{a_0}}$
2	0	$R_{2,0} = Za_0{}^{3/2} \dfrac{1}{2\sqrt{2}} \left(2 - \dfrac{Zr}{a_0}\right) e^{-\frac{Zr}{2a_0}}$
2	1	$R_{2,1} = Za_0{}^{3/2} \dfrac{1}{2\sqrt{6}} \dfrac{Zr}{a_0} e^{-\frac{Zr}{2a_0}}$
3	0	$R_{3,0} = Za_0{}^{3/2} \dfrac{1}{9\sqrt{3}} \left(6 - \dfrac{4Zr}{a_0} + \dfrac{4Z^2r^2}{9a_0^2}\right) e^{-\frac{Zr}{3a_0}}$

n	ℓ	$R_{n,\ell}(r)$
3	1	$R_{3,1} = \mathrm{Za_0}^{3/2} \dfrac{1}{9\sqrt{6}} \dfrac{2}{3} \dfrac{Zr}{\mathrm{a_0}} \left(4 - \dfrac{2}{3} \dfrac{Zr}{\mathrm{a_0}}\right) e^{-\frac{Zr}{3\mathrm{a_0}}}$
3	2	$R_{3,2} = \mathrm{Za_0}^{3/2} \dfrac{1}{9\sqrt{30}} \dfrac{4Z^2r^2}{9\mathrm{a_0^2}} e^{-\frac{Zr}{3\mathrm{a_0}}}$
4	0	$R_{4,0} = \mathrm{Za_0}^{3/2} \dfrac{1}{96} \left(24 - \dfrac{18Zr}{\mathrm{a_0}} + \dfrac{3Z^2r^2}{\mathrm{a_0^2}} - \dfrac{Z^3r^3}{8\mathrm{a_0^3}}\right) e^{-\frac{Zr}{4\mathrm{a_0}}}$
4	1	$R_{4,1} = \mathrm{Za_0}^{3/2} \dfrac{1}{32\sqrt{15}} \dfrac{Zr}{2\mathrm{a_0}} \left(20 - \dfrac{5Zr}{\mathrm{a_0}} + \dfrac{Z^2r^2}{4\mathrm{a_0^2}}\right) e^{-\frac{Zr}{4\mathrm{a_0}}}$
4	2	$R_{4,2} = \mathrm{Za_0}^{3/2} \dfrac{1}{96\sqrt{5}} \dfrac{Z^2r^2}{4\mathrm{a_0^2}} \left(6 - \dfrac{Zr}{2\mathrm{a_0}}\right) e^{-\frac{Zr}{4\mathrm{a_0}}}$
4	3	$R_{4,3} = \mathrm{Za_0}^{3/2} \dfrac{1}{96\sqrt{35}} \dfrac{Z^3r^3}{8\mathrm{a_0^3}} e^{-\frac{Zr}{4\mathrm{a_0}}}$

Par ailleurs les parties angulaires (fonctions harmoniques sphériques) prennent les formes suivantes :

ℓ	m	$Y_{\ell,m}(\theta,\varphi)$
0	0	$Y_{0,0} = \dfrac{1}{2\sqrt{\pi}}$
1	0	$Y_{1,0} = \dfrac{\sqrt{3}}{2\sqrt{\pi}} \cos\theta$
1	± 1	$Y_{1,\pm 1} = \dfrac{\sqrt{3}}{2\sqrt{2\pi}} \sin\theta . e^{\pm i\varphi}$
2	0	$Y_{2,0} = \dfrac{\sqrt{5}}{4\sqrt{\pi}} \left(3\cos^2\theta - 1\right)$
2	± 1	$Y_{2,\pm 1} = \dfrac{\sqrt{15}}{2\sqrt{2\pi}} \sin\theta . \cos\theta . e^{\pm i\varphi}$
2	± 2	$Y_{2,\pm 2} = \dfrac{\sqrt{15}}{4\sqrt{2\pi}} \sin^2\theta . e^{\pm 2i\varphi}$
3	0	$Y_{3,0} = \dfrac{\sqrt{7}}{4\sqrt{\pi}} \left(5\cos^3\theta - 3\cos\theta\right)$
3	± 1	$Y_{3,\pm 1} = \dfrac{\sqrt{21}}{8\sqrt{\pi}} \sin\theta \left(5\cos^2\theta - 1\right) e^{\pm i\varphi}$
3	± 2	$Y_{3,\pm 2} = \dfrac{\sqrt{105}}{4\sqrt{2\pi}} \sin^2\theta . \cos\theta . e^{\pm 2i\varphi}$
3	± 3	$Y_{3,\pm 3} = \dfrac{\sqrt{35}}{8\sqrt{\pi}} \sin^3\theta . e^{\pm 3i\varphi}$

Ces résultats ne sont évidemment pas à connaître.

3 Fonctions d'onde des ions hydrogénoïdes

3.1 Obtention de fonctions réelles

La liste des harmoniques sphériques $Y_{\ell,m}(\theta,\varphi)$ témoigne du fait que certaines fonctions sont complexes (partie imaginaire non nulle). La manipulation de fonctions réelles étant plus aisée, on procède à des **combinaisons linéaires** des expressions d'origine (ceci est rendu possible par la linéarité de l'équation de SCHRÖDINGER, qui assure que toute **combinaison linéaire** de solutions est toujours solution). Des orbitales réelles sont alors engendrées. Dans le cas des orbitales $2p$ ($n = 2$, $\ell = 1$) il s'agit des fonctions $2p_x$ et $2p_y$:

$$2p_x = \frac{1}{\sqrt{2}}(2p_1 + 2p_{-1})\ ;$$

$$2p_y = \frac{1}{i\sqrt{2}}(2p_1 - 2p_{-1}).$$

Notons que la troisième orbitale p est une orbitale notée $2p_z$. Elle se confond avec l'orbitale $2p_0$. Ces appellations seront justifiées plus loin.
Dans le cas des orbitales $3d$ ($n = 3$, $\ell = 2$), les combinaisons linéaires fournissent des orbitales réelles nommées $3d_{xy}$, $3d_{xz}$, $3d_{yz}$, $3d_{x^2-y^2}$ et $3d_{z^2}$. Les orbitales $3d_{x^2-y^2}$ et $3d_{xy}$ sont combinaisons linéaires des orbitales $3d_2$ et $3d_{-2}$; les orbitales $3d_{xz}$ et $3d_{yz}$ sont combinaisons linéaires des orbitales $3d_1$ et $3d_{-1}$. L'orbitale $3d_{z^2}$ se confond avec l'orbitale $3d_0$.

⚠ Les orbitales réelles obtenues par combinaisons linéaires ne correspondent plus à un nombre quantique m particulier mais à deux nombres quantiques dans le cas des orbitales p ou d. Ainsi l'orbitale $2p_x$ est combinaison linéaire des fonctions $2p_1$ et $2p_{-1}$ ($m = \pm 1$).

3.2 Normalisation des fonctions

Comme toute fonction d'onde, les orbitales atomiques sont des **fonctions normalisées** (traduction du fait que l'électron possède une probabilité égale à 1 d'occuper la totalité de l'espace). Ceci signifie que :

$$\int_{r=0}^{\infty}\int_{\theta=0}^{\pi}\int_{\varphi=0}^{2\pi} R_{n,\ell}^2(r)Y_{\ell,m}^2(\theta,\varphi)r^2\sin\theta.\mathrm{d}r.\mathrm{d}\theta.\mathrm{d}\varphi = 1.$$

C'est-à-dire que :

$$\int_{\varphi=0}^{2\pi}\int_{\theta=0}^{\pi} Y_{\ell,m}^2(\theta,\varphi)\sin\theta.\mathrm{d}\theta.\mathrm{d}\varphi \times \int_{r=0}^{\infty} R_{n,\ell}^2(r)r^2\mathrm{d}r = 1.$$

Notons le résultat important suivant : les fonctions R et Y (parties radiale et angulaire) sont elles-mêmes **normalisées**. Ainsi :

$$\int_{\varphi=0}^{2\pi}\int_{\theta=0}^{\pi} Y_{\ell,m}^2(\theta,\varphi)\sin\theta.\mathrm{d}\theta.\mathrm{d}\varphi = 1 \qquad \text{et} \qquad \int_{r=0}^{\infty} R_{n,\ell}^2(r)r^2.\mathrm{d}r = 1.$$

3.3 Représentations de *R(r)*

La figure 2.6 donne une représentation de la **partie radiale** des orbitales atomiques 1*s* et 2*s* :

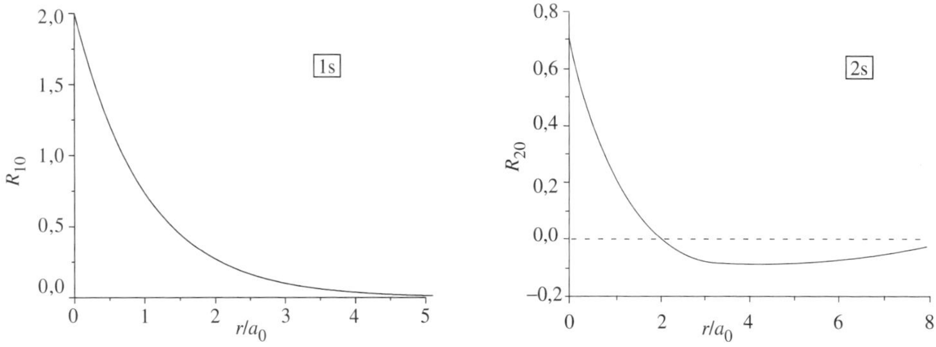

FIGURE 2.6 – Évolution des parties radiales des orbitales atomiques 1*s* et 2*s*

La figure 2.7 donne une représentation de la **partie radiale** des orbitales atomiques 2*p* et 3*d* :

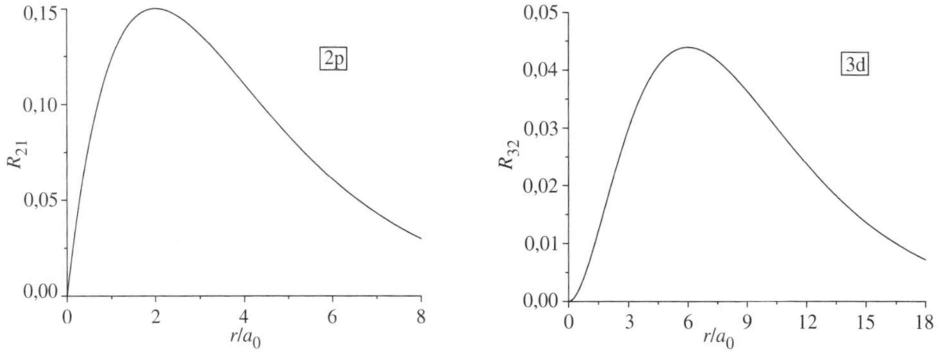

FIGURE 2.7 – Évolution des parties radiales des orbitales atomiques 2*p* et 3*d*

Remarquons que pour certaines valeurs de r, la fonction $R(r)$ s'annule, provoquant une annulation de la fonction d'onde Ψ. Cela définit une **surface nodale** : surface de l'espace sur laquelle une fonction d'onde s'annule.

Nous constatons également que les états *s* conduisent à une densité de probabilité de présence non nulle au niveau du noyau, fait incompatible avec une vision classique de l'atome sous la forme d'un électron en mouvement selon une orbite définie autour du noyau.

3.4 Densité radiale de probabilité de présence, rayon orbitalaire

On appelle **densité radiale** DR la grandeur définie par $DR = \dfrac{\mathrm{d}P_r}{\mathrm{d}r}$ avec $\mathrm{d}P_r$ la probabilité de présence de l'électron pour un rayon compris entre r et $r + \mathrm{d}r$, quels que soient les angles θ et φ (tous angles confondus). Cette probabilité $\mathrm{d}P_r$ est chiffrée par une intégrale, pour θ variant de 0 à π et φ variant de 0 à 2π :

$$dP_r = \int_{\varphi=0}^{2\pi}\int_{\theta=0}^{\pi} \Psi.\Psi^*.dV.$$

Ainsi :

$$dP_r = R^2(r)r^2.dr\int_{\varphi=0}^{2\pi}\int_{\theta=0}^{\pi} Y^2\sin\theta.d\theta.d\varphi = R^2(r)r^2.dr$$

car la fonction Y est **normalisée**.
La densité radiale DR est telle que :

$$DR = \frac{dP_r}{dr} = R^2(r)r^2.$$

Les évolutions de la densité radiale de quelques orbitales atomiques sont représentées à la figure 2.8.

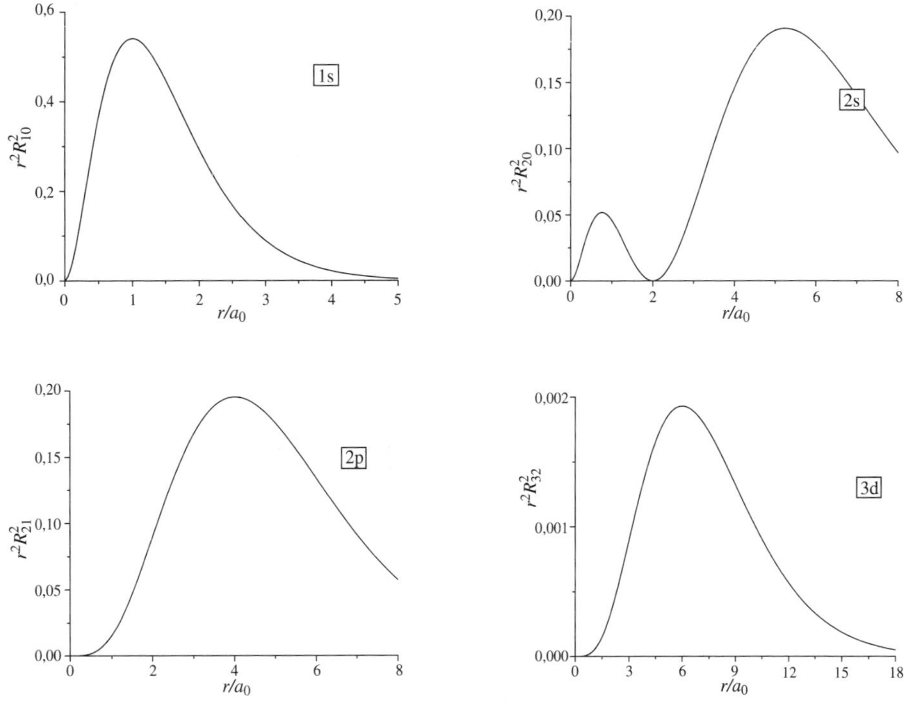

FIGURE 2.8 – Évolution des densités radiales

Les évolutions précédentes montrent que les fonctions DR peuvent conduire à l'existence de plusieurs maxima. Ces zones de probabilité maximale, dont le nombre dépend non seulement de n mais aussi de ℓ fournissent un support intuitif à la notion classique d'orbite électronique.

Définition

Le rayon orbitalaire est la valeur de r pour laquelle la densité radiale R^2r^2 est maximale.

Ainsi dans le cas de l'orbitale 1s, la densité radiale vérifie :

$$DR = 4\frac{r^2}{a_0^3}e^{-2\frac{r}{a_0}}$$

et son évolution avec la valeur de r est représentée à la figure 2.9.

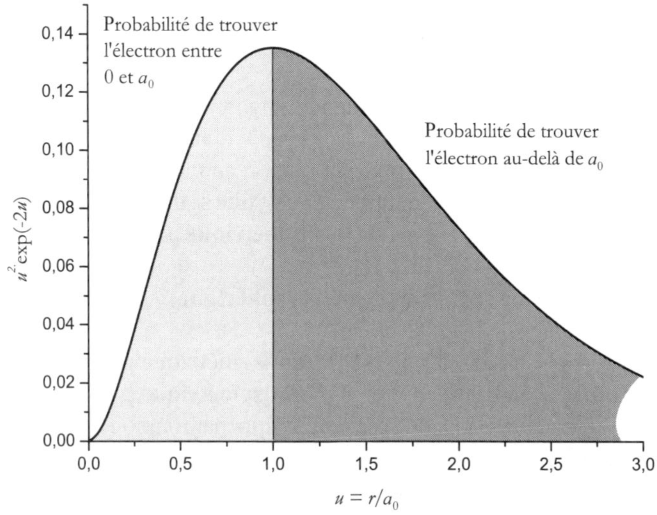

FIGURE 2.9 – Étude de l'orbitale 1s

- L'évolution présentée à la figure 2.9 met en évidence que la première orbite de BOHR ($r = a_0$) maximise la densité radiale de probabilité. Le rayon orbitalaire est égal à a_0.
- Pour calculer une probabilité de présence, il reste à intégrer sur r : ainsi la probabilité de trouver l'électron entre 0 et a_0 est égale à la somme des dP_r pour r compris entre 0 et a_0 :

$$P = \int_0^{a_0} dP_r = \int_0^{a_0} R^2r^2.dr.$$

Il s'agit de l'aire comprise entre l'axe des abscisses, la courbe et la droite $r = a_0$ (aire de gauche).

$$P \approx 0,32.$$

- De même la probabilité de trouver l'électron hors de l'orbite de BOHR ($r > a_0$) est :

$$P = \int_{a_0}^{\infty} R^2r^2.dr.$$

Il s'agit de l'aire située entre l'axe des abscisses, la courbe et le droite $r = a_0$ (aire de droite) :

$$P \approx 1 - 0,32 = 0,68.$$

- la probabilité de trouver l'électron sur l'orbite de BOHR (entre $0,9a_0$ et $1,1a_0$) est faible :

$$P = \int_{0,9a_0}^{1,1a_0} R^2 r^2.dr \approx 0,1.$$

La notion intuitive d'orbite de l'électron, qui envisagerait un électron se déplaçant sur une orbite définie autour du noyau apparaît donc trompeuse.

3.5 Étude des orbitales *s*, *p*, *d*. Représentations.

a. Intervention de la symétrie

Dans le cas des orbitales p, faisons subir aux expressions des fonctions d'onde les changements suivants :
- $\theta \to \pi - \theta$ (ce qui équivaut à une symétrie par rapport au plan xOy) ;
- $\varphi \to \pi - \varphi$ (ce qui équivaut à une symétrie par rapport au plan yOz) ;
- $\varphi \to -\varphi$ (ce qui équivaut à une symétrie par rapport au plan xOz).

Si la fonction est inchangée par une opération, elle est dite **symétrique** par rapport au plan. Si elle est changée en son opposé, elle sera dite **antisymétrique** par rapport au plan. Appliquons ces résultats aux orbitales s, p et d.
- Orbitales s : indépendantes de θ et φ (**symétrie sphérique**).
- Orbitales p
  - $2p_x$: **symétrique** par rapport à xOy et xOz, **antisymétrique** par rapport à yOz.
  - $2p_y$: **symétrique** par rapport à xOy et yOz, **antisymétrique** par rapport à xOz.
  - $2p_z = 2p_0$: indépendante de φ, elle est **symétrique** par rotation autour de l'axe Oz (d'où le nom $2p_z$). Elle est **antisymétrique** par rapport au plan xOy.
- Une étude comparable peut être menée sur les orbitales d .

b. Représentation de la partie angulaire

Le noyau est pris comme origine et la grandeur $|Y(\theta,\varphi)|$ est portée dans chaque direction (θ,φ). Dans un deuxième type de représentation, c'est un segment de longueur $|Y^2(\theta,\varphi)|$ qui est dessiné (suivre dans ce cas les consignes du problème).

Résultat : dans le cas des orbitales s, nous obtenons une sphère dont la section dans un plan (xOy, xOz ou yOz) est représentée à la figure 2.10.

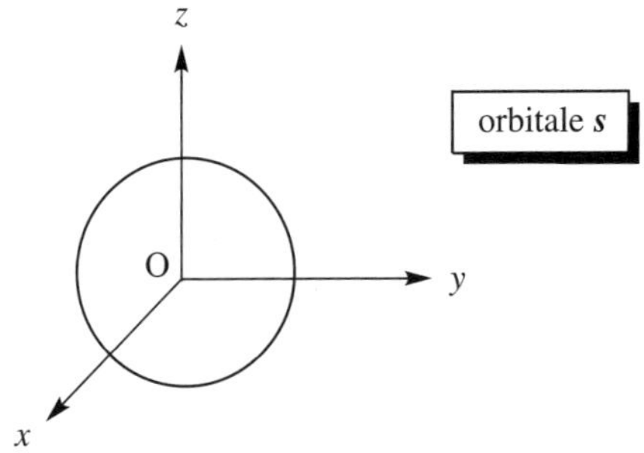

FIGURE 2.10 – Orbitale s : représentation de la partie angulaire

Dans le cas des fonctions p_z, nous obtenons deux sphères centrées sur l'axe Oz, tangentes à l'origine. La section dans le plan xOz (ou yOz, identique) est représentée à la figure 2.11. Notons que le signe de la fonction d'onde dans le lobe considéré est indiqué. Ce signe se révèle important lors de la description quantique de la liaison chimique. Par ailleurs une étude des symétries des orbitales p_x et p_y montre que ces orbitales sont de révolution respectivement autour de l'axe Ox et Oy (forme identique à la partie angulaire d'une orbitale p_z).

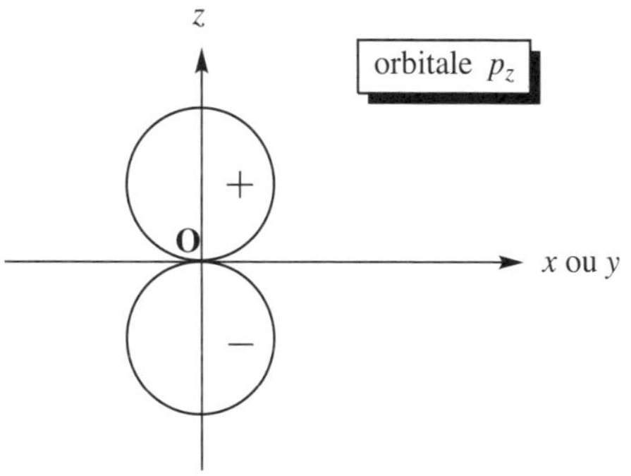

FIGURE 2.11 – Orbitale p : représentation de la partie angulaire

c. Courbes d'isodensité : une représentation plus intuitive d'une orbitale

Les représentations précédentes peuvent se révéler trompeuses quant à la forme des régions préférentiellement occupées par l'électron. On préfère tracer dans l'espace un ensemble de surfaces sur laquelle $|\Psi|^2$ = constante. Elles délimitent un volume à l'intérieur duquel la probabilité de trouver l'électron vaut une valeur fixe (0,99 par exemple) et donne ainsi une indication sur la région de l'espace où il y a une probabilité notable de trouver un électron décrit par une telle orbitale atomique. Représentons à titre d'exemple les **courbes d'isodensité** correspondant aux orbitales p_z et d_{xy} (figure 2.12).

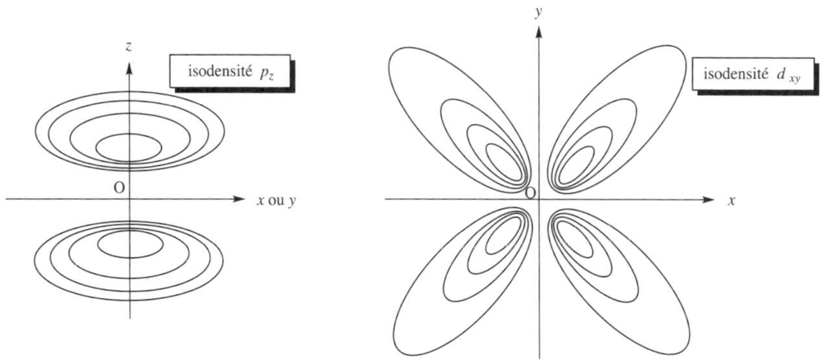

FIGURE 2.12 – Isodensité d'une orbitale p_z et d'une orbitale d_{xy}

Ces deux **courbes d'isodensité** montrent que les électrons sont essentiellement présents autour de l'axe Oz (pour les électrons décrits par des orbitales p_z) et selon les bissectrices relatives aux axes Ox et Oy (pour les électrons décrits par des orbitales d_{xy}).

3.6 Représentation conventionnelle des orbitales atomiques

La **représentation conventionnelle** des orbitales atomiques est obtenue en dessinant la forme du domaine de probabilité de présence (courbes d'isodensité). On indique le signe de la fonction d'onde dans le domaine considéré. En général ce signe est précisé en noircissant le domaine positif et en laissant incolore le domaine négatif. La connaissance des signes relatifs de fonctions d'onde est importante lors de l'étude de la liaison chimique (ce point sera repris au chapitre 4). Les représentations sont fournies à la figure 2.13.

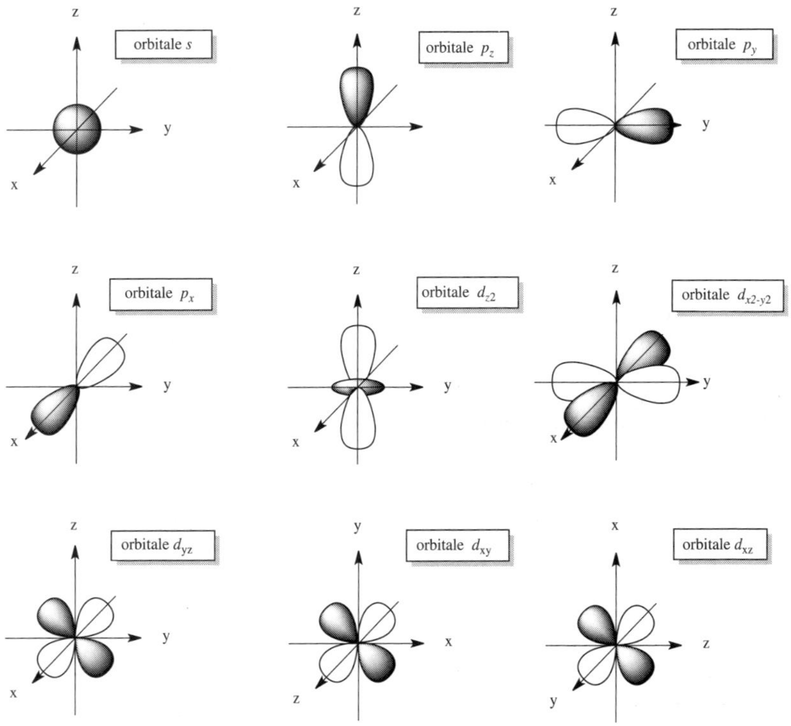

FIGURE 2.13 – Représentation des orbitales atomiques

Un électron décrit par une orbitale atomique de type s possède un domaine de probabilité **isotrope**, il n'est pas localisé selon une direction privilégiée. Les électrons décrits par des orbitales de type p sont préférentiellement présents **autour des axes** (axe Ox pour l'orbitale p_x, axe Oy pour l'orbitale p_y et axe Oz pour l'orbitale p_z). Les orbitales p_x, p_y et p_z possèdent une symétrie de révolution respectivement autour des axes Ox, Oy et Oz. Les électrons décrits par des orbitales atomiques de type d peuvent être localisés **autour des axes** (axe Oz pour l'orbitale d_{z^2} ou axes Ox et Oy pour l'orbitale $d_{x^2-y^2}$). Ils peuvent aussi être localisés selon les **bissectrices** relatives aux axes Ox, Oy et Oz (bissectrice des axes Ox et Oy pour l'orbitale d_{xy}, bissectrice des axes Ox et Oz pour l'orbitale d_{xz} et bissectrice des axes Oy et Oz pour l'orbitale d_{yz}).

4 Atomes polyélectroniques : orbitales atomiques (option PC)

4.1 Nécessité d'approximation

a. Répulsion interélectronique

Toute l'information (énergie, probabilité de présence en un point...) relative aux électrons est contenue dans la **fonction d'onde**. Cette **fonction d'onde** est solution d'une équation fondamentale, l'équation de SCHRÖDINGER, qui prend la forme :

$$\widehat{H}\Psi = E\Psi.$$

Une démarche logique d'analyse du problème de l'atome polyélectronique consiste à rechercher la forme de l'opérateur $\widehat{H}$ (Hamiltonien). L'opérateur Hamiltonien d'un atome à n électrons, numérotés de 1 à n se construit de la façon suivante :

- une somme de termes monoélectroniques (ne dépendant que d'un seul électron) du type $-\dfrac{\hbar^2}{2m}\Delta_i$, Δ_i désignant le Laplacien par rapport aux coordonnées de l'électron i (chaque terme correspond à l'énergie cinétique de l'électron i) ;
- une somme sur tous les électrons des termes d'attraction par le noyau du type $-\dfrac{Ze^2}{4\pi\varepsilon_0 r_i}$ (énergie potentielle) où r_i désigne la distance de l'électron i au noyau ;
- une somme sur toutes les paires d'électrons i, j des termes de répulsion mutuelle des électrons du type $\dfrac{e^2}{4\pi\varepsilon_0 r_{ij}}$ (énergie potentielle) où r_{ij} désigne la distance entre les électrons i et j.

Dans le cas de l'atome d'hélium ($Z = 2$), l'énergie potentielle (soient les deux derniers termes décrits ci-dessus) s'écrit :

$$E_p = \frac{-2e^2}{4\pi\varepsilon_0 r_1} + \frac{-2e^2}{4\pi\varepsilon_0 r_2} + \underbrace{\frac{e^2}{4\pi\varepsilon_0 r_{12}}}_{\text{terme de répulsion interélectronique}}$$

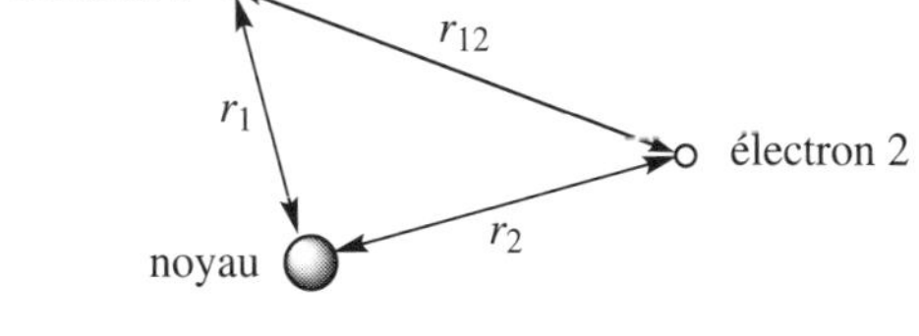

FIGURE 2.14 – Interactions électrostatiques envisageables au sein d'un atome d'hélium

À cause de ce terme de **répulsion interélectronique**, l'équation de SCHRÖDINGER est impossible à résoudre de façon exacte (ce problème n'est pas spécifique à la chimie quantique mais est déjà connu en mécanique classique (problème à N corps sans solution analytique).

Ce problème est par exemple rencontré lors d'une étude du système solaire où on chercherait à tenir compte des interactions de chaque planète avec le soleil ainsi que des interactions entre planètes. Il s'agit du problème de *corrélation des électrons*. En effet, à cause du terme en $\frac{1}{r_{ij}}$, les coordonnées des différents électrons ne peuvent plus être traitées séparément. La démarche adoptée consiste à modéliser (simplement) ces interactions de façon à obtenir des fonctions d'onde approchées.

b. Approximations mises en jeu

Approximation monoélectronique (ou orbitalaire)

Considérons un atome possédant i électrons numérotés de 1 à i. Chaque électron est repéré par ses coordonnées d'espace x_i, y_i et z_i. La fonction d'onde Ψ décrivant l'ensemble des n électrons est une fonction de la forme $\Psi(x_1, y_1, z_1, x_2, y_2, z_2, \ldots, x_n, y_n, z_n)$ et est solution de l'équation de SCHRÖDINGER $\widehat{H}\Psi = E\Psi$ (E est l'énergie associée à la fonction Ψ). À cause de l'intervention du terme de répulsion interélectronique cette fonction n'est pas connue de façon précise. L'approximation monoélectronique (ou orbitalaire) consiste à supposer que cette fonction Ψ peut s'écrire comme le produit de n fonctions ne dépendant que des variables de position d'un seul électron :

$$\Psi(x_1, y_1, z_1, x_2, y_2, z_2, \ldots, x_n, y_n, z_n) \approx \chi_1(x_1, y_1, z_1)\chi_2(x_2, y_2, z_2)\ldots\chi_n(x_n, y_n, z_n).$$

Définition

Pour l'atome polyélectronique, les fonctions χ_i qui décrivent le comportement d'un seul électron sont appelées orbitales atomiques.

Remarquons que dans cette approximation la répulsion interélectronique n'est pas négligée. Chacune des fonctions χ_i prendra en compte la présence des autres électrons, mais de façon moyennée.

Approximation de SLATER, notion de facteur d'écran

La démarche adoptée est la suivante :
- rechercher les fonctions χ_i associées à chacun des électrons i ;
- se ramener au problème de l'atome à un électron pour lequel les solutions de l'équation de SCHRÖDINGER sont connues exactement (se reporter au début du chapitre).

L'approximation consiste à modéliser l'influence des autres électrons sur la fonction χ_i décrivant l'électron i.

Dans l'atome polyélectronique, en terme de probabilité de présence, il existe des électrons proches du noyau et d'autres plus éloignés. Tout se passe pour un électron i donné comme s'il était seul mais associé à un noyau de charge inférieure à Z (numéro atomique) : les électrons situés entre le noyau et l'électron i **masquent** une partie de la charge du noyau ; nous dirons que ces électrons **écrantent** la charge du noyau (la figure 2.15 indique la modélisation réalisée).

La charge, dite **effective**, ressentie par un électron i de l'atome polyélectronique est notée Z^*.Z^* s'écrit comme la valeur de la charge portée par le noyau (Z) diminuée d'une grandeur σ (appelée **constante d'écran**, **facteur d'écran** ou encore **écrantage**) qui est une contribution des électrons situés entre le noyau et l'électron i étudié :

$$Z^* = Z - \sigma.$$

La grandeur Z^* est indifféremment appelée charge effective ou numéro atomique effectif.

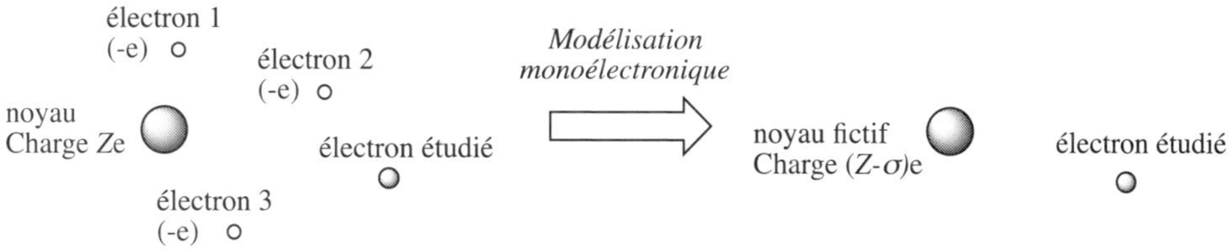

FIGURE 2.15 – Modélisation de l'atome polyélectronique par un système monoélectronique (approximation de SLATER)

L'approximation proposée par SLATER remplace les termes de répulsion interélectroniques par un *champ moyen central*. L'énergie potentielle d'un électron i se met sous la forme :

$$\frac{e^2(Z-\sigma)}{4\pi\varepsilon_0 r_i}$$

avec r_i, distance entre l'électron étudié et le noyau et σ, écrantage subi par l'électron i étudié. L'avantage considérable de cette approche est de conserver pour chaque électron la symétrie sphérique de champ (qui n'existe pas dans le système réel). Les harmoniques sphériques restent ainsi solutions pour la partie angulaire.

4.2 Orbitales de SLATER

a. Forme mathématique

Dans l'approximation de SLATER, le problème d'un électron de l'atome polyélectronique s'est ramené au problème de **l'atome à un électron** traité au début du chapitre. De façon tout à fait analogue, la fonction χ_i décrivant l'électron i se compose d'une partie angulaire (identique à celles rencontrées au chapitre précédent) et d'une partie radiale. La forme analytique des parties radiales hydrogénoïdes (fonctions $R_{n,\ell}(r)$) a été simplifiée par J.C. SLATER et s'écrit sous la forme :

$$R_n(r) = Nr^{n^*-1}e^{-\zeta r}$$

avec $\zeta = Z^*/n^*$.
Le nombre n^*est appelé **nombre quantique effectif**. Il est égal à la valeur de n (nombre quantique principal) jusqu'à $n = 3$ (puis est corrigé au delà). La valeur de n^* est parfois exprimée sous la forme $n^* = n - \delta$ (δ est appelé le *défaut quantique*). Ci-dessous figurent les correspondances entre les valeurs de n et de n^*.

n	1	2	3	4	5	6
n^*	1	2	3	3,7	4	4,2

Ainsi dans le modèle proposé par SLATER les orbitales décrivant un électron d'un atome polyélectronique s'écrivent :

$$\chi_i = R_n(r).Y_\ell^m(\theta, \varphi).$$

b. Énergie et rayon

L'énergie d'un électron de l'atome polyélectronique dans l'approximation de SLATER prend une forme voisine de celle rencontrée à l'occasion de l'atome à un électron :

$$E_{n,\ell} = -13,6\frac{Z^{*2}}{n^{*2}} \qquad \text{(en eV)}.$$

Z^* est la charge effective ressentie par l'électron étudié, n^*est le **nombre quantique effectif**. L'énergie $E_{n,\ell}$ correspond à l'énergie d'un électron décrit par une orbitale atomique précise. Elle est souvent qualifiée d'**énergie orbitalaire**.

⚠ Notons que, contrairement à l'atome à un électron, l'énergie d'un électron dans l'atome polyélectronique dépend à la fois du nombre quantique n et du nombre quantique ℓ. La dépendance en ℓ est contenue dans la valeur de Z^* (comme le montrera une méthode de calcul de la charge effective rencontrée plus loin).

L'expression fournissant le **rayon** ρ d'une orbitale prend la forme suivante :

$$\rho = \frac{n^{*2}}{Z^*}\mathrm{a}_0$$

où a_0 est une grandeur constante homogène à une distance, il s'agit de la valeur de la **première orbite de** BOHR. Le **rayon** ρ associé à une orbitale donnée dépend à la fois de la charge effective ressentie par l'électron et du nombre quantique principal n associé à l'orbitale.

c. Lien avec la classification périodique des éléments

Dans un atome polyélectronique les niveaux d'énergie sont occupés par des électrons selon l'ordre croissant des énergies. Pour une valeur fixée des nombres quantiques n et ℓ (c'est-à-dire pour une même énergie) on trouve plusieurs orbitales atomiques possibles (ne différant que par leur partie angulaire $Y_\ell^m(\theta, \varphi)$).
Si $\ell = 0$ il n'y a qu'une seule possibilité pour le nombre quantique m : $m = 0$, il s'agit d'une orbitale de type s pouvant décrire au maximum deux électrons. Si $\ell = 1$, il y a trois possibilités pour le nombre quantique m : $m = -1, 0$ ou 1. Il s'agit d'une orbitale de type p pouvant décrire au maximum six électrons. Si $\ell = 2$, il y a cinq possibilités pour le nombre quantique m : $m = -2, -1, 0, 1$ ou 2. Il s'agit d'une orbitale de type d pouvant décrire au maximum dix électrons. Enfin si $\ell = 3$, il y a sept possibilités pour le nombre quantique m : $m = -3, -2, -1, 0, 1, 2$ ou 3. Il s'agit d'une orbitale de type f pouvant décrire au maximum quatorze électrons.

Ceci explique la structure dite **en blocs** de la classification périodique. Nous rencontrons un ensemble (à gauche de la classification périodique) constitué de deux colonnes (le bloc s correspondant à l'occupation d'orbitales de type s par les électrons de valence). À droite de la classification périodique figure un ensemble de six colonnes (le bloc p correspondant à l'occupation d'orbitales de type p par les électrons de valence). Entre ces deux blocs figure le bloc d (dix colonnes) correspondant à l'occupation d'orbitales de type d par les électrons de valence. En bas de la classification, le bloc f, correspondant à l'occupation d'orbitales de type f par les électrons de valence, compte quatorze colonnes.

4.3 Spin de l'électron (Rappels et compléments)

a. Expérience de STERN et GERLACH

L'expérience de STERN et GERLACH (voir figure 2.16) témoigne de l'existence pour l'électron d'un **moment magnétique intrinsèque** (résultant d'un moment cinétique intrinsèque, indépendant du moment cinétique orbital $\vec{L}$). Cette expérience consiste à envoyer un flux d'atomes d'argent à l'état gazeux dans un champ magnétique inhomogène. Le faisceau des atomes d'argent (qui se comportent magnétiquement comme s'ils ne possédaient qu'un électron $5s$) est scindé en deux faisceaux distincts d'intensité égale. Le moment magnétique intrinsèque porté par l'électron ne peut prendre que deux valeurs distinctes, ce qui ne s'explique pas avec le modèle de l'atome élaboré jusque là.

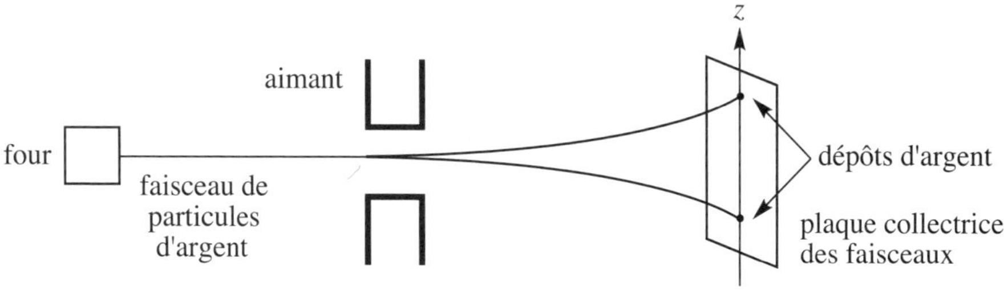

FIGURE 2.16 – Expérience de STERN et GERLACH

b. Notion de spin

Les observations conduisent à admettre que l'électron possède un moment cinétique intrinsèque, d'origine purement quantique, appelé **moment cinétique de spin** $\vec{S}$. À l'instar du vecteur $\vec{L}$, la norme du vecteur $\vec{S}$ ainsi que sa projection S_z selon l'axe Oz sont des grandeurs quantifiées :

$$\left\|\vec{S}\right\| = \hbar\sqrt{s(s+1)} \qquad\qquad S_z = m_s\hbar.$$

Le nombre s est le **nombre quantique de spin** (pour l'électron $s = 1/2$). Le nombre m_s, à l'instar de m, varie entre $-s$ et $+s$ par saut de 1 : il peut donc être égal à $m_s = +1/2$ ou $m_s = -1/2$. Notons que les nombres s et m_s peuvent être, à la différence des grandeurs orbitalaires, des demi-entiers.

L'électron possède un moment magnétique intrinsèque qui prend la forme :

$$\mu_z = -g m_s \mu_B$$

(avec μ_B unité de mesure du moment magnétique, appelée magnéton de BOHR et g facteur de LANDÉ). Une évaluation précise du facteur de LANDÉ fournit $g = 2{,}0023193134$ mais évidemment le moment magnétique μ_z est confondu raisonnablement avec la valeur $-2m_s\mu_B$. Ce moment magnétique ne peut prendre que deux valeurs, en accord avec l'expérience de STERN et GERLACH. Un électron est par conséquent entièrement décrit par la donnée de **quatre nombres quantiques** : n, ℓ, m (ou m_ℓ) et m_s.
Notons que le nombre s, tout comme la masse ou encore la charge, caractérise une particule. Ainsi pour l'électron $s = 1/2$. Pour un photon (corpuscule lumineux) $s = 1$. Nous avons pour un électron :

$$\left\|\vec{S}\right\| = \frac{\sqrt{3}}{2}\hbar \qquad \text{et} \qquad S_z = \pm\frac{\hbar}{2}.$$

De façon analogue à ce qui a été vu pour le vecteur $\vec{L}$, le vecteur $\vec{S}$ appartient à l'un des deux cônes de révolution présentés à la figure 2.17.

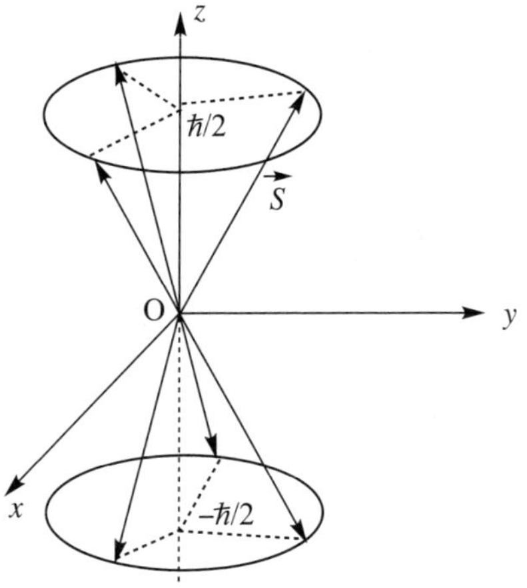

FIGURE 2.17 – Orientations du vecteur $\vec{S}$

c. Spinorbitales

Définition

Une fonction d'onde décrivant l'état d'un électron en fonction de ses coordonnées d'espace et de son état de spin (m_s valant $1/2$ ou $-1/2$) est appelée fonction spinorbitale.

Cette fonction spinorbitale peut se mettre sous la forme d'un produit d'une fonction d'espace (fonction dépendant des coordonnées r, θ, φ de l'électron, et caractérisée par la donnée des trois nombres quantiques n, ℓ et m) et d'une fonction de spin η caractérisée par le nombre quantique m_s. Usuellement lorsque la fonction η traduit un état $m_s = 1/2$ elle est notée α et lorsqu'elle traduit un état $m_s = -1/2$ elle est notée β.

4.4 Énergie électronique totale, énergie électronique de valence

Il est possible d'exprimer à partir d'une configuration électronique **l'énergie totale** du système électronique en sommant l'énergie de chaque électron. Cette énergie totale prend la forme :

$$E_{\text{tot}} = \sum_{\text{orbitales}} n_i \varepsilon_i$$

n_i est le nombre d'électrons occupant l'orbitale d'énergie ε_i.
En réalité les processus chimiques les plus courants engagent les seuls **électrons de valence**. En conséquence il est souvent plus utile de manipuler **l'énergie de valence** (énergie totale des seuls électrons de valence). Celle-ci s'exprime alors selon une somme identique, mais opérée sur les seules orbitales relatives aux électrons de valence :

$$E_{\text{valence}} = \sum_{\text{OA.valence}} n_i \varepsilon_i .$$

Afin de calculer précisément cette valeur, il est indispensable de connaître le positionnement énergétique précis des différentes orbitales atomiques de l'atome polyélectronique. Ceci est rendu possible au moyen de calculs utilisant le modèle de SLATER.

5 Calculs utilisant le modèle de SLATER (option PC)

Les règles de SLATER permettent d'estimer la valeur des **charges effectives** Z^* rencontrées lors de l'approximation de SLATER. Ces règles optimisent empiriquement le calcul des écrantages afin de retrouver certaines grandeurs atomiques mesurées (énergie d'ionisation...).

5.1 Règles empiriques de SLATER : calcul de Z^*, évolutions

a. Règles de SLATER

Les **règles suivantes** permettent un calcul simple de l'**écrantage** σ subi par un électron et par conséquent le calcul de la **charge effective** $Z^* = Z - \sigma$ ressentie par un électron dans le modèle de SLATER. Les électrons d'une configuration électronique sont classés en **familles** : $1s/ns,np$ (avec $n \neq 1)/nd/nf$. Les règles suivantes sont appliquées à l'électron sur lequel porte l'étude menée. Ces règles, présentées table 2.1, fournissent la contribution à l'écrantage σ de tous les *autres* électrons.

Électron étudié (niveau n)	Contribution des autres électrons : Niveaux $n-2, n-3\dots$	Niveau $n-2$	Autres électrons du niveau n : $1s$	s et p	d	f	Niveaux supérieurs
$1s$			0,30				0
ns, np	1,00	0,85		0,35	0	0	0
nd	1,00	1,00		1,00	0,35	0	0
nf	1,00	1,00		1,00	0,35	0	0

TABLE 2.1 – Règles de SLATER pour le calcul d'un écrantage σ

L'analyse de ces règles montre qu'un électron n'est pas écranté par les électrons possédant un nombre n supérieur à celui de l'électron étudié. Ceci est conforme avec le modèle de SLATER : un électron ne subit pas la charge Z du noyau mais la **charge effective** Z^* à cause des électrons qui se situent entre le noyau et l'électron étudié.

Notons que les règles de SLATER ne font pas de différence entre un électron de type ns et un électron de type np pour lesquels elles fournissent une valeur de charge effective Z^* identique et donc une énergie identique (expérimentalement ces deux énergies sont différentes, une orbitale ns est plus stable qu'une orbitale np). L'origine de ces règles est purement **empirique**, les premières valeurs expérimentales d'écrantage σ ont été obtenues de façon spectroscopique en irradiant des atomes par un rayonnement X (application de la loi de MOSELEY). L'irradiation provoque l'éjection d'électrons pour certaines valeurs de la fréquence ν qui est corrélée à la valeur de la charge effective Z^* pour l'électron arraché.

Ces règles très simples ne permettent pas d'obtenir des résultats en précise adéquation avec la réalité, seul un **ordre de grandeur** du résultat est généralement obtenu. Il existe des façons plus précises de calculer un écrantage σ, utilisant des règles plus complexes et fournissant des résultats plus fiables (règles de blindage de CLEMENTI et RAIMONDI).

Exercice résolu

Numéros atomiques effectifs dans le fluor

Considérons l'atome de fluor ($Z = 9$). En utilisant les règles de SLATER, calculer les valeurs des numéros atomiques effectifs Z^* ressentis par chacun des électrons de l'atome.

Réponse

La configuration électronique du fluor s'écrit $1s^2\,2s^2\,2p^5$. Les électrons sont répartis en famille pour appliquer les règles de SLATER : $1s^2\,2s^2\,2p^5$. Chaque famille subit le même écrantage σ qui peut être calculé.

- électron $1s$: il n'est écranté que par l'autre électron $1s$, $\sigma = 0,30$ et $Z^* = 9 - 0,3 = 8,7$. Un électron $1s$, du fait de la présence de l'autre électron $1s$, subit en moyenne une charge 8,7 de la part du noyau ;
- électron $2s$ ou $2p$: l'électron considéré est écranté par les deux électrons $1s$ et les 6 autres électrons $2s$ ou $2p$. L'application des règles fournit $Z^* = 9 - 2 \times 0,85 - 6 \times 0,35 = 5,2$, charge effective subie par un électron de la famille $2s - 2p$.

Exercice résolu

Numéros atomiques effectifs dans le phosphore

Considérons l'atome de phosphore ($Z = 15$). En utilisant les règles de SLATER, calculer les valeurs des numéros atomiques effectifs Z^* ressentis par chacun des électrons de l'atome.

Réponse

La configuration électronique du phosphore s'écrit $1s^2\,2s^2\,2p^6\,3s^2\,3p^3$. Les électrons sont répartis en famille famille pour appliquer les règles de SLATER : $1s^2/2s^2 2p^6/3s^2 3p^3$. Chaque famille subit le même écrantage σ qui peut être calculé.

- électron $1s$: il n'est écranté que par l'autre électron $1s$, $\sigma = 0,30$ et $Z^* = 15 - 0,3 = 14,7$. Un électron $1s$, du fait de la présence de l'autre électron $1s$, subit en moyenne une charge 14,7 de la part du noyau.

- électron $2s$ ou $2p$: l'électron considéré est écranté par les deux électrons $1s$ et les 7 autres électrons $2s$ ou $2p$. L'application des règles fournit $Z^* = 15 - 2 \times 0,85 - 7 \times 0,35 = 10,85$, charge effective subie par un électron de la famille $2s - 2p$.
- électron $3s$ ou $3p$ (électrons de valence) : l'électron étudié est écranté par tous les autres électrons, avec des contributions fournies par les règles de SLATER. Le résultat s'écrit sous la forme $Z^* = 15 - 2 \times 1 - 8 \times 0.85 - 4 \times 0.35 = 4,8$.

b. Évolution de Z^* pour les électrons de valence dans la classification périodique

L'application des règles de SLATER permet le calcul de la **charge effective** Z^* ressentie par les **électrons de valence** des différents éléments de la classification périodique.

Sur une même ligne de la classification périodique, lorsqu'on se déplace de gauche à droite le passage d'une case à la case voisine se traduit par une augmentation d'une unité du numéro atomique Z et d'une valeur supplémentaire d'écrantage σ strictement inférieure à un. Le passage d'une case à la case voisine se traduit par une **augmentation** de la charge effective Z^* : ceci justifie l'augmentation de Z^* de gauche à droite sur une même ligne de la classification périodique.

Lors d'un changement de ligne, une forte **discontinuité** est détectée dans l'évolution de la charge effective Z^* ressentie par les électrons de valence (**forte diminution**). En effet le passage à la ligne se traduit toujours par une augmentation d'une unité du numéro atomique Z mais l'écrantage σ augmente fortement (les électrons passent dans un groupe inférieur). La table 2.2 fournit l'évolution de la charge effective dans la classification périodique.

1 **H** 1,0		⟵ Bloc d ⟶						2 **He** 1,70
3 **Li** 1,30	4 **Be** 1,95		5 **B** 2,60	6 **C** 3,25	7 **N** 3,90	8 **O** 4,55	9 **F** 5,20	10 **Ne** 5,85
11 **Na** 2,20	12 **Mg** 2,85		13 **Al** 3,50	14 **Si** 4,15	15 **P** 4,80	16 **S** 5,45	17 **Cl** 6,10	18 **Ar** 6,75
19 **K** 2,20	20 **Ca** 2,85		31 **Ga** 5,00	32 **Ge** 5,65	33 **As** 6,30	34 **Se** 6,95	35 **Br** 7,60	36 **Kr** 8,25
37 **Rb** 2,20	38 **Sr** 2,85		49 **In** 5,00	50 **Sn** 5,65	51 **Sb** 6,30	52 **Te** 6,95	53 **I** 7,60	54 **Xe** 8,25

TABLE 2.2 – Évolution de la charge effective Z^* dans la classification périodique

Cette évolution de la charge effective permet d'expliquer *a posteriori* les observations réalisées au chapitre 1 lors de l'étude de la classification périodique. Sur une ligne de la classification périodique, l'énergie de première ionisation ainsi que l'électronégativité χ **augmentent** de gauche à droite. Ce résultat est à corréler avec une **augmentation de charge effective** : les électrons de valence de plus en plus liés au noyau sont de plus en plus difficilement arrachés pour conduire à un cation.

5.2 Calculs d'énergies

Une fois la **charge effective** calculée, la relation :

$$E = -13,6\frac{Z^{*2}}{n^{*2}}$$

permet d'accéder aux **énergies des différentes orbitales** et la relation :

$$E_{\text{tot}} = \sum_{\text{orbitales}} n_i \varepsilon_i$$

permet de calculer l'énergie totale des électrons. La plupart du temps c'est la relation :

$$E_{\text{valence}} = \sum_{\text{OA.valence}} n_i \varepsilon_i$$

qui permettra le calcul de **l'énergie des seuls électrons de valence**.

Exercice résolu

Énergie des électrons de valence du phosphore

En reprenant le précédent exercice résolu, calculer (en eV) l'énergie des électrons de valence du phosphore.

Réponse :

Les électrons de valence sont les électrons $3s$ et $3p$, traités de façon identique par le modèle de SLATER. Il est possible de calculer l'énergie (approximative !) des orbitales $3s$ et $3p$ en utilisant la valeur de l'écrantage et de Z^* déterminée précédemment :

$$\varepsilon_{3s,3p} = -13,6.\frac{4,8^2}{3^2} = -34,8 \text{ eV} \qquad \text{(énergie de chaque orbitale } 3s - 3p\text{)}.$$

L'énergie totale des électrons de valence est ainsi :

$$\varepsilon_{\text{valence}} = -34,8 \times 5 = -174,0 \text{ eV}.$$

5.3 Calcul de rayons (atomiques ou ioniques), évolutions

a. Calcul du rayon atomique et du rayon ionique

La valeur de la **charge effective** Z^* permet aussi, en utilisant la relation :

$$\rho = \frac{n^{*2}}{Z^*}\text{a}_0$$

de calculer le **rayon** associé à chaque orbitale. Le rayon de l'orbitale la plus étendue correspond au rayon de l'orbitale possédant le nombre n maximal. Ce rayon est associé au rayon de l'atome ou de l'ion. Ainsi calculer le **rayon de l'atome** P consiste à calculer le rayon de l'orbitale la plus diffuse de la configuration électronique du phosphore. Cette configuration électronique s'écrit $1s^2\,2s^2\,2p^6\,3s^2\,3p^3$, le rayon de l'atome se confond en l'occurrence avec le rayon d'une orbitale de la famille $3s - 3p$. Ici, en utilisant $a_0 = 52{,}9$ pm, il vient :

$$\rho_P = \frac{3^2}{4,8}.52,9 = 99{,}2 \text{ pm}.$$

De la même façon considérons l'ion phosphure P^{3-} dont la configuration électronique s'écrit $1s^2\,2s^2\,2p^6\,3s^2\,3p^6$, le **rayon de l'ion** se confond avec le rayon d'une orbitale de la famille $3s - 3p$. Ici la valeur numérique de Z^* vaut $Z^* = 3,75$ et le rayon est donné par :

$$\rho_{P^{3-}} = \frac{3^2}{3,75}.52,9 = 127{,}0 \text{ pm}.$$

b. Évolutions constatées

L'évolution du **rayon atomique** dans la classification périodique retient l'attention. Sur une ligne donnée, de gauche à droite, la valeur de n^* est constante tandis que que la charge effective Z^* augmente. Ceci se traduit par une **diminution** du rayon ρ. Notons que cette variation peut se révéler importante : l'atome de néon possède un rayon atomique cinq fois plus petit que celui du lithium. Lors d'un passage à la ligne dans la classification périodique une brusque discontinuité est observée (augmentation de n^* et diminution de Z^* provoquant une forte augmentation du rayon ρ). Lors d'un déplacement de haut en bas dans une même colonne de la classification périodique, une **augmentation** régulière du rayon atomique est observée. La table 2.3 montre l'évolution du rayon atomique ρ dans la classification périodique.

1 **H** 53		⟵ Bloc d ⟶						2 **He** 31
3 **Li** 163	4 **Be** 109		5 **B** 82	6 **C** 65	7 **N** 55	8 **O** 47	9 **F** 41	10 **Ne** 36
11 **Na** 217	12 **Mg** 168		13 **Al** 137	14 **Si** 115	15 **P** 100	16 **S** 88	17 **Cl** 78	18 **Ar** 71
19 **K** 332	20 **Ca** 256		31 **Ga** 146	32 **Ge** 129	33 **As** 116	34 **Se** 105	35 **Br** 96	36 **Kr** 88
37 **Rb** 386	38 **Sr** 300		49 **In** 171	50 **Sn** 151	51 **Sb** 135	52 **Te** 122	53 **I** 112	54 **Xe** 103

TABLE 2.3 – Évolution du rayon atomique ρ (en pm) dans la classification périodique

Le **rayon ionique** (défini à partir des électrons de valence de l'ion) retient lui aussi l'attention. Envisageons un atome M quelconque. Le cation M^+ résulte du départ d'un électron de valence de l'atome M. Le numéro atomique Z reste constant mais l'écrantage subi par les électrons de valence dans l'ion M^+ diminue. Ceux-ci voient donc la charge effective Z^* augmenter : le rayon ρ **diminue**. De façon symétrique, l'anion M^- résulte de l'ajout d'un électron de valence au cortège électronique de l'atome M. Le numéro atomique Z reste constant mais l'écrantage subi par les électrons de valence dans l'ion M^- augmente. Ceux-ci voient donc la charge effective Z^* diminuer : le rayon ρ **augmente**.
Nous mettons ici en évidence de façon qualitative une résultat important : les cations possèdent en général un rayon faible (ceci est d'autant plus marqué que le cation est fortement chargé) tandis que les anions possèdent en général un rayon important. À titre d'exemple, l'ion chlorure Cl^- (qui est un petit anion, $Z = 17$ pour le chlore) possède un rayon (mesuré expérimentalement) $\rho_{Cl^-} = 181$ pm tandis que l'ion sodium(I) possède le rayon $\rho_{Na^+} = 95$ pm. À titre de comparaison, le cation césium(I) qui est un cation de taille importante ($Z = 55$ pour le césium) possède un rayon $\rho_{Cs^+} = 169$ pm.

5.4 Énergie d'ionisation et affinité électronique

Le modèle de SLATER permet d'estimer la valeur de deux grandeurs atomiques importantes : l'**énergie d'ionisation** (EI) et l'**affinité électronique** (AE).

a. Énergie d'ionisation

Définition

(Rappel) L'énergie de première ionisation de X est l'énergie nécessaire pour arracher, à l'état gazeux, un premier électron de la couche la plus externe de l'atome X. Elle est associée au processus :

$$X(g) \quad = \quad X^+(g) \quad + \quad e^-(g).$$

L'énergie de n-ième ionisation est l'énergie nécessaire à l'arrachement du n-ième électron à l'état gazeux à partir de l'ion $X^{(n-1)+}$.

Rappelons que l'énergie de première ionisation est notée I_1 ou encore EI_1. Elle est quelquefois qualifiée (de façon abusive) de **potentiel d'ionisation**. Expérimentalement, les spectres de raies atomiques permettent de mesurer les énergies d'ionisation : cette énergie correspond à la longueur d'onde la plus courte du spectre d'émission. Il est possible d'estimer avec le modèle de SLATER l'**énergie d'ionisation** associée à la réaction :

$$X(g) \quad = \quad X^+(g) \quad + \quad e^-(g).$$

La valeur de EI est estimée par la différence d'énergie électronique entre l'ion et l'atome. Ainsi :

$$EI = \text{Énergie}(X^+) - \text{Énergie}(X).$$

Chacune des deux énergies se décompose en un terme correspondant à l'énergie des électrons de cœur et un terme correspondant à l'énergie des électrons de valence. L'**énergie d'ionisation** EI prend la forme :

$$EI = E_{\text{cœur}}(X^+) + E_{\text{valence}}(X^+) - (E_{\text{cœur}}(X) + E_{\text{valence}}(X)).$$

Les deux énergies correspondant aux électrons de cœur sont identiques car les électrons de cœur n'ont pas un écrantage affecté par le départ d'un électron de valence. Ainsi l'énergie EI se calcule en considérant seulement les électrons de valence de X et X^+ :

$$EI = E_{\text{valence}}(X^+) - E_{\text{valence}}(X).$$

⚠ Du fait du nombre différent d'électrons, les orbitales de valence de X et de X^+ n'ont pas la même énergie.

Exercice résolu

Énergie de première ionisation du silicium

Considérons l'atome de silicium Si ($Z = 14$). Estimer par le modèle de SLATER la valeur de l'énergie de première ionisation.

Réponse :

L'énergie de première ionisation est associée à la réaction :

$$\text{Si(g)} \quad = \quad \text{Si}^+\text{(g)} \quad + \quad \text{e}^-\text{(g)}.$$

L'énergie EI_1 est exprimée par :

$$EI_1 = E(\text{Si}^+) - E(\text{Si}).$$

La configuration du silicium Si s'écrit : $1s^2 2s^2 2p^6 3s^2 3p^2$. L'énergie électronique se décompose en $E = E_{\text{cœur}} + E_{\text{valence}}$ (énergie des électrons de cœur et de valence). L'énergie de valence se calcule par le modèle de SLATER :

$$E_{\text{valence}} = 4.(\varepsilon_{3s,3p})_{\text{Si}}$$

et :

$$(\varepsilon_{3s,3p})_{\text{Si}} = -13,6\frac{Z^{*2}}{3^2}$$

avec :

$$Z^* = Z^*_{3s,3p} = 14 - 9,85 = 4,15.$$

Ainsi $(\varepsilon_{3s,3p})_{\text{Si}} = -26{,}0$ eV dans l'atome de silicium.

La configuration de l'ion Si^+ s'écrit : $1s^2 2s^2 2p^6 3s^2 3p^1$. L'énergie électronique se décompose en $E' = E_{\text{cœur}} + E'_{\text{valence}}$, avec une énergie de cœur égale à celle rencontrée pour l'atome de silicium (les électrons de coeur n'ont pas un écrantage affecté par le départ d'un électron $3p$). L'énergie E'_{valence} peut être calculé par le modèle de SLATER :

$$E'_{\text{valence}} = 3.(\varepsilon_{3s,3p})_{\text{Si}^+}$$

et :

$$(\varepsilon_{3s,3p})_{\mathrm{Si}^+} = -13,6\frac{Z^{*2}}{3^2}$$

avec :

$$Z^* = Z^*_{3s,3p} = 14 - 9,50 = 4,50.$$

Ainsi $(\varepsilon_{3s,3p})_{\mathrm{Si}^+} = -30{,}6$ eV.
Il ne reste qu'à calculer l'énergie EI_1 par soustraction, les énergies de cœur s'éliminent : $EI_1 = 3 \times (-30,6) - 4 \times (-26,0) = 12{,}3$ eV (expérimentalement EI vaut 8,2 eV).

Remarquons qu'une **énergie d'ionisation** est une grandeur **positive**, il faut fournir de l'énergie pour ioniser un atome. Par ailleurs, le résultat fourni par un calcul SLATER ne donne qu'un **ordre de grandeur** de l'énergie. L'énergie EI correspond en fait à une différence entre deux termes approchés (par la méthode de SLATER), occasionnant le risque d'une erreur importante sur cette différence.

b. Affinité électronique

Définition

(Rappel) L'énergie d'attachement électronique E_{att} de l'atome X est l'énergie à fournir à l'état gazeux pour fixer un électron et réaliser :

$$X(\mathrm{g}) \quad + \quad \mathrm{e}^-(\mathrm{g}) \quad = \quad X^-(\mathrm{g}).$$

L'**énergie d'attachement électronique** E_{att} est généralement **négative** ; son opposé est fréquemment utilisé, il s'agit de l'**affinité électronique** :

$$AE = -E_{\mathrm{att}}$$

qui est associée à la réaction :

$$X^-(\mathrm{g}) \quad = \quad X\,(\mathrm{g}) \quad + \quad \mathrm{e}^-(\mathrm{g}).$$

L'**affinité électronique** peut être estimée en utilisant le modèle de SLATER ; c'est la différence d'énergie électronique entre l'atome X et l'ion X^- :

$$AE = \text{Énergie}(X) - \text{Énergie}(X^-).$$

Pour calculer cette différence, un calcul identique à celui réalisé pour l'énergie d'ionisation est utilisé, en décomposant l'énergie électronique sous la forme $E = E_{\text{cœur}} + E_{\text{valence}}$ et en ne calculant que l'énergie de valence de l'atome X et de l'ion X^-. Notons que l'affinité électronique est souvent exprimée en eV tandis que l'énergie d'ionisation est plus fréquemment exprimée en kJ·mol^{-1}.

Exercice résolu

Affinité électronique du chlore

Considérons un atome de chlore ($Z = 17$). En utilisant les règles de SLATER, estimer l'affinité électronique AE associée à un atome de chlore. Fournir ce résultat en eV puis en kJ·mol^{-1}.

Réponse :
Nous avons, conformément à ce qui a été précisé plus haut :

$$AE = \text{Énergie}(\text{Cl}) - \text{Énergie}(\text{Cl}^-).$$

La configuration électronique de chlore s'écrit sous la forme : $1s^2\,2s^2\,2p^6\,3s^2\,3p^5$. En utilisant le modèle de SLATER nous calculons la charge effective Z^* ressentie par un électron de valence :

$$Z^*_{3s,3p} = 17 - (2 + 0,85 \times 8 + 0,35 \times 6) = 6,1.$$

L'énergie d'un électron de valence dans l'atome de chlore est estimée par :

$$\varepsilon_{3s,3p} = -13,6\frac{6,1^2}{3^2} = -56{,}2\ \text{eV}.$$

De la même façon la configuration électronique de l'ion chlorure s'écrit sous la forme : $1s^2\,2s^2\,2p^6\,3s^2\,3p^6$. En utilisant le modèle de SLATER nous calculons la charge effective Z^* ressentie par un électron de valence :

$$Z^{*'}_{3s,3p} = 17 - (2 + 0,85 \times 8 + 0,35 \times 7) = 5,75.$$

L'énergie d'un électron de valence dans l'ion chlorure est estimée par :

$$\varepsilon'_{3s,3p} = -13,6\frac{5,75^2}{3^2} = -62{,}9\ \text{eV}.$$

Alors :

$$AE = \text{Énergie}(\text{Cl}) - \text{Énergie}(\text{Cl}^-) = E_{\text{valence}}(\text{Cl}) - E_{\text{valence}}\left(\text{Cl}^-\right) = 7\varepsilon_{3s,3p} - 8\varepsilon'_{3s,3p}.$$

Une *application numérique* conduit à $AE = 6{,}6$ eV. Cette grandeur est convertie en kJ·mol^{-1} par : $AE = 6,6.\mathcal{N}_\text{A}.1,6.10^{-19}.10^{-3} = 636$ kJ·mol^{-1}, avec, pour la constante d'AVOGADRO $\mathcal{N}_\text{A} = 6{,}02.10^{23}$ mol^{-1}.
Les grandeurs tabulées dans la littérature indiquent pour le chlore $AE = 3{,}6$ eV.

Principe de la spectroscopie RPE

Nous avons mis en évidence que l'électron est une particule pouvant être caractérisée par la donnée de quatre nombres quantiques. Parmi ces quatre nombres quantiques figure le nombre quantique magnétique de spin électronique noté m_s dont les valeurs possibles sont égales à $1/2$ ou $-1/2$.
En absence de champ magnétique extérieur les deux états $m_s = +1/2$ et $m_s = -1/2$ sont de même énergie, mais cette situation ne perdure pas en présence d'un champ magnétique extérieur. En effet, en présence d'un champ magnétique $\vec{B}$, les électrons caractérisés par $m_s = +1/2$ (qualifiés d'électrons de type α) acquièrent l'énergie :

$$E_\alpha = \frac{g_\text{e}\mu_\text{B}B}{2}$$

tandis que les électrons caractérisés par $m_s = -1/2$ (qualifiés d'électrons de type β) acquièrent l'énergie :

$$E_\beta = -\frac{g_e \mu_B B}{2}$$

avec μ_B magnéton de BOHR (grandeur positive jouant le rôle de quantum de moment magnétique) et g_e constante caractéristique de l'électron. Ce résultat, consistant en une séparation des niveaux d'énergie en présence de champ magnétique, est connu sous le nom d'effet ZEEMAN. La spectroscopie RPE (Résonance Paramagnétique Électronique) est appréhendée ici comme une spectroscopie d'absorption entre ces deux niveaux d'énergie. Un champ magnétique (de l'ordre de 0,3 T) est appliqué afin de donner naissance aux deux niveaux d'énergie E_α et E_β, puis une radiation monochromatique (de longueur d'onde appartenant au domaine des micro-ondes) est envoyée sur l'échantillon. Si la fréquence ν de la radiation est telle que :

$$h\nu = E_\alpha - E_\beta$$

(avec h constante de PLANCK) elle est susceptible d'être absorbée par l'échantillon. L'énergie absorbée permet aux électrons de type β d'accéder au niveau d'énergie E_α. D'un point de vue pratique, un spectromètre RPE comprend une source de micro-ondes (un *klystron*), une cavité dans laquelle on introduit un tube en verre ou en quartz contenant l'échantillon, un détecteur de micro-onde et un électroaimant produisant le champ magnétique.

Le spectre RPE est obtenu en enregistrant les variations de l'absorption micro-onde au fur et à mesure que le champ magnétique varie (l'écart énergétique entre les états α et β varie). Afin de fournir une réponse en spectroscopie RPE, un échantillon doit posséder des spins électroniques non appariés (électrons célibataires). Notons que la forme précise d'un spectre RPE est en général complexe car la présentation que nous venons de faire est volontairement simpliste. Il existe en fait des couplages entre le spin de l'électron et les moments magnétiques des noyaux présents dans le radical (ceci produit une *structure hyperfine*).

Un exemple d'utilisation

La spectroscopie RPE est adaptée à l'étude des substances possédant au moins un électron célibataire (ces composés sont qualifiés de *radicaux*). Elle permet en particulier de mesurer l'aptitude du champ appliqué à produire des courants d'électrons locaux et donc de déduire des informations sur la structure électronique. L'exemple que nous fournissons ici est moins élaboré : la spectroscopie RPE peut permettre l'identification d'un composé radicalaire (possédant au moins un électron célibataire). De récentes études montrent la possibilité du contrôle des réactions de polymérisations radicalaires par des substances radicalaires de type radicaux nitroxydes.

Un radical nitroxyde est un composé du type $RR'NO$, l'atome d'oxygène étant porteur d'un électron célibataire. La durée de vie de ces radicaux nitroxyde est tout à fait variable : certains n'existent que pendant une fraction de seconde tandis que d'autres peuvent subsister pendant plusieurs années. La figure 2.18 montre la structure de quelques radicaux nitroxydes isolés.

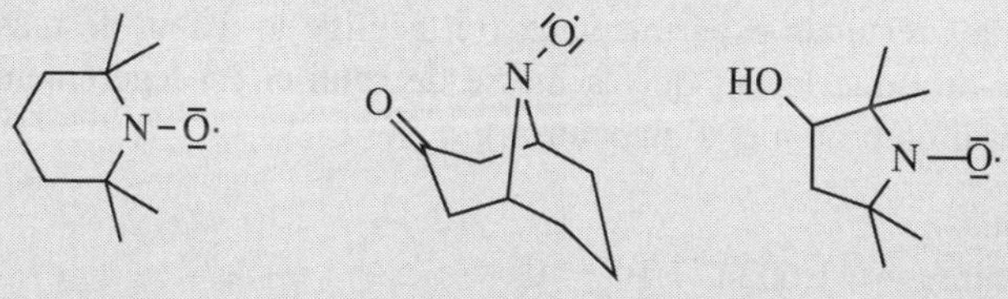

FIGURE 2.18 – Quelques radicaux nitroxyde isolés

De nombreuses équipes de recherche ont tenté la synthèse de radicaux nitroxydes stables et utiles dans un but de contrôle des réactions de polymérisations radicalaires. Une étape clé de la synthèse est le passage d'une amine secondaire au radical nitroxyde par oxydation (l'oxydant utilisé est du peroxyde d'hydrogène ou de l'acide *meta*-chloroperbenzoïque). Afin d'obtenir un rendement raisonnable il convient de réaliser l'oxydation la plus poussée sans pour autant détruire les radicaux formés par suroxydation (les radicaux nitroxydes peuvent être oxydés en nitrones, composés sans électron célibataire). Une méthode est un suivi RPE de la réaction d'oxydation : plusieurs ajouts successifs d'oxydant sont réalisés et un spectre RPE est enregistré après chaque ajout. Plus la quantité de radicaux augmente, plus le signal fourni est intense. Il est alors possible de détecter le moment où l'oxydant ajouté suroxyde les radicaux au lieu d'oxyder l'amine secondaire (le signal RPE obtenu stagne avant de décroître).

EXERCICES

2.1 Déplacement isotopique du spectre de l'hydrogène (★)

On a relevé les 4 longueurs d'onde les plus courtes des séries de BALMER pour l'hydrogène (^{1}H) et son isotope naturel le deutérium D (^{2}H).

λ_H / nm	656,279	486,133	434,047	410,174
λ_D / nm	656,100	486,000	433,929	410,062

1. Rappeler la formule de RITZ.

2. On rappelle que la série de BALMER correspond à la désexcitation de l'atome vers le niveau d'énergie E_2 ($n = 2$). Déterminer, avec 5 chiffres significatifs, la constante de RYDBERG R_D pour le deutérium.

3. L'étude quantique de la structure de l'atome conduit à exprimer la constante de RYDBERG en fonction des constantes physiques universelles :

$$R = \frac{\mu e^4}{8\varepsilon_o^2 h^3 c}$$

où e est la charge de l'électron, h la constante de PLANCK, c la vitesse de la lumière et ε_o la permittivité diélectrique du vide. μ est la masse réduite du système et dépend donc de la nature du noyau. Calculer les constantes de RYDBERG pour l'hydrogène et le deutérium, et comparer avec les résultats expérimentaux (on néglige le défaut de masse du noyau de deutérium, c'est-à-dire que le fait que la masse de celui-ci est légèrement inférieure à la somme des masses d'un proton et d'un neutron).

Données numériques

- charge élémentaire : $e = 1{,}602\,177.10^{-19}$ C
- permittivité diélectrique du vide : $\varepsilon_o = 8{,}854\,187\,82.10^{-12}$ F·m^{-1}
- constante de PLANCK : $h = 6{,}626\,18.10^{-34}$ J·s
- masse de l'électron : $m_e = 9{,}109\,389\,7.10^{-31}$ kg
- masse du proton : $m_p = 1{,}672\,623\,1.10^{-27}$ kg
- vitesse de la lumière dans le vide : $c = 299\,792\,458$ m·s^{-1}
- charge élémentaire : $e = 1{,}602\,177.10^{-19}$ C

2.2 Normalisation d'une fonction d'onde (★)

La partie radiale de la fonction d'onde 2s de l'atome d'hydrogène est notée $R_{2,0}(r)$, ne dépend que de la variable r et est normalisée par rapport à cette variable. Cette fonction s'écrit :

$$R_{2,0}(r) = N_{2,0}.(2-u)e^{-\frac{u}{2}}$$

avec $u = \dfrac{r}{a}$ où a est une longueur caractéristique de l'atome qui s'exprime en fonction des constantes fondamentales.

Calculer la valeur de la constante $N_{2,0}$ qui assure la normalisation de la fonction d'onde radiale.

Indication : afin d'éviter de trop lourds calculs, calculer d'une part l'intégrale I_0 et d'autre part la relation de récurrence entre les intégrales I_k et I_{k-1} (k entier non nul), les intégrales I_k étant définies par :

$$I_k = \int_0^{\infty} u^k.e^{-u}\mathrm{d}u \qquad \text{avec } k \text{ entier quelconque.}$$

2.3 Configuration électronique et classification périodique (★)

Soit l'élément $Z = 33$.

1. Donner la configuration fondamentale de l'atome.

2. Replacer l'élément dans la classification périodique : colonne et période, bloc, éléments voisins.

3. Préciser les électrons de cœur et les électrons de valence.

4. Quelle réactivité chimique peut-on attendre d'un tel élément : nombres d'oxydation extremum, formule de l'hydrure, formules des oxydes (oxygène au nombre d'oxydation −II).

5. Montrer que l'utilisation des règles de KLECHKOVSKI permet de retrouver le numéro atomique de l'élément qui est dans la même colonne et à la période précédente, dans la même colonne et à la période suivante.

2.4 Configuration électronique et classification périodique (★)

Reprendre les questions **1.**, **2.** et **3.** de l'exercice précédent avec $Z = 42$.
Expérimentalement, la configuration électronique réelle est $[Kr]4d^5\,5s^1$. Commenter.
Préciser les nombres d'oxydations possibles pour cet élément.

2.5 Configuration électronique et énergie d'ionisation (★)

Le tableau ci-dessous indique les énergies de première ionisation des atomes de béryllium, bore, magnésium et aluminium.

Élément	Be	B	Mg	Al
Numéro atomique Z	4	5	12	13
Énergie d'ionisation / eV	9,3	8,3	7,6	6,0

1. Rappeler l'évolution générale de l'énergie de première ionisation lors d'un déplacement dans une période.

2. Quelle est la configuration électronique des éléments sus-cités ?

3. Comment expliquer simplement l'évolution constatée entre le béryllium et le bore d'une part, le magnésium et l'aluminium d'autre part.

2.6 Règle de HUND et énergie d'ionisation (★)

1. Rappeler la configuration électronique des éléments azote ($Z = 7$), oxygène ($Z = 8$), phosphore ($Z = 15$) et soufre ($Z = 16$).

2. Appliquer les règles de HUND pour préciser la répartition des électrons dans les orbitales p.

3. Rappeler l'évolution générale de l'énergie d'ionisation constatée lors d'un déplacement dans une période.

4. Comment expliquer que l'énergie d'ionisation de l'azote est supérieure à celle de l'oxygène, que l'énergie d'ionisation du phosphore est supérieure à celle du soufre.

Élément	N	O	P	S
Énergie d'ionisation / eV	14,5	13,6	10,5	10,4

2.7 Électronégativité selon PAULING (★)

L'électronégativité de l'hydrogène selon PAULING vaut $\chi_P = 2,20$. Les différentes énergies de liaison, nécessaires pour calculer les électronégativités de PAULING sont :

Liaison	C–C	H–H	C–H	C–F	H–F	F–F
Énergie de liaison / kJ.mol^{-1}	346	432	411	485	565	155

Liaison	O–O	C–O	O–H
Énergie de liaison / kJ.mol^{-1}	142	358	459

Données :

- Constante d'AVOGADRO : $N_A = 6{,}02.10^{23}$ mol^{-1}
- Charge élémentaire : $e = 1{,}609.10^{-19}$ C

Rappel : la différence l'électronégativité de PAULING de deux atomes X et Y est donnée par :

$$\chi_X - \chi_Y = \sqrt{D_{XY} - \sqrt{D_{XX}D_{YY}}}$$

où l'élément X est reconnu comme étant plus électronégatif que l'élément Y.

1. Convertir toutes les énergies de liaison en électronvolt.

2. En utilisant les données relatives aux liaisons C–C, C–H et H–H, calculer l'électronégativité selon PAULING du carbone $\chi_P(C)$.

3. En utilisant les données relatives aux liaisons F–F, F–H et H–H, calculer l'électronégativité selon PAULING du fluor $\chi_P(F)$. Reprendre le calcul à partir des données relatives aux liaisons C–F, C–C et F–F.

4. Pour calculer l'électronégativité de l'oxygène à partir du tableau, on peut choisir soit les liaisons simples carbone-oxygène, soit les liaisons hydrogène/oxygène. Proposer deux estimations de l'électronégativité de l'oxygène.

5. Comparer les différentes valeurs obtenues à celles de la littérature.

Élément	C	O	F
Électronégativité (PAULING)	2,55	3,44	3,98

Pour l'ensemble des exercices suivants qui portent sur l'utilisation des règles de SLATER, on utilisera les données suivantes : Valeur de la première orbite de BOHR : $a_0 = 53$ pm. Constante d'AVOGADRO : $\mathcal{N}_A = 6{,}02.10^{23}$ mol^{-1}. Les règles de SLATER sont rappelées table 2.4.

	Contribution des autres électrons						
Électron étudié (niveau n)	Niveaux $n-2, n-3\ldots$	Niveau $n-2$	Autres électrons du niveau n				Niveaux supérieurs
			$1s$	s et p	d	f	
$1s$			0,30				0
ns, np	1,00	0,85		0,35	0	0	0
nd	1,00	1,00		1,00	0,35	0	0
nf	1,00	1,00		1,00	0,35	0	0

TABLE 2.4 – Tableau récapitulatif des règles de SLATER

Nombres quantiques apparents :

n	1	2	3	4	5
n^*	1	2	3	3,7	4,0

2.8 Étude des atomes de chlore et de brome (★★)

Considérons l'élément chimique brome ($Z = 35$).

1. Établir la configuration électronique du brome, justifier la démarche suivie. Préciser en particulier la signification des lettres s, p et d.

2. Localiser (ligne et colonne) la position du brome dans la classification périodique.

3. Le brome est notablement électronégatif ? Pourquoi ? Comment évolue l'électronégativité dans la classification périodique ?

4. Le chlore est situé au dessus du brome dans la classification périodique (même colonne mais à la ligne précédente). À partir de la configuration électronique du chlore, déterminer son numéro atomique Z.

Le but est désormais d'estimer l'énergie d'ionisation du chlore atomique Cl à partir du modèle de SLATER. Les règles de SLATER, ainsi que les valeurs des nombres quantiques effectifs n^* sont rappelées en préambule.

5. À partir de la configuration électronique du chlore, identifier les électrons de cœur et les électrons de valence. Calculer l'écrantage σ relatif aux électrons de valence du chlore. En déduire la charge effective Z^* puis l'énergie d'une orbitale atomique de valence dans le modèle de SLATER.

6. Rappeler le sens d'évolution de Z^* sur une ligne de la classification périodique.

7. Calculer la valeur de l'énergie d'ionisation du chlore dans le modèle de SLATER.

8. Calculer la valeur de l'affinité électronique du brome dans le modèle de SLATER.

2.9 Attachement électronique et énergie d'ionisation de l'atome de soufre (★★)

Le numéro atomique du soufre est $Z = 16$.

1. Donner la configuration électronique de l'atome de soufre dans son état fondamental.

2. Localiser le soufre dans la classification périodique (ligne et colonne). Expliquez la tendance de l'atome de soufre à former des ions sulfure S^{2-} ?

3. Écrire la configuration électronique de l'élément chimique situé au-dessus du soufre dans la classification périodique des éléments. Quel est cet élément chimique ? Écrire la configuration électronique de l'élément chimique situé au-dessous du soufre dans la classification périodique des éléments.

4. Écrire la configuration électronique de l'ion sulfure dans son état fondamental. En utilisant le modèle de SLATER, calculer l'énergie de double attachement électronique définie comme l'énergie à fournir pour réaliser la réaction :

$$S\,(g) \quad + \quad 2\,e^-\,(g) \quad = \quad S^{2-}(g).$$

Fournir un résultat en eV puis en kJ·mol^{-1}.

2.10 L'atome de phosphore et l'ion P^{3-} (★★)

Nous étudions dans cet exercice le phosphore P dont le numéro atomique est $Z = 15$.

1. Écrire la configuration électronique de l'atome de phosphore et de l'ion phosphure P^{3-} dans leur état fondamental.

2. En utilisant le modèle de SLATER, calculer l'énergie de triple capture électronique de l'atome phosphore, définie comme l'énergie à fournir pour réaliser la réaction :

$$P(g) \quad + \quad 3e^-(g) \quad = \quad P^{3-}(g).$$

3. Calculer le rayon de l'atome de phosphore, ainsi que le rayon de l'ion phosphure en utilisant le modèle de SLATER et en admettant que l'on puisse généraliser aux ions l'expression du rayon atomique de SLATER.

2.11 Analogies entre atome de magnésium et atome de zinc (★★)

Le numéro atomique du magnésium est $Z = 12$, le numéro atomique du zinc est $Z = 30$.

1. À quelle famille de la classification périodique le magnésium appartient-il ?

2. Quels sont les ions préférentiellement formés par le magnésium et par le zinc ? Expliquer.

3. Calculer à partir du modèle de SLATER les énergies de première ionisation et de deuxième ionisation du zinc

2.12 L'atome de cobalt (★★)

Le cobalt possède le numéro atomique $Z = 27$.

1. Écrire la configuration électronique de l'atome de cobalt dans son état fondamental.

2. On étudie en spectroscopie atomique la transition $3d \rightarrow 5s$ pour un électron. S'agit-il d'une raie du spectre d'émission ou du spectre d'absorption ?

3. En utilisant le modèle de SLATER, calculer la différence d'énergie entre ces états de l'atome et en déduire la longueur d'onde associée à cette transition.

4. Comparer les rayons des ions Co^{2+} et Co^{3+} en admettant que l'on puisse généraliser aux ions l'expression du rayon atomique de SLATER.

2.13 Orbitales de valence de l'atome de vanadium (★★)

On cherche dans cet exercice à vérifier, en utilisant le modèle de SLATER, que l'orbitale atomique $4s$ est peuplée de façon privilégiée par rapport aux orbitales atomiques $3d$. Nous étudions le vanadium ($Z = 23$).

1. Écrire la configuration électronique de l'atome de vanadium dans son état fondamental.

2. En utilisant le modèle de SLATER, calculer l'énergie des électrons de valence.

3. En supposant que les orbitales $3d$ doivent être occupées prioritairement aux orbitales $4s$ (non respect de la règle de KLECHKOVSKI), indiquer la configuration électronique du vanadium. Calculer l'énergie des électrons de valence et conclure.

Chapitre 3

Modèle de LEWIS des molécules et des ions ; prévision de leur géométrie

La connaissance de la formule moléculaire des molécules et des ions est souvent insuffisante pour pouvoir, de par sa seule analyse, déterminer leurs propriétés chimiques. Par exemple, pour les molécules hydrogénées construites à partir des atomes de la deuxième période de la classification périodique, comment peut-on « deviner » que le trihydrurobore BH_3 capte facilement un ion hydrure H^-, alors que l'eau H_2O ne peut pas le faire, et qu'inversement H_2O peut capter un proton H^+, et pas BH_3 ? Les atomes sont liés entre eux au sein d'une molécule par des interactions dites **intramoléculaires**. Il existe plusieurs modèles décrivant ces interactions, proposant des niveaux d'analyse des plus simples aux plus compliqués. Les modèles de mécanique quantique nécessitent des moyens informatiques lourds ne serait-ce que pour décrire des molécules d'une dizaine d'atomes. G. LEWIS a proposé un modèle ne nécessitant qu'un crayon. Malgré la remarquable simplicité de sa description de la liaison chimique, les renseignements fournis sont nombreux, mais comme pour tout modèle, finissent par trouver leurs limites. R.J. GILLESPIE a proposé un outil pour prévoir, à partir des formules de LEWIS des molécules, la géométrie dans l'espace des structures moléculaires et ioniques.

1 Modèle de LEWIS des molécules et des ions

1.1 Électrons de valence des atomes des blocs *s* et *p*

Nous avons vu au chapitre 2 que les électrons de valence sont ceux des orbitales atomiques de plus grand nombre quantique principal n, et ceux des sous-couches en cours de remplissage. Les atomes des blocs s et p ont une configuration électronique [*cœur*] $ns^x\,np^y$, où [*cœur*] représente les électrons de cœur de l'atome (figure 3.1). Par conséquent, le nombre d'électrons de valence n_V de cet atome est $n_V = x + y$. Ainsi, par exemple, le bore B ou l'aluminium Al possèdent $n_V = 3$ électrons de valence, l'azote N, le phosphore P ou l'arsenic As possèdent $n_V = 5$ électrons de valence.

Les représentations de LEWIS concernent essentiellement les molécules constituées d'atomes des blocs *s* et *p* de la classification périodique. Les tentatives de description par cette même technique des molécules comportant des atomes des blocs *d* ou *f* ne permettent pas en général de déduire de façon satisfaisante les propriétés chimiques ou physiques réellement observées. Les métaux du bloc *d* nécessitent un modèle plus élaboré, comme celui des orbitales moléculaires, lequel dépasse le cadre de cet ouvrage. Les principes qui suivent dans ce chapitre sont appliqués essentiellement à des molécules ne comportant que des atomes des blocs *s* et *p*. Nous verrons cependant quelques cas de molécules faisant intervenir des atomes du bloc *d* et nous montrerons les limitations de ces cas.

1.2 Octet des composés monoatomiques stables

Les composés monoatomiques stables sont nombreux dans la nature : par exemple l'argon Ar, les ions chlorure Cl^-, les ions sodium Na^+, les ions calcium Ca^{2+}. Les configurations électroniques de ces atomes et ions sont :

- Ar ($Z = 18$) : $1s^2\,2s^2\,2p^6\,3s^2\,3p^6$;
- Cl^- ($Z = 17$ et 1 électron supplémentaire) : $1s^2\,2s^2\,2p^6\,3s^2\,3p^6$;
- Na^+ ($Z = 11$ moins 1 électron) : $1s^2\,2s^2\,2p^6$;
- Ca^{2+}($Z = 20$ moins 2 électrons) : $1s^2\,2s^2\,2p^6\,3s^2\,3p^6$.

Tous ces composés possèdent $2+6=8$ électrons de valence (2 pour la sous-couche *s* et 6 pour la sous-couche *p*). Cet ensemble s'appelle un **octet**. Ce nombre **huit** correspond en fait au remplissage total des électrons *s* et *p* de la n^{ieme} couche de l'atome de la n^{ieme} période (figure 3.1).

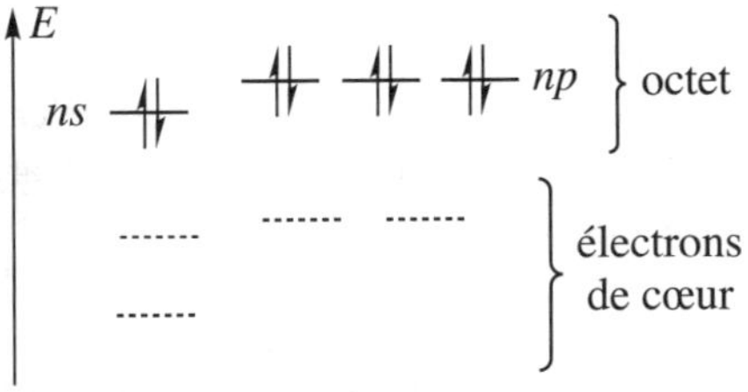

FIGURE 3.1 – Structure électronique des électrons de valence des gaz rares.

1.3 Partage des électrons de valence ; symbole de LEWIS de la liaison

L'idée de LEWIS est que l'échange des électrons de valence des atomes est à la base de la force intramoléculaire qui **lie** les atomes entre eux au sein d'une molécule. Il développe la notion de **liaison** interatomique. Le choix du symbole est simple : si deux atomes *A* et *B* d'une molécule sont en interaction par le biais de deux de leurs électrons de valence, alors on les représente tel que sur la figure 3.2 :

$$A\text{——}B$$

FIGURE 3.2 – Symbole de LEWIS de la liaison entre deux atomes *A* et *B*.

Le trait symbolise **le partage de deux électrons** entre les atomes *A* et *B*. Il se peut que ces atomes partagent plus de deux électrons ; nous verrons plus loin comment traiter ces cas. L'apport des électrons de valence peut ne pas avoir été « équitable ». Il est possible que lors de la formation de la molécule, ce soit l'atome A qui ait apporté les deux électrons et B aucun, ou encore que chacun ait apporté un électron. Une fois la molécule construite, les électrons étant des particules indiscernables, il est impossible de savoir de quel atome est issu un électron. On garde donc un symbole symétrique entre les atomes A et B, ne permettant pas de trancher. La notion de charge formelle qui sera vue ultérieurement permet de préciser les différentes contributions. D'autres symboles seront vus par la suite, complétant la représentation de LEWIS des molécules.

1.4 Règle de l'octet

L'observation d'une configuration électronique particulière pour les composés monoatomiques stables a conduit à établir la règle de l'octet :

Pour la plupart des composés stables constitués d'atomes des blocs s et p, chaque atome partage autant d'électrons que nécessaire pour s'entourer de son octet.

Cette règle n'est pas universelle, mais elle rend bien compte de la construction de très nombreuses molécules. Elle comporte des exceptions importantes :

- les composés **déficients** en électrons pour lesquels des atomes s'entourent de moins d'un octet d'électrons,
- les composés **hypervalents** pour lesquels des atomes s'entourent de plus d'un octet d'électrons.

L'étude de ces composés est réalisée plus loin dans le cours. Remarquons que les atomes de la première période de la classification périodique (H et He) ne sont pas régis par la règle de l'octet mais par la **règle du « duet »** (deux électrons), car la couche de valence de ces atomes est $1s$ qui ne peut contenir que deux électrons.

1.5 Les symboles de LEWIS

Chaque atome des blocs s et p au-delà de la première période de la classification périodique dispose de quatre orbitales atomiques de valence, chacune pouvant contenir zéro, un ou deux électrons. En mécanique quantique, un atome dans une molécule est décrit de manière assez similaire à un atome isolé. Ainsi, dans une molécule, chaque atome des blocs s et p dispose de quatre orbitales pouvant contenir zéro, un ou deux électrons. Le partage de deux électrons (un doublet) entre deux atomes a été précédemment symbolisé par un trait entre ces deux atomes. Mais ce symbole ne décrira pas l'ensemble des électrons de valence : certains ne seront pas partagés ; d'autres pourront être seuls dans une orbitale. Enfin, certaines orbitales de la couche de valence pourront être vides. Chacune de ces possibilités est décrite par un symbole, autour du symbole de l'élément chimique (tableau 3.1).

$A\,|$	Symbole de doublet non liant sur l'atome A
$A^{\bullet}$	Symbole d'électron célibataire sur l'atome A
$A\square$	Symbole de lacune électronique sur l'atome A

TABLE 3.1 – Symboles de LEWIS

Il existe en outre deux autres symboles de charges formelles, qui seront abordés ultérieurement.

1.6 Nombre total d'électrons et de paires de valence

La représentation de LEWIS de la molécule ou de l'ion modélise l'ensemble des électrons de valence de chacun de ses atomes et des électrons dus aux charges de l'ion : les électrons de valence de la molécule ou de l'ion. Il faut dans un premier temps en faire le décompte.
Soit une molécule ou un ion de formule notée de manière générale $[X_i]^{z+}, i = 1$ à n, constituée des n atomes X_i, et porteur du nombre de charges total $+z$ (avec $z < 0$ pour un anion). Par exemple, pour les ions carbonate CO_3^{2-}, $X_1 = C$, $X_2 = O$, $X_3 = O$, $X_4 = O$ et $z = -2$. Soit n_{Vi} le nombre d'électrons de valence de l'atome X_i. Le nombre total d'**électrons de valence** de la molécule ou de l'ion est noté N_V. Le nombre total de **paires de valence** P_V de la molécule est la demi-somme des électrons de valence apportés par tous les atomes de la molécule et des électrons dus aux charges de l'ion. Nous avons alors :

$$N_V = \left(\sum_{i=1}^{n} n_{Vi}\right) - z \qquad P_V = E\left[\frac{1}{2}\left(\left(\sum_{i=1}^{n} n_{Vi}\right) - z\right)\right]$$

où $E[x]$ représente la partie entière de x.

Ainsi, par exemple, les ions carbonate possèdent $P_V = (4 + 3 \times 6 + 2) \div 2 = 12$ paires de valence, 11 étant dues aux électrons de valence des atomes, et 1 aux électrons de la charge globale de l'ion.

L'utilisation de la fonction partie entière se justifie dans le cas des molécules ou ions possédant un nombre impair d'électrons. Prenons l'exemple de la molécule de monoxyde d'azote qui possède $N_V = 6 + 5 = 11$ électrons de valence donc cinq doublets et un **électron célibataire** (voir aussi 1.11). Il est à noter que l'atome central de la molécule ou de l'ion est en général en position centrale de la classification périodique (milieu du bloc p), voire dans le bas de la classification périodique, ce qui autorise le phénomène d'hypervalence (*vide infra*).

1.7 Représentation de LEWIS des molécules simples

La représentation de LEWIS de la molécule indique tous les électrons de valence de manière à respecter, autant que faire se peut, la règle de l'octet pour tous les atomes (éventuellement du duet pour l'hydrogène). Cependant, donner la représentation de LEWIS suppose connu l'enchaînement des atomes dans la molécule. Il n'existe pas de méthode permettant d'établir cet enchaînement. Seules des techniques physiques (souvent spectroscopiques) ou chimiques permettent de le savoir. Par exemple, pour la molécule d'eau H_2O :

- l'enchaînement est H−O−H (il n'y en a pas d'autre possibilité ici) ;
- la molécule possède $P_V = 4$ paires de valence ;
- chaque atome d'hydrogène est entouré d'une paire de valence : la règle du « duet » ne permet pas de lui en attribuer plus ;
- l'atome d'oxygène est entouré de deux paires liantes. Il faut donc compléter sa représentation par deux paires, qui sont donc ici non liantes, c'est-à-dire non partagées avec un autre

atome (il est à noter que le terme « paire non liante » ne préjuge en rien de la nature non liante ou anti-liante des orbitales moléculaires de la molécule au sens qui sera développé au chapitre suivant). Ainsi, l'atome d'oxygène respecte bien la règle de l'octet (figure 3.3).

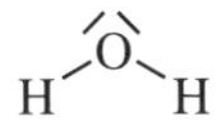

FIGURE 3.3 – Représentation de LEWIS de la molécule d'eau.

Exercice résolu

Représentations de LEWIS du méthane et du dichlore

Donner la représentation de LEWIS a) de la molécule de méthane CH_4 et b) de la molécule de dichlore Cl_2.

Réponse :

a) Molécule de méthane

- pour la molécule de méthane, l'atome de carbone est un atome central, car les atomes d'hydrogène ne peuvent pas se lier à plus d'un atome ;
- la molécule possède $P_V = 4$ paires de valence ;
- l'atome de carbone est entouré de quatre paires liantes. Il n'y a donc pas d'autres paires d'électrons à répartir. L'atome de carbone respecte bien la règle de l'octet (voir figure ci-dessous).

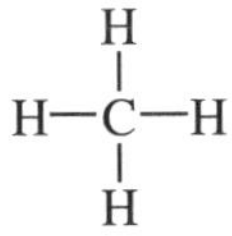

b) Molécule de dichlore

- la molécule de dichlore possède $P_V = 7$ paires de valence. Une première sert à former la liaison chlore-chlore ;
- il reste donc six paires de valence à répartir sur la molécule. Chaque atome de chlore peut alors accepter trois paires de valence pour conduire à une représentation de LEWIS qui respecte bien la règle de l'octet pour chaque atome (voir figure ci-dessous) :

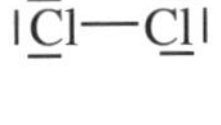

1.8 Liaisons multiples

Dans l'exemple précédent du dichlore, molécule diatomique, le nombre de paires de valence est suffisant pour assurer la règle de l'octet pour chaque atome de chlore. En effet, chaque atome doit être entouré de 4 paires de valence. Il faudrait donc 8 paires de valence pour deux atomes. 6 sont non liantes, et 1 est partagée par deux atomes, donc est décomptée deux fois (une fois pour chaque atome). Prenons maintenant l'exemple du diazote N_2, possédant $P_V = (5 \times 2) \div 2 = 5$ paires de valence à répartir. Une des paires d'électrons lie les deux atomes d'azote. Il en reste 4 à répartir sur 2 atomes, ce qui est insuffisant pour assurer la règle de l'octet pour les deux atomes d'azote.

Mais l'expérience montre que la liaison azote-azote est une liaison beaucoup plus difficile à rompre qu'une liaison chlore-chlore. De ce fait, on peut envisager une représentation de LEWIS faisant apparaître plus d'une paire d'électrons liant deux atomes dans une molécule : on parlera de **liaison double** (deux paires liantes) ou **triple** (trois paires liantes). Des exemples sont donnés à la figure 3.4.

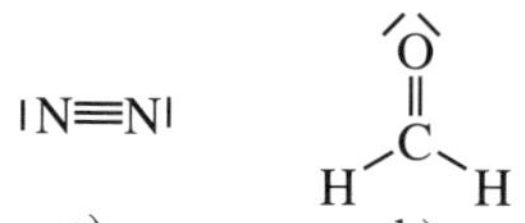
a) b)

FIGURE 3.4 – Représentations de LEWIS des molécules a) de diazote N_2 et b) de méthanal HCHO, faisant apparaître des liaisons multiples.

Par exemple, le diazote N_2 possède $P_V = \frac{2 \times 5}{2} = 5$ paires de valence. Afin que chaque atome d'azote respecte la règle de l'octet, 3 paires doivent être partagées par les deux atomes. La liaison azote-azote dans la molécule de diazote est qualifiée de liaison triple.

Exercice résolu

Le dioxyde de carbone

Proposer une représentation de LEWIS de la molécule de dioxyde de carbone CO_2.

Réponse :

La molécule possède $P_V = (4 + 6 \times 2) \div 2 = 8$ paires de valence. Deux sont utilisées dans un premier temps pour lier les atomes d'oxygène à l'atome de carbone. Il reste donc 6 paires de valence pour que chaque atome respecte la règle de l'octet. La seule possibilité est donc de faire partager plus d'une paire de valence aux atomes liés. La représentation de LEWIS du dioxyde de carbone est présentée figure ci-dessous.

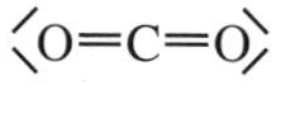

1.9 Composés déficients en électrons

Le trihydrurobore BH_3 possède $N_V = 3 + 3 \times 1 = 6$ électrons de valence, donc trois paires de valence. Ce nombre est insuffisant pour que l'atome de bore puisse satisfaire à la règle de l'octet. Par conséquent, seules trois orbitales du bore sont occupées. Il reste une **orbitale vide**, symbolisée par une **lacune électronique**. La seule représentation de LEWIS possible est présentée figure 3.5 :

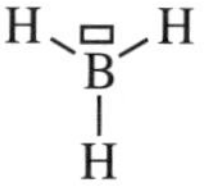

FIGURE 3.5 – Représentation de LEWIS de la molécule de trihydrurobore BH_3 faisant apparaître une lacune électronique.

Exercice résolu

Le trichlorure d'aluminium

Proposer une représentation de LEWIS du trichlorure d'aluminium $AlCl_3$.

Données : $Z(\text{Al}) = 13$.

Réponse :

L'atome d'aluminum possède 3 électrons de valence. Le nombre de paires de valence du trichorure d'aluminium est $P_V = (1 \times 3 + 3 \times 7) \div 2 = 12$. La représentation de LEWIS faisant respecter la règle de l'octet aux atomes de chlore est présentée figure ci-dessous.

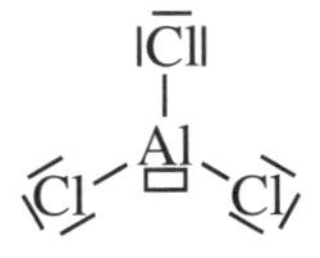

Cette représentation fait apparaître une lacune électronique sur l'atome d'aluminium.

1.10 Charges formelles

a. Cas des ions monoatomiques

Comme nous l'avons déjà vu, les ions (structures comportant un nombre d'électrons différent du nombre de protons) peuvent aussi être décrites par le modèle de LEWIS, avec l'introduction du symbole de la charge + ou −. Ainsi pour l'anion chlorure, l'atome de chlore possède $N_V = 7 - (-1) = 8$ électrons de valence, donc quatre paires de valence. Il possède 17 protons et $17 + 1$ électrons. Sa représentation de LEWIS est présentée figure 3.6 :

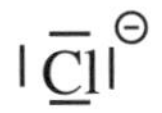

FIGURE 3.6 – Représentation de LEWIS de l'ion chlorure faisant apparaître une charge négative.

Pour cette représentation de LEWIS, il peut être constructif d'introduire une nouvelle notion, la **charge formelle**, dont l'intérêt est de rendre compte, dans certaines situations, de la dissymétrie de répartition de charge dans une écriture de LEWIS. Par exemple, dans le cas de l'ion carbonate CO_3^{2-} déjà évoqué, la question se pose de l'attribution des charges à des atomes plutôt qu'à la structure dans son ensemble.

b. Calcul du nombre de charge formelle $c_F(X)$ d'un atome X

Cet excédent ou ce déficit en électron est modélisé comme étant parfaitement localisé sur un atome du composé, bien qu'*a priori* ce soit une propriété de l'ion dans son ensemble. Par exemple, l'ion hydroxyde HO^- possède $P_V = (1 + 6 - (-1)) \div 2 = 4$ paires de valence. La répartition de ces paires électroniques est donc présentée figure 3.7 :

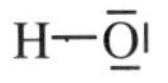

FIGURE 3.7 – Représentation de LEWIS incomplète de l'ion hydroxyde présentant la répartition des doubles électroniques et oubliant la charge formelle.

Le modèle de LEWIS attribue une **charge formelle** aux atomes. Pour cela, il faut comparer le nombre d'électrons de valence de l'atome seul (n_V) au nombre d'électrons de valence n_{Vm} dont s'est entouré l'atome dans la molécule. Pour ce décompte, un doublet non liant est considéré comme appartenant totalement à l'atome, et compte donc pour deux électrons. En revanche, un doublet liant est partagé entre deux atomes, donc ne compte que pour un électron pour l'atome considéré. Il est à noter que le décompte est différent du décompte utilisé pour vérifier la règle de l'octet, comme cela est traduit sur la figure 3.8.

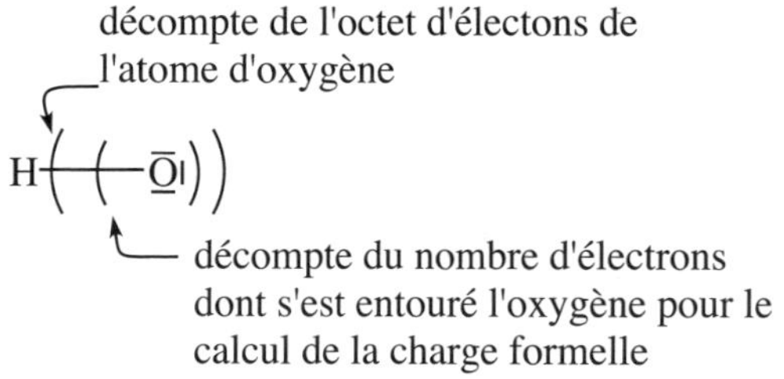

FIGURE 3.8 – Décompte du nombre d'électrons de l'atome d'oxygène pour la règle de l'octet (parenthèses extérieures) et pour le nombre de charges formelles (parenthèses intérieures).

Ainsi, l'atome d'oxygène est entouré dans l'ion hydroxyde de $n_{Vm} = 3 \times 2 + 1 = 7$ électrons.

Définition

On appelle nombre de charge formelle de l'atome dans la molécule l'entier c_F tel que $c_F = n_V - n_{Vm}$. Si c_F est positif, l'atome est porteur de c_F charges positives, s'il est négatif, il est porteur de $-c_F$ charges négatives.

Pour l'ion hydroxyde, l'atome d'hydrogène possède un nombre de charge formelle $c_F = 1 - 1 = 0$, alors que l'atome d'oxygène possède un nombre de charge formelle $c_F = 6 - (3 \times 2 + 1 \times 1) = -1$. La représentation de LEWIS complète de l'ion hydroxyde attribue par conséquent la charge négative à l'atome d'oxygène (figure 3.9) :

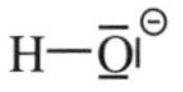

FIGURE 3.9 – Représentation de LEWIS complète de l'ion hydroxyde attribuant la charge formelle à l'atome d'oxygène.

Exercice résolu

L'ion oxonium

Donner la représentation de LEWIS de l'ion oxonium H_3O^+.

Réponse :

L'ion oxonium H_3O^+ possède $P_V = (1 \times 3 + 6 - 1) \div 2 = 4$ paires de valence, réparties comme indiqué figure ci-dessous.

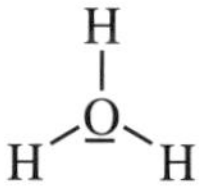

Les atomes d'hydrogène possèdent un nombre de charge formelle $c_F = 1 - 1 = 0$, alors que l'atome d'oxygène possède un nombre de charge formelle :

$$c_F = 6 - (3 \times 1 + 1 \times 2) = +1.$$

La représentation de LEWIS complète de l'ion oxonium est présentée ci-dessous.

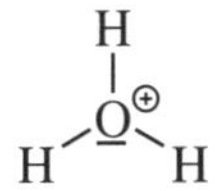

La charge formelle d'un atome **vérifiant la règle de l'octet** (ou du « duet » pour l'hydrogène) est directement liée au nombre de doublets liants qui l'entourent. Un rapide calcul permet de vérifier les résultats du tableau suivant pour les atomes de la deuxième période de la classification périodique :

Atome	C	N			O			F	
Nombre de doublets liants	4	4	3	2	3	2	1	1	0
Charge formelle	0	+1	0	−1	+1	0	−1	0	−1

Un peu de pratique permet de trouver la représentation de LEWIS en évitant des calculs fastidieux.

c. Séparation de charges dans une molécule

L'exemple de l'acide nitrique HNO_3 illustre le fait que, même si la molécule n'est pas chargée, il peut être nécessaire de faire apparaître des charges formelles dans la représentation de LEWIS. Dans cette molécule, les atomes d'oxygène sont liés à l'atome d'azote, et l'atome d'hydrogène est lié à un atome d'oxygène. La structure n'est pas cyclique (ces données structurales ne peuvent pas être devinées ; c'est une donnée issue de l'expérience). On a donc le squelette présenté figure 3.10.

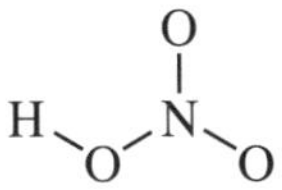

FIGURE 3.10 – Squelette de la molécule d'acide nitrique.

Le nombre de paires de valence est $P_V = (1 + 5 + 3 \times 6) \div 2 = 12$. Une répartition possible de ces paires respectant la règle de l'octet pour chaque atome est présentée figure 3.11.

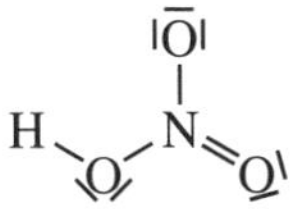

FIGURE 3.11 – Répartition possible des doublets de l'acide nitrique (représentation de LEWIS incomplète).

D'autres répartitions respectant la règle de l'octet pour chaque atome sont possibles (figure 3.12.a et b).

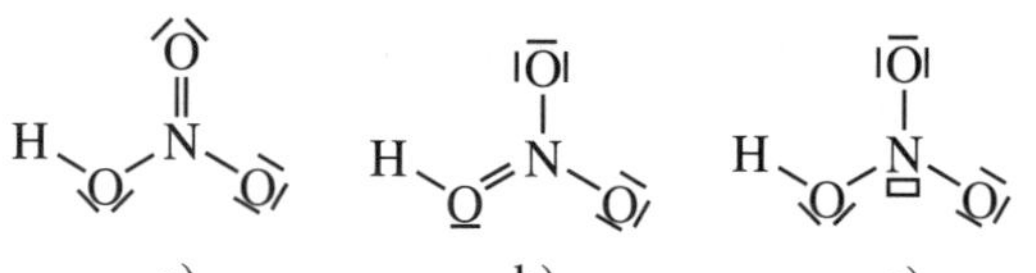

FIGURE 3.12 – Autres répartitions possibles des paires de valence pour l'acide nitrique a) et b) acceptables selon la règle de l'octet et c) ne respectant pas la règle de l'octet (représentations de LEWIS incomplètes car oubliant les charges formelles).

Pour la première répartition proposée des électrons, l'atome d'hydrogène possède un nombre de charge formelle $c_F = 1 - 1 = 0$, les atomes d'oxygène porteurs de deux paires non liantes possèdent un nombre de charge formelle $c_F = 6 - 6 = 0$, l'atome d'oxygène porteur de trois paires non liantes possède un nombre de charge formelle $c_F = 6 - 7 = -1$ et l'atome d'azote possède un nombre de charge formelle $c_F = 5 - 4 = +1$. Une représentation de LEWIS possible est présentée figure 3.13.

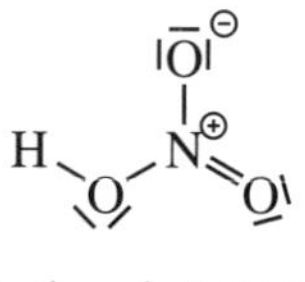

FIGURE 3.13 – Une représentation de LEWIS possible de l'acide nitrique.

Bien que l'acide nitrique ne soit pas un ion, la représentation de LEWIS fait intervenir des charges formelles, dont la somme est bien sûr nulle. Cette situation est appelée **séparation de charges** ; elle est en général à éviter car considérée comme énergétiquement défavorable pour la stabilité d'une structure. L'exemple de l'acide nitrique montre que cela est parfois inévitable. Notons enfin que les autres répartitions des paires de valence conduisent à d'autres représentations de LEWIS, présentées sur la figure 3.14.

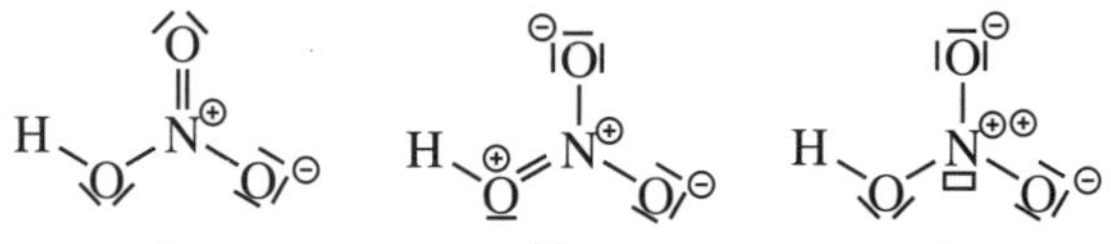

FIGURE 3.14 – Autres représentations de LEWIS possible de l'acide nitrique.

Les représentations b) et c) sont des modèles peu acceptables, car elles attribuent un grand nombre de charges formelles d'une part et présentent éventuellement (cas c) des lacunes électroniques donc un non respect de la règle de l'octet. Ce ne sont pas des représentations fausses, mais elles modélisent mal l'espèce chimique. La représentation de LEWIS a) présente une répartition électronique analogue à la première présentée, mais fait jouer un rôle différent aux atomes d'oxygène.

1.11 Composés présentant des électrons célibataires

Le monoxyde d'azote NO possède $N_V = 5 + 6 = 11$ électrons de valence. Ce nombre étant impair, la représentation de LEWIS présentera donc 5 paires de valence et un **électron non apparié** (aussi appelé **électron célibataire**. La figure 3.15 propose toutes les possibilités de répartition des paires de valence pour lesquelles les atomes ne dépassent pas la règle de l'octet.

a) b) c) d) e) f)

FIGURE 3.15 – Répartitions possibles des doublets du monoxyde d'azote sans dépassement de la règle de l'octet (représentations de LEWIS incomplètes, sans charges formelles).

Il faut ensuite placer l'électron célibataire et les lacunes électroniques. Les représentations a), c), d) et e) (figure 3.15) ne laissent qu'un seul choix possible, la représentation b) deux choix possibles et la représentation f) aucune possibilité ne dépassant pas la règle de l'octet.

a) b1) b2) c) d) e)

FIGURE 3.16 – Répartitions possibles des électrons de valence du monoxyde d'azote sans dépassement de la règle de l'octet (représentations de LEWIS incomplètes, sans charges formelles).

Le calcul des charges formelles, pour lequel un électron célibataire est compté comme un électron appartenant en propre à l'atome qui le porte, conduit aux représentations de LEWIS possibles présentées figure 3.17.

a) b1) b2) c) d) e)

FIGURE 3.17 – Représentations de LEWIS envisageables pour le monoxyde d'azote.

Les représentations a), b1), b2) et c) bien que justes, ne modélisent pas correctement la molécule, car elles font apparaître une lacune électronique. L'existence d'une lacune électronique n'est pas en soi un critère de rejet (il existe des composés lacunaires), mais s'il existe des représentations de LEWIS (telles que d) et e)) qui ne présentent pas de lacune, elles représenteront mieux la réalité du composé. La représentation d) semble la plus acceptable car elle ne fait pas intervenir de séparation de charge, énergétiquement coûteuse. Remarquons qu'il n'existe pas de représentation de LEWIS permettant de respecter la règle de l'octet pour tous les atomes simultanément du fait du nombre impair d'électrons de valence.

Exercice résolu

Le dioxyde d'azote

Proposer une représentation de LEWIS de la molécule de dioxyde d'azote NO_2 pour laquelle l'atome d'azote respecte la règle de l'octet.

Réponse :

La molécule de dioxyde d'azote possède $n_V = 1 \times 5 + 2 \times 6 = 17$ électrons de valence, soit 8 paires de valence et un électron célibataire. Une représentation de LEWIS possible est :

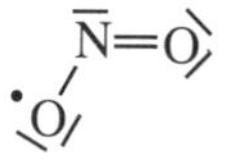

1.12 Dépassement de la règle de l'octet ; hypervalence

a. Origine de l'hypervalence

L'analyse spectroscopique de la molécule d'hexafluorure de soufre SF_6 montre que ce composé ne comporte que des liaisons soufre-fluor. Par conséquent, l'atome de soufre est au moins entouré de six paires de valence et dépasse la règle de l'octet. Pour expliquer ce phénomène, revenons à la description orbitalaire de la liaison chimique : la liaison s'établit par utilisation des électrons de valence de l'atome. Pour les atomes de la deuxième période de la classification périodique (C, N, O...) ces électrons appartiennent aux orbitales atomiques $2s$ et $2p$, au nombre de 4. Les orbitales atomiques d'énergie immédiatement supérieures sont les OA $3s$. Pour l'atome de soufre, les électrons de valence sont les électrons des OA $3s$ et $3p$. Or, la couche de nombre quantique principal $n = 3$ est aussi constituée des OA $3d$, qui pourront être utilisées pour conduire à la formation de liaisons. On dispose ainsi de $1+3+5 = 9$ orbitales pouvant contenir *a priori* autant de paires liantes.

✎ À partir de la troisième période de la classification périodique, les atomes d'une molécule peuvent s'entourer de plus de 8 électrons, phénomène appelé **hypervalence**. En pratique, les atomes de phosphore P et de soufre S peuvent s'entourer de 4, 5 ou 6 paires de valence et les atomes d'halogène (Cl, Br, I) comme les atomes des gaz rares peuvent s'entourer de 4 à 8 paires de valence. Le phénomène d'hypervalence est totalement exclu pour les atomes de la deuxième période (C, N et O en particulier).

b. Hypervalence nécessaire

La molécule SF_6 possède $P_V = (6+6\times 7)\div 2 = 24$ paires de valence, et la représentation de LEWIS de la molécule est présentée figure 3.18.

FIGURE 3.18 – Représentation de LEWIS de l'hexafluorure de soufre SF_6 : l'atome de soufre est entouré de plus d'un octet d'électrons.

Le nombre de charge formelle de l'atome de soufre est bien de $c_F = 6-6 = 0$ et celui des atomes de fluor est de $c_F = 7-7 = 0$.

Exercice résolu

Le pentachlorure de phosphore

Proposer une représentation de LEWIS du pentachlorure de phosphore PCl_5 pour lequel on observe expérimentalement que les cinq atomes de chlore sont liés à l'atome de phosphore.

Réponse :

La molécule PCl_5 possède $P_V = (5+5\times 7)\div 2 = 20$ paires de valence. Chaque atome de chlore est lié à l'atome de phosphore par une paire liante. Il reste donc 15 doublets à répartir. Chaque atome de chlore s'entoure de 3 paires non liantes afin de respecter la règle de l'octet. La représentation de LEWIS est présentée ci-dessous.

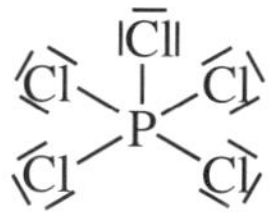

On vérifie que la charge formelle des atomes de chlore et de l'atome de phosphore est bien nulle ($c_F(\text{Cl}) = 7 - (3 \times 2 + 1 \times 1) = 0$ et $c_F(\text{P}) = 5 - (5 \times 1) = 0$).

c. Hypervalence préférable

Pour certains composés, l'hypervalence n'est pas indispensable à la description de LEWIS de la molécule, mais rend mieux compte de ses propriétés physiques. L'acide sulfurique H_2SO_4 illustre cela : pour cette molécule, $P_V = (2 \times 1 + 6 + 6 \times 4) \div 2 = 16$, ce qui conduit à une répartition des paires de valence, puis des charges formelles selon la figure 3.19.

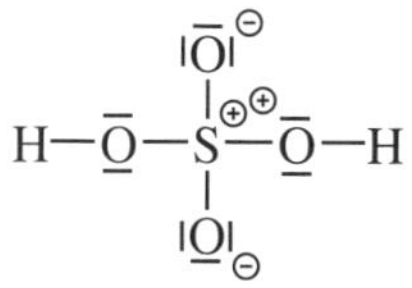

FIGURE 3.19 – Représentation de LEWIS de l'acide sulfurique faisant respecter la règle de l'octet à tous les atomes.

Cette représentation de LEWIS suggère que les liaisons S – O sont de même nature (liaison simple), donc de longueur très voisine. Cependant, expérimentalement, on observe que les liaisons S – O (oxygène non lié à un hydrogène) sont notablement plus courtes que les liaisons S–OH.

Cette représentation de LEWIS, si elle est correcte, n'est cependant pas la plus apte à rendre compte des propriétés de la molécule. L'analyse des longueurs de liaison conduit à préférer une représentation de LEWIS où les liaisons S – O (oxygène non lié à un hydrogène) sont des liaisons doubles. L'utilisation de la possibilité d'hypervalence de l'atome de soufre permet alors de proposer une autre représentation de LEWIS de l'acide (figure 3.20).

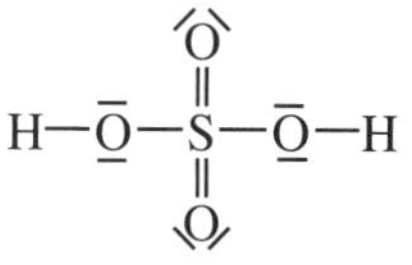

FIGURE 3.20 – Représentation de LEWIS de l'acide sulfurique utilisant la possibilité d'hypervalence de l'atome de soufre.

En l'absence d'une étude systématique de toutes les propriétés des espèces étudiées, le bon réflexe est de proposer des représentations qui privilégient les **liaisons multiples**, et donc l'**hypervalence**, plutôt que la **séparation de charges** lorsque l'atome central appartient à la troisième période (ou plus) de la classification périodique. L'hypervalence est totalement exclue pour les atomes de la première période de la classification périodique.

Exercice résolu

L'ion chlorite

Proposer une représentation de LEWIS de l'ion ClO_2^- où tous les atomes respectent la règle de l'octet. Proposer deux représentations de LEWIS hypervalentes.

Réponse :

L'ion ClO_2^- possède $P_V = (1 \times 7 + 2 \times 6 - (-1)) \div 2 = 10$ paires de valence. La représentation de LEWIS pour laquelle tous les atomes respectent la règle de l'octet fait apparaître une séparation de charges. L'atome de chlore est dans la troisième période de la classification périodique : il peut être hypervalent. Deux autres représentations de LEWIS sont alors possibles et toutes les possibilités sont représentées figure ci-dessous.

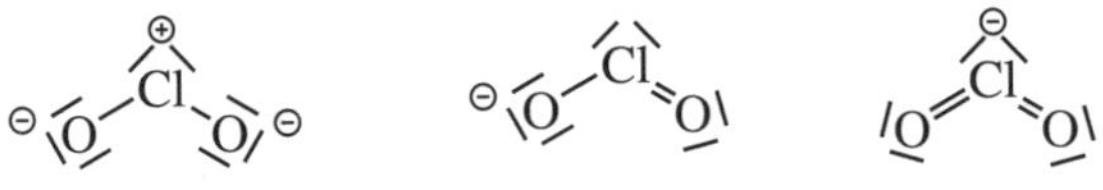

1.13 Molécules possédant des atomes du bloc *d*

Les électrons de valence des atomes du bloc d de la période n sont les électrons ns, np et $(n-1)d$. On peut étendre les représentations de LEWIS des molécules à celles contenant des atomes du bloc d. La figure 3.21 en présente quelques exemples (Mn : $[Ar]3d^5\,4s^2$, Cr : $[Ar]3d^4\,4s^2$, Os : $[Kr]5s^2\,5p^6\,5d^6\,6s^2$).

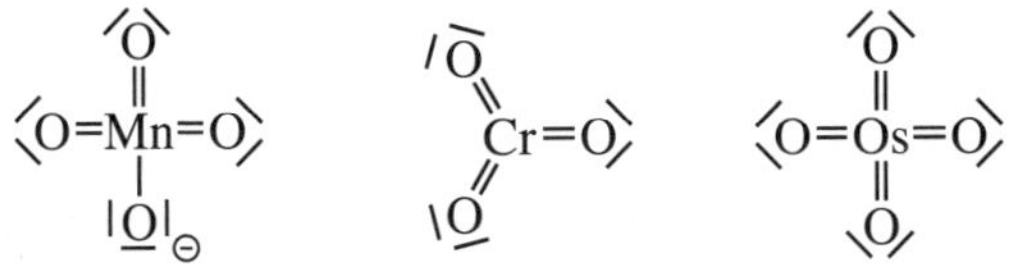

FIGURE 3.21 – Représentation de LEWIS de molécules et ions faisant intervenir des atomes du bloc d.

Exercice résolu

L'ion métavanadate

Proposer une représentation de LEWIS de l'ion métavanadate VO_4^{3-} faisant apparaître le moins de charges formelles (donnée : $Z(V) = 23$).

Réponse :

la configuration électronique de l'atome de vanadium est V : $1s^2\,2s^2\,2p^6\,3s^2\,3p^6\,4s^2\,3d^3$. Les électrons de valence sont les électrons $4s$ et $3d$ au nombre de 5. Par conséquent l'ion métavanadate possède $P_V = (1 \times 5 + 4 \times 6 - (-3)) \div 2 = 16$ paires de valence. Afin de faire apparaître le moins de charges formelles dans la représentation de LEWIS, il faut utiliser la possibilité d'hypervalence de l'atome de vanadium (voir figure ci-dessous).

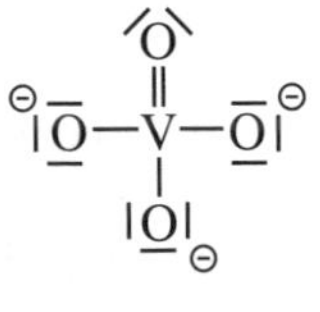

Il faut toutefois noter que les représentations de LEWIS des molécules contenant des atomes du bloc *d* peuvent ne pas représenter correctement les propriétés physico-chimiques de la molécule. Ainsi, la représentation de LEWIS du trichlorure de fer $FeCl_3$ fait apparaître un électron célibataire, alors que cette molécule est plutôt réputée comme étant un acide de LEWIS, et d'autre part, sa géométrie dans l'espace ne correspond pas à celle prévue par la méthode VSEPR (*vide infra*).

1.14 Représentations de LEWIS et réactivité chimique

En introduction de ce chapitre, nous nous proposions d'expliquer comment rendre compte, par exemple, que le trihydrurobore BH_3 réagit « facilement » avec l'ion hydrure H^-, ou inversement que l'eau réagira plutôt avec un proton H^+. Le formalisme de LEWIS attribue une **lacune électronique** à BH_3, c'est-à-dire que cette molécule ne satisfait pas la règle de l'octet. Afin de pallier ce manque, la molécule de BH_3 peut s'associer à une molécule avec qui elle pourra partager un électron, afin de satisfaire la règle de l'octet. Inversement, le proton H^+ est porteur d'une lacune électronique, qu'il comblera avec la molécule d'eau alors qu'il ne le peut pas avec la molécule de trihydrurobore (figure 3.22).

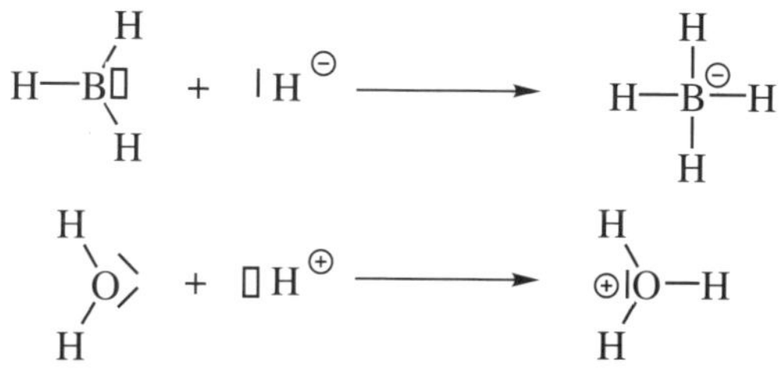

FIGURE 3.22 – Réaction du trihydrurobore avec l'ion hydrure et de l'eau avec le proton.

2 Mésomérie

2.1 Plusieurs représentations de LEWIS possibles

Comme cela a déjà été abordé sur quelques exemples (monoxyde d'azote ou acide sulfurique), la représentation de LEWIS d'une molécule n'est pas forcément unique. Ceci signifie-t-il que les représentations des figures 3.19 et 3.20 modélisent deux molécules différentes ? Il n'en est rien : l'acide sulfurique est unique, mais le modèle de LEWIS dans lequel il a été choisi de le représenter autorise plusieurs réponses possibles. Il se peut toutefois que certaines formes de LEWIS représentent mieux certaines propriétés chimiques expérimentales que d'autres. Toutefois, c'est l'ensemble des formes de LEWIS possibles, appelées **formes mésomères** du composé, qui traduit au mieux la répartition des électrons de valence.

2.2 Délocalisation des électrons

$HNCO_2^{2-}$, dianion de l'acide carbamique, est un ion dont l'atome de carbone est central, et l'atome d'hydrogène est porté par l'atome d'azote. Plusieurs formes mésomères permettent de décrire l'ion dans le modèle de LEWIS. Pour traduire que l'ensemble de ces représentations ne décrit qu'**un seul composé**, chaque forme mésomère est séparée de l'autre par une **flèche à**

deux pointes, et l'ensemble des représentations est placée **entre deux crochets** (figure 3.23).

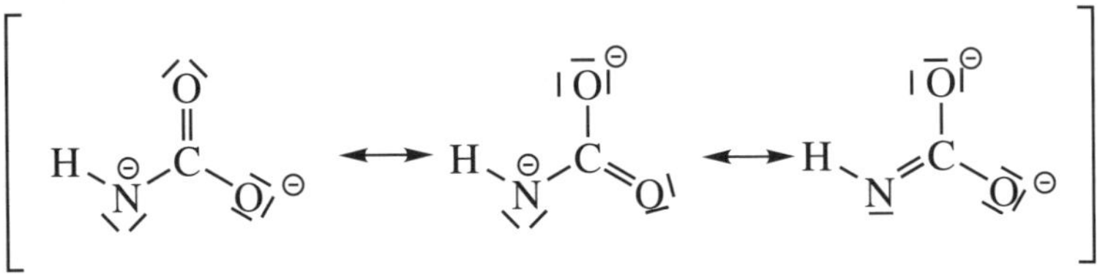

FIGURE 3.23 – Plusieurs représentations de LEWIS du dianion de l'acide carbamique.

L'ensemble des formes mésomères montre que les deux charges formelles négatives (donc les électrons excédentaires) ne sont pas localisées sur deux atomes en particulier, mais sur trois atomes (O, O et N) ; on parle de **délocalisation des électrons**. Il est à noter que les trois formes mésomères ne sont pas les seules possibles. D'autres peuvent être déterminées, mais font apparaître des atomes qui ne respectent pas la règle de l'octet. Elles sont ici négligées car jugées « peu contributives » à la description de l'ion réel.

2.3 Formes mésomères représentant le mieux la structure électronique

Lorsqu'une molécule possède des électrons qui peuvent être délocalisés, de nombreuses formes mésomères sont souvent envisageables. Il ne faut cependant pas perdre de vue que l'objectif des formes de LEWIS est de fournir une description des molécules en accord avec les propriétés physico-chimiques de la molécule. Il faut donc s'abstenir de proposer certaines formes mésomères qui représenteraient peu la réalité. Pour cela certaines règles empiriques sont à respecter :

- les formes mésomères qui représentent le mieux la réalité sont celles qui font respecter la **règle de l'octet** au plus grand nombre d'atomes de la molécule (en particulier pour les atomes de la deuxième période de la classification périodique),
- les formes mésomères qui représentent le mieux la réalité sont celles qui font apparaître **le moins de séparation de charge** au sens des charges formelles ; cette modélisation peut être obtenue par l'utilisation de l'**hypervalence** pour les atomes de la troisième période, et au-delà,
- les formes mésomères qui représentent le mieux la réalité sont celles qui attribuent les **charges formelles négatives** aux atomes **les plus électronégatifs** et les **charges formelles positives** aux atomes **les plus électropositifs**. Il est à noter que cette règle est parfois en contradiction avec la règle de l'octet, qui reste la plus importante à suivre.

Ainsi, le méthanal peut être décrit par trois formes mésomères (figure 3.24).

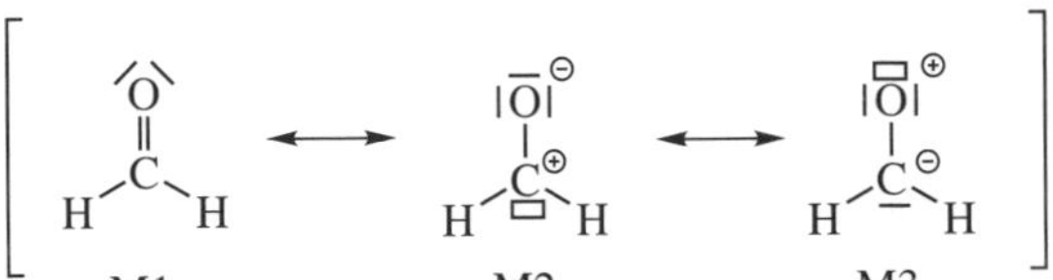

M1 M2 M3

FIGURE 3.24 – Plusieurs représentations de LEWIS du méthanal.

La forme M1 est de loin la plus représentative de la molécule de méthanal car sans séparation de charge. La forme M2 représente un peu moins bien la réalité de cette molécule, car la règle de l'octet n'est pas suivie par l'atome de carbone et il y a séparation de charge. Cependant, cette forme reste légitime : en effet, on observe expérimentalement que le méthanal est capable de se lier grâce à son atome de carbone à un autre atome porteur d'un doublet non liant. Enfin, la forme M3 représente très peu la réalité, car non seulement l'oxygène ne respecte pas la règle de l'octet, mais de plus les charges formelles sont réparties en contradiction avec l'électronégativité relative de ces atomes ($\chi(\mathrm{C}) < \chi(\mathrm{O})$).

2.4 Symbole de mouvement électronique

La détermination d'une formule de LEWIS peut être un exercice assez long (calcul du nombre de paires de valence, du nombre de charge formelle pour chaque atome...) et apparaître encore plus fastidieuse lorsqu'il y a de nombreuses formes mésomères à dessiner. Pour aller plus vite, on dispose d'un outil : le **symbole des mouvements électroniques** à l'intérieur d'une représentation de LEWIS.

a. Principe de base

Une flèche traduit tout le temps **le mouvement** et/ou le changement de statut **d'un doublet d'électrons**.

⚠ Une flèche part toujours d'un doublet électronique.

Un doublet non liant, affecté en totalité à un atome, peut formellement être engagé dans une liaison entre deux atomes : dans ce cas, il y a réaffectation des électrons de ce doublet qui sont désormais équitablement partagés entre les atomes en jeu. La flèche part du doublet dans sa position initiale, et pointe soit vers l'atome qui accepte le doublet, soit vers la position où il sera doublet de liaisons entre deux atomes. On ne fait que trouver une autre représentation de LEWIS, à partir d'une représentation de LEWIS supposée exacte. De ce fait, une flèche ne peut que partir d'un doublet non liant ou d'un doublet d'une liaison multiple.

b. Flèches de mouvement électronique

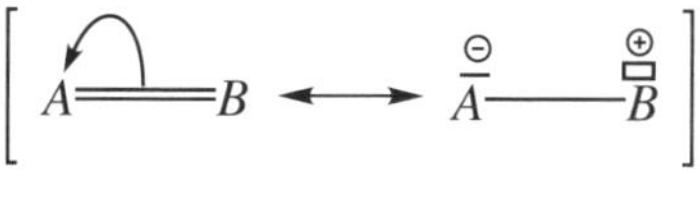

FIGURE 3.25 – Symbole de mésomérie attribuant un doublet de liaison multiple, partagé entre deux atomes, à un seul des deux atomes.

Dans la suite, on ne préjuge pas de la charge que portent les atomes A et B et des charges formelles attribuées aux atomes dans l'écriture initiale. Les charges qui sont représentées résultent du mouvement décrit. Un premier mouvement électronique possible consiste à attribuer un doublet de liaison multiple partagé entre deux atomes à un seul des deux atomes (figure 3.25).

Lors de ce mouvement électronique, l'atome A récupère l'électron antérieurement partagé avec l'atome B. De ce fait, il gagne un nombre de charge formelle -1, et inversement, l'atome

B gagne un nombre de charge formelle +1. D'autre part, le doublet liant initialement partagé est désormais intégralement porté par l'atome *A* : il prend le statut de **doublet non liant**. Inversement, une orbitale de *B* était occupée par le doublet liant et se retrouve vide : *B* est désormais porteur d'**une lacune électronique**.

Par exemple, le méthanal est une molécule qui peut être dessinée sous au moins deux formes mésomères, lesquelles sont décrites très rapidement grâce à l'outil des flèches de mouvement électronique (figure 3.26).

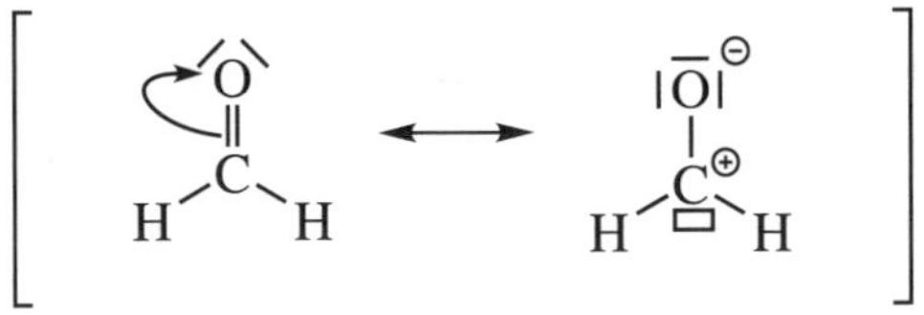

FIGURE 3.26 – Exemple de flèche de mouvement électronique permettant de décrire le méthanal sous deux formes mésomères.

Le mouvement électronique inverse prend la représentation de la figure 3.27.

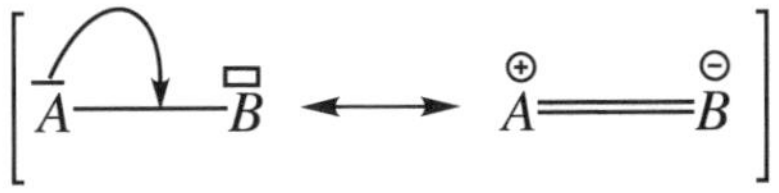

FIGURE 3.27 – Symbole de mésomérie faisant partager un doublet entre deux atomes adjacents porteur d'une part d'un doublet non liant et d'autre part d'une lacune électronique.

Ici, l'écriture initiale a été choisie sans charges partielles. On peut, par exemple, symboliser le retour à la représentation de LEWIS neutre du méthanal (figure 3.28).

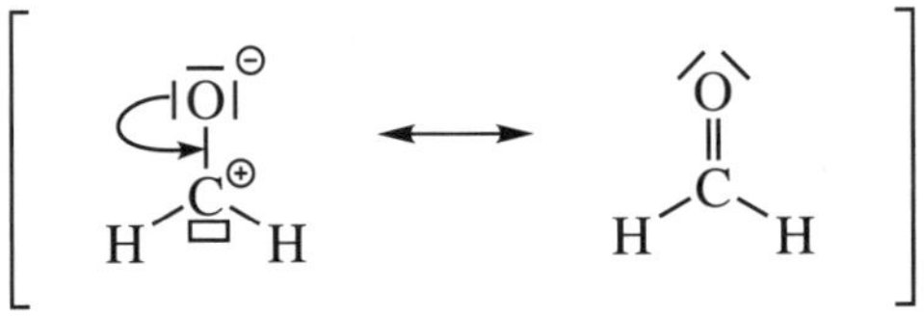

FIGURE 3.28 – Exemple de flèche de mouvement électronique permettant de décrire le méthanal sous deux formes mésomères.

Dans cet exemple, l'écriture initiale comporte des atomes affectés de charges partielles.

c. Combinaison de flèches de mouvement électronique

Le seul mouvement électronique décrit précédemment n'est que rarement utilisé seul car la description de l'ensemble des formes mésomères nécessite souvent de répartir différemment un grand nombre d'électrons dans la molécule. Ainsi, pour décrire les trois formes mésomères les plus représentatives de l'ion carbonate, on peut passer intermédiairement par une forme mésomère peu représentative ne respectant pas la règle de l'octet (figure 3.29).

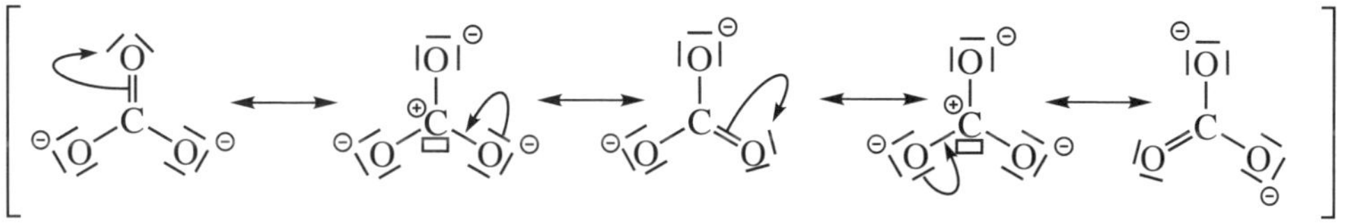

FIGURE 3.29 – Utilisation des flèches de mouvement électronique pour représenter différentes formes mésomères de l'ion carbonate.

Mais, pour s'affranchir des formes mésomères les moins représentatives (celles où tous les atomes portent des charges partielles), deux flèches de mouvement électronique « **en cascade** » peuvent être représentées sur une même représentation de LEWIS (figure 3.30).

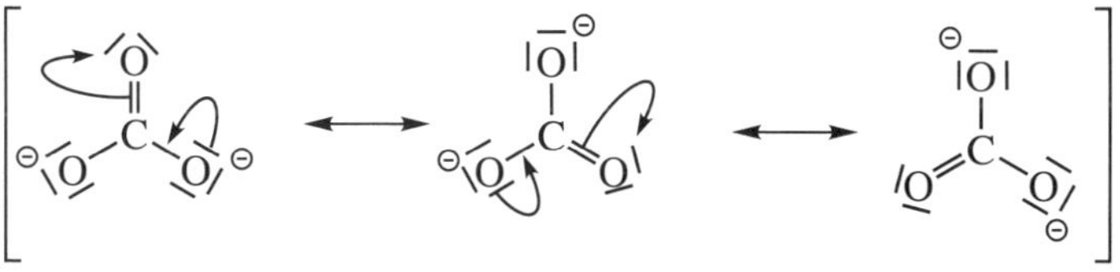

FIGURE 3.30 – Utilisation en cascade des flèches de mouvement électronique pour représenter différentes formes mésomères de l'ion carbonate.

Exercice résolu

Formes mésomères de l'ion métavanadate

Proposer des flèches de mouvement électronique permettant de trouver toutes les formes mésomères les plus représentatives de l'ion métavanadate VO_4^{3-}.

Réponse :

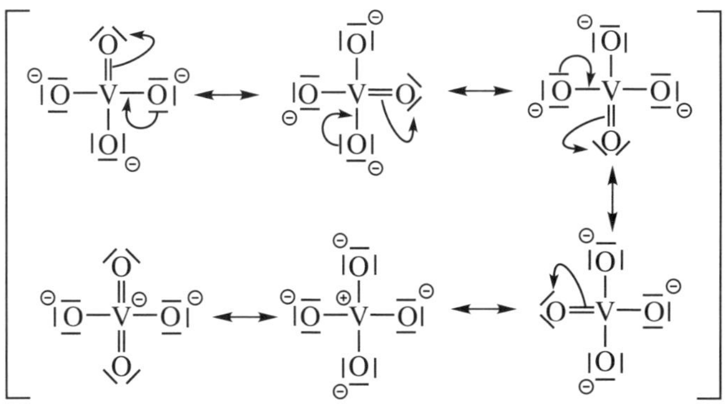

Parmi les nombreuses formes mésomères qu'on peut représenter, 4 font apparaître les charges négatives sur l'atome d'oxygène, plus électronégatif que l'atome de vanadium : ce sont les plus représentatives. Deux autres sont dessinées, mais modélisent moins bien l'ion car pour l'une d'elle, l'atome de vanadium est porteur de la charge négative et pour l'autre la représentation fait apparaître une séparation de charges.

2.5 Systèmes conjugués usuels en chimie organique

L'existence d'une liaison multiple dans une molécule ou un ion se traduit par l'existence de plusieurs formes mésomères pour modéliser le composé. Si l'insaturation constituée par cette double liaison est reliée à un atome lui aussi insaturé, ou encore possédant un doublet libre, alors la mésomérie peut s'étendre sur plus de deux atomes de la molécule, comme cela a déjà été abordé sur les exemples de l'ion carbamate ou de l'ion carbonate. Un tel système est alors dit **conjugué**.

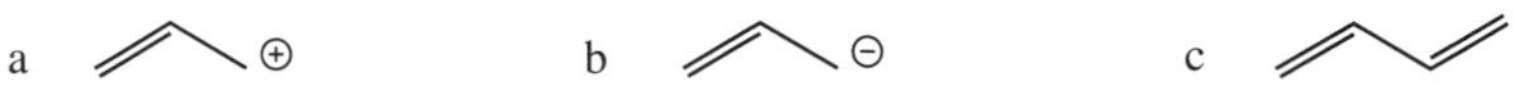

FIGURE 3.31 – Trois systèmes conjugués de base ; a) système allylique à deux électrons, b) système allylique à quatre électrons et c) système π σ π.

a. Les trois systèmes de base

Trois systèmes conjugués de base permettent de construire l'ensemble des systèmes conjugués rencontrés, **les systèmes allyliques** à deux électrons (figure 3.31.a) et quatre électrons (figure 3.31.b) ainsi que **le système** $\pi\sigma\pi$ (figure 3.31.c). Cette nomenclature sera comprise après l'étude du chapitre 4). Tout système conjugué fera intervenir au moins une fois un système d'une liaison multiple, séparée par une liaison simple, soit d'une lacune électronique, soit d'un doublet non liant, soit d'une autre liaison multiple. Des exemples de mésomérie de ces trois systèmes de base sont proposés figure 3.32.

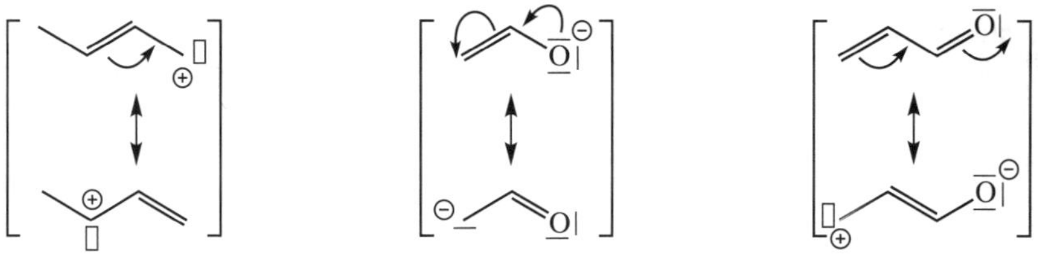

FIGURE 3.32 – Exemple de mésomérie sur les trois systèmes conjugués de base.

b. Exemple de la *para*nitroaniline

La *para*nitroaniline présentée figure 3.33 est un exemple de système conjugué faisant intervenir plusieurs systèmes de base. Le découpage n'est pas unique ; il est ici réalisé de manière arbitraire.

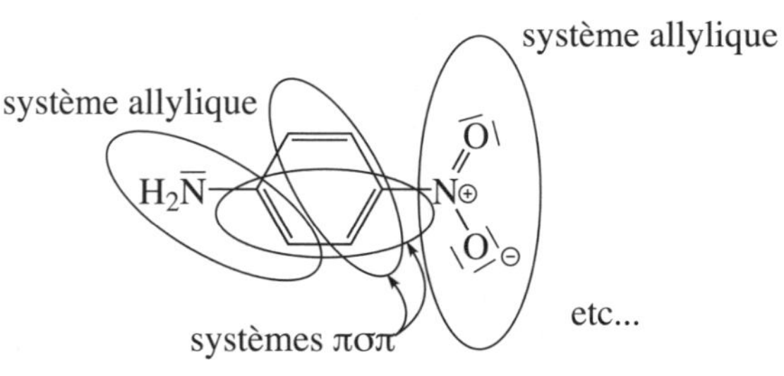

FIGURE 3.33 – Découpage possible du système conjugué de la *para*nitroaniline.

De nombreuses formes mésomères de ce composé peuvent ainsi être proposées (figure 3.34).

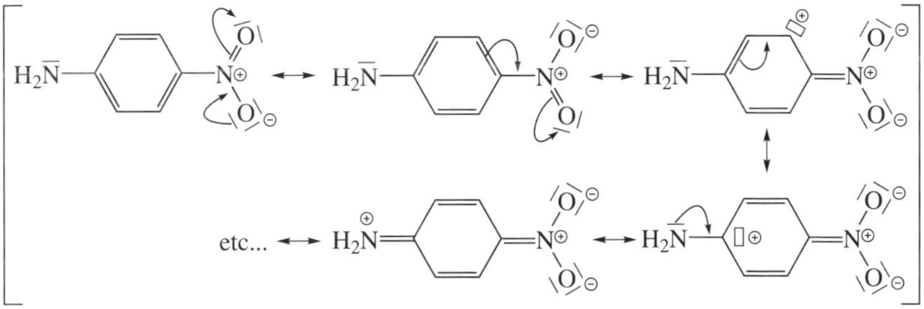

FIGURE 3.34 – Formes mésomères possibles de la *para*nitroaniline.

c. Système conjugué et structure électronique

Le fait de repérer dans une structure un système conjugué permet de prévoir des propriétés physico-chimiques particulières.

- Les électrons du système conjugué sont délocalisés sur l'ensemble des atomes participants ;
- la conjugaison est un facteur stabilisant ;
- les systèmes fortement conjugués absorbent souvent les radiations du domaine visible.

2.6 Symbole de mouvement monoélectronique

Pour les espèces radicalaires, un dernier système conjugué de base est **le système allylique à trois électrons** (figure 3.35). Un électron célibataire peut aussi être délocalisé sur plusieurs atomes. Le symbole de mouvement d'un seul électron est une **flèche à demi-pointe**.

FIGURE 3.35 – système conjugué allylique à trois électrons ; mésomérie du dioxyde d'azote.

2.7 Système conjugué et longueur de liaison

Que se passe-t-il lorsque, dans une molécule, une même liaison entre deux atomes est décrite soit par une liaison simple, soit par une liaison double ? Citons deux exemples : la molécule de buta-1,3-diène (figure 3.36) et la molécule de benzène (figure 3.37).

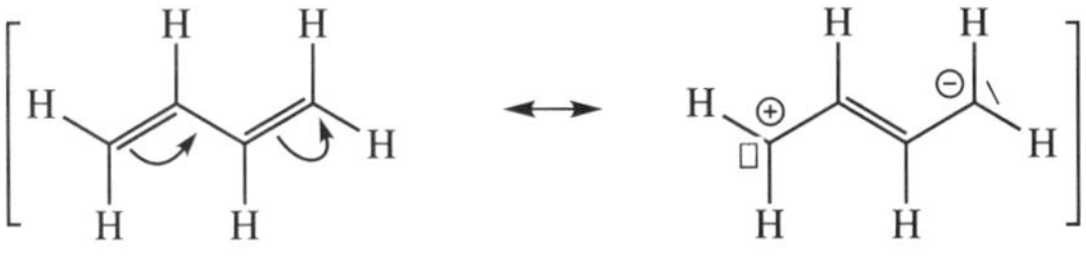

FIGURE 3.36 – Deux formes mésomères du buta-1,3-diène.

Dans le cas du butadiène, on a $d(C^1C^2) = d(C^3C^4) = 134$ pm et $d(C^2C^3) = 146$ pm. On remarque que la liaison C^2C^3 est de longueur intermédiaire entre celle d'une liaison $-C-C=$ simple (151 pm) et celle d'une liaison $-C=C-$ double (133 pm, ce qui constitue un très faible écart avec $d(C^3C^4)$). Pour cette molécule, les critères précédemment édictés montrent que la structure à séparation de charges contribue faiblement à la description de la structure.

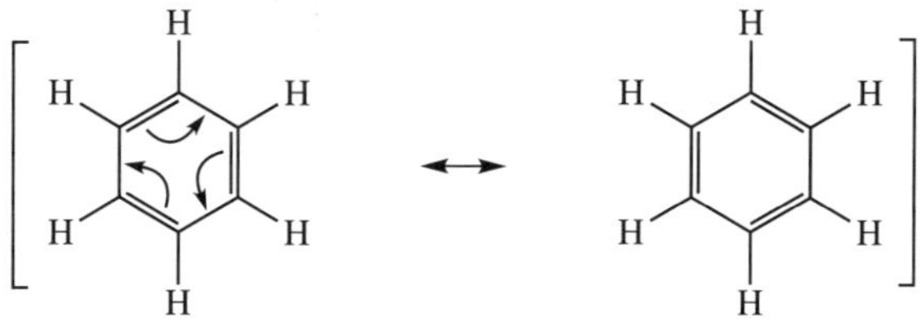

FIGURE 3.37 – Deux formes mésomères du benzène.

Dans le cas du benzène, les deux formes mésomères sont équivalentes et on ne peut trancher entre l'une ou l'autre. Les liaisons C–C sont toutes équivalentes, et expérimentalement on a $d(\mathrm{CC}) = 139$ pm (il faut toutefois modérer le raisonnement : alors que la mésomérie prédit une structure carrée pour le cyclobuta-1,3-diène, l'expérience montre que la molécule est rectangulaire, ce qui constitue un exemple de limite du modèle de la mésomérie).
Enfin, la mésomérie permet d'expliquer l'**égalité des longueurs** des liaisons CO de l'ion carbonate (figure 3.30 page 105) dans un environnement isotrope : les trois formes mésomères sont symétriques ; elles représentent donc toutes la réalité de manière équivalente. Or chaque atome d'oxygène est représenté à deux reprises par une liaison simple, et à une reprise par une liaison double. Les trois liaisons CO sont donc identiques et présentent un caractère intermédiaire entre une liaison simple et une liaison double.

3 Prévision de la géométrie des molécules

Les représentations de LEWIS des composés permettent de prévoir certaines des propriétés physicochimiques des molécules et des ions, mais ne permettent pas, par exemple, d'expliquer que la molécule de dihydrurobéryllium BeH_2 est une molécule apolaire (Cf. paragraphe suivant), alors que la molécule d'eau H_2O est une molécule polaire. Pour expliquer cette différence, il manque une dimension spatiale au modèle proposé. La méthode de répulsion des paires électroniques des couches de valence de GILLESPIE plus connue sous l'acronyme anglosaxon VSEPR (*Valence Shell Electronic Pair Repulsion*) permet de prédire la géométrie des molécules et des ions.

3.1 Moment dipolaire électrostatique

a. Notion de moment dipolaire

Un **dipôle électrostatique** est constitué de deux charges électriques de signes opposés ($+\delta e$ et $-\delta e$, $\delta > 0$ et e charge élémentaire) séparées d'une distance $d = ||\overrightarrow{A^-A^+}||$ (figure 3.38).

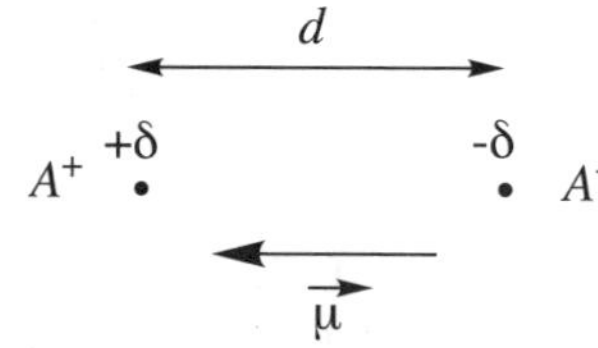

FIGURE 3.38 – Dipôle électrostatique.

On associe à cet ensemble de charges le **moment dipolaire**, grandeur vectorielle définie par :

$$\vec{\mu} = \delta e \overrightarrow{A^-A^+}$$

dont la norme est :

$$||\vec{\mu}|| = \delta e d.$$

Le champ électrique créé par le dipôle à la distance $r \gg d$, obtenu par un développement limité de l'infiniment petit $\frac{d}{r}$, est une fonction en $\frac{1}{r^3}$.

b. Molécules diatomiques

Les molécules diatomiques peuvent constituer un dipôle électrostatique si le **barycentre des charges négatives** (les électrons) et le **barycentre des charges positives** (les protons) ne coïncident pas dans l'espace. Ainsi, pour la molécule de chlorure de lithium LiCl le barycentre des charges négatives et le barycentre des charges positives sont sur l'axe internucléaire (figure 3.39). L'atome de chlore étant plus électronégatif que l'atome de lithium, le barycentre des charges négatives est plus proche du noyau de chlore que ne l'est le barycentre des charges positives.

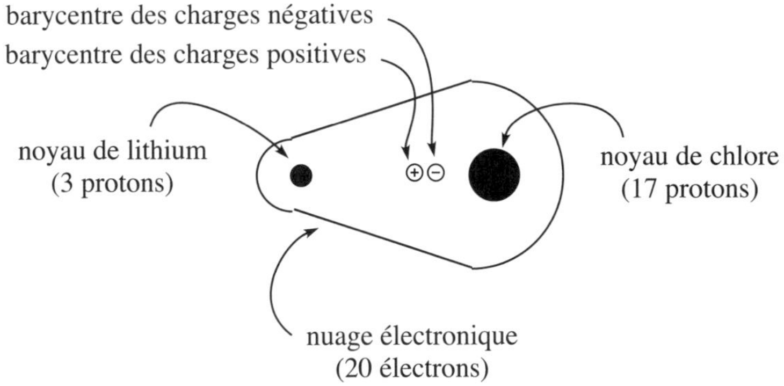

FIGURE 3.39 – Représentation schématique de la répartition des charges positives et négatives autour de la molécule de chlorure de lithium.

c. Molécules polyatomiques

Pour les molécules polyatomiques, en première approximation, le moment dipolaire $\vec{\mu}$ de la molécule peut être considéré comme la somme des moments dipolaires de chacune des liaisons de la molécule. Cette grandeur étant vectorielle, la direction et le sens des vecteurs à sommer sont essentiels à sa détermination. Par conséquent, la connaissance de la géométrie dans l'espace de la molécule est indispensable.

Notons que l'approximation de la **somme des moments dipolaires** de liaison est d'autant meilleure que la molécule porte peu de doublets non liants. En effet, la présence de doublets non liants modifie notablement la répartition des électrons par rapport à une répartition considérée uniquement avec les doublets liants entre les atomes.

3.2 Principe de la méthode VSEPR

La méthode permet de déterminer la géométrie d'une molécule construite autour d'un **atome central** A, porteur de **paires non liantes** E, et directement lié à des atomes ou des groupes d'atomes X.

Le modèle proposé présente un double aspect, géométrique et physique :

- géométriquement, les électrons des couches de valence sont répartis sur une sphère centrée sur l'atome A,
- dans un cadre géométrique, le modèle ne considère que l'interaction répulsive entre les électrons.

3.3 Polyèdre de coordination

L'analyse montre que p objets ponctuels se répartissent avec la **répulsion minimale** sur un **polyèdre** dont les noms et les représentations sont données dans la table 3.2.

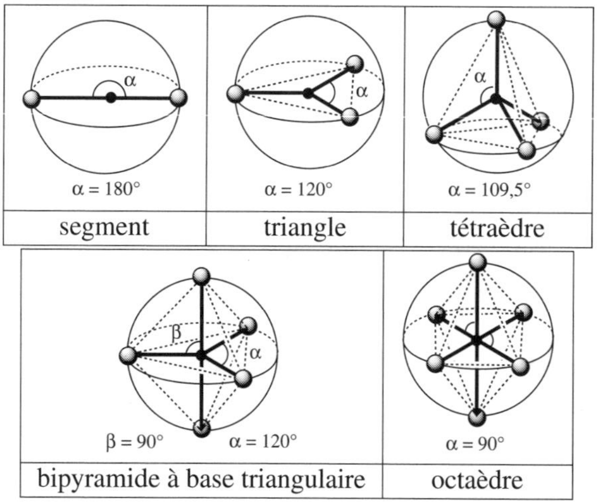

TABLE 3.2 – Polyèdres de coordination prévus par la méthode VSPER

Quelques points importants sont à souligner quant à l'équivalence des sommets des polyèdres.

- tous les sommets des polyèdres segment, triangle équilatéral, tétraèdre et octaèdre sont rigoureusement équivalents,
- en revanche, les sommets de la bipyramide à base triangulaire ne sont pas équivalents : si les liaisons reliant le centre de la sphère avec les sommets sur les pôles font un angle de 90° avec les liaisons reliant le centre avec les sommets sur l'équateur (base de la bipyramide), les liaisons de la base de la bipyramide font entre elles des angles de 120°.

3.4 Nomenclature de GILLESPIE et géométrie

Soit m le nombre d'atomes X directement liés à A (atome central), par une ou plusieurs paires électroniques. Soit n le nombre de paires non liantes ou d'électrons célibataires portés par l'atome A. Alors la molécule est dite, en nomenclature de GILLESPIE, de type AX_mE_n.

La méthode VSEPR fait abstraction de la nature de A et des atomes X, et considère que

la géométrie de la molécule AX_mE_n ne dépend que du nombre d'électrons des couches de valence, c'est-à-dire des nombres m et n.
La somme $p = m + n$ définit le **polyèdre de coordination** dans lequel s'inscrit la molécule, et la valeur de m définit la géométrie réelle de la molécule. Les résultats sont regroupés dans la table 3.3.

$p = m + n$	E_0	E_1	E_2
2	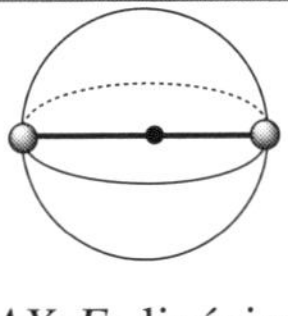 AX_2E_0 linéaire		
3	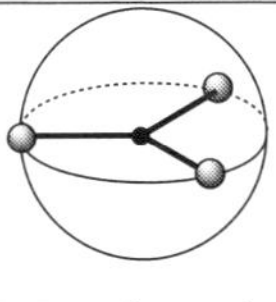 AX_3E_0 triangulaire	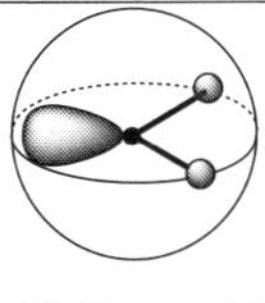 AX_2E_1 coudée	
4	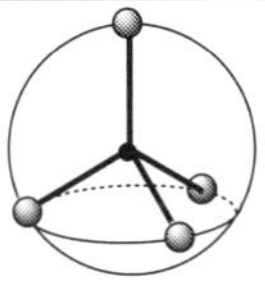 AX_4E_0 tétraédrique	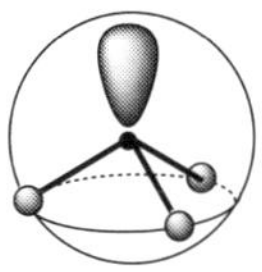 AX_3E_1 pyramidale à base triangulaire	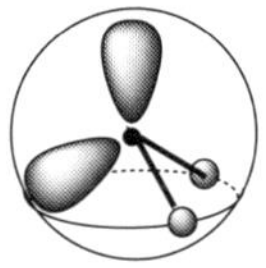 AX_2E_2 coudée
5	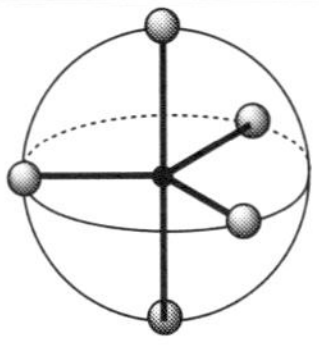 AX_5E_0 bipyramidale à base triangulaire		
6	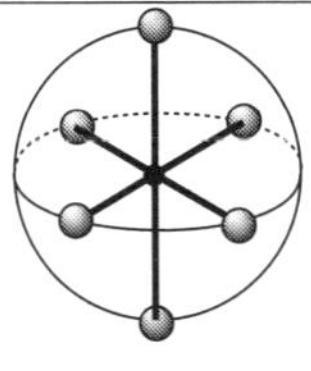 AX_6E_0 octaédrique		

TABLE 3.3 – Géométrie des environnements moléculaires les plus courants

Des exemples de molécules et ions, comportant différents types de liaisons (simples, multiples) et diverses possibilités d'entités non liantes (paires et électrons célibataires) sont proposés dans la table 3.4.

Nom	Formule brute	Représentation de LEWIS	Formule GILLESPIE	Représentation
dioxyde de carbone	CO_2	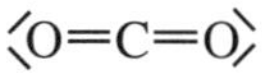	AX_2E_0	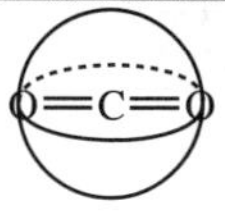
trihydrurobore	BH_3	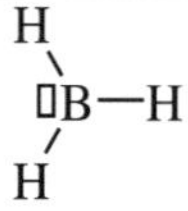	AX_3E_0	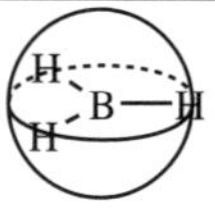
dioxyde d'azote	NO_2	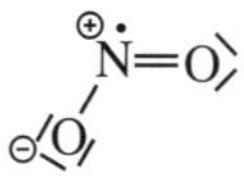	AX_2E_1	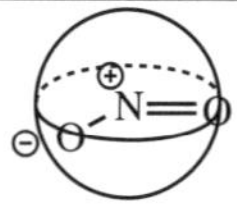
méthane	CH_4	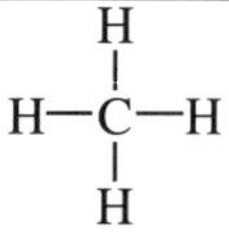	AX_4E_0	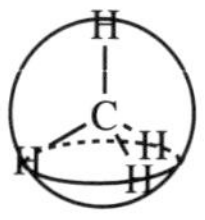
oxonium	H_3O^+	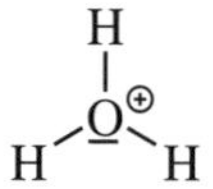	AX_3E_1	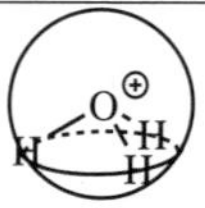
eau	H_2O	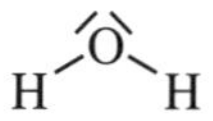	AX_2E_2	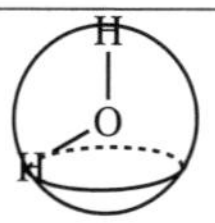
pentachlorure de phosphore	PCl_5	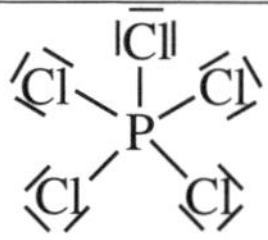	AX_5E_0	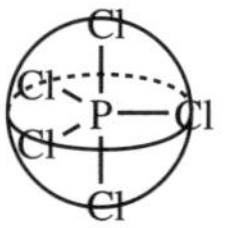
hexafluorure de soufre	SF_6		AX_6E_0	

TABLE 3.4 – Géométries prévues par la méthode VSEPR pour quelques molécules

La **projection de CRAM** permet de représenter la structure tridimensionnelle des composés. Les conventions sont les suivantes (figure 3.40) : *A* et *B* sont dans le plan de la feuille ; *D* est dans le plan de la feuille et *E* est en avant du plan de la feuille ; *G* est dans le plan de la feuille et *H* est en arrière du plan de la feuille.

FIGURE 3.40 – Convention de la projection de CRAM des structures tridimensionnelles.

Ainsi les exemples de molécules non planes du tableau précédent peuvent être représentés tels que sur la figure 3.41.

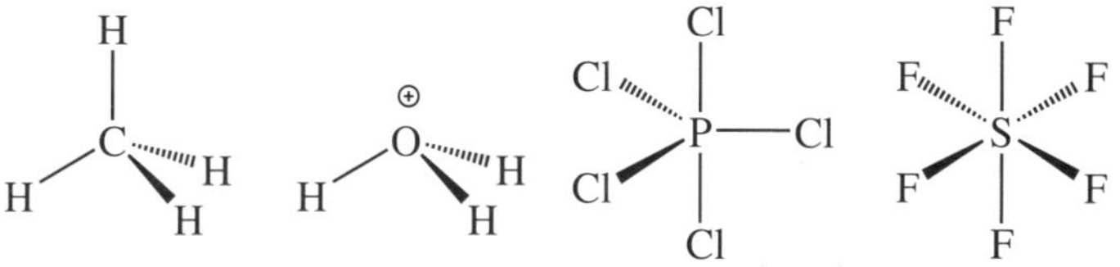

FIGURE 3.41 – Quelques exemples de projection de CRAM de structures tridimensionnelles.

Exercice résolu

Ion phosphate

Donner le polyèdre de coordination, la géométrie ainsi qu'une projection plane de l'ion phosphate PO_4^{3-}.

Réponse :

La représentation de LEWIS de l'ion phosphate met en évidence que l'atome de phosphore est de type AX_4E_0, dont le polyèdre de coordination est le tétraèdre ($p = 4 + 0 = 4$). L'ion s'inscrit dans un tétraèdre, dont une représentation possible est donnée figure ci-dessous.

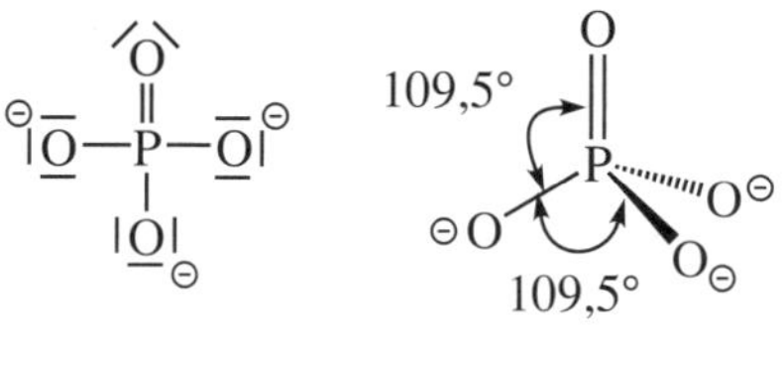

En raison des différentes formes mésomères possibles, toutes les liaisons P–O sont équivalentes et ont une nature intermédiaire entre une simple et une double liaison : le tétraèdre est parfaitement régulier

3.5 Intensité relative de la répulsion

À ce stade, le modèle proposé ne permet pas d'expliquer l'évolution des angles de liaisons $\widehat{HAH}$ observée expérimentalement dans la série série homologue CH_4, NH_3, H_2O. Ces quatre molécules sont telles que $p = m + n = 4$ et donc s'inscrivent dans un tétraèdre. Dans le cas du tétraèdre régulier, l'angle $\widehat{XAX}$ est de $\alpha_1 = 109,5°$. C'est effectivement l'angle observé expérimentalement dans la molécule de méthane CH_4 (figure 3.42). Par contre, dans le cas de la molécule d'ammoniac NH_3, cet angle est un peu plus faible ($\alpha_2 = 107,0°$) et encore plus faible dans le cas de la molécule d'eau H_2O ($\alpha_3 = 104,5°$).

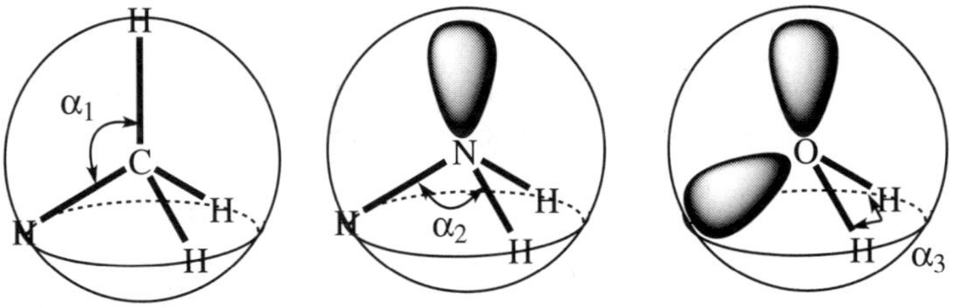

FIGURE 3.42 – Angle des liaisons $\widehat{HNH}$ dans la série des molécules CH_4, NH_3 et H_2O.

a. Influence de la nature des électrons

Comment affiner le modèle pour rendre compte de cette observation ? Si on accepte que la répulsion entre électrons est une fonction décroissante de la distance, plus les électrons sont nombreux et occupent des régions éloignées de l'axe internucléaire, plus la répulsion est grande. Les doublets liants devant assurer la liaison entre atomes, ils sont plus astreints à rester au voisinage de l'axe internucléaire que ne le sont les doublets non liants. La **paire non liante** est donc **plus répulsive** que la paire liante, et cherche à s'éloigner le plus possible des autres paires électroniques.

⚠ On classe par ordre croissant les répulsions entre paires liantes ou non liantes :

- répulsion $(X - X)$
- répulsion $(X - E)$
- répulsion $(E - E)$

En tenant compte de l'ordre répulsion $(X - X) <$ répulsion $(X - E)$, le résultat de l'évolution des angles de liaison $\widehat{HCH}$, $\widehat{HNH}$ et $\widehat{HOH}$ s'interprète bien. Dans le cas de l'ammoniac, le doublet non liant a tendance à repousser les doublets liant N à H, fermant ainsi l'angle $\widehat{HNH}$. Cet effet est accru dans le cas de la molécule d'eau dont l'atome d'oxygène est porteur de deux doublets non liants.

b. Influence de la nature de la liaison

De la même manière, lorsque l'atome X est relié à l'atome A par une liaison simple ou multiple (double ou triple), on peut s'attendre à avoir des répulsions différentes.

⚠ Les répulsions sont, dans l'ordre croissant :

- répulsion $(A - X/A - X)$
- répulsion $(A - X/A = X)$
- répulsion $(A = X/A = X)$

c. Existence de plusieurs stéréoisomères

Dans le cas où les atomes autour de l'atome central sont de natures différentes, plusieurs **stéréoisomères de configuration** sont envisageables. La notion de stéréoisomérie de configuration sera précisée au chapitre 15.

Précisons cette notion dans le cas de la molécule de formule brute $IOCl_3$. L'atome d'oxygène peut se placer sur deux positions différentes, comme cela est présenté figure 3.43. L'atome d'oxygène est engagé dans une double liaison alors que les atomes de chlore sont engagés dans une simple liaison : l'atome d'oxygène se placera préférentiellement de manière à être le plus éloigné des atomes de chlore.

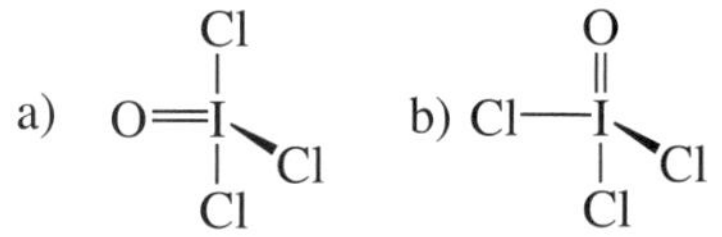

FIGURE 3.43 – Stéréoisomères de configuration de $IOCl_3$.

Dans le cas a) l'atome d'oxygène est à 90° de deux atomes de chlore et à 120° du troisième. Dans le cas b) l'atome d'oxygène est à 90° de deux atomes de chlore et à 180° du troisième. Le cas b) est donc plus favorable pour la structure.

On peut continuer ainsi à raffiner la méthode en établissant des **règles de répulsion croissante** entre paire non liante et paires liantes multiples, travail qui a été réalisé par GILLESPIE.

3.6 Conséquences sur les propriétés physiques

a. Influence de la mésomérie

Si plusieurs formes mésomères permettent de décrire le composé dans le cadre du modèle de LEWIS, c'est l'ensemble des formes mésomères qui doit conduire à la conclusion quant à la géométrie de la molécule. Ainsi, dans le cas de l'ion nitrate NO_3^-, de formule de GILLESPIE AX_3E_0 trois formes mésomères principales permettent de décrire l'ion.

Si on ne considère qu'une seule des formes mésomères, alors *a priori*, $\alpha_1 > \alpha_2$ car la répulsion entre une double liaison et une simple liaison est plus grande qu'entre deux simples liaisons. Cependant, les deux autres formes mésomères (figure 3.44) conduiraient à des résultats différents. Les trois formes mésomères sont ici de même énergie, **équivalentes**, et donc ont la même importance pour la description de l'ion. Par conséquent, l'ion nitrate est **parfaitement symétrique** dans un **environnement isotrope** (par exemple en solution), et s'inscrit dans un triangle équilatéral : $\alpha_1 = \alpha_2 = 120°$.

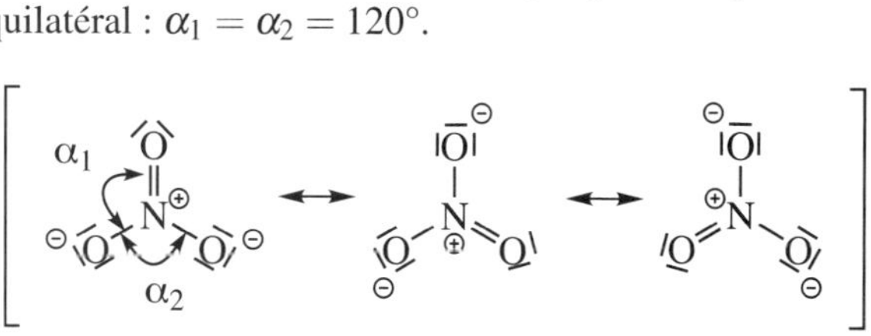

FIGURE 3.44 – Angle des liaisons $\widehat{ONO}$ dans l'ion nitrate.

Il se peut que deux formes mésomères d'une même molécule conduisent à des formules de GILLESPIE différentes. C'est le cas par exemple de l'atome d'azote impliqué dans une **liaison amide**, comme le méthanamide $HCONH_2$. Trois formes mésomères principales peuvent être retenues pour cette molécule (figure 3.45).

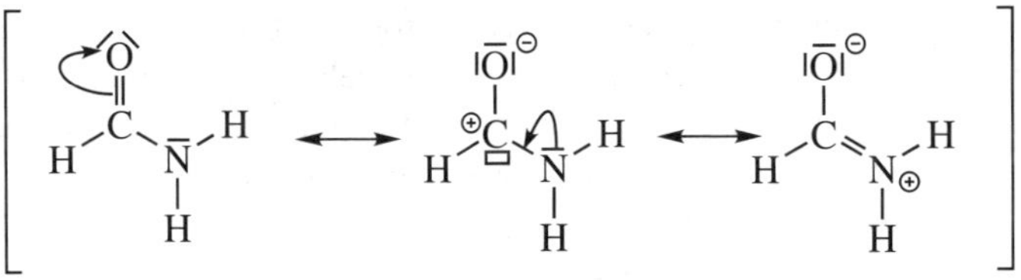

FIGURE 3.45 – Mésomérie de la molécule de méthanamide.

Dans les deux premières formes mésomères, l'atome d'azote est de type AX_3E_1, alors que dans la troisième forme mésomère, l'atome d'azote est de type AX_3E_0. La géométrie réelle autour de l'atome d'azote est donc un intermédiaire entre une géométrie pyramidale (angle $\widehat{HNH}$ de 109°) et une géométrie triangulaire plane (angle $\widehat{HNH}$ de 120°). Expérimentalement, les atomes d'hydrogène portés par l'atome d'azote sont surélevés de 15 pm par rapport au plan contenant les atomes N, C et O : la **molécule** est **presque plane**. Dans le cas particulier ou l'amide est un peptide (c'est le cas des protéines), la géométrie autour de l'atome d'azote a des conséquences très importante sur la structure tridimensionnelle des protéines.

b. Polarité des molécules

La géométrie des molécules permet d'expliquer pourquoi la molécule BeH_2 est apolaire (son vecteur moment dipolaire électrostatique est nul) alors que la molécule H_2O est polaire (son vecteur moment dipolaire est non nul). En effet, dans l'approximation de la **somme des moments dipolaires** de liaison, le moment dipolaire de la molécule est la somme des moments dipolaires de chaque liaison (figure 3.46). Cette somme étant vectorielle, ce calcul ne peut se faire sans la connaissance de la géométrie dans l'espace de la **molécule**. La molécule BeH_2, de type AX_2E_0 est **linéaire** alors que la **molécule** H_2O de type AX_2E_2 est **coudée**. De ce fait, les deux moments dipolaires des liaisons Be–H sont parfaitement opposés, conduisant à une somme vectorielle nulle, ce qui n'est pas le cas pour la molécule d'eau.

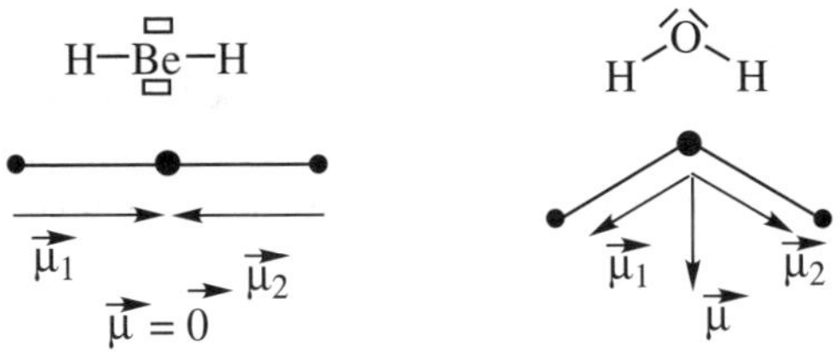

FIGURE 3.46 – Polarité des molécules BeH_2 et H_2O.

3.7 Les limites de la méthode

La description des molécules et des ions dans le modèle de LEWIS et la prévision de leur géométrie par la méthode VSEPR permet d'interpréter un très grand nombre de propriétés physicochimiques. Cependant, comme avec tout modèle, certaines propriétés ne peuvent pas s'interpréter. Par exemple, expérimentalement l'**éthène** C_2H_4 est une **molécule plane**. L'application de la méthode VSEPR à l'atome de carbone C^1, de type AX_3E_0, permet d'affirmer que les atomes C^1, C^2, H^1 et H^2 sont dans un plan P_1. L'application de la méthode VSEPR à l'atome de carbone C^2, de type AX_3E_0, permet d'affirmer que les atomes C^1, C^2, H^3 et H^4

sont dans un plan P_2. La méthode VSPER permet de prévoir l'existence de ces **deux plans**, mais pas la réalité, c'est-à-dire qu'ils sont **confondus** (figure 3.47). La méthode VSEPR rencontre ici une limite. Le modèle des orbitales moléculaires, plus élaboré, permet d'expliquer cette planéité, mais nécessite l'utilisation d'outils mathématiques plus élaborés.

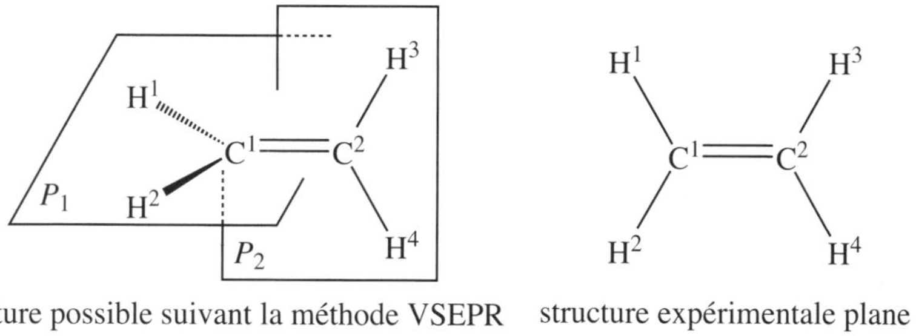

FIGURE 3.47 – La méthode VSPER n'explique pas la planéité de la molécule d'éthène.

Composés solvatochromes et *push-pull*

Lorsqu'on solubilise la mérocyanine présentée figure ci-dessous dans de l'eau, de l'éthanol ou de la pyridine, les solutions obtenues sont respectivement jaune, rouge et bleue. L'enregistrement des spectres d'absorption UV-visible montre des absorptions maximales pour des longueurs d'onde $\lambda_{eau} \approx 400$ nm, $\lambda_{\text{éthanol}} \approx 520$ nm et $\lambda_{pyridine} \approx 640$ nm.

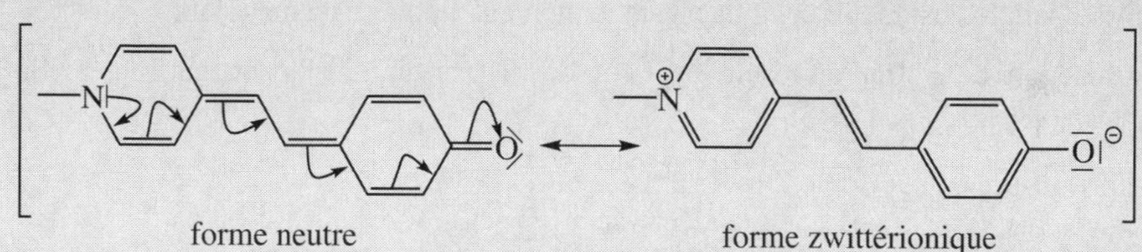

Des modèles ont été développés afin d'expliquer ce comportement : dans un modèle simple, le niveau d'énergie de l'état fondamental de la molécule est bien décrit par la forme mésomère à séparation de charge, tandis que le premier état excité est bien décrit par la forme mésomère neutre. L'interaction avec un solvant polaire est donc modélisée de manière prépondérante par une interaction ion-dipôle dans le cas de l'état fondamental et dipôle-dipôle dans le cas de l'état excité. Dans ces conditions, on observe l'évolution présentée figure 3.48 pour les transitions électroniques.

Plus le solvant est polaire, plus il stabilise l'état fondamental, modélisé par la forme zwittérionique. Son influence est moindre sur la forme neutre, expliquant ainsi l'évolution des couleurs. Ces composés permettent de conclure qu'il existe une interaction entre les propriétés dipolaires de la molécule et un champ électrique extérieur.

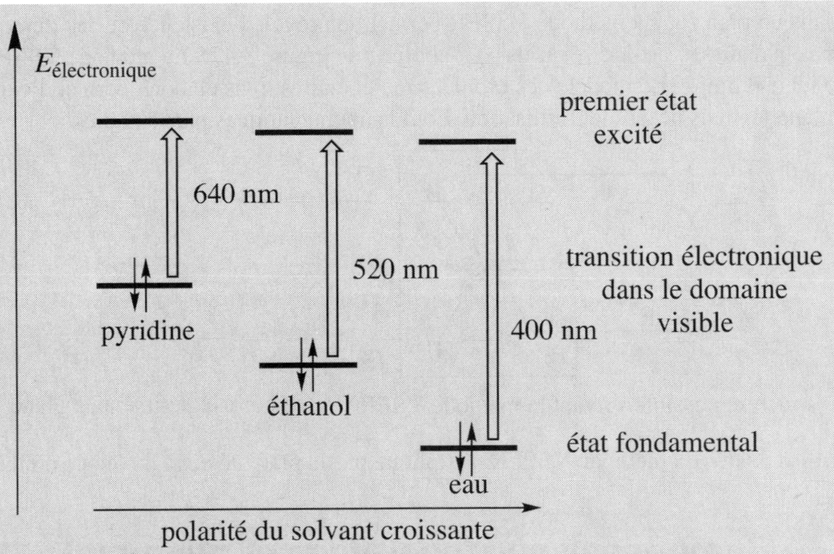

FIGURE 3.48 – Évolution des transitions électroniques de la mérocyanine avec la polarité du solvant.

Le moment dipolaire permanent $\overrightarrow{\mu_0}$ est une propriété intrinsèque de la molécule et traduit la séparation des barycentres des charges positives et des charges négatives de la molécule. Placée dans un champ électrique extérieur $\overrightarrow{E}$, comme celui d'un solvant, cette séparation est modifiée, influençant le moment dipolaire du matériau.

La fonction $\overrightarrow{\mu}(\overrightarrow{E})$ qui en résulte peut être décrite par un développement limité de la forme :

$$\overrightarrow{\mu}(\overrightarrow{E}) = \overrightarrow{\mu_0} + \alpha\overrightarrow{E} + \beta\overrightarrow{E}^2 + \dots$$

(le symbole $\overrightarrow{E}^2$ désigne une grandeur vectorielle et non scalaire ; c'est en fait un tenseur). Le terme α est la polarisabilité du matériau et le terme β l'hyperpolarisabilité quadratique. Ils traduisent l'influence du champ électrique sur la séparation des charges de la molécule. Le terme de polarisabilité est important pour les molécules dont les électrons périphériques subissent faiblement l'influence du noyau. Par exemple, la polarisabilité de l'ion iodure est plus élevée que celle de l'ion chlorure.

Dans le cas des molécules possédant des électrons délocalisables (donc des formes mésomères), le terme d'hyperpolarisabilité quadratique devient notable. Une grande classe de composés organiques possédant cette propriété est celle des composés dits « *push-pull* », composés possédant un groupe mésomère « donnant » ses électrons délocalisables (dit mésomère donneur), un groupe mésomère « acceptant » des électrons délocalisables (dit mésomère accepteur), les deux groupes étant séparés par une chaîne de type $\pi\sigma\pi$ éthylénique ou aromatique.

Le premier de ces composés étudié est la *para*-nitroaniline, présentée ci-dessous

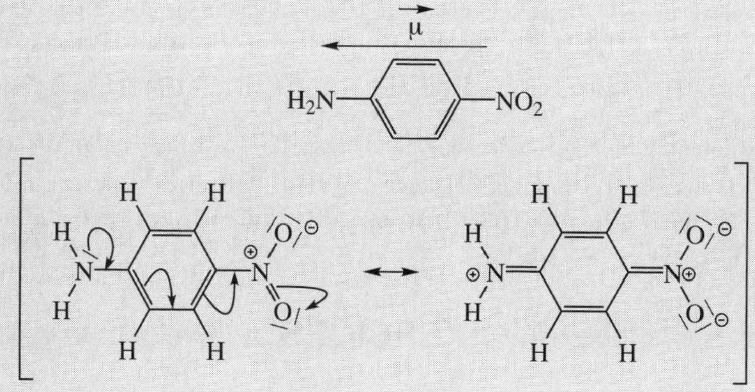

FIGURE 3.49 – La *para*-nitroaniline et deux de ses formes mésomères

Au travers de l'ingénierie moléculaire, de nombreux composés *push-pull* ont été synthétisés afin d'améliorer le terme d'interaction avec le carré du champ électrique. Par exemple, les composés de la série présentée figure 3.50 présentent, outre des moments dipolaires records, des hyperpolarisabilités quadratiques très élevées.

n	1	2	3	4	5
$\|\vec{\mu_0}\|$ / D	6,6	6,7	7,2	7,4	7,8

Le composé présente une forme mésomère représentative à séparation de charges. Ainsi, l'allongement de la chaîne conjuguée permet d'éloigner d'autant plus les charges formelles de cette deuxième forme mésomère, augmentant la valeur du moment dipolaire permanent (deux charges $+q > 0$ et $-q$ séparées de la distance d forment un dipôle de valeur $\|\vec{\mu_0}\| = qd$). Toutefois, la valeur du moment dipolaire permanent n'augmente pas indéfiniment avec la taille de la chaîne, ce qui traduit l'accroissement de la difficulté à réaliser effectivement le transfert de charge intramoléculaire sur de grandes distances.

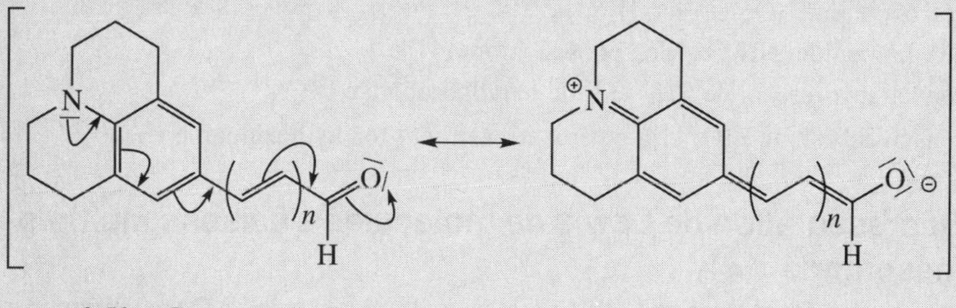

FIGURE 3.50 – Composé *push-pull* présentant des moments dipolaires permanents et des hyperpolarisabilités quadratiques très élevées.

Une application possible de ces molécules est la fabrication des lasers bleus. En effet, le champ électrique $\overrightarrow{E}$ d'une onde plane progressive a une dépendance temporelle de la forme $\cos(\omega t)$. Si l'onde interagit avec la molécule par le biais de son carré (terme quadratique), l'onde résultante sera de la forme $\cos^2(\omega t) = \frac{1}{2}(\cos(2\omega t) - 1)$, donc de fréquence double, et de longueur d'onde moitié ($\lambda' = \frac{2\pi c}{\omega'}$ avec $\omega' = 2\omega$). À partir des classiques lasers à base de rubis, on peut obtenir un laser de couleur bleue, ce qui à terme permettrait d'augmenter considérablement les capacités de stockage sur les disques tels que les DVD, la taille caractéristique d'une information binaire gravée étant diminuée.

EXERCICES

3.1 Représentation de LEWIS de molécules à liaisons simples (★)

Calculer les nombres de paires de valence et donner la représentation de LEWIS des molécules suivantes :

1. L'eau H_2O, le sulfure d'hydrogène H_2S et le peroxyde d'hydrogène H_2O_2 (Remarque : une solution aqueuse de peroxyde d'hydrogène s'appelle de l'eau oxygénée).

2. Le méthane CH_4 (gaz naturel), le tétrachlorométhane CCl_4 (solvant dont l'usage tend à disparaître car cancérogène), et $SiHCl_3$.

3. L'ammoniac NH_3, l'hydroxylamine NH_2OH et le trichlorure de phosphore PCl_3.

4. Le chlorure d'hydrogène HCl (dont la solution aqueuse s'appelle l'acide chlorhydrique) et le chlorure d'iode ICl.

3.2 Représentation de LEWIS d'ions simples (★)

Calculer les nombres de paires de valence et donner la représentation de LEWIS des ions suivants :

1. L'ion oxonium H_3O^+ et l'ion H_3S^+.

2. L'ion ammonium NH_4^+ et l'ion phosphonium PH_4^+.

3. L'ion tétrahydruroborate BH_4^- et l'ion tétrafluoroborate BF_4^- ;

4. L'ions hypobromite BrO^-, l'ion peroxyde O_2^{2-} et l'ion hydrazinium $N_2H_5^+$.

3.3 Représentation de LEWIS de molécules à liaisons multiples ; mésomérie (★)

Proposer des représentations de LEWIS pour les molécules suivantes. Quand plusieurs représentations de LEWIS sont possibles, préciser celle qui représente le mieux la réalité.

1. Le phosgène $COCl_2$, gaz très toxique, produit à plusieurs milliers de tonnes par an pour l'industrie des polymères (l'atome de carbone est un atome central).

2. Le dioxyde de carbone CO_2.

3. L'acide cyanhydrique HCN, gaz toxique ayant l'odeur d'amande amère.
4. L'éthyne C_2H_2, de nom commun acétylène, utilisé dans les chalumeaux.
5. Le diazote N_2.

3.4 Hypervalence et géométrie (★★)

Pour chacun des ions suivants, donner une représentation de LEWIS, déterminer ses formes mésomères les plus représentatives en utilisant les flèches de mouvement électronique, déterminer leur polyèdre de coordination et leur géométrie :

1. L'ion sulfate SO_4^{2-} (le soufre est l'atome central).
2. L'ion phosphate PO_4^{3-} (le phosphore est l'atome central).
3. L'ion triiodure I_3^- (structure non cyclique).
4. Les ions ICl_2^- et ICl_4^- (l'iode est l'atome central).

3.5 Représentation de LEWIS et géométrie des molécules (★★)

Donner les représentations de LEWIS et les géométries prévues par la méthode VSEPR pour les molécules ou ions suivants : HNO_2, O_3 (pas de cycle), N_3^- (pas de cycle), SO_2, SO_3.

3.6 Composés possédant une ou plusieurs lacunes électroniques (★★)

1. Proposer une représentation de LEWIS des composés suivants : hydrure de lithium LiH, dihydrure de béryllium BeH_2, tribromure de bore BBr_3, azoture d'aluminium AlN, trichlorure d'aluminium $AlCl_3$. Lorsque plusieurs formes mésomères sont possibles, discuter de leur aptitude à décrire la molécule.
2. À l'état solide, le trichlorure d'aluminium existe en fait sous forme d'un dimère Al_2Cl_6. Proposer une représentation de LEWIS.

3.7 Molécule de fluorure d'hydrogène (★★)

La molécule de fluorure d'hydrogène HF possède un moment dipolaire électrique de 1,98 D. La distance H−F dans la molécule est égale à 91,8 pm.
Calculer le caractère ionique partiel de la liaison, c'est-à-dire la fraction de charge élémentaire que l'on doit localiser sur chaque atome pour retrouver le moment dipolaire.

Données : on rappelle qu'un debye, noté D est égal à $\frac{1}{3}.10^{-29}$ C·m.

Charge élémentaire $e = 1{,}60.10^{-19}$ C.

3.8 Comparaison du fluorométhane et du trifluorométhane (★★)

Le moment dipolaire électrique de la molécule de fluorométhane CH_3F vaut $5{,}97.10^{-30}$ C·m, celui de la molécule de trifluorométhane CHF_3 est de $5{,}47.10^{-30}$ C·m. Ces deux molécules sont supposées être des tétraèdres réguliers. On admet la formule de composition des moments dipolaires de liaison : la différence d'électronégativité entre deux atomes d'une molécule se traduit par l'apparition d'un moment dipolaire de liaison et le moment dipolaire total de la molécule est la somme vectorielle de ces moments dipolaires de liaison. On propose aussi une formule empirique qui relie la fraction de charge élémentaire δ qui apparaît sur les atomes engagés dans une liaison à la différence d'électronégativité $\Delta\chi$ (cette grandeur est positive) entre ces deux atomes :

$$\delta = 0,16\Delta\chi + 0,035(\Delta\chi)^2$$

Données :

Atome	:	H	F	C
Électronégativité	:	2,2	4,1	2,5

Longueurs de liaison : d(C–H) = 109 pm ; d(C–F) =140 pm
Charge élémentaire : $e = 1{,}60.10^{-19}$ C.

1. Montrer que dans le cadre du modèle proposé, les molécules de fluorométhane et de trifluorométhane devraient posséder le même moment dipolaire.

2. Calculer, à partir du modèle proposé, le moment dipolaire attendu pour le fluorométhane.

3. Comment expliquer les désaccords observés ?

3.9 Le protoxyde d'azote (d'après Mines d'Albi 2005) (★★)

Sachant que la molécule de protoxyde d'azote N_2O (gaz relaxant utilisé en chirurgie pour de petites interventions) possède un moment dipolaire $\mu = 5{,}6.10^{-31}$ C·m, montrer qu'aucune de deux formes de LEWIS suivantes de la molécule ne peut rendre compte à elle seule de la valeur de son moment dipolaire.

FIGURE 3.51 – Formules mésomères du protoxyde d'azote

Expliquer alors pourquoi la structure réelle de la molécule est représentée par une superposition des deux formes précédentes.

Données : les longueurs des liaisons dans la molécule sont proches de 120 pm et la charge élémentaire est $e = 1{,}60.10^{-19}$ C.

PROBLÈMES

3.10 La *para*nitroaniline : le premier composé « *push-pull* » (d'après ENS Ulm 1991) (★★)

Préliminaire : les oxydes d'azote

1. L'ion nitrate NO_3^-

a. Proposer une représentation de LEWIS de l'ion nitrate NO_3^-. Pour cette question seulement, on donnera tout le détail de la construction de la représentation de LEWIS.

b. Donner les trois formes mésomères les plus représentatives de l'ion nitrate. On montrera comment passer de l'une à l'autre en utilisant le formalisme des flèches de mouvement électronique.

2. Le monoxyde d'azote NO

a. Calculer le nombre total d'électrons de valence du monoxyde d'azote. Conclure quant à la présence d'électrons célibataires.

b. Donner deux formes mésomères représentatives du monoxyde d'azote NO. Laquelle vous semble la plus représentative (justifier).

c. Le monoxyde d'azote se dimérise très facilement en dioxyde de diazote N_2O_2. Proposer trois isomères de cette molécule en vous aidant de la question précédente. Lequel est très certainement largement majoritaire dans le gaz ?

3. Les composés organiques nitrés

Donner les représentations de LEWIS les plus représentatives du nitrométhane CH_3-NO_2.

4. La *para*nitroaniline

Le benzène est le plus courant des cycles dits « aromatiques » ; c'est un cycle à six atomes, dans lequel on peut délocaliser six électrons des liaisons π.

a. Quelles sont les deux formes mésomères les plus représentatives du benzène C_6H_6 représenté en formule développée en *A* de la figure 3.52 ?

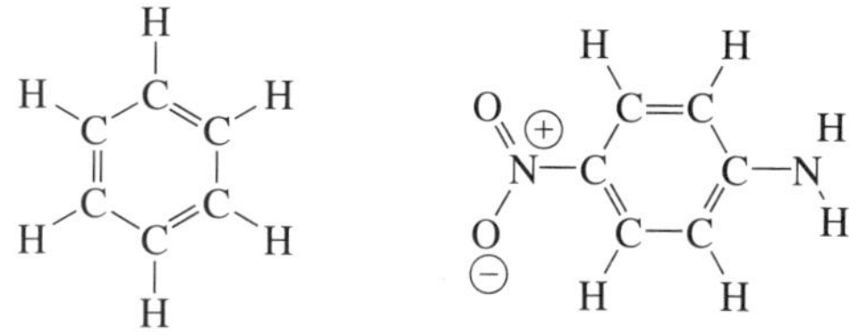

A **B**

FIGURE 3.52 – Formules développées du benzène (*A*) et de la *para*nitroaniline (*B*)

b. Proposer quatre formes mésomères (dont deux à séparation de charges) de l'aniline de formule brute $H_2N-C_6H_5$. Le groupe amino $-NH_2$ est dit « mésomère donneur » . Pouvez-vous justifier ce terme ?

c. Proposer trois formes mésomères du nitrobenzène de formule brute $C_6H_5-NO_2$, dont une pour laquelle le cycle aromatique porte une charge formelle. Le groupe nitro $-NO_2$ est dit « mésomère accepteur ». Pouvez-vous justifier ce terme ?

d. Donner la représentation de LEWIS la plus représentative de la *para*nitroaniline (molécule *B* à la figure 3.52). (les deux groupes amino et nitro sont portés par deux atomes de carbone diamétralement opposés dans le cycle). Proposer une forme mésomère de ce composé pour laquelle le cycle benzénique ne fait plus apparaître que deux doubles liaisons, et aucune charge formelle (on utilisera le formalisme des flèches de mouvement électronique). Justifier alors le nom de composé « *push-pull* » de cette molécule (les puristes francophones préfèrent le terme de composé capto-datif).

5. Composés « *push-pull* » et moments dipolaires

La table suivante regroupe les valeurs expérimentales des moments dipolaires de certaines molécules organiques.

Molécule	Aminocyclohexane	Nitrocyclohexane	Aniline	Nitrobenzène
μ / Debye	$-1,33$	$-3,60$	$+1,53$	$-4,01$

Le signe est celui de la charge partielle portée par le substituant. On rappelle que le cyclohexane est la molécule cyclique, de formule C_6H_{12}, sans double liaison.

Comparaison cycle saturé (cyclohexane)/cycle aromatique (benzène).

a. Justifier, à partir des électronégativités des atomes, le signe de la charge portée par le substituant dans les molécules de nitrocyclohexane et de nitrobenzène.

b. Pourquoi le module du moment dipolaire du nitrobenzène est-il plus élevé que celui du nitrocyclohexane ?

c. Comment expliquer la modification du signe de la charge partielle portée par l'atome d'azote lorsque l'on compare l'aminocyclohexane et l'aniline ?

6. Composition de moments dipolaires

Pour étudier les moments dipolaires des composés aromatiques polysubstitués, on attribue à chaque substituant X porté par le cycle aromatique, un moment dipolaire de groupe noté μ_X. On suppose que ce moment dipolaire est coplanaire au cycle et son module est celui du cycle benzénique monosubstitué $Ph - X$. De nombreuses molécules aromatiques vérifient la règle de composition vectorielle : le moment dipolaire de la molécule est la somme vectorielle des moments dipolaires de groupe.

a. Le biphényle est un molécule ne possédant pas de moment dipolaire. Comment expliquer la valeur des moments dipolaires des molécules de 4-nitrobiphényle et de 4-aminobiphényle ?

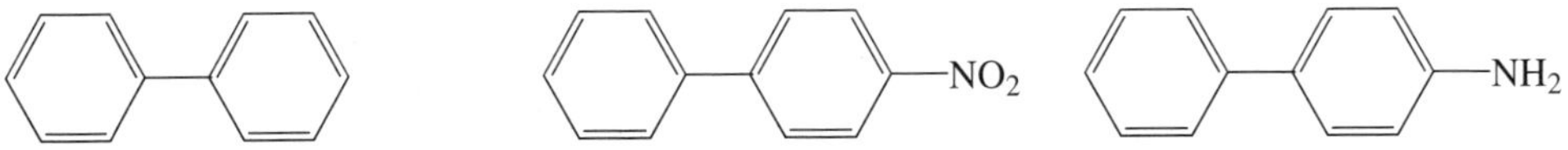

biphényle — 4-nitrobiphényle $\mu = -4{,}36$ D — 4-aminobiphényle $\mu = +1{,}74$ D

FIGURE 3.53 – Formules développées du biphényle et dérivés.

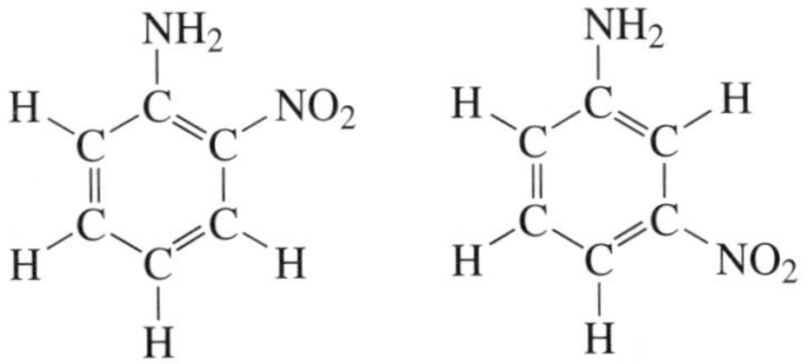

C **D**

FIGURE 3.54 – Formule développée de l'*ortho*nitroaniline (C) et de la *méta*nitroaniline (D).

b. Calculer, pour les molécules C, D et B, le moment dipolaire théorique, noté $\mu_{\text{théo}}$, obtenu par composition vectorielle.

Molécule	C	D	B
μ / Debye	4,30	4,90	6,33

c. On note $\Delta\mu$ la différence entre le moment dipolaire expérimental et le moment dipolaire théorique calculé à la question précédente. Calculer $\Delta\mu$ pour les molécules C, D et B.

d. Pourquoi certaines molécules ne vérifient-elles pas la règle de composition vectorielle ?

3.11 Un composé « *push-pull* » utilisant l'acide barbiturique (d'après ENS Cachan, PC, écrit, 2001) (★★)

1. Acide barbiturique

L'acide barbiturique **1**, représenté figure 3.55, peut perdre facilement un proton H^+ porté par un atome de carbone. La base qui en résulte est particulièrement stable, comparée au composé analogue pour lequel on remplace les atomes d'azote par des atomes de carbone. Ce comportement est dû à la plus grande délocalisation de la charge négative de l'anion obtenu après départ du proton. Écrire les différentes formes mésomères qui rendent compte de cette délocalisation.

1

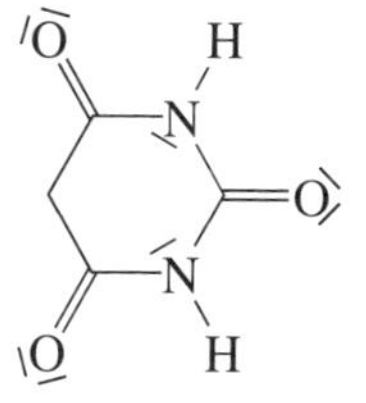

FIGURE 3.55 – Formule topologique de l'acide barbiturique.

2. Composé *push-pull*

La molécule **2** représentée figure 3.56 est dite « *push-pull* ». En vous appuyant sur vos connaissances des formes mésomères des molécules, justifier ce terme.

2

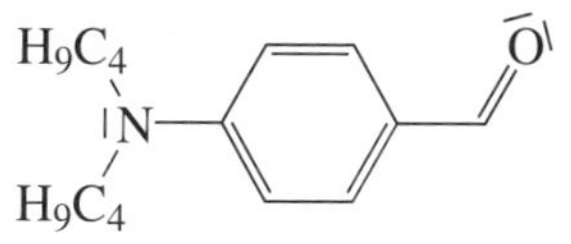

FIGURE 3.56 – Exemple d'un composé *push-pull*.

3. Une molécule d'ingénierie moléculaire

La molécule **3** représentée figure 3.57 se retrouve dans de très nombreux articles de recherche du fait de sa réponse non linéaire à une excitation lumineuse. Les domaines d'application vont des télécommunications optiques au traitement et au stockage optique de l'information. Ces propriétés sont dues à son fort caractère de transfert de charge intramoléculaire. En vous appuyant sur les questions précédentes, justifier ce caractère.

3

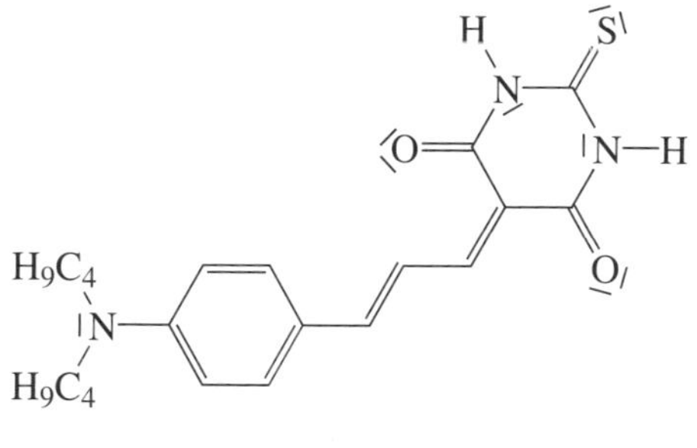

FIGURE 3.57 – Une molécule d'ingénierie moléculaire.

3.12 Étude des trihalogénures de bore (★★)

Le bore ($Z = 5$) forme avec les éléments halogène (notés X de façon générique) des molécules de formule BX_3.

1. Écrire la représentation de LEWIS de BX_3.

2. En appliquant la méthode VSEPR, déterminer la géométrie de ces molécules.

3. La table ci-dessous indique les distances $d(B-X)$ dans les molécules BX_3 et les rayons covalents des atomes simplement liés :

Élément	B	F	Cl	Br	I
$r_{cov.}$ / pm	90	71	99	114	133
$d(B-X)$ / pm		130	175	187	210

Comparer les longueurs de liaison à celles prévues à partir des rayons covalents. Commenter l'évolution lorsque l'halogène varie.

Chapitre 4

Structure électronique des molécules diatomiques (Deuxième période, option PC)

Le modèle de LEWIS proposant une vision localisée des électrons (ou délocalisée dans le cadre de la théorie de la mésomérie) apporte dans bien des cas des résultats satisfaisants. Il est cependant incapable de rendre compte de certains faits expérimentaux. Par exemple le comportement paramagnétique de la molécule de dioxygène ou encore l'incapacité de la méthode VSEPR à prédire la planéité de molécules telles que l'éthylène. Le chapitre 2 a introduit une nouvelle description du comportement de l'électron dans l'atome à partir d'une *fonction d'onde* (modèle quantique de l'atome). Nous verrons ici qu'il est tout aussi possible de décrire le comportement électronique dans la molécule en utilisant un modèle quantique.
Comme dans le cas de l'atome polyélectronique, il est impossible de trouver lors de l'étude d'une molécule une solution exacte de l'équation de SCHRÖDINGER. Nous serons amenés à introduire plusieurs approximations visant à fournir une solution approchée dans le cas des molécules diatomiques à la lumière de la théorie quantique. Nous débuterons par l'étude de la molécule H_2 puis nous étendrons notre étude aux molécules diatomiques de la deuxième période de la classification périodique. La présentation de résultats concernant des molécules diatomiques hétéronucléaires est proposée en dernière partie.

1 But recherché, approximations fondamentales

Le but de ce chapitre est d'obtenir des **fonctions d'onde approchées**, solutions de l'équation de SCHRÖDINGER dans le cas d'électrons appartenant à des atomes engagés dans des molécules ou des ions polyatomiques et plus particulièrement diatomiques. Nous souhaitons étendre le concept d'orbitale atomique à celui d'**orbitale moléculaire**, fonction d'onde se développant sur l'ensemble des atomes d'un édifice polyatomique. Nous avons mis en évidence au chapitre 2 l'impossibilité d'obtenir une solution analytique pour l'atome polyélectronique, il en est de même pour les édifices polyatomiques.

1.1 Approximation de BORN-OPPENHEIMER

L'approximation de BORN-OPPENHEIMER suppose que les noyaux, beaucoup plus massifs que les électrons, se déplacent relativement lentement et peuvent être considérés comme fixes. Nous supposons donc que les noyaux des atomes engagés dans la molécule sont immobiles à une distance arbitraire les uns des autres. La résolution de l'équation de SCHRÖDINGER est menée sur ce système.

Considérons la fonction d'onde Ψ associée au système complet et dépendant *a priori* des coordonnées d'espace des n électrons et des N noyaux. Cette fonction s'écrit sous la forme $\Psi\left(\overrightarrow{r_i},\overrightarrow{R_j}\right)$ avec $\overrightarrow{r_i}$ $(1 \leq i \leq n)$ et $\overrightarrow{R_j}$ $(1 \leq j \leq N)$ vecteurs positions relatifs aux électrons et aux noyaux. Il est possible d'interpréter cette fonction Ψ en termes probabilistes, ainsi la grandeur dP :

$$\mathrm{d}P = \Psi^*\left(\overrightarrow{r_1},\overrightarrow{r_2},...,\overrightarrow{r_n},\overrightarrow{R_1},\overrightarrow{R_2},...\overrightarrow{R_N}\right)\Psi\left(\overrightarrow{r_1},\overrightarrow{r_2},...,\overrightarrow{r_n},\overrightarrow{R_1},\overrightarrow{R_2},...\overrightarrow{R_N}\right)\mathrm{d}V_1...\mathrm{d}V_n\mathrm{d}V_1'...\mathrm{d}V_N'$$

représente la probabilité de trouver chaque particule (électrons et noyaux) dans l'élément de volume dV_i (pour les électrons) ou dV_i' (pour les noyaux).

L'approximation de BORN-OPPENHEIMER suppose que la fonction d'onde Ψ peut s'écrire sous une forme découplée :

$$\Psi\left(\overrightarrow{r_i},\overrightarrow{R_j}\right) = \Phi(\overrightarrow{r_i})X\left(\overrightarrow{R_j}\right).$$

La fonction $\Phi(\overrightarrow{r_i})$ est la fonction d'onde associée au comportement des **électrons** en mouvement dans le champ électrique créé par un ensemble de noyaux fixes. Dans la suite de ce chapitre nous limiterons notre étude à celle de la fonction $\Phi(\overrightarrow{r_i})$ décrivant le comportement des **électrons**.

L'approximation de BORN-OPPENHEIMER se révèle de bonne qualité pour les molécules dans leur état fondamental (état d'énergie le plus bas). La validité de cette approximation est remise en question dans certains cas (états excités des molécules, cas des cations).

1.2 Approximation monoélectronique (cas de la molécule)

Le principe de cette approximation a été décrit dans le cadre de l'étude quantique de l'atome polyélectronique (chapitre 2). L'introduction de cette approximation résulte de l'impossibilité de résoudre l'équation de SCHRÖDINGER dès que le système étudié possède plus d'un électron. Nous généralisons cette approximation au cas de la fonction d'onde décrivant le comportement des n électrons dans la molécule, et nous accepterons désormais que la fonction d'onde $\Phi(\overrightarrow{r_i})$, dépendant *a priori* de la position de chacun des n électrons de la molécule s'écrit comme un produit de fonctions φ_i :

$$\Phi(r_i) = \varphi_1\left(e_1^-\right)\varphi_2\left(e_2^-\right)...\varphi_n\left(e_n^-\right)..$$

Dans ce produit, chaque fonction φ_i ne dépend plus que de la position d'**un seul électron**. Ces fonctions **monoélectroniques** sont qualifiées d'**orbitales moléculaires**.

✎ Notons à ce stade de notre étude que cette approche n'est pas entièrement satisfaisante. Un énoncé général du principe de PAULI précise que la fonction d'onde d'un système polyélectronique doit changer de signe lors de la permutation des coordonnées de deux électrons quelconques (les électrons sont des particules qualifiées à ce titre de *fermions*, la fonction d'onde est antisymétrique par rapport à la permutation d'électrons). Une méthode d'antisymétrisation de la fonction d'onde Φ consiste à construire un déterminant à partir des fonctions φ_i. Un tel déterminant est qualifié de déterminant de SLATER, sa construction dépasse le cadre de ce cours.

Nous nous interrogeons désormais sur la forme que peuvent prendre les fonctions **orbitales moléculaires** φ_i.

1.3 Combinaison linéaires d'orbitales atomiques

Une méthode adaptée (approximation) consiste à développer chacune des orbitales moléculaires sur la base des orbitales atomiques χ_j des différents atomes participant à la molécule étudiée. Ainsi nous exprimerons chacune des fonctions φ_i sous la forme :

$$\varphi_i = \sum_j C_{ij}\chi_j$$

avec χ_j fonction orbitale atomique et C_{ij} coefficient attribué à l'orbitale atomique χ_j dans la combinaison linéaire. Ce développement est connu sous l'appellation de **méthode CLOA** (Combinaison Linéaire d'Orbitales Atomiques), ou encore **méthode LCAO** (pour *Linear Combination of Atomic Orbitals*).
Un tel développement peut apparaître à première vue laborieux, notamment dans le cas d'atomes possédant un grand nombre d'orbitales atomiques. Une approximation supplémentaire est réalisée en limitant le développement à certaines orbitales atomiques précises. Nous retiendrons ici qu'une fonction orbitale moléculaire satisfaisante peut être obtenue par **combinaison linéaire des seules orbitales atomiques associées aux électrons de valence** des atomes de la molécule. Les orbitales atomiques vacantes mais de même nombre quantique principal que les orbitales associées aux électrons de valence sont également incluses dans la combinaison linéaire.
Ainsi en considérant la molécule de dihydrogène H_2 constituée de l'association de deux atomes d'hydrogène, nous écrirons que chaque orbitale moléculaire se décompose sur la base de deux orbitales atomiques : l'orbitale atomique notée $1s_1$ (orbitale atomique $1s$ centrée sur le premier atome d'hydrogène) et l'orbitale atomique notée $1s_2$ (orbitale atomique $1s$ centrée sur le deuxième atome d'hydrogène). Nous écrirons alors :

$$\varphi_1 = C_{11}(1s_1) + C_{12}(1s_2) \qquad \text{et} \qquad \varphi_2 = C_{21}(1s_1) + C_{22}(1s_2).$$

Exercice résolu

Dioxygène

Considérons la molécule de dioxygène O_2. Déterminer la forme générale des orbitales moléculaires associées au système. Z est égal à 8 pour l'atome d'oxygène.

Réponse :
Chaque orbitale moléculaire se décompose sur la base des orbitales atomiques associées aux électrons de valence (et des orbitales atomiques vides de même nombre quantique principal). La configuration électronique de l'atome d'oxygène s'écrit :

$$1s^2\,2s^2\,2p^4.$$

Il convient de retenir dans la combinaison linéaire les orbitales de type $2s$ et de type $2p$. Les orbitales moléculaires apparaissent *a priori* comme un développement sur une base de 8 orbitales atomiques (une orbitale $2s$ et trois orbitales $2p$ par atome d'oxygène). Nous verrons plus loin qu'en réalité le développement se révèle plus restreint.

2 Ion moléculaire H_2^+, molécule H_2, construction des orbitales moléculaires

2.1 Obtention de la forme analytique des orbitales moléculaires

Considérons l'édifice H_2^+, ne possédant qu'un seul électron. Par application des approximations précisées au paragraphe précédent, nous pouvons écrire une forme générale des **orbitales moléculaires** :

$$\varphi = C_1\,(1s_1) + C_2\,(1s_2)$$

avec $1s_1$ et $1s_2$ orbitales atomiques de type $1s$ centrées respectivement sur le premier et le deuxième atome d'hydrogène (que nous numérotons arbitrairement H^1 et H^2). À ce stade, nous retiendrons le vocabulaire traditionnellement utilisé : lorsque deux orbitales atomiques participent à une même combinaison linéaire à l'occasion de la construction d'orbitales moléculaires, il est usuel de dire que les orbitales atomiques **interagissent** pour conduire aux orbitales moléculaires. Dans le cas étudié nous dirons donc que les deux orbitales atomiques de type $1s$ **interagissent** pour conduire aux orbitales moléculaires recherchées.
L'interprétation probabiliste de la fonction d'onde a été mise en évidence au chapitre 2. Nous utilisons ici ce résultat : l'orbitale moléculaire φ décrit le comportement d'un électron dans la molécule, son carré φ^2 est interprété comme une densité de probabilité de présence de l'électron décrit par l'orbitale moléculaire φ. En utilisant la décomposition sur la base des orbitales atomiques, il vient :

$$\varphi^2 = C_1^2\,(1s_1)^2 + C_2^2\,(1s_2)^2 + 2C_1C_2\,(1s_1)\,(1s_2).$$

✎ Notons dans le cas d'une orbitale φ possédant une partie imaginaire non nulle que le terme $\varphi^*\varphi$ se substitue au terme φ^2 (φ^* complexe conjugué de φ).

Cette dernière relation est importante et mérite attention. Le premier terme (respectivement le deuxième) de ce développement ne prend de valeur non nulle que lorsque la fonction $1s_1$ (respectivement la fonction $1s_2$) prend une valeur notable, c'est-à-dire lorsque nous considérons un point proche de l'atome H^1 (respectivement de l'atome H^2). Ainsi de façon qualitative

le terme $C_1^2\left(1s_1\right)^2$ mesure la **densité de probabilité de présence** de l'électron autour de l'atome d'hydrogène H^1 tandis que le terme $C_2^2\left(1s_2\right)^2$ mesure la **densité de probabilité de présence** de l'électron autour de l'atome d'hydrogène H^2. Le troisième terme de la forme $2C_1C_2\left(1s_1\right)\left(1s_2\right)$ prend une valeur notable lorsque les fonctions $1s_1$ et $1s_2$ prennent simultanément une valeur non nulle, c'est-à-dire lorsque nous considérons un point situé non loin de l'axe internucléaire H– H et simultanément proche des deux noyaux.
La probabilité de présence de l'électron au voisinage du premier atome d'hydrogène s'écrit sous forme intégrale :

$$P_1 = \iiint_{\text{espace}} C_1^2\left(1s_1\right)^2.\mathrm{d}V$$

avec dV élément différentiel de volume. En se souvenant que les orbitales atomiques sont des fonctions normalisées (normées) il vient :

$$P_1 = C_1^2.$$

De la même façon la probabilité de présence de l'électron au voisinage du deuxième atome d'hydrogène s'écrit sous forme intégrale :

$$P_1 = \iiint_{\text{espace}} C_2^2\left(1s_2\right)^2.\mathrm{d}V = C_2^2.$$

Pour des raisons évidentes de symétrie, l'électron de l'ion H_2^+ possède la même densité de probabilité de présence sur chacun des deux atomes d'hydrogène. Il vient donc :

$$C_1^2 = C_2^2 \qquad \text{qui conduit à} \qquad C_1 = \pm C_2.$$

Les coefficients relatifs aux orbitales atomiques $1s_1$ et $1s_2$ sont égaux ou opposés. Il y a donc **deux** possibilités d'orbitales moléculaires (notées ici φ_+ et φ_-) :

$$\varphi_+ = C_1\left(1s_1 + 1s_2\right) \qquad \text{et} \qquad \varphi_- = C_1\left(1s_1 - 1s_2\right).$$

Il est possible de calculer le coefficient C_1 en considérant que les orbitales moléculaires formées doivent respecter la **condition de normalisation** (normation) :

$$\iiint_{\text{espace}} \varphi_+^2\mathrm{d}V = 1.$$

Rappelons que cette condition traduit que l'électron possède une probabilité égale à 1 d'être trouvé dans l'espace entier. Ainsi :

$$\iiint_{\text{espace}} \varphi_+^2\mathrm{d}V = 1$$
$$= \iiint_{\text{espace}} C_1^2\left(1s_1\right)^2.\mathrm{d}V + \iiint_{\text{espace}} C_1^2\left(1s_2\right)^2.\mathrm{d}V + 2\iiint_{\text{espace}} C_1^2\left(1s_1\right)\left(1s_2\right)\mathrm{d}V$$

et donc :

$$1 = 2C_1^2 + 2C_1^2S$$

avec :

$$S = \iiint_{\text{espace}} (1s_1)(1s_2)\,\mathrm{d}V.$$

L'intégrale S est l'**intégrale de recouvrement** entre les orbitales atomiques $1s_1$ et $1s_2$.

⚠ S est une grandeur calculable à partir de la forme mathématique des orbitales atomiques et de la distance séparant à l'équilibre les deux atomes liés (ici deux atomes d'hydrogène). Dans le cas de l'ion H_2^+, un calcul de l'intégrale de recouvrement conduit au résultat $S = 0{,}59$ pour la longueur de liaison à l'équilibre ($1{,}06.10^{-10}$ m). C'est une valeur particulièrement grande : il est plus courant de rencontrer des valeurs se situant entre 0,2 et 0,3 pour le recouvrement d'orbitales de nombre quantique égal à 2.

En utilisant le paramètre S, l'orbitale moléculaire φ_+ prend la forme :

$$\varphi_+ = \frac{1}{\sqrt{2(1+S)}}(1s_1 + 1s_2).$$

Un travail analogue mené sur la fonction $\varphi_- = C_1(1s_1 - 1s_2)$ conduit au résultat :

$$\varphi_- = \frac{1}{\sqrt{2(1-S)}}(1s_1 - 1s_2).$$

Les deux orbitales moléculaires sont des fonctions réelles. Par ailleurs nous mettons ici en lumière un résultat général et important : **lorsque deux orbitales atomiques interagissent, elles donnent naissance à deux orbitales moléculaires**. Plus généralement lorsque n orbitales atomiques interagissent, elles donnent naissance à n orbitales moléculaires.

2.2 Représentation conventionnelle des fonctions φ_+ et φ_-, propriétés de symétrie

a. Représentation graphique de la fonction d'onde

Il est usuel lors de l'étude d'orbitales moléculaires de fournir une **représentation graphique des fonctions d'onde**. Cette représentation graphique traduit les **caractéristiques principales** de la fonction d'onde, savoir la nature de la combinaison linéaire réalisée sur la base des orbitales atomiques (**valeur absolue relative des coefficients** apparaissant dans la combinaison linéaire, **signe relatif des coefficients**). Les orbitales atomiques participant à l'expression de l'orbitale moléculaire sont représentées par leur forme conventionnelle (on se reportera au chapitre 2) et centrées sur l'atome dont elles assurent la contribution. Le **signe** de l'orbitale atomique est indiqué de façon hachurée ou ombrée : nous adopterons le choix d'une orbitale ombrée pour les valeurs positives de la fonction d'onde et d'une orbitale laissée en blanc pour les valeurs négatives. La **valeur absolue relative des coefficients** apparaissant dans la combinaison linéaire d'orbitales atomiques est indiquée par la taille de représentation de l'orbitale atomique : plus le coefficient relatif à une orbitale atomique est important en valeur absolue, plus nous adopterons une représentation de taille importante.

Dans le cas des fonctions φ_+ et φ_- étudiées dans le cas de l'ion H_2^+, nous représentons conventionnellement ces fonctions mathématiques comme indiqué à la figure 4.1. Remarquons que la taille des deux orbitales $1s$ de la représentation fournie est égale dans les deux cas, ceci traduit l'égalité des coefficients C_1 et C_2 en valeur absolue. Dans le cas de l'orbitale φ_+, les deux coefficients sont de signe positif tandis que pour l'orbitale φ_- les deux coefficients sont de signe opposé.

FIGURE 4.1 – Représentation conventionnelle des orbitales moléculaires φ_+ et φ_-

⚠ Une fonction d'onde φ est définie au signe près dans la mesure où seul le module au carré φ^2 (ou $\varphi^*\varphi$ si la fonction possède une partie imaginaire non nulle) est directement interprétable. Il est donc tout aussi correct d'envisager les orbitales moléculaires $-\varphi_+$ et $-\varphi_-$ en lieu et place des orbitales moléculaires φ_+ et φ_-. Une deuxième représentation conventionnelle acceptable substitue des zones ombrées aux zones claires de la figure 4.1 et substitue réciproquement des zones claires aux zones ombrées. L'interprétation physique de ces fonctions ne fait intervenir que le signe **relatif** des coefficients associés aux différentes orbitales atomiques.

b. Analyse des propriétés de symétrie

Il est intéressant d'analyser la **symétrie** de ces deux orbitales moléculaires. Nous constatons de façon évidente que des orbitales présentent une **symétrie cylindrique** autour de l'axe internucléaire : le système est invariant par une rotation quelconque autour de la droite joignant le centre des atomes. Les orbitales moléculaires sont alors qualifiées d'orbitales moléculaires de symétrie σ ou plus simplement d'orbitales moléculaires σ.

2.3 État liant, état antiliant

a. Description de l'état liant

La **densité de probabilité de présence** de l'électron dans l'ion H_2^+ est égale au carré de la fonction d'onde (nous manipulons des fonctions réelles). La densité de probabilité de présence correspondant à l'orbitale réelle φ_+ s'écrit :

$$\varphi_+^2 = \frac{1}{2(1+S)}(1s_1)^2 + \frac{1}{2(1+S)}(1s_2)^2 + \frac{1}{(1+S)}(1s_1)(1s_2).$$

Une caractéristique importante de la fonction d'onde apparaît en analysant la région internucléaire où les deux orbitales atomiques possèdent des amplitudes comparables. La contribution de la forme $\frac{1}{(1+S)}(1s_1)(1s_2)$ possède une importance cruciale dans la mesure où il s'agit d'une contribution de signe positif : elle marque un accroissement de la probabilité de présence de l'électron dans la région internucléaire. Dans la zone internucléaire chaque orbitale atomique possède une amplitude de même signe, l'amplitude totale de la fonction d'onde y est importante (elle résulte d'une **addition** de deux fonctions orbitales atomiques de même signe).

À ce titre l'orbitale φ_+ étudiée est qualifiée d'**orbitale liante**, c'est une orbitale qui décrira le **comportement d'un électron susceptible de lier les deux atomes**. La figure 4.2 montre l'**addition** des deux orbitales atomiques dans la zone internucléaire et la fonction d'onde qui en résulte. Une conséquence directe est une densité de probabilité de présence importante dans la zone internucléaire.

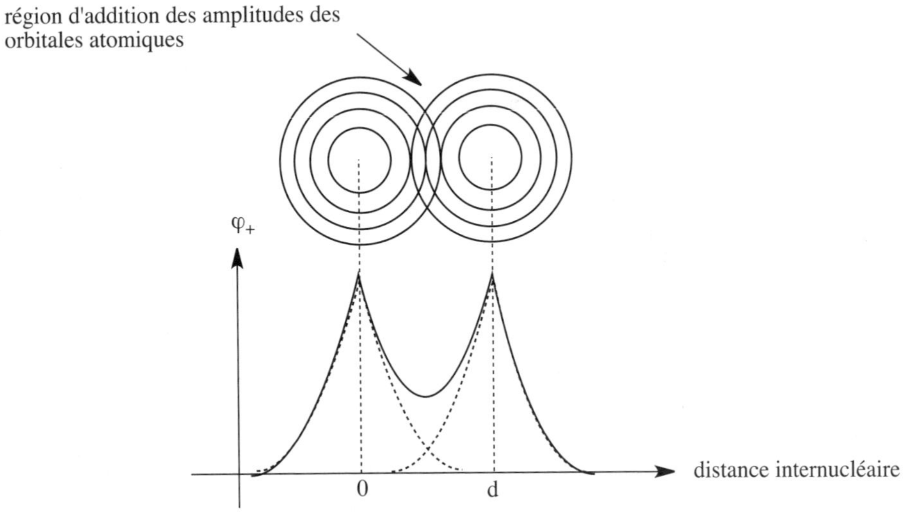

FIGURE 4.2 – Addition des orbitales atomiques dans l'orbitale moléculaire φ_+

b. Description de l'état antiliant

De façon similaire, la densité de probabilité de présence correspondant à l'orbitale réelle φ_- s'écrit :

$$\varphi_-^2 = \frac{1}{2(1-S)}(1s_1)^2 + \frac{1}{2(1-S)}(1s_2)^2 - \frac{1}{(1-S)}(1s_1)(1s_2).$$

La contribution de la forme $-\frac{1}{(1-S)}(1s_1)(1s_2)$ est de signe négatif : elle marque une importante diminution de la probabilité de présence de l'électron dans la région internucléaire. Dans la zone internucléaire les deux orbitales atomiques possèdent une amplitude de signe contraire, l'amplitude totale de la fonction d'onde y est faible (elle résulte d'une **soustraction** en valeur absolue des deux fonctions orbitales atomiques). Aussi l'orbitale φ_- étudiée est qualifiée d'**orbitale antiliante**, elle contribue à réduire la cohésion entre atomes lorsqu'elle décrit le comportement d'un électron.

Traditionnellement le caractère antiliant est indiqué par un astérisque dans la nomenclature des orbitales moléculaires. La fonction φ_- est quelquefois rencontrée sous l'appellation σ^* pour orbitale de symétrie σ manifestant un caractère antiliant. La figure 4.3 met en évidence la **soustraction** des deux orbitales atomiques dans la zone internucléaire, ainsi que la fonction d'onde qui en résulte. La densité de probabilité de présence dans la zone internucléaire est faible.

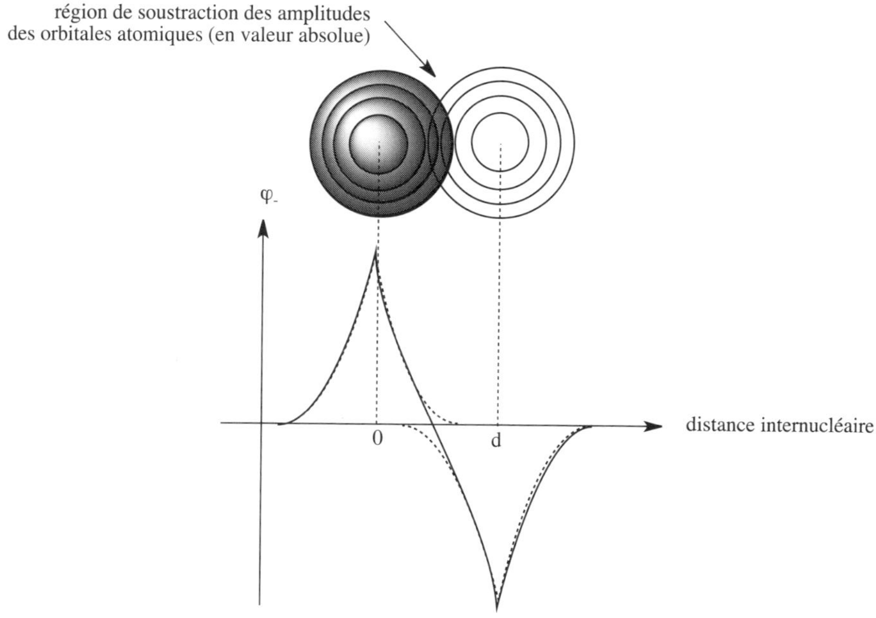

FIGURE 4.3 – Soustraction des orbitales atomiques dans l'orbitale moléculaire φ_-

Nous verrons dans la suite du cours que l'énergie associée à l'orbitale moléculaire φ_- est supérieure à celle associée à l'orbitale moléculaire φ_+.

2.4 Énergie des orbitales, diagramme d'interaction

a. Diagramme d'interaction de l'ion H_2^+

L'expression analytique des orbitales moléculaires de symétrie σ permet de calculer l'**énergie** associée à un électron dont le comportement serait décrit par les fonctions φ_+ ou φ_-. Rappelons que toute fonction d'onde φ est solution de l'équation de SCHRÖDINGER :

$$\widehat{H}(\varphi) = E\varphi$$

avec φ fonction propre associée à l'opérateur Hamiltonien $\widehat{H}$ et E énergie associée à la fonction d'onde et valeur propre de l'opérateur. En considérant une fonction d'onde normalisée, il est possible de calculer l'énergie E à partir de la fonction d'onde φ par la relation :

$$E = \iiint_{\text{espace}} \varphi \widehat{H}(\varphi) \mathrm{d}V.$$

Nous appliquons ce résultat au calcul des énergies E_+ et E_- associées aux fonctions d'onde φ_+ et φ_- rencontrées précédemment. Notons un résultat mathématique important : l'opérateur Hamiltonien est **linéaire**, il vérifie la relation $\widehat{H}(a\varphi_1 + b\varphi_2) = a\widehat{H}(\varphi_1) + b\widehat{H}(\varphi_2)$ avec a et b grandeurs pouvant être complexes. Ainsi :

$$\begin{aligned} E_+ &= \iiint_{\text{espace}} \left(\frac{1}{\sqrt{2(1+S)}}(1s_1 + 1s_2) \right) \widehat{H} \left(\frac{1}{\sqrt{2(1+S)}}(1s_1 + 1s_2) \right) \mathrm{d}V \\ &= \frac{1}{2(1+S)} \left[\begin{array}{c} \iiint_{\text{espace}} 1s_1 \widehat{H}(1s_1) \mathrm{d}V + \iiint_{\text{espace}} 1s_2 \widehat{H}(1s_2) \mathrm{d}V \\ + \iiint_{\text{espace}} 1s_1 \widehat{H}(1s_2) \mathrm{d}V + \iiint_{\text{espace}} 1s_2 \widehat{H}(1s_1) \mathrm{d}V \end{array} \right]. \end{aligned}$$

L'intégrale $\iiint_{\text{espace}} 1s_1 \widehat{H}(1s_1) \mathrm{d}V$ correspond à l'énergie d'une orbitale $1s$ dans l'atome d'hydrogène, nous la noterons ici E_{H}.

Remarquons qu'il s'agit d'une interprétation approximative dans la mesure ou l'opérateur Hamiltonien $\widehat{H}$ rencontré ici diffère de l'opérateur Hamiltonien rencontré dans le cas de l'atome d'hydrogène en ce sens qu'il fait intervenir un terme d'attraction de l'électron par le deuxième noyau d'hydrogène.

De façon évidente :

$$\iiint_{\text{espace}} 1s_1 \widehat{H}(1s_1) \mathrm{d}V = \iiint_{\text{espace}} 1s_2 \widehat{H}(1s_2) \mathrm{d}V = E_{\mathrm{H}} \qquad \text{(grandeur négative).}$$

L'intégrale $\iiint_{\text{espace}} 1s_1 \widehat{H}(1s_2) \mathrm{d}V$ est égale à l'intégrale $\iiint_{\text{espace}} 1s_2 \widehat{H}(1s_1) \mathrm{d}V$. Elle est qualifiée d'**intégrale d'échange**. Nous noterons cette intégrale sous la forme β (β est de signe **négatif**) , il s'agit d'une grandeur calculable qui tiendra lieu ici de paramètre. Dans ces conditions l'énergie associée à l'orbitale moléculaire φ_+ s'écrit :

$$E_+ = \frac{1}{1+S}(E_{\mathrm{H}} + \beta).$$

En utilisant une démarche identique, nous exprimons l'énergie E_- associée à l'orbitale moléculaire φ_- sous la forme :

$$E_- = \frac{1}{1-S}(E_{\mathrm{H}} - \beta).$$

Plusieurs résultats importants apparaissent au regard de ces résultats :

- l'énergie de l'orbitale moléculaire liante est **abaissée** par rapport à l'énergie d'un électron dans l'atome d'hydrogène tandis que l'énergie de l'orbitale moléculaire antiliante est **augmentée** ;

- en notant $\Delta E_+ = E_H - E_+$ la stabilisation de l'orbitale moléculaire liante et $\Delta E_- = E_- - E_H$ la déstabilisation de l'orbitale antiliante, nous constatons que $\Delta E_+ < \Delta E_-$. Ceci signifie que l'orbitale moléculaire liante est **moins stabilisée** que l'orbitale moléculaire antiliante n'est déstabilisée ;
- l'écart énergétique $E_- - E_+$ est fonction du recouvrement S. Nous retiendrons qu'un faible recouvrement n'occasionne qu'une faible évolution de l'énergie des orbitales tandis qu'un recouvrement important provoque une forte valeur de ΔE_+ et ΔE_- (et par conséquent de la différence $E_- - E_+$).

Il devient possible de représenter graphiquement ces informations, c'est le but du **diagramme d'interaction**. Dans ce diagramme, on représente par un trait horizontal placé dans un repère énergétique les orbitales atomiques initiales (ici les orbitales $1s$) qui interagissent pour donner naissance aux orbitales moléculaires. Les orbitales moléculaires formées sont indiquées par leur représentation conventionnelle. La figure 4.4 montre le **diagramme d'interaction** dans le cas de l'ion H_2^+.

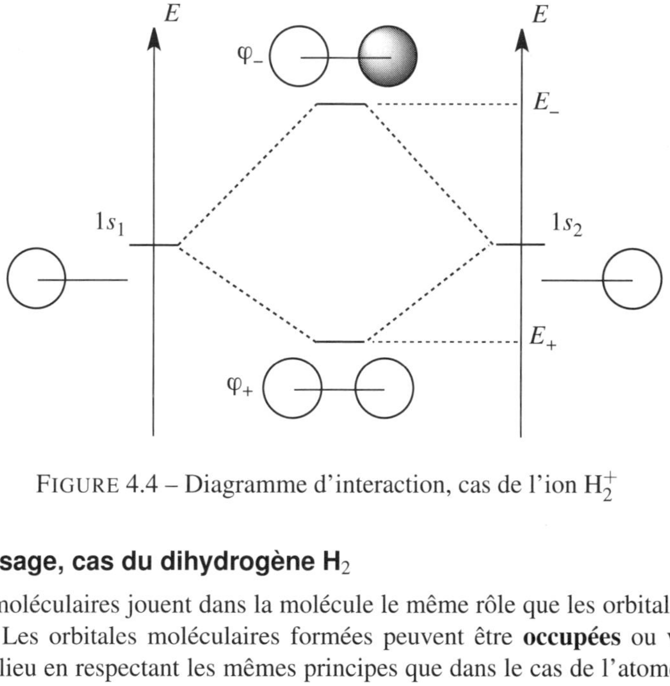

FIGURE 4.4 – Diagramme d'interaction, cas de l'ion H_2^+

b. Remplissage, cas du dihydrogène H_2

Les orbitales moléculaires jouent dans la molécule le même rôle que les orbitales atomiques dans l'atome. Les orbitales moléculaires formées peuvent être **occupées** ou **vacantes**. Le remplissage a lieu en respectant les mêmes principes que dans le cas de l'atome. Nous remplirons donc les orbitales moléculaires par ordre croissant d'énergie en veillant à ne placer, au maximum, que deux électrons par orbitale moléculaire (principe de construction et principe de PAULI). Dans l'hypothèse d'une double occupation de l'orbitale moléculaire, les deux électrons sont de spin opposé ($m_s = 1/2$ et $m_s = -1/2$). Nous avons vu qu'il était possible de représenter schématiquement cette distinction en dessinant une flèche dirigée vers le haut dans le cas $m_s = 1/2$ et une flèche dirigée vers le bas dans le cas $m_s = -1/2$. Dans le cas de l'ion H_2^+ le niveau d'énergie E_+ est occupé par un électron unique.

Considérons maintenant le dihydrogène H_2 ; nous supposons que les résultats obtenus pour l'ion H_2^+ restent valables.

✎ Cette hypothèse sous-entend que nous assimilons l'opérateur Hamiltonien faisant intervenir un terme d'énergie potentielle électrostatique entre les deux électrons de la molécule à l'opérateur Hamiltonien adapté à l'étude de l'ion H_2^+ (absence de terme énergétique relatif à l'interaction électrostatique entre électrons).

Chaque atome apporte une orbitale $1s$. Tout comme dans le cas de l'ion H_2^+ il est possible de former deux orbitales moléculaires de symétrie σ (dont une présentant un caractère antiliant et notée σ^*). Le diagramme d'interaction est analogue au cas présenté pour l'ion H_2^+ mais le remplissage diffère par le nombre d'électrons. Chaque atome d'hydrogène apportant un électron, nous avons deux électrons à répartir dans les orbitales moléculaires. La structure électronique du dihydrogène fait apparaître deux électrons appariés occupant l'orbitale moléculaire de symétrie σ. À l'instar du travail réalisé dans le cas de l'atome, il est possible d'indiquer cette répartition de façon abrégée sous la forme $(\sigma)^2$ ou encore $(1\sigma)^2$, il s'agit de l'écriture de la **configuration électronique de la molécule** H_2.

✎ Nous pouvons commenter rapidement ici le gain de stabilité apporté par la formation de la liaison H−H : le système électronique engagé dans le dihydrogène est plus stable d'une valeur $2\Delta E_+$ que dans les deux atomes séparés.

c. Formation de la liaison H–H dans la molécule-ion H_2^+

Le système formé de deux protons et d'un seul électron a été étudié expérimentalement (l'ion H_2^+ est obtenu par bombardement électronique de dihydrogène sous faible pression). La distance internucléaire d'équilibre vaut $d_{\text{H-H}} = 1{,}06.10^{-10}$ m, l'énergie de dissociation de l'ion H_2^+ en atomes d'hydrogène et ion H^+ est égale à 270 kJ·mol^{-1}.

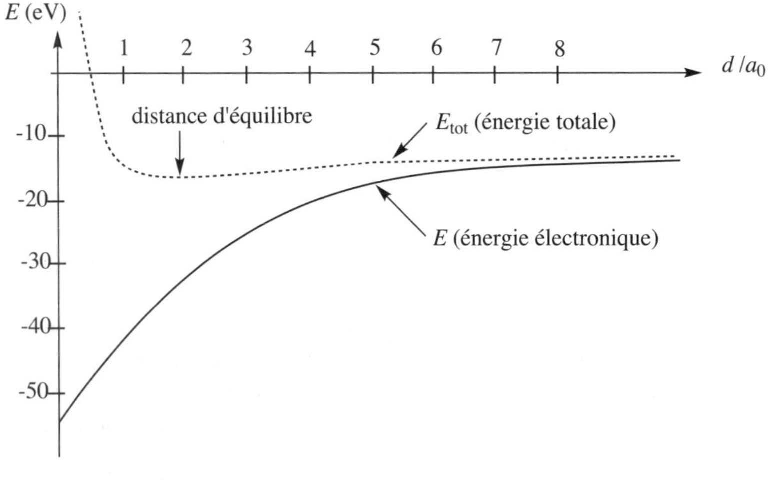

FIGURE 4.5 – Énergie totale E_{tot} en fonction de la distance internucléaire d

L'étude de l'énergie électronique E de ce système est possible pour toute valeur de la distance d entre atome d'hydrogène. On constate alors que l'énergie $E(d)$ est une fonction strictement croissante qui prend le valeur limite de $-5251{,}5$ kJ·mol^{-1} (ou $-54{,}5$ eV) lorsque d tend vers zéro. Notons que cette limite correspond effectivement à l'état fondamental de l'ion He^+ ($Z = 2$) qui représente la limite de l'ion H_2^+ lorsque les deux protons sont confondus. La fonction $E(d)$ tend vers la valeur limite de $-1312{,}9$ kJ·mol^{-1} (ou $-13{,}6$ eV) lorsque d devient grand. Cette limite correspond à l'énergie de l'électron d'un atome d'hydrogène dans une orbitale $1s$.

La seule prise en compte de cette énergie électronique ne permet donc pas de comprendre l'existence d'une distance d'équilibre dans l'ion H_2^+ (à ce stade de notre étude le cas le plus favorable énergétiquement correspond à un rapprochement au plus près des deux protons). Une étude rigoureuse ne doit pas se limiter à l'étude de l'énergie électronique mais doit considérer l'**énergie totale**, ce qui inclut un terme de **répulsion** noyau/noyau. La figure 4.5 montre l'évolution de l'énergie totale E_{tot} en fonction de la distance d entre les deux noyaux. Cette évolution témoigne d'un **minimum** correspondant à la distance d'équilibre observée entre les deux noyaux.

Nous comprenons désormais qu'un électron décrit par une fonction d'onde du type φ_+ (de type liant) est moins énergétique qu'un électron décrit par une fonction d'onde du type φ_- (antiliant). Un électron de type liant est présent entre les deux noyaux et parvient à vaincre la répulsion mutuelle des deux protons pour assurer l'existence d'un édifice stable. Seule une importante diminution de son énergie (potentielle) est susceptible d'assurer l'existence de l'édifice. Des résultats analogues sont obtenus pour la molécule de dihydrogène H_2.

d. Ordre de liaison

L'**ordre de liaison** b (ou **indice de liaison**) est une grandeur qui exprime le caractère liant net d'une molécule diatomique. Il s'exprime par la relation :

$$b = \frac{1}{2}(n - n^*)$$

avec n nombre d'électrons dans une orbitale liante et n^* nombre d' électrons dans une orbitale antiliante. Chaque paire d'électrons dans une orbitale liante **accroît** l'ordre de liaison d'une unité (elle joue formellement le rôle de doublet de liaison) tandis que chaque paire d'électrons dans une orbitale antiliante **diminue** l'ordre de liaison d'une unité (elle joue formellement le rôle d'*antiliaison*). Dans le cas du dihydrogène, l'ordre de liaison est égal à 1. Nous accepterons à ce stade de l'étude qu'une augmentation de l'ordre de liaison est très souvent associé à un raccourcissement de la liaison et à une augmentation de l'énergie de liaison. Un indice de liaison égal à zéro témoigne de l'impossibilité de former la liaison étudiée. Ce résultat est validé par l'expérience : nous fournissons ci-dessous l'évolution des longueurs de liaisons H–H , l'énergie de liaison H–H et les ordres de liaison dans les composés H_2^+ et H_2.

Espèce	H_2^+	H_2
Énergie de liaison (kJ.mol^{-1})	269,4	421,5
Longueur de liaison (10^{-10} m)	1,06	0,74
Ordre de liaison b	0,5	1

Exercice résolu

Dihélium

En se contentant de critères portant sur le comportement des électrons, expliquer pourquoi la molécule de dihélium He_2 est difficilement observable (elle se dissocie spontanément en deux atomes d'hélium). Nous rappelons $Z = 2$ pour l'hélium. À titre indicatif, les molécules diatomiques d'hélium n'ont été préparées que très récemment. Elles sont constituées de paires d'atomes maintenus par des forces de van der WAALS.

Réponse :

La configuration électronique d'un atome d'hélium s'écrit sous la forme $1s^2$. Il est légitime de rechercher les orbitales moléculaires du dihélium sous forme d'une combinaison linéaire d'orbitales $1s$. Le travail réalisé plus haut sur l'ion H_2^+ est généralisable au cas du dihélium, en prenant la précaution de remplacer dans les expressions énergétiques le terme E_H par E_{He} (énergie associée à une orbitale $1s$ dans un atome d'hélium) et en comprenant que les autres intégrales apparaissant à titre de paramètres (S ou β) sont adaptées au cas de deux atomes d'hélium. Il y a quatre électrons à placer dans les deux orbitales moléculaires, la configuration électronique du dihélium s'écrit sous la forme $(\sigma)^2(\sigma^*)^2$. Le diagramme d'interaction convenablement rempli est représenté ci-dessous.

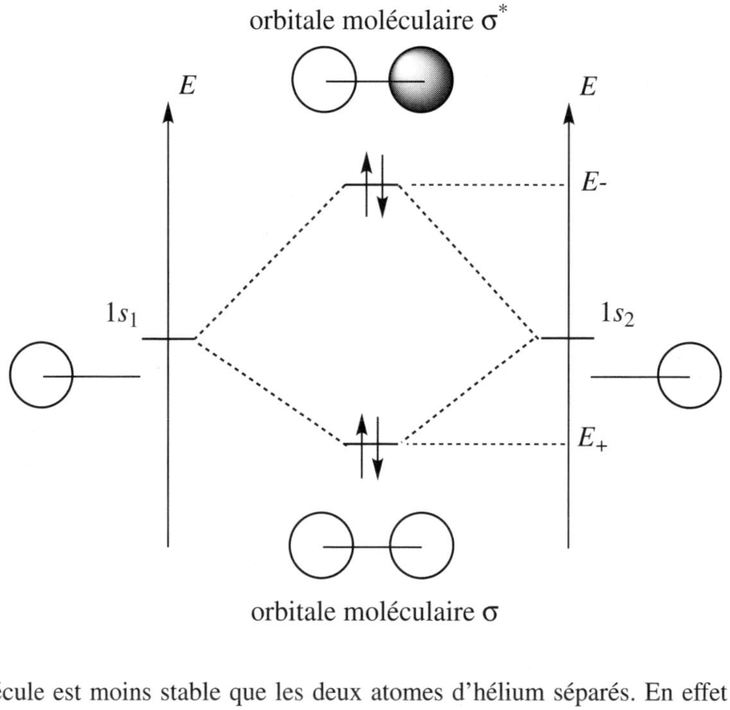

Cette molécule est moins stable que les deux atomes d'hélium séparés. En effet le gain de stabilité apporté par le peuplement de l'orbitale liante (égal à $2\Delta E_+$) ne compense pas la déstabilisation inhérente au peuplement de l'orbitale antiliante (égale à $2\Delta E_-$). L'ordre de liaison, égal à 0, témoigne de l'impossibilité de liaison entre les deux atomes d'hélium.

3 Molécules diatomiques homonucléaires des éléments de la deuxième période

3.1 Interactions à envisager, recouvrements

Dans le cas des éléments de la deuxième période, les orbitales atomiques correspondant à des électrons de valence sont de type $2s$ et $2p$. Il convient, lors de la réalisation de combinaisons linéaires d'orbitales atomiques, d'envisager l'interaction des orbitales atomiques de valence, et de toutes les orbitales vacantes de même nombre quantique principal. Dans l'étude menée ici nous envisageons donc une interaction des orbitales $2s$ et des orbitales $2p$ portées par chacun des deux atomes liés. La molécule diatomique est notée A_2, l'axe internucléaire est l'axe z.

a. Orthogonalité des orbitales atomiques, symétrie

Les combinaisons linéaires d'orbitales atomiques que nous devons envisager sont *a priori* constituées d'un nombre important d'orbitales atomiques (8). En fait il n'en est rien car il existe un principe général (que nous présentons ici) selon lequel toutes les orbitales atomiques participant à une même combinaison linéaire doivent être **de même symétrie**. L'origine du terme **symétrie** sort du cadre de ce cours et fait intervenir la théorie des groupes de symétrie, mais nous accepterons l'idée que si deux orbitales possèdent le même comportement de parité vis-à-vis d'opérations de symétrie (réflexion par rapport à un plan de symétrie, rotation autour d'un axe de symétrie, inversion par rapport à un centre de symétrie) alors elles sont de **même symétrie** et peuvent intervenir dans une même combinaison linéaire.
Nous accepterons ici de dire que deux orbitales φ_1 et φ_2 sont **de même symétrie** lorsqu'elles possèdent un recouvrement S, défini par :

$$S = \iiint_{\text{espace}} \varphi_1^* . \varphi_2 \mathrm{d}V$$

non nul.

Définition

Deux orbitales sont dites orthogonales lorsqu'elles conduisent à un recouvrement nul.

Ainsi, deux orbitales de même symétrie ne sont pas orthogonales et peuvent intervenir dans une même combinaison linéaire d'orbitales atomiques.

b. Interactions possibles

Chaque atome A intervient par l'intermédiaire d'une orbitale $2s$, d'une orbitale $2p_x$ (dont l'axe x est axe de symétrie de révolution), d'une orbitale $2p_y$ (dont l'axe y est axe de symétrie de révolution) et d'une orbitale $2p_z$ (dont l'axe z est axe de symétrie de révolution). Nous privilégions ici des orbitales réelles (et évitons la manipulation des orbitales $2p_{-1}$ et $2p_1$, l'orbitale $2p_0$ étant confondue avec l'orbitale $2p_z$). Afin de distinguer les deux atomes A liés, nous noterons A^1 et A^2 chacun des deux atomes. Les seuls **recouvrements non nuls** sont :

- le recouvrement entre l'orbitale $2s$ de l'atome A^1 et l'orbitale $2s$ de l'atome A^2 (orbitales de symétrie cylindrique autour de l'axe de révolution z) ;

- le recouvrement entre l'orbitale $2s$ de l'atome A^1 et l'orbitale $2p_z$ de l'atome A^2 (orbitales de symétrie cylindrique autour de l'axe de révolution z) ;
- le recouvrement entre l'orbitale $2s$ de l'atome A^2 et l'orbitale $2p_z$ de l'atome A^1 (orbitales de symétrie cylindrique autour de l'axe de révolution z) ;
- le recouvrement entre l'orbitale $2p_z$ de l'atome A^1 et l'orbitale $2p_z$ de l'atome A^2 (là encore orbitales de symétrie cylindrique autour de l'axe de révolution z) ;
- le recouvrement entre l'orbitale $2p_x$ de l'atome A^1 et l'orbitale $2p_x$ de l'atome A^2 ou entre l'orbitale $2p_y$ de l'atome A^1 et l'orbitale $2p_y$ de l'atome A^2 ; ce sont ici des orbitales présentant un recouvrement latéral, nous parlerons de symétrie π (voir plus loin).

La figure 4.6 met en évidence la non nullité de certains recouvrements tandis que la figure 4.7 met en évidence la nullité de certains recouvrements. Dans cette dernière figure, la nullité de certains recouvrements apparaît sur le dessin : la contribution positive (produit de deux fonctions d'onde de même signe) est strictement compensée par la contribution négative (produit de deux fonctions d'onde de signe opposé).

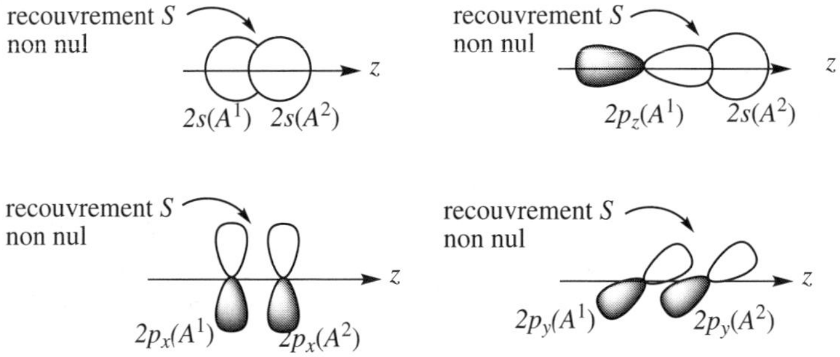

FIGURE 4.6 – Recouvrements non nuls entre orbitales atomiques (molécule A_2)

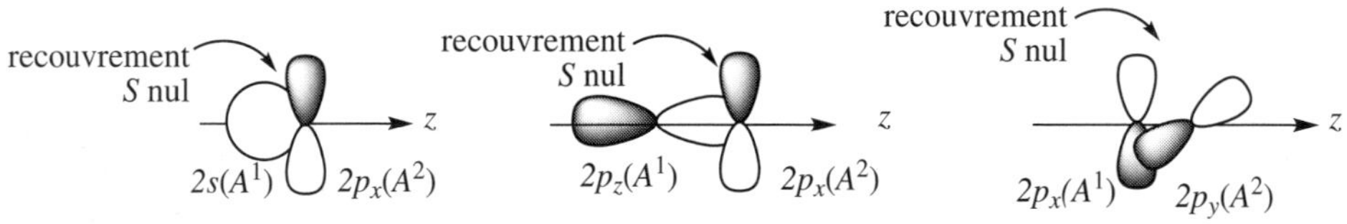

FIGURE 4.7 – Recouvrements nuls entre orbitales atomiques (molécule A_2)

3.2 Construction des orbitales moléculaires, diagramme d'interaction (cas simple)

a. Simplification du problème posé

Trois types de combinaisons linéaires apparaissent *a priori* envisageables. Les quatre orbitales de révolution autour de l'axe internucléaire peuvent tout d'abord interagir et donner naissance à quatre orbitales moléculaires de la forme :

$$\varphi = C_1(2s_1) + C_2(2s_2) + C_3(2p_{z1}) + C_4(2p_{z2})$$

en notant de façon abrégée sous forme $2s_i$ et $2p_{zi}$ les orbitales $2s$ et $2p_z$ relatives à l'atome A^i. Les deux orbitales $2p_x$ (relatives à l'atome A^1 et à l'atome A^2) peuvent se combiner de façon à former deux orbitales moléculaires, et enfin les deux orbitales $2p_y$ (relatives à l'atome A^1 et à l'atome A^2) interviennent dans deux dernières orbitales moléculaires. Une **simplification notable** est apportée dans le cadre de la première combinaison linéaire proposée : comme les orbitales atomiques $2s$ et $2p_z$ ont des énergies différentes et distinctes, elles peuvent être considérées **séparément**. Autrement dit il est possible, dans un souci de simplicité et sous certaines conditions (voir plus loin), de remplacer les quatre orbitales moléculaires de la forme :

$$\varphi = C_1(2s_1) + C_2(2s_2) + C_3(2p_{z1}) + C_4(2p_{z2})$$

par deux groupes de deux orbitales moléculaires de la forme :

$$\varphi = C_1(2s_1) + C_2(2s_2) \quad \text{et} \quad \varphi = C_3(2p_{z1}) + C_4(2p_{z2}).$$

Le problème posé est alors simplifié dans la mesure où les combinaisons linéaires à réaliser ne concernent plus que **deux orbitales atomiques de même énergie**. Nous sommes ramenés dans chaque cas au problème évoqué dans le cadre de l'étude de l'ion H_2^+.

b. Forme générale du diagramme d'interaction

Nous savons que chaque interaction provoque l'apparition d'un **niveau liant stabilisé** et d'un **niveau antiliant déstabilisé**. La simplification opérée en réduisant l'interaction de quatre orbitales atomiques à deux interactions à deux orbitales atomiques de même énergie est d'autant plus vérifiée que l'écart énergétique entre orbitales atomiques $2s$ et $2p$ est important. Nous verrons plus loin qu'il n'en est pas toujours ainsi.

Les orbitales $2s$ portées par chaque atome interagissent pour donner deux orbitales moléculaires de symétrie σ (une **orbitale liante** notée 2σ témoignant d'une importante densité électronique entre les deux noyaux et une **orbitale antiliante** notée $2\sigma^*$ caractérisée par une faible densité électronique entre les deux noyaux). Les deux orbitales $2p_z$ portées par chaque atome interagissent pour donner une nouvelle fois deux orbitales moléculaires de symétrie σ (une **orbitale liante** notée 3σ et une **orbitale antiliante** notée $3\sigma^*$). Les orbitales $2p_x$ d'une part et $2p_y$ d'autre part, perpendiculaires à l'axe internucléaire, se recouvrent latéralement. Il apparaît dans chacun des deux cas une **combinaison liante** (addition de deux fonctions d'onde de même signe conduisant à une importante densité électronique entre les deux noyaux) et une **combinaison antiliante** (soustraction de deux fonctions d'onde de même signe conduisant à une faible densité électronique entre les deux noyaux). La symétrie de ces orbitales moléculaire est dite π : elles sont antisymétriques par rapport à un plan contenant l'axe internucléaire. Nous noterons $1\pi_x$ et $1\pi_y$ les orbitales liantes et réserverons les notations $1\pi_x^*$ et $1\pi_y^*$ aux orbitales antiliantes. Dans la mesure où la situation des orbitales $2p_x$ et $2p_y$ est exactement la même à une rotation d'angle $\pi/2$ près, il n'est pas surprenant de retrouver les orbitales liantes $1\pi_x$ et $1\pi_y$ d'une part et les orbitales antiliantes $1\pi_x^*$ et $1\pi_y^*$ d'autre part à un même niveau énergétique (deux orbitales moléculaires dégénérées dans les deux cas).

✎ Notons que l'orbitale 3σ est plus stabilisée que les orbitales $1\pi_x$ et $1\pi_y$ (alors que ce sont toutes les trois des combinaisons d'orbitales $2p$). De la même façon l'orbitale $3\sigma^*$ est plus déstabilisée que les orbitales $1\pi_x^*$ et $1\pi_y^*$. Ce résultat est à rapprocher de la remarque faite précédemment : un faible recouvrement n'occasionne qu'une faible évolution de l'énergie des orbitales moléculaires par rapport aux orbitales atomiques de départ tandis qu'un recouvrement important provoque une forte valeur de l'éclatement des niveaux d'énergie en niveau liant et antiliant. Un recouvrement frontal, ayant lieu le long de l'axe internucléaire et provoquant l'apparition d'une orbitale moléculaire de symétrie σ, est plus important qu'un recouvrement latéral conduisant à des orbitales moléculaires de symétrie π.

La figure 4.8 résume ces résultats, il s'agit du **diagramme d'interaction**.

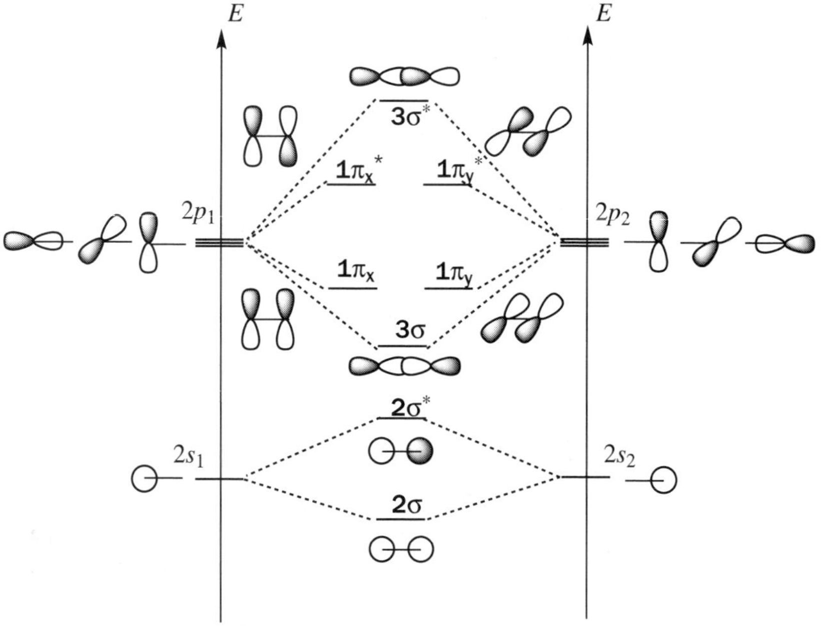

FIGURE 4.8 – Diagramme d'interaction (simplifié) des molécules diatomiques A_2 de la deuxième période

c. Remplissage, exemple

Considérons la molécule de dioxygène O_2 dont la structure électronique peut être convenablement décrite par le diagramme **simplifié** abordé au paragraphe précédent. La configuration électronique d'un atome d'oxygène s'écrit sous la forme $1s^2\ 2s^2\ 2p^4$. Chaque atome d'oxygène apporte donc six électrons (de valence) susceptibles de compléter les niveaux d'énergie de la molécule O_2. Le remplissage du diagramme d'orbitales moléculaires obéit aux mêmes règles que le remplissage des niveaux d'énergie de l'atome. Nous remplissons par énergie croissante les orbitales moléculaires, en plaçant au maximum deux électrons par orbitale moléculaire. Dans le cas de plusieurs orbitales moléculaires de même énergie, nous appliquons un analogue de la règle de HUND en plaçant un maximum d'électrons dans des orbitales moléculaires différentes, avec des spins parallèles. Le **diagramme d'interaction** complété par des électrons dans le cas du dioxygène est représenté à la figure 4.9.

La configuration électronique du dioxygène (dans son état fondamental) s'écrit :

$$(2\sigma)^2\,(2\sigma^*)^2\,(3\sigma)^2\,(1\pi_x)^2\,(1\pi_y)^2(1\pi_x^*)^1(1\pi_y^*)^1.$$

Cette configuration témoigne de l'existence de deux électrons non appariés dans la molécule O_2 (ce dont ne rend pas compte la structure de LEWIS communément admise). L'**ordre de liaison** est calculé à partir du nombre d' électrons n contenus dans des orbitales liantes :

- deux électrons dans l'orbitale moléculaire 2σ ;
- deux électrons dans l'orbitale moléculaire 3σ ;
- deux électrons dans l'orbitale moléculaire $1\pi_x$;
- deux électrons dans l'orbitale moléculaire $1\pi_y$;

et du nombre d'électrons n^* contenus dans des orbitales antiliantes :

- deux électrons dans l'orbitale moléculaire $2\sigma^*$;
- un électron dans l'orbitale moléculaire $1\pi_x^*$;
- un électron dans l'orbitale moléculaire $1\pi_y^*$.

Ainsi :

$$b = \frac{1}{2}(8-4) = 2.$$

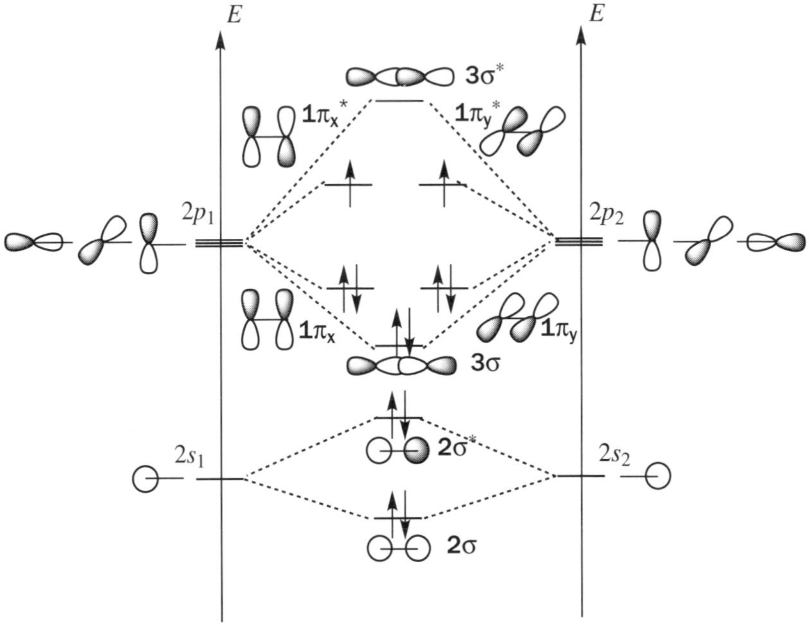

FIGURE 4.9 – Configuration électronique du dioxygène

Nous avons précédemment indiqué qu'un ordre de liaison élevé est à rapprocher d'une forte énergie de liaison et d'une faible distance internucléaire. Cette affirmation est justifiée expérimentalement dans le cas des molécules diatomiques de la deuxième période. À titre d'exemple nous donnons ci-dessous l'évolution des **longueurs de liaison** O –O, de l'**énergie de liaison** O–O et les **ordres de liaison** de trois composés oxygénés :

Espèce	O_2^+	O_2	O_2^-
Énergie de liaison (kJ·mol^{-1})	625	494	395
Longueur de liaison (10^{-10} m)	1,116	1,208	1,35
Ordre de liaison b	2,5	2	1,5

Le grand succès de la théorie des orbitales moléculaires réside dans l'explication de propriétés constatées expérimentalement. Ainsi la molécule de dioxygène possède des **propriétés paramagnétiques** (le moment magnétique mesuré est compatible avec l'existence de deux électrons non appariés).

La molécule de difluor F_2 est décrite par le même type de diagramme d'orbitales moléculaires ($Z = 9$ pour le fluor) décalé vers les énergies plus basses dans la mesure où le fluor est plus électronégatif que l'oxygène. La molécule possède deux électrons de plus que le dioxygène et la configuration électronique du difluor s'écrit :

$$(2\sigma)^2(2\sigma^*)^2(3\sigma)^2(1\pi_x)^2(1\pi_y)^2(1\pi_x^*)^2(1\pi_y^*)^2.$$

L'**ordre de liaison** est égal à 1 (en accord avec la structure de LEWIS communément admise qui figure une simple liaison F–F). Cet ordre de liaison est compatible avec la faible énergie de liaison (154 kJ·mol^{-1}). Si nous imaginons l'existence d'une molécule de dinéon Ne_2 (pour le néon, $Z = 10$), celle-ci possède deux électrons de plus que la molécule de difluor. L'**ordre de liaison** est nul, la molécule n'existe pas (les deux atomes de néon ne peuvent pas être liés par une liaison décrite par la théorie des orbitales moléculaires).

Les molécules diatomiques de la deuxième période dont le numéro atomique est inférieur à celui de l'oxygène ($Z = 8$) ne possèdent pas une structure électronique du type décrit ici.

3.3 Diagramme corrélé (approfondissement)

a. Forme des orbitales moléculaires

Nous fournissons dans le tableau ci-dessous le positionnement énergétique des orbitales $2s$ et $2p$ pour les éléments de la deuxième ligne de la classification périodique. Dans le cas de l'oxygène, du fluor et du néon, l'écart énergétique entre les orbitales atomiques $2s$ et $2p$ est grand (supérieur à 15 eV). Ceci valide l'approximation réalisée au paragraphe précédent lorsque nous avons négligé toute interaction entre les orbitales atomiques $2s$ et $2p$.

Élément	Li	Be	B	C	N	O	F	Ne
$E(2s)$ (eV)	$-5,4$	$-9,4$	$-14,7$	$-19,4$	$-25,6$	$-32,4$	$-40,1$	$-48,4$
$E(2p)$ (eV)	$-3,5$	$-5,2$	$-5,7$	$-10,7$	$-12,9$	$-15,9$	$-18,6$	$-21,6$

Pour les éléments chimiques situés à gauche de l'oxygène, la différence d'énergie entre les orbitales atomiques $2s$ et $2p_z$ n'est pas suffisamment importante pour réaliser l'approximation mise en œuvre au paragraphe précédent. Il convient alors d'envisager l'interaction entre l'orbitale atomique $2s$ portée par l'un des atomes A et l'orbitale atomique $2p_z$ portée par l'autre atome A (orbitales de recouvrement non nul).

Ce problème n'est pas aisé à résoudre, mais peut être traité simplement en le rapprochant du cas hypothétique de la liaison de deux atomes dont les orbitales atomiques $2s$ et $2p$ seraient dégénérées. Il est alors possible pour chacun des deux atomes liés de remplacer les orbitales atomiques $2s$ et $2p_z$ par les fonctions :

$$\chi = \frac{1}{\sqrt{2}}(2s + 2p_z) \quad \text{et} \quad \chi' = \frac{1}{\sqrt{2}}(2s - 2p_z)$$

dont l'allure est représentée à la figure 4.10.

FIGURE 4.10 – Allure des deux orbitales χ et χ'

Le cas que nous étudions pour les molécules diatomiques de la série Li_2 à N_2 envisage des orbitales atomiques $2s$ et $2p_z$ non pas dégénérées mais proches en énergie. Nous accepterons alors de remplacer les orbitales atomiques $2s$ et $2p_z$ par des fonctions de la forme :

$$\chi = (2s + \lambda 2p_z) \quad \text{et} \quad \chi' = (2s - \lambda 2p_z).$$

La forme des orbitales χ et χ' que nous retenons est proche de celle des orbitales obtenues en supposant un écart énergétique $2s - 2p_z$ nul (figure 4.10).
Le diagramme d'orbitales moléculaires (**diagramme d'interaction**) est construit sur la base des fonctions $2p_y, 2p_x, \chi$ et χ' pour chacun des deux atomes liés. Il apparaît deux groupes d'orbitales moléculaires dégénérées de symétrie π, deux orbitales moléculaires liantes (de symétrie σ) notées 2σ et 3σ ainsi que deux orbitales moléculaires antiliantes (de symétrie σ) notées $2\sigma^*$ et $3\sigma^*$.

b. Diagramme d'interaction

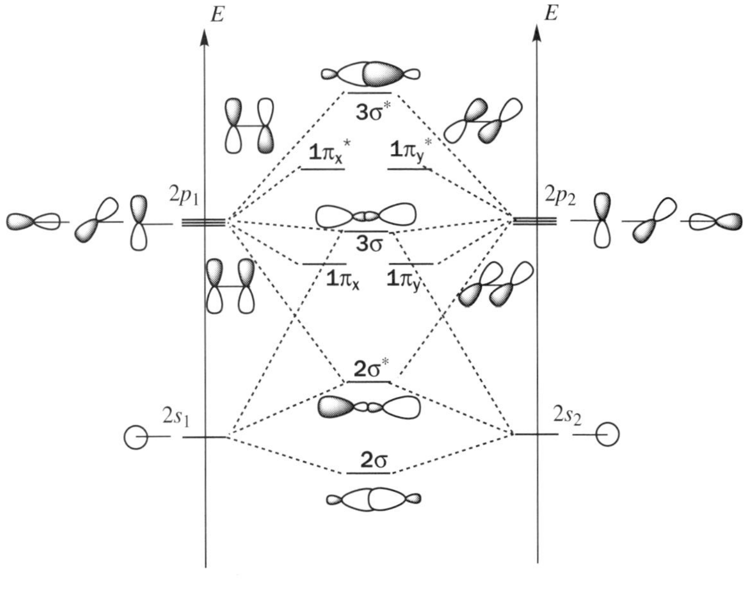

FIGURE 4.11 – Diagramme d'interaction corrélé

Le fait important par rapport au diagramme simplifié mis en application dans le cas du dioxygène est **une montée en énergie** de l'orbitale 3σ. Cette montée en énergie est suffisante pour que l'orbitale gagne une énergie supérieure à celle des orbitales $1\pi_x$ et $1\pi_y$ (qui ne subissent aucune modification). Ce type de diagramme est quelquefois qualifié de **diagramme corrélé**. Il est présenté à la figure 4.11 et s'applique au cas des molécules diatomiques homonucléaires de la deuxième période (dans le cas d'atomes de numéro atomique inférieur à celui de l'oxygène) : Li_2, Be_2 , B_2, C_2 et N_2.

Une application intéressante concerne la molécule de diazote N_2 ($Z = 7$). La configuration électronique s'écrit :

$$(2\sigma)^2\,(2\sigma^*)^2\,(1\pi_x)^2\,(1\pi_y)^2\,(3\sigma)^2 .$$

L'**ordre de liaison** est égal à 3, ce qui est compatible avec la structure de LEWIS de la molécule de diazote et avec la valeur élevée de l'énergie de liaison (942 kJ.mol^{-1}). L'essentiel de la liaison entre les deux atomes d'azote est réalisé par les deux liaisons π très solides.

Exercice résolu

L'ion moléculaire N_2^+

L'ion moléculaire N_2^+ possède-t-il une énergie de liaison supérieure ou inférieure à celle du diazote ?

Réponse :

Plus l'ordre de liaison est élevé et plus l'énergie de liaison est forte. Calculons l'ordre de liaison dans le cas de l'ion moléculaire N_2^+ qui résulte du départ d'un électron de la molécule de diazote. L'électron libéré est naturellement le plus énergétique (le moins profond en énergie, appartenant à l'orbitale moléculaire 3σ). La configuration de l'ion N_2^+ s'écrit :

$$(2\sigma)^2\,(2\sigma^*)^2\,(1\pi_x)^2\,(1\pi_y)^2\,(3\sigma)^1$$

et l'ordre de liaison vaut $b = 2{,}5$. Le cation N_2^+ a une énergie de liaison plus faible que celle du diazote. À titre d'information l'énergie de liaison du cation N_2^+ vaut 842 kJ·mol^{-1} (942 kJ·mol^{-1} pour le diazote). Notons ici la limite de cette discussion : dans la molécule de diazote il y avait appariement de deux électrons (qui n'existe plus dans l'ion N_2^+). Cette considération ne modifie pas la résultat dans la mesure où la liaison σ rompue lors du passage de N_2 à N_2^+ est une liaison effectivement peu liante (et donc peu stabilisante).

4 Application : molécule diatomique hétéronucléaire

Nous appliquons dans ce paragraphe les principes énoncés précédemment afin de traiter le problème d'une molécule diatomique hétéronucléaire (engageant un élément de la deuxième période et un élément de la première période). Le cas des diatomiques hétéronucléaires engageant deux éléments de la deuxième période (monoxyde de carbone CO, ion cyanure CN^-) est plus délicat à appréhender en raison des multiples interactions, la construction des orbitales moléculaires de ce type d'édifice sort du cadre de ce cours.

4.1 Problème envisagé, interactions entre orbitales atomiques

Nous examinons ici le tracé (simplifié) des orbitales moléculaires de la molécule HF. L'atome d'hydrogène intervient par l'intermédiaire d'une orbitale atomique $1s$ tandis que le fluor intervient par une orbitale atomique de type $2s$ et trois orbitales $2p$ ($2p_x$, $2p_y$ et $2p_z$) en choisissant d'appeler z l'axe internucléaire.

L'énergie de l'orbitale $2s$ du fluor est égale à $-40{,}1$ eV ($-18{,}6$ eV pour les orbitales $2p$) tandis que l'énergie de l'orbitale $1s$ de l'hydrogène se situe à $-13{,}6$ eV. Cette grande différence d'énergie nous permet de négliger en première approximation l'interaction de l'orbitale $2s$ du fluor avec l'orbitale $1s$ de l'hydrogène. Une analyse rapide des **recouvrements** et de la **symétrie** des orbitales atomiques conduit à considérer les recouvrements non nuls entre l'orbitale $1s$ de l'atome d'hydrogène et l'orbitale $2p_z$ de l'atome de fluor. La combinaison linéaire de ces deux orbitales atomiques conduit à une orbitale moléculaire liante (de symétrie σ) d'énergie inférieure à celle de l'orbitale $2p_z$ de l'atome de fluor, et à une orbitale moléculaire antiliante (de symétrie σ), d'énergie supérieure à celle de l'orbitale $1s$ de l'atome d'hydrogène. Les orbitales atomiques $2p_x$ et $2p_y$ ne possèdent aucun recouvrement non nul avec l'orbitale atomique $1s$ de l'atome d'hydrogène : les orbitales moléculaires formées ne sont développées que sur l'atome de fluor (et se confondent avec des orbitales atomiques).

4.2 Tracé du diagramme d'interaction, interprétation

La figure 4.12 fournit le **diagramme d'interaction** conduisant à la formation des orbitales moléculaires de HF.

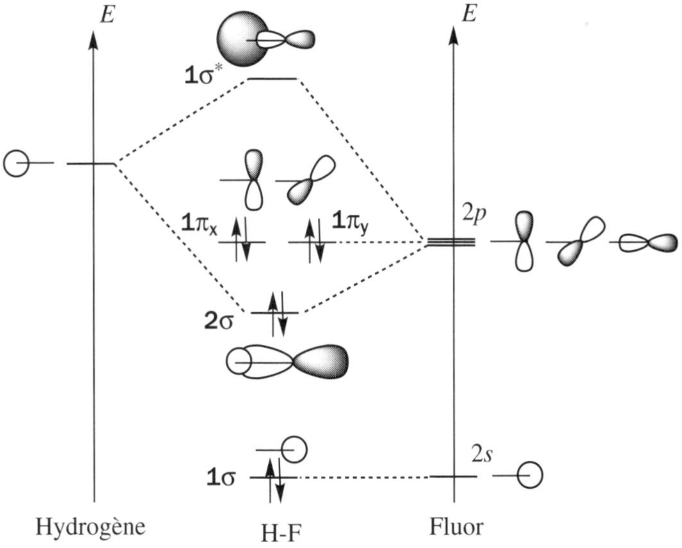

FIGURE 4.12 – Diagramme d'interaction (cas de HF)

La configuration électronique de HF s'écrit :

$$(1\sigma)^2(2\sigma)^2(1\pi_x)^2(1\pi_y)^2$$

L'**ordre de liaison** est égal à 1, ce qui est compatible avec l'existence d'une liaison simple entre l'atome d'hydrogène et l'atome de fluor. La polarité de la molécule s'interprète grâce à la différence d'électronégativité entre l'atome de fluor et l'atome d'hydrogène : le fluor attire vers lui le doublet d'électrons de la liaison HF, il est porteur d'une charge partielle $-\delta$ (l'hydrogène acquiert en conséquence une charge partielle $+\delta$). Cette différence d'électronégativité a pour conséquence une différence des coefficients relatifs à l'atome de fluor et à l'atome d'hydrogène dans les orbitales moléculaires obtenues.

✎ Notons qu'il est possible là encore de fournir un diagramme tenant compte de l'interaction entre l'orbitale atomique $1s$ de l'atome d'hydrogène et l'orbitale atomique $2s$ de l'atome de fluor, les résultats indiqués ci-avant n'en sont pas profondément modifiés.

5 Analyse expérimentale des orbitales moléculaires

Il est possible de déterminer expérimentalement les niveaux d'énergie des différentes orbitales moléculaires en faisant appel à la **spectroscopie de photoélectrons**.

5.1 Spectroscopie de photoélectrons (principe)

La technique de **spectroscopie de photoélectrons** permet une mesure de l'énergie d'ionisation des molécules lorsque les électrons sont éjectés des différentes orbitales moléculaires φ_i. Il est alors possible de remonter à l'énergie E_i des orbitales de la molécule analysée. La technique consiste en une irradiation de l'échantillon contenant la molécule à analyser (en phase gazeuse) par un rayonnement électromagnétique adapté (en pratique le rayonnement utilisé possède des longueurs d'onde inférieures à 200 nm). Le but est de provoquer l'ionisation de la molécule (départ d'un électron qualifié de **photoélectron** depuis une orbitale moléculaire φ_i). Notons I_i l'énergie d'ionisation depuis l'orbitale moléculaire φ_i, l'énergie fournie par la radiation électromagnétique (égale à $h\nu$) permet le processus d'ionisation mais transfère aussi à l'électron éjecté l'énergie cinétique $\frac{1}{2}m_e v^2$ (avec m_e masse de l'électron). La relation :

$$h\nu = I_i + \frac{1}{2}m_e v^2$$

est vérifiée. L'expérience est menée en réitérant l'opération pour un grand nombre de fréquences ν. La mesure des différentes fréquences des radiations absorbées, et la mesure des énergies cinétiques des électrons éjectés permet de calculer les différentes énergies d'ionisation I_i possibles. Le théorème de KOOPMANS énonce que cette énergie d'ionisation I_i correspond à l'énergie nécessaire pour réaliser une transition entre le niveau d'énergie E_i et le niveau d'énergie $E = 0$, autrement dit le théorème de KOOPMANS pose :

$$I_i = -E_i.$$

✎ Notons que l'état final n'est pas unique car il existe, pour l'état électronique excité, plusieurs niveaux de vibration possibles (l'énergie fournie par le rayonnement fait vibrer la molécule). Le traitement de ce type de problème sort du cadre de ce cours.

5.2 Spectroscopie de photoélectrons à rayons X

Lorsque la radiation susceptible de provoquer l'ionisation appartient au domaine des rayons X, l'énergie transférée est si intense qu'elle provoque le départ des électrons les plus profonds en énergie (**électrons de cœur**). Les électrons de cœur ont une énergie ne dépendant quasiment pas de l'environnement de l'atome. L'énergie des électrons de cœur apparaît donc comme caractéristique de la nature propre de l'atome. Ainsi une énergie d'ionisation de 690 eV est caractéristique de l'éjection d'un électron de cœur d'un atome de fluor et une énergie d'ionisation de 280 eV, de l'éjection d'un électron de cœur d'un atome de carbone. La mesure d'une énergie d'ionisation par spectroscopie de photoélectrons à rayons X permet la détection d'un élément chimique. On parle alors de spectroscopie électronique pour l'analyse chimique SEAC (ESCA pour *Electron Spectroscopy for Chemical Analysis*).
En pratique l'échantillon à analyser est introduit dans le spectromètre constitué de deux compartiments. Le premier compartiment est une **chambre de préparation**, l'échantillon peut y être décapé au moyen d'un canon ionique. Le deuxième compartiment est la **chambre d'analyse**, l'échantillon reçoit un rayonnement X monochromatique provoquant l'émission de photoélectrons. Les électrons émis sont dirigés vers un analyseur susceptible de mesurer leur énergie cinétique. Il s'agit de deux plaques parallèles, en forme de demi-cercle, entre lesquelles existe une différence de potentiel réglable. L'ensemble des deux chambres (chambre de préparation et chambre d'analyse) est placé sous **ultra-vide** (pression comprise entre 10^{-8} et 10^{-9} mbar).

EXERCICES

4.1 Dioxygène singulet (d'après X-ESPCI PC 2003) (★)

Le terme *dioxygène singulet*, noté $^1O_2$ désigne le premier état excité de la molécule de dioxygène ; il possède un excès d'énergie par rapport au dioxygène fondamental *triplet*, noté $^3O_2$ ou plus simplement O_2 (les qualificatifs *singulet* et *triplet* sont donnés ici sans justification. Il n'est pas utile d'en comprendre le sens dans le cadre du problème). Les propriétés des états électroniques excités du dioxygène peuvent s'interpréter correctement en utilisant le diagramme des orbitales moléculaires de O_2.

1. Rappeler la configuration électronique de l'atome d'oxygène ($Z = 8$).

2. Dessiner la forme du diagramme des orbitales moléculaires du dioxygène et procéder au remplissage par les électrons de valence.

3. Calculer l'indice de liaison (ou ordre de liaison).

4. L'écriture de LEWIS de la molécule O_2, respectant la règle de l'octet est-elle en accord avec la configuration électronique précédente ?

5. Quelles configurations électroniques proches en énergie peut-on envisager pour $^1O_2$?

4.2 Cyanure et monoxyde de carbone (ENS Cachan PC 2002) (★★)

On considère le diagramme d'orbitales fourni ci-dessous en remarquant que les orbitales atomiques issues de l'azote ont une contribution plus importante que celles issues du carbone dans l'orbitale moléculaire notée 2σ, alors que la situation est inversée pour l'orbitale moléculaire notée 3σ.

1. À partir des diagrammes d'orbitales moléculaires du dioxygène et de CN^-, commenter la position relative des orbitales moléculaires 1π et 3σ de CN^-. Citer une molécule diatomique homonucléaire dont le diagramme d'orbitales moléculaires est semblable à celui de CN^-.

2. Donner la configuration électronique de l'état fondamental de CN^-.

3. Déduire du diagramme la structure de LEWIS de l'ion CN^-.

Les diagrammes d'orbitales moléculaires de CN^- et du monoxyde de carbone CO ont la même allure. L'ion CN^- et la molécule CO sont isoélectroniques.

4. Donner la signification du terme *isoélectronique*.

5. Déduire du diagramme la structure de LEWIS du monoxyde de carbone CO.

Données : Numéros atomiques Z : C (6) ; N (7) ; O (8). Le diagramme des orbitales moléculaires du cyanure CN^- est présenté ci-dessous. Les descriptions des orbitales sont données pour 2σ et 3σ. Seules figurent les orbitales issues de la couche périphérique.

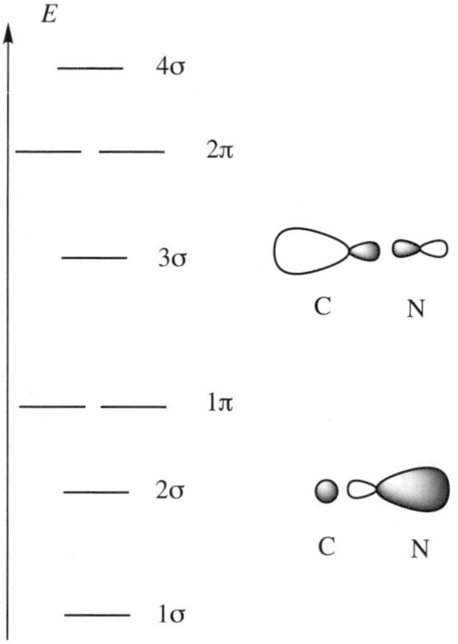

4.3 Analyse des orbitales des molécules diatomiques (E3A PC 1999) (★★)

Soit l'orbitale $1s$ de l'atome d'hydrogène. On donne : $\Psi_{1s}(r) = \kappa \exp\left(-\dfrac{r}{a_0}\right)$, où κ est une constante et a_0 le rayon de la première orbite de BOHR, $a_0 = 52{,}9.10^{-12}$ m.

1. Exprimer la probabilité élémentaire $\mathrm{d}P$ de trouver l'électron dans un volume $\mathrm{d}V$ autour du point $M(r, \theta, \varphi)$. On exprimera l'élément de volume $\mathrm{d}V$ en coordonnées sphériques.

2. Comment détermineriez-vous la constante κ ? (Aucun calcul n'est demandé).

3. En intégrant sur les parties angulaires, déterminer la probabilité radiale $\mathrm{d}P_r$ (probabilité de trouver l'électron entre r et $r+\mathrm{d}r$, tous angles confondus). Évaluer alors la densité radiale $DR_{1s} = \dfrac{\mathrm{d}P_r}{\mathrm{d}r}$.

4. Étudier $DR_{1s} = f(r)$, montrer que cette fonction passe par un maximum dont on interprétera l'existence (on prendra dans cette question $\kappa = \dfrac{1}{2\sqrt{\pi}}$).

5. Rappeler le diagramme d'orbitales moléculaires du dihydrogène H_2. Préciser la forme des orbitales moléculaires.

6. Expliquer pourquoi l'ion H_2^{2-} n'est pas observé expérimentalement.

7. Comparer He_2 et H_2^{2-} (on rappelle que $Z = 2$ pour l'hélium). Justifier l'appellation *gaz noble* pour l'hélium.

8. Justifier que de façon générale les interactions π soient plus faibles que les interactions σ.

4.4 Orbitales moléculaires de l'ion HeH$^+$ (★★)

On rappelle le numéro atomique de l'hélium : $Z = 2$. On souhaite établir la forme du diagramme d'orbitales moléculaires de l'ion HeH^+.

1. Quelles orbitales atomiques interviennent dans les orbitales moléculaires solutions du problème ?

2. En admettant que l'orbitale atomique $1s$ d'un atome d'hélium soit plus basse en énergie que l'orbitale atomique $1s$ de l'atome d'hydrogène, établir la forme du diagramme d'orbitales moléculaires de l'ion HeH^+.

3. Procéder au remplissage et indiquer la configuration électronique de l'ion. Les orbitales moléculaires calculées ont la forme suivante :

$$1\sigma = 0,877\,(1s_{He}) + 0,202\,(1s_H) \qquad \text{et} \qquad 2\sigma = 0,798\,(1s_{He}) - 1,168\,(1s_H).$$

4. Sachant que ces orbitales moléculaires sont normalisées, calculer numériquement le recouvrement entre les orbitales atomiques $1s_{He}$ et $1s_H$.

5. Vérifier que les orbitales moléculaires 1σ et 2σ sont bien orthogonales.

4.5 Orbitales moléculaires de BeH$_2$ (★★★)

Le but de cet exercice est de construire les orbitales moléculaires de molécules de type AH_2 linéaires par la *méthode des fragments*. Cette méthode précise que les orbitales moléculaires de $H{-}A{-}H$ sont obtenues par interaction des orbitales moléculaires du dihydrogène avec les orbitales idoines de l'atome A (orbitales atomiques de symétrie adaptée). L'axe internucléaire est pris comme axe z.

1. Rappeler la forme des orbitales moléculaires du dihydrogène.

2. En supposant que A soit un atome de la deuxième ligne de la classification périodique des éléments, quelles sont les orbitales atomiques susceptibles d'intervenir dans une combinaison linéaire commune (orbitale moléculaire) ?

3. En analysant les symétries des orbitales atomiques et de l'orbitale moléculaire, indiquer les orbitales susceptibles d'interagir.

4. Dessiner l'allure du diagramme d'orbitales moléculaires en admettant que les orbitales atomiques de l'atome A sont plus hautes en énergie que les orbitales moléculaires du dihydrogène. Préciser la forme des orbitales moléculaires obtenues pour la molécule AH_2 linéaire (distinguer en particulier les orbitales moléculaires de symétrie σ et les orbitales moléculaires de symétrie π).

5. Ce diagramme est pris comme modèle pour la molécule BeH_2. On indique le numéro atomique $Z = 4$ pour le béryllium. Procéder au remplissage du diagramme d'orbitales moléculaires.

4.6 Molécule de disoufre S_2 (★)

On indique ci-après les distances S–S dans différents dérivés de la molécule de disoufre :

Espèces	S_2^{2+}	S_2^{+}	S_2	S_2^{-}	S_2^{2-}
d / pm	172	179	188	200	220

Commenter ces résultats à la lumière de la théorie des orbitales moléculaires. On indique que $Z = 16$ pour l'atome de soufre.

4.7 Orbitales moléculaires de LiH (★★)

On étudie dans cet exercice l'hydrure de lithium LiH (on précise $Z = 3$ pour Li).

1. Quelles sont les orbitales atomiques en interaction ? Analyser les recouvrements envisageables.

2. Le diagramme d'orbitales moléculaires est fourni ci-dessous. Procéder au remplissage, distinguer les orbitales moléculaires σ et π.

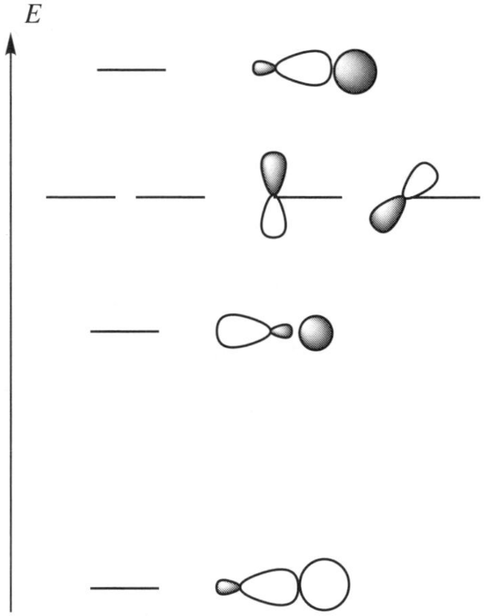

3. L'orbitale la plus profonde en énergie a pour expression : $\varphi \approx 0,333\,(2s_{\text{Li}}) + 0,801\,(1s_{\text{H}})$. Cette expression néglige la contribution de l'orbitale atomique $2p_z$ de l'atome de lithium (on remarquera que la représentation sommaire des orbitales moléculaires du diagramme donné à la figure ci-dessus tient compte de la contribution de l'orbitale $2p_z$).
Justifier l'appellation *hydrure de lithium*.

4. Estimer la valeur du recouvrement entre les orbitales atomiques $2s_{\text{Li}}$ et $1s_{\text{H}}$ sachant que la fonction φ est normalisée.

Chapitre 5

Cinétique chimique macroscopique

L'objet de la cinétique chimique est l'étude de la réaction chimique envisagée sous son aspect dynamique. Cette perspective contraste avec celle adoptée par la thermodynamique chimique pour laquelle l'intérêt se concentre sur les états du système examiné, état initial, état final. Si la thermodynamique permet de prédire l'évolution d'un système chimique dans les conditions considérées, elle ne permet de déterminer ni la vitesse de transformation du système ni le chemin par lequel cette transformation s'effectue ; les différentes modalités de l'évolution du système d'un état vers un autre sortent du champ de la thermodynamique. Ainsi le temps, qui ne constitue pas une variable essentielle en thermodynamique classique, est la variable fondamentale de la cinétique chimique.

L'intérêt de la cinétique chimique est double. En premier lieu, la cinétique présente un intérêt pratique immédiat. La connaissance des équations d'évolution temporelle d'un système chimique permet de prévoir la durée nécessaire à sa transformation dans des conditions données, ce qui constitue un objectif important au laboratoire et dans l'industrie chimique. En second lieu, la cinétique constitue pour le chimiste l'une des méthodes les plus générales pour obtenir des informations sur les mécanismes de la transformation d'un système chimique dans le cadre du modèle de la réaction chimique.

1 Concepts fondamentaux de la cinétique chimique

Dans ce premier chapitre, la cinétique chimique est envisagée phénoménologiquement, c'est-à-dire par l'examen méthodique des phénomènes perceptibles pour l'observateur, préalablement à leur interprétation ; celle-ci fait l'objet du chapitre suivant.

1.1 Système considéré

Beaucoup de systèmes chimiques peuvent donner lieu à des études cinétiques, mais il est raisonnable de commencer par l'étude de systèmes simples ; c'est la raison pour laquelle les systèmes examinés par la suite seront tous considérés comme :

- **fermés**, sans échange de matière avec l'extérieur ;

- **isothermes**, à température constante ;
- **isolés**, sans transfert thermique ou mécanique ;
- **homogènes**, constitués d'une seule phase.

Ces simplifications excluent l'étude de réactions chimiques dans des systèmes tels que les objets biologiques ou les réacteurs industriels, lesquels sont le plus souvent polyphasés, non isothermes et le siège de flux de matière avec l'extérieur.

1.2 Vitesse de formation d'un produit, de disparition d'un réactif

Soit une réaction chimique au cours de laquelle les réactifs A, B sont transformés en produits C, D :

$$\alpha A \quad + \quad \beta B \quad \longrightarrow \quad \gamma C \quad + \quad \delta D$$

Soient n_A, n_B, n_C, n_D, les quantités de matière des espèces chimiques de cette réaction. Une première définition de la vitesse de formation des produits est :

$$v_C = \frac{\mathrm{d}n_C}{\mathrm{d}t} \quad ; \quad v_D = \frac{\mathrm{d}n_D}{\mathrm{d}t} \quad ; \quad v_P = \frac{\mathrm{d}n_{Produit}}{\mathrm{d}t}$$

dans laquelle t est la variable temps. La vitesse de disparition des réactifs est définie de façon similaire :

$$v_A = -\frac{\mathrm{d}n_A}{\mathrm{d}t} \quad ; \quad v_B = -\frac{\mathrm{d}n_B}{\mathrm{d}t} \quad ; \quad v_R = -\frac{\mathrm{d}n_{Réactif}}{\mathrm{d}t}.$$

Le signe moins correspond à une évolution qui tend à faire disparaître les réactifs A et B. Ces vitesses d'apparition d'un produit ou de disparition d'un réactif ont la dimension d'une quantité de matière par unité de temps et sont exprimées en $\mathrm{mol{\cdot}s^{-1}}$ (S.I.) ou toute autre unité pour la variable temporelle (min^{-1} par exemple).

Cette première définition de la vitesse présente le défaut de conduire à plusieurs vitesses pour une même réaction chimique, au plus une par réactif et par produit. Ainsi dans le cas de la réaction :

$$6\,H^+\,(aq) \quad + \quad 5\,Br^-\,(aq) \quad + \quad BrO_3^-\,(aq) \quad \longrightarrow \quad 3\,Br_2\,(aq) \quad + \quad 3\,H_2O\,(\ell)$$

en se limitant aux espèces bromées, il existe trois vitesses différentes :

vitesse de disparition des ions bromure : $-\dfrac{\mathrm{d}n_{(Br^-)}}{\mathrm{d}t}$;

vitesse de disparition des ions bromate : $-\dfrac{\mathrm{d}n_{(BrO_3^-)}}{\mathrm{d}t}$;

vitesse d'apparition du dibrome : $\dfrac{\mathrm{d}n_{(Br_2)}}{\mathrm{d}t}$.

Pour remédier à cet inconvénient, les définitions précédentes sont corrigées par les nombres stœchiométriques des réactifs et des produits. Il est alors possible de relier toutes les vitesses de réaction de formation des produits ou de disparition des réactifs par la formule générale :

$$v = \frac{1}{\nu_i}\frac{\mathrm{d}n_i}{\mathrm{d}t}$$

ν_i étant le nombre stœchiométrique algébrique du composé n_i considéré (il est pris positif pour un produit et négatif pour un réactif). v est appelée **vitesse extensive de la réaction**, et compte tenu de la convention précédente sur les nombres stœchiométriques, elle est positive pour une évolution de la gauche vers la droite (des réactifs vers les produits) et négative de la droite vers la gauche.

Appliquée à la réaction des ions bromure sur les ions bromate, cela conduit à l'expression :

$$v = -\frac{1}{5}\frac{\mathrm{d}n_{(Br^-)}}{\mathrm{d}t} = -\frac{\mathrm{d}n_{(BrO_3^-)}}{\mathrm{d}t} = \frac{1}{3}\frac{\mathrm{d}n_{(Br_2)}}{\mathrm{d}t}.$$

1.3 Vitesse de réaction

Néanmoins l'emploi de la quantité de matière a pour conséquence une expression de la vitesse qui rend malaisée la comparaison de systèmes similaires. Ainsi en appliquant la définition précédente à la réaction d'hydrolyse du 2-méthyl-2-chloropropane :

$$(CH_3)_3C\text{–}Cl\ (aq) \quad + \quad H_2O\ (\ell) \quad \longrightarrow \quad (CH_3)_3C\text{–}OH\ (aq) \quad + \quad H^+\ (aq) \quad + \quad Cl^-\ (aq)$$

dans des conditions identiques, la réaction effectuée sur 1 mol de 2-méthyl-2-chloropropane et celle effectuée sur 0,01 mol conduisent à des valeurs de vitesses de réaction différentes.

C'est la raison pour laquelle les définitions précédentes sont peu employées et remplacées le plus souvent par une autre définition dans laquelle la quantité de matière est rapportée au volume du système :

$$v = \frac{1}{V}\left(\frac{1}{\nu_i}\frac{\mathrm{d}n_i}{\mathrm{d}t}\right).$$

Enfin, la variation de la quantité de matière $\mathrm{d}n_i$ d'un réactif ou d'un produit peut être rapportée à la grandeur avancement de la réaction $\mathrm{d}\xi$, exprimée en mole. Pour la réaction :

$$\alpha A \quad + \quad \beta B \quad \longrightarrow \quad \gamma C \quad + \quad \delta D.$$

Le tableau d'avancement est :

à l'instant initial	n_A^o	n_B^o	n_C^o	n_D^o
à l'instant t	$n_A^o + \alpha\xi$	$n_B^o + \beta\xi$	$n_C^o + \gamma\xi$	$n_D^o + \delta\xi$

avec n_A^o, n_B^o, n_C^o, n_D^o les quantités de matière de A, B, C, D introduites à l'instant $t = 0$ et $\xi(t)$ l'avancement de la réaction à l'instant t.

La définition générale de la vitesse de réaction est :

Définition

Pour une réaction chimique dont la stœchiométrie est indépendante du temps, la vitesse de la réaction est donnée par :

$$v = \frac{1}{V}\frac{d\xi}{dt}.$$

⚠ Pour les réactions chimiques en solution, la transformation à une température fixée s'effectue à volume quasiment constant. Dans cette situation fréquemment rencontrée, les quantités de matière (grandeurs extensives) peuvent être remplacées par les concentrations (grandeurs intensives). L'expression de la vitesse de réaction est alors la dérivée de la concentration par rapport au temps.

Pour la réaction :

$$|\alpha|\,A \quad + \quad |\beta|\,B \quad \longrightarrow \quad |\gamma|\,C \quad + \quad |\delta|\,D.$$

L'expression de la vitesse (notée r) (la lettre r doit être utilisée pour désigner la vitesse correspondant à une variation de la concentration d'une espèce chimique en fonction du temps. L'usage de la lettre v, encore très répandu, est à éviter) est :

$$r = \frac{1}{\alpha}\frac{d[A]}{dt} = \frac{1}{\beta}\frac{d[B]}{dt} = \frac{1}{\gamma}\frac{d[C]}{dt} = \frac{1}{\delta}\frac{d[D]}{dt}.$$

1.4 Équation empirique de vitesse, notion d'ordre

a. Ordre vis-à-vis d'un réactif

Définition

Pour certaines réactions chimiques, à température constante, la vitesse de la réaction peut s'écrire sous forme d'un monôme des concentrations des réactifs :

$$|\alpha|\,A \quad + \quad |\beta|\,B \quad \longrightarrow \quad |\gamma|\,C \quad + \quad |\delta|\,D$$

$$r = k[A]^{m_a}[B]^{m_b}$$

dans laquelle k est la constante de vitesse de la réaction et ne dépend que de la température et du milieu. Lorsque cette relation est vérifiée, la réaction admet un ordre. On dit qu'elle suit la **loi de** VAN'T HOFF.

m_a, m_b sont des coefficients déterminés expérimentalement qui peuvent prendre des valeurs négatives, positives ou nulles, entières ou non. Ces exposants m_a, m_b sont appelés **ordres partiels par rapport au réactif**, la somme $m = m_a + m_b$ est **l'ordre global de la réaction**. Il n'existe *a priori* aucune relation entre ces exposants m_a, m_b et les nombres stœchiométriques α, β de la réaction étudiée. Ainsi la réaction du dioxyde d'azote sur le monoxyde de carbone :

$$NO_2\,(g) \quad + \quad CO\,(g) \quad \longrightarrow \quad NO\,(g) \quad + \quad CO_2\,(g)$$

a pour loi de vitesse $r = k[NO_2]^2$; la réaction est d'ordre deux par rapport au dioxyde d'azote et d'ordre zéro par rapport au monoxyde de carbone (celui-ci n'apparaît pas dans l'expression de la loi de vitesse).
Ou encore la réaction du dioxygène (O_2) sur la phosphine (PH_3) :

$$4\,O_2\,(g) \quad + \quad 2\,PH_3\,(g) \quad \longrightarrow \quad P_2O_5\,(s) \quad + \quad 3\,H_2O\,(\ell)$$

a pour loi de vitesse (disparition de la phosphine) : $r = k[PH_3][O_2]^{1/2}$; la réaction est d'ordre $\frac{1}{2}$ par rapport au dioxygène et d'ordre un par rapport à la phosphine.
La constante de vitesse k est une grandeur dimensionnée positive : sa dimension dépend de l'ordre global de la réaction.

Ordre global	Unité usuelle de k
0	$mol{\cdot}L^{-1}{\cdot}s^{-1}$
1	s^{-1}
2	$mol^{-1}{\cdot}L{\cdot}s^{-1}$
n	$mol^{(1-n)}{\cdot}L^{(n-1)}{\cdot}s^{-1}$

Toutes les réactions chimiques ne suivent pas nécessairement la loi de VAN'T HOFF ; il existe beaucoup de réactions sans ordre dont la loi de vitesse déterminée expérimentalement prend des formes variées. La réaction chimique de formation du bromure d'hydrogène à partir du dihydrogène et du dibrome en phase gazeuse :

$$Br_2\,(g) \quad + \quad H_2\,(g) \quad \longrightarrow \quad 2\,HBr\,(g)$$

a pour loi de vitesse empirique :

$$r = \frac{k[H_2][Br_2]^{\frac{1}{2}}}{1 + \dfrac{[HBr]}{m[Br_2]}}.$$

Il existe enfin des cas où d'autres espèces interviennent dans la loi de vitesse, c'est le cas de réactions catalysées ou inhibées par une espèce chimique E. Ainsi, pour la réaction :

$$|\alpha|\,A \quad + \quad |\beta|\,B \quad \rightarrow \quad |\gamma|\,C \quad + \quad |\delta|\,D,$$

si une espèce chimique qui ne se trouve pas dans l'équation-bilan possède une influence sur la loi de vitesse, celle-ci devient :

$$r = k[A]^{m_a}[B]^{m_b}[E]^{m_e}.$$

Dans cette équation, E est le catalyseur de la réaction et son ordre partiel est m_e.

b. Ordre initial et ordre courant

L'ordre d'une réaction chimique qui suit la loi de VAN'T HOFF est constant durant toute la réaction. Il arrive cependant que des réactions sans ordre possèdent un ordre pendant une durée limitée de la transformation. Ainsi dans la réaction de formation du bromure d'hydrogène à partir du dihydrogène et du dibrome en phase gazeuse,

$$Br_2\,(g) \quad + \quad H_2\,(g) \quad \longrightarrow \quad 2\,HBr\,(g)$$

lorsque l'avancement est faible, la concentration en bromure d'hydrogène est très réduite. Au voisinage de $t = 0$, la loi de vitesse se simplifie et prend la forme $r = k_{app}.[H_2][Br_2]^{1/2}$. On parle dans ce cas d'**ordre initial**.

L'existence d'un **ordre courant** est une autre situation possible pour les réactions sans ordre. La réaction ne conserve une même loi de vitesse que durant la plus grande partie du processus, mais cet ordre est différent de celui trouvé au voisinage de $t = 0$.
Par exemple, la pyrolyse de l'acétaldéhyde en phase gazeuse pour donner du méthane et du monoxyde de carbone :

$$CH_3\text{–}CHO\,(g) \quad \longrightarrow \quad CH_4\,(g) \quad + \quad CO\,(g)$$

possède un ordre global initial de 3/2 et un ordre global courant de 2.

En règle générale, un ordre courant différent de l'ordre initial correspond à une réaction chimique complexe, soit parce qu'un ou des produits de la réaction ont un effet sur la loi de vitesse (cas de l'autocatalyse ou de l'autoinhibition), soit parce que le processus de la transformation fait intervenir une séquence de réactions chimiques (cas des réactions par stade ou des réactions en chaîne, voir ci-dessous 1.5).

1.5 Types de réactions chimiques

L'attribution ou non d'un ordre à une réaction chimique, l'existence d'ordres variés et la diversité des lois de vitesse ont conduit les chimistes à distinguer différents types de réactions chimiques ; deux catégories sont examinées : les **réactions simples** et les **réactions composées**.

a. Réaction simple

Dans certaines réactions chimiques la transformation des réactifs en produits s'effectue directement, c'est-à-dire en une seule opération ou un seul acte chimique ; on parle alors de **réaction simple**. Comme cela sera vu dans le chapitre suivant, dans ces réactions simples il y a correspondance entre le niveau de description macroscopique de la transformation chimique (l'équation-bilan) et le niveau microscopique (l'acte élémentaire chimique).
Exemple : la réaction d'élimination du deuxième ordre (E_2)

$$(CH_3)_2CH-Br\,(aq) \quad + \quad HO^-\,(aq) \quad \longrightarrow$$
$$CH_3-CH=CH_2\,(aq) \quad + \quad Br^-\,(aq) \quad + \quad H_2O\,(\ell)$$

b. Réaction composée

Cependant, la plupart des réactions chimiques sont des **réactions composées** (encore appelées **complexes**) ; elles résultent de l'accomplissement de plusieurs **réactions simples** de façon concomittante ou séquentielle. Ces réactions composées sont regroupées en deux grandes catégories :

- Les réactions en **séquence ouverte**, appelées également **réactions par stades**
- Les réactions en **séquence fermée** dans lesquelles on distingue :
  - les **réactions en chaîne**,
  - les **réactions en catalyse homogène**.

Comme exemple de réaction en séquence ouverte, citons la coupure thermique du peroxyde de *tertio*butyle :

$$\begin{array}{lcl} (CH_3)_3C\text{–}O\text{–}O\text{–}C(CH_3)_3 & \longrightarrow & 2\,(CH_3)_3C\text{–}O^{\bullet} \\ (CH_3)_3C\text{–}O^{\bullet} & \longrightarrow & CH_3\text{–}CO\text{–}CH_3 \quad + \quad CH_3^{\bullet} \\ 2\,CH_3^{\bullet} & \longrightarrow & CH_3\text{–}CH_3 \end{array}$$

Dans cette séquence, chaque étape est une réaction simple ; la réaction est séquentielle car le produit formé lors de la première réaction simple est le réactif de la deuxième réaction simple et ainsi de suite. Elle est dite ouverte car le produit de la dernière étape n'intervient dans aucune réaction précédente de la séquence.

Dans une séquence ouverte et linéaire l'équation-bilan de la réaction est obtenue en sommant les réactions élémentaires de la séquence. Afin de respecter la stœchiométrie de la première étape, la deuxième étape doit être multipliée par deux et les espèces radicalaires disparaissent lors du bilan.

$$\begin{array}{lcl} (CH_3)_3C\text{–}O\text{–}O\text{–}C(CH_3)_3 & \longrightarrow & 2\,(CH_3)_3C\text{–}O^{\bullet} \\ 2\,(CH_3)_3C\text{–}O^{\bullet} & \longrightarrow & 2\,CH_3\text{–}CO\text{–}CH_3 \quad + \quad 2\,CH_3^{\bullet} \\ 2\,CH_3^{\bullet} & \longrightarrow & CH_3\text{–}CH_3 \\ \hline (CH_3)_3C\text{–}O\text{–}O\text{–}C(CH_3)_3 & = & CH_3\text{–}CO\text{–}CH_3 \quad + \quad CH_3\text{–}CH_3 \end{array}$$

Comme exemple de réaction en chaîne, citons la formation du bromure d'hydrogène :

$$\begin{array}{rcl} Br_2 & \longrightarrow & 2\,Br^{\bullet} \\ Br^{\bullet} + H_2 & \longrightarrow & HBr + H^{\bullet} \\ H^{\bullet} + Br_2 & \longrightarrow & HBr + Br^{\bullet} \end{array}$$

Ici encore, chaque étape est une réaction simple ; cependant, à la différence de la réaction en séquence ouverte, il n'est pas possible d'effectuer une combinaison linéaire des équations des étapes successives du processus permettant de retrouver l'équation-bilan de la réaction :

$$Br_2 + H_2 \quad = \quad 2\,HBr \qquad \text{(équation-bilan)}$$

2 Méthodes expérimentales

La détermination des vitesses de réaction s'effectue en mesurant l'évolution de la concentration d'une ou de plusieurs espèces chimiques en fonction du temps. Les procédés analytiques permettant la mesure des concentrations sont divisés en deux grandes catégories : les procédés physiques et les procédés chimiques.

Une caractéristique essentielle et commune aux méthodes employées est qu'elles doivent être rapides comparée à la vitesse de la réaction suivie. D'autre part, comme nous le verrons plus loin la vitesse d'une réaction chimique dépendant fréquemment de la température, il est essentiel d'effectuer les mesures cinétiques à une température fixe ; cette contrainte sur la température est d'autant plus importante pour la précision de la mesure que la grandeur physique suivie dépend elle-même de la température (par exemple en conductimétrie).

2.1 Méthodes physiques et chimiques en cinétique

a. Méthodes physiques

Les méthodes physiques d'analyse correspondent à l'observation d'une propriété physique du mélange réactionnel qui varie au cours de la réaction. Théoriquement toute propriété observable du système étudié qui dépend de sa composition peut être utilisée pour déterminer la vitesse d'une réaction. En pratique les variables physiques les plus employées sont :

- les mesures de pression (manométrie) ;
- les mesures de volume (dilatométrie) ;
- les mesures électriques (conductimétrie, potentiométrie) ;
- les mesures optiques (spectrophotométrie, réfractométrie).

En général, les méthodes physiques présentent sur les méthodes chimiques l'avantage de la simplicité et de la rapidité de la mesure, ce qui permet de collecter plus de données dans le même temps et de parvenir souvent à une automatisation de la collecte des données. D'autre part ce type de mesure peut souvent être effectué directement dans le milieu réactionnel et laisse le système étudié inchangé.

Les méthodes physiques présentent cependant des limites :

- elles ne permettent pas d'accéder directement à la concentration absolue des réactifs et des produits, celle-ci ne peut être obtenue qu'au moyen d'un étalonnage ;
- elles peuvent donner lieu à d'importantes erreurs si des réactions parasites conduisent à des produits possédant une grandeur physique susceptible de perturber la mesure ; ainsi dans un suivi spectrophotométrique d'une réaction chimique, la présence d'un sous-produit possédant un coefficient d'absorption molaire très élevé par rapport à celui des réactifs ou des produits peut induire une importante erreur sur la contribution du réactif ou du produit à l'absorbance de la solution.

b. Méthodes chimiques : nécessité de la trempe

L'analyse chimique correspond à une détermination directe de la concentration de l'espèce au moyen d'une technique volumétrique ou gravimétrique. L'intérêt des méthodes chimiques est qu'elles permettent d'atteindre une valeur absolue de la concentration. Les méthodes chimiques de détermination de la concentration sont par exemple :

- les dosages acido-basiques ;
- les dosages d'oxydo-réduction ;
- les dosages par complexation ;
- les dosages par précipitation.

Ces méthodes nécessitent le prélèvement d'échantillons à des intervalles de temps déterminés, ce qui est une source d'erreur. D'autre part, à la différence des méthodes physiques comme la spectrophotométrie ou la conductimétrie pour lesquelles le temps nécessaire à la mesure est généralement court (inférieur à une seconde avec les appareils actuels), les méthodes chimiques imposent à l'expérimentateur un délai plus long entre l'opération de prélèvement et la fin du dosage. Dans le cas d'une réaction rapide (la rapidité d'une réaction chimique relativement à une méthode de mesure s'apprécie en examinant l'effet sur le cours de la réaction de la durée nécessaire à la réalisation de la mesure. Par exemple si la réalisation du dosage nécessite 10 minutes et que, durant ce temps, les concentrations des espèces chimiques ont évolué d'une valeur inférieure à l'incertitude sur la méthode de mesure, la réaction est considérée comme lente devant la méthode employée), ces contraintes du dosage chimique peuvent conduire à d'importantes erreurs si la quantité de réactif continue de varier au cours des opérations de prélèvement et de mesure.

Une autre cause d'erreur est liée à la sélectivité des dosages employés : la précision sur la valeur de la concentration d'une espèce chimique dans un mélange dépend de la sélectivité de la réaction de dosage ; cette précision est d'autant plus élevée que la réaction de dosage est plus sélective.

Afin de réduire les causes d'erreur, plusieurs méthodes permettant d'arrêter la réaction chimique (ou de la ralentir très fortement) sont utilisées. Elles sont rassemblées sous le terme générique de **trempe chimique**. Les plus employées sont :

- la **dilution**. La vitesse d'une réaction chimique étant une fonction croissante de la concentration en réactif, la dilution de l'échantillon prélevé aura pour effet un ralentissement de la réaction. Cette méthode est particulièrement efficace dans le cas d'une réaction du deuxième ordre ;
- le **refroidissement**. La vitesse de la plupart des réactions chimiques croît avec la température ; un refroidissement important et rapide de l'échantillon prélevé permettra de ralentir la vitesse de la réaction chimique. Cette méthode est particulièrement employée dans le cas de réactions réalisées avec chauffage. Par exemple un suivi cinétique effectué à 100 °C pourra être réalisé en prélevant à intervalles réguliers un échantillon placé immédiatement à 0 °C, la diminution de la température qui s'ensuit aura pour effet d'arrêter presque complètement la réaction chimique ;
- la **disparition d'un réactif ou d'un catalyseur**. Cette méthode peut être employée si la vitesse de la réaction chimique de destruction d'un réactif est très rapide devant celle de la réaction étudiée (cas des réactions acido-basiques) et si la réaction de destruction est sans effet sur le réactif ou le produit à doser. Par exemple une réaction qui fait intervenir un acide peut être arrêtée ou ralentie très fortement en modifiant le pH du

milieu. La variation du pH est obtenue presque instantanément au moyen de l'ajout d'un tampon.

2.2 Exemples de méthodes physiques

Pour que la grandeur physique examinée puisse être reliée à l'avancement de la réaction étudiée, elle doit :

- différer de façon appréciable en passant du réactif au produit ;
- varier de manière simple avec la concentration des espèces (idéalement de manière linéaire).

Ceci impose souvent de travailler dans des conditions définies afin de se situer dans le domaine de variation linéaire des grandeurs étudiées. En général le domaine de concentration dans lequel il est possible de travailler se révèle assez réduit mais suffisant pour la plupart des études cinétiques en solution.

a. Spectrophotométrie

La spectrophotométrie d'absorption dans l'ultra-violet et le visible est une technique très employée en analyse physico-chimique. Certaines molécules ou ions sont capables d'absorber le rayonnement ultra-violet ($\lambda < 400$ nm) ou visible ($400 < \lambda < 800$ nm) ; ainsi la cinétique de la réaction des ions iodure (I^- incolore) avec le peroxyde d'hydrogène (H_2O_2 incolore) peut être suivie en examinant l'apparition des ions I_3^- (brun) dans la solution. Différentes situations permettent l'emploi de la spectrophotométrie en cinétique chimique :

- un réactif (ou un produit) présente un spectre d'absorption UV-visible alors que le produit (ou le réactif) n'absorbe pas. Ainsi, il est possible de suivre une réaction telle que celle du dibrome sur le dihydrogène grâce à l'absorption de la lumière visible par le dibrome ;
- réactifs et produits présentent des maxima dans leurs spectres d'absorption ; dans ce cas il est nécessaire de connaître les coefficients d'absorption molaire des espèces en présence et de procéder à un étalonnage pour effectuer des mesures cinétiques.

L'absorption de la lumière par une solution est régie par la loi de BEER-LAMBERT dans le cas de centres absorbants indépendants :

$$\log \frac{I_o}{I} = \varepsilon.\ell.c$$

dans laquelle I_o est l'intensité lumineuse du faisceau incident et I, l'intensité lumineuse du faisceau après son passage dans la solution (l'intensité lumineuse correspond à un flux d'énergie lumineuse, c'est-à-dire à la quantité d'énergie traversant une surface unité par unité de temps, elle s'exprime en $W{\cdot}m^{-2}$ (S.I.), ε le coefficient d'absorption molaire à la longueur d'onde λ (ε dépend également de la nature de la substance étudiée, de la nature du solvant et dans une moindre mesure, de la température), c la concentration de l'espèce en solution et ℓ la longueur de la cuve traversée par le faisceau (en général 1 cm).

La linéarité de cette loi est vérifiée pour les solutions diluées en présence d'une radiation monochromatique. Les mesures sont réalisées au moyen d'un spectrophotomètre à un ou deux faisceaux. Le système à deux faisceaux (figure 5.1) permet des mesures plus précises par comparaison directe de la solution à étudier et d'une solution de référence.

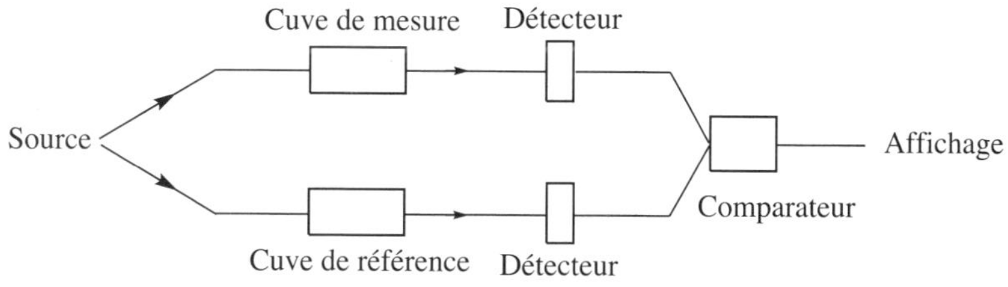

FIGURE 5.1 – Schéma de principe d'un spectrophotomètre à deux faisceaux

Du point de vue expérimental, les mesures d'absorption sont effectuées aux valeurs de λ_{max} afin d'augmenter la sensibilité de la méthode et de diminuer l'incertitude sur la mesure.

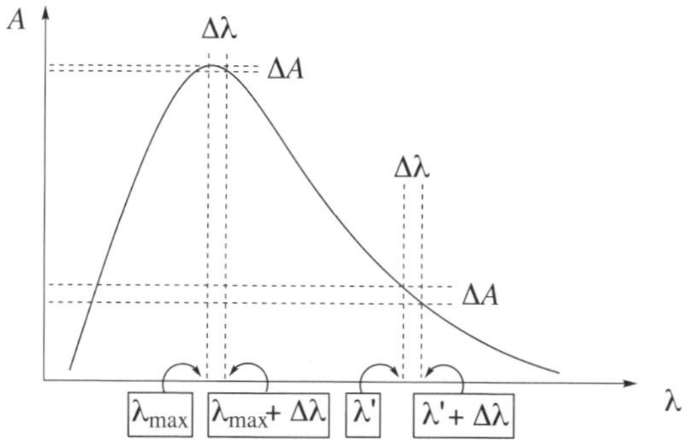

FIGURE 5.2 – Comparaison de l'incertitude sur la mesure d'une absorbance pour λ_{max} et λ'

La figure 5.2 montre que pour une même incertitude sur la valeur de λ, l'incertitude sur l'absorbance est minimale si la mesure est effectuée à λ_{max}.
Exemple : la formation de bromure d'hydrogène à partir de dihydrogène et de dibrome en phase gazeuse peut être suivie par spectrophotométrie en mesurant la disparition du dibrome (de couleur orange) au cours du temps.

b. Conductimétrie

Si la réaction étudiée met en jeu des ions, soit en tant que réactifs, soit en tant que produits, le suivi de l'avancement au cours du temps peut s'effectuer au moyen d'une méthode conductimétrique. Ici encore il est indispensable d'effectuer les mesures dans des conditions où sont vérifiées l'additivité des conductivités des ions et la linéarité de la relation entre concentration et conductivité, ce qui restreint les mesures à un domaine limité de variation des concentrations (en général un facteur 10).
La conductivité de la solution σ est liée à la conductivité ionique molaire λ_i des ions présents dans la solution en concentration c_i par la relation (cf chapitre 9 *Généralités sur les solutions aqueuses*) :

$$\sigma = \sum_i c_i.\lambda_i.$$

L'emploi de la conductimétrie suppose un contrôle très précis de la température du milieu en raison de la variation de λ_i en fonction de la température ; l'emploi d'un solvant possédant une

forte constante diélectrique est également nécessaire afin de conserver une proportionnalité entre la conductance du milieu et la concentration des espèces présentes.
Exemple : l'hydrolyse du 2-chloro-2-méthylpropane (voir 1.3) dans un mélange eau/acétone peut être suivie par conductimétrie ; la conductivité de la solution croît au cours du temps car il y a production d'ions chlorure et oxonium.

3 Analyse des résultats expérimentaux

La loi de vitesse d'une réaction chimique est rarement accessible directement. Expérimentalement le chimiste détermine la concentration d'une espèce (réactif ou produit) à différentes valeurs du temps. Le résultat se présente le plus souvent sous la forme d'une courbe (figure 5.3) :

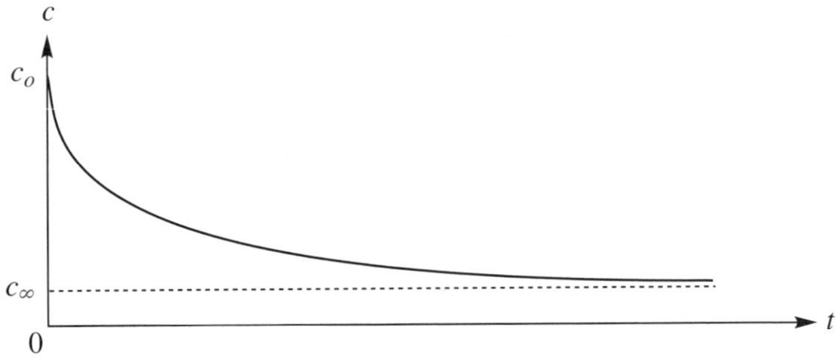

FIGURE 5.3 – Tracé de $c = f(t)$

La concentration du réactif, initialement à la valeur c_o décroît de plus en plus lentement jusqu'à atteindre la valeur c_∞, laquelle peut prendre une valeur nulle ou non selon les conditions (cette valeur est liée à celle de la constante d'équilibre de la réaction étudiée ou encore au fait que le réactif examiné est limitant ou non). La vitesse de la réaction à l'instant t est donnée par le coefficient directeur de la tangente à la courbe en ce point et elle peut être déterminée graphiquement. Notons que le coefficient directeur de la tangente en un point de la courbe $c = f(t)$ donne la vitesse de la réaction à un coefficient multiplicatif près (le nombre stoechiométrique de l'espèce considérée).

Dans cette partie, on s'intéresse à la vitesse de formation d'un produit (ou de disparition d'un réactif) ; il est évidemment possible de revenir à la vitesse de réaction, cette opération ne modifiant en rien les conclusions qu'il est possible de tirer pour les ordres partiels. Le plus souvent, l'évolution de la concentration d'une espèce en fonction du temps est observée, aussi il est très utile d'employer une forme intégrée des lois de vitesse (voir 3.3).

3.1 Méthode différentielle

Le principe de la méthode différentielle, élaborée par VAN'T HOFF en 1884, consiste à mesurer la décroissance de la concentration en un réactif $[R]$ en fonction du temps pour différentes valeurs de concentrations initiales $[R]_i$. On obtient une série de courbes (figure 5.4).

On relève en différents points la valeur de la vitesse donnée par l'opposé du coefficient directeur de la tangente à la courbe en ce point soit $-\frac{d[R]}{dt}$, par exemple les valeurs r_a, r_b, r_c, r_d sur la figure 5.4.

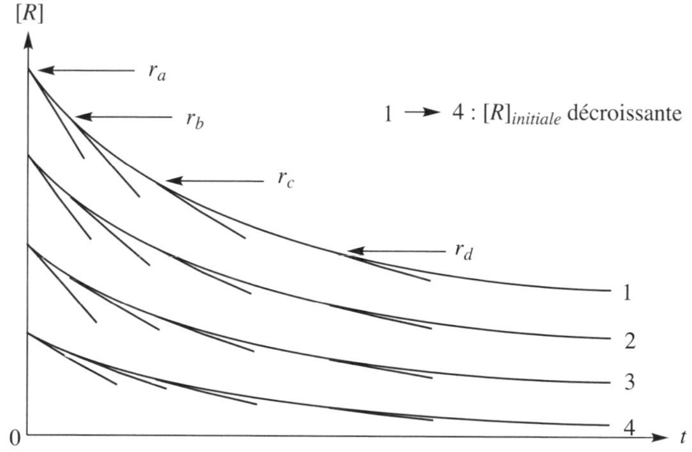

FIGURE 5.4 – Méthode différentielle $[R] = f(t)$

Le logarithme de ces valeurs est reporté sur un deuxième graphe $\ln r = f(\ln [R])$ (figure 5.5). On examine plus particulièrement les valeurs des vitesses initiales pour différentes concentrations en réactif en traçant la droite $\ln r_i = f(\ln [R]_i)$ (l'indice i correspond aux valeurs de r et de R au temps initial).

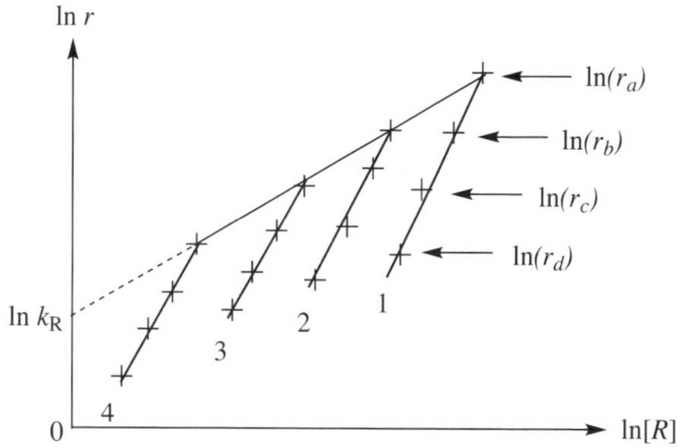

FIGURE 5.5 – Méthode différentielle : $\ln r = f(\ln [R])$

- Si les données reportées dans le deuxième graphe ne donnent pas une droite lors du tracé de $\ln r_i$ en fonction de $\ln [R]_i$, la réaction n'a pas d'ordre par rapport au constituant R examiné.
- Si les données reportées dans le deuxième graphe permettent de tracer une droite $\ln r_i$ en fonction de $\ln [R]_i$, la réaction possède un ordre par rapport au constituant R examiné. En considérant que la loi de vitesse par rapport à ce constituant est du type :

$$-\frac{d[R]}{dt} = k_R.[R]^n$$

l'ordre n par rapport au constituant R est donné par le coefficient directeur de la droite $\ln r_i = f(\ln [R]_i)$ et $\ln k_R$ par l'ordonnée à l'origine (k_R est une constante de vitesse **apparente**, car elle ne prend pas en compte la stœchiométrie de la réaction étudiée ; elle est relative au composé R étudié. La comparaison des différentes constantes de vitesse apparente et la prise en compte de la stœchiométrie de la réaction permet de déterminer k).

Cette méthode présente deux avantages :

- elle fait émerger l'ordre de la réaction chimique par rapport à chacun des réactifs sans hypothèse préalable sur la valeur de cet ordre partiel,
- elle permet de différencier l'ordre initial (ordre par rapport au réactif déterminé par le coefficient directeur de la droite $\ln r_i = f(\ln [R]_i)$) et l'ordre courant (ordre par rapport au temps, donné par le coefficient directeur des droites $\ln r = f(\ln[R])$ pour une valeur de $[R]_i$ fixée).

Cette méthode présente cependant deux défauts :

- elle nécessite un grand nombre de mesures assez rapprochées dans le temps afin de minimiser l'erreur sur la détermination de r, particulièrement au voisinage de $t = 0$ et le traitement des données expérimentales est assez lourd ;
- elle ne permet pas d'obtenir une valeur précise de la constante de vitesse de la réaction.

Aussi est elle fréquemment remplacée par la méthode des vitesses initiales.

3.2 Méthode des vitesses initiales

La méthode des vitesses initiales est une variante simplifiée de la méthode différentielle. La même série d'expériences que précédemment est menée, mais les mesures se limitent aux vitesses initiales. On porte ensuite sur un graphe $\ln r_i = f(\ln [R]_i)$ (figure 5.6).

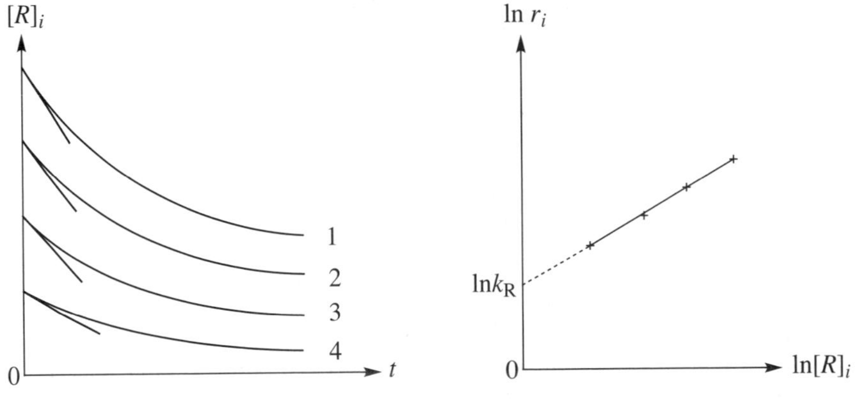

FIGURE 5.6 – Méthode des vitesses initiales

Les conclusions sont les mêmes que précédemment : si $\ln r_i = f(\ln [R]_i)$ est une droite, alors la réaction possède un ordre par rapport au constituant R examiné ; cet ordre n est donné par le coefficient directeur de la droite $\ln r_i = f(\ln [R]_i)$ et le logarithme de la constante de vitesse apparente $\ln k_R$ par l'ordonnée à l'origine. La méthode des vitesses initiales est très utile pour une détermination rapide de l'ordre initial en raison du nombre limité de mesures nécessaires. Elle présente cependant les mêmes défauts que la précédente (notamment la valeur imprécise de la constante de vitesse de la réaction) ; la nature de l'information obtenue peut conduire à une erreur sur l'ordre si la réaction ne suit pas la loi de VAN'T HOFF. Enfin, cette méthode ne permet évidemment pas de savoir si l'ordre courant est égal ou non à l'ordre initial.

3.3 Méthode d'intégration

Le principe de la méthode d'intégration utilisée à partir de 1850 repose sur deux hypothèses :
- la réaction possède un ordre (l'ordre initial et l'ordre courant sont identiques) ;
- l'ordre par rapport à chaque réactif est entier ou demi-entier.

La méthode d'intégration consiste à examiner les différents ordres possibles pour la réaction en utilisant les formes intégrées des lois de vitesse ; l'intégration des formes différentielles des lois de vitesse conduit à une expression de la concentration en réactif en fonction du temps. Comme les ordres les plus fréquemment rencontrés sont les ordres 1 et 2 et plus rarement 0, $\frac{1}{2}$, $\frac{3}{2}$ et 3, l'expérimentateur teste l'ajustement des résultats expérimentaux avec la forme intégrée des différentes lois de vitesse.

a. Réaction d'ordre zéro

La loi de vitesse de la réaction est du type :

$$-\frac{d[R]}{dt} = k \longrightarrow \int_{[R]_o}^{[R]} d[R] = -\int_{t=0}^{t} k dt$$

qui s'intègre simplement en :

$$[R] = -kt + [R]_o.$$

Une réaction d'ordre zéro possède une vitesse indépendante du temps ; la concentration en réactif décroît linéairement jusqu'à atteindre une valeur nulle (figure 5.7). La constante de vitesse d'une réaction d'ordre zéro possède la dimension d'une concentration divisée par un temps. L'unité courante est la mol·L^{-1}·s^{-1}.

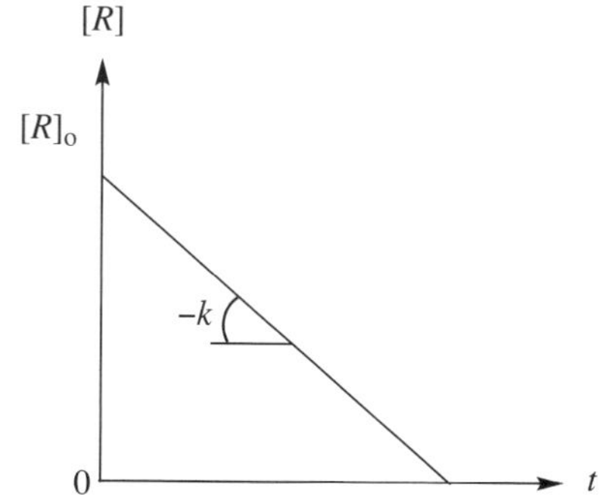

FIGURE 5.7 – Tracé de $[R] = f(t)$

Exemple : la réaction de substitution électrophile aromatique du benzène dans le mélange sulfonitrique conduit au nitrobenzène avec une loi de vitesse d'ordre zéro :

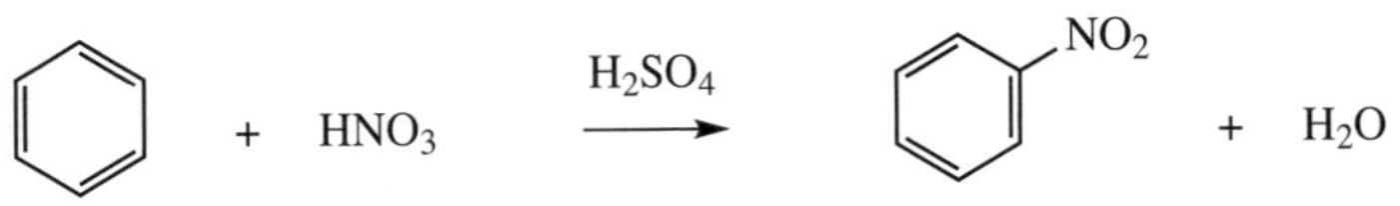

b. Réaction du premier ordre

À une réaction chimique présentant un ordre un par rapport à un réactif R et un ordre zéro par rapport à tous les autres réactifs peuvent correspondre différentes stœchiométries. L'aspect cinétique de la réaction chimique se réduit au schéma simple suivant :

$$R \longrightarrow P.$$

L'expression de la loi de vitesse est :

$$-\frac{\mathrm{d}[R]}{\mathrm{d}t} = k[R] \quad \text{soit :} \quad -\frac{\mathrm{d}[R]}{[R]} = k.dt.$$

Les conditions initiales sont : $[R] = [R]_o$ à $t = 0$; l'intégration de cette loi conduit à :

$$\int_{[R]_o}^{[R]} \frac{\mathrm{d}[R]}{[R]} = -k\int_0^t \mathrm{d}t \quad \text{soit :} \quad \ln\frac{[R]}{[R]_o} = -kt.$$

La constante k peut être déterminée en représentant $\ln[R] = f(t)$, on obtient une droite de coefficient directeur $-k$ (figure 5.8)

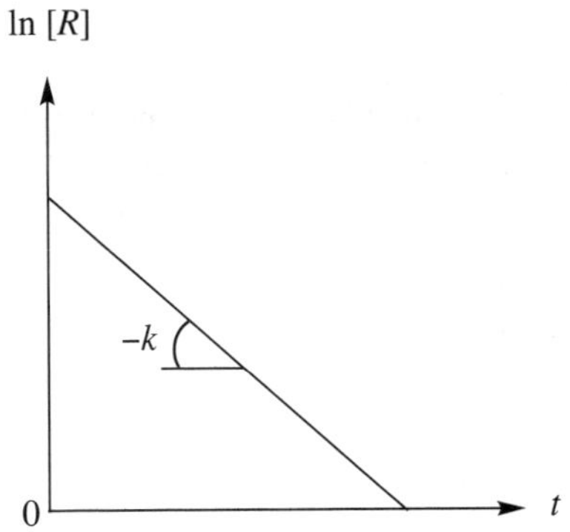

FIGURE 5.8 – Tracé de $\ln[R] = f(t)$

La constante de vitesse d'une réaction du premier ordre possède la dimension de l'inverse d'un temps. Elle est souvent exprimée en s^{-1} ou une autre unité de temps (min^{-1} ou h^{-1}). La comparaison avec les constantes de vitesse pour d'autres ordres montre que seule la constante de vitesse d'une réaction du premier ordre est indépendante de la concentration en réactif.

Exercice résolu

Décomposition du pentaoxyde d'azote

La réaction de décomposition du pentaoxyde d'azote en phase gazeuse,

$$N_2O_5 \longrightarrow 2\,NO_2 + \frac{1}{2}\,O_2$$

est suivie en mesurant la concentration de pentaoxyde de diazote en fonction du temps. On observe les variations de concentration suivantes :

Temps / min	0	10	20	30	60	90
$10^2.[N_2O_5]$ / mol·L^{-1}	1,24	0,92	0,68	0,50	0,20	0,08

Vérifier que la réaction est bien du premier ordre par rapport au pentaoxyde d'azote et déterminer la constante de vitesse de la réaction.

Réponse :

À partir des valeurs du tableau, on calcule $\ln[N_2O_5]$ pour les différents temps :

Temps / min	0	10	20	30	60	90
$\ln([N_2O_5]$/mol·L$^{-1})$	$-4,39$	$-4,69$	$-4,99$	$-5,30$	$-6,21$	$-7,13$

Le tracé de $\ln[N_2O_5] = f(t)$ est une droite, la réaction est bien du premier ordre en N_2O_5. La valeur de k est donnée par le coefficient directeur de la droite. On trouve $k = 3{,}04.10^{-2}\ \text{min}^{-1}$.

c. Réaction du deuxième ordre

Cas n°1 : ordre deux avec un seul réactif intervenant dans la loi de vitesse.

La loi de vitesse est alors du type :

$$-\frac{d[R]}{dt} = k[R]^2 \quad \text{soit :} \quad -\frac{d[R]}{[R]^2} = k.dt.$$

La condition initiale est : $[R] = [R]_o$ à $t = 0$; l'intégration de cette loi conduit à :

$$\int_{[R]_o}^{[R]} \frac{d[R]}{[R]^2} = -k\int_0^t dt \quad \text{soit :} \quad \frac{1}{[R]} - \frac{1}{[R]_o} = kt.$$

Ici la constante de vitesse peut être déterminée en représentant $\frac{1}{[R]} = f(t)$, on obtient une droite de coefficient directeur k (figure 5.9)

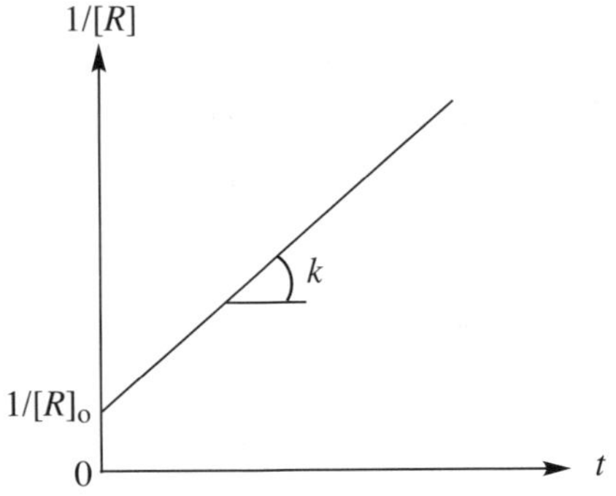

FIGURE 5.9 – Tracé de $1/[R] = f(t)$

La constante de vitesse d'une réaction du deuxième ordre a la dimension de l'inverse d'une concentration par unité de temps et elle est exprimée couramment en $\mathrm{mol^{-1} \cdot L \cdot s^{-1}}$.
Cas n°2 : ordre deux avec deux réactifs.

$$A \quad + \quad B \quad = \quad C.$$

Considérons en premier lieu le cas général avec $[A]_o \neq [B]_o$, en utilisant x, l'avancement volumique, on a :

Initialement	$[A]_o$	$[B]_o$
À tout instant	$[A]_o - x$	$[B]_o - x$

Ce qui conduit à l'équation :

$$\frac{\mathrm{d}x}{\mathrm{d}t} = k([A]_o - x)([B]_o - x).$$

Le rapport $\dfrac{1}{(a-x)(b-x)}$ se décompose en éléments simples :

$$\frac{1}{(a-x)(b-x)} = \frac{1}{(b-a)}\left[\frac{1}{(a-x)} - \frac{1}{(b-x)}\right].$$

L'équation différentielle issue de l'équation d'une réaction d'ordre deux est :

$$\frac{1}{([B]_o - [A]_o)}\left[\frac{\mathrm{d}x}{([A]_o - x)} - \frac{\mathrm{d}x}{([B]_o - x)}\right] = k\mathrm{d}t.$$

L'intégration de cette équation différentielle entre $(t = 0, x = 0)$ et (t, x) donne :

$$\frac{1}{[B]_o - [A]_o} \ln \frac{[A]_o([B]_o - x)}{[B]_o([A]_o - x)} = kt.$$

En traçant $\frac{1}{[B]_o - [A]_o} \ln \frac{[A]_o([B]_o - x)}{[B]_o([A]_o - x)}$ en fonction de t, l'obtention d'une droite est compatible avec une réaction d'ordre un par rapport à A et d'ordre un par rapport à B. Le coefficient directeur de cette droite est égal à la constante de vitesse.
Un cas particulier, plus simple, est celui dans lequel les réactifs A et B sont introduits dans les proportions stœchiométriques, la loi de vitesse est de la forme :

$$-\frac{d[A]}{dt} = k[A][B].$$

On a à $t = 0$: $[A] = [A]_o$ et $[B] = [B]_o$.
Si $[A]_o = [B]_o$, alors quel que soit t, $[A](t) = [B](t)$ et le système se ramène au cas examiné ci-dessus (réaction du deuxième ordre avec un seul réactif) et l'équation d'évolution intégrale est de la forme :

$$\frac{1}{[A]} - \frac{1}{[A]_o} = kt.$$

Exercice résolu

Décomposition du bromure de nitrosyle

La réaction de décomposition du bromure de nitrosyle en phase gazeuse :

$$\text{NOBr (g)} \longrightarrow \text{NO (g)} + \frac{1}{2}\text{Br}_2\text{ (g)}$$

suit la loi de vitesse $r = k[\text{NOBr}]^2$.

Temps / s	0	6,2	10,8	14,7	20,0	24,6
[NOBr] / mol·L^{-1}	0,0250	0,0191	0,0162	0,0144	0,0125	0,0112

Vérifier que la réaction est bien du deuxième ordre par rapport au bromure de nitrosyle et déterminer la constante de vitesse de la réaction.

Réponse :

Pour vérifier que la disparition d'une espèce chimique au cours du temps suit une loi de vitesse du deuxième ordre, on porte 1/[NOBr] en fonction du temps et on examine l'aspect du graphe. Dans le cas présent, les valeurs du tableau conduisent à :

Temps / s	0	6,2	10,8	14,7	20,0	24,6
1/[NOBr] / mol^{-1}·L	40	52,3	61,7	69,9	80	89,3

Le tracé de 1/[NOBr] = $f(t)$ donne bien une droite dont le coefficient directeur donne la constante de vitesse $k = 2{,}01$ mol^{-1}·L·s^{-1}.

d. Réaction du pseudo-premier ordre

Si l'un des réactifs est en grand excès par rapport à l'autre (par exemple si $[B]_o = 20.[A]_o$), ou encore si l'un des réactifs est également le solvant de la réaction chimique, il est raisonnable de poser les approximations suivantes : $[B]_o - [A]_o \approx [B]_o$ et $[B]_o - x \approx [B]_o$.
La loi de vitesse de la réaction d'ordre deux se simplifie en :

$$\ln \frac{[A]_o}{[A]_o - x} = k[B]_o t.$$

Cette équation est similaire à celle obtenue dans le cas de la réaction du premier ordre ($k[B]_o$ se comporte comme une constante de vitesse d'une réaction d'ordre un) et pour cette raison la réaction est appelée **réaction du pseudo-premier ordre** ou **réaction du premier ordre apparent**. Ce phénomène de modification de l'ordre d'une réaction chimique en présence d'un excès de l'un des réactifs par rapport à l'autre est appelé **dégénérescence de l'ordre**.

e. Limites de la méthode d'intégration

La méthode d'intégration présente sur la méthode différentielle l'avantage de permettre une détermination plus rapide de l'ordre de la réaction et d'obtenir une meilleure précision sur la valeur de la constante de vitesse k. Elle présente cependant des limites inhérentes aux hypothèses de départ :

- la détermination de la constante de vitesse suppose l'existence d'un ordre, ce qui ne peut être vérifié que par une étude de la réaction sur un domaine suffisant d'évolution du système chimique (au moins 50 %). Si l'étude de la réaction est menée sur un domaine d'évolution trop faible, n'importe quel ordre peut apparaître en accord avec les données expérimentales ;
- si la réaction possède un ordre, la méthode d'intégration permet de le déterminer ; mais les réactions sans ordre ne peuvent être analysées par cette méthode.

Exercice résolu

Comparaison de deux trempes

La cinétique de deux réactions chimiques, l'une du premier ordre l'autre du deuxième ordre, est suivie au moyen d'une méthode d'analyse chimique précédée d'une trempe par dilution. Pour une réaction de quel ordre la dilution est-elle la plus efficace ?

Réponse :

Dans le cas d'une réaction du premier ordre, la loi de vitesse est du type : $r = k[A]$.
Dans le cas d'une réaction du deuxième ordre, la loi de vitesse est du type : $r = k[A][B]$.
En effectuant une trempe par dilution, la concentration en réactif au moment de la trempe est divisée par d, le facteur de dilution. Les lois de vitesse deviennent alors :

$$\text{pour le premier ordre : } \quad r' = k\frac{[A]}{d} \; ;$$

$$\text{pour le deuxième ordre : } \quad r' = k\frac{[A][B]}{d^2}.$$

Une même dilution d appliquée à une réaction du premier ordre divise la vitesse de la réaction par un facteur d, alors que dans le cas d'une réaction du deuxième ordre, la vitesse est divisée par d^2, ce qui rend le processus de trempe plus efficace dans ce dernier cas.

3.4 Temps de demi-réaction

Le temps de demi-réaction (noté $t_{\frac{1}{2}}$) d'une réaction chimique non renversable est défini comme le temps nécessaire pour consommer la moitié du réactif limitant. Pour déterminer ce temps de demi-réaction dans le cas d'une réaction d'ordre n, il suffit de remplacer $[R]$ par $\frac{[R]_o}{2}$ dans les lois de vitesse établies précédemment. Il est aisé de montrer que :

- pour une réaction d'ordre zéro :

$$\frac{[R]_o}{2} = k.t_{\frac{1}{2}} \quad \text{d'où :} \quad t_{\frac{1}{2}} = \frac{[R]_o}{2k}$$

- pour une réaction d'ordre un :

$$\ln\frac{[R]_o}{2[R]_o} = -k.t_{\frac{1}{2}} \quad \text{d'où :} \quad t_{\frac{1}{2}} = \frac{\ln 2}{k}$$

- pour une réaction d'ordre deux :

$$\frac{2}{[R]_o} - \frac{1}{[R]_o} = k.t_{\frac{1}{2}} \quad \text{d'où :} \quad t_{\frac{1}{2}} = \frac{1}{[R]_o.k}$$

Les réactions d'ordre un présentent un temps de demi-réaction indépendant de la concentration initiale en réactif. Dans le cas d'une réaction qui conduit à un équilibre, le temps de demi-réaction est le temps nécessaire pour atteindre la moitié de l'avancement final.

3.5 Corrélation des propriétés physiques avec les concentrations

a. Méthode générale d'analyse des données

Si les méthodes chimiques permettent de suivre directement l'évolution de la concentration d'une espèce au cours du temps, les méthodes physiques ne donnent accès qu'à une grandeur d'ensemble du milieu réactionnel. Une étape supplémentaire est nécessaire pour extraire de l'évolution en fonction du temps d'une grandeur physique φ (absorbance, conductivité, pression totale...), les informations relatives à l'évolution des concentrations des espèces. La méthode générale de traitement des données est présentée dans le cas du suivi spectrophotométrique d'une réaction du premier ordre supposée totale :

$$R \longrightarrow P.$$

En admettant l'additivité des absorbances des espèces présentes dans le milieu, l'absorbance $A(t)$ vaut à tout instant :

$$A(t) = \varepsilon_R.\ell.[R](t) + \varepsilon_P.\ell.[P](t) + \mu \qquad (1)$$

où μ est la contribution du milieu à l'absorbance et est considérée comme constante durant la réaction. Initialement, seul R est présent, l'expression de A_o est :

$$A_o = \varepsilon_R.\ell.[R]_o + \mu. \tag{2}$$

En fin de réaction, R est entièrement transformé en P, l'expression de A_∞ est :

$$A_\infty = \varepsilon_P.\ell.[R]_o + \mu. \tag{3}$$

À un instant t, la concentration $[R]$ est passée de $[R]_o$ à $[R]_o - x$, avec x avancement volumique, alors :

$$A(t) = \varepsilon_R.\ell.([R]_o - x) + \varepsilon_P.\ell.x + \mu.$$

On tire alors les équations suivantes :

$$A_\infty - A_o = (\varepsilon_P - \varepsilon_R).\ell.[R]_o \tag{4}$$

$$A(t) - A_o = (\varepsilon_P - \varepsilon_R).\ell.x$$

$$A_\infty - A(t) = (\varepsilon_P - \varepsilon_R).\ell.([R]_o - x) \tag{5}$$

Supposons que la réaction soit du premier ordre par rapport au réactif R, alors l'expression de la vitesse est :

$$\ln\left(\frac{[R]_o}{[R]_o - x}\right) = kt$$

À partir des équations (4) et (5), $[R]_o$ et $[R]_o - x$ sont remplacés par A_∞, $A(t)$ et A_o. Il vient alors :

$$\ln\left[\frac{A_\infty - A_o}{A_\infty - A(t)}\right] = kt$$

Par un raisonnement analogue, on établirait que pour une réaction du premier ordre suivie par conductimétrie, on a :

$$\ln\left[\frac{\sigma_\infty - \sigma_o}{\sigma_\infty - \sigma(t)}\right] = kt.$$

Ces équations précédentes indiquent que l'efficacité des méthodes physiques en cinétique dépend de la différence $A_\infty - A_o$ (ou $\sigma_\infty - \sigma_o$ dans le cas d'un suivi conductimétrique de la réaction). Si les valeurs initiales et finales des grandeurs physiques examinées sont identiques, le suivi cinétique d'une réaction chimique devient impossible.

b. Méthode de GUGGENHEIM

GUGGENHEIM a proposé une méthode permettant de déterminer la constante de vitesse d'une réaction chimique du premier ordre pour laquelle les concentrations en espèce chimique suivie au cours du temps ne sont connues ni initialement, ni en fin de réaction. Le principe de la méthode consiste à effectuer la mesure d'une grandeur physique φ liée à l'avancement de la réaction à des intervalles de temps égaux.

Soient les mesures $\varphi_1, \varphi_2, \varphi_3, \ldots, \varphi_i$ effectuées à des intervalles de temps Δt. D'après les équations établies plus haut, on a :

$$(\varphi_i - \varphi_\infty) = (\varphi_o - \varphi_\infty).\exp(-kt_i)$$

$$(\varphi_{i+1} - \varphi_\infty) = (\varphi_o - \varphi_\infty).\exp(-kt_{i+1})$$

dans lesquelles φ_i et φ_{i+1} correspondent à la mesure de la grandeur physique (absorbance, conductance) à t_i et $t_{i+1} = t_i + \Delta t$ respectivement. En soustrayant les deux équations, il vient :

$$(\varphi_i - \varphi_{i+1}) = (\varphi_o - \varphi_\infty).\exp(-kt_i)[1 - \exp(-k\Delta t)]$$

ou encore :

$$kt_i + \ln(\varphi_i - \varphi_{i+1}) = [1 - \exp(-k\Delta t)]\ln(\varphi_o - \varphi_\infty).$$

Le terme $[1 - \exp(-k\Delta t)]\ln(\varphi_o - \varphi_\infty)$ est constant ; en portant sur un graphe $\ln(\varphi_i - \varphi_{i+1})$ en fonction de t_i, on obtient une droite de coefficient directeur $-k$. Cette méthode est particulièrement adaptée aux réactions rapides pour lesquelles la valeur de r_o est difficile à déterminer et elle peut être généralisée aux réactions du deuxième ordre avec des concentrations en réactif égales ou non. Néanmoins comme $\ln(\varphi_i - \varphi_{i+1})$ augmente avec le temps, il est préférable d'éviter les mesures à des valeurs de $t > 3t_{\frac{1}{2}}$ de la réaction étudiée.

4 Influence de la température sur la vitesse des réactions

4.1 Résultats expérimentaux

Expérimentalement, la constante de vitesse d'une réaction est une fonction de la température. Différentes situations sont présentées ci-dessous (figure 5.10).

- La première situation correspond au cas le plus général et est examinée en détail.
- La deuxième situation correspond à une réaction de type explosive dans laquelle la constante de vitesse croît soudainement à partir d'une valeur-seuil de température.
- La troisième situation correspond à une réaction catalysée par une enzyme, la constante de vitesse croît avec la température puis décroît lorsque la température continue à croître.
- La dernière situation, très rare, est observée dans certaines réactions en phase gazeuse, par exemple dans le cas de l'oxydation du monoxyde d'azote (NO) en dioxyde d'azote (NO_2) par le dioxygène (O_2) en phase gazeuse.

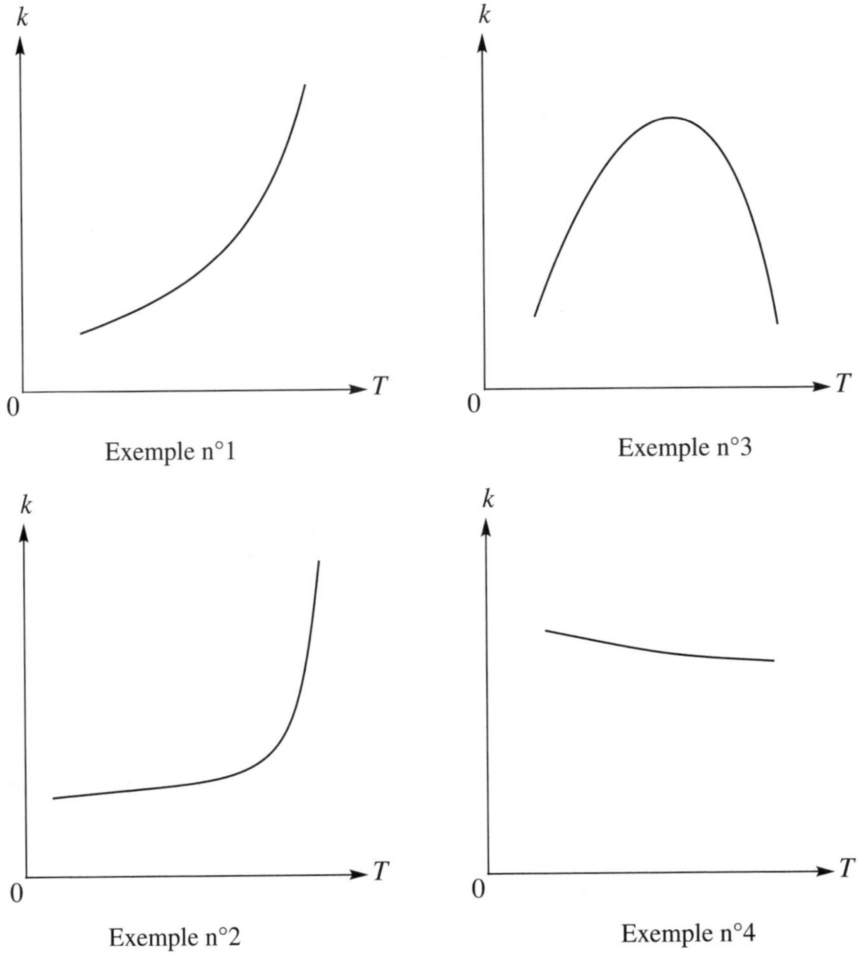

FIGURE 5.10 – Effets de la température sur la constante de vitesse d'une réaction chimique

4.2 Équation d'ARRHÉNIUS

Différentes relations ont été proposées pour expliquer la dépendance en température de la constante de vitesse d'une réaction. L'expression généralement retenue est la relation établie par ARRHÉNIUS en 1889. Cette relation est issue d'une représentation simple de la réaction chimique basée sur la théorie cinétique des gaz. Dans ce modèle, ARRHÉNIUS considère l'ensemble des molécules A qui réagissent pour donner l'espèce B ; la distribution des vitesses des molécules A dans le gaz à une température donnée est indiquée figure 5.11.

ARRHÉNIUS considère dans le système deux types de molécules, celles dont la vitesse (et donc l'énergie) est inférieure à une valeur v_r (molécules non réactives) et celles dont la vitesse est supérieure à v_r (molécules réactives). Dans ce modèle énergétique, seule la fraction des molécules réactives est apte à réagir pour donner B.

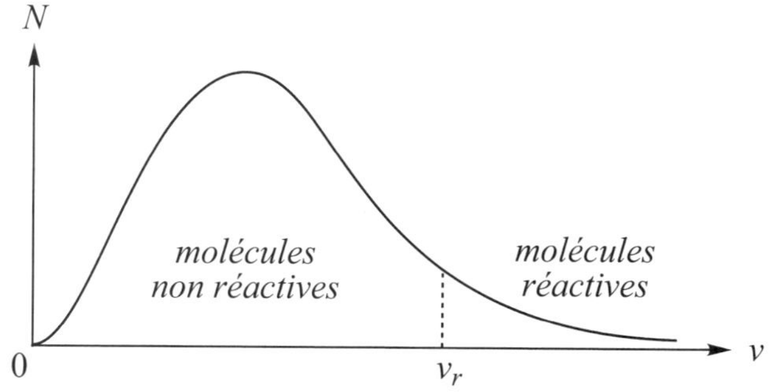

FIGURE 5.11 – Loi de distribution des vitesses des molécules d'un gaz

En utilisant les travaux de BOLTZMANN, ARRHENIUS détermine la valeur de cette fraction et peut en dériver une équation pour la constante de vitesse de la réaction $A \longrightarrow B$ sous forme différentielle :

$$\frac{\mathrm{d}\ln k}{\mathrm{d}T} = \frac{E_a}{RT^2}$$

dans laquelle :

- E_a est appelée l'énergie molaire d'activation en J·mol^{-1} (S.I.) et peut être indépendante ou non de la température ;
- R est la constante des gaz parfaits (8,314 J·mol^{-1}·K^{-1} (S.I.)) ;
- T la température absolue en K (S.I.).

Si l'énergie molaire d'activation E_a est indépendante de la température, alors la relation précédente s'intègre en :

$$k = A.\exp\left(-\frac{E_a}{RT}\right)$$

Dans laquelle A est le **facteur préexponentiel** (ou **facteur d'ARRHÉNIUS**) et a la dimension d'une constante de vitesse. En traçant $\ln k = f\left(\frac{1}{T}\right)$ on obtient une droite de coefficient directeur $-\frac{E_a}{R}$ et d'ordonnée à l'origine $\ln A$. L'énergie molaire d'activation de la plupart des réactions chimiques est de l'ordre de quelques dizaines de kJ·mol^{-1}.

Exercice résolu

Décomposition du pentaoxyde d'azote

La décomposition de N_2O_5 en NO_2 et O_2 est une réaction d'ordre un. Elle est suivie à différentes températures et les constantes de vitesse mesurées sont portées dans le tableau ci-dessous :

Θ / °C	25	35	45	55	65
k / s^{-1}	3,38.10^{-5}	1,35.10^{-4}	4,98.10^{-4}	1,50.10^{-3}	4,87.10^{-3}

Déterminer les valeurs de E_a et A et pour cette réaction.

Réponse :

Le domaine de mesure des températures est faible aussi E_a est considérée comme constante sur ce domaine. D'après $k = A.\exp\left(-\frac{E_a}{RT}\right)$, on tire :

$$\ln k = \left(-\frac{E_a}{RT}\right) + \ln A.$$

En traçant $\ln k = f\left(\frac{1}{T}\right)$ (après changement des degrés Celsius en kelvin), le coefficient directeur de la droite obtenue vaut $-\frac{E_a}{R}$ et l'intersection avec l'axe des ordonnées $\ln A$.

$1/T\ /\ 10^{-3}\ K^{-1}$	3,35	3,25	3,14	3,05	2,96
$\ln(k/s^{-1})$	$-10,3$	$-8,91$	$-7,60$	$-6,50$	$-5,32$

On trouve : $E_a = 103{,}3\ kJ{\cdot}mol^{-1}$ et $A = 4{,}9.10^{13}\ s^{-1}$.

Le modèle proposé par ARRHÉNIUS permet de comprendre l'effet de la température sur la constante de vitesse. En effet la distribution des vitesses d'une population de molécules varie avec la température comme indiqué figure 5.12 :

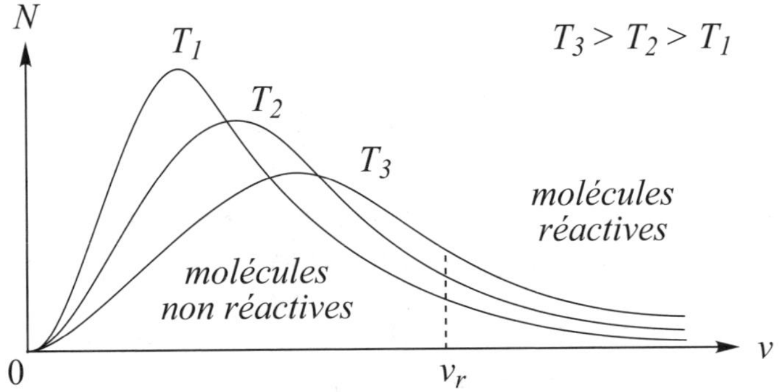

FIGURE 5.12 – Effet de la température sur la distribution des vitesses des molécules d'un gaz

Ainsi une augmentation de la température du gaz a pour effet d'augmenter la fraction de molécules réactives. L'énergie d'activation est une grandeur caractéristique de la réaction chimique et ne dépend que des conditions dans lesquelles celle-ci est mise en œuvre (en particulier l'énergie d'activation E_a dépend de la nature du solvant dans le cas de réactions effectuées en phase condensée). À partir de l'équation d'ARRHENIUS, le tracé de $k = f(T)$ montre une courbe de forme sigmoïde (Figure 5.13) pour laquelle la limite asymptotique est A lorsque T tend vers l'infini.

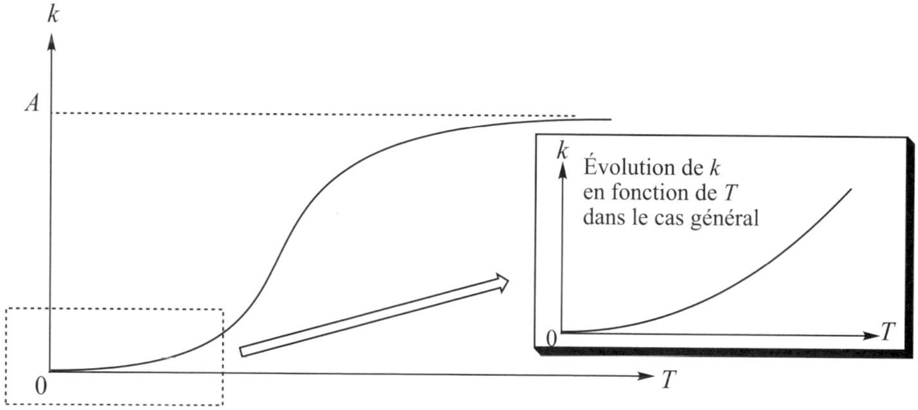

FIGURE 5.13 – Dépendance en température d'une constante de vitesse

Pour la plupart des réactions chimiques, le domaine de température dans lequel sont effectuées les mesures de k correspond à la partie basse de la sigmoïde (en croissance rapide). Il existe cependant des réactions chimiques mettant en jeu des atomes ou des radicaux libres qui présentent des énergies d'activation très faibles voire nulles pour lesquelles il est possible d'atteindre la partie haute de la sigmoïde. La figure 5.14 montre que, pour une valeur de A fixée, la diminution de E_a permet d'atteindre plus rapidement cette valeur limite à des températures plus basses.

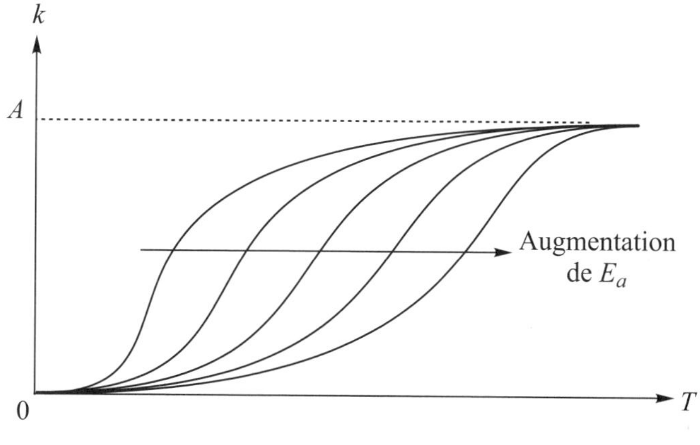

FIGURE 5.14 – Tracé de $k = f(T)$ pour différentes valeur de E_a avec A constant

Exercice résolu

Efficacité des trempes

La cinétique d'une réaction chimique est suivie au moyen d'une méthode d'analyse chimique précédée d'une trempe par refroidissement de 100 °C (température de la réaction) à 0 °C (température du dosage). En considérant que cette réaction possède une énergie d'activation $E_a = 40$ kJ·mol^{-1}, quelle est l'efficacité de la trempe par refroidissement ? Si l'énergie d'activation est de 80 kJ·mol^{-1}, l'efficacité de la trempe est-elle meilleure ou moindre ?

Réponse :
Le rapport des constantes de vitesse aux deux températures considérées est :

$$\frac{k_{(373)}}{k_{(273)}} = \frac{A_{(373)}.\exp\left(\frac{-E_a}{373R}\right)}{A_{(273)}.\exp\left(\frac{-E_a}{273R}\right)}.$$

En considérant que $A_{(373)} = A_{(273)}$, l'expression se simplifie en :

$$\frac{k_{(373)}}{k_{(273)}} = \exp\left[\left(-\frac{E_a}{373R}\right) + \left(-\frac{E_a}{273R}\right)\right].$$

Pour $E_a = 40\ \text{kJ·mol}^{-1}$, le rapport vaut :

$$\frac{k_{(373)}}{k_{(273)}} = \exp\left[\left(-\frac{40000}{8,31.373}\right) + \left(\frac{40000}{8,31.273}\right)\right] = 8,9.10^{-3}.$$

Lors de la trempe la vitesse de la réaction est à peu près divisée par 100.
Pour $E_a = 80\ \text{kJ·mol}^{-1}$, le rapport vaut :

$$\frac{k_{(373)}}{k_{(273)}} = \exp\left[\left(-\frac{80000}{8,31.373}\right) + \left(\frac{80000}{8,31.273}\right)\right] = 7,8.10^{-5}.$$

Dans ce cas, la constante de vitesse de la réaction est à peu près divisée par 10 000 lors de la trempe. L'efficacité de la trempe par refroidissement est meilleure dans le cas d'une réaction possédant une énergie d'activation élevée.

4.3 Autres facteurs influençant la vitesse des réactions

Deux autres facteurs sont également capables de modifier la vitesse d'une réaction chimique :

- le rayonnement lumineux : une onde lumineuse peut agir sur un système chimique si elle est absorbée par ce système. Les réactions chimiques réalisées en présence d'un rayonnement lumineux constituent le domaine de la **photochimie** ;
- la présence d'un catalyseur : un catalyseur est une espèce qui accélère une réaction chimique thermodynamiquement possible sans subir lui-même de modifications permanentes, il n'intervient pas dans le bilan réactionnel de la réaction chimique considérée. La catalyse peut être de type homogène (le catalyseur et les réactifs sont dans la même phase) ou hétérogène (le catalyseur et les réactifs sont dans des phases différentes) ;
- la présence d'un inhibiteur : un inhibiteur est une espèce qui ralentit une réaction chimique thermodynamiquement favorisée ;
- dans le cas de réactions effectuées en phase condensée, le solvant peut exercer un effet très important en raison de ses pouvoirs ionisant, disssociant et des interactions non covalentes possibles avec les réactants.

Méthode de relaxation

La vitesse de mélange des réactifs constitue une limite à la détermination de la constante de vitesse d'une réaction chimique. L'obtention d'un mélange homogène à partir de deux espèces initialement séparées s'effectue lentement par simple diffusion. L'examen des réactions aux temps courts se trouve doublement limitée : d'une part, si l'agitation mécanique permet de diminuer la durée du mélange, les lois de l'hydrodynamique et de la diffusion constituent une limite infranchissable de l'ordre de la milliseconde, d'autre part, même dans le cas d'une homogénéisation très rapide du milieu, il se forme localement dans le solvant pendant des durées variables des zones dans lesquelles les espèces ne se trouvent pas dans les proportions qui seront celles du mélange après homogénéisation.

Les solutions élaborées par les chimistes pour étudier les réactions aux temps courts (temps inférieurs à la seconde) se sont développées à partir de 1950 et ont valu à MANFRED EIGEN le prix Nobel de chimie en 1967. Le principe de ces méthodes de relaxation repose sur la perturbation d'un système déjà à l'équilibre thermodynamique, c'est-à-dire dont la composition n'évolue pas au cours du temps. Les réactions chimiques des réactifs vers les produits et des produits vers les réactifs s'effectuent simultanément : le système est en équilibre dynamique.

Différentes variables (température, pression, pH) permettent d'écarter le système de sa position d'équilibre et le retour à l'équilibre (le processus de **relaxation**) est suivi au moyen de techniques comme la spectrophotométrie ou la conductimétrie. La méthode de relaxation la plus utilisée est la technique du saut de température (*T-jump* (saut en anglais). Un chauffage rapide est obtenu par la décharge d'un condensateur au travers d'une solution électrolytique. Le saut de température obtenu par cette méthode est de l'ordre de un kelvin en une microseconde.

Le principe de la méthode est examiné sur une réaction du premier ordre dans les deux sens (réaction renversable) :

$$R \underset{k_{-1}}{\overset{k_1}{\rightleftarrows}} P.$$

Une condition essentielle pour que la méthode de relaxation conduise à un résultat est de travailler sur une réaction chimique pour laquelle l'enthalpie standard de réaction est différente de zéro, c'est-à-dire une réaction dont la constante d'équilibre dépend de la température.

La vitesse de formation de R est donnée par l'équation :

$$\frac{\mathrm{d}[R]}{\mathrm{d}t} = -k_1[R] + k_{-1}[P].$$

À l'équilibre, le système n'évolue pas macroscopiquement et cette vitesse est nulle. Si les concentrations de R et de P dans cet équilibre initial sont notées $[R]_{eq,i}$ et $[P]_{eq,i}$, nous avons :

$$k_1[R]_{eq,i} = k_{-1}[P]_{eq,i}.$$

Supposons que les conditions du système se trouvent brusquement modifiées (saut de température en une microseconde par exemple). Les concentrations de R et de P se trouvent momentanément à leur ancienne valeur dans ces nouvelles conditions. Les concentrations de R et de P évoluent alors (c'est le phénomène de la relaxation) vers de nouvelles valeurs correspondant à l'équilibre final et notées $[R]_{eq,f}$ et $[P]_{eq,f}$. Dans ces nouvelles conditions, l'égalité des vitesses est toujours valable et nous avons :

$$k_1[R]_{eq,f} = k_{-1}[P]_{eq,f}.$$

La vitesse à laquelle ce nouvel état d'équilibre est atteint dépend de la valeur des constantes de vitesse (afin de simplifier l'étude du phénomène de relaxation, ces valeurs sont supposées constantes sur l'intervalle de température considéré). Nous pouvons écrire la déviation de $[R]$ en fonction du temps par rapport à l'état d'équilibre final $[R]_{eq,f}$:

$$[R](t) = [R]_{eq,f} + \Delta[R](t).$$

À $t = 0$ (c'est-à-dire immédiatement après le saut de température et avant que le système ne relaxe), nous avons $[R]_o = [R]_{eq,i}$, aussi $\Delta[R]_o = [R]_{eq,i} - [R]_{eq,f}$. La concentration de R varie alors de la manière suivante :

$$\frac{\mathrm{d}[R]}{\mathrm{d}t} = -k_1(\Delta[R]_t + [R]_{eq,f}) + k_{-1}(-\Delta[R]_t + [P]_{eq,f}).$$

Puisque $-k_1[R]_{eq,f} + k_{-1}[P]_{eq,f} = 0$, l'équation se simplifie :

$$\frac{\mathrm{d}[R]}{\mathrm{d}t} = -(k_1 + k_{-1})\Delta[R]_t.$$

Comme $\frac{\mathrm{d}[R]}{\mathrm{d}t} = \frac{\mathrm{d}\Delta[R]}{\mathrm{d}t}$, l'équation précédente devient :

$$\frac{\mathrm{d}\Delta[R]}{\mathrm{d}t} = -(k_1 + k_{-1})\Delta[R].$$

L'intégration de cette équation conduit à :

$$\Delta[R] = \Delta[R]_o e^{-(k_1+k_{-1})t}.$$

L'importance de la perturbation décroît exponentiellement au cours du temps (Voir figure 5.15) avec une constante de vitesse apparente du premier ordre égale à $k_1 + k_{-1}$. À l'équilibre (initial ou final), la vitesse de formation de $[P]$ à partir de $[R]$ est égale à la vitesse de formation de $[R]$ à partir de $[P]$. La constante d'équilibre de la réaction peut s'écrire sous la forme :

$$K = \frac{[P]_{eq,f}}{[R]_{eq,f}} = \frac{k_1}{k_{-1}}.$$

Ainsi à partir de la constante d'équilibre K et de la constante de vitesse apparente du premier ordre $k_1 + k_{-1}$, il est possible d'en déduire k_1 et k_{-1}.

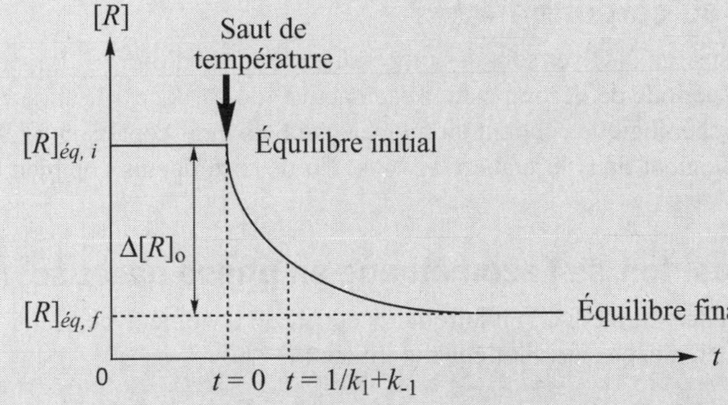

FIGURE 5.15 – Évolution de la concentration en R au cours d'une relaxation

En appliquant cette technique de relaxation à la réaction acido-basique suivante :

$$H^+ \quad + \quad OH^- \quad \longrightarrow \quad H_2O$$

et en analysant cette réaction du second ordre par une méthode similaire à celle présentée ici, il a été possible de déterminer la constante de vitesse de la réaction de l'ion H^+ sur l'ion OH^- ; la valeur trouvée est $1{,}4.10^{11}$ $L{\cdot}mol^{-1}{\cdot}s^{-1}$.

EXERCICES

5.1 Datation au carbone 14 (★)

Les décompositions radioactives sont des processus cinétiques d'ordre 1. Le temps de demi-vie (aussi appelé période de décomposition radioactive) du carbone 14 est de $\tau = 5730$ ans. Un échantillon archéologique contient un morceau de bois mort contenant 74 % du carbone 14 contenu usuellement dans la matière vivante. En déduire depuis combien de temps est mort l'arbre.

5.2 Décomposition de l'azométhane en phase gazeuse (★)

Dans un récipient de volume fixé, on introduit à 600 K de l'azométhane. Celui-ci se décompose en éthane et en diazote suivant l'équation-bilan :

$$CH_3N_2CH_3\ (g) \quad = \quad CH_3CH_3\ (g) \quad + \quad N_2\ (g).$$

L'évolution de la réaction est suivie par manométrie, et une série de mesures a donné la pression partielle p_A en azométhane :

t (10^3 s)	0	1,00	2,00	3,00	4,00
p_A (10^{-2} mmHg)	$p_0 = 8,21$	5,74	4,00	2,80	1,96

Vérifier que la réaction est d'ordre 1 par rapport au réactif, et calculer sa constante de vitesse. On supposera que tous les gaz ou mélanges de gaz sont parfaits.

5.3 Temps de demi-réaction (★)

La réaction de décomposition totale du pentaoxyde de diazote N_2O_5 a lieu en phase gazeuse. Son équation-bilan s'écrit :

$$N_2O_5\ (g) \quad = \quad 2\ NO_2\ (g) \quad + \quad \frac{1}{2}\ O_2\ (g).$$

L'expérience est menée dans un récipient de volume V constant, initialement vide, en amenant du pentaoxyde de diazote de manière à ce que la pression initiale soit p_0. Tous les gaz seront considérés parfaits, et constituent un mélange parfait de gaz parfaits. La constante des gaz parfaits vaut numériquement $R = 8{,}31\ \text{J}\cdot\text{K}^{-1}\cdot\text{mol}^{-1}$.

1. On mesure la pression $p(t)$ au cours du temps. On veut évaluer la constante cinétique en mesurant le temps de demi-réaction : quelle doit être la lecture de p sur le manomètre pour ce temps ?

2. Le tracé de la courbe $\ln p(N_2O_5)$ en fonction du temps est une droite. En déduire l'ordre de la réaction, puis tracer l'allure de la courbe $p = f(t)$.

3. Une première mesure réalisée à $\theta = 150$ °C permet de mesurer un temps de demi-réaction $t_{\frac{1}{2}} = 7{,}5$ s. Une seconde mesure réalisée à $\theta' = 100$ °C permet de mesurer un temps de demi-réaction $t'_{\frac{1}{2}} = 7{,}0$ min. Calculer la constante de vitesse pour ces deux températures.

5.4 Énergie d'activation (★)

La réaction de décomposition du pentaoxyde de diazote (cf. exercice précédent) a été étudiée à deux températures différentes. À la température $\theta = 150$ °C, la constante de vitesse k est égale à $9{,}2.10^{-2}$ s^{-1}. Une seconde mesure réalisée à $\theta' = 100$ °C permet de mesurer une constante de vitesse k' égale à $1{,}7.10^{-3}$ s^{-1}.
Calculer l'énergie d'activation de la réaction, supposée indépendante de la température.

5.5 Dismutation des ions hypochlorite (ESTP 1994) (★★)

En solution aqueuse, les ions hypochlorite ClO^- peuvent se dismuter selon la réaction totale :

$$ClO^- \quad = \quad \frac{1}{3}\,ClO_3^- \quad + \quad \frac{2}{3}\,Cl^-.$$

La vitesse de la réaction r, définie comme la vitesse de disparition des ions hypochlorite ClO^- suit une loi cinétique de second ordre, dont la constante de vitesse est notée k.

1. Donner l'équation horaire de la concentration en ions hypochlorite.

2. On provoque cette réaction dans une solution contenant initialement des ions hypochlorite à la concentration $c_0 = 0{,}10$ mol·L^{-1}.
À $T = 343$ K, la constante de vitesse de la solution est : $k = 3{,}1.10^{-3}$ mol^{-1}·dm^3·s^{-1}.
Au bout de combien de temps, noté t_{30}, aura-t-on obtenu la disparition de 30 % des ions hypochlorite à cette température ?

3. L'énergie d'activation de cette réaction au voisinage des températures considérées ici est $E_a = 47$ kJ·mol^{-1}. Quel serait, à $T' = 363$ K le temps t'_{30} nécessaire pour obtenir le même taux d'avancement de 30 % à partir de la même solution initiale ?

Donnée : constante des gaz parfaits $R = 8{,}31$ J·K^{-1}·mol^{-1}.

5.6 Décomposition du monoxyde d'azote (★★)

Dans cet exercice, on suppose que les mélanges gazeux se comportent comme des mélanges parfaits de gaz parfaits. La décomposition à 1151 °C de l'oxyde nitreux a lieu suivant la réaction :

$$2\,NO\,(g) \longrightarrow N_2\,(g) + O_2\,(g).$$

À volume constant et pour une pression initiale d'oxyde nitrique $p_0 = 200$ mm Hg, la pression partielle p de NO varie en fonction du temps de la manière suivante :

p / mm Hg	200	156	128	108	94	83
t / min	0	5	10	15	20	25

Dans les mêmes conditions, mais pour des pressions initiales de NO différentes, on a déterminé les vitesses initiales de disparition du monoxyde d'azote correspondantes, notées r_0 :

p_0 / mm Hg	100	150	200	300	400
r_0 / mm Hg.min^{-1}	2,8	6	11	25	45

1. Déterminer l'ordre de la réaction en vous basant sur les valeurs de r_0.

2. Écrire et intégrer l'équation cinétique.

3. Vérifier l'ordre obtenu en utilisant une méthode graphique avec les valeurs du tableau 1.

4. Une étude en fonction de la température a donné les résultats suivants :

Θ / °C	974	1057	1260
$2k$ / $mol^{-1}\cdot mL\cdot s^{-1}$	20,5	87	2100

Évaluer graphiquement l'énergie d'activation et déterminer le facteur préexponentiel.

Données : $R = 8{,}31\ J\cdot K^{-1}\cdot mol^{-1} = 62{,}3$ mm $Hg\cdot L\cdot mol^{-1}\cdot K^{-1}$.

PROBLÈMES

5.7 Suivi d'une isomérisation par spectrophotométrie (★)

On dispose du chlorure de dichlorobiséthylènediaminecobalt (III) $[Co(en)_2Cl_2]Cl$. Ce complexe existe sous deux stéréoisomères de configurations *trans* et *cis*, représentés ci-dessous.

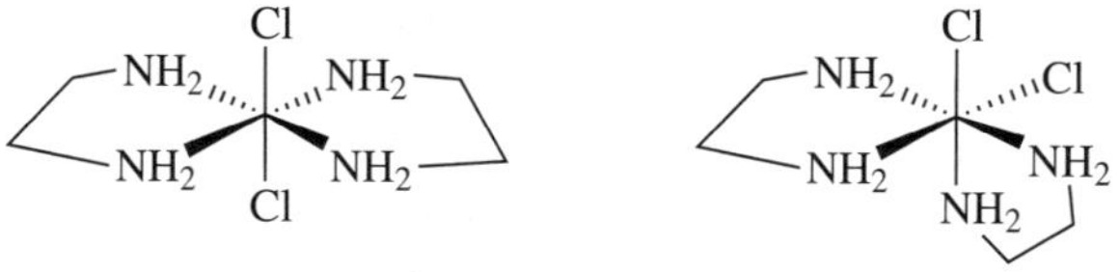

FIGURE 5.16 – Deux formes stéréoisomères (*cis* et *trans*) du complexe étudié.

On étudie ici l'isomérisation dans le méthanol du complexe *cis* en complexe *trans*. La réaction *cis*-$[Co(en)_2Cl_2]Cl \rightarrow$ *trans*-$[Co(en)_2Cl_2]Cl$ est supposée être totale et d'ordre 1 par rapport au stéréoisomère *cis*. Pour suivre la réaction, on mesure l'absorbance de la solution à 539 nm, longueur d'onde où les deux stéréoisomères absorbent. À cette longueur d'onde, on note ε_{cis} le coefficient d'absorption molaire du stéréoisomère *cis*, et ε_{trans} le coefficient d'absorption molaire du stéréoisomère *trans*.

1. Dans l'hypothèse d'une réaction d'ordre 1 par rapport au complexe *cis*, donner la loi horaire de la concentration en complexe *cis*.

2. Donner l'expression de l'absorbance A de la solution à n'importe quel instant, en fonction de la concentration en complexe *cis*, notée $[cis]$, en complexe *trans*, notée $[trans]$, des coefficients d'absorption molaire, et de la longueur ℓ de la cuve. Donner l'expression A_∞ de cette absorbance au bout d'un temps infini.

3. En utilisant les lois de conservation de la matière, montrer que : $\ln[cis] = \ln(A - A_\infty) + Cte$. Donner alors la loi horaire en fonction uniquement de la grandeur physique mesurée.

4. Une série de mesure est la suivante :

t / s	300	810	1240	1700	2120	3110	3680	∞
A	0,153	0,143	0,134	0,126	0,119	0,105	0,101	0,027

Montrer par une analyse linéaire bien choisie que la réaction est effectivement d'ordre 1, et calculer la constante de vitesse de la réaction.

5.8 Réaction entre le dioxygène et l'ion ferreux (d'après Agro 2009) (★)

On s'intéresse à la cinétique de la réaction d'oxydation de Fe(II) en Fe(III) par le dioxygène O_2, réaction qui joue un grand rôle dans le cycle du fer dans les eaux des lacs ou des eaux souterraines. L'équation de la réaction sera écrite :

$$Fe^{2+} \quad + \quad \frac{1}{4}\,O_2 \quad + \quad 2\,HO^- \quad + \quad \frac{1}{2}\,H_2O \quad = \quad Fe(OH)_3.$$

Pour déterminer la vitesse d'oxydation dans les conditions des eaux naturelles, le système tampon des eaux naturelles a été choisi c'est-à-dire qu'un mélange de gaz $O_2/CO_2/N_2$ dont la composition est fixée barbote dans une solution à 0,01 $mol{\cdot}L^{-1}$ d'hydrogénocarbonate de sodium. La température est constante et égale à 25 °C. Les concentrations sont choisies de telle sorte que $FeCO_3$ ne précipite pas et comme la concentration en dioxygène dissous est proportionnelle à la pression partielle fixée en dioxygène ($[O_2\,(aq)] = k.p(O_2)$), on cherchera à montrer que la vitesse de disparition de l'ion ferreux Fe^{2+} peut se mettre sous la forme :

$$v = k.[Fe^{2+}]^{\alpha}.[HO^-]^{\beta}.$$

Différentes expériences sont menées à différents pH constants et à pression partielle constante en dioxygène ($p(O_2)$ = 0,2 bar). Les résultats expérimentaux sont exploités de la façon suivante : on constate que le tracé de la grandeur $y = \ln \dfrac{[Fe^{2+}]}{[Fe^{2+}]_0}$ en fonction du temps t pour chacune des expériences menées à différents pH est une droite, soit :

$$y = -10^{-\delta}.t \qquad \text{avec } t \text{ en minutes.}$$

Ces résultats sont résumés dans le tableau ci-dessous.

pH	6,2	6,4	6,6	6,8	7,0
δ	2,6	2,2	1,8	1,4	1,0

1. Montrer clairement que l'examen d'une seule des cinq expériences permet de déterminer un des deux ordres partiels α ou β. Déterminer cet ordre partiel.

2. À l'aide d'une représentation graphique, déterminer l'ordre partiel manquant. La procédure sera clairement explicitée.

3. Que vaut la constante de vitesse k dans les conditions de l'expérience (à la température : $\theta = 25$ °C et à pression : $p(O_2) = 0{,}2$ bar) ?

4. Au laboratoire, les solutions de fer(II) sont conservées en milieu acide. Interpréter ce mode de conservation, en particulier, calculer les temps de demi-réaction à pH = 6 et pH = 4.

5. Que faudrait-il faire pour évaluer l'influence de la pression partielle en dioxygène sur la cinétique de cette réaction ?

5.9 Étude d'une d'oxydation (d'après Mines d'Albi 2008) (★★)

La réaction étudiée est l'oxydation des ions iodure par les ions ferriques Fe(III). Les couples d'oxydoréduction mis en jeu sont les couples I_2/I^- et Fe^{3+}/Fe^{2+}, toutes les espèces étant dissoutes dans l'eau.

1. Écrire l'équation-bilan de l'oxydation des ions iodure par les ions fer(III), en affectant les espèces du fer du nombre stœchiométrique 1. Si la concentration d'ions iodure passe de c_o à $c_o - x$ entre 0 et t, comment définit-on par rapport à x la vitesse volumique de la réaction ?

2. On suppose une cinétique avec ordre, de constante de vitesse k ; on note a l'ordre partiel par rapport aux ions fer(III) et b l'ordre partiel par rapport aux ions iodure. Comment s'écrit la vitesse v ? Quelle est alors l'unité usuelle de k (au besoin en fonction de a et de b) ?

3. À la date t après le mélange d'une solution d'iodure de potassium avec une solution ferrique, on prélève à la pipette 5 mL de solution et on dilue 10 fois avant de procéder à un dosage de la quantité d'iode formée. Justifier l'intérêt cinétique de cette dilution.

4. Les résultats d'une série de mesures sont présentés ci-dessous, x se rapportant à la quantité d'ions iodure qui ont été oxydés dans le milieu réactionnel à la date du prélèvement.

t / s	60	120	180	240	300
x / μmol·L^{-1}	13	25	36	46	55

Que représente la grandeur $x(t)/t$? Pourquoi diminue-t-elle en cours de réaction ? Représenter graphiquement cette grandeur en fonction de t à partir du tableau ci-dessus, avec en abscisse $t \in [0, 300\text{s}]$; en déduire une estimation de la valeur initiale $(\mathrm{d}x/\mathrm{d}t)_0$.

5. Grâce à la méthode précédente, on détermine les valeurs initiales de $(\mathrm{d}x/\mathrm{d}t)$ pour différentes concentrations initiales des deux réactifs. Quelques résultats sont présentés ci-dessous :

$c_0 = [I^-]_0$ / μmol·L^{-1}	2	2	2	6	6	8
$[Fe^{3+}]_0$ / μmol·L^{-1}	2	4	8	2	4	8
$\left(\dfrac{\mathrm{d}x}{\mathrm{d}t}\right)_0$ / μmol·L^{-1}·s^{-1}	5,7	11,1	22,5	52	99	354

En déduire les valeurs de a et b, supposées entières.

6. Déterminer la constante de vitesse k définie à la question **2.** ; on précisera la méthode suivie pour utiliser au mieux les données.

7. Dans l'hypothèse d'un état initial ne contenant que les deux réactifs à la même concentration c_0, établir la relation littérale donnant $x(t)$, sous la forme :

« expression en (x, c_0) = expression en (k, t) ».

En déduire la dépendance entre le temps de demi-réaction τ et la concentration c_0.

5.10 Réaction d'hydrolyse (d'après CCP PC 2007) (★★)

L'éthane-1,2-diol A peut être transformé en composé B, appelé chlorhydrine.

A 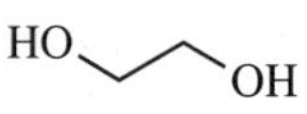

B 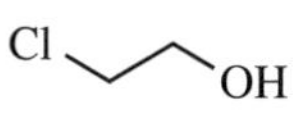

En milieu basique, le composé B se cyclise selon la réaction (1) :

La cinétique de cette réaction est étudiée expérimentalement à la température de 20 °C. Pour cela, on dispose d'un volume $V_o = 200$ mL d'un mélange de soude de concentration c_o et de chlorhydrine B de concentration c'_o ($c'_o = 0{,}125$ mol·L^{-1}). À différents instants t, un volume $V_p = 1{,}0$ mL du mélange réactionnel est prélevé. Le prélèvement est versé dans un erlenmeyer contenant environ 20 mL d'eau glacée. Un dosage est alors effectué par ajout d'acide chlorhydrique, de concentration $c_a = 1{,}0.10^{-2}$ mol·L^{-1}. Le volume d'acide versé à l'équivalence est noté V_a. Les résultats obtenus sont rassemblés dans le tableau suivant :

t / s	0	300	600	900	1200	1500	1800	9000
V_a / mL	12,5	10,6	9,30	8,20	7,50	6,70	6,10	2,00
$\frac{1}{V_a}$ / mL^{-1}	0,08	0,09	0,11	0,12	0,13	0,15	0,16	0,50

1. Écrire la réaction de dosage.

2. Pourquoi l'eau ajoutée au prélèvement doit-elle être glacée ? La loi de vitesse de la réaction s'écrit $v = k.[B]^p[HO^-]^q$

3. Calculer la concentration initiale de soude c_o. En déduire une expression simplifiée de la loi de vitesse.

4. Montrer qu'à chaque instant les concentrations en HO^- et B sont proportionnelles à V_a.

5. On trace trois courbes représentant successivement $V_a = f(t)$, $\ln V_a = g(t)$ et $1/V_a = h(t)$. La dernière courbe est une droite. Déterminer l'ordre global en justifiant soigneusement votre démarche. Afin de déterminer l'ordre partiel par rapport à chacun des réactifs, on modifie les conditions initiales. Une expérience est réalisée avec un large excès de chlorhydrine B.

6. Écrire l'expression simplifiée de la loi de vitesse dans ces conditions.

7. En sachant que l'étude de la variation de la concentration en ions hydroxyde montre que dans cette expérience, la fonction $\ln[HO^-]$ est une fonction affine du temps et en utilisant les résultats de la question **5.**, indiquer quels sont les ordres partiels vis-à-vis de chaque réactif. Justifier soigneusement votre réponse en détaillant le raisonnement.

8. Déterminer la constante de vitesse.

5.11 Temps de demi-réaction (d'après Mines PSI 2002) (★★)

On étudie la cinétique à 20 °C de la réaction entre l'ion hydroxyde HO^- et le 1-bromo-2-méthylpropane (qui sera noté RBr dans la suite de l'énoncé) qui conduit à l'obtention du 2-méthylpropan-1-ol (qui sera noté ROH) :

$$R\text{Br} \quad + \quad \text{HO}^- \quad = \quad R\text{OH} \quad + \quad \text{Br}^-.$$

Deux mécanismes limites sont proposés pour cette réaction :

$$\begin{array}{llll} S_N1 : & RBr & \rightleftharpoons & R^+ + Br^- \quad \text{étape 1, cinétiquement déterminante, } k_1, k_{-1} \\ & R^+ + HO^- & \rightarrow & ROH \quad \text{étape 2, } k_2 \end{array}$$

La vitesse r correspondant à ce mécanisme est définie comme la vitesse d'apparition de l'alcool ROH, et suit la loi : $r = k[R\text{Br}]$.

$$S_N2 : \quad RBr \quad + \quad HO^- \quad \rightarrow \quad ROH \quad + \quad Br^-$$

La vitesse r correspondant à ce mécanisme est définie comme la vitesse d'apparition de l'alcool ROH, et suit la loi : $r = k[R\text{Br}][\text{HO}^-]$.
Nous nous proposons dans cet exercice d'identifier le mécanisme microscopique de la réaction entre l'ion hydroxyde et le 1-bromo-2-méthylpropane grâce à l'analyse de la cinétique macroscopique de la réaction.

1. Temps de demi-réaction
Dans le cas d'une réaction $A \rightarrow B$ admettant un ordre a par rapport à A, exprimer le temps de demi-réaction $t_{1/2}$ en fonction de la constante de réaction k et de la concentration initiale en A notée $[A]_0$, pour les ordres $a = 0$; 1 et 2.

2. Première expérience
Une première expérience a pour conditions initiales $[R\text{Br}]_0 = 0{,}010\ \text{mol}\cdot\text{dm}^{-3}$ et $[\text{HO}^-]_0 = 1{,}0\ \text{mol}\cdot\text{dm}^{-3}$. On mesure la concentration en bromoalcane RBr à l'instant t :

t / min	0	10	20	30	40
$1000 \times [R\text{Br}]$ / mol·dm^{-3}	10	5,0	2,5	1,2	0,6

a. Comment s'appelle une expérience réalisée avec des concentrations initiales si différentes ? Définir alors la constante de vitesse apparente k_{app} de la réaction dans le cadre de cette expérience.
b. À l'aide des valeurs expérimentales, déterminer trois valeurs de $t_{1/2}$ en utilisant différentes origines. Cette réaction admet-elle un ordre ? Dans l'affirmative, quel est-il, et que vaut la constante de vitesse apparente ?

3. Seconde expérience
On recommence une expérience analogue à la précédente avec les concentrations initiales suivantes : $[R\text{Br}]_0 = 0{,}010\ \text{mol}\cdot\text{dm}^{-3}$ et $[\text{HO}^-]_0 = 50{,}50\ \text{mol}\cdot\text{dm}^{-3}$. On mesure alors l'évolution suivante des concentrations :

t / min	0	10	20	30	40
$1000 \times [R\text{Br}]$ / mol·dm^{-3}	10	7,1	5,0	3,5	2,5

a. Déterminer trois nouvelles valeurs de temps de demi-réaction, et en déduire éventuellement une constante de vitesse apparente.
b. En déduire l'ordre partiel par rapport aux ions hydroxyde, ainsi que la constante de vitesse k de la réaction. Le mécanisme de la réaction est-il S_N1 ou S_N2 ?

5.12 Étude cinétique d'un équilibre (d'après Agro 2002) (★★)

On étudie l'équilibre entre un énol et son cétoester correspondant, présenté figure ci-dessous :

E 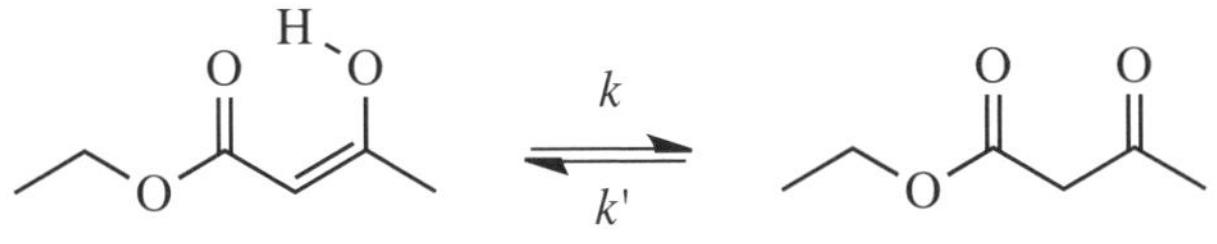 C

FIGURE 5.17 – Équilibre entre l'énol (E) et le cétoester (C).

Afin de simplifier les notations, l'énol sera noté E et le cétoester C. On réalise une solution de 3-oxobutanoate d'éthyle E dans le chloroforme, dans laquelle les concentrations en énol et en cétoester valent respectivement e_0 et c_0 à l'instant $t = 0$, et e et c à l'instant t. La concentration totale est égale à a_0. On appelle x_0 et x la fraction molaire d'énol respectivement à l'instant initial et à l'instant t. À l'instant initial, on introduit un catalyseur et on suit l'évolution de la fraction molaire d'énol x au cours du temps. Elle peut être déterminée par Résonance Magnétique Nucléaire (c'est une technique spectroscopique) ou par un dosage d'oxydoréduction. Des prélèvements ont été réalisés à différents instants ; les résultats sont rassemblés dans le tableau suivant.

t / h	0	71,80	215,8	333,3	506,0	∞
x	$x_0 = 0,366$	0,277	0,174	0,130	0,100	$x_e = 0,0780$

k' désigne la constante de vitesse associée à la formation de l'énol et k celle associée à la disparition de l'énol. On admet que l'ordre partiel par rapport aux deux constituants est 1.

1. Établissement de l'équation différentielle

a. Exprimer la vitesse d'apparition de l'énol à l'instant t en fonction de k, k', e et c.

b. Montrer que $\dfrac{dx}{dt} = -(k+k')x + k'$

c. Que devient cette expression lorsque x atteint sa valeur d'équilibre x_e ? En déduire une relation entre x_e, fraction molaire d'énol à l'équilibre, k et k'.

2. Résolution

a. Intégrer l'équation différentielle établie précédemment et trouver une relation entre t, k, k', x, x_e et x_0.

b. Vérifier que les résultats expérimentaux sont en accord avec l'expression proposée.

3. Déduire des résultats expérimentaux les valeurs de k et k'.

5.13 Dimérisation du buta-1,3-diène (ENS Ulm 1982) (★★★)

Le buta-1,3-diène, dans des conditions convenables, en particulier de température et de pression, donne progressivement un dimère, le 4-vinylcyclohexène. Pour simplifier les notations, on notera B le réactif (buta-1,3-diène) et D le produit (le dimère).

$$2\,B \xrightarrow{k_1} D.$$

1. On étudie expérimentalement la réaction en introduisant du buta-1,3-diène gazeux dans un récipient préalablement vidé, de volume constant ($V_o = 0{,}1$ L), sa température est maintenue à la valeur $T = 609$ K. L'introduction du buta-1,3-diène est tel que la pression initiale (buta-1,3-diène pur) vaut $P_o = 1{,}013$ bar. Ensuite, la pression totale P dans le récipient décroît : le tableau ci-dessous indique son évolution au cours du temps.

Temps / seconde	900	1800	3600	5400	7200	9000
Pression / bar	0,86	0,778	0,692	0,647	0,620	0,602

La phase gazeuse sera considérée comme un mélange parfait de gaz parfaits.
On considère pour la dimérisation le modèle simple d'une réaction non renversable d'ordre 2, de constante de vitesse k. Dans la suite du problème, n_B et n_D désignent les quantités de matière respectivement du buta-1,3-diène et du dimère. Au temps initial, la quantité de dimère est nulle. Les concentrations à l'instant t sont notées c_B (en buta-1,3-diène) et c_D (en dimère) et la concentration initiale en buta-1,3-diène est notée c_o.
a. Exprimer la concentration $c_B(t)$ en fonction de la variable t.
b. Afin de vérifier la loi proposée ci-dessus, il faut obtenir la grandeur c_B à partir des données expérimentales. En utilisant la nature de la phase gazeuse (mélange parfait de gaz parfaits), donner l'expression de c_B en fonction de P, P_o et c_o. Calculer les valeurs prises par $\dfrac{1}{c_B}$ (c_B exprimée en mol·m^{-3}) aux différents temps et tracer le graphe $\dfrac{1}{c_B} = f(t)$ (ou donner les éléments de la régression linéaire : coefficient directeur, ordonnée à l'origine et coefficient de corrélation).
c. Donner la valeur de la constante de vitesse k, en précisant l'unité.
d. Donner le temps de demi-réaction. Quelle est alors la pression totale dans le récipient ?
2. La réaction est à nouveau conduite à la température $T = 609$ K mais cette fois à pression totale constante $P_o = 1{,}013$ bar. L'avancement est alors suivi par variation du volume en fonction du temps à partir de la valeur initiale $V = V_o = 0{,}1$ L

Temps / seconde	900	1800	3600	5400	7200	9000
Volume / L	0,0839	0,0747	0,0653	0,0607	0,582	0,566

a. Montrer que le traitement effectué à la question **1.** ne convient pas pour analyser les résultats expérimentaux.
b. Donner l'expression de la quantité de matière de buta-1,3-diène n_B en fonction de V, V_o et de la quantité de matière initiale n_o.
c. Dans le cas d'une réaction se déroulant à volume variable, la définition correcte de la vitesse consiste à remplacer les dérivées des concentrations par rapport au temps par des termes $\dfrac{1}{V}.\dfrac{\mathrm{d}n}{\mathrm{d}t}$ où V désigne le volume du système à l'instant t et $\dfrac{\mathrm{d}n}{\mathrm{d}t}$ la dérivée par rapport au temps d'une quantité de matière. Écrire l'équation différentielle vérifiée par n_B.
d. Intégrer l'équation différentielle établie à la question **2.c**.
e. À partir des données du tableau de la partie **2.**, vérifier la loi obtenue au **2.d**. Déterminer la constante de vitesse. Conclusion(s) ?

Donnée : constante des gaz parfaits $R = 8{,}314\ \mathrm{J{\cdot}K^{-1}{\cdot}mol^{-1}}$.

5.14 Réactions oscillantes (d'après ENS Ulm 1982) (★★★)

Il existe des systèmes chimiques qui sont le siège de réactions oscillantes, se traduisant par l'apparition et la disparition périodique d'une ou plusieurs espèces au cours du temps. Un mécanisme réactionnel assez simple permet de retrouver ce comportement : il s'agit du modèle de LOTKA-VOLTERRA proposé ci-dessous.

$$A \xrightarrow[k_1]{(1)} X \xrightarrow[k_2]{(2)} Y \xrightarrow[k_3]{(3)} P.$$

La réaction a lieu en phase liquide. La première étape est du premier ordre en A et du premier ordre en X (on dit qu'il s'agit d'une réaction autocatalytique). La seconde étape est du premier ordre en X et du premier ordre en Y (c'est aussi une étape autocatalytique) et la troisième étape est du premier ordre en Y. La concentration en A est maintenue constante au cours de la réaction.

1. a. Écrire les équations différentielles vérifiées par $[X]$ et $[Y]$.

b. En étudiant l'expression $\dfrac{\mathrm{d}[X]}{\mathrm{d}[Y]}$, montrer qu'il existe une fonction des variables $[X]$ et $[Y]$ de la forme :

$$\mathrm{f}([X],[Y]) = [X] + [Y] + \mathrm{g}([X]) + \mathrm{h}([Y])$$

qui est constante au cours de la réaction.

c. Montrer qu'il existe deux valeurs $[X]_s$ et $[Y]_s$ qui assurent un régime stationnaire. Donner les expressions de $[X]_s$ et $[Y]_s$ en fonction de k_1, k_2, k_3 et $[A]$.

2. On étudie le comportement du système au voisinage du régime stationnaire et on pose :

$$[X] = [X]_s + x \qquad [Y] = [Y]_s + y$$

avec $x \ll [X]_s$ et $y \ll [Y]_s$.

Soit M le point de coordonnées (x, y) et x_M et y_M les valeurs maximales respectives de x et de y au cours de l'évolution.

a. Donner l'expression de x_M et y_M en fonction de $[X]_s$ et $[Y]_s$ et des valeurs x et y au temps $t = 0$.

b. Montrer que le rapport $\dfrac{y_M}{x_M}$ est indépendant des conditions initiales.

c. On revient aux expressions de $\dfrac{\mathrm{d}[X]}{\mathrm{d}t}$ et de $\dfrac{\mathrm{d}[Y]}{\mathrm{d}t}$ établies la question **1.a** ; les transformer en expressions des variables x et y. En négligeant les termes du second ordre en x et y, montrer que le système différentiel conduit à deux équations différentielles facilement solubles. Calculer littéralement la période d'un cycle pour les intermédiaires X et Y.

Chapitre 6

Cinétique chimique microscopique

Le chapitre précédent, qui a présenté la cinétique chimique macroscopique et dégagé quelques lois simples d'évolution des espèces chimiques en fonction du temps, est complété par une approche microscopique. La principale difficulté qui se présente est la différence considérable d'échelle entre les deux approches : macroscopiquement, le chimiste travaille avec des quantités de matière de l'ordre de la mole, soit environ 10^{23} molécules et examine le comportement moyen d'une population très importante d'espèces chimiques (approche « molaire ») ; l'approche microscopique examine le comportement d'une molécule lors de la réalisation de l'événement appelé réaction chimique (approche « moléculaire »). Une question délicate est de déterminer dans quelle mesure les observations (grandeurs continues) réalisées à l'échelle macroscopique sont des indications plus ou moins sûres de ce qui se passe au niveau moléculaire (système discret).

Pour répondre à cette question, il est nécessaire d'élaborer un modèle microscopique de la réaction chimique qui permette de rendre compte au niveau moléculaire du processus par lequel les réactifs sont transformés en produits et de dégager la signification de l'équation empirique d'ARRHÉNIUS. Nous présenterons la théorie des collisions dans sa formulation initiale (1916), puis nous examinerons les principes fondamentaux des modèles actuellement utilisés en chimie. Nous nous limiterons à une présentation qualitative de ces modèles car l'exposé complet de la théorie du complexe activé (1935) sort du cadre de cet ouvrage.

Nous verrons enfin comment l'utilisation combinée de la théorie et de l'expérience permet aujourd'hui aux chimistes d'avoir des informations de plus en plus précises sur le déroulement de la réaction chimique. En 1999, A. ZEWAIL a reçu le prix NOBEL de chimie pour « avoir montré qu'il est possible avec des techniques laser rapides de percevoir comment les atomes d'une molécule bougent durant une réaction chimique ».

1 Acte élémentaire, molécularité

Préalablement à l'examen des théories de la réaction chimique, il est nécessaire de définir les notions d'**acte élémentaire** et de **molécularité**.

1.1 Acte élémentaire chimique

Il existe de nombreuses réactions chimiques pour lesquelles l'équation-bilan de la réaction (description macroscopique) rend également compte du bilan d'un événement microscopique conduisant des réactifs vers les produits ; c'est le cas par exemple de la réaction de substitution nucléophile du deuxième ordre (S_N2) :
Niveau macroscopique :

$$CH_3\text{–}I \quad + \quad CN^- \quad = \quad CH_3\text{–}CN \quad + \quad I^- \qquad \text{équation-bilan}$$

Niveau microscopique :

$$CH_3\text{–}I \quad + \quad CN^- \quad \longrightarrow \quad CH_3\text{–}CN \quad + \quad I^- \qquad \text{réaction chimique}$$

L'équation-bilan traduit l'observation (macroscopique) d'un expérimentateur : une mole d'iodure de méthyle réagit avec une mole d'ions cyanure pour donner une mole d'acétonitrile et une mole d'ions iodure. Dans ce cas, microscopiquement la transformation des réactifs en produits est similaire à la transformation envisagée macroscopiquement, c'est-à-dire qu'une molécule d'iodure de méthyle réagit avec un ion cyanure pour donner une molécule d'acétonitrile et un ion iodure.

Définition

Un acte élémentaire est un événement microscopique simple qui rend compte de la transformation de la matière ; durant cet événement, les réactifs sont directement transformés en produits. Macroscopiquement, une réaction chimique est le résultat d'un ensemble d'actes élémentaires microscopiques.

Un acte élémentaire ne fait intervenir en règle générale que très peu de molécules, atomes ou ions (trois au plus). En effet l'acte élémentaire chimique au cours duquel les entités réagissantes vont évoluer vers les produits de la réaction est réalisé au cours d'un choc inélastique (au cours d'un tel choc une partie de l'énergie cinétique des particules est transformée en énergie potentielle) entre molécules, atomes ou ions. Comme la probabilité d'avoir un choc entre différentes espèces décroît très rapidement avec le nombre d'espèces entrant en collision, il est généralement admis que seuls les chocs à deux particules sont suffisamment fréquents pour rendre compte des vitesses des réactions chimiques les plus courantes. Les réactions chimiques constituées de chocs faisant intervenir trois particules sont beaucoup plus rares.

Définition

Toute équation-bilan d'une réaction mettant en jeu plus de trois espèces chimiques peut être considérée comme le résultat d'une succession d'étapes appelée mécanisme réactionnel, chaque étape étant un acte élémentaire.

Ainsi la réaction de combustion du méthane dans le dioxygène :

$$CH_4 \quad + \quad 2\,O_2 \quad \longrightarrow \quad CO_2 \quad + \quad 2\,H_2O$$

ne s'effectue pas en un seul événement mais suppose une succession d'étapes élémentaires de nature très différentes. Microscopiquement, une réaction chimique peut comporter un ou plusieurs types d'actes élémentaires.
Un acte élémentaire constitue une réorganisation de la structure d'un ensemble moléculaire ; au cours de son déroulement, des liaisons chimiques se forment ou se rompent ou bien encore ces processus de formation et de rupture de liaisons s'effectuent simultanément. La comparaison de l'énergie moyenne des liaisons chimiques formées ou rompues dans les réactions ($< E > \approx$ quelques centaines de $kJ \cdot mol^{-1}$) avec le domaine courant des énergies d'activation d'ARRHENIUS $E_a \approx$ quelques dizaines de $kJ \cdot mol^{-1}$) permet d'affirmer qu'un acte élémentaire correspond à un changement limité de structure, c'est-à-dire que peu de liaisons seront rompues ou formées : une ou deux, rarement plus.

1.2 Molécularité

Définition

La molécularité d'un acte élémentaire est le nombre de particules de réactifs (molécules, ions ou radicaux) participant à ce processus. Cette notion ne s'applique qu'aux étapes élémentaires et relève d'un niveau de description microscopique du système étudié. Un acte élémentaire suit la loi de VAN'T HOFF et son ordre global est égal à sa molécularité.

La notion de molécularité s'applique globalement à l'acte élémentaire considéré ; à la différence de la notion d'ordre, il n'y a aucun sens à parler de molécularité par rapport à un réactif donné d'une étape élémentaire. Ainsi dans le cas de la réaction de décomposition du tétraoxyde d'azote en dioxyde d'azote :

$$N_2O_4 \quad = \quad 2\,NO_2 \qquad \text{équation-bilan.}$$

La réaction est d'ordre 1 par rapport à N_2O_4 ; $r = k[N_2O_4]$.
Niveau microscopique :

$$N_2O_4 \quad \longrightarrow \quad 2\,NO_2 \qquad \text{étape monomoléculaire.}$$

La réaction de formation du tétraoxyde d'azote par dimérisation du dioxyde d'azote est également possible :

$$2\,NO_2 \quad = \quad N_2O_4 \qquad \text{étape équation-bilan.}$$

La réaction est d'ordre 2 par rapport à NO_2 ; $r = k'[NO_2]^2$.
Niveau microscopique :

$$2\,NO_2 \quad \longrightarrow \quad N_2O_4 \qquad \text{étape bimoléculaire.}$$

La détermination de la molécularité d'un acte élémentaire dépend du sens dans lequel il est examiné. En l'absence d'autre précision, le sens retenu est celui qui va de gauche à droite (par convention, des réactifs vers les produits). Nous examinerons dans le chapitre suivant des réactions chimiques composées de plusieurs étapes élémentaires. Dans ce cas, chaque étape possède une molécularité propre et l'ordre de la réaction, s'il existe, n'est pas relié de façon simple à la molécularité des actes élémentaires.

2 Théories de la réaction chimique

Avant même de connaître la nature exacte de la liaison chimique, les physico-chimistes ont élaboré des théories expliquant la réaction chimique et son déroulement. À partir des études de réactions chimiques en phase gazeuse, la principale conclusion à laquelle étaient parvenu les chimistes de la fin du XIXe siècle, VAN'T HOFF et ARRHENIUS principalement, était que la réaction chimique devait se produire au cours d'un choc entre espèces (ions, molécules...). Aussi les physico-chimistes ont d'abord utilisé les résultats de la théorie cinétique des gaz pour comprendre la réaction chimique. Cette première théorie des collisions (1916) a été ultérieurement supplantée par la théorie du complexe activé (1935), également appelée théorie de l'état de transition ou théorie des vitesses absolues de réaction.

Les recherches menées depuis quarante ans ont permis aux chimistes de se faire une représentation de plus en plus précise du déroulement d'un acte élémentaire. Les appareils actuels permettent d'explorer le processus de la formation des liaisons chimiques à des temps inférieurs à la picoseconde (10^{-12} s). Ces méthodes ont donné naissance à une nouvelle branche de la chimie : la femtochimie (de femto $= 10^{-15}$ seconde).

2.1 Théorie des collisions

Cette théorie élaborée simultanément et indépendamment par TRAUTZ et LEWIS en 1916 prend appui sur la théorie cinétique des gaz. Pour un gaz constitué de molécules A, la densité de collisions par unité de volume et par unité de temps (Z_{AA}) est donnée par la relation :

$$Z_{AA} = \frac{\sqrt{2}}{2}\pi d^2 < u > N_A^2 \qquad (1)$$

dans laquelle :

- N_A est le nombre de molécules par unité de volume ;
- d est le diamètre moléculaire (en m) ;
- $< u >$ est la vitesse moyenne moléculaire (en m·s^{-1}) et est donnée par :

$$< u > = \sqrt{\frac{8k_B T}{\pi m}} \qquad (2)$$

- m est la masse de la molécule (en kg) ;
- k_B est la constante de BOLTZMANN ($1{,}38.10^{-23}$ J·K^{-1}) ;
- T est la température absolue (en K).

En introduisant cette valeur dans l'équation précédente, on obtient :

$$Z_{AA} = 2d^2 N_A^2 \sqrt{\frac{\pi k_B T}{m}}. \qquad (3)$$

Dans le cas d'un gaz composé de molécules A et de molécules B, le diamètre de la section efficace de collision entre deux molécules A et B de diamètres respectifs d_A et d_B vaut d_{AB} (voir figure 6.1) :

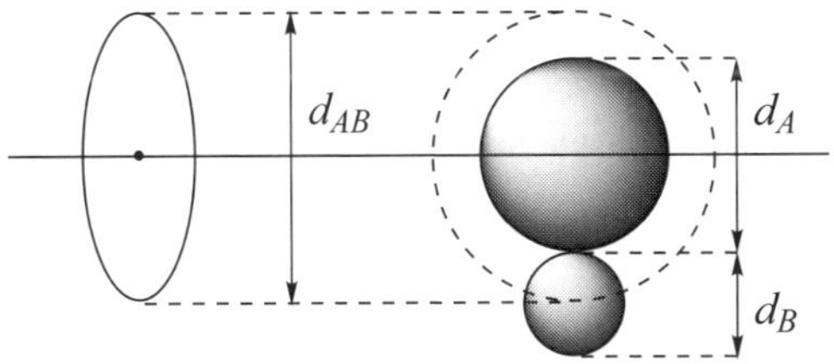

FIGURE 6.1 – Section efficace de collision de deux molécules A et B

la relation devient :

$$Z_{AB} = N_A N_B d_{AB}^2 \sqrt{\frac{8\pi k_B T}{\mu_{AB}}} \tag{4}$$

- d_{AB} est la somme des diamètres des molécules A et B (en m) ;
- μ_{AB} est la masse réduite (en kg) du système des molécules A et B :

$$\mu_{AB} = \frac{m_A . m_B}{m_A + m_B}.$$

Dans le modèle de TRAUTZ et LEWIS, le nombre de collisions Z_{AB} multiplié par le facteur $\exp\left(-\frac{E_a}{RT}\right)$ donne la vitesse de formation des produits de la réaction (nombre de molécules par unité de volume et de temps) :

$$v = N_A N_B d_{AB}^2 \sqrt{\frac{8\pi k_B T}{\mu_{AB}}} \exp\left(-\frac{E_a}{RT}\right). \tag{5}$$

En divisant cette équation par $N_A N_B$ et en la multipliant par la constante d'AVOGADRO $\mathcal{N}_A$, on obtient l'expression de la constante de vitesse de la réaction :

$$k = \mathcal{N}_A d_{AB}^2 \sqrt{\frac{8\pi k_B T}{\mu_{AB}}} \exp\left(-\frac{E_a}{RT}\right). \tag{6}$$

Le facteur préexponentiel est le facteur de fréquence de collision :

$$Z_{AB} = \mathcal{N}_A d_{AB}^2 \sqrt{\frac{8\pi k_B T}{\mu_{AB}}}.$$

Ce facteur préexponentiel correspond à la fraction des molécules possédant une énergie suffisante pour donner la réaction (Hypothèse du modèle d'ARRHENIUS, voir chapitre 5 *Cinétique chimique macroscopique*).
En appliquant cette relation à la réaction :

$$2\,HI\,(g) \longrightarrow I_2\,(g) + H_2\,(g).$$

LEWIS a trouvé par le calcul une valeur de $Z_{AB} = 3{,}5.10^{-7}$ L^{-1}·mol^{-1}·s^{-1} à 556 K pour une valeur expérimentale $Z_{AB} = 3{,}52.10^{-7}$ L^{-1}·mol^{-1}·s^{-1}. Or cet excellent accord entre la théorie et l'expérience ne s'est pas retrouvé dans les réactions examinées ultérieurement et la théorie des collisions a dû être révisée, notamment en introduisant dans l'expression du facteur préexponentiel un facteur de probabilité P, lequel prend en compte l'aspect géométrique de la réaction chimique.

✎ Dans la théorie des collisions, les molécules sont traitées comme des sphères dures, selon l'optique de la théorie cinétique des gaz. Cette théorie n'est pas satisfaisante dans le cas des collisions entre molécules au cours d'un processus réactionnel, car la réalisation de l'acte chimique élémentaire ne dépend pas seulement de l'énergie des réactifs. Au cours du choc entre deux molécules, leur orientation relative est déterminante pour l'accomplissement de la transformation des réactifs en produits. La théorie cinétique des gaz, en traitant chaque molécule de réactif comme une sphère dure, considère que chaque collision entre A et B produira la réaction chimique ; ceci peut être vrai dans le cas de réactions entre atomes ou très petites molécules, mais dans le cas de systèmes complexes, seule une faible fraction des collisions entre A et B permettra le déroulement du processus réactionnel.

2.2 De la théorie des collisions à la théorie du complexe activé

La théorie des collisions émerge au début du XXe siècle, à un moment où la nature de la liaison chimique reste encore largement obscure pour les chimistes. L'élaboration de la mécanique quantique au début des années 1920 permet à HEITLER et LONDON en 1928 de proposer un premier modèle de la liaison covalente de la molécule de dihydrogène. La compréhension de la nature de la liaison covalente rend possible l'élaboration d'un nouveau modèle pour la réaction chimique qui s'attache à l'acte réactionnel dans son déroulement même : la formation et la rupture des liaisons chimiques. Cette théorie est élaborée au début des années 1930 par H. EYRING d'une part, et indépendamment par M.G. EVANS et M. POLANYI.

Dans la théorie des collisions, l'analyse des chocs entre espèces constitue le fondement de la méthode, l'examen de leur efficacité ne vient que secondairement et rien de ce qui s'effectue au cours du processus du choc lui-même n'est examiné (choc élastique, c'est-à-dire un choc au cours duquel il n'y a pas de transformation d'énergie cinétique en énergie potentielle, modèle de sphères dures). D'autre part le choix du modèle limite son emploi au cas des réactions en phase gazeuse ; la théorie du complexe activé correspond à un niveau d'analyse plus détaillé du processus réactionnel ; les chocs entre espèces constituent toujours le point de départ de l'acte chimique élémentaire, mais cette théorie s'attache surtout à détailler les processus de formation et de rupture des liaisons chimiques. L'efficacité des chocs, c'est-à-dire l'orientation relative des molécules réagissantes (la géométrie propre au système examiné) représente un critère décisif de choix entre les différentes possibilités d'évolution du système considéré.

La théorie du complexe activé s'appuie sur la notion de **surface d'énergie potentielle** comme mode de représentation d'un édifice moléculaire et de l'évolution de son énergie en fonction de sa géométrie au cours d'une réaction chimique. Elle trouve son origine dans le travail de R. MARCELIN en 1914 qui eut le premier l'idée de représenter la réaction chimique comme une trajectoire d'un système de points dans l'espace des phases, chaque point possédant une position et une quantité de mouvement. Au début des années 1930, H. EYRING, M.G. EVANS et M. POLANYI proposent un modèle voisin de l'idée originale de MARCELIN.

2.3 Position du problème

Considérons un système constitué de trois atomes d'hydrogène H_1, H_2, H_3, assimilés à des masses ponctuelles et non alignés. Dans un repère galiléen (celui du laboratoire), chaque atome est repéré par trois variables d'espace, ce qui conduit à 9 variables pour repérer l'ensemble du système. Si nous nous intéressons au déplacement de ces atomes les uns par rapport aux autres et non par rapport au laboratoire, nous pouvons décompter des neuf variables d'espaces, trois variables correspondant à toutes les translations possibles de l'ensemble de ces atomes dans le repère du laboratoire et trois variables correspondant à toutes les rotations possibles de l'ensemble de ces atomes. L'énergie potentielle de ce système dépend de trois coordonnées qui repèrent la position relative des atomes (et non la position par rapport au laboratoire).

De façon plus générale, pour un système de N atomes (non alignés), l'énergie potentielle du système dépend de $3N - 6$ variables géométriques. Parmi toutes ces variables, on en privilégie certaines ($d_{(H_1-H_2)}$ ou $d_{(H_2-H_3)}$ par exemple dans le cas de trois atomes d'hydrogène) car elles prennent des valeurs constantes dans les comportements asymptotiques.

2.4 Surfaces d'énergie potentielle

Le traitement théorique de la dynamique d'une réaction chimique est un problème remarquablement difficile qui nécessite des moyens de calculs très puissants ; à titre d'exemple, en 1992, un calcul précis de la surface d'énergie potentielle de la réaction chimique $H_2 + H \longrightarrow$ (soit trois atomes et seulement six particules !) requerrait 80 jours de calcul sur les ordinateurs les plus performants du moment. La suite de l'exposé se limite au principe de construction des surfaces d'énergie potentielle ; l'examen d'une molécule diatomique sert de point de départ à l'étude des surfaces d'énergie potentielle et de leur emploi pour la compréhension de la dynamique de la réaction chimique.

a. Modèle diatomique et triatomique

On considère une molécule diatomique homonucléaire H–H. À très courte distance entre atomes, l'énergie d'interaction croît très fortement, il y a augmentation de l'énergie potentielle du système, ce qui correspond à une instabilité. L'énergie de cette interaction est bien modélisée par une relation en $1/r^{12}$ dans laquelle r est la distance entre les noyaux atomiques voisins. Dans une liaison covalente, l'interaction attractive entre atomes voisins correspond à une diminution de l'énergie potentielle du système. Ainsi la position d'équilibre des atomes d'une liaison correspond à la distance pour laquelle l'énergie potentielle est minimale. La somme de ces interactions attractives et répulsives conduit à une courbe ($E_p = f(r)$), appelée courbe de MORSE dont l'allure générale est donnée figure 6.2.

L'énergie potentielle de ce système croît très fortement aux faibles valeurs de r et présente un minimum pour une valeur r_e, distance d'équilibre correspondant à la longueur de liaison H_2. L'énergie croît ensuite lorsque r augmente jusqu'à prendre une valeur nulle lorsque les deux atomes d'hydrogène sont très éloignés l'un de l'autre. Dans le fond de la courbe de MORSE, le comportement énergétique du système peut être assimilé à un oscillateur harmonique ; la molécule est assimilable à un ressort (la liaison) reliant des masses (les atomes).

On considère maintenant trois atomes d'hydrogène : H_1, H_2 et H_3 ; il existe alors trois courbes de MORSE représentant les trois interactions possibles entre atomes : H_1/H_2, H_1/H_3 et H_2/H_3.

La représentation du diagramme d'énergie potentielle d'un tel système nécessite trois coordonnées d'espace (les trois distances $d_{(H_1-H_2)}$, $d_{(H_1-H_3)}$ et $d_{(H_2-H_3)}$) et une coordonnée d'énergie.

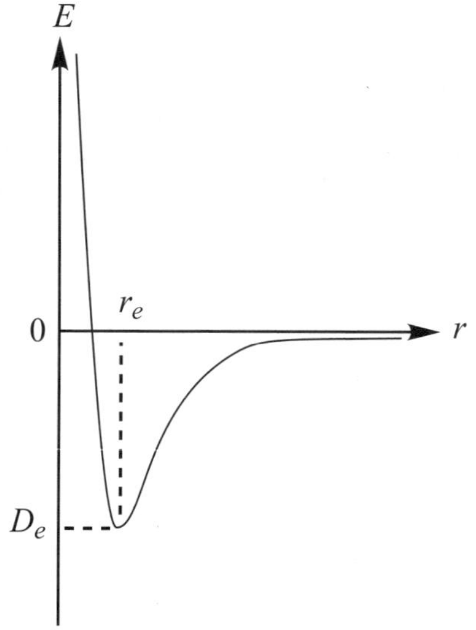

FIGURE 6.2 – Courbe $E_p = f(r)$ pour une molécule H_2

Il s'agit d'une hypersurface d'énergie potentielle qui est une généralisation de la courbe d'énergie potentielle d'une molécule diatomique dans laquelle une seule variable, la distance internucléaire, est nécessaire pour fixer la position relative des deux noyaux. Ce type de diagramme d'énergie potentielle repose sur l'approximation de BORN-OPPENHEIMER dans laquelle on considère que la masse des électrons étant petite devant celle des noyaux, leur mouvement est rapide devant celui des noyaux ; les électrons, très mobiles, suivent les mouvements des noyaux.

b. Surface d'énergie potentielle d'une réaction chimique

Au moyen de l'hypersurface dont le principe de construction est précédemment décrit, il est possible de comprendre la réaction chimique. Soit la réaction chimique modèle :

$$H_1 \quad + \quad H_2\text{–}H_3 \quad \longrightarrow \quad H_1\text{–}H_2 \quad + \quad H_3$$

Cette réaction s'effectue lorsque l'atome d'hydrogène H_1 entre en collision avec la molécule H_2–H_3. Du point de vue géométrique, la description de l'ensemble des chocs possibles entre l'atome H_1 et la molécule H_2–H_3 pour conduire aux produits H_1–H_2 et H_3 nécessite trois coordonnées d'espaces (soit trois distances $d_{(H_1-H_2)}$, $d_{(H_1-H_3)}$ et $d_{(H_2-H_3)}$, soit deux distances $d_{(H_1-H_2)}$ et $d_{(H_2-H_3)}$ et un angle $\widehat{H_1H_2H_3}$ (voir figure 6.3). Ces trois coordonnées d'espace auxquelles s'ajoute l'énergie potentielle du système constituent l'hypersurface du système $H_1/H_2/H_3$.

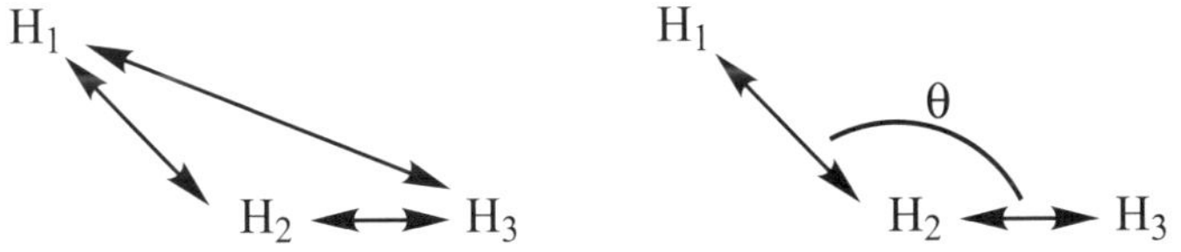

FIGURE 6.3 – Variables d'espace pour la description du système H_1 H_2 H_3

Néanmoins cette hypersurface malaisément représentable sur une surface plane peut être simplifiée en fixant un des paramètres (par exemple la valeur de l'angle $\widehat{H_1H_2H_3}$) afin de ramener la représentation du système dans un espace de dimension trois.

Dans ce cas, pour un angle $\widehat{H_1H_2H_3}$ quelconque, on obtiendra une surface du type présenté figure 6.4

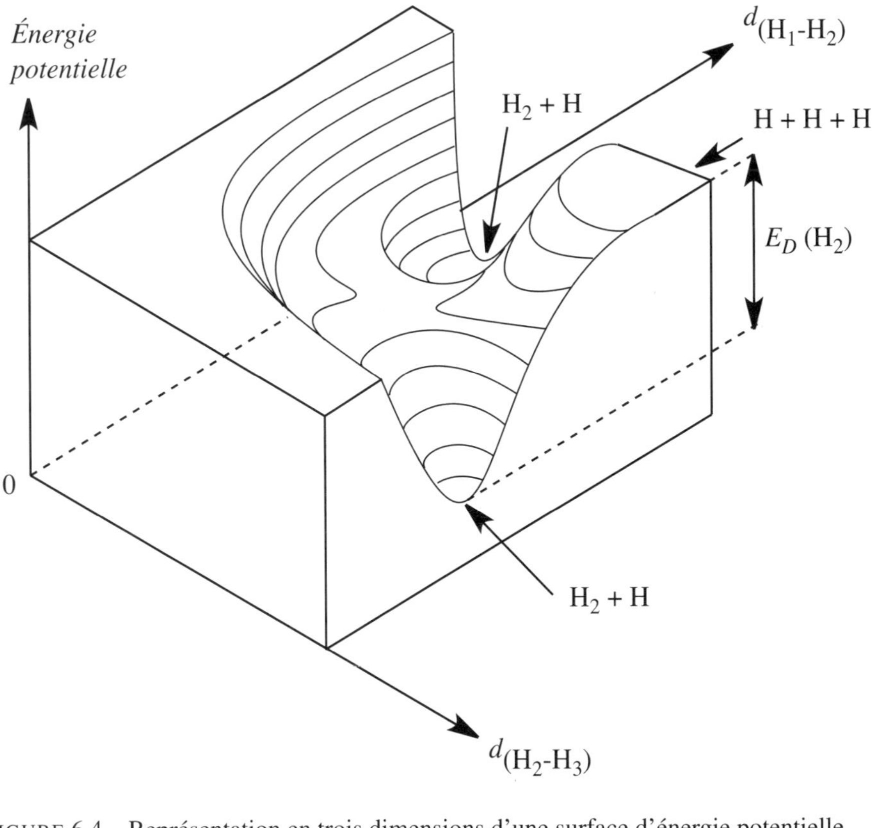

FIGURE 6.4 – Représentation en trois dimensions d'une surface d'énergie potentielle

Enfin la visualisation de ces diagrammes est encore améliorée au moyen d'une projection des surfaces sur le plan *Oxy* (avec *x* correspondant à $d_{(H_2-H_3)}$, *y* correspondant à $d_{(H_1-H_2)}$) en indiquant les courbes isoénergétiques. Le diagramme en trois dimensions précédent devient alors une carte de courbes isoénergétiques (voir figure 6.5) :

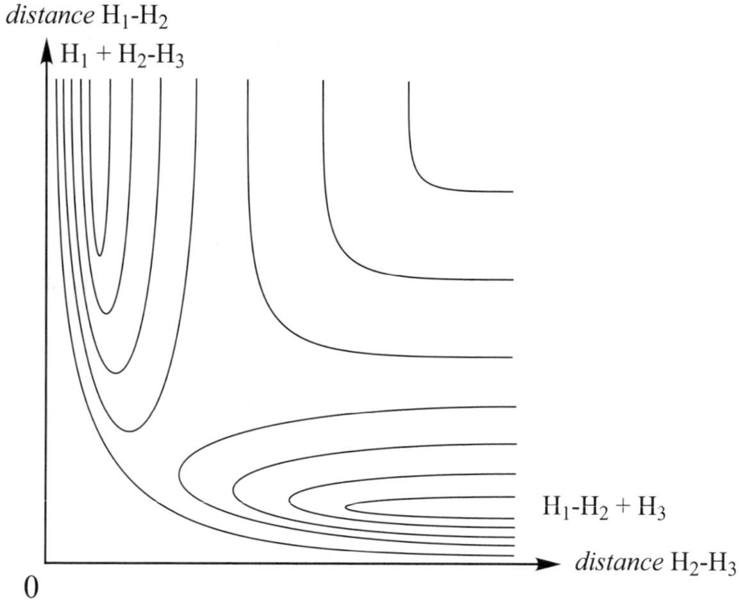

FIGURE 6.5 – Projection de la surface d'énergie potentielle du système $H_1/H_2/H_3$ dans un plan

Une coupe du diagramme d'énergie potentielle précédent selon deux droites *a* et *b* (voir figure 6.6) permet de retrouver les courbes de MORSE (figure 6.2) de la molécule H_2.

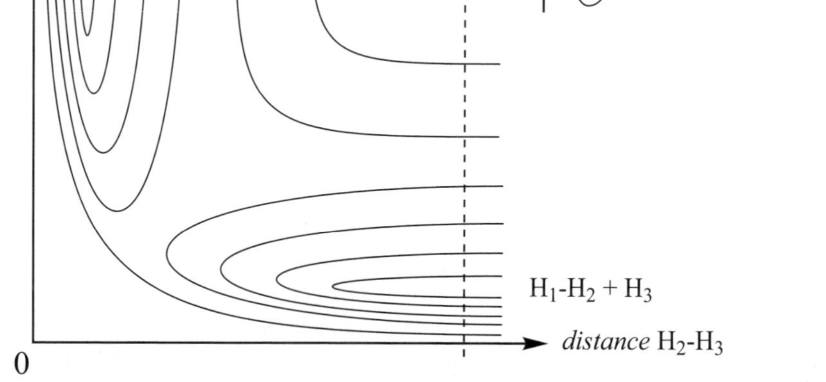

FIGURE 6.6 – Coupe du diagramme d'énergie potentielle selon les axes *a* et *b*

c. Chemin d'énergie minimale et coordonnée réactionnelle

Lors d'un choc entre l'atome H et la molécule H_2, il y a conservation de l'énergie totale du système. Cependant, il se produit au cours du choc une conversion des formes d'énergie (cinétique et potentielle) de chaque espèce de sorte que l'énergie potentielle du système se trouve modifiée. Le système (la position relative des trois atomes) évolue durant le choc et les positions successives des trois atomes sont représentées par une courbe sur la surface d'énergie potentielle. Cette trajectoire est profondément liée aux conditions initiales du choc, aussi toutes les trajectoires envisageables sur la surface d'énergie potentielle sont *a priori* possibles. Le chimiste s'intéresse à une trajectoire particulière sur le diagramme d'énergie potentielle décrivant le système $H_2 + H \rightarrow H + H_2$: la série de configurations géométriques successives du système permettant de passer des réactifs aux produits de sorte que la variation d'énergie soit la plus faible possible tout au long du processus. Ce chemin, appelé **chemin d'énergie minimale** définit une abscisse curviligne à partir de laquelle la transformation des réactifs en produits peut être représentée sur un diagramme à deux dimensions (voir figure 6.7).

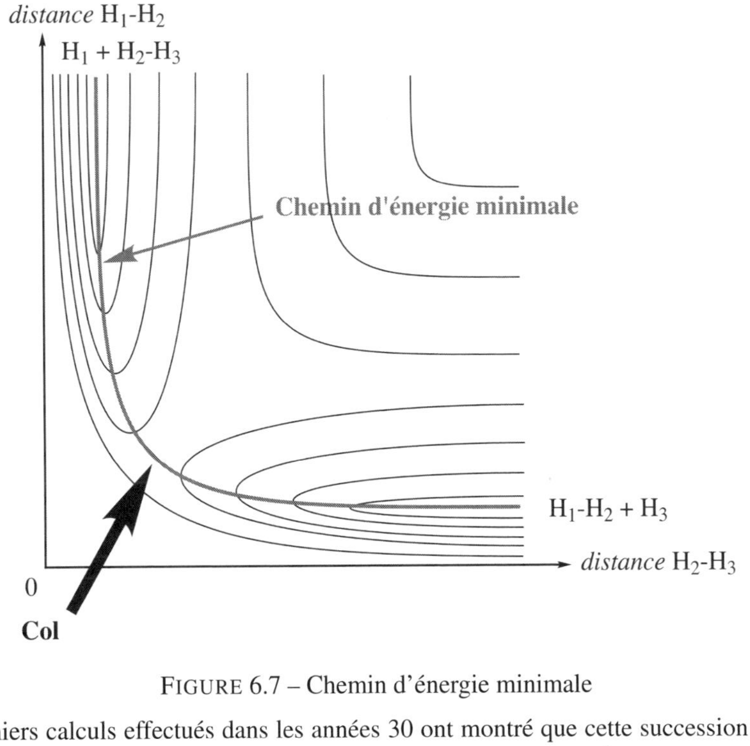

FIGURE 6.7 – Chemin d'énergie minimale

Les premiers calculs effectués dans les années 30 ont montré que cette succession de configurations correspond à deux « vallées » qui se rencontrent en un « col ».

Si l'ordonnée du diagramme figure 6.8 est toujours l'énergie potentielle du système, son abscisse, appelée **coordonnée de réaction** (**CR**) ne correspond pas à une variable spatiale simple mais à une variable spatiale composée, puisqu'au cours de l'évolution le long de l'abscisse curviligne passant de la vallée des réactifs vers la vallée des produits les distances H_1H_2 et H_2H_3 varient *simultanément*. D'autre part, la coordonnée de réaction ne doit pas être confondue avec l'avancement de la réaction, notion macroscopique qui indique la quantité de matière de réactif transformé en produit.

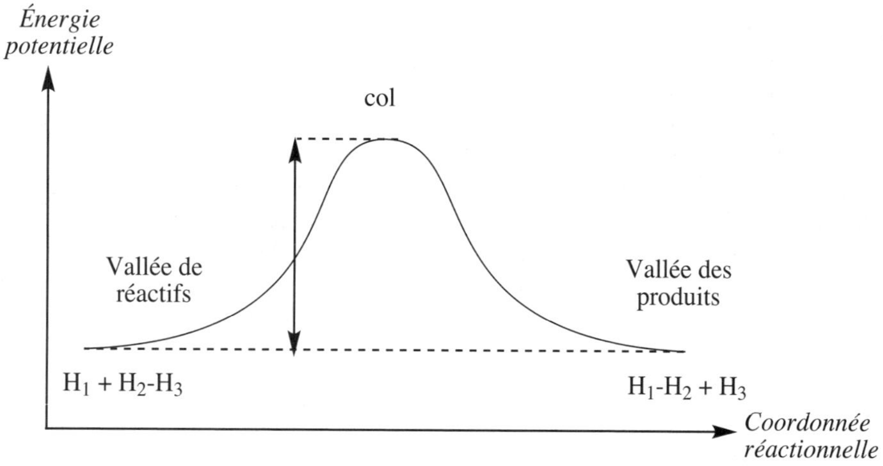

FIGURE 6.8 – « Vallées » et « col » dans le diagramme d'énergie selon la coordonnée réactionnelle

Le système examiné ici correspond à la réalisation, d'un point de vue microscopique, d'un acte élémentaire. Le diagramme d'énergie potentielle montre que, lors de la transformation $H_2 + H \rightarrow H + H_2$, il y a d'abord augmentation de l'énergie potentielle, passage par un maximum puis diminution. Ce diagramme correspond au chemin énergétiquement **le plus favorable** pour l'étape élémentaire considérée, c'est-à-dire correspond à l'**augmentation minimale** de l'énergie potentielle du système lors du passage de la « vallée » des réactifs vers la « vallée » des produits, mais ne prétend pas représenter l'**ensemble** des chemins possibles pour passer de l'état initial à l'état final.

Bien que trois paramètres géométriques soient nécessaires pour analyser l'évolution du système H_2 + H, la difficulté d'emploi des hypersurfaces amène à se demander s'il est possible de décrire, avec une bonne approximation, l'évolution du système au moyen de deux paramètres géométriques seulement. Dans le cas présent, une simplification du diagramme d'énergie potentielle présenté ci-dessus consiste à fixer un paramètre et à observer la forme de la surface obtenue en faisant varier les deux autres : dans la suite du texte l'angle $\widehat{H_1H_2H_3}$ sera considéré comme égal à 0°. Cette simplification s'appuie sur les calculs des surfaces d'énergie potentielle qui montrent que le mode le plus efficace (« col » le plus bas possible énergétiquement) pour effectuer la réaction chimique $H_2 + H \rightarrow$ est l'approche de l'atome d'hydrogène dans l'axe de la liaison H–H. Les calculs conduisent aux résultats représentés sur la figure 6.9.

(les résultats présentés sont issus de calculs effectués en 1978. Le modèle quantique de description du système $H_2 + H \rightarrow$ est beaucoup plus complexe que celui choisi en 1935 par EYRING. Les résultats obtenus en 1978 ont cependant été retenus car ils permettent une comparaison plus précise entre le modèle et l'expérience que ne le permettent les calculs effectués 40 ans plus tôt)

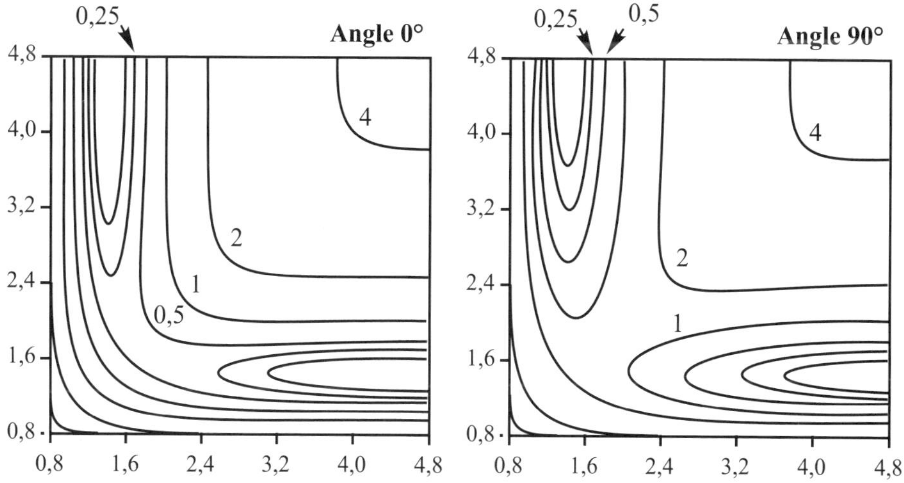

Les longueurs sont données en bohr, 1 bohr = 52,92 pm, les énergies en électronvolt (1 eV= $1{,}6.10^{-19}$ J)

FIGURE 6.9 – Surfaces d'énergie potentielle calculées pour 0°et 90°

Les énergies potentielles calculées pour le « col » de cette réaction avec différentes valeurs $\widehat{H_1H_2H_3}$ sont :

Angle $\widehat{H_1H_2H_3}$	E_p du « col »/ eV*
0°	0,425
30°	0,497
60°	0,725
90°	1,29
* Unité d'énergie employée pour les systèmes microscopiques	

L'énergie d'activation de cette réaction a pu être mesurée expérimentalement et est égale à 0,394 eV, valeur très proche de la valeur calculée (0,425 eV) pour l'angle $\widehat{H_1H_2H_3} = 0°$.

L'importante différence d'énergie d'activation entre les géométries d'approche $\widehat{H_1H_2H_3} = 0°$ et $\widehat{H_1H_2H_3} = 90°$ d'une part, la faible différence entre la valeur calculée et la valeur mesurée pour l'énergie d'activation dans le cas où $\widehat{H_1H_2H_3} = 0°$ d'autre part, valident le choix de ne retenir comme diagramme d'énergie potentielle représentatif de l'acte élémentaire que celui pour lequel $\widehat{H_1H_2H_3} = 0°$.

d. État de transition

Le diagramme d'énergie potentielle présenté figure 6.8 comporte un point singulier appelé **état de transition**, situé au niveau du « col » de la réaction chimique $H_2 + H \rightarrow$. Dans le cas du diagramme d'énergie potentielle du système $H_1/H_2/H_3$, l'état de transition est défini à partir de deux axes perpendiculaires :

- un axe x perpendiculaire au chemin d'énergie minimale ;
- un axe y tangent au chemin d'énergie minimale.

L'état de transition est le point sur la surface d'énergie potentielle (voir figure 6.10) qui vérifie les deux relations suivantes :

$$\frac{\partial E_p}{\partial x} = 0 \quad \text{et} \quad \frac{\partial^2 E_p}{\partial x^2} > 0 \tag{7}$$

$$\frac{\partial E_p}{\partial y} = 0 \quad \text{et} \quad \frac{\partial^2 E_p}{\partial y^2} < 0. \tag{8}$$

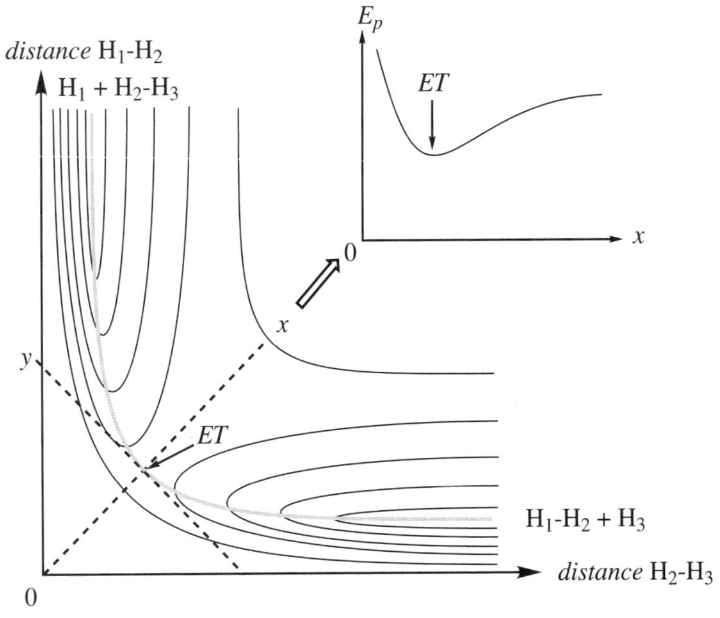

FIGURE 6.10 – Coupe du diagramme d'énergie potentielle selon l'axe x

L'état de transition est un extremum énergétique particulier au sein de l'ensemble des configurations géométriques permettant le passage le long du chemin d'énergie minimale de la « vallée » énergétique des réactifs vers la « vallée » énergétique des produits. En ce point de coordonnées (E_p, $d_{(H_2-H_3)}$, $d_{(H_1-H_2)}$), E_p correspond à un minimum d'énergie potentielle dans toutes les directions sauf le long du chemin d'énergie minimale de l'acte élémentaire $H_2 + H \rightarrow H + H_2$ pour lequel E_p correspond à un maximum. La différence d'énergie entre l'état de transition et l'état initial est appelée énergie d'activation, elle est notée $E^{\ddagger}$.

L'état de transition est défini mathématiquement comme un point sur une surface d'énergie potentielle. Du point de vue de l'acte élémentaire, la configuration spatiale réelle des molécules lors du franchissement du « col » est appelée **complexe activé**. Bien que ces deux notions soient distinctes, elles sont fréquemment prises l'une pour l'autre ; dans la mesure où cette identification ne nuit pas à la compréhension du cadre conceptuel du modèle, ces deux termes peuvent être considérés comme équivalents.

2.5 Cas des systèmes complexes

Au cours d'un acte élémentaire entre deux espèces chimiques composées (ions ou molécules), l'évolution de l'énergie potentielle du système lors du passage de la « vallée » des réactifs vers la « vallée » des produits dépend de l'ensemble des particules et de leurs liaisons qui constituent le système chimique examiné. Ainsi dans la réaction :

$$I^- \;+\; CH_3\text{–}Br \;\longrightarrow\; I\text{–}CH_3 \;+\; Br^-$$

le système comporte six atomes et quatre liaisons dans l'état initial, six atomes et quatre liaisons dans l'état final, avec une modification entre les deux systèmes. On doit théoriquement prendre en compte l'ensemble des variables indépendantes nécessaires à une description énergétique complète du système. Dans un système (non linéaire) constitué de N noyaux, l'énergie potentielle est représentée par une hypersurface dans un espace à $3N-5$ dimensions ; $3N-6$ variables indépendantes sont nécessaires pour spécifier complètement la position relative des N noyaux auxquelles s'ajoute la variable énergie potentielle. Dans la réaction considérée, 12 variables d'espace indépendantes sont théoriquement nécessaires :

- longueurs des liaisons C–Br et C–I (2 variables) ;
- angle d'approche de I^- par rapport à l'axe de la liaison C–Br (1 variable) ;
- angles $\widehat{HCH}$ et $\widehat{HCBr}$ (6 variables) ;
- longueurs des liaisons C–H (3 variables).

Plus encore que dans le cas de la réaction $H_2 + H \rightarrow H + H_2$, l'utilisation des diagrammes d'énergie potentielle pour représenter le déroulement de l'acte chimique élémentaire dans un cas complexe suppose de réduire le nombre de variables du système. Deux approximations sont utilisées :

- seule la configuration géométrique la plus favorable est considérée (même approximation que dans le cas de la réaction $H_2 + H \rightarrow H + H_2$) ;
- seules sont prises en compte dans la construction du diagramme d'énergie potentielle les longueurs des liaisons C–Br et C–I. En réalité au cours de cet acte élémentaire, d'autres paramètres géométriques sont transitoirement modifiés (comme les longueurs des liaisons C–H ou les angles $\widehat{HCH}$), mais ils sont considérés comme moins représentatifs de la transformation puisque l'énergie nécessaire au système pour passer le « col » énergétique qu'est l'état de transition est principalement liée aux phénomènes de rupture et de formation des liaisons chimiques. Les phénomènes de déformation d'angles ou de liaisons non directement rompues ou formées durant le processus réactionnel sont énergétiquement moins importants que les précédents.

En règle générale, lors du tracé d'un graphe $E_p = f(CR)$ on se limite aux liaisons chimiques rompues ou formées au cours de l'acte élémentaire considéré.

3 Acte chimique élémentaire et réaction chimique

3.1 Aspect dynamique de l'acte élémentaire

Les surfaces d'énergie potentielle permettent au chimiste de prévoir le chemin d'énergie minimale pour effectuer une réaction chimique ; cependant ces surfaces ne donnent qu'une représentation partielle de l'acte chimique élémentaire. En effet durant l'approche des deux réactifs, les molécules ne cessent pas d'être animées de mouvements (vibration et rotation notamment), aussi la trajectoire réellement suivie pour effectuer la transformation ne suit jamais le chemin d'énergie minimale. Le diagramme présenté figure 6.11 montre l'évolution calculée de la géométrie du système $H_2 + H$ au cours de l'acte élémentaire :

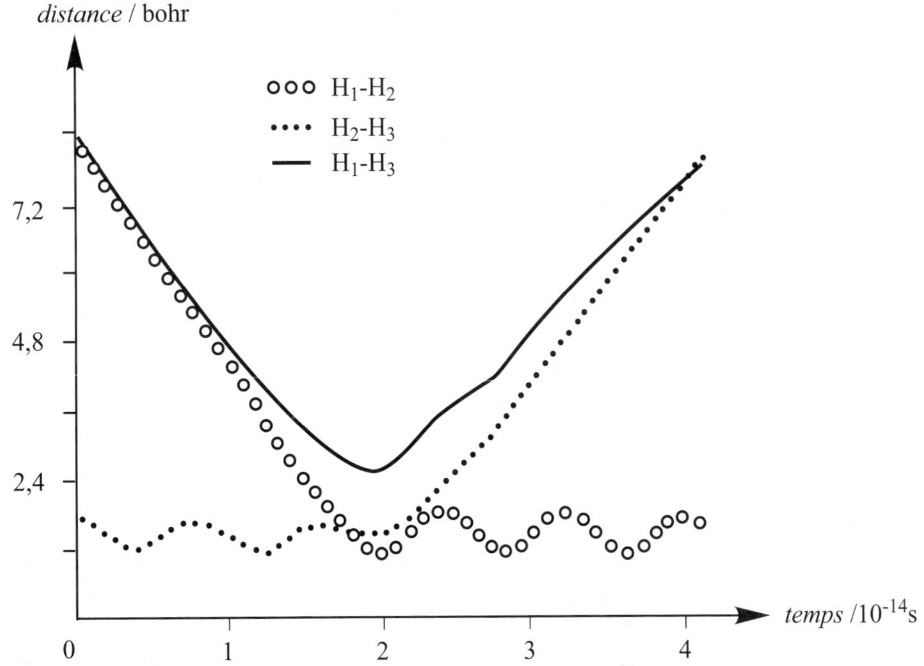

FIGURE 6.11 – Calcul de l'évolution en fonction du temps de la géométrie du système H_1, H_2, H_3 au cours d'un acte élémentaire (choc avec un angle de 0°)

Ce diagramme indique que la molécule de dihydrogène est animée d'un mouvement de vibration durant l'approche de l'atome H_3 (modification de la longueur de liaison H_1-H_2). L'atome H_3 forme avec H_1-H_2 le complexe activé suivi du départ de l'atome H_1 et de la molécule H_2-H_3 animée elle aussi d'un mouvement de vibration. Ce diagramme renseigne également sur l'ordre de grandeur du temps caractéristique d'un acte élémentaire, ici 10^{-14} s. Sur un diagramme d'énergie potentielle $E_p = f(d_{(H_1-H_2)}, d_{(H_2-H_3)})$, ceci se traduit par une trajectoire sur l'hypersurface qui ne correspond pas à l'abscisse curviligne d'énergie minimale (voir figure 6.12 page 213).

Un autre point important à signaler est que tous les chocs entre deux espèces, même lorsque la géométrie est favorable, ne conduisent pas nécessairement à la formation des produits de l'acte élémentaire. Si l'énergie totale du système réagissant est inférieure à l'énergie potentielle de l'état de transition, les espèces chimiques, après une phase d'approche, s'éloignent l'une de l'autre sans réagir (voir figure 6.13 page 213).

Enfin, les espèces peuvent également ne pas conduire aux produits de l'acte élémentaire, malgré une énergie totale du système supérieure à l'énergie de l'état de transition si la trajectoire conduit le système à évoluer loin du « col ».

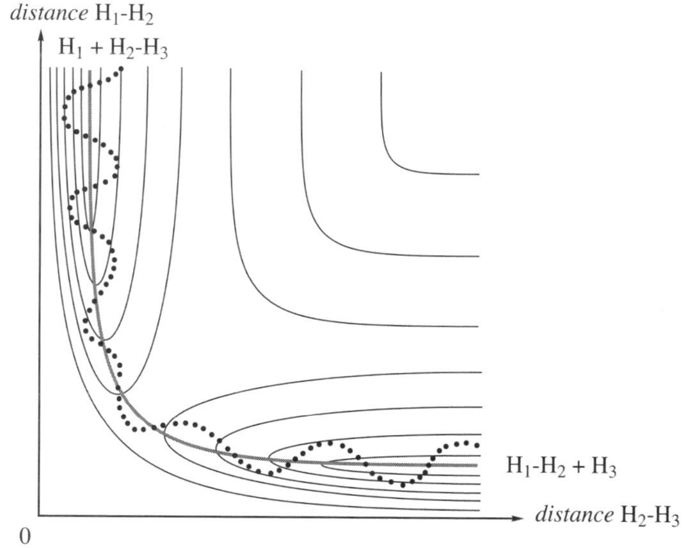

FIGURE 6.12 – Système évoluant vers les produits

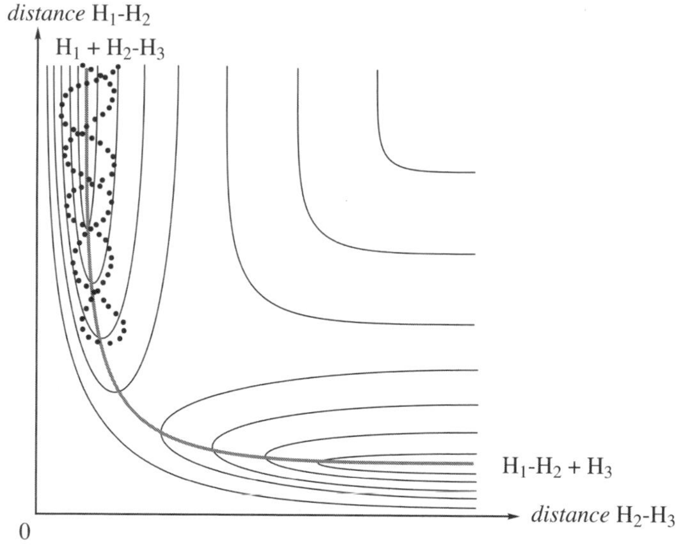

FIGURE 6.13 – Système n'évoluant pas vers les produits

3.2 Signification de l'équation d'ARRHENIUS

Le temps caractéristique d'un acte élémentaire est extrêmement bref (10^{-13} – 10^{-14} s environ), alors que les réactions chimiques possèdent des vitesses qui peuvent être très variables. L'examen de la forme des lois de vitesse et de l'équation d'ARRHENIUS permet d'appréhender intuitivement le lien entre le niveau de description microscopique (« moléculaire ») et le niveau de description macroscopique (« molaire ») de la réaction chimique. La réaction chimique observée macroscopiquement est le résultat d'un très grand nombre d'événements discrets (les actes élémentaires) dont une partie seulement sont efficaces.

Considérons une réaction chimique entre les espèces X et Y réalisée en une seule étape élémentaire bimoléculaire. La concentration des espèces chimiques X et Y et la constante de vitesse k interviennent dans l'expression d'une loi de vitesse du deuxième ordre. Les termes de concentration (rapport d'une quantité de matière sur un volume) dans l'expression de la loi de vitesse renvoient à la probabilité pour une espèce chimique X ou Y de se trouver dans un volume donné et par là, à la probabilité de rencontre (choc) des espèces chimiques X et Y pour conduire à la réaction chimique.

L'expression de la constante de vitesse k contient une variable, la température T et deux grandeurs qui dépendent de la réaction : l'énergie d'activation E_a et le facteur préexponentiel A. La forme de la loi d'ARRHENIUS montre que l'augmentation de la température se traduit par une augmentation de la constante de vitesse d'une réaction dans le cas général. Dans le cadre du modèle microscopique, une augmentation de la température correspond à une augmentation de l'énergie moyenne des réactifs ainsi qu'à une augmentation du nombre de chocs par unité de volume et de temps. Ainsi l'élévation de la température du système augmente la probabilité de trouver au sein d'un ensemble d'espèces chimiques X et Y, un système réactionnel possédant une énergie totale suffisante pour permettre le franchissement du « col ».

La différence d'énergie entre les réactifs et l'état de transition est de l'ordre de grandeur de l'énergie nécessaire pour rompre et former les liaisons au cours du processus élémentaire : elle peut être assimilée à l'énergie d'activation de l'équation d'ARRHENIUS.

Le facteur préexponentiel représente la probabilité d'obtenir une rencontre favorable pour conduire des réactifs vers les produits. Lorsque A est très élevé, cela indique qu'une importante fraction des chocs entre espèces X et Y est efficace et conduit des réactifs vers les produits ; lorsque A est faible, cela indique qu'une faible fraction des chocs est efficace en terme de réaction chimique. Ce facteur A représente les contraintes, notamment géométriques, qu'il est nécessaire d'imposer au système des réactifs afin qu'ils s'approchent selon une configuration favorable au cours du choc. Les valeurs les plus élevées que peut prendre A sont de l'ordre de $10^{13} - 10^{14}$ s^{-1} pour une réaction du premier ordre, une valeur voisine de l'inverse du temps caractéristique d'un acte élémentaire.

Ainsi une réaction chimique est d'autant plus rapide que les actes élémentaires sont :

- plus fréquents (influence de la concentration et de la température) ;
- plus efficaces en terme d'énergie des liaisons (influence de la hauteur du « col ») ;
- plus efficaces en terme de géométrie (influence du facteur préexponentiel).

3.3 Observation d'espèces transitoires

Bien que le complexe activé ne possède pas une durée de vie significative, les chimistes ont cherché à mesurer l'énergie des espèces transitoires (c'est-à-dire les espèces au voisinage du maximum énergétique de la courbe $E_p = f(CR)$ et à déterminer leur configuration spatiale. Pour réaliser ce type de mesure, il est nécessaire de disposer d'une méthode capable d'extraire l'information d'espèces transitoires de très courte durée de vie. Ces techniques spectroscopiques existent depuis maintenant une trentaine d'années et ont permis de valider le modèle de l'état de transition. Elles permettent également d'obtenir des informations sur le système

au cours de la réaction chimique.
Le premier succès en ce domaine est dû à J. POLANYI qui a travaillé sur la réaction :

$$Na_2 \quad + \quad F \quad \longrightarrow \quad Na^{*}\cdots Na\cdots F \quad \longrightarrow \quad Na^{*} \quad + \quad NaF$$

au moyen de jets moléculaires croisés (voir l'encadré à la fin du chapitre).
L'atome de sodium produit de la réaction (Na*) est obtenu dans un état excité et émet un rayonnement caractéristique (la raie D du sodium à 589 nm). En plus de ce rayonnement principal, POLANYI a observé une autre émission, très faible, décalée vers le rouge, produite par les espèces transitoires $Na^{*}\cdots Na\cdots F$. À partir de l'intensité de l'émission et de la valeur du décalage en fréquence, il a pu en déduire la forme du potentiel du système $Na_2 + F$ au voisinage du complexe activé et confirmer ainsi la validité du modèle proposé 50 ans plus tôt.

4 Réaction photochimiques

Les réactions photochimiques constituent une classe de réactions particulières ; elles se caractérisent par l'existence d'une étape élémentaire au cours de laquelle l'énergie nécessaire à la réalisation de l'acte élémentaire est fournie par une onde électromagnétique (en général dans le domaine du visible ou de l'ultra-violet) et non par agitation thermique. Par exemple, sous l'influence d'un rayonnement, la liaison covalente du dibrome est rompue et il y a formation de deux espèces radicalaires :

$$\text{Br–Br} \quad \xrightarrow{h\nu} \quad Br^{\bullet} \quad + \quad Br^{\bullet}.$$

Par rapport aux réactions chimiques effectuées dans des conditions thermiques, on observe plusieurs particularités notables :
• l'acte élémentaire photochimique ne résulte pas d'un choc entre deux molécules mais d'un apport d'énergie lumineuse. En raison de la différence importante d'énergie entre l'agitation thermique ($\mathcal{N}_A k_B T$, soit 2,5 $kJ{\cdot}mol^{-1}$ environ) et une radiation visible ou ultra-violette ($\mathcal{N}_A h\nu$, soit 200 à 400 $kJ{\cdot}mol^{-1}$, soit environ l'énergie d'une liaison covalente), les processus photochimiques présentent des voies d'évolution très dissemblables des processus thermiques ;
• les actes élémentaires photochimiques possèdent une sélectivité absente des actes élémentaires thermiques. Alors que l'augmentation de l'énergie thermique d'un système chimique comme la propanone (CH_3–CO–CH_3) a un effet sur tous les processus possibles (vitesse des molécules, mouvements de vibration des liaisons C–C, C–H, C=O, rotations autour des liaisons...), l'énergie d'un rayonnement électromagnétique est sélectivement absorbée par la molécule de propanone et pour $\lambda = 279$ nm par exemple ne concerne que le groupe carbonyle C=O ;
• les actes élémentaires photochimiques ne vérifient pas la loi d'ARRHENIUS ;
• les réactions photochimiques, dans la plupart des cas, résultent d'une succession d'étapes élémentaires dont l'une au moins est un acte élémentaire photochimique, d'autres étapes de la séquence peuvent être de nature thermique. À la différence des actes élémentaires thermiques, les actes élémentaires photochimiques ne sont pas renversables.
La raison de cette dernière différence entre les actes élémentaires thermiques et photochimiques tient à la nature de l'acte élémentaire photochimique. En effet, la réaction inverse de

la rupture de la liaison covalente du dibrome sous l'effet d'un rayonnement lumineux est la formation de la liaison Br–Br à partir des deux atomes $Br^{\bullet}$:

$$Br^{\bullet} \quad + \quad Br^{\bullet} \quad \longrightarrow \quad Br\text{–}Br.$$

Ce processus est théoriquement réalisable, à la condition que le système initial puisse libérer la quantité d'énergie correspondant à l'énergie de la liaison Br–Br, la formation d'une liaison covalente à partir des atomes étant un processus exothermique (processus qui s'effectue avec un dégagement de chaleur). Ceci impose que le système libère une radiation électromagnétique $h\nu$ identique à celle absorbée lors de l'étape de dissociation. Nous aurions alors les deux étapes suivantes :

$$\begin{array}{lllll} Br\text{–}Br & + \; h\nu & \longrightarrow & Br^{\bullet} & + \; Br^{\bullet} \\ Br^{\bullet} & + \; Br^{\bullet} & \longrightarrow & Br\text{–}Br & + \; h\nu. \end{array}$$

Le deuxième processus n'est pas observé (cette réaction inverse n'est pas impossible ; pour pouvoir être observée, il est nécessaire qu'une radiation de fréquence ν atteigne deux atomes de dibrome placés à une distance favorable pour former la liaison covalente, il y aurait alors formation de Br–Br et libération de 2 $h\nu$ (processus d'émission stimulée). Ceci correspond à un événement trop peu probable pour être effectivement observé), la formation des atomes de brome est ainsi un processus non renversable.

Expérimentalement, on observe cependant que la concentration en espèce $Br^{\bullet}$ dans la vapeur de dibrome soumise à irradiation ne croît pas indéfiniment mais atteint une valeur stationnaire. On observe également que cette valeur dépend de la pression en dibrome. Ces observations sont interprétées comme le résultat d'un phénomène de désexcitation par transfert d'énergie de manière non radiative. Les atomes de brome peuvent se recombiner pour donner le dibrome initial si l'excès d'énergie est absorbée par une autre molécule présente dans le milieu. Cette molécule est appelée **partenaire de choc** puisque l'énergie excédentaire est absorbée au moment du choc entre les deux atomes de dibrome et la molécule M selon le processus :

$$Br^{\bullet} \quad + \quad Br^{\bullet} \quad + \quad M \quad \longrightarrow \quad Br\text{–}Br \quad + \quad M^{*}.$$

Une conséquence intéressante des propriétés des actes élémentaires photochimiques est de permettre le découplage de la vitesse d'initiation de la réaction chimique des variables concentration et température. Il est ainsi possible d'obtenir une vitesse d'initiation variable à température et concentrations constantes (en changeant la puissance du rayonnement électromagnétique), ou de conserver la vitesse d'initiation constante tout en faisant varier la température du système, toutes ces situations étant impossibles dans le cas des réactions thermiques.

Jets moléculaires

Durant les trente dernières années, l'intérêt des physico-chimistes s'est porté sur ce qui peut être appelé la « structure fine » de la réaction chimique. Les études de cinétique macroscopique fournissent des informations sur l'ensemble du processus de transformation des réactifs en produits, mais ne procurent aucun détail précis sur l'évolution du système le long de la surface d'énergie potentielle, ni comment l'énergie libérée par la réaction chimique se trouve distribuée au sein des produits.

Différentes techniques expérimentales, notamment la méthode des **jets moléculaires croisés**, ont été développées afin de connaître plus en détail le processus de transformation. Le principe de cette méthode repose sur la production de deux fins faisceaux homocinétiques d'espèces chimiques (atomes, molécules ou ions), disposés perpendiculairement (voir figure 6.14) ; le dispositif est placé dans un vide poussé afin de limiter les chocs avec d'autres molécules, la vitesse des faisceaux est très élevée (vitesses supersoniques). Un détecteur pivotant permet de déterminer la direction prise par les produits de la réaction des deux faisceaux ainsi que celle des molécules n'ayant pas réagi.

L'analyse des résultats expérimentaux fournit de nombreuses informations : vitesse des particules (molécules ou atomes) réagissantes et des produits de la réaction, orientation des réactifs lors de la collision et distribution angulaire des produits obtenus après la réaction, niveaux d'énergie rotationnelle et vibrationnelle, états électroniques et composantes de structure fine des espèces, distribution de l'énergie et des moments angulaires au sein des produits de la réaction, dépendance de la probabilité de réaction avec l'énergie des molécules de réactifs, durée de vie du complexe de collision, états quantiques des produits...

Après les travaux pionniers dans ce domaine dus à J. POLANYI dans les années 50, de grands succès ont été obtenus grâce à Y.T. LEE et D.R. HERSCHBACH (ces trois chercheurs partageront le prix NOBEL de chimie en 1986), qui ont réussi à obtenir des faisceaux de molécules dans des états vibrationnels et rotationnels déterminés.

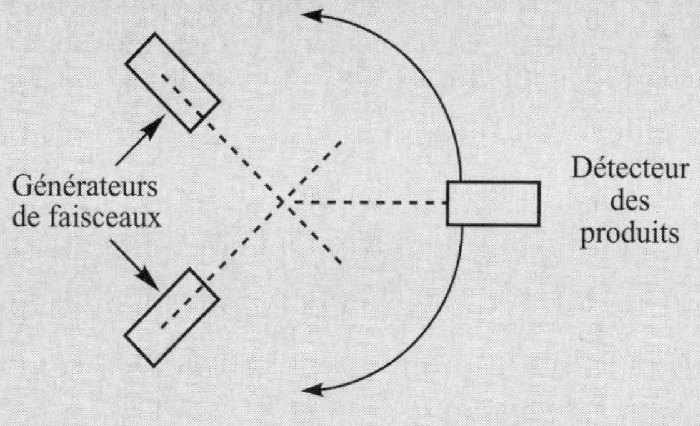

FIGURE 6.14 – Schéma du dispositif pour les expériences de jets moléculaires croisés

Les études en jets moléculaires croisés ont permis de montrer l'existence de deux grand types de processus : les mécanismes par détachement (*stripping*) et les mécanismes par rebond (*rebound*), ces deux modèles sont examinés sur une réaction du type :

$$A-B \quad + \quad C \quad \longrightarrow \quad A \quad + \quad B-C.$$

Dans le processus par détachement (voir figure 6.15), l'atome C, après avoir réagi avec AB, poursuit sa trajectoire selon une direction très voisine de celle qu'il possédait avant le choc ; il en est de même pour l'atome A, dont la direction de propagation est peu différente de la molécule AB dont il est issu.

Ainsi au cours du processus réactionnel *B* est échangé entre *A* et *C*, il est pour cela appelé l'élément « spectateur » du mécanisme. Ces types de mécanismes par détachement sont caractérisés par une importante section de croisement (10^6 pm^2) ; la réaction peut se produire alors que les réactifs se trouvent à une distance de l'ordre de 500 pm, c'est-à-dire à une distance supérieure à la distance de contact entre espèces.

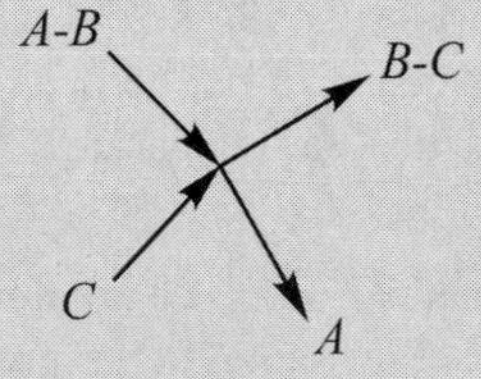

FIGURE 6.15 – Mécanisme par détachement

Un exemple de réaction est :

$$K^{\bullet} + H\text{–}Br \rightarrow KBr + H^{\bullet}$$

Cette réaction se produit lorsque les espèces se croisent à moins de 600 pm, ce qui est une distance supérieure à la somme des rayons de VAN DER WAALS (ce rayon correspond à la sphère d'occupation de l'espace par le cortège électronique de l'atome) des espèces considérées (450 pm).
Ces mécanismes par rebond (voir figure 6.16) sont caractérisés par une section de croisement plus faible (10^5 pm^2 ou moins). Dans le processus par rebond, l'atome *C*, après formation avec *B* de la molécule *BC* ne conserve pas une trajectoire voisine de celle qu'il possédait initialement mais rebondit ; il en va de même de l'atome *A*.

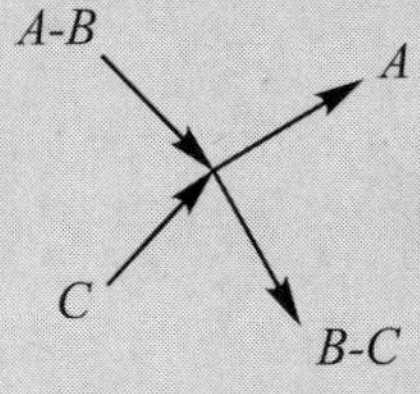

FIGURE 6.16 – Mécanisme par rebond

Un exemple de réaction est :

$$K^{\bullet} + CH_3\text{–}I \rightarrow KI + CH_3^{\bullet}$$

La section de croisement de cette réaction est de 10^5 pm^2, ce qui signifie que les espèces chimiques doivent s'approcher à moins de 300 pm pour que la réaction ait lieu.
Les études effectuées en jets moléculaires croisés indiquent que le temps de vie des complexes lors du choc entre espèces est inférieur à 5.10^{-13} s, ce qui est en accord avec les valeurs calculées.

Chapitre 7

Réactions complexes

L'analyse cinétique des réactions chimiques rencontrées au laboratoire ou dans les processus naturels amène rapidement à la conclusion que la plupart d'entre elles ne peuvent se ramener à une seule étape élémentaire, soit qu'elles ne possèdent pas une loi de vitesse d'ordre simple, soit qu'elles donnent lieu à la formation de différents produits. Ces réactions complexes appelées aussi réactions composées ou par stades sont constituées de plusieurs étapes élémentaires organisées de façons très variées. Les différentes étapes élémentaires constituent le mécanisme réactionnel ou schéma mécanistique de la réaction. Ce chapitre examine les grands types de réactions complexes ainsi que la notion d'intermédiaire réactionnel. Un outil essentiel pour le chimiste, l'approximation des états-quasi-stationnaires, est présenté accompagné d'une analyse de ses conditions de validité. Une dernière partie aborde le phénomène de la catalyse et en présente les principales caractéristiques.

1 Types de réactions complexes

1.1 Analyse d'un exemple

Considérons la réaction du chlorure d'iode sur le dihydrogène :

$$2\,\mathrm{ICl\,(g)} \quad + \quad \mathrm{H_2\,(g)} \quad = \quad \mathrm{I_2\,(g)} \quad + \quad 2\,\mathrm{HCl\,(g)}.$$

L'analyse cinétique montre que cette réaction est du premier ordre en chacun des réactifs et possède une loi de vitesse d'ordre deux ($r = k[\mathrm{ICl}][\mathrm{H_2}]$), ce qui traduit une différence entre la stœchiométrie de la transformation et la loi cinétique du processus. Si cette transformation s'effectue en un acte élémentaire, la loi de vitesse doit être du troisième ordre ($r = k[\mathrm{ICl}]^2[\mathrm{H_2}]$). L'écart entre la loi de vitesse prévue et celle observée a conduit à proposer un schéma mécanistique faisant intervenir deux étapes élémentaires bimoléculaires :

$$\mathrm{ICl} \quad + \quad \mathrm{H_2} \quad \longrightarrow \quad \mathrm{HI} \quad + \quad \mathrm{HCl}$$

$$\mathrm{ICl} \quad + \quad \mathrm{HI} \quad \longrightarrow \quad \mathrm{I_2} \quad + \quad \mathrm{HCl}.$$

Nous observons que la loi de vitesse de la transformation du chlorure d'iode avec le dihydrogène en chlorure d'hydrogène et diiode suit celle de la première étape élémentaire du processus, aspect sur lequel nous reviendrons dans ce chapitre.

En généralisant, il est possible de conclure à la présence d'une réaction composée en présence de quatre indices :

- la **stœchiométrie de l'équation-bilan** fait intervenir plus de deux réactifs ; en raison de la rareté des actes élémentaires trimoléculaires (voir chapitre précédent), la majorité des réactions chimiques dont la stœchiométrie fait intervenir trois espèces ou plus se produit nécessairement *via* une séquence de deux étapes élémentaires au moins ;
- l'**expression de la loi de vitesse** ; l'absence de correspondance entre la stœchiométrie de la réaction chimique et la loi de vitesse permet de conclure à l'existence de plus d'une étape élémentaire ;
- l'**existence d'espèces transitoires** détectables seulement pendant la réaction chimique ; lorsque l'existence d'une espèce chimique transitoire est avérée, le schéma mécanistique de la réaction doit prendre en compte leur existence ;
- le **nombre de liaisons formées et rompues** lors de la transformation chimique ; de même que les actes élémentaires n'impliquent qu'exceptionnellement plus de deux espèces chimiques, la probabilité de rupture simultanée de plusieurs liaisons est très réduite. Si l'équation-bilan suppose la rupture de plus de deux liaisons, il est raisonnable de considérer que le processus de transformation fait intervenir plus d'une étape élémentaire.

La réaction du chlorure d'iode sur le dihydrogène satisfait à deux de ces conditions : si la réaction s'effectue en une seule étape élémentaire, cela suppose la rupture de trois liaisons covalentes (et la formation de trois autres liaisons) et une loi de vitesse d'ordre global trois.

1.2 Typologie des réactions complexes

Les réactions complexes sont classées en deux grands types : les réactions en **séquence ouverte** et les réactions en **séquence fermée**.

- les réactions en séquence ouverte correspondent à une série d'étapes élémentaires réalisées toujours selon le même ordre (d'où le terme de séquence). Les séquences peuvent être linéaires (formation d'un produit unique) ou ramifiées (plusieurs produits). L'équation-bilan d'une réaction chimique en séquence linéaire est la somme des équations-bilans des étapes élémentaires.
- les réactions en séquence fermée correspondent à un processus au cours duquel le produit final résulte d'une série d'étapes élémentaires répétées de manière cyclique. Les réactions en séquence fermée sont également appelées **réactions en chaîne** ; c'est le cas des réactions de combustion (dihydrogène, hydrocarbures...), ou de polymérisation.

1.3 Réactions en séquence ouverte

a. Réactions consécutives

Ces réactions se déroulent selon une séquence d'étapes élémentaires distinctes au cours desquelles le produit de la première étape élémentaire est le réactif pour une étape suivante :

$$A \quad \longrightarrow \quad Y \quad \longrightarrow \quad Z \quad \longrightarrow \quad B.$$

Les étapes élémentaires peuvent être mono ou bimoléculaires.
Exemple : la réaction de décomposition du pentaoxyde de diazote :

$$N_2O_5\,(g) \quad = \quad 2\,NO_2\,(g) \quad + \quad \frac{1}{2}\,O_2\,(g).$$

La première étape, monomoléculaire, correspond à la rupture d'une liaison azote-oxygène :

$$N_2O_5 \quad \longrightarrow \quad NO_2 \quad + \quad NO_3.$$

La deuxième étape correspond à la rupture d'une liaison azote-oxygène :

$$NO_2 \quad + \quad NO_3 \quad \longrightarrow \quad NO_2 \quad + \quad O_2 \quad + \quad NO.$$

La troisième étape, bimoléculaire, correspond à la rupture de deux liaisons azote-oxygène et formation d'une liaison azote-oxygène :

$$N_2O_5 \quad + \quad NO \quad \longrightarrow \quad 3\,NO_2.$$

Dans les réactions consécutives il peut se produire des phénomènes de rétroaction (voir figure 7.1) : un des produits de la séquence interagit avec une étape de manière positive (accélération) ou négative (inhibition). La rétroaction est très fréquente dans les réactions chimiques présentes dans les systèmes biologiques.

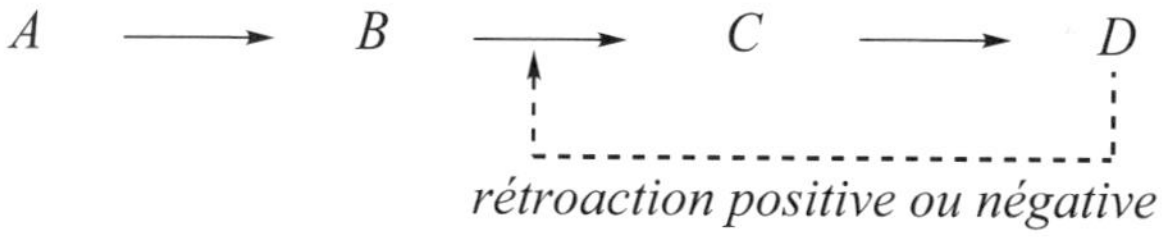

FIGURE 7.1 – Rétroaction dans une séquence linéaire de réactions

b. Réactions parallèles

Lorsqu'un réactif peut conduire de manière indépendante à deux produits, on se trouve en présence de **réactions parallèles**. Ainsi l'ammoniac peut être oxydé par le dioxygène en oxyde d'azote ou diazote selon deux séquences différentes de réactions dont les équations-bilan sont :

$$4\,NH_3\,(g) \quad + \quad 5\,O_2\,(g) \quad = \quad 4\,NO\,(g) \quad + \quad 6\,H_2O\,(g)$$

$$4\,NH_3\,(g) \quad + \quad 3\,O_2\,(g) \quad = \quad 2\,N_2\,(g) \quad + \quad 6\,H_2O\,(g).$$

Dans ces deux réactions chimiques, les actes élémentaires qui composent chaque séquence et leurs surfaces d'énergie potentielle sont différents. Cette situation correspond à la réalisation simultanée de deux réactions chimiques indépendantes au sein d'un même système et se rencontre fréquemment. L'analyse cinétique des réactions parallèles ne présente pas de difficulté particulière et peut généralement être traitée au moyen des outils présentés dans le chapitre sur la cinétique macroscopique.

c. Réactions opposées

Les réactions examinées jusqu'à présent ont toutes été considérées comme totales. Dans certaines situations, la réaction de formation d'espèces chimiques C et D à partir de A et B avec une constante de vitesse k_1 peut s'accompagner de la réaction de C sur D pour redonner A et B avec une constante de vitesse notée k_{-1}.

$$A + B \underset{k_{-1}}{\overset{k_1}{\rightleftarrows}} C + D.$$

Ces **réactions opposées** correspondent à des situations d'équilibre chimique. Un exemple de ce type de situation est la réaction d'hydrolyse des esters en milieu acide :

$$CH_3\text{–}CO\text{–}OC_2H_5\,(\ell) \;+\; H_2O\,(\ell) \;\rightleftarrows\; CH_3\text{–}CO_2H\,(\ell) \;+\; C_2H_5OH\,(\ell)$$

ou encore la dimérisation du dioxyde d'azote en tétraoxyde de diazote :

$$2\,NO_2\,(g) \;\rightleftarrows\; N_2O_4\,(g).$$

En toute rigueur, lors du déroulement de toute étape élémentaire thermique, la réaction opposée se produit également et devrait théoriquement être prise en compte dans l'analyse cinétique du système considéré. Cependant les conditions montrent que la vitesse de cette réaction inverse est souvent négligeable devant la vitesse de la réaction directe, tout particulièrement lorsque le taux d'avancement de la réaction est encore faible ou lorsque la constante d'équilibre de la réaction est très grande.

Il existe enfin des transformations chimiques qui font intervenir simultanément les différents types de processus évoqués ci-dessus. Ainsi la réaction du 2-chloro-2-méthylpropane en milieu aqueux (voir figure 7.2) conduit à un mélange de produit de substitution (2-méthylpropan-2-ol) et de produit d'élimination (méthylpropène). Le mécanisme est une composition de réactions opposées, consécutives et parallèles.

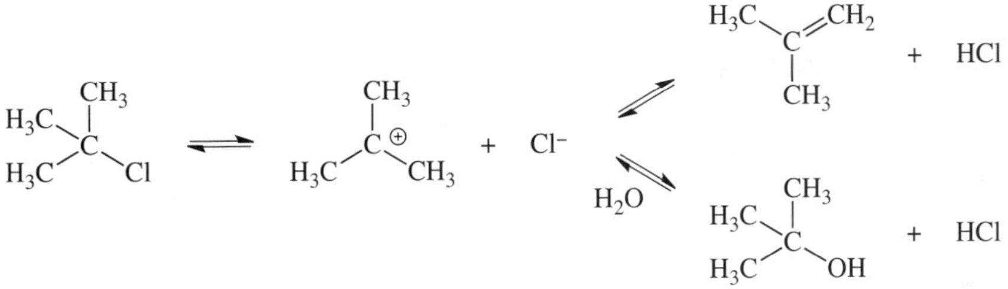

FIGURE 7.2 – Réaction du 2-chloro-2-méthylpropane en milieu aqueux

Leur analyse cinétique détaillée ne sera pas envisagée ici.

1.4 Réactions en séquence fermée

Les réactions en séquence fermée correspondent à une série d'étapes élémentaires au cours desquelles une espèce chimique formée dans une étape élémentaire peut être régénérée à l'issue d'une étape ultérieure du processus et entrer de nouveau en réaction. Au cours de la réaction, une suite d'actes élémentaires se répète de manière cyclique puisque les espèces chimiques réagissantes sont renouvelées. Considérons une séquence simple constituée de deux étapes élémentaires (voir figure 7.3) :

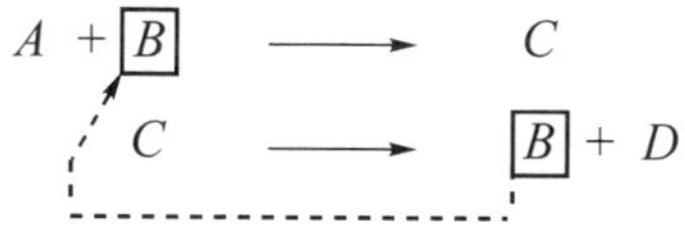

FIGURE 7.3 – Exemple d'une séquence fermée

L'espèce chimique A réagit dans une première étape élémentaire avec B pour donner C. Dans une deuxième étape élémentaire, C conduit au produit D et régénère l'espèce chimique B. Celle-ci peut alors de nouveau réagir avec A en répétant la séquence ; le bilan est la transformation de A en D.

Dans les réactions en séquence fermée, l'équation-bilan de la réaction chimique est différente de la somme des équations-bilans des étapes élémentaires.

On distingue les **réactions en chaîne linéaire** dans lesquelles chaque cycle consomme et produit le même nombre d'espèces réactives et les **réactions en chaîne ramifiée** dans lesquelles chaque cycle produit plus d'espèce réactive qu'il n'en consomme (voir figure 7.4) :

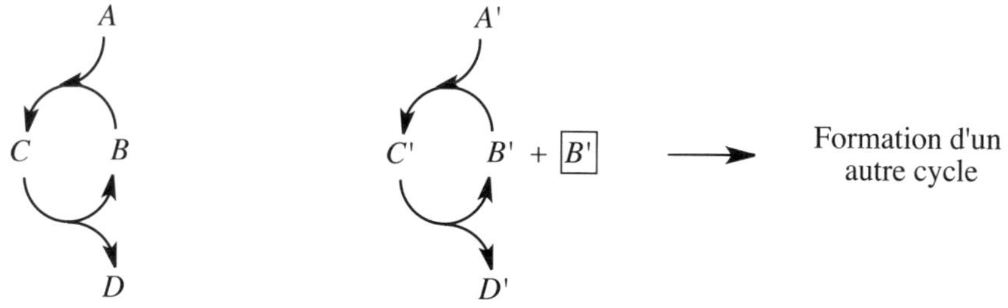

Chaîne linéaire　　　　Chaîne ramifiée

FIGURE 7.4 – Processus des chaînes linéaires et ramifiées

La cinétique des réactions en chaîne ramifiée ne sera pas examinée dans ce cours.

2 Les intermédiaires réactionnels

Considérons la décomposition du pentaoxyde de diazote, d'équation-bilan :

$$N_2O_5\,(g) \quad = \quad 2\,NO_2\,(g) \quad + \quad \frac{1}{2}\,O_2\,(g).$$

Le mécanisme suivant en trois étapes élémentaires rend compte des observations expérimentales. Deux espèces chimiques interviennent dans ce mécanisme mais elles ne se trouvent pas dans l'équation-bilan de la réaction.

$$N_2O_5 \longrightarrow NO_2 + \boxed{NO_3}$$

$$NO_2 + \boxed{NO_3} \longrightarrow NO_2 + O_2 + \boxed{NO}$$

$$N_2O_5 + \boxed{NO} \longrightarrow 3\,NO_2$$

Le trioxyde d'azote NO_3 est produit lors de la première étape élémentaire et il réagit avec le dioxyde d'azote dans la deuxième étape, laquelle produit le monoxyde d'azote NO qui réagit dans la troisième étape avec le pentaoxyde de diazote. Ces deux espèces chimiques qui n'apparaissent pas dans l'équation-bilan portent le nom générique d'**intermédiaire réactionnel**.

Définition

Un intermédiaire réactionnel peut être une molécule, un ion ou un radical (cf 2.1.a). Il ne figure ni parmi les réactifs, ni parmi les produits de l'équation-bilan d'une réaction, mais est présent dans le milieu réactionnel pendant le déroulement de la réaction. L'intermédiaire réactionnel est produit d'une étape et réactif pour une ou des étapes suivantes au cours d'une séquence d'actes élémentaires.

Dans la décomposition du pentaoxyde de diazote, les deux espèces chimiques NO_3 et NO apparaissent instables dans les conditions de la réaction puisqu'elles réagissent avec une autre espèce. Ce caractère instable des intermédiaires réactionnels n'est cependant pas une notion absolue, mais relative aux conditions (température, solvant, nature des autres espèces chimiques présentes) dans lesquelles l'espèce chimique considérée se trouve au cours de la réaction. Ainsi le monoxyde d'azote NO, lorsqu'il est isolé, est stable ; c'est un gaz qui se liquéfie à -159 °C à pression ordinaire ; cependant, comme il réagit avec le pentaoxyde de diazote, il est instable dans les conditions de la réaction. Le trioxyde d'azote NO_3 est instable et n'a pu être isolé, c'est une espèce chimique toujours transitoire dont la présence ne peut qu'être détectée au moyen de méthodes physico-chimiques, en général des spectroscopies.

De même dans la réaction du chlorure d'iode avec le dihydrogène, l'iodure d'hydrogène, espèce chimique stable lorsqu'elle est isolée, est ici un intermédiaire réactionnel. Le caractère transitoire des intermédiaires réactionnels rencontrés dans les réactions chimiques varie en fonction de leur stabilité thermodynamique et des conditions dans lesquelles ils se trouvent placés lors de la séquence d'actes élémentaires. Aussi la durée de vie des intermédiaires réactionnels s'échelonne sur un très grand domaine de temps, de quelques microsecondes à plusieurs heures (voir 2.2, page 226).

2.1 Types d'intermédiaires réactionnels

a. Atomes et radicaux

Les atomes et les radicaux sont produits par rupture **homolytique** d'une liaison covalente. Le terme homolytique signifie que, lors de cette rupture, les électrons de la liaison covalente se partagent entre les deux fragments, chacun possédant un électron célibataire (non apparié). Celui-ci est symbolisé par un point ($^\bullet$). La rupture de la liaison peut être initiée par apport d'énergie thermique (thermolyse) ou photochimique (photolyse).

$$A\text{–}B \longrightarrow A^\bullet + B^\bullet.$$

En présence d'un rayonnement ultraviolet approprié, le dibrome se dissocie de façon homolytique :

$$|\overline{\underline{Br}}\text{—}\overline{\underline{Br}}| \xrightarrow{h\nu} 2\ |\overline{\underline{Br}}\cdot$$

Une grande diversité d'atomes et de radicaux interviennent dans des réactions chimiques. Dans le cas des radicaux, l'électron non apparié peut être porté par des atomes variés : carbone (ex : radical méthyle $CH_3^\bullet$), soufre (ex : radical thiophénoxy C_6H_5–$S^\bullet$), oxygène (ex : radical phénoxy C_6H_5–$O^\bullet$)...

La présence de radicaux carbonés comme intermédiaires réactionnels a été mise en évidence par PANETH en 1929 au moyen de l'expérience représentée figure 7.5. Des vapeurs de tétraméthylplomb ($Pb(CH_3)_4$) entraînées par un courant de diazote passent dans un tube chauffé localement à 450 °C ; on constate, à distance du point de chauffage, la formation d'un anneau de plomb métallique issu de la décomposition du tétraméthylplomb sans apparition de produit dans le piège (tube refroidit qui condense toutes les vapeurs) de sortie du tube.

Dans un second temps, le miroir de plomb ayant été formé, le point de chauffage est déplacé en amont du tube : on constate alors l'apparition d'un second miroir de plomb et, simultanément, la disparition du premier miroir ainsi que la production de tétraméthylplomb dans le piège de sortie du tube.

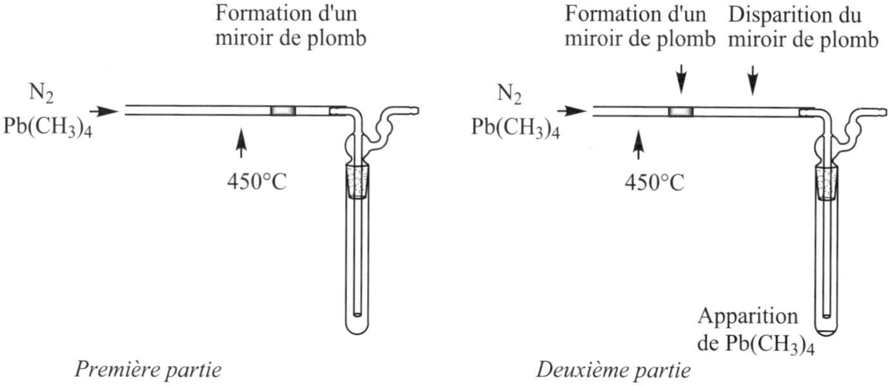

FIGURE 7.5 – Expérience des miroirs de PANETH

L'interprétation proposée par PANETH fait intervenir la réaction de décomposition du tétraméthylplomb en plomb métallique et des radicaux méthyle :

$$Pb(CH_3)_4 \longrightarrow Pb + 4\,CH_3^\bullet.$$

Les radicaux méthyle obtenus se recombinent pour donner de l'éthane :

$$2\,CH_3^\bullet \longrightarrow CH_3\text{–}CH_3.$$

Dans la seconde partie de l'expérience, les radicaux formés lors du chauffage réagissent avec le miroir de plomb déposé plus loin dans le tube pour redonner le tétraméthylplomb :

$$Pb + 4\,CH_3^\bullet \longrightarrow Pb(CH_3)_4.$$

L'existence de radicaux méthyle est corroborée par une autre expérience dans laquelle le premier miroir de plomb est remplacé par un miroir de zinc et la deuxième partie de l'expérience est répétée. Les espèces chimiques en phase gazeuse issues de la décomposition du tétraméthylplomb en passant sur le miroir de zinc conduisent à la disparition de celui-ci et à la formation de diméthylzinc ($Zn(CH_3)_2$) dans le piège de sortie.

b. Molécules

Les molécules peuvent jouer le rôle d'intermédiaires réactionnels, ainsi dans la réaction du chlorure d'iode avec le dihydrogène, la molécule d'iodure d'hydrogène apparaît dans la première étape élémentaire du mécanisme et est consommée dans la suivante.

$$ICl + H_2 \longrightarrow \boxed{HI} + HCl$$

$$ICl + \boxed{HI} \longrightarrow I_2 + HCl.$$

c. Ions

Ils sont produits par rupture **hétérolytique** d'une liaison covalente au cours de laquelle les électrons de la liaison restent associés. Il se forme une espèce cationique et une espèce anionique.

$$A\text{–}B \longrightarrow A^- + B^+$$

Lorsque la charge positive est portée par un atome de carbone, on parle de carbocation, de carbanion si la charge portée par l'atome est négative. La présence d'une autre espèce chimique (catalyseur) peut être nécessaire pour effectuer cette dissociation.

Exemple 1 : formation d'un carbocation par rupture d'une liaison carbone-halogène.

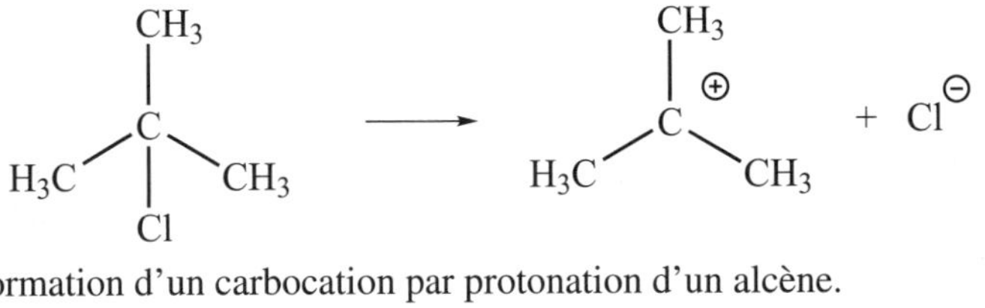

Exemple 2 : formation d'un carbocation par protonation d'un alcène.

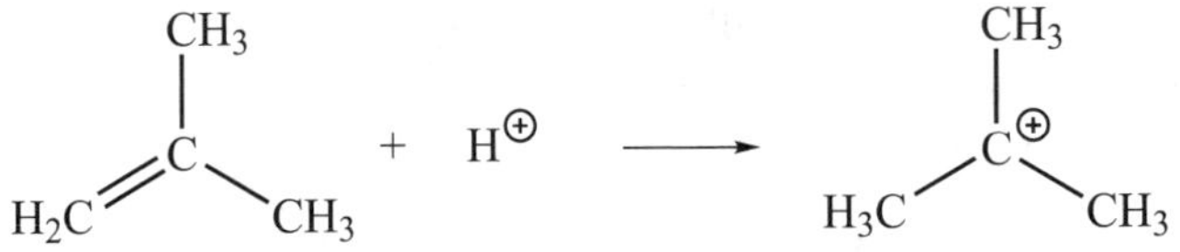

À la différence des radicaux susceptibles d'intervenir dans des réactions réalisées en phase gazeuse ou en solution, les intermédiaires réactionnels ioniques ne sont généralement produits qu'en solution.

2.2 Mécanisme réactionnel et diagrammes d'énergie potentielle

Le **mécanisme réactionnel**, ou **schéma mécanistique**, d'une réaction chimique est la séquence des actes élémentaires par lesquels les réactifs sont transformés en produits. Dans le cas de réactions complexes, il est d'usage d'utiliser un seul diagramme d'énergie potentielle afin de repérer les différentes espèces chimiques (réactifs, intermédiaires et produits). Nous avons vu dans le chapitre précédent que la coordonnée de réaction d'un acte élémentaire dans un diagramme $E_p = f(CR)$ n'est pas une variable simple, mais composée. Dans le cas d'un diagramme où se trouvent portées plusieurs étapes élémentaires successives, la signification physique de la coordonnée de réaction est encore plus réduite. Chaque étape élémentaire possède sa coordonnée de réaction propre (variable ou composition de variables géométriques) et les actes élémentaires successifs d'une séquence impliquent en général des liaisons chimiques différentes.

La représentation des intermédiaires réactionnels sur des diagrammes d'énergie potentielle fait apparaître différentes situations. L'intermédiaire réactionnel peut être plus haut en énergie que le réactif :

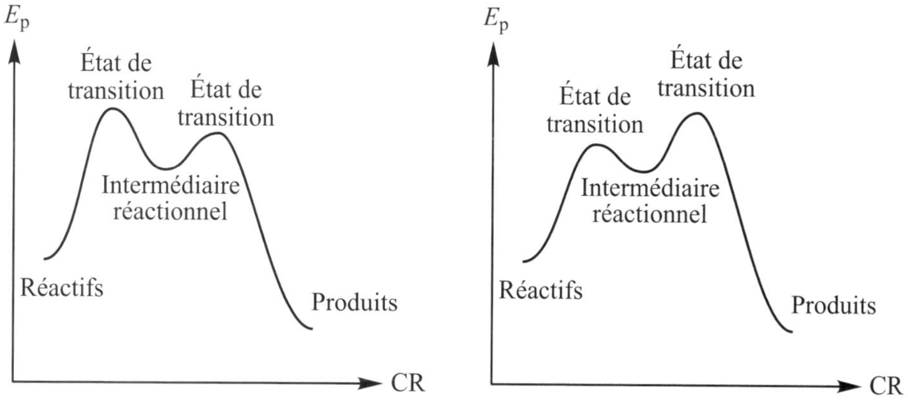

FIGURE 7.6 – $E_p = f(CR)$ pour un IR plus haut en énergie que les réactifs

Ceci correspond à une situation fréquemment rencontrée, par exemple pour la réaction de décomposition du pentaoxyde de diazote, l'intermédiaire trioxyde d'azote (NO_3) est plus haut en énergie que le pentaoxyde de diazote ; ou encore le carbocation issu de la protonation d'un alcène est plus haut en énergie que les réactifs. On parle dans ce cas d'un **intermédiaire réactionnel instable**.

L'intermédiaire réactionnel peut aussi être plus bas en énergie que le réactif :

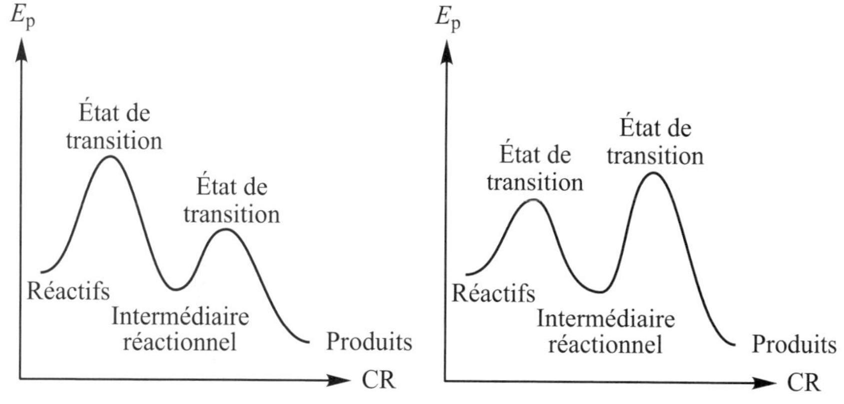

FIGURE 7.7 – $E_p = f(CR)$ pour un IR plus bas en énergie que les réactifs

Ainsi que cela est représenté sur les figures 7.6 et 7.7, lors d'une réaction par stades, les états de transition peuvent être d'énergie très variée. Le point commun entre ces différents

diagrammes énergétiques est que l'intermédiaire réactionnel correspond toujours à un **minimum local d'énergie** sur un diagramme d'énergie potentielle.
L'existence de plusieurs réactions se déroulant de manière simultanée au sein d'un même système amène parfois à comparer les cinétiques des étapes élémentaires. Deux règles sont utilisées pour effectuer ces comparaisons de manière rigoureuse :

- la constante de vitesse est le critère de comparaison des étapes élémentaires (la vitesse ne peut être utilisée en raison des termes de concentration présents dans son expression) ;
- la comparaison doit porter sur des constantes de vitesse de même dimension.

Une notion très utile pour effectuer la comparaison d'étapes élémentaires est la **durée de vie moyenne** d'une espèce réactive (notée τ) appelée également **temps caractéristique**. Dans le cas d'une réaction d'ordre un dont la constante de vitesse est k_1, l'évolution au cours du temps de la concentration d'une espèce chimique X est une loi de décroissance exponentielle ($[X] = [X]_o \exp(-k_1 t)$) ; le temps caractéristique de l'espèce chimique X est alors $\tau_1 = \dfrac{1}{k_1}$.
À une réaction du premier ordre rapide (caractérisée par une constante de vitesse élevée) correspond une faible durée de vie moyenne des espèces chimiques. Or nous avons vu que, dans le cas d'un acte élémentaire, la constante de vitesse est reliée à l'énergie d'activation, laquelle renvoie à la différence d'énergie potentielle entre l'état initial et l'état de transition. Il est ainsi possible d'associer le temps caractéristique d'une espèce chimique et sa position sur un diagramme énergétique ; plus l'énergie potentielle d'une espèce chimique est élevée, plus son temps caractéristique est faible. Ceci permet de comprendre pourquoi les expériences sur les espèces chimiques au voisinage de l'état de transition nécessitent des méthodes très rapides ($10^{-12} - 10^{-15}$ s, spectroscopie femtoseconde), alors que les espèces chimiques situées dans les minima d'énergie peuvent être observées au moyen de méthodes plus « lentes » (de 10^{-6} s à 1 s, spectroscopies classiques UV-visible, IR...).

3 Lois cinétiques des systèmes complexes

Les systèmes complexes que nous nous proposons d'analyser maintenant sont constitués d'au minimum deux étapes élémentaires qui peuvent être organisées de façons variées (réactions consécutives, parallèles, opposées...). Dans toutes les situations examinées par la suite nous considérerons que la loi de vitesse des étapes élémentaires s'exprime comme un produit de la constante de vitesse par le monôme des concentrations des réactifs. Ainsi dans la séquence simple suivante constituée de deux étapes élémentaires :

$$A \xrightarrow{k_1} B + C \qquad \text{étape 1}$$

$$B + C \xrightarrow{k_2} D \qquad \text{étape 2.}$$

La première étape élémentaire, monomoléculaire, possède une loi de vitesse du premier ordre ($r_1 = k_1[A]$). La deuxième étape élémentaire, bimoléculaire, possède une loi de vitesse du deuxième ordre ($r_2 = k_2[B][C]$).

✎ Si le solvant participe à une étape élémentaire bimoléculaire, la loi de vitesse de cette étape est du premier ordre en raison de la dégénérescence d'ordre. La concentration en solvant reste à peu près constante durant la réaction.

3.1 Méthode d'établissement des lois cinétiques

Considérons le cas présenté ci-dessus, le tableau d'avancement est :

A	B	C	D
$n_o - \xi_1$	$\xi_1 - \xi_2$	$\xi_1 - \xi_2$	ξ_2

avec ξ_1 avancement pour l'étape 1 et ξ_2 avancement pour l'étape 2.
Comme $v_i = \frac{1}{V}\frac{\mathrm{d}\xi_i}{\mathrm{d}t}$, dans l'hypothèse d'une réaction effectuée à volume constant, cela conduit aux expressions suivantes pour A et D :

$$\frac{\mathrm{d}[A]}{\mathrm{d}t} = -r_1 \quad \text{et} \quad \frac{\mathrm{d}[D]}{\mathrm{d}t} = r_2.$$

Dans le cas de B et C, l'expression est :

$$\frac{\mathrm{d}[B]}{\mathrm{d}t} = \frac{\mathrm{d}[C]}{\mathrm{d}t} = \frac{1}{V}\left[\frac{\mathrm{d}\xi_1}{\mathrm{d}t} - \frac{\mathrm{d}\xi_2}{\mathrm{d}t}\right] = r_1 - r_2.$$

La méthode de détermination des lois d'évolution temporelle des espèces chimiques dans un processus cinétique complexe est la suivante :

- **décomposer** le système en une série d'étapes élémentaires (c'est-à-dire proposer un mécanisme réactionnel) ;
- **appliquer** les lois de vitesse (du premier ou du deuxième ordre) à chaque espèce de chaque étape élémentaire (réactif et produit). L'espèce X d'une étape élémentaire est affectée d'une vitesse d'apparition, de disparition ou des deux types simultanément selon le cas ;
- **sommer**, pour chaque espèce, les vitesses de formation ou de disparition pour l'ensemble des étapes élémentaires ;
- **résoudre** le système d'équations différentielles afin d'obtenir les lois de vitesse pour les différentes espèces chimiques.

Si $r_{(X)} > 0$, il y a globalement apparition de l'espèce X, si $r_{(X)} < 0$, il y a globalement disparition de l'espèce X.
Considérons le système plus complexe suivant dans lequel chaque étape élémentaire est de molécularité 1 :

$$A \underset{k_{-1}}{\overset{k_1}{\rightleftarrows}} B \underset{k_{-2}}{\overset{k_2}{\rightleftarrows}} C.$$

En appliquant cette règle aux composés A, B et C, on établit le système d'équations différentielles suivant :

$$\frac{\mathrm{d}[A]}{\mathrm{d}t} = -r_1 + r_{-1} = -k_1[A] + k_{-1}[B]$$

$$\frac{\mathrm{d}[B]}{\mathrm{d}t} = r_1 - r_{-1} - r_2 + r_{-2} = k_1[A] - k_{-1}[B] - k_2[B] + k_{-2}[C]$$

$$\frac{\mathrm{d}[C]}{\mathrm{d}t} = r_2 - r_{-2} = k_2[B] - k_{-2}[C]$$

Ce système d'équations différentielles linéaires possède des solutions analytiques et peut être résolu aux moyen de méthodes mathématiques (utilisation de matrices ou méthode de la transformée de LAPLACE). Nous n'examinerons pas ce type de procédure, mais un système plus simple dont la résolution analytique ne présente pas de difficulté (voir 3.2).

Exercice résolu

Réactions successives et parallèles

Soit le système cinétique :

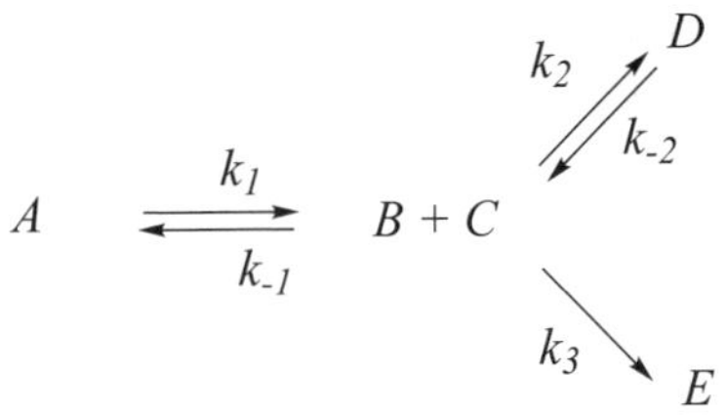

Exprimer les vitesses d'apparition ou de disparition des espèces A, B, C, D et E en fonction des concentrations et des constantes de vitesse k_i

Réponse :

$$\frac{d[A]}{dt} = r_{-1} - r_1 \qquad \frac{d[B]}{dt} = r_1 + r_{-2} - r_2 - r_3 - r_{-1}$$

$$\frac{d[C]}{dt} = r_1 + r_{-2} - r_2 - r_3 - r_{-1} \qquad \frac{d[D]}{dt} = r_2 - r_{-2} \qquad \frac{d[E]}{dt} = r_3.$$

Avec : $r_1 = k_1[A]^2 \quad r_{-1} = k_{-1}[B][C] \quad r_2 = k_2[B][C] \quad r_{-2} = k_{-2}[D] \quad r_3 = k_3[B]C].$

3.2 Analyse cinétique du système $A \rightarrow B \rightarrow C$

Ce système cinétique a été examiné pour la première fois en 1866 par HARCOURT et ESSON. Il constitue le système de réactions complexes consécutives le plus simple à étudier.

$$A \xrightarrow{k_1} B \xrightarrow{k_2} C.$$

Les conditions initiales sont : $[A] = [A]_o$; $[B] = 0$ et $[C] = 0$ à $t = 0$.
Le système d'équations différentielles est :

$$\frac{d[A]}{dt} = -k_1[A] \qquad \frac{d[B]}{dt} = k_1[A] - k_2[B] \qquad \frac{d[C]}{dt} = k_2[B].$$

La résolution de la première équation différentielle conduit à :

$$[A] = [A]_o.\exp(-k_1 t). \tag{1}$$

La vitesse de formation de B est donnée par l'équation :

$$\frac{d[B]}{dt} = k_1[A]_o.\exp(-k_1 t) - k_2[B].$$

Par intégration, somme de la solution de l'équation homogène et d'une solution particulière de l'équation non homogène, cette équation donne :

$$[B] = [A]_o \frac{k_1}{k_2 - k_1}.[\exp(-k_1 t) - \exp(-k_2 t)]. \quad (2)$$

La variation de $[C]$ au cours du temps est trouvée en considérant l'équation de conservation de la matière :

$$[A] + [B] + [C] = [A]_o \quad \text{alors} \quad [C] = [A]_o - [A] - [B]$$

d'où il vient :

$$[C] = \frac{[A]_o}{k_2 - k_1}[k_2(1 - \exp(-k_1 t)) - k_1(1 - \exp(-k_2 t))]. \quad (3)$$

La figure 7.8 montre le tracé en fonction du temps de $[A]$, $[B]$ et $[C]$.

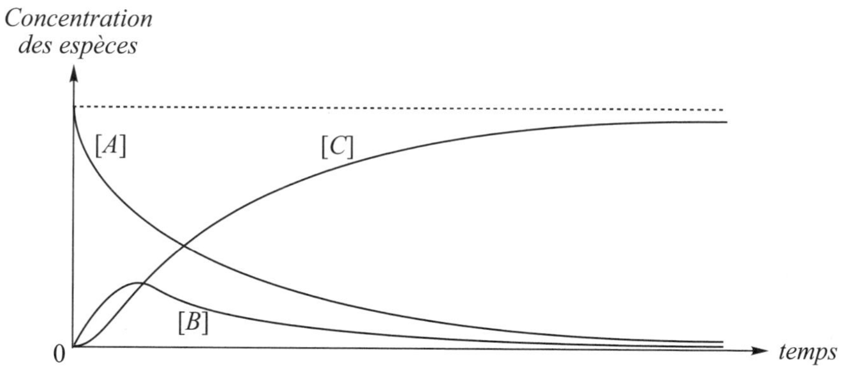

FIGURE 7.8 – Concentrations $[A]$, $[B]$, et $[C]$ en fonction du temps pour le système $A \rightarrow B \rightarrow C$

- l'évolution de $[A]$ au cours du temps est celle d'un système du premier ordre déjà analysé dans le chapitre de cinétique macroscopique ;
- l'évolution de $[B]$ en fonction du temps permet de distinguer deux périodes : une augmentation de $[B]$ (vitesse positive) jusqu'à une valeur maximale suivie d'une décroissance (vitesse négative) ;
- l'évolution de $[C]$ dépend également de deux périodes précédentes :
  - pour $[B] < [B]_{\max}$, la vitesse de formation de C croît au court du temps,
  - pour $[B] > [B]_{\max}$, la vitesse de formation dc C reste positive mais décroît.

La courbe $[C] = f(t)$ possède une forme caractéristique appelée **sigmoïde**. La valeur de $[B]_{\max}$ peut être calculée en utilisant l'égalité des vitesses de formation et de disparition de B, soit $k_1[A] = k_2[B]$; il vient alors :

$$k_1[A]_o.\exp(-k_1 t_{\max}) = \frac{[A]_o.k_1 k_2}{k_2 - k_1}[\exp(-k_1 t_{\max}) - \exp(-k_2 t_{\max})]$$

ce qui conduit à :

$$t_{\max} = \frac{1}{k_2 - k_1} \ln\left(\frac{k_2}{k_1}\right). \quad (4)$$

À $t_{\max}$, l'égalité des vitesses ($k_1[A](t_{\max}) = k_2[B](t_{\max})$) se traduit par :

$$k_2[B]_{\max} = k_1[A]_o.\exp(-k_1 t_{\max}).$$

En posant $x = \frac{k_2}{k_1}$ et en remplaçant $t_{\max}$ dans l'équation 4, il vient :

$$\frac{[B]_{\max}}{[A]_o} = \frac{1}{x}\exp\left(\frac{\ln x}{1-x}\right).$$

On obtient une expression de $\frac{[B]_{\max}}{[A]_o}$ qui ne dépend que du rapport $\frac{k_2}{k_1}$

$$\frac{[B]_{\max}}{[A]_o} = x^{\left(\frac{x}{1-x}\right)}.$$

La table 7.1 montre que plus le rapport $\frac{k_2}{k_1}$ est élevé, plus la valeur de $\frac{[B]_{\max}}{[A]_o}$ est faible.

$\frac{k_2}{k_1}$	2	5	10	20	50	100	200	500
$\frac{[B]_{\max}}{[A]_o}$	0,25	0,134	0,077	0,043	0,018	0,009	0,005	0,002

TABLE 7.1 – Valeurs de $\frac{[B]_{\max}}{[A]_o}$ en fonction du rapport $\frac{k_2}{k_1}$

À partir de l'expression de t_{max} (équation 4), il est possible de calculer le taux d'avancement volumique χ (avec $\chi = \frac{x}{x_{\max}}$) pour les valeurs de $t_{\max}$ en fonction du rapport $\frac{k_2}{k_1}$. En prenant comme hypothèse que la réaction est totale, $\chi = \frac{x}{[A]_o}$, d'où :

$$\chi = \frac{[A]_o - [A]_o.\exp(-k_1 t_{\max})}{[A]_o} = 1 - \exp(-k_1 t_{\max}).$$

En utilisant l'expression de $t_{\max}$ et avec $x = \frac{k_2}{k_1}$, on obtient :

$$\chi = 1 - x^{\left(\frac{1}{1-x}\right)}.$$

Quelques valeurs représentatives sont portées dans la table 7.2

$\frac{k_2}{k_1}$	2	5	10	20	50	100	200	500
χ à $[B]_{max}$	0,500	0,331	0,225	0,146	0,077	0,045	0,026	0,012

TABLE 7.2 – Valeurs de χ à $[B]_{max}$ en fonction du rapport $\frac{k_2}{k_1}$.

Ce tableau montre que $[B]_{max}$ est atteint d'autant plus précocement que $\frac{k_2}{k_1}$ est élevé. Ainsi lorsque $\frac{k_2}{k_1} = 50$, $[B]_{max}$ est atteint pour un taux d'avancement volumique de seulement 8 %.

Exercice résolu

Réactions parallèles

Soit le système cinétique :

$$B \xleftarrow{k_1} A \xrightarrow{k_2} C$$

Donner les lois de vitesse de A, B et C, avec comme conditions initiales :
$[A] = [A]_o$, $[B] = [C] = 0$, à $t = 0$.

Réponse :

Le système d'équations différentielles est :

$$\frac{\mathrm{d}[A]}{\mathrm{d}t} = -k_1[A] - k_2[A]$$
$$\frac{\mathrm{d}[B]}{\mathrm{d}t} = k_1[A]$$
$$\frac{\mathrm{d}[C]}{\mathrm{d}t} = k_2[A].$$

De la première équation, on tire la loi de vitesse de $[A] = f(t)$:

$$[A] = [A]_o.\exp[-(k_1+k_2)t]$$

Les lois de vitesse de $[B]$ et $[C]$ sont du même type :

$$\frac{\mathrm{d}[B]}{\mathrm{d}t} = [A]_o.k_1 \exp[-(k_1+k_2)t] \qquad \text{et} \qquad \frac{\mathrm{d}[C]}{\mathrm{d}t} = [A]_o.k_2 \exp[-(k_1+k_2)t].$$

Il vient alors :

$$[B] = [A]_o \frac{k_1}{k_1+k_2}\left[1 - \exp[-(k_1+k_2)t]\right]$$
$$[C] = [A]_o \frac{k_2}{k_1+k_2}\left[1 - \exp[-(k_1+k_2)t]\right].$$

En présence de deux réactions parallèles du premier ordre, le rapport $\frac{[B]}{[C]}$ reste constant au cours du temps et égal à $\frac{k_1}{k_2}$.

4 Approximation des états quasi-stationnaires

4.1 Introduction

L'étude des réactions complexes amène rapidement le cinéticien à des systèmes d'équations différentielles dont la solution analytique ne peut être aisément déterminée ; à titre d'exemple, un système aussi simple que :

$$A \longrightarrow B$$

$$2\,B \longrightarrow C$$

possède des solutions analytiques très complexes. Dans certains cas, l'emploi de méthodes numériques (résolution sur ordinateur) s'avère nécessaire pour déterminer les lois d'évolution temporelle des espèces.

D'autre part, les études de cinétique macroscopique conduisent le plus souvent à la détermination de l'évolution en fonction du temps des concentrations du premier réactif et du dernier produit de la séquence réactionnelle. Ainsi le cinéticien, en étudiant une séquence du type :

$$A \longrightarrow B \longrightarrow C \longrightarrow D$$

n'aura accès expérimentalement qu'aux lois d'évolution $[A] = f(t)$ et $[D] = g(t)$ en général. Dans la plupart des cas les lois d'évolution de $[B]$ et de $[C]$ restent difficilement accessibles, surtout lorsque B et C sont des intermédiaires instables, présents en faible concentration devant A et D.

Ces deux raisons ont conduit les physico-chimistes à élaborer des solutions approchées s'appuyant sur des hypothèses simples qui permettent d'obtenir une représentation satisfaisante des phénomènes, bien que les équations obtenues au moyen de ces approximations ne possèdent pas la rigueur d'une analyse complète. L'approximation la plus largement employée en cinétique chimique est l'**hypothèse** ou **l'approximation des états quasi-stationnaires** (A.E.Q.S.) initialement proposée par CHAPMAN en 1913 puis développée par BODENSTEIN en 1922.

4.2 Système $A \to B \to C$

Revenons sur le système cinétique étudié par HARCOURT et ESSON :

$$A \longrightarrow B \longrightarrow C.$$

Nous avons vu que la fonction $[A] = f(t)$ correspond à une décroissance du premier ordre. Dans le cas de $[B] = g(t)$, la table 7.1 indique que la concentration $[B]_{\max}$ dépend du rapport $\dfrac{k_2}{k_1}$. Les valeurs portées dans la table 7.3 montrent que lorsque $\dfrac{k_2}{k_1} > 20$, $[B]_{\max}$ varie dans des proportions assez faibles (inférieure à 4 % rapportée à $[A]_o$).

Nous nous limitons maintenant aux cas pour lesquels $\dfrac{k_2}{k_1} \geq 20$ et comparons les deux étapes : la table 7.3 indique que pour la plus grande partie du déroulement de la réaction, la concentration en B est faible (< 4 %) et à peu près constante ($r_1 - r_2 \approx 0$).

k_2/k_1 \ χ	0,1	0,3	0,5	0,7	0,9
20	0,041	0,037	0,026	0,016	0,005
50	0,018	0,014	0,010	0,006	0,002
100	0,009	0,007	0,005	0,003	0,001

TABLE 7.3 – $\frac{[B]}{[A]_o}$ en fonction de χ pour $\frac{k_2}{k_1} \geq 20$

Puisque $k_2 \gg k_1$, cela signifie que B est beaucoup plus réactif que A ($\tau_2 \ll \tau_1$). Cette différence de réactivité des deux espèces explique la faible concentration de B dans le milieu réactionnel durant la réaction et sa valeur à peu près constante tout au long du processus (voir les valeurs du tableau 7.3 et la figure 7.8). En effet dès que B est formé, il réagit pour donner C et ne s'accumule pas dans le milieu.

Définition

L'approximation des états quasi-stationnaires pose comme hypothèse que, très rapidement après le début de la réaction, la concentration des espèces intermédiaires X instables d'une séquence de réactions atteint une valeur stationnaire $[X]_{\text{stat}}$ faible et qui varie peu durant le déroulement de la transformation chimique. Ceci se traduit par :

$$\frac{\mathrm{d}[X]_{\text{stat}}}{\mathrm{d}t} = 0.$$

✎ L'intérêt d'une telle hypothèse est qu'elle permet d'éliminer algébriquement les concentrations (généralement difficiles à mesurer) des espèces intermédiaires instables dans les équations de vitesse ; nous verrons plus loin que cette hypothèse permet de résoudre de façon approchée des systèmes cinétiquement très complexes.

L'application de cette hypothèse au système $A \rightarrow B \rightarrow C$ conduit à une résolution plus aisée du système d'équations :

$$\frac{\mathrm{d}[A]}{\mathrm{d}t} = -k_1[A] \quad (5)$$

$$\frac{\mathrm{d}[B]}{\mathrm{d}t} = k_1[A] - k_2[B] \quad (6)$$

$$\frac{\mathrm{d}[C]}{\mathrm{d}t} = k_2[B] \quad (7)$$

Comme d'après l'hypothèse des états quasi-stationnaires $\frac{\mathrm{d}[X]_{\text{stat}}}{\mathrm{d}t} = 0$, l'équation 6 devient :

$$\frac{\mathrm{d}[B]}{\mathrm{d}t} = k_1[A] - k_2[B] = 0 \quad \text{soit :} \quad [B] = \frac{k_1}{k_2}[A].$$

Les variations de $[B]$ et de $[C]$ au cours du temps s'en déduisent :

$$[B] = [A]_o \frac{k_1}{k_2} . \exp(-k_1 t) \qquad (8)$$

$$[C] = [A]_o \left[1 - (1 + \frac{k_1}{k_2}) \exp(-k_1 t) \right] . \qquad (9)$$

Ces solutions approchées des équations (8) et (9) sont à comparer aux solutions exactes des équations (2) et (3). Il apparaît que (2) tend vers (8) à deux conditions :

- $k_2 \gg k_1$: cette première condition correspond à la différence de réactivité entre les deux espèces chimiques A et B. L'intermédiaire B est beaucoup plus réactif que A ; de ce fait la concentration en $[B]$ reste faible durant la plus grande partie de la transformation chimique. L'équation (8) indique que $[B]$ décroît durant la réaction ; cependant, en raison de la faible valeur de $[B]$, l'approximation $\frac{d[B]}{dt} = 0$ demeure raisonnable.
- $t \gg \frac{1}{k_2}$: cette deuxième condition correspond à une application de l'A.E.Q.S. au delà du temps nécessaire à la formation de B en quantité suffisante pour que l'approximation $\frac{d[B]}{dt} = 0$ soit possible.

Dans ces conditions les équations (3) et (9) tendent vers la même expression du type :

$$[C] = [A]_o.[1 - \exp(-k_1 t)]$$

Ce qui correspond à une loi de croissance du premier ordre.

4.3 Validité de l'approximation

L'approximation des états quasi-stationnaires pose comme hypothèse $\frac{d[X]_{\text{stat}}}{dt} = 0$, mais cette relation ne se trouve évidemment pas vérifiée lorsque la réaction commence, puisque B n'est pas encore formé ; un délai est nécessaire pour que la concentration de l'espèce intermédiaire atteigne sa valeur stationnaire. Cet intervalle de temps appelé **période d'induction** correspond à $[B] < [B]_{\max}$ et donc à la phase de croissance de la vitesse de formation de C (voir figure 7.9).

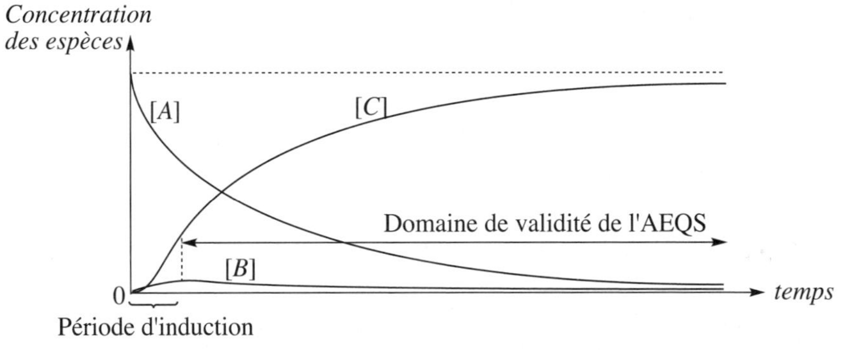

FIGURE 7.9 – Concentrations $[A]$, $[B]$, et $[C]$ en fonction du temps, dans l'A.E.Q.S

Le tableau 7.2 montre que la période d'induction est d'autant plus courte (en terme de taux d'avancement volumique) que le rapport $\frac{k_2}{k_1}$ est élevé (lorsque $\frac{k_2}{k_1} = 100$, cette période d'induction est achevée pour un taux d'avancement volumique de 4,5 %). L'approximation des états quasi-stationnaires ne permet d'obtenir des valeurs fiables de concentration pour B et C en fonction du temps que lorsque $[B] > [B]_{max}$.
Durant la période d'induction, il existe une importante différence entre les valeurs exactes et les valeurs obtenues au moyen de l'A.E.Q.S., différence d'autant plus grande que le taux d'avancement volumique χ tend vers zéro. Les figures 7.10 et 7.11 montrent que l'écart entre la valeur exacte et la valeur approchée des concentrations en $[B]$ et $[C]$, très important pour la période d'induction, devient négligeable ensuite.

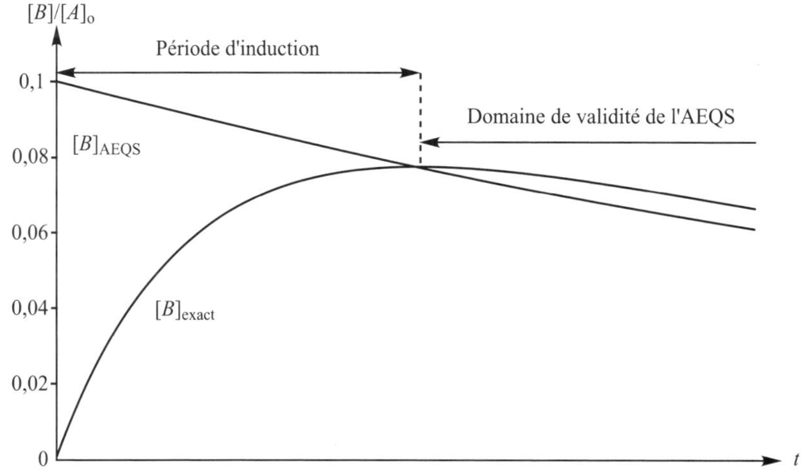

FIGURE 7.10 – $[B]_{AEQS}$, et $[B]_{exact}$ en fonction du temps, pour $\frac{k_2}{k_1} = 10$ au début de la réaction

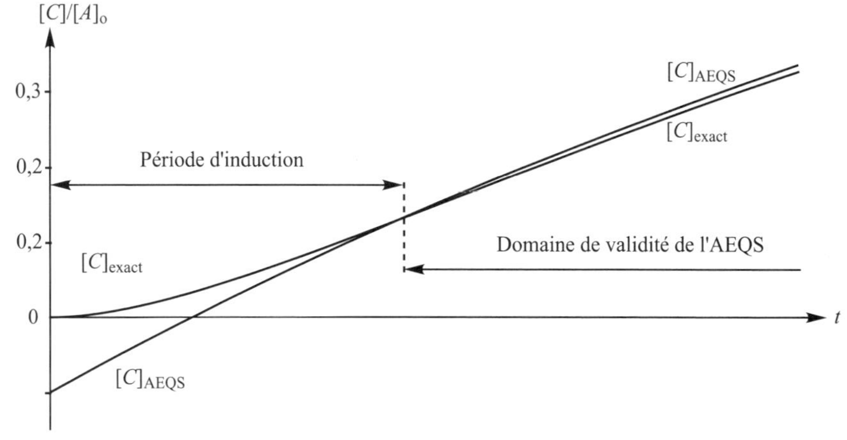

FIGURE 7.11 – $[C]_{AEQS}$, et $[C]_{exact}$ en fonction du temps, pour $\frac{k_2}{k_1} = 10$ au début de la réaction

En résumé, l'A.E.Q.S. est une approximation qui conduit à des résultats tout à fait satisfaisants pour $[B] = f(t)$, et $[C] = f(t)$ lorsque $\frac{k_2}{k_1} \geq 20$ et après la période d'induction. L'A.E.Q.S. correspond à une **situation de découplage des étapes élémentaires successives** : les étapes de constante de vitesse élevée (dont le temps caractéristique est faible) suivent (s'adaptent) en un temps très court aux étapes de constante de vitesse faible (dont le temps caractéristique est élevé).

Exercice résolu

Décomposition de l'ozone

BENSON a proposé la séquence mécanistique suivante pour expliquer la décomposition de l'ozone (O_3)

$$O_3 + M \underset{k_{-1}}{\overset{k_1}{\rightleftarrows}} O_2 + O^\bullet + M$$

$$O_3 + O^\bullet \xrightarrow{k_2} 2\,O_2$$

(M est une molécule partenaire de choc)

Donner l'expression de la vitesse de décomposition de l'ozone en appliquant l'A.E.Q.S à l'espèce instable $O^\bullet$.

Réponse :

Le système d'équations différentielles est :

$$\frac{\mathrm{d}[O_3]}{\mathrm{d}t} = -k_1[O_3][M] + k_{-1}[O_2][M][O^\bullet] - k_2[O_3][O^\bullet]$$

$$\frac{\mathrm{d}[O_2]}{\mathrm{d}t} = 2k_2[O_3][O^\bullet] + k_1[O_3][M] - k_{-1}[O_2][M][O^\bullet].$$

En appliquant l'A.E.Q.S. pour l'espèce $O^\bullet$, $\frac{\mathrm{d}[O^\bullet]}{\mathrm{d}t} = 0$, il vient :

$$k_1[O_3][M] - k_{-1}[O_2][M][O^\bullet] - k_2[O_3][O^\bullet] = 0.$$

La concentration à l'état stationnaire de $O^\bullet$ est donnée par :

$$[O^\bullet] = \frac{k_1[O_3][M]}{k_{-1}[O_2][M] + k_2[O_3]}.$$

La vitesse de décomposition de l'ozone est alors :

$$-\frac{\mathrm{d}[O_3]}{\mathrm{d}t} = \frac{2k_1k_2[O_3]^2[M]}{k_{-1}[O_2][M] + k_2[O_3]}.$$

Les résultats expérimentaux sont en accord avec cette loi de vitesse.

5 Étape cinétiquement déterminante

L'approximation des états quasi-stationnaires permet de surmonter les difficultés liées à une analyse cinétique complète d'une séquence d'étapes élémentaires. La méthode ou l'approximation de l'**étape cinétiquement déterminante** (E.C.D.) permet également de déterminer rapidement la loi de vitesse approchée d'un processus complexe comprenant plusieurs intermédiaires réactionnels.
Reprenons le système de HARCOURT et ESSON :

$$A \xrightarrow{k_1} B \xrightarrow{k_2} C.$$

Considérons une situation analogue à celle de l'A.E.Q.S. avec un intermédiaire réactionnel B pour lequel $k_2 \gg k_1$, exprimé en temps caractéristique $\tau_2 \ll \tau_1$. Comme $k_2 \gg k_1$, dans l'équation (3) le terme $\exp(-k_2 t)$ est négligeable devant $\exp(-k_1 t)$ et l'équation devient :

$$[C] = [A]_o[1 - \exp(-k_1 t)]$$

ce qui est la loi de vitesse d'une réaction du premier ordre. La vitesse de formation de B à partir de A est alors appelée **l'étape cinétiquement déterminante** de la réaction chimique $A \rightarrow C$ soit :

$$r = k_1[A]. \tag{10}$$

Dans une situation inverse, c'est-à-dire avec $k_2 \ll k_1$, le terme $\exp(-k_1 t)$ est négligeable devant $\exp(-k_2 t)$ et l'équation (3) se ramène à :

$$[C] = [A]_o[1 - \exp(-k_2 t)]$$

ce qui est encore une loi de vitesse d'une réaction du premier ordre ; la vitesse de formation de C à partir de B est dans ce cas l'étape cinétiquement déterminante de la réaction chimique $A \rightarrow C$ soit :

$$r = k_2[B]. \tag{11}$$

Dans une réaction chimique constituée de deux ou trois **étapes élémentaires du premier ordre**, l'étape cinétiquement déterminante est celle possédant la constante de vitesse la plus faible.

⚠ La règle précédente ne peut être généralisée : si le nombre d'étapes élémentaires est plus important, la seule comparaison des constantes de vitesse des étapes est insuffisante et la détermination de l'E.C.D. suppose une analyse détaillée du processus.

Considérons maintenant un autre système cinétique simple du type :

$$A \underset{k_{-1}}{\overset{k_1}{\rightleftarrows}} B \xrightarrow{k_2} C.$$

Les équations différentielles de ce système sont :

$$\begin{aligned}\frac{d[A]}{dt} &= -k_1[A] + k_{-1}[B] \\ \frac{d[B]}{dt} &= k_1[A] - k_{-1}[B] - k_2[B] \\ \frac{d[C]}{dt} &= k_2[B].\end{aligned}$$

L'utilisation de l'A.E.Q.S. appliqué à B permet d'obtenir la loi de vitesse approchée de la réaction :

$$r = \frac{k_1 k_2 [A]}{k_{-1} + k_2}. \qquad (12)$$

L'A.E.Q.S. suppose que $r_{(B)} = 0$, ce qui peut être vérifié dans deux situations :

- $\tau_2 \ll \tau_{-1}$ (ou $k_2 \gg k_{-1}$)
  Le temps caractéristique de l'étape de formation de C à partir de B est beaucoup plus faible que le temps caractéristique de l'étape de reconversion de B en A. En ce cas, la vitesse de la réaction $A \rightarrow C$ est la vitesse de formation de B à partir de A, soit :

  $$r = k_1[A]. \qquad (13)$$

  La première étape de la réaction $A = C$ est alors l'étape cinétiquement déterminante du processus. Lorsque $k_2 \gg k_{-1}$, l'équation (12) se ramène à l'équation (13).

- $\tau_2 \gg \tau_{-1}$ (ou $k_2 \ll k_{-1}$)
  Le temps caractéristique de l'étape de formation de C à partir de B est beaucoup plus grand que le temps caractéristique de l'étape de reconversion de B en A. L'étape $B \rightarrow C$ devient alors l'étape cinétiquement déterminante de la réaction et la loi de vitesse du processus est :

  $$r = k_2[B]. \qquad (14)$$

  Comme $k_2 \ll k_{-1}$, l'étape $B \rightarrow C$ ne perturbe pas l'étape $A \rightleftarrows B$, il est raisonnable de poser comme hypothèse que $r_1 \approx r_{-1}$, auquel cas la concentration de B est donnée par :

  $$[B] = \frac{k_1}{k_{-1}}[A] = K_1[A].$$

  Ce type de situation cinétique est appelée un **pré-équilibre rapide** de constante K_1.
  L'équation précédente conduit à :

  $$r = \frac{k_1 k_2}{k_{-1}}[A]. \qquad (15)$$

  Ici encore la condition $k_2 \ll k_{-1}$ permet de ramener l'équation (12) à l'équation (15).

Cette deuxième situation se rencontre fréquemment en chimie et son analyse cinétique est simplifiée lorsque les étapes élémentaires équilibrées sont rapides devant les autres étapes. Le temps caractéristique des étapes équilibrées étant faible, les équilibres se trouvent vérifiés tout au long du processus réactionnel et s'adaptent rapidement aux conditions de concentration imposées par les étapes de temps caractéristique élevé.
Dans une séquence d'étapes élémentaires dont certaines sont du deuxième ordre, il est nécessaire de prendre en compte les termes de concentration des espèces impliquées dans les étapes du deuxième ordre afin d'effectuer la comparaison de constantes de vitesse homogènes. La modification de la concentration de ce type d'espèce peut entraîner un changement d'étape cinétiquement déterminante (voir exercice ci-dessous).

Exercice résolu

Réaction des ions iodure avec les complexes du cobalt

Les ions iodure et le complexe du cobalt $[Co(CN)_5(H_2O)]^{2-}$ réagissent en solution aqueuse selon la stœchiométrie :

$$[Co(CN)_5(H_2O)]^{2-} \quad + \quad I^- \quad = \quad [Co(CN)_5(I)]^{3-} \quad + \quad H_2O$$

Les étapes élémentaires du mécanisme sont :

$$[Co(CN)_5(H_2O)]^{2-} \quad \underset{k_{-1}}{\overset{k_1}{\rightleftarrows}} \quad [Co(CN)_5]^{2-} \quad + \quad H_2O$$

$$I^- \quad + \quad [Co(CN)_5]^{2-} \quad \xrightarrow{k_2} \quad [Co(CN)_5(I)]^{3-}$$

En appliquant l'approximation des états quasi-stationnaires à l'intermédiaire $[Co(CN)_5]^{2-}$, montrer que l'étape cinétiquement déterminante dépend des conditions de la réaction.
Réponse :
L'approximation des états quasi-stationnaires à l'intermédiaire $[Co(CN)_5]^{2-}$ permet d'écrire :

$$k_1\left[[Co(CN)_5(H_2O)]^{2-}\right] - k_{-1}\left[[Co(CN)_5]^{2-}\right] - k_2\left[[Co(CN)_5]^{2-}\right][I^-] = 0.$$

H_2O (solvant) n'intervient pas dans l'équation de vitesse (il est inclus dans k_{-1}) :

$$\left[[Co(CN)_5]^{2-}\right] = \frac{k_1\left[[Co(CN)_5(H_2O)]^{2-}\right]}{k_{-1} + k_2[I^-]}.$$

L'expression de la vitesse de formation de $[Co(CN)_5(I)]^{3-}$ est donc :

$$r = k_2\left[[Co(CN)_5]^{2-}\right][I^-] = \frac{k_1 k_2\left[[Co(CN)_5(H_2O)]^{2-}\right][I^-]}{k_{-1} + k_2[I^-]}.$$

Deux situations limites sont envisageables :

- la concentration en ions iodure est faible, alors $k_{-1} \gg k_2[I^-]$, le terme $k_2[I^-]$ est négligeable devant k_{-1} et l'équation de vitesse devient :

$$r = \frac{k_1 k_2}{k_{-1}}\left[[Co(CN)_5(H_2O)]^{2-}\right][I^-].$$

La deuxième étape est cinétiquement déterminante, puisque $\frac{k_1}{k_{-1}}$ correspond à la constante d'équilibre de la première étape élémentaire, la réaction globale est du deuxième ordre ;

- la concentration en ions iodure est élevée, alors $k_{-1} \ll k_2[I^-]$, le terme k_{-1} est négligeable devant $k_2[I^-]$ et l'équation de vitesse devient :

$$r = k_1\left[[Co(CN)_5(H_2O)]^{2-}\right].$$

En ce cas, la première étape est cinétiquement déterminante et la réaction globale est du premier ordre.

6 Réactions en chaîne

6.1 Réactions en chaîne linéaire

Les réactions en chaîne constituent un dernier type de réaction complexe présentant une grande importance théorique et pratique. Ces réactions se rencontrent notamment dans la haute atmosphère (formation ou destruction de l'ozone stratosphérique) et dans des procédés industriels (réaction de polymérisation, de pyrolyse ou de combustion).

L'étude des réactions en chaîne a commencé avec les travaux de BODENSTEIN et LIND qui ont examiné en 1906 la réaction de formation du bromure d'hydrogène à partir du dibrome et du dihydrogène et mesuré la constante de vitesse pour différentes températures entre 200 et 300 °C.

$$H_2\,(g) \quad + \quad Br_2\,(g) \quad = \quad 2\,HBr\,(g)$$

Ils ont trouvé l'équation empirique de vitesse suivante :

$$r = \frac{k[H_2][Br_2]^{\frac{1}{2}}}{1 + \dfrac{[HBr]}{m[Br_2]}} \qquad (16)$$

dans laquelle m est une constante ajustée à la valeur 0,1 et est indépendante de la température ; k est proportionnel à $\exp\left(-\frac{E_a}{RT}\right)$.

Le mécanisme de cette transformation chimique a été élucidé treize ans plus tard par J.A. CHRISTIANSEN, K.F. HERZFELD et M. POLANYI et la loi de vitesse établie par BODENSTEIN et LIND a pu être justifiée à partir des étapes élémentaires du processus de transformation.

L'interprétation mécanistique proposée par J.A. CHRISTIANSEN, K.F. HERZFELD et M. POLANYI distingue différentes étapes qui se retrouvent dans toutes les réactions en chaîne.

- Une **étape d'initiation** au cours de laquelle une espèce très réactive (radical ou atome) est formée par rupture homolytique d'une liaison entre deux atomes. Dans le cas présent, la liaison de la molécule de dibrome est rompue homolytiquement :

$$Br_2 \xrightarrow{k_1} 2\,Br^{\bullet}. \qquad (1)$$

- Une **séquence d'étapes de propagation** mettant en jeu l'atome $Br^\bullet$ issu de l'étape d'initiation ; cet atome réagit avec une molécule de dihydrogène pour produire du bromure d'hydrogène et un atome $H^\bullet$. Dans une seconde étape cet atome $H^\bullet$ réagit avec une molécule de dibrome pour redonner l'atome $Br^\bullet$ et une molécule de bromure d'hydrogène.

$$Br^\bullet + H_2 \xrightarrow{k_2} HBr + H^\bullet \quad (2)$$

$$H^\bullet + Br_2 \xrightarrow{k_3} HBr + Br^\bullet. \quad (3)$$

Cette séquence d'étapes caractérise le processus de propagation des **chaînes droites** : il existe autant d'intermédiaires réactifs dans les deux membres des étapes de propagation. La fin de la séquence régénère l'atome (ou le radical) à partir duquel la séquence a débuté. En conséquence, à partir d'un seul atome $Br^\bullet$, il est possible d'effectuer un grand nombre de cycles pour donner le bromure d'hydrogène.

Dans une réaction en chaîne droite, la somme des équations-bilan des actes élémentaires du processus de propagation donne l'équation-bilan de la réaction chimique ; en sommant (2) et (3), on obtient $H_2 + Br_2 = 2\,HBr$.

- Une (ou plusieurs) **étape d'inhibition** caractérisée par la formation d'espèces (atomes, radicaux ou molécules) différentes des produits attendus de la réaction (bromure d'hydrogène dans le cas présent)

$$H^\bullet + HBr \xrightarrow{k_4} H_2 + Br^\bullet. \quad (4)$$

L'existence de ce type de processus a pour effet de ralentir la vitesse de la réaction chimique, il n'y a cependant pas disparition des espèces réactives.

- Une (ou plusieurs) **étape de terminaison** au cours de laquelle il y a disparition des espèces réactives qui permettent les étapes de propagation. Ces réactions de terminaison sont différentes de celles conduisant aux produits attendus de la réaction (bromure d'hydrogène dans le cas présent).

$$2\,Br^\bullet \xrightarrow{k_{-1}} Br_2. \quad (5)$$

6.2 Analyse cinétique d'une réaction en chaîne

L'utilisation de l'approximation des états quasi-stationnaires s'avère particulièrement utile pour l'analyse cinétique d'une réaction en chaîne. La vitesse de formation de HBr est donnée à partir des réactions élémentaires (2) (3) et (4) par la relation :

$$r_{(HBr)} = r_2 + r_3 - r_4. \quad (17)$$

En appliquant l'A.E.Q.S. aux deux espèces très réactives (donc ne s'accumulant pas dans le milieu) que sont les atomes $H^\bullet$ et $Br^\bullet$, on obtient :

$$\frac{d[H^\bullet]}{dt} = r_2 - r_3 - r_4 = 0 \quad (18)$$

$$\frac{d[Br^\bullet]}{dt} = 2r_1 - r_2 + r_3 + r_4 - 2r_{-1} = 0. \quad (19)$$

En sommant les équations (18) et (19), il vient :

$$r_1 = r_{-1} \qquad \text{soit : } \quad k_1[Br_2] = k_{-1}[Br^\bullet]^2$$

ce qui conduit à la concentration en $Br^\bullet$:

$$[Br^\bullet] = \left(\frac{k_1}{k_{-1}}\right)^{\frac{1}{2}} [Br_2]^{\frac{1}{2}}.$$

L'expression de la concentration de $Br^\bullet$ est reportée dans l'équation (18), d'où :

$$k_2 \left(\frac{k_1}{k_{-1}}\right)^{\frac{1}{2}} [Br_2]^{\frac{1}{2}}[H_2] - k_3[H^\bullet][Br_2] - k_4[H^\bullet][HBr] = 0.$$

La concentration en $H^\bullet$ est alors :

$$[H^\bullet] = \frac{k_2 \left(\frac{k_1}{k_{-1}}\right)^{\frac{1}{2}} [H_2][Br_2]^{\frac{1}{2}}}{k_3[Br_2] + k_4[HBr]}.$$

La vitesse de formation de HBr en fonction de $H^\bullet$ vaut :

$$r_{(HBr)} = r_2 + r_3 - r_4 = 2r_3$$

ce qui conduit à l'expression :

$$r_{(HBr)} = 2k_3[H^\bullet][Br_2]$$

soit :

$$r_{(HBr)} = \frac{2k_2k_3 \left(\frac{k_1}{k_{-1}}\right)^{\frac{1}{2}} [H_2][Br_2]^{\frac{3}{2}}}{k_3[Br_2] + k_4[HBr]}$$

ce qui, après simplification conduit à :

$$r_{(HBr)} = \frac{2k_2k_3 \left(\frac{k_1}{k_{-1}}\right)^{\frac{1}{2}} [H_2][Br_2]^{\frac{1}{2}}}{1 + \frac{k_4[HBr]}{k_3[Br_2]}}. \tag{20}$$

L'équation (20) est similaire à l'équation empirique (16) obtenue par BODENSTEIN et LIND, avec $k = 2k_2k_3\left(\frac{k_1}{k_{-1}}\right)^{\frac{1}{2}}$ et $m = \frac{k_3}{k_4}$. La loi de vitesse obtenue montre que la production de bromure d'hydrogène durant la réaction a pour effet de diminuer la vitesse, plus [HBr] croît, plus le dénominateur de l'équation (20) croît également et plus la vitesse de formation du bromure d'hydrogène diminue. Ce processus correspond à une situation d'inhibition de la réaction par le produit.

Exercice résolu

Pyrolyse du méthoxyméthane

La pyrolyse du méthoxyméthane conduit à des produits variés :

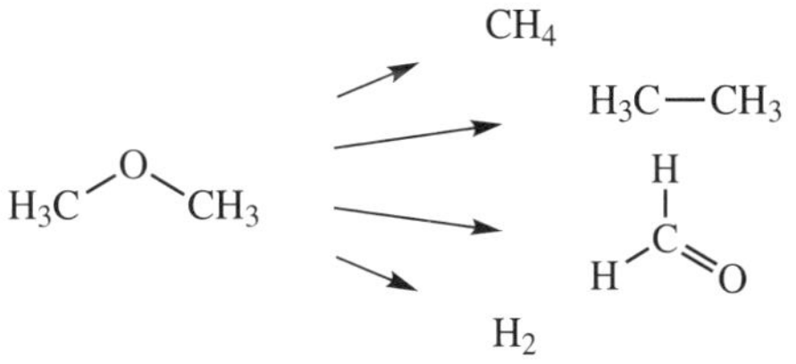

Les étapes suivantes ont été proposées pour expliquer la formation des produits :

$$
\begin{array}{lllll}
 & CH_3OCH_3 & \xrightarrow{k_1} & CH_3^\bullet & + CH_3O^\bullet \\
CH_3^\bullet + & CH_3OCH_3 & \xrightarrow{k_2} & CH_4 & + CH_3OCH_2^\bullet \\
 & CH_3OCH_2^\bullet & \xrightarrow{k_3} & H_2CO & + CH_3^\bullet \\
 & CH_3O^\bullet & \xrightarrow{k_4} & H_2CO & + H^\bullet \\
H^\bullet + & CH_3OCH_3 & \xrightarrow{k_5} & CH_3OCH_2^\bullet & + H_2 \\
CH_3^\bullet + & CH_3^\bullet & \xrightarrow{k_6} & CH_3CH_3. &
\end{array}
$$

Déterminer la vitesse de formation du méthane (CH_4).
Réponse :
La vitesse de formation du méthane est donnée par :

$$r = k_2[CH_3OCH_3][CH_3^\bullet].$$

En appliquant l'approximation des états quasi-stationnaires aux différents intermédiaires ($CH_3^\bullet$, $CH_3O^\bullet$, $H^\bullet$, $CH_3OCH_2^\bullet$) on obtient les équations suivantes (avec E = CH_3OCH_3) :

$$\frac{d[CH_3^\bullet]}{dt} = r_1 - r_2 + r_3 - 2r_6 = 0 \qquad (a)$$

$$\frac{d[CH_3O^\bullet]}{dt} = r_1 - r_4 = 0 \qquad (b)$$

$$\frac{d[H^\bullet]}{dt} = r_4 - r_5 = 0 \qquad (c)$$

$$\frac{d[CH_3OCH_2^\bullet]}{dt} = r_2 - r_3 + r_5 = 0 \qquad (d)$$

En sommant (a) + (d), on obtient :

$$r_1 + r_5 = 2r_6 \qquad \text{soit : } \quad k_1[E] + k_5[E][H^\bullet] = 2k_6[CH_3^\bullet]^2.$$

En sommant (b) + (c) d'autre part, on obtient :

$$r_1 = r_5 \qquad \text{soit : } \quad [H^\bullet] = \frac{k_1}{k_5}$$

ce qui donne pour $[CH_3^\bullet]$:

$$[CH_3^\bullet] = \left(\frac{k_1}{k_6}[E]\right)^{\frac{1}{2}}.$$

La vitesse de formation du méthane est donnée par l'expression :

$$\frac{d[CH_4]}{dt} = k_2 \left(\frac{k_1}{k_6}\right)^{\frac{1}{2}} [E]^{\frac{3}{2}}.$$

Remarquons que des ordres demi-entiers sont souvent rencontrés dans les réactions en chaîne.

6.3 Réaction en chaîne ramifiée

Les **réactions en chaîne ramifiée** constituent le deuxième groupe de réactions en chaîne ; il s'agit principalement des réactions de combustion. La spécificité de ce type de réaction repose sur l'existence d'étapes élémentaires de propagation susceptibles de produire plus d'espèces réactives qu'elles n'en consomment, à la différence des réactions en chaîne linéaires dans lesquelles les étapes élémentaires de propagation produisent autant d'espèces réactives qu'elles en consomment (on parle aussi de **réactions en chaîne divergente**).
Ces réactions en chaîne ramifiée peuvent, dans certaines conditions devenir explosives, c'est le cas de la réaction du dihydrogène avec le dioxygène dont certaines étapes élémentaires sont :

$$H^\bullet + O_2 \longrightarrow OH^\bullet + O^\bullet \qquad (a)$$

$$O^\bullet + H_2 \longrightarrow OH^\bullet + H^\bullet \qquad (b)$$

Ainsi les deux étapes ont conduit à la régénération de l'atome $H^\bullet$ mais ont également produit deux radicaux $OH^\bullet$, lesquels peuvent à leur tour réagir avec H_2 pour donner H_2O et un nouvel atome $H^\bullet$, selon l'équation :

$$H_2 + OH^\bullet \longrightarrow H_2O + H^\bullet \qquad (c)$$

Chaque fois que le couple d'étapes élémentaires (a) et (b) est effectué, la réaction (c) est réalisée deux fois, le bilan d'ensemble est :

$$H^\bullet + 3\,H_2 + O_2 = 2\,H_2O + 3\,H^\bullet$$

Les étapes élémentaires étant rapides et la croissance des atomes $H^\bullet$ au cours du temps de type géométrique, la formation d'une grande quantité de produit et la libération d'une grande quantité d'énergie nécessitent peu de cycles de propagation (50 pour une transformation d'environ 10^{23} molécules). Ce type de réaction peut ainsi conduire à une explosion.

7 La catalyse

L'étude de la catalyse a commencé dès les débuts de la chimie moderne. En 1812, KIRCHHOF observe que l'hydrolyse de l'amidon en sucre est accélérée en présence d'un acide, lequel est retrouvé inchangé à la fin de la réaction ; à la même époque, le procédé industriel d'oxydation du dioxyde de soufre en trioxyde de soufre pour la préparation de l'acide sulfurique est mis au point grâce à une catalyse par les oxydes d'azote. La notion de catalyse a été proposée par J. J. BERZELIUS en 1835, puis discutée et approfondie durant le demi-siècle qui a suivi ; vers la fin du XIXe siècle, les travaux de W. OSTWALD établissent la notion moderne de catalyse.

On distingue la **catalyse homogène** et la **catalyse hétérogène**. Dans la catalyse homogène, toutes les espèces chimiques appartiennent à la même phase (gazeuse ou liquide) ; dans la catalyse hétérogène, le catalyseur se trouve en général sur une phase solide, les réactifs et les produits sont dans une phase liquide ou gazeuse. La catalyse est mise en œuvre dans de nombreux procédés industriels (plus de 85 % des réactions chimiques) pour la préparation de produits de fort tonnage tels que l'acide sulfurique, l'acide nitrique, l'ammoniac, la pétrochimie ou encore en chimie des polymères, mais également dans des synthèses d'espèces élaborées à haute valeur ajoutée (principes actifs de médicaments par exemple).
Les **enzymes** (polypeptides macromoléculaires) constituent un cas particulier de catalyseurs présents dans les systèmes biologiques qui permettent, dans des conditions de température, de pression et de milieu (solvant, pH...) proches des conditions ambiantes (300 K, 1 bar), la réalisation des milliers de réactions chimiques du métabolisme cellulaire. Comme exemple de l'efficacité de ces catalyseurs biologiques, on peut citer la formation de l'ammoniac (NH_3) à partir du diazote atmosphérique. Cette transformation chimique est réalisée dans l'industrie en présence de fer comme catalyseur, à une température comprise entre 380 et 450 °C et sous une pression de 100 à 250 bar, alors que certaines bactéries (*Nitrobacter*) produisent l'ammoniac à partir du diazote atmosphérique à pression et température ordinaires au moyen d'un enzyme contenant du fer et du molybdène.

7.1 Mise en évidence du phénomène de la catalyse

a. Réaction en solution

Les ions thallium(I) réagissent avec les ions cérium(IV) selon l'équation-bilan :

$$Tl^{+}\,(aq) \quad + \quad 2\,Ce^{4+}\,(aq) \quad = \quad Tl^{3+}\,(aq) \quad + \quad 2\,Ce^{3+}\,(aq)$$

Cette réaction évolue spontanément quoique très lentement dans le sens de formation des ions thallium(III) et cérium(III) ; elle devient très rapide en présence d'ions argent(I), même en très faible quantité. Cette accélération de la réaction d'oxydoréduction est due à l'intervention des ions argent(II) dans le processus ; la réaction directe des ions thallium(I) sur les ions cérium(IV) est remplacée par une séquence de trois étapes élémentaires successives :

$$Ag^{+}\,(aq) \quad + \quad Ce^{4+}\,(aq) \quad \rightleftarrows \quad Ag^{2+}\,(aq) \quad + \quad Ce^{3+}\,(aq)$$

$$Ag^{2+}\,(aq) \quad + \quad Tl^{+}\,(aq) \quad \rightleftarrows \quad Ag^{+}\,(aq) \quad + \quad Tl^{2+}\,(aq)$$

$$Tl^{2+}\,(aq) \quad + \quad Ce^{4+}\,(aq) \quad \rightleftarrows \quad Tl^{3+}\,(aq) \quad + \quad Ce^{3+}\,(aq)$$

L'équation-bilan de ces trois étapes correspond à la réaction de deux ions cérium(IV) sur un ion thallium(I) pour donner deux ions cérium(III) et un ion thallium(III), les ions argent aux degrés d'oxydation(I) ou (II) n'apparaissent pas dans l'équation-bilan du processus global en raison de la régénération de l'ion argent(I) par réduction de l'ion argent(II) au cours de la deuxième étape élémentaire de la séquence.

b. Réaction en phase gazeuse

Le dioxyde de soufre est oxydé par le dioxygène en trioxyde de soufre selon l'équation-bilan :

$$2\,SO_2\,(g) \quad + \quad O_2\,(g) \quad = \quad 2\,SO_3\,(g).$$

Bien que cette réaction possède une constante d'équilibre de l'ordre de 10^{34}, un mélange de dioxyde de soufre et de dioxygène est cinétiquement stable et, pour s'effectuer avec une vitesse raisonnable, cette réaction est catalysée par l'ajout d'une très faible quantité de monoxyde d'azote (NO) ou de dioxyde d'azote (NO_2) dans la phase gazeuse. L'analyse de la réaction chimique dans ces nouvelles conditions montre qu'elle s'effectue selon une séquence de deux étapes élémentaires :

$$NO_2\,(g) \quad + \quad SO_2\,(g) \quad \rightleftarrows \quad NO\,(g) \quad + \quad SO_3\,(g)$$

$$2\,NO\,(g) \quad + \quad O_2\,(g) \quad \rightleftarrows \quad 2\,NO_2\,(g).$$

Cette méthode a longtemps été utilisée dans l'industrie pour la préparation du trioxyde de soufre, précurseur de l'acide sulfurique (Procédé aux chambres de plomb désormais remplacé par une catalyse hétérogène avec du pentaoxyde de vanadium V_2O_5).

c. Réaction sur solide

Le peroxyde d'hydrogène (eau oxygénée) se décompose lentement en eau et dioxygène :

$$2\,H_2O_2\,(\ell) \quad = \quad 2\,H_2O\,(\ell) \quad + \quad \frac{1}{2}\,O_2\,(g).$$

Cette réaction est accélérée en présence d'un fil de platine. Lorsque le fil est remplacé par un morceau de platine présentant une surface de contact élevée avec la solution (mousse de platine, platine platiné), la vitesse de la réaction augmente encore.

7.2 Caractéristiques de la catalyse

a. Définition

Définition

On appelle catalyseur toute espèce chimique capable d'accélérer la vitesse d'une réaction chimique thermodynamiquement spontanée sans apparaître dans les produits de la réaction.

Cette définition nécessite quelques précisions :

- Le terme catalyseur est généralement réservé aux espèces chimiques qui accélèrent la vitesse d'une réaction chimique, le terme d'**inhibiteur** aux espèces qui produisent un ralentissement. Une réaction chimique accélérée par un de ses produits est appelée réaction **autocatalytique** (**autoinhibée** lorsqu'un produit ralentit la réaction). Comme exemple de réaction autocatalytique, citons l'hydrolyse d'un ester :

  $$CH_3\text{–}CO\text{–}OC_2H_5\,(\ell) \; + \; H_2O\,(\ell) \quad = \quad CH_3\text{–}CO_2H\,(\ell) \; + \; C_2H_5OH\,(\ell)$$

  l'acide carboxylique, produit de l'hydrolyse, catalyse la réaction d'hydrolyse ; la vitesse initialement très faible, augmente au cours du temps, passe par un maximum, puis diminue de nouveau pour s'annuler lorsque l'avancement est maximal.

- La notion de catalyseur ne doit pas être confondue avec celle d'**initiateur** (cf 6.1) : l'initiateur est une entité physique ou chimique responsable de l'accélération d'une réaction chimique ; il subit une destruction au cours du processus d'initiation. Ainsi le rayonnement ultraviolet joue un rôle d'initiateur dans la réaction du dibrome sur le dihydrogène (cf 6.1) et disparaît lors de la première étape du processus ; ou encore le peroxyde de benzoyle (C_6H_5–CO–O–O–CO–C_6H_5) se décompose par chauffage pour donner deux radicaux ($C_6H_5^{\bullet}$) qui initient une réaction en chaîne. Ces radicaux $C_6H_5^{\bullet}$ disparaissent au cours de l'étape élémentaire suivante de la réaction en chaîne.
- Ainsi que le montre l'exemple de la réaction des ions thallium(I) avec les ions cérium(IV), les ions argent(I) qui catalysent cette transformation n'apparaissent pas dans l'équation-bilan de la transformation chimique, de ce fait, ils sont également absents de l'expression de la constante d'équilibre de la réaction :

  $$K_T^\circ = \frac{[Ce^{3+}]^2[Tl^{3+}]}{[Ce^{4+}]^2[Tl^+]}.$$

  Cependant, les ions argent(I) sont un des réactifs de la première étape élémentaire du processus, aussi la concentration en ions argent(I) intervient dans la loi de vitesse de la première étape du processus :

  $$r_1 = k_1[Ce^{4+}][Ag^+].$$

  Cette situation est généralisable : en catalyse homogène la concentration en catalyseur intervient dans la loi de vitesse de certaines étapes élémentaires sans apparaître dans l'expression de la constante d'équilibre de la réaction.
- Du fait de sa régénération au cours du processus catalytique, un catalyseur exerce en théorie son effet sur une réaction chimique sans limitation de durée, jusqu'à ce que l'avancement de la réaction soit maximal ; en pratique cependant le catalyseur possède une durée de vie limitée (de quelques heures à quelques années). Cette désactivation du catalyseur ne provient pas du mécanisme de la catalyse, mais d'effets physiques (température) ou chimiques (impuretés, réactions secondaires non renversables). Dans certaines situations, le catalyseur peut être réactivé.

b. Aspect macroscopique de la catalyse

Considérons une réaction chimique en solution au cours de laquelle une espèce chimique A est transformée en une espèce chimique B en une seule étape élémentaire monomoléculaire :

$$A \underset{k_{-1}}{\overset{k_1}{\rightleftarrows}} B.$$

À l'équilibre le système n'évolue pas macroscopiquement et la vitesse nette de cette transformation chimique est nulle, les vitesses r_1 (sens direct) et r_{-1} (sens inverse) sont égales. Si les concentrations de A et de B dans cet équilibre sont notées $[A]_{eq}$ et $[B]_{eq}$, nous avons :

$$k_1[A]_{eq} = k_{-1}[B]_{eq} \quad \text{soit :} \quad \frac{[B]_{eq}}{[A]_{eq}} = \frac{k_1}{k_{-1}}.$$

Le rapport des constantes de vitesse des processus direct et inverse est la constante d'équilibre de la réaction : K_{eq}.
L'effet d'un catalyseur ne s'exerce que sur la vitesse des réactions directe et inverse, sa présence n'affecte pas la position de l'équilibre. Si la réaction précédente est catalysée par une espèce chimique notée C avec un ordre γ dans le sens direct et γ' dans le sens inverse, la réaction chimique est alors :

$$A \quad + \quad \gamma C \quad \underset{k_{-2}}{\overset{k_2}{\rightleftarrows}} \quad B \quad + \quad \gamma' C$$

les réactions dans les sens direct et inverse possèdent des constantes de vitesse k_2 et k_{-2}, différentes de k_1 et k_{-1}. À l'équilibre, l'égalité des vitesses ($r_2 = r_{-2}$) impose :

$$k_2[A]_{eq}[C]^{\gamma} = k_{-2}[B]_{eq}[C]^{\gamma'} \quad \text{soit :} \quad \frac{k_2}{k_{-2}} = \frac{[B]_{eq}[C]^{\gamma'}}{[A]_{eq}[C]^{\gamma}}.$$

La constante d'équilibre K_{eq} n'étant pas modifiée par l'introduction du catalyseur, cette condition impose $\gamma = \gamma'$. Cette égalité indique que le catalyseur modifie dans le même rapport les constantes de vitesse des réactions directe et inverse. Ainsi l'ion oxonium catalyse la déshydratation des alcools en alcènes et l'hydratation des alcènes en alcools selon le mécanisme suivant :

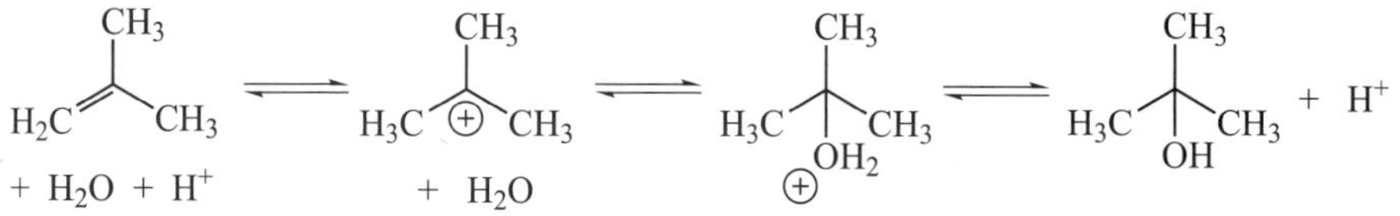

FIGURE 7.12 – Catalyse par les ions oxonium de la transformation des alcènes en alcools (réaction directe) et des alcools en alcènes (réaction inverse)

La présence de l'ion oxonium qui accélère la réaction de formation du 2-méthylpropan-2-ol à partir du méthylpropène, accélère dans le même rapport la transformation inverse du méthylpropène en 2-méthylpropan-2-ol.

c. Aspect microscopiques de la catalyse

L'analyse de l'équation d'ARRHENIUS (cf chapitre 5 *Cinétique chimique macroscopique*) a montré qu'une réaction chimique est d'autant plus rapide que les actes élémentaires sont plus fréquents (influence de la concentration et de la température), plus efficaces en terme d'énergie des liaisons (influence de l'énergie d'activation, elle-même reliée à la différence d'énergie potentielle entre l'état initial et l'état de transition) et plus efficaces en terme de géométrie (influence du facteur préexponentiel).

Pour examiner l'effet d'un catalyseur, comparons les constantes de vitesse d'une même réaction catalysée ou non qui vérifient toutes les deux la relation d'ARRHENIUS :

$$k = A\exp\left(-\frac{E_a}{RT}\right)$$

Les concentrations en espèces chimiques et la variable température étant fixées, nous nous intéressons aux deux grandeurs qui interviennent dans les expressions de k en présence ou non du catalyseur : l'énergie d'activation E_a et le facteur préexponentiel A (pour les besoins de la comparaison, nous supposerons que les constantes de vitesse des réactions non catalysée et catalysée sont de même dimension ; ceci n'est en réalité pas le cas). L'analyse de la fonction $k = f(A, E_a)$ montre qu'il existe deux possibilités pour augmenter la constante de vitesse k :

- soit en abaissant l'énergie d'activation E_a :
  – si E_a diminue, $\exp\left(-\dfrac{E_a}{RT}\right)$ augmente et k également, à T et A constants ;
- soit en augmentant le facteur préexponentiel A :
  – si A augmente, k augmente à T et E_a constantes.

Bien que l'énergie d'activation d'ARRHENIUS ne puisse être assimilée à la différence d'énergie potentielle entre les réactifs et l'état de transition, il existe une relation étroite entre ces deux grandeurs et nous pouvons considérer qu'à toute diminution de l'énergie d'activation d'ARRHENIUS doit correspondre une diminution de la différence d'énergie potentielle entre l'état initial et le complexe activé.

L'introduction du catalyseur dans le système en réaction modifie le nombre de variables qui déterminent la forme de l'hypersurface d'énergie potentielle. Cette réorganisation du profil réactionnel en présence d'un catalyseur rend possible une voie d'évolution du système chimique différente de celle empruntée en l'absence de catalyseur ; elle peut prendre plusieurs aspects, énergétique ou géométrique :

- **aspect énergétique** : le catalyseur peut changer la différence d'énergie potentielle entre l'état initial et l'état de transition, soit en abaissant l'énergie du complexe activé, soit en élevant l'énergie de l'état initial ;
- **aspect géométrique** : le catalyseur peut augmenter la probabilité d'avoir un choc efficace si sa présence rapproche le système chimique de la géométrie optimale pour la formation ou la rupture des liaisons chimiques au cours de l'acte élémentaire.

En pratique les deux effets sont difficiles à distinguer. L'effet énergétique d'un catalyseur est illustré sur la réaction de déshydratation thermique du 2-méthylpropan-2-ol :

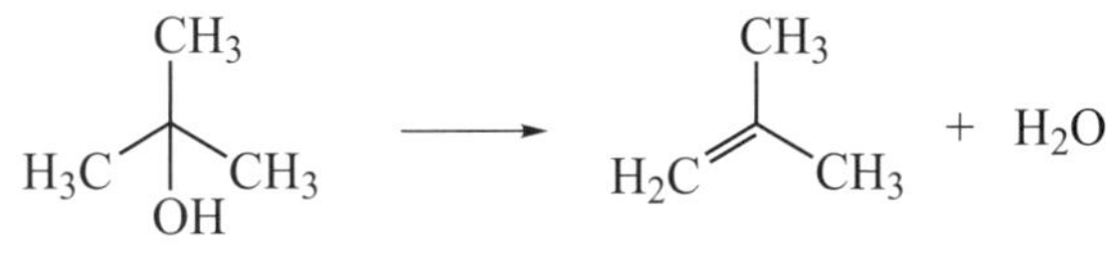

FIGURE 7.13 – Réaction de déshydratation thermique du 2-méthylpropan-2-ol

Cette réaction possède une énergie d'activation d'ARRHÉNIUS de 271 kJ·mol^{-1} en phase gazeuse. En présence de bromure d'hydrogène en quantité catalytique, l'énergie d'activation d'ARRHÉNIUS n'est plus que de 127 kJ·mol^{-1}. Le mécanisme proposé pour expliquer cette modification de l'énergie d'activation fait intervenir un choc entre une molécule de 2-méthylpropan-2-ol et une molécule de bromure d'hydrogène, choc au cours duquel la liaison H–Br se scinde pour former simultanément H_2O avec la fonction alcool et une nouvelle molécule de H–Br avec un atome d'hydrogène d'un carbone en α, régénérant ainsi l'espèce catalytique H–Br.

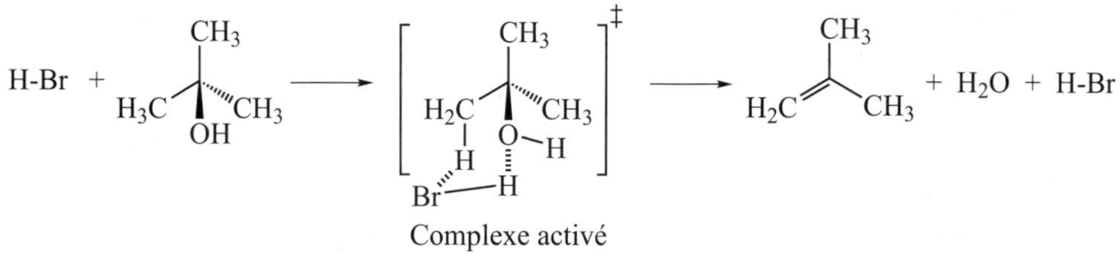

FIGURE 7.14 – Mécanisme supposé de la déshydratation thermique du 2-méthylpropan-2-ol catalysée par HBr en phase gazeuse

Cette modification du profil énergétique dans le cas de la réaction catalysée se traduit par une courbe $E_p = f(CR)$ dans laquelle la hauteur du « col » est moins élevée que dans la réaction non catalysée.

Précisons qu'en raison de la réorganisation du profil réactionnel due à la présence du catalyseur, les courbes $E_p = f(CR)$ en présence et en l'absence du catalyseur possèdent nécessairement des abscisses différentes, nous notons CR l'abscisse du graphe pour la réaction sans catalyseur et CR' l'abscisse du graphe pour la réaction avec catalyseur.

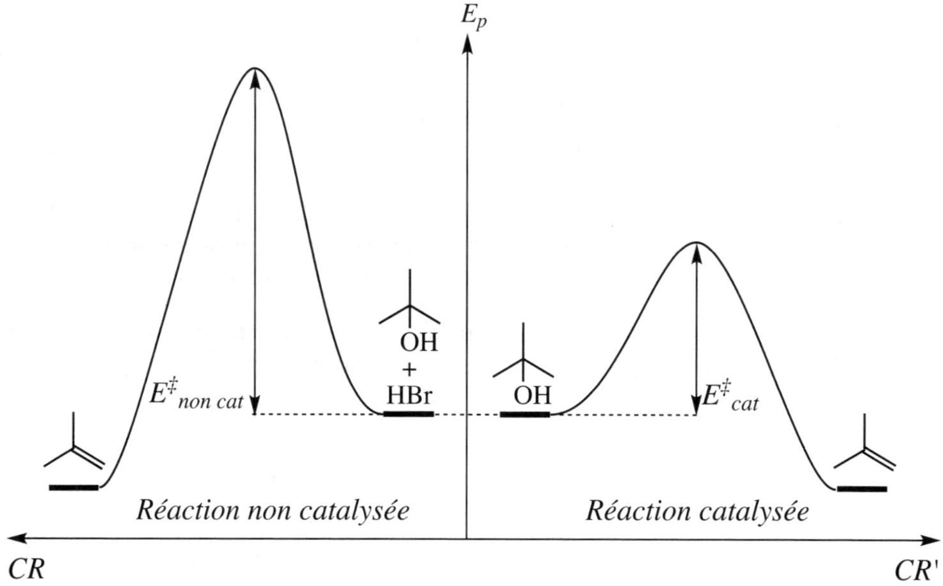

FIGURE 7.15 – Graphes d'énergie potentielle en fonction de la coordonnée réactionnelle pour la réaction de déshydratation thermique du 2-méthylpropan-2-ol catalysée et non catalysée (afin de simplifier la représentation, l'énergie potentielle des réactifs est placée à la même valeur pour la réaction en présence ou non de catalyseur ; il en est de même pour l'énergie potentielle des produits).

Dans la plupart des cas, le catalyseur modifie le mécanisme réactionnel en permettant une transformation par une voie plus complexe mais plus rapide, car comportant au moins une étape élémentaire à faible énergie d'activation.

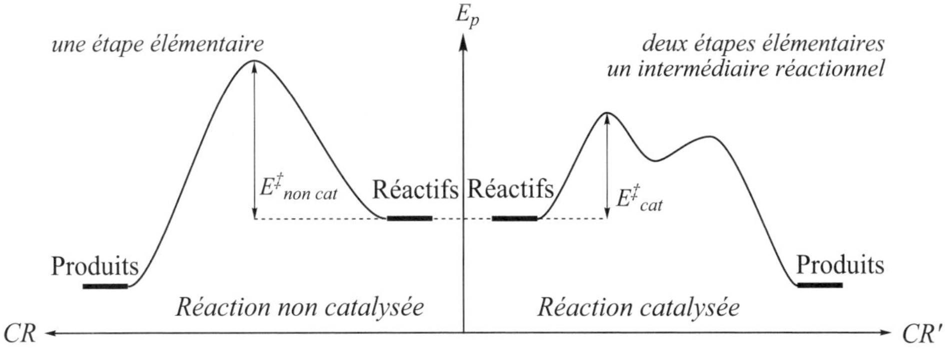

FIGURE 7.16 – Graphes $E_p = f(CR)$ pour une réaction catalysée et non catalysée (afin de simplifier la représentation, l'énergie potentielle des réactifs est placée à la même valeur).

d. Sélectivité des catalyseurs

Dans les cas simples évoqués au 7.1, l'évolution du système chimique initial est univoque et le phénomène de catalyse accélère l'unique processus thermodynamiquement spontané. Il existe cependant de nombreux systèmes chimiques capables d'évoluer selon plusieurs réactions spontanées. Ainsi le mélange de monoxyde de carbone et de dihydrogène peut évoluer selon les voies suivantes :

- la conversion en méthane :

$$CO\,(g) \quad + \quad 3\,H_2\,(g) \quad \longrightarrow \quad CH_4\,(g) \quad + \quad H_2O\,(g)$$

  cette réaction est observée à 320 °C sous 25 bar en présence d'oxyde de nickel déposé sur alumine ;

- la conversion en méthanol :

$$CO\,(g) \quad + \quad 2\,H_2\,(g) \quad \longrightarrow \quad CH_3OH\,(g)$$

  cette réaction est observée à 225 °C sous 50 bar en présence de cuivre dispersé dans l'oxyde de zinc et l'alumine ;

- la conversion en hydrocarbure (Procédé FISHER-TROPSCH) :

$$n\,CO\,(g) \quad + \quad (2n+1)\,H_2\,(g) \quad \longrightarrow \quad C_nH_{2n+2}\,(g) \quad + \quad n\,H_2O\,(g)$$

  cette réaction est observée entre 200 et 350 °C sous 10 à 25 bar en présence d'un catalyseur à base de fer et de cobalt.

Les catalyseurs présentés favorisent une voie d'évolution parmi plusieurs possibles, on parle dans ce cas de **sélectivité**. Cependant, tous les catalyseurs ne présentent pas au même degré la même sélectivité. Certaines espèces chimiques telles que l'ion oxonium (H_3O^+) sont capables de catalyser de nombreuses réactions chimiques et, de ce fait, sont des catalyseurs peu sélectifs. D'autres, comme les métaux de transition, peuvent présenter une sélectivité élevée.

Pour le chimiste, la sélectivité d'un catalyseur est une propriété aussi intéressante que l'augmentation de la constante de vitesse elle-même. Ainsi une étape de la synthèse industrielle de la DOPA, principe actif d'un médicament contre la maladie de PARKINSON, est une hydrogénation réalisée en présence d'un catalyseur à base de rhodium. Seule la double liaison de la molécule est réduite pour donner très majoritairement (97 %) un stéréoisomère parmi les deux possibles.

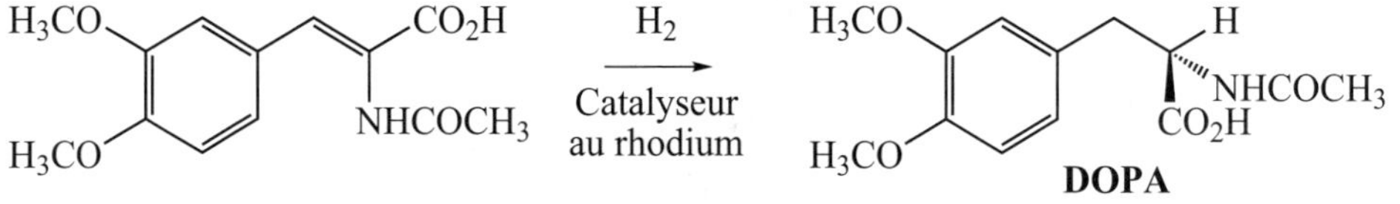

FIGURE 7.17 – Réaction d'hydrogénation catalytique stéréosélective

e. Caractères particuliers de la catalyse hétérogène

La catalyse hétérogène ou catalyse de surface présente des caractéristiques remarquables :

- comme le phénomène se déroule à l'interface, il est important d'obtenir, pour une masse donnée de catalyseur, une surface maximale. Cela nécessite des processus d'élaboration particuliers qui permettent d'obtenir une aire spécifique (exprimée en $m^2.g^{-1}$) la plus élevée possible. Les catalyseurs solides sont poreux ou très divisés ; dans ce cas leur aire spécifique peut atteindre plusieurs centaines de $m^2.g^{-1}$;
- le mécanisme de la réaction chimique en catalyse hétérogène s'effectue sur des centres actifs disposés sur la surface du catalyseur ; ces centres actifs sont des atomes ou des groupes d'atomes. La nature et la densité de ces centres actifs dépendent du mode de formation du catalyseur et sont des caractéristiques aussi importantes que l'aire spécifique ;
- la durée de vie d'un catalyseur solide dépend de celle de ses centres actifs. Leur disparition peut avoir de nombreuses causes : coalescence des grains, encrassement, empoisonnement ; l'encrassement et l'empoisonnement sont parfois réversibles. Dans l'industrie, l'espèce catalytique est le plus souvent déposée sur un support (afin d'augmenter l'aire spécifique) et mélangée à un ou des promoteurs afin d'améliorer la stabilité, la quantité ou la qualité des centres actifs ;
- un avantage essentiel de la catalyse hétérogène est de présenter une grande facilité de séparation d'avec les réactifs et les produits présents dans une autre phase (gazeuse ou condensée).

Observation du déroulement de la réaction chimique

Depuis une vingtaine d'années, les lasers sont de plus en plus employés pour suivre le déroulement d'un acte chimique élémentaire. Le principe de la méthode appelée « pompe – sonde » est le suivant : une première impulsion laser de très courte durée (< 0,1 picoseconde) est envoyée sur des molécules de manière à les exciter. C'est la phase « pompe » qui détermine le temps zéro de l'expérience puisque cette excitation initie une réaction photochimique. L'impulsion laser doit être suffisamment intense pour créer une population d'états excités détectables.

Dans un deuxième temps, l'évolution spontanée des populations d'états excités et des espèces photoinduites est suivie en temps réel à l'aide d'une seconde impulsion, c'est la phase « sonde ». L'impulsion est envoyée sur le milieu avec un retard déterminé par rapport au temps zéro et l'expérience est répétée pour des retards croissants. La phase « sonde » est dans son principe une expérience de spectroscopie qui peut être d'absorption ou de fluorescence ; elle permet d'obtenir des informations sur la cinétique des processus de désexcitation et leur nature : modifications géométriques et énergétiques. Afin de sonder le système en réaction, l'énergie de la seconde impulsion laser doit correspondre à une transition entre deux niveaux électroniques pour un ou des produits de dissociation du composé étudié.

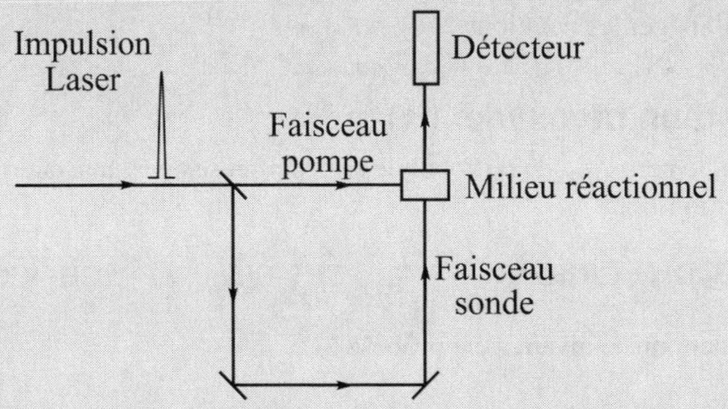

FIGURE 7.18 – Schéma de principe d'un montage « pompe – sonde »

Au moyen de ce dispositif, il a pu être montré par exemple que la molécule d'iodure de cyanogène (I-CN) activée par une première impulsion laser, se dissocie en deux fragments $I^\bullet$ et $^\bullet CN$. L'analyse de la cinétique du processus de désexcitation a permis de déterminer que les fragments $I^\bullet$ et $^\bullet CN$ se trouvent à 600 pm l'un de l'autre au bout de 205 femtoseconde.

EXERCICES

7.1 Décomposition thermique de l'éthanal (★)

L'éthanal peut subir une décomposition thermique en phase gazeuse pour fournir du monoxyde de carbone et du méthane, suivant l'équation-bilan :

$$CH_3CHO\,(g) \quad = \quad CO\,(g) \quad + \quad CH_4\,(g).$$

Le mécanisme probable de cette réaction est le suivant :

$$\begin{array}{rcrcccc} & & CH_3CHO & \xrightarrow{k_1} & {}^{\bullet}CH_3 & + & {}^{\bullet}CHO \\ {}^{\bullet}CH_3 & + & CH_3CHO & \xrightarrow{k_2} & CH_4 & + & {}^{\bullet}CH_2CHO \\ & & {}^{\bullet}CH_2CHO & \xrightarrow{k_3} & CO & + & {}^{\bullet}CH_3 \\ & & 2\,{}^{\bullet}CH_3 & \xrightarrow{k_4} & CH_3CH_3 & & \end{array}$$

1. Ce mécanisme est-il en séquence ouverte ou en séquence fermée ? Dans l'hypothèse de ce dernier cas, identifier les étapes d'initiation, de propagation, de terminaison, et éventuellement d'inhibition.

2. Donner l'expression de la vitesse de formation du méthane CH_4 en fonction des concentrations des réactifs et produits, dans le cadre d'une approximation classique. On pourra noter l'éthanal E afin d'alléger les notations.

7.2 Pyrolyse d'un peroxyde (★)

En phase gazeuse, le peroxyde de *tertio*butyle se décompose en éthane et en propanone selon la réaction d'équation-bilan :

$$(CH_3)_3C\text{–}O\text{–}O\text{–}C(CH_3)_3 \quad = \quad CH_3\text{–}CH_3 \quad + \quad 2\,CH_3\text{–}CO\text{–}CH_3.$$

Le mécanisme réactionnel suivant a été proposé :

$$\begin{array}{rcccc} (CH_3)_3C\text{–}O\text{–}O\text{–}C(CH_3)_3 & \xrightarrow{k_1} & 2\,(CH_3)_3C\text{–}O^{\bullet} & & \\ (CH_3)_3C\text{–}O^{\bullet} & \xrightarrow{k_2} & CH_3\text{–}CO\text{–}CH_3 & + & {}^{\bullet}CH_3 \\ 2\,{}^{\bullet}CH_3 & \xrightarrow{k_3} & CH_3\text{–}CH_3 & & \end{array}$$

Pour alléger les notations, on pourra noter R le groupe $(CH_3)_3C$.

1. Ce mécanisme est-il un processus en séquence ouverte ou en séquence fermée (justifier) ?

2. Définir la vitesse de disparition du peroxyde et celle de formation de l'éthane $CH_3\text{–}CH_3$. Ces vitesses sont-elles égales ?

3. La vitesse r de la réaction est définie comme la vitesse de formation de l'éthane. Donner l'expression de r en fonction des concentrations des réactif et produits, dans le cadre d'une approximation classique. Quelle est l'étape cinétiquement déterminante si l'approximation précédente est valide ?

7.3 Bromation du méthane (★★)

La réaction de bromation du méthane, suivant l'équation-bilan :

$$CH_4\,(g) \quad + \quad Br_2\,(g) \quad = \quad CH_3Br\,(\ell) \quad + \quad HBr\,(g)$$

est une réaction complexe se déroulant sous l'action de la lumière. Le mécanisme rendant actuellement le mieux compte de la vitesse de la réaction est proposé ci-dessous :

$$\begin{array}{llllllll}
Br_2 & + & M & \xrightarrow{k_1} & 2\,Br^\bullet & + & M \\
Br^\bullet & + & CH_4 & \xrightarrow{k_2} & HBr & + & CH_3^\bullet \\
CH_3^\bullet & + & Br_2 & \xrightarrow{k_3} & CH_3Br & + & Br^\bullet \\
HBr & + & CH_3^\bullet & \xrightarrow{k_4} & Br^\bullet & + & CH_4 \\
2\,Br^\bullet & + & M & \xrightarrow{k_5} & Br_2 & + & M
\end{array}$$

La molécule « M » est une molécule quelconque du milieu permettant d'évacuer l'énergie du choc inélastique entre les deux atomes de brome.

1. Identifier les étapes d'initiation, de propagation et d'inhibition de ce mécanisme en chaîne.

2. Traduire sur un schéma cyclique la notion de réaction en chaîne dans le cadre de cet exemple.

3. Calculer l'expression de la vitesse de disparition du méthane. Cette réaction admet-elle un ordre ? Cette réaction est-elle inhibée par un produit ? La vitesse initiale admet-elle un ordre ?

7.4 Couplage diazoïque en solution aqueuse (★)

Dans cet exercice, on étudie la réaction de l'ion phényldiazonium, dont la structure ne sera pas précisée, noté A^+, avec la méthylaniline, notée B, pour conduire au produit P. Le mécanisme réactionnel est précisé ci-dessous :

$$\begin{array}{llllllll}
A^+ & + & B & \xrightarrow{k_1} & D^+ & & & \text{constante de vitesse } k_1 \\
 & & D^+ & \xrightarrow{k_{-1}} & A^+ & + & B & \text{constante de vitesse } k_{-1} \\
D^+ & + & H_2O & \xrightarrow{k_2} & P & + & H_3O^+ & \text{constante de vitesse } k_2
\end{array}$$

D^+ est un intermédiaire réactionnel très peu stable. Montrer que le mécanisme ci-dessus permet de retrouver la loi de vitesse constatée expérimentalement :

$$r = \frac{\mathrm{d}[P]}{\mathrm{d}t} = k[A^+][B]$$

moyennant une hypothèse que l'on justifiera. Expliciter k en fonction de k_1, k_{-1} et k_2.

7.5 Influence du pH sur la vitesse d'une réaction (★★)

On étudie l'influence du pH sur la vitesse de la réaction présentée à l'exercice précédent. Le mécanisme proposé est complété par les réactions acido-basiques suivantes :

BH^+	+	H_2O	=	B	+	H_3O^+	constante d'équilibre K_A
A^+	+	OH^-	=	AOH			constante d'équilibre K_n
		$2\,H_2O$	=	H_3O^+	+	OH^-	constante d'équilibre K_e

Les espèces BH^+ et AOH sont totalement inertes vis-à-vis de toute réaction de couplage. On rappelle que la vitesse de la réaction de couplage s'écrit :

$$r = \frac{\mathrm{d}[P]}{\mathrm{d}t} = k[A^+][B].$$

1. Montrer qualitativement que la vitesse de réaction doit passer par un maximum pour une certaine valeur de pH.

2. La concentration en ions oxonium H_3O^+, notée h, est fixée par emploi d'une solution tampon (voir chapitre 10). Le mélange réactionnel est préparé en introduisant, pour un litre de solution aqueuse de pH fixé, une concentration c_0 en ion diazonium A^+ et une concentration c_0 en diméthylaniline B.

a. Montrer que la vitesse initiale de la réaction, notée r_0 peut se mettre sous la forme :

$$r_0 = k_{\mathrm{obs}} c_0^2$$

où k_{obs} est une fonction de h que l'on explicitera.

b. Montrer que k_{obs} est maximale pour une certaine valeur du pH que l'on exprimera en fonction des diverses constantes d'équilibre.

7.6 Décomposition de l'urée en solution (★★)

En solution aqueuse, l'urée est susceptible de se décomposer en carbonate d'ammonium selon la réaction :

$$(H_2N)_2CO \quad + \quad 2\,H_2O \quad = \quad 2\,NH_4^+ \quad + \quad CO_3^{2-}.$$

1. Définir la vitesse de décomposition de l'urée.

2. En solution diluée, la constante de vitesse de la réaction, à 350 K, est $k = 4{,}00.10^{-5}\ \mathrm{s}^{-1}$. Quelle information permet d'en déduire que la réaction est d'ordre un ?

3. Calculer la durée nécessaire pour décomposer 80 % de l'urée à 350 K.

4. L'énergie d'activation de la réaction est $E_a = 166\ \mathrm{kJ{\cdot}mol^{-1}}$. En supposant cette grandeur indépendante de la température, calculer la constante de vitesse de la réaction à 300 K et la durée nécessaire pour décomposer 80 % de l'urée à cette température. Ce dernier résultat est-il compatible avec celui de la question **2** ?

5. En présence d'enzyme, la constante de vitesse de décomposition de l'urée à 300 K devient $k' = 3{,}00.10^4\ \mathrm{s}^{-1}$.
Quel est le rôle de l'uréase dans la réaction ?

6. Calculer la valeur de E'_a, énergie d'activation de la réaction en présence d'uréase (on considère que le facteur de fréquence de la réaction est le même qu'en l'absence d'uréase).

Données : $R = 8{,}31\ \mathrm{J{\cdot}K^{-1}{\cdot}mol^{-1}}$.

PROBLÈMES

7.7 Cinétique de l'hydrolyse de l'ion tétrahydruroborate (★)

L'hydrolyse de l'ion tétrahydruroborate BH_4^- (dans l'eau en excès) se fait en deux étapes consécutives de constantes de vitesse k_1 et k_2 :

$$BH_4^- \quad + \quad 2\,H_2O \quad \xrightarrow{k_1} \quad X \quad \xrightarrow{k_2} \quad BO_2^-$$

X est un produit intermédiaire.

Les concentrations molaires volumiques de l'ion tétrahydruroborate (en millimole par litre) et du produit X (en micromoles par litre) ont été mesurées au cours du temps et reproduites dans le tableau suivant :

t / min	0	2,0	2,4	5,0	10	15	20	30
$[BH_4^-]$ / mmol·L^{-1}	1,50	1,44	1,43	1,35	1,23	1,11	1,00	0,82
$[X]$ / μmol·L^{-1}	0	16,5	16,7	16,0	14,6	13,2	11,9	10,8

1. Déterminer l'ordre de la première réaction ainsi que sa constante de vitesse k_1.

2. Sachant que la réaction de destruction de X est du premier ordre, établir la relation donnant la concentration de X présente à chaque instant.

3. La quantité de X est maximale au bout de 2,4 minutes. En déduire la valeur numérique de k_2.

4. Calculer la concentration de l'ion borate BO_2^- en fonction du temps t.

7.8 Décomposition catalysée de l'ozone (★)

La décomposition de l'ozone O_3 en dioxygène O_2, d'équation-bilan $2\ O_3 = 3\ O_2$ peut être catalysée par le dichlore Cl_2. Le mécanisme simplifié suivant a été proposé, faisant intervenir les intermédiaires réactionnels radicalaires instables $ClO^\bullet$, $ClO_2^\bullet$ et $ClO_3^\bullet$:

(1)	Cl_2	+	O_3	$\xrightarrow{k_1}$	ClO	+	ClO_2	initiation
(2)	ClO_2	+	O_3	$\xrightarrow{k_2}$	ClO_3	+	O_2	propagation
(3)	ClO_3	+	O_3	$\xrightarrow{k_3}$	ClO_2	+	$2\ O_2$	propagation
(4)	$2\ ClO_3$			$\xrightarrow{k_4}$	Cl_2	+	$3\ O_2$	terminaison

On note r la vitesse de disparition de l'ozone. On désire établir l'expression de la longueur de chaîne l en fonction des données de l'énoncé.

1. Expliquer clairement pourquoi cette réaction est dite en chaîne (ou en séquence fermée).

2. Exprimer r en fonction des vitesses r_i des actes élémentaires.

3. En appliquant une approximation classique, trouver l'expression :

$$[ClO_3]^2 = k[Cl_2][O_3]$$

où k est une constante fonction des k_i que l'on déterminera.

4. En déduire l'expression de r en fonction uniquement des k_i et des concentrations en réactif (O_3) et catalyseur (Cl_2).

5. Cette expression peut se simplifier sous forme de monôme des concentrations, en considérant que l'ozone est consommé plus vite par les étapes de propagation que par l'étape d'initiation de la réaction. Donner cette expression simplifiée.

6. Pour un tel mécanisme, on appelle longueur de chaîne l le nombre de cycles de propagation que permet de réaliser une molécule de catalyseur (Cl_2). Cette grandeur peut alors aussi être définie comme le rapport de la vitesse de disparition de l'ozone pour tout le processus à la vitesse de disparition de l'ozone en raison uniquement de l'étape d'initiation. Exprimer l en fonction de k_i ainsi que des concentrations en catalyseur et en réactif. Comment évolue l si la concentration en catalyseur augmente ? Interpréter qualitativement ce résultat.

7.9 Modèle de la catalyse enzymatique (★★)

Les réactions dans le monde du vivant ont besoin d'être accélérées par l'action des enzymes, catalyseurs de haute spécificité dont la structure est celle des protéines. La transformation du réactif, appelé dans ce cas le substrat S en un produit P, catalysée par l'enzyme E suit alors le mécanisme simplifié présenté dans la figure ci-contre :

$$S + E \underset{k_{-1}}{\overset{k_1}{\rightleftarrows}} SE$$

$$SE \xrightarrow{k_2} P + E$$

ES est un intermédiaire de réaction, appelé complexe enzyme-substrat. On désire établir la loi cinétique de ce type de mécanisme en fonction des grandeurs accessibles lors d'expériences *in vitro*, c'est-à-dire les concentrations *introduites* en substrat et en enzyme.
Dans toutes les expériences, la concentration introduite en enzyme, notée $[E]_0$ est toujours très inférieure à la concentration introduite en substrat $[S]_0$.

1. Établissement de la loi cinétique

a. On définit la vitesse r de la réaction comme la vitesse d'apparition du produit P.
Donner l'expression de r en fonction de k_2.

b. Afin d'expliquer des résultats expérimentaux, en 1913 Léonor MICHAELIS et Maud MENTEN firent l'hypothèse que la première étape constitue un pré-équilibre rapide, c'est-à-dire qu'à chaque instant, la vitesse de réaction dans le sens direct est égale à la vitesse de réaction dans le sens contraire, pour la première étape.
En déduire l'expression de r qu'ils trouvèrent en fonction de $[S]$, de k_2, du rapport $K_M = \dfrac{k_{-1}}{k_1}$ et de $[E]_0$, concentration en enzyme introduite dans le système.

c. Il est souvent plus facile de mesurer la vitesse initiale de la réaction, notée r_0.
Donner l'expression de r_0 en fonction de la concentration introduite en substrat $[S]_0$.

d. Ultérieurement aux travaux initiaux de MICHAELIS et MENTEN, des auteurs ont proposé de substituer à l'hypothèse du pré-équilibre rapide, l'hypothèse de l'état quasi-stationnaire appliquée au complexe enzyme-substrat.
Montrer que la loi de vitesse r obtenue est comparable à celle trouvée à la question **1.b**.

2. Analyse graphique

a. Tracer et commenter l'allure du graphe donnant la vitesse initiale r_0 en fonction de la concentration introduite en substrat $[S]_0$. Exprimer la vitesse asymptotique $r_{0\max}$ en fonction de k_2 et $[E]_0$, puis exprimer r en fonction de $r_{0\max}$ notamment.

b. Comment peut-on mesurer graphiquement la valeur de K_{M}, constante de MICHAELIS-MENTEN ? Afin d'avoir une bonne adaptation de l'enzyme au substrat, faut-il que K_{M} soit élevée ou faible ?

c. Expérimentalement, on réalise plusieurs expériences en mesurant pour chacune d'elle r_0 pour $[S]_0$ donné. Afin d'améliorer la mesure de K_{M}, on trace alors $1/r_0$ en fonction de $1/[S]_0$ (représentation dite de LINEWEAVER et BURKE). Comment lit-on alors K_{M} ?
Comment évalue-t-on k_2 ? En quoi cette méthode améliore-t-elle la précision des mesures ?

7.10 Croissance de l'arséniure de gallium par épitaxie (d'après e3A MP 2002) (★★)

Les matériaux semi-conducteurs de la famille de l'arséniure de gallium GaAs possèdent des propriétés optiques originales qui les rendent très bien adaptés au traitement du signal optique. On étudie dans cet exercice la cinétique du dépôt d'une couche d'arséniure de gallium sur une surface. Ce dépôt a lieu grâce à la réaction :

$$\mathrm{Ga(CH_3)_3\,(g)} \quad + \quad \mathrm{AsH_3\,(g)} \quad = \quad \mathrm{GaAs\,(s)} \quad + \quad \mathrm{3\,CH_4\,(g)}.$$

Le mécanisme simplifié de cette réaction est le suivant :

								constante de vitesse
(M0)			AsH_3	$\rightarrow$	As	+	$3/2\ H_2$	k_d
(M1)			$Ga(CH_3)_3$	$\rightarrow$	$Ga(CH_3)$	+	$2\ CH_3$	k_1
(M2)	$Ga(CH_3)$	+	As	$\rightarrow$	GaAs (s)	+	CH_3	k_2

Enfin, le dihydrogène H_2 et le radical méthyle CH_3 réagissent dans un processus qu'il n'est pas utile de connaître ici.

On réalise cette réaction dans une enceinte cylindrique de volume V et de section S (on posera $\alpha = \dfrac{S}{V} = 51{,}0.10^4\ \mathrm{m^{-1}}$). Initialement, à $t = 0$, on place dans l'enceinte une concentration c_0 de l'espèce AsH_3 et une concentration c_1 de $Ga(CH_3)_3$.

Données :

- Masses molaires atomiques $M(\mathrm{Ga}) = 79,\ \mathrm{g{\cdot}mol^{-1}}$; $M(\mathrm{As}) = 74{,}9\ \mathrm{g{\cdot}mol^{-1}}$
- Constante des gaz parfait : $R = 8{,}31\ \mathrm{J{\cdot}K{\cdot}mol^{-1}}$
- Masse volumique de l'arséniure de gallium GaAs : $\rho = 5310\ \mathrm{kg{\cdot}m^{-3}}$

1. Déterminer la concentration $c_A(t)$ de l'espèce AsH_3, en fonction de c_0, k_d et t.

2. L'étape (M0) a une énergie d'activation $E_a = 184\ \mathrm{kJ{\cdot}mol^{-1}}$ et la constante de vitesse vaut $k_{d1} = 1{,}0.10^{-2}\ \mathrm{s^{-1}}$ à la température $T_1 = 580\ \mathrm{K}$. Donner l'expression de la constante de vitesse k_{d2} à la température $T_2 = 750\ \mathrm{K}$, et faire l'application numérique. En déduire t_{99}, le temps nécessaire à la disparition de 99 % de AsH_3 à 750 K.

3. On opère en présence d'un fort excès de l'espèce AsH_3 (c'est-à-dire $c_1 \ll c_0$) et on considère que le processus (M0) est beaucoup plus rapide que les processus (M1) et (M2). Montrer que dans ces conditions, la réaction (M2) peut être considérée comme une réaction du premier ordre dont on exprimera la constante de vitesse k'_2 en fonction de k_2 et c_0.

4. La concentration initiale en espèce $Ga(CH_3)$ étant nulle, déterminer les concentrations en $Ga(CH_3)_3$ et $Ga(CH_3)$, notées respectivement $c_T(t)$ et $c_M(t)$ en fonction de t, k_1, k'_2 et c_1.

5. On admet que le solide GaAs est seulement formé sur la base de l'enceinte de section S. L'épaisseur de la couche GaAs (supposée homogène) est notée $e(t)$. Exprimer la dérivée $\frac{\mathrm{d}e}{\mathrm{d}t}$ en fonction de $c_M(t)$, k'_2, du rapport $\alpha = \frac{S}{V}$, de la masse volumique ρ et de la masse molaire M de GaAs.

6. Dans les conditions initiales choisies, on a $k_1 = 5{,}0.10^{-2}\ \mathrm{s}^{-1}$ et $k'_2 = 5{,}0.10^{-4}\ \mathrm{s}^{-1}$. Déterminer, d'abord analytiquement en fonction de k_1 et k'_2, puis numériquement, l'instant $t_{\max}$ où le taux de croissance est maximal. Déterminer numériquement ce taux de croissance maximal $\left(\frac{\mathrm{d}e}{\mathrm{d}t}\right)_{\max}$ que l'on peut obtenir pour une concentration initiale $c_1 = 0{,}010\ \mathrm{mol{\cdot}dm^{-3}}$. Commenter le résultat. Quel intérêt présente un taux de croissance très faible ?

7.11 Cinétique de l'iodation de la propanone (★★)

La cinétique de la réaction d'iodation de la propanone en milieu acide suivant l'équation-bilan :

$$CH_3\text{–}CO\text{–}CH_3\,(aq) \quad + \quad I_2\,(aq) \quad = \quad CH_3\text{–}CO\text{–}CH_2I\,(aq) \quad + \quad H^+\,(aq) \quad + \quad I^-\,(aq)$$

catalysée par les ions H^+(aq), est suivie en mesurant l'absorbance de la solution à la longueur d'onde $\lambda = 490$ nm. Afin d'alléger les notations, cette équation-bilan est écrite sous la forme :

$$PH \;+\; I_2 \;=\; PI \;+\; H^+ \;+\; I^-.$$

La vitesse de la réaction peut se mettre sous la forme $r = k[PH]^\alpha[H^+]^\beta[I_2]^\gamma$.

Le but de cette étude expérimentale est de déterminer les ordres partiels α, β et γ. Pour chacun des mélanges réalisés ci-dessous, la propanone et l'acide sulfurique sont en large excès par rapport au diiode.

Mode opératoire : Les trois solutions suivantes sont préparées dans des fioles jaugées de 100 cm^3.

Solution	Volume de propanone PH (cm^3)	Volume (cm^3) d'acide sulfurique H_2SO_4 à 2,0 mol·dm^{-3}	Volume d'eau
n°1	5,0	5,0	pour compléter à 100 cm^3
n°2	2,5	5,0	pour compléter à 100 cm^3
n°3	5,0	10	pour compléter à 100 cm^3

Les trois solutions ainsi que trois béchers contenant chacun 10 cm^3 d'une solution de diiode I_2 à $5{,}0.10^{-2}$ mol·dm^{-3} sont placés dans un bain thermostaté à 20 °C. À la date $t = 0$, la fiole n°1 est versée dans un des béchers contenant la solution de diiode. Une agitation régulière du mélange réactionnel est ensuite maintenue. À différentes dates t un prélèvement du milieu réactionnel est effectué et la mesure de l'absorbance A de cette solution est réalisée à la longueur d'onde de mesure. La même expérience est ensuite réalisée avec les solutions 2 et 3. Les résultats expérimentaux sont donnés dans les tableaux suivants :

Mélange 1

t / min	1,0	3,0	5,0	8,0	10	13	15	18	20
A	1,284	1,236	1,188	1,110	1,058	0,983	0,932	0,856	0,804

Mélange 2

t / min	1,0	3,0	5,0	8,0	10	13	15	18	20
A	1,315	1,298	1,268	1,230	1,201	1,164	1,142	1,094	1,071

Mélange 3

t / min	1,0	3,0	5,0	8,0	10	13	15	18	20
A	1,256	1,150	1,043	0,881	0,775	0,614	0,511	0,354	0,254

NB : la solution de diiode est préparée dans une solution en excès d'ions iodure. La solution renferme donc essentiellement des ions triiodure I_3^-. Cependant, par souci de simplification, on considère que c'est l'espèce I_2 qui absorbe à la longueur d'onde de mesure.

1. Spectrophotométrie

a. Définir l'absorbance et donner l'expression de la relation de BEER-LAMBERT.

b. Pourquoi la cinétique de cette réaction peut être suivie par spectrophotométrie ?

c. Pour une longueur d'onde donnée, la relation de BEER-LAMBERT peut se mettre sous la forme $A = h[I_2]$. Expliquer comment il est possible de déterminer expérimentalement la constante de proportionnalité h.

d. Avant de mesurer l'absorbance de la solution, il faut réaliser le « zéro » de l'appareil avec le blanc réactif. Expliquer en quoi consiste ce réglage.

2. Détermination des ordres partiels α, β et γ

Le graphe $A = f(t)$ pour les trois expériences est donné :

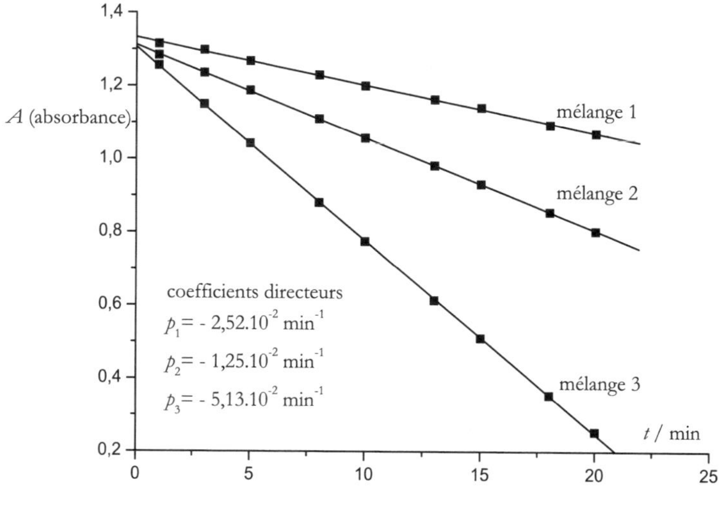

$[I_2]_{01} = 4{,}54.10^{-3}$ mol·dm^{-3} ; $[PH]_{01} = 6{,}19.10^{-1}$ mol·dm^{-3} ;
$[H^+]_{01} = 9{,}10.10^{-2}$ mol·dm^{-3}.

a. Déterminer les concentrations initiales des mélanges 2 et 3 en diiode, propanone et ion H^+.

b. Déterminer l'ordre partiel γ de la réaction par rapport au diiode I_2.

c. Déterminer les ordres partiels α et β.

3. Mécanisme de l'iodation de la propanone en milieu acide

Le mécanisme de la réaction est le suivant :

(1) $PH + H^+ \rightleftharpoons PH_2^+$ équilibre rapide ($K°$)

(2) $PH_2^+ \xrightarrow{k_2} H_2C{=}CH(OH){-}CH_3 + H^+$ étape lente

(3) $H_2C{=}CH(OH){-}CH_3 + I_2 \xrightarrow{k_3} PI + H^+ + I^-$ étape rapide

a. Est-il possible d'appliquer l'approximation de l'état quasi-stationnaire à l'intermédiaire réactionnel $H_2C{=}CH(OH){-}CH_3$ qu'on notera IR par la suite ?

b. On définit la vitesse de la réaction comme la vitesse d'apparition de la monoiodopropanone. Établir la loi de vitesse de ce mécanisme. Est-elle en accord avec la loi expérimentale trouvée à la question **2.** ? Donner la relation entre la constante de vitesse de la réaction et les constantes de vitesse des étapes élémentaires ainsi que de la constante d'équilibre de l'étape de pré-équilibre rapide.

7.12 Photolyse de la propanone (★★)

En phase liquide et sous irradiation (réaction photochimique), la propanone se dissocie. Le mécanisme suivant est proposé pour décrire l'évolution du système.

$$2\,CH_3{-}CO{-}CH_3 \xrightarrow[h\nu]{k_0} 2\,CH_3^\bullet + CO$$

$$CH_3^\bullet + RH \xrightarrow{k_1} CH_4 + R^\bullet$$

$$2\,CH_3^\bullet \xrightarrow{k_2} CH_3{-}CH_3$$

La molécule RH représente une molécule de solvant donneur d'atomes d'hydrogène. Sa concentration sera donc supposée constante lors de l'expérience. D'autre part, le système est étudié au voisinage du temps initial, donc dans des situations où la concentration en propanone est proche de la concentration initiale. Pour simplifier les notations, la molécule de propanone sera notée P, sa concentration $[P]$ et la concentration initiale en propanone $[P]_0$. Le mécanisme proposé ne cherche pas à décrire le devenir de l'intermédiaire $R^\bullet$.

1. Application du principe de BODENSTEIN

L'intermédiaire réactionnel étant très instable, il est possible de lui appliquer le principe des états quasi-stationnaires (ou principe de BODENSTEIN).

a. Dans le cadre de cette approximation, quelle est la concentration en intermédiaire $CH_3^\bullet$ au voisinage du temps initial ?

b. Dans ces conditions quelles sont les vitesses d'apparition des différents produits ?

2. Validité du principe de BODENSTEIN

Dans cette partie, on cherche à établir les conditions d'application du principe de BODENSTEIN à l'intermédiaire $CH_3^\bullet$.

a. Établir l'équation différentielle vérifiée par la concentration en radical méthyle $CH_3^\bullet$.
b. Intégrer cette équation en tenant compte du comportement asymptotique de la solution $[CH_3^\bullet](t)$.
c. En étudiant sommairement la courbe, montrer qu'il est possible de définir un temps τ caractéristique d'établissement de régime de BODENSTEIN.

7.13 Oxydation des alcènes par les peracides en époxydes (ENS Ulm deuxième concours) (★★)

Les peracides, de formule R–CO–OOH sont des réactifs très utiles en synthèse organique car ils permettent la transformation d'un alcène en époxyde :

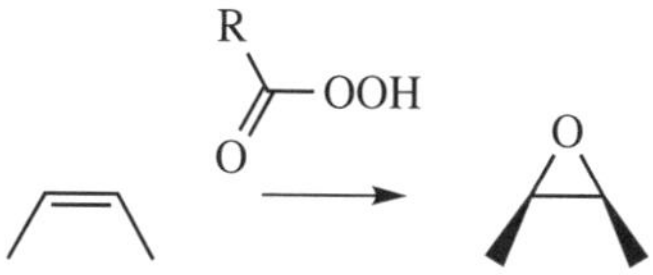

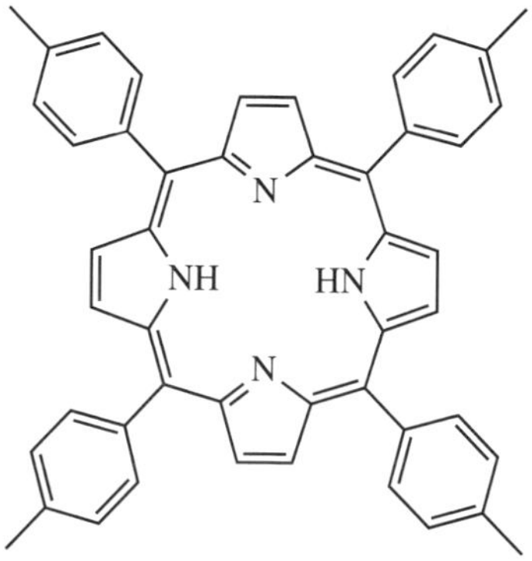

Le complexe du cobalt(II) avec le ligand tétra*para*-tolylporphyrine présenté ci-contre permet d'induire sélectivement la transformation des aldéhydes en peracides.

On propose le mécanisme réactionnel suivant pour l'oxydation d'un aldéhyde en peracide :

$$\begin{array}{llcl}
 & Por + O_2\,(\text{sol.}) & \overset{K}{\rightleftarrows} & (Por, O_2) \\
(1) & (Por,O_2) + R\text{CHO} & \xrightarrow{k_1} & R\text{CO}^\bullet + \text{produits secondaires} \\
(2) & R\text{CO}^\bullet + O_2 & \xrightarrow{k_2} & R\text{COOO}^\bullet \\
(3) & R\text{COOO}^\bullet + R\text{CHO} & \xrightarrow{k_3} & R\text{COOOH} + R\text{CO}^\bullet \\
(4) & 2\,R\text{CO}^\bullet & \xrightarrow{k_4} & \text{Produits inertes} \\
(5) & R\text{CO}^\bullet + R\text{COOO}^\bullet & \xrightarrow{k_5} & \text{Produits inertes} \\
(6) & 2\,R\text{COOO}^\bullet & \xrightarrow{k_6} & \text{Produits inertes}
\end{array}$$

Toutes les étapes ci-dessus sont des étapes élémentaires. La réaction a lieu en phase liquide, dans un solvant adéquat.

1. Identifier, dans le mécanisme réactionnel proposé ci-dessus, les étapes d'initiation, de propagation et de terminaison.

2. Quelle relation entre les concentrations le premier équilibre impose-t-il ? La constante d'équilibre K est relative aux concentrations des espèces dissoutes.

3. Exprimer les dérivées par rapport au temps des concentrations en intermédiaires réactionnels RCO$^\bullet$ et RCOOO$^\bullet$ à l'aide des vitesses r_i (i de 1 à 6) des différentes étapes.

4. En appliquant le principe des états quasi-stationnaires aux intermédiaires réactionnels $RCO^\bullet$ et $RCOOO^\bullet$, établir la relation existant entre les vitesses des étapes de propagation et des étapes de terminaison.

5. À partir de cette question et dans la suite du problème, on suppose que la vitesse des étapes de propagation est très supérieure à celle des étapes d'initiation ou de terminaison. Quelle relation simple existe-t-il entre les concentrations en intermédiaires réactifs ?

6. Exprimer la vitesse d'apparition du peracide en fonction des concentrations en aldéhyde, dioxygène et complexe *Por*, des constantes de vitesse et de la constante d'équilibre K. Simplifier l'expression obtenue en supposant que la vitesse de l'étape (6) est très supérieure à celle des étapes (4) et (5). Dans la suite du problème, on supposera cette relation vérifiée.

7. Vérification expérimentale : le système étudié est le benzaldéhyde, de formule *Ph*CHO, en solution d'*iso*butyrate d'éthyle. Plusieurs expériences ont été réalisées en modifiant les concentrations initiales des réactifs. La vitesse v désigne par la suite la vitesse initiale, exprimées en mol.L^{-1}.s^{-1}, lorsque le régime quasi-stationnaire est atteint pour les intermédiaires réactionnels et les concentrations initiales sont non modifiées.

Les résultats sont indiqués dans le tableau suivant. La pression en dioxygène régnant au-dessus de la solution est notée P_{O_2}. On admet qu'il existe une relation de proportionnalité entre la pression en dioxygène régnant au-dessus de la solution et la concentration en dioxygène en solution (loi de HENRY). Le mécanisme proposé est-il compatible avec les résultats expérimentaux ? (On admettra qu'une variation de la constante de vitesse de plus ou moins 20 % par rapport à une valeur moyenne est due aux incertitudes expérimentales).

*Ph*CHO] / mol·L^{-1}	10^4[*Por*] / mol·L^{-1}	P_{O_2} / bar	$10^4 v$ / mol·L^{-1}·s^{-1}
0,5	2,0	1,658	1,15
0,5	3,0	1,658	1,61
0,5	5,0	1,658	2,16
0,5	8,0	1,658	2,70
0,5	5,0	0,658	1,56
0,5	5,0	0,526	1,34
0,1	5,0	1,658	0,16
0,3	5,0	1,658	0,97
0,8	5,0	1,658	4,41
1	5,0	1,658	6,47

7.14 Cinétique de fixation du dioxygène par un complexe du cobalt(II) (★★)

Le complexe aquapentacyanocobaltate(II) $[Co(CN)_5(H_2O)]^{3-}$, noté $[CoL_5]^{3-}$ par souci de simplification, fixe de façon renversable le dioxygène suivant le mécanisme ci-dessous :

$$[CoL_5]^{3-} + O_2 \underset{k_{-1}}{\overset{k_1}{\rightleftarrows}} [CoL_5O_2]^{3-}$$

$$[CoL_5]^{3-} + [CoL_5O_2]^{3-} \underset{k_{-2}}{\overset{k_2}{\rightleftarrows}} [L_5CoO_2CoL_5]^{6-}$$

On note $\boldsymbol{M}$ le monomère $[CoL_5O_2]^{3-}$ et $\boldsymbol{D}$ le dimère $[CoL_5O_2CoL_5]^{6-}$.

1. Donner l'expression de la vitesse r de formation de $\boldsymbol{D}$ aux temps courts, où la concentration en $\boldsymbol{D}$ reste faible et où la concentration en O_2 reste voisine de sa concentration initiale. Cette hypothèse d'étude à des temps courts est supposée vérifiée dans la suite du problème.

2. En appliquant le principe de l'état quasi-stationnaire au complexe intermédiaire M, montrer que r s'exprime sous la forme :

$$r = k_{\text{obs}}.[O_2].$$

Donner l'expression de k_{obs} en fonction de k_1, k_{-1}, k_2 et $[[CoL_5]^{3-}]$.

On suppose, dans la suite du problème, que cette hypothèse appliquée à M est vérifiée.

3. Montrer que dans des conditions où le complexe $[CoL_5]^{3-}$ est en concentration élevée et largement en excès par rapport au dioxygène, cette expression se simplifie et donner l'expression de k_1 en fonction de k_{obs} et $[[CoL_5]^{3-}]$.

4. Le tableau suivant donne les résultats d'une étude cinétique effectuée à la température de 5 °C, par mélange d'une solution du complexe $[CoL_5]^{3-}$ préalablement désaérée, avec de l'eau saturée en dioxygène et en suivant la formation du produit $\boldsymbol{D}$ par spectrophotométrie ultraviolet par mesure de son absorbance entre 360 nm et 390 nm. Vérifier si la loi établie à la question **3** est satisfaite et, si c'est possible, déterminer la constante k_1.

10^3 $[[CoL_5]^{3-}]$ / mol·L^{-1}	9,2	4,3	3,2	2,8	2,2	2,2	1,1
k_{obs} / s^{-1}	126	69	37	41	37	25	17

5. Dans les conditions opératoires où l'expression établie au **2** ne peut être simplifiée, on peut en étudiant les variations de k_{obs} avec $[[CoL_5]^{3-}]$, accéder à la fois à la constante de vitesse k_1 et au rapport $\dfrac{k_{-1}}{k_2}$. Expliquer.

6. Montrer que, en déterminant par ailleurs la constante de vitesse k_{-2}, on a ainsi accès à la constante thermodynamique $K^{II}_{O_2}$ associée à l'équilibre de fixation du dioxygène sous forme $\boldsymbol{D}$ à partir de $[[CoL_5]^{3-}]$.

7.15 Réactions du chromehexacarbonyle $Cr(CO)_6$ (d'après ENS Cachan PC 2002) (★★★)

Dans les métaux carbonyles, le ligand CO peut être substitué par un autre ligand. Cette propriété intervient en catalyse. Dans d'autres cas, elle peut conduire à l'obtention de complexes bimétalliques. En solution, $Cr(CO)_6$ conduit au complexe bimétallique $Cr_2(CO)_{11}$ selon l'équation :

$$(0) \qquad 2\,Cr(CO)_6 \leftrightarrows Cr_2(CO)_{11} + CO.$$

Le mécanisme proposé est composé des étapes élémentaires suivantes :

$$(1) \qquad Cr(CO)_6 \xrightarrow{k_1} Cr(CO)_5 + CO$$

$$(2) \qquad Cr(CO)_6 + Cr(CO)_5 \xrightarrow{k_2} Cr_2(CO)_{11}$$

$$(3) \qquad Cr(CO)_5 + CO \xrightarrow{k_{-1}} Cr(CO)_6$$

Deux cas de figure (cas n°1 et cas n°2) sont examinés respectivement au **1.** (cas n°1) et au **2.** (cas n°2). Dans le cas n°1, on suppose que la réaction a lieu quelles que soient les conditions. Dans le cas n°2, on suppose que l'étape élémentaire (1) ne peut avoir lieu qu'en présence d'une forte irradiation lumineuse. Dans les deux cas, la réaction s'effectue en solution et on suppose que CO reste dissous dans la solution.

1. Cas n°1

a. Définir la vitesse de réaction.

b. Donner son expression en fonction des constantes k_i et des concentrations des réactifs et/ou des produits figurant dans le bilan de la réaction.

c. La réaction admet-elle un ordre ? Si oui, lequel ?

d. Si l'on part d'une solution contenant uniquement $Cr(CO)_6$, que peut-on dire de la loi cinétique en début de réaction ?

2. Cas n°2

Pour provoquer la réaction, on envoie une impulsion laser intense et de faible durée dans le milieu réactionnel. Puis, on effectue un suivi de la réaction à l'obscurité. On considérera l'instant $t = 0$ à la fin de l'impulsion laser.

a. Donner l'expression de la vitesse de disparition r_d de $Cr(CO)_6$ après $t = 0$.

b. Dans cette question, la solution initiale contient uniquement $Cr(CO)_6$. Le tableau suivant donne les concentrations des espèces $Cr(CO)_6$, $Cr(CO)_5$, et CO avant l'impulsion laser et en fin d'impulsion.

Espèce	$Cr(CO)_6$	$Cr(CO)_5$	CO
Avant impulsion	c_o	0	0
En fin d'impulsion ($t = 0$)	$c_o(1-x_o)$	$c_o x_o$	$c_o x_o$

On effectue plusieurs suivis cinétiques à des concentrations c_o différentes. Dans les conditions expérimentales utilisées, la cinétique de disparition de $Cr(CO)_6$, suit une loi de pseudo-premier ordre de constante apparente k'.

c_o / 10^{-2} mol·L^{-1}	0,3	0,4	0,6	0,8	1,2	1,4
k' / 10^7 s^{-1}	1,0	1,3	2,1	3,1	4,2	5,0

En supposant que k_2 et k_{-1} sont du même ordre de grandeur, quelle hypothèse sur x_o doit-on faire pour avoir une telle loi cinétique ?

c. Écrire, dans ces conditions, l'expression de r_d.

d. Déterminer la valeur de k_2. Calculer la demi-vie τ' de l'espèce $Cr(CO)_5$ pour la solution correspondant à $c_o = 0{,}3.10^{-2}$ mol·L^{-1}.

e. Dans cette question, la concentration initiale en $Cr(CO)_6$ est $c_o = 0{,}3.10^{-2}$ mol·L^{-1} et la solution est préalablement saturée en CO. La concentration de CO correspondant à la saturation est $c_s = 1{,}2.10^{-2}$ mol·L^{-1}. En supposant que l'hypothèse sur c_o de la question **3** est toujours vérifiée, montrer que r_d peut s'exprimer selon une loi de pseudo-premier ordre de constante apparente k".

f. La demi-vie τ de l'espèce $Cr(CO)_5$ est de 13.10^{-9} s. À partir des résultats des questions précédentes, déduire la valeur de la constante k_{-1}.

g. Dans cette question, la solution initiale contient $Cr(CO)_6$, et C_6H_{12}, en quantité équimolaire, mais ne contient pas CO. En présence de cyclohexane (C_6H_{12}), $Cr(CO)_5$ donne un complexe $Cr(CO)_5(C_6H_{12})$ selon la réaction élémentaire :

$$(4) \qquad Cr(CO)_5 + C_6H_{12} \xrightarrow{k_3} Cr(CO)_5(C_6H_{12}).$$

On donne $k_3 = 2{,}0.10^9\ s^{-1}\cdot mol\cdot L^{-1}$. Donner le rapport des concentrations de $Cr_2(CO)_{11}$ et de $Cr(CO)_5(C_6H_{12})$ en fin de réaction.

7.16 Étude d'organostanniques (Mines d'Albi 2002, PCSI) (★★★)

Le 6-bromohex-1-ène $CH_2{=}CH\text{-}(CH_2)_3\text{-}CH_2\text{-}Br$, que l'on notera *R*Br, peut réagir en présence de Bu_3SnH et d'un amorceur radicalaire tel que l'azobis*iso*-butyronitrile (AIBN) selon le schéma suivant :

$$\text{AIBN} \xrightarrow{k_1} 2\,(CH_3)_2C^\bullet\text{–}CN \qquad (1)$$

$$(CH_3)_2C^\bullet\text{–}CN + Bu_3SnH \xrightarrow{k_2} Bu_3Sn^\bullet + (CH_3)_2CH\text{-}CN \qquad (2)$$

$$Bu_3Sn^\bullet + R\text{Br} \xrightarrow{k_3} CH_2{=}CH\text{-}(CH_2)_3\text{-}CH_2^\bullet + Bu_3SnBr \qquad (3)$$

$$CH_2{=}CH\text{-}(CH_2)_3\text{-}CH_2^\bullet + Bu_3SnH \xrightarrow{k_4} CH_2{=}CH\text{-}(CH_2)_3\text{-}CH_3 + Bu_3Sn^\bullet \qquad (4)$$

$$CH_2{=}CH\text{-}(CH_2)_3\text{-}CH_2^\bullet \xrightarrow{k_5} \text{MCP}^\bullet \qquad (5)$$

$$\text{MCP}^\bullet + Bu_3SnH \xrightarrow{k_6} \text{MCP} + Bu_3Sn^\bullet \qquad (6)$$

$$2\,Bu_3Sn^\bullet \xrightarrow{k_7} Bu_6Sn_2 \qquad (7)$$

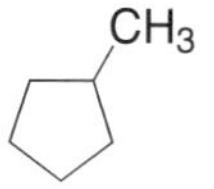

FIGURE 7.19 – Formule développée plane du méthylcyclopentane

L'intermédiaire $CH_2{=}CH\text{-}(CH_2)_3\text{-}CH_2^\bullet$ est noté $\text{Hex}^\bullet$. Les produits de réaction sont soit le hex-1-ène, soit le méthylcyclopentane, noté MCP et représenté à la figure 7.19.

1. Le mécanisme de cyclisation du 6-bromohex-1-ène correspond-il à un mécanisme en chaîne ou bien à un mécanisme par stades ? Justifier.

2. Définir puis exprimer la vitesse de formation du méthylcyclopentane (que l'on notera MCP). Mêmes questions pour l'hex-1-ène (que l'on notera Hex). Justifier l'expression donnée.

3. À quelle condition peut-on appliquer l'approximation des états quasi-stationnaires à un composé ? Déterminer les équations obtenues en appliquant l'AEQS aux intermédiaires réactionnels $\text{MCP}^\bullet$ et $\text{Hex}^\bullet$.

4. a. En déduire l'expression de $[\text{MCP}^\bullet]$ en fonction des concentrations $[\text{Hex}^\bullet]$ et $[Bu_3SnH]$.

b. En supposant que la concentration en Bu_3SnH reste constante au cours de la réaction et que la solution initiale ne contient aucun des produits de la réaction, établir une relation entre [MCP], [Hex] et $[Bu_3SnH]$.

c. Comment, en pratique, réaliser la condition : concentration en Bu_3SnH constante ?

5. On a mesuré à 60 °C les valeurs des constantes de vitesse k_4 et k_5 :
$k_4 = 4{,}43.10^6\ \mathrm{mol^{-1}{\cdot}L{\cdot}s^{-1}}$ et $k_5 = 8{,}34.10^5\ \mathrm{s^{-1}}$.

a. Expliquer la différence entre les unités de ces deux constantes de vitesse.

b. Déterminer la valeur limite de la concentration en Bu_3SnH, supposée constante, qui doit exister dans la solution pour obtenir plus de 95 % de produit cyclique, c'est à dire le MCP, et moins de 5 % d'hex-1-ène à 60 °C en fin de réaction.

6. On s'intéresse maintenant à la cyclisation du 1-allyloxy-2-bromobenzène, représenté à la figure 7.20, en présence de Bu_3SnH et d'AIBN.

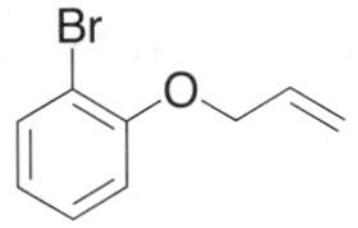

FIGURE 7.20 – Formule développée plane du 1-allyloxy-2-bromobenzène

a. Par analogie avec ce qui a été dit précédemment, représenter les deux produits attendus lors de cette réaction.

b. Les mesures des constantes de vitesse donnent à 60 °C : $k'_4 = 3{,}9.10^6\ \mathrm{mol^{-1}{\cdot}L{\cdot}s^{-1}}$ et $k'_5 = 5{,}5.10^7\ \mathrm{s^{-1}}$. Déterminer la valeur limite de la concentration en Bu_3SnH, supposée constante, qui doit exister dans la solution pour obtenir plus de 95 % de produit cyclique à 60 °C en fin de réaction que l'on supposera quantitative. Conclusion ?

7.17 Réaction de l'acide cyanhydrique avec un composé carbonylé (d'après Centrale PC 2008) (★★★)

Remarque préliminaire : Ce problème nécessite des connaissances en chimie des solutions, en particulier sur les propriétés acido-basiques et l'écriture des constantes d'acidité.

L'addition d'acide cyanhydrique sur un composé carbonylé (liaison C=O) conduit à un α-hydroxynitrile encore appelé cyanhydrine :

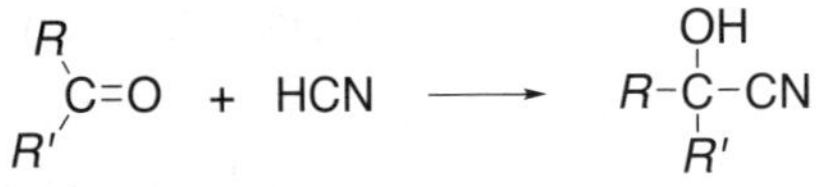

1. Étude qualitative du mécanisme

La formation des cyanhydrines a constitué un précurseur de la chimie mécanistique. En 1903, la réaction est déjà connue mais le chimiste Arthur LAPWORTH se propose d'en étudier le mécanisme. Pour se faire, il réalise une étude cinétique avec les moyens dont il dispose : sa montre et ses yeux. Il suit l'avancement de la réaction grâce à la couleur jaune intense qui disparaît. En effet, la camphorquinone, qui est la cétone de départ utilisée par LAPWORTH, est jaune intense (la couleur persiste même à faible concentration). La cyanhydrine formée étant incolore, il suffit à LAPWORTH de noter le temps nécessaire à la décoloration. Il obtient les résultats suivants :

- ce temps est de 8 à 10 heures dans le cas de la mise en présence des deux réactifs (HCN et la cétone) ;
- s'il ajoute de l'acide chlorhydrique, il n'observe pas de décoloration, même après 14 jours ;
- s'il ajoute une goutte de potasse à 15 %, la décoloration se produit au bout de 15 secondes ;

- s'il ajoute de l'ammoniac, la décoloration prend quelques minutes ;
- de même, s'il ajoute du cyanure de potassium, la réaction est accélérée ;

À partir de ces résultats, LAPWORTH considère qu'*a priori* trois mécanismes sont envisageables (on notera RR'CO la cétone de départ et Cya la cyanhydrine formée à partir de cette cétone).

Mécanisme *A* – Protonation de la cétone puis addition nucléophile des ions cyanure sur la cétone protonée :

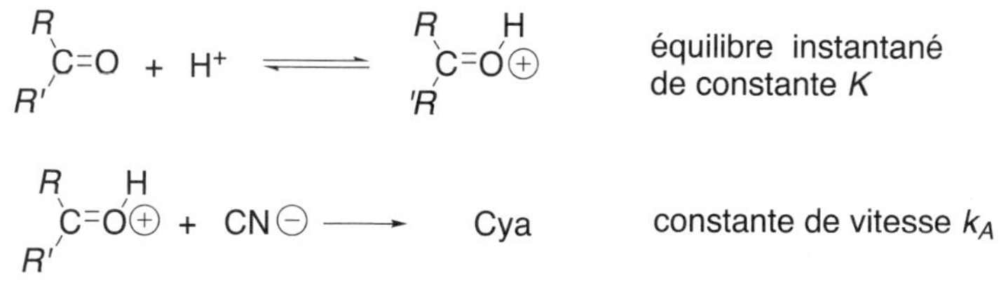

Mécanisme *B* – Addition nucléophile des ions cyanure sur la cétone puis protonation du produit formé :

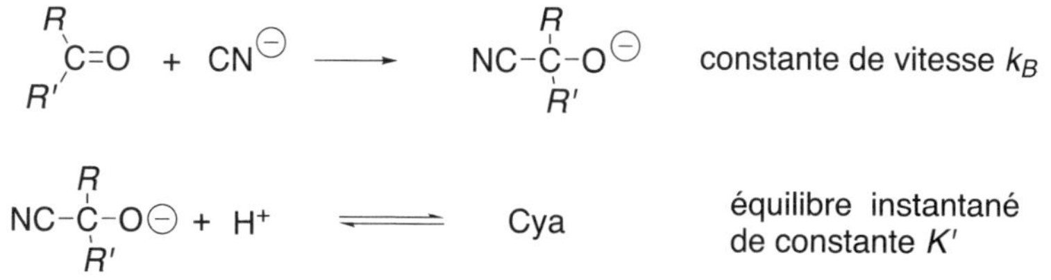

Mécanisme *C* – Acte élémentaire bimoléculaire :

a. Déterminer, en fonction des constantes de vitesse, des constantes d'équilibre et des différentes concentrations (en cétone, en ions H^+, en HCN et $^-$CN), l'expression de la vitesse de chacun des trois mécanismes *A*, *B* et *C*.

b. Montrer que l'analyse qualitative des résultats obtenu par LAPWORTH permet d'éliminer l'un des trois mécanismes.

2. Étude quantitative de la cinétique réactionnelle

Dans cette partie, on note à l'instant t :

$$[\mathrm{HCN}]_{\mathrm{tot}} = [\mathrm{HCN}] + [\mathrm{CN}^-]$$
$$[\mathrm{CH_3CHO}]_{\mathrm{tot}} = [\mathrm{CH_3CHO}] + [\mathrm{CH_3CHOH}^+]$$

On étudie la cinétique de formation de la cyanhydrine synthétisée par addition de l'acide cyanhydrique (HCN) sur l'éthanal (CH_3CHO) à la température $T = 298$ K et dans un milieu tamponné (pH $= 4,2$). La concentration initiale en acide cyanhydrique est notée $c_o = [\mathrm{HCN}]_{\mathrm{tot}}$ à $(t = 0)$ et la concentration initiale en éthanal notée $c'_o = [\mathrm{CH_3CHO}]_{\mathrm{tot}}$ à $(t = 0)$. Les résultats obtenus sont consignés dans le tableau suivant : $t_{1/2}$ représente le temps de demi-réaction.

expérience n°	1	2	3	4	5
c_o / mol·L^{-1}	0,20	0,10	0,05	0,01	0,10
c'_o / mol·L^{-1}	0,01	0,10	0,05	0,005	0,001
$t_{1/2}$ / s	660	1900	3800	1320	1320

a. Déterminer, dans ces conditions expérimentales choisies, l'ordre global de la réaction et l'ordre partiel par rapport à chaque réactif. Déterminer la valeur de la constante de vitesse apparente, notée k_{app}.

On notera la vitesse de la réaction sous la forme $v = k_{\text{app}}[\text{HCN}]_{\text{tot}}^{\alpha}[\text{CH}_3\text{CHO}]_{\text{tot}}^{\beta}$.

b. Pour chacun des trois mécanismes *A*, *B* et *C*, envisagés par LAPWORTH, donner dans les conditions de l'expérience (pH $= 4,2$ notamment) l'expression de chaque vitesse en fonction des constantes de vitesse, des constantes d'équilibre et des concentrations totales en cétone, en ions H^+ et en HCN uniquement. Les résultats expérimentaux concernant les ordres partiels sont-ils en accord avec les schémas mécanistiques retenus ?

c. Pour valider la nature du mécanisme de formation de la cyanhydrine, on détermine la constante de vitesse apparente k_{app} à différentes valeurs de pH. Les résultats sont consignés dans le tableau suivant :

pH	4,2	4,3	4,5	4,8
k_{app} / L·mol^{-1}·s^{-1}	–	$6{,}7.10^{-3}$	$1{,}09.10^{-2}$	$2{,}07.10^{-2}$

Montrer qu'une simple analyse de ces valeurs permet d'éliminer deux des mécanismes proposés et montrer par le tracé d'une droite adaptée que la dépendance de k_{app} avec le pH de la solution est validée pour le mécanisme restant.

Données : K_a est la constante d'acidité du couple acide cyanhydrique/cyanure (HCN/$^-$CN) : pK_a = 9,2. Un aldéhyde ou une cétone protonée se comporte comme un acide fort en solution aqueuse.

7.18 Étude d'une cinétique de complexation (d'après ENS PC 2006) (★★)

Remarque préliminaire On rappelle qu'une constante d'équilibre est une fonction (*a priori* non constante) de la température.

Étude générale de la méthode de relaxation après perturbation

Lors de l'étude de certaines réactions, il arrive que l'équilibre s'établisse trop rapidement pour que l'on puisse faire un suivi de la réaction par les méthodes de mesure de concentrations usuelles au cours du temps. On peut alors employer la méthode dite des perturbations. Elle consiste essentiellement en trois étapes :

- on laisse le système chimique atteindre un premier état d'équilibre, dans des conditions de température et de pression connues ;
- on provoque une brusque variation de température ou de pression ; ce qui induit une perturbation du système ; la nouvelle température ou pression est maintenue ;
- on laisse le système évoluer vers son nouvel état d'équilibre, en mesurant l'évolution des concentrations (au moins une) en fonction du temps.

On étudie une réaction dont le mécanisme ne comporte que deux étapes élémentaires (un aller et un retour) :

$$S \quad + \quad C \quad \underset{k_1}{\overset{k_1}{\rightleftarrows}} \quad SC$$

On note $[A]_o$ et $[B]_o$ les concentrations initiales en A et B, c'est-à-dire les concentrations avant le saut de température. On pose $x = [A]_o - [A]$ et on note x_e sa valeur lorsque l'équilibre, après perturbation est atteint.

1. Montrer que juste avant le saut de température, à la température $T = T_o$, on a :

$$\frac{[A]_o}{[B]_o} = \frac{k_{-1}}{k_1}.$$

2. Exprimer la loi de vitesse de la réaction pour le régime transitoire après le saut de température en fonction de $[A]_o$, $[B]_o$ et x. Peut-on utiliser la relation obtenue à la question **1.** pour simplifier la relation établie à la question **2.** ? Pourquoi ?

3. Écrire la condition d'équilibre final.

4. On pose $y = x - x_e$. Déduire des questions précédentes l'équation différentielle du premier ordre vérifiée par y.

5. En déduire la valeur du temps de relaxation τ, défini par : $\ln \dfrac{y_0}{y(\tau)} = 1$.

Application aux complexes des cyclodextrines

On étudie dans cette partie la réaction de complexation du substrat S par l' α-cyclodextrine C. On supposera dans toute cette partie que la concentration initiale en complexe CS, notée $[CS]_o$ est nulle. On suppose d'abord que le mécanisme suivi est en deux étapes (un aller et un retour) :

$$S \quad + \quad C \quad \underset{k_1}{\overset{k_1}{\rightleftarrows}} \quad SC$$

On pose $x = [S]_o - [S]$ et $y = x - x_e$. On suppose x et y petits devant les autres concentrations, et on se place dans le cas où $[C]_o \gg [S]_o$.

1. Montrer que, en négligeant les termes d'ordre deux, on peut exprimer le temps de relaxation τ sous la forme :

$$\tau = \frac{1}{k_1[C]_o + k_{-1}}.$$

2. Comment pourrait-on déduire graphiquement les constantes k_1 et k_{-1} ? Pour le complexe de l'acide 3-méthyl-5-(4-sulphophénylazo)salicylique S avec l'α-cyclodextrine C, les valeurs de temps de relaxation obtenues expérimentalement sont résumées dans le tableau suivant :

$[C]_o$ / mol·L^{-1}	$4{,}4.10^{-4}$	$6{,}3.10^{-4}$	$8{,}8.10^{-4}$	$1{,}25.10^{-3}$	$2{,}50.10^{-3}$
τ / s	1,986	1,752	1,456	1,234	0,919

$[C]_o$ / mol·L^{-1}	$3{,}50.10^{-3}$	$5{,}00.10^{-3}$	$7{,}00.10^{-3}$	$1{,}000.10^{-2}$	
τ / s	0,829	0,720	0,681	0,621	

3. En s'appuyant sur ces valeurs, tracer la courbe proposée à la question précédente. Quelle est son allure ? Que peut-on en conclure sur l'hypothèse de départ ? Au vu de ces résultats, on propose le mécanisme suivant, avec passage par un intermédiaire CS^* formé par un premier équilibre rapide, supposé toujours vérifié, formant ensuite graduellement le complexe CS :

$$S + C \underset{k_1}{\overset{k_1}{\rightleftarrows}} SC^* \underset{k_{-2}}{\overset{k_2}{\rightleftarrows}} SC$$

Le premier équilibre, de constante K_1 est beaucoup plus rapidement atteint que le second, de constante K_2

4. Quelle est l'étape cinétiquement déterminante ?

5. On appelle k_{obs} la constante de vitesse apparente de la réaction qui est définie par :

$$k_{\text{obs}} = \frac{1}{\tau_2}$$

Montrer que lorsque $[C]_o \gg [S]_o$, on peut écrire :

$$k_{\text{obs}} = \frac{K_1 k_2 [C]_o}{1 + K_1 [C]_o} + k_{-2}$$

Pour établir cette expression, on utilisera (entre autre) la relation qui traduit la conservation du substrat S. L'équation obtenue permet ensuite de déterminer les différentes constantes par mesure de k_{obs} pour différentes valeurs de $[CS]_o$ et traitement mathématique des résultats. Dans le cas du système étudié, les résultats suivants ont été obtenus :

k_2 / s^{-1}	k_{-2} / s^{-1}	K_1	K_2
$1,69 \pm 0,18$	$0,26 \pm 0,02$	382 ± 29	$6,5 \pm 0,9$

6. Donner l'expression de la constante globale de complexation du substrat S par la cyclodextrine C, et la calculer.

Chapitre 8

Thermodynamique des systèmes chimiques

Ce chapitre illustre une application de la thermodynamique, introduite dans le cours de physique, aux systèmes sièges d'une réaction chimique. L'essentiel des connaissances à acquérir porte sur le calcul du transfert thermique lors d'une réaction chimique supposée totale. Il est donc nécessaire de mettre en évidence les grandeurs physico-chimiques liées à ces phénomènes. Ce chapitre est aussi l'illustration d'une démarche fréquente en science : une étude approfondie et scrupuleuse conduite par des personnes compétentes est rapportée dans la littérature (l'ensemble des informations accessibles aux scientifiques) et les informations fournies permettent, à l'aide d'un modèle mathématique adéquat, de prévoir le comportement de systèmes voisins de celui étudié dans la littérature. Un point important ne sera étudié que l'année prochaine : il s'agit de l'étude des systèmes où l'état final de l'évolution chimique ne correspond pas à une réaction totale

1 Description d'un système siège d'une réaction chimique

1.1 Système et Univers

La thermodynamique étudie **les échanges de matière et d'énergie** entre différentes parties de l'Univers. Elle privilégie en général la connaissance d'une partie de celui-ci. On appelle **Univers** l'ensemble de l'espace et de la matière accessible à notre connaissance. Le système est la fraction de l'Univers qui retient notre attention, que l'on souhaite étudier. L'extérieur du système est le reste de l'Univers.

1.2 Contraintes exercées par l'opérateur

Un système est caractérisé par des propriétés d'échange. Il peut être :

- **isolé** : dans ce cas il n'échange ni matière, ni énergie avec l'extérieur ;
- **fermé** : dans ce cas il ne peut échanger que de l'énergie avec l'extérieur, la quantité de matière du système est globalement constante (conservation des éléments chimiques) ;
- **ouvert** : dans ce cas il peut échanger matière et énergie avec l'extérieur.

Pour préciser la notion de système isolé ou non, c'est-à-dire échangeant ou non de l'énergie, il faut préciser les formes d'énergie qui peuvent s'échanger. Deux formes d'énergie sont au minimum à prendre en compte :

- le **transfert thermique** (parfois appelé chaleur) : pour empêcher le transfert thermique, les parois délimitant le système doivent avoir d'excellentes propriétés d'isolation thermique ;
- le **travail des forces de pression** : celui-ci est lié à l'échange de volume entre le système et l'extérieur et est donc lié à l'existence d'une pression du milieu extérieur. Pour ne pas avoir d'échange d'énergie de ce type, le volume du système ne doit pas varier au cours de l'évolution.

Dans le cas de l'étude des **piles électrochimiques**, il faut prendre en compte la possibilité de **transfert d'énergie électrique** auquel correspond un transfert de charge. Pour étudier un système, il faut donc préciser clairement les **contraintes imposées** par l'opérateur (cela peut tenir au choix des parois délimitant le système). Les cas les plus fréquemment rencontrés sont, dans le cas des systèmes fermés :

- système **adiabatique** : pas de transfert thermique avec l'extérieur ;
- système **isotherme** : il y a possibilité de transferts thermiques avec l'extérieur qui est un thermostat de température constante ;
- système **isochore** : le volume est fixé, il n'y a pas d'échange de travail des forces de pression ;
- système **isobare** : la pression du système est fixée.

Cette année, l'étude d'un système chimique évoluant dans des conditions isobares et isothermes sera privilégiée.

1.3 Réaction chimique

Une réaction traduit la modification des liaisons entre atomes ou ions. La matière est constituée d'atomes caractérisés par un numéro atomique Z (nombre de protons). Ces atomes interagissent éventuellement pour conduire à des structures stables dans des conditions fixées (contraintes imposées par l'opérateur). Par exemple, dans des conditions de température voisines de 500 K et sous une pression de 1 bar, un mélange de dihydrogène et de dioxygène conduit à la formation d'eau ; du fer chauffé à 1000 K et introduit dans une atmosphère de dioxygène conduit à la formation d'oxyde de fer(III) Fe_2O_3. La réorganisation des interactions entre atomes et ions se traduit par des échanges d'énergie avec le milieu extérieur lorsque les contraintes fixées par l'opérateur le permettent. L'objectif est de préciser les connaissances à maîtriser sur le système pour quantifier cet échange d'énergie et pour en prévoir les conséquences. Avant d'aller plus avant, il faut préciser la description macroscopique des systèmes où il y a transformation de la matière.

2 Description de l'évolution d'un système siège d'une réaction chimique

2.1 Existence d'une (ou plusieurs) réactions chimiques

La notion de réaction chimique traduit une **loi des proportions définies** : on identifie des espèces chimiques réagissant entre elles dans des rapports simples. Il est remarquable, comme cela a été signalé dans l'étude de la cinétique chimique, que l'étude de très nombreux systèmes mettant en jeu un nombre considérable d'atomes, de molécules et d'ions, puisse être décrite par la donnée d'un nombre très restreint (très souvent 1) d'équations chimiques qui traduisent cette loi des proportions définies. Cette donnée est un ensemble de nombres, en général entiers, éventuellement fractions simples, affectés d'un signe et attribués à une espèce chimique ; ces nombres traduisent la proportion par laquelle les espèces chimiques réagissent entre elles et distinguent, par leurs signes, les espèces apparaissant ensemble ou disparaissant ensemble. Ces nombres sont appelés **nombres stœchiométriques**. On distingue :

- nombres stœchiométriques arithmétiques (toujours positifs) ;
- nombres stœchiométriques algébriques (affectés d'un signe, ceux évoqués ci-dessus).

Définition

L'écriture de la réaction est conventionnellement représentée par une égalité du type :

$$\sum_{i\ \text{espèces}} \nu_i A_i = 0$$

où A_i est une espèce chimique participant à la réaction et ν_i le nombre stœchiométrique algébrique de cette espèce chimique.

Il est d'usage d'écrire cette équation en plaçant dans le membre de gauche les espèces affectées dans l'écriture ci-dessus de nombres stœchiométriques négatifs (on parle alors de réactants ou réactifs), et dans le membre de droite les espèces affectées de nombres stœchiométriques positifs (on parle alors de produits de réaction).

2.2 Nombres stœchiométriques

Le sens profond de l'écriture d'une réaction chimique est le souci de traduire d'une part une loi de proportionnalité entre espèces chimiques réagissantes et espèces chimiques formées et d'autre part, bien que cela ne soit pas disjoint du point précédent, la loi de conservation de la matière lors de cette transformation. Le choix des nombres stœchiométriques qui satisfont ces critères comporte une part d'arbitraire : comme il s'agit de proportionnalité, toute multiplication par un même nombre de l'ensemble des nombres stœchiométriques conduit à un nouvel ensemble qui convient pour décrire la transformation de la matière. D'autre part, les catégories réactifs/produits sont définies arbitrairement et le choix correspond plus à la réalité chimique d'évolution usuelle : si le mélange conduit dans la plupart des situations à la disparition d'un ensemble d'espèces chimiques, celles-ci seront regroupées dans la catégorie réactifs. Pour la réaction de synthèse de l'eau :

$$2\,H_2 \quad + \quad O_2 \qquad = \qquad 2\,H_2O$$

les nombres stœchiométriques arithmétiques, dans cette écriture, sont les nombres qui apparaissent dans l'écriture ci-dessus et les nombres stœchiométriques algébriques sont :

$$\nu(H_2O) = +2 \quad ; \quad \nu(H_2) = -2 \quad ; \quad \nu(O_2) = -1.$$

Pour la réaction du sodium métal avec le dichlore :

$$2\,Na \quad + \quad Cl_2 \qquad = \qquad 2\,NaCl$$

Les nombres stœchiométriques algébriques sont :

$$\nu(\text{NaCl}) = +2 \quad ; \quad \nu(\text{Cl}_2) = -1 \quad ; \quad \nu(\text{Na}) = -2.$$

Il est important, ceci sera justifié par la suite, de **préciser l'état physique** des participants à la réaction chimique. Cela revient à ajouter, entre parenthèses, la phase à laquelle appartient l'espèce chimique. On écrira donc la réaction précédente sous la forme :

$$2\,\text{Na (s)} \quad + \quad \text{Cl}_2\,\text{(g)} \quad = \quad 2\,\text{NaCl (s)}$$

où (g) signifie gaz et (s) solide. On choisira la notation (ℓ) pour désigner une espèce liquide et (aq.) pour une espèce en solution dans le solvant eau.

2.3 Avancement de réaction

Cette notion a déjà été introduite dans la partie consacrée à l'étude de la cinétique chimique. Pour traduire l'évolution d'un système chimique, on introduit une grandeur, notée ξ, appelée **avancement de réaction**, homogène à une quantité de matière. Le système avant évolution est préparé par introduction de n_i^0 quantité de matière de l'espèce A_i. La loi des proportions définies se traduit de façon quantitative par le fait que la grandeur $\dfrac{(n_i - n_i^0)}{\nu_i}$ est indépendante de l'espèce chimique participant à la réaction.

Définition

La grandeur qui traduit le déroulement de la réaction est appelée avancement :

$$\xi = \frac{(n_i - n_i^0)}{\nu_i} \qquad \text{soit} \qquad n_i = n_i^0 + \nu_i \xi$$

Le domaine de variation de l'avancement est tel que, quelle que soit l'espèce chimique ($\forall i$), la quantité de matière n_i reste positive. Cela permet de définir, pour chaque espèce chimique, la valeur de ξ qui annule le nombre n_i.

a. Signification de l'avancement

Une **valeur positive** de ξ traduit une **évolution de la gauche vers la droite** (formation des espèces chimiques affectées d'un nombre stœchiométrique positif et disparition des espèces chimiques affectées d'un nombre stœchiométrique négatif) par rapport à l'état initial.

b. Valeur maximale de l'avancement

Pour une évolution avec ξ positif, les réactifs ont tendance à disparaître. La disparition de l'espèce A_i est observée pour la valeur $\xi_i^{\max}$ telle que $n_i(\xi_i^{\max}) = 0$:

$$\xi_i^{\max} = -\frac{n_i^0}{\nu_i}.$$

On notera que les grandeurs $\xi_i^{\max}$ sont toutes positives ($\nu_i < 0$). Parmi l'ensemble $\xi_i^{\max}$, i réactif, il faut retenir la plus petite, celle qui annule la première fois une quantité de matière. Ainsi, il est possible de définir l'avancement maximal :

$$\xi^{\max} = \min(\xi_i^{\max}).$$

L'espèce i' telle que $\xi^{\max} = \xi_{i'}^{\max}$, c'est-à-dire celle pour laquelle la quantité de matière devient nulle pour la valeur $\xi^{\max}$ de l'avancement est appelée **réactif limitant** (ou en défaut).

c. Valeur minimale de l'avancement

De façon symétrique, en envisageant une évolution avec ξ négatif, la valeur de l'avancement $\xi_i^{\min}$ qui annule la quantité de matière du produit A_i est définie par :

$$\xi_i^{\min} = -\frac{n_i^0}{\nu_i}.$$

On notera que les grandeurs $\xi_i^{\min}$ sont toutes négatives ($\nu_i > 0$). Parmi l'ensemble $\xi_i^{\min}$, i produit, il faut retenir la plus grande (la plus petite en valeur absolue), celle qui annule la première fois une quantité de matière. Ainsi, il est possible de définir l'avancement minimal :

$$\xi^{\min} = \max(\xi_i^{\min}).$$

Ainsi, pour des conditions initiales fixées par les valeurs n_i^0 et pour une réaction chimique donnée (ensemble des nombres stœchiométriques ν_i), l'avancement ξ est compris entre $\xi^{\min}$ et $\xi^{\max}$.

d. Valeur de l'avancement en fin d'évolution

Les variations des quantités de matière d'un réactif ou d'un produit sont illustrées par la figure 8.1 ci-dessous.

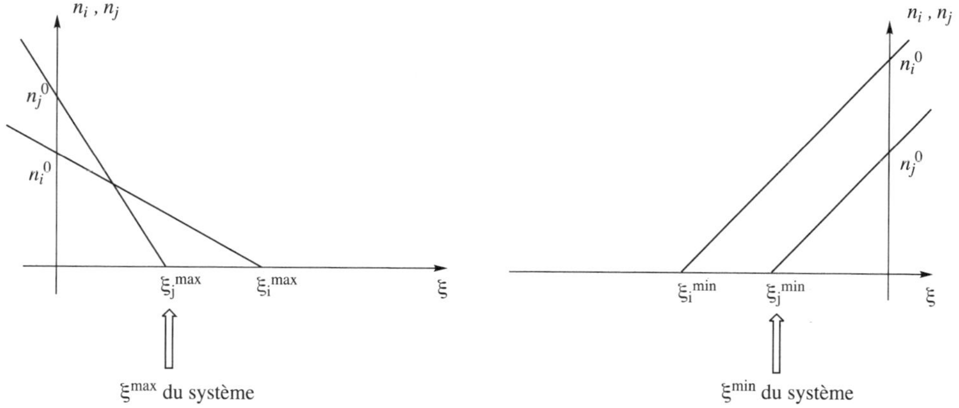

a) Évolution de la quantité de matière n_i et n_j de réactifs b) Évolution de la quantité de matière n_i et n_j de produits

FIGURE 8.1 – Variations des quantités de matière d'un réactif et d'un produit

Pour une réaction chimique quelconque, la prévision de la valeur de l'avancement en fin d'évolution est un problème assez compliqué, qui nécessite l'utilisation du deuxième principe de la thermodynamique et ne sera abordé qu'en deuxième année. Dans la suite de notre travail ne sont étudiées que les réactions totales où la valeur de l'avancement final est fixée par le réactif en défaut ou les réactions pour lesquelles la valeur de l'avancement final est spécifié par l'énoncé.

3 Transfert thermique pour un système évoluant à pression constante

3.1 Expression différentielle du premier principe

En considérant un système fermé qui transfère soit du volume dV (auquel correspond le travail des forces de pression p_{ext}) soit un transfert thermique δQ, le premier principe sous forme différentielle s'écrit :

$$\mathrm{d}U = -p_{\text{ext}}.\mathrm{d}V + \delta Q$$

où U représente l'énergie interne du système.
L'enthalpie H du système est définie par $H = U + pV$ et sa différentielle s'écrit :

$$\mathrm{d}H = \mathrm{d}(U + pV) = -p_{\text{ext}}.\mathrm{d}V + \delta Q + p.\mathrm{d}V + V.\mathrm{d}p.$$

Pour un système évoluant à pression constante, à l'équilibre mécanique $p = p_{\text{ext}}$, soit d$p = 0$:

$$\mathrm{d}H = \delta Q.$$

La variation d'enthalpie du système s'identifie au transfert thermique à pression constante. Ce point est essentiel pour l'étude des échanges d'énergie avec le milieu extérieur en présence d'une réaction chimique.

3.2 Enthalpie et composition du système

La variation d'enthalpie entre un état initial (repéré par l'indice i) et un état final (repéré par l'indice f) est notée ΔH et s'exprime en fonction de l'enthalpie du système initial H_{i} et de l'enthalpie du système final H_{f} selon :

$$\Delta H = H_{\text{f}} - H_{\text{i}}.$$

Il reste un point important à clarifier : le lien entre la composition du système et l'enthalpie de celui-ci. Il est possible d'établir (voir le cours de deuxième année) la relation suivante :

$$H = \sum_{j \text{ espèces}} n_j H_{\text{m},j}.$$

où n_j désigne la quantité de matière de l'espèce j et la grandeur $H_{\text{m},j}$ est nommée **enthalpie molaire partielle**.

✎ L'enthalpie molaire partielle est associée à une espèce chimique dans une phase de composition donnée et dépend de façon générale de la température, de la pression et de la composition de la phase. La dépendance des enthalpies molaires partielles avec ces variables est un problème en général complexe qui trouve néanmoins des solutions très simples dans deux cas importants analysés ci-après.

3.3 Cas des systèmes où existent des phases condensées pures et des mélanges parfaits de gaz parfaits

a. Corps purs en phase condensée (liquide ou solide)

Pour les phases condensées (de volume molaire négligeable devant celui des gaz pris dans les mêmes conditions de température et de pression), une approximation très bien vérifiée est l'indépendance des propriétés thermodynamiques vis-à-vis de la pression (par exemple, le volume molaire qui varie très peu avec p, ce qui traduit le **caractère peu compressible** de ces phases). Si, de surcroît, il s'agit d'un corps pur, la composition de la phase est fixée. Ainsi, dans ce cas, la grandeur $H_{\mathrm{m},j}$ **ne dépend que de la température**.

b. Mélange parfait de gaz parfaits

Dans un mélange parfait de gaz parfaits, la pression partielle p_i de chaque participant i suit l'équation des gaz parfaits :

$$p_iV = n_iRT.$$

Il n'est pas suffisant d'avoir de façon individuelle un comportement de gaz parfait pour se comporter comme un gaz parfait dans un mélange : le cas du mélange chlorure d'hydrogène/ammoniac est illustratif. Il est possible de trouver des conditions de température et de pression où chaque gaz pris individuellement se comporte comme un gaz parfait. En revanche, dans les mêmes conditions, l'opération de mélange se traduit par la formation de fumées dues à la formation de particules solides de chlorure d'ammonium. Le mélange n'est pas un mélange parfait de gaz parfaits. Pour un mélange parfait de gaz parfaits, il est facile de montrer en généralisant au cas des mélanges parfaits de gaz parfaits le résultat établi pour le gaz parfait pur, que l'enthalpie d'une part ne dépend que de la température (deuxième loi de JOULE) et qu'elle est identique à celle du gaz qui serait pur sous la même pression partielle.

c. Conclusion

Ainsi, dans le cas des systèmes constitués de corps purs en phase condensée et de mélange parfait de gaz parfaits, **les enthalpies molaires partielles** s'identifient aux enthalpies molaires des corps purs et celles-ci **ne dépendent**, avec une très bonne approximation, **que de la température**. Nous nous placerons cette année dans le cadre de cette approximation.

3.4 Expression du transfert thermique à pression constante

En prenant les expressions établies précédemment, la variation d'enthalpie entre un état initial caractérisé par les quantités de matière initiales n_j^0 et un état final caractérisé par la valeur ξ de l'avancement s'écrit :

$$\Delta H = \sum_j (n_j^0 + \nu_j \xi).H_{\mathrm{m},j} - \sum_j n_j^0.H_{\mathrm{m},j} = \xi.\sum_j \nu_j H_{\mathrm{m},j}.$$

Le **transfert thermique** (chaleur échangée avec l'extérieur) apparaît comme **proportionnel à l'avancement de la réaction**. La grandeur $\sum_j \nu_j H_{\mathrm{m},j}$ qui apparaît dans le calcul ci-dessus est notée $\Delta_\mathrm{r}H$ et est appelée **enthalpie de réaction**.

4 Grandeurs de réaction et grandeurs standard de réaction

L'introduction au paragraphe précédent de la grandeur $\Delta_\mathrm{r}H$ est l'occasion de généraliser cette notion à d'autres variables extensives associées au système.

4.1 Grandeur extensive quelconque associée au système

Soit Y une grandeur extensive. Comme dans le cas de l'enthalpie, il est possible d'établir, en s'appuyant sur la notion de grandeur extensive, la relation suivante :

$$Y = \sum_{j\text{espèces}} n_j Y_{\mathrm{m},j}$$

où $Y_{\mathrm{m},j}$ est la grandeur molaire partielle pour la grandeur Y et l'espèce j. La démonstration de cette relation sera établie en deuxième année. Il est donc possible d'exprimer simplement la variation de la grandeur Y en fonction des **grandeurs molaires partielles** entre l'état initial caractérisé par les quantités de matière n_j^0 et l'état final caractérisé par l'avancement ξ selon :

$$\Delta Y = \sum_j (n_j^0 + \nu_j \xi).Y_{\mathrm{m},j} - \sum_j n_j^0.Y_{\mathrm{m},j} = \xi.\sum_j \nu_j Y_{\mathrm{m},j}$$

soit, en utilisant la notation Δ_r :

$$\Delta Y = \xi.\textstyle\sum_j \nu_j Y_{\mathrm{m},j} = \xi.\Delta_\mathrm{r}Y.$$

⚠ Cette expression simple n'est valable que dans le cas où les grandeurs molaires partielles ne dépendent pas de la composition de la phase. C'est le cas des systèmes composés de solides ou liquides purs et de mélanges parfaits de gaz parfaits.

4.2 État standard

La notion d'**état standard** d'une espèce chimique est justement, en lien avec le paragraphe précédent, un état physique, éventuellement hypothétique, qui précise la valeur de la pression du système, la composition de la phase et le comportement physico-chimique suivi. La notation qui signale un état standard et une grandeur associée à celui-ci est un exposant °. Il existe trois états standard (standard : adjectif invariable) :

- pour un constituant en **phase gazeuse**, l'état standard pour une substance gazeuse, pure ou en mélange, est l'état où cette substance est à la pression standard $p = p^\circ = 1$ bar et se comporte comme un **gaz parfait** ;
- pour une phase pure, ou un mélange, ou un solvant, à l'**état liquide ou solide** (phase condensée), l'état standard est l'état de la **substance pure** en phase liquide ou solide sous la **pression standard** p° ;
- pour **un soluté**, l'état standard est l'état du soluté sous la pression standard, à la **concentration volumique molaire de** 1 mol·L^{-1} et au comportement de **solution idéale** (comme si la solution était infiniment diluée).

Seuls les deux premiers états standard seront utilisés cette année. Avec cette restriction, il est important de noter que les états standard sont dans ces deux premiers cas des systèmes purs et les grandeurs molaires standard, notées $Y^\circ_{m,i}$ s'identifient alors à celle du corps pur : on parle alors de grandeurs molaires standard du constituant pur.

4.3 Grandeurs standard de réaction

Une réaction chimique est caractérisée par la donnée des nombres stœchiométriques. Il est possible d'associer à une réaction chimique et pour une grandeur extensive Y une **grandeur standard de réaction** notée $\Delta_r Y^\circ$ et définie par :

$$\Delta_r Y^\circ = \sum_i \nu_i Y^\circ_{m,i}.$$

Cette grandeur ne dépend que de la température et est calculable à partir des données numériques disponibles dans la littérature.

Cas de l'enthalpie standard de réaction La grandeur $\Delta_r H^\circ$ est donc accessible et, dans le cas où les participants à la réaction chimique sont des corps purs en phase condensée ou des gaz se comportant comme un mélange parfait de gaz parfaits, les enthalpies molaires partielles s'identifient aux enthalpies molaires des corps purs, indépendantes dans ces cas de la pression, donc égales aux enthalpies molaires standard des corps purs. Nous avons alors le résultat important :

$$\Delta_r H \approx \Delta_r H^\circ \qquad \text{et} \qquad \Delta H_p = Q_p = \xi.\Delta_r H^\circ.$$

En se souvenant de la convention utilisée en thermodynamique pour le signe des grandeurs échangées par le système avec l'extérieur (comptées positivement lorsque le système reçoit), il est clair que le signe de l'enthalpie standard de réaction permet de savoir si, à température et pression fixées, l'existence de la réaction chimique se traduit par un transfert thermique effectif vers l'extérieur ou le contraire. Si l'enthalpie standard de réaction $\Delta_r H^\circ$ est **négative**, une évolution à avancement positif se traduit par un transfert thermique vers l'extérieur : le système cède de la chaleur. Une telle réaction est alors appelée **exothermique**. Si l'enthalpie standard de réaction $\Delta_r H^\circ$ est **positive**, une évolution à avancement positif se traduit par un transfert thermique vers le système : le système reçoit de la chaleur. Une telle réaction est alors appelée **endothermique**.

4.4 Relations entre grandeurs standard de réactions

Les relations existant entre grandeurs thermodynamiques, par exemple entre enthalpie et capacité thermique à pression constante, entraînent l'existence de relations correspondantes entre grandeurs standard de réaction.

a. Relation entre enthalpie standard de réaction et énergie interne standard de réaction

La relation liant enthalpie et énergie interne $H = U + pV$ se traduit par la relation correspondante entre les grandeurs $\Delta_r U^\circ$ et $\Delta_r H^\circ$:

$$\Delta_r H^\circ = \Delta_r U^\circ + p^\circ \Delta_r V^\circ.$$

Le volume standard de réaction se calcule facilement dans le cadre des réactions ne faisant intervenir que des phases condensées ou des mélanges parfaits de gaz parfaits. En effet :

- pour des phases condensées, les volumes molaires des corps purs sont négligés devant ceux des espèces en phase gazeuse ;
- les gaz étant supposés se comporter comme des gaz parfaits, le volume molaire s'exprime facilement à partir de l'équation d'état, soit :

$$V_\mathrm{m} = \frac{V}{n} = \frac{RT}{p}$$

et donc :

$$V_\mathrm{m}^\circ = \frac{RT}{p^\circ}.$$

Ainsi la relation cherchée s'écrit :

$$\Delta_r H^\circ = \Delta_r U^\circ + RT \sum_{j\mathrm{gaz}} \nu_j = \Delta_r U^\circ + RT\Delta\nu_\mathrm{g}.$$

où le terme $\Delta\nu_\mathrm{g}$ est la variation de quantité de matière de gaz au cours de la réaction.

b. Relation entre enthalpie standard de réaction et capacité thermique à pression constante standard de réaction

La relation entre enthalpie et capacité thermique à pression constante :

$$C_p = \left(\frac{\partial H}{\partial T}\right)_p$$

se traduit par la relation suivante, appelée loi de KIRCHHOFF entre enthalpie standard de réaction $\Delta_r H^\circ$ et capacité thermique à pression constante standard de réaction $\Delta_r C_p^\circ$:

$$\Delta_r C_p^\circ = \frac{\mathrm{d}\Delta_r H^\circ}{\mathrm{d}T} \qquad \text{avec} \qquad \Delta_r C_p^\circ = \sum_{j\ \text{espèces}} \nu_j C_{p,\mathrm{m},j}^\circ.$$

La connaissance des capacités thermiques à pression constante permet ainsi de calculer, par intégration de la relation précédente, l'enthalpie standard de réaction à une température quelconque lorsque celle-ci est connue à une température particulière. Une hypothèse très souvent suffisante pour décrire correctement la plupart des systèmes est de supposer que les capacités thermiques molaires à pression constante sont indépendantes de la température. Dans ce cas, l'expression de l'enthalpie standard de réaction s'exprime par la relation :

$$\Delta_r H^\circ(T) = \Delta_r H^\circ(T_0) + \Delta_r C_p^\circ(T - T_0).$$

5 Calcul des enthalpies standard

Le calcul des enthalpies de réaction nécessite la connaissance des valeurs numériques des enthalpies molaires standard (des corps purs dans le cas limitatif du programme). En pratique un choix différent est adopté. Celui-ci s'appuie sur la définition d'une réaction particulière associée à chaque espèce chimique dans un état d'agrégation donné, appelée **réaction de formation** et aux **grandeurs standard de réaction** associées. D'autre part, il est nécessaire, pour des raisons de place, de ne fournir l'information qu'à une seule température : le choix adopté est la température $T_0 = 298$ K (25 °C).

5.1 Réaction de formation d'une espèce chimique

Définition

La réaction de formation d'une espèce chimique donnée dans un état d'agrégation donné (solide, liquide, gazeux, en solution dans un solvant donné) est la réaction, qui à partir des corps simples (un seul élément chimique caractérisé par Z) dans leur état d'agrégation le plus stable à cette température et sous la pression de 1 bar, conduit au produit avec un coefficient stœchiométrique égal à 1.

⚠ Il est très important de préciser l'**état physique** de l'espèce chimique.

- la réaction de formation du dioxyde d'azote gazeux est :

$$\frac{1}{2}N_2\,(g) \quad + \quad O_2(g) \quad = \quad NO_2\,(g)$$

- la réaction de formation du propane gazeux est :

$$3\,C\,(\text{graphite}) \quad + \quad 4\,H_2\,(g) \quad = \quad CH_3CH_2CH_3\,(g)$$

⚠ Une réaction de formation peut être une réaction réalisable expérimentalement (la formation de l'eau) ou purement fictive (la formation du propane).

5.2 Grandeurs standard de formation

Une **grandeur standard de formation** est une grandeur standard associée à la réaction de formation. Elle est notée $\Delta_f Y^\circ$ (f pour formation) et dépend *a priori* de la température. Cette définition sans ambiguïté de grandeurs standard de réaction a été possible par le choix précis de l'état physique des éléments : cet état est appelé **état standard de référence** et n'a de sens que pour les éléments. Il correspond à l'état d'agrégation le plus stable à cette température et sous la pression de 1 bar. Une conséquence immédiate de la définition de la réaction de formation est que les grandeurs standard de formation d'un corps simple sont nulles sous $p = p^\circ = 1$ bar dans son état physique le plus stable. Nous avons en particulier :

$$\Delta_f H^\circ_{298}(\text{corps simple, état stable}) = 0.$$

5.3 Utilisation des enthalpies standard de formation pour le calcul des enthalpies standard de réaction

La construction d'un cycle thermodynamique adéquat permet d'exprimer l'enthalpie standard de réaction à partir des enthalpies standard de formation des différentes espèces chimiques participant à la réaction. Pour cela on les décompose en corps simples dans leur état physique stable en utilisant les réactions de formation :

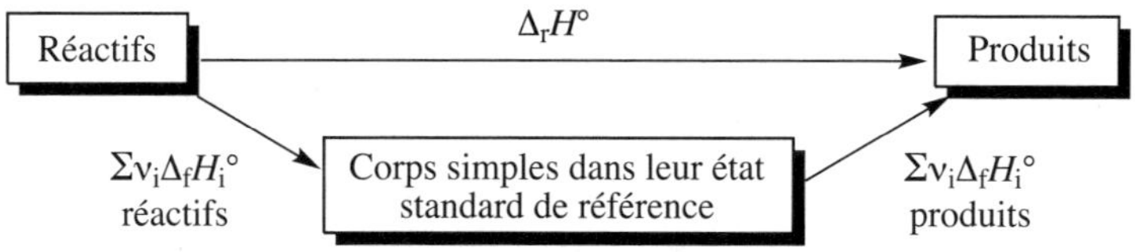

FIGURE 8.2 – Cycle thermodynamique

Il n'y a pas de problème de signe car les ν_i de la somme portant sur les réactifs sont négatifs.

Nous avons donc :

$$\Delta_r H^\circ(T) = \sum \nu_j \Delta_f H_j^\circ(T).$$

Cette relation porte le nom de **loi de HESS**. La littérature indique les enthalpies standard de formation à $T = T_0 = 298$ K. La loi de HESS est donc utilisée en particulier avec les données de la littérature, c'est-à-dire à la température de 298 K.

La loi de HESS est généralisée lorsqu'il est possible de décomposer une réaction en combinaison linéaire d'autres réactions ; dans ce cas, l'enthalpie standard de réaction est la même combinaison linéaire des enthalpies standard de réaction.

Exercice résolu

Calcul d'enthalpie standard de réaction à la température T_0

Calculer à partir des enthalpies de formation des participants à la réaction chimique données à $T = T_0 = 298$ K, l'enthalpie standard de la réaction de réduction de l'eau gaz par le carbone graphite.

Données : Les enthalpies standard de formation sont fournies à la température $T_0 = 298$ K.

Corps chimique	H_2O (g)	CO (g)
$\Delta_f H^\circ_{298}$ / kJ·mol^{-1}	$-241,8$	$-110,5$

Réponse :
La réaction étudiée est :

$$H_2O\,(g) \quad + \quad C\,(graphite) \quad = \quad H_2\,(g) \quad + \quad CO\,(g)$$

L'enthalpie standard de réaction s'exprime en fonction des enthalpies de formation selon :

$$\Delta_r H^\circ_{298} = \Delta_f H^\circ_{298}(CO(g)) - \Delta_f H^\circ_{298}(H_2O\,(g))$$

soit *numériquement* :

$$\Delta_r H^\circ_{298} = -110,5 + 241,8 = +131,3\ \text{kJ·mol}^{-1}.$$

Les enthalpies standard de formation du dihydrogène gazeux et du carbone graphite sont nulles car il s'agit de l'état physique stable respectivement des éléments hydrogène et carbone (graphite) à la température T_0 sous la pression $p = p^\circ = 1$ bar. Cette réaction est endothermique.

La connaissance des capacités thermiques à pression constante permet de proposer des expressions approchées des enthalpies standard de réaction à des températures différentes de la température $T_0 = 298$ K. Il suffit d'intégrer la loi de KIRCHHOFF, comme cela a été fait au paragraphe 4.4., lorsque les capacités thermiques sont des fonctions connues de la température. L'approximation qui consiste à supposer ces capacités thermiques indépendantes de la température (comme cela a été fait au 4.4.) est en général amplement suffisante.

Exercice résolu

Calcul d'enthalpie standard de réaction à une température quelconque

En reprenant le cas de la réaction de réduction de l'eau gaz par le carbone graphite, donner, en fonction de la température, l'expression de l'enthalpie standard de réaction à partir de la connaissance des capacités thermiques à pression constante des différents participants à la réaction chimique.

Données : Les capacités thermiques molaires standard sont supposées indépendantes de la température.

Corps chimique	H_2O (g)	C (graphite)	H_2 (g)	CO (g)
$C^\circ_{p,m}$ / J·K^{-1}·mol^{-1}	33,6	6,1	28,8	29,1

Calculer la valeur numérique de l'enthalpie standard de réaction à 1000 K. Conclusion(s) ?
Réponse :
La capacité thermique à pression constante standard de réaction $\Delta_r C^\circ_p$ est égale à :

$$\Delta_r C^\circ_p = 28,8 + 29,1 - 6,1 - 33,6 = 18,2\ \text{J·K}^{-1}\text{·mol}^{-1}.$$

L'intégration de la loi de KIRCHHOFF (la dérivée de $\Delta_r H^\circ(T)$ par rapport à la température est égale à la capacité thermique à pression constante standard de réaction) conduit à la relation (voir 4.4.) :

$$\Delta_r H^\circ(T) = \Delta_r H^\circ(T_0) + \Delta_r C_p^\circ(T - T_0)$$

soit *numériquement* :

$$\Delta_r H^\circ(\mathrm{T}) = 131,3 + 18,2.10^{-3}.(T - 298) = 125,9 + 18,2.10^{-3}.T \,/\, \mathrm{kJ{\cdot}mol^{-1}}.$$

Il faut bien faire attention, dans ces applications numériques aux unités utilisées : les enthalpies standard de formation sont très souvent indiquées en $\mathrm{kJ{\cdot}mol^{-1}}$ et les capacités thermiques molaires standard sont indiquées en $\mathrm{J{\cdot}K^{-1}{\cdot}mol^{-1}}$.
Application numérique : À $T = 1000$ K, l'enthalpie standard de réaction est égale à :

$$\Delta_r H^\circ(1000) = 125,9 + 18,2 = 144,1 \ \mathrm{kJ{\cdot}mol^{-1}}.$$

La dépendance avec la température est modeste (écart de 9 % entre la valeur à $T = 298$ K et à $T = 1000$ K). La réaction est toujours endothermique.

5.4 Énergie de liaison

Il est possible de rendre compte de façon quantitative des interactions entre atomes dans les liaisons chimiques par des grandeurs standard de réaction convenablement choisies. En effet, en notant A et B des atomes ou groupements d'atomes, si on considère la réaction :

$$A - B\,(\mathrm{g}) \quad = \quad A\,(\mathrm{g}) \quad + \quad B\,(\mathrm{g})$$

l'énergie interne standard ou l'enthalpie standard de réaction sont des mesures quantitatives de la liaison chimique entre A et B. Il est important de se placer en phase gazeuse afin d'éviter des échanges d'énergie qui seraient dus à des changements de phase.

Définition

L'énergie de liaison entre A et B est l'énergie standard de réaction à $T = 0$ K. Cette grandeur, notée E_{AB} ou D_{AB}, est en général confondue avec l'enthalpie standard de réaction à 298 K, et utilisée comme telle dans les exercices.

Le tableau ci-dessous indique, à titre d'exemple, les trois valeurs $\Delta_r U_0^\circ$, $\Delta_r U_{298}^\circ$ et $\Delta_r H_{298}^\circ$ pour la dissociation de la molécule de dihydrogène :

Grandeur de réaction	$\Delta_r U_0^\circ$	$\Delta_r U_{298}^\circ$	$\Delta_r H_{298}^\circ$
Dissociation de H_2	432,0	433,2	435,9

L'ordre de grandeur de l'énergie de liaison est de quelques centaines de $\mathrm{kJ{\cdot}mol^{-1}}$.

$A - B$	H-H	C-C	N≡N	O=O	F-F	Cl-Cl	H-F
D_{AB} / $\mathrm{kJ{\cdot}mol^{-1}}$	432,0	345,6	941,7	493,6	154,8	239,7	565

5.5 Énergie réticulaire

Définition

Pour rendre compte de l'intensité des interactions entre constituants d'un solide ionique, on envisage une réaction fictive qui part du solide et conduit à ses ions constitutifs en phase gazeuse :

$$A-B\,(\mathrm{s}) \quad = \quad A^{z+}\,(\mathrm{g}) \quad + \quad B^{z-}\,(\mathrm{g})$$

(réaction écrite pour un solide où les cations et anions ont même valeur absolue de charge, facilement généralisable à un solide ionique quelconque). L'énergie réticulaire, notée E_{R} s'identifie à l'énergie interne standard à $T=0$ K de la réaction citée ci-dessus. Elle est en général confondue avec l'enthalpie standard de réaction à $T=298$ K, et utilisée comme telle dans les exercices.

L'énergie réticulaire, grandeur positive (il faut fournir de l'énergie pour dissocier le solide en ses constituants ioniques), va de quelques centaines de $\mathrm{kJ{\cdot}mol^{-1}}$ pour des solides ioniques monovalents jusqu'à quelques dizaines de milliers de $\mathrm{kJ{\cdot}mol^{-1}}$ pour des structures où il existe des ions de charge élevée.

Solide	LiF	NaF	NaCl	KCl	KI	MgF_2
E_{R} / $\mathrm{kJ{\cdot}mol^{-1}}$	1033	906	770	702	636	2914

5.6 Application : calcul de la température de flamme

La modélisation des transferts thermiques lors d'une réaction chimique permet de proposer un modèle qui estime la température qui peut être atteinte lors d'une combustion. On parle alors de **température de flamme**. Le modèle le plus simple qui sera adopté ici consiste à supposer que le transfert thermique dû à la réaction chimique est cédé aux produits de la réaction. Globalement, le **réacteur** est supposé **adiabatique**, la réaction chimique choisie pour atteindre des températures élevées est exothermique et le transfert thermique sert à chauffer les produits de la réaction (et aussi éventuellement les réactifs en excès qui n'ont pas réagi). Pour une réaction qui a lieu à pression constante (ce qui correspond aux cas usuels de combustion), la variation d'enthalpie s'identifie au transfert thermique à pression constante. Pour l'ensemble supposé adiabatique, cette variation d'enthalpie est donc nulle et est la somme de deux contributions :

- la variation d'enthalpie due à la réaction chimique, soit avec les approximations effectuées, $\xi_{\max}.\Delta_{\mathrm{r}}H^\circ$;
- la variation d'enthalpie des produits qui passent de la température initiale T_{i} à la température finale T_{f}, qui est la température de flamme.

Ceci revient à effectuer formellement la transformation en suivant les deux branches d'un cycle thermodynamique :

- d'abord la réaction chimique qui se déroule à la température initiale T_{i} et à pression constante, ce qui justifie l'emploi de la fonction enthalpie pour calculer le transfert thermique ;

- puis le chauffage à pression constante des produits (et de façon plus générale des espèces chimiques restantes après la combustion totale) de la température initiale à la température finale recherchée dû au transfert thermique associé à la réaction précédente.

✎ Il est légitime d'inventer ce chemin fictif car l'enthalpie est une fonction d'état dont la variation ne dépend pas du chemin suivi.
Le caractère adiabatique se traduit par la relation :

$$\Delta H = 0 = \xi_{\max}.\Delta_r H^\circ_{T_i} + \xi_{\max}.\int_{T_i}^{T_f} \sum_{j \text{ produits}} \nu_j C^\circ_{p,m,j}(T).\mathrm{d}T$$

dans le cas où seuls les produits de réaction sont présents. S'il existe d'autres espèces présentes, il faut tenir compte de leurs contributions dans le second terme. La **température de flamme**, grandeur intensive, est donc définie par la relation intégrale :

$$\Delta_r H^\circ_{T_i} + \int_{T_i}^{T_f} \sum_{j\text{produits}} \nu_j C^\circ_{p,m,j}(T).\mathrm{d}T = 0.$$

Avec l'hypothèse de capacités thermiques à pression constante indépendantes de la température, la relation devient :

$$\Delta_r H^\circ_{T_i} + (T_f - T_i).\sum_{j \text{ produits}} \nu_j C^\circ_{p,m,j}(T) = 0.$$

Ce modèle sommaire surestime de façon notable les températures effectivement obtenues dans les flammes courantes. Ce type de relation ne concerne que les cas « simples » où n'intervient pas, par exemple, de changement d'état.

Exercice résolu

Calcul de la température de flamme pour un chalumeau oxhydrique

Calculer, à l'aide du modèle adiabatique de flamme, la température de flamme atteinte lors de la combustion d'un mélange stœchiométrique de dioxygène et de dihydrogène gazeux (la réaction est supposée totale) initialement pris à $T = 298$ K. Reprendre le calcul dans le cas où le dioxygène est remplacé par de l'air et le dioxygène est toujours en proportion stœchiométrique. Commenter les résultats obtenus.

Données :

- enthalpie standard de formation de l'eau gazeuse à $T = T_0 = 298$ K :

$$\Delta_f H^\circ_{298}(H_2O(g)) = -241{,}8 \text{ kJ·mol}^{-1} ;$$

- capacités thermiques molaires standard à pression constante ($\text{J·K}^{-1}\text{·mol}^{-1}$) : $C^\circ_{p,m}(H_2O(g)) = 33,6 \quad C^\circ_{p,m}(N_2\ (g)) = 29,1$.

Réponse :

Dans le cas où seule l'eau est présente en fin de réaction, l'équation donnant la température de flamme s'écrit :

$$241,8.10^3 = 33,6.(T_f - 298) \qquad \text{soit} \qquad T_f = 7490 \text{ K}.$$

Cette température est trop élevée pour que les hypothèses faites soient vérifiées : l'eau et les autres molécules éventuellement présentes se dissocient dans ces conditions de température et de pression et la matière portée à une telle température perd de façon notable de l'énergie par rayonnement. Dans le cas où le réactif dioxygène est apporté par l'air, il y a avec la demi-mole de dioxygène nécessaire pour la combustion deux moles de diazote qui ne réagissent pas. En fin de réaction, il y aura une mole d'eau formée et deux moles de diazote qui seront chauffées par l'apport thermique de la réaction de combustion. La nouvelle température finale T_f' est donc définie par :

$$241,8.10^3 = (33,6+2.29,1).(T_f' - 298) \qquad \text{soit} \qquad T_f' = 2930\ \text{K}.$$

Cette température, quoique toujours très élevée, est plus réaliste. Notons l'intérêt des deux calculs précédents : ils permettent de comprendre pourquoi, lorsque des températures élevées sont recherchées, il est préférable d'utiliser les réactifs en proportions stœchiométriques, sans autres espèces chimiques présentes (d'où l'emploi de deux bouteilles d'alimentation dans les chalumeaux performants). Dans le cas où la réaction chimique exothermique sert à assurer une élévation de température, le bilan d'énergie doit tenir compte de la présence des corps à chauffer.

Exercice résolu

Combustion du graphite

La réaction de combustion du graphite dans le dioxygène écrite avec le nombre stœchiométrique -1 pour le dioxygène a une enthalpie standard de réaction $\Delta_r H^\circ = -393\ \text{kJ·mol}^{-1}$ et est totale. Calculer la masse d'eau qui peut être portée à ébullition sous pression atmosphérique prise à la température initiale de 20 °C par la combustion de 1 mol de graphite (12 g).

Données : $C^\circ_{p,m}(H_2O\ (\ell)) = 75,3\ \text{J·K}^{-1}\text{·mol}^{-1}$ et $C^\circ_{p,m}(CO_2\ (g)) = 37,1\ \text{J·K}^{-1}\text{·mol}^{-1}$; masse molaire atomique du carbone $M(C) = 12\ \text{g·mol}^{-1}$.

Réponse :

La réaction de combustion du carbone graphite s'écrit, avec le nombre stœchiométrique imposé pour le dioxygène :

$$C\ (\text{graphite}) \quad + \quad O_2\ (g) \quad = \quad CO_2\ (g).$$

Soit m la masse d'eau cherchée et $M(H_2O)$ la masse molaire moléculaire de l'eau. Le transfert thermique assuré par la réaction de combustion totale de la mole de carbone est donc :

$$\Delta H = n\Delta_r H^\circ.$$

On modélise les transferts thermiques en posant que la chaleur dégagée par la réaction sert à chauffer d'une part le produit de la réaction (quantité de matière n de dioxyde de carbone) et d'autre part l'eau. Cela suppose que la combustion a été effectuée avec la quantité minimale de dioxygène (afin de ne pas avoir à chauffer le réactif O_2 en excès). Comme il est souhaité de porter l'eau à ébullition, la température finale T_f est connue ($T_f = 373$ K). L'équation définissant la température finale est donc :

$$-\Delta_r H^\circ = \left(\frac{m}{M(H_2O)} C^\circ_{p,m}(H_2O\ (\ell)) + C^\circ_{p,m}(CO_2(g))\right).(T_f - T_i)$$

ce qui permet d'exprimer la grandeur inconnue m :

$$m = \frac{M(H_2O)}{C^\circ_{p,m}(H_2O(\ell))} \cdot \left(-\frac{\Delta_r H^\circ}{(T_f - T_i)} - C^\circ_{p,m}(CO_2\ (g)) \right)$$

ce qui donne *numériquement* :

$$m = \frac{18.10^{-3}}{75,3} \cdot \left(\frac{393.10^3}{(373 - 298)} - 37,1 \right) = 1{,}24\ \text{kg}$$

On remarquera que l'essentiel de la chaleur dégagée par la réaction sert à chauffer l'eau (69 moles d'eau pour une mole de dioxyde de carbone).

6 TP-Cours : réaction de l'ion oxonium avec l'ion hydroxyde : étude calorimétrique

6.1 Principe de l'étude

La réaction en solution aqueuse de l'ion oxonium sur l'ion hydroxyde, d'équation-bilan :

$$H^+\ (aq) \quad + \quad HO^-\ (aq) \qquad = \qquad H_2O\ (\ell)$$

est très exothermique. L'enthalpie de cette réaction peut être expérimentalement évaluée par la mesure de l'élévation de température de la solution une fois la réaction complète (la constante d'équilibre de cette réaction est $K^\circ = \frac{1}{K_e} \approx 10^{14}$; elle est quasi-totale).

6.2 Réaction de l'ion oxonium sur l'ion hydroxyde

Le calorimètre utilisé est supposé avoir une puissance de perte $P = \frac{\delta Q_{\text{perte}}}{dt}$ négligeable dans le temps des mesures ; pour cela, les opérations devront être réalisées dans un temps relativement bref. Le calorimètre, initialement à la température θ_1, contient un volume V d'une solution aqueuse d'acide chlorhydrique à $c = 1{,}0\ \text{mol}\cdot\text{dm}^{-3}$, dont la masse volumique ρ est supposée voisine de $1{,}0\ \text{kg}\cdot\text{dm}^{-3}$. On ajoute progressivement un volume V_S d'une solution d'hydroxyde de sodium à la même concentration ($\rho \approx 1{,}0\ \text{kg}\cdot\text{dm}^{-3}$), à la même température, et la température du milieu s'élève alors jusqu'à la température θ. L'addition est poursuivie jusqu'à ce que V_S atteigne la valeur V, la solution finale étant donc équivalente à une solution aqueuse de chlorure de sodium à $0{,}5\ \text{mol}\cdot\text{dm}^{-3}$. Pour ce processus :

- système thermodynamique : solution d'acide chlorhydrique, solution de soude ajoutée, parois internes du calorimètre, dispositif d'agitation ;
- transformation : mélange des deux solutions ;
- caractéristiques de la transformation : adiabatique, isobare ; le système est fermé, avec transformation chimique.

Le tableau d'avancement de la réaction est :

QM	H^+ +	HO^- =	H_2O
EI	cV	cV_S	-
ET	$cV - \xi^{\max}$	$\varepsilon \ll \xi_{\max}$	-

(QM : quantités de matière ; EI : état initial ; ET : à l'équilibre thermodynamique, la réaction étant quasi-totale c'est-à-dire $\xi^{\max} = cV_S$, et $V_S < V$.) Lorsque la mesure de température est réalisée, le volume de la solution est $V + V_S$. La transformation étant **isobare** et **adiabatique**, on a :

$$\Delta H = 0.$$

La transformation est **isenthalpique**. Ici, la variation d'enthalpie du système résulte de la variation de température des parois internes du calorimètre, de la variation de température de la solution et de l'énergie thermique due à la transformation chimique. La transformation peut être modélisée par deux transformations fictives, conduisant du même état initial au même état final :

H^+ (aq) + Cl^-(aq) qt. de mat. : cV	+	Na^+ (aq) + HO^-(aq) qt. de mat. : cV_S			température θ_1

↓

Cl^-(aq) qt. de mat. : cV	+	H^+(aq) qt. de mat. : $cV - cV_S$	+	Na^+ (aq) qt. de mat. : cV_S	température θ_1

↓

Cl^-(aq) qt. de mat. : cV	+	H^+(aq) qt. de mat. : $cV - cV_S$	+	Na^+ (aq) qt. de mat. : cV_S	température θ

cV mol de (H^+ (aq) + Cl^- (aq)) ; cV_S mol de (Na^+ (aq) + HO^- (aq)) et $(V + V_S)$ dm^3 d'eau à θ_1	$\longrightarrow$	cV mol de Cl^- (aq) ; $(cV - cV_S)$ mol de H^+ (aq) ; cV_S mol de Na^+ (aq) et $(V + V_S)$ dm^3 d'eau à θ_1	$\longrightarrow$	cV mol de Cl^- (aq) ; $(cV - cV_S)$ mol de H^+ (aq) ; cV_S mol de Na^+ (aq) et $(V + V_S)$ dm^3 d'eau à θ

Comme l'enthalpie est une **fonction d'état**, sa **variation** est **indépendante du chemin suivi** : cela légitime l'emploi du **chemin fictif** pour évaluer la variation d'enthalpie pour le système réel. Le premier processus, isobare et isotherme, conduit au transfert d'énergie thermique reçu par le système $Q_{p1}(V_S) = cV_S\Delta_r H$. On notera par la suite θ_2 la température finale atteinte par la solution après avoir versé un volume V de la solution d'hydroxyde de sodium. Le transfert d'énergie thermique reçu par le système lors du deuxième processus est noté $Q_{p2}(V_S)$. Pour ce processus isobare et isenthalpique, $\Delta H = Q_{p1}(V_S) + Q_{p2}(V_S) = 0$; cette équation permet d'extraire l'enthalpie de la réaction. L'évaluation expérimentale de $Q_{p2}(V_S)$ peut être réalisée par deux méthodes suivant le matériel à disposition, ce qui est présenté par la suite.

6.3 Détermination de $Q_{p2}(V)$: méthode électrique

Dans le calorimètre, verser 100 cm^3 d'eau à la température θ_1, le dispositif d'agitation, et faire plonger un conducteur ohmique de résistance R. À l'aide d'une alimentation stabilisée, faire circuler dans le conducteur ohmique un courant d'intensité I. Noter le temps Δt au bout duquel la température de la solution atteint la valeur θ_2. L'énergie consommée par effet JOULE par le conducteur ohmique pendant ce processus est $RI^2\Delta t$. Cette énergie est intégralement transférée à la solution sous forme d'énergie thermique. On a par conséquent $Q_{p2}(V) = RI^2\Delta t$, qui permet d'extraire :

$$\Delta_r H = -\frac{RI^2\Delta t}{cV}.$$

✎ Afin d'être plus rigoureux, il aurait fallu réaliser la réaction entre les ions oxonium et hydroxyde dans le calorimètre contenant déjà le conducteur ohmique, car celui-ci n'a pas une capacité thermique nulle. Cependant, cette opération risque de dégrader le conducteur.

✎ La mesure de $Q_{p2}(V)$ serait plus rigoureuse en réalisant l'opération avec une solution aqueuse de chlorure de sodium à la concentration $c = 0{,}5\ \text{mol}\cdot\text{dm}^3$. Cependant, cette solution conductrice en contact avec le conducteur ohmique entraîne des risques électriques. Le résultat expérimental est cependant peu différent en raison de la faible différence de capacité thermique entre l'eau et la solution aqueuse de chlorure de sodium.

6.4 Détermination de $Q_{p2}(V_S)$: méthode thermique

La méthode consiste à déterminer la capacité thermique C_{calo} des parois internes du calorimètre et du dispositif d'agitation de la solution (dans l'idéal, le barreau aimanté pour agitation magnétique, sinon une baguette de verre). Son évaluation est réalisée par la méthode des mélanges : un volume V d'eau de température θ_1 est mélangé avec un autre volume V d'eau ayant une autre température θ_3. La capacité thermique massique de l'eau est $C_{\text{mas,eau}} = 4{,}2\ \text{J}\cdot\text{K}^{-1}\cdot\text{g}^{-1}$. Toutes les capacités thermiques sont supposées être des constantes sur les domaines de variation de température considérés. Pour ce processus :

- système thermodynamique : eau initiale, eau ajoutée, parois internes du calorimètre, dispositif d'agitation ;
- transformation : mélange des deux masses d'eau ;
- caractéristiques de la transformation : adiabatique, isobare, le système est fermé et sans transformation chimique.

À nouveau, la transformation étant isobare, le transfert thermique reçu par le système s'identifie à la variation d'enthalpie du système : $\Delta H_p = Q_p$. La transformation étant adiabatique, $Q_p = 0$. On en déduit que la transformation est **isenthalpique** :

$$\Delta H = 0.$$

Soit θ_f la température du système dans l'état final. La variation d'enthalpie de la masse d'eau initialement contenue dans le calorimètre est $\Delta H_{\text{eau1}} = \rho V C_{\text{mas,eau}}(\theta_f - \theta_1)$. La variation d'enthalpie de la masse d'eau ajoutée dans le calorimètre est $\Delta H_{\text{eau2}} = \rho V C_{\text{mas,eau}}(\theta_f - \theta_3)$. La variation d'enthalpie de la paroi interne du calorimètre et du dispositif d'agitation est $\Delta H_{\text{calo}} =$

$C_{\text{calo}}(\theta_f - \theta_1)$. La fonction enthalpie étant extensive, $\Delta H = \Delta H_{\text{eau1}} + \Delta H_{\text{eau2}} + \Delta H_{\text{calo}}$. Par conséquent, $0 = \rho V C_{\text{mas,eau}}(\theta_f - \theta_1) + \rho V C_{\text{mas,eau}}(\theta_f - \theta_3) + C_{\text{calo}}(\theta_f - \theta_1)$ dont on extrait :

$$C_{\text{calo}} = \rho V C_{\text{mas,eau}} \left(\frac{\theta_1 + \theta_3 - 2\theta_f}{\theta_f - \theta_1} \right).$$

✎ Afin d'avoir des mesures cohérentes avec les expériences précédentes, le volume V est le même que précédemment (la capacité thermique du calorimètre dépend du volume de liquide qu'il contient).

✎ De la même manière, il est préférable de rester dans la même gamme de températures que celles mesurées lors de la réaction de l'ion oxonium sur l'ion hydroxyde. Il est par conséquent judicieux de choisir θ_3 de manière à avoir *in fine* $\theta_3 \approx \theta_2$. On déduit alors le transfert thermique $Q_{p2}(V_S)$ cherché, pour une addition de $V_S \leq V$:

$$Q_{p2}(V_S) = (\rho(V + V_S)C_{\text{mas,eau}} + C_{\text{calo}})(\theta - \theta_1).$$

⚠ Ce calcul néglige la capacité thermique des ions de la solution.

En utilisant la relation $Q_{p1}(V_S) + Q_{p2}(V_S) = 0$, on extrait :

$$\frac{1}{\theta - \theta_1} = -\frac{\rho C_{\text{mas,eau}}}{c\Delta_r H} - \frac{1}{V_S}\left(\frac{\rho V C_{\text{mas,eau}} + C_{\text{calo}}}{c\Delta_r H} \right)$$

Le tracé de $\dfrac{1}{\theta - \theta_1}$ en fonction de $\dfrac{1}{V_S}$ est une droite d'ordonnée à l'origine $-\dfrac{\rho C_{\text{mas,eau}}}{c\Delta_r H}$ et de coefficient directeur $-\left(\dfrac{\rho V C_{\text{mas,eau}} + C_{\text{calo}}}{c\Delta_r H} \right)$

6.5 Réalisation expérimentale

a. Réaction de l'ion oxonium sur l'ion hydroxyde

La réaction est réalisée dans un calorimètre pouvant contenir 200 cm^3 de liquide, sous agitation magnétique, avec les concentrations et volumes proposés dans les explications de principe ($c = 1{,}0$ mol·dm^{-3}, $V = 50$ cm^3). La solution d'hydroxyde de sodium est ajoutée en cinq portions de 10 cm^3 et la température est relevée par un thermocouple 10 secondes après la fin de chaque addition. Les résultats sont les suivants :

V_S / cm^3	0	10	20	30	40	50
θ / °C	22,2	24,7	26,4	27,6	28,7	29,3

b. Détermination de $Q_{p2}(V)$: méthode électrique

Le conducteur ohmique utilisé de résistance $R = 2{,}4\ \Omega$ est alimenté pendant $\Delta t = 190$ s par une intensité de $I = 2{,}5$ A, sous une ddp de 6 V. La température de 100 cm^3 d'eau passe alors de 22,2 °C à 29,3 °C. Le transfert thermique correspondant est donc de $Q_{p2} = RI^2\Delta t$

soit $Q_{p2} = 3824$ J. On en déduit $\Delta_r H = -\dfrac{RI^2\Delta t}{cV} = -57.10^3$ J·mol^{-1} (valeur des tables de données thermodynamiques : $\Delta_r H^\circ = -55{,}8.10^3$ J·mol^{-1}).

✎ On admet l'approximation $\Delta_r H \approx \Delta_r H^\circ$, bien qu'une solution ionique à 0,5 mol·dm^{-3} soit éloignée des conditions standard (la solution ne se comporte pas comme une solution diluée).

c. Détermination de $Q_{p2}(V_S)$: méthode thermique

50 cm^3 d'eau à $\theta_3 = 40{,}0$ °C est additionnée à 50 cm^3 d'eau à $\theta_1 = 22{,}3$ °C initialement présente dans le calorimètre (et contenant aussi le barreau aimanté de l'agitation magnétique). La température est relevée sur le thermocouple 10 secondes après le mélange, fournissant la valeur $\theta_f = 30{,}5$ °C. On en déduit ainsi :

$$C_{calo} = \rho V C_{mas,eau}\left(\frac{\theta_1 + \theta_3 - 2\theta_f}{\theta_f - \theta_1}\right)$$

$$C_{calo} = 1000 \times 0,050 \times 4,12 \times \left(\frac{22,3 + 40,0 - 2 \times 30,5}{30,5 - 22,3}\right) = 33 \text{ J·K}^{-1}.$$

d. Exploitation des résultats

Le tracé de $\dfrac{1}{\theta - \theta_1} = f(\dfrac{1}{V_S})$ est une droite (coefficient de corrélation $R = 0,99989$ et est reproduit figure 8.3.

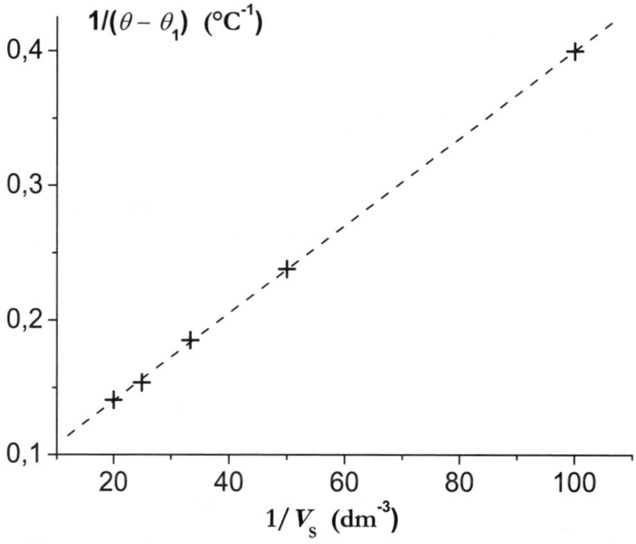

FIGURE 8.3 – Graphe $\dfrac{1}{\theta - \theta_1} = f(\dfrac{1}{V_S})$

L'ordonnée à l'origine permet de trouver $\Delta_r H = -55.10^3$ J·mol^{-1}, ce qui est en bon accord avec la mesure précédente et la valeur tabulée. L'utilisation du coefficient directeur fournit un résultat moins bon car d'une part il dépend de la mesure de la capacité thermique du calorimètre et d'autre part il dépend fortement de la première mesure de température.

Les flammes

Une application des transferts thermiques lors des réactions chimiques est l'estimation de la température de flamme grâce au modèle adiabatique de flamme. Il est donc légitime de s'interroger sur la nature et la structure des flammes et sur la validité du modèle proposé.
Une flamme est une région de l'espace où a lieu une réaction de combustion : cette région est en général identifiable par sa couleur (bleue, violette, jaune, orange) et la température élevée qui y règne. Elle est obtenue par mélange des réactifs chimiques qui sont gazeux ou nébulisés (formation d'un fin brouillard), mis en présence d'une étincelle ou d'une autre flamme. Le processus de combustion démarre et s'auto-entretient pour des débits adéquats des réactifs.

Structure géométrique des flammes

L'observation de la flamme d'un bec BUNSEN, d'un brûleur d'une cuisinière à gaz montre l'existence de plusieurs zones et dépend du débit des réactants. Dans des conditions adaptées, la flamme a une structure géométrique assez stable résumée figure 8.4 :

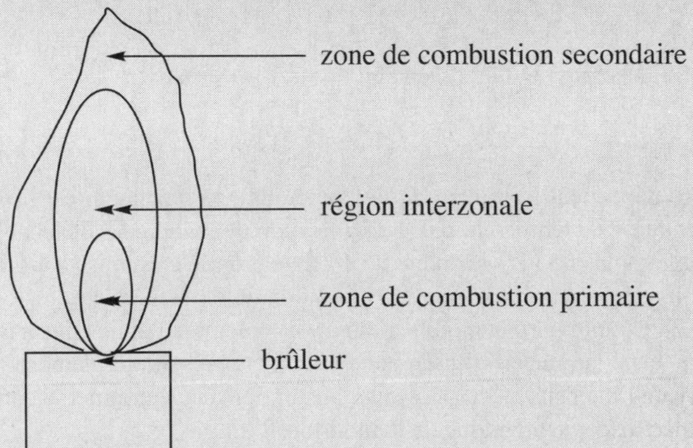

FIGURE 8.4 – Schéma d'une flamme

Il est possible de distinguer trois zones :
- la zone de combustion primaire, située juste au-dessus du brûleur, de forme conique, où se déroule la réaction due au mélange des réactifs ;
- la partie centrale, appelée région interzonale, partie la plus chaude de la flamme ;

- la zone de combustion secondaire, à la périphérie de la flamme, de géométrie moins bien définie, appelée aussi panache, où la combustion est complétée par apport de réactif extérieur (dioxygène de l'atmosphère).

Une analyse chimique du mélange gazeux montre en effet que la combustion est incomplète à la sortie du cône (présence de dihydrogène pour la combustion dihydrogène/dioxygène).

Nature chimique d'une flamme

Elle dépend bien sûr de la nature chimique des réactifs utilisés pour l'obtenir. Sa couleur dépend à la fois du choix de ceux-ci et de la composition du mélange gazeux : l'utilisation du bec BUNSEN montre que la combustion du gaz donne une flamme qui va du jaune au violet lorsque la quantité de dioxygène croît (ouverture de la virole). De nombreuses analyses, en particulier spectroscopiques, montrent la présence de nombreuses espèces chimiques. L'émission de rayonnements dans les domaines spectraux de l'infrarouge, du visible et de l'ultraviolet est due en particulier à des radicaux diatomiques comme C_2, $OH^{\bullet}$, $CH^{\bullet}$ ou triatomiques comme $CHO^{\bullet}$. La couleur jaune est observée pour des mélanges avec insuffisance de réactif oxydant (dioxygène) et est attribuée à la présence de particules de carbone incandescentes.

La mesure de la conductivité d'une flamme montre que celle-ci est notablement conductrice et prouve l'existence dans la flamme d'ions et d'électrons. Il est possible d'observer les réactions suivantes :

- en présence d'élément baryum, par exemple :

$$\mathrm{Ba\,(g)} \quad = \quad \mathrm{Ba^{+}\,(g)} \quad + \quad \mathrm{e^{-}\,(g)}$$

- lors de la combustion du dihydrogène ou d'un hydrocarbure :

$$\mathrm{OH^{-}\,(g)} \quad = \quad \mathrm{OH^{\bullet}\,(g)} \quad + \quad \mathrm{e^{-}\,(g)}$$

Ces équilibres dépendent fortement de la température : l'ionisation est favorisée lors d'une augmentation de température. La modification du mélange brûlé change la composition de la flamme et donc sa conductivité : cette propriété est mise à profit dans certains dispositifs de détection (détecteur à ionisation de flamme en chromatographie en phase gazeuse). D'autre part, la modification de la couleur de flamme due à la composition chimique de la flamme est utilisée pour détecter la présence d'éléments chimiques et, en fonction de l'intensité d'émission ou d'absorption, de déterminer la concentration de ceux-ci (spectroscopie atomique de flamme).

Température de flamme

Les méthodes utilisées pour mesurer les températures de flammes sont multiples.

Une première possibilité est l'utilisation de thermocouples de très faibles dimensions, introduits dans les différentes parties de la flamme à étudier. L'inconvénient de cette prodécure est de modifier le processus de combustion en introduisant des surfaces métalliques qui modifient le mécanisme des réactions chimiques.

Une autre possibilité est l'utilisation de méthodes spectroscopiques, en particulier la largeur des bandes d'émission ou d'absorption due à l'effet DOPPLER.
Les résultats obtenus sont résumés dans le tableau ci-dessous :

Mélange réactionnel	Température °C
Méthane / air	1 900
Méthane / dioxygène	2 900
Dihydrogène / air	2 000
Dihydrogène / dioxygène	2 700
Acétylène / dioxygène	3 200
Dihydrogène / difluor	3 600
Butynedinitrile / dioxygène	5 000
Butynedinitrile / ozone	5 200

Ces températures sont notablement inférieures à celles obtenues par le modèle adiabatique de flamme : l'écart s'explique simplement par les approximations du modèle. La composition chimique de la flamme est loin de se limiter à la présence des réactants et produits et les pertes par rayonnement sont importantes.

EXERCICES

8.1 Réaction standard de formation (★)

Donner la réaction standard de formation à 25 °C des espèces chimiques suivantes : $H_2O(\ell)$, $H_2O(g)$, $CO_2(g)$, $NH_3(g)$, $HCl(g)$, $SO_2(g)$ et $CH_3COOH(\ell)$.
Quelles sont les réactions qui sont susceptibles d'être aussi des synthèses de ces molécules ?
Données : température de transition de phase sous p° $T_{\alpha\to\beta}(\mathrm{S}) = 95{,}6$ °C. La variété allotropique α est stable sous la pression standard pour des températures inférieures à $\mathrm{T}_{\alpha\to\beta}(\mathrm{S})$.

8.2 Loi de KIRCHHOFF (d'après CCP MP 2002) (★)

A 1000 °C, le trichlorosilane ultra-pur est réduit par le dihydrogène suivant la réaction d'équation-bilan :

$$SiHCl_3\,(g) \quad + \quad H_2\,(g) \quad = \quad Si\,(s) \quad + \quad 3\,HCl\,(g)$$

Le silicium ultra-pur produit par cette réaction est déposé sur un barreau de silicium. Calculer l'enthalpie standard de cette réaction à 298 K et à 1000 °C.
Discuter de son exo- ou endothermicité.
Données : enthalpies standard de formation à 298 K (en kJ·mol^{-1}) et capacités thermiques molaires standard à pression constante, sous la forme $C^\circ_{p,\mathrm{m}} = a + b\,T + c\,T^{-2}$.

Espèce	$SiHCl_3$ (g)	H_2 (g)	Si (s)	HCl (g)
$\Delta_f H°$ / kJ·mol^{-1}	$-488,6$			$-92,00$
a / J·mol^{-1}·K^{-1}	$95,3$	$27,3$	$24,0$	$26,2$
b / 10^{-3} J·mol^{-1}·K^{-2}	$6,00$	$3,30$	$2,60$	$5,20$
c / 10^5 J·mol^{-1}·K	$-19,9$	$0,500$	$-4,20$	$1,30$

8.3 Dissolution et refroidissement (d'après CCP MP 2001) (★)

Pour fabriquer un fixateur photographique, on utilise du thiosulfate de sodium pentahydraté $Na_2S_2O_3,5H_2O$ (s), que l'on dissout dans de l'eau. On constate lors de la dissolution de ce sel une diminution de la température de la solution.

1. Écrire la réaction de mise en solution du sel.

2. Calculer l'enthalpie standard de réaction de ce processus.

3. Pour préparer une solution de fixation, on dissout à la pression standard $p°$, $m = 200$ g de thiosulfate de sodium pentahydraté dans $V = 1{,}00$ dm^3 d'eau. Calculer le transfert thermique mis en jeu lors de ce processus (la dissolution est totale et la solution obtenue est supposée se comporter comme une solution idéale).

4. Quelle doit être la température θ_e (exprimée en °C) de l'eau avant dissolution pour que la température en fin de processus soit de $\theta_f = 25{,}0$ °C ? (On considère qu'il n'y a pas d'échange thermique avec le milieu extérieur de la solution.)

Données :

– enthalpies standard de formation à 298 K

Espèce	$\Delta_f H°$ / kJ·mol^{-1}
$S_2O_3^{2-}$ (aq)	$-644,3$
Na^+ (aq)	$-239,7$
$Na_2S_2O_3,5H_2O$ (s)	-2602
H_2O (ℓ)	$-285,9$

– capacité thermique molaire standard à pression constante $H_2O(\ell) = 75{,}3$ J·K^{-1}·mol^{-1},

– masses molaires atomiques, en g·mol^{-1}, $M(\text{Na}) = 23,0$; $M(\text{S}) = 32,1$; $M(\text{O}) = 16,0$ et $M(\text{H}) = 1,00$;

– masse volumique de l'eau, considérée comme constante sur le domaine de température envisagé $\rho = 996$ kg·m^{-3}.

8.4 Grillage de la blende (d'après ESIM MP/PSI 2001) (★)

On étudie à $T = 1300$ K la réaction de grillage de la blende :

$$\text{ZnS (s)} \quad + \quad \frac{3}{2}\,O_2 \quad = \quad \text{ZnO (s)} \quad + \quad SO_2\text{ (g)}$$

1. Calculer l'enthalpie standard de la réaction de grillage à $T = 1300$ K.

2. On grille du sulfure de zinc pur. Calculer la température à laquelle serait porté le mélange stœchiométrique (1,00 mol de blende et suffisamment d'air) initialement à 298 K, par suite du transfert thermique produit par le grillage à 1300 K d'une mole de blende, la transformation étant adiabatique (l'air contient 4,00 mol de diazote pour 1,00 mol de dioxygène). Cette réaction est-elle auto-entretenue ?

3. En fait, le minerai n'est pas pur et contient une gangue constituée par de la silice SiO_2. Quelle doit être la teneur minimale du minerai en blende pour que la réaction soit auto-entretenue ?

Données : enthalpies standard de formation à 298 K et capacités thermiques standard molaires à pression constante

Espèce	$\Delta_f H°$ / kJ·mol^{-1}	$C^{\circ}_{p,m}$ / J·mol^{-1}·K^{-1}
ZnS (s)	−202,9	58,1
ZnO (s)	−348,0	51,6
SO_2 (g)	−296,9	51,1
O_2 (g)	0	34,2
N_2 (g)	0	30,7
SiO_2 (s)	–	72,5

PROBLÈMES

8.5 Combustion des alcanes (d'après Mines d'Albi 2001) (★★)

On s'intéresse à la combustion des gaz utilisés couramment comme combustibles domestiques ; ce sont les premiers alcanes : méthane CH_4, propane C_3H_8 et butane C_4H_{10}. À température ambiante, la combustion d'un alcane gazeux C_nH_{2n+2} dans une quantité suffisante de dioxygène conduit à la formation de CO_2(g) et de $H_2O(\ell)$.

Données (on travaille dans la suite à 25 °C et sous 1 bar) :

– Espèce : CO_2 (g) $H_2O(\ell)$ C(g)

$\Delta_f H^{\circ}_{298}$/kJ.mol^{-1} : −393 −286 719

– Liaison XY : HH CC CH

$D_{X,Y}$/kJ.mol^{-1} : 435 360 418

1. Quelle est la signification du signe d'une enthalpie de réaction ? Que signifie « standard » ? Que signifie « enthalpie standard de formation » ? On appelle réaction d'atomisation la réaction au cours de laquelle une molécule gazeuse est entièrement décomposée en ses atomes à l'état gazeux.

2. Pour un alcane C_nH_{2n+2} écrire l'équation-bilan de sa réaction d'atomisation, et exprimer littéralement l'enthalpie standard de réaction correspondante, notée $\Delta_{at}H°$, en fonction de n et des données.

3. Écrire l'équation-bilan de la combustion d'une mole d'alcanes C_nH_{2n+2} ; à l'aide d'un cycle enthalpique utilisant la réaction d'atomisation et les données, exprimer numériquement son enthalpie standard $\Delta_r H^{\circ}_{298}$ en fonction de n, en kJ·mol^{-1} ; on représentera clairement les étapes envisagées. On rappelle que l'état standard de référence du carbone à 298 K est le graphite.

4. Lorsqu'on effectue la combustion de a moles d'alcane dans les conditions précédentes, comment s'exprime par rapport à $\Delta_r H^\circ_{298}$ la quantité d'énergie libérée ? Exprimer alors l'énergie $q(n)$ libérée par la combustion de 1 kg d'alcane C_nH_{2n+2} en fonction de n, en $MJ{\cdot}kg^{-1}$.

5. Comparer $q(n)$ pour les trois alcanes présentés plus haut.

6. La capacité thermique de l'eau liquide étant prise égale à 4,2 $kJ{\cdot}K^{-1}{\cdot}kg^{-1}$ entre 20 et 100 °C, calculer pour chacun des trois combustibles la quantité minimale (en moles) de dioxyde de carbone produit lorsqu'on chauffe 1 L d'eau de 20 à 100 °C.

On donne $M_C = 12\ g{\cdot}mol^{-1}$ et $M_H = 1\ g{\cdot}mol^{-1}$.

8.6 Température de flamme (Mines-Ponts PC 1998) (★★)

À l'état solide ou liquide, les espèces Al, Al_2O_3, Cr et Cr_2O_3 sont non miscibles.

1. Écrire l'équation-bilan de la réduction d'une mole d'oxyde de chrome $Cr_2O_3(s)$ par l'aluminium Al(s) à 300 K.

2. L'enthalpie standard de cette réaction vaut $-560\ kJ{\cdot}mol^{-1}$. On mélange 0,90 mol d'oxyde de chrome $Cr_2O_3(s)$ et 1,80 mol d'aluminium Al(s) à 300 K. La réaction de réduction est totale et instantanée, calculer la quantité de chrome obtenue. On suppose que la chaleur dégagée par la réaction est théoriquement suffisante pour que le chrome et l'alumine Al_2O_3 se trouvent en totalité à l'état liquide en fin de réaction, pour un système isolé.

3. Calculer la température finale atteinte T_f. L'hypothèse de calcul était-elle correcte ?

Capacités thermiques moyennes sur l'intervalle de température utile : chrome (liquide ou solide) : 40 $J{\cdot}K^{-1}{\cdot}mol^{-1}$; alumine (liquide ou solide) : 120 $J{\cdot}K^{-1}{\cdot}mol^{-1}$.

4. Sachant que la densité de l'alumine liquide est nettement inférieure à celle du chrome liquide, pourquoi est-il intéressant industriellement d'obtenir le chrome et l'alumine à l'état liquide ?

Données :

formule	$\Delta_f H^\circ$ / $kJ{\cdot}mol^{-1}$	$\Delta_{fus} H^\circ$ / $kJ{\cdot}mol^{-1}$	T_{fus} / °C
Al (s)		10	660
Al_2O_3 (s)	−1700	110	2050
Cr (s)		20	1910
Cr_2O_3 (s)	−1140		2440

Températures de fusion : 660 °C pour Al, 2050 °C pour Al_2O_3, 1910 °C pour Cr et 2440 °C pour Cr_2O_3.

8.7 Grillage de la galène (d'après Mines d'Albi 1997) (★★)

Données :

Espèce à $T = 298$ K	PbS(s)	PbO(s)	O_2(g)	SO_2(g)	N_2(g)
$\Delta_f H^\circ$ / $kJ{\cdot}mol^{-1}$	−100,4	−217,4		−296,8	
$C^\circ_{p,m}$ / $J{\cdot}K^{-1}{\cdot}mol^{-1}$	49,5	45,8	29,4	39,9	29,1

Le minerai de plomb contient essentiellement de la galène PbS(s). Afin d'éliminer le soufre, il faut d'abord effectuer l'opération que l'on appelle grillage. La réaction correspondante est :

$$\text{PbS (s)} \quad + \quad \frac{3}{2}\,\text{O}_2\text{ (g)} \quad = \quad \text{PbO (s)} \quad + \quad \text{SO}_2\text{ (g)}$$

Afin de décomposer le sulfate de plomb $PbSO_4$(s) qui se forme au cours du grillage, la température doit être au moins égale à 950 °C. Il faut cependant éviter d'atteindre 1114 °C, température de fusion de la galène PbS(s).

1. À l'aide des données, exprimer puis calculer l'enthalpie standard de la réaction de grillage à 298 K.

2. Calculer l'enthalpie standard de la réaction à 1223 K. Calculer sa variation relative entre 298 K et 1223 K. La réaction est exothermique. Les réactifs sont le minerai et de l'air, sachant que la composition molaire de l'air est de 80 % de diazote et 20 % de dioxygène. Les réactifs entrent à la température de 298 K et la réaction a lieu à 1223 K. Schématiquement on pourra considérer que la quantité de chaleur dégagée (transfert thermique) à pression constante sert à échauffer *uniquement* les réactifs entrant.

3. En supposant que la transformation totale soit adiabatique, déterminer la température à laquelle sont portés les réactifs. La réaction peut-elle être auto-entretenue (dans ce cas, il faudrait prévoir un système de refroidissement) ou doit-on apporter de l'énergie pour échauffer les réactifs jusqu'à 1223 K ?

4. En fait le minerai est constitué d'un mélange de PbS(s) et de sa gangue, à x % de PbS(s) en moles. En considérant que la capacité thermique molaire de la gangue est de 48 $J{\cdot}K^{-1}{\cdot}mol^{-1}$, calculer la valeur de x pour que la température atteinte soit de 1223 K, en se plaçant dans les mêmes conditions qu'à la question **3**.

8.8 Étude thermochimique de l'étage cryotechnique d'ARIANE V (d'après Mines d'Albi 2000) (★★)

Les caractéristiques techniques de l'étage principal de la fusée ARIANE V et du moteur VULCAIN sont données ci-dessous :

- diamètre : 5,4 m ; hauteur : 30 m ;
- masse totale : 170 tonnes ; poussée : 100 tonnes ;
- contenance : 25 tonnes de dihydrogène liquide et 130 tonnes de dioxygène liquide ;
- temps de consommation : 570 s.

Les ergols (carburant H_2 et comburant O_2) sont vaporisés et réchauffés à environ $T_i = 298$ K avant d'être mélangés.

Données : à 298 K

$$\Delta_f H^\circ\,(H_2O(g)) = -241{,}8\ \text{kJ}{\cdot}\text{mol}^{-1}.$$

Capacités thermiques molaires standard isobares (en $J{\cdot}K^{-1}{\cdot}mol^{-1}$) :

- $C^\circ_{p,m,1} = 27,28 + 3,26.10^{-3}T$ pour H_2(g) ;
- $C^\circ_{p,m,2} = 30,54 + 10,29.10^{-3}T$ pour H_2O(g).

Masses molaires atomiques : H (1 $g{\cdot}mol^{-1}$) et O (16 $g{\cdot}mol^{-1}$).

1. On note x_0 la fraction molaire initiale du comburant. Calculer x_0.

2. Écrire l'équation-bilan de la réaction de combustion entre les ergols. Les ergols ne sont pas en proportions stœchiométriques, lequel est en excès ?

3. Donner un ordre de grandeur des enthalpies standard de formation de H_2(g) et de O_2(g). Par la suite, on notera n_0 le nombre de moles total initial (comburant et carburant). État initial : $(1-x_0)n_0$ moles de H_2(g) et x_0n_0 moles de O_2(g), à p°, T_i. État final : gaz résiduel à p°, T_f. On admet que l'air extérieur n'intervient pas lors de cette combustion.

4. Donner la composition du gaz résiduel dans l'état final.

5. Déterminer la variation d'enthalpie ΔH du système entre l'état initial et l'état final. Calculer la température de flamme adiabatique due à ce mélange en précisant clairement le raisonnement.

6. Évaluer l'ordre de grandeur de la puissance moyenne du moteur VULCAIN.

8.9 Élaboration d'un ciment (d'après CCP TSI 2003) (★★)

Données : 1 bar = 10^5 Pa. Masses molaires atomiques (en g·mol^{-1}) : H : 1 ; C : 12 ; O : 16 ; Ca : 40. Enthalpies standard de formation $\Delta_f H^\circ$ à 298 K :

Espèce	$CaCO_3$(s)	SiO_2(s)	Ca_3SiO_5(s)	CO_2(g)
$\Delta_f H^\circ$ / kJ·mol^{-1}	−1206	−910	−2930	−393

Capacités thermiques molaires standard à pression constante $C^\circ_{p,\mathrm{m}}$ considérées indépendantes de la température :

Espèce	CH_4(g)	O_2(g)	N_2(g)	CO_2(g)	H_2O(g)
$C^\circ_{p,\mathrm{m}}$ J·K^{-1}·mol^{-1}	35,3	29,4	29,1	37,1	33,6

Le ciment PORTLAND (catégorie la plus utilisée) est élaboré par réaction, dans un four chauffé à 1700 K, d'un mélange de calcaire ($CaCO_3$) et d'argile (constituée de SiO_2 et Al_2O_3). Le constituant principal du ciment non hydraté est le silicate de calcium Ca_3SiO_5 formé selon la réaction totale **(1)** :

$$3\,CaCO_3\,(s) \;+\; SiO_2\,(s) \;=\; Ca_3SiO_5\,(s) \;+\; 3\,CO_2\,(g) \qquad \textbf{(1)}$$

1. Calculer l'enthalpie standard $\Delta_r H_1^\circ$ de la réaction **(1)** à 298 K.

2. Quelle relation doivent vérifier les capacités thermiques molaires standard à pression constante C_p° des réactifs et des produits de la réaction pour que $\Delta_r H_1^\circ$ soit indépendante de la température ? On admet dans la suite que $\Delta_r H_1^\circ$ peut être considérée comme indépendante de la température. On souhaite évaluer le transfert thermique (quantité de chaleur) Q_p à fournir pour transformer une tonne de calcaire $CaCO_3$(s) selon la réaction **(1)** effectuée à 1700 K sous la pression $p^\circ = 1$ bar.

3. Écrire la relation entre Q_p et $\Delta_r H_1^\circ$, puis calculer Q_p. L'énergie précédente peut être apportée par la réaction totale **(2)** de combustion du méthane :

$$CH_4\,(g) \;+\; 2\,O_2\,(g) \;=\; CO_2\,(g) \;+\; 2\,H_2O\,(g) \qquad \textbf{(2)}.$$

L'enthalpie standard de cette réaction vaut $\Delta_r H_2^\circ = -830$ kJ·mol^{-1} à 298 K. On étudie la combustion sous $p^\circ = 1$ bar d'une mole de méthane CH_4(g) avec la quantité stœchiométrique d'air (2 moles de dioxygène O_2(g) et 8 moles de diazote N_2(g)), initialement à 298 K.

4. Quels sont les constituants présents en fin de réaction et leurs nombres de moles respectifs ?

5. Effectuer une estimation de la valeur de la température finale T_f atteinte par ces constituants en fin de réaction en considérant les hypothèses suivantes :
- la chaleur libérée par la réaction **(2)** n'a pas le temps de s'évacuer vers le milieu extérieur ;
- les capacités thermiques molaires isobares standard $C^\circ_{p,m}$ sont indépendantes de la température.

On veut utiliser pour effectuer la réaction **(1)** la quantité de chaleur fournie à pression constante par le retour à 1700 K des constituants obtenus à l'issue de la réaction **(2)**.

6. Quelle masse de méthane $CH_4(g)$ faut-il brûler par la réaction **(2)** pour transformer une tonne de calcaire $CaCO_3$ (s) selon la réaction **(1)** ?

8.10 Énergie réticulaire (d'après Mines d'Albi 1997) (★★)

Données :

Espèce	AgI(s)	Ag(g)	I(g)	Ag(s)	I_2(s)
$\Delta_f H^\circ$ / kJ·mol^{-1}	$-61,8$	284,6	106,8	0	0

Enthalpie standard de première ionisation de l'atome d'argent : $\Delta_{ion}H^\circ(Ag) = 731$ kJ·mol^{-1} (à 298 K). Enthalpie standard d'attachement électronique de l'atome d'iode (à 298 K) : $\Delta_{ae}H^\circ(I) = -295$ kJ·mol^{-1}.

1. Déterminer l'enthalpie standard $\Delta_r H_1^\circ$ de la réaction (à 298 K) :

$$AgI\,(s) \quad = \quad Ag\,(s) \quad + \quad \frac{1}{2}\,I_2\,(s).$$

2. Déterminer l'enthalpie standard $\Delta_r H_2^\circ$ de la réaction (à 298 K) :

$$Ag\,(s) \quad + \quad \frac{1}{2}\,I_2\,(s) \quad = \quad Ag\,(g) \quad + \quad I\,(g).$$

3. Représenter le cycle thermodynamique (cycle de BORN-HABER) permettant de calculer l'enthalpie standard réticulaire de l'iodure d'argent AgI(s).

4. En déduire numériquement la valeur de l'énergie réticulaire.

8.11 Énergie réticulaire (d'après CCP PSI 1997) (★★)

Données :

- Enthalpie standard de formation $\Delta_f H^\circ(Cr_2O_3(s)) = -1145,8$ kJ·mol^{-1}.
- Enthalpies standard de changement d'état :
  - fusion du chrome solide $\Delta_{fus}H^\circ(Cr) = 16,9$ kJ·mol^{-1}
  - vaporisation du chrome liquide $\Delta_{vap}H^\circ(Cr) = 344,3$ kJ·mol^{-1}.
- Enthalpie standard de double attachement électronique à 0 K, associée à la réaction :

$$O\,(g) \quad + \quad 2e^-\,(g) \quad = \quad O^{2-}\,(g) \qquad \Delta_{ae}H^\circ(O) = 638,7\ \text{kJ·mol}^{-1}.$$

- Énergie de liaison : dioxygène O_2, $D_{O=O} = 493{,}6\ \text{kJ}\cdot\text{mol}^{-1}$.
- Enthalpie standard de triple ionisation à 0 K, associée à :

$$\text{Cr (g)} \quad = \quad \text{Cr}^{3+}\text{ (g)} \quad + \quad 3\,\text{e}^-\text{ (g)} \qquad \Delta_{\text{ion}}H^\circ(\text{Cr}) = 5135{,}8\ \text{kJ}\cdot\text{mol}^{-1}.$$

- Enthalpie réticulaire : chlorure de sodium $\Delta_{\text{ret}}H^\circ(\text{NaCl}) = 764{,}0\ \text{kJ}\cdot\text{mol}^{-1}$.

1. Définir l'énergie réticulaire d'un solide.

2. Schématiser le cycle de BORN-HABER permettant le calcul de l'enthalpie réticulaire de l'oxyde de chrome $Cr_2O_3(s)$.

3. Donner l'expression de cette enthalpie en fonction des différentes grandeurs thermodynamiques proposées.

4. Calculer cette valeur, la comparer à celle proposée dans la littérature pour le chlorure de sodium NaCl(s) et donner deux raisons expliquant la grande différence observée.

8.12 Hydratation et dissolution (ENS Cachan PC 1996) (★★★)

La dissolution d'un composé ionique ou partiellement ionique est la réaction conduisant du composé à ses ions constitutifs en solution, l'enthalpie standard de dissolution est l'enthalpie standard de réaction associée à cette transformation. L'enthalpie standard d'hydratation d'une espèce ionique est par définition l'enthapie standard de la réaction conduisant des ions constitutifs gazeux à ces mêmes ions en solution.

1. Citer une preuve expérimentale de la solvatation des ions en solution aqueuse. Le tableau suivant donne, en $\text{kJ}\cdot\text{mol}^{-1}$, les énergies réticulaires E_R et les enthalpies standard de dissolution $\Delta_r H^\circ_{\text{diss}}$ de quelques halogénures alcalins solides.

Espèce	LiBr	NaF	NaCl	NaBr	KF	KCl	KBr	KI
E_r	797,9	909,2	775,3	736,8	807,1	704,6	673,2	640,6
$\Delta_r H^\circ_{\text{diss}}$	−48,9	0,0	3,8	−0,8	−17,6	17,6	20,1	15,1

2. Calculer l'enthalpie standard d'hydratation $\Delta_r H^\circ_{\text{hyd}}$ de ces composés.

3. Pour X = F, Cl, Br, calculer la différence $\Delta_r H^\circ_{\text{hyd}}(\text{Na}X) - \Delta_r H^\circ_{\text{hyd}}(\text{K}X)$. Que peut-on en conclure ?

On donne $\Delta_r H^\circ = -38{,}7\ \text{kJ}\cdot\text{mol}^{-1}$ pour la réaction :

$$\text{AgCl (s)} \quad + \quad \frac{1}{2}\,\text{H}_2\text{ (g)} \quad = \quad \text{Ag (s)} \quad + \quad \text{H}^+\text{ (aq)} \quad + \quad \text{Cl}^-\text{ (aq)}.$$

On fournit par ailleurs les enthalpies standard de formation :

Espèce	AgCl(s)	HCl(g)
$\Delta_f H^\circ_{298}$ / kJ·mol^{-1}	−127,1	−92,3

4. Calculer l'enthalpie standard de dissolution du chlorure d'hydrogène gazeux. On donne :

Espèce	H(g)	Cl(g)
$\Delta_f H^\circ_{298}$ / kJ·mol^{-1}	218,0	121,7

L'énergie d'ionisation EI de l'hydrogène vaut 13,6 eV. L'affinité électronique AE du chlore vaut 3,6 eV. Constante d'AVOGADRO $N_A = 6{,}02.10^{23}\ \text{mol}^{-1}$.

5. Déterminer l'enthalpie standard d'hydratation du chlorure d'hydrogène ionisé (qui donne en solution les ions H^+ et Cl^-).

Chapitre 9

Introduction à la chimie des solutions

Pratiquement toutes les réactions chimiques engagées dans les processus vivants sont des réactions en solution aqueuse (phénomènes de respiration, photosynthèse). Par ailleurs, la contamination récente des réserves naturelles en eau par les nitrates, phosphates ou encore le chloroforme a montré la nécessité d'un contrôle (dosages...) par des réactions chimiques en milieu aqueux. Le but de ce chapitre est une introduction à la chimie en solvant aqueux : description du solvant eau, processus de dissolution d'un composé (ionique ou neutre) dans l'eau, grandeurs physiques mesurables en solution (conductance...).
Toutes les réactions ayant lieu en solvant aqueux peuvent être interprétées comme un **transfert de particules** (proton H^+, cations, anions ou électrons). Chacun de ces transferts fera l'objet d'une étude précise mais il est dès à présent souhaitable de remarquer une similitude de comportement (et donc de formalisme) entre chacun des phénomènes d'échange de particules. Une dernière partie introduit la **constante d'équilibre** K_T°, grandeur permettant de juger du caractère favorable ou défavorable des réactions engageant un transfert de particules.

1 Le solvant eau : structure, propriétés, dissolution d'un composé

1.1 La molécule d'eau

a. Structure, polarité

La molécule d'eau possède une structure **coudée** (molécule de type AX_2E_2 selon une prévision de géométrie VSEPR). L'angle de liaison $\widehat{HOH}$ vaut $104°47'$. Les liaisons O–H sont courtes et solides (de longueur 96 pm et d'énergie 463 $kJ \cdot mol^{-1}$). La molécule d'eau est une molécule **polaire** (possédant un moment dipolaire $\overrightarrow{\mu}$ non nul). Le moment dipolaire $\overrightarrow{\mu}$ est la somme des deux moments dipolaires $\overrightarrow{\mu_1}$ et $\overrightarrow{\mu_2}$ associés aux deux liaisons O–H et d'une contribution due aux doublets non liants portés par l'atome d'oxygène. Dans le cas de l'eau, le moment dipolaire a pour norme 1,85 D (rappelons que D désigne le debye avec $1\ D = 3{,}35.10^{-30}\ C \cdot m$). Il s'agit d'une valeur relativement élevée. Cette polarité permet à l'eau de dissoudre certains types de composés.

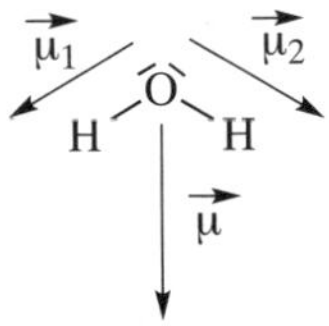

FIGURE 9.1 – Polarité de l'eau

b. Propriétés chimiques

La présence de doublets non liants confère à la molécule d'eau un rôle de **base de** LEWIS (molécule donneuse de doublets d'électrons) et de **base de** BRÖNSTED (molécule susceptible de capter des ions H^+).

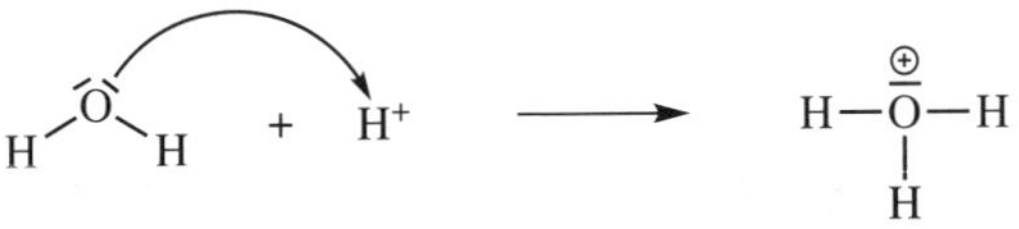

FIGURE 9.2 – Schéma représentant le caractère basique de l'eau

En revanche, la forte polarité de la liaison O–H suscitant la présence d'une charge partielle $+\delta$ sur les atomes d'hydrogène rend la molécule d'eau sensible à l'attaque de bases (au sens de BRÖNSTED).

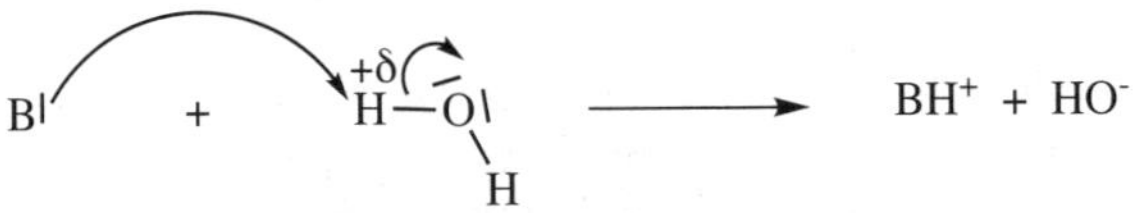

FIGURE 9.3 – Schéma représentant le caractère acide de l'eau

Retenons que l'eau fournit par échange de protons H^+ les ions H_3O^+ (**oxonium** ou **hydronium**) et les ions HO^- (**hydroxyde**).

1.2 L'eau liquide

a. Existence de liaisons hydrogène

L'eau manifeste à l'état liquide une cohésion remarquable : il faut fournir 42 kJ·mol^{-1} pour transformer à 100 °C de l'eau liquide en eau vapeur. Par ailleurs, température de fusion et température d'ébullition semblent anormalement hautes si nous comparons H_2O à des molécules comme H_2S ou encore H_2Se (S et Se sont situés au-dessous de l'oxygène dans la classification périodique). Ces observations s'expliquent par l'existence de **liaisons hydrogène**. La **liaison hydrogène** est une interaction de type **attractif** (interprétée en première approximation comme une interaction électrostatique) qui se développe entre un atome d'hydrogène porteur d'une charge partielle $+\delta$ (relié à un atome électronégatif X) et le doublet non liant porté par un atome électronégatif Y. L'énergie d'interaction est maximale lorsque la liaison X–H et l'axe du doublet non liant sont colinéaires. En pratique, l'existence d'une liaison hydrogène est principalement assurée lorsque les atomes X et Y sont des atomes de fluor, chlore, oxygène ou encore azote (voir figure 9.4).

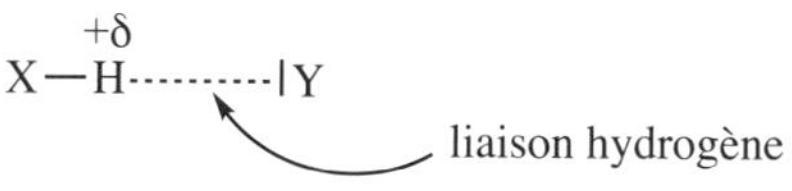

FIGURE 9.4 – Liaison hydrogène

L'énergie d'une liaison hydrogène est de l'ordre de 20 kJ·mol^{-1} (19 kJ·mol^{-1} pour l'eau à 298 K). Il s'agit d'une interaction faible par comparaison avec l'énergie des liaisons covalentes (entre 100 kJ·mol^{-1} et 400 kJ·mol^{-1}). Ainsi à l'état liquide les molécules d'eau sont associées sous forme d'agrégats engageant entre 40 et 50 molécules associées par liaisons hydrogène. Au sein de ces agrégats, le géométrie autour d'un atome d'oxygène est de nature tétraédrique. La figure 9.5 montre l'existence de liaisons hydrogène assurant l'existence de ces structures.

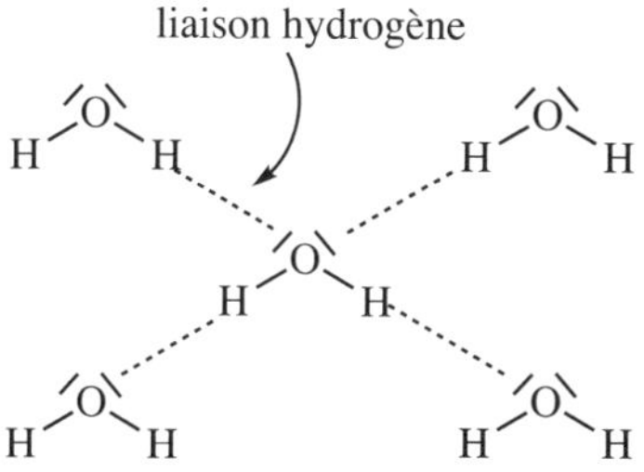

FIGURE 9.5 – Réseau de liaisons hydrogène

b. Constante diélectrique de l'eau

L'eau liquide dispose par ailleurs d'une forte **permittivité diélectrique** (constante diélectrique ε_r) : à 20 °C, $\varepsilon_r = 80$. Rappelons que la permittivité diélectrique ε_r intervient dans la loi de COULOMB fournissant la norme de la force électrostatique entre deux charges q et q' dans un milieu donné (de permittivité diélectrique ε_r) :

$$f = \frac{|qq'|}{4\pi\varepsilon_0\varepsilon_r r^2}$$

(ε_0 est la permittivité du vide, $\varepsilon_0 = 8{,}854.10^{-12}$ C^2.J^{-1}.m^{-1}). Une conséquence directe de cette forte valeur de ε_r est le caractère **dissociant** du solvant eau : deux ions de charges opposées seront faiblement liés en milieu aqueux d'un point de vue électrostatique et donc facilement séparés. Ce résultat peut être facilement mis en évidence par le calcul de l'énergie potentielle électrostatique d'une paire cation-anion en solution aqueuse. Soit un ion Na^+ en solution aqueuse, de rayon $0,24$ nm (l'ion est en réalité entouré de molécules d'eau, comme indiqué au paragraphe suivant) au contact avec un ion Cl^- de rayon ionique $0,18$ nm. L'énergie potentielle électrostatique relative aux deux ions distants de $0,42$ nm dans le milieu de permittivité $\varepsilon_r = 80$ est calculée par :

$$E_{\text{élec}} = -\frac{qq'}{4\pi\varepsilon_0\varepsilon_r r} = -\frac{\left(1{,}6.10^{-19}\right)^2}{4\pi.(8{,}854.10^{-12}).80.(0{,}42.10^{-9})} = -6{,}8.10^{-21}\ \text{J}.$$

Cette valeur est comparée (en valeur absolue) à la grandeur k_BT, homogène à une énergie (avec k_B constante de BOLTZMANN, $k_B = 1{,}38.10^{-23}$ J·K^{-1} et T la température absolue en K).

Le produit k_BT estime l'ordre de grandeur de l'énergie échangée au cours de chocs (par exemple entre les ions et le solvant). À 293 K, nous calculons $k_BT = 4.10^{-21}$ J ; les deux valeurs sont donc très proches, montrant bien que de simples chocs avec le solvant sont suffisants pour séparer les deux ions : **le milieu aqueux, de forte permittivité diélectrique, confère aux ions leur autonomie.**

1.3 Dissolution d'un composé en solution aqueuse

a. Cas des composés ioniques et partiellement ioniques

La mise en solution de composés possédant des liaisons partiellement ioniques (par exemple H–Cl possédant un fort caractère $+\delta$ sur l'atome d'hydrogène et un fort caractère $-\delta$ sur l'atome de chlore) s'accompagne de trois étapes successives :

- étape d'**ionisation** : création d'une paire d'ions ;
- étape de **dissociation** : séparation de la paire d'ions ;
- étape de **solvatation** : établissement d'interactions entre les ions et le solvant (hydratation dans le cas de l'eau).

Illustrons ces trois processus dans le cas du chlorure d'hydrogène HCl :

- ionisation : $HCl \rightarrow H^+Cl^-$ (formation de la paire d'ions) ;
- dissociation : $H^+Cl^- \rightarrow H^+$............Cl^- (séparation de la paire d'ions) ;
- solvatation : $H^+ \rightarrow H^+$(aq) et $Cl^- \rightarrow Cl^-$(aq) (la notation X (aq) désigne une entité établissant une interaction avec les molécules d'eau du solvant).

Cette dissolution est résumée par :

$$HCl \quad = \quad H^+\,(aq) \quad + \quad Cl^-\,(aq).$$

L'étape de solvatation est une étape de création de liaisons (d'origine électrostatique) entre le solvant (eau) et les ions. Il peut s'agir d'**interactions ion/dipôle** qui tendent à aligner le moment dipolaire de l'eau et le champ électrique $\overrightarrow{E}$ créé par l'ion. En effet l'énergie d'interaction électrostatique prend dans ce cas la forme $E_{elec} = -\overrightarrow{\mu}.\overrightarrow{E}$ et présente une valeur minimale (correspondant donc à la situation la plus stable) lorsque le moment dipolaire $\overrightarrow{\mu}$ et le champ électrique $\overrightarrow{E}$ sont parallèles.

✎ Dans certains cas (solvatation d'ions fluorure...) ce sont des liaisons hydrogène qui contribuent le plus efficacement au phénomène de solvatation.

La figure 9.6 indique l'orientation réciproque des ions et de l'eau lors du processus de solvatation.

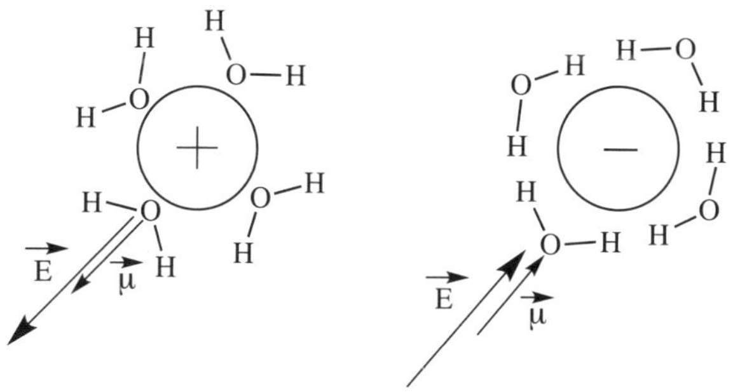

FIGURE 9.6 – Modélisation de la solvatation des ions par interaction des dipôles des molécules de solvant avec les champs électriques créées par les ions

Pour des composés initialement ioniques (par exemple le chlorure de sodium NaCl ou le nitrate d'ammonium NH_4NO_3) il n'existe pas de phase d'ionisation. L'introduction en solution aqueuse est résumée par :

$$\text{NaCl} \quad = \quad \text{Na}^+ \text{ (aq)} \quad + \quad \text{Cl}^- \text{ (aq)}.$$

Cette introduction dans l'eau se limite à une phase de **dissociation** suivie d'une phase de **solvatation** (hydratation). La phase d'ionisation est favorisée par les solvants de fort moment dipolaire, la phase de dissociation est favorisée lorsqu'un solvant possède une forte permittivité diélectrique (solvants dissociants). La phase de solvatation est elle aussi favorisée lorsqu'un solvant possède un fort moment dipolaire (solvants polaires). L'eau est un solvant polaire dissociant, les paires d'ions y sont peu nombreuses. Notons qu'il existe des solvants ionisants peu dissociants dans lesquels les paires d'ions peuvent exister.

Définition

Un électrolyte fort est une substance ionique ou partiellement ionique dont la dissolution se traduit par un passage total en solution sous forme d'ions solvatés. Au contraire, une substance dont la dissolution conduit à un équilibre entre espèces ioniques solvatées et composé non dissocié est un électrolyte faible.

Ainsi, le chlorure d'hydrogène HCl(g) dans l'eau conduit à la réaction **totale** :

$$\text{HCl (g)} \quad = \quad \text{H}^+ \text{ (aq)} \quad + \quad \text{Cl}^- \text{ (aq)}.$$

De même le nitrate d'ammonium NH_4NO_3(s) dans l'eau conduit à la réaction **totale** :

$$\text{NH}_4\text{NO}_3 \text{ (s)} \quad = \quad \text{NH}_4^+ \text{ (aq)} \quad + \quad \text{NO}_3^- \text{ (aq)}.$$

Il s'agit d'**électrolytes forts**. Au contraire la dissolution d'acide éthanoïque dans l'eau conduit à un équilibre (réaction **limitée**) :

$$\text{CH}_3\text{COOH (aq)} \quad = \quad \text{CH}_3\text{COO}^- \text{ (aq)} \quad + \quad \text{H}^+ \text{ (aq)},$$

il s'agit d'un **électrolyte faible**.

b. Cas de composés moléculaires

L'introduction en solution ne s'accompagne pas obligatoirement de l'apparition d'ions (prenons l'exemple de l'introduction d'éthanol dans l'eau). Le processus se limite alors à la **solvatation** (hydratation) du composé introduit. Les interactions mises en jeu sont des forces de van der WAALS (interactions dipôle/dipôle) ou des liaisons hydrogène. Les forces de van der WAALS sont des interactions de type attractif, d'origine électrostatique et qui possèdent une énergie de l'ordre de quelques kJ·mol^{-1} (ce sont des interactions faibles). Plusieurs types de forces de van der WAALS sont distingués.

- **Interaction dipôle permanent mobile/dipôle permanent mobile**. Cette attraction entre deux molécules polaires est qualifiée de force de van der WAALS de type KEESOM. L'énergie associée varie en $1/r^6$ (avec r distance entre dipôles), il s'agit d'une interaction à courte portée dont l'énergie prend la forme :

$$E = -\frac{\mu_1^2\mu_2^2}{3(4\pi\varepsilon_0\varepsilon_r)^2 k_B T r^6}$$

  μ_1 et μ_2 sont les normes des moments dipolaires des deux molécules en interaction, k_B est la constante de BOLTZMANN ($k_B = 1{,}38.10^{-23}$ J·K^{-1}).
- **Interaction dipôle permanent/ dipôle induit.** Le passage d'une molécule polaire à proximité d'une molécule X a pour effet d'induire un moment dipolaire par déformation du nuage électronique de X. Il se développe alors une interaction attractive entre les deux molécules, il s'agit d'une force de van der WAALS de type DEBYE. L'énergie associée varie en $1/r^6$ (encore une interaction à courte portée) et prend la forme :

$$E = -\frac{\mu^2\alpha}{(4\pi\varepsilon_0\varepsilon_r)^2 r^6}$$

  μ est la norme du moment dipolaire de la molécule polaire et α est la polarisabilité de la molécule subissant l'action du moment dipolaire $\vec{\mu}$.
- **Interactions de dispersion** (d'origine quantique). Il s'agit d'une interaction de type attractif se développant entre moments dipolaires instantanés (force de van der WAALS de type LONDON). Un calcul quantique montre que cette interaction n'est pas du tout négligeable et constitue dans certaines situations l'essentiel des forces attractives. L'énergie associée varie en $1/r^6$ (toujours une interaction à courte portée).

L'énergie d'interaction entre dipôles est faible (inférieure à 4 kJ·mol^{-1}). Nous fournissons ci-après la proportion comparée des trois termes de l'interaction attractive de van der WAALS pour plusieurs atomes ou molécules.

Molécule ou atome	KEESOM	DEBYE	LONDON
Ne	0	0	100
HBr	2	2	96
NH_3	34	9	57
H_2O	69	7	24

1.4 Conductivité d'une solution

a. Grandeur mesurée

La mesure de la **conductivité** σ d'une solution aqueuse et de son évolution permettent d'obtenir de nombreuses informations sur les phénomènes chimiques ayant lieu au sein de la solution. Un conductimètre est un ohmmètre alimenté en courant alternatif et mesurant la **conductance** $G = \frac{1}{R}$ de l'échantillon de solution piégé dans la cellule de mesure. Une cellule de mesure (**cellule conductimétrique**) est constituée de deux plaques parallèles de platine, de surface s (voisine de 1 cm^2) et espacées d'une longueur ℓ (voisine de 1 cm) comme représenté à la figure 9.7.

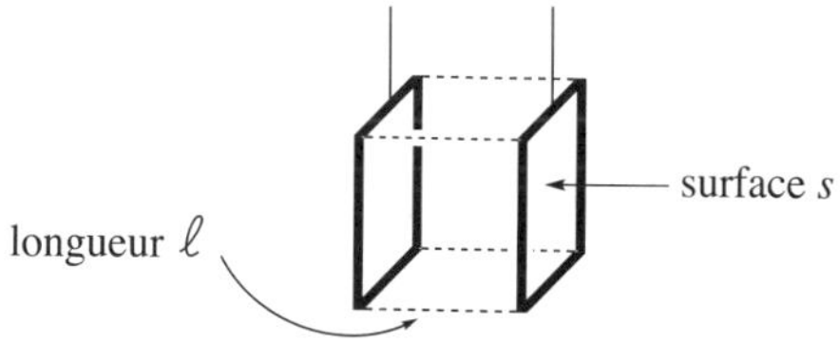

FIGURE 9.7 – Schématisation d'une cellule conductimétrique

La **conductance** (grandeur physique mesurée par le conductimètre) est reliée à la **conductivité** σ par la relation :

$$G = \frac{\sigma}{K}.$$

En négligeant l'existence d'effet de bord au niveau de la cellule conductimétrique, nous avons en première approximation :

$$K = \frac{\ell}{s}.$$

K désigne la constante de cellule (sa valeur ne dépend que des caractéristiques géométriques de la cellule). La conductance s'exprime en siemens (S), la constante de cellule en m^{-1} (ou cm^{-1}) et par conséquent la conductivité σ en S·m^{-1} (ou S·cm^{-1}). La conductivité σ d'une solution est une **grandeur intensive** mesurant **l'aptitude de la solution à conduire l'électricité** (par déplacement ionique). Comme nous le verrons par la suite, il n'est pas toujours nécessaire de connaître la valeur numérique de la constante de cellule K avec précision. Seul importe le fait que la conductance soit proportionnelle à la conductivité. Cependant dans certains cas précis la connaissance de la constante de cellule K se révèle nécessaire et n'est pas indiquée sur l'appareil utilisé (elle évolue au cours de l'utilisation). Il faut alors procéder à un **étalonnage** du conductimètre par une solution étalon de chlorure de potassium KCl (de conductivité tabulée pour une température donnée) : une mesure de la conductance d'une telle solution permet de déterminer la constante de cellule avant manipulation.

✎ Notons l'ordre de grandeur des conductivités mesurées en solution aqueuse. Une solution de chlorure de potassium à la concentration 0,1 mol·L^{-1} possède une conductivité voisine de 1,30 S·m^{-1} à 25 °C. Ce résultat est à comparer à l'ordre de grandeur des conductivités électriques dans les métaux : compte tenu du nombre très élevé de porteurs de charges, elle est toujours beaucoup plus importante (de $6{,}2.10^7$ S·m^{-1} pour l'argent à $7{,}1.10^5$ S·m^{-1} pour le manganèse).

b. Expression de σ. Relation de KOHLRAUSCH

Considérons une solution contenant des ions i (anions et cations) de charge algébrique $z_i e$ et de concentration c_i. Soumis à l'action d'un champ électrique extérieur, les ions se mettent en mouvement (action de la force de COULOMB $\vec{f} = z_i e \vec{E}$). Le milieu aqueux exerce sur eux une force opposée de la forme $-\alpha.\vec{v}$ (force de frottement fluide). Lorsque le régime permanent est atteint, nous avons $\vec{f} - \alpha.\vec{v} = \vec{0}$. Les ions atteignent alors une vitesse limite. Les vecteurs vitesse s'écrivent :

$$\vec{v_i} = \frac{z_i e}{\alpha}\vec{E} = u_i \vec{E}$$

avec u_i grandeur algébrique (positive pour les cations et négative pour les anions) appelée **mobilité de l'ion** i. Notons qu'il est facile d'interpréter ce terme, plus $|u_i|$ est élevée plus l'ion est mobile (il se déplace rapidement dans l'électrolyte). La **densité volumique de charge** de l'ion i (charge des ions i par unité de volume d'électrolyte) est donnée par $\rho_i = z_i c_i F$ avec c_i concentration de l'ion i (en mol·m^{-3}) et F valeur de la constante de FARADAY (96 500 C·mol^{-1} : charge d'une mole d'électrons). La densité de courant due à l'ion i est donnée par :

$$\vec{j_i} = z_i c_i F \vec{v_i}.$$

La norme $\left\|\vec{j_i}\right\|$ exprimée en C·m^{-2}·s^{-1} représente la charge portée par des ions i et traversant une surface de 1 m^2 pendant 1 s. La densité totale de courant s'écrit finalement :

$$\vec{j} = \sum_i z_i c_i F \vec{v_i} = \sum_i z_i F u_i c_i \vec{E}.$$

Par comparaison de cette relation avec la loi d'OHM $\vec{j} = \sigma \vec{E}$, on exprime la formule de KOHLRAUSCH liant la conductivité aux concentrations ioniques en solution :

$$\sigma = \sum_i z_i F u_i c_i = \sum_i \lambda_i c_i$$

avec $\lambda_i = z_i F u_i$ **conductivité ionique molaire** de l'ion i (en S·m^2·mol^{-1}). Attention la grandeur $\lambda_{i,\text{eq}} = F|u_i|$ (**conductivité ionique molaire équivalente**, c'est-à-dire ramenée à une mole de charge transportée) est fréquemment rencontrée, la conductivité s'exprime alors par :

$$\sigma = \sum_i |z_i| \lambda_{i,\text{eq}} c_i.$$

⚠ Les grandeurs λ_i et $\lambda_{i,\text{eq}}$ dépendent non seulement de la température mais aussi de la composition de la solution. Pour des solutions suffisamment diluées, ces grandeurs sont souvent assimilées à des constantes notées λ_i^0 et $\lambda_{i,\text{eq}}^0$ (**conductivité ionique molaire limite et conductivité ionique molaire équivalente limite**) qui sont les limites de λ_i et $\lambda_{i,\text{eq}}$ à dilution infinie (lorsque c_i tend vers zéro).

Lors d'une *application numérique*, attention aux **unités** : dans la relation $\sigma = \sum_i |z_i|\,\lambda^0_{i,\text{eq}} c_i$ la conductivité est en $\text{S}\cdot\text{m}^{-1}$, $\lambda^0_{i,\text{eq}}$ est en $\text{S}\cdot\text{m}^2\cdot\text{mol}^{-1}$ et c_i est en $\text{mol}\cdot\text{m}^{-3}$ (alors que les concentrations sont la plupart du temps fournies en $\text{mol}\cdot\text{L}^{-1}$). Par ailleurs il est primordial de distinguer **conductivité ionique molaire** et **conductivité ionique molaire équivalente** pour un ion qui n'est pas monochargé. La conductivité ionique molaire équivalente de l'ion X^{n+} (ou X^{n-}) est souvent notée $\lambda_{X^{n+}/n}$ (ou $\lambda_{X^{n-}/n}$).

Notons l'existence d'une conductivité molaire Λ définie pour un électrolyte de concentration c : la conductivité molaire électrolytique est donnée par :

$$\Lambda = \frac{\sigma}{c}$$

avec σ conductivité de l'électrolyte à la concentration c. Prenons garde là encore aux unités utilisées, la conductivité σ est en $\text{S}\cdot\text{m}^{-1}$, C est en $\text{mol}\cdot\text{m}^{-3}$ et Λ est en $\text{S}\cdot\text{m}^2\cdot\text{mol}^{-1}$.

c. Cas des ions oxonium H_3O^+ et des ions hydroxyde HO^-

Les conductivités ioniques molaires en solutions aqueuses sont de l'ordre de quelques dizaines de 10^{-4} $\text{S}\cdot\text{m}^2\cdot\text{mol}^{-1}$. Les ions oxonium H_3O^+ sont les ions les plus conducteurs, suivis des ions hydroxyde HO^- et font légèrement exception ($\lambda^0_{H_3O^+} = 34{,}985$ $\text{mS}\cdot\text{m}^2\cdot\text{mol}^{-1}$, $\lambda^0_{HO^-} = 19{,}918$ $\text{mS}\cdot\text{m}^2\cdot\text{mol}^{-1}$ à 25 °C) tandis que $\lambda^0_{Na^+} = 5{,}011$ $\text{mS}\cdot\text{m}^2\cdot\text{mol}^{-1}$.

Une interprétation de cette conductivité ionique particulière des ions oxonium est fournie par le mécanisme de GROTTHUSS qui suppose l'existence d'un mouvement *apparent* de protons, impliquant un réarrangement des liaisons dans un ensemble de molécules d'eau. Ainsi en solution aqueuse sous l'effet d'un champ électrique il peut y avoir déplacement fictif d'ions oxonium H_3O^+ (ou d'ions hydroxyde HO^-) sans déplacement d'atome, il y a simple migration de doublets électroniques sur un réseau de liaisons hydrogène. Notons que le mécanisme exact est encore sujet à controverse. La figure 9.8 présente ce mouvement d'électrons.

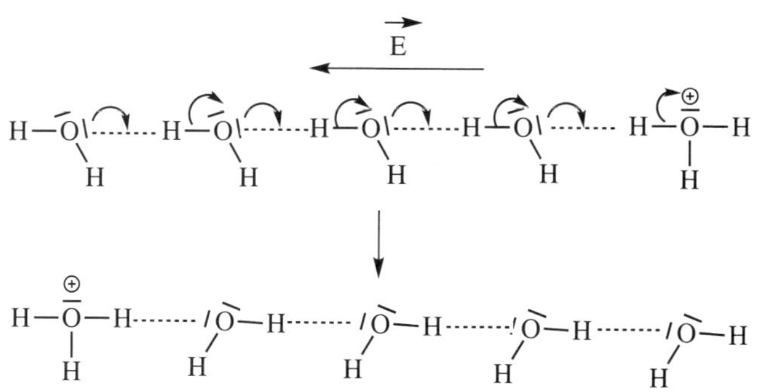

FIGURE 9.8 – Migration de protons par déplacement de doublets d'électrons (mécanisme de GROTTHUSS)

d. Application, validité de l'approximation utilisée

La dépendance des conductivités ioniques molaires avec le concentration est mise en évidence par le résultat suivant. Considérons l'électrolyte fort KNO_3 à la concentration c. La solution contient donc des ions nitrate NO_3^- et des ions potassium K^+ à la concentration c. La conductivité est donnée par :

$$\sigma = \sum_i |z_i|\, \lambda_{i,\text{eq}} c_i = \left(\lambda_{K^+} + \lambda_{NO_3^-}\right) c.$$

La conductivité molaire Λ de l'électrolyte est définie à partir de sa conductivité et de sa concentration par :

$$\Lambda = \frac{\sigma}{c} = \lambda_{K^+} + \lambda_{NO_3^-}.$$

Les travaux de F. KOHLRAUSCH ont montré une dépendance de la conductivité molaire avec la concentration selon :

$$\Lambda = \Lambda^0 - A\sqrt{c}$$

avec A constante ne dépendant que de la nature de l'électrolyte et $\Lambda^0 = \lambda^0_{K^+} + \lambda^0_{NO_3^-}$ (conductivité molaire limite, c'est-à-dire lorsque la concentration c de l'électrolyte tend vers zéro). L'approximation consistant à confondre conductivité ionique et conductivité ionique limite néglige donc le terme $A\sqrt{c}$.
Vérifions expérimentalement la validité de cette approximation sur une solution à la concentration 10^{-2} mol·L^{-1}. La cellule de mesure d'un conductimètre est plongée dans une solution de nitrate de potassium KNO_3 (à la concentration $c = 10^{-2}$ mol·L^{-1} = 10 mol·m^{-3}). Des tables fournissent les conductivités ioniques molaires équivalentes limites à 25 °C : $\lambda^0_{K^+} = 7{,}35.10^{-3}$ S·m^2·mol^{-1} et $\lambda^0_{NO_3^-} = 7{,}14.10^{-3}$ S·m^2·mol^{-1}. Dans les conditions de l'expérience, le nitrate de potassium est entièrement dissocié en ions K^+ et NO_3^- (électrolyte fort). L'expérience est menée à 25 °C, le conductimètre est préalablement étalonné en utilisant une solution de chlorure de potassium de concentration 0,1 mol·L^{-1}. La conductance mesurée est $G = 12{,}6$ mS pour une conductivité (tabulée) de 1,288 S·m^{-1} à 25 °C (rappelons que les valeurs des conductivités des solutions étalons de chlorure de potassium sont tabulées en fonction de la température et en fonction de la concentration). Nous pouvons en déduire la valeur de la constante de cellule K dans les conditions de l'expérience :

$$K = \frac{1{,}288}{12{,}6.10^{-3}} = 102{,}2\ \text{m}^{-1} = 1{,}022\ \text{cm}^{-1}.$$

La cellule conductimétrique est alors plongée dans la solution de nitrate de potassium, la conductance mesurée est $G = 1{,}29.10^{-3}$ S. La connaissance de la constante de cellule permet d'estimer la conductivité de la solution : $\sigma = 0{,}132$ S·m^{-1}. La relation de KOHLRAUSCH liant la conductivité aux concentrations ioniques en solution permet d'écrire :

$$\sigma = \sum_i |z_i|\, \lambda_{i,\text{eq}} c_i = (\lambda_{NO_3^-} + \lambda_{K^+})c$$

d'où la détermination expérimentale :

$$\lambda_{NO_3^-} + \lambda_{K^+} = 0{,}0132\ \text{S·m}^2\text{·mol}^{-1} = 13{,}2\ \text{mS·m}^2\text{·mol}^{-1}.$$

Les tables fournissant les conductivités ioniques molaires équivalentes limites à 25 °C permettent de calculer $\lambda^0_{NO_3^-} + \lambda^0_{K^+} = 14{,}5\ mS{\cdot}m^2{\cdot}mol^{-1}$. Ce résultat valide l'approximation rencontrée pour les solutions diluées : $\lambda_{i,eq} \approx \lambda^0_{i,eq}$ (l'erreur ici est inférieure à 10 %).

2 Échange de particules en solution aqueuse : traitement unitaire

Différentes particules peuvent être échangées en solution aqueuse (protons, cations et anions, électrons). **Il s'agit d'un seul et même concept**. Tous les phénomènes engageant désormais des ions ou des molécules sont considérés en solution aqueuse. Chaque ion ou molécule est solvaté par l'eau, l'indice « aq » est désormais implicite.

2.1 Échange de proton H^+, acido-basicité

a. Définitions

Définition

- Un acide (au sens de BRÖNSTED) est une entité capable de céder un proton H^+.
- Une base (au sens de BRÖNSTED) est une entité capable de capter un proton H^+.

Notons qu'une entité capable de céder plusieurs protons est qualifiée de polyacide. De façon symétrique une entité susceptible de capter plusieurs protons est une polybase.

✎ Prenons garde au fait que le proton H^+ est une particule qui *n'existe pas* en solution aqueuse. Elle est toujours présente sous forme associée au solvant (H_3O^+ est la forme communément admise). La notation H^+ désignant par la suite le proton solvaté, nous utiliserons indifféremment l'écriture H^+ et H_3O^+.

b. Échange de proton H^+, couple donneur/accepteur

Toute réaction acido-basique est interprétée comme un **transfert de proton** H^+ entre un **donneur** de celui-ci (acide) et un **accepteur** (base). Ainsi par action de l'eau sur un acide faible noté AH survient l'échange :

$$A\mathrm{H} \quad + \quad H_2O \quad = \quad A^- \quad + \quad H_3O^+.$$

Il y a eu **transfert de proton** H^+ de l'acide AH (donneur1, rôle acide) vers une molécule d'eau (accepteur2, rôle basique). Réciproquement l'échange de proton H^+ peut être envisagé entre l'anion A^- et l'ion H_3O^+ : il y a alors **transfert de proton** H^+ de l'ion H_3O^+ (donneur2, rôle acide) vers l'anion A^- (accepteur1, rôle basique). L'action d'une base faible notée B sur l'eau peut aussi être interprétée en terme d'échange de proton :

$$B \quad + \quad H_2O \quad = \quad B\mathrm{H}^+ \quad + \quad HO^-.$$

Il y a eu **transfert de proton** d'une molécule d'eau (donneur1, rôle acide) vers l'espèce B (accepteur2, rôle basique). Réciproquement l'échange de proton peut être envisagé entre le composé BH^+ et l'ion HO^- : il y a eu **transfert de proton** du composé BH^+(donneur2, rôle acide) vers l'ion HO^- (accepteur1, rôle basique). Traditionnellement, accepteur et donneur correspondant sont réunis sous forme d'un **couple acido-basique** noté conventionnellement AH/A^-ou BH^+/B. Le **transfert de proton** survient toujours depuis le donneur d'un couple vers l'accepteur d'un autre couple. Lors de la première réaction envisagée (action de l'acide AH sur l'eau) les couples acido-basiques engagés sont AH/A^- et H_3O^+/H_2O. La deuxième réaction (action de la base B sur l'eau) engage les couples BH^+/B et H_2O/HO^-. Remarquons que l'eau H_2O intervient dans deux couples acido-basiques, en jouant successivement le rôle d'acide et de base. Il s'agit d'un **ampholyte** (espèce **amphotère**). À titre d'exemple, envisageons la réaction acido-basique :

$$CH_3COOH \quad + \quad NH_3 \quad = \quad CH_3COO^- \quad + \quad NH_4^+$$

les couples acido-basiques engagés sont CH_3COOH/CH_3COO^- et NH_4^+/NH_3. L'échange de proton a lieu entre le donneur du premier couple et l'accepteur du deuxième couple. De même, dans la réaction :

$$H_3O^+ \quad + \quad CN^- \quad = \quad H_2O \quad + \quad HCN$$

les couples acido-basiques engagés sont H_3O^+/H_2O et HCN/CN^-.

2.2 Échange de cations et d'anions : complexes et précipités

Notons qu'à l'occasion de cet échange, et par opposition à l'acido-basicité, les particules échangées (**cations et anions**) sont de structures mieux connues en solution (ions solvatés).

a. Entités structurales rencontrées

• Complexes

Définition

Un complexe est un édifice polyatomique formé d'un centre métallique (souvent cationique) entouré de molécules ou d'ions (souvent des anions) appelés ligands.

Un **ligand** est pratiquement toujours une base de LEWIS (existence de doublet non liant par lequel il se fixe au centre métallique). Cette fixation est qualifiée de coordination du ligand, la liaison métal-ligand est une véritable liaison chimique et non une simple interaction électrostatique. Ainsi les entités $[Fe(CN)_6]^{3-}$ et $[Cu(H_2O)_6]^{2+}$ sont des **complexes** constitués respectivement de centres cationiques Fe^{3+} et Cu^{2+} entourés de six ligands cyanure CN^- et eau H_2O. Leur structure est détaillée à la figure 9.9.

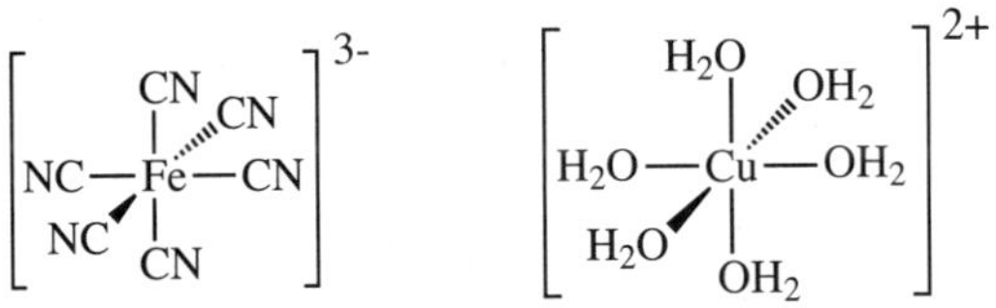

FIGURE 9.9 – Exemples d'ions complexes

• **Précipités**

Définition

Un précipité est une entité neutre (moléculaire ou formée d'une association cation/anion) et possédant la propriété d'être insoluble (solide) en solution aqueuse.

Ainsi $Ba(IO_3)_2(s)$ et $CaSO_4(s)$ sont des précipités (solides) formés des associations respectives Ba^{2+} - IO_3^- et Ca^{2+} - SO_4^{2-}. L'état physique (solide) est indiqué entre parenthèses.

b. Transfert de particules (cations et anions)

Les réactions mettant en jeu complexes et précipités peuvent être interprétées comme des **transferts d'anions ou de cations** entre couples donneur/accepteur de particules. Envisageons le complexe noté ML (M désigne le centre métallique et L un ligand), susceptible de réagir avec le centre métallique M' selon la réaction :

$$ML \quad + \quad M' \quad = \quad M \quad + \quad M'L.$$

Il s'agit du transfert de ligand L du donneur de ligand (ML) vers l'accepteur de ligand (M'). Les couples donneur/accepteur de ligand (particule échangée) sont notés ML/M et $M'L/M'$. L est la particule échangée. Envisageons l'ion **éthylènediaminetétracétate** noté Y^{4-}. Il intervient dans de très nombreuses réactions de complexation (il joue le rôle de ligand) et possède la formule semi-développée présentée à la figure 9.10.

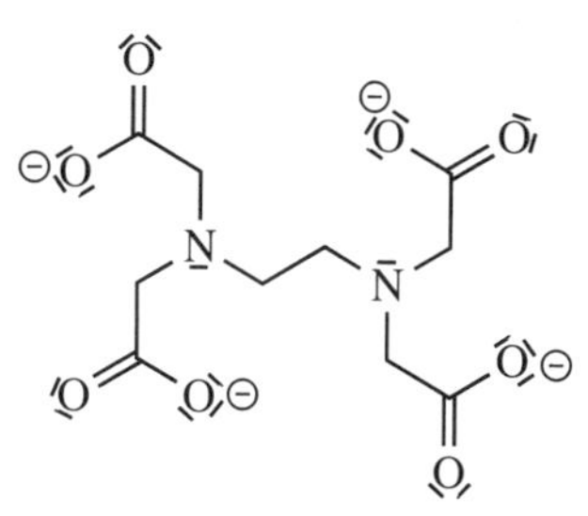

FIGURE 9.10 – Structure du ligand éthylènediaminetétracétate Y^{4-}

L'ion Y^{4-} intervient dans la réaction :

$$Ni^{2+} \quad + \quad [CaY]^{2-} \quad = \quad [NiY]^{2-} \quad + \quad Ca^{2+}.$$

Cette réaction est interprétée comme un échange d'ion Y^{4-} entre le complexe $[CaY]^{2-}$ (donneur de Y^{4-}) et l'ion Ni^{2+} (accepteur de Y^{4-}). Les couples donneur/accepteur engagés ici sont $[CaY]^{2-}/Ca^{2+}$ et $[NiY]^{2-}/Ni^{2+}$. Envisageons désormais le complexe ML engagé avec le ligand L' dans la réaction :

$$ML \quad + \quad L' \quad = \quad L \quad + \quad ML'.$$

Le centre métallique M est désormais la particule transférée. L'échange a eu lieu entre le complexe ML (donneur de M) et le ligand L' (accepteur de M). Les couples donneur/accepteur de M sont notés ML/L et ML'/L'. Envisageons le cas de l'ion Fe^{3+} : celui-ci forme des complexes avec les ions oxalate $C_2O_4^{2-}$ et les ions thiocyanate SCN^-. La réaction :

$$C_2O_4^{2-} \quad + \quad [FeSCN]^{2+} \quad = \quad [FeC_2O_4]^+ \quad + \quad SCN^-$$

est envisageable et est interprétée comme transfert de la particule Fe^{3+}. Les couples donneur/accepteur engagés sont notés $[FeSCN]^{2+}/SCN^-$ et $[FeC_2O_4]^+/C_2O_4^{2-}$. De façon tout à fait identique, l'échange de particules peut faire intervenir des précipités, par exemple dans la réaction :

$$MnC_2O_4\,(s) \quad + \quad Ba^{2+} \quad = \quad Mn^{2+} \quad + \quad BaC_2O_4\,(s).$$

La particule échangée est l'ion oxalate $C_2O_4^{2-}$. Les couples donneur/accepteur engagés sont $MnC_2O_4(s)/Mn^{2+}$ et $BaC_2O_4(s)/Ba^{2+}$.

c. Échange d'électrons : oxydoréduction

La particule échangée est désormais l'électron. Ce transfert, une nouvelle fois, a lieu entre le donneur d'un couple donneur/accepteur et l'accepteur d'un deuxième couple.

⚠ L'électron (particule transférée) n'est pas une espèce stable en solution aqueuse où sa durée de vie est très courte.

Considérons la réaction :

$$Zn\,(s) \quad + \quad Cu^{2+} \quad = \quad Zn^{2+} \quad + \quad Cu\,(s)$$

il s'agit d'une réaction d'oxydoréduction (réaction rédox). Elle permet l'échange de deux électrons (deux particules transférées simultanément) entre le couple $Cu^{2+}/Cu(s)$ et le couple $Zn^{2+}/Zn(s)$. Notons que traditionnellement l'accepteur du couple est écrit en premier en oxydoréduction. Ces couples sont qualifiés de **couples oxydant-réducteur**.

3 Constante d'équilibre K_T°

3.1 Loi de GULDBERG-WAAGE : écriture de K_T°

Les transferts de particules précédemment évoqués peuvent être décrits comme des réactions chimiques auxquelles est associée une **constante d'équilibre** notée K_T° qui ne dépend que de la température. Il est important de savoir si les échanges de particules auront lieu de façon favorable ou non. La constante d'équilibre K_T° permet de savoir si un équilibre donné sera en faveur des réactifs ou bien des produits. L'écriture d'une constante d'équilibre peut être qualifiée de loi de GULDBERG-WAAGE ou encore de loi d'action de masse (notons que cette appellation plus ancienne est moins utilisée).

a. Activité, écriture de K_T°

L'**activité** d'un constituant X, notée a_X, est une grandeur qui dépend de l'état physique du constituant.

- Composé en solution *diluée* : l'activité de X est définie par :

$$a_X = \frac{[X]}{c^\circ}$$

avec $c^\circ = 1$ mol·L^{-1} et $[X]$ concentration de l'espèce X en mol·L^{-1}. L'**activité** se confond numériquement avec la concentration exprimée en mol·L^{-1} (mais n'a pas de dimension physique). Pour des solutions concentrées ceci ne reste pas vrai, un terme correctif est à apporter (voir cours de deuxième année).

- Composé gazeux : l'**activité** d'un gaz X est donnée par :

$$a_X = \frac{p_X}{p^\circ}$$

avec $p^\circ = 1$ bar et p_X pression partielle du gaz X exprimée en bar. L'**activité** se confond numériquement avec la pression partielle en bar (mais n'a pas de dimension physique). Ceci n'est valable que pour un gaz supposé parfait ; pour un gaz réel un terme correctif est à apporter (voir cours de deuxième année).

- Composé solide seul dans sa phase :

$$a = 1.$$

- Solvant : l'**activité** voisine de 1 est approximée par $a = 1$.

L'écriture d'une **constante d'équilibre** fait appel à la notion d'activité. Considérons l'équilibre :

$$|\nu_1|A_1 \quad + \quad |\nu_2|A_2 \quad + \ldots + \quad |\nu_k|A_k \quad = \quad \nu'_1B_1 \quad + \quad \nu'_2B_2 \quad + \ldots + \quad \nu'_jB_j$$

établi à une température T (K) avec ν'_i et ν_i coefficients stœchiométriques algébriques relatifs à l'équation-bilan. La grandeur :

$$K_T^\circ = \frac{\prod_{i=1}^{i=j} a_{B_i}^{\nu'_i}}{\prod_{i=1}^{i=k} a_{A_i}^{|\nu_i|}}.$$

est une constante. Il s'agit d'une **constante d'équilibre**. Notons un résultat primordial : les activités qui interviennent dans la relation sont les activités relatives à chacun des constituants *lorsque l'équilibre est établi* (état final) et non pas les activités avant évolution (état initial). La **constante d'équilibre** est ici notée K_T° ou encore $K_{\text{eq}}(T)$. À chaque équilibre pour une température donnée correspond une constante d'équilibre différente, cette grandeur est calculable à partir de données thermodynamiques (voir cours de deuxième année). Le but de nombreux exercices est une détermination de l'état d'équilibre (état final) par utilisation de la constante d'équilibre correspondante.

b. Exemples d'écriture

Considérons l'équilibre en solution aqueuse :

$$CH_3COOH \quad + \quad NH_3 \quad = \quad CH_3COO^- \quad + \quad NH_4^+.$$

Tous les réactifs et produits sont en solution. Lorsque cet équilibre est établi, la **constante d'équilibre** suivante est vérifiée :

$$K_T^\circ = \frac{\dfrac{[CH_3COO^-]}{c^\circ}\,\dfrac{[NH_4^+]}{c^\circ}}{\dfrac{[CH_3COOH]}{c^\circ}\,\dfrac{[NH_3]}{c^\circ}}$$

ou plus simplement :

$$K_T^\circ = \frac{[CH_3COO^-]\,[NH_4^+]}{[CH_3COOH]\,[NH_3]}.$$

Considérons désormais l'équilibre en phase gazeuse :

$$N_2\,(g) \quad + \quad 3\,H_2\,(g) \quad = \quad 2\,NH_3\,(g).$$

Lorsque l'équilibre est établi, les pressions partielles des différents gaz sont reliées par l'écriture d'une **constante d'équilibre** :

$$K_T^\circ = \frac{\left(\dfrac{p_{NH_3}}{p^\circ}\right)^2}{\dfrac{p_{N_2}}{p^\circ}\left(\dfrac{p_{H_2}}{p^\circ}\right)^3}$$

ou plus simplement :

$$K_T^\circ = \frac{p_{NH_3}^2}{p_{N_2}\,p_{H_2}^3}$$

en omettant p° et en exprimant les pressions partielles en bar.

c. Interprétation de K_T°

De façon générale la position d'un équilibre dépend des conditions initiales, de la stœchiométrie de la réaction et de la valeur de la **constante d'équilibre**. Néanmoins, une valeur élevée de la constante d'équilibre K_T° est favorable à un système à l'équilibre où la formation des produits est favorisée (en pratique $K_T^\circ > 10^3$). La bonne démarche consiste alors à faire l'hypothèse d'un système notablement en faveur des produits et de vérifier, au terme de l'étude, la validité de l'hypothèse.

3.2 Quotient de réaction et constante d'équilibre : évolution vers l'équilibre chimique

Envisageons une réaction chimique écrite sous sa forme conventionnelle :

$$|\nu_1|A_1 \quad + \quad |\nu_2|A_2 \quad + \ldots + \quad |\nu_k|A_k \quad = \quad \nu_1'B_1 \quad + \quad \nu_2'B_2 \quad + \ldots + \quad \nu_j'B_j$$

avec ν_i' et ν_i coefficients stœchiométriques algébriques relatifs à l'équation-bilan. Cette réaction peut avoir lieu de gauche à droite ou de droite à gauche avant d'aboutir à une situation équilibrée (équilibre chimique). Le **quotient de réaction**, noté Q prend la forme :

$$Q = \frac{\prod_{i=1}^{i=j} a_{B_i}^{\nu'_i}}{\prod_{i=1}^{i=k} a_{A_i}^{|\nu_i|}}$$

(forme mathématique analogue à K°_T) *mais concerne un système à l'équilibre ou non*. Ainsi les activités figurant dans l'expression du **quotient de réaction** Q sont des activités *instantanées*, valeurs constatées au moment du calcul de Q. Remarquons que lorsque l'équilibre est établi, le **quotient de réaction** se confond avec la **constante d'équilibre**, $Q = K^\circ_T$. La valeur de Q renseigne sur le sens de réaction constaté au moment du calcul du quotient de réaction. Ainsi les résultats suivants sont observés.

- Si $Q > K^\circ_T$, le quotient de réaction tend à diminuer pour se confondre à l'équilibre avec la constante d'équilibre K°_T. La réaction a lieu de droite à gauche (formation des réactifs et consommation des produits).
- Si $Q < K^\circ_T$, le quotient de réaction tend à augmenter pour se confondre à l'équilibre avec la constante d'équilibre K°_T. La réaction a lieu de gauche à droite (formation des produits et consommation des réactifs).
- Si $Q = K^\circ_T$ l'équilibre est atteint, les proportions de réactifs et de produits n'évoluent plus.

La situation peut être résumée par l'échelle présentée à la figure 9.11 et correspondant aux situations rencontrées pour la réaction $A = B$.

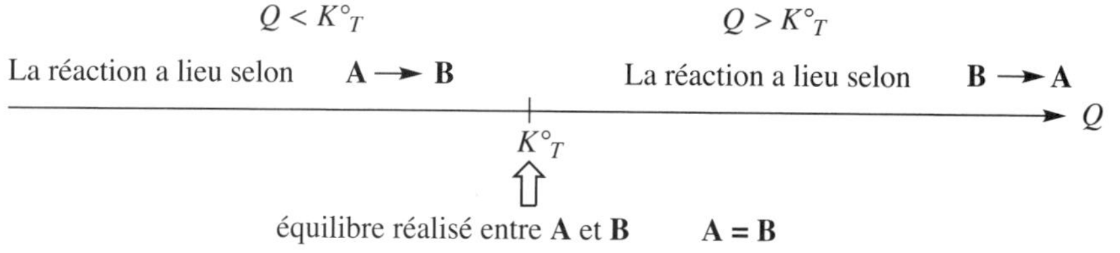

FIGURE 9.11 – Évolution et équilibre d'un système chimique

Notons l'existence de cas (rencontrés notamment pour certains systèmes polyphasiques) pour lesquels l'équilibre chimique *n'est pas atteint*. Le quotient de réaction ne peut alors égaler la constante d'équilibre et l'état final du système chimique ne peut plus être décrit par des activités liées par une constante d'équilibre. Nous développerons ce problème au chapitre 12 mais à ce stade de notre étude nous pouvons citer l'exemple d'une solution obtenue par mélange d'ions Ca^{2+} et d'ions SO_4^{2-} (à la concentration 10^{-4} mol·L^{-1}). L'équilibre susceptible d'intervenir engage le précipité $CaSO_4$(s) et s'écrit :

$$CaSO_4\,(s) \quad = \quad Ca^{2+} \quad + \quad SO_4^{2-}$$

de constante d'équilibre $K^\circ_T = 10^{-5}$ à 298 K. En rappelant que l'activité d'un solide est égale à 1, nous pouvons calculer le quotient de réaction initial par $Q = \left[Ca^{2+}\right]_0 . \left[SO_4^{2-}\right]_0 = 10^{-8}$ ($\left[Ca^{2+}\right]_0$ et $\left[SO_4^{2-}\right]_0$ désignent les concentrations initiales en ions Ca^{2+} et SO_4^{2-}). Comme $Q < K^\circ_T$, la réaction tend à se réaliser naturellement de gauche à droite, ce qui est impossible compte tenu de l'absence de $CaSO_4$(s). À partir du système initial évoqué, il est impossible d'égaler le quotient de réaction et la constante d'équilibre.

EXERCICES

9.1 Variation de la conductivité molaire avec la concentration (★★)

La conductivité σ de l'électrolyte acide chlorhydrique en solution dans l'eau a été mesurée à différentes concentrations. Les résultats sont résumés ci-dessous :

Concentration / $mol \cdot L^{-1}$	5.10^{-4}	10^{-3}	5.10^{-3}	10^{-2}	5.10^{-2}
Conductivité / 10^{-3} $S \cdot m^{-1}$	21,15	42,15	207,9	412,0	1995,5

1. Pour chaque valeur de la concentration c, calculer la conductivité molaire Λ de l'électrolyte définie par :

$$\Lambda = \frac{\sigma}{c}.$$

On prendra garde de choisir un système d'unités cohérent pour les longueurs qui apparaissent à la fois dans la conductivité σ et dans la concentration molaire c.

2. Tracer la conductivité molaire en fonction de la racine carrée de la concentration. Quelle est la conductivité molaire à dilution infinie, c'est-à-dire extrapolée pour des solutions de concentration nulle ?

La dépendance linéaire de la conductivité molaire avec la racine carrée de concentration est connue sous le nom de loi de KOHLRAUSCH.

9.2 Conductimétrie (★★)

Une cellule conductimétrique est remplie à $T = 20$ °C d'une solution de chlorure de potassium 0,1 $mol \cdot L^{-1}$. La résistance mesurée est de 24,36 Ω. La conductivité du chlorure de potassium dans les conditions de l'expérience est égale à 1,167 $\Omega^{-1} \cdot m^{-1}$. La conductivité de l'eau pure est égale à $7{,}5.10^{-6}$ $\Omega^{-1} \cdot m^{-1}$. Une solution d'acide acétique de concentration 10^{-2} $mol \cdot L^{-1}$ étudiée avec la cellule précédente présente un résistance de 1982 Ω.

1. Calculer la constante de la cellule conductimétrique utilisée.

2. Calculer la conductivité de la solution d'acide acétique étudiée due à l'ionisation de l'acide acétique.

3. Calculer la conductivité molaire Λ de la solution d'acide acétique étudiée. Celle-ci est définie par $\Lambda = \dfrac{\sigma}{c}$.

4. Comparer et expliquer le résultat obtenu à la question **3.** avec la conductivité molaire à dilution infinie de l'électrolyte ($H^+ + CH_3COO^-$) :

$$\Lambda^o = \lambda^o_{H_3O^+} + \lambda^o_{CH_3COO^-} = 3{,}91.10^{-3}\ \Omega^{-1} \cdot m^2 \cdot mol^{-1}.$$

9.3 Influence de la température sur la conductivité molaire des électrolytes (★★)

Dans le tableau ci-dessous figure la conductivité des solutions de chlorure de potassium de concentration 0,1 $mol \cdot L^{-1}$ à différentes températures.

Température / °C	0	5	10	15	20	25	30	35
Conductivité / 10^{-3} S·cm^{-1}	7,15	8,22	9,33	10,48	11,67	12,88	14,12	15,39

D'autre part, la dépendance de la viscosité de l'eau avec la température est donnée dans le tableau suivant :

Température / °C	0	10	20	30	40
Viscosité / μPa·s	1793	1309	1006	800	657

Les effets de freinage dus aux frottements sont représentés dans un fluide par la grandeur η appelée viscosité dynamique. Une sphère de rayon r se déplaçant à vitesse constante v subit de la part du solvant une force de freinage de module $6\pi r\eta v$

1. Montrer que la mobilité u d'un ion de charge ze, modélisé par une sphère de rayon r s'exprime en fonction de la charge ze, du rayon r de l'ion et de la viscosité η du solvant.

2. Tracer les courbes représentant le logarithme de la viscosité en fonction de l'inverse de la température thermodynamique et le logarithme de la conductivité σ de la solution de chlorure de potassium toujours en fonction de l'inverse de la température. Déterminer la pente dans chaque cas.

3. Conclure quant à la nature du facteur qui semble déterminant pour expliquer le rôle de la température sur la conductivité des électrolytes.

Chapitre 10

Équilibres acido-basiques

Lors du chapitre précédent, les équilibres acido-basiques se sont inscrits dans la plus vaste problématique du transfert de particules en solution aqueuse. Le phénomène d'acido-basicité est essentiel, par exemple dans l'organisme humain où des systèmes complexes contrôlent l'acidité du sang (toute variation, même faible, peut provoquer la mort). Les acides et les bases sont en outre importants dans l'industrie : la grande quantité d'acide sulfurique produite chaque année permet par exemple de fabriquer des engrais ou des polymères. Ce chapitre propose une étude *quantitative* de l'échange de proton H^+ et l'introduction de la méthode de la réaction prépondérante (RP) visant à déterminer facilement l'état d'équilibre d'une solution aqueuse. Le cas des titrages acido-basiques est enfin évoqué, utilisant un suivi pH-métrique, conductimétrique ou encore colorimétrique. Une dernière partie voit la mise en œuvre expérimentale des notions étudiées (TP-cours). Les paragraphes spécifiques à l'option PC sont indiqués.

1 Équilibres acido-basiques, généralités (PC/PSI)

1.1 Définitions préliminaires, constantes d'équilibre

a. Acide fort ou faible, base forte ou faible

Un **acide fort** est rencontré lorsque la dissolution dans l'eau d'un composé fournit des protons de façon totale. Au contraire, lorsque cette dissolution s'accompagne d'un transfert limité de protons , il s'agit d'un **acide faible**. De façon identique, une **base forte** capte des protons H^+ de façon totale, tandis qu'une **base faible** conduit à une réaction dont l'avancement est limité. Ainsi, le chlorure d'hydrogène HCl (g) est un **acide fort,** il réagit avec l'eau selon :

$$\mathrm{HCl\,(g)} \quad + \quad H_2O \quad = \quad H_3O^+ \quad + \quad Cl^-$$

en cédant son proton de façon totale. La solution obtenue est appelée *solution aqueuse acide chlorhydrique*. Le chlorure d'hydrogène HCl(g) n'est plus présent en fin de réaction. Au contraire, l'acide éthanoïque CH_3COOH cède un proton de façon limitée (peu déplacée vers la droite) selon la réaction :

$$CH_3COOH \quad + \quad H_2O \quad = \quad CH_3COO^- \quad + \quad H_3O^+.$$

Il s'agit d'un **acide faible** dans l'eau, en fin de réaction l'entité CH_3COOH est encore présente dans le milieu (en proportion variable suivant la dilution de l'acide). De façon symétrique, l'ion éthanolate $C_2H_5O^-$ capte de façon totale les protons H^+ fournis par exemple par le solvant selon la réaction :

$$C_2H_5O^- \quad + \quad H_2O \quad = \quad C_2H_5OH \quad + \quad HO^-.$$

Il s'agit d'une **base forte**. Au contraire, l'ammoniac NH_3 conduit à une réaction de capture de proton H^+ limitée (peu déplacée vers la droite). La réaction s'écrit :

$$NH_3 \quad + \quad H_2O \quad = \quad NH_4^+ \quad + \quad HO^-.$$

Il s'agit d'une **base faible** dans l'eau, l'ammoniac NH_3 existe toujours en fin de réaction (en proportion variable en fonction de la dilution de la base) et n'a pas totalement disparu.

b. Ampholyte (ou espèce amphotère)

Un **ampholyte** (ou une **espèce amphotère**) est une espèce appartenant à plusieurs couples acido-basiques et pouvant jouer à la fois le rôle d'acide et de base. À titre d'exemple nous pouvons citer l'eau H_2O qui intervient dans les couples acido-basiques H_3O^+/H_2O (rôle basique) et H_2O/HO^- (rôle acide). De même l'ion $H_2PO_4^-$ intervient dans les couples acido-basiques $H_3PO_4/H_2PO_4^-$ (rôle basique) et $H_2PO_4^-/HPO_4^{2-}$ (rôle acide).

c. Constantes d'équilibre

Une solution aqueuse est toujours le siège d'un équilibre chimique appelé **équilibre d'autoprotolyse** de l'eau, de constante d'équilibre K_e :

$$H_2O \quad + \quad H_2O \quad = \quad H_3O^+ \quad + \quad HO^- \qquad K_e = \left[H_3O^+\right]\left[HO^-\right]$$

en omettant c° et en exprimant les concentrations en mol·L^{-1}. Notons que l'activité de l'eau (solvant) est égale à 1. Cette égalité est toujours vérifiée en solution aqueuse, la constante d'équilibre K_e est appelée **produit ionique de l'eau** et a pour valeur 10^{-14} à 25 °C (K_e étant une constante d'équilibre, sa valeur dépend de la température). Le cologarithme décimal de K_e ($-\log K_e$) est noté $pK_e = 14$.

✎ Cette très faible valeur montre qu'il s'agit d'un équilibre très peu déplacé en faveur des produits (ions oxonium H_3O^+ et hydroxyde HO^-).

Une conséquence directe de l'équilibre d'autoprotolyse de l'eau est la mesure d'une conductivité pour l'eau pure. À 25 °C, l'eau pure possède une conductivité $\sigma = 5{,}5.10^{-6}$ S·m^{-1}. Cette valeur est en accord avec l'existence d'ions oxonium et hydroxyde à une concentration de 10^{-7} mol·L^{-1}.
La dissolution d'un acide faible AH dans l'eau s'accompagne d'un équilibre :

$$AH \quad + \quad H_2O \quad = \quad A^- \quad + \quad H_3O^+.$$

La constante d'équilibre est notée K_A : **constante d'acidité** du couple AH/A^- et s'écrit :

$$K_A = \frac{[A^-]\,[H_3O^+]}{[AH]}$$

en omettant une nouvelle fois $c°$. Cela revient dans les *applications numériques* à exprimer les concentrations des espèces en mol·L^{-1}. La valeur de la constante d'équilibre K_A, pour un couple donné, ne dépend que de la température. On utilise souvent le cologarithme décimal de K_A : il s'agit du pK_A :

Définition

Le pK_A d'un couple AH/A^- est le cologarithme décimal de la constante d'équilibre : $pK_A = -\log K_A$.

De façon symétrique, la dissolution d'une base faible B dans l'eau s'accompagne d'un équilibre :

$$B \;+\; H_2O \;=\; BH^+ \;+\; HO^-.$$

La constante d'équilibre est notée K_B : **constante de basicité** du couple BH^+/B et s'écrit :

$$K_B = \frac{[BH^+]\,[HO^-]}{[B]}$$

en omettant une nouvelle fois $c°$. La valeur de pK_B est définie par :

Définition

Le pK_B d'un couple BH^+/B est le cologarithme décimal de la constante d'équilibre : $pK_B = -\log K_B$.

Pour un même couple AH/A^-, les constantes d'équilibre K_A et K_B ne sont pas indépendantes :

$$K_A K_B = [H_3O^+]\,[HO^-] = K_e = 10^{-14} (\text{à } 25\ °C).$$

Ainsi par passage au cologarithme décimal, une relation utile apparaît entre le pK_A et le pK_B d'un même couple AH/A^- :

$$pK_A + pK_B = pK_e = 14 \ (\text{à } 25\ °C).$$

d. pH, pOH

Définition

Le pH d'une solution est défini par : $pH = -\log a_{H_3O^+}$.

avec $a_{H_3O^+}$ activité des ions oxonium H_3O^+. Dans le cadre de notre étude (solutions diluées) et en omettant l'écriture de $c°$, cette définition prend la forme :

$$\text{pH} = -\log\left[H_3O^+\right]$$

avec $\left[H_3O^+\right]$ exprimée en mol·L^{-1}.

Définition

Le pOH d'une solution est défini par : $\text{pOH} = -\log a_{HO^-}$.

avec a_{HO^-} activité des ions hydroxyde HO^-. Retenons avec la même approximation :

$$\text{pOH} = -\log\left[HO^-\right].$$

Il existe une relation simple entre les valeurs du pH et du pOH d'une solution : les concentrations $\left[H_3O^+\right]$ et $\left[HO^-\right]$ ne sont pas indépendantes à cause du produit ionique de l'eau. Nous avons la relation $\left[H_3O^+\right]\left[HO^-\right] = K_e = 10^{-14}$. Ainsi par passage au cologarithme décimal il vient :

$$\text{pH} + \text{pOH} = \text{p}K_e = 14 \text{ (à 25 °C)}.$$

Notons que les concentrations $\left[H_3O^+\right]$ et $\left[HO^-\right]$ sont des grandeurs abondamment rencontrées en chimie des solutions. Traditionnellement la notation h correspond à la concentration $\left[H_3O^+\right]$ et la notation ω correspond à la concentration $\left[HO^-\right]$. Ces notations seront désormais utilisées.

1.2 Force d'un acide ou d'une base

a. Échelle d'acidité

Un acide est d'autant plus fort qu'il cède facilement son proton H^+ (le cas extrême étant l'acide fort qui cède quantitativement son proton H^+). Ainsi l'équilibre de dissociation est d'autant plus déplacé dans le sens 1 que l'acide est fort.

$$AH + H_2O \underset{(2)}{\overset{(1)}{\rightleftharpoons}} A^- + H_3O^+$$

FIGURE 10.1 – Acide faible

La force de l'acide peut être mesurée en considérant la valeur de la constante d'acidité $K_A(AH/A^-)$: plus l'acide AH est fort, plus l'équilibre de dissociation est déplacé dans le sens 1 et plus la constante d'équilibre K_A est élevée (plus pK_A est faible). De même, **une base est d'autant plus forte qu'elle capte facilement un proton** H^+. Ainsi l'équilibre de protonation de la base est d'autant plus déplacé dans le sens 1 que la base est forte.

$$B + H_2O \underset{(2)}{\overset{(1)}{\rightleftharpoons}} BH^+ + HO^-$$

FIGURE 10.2 – Base faible

La force de la base peut être mesurée en considérant la valeur de la constante de basicité $K_B(BH^+/B)$: plus la base B est forte, plus l'équilibre de protonation est déplacé dans le sens 1 et plus la constante d'équilibre K_B est élevée (plus pK_B est faible). Le pK_A du couple BH^+/B est utilisé : plus le pK_A est élevé, plus la base est forte (rappelons simplement qu'à 25 °C, pK_A = 14− pK_B). Ceci est résumé par une **échelle d'acidité** (voir figure 10.3) : les couples acido-basiques sont disposés sur une échelle en fonction de leur pK_A (les bases sont placées à gauche et les acides à droite de façon arbitraire). Retenons que plus le pK_A est élevé, plus la base est forte (l'acide correspondant est faible), plus le pK_A est faible, plus l'acide est fort (la base correspondante est faible).

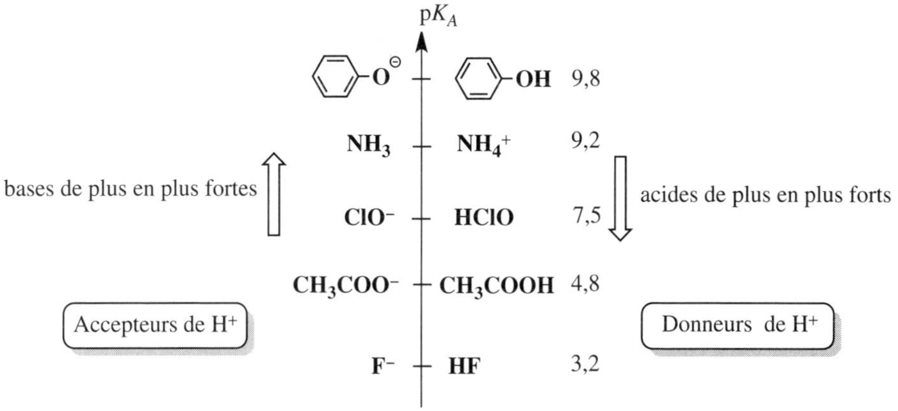

FIGURE 10.3 – Échelle d'acidité

b. Effet nivelant du solvant

L'ion oxonium H_3O^+ est l'acide le plus fort qui existe dans l'eau. La constante d'acidité K_A associée au couple H_3O^+/H_2O correspond à l'équilibre :

$$H_3O^+ \quad + \quad H_2O \quad = \quad H_2O \quad + \quad H_3O^+.$$

Ainsi $K_A = 1$, le pK_A relatif au couple H_3O^+/H_2O est égal à 0. L'ion hydroxyde HO^- est la base la plus forte qui existe dans l'eau. La constante d'acidité K_A associée au couple H_2O/HO^- correspond à l'équilibre :

$$H_2O \quad + \quad H_2O \quad = \quad HO^- \quad + \quad H_3O^+.$$

Ainsi $K_A = 10^{-14}$, le pK_A relatif au couple H_2O/HO^- est égal à 14 (pK_B = 0). L'eau possède un rôle dit **nivelant**, il n'est pas aisé de déterminer expérimentalement la valeur du pK_A d'un acide fort. En effet une telle mesure n'est possible qu'en étudiant un système pour lequel la forme acide est partiellement dissociée. Or un acide fort réagit favorablement avec le solvant eau (en cédant un proton H^+) et l'existence, même partielle, d'une forme acide non dissociée suppose de très fortes concentrations incompatibles avec l'approximation que nous avons admise en confondant activité et concentration. Ainsi le chlorure d'hydrogène HCl, l'acide sulfurique H_2SO_4 et l'acide nitrique HNO_3 introduits dans l'eau cèdent totalement leur proton ; il est difficile, en solution aqueuse, de distinguer leur force.

De façon symétrique il est difficile de déterminer expérimentalement la valeur du pK_B associé à une base forte. En effet celle-ci réagit favorablement avec le solvant eau (en captant un proton H^+) et les systèmes pour lesquels une forme basique coexiste avec une forme acide supposent de très fortes concentrations, incompatibles avec l'approximation que nous avons admise en confondant activité et concentration. Ainsi les ions amidure NH_2^- ou les ions alcoolate RO^- introduits dans l'eau captent totalement un proton, il est impossible de distinguer leur force en solution aqueuse. L'échelle des couples acido-basiques pour lesquels un pK_A est expérimentalement mesurable dans l'eau est comprise entre 0 et 14 (voir figure 10.4).

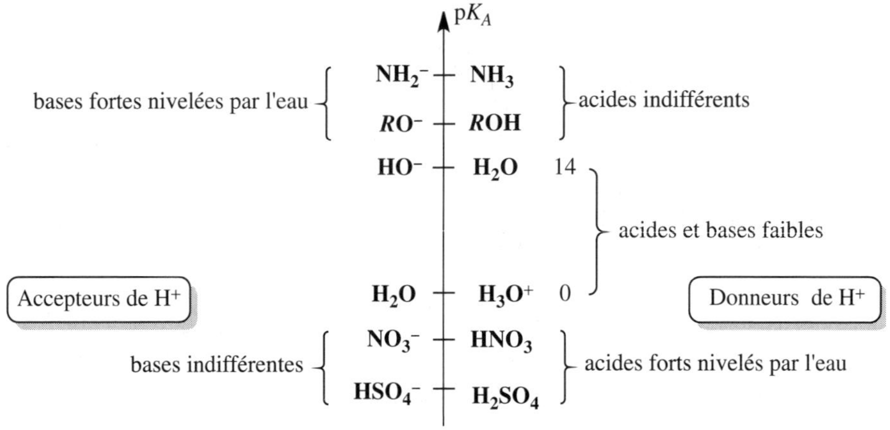

FIGURE 10.4 – Échelle de pK_A : effet nivelant de l'eau

1.3 Diagrammes de prédominance

Un **diagramme de prédominance** figure en fonction du pH l'espèce acido-basique **majoritaire**. Pour le couple acido-basique AH/A^-, le passage au cologarithme décimal dans l'expression de la constante d'acidité K_A conduit à la relation :

$$-\log\left[H_3O^+\right] = pH = pK_A + \log\frac{[A^-]}{[AH]}.$$

Notons que le proton H^+est la particule échangée, l'ion A^- est l'accepteur du couple et le composé AH est le donneur du couple. Envisageons un milieu de $pH > pK_A$: la relation précédente implique $[A^-] > [AH]$: l'espèce basique est majoritaire. Envisageons désormais un milieu de $pH < pK_A$: dans ces conditions $[AH] > [A^-]$; l'espèce acide est majoritaire. Ceci est résumé par un diagramme de prédominance tracé en fonction du pH (voir figure 10.5).

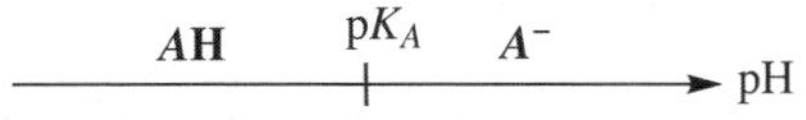

FIGURE 10.5 – Diagramme de prédominance AH/A^-

Il est possible d'être plus précis : une espèce est dite **prédominante** si sa concentration est au moins dix fois supérieure à celle des autres espèces, jugées alors négligeables. L'espèce $A\text{H}$ est prédominante (et l'ion A^- négligeable) dès que $[A\text{H}] \geq 10\,[A^-]$. L'expression :

$$\text{pH} = \text{p}K_A + \log \frac{[A^-]}{[A\text{H}]}$$

conduit alors à :

$$\text{pH} \leq \text{p}K_A - 1.$$

De façon symétrique, l'ion A^- est prédominant dans la solution (et l'espèce $A\text{H}$ négligeable) dès que $[A^-] \geq 10\,[A\text{H}]$, ce qui conduit en utilisant la même relation à :

$$\text{pH} \geq \text{p}K_A + 1.$$

Ainsi le $\text{p}K_A$ marque la frontière entre le domaine de prédominance de l'acide et de la base, mais il faut s'éloigner au moins d'une unité de $\text{p}K_A$ de la frontière pour pouvoir négliger l'un par rapport à l'autre. Les formes $A\text{H}$ et A^- ne coexistent de façon appréciable que dans l'intervalle $[\text{p}K_A - 1, \text{p}K_A + 1]$.

Exercice résolu

Tracé d'un diagramme de prédominance

Tracer le diagramme de prédominance en espèces acido-basiques dérivées de l'acide phosphorique H_3PO_4. Cet acide est un triacide dont les $\text{p}K_A$ relatifs aux couples $H_3PO_4/H_2PO_4^-$, $H_2PO_4^-/HPO_4^{2-}$ et HPO_4^{2-}/PO_4^{3-} valent respectivement $2,1$; $7,2$ et $12,1$.

Réponse :

Il suffit de superposer les trois diagrammes de prédominance correspondant aux trois couples acido-basiques. Le résultat obtenu est présenté ci-dessous.

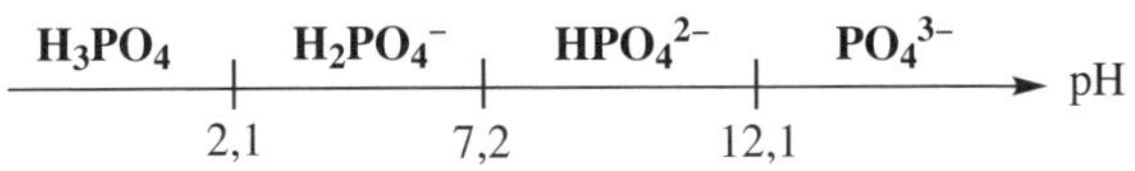

1.4 Échange de proton H$^+$: prévision du sens d'échange

Une réaction acido-basique résulte d'un **échange de proton** H$^+$. Il est possible de prévoir quantitativement le sens privilégié pour cet échange. Le transfert de proton H$^+$ a toujours lieu de l'acide le plus fort (le plus donneur de proton) vers la base la plus forte (la plus apte à accepter le proton). Envisageons le cas suivant : mélange de la base A_1^- et de l'acide $A_2\text{H}$ intervenant dans les couples présentés à la figure 10.6 sur une **échelle d'acidité** ($\text{p}K_{A1}$ est associé au couple $A_1\text{H}/A_1^-$ et $\text{p}K_{A2}$ est associé au couple $A_2\text{H}/A_2^-$).

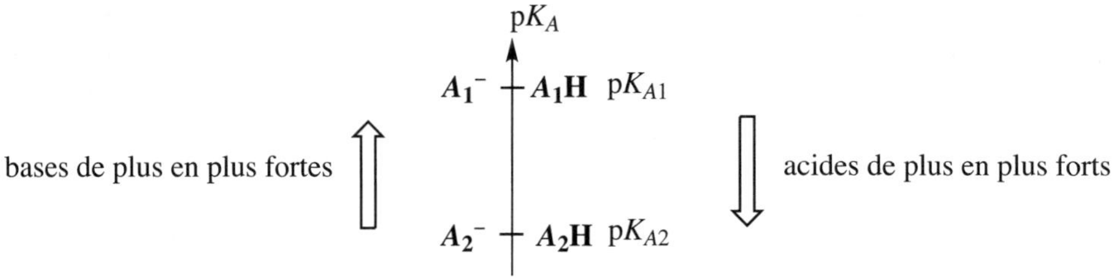

FIGURE 10.6 – Classement des couples

L'échange de proton H^+ susceptible d'intervenir s'écrit :

$$A_1^- \quad + \quad A_2H \quad = \quad A_1H \quad + \quad A_2^-.$$

Afin de juger du caractère favorable de la réaction (position de l'équilibre), calculons la **constante d'équilibre** associée à l'échange de proton H^+ en notant qu'il est toujours possible d'exprimer la constante d'équilibre relative à un transfert de proton H^+ à partir des constantes d'acidité K_A des couples acido-basiques engagés :

$$K_T^\circ = \frac{[A_1H]\,[A_2^-]}{[A_1^-]\,[A_2H]} = \frac{[A_1H]}{[A_1^-]\,[H_3O^+]}\,\frac{[A_2^-]\,[H_3O^+]}{[A_2H]} = \frac{K_{A2}}{K_{A1}} = 10^{(pK_{A1}-pK_{A2})}.$$

Dans le cas d'un mélange équimolaire d'acide A_2H et de base A_1^-, l'échange sera globalement en faveur des produits si $K_T^\circ > 1$, c'est-à-dire si le pK_A du couple engageant la base présente est supérieur au pK_A du couple engageant l'acide présent. Le fait que la constante de l'équilibre d'échange soit supérieure à 1 se traduit géométriquement par la situation présentée à la figure 10.6.

✎ Il est possible de montrer ce résultat en étudiant l'allure des diagrammes de prédominance associés aux couples A_1H/A_1^- et A_2H/A_2^-. Le tracé de ces diagrammes (voir figure 10.7) montre qu'il n'est pas possible de trouver un domaine de stabilité commun aux espèces A_1^- et A_2H. Ces deux espèces sont donc amenées à réagir pour fournir les espèces A_1H et A_2^- pour lesquelles il existe effectivement un domaine commun de stabilité.

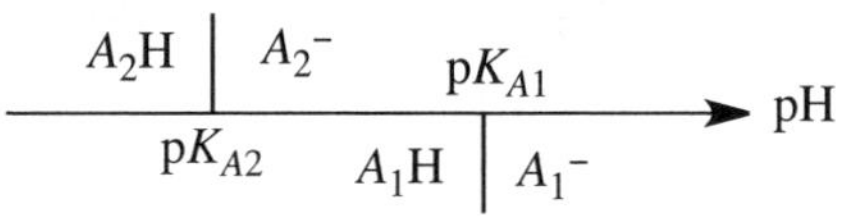

FIGURE 10.7 – Domaines de stabilité disjoints

Exercice résolu

Calcul d'une constante d'équilibre

Envisageons un mélange d'ammoniac NH_3 et d'acide éthanoïque CH_3COOH. Une réaction favorable est-elle possible ? Les pK_A des couples CH_3COOH/CH_3COO^- et NH_4^+/NH_3 valent respectivement $pK_{A1} = 4,8$ et $pK_{A2} = 9,2$.

Réponse :

Il est possible de répondre à cette question en calculant numériquement K_T°, constante d'équilibre associée à la réaction d'échange de proton. Les couples acido-basiques engagés sont placés sur une échelle d'acidité (voir figure ci-dessous). Les espèces initialement introduites sont entourées (réactifs). La constante d'équilibre de la réaction de transfert de proton H^+ est supérieure à 1 car le pK_A du couple engageant la base présente est supérieur au pK_A du couple engageant l'acide présent.

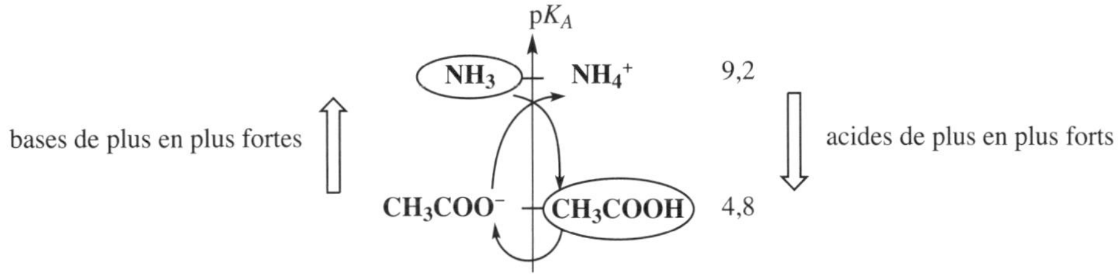

Calculons la valeur numérique de la constante d'équilibre associée à cet échange :

$$CH_3COOH \quad + \quad NH_3 \quad = \quad CH_3COO^- \quad + \quad NH_4^+$$

$$K_T^\circ = \frac{[CH_3COO^-][NH_4^+]}{[CH_3COOH][NH_3]} = \frac{[CH_3COO^-][H_3O^+]}{[CH_3COOH]}.\frac{[NH_4^+]}{[NH_3][H_3O^+]} = \frac{K_{A1}}{K_{A2}} = 10^{4,4}$$

(en faveur des produits, réaction supposée quantitative).

2 Détermination de l'état d'équilibre d'une solution aqueuse, méthode de la réaction prépondérante (PC)

Déterminer l'**état d'équilibre** (état final) d'une solution aqueuse partant de conditions initiales précises peut s'avérer chose ardue. Une première méthode consiste à écrire les équations liant les concentrations à l'équilibre :

- une **constante d'équilibre** existe pour chaque équilibre chimique réalisé ;
- **conservation de la charge** : la solution électriquement neutre reste électriquement neutre. La somme de toutes les charges présentes en solution doit être nulle ;
- **conservation de matière** : la matière introduite initialement se retrouve à l'équilibre chimique sous une ou plusieurs formes acido-basiques. Ainsi si nous introduisons initialement un acide AH_n (à la concentration $c_{0,A}$) susceptible de former par réactions acido-basiques les espèces AH_{n-1}^-, $AH_{n-2}^{2-} \ldots A^{n-}$, il est possible d'écrire une équation de *conservation de matière :*

$$c_{0,A} = [AH_n] + \left[AH_{n-1}^-\right] + \cdots + \left[A^{n-}\right].$$

Le traitement mathématique du système obtenu devient rapidement inextricable et reste réservé aux logiciels de simulation informatique (forte capacité de calcul). Il est néanmoins possible d'obtenir un résultat convenable en comprenant que tous les phénomènes n'ont pas lieu de façon significative : la méthode de la réaction prépondérante (RP) est utilisée.

2.1 Définitions : réaction prépondérante, solution équivalente

a. Réaction prépondérante

Partant d'un système de composition connue, la **réaction prépondérante** (notée RP) est la réaction qui modifie de façon la plus significative l'état du système. Il s'agit de la réaction la plus *avancée* (bénéficiant de l'avancement volumique $x = \frac{\xi}{V}$ le plus grand). En pratique, la **réaction prépondérante** engage très souvent le meilleur acide et la meilleure base introduite initialement (réaction de constante d'équilibre la plus élevée).

b. Réaction prépondérante quantitative et équilibre de contrôle

Au sein des réactions prépondérantes, deux cas peuvent être distingués. Le premier cas concerne les réactions prépondérantes pour lesquelles la constante d'équilibre K_T° est supérieure à 1. Elles seront qualifiées de **réactions prépondérantes quantitatives** (notées RPQ). Ce terme traduit leur caractère généralement favorable aux produits (sauf stœchiométrie ou conditions particulières). Le deuxième cas concerne les réactions prépondérantes pour lesquelles la constante d'équilibre K_T° est inférieure ou égale à 1. Elles seront qualifiées d'**équilibres de contrôle** (notées EC). Ce terme traduit leur caractère généralement plutôt favorable aux réactifs. Notons à ce stade de notre étude que le choix $K_T^\circ = 1$ distinguant réactions prépondérantes quantitatives et équilibres de contrôle est *arbitraire*.

c. Solution équivalente (ou thermodynamiquement équivalente)

Le but de la méthode de la réaction prépondérante sera, partant d'un système complexe, de se ramener à un système plus simple mais de même état final. Toute solution conduisant au même état d'équilibre que la solution initiale réelle sera qualifiée de **solution équivalente** au système initial.

2.2 Mise en œuvre de la méthode de la réaction prépondérante

De façon pratique, les étapes suivantes seront menées.

- État initial : le bilan des espèces acido-basiques introduites est réalisé, en supposant chaque espèce initialement non dissociée. Les couples acido-basiques engagés sont placés sur une échelle d'acidité, les espèces initialement introduites sont entourées. Ne pas oublier les couples engageant le solvant H_2O (l'eau H_2O est évidemment toujours présente).
- Proposition de la première **réaction prépondérante** : réaction entre l'acide le plus fort et la base la plus forte. Imaginons qu'il s'agisse d'une **réaction prépondérante quantitative** (de constante d'équilibre $K_T^\circ > 1$), cette réaction est prise en compte comme réaction quantitative (totale), aboutissant à la disparition complète du réactif limitant. Un nouveau système chimique apparaît : il s'agit d'une **solution équivalente** au système initial.
- Cette solution équivalente est prise comme nouveau système initial, une nouvelle recherche de **réaction prépondérante quantitative** est effectuée, aboutissant le cas échéant à une nouvelle solution équivalente, et ce jusqu'à épuisement des réactions prépondérantes quantitatives.
- Lorsque la recherche de **réaction prépondérante** se solde obligatoirement par un **équilibre de contrôle** (EC, réaction de constante d'équilibre $K_T^\circ \leq 1$), cette réaction conduit à

l'équilibre chimique et donc à l'état final du système. Un simple bilan de matière sur cette dernière réaction conduira facilement à la détermination de l'état final (un avancement par unité de volume x est introduit pour cet équilibre et il suffit d'exprimer la constante d'équilibre de cette dernière réaction).

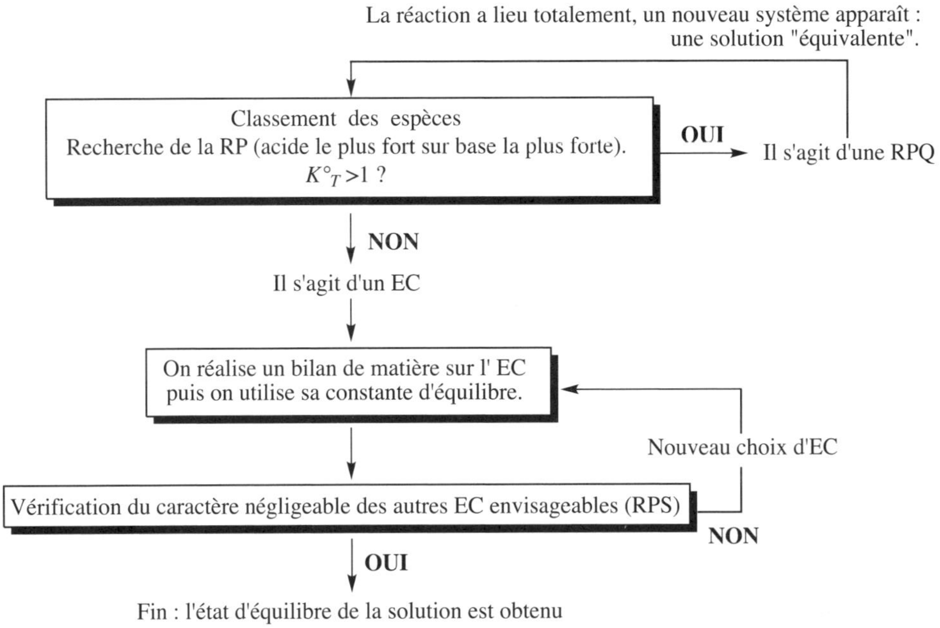

FIGURE 10.8 – Méthode de la réaction prépondérante

⚠ Ne perdons pas de vue que les solutions équivalentes qui apparaissent après prise en compte d'une réaction prépondérante quantitative sont des systèmes *fictifs*, sans réalité chimique (ils n'apparaissent généralement pas, même de façon transitoire, dans le milieu réactionnel). Ils constituent de simples étapes dans le raisonnement visant à simplifier le système initial.

L'étape la plus délicate et la moins « mécanique » de la méthode reste le choix de l'**équilibre de contrôle**. Rappelons qu'il s'agit d'une **réaction prépondérante** particulière et donc de la réaction la plus **avancée**. Il s'agit souvent de la réaction de plus forte constante d'équilibre (réaction entre l'acide le plus fort et la base la plus forte), mais notons que la concentration initiale est un facteur important dans le choix à mener : une réaction de constante d'équilibre faible mais mettant en jeu des réactifs en forte concentration a toutes les chances de bénéficier d'un plus fort avancement qu'une réaction de forte constante d'équilibre mais engageant des réactifs en quantité très faible...

Pour pallier cette difficulté, **un choix** d'équilibre de contrôle est opéré, mais il convient de vérifier *a posteriori* que les autres équilibres de contrôle envisageables étaient effectivement négligeables (d'avancements au moins dix fois inférieurs à celui de l'équilibre de contrôle choisi). Ces équilibres de contrôle en compétition sont souvent qualifiés de **réactions pré-**

pondérantes secondaires (RPS).

Dans la large majorité des cas le choix de l'équilibre de contrôle sera simple et les hypothèses de calcul vérifiées. Dans certains cas complexes plusieurs équilibres de contrôle peuvent bénéficier d'avancements comparables : l'état final est alors obtenu par la prise en compte simultanée des différents équilibres de contrôle. Le principe de la méthode (de type algorithme) est résumé par la figure 10.8.

2.3 Un premier exemple simple

Un mélange d'acide éthanoïque CH_3COOH ($c_{0,1} = 0{,}2$ mol·L^{-1}, concentration initiale dans le milieu) et d'ammoniac NH_3 ($c_{0,2} = 0{,}1$ mol·L^{-1}, concentration initiale dans le milieu) est réalisé. Déterminer la composition de l'état final avec pK_A(CH_3COOH/CH_3COO^-) $= 4{,}8$ et pK_A(NH_4^+/NH_3) $= 9{,}2$.

Le bilan initial est réalisé, les espèces présentes entourées (voir figure 10.9).

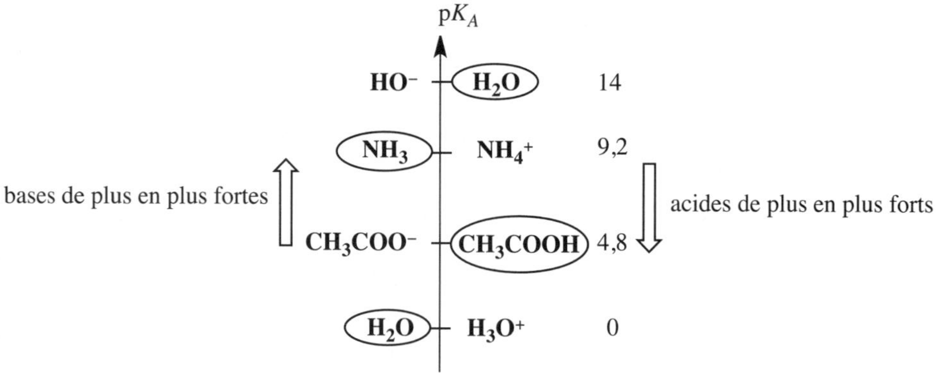

FIGURE 10.9 – Classement des espèces

Une première réaction prépondérante quantitative est envisagée entre l'acide CH_3COOH et la base NH_3 (voir paragraphe 1.4) :

$$CH_3COOH \quad + \quad NH_3 \quad = \quad CH_3COO^- \quad + \quad NH_4^+$$

de constante d'équilibre $K_T^\circ = 10^{4,4} > 1$. La prise en compte de cette réaction totale conduit à la disparition complète de l'ammoniac.

Le système obtenu (solution équivalente n°1) contient l'acide CH_3COOH (à la concentration 0,1 mol·L^{-1}), l'ion éthanoate CH_3COO^- (à la concentration 0,1 mol·L^{-1}) et l'ion ammonium NH_4^+ (à la concentration 0,1 mol·L^{-1}). Ce système est pris comme nouveau système initial, les espèces sont placées sur une échelle d'acidité et entourées (voir figure 10.10).

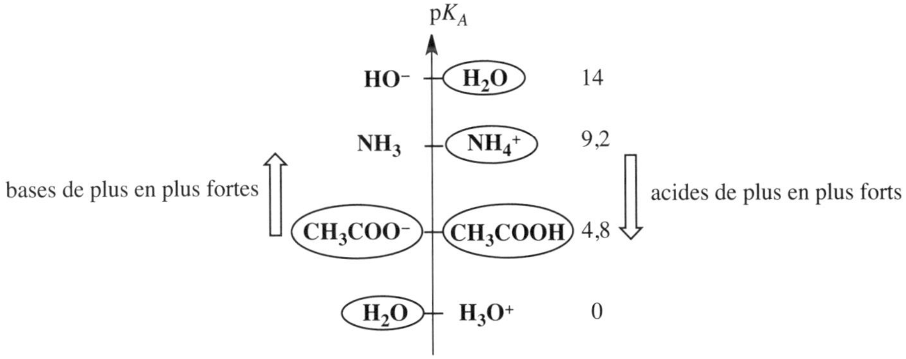

FIGURE 10.10 – Classement des espèces

Il n'y a plus de réaction prépondérante quantitative, l'équilibre de contrôle choisi est celui de plus forte constante d'équilibre engageant l'acide le plus fort et la base la plus forte :

$$CH_3COOH \quad + \quad CH_3COO^- \quad = \quad CH_3COO^- \quad + \quad CH_3COOH$$

de constante d'équilibre $K_T^\circ = 1$. Cette réaction prépondérante ne modifie pas les concentrations en présence (le bilan est réalisé immédiatement !) mais conduit à l'équilibre (état final). L'état final de la solution affiche donc les concentrations :

$$[CH_3COOH] = \left[CH_3COO^-\right] = \left[NH_4^+\right] = 0{,}1 \text{ mol}\cdot\text{L}^{-1}.$$

En toute rigueur, il faut vérifier que les autres équilibres de contrôle envisageables interviennent de façon négligeable pour valider le résultat. La méthode à suivre sera développée plus loin. Les constantes d'équilibre (K_A) permettent de déterminer les concentrations des espèces minoritaires.

2.4 Autoprotolyse de l'eau

L'équilibre d'**autoprotolyse** est toujours envisageable en solution aqueuse. Dès qu'un équilibre de contrôle fait intervenir les ions oxonium H_3O^+ ou hydroxyde HO^- l'**autoprotolyse** entre en compétition en fournissant des ions oxonium et hydroxyde. Il est possible de déterminer les conditions de pH pour lesquelles le phénomène est négligeable. Envisageons tout d'abord une solution acide (dans laquelle des ions oxonium H_3O^+ ont été introduits), l'**autoprotolyse** est négligeable lorsque $\left[H_3O^+\right] \geq 10\left[H_3O^+\right]_{AP}$ où $\left[H_3O^+\right]_{AP}$ désigne la concentration en ions oxonium *apportés par l'autoprotolyse*. Cette contribution n'est pas estimable directement : une méthode consiste à utiliser l'ion hydroxyde HO^-, anion formé en même temps que l'ion oxonium H_3O^+ par l'autoprotolyse. En effet en milieu acide la seule source d'ions hydroxyde HO^- reste l'autoprotolyse : $\left[HO^-\right] = \left[HO^-\right]_{AP} = \left[H_3O^+\right]_{AP}$. Ainsi l'équilibre d'autoprotolyse est négligeable en milieu acide dès que :

$$\left[H_3O^+\right] \geq 10\frac{10^{-14}}{\left[H_3O^+\right]}$$

c'est-à-dire lorsque $\left[H_3O^+\right] \geq 10^{-6{,}5}$:

$$\text{pH} \leq 6,5.$$

Symétriquement, si nous envisageons une solution basique (dans laquelle des ions hydroxyde HO^- ont été introduits), l'**autoprotolyse** est négligeable lorsque $[HO^-] \geq 10\,[HO^-]_{AP}$ où $[HO^-]_{AP}$ désigne la concentration en ions hydroxyde *apportés par l'autoprotolyse*. Cette quantité est estimée par la concentration $[H_3O^+]$ (la seule source d'ions oxonium en milieu basique est l'autoprotolyse). Ceci se traduit par :

$$[HO^-] \geq 10\frac{10^{-14}}{[HO^-]}$$

c'est-à-dire :

$$\text{pH} \geq 7,5.$$

3 Calculs de pH : acides forts, faibles, bases fortes, faibles (PC)

3.1 Monoacides et monobases forts dans l'eau

a. Cas simple

Considérons un **acide fort** (type chlorure d'hydrogène HCl) introduit à la concentration c_0, celui-ci est totalement dissocié dans l'eau sous forme d'ions oxonium H_3O^+ et d'ions chlorure Cl^-. L'acide apporte des ions oxonium à la concentration c_0. Les espèces sont classées à la figure 10.11.

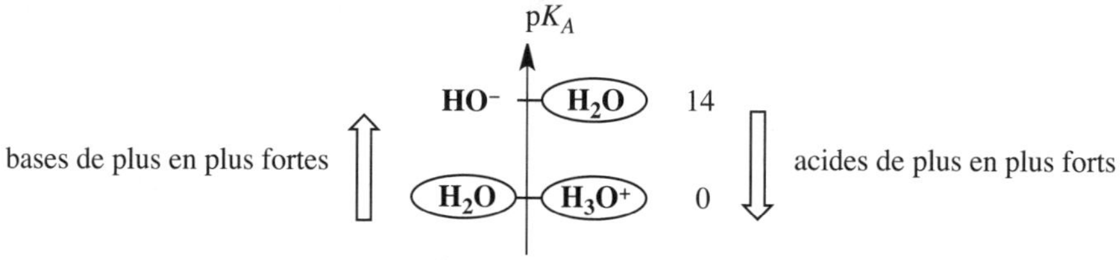

FIGURE 10.11 – Classement des espèces

L'**équilibre de contrôle** est :

$$H_3O^+ \quad + \quad H_2O \quad = \quad H_2O \quad + \quad H_3O^+ \qquad (K_T^\circ = 1).$$

Il ne modifie pas les concentrations, à l'équilibre $[H_3O^+] = c_0$ et :

$$\text{pH} = -\log c_0.$$

De façon analogue, l'introduction dans l'eau d'une **base forte** à la concentration c_0 conduit à l'apparition d'ions hydroxyde HO^- à la concentration c_0. L'**équilibre de contrôle** est :

$$HO^- \quad + \quad H_2O \quad = \quad H_2O \quad + \quad HO^- \qquad (K_T^\circ = 1).$$

Il ne modifie pas les concentrations :

$$pOH = -\log c_0$$

et donc :

$$pH = 14 + \log c_0.$$

b. Intervention de la réaction d'autoprotolyse

Dans le cas d'acides forts ou de bases fortes **diluées**, les relations précédentes ne sont plus applicables. Par exemple, le pH d'une solution d'acide chlorhydrique à la concentration $c_0 = 10^{-7}$ mol·L^{-1} ne peut pas être raisonnablement égal à 7,0. Dans le cas d'une solution aussi diluée, l'autoprotolyse fournit une quantité non négligeable d'ions oxonium H_3O^+ par rapport à ceux apportés par l'acide. Il faut tenir compte des deux équilibres de contrôle :

$$H_3O^+ + H_2O = H_2O + H_3O^+$$
$$H_2O + H_2O = H_3O^+ + HO^-$$

Dans pareil cas, la méthode à suivre est toujours identique : réaliser un bilan sur le produit commun aux deux équilibres de contrôle, en l'occurence les ions oxonium H_3O^+. Ici :

$$[H_3O^+] = [H_3O^+]_{acide} + [H_3O^+]_{AP}$$

et de même que précédemment la concentration en ions oxonium apportés par l'autoprotolyse $[H_3O^+]_{AP}$ est estimée par l'anion formé simultanément. Ainsi :

$$[H_3O^+] = h = c_0 + \omega = c_0 + \frac{K_e}{h}.$$

Cette expression conduit à l'équation du second degré :

$$h^2 - hc_0 - K_e = 0$$

qui permettra de calculer h et donc le pH.

Exercice résolu

Calcul du pH d'une solution acide diluée

Calculer le pH d'une solution d'acide fort à la concentration $c_0 = 10^{-7}$ mol·L^{-1}.

Réponse :

L'hypothèse d'un seul équilibre de contrôle conduit évidemment à l'incohérent pH = 7,0. Il faut considérer l'intervention de l'autoprotolyse et résoudre l'équation du second degré :

$$h^2 - hc_0 - K_e = 0$$

qui conduit au résultat $h = 1{,}6.10^{-7}$ mol·L^{-1} et donc pH = 6,8. Notons qu'un raisonnement analogue est mené pour les bases fortes diluées dont le pH est compris entre 7,0 et 7,5.

Dans tous les calculs de pH qui suivent, **nous négligeons l'intervention de la réaction d'autoprotolyse** dont l'influence ne devient notable que dans des conditions de forte dilution, ce qui correspond rarement à des situations expérimentales réelles.

3.2 Acides faibles, bases faibles

a. Coefficient de dissociation, α, loi de dilution d'OSTWALD

Considérons l'introduction d'un acide faible AH (de concentration initiale c_0) dans l'eau.

Définition

Le coefficient de dissociation, noté α est défini par : $\alpha = \dfrac{[A^-]}{c_0}$.

En supposant l'autoprotolyse de l'eau négligeable, l'**équilibre de contrôle** s'écrit :

$$AH \quad + \quad H_2O \quad = \quad A^- \quad + \quad H_3O^+.$$

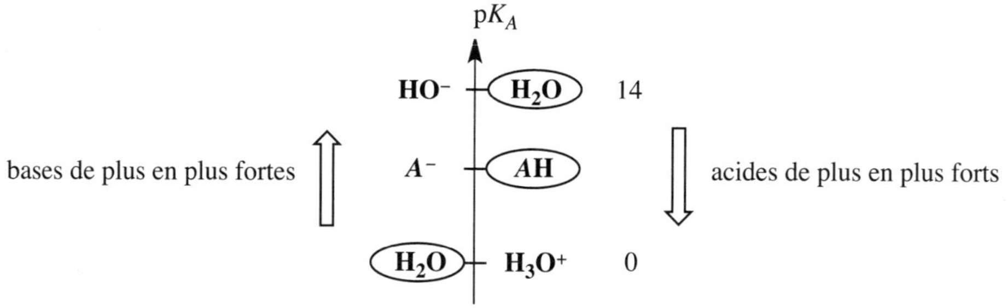

FIGURE 10.12 – Acide faible dans l'eau

Réalisons un bilan de matière (en concentration) sur cet équilibre de contrôle en faisant intervenir le coefficient de dissociation :

	AH	+	H_2O	=	A^-	+	H_3O^+
EI	c_0		solvant		0		0
EF	$c_0(1-\alpha)$		solvant		αc_0		αc_0

Exprimons la constante d'équilibre :

$$K_A = \frac{\alpha^2 c_0^2}{(1-\alpha)c_0} = \frac{\alpha^2}{1-\alpha}c_0.$$

Pour de faibles coefficients de dissociation ($\alpha \ll 1$), il est possible d'écrire :

$$\alpha = \sqrt{\frac{K_A}{c_0}}.$$

Ceci permet de mettre en évidence la *loi de dilution* d'OSTWALD : **plus un acide faible est dilué** (c_0 faible), **plus il est dissocié** (α élevé). De façon tout à fait analogue, **plus une base faible est diluée, plus la proportion de forme acide est élevée.**

b. pH d'une solution d'acide faible

Un acide faible AH (de concentration initiale c_0) est introduit en solution aqueuse. L'**équilibre de contrôle** proposé est :

$$AH \quad + \quad H_2O \quad = \quad A^- \quad + \quad H_3O^+.$$

L'équilibre d'autoprotolyse, réaction prépondérante secondaire, est négligé. Réalisons un bilan de matière sur l'équilibre de contrôle retenu en introduisant l'avancement volumique $x = h = \left[H_3O^+\right]$:

	AH	+	H_2O	=	A^-	+	H_3O^+
EI	c_0		solvant		0		0
EF	$c_0 - h$		solvant		h		h

En supposant l'acide peu dissocié (réaction faiblement avancée : $[AH] > 10[A^-]$), il est possible de négliger $[A^-]$ devant $[AH]$ et d'écrire $c_0 - h \approx c_0$. L'expression de la constante d'équilibre conduit à :

$$K_A = \frac{h^2}{c_0}$$

et à l'expression du pH :

$$\text{pH} = \frac{1}{2}(\text{p}K_A - \log c_0).$$

Cette expression est à retenir, ainsi que les hypothèses de validité.

⚠ La validité de cette expression simple est obligatoirement à vérifier : l'hypothèse *acide peu dissocié* impose pH $\leq$ p$K_A - 1$. Dans le cas d'une non vérification de cette hypothèse, il faut résoudre l'équation du second degré :

$$K_A = \frac{h^2}{c_0 - h}$$

conduisant à la valeur de h puis du pH.

Exercice résolu

pH d'une solution d'acide éthanoïque

Le pK_A du couple CH_3COOH/CH_3COO^- est égal à 4,8. Calculer le pH d'une solution d'acide éthanoïque de concentration initiale $c_0 = 10^{-2}$ mol·L^{-1}.

Réponse :

- L'**équilibre de contrôle** proposé s'écrit :

$$CH_3COOH \quad + \quad H_2O \quad = \quad CH_3COO^- \quad + \quad H_3O^+.$$

Moyennant l'hypothèse d'acide peu dissocié :

$$\text{pH} = \frac{1}{2}(\text{p}K_A - \log c_0) = \frac{1}{2}\left(4,8 - \log 10^{-2}\right) = 3,4.$$

Cette hypothèse est vérifiée ($\text{pH} \leq 4,8-1$).

Exercice résolu

pH d'une solution d'acide éthanoïque

Le $\text{p}K_A$ du couple CH_3COOH/CH_3COO^- est égal à 4,8. Calculer le pH d'une solution d'acide éthanoïque de concentration initiale $c_0 = 10^{-4}$ mol·L^{-1}.

Réponse :

Les mêmes hypothèses conduisent à $\text{pH} = 4,4$, ce qui n'est pas en accord avec l'hypothèse d'un acide peu dissocié. Il faut alors résoudre l'équation :

$$K_A = \frac{h^2}{c_0 - h}$$

qui conduit à $\text{pH} = 4,5$. Remarquons que le résultat obtenu avec l'expression exacte n'est pas très différent du résultat fourni par la formule approchée.

c. Bases faibles

Les raisonnements menés sur les acides faibles sont comparables pour les bases faibles : ω remplace h et K_B remplace K_A. Ainsi pour une base faible B (de concentration initiale c_0), l'**équilibre de contrôle** proposé est :

$$B \quad + \quad H_2O \quad = \quad BH^+ \quad + \quad HO^-.$$

L'hypothèse de réaction peu déplacée vers la droite conduit à la relation :

$$\text{pOH} = \frac{1}{2}(\text{p}K_B - \log c_0)$$

mais suppose que l'espèce B est prédominante devant l'espèce BH^+. Autrement dit, l'hypothèse formulée suppose $\text{pOH} \leq \text{p}K_B - 1$ ou plus pratiquement $\text{pH} \geq \text{p}K_A + 1$. Le pH de la solution est obtenu en appliquant :

$$\text{pH} = 14 - \text{pOH}.$$

Dans le cas de la non vérification de l'hypothèse de réaction peu déplacée vers la droite, il faut résoudre une équation du second degré :

$$K_B = \frac{\omega^2}{c_0 - \omega}.$$

Exercice résolu

Calcul du pH d'une solution d'éthanoate de sodium

Calculer le pH d'une solution contenant de l'éthanoate de sodium CH_3COONa à la concentration initiale $c_0 = 10^{-2}$ mol·L^{-1}.

Réponse :
L'éthanoate de sodium CH_3COONa est un électrolyte fort, qui conduit à la formation d'ions éthanoate CH_3COO^- à la concentration 10^{-2} mol·L^{-1} (et d'ions spectateurs Na^+). Il s'agit d'une base faible engagée dans la réaction :

$$CH_3COO^- \quad + \quad H_2O \quad = \quad CH_3COOH \quad + \quad HO^-.$$

Le pOH est calculé par :

$$\text{pOH} = \frac{1}{2}(\text{p}K_B - \log c_0) = \frac{1}{2}((14-4,8) - \log 10^{-2}) = 5,6$$

soit :

$$\text{pH} = 14 - 5,6 = 8,4.$$

L'hypothèse formulée (réaction peu déplacée vers la droite) est vérifiée : pH $>$ p$K_A + 1$. Remarquons qu'il s'agit bien du pK_B = 14− pK_A dans cette relation.

3.3 Polyacides, polybases

Sans hypothèses simplificatrices, certains calculs peuvent rapidement devenir inextricables. Ne jamais perdre de vue qu'en acido-basicité il est *indispensable* d'émettre des hypothèses simples, de vérifier *a posteriori* la cohérence du résultat *puis* de renoncer à des hypothèses simplificatrices le cas échéant en cas de contradiction. Il faudra toujours partir du plus simple vers le plus compliqué. Ainsi un polyacide ou une polybase pourront être considérés comme **monoacides** et **monobases**. Il faudra alors vérifier que le pH trouvé est en accord avec cette hypothèse. En cas de désaccord il est ensuite possible d'envisager une première acidité/basicité forte et une deuxième acidité/basicité faible afin de réaliser un bilan sur les ions oxonium H_3O^+ ou hydroxyde HO^-.

Exercice résolu

Calcul du pH d'une solution d'acide phosphorique

Déterminer le pH d'une solution d'acide phosphorique H_3PO_4 à la concentration initiale $c_0 = 10^{-2}$ mol·L^{-1}. Nous rappellons que l'acide phosphorique H_3PO_4 est un triacide de pK_A successifs 2,1 ; 7,2 et 12,1.

Réponse :
Traçons le diagramme de prédominance des espèces phosphorées (voir ci-dessous).

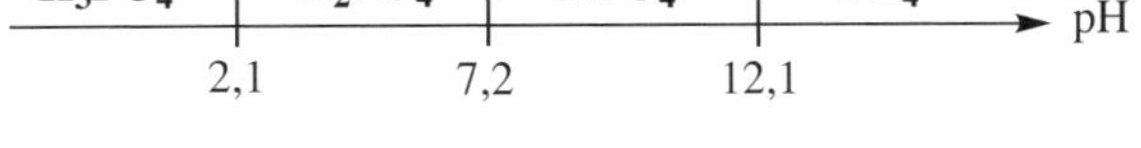

Considérons l'acide phosphorique comme un monoacide faible. En émettant en outre l'hypothèse d'un acide peu dissocié il vient :

$$\text{pH} = \frac{1}{2}(\text{p}K_A - \log c_0) = \frac{1}{2}(2,1 - \log 10^{-2}) = 2,1.$$

Ce résultat n'est pas en accord avec l'hypothèse de faible dissociation (il aurait fallu avoir pH $< pK_A - 1 = 1,1$). En conservant l'hypothèse de monoacidité mais en résolvant l'équation du second degré :

$$10^{-2,1} = \frac{h^2}{10^{-2} - h}$$

il vient :

$$\mathrm{pH} = 2,2.$$

Il s'agit d'un résultat tout à fait satisfaisant : à ce pH, les concentrations $[HPO_4^{2-}]$ et $[PO_4^{3-}]$ (qui correspondent aux avancements des 2[e]et 3[e]acidités) sont effectivement négligeables devant $[H_3PO_4]$ et $[H_2PO_4^-]$.

4 Calculs de pH : mélanges, ampholytes (PC)

4.1 Mélanges d'acides ou de bases

a. Mélange acide fort/acide faible (ou base forte/base faible)

Un acide fort à la concentration initiale $c_{0,1}$ est mélangé à un acide faible AH à la concentration initiale $c_{0,2}$. L'acide faible possède une constante d'acidité notée K_A. Là encore il est *indispensable* d'émettre des hypothèses simplificatrices (à vérifier *a posteriori* et à corriger le cas échéant). Réalisons une **échelle d'acidité** et entourons les espèces initialement introduites (voir figure 10.13).

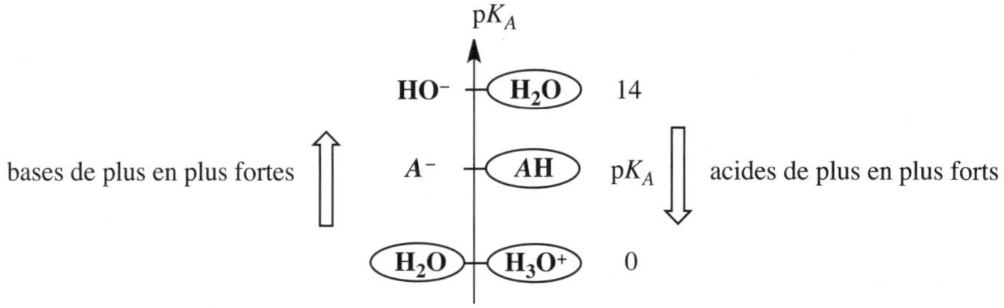

FIGURE 10.13 – Classement des espèces

La première hypothèse consiste à n'envisager qu'un seul **équilibre de contrôle** :

$$H_2O \quad + \quad H_3O^+ \quad = \quad H_3O^+ \quad + \quad H_2O,$$

c'est-à-dire à supposer que le pH est imposé par l'acide fort. Dans ces conditions :

$$\mathrm{pH} = -\log c_{0,1}.$$

⚠ Il faut vérifier ces hypothèses en calculant l'avancement de la dissociation de l'acide faible (qui doit apporter des ions oxonium H_3O^+ en quantité négligeable par rapport à l'acide fort).

Si l'hypothèse de non participation de l'acide AH n'est pas satisfaite, il faut en tenir compte en réalisant un bilan sur l'**équilibre de dissociation de l'acide faible** (en n'oubliant pas que la solution initiale contient déjà l'acide fort) :

	$A\text{H}$	+	H_2O	=	A^-	+	H_3O^+
EI	$c_{0,2}$		solvant				$c_{0,1}$
EF	$c_{0,2}-x$		solvant		x		$c_{0,1}+x$

L'expression de la constante d'équilibre K_A selon :

$$K_A = \frac{x(c_{0,1}+x)}{(c_{0,2}-x)}$$

permet de déterminer x et donc $h = c_{0,1}+x$. Ce bilan traduit la double provenance des ions oxonium H_3O^+ : $c_{0,1}$ représente la concentration en ions due à l'acide fort tandis que x évalue la contribution de l'acide faible.

Exercice résolu

Calcul du pH d'un mélange d'acides (acide fort et acide faible)

Le mélange étudié contient de l'acide chlorhydrique ($\text{H}_3\text{O}^+\text{Cl}^-$) à la concentration initiale $c_{0,1} = 0{,}1\ \text{mol}\cdot\text{L}^{-1}$ et de l'acide éthanoïque à la concentration initiale $c_{0,2} = 0{,}1\ \text{mol}\cdot\text{L}^{-1}$ ($\text{p}K_A = 4,8$). Le but est de calculer le pH de cette solution mélange.

Réponse :

Nous formulons une première hypothèse : l'acide fort impose son acidité (c'est-à-dire que la dissociation de l'acide CH_3COOH apporte une contribution négligeable d'ions oxonium H_3O^+ par rapport à $c_{0,1} = 0{,}1\ \text{mol}\cdot\text{L}^{-1}$). Ainsi :

$$\text{pH} = -\log c_{0,1} = 1,0.$$

Il faut vérifier cette hypothèse en calculant l'avancement de la dissociation de l'acide. Cet avancement est mesuré par :

$$\left[\text{CH}_3\text{COO}^-\right] = \frac{K_A}{h}\left[\text{CH}_3\text{COOH}\right] = \frac{10^{-4{,}8}}{10^{-1}}0,1 = 1{,}6.10^{-5}\ \text{mol}\cdot\text{L}^{-1}$$

car à ce pH, $[\text{CH}_3\text{COOH}] \approx 0{,}1\ \text{mol}\cdot\text{L}^{-1}$ (acide peu dissocié à pH $= 1,0$). L'hypothèse est tout à fait vérifiée.

Exercice résolu

Calcul du pH d'un mélange d'acides (acide fort et acide faible)

Même mélange avec un acide fort à la concentration initiale $c_{0,1} = 10^{-3}\ \text{mol}\cdot\text{L}^{-1}$. Le but est encore de déterminer le pH de la solution mélange.

Réponse :

L'hypothèse d'un pH imposé par l'acide fort conduit à :

$$\text{pH} = -\log c_{0,1} = 3,0.$$

L'avancement de la dissociation de l'acide est calculé de façon analogue et conduit à la valeur $[CH_3COO^-] = 1{,}6.10^{-3}$ mol·L^{-1}. Cette grandeur n'est pas négligeable par rapport à la contribution de l'acide fort ($c_{0,1} = 10^{-3}$ mol·L^{-1}). Il faut donc tenir compte des deux acides et traduire la double provenance des ions oxonium lors du bilan (en concentrations) suivant :

	CH_3COOH	+	H_2O	=	CH_3COO^-	+	H_3O^+
EI	$c_{0,2}$		excès				$c_{0,1}$
EF	$c_{0,2} - x$		excès		x		$c_{0,1} + x$

L'expression de la constante d'équilibre K_A :

$$K_A = \frac{x(c_{0,1} + x)}{c_{0,2} - x}$$

permet de calculer x, puis $h = c_{0,1} + x$ et enfin la valeur du pH. Une *application numérique* conduit au résultat :

$$\text{pH} = 2,7.$$

Le cas de l'acide sulfurique retient l'attention, son traitement est à rapprocher du cas d'un mélange acide fort/acide faible. En effet l'acide sulfurique H_2SO_4 est un diacide au comportement particulier : il présente une première acidité forte et une deuxième acidité faible (p$K_A = 1,9$). Calculons le pH d'une solution d'acide sulfurique à la concentration initiale $c_0 = 10^{-2}$ mol·L^{-1}. Cet acide peut être considéré comme le mélange d'un acide fort (H_3O^+) et d'un acide faible HSO_4^- à la même concentration $c_0 = 10^{-2}$ mol·L^{-1}. L'hypothèse de la seule intervention de l'acidité forte conduit à :

$$\text{pH} = 2,0.$$

Cette hypothèse ne se révèle pas vérifiée (à ce pH, l'acide HSO_4^- est fortement dissocié et il est possible de vérifier qu'il apporte des ions oxonium en quantité non négligeable). Il faut tenir compte de l'acidité de HSO_4^- :

	HSO_4^-	+	H_2O	=	SO_4^{2-}	+	H_3O^+
EI	c_0		solvant				c_0
EF	$c_0 - x$		solvant		x		$c_0 + x$

L'expression de la constante d'équilibre K_A permet de déterminer x puis $h = c_0 + x$ et donc la valeur du pH. Une *application numérique* fournit ici :

$$\text{pH} = 1,8.$$

Le mélange base forte/base faible est abordé de façon tout à fait similaire (hypothèse de basicité imposée par la base forte puis participation éventuelle de la base faible).

b. Mélange de deux acides faibles (ou de deux bases faibles)

Là encore, un calcul complet tenant compte de la présence des deux acides (ou des deux bases) est lourd et fastidieux. Il faut impérativement supposer que seul un acide (ou une base) impose le pH : il s'agit de l'**acide le plus fort** (ou la **base la plus forte**) si les concentrations sont comparables, ou bien l'**acide le plus concentré** (ou la **base la plus concentrée**) si les pK_A sont comparables. Il convient de vérifier sur la valeur du pH final que l'acidité (ou la basicité) ignorée est bien négligeable. Envisageons le mélange de l'acide faible A_1H (pK_{A1} = 3,0) à la concentration initiale $c_{0,1}$ = 0,1 mol·L^{-1} et de l'acide faible A_2H (pK_{A2} = 7,0) à la concentration initiale $c_{0,2}$ = 0,1 mol·L^{-1}. Le but est de calculer le pH de cette solution. Supposons l'existence du seul **équilibre de contrôle** :

$$A_1\text{H} \quad + \quad \text{H}_2\text{O} \quad = \quad A_1^- \quad + \quad \text{H}_3\text{O}^+$$

(ceci revient à supposer que l'acide le plus fort impose son acidité). En supposant en outre un acide peu dissocié il vient :

$$\text{pH} = \frac{1}{2}(\text{p}K_{A1} - \log c_{0,1}) = \frac{1}{2}(3 - \log 0,1) = 2,0.$$

Cette valeur est en accord avec un acide peu dissocié. Vérifions que l'acidité de A_2H est négligeable (c'est-à-dire que la dissociation apporte une quantité négligeable d'ions oxonium H$_3$O$^+$par rapport à ceux fournis par l'équilibre de contrôle retenu). L'avancement volumique de la **réaction prépondérante secondaire** :

$$A_2\text{H} \quad + \quad \text{H}_2\text{O} \quad = \quad A_2^- \quad + \quad \text{H}_3\text{O}^+$$

est mesuré par :

$$\left[A_2^-\right] = \frac{K_{A2}\,[A_2\text{H}]}{h} = \frac{10^{-7}.0,1}{10^{-2}} = 10^{-6}\,\text{mol·L}^{-1}$$

car à ce pH l'acide A_2H est peu dissocié. Cette valeur est bien négligeable par rapport à $x = 10^{-2}$ mol·L^{-1} (apport de l'acide A_1H). Si les deux acides (ou les deux bases) ont à la fois des concentrations et des pK_A comparables, il convient de tenir compte des deux espèces. Dans le cas des acides il y a **deux équilibres de contrôle simultanés** :

$$A_1\text{H} \quad + \quad \text{H}_2\text{O} \quad = \quad A_1^- \quad + \quad \text{H}_3\text{O}^+$$

$$A_2\text{H} \quad + \quad \text{H}_2\text{O} \quad = \quad A_2^- \quad + \quad \text{H}_3\text{O}^+.$$

Comme toujours en pareil cas il suffit de réaliser **un bilan sur le produit commun** (ions oxonium H$_3$O$^+$) :

$$h = \left[A_1^-\right] + \left[A_2^-\right]$$

puis d'utiliser les constantes d'acidité pour obtenir :

$$h = \frac{K_{A1}\,[A_1\text{H}]}{h} + \frac{K_{A2}\,[A_2\text{H}]}{h}.$$

En supposant des acides peu dissociés il vient :

$$[A_1\text{H}] \approx c_{0,1} \qquad \text{et} \qquad [A_2\text{H}] \approx c_{0,2}$$

d'où :

$$h^2 = K_{A1}c_{0,1} + K_{A2}c_{0,2}$$

qui permettra de calculer le pH.

4.2 Ampholyte (espèce amphotère)

Rappelons qu'un **ampholyte** (ou une **espèce amphotère**) est une espèce susceptible de se comporter en acide et en base. Il s'agit par exemple du cas de l'ion hydrogénocarbonate HCO_3^- qui appartient aux couples acido-basiques H_2CO_3/HCO_3^- et HCO_3^-/CO_3^{2-}.

Envisageons une solution dans laquelle a été introduit l'ampholyte AH^- appartenant aux couples AH_2/AH^- (pK_{A1}) et AH^-/A^{2-} (pK_{A2}). D'après l'**échelle d'acidité** présentée à la figure 10.14

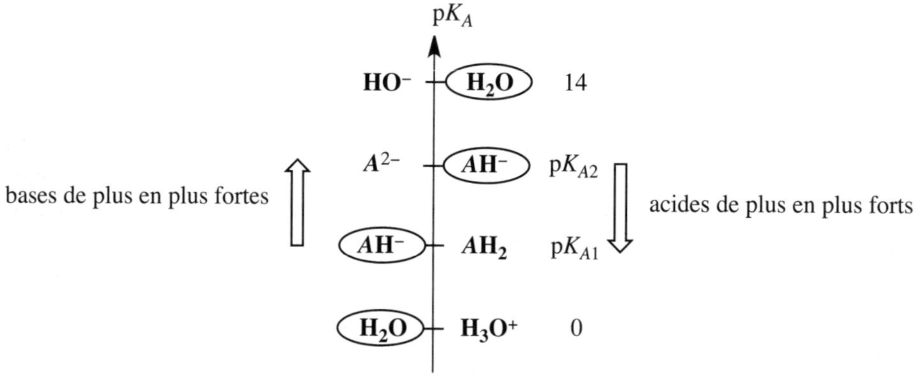

FIGURE 10.14 – Classement des espèces

il est raisonnable de proposer un **équilibre de contrôle** de constante d'équilibre K_T° :

$$AH^- \quad + \quad AH^- \quad = \quad AH_2 \quad + \quad A^{2-} \qquad K_T^\circ = \frac{K_{A2}}{K_{A1}}.$$

Si l'**équilibre de contrôle** décrit bien le système, il se forme autant de molécules AH_2 que d'ions A^{2-} : $[AH_2] = [A^{2-}]$. Il est légitime de faire apparaître une constante d'équilibre où le rapport $[A^{2-}]/[AH_2]$ intervient. Calculons le produit des constantes d'équilibre $K_{A1}K_{A2}$ faisant intervenir le rapport $[A^{2-}]/[AH_2]$ (égal à 1). Il vient :

$$K_{A1}K_{A2} = h^2\frac{[A^{2-}]}{[AH_2]}.$$

Ceci permet d'exprimer le pH par :

$$pH = \frac{1}{2}(pK_{A1} + pK_{A2}).$$

⚠ Vérification à opérer : ce résultat suppose l'égalité des concentrations $[AH_2] = [A^{2-}]$, c'est-à-dire que toute réaction concurrente visant à former la molécule AH_2 ou l'ion A^{2-} possède un avancement volumique négligeable par rapport à celui de l'équilibre de contrôle choisi. Ces réactions concurrentes (réactions prépondérantes secondaires) correspondent à la dissociation de la forme AH^- dans l'eau selon les deux réactions :

$$AH^- + H_2O = AH_2 + HO^-$$

$$AH^- + H_2O = A^{2-} + H_3O^+.$$

Les avancements volumiques de ces réactions prépondérantes secondaires sont évalués par les concentrations en ions hydroxyde et oxonium ($[HO^-]$ et $[H_3O^+]$), qui devront être négligeables devant l'avancement de l'équilibre de contrôle (à calculer).

Exercice résolu

pH d'un ampholyte

Calculer le pH d'une solution dans laquelle ont été introduits des ions $H_2PO_4^-$ (et des ions Na^+) à la concentration initiale $c_0 = 0,1$ mol·L^{-1}. Les couples engagés sont $H_3PO_4/H_2PO_4^-$ ($pK_{A1} = 2,2$) et $H_2PO_4^-/HPO_4^{2-}$ ($pK_{A2} = 7,2$).

Réponse :

L'**équilibre de contrôle** proposé est :

$$H_2PO_4^- + H_2PO_4^- = H_3PO_4 + HPO_4^{2-} \qquad K_T^\circ = 10^{-5}$$

Le pH proposé vaut :

$$pH = \frac{1}{2}(2,2 + 7,2) = 4,7.$$

Il faut pouvoir négliger la dissociation de l'ion $H_2PO_4^-$ dans l'eau (**réactions prépondérantes secondaires** d'avancement h et ω) selon les équilibres :

$$H_2PO_4^- + H_2O = HPO_4^{2-} + H_3O^+$$

$$H_2PO_4^- + H_2O = H_3PO_4 + HO^-.$$

L'avancement volumique de l'équilibre de contrôle (noté x) est calculé par :

$$K_T^\circ = \frac{x^2}{[H_2PO_4^-]^2}$$

avec $[H_2PO_4^-] \approx 0,1$ mol·L^{-1} (à ce pH, la forme $H_2PO_4^-$ est peu dissociée) ; on tire ainsi $x = 3,2.10^{-4}$ mol·L^{-1}. Les hypothèses sont vérifiées car nous avons effectivement h et ω négligeables devant x.

Dans le cas du rôle non négligeable de l'une des **réactions prépondérantes secondaires**, il convient d'envisager **deux équilibres de contrôle simultanés** et d'opérer un bilan sur le produit commun aux deux équilibres de contrôle. Dans l'exercice précédent, si le rôle acide de l'ion $H_2PO_4^-$ n'avait pas été négligeable, nous aurions envisagé les deux **équilibres de contrôle** :

$$H_2PO_4^- \quad + \quad H_2PO_4^- \quad = \quad H_3PO_4 \quad + \quad HPO_4^{2-}$$

$$H_2PO_4^- \quad + \quad H_2O \quad = \quad HPO_4^{2-} \quad + \quad H_3O^+.$$

puis réalisé un bilan sur l'espèce HPO_4^{2-} selon :

$$\left[HPO_4^{2-}\right] = [H_3PO_4] + h.$$

En utilisant les constantes d'équilibre et la faible dissociation de l'espèce $H_2PO_4^-$, il est alors possible d'obtenir une équation simple ne portant que sur h.

4.3 Mélange acide faible/base conjuguée

Supposons un mélange formé par l'introduction d'un acide AH (concentration initiale $c_{0,1}$) et de sa base conjuguée A^- (concentration initiale $c_{0,2}$). Réalisons une **échelle d'acidité** (voir figure 10.15).

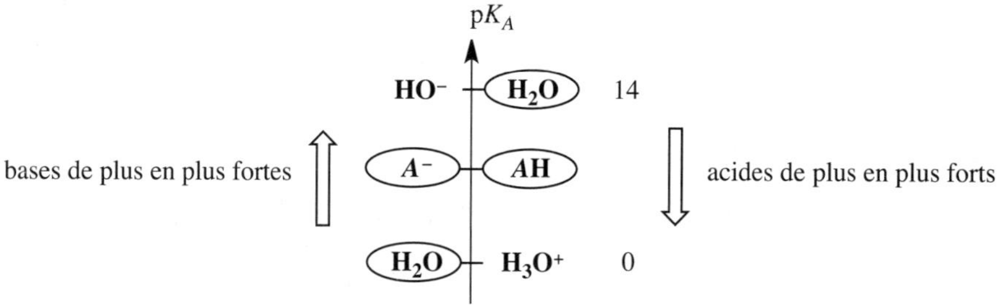

FIGURE 10.15 – Classement des espèces

L'**équilibre de contrôle** proposé est :

$$AH \quad + \quad A^- \quad = \quad A^- \quad + \quad AH \qquad K_T^\circ = 1$$

Il ne modifie pas les concentrations, de sorte que les concentrations en espèces AH et A^- à l'équilibre se confondent avec les concentrations initiales. Le pH s'exprime simplement par :

$$\text{pH} = \text{p}K_A + \log\frac{c_{0,2}}{c_{0,1}}.$$

⚠ Vérifier qu'effectivement toute réaction formant ou détruisant les espèces AH et A^-est bien négligeable, c'est-à-dire possède un avancement volumique négligeable devant les concentrations $c_{0,1}$ et $c_{0,2}$. Ces réactions (**réactions prépondérantes secondaires**) correspondent à la dissociation dans l'eau de l'acide AH et de la base A^- selon les deux réactions :

$$AH \quad + \quad H_2O \quad = \quad A^- \quad + \quad H_3O^+$$

$$A^- \quad + \quad H_2O \quad = \quad AH \quad + \quad HO^-.$$

⚠ Les avancements de ces **réactions prépondérantes secondaires** sont mesurés par les concentrations $[H_3O^+]$ et $[HO^-]$. Dans le cas d'un rôle non négligeable, il convient d'opérer un bilan sur la réaction prépondérante secondaire concernée (manifestation du rôle acide de AH ou du rôle basique de A^-).

Exercice résolu

Cas d'un mélange acide/base conjuguée

Un mélange est réalisé en prenant un volume V_0 d'acide dichloroacétique ($pK_A = 1,3$) et un volume V_0 de sa base conjuguée. La concentration initiale est $c_{0,1} = 5.10^{-3}$ mol·L^{-1} pour l'acide et $c_{0,2} = 7{,}5.10^{-3}$ mol·L^{-1} pour sa base conjuguée après mélange. Le but est de calculer le pH de la solution mélange.

Réponse :

L'hypothèse d'un **équilibre de contrôle** de type :

$$AH \quad + \quad A^- \quad = \quad A^- \quad + \quad AH$$

conduit à :

$$\mathrm{pH} = \mathrm{p}K_A + \log\left(\frac{c_{0,2}}{c_{0,1}}\right) = 1,3 + \log\left(\frac{7,5}{5}\right) = 1,5.$$

L'avancement de la **réaction prépondérante secondaire** :

$$AH \quad + \quad H_2O \quad = \quad A^- \quad + \quad H_3O^+$$

n'est donc pas négligeable devant $c_{0,1}$ et $c_{0,2}$ (en effet $h = 3{,}2.10^{-2}$ mol·L^{-1}). Le rôle de l'acide n'est pas négligeable (avec un peu d'expérience ceci n'est pas surprenant compte tenu du très faible pK_A). Il faut opérer un bilan sur cette **réaction prépondérante secondaire** :

	AH	+	H_2O	=	A^-	+	H_3O^+
EI	$c_{0,1}$		solvant		$c_{0,2}$		
EF	$c_{0,1} - h$		solvant		$c_{0,2} + h$		h

L'expression de la constante d'équilibre K_A selon :

$$K_A = \frac{(c_{0,2} + h).h}{c_{0,1} - h}$$

conduit à la valeur de h puis au pH. L'*application numérique* fournit :

$$\mathrm{pH} = 2,4.$$

4.4 Mélange acide faible/base non conjuguée

Deux cas de figures peuvent se présenter : une **échelle d'acidité** étant tracée, si la réaction prépondérante envisagée est une réaction prépondérante quantitative il faut en tenir compte et aboutir à la disparition du réactif limitant. Sur le nouveau système (**solution équivalente**), un nouveau choix de réaction prépondérante est effectué, et ce, jusqu'à rencontrer un équilibre de contrôle correspondant à l'une des situations précédemment évoquées. Si la réaction prépondérante envisagée entre acide et base non conjuguée est déjà un **équilibre de contrôle**, un calcul du produit des constantes d'acidité est nécessaire. Envisageons le mélange d'un acide A_2H et de la base A_1^- (aux concentrations initiales respectives $c_{0,2}$ et $c_{0,1}$). Les pK_A des couples engagés sont notés pK_{A1} (pour le couple $A_1\text{H}/A_1^-$) et pK_{A2} (pour le couple $A_2\text{H}/A_2^-$). Le positionnement des couples sur une **échelle d'acidité** est présenté à la figure 10.16.

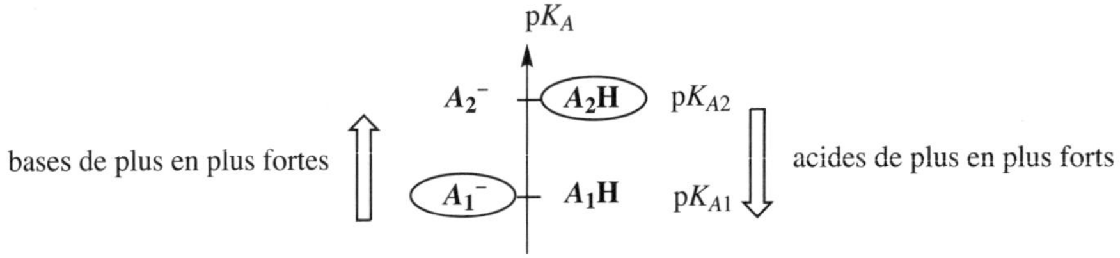

FIGURE 10.16 – Classement des espèces

La solution est le siège de l'**équilibre de contrôle** de constante d'équilibre K_T° :

$$A_1^- \quad + \quad A_2\text{H} \quad = \quad A_1\text{H} \quad + \quad A_2^- \qquad K_T^\circ = \frac{K_{A2}}{K_{A1}} < 1$$

Dans ces conditions :

$$K_{A1}K_{A2} = h^2 \frac{[A_1^-]}{[A_2\text{H}]}.$$

et en supposant acide et base peu dissociés, il vient :

$$K_{A1}K_{A2} = h^2 \frac{c_{0,1}}{c_{0,2}}$$

qui permettra de calculer la valeur de h et donc le pH de la solution.

⚠ Vérifier le caractère peu dissocié des espèces A_2H et A_1^- . Par ailleurs il convient de vérifier que le rôle acide de A_2H (par action sur l'eau) ainsi que le rôle basique de A_1^- (par action sur l'eau) sont effectivement négligeables. Cette vérification est opérée en comparant les concentrations $[H_3O^+]$ et $[HO^-]$ évaluant les avancements volumiques des **réactions prépondérantes secondaires :**

$$A_2\text{H} \quad + \quad H_2O \quad = \quad A_2^- \quad + \quad H_3O^+$$

$$A_1^- \quad + \quad H_2O \quad = \quad A_1\text{H} \quad + \quad HO^-$$

à l'avancement de l'**équilibre de contrôle** choisi (à calculer de façon analogue au cas de l'ampholyte).

4.5 Mélange quelconque : exemple

Nous disposons désormais des connaissances nécessaires à la détermination du pH d'un mélange quelconque. Envisageons le mélange constitué d'ions oxonium H_3O^+ (à la concentration initiale 0,2 mol·L^{-1}), d'ions hydroxyde HO^- (à la concentration initiale 0,1 mol·L^{-1}) et d'ammoniac NH_3 (à la concentration initiale 0,2 mol·L^{-1}). Le but est de calculer le pH de la solution mélange connaissant $pK_A(NH_4^+/NH_3) = 9,2$. La première **réaction prépondérante** envisagée est une **réaction prépondérante quantitative** engageant les ions H_3O^+ et HO^- selon :

$$H_3O^+ \quad + \quad HO^- \quad = \quad 2\,H_2O.$$

La **solution équivalente** après prise en compte de la réaction est constituée par le mélange : H_3O^+ (0,1 mol·L^{-1}) et NH_3 (0,2 mol·L^{-1}) (nouveau point de départ). La **réaction prépondérante** suivante est toujours une **réaction prépondérante quantitative** :

$$H_3O^+ \quad + \quad NH_3 \quad = \quad NH_4^+ \quad + \quad H_2O.$$

La **solution équivalente** après prise en compte de cette réaction prépondérante quantitative est constituée d'ammoniac NH_3 (à la concentration 0,1 mol·L^{-1}) et d'ions ammonium NH_4^+ (à la concentration 0,1 mol·L^{-1}). Nous voilà ramenés à un cas connu : le mélange acide/base conjuguée. La **réaction prépondérante** proposée alors est un **équilibre de contrôle** :

$$NH_3 \quad + \quad NH_4^+ \quad = \quad NH_4^+ \quad + \quad NH_3$$

qui ne modifie pas les concentrations. Alors :

$$pH = 9,2.$$

Il est facile de vérifier que la dissociation des ions ammonium et la protonation de l'ammoniac sont négligeables : h et ω sont négligeables devant les concentrations en ammoniac ou en ions ammonium (0,1 mol·L^{-1}). Ce pH est bien le pH à l'équilibre, **la méthode de la réaction prépondérante** conduit effectivement à l'état final après prise en compte d'un **équilibre de contrôle**.

5 Titrages acido-basiques (PC/PSI)

5.1 Dispositif expérimental, suivi pH-métrique

Un **titrage acido-basique** est réalisé par introduction d'une espèce titrante (contenue dans une burette) dans un bécher contenant l'espèce à titrer. La réaction mise en jeu est ici une réaction acido-basique qui peut être suivie par pH-métrie (évolution du pH au cours de la réalisation du titrage).

La pH-métrie est un cas particulier de potentiométrie : un pH-mètre mesure en réalité la différence de potentiel entre deux électrodes. Ces deux électrodes sont une **électrode de référence** (de potentiel constant) et une électrode dont le potentiel E est sensible à la concentration en ions oxonium $\left[H_3O^+\right]$ (**électrode de verre**). Une valeur du pH est fournie par l'appareil grâce à un **étalonnage**. En effet il existe une relation affine entre la différence de potentiel constatée et le pH de la solution considérée :

$$\Delta E = a + b\text{pH}$$

(a et b sont des grandeurs déterminées par étalonnage de l'appareil avec des solutions de pH connus).

Une électrode de verre est elle-même constituée d'une électrode de référence plongeant dans une solution de pH fixé : électrode Ag(s)/AgCl(s) dans une solution d'acide chlorhydrique à la concentration 0,1 mol·L^{-1}. Une fine paroi de verre (50 μm) sépare cette solution de la solution extérieure dont on cherche à mesurer le pH. Une électrode dont le potentiel est sensible à la concentration d'un type d'ions particulier est appelée électrode *spécifique*. Une électrode de verre est donc une électrode spécifique à ions oxonium H_3O^+.

✎ Notons que la réponse d'une électrode de verre en milieu pauvre en ions oxonium est souvent insuffisante, on parle d'*erreur alcaline*. En effet, l'électrode de verre est sensible à la présence de cations type Na^+ ou K^+. Ces cations sont donc susceptibles de perturber la mesure : lorsque la concentration en ions oxonium est faible, la réponse de l'électrode est due à la présence des ions perturbateurs et non à celle des ions oxonium. Cette situation est rencontrée dans les milieux basiques usuellement obtenus au laboratoire et il est vain d'espérer pouvoir étudier des milieux de pH notablement supérieur à 12 avec les électrodes usuelles.

Un titrage acido-basique peut aussi être suivi par **conductimétrie** : introduction dans la solution d'une cellule de mesure conductimétrique reliée à un conductimètre.

5.2 Titrage acide fort/base forte

a. Suivi pH-métrique

Envisageons le titrage d'une solution d'acide fort (acide chlorhydrique $H_3O^+Cl^-$ ou acide nitrique $H_3O^+NO_3^-$ contenu dans un bécher) à la concentration c_a et de volume V_a. Le réactif titrant (contenu dans la burette) est une solution de soude (Na^+HO^-) à la concentration c_b. Le dispositif expérimental est présenté à la figure 10.17.

Définition

À l'équivalence d'un titrage les réactifs ont été mélangés en proportions stœchiométriques.

Position de l'équivalence, équation de titrage Lors du titrage, le bécher est le siège de la réaction :

$$H_3O^+ \quad + \quad HO^- \quad = \quad 2\,H_2O.$$

Cette réaction est une réaction quantitative (de constante d'équilibre $K_T^\circ = 10^{14}$) et rapide, deux caractéristiques indispensables pour une réaction de titrage. À l'équivalence, la relation :

$$n_{H_3O^+} = (n_{HO^-})_{\text{ajouté}}$$

est vérifiée, il s'agit de la relation à l'équivalence. Cette équation est traduite par :

$$c_a V_a = c_b V_{b,eq}$$

où $V_{b,eq}$ correspond au volume de base versé (titrant) lorsque l'équivalence est atteinte. Une mesure expérimentale de $V_{b,eq}$ conduit à la détermination de la concentration c_a en acide fort (V_a et c_b sont supposés connus).

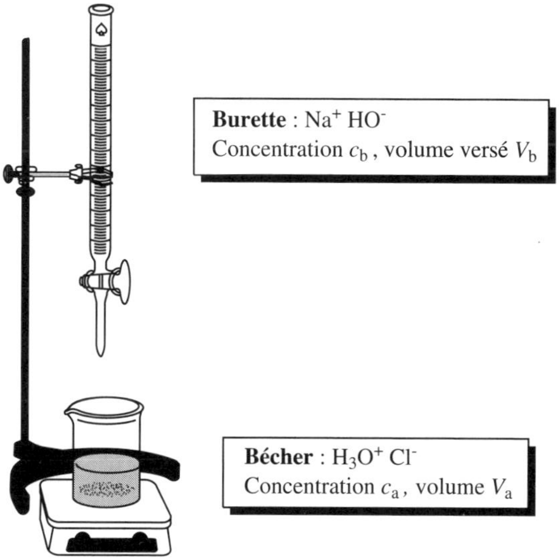

FIGURE 10.17 – Dispositif expérimental

Expression du pH au cours du titrage Il est possible de déterminer de façon approchée l'expression analytique de $pH = f(V_b)$ où V_b désigne le volume de base (titrant) ajouté.

- $V_b = 0$: le bécher contient un acide fort :

$$pH = -\log c_a.$$

- $0 < V_b < V_{b,eq}$:

$$pH = -\log [H_3O^+] = -\log \left(\frac{c_a V_a - c_b V_b}{V_a + V_b} \right) = -\log \left(\frac{c_b (V_{b,eq} - V_b)}{V_a + V_b} \right)$$

en utilisant la relation à l'équivalence. Il s'agit d'une courbe dont la pente est croissante.

- $V_b = V_{b,eq}$: la solution équivalente ne contient que de l'eau, l'équilibre de contrôle est la réaction d'autoprotolyse qui conduit à $[H_3O^+] = [HO^-]$. Le pH vaut donc :

$$pH = 7,0.$$

- $V_b > V_{b,eq}$: la base ajoutée est en excès dans le milieu et impose le pH. Ainsi :

$$pH = 14 + \log \left(\frac{c_b (V_b - V_{b,eq})}{V_a + V_b} \right).$$

Il s'agit dans ce cas d'une courbe de pente décroissante.
Remarquons que la pente étant croissante avant l'équivalence et décroissante après, elle est par conséquent maximale à l'équivalence. Il s'agit donc d'un bon critère pour repérer expérimentalement la position de l'équivalence. Par ailleurs, notons que la valeur pH $= 7,0$ au point équivalent est caractéristique d'un titrage acide fort/base forte.

Allure de la courbe Il s'agit d'une courbe **symétrique** par rapport au point (E) (point équivalent). Un **point d'inflexion** est rencontré pour la courbe pH $= f(V_b)$ au **point équivalent**. Dans le cas du titrage d'une solution d'acide nitrique $H_3O^+ \ NO_3^-$ (volume $V_a = 10$ mL et concentration $c_a = 0{,}1$ mol·L^{-1}) par la soude Na^+HO^- (concentration $c_b = 0{,}1$ mol·L^{-1}), l'évolution observée est présentée à la figure 10.18.

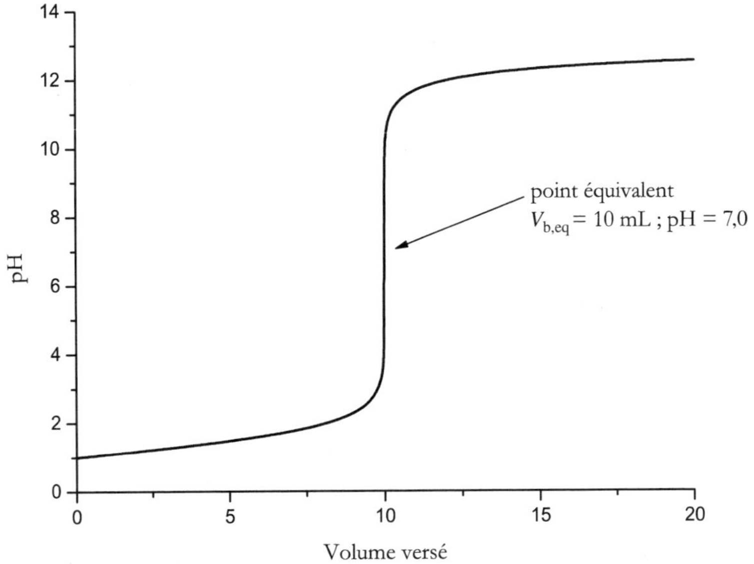

FIGURE 10.18 – Évolution pH $= f(V_b)$

b. Localisation expérimentale de l'équivalence

Il est possible, une fois la courbe pH $= f(V_b)$ tracée, de déterminer la **position de l'équivalence** lorsque le fort saut de pH est rencontré. Une méthode se révèle plus précise lorsque le nombre de points expérimentaux est suffisant, mais elle nécessite un traitement informatique des résultats ; il s'agit de tracer la dérivée :

$$\frac{\mathrm{dpH}}{\mathrm{d}V_b} = g(V_b).$$

Le point équivalent (correspondant à un point d'inflexion de la courbe pH $= f(V_b)$) est rencontré pour le volume V_b correspondant au maximum de la courbe dérivée (voir figure 10.19).

Expérimentalement, les **indicateurs colorés** acido-basiques sont couramment utilisés. Un **indicateur coloré** est une espèce manifestant un rôle acido-basique et participant à un couple noté HIn/In^- dont les formes HIn et In^- présentent des couleurs différentes détectables même en très faibles concentrations. Le diagramme de prédominance de l'indicateur coloré HIn montre que le changement de couleur s'opère aux alentours de $pH = pK_A(HIn/In^-)$. Ainsi si ce pK_A est voisin du pH attendu au point équivalent, l'indicateur choisi constituera un bon moyen de détection du **point équivalent**.

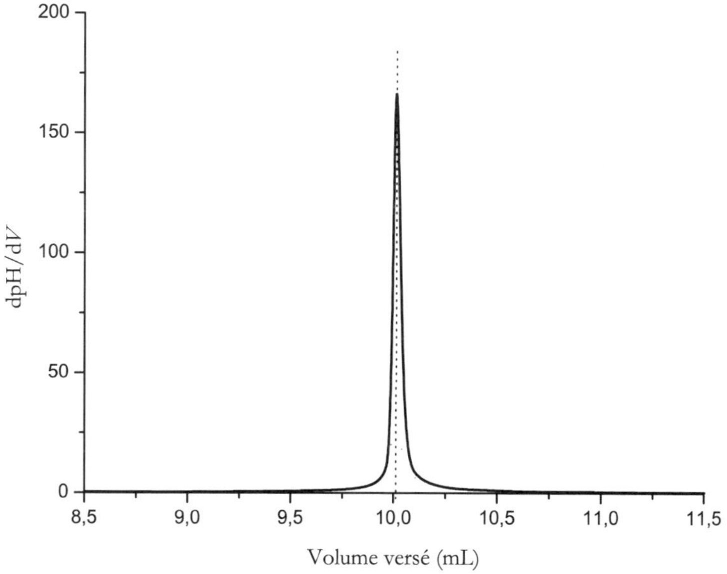

FIGURE 10.19 – Évolution $\left(\dfrac{\mathrm{dpH}}{\mathrm{d}V_b}\right) = g(V_b)$

✎ L'indicateur coloré, espèce acido-basique, doit être introduit en faible quantité pour ne pas perturber le titrage.

Citons ci-dessous quelques indicateurs colorés et leur zone de virage :

Indicateur coloré	couleur de l'acide	couleur de la base	zone de virage
bleu de bromophénol	jaune	violet	3,0 – 4,6
hélianthine	rouge	jaune	3,1 – 4,4
vert de bromocrésol	jaune	bleu	3,9 – 5,5
rouge de méthyle	rouge	jaune	4,2 – 6,2
rouge de bromophénol	jaune	rouge	5,2 – 6,8
bleu de bromothymol	jaune	bleu	6,1 – 7,6
rouge de crésol	jaune	rouge	7,2 – 8,8
phénolphtaléine	incolore	rose	8,1 – 10,0

Ainsi le bleu de bromothymol peut être utilisé pour le dosage acide fort/base forte.

c. Méthode de GRAN

La méthode de GRAN cherche à **linéariser** la courbe $\text{pH} = f(V_b)$. Avant l'équivalence :

$$[H_3O^+] = \frac{c_b(V_{b,eq} - V_b)}{V_a + V_b} = 10^{-\text{pH}}.$$

Ainsi :

$$10^{-\text{pH}}(V_a + V_b) = c_b(V_{b,eq} - V_b) = g(V_b).$$

L'expérimentateur, au lieu de tracer $\text{pH} = f(V_b)$, envisagera l'évolution de :

$$10^{-\text{pH}}(V_b + V_a) = g(V_b).$$

Il s'agit d'une droite qu'il suffit de prolonger jusqu'à l'axe des abscisses. L'expression précédente montre que l'intersection a lieu pour $V_b = V_{b,eq}$, déterminé ici avec précision. Dans le cas du titrage d'une solution d'acide nitrique $H_3O^+ \; NO_3^-$ (volume $V_a = 10$ mL et concentration $c_a = 0{,}1 \text{ mol·L}^{-1}$) par une solution de soude Na^+HO^- (concentration $c_b = 0{,}1 \text{ mol·L}^{-1}$), l'évolution observée est présentée à la figure 10.20.

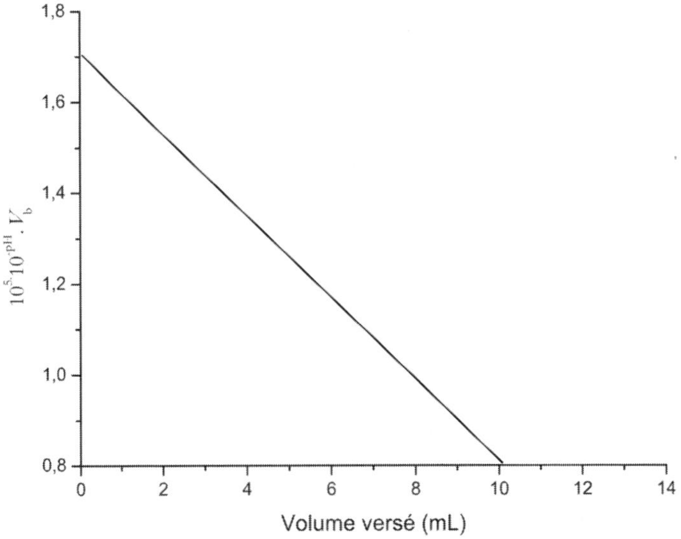

FIGURE 10.20 – Droite de GRAN

Remarquons que le traitement du dosage d'une base forte par un acide fort est tout à fait similaire à celui présenté ici. La courbe $\text{pH} = f(V_a)$ est alors décroissante.

d. Titrage conductimétrique

Le titrage peut être suivi par **conductimétrie** : l'évolution de la conductivité σ est tracée en fonction de V_b, volume de base ajouté.

⚠ Une erreur classique consiste à oublier la présence des contre-ions (Na^+ et NO_3^- si l'acide fort titré est de l'acide nitrique) qui participent pourtant à la conductivité. Afin de pallier ce problème, il semble utile d'écrire la réaction de titrage avec les contre-ions présents : il s'agit ici de :

$$Na^+HO^- \quad + \quad H_3O^+NO_3^- \quad = \quad 2\,H_2O \quad + \quad Na^+NO_3^-.$$

Il est possible d'établir les expressions $\sigma = f(V_b)$ au cours du titrage.

- $V_b < V_{b,eq}$: dans le bécher les ions Na^+ remplacent des ions oxonium H_3O^+, σ s'exprime par :

$$\sigma = \sum_{\text{ions}} |z_i|\,\lambda^0_{i,\text{eq}} c_i$$

en faisant intervenir les conductivité ioniques molaires équivalentes limites. Ici :

$$\sigma = \lambda^0_{NO_3^-}\frac{c_a V_a}{V_a+V_b} + \lambda^0_{H_3O^+}\frac{c_a V_a - c_b V_b}{V_a+V_b} + \lambda^0_{Na^+}\frac{c_b V_b}{V_a+V_b}.$$

- $V_b > V_{b,eq}$: dans le bécher les ions Na^+ et HO^- sont ajoutés en excès :

$$\sigma = \lambda^0_{NO_3^-}\frac{c_a V_a}{V_a+V_b} + \lambda^0_{HO^-}\frac{c_b V_b - c_a V_a}{V_a+V_b} + \lambda^0_{Na^+}\frac{c_b V_b}{V_a+V_b}.$$

Il est plus pratique de manipuler des **relations affines** lorsque ceci est possible. Pour cette raison, les conditions expérimentales sont souvent choisies de façon à pouvoir **négliger le facteur de dilution** provoqué par l'ajout de base : $V_a + V_b \approx V_a$ implique alors que les deux évolutions $\sigma = f(V_b)$ sont des portions de droites. Si la dilution n'est pas négligeable, c'est traditionnellement l'évolution de :

$$\sigma\frac{V_a+V_b}{V_a} = f(V_b)$$

qui est tracée. On parle alors de **conductivité corrigée du facteur de dilution** ou encore de **conductivité corrigée**. Les expressions précédentes montrent qu'il s'agit de deux portions de droites :

$$\sigma\frac{V_a+V_b}{V_a} = \lambda^0_{NO_3^-}c_a + \lambda^0_{H_3O^+}c_a + (\lambda^0_{Na^+} - \lambda^0_{H_3O^+})\frac{c_b V_b}{V_a}$$

avant l'équivalence et :

$$\sigma\frac{V_a+V_b}{V_a} = \lambda^0_{NO_3^-}c_a - \lambda^0_{HO^-}c_a + (\lambda^0_{Na^+} + \lambda^0_{HO^-})\frac{c_b V_b}{V_a}$$

après l'équivalence.

Avant l'équivalence il s'agit d'une **droite décroissante** ($\lambda^0_{Na^+} - \lambda^0_{H_3O^+} < 0$ à cause de la forte valeur de $\lambda^0_{H_3O^+}$) tandis qu'il s'agit d'une **droite croissante après l'équivalence**

($\lambda^0_{Na^+} + \lambda^0_{HO^-} > 0$). Dans le cas du titrage d'une solution d'acide nitrique H_3O^+ NO_3^- (volume $V_a = 10$ mL et concentration $c_a = 0{,}1$ mol·L^{-1}) par une solution de soude Na^+HO^- (concentration $c_b = 0{,}1$ mol·L^{-1}), l'évolution observée est présentée à la figure 10.21.

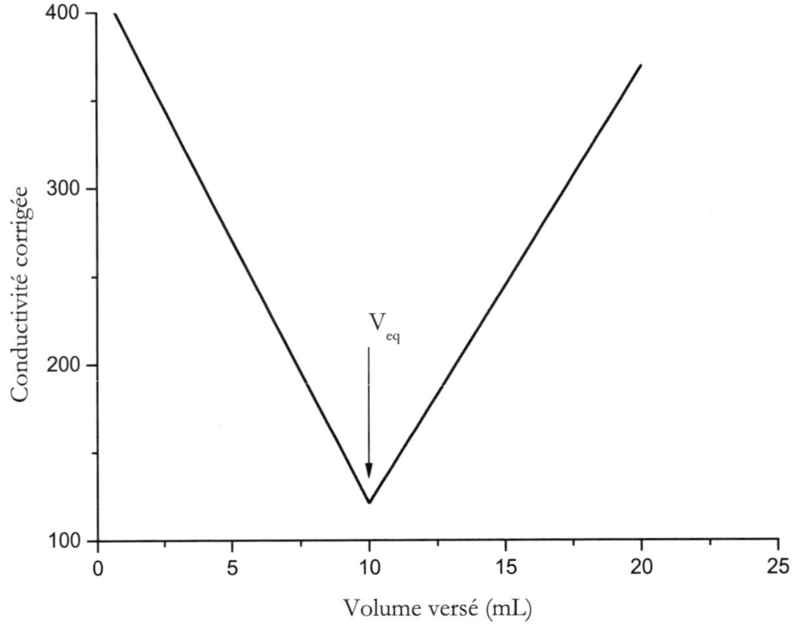

FIGURE 10.21 – Évolution $\sigma_{corr} = f(V_b)$

L'**équivalence** est repérée par la **rupture de pente**.

✎ En pratique ce sont les portions affines constatées (loin de l'équivalence) qui sont prolongées et déterminent par leur intersection la position du volume équivalent.

Notons qu'il est possible de prévoir **qualitativement** ces évolutions. Avant l'équivalence les ions Na^+ **remplacent** les ions oxonium H_3O^+ dans le bécher (la solution reste électriquement neutre). La conductivité décroît car les ions Na^+ sont moins conducteurs que les ions oxonium H_3O^+ ($\lambda^0_{H_3O^+}$ est la valeur la plus forte rencontrée en solution aqueuse). Après l'équivalence la conductivité augmente car les ions Na^+ et HO^- sont ajoutés en excès.

5.3 Titrage d'un acide faible *A*H par une base forte

Les conditions opératoires sont les mêmes que précédemment : l'acide AH est contenu dans le bécher (volume V_a et concentration c_a). Le réactif titrant (contenu dans la burette) est une solution de soude (Na^+HO^-) à la concentration c_b. Le volume ajouté est noté V_b. Le dispositif expérimental est décrit à la figure 10.22 page 363.

a. Suivi pH-métrique

Le cas étudié ici est celui d'un acide faible de pK_A moyen (compris entre 3,0 et 8,0). Celui-ci n'est pas envisagé dans des conditions de très forte dilution (son comportement serait alors voisin de celui d'un acide fort).

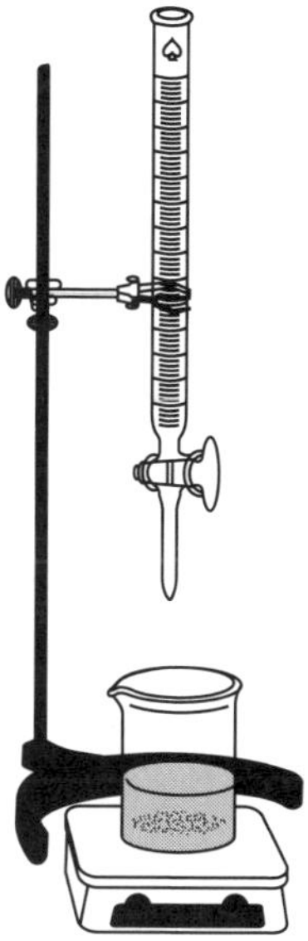

FIGURE 10.22 – Dispositif expérimental

Position de l'équivalence, équation de titrage Le bécher est le siège de la réaction de constante d'équilibre K_T° :

$$AH \quad + \quad HO^- \quad = \quad A^- \quad + \quad H_2O \qquad K_T^\circ = \frac{K_A}{K_e} \gg 1.$$

La réaction est rapide et quantitative (indispensable pour un titrage). À l'**équivalence** les réactifs ont été introduits en proportions stœchiométriques, la relation :

$$n_{AH} = (n_{HO^-})_{\text{ajouté}}$$

est vérifiée. Elle est traduite par l'égalité :

$$c_a V_a = c_b V_{b,eq}$$

où $V_{b,eq}$ correspond au volume de base versé lorsque l'équivalence est atteinte. Une mesure de ce volume permet de déterminer la concentration c_a de l'acide (V_a et c_b sont supposées connues). Dans le cas du titrage de l'acide éthanoïque (acétique) par la soude, l'équation de titrage est :

$$CH_3COOH \quad + \quad HO^- \quad = \quad CH_3COO^- \quad + \quad H_2O \qquad K_T^\circ = 1,6.10^9.$$

Expression du pH Il est possible de déterminer l'évolution du pH de la solution en fonction du volume de base ajouté.

- $V_b = 0$: la solution est un acide faible. En le supposant peu dissocié il vient

$$\text{pH} = \frac{1}{2}(\text{p}K_A - \log c_a).$$

- $0 < V_\text{b} < V_\text{b,eq}$: la solution contient un mélange AH/A^- (mélange acide/base conjuguée). Le pH s'exprime par :

$$\text{pH} = \text{p}K_A + \log\frac{[A^-]}{[AH]}.$$

Exprimons chacune des concentrations :

$$[AH] = \frac{c_\text{a}V_\text{a} - c_\text{b}V_\text{b}}{V_\text{a}+V_\text{b}} = \frac{c_\text{b}(V_\text{b,eq} - V_\text{b})}{V_\text{a}+V_\text{b}} \qquad \text{et} \qquad [A^-] = \frac{c_\text{b}V_\text{b}}{V_\text{a}+V_\text{b}}.$$

Ainsi :

$$\text{pH} = \text{p}K_A + \log\frac{V_\text{b}}{V_\text{b,eq} - V_\text{b}}.$$

En introduisant la variable réduite $x = \dfrac{V_\text{b}}{V_\text{b,eq}}$, le pH est donné par :

$$\text{pH} = \text{p}K_A + \log\frac{x}{1-x}.$$

- $V_\text{b} = V_\text{b,eq}$: le bécher contient la base A^- à la concentration :

$$c' = c_\text{a}\frac{V_\text{a}}{V_\text{a} + V_\text{b,eq}}.$$

En supposant la base peu protonée, il vient :

$$\text{pOH} = \frac{1}{2}(\text{p}K_B - \log c') \qquad \text{d'où} \qquad \text{pH} = 14 - \frac{1}{2}(\text{p}K_B - \log c').$$

- $V_\text{b} > V_\text{b,eq}$: le pH est imposé par la base forte en excès (en réalité la solution est un mélange base forte/base faible) :

$$\text{pH} = 14 + \log\frac{c_\text{b}(V_\text{b} - V_\text{b,eq})}{V_\text{a}+V_\text{b}}.$$

Dans le cas du titrage d'une solution d'acide éthanoïque (volume $V_\text{a} = 10$ mL et concentration $c_\text{a} = 0{,}1$ mol·L^{-1}) par la soude Na^+HO^- (concentration $c_\text{b} = 0{,}1$ mol·L^{-1}) l'évolution observée est présentée à la figure 10.23 page 365.
Notons l'existence d'un **point d'inflexion** caractéristique à la **demi-équivalence**.

b. Validité des relations (option PC)

Quelques **points particuliers** se distinguent.

- $V_\text{b} = V_\text{b,eq}/2$: il s'agit de la **demi-équivalence**. L'application de la relation déterminée précédemment conduit à :

$$\text{pH} = \text{p}K_A.$$

- $V_b = V_{b,eq}$: **équivalence**. La solution est alors une solution de base faible, le pH est basique ($> 7,0$).

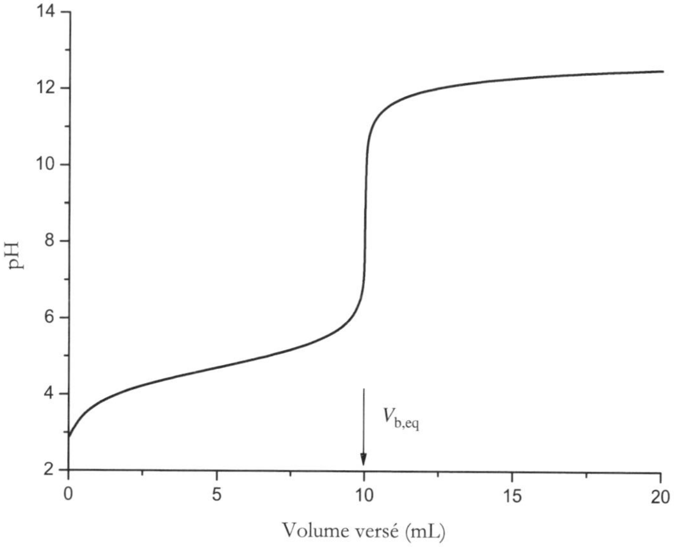

FIGURE 10.23 – Évolution pH $= f(V_b)$

⚠ L'expression de pH $= f(V_b)$ déterminée pour $0 < V_b < V_{b,eq}$ suppose que l'**équilibre de contrôle** est effectivement de type :

$$AH + A^- = A^- + AH$$

et donc qu'il est légitime de négliger la **réaction prépondérante secondaire** :

$$AH + H_2O = A^- + H_3O^+.$$

En pratique cela est vrai lorsque l'acide n'est pas trop fort (de pK_A supérieur à $3,0$), pas trop dilué (ceci dépend de la force de l'acide et donc de la comparaison entre pK_A et pc_0), et pour un volume V_b compris entre $0,1V_{b,eq}$ et $0,9V_{b,eq}$. Nous nous accorderons pour utiliser l'expression de pH $= f(V_b)$ déterminée pour $0 < V_b < V_{b,eq}$ lorsque le pH initial (à $V_b = 0$) est inférieur à p$K_A - 1$.

Si l'acide est trop fort, le pH doit être calculé point par point et à la **demi-équivalence** pH $\neq$ pK_A (exemple : acide dichloroacétique de p$K_A = 1,3$). L'expression fournie pour $V_b > V_{b,eq}$ suppose un pH imposé par la base forte. Ceci n'est pas vrai immédiatement après l'équivalence mais est rapidement vérifié au-delà.

Notons par ailleurs que pour un acide très faible (de pK_A supérieur à 8,0), la réaction de titrage devient de moins en moins quantitative (la constante d'équilibre K_T° associée à la réaction de titrage diminue) : le saut de pH associé à l'équivalence est de moins en moins marqué et devient éventuellement insuffisant pour un titrage précis.

c. Domaine de HENDERSON

Dans le cas des acides faibles vérifiant les hypothèses simplificatrices énoncées au paragraphe précédent (acide faible initialement peu dissocié), il apparaît une zone particulière appelée zone de HENDERSON et située pour $0 < V_b < V_{b,eq}$. Elle est caractérisée par les propriétés suivantes :

- le pH **varie peu** et ne dépend pas de la dilution ;
- le point de demi-équivalence est point de symétrie et **point d'inflexion**. Il s'agit d'une propriété de la fonction :

$$\log\left(\frac{x}{1-x}\right).$$

- à la **demi-équivalence** $\text{pH} = \text{p}K_A$.

La tangente à la courbe au point d'inflexion est appelée droite de HENDERSON.

d. Méthode de GRAN

La méthode de GRAN permet de **linéariser** la courbe $\text{pH} = f(V_b)$ pour $V_b < V_{b,eq}$. La constante d'équilibre K_A s'exprime par :

$$K_A = \frac{h[A^-]}{[AH]} = \frac{10^{-\text{pH}}V_b}{V_{b,eq} - V_b}$$

en utilisant les expressions des concentrations déterminées précédemment. Ainsi le tracé de :

$$10^{-\text{pH}}V_b = g(V_b)$$

doit être une droite de coefficient directeur $-K_A$ qui croisera l'axe des abscisses en $V_b = V_{b,eq}$. En effet l'expression de la constante d'équilibre K_A conduit à la relation :

$$\boxed{10^{-\text{pH}}V_b = K_A(V_{b,eq} - V_b).}$$

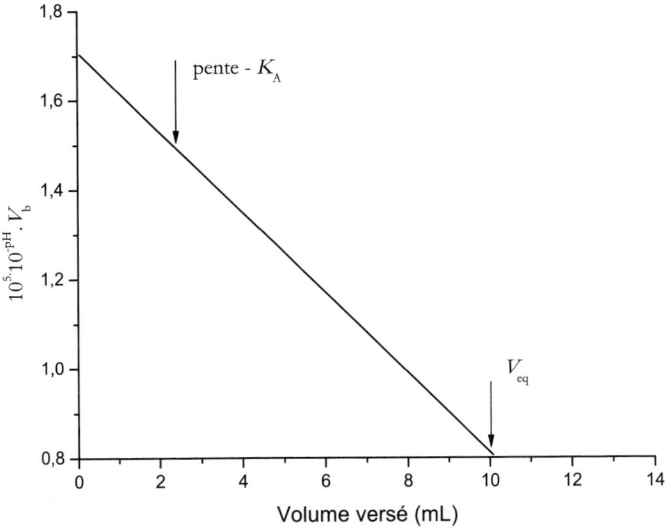

FIGURE 10.24 – Droite de GRAN

Cette méthode permet de déterminer à la fois le **volume équivalent** avec précision mais aussi la **constante d'acidité** K_A (d'après la valeur du coefficient directeur de la droite de GRAN). Dans le cas du titrage d'une solution d'acide éthanoïque (volume $V_a = 10$ mL et concentration $c_a = 0{,}1$ mol·L^{-1}) par la soude Na^+HO^- (concentration $c_b = 0{,}1$ mol·L^{-1}) l'évolution observée est présentée à la figure 10.24 page 366

Notons que le titrage d'une base faible par un acide fort est traité de façon analogue. La courbe $pH = f(V_a)$ est alors décroissante.

e. Titrage conductimétrique

Soit le titrage de l'acide éthanoïque par la soude suivi par **conductimétrie**. Pour éviter des erreurs il est souhaitable d'écrire la réaction de titrage sans oublier les contre-ions : ici il s'agit de :

$$CH_3COOH \quad + \quad Na^+HO^- \quad = \quad CH_3COO^-Na^+ \quad + \quad H_2O.$$

- $V_b < V_{b,eq}$: au cours du titrage il apparaît dans le bécher les ions éthanoate CH_3COO^- et les ions sodium Na^+. La conductivité est donnée par :

$$\sigma = \left(\lambda^0_{Na^+} + \lambda^0_{CH_3COO^-}\right) \frac{c_b V_b}{V_a + V_b}.$$

- $V_b > V_{b,eq}$: la soude Na^+HO^- est ajoutée en excès, la conductivité prend la forme :

$$\sigma = \lambda^0_{Na^+} \frac{c_b V_b}{V_a + V_b} + \lambda^0_{CH_3COO^-} \frac{c_b V_{b,eq}}{V_a + V_b} + \lambda^0_{HO^-} \frac{c_b (V_b - V_{b,eq})}{V_a + V_b}.$$

Si la dilution occasionnée par l'ajout de base est négligeable $\sigma = f(V_b)$ est constituée de **portions affines**. Dans le cas contraire c'est la **conductivité corrigée** :

$$\sigma \frac{V_a + V_b}{V_a} = f(V_b)$$

qui présente des **portions affines**. Ici les deux coefficients directeurs sont positifs (droites croissantes), mais le coefficient directeur correspondant au domaine $V_b > V_{b,eq}$ dont la valeur est donnée par :

$$(\lambda^0_{Na^+} + \lambda^0_{HO^-}) \frac{c_b}{V_a}$$

est supérieur à celui du domaine $V_b < V_{b,eq}$ dont la valeur est donnée par :

$$(\lambda^0_{Na^+} + \lambda^0_{CH_3COO^-}) \frac{c_b}{V_a}$$

à cause de la forte valeur de la conductivité ionique molaire équivalente limite des ions hydroxyde $\lambda^0_{HO^-}$. Dans le cas du titrage d'une solution d'acide éthanoïque (volume $V_a = 10$ mL et concentration $c_a = 0{,}1$ mol·L^{-1}) par la soude Na^+HO^- (concentration $c_b = 0{,}1$ mol·L^{-1}) l'évolution observée est présentée à la figure 10.25.

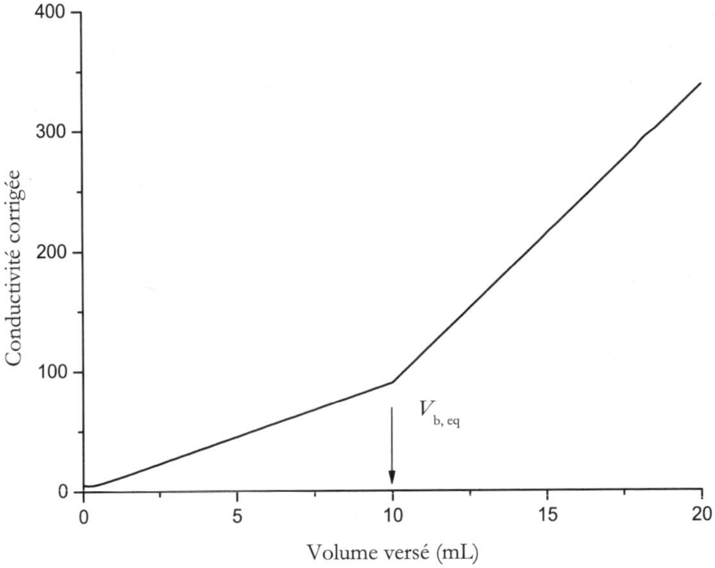

FIGURE 10.25 – Évolution de $\sigma_{corr} = f(V_b)$

L'**équivalence** est détectée par la **rupture de pente** (expérimentalement les portions affines, loin de l'équivalence, sont prolongées et se croisent pour un volume $V_b = V_{b,eq}$).

5.4 Solutions tampons, pouvoir tampon

a. Définition, réalisation pratique d'un tampon

Définition

Une solution tampon est une solution dont le pH est peu influencé par un apport extérieur de constituants acido-basiques ou par la dilution.

Réaliser un **tampon** consiste à se placer dans la zone de HENDERSON, le pH y est peu sensible à un apport modéré d'acide, de base ou à la dilution. Une **solution tampon** est une solution contenant un **mélange d'un acide et de sa base conjuguée**. Elle peut être réalisée par ajout d'acide fort dans une solution de base faible, par ajout de base forte dans une solution d'acide faible ou par mélange direct d'un acide et de sa base conjuguée.

b. Pouvoir tampon

Définition

Le pouvoir tampon β mesure la qualité d'un tampon, il est défini par : $\beta = \left|\dfrac{dc_B}{dpH}\right|$.

où dc_B est la variation infinitésimale de concentration en base provoquant la variation infinitésimale de pH notée dpH (un bon tampon occasionnera une variation infinitésimale de pH dpH très faible et donc une forte valeur de β). Dans la zone de HENDERSON :

$$\mathrm{pH} = \mathrm{p}K_A + \log \frac{x}{1-x}$$

en utilisant la variable réduite :

$$x = \frac{V_\mathrm{b}}{V_\mathrm{b,eq}}.$$

Soit V_b la quantité de base ajoutée, elle se traduit par une concentration en base :

$$c_\mathrm{B} = \frac{c_\mathrm{b}V_\mathrm{b}}{V_\mathrm{a}+V_\mathrm{b}} = \frac{c_\mathrm{b}V_\mathrm{b,eq}}{V_\mathrm{total}}x.$$

En négligeant la variation de volume occasionnée par l'ajout, il vient :

$$\mathrm{d}c_\mathrm{B} = \frac{c_\mathrm{b}V_\mathrm{b,eq}}{V_\mathrm{total}}\mathrm{d}x$$

et :

$$\mathrm{dpH} = \frac{1}{\ln 10}\frac{\mathrm{d}x}{x(1-x)}$$

d'où :

$$\beta = \frac{c_\mathrm{b}V_\mathrm{b,eq}}{V_\mathrm{total}}2,3x(1-x).$$

Cette fonction est maximale en $x = 1/2$. Retenons ce résultat important : **le pouvoir tampon est maximal pour un mélange équimolaire acide/base conjuguée**. Le pH du tampon correspond alors au $\mathrm{p}K_A$ du couple acido-basique engagé. Il est possible de définir le **pouvoir tampon** β de façon parallèle par :

$$\beta = \left|\frac{\mathrm{d}c_\mathrm{A}}{\mathrm{dpH}}\right|$$

où $\mathrm{d}c_\mathrm{A}$ est la variation infinitésimale de concentration en acide provoquant la variation infinitésimale de pH notée dpH. Le résultat est évidemment le même que celui démontré précédemment : le pouvoir tampon est maximal pour un mélange équimolaire acide/base conjuguée. Notons qu'un **pseudo-tampon** est une espèce vérifiant une seule des propriétés d'un tampon : le pH est peu sensible à la dilution ou bien le pH est peu sensible à un apport d'acide ou de base. C'est par exemple le cas d'une solution d'ampholyte dont le pH, peu sensible à la dilution, est donné par une relation de type :

$$\mathrm{pH} = \frac{1}{2}(\mathrm{p}K_{A1} + \mathrm{p}K_{A2}).$$

5.5 Titrage de polyacides (polybases) ou de mélanges d'acides (de bases)

a. Titrages successifs/simultanés

Face à un polyacide ou bien un mélange d'acides (ou face à une polybase, un mélange de bases) il est important de savoir si les différentes espèces vont être titrées **successivement** (**un saut de pH par titrage d'espèce**) ou bien **simultanément** (**un saut de pH correspond au titrage de plusieurs espèces**). Des courbes simulées permettent de conclure en localisant les phénomènes associés aux différents sauts de pH. Il est toutefois possible d'énoncer un **critère** portant sur les pK_A des couples acido-basiques engagés. Considérons le diacide $A\mathrm{H}_2$ (de pK_A successifs notés pK_{A1} et pK_{A2}). Au cours de l'ajout de titrant (ions hydroxyde HO^-) les espèces $A\mathrm{H}^-$ et A^{2-} sont susceptibles d'apparaître. Les deux titrages :

$$\begin{array}{lllllll} A\mathrm{H}_2 & + & \mathrm{HO}^- & = & A\mathrm{H}^- & + & \mathrm{H_2O} \\ A\mathrm{H}^- & + & \mathrm{HO}^- & = & A^{2-} & + & \mathrm{H_2O}. \end{array}$$

sont **disjoints** (et **successifs**) si la deuxième réaction n'est pas réalisée à plus de 1 % alors que la première réaction a été réalisée à 99 %. Ces hypothèses sont traduites par les relations :

$$[A\mathrm{H}_2] \approx \frac{1}{100}\left[A\mathrm{H}^-\right] \qquad \text{et} \qquad \left[A^{2-}\right] < \frac{1}{100}\left[A\mathrm{H}^-\right].$$

Le calcul de K_{A1}/K_{A2} conduit alors à :

$$\frac{K_{A1}}{K_{A2}} = \frac{[A\mathrm{H}^-]\,[A\mathrm{H}^-]}{[A\mathrm{H}_2]\,[A^{2-}]} > 10^4.$$

La différence des pK_A *doit être supérieure à 4.*
Retenons ce critère : le titrage de deux acidités (ou basicités) est **séparé** à condition de rencontrer une différence entre pK_A supérieure à 4. Dans le cas d'un titrage **successif**, chaque saut de pH est associé au titrage d'une espèce. Dans le cas d'un titrage **simultané** le saut de pH traduit la fin du titrage de **toutes les espèces** présentant des acidités ou des basicités non disjointes (pK_A voisins).

b. Exemple : dosage de l'acide phosphorique

L'acide phosphorique $\mathrm{H_3PO_4}$ (concentration $c_\mathrm{a} = 0{,}1$ mol·L^{-1}, volume $V_\mathrm{a} = 10$ mL) est titré par la soude (concentration $c_\mathrm{b} = 1$ mol·L^{-1}). L'acide $\mathrm{H_3PO_4}$ est un triacide, les pK_A valent respectivement $2,1$; $7,2$ et $12,2$. Les pK_A sont suffisamment espacés, le titrage des espèces $\mathrm{H_3PO_4}$ et $\mathrm{H_2PO_4^-}$ est **successif**. L'évolution observée est présentée à la figure 10.26 page 371. Initialement nous avons pH $= 1,55$: les formes $\mathrm{H_3PO_4}$ et $\mathrm{H_2PO_4^-}$ coexistent. Ceci signifie que l'acide phosphorique est partiellement dissocié de façon initiale. Les réactions de titrage envisagées sont :

$$\begin{array}{llllllll} \mathrm{H_3O^+} & + & \mathrm{HO}^- & = & 2\,\mathrm{H_2O} & & & K^\circ_{T1} = 10^{14} \\ \mathrm{H_3PO_4} & + & \mathrm{HO}^- & = & \mathrm{H_2PO_4^-} & + & \mathrm{H_2O} & K^\circ_{T2} = 10^{11,9} \\ \mathrm{H_2PO_4^-} & + & \mathrm{HO}^- & = & \mathrm{HPO_4^{2-}} & + & \mathrm{H_2O} & K^\circ_{T3} = 10^{6,8} \\ \mathrm{HPO_4^{2-}} & + & \mathrm{HO}^- & = & \mathrm{PO_4^{3-}} & + & \mathrm{H_2O} & K^\circ_{T4} = 10^{1,8}. \end{array}$$

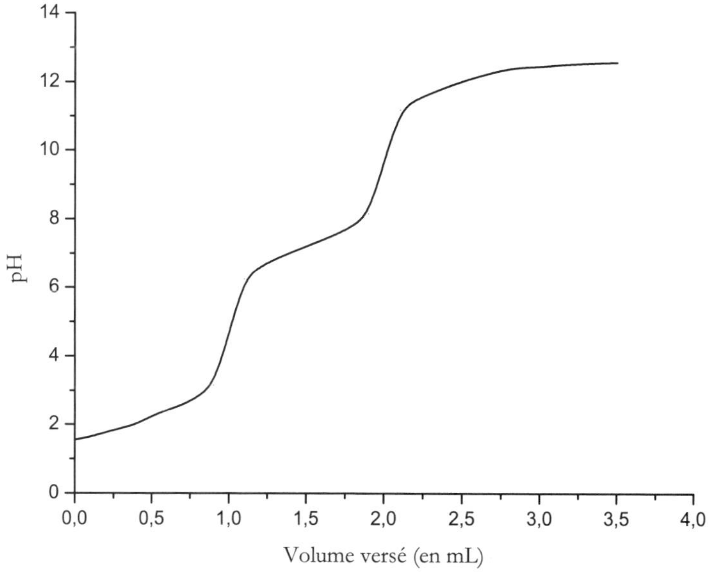

FIGURE 10.26 – Titrage de l'acide phosphorique

⚠ La dernière réaction n'est pas quantitative, elle ne correspond pas à un saut de pH.

L'évolution $\text{pH} = f(V_b)$ présentera donc deux sauts :

- **un premier saut** (pour un volume $V_{b,eq1} = 1$ mL) correspond au titrage simultané des ions H_3O^+ (provenant de la dissociation de l'acide phosphorique) et de l'espèce H_3PO_4. La relation à l'**équivalence** s'écrit :

$$\left(n_{H_3PO_4}\right)_{\text{introduit}} = \left(n_{HO^-}\right)_{\text{versé}}$$

et donc :

$$c_a V_a = c_b V_{b,eq1}.$$

- Le **deuxième saut** de pH (pour un volume $V_{b,eq2} = 2$ mL) est associé au titrage de l'espèce $H_2PO_4^-$, la relation à l'**équivalence** s'écrit :

$$n_{H_2PO_4^-} = \left(n_{HO^-}\right)_{\text{versé depuis la première équivalence}}$$

et donc :

$$c_a V_a = c_b\left(V_{b,eq2} - V_{b,eq1}\right).$$

Les espèces acido-basiques rencontrées successivement lors du titrage sont H_3PO_4, $H_2PO_4^-$, HPO_4^{2-} puis PO_4^{3-} de façon partielle. Sur un diagramme de prédominance le *sens du titrage* est précisé (voir figure 10.27).

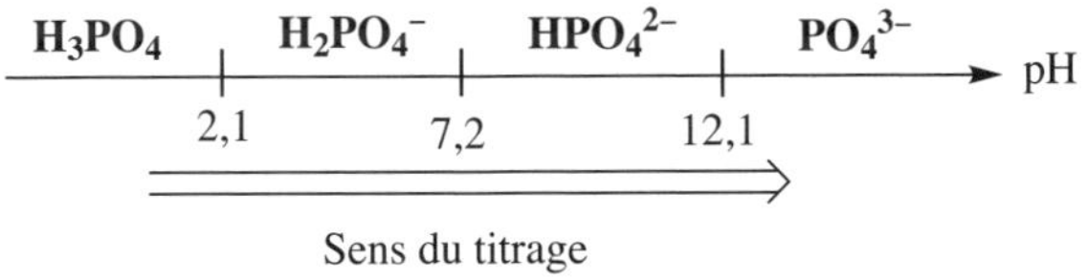

FIGURE 10.27 – Sens du titrage

Il est possible (exercice) de calculer la valeur précise du pH en différents points (demi-équivalences et équivalences) en utilisant la méthode de la **réaction prépondérante**.

c. Inversion burette/bécher

Envisageons désormais le titrage d'une solution de soude par l'acide phosphorique H_3PO_4 situé dans la burette. Il s'agit d'un problème plus complexe. Le milieu est initialement basique, le pH diminue au cours du titrage (ajout d'acide). Sur un diagramme de prédominance nous constatons que le « sens du titrage » est inversé, les espèces acido-basiques successivement rencontrées sont PO_4^{3-}, HPO_4^{2-}, $H_2PO_4^-$ et H_3PO_4 (voir figure 10.28).

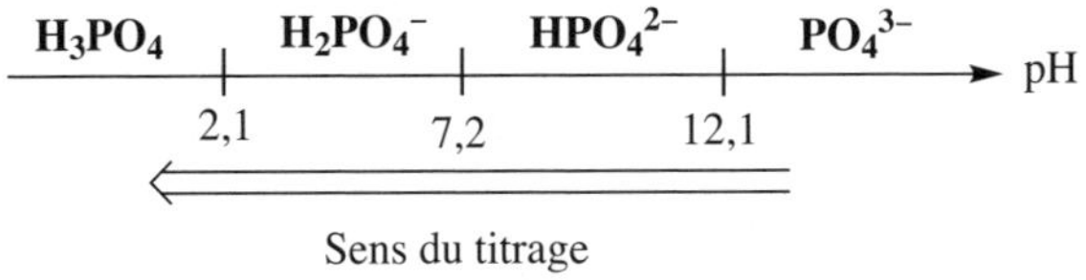

FIGURE 10.28 – Sens du titrage

Il faut donc envisager une première réaction de titrage qui formera l'ion phosphate PO_4^{3-} : il s'agit de :

$$H_3PO_4 \quad + \quad 3\,HO^- \quad = \quad PO_4^{3-} \quad + \quad 3\,H_2O.$$

La solution contient alors des ions PO_4^{3-}, l'ajout de d'acide phosphorique H_3PO_4 est poursuivi. La deuxième réaction de titrage doit former l'espèce HPO_4^{2-}. Il s'agit de :

$$H_3PO_4 \quad + \quad 2\,PO_4^{3-} \quad = \quad 3\,HPO_4^{2-}.$$

La solution contient alors l'espèce HPO_4^{2-} qui pourra réagir avec l'acide H_3PO_4 versé et fournir l'ion $H_2PO_4^-$ selon une troisième réaction de titrage :

$$H_3PO_4 \quad + \quad HPO_4^{2-} \quad = \quad 2\,H_2PO_4^-.$$

Attention à ce genre d'exercices...

6 Détermination d'une constante d'acidité (PC/PSI)

À température fixée plusieurs méthodes permettent de déterminer des constantes d'acidité.

6.1 Résultat conductimétrique, titrages

Il est souvent possible de déterminer une **constante d'acidité** ou de **basicité** par mesure conductimétrique. Considérons un acide faible AH dans l'eau, introduit à la concentration initiale c_a. L'équilibre :

$$AH + H_2O = A^- + H_3O^+$$

s'établit. Un bilan de matière montre qu'alors :

$$[AH] = c_a - x \qquad \text{et} \qquad [A^-] = [H_3O^+] = x$$

en appelant x l'avancement volumique de la réaction à l'équilibre (en supposant que la seule provenance des ions oxonium H_3O^+ est la dissociation de l'acide).

En négligeant les ions naturellement apportés par l'autoprotolyse de l'eau (oxonium H_3O^+ et hydroxyde HO^-), la conductivité s'exprime par :

$$\sigma = x\lambda^0_{H_3O^+} + x\lambda^0_{A^-}.$$

Ainsi :

$$x = \frac{\sigma}{\lambda^0_{H_3O^+} + \lambda^0_{A^-}}$$

peut être déterminé (en utilisant les valeurs numériques de $\lambda^0_{H_3O^+}$ et $\lambda^0_{A^-}$) ainsi que :

$$K_A = \frac{x^2}{c_a - x}.$$

Un titrage d'acide faible par une base forte peut aussi être utilisé. Il conduit, pourvu que l'acide ne soit pas trop fort, à la relation $pH = pK_A$ à la demi-équivalence. Par ailleurs la droite de GRAN correspondante :

$$10^{-pH} V_b = g(V_b)$$

conduit à une droite de pente $-K_A$ (pour $V_b < V_{b,eq}$).

6.2 Méthode spectrophotométrique

La méthode est appliquée à une substance intervenant dans un couple acido-basique AH/A^- avec AH et A^- de **couleur différente**. Plusieurs solutions contenant la substance étudiée sont préparées à des pH différents (la concentration totale c en substance étudiée est la même à chaque fois). Pour chaque solution le spectre d'absorption $A = f(\lambda)$ est tracé, A désignant l'absorbance des solutions. Le résultat obtenu est reproduit à la figure 10.29 page 374.

Toutes les courbes se croisent en un point I : le **point isobestique**. Pour cette longueur d'onde le coefficient d'absorption molaire décimal ε_{AH} de la forme acide AH et le coefficient d'absorption molaire décimal ε_{A^-} de la forme basique A^- sont identiques : l'absorbance ne dépend pas du pH.

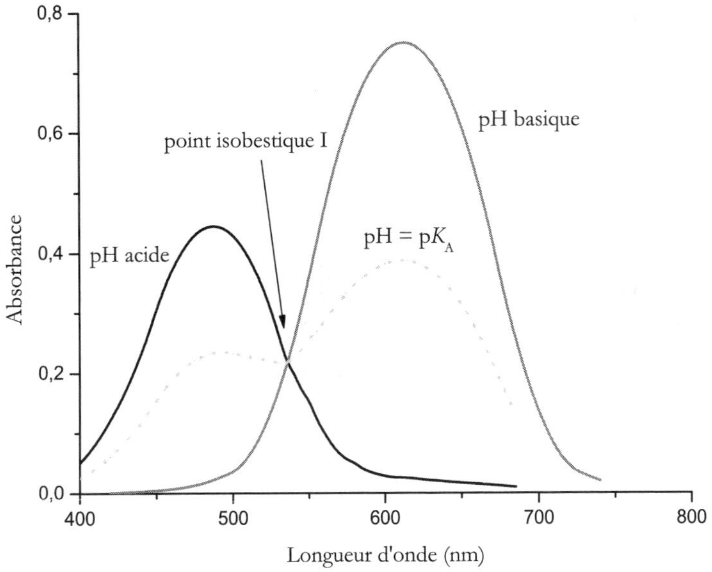

FIGURE 10.29 – Spectres d'absorption

Plaçons nous à la longueur d'onde λ_1. À pH très acide, seul l'acide AH est présent :

$$A_1 = \varepsilon_{A\text{H}} \ell c.$$

À pH très basique seule la forme basique A^- est présente :

$$A_2 = \varepsilon_{A^-} \ell c.$$

Pour la même longueur d'onde mais pour un pH intermédiaire :

$$\text{pH} = \text{p}K_A + \log \frac{[A^-]}{[A\text{H}]}$$

et l'absorbance mesurée A s'exprime par :

$$A = \varepsilon_{A\text{H}} \ell [A\text{H}] + \varepsilon_{A^-} \ell \left[A^-\right]$$

avec $c = [A\text{H}] + [A^-]$. Ces relations conduisent à l'expression :

$$\text{pH} = \text{p}K_A + \log \frac{A_1 - A}{A - A_2}.$$

Il suffit alors de tracer , pour la longueur d'onde λ_1, l'évolution :

$$\log \frac{A_1 - A}{A - A_2} = f(\text{pH}).$$

Il s'agit d'une droite d'ordonnée à l'origine égale à $-$ pK_A.

7 TP-cours : titrage acido-basique (suivi pHmétrique et conductimétrique, PC)

7.1 Expérience réalisée, données

Le but de cette expérience est de doser une solution aqueuse de propanone en utilisant une réaction acido-basique suivie par pH-métrie et conductimétrie. Signalons que la propanone ne possède pas de propriétés acido-basiques notables en solution aqueuse et qu'il est nécessaire de la faire réagir au préalable avec le chlorure d'hydroxylammonium NH_3OH^+ Cl^- pour conduire à une oxime et à des ions oxonium selon l'équation-bilan :

Le chlorure d'hydroxylammonium est un acide faible (couple NH_3OH^+/NH_2OH), dont le pK_A correspondant est voisin de 6 à $T = 298$ K. Après avoir étalonné le pHmètre de façon préalable avec deux solutions tampons, un volume $V_0 = 20$ mL de solution aqueuse d'acétone (concentration inconnue c_0) est prélevé puis ajouté dans un bécher. Nous ajoutons alors un volume $V_0 = 20$ mL d'eau et une masse précise $m = 0{,}35$ g de chlorure d'hydoxylammonium (masse molaire $M = 69{,}5$ g·mol^{-1}). Le contenu du bécher est agité tandis qu'une électrode de verre permet une mesure du pH de la solution. Une cellule conductimétrique permet de mesurer la conductance G de la solution présente dans la cellule de mesure et donc d'estimer la conductivité σ de la solution après étalonnage du conductimètre. Un titrage est réalisé par la soude (de concentration c elle-même inconnue). La seule information fournie suppose que le chlorure d'hydroxylammonium a été introduit en excès par rapport à la solution aqueuse d'acétone. Le pH et la conductivité sont tracés en fonction du volume de titrant (soude) ajouté. Le but de ce TP-cours est d'interpréter les courbes expérimentales obtenues afin d'en déduire la concentration de la solution d'acétone (c_0) mais aussi la concentration c de la soude (réactif titrant). La courbe pHmétrique permettra en outre une estimation expérimentale du pK_A correspondant au couple NH_3OH^+/NH_2OH.

L'évolution du pH et de la conductivité σ avec le volume V de titrant ajouté sont indiqués figure 10.30. Ces évolutions témoignent de deux volumes équivalents (notés V_{e1} et V_{e2}).

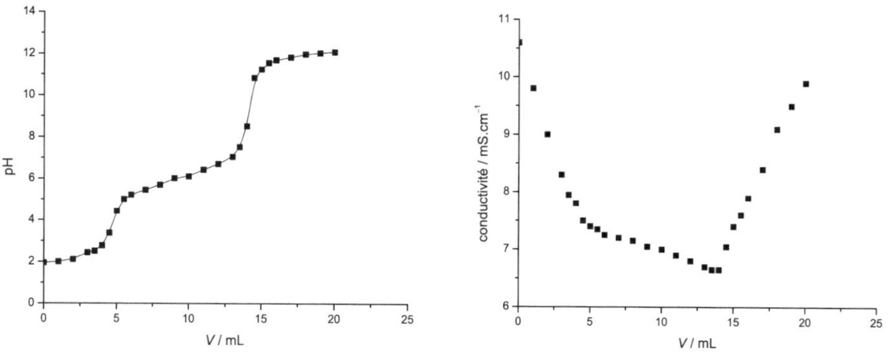

FIGURE 10.30 – Évolution du pH et de la conductivité en fonction du volume de titrant

7.2 Interprétation

c_0 désigne la concentration initiale en acétone dans l'échantillon prélevé. Après dilution, le bécher contient initialement de l'acétone à la concentration $c_0/2$. Lors de l'ajout du chlorure d'hydroxylammonium (concentration dans le milieu $a = \dfrac{m}{2MV_0}$) a lieu la réaction totale de formation de l'oxime. Réalisons un bilan sur cette réaction afin de connaître la nature exacte de la solution titrée par la solution de soude :

	$CH_3-CO-CH_3$	+	NH_3OH^+	=	$(CH_3)_2C{=}NOH$	+	H_3O^+
EI	$c_0/2$		a		0		0
EF	0		$a - c_0/2$		$c_0/2$		$c_0/2$

La solution titrée est d'un point de vue acido-basique un mélange d'acide fort H_3O^+ (concentration $c_0/2$) et d'acide faible NH_3OH^+ (concentration $a - c_0/2$). Les réactions successives de titrage s'écrivent :

$$H_3O^+ \quad + \quad HO^-Na^+ \quad = \quad 2\,H_2O \quad + \quad Na^+$$

de constante d'équilibre $K^\circ_{T,1} = 10^{14}$ et :

$$NH_3OH^+ \quad + \quad HO^-Na^+ \quad = \quad NH_2OH \quad + \quad H_2O \quad + \quad Na^+$$

de constante d'équilibre voisine de $K^\circ_{T,2} = 10^8$. À la première équivalence ($V = V_{e1}$) nous avons :

$$cV_{e1} = \frac{c_0}{2}2V_0 = c_0V_0$$

et à la deuxième équivalence ($V = V_{e2}$) :

$$c\,(V_{e2} - V_{e1}) = \left(a - \frac{c_0}{2}\right)2V_0 = 2aV_0 - c_0V_0.$$

En prenant $V_{e1} \approx 4{,}7$ mL et $V_{e2} \approx 14{,}1$ mL il vient *numériquement* :

$$\frac{V_{e2} - V_{e1}}{V_{e1}} = \frac{2a}{c_0} - 1 \approx 2$$

et donc $c_0 \approx 0{,}08$ mol·L^{-1}. Par ailleurs $c \approx 0{,}35$ mol·L^{-1}. La valeur du pH à la deuxième demi-équivalence ($V \approx 9{,}4$ mL) permet une estimation graphique du pK_A relatif au couple NH_3OH^+/NH_2OH. Nous lisons p$K_A \approx 6{,}05$ à la température de réalisation de l'expérience (20 °C). La forme de la courbe conductimétrique peut être interprétée qualitativement :

- pour un volume de titrant V compris entre 0 et V_{e1}, l'ion hydronium H_3O^+ (très conducteur) est remplacé dans la solution par l'ion sodium Na^+ (moins conducteur) : la conductivité décroît ;
- pour un volume de titrant V compris entre V_{e1} et V_{e2}, l'ion NH_3OH^+ est remplacé dans la solution par l'ion sodium Na^+ : la conductivité évolue de façon moins notable (elle diminue car la conductivité ionique molaire de l'ion NH_3OH^+ est plus importante que la conductivité ionique molaire de l'ion sodium Na^+) ;
- pour un volume de titrant V supérieur à V_{e2}, les ions Na^+ et HO^- sont ajoutés en excès : la conductivité augmente fortement.

Pouvoir tampon et pH sanguin

Le pH du corps humain est une grandeur régulée de façon extrêmement précise. La concentration en ions H^+ est normalement de 40 nanomol·L^{-1} pour le liquide extracellulaire et de 100 nanomol·L^{-1} pour le liquide intracellulaire. On admet que la vie humaine n'est compatible qu'avec un pH sanguin compris entre 7,0 et 7,8. Malgré un apport journalier d'ions H^+ important, l'organisme parvient à réguler la concentration en ions H^+ d'une façon qui force l'admiration : l'apport journalier d'ions H^+ avoisine 1 mmol·L^{-1}/jour, soit une quantité de 70 millions de nanomoles par jour pour un homme de 70 kg ! Cet apport extérieur est issu de l'alimentation (acides organiques, protéines alimentaires métabolisées...) ou provoqué à l'occasion d'un effort (acide lactique). Comment notre corps peut-il conserver le sang à une valeur de pH stable malgré l'apport d'ions H^+ ?

L'élimination des ions H^+ excédentaires est assurée par les systèmes rénaux, mais ce processus se révèle lent et nécessite l'intervention rapide de systèmes tampons efficaces, particulièrement sollicités à l'occasion d'une ingestion accidentelle de substance acide. Le sang possède essentiellement trois types de systèmes tampons :

- le couple H_2CO_3/HCO_3^- (qui agit pour 55 % du pouvoir tampon global) ;
- le couple $Hb\text{HO}_2/Hb\text{O}_2^-$ (hémoglobine) (qui agit pour 40 % du pouvoir tampon global) ;
- le couple $H_2PO_4^-/HPO_4^{2-}$ issu des phosphates inorganiques (qui agit pour 5 % du pouvoir tampon global).

L'hémoglobine est un édifice engageant un centre métallique de type Fe^{2+} ayant fixé une molécule de dioxygène et relié à des molécules organiques *via* des atomes d'azote.

Parmi les systèmes tampons engagés, le couple H_2CO_3/HCO_3^- se révèle être le plus actif et le plus rapide. Les systèmes utilisant les couples $Hb\text{HO}_2/Hb\text{O}_2^-$ ou $H_2PO_4^-/HPO_4^{2-}$ ne deviennent efficaces que trois à quatre heures après une modification de pH. La valeur du pH est liée au pK_A du couple et aux concentrations en solution selon la relation :

$$\text{pH} = \text{p}K_A + \log\left(\frac{[\text{HCO}_3^-]}{[\text{H}_2\text{CO}_3]}\right).$$

La valeur normale du rapport :

$$\frac{[\text{HCO}_3^-]}{[\text{H}_2\text{CO}_3]}$$

est fixée aux alentours de 20. Notons que $[H_2CO_3]$ désigne la concentration en acide carbonique, qui est la forme dissoute du dioxyde de carbone CO_2 en solution. Il apparaît clairement que la teneur du sang en dioxyde de carbone tient une place cruciale dans le processus de régulation du pH. En réalité, le sang contient en permanence une teneur élevée en dioxyde de carbone, ayant pour objet la régulation du pH sanguin. L'évacuation du dioxyde de carbone par les poumons utilisant un transport préalable par le sang ne concerne que 10 % du dioxyde de carbone présent dans le sang.

La respiration est un élément primordial du contrôle de pH sanguin. Elle permet en effet de réguler la valeur de la concentration $[H_2CO_3]$ dans le sang. Une forte respiration permet d'évacuer une grande partie du dioxyde de carbone et de diminuer, au besoin, la valeur de la concentration $[H_2CO_3]$. Une respiration plus mesurée permet de voir augmenter la concentration $[H_2CO_3]$.

La teneur en ions hydrogénocarbonate HCO_3^- est contrôlée par le rein. Quand la concentration $[HCO_3^-]$ augmente de façon trop importante (> 28 mmol·L^{-1}), l'ion HCO_3^- est éliminé par l'urine. Si au contraire la concentration $[HCO_3^-]$ diminue, le rein est capable de fournir de nouveaux ions HCO_3^-. Le processus engage une partie du dioxyde de carbone qui se combine à l'eau pour former des ions hydrogénocarbonate HCO_3^- sous l'effet d'une enzyme, l'*anhydrase carbonique*, constituée d'un centre métallique de type Zn^{2+} lié à trois protéines et à une (ou deux) molécules d'eau.

À cause du mode de régulation du pH sanguin par la respiration, une faible respiration (hypoventilation) peut conduire à une forte concentration en acide H_2CO_3 et donc à une diminution dangereuse du pH sanguin. On parle alors d'*acidose respiratoire*, rencontrée lors de plongée en apnée ou lors de séjour à haute altitude. Au contraire, une forte respiration (hyperventilation) peut conduire à une trop faible concentration en acide H_2CO_3 et donc à une augmentation dangereuse du pH sanguin. Il s'agit alors d'une *alcalose respiratoire*.

EXERCICES

10.1 Indicateur coloré (★)

Le rouge de méthyle est un indicateur coloré de p$K_A = 5,2$, de couleur rouge en milieu acide et jaune en milieu basique. Pour quel type de dosage acido-basique est-il adapté ?

10.2 Dissociation d'un acide faible (★)

L'acide formique de formule HCOOH (noté *A*H) est un monoacide faible de p$K_\text{A} = 3,8$.

1. Calculer le pH et le taux de dissociation α de l'acide d'une solution aqueuse d'acide formique dont la concentration initiale est égale à $c_0 = 10^{-1}$ mol·L^{-1}.

2. Même question pour une concentration initiale $c_0 = 10^{-3}$ mol·L^{-1}.

10.3 pH d'un ampholyte (★)

La glycine est un acide aminé de formule H_3–N^+–CH_2–COO^-, noté *A*H. Il participe à deux couples acido-basiques : AH_2^+/AH de p$K_{A1} = 2,3$; *A*H/A^- de p$K_{A2} = 9,6$.

1. Calculer le pH d'une solution aqueuse de glycine dont la concentration initiale est égale à $c_0 = 10^{-1}$ mol·L^{-1}.

2. Même question pour une concentration initiale $c_0 = 10^{-3}$ mol·L^{-1}.

10.4 pH d'une base faible (★)

L'ion phosphate PO_4^{3-} est une base faible. Calculer le pH d'une solution aqueuse de phosphate de sodium de concentration $c_0 = 10^{-1}$ mol·L^{-1}.
Données :
$pK_{A3}(HPO_4^{2-}/PO_4^{3-}) = 12,3$; $pK_{A2}(H_2PO_4^-/HPO_4^{2-}) = 7,2$; $pK_{A1}(H_3PO_4/H_2PO_4^-) = 2,1$.

10.5 Vitamine C (d'après G2E, écrit, 2001) (★★)

La vitamine C, dont l'autre nom est l'acide ascorbique, est un diacide dont la structure de LEWIS est proposée figure 10.31.

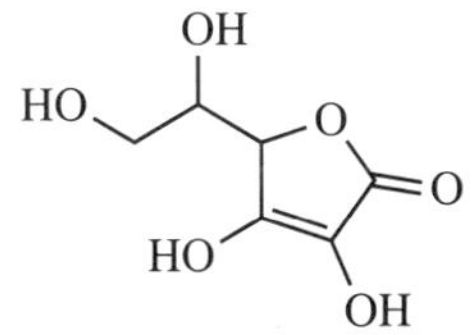

FIGURE 10.31 – Structure de LEWIS de l'acide ascorbique

1. On dissout dans l'eau un comprimé contenant $m = 500$ mg d'acide ascorbique dans une fiole jaugée de volume $V = 200$ mL. En justifiant les approximations réalisées, calculer le pH de la solution obtenue.

2. La vitamine C existe aussi en comprimé tamponné, réalisé en mélangeant l'acide ascorbique $AscH_2$ et de l'ascorbate de sodium $AscHNa$. Un comprimé de vitamine C tamponnée de masse m en principe actif (c'est-à-dire en acide ascorbique) est dissous dans $V' = 100$ mL d'eau distillée. La solution obtenue a un pH de 4,4. Déterminer la masse d'acide ascorbique et la masse d'ascorbate de sodium contenues dans ce cachet. On prendra $m = 500$ mg pour les applications numériques.

Données à 298 K *:*
- $pK_{A1}(AscH_2/AscH^-) = 4,2$; $pK_{A2}(AscH^-/Asc^{2-}) = 11,6$;
- masse molaire moléculaire de l'acide ascorbique $M(AscH_2) = 176$ g·mol^{-1} ;
- masse molaire moléculaire de l'ascorbate de sodium $M(AscHNa) = 198$ g·mol^{-1}.

10.6 Mélange d'acides et de bases (AGRO, oral, 2000) (★★)

Dans un litre d'eau, on introduit 0,15 mol de chlorure d'hydrogène HCl, 0,10 mol d'hydrogénosulfure de sodium NaHS et 0,15 mol d'acétate de sodium CH_3COONa, noté de manière abrégé $AcONa$. Calculer le pH de la solution.
Données à 298 K *:*
- $pK_{A1} = pK_A(H_2S/HS^-) = 7,0$;
- $pK_{A2} = pK_A(HS^-/S^{2-}) = 13,0$;
- $pK'_A = pK_A(AcOH/AcO^-) = 4,8$.

10.7 Mélange d'acides et de bases (AGRO, oral, 2000) (★★)

On mélange 10 mL d'une solution d'acide acétique CH_3COOH (noté $AcOH$) et 6,0 mL d'une solution de nitrite de sodium $NaNO_2$, toutes les deux à la concentration de 0,10 mol·L^{-1}. Calculer le pH de la solution.
Données à 298 K : $pK_A(AcOH/AcO^-) = 4,8$; $pK_A(HNO_2/NO_2^-) = 3,2$.

PROBLÈMES

10.8 Dosage du dioxyde de soufre (d'après CCP PC 2009) (★)

Le dioxyde de soufre a un comportement de diacide dans l'eau. On considère que les espèces contenant l'élément soufre présentes en solution aqueuse sont : SO_2(aq), HSO_3^-(aq) et SO_3^{2-}(aq). La température est fixée à 298 K. On étudie le dosage de $V_0 = 10{,}0$ mL d'une solution aqueuse de dioxyde de soufre, de concentration notée c_{SO_2}, par une solution aqueuse de soude, NaOH, de concentration $c = 1{,}0.10^{-1}$ mol·L^{-1}. On note V_{NaOH} le volume de soude versé. La courbe de pH a été modélisée, elle présente deux sauts de pH, l'un pour $V_{NaOH} = 10$ mL et l'autre pour $V_{NaOH} = 20$ mL.

1. Écrire les équations des réactions ayant lieu au cours du dosage. Calculer les valeurs de leur constante thermodynamique d'équilibre.

2. Pourquoi observe-t-on lors de ce dosage deux sauts de pH ? Calculer la valeur de la concentration en dioxyde de soufre c_{SO_2}.

3. Calculer les valeurs de pH pour les volumes de soude versés suivants : $V = 0$ mL, 10 mL, 15 mL et 20 mL. Pour les cas $V = 10$ mL et 15 mL, on admettra la validité de formules approchées pour le calcul de ces pH.

Données à 298 K : $pK_{A1}(SO_2(aq)/HSO_3^-) = 1{,}8$; $pK_{A2}(HSO_3^-/SO_3^{2-}) = 7{,}2$; $pK_e = 14{,}0$.

10.9 Dosage de l'acide citrique dans la limonade (d'après CCP PC 2007) (★)

Le polyéthylènetéréphtalate (PET) est très utilisé pour la fabrication de bouteilles transparentes servant à contenir des boissons gazeuses, comme la limonade. La limonade est une boisson contenant un acidifiant désigné par le code alimentaire européen E 330 : il s'agit de l'acide citrique qui sera ici désigné sous la forme H_3A. Pour doser l'acide citrique de la limonade, le mode opératoire suivant est utilisé : à l'aide d'une trompe à eau, dégazer environ 80 mL de limonade en créant une dépression au-dessus du liquide constamment agité, pendant une dizaine de minutes. Prélever alors exactement 50 mL de limonade, les verser dans un erlenmeyer. Effectuer le dosage par de la soude décimolaire.

1. À quoi sert le dégazage ?

2. Quel matériel faut-il utiliser pour prélever exactement 50 mL de limonade ?

3. La figure 10.32 représente la simulation du dosage de 50 mL d'acide citrique H_3A de concentration $c_{H_3A} = 5{,}0.10^{-2}$ mol·L^{-1} par de la soude décimolaire. Les diagrammes de distribution des différentes espèces (H_3A, H_2A^-, HA^{2-} et A^{3-}) y sont également représentés.

Identifier les courbes 1 à 4.

4. Déterminer graphiquement les pK_A des différents couples.

5. Donner la (les) réaction(s) de dosage.

6. Expliquer pourquoi il n'y a qu'un seul saut de pH.

7. Lors du dosage des 50 mL de limonade par de la soude décimolaire, on trouve un volume équivalent $v_e = 12$ mL. Écrire la condition réalisée à l'équivalence et en déduire la concentration de l'acide citrique dans la limonade.

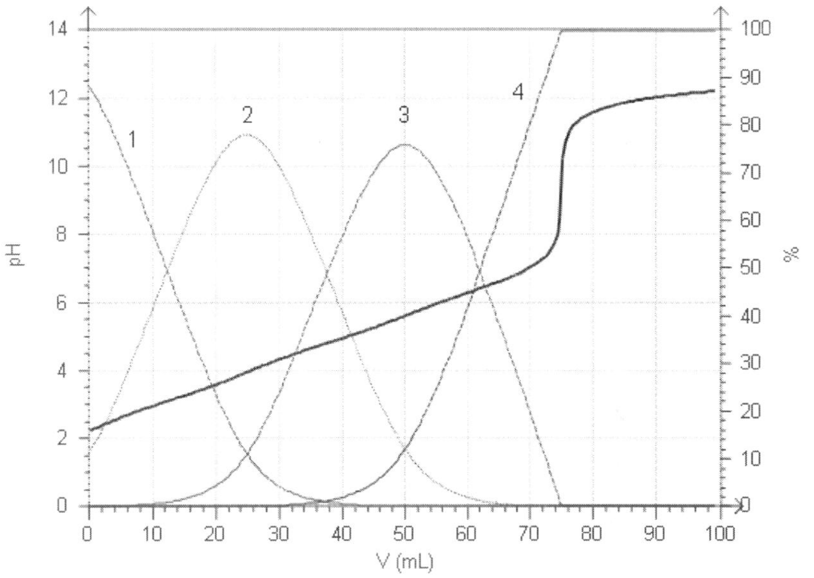

FIGURE 10.32 – Titrage de l'acide citrique

10.10 Détermination d'une constante d'acidité par conductimétrie (★★)

L'objectif de ce problème est de montrer que l'étude de la conductivité molaire d'une solution d'acide faible à différentes concentrations permet d'accéder à la constante acido-basique. Le tableau suivant fournit les conductivités molaires de l'acide chlororacétique de formule $CH_2Cl-COOH$.

$10^2 \cdot c_0$ / mol·L^{-1}	6,25	3,125	1,562	0,781	0,391	0,195
Λ / Ω^{-1}·cm^2·mol^{-1}	53,1	72,4	96,8	137,7	164	205,8

1. Soit α le taux de dissociation de l'acide chloroacétique. Écrire la réaction de dissociation de l'acide en solution et exprimer les concentrations des différentes espèces en fonction de la concentration initiale c_0 et du coefficient de dissociation.

2. Établir l'expression de la conductivité de la solution en fonction de la concentration initiale en acide, du taux de dissociation de l'acide et de la conductivité molaire des ions.

On assimilera dans la suite de l'exercice les conductivités molaires aux conductivités molaires à dilution infinie.

3. On adoptera ici l'écriture explicite de la constante d'équilibre qui fait apparaître la concentration de référence c° (autre notation de c_{ref}), égale par convention à 1 mol·L^{-1} :

$$K_A = \frac{\dfrac{[A^-]}{c^\circ}\,\dfrac{[H_3O^+]}{c^\circ}}{\dfrac{[AH]}{c^\circ}} = \frac{[A^-][H_3O^+]}{[AH]c^\circ}$$

Démontrer la relation suivante :

$$\frac{c_0}{c^\circ}\Lambda = \frac{K_A(\Lambda^0)^2}{\Lambda} - K_A\Lambda^0$$

Λ^0 est la conductivité molaire à dilution infinie de l'électrolyte CH_2ClCOO^-, H_3O^+ :

$$\Lambda^0 = \lambda^0(H_3O^+) + \lambda^0(CH_2ClCOO^-).$$

4. Proposer une méthode graphique de détermination de la constante d'acidité K_A et de la conductivité molaire à dilution infinie .

5. Déterminer la constante K_A et la conductivité molaire à dilution infinie de l'électrolyte dans le cas de l'acide monochloroacétique.

10.11 Analyse d'un oléum (★★)

Le trioxyde de soufre se dissout facilement dans l'acide sulfurique concentré H_2SO_4 en formant des oléums qui sont des mélanges $(SO_3)_x(H_2SO_4)_y$. Afin de déterminer la composition molaire d'un oléum $(SO_3)_x(H_2SO_4)_y$, on en prélève une masse $m = 1$ g que l'on dissout dans un litre d'eau. On réalise ainsi une solution d'acide sulfurique de concentration c, puisque lors de la dissolution, le trioxyde de soufre SO_3 est hydraté en acide sulfurique :

$$SO_3 \quad + \quad H_2O \quad = \quad H_2SO_4.$$

On titre 100 mL de cette solution par de la soude de concentration $c_0 = 0{,}1$ mol·L^{-1}. On suit l'évolution du pH en fonction du volume v de soude versé. On obtient la courbe représentée à la figure 10.33.

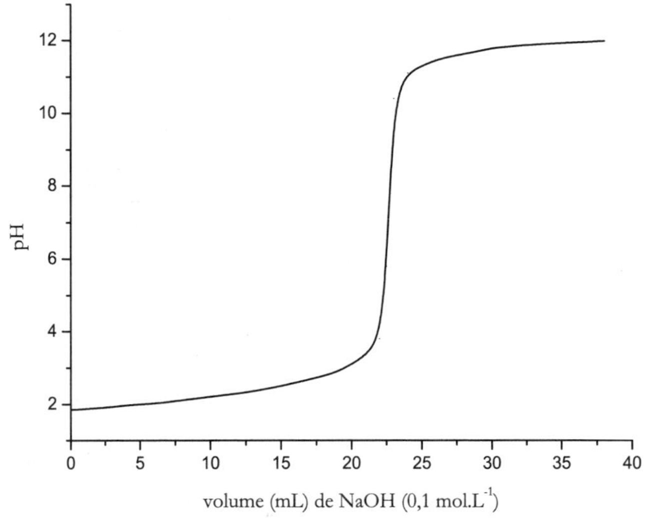

FIGURE 10.33 – Courbe de titrage pH-métrique de la solution acide sulfurique à doser

1. Déterminer le volume v_e de soude versée à l'équivalence. Quelle est l'espèce soufrée majoritaire en solution pour $v = v_e$?

2. Pourquoi n'observe-t-on qu'un seul saut de pH ?

3. Écrire la (les) réaction(s) chimique(s) associée(s) au titrage pour $0 < v < v_e$.

4. Calculer la concentration c' de la solution d'acide sulfurique.

5. En déduire les quantités de matière de trioxyde de soufre SO_3 et d'acide sulfurique H_2SO_4 présentes dans la masse m d'oléum analysée. Calculer les pourcentages molaires de trioxyde de soufre et d'acide sulfurique dans cet oléum.

Données :

- masses atomiques molaires ($g{\cdot}mol^{-1}$) : H : 1 ; O : 16 ; S : 32 ;
- acide sulfurique : première acidité forte et $pK_A(HSO_4^-/SO_4^{2-}) = 2,1$.

10.12 Dosages de l'ion ammonium (d'après Centrale P' 93) (★★)

Nous étudions dans un premier temps le titrage pHmétrique d'une solution de chlorure d'ammonium. On titre 200 mL d'une solution de $NH_4^+Cl^-$ ($C_A = 0{,}01$ $mol{\cdot}L^{-1}$) par de la soude molaire (V mL versés).

1. Donner (en justifiant *rapidement* et en admettant des relations simples) la valeur approximative du pH de la solution pour $V = 0$; 1 ; 2 et 3 mL. Dans un second titrage on utilise une méthode dite *au formaldéhyde* : on ajoute à 200 mL de la solution initiale (sans variation de volume) un excès de méthanal qui réagit selon la réaction totale :

$$4\,NH_4^+ \quad + \quad 6\,CH_2O \quad = \quad HX^+ \quad + \quad 3\,H^+ \quad + \quad 6\,H_2O$$

où HX^+ est un composé (dit complexe) de formule $(CH_2)_6N_4H^+$. Le composé HX^+ est aussi un acide faible de $pK_A = 5,1$. Cette nouvelle solution est titrée par de la soude molaire.

2. Donner la valeur approximative du pH de la solution pour $V = 0$; 1 ; 1,5 ; 2 et 3 mL. Commenter ces résultats en comparant aux résultats de la question **1**.

Nous étudions le titrage conductimétrique de $V_0 = 20$ mL d'acide chlorhydrique de concentration $C = 0{,}1$ $mol{\cdot}L^{-1}$ par une solution d'ammoniaque $C = 0{,}1$ $mol{\cdot}L^{-1}$ (V mL versés).

3. Donner sans calcul mais en justifiant les affirmations, l'allure de la courbe expérimentale $y = f(V)$, y étant une ordonnée que l'on précisera.

4. Déterminer par le calcul l'équation de cette courbe en effectuant les approximations adaptées. Justifier par le calcul la détermination expérimentale du point équivalent.

Données : Constante d'acidité du couple NH_4^+/NH_3 : $K_A = 10^{-9,2}$ (à 25 °C). Conductivités ioniques molaires limites λ_i^0 ($mS{\cdot}m^2{\cdot}mol^{-1}$) : 34,98 ($H_3O^+$) ; 7,34 ($NH_4^+$) ; 19,92 ($HO^-$) ; 7,63 ($Cl^-$).

10.13 Formule d'un anion polyphosphate (★★★)

L'anion diphosphate (ou pyrophosphate) $P_2O_7^{2-}$ peut être obtenu par chauffage d'un hydrogénophosphate selon la réaction de condensation suivante :

$$2\,Na_2HPO_4 \quad = \quad Na_4P_2O_7 \quad + \quad H_2O.$$

Des anions polyphosphate linéaires plus condensés (triphosphate, tétraphosphate, etc.) de formule générale $[P_qO_{3q+1}]^{(q+2)-}$ peuvent également être synthétisés par des réactions analogues. Ces polyphosphates peuvent être représentés par les formules planes développées suivantes :

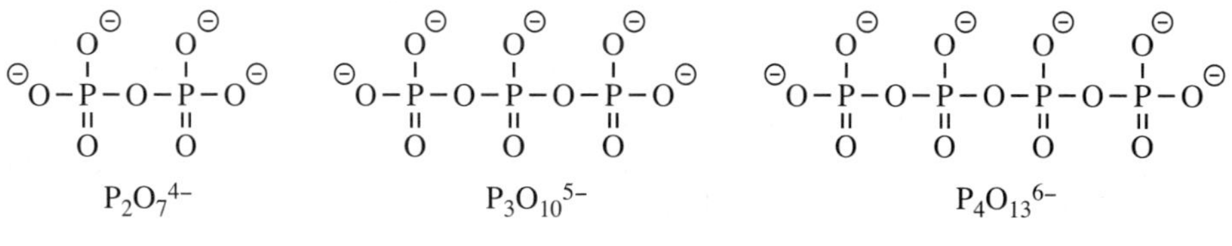

FIGURE 10.34 – Formules d'anions polyphosphate

On se propose de déterminer le degré de condensation q d'un des polyphosphates linéaires vus ci-dessus par titrage acido-basique. Dans une première expérience, une prise d'essai de 10 mL d'une solution aqueuse du polyphosphate considéré est transformée sans dilution en solution d'acide polyphosphorique (de même structure que le polyphosphate dont il dérive) par passage sur une résine échangeuse d'ions. On titre la solution d'acide polyphosphorique obtenue par une solution d'hydroxyde de sodium de concentration 0,1 mol·L^{-1}. La courbe de titrage expérimentale est reportée sur la figure 10.35 (courbe A) à partir du volume $v = 40$ mL. Dans une seconde expérience, on transforme, toujours sans dilution, 10 mL de la **même** solution de pyrophosphate initiale en acide phosphorique monomère (H_3PO_4) par rupture des chaînes en milieu acide nitrique concentré et chaud. Le titrage de la solution d'acide phosphorique ainsi obtenue par une solution d'hydroxyde de sodium de concentration 0,1 mol·L^{-1} est reportée à la figure 10.35 (courbe B) à partir du volume $v = 40$ mL.

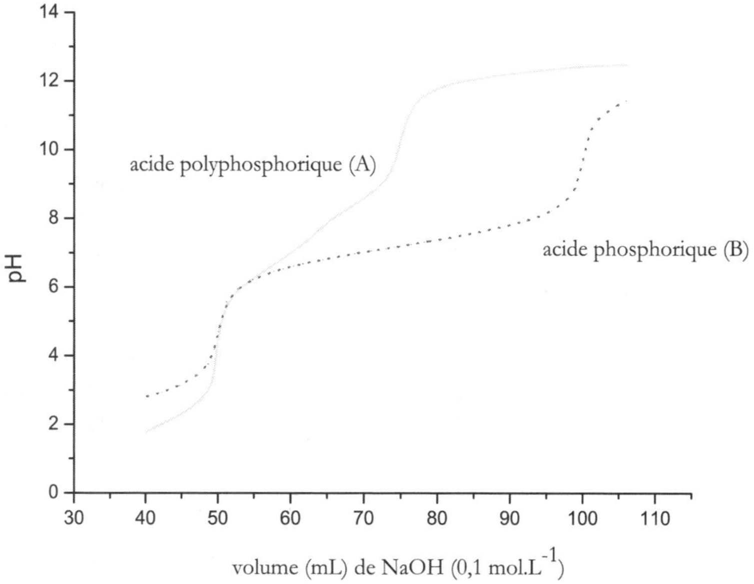

FIGURE 10.35 – Courbes de titrage pH-métrique de la solution d'acide polyphosphorique et de la solution d'acide phosphorique obtenue par hydrolyse de la solution précédente par une solution aqueuse d'hydroxyde de sodium de concentration 0,1 mol·L^{-1}

1. Expliquer l'allure de la courbe de titrage B. Retrouver, sans redémontrer les formules, les valeurs de pH observées aux équivalences et demi-équivalences.

2. Quelle est l'allure attendue de la courbe B à des volumes supérieurs (jusqu'à $v > 150$ mL) ? Justifier votre réponse.

3. Expliquer l'allure de la courbe de titrage A. Calculer le degré de condensation q du polyphosphate considéré.

Données :

- l'acide phosphorique est un triacide de pK_A successifs : 2,1 ; 7,2 ; 12,3.
- les atomes de phosphore situés en bout de chaîne portent une acidité moyenne ($pK_A < 2$) ou forte **et** une acidité faible (pK_A de 6 à 9), tandis que toutes les autres acidités sont moyennes ($pK_A < 2$) ou fortes.

10.14 Dosage d'acide faible et de diacide faible (d'après X PC 2000) (★★★)

Le p-nitrophénol est un acide faible. Son pK_A, voisin de 7, peut être déterminé par dosage pHmétrique et par dosage spectrophotométrique. La figure 10.36 page 385 montre la courbe de titrage de 10 mL d'une solution de p-nitrophénol de concentration $1{,}0.10^{-4}$ mol·L^{-1} par de la soude $1{,}0.10^{-2}$ mol·L^{-1}. Les courbes de répartition des deux formes acide-base conjuguée, obtenues par simulation, sont également représentées (pourcentages rapportés à l'échelle de droite).

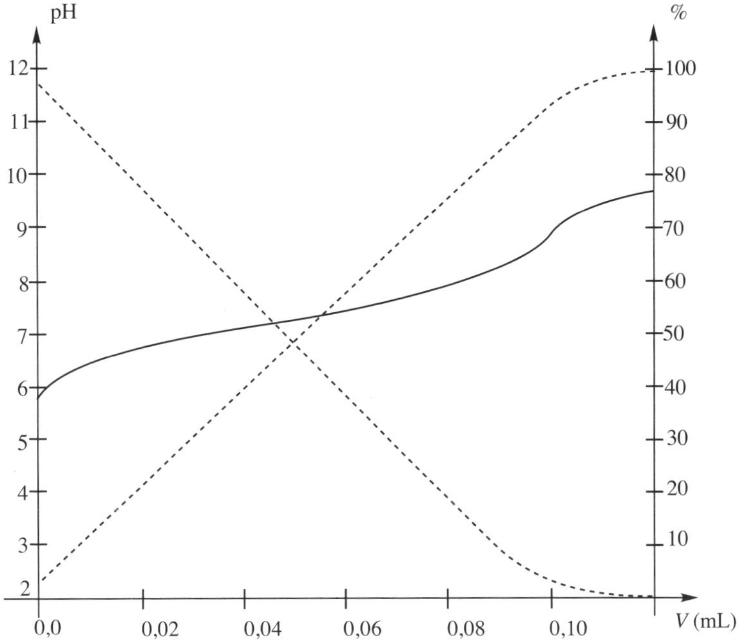

FIGURE 10.36 – Évolution pH $= f(V)$ et répartition des espèces

1. Comment expliquez-vous la très faible amplitude du saut de pH autour du point d'équivalence ?

2. Quelles sont les conditions, satisfaites ici, faisant que l'on ait pH $= pK_A$ à la demi-équivalence ? Quelle difficulté expérimentale voyez-vous néanmoins à l'utilisation de cette

méthode pour la détermination du pK_A, dans le cas où la concentration du p-nitrophénol ne serait pas connue avec une grande précision ? On désigne par x le rapport du nombre de moles d'hydroxyde de sodium ajouté au nombre de moles de p-nitrophénol initial. Que vaut $\mathrm{d(pH)}/\mathrm{d}x$ pour $x = 0,5$? Si l'on admet que x ne peut être déterminé qu'à 10 % près, quelle sera l'incertitude résultante sur la détermination de pK_A ? (on prendra $\ln(10) = 2,30 = 1/0,435$).
Le titrage précédent est suivi par spectrophotométrie UV-Visible. On obtient les courbes de la figure 10.37 page 386

3. Les longueurs d'onde des deux maxima observés sur la figure 10.37 sont respectivement 310 et 390 nm. Identifier les deux formes du p-nitrophénol correspondantes.

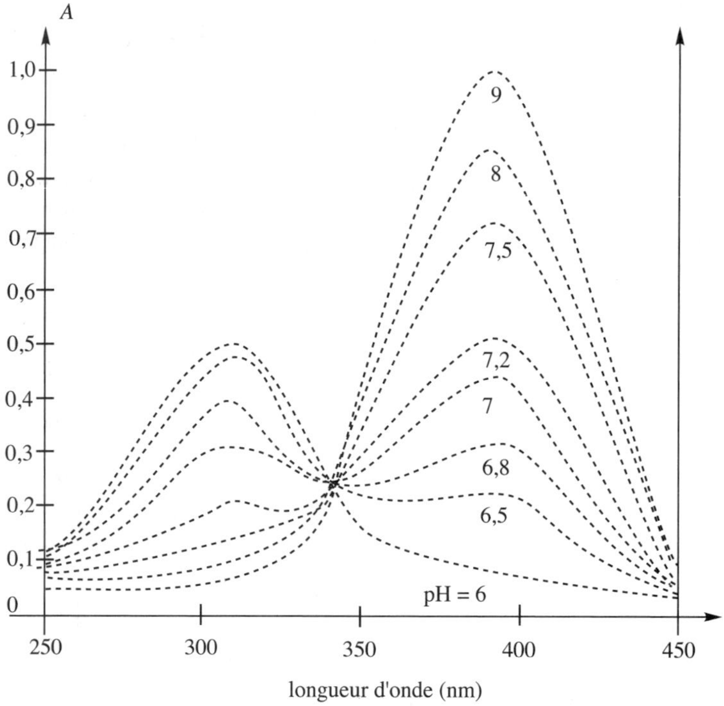

FIGURE 10.37 – $A = f(\lambda)$ pour différents pH

4. Lorsque, à une longueur d'onde λ_{iso}, les deux espèces ont le même coefficient d'absorption molaire ε_{iso}, on observe sur les différents spectres un point particulier appelé point isobestique. Identifier ce point sur la figure 10.37. Justifier votre réponse.

5. La figure 10.38 donne les points représentant la variation de l'absorbance A_1 à 310 nm en fonction de l'absorbance A_2 à 390 nm. Soit $\varepsilon_{i,B\text{H}}$ et $\varepsilon_{i,B}$ les coefficients d'absorption molaire du p-nitrophénol (BH) et du phénate (B) à une longueur d'onde λ_i, calculer A_i , l'absorbance à cette longueur d'onde. En déduire que la relation suivante est vraie quel que soit le pH :

$$A_1\left(\varepsilon_{2,B} - \varepsilon_{2,B\text{H}}\right) = A_2\left(\varepsilon_{1,B} - \varepsilon_{1,B\text{H}}\right) - \ell C_0\left(\varepsilon_{1,B}\varepsilon_{2,B\text{H}} - \varepsilon_{1,B\text{H}}\varepsilon_{2,B}\right).$$

où ℓ désigne la longueur de trajet du faisceau lumineux dans la solution analysée et C_0 est la concentration totale en p-nitrophénol (sous forme acide ou basique). Comparer avec les données expérimentales.

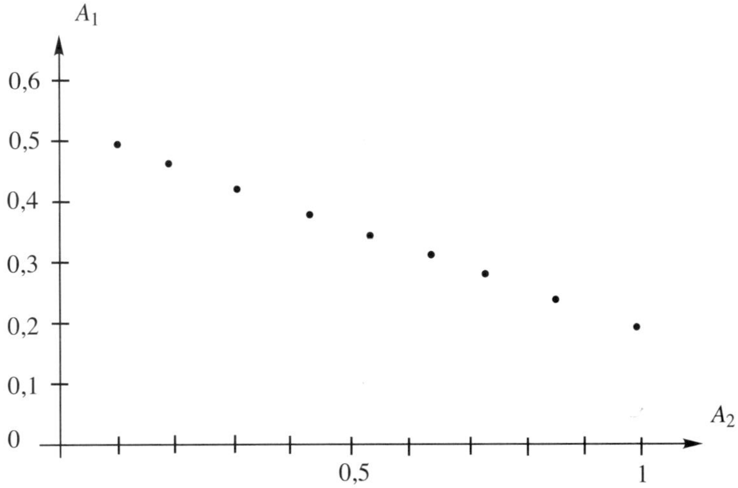

FIGURE 10.38 – Droite $A_1 = f(A_2)$

6. Montrer qu'il existe une relation linéaire entre la fonction :

$$f = \log \left[\frac{A_1 - \ell\varepsilon_{1,BH}C_0}{\ell\varepsilon_{1,B}C_0 - A_1} \right]$$

et le pH.

On donne sur la figure 10.39 les variations de f en fonction du pH. En déduire le pK_A du p-nitrophénol. Comparer la précision de cette méthode avec celle résultant d'un dosage simple pHmétrique.

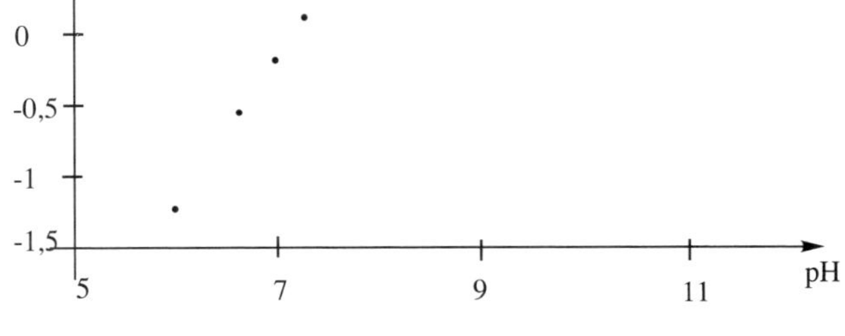

FIGURE 10.39 – Droite $f = f(\text{pH})$

La suite du problème étudie l'application au dosage d'un diacide faible.

Sous la forme neutre de formule indiquée ci-dessous et symbolisée ensuite par HA, la 4-déoxypyridoxine est un ampholyte (composé amphotère).

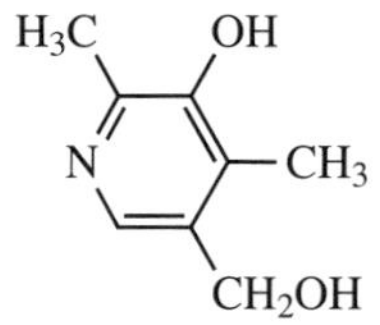

On considère le titrage de 10 mL d'une solution de la forme acide de la 4-déoxypyridoxine ($C_1 = 10^{-4}$ mol·L^{-1}), isolée sous forme de son chlorhydrate, par de la soude 0,01 mol·L^{-1}. La courbe de titrage est représentée sur la figure 10.40, de même que les courbes de répartition des différentes formes acido-basiques.

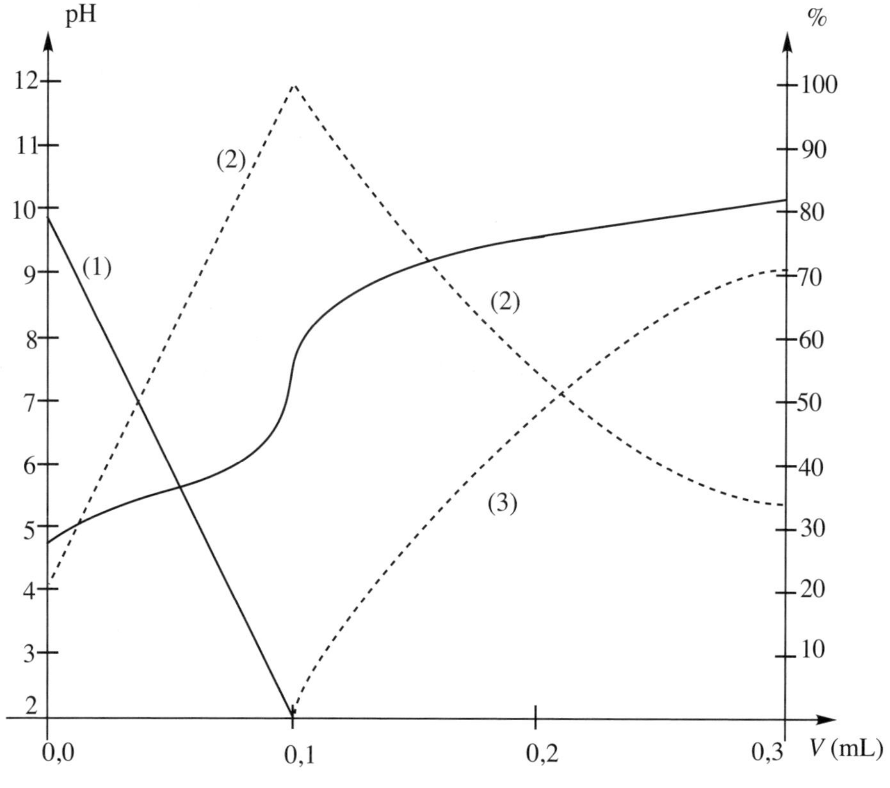

FIGURE 10.40 – Courbe de titrage de la forme acide de la 4-deoxypyridoxine

7. Sachant que le pK_A du couple pyridinium/pyridine RNH$^+$/RN est voisin de 5 et le pK_A du couple phénol/phénolate est voisin de 10, établir un diagramme de prédominance des différentes formes en fonction du pH, en faisant figurer les formules semi-développées.

8. En considérant la figure 10.40, interpréter :

a. la composition réelle de la solution au point de départ ;

b. la présence d'un seul saut de pH visible, lequel permet néanmoins de déterminer la concentration C si elle n'est pas connue avec précision ;

c. le non-passage de la courbe de titrage par les points $\text{pH} = \text{p}K_{Ai}$ aux deux points de demi-équivalence.

9. Que peut-on conclure de la détermination des $\text{p}K_{Ai}$ par cette méthode ?

10. Ce dosage est suivi en même temps par spectrophotométrie UV-Visible. On observe expérimentalement que toutes les courbes d'absorption ne passent pas par un point répondant à la définition précédente d'un point isobestique.

Proposer une interprétation.

11. La figure 10.41 montre la variation de l'absorbance A_4 à 316 nm en fonction de l'absorbance A_3 à 247 nm.

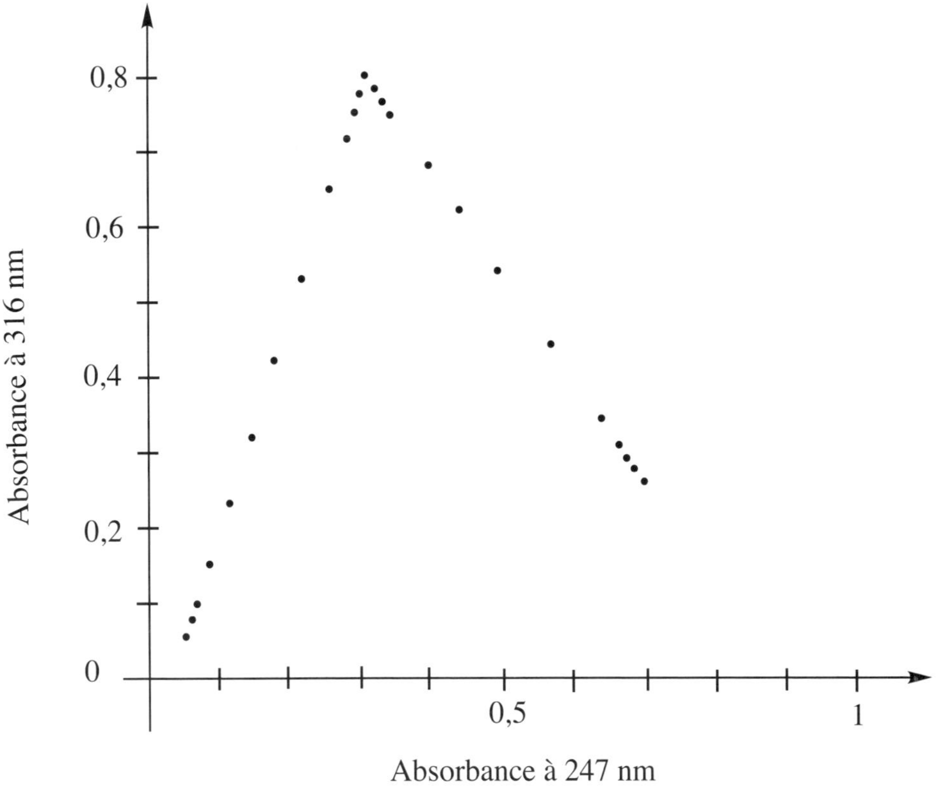

FIGURE 10.41 – Évolution $A_4 = f(A_3)$

Quelques valeurs sont regroupées table 10.1. Chaque branche de la figure 10.41 est imputable à la présence de deux formes acido-basiques conjuguées. Préciser lesquelles en justifiant votre réponse.

pH	A_3	A_4	f_1	f_2
5	0,152	0,316	$-0,260$	
5,2	0,177	0,399	$-0,060$	
5,4	0,203	0,485	0,140	
5,6	0,228	0,565	0,340	
6	0,265	0,684	0,741	
9	0,353	0,728		$-0,820$
9,5	0,429	0,622		$-0,320$
9,7	0,473	0,563		$-0,120$
9,9	0,518	0,500		0,080
10,1	0,562	0,439		0,280
10,3	0,600	0,387		0,480

TABLE 10.1 – Valeurs de l'absorbance

12. On peut définir deux fonctions :

$$f_1 = \log\left[\frac{A_3 - \ell\varepsilon_{3,\text{AH}_2}C_1}{\ell\varepsilon_{3,\text{AH}}C_1 - A_3}\right] \quad \text{et} \quad f_2 = \log\left[\frac{A_3 - \ell\varepsilon_{3,\text{AH}}C_1}{\ell\varepsilon_{3,A}C_1 - A_3}\right]$$

où $\varepsilon_{3,\text{AH}_2}$, $\varepsilon_{3,\text{AH}}$ et $\varepsilon_{3,A}$ désignent respectivement les coefficients d'absorption molaire de la forme acide, amphotère et basique à 247 nm. Expliquer pourquoi f_1 est nulle pour pH $=$ pK_{A1} et f_2 est nulle pour pH $=$ pK_{A2}. En déduire les pK_A de la 4-déoxypyridoxine. Quelle est la précision de cette méthode ?

Chapitre 11

Réactions de complexation

Les équilibres de complexation entrent dans le cadre du **transfert de particules** évoqué en introduction au cours de chimie des solutions. La particule échangée est ici un **cation** (centre du complexe), une **molécule** ou un **anion** (ligand). Ce type de réaction participe activement à la chimie du vivant : c'est une réaction de complexation qui permet une fixation du dioxygène par l'hémoglobine ou explique la toxicité d'espèces comme le monoxyde de carbone ou les ions cyanure (le monoxyde de carbone CO est un ligand en compétition avec le dioxygène O_2 pour une éventuelle fixation sur l'hémoglobine tandis que les ions cyanure CN^- sont susceptibles de se fixer sur un cytochrome de la chaîne respiratoire). Dans ce chapitre, la structure des complexes est rappelée, accompagnée d'une nomenclature. Des constantes d'équilibre particulières sont rencontrées en complexation et sont définies. Elles permettent d'appliquer la méthode de la réaction prépondérante précédemment évoquée et de déterminer l'état final d'un système siège de réactions de complexation. Le cas des titrages faisant intervenir des complexes est enfin développé ; les notions spécifiques au programme de PC sont précisées.

1 Complexes, équilibres de complexation : généralités (options PC et SI)

1.1 Complexes : structure et nomenclature

a. Structure

Un **complexe** est un édifice polyatomique formé d'un **centre métallique** souvent cationique autour duquel sont liés (coordonnés ou coordinés) des anions ou molécules appelés **ligands**. Ce sont souvent des doublets électroniques (doublets non liants) situés sur le ligand qui assurent la réalisation de la liaison métal/ligand. Si la liaison entre le centre métallique et le ligand est réalisée par un unique atome du ligand, celui-ci est qualifié de **monodente** (ou **monodentate**). Dans le cas de plusieurs sites de fixation sur le ligand, on parle de ligand **polydente** (**polydentate**). Le nombre de sites de fixation est indiqué par un préfixe : ainsi un ligand bidente est lié en deux points au centre métallique. Les termes tridentes, tétradentes, pentadentes et hexadentes sont aussi rencontrés. Dans ce chapitre, seul le cas des complexes faisant intervenir un seul centre métallique sera étudié. Comme exemple de ligand, nous pouvons envisager l'ammoniac NH_3 et l'eau H_2O qui sont des ligands monodentes, fixés au centre métallique par l'intermédiaire d'un doublet non liant. Les ions oxalate et l'orthophénanthroline sont des exemples de ligands bidentes ; les sites de fixation au centre métallique sont indiqués à la figure 11.1.

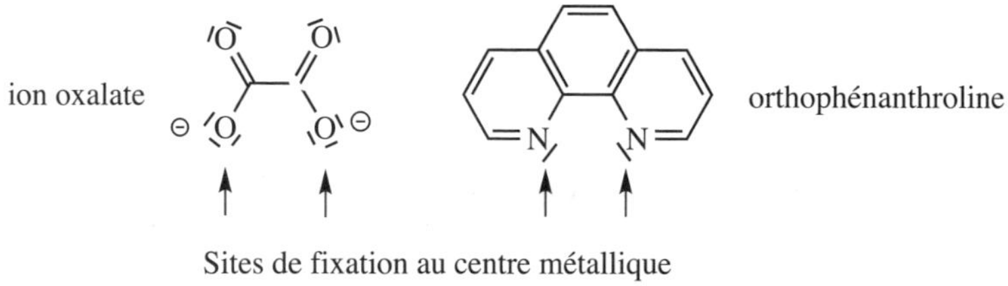

FIGURE 11.1 – Ligands oxalate et orthophénanthroline

L'ion **éthylènediaminetétracétate** (tétranion de l'acide éthylènediaminetétracétique EDTA et noté Y^{4-}) est un ligand hexadente. Les six sites de fixation au centre métallique sont indiqués ci-dessous. Ce ligand forme des complexes avec de nombreux cations métalliques (complexes de géométrie octaédrique, voir figure 11.2).

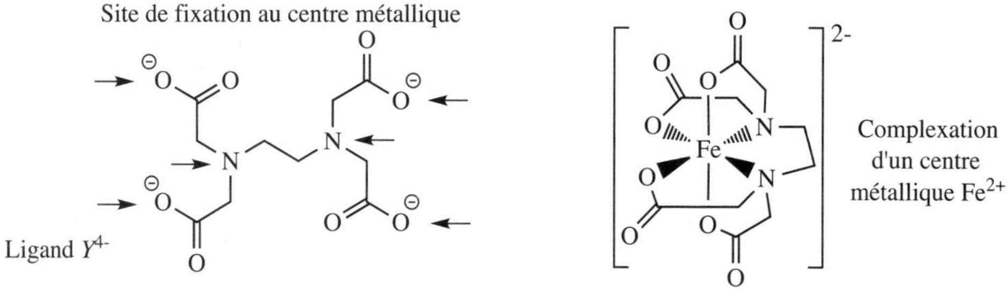

FIGURE 11.2 – Ligand Y^{4-} et complexe $[FeY]^{2-}$

b. Nomenclature des complexes

Les **ligands** sont préalablement nommés : les ligands anioniques sont distingués par une terminaison « o » tandis que les ligands moléculaires conservent le nom de la molécule (sauf exceptions). Nous fournissons ci-dessous une liste de ligands usuellement rencontrés, avec la désignation correspondante en terme de ligands.

H^-	hydruro	CN^-	cyano
F^-	fluoro	$C_2O_4^{2-}$	oxalato
Cl^-	chloro	$S_2O_3^{2-}$	thiosulfato
Br^-	bromo	SCN^-	thiocyanato
I^-	iodo	HO^-	hydroxo

La dénomination des ligands moléculaires courants fait exception à la règle fournie.

H_2O	aqua	NO	nitrosyle
CO	carbonyle	NH_3	ammine

✎ Un grand nombre de ligands organiques possèdent par ailleurs des noms usuels, notamment les ligands aminés. Ainsi $H_2N\text{-}(CH_2)_2\text{-}NH_2$ est appelé éthylènediamine (et noté *en*).

Le nom du complexe (neutre ou cationique) est obtenu en écrivant le nom du métal, précédé du nom des ligands (avec leur multiplicité). Dans le cas de ligands différents, ceux-ci sont indiqués par ordre alphabétique. Le nombre d'oxydation du centre métallique est indiqué en chiffres romains. Cette notion sera développée plus loin mais à ce stade de notre étude nous pouvons accepter que le nombre d'oxydation correspond à la charge portée par le centre métallique si le complexe est dissocié en cation (ou atome) métallique d'une part et ligands d'autre part (lors de cette dissociation les électrons de liaison sont arbitrairement attribués aux ligands). Le nom d'un complexe anionique obéit aux mêmes règles et un suffixe *ate* est ajouté au nom du métal. À titre d'exemple, nous considérons les cinq complexes suivants :

- $[Fe(H_2O)_6]^{2+}$: hexaaquafer (+II)
- $[Fe(CN)_6]^{3-}$: hexacyanoferrate (+III)
- $[Al(OH)_4]^-$: tétrahydroxoaluminate (+III)
- $[Fe(CO)_5]$: pentacarbonylefer (0)
- $[Fe(H_2O)_5OH]^+$: pentaaquahydroxofer (+II)

c. Propriétés physiques

Les ions, notamment issus de métaux de transition, possèdent la propriété de se lier à une grande diversité de ligands afin de former des complexes stables et dont la formation est favorisée énergétiquement. Les complexes de métaux de transition sont très souvent **colorés** :

- l'ajout d'ions Fe^{2+} dans une solution contenant des ions cyanure CN^- s'accompagne de l'apparition d'une couleur jaune correspondant au complexe $[Fe(CN)_6]^{4-}$.
- Une solution aqueuse contenant des ions Ni^{2+} possède une couleur vert brillant à cause de l'existence du complexe $[Ni(H_2O)_6]^{2+}$.
- Par ajout d'ammoniac dans cette solution, la couleur vire au bleu-violacé par formation du complexe $[Ni(NH_3)_6]^{2+}$.

La couleur des complexes est expliquée par une absorption de certaines longueurs d'onde appartenant au domaine visible. La justification de cette absorption dépasse notre propos mais indiquons simplement que des électrons de l'édifice complexe sont susceptibles d'être excités par certaines radiations du spectre visible.

Beaucoup de complexes manifestent des **propriétés magnétiques** particulières. Certains complexes peuvent être aimantés par un champ magnétique extérieur et sont qualifiés de **paramagnétiques**. Ils se comportent comme une collection de petits aimants dont les moments magnétiques s'orientent dans le même sens que le champ magnétique extérieur appliqué. D'autres complexes sont au contraire repoussés par un champ magnétique extérieur (en réalité ils s'aimantent en sens inverse), ils sont qualifiés de **diamagnétiques**. Ainsi le complexe $[FeF_6]^{4-}$manifeste un comportement paramagnétique tandis que le complexe $[Fe(CN)_6]^{4-}$se révèle diamagnétique. La justification de se comportement sort du cadre de ce cours notre propos mais retenons que le paramagnétisme est une propriété à rapprocher de l'existence d'électrons célibataires au sein du complexe, tandis que le diamagnétisme témoigne de l'absence d'électrons célibataires.

1.2 Constantes d'équilibre

La réaction traduisant la formation d'un complexe noté ML_n à partir du centre métallique et de chacun des ligands isolés correspond à la **réaction globale de formation**. Elle est notée :

$$M \quad + \quad n\,L \quad = \quad ML_n.$$

Il s'agit d'un équilibre chimique auquel est associée à une température donnée une constante d'équilibre β :

$$\beta = \frac{[ML_n]}{[M]\,[L]^n}.$$

Il s'agit de la **constante globale de formation**. Ainsi l'équilibre correspondant à la formation globale du complexe $[Cu(NH_3)_4]^{2+}$ s'écrit :

$$Cu^{2+} \quad + \quad 4\,NH_3 \quad = \quad [Cu(NH_3)_4]^{2+}.$$

La **constante globale de formation** s'écrit :

$$\beta = \frac{\left[[Cu(NH_3)_4]^{2+}\right]}{\left[Cu^{2+}\right][NH_3]^4}$$

(en omettant toujours c° et en exprimant les concentrations en mol·L^{-1}). Traditionnellement la constante globale de formation d'un complexe possédant n ligands identiques est notée β_n. Dans le cas de l'exemple précédent β aurait pu être notée β_4. De façon réciproque, la réaction traduisant la destruction d'un complexe en centre métallique et ligands isolés correspond à la **réaction globale de dissociation** :

$$ML_n \quad = \quad M \quad + \quad n\,L.$$

La constante d'équilibre est notée K_d (**constante globale de dissociation**) et s'écrit de façon évidente :

$$K_d = \frac{[M]\,[L]^n}{[ML_n]} = \frac{1}{\beta}.$$

⚠ La grandeur pK_d peut être rencontrée : p$K_d = -\log K_d = \log \beta$.

En complexation, d'autres constantes d'équilibre sont rencontrées : la formation et la dissociation d'un complexe possédant n ligands identiques peuvent être décomposées en étapes ne faisant intervenir à chaque fois qu'une seule particule L. Il s'agit des **équilibres successifs de formation ou de dissociation**. À chaque équilibre correspond une constante d'équilibre qualifiée de **constante successive de formation ou de dissociation**.

Ainsi la formation de ML_n peut être décomposée en n étapes successives :

$$M + L = ML \quad (1) \quad \text{de constante d'équilibre : } K_{f1} = \frac{[ML]}{[M][L]}$$

$$ML + L = ML_2 \quad (2) \quad \text{de constante d'équilibre : } K_{f2} = \frac{[ML_2]}{[ML][L]}$$

$$\dots$$

$$ML_{n-1} + L = ML_n \quad (n) \quad \text{de constante d'équilibre : } K_{fn} = \frac{[ML_n]}{[ML_{n-1}][L]}$$

Il est possible de traduire de façon logarithmique l'expression de ces constantes d'équilibre, il apparaît une forme tout à fait voisine de celle rencontrée en acido-basicité. Ainsi pour le premier équilibre il est possible d'exprimer $-\log[L]$ (noté pL) selon :

$$-\log[L] = \text{p}L = \log K_{f1} + \log\frac{[M]}{[ML]}.$$

Si on considère $K_{d1} = \dfrac{1}{K_{f1}}$ (constante successive de dissociation) il est possible d'écrire pour cet équilibre :

$$\text{p}L = \text{p}K_{d1} + \log\frac{[M]}{[ML]}.$$

L est la particule échangée, M est l'accepteur tandis que ML est le donneur. La **constante globale de formation** est reliée aux **constantes successives de formation** par la relation $\beta_n = \prod_{i=1}^{n} K_{fi}$. L'écriture logarithmique de cette relation fournit :

$$\log\beta_n = \sum_{i=1}^{n}\log K_{fi} = \sum_{i=1}^{n}\text{p}K_{di}.$$

✎ Il est possible, comme en acido-basicité, d'utiliser des courbes simulées fournissant la répartition d'espèces complexées en fonction de pL. Ces évolutions permettent de remonter aux valeurs des constantes K_{fi} utilisées par le logiciel de simulation en se plaçant à des valeurs de pL pour lesquelles $[ML_i] = [ML_{i-1}]$. En ce point particulier pL = pK_{di}.

1.3 Diagrammes de prédominance

Un complexe peut échanger son centre métallique (noté M) mais aussi un ligand L. Suivant la nature de l'échange, un diagramme de prédominance gradué en p$M = -\log[M]$ ou en p$L = -\log[L]$ est rencontré.

a. Échange de ligand, diagramme gradué en p*L*

Considérons l'équilibre :

$$ML_{n-1} \quad + \quad L \quad = \quad ML_n$$

(échange de ligand L mettant en jeu le couple donneur/accepteur ML_n/ML_{n-1}). L'expression logarithmique de la constante d'équilibre (constante de formation successive $K_{fn} = \dfrac{1}{K_{dn}}$) fournit la relation :

$$\mathrm{p}L = \mathrm{p}K_{dn} + \log\frac{[ML_{n-1}]}{[ML_n]}.$$

- Si $\mathrm{p}L > \mathrm{p}K_{dn}$, $[ML_{n-1}] > [ML_n]$; il s'agit du **domaine de prédominance** de ML_{n-1}.
- Si $\mathrm{p}L < \mathrm{p}K_{dn}$, $[ML_{n-1}] < [ML_n]$; il s'agit du **domaine de prédominance** de ML_n.

Ceci est résumé par le **diagramme de prédominance** relatif au couple ML_n/ML_{n-1} et gradué en $\mathrm{p}L = -\log[L]$ avec $[L]$ la concentration en espèce L *lorsque l'équilibre est établi* (voir figure 11.3).

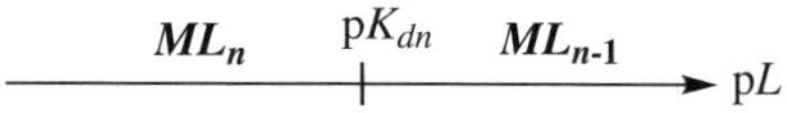

FIGURE 11.3 – Diagramme de prédominance ML_n/ML_{n-1}

Notons que pour rencontrer un rapport entre concentrations supérieur à 10, il faut s'éloigner de plus d'une unité de la frontière entre domaines (frontière rencontrée en $\mathrm{p}L = \mathrm{p}K_{dn}$). Lorsque p$L$ est élevé c'est l'espèce du couple contenant le moins de ligand (ici ML_{n-1}) qui est majoritaire. En effet plus pL est grand, plus $[L]$ est faible et plus le milieu est dilué en L. L'espèce M quant à elle se trouve alors située à l'extrême droite du diagramme.

⚠ La frontière est marquée par le $\mathrm{p}K_{dn}$ relatif à une **constante successive**.

Par ailleurs, pour un seul complexe ML_n coexistant avec un centre M, la frontière est située en $\mathrm{p}L = \dfrac{1}{n}\log\beta_n$. Le diagramme prend l'allure présentée à la figure 11.4.

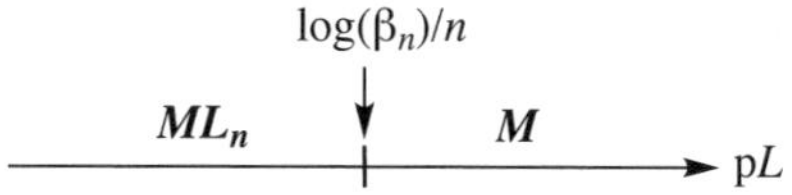

FIGURE 11.4 – Diagramme de prédominance ML_n/M

Dans le cas d'une **polycomplexation** (possibilité d'échanges successifs de plusieurs particules L) le diagramme de prédominance complet est obtenu par **superposition** des diagrammes relatifs aux différents couples envisageables (ML/M, ML_2/ML... ML_n/ML_{n-1}).

Exercice résolu

Diagramme de prédominance du fluorure d'aluminium

Considérons l'ion Al^{3+}, qui forme avec les ions fluorure F^- les complexes $[AlF]^{2+}$, $[AlF_2]^+$, $[AlF_3]$, $[AlF_4]^-$, $[AlF_5]^{2-}$et $[AlF_6]^{3-}$. Les constantes successives de formation, notées K_{fi},

sont telles que $\log K_{f1} = 6,1$; $\log K_{f2} = 4,0$; $\log K_{f3} = 3,9$; $\log K_{f4} = 2,7$; $\log K_{f5} = 2,3$ et $\log K_{f6} = 0,3$. Tracer le diagramme de prédominance gradué en $\text{pF} = -\log[\text{F}^-]$.
Réponse :
Pour tracer l'allure du diagramme de prédominance engageant toutes les espèces (diagramme gradué en $\text{pF} = -\log[\text{F}^-]$), il suffit de superposer les diagrammes obtenus pour chacun des couples $[\text{AlF}_i]^{3-i} / [\text{AlF}_{i-1}]^{3-i+1}$ avec $1 \leq i \leq 6$ (voir figure ci-dessous).

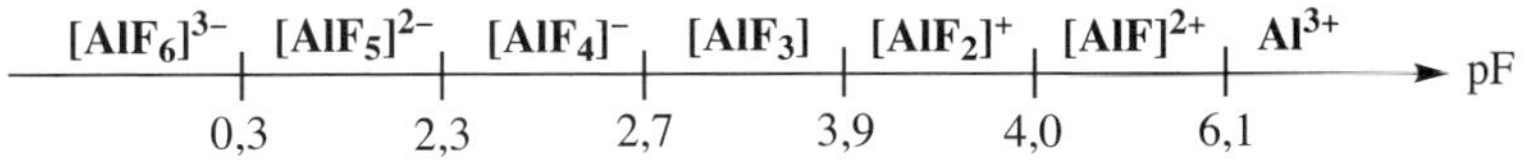

⚠ La situation n'est pas toujours aussi simple : lors du tracé complet il est possible qu'une incohérence apparaisse. C'est précisément le cas lorsque $\log K_{f(i+1)} > \log K_{fi}$. Il faut alors conclure que ML_i n'est jamais prédominant : la frontière recherchée sur le diagramme séparera les domaines de prédominance relatifs aux espèces ML_{i+1} et ML_{i-1}. L'écriture de l'équilibre entre ML_{i+1} et ML_{i-1} :

$$ML_{i-1} \quad + \quad 2\,L \quad = \quad ML_{i+1}$$

permet de déterminer la frontière entre les deux domaines : sur la frontière on a l'égalité $[ML_{i+1}] = [ML_{i-1}]$, alors :

$$K_{fi}K_{f(i+1)} = \frac{1}{[L]^2}.$$

D'où la détermination du pL frontière.

b. Échange de centre métallique *M*, diagramme gradué en p*M*

Envisageons le couple ML/L, l'espèce échangée est ici le centre métallique. La traduction logarithmique de la constante d'équilibre de formation conduit à la relation :

$$\text{p}M = \text{p}K_d + \log\frac{[L]}{[ML]}.$$

Cette relation est analogue à celle rencontrée plus haut pour l'échange de ligand ou encore en acido-basicité. M désigne la particule échangée, pK_d est une constante caractéristique du couple, L est l'accepteur du couple tandis que ML est le donneur du couple.

- Si $\text{p}M > \text{p}K_d$, $[L] > [ML]$. Il s'agit du domaine de prédominance de L.
- Si $\text{p}M < \text{p}K_d$, $[L] < [ML]$. Il s'agit du domaine de prédominance de ML.

Là encore un rapport au moins égal à 10 entre concentrations n'est rencontré qu'à plus d'une unité de la frontière.

Exercice résolu

Diagramme de prédominance de $[\text{Ca}Y]^{2-}/Y^{4-}$

Soit le couple $[\text{Ca}Y]^{2-}/Y^{4-}$, pour lequel la constante de formation du complexe est telle que $\log K_f = 10,8$, tracer le diagramme de prédominance (gradué en $\text{pCa} = -\log[\text{Ca}^{2+}]$).

Réponse :
Ce diagramme prend la forme présentée ci-dessous.

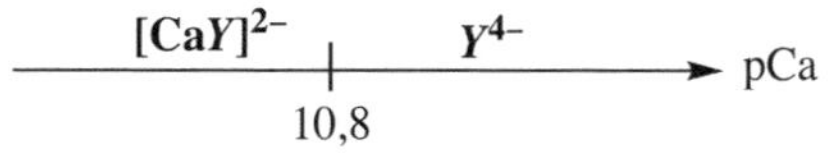

1.4 Échelle de pK_d et diagramme de prédominance : prévision du sens d'échange de ligand

Dans ce paragraphe, nous considérons des **couples donneur/accepteur de ligand** dont l'échange met en jeu une molécule de **ligand**. Ces couples sont du type ML_n/ML_{n-1} ou plus simplement encore ML/M. Le cas des réactions engageant deux couples donneur/accepteur de ligands mettant en jeu un nombre différent de ligand est plus délicat et ne peut donner lieu à l'établissement de résultats généraux.

Envisageons le couple ML/M (échange de ligand). Plus la constante de formation K_f est élevée, plus le métal se révèle accepteur de ligand L. Au contraire plus la constante K_f est faible, plus le complexe ML se révèle donneur de ligand L. Il est possible, de façon analogue à une échelle d'acidité graduée en pK_A, de classer les couples donneur/accepteur de ligand en fonction de $\log K_f = \mathrm{p}K_d$. Prenons garde à placer l'accepteur du couple à gauche de l'échelle (et le donneur à droite). Considérons les couples mettant en jeu le ligand EDTA ($[CaY]^{2-}/Ca^{2+}$; $[FeY]^{2-}/Fe^{2+}$; $[ZnY]^{2-}/Zn^{2+}$ et $[NiY]^{2-}/Ni^{2+}$) et classons-les sur une échelle de pK_d (voir figure 11.5).

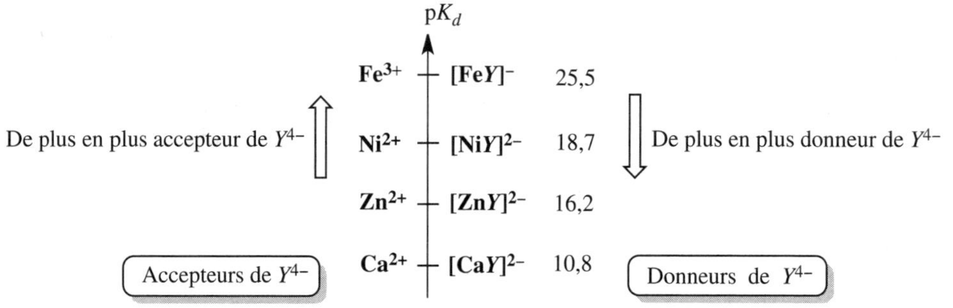

FIGURE 11.5 – Échelle de pK_d

Il est possible d'après cette échelle de pK_d de prévoir les échanges de ligand dont l'équilibre bénéficiera d'une constante d'équilibre supérieure à 1 (équilibres favorisés). De façon géométrique un échange est favorisé (associé à une réaction de constante $K_T^\circ > 1$) si le réactif potentiellement accepteur de ligand est engagé dans un couple dont le pK_d est supérieur à celui du couple engageant le réactif potentiellement donneur de ligand. Pour des raisons de lisibilité, nous entourerons préalablement les réactifs présents sur l'échelle de pK_d. Il faut évidemment calculer la constante d'équilibre associée à l'échange de ligand pour justifier ce résultat. Notons que cette constante d'équilibre s'exprime toujours en fonction des constantes de formation ou de dissociation associées aux couples donneur/accepteur mis en jeu.

Ainsi, si le complexe $[CaY]^{2-}$ incolore est mis en présence d'ions Ni^{2+}, une coloration bleue apparaît (le complexe $[NiY]^{2-}$ est bleu). Pour justifier cette observation, il faut envisager un échange d'EDTA Y^{4-}. Plaçons les différents couples sur une échelle de pK_d et entourons les espèces mises en présence ($[CaY]^{2-}$ et Ni^{2+}) conformément au travail réalisé à la figure 11.6.

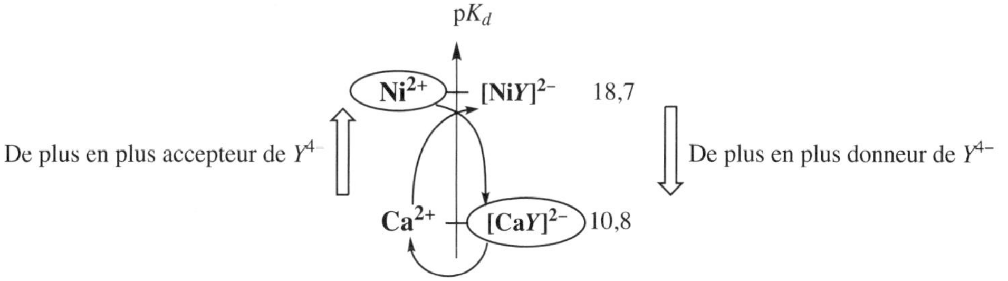

FIGURE 11.6 – Réaction favorisée ($K_T^\circ > 1$)

Nous pouvons constater qu'une réaction semble possible :

$$[CaY]^{2-} \quad + \quad Ni^{2+} \quad = \quad Ca^{2+} \quad + \quad [NiY]^{2-}.$$

Calculons la constante d'équilibre associée :

$$K_T^\circ = \frac{\left[[NiY]^{2-}\right]\left[Ca^{2+}\right]}{\left[Ni^{2+}\right]\left[[CaY]^{2-}\right]} = \frac{K_f([NiY]^{2-})}{K_f([CaY]^{2-})} = \frac{10^{18,6}}{10^{10,8}} = 10^{7,8} \gg 1.$$

Il s'agit d'une réaction largement quantitative, ce qui explique la destruction du complexe $[CaY]^{2-}$ mis en présence d'ions Ni^{2+}.

✎ Il est possible de montrer ce résultat en étudiant l'allure des diagrammes de prédominance associés aux couples $[CaY]^{2-}/Ca^{2+}$ et $[NiY]^{2-}/Ni^{2+}$. Le tracé de ces diagrammes montre qu'il n'est pas possible de trouver un domaine de stabilité commun aux espèces $[CaY]^{2-}$et Ni^{2+}. Ces deux espèces sont donc amenées à réagir pour fournir l'ion Ca^{2+} et le complexe $[NiY]^{2-}$pour lesquels il existe effectivement un domaine commun de stabilité (voir figure 11.7).

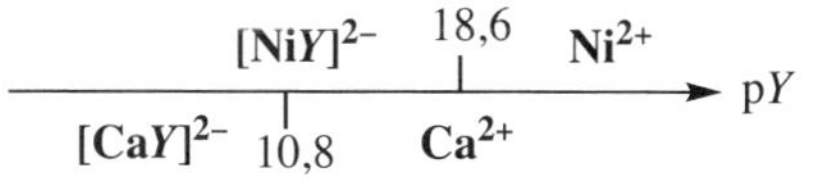

FIGURE 11.7 – Domaines de stabilité disjoints

1.5 Échelle de pK_d et diagrammes de prédominance : prévision du sens d'échange de centre métallique

Envisageons le couple ML/L (échange de métal). Plus la constante de formation K_f est élevée, plus le ligand se révèle accepteur de métal M. Au contraire plus la constante K_f est faible, plus le complexe ML se révèle donneur de métal M. Il est possible, de façon analogue à une échelle d'acidité graduée en pK_A, de classer les couples donneur/accepteur de métal en fonction de $\log K_f = pK_d$. Prenons garde à placer l'accepteur du couple à gauche de l'échelle (et le donneur à droite). À titre d'exemple nous pouvons situer les couples mettant en jeu le centre métallique Ca^{2+}($[CaC_2O_4]/C_2O_4^{2-}$; $[CaOH]^+/HO^-$ et $[CaY]^{2-}/Y^{4-}$). Nous nous reporterons à la figure 11.8.

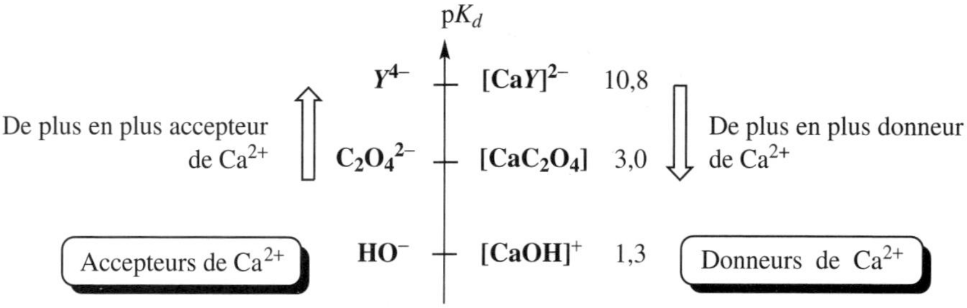

FIGURE 11.8 – Échelle de pK_d

Il est possible d'après cette échelle de pK_d de prévoir les échanges de centre métallique dont l'équilibre bénéficiera d'une constante d'équilibre supérieure à 1 (équilibres favorisés). De façon géométrique un échange est favorisé (associé à une réaction de constante $K_T^\circ > 1$) si le réactif potentiellement accepteur de métal est engagé dans un couple dont le pK_d est supérieur à celui du couple engageant le réactif potentiellement donneur de métal. Pour des raisons de lisibilité, nous entourerons préalablement les réactifs présents sur l'échelle de pK_d. Il faut évidemment calculer la constante d'équilibre associée à l'échange de métal. Elle s'exprime en fonction des constantes de formation ou de dissociation associées aux couples donneur/accepteur mis en jeu.

Considérons l'ajout d'ions oxalate $C_2O_4^{2-}$ dans une solution contenant le complexe rouge $[FeSCN]^{2+}$. Il y a alors destruction du complexe (disparition de la couleur). Cette observation peut être expliquée simplement en considérant un échange de centre métallique Fe^{3+}. Nous pouvons situer les différents couples sur une échelle de pK_d (voir figure 11.9) sachant que les constantes de formation sont $K_f([FeC_2O_4]^+) = 10^{9,4}$ et $K_f([FeSCN]^{2+}) = 10^{2,2}$.

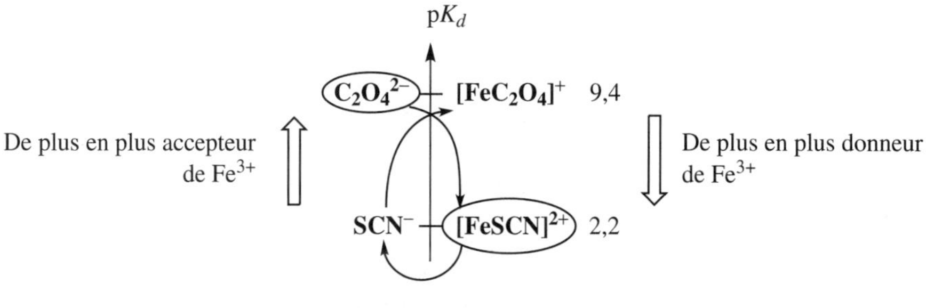

FIGURE 11.9 – Réaction favorisée ($K_T^\circ > 1$)

Entourons les espèces mises en présence ($[FeSCN]^{2+}$ et $C_2O_4^{2-}$). Une réaction semble possible :

$$[FeSCN]^{2+} \quad + \quad C_2O_4^{2-} \quad = \quad [FeC_2O_4]^+ \quad + \quad SCN^-.$$

Calculons la constante d'équilibre associée :

$$K_T^\circ = \frac{\left[[FeC_2O_4]^+\right]\left[SCN^-\right]}{\left[[FeSCN]^{2+}\right]\left[C_2O_4^{2-}\right]} = \frac{K_f([FeC_2O_4]^+)}{K_f([FeSCN]^{2+})} = \frac{10^{9,4}}{10^{2,2}} = 10^{7,2} \gg 1.$$

Il s'agit d'une réaction largement quantitative, ce qui explique la destruction du complexe $[FeSCN]^{2+}$ mis en présence d'ions $C_2O_4^{2-}$.

Il est possible de montrer ce résultat en étudiant l'allure des diagrammes de prédominance associés aux couples $[FeSCN]^{2+}/SCN^-$ et $[FeC_2O_4]^+/C_2O_4^{2-}$. Le tracé de ces diagrammes montre qu'il n'est pas possible de trouver un domaine de stabilité commun aux espèces $[FeSCN]^{2+}$et $C_2O_4^{2-}$. Ces deux espèces sont amenées à réagir pour fournir l'ion SCN^- et le complexe $[FeC_2O_4]^+$ pour lesquels il existe un domaine commun de stabilité (voir figure 11.10).

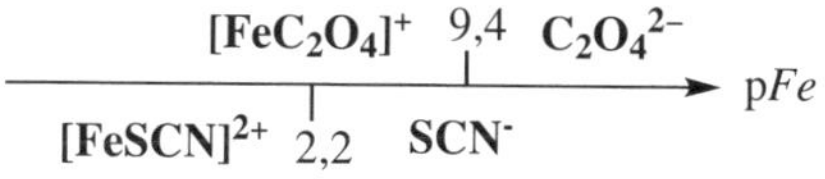

FIGURE 11.10 – Domaines de stabilité disjoints

2 Détermination de l'état d'équilibre, calcul des concentrations (PC)

Comme lors de l'étude des phénomènes acido-basiques, deux méthodes permettent de déterminer la composition de la solution à l'équilibre chimique. Une première méthode consiste à écrire une **constante d'équilibre** pour chaque équilibre chimique réalisé puis à écrire toutes les équations de **conservation** :

- **conservation de la charge** : la solution électriquement neutre reste électriquement neutre. La somme de toutes les charges présentes en solution doit être nulle ;
- **conservation de matière** : la matière introduite initialement se retrouve à l'équilibre chimique sous forme libre ou complexée. Ainsi si nous introduisons initialement le ligand L (à la concentration $c_{0,L}$) et le centre métallique M (à la concentration $c_{0,M}$) il est possible d'écrire deux équations de **conservation de matière**. En supposant possible la formation des complexes ML_i avec $1 \leq i \leq n$, la conservation de matière du centre métallique s'écrit :

$$c_{0,M} = [M] + [ML] + \cdots + [ML_n]$$

et la conservation de matière du ligand L s'écrit :

$$c_{0,L} = [L] + [ML] + 2[ML_2] + \cdots + n[ML_n].$$

La résolution du système formé par l'ensemble de ces équations fournit la valeur numérique des concentrations à l'équilibre chimique. Sauf cas particulier, il n'est pas possible de résoudre pareil système sans utilisation de l'outil informatique. Il est donc très souvent légitime de faire appel à la **méthode de la réaction prépondérante**, qui limite au maximum les calculs. Le mode de calcul est analogue à celui mené en acido-basicité : la recherche de **réaction prépondérante quantitative** permet de simplifier l'état du système jusqu'à rencontrer un **équilibre de contrôle** qui conduit à l'état d'équilibre (état final). La **réaction prépondérante** choisie fait intervenir le donneur le plus fort sur l'accepteur le plus fort. De nombreuses analogies existent avec les cas évoqués lors du chapitre acido-basicité. Il n'existe cependant pas d'équivalent de la réaction d'autoprotolyse de l'eau, ce qui simplifie les démarches, notamment en terme de vérification du choix de l'**équilibre de contrôle**.

2.1 Solution contenant un seul complexe *ML*

Envisageons le cas d'une solution contenant un complexe ML introduit à la concentration c_0. Sur une échelle de pK_d, ML est la seule espèce présente (voir figure 11.11) : le seul **équilibre de contrôle** pouvant engager le complexe est sa dissociation selon :

$$ML \quad = \quad M \ + \ L.$$

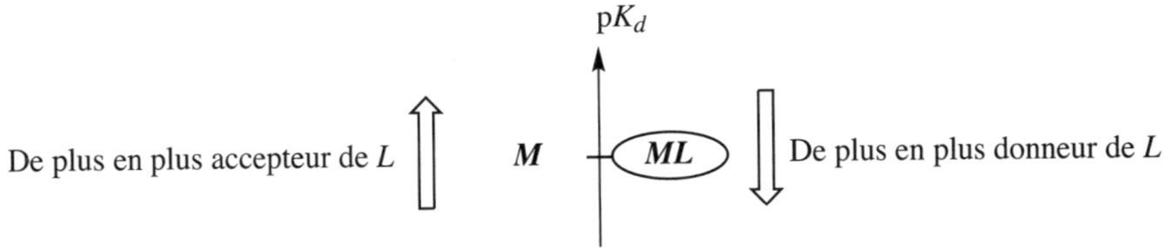

FIGURE 11.11 – Classement des espèces

Il suffit de réaliser un bilan en concentration sur l'**équilibre de contrôle** selon :

	ML	$=$	M	$+$	L
EI	c_0		0		0
EF	$c_0 - x$		x		x

Ainsi :

$$K_d = \frac{x^2}{c_0 - x}$$

qui fournit la valeur de x et donc l'état d'équilibre de la solution. Ce cas est analogue à la dissociation d'un acide (en acido-basicité), le même type d'approximation est possible afin de déterminer sans calcul l'état final : Supposons un complexe peu dissocié (c'est-à-dire $[L] = x < \frac{c_0}{10}$), dans ces conditions $[L] = \sqrt{K_d c_0}$ et donc :

$$\text{p}L = -\log[L] = \frac{1}{2}(\text{p}K_d - \log c_0).$$

Cette expression est analogue à :

$$\text{pH} = \frac{1}{2}(\text{p}K_A - \log c_0).$$

⚠ Vérifier l'hypothèse de faible dissociation sur un diagramme de prédominance, c'est-à-dire $\mathrm{p}L \leq \mathrm{p}K_d - 1$.

Si nous supposons au contraire un complexe très dissocié (analogie avec un acide fort), il vient $\mathrm{p}L = -\log c_0$ soumis à la vérification de l'hypothèse $\mathrm{p}L \geq \mathrm{p}K_d + 1$. Notons que cette hypothèse est peu commune en vertu de la forte stabilité des complexes étudiés. Dans le cas d'une non-vérification des hypothèses, il faut résoudre l'équation du second degré portant sur x. Évidemment ces relations ne sont pas à connaître par cœur mais à redémontrer rapidement.

Exercice résolu

Concentration d'un ion à l'équilibre

L'ion Hg^{2+} forme avec l'ion Y^{4-} le complexe $[HgY]^{2-}$ avec une constante de formation qui vaut $\beta = 10^{22,1}$. Le complexe $[HgY]^{2-}$ est introduit en solution aqueuse à la concentration $c_0 = 10^{-2}$ mol·L^{-1}. Indiquer la valeur de $\left[Y^{4-}\right]$ lorsque l'équilibre chimique est atteint.

Réponse :

L'**équilibre de contrôle** s'écrit :

$$[HgY]^{2-} \quad = \quad Hg^{2+} \quad + \quad Y^{4-}.$$

En supposant le complexe peu dissocié et en notant x l'avancement volumique de l'**équilibre de contrôle**, il vient :

$$\frac{1}{\beta} = 10^{-22,1} = \frac{x^2}{c_0}$$

soit $x = 8{,}9.10^{-13}$ mol·L^{-1} (ou encore $\mathrm{p}Y = -\log x = \frac{1}{2}(22,1 - \log 10^{-2}) = 12,05$). Nous vérifions l'hypothèse de *faible dissociation du complexe* : $\mathrm{p}Y \leq \mathrm{p}K_d - 1$.

2.2 Complexe amphotère

Imaginons l'introduction du complexe ML (à la concentration c_0) susceptible d'échanger son ligand L mais intervenant dans deux couples donneur/accepteur : le couple ML_2/ML (ML est accepteur de L) caractérisé par $\mathrm{p}K_{d2}$ et le couple ML/M (ML est donneur de L) caractérisé par $\mathrm{p}K_{d1}$. ML est qualifié de **complexe amphotère**. Réalisons une échelle de $\mathrm{p}K_d$, entourons les espèces introduites afin de déterminer un **équilibre de contrôle** (voir figure 11.12).

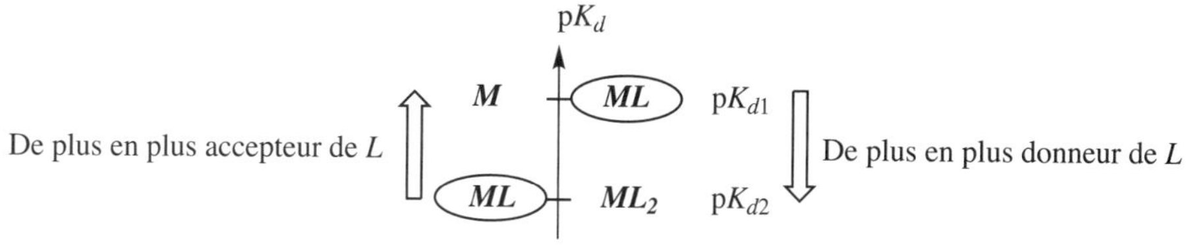

FIGURE 11.12 – Classement des espèces

L'**équilibre de contrôle** envisagé est :

$$2\,ML \quad = \quad M \quad + \quad ML_2$$

de constante d'équilibre :

$$K_T^\circ = \frac{K_{d1}}{K_{d2}}.$$

Le raisonnement est là encore comparable à celui mené en acido-basicité, réalisons un bilan en concentration sur cet **équilibre de contrôle** :

	$2\,ML$	$=$	M	$+$	ML_2
EI	c_0		0		0
EF	$c_0 - 2x$		x		x

$$K_T^\circ = \frac{K_{d1}}{K_{d2}} = \frac{x^2}{(c_0 - 2x)^2} \approx \frac{x^2}{c_0^2}$$

en supposant $2x$ faible devant c_0. La concentration $[L]$ peut alors être calculée en utilisant une constante d'équilibre $(K_{d1}$ ou $K_{d2})$ et conduit au résultat :

$$\mathrm{p}L = \frac{1}{2}(\mathrm{p}K_{d1} + \mathrm{p}K_{d2}).$$

⚠ Ce résultat suppose que $[M] = [ML_2]$ et donc qu'il est légitime de négliger la **réaction prépondérante secondaire** (dissociation de ML) selon :

$$ML \quad = \quad M \quad + \quad L.$$

Il suffit de vérifier que l'avancement de la **réaction prépondérante secondaire** (évalué par $[L]$) est négligeable devant l'avancement de l'**équilibre de contrôle** (x). Si l'hypothèse n'est pas vérifiée il faut tenir compte des **deux équilibres de contrôle simultanés** :

$$2\,ML \quad = \quad M \quad + \quad ML_2$$

et

$$ML \quad = \quad M \quad + \quad L$$

puis réaliser un bilan sur le produit commun aux **deux équilibres de contrôle** sous la forme $[M] = [ML_2] + [L]$. L'utilisation des constantes d'équilibre permet d'obtenir une équation ne portant que sur $[L]$.

Exercice résolu

Complexes maloniques du cuivre

L'ion Cu^{2+} forme avec le ligand malonate (noté Mal^-) les complexes stables $[\mathrm{Cu}Mal]^+$ et $[\mathrm{Cu}Mal_2]$ avec les constantes globales de formation $\beta_1 = 10^{5,4}$ et $\beta_2 = 10^{7,8}$. Le complexe $[\mathrm{Cu}Mal]^+$ est initialement introduit à la concentration $c_0 = 0,1\ \mathrm{mol{\cdot}L^{-1}}$. Déterminer l'état de la solution lorsque l'équilibre chimique est atteint (en négligeant tout rôle acido-basique de l'ion malonate).

Réponse :

Nous reconnaissons un ampholyte complexe et proposons la **réaction prépondérante** suivante (**équilibre de contrôle**) :

$$2\,[\mathrm{Cu}Mal]^+ \quad = \quad [\mathrm{Cu}Mal_2] \quad + \quad \mathrm{Cu}^{2+}$$

de constante d'équilibre :

$$K_T^\circ = \frac{K_{d1}}{K_{d2}}$$

avec $K_{d1} = 10^{-5,4}$ et $K_{d2} = 10^{-2,4}$ (constantes successives de dissociation calculées à partir des constantes globales de formation β_1 et β_2). Ainsi $K_T^\circ = 10^{-3}$. Réalisons un bilan sur l'équilibre de contrôle :

	$2\,[\mathrm{Cu}Mal]^+$	$=$	$[\mathrm{Cu}Mal_2]$	$+$	Cu^{2+}
EI	c_0		0		0
EF	$c_0 - 2x$		x		x

Il vient en supposant la réaction faiblement avancée ($2x$ faible devant c_0) :

$$K_T^\circ = 10^{-3} \approx \frac{x^2}{c_0^2}$$

d'où $x = 3{,}2.10^{-3}\ \mathrm{mol{\cdot}L^{-1}} = [[\mathrm{Cu}Mal_2]] = \left[\mathrm{Cu}^{2+}\right]$. Nous vérifions bien que $\left[[\mathrm{Cu}Mal]^+\right] = c_0 - 2x \approx 0{,}1\ \mathrm{mol{\cdot}L^{-1}}$. Nous devons en outre vérifier le caractère négligeable de la **réaction prépondérante secondaire** (dissociation du complexe) :

$$[\mathrm{Cu}Mal]^+ \quad = \quad \mathrm{Cu}^{2+} \quad + \quad Mal^-.$$

Son avancement est mesuré par $[Mal^-] = 1{,}3.10^{-4}\ \mathrm{mol{\cdot}L^{-1}}$, calculé à partir de $-\log[Mal^-]$.
$-\log[Mal^-] = \frac{1}{2}(\mathrm{p}K_{d1} + \mathrm{p}K_{d2})$.
Cet avancement est négligeable devant $x = 3{,}2.10^{-3}\ \mathrm{mol{\cdot}L^{-1}}$, ce qui valide le résultat fourni.

2.3 Étude de mélanges

a. Deux complexes échangeant le même ligand *L*

Considérons un mélange contenant le complexe M_1L (à la concentration $c_{0,1}$) et le complexe M_2L (à la concentration $c_{0,2}$). Les deux complexes sont susceptibles de fournir L selon les réactions :

$$M_1L \quad = \quad M_1 \quad + \quad L$$
$$M_2L \quad = \quad M_2 \quad + \quad L$$

de constantes d'équilibre respectivement égales à K_{d1} et K_{d2}. Cette situation est analogue au cas précédemment évoqué pour les mélanges d'acides faibles. Un calcul complet, tenant compte des deux phénomènes, est délicat. Il est souvent légitime de supposer que l'état final est imposé par l'un des complexes (de pK_d le plus faible ou en concentration la plus élevée). Supposons ici $K_{d1} > K_{d2}$. L'**équilibre de contrôle** choisi est :

$$M_1L \quad = \quad M_1 \quad + \quad L$$

qui permettra d'écrire :

$$pL = \frac{1}{2}(pK_{d1} - \log c_{0,1})$$

en supposant le complexe peu dissocié. Il faut vérifier, outre la faible dissociation de M_1L, que la dissociation du deuxième complexe était effectivement négligeable. L'avancement de la **réaction prépondérante secondaire** :

$$M_2L \quad = \quad M_2 \quad + \quad L$$

est estimé par $[M_2]$ et doit être négligeable devant l'avancement de l'**équilibre de contrôle** choisi. Si les deux complexes fournissent le ligand dans les mêmes proportions (l'hypothèse précédente n'est pas vérifiée), il faut réaliser un bilan tenant compte des **deux équilibres de contrôle simultanés** et réaliser un bilan sur l'espèce commune L :

$$[L] = [M_1] + [M_2] = K_{d1}\frac{[M_1L]}{[L]} + K_{d2}\frac{[M_2L]}{[L]}.$$

En supposant les deux complexes peu dissociés il vient $[M_1L] \approx c_{0,1}$ et $[M_2L] \approx c_{0,2}$. Par conséquent la relation fournissant $[L]$ s'écrit :

$$[L] = \sqrt{K_{d1}c_{0,1} + K_{d2}c_{0,2}}.$$

Cette relation est analogue à la relation obtenue dans le cas du mélange d'acides faibles peu dissociés :

$$h = \sqrt{K_{A1}c_{0,1} + K_{A2}c_{0,2}}.$$

La situation de complexes dissociés entraîne des calculs : $[M_1]$ est exprimée en fonction de $[L]$ par :

$$K_{d1} = \frac{[M_1][L]}{c_{0,1} - [M_1]}$$

en écrivant une **conservation de matière** pour le métal M_1 selon $c_{0,1} = [M_1] + [M_1L]$. De façon identique, $[M_2]$ est exprimée en fonction de $[L]$ par :

$$K_{d2} = \frac{[M_2][L]}{c_{0,2} - [M_2]}$$

en écrivant une **conservation de matière** pour le métal M_2 selon $c_{0,2} = [M_2] + [M_2L]$. Dans la plupart des cas, les hypothèses simplificatrices seront vérifiées.

Exercice résolu

Concentrations de complexes à l'équilibre

Considérons l'introduction dans une solution des complexes $[CaY]^{2-}$ et $[FeY]^{-}$ (à la même concentration $c_0 = 0{,}1$ mol·L^{-1}). Le but est de déterminer l'état de la solution à l'équilibre (en particulier la concentration $[Y^{4-}]$). Les pK_d sont fournis : $pK_d([CaY]^{2-}/Ca^{2+}) = 10{,}8$ et $pK_d([FeY]^{-}/Fe^{3+}) = 25{,}5$.

Réponse :

Supposons l'intervention d'un seul **équilibre de contrôle** :

$$[\mathrm{Ca}Y]^{2-} \quad = \quad \mathrm{Ca}^{2+} \quad + \quad Y^{4-}$$

de constante d'équilibre $K_T^\circ = K_d([\mathrm{Ca}Y]^{2-}) = 10^{-10,8}$. Ceci revient à dire que la dissociation du complexe $[\mathrm{Fe}Y]^-$ est négligeable. Supposons en outre le complexe $[\mathrm{Ca}Y]^{2-}$ peu dissocié. Il vient alors :

$$\mathrm{p}Y = -\log\left[Y^{4-}\right] = \frac{1}{2}(\mathrm{p}K_d - \log c_0) = 5,9.$$

La valeur des autres concentrations est obtenue grâce aux constantes d'équilibre $K_d([\mathrm{Ca}Y]^{2-})$ et $K_d([\mathrm{Fe}Y]^-)$. L'hypothèse *complexe peu dissocié* est bien vérifiée : $\mathrm{p}Y < \mathrm{p}K_d - 1$. Vérifions que la dissociation du complexe $[\mathrm{Fe}Y]^-$ apporte bien des ions Y^{4-} de façon négligeable. La **réaction prépondérante secondaire** s'écrit :

$$[\mathrm{Fe}Y]^- \quad = \quad \mathrm{Fe}^{3+} \quad + \quad Y^{4-}$$

de constante d'équilibre $K_T^\circ = K_d([\mathrm{Fe}Y]^-) = 10^{-25,5}$, son avancement est évalué par $\left[\mathrm{Fe}^{3+}\right]$. En utilisant l'expression de $K_d([\mathrm{Fe}Y]^-) = 10^{-25,5}$ il vient :

$$10^{-25,5} = \frac{\left[\mathrm{Fe}^{3+}\right].10^{-5,9}}{0,1}$$

d'où $\left[\mathrm{Fe}^{3+}\right] = 2{,}5.10^{-21}$ mol·L^{-1}, effectivement négligeable devant l'avancement de l'**équilibre de contrôle**, savoir $\left[Y^{4-}\right] = 10^{-5,9} = 1{,}3.10^{-6}$ mol·L^{-1}.

b. Mélange complexe/centre métallique conjugué

Il s'agit de la situation analogue au mélange acide /base conjuguée en acido-basicité, elle met en jeu le mélange du complexe ML (introduit à la concentration $c_{0,1}$) et du centre métallique M (introduit à la concentration $c_{0,2}$). Réalisons une échelle de pK_d et identifions les espèces initialement introduites (voir figure 11.13).

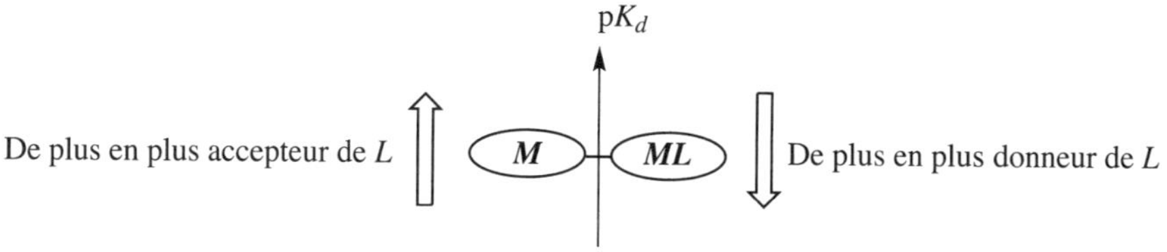

FIGURE 11.13 – Classement des espèces

L'**équilibre de contrôle** envisagé est :

$$ML \quad + \quad M \quad = \quad M \quad + \quad ML \qquad (K_T^\circ = 1).$$

Il ne modifie pas les concentrations, la valeur de pL est fournie par :

$$\mathrm{p}L = \mathrm{p}K_d + \log\frac{[M]}{[ML]} = \mathrm{p}K_d + \log\frac{c_{0,2}}{c_{0,1}}.$$

⚠ Cette relation suppose qu'il est possible de négliger la dissociation du complexe selon la **réaction prépondérante secondaire** :

$$ML \quad = \quad M \quad + \quad L$$

et donc que l'avancement de cette **réaction prépondérante secondaire**, évalué par $[L]$, est négligeable devant $c_{0,1}$ et $c_{0,2}$. Si tel n'est pas le cas, il est nécessaire de réaliser un bilan de matière sur la **réaction prépondérante secondaire** selon :

	ML	$=$	M	$+$	L
EI	$c_{0,1}$		$c_{0,2}$		0
EF	$c_{0,1}-x$		$c_{0,2}+x$		x

L'état final est obtenu en utilisant la constante d'équilibre :

$$K_d = \frac{x(c_{0,2}+x)}{c_{0,1}-x}$$

et en résolvant l'équation du second degré.

Exercice résolu

Concentrations de complexes à l'équilibre

Une solution est obtenue par mélange du complexe $[\mathrm{Ca}Y]^{2-}$ ($c_{0,1} = 0{,}1\ \mathrm{mol{\cdot}L^{-1}}$) et du cation Ca^{2+} ($c_{0,2} = 0{,}2\ \mathrm{mol{\cdot}L^{-1}}$). Connaissant la valeur de $\mathrm{p}K_d(\ [\mathrm{Ca}Y]^{2-}/\mathrm{Ca}^{2+})$, calculer les concentrations à l'équilibre chimique (et la valeur de $\mathrm{p}Y = -\log\left[Y^{4-}\right]$). On indique $\mathrm{p}K_d(\ [\mathrm{Ca}Y]^{2-}/\mathrm{Ca}^{2+}) = 10,8$ et on se place dans l'hypothèse où seules les réactions de complexation sont à considérer.

Réponse :

L'**équilibre de contrôle** envisagé est :

$$[\mathrm{Ca}Y]^{2-} \quad + \quad \mathrm{Ca}^{2+} \quad = \quad \mathrm{Ca}^{2+} \quad + \quad [\mathrm{Ca}Y]^{2-} \qquad (K_T^\circ = 1).$$

Il ne modifie pas les concentrations qui sont à l'équilibre chimique identiques aux concentrations initiales. La valeur de pY est fournie par :

$$\mathrm{p}Y = \mathrm{p}K_d + \log\frac{[\mathrm{Ca}^{2+}]}{\left[[\mathrm{Ca}Y]^{2-}\right]} = \mathrm{p}K_d + \log\frac{c_{0,2}}{c_{0,1}} = 11,1.$$

Nous vérifions *a posteriori* que la **réaction prépondérante secondaire** :

$$[\mathrm{Ca}Y]^{2-} \quad = \quad \mathrm{Ca}^{2+} \quad + \quad Y^{4-}$$

est négligeable : son avancement est mesuré par $\left[Y^{4-}\right] = 10^{-11,1} = 7{,}9.10^{-12}\ \mathrm{mol{\cdot}L^{-1}}$, négligeable devant $c_{0,1}$ et $c_{0,2}$.

c. Complexe et centre métallique non conjugué (donneur et accepteur de L)

Envisageons le mélange du complexe M_1L (introduit à la concentration $c_{0,1}$) et du centre métallique M_2 (concentration $c_{0,2}$). Le couple M_1L/M_1 est caractérisé par $\mathrm{p}K_{d1}$ et le couple M_2L/M est associé à la grandeur $\mathrm{p}K_{d2}$. S'il est possible d'envisager une **réaction prépondérante quantitative** entre le complexe et le centre métallique, selon :

$$M_1L \quad + \quad M_2 \quad = \quad M_1 \quad + \quad M_2L$$

avec $\mathrm{p}K_{d2} > \mathrm{p}K_{d1}$, la réaction provoque la disparition du réactif limitant et permet d'obtenir une **solution équivalente**, nouveau point de départ pour une recherche de **réaction prépondérante**. Si $\mathrm{p}K_{d2} < \mathrm{p}K_{d1}$, l'échelle de $\mathrm{p}K_d$ prend la forme présentée à la figure 11.14.

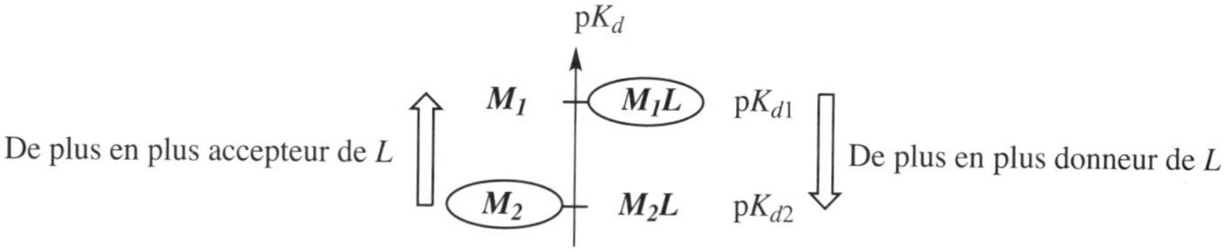

FIGURE 11.14 – Classement des espèces

L'échange de ligand L selon :

$$M_1L \quad + \quad M_2 \quad = \quad M_1 \quad + \quad M_2L$$

est un **équilibre de contrôle** de constante d'équilibre K_T°. Réalisons un bilan en concentration :

	M_1L	+	M_2	=	M_1	+	M_2L
EI	$c_{0,1}$		$c_{0,2}$		0		0
EF	$c_{0,1}-x$		$c_{0,2}-x$		x		x

Alors :

$$K_T^\circ = \frac{K_{d1}}{K_{d2}} = \frac{x^2}{(c_{0,1}-x)(c_{0,2}-x)} \approx \frac{x^2}{c_{0,1}c_{0,2}}$$

en supposant x négligeable devant $c_{0,1}$ et $c_{0,2}$. L'avancement x est ainsi calculé et $[L]$ est obtenue en utilisant une constante d'équilibre (K_{d1} ou K_{d2}). Si x n'est pas négligeable devant $c_{0,1}$ et $c_{0,2}$, il faut résoudre l'équation :

$$K_T^\circ = \frac{K_{d1}}{K_{d2}} = \frac{x^2}{(c_{0,1}-x)(c_{0,2}-x)}.$$

Exercice résolu

État final d'une solution

Envisageons une solution dans laquelle on introduit le complexe $[\mathrm{Ni}Y]^{2-}$ à la concentration $c_{0,1} = 10^{-2}\ \mathrm{mol{\cdot}L^{-1}}$ et l'ion Ca^{2+} à la concentration $c_{0,2} = 10^{-2}\ \mathrm{mol{\cdot}L^{-1}}$. Déterminer l'état final de la solution lorsque l'équilibre chimique est atteint. On fournit $\mathrm{p}K_d([\mathrm{Ni}Y]^{2-}/\mathrm{Ni}^{2+}) =$

$18,6$ et $pK_d([CaY]^{2-}/Ca^{2+}) = 10,8$ et tous les phénomènes autres que complexation sont négligés.
Réponse :
La **réaction prépondérante** engagée est l'**équilibre de contrôle** :

$$[NiY]^{2-} + Ca^{2+} = Ni^{2+} + [CaY]^{2-}$$

de constante d'équilibre $K_T^\circ = 10^{-7,8}$. En réalisant un bilan en concentration il vient :

	$[NiY]^{2-}$	+	Ca^{2+}	=	Ni^{2+}	+	$[CaY]^{2-}$
EI	$c_{0,1}$		$c_{0,2}$		0		0
EF	$c_{0,1}-x$		$c_{0,2}-x$		x		x

d'où :

$$K_T^\circ = 10^{-7,8} \approx \frac{x^2}{c_{0,1}c_{0,2}}$$

en supposant x faible devant les concentrations initiales. Alors $x = 1,3.10^{-6}$ mol·L^{-1} et nous vérifions effectivement que x est négligeable devant $c_{0,1}$ et $c_{0,2}$.

d. Mélange centre métallique/ ligands. Polycomplexation

Si la solution contient initialement le ligand L et le centre métallique M, susceptibles de former le complexe ML, la **réaction prépondérante** envisagée est la formation du complexe (souvent une réaction prépondérante quantitative). La **solution équivalente** obtenue contient alors un complexe ML (et éventuellement un excès de ligand ou de centre métallique). Il ne reste plus qu'à déterminer l'**équilibre de contrôle** qui conduira à l'équilibre (et de vérifier éventuellement les hypothèses émises).
Un cas particulier est rencontré lorsque le centre métallique est susceptible de fixer plusieurs équivalents de ligands pour former les complexes ML, $ML_2 \dots ML_n$. Le complexe obtenu dépend alors du mélange initialement introduit. Le conseil fourni est de tracer au préalable un diagramme de prédominance afin d'identifier les espèces stables. Une succession de **réactions prépondérantes quantitatives** permet la fixation du ligand L au centre métallique et la formation des espèces apparaissant dans le diagramme de prédominance. L'équilibre sera atteint après la rencontre d'un **équilibre de contrôle** pouvant engager un ampholyte complexe si le complexe obtenu est ML, $ML_2 \dots ML_{n-1}$ ou encore une dissociation de complexe (dans le cas de ML_n) selon :

$$ML_n = ML_{n-1} + L.$$

Exercice résolu

Concentration résiduelle en ion thiosulfate

Envisageons le mélange de 100 mL d'une solution de nitrate d'argent (concentration $c_{0,1} = 0,01$ mol·L^{-1}) et de 10 mL de thiosulfate de sodium (concentration $c_{0,2} = 0,1$ mol·L^{-1}). Déterminer la concentration en thiosulfate $S_2O_3^{2-}$ dans l'état final sachant que l'ion Ag^+ forme avec l'ion $S_2O_3^{2-}$ (noté L) les complexes $[AgL]^-$ ($pK_{d1} = 7,4$) , $[AgL_2]^{3-}$ ($pK_{d2} = 5,4$) et $[AgL_3]^{5-}$ ($pK_{d3} = 0,8$). Ces grandeurs sont relatives à des réactions de complexation successives.

Réponse :
Concentrations initiales : $[Ag^+]_0 = 9{,}1.10^{-3}$ mol·L^{-1}, $[S_2O_3^{2-}]_0 = 9{,}1.10^{-3}$ mol·L^{-1} avant réaction ; les deux ions peuvent réagir selon la réaction :

$$Ag^+ \quad + \quad S_2O_3^{2-} \quad = \quad [AgS_2O_3]^-$$

de constante d'équilibre $K_{f1} = 10^{7,4}$. Il s'agit d'une **réaction prépondérante quantitative**, la **solution équivalente** après prise en compte de la réaction contient le complexe $[AgS_2O_3]^-$ à la concentration $9{,}1.10^{-3}$ mol·L^{-1}. Il reste à rechercher un **équilibre de contrôle**. Nous sommes ici face à un complexe amphotère, l'**équilibre de contrôle** proposé est :

$$2\ [AgS_2O_3]^- \quad = \quad Ag^+ \quad + \quad [Ag(S_2O_3)_2]^{3-}$$

de constante d'équilibre $K_T^\circ = 10^{-2}$. La valeur de la concentration en ions thiosulfate à l'équilibre est fournie par $[S_2O_3^{2-}] = \sqrt{K_{d1}K_{d2}} = 10^{-6,4} = 4.10^{-7}$ mol·L^{-1}. La dissociation du complexe $[AgS_2O_3]^-$ (fournissant Ag^+ avec un avancement volumique évalué par $[S_2O_3^{2-}] = 4.10^{-7}$ mol·L^{-1}) est négligeable par rapport à l'avancement de l'**équilibre de contrôle**, fournissant Ag^+ avec un avancement volumique $x = 9{,}1.10^{-4}$ mol·L^{-1} calculé par :

$$K_T^\circ = 10^{-2} = \frac{x^2}{(9,1.10^{-3})^2}.$$

3 Rôle acido-basique (PC)

3.1 Propriétés acides du cation

Certains cations métalliques possèdent un **rôle acide** : ils peuvent réagir sur l'eau, capter un ion hydroxyde HO^- et libérer un proton H^+. Citons l'exemple des cations Fe^{3+} qui réagissent sur l'eau selon la réaction :

$$Fe^{3+} \quad + \quad 2\ H_2O \quad = \quad [Fe(OH)]^{2+} \quad + \quad H_3O^+.$$

Le couple $Fe^{3+}/[Fe(OH)]^{2+}$ est un couple acido-basique caractérisé par un $pK_A = 3,7$. Il s'agit d'une écriture abrégée, en réalité c'est le cation complexé par l'eau (*aquacomplexe*) qui réagit selon :

$$[Fe(H_2O)_6]^{3+} \quad + \quad H_2O \quad = \quad [Fe(H_2O)_5(OH)]^{2+} \quad + \quad H_3O^+.$$

Le rôle acide au sens de BRÖNSTED est occasionné par la forte charge positive du cation : celui-ci attire les électrons des liaisons O–H présentes dans les ligands H_2O et polarise ($+\delta$) très fortement les atomes d'hydrogène terminaux, conférant un important rôle acide au complexe. Cette interprétation permet d'expliquer que les cations les plus acides sont aussi les plus chargés et les plus petits.

3.2 Ligands basiques, destruction du complexe en milieu acide

a. Notion de réaction prépondérante généralisée

Supposons deux équilibres réalisés simultanément en solution aqueuse :

$$A \quad = \quad B \; + \; C$$

de constante d'équilibre $K^\circ_{T,1}$ et :

$$B \; + \; D \quad = \quad E$$

de constante d'équilibre $K^\circ_{T,2}$. A et D sont introduits initialement en concentration du même ordre de grandeur. Si $K^\circ_{T,1} \ll K^\circ_{T,2}$, l'espèce B est en **très faible quantité** dans le milieu puisque consommée plus fortement par le deuxième équilibre qu'elle n'est produite par le premier. Une approximation utile consiste à décrire le phénomène chimique par **un équilibre unique**, somme des deux équilibres :

$$A \; + \; D \quad = \quad C \; + \; E$$

de constante d'équilibre $K^\circ_{T,1}K^\circ_{T,2}$. On parle alors de **réaction prépondérante généralisée**.

b. Justification, espèces négligées

L'approximation faite consiste à négliger $[B]$ devant les autres concentrations. Supposons l'introduction de $c_{0,A}$ mol·L^{-1} de A et $c_{0,D}$ mol·L^{-1} de D. Réalisons le bilan suivant sur les deux équilibres engagés :

	A	$=$	B	$+$	C	
EI	$c_{0,A}$		0		0	(avancement volumique x_1)
EF	$c_{0,A}-x_1$		x_1-x_2		x_1	
	B	$+$	D	$=$	E	
EI	0		$c_{0,D}$		0	(avancement volumique x_2)
EF	x_1-x_2		$c_{0,D}-x_2$		x_2	

L'approximation de **réaction prépondérante généralisée** conduit au bilan suivant :

	A	$+$	D	$=$	C	$+$	E
EI	$c_{0,A}$		$c_{0,D}$		0		0
EF	$c_{0,A}-x$		$c_{0,D}-x$		x		x

La comparaison des résultats montre que l'approximation réalisée est $x_1 = x_2 = x$ et que $[B]$ reste très faible (proche de 0). L'approximation du caractère négligeable de B devant les autres espèces de la réaction prépondérante doit être vérifiée *a posteriori*.

c. Application

Les ligands L sont souvent des molécules ou des ions manifestant un rôle de base de BRÖNSTED. À ce titre, ils sont susceptibles de capter des protons H^+ selon une réaction de type :

$$L \; + \; H_2O \quad = \quad LH^+ \; + \; HO^-$$

de constante d'équilibre K_B ou bien :

$$L \quad + \quad H^+ \quad = \quad LH^+$$

de constante d'équilibre $K_T^\circ = \dfrac{K_B}{K_e}$ si des protons H^+ sont directement introduits. Envisageons un complexe ML mettant en jeu un ligand basique. Ce complexe est engagé dans l'équilibre de dissociation :

$$ML \quad = \quad M \quad + \quad L$$

de constante d'équilibre K_d. En présence d'eau, si $K_B \gg K_d$ l'espèce L, minoritaire, n'intervient pas dans l'équilibre de dissociation qui s'écrit désormais :

$$ML \quad + \quad H_2O \quad = \quad M \quad + \quad LH^+ \quad + \quad HO^-$$

dont l'équation est la somme des équations de dissociation de ML et du rôle basique de L (**réaction prépondérante généralisée**). Par ajout de protons H^+ le phénomène est encore plus marqué. Comme $\dfrac{K_B}{K_e} \gg K_d$, la réaction ne fait pas intervenir L et s'écrit :

$$ML \quad + \quad H_3O^+ \quad = \quad LH^+ \quad + \quad M \quad + \quad H_2O$$

de constante d'équilibre $K_d\dfrac{K_B}{K_e}$, pouvant être très grande. Cette équation est là encore la somme des équations de dissociation du complexe ML et de l'action des protons H^+sur le ligand basique : il s'agit d'une **réaction prépondérante généralisée**. Retenons ce résultat : en milieu acide un complexe possédant des ligands basiques se dissocie (de façon totale ou limitée), la réaction de destruction est de la forme :

$$ML \quad + \quad H^+ \quad = \quad LH^+ \quad + \quad M.$$

Il s'agit d'une réaction mettant en jeu simultanément les propriétés complexantes et les propriétés basiques du ligand. Considérons l'exemple suivant. Le complexe $[FeF]^{2+}$ est caractérisé par la constante de dissociation $K_d = 10^{-5}$. Lors d'un ajout d'acide fort, le complexe réagit : les ions fluorure F^- manifestent un rôle basique, le couple HF/F^- est caractérisé par une constante d'acidité K_A ($pK_A = 3,2$). Le complexe $[FeF]^{2+}$ intervient dans l'équilibre de dissociation :

$$[FeF]^{2+} \quad = \quad Fe^{3+} \quad + \quad F^-$$

de constante d'équilibre $K_d = 10^{-5}$. Cet équilibre fournit des ions fluorure susceptibles d'être captés par l'acide fort selon :

$$H_3O^+ \quad + \quad F^- \quad = \quad H_2O \quad + \quad HF$$

de constante d'équilibre fournie par $\dfrac{1}{K_A} = 10^{3,2}$. Le phénomène chimique peut être traduit par la **réaction prépondérante généralisée**, somme des deux équilibres :

$$[FeF]^{2+} \quad + \quad H_3O^+ \quad = \quad Fe^{3+} \quad + \quad H_2O \quad + \quad HF$$

de constante d'équilibre $K_T^\circ = 10^{-5}.10^{3,2} = 10^{-1,8}$.

3.3 Influence de la complexation sur la force d'un acide

L'acidité d'un acide HL est augmentée par l'ajout d'une substance M^+ susceptible de se complexer fortement avec l'ion L^-. En effet l'action de l'eau sur l'acide HL s'écrit :

$$\mathrm{H}L \quad + \quad \mathrm{H_2O} \quad = \quad \mathrm{H_3O^+} \quad + \quad L^-$$

de constante d'équilibre K_A. L'ion L^- est capable de réagir fortement avec M^+ selon :

$$M^+ \quad + \quad L^- \quad = \quad ML$$

de constante d'équilibre $K^\circ_{T,1} > 1$. Le phénomène chimique ayant lieu peut être traduit par la **réaction prépondérante généralisée** :

$$\mathrm{H}L \quad + \quad \mathrm{H_2O} \quad + \quad M^+ \quad = \quad \mathrm{H_3O^+} \quad + \quad ML$$

de constante d'équilibre $K^\circ_T = K_A K^\circ_{T,1} > K_A$. Considérons à titre d'illustration le cas de l'acide borique HBO_2. Il s'avère très difficile de doser cet acide directement par de la soude en utilisant un suivi pH-métrique. En effet le pK_A du couple HBO_2/BO_2^- est donné par p$K_A = 9,3$ qui est une valeur trop élevée pour espérer un saut de pH suffisamment prononcé à la rencontre du point équivalent. Une solution consiste à ajouter un polyol (le mannitol, symbolisé par Ma) possédant la propriété de complexer les ions borate selon :

$$\mathrm{BO_2^-} \quad + \quad 2\,Ma \quad = \quad [Ma_2\mathrm{BO_2}]^-$$

de constante d'équilibre $K^\circ_{T,1} = 10^{4,7}$. L'action de l'acide sur l'eau en présence de mannitol est désormais traduite par la **réaction prépondérante généralisée** :

$$\mathrm{HBO_2} \quad + \quad \mathrm{H_2O} \quad + \quad 2\,Ma \quad = \quad [Ma_2\mathrm{BO_2}]^- \quad + \quad \mathrm{H_3O^+}$$

de constante d'équilibre $K^\circ_T = 10^{-4,6}$. Le titrage par la soude est possible : c'est un acide de pK_A égal à 4,6 qui est dosé. On parle alors de dosage d'acide très faible par **exaltation d'acidité**.

4 Titrages complexométriques (PC/PSI)

Un **titrage complexométrique** est un titrage mettant en jeu une réaction de complexation.

4.1 Principe, courbe théorique p$L = f(x)$

Imaginons le titrage d'une solution contenant des ions Ca^{2+} par une solution d'EDTA (fournissant le ligand Y^{4-}).

a. Conditions, protocole, position de l'équivalence

Négligeons dans un premier temps l'existence de phénomènes acido-basiques. La réaction de titrage ayant lieu dans le bécher est la réaction **rapide** et **quantitative** :

$$\mathrm{Ca^{2+}} \quad + \quad Y^{4-} \quad = \quad [\mathrm{Ca}Y]^{2-}$$

de constante d'équilibre $K_f = 10^{10,8}$. Nous supposons que le bécher contient une solution d'ions Ca^{2+} (de concentration c_1 et de volume V_1) tandis que la burette contient une solution titrante source d'ions Y^{4-} (à la concentration c_2).

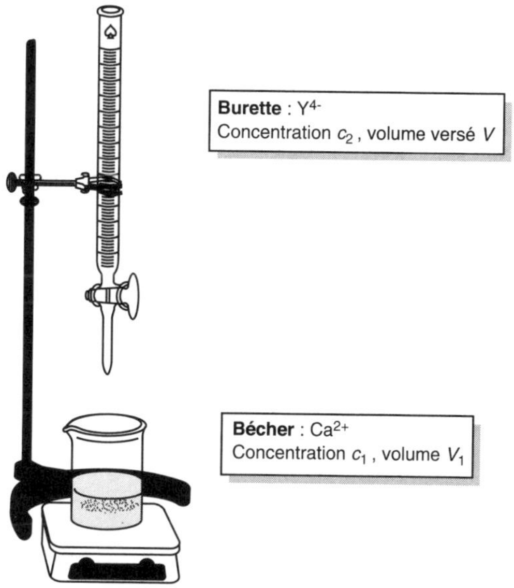

FIGURE 11.15 – Dispositif expérimental

À l'**équivalence** :

$$(n_{Y^{4-}})_{\text{ajouté}} = n_{Ca^{2+}} \qquad \text{ou encore} \qquad c_1V_1 = c_2V_{\text{eq}}$$

avec V_{eq} volume d'EDTA versé au point équivalent. Une mesure expérimentale de V_{eq} permet de déterminer la concentration c_1.

b. Expression p*Y* = *f(V)*

Par analogie avec l'acido-basicité, on se propose de trouver l'évolution de $\text{p}Y = -\log\left[Y^{4-}\right]$ en fonction de V (V désigne le volume de titrant versé). La grandeur pY n'est pas directement accessible expérimentalement (contrairement au pH). Pour $V = 0$, le pY n'est pas défini. Lorsque $0 < V < V_{\text{eq}}$, le bécher contient un mélange complexe/cation conjugué. En négligeant la dissociation du complexe, la valeur de $\text{p}Y = -\log\left[Y^{4-}\right]$ est donnée par :

$$\text{p}Y = \text{p}K_d + \log \frac{\left[Ca^{2+}\right]}{\left[[CaY]^{2-}\right]}.$$

Il est possible d'exprimer ces deux concentrations par :

$$\left[[CaY]^{2-}\right] = \frac{c_2V}{V + V_1}$$

et :

$$\left[\mathrm{Ca}^{2+}\right] = \frac{c_1 V_1 - c_2 V}{V + V_1} = \frac{c_2(V_{\mathrm{eq}} - V)}{V + V_1}.$$

Ainsi :

$$\mathrm{p}Y = \mathrm{p}K_d + \log \frac{V_{\mathrm{eq}} - V}{V} \quad \text{ou encore} \quad \mathrm{p}Y = \mathrm{p}K_d + \log \frac{1-x}{x}$$

en utilisant la variable réduite $x = \dfrac{V}{V_{\mathrm{eq}}}$. Pour $V > V_{\mathrm{eq}}$, l'ion Y^{4-} est versé en excès et :

$$\left[Y^{4-}\right] = \frac{c_2(V - V_{\mathrm{eq}})}{V + V_1}$$

en négligeant l'apport d'ions Y^{4-} par dissociation du complexe $[\mathrm{Ca}Y]^{2-}$. Dans cette zone :

$$\mathrm{p}Y = -\log \frac{c_2(V - V_{\mathrm{eq}})}{V + V_1}.$$

Pour $V = V_{\mathrm{eq}}$, la solution est constituée du complexe $[\mathrm{Ca}Y]^{2-}$ à la concentration :

$$c = \frac{c_2 V_{\mathrm{eq}}}{V_{\mathrm{eq}} + V_1}.$$

L'équilibre de contrôle est alors la dissociation du complexe selon :

$$[\mathrm{Ca}Y]^{2-} \quad = \quad \mathrm{Ca}^{2+} \quad + \quad Y^{4-}$$

de constante d'équilibre $K_d = 10^{-10,8}$. Réalisons un bilan sur cet **équilibre de contrôle** puis exprimons la constante d'équilibre (en supposant le complexe peu dissocié) :

	$[\mathrm{Ca}Y]^{2-}$	$=$	Ca^{2+}	$+$	Y^{4-}
EI	c		0		0
EF	$\approx c$		x		x

$$K_d = 10^{-10,8} = \frac{x^2}{c} \quad \text{d'où} \quad \mathrm{p}Y = -\log x = \frac{1}{2}\left(10,8 - \log \frac{c_2 V_{\mathrm{eq}}}{V_{\mathrm{eq}} + V_1}\right).$$

c. Allure

Au cours du titrage la concentration en ions Y^{4-} **croît**, l'évolution $\mathrm{p}Y = f(V)$ est donc **décroissante** et prend la forme présentée à la figure 11.16.

À la **demi-équivalence** de ce titrage, $\mathrm{p}Y = \mathrm{p}K_d$ en négligeant la dissociation du complexe formé (analogie avec le dosage d'un acide faible par une base forte pour lequel $\mathrm{pH} = \mathrm{p}K_A$ à la demi-équivalence en négligeant la dissociation de l'acide). Le problème reste la détection du point équivalent. Ce type de titrage peut être réalisé facilement en utilisant par exemple des **indicateurs colorés** ou un suivi **spectrophotométrique**.

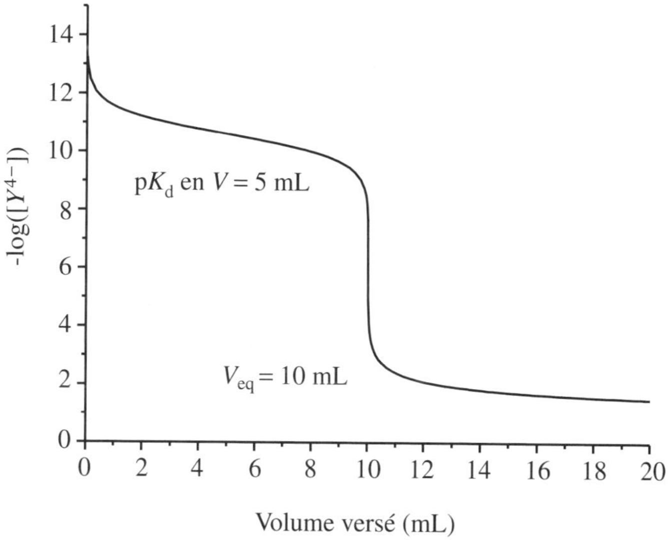

FIGURE 11.16 – Évolution $pY = f(V)$

d. Intervention des phénomènes acido-basiques

Le raisonnement simplificateur mené au paragraphe précédent néglige la nature exacte de la solution titrante : il s'agit pour des raisons de solubilité d'une solution contenant l'espèce $2Na^+$, H_2Y^{2-} . L'expérience montre la nécessité de réaliser le titrage en milieu tamponné (à un pH voisin de 10 en pratique). Si nous cherchons à décrire le mieux possible la réaction qui se déroule en solution, il est nécessaire de tenir compte du pH du milieu et des formes acido-basiques majoritaires. Réalisons le **diagramme de prédominance** figurant à la fois les différentes formes acido-basiques de l'EDTA et les différentes formes pouvant engager le cation Ca^{2+}(l'ion Ca^{2+} forme avec l'ion hydroxyde le complexe $[CaOH]^+$ avec une constante de formation $\beta = 10^{1,3}$). Nous nous reportons à la figure 11.17.

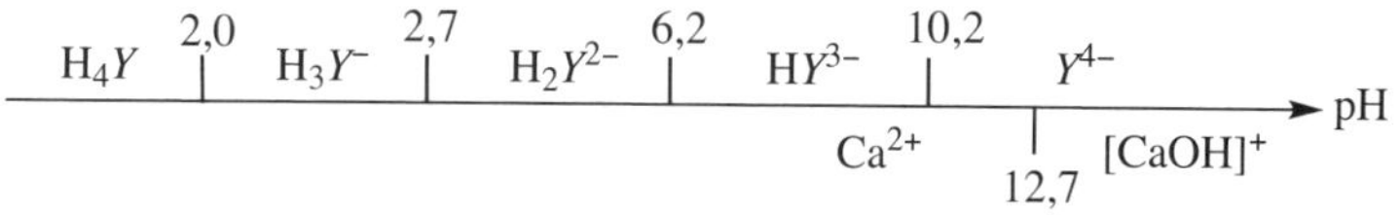

FIGURE 11.17 – Diagrammes de prédominance

Une équation de titrage plus adaptée à pH = 10 s'écrit :

$$Ca^{2+} + HY^{3-} + HO^- = [CaY]^{2-} + H_2O.$$

La nature exacte des réactifs participant au titrage n'influe pas sur l'essentiel : **le point équivalent correspond à l'introduction des réactifs dans les proportions stœchiométriques**. Notons que si l'expérience est réalisée pour un pH faible, le point de fin de titrage devient moins net parce que la réaction de formation du complexe y est moins complète (le complexe $[CaY]^{2-}$ se forme moins totalement en milieu acide). Pour obtenir un point de fin de titrage correct dans le cas du calcium, un pH supérieur à 8 est nécessaire. L'EDTA permet le dosage d'un grand nombre de cations métalliques. Dans le cas du dosage des ions Zn^{2+}, l'espèce prédominante dans le bécher est le complexe $[Zn(NH_3)_4]^{2+}$. En effet la réaction est menée dans un milieu de concentration élevée en ammoniac et en chlorure d'ammonium. Ces espèces tamponnent la solution à un pH suffisamment élevé pour garantir une réaction complète avec le titrant ; par ailleurs l'ammoniac forme des complexes ammine avec les ions Zn^{2+} et empêche la formation de l'hydroxyde de zinc très peu soluble. Une description plus correcte de la réaction de titrage est alors pour un pH tamponné voisin de 10 :

$$[Zn(NH_3)_4]^{2+} \quad + \quad HY^{3-} \quad = \quad [ZnY]^{2-} \quad + \quad 3\,NH_3 \quad + \quad NH_4^+.$$

4.2 Existence d'une zone de pH optimale pour le titrage

Une idée fréquemment répandue consiste à dire qu'un titrage par l'EDTA n'est envisageable que si la forme basique Y^{4-} est présente en quantité notable, autrement dit si le pH est suffisamment basique. Nous allons voir ici qu'il n'en est rien et que la zone de pH envisageable pour le titrage dépend essentiellement de la nature (et de la stabilité) du complexe formé entre le cation titré et le ligand Y^{4-}. Reprenons le cas du complexe $[CaY]^{2-}$. Nous notons ici c la concentration initiale d'une solution contenant le complexe étudié (nous prendrons arbitrairement ici la valeur $c = 0{,}1\ \text{mol}\cdot\text{L}^{-1}$ sans que cela nuise à la généralité de notre propos). Nous allons faire varier le pH de cette solution et étudier la stabilité du complexe. En fonction du pH le ligand EDTA pourra être présent sous forme Y^{4-}, HY^{3-}, H_2Y^{2-}, H_3Y^- ou encore H_4Y. Écrivons deux équations traduisant la conservation de matière du calcium d'une part et de l'EDTA d'autre part :

$$\begin{aligned} c &= \left[Ca^{2+}\right] + \left[[CaY]^{2-}\right] \\ c &= \left[Y^{4-}\right] + \left[HY^{3-}\right] + \left[H_2Y^{2-}\right] + \left[H_3Y^-\right] + [H_4Y] + \left[[CaY]^{2-}\right]. \end{aligned}$$

L'écriture des quatre constantes d'acidité relative au tétracide H_4Y conduit aux relations :

$$\begin{aligned} K_{A1} &= 10^{-2,0} = \frac{h\left[HY^{3-}\right]}{[H_4Y]} \qquad K_{A2} = 10^{-2,7} = \frac{h\left[H_2Y^{2-}\right]}{\left[H_3Y^-\right]} \\ K_{A3} &= 10^{-6,2} = \frac{h\left[HY^{3-}\right]}{\left[H_2Y^{2-}\right]} \qquad K_{A4} = 10^{-10,2} = \frac{h\left[Y^{4-}\right]}{\left[HY^{3-}\right]}. \end{aligned}$$

Chacune des concentrations en espèce EDTA s'exprime en fonction de $\left[Y^{4-}\right]$ en utilisant les relations :

$$\begin{aligned} \left[HY^{3-}\right] &= \frac{h}{K_{A4}}\left[Y^{4-}\right] \qquad \left[H_2Y^{2-}\right] = \frac{h^2}{K_{A4}K_{A3}}\left[Y^{4-}\right] \\ \left[H_3Y^-\right] &= \frac{h^3}{K_{A4}K_{A3}K_{A2}}\left[Y^{4-}\right] \qquad [H_4Y] = \frac{h^4}{K_{A4}K_{A3}K_{A2}K_{A1}}\left[Y^{4-}\right]. \end{aligned}$$

Nous pouvons en déduire l'expression :

$$\begin{aligned} c &= \left[Ca^{2+}\right] + \left[[CaY]^{2-}\right] \\ &= \left[Y^{4-}\right]\left(1 + \frac{h}{K_{A4}} + \frac{h^2}{K_{A4}K_{A3}} + \frac{h^3}{K_{A4}K_{A3}K_{A2}} + \frac{h^4}{K_{A4}K_{A3}K_{A2}K_{A1}}\right) + \left[[CaY]^{2-}\right] \end{aligned}$$

et donc :

$$\left[Ca^{2+}\right] = \left[Y^{4-}\right] f(h)$$

avec :

$$f(h) = 1 + \frac{h}{K_{A4}} + \frac{h^2}{K_{A4}K_{A3}} + \frac{h^3}{K_{A4}K_{A3}K_{A2}} + \frac{h^4}{K_{A4}K_{A3}K_{A2}K_{A1}}.$$

À partir de cette équation nous allons pouvoir exprimer la valeur du coefficient de complexation α de l'ion calcium (défini comme le quotient de la concentration de calcium complexé par la concentration totale initiale en calcium). Ainsi :

$$\left[Ca^{2+}\right] = c(1-\alpha) \qquad \text{et} \qquad \left[[CaY]^{2-}\right] = c\alpha$$

et :

$$c(1-\alpha) = \left[Y^{4-}\right] f(h).$$

En injectant cette relation dans la constante de formation K_f du complexe $[CaY]^{2-}$ il vient :

$$K_f = \frac{\alpha}{c(1-\alpha)^2} f(h) \qquad \text{ou encore} \qquad \frac{(1-\alpha)^2}{\alpha} = \frac{f(h)}{K_f c}.$$

Cette dernière relation est importante : elle permet de calculer numériquement le coefficient de complexation du calcium en fonction du pH et donc de juger du caractère total ou partiel de la réaction de titrage (réaction de complexation conduisant à la formation de $[CaY]^{2-}$). Notons Ω la fonction $\frac{(1-\alpha)^2}{\alpha}$. Une augmentation de Ω traduit une diminution du coefficient de complexation (et donc une formation moins favorable du complexe). Au contraire une diminution de Ω traduit une augmentation du coefficient de complexation et donc une formation plus complète du complexe. Nous étudions maintenant la variation de la fonction $p\Omega = -\log \Omega$ en fonction du pH ; nous avons la relation :

$$p\Omega = \log K_f + \log C - \log f(h) = 9{,}6 - \log f(h).$$

Pour tracer cette évolution nous nous contenterons d'un tracé approximatif ne tenant compte pour un pH donné que de la forme majoritaire de l'EDTA. Les résultats suivants sont obtenus :

- pour $pH \geq 10{,}2$: $f(h) \approx 1$ et $p\Omega = 9{,}6$;
- pour $10{,}2 \geq pH \geq 6{,}2$: $f(h) \approx \frac{h}{K_{A4}}$ et $p\Omega = -0{,}6 + pH$;
- pour $6{,}2 \geq pH \geq 2{,}7$: $f(h) \approx \frac{h^2}{K_{A3}K_{A4}}$ et $p\Omega = -6{,}8 + 2pH$;

- pour $2,7 \geq \text{pH} \geq 2,0 : f(h) \approx \dfrac{h^3}{K_{A2}K_{A3}K_{A4}}$ et $\text{p}\Omega = -9,5 + 3\text{pH}$;
- pour $\text{pH} \leq 2,0 : f(h) \approx \dfrac{h^4}{K_{A1}K_{A2}K_{A3}K_{A4}}$ et $\text{p}\Omega = -11,5 + 4\text{pH}$.

Le résultat du tracé est présenté à la 11.18.

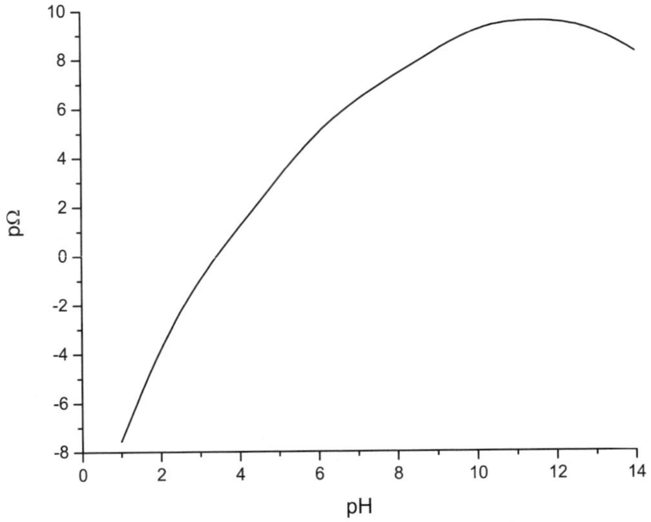

FIGURE 11.18 – Tracé de $\text{p}\Omega = f(\text{pH})$ (stabilité du complexe $[\text{Ca}Y]^{2-}$)

Nous pouvons facilement interpréter ce tracé : si nous souhaitons une réaction de complexation efficace (indispensable dans un but de titrage), nous devons avoir un coefficient de complexation élevé. Ainsi pour avoir un ion Ca^{2+} complexé à 99,9 % ($\alpha = 0,999$) il convient de contrôler le pH de travail pour vérifier $\text{p}\Omega = -\log \dfrac{(1-\alpha)^2}{\alpha} = 6,0$. Par lecture sur le graphe de la figure 11.18 nous déduisons que cela n'est possible que si le pH est supérieur à 6,8. Il conviendra de réaliser le titrage des ions calcium par l'EDTA à un pH tamponné dans une zone idoine.

✎ Notons que certains cations donnant lieu à des constantes de formation très grandes avec l'EDTA peuvent efficacement subir des titrages en milieu plus acide. Il s'agit en particulier du cas de l'ion Fe^{3+} que l'on peut titrer par l'EDTA à un pH voisin de 2,0 à cause de la très grande stabilité du complexe $[\text{Fe}Y]^-$. De la même façon les ions In^{3+}, Th^{4+}, Hg^{2+}ou Sc^{3+} peuvent être efficacement titrés à un pH inférieur à 3,0.

4.3 Utilisation d'un indicateur coloré

Des **indicateurs colorés** de fin de réaction sont utilisés. Dans le cas du titrage des ions Ca^{2+} par les ions Y^{4-}, il est possible d'utiliser le **noir ériochrome T** (NET) de formule présentée à la figure 11.19.

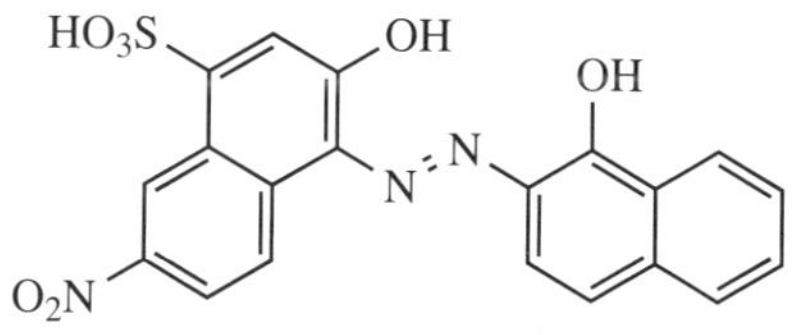

FIGURE 11.19 – Formule moléculaire du noir ériochrome T

Cette molécule prend la couleur bleue au pH de l'expérience mais forme avec les ions Ca^{2+} un complexe rouge (moins stable que $[CaY]^{2-}$, c'est-à-dire dont la formation est associée à une constante d'équilibre moins importante que celle correspondant à $[CaY]^{2-}$). Le complexe $[CaY]^{2-}$ est incolore. Ainsi, en début de titrage la solution est **rouge** (une fraction des ions Ca^{2+} libres sont complexés avec l'indicateur coloré introduit en faible quantité). En fin de titrage, tous les ions Ca^{2+} ont été complexés par l'EDTA (y compris ceux initialement complexés avec l'indicateur coloré, car le complexe formé avec l'EDTA est le plus stable, associé à la constante de formation la plus importante). La solution prend alors la couleur **bleue**, couleur de l'indicateur non complexé (le complexe $[CaY]^{2-}$ est incolore). L'équivalence est repérée par le **changement de couleur rouge-bleu**.

4.4 Suivi spectrophotométrique

Rappelons que beaucoup de complexes sont **colorés**, en particulier ceux formés d'un centre métallique appartenant à la famille des métaux de transition. Il est possible de mettre à profit cette propriété afin de suivre par **spectrophotométrie** (visible) le titrage d'un cation métallique. Envisageons le titrage d'une solution contenant des ions Ni^{2+} par l'EDTA fournissant des ions Y^{4-}. La réaction de titrage s'écrit en négligeant tout phénomène acido-basique :

$$Ni^{2+} \quad + \quad Y^{4-} \quad = \quad [NiY]^{2-}$$

de constante d'équilibre $K_f = 10^{18,6}$. Les ions Ni^{2+} en solution aqueuse prennent une couleur verte (complexe associant Ni^{2+} et l'eau) tandis que le complexe $[NiY]^{2-}$ est un complexe bleu. En se plaçant à une longueur d'onde correspondant au maximum d'absorption du complexe (et en supposant qu'à cette longueur d'onde l'ion Ni^{2+} n'occasionne pas d'absorption), une mesure de l'absorbance A permet de suivre à une constante multiplicative près l'évolution de $\left[[NiY]^{2-}\right]$ (la loi de BEER-LAMBERT fournit $A = \varepsilon_{[NiY]^{2-}}\ell\left[[NiY]^{2-}\right]$). Si V désigne le volume d'EDTA ajouté (concentration c) et V_0 le volume initial de la solution contenant Ni^{2+}, l'évolution de $\left[[NiY]^{2-}\right]$ **avant l'équivalence** est donnée par :

$$\left[[NiY]^{2-}\right] = \frac{cV}{V_0}$$

(on suppose la dilution négligeable). Ainsi :

$$A = \varepsilon_{[NiY]^{2-}}\ell\frac{cV}{V_0}$$

pour $V < V_{eq}$. **Après l'équivalence** :

$$\left[[\text{Ni}Y]^{2-}\right] = \frac{cV_{eq}}{V_0}.$$

Ainsi en négligeant la dilution, l'absorbance reste **constante** après le point équivalent. L'évolution $A = f(V)$ constatée prend la forme présentée à la figure 11.20.

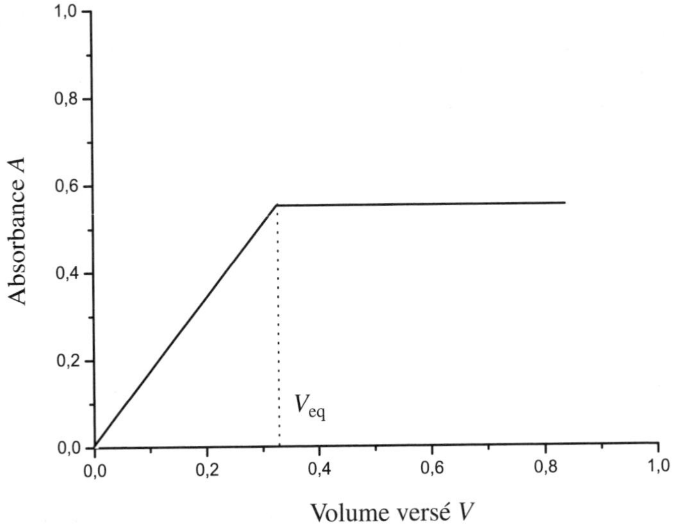

FIGURE 11.20 – Évolution $A = f(V)$

5 Mise en œuvre expérimentale : TP-cours (PC)

Le but de ce TP-cours est la présentation d'une méthode de titrage acido-basique de solutions d'EDTA faisant intervenir un phénomène de complexation. Dans un deuxième temps nous présenterons une utilisation classique de solutions d'EDTA dans la détermination de **dureté** d'une eau minérale. Nous rappelons ici à 25 °C les valeurs numériques des $\text{p}K_A$ associés aux différentes formes de l'EDTA : $\text{p}K_A\,(H_4Y/H_3Y^-) = 2{,}0$; $\text{p}K_A\left(H_3Y^-/H_2Y^{2-}\right) = 2{,}7$; $\text{p}K_A\left(H_2Y^{2-}/HY^{3-}\right) = 6{,}2$; $\text{p}K_A\left(HY^{3-}/Y^{4-}\right) = 10{,}2$. Par ailleurs l'ion Ba^{2+} conduit à la formation du complexe $[\text{Ba}Y]^{2-}$ en présence d'ion Y^{4-}, la constante de formation prend la valeur $\beta = 10^{7,8}$.

5.1 Titrages de l'EDTA, protocole et résultats

a. Un premier titrage simple

Après avoir étalonné le pHmètre par deux **solutions tampons**, nous mélangeons un volume $V_0 = 10$ mL d'une solution préparée par dissolution du sel disodique de l'EDTA Na_2H_2Y

(concentration c_0) et un volume d'eau égal à 15 mL. Une électrode combinée trempe dans la solution. Le réactif titrant présent dans la burette est une solution de soude à la concentration $c_1 = 0{,}02\ \text{mol}\cdot\text{L}^{-1}$. Le réactif titrant est ajouté tandis qu'une lecture du pHmètre conduit à un suivi du pH en fonction du volume V de titrant ajouté. La courbe obtenue est présentée à la figure 11.21.

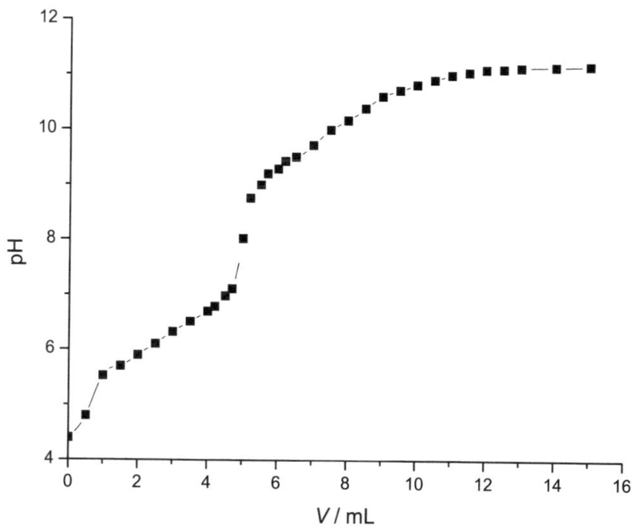

FIGURE 11.21 – Titrage d'une solution d'EDTA par la soude

b. Ajout d'ions baryum Ba^{2+}

L'expérience précédente est réitérée en remplaçant les 15 mL d'eau par 15 mL d'une solution contenant des ions baryum Ba^{2+} à la concentration $c = 0{,}01\ \text{mol}\cdot\text{L}^{-1}$ (chlorure de baryum). Le tracé du pH en fonction du volume V de titrant ajouté est présenté à la figure 11.22 page 424.

c. Interprétation

Le premier titrage est un **titrage acido-basique** classique. La première réaction de titrage s'écrit :

$$H_2Y^{2-} \quad + \quad HO^- \quad = \quad HY^{3-} \quad + \quad H_2O$$

de constante d'équilibre $K^\circ_{T,1} = 10^{7,8}$. la réaction :

$$HY^{3-} \quad + \quad HO^- \quad = \quad Y^{4-} \quad + \quad H_2O$$

a pour constante d'équilibre $K^\circ_{T,2} = 10^{3,8}$. Seule la première réaction constitue une **réaction de titrage**.

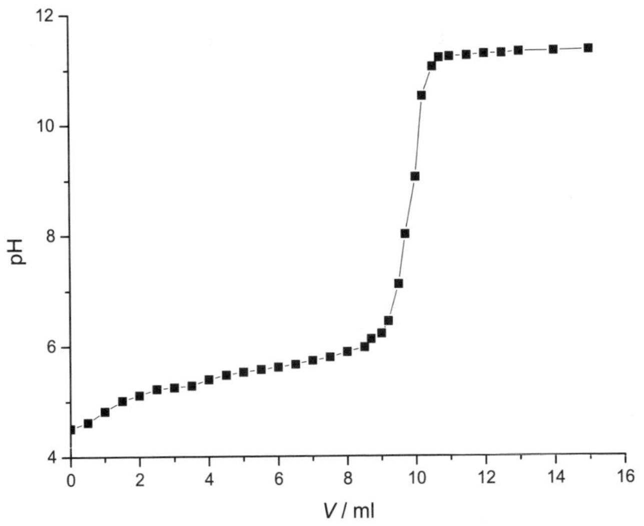

FIGURE 11.22 – Titrage d'une solution d'EDTA par la soude en milieu Ba^{2+}

À l'équivalence ($V = V_{eq}$) les réactifs ont été introduits en **proportions stœchiométriques**, ainsi :

$$c_1 V_{eq} = c_0 V_0$$

qui permet de déterminer *numériquement* la valeur de la concentration c_0 en EDTA. En prenant $V_{eq} \approx 5$ mL il vient $c_0 \approx 0{,}01$ mol·L^{-1}. Le comportement rencontré en milieu riche en ions baryum retient l'attention et peut être étudié en faisant appel à la notion de **RP généralisée** présentée dans le cours. La présence d'ions Ba^{2+} rend possible la réaction de complexation :

$$Ba^{2+} \quad + \quad Y^{4-} \quad = \quad [BaY]^{2-}$$

avec une forte constante d'équilibre ($\beta = 10^{7,8}$). L'ion Y^{4-} ayant toutes les chances d'être minoritaire, la réaction engageant l'ion hydroxyde et l'ion HY^{3-} s'écrit en milieu Ba^{2+} :

$$HY^{3-} \quad + \quad HO^- \quad + \quad Ba^{2+} \quad = \quad [BaY]^{2-} \quad + \quad H_2O$$

de constante d'équilibre $K^{\circ'}_{T,2} = K^{\circ}_{T,2}\beta = 10^{11,6}$ (**RP généralisée**). Envisageons désormais la réaction engageant l'ion hydroxyde et l'ion H_2Y^{2-}. Dans la mesure ou l'ion HY^{3-} a toutes les chances d'être minoritaire en milieu Ba^{2+}, une réaction de titrage convenable s'écrit en milieu Ba^{2+} :

$$H_2Y^{2-} \quad + \quad 2\,HO^- \quad + \quad Ba^{2+} \quad = \quad [BaY]^{2-} \quad + \quad 2\,H_2O$$

de constante d'équilibre $K^{\circ'}_{T,1} = K^{\circ'}_{T,2}K^{\circ}_{T,1} = 10^{19,4}$ (**RP généralisée**). La forme de la courbe de titrage est expliquée par la réalisation de cette unique réaction de titrage. À l'équivalence ($V = V'_{eq}$) nous avons :

$$2c_1 V'_{eq} = c_0 V_0.$$

Le volume $V'_{\text{eq}} \approx 10$ mL conduit à $c_0 \approx 0{,}01$ mol·L^{-1}. Ce deuxième titrage apparaît plus fiable dans la mesure ou le saut de pH constaté est plus important. La lecture du volume équivalent est **plus fiable** qu'en absence d'ions Ba^{2+}.

5.2 Titrage complexométrique d'ions calcium et magnésium dans une eau naturelle

La solution d'EDTA étudiée dans la première partie du TP-cours sert à titrer les ions calcium et magnésium contenus dans une eau naturelle (eau minérale du commerce). La détection du point équivalent est assurée par un indicateur coloré (le NET étudié dans le cours) et se produit à la fin du titrage simultané des ions Ca^{2+} et des ions Mg^{2+} : changement de la teinte de la solution, passage du rouge au bleu. Le titrage doit être effectué à un pH compatible avec une réaction de complexation totale (nous avons montré dans le cours que ceci est vrai dans une zone de pH idoine). Dans le cas présent nous utilisons un tampon ammoniacal de pH compris entre 8,0 et 10,0. Dans un erlenmeyer de titrage nous introduisons $V = 10$ mL d'eau minérale (*Hépar®*) au moyen d'une pipette rincée à l'eau distillée, 3 mL de tampon ammoniacal et 10 gouttes de NET. Un titrage est réalisé par une solution d'EDTA (burette graduée, concentration c_0). Expérimentalement nous obtenons un volume équivalent voisin de $V_{\text{eq}} = 16$ mL. À l'équivalence :

$$\left(c_{\text{Ca}^{2+}} + c_{\text{Mg}^{2+}}\right) V = c_0 V_{\text{eq}}$$

et donc expérimentalement $c_{\text{Ca}^{2+}} + c_{\text{Mg}^{2+}} \approx 0{,}016$ mol·L^{-1}.
Il est possible de comparer ce résultat aux informations fournies par l'étiquette de la bouteille d'eau minérale : $c_{m,\text{Ca}^{2+}} = 555$ mg·L^{-1} et $c_{m,\text{Mg}^{2+}} = 110$ mg·L^{-1} en calculant dans le cas des données fournies par l'étiquette la somme des deux concentrations.
En prenant les masses molaires $M_{\text{Ca}} = 40{,}1$ g·mol^{-1} et $M_{\text{Mg}} = 24{,}3$ g·mol^{-1} :

$$c_{\text{Ca}^{2+}} + c_{\text{Mg}^{2+}} = \frac{555}{40,1}10^{-3} + \frac{110}{24,3}10^{-3} = 0{,}018 \text{ mol·L}^{-1}$$

Il y a un bon accord avec l'expérience.
La **dureté** de cette eau correspond à la somme $c_{\text{Ca}^{2+}} + c_{\text{Mg}^{2+}}$.

Complexation et chimie du vivant, systèmes hémiques et chlorophylles

Le dioxygène, vital pour l'organisme, est transporté dans le sang par une protéine appelée hémoglobine. Amené à pied d'œuvre par l'hémoglobine, le dioxygène est accumulé par la myoglobine jusqu'à son utilisation. La réaction engagée est une réaction de **complexation**. La myoglobine est un protéine de petite taille possédant une site de fixation du dioxygène O_2 appelé **hème** ou système hémique. L'hème est un complexe organisé autour d'un centre métallique (Fe^{2+}) entouré d'une molécule organique plane (**porphyrine**). Le reste de la protéine entoure l'hème de façon pratiquement totale.

La porphyrine joue le rôle de ligand et se fixe à l'ion Fe^{2+} par 4 atomes d'azote. Un cinquième ligand présent est un groupement organique appelé histidine. Le sixième site de coordination autour de l'ion Fe^{2+} est vacant et pourra être occupé par une molécule de dioxygène, captée par la myoglobine.

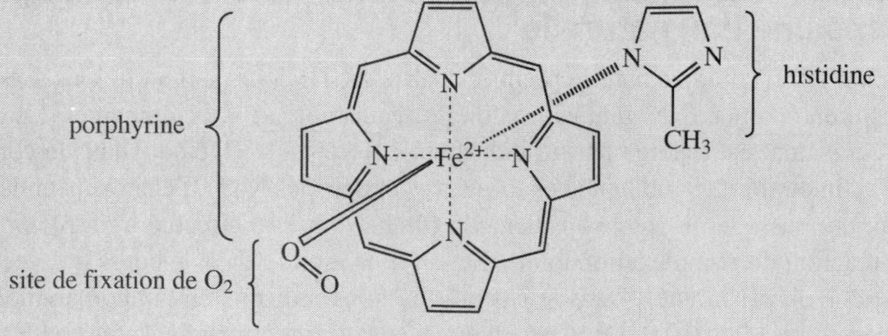

FIGURE 11.23 – Complexation du dioxygène par un complexe hémique

La fixation du dioxygène O_2 sur le système hémique est **renversable** : le dioxygène O_2 peut être utilisé et libère un site de fixation sur la myoglobine. On explique ainsi la toxicité de molécules comme le monoxyde de carbone CO : CO se lie à la myoglobine en lieu et place du dioxygène 250 fois plus fermement que le dioxygène. Le dioxygène n'est pas un compétiteur performant devant le monoxyde de carbone et l'oxygénation de l'organisme n'est plus possible (le dioxygène n'est plus fixé). La molécule d'hémoglobine a pour rôle le **transport du dioxygène** (la myoglobine a un rôle de stockage). Il s'agit d'un tétramère (association de 4 molécules) dont chacune des quatre unités possède une structure voisine de celle de la myoglobine. Le dioxygène y est fixé (complexation sur un système hémique), transporté, puis cédé (réaction renversable).

Les réactions de complexation sont tout aussi vitales pour le monde végétal que pour le monde animal. Le processus photosynthétique utilise aussi un ion complexe. Rappelons que la photosynthèse est la réalisation par les plantes de la réaction :

$$n\,CO_2\,(g) \quad + \quad n\,H_2O\,(\ell) \quad = \quad (CH_2O)_n\,(aq) \quad + \quad n\,O_2\,(g)$$

en présence de lumière. L'absorption de lumière a lieu par l'intermédiaire de la chlorophylle. Au cœur de la structure chlorophyllienne se trouve un cycle porphyrine lié à un centre métallique Mg^{2+} (réaction de complexation). La chlorophylle ainsi formée absorbe dans les régions bleues du spectre visible ($\lambda_{max} = 491$ nm) et dans les régions rouges ($\lambda_{max} = 647 - 700$ nm).

EXERCICES

11.1 Complexe de l'ion zinc(II) avec les ions fluorure (★)

L'ion zinc(II) forme en solution aqueuse le complexe $[ZnF]^+$ en présence d'ions fluorure. La constante de formation du complexe est notée β_1 et vaut $10^{1,3}$. D'autre part, l'acide fluorhydrique est un acide faible de $pK_A = 3,2$.

1. Calculez les concentrations à l'équilibre lorsqu'on mélange deux solutions de nitrate de zinc et de fluorure de sodium en volumes égaux de concentrations identiques 0,2 mol·L^{-1}. On néglige dans cette question les propriétés acidobasiques des ions mis en jeu dans les réactions de complexation.

2. On ajoute à la solution précédente une solution concentrée d'acide (son anion n'a pas de propriétés complexantes). Le pH final est égal à 1,2. Quelle est la fraction des ions zinc(II) qui sont complexés ?

11.2 Compétition entre deux ions métalliques (★★)

L'ion thiosulfate $S_2O_3^{2-}$ forme de nombreux complexes avec des cations métalliques. Avec l'ion Ag^+, le complexe formé est $[Ag(S_2O_3)_2]^{3-}$ de constante globale de formation $\log(\beta_2) = 13,5$. Avec l'ion Hg^{2+}, le complexe formé est $[Hg(S_2O_3)_2]^{2-}$ de constante globale de formation $\log(\beta_2') = 29$.

1. On mélange 20 mL d'une solution de nitrate d'argent de concentration 0,02 mol·L^{-1} et 30 mL d'une solution de thiosulfate de potassium de concentration 0,05 mol·L^{-1}. Quelle est la composition de la solution à l'équilibre ?

2. À la solution obtenue au **1.** on ajoute 50 mL d'une solution de nitrate de mercure(II) de concentration 0,04 mol·L^{-1}. Déterminer la composition de la nouvelle solution à l'équilibre.

11.3 Complexe fluoroaluminate(III) (d'après Centrale 1994) (★)

On réalise le dosage d'un volume de 10 mL d'une solution contenant initialement une solution tamponnée de chlorure d'aluminium en concentration $c_0 = 0,1$ mol·L^{-1}. Le réactif titrant est une solution de fluorure de sodium en concentration $c_0' = 0,1$ mol·L^{-1}. Le dosage est suivi par potentiométrie, l'électrode de mesure est une électrode spécifique des ions fluorure : la différence de potentiel mesurée est du type $\Delta U = a - b.\log[F^-]$ où a et b sont des constantes et $\log[F^-]$ représente le logarithme décimal de la concentration des ions fluorure libres en solution. Dans les conditions opératoires choisies (solvant, pH...), il n'apparaît pas de précipité (phase solide) et un seul complexe est à considérer : $[AlF_i]^{3-i}$ où i est un entier (nombre de ligands F^-). La courbe de dosage est représentée figure 11.24 : elle donne la force électromotrice mesurée en fonction du volume de la solution de fluorure versée.

1. À l'aide de la figure, indiquer la stœchiométrie du complexe.

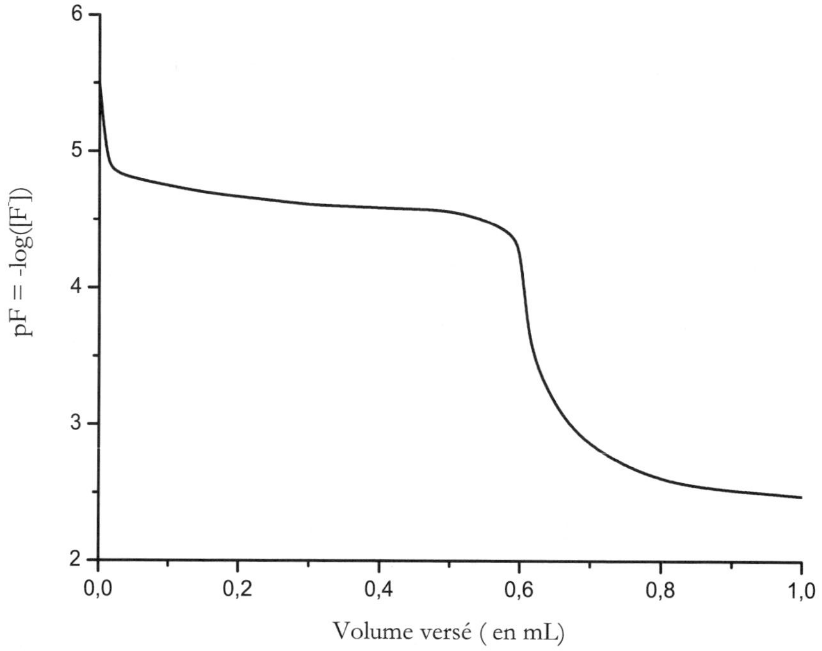

FIGURE 11.24 – $E = f(V)$

2. Commenter l'allure de la courbe au voisinage de l'équivalence.

3. Sachant que la constante de stabilité du complexe vaut $1,6.10^{28}$, donner les diverses expressions de pF en fonction du volume versé V (exprimé en mL) dans les domaines judicieusement choisis entre 0 et 1 mL. On néglige la dilution.

4. Calculer pF pour $V = 0,6$ mL.

11.4 Propriétés complexantes des ions du cuivre(II) (d'après Mines d'Albi 2002) (★★)

Les constantes de formation globale de complexation sont définies comme les constantes des équilibres suivants :

$$Cu^{2+} \quad + \quad n\,NH_3 \quad = \quad [Cu(NH_3)_n]^{2+}.$$

Complexe	$[Cu(NH_3)]^{2+}$	$[Cu(NH_3)_2]^{2+}$	$[Cu(NH_3)_3]^{2+}$	$[Cu(NH_3)_4]^{2+}$
$\log(\beta_n)$	4,2	7,6	10,6	12,6

1. Écrire les expressions des constantes β_n.

2. Écrire les expressions des constantes de dissociation successives K_{dj} (avec j de 1 à 4), constantes des équilibres :

$$[Cu(NH_3)_j]^{2+} \quad = \quad [Cu(NH_3)_{j-1}]^{2+} \quad + \quad NH_3.$$

En déduire une relation entre les constantes de dissociation successives K_{dj} et les constantes de formation globale de complexation β_n.
En déduire les valeurs numériques de $pK_{dj} = -\log(K_{dj})$.

3. En déduire le diagramme de prédominance en fonction de $pNH_3 = -\log([NH_3])$.
On considère un bécher de 50 mL contenant un mélange de 20 mL d'une solution d'ammoniaque (solution aqueuse d'ammoniac) de concentration 1 $mol{\cdot}L^{-1}$ et de 30 mL d'une solution de sulfate de cuivre(II), $CuSO_4$, de concentration $c_1 = 0{,}01$ $mol{\cdot}L^{-1}$.

4. Expliquer pourquoi le complexe $[Cu(NH_3)_4]^{2+}$ est majoritaire. Écrire la réaction globale.

5. Quelles sont les concentrations de NH_3, $[Cu(NH_3)_4]^{2+}$et Cu^{2+} à l'équilibre ?

11.5 Complexes argent/glycinate (★★)

L'ion argent(I) donne avec l'ion glycinate noté Gly^- deux complexes :

- $[Ag(Gly)]$ de constante de formation globale β_1 ($\log(\beta_1) = 3,5$)
- $[Ag(Gly)_2]^-$ de constante de formation globale β_2 ($\log(\beta_2) = 8,4$)

Les constantes β_i sont les constantes de formation globale.

1. L'un de ces deux complexes est conducteur en solution aqueuse : lequel et pourquoi ?

2. Déterminer les constantes successives de dissociation de ces deux complexes en fonction des β_i, puis numériquement.

3. Tracer le diagramme de prédominance en fonction de $p(Gly) = -\log([Gly^-])$. En déduire que l'un des complexes se dismute en donnant une espèce de coordination d'indice plus grand et un autre d'indice plus petit. Calculer la constante de cet équilibre, littéralement puis numériquement. Conclusion.

4. On introduit 0,01 mol de nitrate d'argent et 0,01 mol de glycinate de sodium dans une fiole jaugée complétée à 1 L avec de l'eau distillée. Calculer la composition à l'équilibre.

5. L'ion glycinate est la base conjuguée de la glycine et la constante d'acidité correspondante vaut $pK_{A2} = 9,6$. La glycine peut elle-même être protonée en ion H_2Gly^+ ($pK_{A1} = 2,4$). On ajoute de l'acide chlorhydrique à la solution étudiée au **4.** Calculer le pH de la solution lorsqu'un pour cent de l'argent est complexé.

11.6 Étude du complexe $[FeSCN]^{2+}$ (d'après Centrale 90) (★★)

L'ion complexe $[FeSCN]^{2+}$ est très coloré (rouge sang) : sa coloration est perceptible dès que sa concentration atteint 10^{-5} $mol{\cdot}L^{-1}$. On donne sa constante de dissociation : $K_d = 10^{-2}$.

1. Dans 500 mL d'eau, on dissout 10^{-3} mol de chlorure de fer(III) et 5.10^{-3} mol de thiocyanate de sodium (KSCN). Calculer les concentrations des espèces suivantes : Fe^{3+}, SCN^- et $[FeSCN]^{2+}$. La solution obtenue est-elle colorée ?

2. Les ions fluorure donnent avec les ions fer(III) un complexe de constante de formation β :

$$Fe^{3+} \quad + \quad F^- \qquad = \qquad [FeF]^{2+} \qquad\qquad \beta = 10^5.$$

Dans 500 mL d'eau, on dissout 10^{-3} mol de chlorure de fer(III), 5.10^{-3} mol de thiocyanate de sodium (KSCN) et une quantité de matière n_F de fluorure de potassium. Quelle concentration initiale minimale f de fluorure faut-il introduire dans la solution pour que la coloration rouge sang n'apparaisse pas ?

3. On part d'une solution contenant par litre 2.10^{-3} mol de chlorure de fer(III), 1.10^{-2} mol de thiocyanate de potassium et 2.10^{-2} mol de fluorure de sodium : on l'acidifie par un acide fort. À quel pH la coloration de l'ion complexe apparaît-elle ?

Donnée : HF est un acide faible de $pK_A = 3,2$. HSCN est un acide fort. Concentration initiale minimale f de fluorure.

PROBLÈMES

11.7 Stœchiométrie du complexe cuivre(II) – EDTA par spectroscopie : méthode de JOB (d'après Centrale 2002) (★★★)

L'acide éthylènediaminetétraacétique (EDTA) est un tétraacide organique que l'on note H_4Y. L'ion éthylènediaminetétraacétate est donc représenté par Y^{4-}. Cet ion est un ligand organique qui, en solution aqueuse, forme des complexes avec de nombreux ions métalliques. On se propose de présenter la méthode de JOB, qui permet de déterminer le nombre de ligands au sein d'un complexe. On étudie le cas de la formation du complexe cuivre(II) – EDTA :

$$Cu^{2+} \quad + \quad nY^{4-} \quad = \quad [CuY_n]^{2-4n}.$$

On note β la constante de cet équilibre de complexation. Une solution de sulfate de cuivre(II) est une solution bleue pâle dont la couleur devient beaucoup plus intense lorsqu'on ajoute une solution de sel disodique de l'EDTA (Na_2H_2Y) car il se forme le complexe $[CuY_n]^{2-4n}$.
Protocole expérimental :
on dispose d'une solution de sulfate de cuivre(II) et d'une solution de sel disodique de l'EDTA de concentrations identiques $c = 0{,}02$ mol·L^{-1}. Dans différents béchers, on réalise les mélanges indiqués ci-dessous et on mesure l'absorbance A de la solution à $\lambda = 747$ nm.

Volume x de H_2Y^{2-} / mL	0	1	2	3	4	5
Volume $(10-x)$ de Cu^{2+} / mL	10	9	8	7	6	5
Absorbance A du mélange :	0,130	0,285	0,419	0,588	0,690	0,884
Volume x de H_2Y^{2-} / mL	6	7	8	9	10	
Volume $(10-x)$ de Cu^{2+} / mL	4	3	2	1	0	
Absorbance A du mélange :	0,696	0,508	0,346	0,102	0	

On fait l'hypothèse que l'EDTA introduit se retrouve entièrement sous forme d'ions Y^{4-} et de complexe $[CuY_n]^{2-4n}$. On note ε_1 et ε_2 les coefficients d'absorption molaires des ions Cu^{2+} et $[CuY_n]^{2-4n}$, x le volume en cm^3 de solution de Na_2H_2Y introduit dans le mélange, c_1 et c_2 les concentrations respectives des ions Cu^{2+} et $[CuY_n]^{2-4n}$, c_Y la concentration des ions Y^{4-} non complexés dans le mélange et enfin ℓ la longueur de la cuve.

1. À quelle condition peut-on écrire que l'absorbance de la solution mesurée à $\lambda = 747$ nm est $A = (\varepsilon_1 c_1 + \varepsilon_2 c_2)\ell$?

2. On pose $A' = \varepsilon_1 c\ell$. Préciser la nature d'une solution dont l'absorbance est A'. À l'aide du tableau de données, déterminer la valeur numérique de A'.

3. On pose $\Omega = (\varepsilon_2 - \varepsilon_1)c_2\ell$. Montrer que l'on peut mettre Ω sous la forme :

$$\Omega = A - A'\frac{(10-x)}{10}.$$

4. Compléter le tableau en indiquant la valeur de Ω pour chacune des dix valeurs de x. Représenter les variations de Ω en fonction de x.

5. Compte tenu de la définition de Ω, la condition $\frac{\mathrm{d}\Omega}{\mathrm{d}x} = 0$ est équivalente à $\frac{\mathrm{d}c_2}{\mathrm{d}x} = 0$. À partir de l'écriture de la constante d'équilibre de l'équilibre de complexation, et à l'aide des grandeurs n, x, c et c_2, montrer que, en notant x_0 la valeur de x pour laquelle $\frac{\mathrm{d}c_2}{\mathrm{d}x} = 0$, il existe une relation simple entre n et x_0.

6. Utiliser le graphe tracé à la question précédente pour déterminer la valeur de n intervenant dans l'équilibre de complexation.

11.8 Dosage du magnésium en solution aqueuse (d'après ENS Cachan 2001) (★★)

L'ion magnésium Mg^{2+} est présent en quantités variables dans l'eau du robinet, ainsi que dans la plupart des eaux minérales. Son dosage (ainsi que celui de l'ion Ca^{2+}) permet de déterminer la dureté de l'eau, qui est un paramètre important notamment pour certaines utilisations domestiques : en effet, une dureté excessive entraîne notamment la précipitation des savons et l'entartrage des canalisations d'eau chaude.

1. Pour doser l'ion magnésium, on met à profit son aptitude à former un complexe stable avec l'EDTA (EthylèneDiamineTétraAcétate = Y^{4-}). On opère généralement en milieu tamponné à pH = 10.

a. Représenter la formule développée de l'ion Y^{4-} en indiquant les sites de complexation.

b. Calculer la proportion α de la forme Y^{4-} à pH = 10 (en l'absence de complexe), définie par $\alpha = \frac{[Y^{4-}]}{c_r}$ où c_r désigne la concentration molaire totale en EDTA.

2. Pour visualiser l'équivalence, on utilise un indicateur coloré : le Noir Ériochrome T (NET). Celui-ci présente des propriétés acido-basiques (voir le diagramme de prédominance) et forme avec l'ion magnésium un complexe rouge de formule de formule $[MgE]^-$.

Écrire la réaction de dosage de l'ion magnésium par le sel disodique de l'EDTA (Na_2H_2Y) à pH = 10 en présence de NET, en faisant apparaître les espèces prédominantes dans ces conditions. Justifier la coloration de la solution avant et après l'équivalence et donc le choix du tampon sachant que les complexes formés avec l'EDTA et les ions calcium et magnésium sont incolores.

3. Dans les conditions opératoires usuelles (dosage d'une eau naturelle), l'ion magnésium est généralement accompagné par l'ion calcium Ca^{2+} qui forme également des complexes stables avec l'EDTA et le NET. Le dosage précédent ne permet alors que de déterminer la quantité totale magnésium + calcium.

a. En considérant que le virage de l'indicateur est obtenu lorsque les concentrations des deux formes colorées passent d'un rapport 10 à $1/10^{\text{ème}}$, déterminer la plage de concentration en ions magnésium Mg^{2+} correspondant au virage, dans les conditions de la question.

b. Même question en remplaçant l'ion magnésium par l'ion calcium.

c. En déduire pour lequel des deux ions l'indicateur NET est le mieux adapté.

4. L'étiquette d'une eau minérale de consommation courante fait apparaître la mention suivante : Calcium = 202 mg·L^{-1} ; Magnésium = 36 mg·L^{-1}.
On dose 10 mL de cette eau par une solution de concentration 10^{-2} mol·L^{-1} en sel disodique de l'EDTA en présence de NET et de tampon ammoniacal pH = 10.
Calculer le volume de titrant à ajouter pour observer le virage de l'indicateur.

Données

- Masses molaires atomiques (g·mol^{-1}) Mg : 24,3 et Ca : 40,1 ;
- Constantes de formation ($\log(K_f)$ à 298 K) ;

Complexe	$[MgY]^{2-}$	$[CaY]^{2-}$	$[MgE]^{-}$	$[CaE]^{-}$
$\log(K_f)$	8,7	10,7	7	5,4

- Structure de Y^{4-} : $(^{-}OOCCH_2)_2N(CH_2)_2N(CH_2COO^{-})_2$;
- E^{3-} : forme basique du noir d'ériochrome T ;
- Constantes d'acidité successives (pK_A) de l'acide éthylènediaminetétraacétique (H_4Y) et de H_3E ;

	p$K_{A,1}$	p$K_{A,2}$	p$K_{A,3}$	p$K_{A,4}$
H_4Y	2	2,7	6,2	10,3
H_3E	3,9	6,4	11,5	

- H_3E : rouge ; H_2E^- : rouge ; HE^{2-} : bleu ; E^{3-} : orange.

11.9 Complexes du fer(II) avec les ligands orthophénanthroline et éthylènediamine (d'après Agro 2003) (★★)

Nous étudions dans ce problème le phénomène et les effets de la complexation des ions Fe^{2+} par l'orthophénanthroline (ligand noté *ophen*) et par l'éthylènediamine (ligand noté *en*). On prépare une solution aqueuse notée S de *ophen*H$^+$ (acide conjugué de *ophen*) de concentration $C_0 = 1{,}00.10^{-2}$ mol·L^{-1}.

1. Quel est le pH de la solution S ?

2. On souhaite suivre par pHmétrie le dosage de $V_0 = 100$ mL de solution S par de la soude de concentration $C = 1{,}00.10^{-1}$ mol·L^{-1}. Préciser succinctement le montage expérimental, indiquer l'allure de la courbe de dosage obtenue en indiquant la valeur du pH en $V = 5$ mL et $V = 10$ mL (on négligera les variations de volume dues à l'ajout de soude).

3. On ajoute à 100 mL de solution S une quantité $n = 1{,}00.10^{-2}$ mol d'ions Fe^{2+}, sans variation de volume. En admettant que $[Fe(ophen)_3]^{2+}$ soit le seul complexe éventuellement formé, écrire l'équation-bilan de la réaction se produisant lors de l'ajout des ions Fe^{2+} à la solution S. Calculer sa constante thermodynamique.

4. En déduire l'ordre de grandeur de la concentration résiduelle en *ophen*H$^+$ et le pH de la solution à l'issue de la réaction.

5. Écrire la réaction qui traduit le caractère acide de l'orthophénanthroline protonée en présence d'ions fer(II) (avec le nombre stœchiométrique -1 pour le réactif *ophen*H$^+$). Calculer la constante de cet équilibre et en déduire le comportement acido basique de *ophen*H^+ en présence d'une quantité suffisante d'ions fer(II) (en excès). Retrouver la valeur du pH calculé à la question **4**.

Nous étudions dans la suite du problème la complexation successive des ions Fe^{2+} par le ligand éthylènediamine noté *en* et par l'orthophénanthroline *ophen*.

6. Quelle relation existe entre β_n et les constantes successives de formation notées K_{fi} pour i compris entre 1 et n ?

7. On s'intéresse ici aux complexes formés entre Fe^{2+} et le ligand éthylènediamine noté *en*. Calculer les valeurs numériques dc $\log K_{f1}$, $\log K_{f2}$ et $\log K_{f3}$ pour ces complexes.

8. Tracer un diagramme de prédominance donnant les zones de prédominance des différents complexes de Fe^{2+} avec *en* en fonction de $p(en) = -\log[en]$.

9. Que se passe-t-il quand on ajoute peu à peu une solution d'éthylènediamine à une solution d'ions Fe^{2+} ? (On ne tiendra pas compte des propriétés acido-basiques de BRÖNSTED de ces deux espèces).

10. On s'intéresse ici à nouveau aux complexes formés entre Fe^{2+} et le ligand *ophen*. Calculer les valeurs numériques de $\log K_{f1}$, $\log K_{f2}$ et $\log K_{f3}$ pour ces complexes.

11. Peut-on tracer un diagramme donnant les zones de prédominance des différents complexes de Fe^{2+} avec *ophen* en fonction de $p(ophen) = -\log[ophen]$ comme à la question **8** ? Pourquoi ?

12. Tracer alors le diagramme de prédominance réel, faisant intervenir les espèces stables.

13. Que se passe-t-il quand on ajoute peu à peu une solution d'orthophénanthroline *ophen* à une solution d'ions Fe^{2+} ? (On ne tiendra pas compte des propriétés acido-basiques de BRÖNSTED de ces deux espèces).

Données :

- Le ligand *ophen* est une monobase faible dans l'eau : $pK_A(ophenH^+/ophen) = 4,8$.
- Constantes globales de formation des complexes :
  $[Fe(ophen)_n]^{2+}$: $\log\beta_1 = 5,9$; $\log\beta_2 = 11,1$; $\log\beta_3 = 21,3$;
  $[Fe(en)_n]^{2+}$: $\log\beta_1 = 4,3$; $\log\beta_2 = 7,5$; $\log\beta_3 = 9,5$.

11.10 Titrage des ions argent(I) par les ions thiosulfate (★★)

L'ion Ag^+ est susceptible de subir une réaction de complexation par les ions thiosulfate $S_2O_3^{2-}$ selon les réactions successives :

$$Ag^+ + S_2O_3^{2-} = [Ag(S_2O_3)]^-$$

$$[Ag(S_2O_3)]^- + S_2O_3^{2-} = [Ag(S_2O_3)_2]^{3-}.$$

Les constantes globales de formation sont telles que $\log\beta_1 = 8,5$ et $\log\beta_2 = 13,5$.

Nous étudions le titrage de 30 mL d'une solution de concentration 0,01 mol·L^{-1} de nitrate d'argent par une solution à 1 mol·L^{-1} en thiosulfate de sodium. Soit V le volume de thiosulfate versé. On négligera la dilution lors du titrage. La concentration en ions Ag^+ est mesurée au cours de l'expérience au moyen d'une méthode potentiométrique.

1. Tracer le diagramme de prédominance des espèces en fonction de :

$$p(S_2O_3) = -\log\left[S_2O_3^{2-}\right].$$

2. Montrer qu'il est *a priori* possible de découper le titrage en trois phases : $V < V_1$, $V_1 < V < V_2$ et $V_2 < V$. Donner les valeurs numériques de V_1 et V_2.

3. Calculer $pAg = -\log\left[Ag^+\right]$ pour $V = V_1$ et pour $V = V_2$.

4. Exprimer la variation $pAg = -\log\left[Ag^+\right] = f(V)$ et indiquer sommairement la forme de la courbe. En admettant que cette courbe peut être tracée expérimentalement, quelle exploitation peut-on en faire ?

11.11 Stabilité thermodynamique d'un agent de contraste dans le milieu physiologique (d'après Ulm PC 2009) (★★★)

La qualité des images en IRM est améliorée par administration au malade d'agents de contraste. Les agents de contraste utilisés sont des complexes du gadolinium. Le gadolinium est un lanthanide, de numéro atomique $Z = 64$; il est au nombre d'oxydation +III dans ces complexes.

Le gadolinium +III étant toxique pour l'homme, il est introduit sous forme complexée (qui est considérablement moins toxique). Nous étudierons ici la stabilité thermodynamique du complexe formé par l'ion Gd^{3+} avec le ligand DTPA.

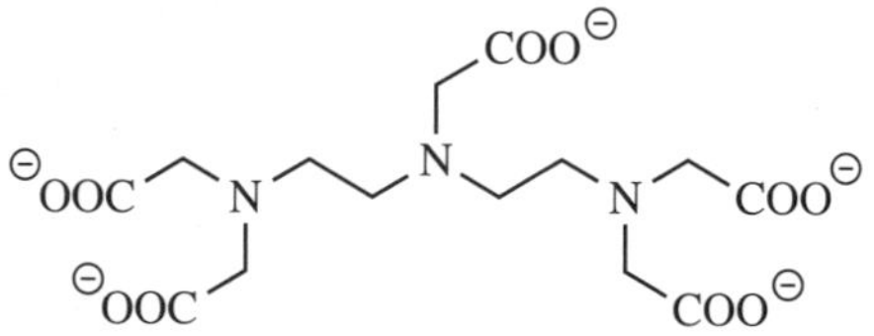

FIGURE 11.25 – Formule du ligand DTPA

Le milieu physiologique présente un pH de 7,4 et plusieurs ions métalliques dissous tels que les ions calcium Ca^{2+}, cuivre Cu^{2+} et zinc Zn^{2+}. Les conditions de pH, ainsi que la présence d'ions métalliques peut influer sur la stabilité de l'agent de contraste et ainsi provoquer le relargage d'ions gadolinium(III) toxiques pour l'homme.

Le ligand DTPA présente dans l'eau cinq acidités. Les valeurs des pK_a de ces acidités sont présentées ci-dessous

$$H_5Z \underset{K_1}{\rightleftarrows} H_4Z^- \underset{K_2}{\rightleftarrows} H_3Z^{2-} \underset{K_3}{\rightleftarrows} H_2Z^{3-} \underset{K_4}{\rightleftarrows} HZ^{4-} \underset{K_5}{\rightleftarrows} Z^{5-}$$

$$pK_1 = 1,8\,;\quad pK_2 = 2,5\,;\quad pK_3 = 4,4\,;\quad pK_4 = 8,8\,;\quad pK_5 = 10,8.$$

On précise enfin que la constante de formation du complexe $Gd(Z)^{2-}$ suivant la réaction :

$$Gd^{3+} + Z^{5-} = Gd(Z)^{2-}$$

est telle que $\log(\beta) = 22,4$.

1. Effet du pH sur la stabilité

On néglige dans un premier temps la présence d'autres cations métalliques dans le milieu et on ne s'intéresse qu'à l'effet du pH sur la stabilité de l'agent de contraste. L'ensemble des équations aboutissant au relargage des ions Gd^{3+} est le suivant :

$$\begin{array}{llllllllll}
Gd(Z)^{2-} & & & = & Gd^{3+} & + & Z^{5-} & & & \tilde{K}_0 \\
Gd(Z)^{2-} & + & H_3O^+ & = & Gd^{3+} & + & HZ^{4-} & + & H_2O & \tilde{K}_A \\
Gd(Z)^{2-} & + & 2\,H_3O^+ & = & Gd^{3+} & + & H_2Z^{3-} & + & 2\,H_2O & \tilde{K}_B \\
Gd(Z)^{2-} & + & 3\,H_3O^+ & = & Gd^{3+} & + & H_3Z^{2-} & + & 3\,H_2O & \tilde{K}_C \\
Gd(Z)^{2-} & + & 4\,H_3O^+ & = & Gd^{3+} & + & H_4Z^{-} & + & 4\,H_2O & \tilde{K}_D \\
Gd(Z)^{2-} & + & 5\,H_3O^+ & = & Gd^{3+} & + & H_5Z & + & 5\,H_2O & \tilde{K}_E
\end{array}$$

On définit par la concentration $[Gd^{3+}]_{\text{relargué}}$ la concentration d'ions gadolinium(III) libres dans le milieu, une fois tous les équilibres établis.

a. Exprimer chacune des constantes thermodynamiques, $\tilde{K}_0$, $\tilde{K}_A$, $\tilde{K}_B$, $\tilde{K}_C$, $\tilde{K}_D$, et $\tilde{K}_E$, en fonction de β et des constantes d'acidité K_i.

b. Montrer que le carré de la concentration en ions Gd^{3+} libres vaut :

$$[Gd^{3+}]^2_{\text{relargué}} = \frac{[Gd(Z)^{2-}]}{\beta}\left\{1+\sum_{i=1}^{5}\left(\frac{[H_3O^+]^i}{\prod_{j=0}^{i-1} K_{5-j}}\right)\right\}$$

Afin de ne pas alourdir les écritures, on ne fait pas apparaître dans les formules la concentration unitaire c_o nécessaire à l'écriture des constantes d'équilibre adimensionnelles.

c. En supposant que le relargage soit faible, montrer que :

$$[Gd^{3+}]_{\text{relargué}} = \sqrt{\frac{C_o}{\beta_{\text{app}}}}$$

où C_o est la concentration initiale en agent de contraste mis dans l'organisme et β_{app} une constante de stabilité apparente dépendant du pH dont on donnera l'expression.

d. En moyennant des approximations numériques que l'on justifiera, déterminer la valeur de β_{app} pour l'agent de contraste à base de DTPA dans des conditions de pH physiologique (soit $pH = 7,4$). Cet agent de contraste est-il stable en milieu aqueux ?

2. Effet des cations métalliques dissous sur la stabilité

Soit M^{n+} un cation métallique dissous dans le milieu. La constante de formation du complexe $M(Z)^{p+}$ est définie suivant la réaction :

$$M^{n+} \quad + \quad Z^{5-} \quad = \quad M(Z)^{p+} \qquad \text{constante de formation} \quad \beta_M.$$

On suppose que seul l'ion Z^{5-} peut former un complexe avec le cation M^{n+}.

En tenant compte du pH et de la présence de cations métalliques dissous, montrer que :

$$[Gd^{3+}]_{\text{relargué}} = \sqrt{\frac{C_o}{\beta_{\text{physio}}}}$$

Donner une expression de β_{physio} la constante de stabilité apparente de l'agent de contraste dans le milieu physiologique en fonction de β, β_M, des constantes d'acidité K_i, de la concentration en ions oxonium H_3O^+ et de la concentration en ions métalliques dissous.

3. Application à la détermination des doses à administrer au patient

On définit la concentration létale comme la concentration maximale de produit que peut supporter l'animal. On définit de même la dose létale, en $mol{\cdot}kg^{-1}$, la dose maximale que peut supporter l'animal avant son décès. Chez la souris, la concentration létale d'ions gadolinium Gd^{3+} libres vaut 10 $\mu mol{\cdot}L^{-1}$. Une souris pèse en moyenne 40 g et possède 70 mL de sang par kilogramme. Pour l'agent de contraste $[Gd(DPTA)(H_2O)]^{2-}$, on a $\log \beta_{\text{physio}} = 7,0$.

a. Déterminer la dose létale (en $mol{\cdot}kg^{-1}$) de cet agent de contraste chez la souris.

b. La dose létale réelle de cet agent de contraste chez la souris vaut 5,0 $mmol{\cdot}kg^{-1}$. Proposer une interprétation à l'écart entre la valeur calculée issue de considérations purement thermodynamiques et la valeur expérimentale.

La dose létale chez l'homme est comparable à celle de la souris (soit 5,0 $mmol{\cdot}kg^{-1}$). Afin d'éviter tout risque, les normes imposent que la quantité d'agent de contraste injectée soit environ 50 fois inférieure à la dose létale. Les solutions d'agent de contraste sont préparées à la concentration de 0,5 $mol{\cdot}L^{-1}$.

c. Un homme de 70 kg possède environ 5 L de sang. Estimer le volume d'agent de contraste qu'il faut injecter au patient pour respecter les normes.

Chapitre 12

Précipitation - Solubilité

La notion intuitive de solubilité possède de nombreuses applications quotidiennes. L'usage des ions fluorure dans les dentifrices donne naissance au composé $Ca_5(PO_4)_3F(s)$ moins soluble que l'émail naturel dans les acides comme la salive. L'ingestion de sulfate de baryum, pourtant éminemment toxique, est réalisée pour améliorer la qualité de radiographies intestinales et est justifiée par la très faible solubilité de $BaSO_4(s)$, ainsi non absorbé par l'organisme.
Ce chapitre analyse l'équilibre hétérogène entre un solide (précipité) et une espèce en solution, ainsi que les conditions d'existence du solide. La solubilité subit des influences variées qui sont développées : effet d'ion commun, pH et complexation. Une réaction de précipitation (formation de précipité) permet enfin la réalisation de titrages. Plusieurs exemples et détections du point équivalent sont présentés ainsi qu'une mise en œuvre expérimentale (TP-cours). Les notions spécifiques au programme de l'option PC sont précisées.

1 Équilibre solide/espèces en solution, constante d'équilibre (PC/PSI)

1.1 Conditions d'existence. Constante d'équilibre et quotient de réaction

a. Équilibre solide/espèces en solution, nature des espèces dissoutes

Certaines espèces neutres peuvent se révéler **peu solubles** en solution aqueuse car difficilement solvatées. Un solide (**précipité**) peut alors apparaître dans le milieu et il s'établit un **équilibre hétérogène** entre le solide et des espèces en solution. Lorsque le solide est de nature ionique (par exemple $AgCl(s)$, $CaSO_4(s)$ ou encore $Fe(OH)_2(s)$) l'équilibre met en jeu le solide et les ions constitutifs du précipité en solution tandis que dans le cas d'un solide moléculaire, l'équilibre met en jeu le solide et l'espèce moléculaire solvatée. À titre d'exemple, le chlorure de plomb $PbCl_2(s)$ est en équilibre avec les ions plomb Pb^{2+} et les ions chlorure Cl^- (présents en solution aqueuse) selon :

$$PbCl_2\,(s) \quad = \quad Pb^{2+} \quad + \quad 2\,Cl^-.$$

Le diiode I_2(s) est pour sa part en équilibre avec une forme solvatée du diiode, notée I_2(aq) pour la distinguer du diiode solide I_2(s). L'équilibre s'écrit :

$$I_2\,(s) \quad = \quad I_2\,(aq).$$

De même l'acide benzoïque noté *Ph*COOH est peu soluble dans l'eau, le solide est alors en équilibre avec une forme solvatée de l'acide benzoïque. L'équilibre réalisé s'écrit :

$$Ph\text{COOH}\,(s) \quad = \quad Ph\text{COOH}\,(aq).$$

Dans la suite, nous admettons en absence d'informations particulières que si un solide est constitué d'ions, celui-ci se solubilise sous forme d'ions.

b. Constante d'équilibre K_s

L'équilibre figurant le composé solide à gauche (avec un coefficient stœchiométrique égal à -1) est qualifié d'**équilibre de solubilisation** (ou encore d'**équilibre de solubilité**). Lorsqu'il est établi à une température donnée (c'est-à-dire lorsque le solide est *effectivement* présent), une constante d'équilibre est vérifiée. Elle est est traditionnellement notée K_s. La grandeur pK_s est aussi rencontrée, elle est définie par p$K_s = -\log K_s$.

⚠ K_s est une constante d'équilibre, par conséquent fixée pour une température donnée (298 K en absence d'indication). En terme d'ordre de grandeur, la constante d'équilibre K_s est une grandeur faible pour la plupart des solides peu solubles. Prenons garde par ailleurs à l'écriture de la constante d'équilibre de l'équilibre de solubilisation : l'activité d'un solide est égale à 1.

À titre d'exemples, considérons les cas du chlorure d'argent AgCl(s) et du sulfure de fer Fe_2S_3(s). Lorsque le précipité AgCl(s) est présent, un équilibre est réalisé entre le solide et les ions en solution :

$$\text{AgCl}\,(s) \quad = \quad Ag^+ \quad + \quad Cl^-.$$

La constante d'équilibre s'écrit $K_s(\text{AgCl}) = \left[Ag^+\right]\left[Cl^-\right] = 10^{-9,7}$ (à 298 K). De même lorsque le précipité Fe_2S_3(s) est présent, l'équilibre solide/espèces dissoutes fait intervenir les ions présents dans le solide et s'écrit :

$$Fe_2S_3\,(s) \quad = \quad 2\,Fe^{3+} \quad + \quad 3\,S^{2-}.$$

La constante d'équilibre s'exprime par $K_s(Fe_2S_3) = \left[Fe^{3+}\right]^2\left[S^{2-}\right]^3 = 10^{-85}$ (à 298 K). Concernant les solides moléculaires, nous avons signalé que le diiode I_2(s) est engagé en solution aqueuse dans l'équilibre :

$$I_2\,(s) \quad = \quad I_2\,(aq).$$

La constante d'équilibre s'écrit alors $K_s(I_2) = [I_2(aq)] = 10^{-2,9}$ (à 298 K). L'acide benzoïque solide est en équilibre avec une forme moléculaire solvatée selon :

$$Ph\text{COOH}\,(s) \quad = \quad Ph\text{COOH}\,(aq).$$

La constante d'équilibre est donnée par $K_s(Ph\text{COOH}) = [Ph\text{COOH(aq)}] = 10^{-1,6}$ (à 298 K). En toute rigueur l'écriture de la constante d'équilibre K_s fait intervenir l'activité des ions en solution. Cette valeur est numériquement confondue avec la concentration exprimée en $\text{mol}\cdot\text{L}^{-1}$. Lorsque l'équilibre de solubilisation traduit le passage en solution des ions présents dans le solide (ionique), la constante d'équilibre K_s est qualifiée de **produit de solubilité**.

c. Conditions d'existence du solide : *Q* et K_s

La difficulté des problèmes mettant en jeu le phénomène de précipitation provient du fait que la constante d'équilibre K_s n'est vérifiée que si le solide est **effectivement présent**. Ceci n'est pas toujours le cas : en particulier si un composé solide est introduit en faible quantité en solution aqueuse, il est entièrement solubilisé et le solide n'est pas présent en solution (solution **non saturée**).

Il existe un critère permettant de savoir si le solide est présent ou non en solution aqueuse. Les concentrations intervenant dans l'expression de la constante d'équilibre K_s sont les concentrations *lorsque l'équilibre est réalisé*. Le quotient de réaction (noté Q) prend une forme mathématique analogue à celle de la constante d'équilibre de l'équilibre de solubilisation mais fait intervenir les concentrations initiales en ions introduits. Ainsi dans le cas du mélange d'ions Ag^+ et Cl^- en solution, le quotient de réaction correspondant au phénomène de précipitation de AgCl(s) s'écrit $Q = \left[Ag^+\right]_0 \left[Cl^-\right]_0$ avec $\left[Ag^+\right]_0$ et $\left[Cl^-\right]_0$ concentrations initiales en ions introduits.

⚠ Cette écriture ne présage en rien de l'existence ou non du précipité AgCl(s) mais permet d'énoncer un critère permettant de conclure.

Mise en évidence expérimentale du critère Considérons une solution saturée en AgCl(s) (c'est-à-dire en présence d'un excès de solide AgCl(s)). Le produit de solubilité est vérifié, les ions Ag^+ et Cl^- sont en concentrations telles que $K_s(\text{AgCl}) = \left[Ag^+\right]_e \left[Cl^-\right]_e$ (concentrations à l'équilibre). Cette solution est filtrée puis diluée (la solution A est obtenue), les concentrations en ions ont diminué et $Q = \left[Ag^+\right]_0 \left[Cl^-\right]_0 < K_s$. Aucune existence de solide n'est constatée. Parallèlement une solution concentrée d'ions Ag^+ (associés à des contre-ions nitrate) est ajoutée dans la solution A, la concentration en ions argent augmente : Q, calculé avant réaction éventuelle prend la forme $Q = \left[Ag^+\right]_0 \left[Cl^-\right]_0 > K_s$, une apparition du solide (blanc) est constatée (et a pour effet de diminuer la concentration des ions en solution afin de vérifier la constante d'équilibre K_s à l'équilibre). Ainsi le **critère** suivant est mis en évidence :

- Si $Q < K_s$: la solution n'est pas saturée, il n'y a pas de solide.
- Si $Q = K_s$: il y a équilibre solide/espèces en solution.
- Si $Q > K_s$: il y a précipitation et diminution du quotient de réaction jusqu'à vérifier $Q = K_s$.

1.2 Diagrammes d'existence/absence de solide

Considérons maintenant les solides ioniques ; en précipitation, parler de diagramme de prédominance n'a pas de sens car solide et espèces en solution n'appartiennent pas à une seule et même phase. Des **diagrammes d'existence ou d'absence** sont rencontrés : ils traduisent, en fonction d'une grandeur $\text{p}X = -\log[X]$ (avec X ion du précipité), l'existence ou l'absence du précipité. Tracer de tels diagrammes requiert un raisonnement toujours identique : se placer à la limite de précipitation, c'est-à-dire imaginer un ajout de substance X et calculer la valeur de pX pour laquelle la première particule de précipité apparaît (et donc pour laquelle le produit de solubilité K_s est vérifié pour la première fois).

Exercice résolu

Diagramme d'existence du iodure d'argent

Tracer le diagramme d'existence du précipité AgI(s) gradué en $pI = -\log[I^-]$ à partir d'une solution de nitrate d'argent (à la concentration $c_0 = 0{,}1$ mol·L^{-1}). Le pK_s de AgI(s) est égal à 15,2 à 298 K.

Réponse :

Imaginons que des ions iodure I^- sont ajoutés progressivement à la solution d'ions Ag^+ sans variation de volume ; au moment où la première particule de AgI(s) apparaît, le produit de solubilité est vérifié (et $[Ag^+] = 0{,}1$ mol·L^{-1}). Alors $10^{-15{,}2} = [I^-]0{,}1$ d'où $pI = 14{,}2$. Le diagramme prend la forme présentée ci-dessous.

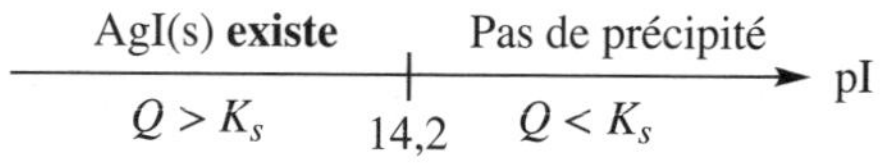

Si $pI > 14{,}2$ le précipité n'existe pas ($[I^-]$ trop faible et $Q < K_s$) tandis que si $pI < 14{,}2$ le précipité existe ($Q > K_s$, la solution est saturée). Rappelons que les grandes valeurs de pI correspondent à des milieux pauvres en ions iodure I^-.

Point important : le tracé du diagramme dépend de la solution étudiée (ici de la concentration en ions Ag^+), ce qui diffère des diagrammes de prédominance acido-basiques ou complexes dans lesquels les frontières sont fixées indépendamment des solutions étudiées.

1.3 Solubilité, calcul de solubilité dans l'eau pure

Définition

La solubilité d'un solide est la quantité maximale de ce solide que l'on peut dissoudre dans 1 L de solution. Cette solubilité peut être exprimée en mol·L^{-1} ou de façon massique en g·L^{-1}.

Un corollaire important de cette définition est souvent utilisé en pratique : si une solution ($V = 1$ L) est saturée, la quantité de solide passé en solution est égale à la solubilité du solide dans la solution considérée. Notons que la nature de la solution peut influer sur la valeur de la **solubilité**. Il convient alors de préciser clairement la solution dans laquelle la **solubilité** d'un solide est calculée.

Envisageons le précipité $PbSO_4$(s) (de p$K_s = 7{,}8$) et le précipité PbI_2(s) (de p$K_s = 8{,}1$). Le but est de calculer dans les deux cas la **solubilité** du solide dans l'eau pure. Pour cela, supposons l'introduction de $PbSO_4$(s) d'une part et de PbI_2(s) d'autre part dans une solution de façon à obtenir une solution saturée et notons s la **solubilité** du solide dans chacun des deux cas. Réalisons un bilan : la **solubilité** correspond à l'avancement de la réaction de solubilisation.

	$PbSO_4(s)$	$=$	Pb^{2+}	$+$	SO_4^{2-}
EI	excès		0		0
EF	excès		s		s

	$PbI_2(s)$	$=$	Pb^{2+}	$+$	$2\,I^-$
EI	excès		0		0
EF	excès		s		$2s$

Dans les deux cas le produit de solubilité doit être vérifié : $K_s(PbSO_4) = s^2$ d'où :

$$s = \sqrt{K_s(PbSO_4)} = 1{,}3.10^{-4}\ \text{mol}\cdot\text{L}^{-1}.$$

De même $K_s(PbI_2) = s(2s)^2$ d'où :

$$s = \sqrt[3]{\frac{K_s(PbI_2)}{4}} = 1{,}3.10^{-3}\ \text{mol}\cdot\text{L}^{-1}.$$

Notons que l'action de l'eau sur l'ion sulfate (SO_4^{2-}, base faible) est ici négligée.

⚠ Cet exemple incite à la prudence : il convient de distinguer la solubilité et la constante d'équilibre K_s. Il faut résister à la tentation d'une simple comparaison des constantes pour déduire une relation entre solubilités. En effet la relation entre K_s et s dépend de la stœchiométrie de l'équilibre de solubilisation. Dans le cas présent $K_s(PbI_2) < K_s(PbSO_4)$ mais $PbI_2(s)$ se révèle plus soluble dans l'eau pure que $PbSO_4(s)$.

2 Effet d'ion commun – Influence (PC/PSI)

Nous nous préoccupons dans ce paragraphe de la solubilisation d'un solide (ionique) sous forme d'ions.

2.1 Exemple, mise en évidence

Reprenons le cas de AgCl(s). La **solubilité** dans l'eau pure est calculée à 25 °C ; elle vaut : $s = 1{,}3.10^{-5}$ mol·L^{-1}. Considérons désormais la dissolution du précipité AgCl(s) dans une solution contenant initialement une concentration $c_0 = 0{,}1$ mol·L^{-1} d'ions chlorure (Cl^- est un **ion commun** à la solution initiale et au précipité). En supposant une solution saturée en solide AgCl(s) et en notant s la **solubilité** de AgCl(s) (avancement de la réaction de dissolution du solide) :

	AgCl (s)	$=$	Ag^+	$+$	Cl^-
EI	excès		0		c_0
EF	excès		s		$s+c_0$

Le précipité étant présent, le produit de solubilité est vérifié : à 298 K, $K_s(\text{AgCl}) = 10^{-9{,}8} = s(s+c_0)$ qui conduit à $s = 1{,}8.10^{-9}$ mol·L^{-1} (valeur très inférieure à la solubilité dans l'eau pure). De façon évidente, l'introduction extérieure d'un ion présent dans le précipité a conduit à une **diminution de la solubilité du solide** : il s'agit de l'**effet d'ion commun**. Cette observation justifie la nécessité de préciser la composition de la solution dans laquelle le solide est solubilisé.

2.2 Généralisation, loi de modération

Un **effet d'ion commun** est rencontré à chaque fois que l'un des ions intervenant dans l'équilibre de solubilité est apporté de façon extérieure. Supposons l'équilibre de précipitation suivant réalisé :

$$A_pB_q\,(s) \quad = \quad p\,A^{n+} \quad + \quad q\,B^{m-}.$$

Si les ions A^{n+} ou B^{m-}sont apportés de façon extérieure, une **loi de modération** permet de comprendre que l'équilibre de solubilité est **déplacé** dans le sens de formation du précipité : $A_pB_q(s)$ est formé plus facilement, sa solubilité diminue donc. Précisons la signification d'une **loi de modération**. Une **loi de modération** indique que lorsqu'un équilibre est établi et qu'une perturbation est provoquée, l'équilibre « réagit » (la position de l'équilibre est modifiée) afin de limiter l'effet de la perturbation. Ici la perturbation est l'ajout extérieur d'ion commun, la position de l'équilibre est modifiée de façon à consommer cet ajout d'ions. Cette observation sera justifiée rigoureusement en deuxième année.

3 Intervention des réactions de complexation (PC)

La possibilité de complexation de l'une des espèces dissoutes intervenant dans l'équilibre de précipitation permet d'influer sur la solubilité du solide.

3.1 Mise en évidence expérimentale

Envisageons une solution contenant des ions argent Ag^+ dans laquelle des ions chlorure Cl^- sont ajoutés. La très faible solubilité de AgCl(s) explique qu'une très faible quantité d'ions chlorure Cl^- suffise à provoquer l'apparition du solide AgCl(s) (précipité blanc). Par ajout d'une solution concentrée d'ammoniac (NH_3), on constate la disparition du précipité blanc : en milieu ammoniacal, le solide paraît plus soluble. Cette observation est expliquée par l'intervention d'un phénomène de complexation s'accompagnant d'une **redissolution** du précipité. Ainsi lors de l'ajout des ions chlorure Cl^-, le précipité est apparu selon la réaction :

$$Ag^+ \quad + \quad Cl^- \quad = \quad AgCl\,(s)$$

de constante d'équilibre $K_T^\circ = \dfrac{1}{K_s} = 10^{9,7}$, mais lors de l'ajout d'ammoniac (rendant possible la formation du complexe $[Ag(NH_3)_2]^+$), le précipité subit une **redissolution** en complexe selon la réaction :

$$AgCl\,(s) \quad + \quad 2\,NH_3 \quad = \quad [Ag(NH_3)_2]^+ \quad + \quad Cl^-$$

de constante d'équilibre $K_T^\circ = \beta_2\left([Ag(NH_3)_2]^+\right)K_s(AgCl) = 10^{7,2}10^{-9,7} = 10^{-2,5}$. C'est le large excès d'ammoniac qui explique la redissolution du solide. **La possibilité de complexation permet d'accroître la solubilité d'un solide**. La complexation peut avoir lieu avec un ligand déjà présent dans le précipité et ajouté en excès ou, au contraire, avec un nouveau ligand. Deux exemples sont présentés.

- **Complexation par un ion du précipité** : préparation du réactif de NESSLER. Le réactif de NESSLER est préparé par ajout en excès d'une solution d'ions iodure I^- dans une solution d'ions mercure (II)(Hg^{2+}). Lors de l'ajout, il y a tout d'abord apparition du précipité rouge d'iodure de mercure selon :

$$Hg^{2+} \quad + \quad 2\,I^- \quad = \quad HgI_2\,(s),$$

mais en versant les ions iodure I^- en excès, une redissolution du précipité est observée selon :

$$HgI_2\,(s) \quad + \quad 2\,I^- \quad = \quad [HgI_4]^{2-}.$$

La solution redevient limpide.

✎ Le réactif de NESSLER ainsi préparé permet d'identifier l'ammoniac NH_3 (gazeux ou en solution) ainsi que l'ion ammonium NH_4^+ par formation de plusieurs complexes associant un centre métallique mercurique et des ligands iodure I^- et ammoniac NH_3.

- **Complexation par un ligand extérieur** : préparation du réactif de TOLLENS. Le réactif de TOLLENS, quelquefois qualifié de nitrate d'argent ammoniacal, est préparé par addition d'ammoniac à une solution contenant des ions argent Ag^+ (solution de nitrate d'argent) : il y a alors précipitation de l'hydroxyde d'argent selon :

$$Ag^+ \quad + \quad HO^- \quad = \quad AgOH\,(s) \qquad \text{(en réalité } Ag_2O,H_2O\,(s))$$

manifestée par l'apparition d'un trouble de la solution (ceci est dû au caractère *basique* de l'ammoniac). Un excès d'ammoniac permet de redissoudre le précipité selon :

$$AgOH\,(s) \quad + \quad 2\,NH_3 \quad = \quad HO^- \quad + \quad [Ag(NH_3)_2]^+.$$

La solution redevient limpide (ceci est alors dû aux propriétés *complexantes* de l'ammoniac).

✎ Le réactif de TOLLENS permet d'identifier la présence de la fonction aldéhyde (rôle réducteur des aldéhydes) par formation d'un *miroir d'argent* (l'argent (I) est réduit par l'aldéhyde en argent métallique).

3.2 Généralisation, écriture de la réaction prépondérante

La possibilité de complexation accroît la solubilité d'un solide. L'établissement de la **réaction prépondérante de redissolution** est régie par les règles de la **réaction prépondérante généralisée**, énoncées plus haut : ainsi dans le cas de la redissolution de AgCl(s), le solide est engagé dans l'équilibre de solubilité :

$$AgCl\,(s) \quad = \quad Ag^+ \quad + \quad Cl^-$$

de constante d'équilibre K_s et l'ion Ag^+ réagit avec l'ammoniac NH_3 selon :

$$Ag^+ \quad + \quad 2\,NH_3 \quad = \quad [Ag(NH_3)_2]^+$$

de constante d'équilibre β_2. Comme $\beta_2 \gg K_s$, l'ion Ag^+ est une espèce en très faible quantité dans le milieu, le processus chimique est décrit par la somme des deux équations :

$$AgCl\,(s) \quad + \quad 2\,NH_3 \quad = \quad [Ag(NH_3)_2]^+ \quad + \quad Cl^-$$

de constante d'équilibre $K_T^\circ = \beta_2 K_s$. Il s'agit de la **réaction prépondérante de redissolution du précipité**, un bilan de matière sur cet équilibre permet de résoudre les exercices portant sur les phénomènes de redissolution. De façon générale, si un processus (complexation ici) permet de consommer l'une des espèces dissoutes intervenant dans l'équilibre de solubilité, une loi de modération permet de comprendre le déplacement de l'équilibre dans le sens de formation des espèces dissoutes ; ainsi la solubilité est augmentée.

3.3 Application : solubilité en milieu complexant

Le but de cette application est de calculer la **solubilité** du solide AgCl(s) dans une solution concentrée d'ammoniac (de concentration $c_0 = 1$ mol·L^{-1}). Le pK_s de AgCl(s) est fourni à 298 K : 9,7. Par ailleurs l'ion Ag^+ forme avec l'ammoniac NH_3 le complexe $[Ag(NH_3)_2]^+$ (avec la constante globale de formation $\beta_2 = 10^{7,2}$). Deux méthodes sont envisageables.

Première méthode

Étape 1 : exprimer la solubilité s cherchée ; dans ce cas, elle s'exprime en fonction du cation *et* en fonction de l'anion. Si nous considérons une solution saturée en AgCl(s) la quantité de solide passée en solution permet d'estimer la valeur de la solubilité s. Cette quantité passée en solution se retrouve en intégralité sous forme d'ions chlorure Cl^- et sous forme d'ions Ag^+ (complexés ou libres). Ainsi :

$$s = \left[Cl^-\right] = \left[Ag^+\right] + \left[[Ag(NH_3)_2]^+\right].$$

Étape 2 : approximations et utilisation des constantes d'équilibre. En présence d'un excès d'ammoniac, il est légitime de supposer que $\left[Ag^+\right] \ll \left[[Ag(NH_3)_2]^+\right]$ et donc que :

$$s \approx \left[[Ag(NH_3)_2]^+\right].$$

Utilisons l'expression $K_s = \left[Ag^+\right] s$ et donc en remplaçant :

$$\left[Ag^+\right] = \frac{\left[[Ag(NH_3)_2]^+\right]}{\beta_2\,[NH_3]^2}$$

il vient :

$$K_s = \frac{s^2}{\beta_2\,[NH_3]^2}.$$

Une conservation de la matière en ammoniac (NH_3) conduit à la relation :
$c_0 = [NH_3] + 2\left[[Ag(NH_3)_2]^+\right]$, c'est-à-dire $[NH_3] = 1 - 2s$ et donc :

$$K_s = \frac{s^2}{\beta_2(1-2s)^2}.$$

Le calcul fournit $s = 3.10^{-2}$ mol·L^{-1} (plus importante que dans l'eau pure !).
Étape 3 : vérification. Le calcul de $\left[Ag^+\right]$ fournit $\left[Ag^+\right] = 6{,}7.10^{-9}$ mol·L^{-1} négligeable devant $\left[[Ag(NH_3)_2]^+\right]$.

Deuxième méthode (conseillée)

La **réaction prépondérante** traduisant la dissociation de AgCl(s) en milieu ammoniacal s'écrit :

$$AgCl\,(s) \quad + \quad 2\,NH_3 \quad = \quad [Ag(NH_3)_2]^+ \quad + \quad Cl^-$$

de constante d'équilibre $K_T^\circ = \beta_2 K_s$. La solubilité en milieu ammoniacal correspond à l'avancement de cette réaction. Ainsi un bilan fournit :

	AgCl (s)	+	2 NH₃	=	$[Ag(NH_3)_2]^+$	+	Cl^-
EI	excès		1		0		0
EF	excès		$1-2s$		s		s

Par conséquent :

$$\beta_2 K_s = \frac{s^2}{(1-2s)^2}$$

qui est évidemment la même équation que celle fournie par la première méthode. La vérification à opérer (validité de la réaction prépondérante généralisée) consiste à montrer que $[Ag^+]$ est négligeable devant les autres concentrations.

3.4 Application : exploitation d'une réaction prépondérante de redissolution

Dans une solution de volume $V = 1$ L est ajouté AgCl(s) (10^{-3} mol). Combien de moles d'ammoniac faut il ajouter pour voir disparaître le précipité ?
Il est facile de vérifier que le précipité de AgCl(s) est effectivement présent de façon initiale : en supposant le composé dissocié en ions Ag^+ et Cl^-, le calcul du quotient de réaction $Q = [Ag^+]_0 [Cl^-]_0 = 10^{-3}.10^{-3} = 10^{-6}$ fournit une valeur supérieure à $K_s = 10^{-9,7}$. Il y a précipitation. Deux méthodes sont envisageables :

Première méthode
L'ajout d'ammoniac provoque une redissolution du précipité par formation de complexe. Écrivons la **réaction prépondérante de redissolution** :

$$AgCl\,(s) \quad + \quad 2\,NH_3 \quad = \quad [Ag(NH_3)_2]^+ \quad + \quad Cl^-$$

de constante d'équilibre $K_T^\circ = \beta_2 K_s = 10^{-2,5}$. Soit x le nombre de moles d'ammoniac ajoutées lors de la disparition de la dernière particule de précipité, réalisons un bilan de matière sur la réaction prépondérante de redissolution (bilan en quantité de matière) :

	AgCl (s)	+	2 NH$_3$	=	$[Ag(NH_3)_2]^+$ +	Cl^-
EI	10^{-3}		x		0	0
EF	≈ 0		$x-2.10^{-3}$		10^{-3}	10^{-3}

Au moment où la dernière particule de solide disparaît la constante d'équilibre est encore vérifiée :

$$\beta_2 K_s = 10^{-2,5} = \frac{10^{-6}}{(x-2.10^{-3})^2}$$

car $V = 1$ L. Ainsi $x = 2.10^{-2}$ mol.

Deuxième méthode
À la limite de disparition du précipité, les concentrations sont $[Cl^-] = 10^{-3}$ mol·L^{-1} et $[[Ag(NH_3)_2]^+] \approx 10^{-3}$ mol·L^{-1}. En utilisant les constantes d'équilibre (K_s et β_2), il vient :

$$[Ag^+] = \frac{K_s}{[Cl^-]} = 10^{-6,7} \quad \text{et donc} \quad [NH_3]^2 = \frac{10^{-3}}{10^{-6,7}\beta_2}.$$

La concentration en ammoniac ajouté s'écrit $c = [NH_3] + 2\,[[Ag(NH_3)_2]^+]$ qui fournit évidemment le même résultat.

4 Influence du pH sur la solubilité (PC)

Lorsque l'une des espèces dissoutes intervenant dans l'équilibre de solubilité manifeste des propriétés acido-basiques, la solubilité est sensible au pH.

4.1 Loi de modération, écriture d'une réaction prépondérante généralisée

Considérons un équilibre de solubilité, noté simplement :

$$A(\mathrm{s}) \quad = \quad B \ + \ C.$$

Imaginons que B soit une espèce manifestant des propriétés basiques. Par ajout d'ions H^+, le pH diminue et B est consommé par la réaction acido-basique :

$$B \ + \ \mathrm{H}^+ \quad = \quad B\mathrm{H}^+.$$

Une **loi de modération** appliquée à l'équilibre de solubilité permet de comprendre que l'équilibre soit déplacé dans le sens de formation des espèces dissoutes : la solubilité de $A(\mathrm{s})$ augmente si le pH diminue (à cause du rôle basique de l'une des espèces dissoutes). De façon réciproque, si on envisage une substance B acide, c'est une augmentation du pH par apport de base (ions hydroxyde HO^- par exemple) qui provoquera la disparition de B et donc un déplacement de l'équilibre de solubilité dans le sens des espèces dissoutes (augmentation de la solubilité de $A(\mathrm{s})$).
Considérons par exemple B espèce basique, l'action de l'acide H^+ sur le solide $A(\mathrm{s})$ peut être écrite en utilisant une **réaction prépondérante généralisée**. Le solide $A(\mathrm{s})$ est engagé dans l'équilibre :

$$A(\mathrm{s}) \quad = \quad B \ + \ C$$

de constante d'équilibre K_s, tandis que le composé B réagit sur l'ion H^+ selon :

$$B \ + \ \mathrm{H}^+ \quad = \quad B\mathrm{H}^+$$

de constante d'équilibre K_T°. Si $K_T^\circ \gg K_s$, le composé B est en très faible quantité dans le milieu et le processus chimique est décrit par la réaction :

$$A(\mathrm{s}) \ + \ \mathrm{H}^+ \quad = \quad B\mathrm{H}^+ \ + \ C$$

de constante d'équilibre $K_s K_T^\circ$.

4.2 Exemples

a. Solubilité de $AgCH_3COO(s)$

Il s'agit d'un premier exemple d'exercice classique, à traiter en utilisant toujours le même raisonnement. Le but est ici d'exprimer la **solubilité** s de $AgCH_3COO(s)$ en fonction de $[H_3O^+]$, puis de distinguer deux cas limites (dits cas *asymptotiques*) pour exprimer très simplement :

$$\mathrm{p}s = -\log s = f(\mathrm{pH}).$$

Le pK_s de $AgCH_3COO(s)$ est égal à 2,7 et le pK_A du couple CH_3COOH/CH_3COO^- est égal à 4,8 (à 298 K). La difficulté dans l'expression de s réside dans le fait que l'ion CH_3COO^- manifeste des propriétés basiques et peut donc se retrouver en solution sous forme protonée CH_3COOH.

Étape 1 : exprimer la solubilité s de deux façons différentes (avec des bilans séparés sur les anions et sur les cations). Considérons une solution saturée en $AgCH_3COO(s)$, la totalité du solide passé en solution se retrouve sous forme d'ions Ag^+ d'une part et sous forme acétique (CH_3COO^- *et* CH_3COOH) d'autre part. Ainsi :

$$s = \left[Ag^+\right] = [CH_3COOH] + \left[CH_3COO^-\right].$$

Étape 2 : utiliser les constantes d'équilibre K_s et K_A pour exprimer $s(h)$:

$$K_s = \left[CH_3COO^-\right]\left[Ag^+\right] \quad \text{et donc} \quad \left[CH_3COO^-\right] = \frac{K_s}{s}.$$

En utilisant :

$$K_A = \frac{h\left[CH_3COO^-\right]}{[CH_3COOH]}$$

il vient :

$$K_A = \frac{hK_s}{s\left(s - \frac{K_s}{s}\right)}$$

et donc finalement :

$$s = \sqrt{\frac{K_s}{K_A}h + K_s}.$$

Il est possible de simplifier le problème en envisageant deux domaines de pH :

• si pH > p$K_A + 1$, $[CH_3COOH] \ll \left[CH_3COO^-\right]$ et donc $s \approx \left[CH_3COO^-\right]$. Il vient alors en utilisant les constantes d'équilibre :

$$s = \sqrt{K_s} \quad \text{et donc} \quad \mathrm{p}s = \frac{1}{2}pK_s = 1{,}35.$$

• Si pH < p$K_A - 1$, $[CH_3COOH] \gg \left[CH_3COO^-\right]$ et donc $s \approx [CH_3COOH]$. En utilisant les constantes d'équilibre :

$$s = \sqrt{\frac{K_s}{K_A}h} \quad \text{et donc} \quad \mathrm{p}s = \frac{1}{2}\left(\mathrm{p}K_s - \mathrm{p}K_A\right) + \frac{1}{2}\mathrm{pH}.$$

Ces deux droites constituent le tracé asymptotique de p$s = f$(pH). Notons que pour des valeurs de pH comprises entre p$K_A - 1 = 3{,}8$ et p$K_A + 1 = 5{,}8$ l'évolution p$s = f$(pH) n'est pas affine (il convient alors d'utiliser la relation exacte tenant compte à la fois de l'ion éthanoate CH_3COO^- et de l'acide éthanoïque CH_3COOH). L'évolution observée est présentée à la figure 12.1.

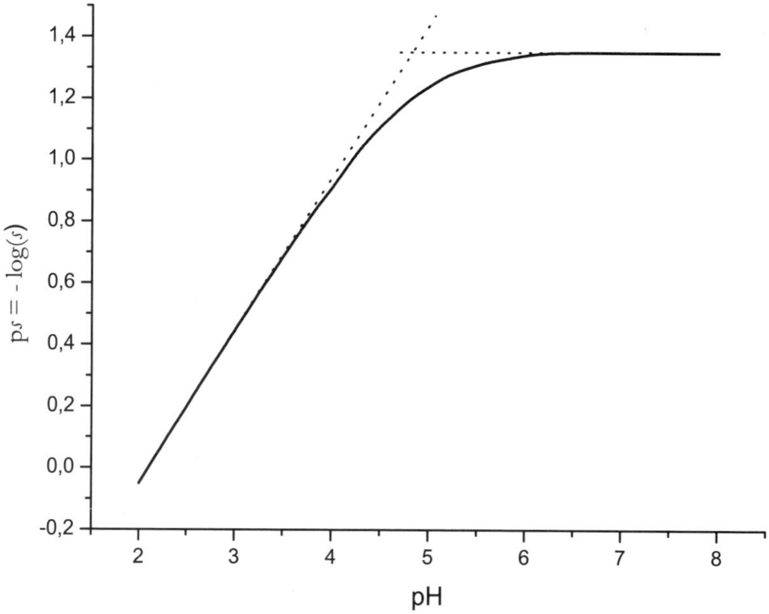

FIGURE 12.1 – Évolution p$s = f(\text{pH})$

L'anion présent est basique : la solubilité augmente lorsque le pH diminue.

✎ Il est possible d'interpréter ce graphe en distinguant trois domaines. Si, pour un pH donné, la concentration c en espèces dissoutes (en ions Ag^+ ou espèces acétiques CH_3COOH - CH_3COO^-) est telle que p$c >$ ps (nous sommes au-dessus de la courbe), la solution n'est pas saturée, le solide n'existe pas. Si la concentration c est telle que ps = pc, la solution est saturée, la concentration en solution est égale à la solubilité. Le domaine situé au-dessous de la courbe est quelquefois hachuré, il s'agit d'un domaine interdit : on ne peut envisager en effet une concentration en solution supérieure à la solubilité du solide dans le cas de systèmes à l'équilibre thermodynamique.

b. Solubilité des carbonates

De façon similaire, envisageons la **solubilité** du carbonate de calcium (calcaire) $CaCO_3$(s) en fonction du pH. Le pK_s de $CaCO_3$(s) est égal à 8,3 à 298 K. Les constantes d'acidité des couples HCO_3^-/CO_3^{2-} et H_2CO_3/HCO_3^- valent respectivement $K_{A2} = 10^{-10,3}$ et $K_{A1} = 10^{-6,4}$ (à 298 K). Le but est d'exprimer $s(h)$ puis, en précisant les domaines de pH, de rechercher des domaines affines pour la variation de p$s = f(\text{pH})$.

Étape 1 : exprimer la solubilité s de deux façons différentes (avec des bilans séparés sur les anions et sur les cations). Considérons une solution saturée en $CaCO_3$(s), la totalité du solide passé en solution se retrouve sous forme d'ions Ca^{2+} d'une part et sous forme carbonique (CO_3^{2-} , HCO_3^- *et* H_2CO_3) d'autre part. Ainsi :

$$s = \left[Ca^{2+}\right] = \left[CO_3^{2-}\right] + \left[HCO_3^-\right] + [H_2CO_3].$$

Étape 2 : utiliser la constante d'équilibre K_s et les constantes d'acidité pour exprimer $s(h)$. La méthode utilisée est identique à celle employée pour $AgCH_3COO(s)$: la concentration en ions carbonate s'exprime à l'aide de la constante d'équilibre K_s par :

$$\left[CO_3^{2-}\right] = \frac{K_s}{\left[Ca^{2+}\right]} = \frac{K_s}{s}.$$

Les concentrations $\left[HCO_3^-\right]$ et $[H_2CO_3]$ peuvent s'écrire en fonction de $\left[CO_3^{2-}\right]$, h et des constantes d'acidité K_{A1} et K_{A2}. Il vient alors le résultat :

$$s = \left[CO_3^{2-}\right] + \left[HCO_3^-\right] + [H_2CO_3] = \sqrt{K_s\left(1 + \frac{h}{K_{A2}} + \frac{h^2}{K_{A1}K_{A2}}\right)}.$$

Il est possible de simplifier le problème en envisageant trois domaines de pH :

• si pH $>$ p$K_{A2} + 1$, alors :

$$s \approx \left[CO_3^{2-}\right]$$

car les concentrations $\left[HCO_3^-\right]$ et $[H_2CO_3]$ sont négligeables devant $\left[CO_3^{2-}\right]$. Ainsi l'utilisation des constantes d'équilibre conduit à :

$$\text{p}s = \frac{1}{2}\text{p}K_s = 4,15.$$

• Si le pH est compris entre p$K_{A2} - 1$ et p$K_{A1} + 1$ c'est l'ion HCO_3^- qui prédomine, ainsi :

$$s \approx \left[HCO_3^-\right]$$

qui conduit après calcul à :

$$\text{p}s = \frac{1}{2}\text{pH} - 1.$$

• Enfin pour pH $<$ p$K_{A1} - 1$:

$$s \approx [H_2CO_3] \quad \text{et par conséquent} \quad \text{p}s = \text{pH} - 4,2.$$

L'évolution observée est présentée à la figure 12.2, notons que pour les zones proches des pK_A une seule espèce n'est pas prédominante, la variation n'y est donc pas affine.

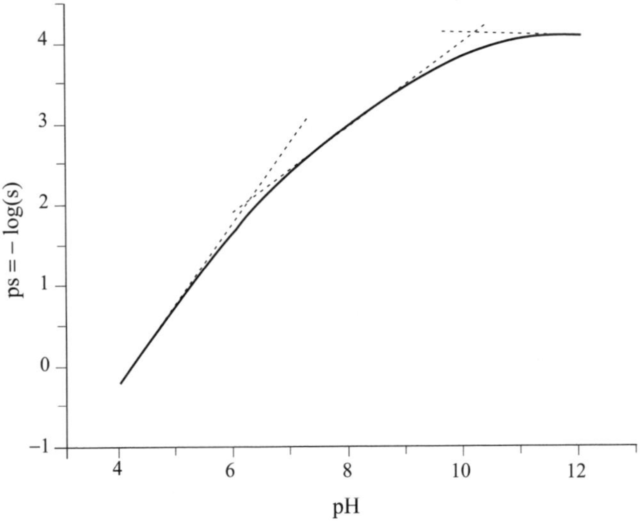

FIGURE 12.2 – Évolution p$s = f(\text{pH})$

La solubilité est minimale en p$s = 4,15$ et augmente si le pH diminue. Ceci est cohérent avec le comportement basique des ions CO_3^{2-}.

✎ Une interprétation du graphe est possible. Soit c la concentration en espèces dissoutes (ions Ca^{2+} ou espèces carbonatées CO_3^{2-},HCO_3^- ,H_2CO_3) pour un pH donnée, si p$c >$ ps la solution n'est pas saturée, le solide $CaCO_3$(s) n'existe pas. Si p$c =$ ps, alors il y a équilibre solide/espèces dissoutes, la solution est saturée. La situation p$c <$ ps est impossible, le domaine est parfois hachuré.

4.3 Cas des hydroxydes - hydroxydes amphotères

a. Hydroxydes

Les **hydroxydes** métalliques (type $Fe(OH)_3$(s)) apparaissent pour des pH parfois acides. Il est possible de déterminer sur un axe gradué en pH le domaine d'existence du précipité.

Exercice résolu

pH-limite d'existence de l'oxyde ferrique

Envisageons ainsi une solution limpide d'ions Fe^{3+} associés à des contre-ions nitrate NO_3^- (la concentration de la solution est égale à $c_0 = 10^{-2}$ mol·L^{-1}). Le pH a été fixé par l'utilisation d'une solution tampon adéquate à la valeur pH $= 1,0$ (à 25 °C). Une solution de soude est ajoutée (on néglige la variation de volume). Déterminer le pH limite d'existence du solide $Fe(OH)_3$(s) connaissant la valeur du pK_s associé à 25 °C : p$K_s(Fe(OH)_3) = 38$. Exprimer la solubilité de $Fe(OH)_3$(s) en fonction du pH.

Réponse :

Au moment où la première particule de précipité $Fe(OH)_3$(s) apparaît, le produit de solubilité est vérifié :

$$K_s = 10^{-38} = \left[Fe^{3+}\right] \frac{K_e^3}{h^3} \quad \text{et donc} \quad pH = 2,0.$$

Le précipité apparaît dès pH $= 2,0$. Le diagramme d'existence prend la forme présentée ci-dessous.

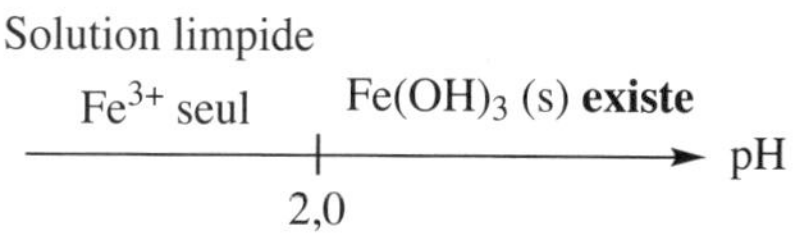

Pour pH > 2, la solubilité est définie par :

$$s = \left[Fe^{3+}\right] = \frac{K_s}{K_e^3} h^3.$$

Ainsi :

$$ps = -\log \frac{K_s}{K_e^3} + 3pH.$$

La solubilité du solide augmente lorsque le pH diminue, ce qui est en accord avec la loi de modération. Au-dessous de pH $= 2,0$, la dissolution du solide est totale.

b. Cadre de l'étude : hydroxydes amphotères

Certains hydroxydes solides tels $Al(OH)_3$(s), $Zn(OH)_2$(s), $Sn(OH)_2$(s) ou encore $Cd(OH)_2$(s) sont qualifiés d'**hydroxydes amphotères**. En effet ils manifestent à la fois un rôle acide et un rôle basique. Ainsi $Al(OH)_3$(s) possède un rôle basique dans la réaction :

$$Al(OH)_3\ (s) \quad + \quad 3\ H_3O^+ \quad = \quad Al^{3+} \quad + \quad 6\ H_2O$$

mais joue un rôle acide dans la réaction de formation du complexe $[Al(OH)_4]^-$ selon :

$$Al(OH)_3\ (s) \quad + \quad HO^- \quad = \quad [Al(OH)_4]^-.$$

Notons que si l'on dispose d'une solution d'ions Al^{3+}et si des ions hydroxyde HO^- sont ajoutés, le précipité $Al(OH)_3$(s) apparaît. Si des ions hydroxyde HO^- sont ajoutés en excès, le précipité est redissous par formation de complexe selon :

$$Al(OH)_3\ (s) \quad + \quad HO^- \quad = \quad [Al(OH)_4]^-.$$

c. Diagramme d'existence du précipité d'hydroxyde amphotère

La situation est moins simple que dans le premier cas de diagramme d'existence abordé : le problème réside dans la **redissolution** possible du précipité en milieu basique (par ajout d'un excès d'ions hydroxyde HO^-). Le pK_s de $Al(OH)_3$(s) est égal à 32 et la constante globale de formation du complexe $[Al(OH)_4]^-$ est $\beta_4 = 10^{34}$. Considérons une solution limpide contenant des ions Al^{3+} en milieu très acide (concentration $c_0 = 10^{-2}$ mol·L^{-1}). Une solution contenant des ions hydroxyde HO^- est ajoutée sans variation de volume. Au moment où apparaît la première particule de solide $Al(OH)_3(s)$, le produit de solubilité est vérifié, c'est-à-dire :

$$K_s = 10^{-32} = \left[Al^{3+}\right]\left[HO^-\right]^3 = 10^{-2}\omega^3.$$

Il est possible de calculer le pH d'apparition du solide : pH $= 4$. Si l'ajout de base est poursuivi, la redissolution du précipité est rendue possible selon la réaction :

$$Al(OH)_3\ (s) \quad + \quad HO^- \quad = \quad [Al(OH)_4]^-$$

de constante d'équilibre $K_T^\circ = K_s\beta_4 = 10^2$. Plaçons nous au moment où la dernière particule de solide disparaît, c'est-à-dire à un pH pour lequel cette réaction vérifie une dernière fois une constante d'équilibre. Il vient alors :

$$K_T^\circ = K_s\beta_4 = 10^2 = \frac{\left[[Al(OH)_4]^-\right]}{\omega} = \frac{10^{-2}}{\omega}.$$

Le pH vaut alors 10. Le diagramme d'existence du solide prend la forme présentée à la figure 12.3.

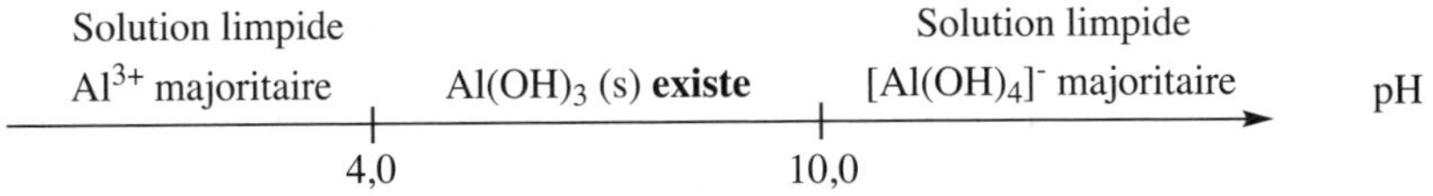

FIGURE 12.3 – Diagramme d'existence de $Al(OH)_3(s)$

d. Expression de *s*, tracé asymptotique

Entre pH $= 4$ et pH $= 10$, le solide $Al(OH)_3(s)$ est présent. Sa solubilité peut alors être calculée et s'exprime par :

$$s = \left[Al^{3+}\right] + \left[[Al(OH)_4]^-\right].$$

En effet le solide passé en solution peut se retrouver sous forme d'ions Al^{3+} ou de complexes $[Al(OH)_4]^-$. Le produit de solubilité est vérifié, ainsi :

$$\left[Al^{3+}\right] = \frac{K_s}{\omega^3} = \frac{K_s}{K_e^3}h^3$$

et :

$$\left[[Al(OH)_4]^-\right] = K_s\beta_4\omega = \frac{K_s\beta_4K_e}{h}.$$

Finalement la solubilité s'exprime en fonction de h par :

$$s = \frac{K_s}{K_e^3}h^3 + \frac{K_s\beta_4K_e}{h}.$$

Cette expression montre qu'il existe un pH (une valeur de h) pour lequel s est extrémale (minimale). Cette valeur de h est calculée en annulant la dérivée première de la fonction $s(h)$. Le calcul conduit à $pH_m = 5,6$. Un cas intéressant est rencontré lorsque :

$$s \approx \left[Al^{3+}\right] = \frac{K_s}{\omega^3} = \frac{K_s}{K_e^3}h^3$$

c'est-à-dire lorsque $\left[Al^{3+}\right] > 10\left[[Al(OH)_4]^-\right]$, traduit par :

$$\frac{K_s}{K_e^3}h^3 > 10\frac{K_s\beta_4 K_e}{h}$$

qui conduit à pH $< 5,2$. Alors :

$$ps = 3pH - 10 \quad \text{(évolution affine)}.$$

De façon symétrique, si $\left[[Al(OH)_4]^-\right] > 10\left[Al^{3+}\right]$ alors :

$$s \approx \left[[Al(OH)_4]^-\right] \quad \text{et} \quad ps = 12 - pH \quad \text{(évolution affine)}.$$

Cette situation est rencontrée lorsque :

$$\frac{K_s\beta_4 K_e}{h} > 10\frac{K_s}{K_e^3}h^3$$

qui conduit à pH $> 5,8$. L'évolution de p$s = f$(pH) prend donc la forme présentée à la figure 12.4 entre pH = 4 et pH = 10.

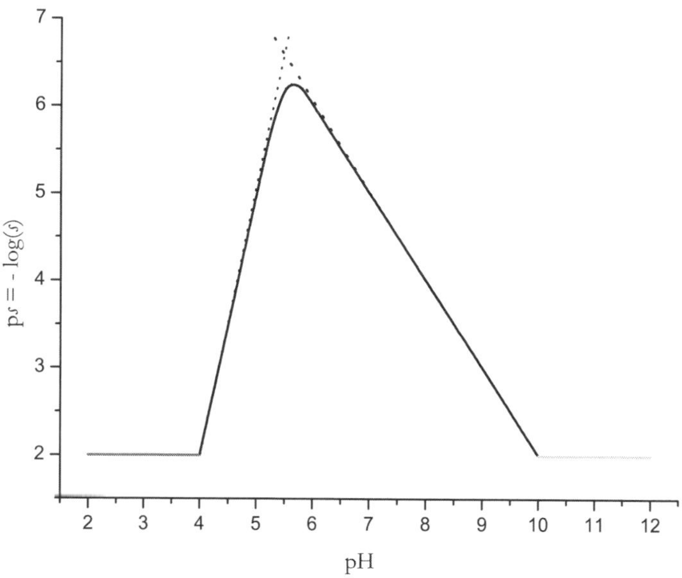

FIGURE 12.4 – Évolution p$s = f$(pH)

Le **minimum de solubilité** est rencontré en pH = 5,6. Entre pH = 5,2 et pH = 5,8, l'évolution n'est pas affine, il convient de considérer simultanément la présence de l'ion Al^{3+} et du complexe $[Al(OH)_4]^-$.

✎ Parler de solubilité d'un solide n'a de sens que si le solide est effectivement présent. Sur un tracé de p$s = f$(pH), les deux droites p$s = 2$ sont parfois ajoutées pour pH < 4 et pH > 10. Elles correspondent au cologarithme de la concentration en solution et cette valeur particulière est due au *choix* de travailler sur un système où la concentration a été fixée à 10^{-2} mol·L^{-1}.

5 Titrages par précipitation (PC/PSI)

5.1 Principe du titrage

La réaction utilisée pour réaliser le titrage est une réaction de précipitation. Envisageons l'exemple du titrage d'une solution de chlorure de sodium (Na^+Cl^-) de volume V_0 et de concentration c_0 par une solution de nitrate d'argent ($Ag^+NO_3^-$) de concentration c_1.

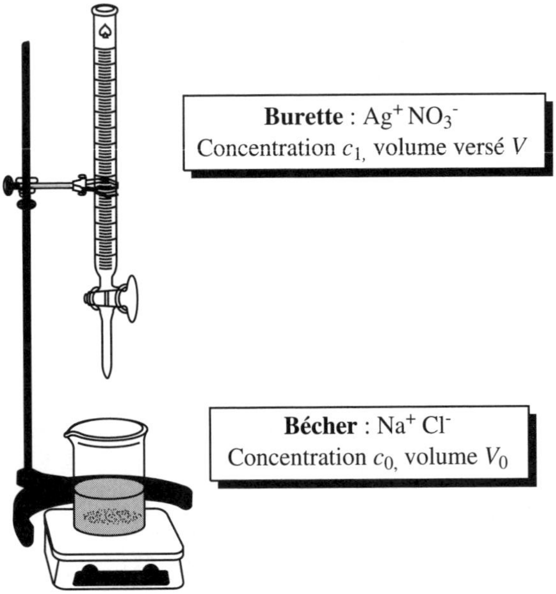

FIGURE 12.5 – Dispositif expérimental

La **réaction de titrage** s'écrit :

$$Ag^+ \quad + \quad Cl^- \quad = \quad AgCl\,(s)$$

de constante d'équilibre $K_T^\circ = \dfrac{1}{K_s} = 10^{9,7} \gg 1$.

⚠ Il est facile de vérifier que le précipité de AgCl(s) apparaît dès la première goutte de titrant versée : si $V_0 = 10$ mL, $c_0 = 0{,}1$ mol·L^{-1} et $c_1 = 0{,}1$ mol·L^{-1}, la première particule de précipité apparaît après avoir versé $1{,}8.10^{-7}$ L de titrant (le produit de solubilité est alors vérifié). Ce volume est très inférieur au volume d'une goutte (de l'ordre de 0,05 mL), ce qui prouve l'apparition du précipité dès la première goutte de titrant versée.

L'**équivalence** est rencontrée lorsque les réactifs sont introduits en proportions stœchiométriques, soit ici :

$$(n_{Ag^+})_{\text{ajouté}} = (n_{Cl^-})_{\text{initial}},$$

c'est-à-dire pour un volume V_{eq} de nitrate d'argent vérifiant la relation :

$$c_0V_0 = c_1V_{eq}.$$

Il est possible, au cours de ce titrage, d'évaluer l'évolution de $pAg = -\log\left[Ag^+\right] = f(V)$ avec V volume de nitrate d'argent versé.

5.2 Expression pAg = *f(V)*

Contrairement au cas rencontré en complexation (évolution $pY = f(V)$), l'évolution de pAg en fonction du volume ajouté ($pAg = f(V)$) est accessible expérimentalement (voir la détermination du point équivalent au paragraphe suivant).

- $V = 0$: en toute rigueur pAg n'est pas défini, mais dès la première goutte versée le précipité apparaît. Lors de l'apparition du précipité $K_s = \left[Ag^+\right]\left[Cl^-\right]$ et $\left[Cl^-\right] = 0{,}1\ \text{mol·L}^{-1}$, ainsi $pAg = 8,7$ à la première goutte de nitrate d'argent versée.
- $0 < V < V_{eq}$: il y a un excès d'ions chlorure Cl^- coexistant avec le précipité AgCl(s). Le produit de solubilité est vérifié, $K_s = \left[Ag^+\right]\left[Cl^-\right]$ et :

$$\left[Cl^-\right] = \frac{c_0V_0 - c_1V}{V_0 + V} = \frac{c_1(V_{eq} - V)}{V_0 + V}.$$

  Ainsi :

$$pAg = pK_s + \log\frac{c_1(V_{eq} - V)}{V_0 + V}.$$

- $V = V_{eq}$: la solution équivalente n'est formée que du précipité AgCl(s) engagé dans l'équilibre de solubilité :

$$AgCl\,(s) \quad = \quad Ag^+ \quad + \quad Cl^-$$

  de constante d'équilibre K_s. Alors $\left[Ag^+\right] = \left[Cl^-\right] = \varepsilon$, $\varepsilon = \sqrt{K_s}$ et $pAg = 4,85$.
- $V > V_{eq}$: les ions Ag^+ sont versés en excès (en négligeant la très faible dissociation du précipité), ainsi :

$$\left[Ag^+\right] = \frac{c_1\left(V - V_{eq}\right)}{V_0 + V}$$

  et :

$$pAg = -\log\frac{c_1\left(V - V_{eq}\right)}{V_0 + V}.$$

L'allure de la courbe $pAg = f(V)$ est présentée à la figure 12.6, l'équivalence est marquée par une **forte variation de pAg**.

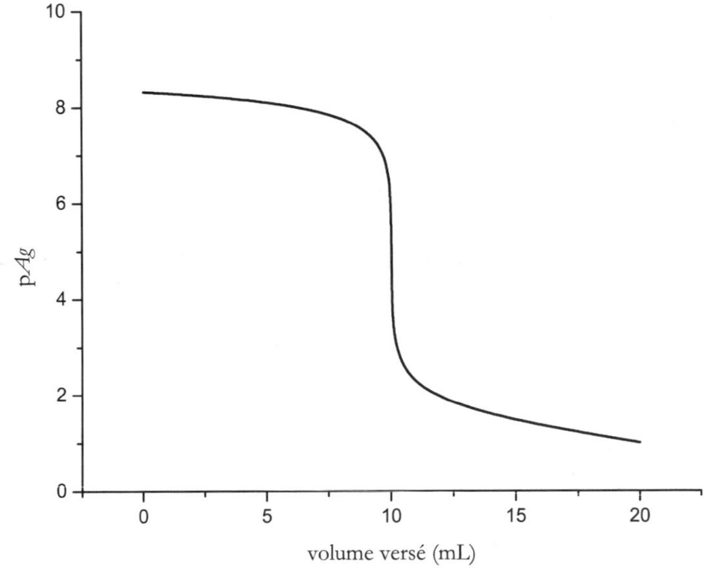

FIGURE 12.6 – Évolution pAg $= f(V)$

5.3 Détermination du point équivalent, suivi du titrage

Nous devons impérativement distinguer la **réaction de titrage** de la méthode utilisée pour mettre en évidence le **point équivalent**. La réaction de titrage étudiée ici est une réaction de *précipitation*, mais il est possible d'utiliser des propriétés rédox (potentiométrie, électrodes sélectives) ou encore conductimétriques pour suivre la progression du titrage et de localiser le point équivalent. Retenons qu'il n'est pas du tout indispensable pour rencontrer un suivi rédox d'utiliser une réaction de titrage engageant elle-même un échange électronique.

a. Potentiométrie

Comme ceci sera développé dans le chapitre oxydoréduction, une électrode d'argent possède un potentiel E_{Ag} sensible à la concentration en ions Ag^+. La dépendance du potentiel avec la concentration prend la forme :

$$E = C^{te} + 0,06 \log \left[\text{Ag}^+\right]$$

à 298 K. La différence de potentiel entre une électrode d'argent et une électrode de référence (de potentiel E constant) s'écrit sous la forme :

$$\Delta E = K + 0,06 \log \left[\text{Ag}^+\right]$$

avec K et ΔE en V. La grandeur ΔE est accessible expérimentalement par lecture sur un voltmètre relié entre une électrode d'argent et une électrode de référence plongées dans le bécher de titrage. La valeur de K ne dépend que du choix de l'électrode de référence, sa valeur est connue de l'expérimentateur. Il est donc possible de déterminer le pAg de la solution en chaque point du titrage en appliquant la relation :

$$\text{pAg} = \frac{K - \Delta E}{0,06}.$$

Ainsi pAg est une valeur expérimentale, la courbe $\text{pAg} = f(V)$ peut être tracée au laboratoire.

b. Colorimétrie : méthode de MOHR

La méthode consiste à employer un indicateur coloré. Cet indicateur est un ion susceptible de fournir un précipité coloré avec l'ion Ag^+, mais un précipité formé à la fin du titrage (au moment où les ions Ag^+ sont versés en excès). Dans la méthode de MOHR, ce sont les ions chromate CrO_4^{2-} qui sont utilisés, ils forment le précipité Ag_2CrO_4(s) de couleur rouge.

Au cours du titrage, le précipité AgCl(s) est formé le premier selon la réaction :

$$Ag^+ \quad + \quad Cl^- \quad = \quad AgCl\ (s)$$

de constante d'équilibre $K_T^\circ = \dfrac{1}{K_s(\text{AgCl})} = 10^{9,7}$. Lors de l'ajout d'excès d'ions Ag^+, le solide Ag_2CrO_4(s) est formé selon :

$$Ag^+ \quad + \quad \frac{1}{2}\,CrO_4^{2-} \quad = \quad \frac{1}{2}\,Ag_2CrO_4\ (s)$$

de constante d'équilibre $K_T^\circ = \dfrac{1}{\sqrt{K_s(Ag_2CrO_4)}} = 10^6$.

L'indicateur coloré est d'autant plus adapté que son changement de couleur intervient proche du point équivalent. Dans le cas présent la valeur de pAg au point équivalent est donnée par $\text{pAg} = 4,85$. Nous vérifions que pour une concentration initiale en ions chromate voisine de 5.10^{-3} mol·L^{-1}, le précipité Ag_2CrO_4(s) apparaît dès que $\text{pAg} < -\log\sqrt{\dfrac{10^{-12}}{5.10^{-3}}} = 4,85$.

L'indicateur coloré est alors tout à fait adapté à la détection du point équivalent.

c. Conductimétrie

La mesure de l'évolution de la conductivité en fonction du volume ajouté $\sigma = f(V)$ permet de suivre le titrage de la solution de chlorure de sodium par le nitrate d'argent.

Ainsi pour $V < V_{eq}$ les ions chlorure Cl^- sont remplacés dans le bécher par les ions nitrate NO_3^-. Les deux conductivités ioniques molaires équivalentes limites étant du même ordre de grandeur, la conductivité reste quasi-constante (légère diminution).

Pour $V > V_{eq}$ les ions argent Ag^+ et nitrate NO_3^- sont ajoutés en excès, la conductivité augmente. En négligeant la dilution les évolutions sont affines et $\sigma = f(V)$ prend la forme présentée à la figure 12.7.

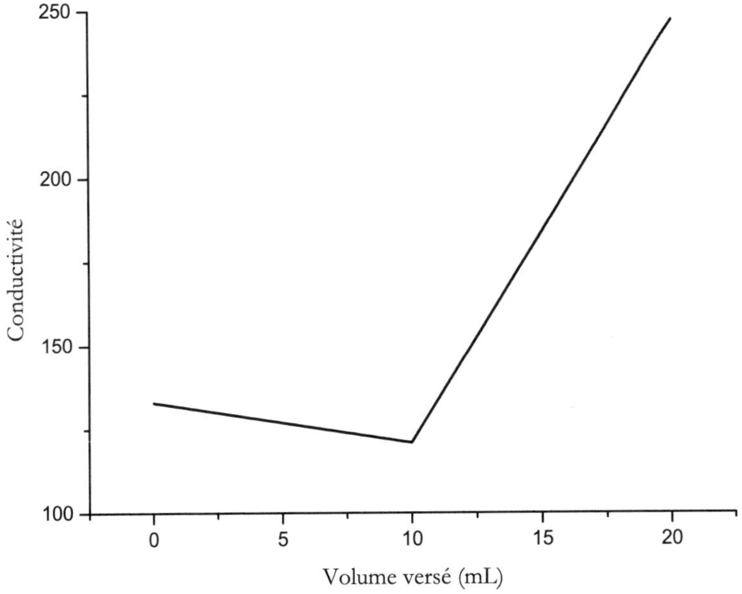

FIGURE 12.7 – Évolution $\sigma = f(V)$

L'équivalence est repérée par la **rupture de pente**.

✎ Lorsque la dilution n'est pas négligeable, c'est la conductivité corrigée (σ_{corr}) qui présente des portions affines ($\sigma_{\text{corr}} = \sigma \dfrac{V+V_0}{V_0}$).

d. Indicateurs d'adsorption, méthode de FAJANS

Un indicateur d'**adsorption** est un composé (organique) qui tend à s'**adsorber** (c'est-à-dire se fixer à la surface) du solide lors d'un titrage par précipitation. Dans le cas le plus favorable le phénomène d'adsorption a lieu au voisinage du point équivalent, s'accompagnant d'un changement de couleur. La fluorescéine est l'indicateur d'adsorption utilisé à l'occasion du titrage des ions chlorure par les ions argent Ag^+.

Au début du titrage des ions chlorure, les particules solides de AgCl(s) sont chargées négativement en raison de l'adsorption d'ions chlorure à la surface du solide. Les anions provenant de la fluorescéine (qui se dissocie dans l'eau en anion fluorescéinate) restent alors dans la solution et sont repoussées par les particules solides de chlorure d'argent : la solution est de couleur jaunâtre.

Au-delà du point équivalent, les particules solides de AgCl(s) sont chargées positivement en raison de l'adsorption d'ions Ag^+ à la surface du solide. Les anions fluorescéinate sont attirés par le solide : une coloration rouge apparaît, elle est caractéristique de la formation de fluorescéinate d'argent dans la fine couche de liquide qui entoure le solide (couche superficielle). Cette méthode se révèle rapide et fiable.

5.4 Méthode de VOHLARD

Une autre méthode peut être utilisée pour titrer les ions halogénure comme les ions chlorure Cl^-, il s'agit de la méthode de VOHLARD. Elle consiste à ajouter un large excès d'ions argent Ag^+ dans une solution contenant l'ion halogénure lequel est alors totalement précipité en AgX(s). L'excès d'ions argent Ag^+ versé est titré par une solution d'ions thiocyanate SCN^- selon la réaction de précipitation :

$$Ag^+ \quad + \quad SCN^- \quad = \quad AgSCN\,(s)$$

de constante d'équilibre $K_T^\circ = 10^{12}$. L'équivalence de ce deuxième dosage est repérée par un ajout d'ions Fe^{3+} qui forment un complexe rouge $[FeSCN]^{2+}$ dès que les ions thiocyanate SCN^- sont versés en excès (la teinte rouge est sensible dès que $\left[[FeSCN]^{2+}\right]$ est de l'ordre de 10^{-5} mol·L^{-1}). Ce type de titrage consistant à verser un excès de titrant puis à estimer l'excès versé par un deuxième titrage est qualifié de **titrage en retour**.

5.5 Titrage de mélanges

Il est possible de titrer par précipitation des mélanges, en utilisant plusieurs réactions successives. C'est par exemple le cas du titrage d'une solution contenant des ions chlorure Cl^- (concentration c_2) et des ions iodure I^- (concentration c_1) pour un volume de solution noté V_0. La solution titrante contient des ions Ag^+ susceptibles de former un précipité avec les ions chlorure Cl^- (AgCl(s)) et avec les ions iodure I^- (AgI(s)). Soit V le volume ajouté et c la concentration de la solution titrante. Notons le résultat important suivant : **sur une courbe de titrage, l'apparition ou la disparition d'un précipité est manifestée par l'apparition d'un point anguleux.** Le titrage du mélange précédent est un titrage successif, les premiers ions titrés sont les ions iodure I^-. En effet c'est la valeur de K_s(AgI) qui est atteinte la première. Les réactions de titrage s'écrivent :

$$Ag^+ \quad + \quad I^- \quad = \quad AgI\,(s)$$

de constante d'équilibre $K_{T,1}^\circ = \dfrac{1}{K_s(AgI)} = 10^{16,1}$ puis :

$$Ag^+ \quad + \quad Cl^- \quad = \quad AgCl\,(s)$$

de constante d'équilibre $K_{T,2}^\circ = \dfrac{1}{K_s(AgCl)} = 10^{9,7}$. Le graphe pAg $= f(V)$ avec V volume de solution titrante ajouté manifeste **deux sauts** de pAg et l'existence d'un **point anguleux** pour $V \approx V_{eq1}$ (premier volume équivalent). Ce point indique l'apparition du solide AgCl(s), nouveau précipité. L'évolution est représentée à la figure 12.8. Les relations aux équivalences s'écrivent :

$$(n_{I^-})_{initial} = (n_{Ag^+})_{eq1} \qquad \text{et donc} \qquad c_1 V_0 = cV_{eq1}$$

et :

$$(n_{I^-})_{initial} + (n_{Cl^-})_{initial} = (n_{Ag^+})_{eq2} \qquad \text{et donc} \qquad (c_1 + c_2)V_0 = cV_{eq2}$$

ou encore :

$$c_2 V_0 = c(V_{eq2} - V_{eq1}).$$

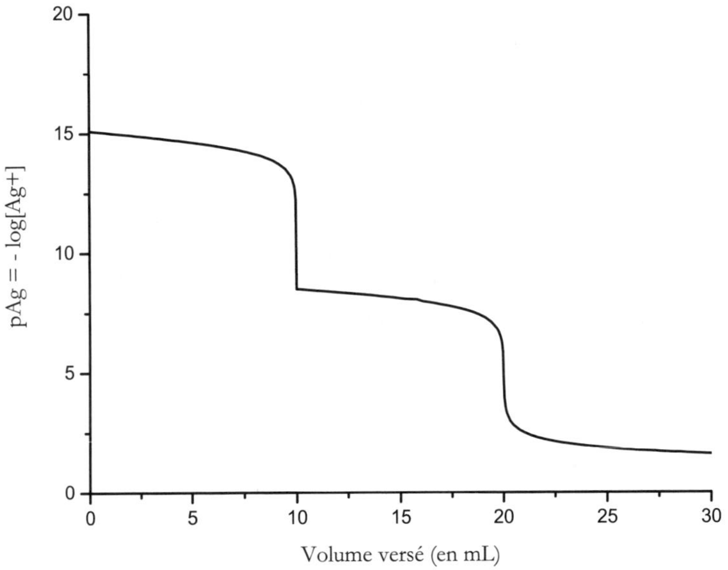

FIGURE 12.8 – Évolution $\text{pAg} = f(V)$

Il est possible d'exprimer $\text{pAg} = f(V)$.

- Pour $0 < V < V_{\text{eq1}}$, le dosage des ions iodure I^- est réalisé, le produit de solubilité de AgI(s) est vérifié (le précipité apparaît dès la première goutte versée). Ainsi :

$$K_s(\text{AgI}) = \left[\text{Ag}^+\right]\left[\text{I}^-\right]$$

avec :

$$\left[\text{I}^-\right] = \frac{c_1 V_0 - cV}{V + V_0}$$

et donc :

$$\text{pAg} = \text{p}K_s(\text{AgI}) + \log \frac{c_1 V_0 - cV}{V + V_0}.$$

- Pour $V_{\text{eq1}} < V < V_{\text{eq2}}$, le dosage des ions chlorure Cl^- est réalisé. En supposant la dissociation de AgI(s) négligeable, pAg est imposé par la dissociation de AgCl(s). Le produit de solubilité de AgCl(s) est vérifié :

$$K_s(\text{AgCl}) = \left[\text{Ag}^+\right]\left[\text{Cl}^-\right]$$

avec :

$$\left[\text{Cl}^-\right] = \frac{c_2 V_0 - c\left(V - V_{\text{eq1}}\right)}{V + V_0} = \frac{c(V_{\text{eq2}} - V)}{V + V_0}$$

et :

$$\text{pAg} = \text{p}K_s(\text{AgCl}) + \log \frac{c(V_{\text{eq2}} - V)}{V + V_0}.$$

• Pour $V > V_{eq2}$, les ions argent Ag^+ sont versés en excès :

$$\mathrm{pAg} = -\log \frac{c\left(V - V_{eq2}\right)}{V + V_0}$$

en négligeant la faible dissociation des précipités.

5.6 Titrage du mélange H_3O^+/Mg^{2+}

Il est possible de réaliser le titrage de mélanges associant plusieurs types de réactions (acido-basicité, précipitation...). Réalisons le titrage d'une solution de volume $V_0 = 10$ mL contenant les ions oxonium H_3O^+ (concentration 0,1 mol·L^{-1}) et les ions magnésium Mg^{2+} (concentration 0,1 mol·L^{-1}) par une solution titrante contenant les ions hydroxyde HO^- à la concentration 0,1 mol·L^{-1}. L'évolution présentée figure 12.9 est obtenue pour pH $= f(V)$ avec V volume de titrant ajouté.

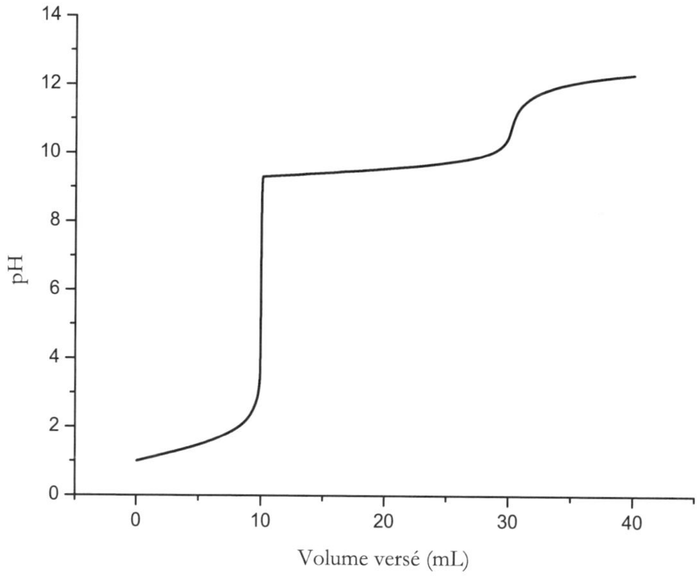

FIGURE 12.9 – Évolution pH $= f(V)$

Ce résultat est expliqué par le titrage successif des ions H_3O^+ (réaction acido-basique) et Mg^{2+} (réaction de précipitation) selon :

$$H_3O^+ \quad + \quad HO^- \quad = \quad 2\,H_2O$$

de constante d'équilibre $K^\circ_{T,1} = 10^{14}$ suivie de la réaction :

$$\frac{1}{2}\,Mg^{2+} \quad + \quad HO^- \quad = \quad \frac{1}{2}\,Mg(OH)_2\ (s)$$

de constante d'équilibre $K^\circ_{T,2} = \dfrac{1}{\sqrt{K_s(\text{Mg(OH)}_2)}} = 3,2.10^5$. Remarquons sur le graphe 12.9 l'existence d'un **point anguleux** témoignant de l'apparition du précipité $Mg(OH)_2(s)$. En ce point, le produit de solubilité du précipité est vérifié pour la première fois (remarque utile dans les exercices cherchant à déterminer un produit de solubilité à partir d'une courbe expérimentale $\text{pH} = f(V)$).

6 Mise en œuvre expérimentale (TP-cours, PC)

Nous réalisons à l'occasion de ce TP-cours le titrage d'une solution contenant un mélange d'ions H_3O^+ et d'ions aluminium Al^{3+} par une solution de soude Na^+HO^-. Le titrage est suivi par pHmétrie et permet, outre une détermination de concentrations inconnues, de vérifier la valeur numérique de certaines grandeurs thermodynamiques (constantes d'équilibre).

6.1 Protocole et résultats expérimentaux

Dans une fiole jaugée de 25 mL nous introduisons du nitrate d'aluminium $Al(NO_3)_3,9H_2O$ (0,94 g, $M = 375$ g·mol^{-1}), le volume est complété par approximativement 20 mL d'eau et quelques gouttes d'acide nitrique concentré. Le volume est ensuite ajusté à $V_0 = 25$ mL. La concentration en ions Al^{3+} est notée c_0. Parallèlement une solution de soude à la concentration $c = 1$ mol·L^{-1} est préparée puis placée dans la burette. Les 25 mL de la solution de nitrate d'aluminium sont titrés en ajoutant progressivement 15 mL de la solution de soude. Un pHmètre préalablement étalonné permet de suivre l'évolution du pH en fonction du volume V de titrant ajouté.

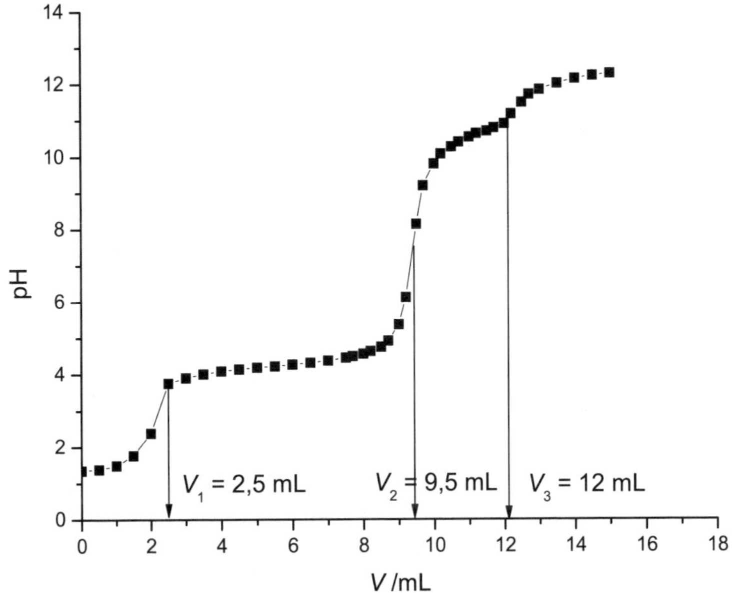

FIGURE 12.10 – Évolution du pH, titrage du mélange H_3O^+/ Al^{3+} par HO^-

Nous notons l'apparition d'un solide pour un volume de titrant versé voisin de $V = 2{,}5$ mL. Ce solide disparaît de la solution, qui redevient donc limpide, pour un volume de titrant voisin de $V = 12{,}0$ mL.

6.2 Interprétation

Ce titrage fait intervenir un hydroxyde amphotère : $Al(OH)_3(s)$. Notons K_s le produit de solubilité de l'hydroxyde d'aluminium et β_4 la constante globale de formation du complexe tétrahydroxoaluminate $[Al(OH)_4]^-$. La courbe obtenue permet de vérifier les valeurs fournies par la littérature à 25 °C : $K_s = 10^{-32}$ et $\beta_4 = 10^{34}$. Pour un volume de titrant ajouté compris entre $V = 0$ mL et $V_1 = 2{,}5$ mL, le titrage de l'acide fort est opéré selon la réaction :

$$H_3O^+ \quad + \quad HO^- \quad = \quad 2\,H_2O$$

de constante d'équilibre $K^\circ_{T,1} = 10^{14}$. Pour un volume de titrant ajouté voisin de 2,5 mL apparaît la première particule de solide $Al(OH)_3(s)$. Pour un volume de titrant ajouté compris entre $V_1 = 2{,}5$ mL et $V_2 = 9{,}5$ mL, le titrage des ions Al^{3+} est opéré selon la réaction :

$$\frac{1}{3}\,Al^{3+} \quad + \quad HO^- \quad = \quad \frac{1}{3}\,Al(OH)_3\,(s)$$

de constante d'équilibre $K^\circ_{T,2} = 2.10^{11}$. Entre $V_2 = 9{,}5$ mL et $V_3 = 12{,}0$ mL a lieu une redissolution du solide par ajout d'un excès d'ions hydroxyde. La réaction de redissolution s'écrit :

$$Al(OH)_3\,(s) \quad + \quad HO^- \quad = \quad [Al(OH)_4]^-$$

de constante d'équilibre $K^\circ_{T,3} = \beta_4 K_s$. L'expérience montre que la redissolution est complète à partir de 12,0 mL de titrant ajouté. Les pH mesurés au-delà de ce point correspondent à l'ajout d'un excès d'ions hydroxyde HO^-. Nous pouvons vérifier l'adéquation de cette interprétation avec les valeurs expérimentales : entre $V_1 = 2{,}5$ mL et $V_2 = 9{,}5$ mL, le titrage des ions Al^{3+} est opéré. Ainsi :

$$c(V_2 - V_1) = 3c_0V_0$$

numériquement nous avons ici $c_0 \approx 9{,}3.10^{-2}$ mol·L^{-1} (résultat en accord avec la quantité d'aluminium introduite). De façon symétrique entre $V_2 = 9{,}5$ mL et $V_3 = 12{,}0$ mL a lieu une redissolution du solide par ajout d'un excès d'ions hydroxyde. Ainsi :

$$c(V_3 - V_2) = c_0V_0$$

numériquement nous avons ici $c_0 \approx 0{,}1$ mol·L^{-1} (résultat en accord avec la quantité d'aluminium introduite).

L'évolution du pH en fonction du volume de titrant ajouté permet aussi d'estimer la valeur des constantes d'équilibre K_s et β_4. Plaçons-nous pour un volume de titrant ajouté égal à $V_1 = 2{,}5$ mL (alors pH voisin de 3,9). La première particule de solide $Al(OH)_3(s)$ apparaît : le produit de solubilité K_s est vérifié pour la première fois. En ce point du titrage nous avons $[Al^{3+}] \approx \dfrac{0{,}1 \times 25}{27{,}5} = 0{,}09$ mol·L^{-1} et $[H_3O^+] \approx 1{,}3.10^{-4}$ mol·L^{-1}. Ainsi, expérimentalement :

$$K_s \approx 4.10^{-32} \qquad \text{ou encore} \qquad pK_s \approx 31{,}4.$$

Plaçons-nous pour un volume de titrant ajouté égal à $V_3 = 12{,}0$ mL (alors pH voisin de 10,9). La dernière particule de solide $Al(OH)_3(s)$ disparaît : le produit de solubilité K_s est vérifié pour la dernière fois. Ainsi :

$$K_s = \frac{1}{\beta_4}\frac{\left[[Al(OH)_4]^-\right]}{\left[HO^-\right]} \approx 4.10^{-32}.$$

En ce point du titrage :

$$\left[[Al(OH)_4]^-\right] \approx \frac{0,1 \times 25}{37} = 0{,}07 \text{ mol·L}^{-1} \qquad \text{et} \qquad \left[H_3O^+\right] \approx 1{,}3.10^{-11} \text{ mol·L}^{-1}.$$

Il vient donc :

$$\beta_4 \approx 2,3.10^{33}.$$

Pour chacune des deux constantes un bon accord est obtenu par rapport à la valeur tabulée.

Solubilité et formation de la carie dentaire

L'émail des dents est constitué d'une substance appelée **hydroxyapatite**, de formule $Ca_5(PO_4)_3OH(s)$. Il y a constante dissolution/reformation de cette substance à la surface de la dent ; la dissolution de l'émail est causée par les substances acides telle que la salive. Rappelons la réaction de dissolution d'un solide possédant des anions fortement basiques (tels que les ions hydroxyde HO^- dans l'hydroxyapatite) en milieu acide :

$$M\text{OH (s)} \quad + \quad H^+ \quad = \quad H_2O \quad + \quad M^+$$

avec une constante d'équilibre élevée :

$$K^\circ = \frac{K_s\,(M\text{OH})}{K_e} = 10^{14}K_s\,(M\text{OH}) \quad \text{à 25 °C.}$$

Lorsque l'agression acide est importante et répétée, certaines parties de la surface de la dent deviennent poreuses et les trous évoluent en carie. L'action des ions fluorure F^- protège de la formation de la carie, ceci est bien connu de tous. Il est possible de comprendre le phénomène par des considérations de solubilité. En présence d'ions fluorure F^-, l'hydroxyapatite évolue en un solide de formule $Ca_5(PO_4)_3F(s)$, plus résistant aux attaques acides en raison du caractère moins basique des ions fluorure F^- :

$$M\text{F(s)} \quad + \quad H^+ \quad = \quad \text{HF} \quad + \quad M^+$$

de constante d'équilibre :

$$K^\circ = \frac{K_s\,(M\text{OH})}{K_A\left(\text{HF/F}^-\right)} = 10^{3,2}K_s < 10^{14}K_s\,(M\text{OH}) \text{ à 25°C.}$$

EXERCICES

12.1 Précipitation du chromate de plomb(II) (CCP MP 2003) (★)

Le jaune de chrome est obtenu par action de l'ion chromate CrO_4^{2-} sur un sel de plomb(II) Pb^{2+}. Par précipitation dans l'eau, on obtient le chromate de plomb(II) $PbCrO_4(s)$. L'ion chromate a un caractère basique dans le couple $HCrO_4^-/CrO_4^{2-}$.

1. À quel pH opérer pour que l'ion chromate CrO_4^{2-} soit prépondérant ?

2. Après précipitation et filtration $PbCrO_4(s)$ est lavé. Quelle est la teneur en plomb(II) de cette eau de lavage (pH= 7) ? Cette eau dépasse-t-elle la norme légale de 50 $\mu g \cdot L^{-1}$ en plomb ?

3. Dans les ouvrages de peinture, on déconseille de mélanger le jaune de chrome et le sulfure de manganèse rose, ce qui donne une couleur chair (très utile pour peindre des visages). Pourquoi ?

Données à $T = 298$ K :

- produits de solubilité :
  $PbCrO_4(s)$: $K_{s1} = 10^{-13}$; $MnS(s)$: $K_{s2} = 10^{-9,6}$; $PbS(s)$: $K_{s3} = 10^{-27,8}$;
- constante d'acidité hydrogénochromate ($HCrO_4^-/CrO_4^{2-}$) : $pK_A = 6,4$;
- masse molaire atomique plomb : $M = 207$ $g \cdot mol^{-1}$.

12.2 Hydroxydes de fer(II) et (III) (d'après Centrale PSI 2001) (★★)

Données à $T = 298$ K : $pK_s(Fe(OH)_2) = 16$; $pK_s(Fe(OH)_3) = 38$; $pK_e = 14$.

1. Dissolution des hydroxydes en milieu tamponné

On réalise une solution de nitrate de fer(III), $Fe(NO_3)_3$, en dissolvant 0,01 mol de ce composé dans un litre de solution tampon. Les ions nitrate sont considérés comme spectateurs.

a. Dans quel domaine de pH observera-t-on la précipitation de l'hydroxyde ferrique (hydroxyde de fer(III)) ?

b. Quel pH doit-on imposer pour que 99,9 % des ions ferriques se trouvent à l'état de précipité ?

c. On réalise une solution de chlorure de fer(II) en dissolvant 0,01 mol de ce composé dans un litre de solution tampon. Les ions chlorure sont considérés comme spectateurs. Dans quel domaine de pH observera-t-on la précipitation de l'hydroxyde ferreux (hydroxyde de fer(II)) ?

d. Il existe une relation d'ordre entre les pH de précipitations respectives des hydroxydes. Cette relation était-elle prévisible sans calcul ?

2. Solution aqueuse saturée

On place un excès d'hydroxyde de fer(III) solide dans de l'eau pure.

a. Déterminer les concentrations des ions présents en solution.

b. Commenter la valeur du pH calculée.

c. On place un excès d'hydroxyde de fer(II) dans l'eau pure. Déterminer les concentrations des ions présents en solution.

d. Commenter la valeur du pH calculé et comparer les cas de l'hydroxyde de fer(II) et de l'hydroxyde de fer(III).

12.3 Solubilité comparée de l'hydroxyde de magnésium(II) et de l'hydroxyde de fer(II) (★★)

En présence d'ions hydroxyde, les ions magnésium Mg^{2+} donnent un précipité blanc et les ions Fe^{2+} un précipité vert (Rem. : l'hydroxyde de fer(II) pur est un solide blanc. Mais, sans précautions particulières, au contact du dioxygène atmosphérique, il se forme un hydroxyde mixte (contenant du fer(III)) qui est de couleur verte).

Lorsqu'on ajoute goutte à goutte des ions Fe^{2+} dans un tube à essai contenant de l'hydroxyde de magnésium, le précipité prend une teinte verte dès les premières gouttes.

1. Donner le bilan de la réaction (1) traduisant cette observation. Que peut-on en conclure ?

On ajoute une solution d'ions hydroxyde à une solution équimolaire en ions Mg^{2+} et Fe^{2+} toutes deux à 0,1 $mol{\cdot}L^{-1}$. On représente (figure 12.11) les pourcentages des cations métalliques présents dans la solution en fonction de $pOH = -\log\left[HO^-\right]$.

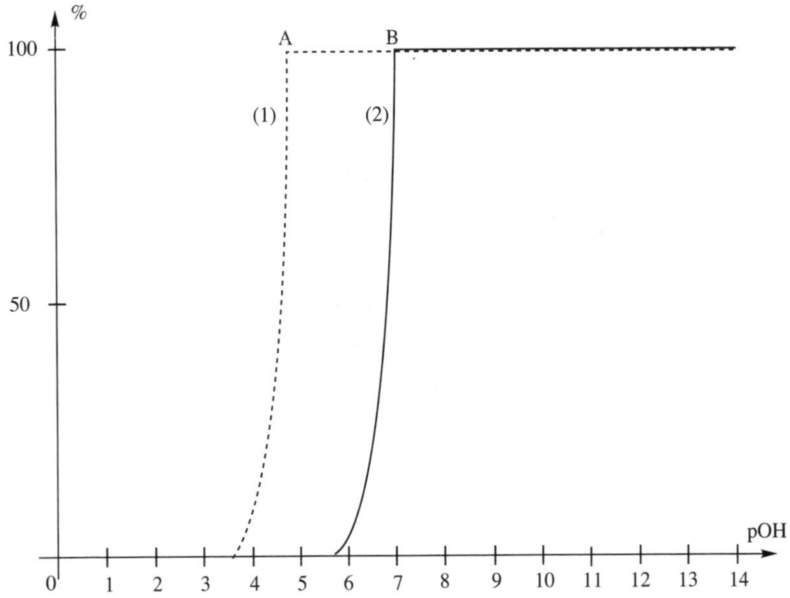

FIGURE 12.11 – Pourcentages des cations métalliques présents dans la solution

2. Identifier les deux courbes tracées. Que représentent les points anguleux A et B ?

3. Déduire du tracé les produits de solubilité de $Mg(OH)_2$(s) et de $Fe(OH)_2$(s).

4. Déterminer numériquement la valeur de la constante de l'équilibre écrit à la question **1**.

12.4 Influence de la complexation sur la solubilité (★)

Les ions magnésium Mg^{2+} forment un complexe soluble $[MgY]^{2-}$ avec l'ion éthylènediaminetétraacétate noté Y^{4-} de constante de formation $\beta = 10^{8,8}$. On prendra dans cette question $K_s = 10^{-10,6}$ pour le produit de solubilité de l'hydroxyde de magnésium.

On introduit 10^{-2} mol d'hydroxyde de magnésium dans 100 mL d'eau. On ajoute ensuite progressivement une solution très concentrée de Na_4Y, sel entièrement dissocié en ions. On observe la disparition totale du précipité.

1. Donner l'équation-bilan de la réaction de dissolution de ce précipité. Calculer sa constante d'équilibre.

2. Quelle quantité minimum en ion éthylènediaminetétraacétate a-t-on introduite pour observer cette disparition ?

12.5 Précipitation sélective des hydroxydes (CCP TSI 2001) (★★)

On souhaite séparer les ions cobalt(II) Co^{2+} et magnésium Mg^{2+} en réalisant une précipitation sélective des hydroxydes métalliques.

Données à $T = 298$ K :

- produit ionique de l'eau : $K_e = 10^{-14}$;
- produit de solublité de l'hydroxyde de cobalt(II) $Co(OH)_2(s)$: $K_{s1} = 10^{-14,8}$.

1. Détermination du produit de solubilité de l'hydroxyde de magnésium(II) $Mg(OH)_2(s)$. Lorsqu'on dissout dans l'eau de l'hydroxyde de magnésium(II) jusqu'à saturation, la solution possède un pH de 10,5. Montrer que le produit de solubilité de l'hydroxyde de magnésium(II) vaut $K_{s2} = 10^{-10,8}$.

2. On dispose d'une solution contenant initialement des ions cobalt(II) Co^{2+} à la concentration de $c_0 = 10^{-2}$ mol·L^{-1} et des ions magnésium Mg^{2+} à la même concentration c_0. On souhaite précipiter plus de 99 % du cobalt sans précipiter plus de 1 % du magnésium.

a. Calculer la concentration en ions cobalt(II) restant en solution si 99 % du cobalt précipite sous forme d'hydroxyde de cobalt $Co(OH)_2(s)$. En déduire la concentration en ions hydroxyde OH^- et le pH de la solution pour que 99 % du cobalt précipite.

b. Calculer la concentration d'ions magnésium(II) Mg^{2+} restant en solution si 1 % du magnésium précipite sous forme d'hydroxyde de magnésium(II) $Mg(OH)_2(s)$. En déduire la concentration en ions hydroxyde OH^- et le pH pour que 1 % du magnésium précipite.

c. Montrer qu'il existe une zone de pH que l'on précisera, où il est possible de précipiter plus de 99 % du cobalt sans précipiter plus de 1 % du magnésium.

12.6 Détermination d'un produit de solubilité par conductimétrie (★★)

La conductivité d'une solution saturée de chlorure d'argent est $\sigma = 1{,}27.10^{-4}$ S·m^{-1} tandis que celle de l'eau pure est égale à $6{,}3.10^{-6}$ S·m^{-1}.

En admettant que la différence de conductivité entre l'eau pure et la solution saturée de chlorure d'argent est attribuée aux ions chlorure et argent issus de la dissolution du solide, et que les conductivités molaires des ions λ_i sont assimilables aux conductivités molaires à dilution infinie λ_i^o, déterminer la valeur numérique du produit de solubilité du chlorure d'argent.

Données : $\lambda^o_{Ag^+} = 61{,}92$ S·cm^2·mol^{-1} ; $\lambda^o_{Cl^-} = 76{,}34$ S·cm^2·mol^{-1}.

12.7 L'ion zinc(II) en solution (d'après ESIM MP/PSI 2001) (★★)

L'ion zinc(II) en solution peut précipiter ou se redissoudre selon le pH de la solution. $Zn(OH)_2(s)$ est la forme solide ou précipitée de l'hydroxyde de zinc. Les autres formes solubles du zinc(II) participent aux équilibres suivants :

$$Zn^{2+}\,(aq) + H_2O = Zn(OH)^+\,(aq) + H^+\,(aq) \qquad pK_1 = 8,3$$
$$Zn(OH)_2\,(s) = Zn(OH)_2\,(aq) \qquad pK_2 = 5,4$$
$$Zn(OH)_2\,(s) = Zn^{2+}\,(aq) + 2\,OH^-\,(aq) \qquad pK_3 = 17,0$$
$$Zn(OH)_2\,(s) = ZnO_2H^-\,(aq) + H^+\,(aq) \qquad pK_4 = 17,0$$
$$Zn(OH)_2\,(s) + 2\,H_2O = Zn(OH)_4^{2-}\,(aq) + 2\,H^+\,(aq) \qquad pK_5 = 29,5$$

1. Soit $s = c_{Zn}$ la concentration totale en élément zinc en solution en présence du précipité. Exprimer s en fonction de $[H^+]= h$ et des constantes K_i des différents équilibres.

2. Selon le pH, donner les espèces solubles prédominantes.

3. Tracer $\log(s)$ en fonction du pH. Pour chaque valeur du pH, on ne considèrera que l'espèce soluble prépondérante. La courbe se réduit alors à une succession de segments de droite dont on donnera la pente. Cette courbe divise le plan en domaines. Indiquer dans chaque domaine quelle est l'espèce prédominante.

4. On mélange 50 mL de chlorure de zinc de concentration $c = 0{,}02$ mol·L^{-1} et 50 mL de soude de même concentration c. Déterminer les espèces présentes en solution et le pH de la solution.

PROBLÈMES

12.8 Le sulfate de baryum (d'après Mines-Ponts MP 2001) (★★)

La barytine ou sulfate de baryum $BaSO_4(s)$ est peu soluble, caractérisée par un produit de solubilité $K_s = 10^{-10}$ à $T = 298$ K.

1. Écrire l'équation de la réaction chimique permettant la définition du produit de solubilité ; donner l'expression de ce produit de solubilité.

2. Calculer la solubilité, en g·L^{-1}, du sulfate de baryum dans l'eau pure. On donne les masses atomiques : Baryum : 137 g·mol^{-1}, Soufre : 32 g·mol^{-1}, Oxygène : 16 g·mol^{-1}.

Pour doser une solution d'ions sulfate SO_4^{2-} obtenue par dissolution totale du sel $Na_2SO_4(s)$, on verse une solution de chlorure de baryum ($BaCl_2$) de concentration $c = 0{,}05$ mol·L^{-1} dans un volume $V_0 = 100{,}0$ mL de la solution à doser contenue dans un bécher. On relève à l'aide d'un conductimètre la conductivité σ (notée aussi χ ou γ) de la solution du bécher. Le tracé de la conductivité en fonction du volume versé permet de repérer le volume équivalent pour un volume $V = 12{,}00$ mL de solution de $BaCl_2$ versé.

3. Proposer un schéma du montage expérimental utilisé.

4. Définir le point équivalent pour ce dosage.

5. Calculer la concentration initiale de l'ion sulfate dans le bécher.

6. Montrer que $BaSO_4(s)$ précipite dès la première goutte de la solution de chlorure de baryum versée (1 goutte = 0,05 mL).

7. La conductivité d'une solution aqueuse peut, en première approximation, être calculée par combinaison linéaire des conductivités ioniques molaires (λ_i^0) et des concentrations (c_i) des différentes espèces en solution : $\sigma = \sum_i c_i \lambda_i^0$.

Donner qualitativement l'allure de la courbe $\sigma = f(V(BaCl_2))$ en la justifiant à l'aide des valeurs de conductivité molaire λ_i^0 (en mS·m²·mol⁻¹) suivantes :

Ions	Na^+	Ba^{2+}	Cl^-	SO_4^{2-}	H^+	OH^-
λ_i^0 / mS·m²·mol⁻¹	5,0	13,0	7,5	16,0	35	20

12.9 Ions aluminium en solution aqueuse (Centrale 2001) (★★★)

La production de l'aluminium, par électrolyse de l'alumine fondue, nécessite une décomposition préalable de la bauxite pour en extraire l'alumine la plus pure possible (procédé BAYER) : de la bauxite séchée et moulue est décomposée, dans un autoclave avec de la soude. L'aluminium passe en solution sous forme d'aluminate $[Al(OH)_4^-]$ et les mélanges restent dans la boue rouge. L'aluminium est précipité sous forme d'hydroxyde d'aluminium $Al(OH)_3(s)$, qui donne $Al_2O_3(s)$ après calcination. On se propose, dans cet exercice, d'étudier la précipitation de l'hydroxyde d'aluminium. Afin de simplifier la description des phénomènes chimiques, on considère que l'aluminium en solution aqueuse se trouve sous l'une des formes suivantes : Al^{3+}, $[Al(OH)]^{2+}$ et $[Al(OH)_4]^-$.
On donne pour le couple acide/base $Al^{3+}/[Al(OH)]^{2+}$: $pK_A = 5{,}0$

$$Al(OH)_3\,(s) = Al^{3+} + 3\,OH^- \quad \text{constante d'équilibre } K_s = 10^{-32}$$
$$Al(OH)_3\,(s) + OH^- = [Al(OH)_4]^- \quad \text{constante d'équilibre } K = 10^3$$

On désigne par s la concentration molaire totale de l'aluminium en solution aqueuse en présence du précipité d'hydroxyde d'aluminium (c'est-à-dire que s est exprimée en tenant compte des trois ions existant dans la solution) et on pose :

$$x_1 = \frac{[Al^{3+}]}{s}, \quad x_2 = \frac{[Al(OH)^{2+}]}{s}, \quad \text{et} \quad x_3 = \frac{[Al(OH)_4]^-]}{s}.$$

1. Exprimer x_1, x_2 et x_3 en fonction de $h = [H_3O^+]$ et de K_A, K_s, K et K_e (produit ionique de l'eau égal à 10^{-14} à $T = 298$ K). Mettre les expressions des x_i sous la forme :

$$x_i = \frac{1}{1 + f_i(K_A, K_s, K_e, K, h) + g_i(K_A, K_s, K_e, K, h)}.$$

2. Le graphe 12.12 représente les variations des x_i en fonction du pH. Identifier les différentes courbes en justifiant vos choix.

3. On ajoute progressivement de la soude suffisamment concentrée (le volume reste pratiquement constant) à une solution de chlorure d'aluminium de concentration $c_0 = 0{,}5$ mol·L⁻¹.

a. Un précipité apparaît pour pH_1 et disparaît pour pH_2. Interpréter ce phénomène et déterminer pH_1 et pH_2. Justifier les approximations éventuelles à l'aide du graphe ci-dessus.

b. Déterminer la valeur de pH_3 pour laquelle la quantité de précipité est la plus grande.

c. Montrer que si la concentration c_0 est inférieure à une limite s_m que l'on calculera, il est impossible de former le précipité.

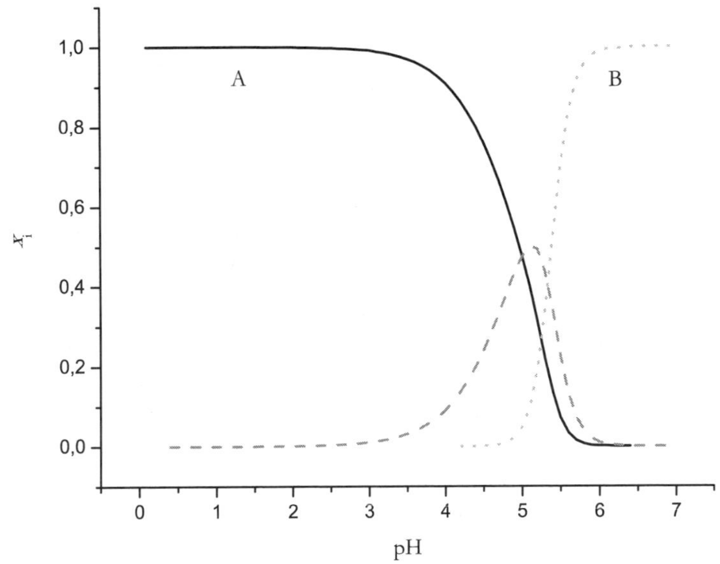

FIGURE 12.12 – Pourcentages des cations métalliques présents dans la solution

12.10 Solubilité de l'hydroxyapatite (d'après Mines MP 1998) (★★)

On étudie ci-dessous quelques propriétés de l'hydroxyapatite phosphocalcique, appelée simplement hydroxyapatite, de formule $Ca_5(PO_4)_3OH$, représentée par le symbole *HAP*. Ce composé existe en abondance à l'état naturel et sert d'engrais. C'est aussi le constituant chimique principal de la partie minérale de l'os. L'intérêt de la synthèse de l'*HAP* est de permettre la synthèse d'os artificiel.

On effectue la synthèse de $Ca_5(PO_4)_3OH$ en dissolvant dans l'eau, en milieu basique vers 90 °C, les composés solides nitrate de calcium $Ca(NO_3)_2$ et hydrogénophosphate de diammonium $(NH_4)_2HPO_4$ conduisant à la réaction écrite ainsi (symbole (aq) pour une espèce en milieu aqueux, (s) pour solide) :

$$5\,Ca^{2+}\,(aq) + 3\,HPO_4^{2-}\,(aq) + 4\,NH_3\,(aq) + H_2O = Ca_5(PO_4)_3OH\,(s) + 4\,NH_4^+\,(aq).$$

Le produit obtenu est un solide blanc que l'on filtre puis que l'on lave pour en éliminer les traces de nitrate d'ammonium.

1. Quelle masse de nitrate de calcium $Ca(NO_3)_2$ et d'hydrogénophosphate de diammonium $(NH_4)_2HPO_4$ faut-il utiliser pour préparer une quantité d'hydroxyapatite égale à 0,010 mol ?

2. Dans quel domaine de pH faut-il effectuer la précipitation ?

3. La solution d'hydrogénophosphate de diammonium est versée dans la solution de nitrate de calcium. De l'ammoniac est ajouté progressivement en excès, on n'observe pas la précipitation d'hydroxyde de calcium $Ca(OH)_2(s)$. Écrire la réaction (S) de dissolution de l'hydroxyapatite dans l'eau. À 25 °C le produit de solubilité K_s de l'hydroxyapatite est égal à 10^{-57}. Donner la relation existant entre le produit de solubilité K_s et les concentrations des différents ions constituant l'hydroxyapatite.

4. On considère la réaction (D) suivante de *HAP* sur l'eau :

$$Ca_5(PO_4)_3OH(s) + 3\,H_2O \quad = \quad 5\,Ca^{2+}(aq) + 3\,HPO_4^{2-}(aq) + 4\,OH^-(aq).$$

Exprimer la constante K_D de cet équilibre en fonction de K_s, K_e produit ionique de l'eau, et K_{A3}, constante d'acidité du couple HPO_4^{2-}/PO_4^{3-}. Sachant que K_e vaut 10^{-14} à 25 °C, calculer la valeur de K_D à la même température. La réaction (D) peut-elle être considérée comme prépondérante ? Justifier votre réponse en précisant les domaines de prédominance des espèces en solution.

5. Calculer la solubilité de l'hydroxyapatite dans l'eau pure à 25 °C, solubilité exprimée par la concentration de l'ion calcium Ca^{2+} à l'équilibre. Vérifier que le composé synthétisé est bien sous forme de précipité à 25 °C.

6. L'évolution du produit de solubilité de l'hydroxyapatite avec la température absolue T est donnée par la relation suivante :

$$\log_{10} K_s = -1,66 - \frac{8410}{T} - 0,1T.$$

Pour favoriser la précipitation, est-il préférable de faire la synthèse à basse ou à haute température ? Justifier votre réponse.

Données à 25 °C :

- masses molaires atomiques (en $g \cdot mol^{-1}$) : H : 1 ; O : 16 ; N : 14 ; P : 31 ; Ca : 40 ;
- constantes d'acidité : H_3PO_4 $pK_{A1} = 2,1$; $pK_{A2} = 7,2$; $pK_{A3} = 12,1$; NH_4^+ $pK'_A = 9,2$.

12.11 Complexes des ions cyanure (Centrale PC 2008) (★★)

On a tracé sur la figure suivante la courbe $ps = f(\text{pCN})$ pour le cyanure d'argent. $ps = -\log s$ où s représente la solubilité du cyanure d'argent AgCN(s) et pCN est égal au cologarithme décimal de la concentration en ion cyanure :

$$\text{pCN} = -\log[CN^-].$$

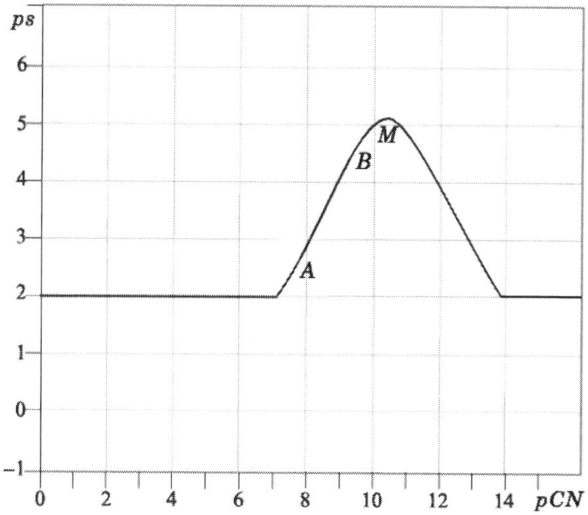

FIGURE 12.13 – Variation de $ps = -\log s$ en fonction de pCN.

1. À partir de l'analyse du tracé de la figure, représenter sur un axe pCN les domaines de prédominance ou d'existence des ions Ag^+, du précipité AgCN(s) et du complexe $[Ag(CN)_2]^-$ formé entre les ions cyanure et les ions argent.

2. Déterminer à l'aide de la courbe la valeur du produit de solubilité du cyanure d'argent AgCN(s).

3. Retrouver par un calcul approprié l'équation de la droite AB et les coordonnées du point M qui correspond au maximum de la courbe.
On note β la constante globale de formation du complexe $[Ag(CN)_2]^-$: $\log\beta = 21{,}0$.

12.12 Étude de la solubilité de la sidérite (Agro Véto 2009) (★★)

L'étude de la solubilité de la sidérite $FeCO_3$(s) dans l'eau joue un rôle important dans la composition des lacs ou des eaux souterraines. Les eaux naturelles riches en fer doivent être traitées pour la distribution d'eau potable.

Données à 298 K :
- produit ionique de l'eau : $pK_e = 14{,}0$;
- pK_A du couple $CO_2(aq)/HCO_3^-$: $pK_{A1} = 6{,}4$;
- pK_A du couple HCO_3^-/CO_3^{2-} : $pK_{A2} = 10{,}3$.

1. Le produit de solubilité de la sidérite $FeCO_3$(s) est $K_s = 10^{-11}$ à 25 °C. Que serait la solubilité de la sidérite dans l'eau en négligeant les propriétés acido-basiques des ions carbonate ? (le résultat sera mis sous la forme d'une puissance de dix). Montrer à l'aide d'un calcul de pH que la réaction de l'eau sur les ions carbonate ne peut pas être négligée.

2. On cherche maintenant la solubilité de la sidérite en prenant en compte les propriétés acido-basiques des ions carbonate. Écrire l'équation de la nouvelle réaction prépondérante de dissolution de la sidérite et en déduire la solubilité. Vérifier la pertinence du choix de la nouvelle réaction prépondérante en calculant le pH de la solution saturée.

3. On s'intéresse maintenant à la dissolution du carbonate de fer dans une solution de pH fixé par une solution tampon ce qui est plus représentatif d'une eau naturelle.

a. Établir la relation entre la solubilité s de la sidérite, la concentration en ions oxonium notée h, les constantes d'acidité K_{A1} et K_{A2} et le produit de solubilité de la sidérite.

b. En supposant que $[A]$ est négligeable devant $[B]$ si $[A] < [B]$, montrer que la courbe $\log(s) = f(\text{pH})$ peut être assimilée à trois portions de droite. Donner l'équation numérique de chaque segment.

Étude de la solubilité de la sidérite en présence de dioxyde de carbone.

Dans une solution saturée en carbonate de fer, en présence d'un large excès de $FeCO_3$(s), on envoie un courant de dioxyde de carbone gazeux. L'apport de dioxyde de carbone gazeux est constant et fixe la concentration en dioxyde de carbone dissous telle que $[CO_2(aq)] = 0{,}05\ \text{mol}\cdot\text{L}^{-1} \approx 10^{-1{,}3}\ \text{mol}\cdot\text{L}^{-1}$.

4. Montrer que la solubilité de la sidérite va augmenter.

5. Quelle quantité de carbonate de fer peut-on dissoudre dans 1 L d'eau saturée en dioxyde de carbone ?

12.13 Solubilité du calcaire (d'après ESIM MP/PSI 2000) (★★★)

Données :

- Masses atomiques (en g·mol^{-1}) : Ca : 40 C : 12 O : 16.
- Le produit de solubilité du carbonate de calcium $CaCO_3$ est $K_s = 10^{-8,3}$ soit p$K_s = 8,3$.
- CO_2 est en solution aqueuse un diacide, de constantes d'acidité K_{A1} et K_{A2} :

$$\text{p}K_{A1} = 6,4 \qquad \text{et} \qquad \text{p}K_{A2} = 10,3.$$

- Dans les conditions atmosphériques usuelles, la concentration maximale du dioxyde de carbone CO_2 en solution aqueuse est de 0,04 mol·L^{-1}.

1. Déterminer la solubilité s_0 du carbonate de calcium (ou calcaire) dans l'eau pure.

2. Lorsque l'on verse une solution d'acide chlorhydrique sur un morceau de calcaire, on observe un dégagement gazeux.

a. Écrire les réactions qui se produisent. Quel est le gaz qui se dégage ?

b. On introduit 2,5 g de $CaCO_3$ solide dans un bécher de 100 mL d'une solution d'acide chlorhydrique dont le pH initial est égal à 0. Le solide disparaît entièrement. Calculer pour l'état final : les concentrations en dioxyde de carbone CO_2 dissous et en ions calcium Ca^{2+}, carbonate CO_3^{2-} et hydrogénocarbonate HCO_3^-, le pH, la quantité de matière de gaz dégagé.

3. L'eau de pluie se charge en dioxyde de carbone CO_2 provenant de l'atmosphère. Écrire la réaction prépondérante qui se produit lors de la dissolution du dioxyde de carbone dans l'eau pure ; en déduire les concentrations en dioxyde de carbone et en ions hydrogénocarbonate dans une eau de pluie dont le pH est égal à 5.

4. L'eau contenant du dioxyde de carbone dissous ruisselle sur une roche calcaire ; elle ressort avec un pH égal à 7,4 et une concentration en hydrogénocarbonate HCO_3^- égale à 2.10^{-3} mol·L^{-1}.

a. En partant d'un système initial constitué d'eau, de dioxyde de carbone CO_2 en solution et de carbonate de calcium en excès, écrire les deux réactions prépondérantes qui se produisent lors de l'attaque du calcaire par le dioxyde de carbone dissous. Ces réactions ne font pas intervenir les ions oxonium H_3O^+ et hydroxyde OH^- ; pourquoi peut-on les négliger ?

b. On note c_0 la concentration initiale en dioxyde de carbone, x la concentration finale en ions calcium(II) Ca^{2+} et $2y$ la concentration finale en ions hydrogénocarbonate HCO_3^- ; exprimer les concentrations en ions carbonate CO_3^{2-} et en dioxyde de carbone CO_2 en fonction de c_0, x et y.

c. Quelles sont les concentrations finales en CO_2, CO_3^{2-} et Ca^{2+} ? La réaction de dissolution du calcaire atteint-elle l'équilibre ?

d. On fait bouillir (jusqu'à disparition totale du liquide) 1 litre de l'eau recueillie après le ruissellement. Déterminer la masse de calcaire qui s'est déposée sur les parois du récipient.

12.14 Dosage du sel disodique de l'acide éthylènediamine-tétracétique (d'après Agrégation interne 2003) (★★★)

On s'intéresse à la réaction entre une solution de nickel(II) et une solution de sel disodique de l'EDTA noté Na_2H_2Y. Dans une manipulation étudiée ici, on fait réagir de l'hydroxyde de sodium avec un mélange de ces deux solutions et on suit l'évolution du pH de la solution.

Dans un bécher on introduit un volume $V_{0,Y} = 5{,}00$ mL d'une solution de Na_2H_2Y de concentration C_Y inconnue, puis un volume $V_{0,\mathrm{Ni}} = 10{,}0$ mL de solution de Ni^{2+} de concentration C_{Ni} elle aussi inconnue, et enfin un volume d'eau $V_{\mathrm{eau}} = 10$ mL. Les ions Ni^{2+} ont été introduits ici en excès. On ajoute alors à l'aide d'une burette graduée, une solution d'hydroxyde de sodium, de concentration $C_B = 0{,}100\ \mathrm{mol\cdot L^{-1}}$ et on relève le pH après chaque ajout. Le graphe que l'on peut tracer présente deux sauts de pH, l'un pour $V_{e1} = 11{,}6$ mL et l'autre pour $V_{e2} = 18{,}8$ mL.

1. En remarquant que les ions Ni^{2+} ont été introduits en excès, écrire l'équation de la réaction qui se produit, dans le bécher, lors du mélange des solutions de H_2Y^{2-} et de Ni^{2+}.

2. Calculer la constante de cet équilibre. Proposer alors une estimation du pH initial (on demande ici une valeur littérale).

3. En supposant la réaction quantitative, indiquer la nature des deux espèces alors présentes dans le mélange et susceptibles de réagir avec l'ion hydroxyde.

4. Exprimer leurs quantités (en mol) en fonction de $V_{0,Y}$, C_Y, $V_{0,\mathrm{Ni}}$ et C_{Ni}.

5. Écrire les équations des deux réactions qui se produisent successivement lors de l'ajout de la solution d'hydroxyde de sodium. Justifier l'ordre dans lequel s'effectuent les réactions.

6. À partir des deux volumes équivalents fournis (V_{e1} et V_{e2}) déterminer les concentrations C_{Ni} et C_Y.

7. Calculer le pH de début de précipitation de l'hydroxyde de nickel. En comparant à la courbe de dosage de l'espèce H_2Y^{2-} par une base forte (voir figure 11.21), discuter l'intérêt d'effectuer le dosage en présence d'un excès d'ions nickel(II).

Données :

- produit de solubilité à 298 K : $\mathrm{p}K_s\,(\mathrm{Ni(OH)_2}) = 14{,}7$;
- constante de formation de complexes : $\log\beta\left([\mathrm{Ni}Y]^{2-}\right) = 18{,}6$;
- acide éthylènediaminetétraacétique H_4Y :

$$\mathrm{p}K_{A1} = 2{,}0\,;\ \mathrm{p}K_{A2} = 2{,}7\,;\ \mathrm{p}K_{A3} = 6{,}2\,;\ \mathrm{p}K_{A4} = 10{,}3.$$

12.15 Dosage d'un mélange (d'après Centrale PC 1997) (★★)

1. Écrire l'équation-bilan de chacune des trois réactions de l'ion hydroxyde sur l'acide chlorhydrique, l'acide méthanoïque, et le chlorure de magnésium ; on les notera respectivement (1), (2) et (3). Indiquer l'ordre dans lequel ce titrage est réalisé.

2. On suppose que l'on a introduit 0,1 mol de chacun des constituants de la solution et que le volume total a été ajusté à un litre ; on en prélève 20 mL. On y ajoute de la soude (hydroxyde de sodium) suffisamment concentrée pour négliger la variation de volume. Compléter par des calculs simples le tableau suivant :

soude ajoutée (en millimole)	0	1	2	3	4	6	8	10
pH	1,0	?	?	?	?	?	?	13,0

On admettra valides les résultats fournis par des formules approchées.

3. Donner l'allure de la courbe de variation du pH en fonction de la quantité de soude versée.
Pour compléter l'étude précédente, on veut suivre l'avancement des réactions de titrage par la mesure de conductance du milieu.

4. Quelle différence faites-vous entre les termes *conductance* et *conductivité* ?

5. Décrire avec précision le dispositif expérimental utilisé pour mesurer la conductance. Une fois cette mesure effectuée, comment passer à la conductivité ?

6. Citer les conditions nécessaires pour obtenir des segments de droite lors d'un titrage suivi par conductimétrie. Dans le tableau qui suit, on indique les conductivités ioniques molaires équivalentes limites en $S \cdot cm^2 \cdot mol^{-1}$ de quelques ions :

ion	H_3O^+	Na^+	$\frac{1}{2}Mg^{2+}$	HO^-	Cl^-	$HCOO^-$
λ_i^0	350	50	53	199	76	55

Indiquer l'allure de la courbe donnant les variations du produit :

$$\text{conductivité} \times \text{Volume}_{\text{solution}}.$$

Pour cela on calculera la valeur numérique des coefficients directeurs des différentes portions de droites rencontrées.

Données :

- l'acide chlorhydrique est un acide fort, l'acide méthanoïque est acide faible de $pK_A \approx 4$;
- l'hydroxyde de magnésium, de formule $Mg(OH)_2$ est un précipité de $pK_s \approx 11$;
- la constante d'autoprotolyse de l'eau est $K_e = 10^{-14}$;
- certaines valeurs numériques sont arrondies afin de simplifier les applications numériques.

Chapitre 13

Oxydoréduction

L'oxydoréduction, qui s'inscrit dans la problématique du transfert de particules, met en jeu le **transfert d'électrons**. Ce transfert revêt une importance particulière puisqu'à chaque fois que démarre une voiture, que fonctionne une pile ou que se corrode une structure ce sont des réactions d'échange électronique qui interviennent. En biologie, la photosynthèse ou la respiration sont orchestrées par un transfert d'électrons ; au niveau industriel de nombreux composés (aluminium Al(s), dichlore Cl_2(g)) sont préparés par une réaction d'oxydoréduction. Dans ce chapitre, couples oxydant-réducteur et écriture d'équations d'oxydoréduction sont abordés. L'étude quantitative des phénomènes ayant lieu dans une pile requiert l'introduction d'une équation fondamentale : l'équation des potentiels de NERNST. L'utilisation de cette équation permet d'étudier les différents types d'**électrodes** envisageables, d'effectuer le calcul des **constantes d'équilibre** associées aux réactions d'oxydoréduction mais aussi d'évaluer l'influence des réactions de complexation ou de précipitation sur les propriétés oxydoréductrices. Enfin, le cas des **titrages potentiométriques** est abordé, ainsi qu'une mise en œuvre expérimentale des notions (TP-cours).

1 Couples oxydant-réducteur, réactions de transfert d'électrons

1.1 Transfert électronique, vocabulaire

a. Couples oxydant-réducteur, exemple des couples de l'eau

Définition

Un oxydant (ou forme oxydée) est une espèce susceptible de capter un ou plusieurs électrons. Un réducteur (ou forme réduite) est une espèce susceptible de fournir un ou plusieurs électrons.

Ce transfert électronique est représenté de façon symbolique sous la forme d'une demi-équation de la forme :

$$Ox \quad + \quad n\,e^- \quad = \quad Red.$$

(*Ox* désigne la forme oxydée tandis que *Red* désigne la forme réduite). Ainsi dans l'échange électronique noté :

$$Cu^{2+} \quad + \quad 2\,e^- \quad = \quad Cu\,(s),$$

l'ion Cu^{2+} désigne l'oxydant (la forme oxydée) et le cuivre Cu(s) désigne le réducteur (ou la forme réduite).

Définition

Un couple oxydant-réducteur est un couple dont les membres sont liés par une relation d'échange électronique. Il est traditionnellement noté sous la forme Ox/Red.

Notons ici l'usage qui, dans l'écriture d'un couple oxydant-réducteur, place l'oxydant en premier. Il convient évidemment d'être capable de s'assurer qu'un énoncé respecte cet usage.

Ici, l'exemple fourni engageait le couple oxydant-réducteur $Cu^{2+}/Cu(s)$. L'échange existant dans :

$$2\,H^+ \quad + \quad 2\,e^- \quad = \quad H_2\,(g)$$

met en jeu le couple $H^+/H_2(g)$.

Définition

L'espèce oxydée *Ox* d'un couple oxydant-réducteur subit une réduction lors de la transformation :

$$Ox \quad + \quad n\,e^- \quad = \quad Red$$

tandis qu'une espèce réduite *Red* subit une oxydation lors du passage :

$$Red \quad = \quad Ox \quad + \quad n\,e^-.$$

Ainsi lors de la réaction :

$$2\,H^+ \quad + \quad 2\,e^- \quad = \quad H_2\,(g),$$

l'ion H^+ subit une **réduction** tandis que le dihydrogène $H_2(g)$ subit une **oxydation** à l'occasion de la transformation :

$$H_2\,(g) \quad = \quad 2\,H^+ \quad + \quad 2\,e^-.$$

Notons que l'eau H_2O intervient dans les deux couples oxydant-réducteur suivants.

• Couple $H_2O/H_2(g)$ où elle joue le rôle de forme **oxydée**. La demi-équation associée s'écrit :

$$2\,H^+ \quad + \quad 2\,e^- \quad + \quad H_2O \quad = \quad H_2\,(g) \quad + \quad H_2O$$

ou plus simplement :

$$2\,H^+ \quad + \quad 2\,e^- \quad = \quad H_2\,(g).$$

✎ Les couples $H_2O/H_2(g)$ et $H^+/H_2(g)$ ne sont qu'un seul et même couple oxydant-réducteur.

• Couple $O_2(g)/H_2O$ où elle joue le rôle de forme **réduite**. La demi-équation associée s'écrit :

$$O_2\,(g) \quad + \quad 4\,H^+ \quad + \quad 4\,e^- \quad = \quad 2\,H_2O.$$

b. Réaction d'oxydoréduction

Une réaction d'oxydoréduction est une réaction d'**échange électronique** entre le donneur d'un couple et l'accepteur d'un autre couple. Ce transfert électronique peut être décomposé en **deux demi-équations** ne faisant intervenir qu'un seul couple à chaque fois. Traditionnellement une réaction d'oxydoréduction prend la forme :

$$a\,Ox_1 \quad + \quad b\,Red_2 \quad = \quad a\,Red_1 \quad + \quad b\,Ox_2$$

(engageant les couples Ox_1/Red_1 et Ox_2/Red_2). Ainsi lorsqu'une lame de zinc est placée dans une solution contenant des ions Cu^{2+} (bleue), un dépôt de cuivre métallique apparaît sur la lame et un affaiblissement de la teinte bleue est observé. Cette observation est expliquée par la réaction d'oxydoréduction :

$$Cu^{2+} \quad + \quad Zn\,(s) \quad = \quad Cu\,(s) \quad + \quad Zn^{2+}.$$

Cette réaction est décomposable en **deux demi-réactions** :

$$Cu^{2+} \quad + \quad 2\,e^- \quad = \quad Cu\,(s)$$

et :

$$Zn\,(s) \quad = \quad Zn^{2+} \quad + \quad 2\,e^-.$$

Remarquons que l'apparition des électrons dans les demi-équations est formelle. Les électrons ne possèdent qu'une très faible durée de vie en solution aqueuse : le transfert de charge en solution est assuré par l'intermédiaire d'ions. Le processus d'échange électronique reste localisé à l'interface métal/solution.

c. Exemples

Quelques **oxydants** classiques sont fréquemment utilisés :
- ion permanganate MnO_4^- (intervenant dans le couple MnO_4^-/Mn^{2+}) ;
- ion dichromate $Cr_2O_7^{2-}$ (couple $Cr_2O_7^{2-}/Cr^{3+}$) ;
- peroxyde d'hydrogène (*eau oxygénée*) H_2O_2 (couple H_2O_2/H_2O) ;
- dichlore $Cl_2(g)$ (couple $Cl_2(g)/Cl^-$).

Quelques **réducteurs** possibles :
- sodium métallique Na(s) (intervenant dans le couple $Na^+/Na(s)$, il s'agit d'un réducteur puissant) ;
- magnésium métallique Mg(s) (couple $Mg^{2+}/Mg(s)$, il s'agit d'un réducteur puissant) ;
- ion thiosulfate $S_2O_3^{2-}$ (couple $S_4O_6^{2-}/S_2O_3^{2-}$).

1.2 Équilibrage d'une réaction d'oxydoréduction : méthode des demi-équations

Une première méthode afin d'équilibrer une réaction d'oxydoréduction consiste à écrire les deux demi-équations correspondant à chacun des deux couples engagés et à équilibrer préalablement chacune des demi-équations.

Étape 1 : **comment équilibrer une demi-équation d'oxydoréduction.**
La réaction est écrite sous la forme :

$$\alpha\, Ox \quad + \quad n\,\mathrm{e}^- \quad + \quad p\,\mathrm{H}^+ \quad = \quad \beta\, Red \quad + \quad q\,\mathrm{H_2O}$$

- Choisir α et β de façon à assurer la conservation de l'élément chimique commun aux espèces *Ox* et *Red*.
- Choisir le couple (p, q) pour assurer la conservation des éléments chimiques O et H.
- Équilibrer enfin les charges en utilisant des électrons (adapter la valeur de n).

Étape 2 : **comment équilibrer une réaction d'oxydoréduction.**
Une fois que les demi-équations engageant les deux couples oxydant-réducteur ont été équilibrées, il convient de multiplier le cas échéant chacune des demi-équations afin d'égaler le nombre d'électrons échangés. Il reste alors à additionner les deux demi-équations et à annuler les espèces identiques (les électrons en particulier doivent disparaître).

Étape 3 : **vérification** (tous les éléments chimiques sont-ils convenablement équilibrés ?).
Envisageons à titre d'exemple l'oxydation des ions fer(II) $\mathrm{Fe^{2+}}$ par les ions dichromate $\mathrm{Cr_2O_7^{2-}}$. Les couples engagés sont $\mathrm{Fe^{3+}/Fe^{2+}}$ et $\mathrm{Cr_2O_7^{2-}/Cr^{3+}}$. Les deux demi-équations équilibrées sont :

$$\mathrm{Fe^{2+}} \quad = \quad \mathrm{Fe^{3+}} \quad + \quad \mathrm{e^-}$$

et :

$$6\,\mathrm{e^-} \quad + \quad \mathrm{Cr_2O_7^{2-}} \quad + \quad 14\,\mathrm{H^+} \quad = \quad 2\,\mathrm{Cr^{3+}} \quad + \quad 7\,\mathrm{H_2O}.$$

La première demi-équation est multipliée par 6, les demi-équations sont additionnées pour fournir l'équation d'oxydoréduction :

$$6\,\mathrm{Fe^{2+}} \quad + \quad \mathrm{Cr_2O_7^{2-}} \quad + \quad 14\,\mathrm{H^+} \quad = \quad 6\,\mathrm{Fe^{3+}} \quad + \quad 2\,\mathrm{Cr^{3+}} \quad + \quad 7\,\mathrm{H_2O}.$$

⚠ Une telle écriture suppose que les couples oxydant-réducteur envisagés existent en milieu acide (la réaction est équilibrée avec des ions $\mathrm{H^+}$). Dans le cas de couples évoluant en milieu basique, il est nécessaire d'équilibrer l'équation d'oxydoréduction en faisant intervenir des ions hydroxyde $\mathrm{HO^-}$. Une méthode consiste à équilibrer fictivement la réaction en milieu acide puis à faire disparaître les ions $\mathrm{H^+}$ en ajoutant autant d'ions $\mathrm{HO^-}$ que d'ions $\mathrm{H^+}$ présents. Il faut ajouter autant d'ions $\mathrm{HO^-}$ aux réactifs et aux produits, les ions $\mathrm{H^+}$ disparaissent en considérant que $\mathrm{H^+}$ + $\mathrm{HO^-}$ forment la molécule d'eau $\mathrm{H_2O}$.

Considérons le cas des ions cyanure $\mathrm{CN^-}$ oxydés par les ions permanganate $\mathrm{MnO_4^-}$ en milieu basique. Les couples engagés (en milieu basique) sont $\mathrm{MnO_4^-/MnO_2}$ et $\mathrm{CNO^-/CN^-}$. Le but est d'équilibrer la réaction d'oxydoréduction. la réaction est tout d'abord équilibrée en milieu acide en utilisant la méthode décrite précédemment :

$$2\,MnO_4^- + 2\,H^+ + 3\,CN^- = 2\,MnO_2 + 3\,CNO^- + H_2O.$$

Afin d'équilibrer la réaction en milieu basique, deux ions HO^- sont ajoutés aux réactifs et aux produits ; deux ions H^+ associés à deux ions HO^- forment deux molécules d'eau H_2O. L'équation s'écrit alors :

$$2\,MnO_4^- + 2\,H_2O + 3\,CN^- = 2\,MnO_2 + 3\,CNO^- + H_2O + 2\,HO^-$$

et après simplification (élimination d'eau pour les réactifs et les produits) il vient :

$$2\,MnO_4^- + H_2O + 3\,CN^- = 2\,MnO_2 + 3\,CNO^- + 2\,HO^-.$$

Exercice résolu

Équilibrage de réactions d'oxydoréduction

- Équilibrer la réaction d'oxydoréduction engageant les couples $NO_3^-/NO(g)$ et $Cu^{2+}/Cu(s)$ en milieu acide et témoignant de l'oxydation du cuivre Cu(s) par les ions nitrate.
- Équilibrer la réaction d'oxydoréduction engageant les couples BrO_3^-/BrO^- et IO_3^-/I_2 en milieu basique et témoignant de l'oxydation du diiode I_2 par les ions bromate BrO_3^-.

Réponse

- Écrivons les deux demi-équations d'oxydoréduction :

$$NO_3^- + 4\,H^+ + 3\,e^- = NO\,(g) + 2\,H_2O$$

et :

$$Cu(s) = Cu^{2+} + 2\,e^-.$$

Il convient de multiplier la première demi-équation d'oxydoréduction par 2 et par 3 la deuxième demi-équation. L'addition des demi-équations multipliées fournit la réaction d'oxydoréduction sous la forme :

$$3\,Cu\,(s) + 2\,NO_3^- + 8\,H^+ = 3\,Cu^{2+} + 2\,NO\,(g) + 4\,H_2O$$

- Les deux demi-équations sont écrites en milieu acide :

$$BrO_3^- + 4\,H^+ + 4\,e^- = BrO^- + 2\,H_2O$$

et :

$$I_2 + 6\,H_2O = 2\,IO_3^- + 12\,H^+ + 10\,e^-.$$

Il convient de multiplier la première demi-équation d'oxydoréduction par 5 et par 2 la deuxième demi-équation. L'addition des demi-équations multipliées fournit après simplification une réaction écrite sous la forme :

$$5\,BrO_3^- + 2\,I_2 + 2\,H_2O = 5\,BrO^- + 4\,IO_3^- + 4\,H^+$$

Afin d'obtenir une réaction équilibrée en milieu basique, il suffit d'ajouter 4 ions hydroxyde HO^- dans chaque membre de l'équation-bilan et de procéder aux simplifications qui s'imposent, compte tenu du fait que la combinaison d'un ion H^+ et d'un ion HO^- conduit à une molécule d'eau H_2O. La réaction s'écrit enfin :

$$5\,BrO_3^- \quad + \quad 2\,I_2 \quad + \quad 4\,HO^- \quad = \quad 5\,BrO^- \quad + \quad 4\,IO_3^- \quad + \quad 2\,H_2O.$$

1.3 Nombres d'oxydation, application à l'équilibrage de réactions d'oxydoréduction

a. Nombres d'oxydation

Le **nombre d'oxydation** caractérise l'état d'oxydation d'un élément chimique engagé dans un ion ou dans une molécule. Il s'agit de la **charge** que porterait un atome de cet élément si les électrons de chaque liaison étaient attribués à l'atome lié le plus électronégatif, en supposant évidemment connues la structure moléculaire ou ionique, ainsi que les électronégativités relatives. Une réaction d'oxydoréduction étant une réaction de transfert d'électrons, elle s'accompagne de la **variation du nombre d'oxydation** de plusieurs éléments chimiques.

✎ Un nombre d'oxydation est traditionnellement écrit en chiffres romains.

b. Détermination pratique du nombre d'oxydation

- **Corps purs diatomiques** : H_2, O_2. Les liaisons H–H ou O–O doivent être rompues en attribuant un nombre égal d'électrons à chacun des atomes. Les atomes sont alors neutres : le nombre d'oxydation est dans chacun des cas égal à zéro.
- **Ions simples** : le nombre d'oxydation est égal à la charge algébrique de l'ion. Ainsi dans l'ion sodium Na^+, le nombre d'oxydation (noté *n.o.*) du sodium est égal à +I. Dans l'ion fer Fe^{3+}, le nombre d'oxydation du fer vaut +III. Dans l'ion chlorure Cl^-, le nombre d'oxydation du chlore est –I.
- **Molécules et ions complexes** : la somme des nombres d'oxydation relatifs à chacun des atomes de l'édifice est égale à la charge globale de l'ion (et donc à zéro dans le cas d'une molécule). Envisageons les exemples suivants :
  – la molécule H–Cl est considérée comme l'association ionique H^+Cl^- après rupture de la liaison (le chlore est plus électronégatif que l'hydrogène) : ainsi

$$n.o.(\mathrm{H}) = +\mathrm{I} \qquad \text{et} \qquad n.o.(\mathrm{Cl}) = -\mathrm{I}.$$

  – La molécule CO_2 est considérée arbitrairement comme l'association ionique $O^{2-}C^{4+}O^{2-}$ (l'oxygène est plus électronégatif que le carbone). Ainsi :

$$n.o.(\mathrm{C}) = +\mathrm{IV} \qquad \text{et} \qquad n.o.(\mathrm{O}) = -\mathrm{II}.$$

  – Dans la plupart des cas le nombre d'oxydation relatif à l'hydrogène est égal à +I et celui relatif à l'oxygène est égal à –II. Il existe quelques exceptions comme les ions hydrure (H^-) témoignant de :

$$n.o.(\mathrm{H}) = -\mathrm{I}$$

ou le dihydrogène H_2 :

$$n.o.(\mathrm{H}) = 0.$$

– L'oxygène fait exception avec le dioxygène O_2 :

$$n.o.(\mathrm{O}) = 0$$

et les peroxydes $R{-}\mathrm{O}{-}\mathrm{O}{-}R$:

$$n.o.(\mathrm{O}) = -\mathrm{I}.$$

Nous pouvons illustrer ce dernier résultat par le cas du peroxyde d'hydrogène H_2O_2 (*eau oxygénée*). La structure du peroxyde est de type H–O–O–H, la molécule est considérée arbitrairement comme l'association $H^+O_2^{2-}H^+$ (l'oxygène est plus électronégatif que l'hydrogène). La structure symétrique pour les atomes d'oxygène dans l'ion O_2^{2-} a pour conséquence l'attribution d'un nombre d'oxydation égal à –I pour chacun des atomes d'oxygène. Considérons désormais l'ion sulfate SO_4^{2-} de formule de LEWIS représentée à la figure 13.1.

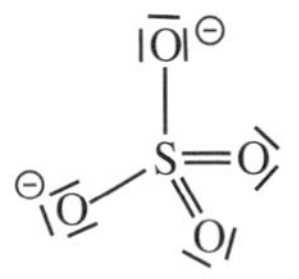

FIGURE 13.1 – Structure de LEWIS de l'ion sulfate SO_4^{2-}

La rupture des liaisons conduit au résultat suivant :

$$n.o.(\mathrm{S}) = +\mathrm{VI}$$

et :

$$n.o.(\mathrm{O}) = -\mathrm{II}.$$

Notons que chacun des atomes d'oxygène possède le même nombre d'oxydation. Attention à ne pas répondre trop vite, les cas sont quelquefois plus compliqués. Ainsi au sein de l'ion thiosulfate de formule de LEWIS représentée à la figure 13.2, les deux atomes de soufre ne sont pas équivalents et ne possèdent pas le même nombre d'oxydation.

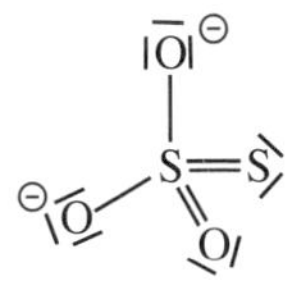

FIGURE 13.2 – Structure de LEWIS de l'ion thiosulfate $S_2O_3^{2-}$

Dans l'ion thiosulfate :

$$n.o.(\mathrm{O}) = -\mathrm{II},$$

pour l'atome de soufre central :

$$n.o.(\mathrm{S}) = +\mathrm{IV}$$

et :

$$n.o.(\mathrm{S}) = 0$$

pour l'atome de soufre périphérique.

c. Équilibrage d'une réaction d'oxydoréduction, application des nombres d'oxydation

Une réaction d'**oxydation** s'accompagne de l'**augmentation** du nombre d'oxydation d'un atome, tandis qu'une **réduction** s'accompagne de la **diminution** du nombre d'oxydation d'un atome. La variation du nombre d'oxydation constatée est égale au nombre d'électrons échangés. Une méthode utilisant les nombres d'oxydation permet d'équilibrer les demi-équations d'oxydoréduction (puis les réactions d'oxydoréduction).

Étape 1 : comment équilibrer une demi-équation d'oxydoréduction.

- Écrire réactifs et produits, identifier les deux couples oxydant-réducteur engagés.
- Déterminer les nombres d'oxydation relatifs aux éléments subissant une oxydation ou subissant une réduction.
- Calculer la variation du nombre d'oxydation (correspondant au nombre d'électrons échangés), et équilibrer le nombre d'électrons échangés.
- Équilibrer les charges avec des ions H^+ puis les atomes d'oxygène avec des molécules d'eau H_2O.

Étape 2 : comment équilibrer une réaction d'oxydoréduction. Une fois que les demi-équations engageant les deux couples oxydant-réducteur ont été équilibrées, il convient de multiplier le cas échéant chacune des demi-équations afin d'égaler le nombre d'électrons échangés. Il reste alors à additionner les deux demi-équations et à annuler les espèces identiques (les électrons en particulier doivent disparaître).

Étape 3 : vérification (tous les éléments chimiques sont-ils convenablement équilibrés ?). Considérons le cas suivant : les ions fer(II) Fe^{2+} sont oxydés par les ions permanganate MnO_4^-. Les couples oxydant-réducteur engagés sont Fe^{3+}/Fe^{2+} et MnO_4^-/Mn^{2+}. Le but est d'écrire la réaction d'oxydoréduction en utilisant les nombres d'oxydation. Les réactifs mettent en jeu le fer au nombre d'oxydation +II et le manganèse au nombre d'oxydation +VII. Les produits font intervenir le fer au nombre d'oxydation +III et le manganèse au nombre d'oxydation +II. Le fer a subi une oxydation et le manganèse une réduction. Concernant le fer, la variation du nombre d'oxydation est égale à 1, la demi-équation s'équilibre très simplement par :

$$Fe^{2+} = Fe^{3+} + e^-.$$

Pour le manganèse la variation du nombre d'oxydation vaut 5, il y a donc 5 électrons échangés par ion permanganate réduit. Il reste à équilibrer les charges (avec des ions H^+) et les atomes d'oxygène (avec des molécules d'eau H_2O) pour obtenir :

$$MnO_4^- + 8\,H^+ + 5\,e^- = Mn^{2+} + 4\,H_2O.$$

Il convient de multiplier par 5 la première demi-équation d'oxydoréduction pour obtenir l'équation d'oxydoréduction sous la forme :

$$MnO_4^- + 8\,H^+ + 5\,Fe^{2+} = Mn^{2+} + 4\,H_2O + 5\,Fe^{3+}.$$

Exercice résolu

Détermination de nombres d'oxydation

Déterminer le nombre d'oxydation de chacun des atomes dans les édifices suivants : UO_2, UO_3, $HClO_4$, ClO_4^-, ClO_3^-.

Réponse :

Dans le cas du dioxyde d'uranium UO_2 ou du trioxyde d'uranium UO_3, le nombre d'oxydation relatif à chacun des atomes d'oxygène vaut :

$$n.o.(\mathrm{O}) = -\mathrm{II}.$$

En conséquence le nombre d'oxydation relatif à l'uranium vaut $+$IV dans le cas de UO_2 et $+$VI dans le cas de UO_3. La réaction qui permettra la transformation du dioxyde d'uranium en trioxyde d'uranium est une réaction d'oxydoréduction. Dans le cas de l'acide perchlorique $HClO_4$, des ions perchlorate ClO_4^- et des ions chlorate ClO_3^-, le nombre d'oxydation relatif à chacun des atomes d'oxygène vaut :

$$n.o.(\mathrm{O}) = -\mathrm{II}.$$

Le nombre d'oxydation de l'atome d'hydrogène dans l'acide perchlorique vaut :

$$n.o.(\mathrm{H}) = +\mathrm{I}.$$

En conséquence, le nombre d'oxydation relatif au chlore vaut $+$V dans le cas des ions ClO_3^- et $+$VII dans le cas des ions ClO_4^- ou de l'acide $HClO_4$. Ainsi la réaction qui permet le passage de l'acide perchlorique aux ions perchlorate n'est pas une réaction d'oxydoréduction (c'est une réaction acido-basique) tandis que la réaction permettant de transformer des ions chlorate en ions perchlorate est une réaction d'oxydoréduction.

1.4 Vocabulaire

Certaines espèces intervenant dans des réactions d'oxydoréduction particulières portent des noms à connaître.

Définition

Une espèce se comportant comme un donneur d'électrons dans un couple et comme accepteur d'électrons dans un autre couple est qualifié d'ampholyte oxydoréducteur.

Ainsi l'ion fer(II) Fe^{2+} est un ampholyte oxydoréducteur, il intervient dans deux couples : Fe^{3+}/Fe^{2+} et $Fe^{2+}/Fe(s)$.

Définition

Une réaction de dismutation voit le nombre d'oxydation d'un même élément augmenter et diminuer simultanément.

Ainsi la réaction :

$$Cu^+ \quad + \quad Cu^+ \quad = \quad Cu\,(s) \quad + \quad Cu^{2+}$$

est une réaction de **dismutation**. Le cuivre de nombre d'oxydation +I est transformé en cuivre de nombre d'oxydation 0 et en cuivre de nombre d'oxydation +II. Notons que la réaction inverse transformant un élément chimique présent sous deux nombres d'oxydation différents en une espèce contenant l'élément chimique à un nombre d'oxydation intermédiaire est appelée **rétrodismutation** ou plus couramment **médiamutation**. Ainsi :

$$2\,H_2O \quad + \quad 2\,MnO_4^- \quad + \quad 3\,Mn^{2+} \quad = \quad 5\,MnO_2 \quad + \quad 4\,H^+$$

est une **médiamutation** : le manganèse (de nombre d'oxydation +VII et +II) est transformé en manganèse (de nombre d'oxydation intermédiaire égal à +IV).

2 Étude de piles, potentiel d'électrode, potentiel d'oxydoréduction

2.1 Définitions, structure d'une pile

a. Pile et demi-pile

Une **pile** est un dispositif chimique susceptible de fournir de l'énergie électrique (circulation d'électrons) à un circuit extérieur. Elle est constituée de **deux cellules distinctes** dont la communication est assurée par une **circulation d'ions** (pont ionique ou pont salin). Chaque cellule, appelée **demi-pile**, contient les deux membres d'un couple oxydant-réducteur.

b. Électrodes, schématisation d'une pile

Une **électrode** est un système constitué de deux phases en contact pouvant être le siège d'un transfert de charge (d'une phase vers l'autre). La séparation entre ces deux phases (qui correspond physiquement à une surface dans l'espace) est notée par un trait /. Ces deux phases diffèrent par la nature des porteurs de charge : dans une phase la conduction est assurée en général par les électrons (c'est très souvent un métal, ce peut aussi être du graphite qui est un conducteur), dans l'autre phase la conduction est assurée par des ions ; il s'agit donc d'un électrolyte. C'est essentiellement le conducteur électronique qui est en contact avec l'extérieur (il constitue alors une des bornes de la pile).

Définition

Lorsque la réaction de transfert d'électron à l'interface entre les deux conducteurs correspond à une réduction, l'électrode est qualifiée de cathode. Lorsque la réaction de transfert d'électron à l'interface entre les deux conducteurs correspond à une oxydation, l'électrode est qualifiée d'anode.

Une pile est la réunion de **deux électrodes** (ou **demi-piles**). L'électrolyte de chaque électrode est *a priori* différent et n'a pas à être mélangé. Pour assurer la séparation tout en assurant le contact électrique, on utilise un **pont salin** où il existe des ions mais la nature du milieu (gel ou verre poreux) empêche le mélange par convection. Ce pont salin est représenté symboliquement par //.

c. Exemple de schématisation de pile

Imaginons une demi-pile constituée d'une électrode de platine trempant dans une solution contenant un mélange des ions fer(III) Fe^{3+} et fer(II) Fe^{2+}. Cette demi-pile est notée Pt / Fe^{3+}, Fe^{2+} //. Considérons désormais la pile DANIELL constituée d'une première demi-pile (électrode de zinc trempant dans une solution d'ions zinc(II) Zn^{2+}) reliée à une deuxième demi-pile (électrode de cuivre trempant dans une solution d'ions cuivre(II) Cu^{2+}). Cette pile est notée conventionnellement :

$$Zn(s)\ /\ Zn^{2+} //\ Cu^{2+} /\ Cu(s).$$

Le zinc et le cuivre (sous forme métallique) jouent le rôle de **bornes** de la pile. Par convention, la différence de potentiel électrique aux bornes d'une pile dans la notation précédente est égale, en grandeur et en signe au potentiel électrique de la borne métallique conductrice de droite moins celui de la borne conductrice de gauche. La **force électromotrice** (*f.e.m.*) est la valeur limite de cette différence de potentiel électrique pour un courant nul à travers la cellule.

2.2 Étude de la pile DANIELL

a. Constat expérimental

Nous avons vu que la pile DANIELL est constituée de deux demi-piles engageant les couples Zn^{2+}/Zn(s) et Cu^{2+}/Cu(s). La représentation schématique de la pile est :

$$Zn(s)\ /\ Zn^{2+} //\ Cu^{2+} /\ Cu(s).$$

Le circuit extérieur est relié à un voltmètre. La figure 13.3 fournit une représentation du dispositif.

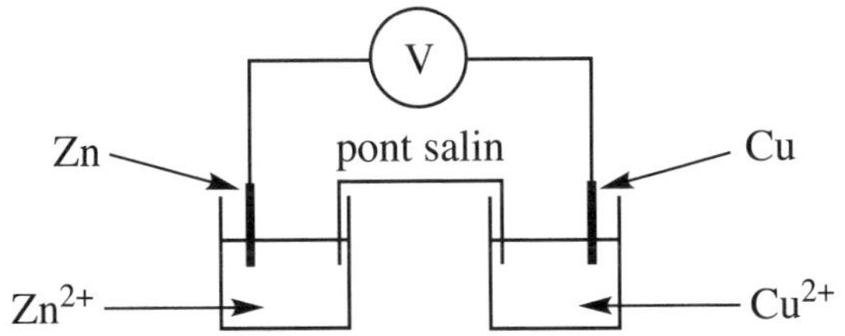

FIGURE 13.3 – Pile DANIELL

Le **pont salin** est constitué d'un gel (agar-agar) saturé par une solution ionique type nitrate de potassium $K^+NO_3^-$ ou chlorure de potassium K^+Cl^-. Expérimentalement une différence de potentiel est observée entre les deux bornes de la pile, le cuivre constitue le pôle positif tandis que le zinc constitue le pôle négatif. Si les deux pôles de la pile sont désormais reliés à une résistance, l'électrode en zinc est attaquée alors que la solution (bleue) contenant les ions cuivre(II) Cu^{2+} se décolore.

b. Fonctionnement de la pile, interprétation

La réaction spontanée engageant le zinc Zn(s) et les ions cuivre(II) Cu^{2+} a été vue précédemment (lors du contact d'une lame de zinc avec une solution d'ions cuivre(II) Cu^{2+}) :

$$Zn\,(s) \quad + \quad Cu^{2+} \quad = \quad Zn^{2+} \quad + \quad Cu\,(s).$$

Dans ce cas, la réaction chimique est susceptible d'échanger de l'énergie avec le milieu extérieur (essentiellement un transfert thermique au solvant). Dans la pile étudiée les couples oxydant-réducteur Cu^{2+}/Cu(s) et Zn^{2+}/Zn(s) sont **séparés** : il n'y a plus d'interface entre la lame de zinc et la solution contenant les ions Cu^{2+}. L'échange électronique a toujours lieu entre l'électrode de zinc et la solution d'ions cuivre (II) Cu^{2+} mais cet échange oblige une **circulation d'électrons** dans le circuit extérieur. De cette façon le flux d'énergie est **canalisé** : les électrons transportent une énergie exploitable sous forme électrique. La figure 13.4 résume le fonctionnement de la pile.

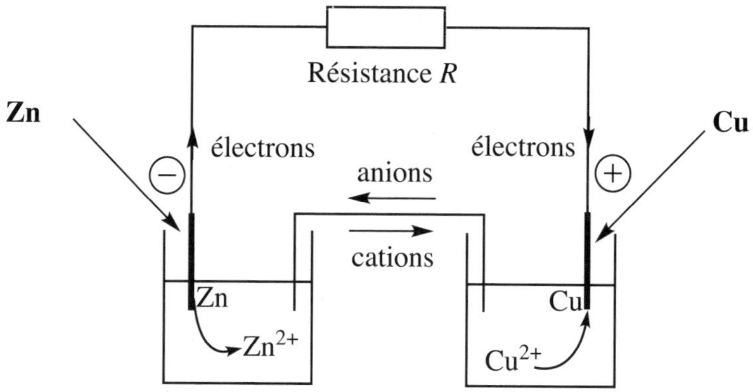

FIGURE 13.4 – Fonctionnement de la pile DANIELL

À l'interface zinc/solution a lieu l'oxydation :

$$Zn\,(s) \quad = \quad Zn^{2+} \quad + \quad 2\,e^- \qquad \text{(anode)},$$

les électrons sont libérés dans le circuit extérieur. Parvenant à l'électrode de cuivre, une réduction des ions cuivre(II) Cu^{2+} a lieu selon :

$$Cu^{2+} \quad + \quad 2e^- \quad = \quad Cu\,(s) \qquad \text{(cathode)}.$$

L'attaque de l'électrode de zinc et la décoloration de la solution bleue d'ions cuivre(II) Cu^{2+} sont ainsi expliquées. Notons le caractère indispensable du pont salin, qui maintient l'électroneutralité des deux demi-piles. Dans le pont salin les ions sont en mouvement, les anions rejoignent la demi-pile contenant le couple oxydant-réducteur Zn^{2+}/Zn(s) (et donc l'**anode**) tandis que les cations rejoignent la demi-pile contenant le couple oxydant-réducteur Cu^{2+}/Cu(s) (et donc la **cathode**).

⚠ Dans l'écriture conventionnelle d'une pile, le pôle positif est traditionnellement placé à droite (la pile DANIELL est effectivement notée :

$$Zn(s) / Zn^{2+} // Cu^{2+} / Cu(s)$$

plutôt que :

$$Cu(s) / Cu^{2+} // Zn^{2+} / Zn(s).$$

La force électromotrice est alors positive.

La somme des équations ayant lieu à la cathode et à l'anode (ne faisant pas intervenir d'électron) constitue l'équation-bilan de fonctionnement de la pile, il s'agit de **l'équation de pile** (qui est une réaction spontanée, c'est-à-dire ayant lieu sans apport extérieur d'énergie). Dans le cas de la pile DANIELL, l'équation de pile s'écrit :

$$\text{Zn (s)} \quad + \quad \text{Cu}^{2+} \quad = \quad \text{Zn}^{2+} \quad + \quad \text{Cu (s)}.$$

Une étude quantitative des phénomènes de pile nécessite une introduction précise de la notion de **potentiel d'électrode** et de **potentiel d'oxydoréduction**.

2.3 Potentiel d'électrode, potentiel d'oxydoréduction

La différence de potentiel mesurée entre les bornes d'une pile dépend des réactions se déroulant à chaque électrode. Si on souhaite comparer le comportement de deux électrodes, il est nécessaire que l'une des deux électrodes soit, par convention, une électrode toujours identique qui servira à la constitution de la pile.

a. Potentiel (relatif) d'électrode

Par convention le **potentiel d'électrode** relatif à une électrode donnée correspond à la **force électromotrice** (*f.e.m.*) de la pile dont le pôle de droite (dans la représentation conventionnelle de la pile) est constitué par l'**électrode considérée** et dont le pôle de gauche est constitué d'une **électrode standard à hydrogène**. Une électrode standard à hydrogène fait intervenir le couple $H^+/H_2(g)$. L'électrode est constituée de platine, au contact d'une solution contenant des ions H^+ ($a_{H^+} = 1$) et dans laquelle barbote du dihydrogène à la pression partielle $p_{H_2} = 1$ bar. Par convention, son potentiel est pris égal à 0,00 V quelle que soit la température. Le potentiel relatif d'électrode est une grandeur **algébrique**.

b. Potentiel d'oxydoréduction

Le **potentiel d'oxydoréduction** est une grandeur thermodynamique associée à un couple oxydant-réducteur. Il correspond au **potentiel d'équilibre** d'une électrode au contact d'un couple oxydant-réducteur donné. Il s'agit d'une grandeur théorique, calculable d'après des données thermodynamiques relatives aux réactions d'oxydoréduction mettant en jeu le couple considéré. En absence de particularités cinétiques à l'occasion de l'échange électronique à la surface des électrodes, le potentiel d'oxydoréduction sera confondu avec le potentiel relatif d'électrode.

c. Équation de NERNST

L'équation des potentiels de NERNST fournit une expression du **potentiel d'oxydoréduction**. Envisageons une électrode au contact du couple Ox_1/Red_1 dont la demi-équation d'oxydoréduction s'écrit :

$$\alpha\, Ox_1 \quad + \quad n\,e^- \quad = \quad \beta\, Red_1,$$

le **potentiel d'oxydoréduction** prend la forme :

$$E_{Ox_1/Red_1} = E^\circ_{Ox_1/Red_1}(T) + \frac{RT}{nF}\ln\left(\frac{a^\alpha_{Ox_1}}{a^\beta_{Red_1}}\right).$$

- R désigne la constante des gaz parfaits : $R = 8{,}31\ \mathrm{J{\cdot}K^{-1}{\cdot}mol^{-1}}$;
- T est la température en K ;
- F est la constante de FARADAY (charge d'une mole d'électrons) : $F = 96\,500\ \mathrm{C{\cdot}mol^{-1}}$.
- Les grandeurs a_{Ox_1} et a_{Red_1} désignent les activités des formes oxydée et réduite du couple.
- E° est le **potentiel standard** relatif au couple considéré, à une température donnée il s'agit d'une constante (fournie par des tables thermodynamiques) caractéristique du couple oxydant-réducteur considéré.

Remarquons le point suivant : un seul potentiel standard ne dépend pas de la température. Le couple H^+/H_2 possède par convention un potentiel standard nul pour toutes les températures. À $T = 25$ °C (298 K) le calcul fournit :

$$\frac{RT}{F}\ln 10 = 0{,}059\ \mathrm{V}.$$

L'équation de NERNST prend alors la forme sous laquelle elle est le plus usuellement rencontrée :

$$E_{Ox_1/Red_1} = E^\circ_{Ox_1/Red_1}(T) + \frac{0{,}059}{n}\log\left(\frac{a^\alpha_{Ox_1}}{a^\beta_{Red_1}}\right) \quad \text{(en volts V)}$$

ou encore :

$$E_{Ox_1/Red_1} \approx E^\circ_{Ox_1/Red_1}(T) + \frac{0{,}06}{n}\log\left(\frac{a^\alpha_{Ox_1}}{a^\beta_{Red_1}}\right) \quad \text{(en volts V).}$$

⚠ L'équation de NERNST ne s'applique qu'à une électrode non parcourue par un courant (équilibre électrochimique). Dès qu'une pile débite, la différence de potentiel mesurée n'est pas rigoureusement prévisible par l'équation de NERNST.

d. Exemples d'écriture, potentiel standard apparent

Soit une électrode d'argent au contact d'une solution contenant des ions argent(I) Ag^+ ; le potentiel pris par l'électrode d'argent est fourni par l'équation de NERNST. La demi-équation relative au couple $Ag^+/Ag(s)$ s'écrit :

$$Ag^+ \quad + \quad e^- \quad = \quad Ag\,(s),$$

le potentiel d'oxydoréduction s'écrit à 25 °C :

$$E = E^\circ_{Ag^+/Ag} + 0{,}06 \log \left[Ag^+\right].$$

En effet l'activité de l'argent solide est égale à 1 et l'activité des ions Ag^+ est confondue numériquement avec la concentration exprimée en $mol{\cdot}L^{-1}$. Lorsque la demi-équation d'oxydoréduction fait intervenir d'autres ions que ceux intervenant dans le couple oxydant-réducteur (notamment les ions H^+ ou des anions type chlorure Cl^-), l'activité correspondante intervient dans l'expression du potentiel d'oxydoréduction : on place avec l'oxydant (au numérateur du logarithme dans l'équation de NERNST) tous les réactifs figurant dans le même membre de la demi-équation d'oxydoréduction. Ainsi pour une demi-équation écrite sous la forme :

$$\alpha\, Ox_1 \quad + \quad \gamma\, H^+ \quad + \quad n\, e^- \quad = \quad \beta\, Red_1,$$

le potentiel d'oxydoréduction relatif au couple Ox_1/Red_1 s'écrit :

$$E_{Ox_1/Red_1} = E^\circ_{Ox_1/Red_1}(T) + \frac{0{,}06}{n} \log \left(\frac{a^\alpha_{Ox_1} a^\gamma_{H^+}}{a^\beta_{Red_1}} \right) =$$

$$E^\circ_{Ox_1/Red_1}(T) - \frac{0{,}06}{n} \gamma \mathrm{pH} + \frac{0{,}06}{n} \log \left(\frac{a^\alpha_{Ox_1}}{a^\beta_{Red_1}} \right).$$

La grandeur :

$$E^\circ_{Ox_1/Red_1}(T) - \frac{0{,}06}{n} \gamma \mathrm{pH}$$

est une constante pour un pH donné, il s'agit alors du **potentiel standard apparent** relatif au couple Ox_1/Red_1 dans des conditions de pH fixées. Considérons maintenant la demi-équation d'oxydoréduction relative au couple AgCl(s)/Ag(s) écrite sous la forme :

$$AgCl\,(s) \quad + \quad e^- \quad = \quad Ag\,(s) \quad + \quad Cl^-$$

le potentiel d'oxydoréduction s'écrit :

$$E = E^\circ_{AgCl/Ag} + 0{,}06 \log \frac{1}{\left[Cl^-\right]}$$

car les solides ont tous une activité égale à 1. Considérons enfin un troisième cas : celui d'une électrode de platine (métal inerte ne participant pas à un échange électronique) au contact du couple MnO_4^-/Mn^{2+}. La demi-équation d'oxydoréduction s'écrit :

$$MnO_4^- \quad + \quad 8\,H^+ \quad + \quad 5\,e^- \quad = \quad Mn^{2+} \quad + \quad 4\,H_2O.$$

Le potentiel d'oxydoréduction prend à 25 °C la forme :

$$E = E^\circ_{MnO_4^-/Mn^{2+}} + \frac{0,06}{5}\log\left(\frac{[MnO_4^-]\,[H^+]^8}{[Mn^{2+}]}\right) =$$

$$E^\circ_{MnO_4^-/Mn^{2+}} - \frac{0,06}{5}8pH + \frac{0,06}{5}\log\left(\frac{[MnO_4^-]}{[Mn^{2+}]}\right).$$

La grandeur :

$$E^\circ_{MnO_4^-/Mn^{2+}} - \frac{0,06}{5}8pH$$

correspond au **potentiel standard apparent** du couple MnO_4^-/Mn^{2+}dans des conditions de pH fixées

⚠ Notez l'impérieuse nécessité, pour appliquer une équation de NERNST à partir d'une demi-équation d'oxydoréduction, d'écrire une demi-équation équilibrée avec des ions H^+ (et jamais HO^- même si le milieu est basique). En effet les potentiels standard utilisés en pratique sont des potentiels standard dits « à pH $= 0$ », c'est-à-dire relatifs à des demi-équations équilibrées avec des ions H^+.

2.4 Application à la pile DANIELL

Soit une pile DANIELL engageant des solutions en ions zinc(II) Zn^{2+} et cuivre(II) Cu^{2+} à la concentration initiale 10^{-2} mol·L^{-1} ; lorsque la pile est reliée à un voltmètre d'impédance très grande (au moins égale à 1 MΩ), elle ne débite pas et l'intensité dans le circuit extérieur est quasi-nulle. La différence de potentiel constatée est égale à la **force électromotrice** de la pile. Il est possible de calculer le potentiel de chacune des électrodes (à 25 °C) en utilisant l'équation de NERNST. Ainsi :

$$E_1 = E^\circ_{Cu^{2+}/Cu} + \frac{0,06}{2}\log\left[Cu^{2+}\right] \quad \text{et :} \quad E_2 = E^\circ_{Zn^{2+}/Zn} + \frac{0,06}{2}\log\left[Zn^{2+}\right].$$

Il est aisé de vérifier les polarités de la pile : $E_1 > E_2$, le pôle **positif** est effectivement constitué par la demi-pile contenant le cuivre tandis que le pôle **négatif** concerne la demi-pile faisant intervenir le zinc. Imaginons que la pile débite dans une résistance. Il y a alors existence d'un courant non nul et modification de la composition des demi-piles. On constate que la concentration $\left[Zn^{2+}\right]$ augmente dans la demi-pile de gauche tandis que la concentration $\left[Cu^{2+}\right]$ diminue dans la demi-pile de droite : le transfert électronique a lieu **dans le sens des potentiels croissants** (le sens conventionnel du courant est dirigé du pôle positif vers le pôle négatif). Lorsque la circulation d'électrons est arrêtée (conditions de courant nul), l'équation de NERNST s'applique et la différence de potentiel entre les deux électrodes est fournie par la relation :

$$\Delta E = \Delta E^\circ + \frac{0,06}{n} \log\left(\frac{[Cu^{2+}]}{[Zn^{2+}]}\right).$$

Plus la pile a débité de courant lorsque la mesure est effectuée, plus la différence de potentiel ΔE mesurée est faible. Lorsque la pile ne parvient plus à fournir de courant, $E_1 = E_2$ ($\Delta E = 0$) : la pile a alors atteint son **état d'équilibre chimique**. Notons que l'état des concentrations dans chaque demi-pile au moment où la pile ne peut plus débiter de courant est identique à l'état obtenu si on mélange directement du zinc, du cuivre et des ions Cu^{2+} et Zn^{2+} (en concentrations initiales identiques à celles rencontrées dans la pile). Comme indiqué précédemment, l'intérêt de la pile a été de canaliser le flux d'énergie transporté par les électrons engagés dans une réaction d'oxydoréduction spontanée.

Exercice résolu

Étude d'une pile de concentration

Soit la pile constituée de l'association de deux demi-piles utilisant le même couple oxydant-réducteur $Cu^{2+}/Cu(s)$; la première demi-pile est constituée d'une électrode de cuivre trempant dans une solution de sulfate de cuivre(II) à la concentration $c_{0,1} = 10^{-3}$ mol·L^{-1} (volume $V = 50$ mL). La deuxième demi-pile est constituée d'une électrode de cuivre trempant dans une solution de sulfate de cuivre(II) à la concentration $c_{0,2} = 10^{-2}$ mol·L^{-1} (volume $V = 50$ mL). Cette pile est reliée aux bornes d'une résistance, le but est de déterminer l'état de chacun des compartiments lorsque la pile cesse de fonctionner.

Réponse :

L'application de la relation de NERNST à chacune des électrodes montre que le pôle positif de la pile est constitué par l'électrode trempant dans la solution la plus concentrée. En effet le potentiel E est fourni à 25 °C par :

$$E = E^\circ_{Cu^{2+}/Cu} + \frac{0,06}{2} \log[Cu^{2+}].$$

Au cours de l'utilisation de la pile, une oxydation a lieu dans le compartiment le moins concentré tandis qu'une réduction a lieu dans le compartiment le plus concentré. À l'équilibre de la pile (état final) chacune des deux électrodes prend un potentiel identique ($\Delta E = 0$), ce qui signifie que chaque compartiment affiche la même concentration en ions cuivre(II) Cu^{2+}. Réalisons un bilan de matière sur l'équation de pile, en distinguant par des indices les éléments des demi-piles 1 et 2 :

	$Cu(s)_1$	+	${Cu^{2+}}_2$	=	${Cu^{2+}}_1$	+	$Cu(s)_2$
EI	excès		10^{-2} mol·L^{-1}		10^{-3} mol·L^{-1}		excès
EF	excès		$10^{-2} - x$		$10^{-3} + x$		excès

Nous avons à l'équilibre $10^{-2} - x = 10^{-3} + x$, soit :

$$[Cu^{2+}]_{finale} = 5{,}5.10^{-3} \text{ mol·L}^{-1}.$$

3 Différents types d'électrodes

3.1 Électrodes de première espèce

Il s'agit de demi-piles constituées par une électrode métallique au contact de l'un de ses ions en solution ou bien d'électrodes à gaz engageant un élément gazeux au contact de l'un de ses ions en solution.

a. Électrodes métalliques

Un **métal** est au contact de l'un de ses **ions** en solution. La pile DANIELL fait intervenir deux électrodes de première espèce de type métallique. De façon générale, pour un métal M trempant dans une solution d'ions M^{n+}, le potentiel d'oxydoréduction prend à 25 °C la forme :

$$E = E^{\circ}_{M^{n+}/M} + \frac{0,06}{n} \log [M^{n+}].$$

Ce type d'électrode est qualifié d'**électrode indicatrice**. En effet le potentiel E est directement relié à la concentration des ions M^{n+} en solution. Une mesure de potentiel permet d'estimer la concentration des ions. Un exemple intéressant est celui de l'électrode d'argent. Le potentiel d'un fil d'argent plongé dans une solution contenant des ions Ag^+ est directement lié à la concentration en ions Ag^+ par la relation (à 25 °C) :

$$E = E^{\circ}_{Ag^+/Ag} + 0,06 \log \left[Ag^+\right].$$

⚠ Il ne faut pas croire que tout métal peut être utilisé directement pour effectuer une mesure de concentration de ses ions. Plusieurs causes possibles de non fonctionnement peuvent être recensées : citons l'oxydation préalable du métal qui est susceptible de créer en surface une couche isolante (c'est le cas de l'alumine Al_2O_3 sur l'aluminium Al). Nous pouvons aussi citer l'existence de réactions d'oxydoréduction avec le solvant ou avec des ions de la solution. Ainsi on ne peut pas utiliser une électrode de sodium Na(s) en solution aqueuse (réaction avec le solvant) ou une électrode de zinc Zn(s) en présence d'une solution contenant des ions Cu^{2+} : nous avons vu qu'une réaction a lieu selon l'équation :

$$Zn (s) + Cu^{2+} = Zn^{2+} + Cu (s).$$

b. Électrodes à gaz

Un **gaz** barbote dans une solution contenant un **ion** formé d'un élément chimique commun avec l'espèce gazeuse. Un conducteur métallique inerte (platine) joue le rôle d'électrode. Envisageons par exemple une électrode engageant le couple $Cl_2(g)/Cl^-$: le gaz dichlore barbote dans une solution d'ions chlorure (voir figure 13.5).

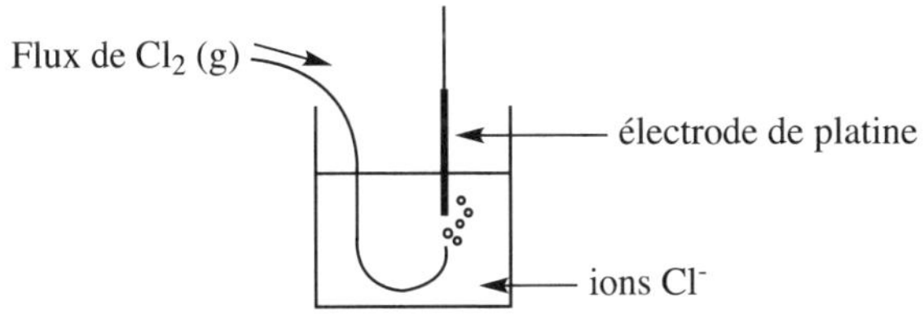

FIGURE 13.5 – Électrode à dichlore

Le potentiel pris par l'électrode de platine est donné par l'équation de NERNST. La demi-équation engageant le couple oxydant-réducteur présent s'écrit :

$$Cl_2\,(g) \quad + \quad 2\,e^- \quad = \quad 2\,Cl^-$$

et par conséquent le potentiel pris par l'électrode s'écrit :

$$E = E^\circ_{Cl_2/Cl^-} + \frac{0,06}{2}\log\left(\frac{p_{Cl_2}}{[Cl^-]^2}\right)$$

(à 25 °C et en confondant numériquement activité d'un soluté et concentration en mol·L^{-1} d'une part et activité d'un gaz et pression partielle en bar d'autre part). Envisageons désormais une électrode à hydrogène constituée d'une électrode de platine trempant dans une solution d'ions H^+ et dans laquelle barbote du dihydrogène H_2(g) (voir figure 13.6).

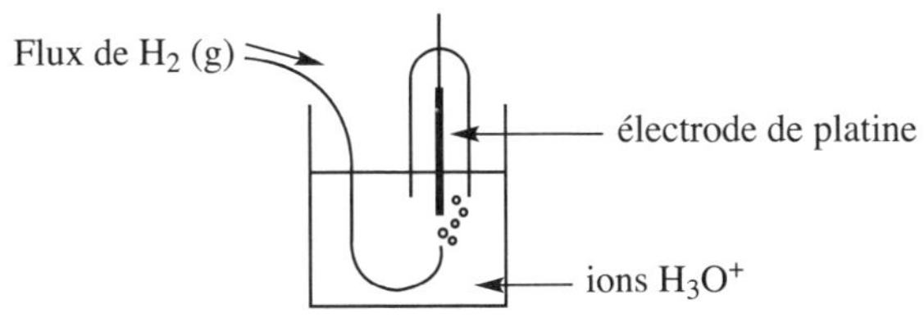

FIGURE 13.6 – Électrode à dihydrogène

La demi-équation d'oxydoréduction s'écrit :

$$H_2\,(g) \quad = \quad 2\,H^+ \quad + \quad 2\,e^-.$$

Avec les mêmes approximations que précédemment, le potentiel pris par l'électrode de platine s'exprime par :

$$E = E^\circ_{H^+/H_2} + \frac{0,06}{2}\log\left(\frac{[H^+]^2}{p_{H_2}}\right).$$

Si la pression p_{H_2} est maintenue à la valeur $p_{H_2} = 1$ bar et si $a_{H^+} = 1$, alors :

$$E = E^{\circ}_{H^+/H_2} = 0{,}00 \text{ V}$$

par convention. Il s'agit alors d'une **électrode standard à hydrogène** notée *E.S.H.* (ancien nom : électrode normale à hydrogène, *E.N.H.*) de potentiel nul. C'est par rapport à cette **électrode de référence** que sont exprimés tous les potentiels en oxydoréduction.

⚠ Une électrode standard à hydrogène est une électrode **théorique** : une activité en ions H^+ égale à 1 suppose une forte concentration pour laquelle les relations fournies ne sont plus valables. La pile permettant de définir le potentiel relatif d'électrode n'est pas réalisable expérimentalement.

3.2 Électrodes de deuxième espèce

Une électrode de **deuxième espèce** est une demi-pile faisant intervenir la succession suivante de substances : métal/composé peu soluble (précipité) contenant un cation du métal de l'électrode/solution contenant l'anion du précipité. Deux exemples importants sont fournis ci-après.

a. Électrode au calomel, électrode au calomel saturée (*E.C.S.*)

C'est une électrode très utilisée en oxydoréduction. Elle fait intervenir le **calomel** (précipité de chlorure de mercure(I) Hg_2Cl_2(s) ou chlorure mercureux). Une **électrode au calomel** est constituée d'une électrode de platine au contact de mercure liquide (métallique). Le mercure est au contact du calomel situé au-dessus d'une solution contenant des ions chlorure Cl^- (typiquement du chlorure de potassium K^+Cl^-). Lorsque la solution de chlorure de potassium est saturée (existence de particules de KCl solide), l'électrode est une **électrode au calomel saturée** (*E.C.S.*). Une représentation de l'électrode est fournie à la figure 13.7.

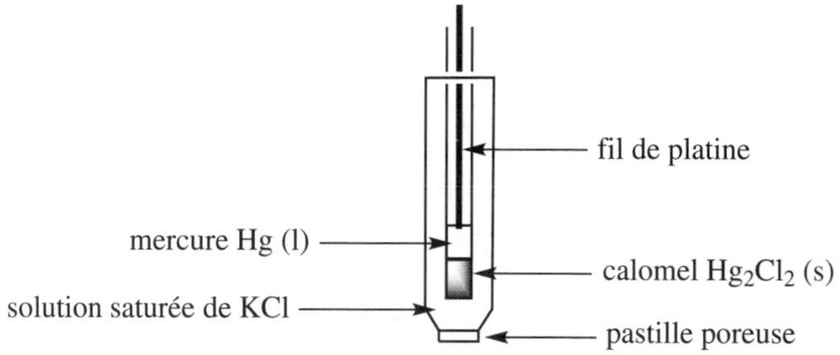

FIGURE 13.7 – Électrode au calomel saturée

Une différence de potentiel peut être mesurée entre une électrode et une électrode au calomel. Notons que la séparation entre les électrolytes (celui de l'électrode au calomel et celui de l'électrode étudiée) est assuré par un verre fritté (poreux) qui limite très fortement les échanges par convection tout en assurant le contact électrique (nécessaire à la formation de la chaîne électrochimique permettant de réaliser une mesure). Le couple oxydant-réducteur en présence est constitué de chlorure mercureux et de mercure : Hg_2Cl_2(s)/Hg(ℓ). Le chlorure mercureux est une association d'ions mercure(I) ou ions mercureux (Hg_2^{2+}) et d'ions chlorure

Cl^-. Seul le mercure voit son nombre d'oxydation évoluer, la demi-équation est équilibrée en utilisant des ions chlorure Cl^-selon :

$$Hg_2Cl_2\,(s) \quad + \quad 2\,e^- \qquad = \qquad 2\,Hg\,(\ell) \quad + \quad 2\,Cl^-$$

et le potentiel s'oxydoréduction prend à 25 °C la forme :

$$E = E^\circ_{Hg_2Cl_2/Hg} + \frac{0,06}{2}\log\left(\frac{1}{[Cl^-]^2}\right)$$

car le calomel solide et le mercure liquide, seuls dans leur phase, possèdent une activité égale à un. Si la solution de chlorure de potassium est saturée, la concentration $[Cl^-]$ est constante dans le milieu (égale à la solubilité du chlorure de potassium KCl(s)) et par conséquent le potentiel E_{ECS} est une grandeur constante (= 0,246 V à 25 °C). Il s'agit d'une **électrode de référence** facilement utilisable.

✎ En pratique la plupart des potentiels sont mesurés par rapport à une électrode au calomel saturée, il faut seulement garder en mémoire que son potentiel fixe n'est pas nul.

⚠ Dans certaines manipulations, la présence d'ions chlorure Cl^- est gênante. Prenons l'exemple d'une solution contenant des ions Ag^+ dans laquelle on plonge une électrode au calomel : au contact des ions chlorure contenus dans l'électrode au calomel, les ions Ag^+ précipitent sous forme AgCl(s) (ce qui se traduit par des volutes blanchâtres dans la solution à étudier). Le précipité bouche rapidement le fritté et l'électrode au calomel devient inutilisable (absence de contact électrique). Pour pallier cette difficulté il est alors possible d'utiliser une électrode de référence similaire utilisant le sulfate mercureux Hg_2SO_4(s) au contact de mercure d'une part et d'une solution d'ions sulfate SO_4^{2-} d'autre part.

b. Électrode au chlorure d'argent

Il s'agit d'une électrode de deuxième espèce mettant en jeu de l'argent au contact de chlorure d'argent AgCl(s) (précipité), lui-même au contact d'une solution d'ions chlorure Cl^- (chlorure de potassium par exemple). Le couple oxydant-réducteur en présence est AgCl(s)/Ag(s), la demi-équation traduisant l'échange électronique au niveau de l'argent s'écrit :

$$AgCl\,(s) \quad + \quad e^- \qquad = \qquad Ag\,(s) \quad + \quad Cl^-$$

et le potentiel pris par l'électrode d'argent s'exprime par :

$$E = E^\circ_{AgCl/Ag} + 0,06\log\left(\frac{1}{[Cl^-]}\right).$$

Là encore si la solution contenant les ions chlorure Cl^- est saturée en chlorure de potassium KCl(s) ou en chlorure de sodium NaCl(s), la concentration $[Cl^-]$ est une grandeur constante. En conséquence le potentiel de l'électrode d'argent est fixé et l'électrode joue le rôle d'**électrode de référence**.

3.3 Électrodes de troisième espèce

Ces électrodes sont aussi qualifiées d'**électrodes rédox**. Elles sont constituées d'un métal inerte (platine) trempant dans une solution contenant simultanément les formes oxydée et réduite d'un couple oxydant-réducteur. Il s'agit par exemple du cas d'une électrode de platine Pt dans une solution contenant les ions Fe^{3+} et Fe^{2+}. Le potentiel de l'électrode de platine est imposé par le couple Fe^{3+}/Fe^{2+}et prend la forme :

$$E = E^\circ_{Fe^{3+}/Fe^{2+}} + 0,06 \log\left(\frac{[Fe^{3+}]}{[Fe^{2+}]}\right).$$

4 Prévision du sens de réaction, calcul d'un potentiel standard inconnu

4.1 Diagrammes de prédominance ou d'existence

a. Formes oxydée et réduite en solution

Un **diagramme de prédominance** oxydant-réducteur figure, en fonction du potentiel E, la forme oxydoréductrice majoritaire. Imaginons une solution contenant un mélange des ions Fe^{3+}et Fe^{2+}. Le potentiel pris par une électrode de platine est fourni par la relation :

$$E = E^\circ_{Fe^{3+}/Fe^{2+}} + 0,06 \log\left(\frac{[Fe^{3+}]}{[Fe^{2+}]}\right).$$

Cette forme est tout à fait comparable à :

$$pH = pK_A + \log\left(\frac{[A^-]}{[AH]}\right)$$

en acido-basicité ou encore à :

$$pL = pK_d + \log\left(\frac{[M]}{[ML]}\right)$$

en complexation. Si $E < E^\circ_{Fe^{3+}/Fe^{2+}}$, ceci signifie que $[Fe^{3+}] < [Fe^{2+}]$: la forme réduite du couple prédomine . Si $E > E^\circ_{Fe^{3+}/Fe^{2+}}$, ceci signifie que $[Fe^{3+}] > [Fe^{2+}]$: la forme oxydée du couple prédomine.
Ceci est résumé sur le diagramme de prédominance représenté à la figure 13.8.

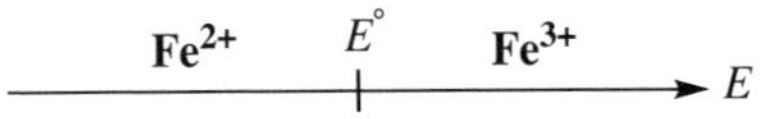

FIGURE 13.8 – Diagramme de prédominance Fe^{3+}/Fe^{2+}

b. Présence d'une phase solide (approfondissement)

Lorsque le couple oxydant-réducteur fait intervenir à la fois une forme solide et une forme dissoute, il n'y a plus lieu de parler de prédominance. Il faut alors convenir du positionnement de la frontière entre le domaine du solide et de l'espèce dissoute. Soit le couple Fe^{2+}/Fe(s) : une électrode en fer trempe dans une solution contenant des ions fer(II) Fe^{2+}. Définissons par $[Fe^{2+}]_0$ la concentration en ions fer(II) Fe^{2+} à la limite entre les domaines du fer et de l'ion fer(II) Fe^{2+} (par exemple la concentration initiale en ions Fe^{2+}). Alors le potentiel limite noté E_{lim} prend la forme :

$$E_{\text{lim}} = E^\circ_{Fe^{2+}/Fe} + \frac{0,06}{2}\log\left[Fe^{2+}\right]_0.$$

• Si $E > E_{\text{lim}}$ ceci signifie que $[Fe^{2+}] > [Fe^{2+}]_0$, il y a donc eu formation d'ions Fe^{2+}, il s'agit du domaine de stabilité des ions Fe^{2+}.
• Si $E < E_{\text{lim}}$ ceci signifie que $[Fe^{2+}] < [Fe^{2+}]_0$, il y a donc eu disparition d'ions Fe^{2+} (au profit du fer solide) : il s'agit du domaine de stabilité du fer.
Le diagramme tracé dépend du choix (relativement arbitraire) de $[Fe^{2+}]_0$ qui doit être précisé. La situation est résumée par le diagramme représenté à la figure 13.9.

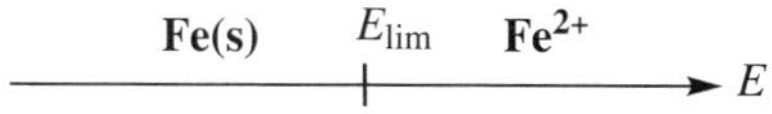

FIGURE 13.9 – Diagramme d'existence Fe^{2+}/Fe(s)

c. Présence d'une phase gazeuse (approfondissement)

Le cas est plus délicat à appréhender : le couple oxydant-réducteur fait intervenir une espèce dissoute et une espèce gazeuse. Il faut convenir à la fois de la concentration en espèces dissoutes et de la pression partielle en espèces gazeuses sur la frontière séparant le domaine de la forme oxydée et le domaine de la forme réduite. Il est alors possible de calculer le potentiel limite E_{lim} entre les deux domaines.
• Si $E > E_{\text{lim}}$, il s'agit du domaine de stabilité de la forme oxydée.
• Si $E < E_{\text{lim}}$, il s'agit du domaine de stabilité de la forme réduite du couple.
Envisageons le couple Cl_2(g)/Cl^-. La demi-équation d'oxydoréduction s'écrit :

$$Cl_2\,(g) \quad + \quad 2\,e^- \quad = \quad 2\,Cl^-,$$

les valeurs de $[Cl^-]$ et p_{Cl_2} sont fixées sur la frontière séparant les domaines de stabilité du dichlore Cl_2(g) et des ions chlorure Cl^- : elles sont notées $[Cl^-]_0$ et $p_{Cl_2 0}$. Ainsi le potentiel pris par une électrode de platine au contact de ce couple est :

$$E_{\text{lim}} = E^\circ_{Cl_2/Cl^-} + \frac{0,06}{2}\log\left(\frac{p_{Cl_2 0}}{[Cl^-]_0^2}\right).$$

Si $E > E_{\text{lim}}$, il s'agit du domaine de stabilité du dichlore Cl_2(g) tandis que si $E < E_{\text{lim}}$, il s'agit du domaine de stabilité des ions chlorure Cl^-. Le diagramme tracé dépend du choix (relativement arbitraire) de $[Cl^-]_0$ et $p_{Cl_2 0}$ qui doivent être précisées. La situation est résumée par le diagramme présenté à la figure 13.10.

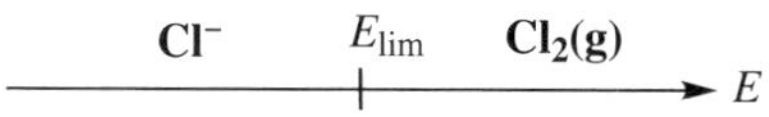

FIGURE 13.10 – Diagramme d'existence Cl_2(g)/Cl^-

4.2 Prévision du sens d'échange d'électrons, calculs de K_T°

a. Échelle de potentiels : sens d'échange électronique

Nous cherchons ici à prévoir le **sens** dans lequel une réaction d'oxydoréduction peut avoir lieu de façon **spontanée**. Étudions le sens effectif d'échange électronique entre les couples Ox_1/Red_1 et Ox_2/Red_2. Pour cela il suffit d'envisager la pile :

$$(1)\ \mathrm{Pt} / Ox_1, Red_1 // Ox_2, Red_2 / \mathrm{Pt}\ (2)$$

et d'étudier le **sens de circulation des électrons** (le platine est éventuellement remplacé par un métal électrochimiquement actif si celui-ci participe à la réaction d'oxydoréduction). Lorsque cette pile est reliée à un voltmètre de très forte impédance, nous pouvons calculer le potentiel de chacune des électrodes (E_1 et E_2) par l'équation de NERNST. La différence de potentiel $\Delta E = E_2 - E_1$ indique par son signe le sens effectif de l'échange électronique : si ΔE est négatif, les électrons sont fournis par l'électrode 2 et captés par l'électrode 1. Il y a oxydation de Red_2 en Ox_2 et réduction de Ox_1 en Red_1, **la réaction spontanée** s'écrit :

$$Ox_1 \quad + \quad Red_2 \quad = \quad Red_1 \quad + \quad Ox_2.$$

Si la différence de potentiel ΔE est positive, l'échange électronique inverse est observé. L'équation de NERNST permet donc de prévoir le sens d'échange électronique. L'application de l'équation de NERNST conduit à une expression de la différence de potentiel de la forme :

$$\Delta E = \Delta E^\circ + \frac{0,06}{n} \log X,$$

le terme logarithmique dépendant des conditions initiales et de la stœchiométrie de la réaction. Dans le cas général (valeur suffisante de ΔE°) le terme logarithmique ne suffit pas pour modifier le signe de ΔE°, le sens d'échange électronique peut alors être prévu par le signe de ΔE° (indépendant des conditions initiales).

✎ Dans certains cas particuliers (faible valeur de ΔE°, exposants élevés dans le terme logarithmique, concentrations initiales inhabituelles), le terme logarithmique l'emporte sur ΔE° et le sens d'échange électronique ne peut pas être prévu par le signe de ΔE°.

b. Échelle de potentiels standard

À chaque couple oxydant-réducteur est associé, à une température donnée, un **potentiel standard** noté E° (exprimé en volts V). Chaque couple peut ainsi être classé et situé sur une **échelle de potentiels standard**. Plus le potentiel standard E° augmente, plus la forme oxydée du couple a tendance à accepter des électrons (elle est de plus en plus **oxydante**). Plus le potentiel standard E° diminue, plus la forme réduite du couple a tendance à céder des électrons (elle est de plus en plus **réductrice**). En accord avec la convention fixée arbitrairement dans les chapitres précédents l'échelle figure les oxydants à gauche et les réducteurs à droite (voir figure 13.11).

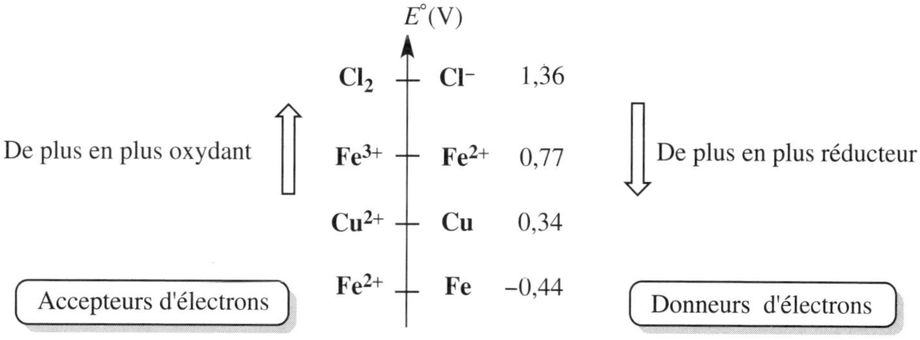

FIGURE 13.11 – Échelle de potentiels standard

Couples de l'eau : le potentiel standard associé au couple $H_2O/H_2(g)$ vaut $E^\circ = 0{,}00$ V par convention, le potentiel standard associé au couple $O_2(g)/H_2O$ vaut $E^\circ = 1{,}23$ V (à 25 °C). Nous avons vu que sauf cas particuliers, le signe de ΔE° indique le **sens** d'échange électronique à l'occasion d'une réaction d'oxydoréduction. Les espèces mises en présence sont entourées, l'échange d'électrons :

$$Ox_1 \quad + \quad Red_2 \quad = \quad Ox_2 \quad + \quad Red_2$$

est possible si le potentiel standard du couple engageant la forme oxydée initialement introduite est supérieur au potentiel standard du couple engageant la forme réduite initialement introduite ($E^\circ_{Ox_1/Red_1} > E^\circ_{Ox_2/Red_2}$ et donc $\Delta E^\circ = E^\circ_2 - E^\circ_1 < 0$).

Géométriquement, la réaction est favorable dans la configuration présentée à la figure 13.12.

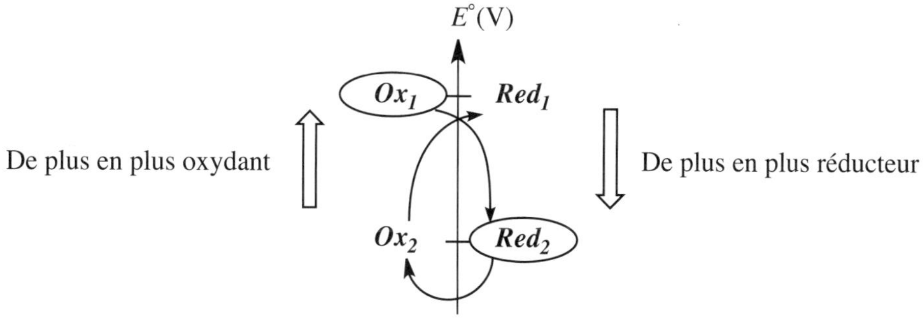

FIGURE 13.12 – Réaction favorisée

Considérons les deux cas suivants.

- Une réaction favorable engage les ions MnO_4^- et Fe^{2+} (voir figure 13.13). La réaction s'écrit :

$$5\,Fe^{2+} \quad + \quad MnO_4^- \quad + \quad 8\,H^+ \quad = \quad 5\,Fe^{3+} \quad + \quad Mn^{2+} \quad + \quad 4\,H_2O.$$

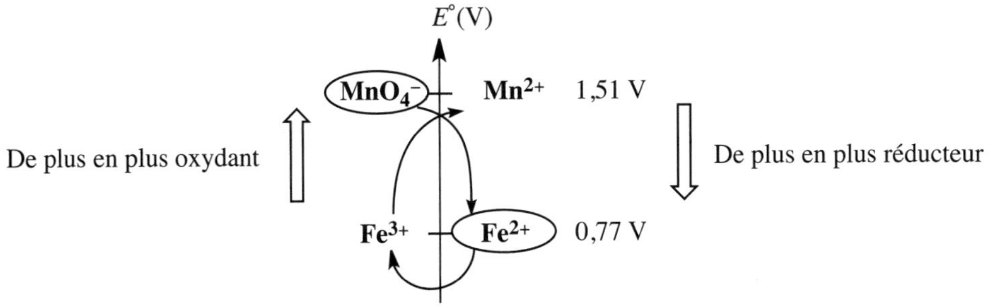

FIGURE 13.13 – Réaction favorisée

- De même une réaction favorable engage les ions Ag^+ et le cuivre Cu(s) (voir figure 13.14). La réaction s'écrit :

$$2\,Ag^+ \quad + \quad Cu\,(s) \quad = \quad 2\,Ag\,(s) \quad + \quad Cu^{2+}.$$

En pratique, une réaction d'oxydoréduction favorable engageant deux couples oxydant-réducteur dont les potentiels standard sont séparés de quelques dixièmes de volts sera considérée comme totale. Ceci signifie que dans l'état final d'équilibre, il ne reste pratiquement plus de réactif limitant.

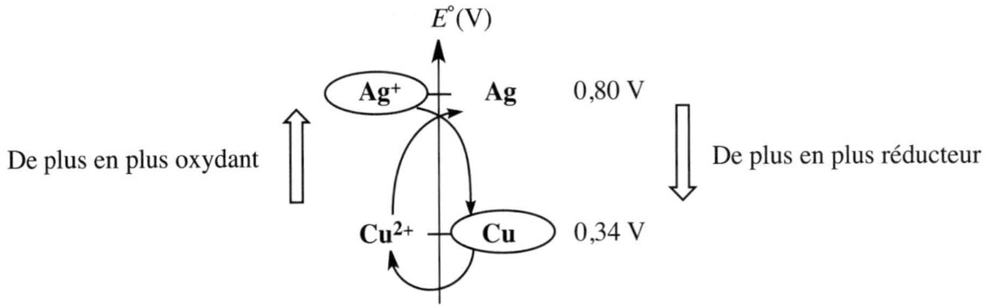

FIGURE 13.14 – Réaction favorisée

⚠ Il est possible de rencontrer des réactions possédant un échange d'électrons très favorable (constante d'équilibre élevée) mais n'ayant pas lieu expérimentalement. Il peut alors s'agir d'un blocage cinétique (phénomène de **métastabilité**) : la réaction, certes favorisée, est associée à une cinétique infiniment lente.

c. Calcul de la constante d'équilibre K_T°

Il est possible de calculer numériquement la valeur de la **constante d'équilibre** associée à une réaction d'oxydoréduction. Reprenons l'étude de la réaction d'oxydoréduction sous la forme :

$$Ox_1 \quad + \quad Red_2 \quad = \quad Red_1 \quad + \quad Ox_2.$$

L'**équilibre chimique** est atteint lorsque la pile engageant les couples Ox_1/Red_1 et Ox_2/Red_2 cesse de débiter, c'est-à-dire lorsque les potentiels E_1 et E_2 sont **égaux**. Le calcul de la constante d'équilibre associée utilise toujours le même raisonnement : à l'équilibre il y a coexistence des quatre espèces Ox_1, Red_1, Ox_2 et Red_2 ; il y a égalité du potentiel exprimé avec le premier puis avec le deuxième couple. La constante d'équilibre apparaît dans l'égalité ainsi écrite après avoir rassemblé les logarithmes.

Exercice résolu

Calcul d'une constante d'équilibre

Considérons l'action des ions permanganate MnO_4^- sur les ions fer(II) Fe^{2+}. Exprimer la constante d'équilibre K_T° (à 25 °C) de la réaction :

$$5\,Fe^{2+} + MnO_4^- + 8\,H^+ = 5\,Fe^{3+} + Mn^{2+} + 4\,H_2O.$$

en fonction des deux potentiels standard $E^\circ_{Fe^{3+}/Fe^{2+}}$ et $E^\circ_{MnO_4^-/Mn^{2+}}$ (à 25 °C).

Réponse :

Le potentiel unique E s'exprime à partir des couples Fe^{3+}/Fe^{2+} et MnO_4^-/Mn^{2+}. Ainsi :

$$E = E^\circ_{MnO_4^-/Mn^{2+}} + \frac{0,06}{5}\log\left(\frac{[MnO_4^-]\,[H^+]^8}{[Mn^{2+}]}\right) = E^\circ_{Fe^{3+}/Fe^{2+}} + 0,06\log\left(\frac{[Fe^{3+}]}{[Fe^{2+}]}\right)$$

et donc :

$$E^\circ_{MnO_4^-/Mn^{2+}} + \frac{0,06}{5}\log\left(\frac{[MnO_4^-]\,[H^+]^8}{[Mn^{2+}]}\right) = E^\circ_{Fe^{3+}/Fe^{2+}} + \frac{0,06}{5}\log\left(\frac{[Fe^{3+}]^5}{[Fe^{2+}]^5}\right)$$

d'où :

$$5(E^\circ_{MnO_4^-/Mn^{2+}} - E^\circ_{Fe^{3+}/Fe^{2+}}) = 0,06\log K_T^\circ.$$

Il vient alors :

$$K_T^\circ = 10^{\frac{5}{0,06}\left(E^\circ_{MnO_4^-/Mn^{2+}} - E^\circ_{Fe^{3+}/Fe^{2+}}\right)}.$$

Retenons de façon générale que le calcul de la **constante d'équilibre** associée à une réaction d'oxydoréduction conduit à la relation (à 25 °C) :

$$K_T^\circ = 10^{\frac{n}{0,06}(E_1^\circ - E_2^\circ)}$$

avec n le nombre d'électrons échangés au cours de la réaction, E_1° le potentiel standard du couple dont la forme oxydée est à gauche dans l'équation-bilan et E_2° le potentiel standard du couple dont la forme oxydée est à droite dans l'équation-bilan.

✎ Dans les exercices étudiant les piles, il est fréquent de demander l'état des demi-piles lorsque la pile arrête de débiter. Il est alors parfois très utile de remarquer que lorsque la pile ne débite plus, les potentiels relatifs aux deux couples en présence sont égaux. *L'équation de pile vérifie alors une constante d'équilibre.*

d. Méthode de la réaction prépondérante appliquée aux réactions d'oxydoréduction

La méthode de la **réaction prépondérante** s'applique de façon similaire aux cas précédemment étudiés. Une **échelle de potentiels standard** est tracée, les espèces présentes sont entourées. Si des réactions prépondérantes quantitatives apparaissent, il faut en tenir compte et aboutir à un système plus simple (solution équivalente). Lorsqu'il ne reste plus que des réactions de constante d'équilibre inférieure ou égale à 1, il s'agit d'un **équilibre de contrôle**, un bilan de matière sur cet équilibre détermine l'état d'équilibre.

4.3 Stabilité d'un nombre d'oxydation

Toutes les espèces oxydoréductrices ne sont pas stables en solution aqueuse. Une échelle de potentiels standard permet de juger du caractère instable de certaines espèces. Ainsi, concernant le cuivre, des tables thermodynamiques fournissent les valeurs des potentiels standard à 25 °C : $E^\circ_{Cu^{2+}/Cu^+} = 0{,}17$ V et $E^\circ_{Cu^+/Cu} = 0{,}52$ V.
Les deux couples sont positionnées sur une échelle de potentiel standard (voir figure 13.15).

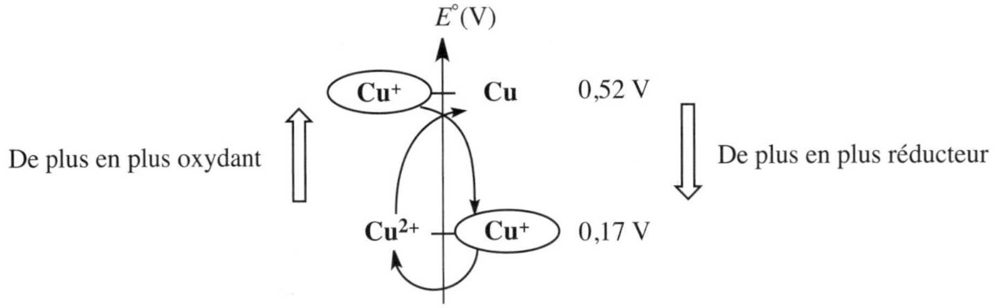

FIGURE 13.15 – Instabilité de l'ion cuivre Cu^+ : échelle de potentiels standard

Une réaction de forte constante d'équilibre engage l'espèce cuivre(I) Cu^+ :

$$Cu^+ \quad + \quad Cu^+ \quad = \quad Cu\,(s) \quad + \quad Cu^{2+}$$

de constante d'équilibre :

$$K^\circ_T = 10^{\frac{0{,}52-0{,}16}{0{,}06}} = 10^6$$

à 25 °C. Le cuivre au nombre d'oxydation +I est instable en solution aqueuse : il subit une réaction de **dismutation**.

4.4 Détermination d'un potentiel standard inconnu

a. Diagramme de FROST : principe de tracé

Le diagramme est tracé pour un élément donné à un pH fixé (pH = 0 le plus souvent) et figure les **différents nombres d'oxydation** de l'élément considéré. En abscisse est situé le **nombre d'oxydation** de l'élément, en ordonnée le produit du nombre d'oxydation et du potentiel standard correspondant au couple formé par l'espèce oxydoréductrice étudiée et le corps simple correspondant. Le point fondamental réside dans l'interprétation des **pentes** :

les points représentatifs de deux espèces A et B sont reliés par un segment de pente $E^\circ_{B/A}$. Considérons les exemples suivants. Le diagramme de FROST de l'élément cuivre (espèces Cu(s), Cu^+ et Cu^{2+} à pH = 0) est représenté à la figure 13.16.

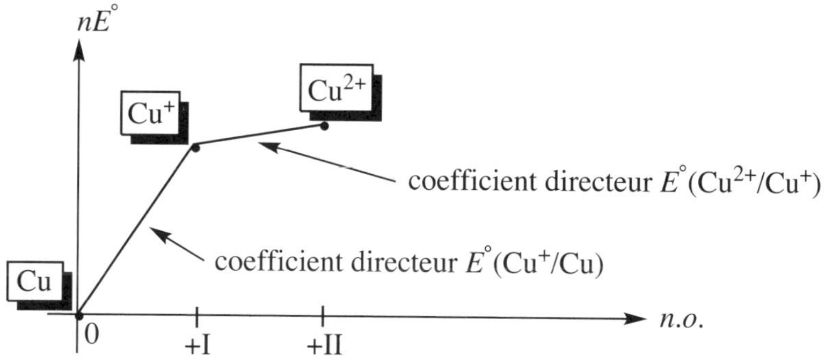

FIGURE 13.16 – Diagramme de FROST du cuivre

Le diagramme de FROST de l'élément chlore (espèces Cl^-, Cl_2(g) et HClO à pH = 0) est représenté à la figure 13.17.

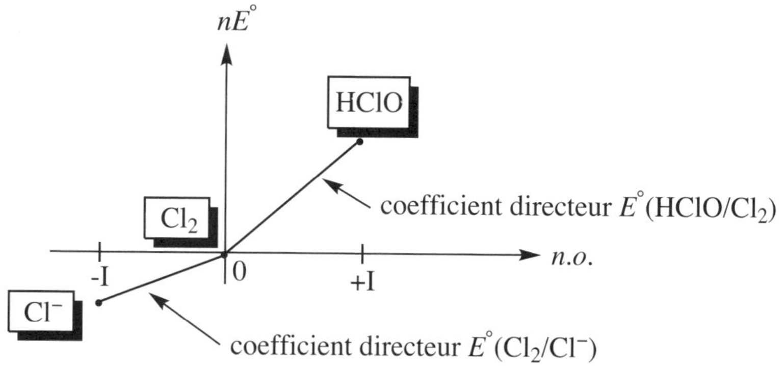

FIGURE 13.17 – Diagramme de FROST du chlore

b. Diagrammes de FROST : relations entre potentiels standard E° engageant un même élément chimique

Considérons trois nombres d'oxydation d'un même élément chimique (espèces A, B et C). Les potentiels standard $E^\circ_{B/A}$, $E^\circ_{C/B}$ et $E^\circ_{C/A}$ **ne sont pas indépendants** : la connaissance de deux potentiels standard permet de déterminer le troisième. Une première méthode utilise le diagramme de FROST de l'élément chimique et l'interprétation des pentes précédemment fournie. Ainsi sur le diagramme de FROST du cuivre, la pente du segment séparant le point représentatif du cuivre Cu(s) et de l'ion Cu^{2+} est le potentiel standard $E^\circ_{Cu^{2+}/Cu}$. Il vient alors la relation :

$$2E^\circ_{Cu^{2+}/Cu} = E^\circ_{Cu^{2+}/Cu^+} + E^\circ_{Cu^+/Cu}.$$

Il est possible d'obtenir une telle relation sans utiliser un diagramme de FROST : envisageons une électrode de cuivre dans un mélange contenant à la fois les ions cuivre(II) Cu^{2+} et les ions cuivre(I) Cu^{+}. Le potentiel E est unique et peut s'exprimer en fonction de trois couples oxydant-réducteur. Ainsi :

$$E = E^{\circ}_{Cu^{2+}/Cu^{+}} + 0,06\log\left(\frac{[Cu^{2+}]}{[Cu^{+}]}\right) \qquad \text{(relation 1)}$$

$$E = E^{\circ}_{Cu^{+}/Cu} + 0,06\log[Cu^{+}] \qquad \text{(relation 2)}$$

et :

$$E = E^{\circ}_{Cu^{2+}/Cu} + \frac{0,06}{2}\log[Cu^{2+}] \qquad \text{(relation 3).}$$

Chaque relation est multipliée par le nombre d'électron échangé, une combinaison de ces équations visant à voir disparaître le potentiel E est envisageable.
Ici la combinaison 2(relation 3)−(relation 1)−(relation2) conduit à une disparition du potentiel E (en effet $2E - E - E = 0$). Il apparaît alors dans l'égalité, après simplification des logarithmes, la relation entre potentiels standard :

$$2E^{\circ}_{Cu^{2+}/Cu} = E^{\circ}_{Cu^{+}/Cu} + E^{\circ}_{Cu^{2+}/Cu^{+}}.$$

c. Complexation, précipitation ou réaction acido-basique sur le couple oxydant-réducteur

Il est possible d'exprimer le **potentiel standard** d'un couple oxydant-réducteur en fonction du potentiel standard du même couple ayant subi des réactions de complexation, de précipitation ou encore des réactions acido-basiques et en fonction des constantes d'équilibre des réactions de complexation, précipitation et acide-base engagées.
Exprimons par exemple le potentiel standard $E^{\circ}_{AgCl/Ag}$ en fonction du potentiel standard $E^{\circ}_{Ag^{+}/Ag}$ et du produit de solubilité K_s(AgCl). Reprenons le cas de l'électrode AgCl(s)/Ag(s) précédemment évoquée. Le potentiel de cette électrode s'écrit :

$$E = E^{\circ}_{AgCl/Ag} + 0,06\log\left(\frac{1}{[Cl^{-}]}\right)$$

à 25 °C en utilisant le couple oxydant-réducteur AgCl(s)/Ag(s). L'étude du phénomène de précipitation a montré que la présence du solide AgCl(s) impliquait la présence d'ions argent Ag^{+} (en faible quantité) : l'équilibre de solubilisation du solide s'écrit :

$$AgCl\,(s) \quad = \quad Ag^{+} \quad + \quad Cl^{-}.$$

Il est possible d'exprimer le potentiel de l'électrode en utilisant le couple oxydant-réducteur Ag^{+}/Ag(s) :

$$E = E^{\circ}_{Ag^{+}/Ag} + 0,06\log[Ag^{+}].$$

L'unicité du potentiel de l'électrode fournit la relation :

$$E^{\circ}_{\text{AgCl/Ag}} + 0,06 \log \left(\frac{1}{[\text{Cl}^-]} \right) = E^{\circ}_{\text{Ag}^+/\text{Ag}} + 0,06 \log [\text{Ag}^+] .$$

Or :

$$K_s = [\text{Ag}^+] [\text{Cl}^-]$$

d'où il vient :

$$E^{\circ}_{\text{AgCl/Ag}} + 0,06 \log \left(\frac{1}{[\text{Cl}^-]} \right) = E^{\circ}_{\text{Ag}^+/\text{Ag}} + 0,06 \log \left(\frac{K_s}{[\text{Cl}^-]} \right) .$$

La relation entre potentiels standard s'écrit :

$$E^{\circ}_{\text{AgCl/Ag}} = E^{\circ}_{\text{Ag}^+/\text{Ag}} + 0,06 \log K_s < E^{\circ}_{\text{Ag}^+/\text{Ag}} .$$

De façon analogue, l'identification des potentiels exprimés à partir de couples non complexés ou n'ayant pas subi de réaction acido-basique avec les couples complexés ou ayant subi une réaction acido-basique permet de déterminer les relations entre potentiels standard et constantes d'équilibre.

Exercice résolu

Détermination d'un potentiel standard

Exprimer le potentiel standard $E^{\circ}_{\text{Zn(OH)}_2/\text{Zn}}$ du couple $Zn(OH)_2(s)/Zn(s)$ en fonction du potentiel standard $E^{\circ}_{\text{Zn}^{2+}/\text{Zn}}$ associé au couple $Zn^{2+}/Zn(s)$, du produit de solubilité $K_s\,(Zn(OH)_2)$ et du produit ionique de l'eau K_e. Ces grandeurs sont considérées à 25 °C.

Réponse :

Imaginons une électrode de zinc au contact du solide $Zn(OH)_2(s)$. Une demi-équation engage le couple $Zn(OH)_2(s)/Zn(s)$ et s'écrit :

$$\text{Zn(OH)}_2\,(\text{s}) \quad + \quad 2\,\text{H}^+ \quad + \quad 2\,\text{e}^- \quad = \quad \text{Zn}\,(\text{s}) \quad + \quad 2\,\text{H}_2\text{O}.$$

Le potentiel pris par l'électrode de zinc s'écrit :

$$E = E^{\circ}_{\text{Zn(OH)}_2/\text{Zn}} + \frac{0,06}{2} \log [\text{H}^+]^2 .$$

Dans la mesure où les ions Zn^{2+} sont présents dans le milieu (existence d'un équilibre de solubilité), il est possible d'écrire le potentiel de l'électrode de zinc à partir du couple $Zn^{2+}/Zn(s)$. La demi-équation correspondante s'écrit :

$$\text{Zn}^{2+} \quad + \quad 2\,\text{e}^- \quad = \quad \text{Zn}\,(\text{s})$$

et le potentiel pris par l'électrode de zinc prend la forme :

$$E = E^{\circ}_{\text{Zn}^{2+}/\text{Zn}} + \frac{0,06}{2} \log [\text{Zn}^{2+}] .$$

Par identification il vient la relation :

$$E^\circ_{Zn^{2+}/Zn} + \frac{0,06}{2}\log\left[Zn^{2+}\right] = E^\circ_{Zn(OH)_2/Zn} + \frac{0,06}{2}\log\left[H^+\right]^2.$$

L'équilibre de solubilité :

$$Zn(OH)_2\,(s) \quad = \quad Zn^{2+} \quad + \quad 2\,HO^-$$

de constante d'équilibre :

$$K_s\,(Zn(OH)_2) = \left[Zn^{2+}\right].\frac{K_e^2}{\left[H^+\right]^2}$$

étant réalisé, nous avons finalement :

$$E^\circ_{Zn^{2+}/Zn} + \frac{0,06}{2}\log\left(\frac{K_s\,(Zn(OH)_2)}{K_e^2}\right) = E^\circ_{Zn(OH)_2/Zn}.$$

Rappelons que les potentiels standard usuellement fournis ou exprimés sont dits « potentiels standard à pH = 0 ». Ceci signifie que les demi-équations doivent être équilibrées en milieu acide.

d. Application : stabilisation d'un nombre d'oxydation instable

L'ion cuivre(I) Cu^+ est instable en solution aqueuse (il subit une **dismutation**). Il est possible de complexer cet ion par de l'ammoniac NH_3 (formation du complexe $[Cu(NH_3)_2]^+$ avec une constante globale de formation $\beta_2 = 10^{10,8}$). L'ion cuivre(II) Cu^{2+} forme avec l'ammoniac NH_3 le complexe $[Cu(NH_3)_4]^{2+}$ avec la constante globale de formation $\beta_4 = 10^{12,5}$. En milieu ammoniacal (forte présence d'ammoniac NH_3) les couples oxydant-réducteur engageant le cuivre sont $[Cu(NH_3)_4]^{2+}/[Cu(NH_3)_2]^+$ et $[Cu(NH_3)_2]^+/Cu(s)$.

Il est alors possible d'exprimer le potentiel standard $E^\circ_{Cu(NH_3)_4^{2+}/Cu(NH_3)_2^+}$ en fonction du potentiel standard $E^\circ_{Cu^{2+}/Cu^+}$ et des constantes globales de formation β_2 et β_4 :

$$E^\circ_{[Cu(NH_3)_4]^{2+}/[Cu(NH_3)_2]^+} = E^\circ_{Cu^{2+}/Cu^+} + 0,06\log\frac{\beta_2}{\beta_4} = 0,05\text{ V}.$$

De même :

$$E^\circ_{[Cu(NH_3)_2]^+/Cu} = E^\circ_{Cu^+/Cu} - 0,06\log\beta_2 = -0,13\text{ V}.$$

L'ordre des potentiels standard est **inversé** (voir figure 13.18) : le cuivre de nombre d'oxydation +I est stable sous forme $[Cu(NH_3)_2]^+$ et ne subit plus de **dismutation**.

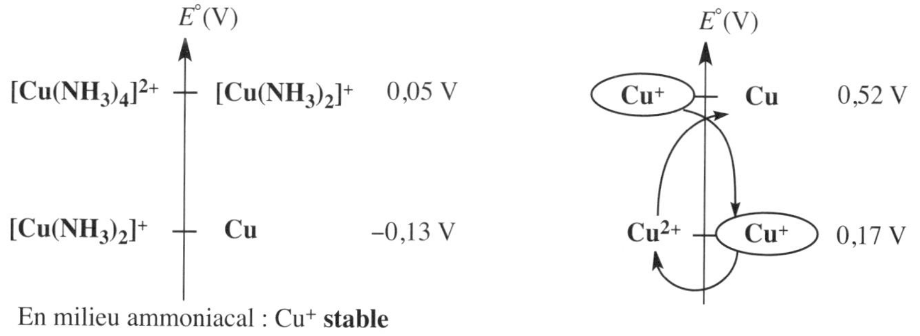

FIGURE 13.18 – Stabilisation du cuivre(I) par complexation

5 Titrages par réaction d'oxydoréduction

Une réaction d'**oxydoréduction** est utilisée comme réaction de titrage.

5.1 Titrage d'une solution d'ions Fe^{2+} par des ions Ce^{4+} (en milieu acide fort)

a. Dispositif expérimental

Un bécher est rempli par la solution contenant des ions fer(II) Fe^{2+} à doser (de concentration c_0 et de volume total noté V_0). Une burette contient la solution titrante (ions cérium(IV) Ce^{4+} à la concentration c_1). Une **électrode de platine** est placée dans la solution, ainsi qu'une **électrode de référence** (électrode au calomel saturée). Un voltmètre mesure la différence de potentiel entre l'électrode de platine (électrode rédox) et l'électrode de référence. Cette différence de potentiel est notée ΔE ($\Delta E = E_{\text{Pt}} - E_{ECS}$) avec E_{Pt} potentiel pris par l'électrode de platine (électrode de mesure sensible à un couple oxydant-réducteur en solution). Le suivi de la différence de potentiel ΔE au cours du titrage permet de suivre l'évolution du potentiel E_{Pt} à une constante près. Le dispositif expérimental est représenté à la figure 13.19.

Des tables thermodynamiques fournissent les valeurs numériques des potentiels standard à 25 °C : $E^\circ_{\text{Ce}^{4+}/\text{Ce}^{3+}} = 1{,}74$ V et $E^\circ_{\text{Fe}^{3+}/\text{Fe}^{2+}} = 0{,}77$ V. La réaction de titrage :

$$Ce^{4+} \quad + \quad Fe^{2+} \quad = \quad Ce^{3+} \quad + \quad Fe^{3+}$$

possède une forte constante d'équilibre ($K_T^\circ = 10^{17}$), elle est quantitative. Elle est en outre rapide, elle peut donc effectivement servir à un titrage. **À l'équivalence** les réactifs ont été introduits en proportions stœchiométriques, ainsi :

$$(n_{\text{Ce}^{4+}})_{\text{ajouté}} = (n_{\text{Fe}^{2+}})_{\text{initial}}$$

et par conséquent :

$$c_0 V_0 = c_1 V_{\text{eq}}$$

avec V_{eq} volume de solution titrante ajouté à l'équivalence. La mesure expérimentale du volume de solution titrante V_{eq} versé à l'équivalence permet de déterminer la valeur de la concentration c_0. En chaque point du titrage l'**équilibre** est réalisé rapidement, ainsi le potentiel pris par l'électrode de platine peut être indifféremment calculé à partir du couple Ce^{4+}/Ce^{3+} ou à partir du couple Fe^{3+}/Fe^{2+}.

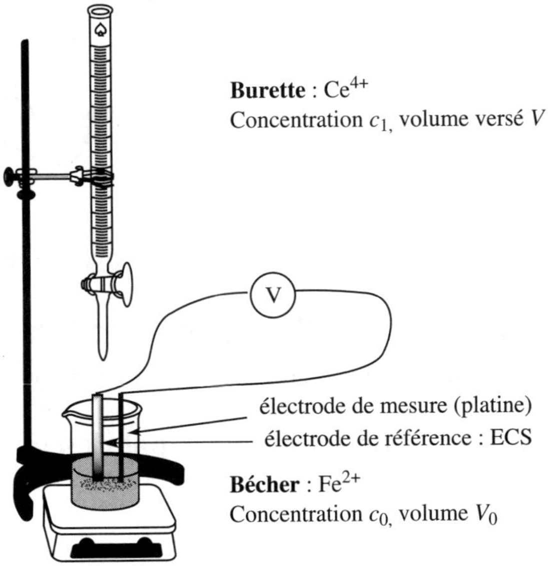

FIGURE 13.19 – Dispositif expérimental

b. Courbe $E_{Pt} = f(V)$

Soit V le volume de solution titrante ajouté, exprimons l'évolution du potentiel de l'électrode de platine en fonction du volume V ajouté : $E_{Pt} = f(V)$.

- $V = 0$: la solution ne contient que des ions fer(II) Fe^{2+}, le potentiel n'est pas défini. Pourtant expérimentalement le voltmètre indique une valeur. Cette observation peut être expliquée à notre niveau par la présence en quantité infinitésimale d'ions fer(III) Fe^{3+} (leur apparition est provoquée par l'oxydation des ions fer(II) Fe^{2+} par le dioxygène dissous). En réalité même en absence de dioxygène, l'électrode est le siège d'une réaction entre les ions Fe^{2+} (rôle réducteur) et les ions H^+ (rôle oxydant), conduisant à la formation d'ions Fe^{3+} et de dihydrogène H_2.
- $0 < V < V_{eq}$: il est plus facile d'exprimer le potentiel à partir du couple Fe^{3+}/Fe^{2+} (couple en excès, les concentrations sont facilement prévisibles à partir des volumes initiaux et versés). En utilisant l'équation de NERNST il vient à 25 °C :

$$E_{Pt} = E^{\circ}_{Fe^{3+}/Fe^{2+}} + 0,06 \log\left(\frac{[Fe^{3+}]}{[Fe^{2+}]}\right)$$

avec :

$$[Fe^{3+}] = \frac{c_1 V}{V + V_0} \quad \text{et} \quad [Fe^{2+}] = \frac{c_0 V_0 - c_1 V}{V + V_0} = \frac{c_1 (V_{eq} - V)}{V + V_0}$$

d'où :

$$E_{\text{Pt}} = E^\circ_{Fe^{3+}/Fe^{2+}} + 0,06\log\left(\frac{V}{V_{eq}-V}\right) = E^\circ_{Fe^{3+}/Fe^{2+}} + 0,06\log\left(\frac{x}{1-x}\right)$$

en introduisant la variable sans dimension :

$$x = \frac{V}{V_{eq}}.$$

- $V_{eq} < V$: il est plus facile d'exprimer le potentiel à partir du couple Ce^{4+}/Ce^{3+}(couple en excès, les concentrations sont facilement prévisibles à partir des volumes initiaux et versés). Ainsi :

$$E_{\text{Pt}} = E^\circ_{Ce^{4+}/Ce^{3+}} + 0,06\log\left(\frac{[Ce^{4+}]}{[Ce^{3+}]}\right)$$

avec :

$$[Ce^{4+}] = \frac{c_1\left(V-V_{eq}\right)}{V+V_0}$$

et :

$$[Ce^{3+}] = \frac{cV_{eq}}{V+V_0}.$$

Ainsi :

$$E_{\text{Pt}} = E^\circ_{Ce^{4+}/Ce^{3+}} + 0,06\log\left(\frac{V-V_{eq}}{V_{eq}}\right) = E^\circ_{Ce^{4+}/Ce^{3+}} + 0,06\log(x-1).$$

c. Points particuliers, allure de la courbe

En $V = V_{eq}/2$ (demi-équivalence) :

$$E_{\text{Pt}} = E^\circ_{Fe^{3+}/Fe^{2+}}.$$

La lecture du potentiel de l'électrode de platine à la demi-équivalence permet une détermination expérimentale du potentiel standard du couple Fe^{3+}/Fe^{2+}. En $V = 2V_{eq}$ (double équivalence) :

$$E_{\text{Pt}} = E^\circ_{Ce^{4+}/Ce^{3+}}.$$

La lecture du potentiel de l'électrode de platine à la double équivalence devrait permettre une détermination expérimentale du potentiel standard du couple Ce^{4+}/Ce^{3+}(ceci n'est pas précisément le cas, comme développé et mis en évidence à l'occasion du TP-cours). En $V = V_{eq}$ **aucune** des relations précédentes n'est applicable. Une méthode consiste à écrire l'expression du potentiel au point équivalent en utilisant chacun des deux couples oxydant-réducteur engagés. Le potentiel de l'électrode de platine au point équivalent, noté E_{eq}, est exprimé par :

$$E_{eq} = E^\circ_{Fe^{3+}/Fe^{2+}} + 0,06\log\left(\frac{[Fe^{3+}]_{eq}}{[Fe^{2+}]_{eq}}\right)$$

et par :

$$E_{eq} = E^\circ_{Ce^{4+}/Ce^{3+}} + 0,06\log\left(\frac{[Ce^{4+}]_{eq}}{[Ce^{3+}]_{eq}}\right)$$

(les concentrations qui apparaissent, notées $[X]_{eq}$, sont les concentrations au point équivalent). La somme des deux relations conduit à :

$$2E_{eq} = E^{\circ}_{Fe^{3+}/Fe^{2+}} + E^{\circ}_{Ce^{4+}/Ce^{3+}} + 0,06\log\left(\frac{[Fe^{3+}]_{eq}}{[Fe^{2+}]_{eq}}\frac{[Ce^{4+}]_{eq}}{[Ce^{3+}]_{eq}}\right).$$

Or $[Fe^{3+}]_{eq} = [Ce^{3+}]_{eq}$ et $[Ce^{4+}]_{eq} = [Fe^{2+}]_{eq} = \varepsilon$ (quantité infinitésimale). Il vient alors :

$$E_{eq} = \frac{1}{2}\left(E^{\circ}_{Fe^{3+}/Fe^{2+}} + E^{\circ}_{Ce^{4+}/Ce^{3+}}\right).$$

La courbe $E_{Pt} = f(V)$ prend la forme présentée à la figure 13.20. L'**équivalence** est repérée par une **forte variation du potentiel**.

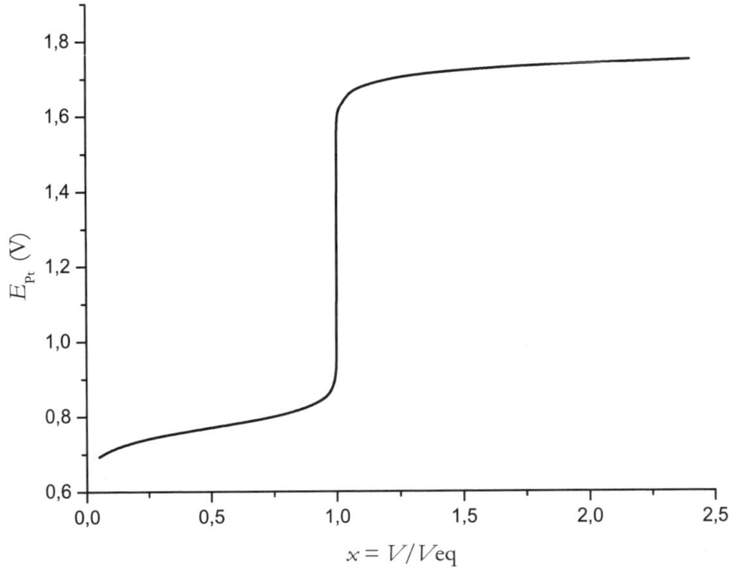

FIGURE 13.20 – Évolution $E_{Pt} = f(V)$

d. Indicateurs colorés

L'équivalence peut être repérée en utilisant un **indicateur coloré** d'oxydoréduction introduit en faible quantité. Il s'agit d'une substance intervenant dans un couple oxydant-réducteur *Ox*/*Red* dont les formes oxydée et réduite n'ont pas la même couleur (les deux formes sont dissoutes). Le changement de couleur de l'indicateur a lieu autour du potentiel $E = E^{\circ}_{Ox/Red}$. Un indicateur convenable vérifiera $E_{eq} \approx E^{\circ}_{Ox/Red}$. Dans le cas du titrage d'une solution d'ions Fe^{2+} par des ions Ce^{4+}, il est d'usage d'ajouter une faible quantité d'orthophénanthroline qui a la propriété de donner naissance à des complexes colorés avec les ions Fe^{2+} et Fe^{3+}, ces complexes colorés forment un couple oxydant-réducteur dont le potentiel standard (égal à 1,1 V) est voisin du potentiel à l'équivalence.

5.2 Titrage des ions Fe^{2+} par les ions MnO_4^-

Le dispositif expérimental est identique au précédent. Le bécher contient la solution d'ions fer(II) Fe^{2+} (à la concentration c_0 et de volume V_0) et la burette contient la solution d'ions permanganate MnO_4^- (à la concentration c_1). Le volume ajouté est noté V. Le titrage est suivi par une **électrode de platine** (électrode rédox) reliée à un voltmètre et à une **électrode de référence** (électrode au calomel saturée) plongeant elle aussi dans le bécher. Le pH est pris égal à pH = 0. La réaction de titrage s'écrit :

$$MnO_4^- \quad + \quad 8\,H^+ \quad + \quad 5\,Fe^{2+} \quad = \quad Mn^{2+} \quad + \quad 4\,H_2O \quad + \quad 5\,Fe^{3+}$$

de constante d'équilibre $K_T^\circ = 10^{70}$. **À l'équivalence** les réactifs ont été introduits en proportions stœchiométriques, ainsi :

$$(n_{Fe^{2+}})_{\text{initial}} = 5(n_{MnO_4^-})_{\text{ajouté}}$$

d'où :

$$c_0V_0 = 5c_1V_{eq}$$

en notant V_{eq} le volume de solution titrante versé à l'équivalence. L'équilibre chimique est rapidement réalisé en chaque point du titrage. Il est possible d'exprimer le potentiel de l'électrode de platine en utilisant indifféremment le couple Fe^{3+}/Fe^{2+} ou bien le couple MnO_4^-/Mn^{2+}. Le potentiel de l'électrode de platine s'exprime en fonction du volume de permanganate ajouté.

- $V = 0$: de même que précédemment le potentiel n'est pas défini mais une mesure est effectuée par le voltmètre (présence d'ions fer(III) Fe^{3+} en très faible quantité).
- $0 < V < V_{eq}$: il est plus facile d'exprimer le potentiel en utilisant le couple en excès Fe^{3+}/Fe^{2+}. Ainsi :

$$\begin{aligned} E_{Pt} &= E^\circ_{Fe^{3+}/Fe^{2+}} + 0,06\log\left(\frac{5c_1V}{c_0V_0 - 5c_1V}\right) \\ &= E^\circ_{Fe^{3+}/Fe^{2+}} + 0,06\log\left(\frac{5c_1V}{5c_1V_{eq} - 5c_1V}\right) = E^\circ_{Fe^{3+}/Fe^{2+}} + 0,06\log\left(\frac{V}{V_{eq} - V}\right) \end{aligned}$$

ou encore :

$$E = E^\circ_{Fe^{3+}/Fe^{2+}} + 0,06\log\left(\frac{x}{1-x}\right)$$

en utilisant la variable sans dimension :

$$x = \frac{V}{V_{eq}}.$$

- $V_{eq} < V$: il est alors plus simple d'utiliser le couple MnO_4^-/Mn^{2+}(couple en excès). En supposant un pH = 0, il vient :

$$E_{Pt} = E^\circ_{MnO_4^-/Mn^{2+}} + \frac{0,06}{5}\log\left(\frac{c_1(V - V_{eq})}{c_1V_{eq}}\right) = E^\circ_{MnO_4^-/Mn^{2+}} + \frac{0,06}{5}\log\left(\frac{V - V_{eq}}{V_{eq}}\right)$$

ou encore :

$$E_{\text{Pt}} = E^{\circ}_{\text{MnO}_4^-/\text{Mn}^{2+}} + \frac{0,06}{5}\log(x-1).$$

Les points particuliers sont les suivants :

$$E_{\text{Pt}} = E^{\circ}_{\text{Fe}^{3+}/\text{Fe}^{2+}}$$

à la **demi-équivalence** et :

$$E_{\text{Pt}} = E^{\circ}_{\text{MnO}_4^-/\text{Mn}^{2+}}$$

à la **double équivalence**. Le calcul du potentiel E_{eq} au point équivalent passe par l'utilisation des deux couples engagés. Écrivons l'expression du potentiel E_{eq} en utilisant chacun des deux couples oxydant-réducteur :

$$E_{\text{eq}} = E^{\circ}_{\text{Fe}^{3+}/\text{Fe}^{2+}} + 0,06\log\left(\frac{\left[\text{Fe}^{3+}\right]_{\text{eq}}}{\left[\text{Fe}^{2+}\right]_{\text{eq}}}\right)$$

et :

$$E_{\text{eq}} = E^{\circ}_{\text{MnO}_4^-/\text{Mn}^{2+}} + \frac{0,06}{5}\log\left(\frac{\left[\text{MnO}_4^-\right]_{\text{eq}}}{\left[\text{Mn}^{2+}\right]_{\text{eq}}}\right)$$

à pH = 0. La deuxième relation est multipliée par le nombre d'électrons échangés (= 5) puis ajoutée à la première. Ainsi il vient :

$$6E_{\text{eq}} = E^{\circ}_{\text{Fe}^{3+}/\text{Fe}^{2+}} + 5E^{\circ}_{\text{MnO}_4^-/\text{Mn}^{2+}} + 0,06\log\left(\frac{\left[\text{Fe}^{3+}\right]_{\text{eq}}}{\left[\text{Fe}^{2+}\right]_{\text{eq}}}\frac{\left[\text{MnO}_4^-\right]_{\text{eq}}}{\left[\text{Mn}^{2+}\right]_{\text{eq}}}\right).$$

Or à l'équivalence $\left[\text{Fe}^{3+}\right]_{\text{eq}} = 5\left[\text{Mn}^{2+}\right]_{\text{eq}}$ et $\left[\text{Fe}^{2+}\right]_{\text{eq}} = 5\left[\text{MnO}_4^-\right]_{\text{eq}} = 5\varepsilon$ (quantité infinitésimale). Ainsi :

$$E_{\text{eq}} = \frac{1}{6}\left(\text{E}^{\circ}_{\text{Fe}^{3+}/\text{Fe}^{2+}} + 5\text{E}^{\circ}_{\text{MnO}_4^-/\text{Mn}^{2+}}\right).$$

✎ L'allure de $E_{\text{Pt}} = f(V)$ est dissymétrique au voisinage du point équivalent (ceci est dû à la stœchiométrie de la réaction : 5 équivalents d'ions Fe^{2+} pour 1 équivalent d'ions MnO_4^-). Une détermination du volume équivalent par une méthode type *méthode des tangentes* n'est pas applicable.

6 Mise en œuvre expérimentale (TP-cours)

6.1 Buts, expériences réalisées

Le but de cette mise en œuvre expérimentale est de montrer qu'un titrage par réaction d'oxydoréduction permet, outre un calcul de concentration inconnue, de déterminer les valeurs numériques de grandeurs thermodynamiques (E°, K_s, K_d...).

a. Expérience 1

Le titrage décrit au paragraphe 5 est mis en application. La solution à titrer est une solution d'ions fer(II) Fe^{2+}(de volume $V_0 = 20$ mL et de concentration approximative $c_0 \approx 5.10^{-3}$ mol·L^{-1}) préparée à partir de sel de MOHR dissous dans une solution d'acide sulfurique à 1 mol·L^{-1}. Notons que le sel de MOHR est un sulfate d'ammonium et de fer(II) hydraté, de formule $(NH_4)_2Fe(SO_4)_2,6H_2O$, qui permet l'obtention de solutions de fer(II). La solution titrante est une solution de sulfate de cérium(IV), de concentration $c = 0{,}02$ mol·L^{-1}, dissous dans une solution d'acide sulfurique (1 mol·L^{-1}). Le titrage est suivi par la mesure de la différence de potentiel entre une électrode de platine et une électrode de référence (mesure de la force électromotrice de la pile) :

$$\text{Pt / solution d'ions } Fe^{2+}\text{dosée // KCl, 3,5 mol·L}^{-1}\text{/ AgCl(s) / Ag(s)).}$$

Le choix de l'électrode de platine est lié au fait que toutes les entités oxydoréductrices engagées sont en solution. Cette électrode inerte est indicatrice du potentiel imposé par les couples en solution. L'électrode de référence utilisée lors de cette manipulation est une électrode au chlorure d'argent ; son potentiel est égal à $E_{\text{Ref}} = 199$ mV. L'évolution obtenue expérimentalement est présentée à la figure 13.21.

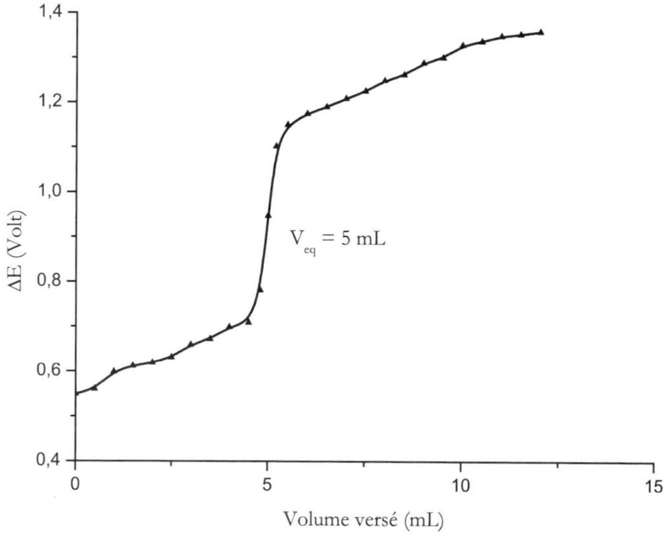

FIGURE 13.21 – Courbe expérimentale

Cette expérience permet de déterminer les potentiels standard des couples engagés.

b. Expérience 2 : complexation par l'orthophénanthroline

Les ions fer(II) Fe^{2+} et les ions fer(III) Fe^{3+} donnent des complexes colorés avec l'orthophénanthroline (notée *ophen*, voir la structure du ligand figure 13.22) : $[Fe(ophen)_n]^{2+}$ et $[Fe(ophen)_n]^{3+}$. Ces complexes sont respectivement rouge (avec les ions Fe^{2+}) et bleu (avec les ions Fe^{3+}). Les complexes seront notés dans la suite *CII* et *CIII*.

ophen :

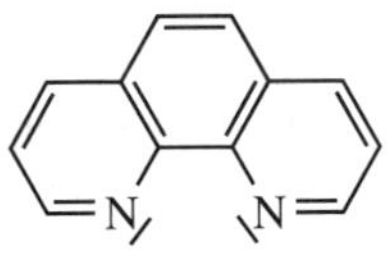

FIGURE 13.22 – Orthophénanthroline

Une masse de 0,4 g d'orthophénanthroline ($M = 198{,}3$ g·mol^{-1}) et une masse de 0,8 g de sel de MOHR ($M = 392{,}1$ g·mol^{-1}) sont pesées et dissoutes dans 50 mL d'eau. La solution est rouge. Cette solution est titrée (avec le même dispositif que pour l'expérience 1) par une solution d'ions cérium(IV) Ce^{4+} à la concentration 0,05 mol·L^{-1}. la figure 13.23 indique l'évolution obtenue pour le potentiel de l'électrode de platine. Notons que pour un volume versé voisin de 37 mL, la solution rouge vire au bleu.

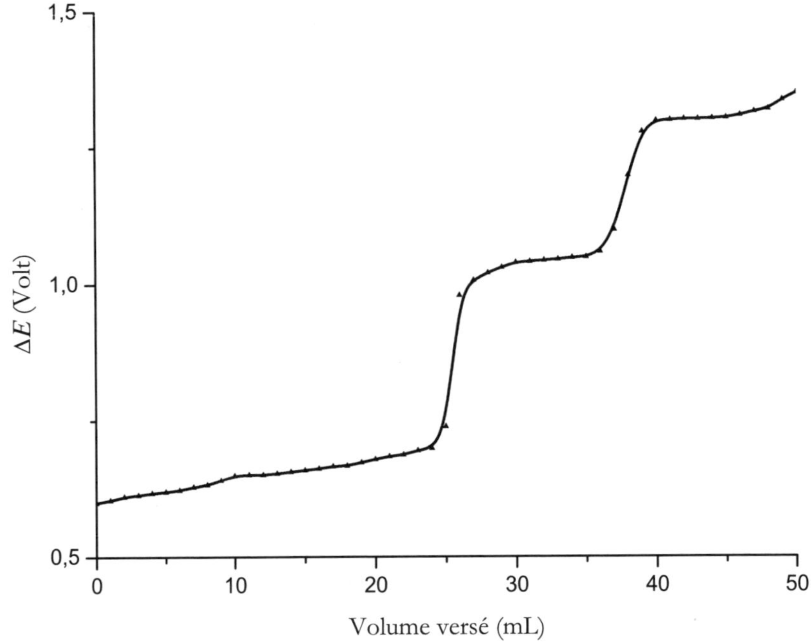

FIGURE 13.23 – Courbe expérimentale

Cette expérience permet de déterminer la valeurs de n (composition des complexes), ainsi que le pK_d du complexe CII, noté pK_{dII} (connaissant la valeur numérique du pK_d associé au complexe $CIII$: p$K_{dIII} = 11,5$). Notons que ces résultats sont obtenus pour une température de 25 °C.

c. Expérience 3

Le montage réalisé est indiqué par la figure 13.24.

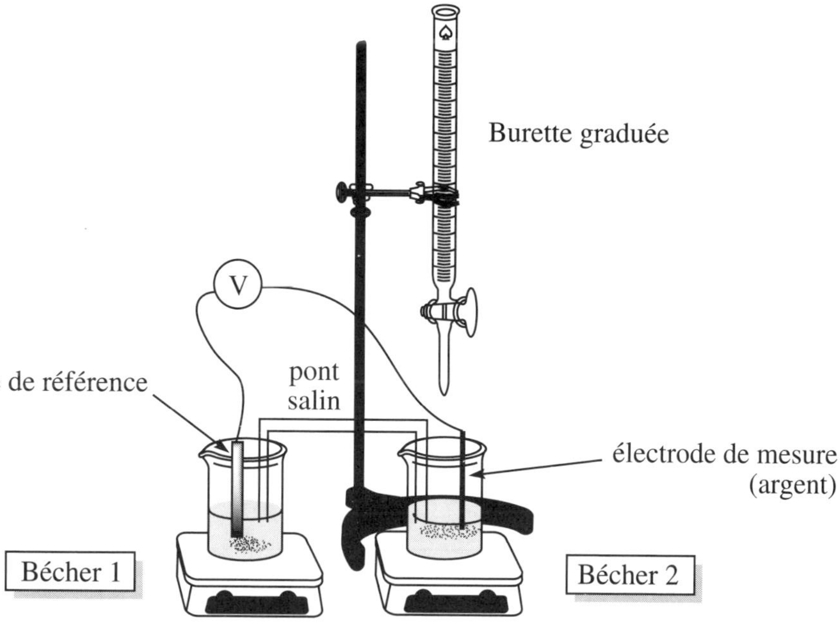

FIGURE 13.24 – Dispositif expérimental

• Le bécher 1 contient 50 mL d'une solution saturée de chlorure de potassium KCl. Une électrode au calomel saturée y est plongée.

• Le bécher 2 contient $V_0 = 20$ mL d'une solution contenant un mélange iodure de potassium KI/chlorure de potassium KCl (de concentration approximative 0,02 mol·L^{-1} en chacune des deux espèces). Une électrode d'argent y est plongée.

La burette contient une solution de nitrate d'argent (versée mL par mL jusqu'à 25 mL). L'apparition d'un solide jaune est constatée dès la première goutte de nitrate d'argent versée. La force électromotrice de la pile ainsi constituée est mesurée. La mesure de cette évolution est un suivi indirect du :

$$\text{pAg} = -\log[\text{Ag}^+].$$

En effet, la force électromotrice notée e s'exprime par :

$$e = E_{\text{Ag}} - E_{\text{Ref}} = E^\circ_{\text{Ag}^+/\text{Ag}} + 0,06\log[\text{Ag}^+] - E_{\text{Ref}}.$$

Ainsi :

$$\text{pAg} = \frac{E^\circ_{\text{Ag}^+/\text{Ag}} - e - E_{\text{Ref}}}{0,06}.$$

Les potentiels $E^\circ_{\text{Ag}^+/\text{Ag}}$ et E_{Ref} sont des constantes : $E^\circ_{\text{Ag}^+/\text{Ag}} = 0{,}80$ V et $E_{\text{Ref}} = 0{,}25$ V (à 25 °C). L'évolution observée pour le pAg est représentée à la figure 13.25.

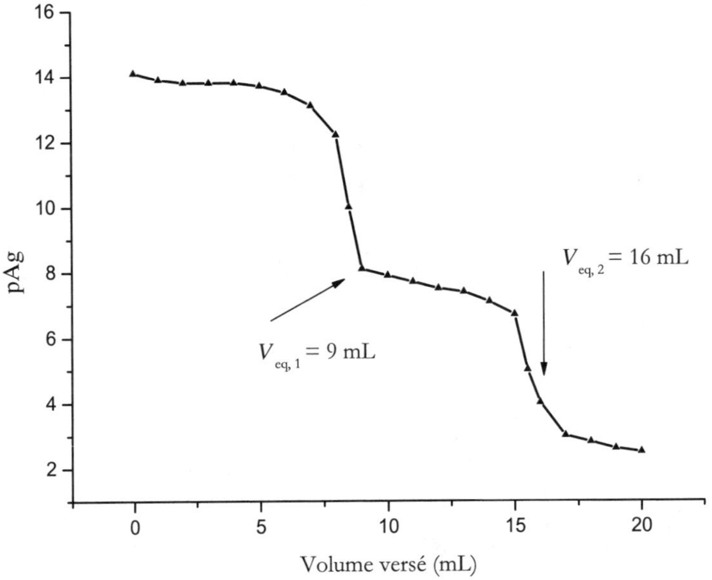

FIGURE 13.25 – Courbe expérimentale

Cette manipulation permet de déterminer expérimentalement les pK_s de l'iodure d'argent AgI(s) et du chlorure d'argent AgCl(s) (et de comparer avec les valeurs tabulées : pK_s(AgI) = 16,1 et pK_s(AgCl) = 9,8 à 25 °C).

6.2 Exploitations des expériences réalisées

a. Expérience 1

Le problème rencontré a été développé au paragraphe 5. La réaction de titrage s'écrit :

$$Ce^{4+} \quad + \quad Fe^{2+} \quad = \quad Ce^{3+} \quad + \quad Fe^{3+}.$$

Elle est largement quantitative et se révèle rapide (indispensable pour un titrage). L'équivalence marquée par un saut de potentiel se situe pour un volume ajouté $V_{eq} = 5$ mL. La relation à l'équivalence permet de déterminer avec précision la concentration de la solution titrée. Ainsi à l'équivalence :

$$(n_{Ce^{4+}})_{\text{ajouté}} = (n_{Fe^{2+}})_{\text{initial}}$$

d'où :

$$c_0V_0 = c_1V_{eq}$$

et par conséquent $c_0 = 5.10^{-3}$ mol·L^{-1}. Les expressions du potentiel de l'électrode de platine avant et après l'équivalence ont montré que :

$$E_{Pt} = E^{\circ}_{Fe^{3+}/Fe^{2+}}$$

pour un volume versé $V = V_{eq}/2$. *Expérimentalement* l'expérience permet de déduire :

$$E^{\circ}_{Fe^{3+}/Fe^{2+}} = 0{,}63 \text{ V}.$$

Cette valeur semble éloignée de la valeur tabulée :

$$E^{\circ}_{Fe^{3+}/Fe^{2+}} = 0{,}77 \text{ V}.$$

Cet écart est expliqué par la présence d'ions sulfate SO_4^{2-} qui complexent notablement les ions métalliques. Le potentiel standard déterminé dans les conditions de l'expérience est en réalité un **potentiel standard apparent**. De même les expressions établies pour l'évolution $E_{Pt} = f(V)$ montrent que :

$$E_{Pt} = E^{\circ}_{Ce^{4+}/Ce^{3+}}$$

pour $V = 2V_{eq}$. L'expérience montre ici :

$$E^{\circ}_{Ce^{4+}/Ce^{3+}} = 1{,}33 \text{ V}.$$

Ce résultat est éloigné de la grandeur tabulée (il y a intervention d'un phénomène qui dépasse le cadre de ce cours : l'électrode est soumise à un *potentiel mixte*).

b. Expérience 2

Le ligand *ophen* a été introduit en défaut. La solution initiale contient deux entités susceptibles d'être titrées : les ions fer(II) Fe^{2+} et le complexe $[Fe(ophen)_n]^{2+}$ (ceci est bien cohérent avec les deux sauts de potentiel observés). Le changement de couleur, associé au deuxième saut de potentiel, témoigne de l'apparition du complexe $[Fe(ophen)_n]^{3+}$ et donc de la réalisation de la réaction :

$$Ce^{4+} \quad + \quad [Fe(ophen)_n]^{2+} \quad = \quad Ce^{3+} \quad + \quad [Fe(ophen)_n]^{3+}.$$

La première réaction observée en début de titrage était donc :

$$Ce^{4+} \quad + \quad Fe^{2+} \quad = \quad Ce^{3+} \quad + \quad Fe^{3+}.$$

Ces deux réactions sont largement quantitatives et se révèlent rapides. Expérimentalement les équivalences sont rencontrées pour les volumes versés $V_{eq1} = 25$ mL et $V_{eq2} = 37$ mL. Les relations aux équivalences observées permettent de déterminer la stœchiométrie des complexes (valeur de n). Première équivalence :

$$(n_{Ce^{4+}})_{\text{ajouté}} = (n_{Fe^{2+}})_{\text{libre}}$$

d'où $(n_{Fe^{2+}})_{\text{libre}} = 25.10^{-3}.0,05 \approx 1,3.10^{-3}$ mol. La quantité d'ions fer(II) Fe^{2+} complexés est donnée par :

$$n_{[Fe(ophen)_n]^{2+}} = (n_{Fe^{2+}})_{\text{initial}} - (n_{Fe^{2+}})_{\text{libre}} = 2.10^{-3} - 1,3.10^{-3} = 7.10^{-4} \text{ mol}.$$

La quantité de ligand consommée est $n_{ophen} = 2.10^{-3}$ mol. Ainsi le nombre de ligands coordinés au centre métallique vaut expérimentalement $2/0,7 \approx 3$. À la première demi-équivalence :

$$E_{Pt} = E^\circ_{Fe^{3+}/Fe^{2+}}$$

La valeur $E^\circ_{Fe^{3+}/Fe^{2+}} = 0{,}65$ V est notée (en milieu sulfate complexant).
De même, à la deuxième demi-équivalence ($V \approx 31$ mL),

$$E_{Pt} = E^\circ_{[Fe(ophen)_3]^{3+}/[Fe(ophen)_3]^{2+}}.$$

Expérimentalement il vient :

$$E^\circ_{[Fe(ophen)_3]^{3+}/[Fe(ophen)_3]^{2+}} = 1{,}05 \text{ V}.$$

Or le potentiel standard $E^\circ_{Fe(ophen)_3^{3+}/Fe(ophen)_3^{2+}}$ s'exprime à partir des constantes de dissociation des deux complexes et du potentiel standard $E^\circ_{Fe^{3+}/Fe^{2+}}$ selon :

$$E^\circ_{[Fe(ophen)_3]^{3+}/[Fe(ophen)_3]^{2+}} = E^\circ_{Fe^{3+}/Fe^{2+}} + 0,06 \log\left(\frac{K_{dII}}{K_{dIII}}\right).$$

Cette expression est obtenue en écrivant l'égalité des potentiels d'oxydoréduction des couples Fe^{3+}/Fe^{2+} et $[Fe(ophen)_3]^{3+}/[Fe(ophen)_3]^{2+}$. En utilisant $E^\circ_{Fe^{3+}/Fe^{2+}} = 0{,}77$ V et connaissant $pK_{dIII} = 11,5$, il vient expérimentalement $pK_{dII} = 16,2$ (la valeur $17,7$ est fournie par des tables thermodynamiques).

c. Expérience 3

Les réactions de titrage sont des réactions de précipitation. Les solides AgI(s) et AgCl(s) sont successivement formés. L'électrode d'argent (première espèce) sert d'électrode indicatrice de la concentration en ions Ag^+. Entre $V = 0$ et $V = 9$ mL la réaction de titrage s'écrit :

$$Ag^+ \quad + \quad I^- \quad = \quad AgI\ (s) \qquad \text{(de constante d'équilibre } K_T^\circ = 10^{16,1}).$$

Le solide AgI(s) est un précipité de couleur jaune. Entre $V = 9$ mL et $V = 16$ mL la réaction de titrage s'écrit :

$$Ag^+ \quad + \quad Cl^- \quad = \quad AgCl\ (s) \qquad \text{(de constante d'équilibre } K_T^\circ = 10^{9,8}).$$

Le solide AgCl(s) est un précipité de couleur blanche (il noircit ensuite). Notons que l'apparition d'une réaction de précipitation se traduit sur la courbe par un **point anguleux**. Deux équivalences sont repérées par un saut de pAg pour des volumes versés $V_{eq1} = 9$ mL et $V_{eq2} = 16$ mL. Les relations aux équivalences permettent de déterminer les concentrations initiales en ions iodure et chlorure.

• Première équivalence :

$$(n_{Ag^+})_{\text{ajouté}} = c_{Ag^+} V_{eq1} = (n_{I^-})_{\text{initial}}$$

d'où $c_{I^-} = 2{,}3.10^{-2}$ mol·L^{-1}.

• Deuxième équivalence :

$$(n_{Ag^+})_{\text{ajouté}} = (n_{I^-})_{\text{initial}} + (n_{Cl^-})_{\text{initial}}$$

d'où :

$$c_{Ag^+}V_{eq2} = (c_{I^-} + c_{Cl^-}).V_0.$$

Ainsi $c_{Cl^-} = 1{,}8.10^{-2}$ mol·L^{-1}.
La valeur du pAg en deux points de la courbe permet de déterminer expérimentalement le produit de solubilité des précipités engagés. À la première demi-équivalence le solide AgI(s) est présent, son produit de solubilité est vérifié. Une lecture du pAg permet ainsi d'écrire $[Ag^+] = 10^{-13{,}8}$ mol·L^{-1}. À la demi-équivalence $[I^-] = 9{,}4.10^{-3}$ mol·L^{-1} et donc :

$$K_s(\text{AgI}) = 10^{-13{,}8}.9{,}4.10^{-3} = 1{,}5.10^{-16}$$

soit :

$$\text{p}K_s = 15{,}8 \qquad (\text{à } 25\ °\text{C}).$$

À la deuxième demi-équivalence le solide AgCl(s) est présent, son produit de solubilité est vérifié. Une lecture du pAg permet ainsi d'écrire $[Ag^+] = 10^{-7{,}5}$ mol·L^{-1}. À la demi-équivalence $[Cl^-] = 5{,}5.10^{-3}$ mol·L^{-1} et donc :

$$K_s(\text{AgCl}) = 10^{-7{,}5}.5{,}5.10^{-3} = 1{,}7.10^{-10}$$

soit :

$$\text{p}K_s = 9{,}8 \qquad (\text{à } 25\ °\text{C}).$$

Les résultats obtenus sont conformes aux grandeurs fournies par des tables thermodynamiques.

✎ Remarquons que le dispositif expérimental isole l'électrode au calomel dans un bécher particulier. Il est en effet néfaste de tremper directement l'électrode dans une solution accueillant des ions argent Ag^+ : ceux-ci sont susceptibles de détériorer l'électrode au calomel saturée en réagissant avec les ions chlorure contenus dans l'électrode.

Les piles à combustible

La pile à combustible fournit de l'électricité à partir de dihydrogène et de dioxygène. L'intérêt qu'on lui porte ne cesse de croître depuis 1990 (dans l'optique d'un appauvrissement des réserves naturelles en pétrole à long terme, ainsi que pour des raisons écologiques). L'équation de pile s'écrit :

$$H_2\,(g) \quad + \quad \frac{1}{2}\,O_2\,(g) \quad = \quad H_2O\,(\ell),$$

il s'agit de la réaction inverse de l'électrolyse de l'eau. Les réactions ont lieu autour d'une anode : oxydation du dihydrogène selon :

$$H_2\,(g) \quad = \quad 2\,H^+ \quad + \quad 2\,e^-$$

et d'une cathode : réduction du dioxygène selon :

$$\frac{1}{2}\,O_2\,(g) \quad + \quad 2\,H^+ \quad + \quad 2\,e^- \quad = \quad H_2O\,(\ell)$$

séparées par un électrolyte (souvent un polymère solide). Dans une pile à combustible le compartiment anodique est approvisionné de façon continue en combustible dihydrogène $H_2(g)$. Le compartiment cathodique est le plus souvent alimenté par le dioxygène de l'air.

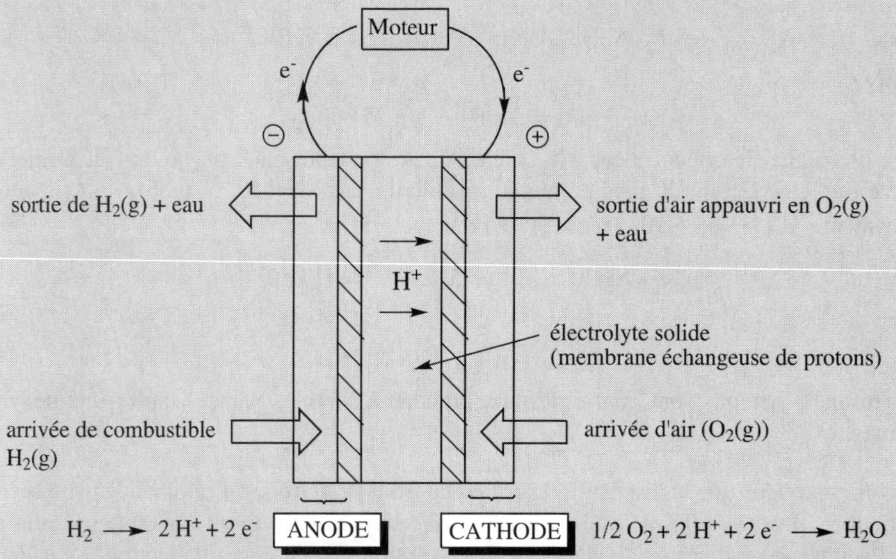

Les piles à combustibles possèdent par rapport à une pile classique des avantages sérieux :

- elles ne rejettent que de l'eau (faibles émissions de monoxyde de carbone $CO(g)$ et de dioxyde de carbone $CO_2(g)$) ;
- elles possèdent un rendement élevé (non soumis à la limite du cycle de CARNOT) ;
- elles sont silencieuses et simples d'utilisation.

Outre le dihydrogène, le combustible méthanol peut être rencontré. La réaction anodique s'écrit alors :

$$CH_3OH\,(\ell) \quad + \quad H_2O\,(\ell) \quad = \quad CO_2\,(g) \quad + \quad 6\,H^+ \quad + \quad 6\,e^-$$

pour une même réaction cathodique que précédemment. L'équation de pile s'écrit alors :

$$CH_3OH\,(\ell) \quad + \quad \frac{3}{2}\,O_2\,(g) \quad = \quad CO_2\,(g) \quad + \quad 2\,H_2O\,(\ell).$$

Les résultats obtenus à partir de cette pile ne cessent de progresser, en particulier grâce aux progrès réalisés dans le choix du polymère conducteur (électrolyte solide). Citons l'exemple du polyfluorostyrène. Plusieurs projets de recherche visant à l'amélioration de la pile à combustible méthanol sont actuellement en cours.

EXERCICES

Dans les exercices, on prendra, sauf indication contraire, $\frac{RT}{F}\ln(10) = 0{,}06$ V.

13.1 Potentiel d'électrode, force électromotrice (★)

1. Calculer le potentiel d'une électrode de cuivre plongeant dans une solution aqueuse de nitrate de cuivre(II) de concentration $c_0 = 10^{-2}$ mol·L^{-1}.

2. Calculer la force électromotrice de la pile constituée de l'électrode précédente et d'une électrode au calomel saturée (ECS).

Données : $E°(Cu^{2+}/Cu\ (s)) = 0{,}34$ V ; $E_{ref}(ECS) = 0{,}25$ V.

13.2 Détermination d'un produit de solubilité (★)

Dans un bécher contenant une solution de concentration $c_0 = 10^{-2}$ mol·L^{-1} en chlorure de sodium, on plonge une électrode d'argent et une électrode au sulfate mercureux, notée SM. Après ajout d'une goutte de nitrate d'argent (qui ne modifie pas le volume de la solution initiale), le chlorure d'argent précipite et la force électromotrice mesurée ($e = E_{Ag} - E_{ref}$) vaut $e = -0{,}33$ V.
Déterminer le produit de solubilité du chlorure d'argent(I) AgCl(s).

Données : $E°(Ag^{+}/Ag\ (s)) = 0{,}80$ V ; $E_{ref}(SM) = 0{,}65$ V.

13.3 Réaction d'oxydoréduction (★★)

Dans un bécher sont introduits une solution de concentration $c_0 = 10^{-2}$ mol·L^{-1} de nitrate de fer(III) et de l'argent métallique en excès.

1. Écrire les deux demi-équations d'oxydoréduction pour les deux couples oxydant-réducteur mis en jeu.

2. Écrire la réaction chimique se déroulant dans le bécher.

3. Exprimer de deux façons différentes, le potentiel d'une électrode de platine plongeant dans la solution.

4. Calculer la constante de la réaction chimique qui se déroule dans le bécher.

5. Calculer les concentrations à l'équilibre chimique. Commentaire ?

Données : $E°(Ag^{+}/Ag\ (s)) = 0{,}80$ V ; $E°(Fe^{3+}/Fe^{2+}) = 0{,}77$ V.

13.4 Influence de la complexation (★★)

Calculer le potentiel d'électrode d'une électrode de platine plongeant dans une solution constituée d'un mélange équimolaire ($c_0 = 10^{-2}$ mol·L^{-1}) de nitrate ferreux (Fe^{2+}) et de nitrate ferrique (Fe^{3+}) en présence d'acide sulfurique. Celui-ci fixe la concentration en ions sulfate à la concentration $c'_0 = 1$ mol·L^{-1}.

Données :
- $E°(Fe^{3+}/Fe^{2+}) = 0{,}77$ V
- $Fe^{2+} + SO_4^{2-} = [Fe(SO_4)]$ $\beta_{II} = 10^{2{,}6}$;
- $Fe^{3+} + SO_4^{2-} = [Fe(SO_4)^{+}]$ $\beta_{III} = 10^{4{,}1}$.

PROBLÈMES

13.5 Étude d'une pile de concentration (d'après e3a 2001) (★)

Le système réactionnel est une pile électrochimique utilisant le couple Fe^{3+}/Fe^{2+}.

Dans le bécher *A*, on a initialement 50 mL d'une solution à 0,1 mol·L^{-1} de sulfate ferreux ($[Fe^{2+}]_{0A} = 0{,}1$ mol·L^{-1}) et 0,2 mol·L^{-1} de chlorure ferrique ($[Fe^{3+}]_{0A} = 0{,}2$ mol·L^{-1}) totalement dissous.

Dans le bécher *B*, on a mis au départ 50 mL d'une solution à 0,2 mol·L^{-1} de sulfate ferreux ($[Fe^{2+}]_{0B} = 0{,}2$ mol·L^{-1}) et 0,1 mol·L^{-1} de chlorure ferrique totalement dissous ($[Fe^{3+}]_{0B} = 0{,}1$ mol·L^{-1}). On utilise des électrodes de platine et un pont salin au chlorure de potassium. $\mathscr{R}$ est une très grande résistance. Les phénomènes dissipatifs dus au pont salin ou à la résistance $\mathscr{R}$ sont négligés.

Données :

- dans la relation de NERNST, on prendra $\dfrac{RT}{F}\ln(10) = 0{,}059$ V ;
- à titre indicatif, le potentiel d'électrode standard du couple Fe^{3+}/Fe^{2+} est $E^\circ = 0{,}77$ V.

1. Déterminer la différence de potentiel $E_A - E_B$ initiale dans cette pile. Dans quel sens les électrons circulent-ils ?

a. En notant avec un indice A ou B les espèces physiquement situées dans le bécher correspondant (par exemple Fe_A^{3+} pour les ions ferriques du bécher A), écrire l'équation-bilan traduisant le fonctionnement de la pile.

b. Quelle est la valeur de la différence de potentiel lorsque le système n'évolue plus, malgré la valeur finie de la résistance $\mathscr{R}$?

2. Déterminer les concentrations finales en ions ferreux et en ions ferriques à l'équilibre ?

13.6 Complexes cyanurés du cadmium (Mines MP 2003) (★★)

L'ion cyanure CN^- donne avec les ions cadmium Cd^{2+} un complexe stable de formule $[Cd(CN)_n]^{2-n}$. On cherche à déterminer expérimentalement la constante de formation *K* de ce complexe et l'indice de coordination entier *n*. On réalise pour cela une pile formée de deux compartiments reliés par un pont salin (voir figure 13.26 page 525).

Dans le compartiment (2), on verse des volumes V_{CN^-} de solution de cyanure de potassium de concentration molaire $c_0 = 5$ mol·L^{-1}. On mesure la force électromotrice $e = E_1 - E_2$ (E_i représente le potentiel de l'électrode de cadmium dans le compartiment *i*) de la pile formée pour différents volumes de la solution de cyanure versés. Les résultats sont obtenus à 298 K :

V CN^- / mL	2,0	4,0	6,0	8,0	12,	16,0	20,0
e /mV	327	363	384	399	420	435	447

On pourra négliger l'effet de la dilution dû à l'addition de la solution de cyanure et, la concentration des ions cyanure dans cette solution étant très élevée, on pourra considérer que pour toutes les valeurs de volume de solution de cyanure ajoutée, l'ion cyanure est en large excès, après la formation de complexe, dans le compartiment (2).

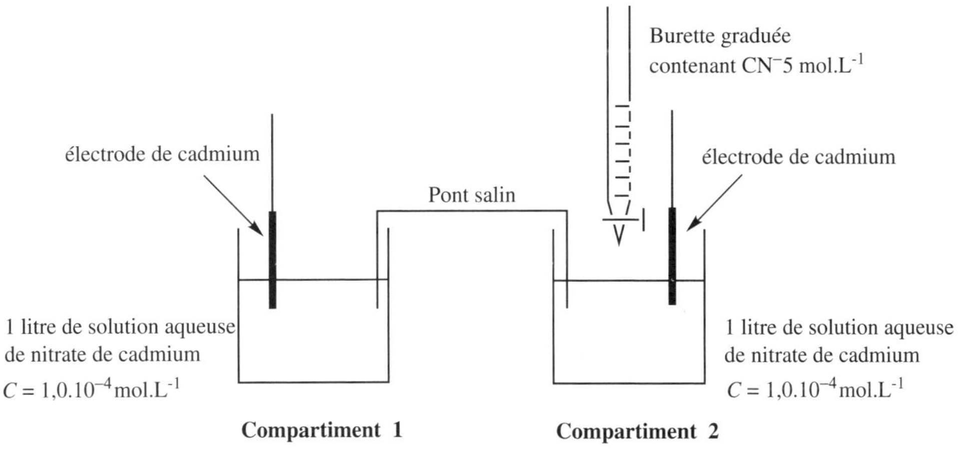

FIGURE 13.26 – Schéma de pile pour la détermination de la stœchiométrie du complexe cadmium(II)/cyanure

1. Écrire la relation existant entre e, K, n et $[CN^-]$, concentration des ions cyanure dans le compartiment (2).

2. Montrer qu'il est possible, dans les conditions expérimentales proposées, de déterminer graphiquement K et n.

3. En déduire la valeur de n ainsi qu'une valeur approchée de K.

13.7 Étude de la pile fer/iode (d'après ENGEES PSI 2000) (★★)

On se propose de mettre en évidence la notion de différence de potentiel dans une pile fer/iode. À cet effet, on prépare deux solutions :

- solution A : préparer dans une fiole jaugée de 100 mL, une solution aqueuse contenant 254 mg de diiode (10^{-4} mol) et 9,96 g d'iodure de potassium (6.10^{-2} mol). Transvaser dans un bécher de 150 mL.
- solution B : préparer dans une fiole jaugée de 250 mL une solution aqueuse contenant 411,0 mg d'hexacyanoferrate(III) de potassium ($1,25.10^{-3}$ mol) et 264,0 mg d'hexacyanoferrate(II) de potassium ($0,625.10^{-3}$ mol). Ajouter une pointe de spatule d'hydrogénocarbonate de sodium pour assurer un pH voisin de 8. Transvaser dans un bécher de 400 mL.

1. Étude du système iode/iodure

On plonge une électrode de platine et une électrode de référence (calomel à solution saturée en chlorure de potassium) de potentiel $E_{\text{ref}} = 0,245$ V dans la solution A et on mesure $E_A = 211$ mV si la dissolution du diode est complète. En présence d'ions iodure, le diiode I_2 forme un complexe I_3^- selon la réaction :

$$I_2 \quad + \quad I^- \quad = \quad I_3^- \qquad \beta_1 = \frac{[I_3^-]}{[I_2][I^-]} = 790 \qquad \text{à } 25\ °\text{C}.$$

a. Calculer la concentrations des différentes espèces dans la solution A.

b. Écrire les demi-équations d'oxydoréduction pour les deux couples I_2/I^- et I_3^-/I^- et les relations de NERNST correspondantes. Quelle relation lie les potentiels standard des deux couples ? On pourra utiliser l'approximation $(RT/F)\ln(x) = 0{,}06.\log(x)$ (potentiel en Volt).

c. En déduire le potentiel standard de chaque couple à 25 °C (température de la pièce).

2. Étude du système $[Fe(CN)_6]^{3-}/[Fe(CN)_6]^{4-}$

On plonge une électrode de platine et une électrode de référence (calomel à solution saturée en chlorure de potassium) dans la solution B et on mesure $E_B = 176$ mV.

a. Écrire la demi-équation d'oxydoréduction du couple étudié et la relation de NERNST correspondante.

b. En déduire le potentiel standard du couple à 25 °C.

3. Fonctionnement d'une pile électrochimique

On plonge à nouveau, dans chaque solution une électrode de platine et on relie les deux béchers par un pont salin pour obtenir une pile dont on mesure la f.e.m. $E_C = 34$ mV.

a. Cette mesure est-elle cohérente avec les précédentes ?

b. Réaliser un schéma de la pile.

c. Préciser, sur le schéma, la polarité des électrodes et le sens du courant.

d. Écrire la réaction globale de fonctionnement de la pile.

e. Calculer la constante de cette réaction.

4. Mélange de S_A et de S_B

On mélange les solutions A et B dans le même bécher de 500 mL. On agite, puis on plonge deux électrodes de platine et on attend l'équilibre : on mesure E_D. On remplace ensuite une des électrodes par une électrode de référence (calomel à solution saturée en chlorure de potassium) : on mesure $E_E = 205$ mV.

a. Que vaut E_D ?

b. Calculer le potentiel à l'équilibre.

c. Calculer la concentration des diverses espèces à l'équilibre.

13.8 Étude d'une pile à combustible (d'après CCP MP 2002) (★)

Dans certaines piles à combustible, on utilise le dihydrogène comme combustible et le dioxygène comme comburant. La réaction globale de la pile a pour équation bilan :

$$H_2\,(g) \quad + \quad \frac{1}{2}\,O_2\,(g) \qquad = \quad H_2O\,(\ell).$$

1. Donner l'expression de la constante d'équilibre K^o correspondant à cette réaction.

Cette réaction est en fait l'association de deux demi-équations d'oxydoréduction mettant en jeu les couples oxydant-réducteur (H^+/H_2) et (O_2/H_2O).

2. Écrire l'expression des deux demi-équations d'oxydoréduction.

3. Les deux demi-réactions ont lieu sur deux électrodes. Indiquer la réaction cathodique et la réaction anodique.

4. Donner l'expression du potentiel d'oxydoréduction pour les deux couples (à 25 °C).

5. Exprimer la constante d'équilibre K° en fonction des potentiels standard des couples (H^+/H_2) et (O_2/H_2O). Calculer sa valeur et commenter.

Données : E°(H^+/H_2) = 0 V ; E°(O_2/H_2O) = 1,23 V. À 25 °C : $\frac{RT}{F}\ln(x) = 0,06.\log(x)$.

13.9 Le mercure et ses ions en solution aqueuse (d'après CCP TSI 1999) (★★)

Les nombres d'oxydation à considérer pour l'élément Hg sont les nombres 0, +I et +II. Le mercure liquide est seul dans sa phase. La température sera toujours égale à 298 K.

Données :

- Masses atomiques molaires en g·mol^{-1} : Hg : 200,6 O : 16,0 H : 1,0 ;
- 1 Faraday : $F = 96\,500$ C·mol^{-1} ;
- $\frac{RT}{F}\ln(10) = 0,06$ V ;
- Produit ionique de l'eau K_e : $K_e = 10^{-14}$;
- Produits de solubilité :
  - $Hg(OH)_2$ (s) : $K_{s1} = 2,36.10^{-26}$;
  - $Zn(OH)_2$ (s) : $K_{s2} = 7,08.10^{-18}$;
- Potentiels standard à pH = 0

Couple	$Hg_2^{2+}/Hg(\ell)$	Hg^{2+}/Hg_2^{2+}	$Hg^{2+}/Hg(\ell)$	$O_2(g)/H_2O(\ell)$	$Zn^{2+}/Zn(s)$
$E°$ / V	0,80	0,91	0,85	1,23	−0,76

1. Les solutions aqueuses d'ion mercureux

a. L'ion mercureux existe en solution aqueuse acide sous la forme d'un ion dimère de formule Hg_2^{2+}. Écrire la demi-équation d'oxydoréduction associée au couple (Hg^{2+}/Hg_2^{2+}).

b. L'ion mercureux Hg_2^{2+} est oxydé en solution acide en ion mercurique Hg^{2+} par le dioxygène O_2 atmosphérique qui se dissout dans l'eau. Justifier qualitativement cette observation pour pH = 0 et écrire l'équation-bilan de la réaction d'oxydation.

c. Afin de conserver une solution acide d'ions Hg_2^{2+} au laboratoire, on y introduit quelques gouttes de mercure liquide. Les ions Hg_2^{2+} sont ainsi régénérés, au fur et à mesure de leur oxydation par le dioxygène atmosphérique. Quelle réaction peut se produire entre l'ion mercurique Hg^{2+} et le mercure Hg introduit ? Justifier. Calculer la constante d'équilibre de cette réaction rapportée à une mole d'ions mercurique.

d. Application

Une solution S, de concentration initiale 0,1 mol·L^{-1} en ions mercureux Hg_2^{2+} a été partiellement oxydée par le dioxygène dissous. Elle contient maintenant 0,02 mol·L^{-1} d'ions mercurique et on considère qu'il ne reste plus de dioxygène dans cette solution. Quelle est la concentration des ions mercureux restant dans cette solution ?

e. Afin de régénérer les ions mercureux, on ajoute, sans variation de volume quelques gouttes de mercure liquide. Quelle est la concentration en ions mercurique après cette addition sachant qu'il reste du mercure liquide ? Quel est le pourcentage des ions mercurique ainsi éliminés ?

2. Utilisation du mercure au nombre d'oxydation +II dans la pile au mercure (pile bouton)

La pile au mercure appelée communément « pile bouton » à cause de sa forme intervient dans de nombreux appareils électroniques. Sa description simplifiée est schématisée ci-dessous :

$$\underset{\text{demi-pile (1)}}{Hg\ (\ell)\ |\ Hg(OH)_2\ (s)\ |}\quad Na^+,\ OH^-\ \text{(solution aqueuse)}\quad \underset{\text{demi-pile (2)}}{|\ Zn(OH)_2\ (s)\ |\ Zn\ (s)}$$

La demi-pile (1) contient du mercure liquide $Hg(\ell)$ au contact d'hydroxyde mercurique solide $Hg(OH)_2(s)$ et d'une solution de soude concentrée. La demi-pile (2) contient du zinc métallique Zn au contact d'hydroxyde de zinc solide $Zn(OH)_2(s)$ et de la même solution de soude concentrée.

a. Exprimer les potentiels $E_{(1)}$ et $E_{(2)}$ des couples oxydant-réducteur de chaque demi-pile en fonction des potentiels standard fournis, des produits de solubilité des hydroxydes, du produit ionique de l'eau et du pH de la solution de soude. Donner les expressions numériques de $E_{(1)}$ et $E_{(2)}$, en volt, en fonction du pH ; en déduire les pôles positif et négatif de la pile.

b. Montrer que la force électromotrice e de la pile est indépendante de la concentration en électrolyte. Quelle est sa valeur ?

c. Écrire les équations des réactions électrochimiques à chaque électrode ainsi que l'équation-bilan de la réaction se produisant dans la pile entre les espèces solides.

d. On veut conférer à cette pile une autonomie de 2 A·h à 298 K (c'est-à-dire que la pile est capable de délivrer une intensité de 2 A pendant 1 h avant d'être usée). Quelle masse minimale d'hydroxyde mercurique doit-on utiliser ?

13.10 Dosage des ions iodure (d'après banque PT 2003) (★★)

On réalise, à 25 °C, le dosage d'oxydoréduction d'un volume $v_0 = 50$ mL d'une solution d'iodure de potassium de concentration c_0 inconnue par une solution de sulfate cérique $Ce(SO_4)_2$ de concentration $c = 5.10^{-2}$ mol·L^{-1} en milieu acide chlorhydrique concentré. Le titrage est suivi par mesures potentiométriques. L'évolution de la tension U (mesurée à l'équilibre) en fonction du volume v versé est représentée figure 13.27.

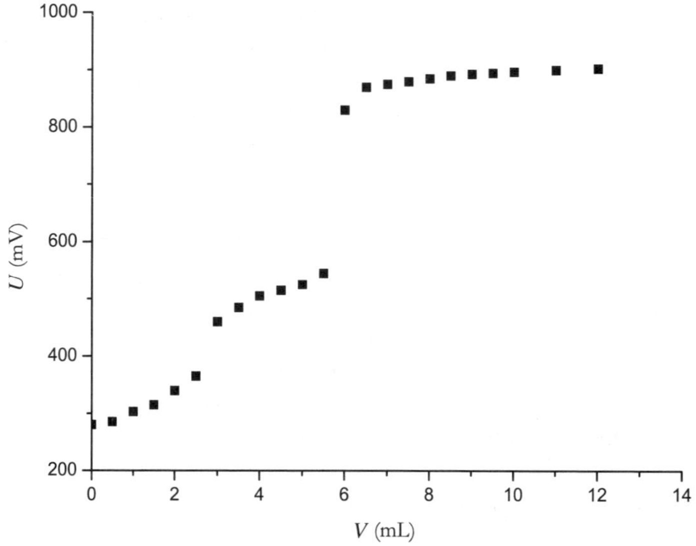

FIGURE 13.27 – Courbe de dosage des ions iodure par le sulfate cérique en présence d'ions chlorure

1. Quelles électrodes peut-on utiliser pour réaliser le dosage ? Faire un schéma du dispositif expérimental. Quel est le lien entre le potentiel d'oxydoréduction E et la tension U mesurée à l'équilibre ?

2. Interprétation des courbes.

a. Écrire les équations-bilans des réactions globales d'oxydoréduction observées.

b. Calculer leurs constantes d'équilibre.

3. Concentration des ions iodure.

a On suppose dans la suite que les deux réactions ont lieu successivement. Établir les deux relations entre les deux volumes équivalents v_1 et v_2, v_0, c_0 et c.

b. Quel lien existe-t-il entre v_2 et v_1 ?

c. En déduire la valeur initiale de la concentration en ions iodure.

d. Que vaut le potentiel d'oxydoréduction à l'équilibre lorsque les ions iodure ont été oxydés à 90 % en diiode I_2 (on pourra négliger l'effet de la dilution) ?

e. Comparer ce dernier résultat à la valeur $E = 0{,}75$ V correspondant au cas où 10 % du diiode formé est oxydé à l'état d'ions ICl_2^-. Commenter.

Données :
Potentiels d'oxydoréduction standard à 298 K : $E_1^\circ(I_2/I^-) = 0{,}54$ V ; $E_2^\circ(ICl_2^-/I_2) = 1{,}06$ V ; $E_3^\circ(Ce^{4+}/Ce^{3+}) = 1{,}28$ V (dans H_3O^+,Cl^-) ; $\dfrac{RT}{F}\ln(10) = 0{,}06$ V à 298 K.

13.11 Dosage de l'étain (d'après Centrale TSI 1998) (★★)

1. On dispose d'une solution d'étain(II), c'est-à-dire contenant des ions stanneux Sn^{2+}, de concentration inconnue c. L'objectif du dosage est de déterminer cette concentration. Le mode opératoire proposé est le suivant :

- dans un erlenmeyer de 100 mL, verser 10,0 mL de la solution d'étain(II) à doser ;
- sous forte agitation, ajouter lentement 5,0 mL d'une solution de diiode de concentration $c_0 = 0{,}100$ mol·L^{-1}. Lors des premiers ajouts, on observe une décoloration de la solution de diiode au contact de la solution à doser, puis la coloration jaune-orange persiste ;
- on ajoute 5 gouttes d'empois d'amidon ;
- on dose le diiode qui n'a pas réagi par une solution de thiosulfate de sodium ($Na_2S_2O_3$) de concentration $c'_0 = 0{,}050$ mol·L^{-1}. L'équivalence est repérée par la décoloration totale du mélange à doser.

a. Quel est le nom de l'instrument de verrerie utilisé pour prélever les 10,0 mL de la solution à doser et pour les verser dans l'erlenmeyer ?

b. Lors d'un dosage volumétrique qu'appelle-t-on équivalence ?

c. Écrire l'équation de la réaction entre le diiode et le cation stanneux Sn^{2+}.

d. Écrire l'équation de la réaction entre le diiode et l'anion thiosulfate $S_2O_3^{2-}$.

e. Montrer qualitativement que ces réactions peuvent *a priori* servir à un dosage.

f. Calculer la valeur de la constante d'équilibre de la réaction entre le diiode et l'ion stanneux.

2. En respectant à la lettre le mode opératoire ci-dessus, lors du dosage diiode/thiosulfate, un étudiant repère un volume équivalent V_{eq} égal à 0,9 mL. Déterminer la valeur de la concentration c ainsi obtenue.

3. Lorsque l'étudiant présente ses résultats (volume équivalent et concentration) à son professeur, ce dernier lui indique que ses valeurs sont sujettes à caution et lui demande de recommencer le dosage après avoir dilué dix fois la solution de thiosulfate de sodium et en conservant le reste du protocole opératoire.

a. Décrire la suite des opérations nécessaires pour diluer dix fois une solution. On précisera bien le nom des instruments utilisés.

b. Pourquoi ces résultats sont-ils discutables ?

c. Que penser de la modification apportée par le professeur ?

d. En recommençant selon les nouvelles modalités, l'étudiant obtient un volume équivalent de 9,2 mL. Calculer la nouvelle valeur obtenue pour la concentration c.

Données :

Couple Ox/Red	Sn^{4+}/Sn^{2+}	I_2/I^-	$S_4O_6^{2-}/S_2O_3^{2-}$	$O_2(g)/H_2O(\ell)$
$E° / V$	0,15	0,62	0,09	1,23

13.12 Dosage des ions cuivrique en solution (CCP TSI 1998) (★★)

Principe du dosage : on se propose dans cette partie de doser les ions cuivrique Cu^{2+} présents dans une solution aqueuse en les faisant réagir avec les ions iodure I^- d'une autre solution.

1. Une réaction entre les ions cuivrique Cu^{2+} et les ions iodure I^- vous paraît-elle envisageable compte tenu des potentiels d'oxydoréduction standard ?

2. En fait la réaction est compliquée par l'apparition possible du précipité d'iodure cuivreux(I) de formule CuI(s) par réaction entre l'ion cuivreux Cu^+ et l'ion iodure I^-. Écrire la demi-équation d'oxydoréduction mettant en jeu le couple Cu^{2+}/CuI (s).

3. En considérant une solution aqueuse contenant des ions cuivrique Cu^{2+}, cuivreux Cu^+, iodure I^- et le précipité d'iodure cuivreux CuI(s), déterminer le potentiel d'oxydoréduction standard associé au couple Cu^{2+}/CuI(s) à 25 °C. Si l'on n'arrive pas à résoudre cette question on pourra admettre la valeur, soit 0,89 V.

4. Quelle réaction se produit lorsque l'on mélange des ions cuivrique et des ions iodure en solution dans des conditions standard ?

5. Déterminer la constante d'équilibre de cette réaction à 25 °C et en déduire si celle-ci est utilisable pour un dosage des ions cuivrique.

6. Pour réaliser le dosage, on se place en excès d'ions iodure et on dose le diode I_2 formé par l'ion thiosulfate $S_2O_3^{2-}$. Écrire la réaction entre l'ion thiosulfate et le diiode. Cette réaction peut-elle être considérée comme totale ?

7. Réalisation pratique du dosage. À 20 cm^3 d'une solution d'ions cuivrique de concentration inconnue, on ajoute 50 cm^3 d'une solution d'ions iodure de concentration 0,2 $mol\cdot L^{-1}$. On dose le diiode formé par une solution de thiosulfate de sodium de concentration 0,1 $mol\cdot L^{-1}$. Ce dernier dosage nécessite 18 cm^3 de thiosulfate.

a. Déterminer la concentration de la solution d'ions cuivrique.

b. Vérifier que le système est bien en excès d'ions iodure.

Données ($T = 25$ °C) :

- Potentiels d'oxydoréduction standard de divers couples :

– Cu^{2+}/Cu $E_1^\circ = 0{,}34$ V ; Cu^{2+}/Cu^+ $E_2^\circ = 0{,}17$ V ;
– I_2 (aq)/I^- $E_3^\circ = 0{,}62$ V ; $S_4O_6^{2-}/S_2O_3^{2-}$ $E_4^\circ = 0{,}08$ V ;

• Produit de solubilité de l'iodure de cuivre(I) CuI (s) : $K_s = 10^{-12}$;

• $\dfrac{RT}{F}\ln(x) = 0,06\log(x)$.

13.13 Dosage des ions fer(II) et cobalt(II) (Agro-véto B 2007) (★★)

La solution étudiée est constituée d'un mélange d'ions fer(II) Fe^{2+} et d'ions cobalt(II) Co^{2+} (solution A). On effectue d'abord un titrage de cette solution par une solution d'ions cérium(IV) Ce^{4+} de concentration $1{,}00.10^{-2}$ mol·L^{-1} (solution B) en milieu acide, puis un second titrage en présence d'un ligand azoté l'*ortho*-phénanthroline noté *oph*. Les titrages sont suivis par potentiométrie à l'aide d'une électrode de mesure en platine et d'une électrode de référence : l'électrode au calomel saturée (ECS). Les courbes expérimentales sont fournies figure 13.28.

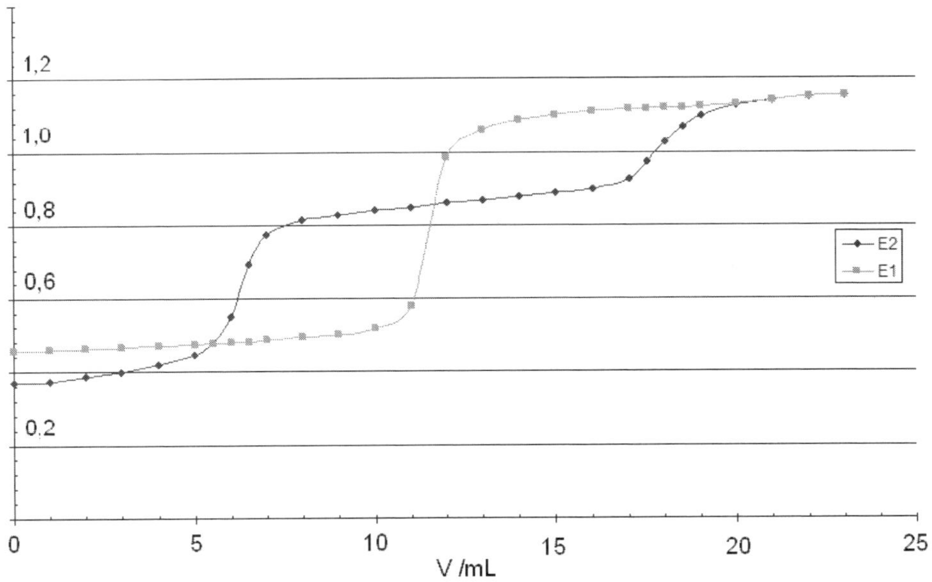

FIGURE 13.28 – Variation de la différence de potentiel en fonction de volume de titrant ajouté

1. Premier dosage

Le bécher du dosage contient $V_0 = 20{,}0$ mL de la solution A et 20 mL d'acide sulfurique à 0,05 mol·L^{-1}. La burette contient la solution B. On obtient la courbe notée E_1.

a. Pourquoi se place-t-on en milieu fortement acide ?

b. À l'aide des valeurs des potentiels standard des couples oxydant/réducteur mis en présence, prévoir lequel des cations est dosé. Écrire l'équation de la réaction qui se produit.

c. En déduire la concentration du cation dosé.

d. Certains points particuliers de la courbe permettent d'obtenir une valeur expérimentale des potentiels standard des couples oxydant/réducteur impliqués dans la réaction. Lesquels ?

e. Proposer une interprétation simple des écarts entre les valeurs obtenues expérimentalement et les données fournies.

2. Deuxième dosage

Le bécher du dosage contient $V_0 = 20{,}0$ mL de la solution A, 20 mL d'eau et 0,20 g d'*ortho*-phénanthroline (masse molaire $M = 198{,}2$ g·mol^{-1}). La burette contient la solution B. On obtient la courbe notée E_2. On suppose que l'*ortho*-phénanthroline forme des complexes stables avec les ions du fer et du cobalt contrairement aux ions du cérium qui ne donnent pas de complexes. L'*ortho*-phénanthroline est un ligand bidentate qui forme des complexes de stœchiométrie $M(oph)_3^{n+}$ où M^{n+} est un cation métallique. On suppose que le ligand est introduit en excès (cette hypothèse utile pour l'interprétation de la courbe sera vérifiée dans la suite).

a. Qu'est-ce-qu'un ligand bidentate ?

b. Combien d'équivalence observe-t-on ? Écrire les équations des réactions. En utilisant les résultats du premier dosage, déterminer l'ordre dans lequel elles se produisent.

c. En déduire la concentration du second cation dans la solution A.

d. Montrer que le ligand a effectivement été introduit en excès.

e. À l'aide de la courbe, donner une valeur approchée des potentiels standard apparents des couples (Fe^{3+}/Fe^{2+}) et (Co^{3+}/Co^{2+}) en présence d'*ortho*-phénanthroline.

f. Calculer le rapport des constantes globales de formation des complexes :

- $Fe(oph)_3^{3+}$ et $Fe(oph)_3^{2+}$ d'une part ,
- $Co(oph)_3^{3+}$et $Co(oph)_3^{2+}$ d'autre part.

On notera ces rapports β_3/β_2 pour le fer et β_3'/β_2' pour le cobalt.

Données à 298 K :

- $E_{ECS} - E_{ESH} = 0{,}25$ V ;
- ECS : électrode au calomel saturée ;
- ESH : électrode standard à hydrogène
- $E°(Co^{3+}/Co^{2+}) = 1{,}84$ V ; $E°(Ce^{4+}/Ce^{3+}) = 1{,}44$ V ; $E°(Fe^{3+}/Fe^{2+}) = 0{,}77$ V ;
- $pK_s(Fe(OH)_3) = 38$ et $pK_s(Co(OH)_2) = 14$.

À 298 K, température des expériences, on prendra $\dfrac{RT}{F}\ln(10) = 0{,}06$ V.

13.14 Étude d'un accumulateur Ni-Cd (banque PT 2003) (★★★)

La chaîne électrochimique de l'accumulateur peut être symbolisée de la manière suivante :

$$(-)\ Cd \mid Cd(OH)_2 \mid (K^+, OH^-)\ (aq) \vdots\ Ni_2O_3 \mid Ni(OH)_2 \mid Ni\ (+)$$

Le nickel métallique Ni sert uniquement de collecteur de courant, tandis que le cadmium participe à la réaction d'électrode.

1. Déterminer la position de l'anode et celle de la cathode, lors de la charge, puis de la décharge de l'accumulateur. Rappeler la différence chimique essentielle existant entre une pile et un accumulateur.

2. Indiquer les nombres d'oxydation des éléments métalliques dans les différentes espèces chimiques dans lesquelles ils sont engagés. En déduire les couples d'oxydoréduction mis en jeu au cours du fonctionnement de l'accumulateur.

3. Définir les réactions d'électrodes, à la charge, puis à la décharge de l'accumulateur.

4. En déduire les réactions globales de charge, puis de décharge de l'accumulateur.

5. Ce type d'accumulateur porte le nom « d'accumulateur alcalin ». Expliquez cette terminologie. On charge cet accumulateur pendant 10 heures sous une différence de potentiel $U = 1{,}8$ V et une intensité $I = 0{,}5$ A.

6. Déterminer la charge Q_{ch} transmise ainsi à l'accumulateur. La notice de l'appareil indique qu'il faut l'ouvrir pendant la charge. Quelle est la raison de cette précaution ?

7. Dresser un tableau d'avancement de la réaction de charge, puis déterminer la relation qui existe entre la quantité de charge électriquc consommée dans l'appareil au cours de la charge, et la quantité d'élément cadmium transformée par la réaction d'électrode.

8. Déterminer les masses de nickel et de cadmium ainsi transformées pendant cette charge.

9. Calculer la quantité d'énergie $W_{ch.}$ reçue par l'accumulateur. La partie qui y est stockée est-elle présente sous forme d'énergie électrique, ou sous forme d'énergie chimique ?

10. On décharge l'accumulateur dans une résistance $R = 105\ \Omega$; l'intensité I du courant vaut : $I = 12{,}0$ mA. Déterminer la valeur de la résistance interne r de l'accumulateur, connaissant sa force électromotrice : $E = 1{,}30$ V.

11. Au cours de cette opération, la masse de l'oxyde de nickel(+III) $Ni_2O_3(s)$ diminue de 14,65 g. Déterminer la quantité de charge électrique délivrée au réseau par l'accumulateur lors de sa décharge : $Q_{déch.}$. Indiquer la quantité d'énergie électrique correspondante, $W_{déch.}$.

12. Calculer les rendements électrique : $R_1 = \dfrac{Q_{déch.}}{Q_{ch.}}$ et énergétique : $R_2 = \dfrac{W_{déch.}}{W_{ch.}}$. Commenter le résultat obtenu.

Données :

- constante de FARADAY : $F = 96\,500\ \text{C·mol}^{-1}$;
- masses molaires atomiques (g·mol^{-1}) : O : 16 Ni : 58,70 Cd : 112,40

13.15 Étude de piles (Mines-Ponts PC 2003) (★★★)

Cet exercice est à traiter sans l'usage de calculatrice, ce qui explique la présence de grandeurs approchées.

Données :

Potentiels standard (à pH = 0 et 25 °C) : Ag^+/Ag, $E_1^\circ = 0{,}80$ V ; O_2/H_2O, $E_2^\circ = 1{,}23$ V.

Produits de solubilité : $Ag_2SO_3(s)$, $pK_s = 13{,}5$ et $K_s = 3{,}2.10^{-14}$.

Constantes d'acidité : H_2SO_3/HSO_3^-, $pK_{A1} = 2{,}0$; HSO_3^-/SO_3^{2-}, $pK_{A2} = 7{,}0$.

Équilibre de dissolution :

$$SO_2\,(g) \quad + \quad H_2O \quad = \quad H_2SO_3\,(aq) \qquad pK = -0{,}20.$$

À l'échelle du laboratoire, il existe des cellules potentiométriques permettant l'analyse de compositions gazeuses. La mesure de la teneur en dioxyde de soufre et trioxyde de soufre dans les gaz est intéressante puisqu'elle permet l'étude des phénomènes de pollution. Les piles permettant ces mesures font intervenir des métaux de transition et sont, en général, à électrolyte solide (domaine étendu des températures expérimentales). L'étude se fera d'abord, afin de simplifier, par une analogie avec une pile classique (les solides sont purs et pour les solutés, on confondra activité et rapport $\frac{C_i}{C^\circ}$, C_i étant la concentration de l'espèce i et C° la concentration de référence égale à 1 mol·L^{-1}) fonctionnant à température ambiante et permettant la mesure de la teneur en dioxyde de soufre :

$$\text{Ag(s)} \mid \text{Ag}_2\text{SO}_3\text{(s)} \mid \text{Ag}^+,\ \text{SO}_3^{2-} \mid \text{SO}_2\text{(g)}, \text{O}_2\text{(g)} \mid \text{Pt(s)}$$

À gauche : couple Ag^+/Ag, potentiel standard E_1°. À droite : couple O_2/H_2O, potentiel standard E_2°.

1. Déterminer la solubilité de Ag_2SO_3(s) en négligeant les propriétés basiques de l'ion SO_3^{2-}.

2. Déterminer la solubilité du solide Ag_2SO_3(s) en milieu tamponné à pH $= 4,0$, en prenant en compte les propriétés basiques de l'ion sulfite. Pouvait-on prévoir qualitativement ce résultat ?

3. Écrire les demi-équations d'oxydoréduction et l'équation-bilan de la réaction globale de fonctionnement de la pile en considérant la polarité selon les conventions habituelles et en justifiant le choix des espèces majoritaires (on pourra considérer que l'on a $p_{SO_2} = 1$ bar).

4. Exprimer la force électromotrice de la pile en fonction de E_1°, E_2°, p_{O_2}, p_{SO_2}, p° (pression standard égale à 1 bar), pK, pK_s, pK_{A1} et pK_{A2}. On prendra :

$$\frac{RT}{F}\ln(y) = 0,060\log(y).$$

5. Calculer la force électromotrice en considérant $p_{O_2} = p_{SO_2} = 1$ bar. En réalité, la cellule galvanique utilisée comprend un électrolyte solide et fonctionne entre 700 et 800 K afin de permettre l'analyse d'un mélange gazeux des composés O_2, SO_2 et SO_3 :

$$\text{Ag(s)} \mid \text{Ag}_2\text{SO}_4\text{(s)}, \text{Na}_2\text{SO}_4\text{(s)} \mid \text{SO}_3\text{(g)}, \text{SO}_2\text{(g)}, \text{O}_2\text{(g)} \mid \text{Pt(s)}$$

On considère les demi-équations d'oxydoréduction de chaque demi-pile sans tenir compte de la polarité :

- à gauche : $Ag^+ + e^- = Ag$ potentiel standard E_1°.
- à droite : $SO_3\,(g) + \frac{1}{2}O_2\,(g) + 2\,e^- = SO_4^{2-}$ potentiel standard E_3°.

6. Quel est le couple oxydant-réducteur de la demi-pile de droite ? On considère également l'équilibre (2) suivant, de constante thermodynamique K_2 en phase gazeuse :

$$SO_3\,(g) = SO_2\,(g) + \frac{1}{2}O_2\,(g) \qquad (2).$$

7. Exprimer la force électromotrice de la pile en fonction de E_1°, E_2°, p_{O_2}, p_{SO_2}, p°, a_{Ag^+}, $a_{SO_4^{2-}}$, et K_2 (la variable a_X désigne l'activité de l'espèce X).

Chapitre 14

Stéréochimie de conformation

La stéréochimie, ou chimie dans l'espace, est usuellement l'étude de la position relative des atomes à l'intérieur d'une même molécule. Elle se décompose en deux sous-ensembles : la stéréochimie de conformation et la stéréochimie de configuration.

1 Représentation plane des molécules organiques

Il existe différentes méthodes pour représenter les molécules sur une feuille sans tenir compte de la disposition des atomes les uns par rapport aux autres.

1.1 Formule moléculaire

La **formule moléculaire** permet de connaître la nature et le nombre des atomes constituant la molécule. Par exemple, la molécule d'éthanol a pour formule moléculaire C_2H_6O, tout comme la molécule de méthoxyméthane, qui est donc un de ses **isomères de constitution**. Deux isomères qui ne diffèrent que par la position d'un groupe fonctionnel sont qualifiés d'**isomères de position**. Citons, par exemple, le propan-1-ol et le propan-2-ol.

1.2 Formule développée

Dans ce type de représentation tous les atomes, tous les doublets liants et non liants ainsi que toutes les lacunes électroniques et les charges formelles sont représentés ; il s'agit par conséquent de la représentation de Lewis complète de la molécule. Ainsi, la molécule d'acide éthanoïque et le cation éthyle sont représentés en **formule développée** sur la figure 14.1.

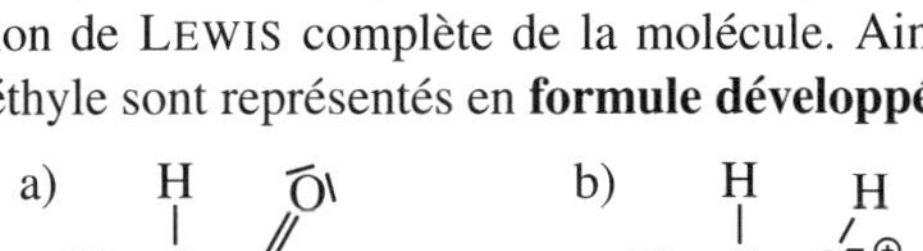

FIGURE 14.1 – Formules développées a) de l'acide éthanoïque, b) du cation éthyle

1.3 Formule semi-développée

Dans ce type de représentation, les doublets liants associant les atomes d'hydrogène au reste de la molécule ne sont plus représentés. Par exemple, la formule semi-développée de l'éthanamine est donnée figure 14.2.

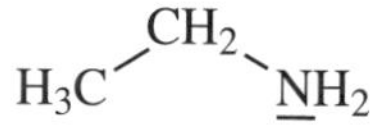

FIGURE 14.2 – Formule semi-développée de l'éthanamine

Certains groupes fonctionnels courants sont condensés, avec un ordre ou encore une abréviation conventionnels. On peut citer trois exemples importants (figure 14.3) :

- groupe fonctionnel acide carboxylique $-CO_2H$ (et non $-CHO_2$) ;
- groupe fonctionnel aldéhyde $-CHO$ (et non $-COH$) ;
- groupe phényle $-C_6H_5$ ou $-Ph$.

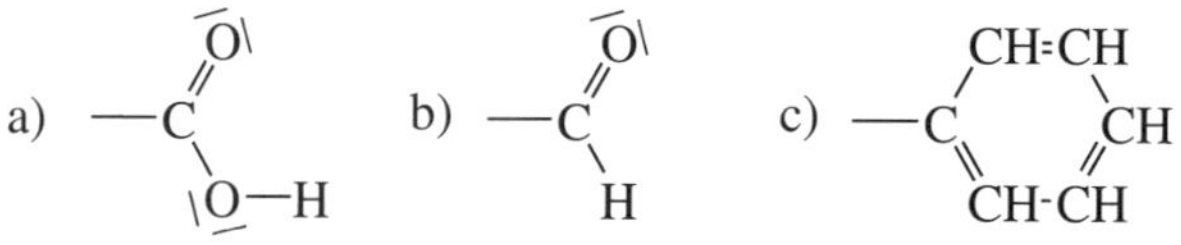

FIGURE 14.3 – Formule développée des groupes fonctionnels a) acide carboxylique, b) aldéhyde, c) phényle

Ainsi, l'acide 2-aminoéthanoïque (encore appelé glycine) s'écrit $H_2N-CH_2-CO_2H$, et l'acide benzoïque a pour formule semi-développée $Ph-CO_2H$.

1.4 Représentation topologique

C'est de loin le type de représentation le plus largement utilisé en chimie organique aujourd'hui. La **représentation topologique** d'une molécule suit certaines conventions. Depuis la formule semi-développée, on retire tous les atomes de carbone ainsi que les atomes d'hydrogène portés par les atomes de carbone (cette représentation est parfois appelée à tort formule semi-développée). Ne subsistent que les hétéroatomes définis en chimie organique comme tout atome autre que le carbone ou l'hydrogène, et les atomes d'hydrogène portés par des hétéroatomes. Les liaisons carbone-carbone apparaissent ainsi comme des lignes brisées (simple, double ou triple suivant la nature de la liaison carbone-carbone). Chaque extrémité d'un segment représente un atome de carbone. La figure 14.4 représente quelques molécules organiques en représentation topologique et en formule semi-développée.

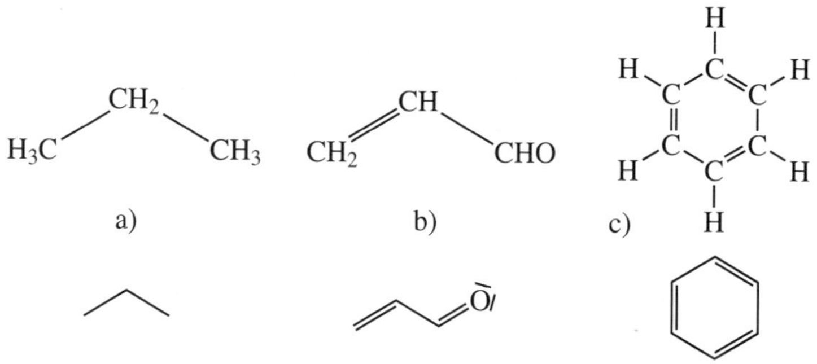

FIGURE 14.4 – Formules semi-développées et représentations topologiques a) du propane, b) du propénal (acroléine), c) du benzène

Les atomes d'hydrogène sont supposés présents de manière à assurer la tétravalence du carbone neutre et la trivalence des carbocations et des carbanions. Ainsi, le cation représenté sur la figure 14.5 possède trois atomes d'hydrogène sur les carbones 1 et 5, zéro sur le carbone 2, un sur le carbone 3 et deux sur le carbone 4.

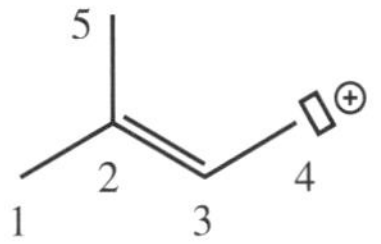

FIGURE 14.5 – Un exemple d'ion en représentation topologique illustrant le décompte des atomes d'hydrogène

⚠ Parfois des atomes d'hydrogène liés à des atomes de carbone sont quand-même représentés, s'il est utile de montrer qu'ils interviennent dans le processus décrit. La figure 14.6 permet de représenter la déprotonation de la propanone (acétone) par les ions hydroxyde.

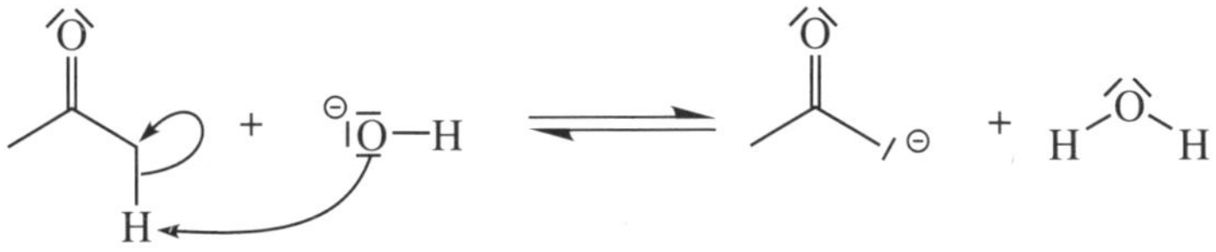

FIGURE 14.6 – Mécanisme de la déprotonation de la propanone par les ions hydroxyde

2 Représentations plane des molécules

Nous avons vu jusqu'à présent des représentations planes de molécules telles que les formules développées ou encore les représentations topologiques. La méthode V.S.E.P.R. nous a appris que les molécules ne sont pas forcément planes. Il faut maintenant adopter de nouvelles conventions pour pouvoir dessiner sur un plan des structures qui sont en fait tridimensionnelles ; ces conventions doivent être respectées. Nous allons voir quatre types de représentations, chacune étant adaptée à la mise en évidence de propriétés particulières des molécules.

2.1 Représentation de CRAM

Elle est adaptée pour représenter dans l'espace la position relative des atomes autour d'un atome de carbone tétraédrique. Les conventions sont (figure 14.7) :

- un **trait simple** représente une liaison dans le plan de la feuille (figure 14.7.a) ;
- un **triangle allongé** représente une liaison entre un atome situé dans le plan de la feuille (pointe du triangle) et un atome situé en avant du plan de la feuille (base du triangle) (figure 14.7.b) ;
- un **triangle allongé hachuré** représente une liaison entre un atome situé dans le plan de la feuille (pointe du triangle) et un atome situé en arrière du plan de la feuille (base du triangle) (figure 14.7.c1). Certains utilisent aussi un trait simple hachuré (figure 14.7.c2). Cet usage est toutefois à éviter car il peut conduire à des ambiguïtés s'il est mal utilisé.

FIGURE 14.7 – Conventions de la représentation de Cram

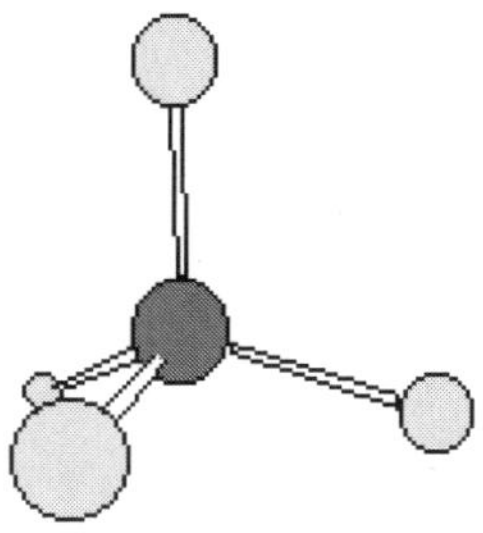

FIGURE 14.8 – Modélisation informatique « boule-bâton » de la molécule de méthane. Les surfaces claires représentent les atomes d'hydrogène et la surface foncée l'atome de carbone. Les bâtons représentent les liaisons covalentes entre atomes, et les tailles des sphères sont plus petites que les rayons de VAN DER WAALS des atomes afin de permettre une meilleure lisibilité du dessin

Ainsi, la molécule de méthane CH_4 dessinée en perspective cavalière par une modélisation « boule-bâton » figure 14.8, se dessine en représentation de CRAM comme sur la figure 14.9.

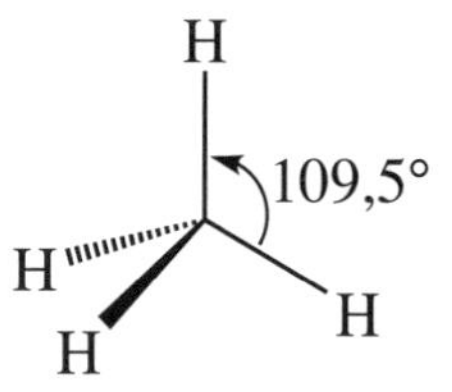

FIGURE 14.9 – Méthane en représentation de CRAM

Une représentation de CRAM doit respecter impérativement la géométrie tétraédrique de l'atome de carbone central ; ici, l'atome d'hydrogène pointant vers le haut de la feuille, les trois autres atomes d'hydrogène doivent pointer vers le bas de la feuille. Ainsi, les représentations telles que celles faites figure 14.10 ne sont pas acceptables.

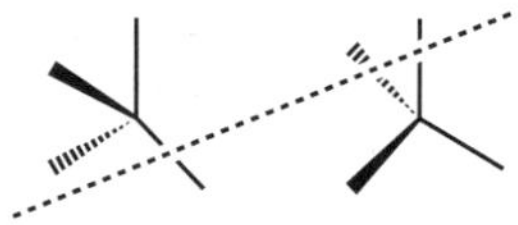

FIGURE 14.10 – Représentation de CRAM ne respectant pas la géométrie tétraédrique de l'atome de carbone (ces exemples ne sont pas à suivre)

Pour une molécule donnée, de nombreuses représentations de CRAM sont possibles. La représentation facilitant le plus le dessin et sa lecture, est celle plaçant **le plus d'atomes possibles** dans le plan de la feuille.

2.2 Projection de NEWMAN

Cette projection est bien adaptée pour représenter la position relative des atomes portés par deux atomes de carbone consécutifs. Pour cette projection, on imagine que la liaison C – C séparant les deux atomes que l'on veut particulariser porte un disque opaque, qui empêche de voir une partie des liaisons placées derrière ce disque.

La figure 14.11 représente l'exemple de l'éthane dont les atomes sont numérotés pour faciliter la lecture. Les liaisons $C^1 - H^1$, $C^1 - H^2$ et $C^1 - H^3$ sont représentées entièrement ; en revanche, les liaisons $C^2 - H^4$, $C^2 - H^5$ et $C^2 - H^6$ ne sont représentées que partiellement.

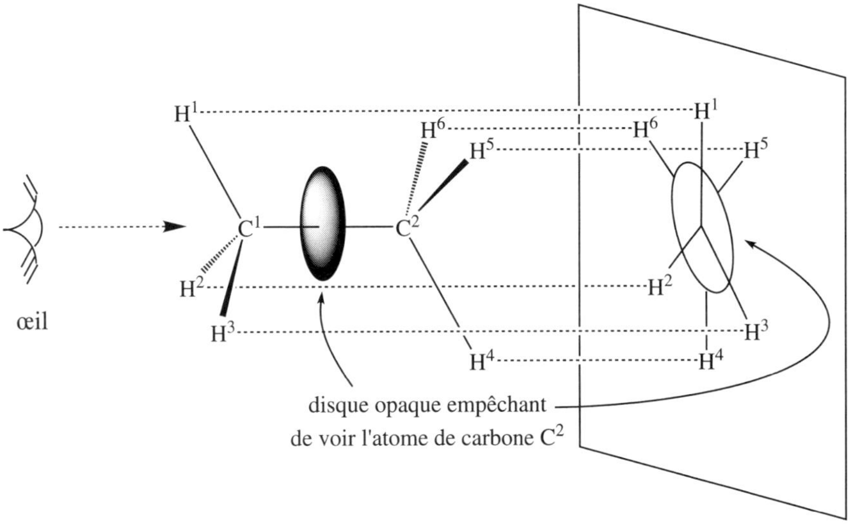

FIGURE 14.11 – Projection de NEWMAN de la molécule d'éthane

Une fois ramenée dans le plan de la feuille, la projection de NEWMAN est telle que représentée figure 14.12. Dans l'éventualité d'une libre rotation autour de la liaison C – C, une infinité de projections sont possibles, dont trois sont représentées ici.

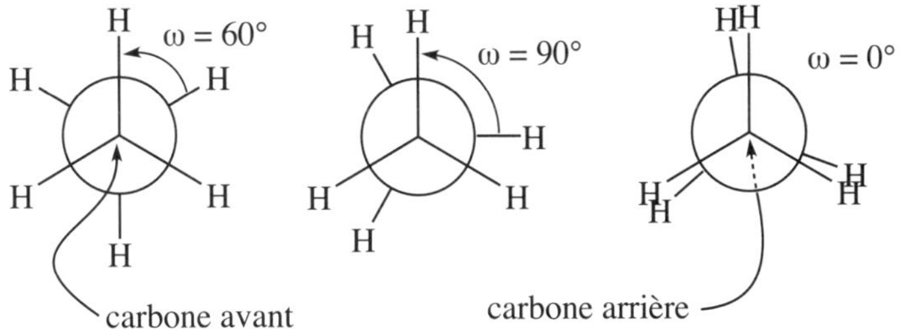

FIGURE 14.12 – Trois projections de NEWMAN de la molécule d'éthane

La projection de NEWMAN est aussi utilisée dans le cas des atomes de carbone trigonaux AX_3E_0, comme par exemple ceux des alcènes (figure 14.13).

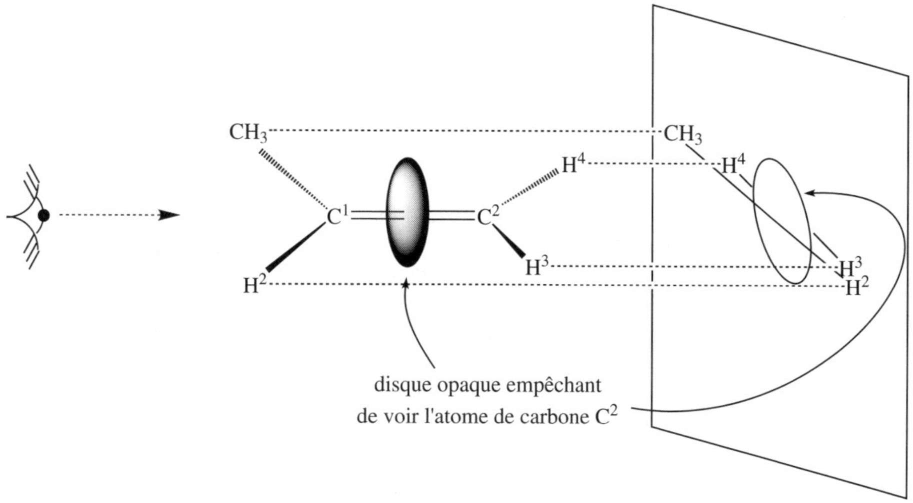

FIGURE 14.13 – Représentation de NEWMAN d'un alcène

Exercice résolu

Représentations de NEWMAN d'un alcène

Donnez deux représentations de NEWMAN différentes de l'alcène de la figure ci-dessous, mettant en évidence la position relative des atomes autour des atomes de carbone trigonaux, et suivant que l'on regarde la double liaison dans le sens C^2–C^3 ou dans le sens C^3–C^2.

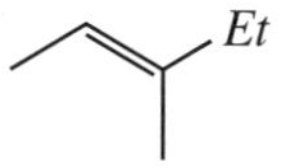

Réponse :

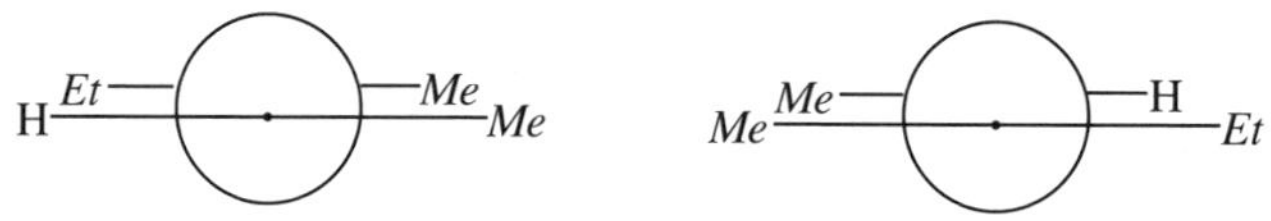

Enfin, la projection de NEWMAN est aussi utilisée pour représenter le cyclohexane, ce qui sera vu dans le paragraphe correspondant.

3 Étude de la molécule d'éthane

3.1 Définition de la stéréochimie de conformation

Lors des prémisses des études stéréochimiques, il avait été fait l'hypothèse que la rotation autour des liaisons simples était « libre ». En 1891, BISCHOFF suggère que ceci pourrait ne pas être vrai. Son travail est oublié jusqu'en 1924 lorsque HERMANS explique la différence de réactivité de certaines molécules en raison de cette absence de libre rotation. En 1932, l'idée que **la rotation** de la liaison C – C **n'est pas libre** est bien ancrée.

L'expérience montre qu'à température ambiante, pour la molécule d'éthane, il y a une rotation rapide (mais non instantanée) des deux groupes méthyles $-CH_3$ l'un par rapport à l'autre : la rotation n'est pas « libre », mais nécessite un apport énergétique. Cette observation a conduit à définir une branche particulière de la stéréochimie, étudiant la rotation autour des liaisons simples dans une molécule : l'**analyse conformationnelle**.

Définition

Deux structures moléculaires qui ne diffèrent que par la rotation autour d'une ou plusieurs liaisons simples sont deux conformations différentes de la molécule.

L'objet de la stéréochimie de conformation est l'étude de l'ensemble des conformations d'une molécule.

3.2 Paramètre d'étude : l'angle de torsion (angle dièdre)

Dans le cas de la molécule d'éthane, l'ensemble des conformations est obtenu en faisant tourner les deux groupes méthyles de 360 ° l'un par rapport à l'autre autour de la liaison C – C. Cette rotation amène à définir un paramètre d'étude pertinent pour repérer l'ensemble des conformations possibles. Pour cela on utilise l'angle dièdre de torsion ω.

Définition

L'angle dièdre est défini pour deux plans non parallèles. Soient P_1 et P_2 les deux plans, et D la droite intersection de ces deux plans. Soit D_i ($i = 1$ et 2) la droite perpendiculaire à D comprise dans le plan P_i. Alors l'angle dièdre entre P_1 et P_2 est l'angle entre les droites D_1 et D_2.

Cet angle est particulièrement bien visible sur une projection de NEWMAN (figure 14.14).

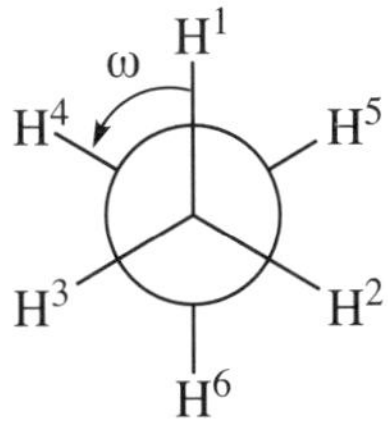

FIGURE 14.14 – Définition de l'angle dièdre ω sur la projection de NEWMAN de l'éthane

Dans un modèle mécanique, l'énergie potentielle d'une conformation est la somme de plusieurs termes que l'on ne détaillera pas ici. Le but de l'analyse conformationnelle est de déterminer l'influence de l'angle de dièdre sur l'énergie potentielle d'une conformation. Chaque molécule est considérée comme isolée (en phase gaz parfait). Le paramètre ω apparaît alors une coordonnée permettant de traduire le processus :

$$\text{éthane (angle } \omega_1) \longrightarrow \text{éthane (angle } \omega_2).$$

De ce fait, l'angle ω peut être considéré comme une coordonnée de réaction (C.R.). L'usage conduit à utiliser soit des grandeurs molaires (exprimées en $kJ{\cdot}mol^{-1}$), soit des grandeurs moléculaires (exprimées en eV)

3.3 Courbe d'énergie potentielle

a. Conformations particulières

Six conformations sont particulières : $\omega = 0$; 60 ; 120 ; 180 ; 240 ; 300 °. Évaluons qualitativement comment évolue $E_p(\omega)$ en fonction de ω.

- Dans les cas $\omega = 0$; 120 ; 240 °, les atomes d'hydrogène portés par le carbone avant « cachent » les atomes d'hydrogène portés par le carbone arrière, comme cela est visible sur la projection de NEWMAN. La conformation s'appelle **conformation éclipsée** (figure 14.16).
- Dans les cas $\omega = 60$; 180 ; 300 ° , les atomes d'hydrogène du carbone avant sont le plus éloignés possibles des atomes d'hydrogène du carbone arrière, comme cela est visible sur la projection NEWMAN. La conformation s'appelle **conformation décalée**.

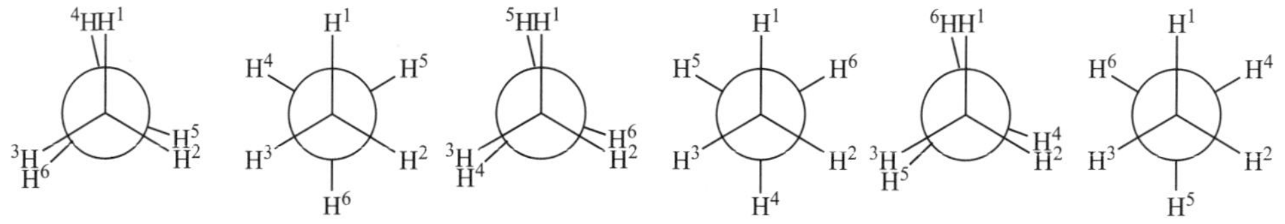

FIGURE 14.15 – Les six conformations de molécule d'éthane en projection de NEWMAN

b. Interpénétration des sphères de VAN DER WAALS

Dans un modèle de représentation des atomes par des sphères dures (caractérisées par leur rayon de VAN DER WAALS), un calcul géométrique permet de montrer qu'en conformation éclipsée, **deux atomes d'hydrogène s'interpénètrent**. En effet, on a (figure 14.16) :

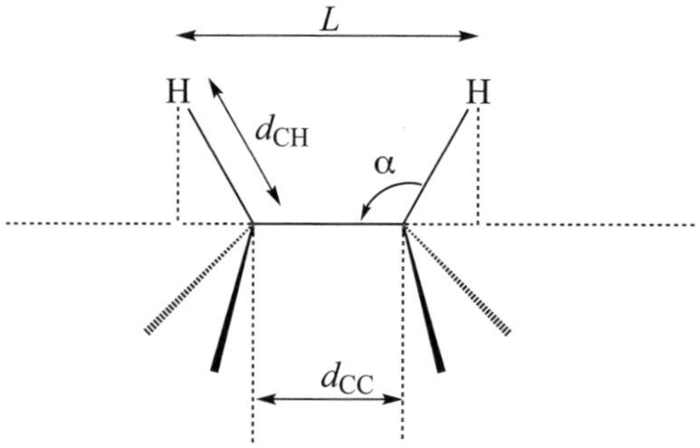

FIGURE 14.16 – Projection de CRAM d'une molécule d'éthane en conformation éclipsée

$$L = d_{CC} + 2d_{CH}\cos(180 - \alpha) = 153 + 2 \times 111 \times \cos(180 - 109,5) = 228 \text{ pm}.$$

Cette valeur de 228 pm est inférieure à $2 \times 120 = 240$ pm, 120 pm étant le rayon de VAN DER WAALS d'un atome d'hydrogène.

En conformation décalée, cette interpénétration des sphères de VAN DER WAALS est moindre, car les deux atomes d'hydrogène sont plus éloignés. Les études théoriques de modélisation moléculaire indiquent que cette interpénétration contribue pour moins de 10 % à la différence d'énergie entre les conformations éclipsée et décalée. Dans le modèle des orbitales moléculaires, il faut prendre en compte la répulsion des doublets électroniques de liaison C – H. Cette interaction est bien modélisée par l'étude du recouvrement des orbitales σ_{CH}, au travers d'une interaction à quatre électrons, mais cette étude dépasse le cadre de ce cours. Les autres interactions sont négligeables, de ce fait, la courbe d'énergie potentielle de la molécule en fonction de l'angle ω présente l'allure de la figure 14.17.

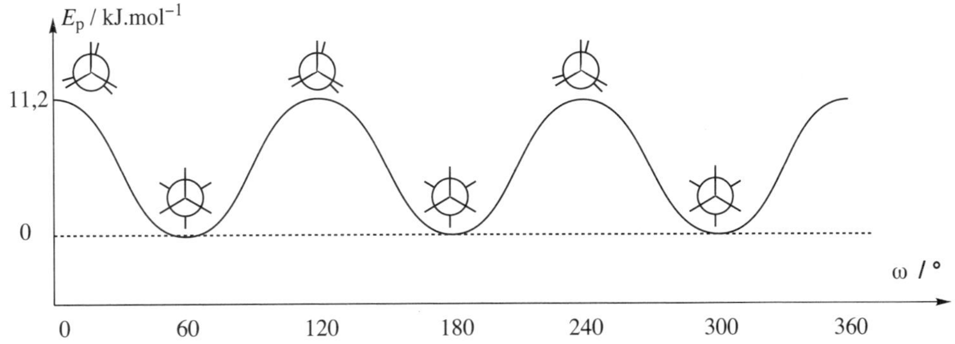

FIGURE 14.17 – Courbe d'énergie potentielle conformationnelle pour la molécule d'éthane en fonction de l'angle de torsion ω

Notons que du fait de l'indiscernabilité des atomes d'hydrogène, la courbe présente une périodicité de $2\pi/3$.

c. Tracé de la courbe

L'énergie potentielle est toujours définie à une constante près ce qui justifie le choix arbitraire de poser comme origine des énergies potentielles celle de la conformation de plus basse énergie. Expérimentalement la différence d'énergie entre les deux conformations est évaluée à 0,116 eV. Toutefois, cette unité est rarement utilisée par les chimistes qui préfèrent travailler en grandeurs ramenées à l'unité de quantité de matière (la grandeur devient alors **molaire**). La conversion est réalisée de la manière suivante :

$$\frac{E}{\text{eV}} \times 1,6 \times 10^{-19} \times 6,02 \times 10^{23} = \frac{E}{\text{J}\cdot\text{mol}^{-1}}$$

ce qui conduit à une valeur d'énergie molaire de 11,2 $\text{kJ}\cdot\text{mol}^{-1}$.

d. Modélisation de PITZER

En 1936, PITZER propose une valeur approximative de l'énergie potentielle molaire de torsion par la relation :

$$E_p(\omega) = \frac{1}{2}E_0(1 + \cos 3\omega)$$

où E_0 est homogène à une énergie potentielle molaire et vaut ici $E_0 = 11,2\ \text{kJ}\cdot\text{mol}^{-1}$.

3.4 Conformère, état de transition, barrière de rotation

Définition

On appelle conformère (ou isomère conformationnel) une conformation particulière représentant un minimum local sur la courbe d'énergie potentielle molaire.

⚠ La courbe d'énergie potentielle molaire en fonction de l'angle de torsion peut être considérée comme une courbe d'énergie potentielle molaire lors d'un processus chimique. De ce fait, un maximum local sur la courbe peut être considéré comme un **état de transition**.

Définition

La différence d'énergie potentielle molaire entre un maximum local et un minimum local consécutifs sur la courbe d'énergie potentielle s'appelle barrière de rotation.

Compte tenu des remarques précédentes, cette différence d'énergie molaire est associée à l'**énergie d'activation** de la réaction de transformation d'une molécule d'éthane en conformation décalée en une autre conformation décalée. Ainsi, pour la molécule d'éthane, la conformation décalée est un conformère, la conformation éclipsée est un état de transition, et il existe une barrière de rotation de 11,2 kJ·mol^{-1}. La **barrière de rotation** correspond à l'énergie qu'il faut fournir à une unité de quantité de matière d'éthane en conformation décalée pour réussir à la transformer en une unité de quantité de matière d'éthane en conformation éclipsée. D'autre part, cette barrière de rotation a une signification cinétique (voir chapitre **6.**) : elle permet de calculer la vitesse de rotation autour de la liaison C – C grâce à la formule d'EYRING sur laquelle nous reviendrons dans le livre de seconde année :

$$k = \frac{k_B T}{h} \exp\left(-\frac{\Delta_r G^{\circ\ddagger}}{RT}\right)$$

avec :

- k_B constante de BOLTZMAN, $k_B = 1{,}38.10^{-23}$ J·K^{-1} ;
- h constante de PLANCK, $h = 6{,}63.10^{-34}$ J·s ;
- R constante des gaz parfaits, $R = 8{,}31$ J·K^{-1}·mol^{-1} ;

en assimilant l'enthalpie libre standard d'activation $\Delta_r G^{\circ\ddagger}$ à la barrière de rotation.

On calcule alors à 300 K que la constante cinétique pour passer d'une configuration décalée à l'autre est de $6{,}98.10^{10}$ s^{-1}. On trouve une vitesse de rotation trois fois plus faible de $2{,}3.10^{10}$ tours·s^{-1} à 300 K ! Notons qu'une barrière de rotation de 84 kJ·mol^{-1} correspond à une constante de vitesse d'interconversion de $1{,}3.10^{-2}$ s^{-1} à température ambiante, soit à un temps de demi-vie d'une minute environ.

4 Étude de la molécule de butane

4.1 Courbe d'énergie potentielle

a. Choix de l'angle de dièdre

Ici, nous choisissons d'étudier la rotation autour de la liaison $C^2 - C^3$, toutes les autres rotations étant bloquées, l'étude des rotations autour des autres liaisons C – C pouvant se ramener à une étude voisine de celle réalisée dans le cas de la molécule d'éthane. La coordonnée de réaction est donc l'angle dièdre ω représenté sur la figure 14.18.a. La figure 14.18.b utilise une représentation simplifiée pour alléger les dessins.

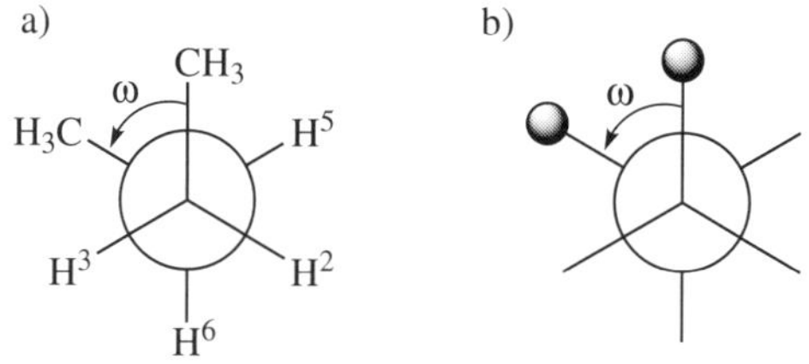

FIGURE 14.18 – Définition de la coordonnée de réaction pour l'étude conformationnelle de la molécule de butane a) représentation semi-développée, b) représentation simplifiée

b. Répulsion des sphères de VAN DER WAALS

À nouveau intervient le terme d'énergie de répulsion des doublets électroniques, mais ce n'est pas le terme prédominant. En effet, le groupe **méthyle** est **plus volumineux** qu'un simple atome d'hydrogène (les rayons de VAN DER WAALS de l'atome d'hydrogène et du groupe méthyle sont respectivement de 120 et 200 pm). Dans le cas d'une conformation où les deux groupes méthyles s'éclipsent (figure 14.19), L vaut :

$$L = d_{CC} + 2d_{CC}\cos(180-\alpha) = 153 + 2\times 153\times\cos(180-109{,}5) = 255 \text{ pm}$$

✎ L'angle α est en réalité légèrement différent de celui de l'angle du tétraèdre régulier. La correction à apporter est négligeable au regard de la précision du calcul réalisé.

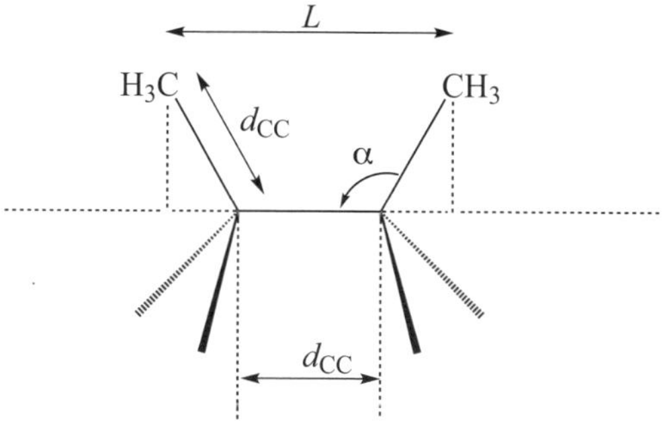

FIGURE 14.19 – Projection de CRAM d'une molécule de butane dans une conformation où les deux groupes méthyles s'éclipsent dans la projection de NEWMAN

La longueur L est notablement inférieure à $200+200 = 400$ pm : dans cette conformation, les sphères dures de VAN DER WAALS s'interpénètrent, ce qui permet de prédire une énergie potentielle élevée du butane dans cette conformation.

c. Les conformères particuliers

Les six conformations particulières sont, comme pour l'éthane, obtenues pour les angles $\omega = 0$; 60 ; 120 ; 180 ; 240 ; 300 ° (figure 14.20).

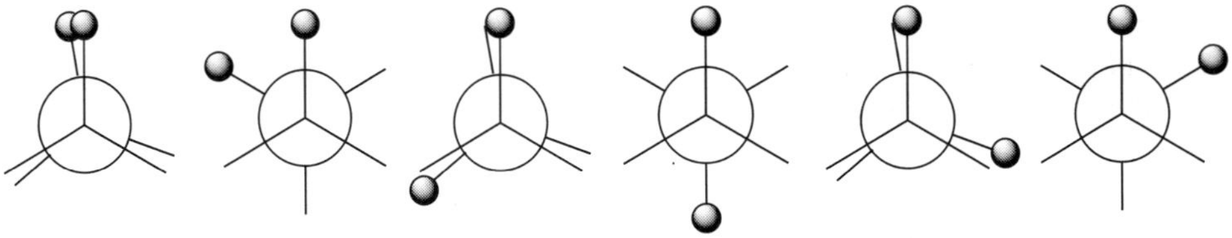

$\omega = 0°$	$\omega = 60°$	$\omega = 120°$	$\omega = 180°$	$\omega = 240°$	$\omega = 300°$
éclipsée *syn*	décalée *gauche*	éclipsée *anti*	décalée *anti*	éclipsée *anti*	décalée *gauche*
*syn*périplanaire	*syn*clinale	*anti*clinale	*anti*périplanaire	*anti*clinale	*syn*clinale

FIGURE 14.20 – Ensemble des conformations particulières du butane en projection de NEWMAN, et les deux types de nomenclature

Il existe deux types de nomenclature des conformations remarquables de la molécule.

La première utilise les mots **éclipsé** et **décalé** déjà introduits lors de l'étude de la molécule d'éthane. Ce terme est ensuite complété par la position relative des deux groupes méthyles : *syn* pour $\omega = 0$, *gauche*, pour $0 < |\omega| < 90$ ° et *anti* pour $90 \leq |\omega| \leq 180$ °. Ici, le mot « *gauche* » n'est pas le contraire de « *droit* » mais renvoie à un autre sens : « *se dit de choses qui présentent un biais, une déviation par rapport à un plan de comparaison* » (Petit Larousse illustré, 1997).

La deuxième, moins couramment employée est plus générale : elle utilise le préfixe *syn* dans le cas où les deux groupes $-CH_3$ sont du même côté du plan horizontal (*anti* dans le cas contraire) et le suffixe planaire si les deux groupes $-CH_3$ sont dans un même plan vertical (clinale dans le cas contraire). On retrouve ce vocabulaire dans la description du déroulement stéréochimique de certaines réactions.

Pour connaître l'ordre relatif des énergies potentielles, il faut considérer que les interactions d'éclipse sont les plus fortes, et les interactions de décalage les moins fortes. D'autre part, le groupe méthyle a un rayon de VAN DER WAALS plus grand que celui de l'atome d'hydrogène. En conséquence, par ordre décroissant d'interaction déstabilisante (du conformère le moins stable vers le conformère le plus stable), on a :

- interaction méthyle-méthyle éclipsés ;
- interaction méthyle-hydrogène éclipsés ;
- interaction méthyle-méthyle décalés *gauche* ; interaction appelée également **interaction butane** *gauche* ;
- interaction méthyle-hydrogène décalés *gauche*.

d. Courbe d'énergie potentielle

L'allure de la courbe d'énergie potentielle molaire E_p en fonction de l'angle de torsion ω peut ainsi s'en déduire (voir figure 14.21 page suivante).

Le butane possède ainsi trois conformères, dont deux sont de nature différente (les formes décalées), et trois états de transition, avec là aussi deux états de nature différente (les formes éclipsées). La différence d'énergie potentielle molaire entre les conformations décalée *gauche* et décalée *anti* porte le nom d'**interaction butane *gauche*** et possède la valeur :

$$\Delta E_{BG} = 3{,}6\ \text{kJ}\cdot\text{mol}^{-1}.$$

Les nombreuses techniques expérimentales utilisées à ce jour conduisent à des résultats entachés d'une incertitude de quelques dixièmes de kJ·mol^{-1}. L'énergie potentielle molaire expérimentale de la conformation décalée gauche en phase liquide est quelque peu plus faible (2,3 kJ·mol^{-1}) qu'en phase gazeuse, pour des raisons qui sortent du cadre de ce cours.

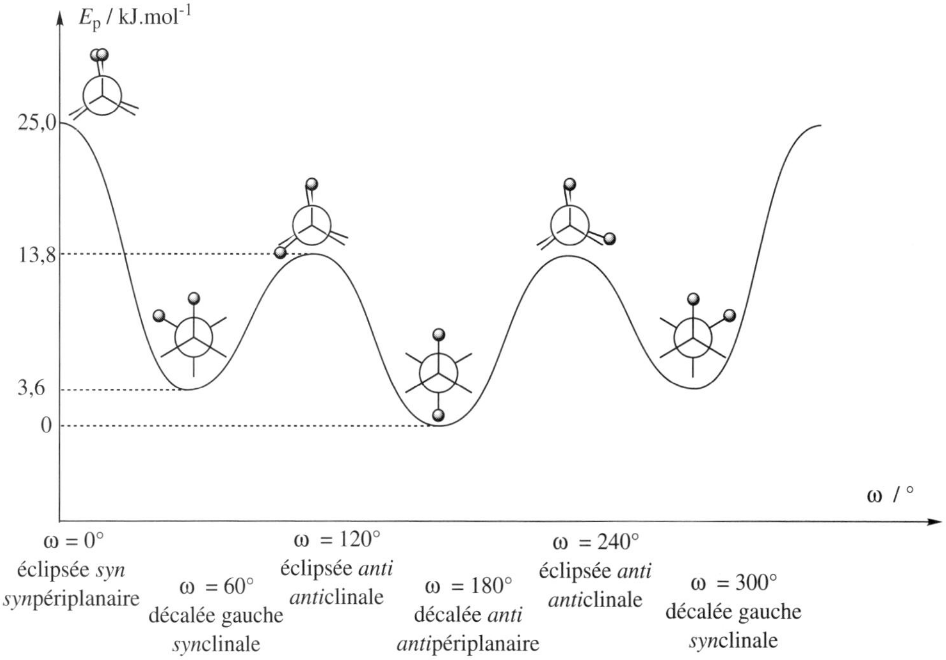

FIGURE 14.21 – Courbe d'énergie potentielle conformationnelle de la molécule de butane lors de la rotation autour de la liaison $C^2 - C^3$

4.2 Population des conformères

a. Répartition statistique

Dans un ensemble macroscopique d'un même type de molécules, coexistent différentes conformations. En admettant que l'ensemble des molécules suit la **statistique de BOLTZMANN**, la probabilité de trouver une conformation donnée est proportionnelle au facteur de BOLTZMANN :

$$\exp(-E_p/(k_B T))$$

où E_p est l'énergie potentielle de la conformation. Plus la conformation est stable, donc de basse énergie, plus cette probabilité est élevée. La continuité de la courbe d'énergie potentielle en fonction de l'angle de torsion suggère une distribution continue des populations des différentes conformations, ce qui n'est qu'une représentation approchée.

b. Étude d'un système à deux niveaux

Une étude simplifiée ne considère le système peuplé que par les deux conformères décalé *anti* et décalé *gauche*. Notons respectivement p_A et p_G les probabilités de rencontrer la molécule de butane en conformation décalée *anti* et en conformation décalée *gauche* ($p_A + p_G = 1$). Nous pouvons remarquer que la conformation décalée *gauche* (*syn*clinale) est doublement dégénérée (60 ° et 300 °). En répartition de BOLTZMANN, en notant K un facteur de proportionnalité, on a donc :

$$p_A = K\exp\left(-\frac{E_A}{RT}\right) \qquad \text{et} \qquad p_G = 2K\exp\left(-\frac{E_G}{RT}\right)$$

$$\frac{p_A}{p_A + p_G} = \frac{K\exp\left(-\frac{E_A}{RT}\right)}{K\exp\left(-\frac{E_A}{RT}\right) + 2K\exp\left(-\frac{E_G}{RT}\right)} = \frac{\exp\left(-\frac{E_A - E_G}{RT}\right)}{\exp\left(-\frac{E_A - E_G}{RT}\right) + 2}.$$

L'*application numérique*, à $T = 298$ K et avec $-(E_A - E_G) = 3{,}6$ kJ·mol^{-1} conduit à une probabilité de rencontrer la molécule dans une conformation *anti* de 68 % et donc chacune des deux conformations décalées *gauche* a une probabilité de rencontre de 16 %. En phase liquide, les pourcentages sont portés à 56 % et 2×22 %.
Alors que l'angle de torsion pour le conformère *anti* est exactement de 180 °, celui des conformères *gauche* est expérimentalement voisin de 65 °. Cette situation provient du fait que les groupes méthyles du conformère *gauche* ont tendance à se repousser, même au détriment d'une augmentation de l'énergie de torsion.

5 Étude du cyclohexane

5.1 Importance des cycles à six atomes dans la nature

Les cycles à six atomes sont extrêmement courants dans la nature, comme au laboratoire. Des exemples de molécules faisant intervenir un ou plusieurs cycles sont présentés figure 14.22 (les éventuelles configurations des atomes de carbone stéréogènes n'ont pas été représentées).

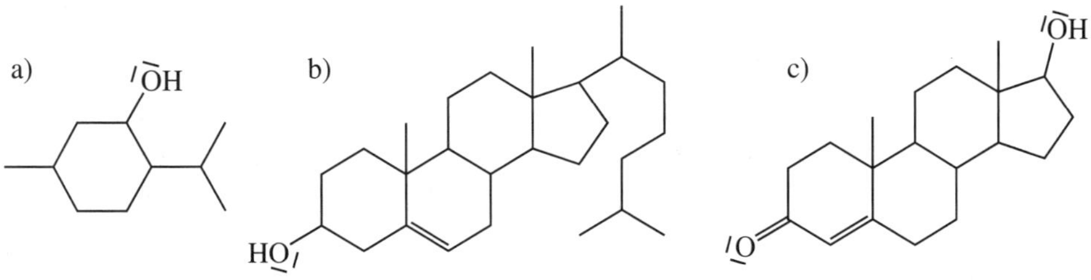

FIGURE 14.22 – Molécules naturelles possédant des cycles à six atomes : a) menthol, b) cholestérol (molécule s'insérant dans les bicouches lipidiques des cellules animales), et c) testostérone (hormone humaine)

Le cholestérol et la testostérone font partie de la classe des stéroïdes, reconnaissables à leurs quatre cycles accolés.

5.2 Représentations usuelles

a. Modélisation par ordinateur

La figure 14.23 propose la représentation du cyclohexane en modèle compact (les atomes sont dessinés avec une taille proche des rayons de VAN DER WAALS), et la figure 14.24 en modèle éclaté où les atomes sont dessinés avec une taille très inférieure à celle des rayons de VAN DER WAALS ce qui permet de visualiser les liaisons qui avaient été symbolisées par un trait dans le modèle de LEWIS des molécules.

FIGURE 14.23 – Représentation du cyclohexane par une modélisation informatique dite compacte. Les surfaces claires représentent les atomes d'hydrogène et les surfaces sombres les atomes de carbone. Le rayon des sphères est le rayon de VAN DER WAALS de chaque atome

FIGURE 14.24 – Représentation du cyclohexane par une modélisation informatique dite éclatée. Les surfaces claires représentent les atomes d'hydrogène et les surfaces sombres les atomes de carbone. Les bâtons représentent les liaisons covalentes entre atomes, et les tailles des sphères sont inférieures aux rayons de VAN DER WAALS des atomes afin de permettre une meilleure lisibilité du dessin

Le cyclohexane présente des difficultés de représentation ; la projection de CRAM est exclue car même en essayant de placer le plus d'atomes possibles dans un plan, il y en a beaucoup trop qui sont en dehors du plan de la feuille. Deux autres types de représentations très pratiques sont couramment utilisées et sont présentées ci-dessous.

b. Projection plane

Cette représentation est directement la projection plane du modèle éclaté représenté à la figure 14.24. Elle permet de respecter le parallélisme réel de nombreuses liaisons dans la conformation proposée du cyclohexane. Seules quatre directions apparaissent alors (figure 14.25).

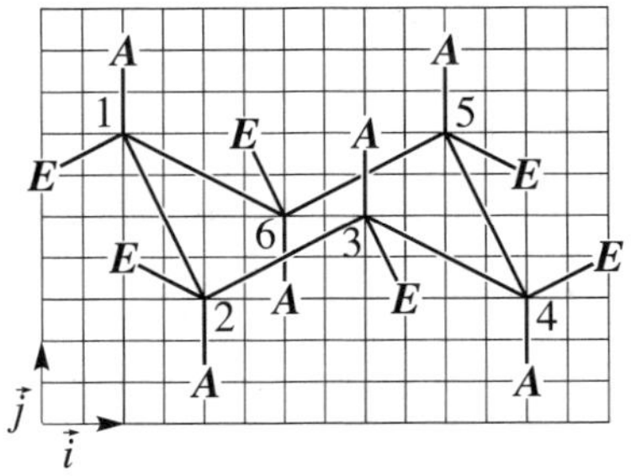

FIGURE 14.25 – Représentation en projection plane du cyclohexane en conformation chaise

- La liaison $C^1 - C^2$ est portée par $\vec{i} - 2\vec{j}$ et est parallèle à $C^5 - C^4$;
- la liaison $C^2 - C^3$ est portée par $2\vec{i} + \vec{j}$ et est parallèle à $C^6 - C^5$;
- la liaison $C^3 - C^4$ est portée par $2\vec{i} - \vec{j}$ et est parallèle à $C^1 - C^6$;
- la liaison $C^n{-}A$ est portée par $+\vec{j}$ si n est impair, et $-\vec{j}$ sinon ;
- la liaison $C^n{-}E$ est parallèle et dans le sens de $C^{n+2}{-}C^{n+1}$ (n modulo 6).

Cette représentation est de loin la plus utilisée. Elle évite de nombreuses confusions lors des communications entre chimistes, et doit être parfaitement maîtrisée.

c. Représentation de NEWMAN

Les deux cercles opaques sont placés, par exemple, sur les liaisons $C^6 - C^5$ et $C^2 - C^3$, et la projection est réalisée en conséquence.(figure 14.26)

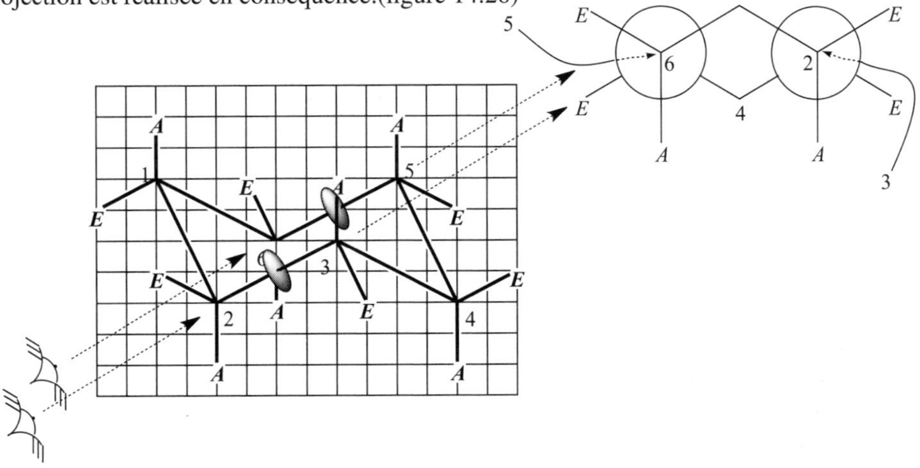

FIGURE 14.26 – Projection de NEWMAN du cyclohexane en conformation chaise

⚠ Il n'est alors pas aisé de représenter les liaisons $C{-}A$ et $C{-}E$ partant des atomes de carbone 1 et 4. Sauf nécessité absolue pour les besoins d'une démonstration, on ne les dessinera donc pas.

5.3 Conformations particulières

SACHSE a publié en 1890 et 1892 deux articles dans lesquels il suggère que le cyclohexane existe sous deux conformations dites **chaise** et **bateau**. Les conformations particulières du cyclohexane sont moins intuitives que dans l'éthane ou le butane et sont donc présentées sans plus de justification :

- la conformation **chaise** a été dessinée dans le paragraphe précédent (en remplaçant les positions *A* et *E* par des atomes d'hydrogène. C'est la conformation la plus importante ;
- la conformation **bateau** porte ce nom en raison de la forme qu'elle rappelle. Elle peut être dessinée en projection planc ou en représentation de NEWMAN. Là aussi il n'est pas aisé de représenter les liaisons C – H partant des atomes de carbone 1 et 4. (figure 14.27) ;
- la conformation **croisée** est difficile à visualiser (en gros, elle possède la forme d'un 8 couché). Une projection plane est possible : il faut dessiner un signe ∞ avec des angles. Seules les liaisons carbone-carbone sont représentées (figure 14.28) . Certains auteurs parlent de conformation *twist* en utilisant un anglicisme ;
- la conformation **enveloppe** possède la forme d'une enveloppe dont le rabat est ouvert, elle n'est pas développée plus précisément dans ce cours.

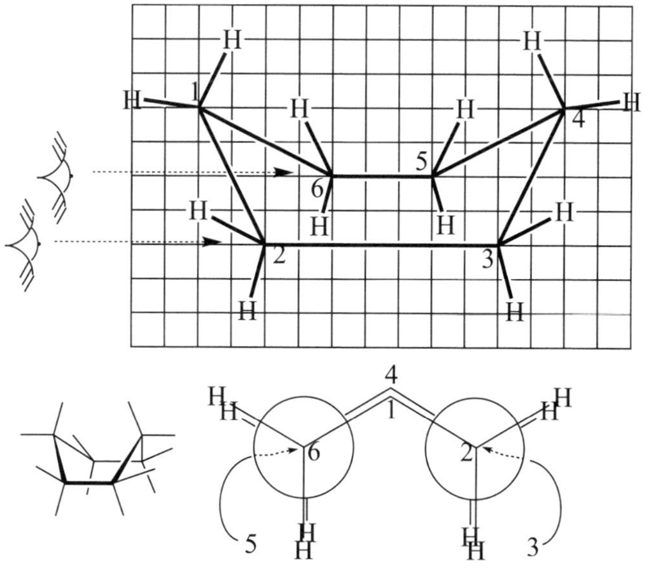

FIGURE 14.27 – Projection plane et de NEWMAN du cyclohexane en conformation bateau

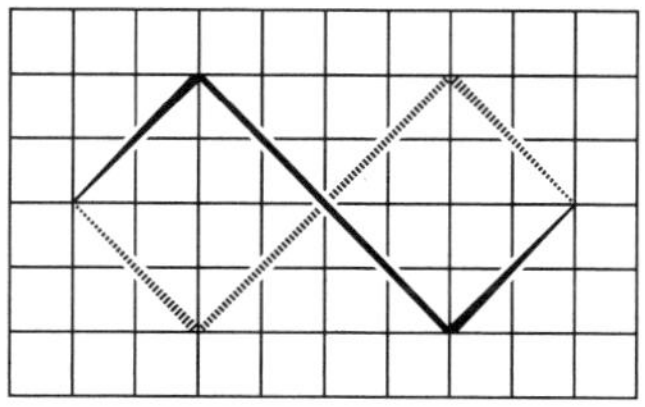

FIGURE 14.28 – Projection plane du cyclohexane en conformation croisée

5.4 Diagramme énergétique

Pour le cyclohexane, il n'est pas possible de définir une coordonnée de réaction simple comme cela était le cas pour les molécules linéaires. Nous représentons donc uniquement les « niveaux d'énergie » de chaque conformation, sans pour autant avoir d'abscisse (figure 14.29). La grandeur que nous retiendrons en ordonnée est à nouveau une énergie potentielle ramenée à l'unité de quantité de matière.
Ce diagramme fait apparaître plusieurs conformères et plusieurs états de transition. Les conformations chaises et croisées sont des conformères. Les conformations bateaux et enveloppes sont des états de transition. Le niveau d'énergie particulièrement bas du cyclohexane en conformation chaise par rapport aux autres conformations permet de dire qu'à température ambiante, la population de cette conformation est supérieure à 99,9 %.

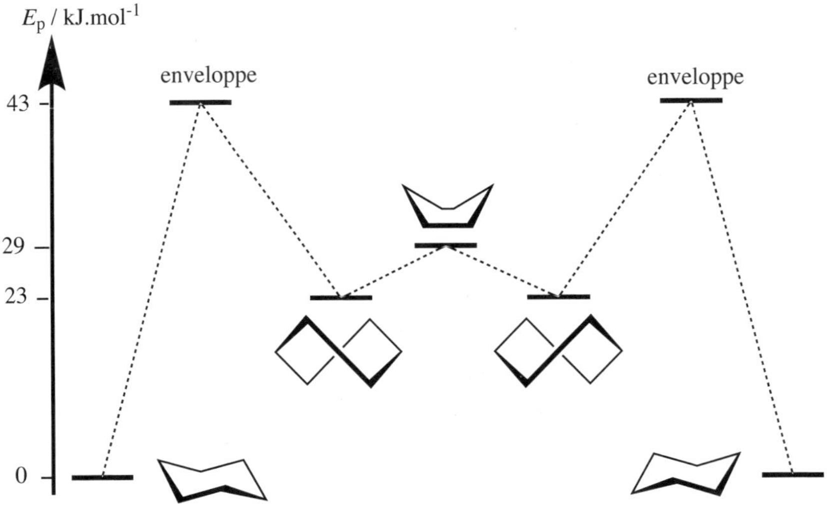

FIGURE 14.29 – Niveaux d'énergie potentielle molaire relatifs de quelques conformations du cyclohexane

Ceci justifie le fait que nous étudions de manière plus approfondie cette conformation. Il ne faut cependant pas en conclure que les autres conformations ne sont pas accessibles dans des cas particuliers : de nombreuses molécules polycycliques rigides sont bloquées dans les conformations bateau et croisée (figure 14.30).

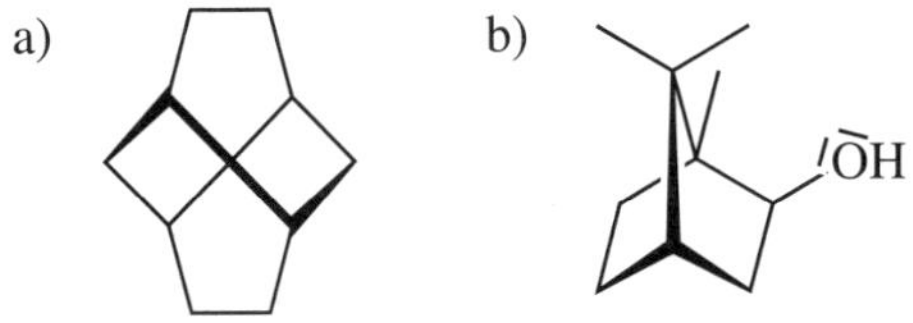

FIGURE 14.30 – Exemples de molécules pour lesquelles le cycle à six atomes de carbone est bloqué dans une autre conformation que la conformation chaise : a) twistane, pour lequel tous les cycles à six atomes sont en conformation croisée, b) (*S*)–isobornéol, molécule à odeur camphrée

5.5 Cyclohexane en conformation chaise

L'idée que le cyclohexane se trouve principalement en conformation chaise a beaucoup évolué entre les années 1920 et 1940. C'est à partir de 1950 que les travaux de BARTON ont permis de mesurer toutes les conséquences physico-chimiques de cette conformation. L'utilisation de la diffraction des électrons par HASSEL en 1963 a permis d'établir que la molécule existe sous forme d'une chaise légèrement aplatie avec des angles de liaison de $111,4 \pm 0,2°$ et des angles de torsion (C – C – C – C) dans le cycle de $54,9 \pm 0,4°$.

Dans la représentation en perspective et dans la projection de NEWMAN, il n'apparaît pas clairement que les six atomes de carbone du cycle sont parfaitement équivalents (les atomes de carbone de droite et de gauche (figure 14.25) semblent être des positions particulières uniquement en raison du choix de la projection réalisée). En revanche, il apparaît immédiatement que chaque atome de carbone est porteur de deux atomes d'hydrogène de nature différente.

- Certaines liaisons C – H sont **parallèles à l'axe de symétrie de révolution** d'ordre 3 (noté S_6) de la molécule (figure 14.31). Les atomes d'hydrogène de ces liaisons sont dits en **position axiale**.
- Les autres types de liaisons semblent **pointer vers l'équateur** d'une sphère dont l'axe de révolution est l'axe S_6. Les atomes d'hydrogène de ces liaisons sont dits en **position équatoriale**.

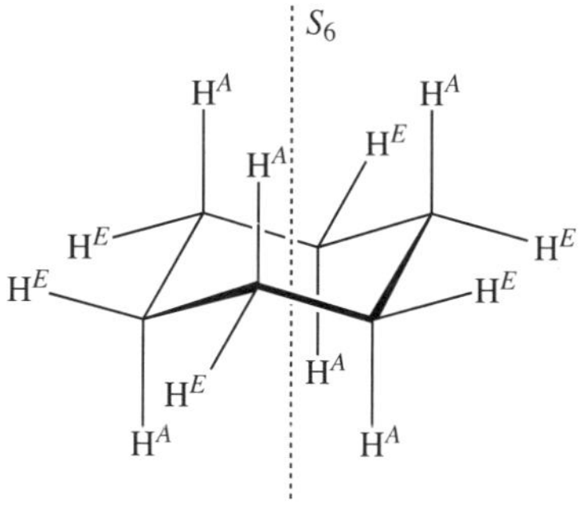

FIGURE 14.31 – Positions axiales et équatoriales du cyclohexane en conformation chaise

5.6 Inversion de la chaise

La conformation chaise, bien que très « rigide » en raison de la valeur élevée de la barrière énergétique à franchir, peut se transformer en une autre conformation chaise par torsion des liaisons C – C (figure 14.32).

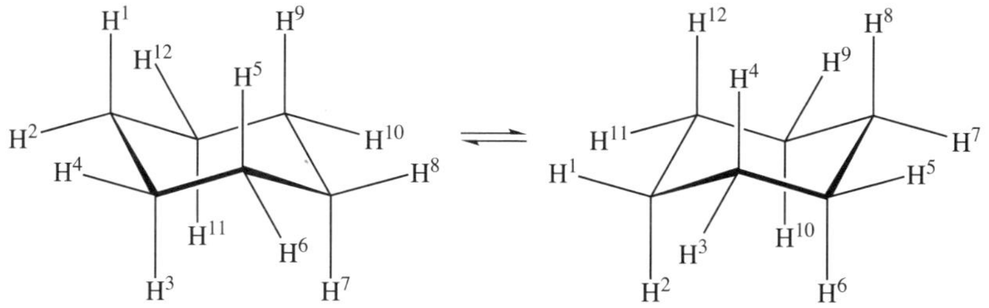

FIGURE 14.32 – Interconversion des deux conformations chaises du cyclohexane

La **barrière d'énergie** à franchir pour cette interconversion a été mesurée expérimentalement par de nombreuses techniques, dont la RMN dynamique (à température variable) ; les valeurs obtenues sont de l'ordre de 43 kJ·mol^{-1} (rappelons que dans le cas de l'éthane cette valeur est de 11,2 kJ·mol^{-1}). La constante de vitesse du **processus d'interconversion** a ainsi été évaluée à 2.10^5 s^{-1} à température ambiante. Une conséquence de ce processus d'interconversion est que les atomes d'hydrogène initialement en position axiale se transforment en atomes d'hydrogène en position équatoriale, et *vice-versa*. Dans le cas de la molécule de cyclohexane proprement dite, cette inversion n'a pas de conséquence immédiate étant donné que les atomes d'hydrogène sont indiscernables. Il n'en est pas de même pour les cyclohexanes substitués : en 1969, JENSEN et BUSHWELLER ont pu cristalliser sélectivement, à −150 °C, le conformère possédant l'atome de chlore en position équatoriale, prouvant ainsi cette assertion.

5.7 Cyclohexanes monosubstitués

a. Présentation

Ce phénomène d'**inversion de la chaise** est important pour les cyclohexanes substitués, car se pose alors la question de la **position préférentielle** (axiale ou équatoriale) du **substituant**. Considérons le méthylcyclohexane $C_6H_{11}-CH_3$; à nouveau, la conformation chaise est largement majoritaire ; nous ne nous intéresserons donc pas aux autres conformations. L'équilibre conformationnel est représenté sur la figure 14.33.

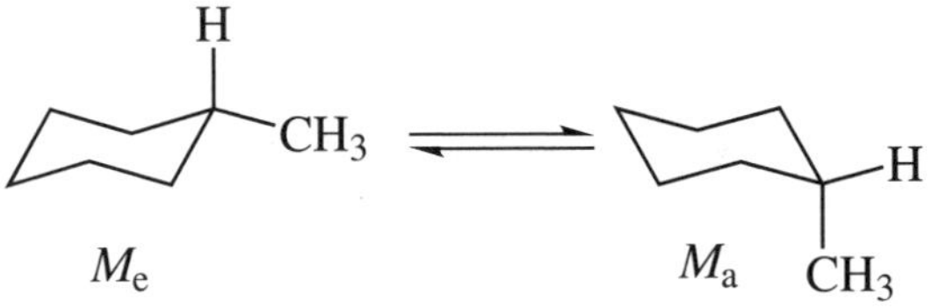

FIGURE 14.33 – Équilibre conformationnel du méthylcyclohexane en conformations chaises

La différence d'énergie potentielle molaire entre ces deux conformations M_e et M_a est de 7,3 kJ·mol^{-1} à 27 °C (figure 14.34).

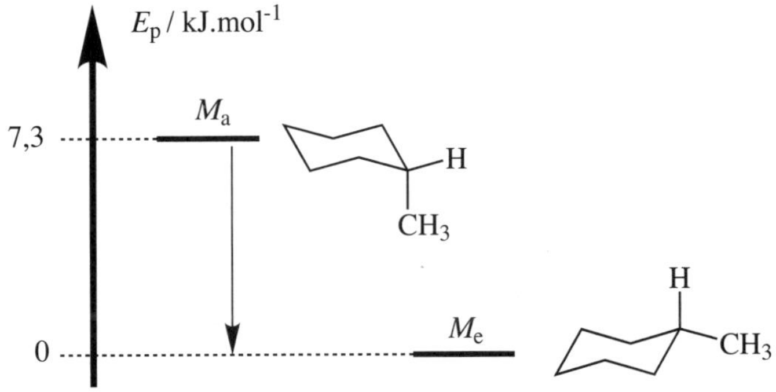

FIGURE 14.34 – Différence d'énergie potentielle molaire entre les deux conformations chaises du méthylcyclohexane

Plus généralement pour un cyclohexane substitué par un groupe $-X$, on appelle valeur A la différence d'énergie potentielle molaire entre le conformère chaise où $-X$ est en position axiale et le conformère chaise où $-X$ est en position équatoriale :

$$A = E_p(C_6H_{11}-X_{\text{axial}}) - E_p(C_6H_{11}-X_{\text{équatorial}}).$$

De façon plus précise, il s'agit de l'enthalpie libre standard de l'équilibre entre les deux états : conformère axial = conformère équatorial, grandeur thermodynamique qui ne sera définie avec précision que dans l'ouvrage de seconde année. Quelques exemples de valeurs A sont proposés dans le tableau suivant.

Groupe $-X$	$-CH_3$	$-CH(CH_3)_2$	$-C(CH_3)_3$	$-Cl$	$-CN$	$-CO_2H$
Valeur A /kJ·mol^{-1}	7,3	9,2	20	2,5	0,8	5,9

La valeur très élevée de 20 kJ·mol^{-1} pour le groupe *tertio*butyle $-C(CH_3)_3$ impose que, sauf raison exceptionnelle, ce groupe est toujours placé en position équatoriale. Les composés de ce type sont qualifiés d'**anancomériques**, ce qui signifie « fixés dans une conformation ». Cette large préférence équatoriale a été mise à profit pour bloquer la conformation chaise de cyclohexanes polysubstitués, afin d'étudier, par exemple, la différence de réactivité de la position axiale par rapport à la position équatoriale d'un autre substituant.
Comment interpréter le fait que la valeur A est positive dans la plupart des cas, c'est-à-dire que les substituants ont une préférence pour la position équatoriale ? L'analyse de cette question est réalisée sur le cas du méthylcylcohexane, avant d'être généralisée.

b. Interaction butane *gauche*

Dans un premier temps, on peut constater que le méthylcyclohexane fait apparaître deux « portions butane », telles que représentées en gras sur la figure 14.35.

« portions butane » du méthylcyclohexane

FIGURE 14.35 – Mise en évidence de deux portions butane dans le méthylcyclohexane

La représentation de NEWMAN du méthylcyclohexane dans ses deux conformations chaises possibles fait apparaître que ces portions butane sont en **position décalée *gauche*** lorsque le groupe méthyle est en position axiale (figure 14.36), en **position décalée *anti*** lorsque le groupe méthyle est en position équatoriale (figure 14.37).

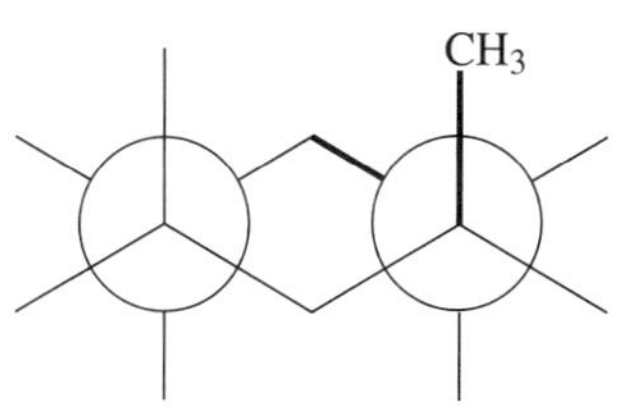

FIGURE 14.36 – Mise en évidence d'un groupe butane en conformation décalée *gauche* au sein du méthylcyclohexane pour lequel le groupe méthyle est en position axiale

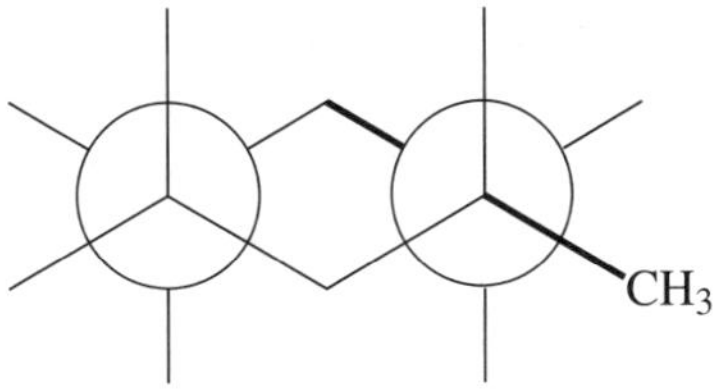

FIGURE 14.37 – Mise en évidence d'un groupe butane en conformation décalée *anti* au sein du méthylcyclohexane pour lequel le groupe méthyle est en position équatoriale

L'interaction butane *gauche* $\Delta E_{BG} = 3{,}6\ \mathrm{kJ{\cdot}mol^{-1}}$ se retrouvant à deux reprises au sein de la molécule de méthylcyclohexane, cette interaction contribue pour $2 \times 3{,}6 = 7{,}20\ \mathrm{kJ{\cdot}mol^{-1}}$, en supposant l'additivité des différents effets, indépendants les uns des autres. Ce résultat est entaché d'une incertitude non négligeable pour les raisons suivantes :

- dans la molécule de butane, l'interaction correspondante est entre deux groupes $-CH_3$, alors que dans le cyclohexane, l'interaction est entre un groupe $-CH_2(C_{cycle})$ et un groupe $-CH_3$: il peut y avoir ainsi une légère différence ;
- comme nous l'avions déjà abordé, la valeur de ΔE_{BG} est entachée d'une certaine incertitude due aux méthodes de mesure.

5.8 Cyclohexanes polysubstitués

a. Positions relatives *cis* et *trans*

La projection plane du cycle à six chaînons met en évidence que les milieux de chaque liaison C – C sont dans un même plan, appelé **plan moyen du cycle**. Il apparaît alors que les différents substituants pointent de part et d'autre de ce plan moyen, et que cela est sans rapport avec le caractère axial ou équatorial des substituants. Ainsi, sur la figure 14.38, les substituants axiaux A^n pointent au-dessus du plan moyen du cycle, si n est impair, et les substituants équatoriaux E^n pointent au-dessus du plan moyen du cycle, si n est pair.

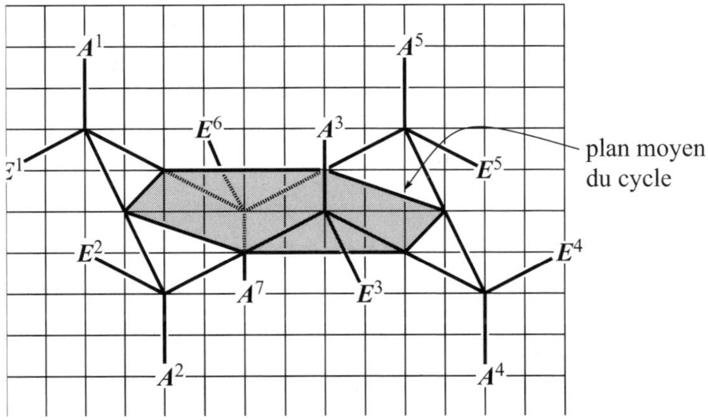

FIGURE 14.38 – Plan moyen du cycle

Définition

Deux substituants sont en position relative *cis* s'ils pointent tous les deux du même côté du plan moyen du cycle, *trans* s'ils pointent de part et d'autre de ce plan moyen.

Par exemple, les substituants A^1 et A^2 sont en position relative *trans*, de même que E^1 et E^2. En revanche, les substituants A^1 et A^3 sont en position relative *cis*, de même que A^1 et A^5.

⚠ L'équilibre conformationnel entre les deux formes chaises ne modifie pas la nature *cis-trans* de la position relative des substituants : si deux substituants sont en position *cis*, ils le sont dans toutes les conformations chaises en équilibre.

b. Étude des 1,4-diméthylcyclohexane

L'étude des méthylcyclohexanes substitués se fait en étudiant les mêmes interactions intramoléculaires entre groupes que pour les cyclohexanes monosubstitués. Le *cis*-1,4-diméthylcyclohexane existe très majoritairement sous deux conformations en équilibre rapide tel que représenté sur la figure 14.39.

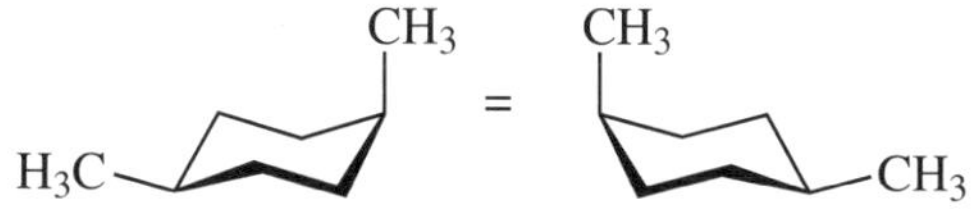

FIGURE 14.39 – Équilibre conformationnel du *cis* -1,4-diméthylcyclohexane

Les deux conformations sont superposables, aussi l'étude n'est pas poursuivie, les deux structures étant identiques. En revanche, l'équilibre conformationnel du *trans*-1,4-diméthylcyclohexane (figure 14.40) présente un plus grand intérêt. Dans la forme de gauche, les deux groupes méthyles sont en **position axiale**, alors que dans la forme de droite, les deux groupes sont en **position équatoriale**. La différence d'énergie potentielle molaire $E_p(\text{aa}) - E_p(\text{ee})$ entre les formes axiale-axiale et équatoriale-équatoriale est évaluée expérimentalement à 14,6 kJ·mol^{-1}.

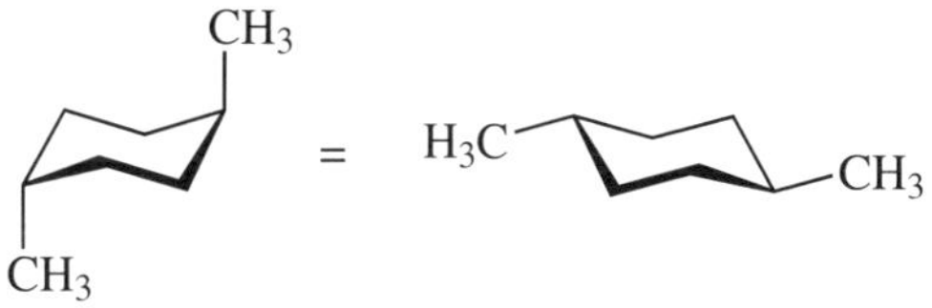

FIGURE 14.40 – Équilibre conformationnel du *trans*-1,4-diméthylcyclohexane

Différentes valeurs sont reportées sur le graphe de la figure 14.41 page 558 (la conformation la plus stable de chaque molécule est choisie arbitrairement comme étant d'énergie potentielle nulle ; seules les différences d'énergie ayant un sens physique, cette convention ne nuit en rien au raisonnement).

On constate que la différence d'énergie molaire entre le cyclohexane possédant deux groupes en position axiale et deux groupes en position équatoriale est très exactement le double que celle entre le cyclohexane possédant un groupe en position axiale et un groupe en position équatoriale. On peut donc en déduire que les deux groupes méthyles se comportent indépendamment l'un de l'autre : il n'y a pas d'interaction entre ces groupes méthyles. Le type de raisonnement effectué lors de l'étude du 1,4-diméthylcyclohexane peut être étendu à tout type de cyclohexane substitué en position 1,4, en faisant l'hypothèse (probablement pas toujours vérifiée) qu'il n'y a pas d'interaction entre les deux substituants.

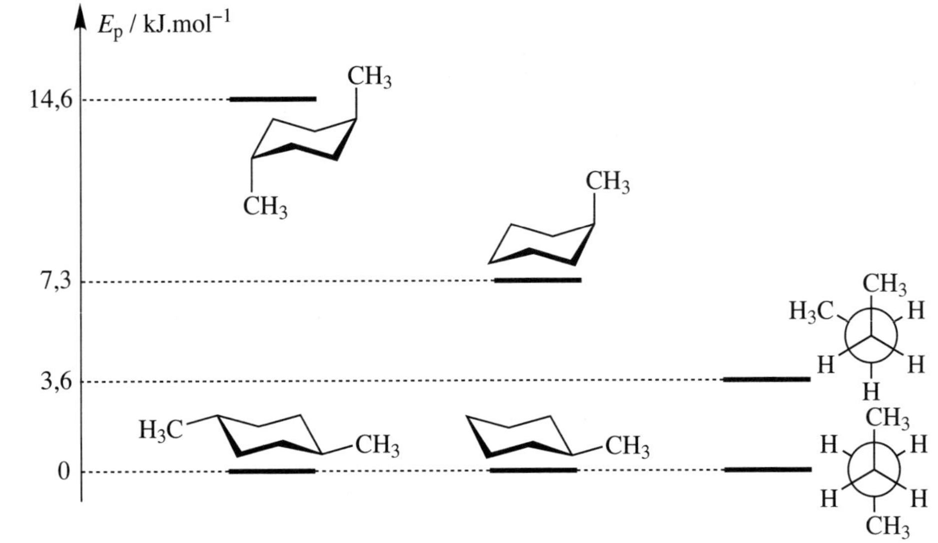

FIGURE 14.41 – Énergie potentielle molaire de quelques conformères de composés cyclohexaniques et du butane

Par exemple, la valeur *A* très élevée pour le groupe *tertio*butyle permet d'expliquer expérimentalement que le 1-chloro-4-*tertio*butylcyclohexane est présent essentiellement dans une conformation plaçant le groupe *tertio*butyle en position équatoriale (figure 14.42).

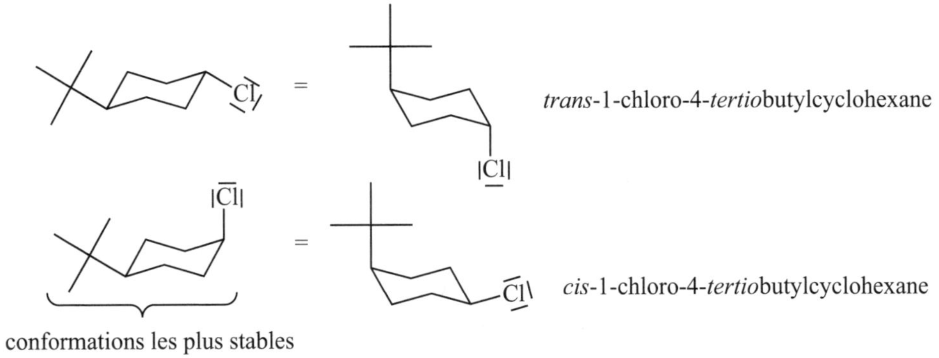

FIGURE 14.42 – Équilibres conformationnels des 1-chloro-4-*tertio* butylcyclohexanes *cis* et *trans*

Cette propriété a été utilisée pour analyser la **différence de réactivité** d'un groupe chloro suivant qu'il est en position **axiale ou équatoriale**.

c. Étude du *trans*-1,2-diméthylcyclohexane

L'équilibre conformationnel entre les deux *trans*-1,2-diméthylcyclohexanes est représenté figure 14.43.

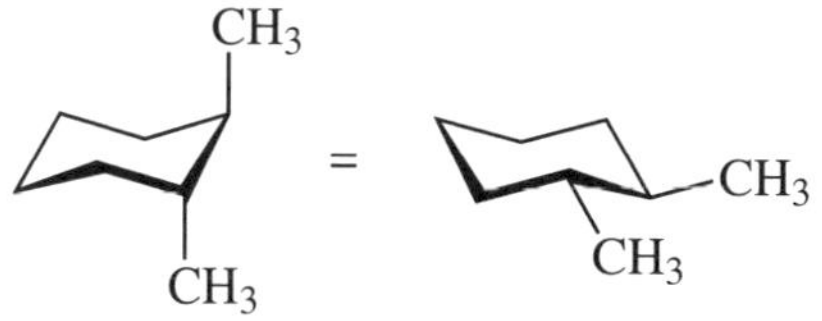

FIGURE 14.43 – Équilibre conformationnel du *trans* -1,2-diméthylcyclohexane

La situation semble identique à celle du *trans*-1,4-diméthylcyclohexane en première approche : le conformère le moins stable présente deux groupes méthyles en position axiale, tandis que le conformère le plus stable présente deux groupes en position équatoriale. En l'absence de toute autre interaction que celles vues dans l'étude du méthylcyclohexane, on devrait s'attendre à une différence d'énergie potentielle moyenne de 14,6 kJ·mol^{-1}. La différence d'énergie potentielle molaire mesurée est $E_p(\text{aa}) - E_p(\text{ee}) = 11{,}5$ kJ·mol^{-1}.
On en déduit que les deux groupes substituants ne sont pas indépendants l'un de l'autre : il existe dans ce cas une interaction butane *gauche* supplémentaire entre les deux groupes substituants. Celle-ci est bien visible dans une projection de NEWMAN des deux conformères chaises du *trans*-1,2-diméthylcyclohexane.

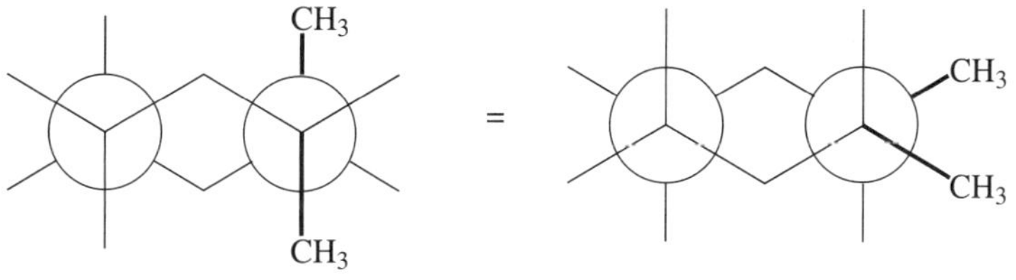

FIGURE 14.44 – Équilibre conformationnel du *trans*-1,2-diméthylcyclohexane en projection de NEWMAN

Alors que dans le conformère axial-axial du *trans*-1,2-diméthylcyclohexane on décompte les 4 interactions butane *gauche* analogues à celle du composé 1,4-disubstitué axial-axial, le conformère équatorial-équatorial du *trans*-1,2-diméthylcyclohexane ne contient plus qu'une seule interaction butane *gauche*. Il est remarquable de constater que la différence d'énergie potentielle molaire expérimentale est proche de $14{,}6 - \Delta E_{\text{GB}} = 14{,}6 - 3{,}6 = 11{,}0$ kJ·mol^{-1} : on peut à nouveau, moyennant les incertitudes de mesure, adopter une démarche de simple sommation des énergies d'interaction.

d. Étude des 1,3-diméthylcyclohexanes ; interaction 1,3-diaxiale

Les données expérimentales sur le *cis*-1,3-diméthylcyclohexane sont peu nombreuses, c'est pourquoi un autre type d'équilibre est étudié ici (figure 14.45). Il s'agit d'un équilibre d'isomérisation catalysé, pour lequel seul un des groupes méthyles voit sa position inversée.

Expérimentalement, la différence d'énergie potentielle molaire de ces deux conformations est de 15,5 kJ·mol^{-1}. Les interactions butane *gauche* du composé dessiné à gauche sont au nombre de quatre (deux groupes méthyles en position axiale) alors qu'elles sont au nombre de deux dans le composé dessiné à droite (un seul groupe méthyle en position axiale). Il n'y a d'autre part pas de groupes méthyle en positions relatives 1,2, aussi aucune autre interaction butane *gauche* n'est à considérer comme lors de l'étude du *trans*-1,2-diméthylcyclohexane. On devrait donc s'attendre, en l'absence de toute autre interaction, à avoir une différence d'énergie potentielle molaire de l'ordre de $2 \times 3,65 = 7,3$ kJ·mol^{-1}.

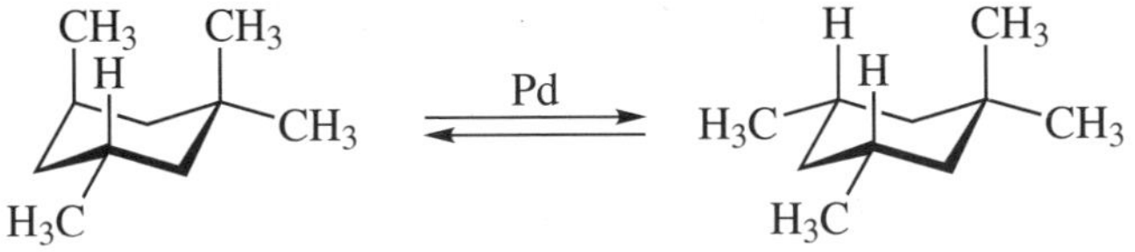

FIGURE 14.45 – Équilibre d'isomérisation d'un composé comportant deux groupes méthyle en position 1,3-diaxiale

L'**interaction 1,3-diaxiale** est d'origine purement stérique (figure 14.46) : les nuages électroniques des deux groupes méthyle $-CH_3$ axiaux s'interpénètrent (la distance d_a est plus petite que la somme des rayons de VAN DER WAALS de deux groupes méthyle).

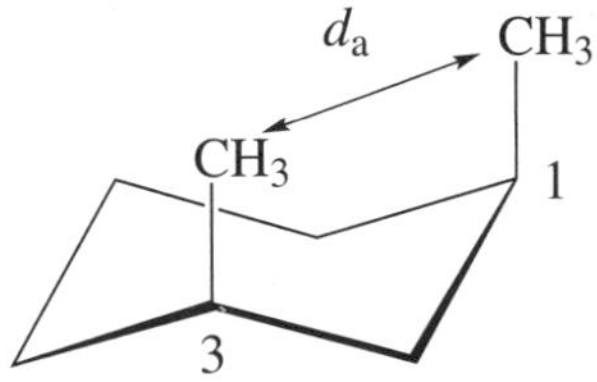

FIGURE 14.46 – Interaction 1,3-diaxiale entre les groupes méthyle en position 1 et 3

La valeur expérimentale mesurée de 15,5 kJ·mol^{-1} suggère qu'une interaction supplémentaire intervient de façon non négligeable. En effet, dans le composé de gauche, on dénombre sur la face supérieure du cycle deux interactions ($-H$ / $-CH_3$) ainsi qu'une interaction ($-CH_3$ / $-CH_3$). Dans le composé de droite, on dénombre sur la face supérieure du cycle uniquement deux interactions ($-H$ / $-CH_3$). La différence d'énergie potentielle molaire de $15,5 - 7,3 = 8,2$ kJ·mol^{-1} constitue donc la valeur de l'énergie molaire de l'interaction 1,3-diaxiale ($-CH_3$ / $-CH_3$).

e. Effets particuliers et cas spécifiques

Les valeurs des interactions 1,3-diaxiales sont généralement croissantes avec la taille des substituants comme le montre le tableau suivant.

Groupe	(-OH/-OH)	(-Cl/-Cl)	(-CH_3/-Br)	(-CH_3/-CH_3)
Interact. 1,3-diaxiale / kJ·mol^{-1}	3,9	20,5	4,31	8,2

Il faut cependant remarquer que l'interaction de VAN DER WAALS n'est pas la seule à prendre en compte dans l'interaction 1,3-diaxiale. Ainsi, l'interaction 1,3-diaxiale (-CO_2^-/-NH_3^+) est de $-15,7$ kJ·mol^{-1}. La valeur négative signifie que lorsque les deux groupes sont en position *cis*-1,3, c'est le conformère où les groupes sont en position axiale qui est le plus stable. En effet, le groupe $-CO_2^-$ est accepteur de liaison hydrogène, alors que le groupe $-NH_3^+$ est donneur de liaison hydrogène. Lorsque les groupes sont en position axiale (figure 14.47), ils sont dans une géométrie favorable à l'établissement de la liaison hydrogène, alors que ce n'est pas le cas dans le conformère où les groupes sont en position équatoriale.

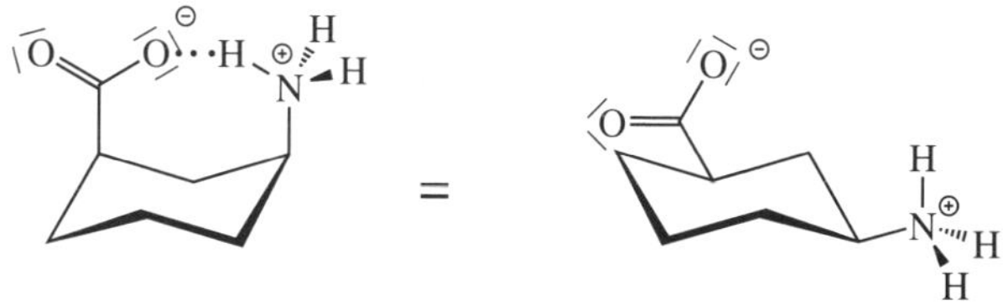

FIGURE 14.47 – Équilibre conformationnel d'un ion *cis*-3-ammoniumcyclohex-1-ylcarboxylate. Le conformère présentant les groupes en position axiale est plus stable que celui présentant les groupes en position équatoriale

Conformation des protéines et diagramme de RAMACHANDRAN

Les protéines sont des macromolécules construites à partir des acides α-aminés (figure ci-dessous) par formation d'une liaison amide entre la fonction acide carboxylique du monomère $i-1$ et de la fonction amine du monomère i. Les protéines les plus rencontrées font intervenir vingt groupes R différents, pouvant être des groupes alkyles, acides carboxyliques et d'autres fonctions de la chimie organique (alcool, thiol...).
Lorsque l'atome d'azote est engagé dans la liaison amide d'une protéine, la délocalisation de son doublet non liant sur le groupe carbonyle voisin confère une géométrie presque toujours plane (à l'image de celle de l'éthène) à l'ensemble des atomes $C^\alpha_{i-1}, O, C, N, H, C^\alpha_i$ (voir dessin ci-dessous)

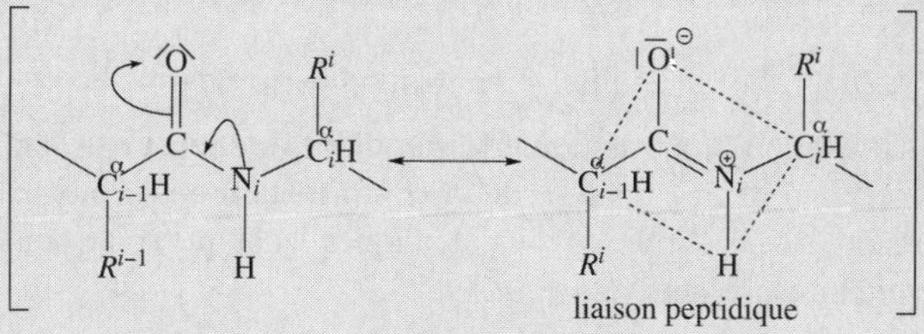

liaison peptidique

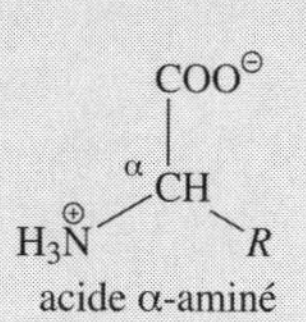

acide α-aminé

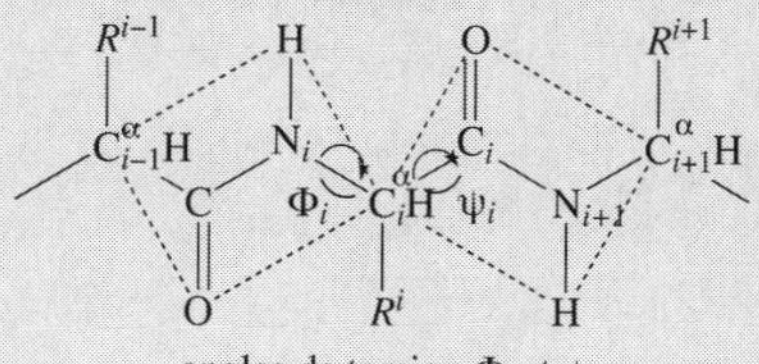

angles de torsion Φ_i et ψ_i

Ainsi, pour chaque carbone C_i^α de l'acide aminé i de la chaîne polypetidique, il est possible de définir trois plans : le plan défini par le carbone et les substituants H et R^i (c'est le plan de référence pour l'acide aminé i), le plan de la liaison peptidique liant l'acide $i-1$ et l'acide i, et le plan de la liaison peptidique liant l'acide i et l'acide $i+1$. Pour passer du plan peptidique $(i-1,i)$ au plan de référence, il faut tourner d'un angle Φ_i autour de la liaison (N_i, C_i^α) et pour passer du plan de référence au plan peptidique $(i,I+1)$, il faut tourner d'un angle Ψ_i autour de la liaison (C_i^α, C_i). Il en résulte que l'ensemble des conformations possibles de la chaîne protéinique peut être décrite par la seule donnée des $2i$ angles de torsion Φ_i et Ψ_i représentés figure ci-dessus.
De nombreuses protéines ont été cristallisées puis analysées par diffraction des rayons X. La plupart d'entre elles présentent des conformations particulières, principalement sous forme de feuillet β (figure 14.48) ou d'hélice α, dont la stabilité est en grande partie due à l'établissement de liaisons hydrogène intramoléculaires.

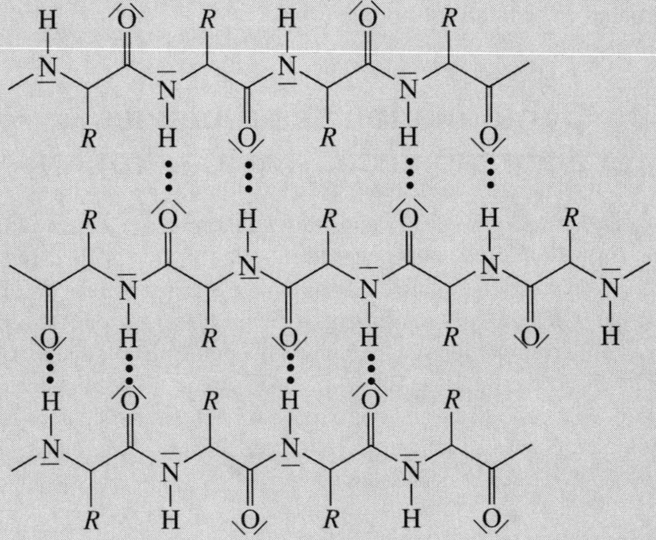

FIGURE 14.48 – Feuillet β construit à partir de trois brins

Grâce à des considérations reposant sur des modèles de mécanique moléculaire, G. RAMACHANDRAN a mené une analyse de la conformation des protéines en fonction des angles de torsion Φ et Ψ supposés tous identiques, quel que soit l'acide aminé i sur la chaîne. Le résultat est présenté figure 14.49.

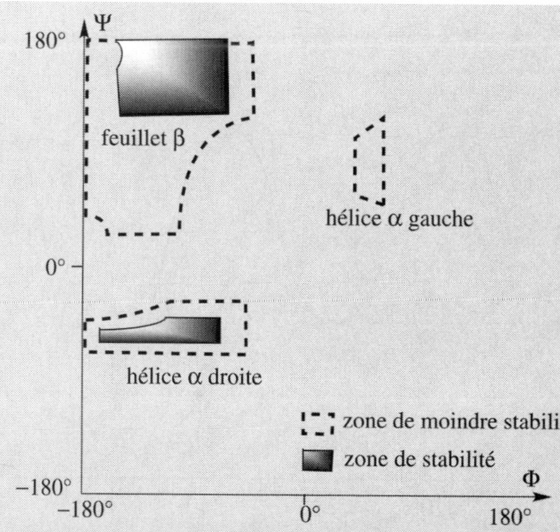

FIGURE 14.49 – Diagramme de RAMACHANDRAN

Il est assez surprenant de constater que les zones de stabilité des conformations sont relativement restreintes. Par exemple, les angles les plus stables pour une hélice α sont $\Phi = -57°$ et $\Psi = -47°$. Toutes les conformations courantes du squelette des protéines natives se situent à l'intérieur des zones de stabilité de la représentation de RAMACHANDRAN.

L'analyse de la conformation des protéines reste un enjeu majeur des études biochimiques actuelles. En effet, la structure tridimensionnelle des protéines est un facteur déterminant de leur activité biologique. Les études actuelles, utilisant en particulier la résonance magnétique nucléaire, analysent cette structure tridimensionnelle et ses modifications en fonction de la température, du solvant et du pH afin de s'approcher au mieux des conditions physiologiques d'activité de ces molécules biologiques.

EXERCICES

14.1 Analyse conformationnelle du 1,2-dibromoéthane (d'après Mines-Ponts, PSI, 2004) (★)

Représenter la courbe d'énergie potentielle molaire du 1,2-dibromoéthane en fonction d'un angle de torsion judicieusement choisi.

Donner le nom des conformations particulières de cette molécule.

14.2 Analyse conformationnelle du 2-fluoroéthan-1-ol (d'après ENS Ulm et Lyon, PC, 2001) (★)

Pour la molécule de 2-fluoroéthan-1-ol, on donne le diagramme d'énergie potentielle en fonction de l'angle dièdre ω (exprimé en degrés, figure ci-dessous) entre le plan contenant les atomes OC^1C^2 et le plan contenant les atomes FC^1C^2.

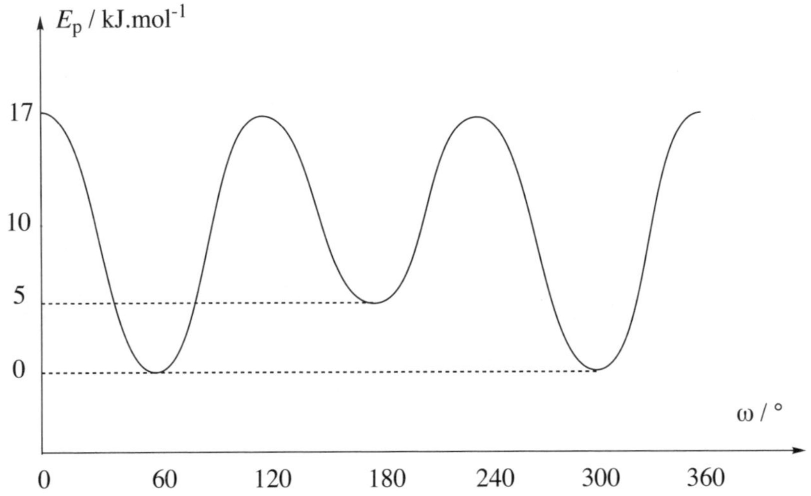

1. Attribuer les valeurs minimales d'énergie potentielle molaires aux différentes conformations (éclipsées ou décalées) du 2-fluoroéthan-1-ol, en utilisant des projections de NEWMAN. Quelle interaction stabilisante peut expliquer que le conformère de plus basse énergie est celui pour lequel l'angle dièdre vaut 60 °, alors que dans le cas du butane, c'est celui pour lequel il vaut 180 ° ?

2. Le diagramme correspondant à l'éthanoate de 2-fluoroéthyle (figure ci-dessous) est tout à fait analogue à celui du butane, mais avec des valeurs d'énergies quelques peu différentes.

Montrer que l'interaction stabilisante évoquée à la première question n'intervient plus.

14.3 Analyse conformationnelle du (−)-menthol (d'après ENS, BCPST, 2003, et Mines-Ponts, PC, 2004) (★)

Le (−)-menthol est un composé naturel à odeur de menthe, dont la formule topologique est présentée figure ci-dessous en projection de CRAM.

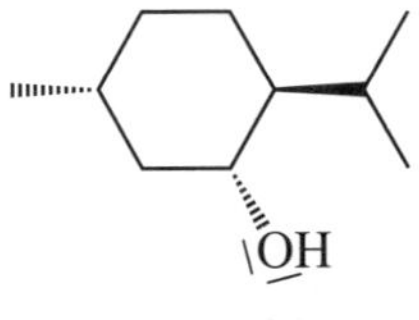

Représenter les conformations chaises de cette molécule. Indiquer en le justifiant la conformation la plus stable.

14.4 Système 1,3-dioxane (★★)

1. Prévoir l'énergie molaire de la réaction d'inversion conformationnelle chaise-chaise du 1-*tertio*butyl-4-méthylcyclohexane, présentée figure ci-dessous. On précise pour cela que la valeur *A* d'un groupe méthyle est de 7,3 kJ·mol^{-1} et d'un groupe *tertio*butyle de 20 kJ·mol^{-1}.

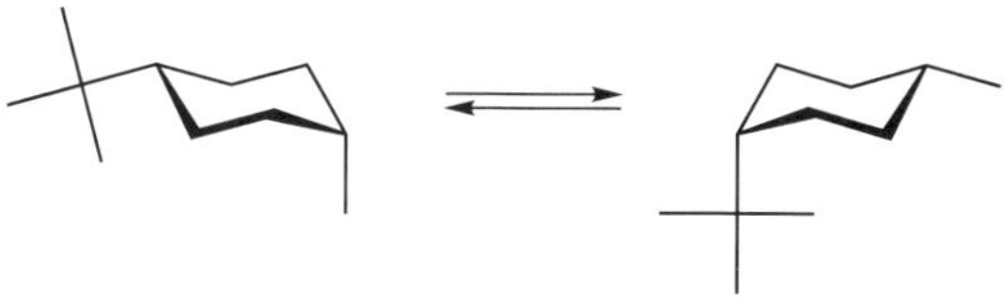

Lequel des deux conformères est le plus stable ?

2. Dans le cas du composé dérivé du 1,3-dioxane présenté figure ci-dessous, on mesure expérimentalement une énergie de −5,9 kJ·mol^{-1}. Le signe négatif signifie que le conformère de droite est le plus stable. Interpréter la différence avec le résultat précédent.

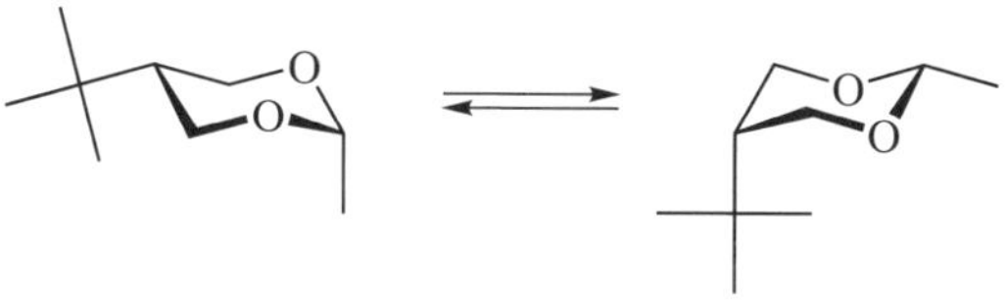

14.5 Influence de la concentration sur la conformation (★★★)

L'oxyde de *cis*-3-hydroxythiane existe sous forme de deux conformations chaises en équilibre conformationnel (figure 14.50).

A **E**

FIGURE 14.50 – Équilibre conformationnel entre le *cis* et le *trans*-3-hydroxythiane

En solution concentrée (2,8 mol·L^{-1}) dans le dichlorométhane deutérié CD_2Cl_2 (solvant aprotique apolaire), l'équilibre est en faveur de la conformation **E** ($\Delta E_p = -4{,}2$ kJ·mol^{-1}), alors qu'en solution diluée (2,3.10^{-3} mol·L^{-1}), c'est l'autre conformation **A** qui est favorisée ($\Delta E_p = 5{,}4$ kJ·mol^{-1}).
Interpréter ce résultat.

PROBLÈMES

14.6 Conformation des décalines (★★)

La décaline, dont la formule toplogique plane est représentée figure ci-dessous existe sous deux stéréoisomères de configuration *cis* et *trans*.

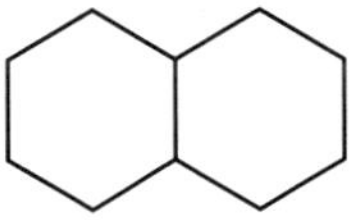

FIGURE 14.51 – Représentation topologique de la décaline

1. Proposer une projection plane des *cis* et *trans* décalines, les deux cycles étant en conformation chaise. L'inversion chaise-chaise est-elle possible pour ces deux molécules ?

2. Proposer une projection de NEWMAN de ces deux molécules dans leur conformation la plus stable.

3. Les stéroïdes constituent une classe de molécules naturelles reconnaissables à leur quatre cycles accolés. Parmi elles, il y a la testostérone (hormone masculine), la cortisone (anti-inflammatoire) ou encore le cholestérol (composant des membranes cellulaires), présentés figure 14.52.

La métabolisation dans le foie du cholestérol le transforme en acide cholique (figure 14.52), un émulsifiant présent dans la bile, permettant l'hydrolyse enzymatique des graisses. Compte-tenu des questions précédentes, dessiner la conformation rigide de cet acide cholique.

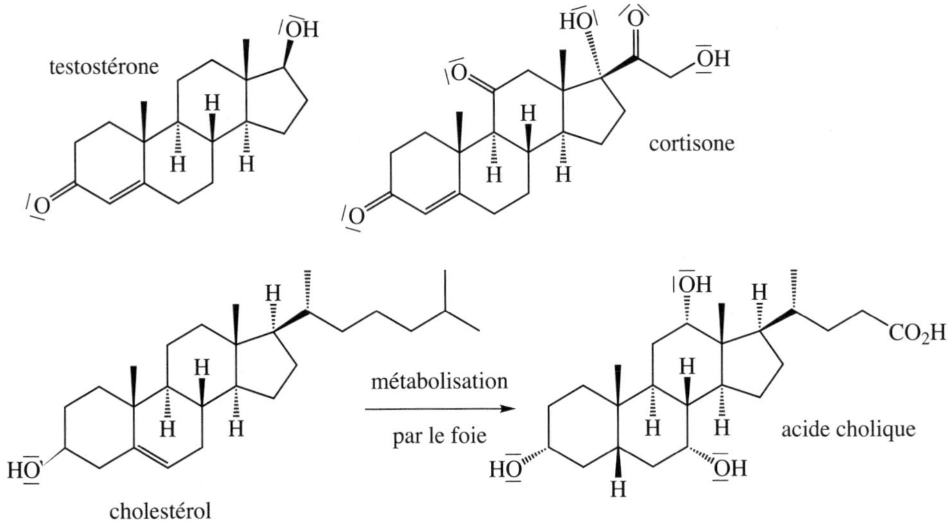

FIGURE 14.52 – Testostérone, cortisone et transformation du cholestérol en acide cholique

14.7 Analyse conformationnelle par RMN (d'après Olympiades Internationales de la Chimie, présélection, 2003) (★★★)

L'héparine est un polysaccharide sulfaté qui possède des propriétés antithrombiques et anti-coagulantes. L'unité **G** de l'héparine est un cycle à six atomes représenté figure 14.53.

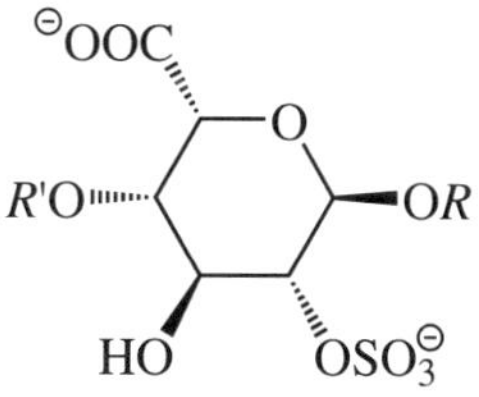

FIGURE 14.53 – Héparine : les groupes R et R' représentent des chaînes polysaccharidiques

Les différentes conformations envisageables **G1**, **G2** et **G3** de l'unité **G** de l'héparine sont représentées figure ci-dessous (**G1** et **G2** sont des conformations chaises, tandis que la conformation **G3** est une conformation croisée).

La conformation de la molécule peut être étudiée par R.M.N. (résonance magnétique nucléaire) du proton en solution par l'analyse des constantes de couplage $^3J_{H^aH^b}$.

On indique que le terme $^3J_{H^aH^b}$ caractérise le couplage de deux atomes d'hydrogène H^a et H^b séparés dans la molécule par trois liaisons σ, soit ici la séquence $H^a - C - C - H^b$ (ce point sera repris et détaillé dans le cours de deuxième année).

Ces constantes de couplage, dans un modèle théorique simplifiée (modèle de KARPLUS) dépendent de l'angle de torsion entre les protons considérés, de la manière présentée figure ci-dessous.

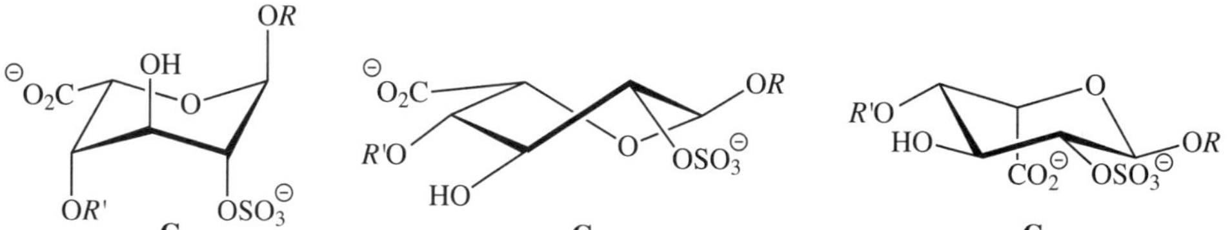

G_1 G_2 G_3

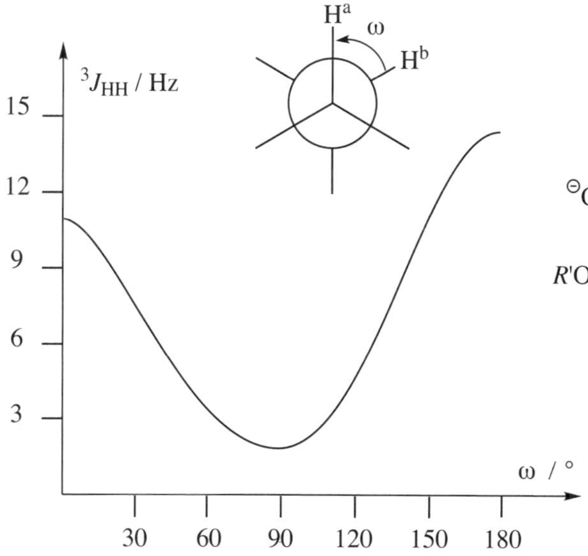

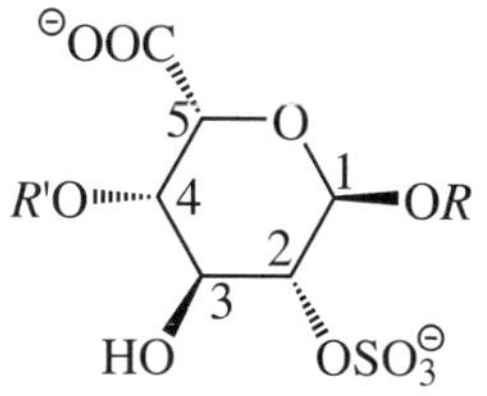

En tenant compte de la numérotation (le proton H^i est porté par l'atome de carbone *i*), les constantes de couplage expérimentales sont données dans le tableau suivant.

Couplage entre	H^1H^2	H^2H^3	H^3H^4	H^4H^5
$^3J_{H^aH^b}$ / Hz	6,2	10,1	5,2	3,4

1. Confronter les résultats de la RMN avec les différentes conformations possibles. Identifier la conformation de l'unité **G** de l'héparine.

2. Interpréter le résultat obtenu.

3. Pourquoi utilise-t-on la RMN pour étudier les différentes conformations présentes dans l'héparine alors qu'on a accès à sa structure cristallographique ?

Chapitre 15

Stéréochimie de configuration

Les origines de la stéréochimie de configuration remontent à la découverte par le physicien français MALUS de la lumière polarisée plane en 1809. BIOT en 1812, suivant une observation antérieure d'ARAGO en 1811, découvre qu'une lame de quartz, taillée perpendiculairement à l'axe de son cristal, fait tourner le plan de la lumière polarisée, mettant pour la première fois en évidence la notion de pouvoir rotatoire dans un solide.
C'est toutefois au génie de PASTEUR que l'on doit l'extension de cette découverte des cristaux aux molécules elles-mêmes, par l'analyse en 1848 des solutions de tartrate doubles de sodium et d'ammonium issus de tonneaux de vins. En 1860, réalisant l'analogie entre cristaux et molécules, PASTEUR associe la propriété physique de faire tourner le plan de polarisation de la lumière à la structure moléculaire : la possibilité de faire tourner le plan de polarisation de la lumière est associée à une dissymétrie, c'est-à-dire à une non-identité du cristal ou d'une molécule avec son image dans un miroir. Nous abordons dans ce chapitre la notion de molécule non superposable à son image dans un miroir, et développons les conséquences physiques et structurales.

1 Énantiomérie

1.1 Configuration d'une molécule

Définition

On appelle configuration d'une molécule l'arrangement spatial des atomes qui distingue les stéréoisomères (isomères de même constitution), dont l'isomérie n'est pas due à des différences de conformation. Deux configurations différentes d'une même molécule sont liées par une relation de stéréochimie de configuration.

Les trois structures **M1**, **M2** et **M3** sont des stéréoisomères car leurs représentations semi-développées planes sont identiques. Les structures **M1** et **M2** (figure 15.1) sont des conformations différentes d'une même configuration de la molécule, puisqu'une rotation autour de la liaison simple $C^2 - C^3$ permet de superposer les deux structures. En revanche, les structures **M1** et **M3** ne sont jamais superposables, quelles que soient les rotations autour des liaisons simples. Elles ont donc des configurations différentes et sont liées par une relation de stéréochimie de configuration.

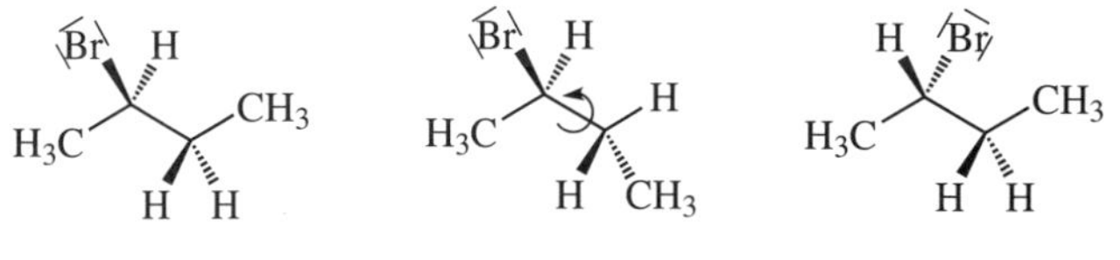

FIGURE 15.1 – Différents stéréoisomères ayant la même formule plane

1.2 Chiralité

Définition

Un objet non superposable à son image dans un miroir, aussi appelée image spéculaire, est dit chiral.

La propriété d'un objet de **ne pas être superposable** à son **image spéculaire** existe à l'échelle macroscopique (une main droite, une chaussure gauche, etc. sont des objets chiraux), mais aussi à l'échelle moléculaire : certaines molécules sont chirales comme la suite de ce cours le décrit. Le mot chiral vient du grec $\chi\varepsilon\iota\rho$ (*cheir*) = la main.

1.3 Énantiomérie

Une conséquence de la définition de la chiralité est qu'un objet et son image spéculaire non-superposable forment un couple ; les objets sont qualifiés d'énantiomorphes l'un de l'autre. Lorsque ces objets sont des molécules, le terme approprié est **énantiomères**.

Définition

On appelle énantiomère une des espèces moléculaires d'une paire qui sont images spéculaires l'une de l'autre et qui ne sont pas superposables. Les deux espèces énantiomères d'un couple sont liées par une relation d'isomérie appelée énantiomérie.

⚠ *Théorème (admis) :* les molécules possédant un plan de symétrie ou un centre de symétrie sont achirales (non chirales).

1.4 Atome de carbone stéréogène

En 1874, VAN'T HOFF identifie qu'un atome de carbone dont la géométrie s'inscrit dans **un tétraèdre**, (de type AX_4E_0 en nomenclature de GILLESPIE), lié à quatre atomes ou groupes différents d'atomes n'est pas superposable à son image spéculaire.

Définition

On appelle atome de carbone stéréogène (ou asymétrique) un atome de carbone tétraédrique lié à quatre atomes ou groupes différents d'atomes.

✎ L'usage du terme d'« atome de carbone chiral » est déconseillé car la chiralité est une propriété non pas locale, mais d'un objet dans son ensemble.

✎ Une molécule possédant un seul atome de carbone stéréogène est chirale. Elle est un des deux énantiomères d'un couple. C'est un critère simple qui permet de justifier le caractère chiral d'une molécule.

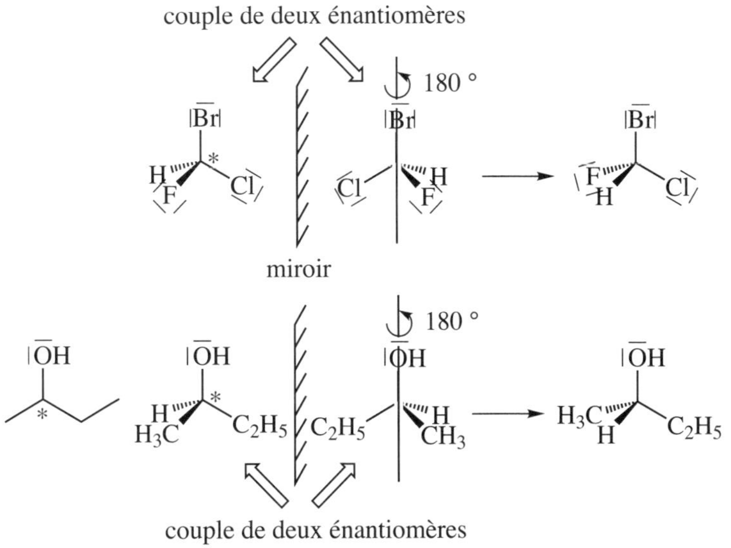

FIGURE 15.2 – Représentation de CRAM d'un bromochlorofluorométhane et de son image spéculaire, ainsi que d'un butan-2-ol et de son image spéculaire

Un premier exemple de molécule contenant un atome de carbone stéréogène est le bromochlorofluorométhane CHFClBr, représenté figure 15.2. L'atome de carbone de cette molécule est tétraédrique et lié à quatre atomes différents (H, F, Cl et Br). De la même manière, le butan-2-ol possède un atome de carbone stéréogène, noté d'un astérisque, lié aux atomes ou groupes d'atomes H, OH, CH_3 et C_2H_5. L'opération consistant à réaliser l'image dans un miroir de ces deux composés les transforme en une molécule qui ne leur est pas superposable.

Exercice résolu

Stéréochimie du chloramphénicol

Au début des années 1950, la demande en chloramphénicol, un antibiotique à large spectre a considérablement augmenté. Désigner les atomes de carbone stéréogènes de cette molécule, représentée en formule topologique plane ci-dessous.

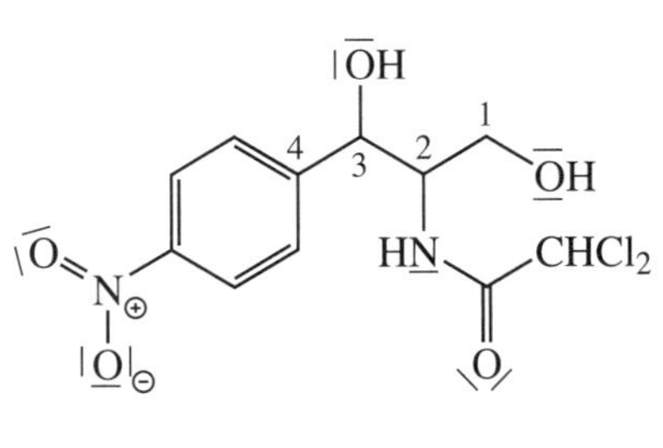

Réponse :
Les atomes de carbone C^2 et C^3 sont des atomes de géométrie tétraédrique, liés à quatre groupes d'atomes différents : ils sont stéréogènes. Les atomes de carbone C^1 ou celui du groupe $CHCl_2$ sont liés à au moins deux groupes identiques (H,H ou Cl, Cl), et les autres atomes de carbone sont de géométrie triangulaire plane (type AX_3E_0)

L'inversion de la configuration d'un atome de carbone stéréogène par un mécanisme de « torsion » des angles de liaison, en passant par un état de transition plan (figure 15.3) est imaginable et théoriquement possible.

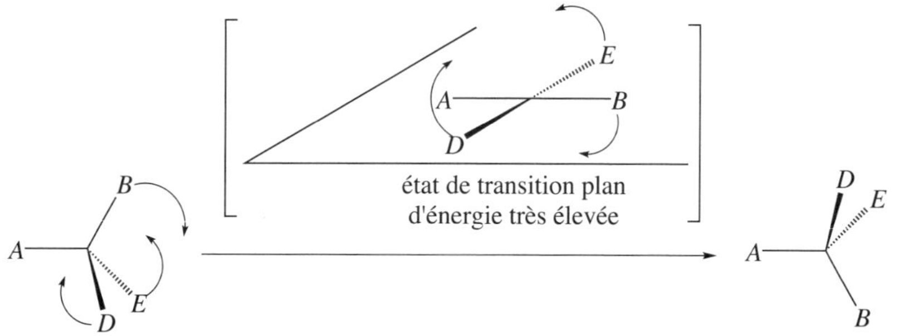

FIGURE 15.3 – Mécanisme hypothétique d'inversion de configuration d'un carbone stéréogène par passage par un état de transition plan

Cependant, cet état de transition plan est **d'énergie beaucoup trop élevée** pour que ce processus soit d'une vitesse suffisante pour être observable dans les conditions usuelles.

2 Descripteurs stéréochimiques

2.1 Position du problème

Les exemples du paragraphe précédent introduisent une première difficulté dans l'analyse des molécules chirales : il n'existe pas un seul mais deux bromochlorofluorométhane. Est-il possible de les distinguer d'un point de vue expérimental ? Imaginons qu'un expérimentateur possède dans deux récipients différents les deux échantillons distincts. Existe-t-il une ou plusieurs méthode d'analyse physico-chimique permettant de préciser quel récipient contient quelle molécule ? De plus, afin d'éviter toute erreur dans des communications scientifiques, il est nécessaire d'élaborer **une nomenclature non équivoque** de désignation des énantiomères.

La réponse à la première interrogation, d'ordre expérimental, n'est venue que tardivement, et est développée plus loin dans ce chapitre. La nomenclature peut être développée immédiatement puisqu'il s'agit d'une **convention**. Les règles associées à cette nomenclature sont dues aux chimistes CAHN, INGOLD et PRELOG qui les élaborèrent en 1966.

2.2 Descripteurs stéréochimiques *R* et *S*

Cette nomenclature, aussi appelée **règle de chiralité de CAHN, INGOLD et PRELOG**, nécessite de suivre plusieurs étapes. Cette règle est souvent désignée de façon abrégée en « règle

CIP ». Dans un premier temps, l'atome de carbone stéréogène est identifié par ses quatre substituants différents, notés ici A, B, D et E. La molécule est donc $CABDE$.

a. Première étape

Les quatre substituants sont classés suivant un ordre décroissant de priorité, en respectant une **règle séquentielle** décrite par la suite. Ici, nous supposerons que cette règle séquentielle a permis d'établir l'ordre de priorité non équivoque $A > B > D > E$.

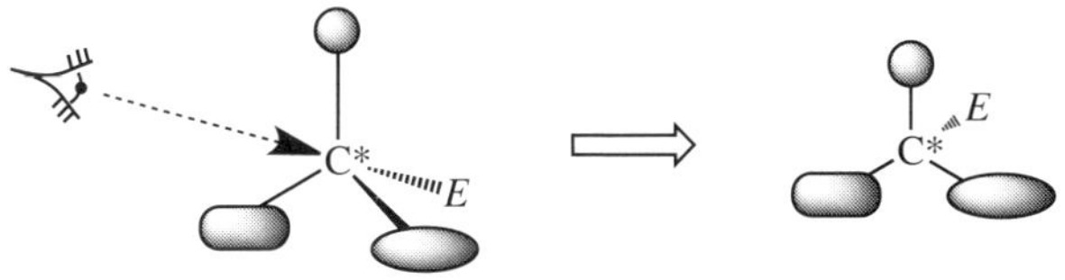

FIGURE 15.4 – Observation de la molécule avec le groupe le moins prioritaire en arrière

b. Deuxième étape

La molécule est observée selon l'axe de la liaison C–E (liaison entre l'atome de carbone et le groupe le moins prioritaire) le substituant E placé derrière l'atome de carbone (figure 15.4).

c. Troisième étape

Une fois le sens correct d'observation déterminé, le **descripteur stéréochimique** (ou stéréo-descripteur) est attribué à l'atome de carbone de la manière suivante :

- si la séquence $A \rightarrow B \rightarrow D$ tourne dans le sens des aiguilles d'une montre, l'atome stéréogène est dit de **descripteur stéréochimique *R*** ;

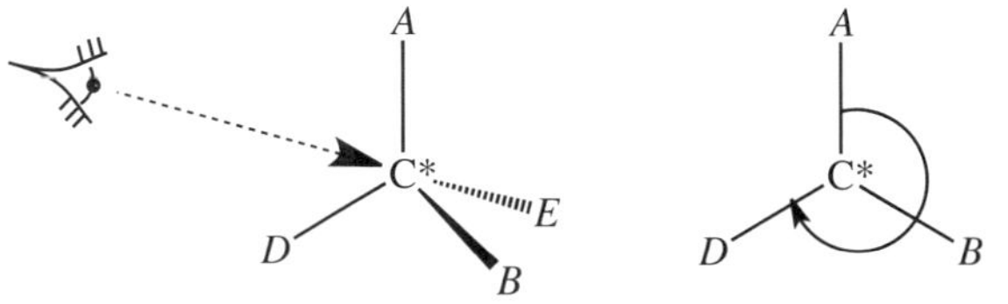

carbone de descripteur stéréochimique *R*

FIGURE 15.5 – Attribution du descripteur stéréochimique *R*

- si la séquence $A \rightarrow B \rightarrow D$ tourne dans le sens inverse des aiguilles d'une montre, l'atome stéréogène est dit de **descripteur stéréochimique *S***.

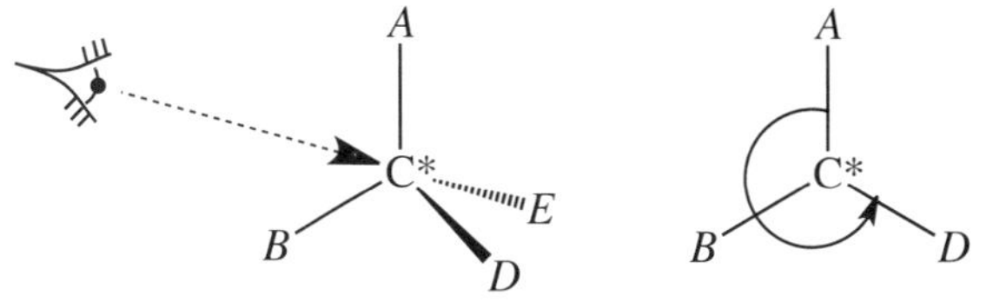

carbone de descripteur stéréochimique *S*

FIGURE 15.6 – Attribution du descripteur stéréochimique *S*

✎ Le choix de ces deux lettres *R* et *S* trouve son origine dans les deux mots latin *rectus* (droite) et *sinister* (gauche).

⚠ Il est fréquent de confondre les termes **configuration absolue** et **descripteur stéréochimique**. Le premier terme désigne la **position des atomes dans l'espace** de manière non équivoque, alors que le second désigne une **convention de nomenclature**. En dessinant une représentation dans l'espace d'une molécule, on précise sa configuration absolue. Son nom est attribué par un descripteur stéréochimique.

d. Quatrième étape

Le descripteur stéréochimique *R* ou *S* est une composante du nom de la molécule. Il est placé entre parenthèses, éventuellement **précédé du numéro** de l'atome de carbone stéréogène qu'il qualifie, et en préfixe au nom de la molécule. Ainsi, les (*R*)–bromochlorofluorométhane et (*S*)–bromochlorofluorométhane désignent deux molécules différentes, de même pour les $(2R,3S)$–heptane-2,3-diol et $(2S,3S)$–heptane-2,3-diol.

2.3 Règles séquentielles

Les règles séquentielles permettent de classer les quatre groupes d'atomes *A*, *B*, *D* et *E* liés à l'atome de carbone stéréogène C^*.

a. Règle de base

Définition

Un atome est prioritaire devant un autre atome si son numéro atomique *Z* est le plus grand. Un doublet libre a la priorité d'un atome fictif de numéro atomique zéro.

Pour les molécules de bromochlorofluorométhane, les quatre atomes substituants se classent selon l'ordre de priorité Br $>$ Cl $>$ F $>$ H car leurs numéros atomiques sont respectivement $Z = 35, 17, 9$ et 1.

Exercice résolu

Représentation de CRAM

Proposer une représentation de CRAM du (*R*)–bromochlorofluorométhane.

Réponse :

Il est préférable de commencer par dessiner une géométrie tétraédrique autour de l'atome de carbone stéréogène (figure 15.7.a).

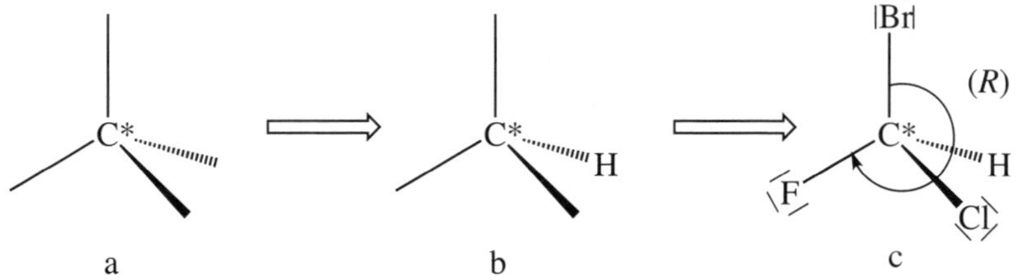

FIGURE 15.7 – Construction progressive du (*R*)–bromochlorofluorométhane

Compte tenu de l'ordre de priorité Br $>$ Cl $>$ F $>$ H, l'atome le moins prioritaire (ici l'hydrogène) est placé en arrière de la feuille afin d'observer le reste de la molécule suivant l'axe conventionnellement choisi (figure 15.7.b). Enfin, les autres atomes sont placés de manière à ce que la séquence Br $\rightarrow$ Cl $\rightarrow$ F tourne dans le sens des aiguilles d'une montre (figure 15.7.c).

b. Principe de l'exploration par rangs successifs

Lorsque deux atomes attachés directement à un centre stéréogène sont identiques, on applique le **principe d'exploration vers l'extérieur** : si l'atome attaché directement au centre stéréogène ne permet pas de tirer de conclusion, on procède alors vers l'atome suivant, et si nécessaire vers le troisième et ainsi de suite. Ce principe est détaillé dans les paragraphes suivants.

c. Classement des triplets d'atomes

Définition

On appelle rang n d'un atome par rapport à un centre stéréogène le nombre de liaisons simples qui les sépare.

Par exemple, dans le butan-2-ol, l'atome de carbone C^2 est le centre stéréogène, les atomes de carbone C^1 et C^3 sont de rang 1 et l'atome de carbone C^4 est de rang 2.
Si deux atomes identiques A et A' de rang 1 sont liés au centre stéréogène, leur classement s'effectue de la manière suivante. Envisageons d'abord le cas ou chacun est aussi lié à trois atomes (A^1,A^2,A^3) et (A'^1,A'^2,A'^3) de rang 2. Ces atomes sont classés entre eux par leur numéro atomique (on suppose ici $A^1 \geq A^2 \geq A^3$ et $A'^1 \geq A'^2 \geq A'^3$). Il faut alors comparer les trois atomes de rang 2 afin de déterminer l'ordre de priorité de l'atome de rang 1 (figure 15.8).

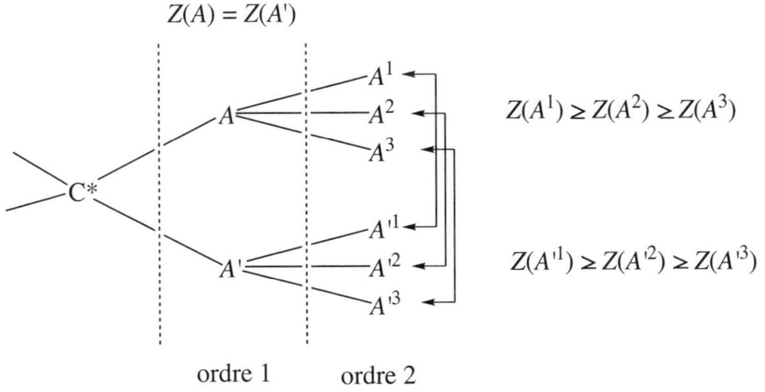

FIGURE 15.8 – Croissance en « arbre » pour déterminer l'ordre de priorité des atomes

- Si $A^1 > A'^1$, alors le triplet (A^1,A^2,A^3) est prioritaire devant le triplet (A'^1,A'^2,A'^3) et l'atome A est prioritaire devant l'atome A' ; si A^1 et A'^1 sont identiques, il faut comparer A^2 et A'^2.
- Si $A^2 > A'^2$, alors le triplet (A^1,A^2,A^3) est prioritaire devant le triplet (A'^1,A'^2,A'^3) et l'atome A est prioritaire devant l'atome A' ; si A^2 et A'^2 sont identiques, il faut comparer A^3

et A'^3.

- Si $A^3 > A'^3$, alors le triplet (A^1,A^2,A^3) est prioritaire devant le triplet (A'^1,A'^2,A'^3) et l'atome A est prioritaire devant l'atome A' ; si A^3 et A'^3 sont identiques, les deux triplets sont identiques, et il faut alors analyser le rang 3.

✎ La méthode consistant à dessiner la molécule en plaçant tous les atomes de même rang sur une même verticale permet une détermination rapide et sûre des ordres de priorité.

La détermination du descripteur stéréochimique du butan-2-ol est présentée figure 15.9. Le rang 1 est complètement exploité et permet d'attribuer les priorités 1 à l'oxygène et 4 à l'hydrogène. Il y a **indétermination au rang 1** des atomes de carbone C^1 et C^3. Il faut donc développer les triplets de rang 2 de ces deux atomes.
Le triplet (C,H,H) est prioritaire devant le triplet (H,H,H) car $Z(C) > Z(H)$, permettant d'attribuer ainsi la priorité 2 à l'atome de carbone C^3 et la priorité 3 à l'atome de carbone C^1. L'application de la règle de priorité de CAHN, INGOLD et PRELOG permet de déterminer que l'alcool dessiné est le (*R*)–butan-2-ol.

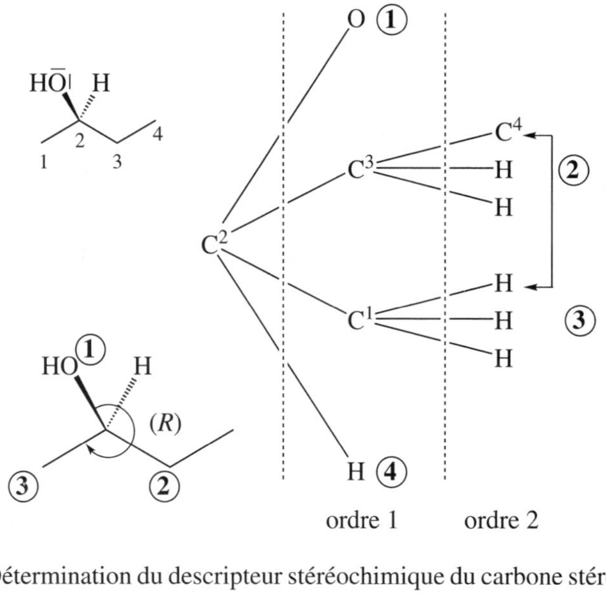

FIGURE 15.9 – Détermination du descripteur stéréochimique du carbone stéréogène du butan-2-ol

Tous les atomes d'un rang n doivent être complètement explorés avant de procéder à l'analyse du rang $n+1$. Toutefois, lorsque la préséance d'une voie d'exploration sur une autre voie a été établie pour un rang n et ne permet pas de conclure sur l'ordre de priorité entre plusieurs substituants du rang n, l'analyse est poursuivie aux rangs suivants jusqu'à la levée de l'indétermination entre les substituants du rang n.
Ainsi, pour la molécule proposée figure 15.10, le rang 1 permet d'attribuer le groupe le plus et le moins prioritaire. Les rangs 2 et 3 ne permettent pas de lever l'indétermination sur la priorité des atomes de carbone C^1 et C^6. Il ne faut cependant pas développer la totalité du rang 4 : au rang 3, les triplets (Br,C,H) ont priorité devant les triplets (F,C,H). Il ne faut donc

développer le rang 4 que pour les atomes de carbone des triplets (Br,C,H) du rang 3, ce qui permet de lever l'indétermination.

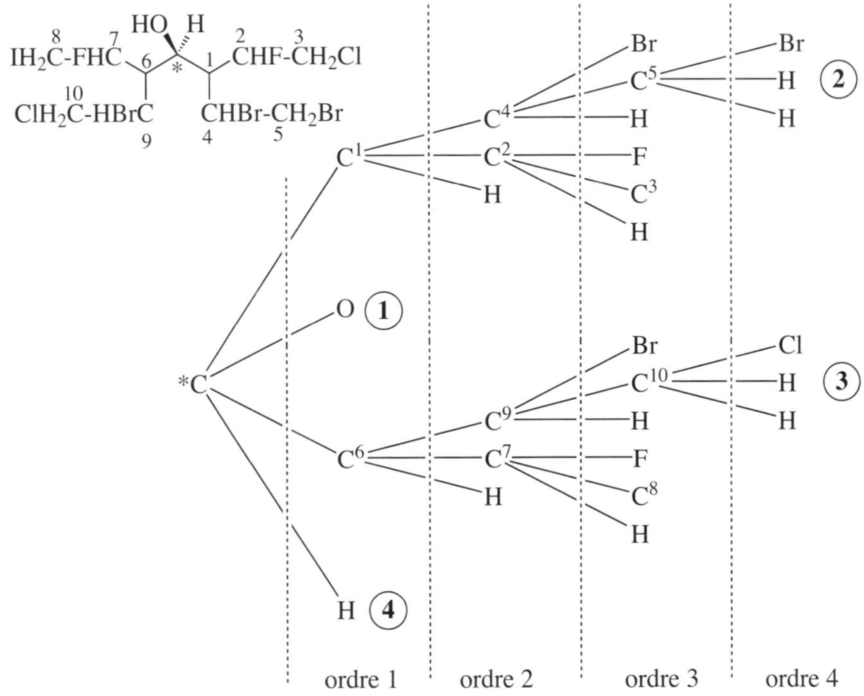

FIGURE 15.10 – Détermination du descripteur stéréochimique d'un carbone stéréogène

d. Gestion des insaturations

Les règles de CAHN, INGOLD et PRELOG ne s'appliquent qu'à des atomes liés à quatre autres atomes (comparaison de triplets d'atomes). Comme cette situation n'est pas générale, des convention complémentaires sont nécessaires.

Ainsi, par convention, chaque atome d'une liaison double est considéré comme étant lié à un **atome « fantôme »** identique à l'atome qui lui est déjà lié. Cet atome « fantôme » est noté entre parenthèses. De la même manière, chaque atome d'une liaison triple est considéré comme étant lié à deux atomes « fantômes » identiques à l'atome qui lui est déjà lié. Des exemples d'équivalences sont proposés figures 15.11, 15.12 et 15.13.

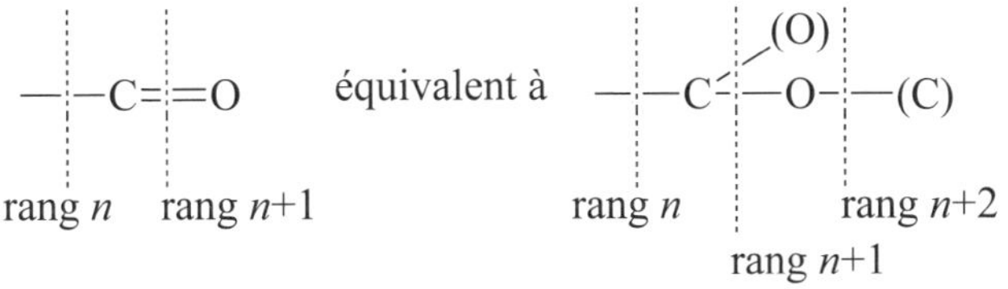

FIGURE 15.11 – Équivalence d'un groupe carbonyle (liaison multiple C=O)

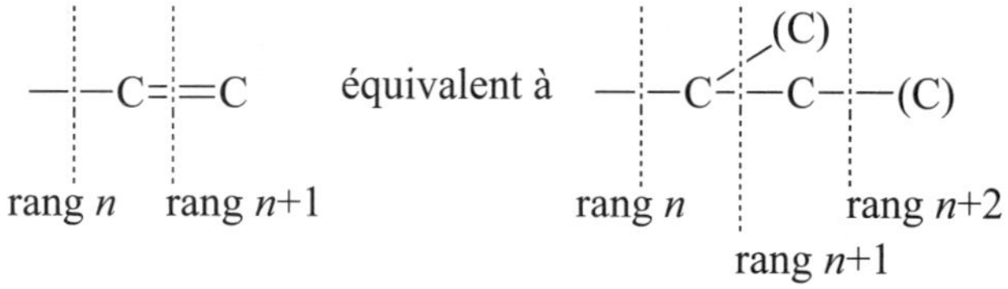

FIGURE 15.12 – Équivalence d'une double liaison (liaison multiple C=C)

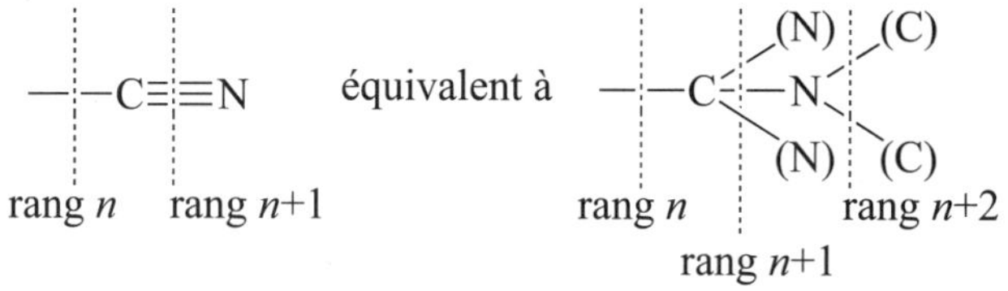

FIGURE 15.13 – Équivalence d'un groupe nitrile (liaison multiple C≡C)

Les atomes « fantômes » sont considérés comme ne portant pas d'autre substituant.

Exercice résolu

Énantiomères de l'acide 2-hydroxy-3-méthoxypropanoïque

Dessiner et nommer les deux énantiomères de l'acide 2-hydroxy-3-méthoxypropanoïque de formule semi-développée $CH_3 - O - CH_2 - CH(OH) - COOH$.

Réponse :

L'atome de carbone porteur du groupe hydroxyle –OH est le seul atome de carbone stéréogène de la molécule. L'ordre de priorité des quatre groupes substituant cet atome est proposé ci-dessous, permettant d'attribuer les descripteurs stéréochimiques *R* et *S* aux deux énantiomères.

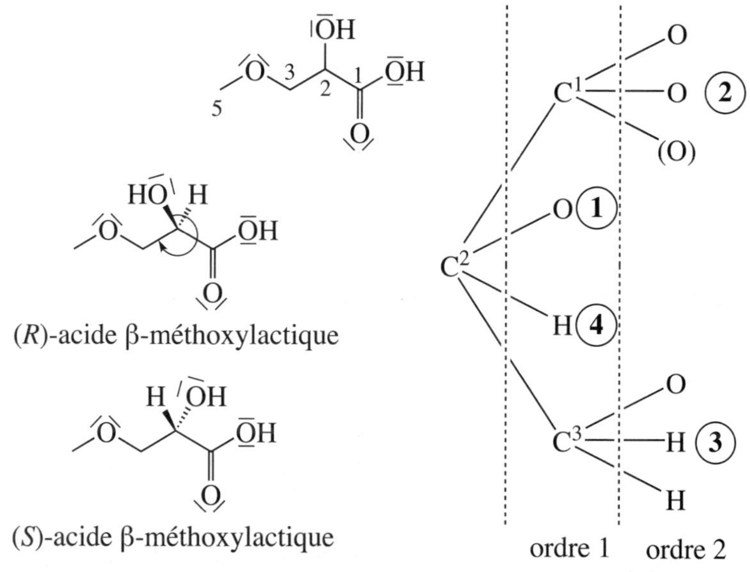

e. Cycles

Dans le cas des cycles, chaque branche de la structure cyclique est coupée au point de branchement (l'endroit où elle revient sur elle-même) et on ajoute à cet atome un atome complémentaire à l'extrémité de la chaîne qui résulte de cette déconnection. Ainsi, on a équivalence pour la règle séquentielle des structures présentées figure 15.14.

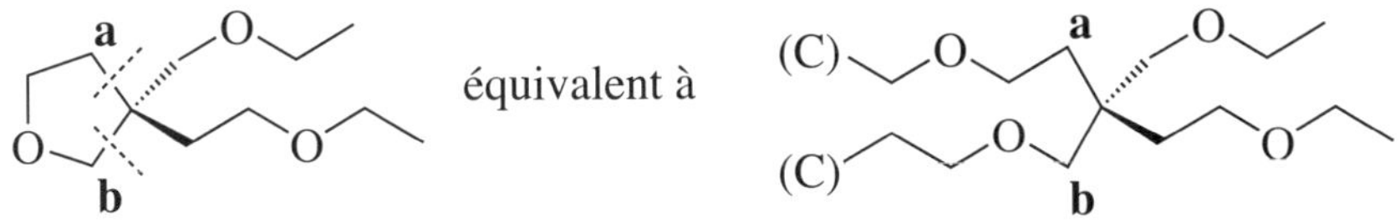

FIGURE 15.14 – Équivalence des groupes dans le cas des structures cycliques

Ces règles supplémentaires permettent de gérer la plupart des cas rencontrés. Cependant, des cas plus particuliers (présence d'isotopes, groupes énantiomorphes...) peuvent apparaître et les règles correspondantes seront alors présentées au cas par cas.

3 Comparaison des propriétés physiques et chimiques de deux énantiomères

3.1 Propriétés physiques usuelles

Les propriétés physiques usuelles des énantiomères d'un couple (température de changement de phase, masse volumique, solubilité, enthalpies de formation...) sont identiques, ne serait-ce que parce que les distances interatomiques sont les mêmes dans les deux énantiomères. Plus généralement, on peut établir que les grandeurs physiques scalaires (telles que celles évoquées ci-dessus) de deux énantiomères sont toujours identiques.

Il existe néanmoins des différences de comportement subtiles qui concernent les grandeurs physiques dépendant de grandeurs vectorielles (comme, par exemple, la lumière polarisée), et plus généralement tensorielles.

3.2 Activité optique

a. Pouvoir rotatoire

Comme cela a été présenté au début de ce chapitre, BIOT a découvert en 1812 que des échantillons de matière pouvaient dévier le plan de polarisation d'une lumière polarisée rectilignement. Ces échantillons sont qualifiés d'**optiquement actifs**. Une lumière polarisée rectilignement possède un vecteur champ électrique $\vec{E}_i$ de la forme (dans un trièdre $(\vec{u}_x, \vec{u}_y, \vec{u}_z)$) :

$$\vec{E}_i(z,t) = E_0 \cos(\omega t - kz)\vec{u}_x$$

où ω et k sont des constantes, $\vec{u}_z$ est la direction de propagation de la lumière, et le plan $(\vec{u}_x, \vec{u}_z)$ est le plan de polarisation de la lumière. Lorsque cette onde lumineuse traverse un échantillon optiquement actif, le plan de polarisation subit une rotation d'un angle α_{lu} autour du vecteur $\vec{u}_z$, appelé **angle de déviation** ou **pouvoir rotatoire** (figure 15.15).

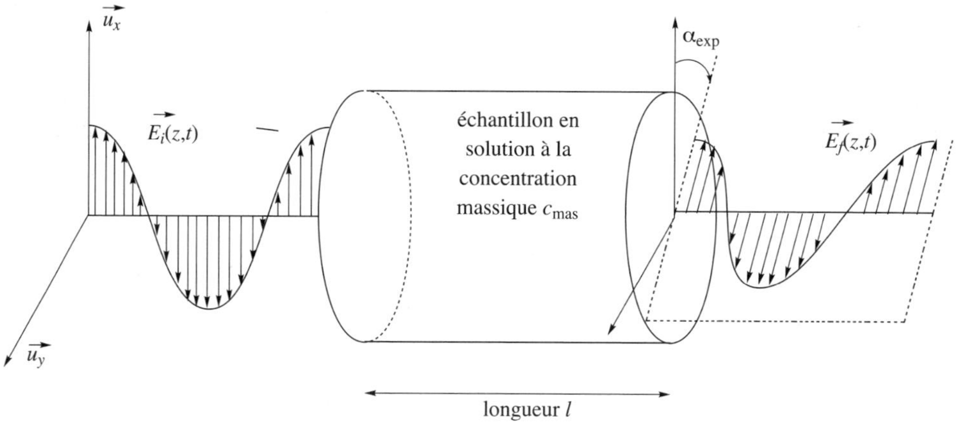

FIGURE 15.15 – Schéma de principe de la mesure du pouvoir rotatoire d'un échantillon

⚠ La propagation de la lumière dans un milieu isotrope est rectiligne : l'angle de déviation concerne le plan de polarisation et en aucun cas de la direction de propagation.

b. Pouvoir rotatoire spécifique

BIOT a découvert que pour un échantillon en solution, le pouvoir rotatoire expérimental α_{exp} est proportionnel à la **longueur ℓ de la cuve** et à la **concentration massique** c_{mass} de l'espèce en solution (**loi de BIOT**, 1835) :

$$\alpha_{exp} = [\alpha]_{\lambda}^{\theta} \ell c_{mass}.$$

Le terme de proportionnalité $[\alpha]_{\lambda}^{\theta}$ s'appelle le **pouvoir rotatoire spécifique** du composé en solution. Il dépend :

- de la nature du composé en solution ;
- de la température θ ;
- de la longueur d'onde λ de la lumière incidente (souvent la raie D du sodium, soit 589 nm) ;
- de la nature du solvant.

Dans une moindre mesure, le pouvoir rotatoire spécifique dépend aussi de la concentration massique du composé en solution, mais cet aspect est négligé par la suite. L'unité du pouvoir rotatoire spécifique en système international est le $\text{rad}\cdot\text{m}^2\cdot\text{kg}^{-1}$. Cependant, les angles sont usuellement mesurés en degré, la longueur de la cuve en décimètre (souvent 1 dm de long), et les concentrations massiques en grammes par litre, équivalent à gramme par décimètre cube. L'unité usuelle est par conséquent le $^\circ\cdot\text{L}\cdot\text{g}^{-1}\cdot\text{dm}^{-1}$.

✎ Historiquement la concentration massique a été utilisée car la masse molaire des composés étudiés n'était pas toujours connue.

En l'absence d'interactions entre molécules, les pouvoirs rotatoires sont **additifs** : si la solution contient k composés ayant une activité optique, alors :

$$\alpha_{exp} = \ell \sum_{i=1}^{k} [\alpha]_{\lambda}^{\theta,k} c_{mass,k}.$$

Le pouvoir rotatoire, et en conséquence le pouvoir rotatoire spécifique, sont des grandeurs algébriques. Le pouvoir rotatoire est positif (symbole $(+)$), si le plan de polarisation tourne dans le sens des aiguilles d'une montre lorsqu'il est vu par un observateur vers lequel se déplace le rayon lumineux. Il est négatif (symbole $(-)$) dans le cas contraire.

⚠ La propriété physique fondamentale est que les pouvoirs rotatoires spécifiques de deux solutions pures des deux énantiomères d'un couple sont opposés.

L'information du signe du pouvoir rotatoire spécifique est souvent donnée comme préfixe du nom de la molécule. Par exemple, le (*R*)–(+)–limonène, extrait d'agrumes, est le composé de descripteur stéréochimique (*R*), et dont le signe du pouvoir rotatoire spécifique est positif. Le nom de la molécule rassemble une propriété physique (+) et une convention de nomenclature (*R*). L'énantiomère de la molécule est de descripteur stéréochimique (*S*) et de pouvoir rotatoire spécifique négatif.

⚠ Il n'y a pas de corrélation entre le descripteur stéréochimique et le signe du pouvoir rotatoire.

Pour une autre espèce, l'énantiomère de descripteur stéréochimique (*R*) peut avoir un pouvoir rotatoire spécifique négatif, ainsi la (*R*)–(−)–carvone présentée ci-dessous :

Structure	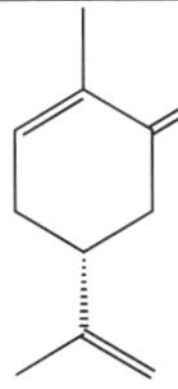	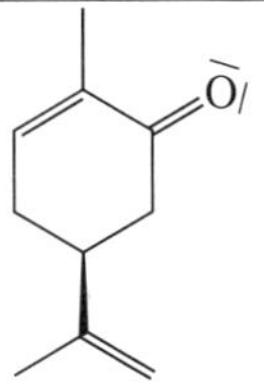
Nom $[\alpha]_D^{20}$ / °·mL·g^{-1}·dm^{-1}	(*R*)-(−)-carvone −61	(*S*)-(+)-carvone +61

Structure	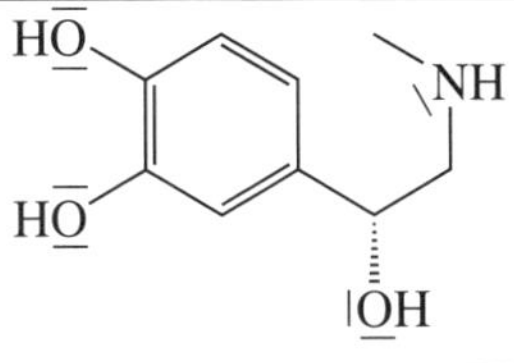	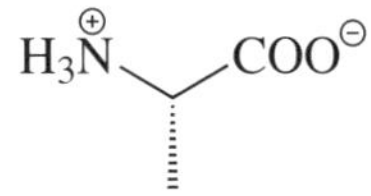
Nom $[\alpha]_D^{20}$ / °·mL·g^{-1}·dm^{-1}	(*R*)-(−)-épinéphrine (adrénaline) $[\alpha]^{25} = -51$	(*S*)-(+)-alanine +14,5

Structure	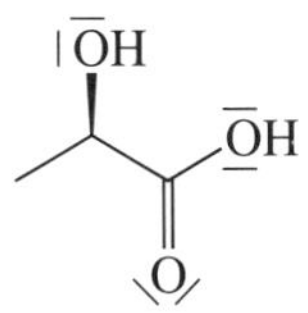	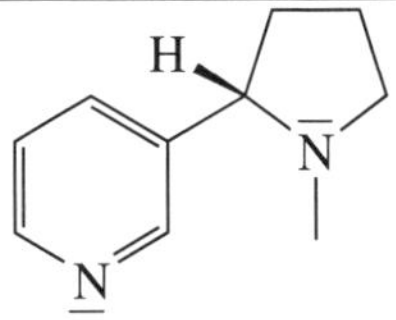
nom $[\alpha]_D^{20}$ / °·mL·g^{-1}·dm^{-1}	(*R*)-(+)-acide lactique +13,5	(*S*)-(−)-nicotine −166

✎ Les termes de dextrogyre (pouvoir rotatoire positif) et lévogyre (pouvoir rotatoire négatif) sont désuets bien qu'ils soient encore utilisés, par exemple par les biologistes.

c. Mélange racémique ; excès énantiomérique

Lors de synthèses organiques, il est rare de synthétiser un seul des énantiomères d'un couple. Dans de nombreux cas, la synthèse conduit à la formation de mélanges des deux énantiomères. Certaines compositions courantes sont désignées par un vocabulaire spécifique.

Définition

On appelle mélange racémique un mélange équimolaire de deux énantiomères.

Examinons le pouvoir rotatoire d'un mélange racémique. Le pouvoir rotatoire d'une solution de mélange racémique des molécules énantiomères **M** et **M*** est :

$$\alpha_{\text{exp}} = \ell \left([\alpha]_{\lambda}^{\theta,\mathbf{M}} c_{\text{mass}}^{\mathbf{M}} + [\alpha]_{\lambda}^{\theta,\mathbf{M}*} c_{\text{mass}}^{\mathbf{M}*} \right).$$

Par définition, pour un mélange racémique : $c_{\text{mass}}^{\mathbf{M}} = c_{\text{mass}}^{\mathbf{M}*}$ et $[\alpha]_{\lambda}^{\theta,\mathbf{M}} = -[\alpha]_{\lambda}^{\theta,\mathbf{M}*}$ pour les énantiomères ; par conséquent : $\alpha_{\text{exp}} = 0$.

⚠ Un mélange racémique ne possède pas d'activité optique.

Pour les autres types de mélange, on définit l'**excès énantiomérique** *ee* pour une solution de concentration $c_{\text{mass}}^{\mathbf{M}}$ et $c_{\text{mass}}^{\mathbf{M}*}$ dans les deux énantiomères :

$$ee = \left| \frac{c_{\text{mass}}^{\mathbf{M}} - c_{\text{mass}}^{\mathbf{M}*}}{c_{\text{mass}}^{\mathbf{M}} + c_{\text{mass}}^{\mathbf{M}*}} \right| \times 100.$$

Pour un mélange racémique, $ee = 0$ %, tandis que pour une solution d'un unique énantiomère, $ee = 100$ % : cette dernière solution est dite **énantiomériquement pure**. La stéréosélectivité des réactions est couramment exprimée au moyen de l'excès énantiomérique : un excès énantiomérique de 98 % indique que le rapport des énantiomères dans le produit de la réaction est de 99 pour 1.

3.3 Propriétés chimiques comparées de deux énantiomères

L'analyse des réactions chimiques de deux molécules énantiomères dépend de la nature du réactif qui interagit avec elles. Pour illustrer ce propos, considérons un couple d'énantiomères **M** et **M***, de formule plane C*abde*, réagissant avec une molécule **P** achirale, de type C*BDDE*. Imaginons que la réaction ne puisse avoir lieu que si on place en vis-à-vis des groupes analogues (ici *b* avec *B*, *d* avec *D* et *e* avec *E*). On constate que la molécule **P** peut prendre deux positions possibles respectant l'interaction favorable (figure 15.16).

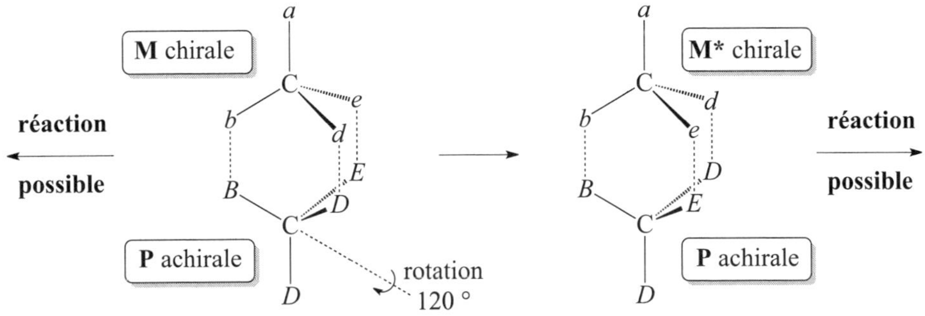

FIGURE 15.16 – Interactions de deux énantiomères **M** et **M*** avec une molécule **P** achirale

Par conséquent, les molécules **M** et **M*** réagissent en tout point de manière identique avec **P**.

En revanche, les interactions des deux énantiomères **M** et **M*** avec une molécule chirale **N** de type *CABDE* sont différentes : si la molécule **N** interagit avec **M** (les groupes étant en vis-à-vis) cette situation n'est pas possible pour **M*** (figure 15.17).

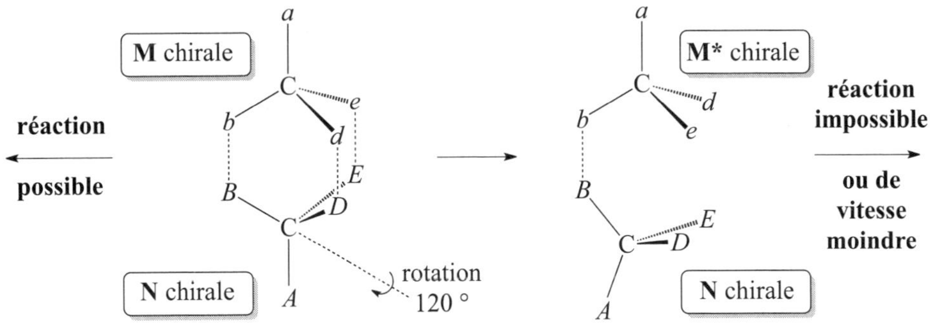

FIGURE 15.17 – Interactions de deux énantiomères **M** et **M*** avec une molécule **N** chirale

Nous retiendrons le point important suivant :

⚠ En l'absence de tout autre composé chiral dans le milieu, les deux énantiomères d'une molécule chirale réagissent identiquement en tout point avec une molécule achirale. En revanche, les deux énantiomères d'une molécule chirale réagissent différemment avec une molécule chirale.

Le contrôle de la configuration des molécules est donc un facteur essentiel dans le déroulement des réactions chimiques. Parmi les exemples déjà présentés, signalons que la (*R*)-(−)-carvone a une odeur de menthe verte, alors que son énantiomère a l'odeur de la graine de carvi. Ce résultat suggère que le mécanisme biologique de l'odorat fait intervenir à un moment au moins une molécule chirale. De même le (*R*)-(+)-limonène a une odeur d'écorce d'orange, alors que son énantiomère a une odeur plus proche de celle du citron. La presque totalité des acides α-aminés (constituants de base des protéines) telle que la (*S*)-(+)-alanine, sont de descripteur stéréochimique (*S*). Enfin, la (*S*)-(−)-nicotine est la nicotine naturelle, plus toxique que son énantiomère.

4 Diastéréomérie

4.1 Définition

Définition

On appelle diastéréomères deux stéréoisomères de configuration qui ne sont pas images spéculaires l'un de l'autre. Ils sont liés par une relation de diastéréomérie.

Conséquence : deux stéréoisomères de configuration sont soit des énantiomères, soit des diastéréomères. Ainsi, à partir de deux composés ayant la même formule brute, l'organigramme présenté figure 15.18 résume l'ensemble de possibilités de relation entre ces composés.

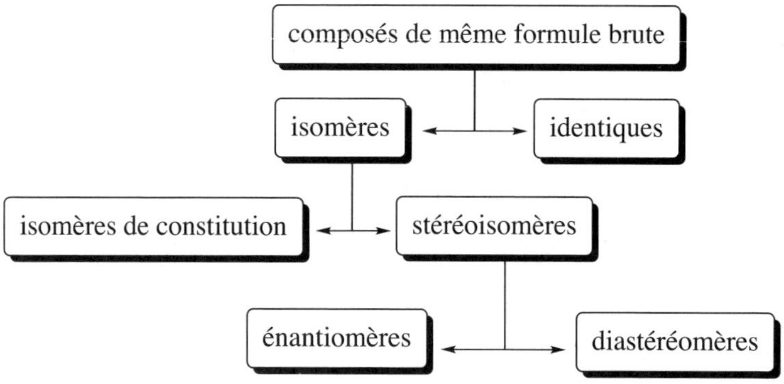

FIGURE 15.18 – Organigramme de détermination de la relation entre deux molécules de même formule brute

Les termes de **diastéréoisomère**, **diastéréoisomérie** sont aussi couramment utilisés à la place respectivement des termes diastéréomère et diastéréomérie.

4.2 Molécules possédant deux atomes de carbone stéréogènes

Les molécules possédant **deux atomes de carbone stéréogènes** constituent une première grande classe de composés pour lesquels il existe des **couples de diastéréomères**. Les règles de nomenclature des atomes de carbone stéréogènes de ces molécules sont identiques à celles étudiées précédemment.

Dans le cas général, chaque atome de carbone stéréogène peut présenter deux configurations, et par conséquent il existe au maximum $2 \times 2 = 4$ stéréoisomères de configuration. La figure 15.19 présente l'ensemble de ces stéréoisomères (deux couples d'énantiomères) dans le cas du 2,3,4-trihydroxybutanal, hydrate de carbone à quatre atomes de carbone.

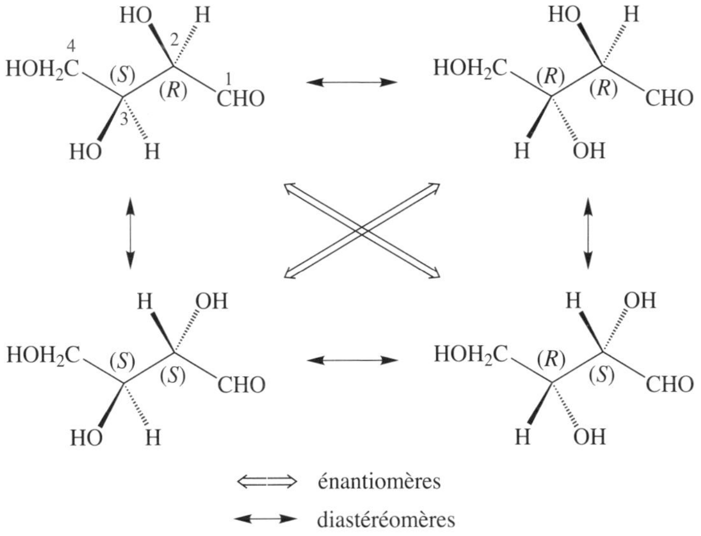

FIGURE 15.19 – Ensemble des stéréoisomères de configuration du 2,3,4-trihydroxybutanal

Exercice résolu

L'aspartame

L'aspartame est un des édulcorants intenses (substitut du saccharose) les plus utilisés (« sucrettes », boissons dites *light*...). C'est un dipeptide dont la représentation topologique plane est proposée ci-dessous. Le seul stéréoisomère ayant un goût sucré est de descripteurs stéréochimiques (S,S), les autres étant amers. Représenter les stéréoisomères de configuration de l'aspartame en projection de CRAM. Donner la relation d'isomérie qui lie ces molécules.

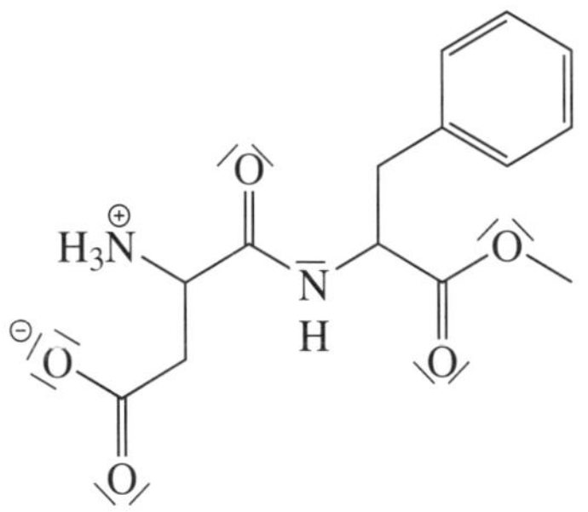

Réponse :

L'ordre de priorité des groupes substituant les deux atomes de carbone stéréogènes est donné ci-dessous. La règle de chiralité de CAHN, INGOLD et PRELOG permet de préciser la configuration de ces atomes.

La molécule possède $2 \times 2 = 4$ stéréoisomères de configuration, représentés figure ci-dessous, car aucun des stéréoisomères de configuration ne peut être superposé à un des trois autres.

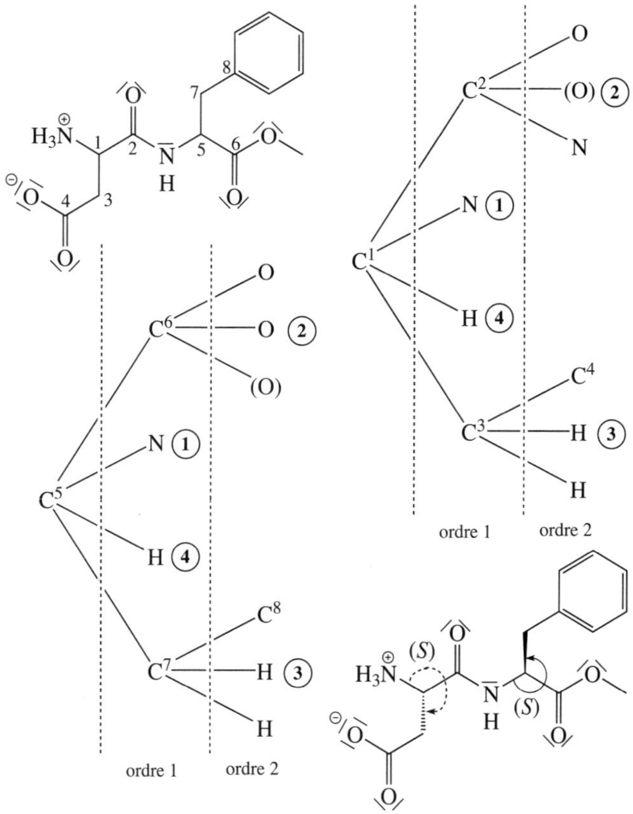
ordre 1
ordre 2
ordre 1
ordre 2

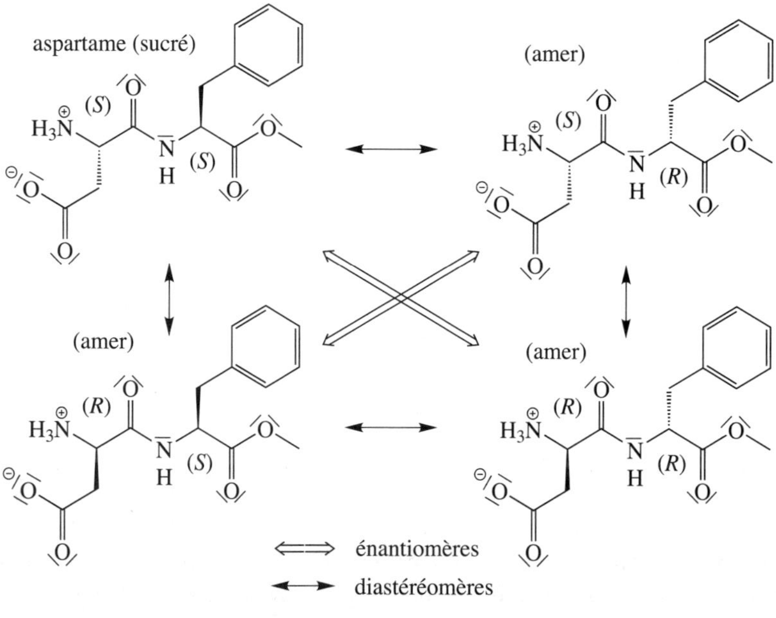
aspartame (sucré)
(amer)
(amer)
(amer)
énantiomères
diastéréomères

4.3 Deux atomes de carbone stéréogènes : cas dégénéré

Dans le cas d'une molécule de type $XYZC - CXYZ$, un des stéréoisomères de configuration possède un centre de symétrie : il est achiral, il ne fait pas partie d'un couple d'énantiomères. Notons que la recherche d'un élément de symétrie est dépendante de la conformation de la molécule. Sur la figure 15.20, l'élément de symétrie est un centre de symétrie ; c'est un plan de symétrie si on considère le stéréoisomère de conformation pour lequel les groupes acides carboxyliques sont en position éclipsée. C'est le cas de l'acide 2,3-dihydroxybutanedioïque dont les trois stéréoisomères de configuration sont représentés figure 15.20.

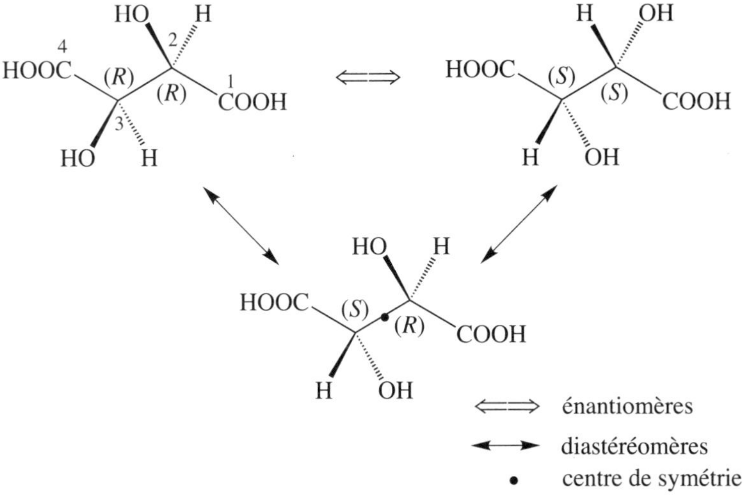

FIGURE 15.20 – Stéréoisomères de configuration de l'acide 2,3-dihydroxybutanedioïque

L'acide (R,R)-2,3-dihydroxybutanedioïque et l'acide (S,S) 2,3-dihydroxybutancdioïque forment un couple d'énantiomères. Leur unique diastéréomère (l'acide (R,S)-2,3-dihydroxybutanedioïque) admet le centre de la liaison $C^2 - C^3$ comme centre de symétrie. C'est un **composé achiral**. Il porte aussi le nom d'acide *méso*tartrique. Notons que l'existence d'un composé *méso* a comme conséquence de ne pas avoir à distinguer la numérotation des carbones pour les descripteurs stéréochimiques.

Définition

On appelle composé *méso* une molécule achirale d'un ensemble de diastéréomères qui contient aussi d'autres membres chiraux.

4.4 Cas de *n* atomes de carbone stéréogènes

Une molécule possédant n atomes de carbone stéréogènes existe sous forme de 2^n stéréoisomères de configuration au plus ; ce nombre est réduit si certains stéréoisomères présentent des éléments de symétrie. Une molécule comme l'hémoglobine contient 566 atomes de carbone stéréogènes ; elle possède $2^{566} \approx 10^{170}$ stéréoisomères de configuration. Ce nombre peut être comparé, par exemple, au nombre d'atomes de la Voie Lactée, qui est d'environ 10^{70} ...

4.5 Diastéréomérie engendrée par une double liaison C=C

a. Présentation

La rotation autour de la double liaison C=C du but-2-ène ($CH_3CH{=}CHCH_3$) nécessite une énergie d'activation de 260 kJ·mol^{-1}, bien supérieure aux quelques kilojoules par mole nécessaires à la rotation autour d'une liaison simple. Pour une molécule de type $ABC{=}CA'B'$ pour laquelle $A \neq B$ et $A' \neq B'$, les différentes positions des groupes portés par les atomes de carbone porteurs de la double liaison entraîne donc une **possibilité de diastéréomérie**, ainsi le stilbène (figure 15.21) qui existe sous forme de deux diastéréomères.

FIGURE 15.21 – Les deux diastéréomères du stilbène

b. Descripteurs stéréochimiques *Z* et *E*

Le stilbène existant sous deux formes, il faut pouvoir les nommer différemment, ce qui nécessite à nouveau de donner un descripteur stéréochimique à l'**élément stéréogénique**, ici **la double liaison**.

Définition

Deux groupes A et A' portés par chacun des atomes de carbone d'une double liaison sont dits en position *cis* l'un par rapport à l'autre s'ils sont du même côté de l'axe de la double liaison. Dans le cas contraire, ils sont dits en position *trans*.

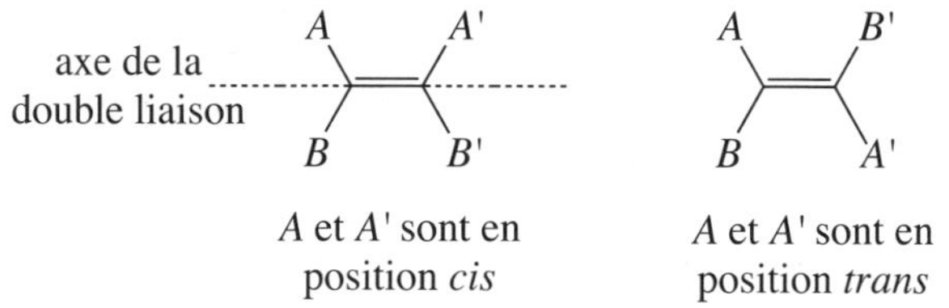

FIGURE 15.22 – Position *cis* et *trans* de deux groupes portés par chacun des atomes de carbone d'une double liaison

La dénomination *cis-trans* désigne la position relative d'un groupe par rapport à un autre. Le descripteur stéréochimique de la double liaison s'appuie sur cette notion.

Définition

Pour la double liaison d'une molécule de type $ABC{=}CA'B'$, on classe les groupes A et B entre eux d'une part, et A' et B' entre eux d'autre part, au moyen des règles séquentielles utilisées pour les descripteurs stéréochimiques R et S. Si les deux groupes prioritaires sont en position relative *cis*, la double liaison est de descripteur stéréochimique Z. Dans le cas contraire, la double liaison est de descripteur stéréochimique E.

Ainsi, le groupe phényle étant prioritaire devant le groupe hydrogène, les stilbènes de la figure 15.21 ont pour nom systématique le (*Z*)-1,2-diphényléthène et le (*E*)-1,2-diphényléthène (figure 15.23).

(*Z*)-1,2-diphényléthène (*E*)-1,2-diphényléthène

FIGURE 15.23 – Descripteurs stéréochimiques (*Z*) et (*E*)

Pour une molécule possédant plusieurs doubles liaisons, le descripteur stéréochimique *Z* ou *E* est précédé de la position de la double liaison qu'il décrit.

✎ Les notations *Z* et *E* viennent de l'allemand : *Z* pour *zusammen*, ensemble et *E* pour *entgegen*, opposé.

4.6 Diastéréoisomérie engendrée par les molécules cycliques

Cette notion a été abordée dans le chapitre *Stéréochimie de conformation*, lors de l'analyse des cyclohexanes disubstitués ; elle est étendue aux composés cycliques. La nomenclature *cis* ou *trans* de deux substituants renvoie à leur position relative par rapport au plan moyen du cycle. Une représentation possible consiste à dessiner le cycle dans le plan de la feuille (c'est-à-dire d'en faire la projection sur le plan moyen du cycle = hexagone), puis de représenter par les symboles usuels de CRAM la position des substituants du cycle. La présence de deux atomes de carbone stéréogènes et l'absence d'un autre élément de symétrie permet d'obtenir deux couples d'énantiomères comme l'illustre l'exemple du 2-méthylcyclohexanol (figure 15.24) : le couple d'énantiomères *cis* (les (1*S*, 2*R*)-2-méthylcyclohexanol a) (1*R*, 2*S*)-2-méthylcyclohexanol d)) et le couple d'énantiomères *trans* (les (1*S*, 2*S*)-2-méthylcyclohexanol b) (1*R*, 2*R*)-2-méthylcyclohexanol c)).

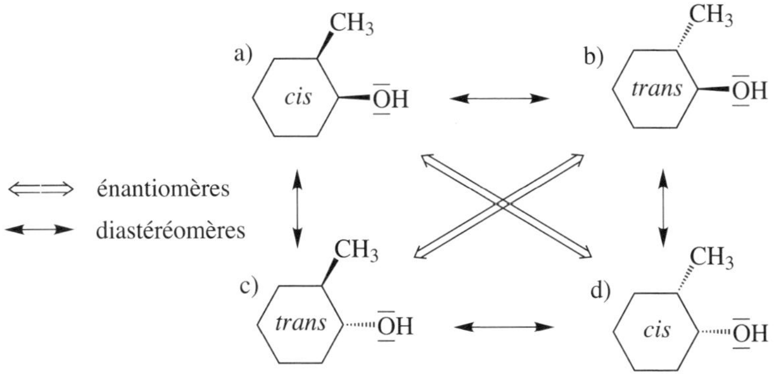

FIGURE 15.24 – Stéréoisomères de configuration du 2-méthylcyclohexanol

Le cas du 4-méthylcyclohexanol (figure 15.25) est différent : la molécule ne possède aucun atome de carbone stéréogène. La seule stéréoisomérie de configuration est liée à la position relative des substituants par rapport au plan moyen du cycle. La molécule est achirale car le plan orthogonal au plan moyen du cycle et passant par les deux atomes de carbone porteurs des substituants est un plan de symétrie pour la molécule. La molécule existe sous forme de deux diastéréomères.

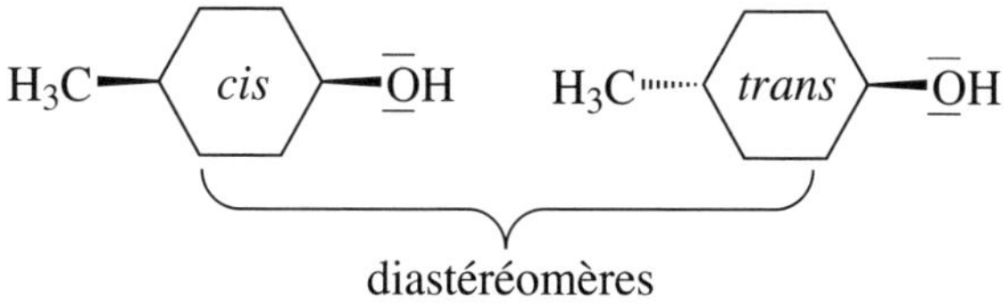

FIGURE 15.25 – Stéréoisomères de configuration du 4-méthylcyclohexanol

Les descripteurs stéréochimiques Z et E pourraient être utilisés pour préciser la stéréochimie, cependant l'usage courant est d'employer le terme *cis* (respectivement *trans*) pour le composé possédant des groupes en position relative *cis* (respectivement *trans*).

4.7 Comparaison des propriétés des diastéréomères

À la différence des énantiomères, les distances interatomiques au sein de deux diastéréomères ne sont pas identiques deux à deux ; aussi leurs propriétés physiques (mêmes celles correspondant à des grandeurs scalaires comme la température de fusion) diffèrent. Ainsi, la molécule de formule semi-développée plane $Ph - CH(OH) - CH(CH_3) - NHCH_3$ existe sous forme de quatre stéréoisomères de configuration dont les noms et quelques propriétés physiques sont indiqués dans la table suivante.

Formule	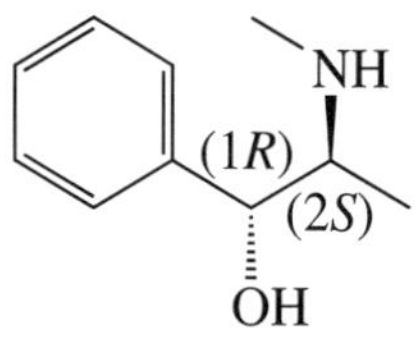	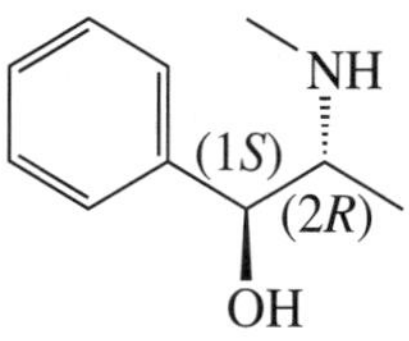
Nom	(1*R*, 2*S*)-(−)-éphédrine	(1*S*, 2*R*)-(+)-éphédrine
θ_{fus} / °C	40	40
$[\alpha]_D^{20}$ / °·mL·g^{-1}·dm^{-1}	−41	+41
Formule	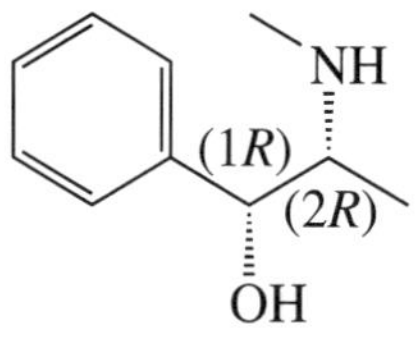	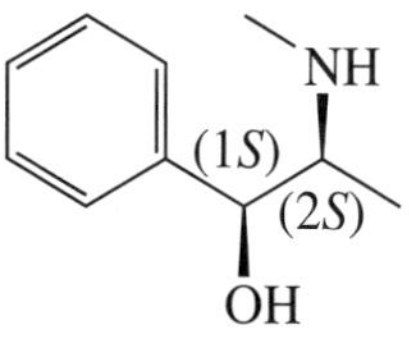
Nom	(1*R*, 2*R*)-(−)-pseudoéphédrine	(1*S*, 2*S*)-(+)-pseudoéphédrine
θ_{fus} / °C	118	118
$[\alpha]_D^{20}$ / °·mL·g^{-1}·dm^{-1}	−52	+52

Les propriétés chimiques de deux diastéréomères sont également différentes, notamment en terme de réactivité. Ainsi, les acides maléique et fumarique (figure 15.26) ne réagissent pas de la même manière lors d'un chauffage : l'acide maléique se déshydrate pour former l'anhydre maléique, tandis que l'acide fumarique ne peut pas réagir dans les mêmes conditions compte tenu de l'éloignement des groupes hydroxyles.

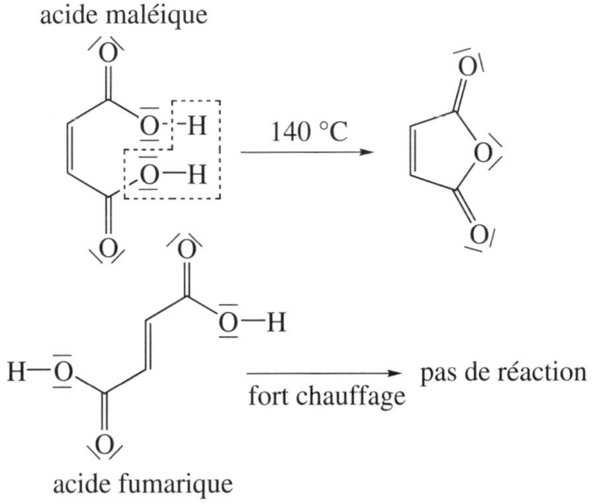

FIGURE 15.26 – Différence de réactivité des acides maléique et fumarique

5 Pour aller plus loin

5.1 Activation optique

Définition

On appelle activation optique la production d'échantillons non racémiques de composés chiraux à partir de précurseur achiraux ou racémiques, par quelque méthode que ce soit.

L'obtention d'un seul des deux énantiomères d'une espèce chirale peut se faire suivant plusieurs méthodes :

- par extraction de produits naturels, qui existent souvent dans une seule configuration ;
- par séparation grâce à une méthode physique, comme la cristallisation ;
- par synthèse stéréosélective.

Définition

On appelle dédoublement la séparation d'un mélange racémique en ses deux constituants énantiomères.

✎ Le terme de **résolution**, parfois utilisé à la place de dédoublement, est un anglicisme.

a. Cristallisation spontanée

Il existe des molécules chirales qui cristallisent de manière spontanée en séparant les deux énantiomères d'un couple. Les deux énantiomères de l'espèce se déposent en quantités égales sous forme de **cristaux énantiomorphes** (figure 15.27).

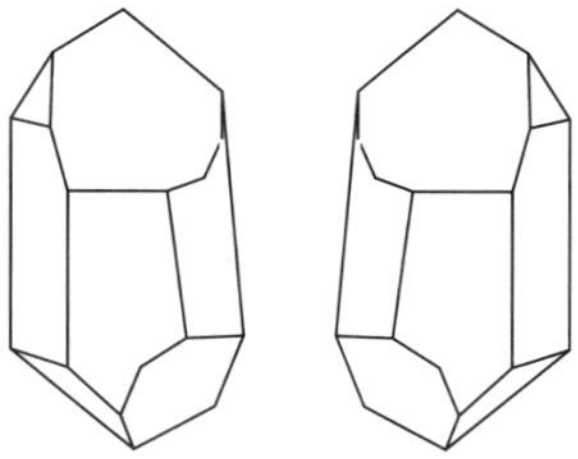

FIGURE 15.27 – Cristaux énantiomorphes

Lorsque les cristaux sont bien formés, le processus de séparation, appelé tri, peut être rapide mais suppose que l'opérateur observe les cristaux et réussisse à les séparer en deux catégories (les deux énantiomères donnant naissance à deux phases solides différentes, les cristaux énantiomorphes que l'observateur peut différencier). C'est ainsi que PASTEUR réussit pour la première fois en 1848 le dédoublement du tartrate double de sodium et d'ammonium des acides (+) et (−) tartriques. Notons que cette situation est **exceptionnelle** ; on estime qu'environ 5 % des couples d'énantiomères peuvent être séparés par cette méthode.

b. Séparation des énantiomères par l'intermédiaire des diastéréomères

Les énantiomères ont des propriétés physiques et chimiques identiques et sont *a priori* difficilement séparables ; *a contrario* les diastéréomères sont facilement séparables.
La stratégie de séparation des énantiomères $(R)-A$ et $(S)-A$ consiste à faire réagir le mélange racémique avec un produit énantiomériquement pur $(R)-B$, appelé **agent de dédoublement chiral**. Il se forme les diastéréomères $(R,R)-AB$ et $(S,R)-AB$ (le plus souvent des sels diastéréomères). Une fois la séparation effectuée, la réalisation de la réaction en sens inverse permet de récupérer séparément les composés $(R)-A$ et $(S)-A$ **énantiomériquement purs**. La méthode est résumée figure 15.28.

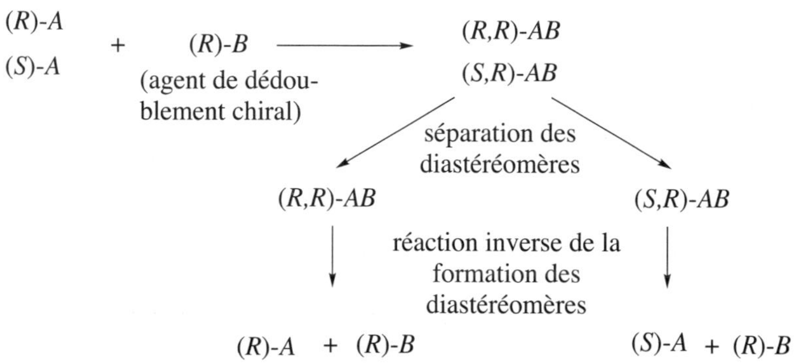

FIGURE 15.28 – Séparation chimique des énantiomères par l'intermédiaire de diastéréomères

Le premier dédoublement des énantiomères par l'intermédiaire des diastéréomères a été réalisé à nouveau par PASTEUR en 1853, en utilisant la différence de solubilité des sels de l'acide tartrique avec des alcaloïdes naturels (figure 15.29).

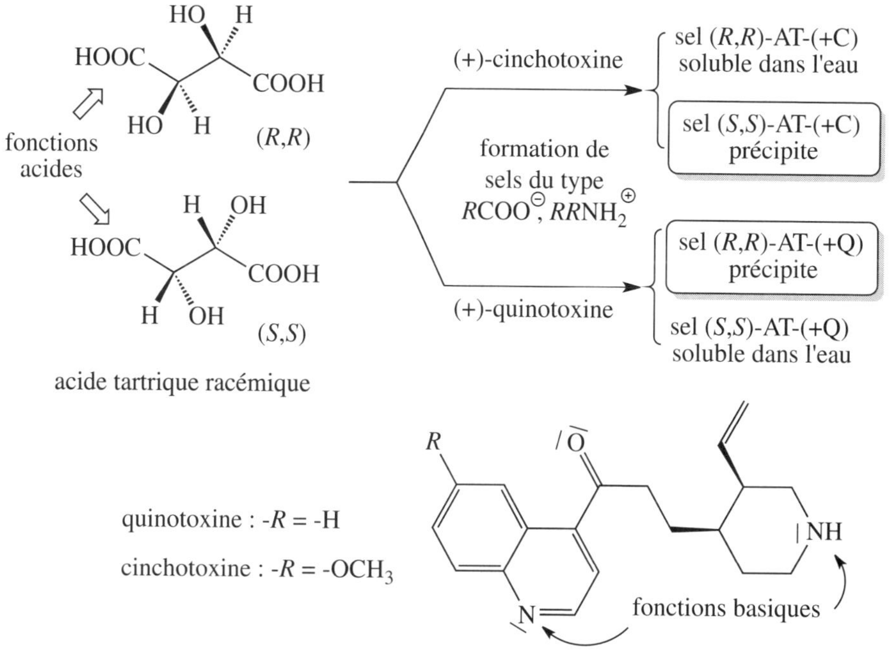

FIGURE 15.29 – Premier dédoublement des énantiomères réalisé par PASTEUR en 1853

Une fois les sels séparés physiquement par précipitation, ils sont placés dans l'acide chlorhydrique à un pH compatible avec la formation des acides tartriques.

c. Synthèses sélectives

Les molécules courantes peuvent posséder 10 atomes de carbone stéréogènes, soit 2^{10} stéréoisomères de configuration, aussi le **contrôle de la configuration** des molécules lors de synthèses organiques apparaît comme un des **plus grands enjeux de la chimie**. Ce contrôle passe par une bonne connaissance des mécanismes réactionnels afin de comprendre la géométrie d'approche la plus favorable des molécules. Des exemples sont proposés dans la suite du cours de chimie organique.

5.2 Détermination d'une configuration absolue

Avant 1951, aucune technique expérimentale ne permettait de savoir si une molécule chirale **A**, dont on pouvait mesurer expérimentalement le pouvoir rotatoire dans une solution, était de descripteur stéréochimique (*R*) ou (*S*) (autrement dit, on ne disposait pas de « microscope » permettant de « photographier » dans l'espace la molécule). Par analogie, les chimistes étaient dans la position d'un enfant qui ne sait pas distinguer sa gauche de sa droite : supposons qu'on donne un soulier droit et un soulier gauche à un enfant. Il ne sera pas en mesure de dire lequel est le droit et lequel est le gauche. Il sera en revanche capable de dire lequel s'adapte à quel pied. De plus, si on lui présente une panoplie de souliers, il peut, avec des expériences, les diviser en deux groupes : les souliers droits et les souliers gauches. En d'autres termes, l'enfant sera capable de déterminer les configurations des souliers correspondants à ses pieds et en relation les uns avec les autres, c'est-à-dire leur **configurations relatives**, sans savoir quel est le soulier gauche ou le soulier droit, c'est-à-dire leurs configurations absolues.

En 1951, BIJVOET a appliqué la **diffraction anomale des rayons X** pour déterminer la configuration absolue du tartrate double de sodium et de rubidium $NaO_2C\text{-}CHOH\text{-}CHOH\text{-}CO_2Rb$. L'expérience a montré que l'anion du (+)-tartrate est de configuration (R,R). La configuration relative de l'acide tartrique ayant servi à préparer le sel étant connue, elle pouvait être reliée à celle d'autres espèces chimiques, notamment des sucres (on parle alors de **configuration relative**, par rapport à l'acide tartrique de la filiation). Le procédé de **filiation stéréochimique** (réalisé grâce à des réactions dont le déroulement stéréochimique est connu) a permis d'établir la configuration absolue de toutes les espèces possédant un atome de carbone stéréogène.

5.3 Énantiomérie et diastéréomérie en l'absence de carbone stéréogène ou de doubles liaisons

La définition de la chiralité est associée à la non superposition de la molécule à son image spéculaire. La présence d'un seul atome de carbone stéréogène est une condition suffisante de chiralité, mais pas nécessaire. Bien d'autres structures présentent la propriété de chiralité. Les molécules de géométrie pyramidale sont chirales, comme par exemple les amines (figure 15.30), mais leur interconversion est rapide, et ne permet donc pas d'isoler à température ambiante les deux énantiomères (sauf dans quelques cas particuliers).

FIGURE 15.30 – Interconversion rapide des deux énantiomères d'une amine chirale

De par leur structure non plane les molécules d'allène (figure 15.31) peuvent être chirales (rotation autour des liaisons C=C impossible).

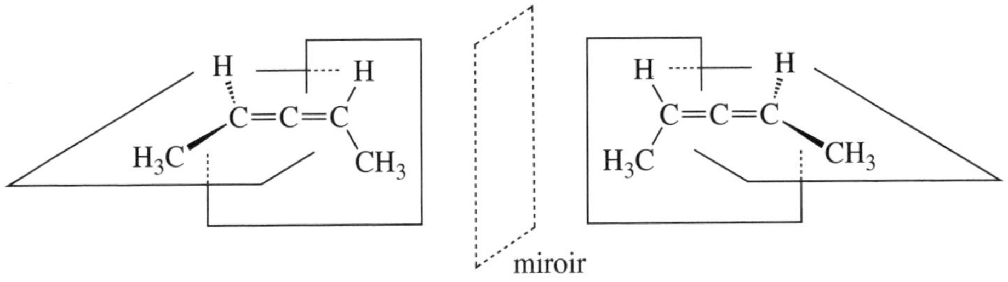

FIGURE 15.31 – Chiralité induite par une rotation bloquée autour d'une liaison

La chiralité peut aussi être induite par un « encombrement moléculaire », comme dans le cas des molécules en forme d'hélice (figure 15.32) tels que les hélicènes.

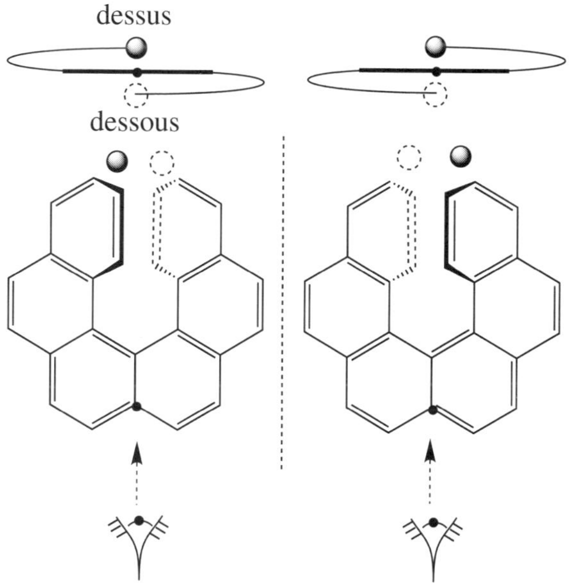

FIGURE 15.32 – Chiralité de l'hexahélicène

Enfin, la stéréochimie n'est pas un domaine limité à la chimie organique. Les complexes des métaux de transition peuvent exister sous forme de plusieurs diastéréomères ou énantiomères. Ainsi le complexe de géométrie bipyramidale à base triangulaire $[PtCl_2F_3]$ (figure 15.33) existe sous forme de trois diastéréomères et les complexes de géométrie octaédrique peuvent exister sous forme de couples d'énantiomères.

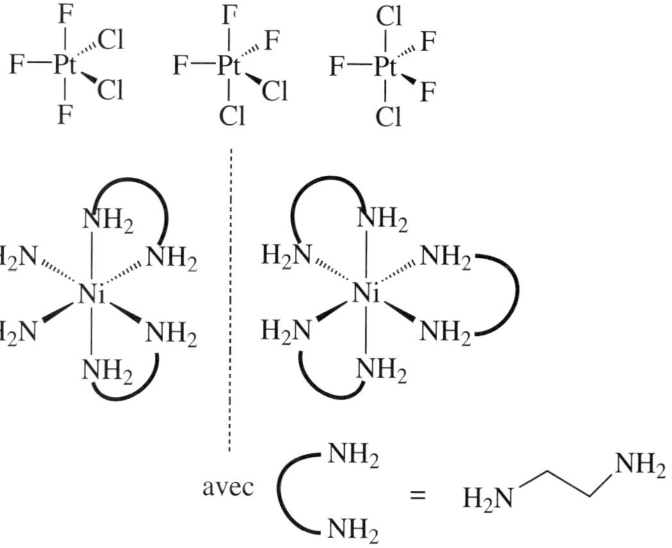

FIGURE 15.33 – Stéréoisomérie des complexes de métaux de transition

5.4 Configuration ou conformation ?

Nous avons établi que la stéréochimie engendrée par une double liaison entre dans le cadre de la stéréochimie de configuration, sans ambiguïté. En effet, la **barrière d'énergie** à franchir est de l'ordre de 260 kJ·mol^{-1}, bien plus élevée que les 11 kJ·mol^{-1} à franchir dans le cas de la rotation autour de la liaison C–C de l'éthane : les deux stéréoisomères *Z* et *E* du butène sont isolables à température ambiante, alors que les deux stéréoisomères *décalé* et *éclipsé* de l'éthane ne le sont pas. La distinction entre les deux types de stéréoisomérie n'est cependant pas toujours aussi tranchée, comme le montre l'exemple des composés de type biphényle (*Ph–Ph*), tel que celui de la figure 15.34, dédoublé pour la première fois en 1922.

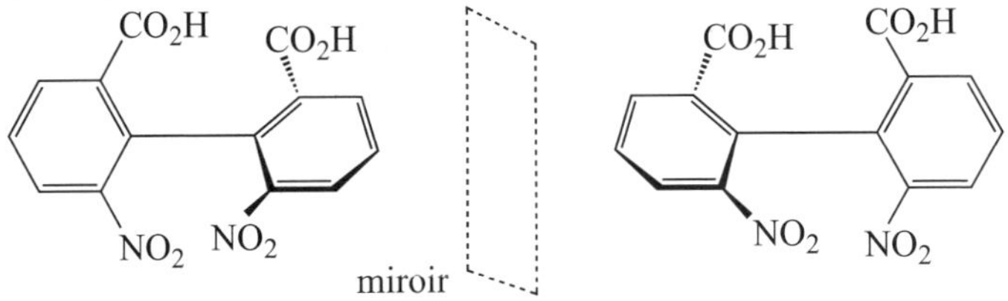

FIGURE 15.34 – Atropoisomérie des biphényles

Ces deux stéréoisomères ne diffèrent que par une rotation autour d'une liaison simple ; ce type d'isomérie est nommée **atropoisomérie** (*a* privatif et *tropos*, tourner). Cependant, la rotation est lente (l'énergie de la barrière d'activation est élevée), ce qui permet d'isoler les deux stéréoisomères à température ambiante. Doit-on alors les qualifier de stéréoisomères de conformation (puisqu'ils sont superposables par une rotation autour d'une liaison simple) ou de configuration (puisqu'ils sont isolables à température ambiante) ? Cet exemple met en lumière que la frontière entre les types de stéréoisoméries renvoie à l'énergie d'activation pour passer d'une forme à l'autre. Une frontière commode définit des composés comme atropoisomères s'ils peuvent être isolés et avoir une durée de demi-vie d'au moins 1000 s (soit 16,7 min). Cette définition, en ne précisant pas la température, laisse une part d'arbitraire à la valeur de la barrière de rotation (93 kJ·mol^{-1} à 300 K et 62 kJ·mol^{-1} à 200 K).

Formation d'espèces chirales à partir d'espèces achirales

La synthèse d'espèces chirales a été et demeure un objectif majeur de la chimie de synthèse. Jusque vers les années 1970, les réactions utilisées pour obtenir des espèces chirales nécessitaient l'emploi de réactifs eux-mêmes chiraux. Dans ce cadre, l'art du chimiste consiste à trouver la séquence optimale de réactions capables de mener au produit recherché en minimisant la perte de l'information stéréochimique ; l'idéal (jamais atteint) étant de n'utiliser que des réactions s'effectuant avec 100 % d'excès énantiomérique pour chaque étape.

La synthèse asymétrique

La découverte du pouvoir catalyseur des enzymes et de leur aptitude à réaliser des réactions de manière énantiosélective ont conduit les chimistes à élaborer des catalyseurs permettant de mettre en œuvre des réactions stéréosélectives à partir de composés achiraux. Ces procédés sont maintenant bien connus et utilisés dans l'industrie pour la synthèse de molécules à haute valeur ajoutée.

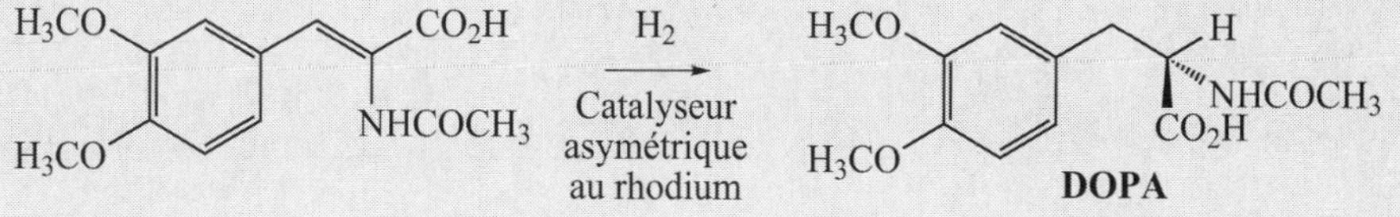

FIGURE 15.35 – Synthèse de la DOPA par hydrogénation catalytique asymétrique

L'avantage de cette méthode sur la précédente est lié à son *amplification chirale*. Le catalyseur, stéréochimiquement pur, et présent en très faible quantité convertit une espèce achirale en une espèce chirale. L'amplification chirale représente le rapport entre la quantité de matière de catalyseur chiral ajouté et la quantité de matière de l'espèce chirale formée (entre dix et cent pour la plupart des catalyseurs).

La synthèse asymétrique absolue

Une dernière question demeurait jusqu'à très récemment non résolue : la possibilité de produire une espèce chirale à partir d'une espèce achirale. Dès 1953, cette possibilité avait été examinée et la solution avait été (théoriquement) trouvée. Le principe de la méthode repose sur le phénomène d'*autocatalyse*, c'est à dire la possibilité pour une réaction chimique d'être catalysée par le produit de la transformation.

Si une espèce achirale (le réactif R dans la figure 15.36) est soumise à une réaction chimique donnant lieu à la formation d'énantiomères (les produits (l)-P et (d)-P dans la figure 15.36) et que l'un des énantiomères (le (l)-P par exemple) catalyse sa réaction de formation, la constante de vitesse globale de la réaction $R \to (l)\text{-}P$ est plus élevée que la constante de vitesse de la réaction $R \to (d)\text{-}P$. Il est alors possible d'effectuer une *synthèse asymétrique absolue*, c'est-à-dire la formation d'une espèce chirale à partir d'une espèce achirale.

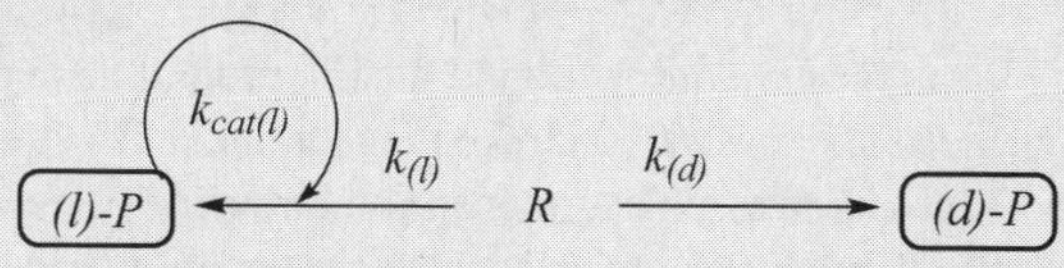

FIGURE 15.36 – Principe de la synthèse asymétrique absolue

Plusieurs réactions présentant ce phénomène d'amplification chirale ont été découvertes à partir des années 70. Au milieu des années 80, H. KAGAN (Université d'Orsay) a montré que l'excès énantiomérique des produits de certaines réactions chimiques effectuées en présence d'un catalyseur asymétrique peut être supérieur à l'excès énantiomérique du catalyseur employé.

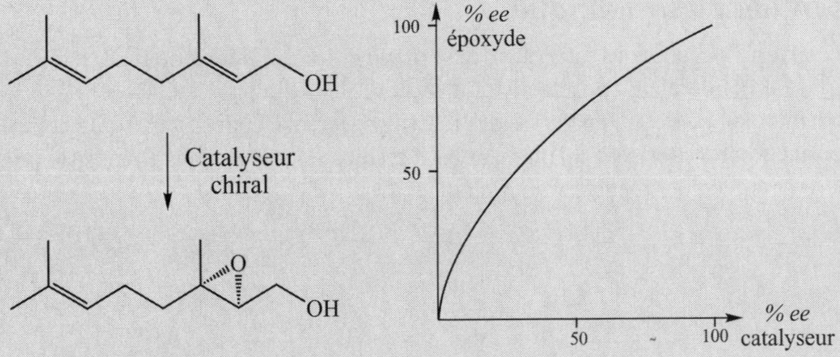

FIGURE 15.37 – Non-linéarité dans la catalyse asymétrique

L'expérience de SOAI

En 2003, des chimistes de l'université de Tokyo ont signalé la découverte d'une amplification chirale sans précédent. Il s'agit d'une réaction d'addition d'une espèce organométallique (composé présentant une liaison carbone-métal, ici un organozincique) sur une cétone pour former un alcool possédant un carbone asymétrique (cf chapitre *Organomagnésiens mixtes*).

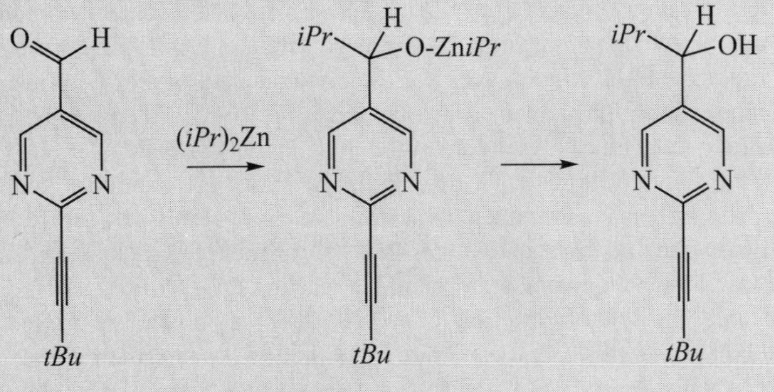

FIGURE 15.38 – L'expérience de SOAI

Les auteurs de l'article ont observé qu'un ajout d'alcool, produit de la réaction, avec un excès énantiomérique de seulement 0,00005 % en faveur du *S* à la cétone de départ permet la formation de l'alcool *S* avec un excès énantiomérique de 57 %. Lorsque l'énantiomère *R* est ajouté au milieu réactionnel avec un excès énantiomérique de 0,00005 %, le produit majoritaire est l'alcool *R* obtenu avec un excès énantiomérique de 45 %.
En utilisant l'alcool formé avec un excès énantiomérique de 57 % pour réitérer la réaction d'addition, les auteurs ont montré que l'excès énantiomérique obtenu au cours de ce deuxième cycle de formation atteint 99 % puis est supérieur à 99,5 % après un troisième cycle. Il est ainsi possible d'atteindre une amplification chirale de l'ordre de 600 000.

EXERCICES

15.1 Configuration du bulnésol (d'après CCP, PC, 2003) (★)

Le bulnésol est un sesquiterpène de la famille des guaiazulènes qui entre dans la composition d'huiles essentielles extraites d'arbres. Il est représenté en projection de CRAM figure ci-dessous.

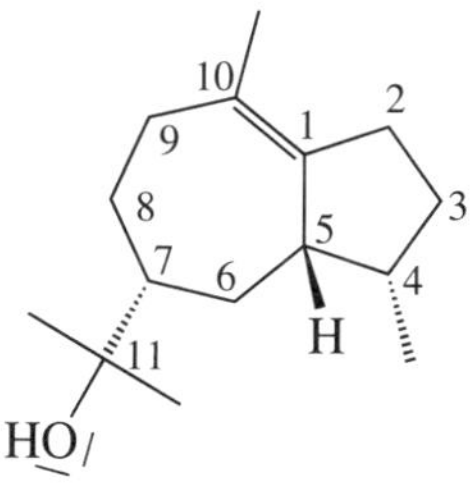

Combien le bulnésol possède-t-il de carbones stéréogènes ? Donner leur descripteur stéréochimique en le justifiant.

15.2 Configuration de la Nootkatone (D'après Centrale 2003) (★)

La Nootkatone est un sesquiterpène dont la projection de CRAM est donnée à la figure ci-dessous.

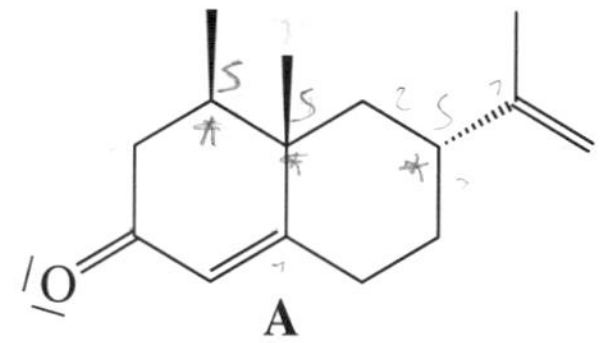

A

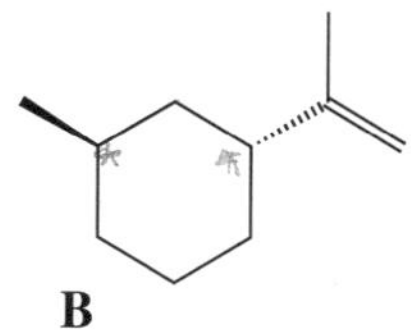

B

Ce composé fut isolé pour la première fois du bois de cèdre d'Alaska puis plus tard de la pulpe de pamplemousse et d'autres agrumes. Sa structure a été déterminée en 1965 et sa synthèse totale a dès lors été l'objet de nombreuses recherches en raison de son utilisation dans l'industrie des parfums.

1. Quelle est le descripteur stéréochimique de chacun des atomes de carbone stéréogènes de la molécule ?

2. Sachant que le substituant *iso*prényle se trouve en position équatoriale, donner une représentation de la conformation chaise correspondant à la structure **B** de la figure ci-dessus.

15.3 Configuration d'un précurseur de macrolide (d'après Agrégation Externe de Sciences Physiques, option chimie, 2003) (★)

La molécule présentée figure ci-dessous est un précurseur de macrolide qui possède des propriétés pharmacologiques remarquables (*Bu* désigne le groupe butyle).

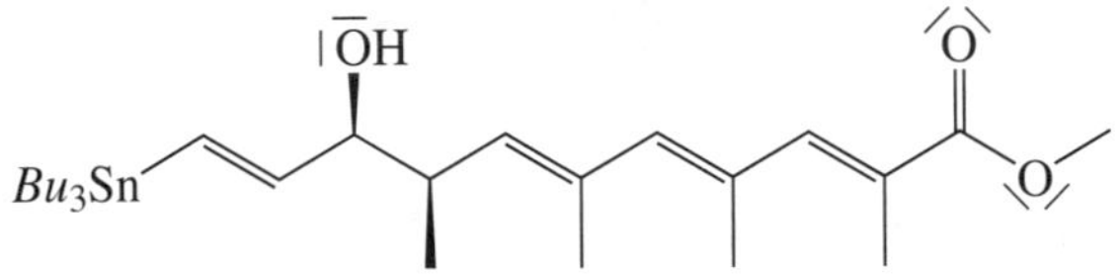

Donner les descripteurs stéréochimiques des atomes de carbone C^8 et C^9 de la molécule, en justifiant.

15.4 Stéréoisomérie du Cisplatine (d'après Olympiades Internationales de Chimie, épreuve de présélection, 2004) (★)

Le cisplatine est un dérivé du platine utilisé dans le traitement de certains cancers. C'est un complexe plan carré de formule $[Pt(Cl)_2(NH_3)_2]$, représenté figure ci-dessous.

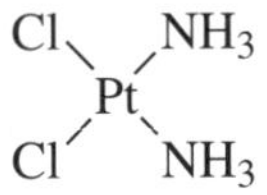

Ce complexe possède un stéréoisomère de configuration. Lequel ? Par quelle relation de stéréoisomérie est-il lié au cisplatine ? Comment pourriez-vous le nommer par analogie avec le cisplatine ?

15.5 Configuration d'un époxyde (★)

Dessiner en projection de CRAM l'ensemble des stéréoisomères de configuration de l'époxyde proposé en formule topologique plane figure ci-dessous.

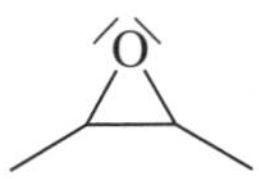

Donner le descripteur stéréochimique de chacun des atomes de carbone stéréogènes, ainsi que la relation de stéréochimie entre les différentes molécules. Quelles sont celles qui sont achirales ?

15.6 Centre pseudo-asymétrique (★★★)

On note A_n les molécules de formules semi-développées $HO_2C-(CHOH)_n-CO_2H$.

1. Pour les cas $n = 1, 2$ et 3, dessiner en projection de CRAM l'ensemble des stéréoisomères de configuration.

2. Pour chaque atome de carbone stéréogène, donner son descripteur stéréochimique R ou S.

3. Préciser les relations de stéréochimie entre chaque stéréoisomère et donner le caractére chiral ou achiral de chaque molécule.

On précise une règle complémentaire aux règles de CAHN, INGOLD et PRELOG déjà vues : lorsque deux substituants énantiomorphes ne diffèrent que par leur stéréochimie, le substituant de descripteur R est prioritaire devant le substituant de descripteur S.

PROBLÈMES

15.7 Étude stéréochimique d'une carboxylase à vitamine K (d'après Écoles Nationales Vétérinaires, 2004) (★★)

Une des étapes importantes de la cascade réactionnelle conduisant à la coagulation sanguine est la carboxylation d'un résidu glutamique d'une protéine nommée préprothrombine, par une carboxylase à vitamine K. L'étude des caractéristiques de cette carboxylation est nécessaire pour la compréhension du processus de coagulation. Cette compréhension permet éventuellement ensuite de mettre au point des anticoagulants anti-vitamine K. La réaction de carboxylation de l'acide glutamique contenu dans la préprothrombine est présentée figure ci-dessous.

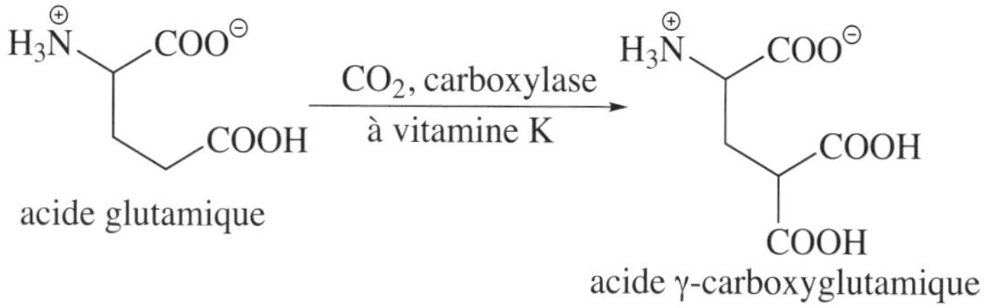

L'acide glutamique est l'acide α aminé naturel de chaîne latérale $-CH_2-CH_2-CO_2H$, dont le descripteur stéréochimique est *L* selon la convention de FISCHER (figure ci-dessous).

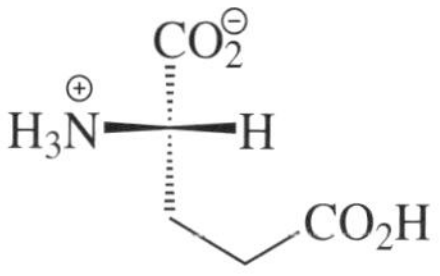

1. Donner le descripteur stéréochimique *R* ou *S* de l'acide glutamique, et en donner une projection de CRAM en respectant la vue proposée figure ci-dessous.

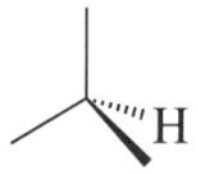

2. La première partie de l'étude stéréochimique correspond à la détermination de l'atome d'hydrogène H^1 ou H^2 arraché lors de cette réaction (figure ci-dessous).

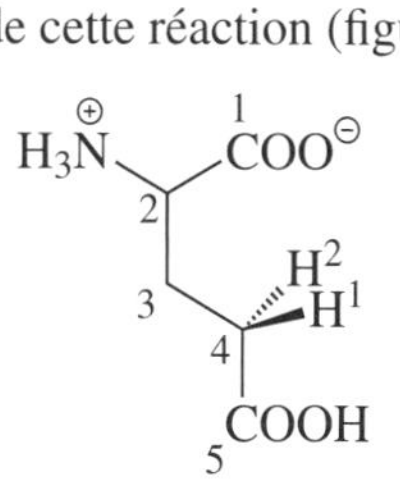

En remplaçant H^1 ou H^2 par un atome de fluor non réactif vis-à-vis de la carboxylation (et qui a la caractéristique d'avoir un rayon de VAN DER WAALS très proche de celui de l'atome d'hydrogène), on s'aperçoit que seul le dérivé fluoré de descripteurs stéréochimiques $(2S,4R)$ pourra subir la carboxylation ultérieurement. Représenter en projection de CRAM ce dérivé fluoré.

3. L'hydrogène qui pourra être arraché lors de la carboxylation est-il H^1 ou H^2 ?

4. On réalise la carboxylation de l'acide glutamique avec du dioxyde de carbone marqué au carbone 13, isotope du carbone 12, repéré par un astérisque $^*CO_2$ (figure ci-dessous). On obtient alors le stéréoisomère $(2S,4S)$.

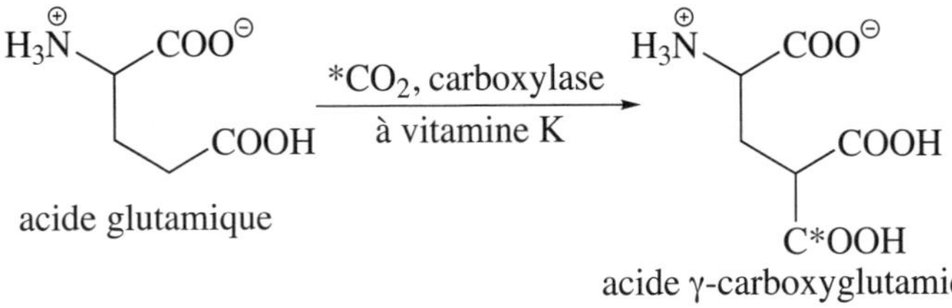

Représenter en projection de CRAM ce stéréoisomère.

On rappelle une règle annexe des règles séquentielles de CAHN, INGOLD et PRELOG : lorsqu'à l'issue des règles usuelles il est impossible de départager deux groupes qui diffèrent par un isotope, alors l'atome de nombre de nucléons A le plus grand a priorité devant l'atome de même numéro atomique Z.

5. Lors de la carboxylation, le dioxyde de carbone marqué $^*CO_2$ prend-il la place de l'hydrogène arraché ou se place-t-il en *anti* par rapport à cet hydrogène arraché ? Justifier en plaçant côte à côte le substrat et le produit de la réaction.

15.8 Mutarotation du glucose (★★)

À 25 °C, lorsqu'on dissout 1,0 g d'α-D-glucopyranose cristallisé dans un litre de solution aqueuse acidifiée, on observe une évolution du pouvoir rotatoire de la solution jusqu'à atteindre une valeur d'équilibre de 52,5 ° (la mesure étant effectuée dans une cuve de longueur $\ell = 1{,}0$ dm). L'analyse spectroscopique montre l'isomérisation de la molécule en β-D-glucopyranose (figure ci-dessous).

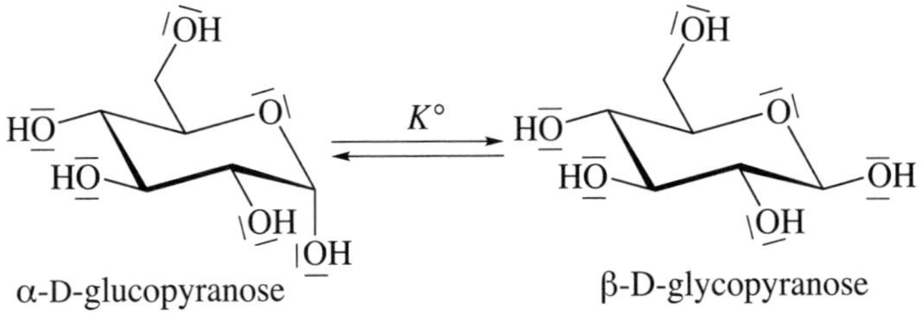

1. Quel est le descripteur stéréochimique du carbone anomère du β-D-glucopyranose (le carbone anomère est celui relié à deux atomes d'oxygène) ? En déduire le descripteur stéréochimique du carbone anomère de l'α-D-glucopyranose. Quelle relation de stéréochimie relie les deux molécules ?

2. Calculer la concentration massique des deux espèces à l'équilibre thermodynamique. En déduire la constante standard K° de cet équilibre.

Données : pouvoir rotatoire spécifique, à 25 °C et pour la raie D du sodium
- α-D-glucopyranose : $[\alpha]_D^{25\,°C} = +112{,}2\ °\cdot dm^{-1}\cdot g^{-1}\cdot L$ noté ici $[\alpha]$;
- β-D-glucopyranose : $[\alpha]_D^{25\,°C} = +18{,}7\ °\cdot dm^{-1}\cdot g^{-1}\cdot L$ noté ici $[\beta]$.

3. Par une analyse conformationnelle, pouvait-on prévoir quelle serait l'espèce majoritaire ? La valeur de la constante standard permettait-elle de prévoir l'existence d'une autre interaction que l'interaction 1,3-diaxiale ?

On indique qu'il existe une relation approchée entre la constante standard d'équilibre K_T° et la variation d'énergie potentielle molaire ΔE_p :

$$\Delta E_p = -RT\ln(K_T^\circ)$$

Ce point sera repris et précisé en seconde année lors de l'étude de la thermodynamique des réactions chimiques.

15.9 Stéréoisomérie en chimie supramoléculaire (d'après ENS-Ulm Lyon, PC 2004) (★★★)

En 1981, les cyclotrivératrylènes ont permis à A. COLLET au Collège de France de synthétiser pour la première fois des cryptophanes, molécules cages. Une représentation dans l'espace d'un cyclotrivératrylène, le cyclotriguaiacylène **A** est proposé figure ci-dessous.

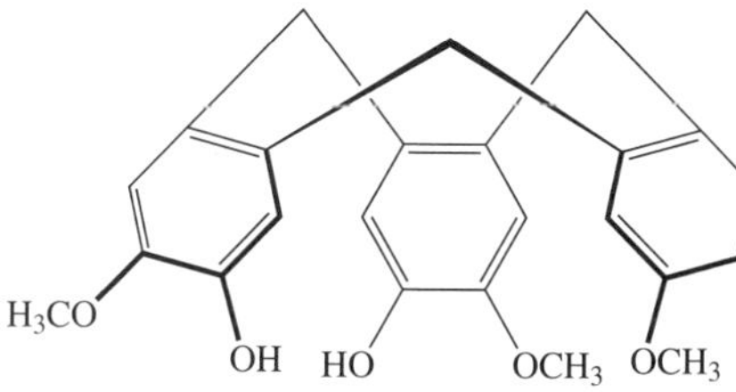

A

1. Le cyclotriguaiacylène **A** possède-t-il un élément de symétrie ? Si oui, lequel ?

2. Cette molécule est-elle chirale ? Citer deux exemples de molécules chirales ne possédant pas d'atome stéréogène.

3. Sous la forme de combien de stéréoisomères de configuration le cyclotriguaiacylène **A** existe-t-il ? Le(s) représenter. Quelle(s) est (sont) la (les) relation(s) de stéréoisomérie entre ces différentes molécules ?

4. Par un léger chauffage d'une solution contenant le cyclotriguaiacylène, on s'aperçoit que son pouvoir rotatoire tend progressivement vers zéro. Comment expliquer ce phénomène, sachant qu'au cours de ce processus, aucune liaison chimique n'est rompue ?

5. La synthèse d'un autre cyclotrivératrylène utilise le composé $(-)$–**B** proposé figure ci-dessous.

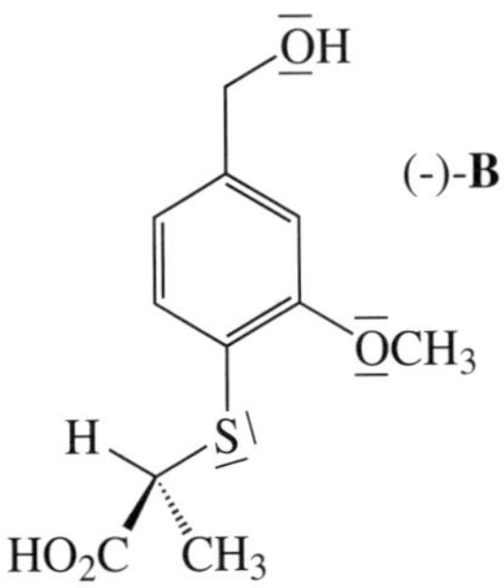

(-)-**B**

a. Quel est le descripteur stéréochimique de l'atome de carbone stéréogène de **B** ?

b. Que signifie le signe $(-)$ dans le nom $(-)$-**B** ? Quelle est la relation entre le descripteur stéréochimique (configuration absolue) de l'atome de carbone stéréogène et le symbole $(-)$?

Chapitre 16

Réactivité de la double liaison carbone-carbone

Les **alcènes** sont des hydrocarbures présentant une double liaison carbone-carbone. Par extension des molécules possédant des hétéroatomes ou plusieurs doubles liaisons carbone-carbone sont appelées des **dérivés éthyléniques** par référence au plus simple des alcènes, l'éthène $H_2C{=}CH_2$. Les alcènes sont nombreux dans la nature et très utiles au laboratoire. Ils sont fabriqués à l'échelle industrielle par craquage des coupes pétrolières, et sont essentiels dans un domaine important de la chimie, celui des polymères.

1 Présentation

1.1 Composés éthyléniques naturels et d'intérêt industriel

Les dérivés éthyléniques sont des composés naturels et de synthèse rencontrés fréquemment : l'α-pinène (essence de pin), le limonène (molécule odorante présente dans l'écorce d'orange ou de citron), ou de nombreuses phéromones (messagers chimiques des insectes par exemple). L'isoprène est le squelette de base des composés dits terpéniques, molécules hydrocarbonées comportant un nombre d'atomes de carbone multiple de 5 (le limonène et l'α-pinène sont des terpènes).

α-pinène

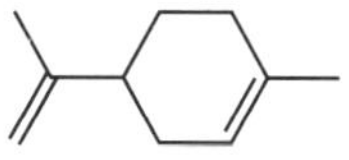

limonène

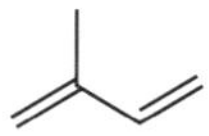

isoprène

FIGURE 16.1 – Composés naturels possédant une double liaison carbone-carbone

L'éthène, de nom courant éthylène, est produit à hauteur de 80 millions de tonnes par an par vapocraquage d'hydrocarbures issus de la distillation du pétrole. C'est le monomère du polyéthylène (PE), utilisé notamment pour la fabrication de « sacs plastiques ». L'éthène est aussi employé comme agent de maturation des fruits tels que la banane ou la tomate. Le styrène, monomère du polystyrène (PS) est produit à hauteur de 20 millions de tonnes par an. Les formules topologiques de ces molécules sont présentées figure 16.2.

 éthène (éthylène) 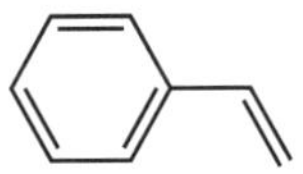 styrène

FIGURE 16.2 – Composés d'intérêt industriel possédant une double liaison carbone-carbone

1.2 Nomenclature

La nomenclature des alcènes est de type **alc-*n*-ène** (nomenclature fonctionnelle). L'indice n de position indique que la double liaison est portée par les **atomes de carbone** n **et** $n+1$. L'éventuel descripteur stéréochimique est placé en préfixe du nom et entre parenthèses. Des exemples sont donnés dans la table suivante.

Structure	nom
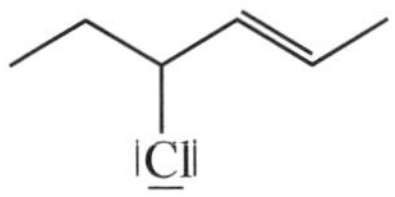	(*E*)-4-chlorohex-2-ène
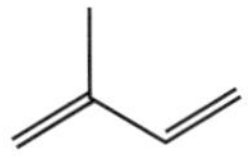	2-méthylbuta-1,3-diène

✎ Dans le second exemple, afin d'éviter une succession de consonnes, le « a » du radical est conservé.

1.3 Paramètres structuraux de la double liaison C=C

a. Géométrie

Les données géométriques de la molécule d'éthène constituent un bon modèle pour l'ensemble des molécules possédant une double liaison C=C sans interaction avec un autre groupe fonctionnel. La molécule d'éthène est **plane**, les **angles** entre liaisons sont **proches de 120** ° (figure 16.3). La distance entre les atomes de carbone est plus courte (133,0 pm) que celle entre les atomes de carbone de l'éthane (154 pm).

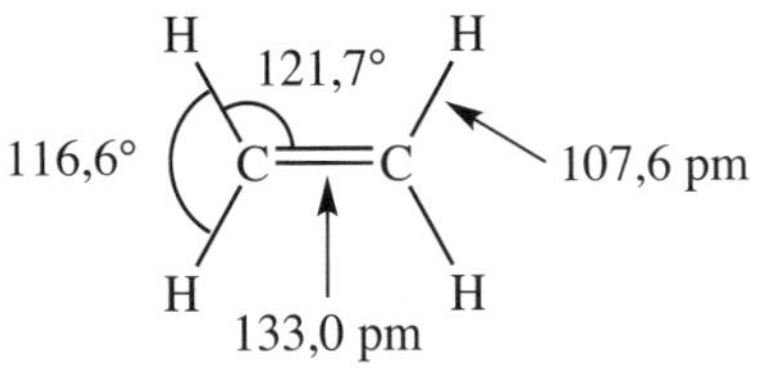

FIGURE 16.3 – Données géométriques sur la molécule d'éthène

b. Énergie

Les énergies de liaison E_{AB} ont été présentées chapitre 8. Elles correspondent à l'énergie à fournir au système pour réaliser le processus pour une mole d'avancement, les composés étant dans l'état gaz parfait. Le tableau 16.1 fournit les énergies de liaison $E_{C=C}$ et E_{C-C}.

Processus	E_{AB} / kJ·mol^{-1}
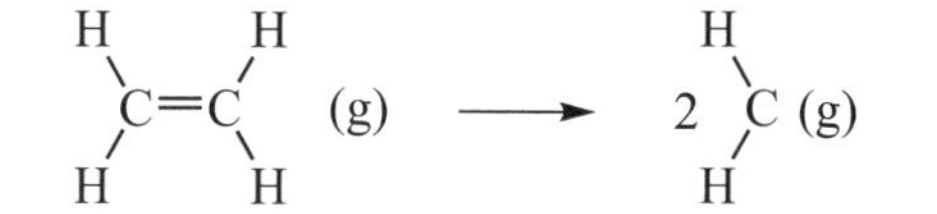	615
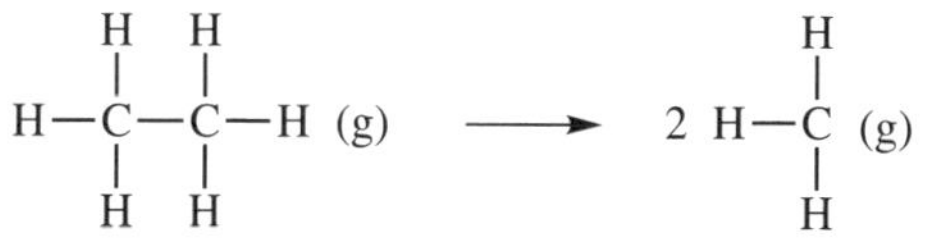	347

TABLE 16.1 – Énergies de liaison $E_{C=C}$ et E_{C-C}

Si la **rupture** d'une double liaison C=C est un processus qui nécessite **plus d'énergie** que la rupture d'une simple liaison C–C, la rupture d'une double liaison nécessite moins d'énergie que la rupture de deux simples liaisons ($347 \times 2 = 694$). Ceci met en évidence que la double liaison ne correspond pas à la somme deux liaisons simples.
Une conséquence importante est la chimiosélectivité (du point de vue thermodynamique) des composés donnant lieu à des réactions avec les alcènes : un réactif R peut transformer un alcène en un composé à simple liaison C–C sans pour autant rompre les simples liaisons de la molécule. Une telle transformation qui conserve le squelette σ de la molécule est une **réaction d'addition sur la double liaison**. Des réactifs plus « puissants », tel que l'ozone, conduisent à une rupture complète de la double liaison et à la formation de deux squelettes carbonés distincts.

2 Réactions d'addition électrophile

2.1 Présentation

La réaction d'addition d'un composé $A-A$ ou $A-B$ ($B \neq A$; A et B sont des atomes ou groupements d'atomes) sur une double liaison C=C est décrite selon le schéma général présenté figure 16.4. De nombreux composés s'additionnent, dont l'eau (H–OH), les halogénures d'hydrogène (H–Cl, H–Br, H–I) et les dihalogènes (Cl–Cl, Br–Br et I–I).

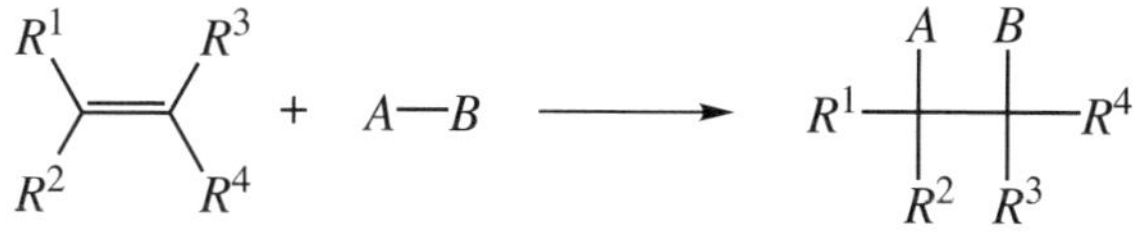

FIGURE 16.4 – Schéma général d'une réaction d'addition sur une double liaison C=C

A priori deux **composés régioisomères** (voir figure16.5) peuvent être obtenus lors de l'addition de la molécule $A-B$ (molécule non symétrique).

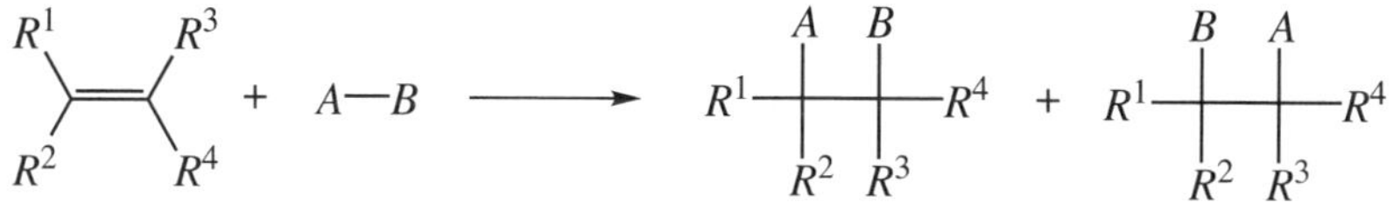

FIGURE 16.5 – Régioisomères possibles lors d'une réaction d'addition

Définition

Une réaction est régiosélective si, pouvant *a priori* conduire à plusieurs composés régioisomères les uns des autres, elle conduit préférentiellement ou exclusivement à l'un d'eux.

Le produit de la réaction d'addition peut posséder deux atomes de carbone stéréogènes supplémentaires. Par conséquent, pour une régiosélectivité donnée, la réaction peut conduire à quatre **composés stéréoisomères de configuration**, comme illustré sur la figure 16.6.

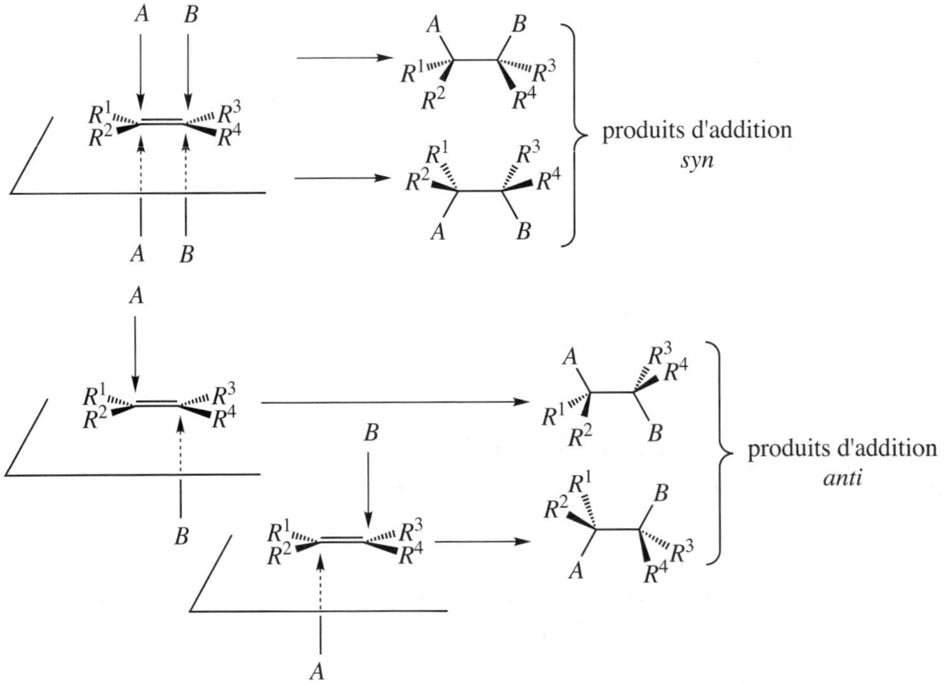

FIGURE 16.6 – Stéréosélectivité d'une réaction d'addition

A priori, huit composés différents peuvent être obtenus lors d'une réaction d'addition d'un composé non symétrique de type $A-B$ ($A \neq B$). Suivant le déroulement stéréochimique de la réaction, un vocabulaire spécifique est utilisé, proposé dans les définitions suivantes.

Définition

Une réaction d'addition sur une double liaison est *syn* si les fragments s'additionnent sur une même face de la double liaison. Si les fragments s'additionnent sur une face différente de la double liaison, l'addition est *anti*.

Définition

Une réaction est stéréosélective si, pouvant *a priori* conduire à plusieurs composés stéréoisomères, elle conduit préférentiellement ou exclusivement à l'un d'eux.

Suivant la relation d'énantiomérie ou de diastéréomérie liant les produits, la réaction sera qualifiée d'énantiosélective ou de diastéréosélective. La stéréosélectivité est quantifiable, une réaction peut être plus ou moins stéréosélective.

Définition

Une réaction est stéréospécifique si elle est stéréosélective et si la configuration des produits obtenus dépend de la configuration des réactifs.

✎ Certains auteurs utilisent les termes de diastéréospécifique et d'énantiospécifique, mais ces vocabulaires sont sujets à discussion et ne seront pas employés.
La stéréospécificité est une notion logique et n'est pas quantifiable : une réaction présente ou non une stéréospécificité, laquelle est intimement liée à son mécanisme. Établir la stéréospécificité d'une réaction nécessite d'analyser la stéréochimie du processus sur un composé, puis sur un stéréoisomère de configuration de celui-ci.

2.2 Addition électrophile d'halogénure d'hydrogène

a. Équation de réaction et résultats expérimentaux

La **réaction d'hydrohalogénation**, addition d'un halogénure d'hydrogène noté de manière générale H$-X$ où X est un atome d'halogène, a lieu le plus souvent à froid ou à température ambiante, et dans un solvant acide comme l'acide acétique CH_3-COOH. L'équation de la réaction dans le cas général est présentée figure 16.7.

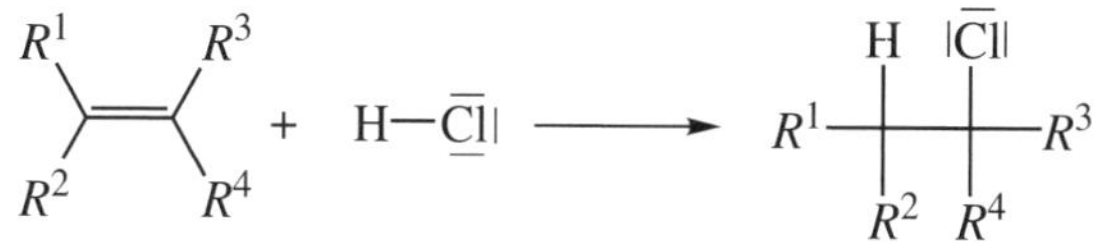

FIGURE 16.7 – Équation de la réaction d'hydrohalogénation d'un alcène

Le composé qui s'additionne n'étant pas symétrique, on peut *a priori* obtenir jusqu'à huit produits différents, **régioisomères et stéréoisomères** les uns des autres. Le rendement de ces réactions est souvent très bon (supérieur à 80 %) pour des temps de réaction dont l'ordre de grandeur est la dizaine de minutes. Un exemple de réaction est proposé figure 16.8.

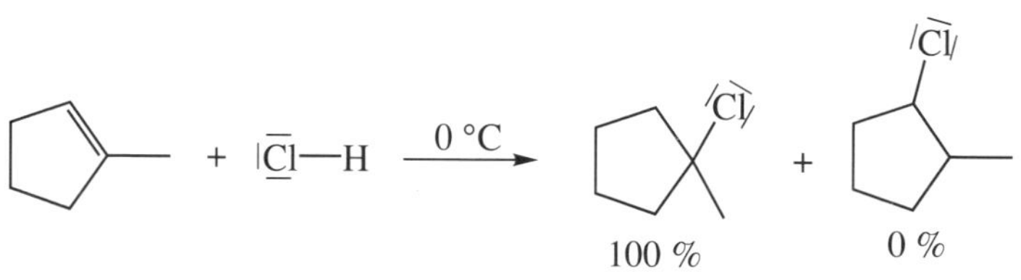

FIGURE 16.8 – Exemple de réaction d'hydrochloration d'un alcène

On constate dans l'exemple figure 16.8 que, parmi les deux régioisomères envisageables, un seul est effectivement formé. Par conséquent, la réaction est **régiosélective**. Dans la plupart des cas, lorsque deux régioisomères sont envisageables, on observe la formation avec un **très large excès** (supérieur à 98 %) de l'un d'eux. Des exemples sont proposés figure 16.9.

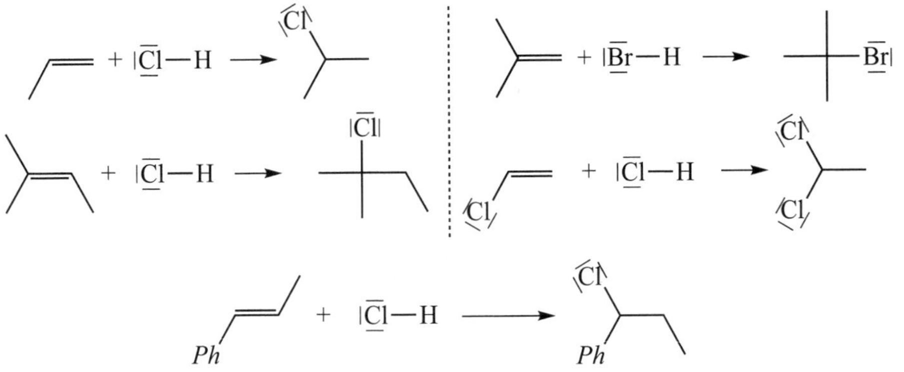

FIGURE 16.9 – Régiosélectivité de la réaction d'hydrohalogénation d'un alcène

Dans les quatre premiers cas, l'atome d'halogène s'additionne sur l'atome de carbone le plus substitué. Dans le dernier cas, l'atome d'halogène s'additionne sur l'atome de carbone porteur du groupe phényle. D'autres exemples illustrant le déroulement stéréochimique de la réaction sont proposés figure 16.10 et 16.11.

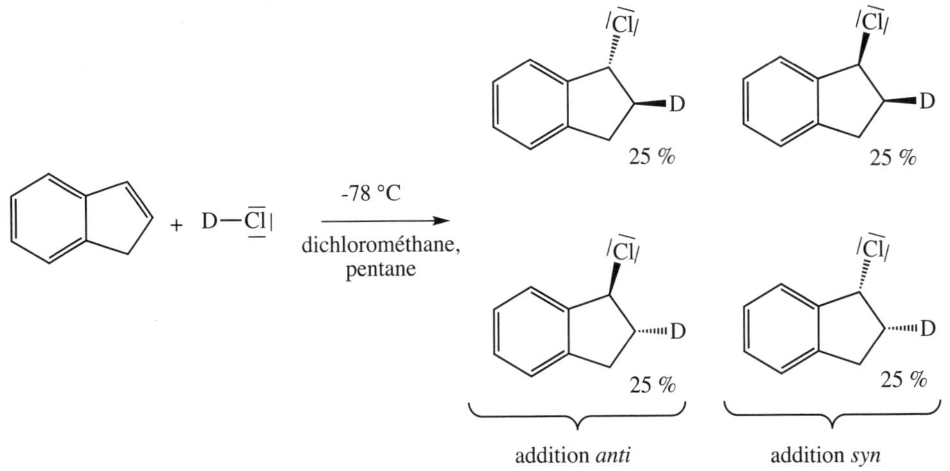

FIGURE 16.10 – Stéréochimie de l'hydrochloration de l'indène (D $\equiv$ $^{2}_{1}H$)

Dans cet exemple, l'utilisation du chlorure de deutérium (isotope D à la place de l'atome d'hydrogène), permet une identification univoque de la place de l'atome introduit dans la molécule. La réaction ne conduit préférentiellement à aucun stéréoisomère particulier : elle est **régiosélective** mais **non stéréosélective**.

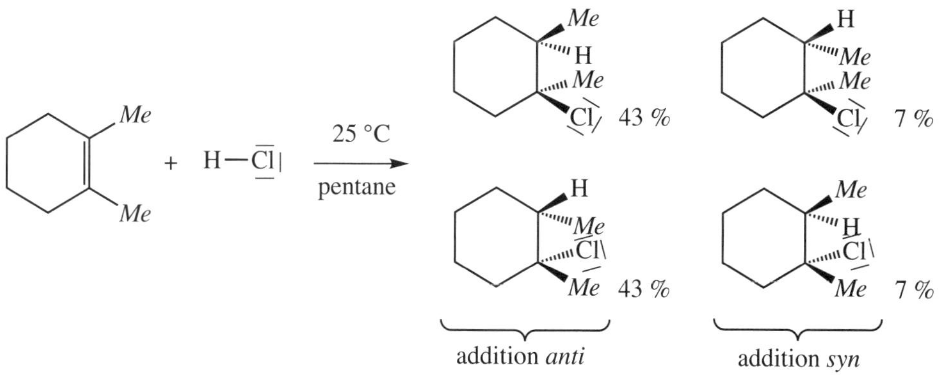

FIGURE 16.11 – Stéréochimie de l'hydrochloration du 1,2-diméthylcyclohexène (*–Me* est un groupe méthyle $-CH_3$)

Dans ce cas, on forme avec une nette préférence les composés issus d'une addition *anti* des atomes de chlore et d'hydrogène : la réaction est **stéréosélective**. Les produits obtenus préférentiellement sont diastéréomères des produits minoritaires : la réaction est **diastéréosélective**.

⚠ L'ensemble de ces observations expérimentales permet de conclure que la réaction d'hydrohalogénation des alcènes est régiosélective et peut être diastéréosélective.

b. Mécanisme limite

À l'échelle microscopique, la réaction d'hydrohalogénation ne se déroule pas en un seul acte élémentaire. Un intermédiaire de réaction (IR) appelé **carbocation** apparaît au cours du processus. Le mécanisme sur l'exemple du propène est proposé figure 16.12.

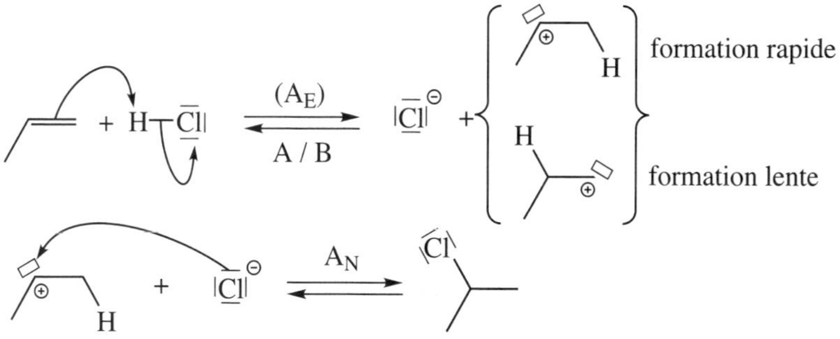

FIGURE 16.12 – Mécanisme limite d'hydrochloration du propène

La première étape est un **échange acido-basique** (A/B) entre le propène (qui joue le rôle de base) et le chlorure d'hydrogène (qui joue le rôle d'acide). Lors de cette étape, deux intermédiaires de réaction carbocationiques régioisomères peuvent être formés. L'un d'eux est formé plus rapidement que l'autre, pour des raisons développées par la suite. Cette première étape de la réaction est **cinétiquement déterminante**.

Afin de symboliser le mouvement des doublets électroniques lors de cette étape, une flèche partant du doublet π de l'alcène arrive sur l'atome d'hydrogène afin de modéliser la **formation de la liaison** C – H grâce aux électrons du doublet π. D'autre part, il y a **rupture de la liaison** H – Cl, le doublet étant récupéré par l'atome de chlore. Ce mouvement est symbolisé par **une flèche** partant du doublet liant de H – Cl et arrivant sur l'atome de chlore.
L'existence des carbocations a été envisagée dès 1902 par BAYER en constatant que le spectre UV-visible d'une solution de triphénylméthanol (Ph_3C-OH) dans l'acide sulfurique présente la même bande d'absorption que le chlorotriphénylméthane (Ph_3C-Cl) dans le dioxyde de soufre liquide. De plus, ces solutions conduisent le courant, ce qui est interprété par la présence de l'ion Ph_3C^+. L'Union Internationale de Chimie Pure et Appliquée (IUPAC) préconise le nom générique, encore rarement utilisé, d'« ion carbénium » pour une espèce de type $R^1R^2R^3C^+$.
La seconde étape est l'addition d'un ion chlorure sur le carbocation. Rappelons qu'un **nucléophile** est une espèce capable de se lier à un atome par mise en commun d'un doublet libre qu'il possède. L'ion chlorure est un nucléophile puisqu'il peut former une liaison C–Cl par mise en commun d'un de ses doublets libres. Cette étape porte le nom d'**addition nucléophile**, de symbole A_N. Afin de symboliser le mouvement des doublets électroniques lors de cette étape, une flèche partant du doublet libre de l'ion chlorure arrive sur la lacune électronique de l'atome de carbone, afin de modéliser la **formation** de la liaison C–Cl.
La première étape (étape d'échange acido-basique entre le propène et le chlorure d'hydrogène) est aussi une addition de l'électrophile H^+ sur la double liaison. Comme c'est l'étape cinétiquement déterminante de la réaction d'**addition**, l'ensemble de la réaction est nommée **réaction d'addition électrophile**.

c. Analyse de la régiosélectivité

Observation expérimentale L'hydrochloration du propène présenté figure 16.12 conduit à la formation du 2-chloropropane à plus de 99,5 %.

Analyse thermodynamique Dans l'hypothèse ou le système est à l'équilibre thermodynamique, l'équilibre chimique

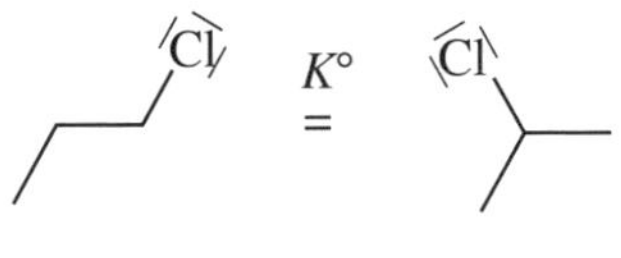

est établi ; sa constante standard de réaction vaut $K^\circ = 11$. L'application de la loi de GULDBERG et WAAGE indique qu'**à l'équilibre thermodynamique**, la proportion de 2-chloropropane est de 92 %. Cette proportion de 2-chloropropane à l'équilibre, différente de celle obtenue à l'issue de la réaction d'addition suggère que le système en réaction n'avait pas atteint l'équilibre thermodynamique. Il est donc nécessaire d'analyser la cinétique de la réaction.

Analyse cinétique D'après l'analyse précédente, **le produit majoritaire de l'addition est formé le plus vite**. La réaction est dite sous **contrôle cinétique** (cet aspect est étudié en détail dans le cours de seconde année). L'étape d'addition électrophile étant cinétiquement déterminante, il est nécessaire de concentrer l'étude sur ce premier acte élémentaire.

La différence d'énergie entre les deux carbocations régioisomères est de 115 kJ·mol^{-1} en phase gazeuse, en faveur du carbocation le plus substitué. Cependant, cette différence d'énergie ne permet pas de remonter directement à des données cinétiques pour deux raisons. D'une part, l'énergie d'activation dépend de la position de l'état de transition sur le chemin de réaction et non de l'intermédiaire réactionnel (ici le carbocation). D'autre part, il est difficile de justifier que des grandeurs moléculaires (la stabilité relative des carbocations) puissent être reliées de manière simple à des grandeurs de cinétique macroscopique (les constantes de vitesse) lesquelles traduisent un comportement statistique moyen. Ce point a été examiné au chapitre 6.

Pour surmonter cette difficulté, nous avons besoin d'estimer la stabilité relative des états de transition correspondant aux deux réactions concurrentes. Le postulat de HAMMOND permet de rapprocher une information sur l'énergie des espèces chimiques avec une information sur leur structure :

Postulat de HAMMOND Si deux états, par exemple un état de transition et un intermédiaire instable, apparaissent successivement au cours d'un processus réactionnel et possèdent à peu près la même énergie, leur interconversion ne requiert qu'une faible réorganisation de la structure moléculaire.

Ce postulat n'est pas utilisable immédiatement, car nous ignorons l'énergie de l'état de transition. Cependant, un intermédiaire de réaction est le plus souvent plus haut en énergie que les réactifs dont il est issu. L'état de transition étant plus proche en énergie de l'intermédiaire réactionnel que des réactifs, il en est structurellement plus proche. Nous appliquerons le corollaire du postulat de HAMMOND :

Corollaire du postulat de HAMMOND Pour deux chemins réactionnels structurellement proches, les niveaux d'énergie des états de transition sont proches des niveaux des intermédiaires réactionnels auxquels ils conduisent.

En second lieu, nous admettons que si une inégalité existe entre deux énergies potentielles d'état de transition, la même inégalité sera vérifiée entre les énergies d'activation pour le processus macroscopique. L'application du postulat de HAMMOND permet d'établir :

$$E^{\mathrm{I}}_{\mathrm{p,a}} > E^{\mathrm{II}}_{\mathrm{p,a}}$$

ce qui se traduit, pour les énergies d'activation :

$$E^{\mathrm{I}}_{\mathrm{a}} > E^{\mathrm{II}}_{\mathrm{a}}.$$

Selon la loi d'ARRHENIUS :

$$k = A \exp\left(-\frac{E_{\mathrm{a}}}{RT}\right)$$

la constante de vitesse de la réaction dépend de l'énergie d'activation de la réaction. Les deux actes élémentaires ayant lieu sur des structures très semblables, les termes pré-exponentiels A de la loi d'ARRHENIUS sont voisins. On en déduit :

$$k^{\mathrm{I}} < k^{\mathrm{II}}.$$

Pour la réaction d'hydrochloration du propène, on peut tracer les deux chemins réactionnels possibles présentés figure 16.13.

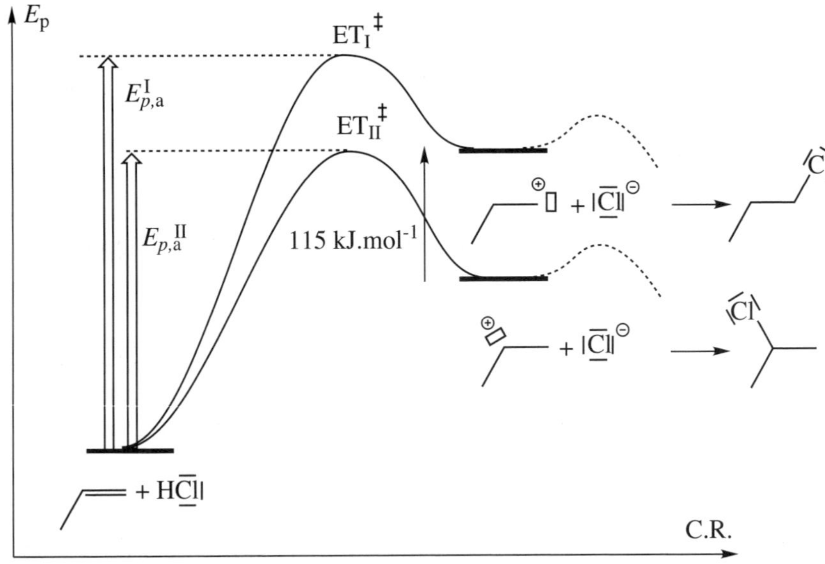

FIGURE 16.13 – Chemins réactionnels comparés de la réaction d'hydrochloration du propène

Sous contrôle cinétique, le 2-chloropropane est produit plus vite que le 1-chloropropane.

Le postulat de HAMMOND sera abordé en détail en seconde année. Nous admettrons ici que ce postulat exclut une situation du type présenté à la figure 16.14, où il y aurait inversion des niveaux relatifs d'énergie des états de transition par rapport aux niveaux d'énergie des intermédiaires réactionnels.

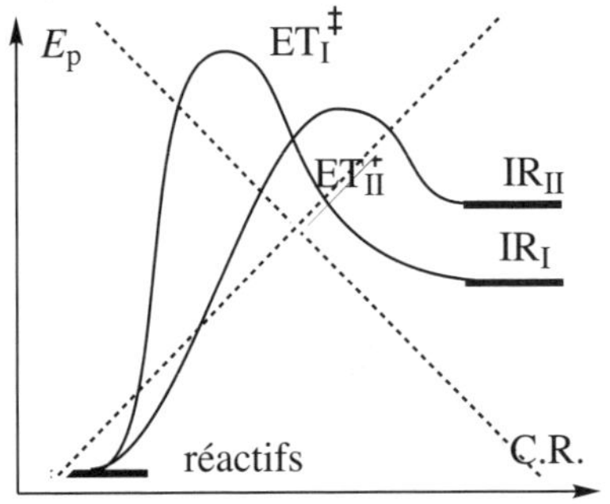

FIGURE 16.14 – Hypothèse de non croisement des chemins réactionnels comme corollaire du postulat de HAMMOND

d. Régiosélectivité ; règle de MARKOVNIKOV

Le résultat précédent a été généralisé sur des bases expérimentales par MARKOVNIKOV.

Régiosélectivité des hydrohalogénations L'atome d'halogène s'additionne sur le carbone le moins hydrogéné, c'est-à-dire sur l'atome majoritairement sujet à l'influence des autres parties carbonées de la molécule.

À la lumière du mécanisme proposé, nous pouvons proposer un énoncé plus moderne de la règle de MARKOVNIKOV :

Régiosélectivité et stabilité des carbocations Lors d'une addition électrophile sur une double liaison carbone-carbone ayant lieu par un mécanisme ionique, le produit obtenu le plus rapidement est celui issu du carbocation le plus stable produit lors de l'étape cinétiquement déterminante d'addition électrophile.

Il est donc indispensable d'examiner les facteurs influençant la stabilité des carbocations.

e. Stabilité relative des carbocations et structure

L'étude de la stabilité des espèces ioniques est une pierre angulaire des justifications d'orientation ou de réactivité en chimie organique. Deux éléments essentiels sont à analyser :

- les éléments structuraux, intrinsèques à l'espèce (effets électroniques, stériques, de substituants...) ;
- les effets de milieu, principalement le solvant.

Les effets de milieu résultent essentiellement de l'interaction électrostatique entre le solvant dans son ensemble et l'espèce dont on étudie la stabilité au sein du solvant. Une étude générale de ces effets sort du cadre de cet ouvrage. Seules des explications ponctuelles seront abordées. La stabilisation des espèces ioniques en raison des effets structuraux repose sur un principe très général de **délocalisation de la charge** (les espèces chargées sont beaucoup plus sensibles aux effets structuraux d'origine électronique que les espèces neutres ; le cas de celles-ci n'est donc pas abordé ici). Cette délocalisation peut résulter :

- d'une déformation globale du nuage électronique, d'autant plus facile que les électrons sont nombreux (effets inductifs),
- de l'existence de plusieurs formes mésomères de l'ion, la charge formelle pouvant être portée par différents atomes (effets mésomères).

Dans le cas particulier des **carbocations**, l'expérience montre que le nombre d'atomes de carbones liés à l'atome porteur de la charge formelle positive est un élément important. Pour faciliter la discussion, les carbocations sont classés suivant le nombre d'atomes de carbone directement liés à l'atome de carbone porteur de la charge positive.

Carbocation primaire R_{I}^{+}	carbocation secondaire R_{II}^{+}	carbocation tertiaire R_{III}^{+}
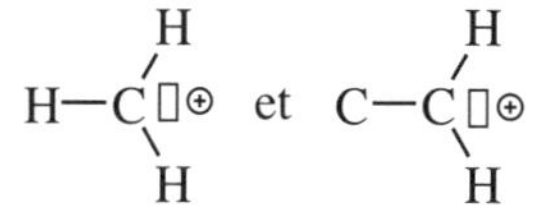	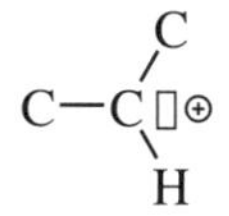	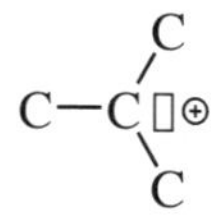

Sur la base de l'étude des **spectres de photoélectron** lors du processus $R\text{–H} \rightarrow R^{+} + \mathrm{H}^{-}$ en phase gazeuse, les énergie relatives des carbocations sont données table 16.2 (la base des énergies a été arbitrairement choisie pour le carbocation tertiaire le plus simple).

R^+	E / kJ·mol^{-1}
CH_3^+	346
$CH_3 - CH_2^+$	188
$(CH_3)_2CH^+$	73
$(CH_3)_3C^+$	0
$H_2C = CH_2 - CH_2^+$	100
Ph–CH_2^+	26
$H_2C = CH - C^+(CH_3)_2$	−30
$H_2C = CH - CH^+ - CH_3$	21

TABLE 16.2 – Énergie relative des carbocations en phase gazeuse (réaction R–H $\rightarrow R^+ + H^-$)

Les quatre premiers éléments de la série montrent que la stabilité du carbocation augmente avec sa classe :

$$R^+_{III} \quad > \quad R^+_{II} \quad > \quad R^+_{I}$$

où le symbole " $>$ " signifie « **plus stable que** ».

Le modèle le plus adapté pour interpréter l'évolution de la stabilisation des carbocations avec leur classe est le modèle des orbitales moléculaires. L'atome de carbone porteur de la charge est de type AX_3E_0 en nomenclature de GILLESPIE et de géométrie triangulaire plane. Les orbitales moléculaires de l'ion CH_3^+ sont constituées d'une orbitale $2p_z$ et de trois orbitales symétriques par rapport au plan de l'ion. Au niveau de l'atome de carbone porteur de la charge, la structure orbitalaire est identique pour l'ion $CH_3 - CH_2^+$ (figure 16.15).

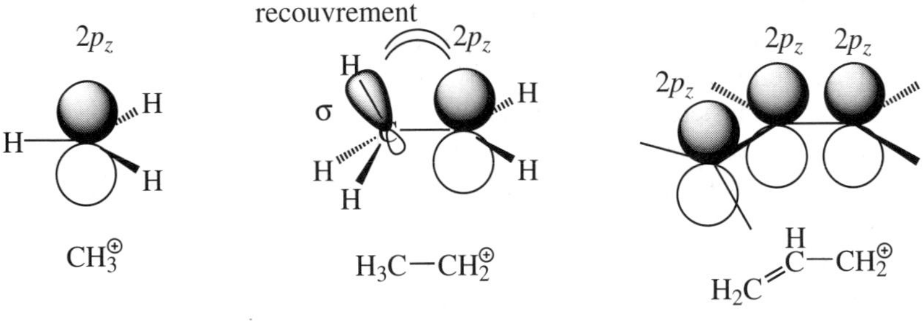

FIGURE 16.15 – Stabilisation de l'orbitale $2p_z$ de l'atome de carbone du carbocation

• Dans le cas du carbocation méthyle CH_3^+, aucune orbitale ne possède une symétrie adaptée pour interagir avec l'orbitale $2p_z$ de l'atome de carbone.
• Dans le cas du carbocation éthyle $CH_3 - CH_2^+$, un recouvrement partiel est possible entre l'orbitale $2p_z$ et l'orbitale correspondant à la liaison σ_{C-H} entre l'atome de carbone adjacent et un atome d'hydrogène. La présence d'électrons dans l'orbitale σ_{C-H} abaisse l'énergie du système en présence de ce recouvrement par rapport à l'énergie du même système en l'absence de recouvrement. Cette stabilisation est d'autant plus importante que la classe du

carbocation est élevée (carbocation secondaire ou tertiaire). Ce type de recouvrement est nommé **hyperconjugaison**. L'hyperconjugaison est comparable au recouvrement des orbitales atomiques $2p_z$ dans le cas du carbocation allylique présenté figure 16.16, recouvrement qui se traduit dans le modèle de LEWIS par l'écriture de **formes mésomères**. Les derniers exemples sont ceux de carbocations primaires, secondaires ou tertiaires, mais présentant une possibilité de mésomérie (figure 16.16).

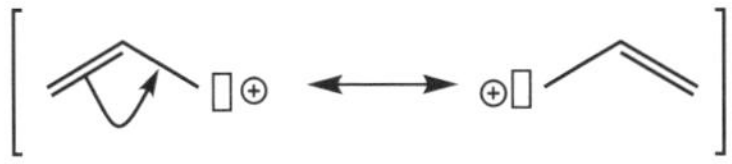

carbocation allylique

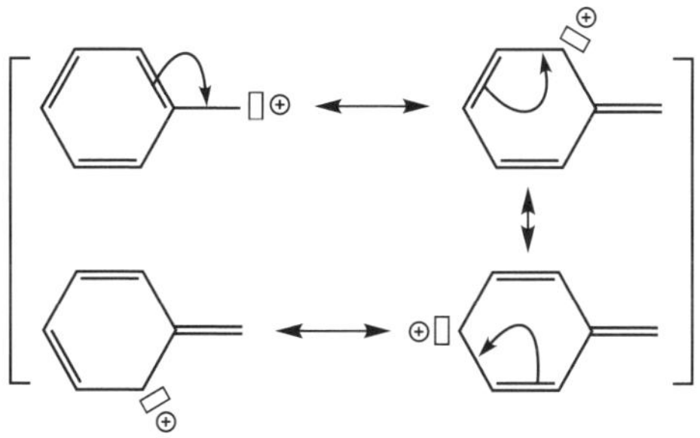

carbocation benzylique

FIGURE 16.16 – Mésomérie des carbocations allylique et benzylique

On en déduit que :

Les carbocations présentant des formes mésomères représentatives sont plus stables que les carbocations de même classe ne présentant pas de forme mésomère. Ces carbocations sont dits stabilisés par mésomérie.

L'**ordre de stabilité** présenté ici est celui d'ions **en phase gazeuse**. Les études en solution présentent encore des difficultés à ce jour mais les résultats expérimentaux suggèrent toutefois que l'ordre de stabilité est maintenu.

Exercice résolu

Hydrochloration du 1-méthylcyclohexène

Une solution aqueuse concentrée d'acide chlorhydrique est versé à 0 °C sur une solution de 1-méthylcyclohexène dans le dichlorométhane. La même opération est réalisée sur une solution de méthylènecyclohexane $H_2C{=}C_6H_{10}$. Donner dans les deux cas le produit majoritaire.

Réponse :

La réaction est une addition électrophile sur un alcène qui suit la règle de MARKOVNIKOV. On obtient majoritairement le régioisomère pour lequel l'atome de chlore s'additionne sur l'atome de carbone éthylénique le plus substitué.

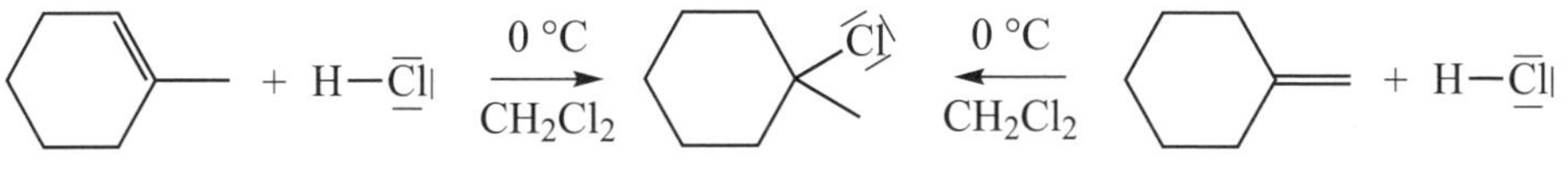

Le produit obtenu majoritairement est le même dans les deux cas.

f. Interprétation de la stéréosélectivité en série cyclique

Lors de l'étape d'addition du proton sur la double liaison, si la molécule est achirale, le proton s'additionne de manière équiprobable sur les deux faces de la double liaison (figure 16.17).

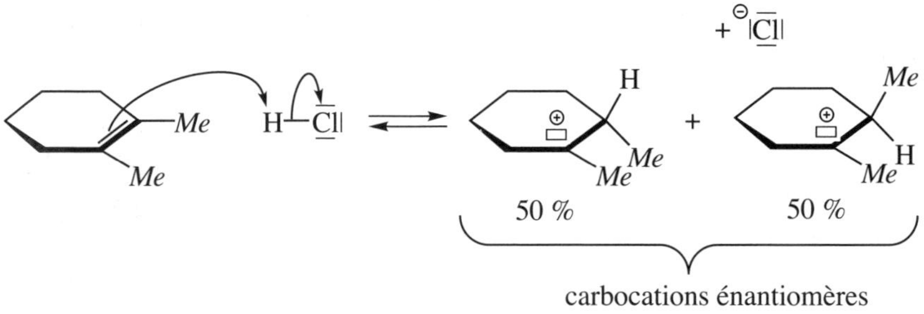

FIGURE 16.17 – Protonation de la double liaison d'un alcène achiral

Le carbocation est localement plan au niveau du carbone porteur de la charge positive, mais les deux faces ne sont pas équivalentes : une est en vis-à-vis de l'atome d'hydrogène nouvellement introduit, tandis que l'autre est en vis-à-vis du groupe méthyle (les faces sont dites diastéréotopiques). L'ion chlorure s'additionne de manière **non équiprobable** sur ces deux faces (figure 16.18). L'existence d'un atome de carbone stéréogène dans le carbocation fait que celui-ci ne possède plus de plan de symétrie : l'addition du nucléophile par l'un ou l'autre demi-espace défini par le plan du carbocation n'est plus équiprobable.

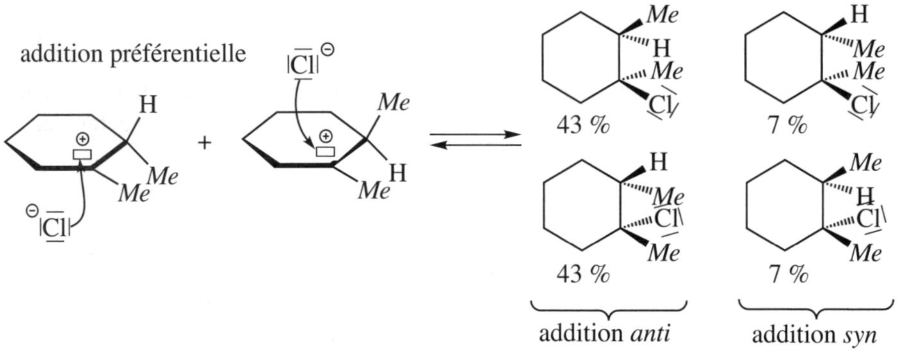

FIGURE 16.18 – Addition de l'ion chlorure sur le carbocation

Il est à noter que le résultat est difficilement prévisible. Ainsi la même réaction menée dans le dichlorométhane à -96 °C conduit à 88 % de stéréoisomère résultant d'une addition *syn*.

g. Autres mécanismes observés

Le mécanisme ionique proposé précédemment fait intervenir un **acte bimoléculaire** dans l'étape cinétiquement déterminante. La réaction possède une **cinétique d'ordre 2** (ordre 1 par rapport à l'alcène et 1 par rapport au chlorure d'hydrogène). Cependant, dans de nombreux cas, des **ordres partiels plus élevés** par rapport au chlorure d'hydrogène sont observés expérimentalement. De nombreuses hypothèses ont été examinées, conduisant à proposer des mécanismes faisant intervenir plusieurs molécules de chlorure d'hydrogène, comme cela est représenté figure 16.19 sur deux autres mécanismes limites.

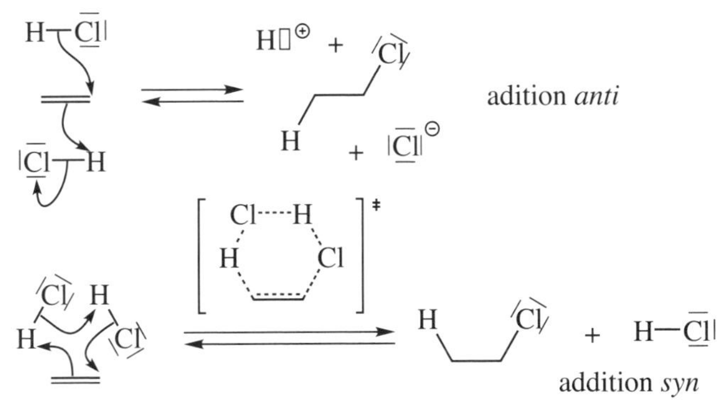

FIGURE 16.19 – Mécanismes trimoléculaires d'hydrochloration d'un alcène

De tels mécanismes expliquent en particulier la stéréosélectivité observée expérimentalement en série aliphatique (c'est-à-dire non cyclique). Notons que pour une équation de réaction donnée, les mécanismes proposés (addition électrophile et mécanismes trimoléculaire) sont des **mécanismes limites**, c'est-à-dire une modélisation dans un cadre idéal.

h. Composés inattendus résultant d'une transposition

Dans le cas des composés ayant un atome de carbone tertiaire en position α par rapport à la double liaison, un composé d'addition inattendu est observé (figure 16.20.a). Dans le cas des composés ayant un atome de carbone quaternaire (lié à quatre atomes de carbone) en position α par rapport à la double liaison, le composé obtenu peut en outre subir une modification du squelette carboné (figure 16.20.b).

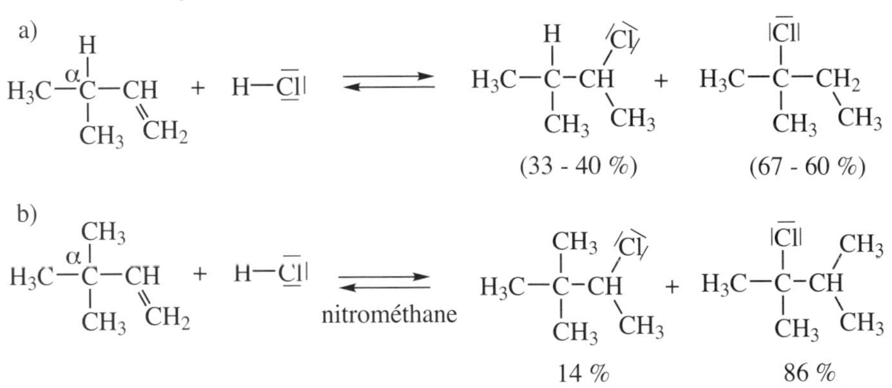

FIGURE 16.20 – Réactions inattendues

Lors de ces réactions, appelées **transpositions**, le carbocation intermédiaire formé est secondaire et conduit, par **migration** d'**un ion hydrure** H^- ou d'un **carbanion** méthylure CH_3^- à un carbocation de classe supérieure plus stable (d'autre carbanions alkylures peuvent migrer). Les mécanismes sont proposés figures 16.21 et 16.22.

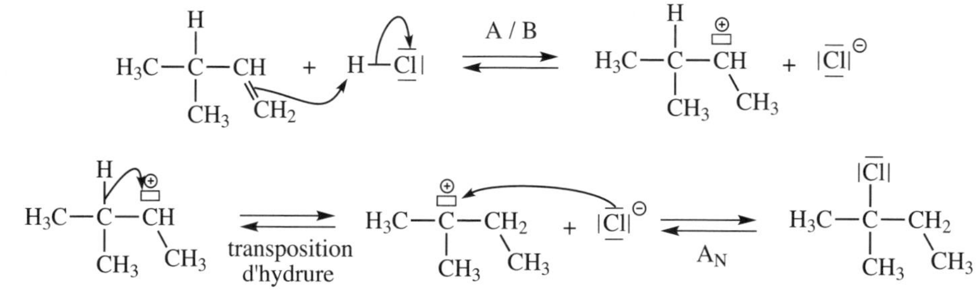

FIGURE 16.21 – Mécanisme par migration d'ion hydrure

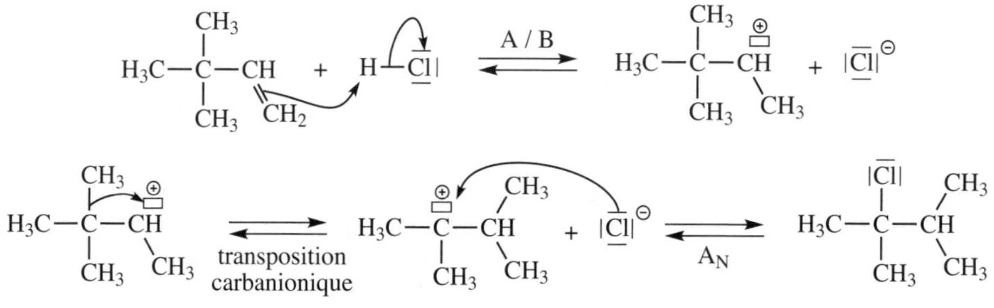

FIGURE 16.22 – Mécanisme par migration de carbanion méthylure

2.3 Addition électrophile d'eau : hydratation

a. Équation de réaction et résultats expérimentaux

La réaction d'hydratation des alcènes est l'**addition électrophile d'une molécule d'eau** H – OH, catalysée par un acide, le plus souvent l'acide sulfurique H_2SO_4 à 50 % dans l'eau. La réaction a généralement lieu a température ambiante ou avec un chauffage modéré. L'équation de la réaction est donnée figure 16.23 montrant la formation d'un alcool.

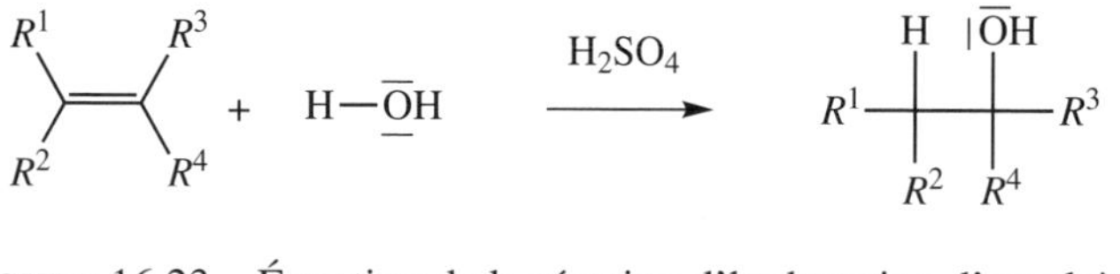

FIGURE 16.23 – Équation de la réaction d'hydratation d'un alcène

Comme l'hydrohalogénation, cette réaction présente une régiosélectivité et une stéréosélectivité. Quelques exemples sont proposés figures 16.24 et 16.25.

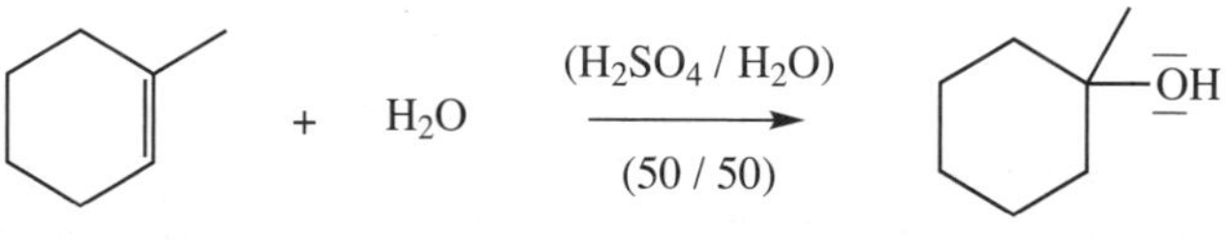

rendement 50 %

FIGURE 16.24 – Exemple de réaction d'hydratation des alcènes

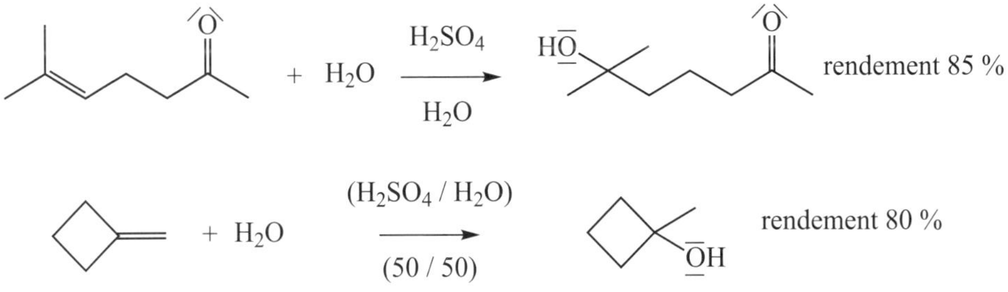

FIGURE 16.25 – Exemple de réactions d'hydratation des alcènes

b. Régiosélectivité et stéréosélectivité

Les résultats expérimentaux suggèrent que la réaction est **régiosélective** en suivant à nouveau la **règle de MARKOVNIKOV** : le groupe –OH s'additionne préférentiellement sur l'atome de carbone le plus substitué. Les conditions opératoires de la réaction (acide sulfurique concentré) restreignent son utilisation à des composés peu sensibles à de telles conditions acides. Elle est peu utilisée au laboratoire et les exemples illustrant la stéréosélectivité sont rares. Le mécanisme suggère que la réaction est **stéréosélective** comme la réaction d'hydrohalogénation ; les stéréoisomères obtenus préférentiellement sont difficiles à prévoir.

c. Mécanisme limite

Dans le cas d'une réaction menée à température ambiante et dans l'acide sulfurique aqueux à 50 %, le mécanisme consiste en une protonation de la double liaison, suivie de l'addition nucléophile de la molécule d'eau. L'intermédiaire obtenu, appelé **ion alkyloxonium** se déprotone ensuite pour conduire à la formation de l'alcool. Le mécanisme de l'hydratation du 2-méthylpropène pour former le 2-méthylpropanol (alcool industriellement synthétisé selon cette voie) est présenté figure 16.26.

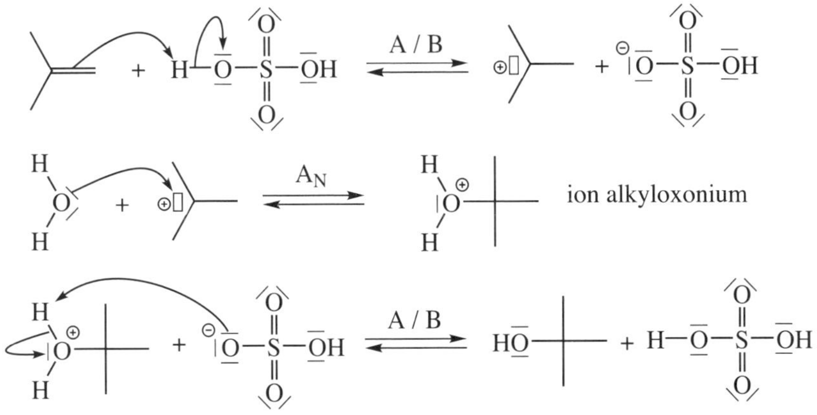

FIGURE 16.26 – Mécanisme d'hydratation du 2-méthylpropène

Notons que l'étape de déprotonation finale a le plus souvent lieu grâce à une molécule d'eau lors de l'hydrolyse finale du milieu réactionnel. La réaction est en général sous **contrôle**

cinétique et l'étape de protonation de l'alcène est cinétiquement déterminante. Les raisonnements menés sur la réaction d'hydrohalogénation s'appliquent à la réaction d'hydratation, ce qui explique la régiosélectivité et la stéréosélectivité de la réaction. On constate que l'**acide sulfurique** est récupéré en fin de réaction : il apparaît comme **catalyseur**. Il faut cependant noter que s'il est introduit en quantité trop faible, la réaction se produit avec une vitesse trop lente pour être utilisable.

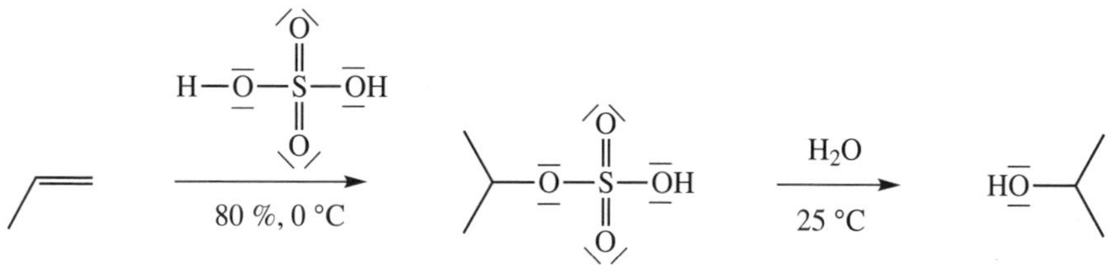

FIGURE 16.27 – Passage par un hydrogénosulfate d'alkyle

Si la réaction est menée avec l'acide sulfurique plus concentré (supérieur à 80 %), et à une température plus faible, la réaction d'addition nucléophile de l'eau entre en compétition avec la réaction d'**addition nucléophile de l'ion hydrogénosulfate** HSO_4^-. Le composé intermédiaire, appelé **hydrogénosulfate d'alkyle** peut être isolé (par exemple par extraction dans un solvant peu polaire), confirmant ainsi la validité du mécanisme par carbocation (figure 16.27). Une fois replacé à température ambiante, ce composé subit une substitution nucléophile (S_N) par l'eau (mécanisme examiné chapitre 17). Le mécanisme est proposé figure 16.28 sur l'exemple de l'hydratation du propène.

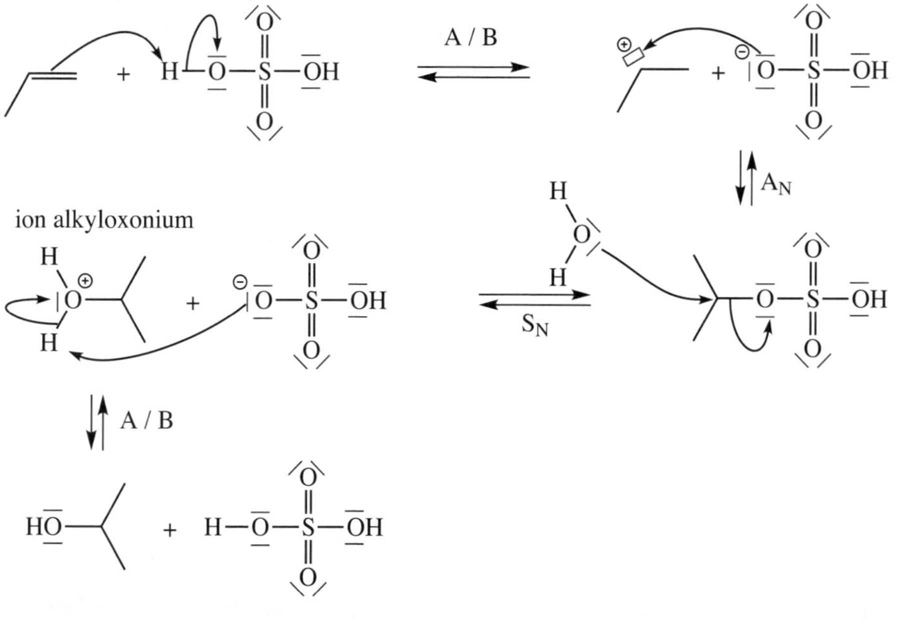

FIGURE 16.28 – Hydratation des alcènes en présence d'acide sulfurique concentré

d. Influence des substituants

Le tableau 16.3 fournit les valeurs des constantes de vitesse d'ordre 2 pour la réaction d'hydratation de la double liaison dans une solution aqueuse d'acide sulfurique à 25 °C.

$$r = k[\text{alcène}][\text{H}^+]$$

Structure	carbocation	k / mol^{-1}·L·s^{-1}
	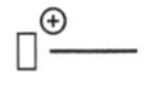	$1,46 \times 10^{-15}$
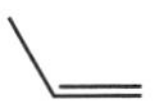	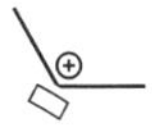	$2,38 \times 10^{-8}$
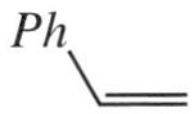	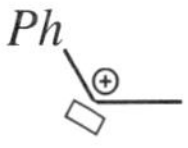	$2,40 \times 10^{-6}$
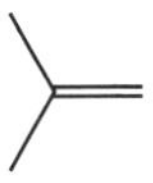	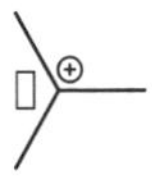	$3,71 \times 10^{-3}$

Pour l'éthylène, la constante de vitesse est une valeur estimée

TABLE 16.3 – Constantes de vitesse de la réaction d'hydratation

Ces résultats sont en accord une réaction sous contrôle cinétique : l'étape de formation du carbocation, étape cinétiquement déterminante, est d'autant plus rapide que l'intermédiaire carbocationique est stabilisé. Par rapport à l'éthène, le premier facteur de stabilisation est la présence d'un groupe méthyle : le carbocation secondaire est plus stable que le carbocation primaire, donc se forme plus vite.
Si le groupe méthyle est remplacé par un groupe phényle, la vitesse de la réaction est encore multipliée par un facteur 100 : le carbocation secondaire est de plus stabilisé par délocalisation de la charge avec le groupe aromatique. Enfin l'ajout d'un autre groupe alkyle accélère encore la vitesse de la réaction par formation d'un carbocation tertiaire.

2.4 Addition électrophile de dihalogène : halogénation

a. Équation de réaction et résultats expérimentaux

Une molécule de dihalogène X_2 (X = Cl, Br) s'additionne sur une double liaison carbone-carbone suivant la réaction d'équation présentée figure 16.29.

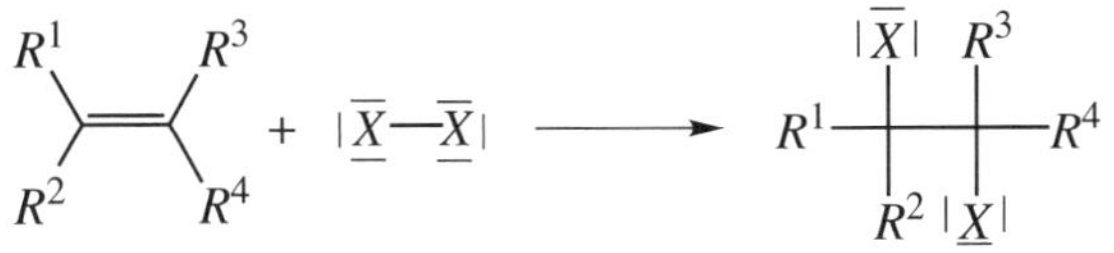

FIGURE 16.29 – Équation de la réaction d'addition d'un dihalogène sur un alcène

✎ Les composés diiodés obtenus ne sont généralement pas stable à la lumière, ce qui explique leur faible utilisation en pratique. Le difluor est très toxique, très oxydant et difficile à manipuler, la réaction n'est menée que dans un cadre bien délimité.

La réaction est réalisée à température ambiante dans de nombreux solvants : le plus souvent dans un solvant apolaire comme le tétrachlorométhane, mais aussi dans le méthanol ou l'acide acétique. Les deux atomes s'additionnant étant identiques, la régiosélectivité est sans objet. Des exemples sont proposés dans la table 16.4, en précisant les valeurs des constantes de vitesse relatives (rapportées à l'éthène). Le mécanisme proposé pour la réaction doit être compatible avec ces données cinétiques.

Réaction	k_{relative}
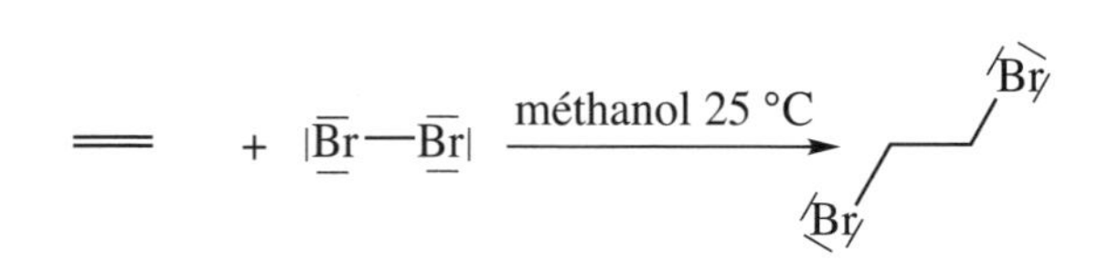	1
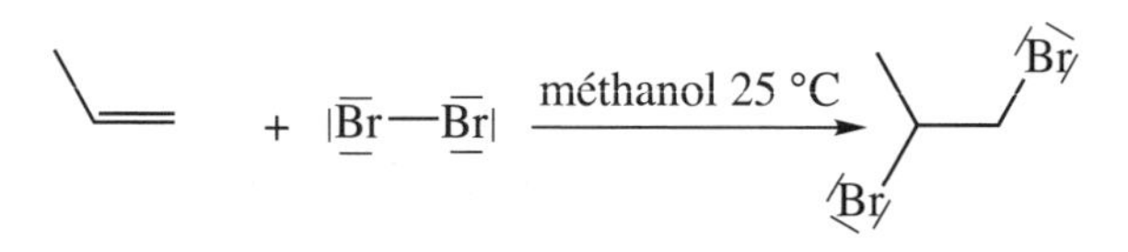	61
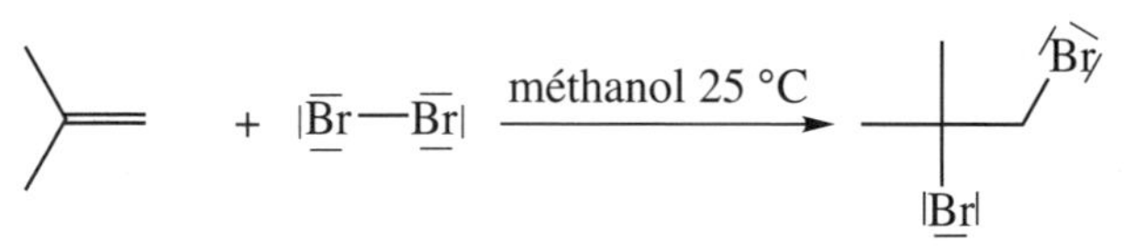	5400
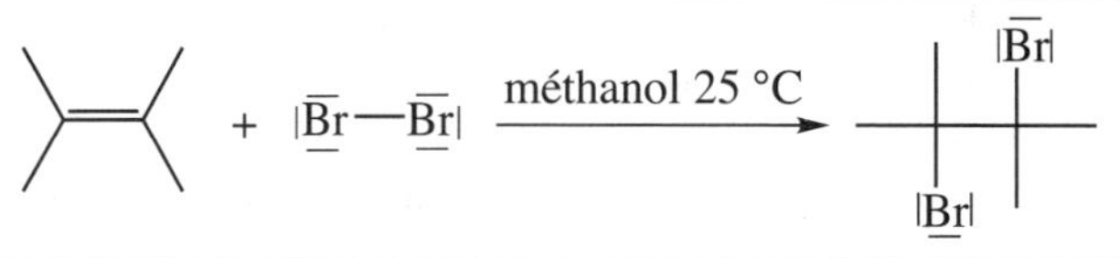	920 000

TABLE 16.4 – Évolution de la constante de vitesse de la réaction d'halogénation avec la substitution de l'alcène

b. Stéréosélectivité

À température ambiante, l'addition de dibrome sur le (Z)-but-2-ène (figure 16.30) et le (E)-but-2-ène (figure 16.31) dans l'acide éthanoïque conduit à la formation de plusieurs dibromoalcanes.

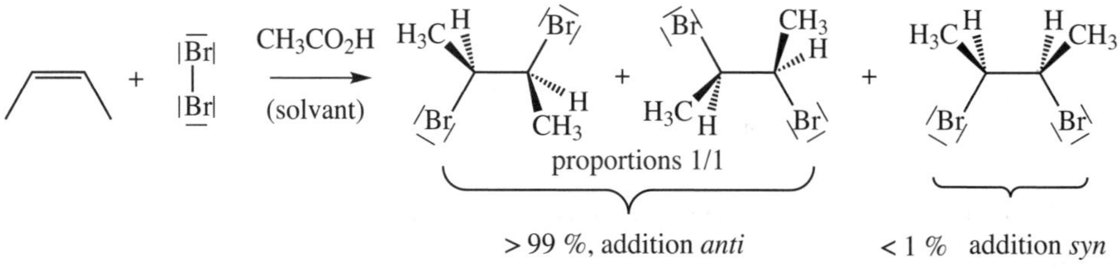

FIGURE 16.30 – Bromation du (Z)-but-2-ène

Sur le réactif de configuration (*Z*), il y a formation préférentielle de deux des stéréoisomères de configuration : la réaction est donc **stéréosélective**.

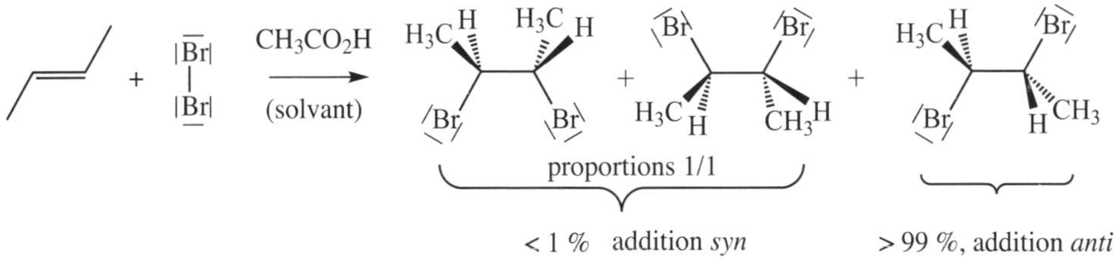

FIGURE 16.31 – Bromation du (*E*)-but-2-ène

La réaction sur le produit de configuration (*E*) conduit à la formation préférentielle d'un autre stéréoisomère de configuration (ici le composé *méso*) : la configuration du dibromoalcane obtenu dépend de la configuration de l'alcène initial.

La réaction est stéréospécifique en raison d'une addition *anti* des atomes d'halogène.

c. Mécanisme

Les données cinétiques du tableau 16.4 montrent que la réaction est accélérée en augmentant le degré de substitution de la double liaison, de la même manière que dans les réactions d'hydrohalogénation ou d'hydratation. Comme l'étape cinétiquement déterminante de ces réactions est une addition électrophile, ceci suggère que l'étape cinétiquement déterminante de la réaction d'halogénation est une addition électrophile.
L'analyse de la stéréospécificité de l'halogénation suggère que le mécanisme ne fait pas intervenir d'intermédiaire carbocationique. En effet, un carbocation présente deux faces accessibles sur lesquelles le nucléophile peut s'additionner, ce qui permet l'observation d'une stéréosélectivité mais ne permet pas une stéréospécificité.
L'électrophile qui s'additionne correspond formellement à un cation brome Br^+ issu de la rupture hétérolytique de la liaison brome-brome du dibrome (notons que le milieu ne contient pas de cation brome solvaté en tant que tel). L'intermédiaire cyclique obtenu s'appelle un ion **bromonium ponté** (voir figure 16.32).

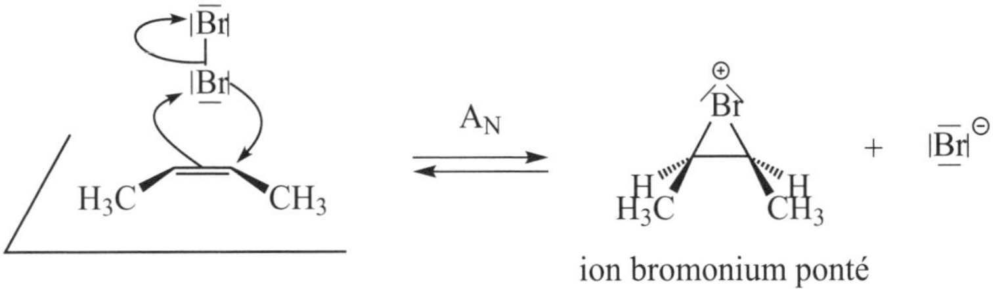

FIGURE 16.32 – Première étape du mécanisme de la bromation du (*Z*)-but-2-ène

Cet ion subit une réaction d'ouverture nucléophile par l'ion bromure. D'un point de vue géométrique, cette réaction ne peut se produire que si l'ion bromure vient former la nouvelle liaison C – Br en position *anti* de la liaison C – Br rompue. L'ion bromonium ponté est symétrique, aussi l'étape de substitution nucléophile se produit de manière équiprobable sur les deux atomes de carbone du cycle (figure 16.33).

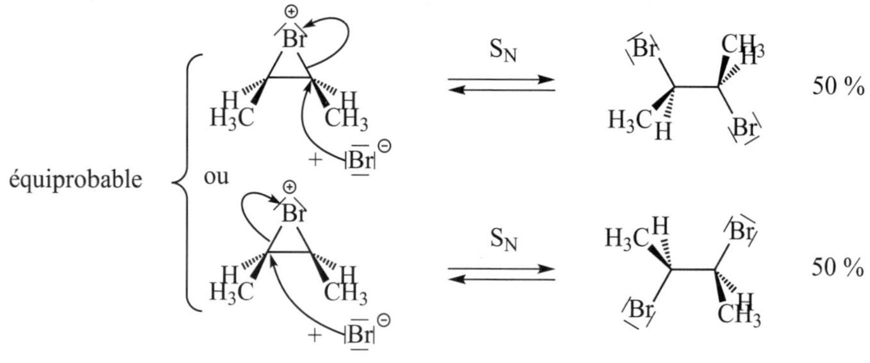

FIGURE 16.33 – Deuxième étape du mécanisme de la bromation du (*Z*)-but-2-ène

En présence d'un alcène non symétrique, ou d'un alcène symétrique de descripteur stéréochimique *E*, l'addition électrophile du dibrome s'effectue sur les deux faces, conduisant à deux ions bromonium pontés stéréoisomères l'un de l'autre.

Exercice résolu

Addition du dibrome sur le (*E*)-pent-2-ène

Proposer un mécanisme détaillant toutes les possibilités stéréochimiques lors de l'addition du dibrome sur le (E)-pent-2-ène. Justifier la proportion de stéréoisomères obtenus.

Réponse

Deux ions bromonium pontés énantiomères l'un de l'autre se forment puis deux sites électrophiles sont possibles pour chacun d'entre eux. Seuls les deux énantiomères résultant d'une addition globale *anti* se forment.

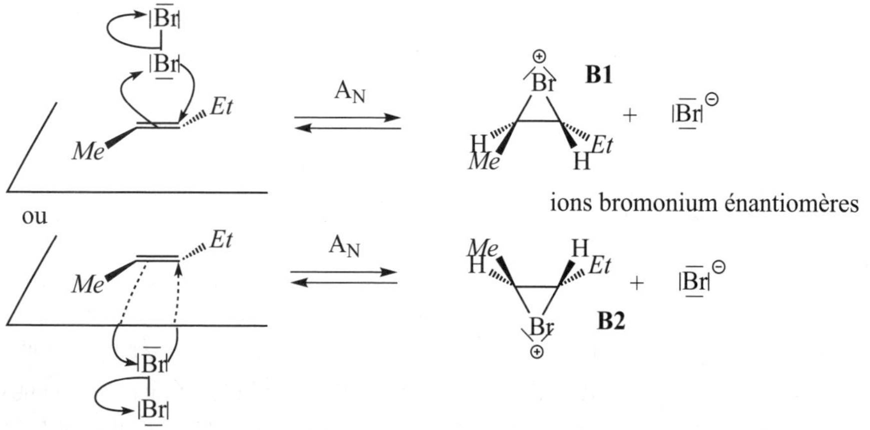

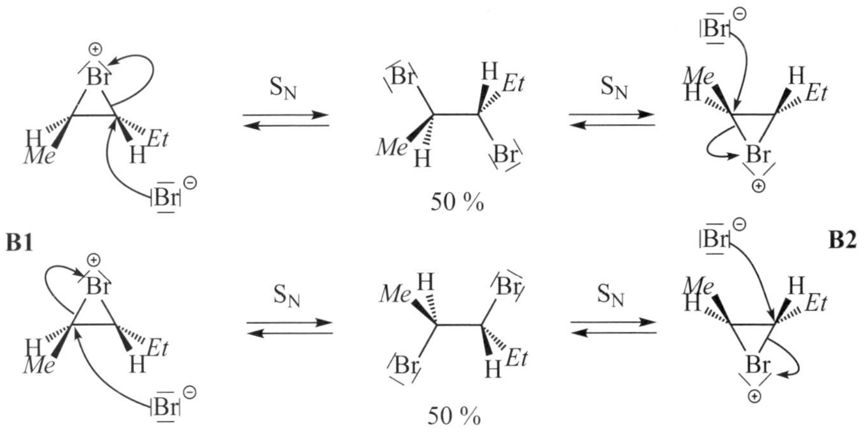

Soit p la probabilité de réaction de l'ion bromure (nucléophile) sur le carbone d'un pont bromonium portant un groupe éthyle. La probabilité de réaction de l'ion bromure sur le carbone d'un pont bromonium portant un groupe méthyle est donc $1-p$.

Considérons les deux chemins conduisant au stéréoisomère B_1 de configuration (2*S*, 3*S*). Les deux ponts bromonium se forment avec la même probabilité car le plan défini par la double liaison est plan de symétrie pour la molécule d'alcène. Le premier chemin passe par le pont bromonium B_1 et réaction sur le carbone du pont portant le groupe éthyle : la probabilité de suivre ce chemin est $0{,}5 \times p$. Le second chemin passe par le pont bromonium B_2 et réaction sur le carbone du pont portant le groupe méthyle : la probabilité de suivre ce chemin est $0{,}5 \times (1-p)$. L'isomère (2*S*, 3*S*) se forme bien avec une probabilité 0,5 et le mélange obtenu est bien un mélange racémique.

En l'absence de toute source de chiralité dans le milieu, les réactifs étant achiraux, la solution ne peut pas avoir d'activité optique. On forme donc un mélange racémique.

L'existence d'un ion bromonium ponté à été établie en 1969 par la synthèse du sel tribromé de squelette biadamantyl présenté figure 16.34. Le système de type adamantyl, rigide, ne permet pas l'arrivée d'un nucléophile en *anti* de la liaison C – Br. L'ion ainsi formé ne peut évoluer vers le produit dibromé, ce qui a permis son isolement.

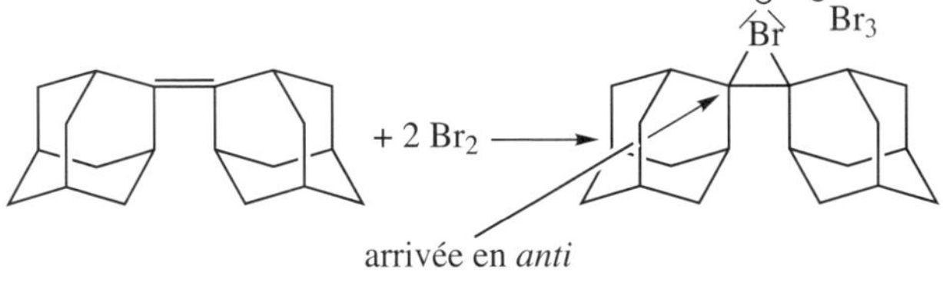

FIGURE 16.34 – Isolement d'un ion bromonium ponté

d. Interprétation de la non stéréospécificité dans certains cas

D'autres exemples de bromation sont proposés dans la table 16.5.

Alcène	solvant	proportion *anti/syn*
(*Z*)-1-phénylpropène	CCl_4	83/17
(*E*)-1-phénylpropène	CCl_4	88/12
(*Z*)-2-phénylbut-2-ène	CH_3CO_2H	63/37
(*E*)-2-phénylbut-2-ène	CH_3CO_2H	68/32

TABLE 16.5 – Exemples de réaction de bromation

Ces exemples montrent que la réaction n'a pas toujours lieu suivant une addition *anti*. Ceci est interprété comme une étape préalable d'ouverture de l'ion ponté avant l'arrivée du nucléophile (figure 16.35) : il y a compétition entre deux mécanismes limites.

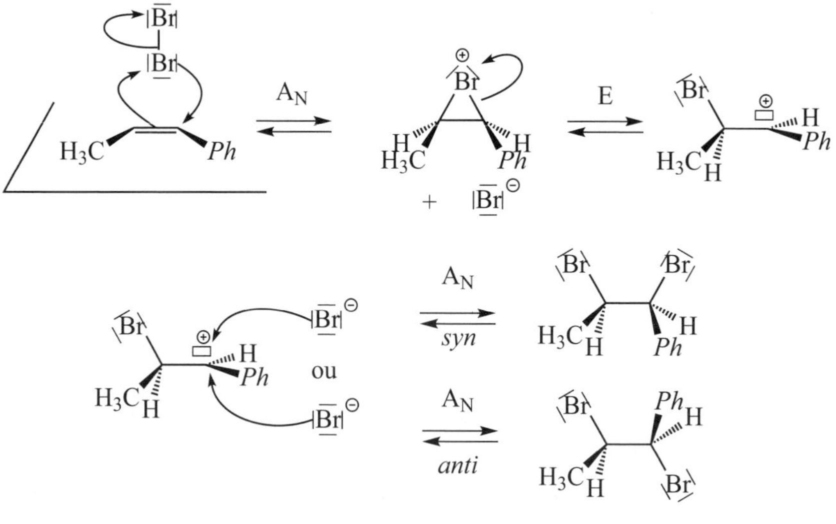

FIGURE 16.35 – Explication de l'addition *syn* dans certains cas

Ce mécanisme est d'autant plus envisageable que le carbocation formé est stabilisé (dans le cas présent, par mésomérie) et que le solvant est polaire (effet de milieu). Dans l'exemple donné, l'acide acétique, solvant plus polaire que le tétrachlorométhane (solvant apolaire), favorise les carbocations et la stéréospécificité est perdue.

✎ La notion de polarité d'un solvant est développée au chapitre 18.

Exercice résolu

Régiosélectivité de l'addition d'acide hypochloreux

Proposer un mécanisme rendant compte de la régiosélectivité de la réaction d'addition de l'acide hypochloreux sur un alcène.

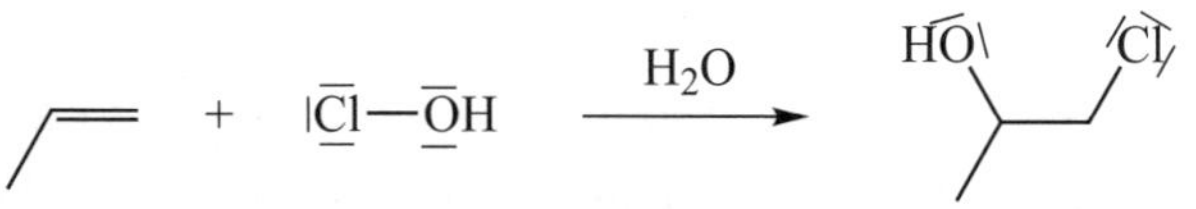

Réponse :
Le groupe s'additionnant sur le carbone éthylénique le plus substitué est le groupe hydroxyle –OH. La régiosélectivité s'interprète comme une réaction d'addition électrophile, suivie de l'addition nucléophile de l'ion hydroxyde. Le carbocation secondaire est formé plus rapidement que le carbocation primaire lors de l'étape cinétiquement déterminante.

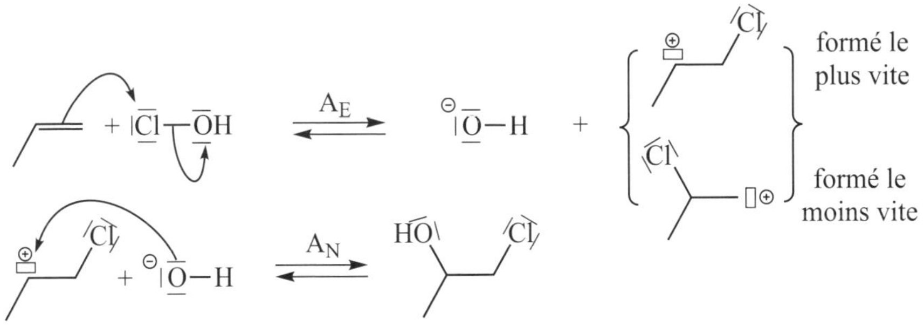

3 Hydrobromation radicalaire en chaîne

3.1 Observations expérimentales

Lorsque la réaction d'hydrobromation est réalisée en présence de lumière ou d'un initiateur de radicaux (ou encore avec un alcène non fraîchement distillé), la régiosélectivité de la réaction est contraire à celle prévue par la règle de MARKOVNIKOV. Deux exemples sont proposés figure 16.36.

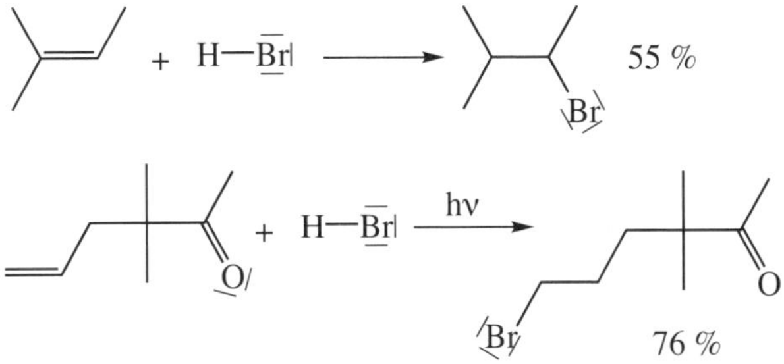

FIGURE 16.36 – Régiosélectivité contrairc à la règle de MARKOVNIKOV

L'effet obtenu a été expliqué par KHARASCH en terme de réaction radicalaire en chaîne et est appelé pour cela **effet KHARASCH**.

3.2 Mécanisme radicalaire en chaîne

Le mécanisme proposé pour cette réaction fait apparaître un atome de brome, espèce possédant sept électrons de valence, donc à caractère radicalaire. Les études spectroscopiques (résonance paramagnétique électronique) mettent en évidence que, quelle que soit la méthode d'obtention de cette espèce radicalaire, sa concentration en solution n'excède pas 10^{-5} mol·L^{-1}. Elle n'apparaît que de **manière transitoire** et est constamment renouvelée suivant une chaîne de réactions. Le mécanisme complet est constitué d'une ou plusieurs étapes d'initiation, de plusieurs étapes de propagation et d'une ou plusieurs étapes de terminaison. Bien que certaines étapes soient de nature photochimique, nous conserverons le formalisme de la double flèche pour chacune des étapes à l'échelle microscopique (principe de réversibilité microscopique).

Le formalisme de **déplacement des électrons célibataires** est similaire à celui des mouvements de doublets, mais représenté par des **flèches à demi-pointe**. Les étapes d'initiation peuvent avoir lieu par voie photochimique ou par voie chimique. La voie chimique utilise un composé conduisant à une **rupture homolytique** par **voie thermique** d'une liaison de faible énergie (souvent une liaison O–O).

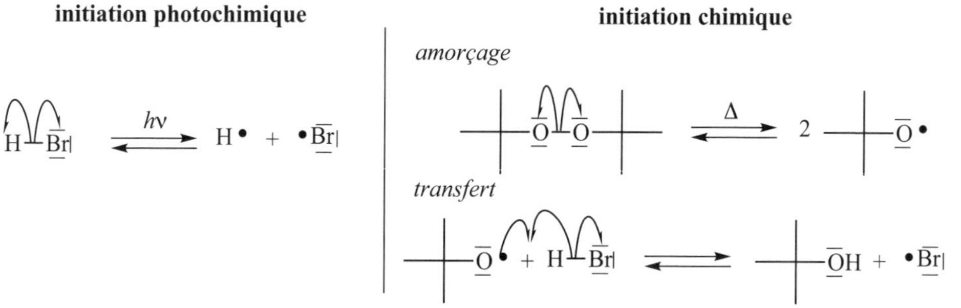

FIGURE 16.37 – Initiation photochimique ou chimique de l'hydrobromation radicalaire

Le peroxyde de benzoyle est un réactif souvent utilisé pour réaliser l'**étape d'initiation** de la réaction suivant le processus présenté figure 16.38. La **réaction de transfert** permet à partir des intermédiaires réactifs produits par l'étape d'initiation de former un **intermédiaire réactif nécessaire** dans les étapes de propagation.

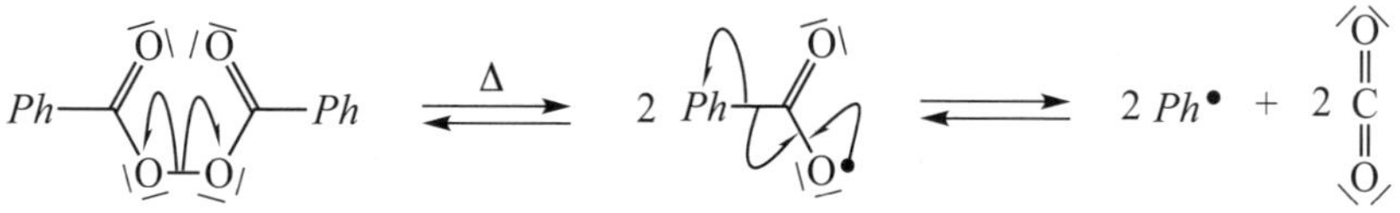

FIGURE 16.38 – Initiation chimique par le peroxyde de benzoyle

Les **étapes de propagation** consomment puis régénèrent l'atome de brome, permettant ainsi la propagation de la chaîne (figure 16.39).

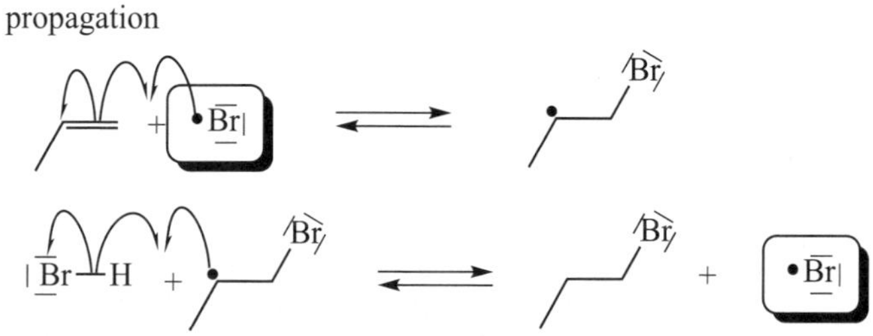

FIGURE 16.39 – Étapes de propagation de l'hydrobromation radicalaire en chaîne

La première étape de propagation est cinétiquement déterminante, elle contrôle la régiosélectivité de la réaction ; deux évolutions sont envisageables lors de ce processus (figure 16.40) :

• addition de l'atome de brome sur l'atome de carbone le moins substitué pour conduire au carboradical le plus substitué (carboradical secondaire) ;

• addition de l'atome de brome sur l'atome de carbone le plus substitué pour conduire au carboradical le moins substitué (carboradical primaire).

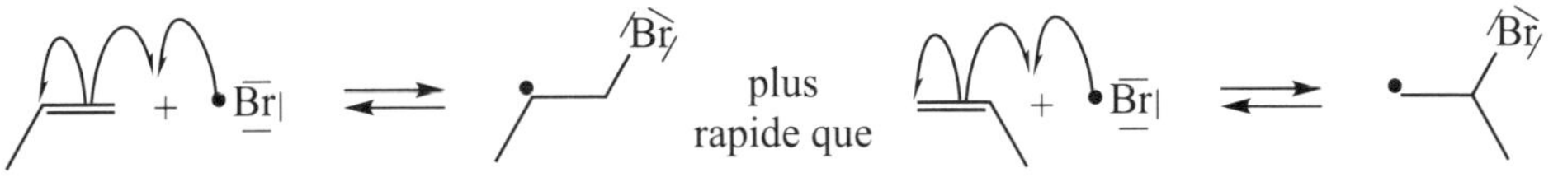

FIGURE 16.40 – Régiosélectivité de la formation du carboradical

L'ordre de stabilité des carboradicaux est le même que celui des carbocations pour les mêmes raisons orbitalaires ; le processus le plus rapide est celui au cours duquel l'atome de brome s'additionne sur l'atome de carbone le moins substitué. Remarquons aussi que l'atome de brome étant assez volumineux, il est sensible à la gêne stérique et accède plus rapidement au carbone le plus dégagé.
Enfin, la chaîne peut être rompue par des **réactions de recombinaison** de radicaux entre eux. Un tel processus, très exothermique, nécessite pour avoir lieu de façon notable un choc trimoléculaire avec une espèce *M* quelconque du milieu qui absorbe l'énergie excédentaire (*M* est le **partenaire de choc**).

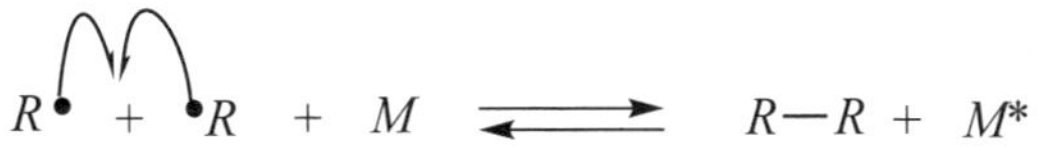

FIGURE 16.41 – Étape de terminaison. $R^{\cdot}$ est une espèce radicalaire du milieu et *M* un partenaire de choc. M^* représente le partenaire de choc ayant absorbé le surplus d'énergie

3.3 Stéréosélectivité de la réaction

Dans la plupart des cas, la réaction ne présente qu'une **faible stéréosélectivité**, en accord avec le mécanisme précédent pour lequel l'addition de l'atome d'hydrogène peut se faire sur une face ou sur l'autre du carboradical (un carboradical est presque plan au niveau du carbone porteur de l'électron célibataire). Cependant, dans de nombreux cas, on observe la formation préférentielle d'un stéréoisomère, commc par exemple dans le cas de la figure 16.42.

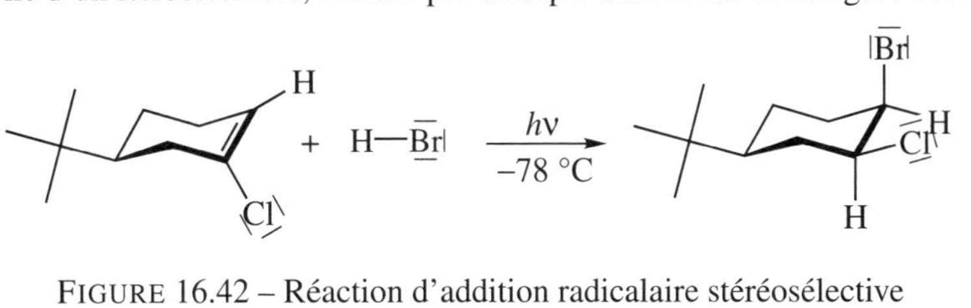

FIGURE 16.42 – Réaction d'addition radicalaire stéréosélective

Ces résultats sont interprétés en terme de formation d'un radical ponté (analogue à l'ion bromonium ponté de l'addition électrophile) dont le développement sort du cadre de cet ouvrage.

4 Coupure oxydante de la double liaison par ozonolyse

4.1 Équation de réaction de l'ozonolyse suivie d'hydrolyse en milieu réducteur

L'ozone est un corps simple de l'élément oxygène, de formule moléculaire O_3 et dont la formule de LEWIS est donnée figure 16.43.

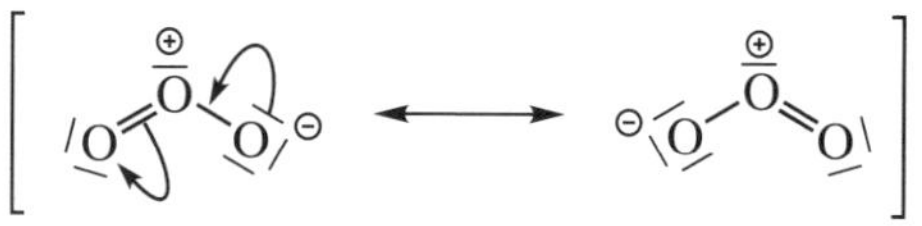

FIGURE 16.43 – Formule de LEWIS de l'ozone

L'ozone est synthétisé *in situ* dans le milieu réactionnel grâce à un arc électrique dans le dioxygène de l'air. C'est l'oxydant du couple $O_3(g)/O_2(g)$ dont le potentiel standard d'oxydoréduction est $E° = 2{,}07$ V (c'est donc un **oxydant fort**).

L'**ozonolyse** est une séquence de deux réactions, **l'ozonation** suivie d'une **hydrolyse** réalisée en milieu oxydant ou réducteur. Le schéma global de la réaction d'ozonation suivie d'une hydrolyse en milieu réducteur est proposé figure 16.44.

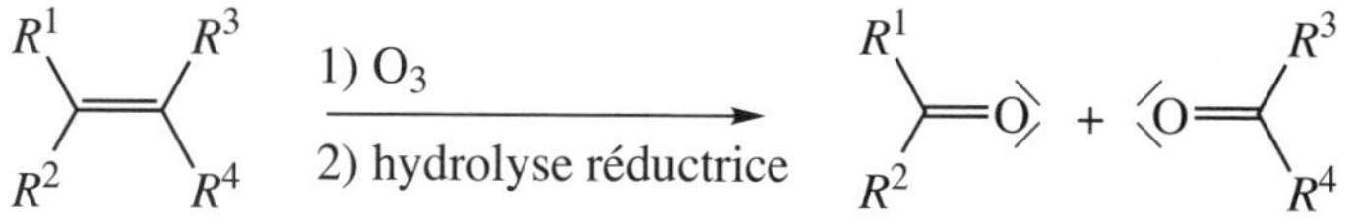

FIGURE 16.44 – Ozonation des alcènes suivie d'une hydrolyse en milieu réducteur

La réaction est une oxydation des atomes de carbone de la double liaison. Dans le cas de l'ozonolyse de l'éthène, les nombres d'oxydation sont facilement calculables (figure 16.45) : les électrons de chaque doublet liant sont attribués à l'atome le plus électronégatif, ou équitablement répartis entre deux atomes identiques. Rappelons ici les électronégativités de PAULING : $\chi(O) = 3,44$; $\chi(C) = 2,55$ et $\chi(H) = 2,20$.

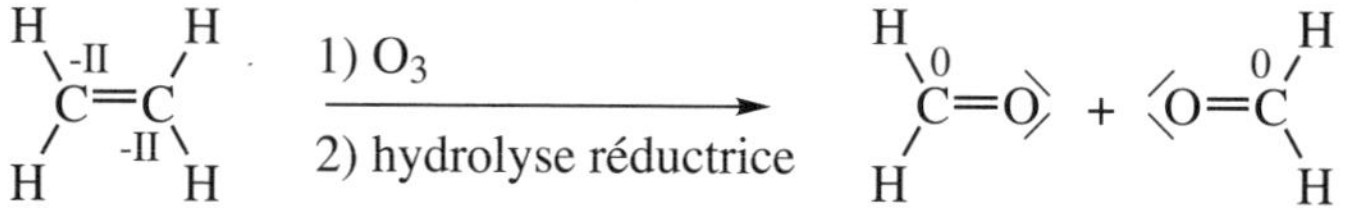

FIGURE 16.45 – Nombres d'oxydation des atomes de carbone lors de l'ozonolyse de l'éthène

4.2 Exemple en synthèse d'ozonolyse suivie d'hydrolyse en milieu réducteur

Un des sous-produits de la réaction d'ozonolyse est le peroxyde d'hydrogène H_2O_2, oxydant du couple $H_2O_2(aq)/H_2O(\ell)$ dont le potentiel standard est $E° = 1{,}77$ V. Comme les éventuels aldéhydes qui se forment à l'issue de la réaction sont oxydables en présence de peroxyde d'hydrogène, l'étape d'hydrolyse est réalisée en milieu réducteur afin d'éviter cette réaction. Le zinc dans l'acide acétique a longtemps été utilisé, on lui préfère aujourd'hui des réducteurs plus faciles à manipuler comme le sulfite de sodium Na_2SO_3, le diméthylsulfure $(CH_3)_2S$, la triphénylphosphine Ph_3P et l'ion iodure I^-. Ces réducteurs sont transformés respectivement en sulfate de sodium Na_2SO_4, diméthylsulfoxyde $(CH_3)_2S{=}O$, oxyde de triphénylphosphine $Ph_3P{=}O$, composé facilement séparable de la plupart des milieux organiques dans lequel il précipite, et diiode I_2.

Des exemples de réaction sont proposés figure 16.46 (seul le fragment organique présentant de l'intérêt en synthèse est représenté).

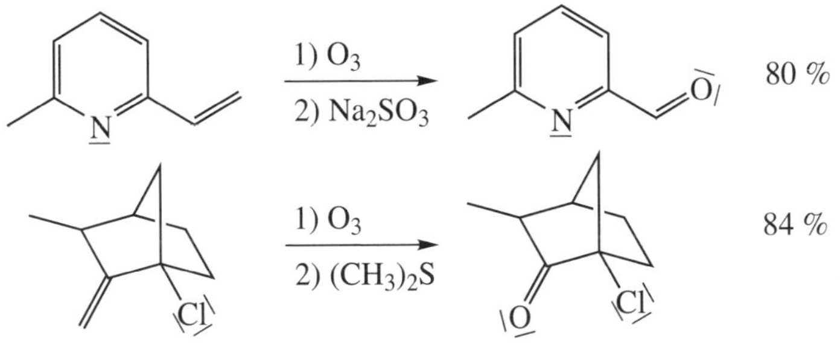

FIGURE 16.46 – Exemples de réactions d'ozonolyse suivie d'hydrolyse en milieu réducteur

La réaction d'ozonolyse a longtemps servi de **méthode d'identification des alcènes** : les fragments carbonylés formés peuvent être analysés facilement par des tests caractéristiques et formation de produits dérivés facilement identifiables (température de fusion...), permettant d'en déduire la structure de l'alcène initial. Les techniques spectroscopiques modernes permettent aujourd'hui une analyse non destructive et plus rapide.

4.3 Ozonolyse suivie d'hydrolyse en milieu oxydant

Un aldéhyde est le réducteur du couple acide carboxylique/aldéhyde (figure 16.47).

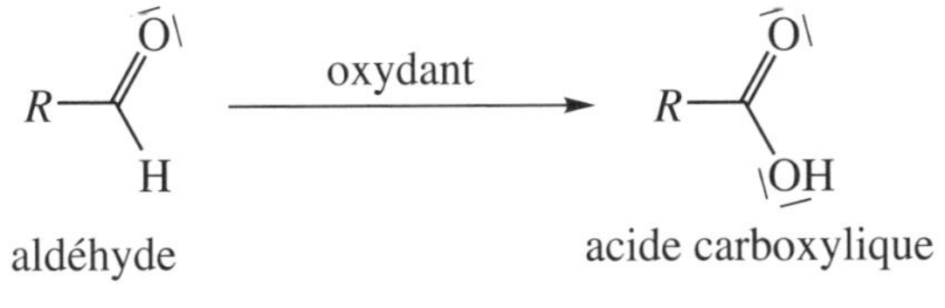

FIGURE 16.47 – Oxydation d'un aldéhyde en acide carboxylique

Aussi, lors de la réaction d'ozonolyse, le peroxyde d'hydrogène H_2O_2, sous-produit de la réaction, peut oxyder l'aldéhyde formé. Si cette oxydation supplémentaire est souhaitée dans la synthèse menée, on ajoute du peroxyde d'hydrogène. Un exemple est proposé figure 16.48.

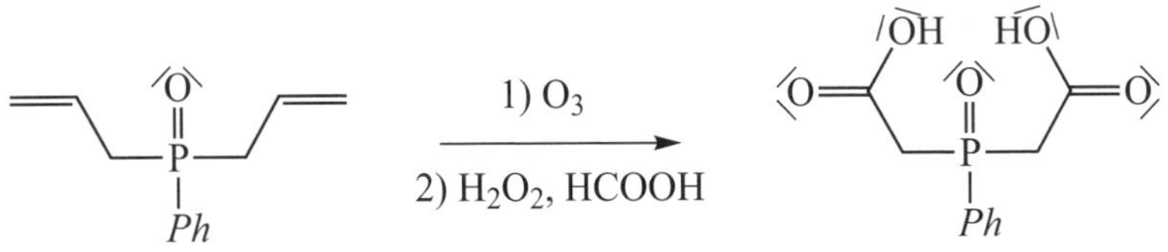

FIGURE 16.48 – Ozonolyse suivie d'hydrolyse en milieu oxydant

4.4 Première approche du mécanisme

La description détaillée du mécanisme d'ozonation et de l'hydrolyse sort du cadre de cet ouvrage. Citons toutefois certains intermédiaires clairement identifiés, voire isolés (figure 16.49), comme le 1,2,3-trioxolane (appelé **molozonide**) et le 1,2,4-trioxolane (appelé **ozonide**).

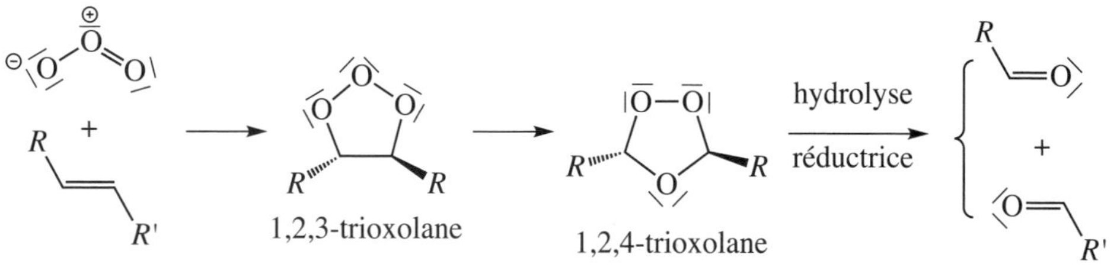

FIGURE 16.49 – Intermédiaires identifiés dans le mécanisme de l'ozonolyse

Isomérisation photochimique des alcènes et mécanisme de la vision

Les doubles liaisons C=C peuvent absorber un photon d'énergie $\frac{hc}{\lambda}$, ce qui place la molécule dans un état électronique excité. Dans cet état, la molécule peut subir une isomérisation *cis–trans*, comme celle présentée figure 16.50.

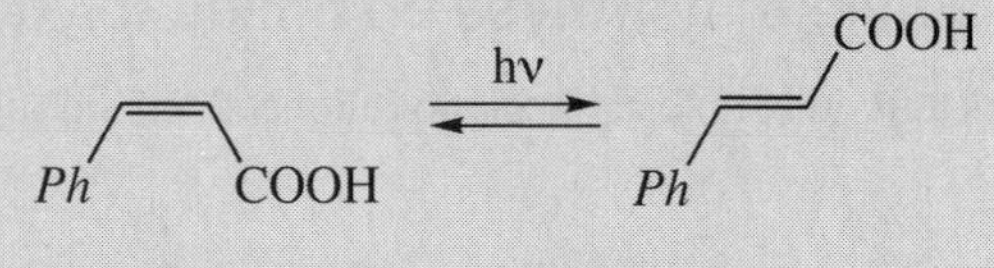

FIGURE 16.50 – Isomérisation *cis–trans* de l'acide cinnamique

Cette interaction lumière-matière est mise à profit dans la nature pour transformer, par voie photochimique, un signal lumineux, en signal électrique nerveux. La vitamine A_1 (ou rétinol) est une molécule indispensable à la vision. Elle n'existe pas chez les végétaux, mais de nombreuses plantes contiennent des caroténoïdes, molécules absorbant la lumière qui peuvent être transformées en vitamine A_1 par voie enzymatique par la plupart des animaux.

La transformation du β-carotène (figure 16.51) est un exemple d'une telle réaction. L'oxydation du rétinol formé transforme le groupe fonctionnel alcool en groupe fonctionnel aldéhyde (rétinal) et en l'absence de lumière, la double liaison $C^{11} - C^{12}$ est de configuration *cis*. Le 11-*cis*-rétinal ainsi formé s'associe à une protéine, l'opsine, pour former la rhodopsine. Quand une molécule de rhodopsine est excitée par la lumière visible, le 11-*cis*-rétinal subit une isomérisation *cis*→*trans*, provoquant une modification de l'ensemble de la conformation de la molécule de rhodopsine activée. Cette transformation dans les cellules en bâtonnet de la rétine des vertébrés induit un signal électrique dirigé vers le cerveau qui est la base de la transduction visuelle.

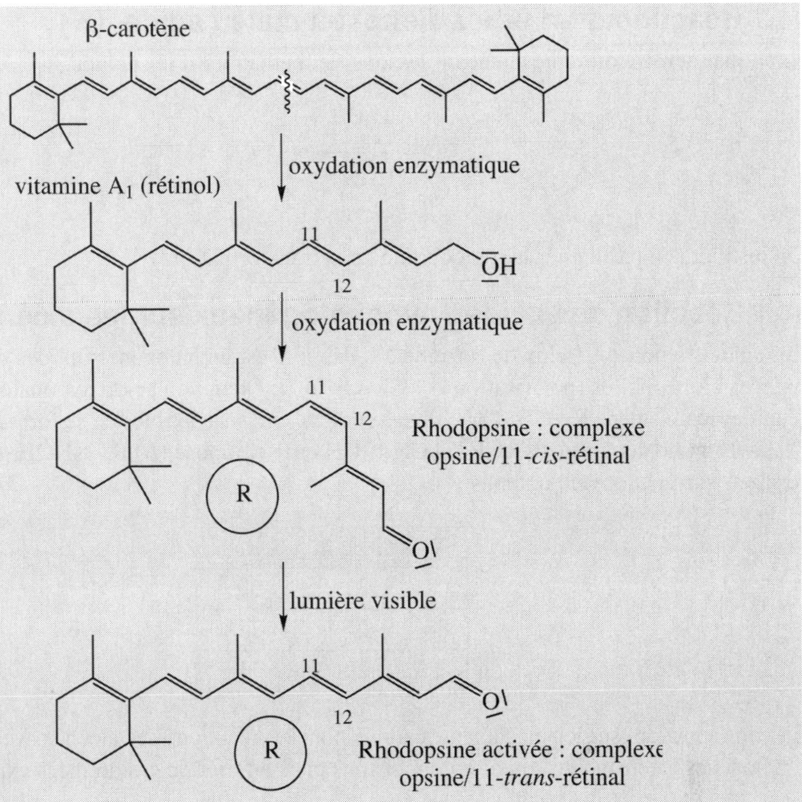

FIGURE 16.51 – Suite de réactions impliquées dans le mécanisme de la vision

EXERCICES

16.1 Nucléophiles compétitifs (★)

Le propène réagit avec le dibrome en solution dans le solvant eau contenant du chlorure de lithium LiCl. On isole un mélange de 1-bromopropan-2-ol (55 %), le 2-bromopropan-1-ol (15 %), le 1-bromo-2-chloropropane (16 %) et le 2-bromo-1-chloropropane (14 %).

1. Expliquer la formation de ces différents produits en vous appuyant sur le mécanisme de la bromation des alcènes.

2. Quelle conclusion peut-on tirer des exemples ci-dessus quant à la régiochimie de l'ouverture des ponts bromonium ?

16.2 Hydratation d'un alcène (★)

Le 1-bromoprop-2-ène ($CH_2{=}CH{-}CH_2Br$) réagit avec l'eau en présence d'acide sulfurique pour donner, entre autres, le 2-bromopropan-1-ol ($CH_3{-}CHBr{-}CH_2OH$).
Proposer un mécanisme réactionnel expliquant la formation de ce produit.

16.3 Réaction d'un éther d'énol en milieu acide (★)

Expliquer la réaction représentée ci-dessous (le méthanol est le solvant).

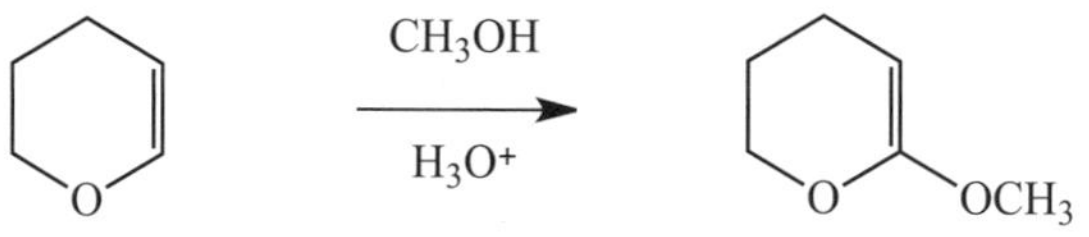

On justifiera en particulier la régiochimie de la transformation.

16.4 Réaction des acides hypohalogéneux sur les alcènes (★★)

Les acides hypohalogéneux de formule X-OH où X est un halogène sont des donneurs d'halogènes électrophiles (polarisation δ^+ Cl–OH δ^-). Quand un acide hypohalogéneux X-OH réagit avec un alcène R–CH=CH_2, deux produits sont susceptibles de se former : le composé (A) de formule générique R–CHX–CH_2–OH et le composé (B) R–CHOH–CH_2–X. Les résultats suivants ont été obtenus :

X	% de A	% de B
Cl	31	69
Br	27	73
I	29	71

En vous appuyant sur les mécanismes admis pour les réactions des alcènes avec les donneurs d'halogènes électrophiles, quelles conclusions peut-on tirer de ces données expérimentales ?

16.5 Réaction d'iodolactonisation (réaction de PRÉVOST) (★★)

On considère la transformation représentée figure ci-dessous :

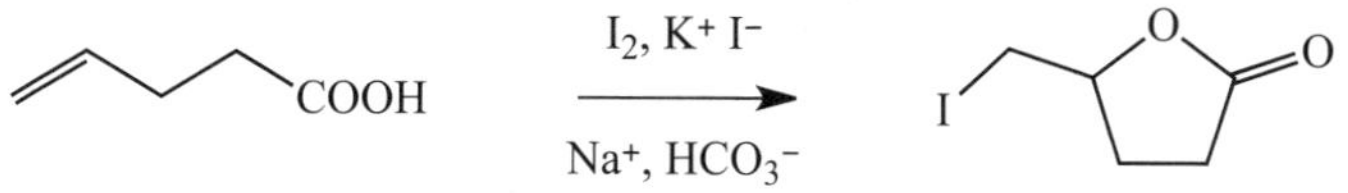

1. En utilisant vos connaissances sur le mécanisme de bromation des alcènes, proposer un mécanisme réactionnel expliquant cette transformation.

2. L'acide pent-4-énoïque est très peu soluble dans l'eau. Pourquoi ?

3. Quelle est la réactivité de l'ion hydrogénocarbonate ? Pourquoi est-il présent ici (on aura intérêt à se rapporter à la question précédente) ?

4. Le diiode est très peu soluble dans l'eau (environ 10^{-3} mol·L^{-1}). Quel est l'intérêt d'introduire des ions iodure sachant que le diiode forme avec l'ion iodure l'ion triodure stable I_3^- ?

16.6 Réactions de transposition (★★★)

L'existence des intermédiaires carbocations se traduit par l'apparition de produits de réaction particuliers, inattendus.

1. L'exemple étudié ici montre un aspect possible de l'emploi des isotopes en chimie organique. La réaction étudiée est l'addition de l'acide trifluoroacétique CF_3COOH, acide fort qui se dissocie en proton et ion trifluoroacétate, sur le cyclooctène. Afin de particulariser l'atome d'hydrogène apporté par le réactif, on utilise de l'acide trifluoroacétique deutéré (D symbolise le deutérium dont le noyau est constitué d'un proton et d'un neutron) sur la fonction acide, de formule CF_3COOD. L'expérience montre que l'on obtient 2 produits différents (voir figure ci-dessous). Expliquer l'apparition de ces produits

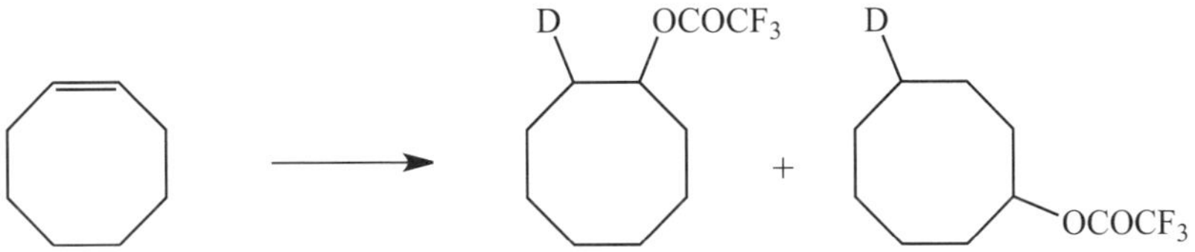

2. Comme cela a été exposé dans le cours, la structure d'un carbocation, en particulier son squelette sigma, peut se modifier si, par migration d'un hydrure ou d'un alkylure, on forme un carbocation plus stable que celui issu de la protonation initiale de l'alcène. Dans les structures contenant des cycles aliphatiques (non aromatiques), il peut exister des contraintes angulaires dues au fait que la présence du cycle empêche d'avoir les angles normalement attendus entre direction de liaison (environ 109 ° entre deux directions de liaison pour un carbone portant quatre substituants). Par exemple, le cyclopropane est thermodynamiquement instable car les angles C-C-C sont égaux à 60 ° au lieu des 109 °. Différentes mesures thermodynamiques montrent que les cycles saturés les plus stables sont ceux qui comportent 5 ou 6 carbones.

En tenant compte de ces informations, expliquer la réaction présentée figure ci-dessous.

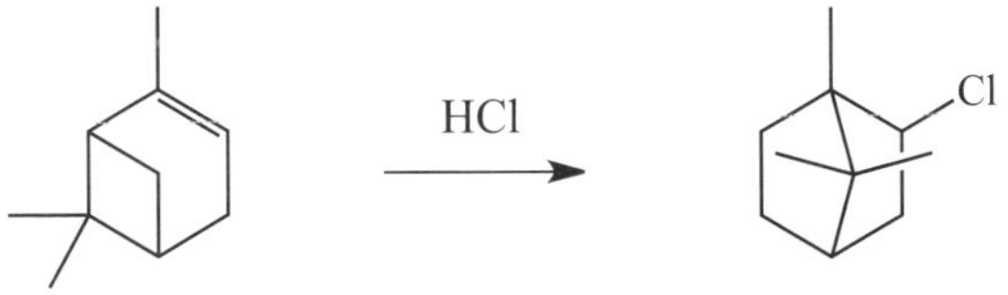

16.7 Identification d'une phéromone (★★)

La molécule possède le squelette du 2,6,10-triméthyldodécane (dodé signifie douze atomes de carbone). Sa formule brute est $C_{15}H_{24}$. Soumise à l'action de l'ozonolyse suivie d'une hydrolyse en milieu réducteur, une mole conduit à deux moles de méthanal, une mole de propanone, une mole de 2-oxopentanedial et une mole de 4-oxopentanal (le préfixe oxo désigne le substituant oxygène doublement lié, le suffixe al, la fonction aldéhyde –CHO).

1. Quel est le degré d'insaturation de la molécule à identifier ? La structure du squelette contient-elle des cycles ? En admettant qu'il n'existe pas de liaison triple carbone-carbone, donner le nombre de doubles liaisons carbone-carbone présentes.

2. En utilisant les résultats de l'ozonolyse, proposer une structure pour la phéromone à identifier.

PROBLÈMES

16.8 Synthèses de 1,2-difluoroéthylènes (ENS Ulm) (★★)

Préambule : les dérivés $(n, n+1)$-dibromés ou dichlorés traités par le zinc en poudre, conduisent à une double liaison entre les atomes de carbone n et $n+1$.

1. Le bromure d'hydrogène additionné sur du chlorotrifluoroéthylène CF_2=CFCl, produit commercial, conduit en majorité à l'isomère A de formule $CBrF_2-CHFCl$. La réaction a-t-elle été conduite en milieu polaire ou en présence de peroxydes ? Justifier votre réponse.

2. Cet isomère A a été purifié par distillation ($\theta_{\text{éb}} = 52{,}5$ °C). Il est traité par de la poudre de zinc dans l'éthanol (solvant) à reflux pendant une heure. On recueille le gaz émis au cours de la réaction et on obtient un produit B qui bout à $-61{,}5$ °C. Quelle est la formule de B ?

3. On traite B par le bromure d'hydrogène dans un solvant apolaire en présence de rayonnement ultraviolet. Parmi les produits obtenus, on isole C (50 %) du mélange. C est traité par de la poudre de zinc dans l'éthanol (solvant) pendant plusieurs heures. On obtient un mélange (rendement 70 %) de (Z)-1,2-difluoroéthylène (80 %) et de (E)-1,2-difluoroéthylène (20 %).

a. Donner la formule développée de C.

b. Que pensez-vous de la réactivité comparée des liaisons C−Br et C−F ?

c. La constante K_T° de l'équilibre d'isomérisation :

$$Z\,(\text{g}) \quad = \quad E\,(\text{g})$$

vérifie :

$$\ln(K_T^\circ) = -\frac{467{,}0}{T} + 0{,}0672 \qquad \text{avec} \qquad K_T^\circ = \frac{p_E}{p_Z}$$

(p_i désigne la pression partielle de l'espèce i) La dernière expérience étant conduite à 350 K, celle-ci est-elle sous contrôle cinétique ou sous contrôle thermodynamique ?

4. Les isomères Z et E sont séparés par distillation : $\theta_{\text{éb}}(Z) = -26$ °C et $\theta_{\text{éb}}(E) = -53$ °C. Proposer une explication pour la différence des températures d'ébullition.

16.9 Réactions enzymatiques et stéréospécificité (★★★)

1. L'acide stéarique est un acide carboxylique à chaîne saturée linéaire de formule brute $C_{18}H_{36}O_2$. Un cas intéressant de la stéréospécificité d'une réaction enzymatique est la conversion de l'acide stéarique en acide oléique par départ d'une molécule de dihydrogène. Pour déterminer la place de l'insaturation, une coupure est faite par l'ozone, à basse température, au niveau de la double liaison. L'hydrolyse en milieu non réducteur conduit à deux acides : l'acide nonanoïque et l'acide nonanedioïque.

a. Déterminer la place de la double liaison dans l'acide oléique.

b. Connaît-on sans ambiguïté la formule de l'acide oléique ? Pourquoi ?

2. L'addition d'une molécule de dibrome sur une molécule d'acide oléique à température ordinaire, sans catalyseur, dans le tétrachlorure de carbone (solvant) conduit à un couple d'énantiomères de descripteurs stéréochimiques (9R, 10R) et (9S, 10S).

a. Donner le nom exact des deux isomères obtenus.

b. Donner, en justifiant, la formule de l'acide oléique.

3. Désaturation stéréospécifique par une culture de *C. Diphtéria* de l'acide stéarique marqué au tritium

Pour étudier cette déshydrogénation, SCHROEPFER et BLOCH ont préparé quatre stéréoisomères de l'acide stéarique (9*R*, 9 $^{3}_{1}H$) ; (9*S*, 9 $^{3}_{1}H$) ; (10*R*, 10 $^{3}_{1}H$) ; (10*S*, 10 $^{3}_{1}H$) où $^{3}_{1}H$ est le tritium, isotope radioactif lourd de l'hydrogène, représenté par la lettre T. Chaque stéréoisomère marqué au tritium est mélangé à un acide stéarique marqué à l'isotope 14 sur le carbone 1 de la chaîne de l'acide. Cette opération se traduit par le remplacement partiel des atomes de carbone « usuels » (isotope ^{12}C du carbone) de la fonction acide par des atomes radioactifs ^{14}C du carbone. Nous obtenons ainsi quatre stéréoisomères enrichis au carbone 14 en position 1 sur la chaîne. Chacun de ces composés est mis en présence d'une culture bactérienne pendant 20 à 26 heures à 30 °C. La radioactivité de l'acide de départ et de l'acide oléique obtenu, mesurée par un spectromètre à scintillation, permet d'évaluer la quantité de tritium et de carbone 14 dans chacun de ces acides. Les résultats donnent le pourcentage de tritium par rapport au carbone 14 $^{3}_{1}H/^{14}C$ dans chaque constituant pour les quatre expériences.

Produit de départ	$^{3}_{1}H/^{14}C$ dans l'acide stéarique de départ	$^{3}_{1}H/^{14}C$ dans l'acide oléique obtenu
9*R*, 9 $^{3}_{1}H$	1,58	0,35
9*S*, 9 $^{3}_{1}H$	0,95	0,93
10*R*, 10 $^{3}_{1}H$	0,99	0,09
10*S*, 10 $^{3}_{1}H$	0,85	0,89

a. Représenter soigneusement dans l'espace les quatre stéréoisomères de configuration de l'acide stéarique tritié.

b. À partir des données expérimentales et en supposant que le tritium réagisse comme l'hydrogène qu'il remplace, vous dessinerez dans l'espace les atomes 9 et 10 de la molécule de l'acide stéarique en précisant (en les entourant par exemple) les atomes d'hydrogène qui s'éliminent lors de la déshydrogénation.

Chapitre 17

Les organomagnésiens mixtes (Première période option PC)

En 1899, Philippe BARBIER professeur à l'université de Lyon, réalise la première synthèse organique à l'aide de magnésium en constatant que le mélange d'iodométhane, d'une cétone et de magnésium métallique conduit à la formation d'un alcool tertiaire, mais avec un faible rendement. Il incite alors son élève Victor GRIGNARD (1871–1935) à poursuivre dans cette voie. Celui-ci constate rapidement que le magnésium se « dissout » dans l'iodométhane, et ajoute ensuite la cétone, pour obtenir l'alcool avec un bien meilleur rendement. Après de nombreux travaux, GRIGNARD conclut à la formation préalable d'un composé organométallique par addition du magnésium sur l'iodométhane. Ses succès furent par la suite tels que les composés analogues, les organomagnésiens mixtes, sont aussi appelés « réactifs de GRIGNARD ». Il est récompensé en 1912 par le prix Nobel, laissant quelque amertume à son professeur BARBIER.
Les réactifs de GRIGNARD sont des composés de laboratoire très utiles en synthèse organique car ils permettent de former des liaisons carbone-carbone et ainsi de construire une grande variété de squelettes carbonés.

1 Synthèse des organomagnésiens

1.1 Présentation et nomenclature

Un organomagnésien mixte de GRIGNARD possède la structure générale présentée figure 17.1, où X représente un atome d'halogène (Cl, Br, I) et R est une structure hydrocarbonée.

$$R-\underset{\square}{\overset{\square}{\mathrm{Mg}}}-\overline{\underline{X}}|$$

FIGURE 17.1 – Formule de LEWIS générale d'un organomagnésien mixte

Des exemples de ces composés sont donnés figure 17.2 dans lesquels R est un groupe alkyle (figure 17.2.a), aryle (figure 17.2.b), benzyle (figure 17.2.c), vinyle (figure 17.2.d), allyle (figure 17.2.e) ou alcynyle (figure 17.2.f).

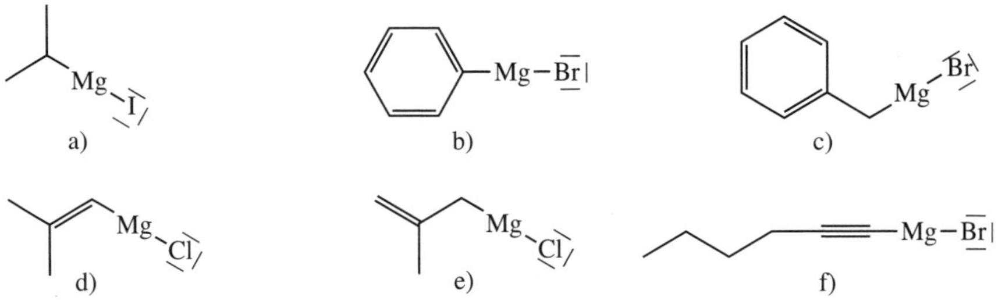

FIGURE 17.2 – Exemples d'organomagnésiens mixtes

La nomenclature de ces composés est de type **halogénure d'alkylmagnésium ou d'arylmagnésium**. Les composés de la figure 17.2 sont par conséquent nommés iodure d'*iso*propylmagnésium (a), bromure de phénylmagnésium (b), bromure de benzylmagnésium (c), bromure de 2-méthylprop-1-énylmagnésium (d), chlorure de 2-méthylprop-2-énylmagnésium (e), bromure d'hex-1-ynylmagnésium (f). La synthèse d'à peu près tous les types d'organomagnésien est possible, que l'atome de magnésium soit lié à un groupe alkyle avec un carbone primaire secondaire ou tertiaire, à un groupe phényle, benzyle... Il est néanmoins rare de rencontrer des réactifs de GRIGNARD dont le carbone porteur du groupe fonctionnel soit stéréogène et de configuration absolue fixée.

Définition

Les organomagnésiens mixtes de GRIGNARD appartiennent à la catégorie des organométalliques, c'est-à-dire des composés présentant une liaison carbone-métal.

1.2 Équation de réaction

Les réactifs de GRIGNARD sont préparés par réaction du magnésium **métallique** (nombre d'oxydation égal à 0) sur un halogénoalcane de formule générale $R-X$ (ces composés seront étudiés en détail dans le chapitre correspondant). L'équation de la réaction est :

$$R-\overline{\underline{X}}| \quad + \quad \mathrm{Mg} \xrightarrow{\text{solvant éthéré}} R-\underset{\square}{\overset{\square}{\mathrm{Mg}}}-\overline{\underline{X}}|$$

FIGURE 17.3 – Équation de la réaction de synthèse d'un organomagnésien

Le choix du solvant est important ; les **solvants** couramment utilisés, de type **étheroxyde**, sont l'éthoxyéthane (aussi appelé diéthyléther) ou le tétrahydrofuranne (d'abréviation *THF*), et des solvants tels que le 1,4-dioxane ou le 1,2-diméthoxyéthane (*DME*) sont parfois utilisés (figure 17.4).

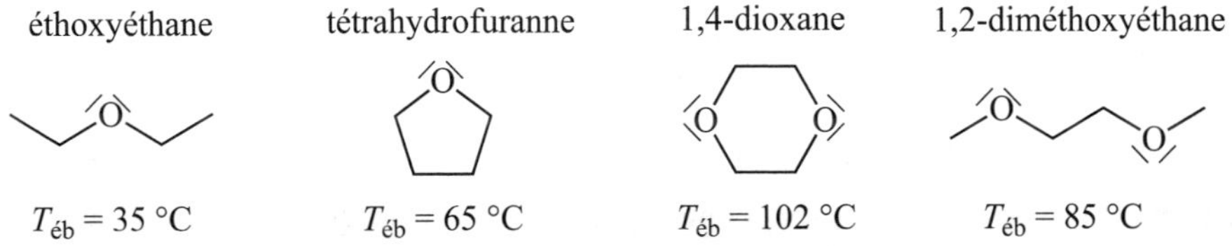

FIGURE 17.4 – Formule de LEWIS des solvants utilisés

La réaction est réalisée le plus souvent au reflux du solvant (à la température d'ébullition de celui-ci). Remarquons que les molécules des solvants utilisés possèdent des **propriétés complexantes** dont le rôle sera précisé lors de l'étude de la structure des solutions obtenues.

Deux exemples de réaction sont proposés figure 17.5. La synthèse du magnésien vinylique, plus difficile, nécessite l'emploi du *THF*, solvant dont les propriétés complexantes sont plus fortes que celles de l'éther diéthylique, et dont la température d'ébullition est plus élevée.

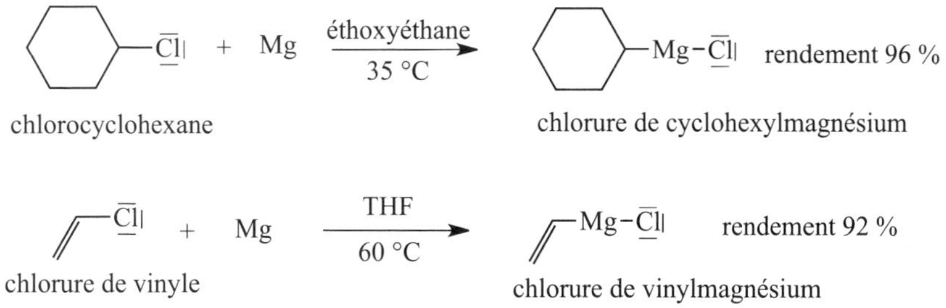

FIGURE 17.5 – Synthèses du chlorure de cylohexylmagnésium et du chlorure de vinylmagnésium

Les réactifs de GRIGNARD iodés se forment le plus vite mais le **couplage avec l'halogénoalcane** (réaction parasite qui limite le rendement) est plus importante. Les **iodoalcanes** sont aussi les réactifs les **plus coûteux** parmi les halogénoalcanes. Inversement, les réactifs de GRIGNARD chlorés, préparés à partir des chloroalcanes, meilleurs marchés, se forment difficilement avec de bons rendements. Un bon compromis, au laboratoire, consiste à synthétiser des réactifs de GRIGNARD bromés. Les industriels, préoccupés par les coûts, utilisent plus souvent les chloroalcanes comme réactifs.

Lors du processus, l'atome de magnésium initialement au nombre d'oxydation 0 (figure 17.6) est transformé en magnésium de nombre d'oxydation +II (les électronégativités des atomes dans l'échelle de PAULING sont $\chi(\mathrm{C}) = 2,55$; $\chi(\mathrm{Cl}) = 3,16$; $\chi(\mathrm{Mg}) = 1,31$ et $\chi(\mathrm{H}) = 2,20$). Pour cette raison, la réaction s'appelle une **addition oxydante**. Le mécanisme de la réaction n'est à l'heure actuelle pas encore complètement élucidé, la réaction d'oxydo-réduction s'effectue à la **surface du métal**.

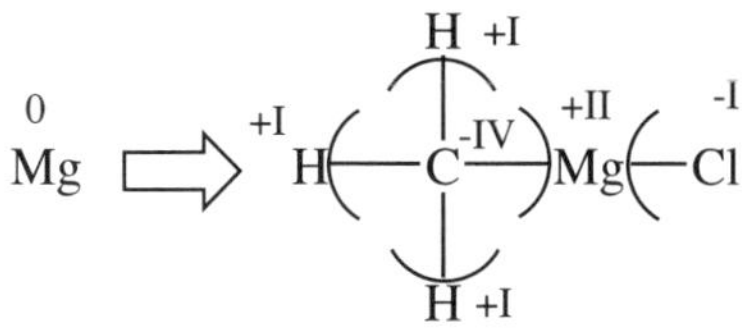

FIGURE 17.6 – Nombre d'oxydation du magnésium avant et après réaction

Il est probable qu'une molécule d'halogénaoalcane accepte un électron du métal pour former un **radical anion** $(R\text{—}X)^{-\bullet}$, la coupure de la liaison C—*X* étant ensuite très rapide. Différentes expériences ont mis en évidence la formation d'**espèces radicalaires** (neutre, avec électron célibataire).

1.3 Mise en œuvre expérimentale

a. Montage et protocole

La réaction est réalisée dans un **montage de chauffage à reflux** avec un ballon bicol surmonté d'une ampoule de coulée isobare et d'un réfrigérant à eau dont l'extrémité supérieure supporte une garde de dessèchement (figure 17.7). Toute la verrerie utilisée doit être parfaitement sèche, ce qui est réalisée par une mise à l'étuve pendant quelques heures. La garde de dessèchement est remplie de chlorure de calcium anhydre ($CaCl_2$), composé solide réagissant avec les molécules d'eau présentes dans l'air. Le montage repose entièrement sur la pince tenant le col du ballon. La pince tenant le réfrigérant à eau n'est pas serrée ; elle assure uniquement la verticalité du montage.

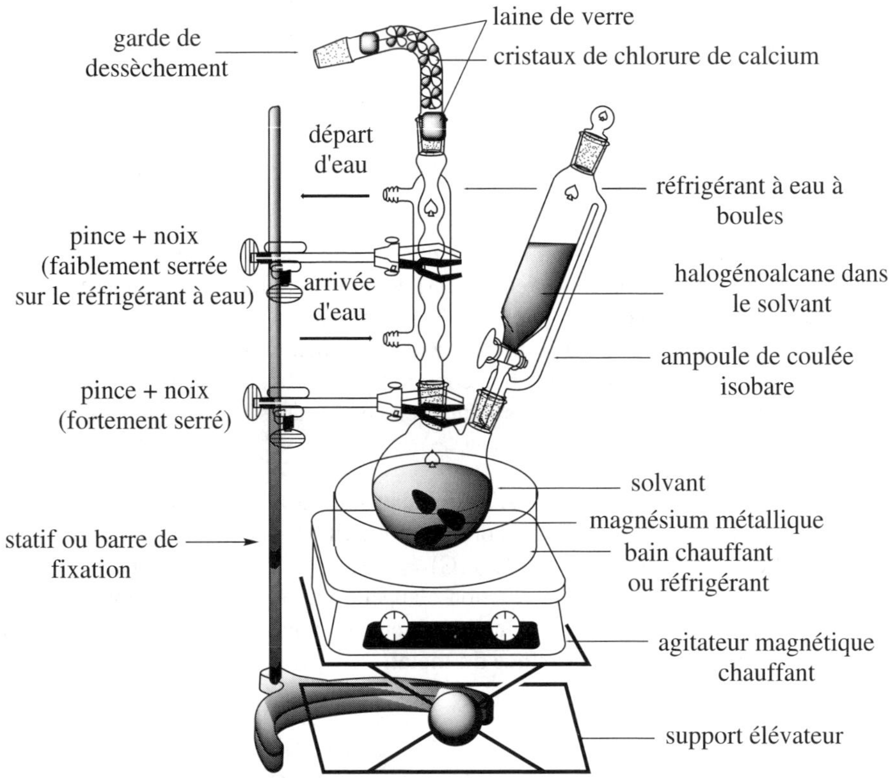

FIGURE 17.7 – Schéma du montage utilisé pour une synthèse d'organomagnésien

La réaction est réalisée sous agitation magnétique ou mécanique si la quantité de magnésium est trop importante. Le **magnésium métallique** est placé dans le ballon ainsi qu'un peu de solvant de la réaction, tandis que l'halogénoalcane en solution dans le solvant est placé dans l'ampoule de coulée isobare. Quelques gouttes d'halogénoalcane sont additionnées. Lorsque la réaction (très exothermique) commence, des bulles de vapeur de solvant se forment sur la surface du métal, lieu de la réaction. L'addition d'halogénoalcane se poursuit alors et la solution devient opaque en raison de produits parasites qui se forment en cours de réaction.

b. Nécessité d'une addition lente de l'halogénoalcane

⚠ L'**addition** de l'halogénoalcane doit être **lente** en raison de la réaction de substitution nucléophile :

$$R-\mathrm{Mg}X \quad + \quad R-X \quad = \quad R-R \quad + \quad \mathrm{Mg}X_2.$$

Cette **réaction de couplage** est plus lente que la réaction de formation de l'organomagnésien, et sera étudiée dans le chapitre sur les halogénoalcanes (chapitre 18). Notons que la liaison C–I est plus réactive vis-à-vis des nucléophiles que la liaison C–Br, elle-même plus réactive que la liaison C–Cl. Afin de la limiter le plus possible, il est préférable d'utiliser le chloroalcane plutôt que l'iodoalcane et on prend soin de toujours utiliser un léger excès de magnésium par rapport à l'halogénoalcane. D'autre part, une faible vitesse d'addition de l'halogénoalcane permet d'éviter d'avoir simultanément des concentration notables d'halogénoalcane et d'organomagnésien, situation cinétiquement favorable au couplage.

c. Une réaction délicate

Le magnésium étant un métal très réducteur, il se recouvre au contact de l'atmosphère d'une couche d'oxyde ou d'hydroxyde de magnésium. Cette couche empêche la réaction de l'halogénoalcane avec le métal. Dans le cas de réactions difficiles à démarrer, l'addition de diiode solide ou de 1,2-dibromoéthane permet de déclencher la réaction. En effet, ces composés réagissent très rapidement avec le magnésium solide, permettant ainsi un **décapage de la surface du métal** ce qui la rend disponible pour la réaction avec l'halogénoalcane. Le milieu peut être également être chauffé à l'aide de l'agitateur magnétique chauffant ou refroidi à l'aide d'un bain de glace suivant que la réaction ralentit ou s'emballe. L'organomagnésien n'est pas isolé ; il est utilisé *in situ* pour l'étape suivante, sauf dans les cas **d'addition inverse** pour lesquels il est transféré sous atmosphère inerte dans le récipient contenant le produit sur lequel il réagit.

1.4 Structure des réactifs de GRIGNARD

a. Interaction avec le solvant

Le choix du solvant lors d'une synthèse magnésienne est important. Comme nous le verrons, les organomagnésiens mixtes réagissent avec l'eau. Les **solvants** choisis sont donc rendus **anhydres** par différentes techniques : distillation sur sodium métallique dans le cas du *THF* ou conservation sur tamis moléculaire dans le cas de l'éthoxyéthane (les tamis moléculaires, souvent à base de zéolithes (aluminosilicates), sont des composés solides présentant des cavités hydrophiles : les molécules d'eau pénètrent dans la cavité et y restent piégées).
D'autre part, le solvant joue un rôle important dans la **stabilisation** du composé organométallique **par formation d'adduit acide-base de LEWIS**.

Définition

On appelle adduit acide-base de LEWIS une molécule ou un ion issu de l'addition d'une espèce ayant cédé un doublet libre (la base de LEWIS) et d'une espèce ayant accepté un doublet libre (l'acide de LEWIS).

L'atome de magnésium d'un organomagnésien mixte de GRIGNARD apparaît comme un acide de LEWIS puisque l'atome de magnésium possède **deux lacunes électroniques** susceptibles d'accepter des doublets libres. D'autre part, les solvants usuels de la synthèse magnésienne sont des **étheroxydes, bases de LEWIS** car l'atome d'oxygène peut fournir un doublet libre à un acide de LEWIS lors de la formation d'un adduit. La structure cyclique du *THF* permet de mieux dégager les doublets non-liants portés par l'atome d'oxygène et explique que ce solvant est une meilleure base de LEWIS que l'éther diéthylique. Dans le cadre d'une description limite de liaison covalente, l'adduit acide-base de LEWIS peut se former suivant le processus présenté figure 17.8.

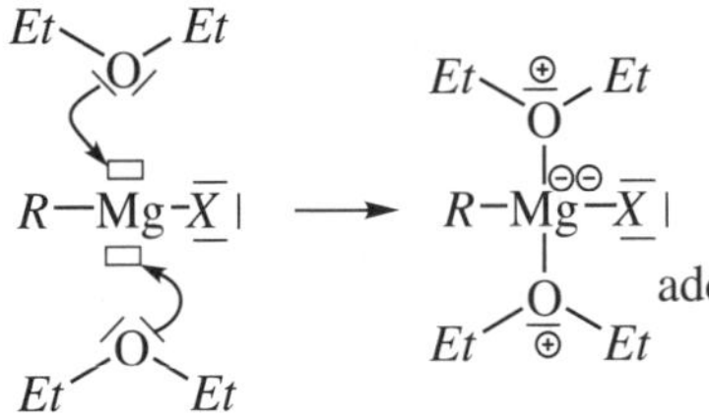

FIGURE 17.8 – Adduit acide-base de LEWIS entre le solvant et un réactif de GRIGNARD

La structure proposée a pu être établie sur des composés de GRIGNARD qui cristallisent, ce qui a permis leur étude par **diffraction des rayons X**. Notons qu'une structure établie en phase solide ne représente pas nécessairement la structure du composé en solvant, structure difficile à établir.

b. Équilibre de SCHLENK et structure dimérique

Lors de l'addition de 1,2-dioxane dans une solution éthérée d'organomagnésien $R-\mathrm{Mg}X$, un précipité de $\mathrm{Mg}X_2$ apparaît, ce qui est interprété par la formation d'un dialkylmagnésium, selon un équilibre appelé équilibre de SCHLENK :

$$2 \quad R-\mathrm{Mg}X \quad = \quad R_2\mathrm{Mg} \quad + \quad \mathrm{Mg}X_2$$

En solution, la position de cet équilibre dépend de la nature de R et de X, du solvant, de la concentration et de la température. D'autre part, les chlorures d'alkylmagnésium existent aussi sous forme d'**entité agrégée**, dans laquelle les dimères prédominent (figure 17.9).

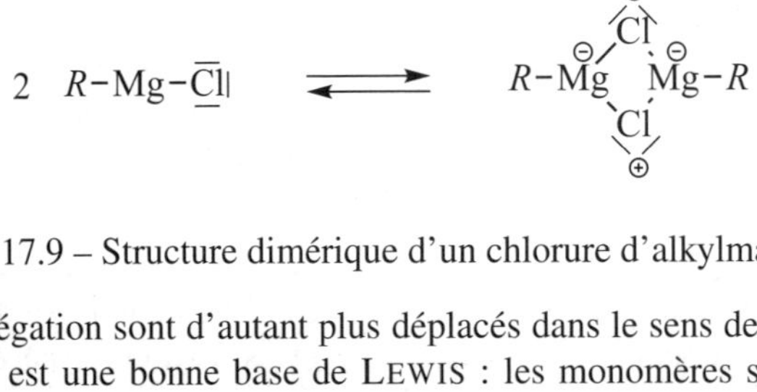

FIGURE 17.9 – Structure dimérique d'un chlorure d'alkylmagnésium

Les équilibres d'agrégation sont d'autant plus déplacés dans le sens de formation du monomère que le solvant est une bonne base de LEWIS : les monomères sont en concentration relative plus importante dans le *THF*.

⚠ L'ensemble de ces constatations montre que la **structure** des réactifs de GRIGNARD est **complexe**. Nous nous contenterons dans le cadre de cet ouvrage, de décrire le comportement des organomagénsiens par la formule $R-\mathrm{Mg}X$.

1.5 Nucléophilie et basicité des organomagnésiens

a. Analyse de la liaison carbone–magnésium

L'analyse des électronégativités des atomes de carbone et de magnésium ($\chi(\mathrm{C}) = 2,55$ et $\chi(\mathrm{Mg}) = 1,31$) montre que la **liaison** C – Mg est **fortement polarisée**, l'atome de carbone attirant à lui les électrons de la liaison (figure 17.10). Inversement, dans le cas des halogénoalcanes, la liaison carbone–halogène est polarisée dans le sens où les électrons sont attirés par l'atome d'halogène ($\chi(\mathrm{C}\ell) = 3,16$; $\chi(\mathrm{Br}) = 2,96$ et $\chi(\mathrm{I}) = 2,66$).

Définition

Lors du processus de synthèse d'un organomagnésien, le carbone fonctionnel subit une inversion de polarité : alors que dans les halogénoalcanes le carbone porteur de l'atome d'halogène est électrophile, le carbone lié à l'atome de magnésium des organomagnésiens est nucléophile.

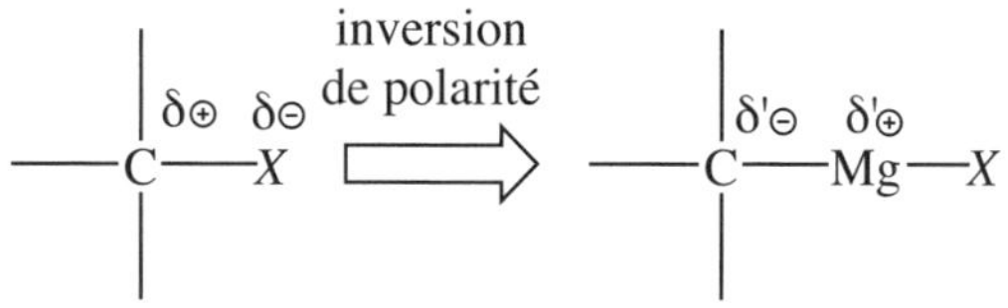

FIGURE 17.10 – Inversion de polarité du carbone fonctionnel lors de la synthèse d'un organomagnésien mixte

En raison de la grande différence d'électronégativité entre le carbone et le magnésium, une modélisation purement covalente décrit imparfaitement la nature de la liaison carbone–métal. Une description purement ionique pourrait aussi être envisagée (figure 17.11).

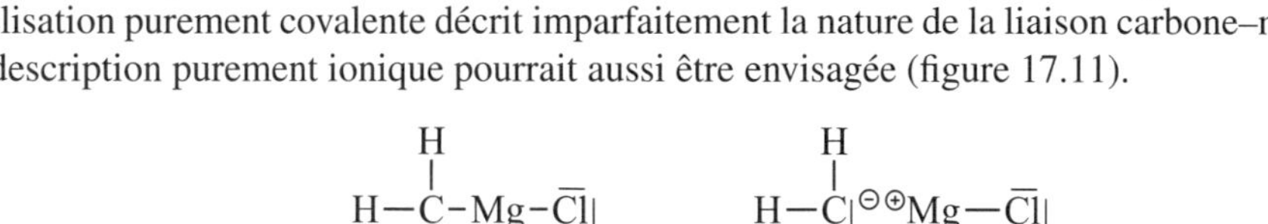

FIGURE 17.11 – Deux modes limites de description de la liaison carbone–magnésium

Dans le cadre de modèles théoriques dont le développement sort du cadre de cet ouvrage, la liaison C – Mg trouve une bonne description au travers d'un modèle combinant liaison ionique/liaison covalente à hauteur de 32 % de liaison ionique. La représentation usuelle (c'est-à-dire le consensus entre chimistes) des organomagnésiens mixtes est la **représentation covalente**. Pour interpréter correctement la réactivité de ces composés, il faut garder en mémoire la différence d'électronégativité importante entre le carbone et le magnésium et que l'**atome de carbone** a un comportement **nucléophile et basique**.

b. Réactions acido-basiques

Les organomagnésiens mixtes $R-\text{Mg}X$ sont les **bases fortes** du couple $R-\text{H}/R^-$. Nous négligeons ici le fait que le groupe $^+\text{Mg}X$ joue le rôle de contre-ion, comme l'ion sodium est le contre-ion de l'hydroxyde de sodium NaOH dont le couple acido-basique est H_2O/HO^-. Quelques exemples de pK_A des couples $R-\text{H}/R^-$ sont donnés table 17.1.

acide	$H-C\equiv C-H$	$Ph-CH_3$	PhH	$H_2C=CH_2$	CH_4
base	$H-C\equiv C|^-$	$Ph-\overline{C}H_2^-$	$Ph|^-$	$H_2C=\overline{C}H^-$	$|CH_3^-$
pK_A	25	40	43	44	48

TABLE 17.1 – pK_A de quelques couples acido-basiques $R-\text{H}$ / R^-

✎ Les valeurs du tableau, supérieures à 14, ne sont pas mesurées dans le solvant eau, mais dans des solvants organiques adaptés, puis un calcul sur un cycle thermodynamique permet de ramener la valeur trouvée au solvant eau. La démarche utilisée n'est pas sans présenter des difficultés, et les valeurs de pK_A données doivent être considérées comme des grandeurs approximatives et non pas comme des valeurs précises.

Ces résultats montrent que les organomagnésiens réagissent de manière quantitative avec les acides forts ou faibles (H_3O^+, H_2O, CH_3COOH...) voire très faibles dans l'eau (alcools $R-\text{OH}$, amine non tertiaire RR'NH, aldéhydes et cétones...). L'équation de la réaction avec l'eau est présentée figure 17.12 sur l'exemple du bromure de phénylmagnésium.

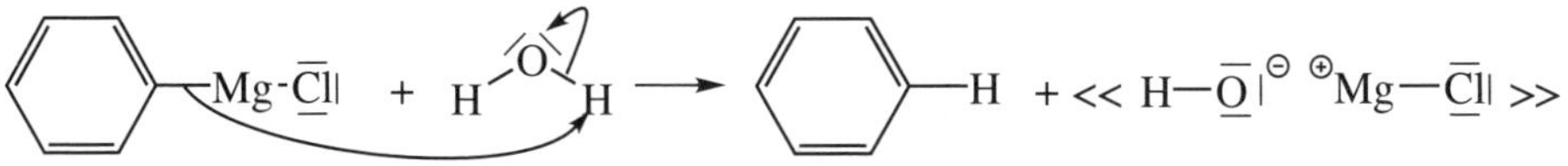

FIGURE 17.12 – Réaction acido-basique entre le chlorure de phénylmagnésium et l'eau

L'espèce HO^- $^+$Mg–Cl est notée entre guillemets car elle n'est pas mise en évidence dans l'eau. En milieu acide, l'ion magnésium(II) Mg^{2+} et l'ion chlorure Cl^- se forment. En milieu basique ou neutre, l'hydroxyde de magnésium précipite (p$K_s(\text{Mg(OH)}_2) = 10,7$ à 25 °C). La réaction acido-basique menée étant quantitative, elle peut servir à doser un organomagnésien avant son utilisation.

Cette réaction conduit à la formation d'un alcane, ce qui est une transformation rarement intéressante en synthèse organique. Il s'agit en fait d'une **réaction parasite** ; elle explique la nécessité de se prémunir de toute présence d'eau dans la verrerie d'un montage de synthèse magnésienne. D'autre part, cette réaction permet de comprendre en quoi la synthèse d'un organomagnésien bifonctionnel comme $HO-CH_2-CH_2-MgBr$ est impossible, la fonction magnésienne réagissant alors sur la fonction alcool.

c. Synthèse des organomagnésiens acétyléniques

Les organomagnésiens vinyliques (H_2C=CH–MgX) sont plus difficiles à synthétiser à partir de magnésium métallique (utilisation du *THF*, solvant meilleure base de LEWIS et de température d'ébullition plus élevée que celle de l'éthoxyéthane). Les organomagnésiens acétyléniques ($HC\equiv C-\text{Mg}X$) sont préparés par une voie différente, mettant à profit les propriétés acido-basiques des alcynes selon l'équation présentée figure 17.13.

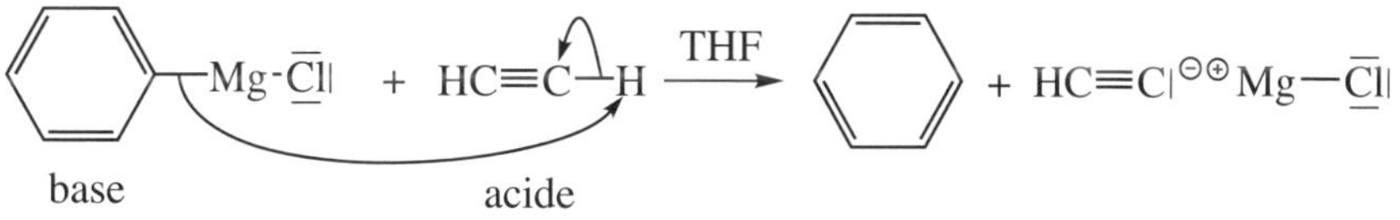

FIGURE 17.13 – Réaction acido-basique entre le chlorure de phénylmagnésium et l'éthyne modélisant la liaison ionique $C^{-+}Mg$

La paire d'ions est formée dans un solvant peu polaire qui solubilise mal les ions. Compte tenu que la liaison C – Mg présente un caractère ionique pour 32 %, il semble donc plus logique de présenter les produits avec une liaison covalente. Le schéma de mouvement électronique fait alors apparaître directement la création de la nouvelle liaison C – Mg de l'organomagnésien acétylénique.

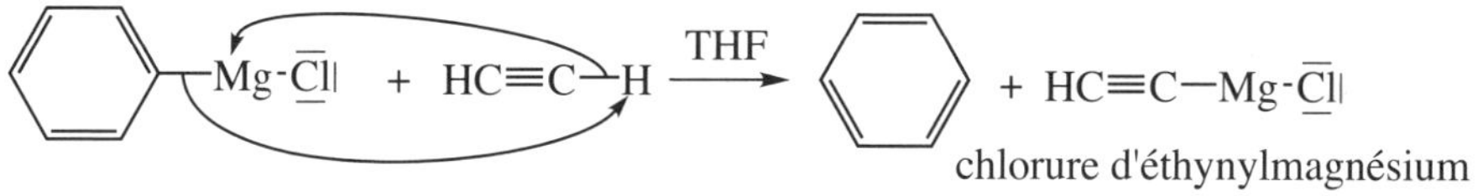

FIGURE 17.14 – Réaction acido-basique entre le chlorure de phénylmagnésium et l'éthyne modélisant la liaison covalente C – Mg

Le réactif de GRIGNARD ainsi formé peut être utilisé dans une synthèse magnésienne.

Exercice résolu

Synthèse d'un organomagnésien mixte acétylénique

On met en présence du propyne et du bromure d'éthylmagnésium commercial dans le THF à 20 °C. Quel nouvel organomagnésien mixte obtient-on ? Quel est le sous-produit de la réaction ? Pourquoi n'a-t-on pas utilisé le bromure de phénylmagnésium (lui aussi commercial) pour réaliser cette synthèse ?

Réponse :

L'équation de la réaction qui se produit est présentée ci-dessous.

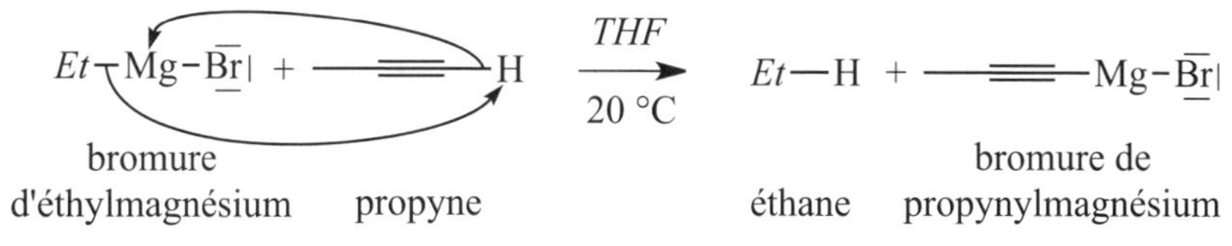

On forme le bromure de propynylmagnésium et le sous-produit de la réaction est de l'éthane, gaz très peu soluble dans le *THF* et donc facilement éliminé du milieu réactionel. L'utilisation de bromure de phénylmagnésium aurait conduit à la formation de benzène comme sous-produit non-gazeux et très toxique.

d. Analyse de la liaison oxygène-magnésium

Nous avons précédemment établi qu'un modèle covalent de la liaison C – Mg est préférable à un modèle ionique. L'atome d'oxygène est beaucoup plus électronégatif que l'atome de carbone (c'est l'atome le plus électronégatif après le fluor), accroissant ainsi la différence d'électronégativité entre le magnésium et l'oxygène. Par conséquent, le **choix d'une description ionique** de la liaison OMg peut se justifier, comme dans l'espèce « HO^- ^+Mg–Cl » abordée lors de la réaction d'un magnésien sur l'eau. Nous gardons dans cet ouvrage cette notation plutôt que la notation O – Mg de liaison covalente.

1.6 Atmosphère inerte

Les organomagnésiens mixtes réagissent avec le dioxygène de l'air pour conduire à température ambiante à des **alcools** ou à basse température à des **peroxydes**, composés très réactifs (figure 17.15).

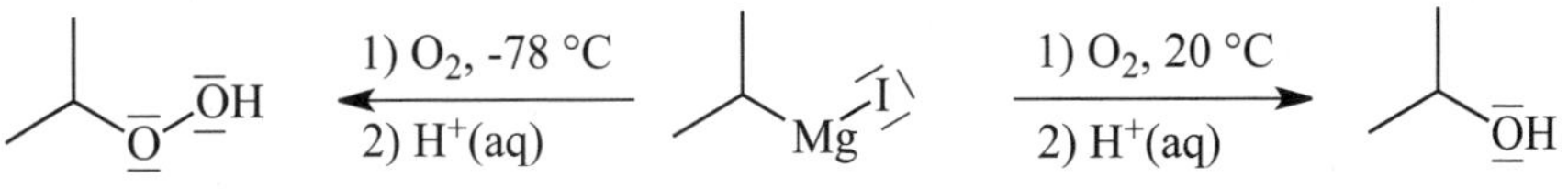

FIGURE 17.15 – Réactions des organomagnésiens mixtes avec le dioxygène

Ces réactions ne présentent qu'un intérêt limité en synthèse organique et constituent des **réactions parasites**. Il est donc nécessaire de protéger de l'air les organomagnésiens après leur formation ; pour cela :

- dans les meilleures conditions, le magnésien est préparé sous atmosphère inerte d'argon ou de diazote ;
- si le laboratoire ne permet pas une telle installation, le magnésien est préparé au reflux du solvant et toutes les ouvertures du ballon sont fermées, exception faite de celle possédant le desséchant ; les vapeurs de solvant formées contribuent à chasser partiellement l'air du ballon, le magnésien est rapidement utilisé *in situ* par la suite ;
- il existe des bouteilles commerciales de magnésiens en solution ; dans ce cas, le réactif de GRIGNARD est prélevé à la seringue, sous atmosphère inerte, avant d'être additionné au milieu de réaction.

2 Addition nucléophile (A_N) sur le groupe C=O

2.1 Addition nucléophile sur un aldéhyde ou une cétone

a. Aldéhydes et cétones comme réactifs électrophiles

Les aldéhydes et les cétones présentent le **groupe fonctionnel carbonyle** C=O qui peut être identifié en spectroscopie infra-rouge par une bande d'absorption intense vers 1715 cm^{-1}. Leur formule ainsi que des exemples sont proposés figure 17.16.

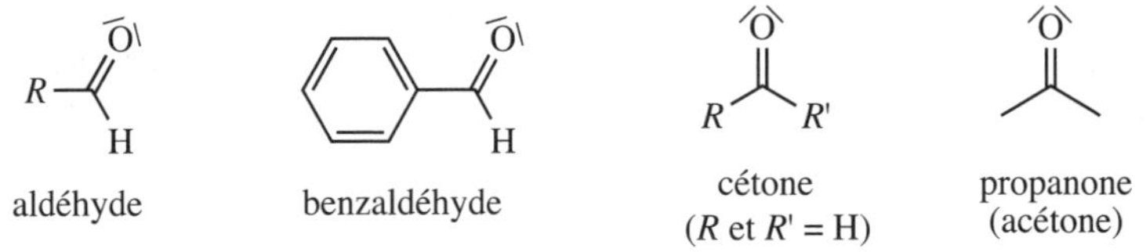

FIGURE 17.16 – Formule topologique d'un aldéhyde et d'une cétone ; exemples

L'atome de carbone du groupe carbonyle est **électrophile** comme le montre la forme mésomère à séparation de charge en accord avec l'électronégativité des éléments (figure 17.17).

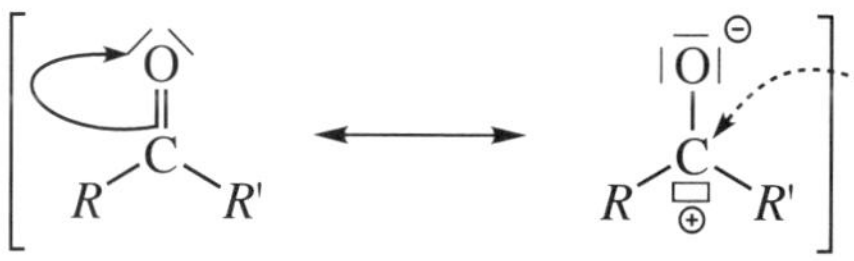

FIGURE 17.17 – Forme mésomère d'un aldéhyde ou d'une cétone mettant en évidence le caractère électrophile de l'atome de carbone du groupe carbonyle

b. Équation de réaction et conditions opératoires

L'addition nucléophile d'un organomagnésien mixte de GRIGNARD sur un aldéhyde ou une cétone suivie d'une hydrolyse en milieu acide conduit à la formation d'un alcool.

Comme cela a été établi précédemment, un réactif de GRIGNARD est un **nucléophile**, qui peut donc réagir avec un **électrophile** tel qu'un aldéhyde ou une cétone. Le schéma général de la réaction est présenté figure 17.18.

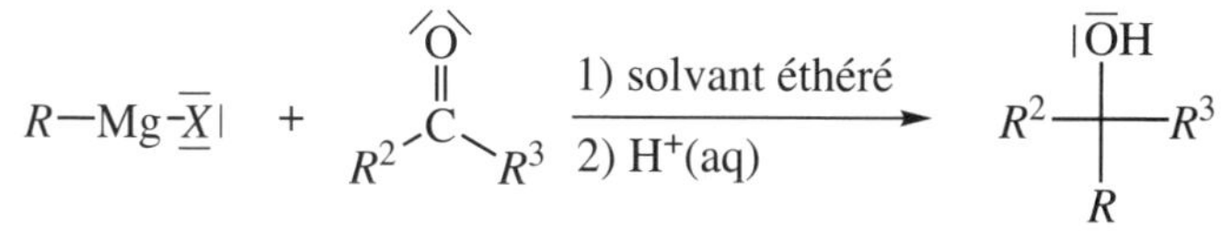

FIGURE 17.18 – Réaction entre un réactif de GRIGNARD et un aldéhyde ou une cétone

Pour une cétone, la réaction a lieu en général au reflux du solvant, pour un aldéhyde, à 0 °C. Elle est suivie d'une **hydrolyse** le plus souvent **en milieu acide** afin d'éviter la précipitation d'hydroxyde de magnésium ; les rendements sont bons. L'acide chlorhydrique dilué est préféré à l'acide sulfurique qui pourrait conduire à une déshydratation de l'alcool formé ; dans le cas d'alcools tertiaires présentant au moins un groupe alkyle ou aryle en position β, l'hydrolyse est réalisée par une solution aqueuse de chlorure d'ammonium car la déshydratation est rapide. Des exemples sont proposés figure 17.19.

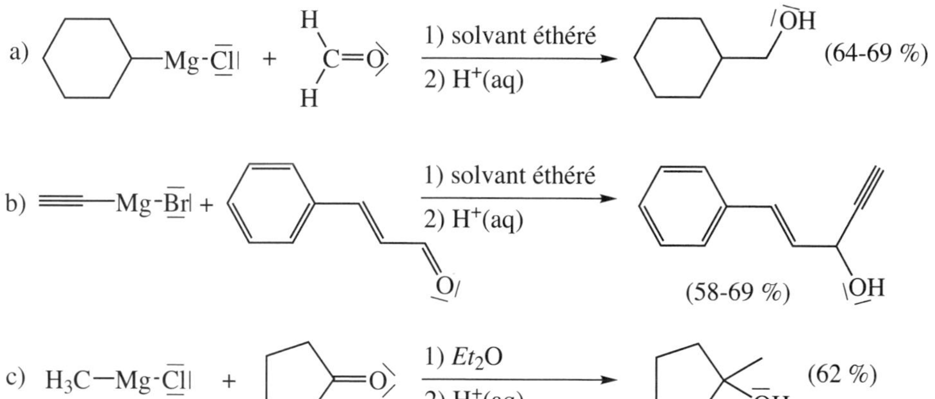

FIGURE 17.19 – Réaction d'un organomagnésien mixte sur a) du méthanal b) un aldéhyde c) une cétone

Conformément au principe de réversibilité microscopique, la première étape est présentée avec le symbolisme de la double flèche. Cependant l'acte élémentaire en sens inverse (formation d'un organomagnésien à partir de l'ion alcoolate) n'est pas observé expérimentalement. Les alcools obtenus diffèrent par le nombre de groupes alkyles liés à l'atome de carbone porteur du groupe hydroxyle –OH. Les alcools sont nommés en **classe** (primaire, secondaire et tertiaire) suivant le degré de substitution de l'atome de carbone fonctionnel (figure 17.20).

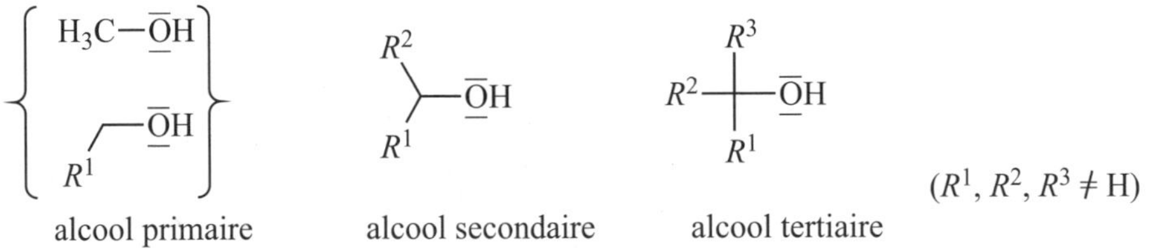

FIGURE 17.20 – Définition de la classe d'un alcool

L'analyse des exemples de la figure 17.19 montre le résultat suivant :

L'addition nucléophile d'un organomagnésien mixte :
- sur du méthanal conduit à la formation d'un alcool primaire,
- sur un autre aldéhyde conduit à la formation d'un alcool secondaire,
- sur une cétone conduit à la formation d'un alcool tertiaire.

c. Mécanisme

Le mécanisme simplifié de la réaction est constitué d'une **addition nucléophile** (A_N), suivie d'une hydrolyse de l'ion alcoolate obtenu. Il est présenté figure 17.21. Un mécanisme plus proche de la réalité est présenté au paragraphe e.

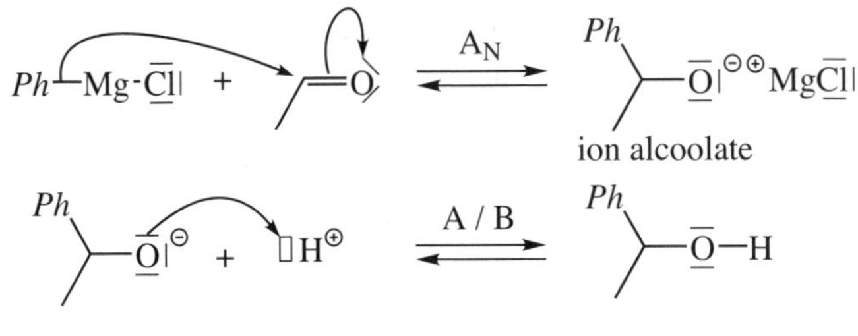

FIGURE 17.21 – Mécanisme simplifié de l'addition d'un organomagnésien mixte sur un aldéhyde ou une cétone

À l'issue de la première étape l'anion obtenu est un **ion alcoolate**, base conjuguée d'un alcool. Le couple $R\text{–}OH/R\text{–}O^-$ a un pK_A de l'ordre de 16 : la réaction sur l'eau, en milieu acide ou non est quantitative.

Exercice résolu

Cyclisation lors d'une synthèse magnésienne

Interpréter en terme mécanistique la réaction ci-contre :

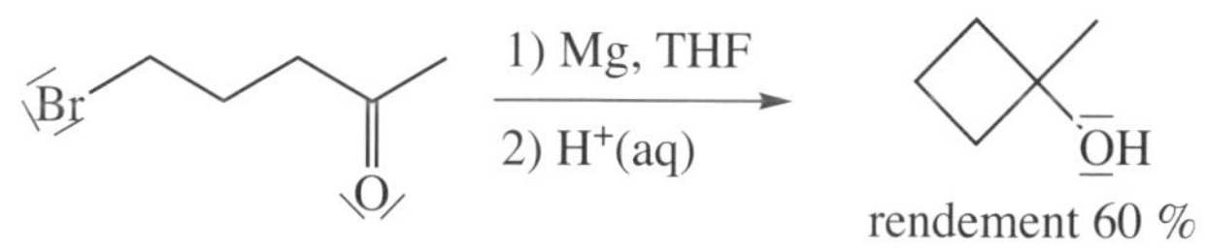

Réponse :

Dans un premier temps on forme un organomagnésien mixte, qui réagit ensuite de manière intramoléculaire sur la fonction cétone :

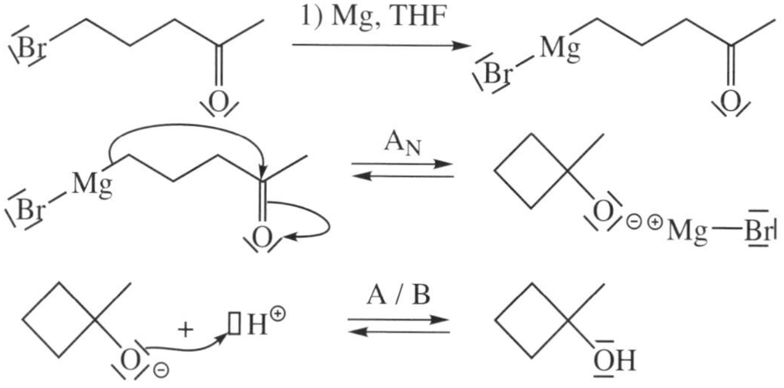

d. Aspect stéréochimique

Les résultats expérimentaux et l'analyse de la réaction par les orbitales moléculaires (qui sera effectuée en seconde année) montrent que le chemin réactionnel conduisant à l'état de transition de plus faible énergie nécessite que le réactif de GRIGNARD s'approche de manière presque orthogonale au plan de la double liaison C=O. En utilisant un organomagnésien achiral et un aldéhyde ou une cétone achiraux, il y a **équiprobabilité** d'addition nucléophile **sur les deux côtés du plan** (figure 17.22). La réaction présentée n'est pas stéréosélective.

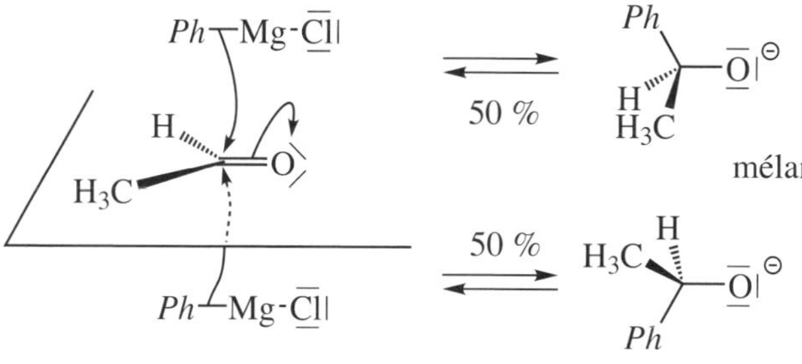

FIGURE 17.22 – Aspect stéréochimique de l'étape d'addition nucléophile sur un aldéhyde

Lorsque les deux faces du groupe carbonyle ne sont pas équivalentes, le réactif nucléophile s'additionne préférentiellement sur la face la plus accessible. L'effet est particulièrement visible sur les cétones engagées dans des squelettes carbonés rigides, comme le système bicyclique de la figure 17.23.

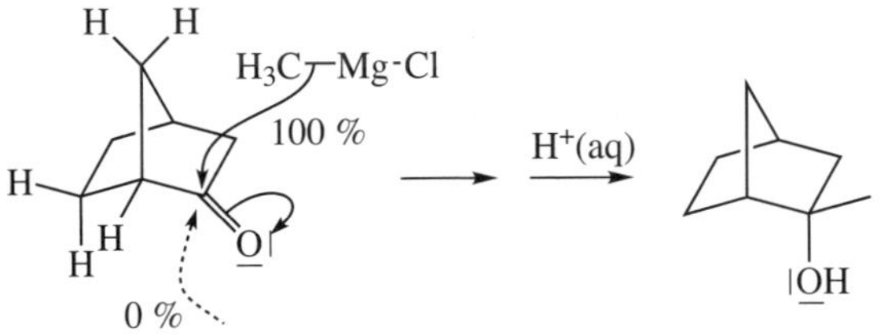

FIGURE 17.23 – Addition d'un organomagnésien mixte sur une cétone dont les deux faces ne sont pas équivalentes

La réaction présentée est diastéréosélective ; si elle est menée sur l'énantiomère de cette cétone, elle conduit à la formation de l'alcool énantiomère : elle est aussi **stéréospécifique**.

e. Mécanisme à six centres

De nombreux faits expérimentaux, qui ne sont pas développés dans le cadre de cet ouvrage, sont en faveur d'un **mécanisme moins simple** que celui présenté jusqu'ici passant par la formation préalable d'un adduit acide-base de LEWIS (figure 17.24) entre l'atome d'oxygène du groupe carbonyle (base de LEWIS) et l'atome de magnésium du réactif de GRIGNARD. Cet adduit exalte le caractère électrophile de l'atome de carbone du groupe carbonyle, ce qui apparaît sur la forme mésomère de cet adduit présentant une lacune électronique sur l'atome de carbone (figure 17.24).

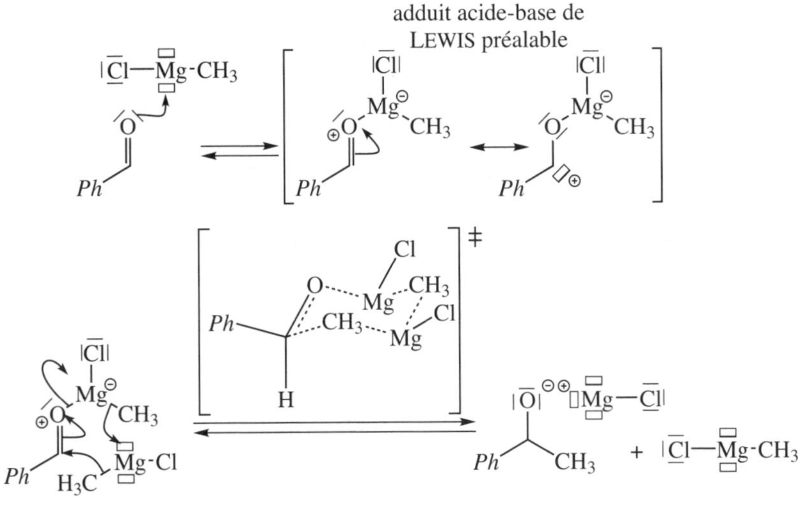

FIGURE 17.24 – Mécanisme d'addition nucléophile à six centres

L'état de transition formé, appelé **état de transition à six centres** est particulièrement stable pour des raisons géométriques (forme chaise) et électroniques.

✎ Un mécanisme à six centres a déjà été abordé dans le cours sur l'étude de l'addition électrophile du chlorure d'hydrogène sur les alcènes.

f. Réactions parasites

Énolisation

Une première réaction parasite peut se produire pour les aldéhydes et les cétones possédant un atome d'hydrogène sur un atome de carbone lié au groupe carbonyle C=O (nommé carbone α). En effet, un proton H^+ peut être arraché sur cette position, le couple acide-base correspondant ayant un pK_A de l'ordre de 20 (figure 17.25).

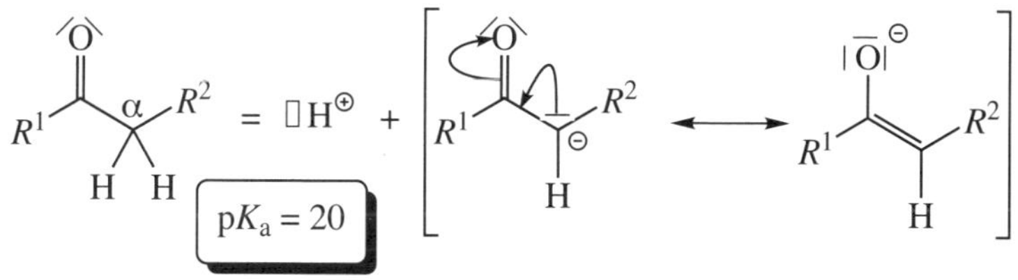

FIGURE 17.25 – Couple acide-base cétone/énolate

Un organomagnésien étant une base forte, il peut réagir avec l'aldéhyde ou la cétone pour conduire à la formation de l'ion énolate, composé qui n'est pas susceptible de subir rapidement une addition nucléophile. L'hydrolyse acide de fin de synthèse redonne l'aldéhyde ou la cétone de départ (figure 17.26).

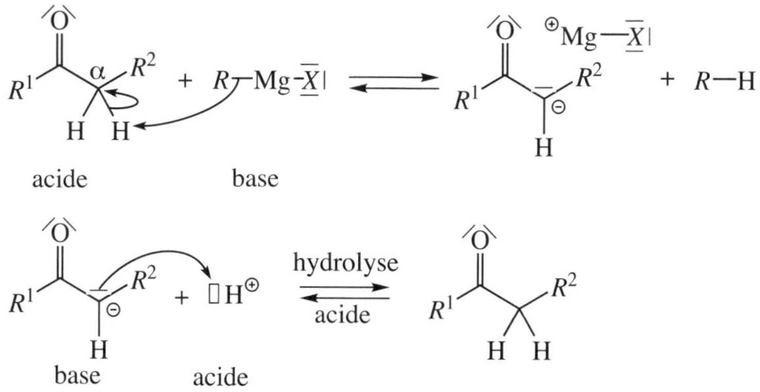

FIGURE 17.26 – Réaction parasite d'énolisation d'un aldéhyde ou d'une cétone

La réaction acido-basique est en général lente devant la réaction d'addition nucléophile, sauf dans le cas des cétones encombrées.

Réduction

Les organomagnésiens possédant un atome d'hydrogène sur l'atome de carbone lié à l'atome de carbone porteur de l'atome de magnésium peuvent conduire à l'addition d'un ion hydrure sur le groupe carbonyle, conduisant à la formation d'un alcool après hydrolyse et d'un alcène, suivant le schéma présenté figure 17.27.

L'aldéhyde ou la cétone est transformé en alcool primaire ou secondaire, ce qui constitue une réaction de réduction. Cette réaction est d'autant plus rapide que la cétone est encombrée.

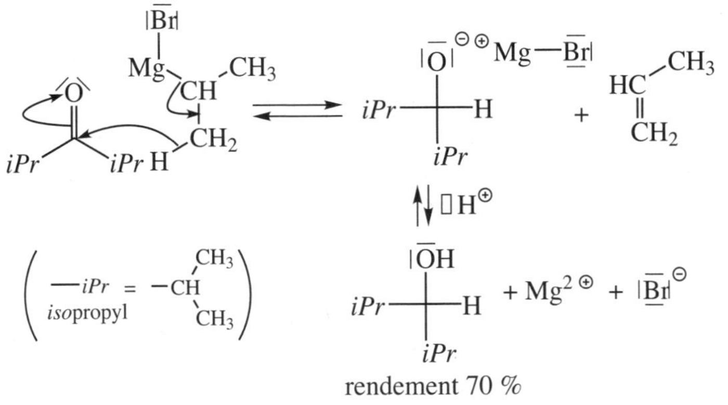

FIGURE 17.27 – Réaction parasite de réduction d'un aldéhyde ou d'une cétone

2.2 Addition nucléophile sur le dioxyde de carbone

a. Équation de réaction et conditions opératoires

L'addition nucléophile de l'organomagnésien mixte de GRIGNARD $R-\text{Mg}X$ sur le dioxyde de carbone suivie d'une hydrolyse en milieu acide conduit à la formation de l'acide carboxylique $R-\text{COOH}$.

L'atome de carbone du dioxyde de carbone est électrophile et subit la réaction d'**addition nucléophile** avec un organomagnésien mixte. L'équation de la réaction est présentée figure 17.28.

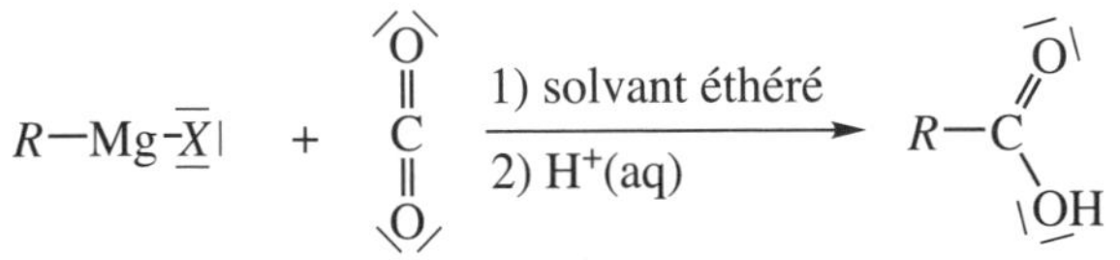

FIGURE 17.28 – Réaction d'addition d'un organomagnésien mixte sur le dioxyde de carbone

Le dioxyde de carbone est introduit dans le milieu soit sous forme solide (appelée carboglace dont la température de sublimation est de −78 °C), soit sous forme gazeuse à température ambiante, afin d'éviter l'introduction d'eau atmosphérique qui se condense sur la carboglace. Le bon rendement de la réaction fait que les applications en synthèse organique sont nombreuses (figure 17.29).

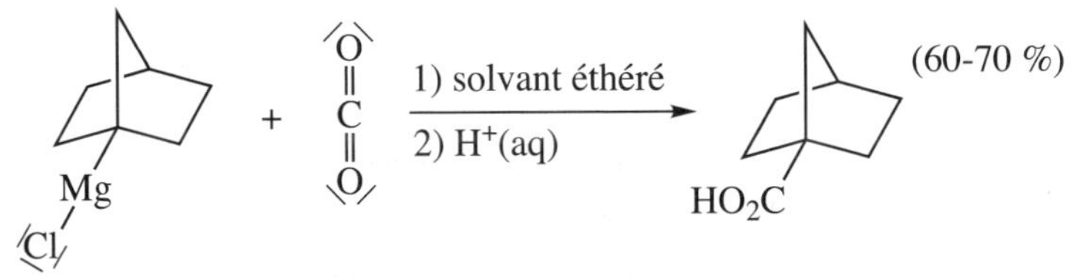

FIGURE 17.29 – Addition nucléophile d'un organomagnésien mixte sur le dioxyde de carbone

b. Mécanisme

Le mécanisme simplifié de la réaction est une addition nucléophile suivie d'un échange acido-basique (noté A/B) lors de l'hydrolyse en milieu acide (figure 17.30).

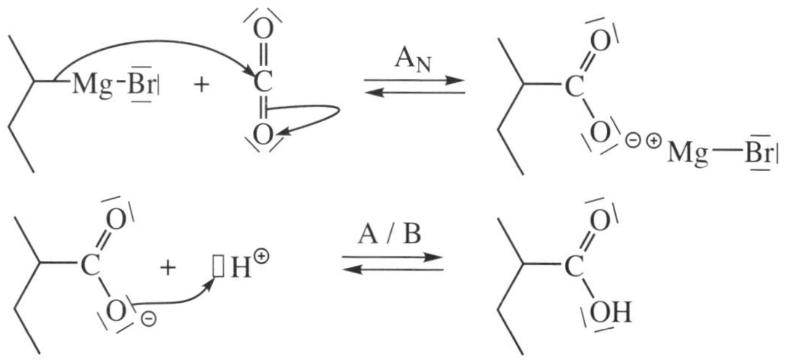

FIGURE 17.30 – Mécanisme de réaction d'un organomagnésien mixte sur le dioxyde de carbone

Un mécanisme plus proche de la réalité fait de nouveau intervenir le rôle d'acide de LEWIS du magnésium et de base de LEWIS du dioxyde de carbone pour exalter le caractère électrophile de l'atome de carbone, comme cela a été présenté dans le cas de l'addition sur les aldéhydes et les cétones.

Exercice résolu

Rétrosynthèse de formation d'un acide carboxylique

Proposer une méthode de synthèse de l'acide 2-méthylbutanoïque à partir d'une molécule organique possédant quatre atomes de carbone.

Réponse :

Il faut faire l'analyse *rétrosynthétique* (synthèse « à l'envers ») de la molécule. La formation d'un acide carboxylique se fait par addition d'un nucléophile carboné sur le dioxyde de carbone, composé possédant un atome de carbone électrophile :

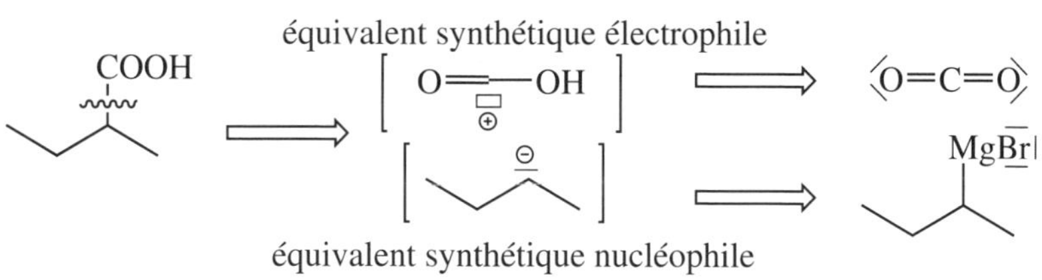

La synthèse a été effectivement réalisée avec un rendement de 86 % :

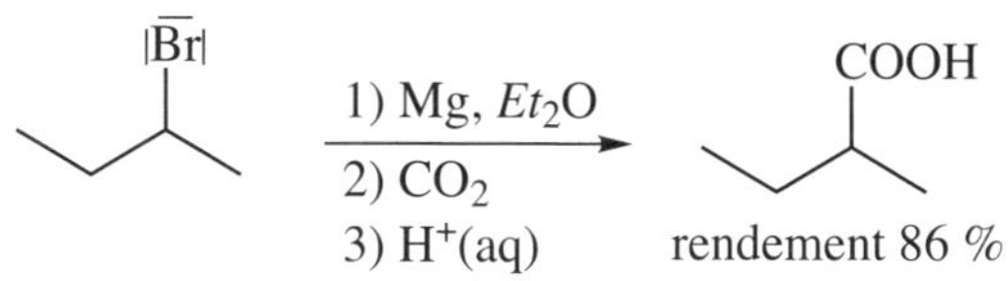

2.3 Addition nucléophile sur un nitrile

a. Équations de réactions et conditions opératoires

L'addition nucléophile d'un organomagnésien mixte de GRIGNARD sur un nitrile suivie d'une hydrolyse en milieu acide conduit à la formation d'une cétone, et dans quelques cas à une imine.

Les nitriles sont des molécules portant le groupe fonctionnel $-C \equiv N$, identifié en spectroscopie infra-rouge par une bande intense vers 2200 cm^{-1}. Par analogie avec les aldéhydes et les cétones, une forme mésomère représentative d'un nitrile fait apparaître le **caractère électrophile de l'atome de carbone** lié à l'atome d'azote (figure 17.31).

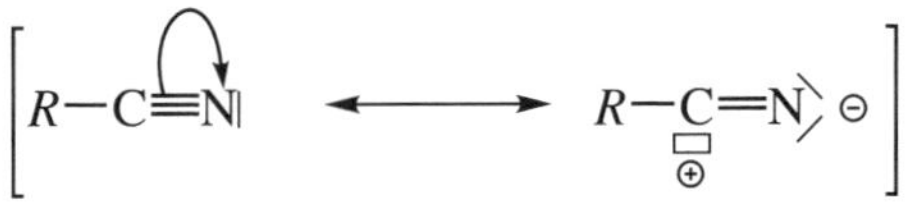

FIGURE 17.31 – Forme mésomère d'un nitrile mettant en évidence le caractère électrophile de l'atome de carbone lié à l'atome d'azote

La réaction d'**addition nucléophile** d'un organomagnésien mixte sur le groupe fonctionnel nitrile conduit à la formation de la base conjuguée d'une **imine** et l'hydrolyse en milieu acide permet de former d'abord l'imine par protonation de l'atome d'azote, en général instable en milieu acide aqueux, qui conduit à la **cétone**, comme cela est présenté figure 17.32.

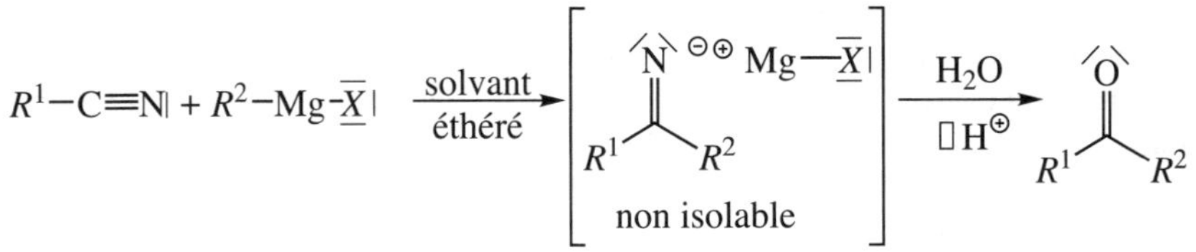

FIGURE 17.32 – Équation de réaction d'un organomagnésien mixte sur un nitrile

La réaction très utile en synthèse conduit à des rendements généralement bons, comme l'illustre la figure 17.33.

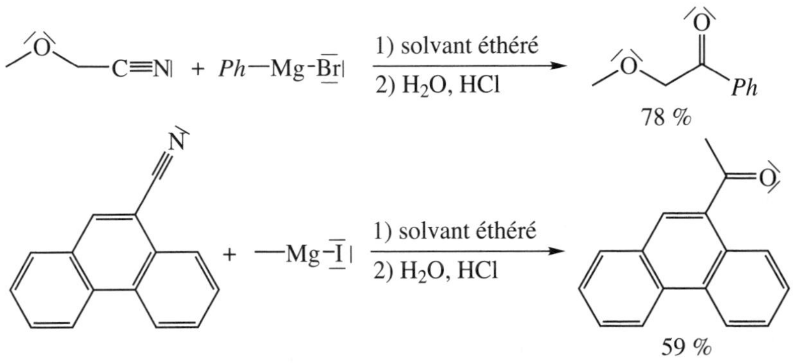

FIGURE 17.33 – Exemples de réaction d'un organomagnésien mixte sur un nitrile

b. Mécanisme d'obtention de l'imine puis de la cétone

L'**addition nucléophile** (catalysée par le rôle acide de LEWIS de l'organomagnésien mixte) **suivie de l'hydrolyse en milieu acide** conduit dans un premier temps à la formation d'une imine, qui n'est stable en milieu aqueux que dans le cas où les deux groupes alkyles sont des groupes aromatiques. L'imine subit une succession d'échanges acido-basiques puis une addition nucléophile-élimination conduisant à la formation de la cétone (figure 17.34).

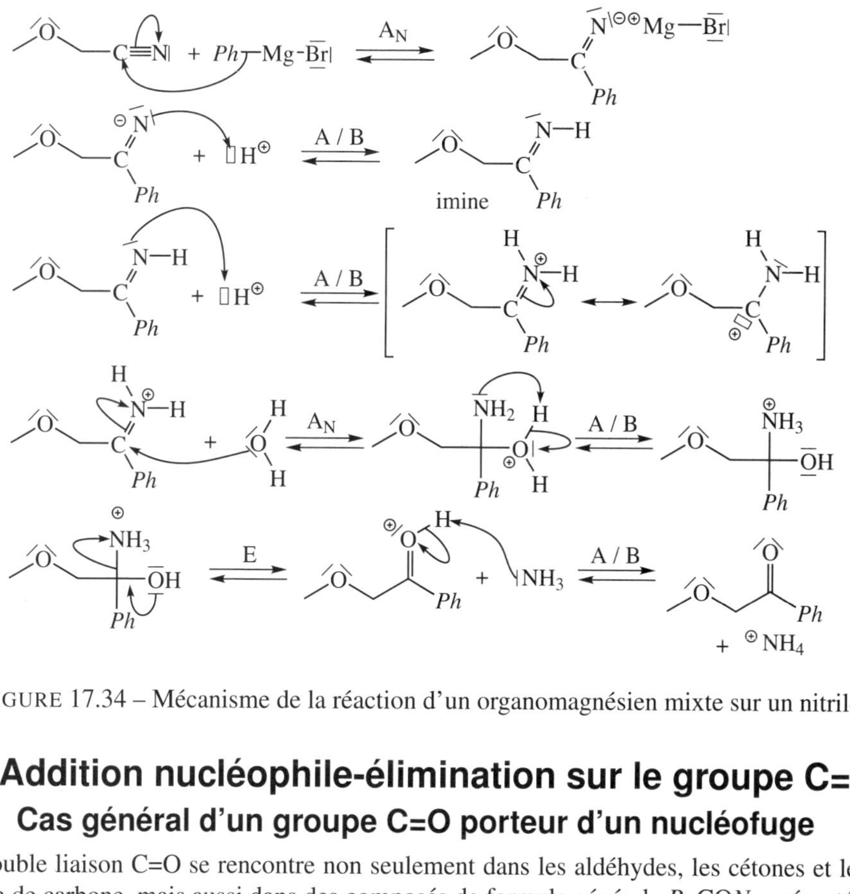

FIGURE 17.34 – Mécanisme de la réaction d'un organomagnésien mixte sur un nitrile

3 Addition nucléophile-élimination sur le groupe C=O

3.1 Cas général d'un groupe C=O porteur d'un nucléofuge

La double liaison C=O se rencontre non seulement dans les aldéhydes, les cétones et le dioxyde de carbone, mais aussi dans des composés de formule générale *R*–CO*Nu* présentés figure 17.35, souvent appelés **dérivés des acides carboxyliques**. Le groupe Nu^- est un groupe nucléofuge : lors de la rupture de la liaison C$-Nu$, le groupe $-Nu$ emporte le doublet de la liaison, formant ainsi le nucléofuge Nu^-.

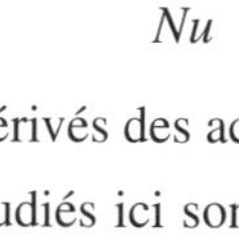

FIGURE 17.35 – Dérivés des acides carboxyliques

Les dérivés des acides carboxyliques étudiés ici sont les **chlorure d'acyle**, les **esters** et les

anhydrides d'acide (voir la table 17.2).

	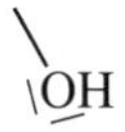		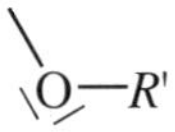	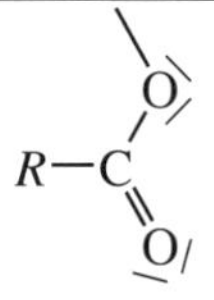
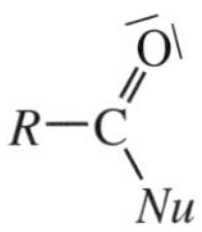 Nom de la fonction	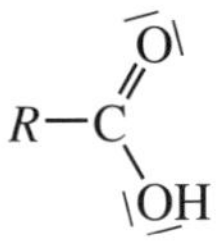 acide carboxylique	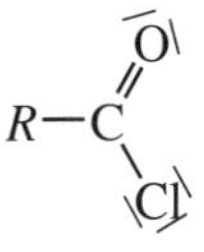 chlorure d'acyle	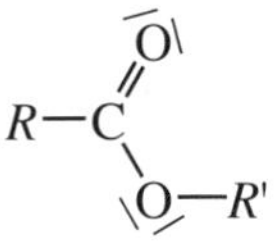 ester	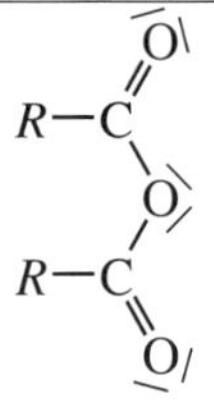 anhydride d'acide
	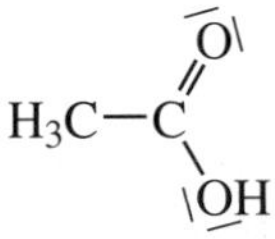	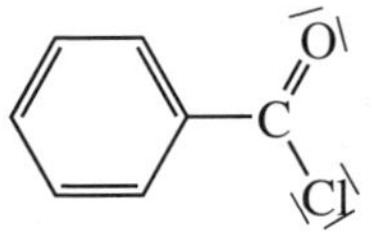	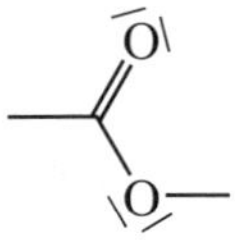	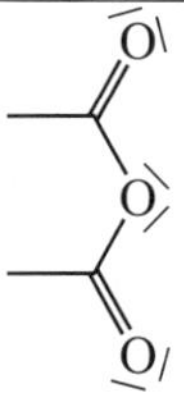
Exemple nom	acide éthanoïque	chlorure de benzoyle	éthanoate de méthyle	anhydride éthanoïque
Nom trivial	acide acétique		acétate de méthyle	anhydride acétique

TABLE 17.2 – Dérivés des acides carboxyliques et exemples

Pour tous ces composés, la forme mésomère à séparation de charge met en évidence que l'atome de **carbone lié à l'atome d'oxygène** est **électrophile** (figure 17.36), de manière tout à fait analogue au cas des aldéhydes et des cétones.

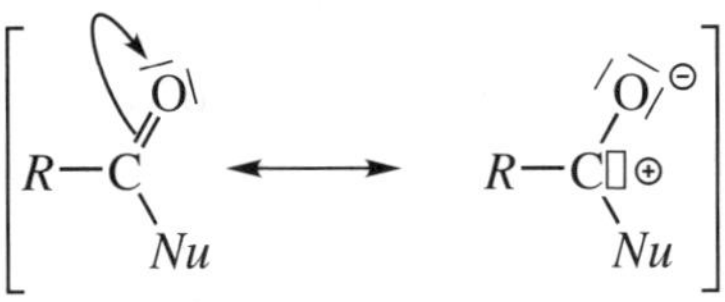

FIGURE 17.36 – Forme mésomère illustrant le caractère électrophile des dérivés d'acides.

Dans le cas d'un acide carboxylique, la réaction débute par une déprotonation rapide et le sel carboxylate magnésien précipite : en général, la réaction s'arrête à ce stade. Dans le cas des dérivés d'acide, les réactions avec les organomagnésiens mixtes commencent par une addition nucléophile. Mais par rapport au cas des aldéhydes et des cétones, la réaction se poursuit par l'**élimination du groupe nucléofuge**.

3.2 Addition nucléophile-élimination sur un chlorure d'acyle

a. Équation de réaction et conditions opératoires

L'addition nucléophile-élimination d'un organomagnésien mixte de GRIGNARD sur un chlorure d'acyle conduit à la formation d'une cétone.

L'équation de la réaction est présentée figure 17.37. Le chlorure de méthanoyle HCOCl n'est pas un composé stable, cette réaction ne peut jamais conduire à un aldéhyde.

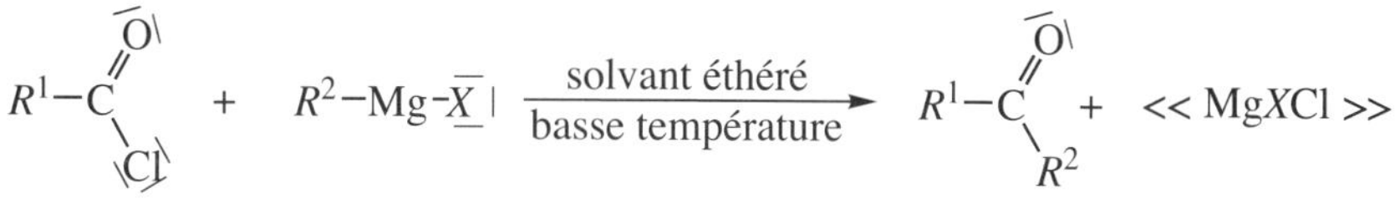

FIGURE 17.37 – Équation de la réaction entre un chlorure d'acyle et un organomagnésien mixte

Un exemple de réaction est proposé figure 17.38.

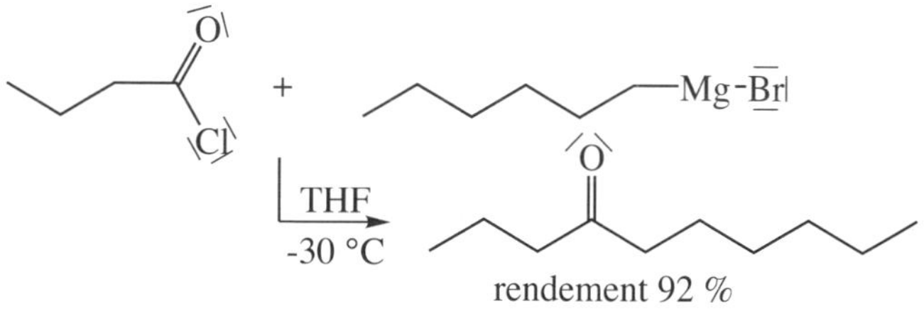

FIGURE 17.38 – Exemple de réaction entre un chlorure d'acyle et un organomagnésien mixte

Les conditions de réactions sont très importantes pour mener correctement une telle synthèse. En effet, **la cétone** formée **peut à son tour réagir** avec une molécule d'organomagnésien mixte pour former un alcool tertiaire. La synthèse est cependant possible car la réaction est **chimiosélective** : la réaction du chlorure d'acyle avec l'organomagnésien est plus rapide que la réaction de la cétone avec l'organomagnésien. Afin de ne pas laisser la cétone en cours de formation en contact prolongé avec l'organomagnésien mixte, on procède à une **addition inverse** : l'organomagnésien est additionné sur le chlorure d'acyle et non l'inverse. Ceci peut être réalisé avec un montage de transfert par canule, sous atmosphère inerte (figure 17.39).

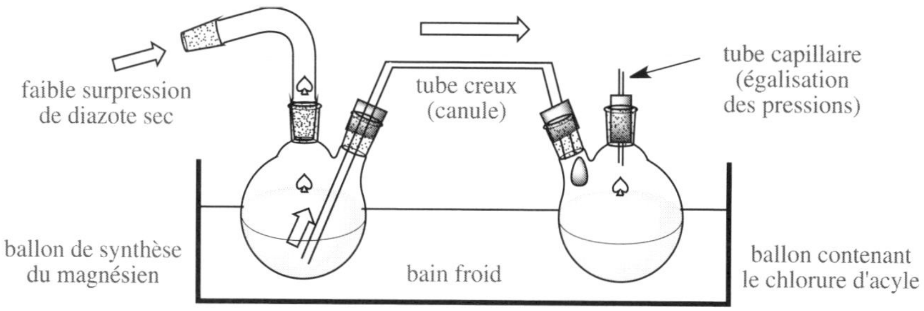

FIGURE 17.39 – Montage permettant l'addition lente, sous atmosphère inerte

La faible surpression de gaz inerte entraîne la solution éthérée contenant l'organomagnésien mixte dans le tube de transfert (canule), tout en le maintenant à l'abri de l'air. L'addition est réalisée goutte à goutte : l'organomagnésien mixte ajouté réagit plus vite sur le chlorure d'acyle restant que sur la cétone déjà formée. La chimiosélectivité est améliorée en travaillant à basse température (souvent à -78 °C, température obtenue au laboratoire par un bain de propanone contenant de la carboglace).

b. Mécanisme simplifié

La réaction est une séquence **addition nucléophile-élimination** ($A_N + E$), et ne nécessite pas d'hydrolyse finale pour obtenir la cétone (figure 17.40).

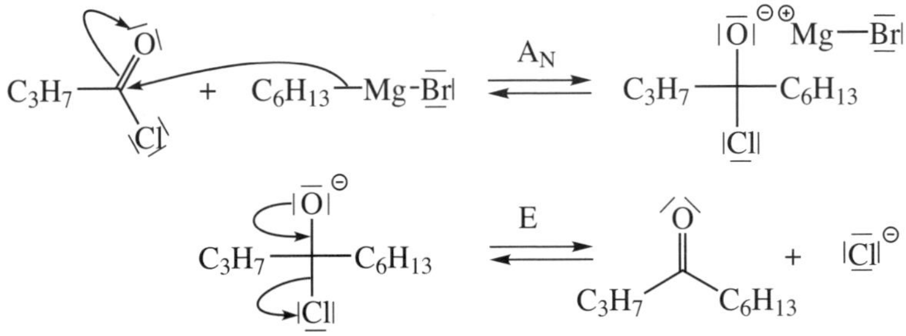

FIGURE 17.40 – Mécanisme d'addition nucléophile élimination ($A_N + E$) de réaction d'un organomagnésien mixte sur un chlorure d'acyle

À nouveau, la réaction est probablement accélérée par la formation préalable d'un adduit acide-base de LEWIS entre l'atome d'oxygène du chlorure d'acyle et le magnésium de l'organomagnésien mixte.

3.3 Addition nucléophile-élimination sur un anhydride d'acide

a. Équation de réaction et conditions opératoires

L'addition nucléophile-élimination d'un organomagnésien mixte de GRIGNARD sur un anhydride d'acide conduit à la formation d'une cétone.

La réaction (figure 17.41) est semblable à celle des chlorures d'acyle, le nucléofuge Cl^- étant remplacé par le nucléofuge $R-COO^-$.

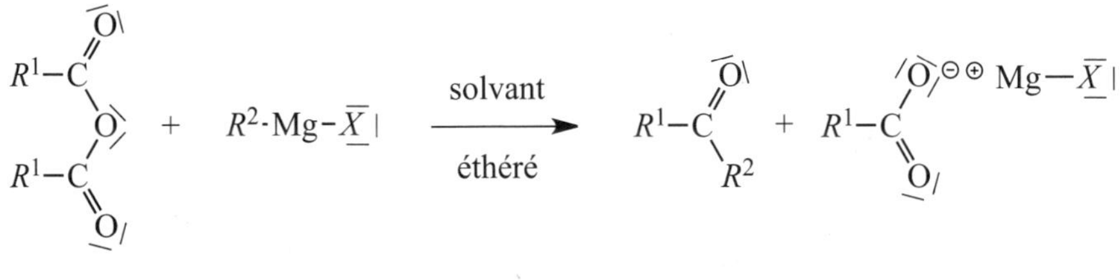

FIGURE 17.41 – Réaction entre un anhydride d'acide et un organomagnésien mixte

Un exemple de réaction est proposé figure 17.42. Les anhydrides d'acide sont moins réactifs que les chlorures d'acyle : la réaction est conduite au reflux du solvant.

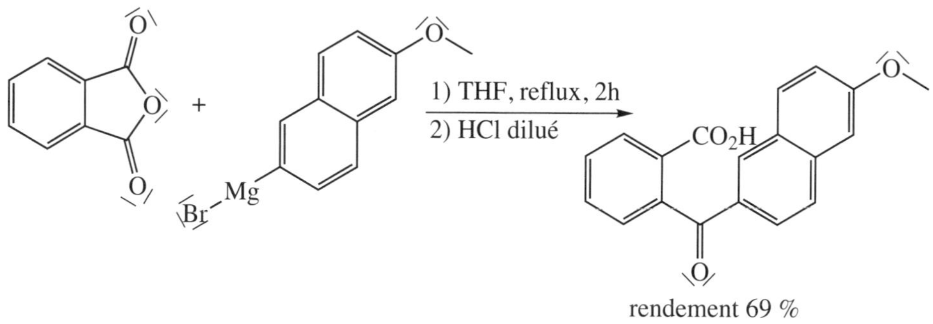

FIGURE 17.42 – Exemple de réaction entre un anhydride d'acide et un organomagnésien mixte

Les exemples sont peu nombreux : la réaction n'a pas trouvé beaucoup d'applications.

b. Mécanisme

Le mécanisme est une **addition nucléophile-élimination**, présenté figure 17.43.

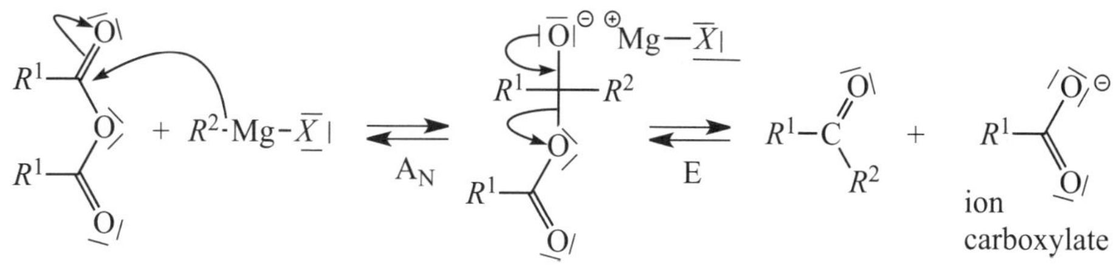

FIGURE 17.43 – Mécanisme de la réaction entre un anhydride d'acide et un organomagnésien mixte

L'ion carboxylate est un sous-produit de la réaction et est éliminé par lavage en milieu basique.

3.4 Addition nucléophile-élimination sur un ester

a. Équation de réaction et conditions opératoires

L'addition de *deux* équivalents d'organomagnésien mixte de GRIGNARD sur un ester conduit à la formation d'un alcool.

Dans un premier temps, la réaction d'un organomagnésien mixte sur un ester se déroule de la même manière que sur un chlorure d'acyle ou un anhydride d'acide et conduit à une cétone. Cependant, la chimiosélectivité de la réaction est inverse de celle des cas précédents : les cétones réagissent plus vite que les esters sur les organomagnésiens. Par conséquent, il est **impossible de s'arrêter au stade de la cétone** et l'addition d'un deuxième équivalent d'organomagnésien mixte conduit à la **formation d'un alcool** (figure 17.44).

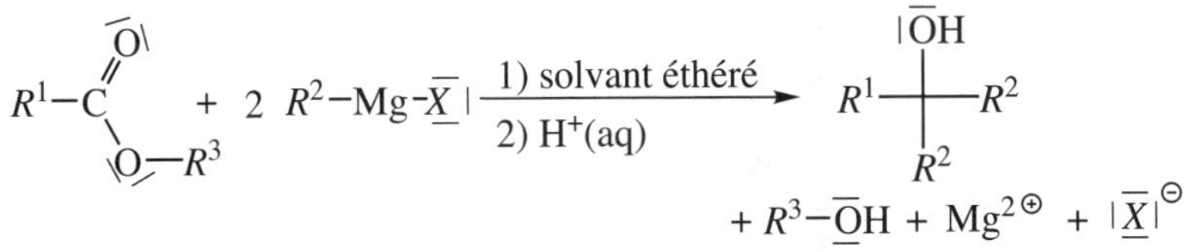

FIGURE 17.44 – Réaction entre un ester et un organomagnésien mixte

La réaction, conduite au reflux du solvant, fournit des alcools tertiaires avec souvent d'excellents rendements, comme le montre l'exemple de la figure 17.45.

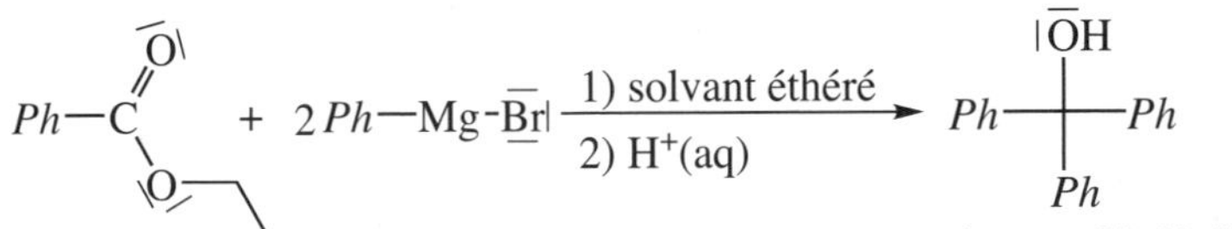

rendement 89-93 %

FIGURE 17.45 – Réaction entre un ester et deux équivalents d'un organomagnésien mixte

La réaction forme de l'éthanol comme sous-produit organique.

b. Mécanisme

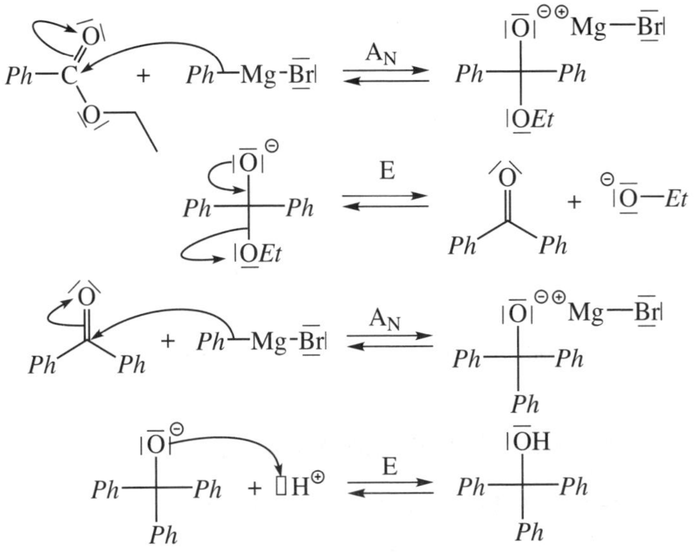

FIGURE 17.46 – Mécanisme de la réaction entre un ester et deux équivalents d'un organomagnésien mixte

La première phase de la réaction est une **addition nucléophile-élimination** comme pour les autres dérivés d'acide. La cétone formée (figure 17.46) réagit ensuite avec un deuxième équivalent d'organomagnésien mixte suivant le mécanisme déjà vu dans les paragraphes précédents.

Exercice résolu

Addition d'un organomagnésien sur une lactone

Une lactone est un ester cyclique. Proposer un mécanisme pour la réaction présentée ci-dessous.

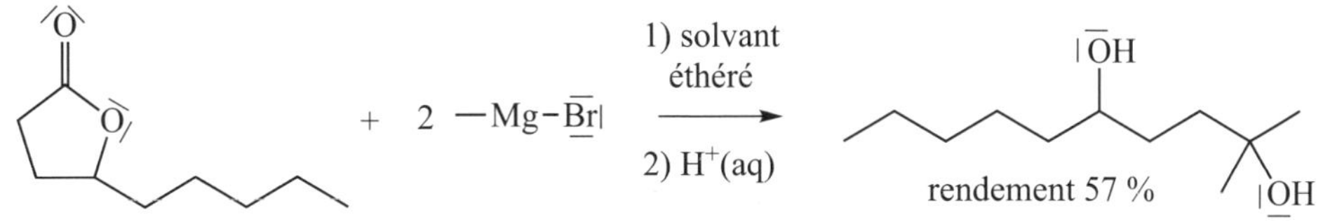

Réponse :

Le mécanisme est celui étudié dans le cas de la réaction entre un ester et un organomagnésien mixte. L'étape d'élimination de l'ion alcoolate ne conduit qu'à un seul fragment puisque c'est une réaction d'ouverture de cycle.

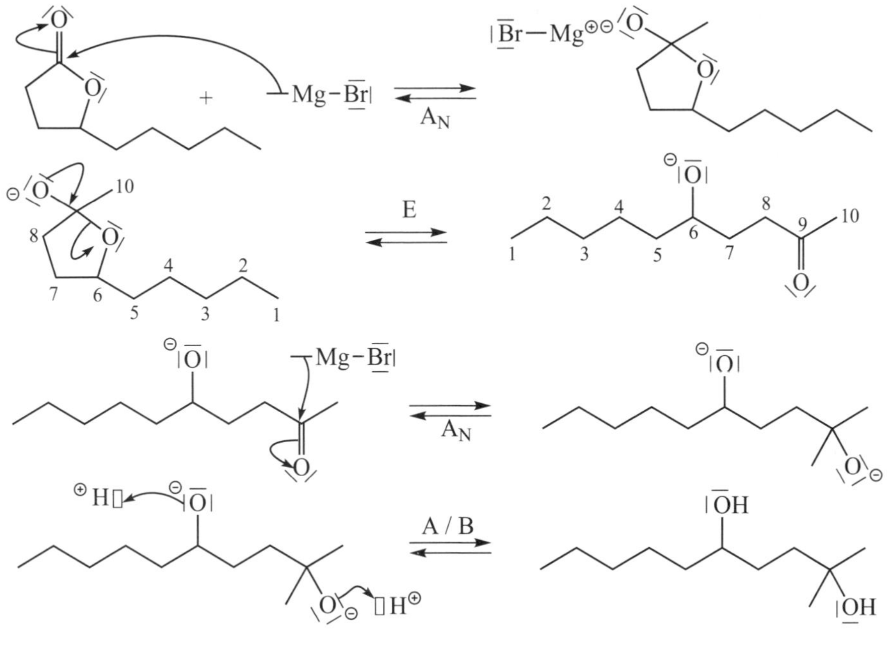

c. Réaction à basse température

En travaillant à basse température (−78 °C), il est possible d'arrêter la réaction au stade d'une seule addition d'organomagnésien mais pour des raisons différentes de celles exposées dans le cas des réactions des chlorure d'acyle. À basse température, l'intermédiaire tétraédrique est suffisamment stable pour ne pas évoluer par élimination du groupe partant alcoolate et ne donne pas la cétone. Si l'hydrolyse est réalisée à basse température, la protonation de l'intermédiaire tétraédrique qui conduit à un hémiacétal instable en milieu acide aqueux qui forme l'aldéhyde ou la cétone correspondant (voir figure 17.47).

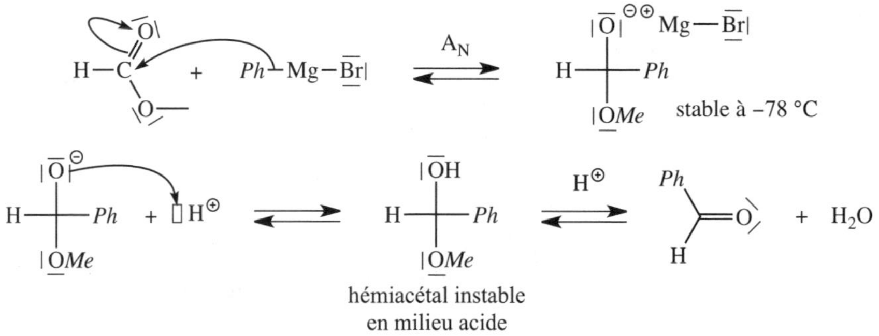

FIGURE 17.47 – Réaction d'un organomagnésien mixte sur un ester à basse température

4 Substitution nucléophile (S_N) sur un époxyde

4.1 Présentation des époxydes

Un nucléophile comme un organomagnésien mixte réagit par une réaction d'addition nucléophile sur un composé insaturé présentant une liaison multiple C–*X* (*X* hétéroatome) et par une réaction de **substitution nucléophile sur composé saturé** possédant un groupe nucléofuge. C'est le cas des époxydes, étheroxydes cycliques dont le cycle est composé de deux atomes de carbone et d'un atome d'oxygène (figure 17.48).

FIGURE 17.48 – Formule générale d'un époxyde et du plus simple des époxydes, l'oxirane

✎ Le mécanisme de substitution nucléophile a déjà été abordé dans le chapitre sur les alcènes lors de l'ouverture de l'ion bromonium ponté. Ce type d'acte élémentaire sera développé de manière approfondie lors de l'étude des halogénoalcanes.

Bien que les étheroxydes soient des molécules peu réactives (ils sont utilisés comme solvants). *A contrario*, ils peuvent subir très facilement une **ouverture du cycle** par **rupture de la liaison carbone-oxygène**, le doublet étant emporté par l'atome d'oxygène, plus électronégatif que le carbone. En effet, le cycle à trois chaînons impose des angles entre les liaisons voisins de 60 °, alors que la géométrie de type AX_4E_0 des atomes de carbone impose, en l'absence de contrainte, un angle de 109,5 °. Le **cycle** est dit **tendu**, aussi la réaction d'ouverture du cycle est favorisée par la **perte de la tension de cycle**.

4.2 Équation de réaction et conditions opératoires

La substitution nucléophile d'un organomagnésien mixte de GRIGNARD sur un époxyde conduit à la formation d'un alcool.

L'équation de réaction est présentée figure 17.49.

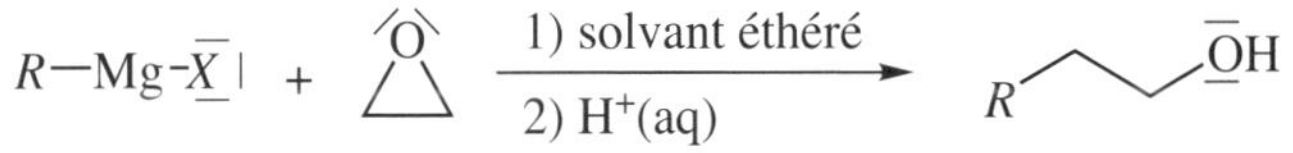

FIGURE 17.49 – Équation de réaction d'un époxyde avec un organomagnésien mixte

La réaction permet de synthétiser des **alcools primaires** avec une augmentation de **deux atomes de carbone** de la chaîne carbonée (parfois appelée **synthèse à** $n+2$), alors que l'addition de méthanal, seule méthode de synthèse d'un alcool primaire examinée jusqu'ici, ne permet l'augmentation de la chaîne carbonée que d'une seule unité (synthèse à $n+1$). Un exemple est proposé figure 17.50.

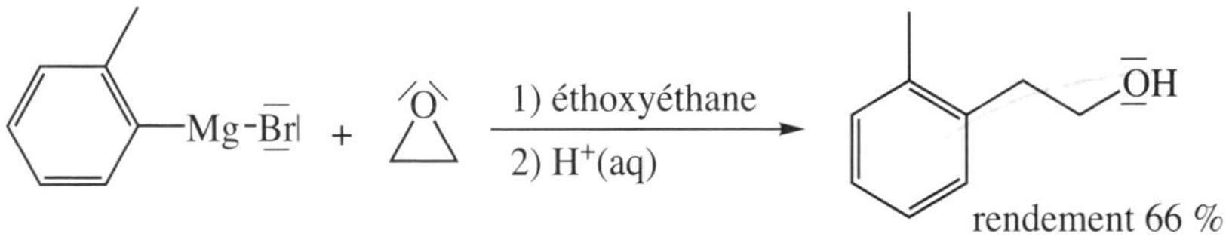

FIGURE 17.50 – Exemple de réaction d'un époxyde avec un organomagnésien mixte

Exercice résolu

Rétrosynthèse d'alcool primaire

Proposer des réactifs pour synthétiser le cyclohexylméthanol et le 2-cyclohexyléthan-1-ol à partir de chlorure de cyclohexylmagnésium.

Réponse :

Dans les deux cas il s'agit de synthétiser un alcool primaire. Dans le premier cas la chaîne carbonée est augmentée d'une unité, par conséquent la réaction est réalisée avec du méthanal. Dans le second cas, la chaîne carbonée est augmentée de deux unités. La réaction est donc menée grâce à l'oxirane.

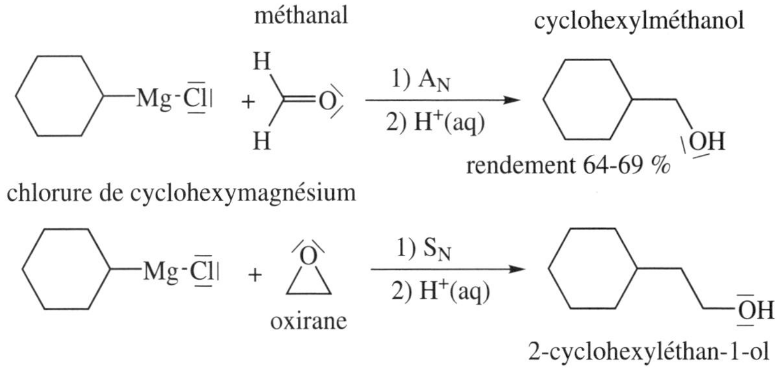

4.3 Mécanisme simplifié

L'étape clé-du mécanisme est une **substitution nucléophile**, le groupe nucléofuge étant l'ion alcoolate (figure 17.51) ; cet ion alcoolate est converti en alcool lors de l'hydrolyse acide.

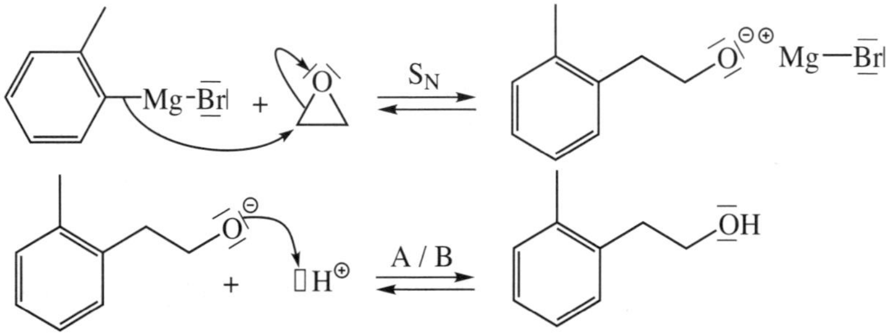

FIGURE 17.51 – Mécanisme de la réaction d'un époxyde avec un organomagnésien mixte

4.4 Régiosélectivité

Dans le cas de la réaction d'un organomagnésien avec un époxyde non symétrique, on peut envisager la formation de deux alcools, correspondants à l'ouverture du cycle de l'époxyde par attaque nucléophile sur l'un ou l'autre carbone (voir figure 17.52).

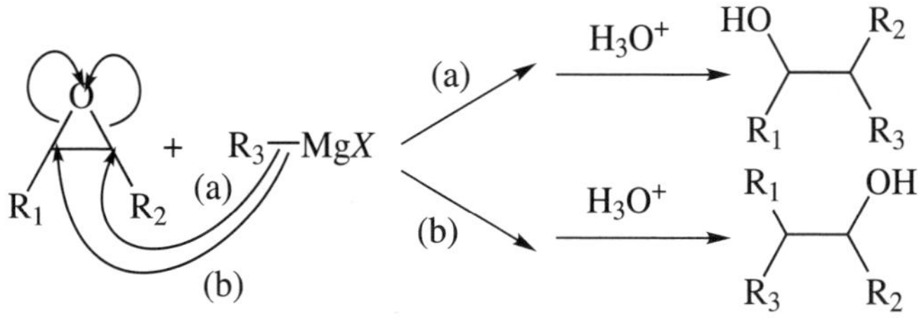

FIGURE 17.52 – Réaction d'un époxyde dissymétrique avec un organomagnésien mixte

Les résultats dépendent de nombreux facteurs : encombrement stérique, effets électroniques et procédure d'addition des réactifs. L'essentiel est que, **très souvent**, c'est l'atome de **carbone le moins encombré** qui **réagit le plus vite** et l'alcool correspondant à la substitution sur ce carbone est le produit majoritaire.

C'est le cas lorsque l'époxyde du propène est traité par le bromure de prop-1-ène-1-magnésium qui conduit majoritairement au hex-2-én-5-ol. Signalons que si l'époxyde porte des substituants électrodonneurs comme un noyau aromatique ou une triple liaison C≡C, c'est le carbone lié à ces substituants qui est préférentiellement attaqué. Ceci montre que les effets électroniques jouent aussi un rôle important.

✎ On pourra étudier le problème 17.9 pour découvrir d'autres produits inattendus.

Des réactions dans l'eau avec des espèces organométalliques

L'eau présente de nombreux avantages par rapport aux solvants employés pour la préparation des réactifs organométalliques (des éthers le plus souvent) :

- il s'agit du solvant le plus économique et sa toxicité est nulle ;
- il est ininflammable alors que les éthers présentent des températures-éclair (température la plus basse où la concentration des vapeurs émises est suffisante pour produire une déflagration au contact d'une flamme ou d'un point chaud) très basses : −40 °C pour le diéthyle éther, −17,5 °C pour le tétrahydrofurane ;
- les procédés de séparation des espèces chimiques obtenues sont très souvent simplifiés (décantation) et nécessitent une faible dépense d'énergie (alors qu'un solvant doit être évaporé) ;
- sa capacité thermique molaire est élevée ce qui permet un contrôle aisé des transferts thermiques lors des réactions fortement exothermiques.

Les réactifs de GRIGNARD sont des espèces chimiques très sensibles à l'eau et de manière générale à tous les donneurs de protons qui provoquent leur décomposition. Les nombreux avantages de l'eau ont cependant conduit les chimistes à rechercher des composés organométalliques susceptibles de réagir en milieu aqueux.

Les premiers succès en ce domaine ont été obtenus en utilisant les conditions dites de BARBIER, c'est-à-dire en préparant *in situ* le composé organométallique par action du dérivé halogéné (bromé ou chloré) sur le métal en présence de l'électrophile. Le magnésium est remplacé par le zinc, la réaction s'effectue avec de bons rendements dans le cas d'halogénures allyliques :

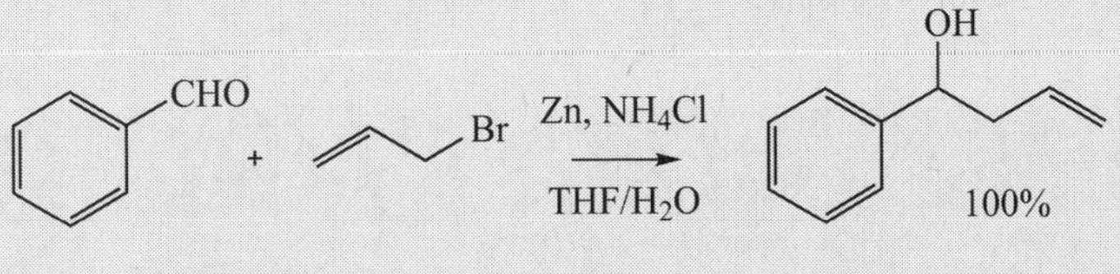

D'autres métaux (comme l'étain ou le bismuth) ont été utilisés dans le but de trouver des conditions intéressantes de synthèse. Les meilleurs résultats en ce domaine ont été obtenu à partir du début des années 90 avec les dérivés de l'indium. Ce métal présente une caractéristique intéressante : alors que son énergie de première ionisation (5,79 eV) est très voisine de celle des métaux alcalins ($EI1_{(Li)} = 5{,}39$ eV, $EI1_{(Na)} = 5{,}12$ eV) et plus basse que celle du magnésium (7,65 eV) ou du zinc (9,39 eV), il ne forme pas d'oxydes à l'air et ne réagit pas avec l'eau ($E^\circ_{(In^{3+}/In)} = -0{,}34$ V) en milieux neutre ou basique.

La réaction ci-dessus s'effectue également avec l'indium. Ce métal ne nécessite pas de solvant organique et permet de faire réagir des espèces chimiques sensibles aux réactions d'hydrolyse. Ainsi la cétone suivante, mise à réagir avec le 1-bromoprop-2-ène, est détruite en présence de zinc, alors que l'indium permet d'obtenir l'alcool tertiaire avec un rendement de 70 %.

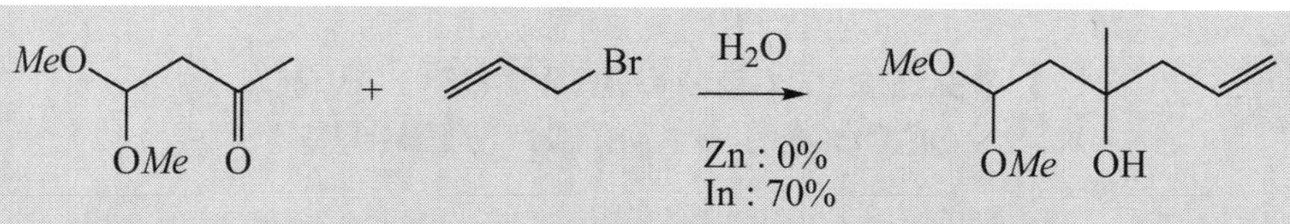

FIGURE 17.53 – Comparaison du zinc et de l'indium dans la réaction d'addition

Enfin, il a pu être montré que les dérivés organométalliques de l'indium sont compatibles avec la présence d'une fonction acide carboxylique sur un des réactifs lors d'une réaction d'addition sur une cétone.

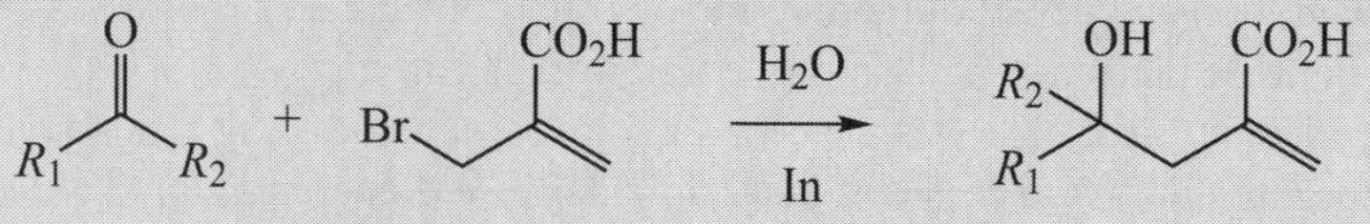

FIGURE 17.54 – Réaction d'addition sur une cétone en présence d'un groupe acide carboxylique

Cette réaction qui s'effectue avec de bons rendements dans l'eau n'a pas lieu dans les solvants organiques.

EXERCICES

17.1 Synthèse magnésienne (★)

Proposer une synthèse de l'acide cyclopentanecarboxylique à partir du bromocyclopentane et de tout réactif minéral nécessaire.

17.2 Synthèse magnésienne (★)

La réaction du bromure d'éthylmagnésium avec *A* suivie d'hydrolyse donne le même alcool secondaire *B* que la réaction du chlorure d'*iso*propylmagnésium avec *C*.
Donner les structures des molécules *A*, *B* et *C*. Justifier.

17.3 Synthèse magnésienne (★★)

Proposer une synthèse du 3-phénylpentan-3-ol à partir de l'acide benzoïque *Ph*–COOH (ou un de ses dérivés) et de tout composé minéral ou organique possédant au plus trois carbones.

17.4 Addition conjuguée (★★)

La réaction du bromure de phénylmagnésium sur la 1,3-diphénylprop-2-én-1-one conduit, après hydrolyse acide, à un mélange de 1,1,3-triphénylprop-2-én-1-ol et de 1,3,3-triphénylpropan-1-one.

1. En écrivant une forme mésomère du substrat (le réactif qui subit l'action de l'organomagnésien), expliquer la formation des deux produits obtenus.

2. Qu'appelle-t-on, parmi les deux produits obtenus, le produit d'addition 1,2 et le produit d'addition 1,4 ?

17.5 Réactions des organomagnésiens sur les isocyanates (★★)

Les isocyanates sont de formule R–N=C=O ; traités par un réactif de GRIGNARD, ils conduisent après hydrolyse en milieu acide à l'amide correspondant (un amide est de formule R^1CO-NR^2R^3 où R est un groupe alkyle, aryle ou un atome d'hydrogène).
Proposer un mécanisme réactionnel rendant compte de cette transformation.

17.6 Réactions des organomagnésiens sur les orthoesters (★★)

Un orthoester de formule $HC(OR')_3$ réagit avec un organomagnésien RMgX pour conduire après hydrolyse à l'aldéhyde RCHO.
Sachant que les acétals ($R-CH(OR')_2$) ou les cétals ($R^1R^2C(OR')_2$) donnent après hydrolyse en milieu acide aqueux respectivement l'aldéhyde RCHO et la cétone R^1R^2C=O, expliquer la transformation observée.

17.7 Réaction avec les ions pyridinium (★)

Expliquer la transformation suivante :

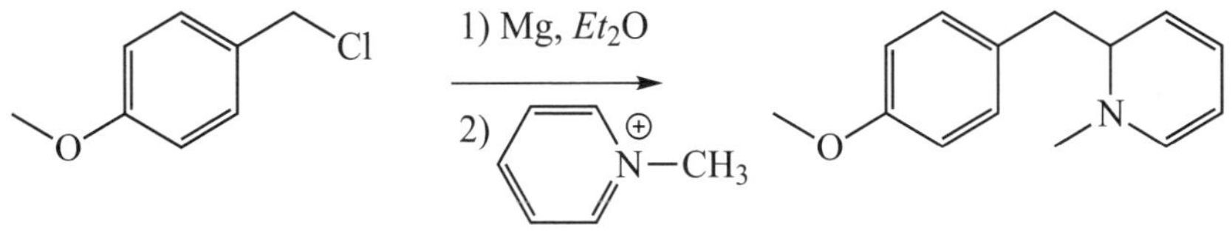

PROBLÈMES

17.8 Dosages d'un organomagnésien (★★)

On réalise une solution de 1-iodopentane (liquide de masse volumique $\rho = 1516{,}1$ kg·m^{-3}). On utilise 15 cm^3 de 1-iodopentane et du magnésium anhydre en excès. Le solvant utilisé est l'éthoxyéthane (éther diéthylique). Le volume de la solution finale est de 112 cm^3.

1. Quelle serait la concentration de l'organomagnésien en mol·L^{-1} si le 1-iodopentane était intégralement transformé en organomagnésien ?

2. On prélève 10 cm^3 de la solution magnésienne que l'on hydrolyse par 100 cm^3 d'une solution aqueuse à 0,20 mol·L^{-1} d'acide chlorhydrique. Il faut 11,3 cm^3 d'une solution aqueuse d'hydroxyde de sodium à 1,00 mol·L^{-1} pour doser l'acide n'ayant pas réagit lors de l'hydrolyse de l'organomagnésien.

a. Donner les réactions qui interviennent pendant le dosage.

b. Calculer la concentration de l'organomagnésien et le rendement de la réaction de préparation de l'organomagnésien.

3. Le diiode réagit avec les organomagnésiens selon la réaction :

$$2\,R\text{Mg}X \;+\; 2\,\text{I}_2 \;=\; 2\,R\text{I} \;+\; \text{Mg}X_2 \;+\; \text{MgI}_2.$$

On fait réagir 10,0 cm^3 de la solution magnésienne avec 10,0 cm^3 d'une solution de diiode à 1,0 mol·L^{-1} dans le toluène (méthylbenzène). Le diiode qui n'a pas réagi est dosé par les ions thiosulfate $S_2O_3^{2-}$ (ceux-ci sont oxydés en ions tétrathionate $S_4O_6^{2-}$ et le diiode est réduit en ion iodure). Il faut 25,7 cm^3 d'une solution de thiosulfate de sodium à 0,20 mol·L^{-1} pour doser le diiode restant.
a. Écrire les différentes réactions qui interviennent dans le dosage en justifiant le cas échéant leur existence.
b. Pourquoi n'a-t-on pas pris une solution aqueuse de diiode pour faire la première réaction ?
c. Calculer la concentration en organomagnésien et le rendement de la réaction de formation de l'organomagnésien estimé par cette méthode de dosage.
d. Expliquer pourquoi les résultats sont légèrement différents avec les deux méthodes de dosage. Est-il préférable d'ajouter la solution de diiode à la solution d'organomagnésien ou de procéder de façon inverse ?

Données : Masse molaire atomique : M (I) = 126,9 g·mol^{-1}

17.9 Réactions des organomagnésiens sur les époxydes (★★★)

1. Une solution d'oxyde de cyclohexène est portée à reflux en présence de bromure de magnésium anhydre dans l'éther diéthylique anhydre. On isole après extraction et purification le cyclopentylcarboxaldéhyde représenté figure ci-dessous.

a. Proposer un mécanisme réactionnel expliquant la transformation.
b. Discuter les aspects thermodynamiques de la réaction.

2. Après préparation d'un organomagnésien mixte, l'addition de 1,4-dioxane se traduit par l'apparition d'un précipité. Après filtration, l'analyse chimique du solide obtenu montre que celui-ci est le dihalogénure de magnésium complexé par du 1,4-dioxane. La solution restante conserve une réactivité à l'encontre des réactifs organiques attribuée à la présence en solution de dialkylmagnésium (ou diarylmagnésium) de formule MgR_2, et légèrement différente de celle attribuée à RMgX
a. Le traitement du 2-méthyl-1,2-époxypropane (ou 2,2-diméthyloxirane) par le diéthylmagnésium conduit exclusivement, après hydrolyse, au 2-méthylpentan-2-ol. Le traitement du phénylépoxyéthane (appelé aussi oxyde de styrène) par le diméthylmagnésium conduit au 1-phénylpropan-1-ol (voir figure ci-dessous). Quel est le facteur qui semble orienter la régiosélectivité de la réaction d'ouverture de l'époxyde par le dialkylmagnésien ?

2-méthyl-1,2-époxypropane

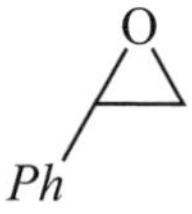

phénylépoxyéthane (oxyde de styrène)

b. Lorsqu'une solution de phénylépoxyéthane (appelé aussi 2-phényloxirane) est ajoutée à une solution de bromure de méthylmagnésium, le produit obtenu, après hydrolyse, est le 1-phénylpropan-2-ol.
En utilisant les résultats de la question **1.**, justifier la formation du produit formé.
c. Lorsqu'une solution de phénylépoxyéthane est ajoutée à une solution de bromure de phénylmagnésium, le produit obtenu, après hydrolyse, est le 2,2-diphényléthan-1-ol.
Commenter la régiosélectivité de la réaction.
d. Lorsqu'une solution de bromure de phénylmagnésium est ajoutée à une solution de phénylépoxyéthane, le produit obtenu, après hydrolyse, est le 1,2-diphényléthan-1-ol. Expliquer.
3. Le traitement du 2-méthyl-1,2-époxypropane par le bromure d'éthylmagnésium donne après hydrolyse un mélange complexe de produits. Si la réaction est conduite avec un mélange équimolaire époxyde/magnésien, on obtient deux produits : le 2-méthylpentan-3-ol et le 1-bromo-2-méthylpropan-2-ol. Si la réaction est conduite avec deux équivalents d'époxyde, on obtient, en plus des deux produits précédents du 2-méthylpentan-2-ol.
Expliquer la formation des différents produits (on ne cherchera pas à expliquer l'influence des conditions opératoires sur la nature des produits formés).

Chapitre 18

Les liaisons carbone-halogène (Deuxième période, option PC)

Les molécules organiques comportant un ou plusieurs atomes d'halogène (F, Cl, Br, I) liés à un atome de carbone sont nombreuses. Parmi elles, les composés dérivés des alcanes par la substitution d'un ou plusieurs atomes d'hydrogène par un ou plusieurs atomes d'halogène s'appellent les halogénoalcanes. Ces composés de laboratoire existent aussi dans la nature, notamment dans le milieu marin, comme le chlorométhane CH_3-Cl formé sous l'action de micro-organismes (l'eau de mer contient en grande concentration l'élément chlore, un peu moins l'élément brome, et à l'état de traces l'élément iode). Le chlorure de vinyle ($H_2C{=}CHCl$), monomère du polychlorure de vinyle (PVC) est synthétisé à hauteur de plus de vingt millions de tonnes par an dans le monde ; le dichlorométhane (CH_2Cl_2) est un solvant organique abondamment utilisé et de toxicité raisonnable comparé à d'autres solvants comme le tétrachlorométhane CCl_4. L'étude de la réactivité des halogénoalcanes nous permettra d'approfondir un type de réaction déjà abordé, la substitution nucléophile (S_N) et de découvrir un autre type de réaction, la β-élimination ($\beta-E$).

1 Présentation

1.1 Nomenclature et classe

La nomenclature des halogénoalcanes est de type substitutive : le composé porte le nom de l'alcane dont il dérive, l'atome d'halogène étant considéré comme un groupe substituant un atome d'hydrogène sur la chaîne carbonée. Le groupe fonctionnel est alors nommé **halogéno** : fluoro (F), chloro (Cl), bromo (Br) et iodo (I). Toutefois, pour les halogénoalcanes simples, une nomenclature de type **halogénure d'alkyle** perdure. Des exemples sont proposés dans la table 18.1 page 676. La réactivité chimique des halogénoalcanes dépend de la nature de l'halogène, mais aussi du degré de substitution du carbone fonctionnel, c'est-à-dire le carbone porteur de l'atome d'halogène. Afin de faciliter la discussion, les halogénoalcanes sont répartis en **classes** : si l'atome de carbone fonctionnel est lié à :

- un atome de carbone et deux atomes d'hydrogène, l'halogénoalcane est primaire ;
- deux atomes de carbone et un atome d'hydrogène, l'halogénoalcane est secondaire ;
- trois atomes de carbone, l'halogénoalcane est tertiaire.

Composé	Nomenclature systématique	Nomenclature halogénure d'alkyle
$H_3C{-}I$	iodométhane	iodure de méthyle
	2-méthyl-2-chloropropane	chlorure de *tertio*butyle
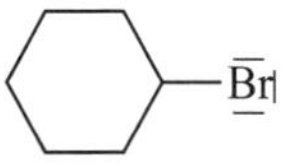	bromocyclohexane	bromure de cyclohexyle
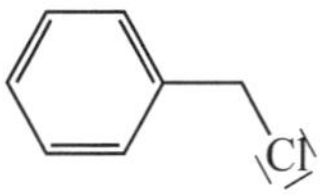	chlorophénylméthane	chlorure de benzyle

TABLE 18.1 – Exemples de nomenclature des halogénoalcanes

Les halogénométhanes, de part leurs propriétés chimiques voisines des composés primaires sont aussi classés parmi les halogénoalcanes primaires. D'autre part, en raison de leur réactivité particulière, les halogénoalcanes dont le carbone fonctionnel porte au moins un groupe phényle sont qualifiés de **benzyliques** et ceux dont le carbone fonctionnel est lié à un atome de carbone porteur d'une double liaison C=C sont qualifiés d'**allyliques**. Des exemples sont proposés tableau 18.2.

Classe	primaires	secondaire	tertiaire	benzylique	allylique
Composé	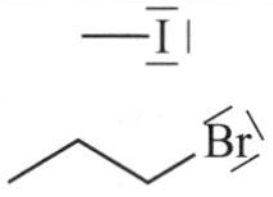	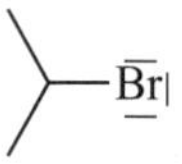	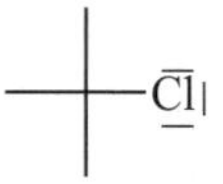	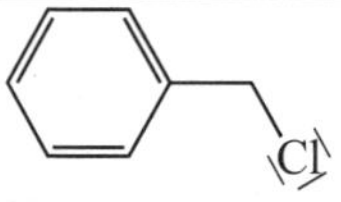	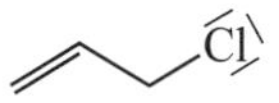

TABLE 18.2 – Classes des halogénoalcanes

Dans le cadre de ce cours, nous n'étudierons que les halogénoalcanes dont le carbone fonctionnel est de type AX_4, excluant les halogénoalcanes aromatiques (figure 18.1.a), vinyliques (figure 18.1.b) et les composés portant un atome d'halogène sur un atome de carbone porteur d'un autre groupe fonctionnel (figure 18.1.c).

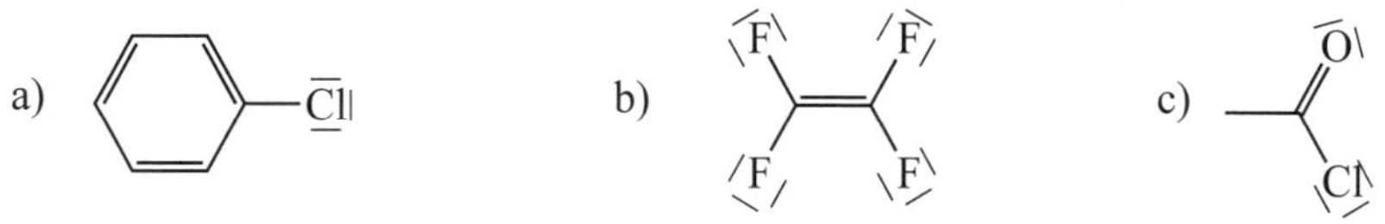

FIGURE 18.1 – Types de composés halogénocarbonés

1.2 Propriétés physiques

a. Moment dipolaire électrique

Du fait de la **différence d'électronégativité** entre l'atome de carbone (2,55 dans l'échelle de PAULING) et les atomes d'halogène, la liaison C–X est polarisée. Les halogénoalcanes ne possédant pas de centre de symétrie sont par conséquent des **molécules polaires**. Les moments dipolaires des halogénométhanes sont présentés tableau 18.3.

Atome X	Électronégativité de X	Moment dipolaire de $CH_3 - X$ / Debye	Distance $C-X$ / pm
F	4,0	1,81	135
Cl	3,2	1,87	177
Br	3,0	1,80	194
I	2,7	1,64	214

TABLE 18.3 – Électronégativité des atomes d'halogène dans l'échelle de PAULING, moment dipolaire des molécules d'halogénométhanes et longueur de liaison $C - X$

L'évolution du moment dipolaire de la molécule n'est pas monotone en fonction de la période de l'halogène, et reste à peu près constant. Ce résultat peut être interprété par le fait suivant : en descendant dans la classification périodique, la différence d'électronégativité entre l'atome de carbone et l'atome d'halogène diminue, mais la longueur de liaison augmente (rappelons que la norme du moment dipolaire d'un dipôle électrostatique est $\|\overrightarrow{p}\| = |q|d$).

b. Température d'ébullition

Les températures d'ébullition de quelques halogénoalcanes linéaires sont présentées tableau 18.4.

Halogénoalcane $R - X$	$X = F$	$X = Cl$	$X = Br$	$X = I$
CH_3-X	-78	-24	3	42
C_2H_5-X	-32	12	38	72
$n - C_3H_7-X$	-3	47	71	103
$n - C_4H_9-X$	32	78	102	130
$n - C_5H_{11}-X$	65	108	129	157
$n - C_6H_{13}-X$	92	134	155	180

TABLE 18.4 – Températures d'ébullition d'halogénoalcanes sous une atmosphère (en °C)

Les **évolutions** sont ici **monotones** en fonction de deux paramètres :

- pour un même squelette carboné, la température d'ébullition augmente quand la période à laquelle appartient l'halogène augmente ;
- pour un même halogène, la température d'ébullition augmente quand le nombre d'atomes de carbone augmente.

L'analyse de la température d'ébullition consiste à analyser le processus de changement de phase de la molécule M :

$$M(\ell) \quad = \quad M(\mathrm{g}),$$

processus au cours duquel le composé passe d'une phase où existent des interactions intermoléculaires à une phase sans interactions intermoléculaires. Les seules interactions dipôle-dipôle ne permettent pas d'interpréter ces évolutions, puisque nous avons vu que les moments dipolaires n'évoluent pas de façon monotone. Les interactions intermoléculaires que subissent les halogénoalcanes sont les trois interactions de VAN DER WAALS (KEESOM, DEBYE, LONDON). Les interactions de DEBYE et LONDON, prépondérantes pour la plupart des composés, sont des fonctions croissantes de la **polarisabilité** des molécules. Rappelons brièvement la nature physique de cette grandeur. La polarisabilité est le terme de réponse linéaire du moment dipolaire ; sous l'action d'un champ électrique extérieur $\overrightarrow{E_{\text{ext}}}$, le moment dipolaire $\vec{\mu}$ d'une molécule peut se développer en fonction de puissances croissantes du champ électrique :

$$\vec{\mu} = \vec{\mu_0} + \alpha\overrightarrow{E_{\text{ext}}} + \text{termes d'ordre supérieur}$$

$\vec{\mu_0}$ est le **moment dipolaire permanent** de la molécule. α s'appelle la **polarisabilité** (linéaire) de la molécule. Les mesures de polarisabilité sont difficiles, et une approche qualitative est souvent utilisée : une analyse dimensionnelle élémentaire montre que la polarisabilité est homogène à $4\pi\varepsilon_0 L^3$ où L est une longueur. La polarisabilité augmente avec le volume de la molécule, ce qui amène certains auteurs à introduire la notion de **volume de polarisabilité**. Les évolutions observées au tableau 18.4 sont cohérentes avec l'évolution de la polarisabilité ; dans une même colonne de la classification périodique, la polarisabilité croît avec la période puisque le volume croît.

- lorsque le numéro atomique de l'atome d'halogène croît, l'halogénoalcane est de plus en plus polarisable. Les interactions de DEBYE et LONDON augmentent, accroissant l'énergie nécessaire à la rupture de ces interactions intermoléculaires pour effectuer le changement de phase ;
- l'augmentation de la longueur de la chaîne carbonée conduit au même résultat : en augmentant le nombre d'atomes de carbone, le nombre d'électrons responsables de la polarisabilité augmente, et donc les interactions de VAN DER WAALS.

2 Réaction de substitution nucléophile S_N

2.1 Équation de réaction et exemples

a. Vocabulaire

Le terme nucléophile est issu du grec *philos*,« qui aime », signifiant « qui aime les noyaux », c'est-à-dire les centres positifs. Les réactifs nucléophiles sont donc des réactifs porteurs d'un doublet non liant ou faiblement lié pouvant se lier à un atome d'une autre molécule en créant une liaison. Ils peuvent être classés en trois catégories :

- $|Nu^-$, les nucléophiles pour lequel l'atome porteur du doublet libre utilisé est aussi porteur d'une charge formelle négative ;
- $|Nu$, les nucléophiles pour lequel l'atome porteur du doublet libre utilisé est neutre ;
- $|Nu-$H les nucléophiles pour lequel l'atome porteur du doublet libre utilisé est aussi porteur d'un atome d'hydrogène.

Lors d'une réaction de substitution nucléophile sur un halogénoalcane, le réactif nucléophile se substitue à l'atome d'halogène. L'ion halogénure formé est qualifié de nucléofuge ou groupe partant.

Les équations de réaction, suivant la nature du nucléophile sont :

$$R-X \quad + \quad |Nu^- \quad = \quad R-Nu \quad + \quad X^-$$
$$R-X \quad + \quad |Nu \quad = \quad R-Nu^+ \quad + \quad X^-$$
$$R-X \quad + \quad |Nu-H \quad = \quad R-Nu \quad + \quad X^- \quad + \quad \mathrm{H}^+$$

Un exemple avec chacun des trois types de nucléophiles est présenté figure 18.2. Les réactions ont le plus souvent lieu à température ambiante ou avec un léger chauffage.

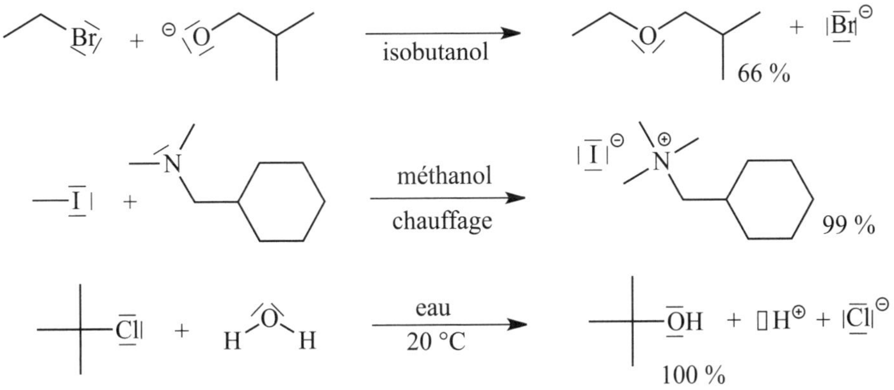

FIGURE 18.2 – Exemples de substitutions nucléophiles

Exercice résolu

Substitutions nucléophiles

Donner la formule de LEWIS des composés obtenus lors des substitutions nucléophiles proposées ci-dessous.

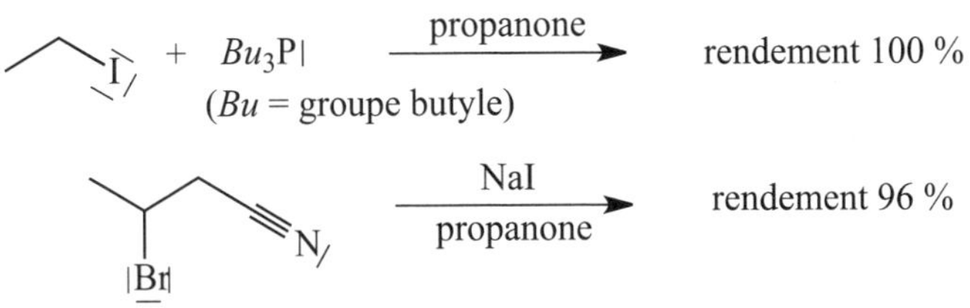

Réponse :

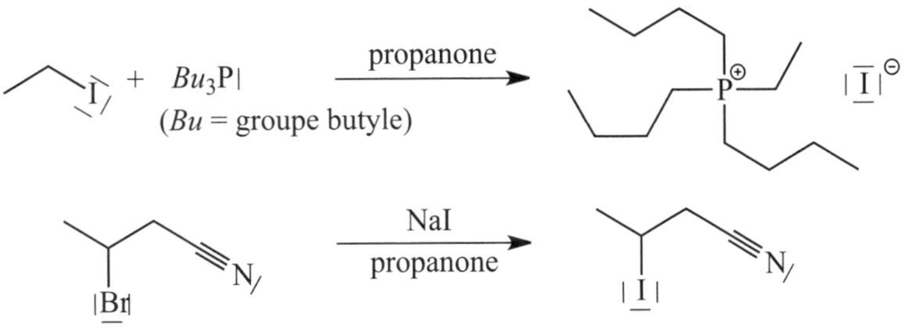

b. Cas des fluoroalcanes

Les réactions avec les fluoroalcanes sont **rares** en raison de la **faible polarisabilité** de la liaison C – F. Nous ne les aborderons donc pas dans le cadre de ce cours.

c. Études cinétiques

L'aspect cinétique des réactions de substitutions nucléophiles est essentiel pour comprendre les différentes réactivités observées (influence de la nature chimique des réactifs, des solvants utilisés, des conditions opératoires). Ces réactions appartiennent à la catégorie souvent rencontrée en chimie organique de réactions sous **contrôle cinétique**. Cette notion sera reprise et détaillée en seconde année. Nous nous intéresserons donc essentiellement dans la suite de ce cours aux données cinétiques.

d. Déroulement stéréochimique des réactions

L'analyse du déroulement stéréochimique de la réaction donne une information importante quant au mécanisme de la réaction. En effet, en présence d'un substrat **secondaire** où l'atome de carbone porteur de l'atome d'halogène est asymétrique, on observe dans une large mesure une **inversion de configuration** de l'atome de carbone. En revanche, si l'halogénoalcane est **tertiaire** et que l'atome de carbone portant l'halogène est asymétrique (et seule source de chiralité de la molécule), on assiste très largement à une **racémisation** du milieu réactionnel. Au moins deux mécanismes différents sont donc à envisager. Dans le cas de la racémisation, il y a perte d'information stéréochimique à au moins un stade de la réaction ; le carbone fonctionnel passe par un état symétrique. Une hypothèse proposée est le passage par un intermédiaire **carbocation localement plan** (de type AX_3E_0), et possédant un élément de symétrie. Dans le cas de l'inversion de configuration, il est nécessaire, à chaque instant du déroulement microscopique de la réaction, que l'information stéréochimique soit conservée, ce qui exclut la formation d'un carbocation.

2.2 Mécanisme bimoléculaire

a. Mécanisme, cinétique et profil énergétique

Dans le cas de réactions utilisant un halogénoalcane **primaire**, les études expérimentales mettent en évidence une cinétique d'**ordre global égal à deux** et d'ordres partiels égaux à un par rapport à l'halogénoalcane et au nucléophile. La loi de vitesse est de la forme :

$$r = k_2[R-X][Nu^-].$$

Ce résultat est compatible avec une réaction en un **acte élémentaire bimoléculaire**. C'est le cas du mécanisme S_N2 (l'indice 2 est utilisé pour signifier le caractère bimoléculaire du processus) présenté figures 18.3 et 18.4 pour des réactions évoquées figure 18.2.

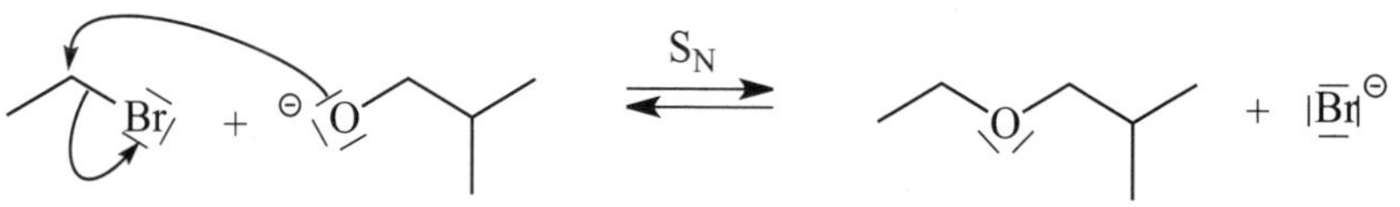

FIGURE 18.3 – Mécanisme S_N2 de substitution du bromoéthane par un ion alcoolate

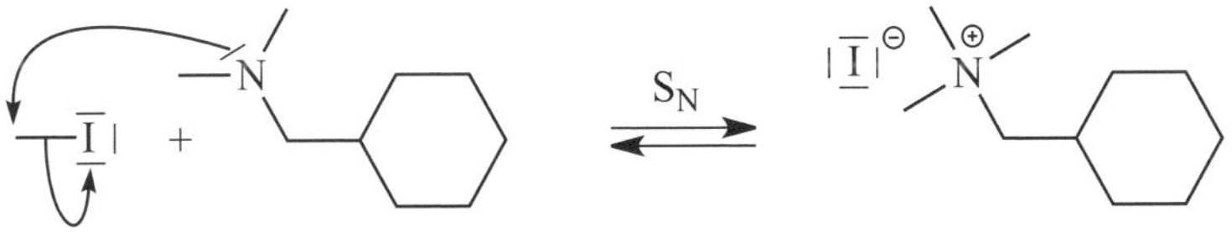

FIGURE 18.4 – Mécanisme S_N2 de substitution de l'iodoéthane par une amine tertiaire

Dans le cas des nucléophiles de type $|Nu-H$, le mécanisme se poursuit par une déprotonation rapide du produit de substitution nucléophile. Un exemple est proposé figure 18.5.

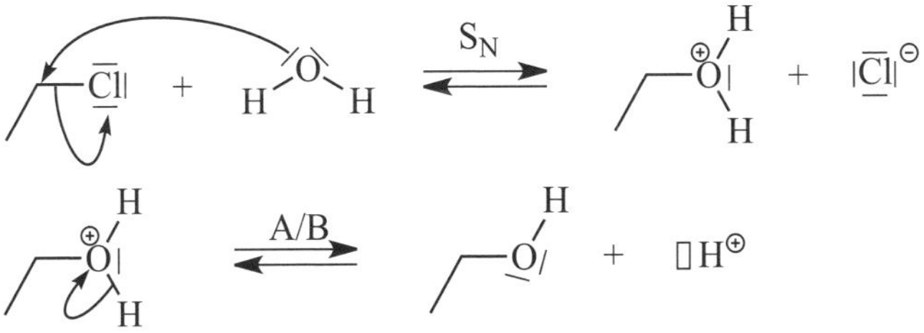

FIGURE 18.5 – Mécanisme S_N2 de substitution du chloroéthane par l'eau

Le **profil énergétique** d'une réaction se déroulant suivant un mécanisme S_N2 est schématisé figure 18.6.

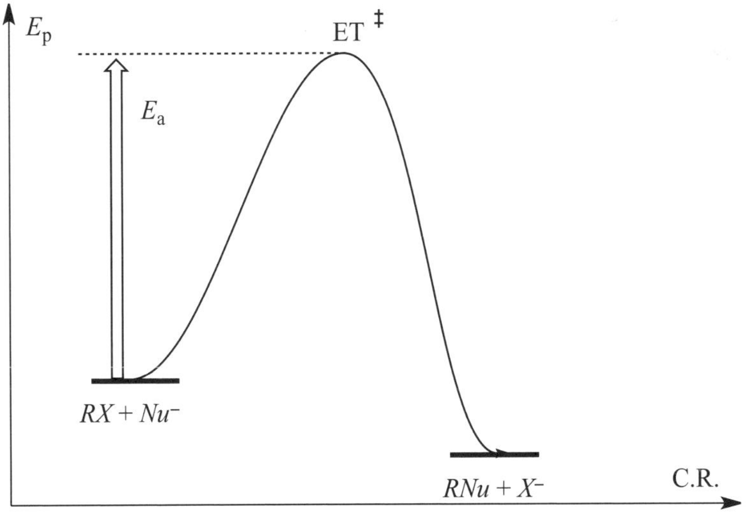

FIGURE 18.6 – Profil énergétique d'une réaction se déroulant suivant un mécanisme S_N2

Dans le diagramme représenté à la figure 18.6, la coordonnée en abscisse notée *C.R.* est appelée coordonnée de réaction et traduit l'évolution de la géométrie du système microscopique au cours de la transformation élémentaire : diminution de la longueur de liaison $C-Nu$ et augmentation de la longueur de la liaison $C-X$.

b. État de transition et conséquences stéréochimiques

L'acte élémentaire de la réaction de type S_N2 étant unique, la rupture de la liaison $C-X$ et la formation de la liaison $Nu-C$ ont lieu simultanément : le processus est dit **concerté**. Pour des raisons géométriques et orbitalaires, le processus ne peut se réaliser que dans une configuration précise du système : le nucléophile ne peut former la liaison $Nu-C$ que s'il arrive en position *anti* par rapport à la liaison $C-X$, comme cela est décrit figure 18.7. L'état de transition de ce processus est constitué du groupe alkyle devenu localement plan et des groupes nucléophile et nucléofuge en cours d'arrivée et de départ.

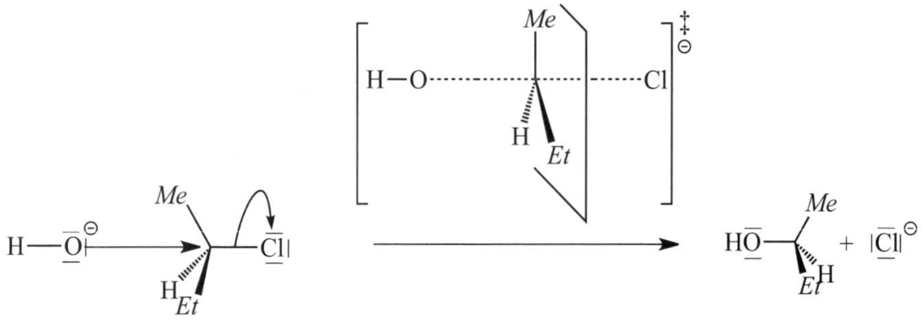

FIGURE 18.7 – Aspect stéréochimique et état de transition d'une réaction de type S_N2

Lors du processus, si l'atome de carbone fonctionnel est stéréogène, sa configuration absolue est inversée, phénomène appelé **inversion de WALDEN**. Si les ordres de priorité définis par les règles de CAHN, INGOLD et PRELOG ne sont pas modifiés (ce qui est le plus souvent le cas), il y a aussi changement de descripteur stéréochimique R/S. Les réactions se déroulant suivant un mécanisme S_N2 sont par conséquent **stéréospécifiques**.

2.3 Mécanisme monomoléculaire

a. Mécanisme, cinétique et profil énergétique

Dans les réactions utilisant un halogénoalcane tertiaire, les études expérimentales mettent en évidence une cinétique d'ordre global égal à un, et d'ordres partiels égaux à **un par rapport à l'halogénoalcane** et à zéro par rapport au nucléophile. La loi de vitesse est de la forme :

$$r = k_1[R-X].$$

Ce résultat est compatible avec un mécanisme en **deux actes élémentaires** dont l'étape cinétiquement déterminante est monomoléculaire. Le mécanisme est présenté figure 18.8 dans le cas de la substitution du 2-bromo-2-méthylpropane par les ions cyanure.

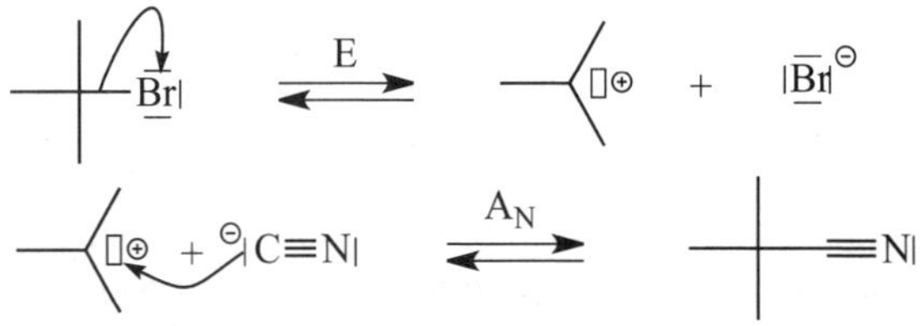

FIGURE 18.8 – Mécanisme S_N1 de substitution du 2-bromo-2-méthylpropane

Un carbocation, espèce rencontrée et étudiée lors de l'étude des alcènes, apparaît en tant qu'intermédiaire réactionnel. Notons à nouveau que dans le cas d'un nucléophile de type $|Nu - H$, le mécanisme se poursuit par une déprotonation rapide du produit de substitution nucléophile, à l'image de ce qui a été présenté pour le mécanisme S_N2. L'analyse cinétique détaillée du mécanisme permet de comprendre la loi cinétique d'ordre 1. Les constantes de vitesse de chaque acte élémentaire sont notées figure 18.9.

$$R - X \underset{k_{-1}}{\overset{k_1}{\rightleftarrows}} R^+ + X^-$$

$$R^+ + Nu^- \underset{k_{-2}}{\overset{k_2}{\rightleftarrows}} R - Nu$$

FIGURE 18.9 – Constantes de vitesse du mécanisme S_N1

La vitesse d'apparition du composé de substitution est notée r et vaut par définition :

$$r \overset{\text{déf}}{=} \frac{d[RNu]}{dt}$$

En appliquant la loi de VAN'T HOFF aux actes élémentaires, on établit :

$$\frac{d[RNu]}{dt} = k_2[R^+][Nu^-] - k_{-2}[RNu].$$

Le carbocation est un intermédiaire réactionnel. En lui appliquant le principe de BODENSTEIN (Approximation de l'État Quasi-Stationnaire) :

$$\frac{d[R^+]}{dt} = k_1[RX] - k_{-1}[R^+][X^-] - k_2[R^+][Nu^-] + k_{-2}[RNu] \approx 0$$

il est possible d'extraire :

$$[R^+] = \frac{k_1[RX] + k_{-2}[RNu]}{k_{-1}[X^-] + k_2[Nu^-]}$$

et en reportant cette valeur dans l'expression de r :

$$r = k_2[Nu^-]\frac{k_1[RX] + k_{-2}[RNu]}{k_{-1}[X^-] + k_2[Nu^-]} - k_{-2}[RNu].$$

Analysons maintenant les actes élémentaires -1 et 2 :

$$R^+ + X^- \xrightarrow{k_{-1}} RX$$

$$R^+ + Nu^- \xrightarrow{k_2} RNu$$

Le **nucléofuge** X^- est par nature un nucléophile. Par conséquent, comparer ces deux actes revient à comparer la nucléophilie de X^- par rapport à celle de Nu^-. Le but étant de synthétiser le produit de substitution RNu, deux solutions sont possibles : choisir un nucléophile

Nu^- meilleur que X^- (on aura alors $k_2 \gg k_{-1}$) et/ou introduire le nucléophile en grand excès (on aura alors $[Nu^-] \gg [X^-]$). Cette deuxième solution est la plus souvent utilisée, les nucléophiles étant la plupart du temps peu coûteux et faciles d'accès. Dans ces conditions, $k_2[Nu^-] \gg k_{-1}[X^-]$ et l'expression de r se simplifie alors en :

$$r = k_1[RX].$$

On retrouve l'expression expérimentale de la vitesse de réaction d'un processus monomoléculaire, dont l'**étape cinétiquement déterminante** est la **formation du carbocation**. Le **profil énergétique** d'une réaction se déroulant suivant un mécanisme S_N1 est schématisé figure 18.10.

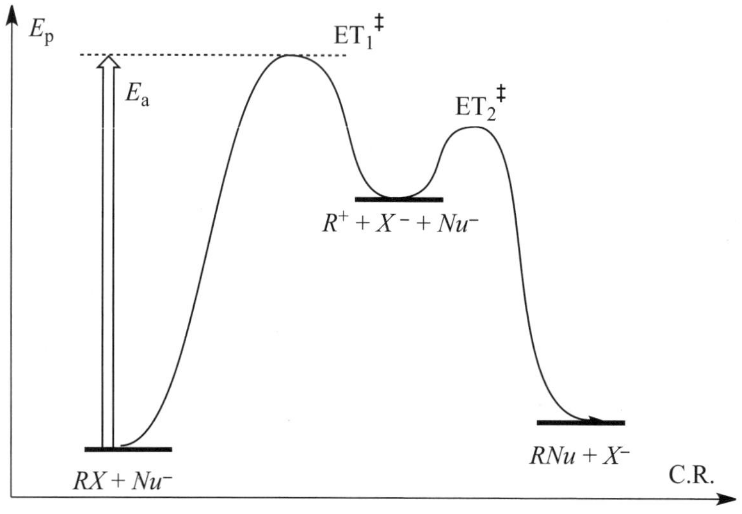

FIGURE 18.10 – Profil énergétique d'une réaction se déroulant suivant un mécanisme S_N1

La coordonnée réactionnelle *C.R.* est différente pour les deux étapes : pour simplifier, nous pourrons considérer que l'augmentation de *C.R.* traduit l'augmentation de la longueur de la liaison C$-X$, notée d(C$-X$), à d(C$-Nu$) constante lors de la première étape et la diminution de d(C$-Nu$) à d(C$-X$) constante lors de la deuxième étape.

b. Géométrie du carbocation et conséquences stéréochimiques

L'intermédiaire réactionnel carbocation a déjà été abordé dans le chapitre sur les doubles liaisons C=C. Les analyses expérimentales autant que les modélisations de mécanique quantique confirment une structure localement plane pour le carbocation (de type AX_3E_0). En l'absence de source de chiralité (intrinsèque ou due au milieu), les deux demi-espaces définis par le plan de symétrie du carbocation sont équivalents. L'orbitale moléculaire la plus apte à modéliser la formation de la liaison C$-Nu$ est une orbitale $2p$, d'axe de symétrie de révolution orthogonal au plan local contenant le carbocation (figure 18.11). L'interaction entre une orbitale de symétrie adaptée du nucléophile et cette orbitale $2p$ du carbocation se fait alors dans les mêmes conditions énergétiques sur les deux lobes de l'orbitale $2p$: il y a équiprobabilité de formation de la liaison sur une face ou l'autre du carbocation, conduisant à la **formation d'un mélange racémique**. Un exemple est proposé figure 18.11.

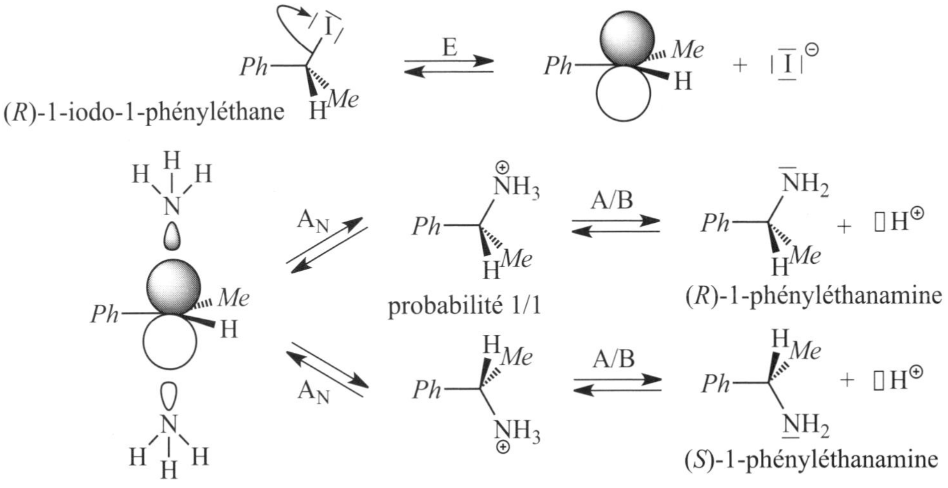

FIGURE 18.11 – Racémisation lors d'une réaction se déroulant suivant un mécanisme S_N1

Les réactions se déroulant suivant un mécanisme S_N1 ne sont donc pas stéréosélectives dans le cas d'un substrat ne présentant pas d'autre source de chiralité que le carbone fonctionnel. En présence de source d'asymétrie, la réaction peut être stéréosélective. On peut évoquer deux raisons principales : d'une part la molécule possède un autre centre d'asymétrie que le carbone fonctionnel, auquel cas le carbocation reste chiral, et les deux demi-espaces définis plus haut ne sont plus équivalents. D'autre part, le carbocation peut, pour des raisons cinétiques, être dissymétriquement solvaté.

Par exemple, lors de l'hydrolyse du (*R*)-(−)-2-bromooctane en l'absence de base, on observe 66 % d'inversion de configuration (figure 18.12). L'analyse cinétique confirme une réaction d'ordre global 1.

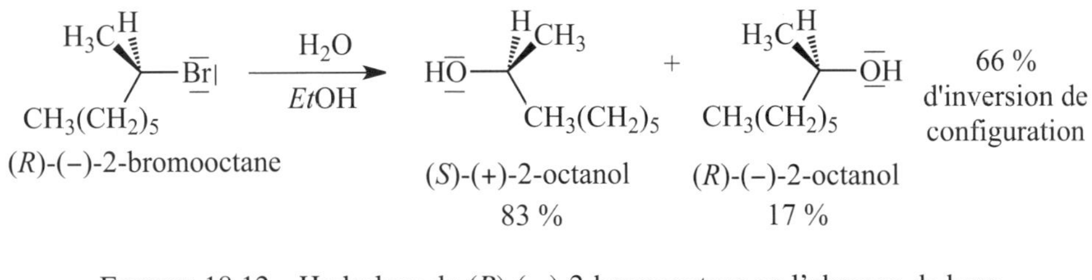

FIGURE 18.12 – Hydrolyse du (*R*)-(−)-2-bromooctane en l'absence de base

Cette perte partielle d'activité optique est interprétée par le fait que le carbocation n'est pas « libéré » de son contre-ion bromure. L'ionisation du substrat ne conduit pas à des ions parfaitement et symétriquement solvatés, mais à une paire d'ions formant un ensemble chiral. La racémisation de la paire d'ion est alors plus lente que l'addition du nucléophile, qui géométriquement ne peut se faire que sur la face du carbocation non occupée par l'ion bromure.

2.4 Compétition entre les mécanismes mono- et bi-moléculaires

Les deux mécanismes de réaction de substitution nucléophile sont *a priori* possibles pour une réaction donnée. Les facteurs intrinsèques (nature de l'halogénoalcane, du nucléophile) et les facteurs de milieu (solvant) sont analysés par la suite.

a. Influence de la classe de l'halogénoalcane et de son encombrement

La **classe** de l'halogénoalcane est le **principal facteur** d'influence sur la vitesse des réactions de substitution nucléophile. Dans le cas du mécanisme S_N2, l'étude de la réaction présentée figure 18.13 sert de base à la discussion.

$$R{-}Br \xrightarrow[\text{propanone, 25 °C}]{\text{LiCl}} R{-}Cl$$

FIGURE 18.13 – Réaction de base pour l'étude de l'influence du groupe alkyle sur la substitution nucléophile

La constante de réaction k_2 d'ordre 2 pour divers bromoalcanes rapportée à celle du 2-bromopropane (bromure d'*iso*propyle), est présentée tableau 18.5.

Bromoalcane $R-Br$	Structure	Classe	$\frac{k_2(R-Br)}{k_2((CH_3)_2CHBr)}$
bromométhane	CH_3Br	non substitué	$2{,}2 \times 10^5$
bromoéthane	CH_3CH_2Br	primaire	$1{,}4 \times 10^3$
2-bromopropane	$(CH_3)_2CHBr$	secondaire	1
2-bromo-2-méthylpropane	$(CH_3)_3Br$	tertiaire	trop faible pour être mesurée

TABLE 18.5 – Constantes de vitesse relatives pour la substitution nucléophile d'ordre 2 de bromoalcanes par les ions chlorure, dans l'acétone à 25 °C

Dans le cas du mécanisme S_N1, la réaction de solvolyse du bromoalcane dans l'acide méthanoïque sert de base à la discussion. La constante de réaction k_1 d'ordre 1 pour divers bromoalcanes rapportée à celle du bromométhane, est présentée tableau 18.6.

Bromoalcane $R-Br$	Structure	Classe	$\frac{k_1(R-Br)}{k_1(CH_3Br)}$
bromométhane	CH_3Br	non substitué	1
bromoéthane	CH_3CH_2Br	primaire	2
2-bromopropane	$(CH_3)_2CHBr$	secondaire	43
2-bromo-2-méthylpropane	$(CH_3)_3Br$	tertiaire	$1{,}0 \times 10^8$

TABLE 18.6 – Constantes de vitesse relatives de quelques solvolyses d'ordre 1 de bromoalcanes dans l'acide méthanoïque aqueux, à 25 °C

Ces tableaux mettent en évidence que :

- les halogénoalcanes primaires et secondaires réagissent beaucoup plus vite que les tertiaires suivant un mécanisme S_N2 ;
- les halogénoalcanes tertiaires réagissent beaucoup plus vite que les primaires et secondaires suivant un mécanisme S_N1.

Les constantes de vitesse k_1 et k_2 ne peuvent pas être comparées de manière directe puisque, n'étant pas de constantes de même ordre, elles n'ont pas la même dimension. Les vitesses r_1 et r_2 de chacun des chemins possibles dépendent non seulement des constantes de vitesse, mais aussi des concentrations des réactifs. L'évolution du système dépend donc des conditions de concentration utilisées. Il est donc délicat d'affirmer que tel ou tel halogénoalcane réagit en suivant un chemin réactionnel mono- ou bi-moléculaire.

Les mécanismes présentés sont des **mécanismes limites** : à l'échelle microscopique, un système donné empruntera un chemin réactionnel plus ou moins proche de l'un des deux chemins réactionnels limites. L'analyse des constantes de vitesse d'ordre 1 est en accord avec la stabilité relative des carbocations en phase gazeuse, rappelée figure 18.14.

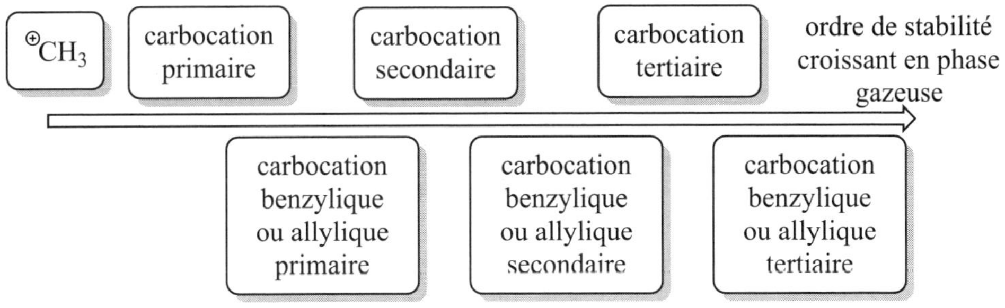

FIGURE 18.14 – Ordres de stabilité des carbocations en phase gazeuse

Exercice résolu

Différence de réactivité en S_N1

Montrer que l'application du corollaire du postulat de HAMMOND permet d'interpréter le résultat expérimental selon lequel le 2-bromo-2-méthylpropane réagit plus vite que le 2-bromopropane avec les ions chlorure suivant un mécanisme S_N1.

Réponse :

La réaction est sous contrôle cinétique, et l'étape cinétiquement déterminante est celle de formation du carbocation. L'intermédiaire carbocationique secondaire est moins stable que le tertiaire, il est donc plus haut en énergie. L'application du corollaire du postulat de HAMMOND permet de placer les états de transition respectifs avec les mêmes ordres de stabilité relatifs que les carbocations, permettant ainsi de déduire les énergies d'activation correspondantes. L'ensemble de ce raisonnement est résumé ci-dessous.

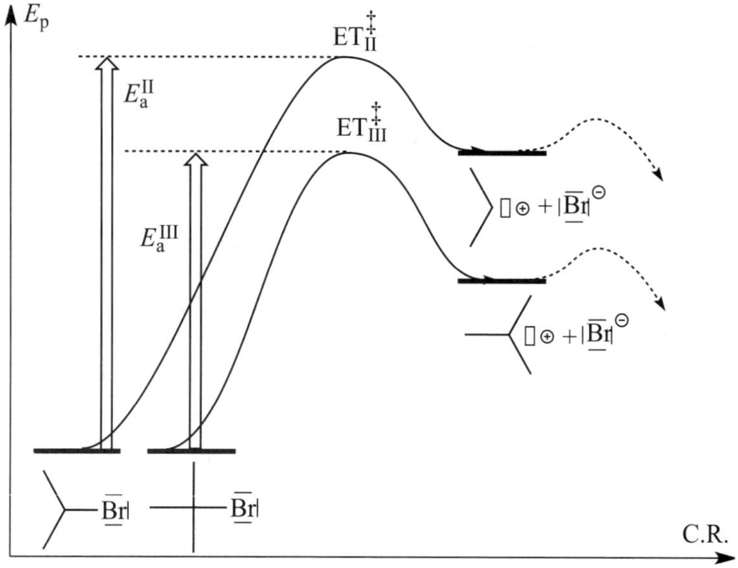

Remarque : l'énergie potentielle d'un système étant définie à une constante près, les origines des énergies potentielles des deux systèmes (secondaire ou tertiaire) ont été choisies de manière à placer au même niveau les halogénoalcanes. Ceci ne nuit en rien à la généralité de la démonstration : seules les variations d'énergie potentielle pour un système donnée ont un sens. Les deux processus impliquant des réorganisations comparables, les facteurs de fréquence A sont comparables. En appliquant la formule d'ARRHÉNIUS :

$$k = A\exp\left(-\frac{E_a}{RT}\right)$$

on en déduit :

$$E_a^{III} < E_a^{II} \Rightarrow k_1^{III} > k_1^{II}.$$

Dans le cas des halogénoalcanes allyliques et benzyliques la stabilisation par mésomérie du carbocation formé lors d'un mécanisme S_N1 accélère la réaction par rapport aux halogénoalcanes de classe correspondante.

Exercice résolu

Stabilité d'un intermédiaire réactionnel

Écrire le mécanisme réactionnel le plus probable pour la réaction ci-dessous.

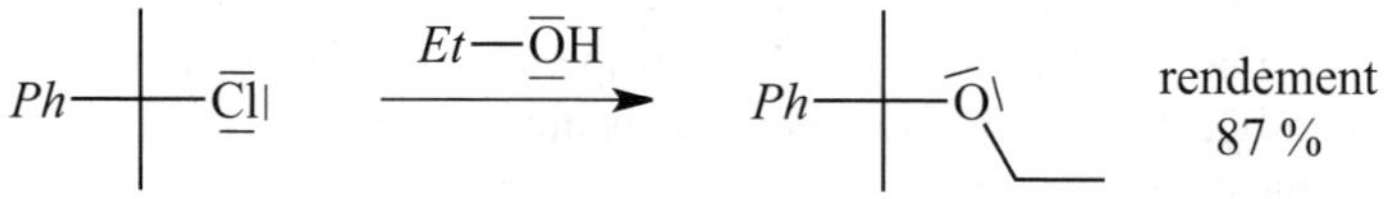

Dans l'éventualité où apparaîtrait un intermédiaire réactionnel, discuter, en la justifiant, de sa stabilité.

Réponse :

L'halogénoalcane est benzylique tertiaire. Le processus S_N1 est par conséquent le plus probable. L'intermédiaire formé est un carbocation benzylique tertiaire, stabilisé par mésomérie (voir ci-dessous).

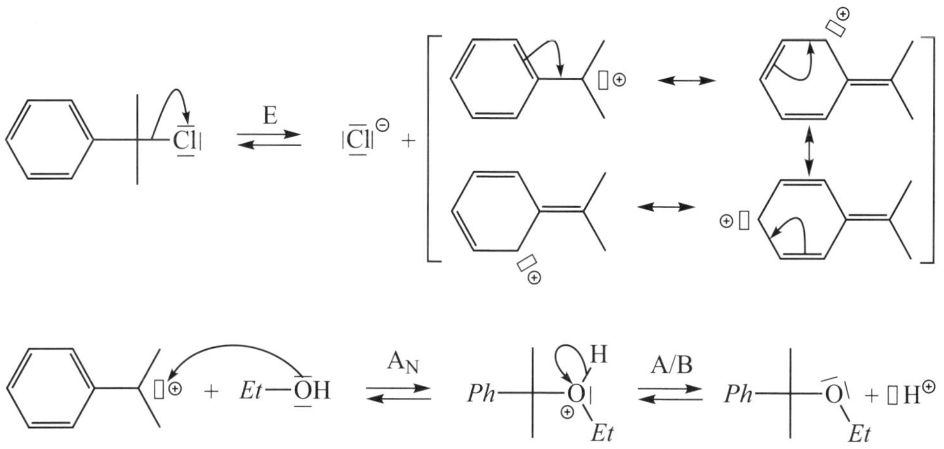

Dans le cas du mécanisme S_N2, l'**encombrement stérique** est un **facteur déterminant** pour la constante de vitesse, comme le montre l'étude de la réaction de divers bromoalcanes **primaires** avec l'iodure de lithium dans l'acétone, à 25 °C. Les constantes de vitesses d'ordre 2, rapportées au cas du bromoéthane sont présentées tableau 18.7.

Bromoalcane $R-\mathrm{Br}$	structure	$\frac{k_2(R-\mathrm{Br})}{k_2(\mathrm{CH_3CH_2Br})}$
bromoéthane	CH_3CH_2Br	1
bromopropane	$CH_3CH_2CH_2Br$	0,8
1-bromo-2-méthylpropane	$(CH_3)_2CHCH_2Br$	0,036
1-bromo-2,2-diméthylpropane	$(CH_3)_3CCH_2Br$	0,00002

TABLE 18.7 – Constantes de vitesse relatives d'ordre 2 de quelques bromoalcanes pour la substitution nucléophile par les ions iodure, dans l'acétone à 25 °C

Lors du mécanisme concerté S_N2, le nucléophile doit pouvoir établir un recouvrement avec l'orbitale moléculaire $\sigma^*(\mathrm{C-Br})$ du substrat dont le carbone fonctionnel est dans un environnement tétraédrique. La présence de **groupe volumineux** au voisinage du carbone fonctionnel **ralentit le processus** (figure 18.15).

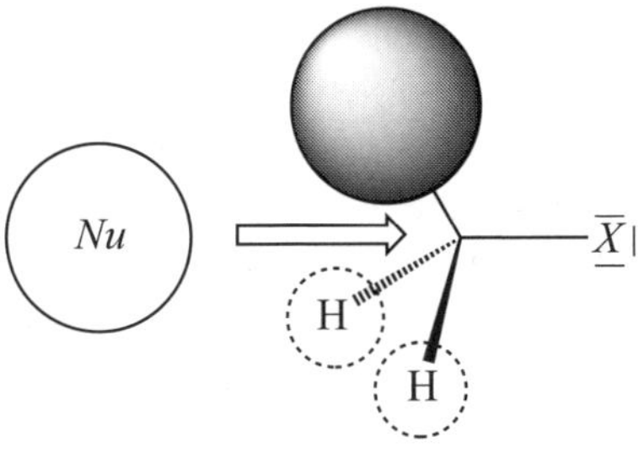

FIGURE 18.15 – Gène stérique lors de l'arrivée d'un nucléophile sur un halogénoalcane encombré

Lors du mécanisme S_N1, l'étape cinétiquement déterminante de formation du carbocation n'est que faiblement influencée par la gêne stérique lors de la transformation du carbone fonctionnel AX_4E_0 en AX_3E_0.

b. Influence de la nature du nucléophile

Le nucléophile n'intervenant pas dans l'étape cinétiquement déterminante du mécanisme S_N1, la constante de vitesse d'ordre 1 n'est pas affectée par la nature du nucléophile. Ce résultat reste vrai tant que la première étape est effectivement l'étape cinétiquement déterminante mais cette situation n'est pas générale, particulièrement avec les nucléophiles de faible réactivité (cas non abordé dans le cadre de cet ouvrage). Les nucléophiles utilisés sont nombreux et sont classés en fonction de la vitesse des réactions de substitution auxquelles ils conduisent. La réactivité relative des nucléophiles, souvent appelée **nucléophilicité**, est évaluée par la comparaison des constantes de vitesse de réaction sur un halogénoalcane donné (ici l'iodométhane), dans des conditions de température et de solvant données (25 °C et dans le méthanol). La valeur est rapportée à la constante de vitesse de la réaction pour laquelle le méthanol est le nucléophile. Des valeurs approchées sont données table 18.8.

Réactivité du nucléophile	Nucléophile	$\frac{k(\text{nucléophile})}{k(\text{méthanol})}$
Très bons	I^-, HS^-, RS^-	$> 10^5$
Bons	Br^-, HO^-, RO^-, NC^-, N_3^-	10^4
Assez bons	Cl^-, NH_3	10^3
Médiocres	F^-, $RCOO^-$	$10^1 - 10^2$
Faibles	H_2O, ROH	1
Très faibles	$RCOOH$	10^{-2}

TABLE 18.8 – Nucléophilie des principaux nucléophiles

L'étude de quelques séries analogues permet d'interpréter ces résultats, par exemple l'ordre de nucléophilicité de ions halogénures : $I^- > Br^- > Cl^- > F^-$ (> signifiant « plus nucléophile que »). La **solvatation de l'ion** est un premier facteur à analyser et sera abordée au paragraphe suivant. La **polarisabilité** de l'ion, croissante avec la période dans la classification périodique, est un second facteur déterminant. Dans une approche qualitative, la polarisabilité de l'ion mesure l'aptitude de son nuage électronique à se déformer sous l'action du champ électrique local créé par l'halogénoalcane et le solvant. Plus ce nuage électronique est déformable, plus il sera apte à former la liaison avec l'atome de carbone. La comparaison de la nucléophilicité $R-S^- > R-O^-$ ou encore $HS^- > HO^-$ confirme cette interprétation : le soufre étant situé sous l'oxygène dans la classification périodique, il est plus polarisable et par conséquent plus nucléophile. Une autre série analogue consiste à comparer le nucléophile Nu^- basique avec son acide conjugué $Nu-H$. On observe alors la série $R-O^- > R-OH$ ou encore $HO^- > H_2O$.

⚠ Le nucléophile basique chargé est plus nucléophile que le nucléophile acide conjugué neutre.

L'analyse des interactions électrostatiques est déterminante, en particulier le rôle du solvant.

c. Influence du solvant

L'influence du solvant est complexe et dépend de la molécularité du mécanisme. Un critère important pour estimer l'effet du solvant sur le déroulement d'une réaction est la **polarité** du solvant.

Polarité d'un solvant Dans le cadre de cet ouvrage, le terme « polarité du solvant » ne désigne pas à proprement parler le moment dipolaire de la molécule de solvant, mais l'ensemble de ses propriétés électrostatiques microscopiques et macroscopiques. Deux paramètres sont importants : le premier, macroscopique, est la **constante diélectrique relative** ε_r du solvant. Il intervient dans la valeur du champ électrique local créé par le solvant. Le second terme, d'origine microscopique, est le **moment dipolaire** $\overrightarrow{\mu}$. Ces deux termes sont liés, mais ne vont pas forcément de concert (certains solvants possèdent un fort moment dipolaire mais une constante diélectrique faible). Nous accepterons, dans un souci de simplification, que le terme « polarité du solvant » désigne son aptitude à solubiliser les ions ou les molécules de fort moment dipolaire.

Cas des réactions S_N1 La table 18.9 présente les valeurs des constantes de vitesse relatives d'ordre 1 pour la réaction de solvolyse du 2-chloro-2-méthylpropane, à 25 °C et dans différents solvants. Cette réaction suit le mécanisme S_N1.

Solvant S	Constante diélectrique relative ε_r	Moment dipolaire / Debye	$\frac{k_1(S)}{k_1(CH_3CO_2H)}$
CH_3CO_2H	6,6	1,7	1
CH_3OH	33	1,7	4
HCO_2H	58	1,5	5×10^3
H_2O	78,5	1,8	$1,5 \times 10^5$

TABLE 18.9 – Constantes de vitesse relatives d'ordre 1 de solvolyse du 2-chloro-2-méthylpropane à 25 °C

L'influence des solvants est constatée sur les réactions qui suivent le mécanisme S_N1.

Lors d'une réaction de substitution nucléophile sur un halogénoalcane, une augmentation de polarité du solvant accélère les réactions se déroulant suivant un mécanisme S_N1.

Considérons deux solvant S_1 et S_2, S_2 étant plus polaire que S_1. Rappelons qu'un solvant polaire et ayant une forte constante diélectrique relative solvate (donc stabilise) d'autant mieux une espèce qu'elle est chargée ou polaire. L'étape cinétiquement déterminante étant la formation du carbocation, l'étude ne porte que sur cette étape.

- l'halogénoalcane est neutre, la nature du solvant n'a que peu d'influence sur sa solvatation ;
- les produits de l'étape cinétiquement déterminante sont ioniques, ils sont d'autant mieux stabilisés que le solvant est polaire.

L'application du corollaire du postulat de HAMMOND permet de situer les énergies d'activation correspondantes sur une courbe d'énergie potentielle en fonction d'une coordonnée de réaction (figure 18.16).

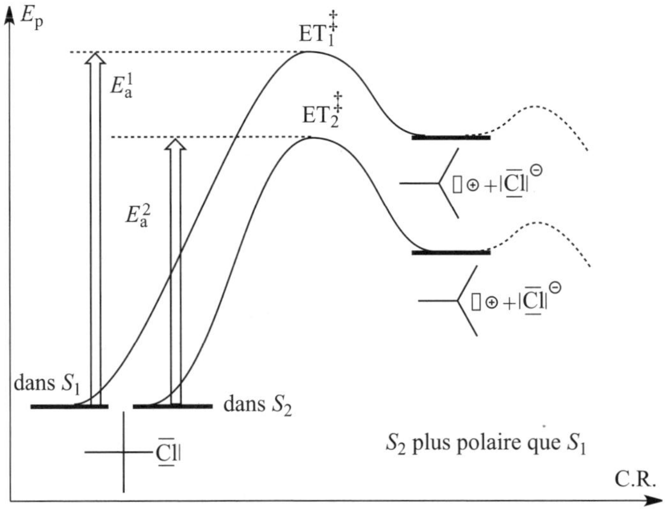

FIGURE 18.16 – Influence de la polarité du solvant sur l'étape cinétiquement déterminante du mécanisme S_N1

⚠ Pour une réaction se déroulant selon un mécanisme S_N1, l'énergie d'activation est plus basse dans un solvant polaire, la réaction est par conséquent accélérée.

Cas des réactions S_N2 Dans le cas des réactions se déroulant suivant un mécanisme S_N2, l'analyse ne peut se faire sur les produits de réaction : l'étape cinétiquement déterminante ne conduisant pas à la formation d'intermédiaires de réaction, l'application du postulat de HAMMOND n'a que peu de sens. Il convient alors de raisonner directement sur la **stabilisation de l'état de transition**. Qualitativement, un solvant polaire solvate d'autant mieux un ion qu'il est petit et que sa charge est plus forte ou plus localisée.

Réactions S_N2 avec un nucléophile chargé Le système possède une charge tout au long de la coordonnée réactionnelle. En début de réaction, la charge est localisée sur le nucléophile, et en fin de réaction sur le nucléofuge. **Dans l'état de transition**, la charge se développe sur l'ensemble du système (figure 18.17), et constitue donc un **ensemble chargé volumineux**, **moins bien solvaté** par un solvant polaire. La réaction est ralentie par un solvant polaire car le réactif nucléophile sera plus stabilisé par solvatation dans un solvant polaire que l'état de transition moins sensible à la solvatation car plus volumineux. Le tableau 18.10 donne des exemples de constantes de vitesse relatives d'ordre 2 pour la réaction $Me-\text{Br} + \text{I}^- \longrightarrow Me-\text{I} + \text{Br}^-$ dans différents solvants et à 25 °C.

Solvant S	Constante diélectrique relative ε_r	Moment dipolaire / D	$\dfrac{k_2(S)}{k_2(H_2O)}$
CH_3CO_2H	6,6	1,74	$2,69 \times 10^4$
CH_3COCH_3	20,7	2,88	$1,3 \times 10^4$
C_2H_5OH	24,2	1,69	65
$HOCH_2CH_2OH$	37,7	2,28	21
H_2O	78,5	1,85	1

TABLE 18.10 – Constantes de vitesse relatives d'ordre 2 dans différents solvants et à 25 °C pour la réaction : $Me-\text{Br} + \text{I}^- \longrightarrow Me-\text{I} + \text{Br}^-$

Réactions S_N2 avec un nucléophile neutre Les réactifs sont neutres donc peu sensibles à la solvatation. L'état de transition produit une séparation de charges (figure 18.17), et provoque l'apparition d'un fort moment dipolaire. Il est par conséquent d'autant plus stabilisé que le solvant est polaire : la réaction est ainsi accélérée par les solvants polaires.

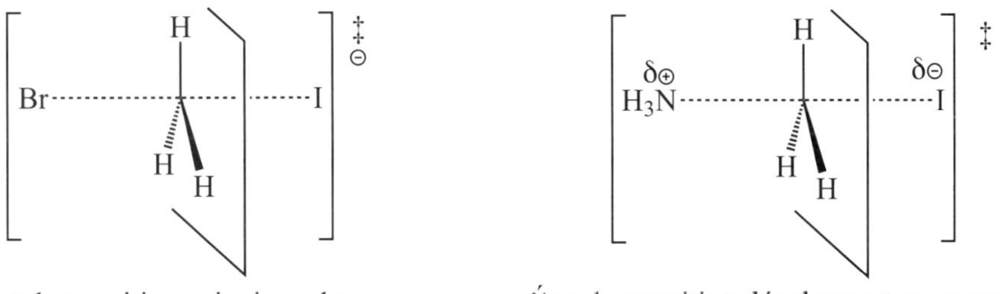

État de transition anionique dans le cas d'un nucléophile anionique

État de transition développant un moment dipolaire dans le cas d'un nucléophile neutre

FIGURE 18.17 – État de transition lors d'un mécanisme S_N2 avec un nucléophile anionique et un nucléophile neutre

Proticité d'un solvant Un dernier facteur est d'importance : la **proticité** du solvant. La proticité d'un solvant est son aptitude à établir des liaisons hydrogène avec d'autres molécules. Le rôle du solvant est de **solubiliser les réactifs** afin qu'ils puissent se rencontrer sans pour autant produire une solvatation trop efficace. En effet, si le solvant solvate bien le nucléophile, son niveau d'énergie est abaissé, augmentant d'autant l'énergie d'activation de la réaction, en particulier lors du processus S_N2 pour lequel le nucléophile intervient dans l'étape cinétiquement déterminante. Les nucléophiles **chargés négativement** sont susceptibles de se lier **par liaison hydrogène aux solvants protiques**, ce qui les rend peu réactifs. Il est donc intéressant pour accélérer les réactions nucléophiles de type S_N2 mettant en œuvre des nucélophiles anioniques de travailler dans des solvants aprotiques. Il faut cependant que le solvant soit suffisamment dissociant (donc polaire) pour solvater les ions et pour séparer le nucléophile anionique de son contre-ion cationique. Par conséquent :

⚠ le cadre idéal pour accélérer les réactions se déroulant suivant un processus S_N2 avec un nucléophile anionique est le solvant **aprotique polaire**.

De tels solvants sont nombreux, parmi lesquels le diméthylsulfoxyde $(CH_3)_2S{=}O$ et le diméthylformamide H-CO-N$(CH_3)_2$.

d. Influence du nucléofuge

Que le mécanisme soit mono- ou bimoléculaire, il y a rupture hétérolytique de la liaison carbone–halogène dans l'étape cinétiquement déterminante. Les réactions sont d'autant plus accélérées que cette rupture est facilitée.

Les réactions sont plus rapides dans le sens :

$$R-\mathrm{I} > R-\mathrm{Br} > R-\mathrm{Cl}.$$

(> signifie « réagissent plus vite que »)

À nouveau, la **polarisabilité** de la liaison $C-X$ est un **facteur prépondérant**. Notons ici que des considérations thermodynamiques vont dans le même sens : l'observation est en accord avec l'enthalpie standard de réaction de la rupture hétérolytique en phase gazeuse :

$$R-X(\mathrm{g}) \quad = \quad R^+(\mathrm{g}) \quad + \quad X^-(\mathrm{g}) \qquad \Delta_r H^\circ.$$

Halogénoalcane	$\Delta_r H^\circ$ / kJ.mol^{-1}
$R-\mathrm{Cl}$	1318
$R-\mathrm{Br}$	1214
$R-\mathrm{I}$	1067

TABLE 18.11 – Enthalpie standard de rupture de la liaison carbone-halogène à 25 °C

L'effet électrostatique du solvant est à nouveau important ici puisque la rupture hétérolytique de la liaison carbone–halogène est assistée par le champ électrique local qu'il crée.

2.5 Autres évolutions possibles du carbocation

Nous avons signalé dans le chapitre sur les alcènes que les carbocations sont susceptibles de subir une transposition par migration intramoléculaire d'un groupe hydrure H^- ou alkylure R^-. Un exemple est proposé figure 18.18.

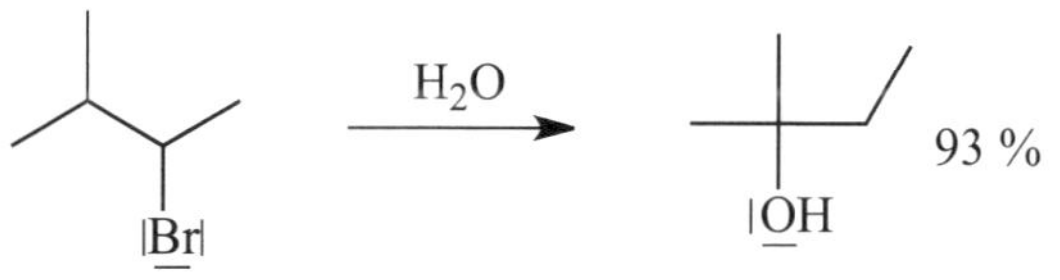

FIGURE 18.18 – Exemple de substitution nucléophile avec transposition

Un carbocation est à la fois un acide fort et un électrophile. Nous examinerons ici sa réactivité acide. Un atome d'hydrogène porté par un atome de carbone adjacent au carbone porteur de la charge positive peut être éliminé sous forme de proton pour former un alcène. Un exemple est présenté figure 18.19.

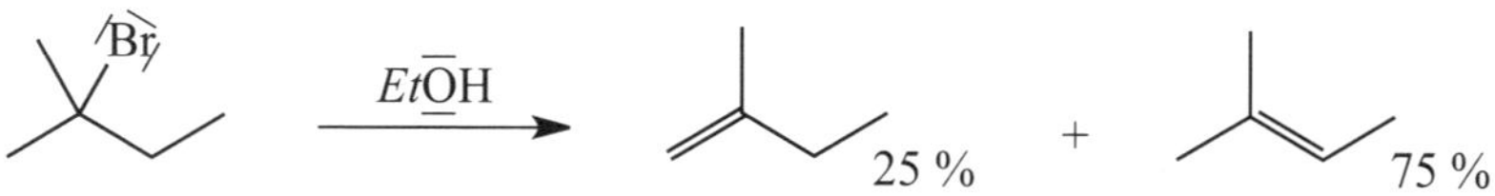

FIGURE 18.19 – Exemple de réaction en compétition avec une substitution nucléophile

Le mécanisme correspondant, une **β-élimination monomoléculaire** E1 fait apparaître la même étape cinétiquement déterminante que pour le mécanisme S_N1 (figure 18.20).

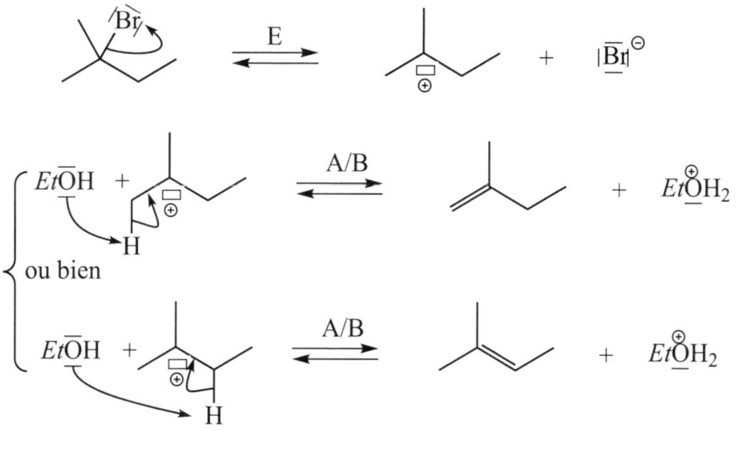

FIGURE 18.20 – Mécanisme de β-élimination monomoléculaire E1 en présence d'une base très faible, en compétition avec le mécanisme S_N1

3 Déshydrohalogénation des halogénoalcanes

3.1 Équation de réaction et exemples

Le carbone fonctionnel d'un halogénoalcane est aussi qualifié de **carbone α**, tandis que le ou les atomes de carbone directement liés au carbone α sont qualifiés de **carbones β**.

Placé en présence d'une base forte, un halogénoalcane peut subir une réaction de déshydrohalogénation par perte d'un ion halogénure et d'un proton porté par un atome de carbone β. Le composé formé est un alcène et cette réaction fait partie de la catégorie des β-éliminations

.

L'équation de la réaction est présentée figure 18.21. Formellement, la réaction est l'**inverse de la réaction d'hydrohalogénation** des alcènes déjà étudiée dans le chapitre correspondant. Les conditions opératoires sont néanmoins différentes puisque l'**hydrohalogénation** des alcènes est menée **en milieu acide**, alors que la **déshydrohalogénation** des halogénoalcanes est menée **en milieu basique**.

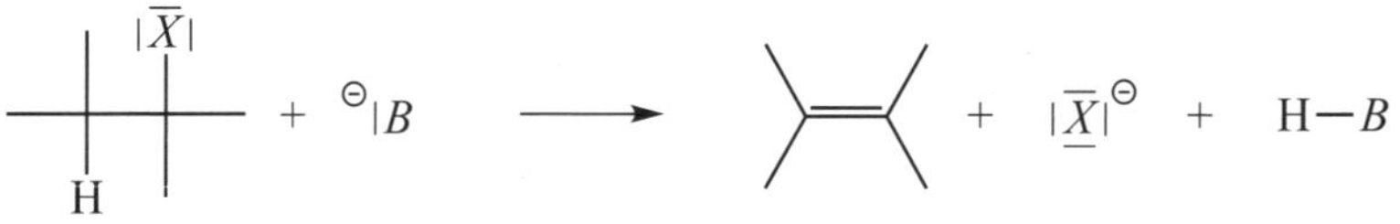

FIGURE 18.21 – Équation de la réaction de déshydrohalogénation des halogénoalcanes

Des exemples de déshydrohalogénations sont proposés figure 18.22.

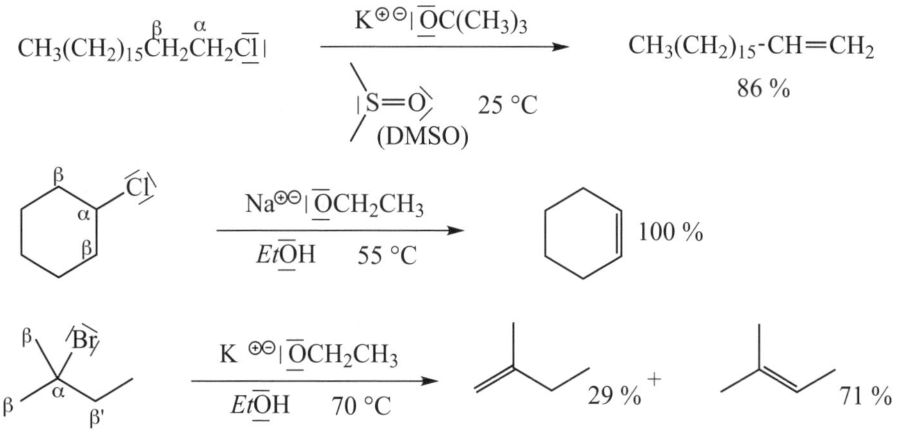

FIGURE 18.22 – Exemples de réactions de déshydrohalogénation

Les conditions opératoires courantes sont :

- l'utilisation d'ions éthanolate $CH_3CH_2O^-$ dans l'éthanol pour les halogénoalcanes secondaires et tertiaires,
- l'utilisation d'ion 2-méthylpropan-2-olate (*tertio*butanolate) $(CH_3)_3CO^-$ dans le DiMéthylSulfOxyde (*DMSO*, $(CH_3)_2S{=}O$) pour les halogénoalcanes primaires,
- l'utilisation d'amidures, bases (très fortes) conjuguées d'amines comme le di*iso*propylamidure de lithium.

La réaction est le plus souvent menée à température ambiante ou en chauffant le milieu réactionnel.

3.2 Régiosélectivité : la règle de ZAITSEV

Lorsque l'halogénoalcane comporte des atomes d'hydrogène sur des carbones β différents, la réaction peut *a priori* conduire à la formation de plusieurs alcènes **régioisomères**. La plupart du temps les régioisomères ne sont pas formés dans les proportions statistiques, comme cela est illustré sur le dernier exemple de la figure 18.22 : **la réaction est régiosélective**.

La réaction de déshydrohalogénation d'un halogénoalcane est régiosélective. Le régioisomère formé majoritairement est l'alcène le plus substitué (règle de ZAITSEV), ou plus généralement l'alcène le plus stable si d'autres facteurs de stabilisation entrent en jeu (stabilisation par mésomérie par exemple).

Cette règle est un résultat empirique. Les pourcentages observés sont assez variables, et l'excès d'un régioisomère par rapport à un autre est moins grand que dans le cas de la règle de régiosélectivité de MARKOVNIKOV pour laquelle on obtient un excès d'un produit avec souvent plus de 98 %. Alors que la règle de MARKOVNIKOV n'est que rarement mise en défaut, la règle de ZAITSEV peut l'être, en particulier lorsque la base forte utilisée est stériquement très encombrée, comme cela est illustré figure 18.23.

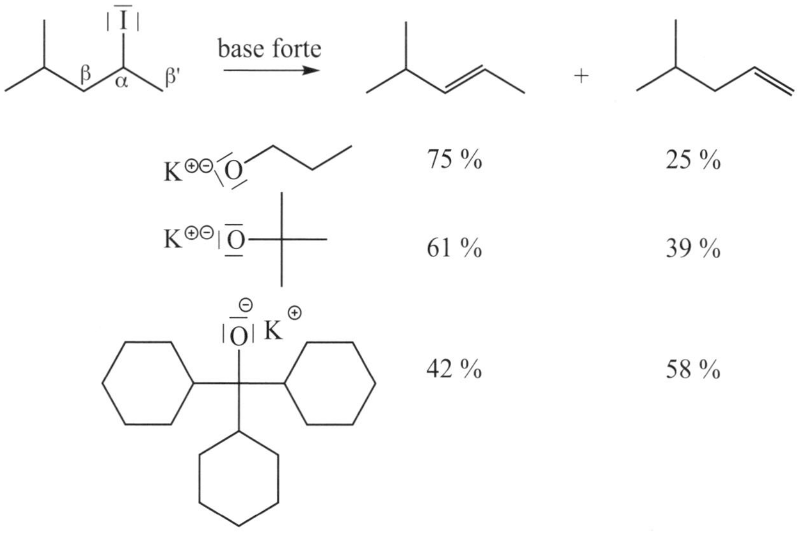

FIGURE 18.23 – Influence de l'encombrement stérique de la base forte sur la régiosélectivité de la réaction de déshydrohalogénation

Exercice résolu

Régioisomérie de la déshydrohalogénation

On réalise la réaction de déshydrohalogénation des 2-halogénobutanes, dans le *DMSO*, en présence d'ions 2-méthylpropan-2-olate (*tertio*butanolate). On observe la formation de deux produits régioisomères suivant les proportions du tableau ci-dessous.

Halogénoalcane $CH_3CHXCH_2CH_3$	produit 1	produit 2
$X = Cl$	43	57
$X = Br$	33	67
$X = I$	21	79

Sachant que cette réaction suit la règle de ZAITSEV, donner la formule semi-développée des produits 1 et 2, et établir une règle empirique de validité de la règle de ZAITSEV suivant la polarisabilité du nucléofuge.

Réponse :

En appliquant la règle de ZAITSEV on établit que le produit minoritaire 1 est le but-1-ène et le produit majoritaire 2 est le but-2-ène. On constate de manière empirique que plus l'atome d'halogène est polarisable, plus la règle de ZAITSEV est suivie avec un fort excès d'un régioisomère par rapport à l'autre.

3.3 Mécanisme bimoléculaire et cinétique de réaction

Nous avons signalé au paragraphe 2.5 que le mécanisme monomoléculaire (E1) ayant un carbocation comme intermédiaire réactionnel n'est réellement observé que dans le cas de réaction menée en l'absence de base forte. La réaction est alors lente. Dans le cas général, la réaction est concertée et constitue donc un acte élémentaire bimoléculaire noté E2, qui peut être modélisé par les flèches de mouvement électronique présentées figure 18.24.

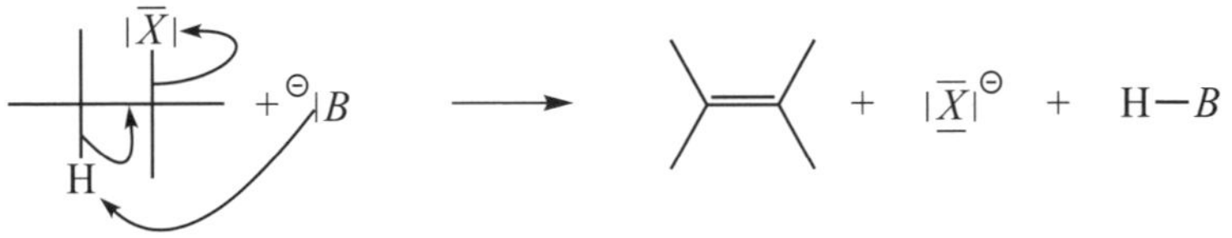

FIGURE 18.24 – Mécanisme de β-élimination bimoléculaire E2

La vitesse r de la réaction a alors l'expression :

$$r = k_2[RX][B^-].$$

3.4 Stéréosélectivité

La réaction de **β-élimination** présente une **stéréosélectivité élevée**. Pour déterminer la position des atomes d'halogène et d'hydrogène compatibles avec le déroulement stéréochimique de la réaction à une vitesse significative, l'étude est menée sur un système dans une **conformation bloquée** et avec un **marquage isotopique par le deutérium** ($D = {}^2_1H$) (figure 18.25).

La conformation chaise du cycle à six atomes est bloquée en raison de la très grande valeur A du groupe *tertio*butyle ($(CH_3)_3C-$) qui le contraint à **rester en position équatoriale**. Les rendements de réaction montrent que les atomes éliminés sont en position décalée *anti* (premier cas) ou décalée *syn* (second cas). On parle respectivement d'*anti*-élimination et de *syn*-élimination.

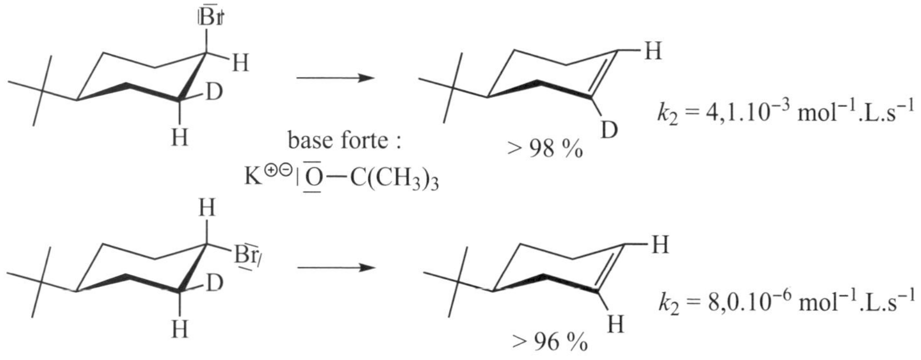

FIGURE 18.25 – Système avec marquage isotopique au deutérium et dans une conformation bloquée permettant l'analyse de la position relative des atomes qui s'éliminent

Les constantes de vitesse du second ordre observées montrent que l'***anti*-élimination** est environ cinq cents fois plus rapide que la *syn*-élimination. Les résultats expérimentaux en systèmes acycliques amènent aux mêmes conclusions et permettent ainsi de suggérer la forme de l'état de transition de plus basse énergie pour le processus E2 présenté figure 18.26.

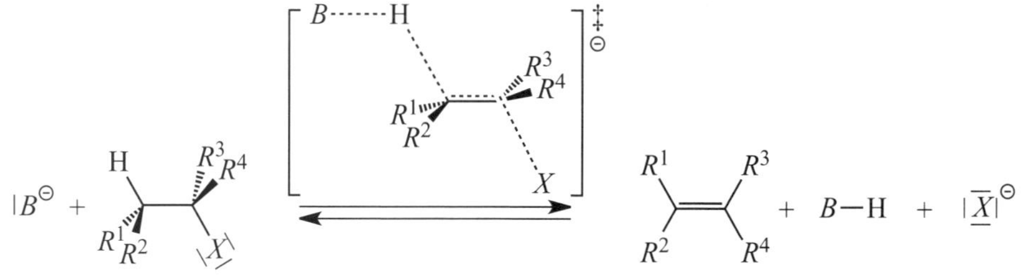

FIGURE 18.26 – État de transition du processus E2 pour lequel le nucléofuge et le proton éliminés sont en position décalée *anti*

Exercice résolu

Déshydrohalogénation du 2-bromobutane

La déshydrohalogénation du 2-bromobutane par les ions éthanolate dans l'éthanol est menée à 70 °C (figure ci-dessous).

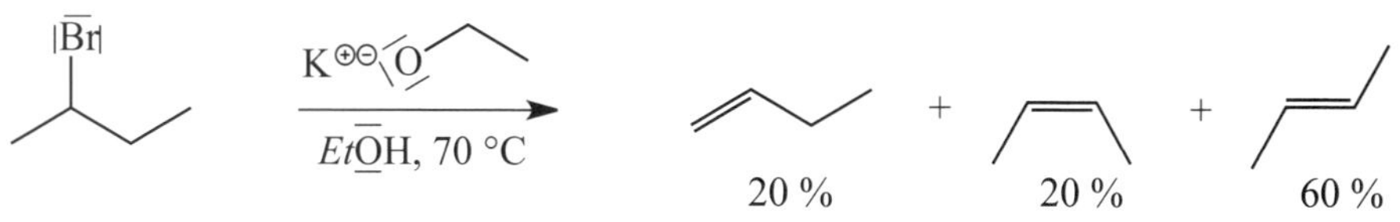

Expliquer la régiosélectivité de la réaction. Afin d'analyser sa stéréosélectivité, mobiliser vos connaissances d'analyse conformationnelle et comparer les deux états de transition lors d'une *anti*-élimination en les représentant en projection de NEWMAN. La réaction est-elle stéréosélective ? Est-elle stéréospécifique ?

Réponse :
Le but-1-ène est minoritaire, conformément à la règle de ZAITSEV, puisqu'il est moins substitué que le but-2-ène. La stéréosélectivité de la réaction peut s'interpréter par exemple en partant du (*R*)-2-bromobutane et en considérant que la réaction a lieu sous contrôle cinétique. Deux conformations *C*1 et *C*2 placent un atome d'hydrogène en position décalée *anti* de l'atome de brome (figure ci-dessous).

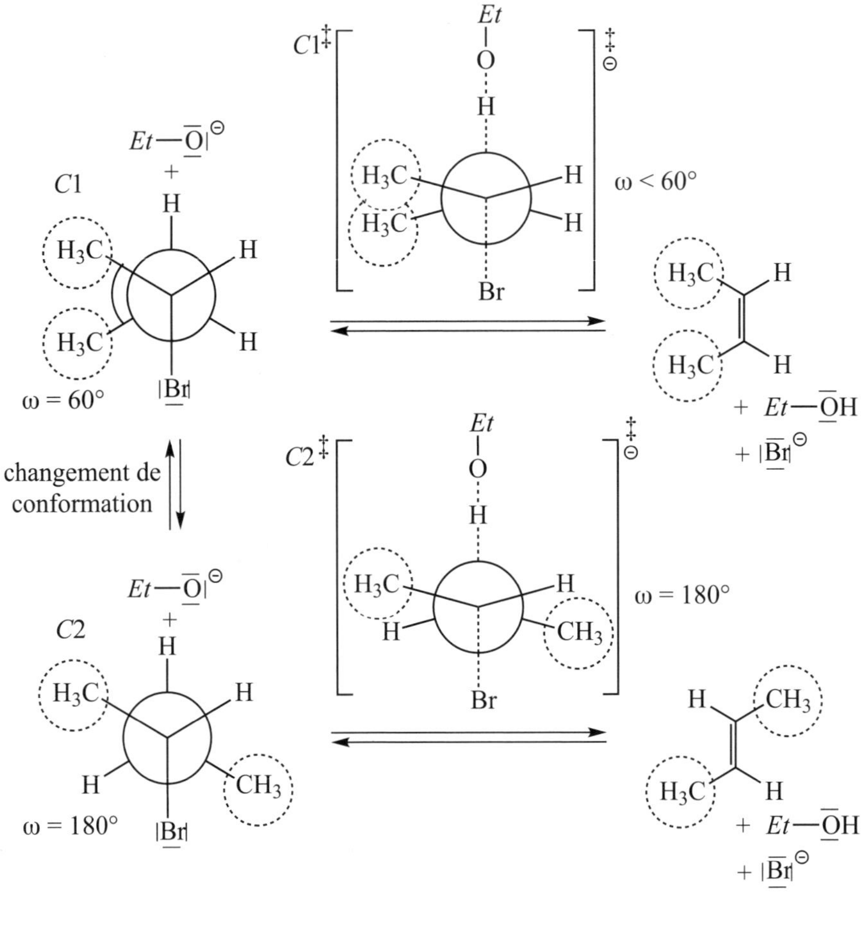

Dans ces conformations, les angles de torsion entre les groupes méthyles sont de l'ordre de 60° pour *C*1 (interaction butane *gauche*) et de 180° pour *C*2. Les interactions *gauches* Br/CH_3 et Br/H sont identiques dans les deux cas.

L'état de transition commence à ressembler aux alcènes produits, et par conséquent, l'angle de torsion diminue dans le cas de $C1^{\ddagger}$, tandis qu'il reste de 180 °C dans le cas de $C2^{\ddagger}$: l'état de transition $C1^{\ddagger}$ est plus déstabilisé par l'interaction butane *gauche* que le réactif *C*1 correspondant. Par conséquent, l'énergie d'activation E_a^1 du processus partant de *C*1 est plus élevée que l'énergie d'activation E_a^2 du processus partant de *C*2 (figure ci-dessous).

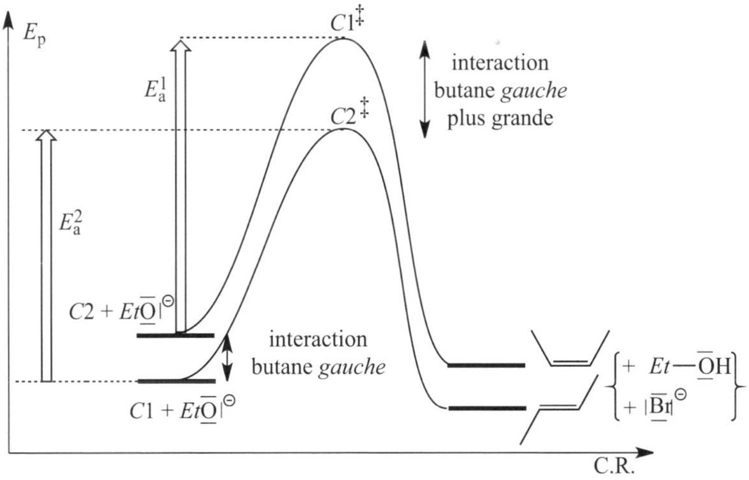

Le (E)-but-2-ène est ainsi obtenu plus rapidement que le (Z)-but-2-ène. Le résultat expérimental proposé montre que la réaction est stéréosélective puisque les deux alcènes stéréoisomères sont obtenus dans des proportions différentes. Elle n'est pas stéréospécifique puisque le raisonnement proposé aurait conduit au même résultat en partant du (S)-2-bromobutane.

⚠ Les réactions de déshydrohalogénation pour lesquelles le carbone α et le carbone β qui subit la perte de proton sont asymétriques sont stéréospécifiques.

3.5 Influence de quelques facteurs

a. Influence de la classe et du degré de substitution du carbone β

Les réactions de déshydrohalogénation sont d'autant plus rapides que la classe de l'halogénoalcane est élevée.

En effet, les alcènes obtenus sont d'autant plus stables qu'ils sont substitués ; l'état de transition développant un caractère de double liaison C=C, il sera d'autant plus stable qu'il est porteur de plusieurs groupes alkyles. Le degré de substitution de l'alcène obtenu dépend aussi du degré de substitution du carbone β, comme le montrent les résultats du tableau 18.12. Les déshydrobromations des bromoalcanes primaires sont réalisées à 55 °C dans l'éthanol et en présence d'ions éthanolate.

Bromoalcane	Alcène	Nature de l'alcène	Rendement	k_2 / $mol^{-1}{\cdot}L{\cdot}s^{-1}$
CH_3CH_2Br	$CH_2{=}CH_2$	non substitué	0,9 %	$1,6 \times 10^{-5}$
$CH_3CH_2CH_2Br$	$CH_3CH{=}CH_2$	monosubstitué	8,9 %	$5,3 \times 10^{-5}$
$CH_3CH(CH_3)CH_2Br$	$(CH_3)_2C{=}CH_2$	disubstitué	59,5 %	$8,5 \times 10^{-5}$

TABLE 18.12 – Influence du degré de substitution du carbone β sur la constante de vitesse k_2 de la déshydrobromation suivant un mécanisme E2

Ces résultats sont analysés de la même façon que précédemment. Les rendements des deux premiers exemples sont très faibles car les produits de substitution nucléophile par les ions éthanolate sont essentiellement obtenus.

b. Influence de la base et du solvant

Le choix de la base est essentiel pour orienter la régiosélectivité de la réaction (voir paragraphe 3.2). L'influence de la polarité du solvant peut être analysée de la même manière que pour le mécanisme S_N2. En présence d'une base forte anionique, la **charge** est globalement la même pour les réactifs, l'état de transition et les produits. Elle est par contre **plus diffuse dans l'état de transition** que dans les autres états, et par conséquent une augmentation de polarité du solvant stabilise plus efficacement les réactifs que l'état de transition, diminuant ainsi légèrement la vitesse de la réaction.

⚠ L'augmentation de polarité du solvant ralentit les réactions d'élimination de type E_2.

L'influence du solvant est beaucoup plus importante pour la stéréosélectivité de la réaction, car il peut orienter vers une *syn*-élimination. L'utilisation d'un chloroalcane marqué au deutérium (figure 18.27) permet de mettre en évidence que certains solvants accélèrent le processus de *syn*-élimination face à celui d'*anti*-élimination.

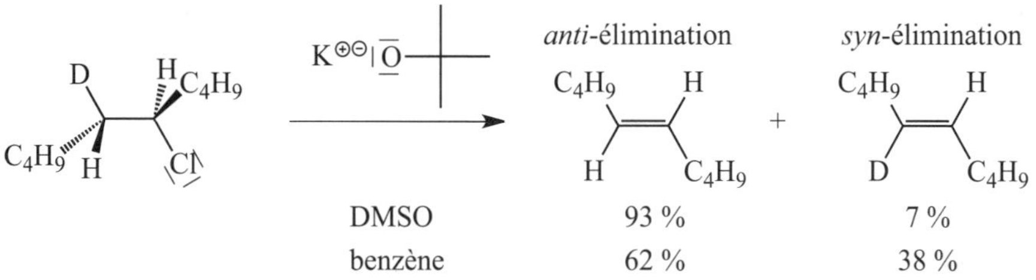

FIGURE 18.27 – Influence du solvant sur la stéréochimie de la déshydrochloration, analysée par un marquage au deutérium

Dans un solvant qui solvate bien les ions, tel que le *DMSO*, le processus le plus rapide est celui de l'*anti*-élimination déjà étudié. Dans un solvant tel que le benzène, les ions ne sont pas bien solvatés, et la base forte est donc présente sous forme d'une paire d'ions. Dans ces conditions, le contre ion potassium assiste le départ de l'ion chlorure dans un état de transition cyclique à six centres (figure 18.28).

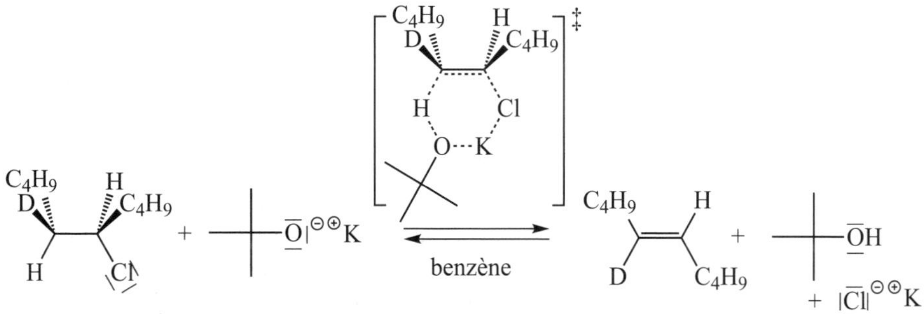

FIGURE 18.28 – État de transition à six centres lors de la déshydrochloration dans un solvant peu dissociant

✎ Un état de transition à six centres à déjà été rencontré dans le chapitre sur les organomagnésiens mixtes. Ce type d'état de transition est postulé dans de nombreux cas, justifiant à nouveau toute l'importance de l'analyse conformationnelle du cyclohexane.

4 Compétition entre substitution et β-élimination

Les notions de **nucléophilicité** (notion cinétique) et de **basicité** (notion thermodynamique) sont distinctes mais intimement liées. Citons par exemple les ions hydroxyde, base forte et bon nucléophile, ou les ions iodure, base très faible et très bon nucléophile. Il est donc difficile de déterminer *a priori* si le processus majoritaire sera la substitution nucléophile ou la β-élimination. La démarche la plus raisonnable est de réaliser l'expérience et de l'interpréter. Certains grands facteurs peuvent alors être dégagés.

4.1 Effets structuraux

Les deux facteurs orientant majoritairement la chimiosélectivité de la réaction sont **la classe de l'halogénoalcane** (le substrat) et la comparaison qualitative du **rapport nucléophilicité/basicité du réactif utilisé**. Les halogénométhanes ne possèdent pas de carbone β et ne peuvent subir que des substitutions nucléophiles. Les halogénoalcanes primaires réagissent essentiellement suivant un mécanisme S_N2, même en présence d'une base forte comme les ions hydroxyde HO^- ou les ions alcoolate RO^-. L'augmentation du pourcentage de composé d'élimination est observée lorsque l'halogénoalcane primaire est encombré en position β. Les halogénoalcanes secondaires conduisent à des réactions pour lesquelles le mécanisme E2 est accéléré par rapport au mécanisme S_N2. La proportion d'alcène augmente. Les halogénoalcanes tertiaires réagissent essentiellement suivant le mécanisme E2, le mécanisme S_N1 étant trop lent pour entrer en compétition. La figure 18.29 illustre ces conclusions.

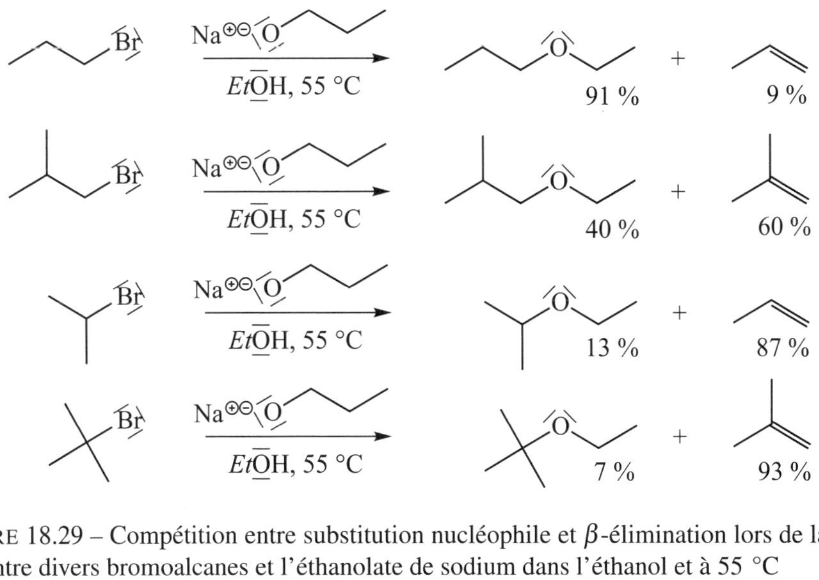

FIGURE 18.29 – Compétition entre substitution nucléophile et β-élimination lors de la réaction entre divers bromoalcanes et l'éthanolate de sodium dans l'éthanol et à 55 °C

Les nucléophiles **de petite taille**, **très polarisables** et **peu basiques** favorisent les réactions de substitutions nucléophiles face aux réactions de β-élimination. Ainsi, les ions 2-méthylpropan-2-olate $(CH_3)_3CO^-$ ne conduisent à aucune substitution nucléophile contrairement aux ions méthanolate CH_3O^-. L'eau conduit presque essentiellement à des substitutions nucléophiles ($pK_A(H_3O^+/H_2O) = 0$) tandis que les ions hydroxyde ($pK_A(H_2O/HO^-) = 14$) conduisent partiellement à des β-éliminations. Les ions thiolates RS^- conduisent à moins de β-éliminations que les ions alcoolates RO^- correspondants.

4.2 Effets de milieu

L'augmentation de polarité du solvant accélère plus le mécanisme S_N2 que le mécanisme E2. Par exemple, l'utilisation d'hydroxyde de potassium KOH dans l'éthanol conduit à un plus fort taux de β-élimination que l'hydroxyde de potassium dans l'eau. D'autre part, les réactions de **solvolyse** conduisent essentiellement au processus de substitution nucléophile, ce qui est mis à profit pour les halogénoalcanes tertiaires. Le choix de la température est certainement l'effet de milieu le plus facile à contrôler ; dans la plupart des cas :

une augmentation de température favorise le processus de β-élimination par rapport au processus de substitution nucléophile.

Les composés fluorocarbonés

Le remplacement d'un ou de plusieurs atomes d'hydrogène dans un hydrocarbure affecte très profondément les propriétés physiques et chimiques des espèces obtenues. La plupart de ces différences de comportement des composés fluorés s'expliquent par les propriétés de l'atome de fluor comparé aux autres halogènes. Le fluor en effet possède les propriétés remarquables suivantes :

- une très faible polarisabilité (aptitude à la déformation du nuage électronique d'un atome) ;
- une très grande électronégativité avec la valeur la plus élevée du tableau périodique. Ceci a pour conséquence que toutes les liaisons covalentes établies entre le fluor et un autre atome sont polarisées dans la même direction. Les liaisons C–F possèdent un caractère ionique notable ;
- une taille relativement réduite : le rayon de van der WAALS du fluor est de 147 pm (175 pm pour le chlore).

Cette combinaison de propriétés possède quelques conséquences intéressantes.

Propriétés physiques

Les composés fluorés présentent :

- une masse volumique plus importante que les hydrocarbures homologues : $\rho\ (C_6F_{14}) = 1672\ kg{\cdot}m^{-3}$; $\rho\ (C_6H_{14}) = 655\ kg{\cdot}m^{-3}$;
- une viscosité élevée ;
- une tension de surface très faible, les fluorocarbonés mouillent pratiquement toutes les surfaces ;

- une aptitude à la formation de liaisons hydrogène intra- ou intermoléculaires ;
- des températures d'ébullition faibles, le tétrafluorométhane et l'hexane possèdent des masses molaires très voisines (88 et 86 $g \cdot mol^{-1}$) et des températures d'ébullition très différentes (-128 et $+69$ °C) ;

À la différence des hydrocarbures, les températures d'ébullition des composés perfluorocarbonés (espèces dans lesquelles tous les atomes d'hydrogène sont remplacés par des atomes de fluor) isomères sont très voisines :

Structure	pentane	méthylbutane	diméthylpropane
Θ_{eb} hydrocarbure	36,1 °C	27,9 °C	9,5 °C
Θ_{eb} perfluorocarboné	29,3 °C	30,1 °C	29,5 °C

Cette dernière particularité est due à des interactions de Van der WAALS très faibles dans le cas des composés perfluorés. Notons que ces espèces perfluorées, bien que constituées d'un grand nombre de liaisons C–F très polarisées ne possèdent pas une constante diélectrique élevée (1,69) en raison de l'annulation par symétrie de tous les dipôles de la molécule. Dans les espèces monofluorées, la polarité des liaisons C–F a des effets notables sur les propriétés physiques ; ainsi le 1-fluorohexane bout à 91,5 °C (au lieu de 57 °C pour le perfluorohexane et 69 °C pour l'hexane) et sa tension de surface est plus élevée que celle de l'hexane et du perfluorohexane.

Propriétés chimiques

L'énergie de dissociation homolytique ($A–B \rightarrow A^{\bullet} + B^{\bullet}$) des différents hydrocarbures halogénés est :

$CH_3CH_2–X$	H	F	Cl	Br	I
Énergie de dissociation / $kJ \cdot mol^{-1}$	418	451	350	290	231

La différence d'énergie de dissociation carbone/halogène entre les fluorés et les autres composés halogénés est encore plus marquée dans le cas d'une dissociation hétérolytique ($C–F \rightarrow C^{+} + F^{-}$), l'anion fluorure est un mauvais nucléofuge.

Une conséquence de l'importante énergie de la liaison C–F et du caractère faiblement nucléofuge de l'ion fluorure est la faible réactivité des espèces fluorocarbonées vis-à-vis de la substitution nucléophile. En règle générale, les constantes de vitesse des réactions de substitution nucléophiles sont 10^2 à 10^6 plus faibles que celle des chlorés analogues.

$$C_6H_5CH_2X + H_2O \rightarrow C_6H_5CH_2OH + HX$$
$$k_F/k_{Cl} = 3,2.10^{-2} \text{ dans l'acétone}$$

Cependant l'aptitude du fluor à former des liaisons hydrogène permet de trouver des conditions dans lesquelles les fluorés s'avèrent plus réactifs que les chlorés. En milieu fortement acide, l'établissement de liaisons hydrogène entre le solvant et l'atome de fluor conduit à une plus grande réactivité des fluorés vis-à-vis de la substitution par rapport au chlorés homologues :

$$C_6H_5CH_2X \quad + \quad H_2O \quad \rightarrow \quad C_6H_5CH_2OH \quad + \quad HX$$
$$k_F/k_{Cl} = 2,6.10^3 \ ([H_3O^+] = 6 \text{ mol·L}^{-1})$$

La principale réaction de formation des composés fluorés au laboratoire est une réaction d'échange d'halogène *via* un mécanisme de type S_N2 :

$$C_6H_5CH_2Cl \quad + \quad K^+, F^- \quad \rightarrow \quad C_6H_5CH_2F \quad + \quad K^+, Cl^-$$

Les composés organofluorés ont trouvé des applications dans les domaines très variés suivants :

- *fluides réfrigérants* comme les fréons (CF_xCl_y) ; en raison de la dégradation de la couche d'ozone initiée par les produits de décomposition de certains fréons dans la stratosphère, leur production et leur utilisation est désormais très limitée ;
- *agrochimie* avec la fabrication d'herbicides, d'insecticides et de fongicides ;
- *colorants*, les colorants fluorés permettent la formation de liaisons covalentes entre la fibre (coton par exemple) et le colorant, ce qui rend celui-ci particulièrement résistant au lavage ;
- *chimie médicale* avec des anesthésiques par inhalation à faible toxicité comme l'enflurane ($ClCHF–CF_2$-O-CHF_2) ou des médicaments comme le 5-fluorouracile, utilisé en cancérologie digestive :

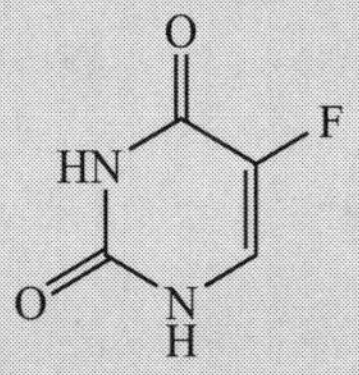

- *polymères* comme le Téflon, des plastiques et élastomères spéciaux ;

Le Téflon fut découvert fortuitement en 1938 par un chimiste de la société Du Pont qui travaillait sur de nouveaux fluides réfrigérants. Ayant préparé 45 kg de tétrafluoroéthylène (CF_2=CF_2) et stocké le gaz obtenu ($\Theta_{eb} = -76$ °C) dans des cylindres, il s'aperçut au moment de l'employer que la totalité du gaz était transformé en une masse blanche. L'analyse révéla que le solide était un polymère doté de remarquables propriétés physiques et chimiques. La réaction de formation fut étudiée et le polymère préparé industriellement et commercialisé sous le nom de Téflon.

EXERCICES

18.1 Composés halogénés : réactivités comparées (d'après École de l'Air PC 2002) (★★)

On réalise deux séries d'expériences :

- expérience (a) : on place 10 mL d'une solution d'iodure de sodium (NaI) dans la propanone (acétone) (solution à 15 %) dans deux tubes à essai. On ajoute 10 gouttes de 1-bromobutane dans un tube, et dans l'autre tube 10 gouttes de 2-bromobutane. Dans le premier tube, du bromure de sodium précipite au bout de trois minutes alors qu'il faut plus de trente minutes pour le second tube ;
- expérience (b) : on reprend le même mode opératoire en utilisant une solution de nitrate d'argent dans l'éthanol à la place de l'iodure de sodium. Les composés halogénés sont maintenant le 2-bromobutane et le 2-méthyl-2-bromopropane. Dans le tube contenant le 2-bromobutane, le bromure d'argent se forme au bout de 15 secondes alors qu'il ne faut que quelques secondes dans le tube contenant le 2-méthyl-2-bromopropane.

1. À propos de l'expérience (a)

a. Écrire les équations-bilans des deux réactions de l'expérience (a) ? De quel(s) type(s) de mécanisme(s) peut-il s'agir ?

b. Quel est le nucléophile dans l'expérience (a) ? Quel est le nucléofuge ?

c. Que pensez-vous de la force du nucléophile ?

d. Quelle est la nature du solvant dans l'expérience (a) ?

e. Les résultats précédents précisent-ils le type de réaction ? La réponse devra être justifiée. Donner le mécanisme de la réaction la plus rapide.

f. Proposer un classement de la réactivité des halogénures fondé sur le résultat de la question précédente.

2. À propos de l'expérience (b)

a. Dans l'expérience (b), quel est le nucléophile ? Que pensez-vous de sa force ?

b. Donner la nature du solvant.

c. Préciser l'utilité du nitrate d'argent.

d. Les résultats précédents précisent-ils le type de réaction ? La réponse devra être justifiée. Vous donnerez un classement de la réactivité suivant la classe de l'halogénure.

e. Donner le mécanisme de la réaction la plus rapide.

18.2 Aspects stéréochimiques des réactions des dérivés halogénés (d'après École de l'Air PC 2002) (★★)

Soit *A* le composé représenté figure ci-dessous :

A

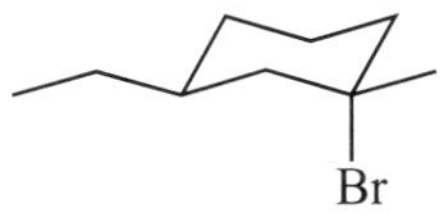

1. Nommer ce composé. Préciser la configuration absolue du (ou des) carbone(s) asymétrique(s).

2. On fait réagir *A* avec l'éthanol. On obtient alors un mélange équimolaire de deux composés B_1 et B_2 de formule brute $C_{11}H_{22}O$.
a. Représenter ces composés.
b. Discuter du pouvoir rotatoire du mélange.
3. On fait cette fois réagir *A* avec de la soude. Plusieurs réactions sont en compétition. Elles conduisent aux produits *C* et *D* de formule respective C_9H_{16} et $C_9H_{18}O$. Discuter des réactions en jeu et des produits obtenus.
4. *E* est le produit obtenu en substituant dans la molécule *A* le groupe éthyle par le groupe *tertio*-butyle. *F* est l'isomère de *E* où le brome et le groupe *tertio*-butyle sont en position *syn*.
a. Représenter *E* et *F*.
b. Expliquer pourquoi *E* réagit 500 fois plus vite avec l'ion *tertio*-butylate $(CH_3)_3CO^-$ que l'isomère *F* pour une réaction de type E2.

18.3 Préparations des composés halogénés à partir des alcènes (d'après École de l'Air PC 2002) (★)

Les alcènes permettent de produire des composés halogénés et des composés dihalogénés vicinaux.

1. Indiquer les composés formés lors de l'addition de HBr, en milieu polaire, sur les alcènes suivants (on discutera de la régiosélectivité) :
- propène ;
- 1-phényl-2-méthylprop-1-ène.

2. L'addition de dibrome Br_2 sur le (*Z*)-but-2-ène conduit à un produit dédoublable en deux énantiomères.
Donner la structure des stéréoisomères obtenus et l'explication de leur formation.

18.4 Étude de la déshydrohalogénation du dibromostilbène (d'après Centrale) (★★)

Le dibromostilbène, noté *A*, a pour formule *Ph*-CHBr-CHBr-*Ph*. Le groupe *Ph* représente le radical phényle lié par une liaison simple à un carbone. Le bromostilbène, noté *B*, a pour formule *Ph*-C(Br)=CH-*Ph*.

1. Le composé *A* présente trois stéréoisomères que l'on notera A_1, A_2 et A_3 : le composé chimique contenant des molécules de A_1 ne présente pas de pouvoir rotatoire ; dans la molécule A_2, les deux carbones asymétriques sont de descripteurs stéréochimiques *R*. Représenter A_1, A_2 et A_3. On utilisera impérativement la représentation de NEWMAN en conformation décalée.

2. Quel type de stéréoisomérie présente le composé *B* ?

3. Le composé chimique contenant uniquement des molécules A_1, qui ne présente pas de pouvoir rotatoire, est soumis à une réaction de déshydrohalogénation de molécularité 2 (E2) ; on obtient alors B_1.
a. Quel réactif peut-on employer pour réaliser cette transformation ?
b. Le fait de chauffer favorise-t-il cette réaction ? Justifier la réponse.
c. Comme il s'agit d'une réaction de mécanisme E2, indiquer, en justifiant, la stéréochimie du composé B_1 et son descripteur stéréochimique.

4. On réalise la réaction de déshydrohalogénation E2 précédente sur un mélange A_2 et A_3 ; qu'obtient-on ?

5. En présence de zinc, on peut déshalogéner le composé A et on obtient alors un alcène D dont on sépare deux isomères. On isole l'isomère Z de D et on fait réagir sur lui, d'une part, du brome pur et, d'autre part, de l'acide chlorhydrique.

a. Écrire le bilan de chaque réaction.

b. Dans chacun des cas, préciser l'entité qui attaque l'alcène D.

c. L'une de ces deux réactions est stéréospécifique, laquelle ? Justifier votre réponse en donnant le mécanisme de la réaction et la structure du produit obtenu.

d. L'autre réaction est, en général, non stéréospécifique ; le justifier.

e. Sur le composé obtenu par action de l'acide chlorhydrique sur D, on fait réagir à froid une solution d'hydroxyde de sodium. Quel est le produit organique F obtenu et à quel type cette réaction appartient-elle ?

18.5 Participation de groupes voisins (★★★)

Interpréter les résultats expérimentaux suivants :

1. Le chlorométhoxyéthane $CH_3CH_2OCH_2Cl$ réagit avec les nucléophiles 10^6 fois plus vite que le 1-chlorobutane.

2. Le chlorothioéther $PhSCH_2CH_2Cl$ réagit avec l'eau dans des conditions identiques 600 fois plus vite que le 1-chloropropane.

3. L'acide (*R*)-2-bromopropanoïque placé en milieu aqueux basique concentré conduit à l'acide (*S*)-2-hydroxypropanoïque tandis que la même réaction conduite en présence d'ions argent(I) en milieu faiblement basique conduit à l'acide (*R*)-2-hydroxypropanoïque.

18.6 Stéréochimie des réactions S_N1 (★★)

L'hydrolyse (réaction avec l'eau) du (*R*)-2-bromooctane dans un mélange eau/éthanol (solvant polaire) conduit à 83 % de (*S*)-octan-2-ol et 17 % de (*R*)-octan-2-ol.
En revanche, la même réaction d'hydrolyse conduite dans le même solvant sur le (*R*)-1-bromo-1-phényléthane conduit à la racémisation complète.
Expliquer la différence de comportement des deux substrats.

18.7 Effet de substituant (★)

La réaction à 25 °C du méthanol solvant (méthanolyse), qui est un solvant polaire, sur le 4-méthoxyphénylchlorométhane est 2 500 fois plus rapide que la même réaction sur le phénylchlorométhane. La réaction sur le 4-nitrophénylchlorométhane est 3 000 fois plus lente que la même réaction sur le phénylchlorométhane. Expliquer.

18.8 Substitutions allyliques (★★)

1. Réactions S_N1'

a. Dans des conditions classiques de réaction S_N1, la réaction du 1-chlorobut-2-ène avec le nucléophile eau conduit à un mélange de but-2-én-1-ol et de but-3-én-2-ol. Expliquer la formation des deux produits à partir de celle du carbocation obtenu.

b. Quels sont les produits attendus si le substrat est le 3-chlorobut-1-ène ? Comparer les proportions attendues des deux produits avec celles issues de l'hydrolyse du 1-chlorobut-2-ène.
c. Selon la nature du solvant utilisé, la prédiction précédente n'est pas toujours vérifiée. Expliquer les constatations expérimentales suivantes :

- le traitement du 1-chlorobut-2-ène par une solution aqueuse d'hydroxyde de sodium à 0,8 mol·L^{-1} conduit à un mélange de 60 % de but-2-én-1-ol et 40 % de but-3-én-2-ol. Le 3-chlorobut-1-ène dans les mêmes conditions conduit à 38 % de but-2-én-1-ol et 62 % de but-3-én-2-ol. Lorsque la polarité de solvant croît, les mélanges tendent vers la même composition, quel que soit le substrat de départ ;
- le traitement du 3-chloro-3-méthylbut-1-ène par l'acide acétique (solvant et réactif) conduit à la formation de deux acétates et du 4-chloro-2-méthylbut-2-ène. L'isomérisation est plus rapide que la formation des acétates. Donner les formules des acétates susceptibles de se former et expliquer, sachant que l'acide acétique est un solvant peu polaire (on pourra s'aider des explications fournies à l'exercice 6).

2. Réactions S_N2'
a. Le 3-chlorobut-1-ène réagit à 25 °C avec les ions iodure dans la propanone (solvant aprotique peu polaire) 73 fois plus vite que le 1-chloropropane. Expliquer.
b. Proposer une méthode qui pourrait mettre en évidence le mécanisme précédemment proposé.
c. Expliquer pourquoi le traitement du 3-chlorobut-1-ène par la diéthylamine conduit majoritairement à $(CH_3CH_2)_2NCH_2CH{=}CHCH_3$.

PROBLÈMES

18.9 Synthèse d'un raticide (d'après ENS Cachan) (★★)

Un dérivé fluoré organique *F* se rencontre dans un arbuste de Sierra Léone (Afrique). Ce composé est doué d'une haute toxicité pour les animaux à sang chaud : le fruit pulvérisé est donc employé comme raticide. Ce composé a été préparé par la séquence réactionnelle suivante.

$$\text{1-bromo-8-fluorooctane} + HC{\equiv}C|^{\ominus}, Na^{\oplus} \longrightarrow A \xrightarrow{NH_2^-,\ Na^+} B$$

$$\xrightarrow{I\text{-}(CH_2)_7\text{-}Cl} C\ (C_{17}H_{30}ClF) \xrightarrow{Na^+,\ CN^-} D \xrightarrow{H_2O,\ OH^-} E \xrightarrow{H_2,\ Pd,\ BaSO_4} F$$

On indique que :

- la seule insaturation du produit *A* est une triple liaison carbone/carbone ;
- les atomes d'hydrogène des acétyléniques vrais (R-C≡C-H) sont doués de propriétés faiblement acides et conduisent par action de bases très fortes (par exemple l'ion amidure NH_2^-) à l'ion alcynure correspondant R-C≡C$^-$ qui est un nucléophile puissant ;
- la réaction d'une fonction nitrile R-C≡N en milieu basique aqueux conduit à l'acide carboxylique correspondant ;
- l'hydrogénation catalytique d'un alcyne en présence d'un catalyseur adéquat (palladium désactivé par le sulfate de baryum) conduit à l'alcène de stéréochimie *Z*.

1. Donner les formules des différents produits A à F, en justifiant sommairement en particulier :

a. la régiosélectivité de la réaction qui conduit à A ;

b. la régiosélectivité de la réaction qui transforme B en C ;

c. la nature de la réaction qui conduit de C à D.

2. Écrire le mécanisme de la réaction qui permet de passer du 1-bromo-8-fluorooctane au produit A. Quelle réaction parasite peut-on observer lors de la première étape ?

3. Sur quelle condition opératoire peut-on agir pour limiter l'importance de la réaction parasite précédemment citée ?

18.10 Utilisation de la stéréospécificité des réactions d'élimination (d'après Centrale) (★★)

En vue d'établir la stéréochimie de la réaction radicalaire du bromure d'hydrogène sur les alcènes à basse température, on soumet séparément les stéréoisomères du but-2-ène à une action du bromure de deutérium (D-Br) en présence de peroxydes, suivie d'un traitement par l'éthanolate de sodium dans l'éthanol (élimination E_2). Après ces deux réactions successives, on recueille :

- à partir du (Z)-but-2-ène, un mélange de (Z)-but-2-ène et de (E)-2-deutérobut-2-ène ;
- à partir du (E)-but-2-ène, un mélange de (E)-but-2-ène et de (Z)-2-deutérobut-2-ène.

1. Rappeler le mécanisme proposé pour l'addition du bromure d'hydrogène, en présence de peroxydes, sur le (Z)-but-2-ène.

2. Déduire de ces résultats la stéréochimie de l'addition de D-Br en indiquant, à l'aide de la représentation de NEWMAN, la suite des réactions subies par chacun des stéréoisomères du but-2-ène.

3. Pourquoi opère-t-on à basse température ?

4. Rappeler le résultat de l'hydrobromation en présence de peroxydes du but-1-ène.

18.11 Réactions de substitutions nucléophiles en chimie organique du fluor (d'après ENS Ulm PC 2001) (★★★)

Le DMF est un solvant aprotique polaire où la nucléophilie des anions est exaltée.

1. Donner la structure des dérivés diastéréoisomères B et D obtenus dans les réactions suivantes :

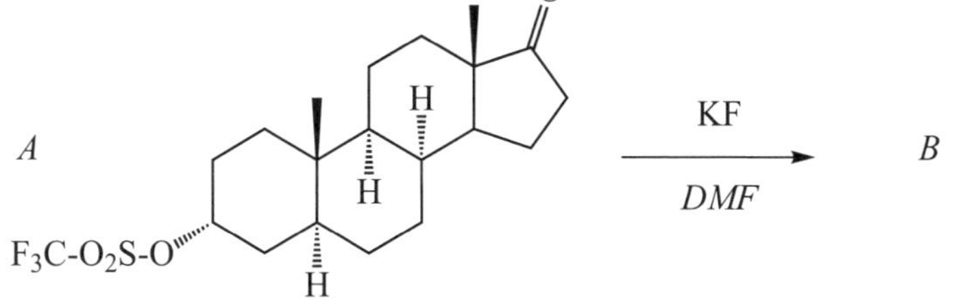

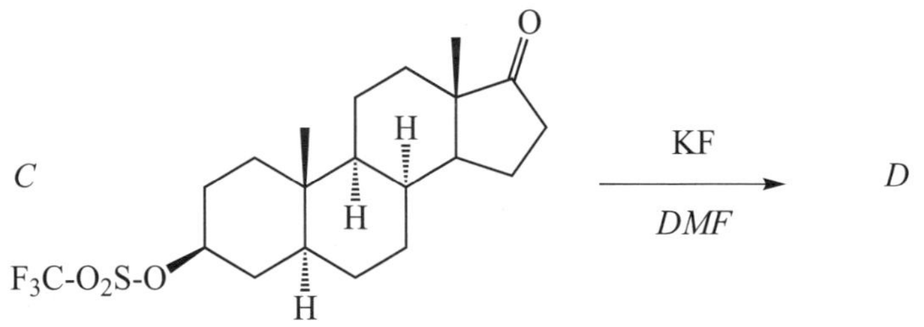

a. Expliquer pourquoi le groupe $CH_3SO_2O^-$ est un bon groupe partant.

b. Comment synthétise-t-on des dérivés du type CH_3SO_2OR ?

c. Quels sous-produits pourrait-on observer pour les réactions du type $A \longrightarrow C$?

d. Les transformations $A \longrightarrow C$ et $B \longrightarrow D$ n'ont pas lieu dans le benzène. Cependant, après addition dans le benzène d'éther-couronne 18-O-6 (voir figure ci-dessous), ces substitutions se produisent. Expliquez cette différence de comportement.

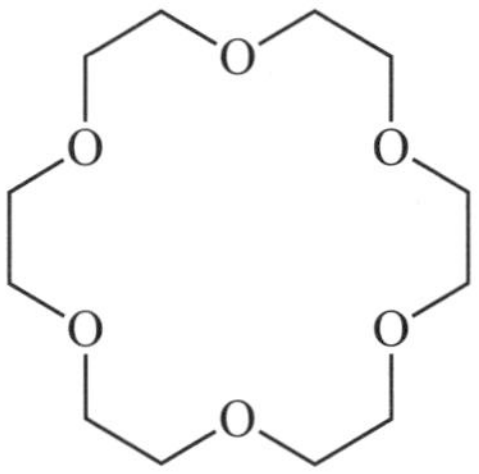

2. Le fluorure de potassium KF, grâce à l'emploi de l'éther couronne 18-O-6, est un nucléophile capable d'attaquer certains dérivés aromatiques. Par exemple, le chloro-2,4-dinitrobenzène *E* est transformé en 2,4-dinitrofluorobenzène *F* (voir figure ci-dessous) :

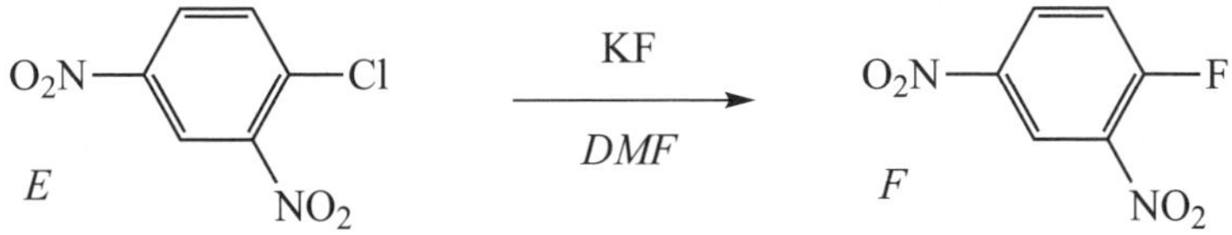

a. Le mécanisme de cette transformation implique une première attaque de l'ion fluorure F^- sur le carbone portant le chlore de *E* pour former un intermédiaire carbanionique *G* que l'on dessinera, ainsi que ses différentes formes mésomères.

b. Compléter le mécanisme réactionnel pour aboutir au 2,4-dinitrofluorobenzène *F*.

Cette réaction a été mise à profit par l'équipe de ZHU pour la synthèse de molécules de la famille de la Vancomycine *H* (un antibiotique à large spectre d'action) à partir du dérivé *I* (voir figure ci-dessous).

c. Proposer un mécanisme pour cette transformation (ne dessinez qu'une partie de la molécule).

d. Expliciter le rôle du fluorure de césium.

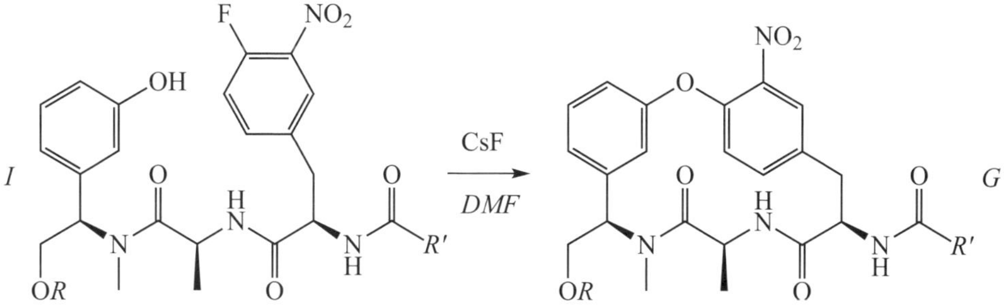

18.12 Synthèse de dérivés organostanniques vinyliques (d'après Mines d'Albi PC 2002) (★★)

On se propose, dans cette partie, de synthétiser deux dérivés organostanniques possédant une double liaison, dans le but d'être polymérisés ensuite.

Première synthèse

Le composé de départ de cette synthèse est le 4-chlorométhylstyrène : *A*

A :

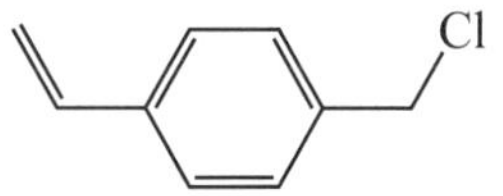

1. On appelle *B* l'organomagnésien issu du composé *A*. Écrire l'équation-bilan de la réaction ainsi que la formule semi-développée du composé *B* et donner les conditions opératoires à vérifier pour pouvoir réaliser cette transformation avec un bon rendement.

2. Pour déterminer le rendement de cette transformation dans le cas où l'on part de 15,2 g de composé *A* (réactif en défaut) pour un volume total de solution de 500 mL (supposé constant tout au long de la réaction), on prélève rapidement, en fin de réaction, 5,00 mL de la solution contenant le composé *B* et on ajoute à ces 5,00 mL, 25,00 mL d'une solution de diiode de concentration $5{,}00.10^{-2}$ mol·L^{-1} dans le toluène (méthylbenzène). Il faut alors 10,00 mL d'ion thiosulfate $S_2O_3^{2-}$ de concentration $1{,}00.10^{-1}$ mol·L^{-1} pour doser le diiode restant dans ce mélange.

a. Écrire toutes les équations-bilans mises en jeu et préciser à quel type de réaction appartient chacune d'elles.

b. Pourquoi faut-il prélever la solution rapidement ? Quelle verrerie utiliseriez-vous pour prélever les différents volumes ? Justifier ?

c. Quel est le rendement de la synthèse ? (on supposera toutes les réactions quantitatives).

3. On ajoute lentement la solution précédente contenant le composé *B* sur du 1,2-dichloroéthane, ce qui conduit au composé *C*, de formule brute $C_{11}H_{13}Cl$, dont on précisera la structure. De quel type de réaction s'agit-il ?

Représenter le mécanisme le plus probable. Faire un schéma annoté d'un montage permettant l'ajout goutte à goutte du 1,2-dichloroéthane sur la solution contenant *B*.

4. La solution obtenue contenant le composé *C* est ensuite versée goutte à goutte sur des copeaux de magnésium de façon à obtenir le composé *D*. Enfin, l'addition de chlorure de tributylétain (Bu_3SnCl) sur le composé D fournit le composé E selon une réaction analogue à celle décrite au **1.c**. Indiquer la polarité de la liaison Sn-Cl et en déduire la formule semi-développée du composé E. Le composé E obtenu est polymérisable.

Deuxième synthèse

On peut également obtenir un dérivé organostannique polymérisable H par condensation entre le composé A et l'alcool F en présence d'une base forte telle que l'hydrure de sodium NaH (pK_A du couple H_2/H^- de l'ordre de 35) dans le diméthylformamide (DMF) comme solvant selon le bilan représenté figure ci-dessous :

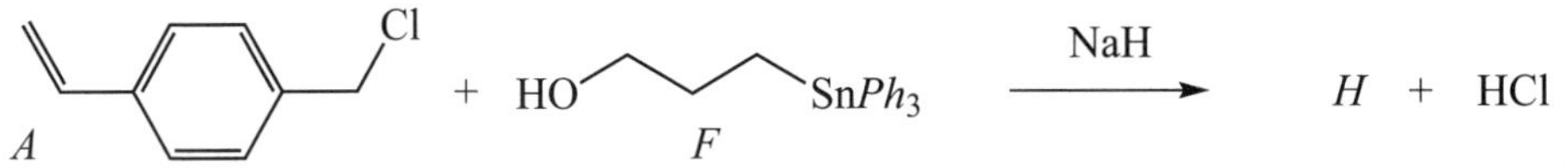

où Ph représente le groupe phényle (C_6H_5). On indique que les alcools sont des acides de pK_A compris entre 16 et 18.

5. Cette condensation peut se décomposer en deux étapes (non équilibrées) :

$$F \ + \ \text{NaH} \ = \ G \qquad \text{puis} \qquad G \ + \ A \ = \ H.$$

Donner la structure des composés G et H. De quels types de réactions s'agit-il ?

6. Pourquoi ne pas utiliser une base d'usage courant telle que la soude ou la potasse ?

7. La transformation $G \longrightarrow H$ serait-elle plus rapide en remplaçant le DMF (moment dipolaire : $\mu_{DMF} = 3{,}81$ D ; constante diélectrique relative $\varepsilon_r = 38{,}2$) (on précise que la réaction est d'ordre 2).

8. Le composé F a été obtenu par une réaction d'addition de l'hydrure de triphénylétain (Ph_3SnH) sur l'alcool allylique (voir figure ci-dessous).

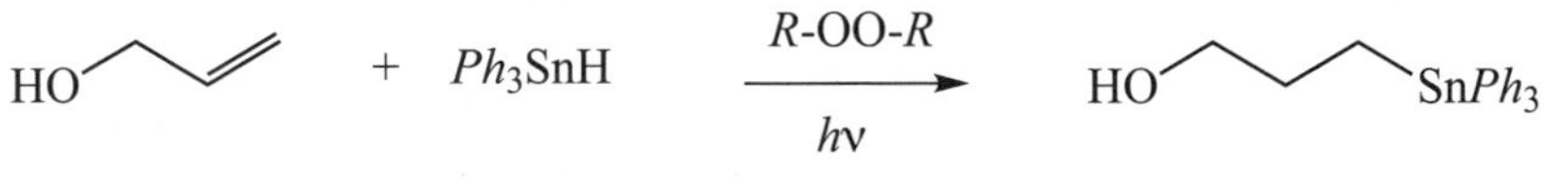

Sachant que cette addition est une réaction radicalaire analogue à celle de l'addition radicalaire des halogénures d'hydrogène sur un alcène, proposer un mécanisme réactionnel permettant de justifier la régiosélectivité observée.

Données :

- Énergies moyennes de liaison à 298 K en $kJ \cdot mol^{-1}$

C–Br	C–Sn	C–H	C–C	C=C	Sn–Br	Sn–H
285	226	411	346	602	273	308

- Électronégativités dans l'échelle de PAULING Sn : 1,96 ; Cl : 3,16
- Masses atomiques molaires (en $g \cdot mol^{-1}$) : C : 12,0 ; H : 1,00 ; Cl : 35,5 O : 16,0 ; Mg : 24,4 ; I : 126,9

Chapitre 19

Liaison simple carbone-oxygène (Deuxième période, option PC)

Les procédés de fermentation sont connus depuis plusieurs milliers d'années et l'éthanol (CH_3CH_2OH), l'alcool des boissons alcoolisées, est produit par la fermentation des sucres parfois appelés hydrates de carbone en raison de leur formule brute $C_n(H_2O)_n$. La molécule présente une liaison simple carbone–oxygène et appartient à la catégorie des alcools de formule générale *R*–OH (*R* groupe alkyle).
Parmi les autres groupes fonctionnels présentant une simple liaison carbone–oxygène, citons les phénols de formule générale *Ar*–OH (*Ar* groupe aryle) et les éther-oxydes, de formule générale *R*–O–*R'* (*R* et *R'* groupes alkyles ou aryles). De nombreux composés naturels possèdent ces groupes fonctionnels et la riche réactivité du groupe hydroxyle –OH fait des alcools des intermédiaires de synthèse précieux au laboratoire.

1 Généralités

De nombreux composés naturels possèdent une liaison carbone-oxygène. La figure 19.1 présente quelques exemples comme l'éthanol, le menthol, molécule naturelle ayant une forte odeur et saveur de menthe, le linalol, molécule extraite de la lavande et lui conférant son odeur marquée, le β-D-glucopyranose, le monosaccharide le plus abondant sur Terre, la catéchine, présentant simultanément des fonctions alcool, phénol et éther-oxyde, dont les molécules apparentées sont les principaux polyphénols du thé (jusqu'à 200 mg par tasse de thé), l'oxirane, éther-oxyde cyclique synthétisé industriellement à hauteur de plusieurs millions de tonnes par an, et l'éthoxyéthane, solvant plus connu sous le nom d'éther.

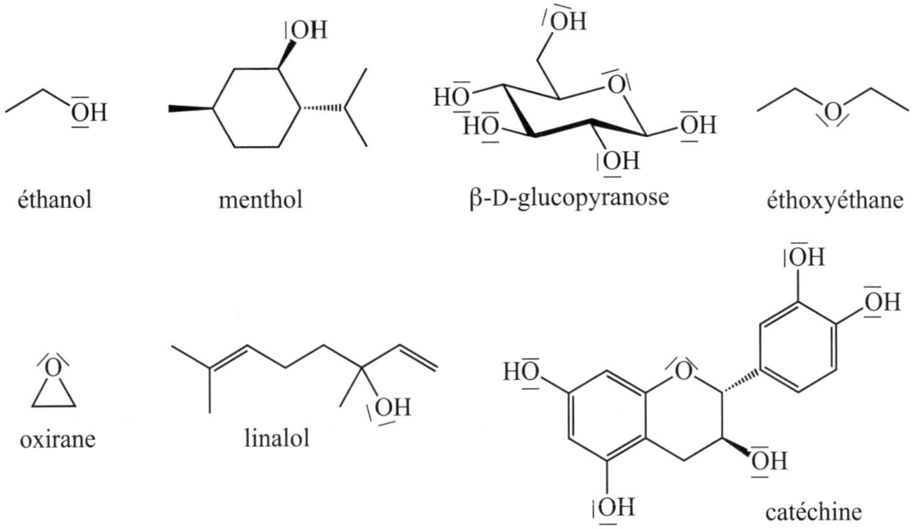

FIGURE 19.1 – Formule de quelques alcools, phénols et éther-oxydes

1.1 Nomenclature des alcools, phénols et des éthers-oxydes

Les alcools ont une nomenclature radico-fonctionnelle de type **alc-*n*-ol** où *n* représente la position du groupe hydroxyle sur l'alcane dont il dérive par substitution du groupe H par le groupe –OH. Les dernières voyelles des groupes de lettres sont supprimées (ou ajoutées) pour avoir une alternance voyelle/consonne/voyelle (but-3-èn-2-ol et non pas but-3-ène-2-ol, éthane-1,2-diol et non pas éthan-1,2-diol). Des exemples sont proposés tableau 19.1.

Formule topologique	Nom systématique	Nom courant
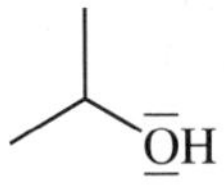	propan-2-ol	*iso*propanol
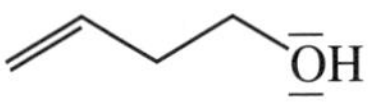	but-3-èn-1-ol	–
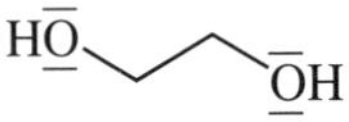	éthane-1,2-diol	éthylène glycol
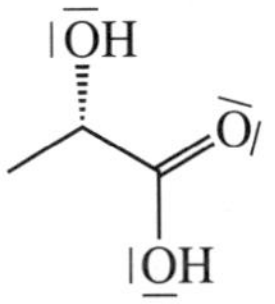	(*S*)-acide 2-hydroxypropanoïque	acide lactique

TABLE 19.1 – Nomenclature de quelques composés présentant le groupe fonctionnel alcool

Lorsque la fonction alcool n'est pas la fonction prioritaire pour la nomenclature (comme un acide carboxylique), le groupe –OH est nommé **hydroxy** en nomenclature substitutive.

La réactivité des alcools est fortement dépendante du degré de substitution du carbone fonctionnel (porteur du groupe hydroxyle). Les alcools sont donc regroupés par **classe** de la même manière que pour les halogénoalcanes ; la présence d'un substituant benzyle ou allyle offre un niveau de caractérisation supplémentaire couramment employé. La table 19.2 présente quelques exemples.

Classe	Formule
primaire	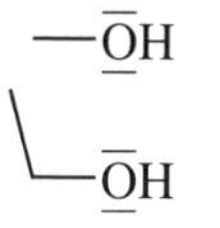
secondaire	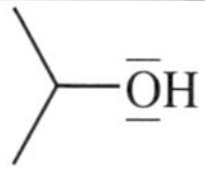
tertiaire	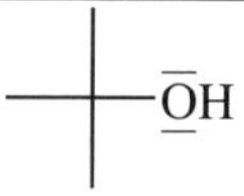
primaire benzylique	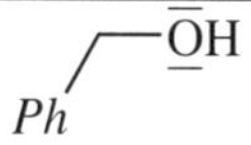
secondaire allylique	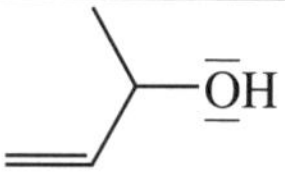

TABLE 19.2 – Classe de quelques alcools

Les phénols sont nommés sur la base du plus simple des phénols, le phénol *Ph*–OH, l'atome de carbone porteur du groupe hydroxyle portant le numéro 1. À nouveau, si la fonction phénol n'est pas prioritaire pour la nomenclature, il est nommé en tant que substituant hydroxyle de la fonction principale. Des exemples sont proposés table 19.3.

Formule topologique	Nom systématique
	4-bromophénol
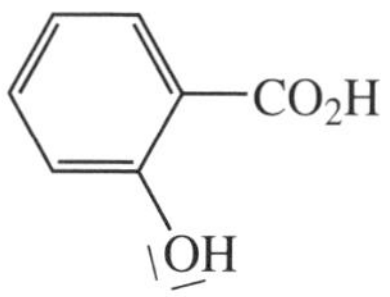	acide 2-hydroxybenzoïque

TABLE 19.3 – Nomenclature de quelques phénols

Les éthers-oxydes O–*R'* sont considérés comme le résultat de la substitution de l'atome d'hydrogène de l'alcane H–*R'* par le groupe alcoxy *R*O–. La formule générale d'un éther-oxyde étant symétrique par rapport aux groupes *R* et *R'*, la chaîne alkyle la plus longue fixe le nom et l'autre chaîne devient un **substituant alcoxy**. La nomenclature de type alkylalkyléther est encore souvent utilisée pour les éthers-oxydes de petite taille (table 19.4).

Formule topologique	Nom systématique	Nom en alkylalkyléther
	éthoxyéthane	diéthyléther
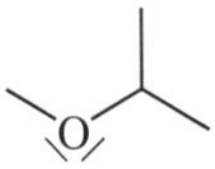	2-méthoxypropane	méthyl*iso*propyléther
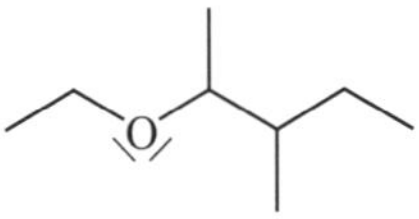	2-éthoxy-3-méthylpentane	–

TABLE 19.4 – Nomenclature de quelques éthers-oxydes

Les éthers-oxydes cycliques échappent aux règles de nomenclature données et l'étude de leur nom sort du cadre de cet ouvrage.

1.2 Propriétés physiques

La table 19.5 présente les températures d'ébullition sous une atmosphère et la solubilité dans l'eau à 25 °C de deux séries d'alcools : les alcools primaires à chaîne linéaire et une série d'alcools isomères de classes différentes.

Nom	Alcools	Θ_{eb} / °C sous 1 atm	Solubilité à 25 °C / g pour 100 mL d'eau
méthanol	CH_3OH	65	∞
éthanol	CH_3CH_2OH	78	∞
propan-1-ol	$CH_3(CH_2)_2OH$	97	∞
butan-1-ol	$CH_3(CH_2)_3OH$	117	9
pentan-1-ol	$CH_3(CH_2)_4OH$	138	2,7
hexan-1-ol	$CH_3(CH_2)_5OH$	15	0,6
dodécan-1-ol	$CH_3(CH_2)_{11}OH$	259	insoluble
octadécan-1-ol	$CH_3(CH_2)_{17}OH$	332	insoluble
butan-1-ol	$CH_3(CH_2)_3OH$	117	9
butan-2-ol	$CH_3CH(OH)CH_2CH_3$	100	12,5
2-méthylpropan-2-ol	$(CH_3)_3COH$	83	∞

TABLE 19.5 – Températures d'ébullition sous une atmosphère et solubilité dans l'eau à 25 °C

En raison de la différence d'électronégativité entre l'atome de carbone et l'atome d'oxygène, les alcools sont **polaires** et les molécules sont liées entre elles par des interactions de KEESOM, DEBYE et LONDON. Ces interactions sont aussi à l'origine de l'association entre les molécules d'éthanol et les molécules d'eau dans les mélanges eau/alcool. La présence d'un groupe hydroxyle –OH permet aussi la formation de **liaisons hydrogène** entre molécules d'alcools ou entre alcool et eau le cas échéant.
Pour la série des alcanes linéaires, l'augmentation de la température d'ébullition est interprétée comme une augmentation du **volume de polarisabilité** avec la taille de la molécule et donc une augmentation des interactions de DEBYE et LONDON entre molécules. Les alcools de **petite taille** sont **miscibles à l'eau** en toutes proportions. Ce résultat peut être attribué à la similitude des structures moléculaires. Il y a possibilité d'avoir de **fortes interactions par liaison hydrogène** entre les molécules d'alcool et les molécules d'eau, schématisée figure 19.2. Lors de l'augmentation de la taille de la chaîne carbonée, l'effet hydrophobe du groupe alkyle devient prédominant, rendant la solubilité très faible à partir de six atomes de carbone et nulle à partir de dix atomes de carbone.

alcool donneur de liaison hydrogène

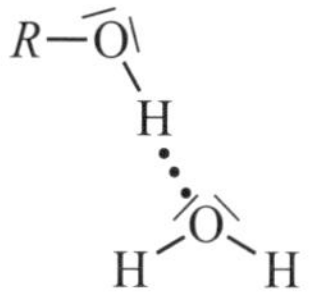

alcool accepteur de liaison hydrogène

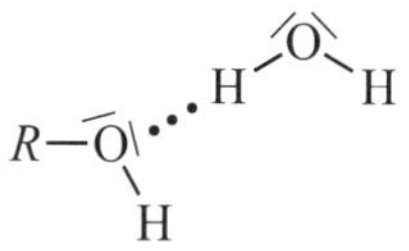

FIGURE 19.2 – Liaison hydrogène entre une molécule d'alcool et une molécule d'eau

La température d'ébullition des alcools isomères C_4H_9OH diminue avec la classe de l'alcool. Ce résultat expérimental permet de conclure que le volume de polarisabilité de la molécule est d'autant plus faible que le groupe alkyle peut adopter peu de conformations différentes (le groupe *tertio*butyle $-C(CH_3)_3$ est moins « flexible » que le groupe *n*-butyle $-CH_2CH_2CH_2CH_3$). L'analyse de la solubilité permet de conclure que le groupe alkyle est d'autant moins hydrophobe que la classe de l'alcool est élevée.

2 Propriétés acido-basiques des alcools et phénols

2.1 Couples acide/base

La fonction hydroxyle des alcools et des phénols peut libérer un proton H^+ : les alcools et les phénols sont des **acides**. Par ailleurs, un doublet non liant porté par l'atome d'oxygène du groupe hydroxyle peut capter un proton : les alcools et les phénols sont des **bases**. Les alcools et les phénols sont donc des **ampholytes**.

Les alcools *R*–OH et les phénols *Ar*–OH sont des espèces amphotères dont les acides conjugués sont respectivement les ions alkyloxonium $R\text{–}OH_2^+$ et aryloxonium $Ar\text{–}OH_2^+$ et dont les bases conjuguées sont respectivement les ions alcoolate $R\text{–}O^-$ et phénolate $Ar\text{–}O^-$.

À l'exception du rôle acide du phénol, les valeurs des pK_A des différents couples sortent du domaine de l'eau et sont des valeurs approchées obtenues par une mesure réalisée dans un solvant non aqueux. La table 19.6 donne quelques valeurs de pK_A dans l'eau à 25 °C.

Formule de l'acide	Formule de la base	pK_A à 25 °C
ArOH$_2^+$	ArOH	−6
R_3COH$_2^+$	R_3COH	−2
R_2CHOH$_2^+$	R_2CHOH	−2
RCH$_2$OH$_2^+$	RCH$_2$OH	−2
ArOH	ArO$^-$	8 – 11
RCH$_2$OH	RCH$_2$O$^-$	16
R_2CHOH	R_2CHO$^-$	16,5
R_3COH	R_3CO$^-$	17

TABLE 19.6 – pK_A ramenés au solvant eau des couples acide-base des alcools et des phénols

Ces valeurs indiquent que dans l'eau, les ions alkyloxonium et phényloxonium sont des acides forts, tandis que les ions alcoolate sont des bases fortes. Le couple phénol/ion phénolate est un couple acide/base faible. L'évolution avec la classe de l'alcool des constantes d'acidité des différents couples ion alkyloxonium/alcool et alcool/ion alcoolate est d'interprétation délicate.

En **phase gazeuse**, les alcools **tertiaires** sont **plus acides** que les alcools **primaires**. La base conjuguée (l'ion alcoolate) est plus stable et ceci peut s'expliquer par le plus grand nombre de liaisons au voisinage de l'atome porteur de la charge qui participent à la **répartition de la charge négative sur plusieurs atomes**.

En solution, la charge négative de l'ion alcoolate tertiaire est moins accessible, l'atome d'oxygène de l'alcoolate est moins apte à former des liaisons hydrogène avec le solvant et la base conjuguée est moins solvatée. Cela explique la modification constatée entre le comportement en phase gazeuse et en solution.

⚠ En solution les alcoolates tertiaires sont des bases plus fortes que les alcoolates primaires.

Les effets de structure et les effets de milieu peuvent jouer des rôles antagonistes. Il est intéressant de comparer les constantes d'acidité des couples faisant intervenir le phénol par rapport à celles faisant intervenir un alcool.

⚠ La charge négative de l'ion phénolate est délocalisée par mésomérie, ce qui n'est pas le cas pour un ion alcoolate tel que l'ion éthanolate. La stabilisation de la base qui en résulte entraîne un abaissement du pK_A.

✎ Les ions alcoolate se nomment comme les alcools en remplaçant le suffixe -ol par -olate : l'ion $CH_3CH_2O^-$ se nomme ion éthanolate. Les ions R–OH_2^+ se nomment comme les alcools en remplaçant le suffixe -ol par -oxonium : l'ion méthyloxonium désigne le composé de formule $CH_3OH_2^+$.

2.2 Formation d'ions alcoolate et alkyloxonium en synthèse

Compte tenu des valeurs des constantes d'acidité, les ions alcoolate ou alkyloxonium ne peuvent être obtenus que de manière très limitée dans l'eau. La formation quantitative d'un ion alcoolate est réalisée par une base plus forte que l'alcoolate, dans un **solvant organique**. Une première méthode courante utilise l'hydrure de sodium NaH dans un solvant fortement dissociant comme le DMSO (DiMéthylSulfOxyde $(CH_3)_3S{=}O$). L'atome d'hydrogène étant plus électronégatif que l'atome de sodium, l'hydrure de sodium se comporte comme les ions Na^+, H^- et l'ion hydrure H^- est la base conjuguée du couple $(H_2(g)/H^-)$ dont le pK_A est de 35. Le processus est représenté figure 19.3.

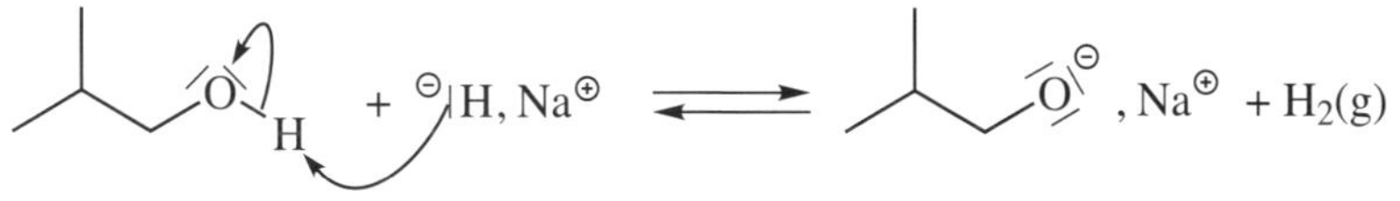

FIGURE 19.3 – Obtention d'un ion alcoolate avec l'hydrure de sodium

Une seconde méthode consiste à utiliser le sodium métallique qui réduit en dihydrogène le proton libéré par l'alcool. Les trois demi-équations d'échange protonique et électronique sont représentées figure 19.4.

(1)	$Et{-}\overline{O}H = Et{-}\overline{O}|^{\ominus} + H^{\oplus}$	couple acide/base $EtOH/EtO^{\ominus}$
(2)	$Na^{\oplus} + e^{\ominus} = Na$	couple oxydant/réducteur $Na^{\oplus}/Na$
(3)	$H^{\oplus} + e^{\ominus} = 1/2\ H_2(g)$	couple oxydant réducteur $H^{\oplus}/H_2(g)$

$$Et{-}\overline{O}H + Na \longrightarrow Et{-}\overline{O}|^{\ominus}, Na^{\oplus} + 1/2\ H_2(g) \qquad (1){-}(2){+}(3)$$

FIGURE 19.4 – Obtention d'un ion alcoolate par le sodium métallique

Dans les deux cas, les équilibres chimiques sont déplacés jusqu'à l'obtention quantitative de l'ion alcoolate en raison du déplacement d'équilibre provoqué par le transfert de phase de l'un des produits (libération du dihydrogène gazeux).

L'obtention d'un ion alkyloxonium de manière quantitative est le plus souvent réalisée par l'utilisation en solvant non aqueux de l'acide sulfurique concentré, dont la première acidité est plus forte que celle de l'ion alkyloxonium ($pK_A(H_2SO_4/HSO_4^-) \approx -9$).

3 Alcools et alcoolates comme réactifs nucléophiles

3.1 Synthèse de WILLIAMSON des éthers-oxydes

a. Équation de réaction et exemples

En 1850, WILLIAMSON a réalisé la synthèse des éthers-oxydes par substitution nucléophile d'un halogénoalcane avec un ion alcoolate.

L'équation de la réaction est proposée figure 19.5.

FIGURE 19.5 – Équation de la réaction de synthèse des éthers-oxydes de WILLIAMSON

Le cation métallique est le plus souvent un cation alcalin (Na^+ ou K^+). Le rendement de la réaction est :

- très bon avec un halogénoalcane primaire ;
- très faible avec un halogénoalcane secondaire ;
- nul avec un halogénoalcane tertiaire.

En effet, le caractère de base forte de l'ion alcoolate rend la **réaction de β-élimination** de l'halogénoalcane **concurrente** du processus de **substitution nucléophile**. Or la β-élimination est cinétiquement favorisée pour les halogénoalcanes secondaires et surtout tertiaires.

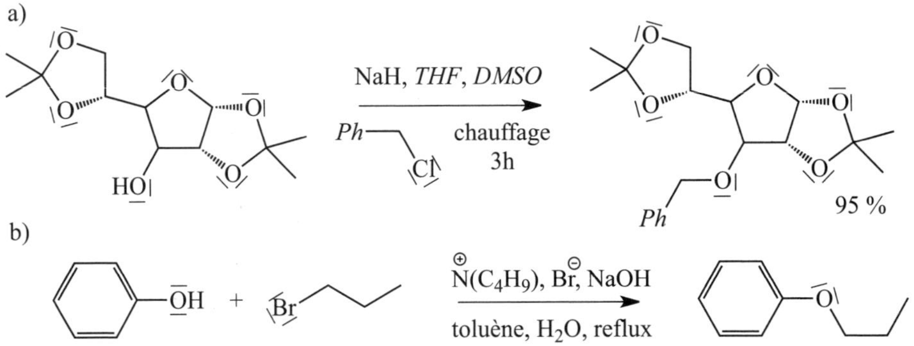

FIGURE 19.6 – Synthèses de WILLIAMSON des éthers-oxydes

L'obtention de l'ion alcoolate à partir de l'alcool correspondant est le plus souvent réalisée par le sodium métallique ou l'hydrure de sodium (figure 19.6.a). Dans le cas des ions phénolates, l'utilisation d'une base faible comme l'ion carbonate ($pK_A(HCO_3^-/CO_3^{2-}) = 10,3$) est suffisante pour réaliser la réaction. La méthode par transfert de phase est également largement employée (figure 19.6.b)

b. Mécanisme

La réaction a déjà été étudiée dans le chapitre sur les halogénoalcanes ; compte tenu de la classe (primaire) de l'halogénoalcane, le mécanisme est bimoléculaire (S_N2) de dialkyle et est présenté figure 19.7 sur le cas de l'exemple de la figure 19.6.a.

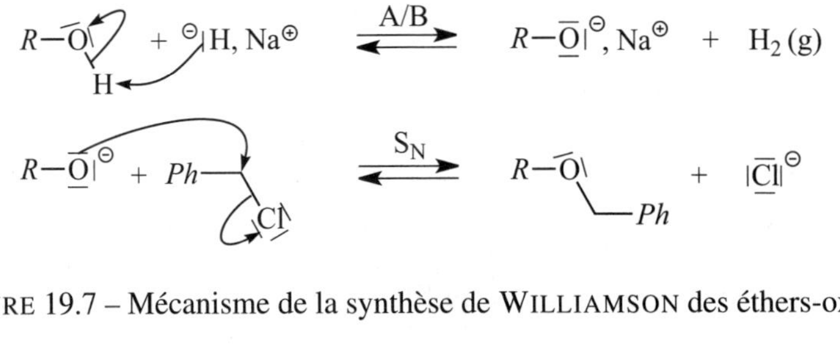

FIGURE 19.7 – Mécanisme de la synthèse de WILLIAMSON des éthers-oxydes

3.2 Utilisation d'un sulfate de dialkyle comme électrophile

Lors d'une synthèse de WILLIAMSON, l'halogénoalcane $R-X$, réactif électrophile coûteux, peut être remplacé par un **sulfate de dialkyle** $R-\mathrm{OSO_3}R$ moins coûteux. Le nucléofuge X^- est remplacé par le nucléofuge $^-\mathrm{OSO_3}R$, **très polarisable et peu basique**. Un exemple est proposé figure 19.8.

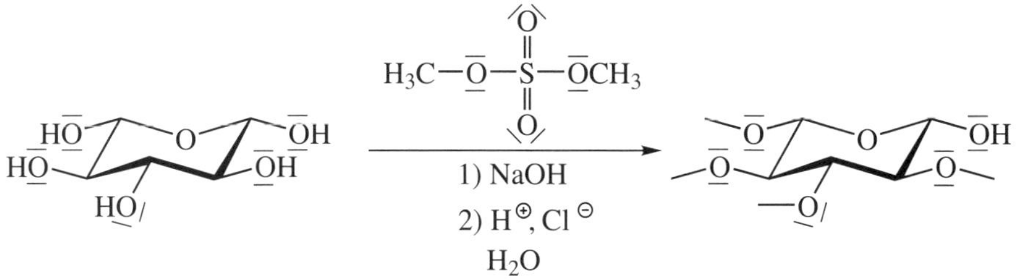

FIGURE 19.8 – Synthèse de WILLIAMSON à partir d'un sulfate de dialkyle

Le **sulfate de diméthyle** permet d'effectuer les **méthylations d'alcools**. Mais cet exemple illustre aussi la **chimiosélectivité** de la réaction : le groupe –OH lié à l'atome de carbone qui porte aussi un oxygène n'appartient pas à une fonction alcool mais à une fonction hémiacétal dont l'étude sera faite en seconde année. Ce groupe –OH n'est pas alkylé lors de la réaction. Le mécanisme de la réaction est de nouveau une **substitution nucléophile bimoléculaire** (figure 19.9).

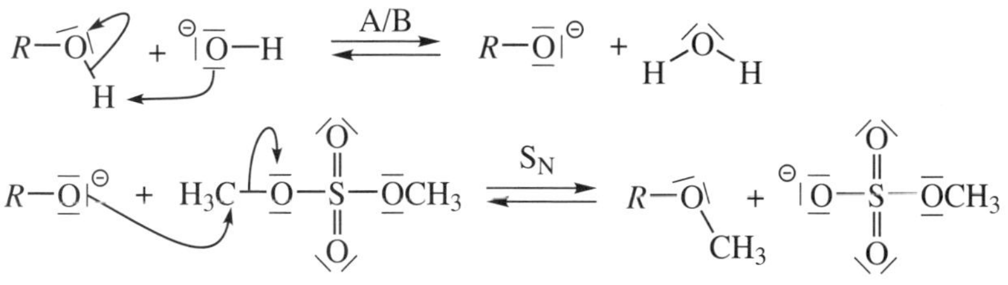

FIGURE 19.9 – Mécanisme de la synthèse de WILLIAMSON à partir d'un sulfate de dialkyle

4 Alcool modifié comme substrat de substitution nucléophile et de β-élimination

4.1 Exaltation du caractère nucléofuge du groupe hydroxyle

En raison de la **différence d'électronégativité** entre l'atome de carbone et l'atome d'oxygène, la **liaison** carbone–oxygène est **polarisée** : $^{+\delta}\mathrm{C}-\mathrm{O}^{-\delta}$. Une rupture hétérolytique de la liaison $\mathrm{C}-\mathrm{O}$ est envisageable, l'atome d'oxygène emportant avec lui les électrons de la liaison. Dans ce processus, l'**ion hydroxyde** $\mathrm{HO^-}$ est le **groupe nucléofuge**. La vitesse de rupture de la liaison est liée à la polarisabilité de la liaison. S'il est difficile, *a priori*, d'évaluer la polarisabilité d'une liaison, la « culture » des chimistes leur permet de déterminer les bons groupes partants et il est possible de rationaliser ce domaine avec les éléments suivants.

- Toutes choses égales par ailleurs, **la polarisabilité** d'un atome et des liaisons dans lesquelles il est engagé **croît** quand on **descend dans la classification périodique**. Ceci permet de rationaliser la constatation expérimentale que les iodoalcanes réagissent plus vite avec les nucléophiles que les bromoalcanes correspondants.

- Il existe une corrélation empirique (approximative) entre la qualité d'un groupe partant et la faible basicité de celui-ci. En général, en manipulant avec quelques précautions cet outil, il est raisonnable de penser qu'un **groupe partant** qui est **faiblement basique est un bon groupe partant**. Par exemple, l'ion méthylsulfate de formule $CH_3OSO_3^-$ qui est le groupe partant lorsque le sulfate de diméthyle réagit avec un nucléophile est une base très faible : le sulfate de diméthyle réagit facilement avec les nucléophiles. En revanche, il est difficile de faire réagir un éther avec un nucléophile car dans ce cas le groupe partant est un alcoolate qui est une base forte.

Dans le cas des alcools, le nucléofuge OH^- peut être comparé au nucléofuge H_2O. L'expérience montre, en accord avec la remarque précédente, que l'eau est un meilleur nucléofuge que l'ion hydroxyde. L'analyse des pK_A ($pK_A(H_3O^+/H_2O) = 0$, $pK_A(H_2O/HO^-) = 14$) nous indique que le processus est plus rapide avec le nucléofuge eau qu'avec le nucléofuge ion hydroxyde (figure 19.10).

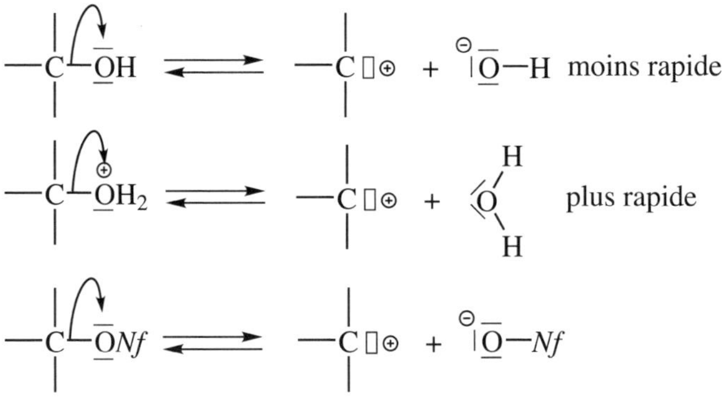

FIGURE 19.10 – Divers groupes nucléofuges pour des substrats dérivant des alcools

Ainsi, pour accélérer les réactions où l'alcool joue le rôle de substrat de substitution nucléophile ou de β-élimination, la formation préalable d'un ion alkyloxonium par acidification du milieu réactionnel est une méthode de choix. Nous établirons dans la suite que d'autres groupes nucléofuges peuvent être préparés par une modification du groupe hydroxyle.

4.2 Synthèse d'halogénoalcanes à partir d'alcools

a. Cas des alcools secondaires et tertiaires

Les alcools secondaires et tertiaires $R-OH$ réagissent rapidement avec les halogénures d'hydrogène $H-X$ pour conduire aux halogénoalcanes $R-X$.

La réaction peut être menée en utilisant directement l'halogénure d'hydrogène $H-X$ ou en le préparant *in situ* par action de l'acide sulfurique H_2SO_4 ou de l'acide phosphorique H_3PO_4 sur l'halogénure de sodium NaX correspondant. Des exemples sont proposés figure 19.11.

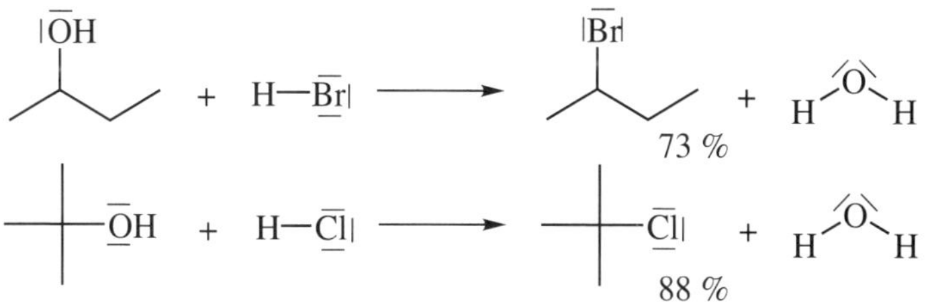

FIGURE 19.11 – Synthèse d'halogénoalcanes par action d'un halogénure d'hydrogène

La réaction est d'autant plus rapide que la classe de l'alcool est élevée et que l'ion halogénure est polarisable. En milieu neutre, l'utilisation de NaX conduit à des échecs. Ce résultat indique que **la protonation préalable de l'alcool par l'acide est essentielle**. Dans le cas des alcools tertiaires le mécanisme est une substitution du premier ordre (figure 19.12). Dans le cas des alcools secondaires, un mécanisme du second ordre peut également être envisagé.

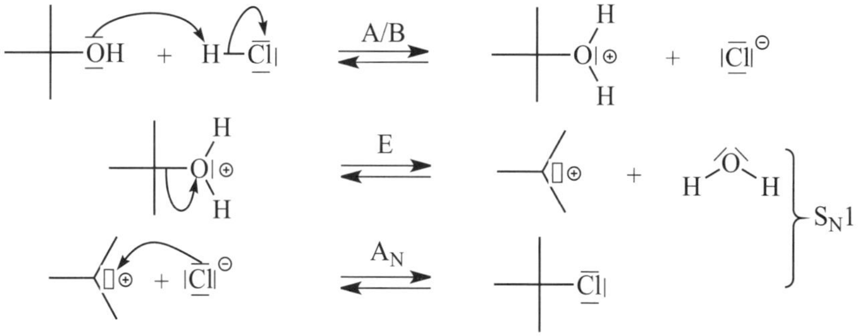

FIGURE 19.12 – Mécanisme S$_N$1 d'un ion chlorure sur un ion alkyloxonium

Ce mécanisme est l'inverse de celui de la réaction d'hydrolyse d'un halogénoalcane, étudié dans le cours sur la liaison C–X. Ceci sera expliqué en seconde année lors de l'étude du principe de réversibilité microscopique.

b. Cas des alcools primaires

Les alcools primaires $R-\text{OH}$ réagissent avec les halogénures d'hydrogène $\text{H}-X$ pour conduire aux halogénoalcanes $R-X$ mais nécessitent des conditions « dures ».

Une des conditions expérimentales possibles est un **fort chauffage** du milieu réactionnel. Un exemple est proposé figure 19.13.

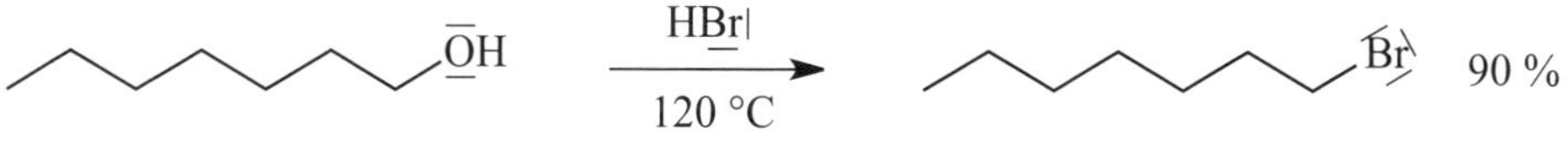

FIGURE 19.13 – Synthèse d'halogénoalcane à partir d'un alcool primaire dans des conditions « dures »

L'halogénure d'hydrogène peut être préparé *in situ* par réaction d'un ion halogénure avec un acide minéral fort : sulfurique, phosphorique (voir figure 19.14).

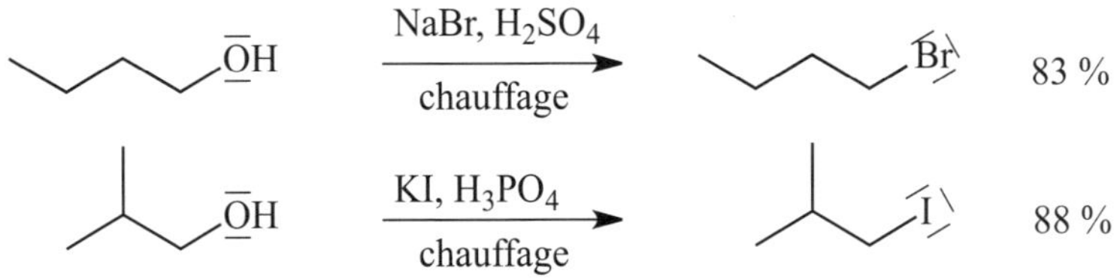

FIGURE 19.14 – Synthèses d'halogénoalcanes à partir d'un alcool primaire dans des conditions « dures »

Pour un alcool primaire, le passage par un intermédiaire carbocationique requiert une énergie d'activation trop élevée pour pouvoir être envisagé. Le mécanisme est une **substitution nucléophile bimoléculaire** (figure 19.15).

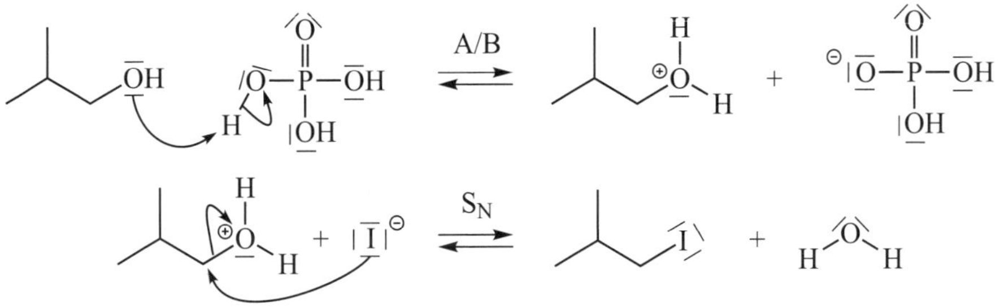

FIGURE 19.15 – Mécanisme de formation d'un halogénoalcane à partir d'un alcool primaire

La réaction de chloration n'est pas directement possible dans ces conditions. L'addition d'un **catalyseur** à une solution aqueuse concentrée d'acide chlorhydrique (12 mol·L^{-1}) est **nécessaire**. Le **chlorure de zinc(II)** $ZnCl_2$ joue ce rôle par formation préalable d'un adduit acide-base de LEWIS (le réactif est connu sous le nom de **réactif de LUCAS**)

4.3 Synthèse d'alcènes par β-élimination

a. Déshydratation intramoléculaire

Les alcools dont au moins un atome de carbone β est porteur d'un atome d'hydrogène perdent une molécule d'eau en milieu acide par une réaction de β-élimination. Les alcools tertiaires réagissent même en présence de traces d'acides, tandis que les alcools secondaires et primaires réagissent plus difficilement.

Les acides les plus souvent utilisés pour réaliser la déshydratation des alcools sont les **acides sulfurique et phosphorique**. Lorsque la réaction permet la formation de plusieurs alcènes régioisomères, la **règle de ZAITSEV** s'applique. Dans le cas de la déshydratation des alcools, cette règle peut se justifier par un critère thermodynamique : **l'alcène majoritairement obtenu est le plus stable** (le plus substitué dans le cas d'un alcène ne présentant pas de facteur de stabilisation particulier). Des exemples de réactions sont proposés figure 19.16.

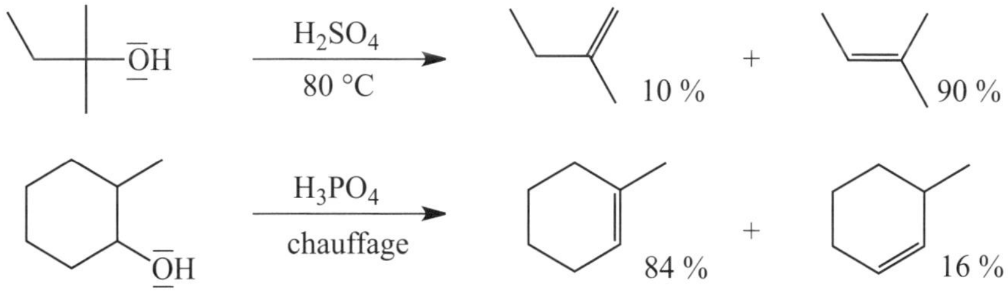

FIGURE 19.16 – Exemples de réactions de déshydratation des alcools

b. Mécanisme dans le cas d'un alcool tertiaire

La réaction est inverse de l'hydratation des alcènes étudiée dans le cours sur la double liaison C=C. Le mécanisme de déshydratation des alcools procède donc de la même manière, en sens inverse. Le mécanisme E1 a déjà été abordé dans le chapitre 17 sur les liaisons carbone-halogène, lors de la déshydrohalogénation des halogénoalcanes tertiaires en milieu neutre.

Le mécanisme de déshydratation d'un alcool tertiaire est présenté figure 19.17 dans le cas de la régiosélectivité suivant la règle de ZAITSEV. L'acide protone l'alcool afin de former l'ion alkyloxonium, porteur d'un groupe nucléofuge.

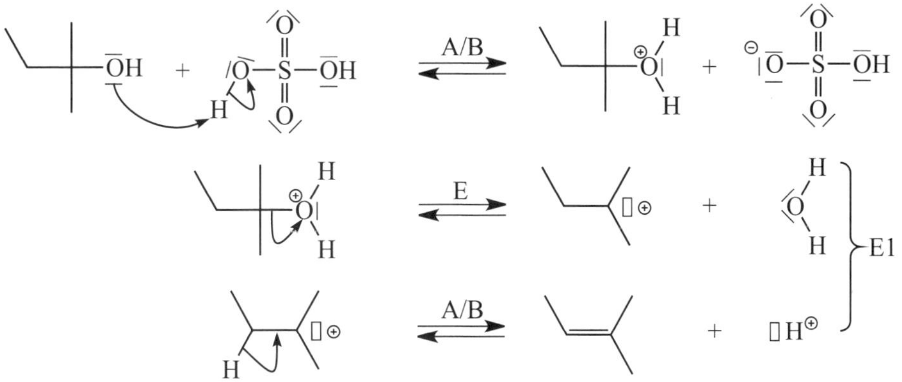

FIGURE 19.17 – Mécanisme de la réaction de déshydratation d'un alcool tertiaire

La réaction étant menée dans les mêmes conditions que la réaction d'hydratation des alcènes, le choix des conditions opératoires est important. Afin de favoriser la réaction de β-élimination (déshydratation), une **température élevée** est souvent **préférable**. L'acide sulfurique ou phosphorique est utilisé pur, afin de limiter la présence d'eau dans le milieu réactionnel. Inversement, pour favoriser la réaction d'hydratation des alcènes, le chauffage doit être plus modéré, et surtout l'apport d'eau doit être conséquent (utilisation d'acide sulfurique à 50 %).

En raison du passage par un intermédiaire carbocationique, **des transpositions ont lieu** lors de la déshydratation des alcools tertiaires. Dans le cas des alcools secondaires et primaires, un mécanisme bimoléculaire E2 peut être envisagé, mais n'est pas présenté dans le cadre de cet ouvrage.

c. Réaction de déshydratation conduisant à des éthers-oxydes

La déshydratation des alcools primaires en alcènes ne conduit en général qu'à de très faibles rendements. En effet, dans les conditions opératoires utilisées, la **réaction** de déshydratation a préférentiellement lieu **entre deux fonctions hydroxyle** : cette réaction peut être intermoléculaire (entre deux molécules différentes) ou intramoléculaire dans le cas de molécules possédant au moins deux fonctions hydroxyle ; il y a dans ce cas cyclisation. Des exemples sont présentés figure 19.18. Dans certains cas, les alcools secondaires peuvent aussi donner lieu à une telle réaction.

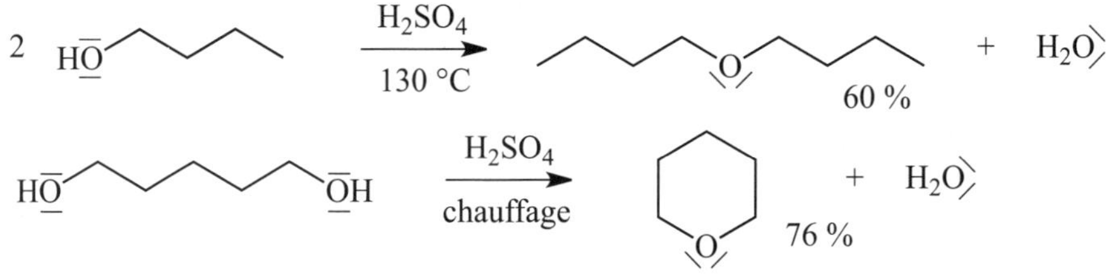

FIGURE 19.18 – Déshydratation d'alcools primaires conduisant à des éthers-oxydes

La réaction n'est que rarement intéressante du point de vue synthétique. Le mécanisme est une **substitution nucléophile bimoléculaire** d'un ion alkyloxonium par un alcool (figure 19.19), expliquant la nécessité d'un milieu acide.

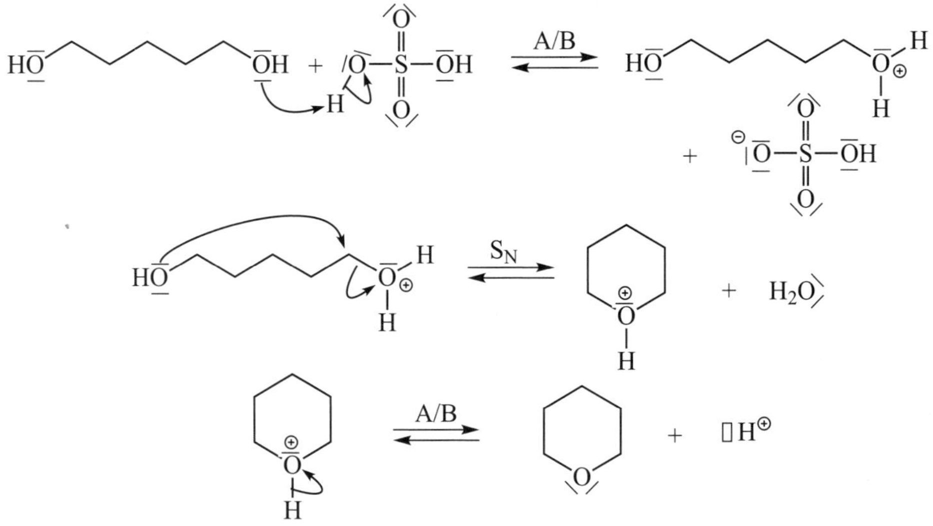

FIGURE 19.19 – Mécanisme de déshydratation d'alcools conduisant à un éther-oxyde

Exercice résolu

Déshydratation intramoléculaire

Proposer une explication rendant compte de la transformation ci-après.

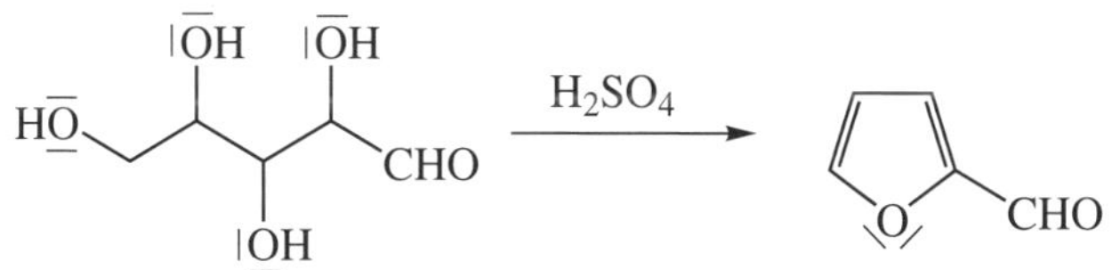

Réponse

Dans un premier temps, une réaction de déshydratation entre fonctions hydroxyle permet de former le cycle à cinq chaînons. Puis une double élimination permet de former les doubles liaisons C=C intracycliques.

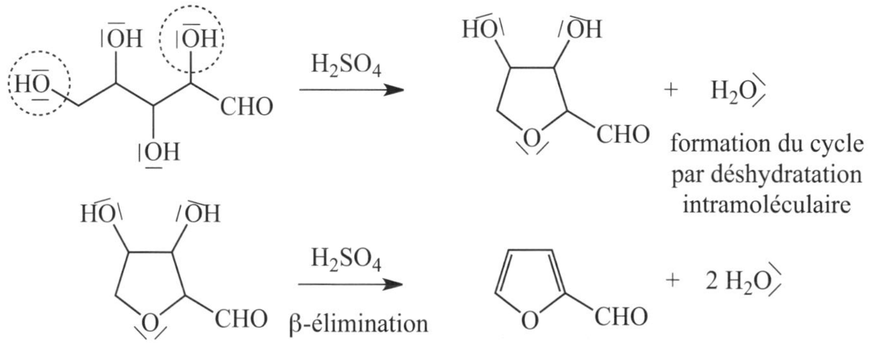

4.4 Synthèse d'halogénoalcanes par des réactifs spécifiques

Les méthodes de synthèse des halogénoalcanes présentées jusqu'ici nécessitent de former un ion alkyloxonium afin de disposer d'un bon groupe nucléofuge. Le traitement acide préalable peut cependant se révéler impossible dans le cas de composés polyfonctionnels porteurs de fonctions détruites par un milieu trop acide. L'utilisation de réactifs spécifiques permet de s'affranchir de ces difficultés.

a. Utilisation de composés phosphorés

Les alcools (*R*–OH) sont convertis en chloroalcanes (*R*–Cl) par le trichlorure de phosphore PCl_3 et en bromoalcanes (*R*–Br) par le tribromure de phosphore PBr_3.

Un exemple de réaction est proposé figure 19.20.

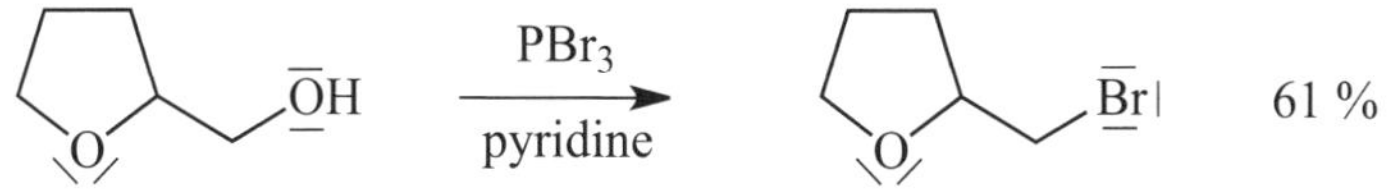

FIGURE 19.20 – Conversion d'un alcool en halogénoalcane par le tribromure de phosphore

Le mécanisme postulé (figure 19.21) est corroboré par le fait que l'intermédiaire $P(OR)_3$ peut être isolé si la réaction est effectuée en présence d'une base. D'autre part, traité par l'acide bromhydrique, cet intermédiaire conduit à l'acide phosphoreux (H_3PO_3) et au bromoalcane. L'équation-bilan de la transformation est :

$$3\,R-\mathrm{OH} \quad + \quad \mathrm{PBr_3} \quad = \quad 3\,R-\mathrm{Br} \quad + \quad (\mathrm{OH})_2\mathrm{P(O)H}$$

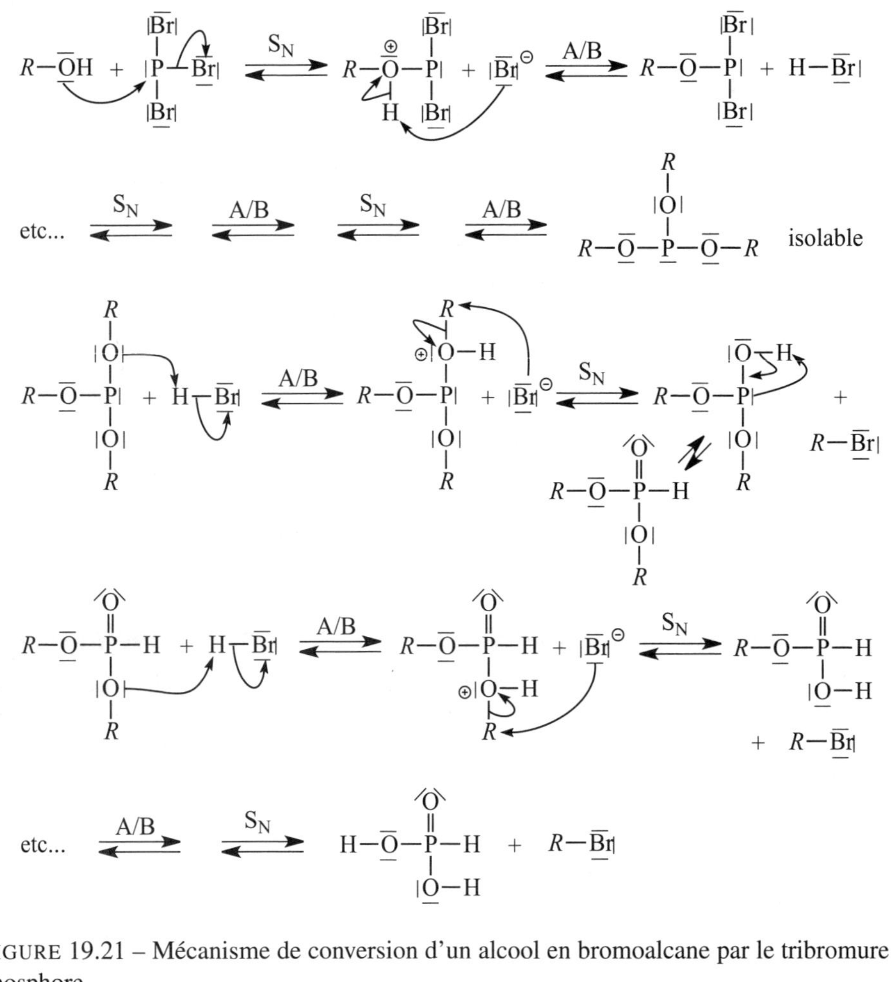

FIGURE 19.21 – Mécanisme de conversion d'un alcool en bromoalcane par le tribromure de phosphore

Ce mécanisme est assez compliqué ; des données spectroscopiques (RMN) montrent que l'acide phosphoreux possède une liaison P–H, ce qui justifie le choix de la structure développée de l'acide phosphoreux

b. Utilisation de composés soufrés

Le chlorure de thionyle, de formule $SOCl_2$ permet la transformation des alcools en halogénoalcanes selon l'équation-bilan :

$$\mathrm{R-OH} \quad + \quad \mathrm{SOCl_2} \quad = \quad \mathrm{R-Cl} \quad + \quad \mathrm{SO_2} \quad + \quad \mathrm{HCl}$$

L'intérêt de ce réactif est de **ne pas induire de transposition** de la chaîne carbonée. La réaction commence par la formation d'un chlorosulfite qui a pu être isolé : le mécanisme est précisé à la figure 19.22.

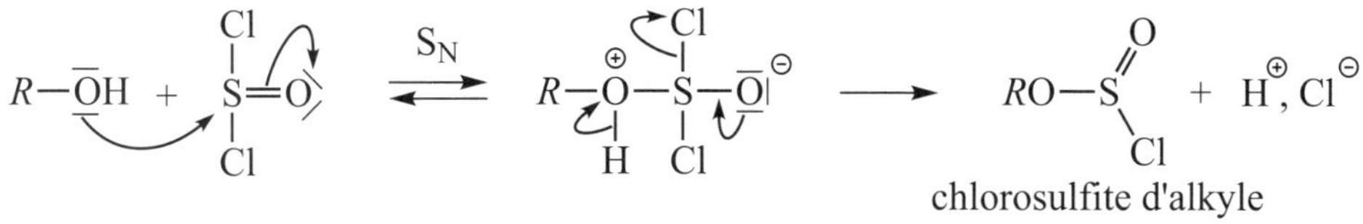

FIGURE 19.22 – Mécanisme de la formation d'un chlorosulfite d'alkyle

Le déroulement ultérieur de la réaction dépend du solvant utilisé.

Dans le dioxane, il est souvent observé une **rétention de configuration** qui s'explique par une **substitution nucléophile interne** (voir figure 19.23, mécanisme a)). Ce mécanisme est noté S_Ni (substitution nucléophile interne).

En **présence d'ions chlorure** ajoutés au milieu réactionnel ou d'une amine tertiaire (pyridine), on observe une **inversion de configuration** : la réaction suit un mécanisme S_N2 classique (voir figure 19.23, mécanisme b)).

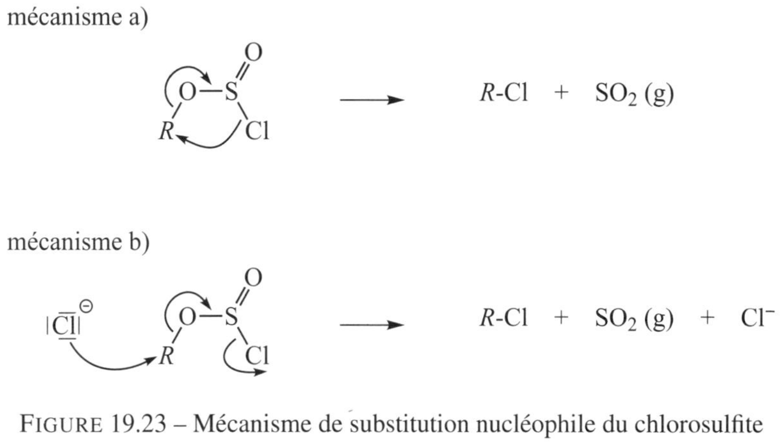

FIGURE 19.23 – Mécanisme de substitution nucléophile du chlorosulfite

Le déroulement de la réaction est différent dans un solvant basique comme la pyridine

4.5 Utilisation du nucléofuge tosylate

De nombreux nucléophiles peuvent réagir avec l'atome de carbone de la fonction alcool, à condition que le groupe hydroxyle, faible nucléofuge, soit préalablement transformé en un meilleur nucléofuge.

Une méthode usuelle consiste à faire réagir l'alcool avec le chlorure de *para*-toluènesulfonyle. Lors de la réaction, la configuration de l'atome de carbone stéréogénique n'est pas modifiée (figure 19.24).

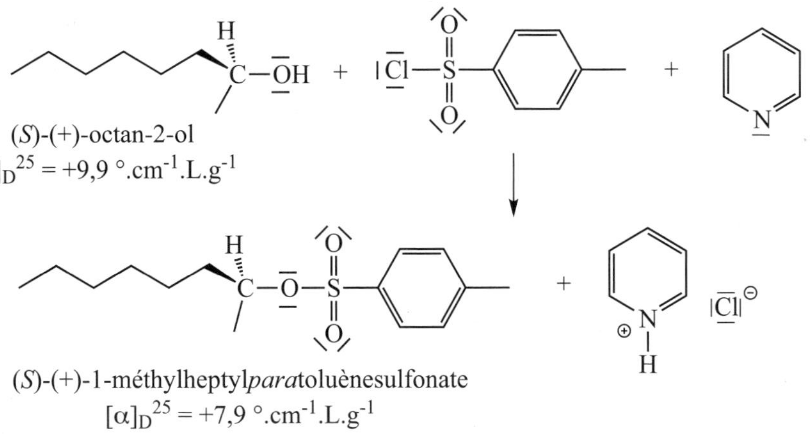

FIGURE 19.24 – Formation d'un alkyl-*para*-toluènesulfonate optiquement actif

L'alkyl-*para*-toluènesulfonate formé est un excellent substrat de la substitution nucléophile, en milieu acide, neutre ou basique. Un exemple est proposé figure 19.25.

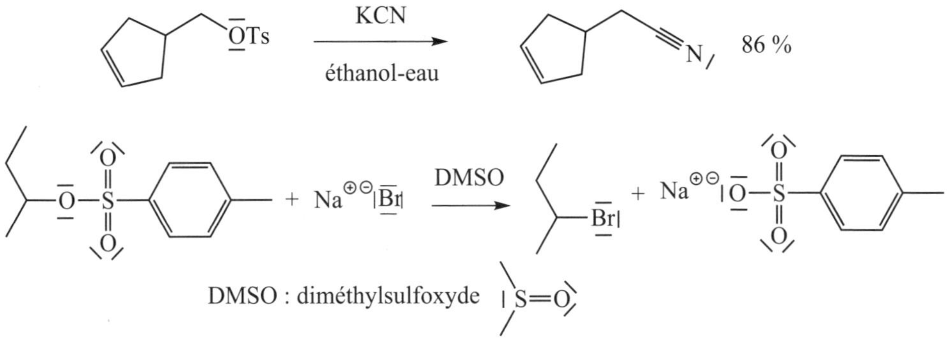

FIGURE 19.25 – Substitutions nucléophiles sur un alkyl-*para*-toluènesulfonate

4.6 Clivage des éthers-oxydes comme groupes protecteurs

Nous avons étudié en chimie organique plusieurs groupes fonctionnels, chacun pouvant réagir dans des conditions données. Si une molécule possède au moins deux groupes fonctionnels, et que des conditions opératoires données sont capables de transformer les deux groupes, alors la réaction est qualifiée de non **chimiosélective**. Cette absence de chimiosélectivité peut être gênante dans de nombreux cas. Imaginons une molécule possédant les groupes fonctionnels Gf_1 et Gf_2, tous les deux réagissant avec le réactif R_1 pour conduire respectivement aux groupes fonctionnels Gf_3 et Gf_4. Si le produit cible désiré contient les groupes Gf_1 et Gf_4, le réactif R_1 ne peut pas être utilisé.

Toutefois, si Gf_1 peut au préalable être transformé en Gp_1 (Groupe protecteur) de manière chimiosélective, et que le réactif R_1 ne donne pas lieu à réaction avec Gp_1, alors la formation du produit cible sera possible à condition de pouvoir **déprotéger** le groupe fonctionnel 1 sans altérer Gf_4. La séquence réalisée est une séquence de **protection-réaction-déprotection**.

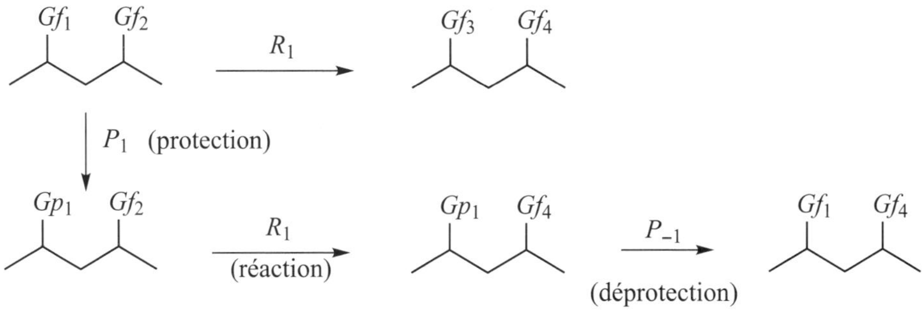

FIGURE 19.26 – Schéma de principe d'une séquence protection-réaction-déprotection

Les **éthers-oxydes** sont des composés **très peu réactifs** : une fois formés, ils ne subissent que peu de réactions. À ce titre, ils sont utilisés dans les synthèses multi-étapes des composés polyfonctionnels en tant que **groupes protecteurs**. La figure 19.27 illustre la synthèse d'un alcool par une substitution nucléophile d'un organomagnésien sur un halogénoalcane.

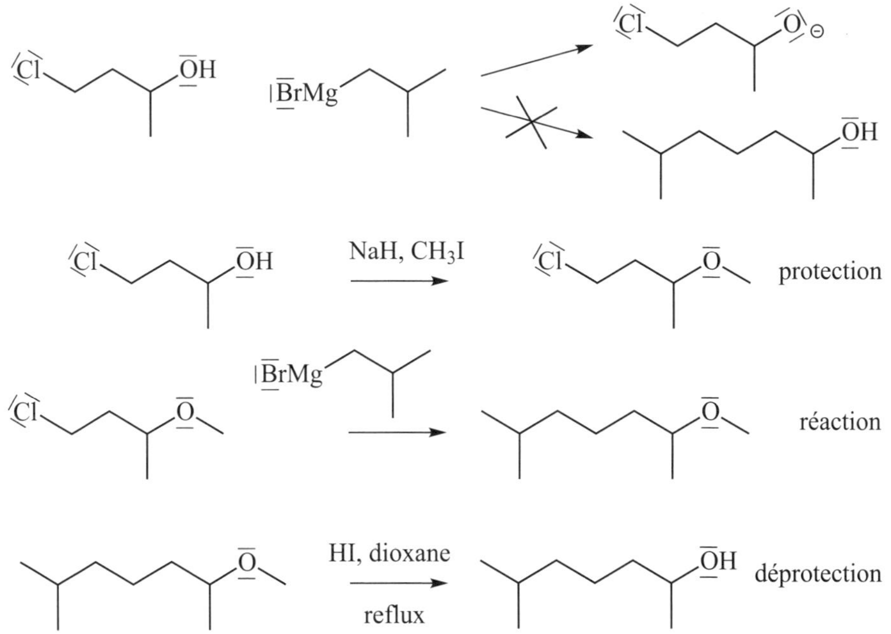

FIGURE 19.27 – Exemple d'une séquence protection-réaction-déprotection

La présence de la fonction alcool sur le substrat empêche la réaction : l'organomagnésien déprotone la fonction hydroxyle (réaction acide-base). Par protection de la fonction alcool par un éther-oxyde, la réaction peut se dérouler selon le schéma désiré. La fonction éther-oxyde est ensuite déprotégée. De nombreux groupes protecteurs très efficaces se déprotégeant dans des conditions plus douces ont été développés.

L'éthanol

L'éthanol est l'espèce chimique commune aux boissons fermentées et aux boissons distillées, il s'agit d'un des plus anciens stimulants connus. Une fois absorbé, il est éliminé par l'organisme au moyen de réactions d'oxydation qui produisent sa transformation en éthanal puis en acide éthanoïque :

$$CH_3CH_2OH \longrightarrow CH_3CHO \longrightarrow CH_3CO_2H$$

À faibles doses, l'éthanol est oxydé dans l'organisme à une vitesse constante et limitée : 100 à 150 mg·kg^{-1}·h^{-1} chez l'homme en moyenne (4 fois plus rapidement chez le rat). L'oxydation est effectuée principalement dans le foie grâce à une enzyme, l'alcool déshydrogénase ; la vitesse constante de l'oxydation explique la longue persistance dans le sang de l'éthanol ingéré.

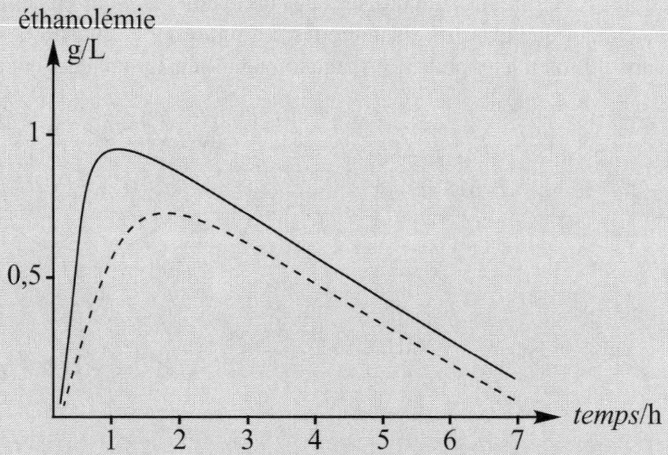

FIGURE 19.28 – Évolution de la quantité d'éthanol dans le sang en fonction du temps chez un homme ayant consommé 0,8 g d'éthanol/kg à jeun (traits plein) ou après un repas (trait pointillé)

L'éthanol diffuse très rapidement à l'intérieur du corps. Sa toxicité est liée en premier lieu à son aptitude à modifier la perméabilité des membranes cellulaires, spécialement celle des cellules nerveuses et en second lieu à la toxicité de l'éthanal issu de son oxydation.

La toxicité de l'éthanal semble liée à son aptitude à réagir avec les amines pour produire des bases de SCHIFF (R–CH=N–R') qui ressemblent à certains médiateurs chimiques ou espèces psychotropes. La présence d'éthanal (dont l'odeur de pomme est caractéristique) dans certains alcools en aggrave la toxicité.

Le méthanol

Le méthanol est un solvant dangereux qui s'attaque particulièrement au nerf optique. L'origine de sa toxicité est également liée à l'oxydation du méthanol en méthanal puis acide méthanoïque, le méthanal et l'acide méthanoïque possédant des cibles différentes dans l'organisme.

$$\mathrm{CH_3OH} \longrightarrow \mathrm{H_2CO} \longrightarrow \mathrm{HCO_2H}$$

Le méthanol est oxydé en méthanal par la même enzyme que celle qui oxyde l'éthanol, quoique plus lentement. L'acide méthanoïque issu de l'oxydation du méthanal est très toxique en raison de son action sur la chaîne respiratoire des cellules. Lors d'une intoxication avec du méthanol, l'acide méthanoïque formé s'accumule dans le nerf optique et produit des dégradations irréversibles pouvant entraîner la cécité.

Comme le méthanol et l'éthanol sont oxydés par le même catalyseur, une méthode thérapeutique employée lors d'une intoxication au méthanol consiste à injecter de l'éthanol (de manière contrôlée !) afin de saturer le catalyseur avec l'éthanol pour empêcher la formation d'acide méthanoïque.

L'éthylène glycol (éthane-1,2-diol)

L'éthylène glycol est employé principalement dans la fabrication de polymères et comme antigel dans les liquides de refroidissement, il n'est normalement pas ingéré. Cependant cette molécule présente une saveur douce, aussi a-t-elle parfois été employée pour frelater des alcools destinés à la consommation.

$$\mathrm{HOCH_2CH_2OH} \longrightarrow \mathrm{HOCH_2CHO} \longrightarrow \mathrm{HOCH_2CO_2H} \longrightarrow \mathrm{HO_2CCO_2H}$$

L'éthylène glycol est éliminé par oxydation, laquelle produit, entre autres espèces, de l'acide oxalique (HO_2CCO_2H). Cet acide forme avec les ions calcium des sels insolubles ($pK_s = 8,64$) qui cristallisent dans les tissus et notamment dans les cellules tubulaires rénales, pouvant conduire à un blocage du fonctionnement des reins. Comme dans le cas du méthanol, l'injection contrôlée d'éthanol est employée pour empêcher l'oxydation de l'éthylène glycol et les effets des produits d'oxydation sur l'organisme.

EXERCICES

19.1 Racémisation (★★)

Le (*R*)-butan-2-ol optiquement pur se racémise en milieu acide aqueux. Expliquer.

19.2 Synthèse d'éthers couronnes (d'après Centrale P' 89) (★★)

LEHN et coll. ont découvert des méthodes de synthèse de molécules couronnes fonctionnalisées pouvant servir de catalyseurs moléculaires.

1. L'éthanolate de sodium, dans des conditions que l'on précisera, réagit à température ambiante sur le bromoéthane pour conduire à un composé de formule $C_4H_{10}O$. Écrire l'équation chimique correspondante et donner la formule semi-développée du composé $C_4H_{10}O$. Indiquer le mécanisme réactionnel correspondant.

2. Le composé *A* de formule plane présentée figure ci-dessous possède deux atomes de carbone stéréogènes de descripteur stéréochimique *R*.

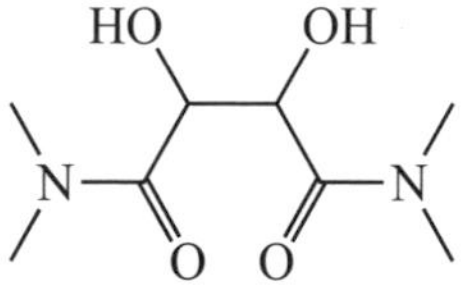

Le composé *A* réagit avec le composé *B* de formule $ICH_2-CH_2-O-CH_2-CH_2I$ en présence d'éthanolate de thallium $TlOC_2H_5$ dans un solvant polaire aprotique (le diméthylformamide $H-CO-N(CH_3)_2$). Proposer un enchaînement synthétique permettant d'obtenir la molécule couronne présentée figure ci-dessous.

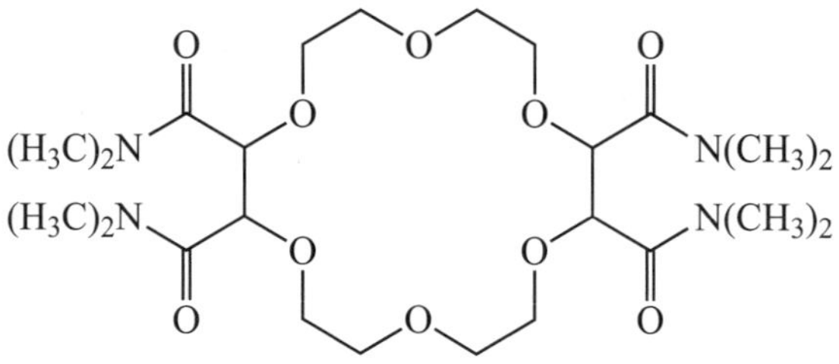

19.3 Participation d'un groupe voisin (★★)

Le traitement du (*R*,*R*)-3-bromobutan-2-ol ou du (*S*,*S*)-3-bromobutan-2-ol par l'acide bromhydrique conduit exclusivement, dans chaque cas, au mélange racémique ((*R*,*R*)-2,3-dibromobutane + (*S*,*S*)-2,3-dibromobutane).

Le traitement du (2*R*,3*S*)-3-bromobutan-2-ol ou du (2*S*,3*R*)-3-bromobutan-2-ol par l'acide bromhydrique conduit exclusivement, dans chaque cas, au *méso* (*R*,*S*)-2,3-dibromobutane. Expliquer.

19.4 Déshydratation décarboxylante du pyrophosphate de l'acide 3*R*-mévalonique (d'après ENS Cachan Bio 1993) (★)

On se propose de préciser la stéréochimie du processus enzymatique de déshydratation décarboxylante qui conduit du pyrophosphate de l'acide 3*R*-mévalonique *A* au pyrophosphate d'isopenténylе *B*, tous deux représentés figure ci-dessous. La fonction pyrophosphate est représentée par la notation -O*PP*.
On réalise pour cela l'expérience suivante. On soumet séparément les pyrophosphates de l'acide 2-deutéromévalonique, respectivement (2*S*, 3*R*) *C* et (2*R*, 3*R*) *D* à l'action des enzymes du foie de porc. Au bilan, on constate que ces composés subissent, dans ces conditions, l'élimination simultanée d'une molécule d'eau et d'une molécule de dioxyde de carbone. Plus précisément, le composé *C* conduit uniquement au (*E*),4-deutéro-3-méthylbut-3-én-1-ol *E* tandis que le composé *D* fournit comme seul produit le (*Z*),4-deutéro-3-méthylbut-3-én-1-ol *F*, après hydrolyse de la fonction pyrophosphate (transformation -*OPP* $\longrightarrow$ OH)

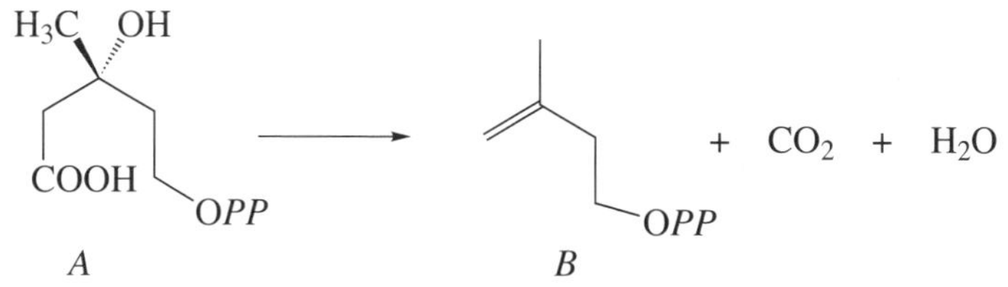

1. Représenter les molécules *C* et *D* en perspective. Justifier la stéréochimie attribuée aux carbones 2 et 3.

2. Déduire des résultats ci-dessus le déroulement stéréochimique de la réaction.
La réponse sera justifiée en représentant dans le cas de la transformation *C* $\longrightarrow$ *E* la molécule de départ en perspective, dans la conformation dans laquelle elle subit la réaction d'élimination pour conduire au produit indiqué.

19.5 Transposition lors d'une déshydratation (★★)

Le traitement en milieu acide du 2,2-diméthylcyclohexanol conduit, après déshydratation au 1,2-diméthylcyclohex-1-ène. Expliquer.

19.6 Transposition pinacolique (★★★)

1. Le pinacol est le nom courant du 2,3-diméthylbutan-2,3-diol. Traité par l'acide sulfurique, celui-ci se transforme en 3,3-diméthylbutan-2-one.
Proposer un mécanisme réactionnel expliquant cette transformation.

2. Dans les mêmes conditions, le 1,1-diphényl-2-méthylpropane-1,2-diol conduit exclusivement à la 2,2-diphénylbutan-2-one. Expliquer.

PROBLÈMES

19.7 Synthèse de WILLIAMSON (★)

On considère la réaction ci-dessous réalisée dans un solvant adapté dont on ne précise pas la nature ici. La molécule *X* formée a pour formule brute $C_8H_{18}O$.

1. Nommer les deux réactifs et donner le descripteur stéréochimique relatif au carbone asymétrique de chacun des deux réactifs.

2. Proposer deux réactifs permettant de transformer le butan-2-ol en dérivé chloré correspondant. Donner les bilans détaillés correspondants.

3. Proposer deux réactifs permettant de transformer le butan-2-ol en alcoolate correspondant. Donner les bilans détaillés correspondants et la nature de la réaction chimique réalisée.

4. Indiquer le groupe fonctionnel présent dans X et donner la formule semi-développée plane de X sans tenir compte de la stéréochimie.

5. Dans l'hypothèse d'un mécanisme S_N1, préciser la stéréochimie de X ; le(s) produit(s) obtenu(s) est-il (sont-ils) optiquement actif(s) ?

6. Même question dans l'hypothèse d'un mécanisme S_N2.

7. Lors de cette synthèse, des sous-produits hydrocarbonés sont à redouter, préciser lesquels et les nommer ; indiquer en justifiant (mais sans détailler le mécanisme) le mécanisme vraisemblable par lequel ils se forment dans le milieu.

19.8 Synthèse d'un parfum (d'après CCP P 92) (★★)

La *cis*-jasmone T (figure ci-dessous) est un intermédiaire important dans le domaine de la parfumerie.

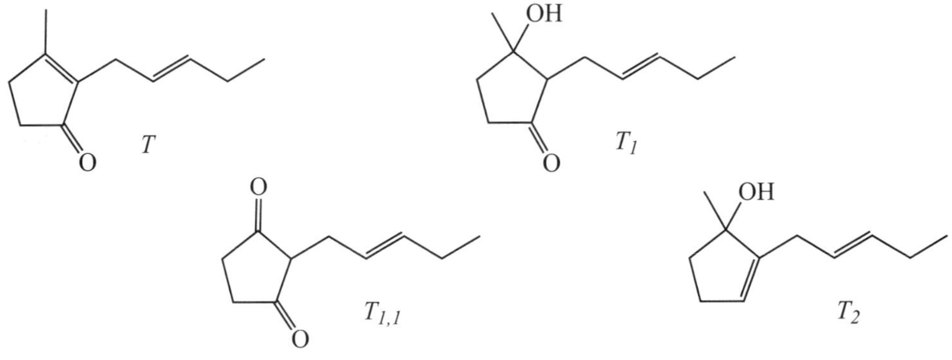

1. Proposer une formule mésomère pour la molécule T.

La molécule T admet comme précurseur (passage de T_1 à T en une étape) la molécule T_1 (voir figure ci-dessus).

2. Comment réaliser le passage de T_1 à T ? Quel mécanisme proposez-vous ? Peut-il se former d'autres isomères de T_1 ?

3. La molécule T_1 peut-elle présenter plusieurs configurations ? Si oui, les indiquer clairement et préciser leurs relations d'isomérie (on suppose la stéréochimie de la double liaison fixée). Doit-on isoler l'une d'entre elles pour accéder à T ?

La molécule T_1 admet elle-même comme précurseur la molécule $T_{1.1}$ (voir figure ci-dessus).

4. Les deux fonctions cétones sont-elles équivalentes ? Comment réaliser le passage de $T_{1.1}$ à T_1 ?

La *cis*-jasmone T admet comme autre précurseur l'alcool T_2. Le passage de T_2 à T se fait en milieu aqueux acide en présence d'un oxydant type CrO_3. Le mécanisme fait intervenir un carbocation.

5. Proposer une explication pour la réaction de passage de T_2 à T, préciser en particulier le(s) carbocation(s) rencontré(s).

19.9 Participation d'un groupe voisin (d'après ENS Ulm 2001) (★★★)

Le composé A suivant, traité par l'acide fluorhydrique HF, fournit un composé fluoré B énantiomériquement pur :

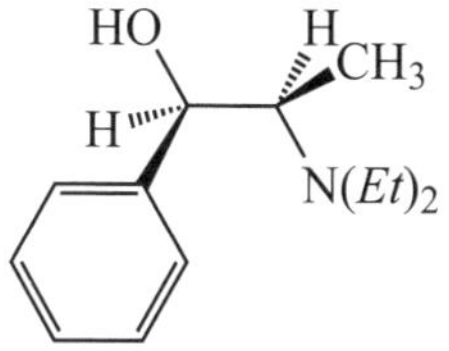

1. La réaction a-t-elle lieu avec rétention ou inversion de configuration ?

2. Expliquez cette sélectivité totale.

3. Justifiez les conditions réactionnelles.

4. Aurait-on pu utiliser un autre mélange acide pour cette transformation ?

19.10 Les thiols (d'après ESIM PC 2003) (★★)

Les thiols ou mercaptants RSH dérivent de la molécule de sulfure d'hydrogène H_2S comme les alcools dérivent de la molécule d'eau H_2O. Les sulfures RSR sont analogues aux éthers-oxydes. De nombreux thiols sont présents dans le pétrole brut et on les reconnaît à leur odeur désagréable.

1. Comparaison alcools - thiols

a. Constantes physiques

Pour une même chaîne carbonée, les températures d'ébullition des thiols sont plus basses que celles des alcools. Exemple : $\theta_{eb}(Et\text{SH}) = 37$ °C et $\theta_{eb}(Et\text{OH}) = 78{,}5$ °C. Comment l'interpréter ?

b. Acidité

Mis en solution aqueuse, les thiols ont par contre un caractère plus acide que les alcools. Exemple : $\text{p}K_A(Et\text{SH}) = 10{,}5$ et $\text{p}K_A(Et\text{OH}) = 15{,}9$. Comment l'interpréter ?

c. Nucléophilie

La nucléophilie est un concept cinétique : on peut l'évaluer d'après les valeurs des constantes de vitesse des substitutions nucléophiles sur l'iodométhane par exemple. On obtient :

Réactif	ROH	RSH	RO$^-$	RS$^-$
Vitesse relative	1	10^5	10^6	10^8

Comment interpréter ces résultats ?

2. Quelques propriétés des thiols

a. Synthèse à partir des dérivés halogénés des alcools

On peut synthétiser les thiols par des réactions de substitution nucléophile.

– L'action de l'hydrogénosulfure de sodium NaSH en excès sur le bromométhane conduit à l'éthanethiol. Écrire l'équation-bilan et donner son mécanisme. Pourquoi faut-il un excès d'hydrogénosulfure de sodium ?

– L'action du sulfure d'hydrogène, en milieu acide sur le propan-2-ol conduit au propane-2-thiol. Écrire l'équation-bilan et le mécanisme.

b. Synthèse à partir des alcènes

Le sulfure d'hydrogène a la faculté de s'additionner sur les alcènes selon un mécanisme radicalaire analogue à l'addition de bromure d'hydrogène sur un alcène en présence de peroxyde de benzoyle vers 30 ou 40 °C. Justifier la régiosélectivité.

c. Thioacétalisation

Les thiols sont utilisés au même titre que les alcools pour protéger la fonction carbonyle.

– Écrire l'équation-bilan puis le mécanisme de l'action de l'éthanethiol en excès sur la propanone en catalyse acide (on utilisera le fait que le carbone d'une cétone est électrophile).

– En pratique, on utilise à la place du thiol en excès un dithiol dans les proportions équimolaires : $HSCH_2CH_2SH$. Donner le produit obtenu désormais.

– En catalyse acide, le composé bifonctionnel $HSCH_2CH_2CH_2$-CO-CH_3 conduit à un cycle stable. L'identifier et représenter son énantiomère (*R*) en représentation de CRAM.

d. Synthèse du gaz moutarde

Les sulfures donnent des poisons violents. L'un d'entre eux a été utilisé lors de la première guerre mondiale. On donne ici sa synthèse :

Par action de l'acide perbenzoïque ($C_6H_5CO_3H$) sur l'éthène en milieu anhydre, on obtient un époxyde *A*. L'action de l'hydrogénosulfure de sodium sur *A* conduit à *B* puis, après réaction acido-basique intramoléculaire, à *C*. L'action de *C* sur *A* conduit à *D* puis, après hydrolyse, à *E*. L'action du chlorure de thionyle ($SOCl_2$) donne le gaz moutarde *F*.

Identifier tous les composés de *A* à *F*.

Chapitre 20

Liaison simple carbone-azote (Deuxième période, option PC)

La liaison simple carbone-azote apparaît dans plusieurs fonctions de la chimie organique. Parmi elles, les amines constituent une première catégorie importante. Leur formule générale est $R^1R^2R^3$N, où R^i est un groupe alkyle ou un atome d'hydrogène (dans le cas où $R^1 = R^2 = R^3 =$ H, le composé est l'ammoniac NH_3, qui ne peut pas être considéré comme une amine). Dans le cas où un des groupes R_i est phénylique, le composé fait partie de la classe des **anilines**. Amines et anilines ont des réactivités proches, mais nous n'aborderons pas la spécificité des anilines dans le cadre de ce cours.
En raison de la facilité de leur extraction, les premiers composés organiques naturels isolés contenaient la fonction amine, ainsi la quinine isolée du quinquina en 1820 par J. B. CAVENTOU et J. PELLETIER, utilisée dans le traitement de la malaria.

1 Généralités

Les amines se rencontrent fréquemment dans les systèmes biologiques : ainsi la nicotine, composé cancérogène présent dans les feuilles de tabac ; l'épinéphrine, aussi appelée adrénaline, hormone humaine ou la putrescine, une polyamine au nom évocateur présente dans les tissus en décomposition. Les amines simples ont souvent une odeur forte et désagréable.

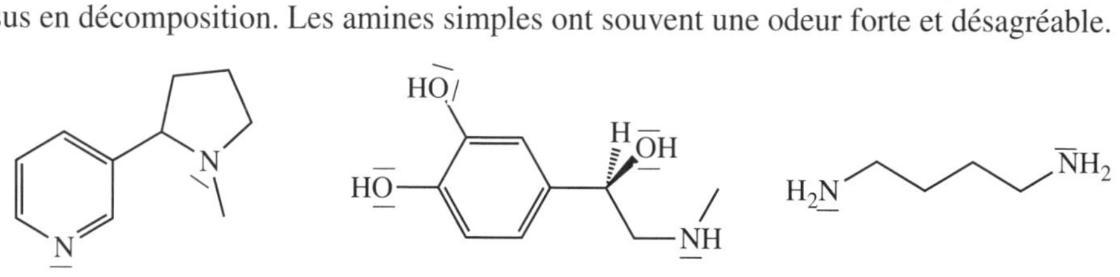

nicotine épinéphrine (adrénaline) putrescine

FIGURE 20.1 – Formule de LEWIS de quelques amines naturelles

De nombreuses molécules complexes contiennent une ou plusieurs fonctions amine : ainsi la quinine, évoquée plus haut, la cocaïne, extraite de la feuille de coca, stimulant du système nerveux central ou encore l'héroïne, qui ne diffère de la morphine que par deux groupes éthanoates. La quinine, la morphine et la cocaïne sont appelées des **alcaloïdes** en raison de leurs propriétés basiques (de l'arabe *al kali*, terme désignant une plante du genre *Salsola* dont on extrayait le carbonate de sodium, devenu alcalin, synonyme de basique). Les formules de LEWIS de ces alcaloïdes sont présentées figure 20.2.

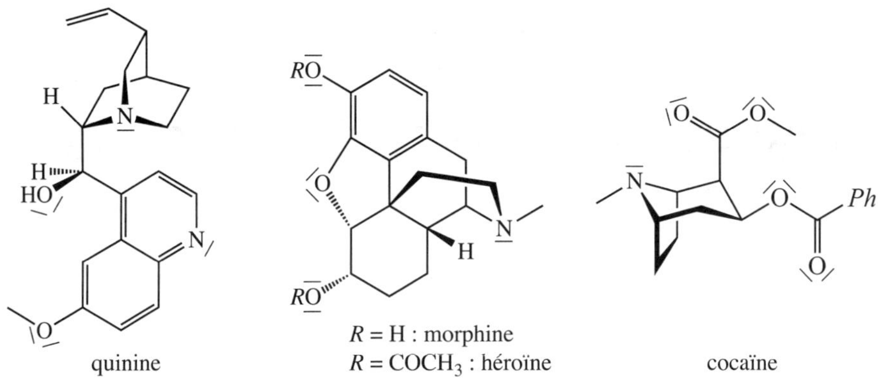

FIGURE 20.2 – Formule de LEWIS de quelques alcaloïdes

1.1 Classe et nomenclature des amines

a. Classe des amines

Les amines ont des réactivités différentes en fonction du degré de substitution de l'atome d'azote. Pour cette raison, les amines sont rangées en **classes primaire** (R^1NH_2), **secondaire** (R^1R^2NH) et **tertiaire** ($R^1R^2R^3N$), les groupes R^i ne pouvant pas être des atomes d'hydrogène.

✎ La notion de classe est différente de celle présentée dans le cas des halogénoalcanes et de celle abordée dans le cas des alcools. En effet, pour ces derniers composés, la classe fait référence au degré de substitution de l'atome de carbone porteur du groupe fonctionnel, alors que dans le cas des amines, la classe correspond au nombre de substituants carbonés liés à l'azote.

Le degré de substitution des atomes de carbone liés à l'atome d'azote n'a que peu d'influence sur la réactivité des amines, ce qui justifie le choix de plutôt différencier les amines par le degré de substitution de l'atome d'azote.

b. Nomenclature des amines primaires

Les amines primaires $R-NH_2$ ont un nom de type **alcan-*n*-amine**, où « **alcan** » est le nom de l'alcane R–H correspondant, n est le numéro de l'atome de carbone porteur de la fonction **amine** (–NH_2). Un deuxième mode de nomenclature acceptée par l'Union Internationale de Chimie Pure et Appliquée, est du type **alkylamine** où **alkyl** est le nom du groupe alkyle $-R$. Les deux sont employés couramment et présentés table 20.1 sur quelques exemples, accompagnés d'un exemple de diamine. Notons que l'aniline $Ph-NH_2$ ainsi que les composés dérivés ne suivent pas ces règles de nomenclature.

Amine primaire	Nom en alcanamine	Nom en alkylamine
	éthanamine	éthylamine
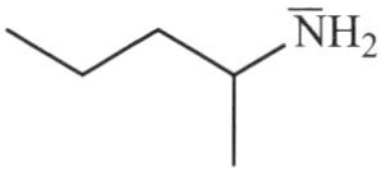	pentan-2-amine	1-méthylbutylamine
	cyclohexanamine	cyclohexylamine
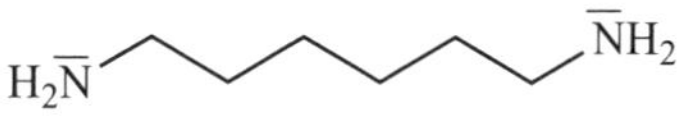	hexane-1,6-diamine	-

TABLE 20.1 – Exemples de nomenclature des amines primaires

Lorsque le groupe fonctionnel amine n'est pas prioritaire devant un autre groupe fonctionnel, le groupe $-NH_2$ porte alors le nom de groupe substitutif **amino**.
Exemple : le composé $HO-CH_2-CH_2-NH_2$ est appelé 2-aminoéthanol car le groupe fonctionnel alcool est prioritaire devant le groupe fonctionnel amine.

c. Nomenclature des amines secondaires et tertiaires

Les amines secondaires et tertiaires sont considérées respectivement comme des dérivés *N*-substitués et *N*,*N*-disubstitués d'une amine primaire. L'amine primaire servant de base à la nomenclature est construite à partir du groupe alkyle ayant la chaîne carbonée prioritaire. La nomenclature en alkylamine est la plus couramment utilisée ; des exemples sont proposés table 20.2.

Amine secondaire ou tertiaire	Nom
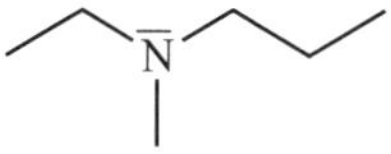	*N*-éthyl-*N*-méthylpropylamine
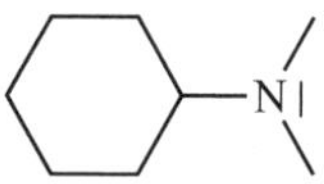	*N*,*N*-diméthylcyclohexylamine
Et_3N |	triéthylamine

TABLE 20.2 – Exemples de nomenclature des amines secondaires et tertiaires

Lorsqu'il n'y a pas d'ambiguïté sur le fait que le groupe alkyle nommé est connecté à l'atome d'azote, le préfixe *N* peut être omis.

1.2 Propriétés physiques

a. Moment dipolaire électrique

Le moment dipolaire de l'éthanamine $CH_3CH_2NH_2$ est de 1,2 D, valeur notable liée à la **différence d'électronégativité** entre l'atome d'azote et l'atome de carbone. D'autre part, les amines primaires et secondaires sont donneuses et accepteuses de **liaison hydrogène**, et les amines tertiaires sont accepteurs de liaison hydrogène.

b. Température d'ébullition

L'analyse des températures d'ébullition (table 20.3) de quelques amines peut être interprétée par les **interactions intermoléculaires** (Cf. chapitre d'introduction aux solutions aqueuses).

Amine primaire	$\theta_{éb}$ / °C	Amine C_3H_9N	$\theta_{éb}$ / °C
CH_3NH_2	$-6,7$	$(CH_3)_3N$	2,9
$CH_3CH_2NH_2$	16,6	$CH_3CH_2NHCH_3$	34
$CH_3CH_2CH_2NH_2$	50	$CH_3CH_2CH_2NH_2$	50
$CH_3CH_2CH_2CH_2NH_2$	77,8		

TABLE 20.3 – Températures d'ébullition de quelques amines sous une atmosphère

Lorsque la longueur de la chaîne carbonée des amines primaires augmente, la température d'ébullition augmente, ce qui peut être interprété par l'augmentation du **volume de polarisabilité** de la molécule, donc un accroissement des interactions de DEBYE et LONDON . Pour les amines de même formule brute, les volumes de polarisabilité sont voisins ainsi que les moments dipolaires, ainsi les interactions de VAN DER WAALS varient peu. Ce sont donc les **interactions par liaison hydrogène** qui diffèrent : elles sont inexistantes dans le cas de la triméthylamine : $(CH_3)_3N$. La température d'ébullition de la *N*-méthyléthanamine étant plus faible que celle de la propanamine, on peut en tirer la conclusion que les interactions par liaison hydrogène sont de plus grande intensité dans le cas des amines primaires que dans le cas des amines secondaires.
Les amines établissent des interactions intermoléculaires de même nature avec l'eau. Ainsi, les amines primaires telles que l'éthanamine, la propanamine, la butanamine ou ayant même des squelettes carbonés plus importants tels que la cyclohexanamine sont miscibles en toutes proportions avec l'eau ; de nombreuses amines secondaires présentent la même propriété. Bien que les amines tertiaires ne puissent qu'accepter des liaisons hydrogène avec l'eau, elles sont souvent solubles ; ainsi, la solubilité de la triéthylamine est de 1,5 g pour 100 mL d'eau et la triméthylamine est miscible en toutes proportions avec l'eau.

2 Propriétés acido-basiques des amines

Comme l'eau, le solvant ammoniac subit un équilibre d'autoprotolyse :

$$2\,H_2O\,(\ell) \quad = \quad H_3O^+\,(aq) \quad + \quad HO^-\,(aq)$$

$$2\,NH_3\,(\ell) \quad = \quad NH_4^+\,(solv) \quad + \quad NH_2^-\,(solv).$$

L'acide NH_4^+ porte le nom d'ion ammonium, la base NH_2^- porte le nom d'ion amidure. Les pK_A, rapportés au solvant eau, des couples correspondants sont $pK_A(NH_4^+/NH_3) = 9,2$ et $pK_A(NH_3/NH_2^-) \approx 38$: l'ion amidure ne peut formé dans l'eau, contrairement à l'ion ammonium.

2.1 Basicité des amines

Comme dans le cas de l'ammoniac, le doublet non liant de l'atome d'azote d'une amine peut capter un proton (figure 20.3) conférant aux amines des propriétés basiques. L'acide conjugué formé s'appelle un **ion ammonium**.

FIGURE 20.3 – Équation de formation d'un ion ammonium

Selon le degré de substitution de l'atome d'azote, les ions ammonium peuvent être primaires, secondaires, tertiaires, voire quaternaires (un ion ammonium quaternaire n'est pas obtenu par protonation d'une autre amine, mais par une voie de synthèse développée plus loin).

La nomenclature des ions ammonium est identique à la nomenclature en alkylamine des amines en remplaçant le suffixe amine par le suffixe **ammonium**. Le nom de l'espèce est celui du cation ammonium, précédé du nom de son contre ion. Des exemples sont proposés table 20.4.

Formule topologique	Classe de l'ion ammonium	Nom
$NH_4^{\oplus}$ $\lvert\underline{\overline{Cl}}\rvert^{\ominus}$	–	chlorure d'ammonium
$—NH_3^{\oplus}$ $\lvert\underline{\overline{Br}}\rvert^{\ominus}$	primaire	bromure de méthylammonium
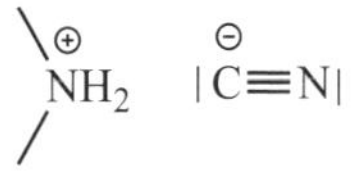	secondaire	cyanure de diméthylammonium
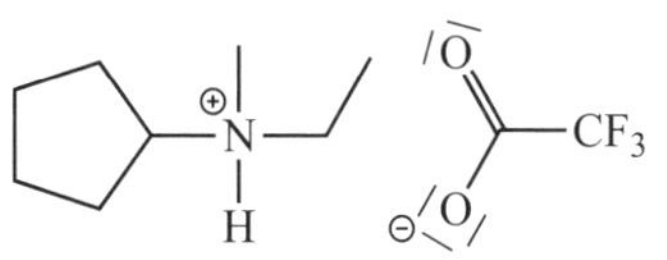	tertiaire	trifluoroéthanoate de *N*-éthyl-*N*-méthylcyclopentylammonium
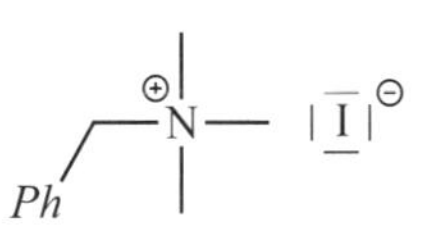	quaternaire	iodure de *N*,*N*,*N*-triméthylbenzylammonium

TABLE 20.4 – Nomenclature et classe de quelques sels d'ammonium

2.2 Constante d'acidité

Les amines et les ions ammoniums étant solubles dans l'eau, la mesure de leur constante d'acidité est aisée. Quelques valeurs de pK_A dans l'eau à 25 °C sont présentées table 20.5.

Formule de la base	pK_A	Formule de la base	pK_A
NH_3	9,3		
CH_3NH_2	10,6	CH_3NH_2	10,6
$CH_3CH_2NH_2$	10,8	$(CH_3)_2NH$	10,7
$CH_3CH_2CH_2NH_2$	10,6	$(CH_3)_3N$	9,7
Ph–NH_2	4,2		

TABLE 20.5 – pK_A de quelques couples acide base ion ammonium/amine et du couple ion ammonium/ammoniac à 25 °C

Aucune évolution monotone ne se dégage, suggérant que plusieurs facteurs, dont la solvatation, entrent en jeu. Des **mesures en phase gazeuse** ont montré que les amines tertiaires sont plus basiques que les amines secondaires, elles-mêmes plus basiques que les primaires. Ceci s'explique par la polarisabilité plus grande de l'ion ammonium (l'acide conjugué) issu de l'amine tertiaire et donc d'une meilleure stabilisation de la charge positive de cet ion. La plupart du temps les amines secondaires sont les plus basiques, mais les différences ne sont que minimes. Notons que l'aniline fait exception, ce qui est interprété par le fait que le doublet non liant de l'atome d'azote est engagé dans la délocalisation avec le cycle, le rendant ainsi moins « disponible » à la protonation.

2.3 Acidité des amines primaires et secondaires

Tout comme l'ammoniac NH_3 peut être déprotoné pour former l'ion amidure NH_2^-, sa base conjuguée, les amines primaires et secondaires peuvent être déprotonées pour former des **ions alkylamidure**. Le pK_A du couple étant de l'ordre de 38, l'obtention d'un ion amidure est réalisée le plus souvent par l'utilisation d'un **alkyllithium** dans un **solvant aprotique**. Un exemple est proposé figure 20.4.

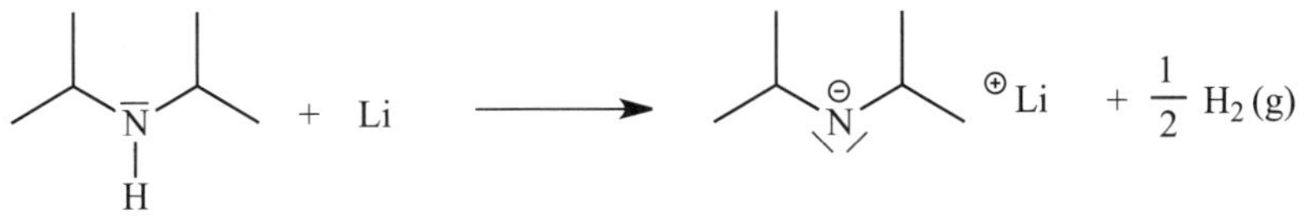

FIGURE 20.4 – Synthèse du di-*iso*-propylamidure de lithium

Les **ions amidures** possédant des groupes alkyles volumineux ont la propriété d'être des **bases fortes très peu nucléophiles**. Cette particularité est mise à profit pour réaliser des β-éliminations pouvant entrer en concurrence avec des substitutions nucléophiles. À ce titre, le di-*iso*-propylamidure de lithium (d'abréviation anglo-saxonne LDA, figure 20.4) est un réactif courant dans les laboratoires de chimie.

2.4 Acides α-aminés

Les acides α-aminés constituent les « briques » de base des **protéines**. Ces composés associent sur un même atome de carbone, nommé carbone α, une fonction amine (presque toujours primaire) et une fonction acide carboxylique, deux fonctions ayant des propriétés acido-basiques. Dans le cas de l'alanine, pour laquelle l'atome de carbone α porte un atome d'hydrogène et un groupe méthyle, les pK_A des couples sont p$K_A(-COOH/-COO^-) = 2,3$ et p$K_A(-NH_3^+/-NH_2) = 9,7$. Ces valeurs permettent de tracer le diagramme de prédominance présenté figure 20.5

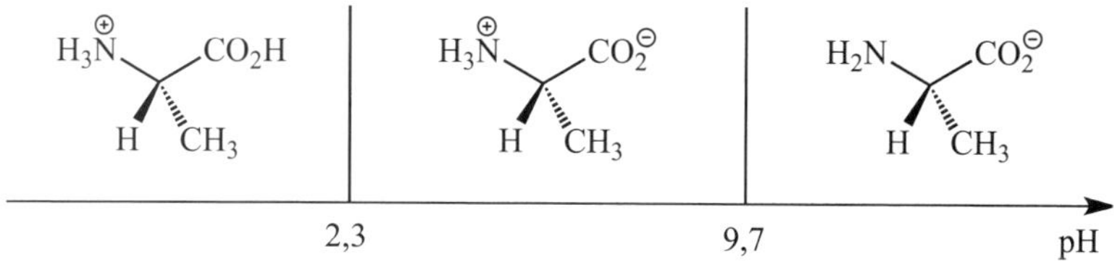

FIGURE 20.5 – Diagramme de prédominance des formes acido-basiques d'un acide α-aminé

Ce diagramme montre que la forme basique du couple ion ammonium/amine et la forme acide du couple acide carboxylique/ion carboxylate n'ont pas de domaine commun de prédominance. La **forme zwittérionique**, globalement neutre mais comportant un carboxylate et ammonium, est prépondérante à pH = 7 ; c'est également la forme cristallisée (l'acide α-aminé devrait s'appeler un « carboxylate α-ammonium », mais ce n'est pas l'usage courant).

3 Alkylation des amines

3.1 Obtention d'une amine primaire

La substitution nucléophile d'un halogénoalcane $R-X$ par un excès d'ammoniac NH_3 conduit à la formation de l'amine primaire $R-NH_2$ avec un faible rendement.

Un exemple d'une telle substitution, en fonction du rapport molaire des réactifs mis en présence est présenté figure 20.6.

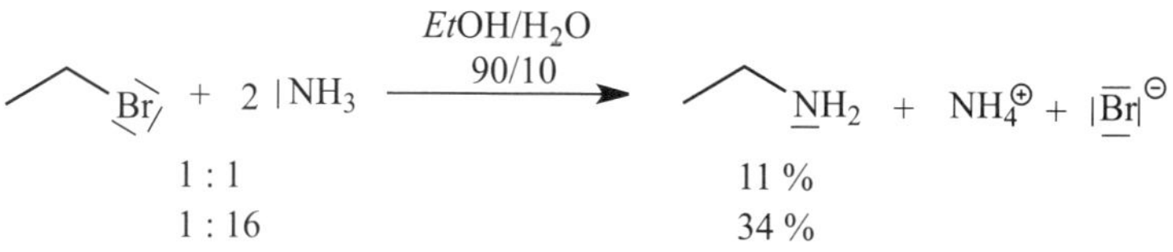

FIGURE 20.6 – Formation de l'éthanamine par substitution nucléophile du bromoéthane

Le mécanisme de la réaction sur l'halogénoalcane primaire est une **substitution nucléophile du deuxième ordre** , suivi de la déprotonation de l'ion ammonium primaire par l'excès d'ammoniac (figure 20.7).

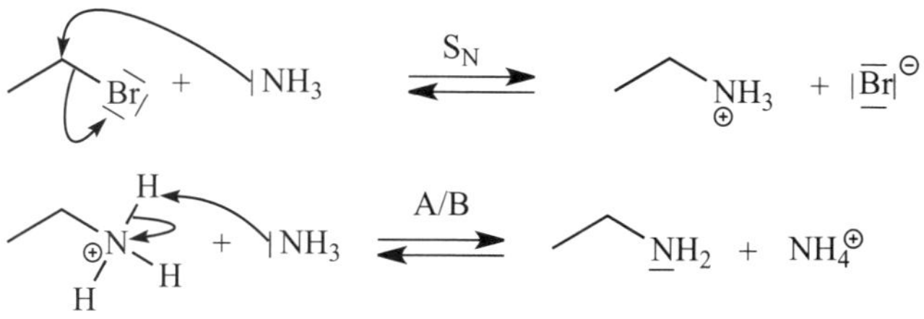

FIGURE 20.7 – Mécanisme de la formation de l'éthanamine par substitution nucléophile

Le **rendement** de la réaction est **faible** en raison des **polyalkylations** qui se produisent après cette réaction. En effet, l'amine primaire, obtenue est également un nucléophile capable de réagir sur l'halogénoalcane pour donner une amine secondaire, et ainsi de suite... Le produit de la réaction est un mélange d'amines primaire, secondaire, tertiaire et d'ions ammonium primaire, secondaire, tertiaire et quaternaire suivant le pH du milieu. La réaction a lieu cependant avec des rendements acceptables dans le cas des carboxylates α-halogénés (figure 20.8) pour conduire à des acides α-aminés.

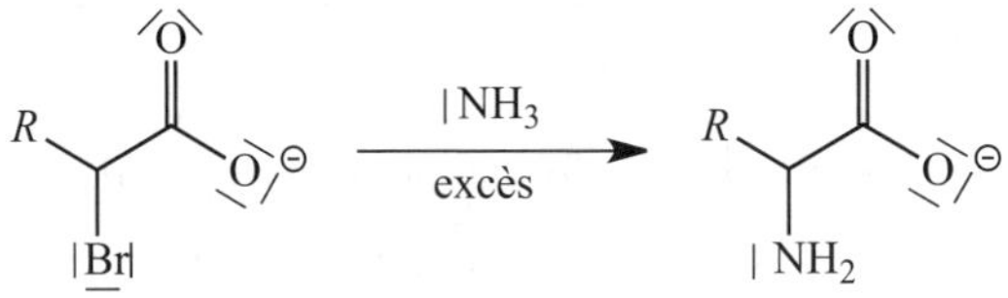

acide α-aminé

FIGURE 20.8 – Formation d'amine primaire dans le cas des carboxylates α-halogénés ou de réaction intramoléculaire

3.2 Formation d'amines secondaires et tertiaires et d'ions ammonium quaternaires

L'alkylation d'une amine R_3N (R désigne un alkyle ou un atome d'hydrogène) par un excès d'halogénoalcane primaire ($R-X$) conduit à la formation de l'halogénure d'ammonium quaternaire (RR_3N^+,X^-) par une succession de substitutions nucléophiles, suivies éventuellement de déprotonation (dans le cas des amines secondaires). Dans le cas d'une amine tertiaire, seule une substitution nucléophile a lieu.

Un exemple de réaction est proposé figure 20.9.

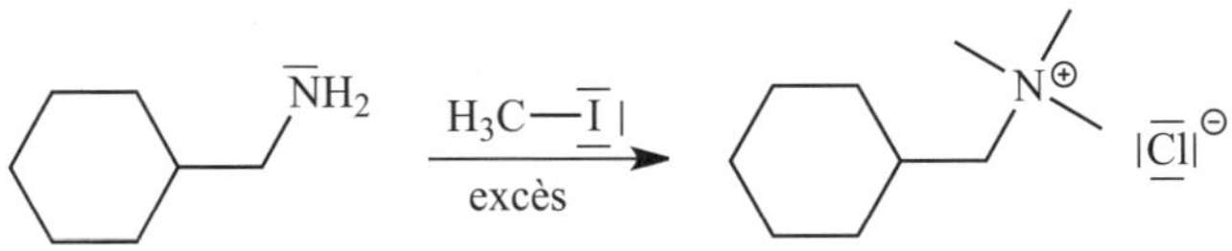

FIGURE 20.9 – Formation d'un chlorure d'ammonium quaternaire

Dans ce dernier exemple, le sous-produit de la réaction est l'iodure d'hydrogène HI, qui se dégage si la réaction est menée dans un solvant ne solubilisant pas cet acide, ou qui est neutralisé si la réaction est menée en présence d'une base. Dans le cas d'amines et d'halogénoalcanes stériquement encombrés, il est parfois possible de s'arrêter au stade de l'amine secondaire, comme sur l'exemple de la figure 20.10.

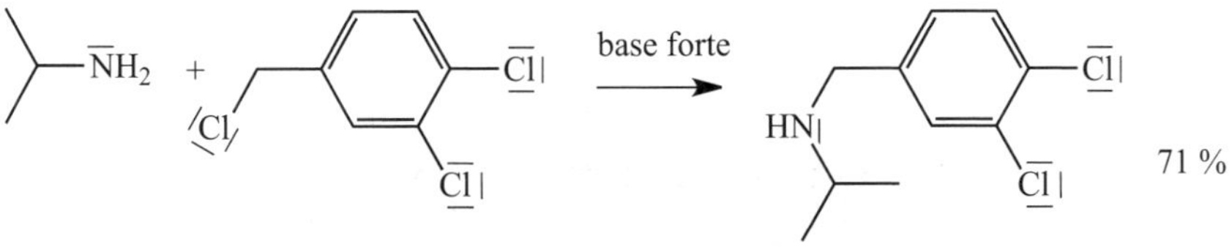

FIGURE 20.10 – Formation d'une amine secondaire encombrée

Exercice résolu

Alkylation intramoléculaire d'une amine

Dans le cas d'une alkylation intracyclique, il est possible de s'arrêter au stade de la formation d'une amine secondaire. Les rendements sont acceptables lorsqu'il y a formation de cycles à trois, cinq ou six chaînons. Proposer un mécanisme pour la réaction présentée ci-dessous.

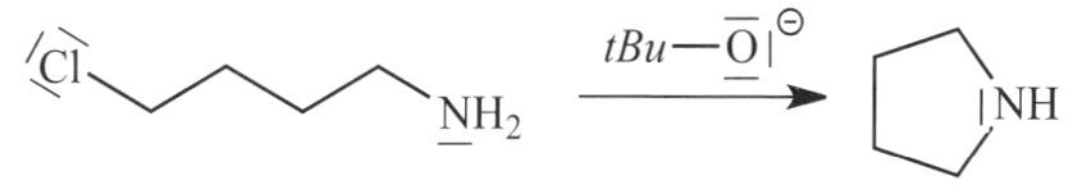

Une réaction parasite qui abaisse le rendement est la formation d'une diamine par la réaction intermoléculaire concurrente présentée ci-dessous. En considérant que la réaction est sous contrôle cinétique et que les vitesses inverses des actes élémentaires cinétiquement déterminants sont négligeables face à celles des actes en sens direct, expliquer pourquoi la réaction parasite de dimérisation devient prédominante en milieu concentré en substrat.

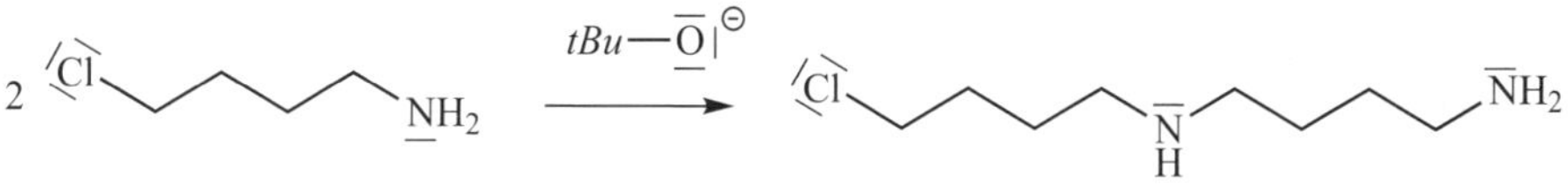

Réponse :

La mécanisme est une substitution nucléophile bimoléculaire, suivie d'une déprotonation par la base forte :

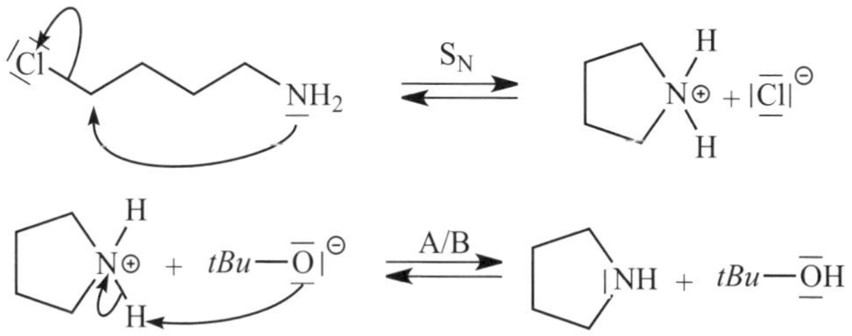

Les deux actes élémentaires cinétiquement déterminants sont deux substitutions nucléophiles, symbolisées par $M \longrightarrow C$, de constante de vitesse k_1 et $2M \longrightarrow D$, de constante de vitesse k_2 (les lettres M, C et D désignant respectivement le monomère, le cycle et le dimère).

La vitesse de formation du cycle est $r_1 = k_1[M]$, tandis que celle de la formation du dimère est $r_2 = k_2[M]^2$. Le processus de dimérisation parasite devient prépondérant si $r_2 > r_1$, c'est-à-dire si $[M] > k_1/k_2$. Au dessous de la concentration k_1/k_2 appelée molarité effective, la réaction de cyclisation devient prépondérante.

Les ions ammoniums issus de l'alkylation d'une amine présentent un atome d'azote tétraédrique (type AX_4E_0) **stéréogène** quand les quatre substituants sont différents. Dans le cas d'amines tertiaires présentant une autre source de chiralité que l'atome d'azote, la réaction de formation de l'ion ammonium quaternaire est diastéréosélective, comme cela est illustré par la réaction présentée figure 20.11.

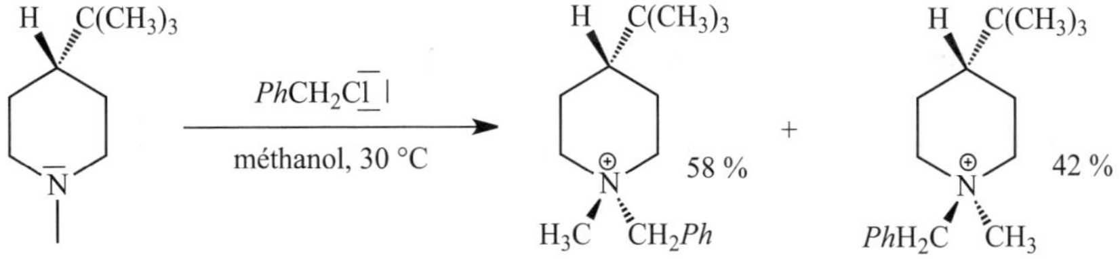

FIGURE 20.11 – Synthèse diastéréosélective d'un ion ammonium quaternaire

3.3 Facteurs influençant la nucléophilie des amines

Pour comparer la nucléophilie de différentes amines, un réactif électrophile commun (très souvent un halogénoalcane primaire ou secondaire) donne lieu à une substitution nucléophile de mécanisme S_N2 où la nature du nucléophile intervient. La mesure des constantes de vitesse permet d'évaluer les nucléophilies comparées. Nous donnons tables 20.6 et 20.7 les résultats relatifs à la monoalkylation, dans la propanone à 35 °C, de différentes amines par l'iodoéthane (CH_3CH_2I).

Amine	$(CH_3)_3N$	$(CH_3CH_2)_3N$	$(n-C_3H_7)_3N$	$(n-C_4H_9)_3N$
k / mol^{-1}·L·s^{-1}	$6{,}5.10^{-3}$	$1{,}8.10^{-4}$	$4{,}7.10^{-5}$	$5{,}6.10^{-5}$
Amine		$HN(CH_2CH_3)_2$	$HN(n-C_3H_7)_2$	$HN(n-C_4H_9)_2$
k / mol^{-1}·L·s^{-1}		$4{,}8.10^{-4}$	$3{,}5.10^{-4}$	$3{,}5.10^{-4}$
Amine			$H_2N(n-C_3H_7)$	$H_2N(n-C_4H_9)$
k / mol^{-1}·L·s^{-1}			$1{,}3.10^{-3}$	$1{,}3.10^{-3}$

TABLE 20.6 – Influence de la classe de l'amine et des substituants sur la nucléophilie

Les données du tableau 20.6 montrent que l'**encombrement stérique** est le facteur prépondérant quand le degré de substitution augmente : remplacer un atome d'hydrogène par un groupe alkyle diminue la nucléophilie d'environ un facteur 10 (deux dernières colonnes). L'augmentation du nombre d'atomes de carbone de la chaîne carbonée des substituants se traduit, pour les premiers termes (méthyle, éthyle et *n*-propyle) par une diminution de la nucléophilie : ceci est attribué à l'augmentation de la gêne stérique. Il y a peu de différence entre les chaînes à 3 et 4 atomes de carbone (les valeurs numériques sont quasiment identiques dans les colonnes 3 et 4 du tableau 20.6).

Amine	$HN(CH_2CN)_2$	$HN(CH_2CH_2CN)_2$
k / mol^{-1}·L·s^{-1}	$2{,}3.10^{-7}$	$6{,}9.10^{-6}$
Amine	$(NC\text{-}CH_2)N(C_2H_5)_2$	$(NC\text{-}CH_2CH_2)N(C_2H_5)$
k / mol^{-1}·L·s^{-1}	$7{,}5.10^{-7}$	$7{,}5.10^{-6}$

TABLE 20.7 – Effet de groupes électroattracteurs sur la nucléophilie des amines

Les mesures rapportées dans la table 20.7 mettent en évidence le rôle d'un groupe électroattracteur (ici le groupe cyano –C≡N) sur la nucléophilie de l'amine. Plus il y a de substituants contenant le groupe cyano d'une part, plus le substituant cyano est proche de l'azote de la fonction amine d'autre part, plus la nucléophlie de l'amine est diminuée.

4 Les ions ammonium quaternaires

Le motif structural d'un ion ammonium est un atome d'azote lié à quatre atomes de carbone et chargé positivement. Les halogénures d'ammonium quaternaire sont utilisés dans la vie courante comme agents antibactériens. En chimie, ils se comportent comme des groupes partant et jouent un rôle important dans les catalyseurs par transfert de phase.

4.1 Éliminations d'HOFMANN

Dans un ion d'ammonium quaternaire, la liaison carbone-azote est polarisée (déplacement des électrons de la liaison vers l'atome d'azote) et la rupture hétérolytique de la liaison par déplacement du doublet vers l'azote se traduit par la formation d'une amine tertiaire, molécule stable. Ainsi, le traitement par une base forte d'un ion ammonium quaternaire possédant un atome d'hydrogène sur un atome de carbone en β de l'atome d'azote se traduit par la formation d'un alcène.

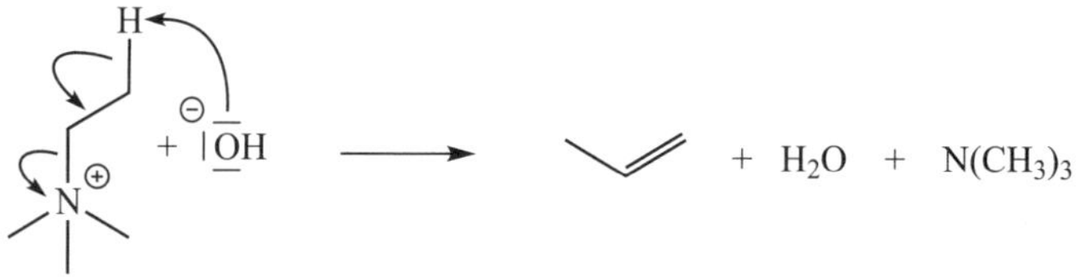

FIGURE 20.12 – Exemple d'élimination d'HOFMANN

Cette réaction présente une régiochimie différente de celle observée pour les éliminations sur les halogénoalcanes. En série acyclique, une préférence pour la formation de l'alcène le moins substitué est observée ; cette régiosélectivité de l'élimination en faveur de l'alcène le moins substitué est la **règle d'HOFMANN**. Un exemple est indiqué à la figure 20.13.

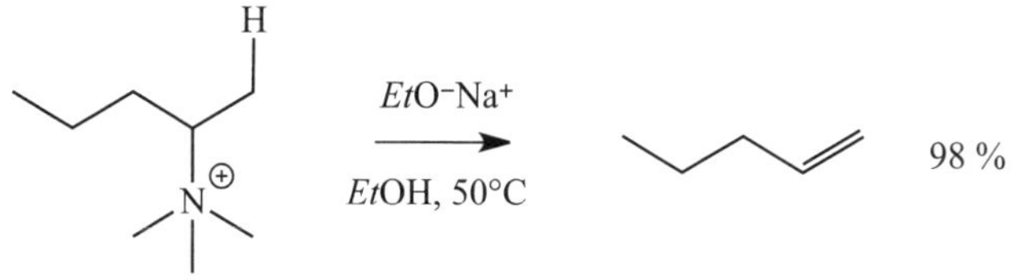

FIGURE 20.13 – Exemple d'élimination d'HOFMANN

La justification de cette règle est délicate : signalons que l'atome d'hydrogène le plus acide porté par le carbone en β réagit préférentiellement. Ce type de comportement est observé lorsque le groupe partant est chargé, par exemple dans le cas des sels de sulfonium qui contiennent un motif du type R_2S^+-.

Le protocole souvent utilisé est un traitement du iodure de tétraalkylammonium par l'oxyde d'argent (Ag_2O) en présence de trace d'eau ce qui conduit au remplacement de l'anion iodure par l'anion hydroxyde et précipitation de l'iodure d'argent peu soluble. Le chauffage de l'hydroxyde de tétraalkylammonium produit l'alcène correspondant avec formation d'eau et d'une amine tertiaire. Cette séquence réactionnelle a été utilisée pour déterminer la structure des amines par analyse des alcènes formés. Aujourd'hui, les méthodes spectroscopiques d'analyse ont supplanté ces méthodes « chimiques ».

4.2 Utilisation des ions ammonium quaternaires pour le transfert de phase

Les ions ammonium quaternaires possédant des longues chaînes carbonées réunissent dans une même structure un **caractère hydrophile** en raison de leur **charge positive** et un **caractère lipophile** en raison de la **présence de longues chaînes carbonées**. De nombreux sels d'ammonium quaternaires présentent une solubilité élevée dans l'eau, dans laquelle ils sont partiellement dissociés, mais aussi dans des solvants pas ou faiblement polaires comme le toluène ($PhCH_3$) ou le dichlorométhane (CH_2Cl_2), dans lesquels ils se présentent essentiellement sous forme de paires d'ions. Des exemples de sels d'ammonium quaternaires couramment utilisés dans les laboratoires sont présentés figure 20.14.

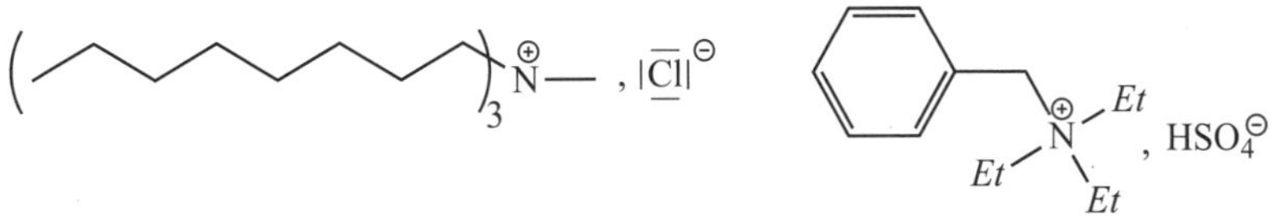

FIGURE 20.14 – Sels d'ammonium quaternaires hydrophiles et lipophiles

Cette propriété de solubilité particulière est utilisée lorsqu'une réaction ne peut se réaliser que par mise en contact d'un réactif ionique soluble uniquement dans l'eau et d'un substrat soluble uniquement dans un solvant organique non miscible à l'eau. De telles réactions sont lentes, car le processus ne peut se dérouler qu'à l'**interface** entre les deux solvants et l'**aire de l'interface** reste limitée même si une agitation vigoureuse produit de fines gouttelettes d'un solvant dans l'autre. Un exemple de réaction présentant cette caractéristique est proposé figure 20.15.

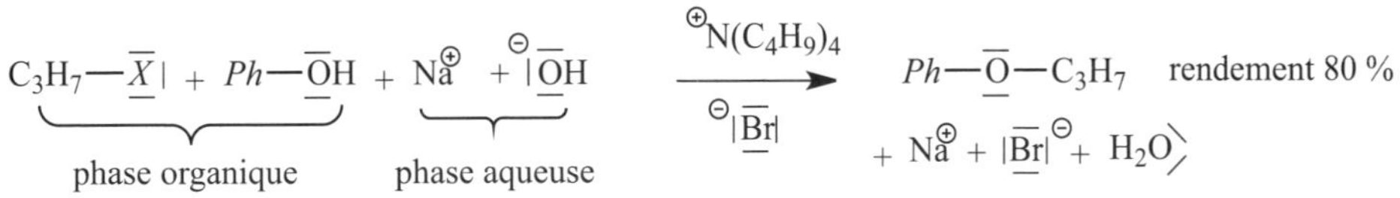

FIGURE 20.15 – Réaction de substitution nucléophile réalisée en transfert de phase

L'hydroxyde de sodium et le phénol sont dissous dans l'eau, le bromoalcane dans le solvant organique ; les ions hydroxyde déprotonent le phénol pour le transformer en ion phénolate PhO^-. Le milieu est placé sous vive agitation, puis on introduit le bromure d'ammonium quaternaire $R_4N^{+-}X$. Cet ajout permet de réaliser un **transfert de phase** de l'ion phénolate PhO^- de la **phase aqueuse** vers la **phase organique**, sous forme de phénolate d'ammonium quaternaire (paire d'ions $PhO^{-+}NR_4$). L'ion phénolate nucléophile réagit avec le bromoalcane par une réaction de substitution nucléophile bimoléculaire pour former l'éther-oxyde $PhOR'$ et le bromure d'ammonium quaternaire. L'agitation vive permet le transfert efficace des ions entre les phases aqueuses et organique : l'ion bromure issu de la réaction de substitution passe de la phase organique vers la phase aqueuse et simultanément (conservation de l'électroneutralité de chaque phase) ces ions bromure sont remplacés dans la phase organique par des ions phénolates. L'accélération de la réaction est liée à la mise en présence **dans tout le volume de phase organique** d'ions phénolate et de bromoalcane ; l'ion ammonium n'est globalement pas consommé par le processus. Pour ces raisons, ce type d'expérience est nommé **catalyse par transfert de phase**. Le processus est résumé schématiquement figure 20.16.

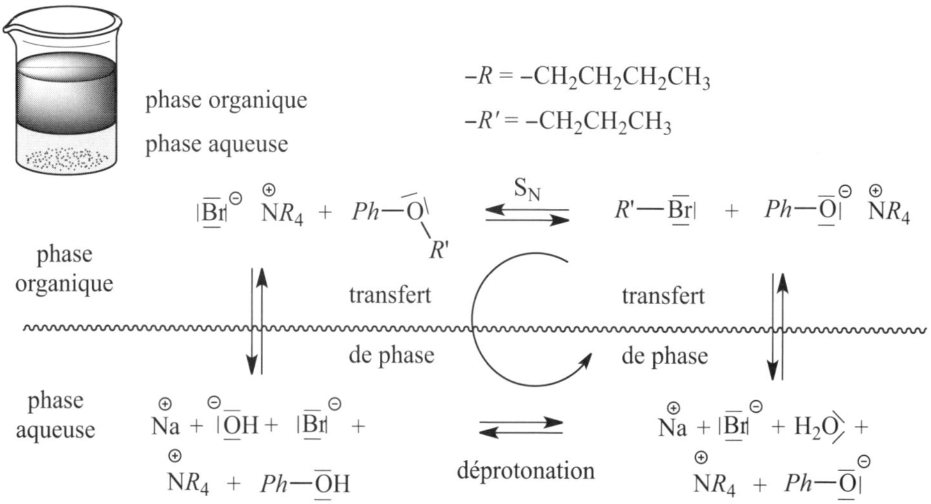

FIGURE 20.16 – Schéma de la catalyse par transfert de phase

Dans le cas de la formation d'un éther-oxyde d'alcool (et non de phénol comme précédemment), le mécanisme est différent car l'alcool est présent sous forme moléculaire neutre en phase organique et dans ce cas, le rôle du catalyseur est de faire pénétrer la base ion hydroxyde en phase organique sous forme de paires d'ions R_4N^+, OH^-, pour déprotoner l'alcool.
La catalyse par transfert de phase diffère sensiblement de la catalyse examinée dans le chapitre 7. Lors d'une catalyse « classique », le processus est accéléré par une modification du chemin réactionnel. Le système microscopique emprunte un chemin réactionnel de plus faible énergie d'activation (d'état de transition plus bas en énergie) que le chemin non catalysé. Lors de la catalyse par transfert de phase, l'état de transition n'est *a priori* que faiblement perturbé par la présence du contre-ion ammonium quaternaire. L'effet catalytique est dû à une augmentation de la concentration en réactif ionique dans la phase organique. Dans l'exemple présenté figure 20.16, la vitesse de l'étape cinétiquement déterminante bimoléculaire (S_N2) est :

$$r = k[RO^-]_{\text{orga}}[R'X]_{\text{orga}}$$

où l'indice *orga* désigne la concentration dans la phase organique. En l'absence d'ion ammonium quaternaire, la concentration d'ion phénolate est très faible en phase organique, rendant la réaction très lente. L'addition d'ions ammonium quaternaires permet donc d'**augmenter la concentration des réactifs** en présence, permettant le phénomène de catalyse.

Est-il possible d'obtenir des dérivés azotés chiraux ?

L'atome d'azote des amines aliphatiques possède une géométrie pyramidale, semblable à celle de la molécule d'ammoniac. Dans le cas d'une amine tertiaire portant trois groupes différents, il est possible d'obtenir un édifice chiral, non superposable à son image spéculaire :

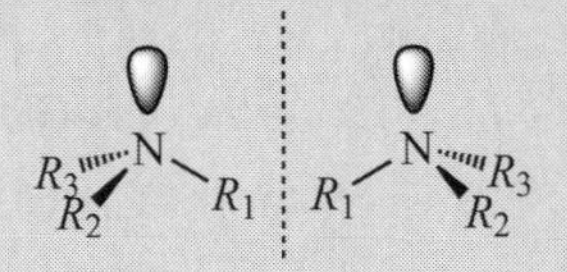

FIGURE 20.17 – Édifices chiraux d'amines tertiaires

Expérimentalement cependant, les amines tertiaires de ce type ne possèdent aucune activité optique en raison d'un processus d'inversion rapide de la pyramide. Ce phénomène d'inversion de l'azote dans l'ammoniac a été découvert dans les années 1930 et cette oscillation très rapide (23,79 GHz à 20°C) a servi à la fabrication des premières horloges atomiques en 1947. L'horloge obtenue possédait une erreur de mesure de une seconde tous les trente ans.

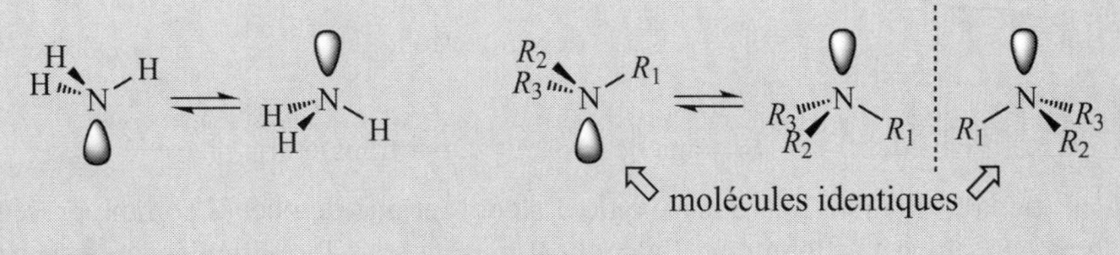

FIGURE 20.18 – Inversion de l'atome d'azote dans l'ammoniac et dans le cas d'une amine tertiaire

L'énergie d'activation de l'inversion est de 24,7 kJ.mol^{-1} dans le cas de l'ammoniac. Dans le cas des amines tertiaires, l'inversion peut être ralentie en diminuant la température ; la dibenzylméthylamine [$(C_6H_5CH_2)_2NCH_3$] possède un temps de demi-vie de 76 s à −146°C.
Cette inversion n'a plus lieu lorsque l'atome d'azote est tétrasubstitué : les sels d'ammonium quaternaires sont chiraux et leurs énantiomères peuvent être séparés.

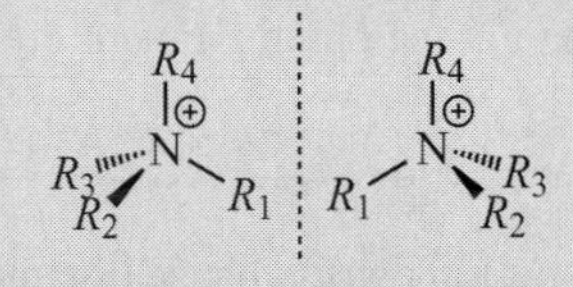

FIGURE 20.19 – Chiralité des sels d'ammonium quaternaires

Dans le cas des amines, le blocage de l'inversion de l'azote est rendu possible en utilisant un système bicyclique ponté qui restreint la flexibilité de la structure. La molécule présentée ci-dessous a été isolée sous forme optiquement active pour la première fois en 1944 par C.K. INGOLD.

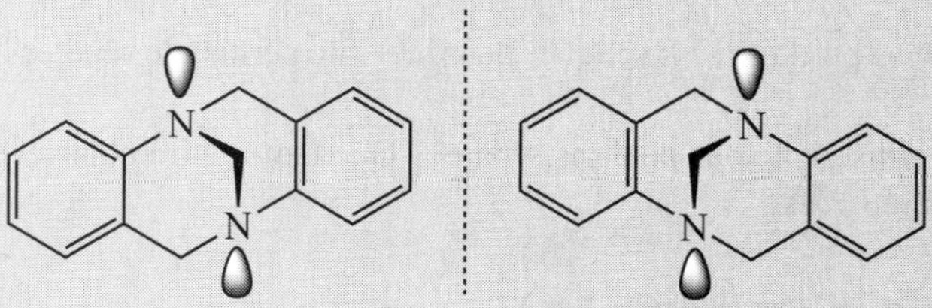

FIGURE 20.20 – Base de TRÖGER

Les phosphines (R_3P), analogues phosphorés des amines présentent le même phénomène d'inversion. Néanmoins comme l'énergie d'activation de l'inversion est plus élevée (155 $kJ.mol^{-1}$ dans le cas de PH_3), les phosphines trisubstituées sont chirales à température ambiante et se racémisent par simple chauffage.

EXERCICES

20.1 Comparaison pyridine/diméthylaminopyridine (★)

Certaines amines tertiaires sont utilisées comme catalyseurs dans de nombreuses réactions organiques pour leurs propriétés nucléophiles et basiques. La DMAP (diméthylaminopyridine) est souvent utilisée (voir figure ci-dessous). Expliquer pourquoi elle est plus nucléophile et plus basique que la pyridine.

pyrdine 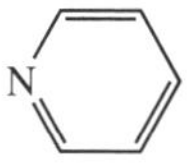

N,N-diméthylaminopyridine 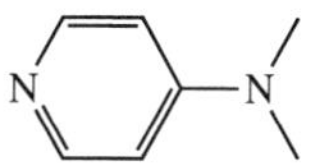

20.2 Résolution d'un mélange d'énantiomères (★★)

On considère un mélange équimolaire des deux constituants H^1 et H^2 (voir figure ci-dessous).

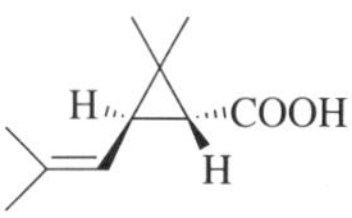

H^1

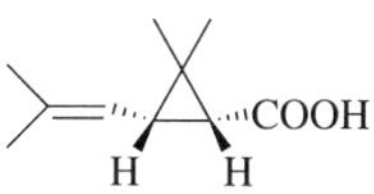

H^2

1. Quelle relation de stéréochimie lie les molécules H^1 et H^2 ? Indiquer le descripteur stéréochimique relatif à chaque centre asymétrique.

2. Comment se nomme le mélange étudié (mélange équimolaire des deux constituants H^1 et H^2) ? Peut-on espérer séparer ces deux constituants par distillation fractionnée ?

L'action du dérivé méthylé du chloramphénicol (voir figure ci-dessous) sur H^1 conduit à la précipitation du sel de l'acide dextrogyre et à une solution contenant le sel de l'acide lévogyre.

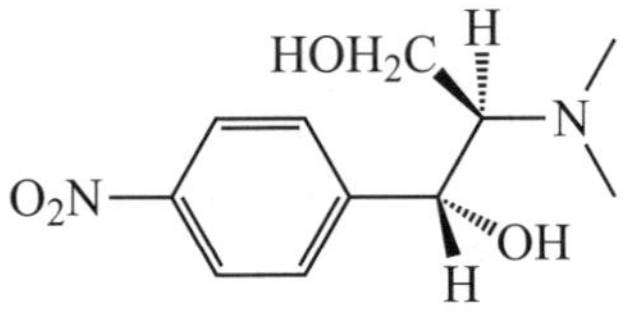

3. Quelle réaction se produit-il ? Expliquer pourquoi elle permet de séparer les deux stéréoisomères.

4. Quel matériel utiliseriez-vous pour les séparer ? Que faut-il faire pour régénérer H^1 et H^2 sous deux formes séparées ?

20.3 Synthèses d'amines (★★)

Vous disposez de 1-bromopropane *A* et de toute molécule organique possédant un atome de carbone. Tous les réactifs minéraux de votre choix sont disponibles. Proposer une synthèse multi-étapes des substances suivantes :

1. propanamine *B* ;

2. butanamine *C* ;

3. isopropylamine *D*. Les structures des molécules organiques évoquées sont rappelées à la figure ci-dessous.

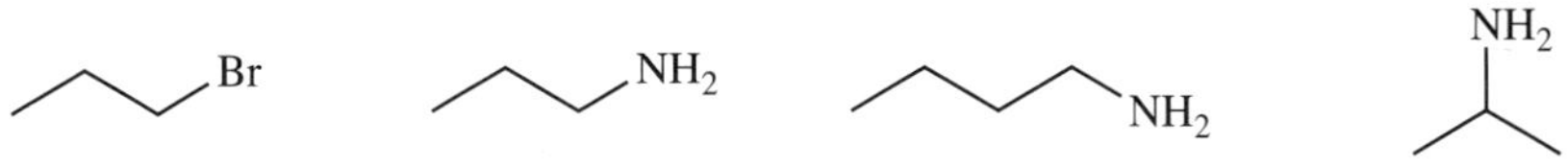

A *B* *C* *D*

20.4 Synthèse et réactivité de la quinuclidine (★★)

La quinuclidine, dont la structure est représentée figure ci-dessous, est une amine tertiaire intéressante par ses propriétés stéréochimiques.

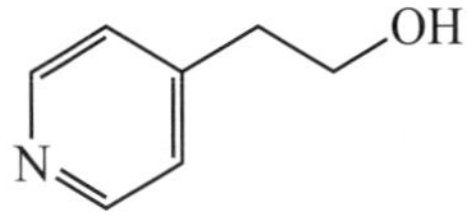

4-pyridineéthanol

quinuclidine

1. Synthèse de la quinuclidine

Cette molécule est synthétisée à partir du 4-pyridineéthanol (voir figure ci-dessus). Le traitement de celui-ci par le sodium métallique dans l'éthanol conduit à une réduction totale du noyau aromatique en cycle saturé correspondant. La molécule obtenue est notée *A*. Celle-ci, traitée par l'acide iodhydrique conduit à *B*. Le traitement de *B* par l'hydroxyde de sodium conduit à la quinuclidine.

a. Donner la structure de la molécule *A*.

b. Proposer un mécanisme réactionnel expliquant la transformation de *A* en *B* dont on précisera la structure. On remarquera que le milieu reste acide en fin de réaction.

c. Expliquer la formation de la quinuclidine par traitement de *B* par l'hydroxyde de sodium.

2. Réactivité de la quinuclidine

La nucléophilie de la quinuclidine a été comparée à celle de la triéthylamine $N(CH_2CH_3)_3$ par la mesure de la constante de vitesse de la réaction de l'amine avec trois iodoalcanes : l'iodométhane, l'iodoéthane et le 2-iodopropane. Le solvant est le nitrobenzène. Les résultats obtenus sont rapportés dans la table ci-dessous.

amine	iodoalcane	température / °C	k / $mol^{-1}·L·s^{-1}$
triéthylamine	iodométhane	25,0	$3{,}29.\ 10^{-2}$
	iodoéthane	25,0	$1{,}92.10^{-4}$
		35,0	$3{,}81.10^{-4}$
		45,0	$7{,}24.10^{-4}$
quinuclidine	iodométhane	5,5	0,61
		15,0	1,06
		25,0	1,88
	iodoéthane	5,5	$1{,}27.10^{-2}$
		15,0	$2{,}55.10^{-2}$
		25,0	$4{,}87.10^{-2}$
		35,0	$8{,}34.10^{-2}$
	2-iodopropane	25,0	$7{,}97.10^{-4}$
		35,0	$17{,}2.10^{-4}$
		45,0	$31{,}6.10^{-4}$

a. Calculer les énergies d'activation dans les quatre cas proposés. Commenter les valeurs obtenues.

b. Comparer les résultats des substitutions :
- lorsque la nature de l'iodoalcane (l'électrophile) varie ;
- lorsque la nature de l'amine (le nucléophile) varie.

c. Proposer une interprétation des observations exprimentales précédentes.

PROBLÈMES

20.5 Synthèse d'un analogue de la méthadone (★★)

La méthadone est un analgésique puissant, utilisée comme produit de substitution à l'héroïne car elle présente moins que cette dernière de phénomène de pharmaco-dépendance.

1. On prépare le bromure de phénylmagnésium. Il réagit avec le méthanal. L'alcool obtenu est d'abord oxydé en aldéhyde correspondant. Le produit obtenu est traité par une solution de bromure de phénylmagnésium. Après hydrolyse, l'alcool obtenu est opposé au chlorure de thionyle $SOCl_2$. Le produit organique isolé est traité par le cyanure de potassium pour conduire au diphénylcyanométhane (cyano désigne le groupe -C≡N). Reconstituer la séquence réactionnelle en donnant la structure de tous les intermédiaires formés.
Préciser les mécanismes réactionnels.

2. En milieu très basique, le diphénylcyanométhane peut perdre un proton et engendrer une espèce nucléophile. Expliquer pourquoi le proton porté par le carbone lui-même lié au groupe cyano est relativement acide.

3. L'action de ce nucléophile sur le 3-bromoprop-1-ène conduit à une molécule possédant une double liaison C=C qui, après traitement par l'acide bromhydrique dans des conditions appropriées conduit au 4-bromo-1-cyano-1,1-diphénylbutane. Donner la formule du produit intermédiaire et proposer un mécanisme expliquant sa formation.

4. Le 3-bromo-1-cyano-1,1-diphénylbutane réagit avec la diéthylamine et conduit à un sel qui, traité par une solution aqueuse de soude, fournit une amine de formule $C_{21}H_{26}N_2$. Expliquer.

5. L'action du bromure d'éthylmagnésium donne après hydrolyse acide de la méthadone. Donner sa formule. Le composé obtenu est-il optiquement actif ? Pourquoi ?

20.6 Inhibiteurs d'enzymes (d'après CCP P 1991) (★★)

La reconnaissance, dans la structure de certains inhibiteurs d'enzymes (ACE), du groupe 2-amino-4-phénylbutyrate représenté figure ci-dessous

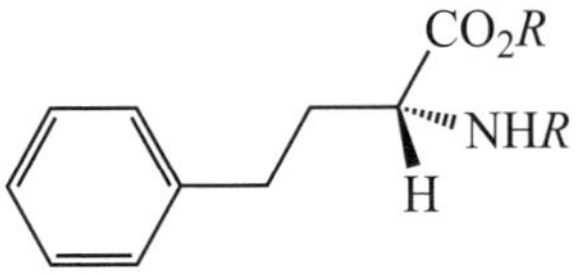

a conduit à des synthèses diverses de molécules présentant ce motif dans le but de tester leur activité biologique. Nous avons retenu ce schéma de passage, de l'alcool ester chiral *A* à l'aminoester *C*, *via* le trifluorométhylsulfonate ester *B*, suivant les réactions *a* et *b* :

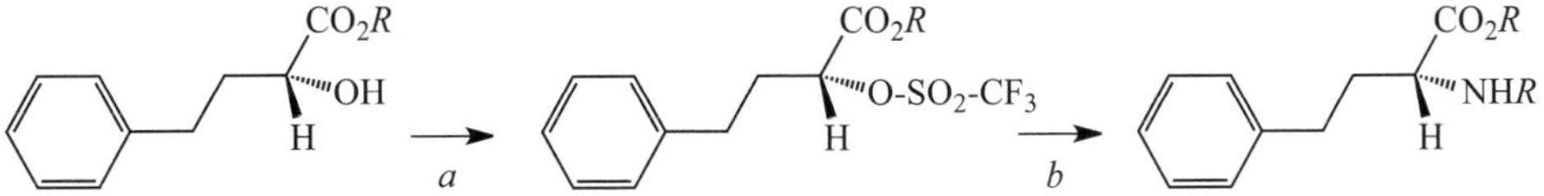

A *B* *C*

Les réactifs employés sont :
a : le chlorure de l'acide trifluorométhylsulfonique CF_3-SO_2-Cl en présence de pyridine ;
b : l'amine RNH$_2$ en présence de pyridine.

1. Quel est le nom du produit *A* en nomenclature officielle ? Donner le descripteur stéréochimique de l'atome de carbone stéréogène.

2. Quelles sont les deux réactions mises en jeu en *a* et *b* sachant que CF_3-SO_2-Cl se comporte comme un chlorure d'acyle ordinaire possédant une réactivité particulièrement forte (on pourra se référer à la réaction d'un chlorure d'acyle avec un nucléophile comme un organomagnésien) ? On rappelera la formule développée de l'acide trifluorométhylsulfonique. Quel est le rôle de la pyridine ?

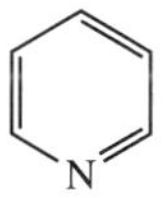

3. La réaction *b* est intéressante sur le plan de la stéréochimie. Quel est le phénomène observé ? En déduire la loi de vitesse de la réaction en accord avec ce phénomène.

4. Quel est le rôle du groupe CF_3-SO_2- dans la réaction *b* ? La charge de l'anion $[CF_3\text{-}SO_2\text{-}O]^-$ est-elle délocalisée par effet mésomère ? Quel est l'effet du groupe CF_3 ?

5. En déduire une conclusion générale pour le remplacement d'un groupe alcool par un groupe amino.

6. On s'intéresse maintenant à la synthèse de *A*. Il faut obtenir un alcool optiquement pur, c'est-à-dire un seul énantiomère. Le menthol *M*, produit naturel optiquement pur, a été choisi comme « inducteur » asymétrique. Il est représenté figure ci-dessous.

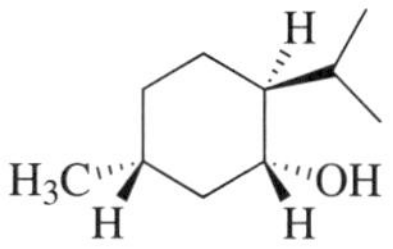

a. Quels sont les descripteurs stéréochimiques des centres chiraux du menthol ?

b. Représenter en perspective un conformère chaise de la molécule *M* en précisant les « préférences » conformationnelles, axiale ou équatoriale des trois substituants méthyle, isopropyle et hydroxy.

7. L'alcool *M* est traité par le chloroglyoxylate de méthyle représenté figure ci-dessous que l'on peut considérer comme le chlorure d'acyle du monoester de l'acide oxalique HOOC-COOH.

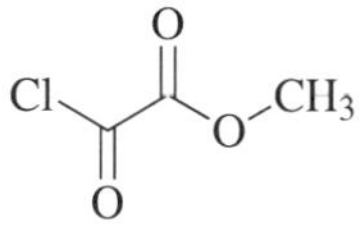

Nous obtenons le diester *D* qui réagit avec un équivalent de l'organomagnésien *E* pour conduire au cétoester *F* (voir figure ci-dessous).

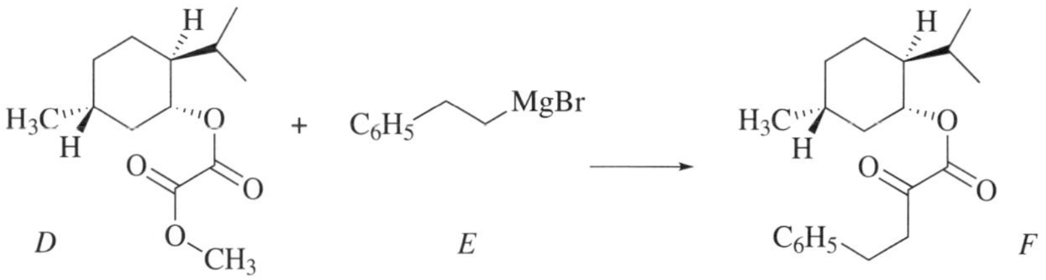

a. Quelle réaction a lieu lors de la transformation $D + E \longrightarrow F$? Peut-on effectuer cette réaction en milieu aqueux ou protique ?

b. Le groupe CH_3O-CO-, siège de cette réaction, possède-t-il dans le composé *D* une réactivité particulière lorsqu'il est opposé au réactif *E* ? Justifier.

c. Le réactif *E* pouvait choisir deux sites électrophiles dans le composé *D* : soit le groupe -CO-OCH_3, soit le groupe -CO-O(menthyle). Quelle peut être une raison du choix observé ?

8. La fonction cétone de *F* est réduite par un borohydrure complexe (que l'on écrira H^-) et, grâce à l'environnement chiral apporté par le groupe menthyle (rôle d'inducteur asymétrique), le stéréoisomère *G*, très majoritaire, est obtenu (voir figure ci-dessous).

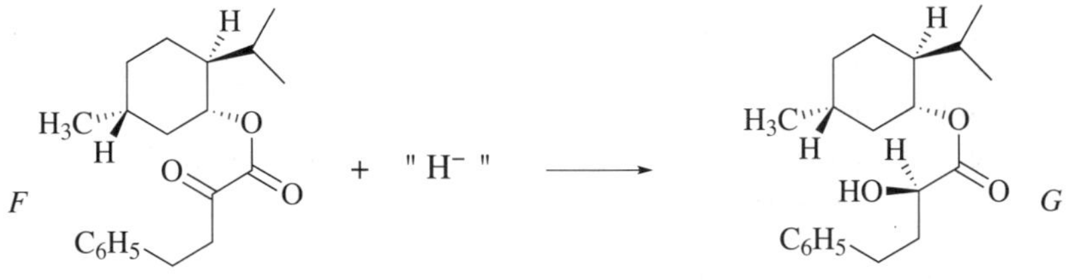

a. Dans la réaction de *F* avec le borohydrure complexe, quel est le nucléophile, quel est le centre électrophile ? Pourquoi est-ce la double liaison C=O de la fonction cétone qui réagit et non celle de la fonction ester ?

b. Quel est l'autre stéréoisomère G' formé lors de cette réaction ? Préciser le descripteur stéréochimique de l'atome de carbone stéréogène de G' qui possède une fonction alcool.

c. Les stéréoisomères *G* et G' ont-ils des propriétés physiques (solubilité, point d'ébullition...) différentes ? Leurs pouvoirs rotatoires sont-ils identiques en valeur absolue mais de signe opposé ?

9. Comment réaliser le passage de *G* à *A* pour obtenir l'alcool ester chiral *A* nécessaire pour la transformation $A \longrightarrow C$?

10. Le 2-bromo-1-phényléthane, précurseur du réactif de GRIGNARD *E*, peut être obtenu à partir du bromobenzène et l'époxyéthane. Décrire brièvement cette voie de synthèse.

20.7 Synthèse de la dopamine et rôle biochimique (d'après Centrale 1995) (★★★)

La synthèse de la dopamine envisagée ici, représentée figure ci-dessous, part du 1,2-dihydroxybenzène (catéchol).

1. Acidité et méthylation des fonctions phénol

a. Justifier la différence d'acidité entre un alcool usuel (pK_A entre 16 et 20) et le phénol (p$K_A = 10$).

b. La première acidité du catéchol est plus forte que celle du phénol tandis que la seconde est plus faible. Comment expliquer ces observations expérimentales.

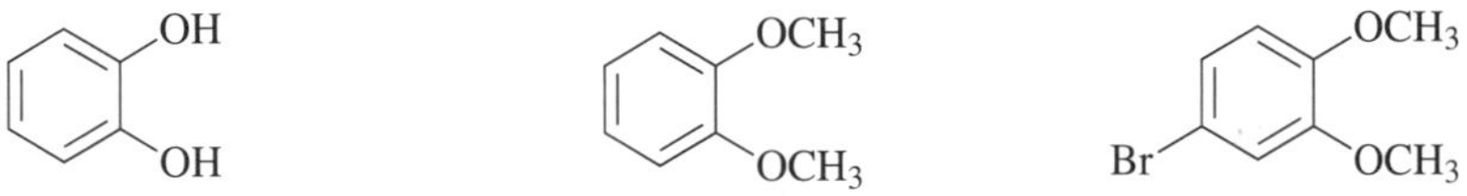

catéchol vératrole 4-bromovératrole

c. Éthérification du catéchol.

Dans un ballon tricol muni d'un agitateur, d'un réfrigérant et d'une ampoule de coulée, on introduit une suspension de 27,5 g de catéchol dans une solution aqueuse de potasse à 10 % en masse puis, à 40 °C, on ajoute lentement 31,5 g de sulfate de diméthyle de formule $(CH_3)_2SO_4$ (ou 0,5 mol d'iodométhane dans la propanone). L'addition terminée, le mélange est chauffé à reflux pendant 30 minutes, puis refroidi et versé dans 150 mL d'éther diéthylique. Après décantation, on sépare les phases et la phase aqueuse est à nouveau extraite avec deux portions de 50 mL d'éther diéthylique. Les phases organiques sont réunies et lavées avec 100 mL d'une solution aqueuse d'hydroxyde de sodium de concentration 2 mol·L^{-1}, puis à l'eau. Une distillation sous vide permet d'obtenir 27,6 g de vératrole (1,2-diméthoxybenzène).

Écrire le bilan de la réaction d'éthérification et justifier les proportions de réactifs utilisés.

Calculer le rendement de la réaction.

Écrire la formule de LEWIS de l'acide sulfurique et de l'anion sulfate ; en déduire celle du sulfate de diméthyle.

Justifier alors l'analogie de réactivité entre le sulfate de diméthyle et l'iodométhane.

Proposer un mécanisme réactionnel en justifiant les différentes étapes.

Expliquer l'intérêt de l'extraction par l'éther et le rôle du lavage à la soude.

2. Construction du squelette par voie magnésienne

Le vératrole est d'abord transformé, par action du dibrome en présence d'un catalyseur adéquat (acide de LEWIS), en 4-bromovératrole (voir figure ci-dessous).

Proposer une méthode pour passer du 4-bromovératrole à la molécule *A*, représentée à la figure ci-dessous. Préciser les conditions opératoires et les mécanismes réactionnels des différentes étapes.

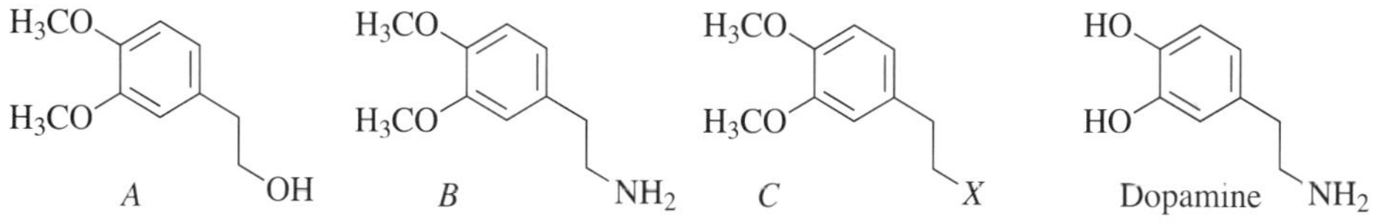

3. Aménagement fonctionnel : synthèse de la dopamine

La comparaison des formules de *A* et de la dopamine montre qu'il est nécessaire de transformer la fonction alcool primaire en fonction amine (primaire ici).

a. Pour passer de l'alcool *A* à l'amine *B*, ni l'action de l'ammoniac, ni l'action de l'ammonium NH_4^+ n'aboutissent. Expliquer ces échecs expérimentaux.

b. Méthode d'HOFFMANN.

Pour réussir la modification recherchée, une première possibilité consiste à transformer l'alcool *A* en dérivé halogéné *C* (*X* est un halogène, en général chlore ou brome), puis de faire agir un excès d'ammoniac pour obtenir l'amine *B*.

Quel est l'inconvénient principal de la méthode d'HOFMANN de préparation des amines ? Justifier votre réponse.

c. Méthode de GABRIEL.

Une seconde possibilité de synthèse de l'amine est d'utiliser la méthode de GABRIEL : à une solution de phtalimide de potassium (voir figure ci-dessous), on ajoute le dérivé halogéné *C*. Après réaction et purification, on isole le composé *D*. L'hydrolyse basique de *D* conduit à *B*.

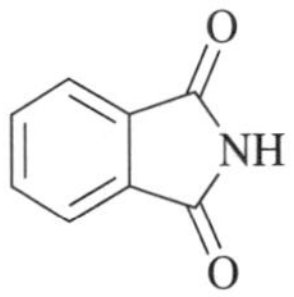

phtalimide de potassium

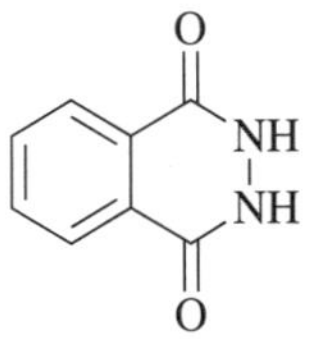

phtalylhydrazide

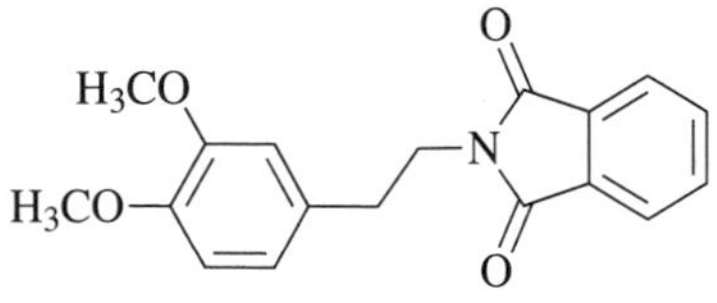

D

Justifier les propriétés nucléophiles du phtalimide de potassium.

Quel est l'intérêt de la méthode de GABRIEL par rapport à celle d'HOFFMAN ?

Une amélioration de la mise en œuvre expérimentale consiste à remplacer la réaction d'hydrolyse en milieu basique par l'action de l'hydrazine $H_2N\text{-}NH_2$. On obtient alors la dopamine et le phtalylhydrazide qui précipite.

Pourquoi l'utilisation de l'hydrazine est-elle intéressante ?

d. Le chauffage à reflux de la dopamine en présence d'acide iodhydrique permet de couper les liaisons C-O des fonctions éther-oxyde de *B* et obtenir la dopamine, après passage en milieu basique, extraction et purification.

Écrire le mécanisme de coupure des fonctions éther-oxyde par action de l'acide iodhydrique.

Pourquoi cette coupure conduit-elle au phénol et à l'iodométhane, plutôt qu'à l'iodobenzène et au méthanol ?

Pourquoi avoir transformé les fonctions phénol en étheroxyde pour finalement, en fin de transformation, revenir aux fonctions phénol ?

4. Oxydation biochimique de la dopamine

La dopamine est un précurseur biologique de l'adrénaline. La première étape de la transformation est l'introduction spécifique d'un groupe hydroxyle (OH) dans la molécule achirale de dopamine, de manière à obtenir la (−)-noradrénaline, seul énantiomère permettant la réponse physiologique attendue.

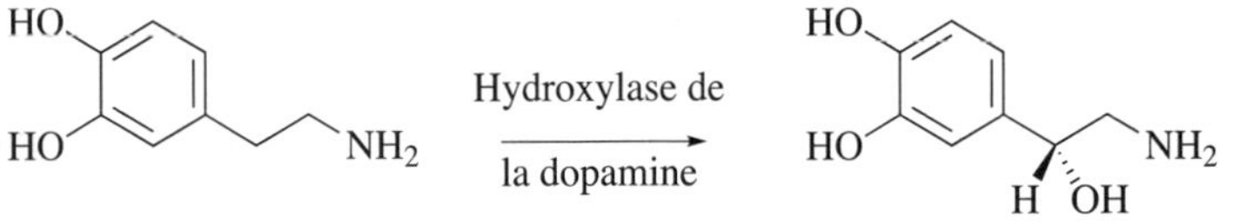

(−)-noradrénaline

a. Que signifie le symbole (−) dans le nom (−)-noradrénaline ?

Déterminer le descripteur stéréochimique du carbone stéréogène de la molécule de (−)-noradrénaline.

b. Le fait que l'on obtienne un seul énantiomère à partir de la dopamine (molécule achirale) prouve que l'enzyme possède une propriété stéréochimique. Laquelle ?

5. Transformation de la noradrénaline en adrénaline

L'adrénaline est produite dans le corps humain en deux étapes, représentées à la figure ci-dessous à partir de la (−)-noradrénaline. Les réactifs sont un acide aminé, la méthionine, l'ATP (adénosyltriphosphate) et la (−)-noradrénaline.

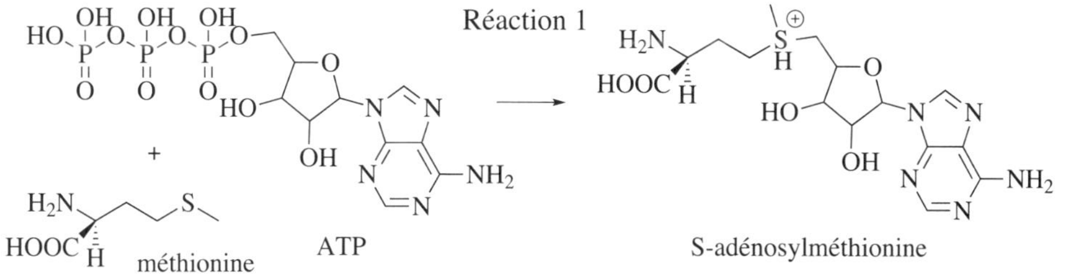

Réaction 2

S-adénosylméthionine + (−)-noradrénaline ⟶ S-adénosylhomocystéine + adrénaline + H^+.

Préciser la nature des réactions 1 et 2. Donner la formule moléculaire de l'adrénaline.

20.8 Synthèse du cyclooctatétraène (X PC 2009) (★★★)

La pseudo-pelletiérine, notée *B*, possède la structure indiquée ci-dessous.

B

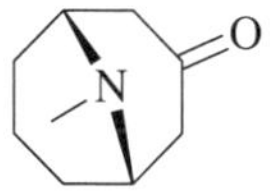

Le traitement par $LiAlH_4$ dans le tétrahydrofurane anhydre (réduction de la fonction cétone en alcool) donne naissance à deux composés *C* et *C′* (les deux alcools possibles obtenus par réduction de la fonction cétone) qui sont ensuite chauffés dans un mélange d'acides acétique et sulfurique pour fournir *D*, de formule brute $C_9H_{15}N$.

1. Donner une représentation spatiale de *B* dans sa conformation la plus stable, en justifiant. Est-elle chirale ? Indiquez la configuration absolue de ses carbones stéréogènes.

2. Quelles sont les structures de *C* et de *C′* ? Présentent-elles une activité optique ? Peut-on les séparer ?

Donner la structure de la (ou les) molécule(s) *D*. Préciser la nature du mélange réactionnel final.

Le composé *D* est soumis à une séquence d'élimination selon HOFMANN, séquence dont le principe est détaillé ci-après.

D est tout d'abord chauffé avec un excès d'iodométhane pour donner le sel (composé ionique) *E*. Ce sel dissous dans l'eau est ensuite chauffé modérément en présence d'un léger excès d'oxyde d'argent(I) fraîchement préparé, ce qui conduit, après isolement, à un second sel *F*, de formule brute $C_{10}H_{19}NO$, dans lequel l'anion hydroxyde HO^- a remplacé l'anion de *E*. On observe également à ce stade la précipitation d'un sel d'argent(I). *F* est alors porté à 110 °C sous pression réduite, pour donner, après traitement approprié, un mélange de deux diènes isomères *G* et *H*, dont l'un des deux est représenté ci-dessous.

G

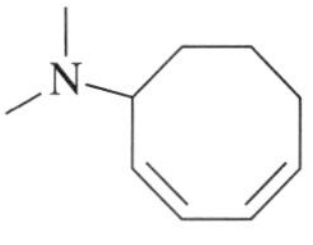

Le spectre ultraviolet montre la présence d'un diène conjugué.

3. Quel type de réaction se produit-il lorsque D est traité par l'iodométhane en excès ? Identifier le sel E alors obtenu.

4. Écrire l'équation-bilan conduisant au sel F. Quel est le moteur de cette réaction ?

5. Proposer un mécanisme bimoléculaire permettant d'expliquer la formation de G partir de F. En déduire la structure de H également formé par ce mécanisme. Quel autre isomère G' de G et H aurait-on pu également obtenir ? Pourquoi G' est-il moins stable que G et H ? Quelle donnée confirme la formation majoritaire du couple $G-H$?

La même séquence d'élimination selon HOFMANN (méthylation, action de AgOH, chauffage) conduite avec le mélange G/H précédent permet d'isoler un seul hydrocarbure I dont le spectre UV est compatible avec la présence d'un triène conjugué. On indique qu'à la fin de cette séquence, on récupère également de l'eau et une amine tertiaire à faible point d'ébullition.

6. Écrire les composés intermédiairement formés au cours de cette suite de réactions, puis proposer une structure pour I.

7. Quel autre isomère I' de I pourrait-il se former ?

Dans l'étape suivante, une quantité équimolaire de dibrome est ajoutée à une solution de I dans le chloroforme à -20 °C. Il n'est pas observé de formation de bromure d'hydrogène, et le produit J isolé après évaporation du solvant est le dibromo-5,8-cycloocta-1,3-diène

8. Rappeler le mécanisme de l'action du dibrome sur un alcène en prenant comme exemple le cyclooctène.

9. Représenter la structure de J réellement isolé, ainsi qu'un mécanisme expliquant sa formation

10. Proposer une suite de réactions permettant de transformer J en cyclooctatétraène noté A. Donner les réactifs et les conditions opératoires utilisées.

Chapitre 21

Le solide cristallin (Deuxième période, option SI)

La matière, telle qu'elle se présente le plus couramment à nous existe sous trois formes essentielles : les états solide, liquide et gazeux. Si, à l'état gazeux, la matière ne possède pas de forme propre et occupe la totalité du volume disponible, il n'en est pas de même dans les états condensés : à l'état liquide, la matière n'occupe pas tout le volume disponible et ne possède pas de forme propre, à l'état solide, la matière possède une forme propre.
Au sein de l'état solide, deux groupes peuvent être distingués : les solides amorphes et les solides cristallisés. Alors que les solides amorphes peuvent prendre une forme quelconque, les solides cristallisés se présentent sous la forme d'une structure polyédrique, forme géométrique limitée par des surfaces planes. Certains composés peuvent exister sous les deux formes (ainsi la silice), d'autres peuvent exister sous plusieurs formes cristallines appelées variétés allotropiques (ainsi le soufre, le phosphore ou l'étain).
Très abondant dans la nature, l'état cristallin se présente sous forme d'objets de forme et de dimension très variables. Le type le plus fréquent est la forme polycristalline constituée par des cristaux de petite taille (inférieur au millimètre) assemblés de manière compacte et désordonnée. Malgré cette apparence, la notion de cristal reste valable pour décrire ces structures puisque chaque petit cristal est composé d'un très grand nombre (supérieur à 10^{18}) d'atomes rangés de manière régulière.

1 La cristallographie

1.1 Aperçu historique

L'étude des cristaux a commencé très tôt. Ainsi J. KÉPLER au XVIIe siècle est le premier faire le lien entre la forme hexagonale des flocons de neige et un arrangement régulier de sphères. Au XVIIIe siècle J.-B. ROMÉ DE LISLE étudie longuement les cristaux et énonce la **loi de constance des angles** (1772) : « Quelles que soient les dimensions relatives de deux faces déterminées d'un même cristal, elles présentent toujours entre elles le même angle dièdre ». Peu après, R. J. HAÜY émet l'idée qu'un cristal résulte d'un empilement régulier d'unités élémentaires dans les trois directions de l'espace. Au début du XIXe siècle, les formes cristallines sont définitivement classées en sept systèmes géométriques par MOHS ; la théorie de la structure cristalline se développe dans la première moitié du XIXe siècle et la cristallographie est véritablement constituée par les travaux d'A. BRAVAIS grâce à l'utilisation des mathématiques. E.S.I. FEDOROV et A. SCHÖNFLIES, à la fin du XIXe siècle, énumèrent toutes les symétries possibles des cristaux. Le XXe siècle voit l'apparition de méthodes d'investigation qui permettent de faire le lien entre le niveau microscopique et le niveau macroscopique : diffraction des rayons X puis, plus récemment diffraction des neutrons, microscopies électroniques.

Deux voies sont possibles pour aborder l'étude des cristaux :

- dans une première voie, la diversité des formes est ramenée à quelques organisations simples et la nature des objets ordonnés au sein du cristal est secondaire. Elle correspond au développement historique de la cristallographie, laquelle est, pour l'essentiel, achevée (A. BRAVAIS, 1850) à un moment où la théorie atomique est encore à ses débuts. L'analyse des formes prises par les solides cristallisés permet de remonter aux quelques organisations fondamentales à partir desquelles sont construites les différentes structures ;
- dans une deuxième voie, il s'agit d'examiner différents modes possibles d'assemblage géométrique des espèces chimiques entrant dans la composition d'un cristal. À partir de ce mode d'assemblage, la construction de modèles simples faisant intervenir les interactions entre espèces chimiques (atomes, ions et molécules) permet de justifier certaines propriétés physico-chimiques ; c'est la voie retenue ici, avec laquelle nous construirons les systèmes cristallins les plus courants.

1.2 L'étude expérimentale des cristaux

Historiquement l'étude des cristaux a commencé par l'approche de type macroscopique. Ainsi, bien que les différents cristaux de chlorure de sodium ou ceux de quartz soient de formes et de tailles très variables, leurs faces forment entre elles le même angle (90 ° pour le chlorure de sodium, 120 ° pour le quartz) qui se retrouve dans tous les échantillons. L'observation de cette régularité a conduit les chimistes à la notion d'un cristal constitué d'un empilement régulier d'unités élémentaires identiques dont la structure microscopique se traduit dans leur forme macroscopique. Ces travaux ont abouti à l'idée du cristal comme milieu triplement périodique dans lequel les atomes sont rangés dans des plans ayant des directions définies. Les progrès de la théorie atomique et l'essor de méthodes physiques d'analyse de plus en plus précises ont permis d'obtenir l'ordre de grandeur des distances interatomiques dans un cristal : quelques centaines de picomètres.

Avec la connaissance puis la maîtrise du rayonnement électromagnétique, l'approche de type microscopique des solides cristallins est devenue possible au début du XXe siècle. L'étude expérimentale des structures cristallines repose sur leur propriété de diffraction des rayons et des particules. Les sources utilisées pour l'analyse sont les rayons X, les neutrons ou les électrons, les rayons X étant les plus couramment employés. Les rayons X sont nécessaires pour obtenir des figures de diffraction du rayonnement électromagnétique sur un cristal (qui se comporte comme un réseau) car la longueur d'onde du rayonnement doit être du même ordre de grandeur que la distance entre les traits du réseau. Les travaux de M. VON LAUE puis de W.H. et W.L. BRAGG ont permis l'élaboration d'une méthode générale qui sert aujourd'hui à déterminer les structures d'espèces naturelles ou de synthèse dans différents domaines : minéralogie, chimie organique et inorganique, métallurgie, biologie. En 1971, M. PERUTZ réussit

la première détermination de la structure spatiale de la myoglobine (une protéine comprenant plusieurs centaines d'atomes) par diffraction des rayons X sur un cristal.
La technique de diffraction des rayons X utilise un cristal de l'ordre du millimètre monté sur un système permettant la rotation selon différents axes, un rayonnement X monochromatique et un système de détection du rayonnement.

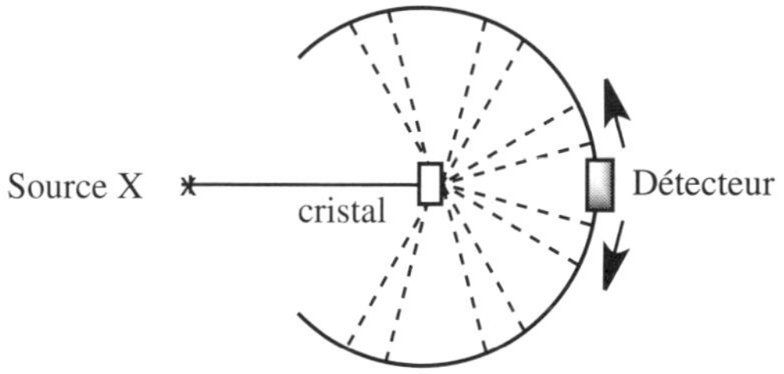

FIGURE 21.1 – Principe de la diffraction des rayons X.

L'analyse des propriétés de diffraction d'un cristal a deux objets : identifier la disposition des atomes et déterminer leur nature.
La disposition des atomes dans le cristal se déduit de la loi de BRAGG. Chaque famille de plans atomiques parallèles et périodiquement espacés peut réfléchir le faisceau incident, chaque plan contribuant partiellement au faisceau diffracté. La méthode utilise les phénomènes d'interférence entre les ondes électromagnétiques réfléchies par les plans réticulaires.
La loi de BRAGG indique que l'intensité diffractée est maximale lorsque la différence de marche entre deux rayons se réfléchissant sur deux plans réticulaires contigus est un multiple de la longueur d'onde du rayonnement (contributions en phase), condition satisfaite lorsque :

$$2d \sin\theta = n\lambda$$

dans laquelle :
- d est la distance interréticulaire (en m) ;
- n est un nombre entier positif ;
- θ est l'angle entre la direction de la radiation et le plan interréticulaire ;
- λ est la longueur d'onde du rayonnement électromagnétique (en m).

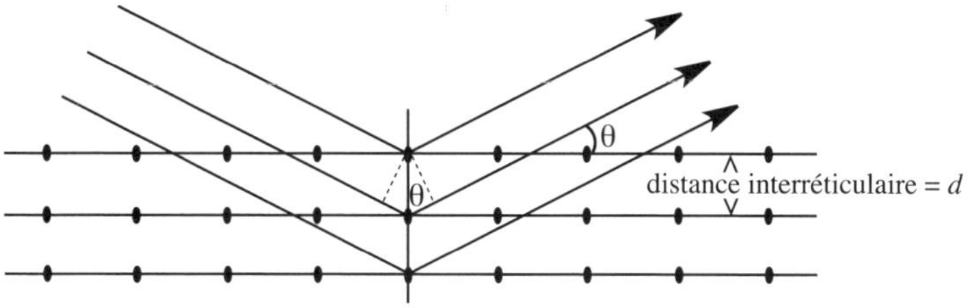

FIGURE 21.2 – Diffraction d'un rayonnement X sur les atomes d'un cristal.

Le réseau d'un cristal est déterminé par la mesure de plusieurs angles de diffraction suivie d'une résolution du système d'équations dont les inconnues correspondent aux paramètres du réseau.

Cependant, la loi de BRAGG ne donne aucune information sur la nature et l'arrangement des atomes dans le cristal. Cette information nécessite l'examen des amplitudes des ondes diffractées dans toutes les directions de l'espace, ce qui suppose la collecte de milliers de données. Les mesures ne donnant accès qu'à l'intensité des faisceaux diffractés et non à l'amplitude, la détermination d'une structure atomique est effectuée au moyen d'une modélisation. La comparaison des intensités mesurées et calculées permet la validation du modèle.

2 Le cristal parfait

Comme le gaz parfait est le modèle idéal de la matière à l'état gazeux, le cristal parfait constitue la base de l'étude de la matière à l'état solide. Ce modèle devra évidemment être amendé pour rendre compte des propriétés réelles des matériaux étudiés. L'étude du cristal parfait nécessite préalablement la définition de quelques notions fondamentales.

2.1 Définitions

a. Cristal parfait

Un cristal parfait est un ensemble de particules empilées régulièrement dans l'espace ; il forme une structure tripériodique à la base du modèle ; idéalement, il est sans défaut et de dimension infinie. Les particules du cristal peuvent être constituées d'atomes, d'ions, d'une ou de plusieurs molécules, dont la structure peut contenir plusieurs milliers d'atomes (protéines par exemple).

b. Réseau

Le **réseau** est un ensemble infini triplement périodique de points (appelés **nœuds**), c'est une entité géométrique. Ces nœuds se déduisent les uns des autres par des opérations de translation, combinaisons linéaires de trois vecteurs ($\vec{a}$, $\vec{b}$ et $\vec{c}$) non coplanaires et non colinéaires :

$$\vec{t} = u\vec{a} + v\vec{b} + w\vec{c}$$

dans lesquelles les nombres u, v et w sont des entiers positifs ou négatifs. Le réseau associé à un cristal parfait est l'ensemble des vecteurs de translation qui superposent le cristal à lui-même. Par exemple un réseau cubique est obtenu lorsque les vecteurs de base sont orthogonaux entre eux et de même longueur ; un réseau orthorhombique, lorsque les vecteurs de base sont orthogonaux mais de longueur différente.

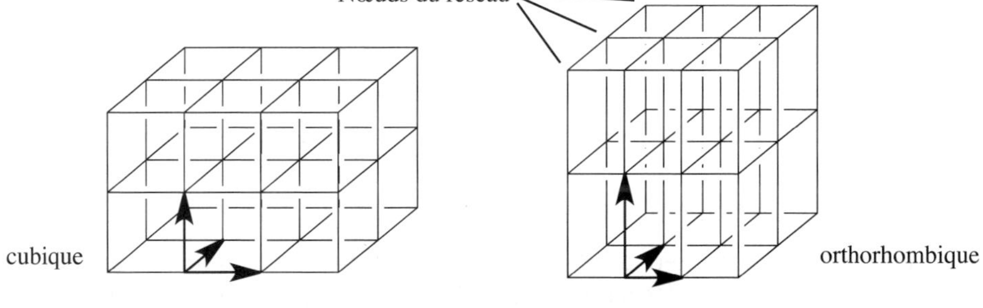

FIGURE 21.3 – Réseaux cubique et orthorhombique.

c. Mailles

La construction d'un cristal est un problème géométrique de pavage dans un espace à trois dimensions. L'unité de pavage du réseau est une structure parallélépipédique : la **maille**. Elle est définie au moyen de trois vecteurs $(\vec{a}, \vec{b}, \vec{c})$ ou de six scalaires : trois longueurs (a, b, c) et trois angles (α, β, γ). Le terme générique de maille s'applique à tous les parallélépipèdes permettant de construire par translation la figure périodique infinie sans laisser de vide.

Dans un réseau bidimensionnel simple tel que celui présenté figure 21.4, il existe de nombreuses mailles (des parallélogrammes dans ce cas) permettant un pavage de l'ensemble du plan.

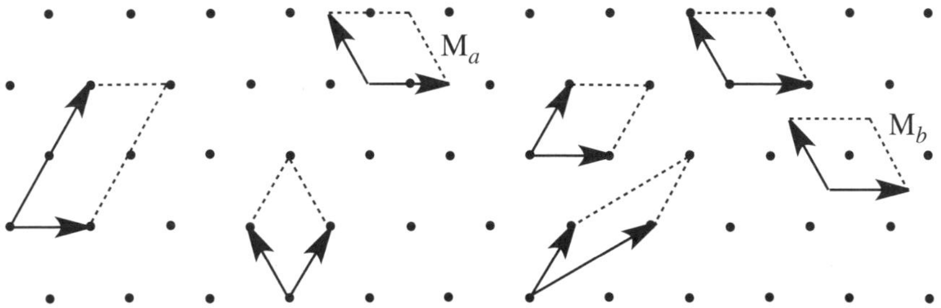

FIGURE 21.4 – Mailles dans un réseau bidimensionnel

Une maille de ce réseau est décrite par le contenu du parallélogramme défini par deux vecteurs. Comme une infinité de mailles sont utilisables pour effectuer le pavage de la surface, il est nécessaire de lever l'indétermination sur la maille retenue pour décrire le réseau. Par convention, on choisit d'utiliser des mailles dans lesquelles les nœuds du réseau correspondent aux extrémités des vecteurs servant à la construction de la maille. Cette convention permet d'écarter les mailles (M_a) et (M_b) de la figure 21.4 pour décrire le réseau.

d. Maille simple et maille multiple

On distingue deux genres de mailles : les **mailles simples** et les **mailles multiples**.

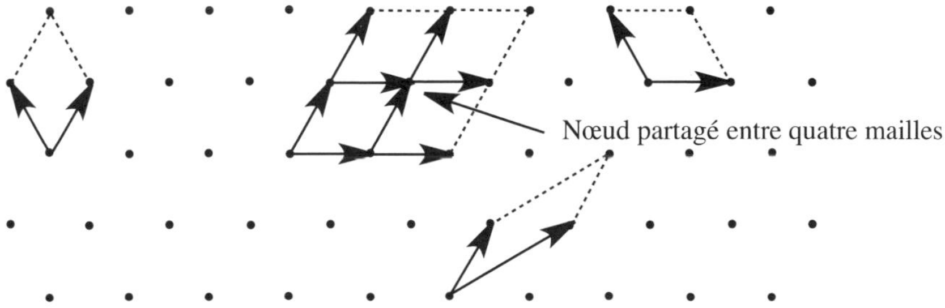

FIGURE 21.5 – Mailles simples dans un réseau bidimensionnel

Les **mailles simples** d'un réseau sont celles ne contenant qu'un nœud. Dans le réseau bidimensionnel précédent, chaque nœud est partagé entre quatre mailles contiguës et est compté comme un quart de nœud par maille ; dans un réseau tridimensionnel, chaque nœud du réseau compte pour un huitième de nœud par maille. Dans un réseau bidimensionnel, les mailles simples sont des parallélogrammes avec un nœud à chaque angle, dans un réseau tridimensionnel ce sont des parallélépipèdes avec un nœud à chaque sommet.

Toutes les autres mailles qui contiennent plus d'un nœud sont des **mailles multiples**. On parle de maille multiple d'ordre n pour indiquer le nombre de nœuds contenus dans la maille.

e. Maille primitive

L'existence d'une infinité de mailles simples permettant de décrire le réseau suppose de choisir une maille particulière ; ce choix repose sur l'examen des propriétés de symétrie du réseau. La notion de propriété de symétrie peut être intuitivement saisie en examinant un carré ; ce polygone est retrouvé identique à lui-même au terme d'une **opération de symétrie** par rapport à un **élément de symétrie** (un axe ou un plan par exemple). Les opérations de symétrie sont des réflexions, des rotations ou des opérations composées de rotation et de réflexions.

Il n'entre pas dans l'objectif de ce cours de décrire les opérations de symétrie, il suffit de savoir que l'ensemble des opérations de symétrie possibles pour une figure donnée définit un groupe mathématique et que ce groupe constitue le critère de choix entre les mailles simples.

La **maille primitive** est une maille simple qui possède tous les éléments de symétrie du réseau. Ainsi dans le réseau présenté figure 21.6, la maille primitive est le carré (maille a) puisque tous les éléments de symétrie de cette maille sont ceux du réseau lui-même, les mailles b et c ne possèdent pas tous les éléments de symétrie du réseau et ne sont pas des mailles primitives, bien qu'elles soient aussi des mailles simples.

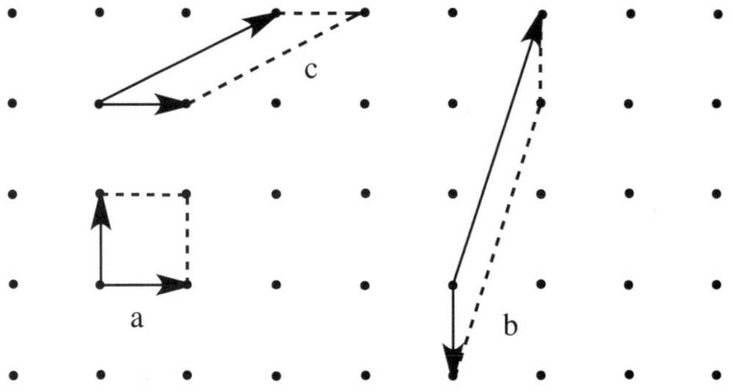

FIGURE 21.6 – Mailles simples (a, b, c) et maille primitive (a)

Lorsqu'une maille primitive existe, elle est choisie pour construire le réseau, ainsi dans un réseau cubique, la maille primitive est un cube.

f. Maille conventionnelle

Dans le cas de certains réseaux tridimensionnels, il peut ne pas exister de maille primitive, c'est-à-dire de maille simple possédant tous les éléments de symétrie du réseau. On emploie alors la **maille conventionnelle** qui est la maille multiple possédant tous les éléments de symétrie du réseau ; elle contient donc plusieurs nœuds (il subsiste une incertitude dans la terminologie, en raison de l'emploi fréquent d'un terme comme **maille élémentaire** à la place de maille conventionnelle).

La figure 21.7 résume les relations entre les différents types de mailles.

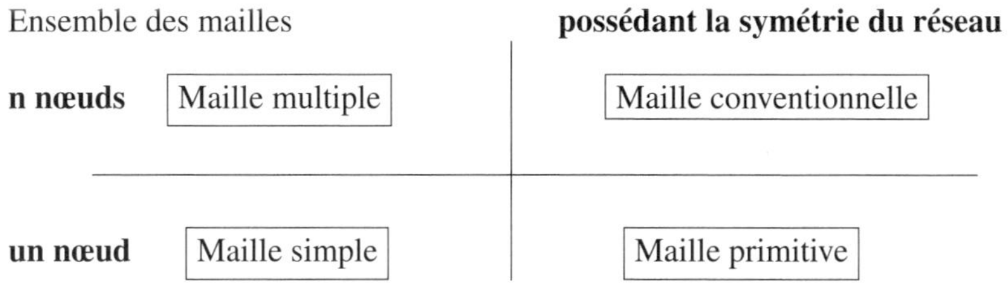

FIGURE 21.7 – Types de mailles et leurs relations.

Les assemblages examinés dans le chapitre suivant ne mettent en œuvre que trois mailles conventionnelles. La figure 21.8 permet de comparer la maille conventionnelle (à gauche) et une maille simple (à droite) dans le cas du réseau cubique centré dont l'étude détaillée est effectuée ultérieurement.

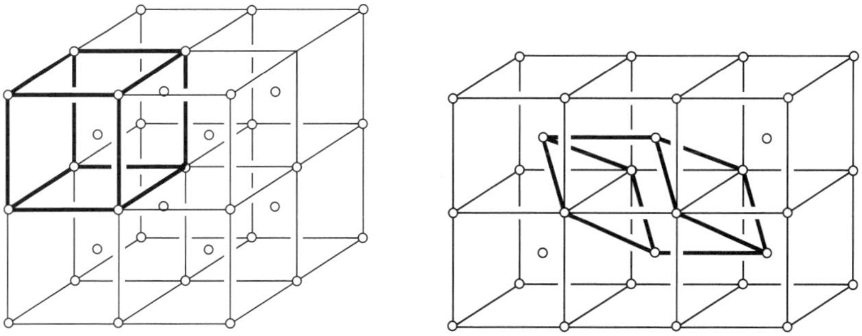

FIGURE 21.8 – Mailles conventionnelle et maille simple du réseau cubique centré.

Exercice résolu

Noeuds dans une maille

La maille conventionnelle du réseau cubique faces centrées est présentée ci-contre ; les cercles indiquent les nœuds du réseau. Déterminer le nombre de nœuds par maille ainsi que la multiplicité de cette maille.

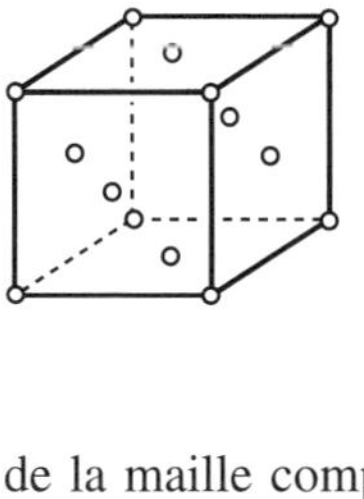

Réponse :

Chaque nœud positionné au sommet de la maille compte pour 1/8 de nœud, chaque nœud positionné sur une face de la maille compte pour 1/2 nœud. Le nombre total de nœuds par maille est donc :

$$8(1/8)+6(1/2)=4.$$

La maille conventionnelle du réseau cubique faces centrées est une maille multiple d'ordre 4.

g. Motif

L'étude de la maille conduite jusqu'à présent est purement géométrique (nœuds d'un réseau assimilés à des points) et ne préjuge pas de la disposition des objets à l'intérieur de la maille. Pour la majorité des cristaux il est nécessaire de définir le **motif** qui est le contenu de la maille simple ; ce peut être un atome ou un groupe d'atome (ou de molécules) qui permet de retrouver le cristal par pavage de l'espace.

Définition

Le cristal est l'association d'un réseau et d'un motif.

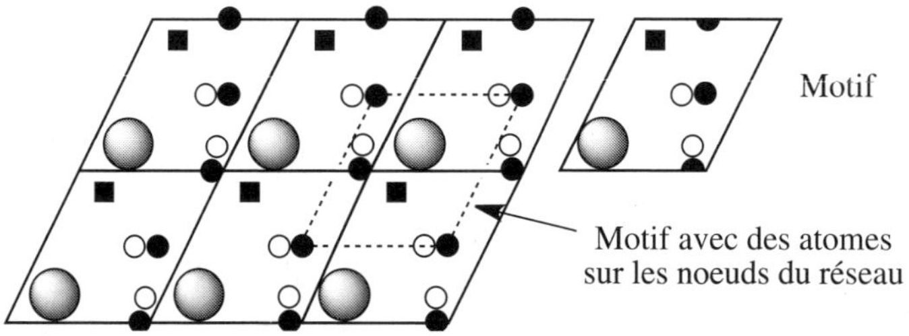

FIGURE 21.9 – Motif d'une maille et réseau bidimensionnel

À partir de l'exemple présenté figure 21.9 nous observons que :

- s'il est possible de proposer une infinité de motifs pour effectuer le pavage de la surface, ces motifs contiendront toujours les mêmes objets ;
- le motif peut posséder (ou pas) une symétrie propre (le motif de la figure 21.9 n'en possède pas), laquelle est *a priori* différente de celle du réseau ;
- les nœuds du réseau peuvent être occupés ou non par des atomes en fonction du motif.

Dans le cas des cristaux métalliques les plus simples examinés dans le prochain chapitre, les atomes sont positionnés sur les nœuds du réseau ; ainsi la distinction entre les positions atomiques et le réseau n'est pas nécessaire. Néanmoins cette correspondance cesse d'être vraie dès que le cristal est plus complexe.

La maille de description du cristal (maille du réseau + motif) peut être appelée **maille de structure** ou **maille cristalline** afin d'éviter les confusions avec les notions de maille conventionnelle et de maille élémentaire. C'est cet usage que nous suivrons ici.

2.2 Systèmes cristallins et réseaux de Bravais

Les propriétés de symétrie des réseaux permettent de distinguer sept classes appelées **systèmes cristallins** (voir table 21.1) : cubique (48), hexagonale (24), quadratique (16), rhomboédrique (12), orthorhombique (8), monoclinique (4) et triclinique (2). Le nombre entre parenthèses après chaque classe indique le nombre d'opérations de symétrie possibles pour la classe, ce qui montre que le système cubique est le plus symétrique et le système triclinique le moins symétrique.

Maille	Longueur	Angles	Polyèdres
Cubique	$a = b = c$	$\alpha = \beta = \gamma = \pi/2$	Cube
Hexagonale	$a = b \neq c$	$\alpha = \beta = \pi/2$, $\gamma = 2\pi/3$	Prisme droit base losange
Quadratique	$a = b \neq c$	$\alpha = \beta = \gamma = \pi/2$	Prisme droit à base carrée
Rhomboédrique	$a = b = c$	$\alpha = \beta = \gamma \neq \pi/2$	Parallélépipède six faces losanges
Orthorhombique	$a \neq b \neq c$	$\alpha = \beta = \gamma = \pi/2$	Prisme droit à base rectangle
Monoclinique	$a \neq b \neq c$	$\beta \neq \alpha = \gamma = \pi/2$	Prisme oblique à base rectangle
Triclinique	$a \neq b \neq c$	$\alpha \neq \beta \neq \gamma$	Parallélépipède quelconque

TABLE 21.1 – Les sept systèmes cristallins

Cette classification présente le défaut de ne pas distinguer trois réseaux cubiques (simple, à face centrée et centré), qui ont tous les mêmes éléments de symétrie. La classification en quatorze réseaux de BRAVAIS (voir table 21.2) à partir des sept systèmes cristallins permet de lever cette difficulté ; elle s'effectue en précisant les modes de chaque classe. Les modes sont les suivants :

- mode P (primitif) : maille simple (un nœud à chaque sommet) ;
- mode C : maille simple plus un noeud au centre de deux faces opposées de la maille ;
- mode F (face centrée) : maille simple plus un noeud au centre de chaque face de la maille ;
- mode I (centré) : maille simple plus un noeud au centre de la maille.

Les quatorze réseaux de BRAVAIS sont :

Maille	Modes
Cubique	P, I, F
Hexagonale	P
Quadratique	P, I
Rhomboédrique	R*
Orthorhombique	P, C, F, I
Monoclinique	P, C
Triclinique	P

* le mode R est en fait un mode primitif P

TABLE 21.2 – Les quatorze réseaux de BRAVAIS

Parmi les quatorze réseaux de BRAVAIS seuls les réseaux cubiques I (cubique centré) et F (cubique faces centrées) et le réseau hexagonal sont étudiés dans ce cours.

Au delà des réseaux de BRAVAIS : les groupes d'espace

Un cristal peut avoir une maille de structure qui ne possède pas l'ensemble des symétries de son réseau de translation, mais une symétrie plus faible en raison de la constitution du motif. Les translations et les rotations ne doivent plus alors être considérées séparément mais sous forme de combinaisons translation + rotation qui ont la propriété de conserver le cristal ; ces combinaisons définissent les **groupes d'espaces**.

La théorie des groupes d'espace a été élaborée simultanément par FEDOROV et SCHÖNFLIES. Ils ont énuméré les 230 groupes d'espace possibles et, à une dizaine d'exceptions près, ces 230 groupes d'espace ont été observés dans des structures cristallines.

3 Origine de la cohésion des solides

La transformation d'un solide en liquide ou en gaz est un processus endothermique qui traduit l'existence d'une interaction – de liaison – entre atomes et est appelée énergie de cohésion. L'origine de cette énergie de cohésion du solide réside dans les phénomènes d'interaction entre atomes de nature attractive et répulsive.

À très courte distance entre atomes, quelle que soit l'espèce chimique considérée (atome, molécule ou ion), l'énergie d'interaction croît très fortement (= augmentation de l'énergie potentielle du système, ce qui correspond à une instabilité). Lorsque des atomes, des ions ou des molécules s'approchent suffisamment près les uns des autres, les nuages électroniques des espèces en présence commencent à s'interpénétrer. Or le principe d'exclusion de PAULI interdit à deux électrons dans le même état quantique (en tenant compte du spin de l'électron) de se trouver simultanément dans le même volume ; cette impossibilité se traduit par l'apparition d'une interaction fortement déstabilisante, bien modélisée par une énergie d'interaction en $1/r^{12}$ dans laquelle r est la distance entre les noyaux atomiques voisins.

Les interactions stabilisantes entre atomes voisins (= diminution de l'énergie potentielle du système) dans un solide relèvent de cinq types et présentent des caractéristiques différentes. Il s'agit des interactions de type **métallique**, **ionique** (coulombienne), **covalente**, **de VAN DER WAALS** et **liaison hydrogène**. Leurs caractéristiques énergétiques sont portées dans la table 21.3 :

Interaction	<Énergie> / $kJ \cdot mol^{-1}$
Ionique	100 – 600
Covalente	200 – 800
Métallique	100 (sodium) – 800 (tungstène)
van der WAALS	$\approx$ 5 – 10
Liaison hydrogène	10 – 30

TABLE 21.3 – Types d'interactions attractives dans un solide

Ainsi dans un solide les positions d'équilibre des atomes correspondent aux positions de l'espace où l'énergie potentielle est minimale. Les caractéristiques énergétiques et directionnelles (existence d'une direction privilégiée ou non) de ces interactions permettent de justifier certaines propriétés des différents types de solides.

Énergétiquement, cette somme des interactions attractives et répulsives conduit à une courbe dont l'allure générale est la suivante :

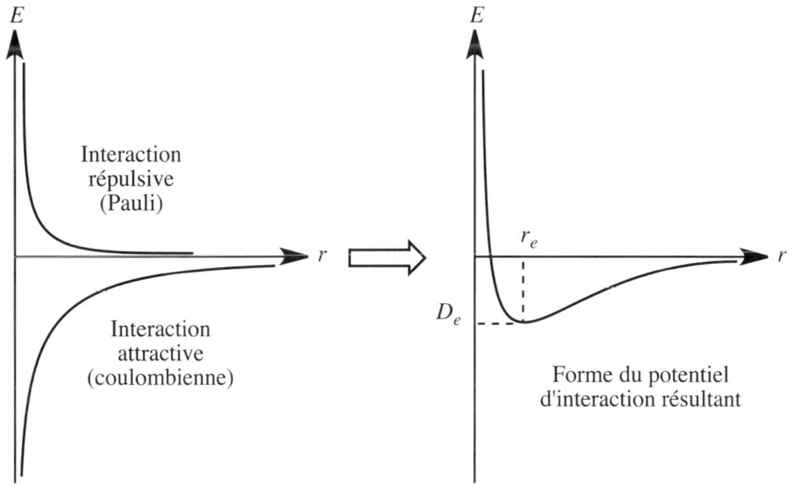

FIGURE 21.10 – Interactions d'attraction et de répulsion entre atomes dans un solide

L'énergie du système dans la position d'équilibre (D_e) et la position d'équilibre (r_e) dépendent de la nature des interactions. D_e est maximale en valeur absolue et r_e minimale pour des interactions attractives d'énergie élevée comme les interactions covalente, métallique et ionique.

✎ Cette présentation de l'origine de la cohésion des solides est une vision simplifiée (géométrique) où seule la distance entre atomes ou molécules semble fixer la valeur de l'énergie potentielle du système. En réalité ceci est inexact, en particulier pour les molécules car leur énergie d'interaction ne dépend pas seulement de la distance mais également de leurs orientations relatives.

3.1 Cristaux métalliques

a. Propriétés des cristaux métalliques

68 éléments du tableau périodique sur les 90 éléments naturels présentent dans les conditions usuelles ($T = 298$ K et $P = 1$ bar) des propriétés qui définissent l'état métallique. Ces propriétés physico-chimiques sont de nature variée :

- mécanique : les métaux sont ductiles (aptitude au filage), malléables (aptitude à la déformation sans rupture) et tenaces (aptitude à résister mécaniquement aux déformations), leur masse volumique est comprise entre 0,53 (Lithium) et 22,6 (Osmium) mais fréquemment élevée : 80 % des métaux ont une masse volumique supérieure à 5, les moins denses étant les métaux alcalins et alcalino-terreux (voir table 21.4) ;
- optique : les métaux sont des composés opaques au rayonnement électromagnétique visible et possédant un grand pouvoir réflecteur ;
- électrique : les métaux présentent une grande conductivité électrique, thermique (voir table 21.4) et sont capables d'émettre des électrons par effet photoélectrique et thermoélectrique ;
- chimique : les métaux sont des espèces possédant une énergie de première ionisation faible (inférieure en général à 5 eV), ce sont des réducteurs, donnant aisément des cations.

Métal	Na	Mg	Al	K	Ca	Zn	Fe	Ni	Cu	Ag
ΔH_{vap} / kJ·mol^{-1}	26	36	75	22	43	31	97	102	82	70
Θ_f / °C	98	650	660	79	842	419	1535	1455	1083	961
ρ / kg·m^{-3}	0,97	1,74	2,70	0,86	1,55	7,14	7,87	8,91	8,95	10,49

ΔH_{vap}, l'enthalpie de vaporisation est la chaleur à fournir pour vaporiser une mole de métal solide

TABLE 21.4 – Enthalpie de vaporisation, température de fusion et masse volumique de métaux courants

b. Modèle structural

Les propriétés électriques, thermiques et chimiques des métaux indiquent que les électrons de la couche externe sont assez faiblement liés aux noyaux. Cette caractéristique à conduit à un premier modèle de la liaison métallique : le modèle de DRUDE-LORENTZ (voir figure 21.11) ou modèle du gaz d'électrons.

Dans ce modèle simple, les électrons de la couche externe d'un atome donné, soumis à l'action des atomes voisins, acquièrent une énergie suffisante pour échapper à l'attraction de leur atome d'origine et ont ainsi la possibilité de se déplacer à l'intérieur du métal ; il en résulte une structure composée d'un empilement régulier de cations au sein d'un gaz d'électrons. La cohésion de la structure métallique se trouve assurée par des liaisons fortes qui ne présentent aucune orientation privilégiée et ne sont pas localisées. Dans un métal, les électrons périphériques des atomes sont partagés entre tous les atomes de la structure, la liaison métallique est une liaison communautaire et le métal peut être considéré comme une molécule gigantesque et unique.

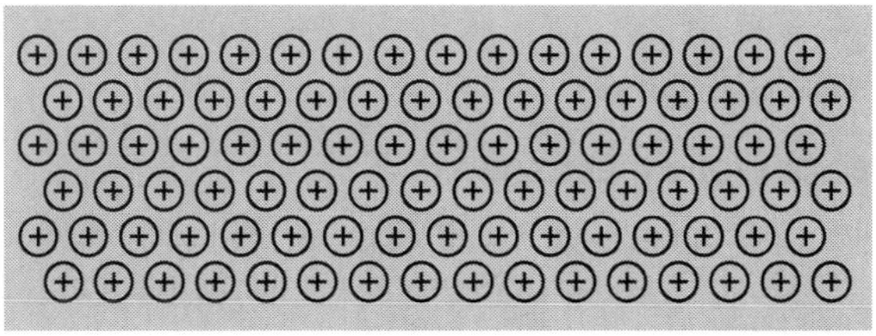

FIGURE 21.11 – Modèle de DRUDE-LORENTZ d'un métal

Dans ce type de liaison, la contribution individuelle de chaque électron à l'énergie de cohésion du métal est faible, mais cette faiblesse est compensée par la multiplicité des liaisons formées par chaque atome. Ainsi dans la molécule Li_2, dans laquelle les atomes de lithium forment une liaison covalente, l'énergie de la liaison rapportée à un atome de lithium est de 0,6 eV, alors que dans le métal lithium, l'énergie de la liaison rapportée à un atome de lithium est de 1,8 eV, soit une énergie trois fois supérieure dans un état condensé par rapport à la structure covalente.

Ce modèle permet d'expliquer qualitativement les propriétés thermiques et électriques des métaux. Lorsqu'un métal est soumis à un champ électrique, les électrons mobiles partagés entre tous les atomes de la structure permettent le passage d'un courant. Cette grande mobilité

des électrons est également à l'origine de la conductivité thermique et du pouvoir réflecteur des métaux polis.
La structure ordonnée des cations et l'intensité de la liaison métallique permettent d'autre part de comprendre les propriétés mécaniques. La résistance du métal à la déformation provient de l'importance de l'énergie de la liaison métallique comme de son absence d'orientation ; la malléabilité des métaux provient de l'existence d'une structure ordonnée de cations au sein d'un gaz d'électrons : au cours d'une déformation, les plans de forte densité peuvent glisser les uns sur les autres sans que l'énergie d'interaction ne s'en trouve notablement modifiée (voir 21.12).

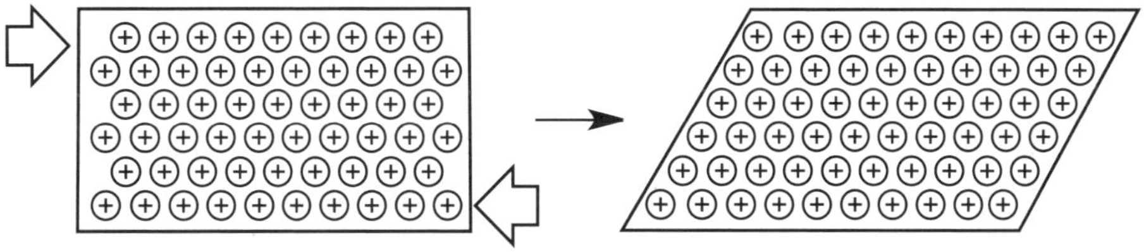

FIGURE 21.12 – Glissement des plans dans un métal

3.2 Cristaux ioniques

a. Propriétés des cristaux ioniques

Les cristaux ioniques possèdent des caractéristiques communes :
- mécaniques : ils sont fragiles (ils ne présentent qu'une faible résistance à la traction) et de dureté variable ;
- électriques : ils possèdent une très faible conductivité électrique ; les ions peuvent se déplacer très lentement dans le réseau sous très forte tension. À l'état fondu ou mis en solution, ils permettent le passage d'un courant ;
- chimique : ils se solubilisent avec dissociation dans les liquides polaires comme l'eau ;
- thermiques : leur dilatation est faible et leur point de fusion en général élevé (voir table 21.5).

Cristal	NaF	NaCl	NaBr	NaI	$CaCl_2$	MgO
Θ_f / °C	993	801	747	661	782	2832

TABLE 21.5 – Température de fusion de quelques cristaux ioniques

b. Modèle structural

Les propriétés physiques et chimiques s'expliquent par la présence d'ions ; la fusion du cristal correspond à la dislocation du réseau d'ions et a pour effet de permettre une certaine mobilité de ces ions, la situation est semblable en solution aqueuse où les ions libérés par la dislocation du réseau sont solvatés. L'énergie d'interaction attractive qui confère au réseau cristallin sa stabilité peut être décrite à l'aide d'un modèle électrostatique. L'examen de la structure d'un cristal ionique est ici limitée aux cas les plus simples dans lesquels il n'existe que deux types

d'ions.
Comme le solide doit être électriquement neutre, il possède nécessairement autant de charges positives que de charges négatives, ce qui correspond au même nombre d'ions si ceux-ci ne possèdent qu'une seule charge élémentaire positive ou négative (dans le cas de cristaux constitués d'ions de charges différentes, le rapport des ions est l'inverse du rapport des charges des espèces afin de conserver l'électroneutralité du cristal). Le prototype de ces cristaux ioniques constitué de deux ions monoatomiques est le chlorure de sodium (NaCl) qui appartient à la famille des halogénures alcalins (NaI, KCl, CsCl, KBr, KF...).
Le modèle structural le plus simple repose sur les hypothèses suivantes :
- les structures ioniques stables correspondent à une énergie minimale ;
- les ions sont assimilables à des sphères possédant un volume propre (hypothèse d'une sphère dure) et une charge définie.

Les édifices stables correspondent à des arrangements des ions dans l'espace où un ion de signe donné n'a pour plus proche voisin que des ions de signe opposé.

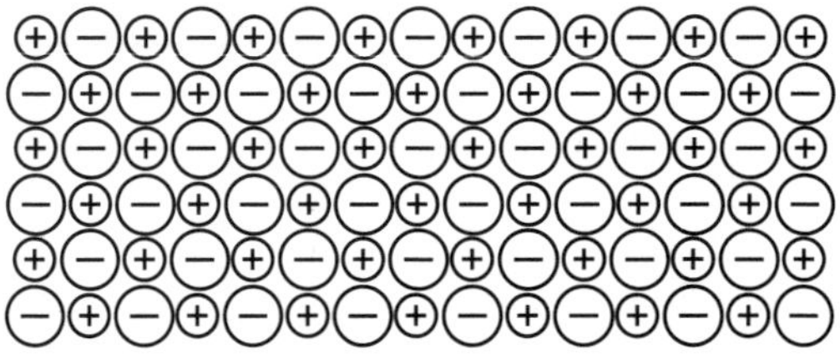

FIGURE 21.13 – Modèle bidimensionnel du cristal d'un halogénure alcalin

O. MADELUNG a calculé l'énergie potentielle d'interaction coulombienne des ions d'un cristal. Cette énergie est de la forme :

$$E = \frac{\mathcal{M}\,\mathcal{N}_A z_+ z_- e^2}{4\pi\varepsilon_o R_o}.$$

- R_o est la distance entre deux ions premiers voisins en m ;
- $\mathcal{M}$ est la constante de MADELUNG (sans dimension) ;
- $\mathcal{N}_A$ est la constante d'AVOGRADRO en mol^{-1} ;
- z_+ et z_- sont les charges des ions ;
- e est la charge de l'électron (1,6.10^{-19} C).

La constante de MADELUNG prend en compte le nombre de premier, deuxième, troisième... ions voisins d'un ion donné et les énergies d'attraction et de répulsion ; $\mathcal{M}$ dépend ainsi de la structure cristalline (voir table 21.6).

Cristal	NaCl	CsCl	CaF_2	Cu_2O
Constante de MADELUNG	1,748	1,763	5,039	4,116

TABLE 21.6 – Valeurs de la constante de MADELUNG pour quelques cristaux

Si seule l'énergie potentielle électrostatique stabilisante était prise en compte, E_c étant proportionnelle à z_+z_- donc négative, serait minimale pour $R_o \to 0$. Il apparaît ainsi à courte distance une interaction répulsive, modélisée par différentes expressions mathématiques, qui rend compte du principe de PAULI (voir par exemple 3). Choisissons une loi en $\frac{1}{r^n}$ ($n = 12$ au 3), l'énergie du système est alors :

$$E = E_c + E_{rep} = \frac{\alpha}{R} + \frac{\beta}{R^n} \quad \text{avec} \quad \alpha < 0 \quad \text{et} \quad \beta > 0.$$

La distance R_o observée est celle qui confère au système l'énergie potentielle minimale :

$$\frac{\mathrm{d}E}{\mathrm{d}R} = -\frac{\alpha}{R^2} - n\frac{\beta}{R^{n+1}} = 0 \quad \Longleftrightarrow \quad \frac{\alpha}{R_o^2} = -n\frac{\beta}{R_o^{n+1}}$$

soit :

$$\beta = \frac{\alpha}{n} R_o^{n-1} \quad \text{d'où} \quad E = \frac{\alpha}{R_o} - \frac{\alpha}{n}\frac{1}{R_o} = \alpha(1 - \frac{1}{n})\frac{1}{R_o}.$$

La valeur de n peut être obtenue à partir de mesures de compressibilité de cristaux ioniques. L'important est de remarquer que E possède une valeur négative : les ions dans le cristal ont une énergie potentielle inférieure à celle où ils sont séparés les uns des autres (ainsi lorsque $R \to +\infty, E \to 0$). Cette distance R_o est liée au modèle des sphères dures et invite à modéliser les ions dans le cristal comme des sphères de rayon r_+ ou r_- (cation/anion) qui sont au contact dans le cristal.
Le modèle de l'empilement d'ions de charges opposées dans un cristal ionique permet de rendre compte simplement de la grande différence de fragilité de ce type de cristaux par rapport aux cristaux métalliques. Lors d'une déformation d'un cristal ionique selon la direction d'un plan, il peut se produire un glissement des plans comme dans le cas des cristaux métalliques. Cependant, dans le cas d'un cristal ionique, le déplacement des ions conduit à mettre en vis-à-vis des charges de même signe, ce qui correspond à une interaction coulombienne répulsive très importante laquelle conduit à une rupture de la structure le long du plan de glissement (voir figure 21.14).

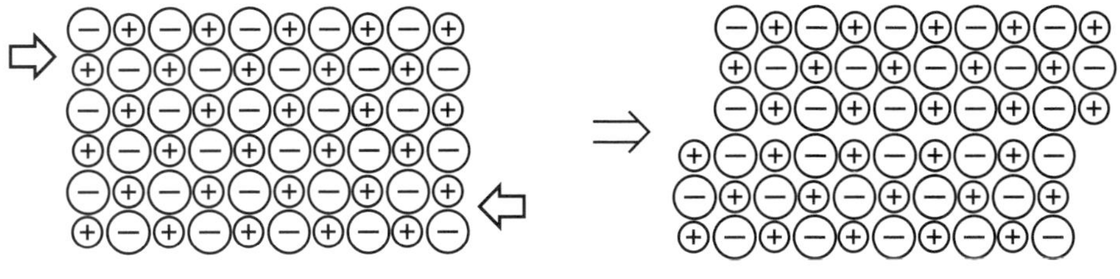

FIGURE 21.14 – Glissement des plans dans un cristal ionique

3.3 Cristaux covalents

a. Propriétés des cristaux covalents

Les cristaux covalents sont moins fréquents que les cristaux ioniques ou les cristaux métalliques. Ils se caractérisent par les propriétés suivantes :

- mécanique : ils présentent une grande dureté et une très faible résistance à la déformation, leur masse volumique est variable ;

- électrique : ils possèdent une conductivité électrique très faible (10^{-14}-10^{-16} $\Omega^{-1}.cm^{-1}$ pour le diamant), ce sont des isolants ;
- thermique : ils ont en général une température de fusion élevée (voir table 21.7).

Cristal	C (graphite)	Si	Ge	CSi
Θ_f / °C	4100 (9 kbar)	1420	945	≈ 2700

TABLE 21.7 – Température de fusion de quelques cristaux covalents

b. Modèle structural

Le prototype du solide covalent est le diamant dans lequel tous les atomes de carbone sont au centre d'un tétraèdre. La distance internucléaire entre atomes de carbone est de 154 pm, les angles $\widehat{CCC}$ sont de 109°28'.

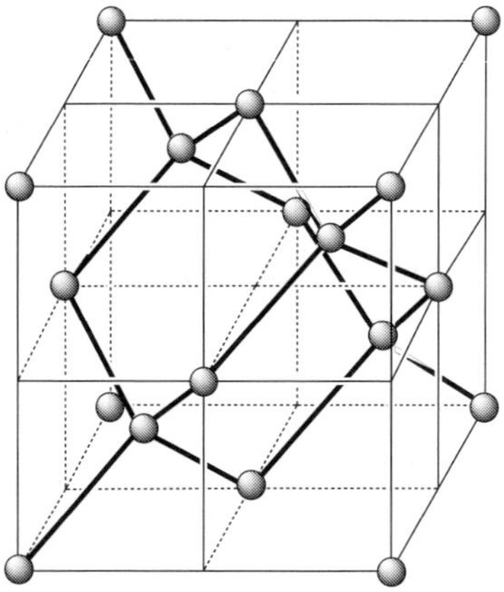

FIGURE 21.15 – Structure du carbone diamant

L'étude du diamant par diffraction des rayons X a permis d'établir une carte de la densité électronique entre les atomes de carbone (voir figure 21.16 page 781). Sur cette figure, les cercles noirs correspondent aux atomes de carbone, les courbes d'isodensité montrent l'existence d'une densité électronique élevée entre les atomes de carbone distants de 154 pm.

Cette carte indique également que la densité électronique n'est pas nulle entre les atomes de carbone distants de plus de 154 pm et que les électrons ne sont pas strictement confinés entre ceux-ci. Cependant un modèle simple de la liaison est construit par analogie avec les structures moléculaires organiques (composés contenant des liaisons carbone – carbone) et admet le caractère covalent des liaisons entre atome de carbone distants de 154 pm. Ce modèle simple n'explique qu'imparfaitement la structure des solides covalents dans lesquels la cohésion est toujours assurée par la délocalisation d'électrons sur l'ensemble de la structure. Néanmoins, cette délocalisation ne s'accompagne pas de la possibilité de conduction et ce comportement ne peut s'expliquer avec des modèles élémentaires comme ceux utilisés jusqu'à présent (il est nécessaire de faire appel à la théorie des bandes). Ces comportements s'accompagnent d'une coordinence (nombre de plus proches voisins) en général beaucoup plus faible que celle observée dans les métaux : on passe par exemple de 12 à 8 dans la plupart des métaux à 4 pour le diamant.

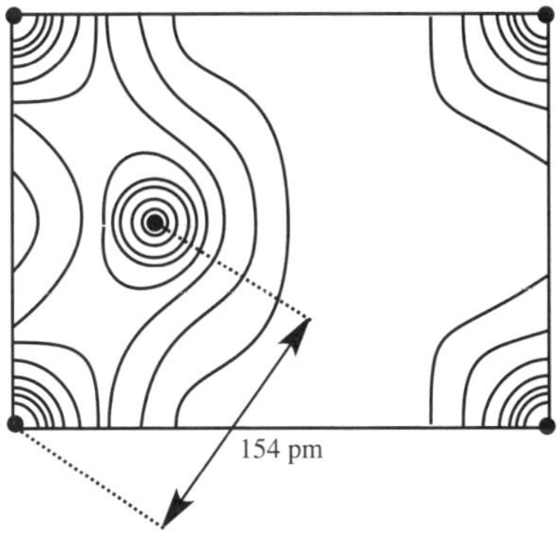

FIGURE 21.16 – Carte de la densité électronique dans le diamant

Tous les solides covalents ne forment pas des structures tridimensionnelles dans lesquelles les atomes ne sont liés que par des liaisons covalentes. Ainsi le graphite, une forme allotropique du carbone, est constituée d'un assemblage d'atomes de carbone disposés selon des plans parallèles, les atomes d'un plan constituant un réseau hexagonal.

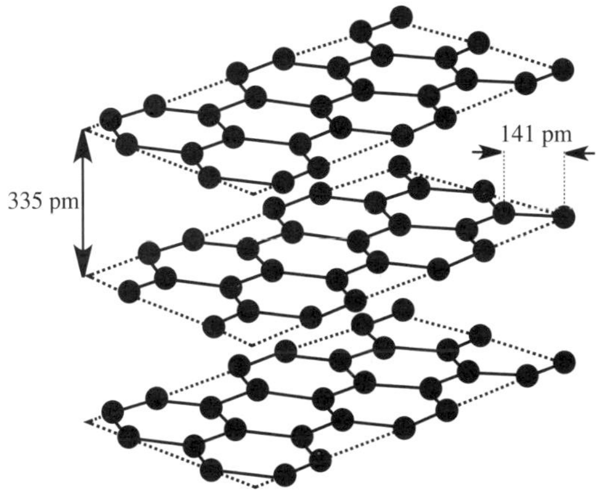

FIGURE 21.17 – Structure du carbone graphite

3.4 Cristaux moléculaires

a. Propriétés des cristaux moléculaires

Les espèces chimiques constituées d'un assemblage défini d'atomes reliés entre eux par des liaisons covalentes peuvent également donner lieu à la formation de cristaux (par exemple le diiode I_2 ou le dioxyde de carbone CO_2). Ces cristaux appelés cristaux moléculaires possèdent des caractéristiques communes suivantes :

- mécaniques : ils sont souvent fragiles et de faible dureté, leur masse volumique est généralement faible ;
- électriques : ce sont des isolants électriques, cette propriété n'évolue pas avec la fusion, à la différence des cristaux ioniques ;
- thermiques : leur coefficient de dilatation est élevé, leur température de fusion et leur enthalpie de fusion est généralement faible ;
- enfin les cristaux moléculaires possèdent souvent un motif cristallin qui se modifie assez facilement et ils donnent lieu au phénomène d'allotropie.

Les exemples les plus simples de cristaux moléculaires sont fournis par les gaz nobles solides, dans lesquels le motif est constitué d'un seul atome. La comparaison des points de fusion de ces gaz nobles montre une élévation de la température de fusion et de l'enthalpie de vaporisation avec la masse de l'atome (voir table 21.8).

Cristal	Ne	Ar	Kr	Xe
Θ_f / K	24,5	83,8	115,8	161,4
ΔH_{vap} / kJ·mol^{-1}	1,74	6,52	9,05	12,65

TABLE 21.8 – Température de fusion et enthalpie de vaporisation des gaz nobles

Par rapport aux solides métalliques, ioniques et covalents, les solides moléculaires présentent une caractéristique essentielle : la plus grande partie des propriétés physico-chimiques (spectrales notamment) des entités élémentaires (molécules) qui les constituent sont conservées lors d'un changement d'état. Dans le cas des solides métalliques, ioniques et covalents, les propriétés physico-chimiques dans l'état solide sont principalement dues à l'association des entités élémentaires. Ainsi s'il existe une grande similitude entre les spectres d'absorption UV ou infra-rouge d'une espèce moléculaire dans l'état solide, liquide ou gazeux, la comparaison des propriétés spectrales d'un métal ou d'un composé ionique dans les différents états ne permet pas de retrouver une telle similitude.

Le cristal moléculaire possède donc un double degré d'organisation :

- celui de l'entité élémentaire où l'énergie d'interaction des liaisons entre atomes (entre 200 et 600 kJ·mol^{-1}) détermine une forme propre (la molécule) et par là des propriétés intrinsèques à l'entité élémentaire qui ne dépendent pas de l'état ;
- celui de l'association de ces entités élémentaires dans le cristal (dont l'énergie d'interaction est au moins un ordre de grandeur plus faible, quelques dizaines de kJ·mol^{-1}) et qui fait émerger de nouvelles propriétés dues à l'assemblage.

b. Modèle structural

Le modèle structural expliquant l'énergie de cohésion des cristaux moléculaires fait intervenir des interactions de faible énergie rassemblées sous le terme d'interactions de VAN DER WAALS ; ces interactions peuvent être de type dipôle permanent – dipôle permanent (interaction de KEESOM), dipôle permanent – dipôle induit (interaction de DEBYE), dipôle instantané – dipôle induit (interaction de LONDON). La nature de ces interactions a été examinée dans le chapitre 9 ; quatre aspects essentiels de ces interactions permettent d'expliquer les propriétés des solides moléculaires :

- elles modélisent des interactions entre molécules et atomes à « grande distance » (c'est-à-

dire entre atomes non liés) ;
• elles sont universelles et s'exercent entre toutes les espèces chimiques, mêmes les espèces les plus simples comme les atomes ;
• elles sont de courte portée, leur décroissance est de type $1/r^6$;
• elles sont de faible énergie, en règle générale de l'ordre de quelques $kJ \cdot mol^{-1}$.

L'énergie des interactions de van der WAALS est voisine de l'énergie thermique à température ambiante ($\approx$ 2,5 $kJ.mol^{-1}$), et ceci permet de justifier les faibles valeurs des températures de fusion de gaz nobles ou encore celles des solides moléculaires par rapport au solides covalents, ioniques ou métalliques.
Le comportement particulier de certains hydrures moléculaires possédant des atomes d'hydrogène s'explique par l'intervention d'un autre type d'interaction : la **liaison hydrogène** (voir chapitre 9). L'énergie de cette interaction dépend de la différence d'électronégativité entre l'hydrogène et l'autre élément comme cela peut se constater d'après la table 21.9 :

Hydrure	HF	H_2O	NH_3	H_2S
Énergie de dissociation de X–H... X–H / $kJ \cdot mol^{-1}$	29	22	17	7
Électronégativité (PAULING)	4	3,5	3	2,5

TABLE 21.9 – Energie de dissociation d'hydrures moléculaires et électronégativité

Cette interaction s'ajoute aux interactions de van der WAALS qui assurent la cohésion de l'état solide et a pour effet de modifier d'une manière différenciée les températures de fusion de ces hydrures.
L'existence de la liaison hydrogène dans certains hydrures moléculaires se traduit par des propriétés physiques particulières. La figure 21.18 montre que la température de fusion s'élève globalement avec la masse molaire moléculaire dans la série CH_4, SiH_4, GeH_4 et SnH_4.

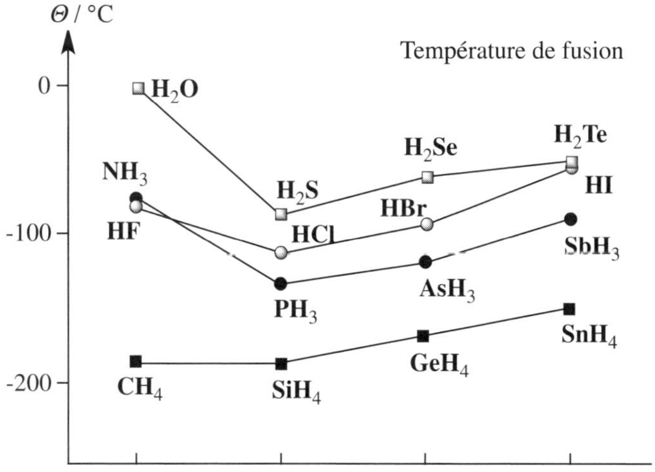

FIGURE 21.18 – Température de fusion des hydrures moléculaires

Cependant dans les séries suivantes du tableau (NH_3, PH_3, AsH_3, SbH_3 ; OH_2, SH_2, SeH_2,

TeH_2 ; HF, HCl, HBr, HI) ce comportement s'accompagne d'un phénomène nouveau : une brusque remontée de la température de fusion ainsi que de l'enthalpie de vaporisation (figure 21.19) pour les hydrures moléculaires (NH_3, OH_2, HF) qui devraient posséder la température la plus faible de chaque série.

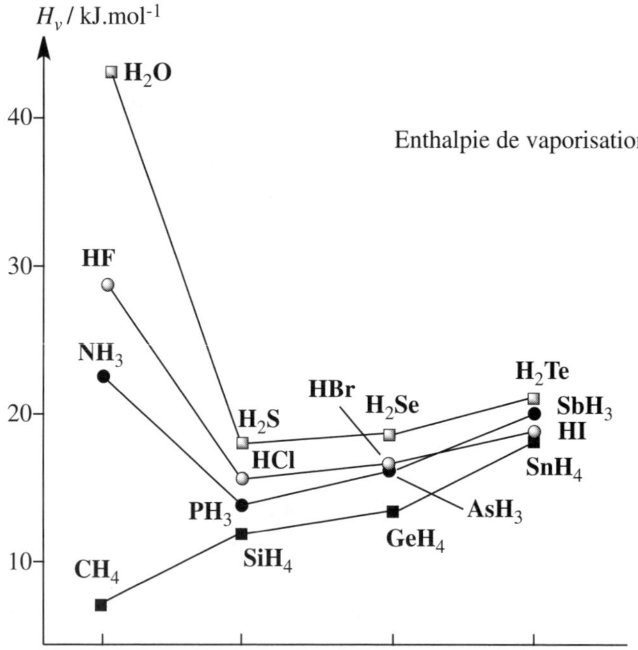

FIGURE 21.19 – Enthalpie de vaporisation des hydrures moléculaires

3.5 Limites de validité des modèles structuraux

Les quatre modèles structuraux présentés ci-dessus ne doivent pas conduire à penser qu'il existerait quatre états solides de nature différente et aux propriétés bien distinctes.

• Les modèles structuraux de liaisons présentés ci-dessus correspondent à des situations limites dans lesquelles l'énergie de cohésion du cristal est interprétée en ne faisant intervenir qu'une seule interaction. En réalité, il existe toujours au moins deux interactions puisque l'interaction de van der WAALS est toujours présente, mais son effet est négligeable en présence d'une interaction énergétiquement plus importante comme la liaison métallique ou la liaison ionique. Dans certaines situations, l'effet des différents types de liaison peut se manifester, ainsi le graphite est un solide qui met en jeu des interactions de van der WAALS entre des feuillets parallèles d'atomes de carbone dans lesquels ces atomes sont liés par des liaisons covalentes. Cette structure anisotropique permet de comprendre la conductivité électrique anisotropique du graphite : $0,2-1\ \Omega^{-1}\cdot\text{cm}^{-1}$ dans le plan des feuillets, $0,4-5.10^{-4}\ \Omega^{-1}\cdot\text{cm}^{-1}$ perpendiculairement au plan des feuillets.

• Les différences entre les modèles structuraux ne doivent pas dissimuler que toutes les énergies de cohésion ont la même origine, délocalisation des électrons (interaction stabilisante), interactions de van der WAALS et principe de PAULI et que les situations intermédiaires se rencontrent donc fréquemment. Il existe des solides de statut intermédiaire entre le modèle covalent et le modèle ionique par exemple dans lesquels les énergies d'interaction ne sont pas très différentes ce qui conduit à des comportements ioniques et covalent : la blende (ou sulfure de zinc) ZnS par exemple.

• Les quatre grands types de solides sont des catégories issues de l'examen des propriétés physico-chimiques, mécaniques, électriques et thermiques, mais il n'existe pas de lien nécessaire entre un type de structure (métallique, ionique, covalente ou moléculaire) et une propriété physico-chimique (masse volumique, propriété mécanique, thermique, électrique...). Les caractéristiques générales des métaux ou des composés ioniques répertoriées précédemment ne sont pas universelles et ne doivent pas être élevées au rang de règles, elles expriment de grandes tendances, mais il n'existe pas de limites tranchées ; ainsi le sodium est un métal qui fond à 98 °C alors que la température de fusion de composés organiques, solides moléculaires, peut atteindre 300 à 400 °C.

• Ces quatre modèles structuraux présentés correspondent à une relation entre des propriétés physico-chimiques et des modèles structuraux dans les conditions courantes ($T = 298$ K et $P = 1$ bar). D'autres conditions de température et de pression peuvent conduire à des comportements différents ; ainsi le diiode, qui est un solide moléculaire dans les conditions normales de température et de pression, présente les propriétés d'un solide métallique lorsqu'il est comprimé sous 350 kbars.

Un moyen simple pour prévoir de quel type structural (ionique, métallique ou covalent) s'approche une espèce chimique constituée de deux types d'atomes A et B est donné par le triangle de KETELAAR (voir figure 21.20).

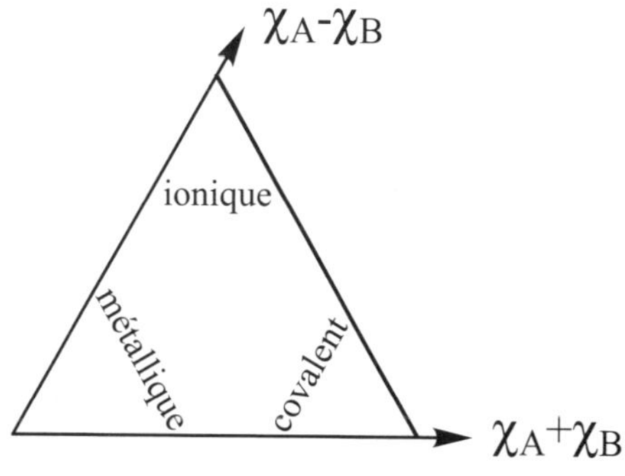

FIGURE 21.20 – Triangle de KETELAAR

Les solides ioniques correspondent au cas où la différence d'électronégativité ($\chi_A - \chi_B$) entre A et B est la plus grande, les solides covalents aux cas où cette différence est la plus faible, les métaux aux cas où A et B possèdent tous les deux une faible électronégativité. Ce diagramme indique clairement qu'il existe des régions du triangle dans lesquelles la cohésion des solides est assurée par des interactions de plusieurs types.

Les quasi-cristaux

Un cristal est obtenu en pavant entièrement l'espace à l'aide de parallélépipèdes juxta-posé sans vide ni superposition (carrés, triangles isocèles ou équilatéraux, rectangles). En 1979, le mathématicien R. PENROSE a montré qu'il est possible de paver de manière apériodique une surface au moyen de deux losanges d'angles au sommet $\pi/5$ et $2\pi/5$.

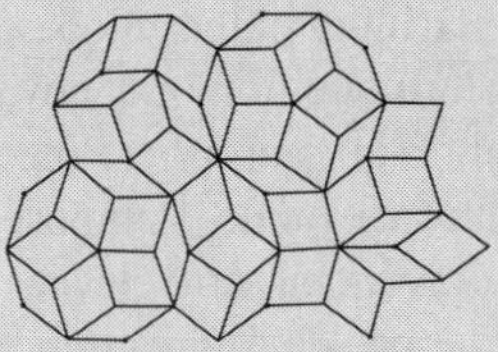

En 1984, ce résultat a trouvé une application en chimie lorsque, de façon fortuite, sont préparées des structures cristallines (un alliage d'aluminium et de manganèse) possédant un pavage à trois dimensions non périodique appelées **les quasi-cristaux**. Les spectres de diffraction des rayons X des quasi-cristaux montrent l'existence d'une structure ordonnée à grande distance, mais également deux caractéristiques absentes des cristaux (existence de symétries d'ordre 5 « interdites » dans le cas des cristaux, intervalles apériodiques entre les réflexions de BRAGG sur les plans atomiques).

Préparation des quasi-cristaux

La plupart des quasi-cristaux identifiés sont des alliages ternaires contenant de l'aluminium auquel sont ajoutés un ou deux métaux (souvent de transition) : alliages Al-Mg-Si, Al-Fe-Cu, Al-Pd-Mg, Al-Cu-Li, Al-Cu-Rt. D'autres quasi-cristaux ne contenant pas d'aluminium ont également été préparés : alliages Ti-Cr, Ti-Mn, Ga-Mg-Zn, U-Pd-Si.
Le premier quasi-cristal aluminium-manganèse a été fabriqué au moyen d'une trempe ultrarapide d'alliage liquide (vitesse de refroidissement de l'ordre de 1 million de degrés par seconde), la structure est ainsi figée dans un état métastable. Le matériau obtenu dans ce cas a la forme de petits rubans contenant de microscopiques quasi-cristaux dispersés dans une matrice d'aluminium.
Les quasi-cristaux possèdent des propriétés physiques et chimiques très remarquables dont certaines sont paradoxales :
- grande résistivité électrique, à la différence des alliages classiques à base d'aluminium. Ainsi le quasi-cristal aluminium-palladium-rhénium possède une résistivité 10^6 fois plus grande que l'aluminium ;
- faible conductivité thermique, à la différence des métaux ;
- grande dureté, de l'ordre de cinq fois celle des aciers spéciaux ;
- non-mouillabilité, c'est-à-dire qu'une goutte de liquide déposée à leur surface ne s'étale pas en film mince ;
- résistance à l'oxydation et à la corrosion supérieure à celle des métaux ;
- coefficient de frottement sur la surface d'un quasi-cristal pouvant être jusqu'à dix fois plus faibles que sur celle d'un acier.

Chapitre 22

Structures cristallines (Deuxième période, option SI)

Parmi les quatorze réseaux de BRAVAIS présentés dans le chapitre précédent, trois ont une importance particulière : les réseaux cubique faces centrées (cF), hexagonal et cubique centré (cI). Ces trois réseaux permettent de comprendre l'organisation des structures adoptées par la plupart des métaux et qui sont :

- la structure cubique faces centrées (abrégée *c.f.c.*) ;
- la structure hexagonale compacte (abrégée *h.c.*) ;
- la structure cubique centrée (abrégée *c.c.*).

Structure cubique centrée
Lithium, sodium, potassium, vanadium, chrome, rubidium, baryum niobium, césium, tantale, tungstène, fer, molybdène, europium
Structure cubique faces centrées
Calcium, nickel, cuivre, strontium, rhodium, palladium, argent, iridium, platine, or, plomb, cérium, aluminium
Structure hexagonale compacte
Magnésium, technétium, ruthénium, cadmium, rhénium, osmium, zinc béryllium, scandium, cobalt, titane, zirconium, yttrium, lutécium, hafnium

Structures adoptées par les principaux métaux

Les exceptions sont l'étain, le manganèse, le gallium, l'indium, l'uranium et les actinides. Certains métaux (le scandium, le titane, le fer, le zirconium, le molybdène, le baryum et l'hafnium) sont susceptibles de se présenter sous différentes variétés allotropiques.
En raison de leur importance pour la compréhension de la constitution et les propriétés des métaux, ces trois structures sont étudiées en détail dans ce chapitre. Nous verrons que deux d'entre elles correspondent à un assemblage particulier dit *assemblage compact*.

1 Cristaux métalliques

Dans le cadre d'une introduction aux cristaux métalliques, nous utiliserons l'approximation évoquée dans le chapitre précédent : les atomes assemblés dans une structure cristalline sont assimilés à des **sphères dures**, c'est-à-dire des volumes définis par un rayon, **impénétrables** et **non déformables**.

1.1 Coordinence et compacité

Deux définitions supplémentaires nous seront utiles pour l'étude des métaux : la **coordinence** et la **compacité**.

a. Coordinence

Définition

La coordinence d'un atome (ou d'un ion) au sein d'un réseau cristallin est le nombre de plus proches voisins que possède cet atome (ou cet ion).

⚠ Dans un métal pur tous les atomes possèdent la même coordinence, mais ce n'est pas le cas dans un alliage ou un cristal ionique, dans lesquels les atomes ou les ions peuvent avoir des coordinences différentes.

Dans le cas où un atome ou un ion est entouré de voisins différents, il est possible de définir la coordinence par rapport à chacun d'eux. La coordinence d'un atome A par rapport à un autre atome B, c'est-à-dire le nombre d'atomes A entourant B, est notée :

$$A/B = [\text{nombre}].$$

b. Compacité

Définition

La compacité d'un solide cristallisé est la fraction de volume occupée par la matière en considérant les atomes et les ions comme des sphères dures :

$$C = \frac{Volume\ occupé\ par\ les\ atomes}{Volume\ de\ la\ maille}$$

1.2 Principe de construction des assemblages compacts

Si nous considérons tout d'abord un plan sur lequel nous cherchons à disposer des disques (lesquels représentent la projection dans le plan d'un atome sphérique), nous constatons qu'il n'existe qu'une seule possibilité de recouvrement du plan par des disques identiques de façon compacte, c'est-à-dire de telle manière que le rapport de la surface occupée par l'ensemble des disques à la surface totale soit maximale (condition de compacité maximale). Chaque disque est en contact avec six disques voisins placés au sommet d'un hexagone régulier.

La construction précédente étant valable pour des sphères, nous pouvons étendre le résultat obtenu à un plan recouvert de sphères.

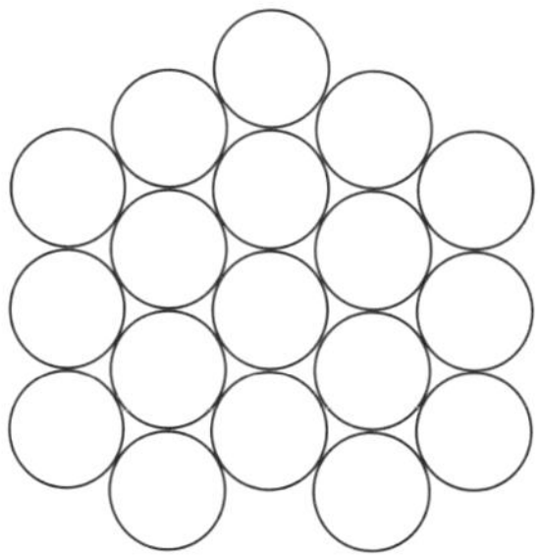

FIGURE 22.1 – Recouvrement d'un plan par des disques.

À partir du premier plan de sphères assemblées de manière compacte, considérons un deuxième plan de sphères parallèle au premier et cherchons à effectuer un remplissage de ce nouveau plan tout en respectant la condition de compacité maximale dans les trois directions de l'espace. Ceci est réalisé en utilisant un assemblage de sphères, identique au premier plan, positionné de manière à ce que les centres des sphères du deuxième plan se placent à la verticale du centre des triangles formés par trois sphères contiguës du premier plan :

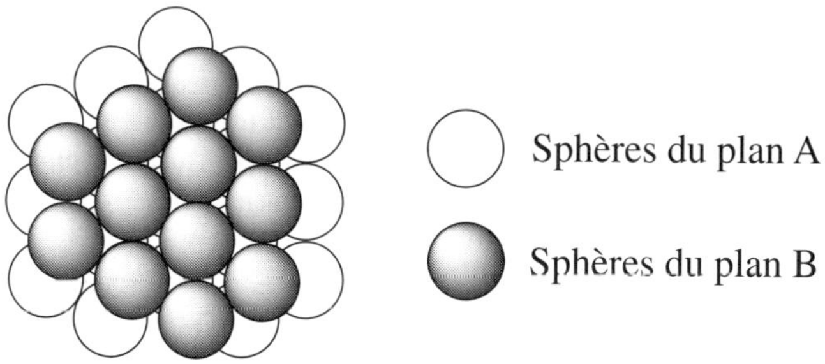

FIGURE 22.2 – Superposition compacte de deux plans de sphères.

Nous observons que cette opération engendre deux classes de triangles dans le premier plan selon que leur centre est recouvert ou non par une sphère dans le deuxième plan. Chaque atome du deuxième plan est en contact avec trois atomes du premier plan avec lesquels il forme un tétraèdre.

Si nous ajoutons un troisième plan de sphères sur les deux premiers, nous constatons qu'il existe maintenant deux possibilités qui satisfont la condition de compacité maximale :

• Les centres des sphères du troisième plan sont positionnés à la verticale des centres des sphères du premier plan, cet empilement est noté -A-B-A-B-.

• Les centres des sphères du troisième plan sont positionnés à la verticale du centre des triangles formés par trois sphères contiguës du plan A et à la verticale du centre des triangles formés par trois sphères contiguës du plan B. Les centres des sphères de ce plan C se trouvent ainsi à la verticale des centres des triangles formés par trois sphères contiguës du plan A mais non recouverts par les sphères du plan B, cet empilement est noté -A-B-C-A-B-C-.

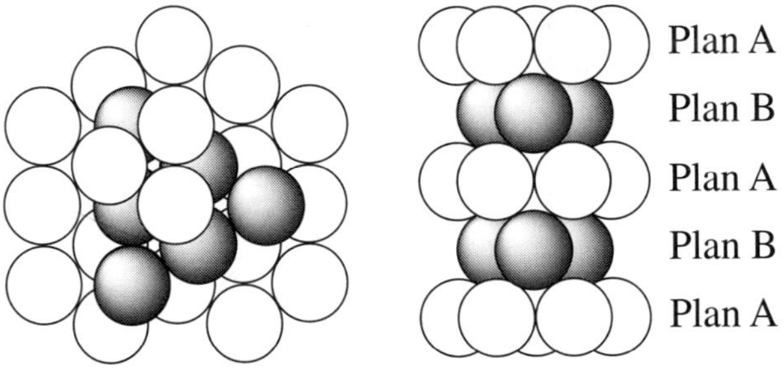

FIGURE 22.3 – Empilement A-B-A-B-A-B

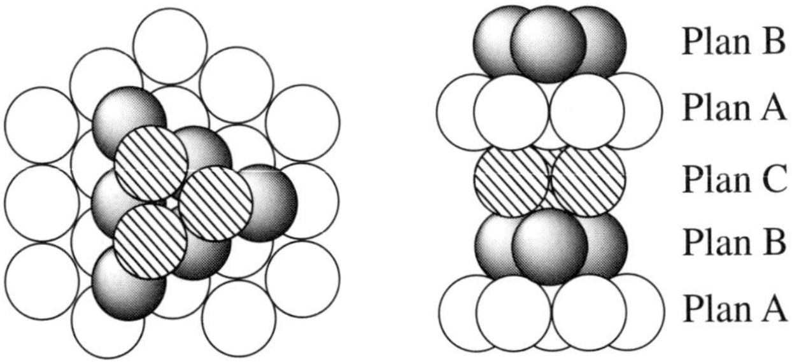

FIGURE 22.4 – Empilement A-B-C-A-B-C

Ces deux empilements de plans de sphères accolées sont les seuls qui satisfont la condition de compacité maximale et n'importe quel déplacement du troisième plan parallèlement à lui-même vers une autre position d'empilement compact ne permet d'obtenir que ces deux possibilités.

Dans les métaux purs, ces deux types de succession de plans atomiques simples (de densité surfacique maximale en atome) sont observées :

- (A)–(B)–(A)–(B)–(A)–(B)–(A)–(B)–(A)–(B)–(A)–(B)
- (A)–(B)–(C)–(A)–(B)–(C)–(A)–(B)–(C)–(A)–(B)–(C)

Ces principes de construction des assemblages compacts permettent de former deux structures : la structure **hexagonale compacte** et la structure **cubique faces centrées** qui sont maintenant examinées.

1.3 Structure hexagonale compacte (*h.c.*)

La structure hexagonale compacte résulte d'un empilement infini de plans A et B.

a. Maille

La maille de la structure hexagonale compacte est un prisme droit à base losange (formé de deux triangles équilatéraux). Cependant pour décrire usuellement la structure hexagonale compacte, cette maille est le plus souvent remplacée par un prisme droit à base hexagonale (auquel le terme de maille n'est appliqué que par extension puisqu'il ne s'agit pas d'un parallélépipède. Cette terminologie étant cependant consacrée par l'usage, nous nous y conformerons dans la suite du texte. Ce prisme droit correspond à une maille multiple d'ordre 3.

✎ En l'absence d'autre précision et afin d'éviter les confusions, le terme de maille signifie dans ce chapitre maille de structure (voir chapitre précédent).

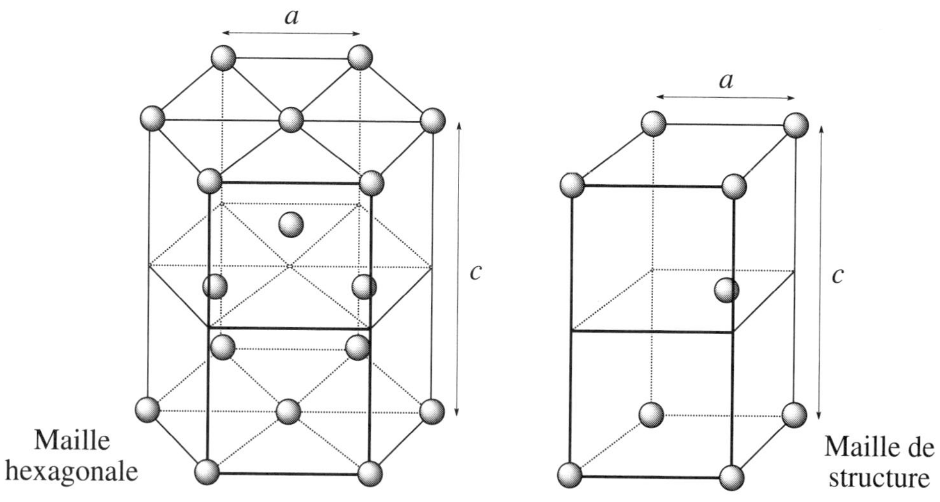

FIGURE 22.5 – Mailles de l'empilement *h.c.*

Le dénombrement des atomes de la maille hexagonale s'effectue en considérant les différents types d'atomes selon qu'ils appartiennent en propre à la maille ou sont partagés entre deux ou six mailles :

Position des atomes	Nombre de mailles d'appartenance	Nombre d'atomes	Nombre d'atome par maille
Sommets	6	12	2
Bases hexagonales	2	2	1
Plan intermédiaire	1	3	3
Nombre total d'atomes par maille			**6**

La maille de structure comporte un nombre d'atomes égal au tiers de celui de la maille hexagonale.

b. Coordinence

Dans la structure *h.c.* la coordinence d'un atome est égale à 12 puisque l'atome possède six voisins au sommet de l'hexagone dont il occupe le centre et trois dans les plans supérieur et inférieur.

Coordinence *h.c.* : M/M = [12]

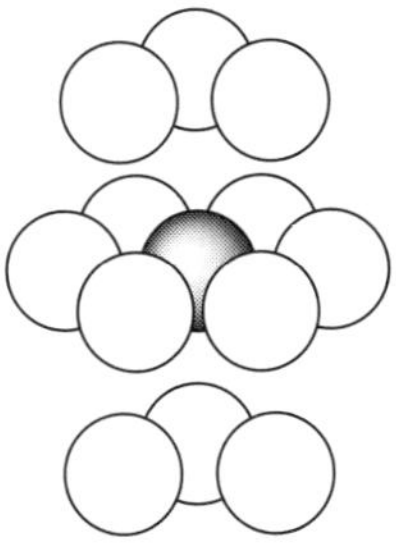

FIGURE 22.6 – Coordinence d'un atome dans la structure *h.c.*

c. Compacité

La compacité d'une structure *h.c.* est calculée à partir des paramètres de maille a (longueur de l'arête de la base hexagonale) et c (hauteur du prisme). Le volume occupé par les atomes est (avec r le rayon de l'atome) :

$$V_{atomes} = 6(\frac{4}{3}\pi r^3).$$

L'assemblage étant compact, ce rayon peut être rapporté au paramètre de maille a. Puisque deux atomes sont accolés sur une arête de la base hexagonale, il vient $a = 2r$, ce qui conduit à l'expression :

$$V_{atomes} = \pi a^3$$

Le volume occupé par la maille est égal à la hauteur (c) du prisme hexagonal multipliée par la surface de la base :

$$V_{maille} = c\left[6(a^2\frac{\sqrt{3}}{4})\right] = \frac{3\sqrt{3}}{2}ca^2.$$

L'assemblage étant compact, il existe une relation entre c et a ; c est égal au double de la hauteur H d'un tétraèdre régulier d'arête a. La hauteur H d'un tétraèdre régulier de côté a est donnée par :

$$H = \sqrt{a^2 - (\frac{a}{\sqrt{3}})^2}.$$

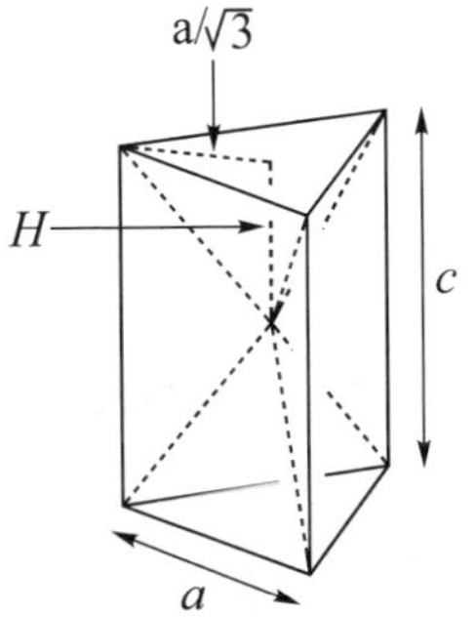

FIGURE 22.7 – H, a et c dans un double tétraèdre

Il vient alors :

$$H = a\sqrt{1 - \frac{1}{3}} \qquad \text{soit :} \qquad c = 2a\sqrt{\frac{2}{3}}$$

ce qui conduit à l'expression :

$$V_{maille} = 3\sqrt{2}a^3.$$

La compacité est alors :

$$C_{(hc)} = \frac{\pi}{3\sqrt{2}} \approx 0,74.$$

Exercice résolu

Maille hexagonale

Dessiner une maille hexagonale de la structure *h.c.* en utilisant 3 plans successifs, un avec trois atomes, un avec sept atomes et un avec trois atomes.

Montrer que le nombre d'atomes par maille est toujours six.

Réponse :

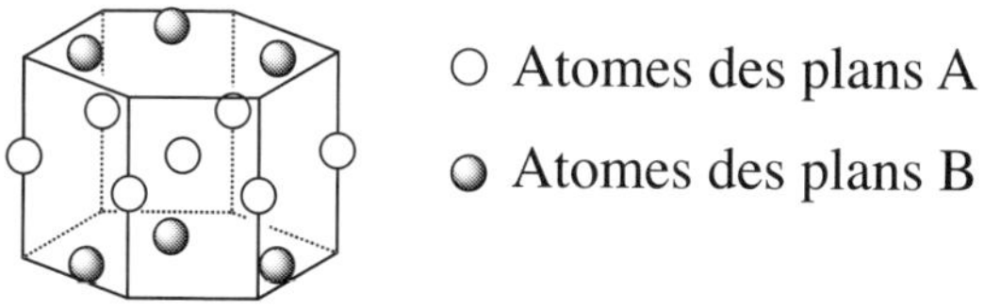

Position des atomes	Nombre de mailles d'appartenance	Nombre d'atomes	Nombre d'atome par maille
Arête	3	6	2
Base hexagonale	2	6	3
Plan intermédiaire	1	1	1
Nombre total d'atomes par maille			**6**

d. Sites cristallographiques

Puisque la compacité d'une structure *h.c.* est de 0,74, plus de 25 % du volume de cette structure ne contient pas de matière. Cet espace est susceptible d'accueillir des atomes, des molécules ou des ions selon le cas. Pour déterminer les possibilités d'insertion dans le cristal, il est nécessaire d'effectuer le recensement des sites cristallographiques disponibles et de déterminer leur taille. Les structures compactes *h.c.* et *c.f.c.* comportent deux types de sites, les sites **octaédriques** et les sites **tétraédriques**.

Une règle simple pour le dénombrement des sites est la suivante : la maille d'un assemblage compact contient un nombre de sites octaédriques égal au nombre d'atomes de la maille et un nombre de sites tétraédriques égal au double du nombre d'atomes de la maille.

Site octaédrique Les sites octaédriques (sites O) correspondent au volume disponible entre six atomes formant un octaèdre. Ceci est réalisé au moyen de trois atomes d'un plan A formant un triangle et de trois atomes d'un plan B formant également un triangle accolé au premier.

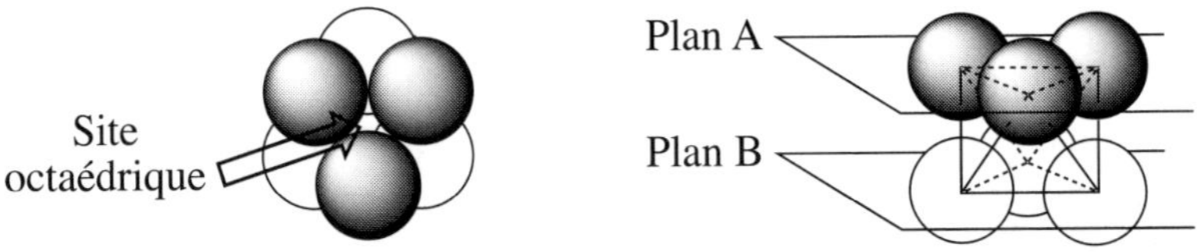

FIGURE 22.8 – Site octaédrique

Dans la structure *h.c.*, les sites octaédriques sont au nombre de 6 par maille hexagonale ; ils appartiennent tous en propre à la maille.

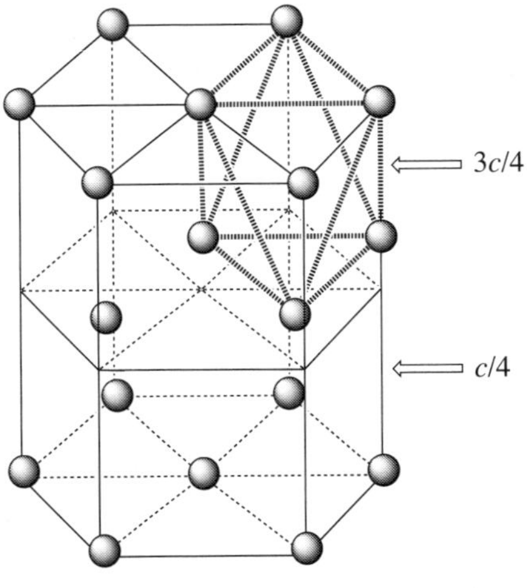

FIGURE 22.9 – Site octaédrique dans la structure *h.c.*

Trois sites octaédriques se trouvent dans le plan de cote $\frac{3c}{4}$ et trois autres sites octaédriques dans le plan de cote $\frac{c}{4}$.

On appelle **habitabilité** la valeur maximale du rayon d'une sphère que l'on peut placer au centre de la cavité (octaédrique ou tétraédrique) sans déformer la structure. Le calcul du rayon de cette sphère est réalisé en considérant le carré défini par quatre atomes de l'octaèdre :

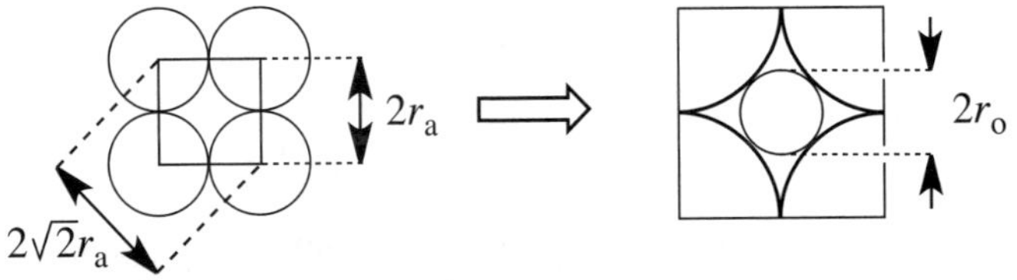

FIGURE 22.10 – Calcul du rayon maximal d'insertion dans un site octaédrique

Le rayon maximal de la sphère qu'il est possible d'insérer au centre de l'octaèdre (r_o) est égal à la demi-différence entre la diagonale du carré ($2\sqrt{2}r_{atome}$) et le diamètre d'un atome ($2r_{atome}$) :

$$r_o = \sqrt{2}r_{atome} - r_{atome}$$

ce qui conduit à :

$$r_o \approx 0,414 r_{atome}.$$

Site tétraédrique Les sites tétraédriques (sites T) correspondent au volume disponible entre trois atomes d'un plan A formant un triangle et un atome d'un plan B voisin accolé aux trois atomes du plan A :

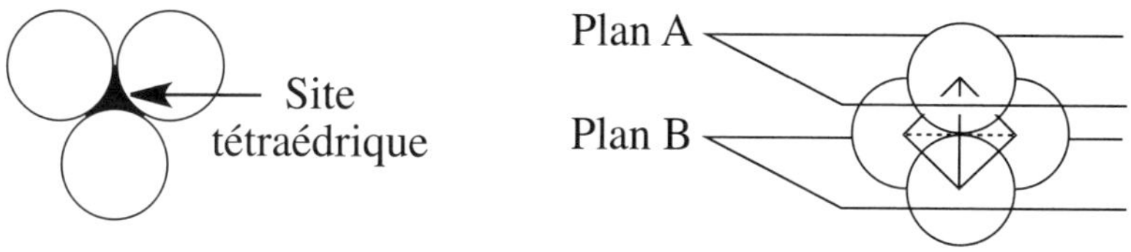

FIGURE 22.11 – Site tétraédrique

Dans la maille de la structure *h.c.*, ces sites tétraédriques sont au nombre de douze par maille. Huit appartiennent en propre à la maille et douze sont sur les arêtes de la maille donc partagés avec trois mailles voisines, soit $8 + 12(1/3) = 12$.

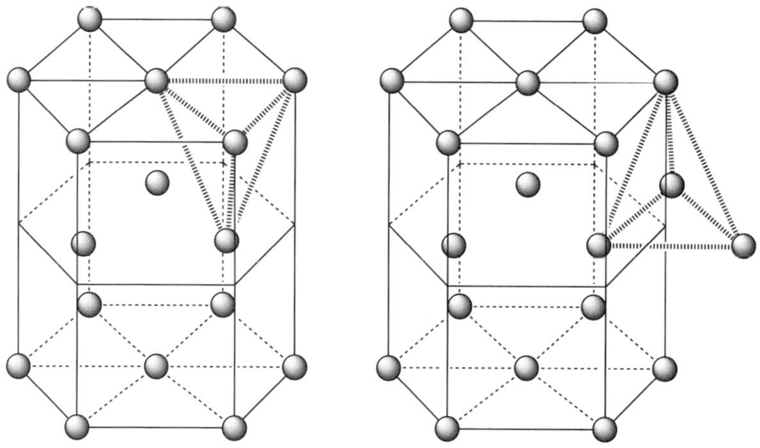

Site tétraédrique propre Site tétraédrique partagé

FIGURE 22.12 – Sites tétraédriques dans la structure *h.c.*

L'habitabilité de ces sites s'effectue en considérant le tétraèdre défini par les quatre atomes :

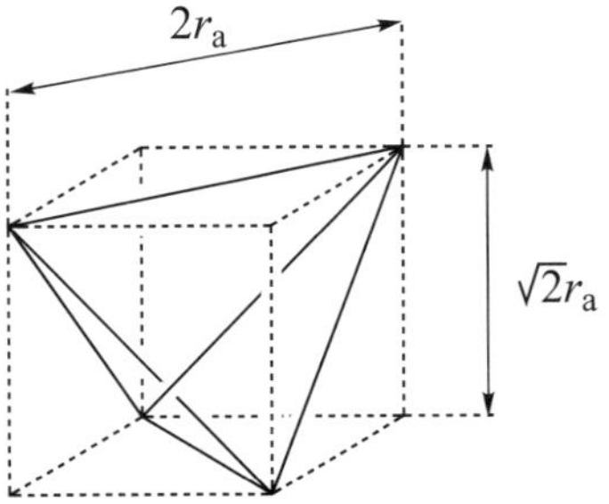

FIGURE 22.13 – Calcul du rayon maximal d'insertion dans un site tétraédrique

Le rayon maximal de la sphère qu'il est possible d'insérer au centre du tétraèdre (r_t) sans déformation de la structure est égal à la différence entre la demi-diagonale du cube d'arête $a/2$ et le rayon de l'atome (r_{atome}), soit :

$$r_t = \frac{\sqrt{3}}{2}\frac{a}{2} - r_{atome}$$

L'assemblage étant compact, il existe une relation entre a et r_{atome} ($a = 2\sqrt{2}r_{atome}$), ce qui conduit à :

$$r_t \approx 0,225 r_{atome}.$$

Les sites tétraédriques présentent, pour ces structures compactes, une habitabilité plus faible que les sites octaédriques. La position relative des différents sites dans la structure est résumée sur la figure 22.14

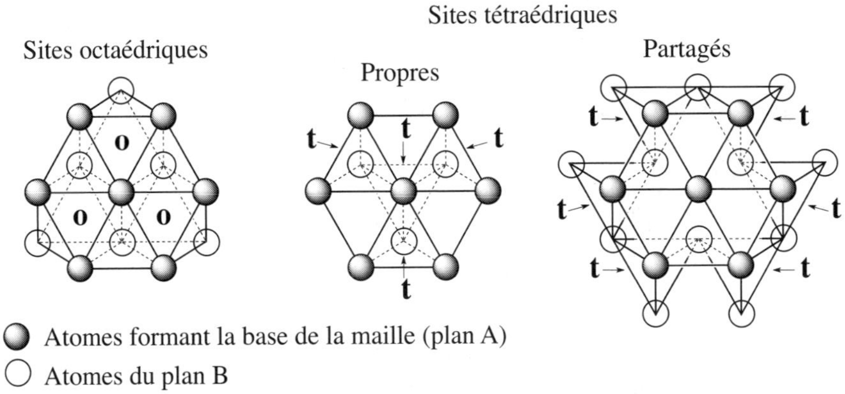

FIGURE 22.14 – Positions des sites octaédriques et tétraédriques dans la structure *h.c*

e. Masse volumique

La disposition régulière des atomes dans le cristal permet de calculer la masse volumique d'un métal à partir des paramètres de maille, c'est le rapport de la masse des atomes contenus dans la maille par le volume de la maille.

Le volume de la maille de la structure hexagonale compacte est le produit de la hauteur c du prisme hexagonal par la surface de la base (soit $\frac{3\sqrt{3}}{2}a^2$), d'où :

$$V_{maille} = \frac{3\sqrt{3}}{2}ca^2.$$

Comme la maille comprend six atomes, la masse des atomes contenus dans la maille est $6M/\mathcal{N}_A$ (avec $\mathcal{N}_A$, constante d'AVOGADRO) la masse volumique en fonction des paramètres de maille a et c sera donnée par :

$$\rho = \frac{4}{\sqrt{3}}\frac{M}{\mathcal{N}_A ca^2}.$$

Exercice résolu

Masse volumique du titane

Calculer la masse volumique du titane sachant qu'il cristallise dans la structure *h.c.* avec les paramètres de maille suivant $a = 295$ pm, $c = 468$ pm.
$M_{Ti} = 47{,}90.10^{-3}$ kg·mol^{-1}, $\mathcal{N}_A = 6{,}022.10^{23}$ mol^{-1}.

Réponse :

D'après la formule ci-dessus, la masse volumique du titane vaut :

$$\rho = \frac{4}{\sqrt{3}}\frac{M}{\mathcal{N}_A ca^2}$$

L'*application numérique* donne :

$$\rho_{Ti} = \frac{4 \times 47,90.10^{-3}}{\sqrt{3} \times 6,022.10^{23} \times 468.10^{-12} \times (295.10^{-12})^2} = 4509 \text{ kg·m}^{-3}.$$

La masse volumique mesurée est 4510 kg·m^{-3}, l'accord entre les deux valeurs est excellent.

1.4 Structure cubique faces centrées (*c.f.c.*)

La structure cubique faces centrées résulte d'un empilement infini de plan A, B et C.

a. Maille

La structure cubique faces centrées ne comporte pas de maille primitive, la maille de structure utilisée est un cube ; c'est une maille multiple d'ordre 4.

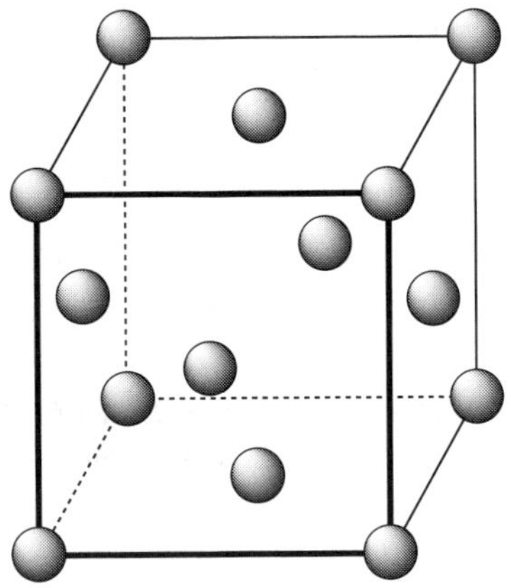

FIGURE 22.15 – Maille de la structure *c.f.c.*

Il y a coïncidence entre la maille du réseau et la maille de structure puisque les atomes se trouvent uniquement sur les nœuds du réseau.

✎ Il est indispensable de bien percevoir que les plans A, B, C de l'empilement dans la structure *c.f.c.* ne correspondent pas aux faces de la maille cubique, mais sont disposés selon les diagonales du cube.

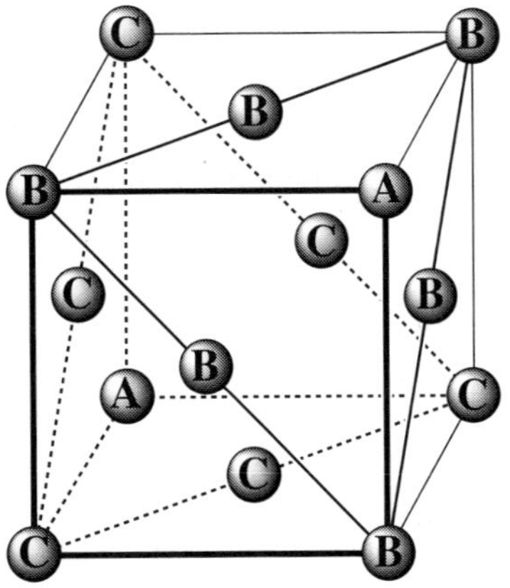

FIGURE 22.16 – Plan A, B, C et maille *c.f.c.*

Les quatre atomes de la maille s'obtiennent par dénombrement :

Position des atomes	Nombre de mailles d'appartenance	Nombre d'atomes	Nombre d'atome par maille
Sommet	8	8	1
Centre des faces	2	6	3
Nombre total d'atomes par maille			**4**

b. Coordinence

Dans la structure *c.f.c.* la coordinence d'un atome est égale à celle de la structure *h.c.* soit 12 puisque l'atome possède le même nombre de voisins (six au sommet de l'hexagone dont il occupe le centre et trois dans les plans supérieurs et inférieurs), d'où :

$$M/M = [12].$$

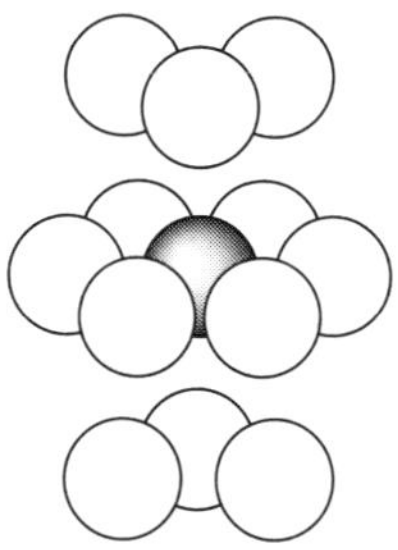

FIGURE 22.17 – Coordinence d'un atome dans la structure *c.f.c.*

c. Compacité

La compacité d'une structure *c.f.c.* est identique à celle de la structure *h.c.* puisqu'il s'agit un assemblage de compacité maximale. Elle peut être calculée par la même méthode que précédemment à partir du paramètre de maille a (longueur de l'arête du cube).
Le volume occupé par les atomes est :

$$V_{atomes} = 4\frac{4}{3}\pi r^3$$

avec r le rayon de l'atome. L'assemblage étant compact, ce rayon peut être rapporté au paramètre de maille a. Puisque trois atomes sont accolés sur la diagonale d'une face du cube, il vient $a = 2\sqrt{2}r$, ce qui conduit à l'expression :

$$V_{atomes} = \frac{\pi}{3\sqrt{2}}a^3.$$

Le volume occupé par la maille cubique est :

$$V_{maille} = a^3.$$

La compacité est alors :

$$C_{(cfc)} = \frac{\pi}{3\sqrt{2}} \approx 0,74.$$

d. Sites cristallographiques

La structure *c.f.c* comprend également des sites octaédriques et tétraédriques dont les rayons d'habitabilité sont identiques à ceux de la structure *h.c.*.

Site octaédrique Dans la structure *c.f.c.*, il existe quatre sites octaédriques par maille. Ils sont positionnés au centre et sur les arêtes de la maille. Le site octaédrique du centre appartient en propre à la maille et ceux des arêtes (12 au total) sont partagés avec les quatre mailles voisines ; ce dénombrement correspond donc à $1 + 12/4 = 4$ sites octaédriques par maille.

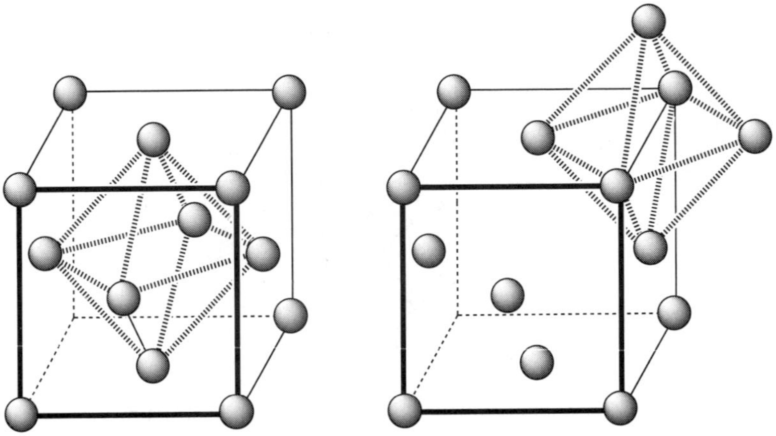

Site octaédrique central Site octaédrique latéral

FIGURE 22.18 – Site octaédrique dans la structure *c.f.c.*

Dans le cas de la structure *c.f.c.*, le rayon d'habitabilité est déterminé à partir du paramètre de maille a : il est égal à la demi-différence entre le paramètre de maille (a) et le diamètre d'un atome ($2.r_{atome}$) :

$$r_o = \frac{a}{2} - r_{atome}.$$

Comme les atomes sont tangents selon la diagonale d'une face de la maille, $a\sqrt{2} = 4r_{atome}$ ce qui conduit à $r_o = \frac{2}{\sqrt{2}}r_{atome} - r_{atome}$, soit :

$$r_o \approx 0{,}414 r_{atome}.$$

Valeur identique à celle établie pour les sites octaédriques de la structure *h.c.*

Site tétraédrique Dans la structure *c.f.c.*, il existe huit sites tétraédriques par maille. Au sein d'une maille, les sites tétraédriques sont positionnés au centre des tétraèdres définis par l'atome d'un sommet de la maille (atome d'un plan A) et les trois atomes contigus placés au centre des faces passant par ce sommet (atomes d'un plan B). Ces positions correspondent aux centres des huit cubes d'arête $\frac{a}{2}$. Tous ces sites appartiennent en propre à la maille, il n'existe pas de site tétraédrique partagé entre des mailles contiguës.

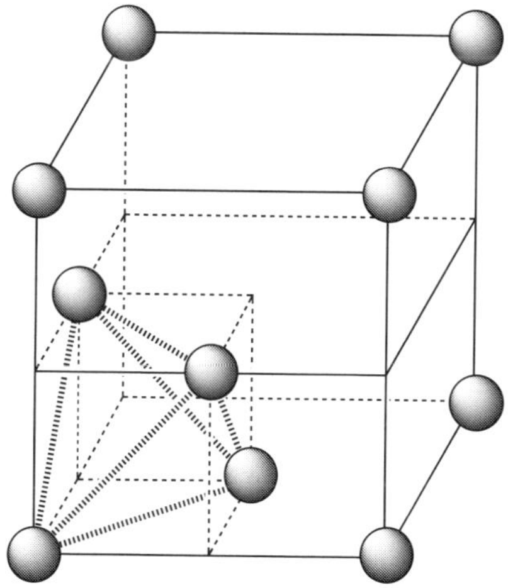

FIGURE 22.19 – Site tétraédrique dans la structure *c.f.c.*

Le rayon d'habitabilité des sites tétraédriques peut être calculé de la manière suivante : le site tétraédrique est inscrit dans un cube d'arête $a/2$, telle que :

$$a\frac{\sqrt{2}}{2} = 2r_{atome}$$

puisque les atomes sont tangents selon la diagonale d'une face de ce cube. Le carré de la diagonale de ce cube vaut :

$$(\frac{a}{2})^2 + (a\frac{\sqrt{2}}{2})^2.$$

La demi-diagonale du cube est la somme du rayon de l'atome et du rayon du site tétraédrique :

$$r_t + r_{atome} = a\frac{\sqrt{3}}{4}.$$

D'après la relation entre a et r_{atome}, $a = 2\sqrt{2}r_{atome}$, le rayon d'habitabilité est :

$$r_t = (\frac{\sqrt{3}}{\sqrt{2}} - 1)r_{atome} \approx 0,225r_{atome}.$$

Valeur identique à celle établie pour les sites octaédriques de la structure *h.c.* Ces rayons d'habitabilité identiques dans les structures *h.c.* et *c.f.c.* sont liés à la condition de compacité maximale vérifiée dans les deux structures.

Les sites tétraédriques de la structure *c.f.c.* sont disposés tout autour du site octaédrique central. La position relative des différents sites dans la structure est résumée sur la figure 22.20

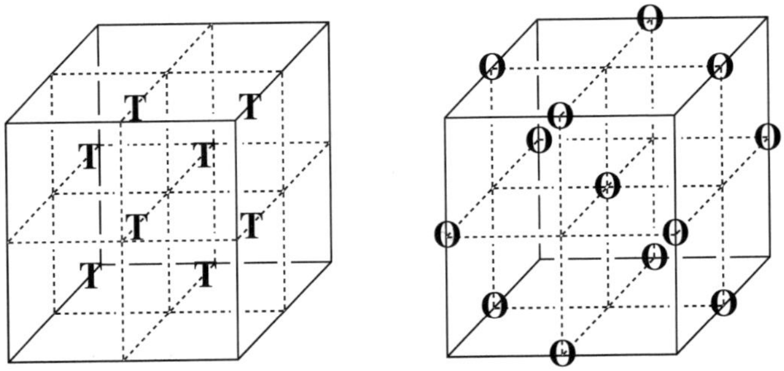

FIGURE 22.20 – Positions des sites tétraédriques et octaédriques dans la structure *c.f.c.*

e. Masse volumique

Comme dans le cas de la structure *h.c.*, la masse volumique d'un métal peut être calculée à partir du paramètre de maille a de la structure cubique faces centrées. Le volume de la maille est :

$$V_M = a^3$$

Comme cette maille comprend quatre atomes par maille, la masse des atomes contenus dans cette maille est $4.M/\mathcal{N}_A$, la masse volumique sera donnée par :

$$\rho = \frac{4M}{\mathcal{N}_A a^3}$$

Réciproquement, le paramètre de la maille peut être estimé à partir de la masse volumique :

$$a = \sqrt[3]{\frac{4M}{\mathcal{N}_A \rho}}.$$

Exercice résolu

Paramètre de maille du calcium

Déterminer le paramètre de maille du calcium (structure *c.f.c.*), sachant que sa masse volumique vaut 1550 kg·m^{-3} ($M_{Ca} = 40{,}08.10^{-3}$ kg·mol^{-1}, $\mathcal{N}_A = 6{,}022.10^{23}$ mol^{-1}).

Réponse :

D'après la formule ci-dessus, la masse volumique du calcium vaut :

$$\rho_{(Ca)} = \frac{4M_{Ca}}{\mathcal{N}_A a^3_{(Ca)}}$$

d'où, la valeur du paramètre de maille a :

$$a_{(Ca)} = \sqrt[3]{\frac{4M_{Ca}}{\mathcal{N}_A \rho_{(Ca)}}}$$

L'*application numérique* donne pour a :

$$a_{(Ca)} = \sqrt[3]{\frac{4 \times 40,08.10^{-3}}{1550 \times 6,022.10^{23}}} = 5{,}55.10^{-10}\ \text{m}$$

Soit 555 pm. La mesure, par diffraction des rayons X, du paramètre de maille du cristal de calcium donne 556 pm. La valeur calculée est en excellent accord avec la mesure.

f. Exemples de métaux possédant la structure *h.c.* ou *c.f.c.*

La plupart des métaux de transition et les métaux lourds adoptent une structure *h.c.* ou *c.f.c.*

1	2	3	4	5	6	7	8	9	10	11	12	13
Li	Be											B
cc	*hc*											
Na	Mg											Al
cc	*hc*											*cfc*
K	Ca	Sc	Ti	V	Cr	Mn	Fe	Co	Ni	Cu	Zn	Ga
cc	*cfc*	*hc*	*hc*	*cc*	*cc*	–	*cc*	*hc*	*cfc*	*cfc*	*hc*	–
Rb	Sr	Y	Zr	Nb	Mo	Tc	Ru	Rh	Pd	Ag	Cd	In
cc	*cfc*	*hc*	*hc*	*cc*	*cc*	*hc*	*hc*	*cfc*	*cfc*	*cfc*	*hc*	–
Cs	Ba	La	Hf	Ta	W	Re	Os	Ir	Pt	Au	Hg	Tl
cc	*cc*	–	*hc*	*cc*	*cc*	*hc*	*hc*	*cfc*	*cfc*	*cfc*	–	*hc*

TABLE 22.1 – Fréquence des structures dans le tableau périodique

En rapprochant les trois structures adoptées par les métaux de la position du métal dans le tableau périodique (voir table 22.1), quelques orientations peuvent dès à présent être précisées :

- Les métaux alcalins adoptent une structure non compacte *c.c.* (examinée plus loin) ;
- Les métaux alcalino-terreux adoptent une structure compacte *c.f.c.* ou *h.c.*, à l'exception du baryum ;
- Les métaux des groupes 3, 4, 5, 6, 7 et 8 adoptent une structure compacte *h.c.* ou non compacte *c.c.* ;
- Les métaux des groupes 9, 10, 11 et 12 adoptent une structure compacte : *c.f.c.*, plus rarement *h.c.*.

Ces régularités indiquent que le nombre d'électrons de valence du métal possède un rôle essentiel dans la structure adoptée par le métal, celle-ci ne repose pas uniquement sur des considérations géométriques.

Si les structures *c.f.c.* sont le plus souvent régulières, les structures *h.c.* s'approchent plus ou moins de la structure hexagonale compacte idéale. Cet écart à l'idéalité peut être évalué en examinant le rapport c/a des structures *h.c.* analysées par diffraction des rayons X.

Métal	c	a	c/a
Béryllium	3,58	2,39	1,498
Magnésium	5,21	3,21	1,623
Zinc	4,95	2,66	1,861
Cobalt$_{\alpha}$	4,08	2,51	1,625
Cadmium	5,62	2,98	1,886
Titane	4,68	2,95	1,586
Maille idéale			1,633

TABLE 22.2 – Paramètres de maille et rapport c/a de quelques métaux courants

Le rapport c/a observé table 22.2 est en général proche de la valeur théorique de la maille idéale (1,633). Dans le cas du zinc ou du cadmium, les atomes qui se trouvent dans le plan compact sont plus proches les uns des autres que leurs voisins immédiats situés dans un plan contigu ; la différence de distance est de l'ordre de 10 % dans le cas du zinc. Ceci indique que des facteurs autres que géométriques peuvent avoir une influence non négligeable sur la structure du cristal.

Exercice résolu

Maille hexagonale

La masse volumique du titane est de 4510 kg·m^{-3}. Comparer cette valeur à celle obtenue à partir du rayon métallique du titane (147 pm) en considérant que le titane cristallise dans la structure *h.c.*. $M_{Ti} = 47{,}90.10^{-3}$ kg·mol^{-1}, $\mathcal{N}_A = 6{,}022.10^{23}$ mol^{-1}.

Réponse :

Dans le cristal de titane adoptant une structure hexagonale compacte, la relation entre les paramètres de maille a et c et le rayon du titane est :

$$c = a\sqrt{\frac{8}{3}} \quad \text{et} \quad a = 2r_{(Ti)}.$$

La masse volumique d'une structure hexagonale en fonction de a et c est :

$$\rho = \frac{4}{\sqrt{3}}\frac{M}{\mathcal{N}_A c a^2}.$$

En écrivant a et c en fonction de r_{Ti} et en simplifiant, on obtient :

$$\rho_{(Ti)} = \frac{M_{Ti}}{4\sqrt{2}.\mathcal{N}_A r_{(Ti)}^3}.$$

L'*application numérique* donne :

$$\rho_{(Ti)} = \frac{47,90.10^{-3}}{4\sqrt{2} \times 6,022.10^{23} \times (147.10^{-12})^3} = 4426 \text{ kg·m}^{-3}$$

La valeur calculée à partir du rayon métallique est différente de 2 % environ de la valeur mesurée car l'empilement dans le cas du titane n'est pas strictement compact. Le rapport $c/a = 1,5864$ montre que cette maille est légèrement déformée (la structure hexagonale compacte idéale possède un rapport $c/a = \sqrt{\frac{8}{3}} = 1,633$).

1.5 Assemblage non compact

Les deux types structuraux précédents ne sont pas les seuls assemblages rencontrés dans les métaux. Il en existe un troisième qui diffère des précédents par sa compacité, ce qui indique que le critère géométrique de compacité maximale ne détermine pas l'organisation du solide métallique à lui seul. Cette structure *cubique centrée* ne comprend pas les plans A, B et C rencontrés dans les structures *h.c.* et *c.f.c.* mais est organisée différemment.

1.6 Structure cubique centrée (*c.c.*)

a. Maille

La maille utilisée pour décrire la structure est une maille multiple d'ordre 2 ; c'est un cube qui comporte deux atomes par maille.

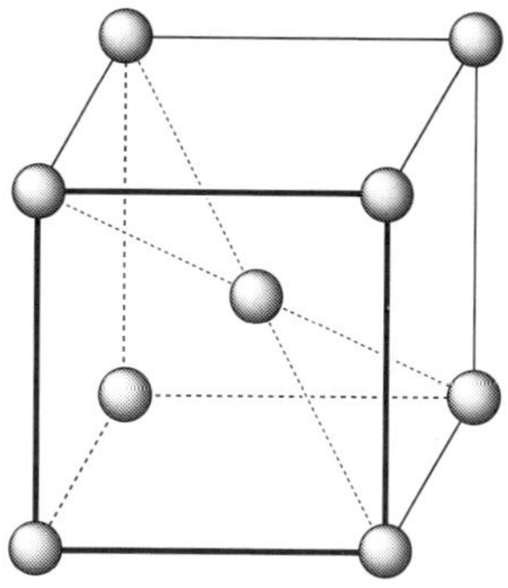

FIGURE 22.21 – Maille de la structure *c.c.*

Les deux atomes de la maille s'obtiennent par dénombrement :

Position des atomes	Nombre de mailles d'appartenance	Nombre d'atomes	Nombre d'atome par maille
Sommet	8	8	1
Centre du cube	1	1	1
Nombre total d'atomes par maille			**2**

b. Coordinence

Dans la structure *c.c.* la coordinence d'un atome est égale à 8 ; l'atome du centre de la maille est au contact des atomes des sommets de la maille.

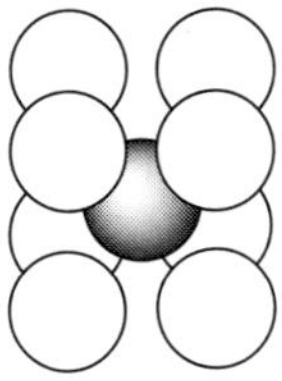

FIGURE 22.22 – Coordinence d'un atome dans la structure *c.c.*

Chaque atome d'un sommet est au contact de huit atomes au centre des mailles contiguës, les atomes des sommets et des centres des mailles ont donc la même coordinence, d'où :

$$M/M = [8].$$

c. Compacité

La compacité d'une structure *c.c.* est inférieure à celle des structures *h.c.* et *c.f.c.* Elle est calculée à partir du paramètre de maille a (longueur de l'arête du cube). Le volume occupé par les atomes (avec r le rayon de l'atome) est :

$$V_{atomes} = 2(\frac{4}{3}\pi r^3).$$

L'assemblage n'est pas compact, mais ce rayon peut être rapporté au paramètre de maille a. Comme trois atomes sont tangents selon la diagonale du cube, celle ci vaut 4 fois le rayon de l'atome. D'après le théorème de PYTHAGORE, l'arête du cube vaut :

$$a = \frac{4}{\sqrt{3}}r$$

ce qui donne l'expression du volume occupé par les atomes :

$$V_{atomes} = \frac{\sqrt{3}\pi}{8}a^3.$$

Le volume occupé par la maille cubique est : $V_{maille} = a^3$, la compacité est donc :

$$C_{(cc)} = \frac{\sqrt{3}\pi}{8} \approx 0,68.$$

d. Sites cristallographiques

La structure *c.c.* ne comprend pas de sites octaédriques et tétraédriques réguliers en raison du mode d'empilement non compact.

e. Masse volumique

Comme précédemment, la masse volumique d'un métal peut être calculée à partir du paramètre de maille a de la structure cubique faces centrées. Le volume de la maille est $V_M = a^3$. Comme cette maille comprend deux atomes par maille, la masse des atomes contenus dans la maille est $2M/\mathcal{N}_A$, la masse volumique sera donnée par :

$$\rho = \frac{2M}{\mathcal{N}_A a^3}.$$

f. Exemples de métaux possédant la structure *c.c.*

Les métaux alcalins adoptent la structure *c.c.* ainsi que certains métaux de transition.
Un métal peut subir une transformation de son réseau sous l'effet de la température, ainsi le titane est hexagonal compact en dessous de 882 °C et adopte, au-dessus de cette température, une structure cubique centrée. Un autre exemple est celui du fer pur qui existe sous différentes formes allotropiques : le fer$_\alpha$ qui est la forme stable à température ambiante (jusqu'à 910 °C) et présente une structure cubique centrée, le fer$_\gamma$, forme stable entre 910 et 1350 °C qui présente une structure cubique faces centrées.
Lorsque du fer est chauffé au delà de 910 °C, le changement de structure cristalline du métal peut être mis en évidence par l'expérience de la **recalescence du fer**. En refroidissant un fil de fer chauffé au delà de 910 °C, on observe d'abord une contraction du fil due à la diminution de la température, puis, à 910 °C, une légère dilatation du fil due à la transition $Fe_\gamma \rightarrow Fe_\alpha$. En continuant à diminuer la température, la contraction se poursuit normalement. Au cours de cette transition $Fe_\gamma \rightarrow Fe_\alpha$, le fer passe d'une structure compacte à une structure moins compacte, ce qui se traduit macroscopiquement par une modification de la longueur du fil.

1.7 Les alliages

Beaucoup de métaux donnent lieu à la formation d'alliages, par exemple le laiton qui est un alliage de cuivre et de zinc, le bronze, alliage de cuivre et d'étain. Bien que ces alliages présentent souvent des structures compactes comme les métaux, il existe cependant des composés pour lesquels l'empilement de sphères de rayons différents conduit à des structures nouvelles dont les propriétés physico-chimiques peuvent être mises à profit en mécanique, électricité... Nous n'examinerons ici que deux types d'alliages simples : les **alliages de substitution** et les **alliages d'insertion**.

a. Alliages de substitution

Les alliages de substitution sont appelés ainsi car ils correspondent au mélange de deux métaux possédant la même structure à l'état pur. Ils sont observés lorsque leurs rayons atomiques ne diffèrent pas trop (moins de 15 %) et que leurs électronégativité sont voisines. Ceci est le cas pour l'alliage cuivre/or : ces deux métaux existent sous la forme *c.f.c.* et leurs alliages sont également des structures *c.f.c.*.

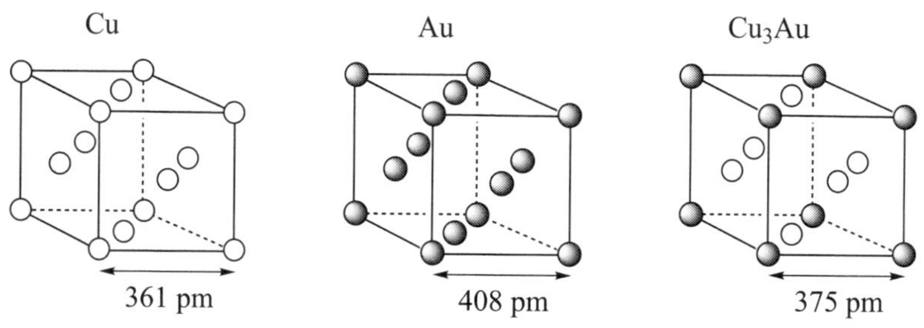

FIGURE 22.23 – Structure *c.f.c.* du cuivre, de l'or et de l'alliage Cu_3Au

La substitution d'atomes d'or dans le cuivre peut conduire à des structures dans lesquelles les atomes des deux métaux sont disposés au hasard dans la maille (seul le rapport entre les espèces reste constant) ou bien de façon régulière. Ainsi un alliage CuAu peut exister sous deux formes, une forme désordonnée dans laquelle la maille est cubique, une forme ordonnée dans laquelle la maille est quadratique.

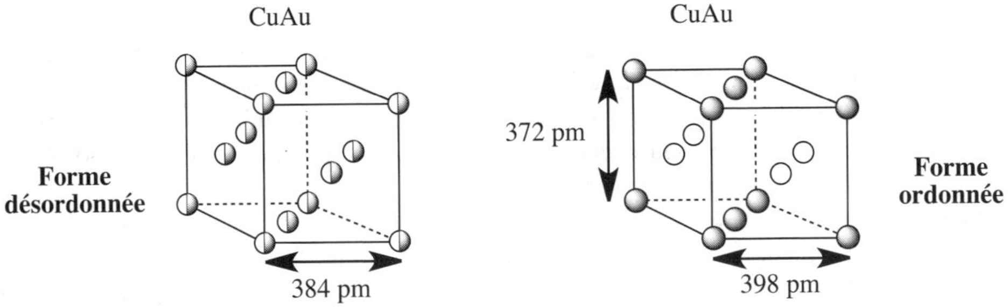

FIGURE 22.24 – Structures des alliages CuAu

Dans certains alliages le rôle de la structure électronique des métaux peut avoir une importance essentielle pour la géométrie de la maille.

b. Alliages d'insertion

Les alliages d'insertion apparaissent lorsqu'un des atomes est nettement plus petit que l'autre. L'atome le plus petit peut se loger dans un site du réseau-hôte sans entraîner une déformation trop importante.

Les alliages d'insertion les plus fréquents sont issus d'un arrangement de type *c.f.c.* pour le réseau-hôte, les atomes d'insertion étant disposés dans les sites octaédriques de cette structure.

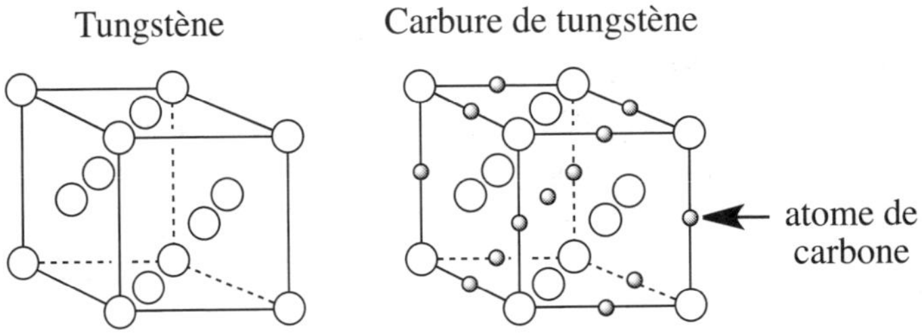

FIGURE 22.25 – Alliage d'insertion dans un réseau *c.f.c.* (carbure de tungstène)

Le carbure de tungstène est un alliage très résistant utilisé pour les outils de coupe en mécanique.

2 Cristaux covalents

Le carbone existe sous plusieurs formes allotropiques dont deux, le diamant et le graphite, peuvent être décrites au moyen des assemblages examinés précédemment. Ces assemblages correspondent à des empilements non compacts.

2.1 Le diamant

Le diamant cristallise dans un réseau cubique dans lequel la longueur de l'arête de la maille est de 356,7 pm. Les atomes de carbone sont distants les uns aux autres de 154,5 pm ; les angles $\widehat{CCC}$ sont de 109°28'.

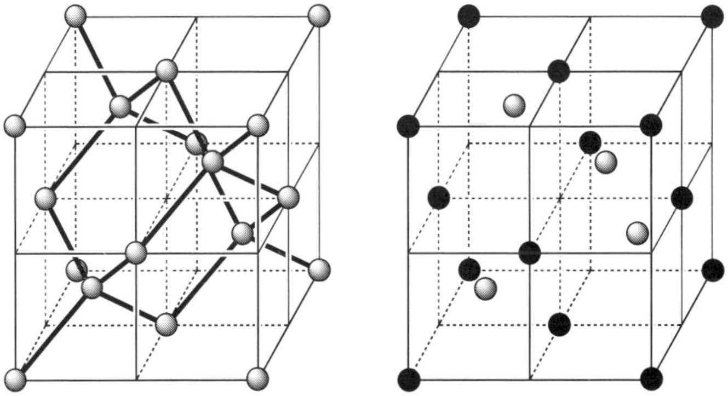

FIGURE 22.26 – Maille du carbone diamant

La structure de la maille du diamant peut être rapprochée d'une maille cubique faces centrées possédant un atome de carbone sur chaque nœud du réseau et dans lequel la moitié des sites tétraédriques de la maille sont occupés par des atomes de carbone ; les sites tétraédriques occupés sont positionnés de manière alternée dans la maille (le dessin de droite montre les carbones occupant des sites tétraédriques en gris et les carbones positionnés sur une structure *c.f.c.* en noir).

✎ Cette description de la maille du carbone diamant au moyen d'une maille *c.f.c.* avec la moitié des sites tétraédriques occupés prête à confusion car elle ne prend pas en compte le volume réel des atomes. Les atomes de carbone de la structure *c.f.c.* dans le diamant ne constituent pas un assemblage compact. Si tel était le cas, les sites tétraédriques dont le rayon d'habitabilité est de $0,225 r_{atome}$ ne permettraient pas l'insertion d'atomes de carbone sans une déformation importante de la structure.

Le dénombrement des atomes contenus dans la maille du diamant est :

Position des atomes	Nombre de mailles d'appartenance	Nombre d'atomes	Nombre d'atome par maille
Sommet	8	8	1
Face	2	6	3
Intérieur	1	4	4
Nombre total d'atomes par maille			**8**

a. Coordinence et compacité

Dans le diamant, chaque atome de carbone est lié à quatre autres atomes de carbone, chacun de ces atomes étant au centre d'un tétraèdre défini par les quatre plus proches voisins ; la coordinence des atomes de carbone dans le diamant est :

$$C/C = [4].$$

Bien que la compacité du diamant ne puisse être définie aussi rigoureusement que dans le cas des métaux pour lesquels l'approximation sphérique des atomes est raisonnable, une valeur approchée de cette compacité permettant la comparaison avec les métaux peut être déterminée au moyen du rayon de covalence du carbone (77 pm). la longueur d'une liaison carbone – carbone est égale à la moitié de la diagonale d'un cube d'arête *a*/2. Le rapport entre l'arête *a* et le rayon de covalence r_c est donc :

$$a = \frac{8r_c}{\sqrt{3}}.$$

La compacité d'une telle structure est alors :

$$C = \frac{V_{atome}}{V_{maille}} = \frac{8\frac{4}{3}\pi r_c^3}{(\frac{8}{\sqrt{3}}r_c)^3}.$$

Ainsi :

$$C = \frac{\pi\sqrt{3}}{16} = 0,34.$$

soit moins de la moitié de la compacité d'une structure compacte *c.f.c.* ou *h.c.*. En réalité la compacité est plus élevée que 0,34, car les rayons de covalence sont plus faibles que les rayons métalliques.

b. Propriétés physiques

La masse volumique calculée du diamant est donnée par :

$$\rho = \frac{8M_C}{\mathcal{N}_A a^3}.$$

En prenant $M_C = 12{,}011.10^{-3}$ kg·mol^{-1}, on obtient une masse volumique :

$$\rho = \frac{8 \times 12,011.10^{-3} \times 10^{36}}{6,022.10^{23} \times (356,7)^3} = 3515 \text{ kg·m}^{-3}.$$

La valeur observée est de 3514 kg·m^{-3}, ce qui est en excellent accord.
La structure tridimensionnelle du carbone diamant au sein de laquelle les atomes sont associés par des liaisons très énergétiques explique certaines propriétés physiques remarquables :
- une température de fusion très élevée ($\Theta_F > 3550$ °C en atmosphère inerte) ;
- une dureté très élevée (10 sur l'échelle de dureté de MOHS, valeur la plus élevée, le diamant raye tous les autres corps et n'est rayé par aucun) ;
- un très faible coefficient de dilatation volumique $1{,}06.10^{-6}$ K^{-1} ;

- une conductivité électrique très faible (10^{18}- 10^{-18} $S{\cdot}m^{-1}$) qui fait du diamant un isolant (les électrons de la structure ne sont pas mobiles).

D'autres solides covalents possèdent la même structure : le silicium ($a = 543$ pm), le germanium ($a = 565{,}7$ pm), l'étain gris (ou étain α, $a = 649{,}1$ pm).

Exercice résolu

Paramètre de la maille du germanium

La masse volumique du germanium est de 5323 $kg{\cdot}m^{-3}$, sa masse molaire atomique de $72{,}61.10^{-3}$ $kg{\cdot}mol^{-1}$. Sachant qu'il possède la maille du diamant, déterminer le paramètre de la maille ($\mathcal{N}_A = 6{,}022.10^{23}$ mol^{-1}).

Réponse :

Le diamant possède une maille cubique comportant 8 atomes par maille. La relation entre la masse volumique et le paramètre de maille est :

$$\rho = \frac{8M_{Ge}}{\mathcal{N}_A a^3} \qquad \text{d'où} \qquad a = \sqrt[3]{\frac{8M_{Ge}}{\rho \mathcal{N}_A}}$$

Application numérique : $a_{Ge} = \sqrt[3]{\dfrac{8 \times 72{,}61.10^{-3}}{5323 \times 6{,}022.10^{23}}} = 565{,}9.10^{-12}$ m.

La valeur expérimentale du paramètre a_{Ge} déterminée par diffraction des rayons X est de 565,8 pm en excellent accord avec la valeur déterminée par le calcul.

2.2 Le graphite

Le graphite existe sous deux formes : α et β, nous ne nous intéresserons ici qu'à la forme α, la plus commune. Dans cette forme, les atomes de carbone sont disposés selon des plans parallèles (il s'agit des plans réticulaires pour lesquels la densité surfacique d'atomes est maximale) avec une alternance de type AB, analogue à celle rencontrée dans la structure hexagonale compacte (la maille du graphite n'est pas compacte, voir ci-dessous).

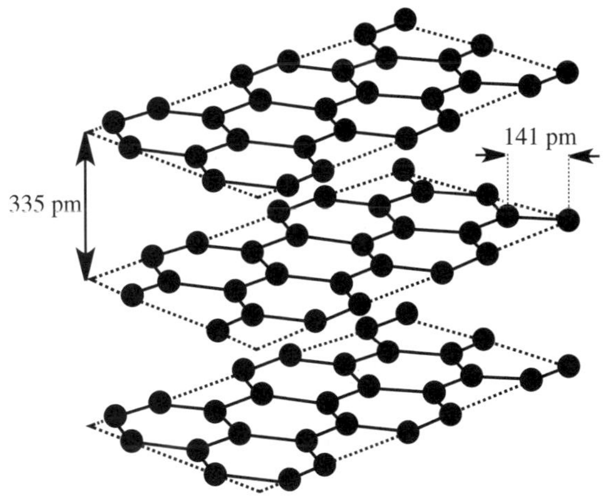

FIGURE 22.27 – Structure du carbone graphite

La maille du graphite est une maille hexagonale :

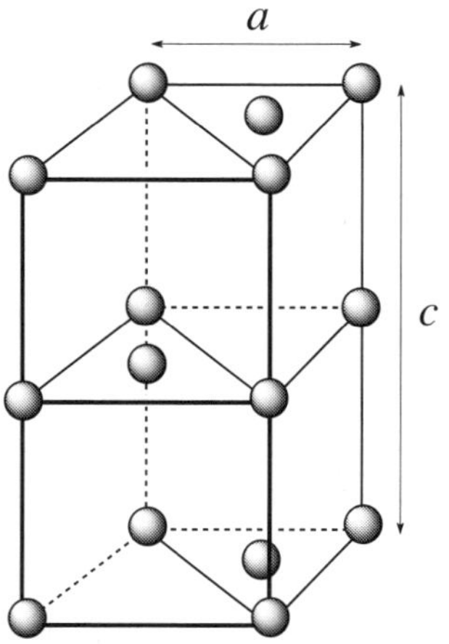

FIGURE 22.28 – Maille du graphite

Les paramètres de la maille sont $a = 245{,}1$ pm ; $c = 670{,}8$ pm.
Comme c/a est égal à 2,36, la **structure n'est pas compacte**. La maille contient 4 atomes par maille ; le dénombrement de ces atomes est le suivant :

Position des atomes	Nombre de mailles d'appartenance	Nombre d'atomes	Nombre d'atome par maille
Sommet	8	8	1
Base	2	2	1
Arête latérale	4	4	1
Intérieur	1	1	1
Nombre total d'atomes par maille			**4**

À la différence du diamant dans lequel le type de liaison entre les atomes de carbone est unique dans tout le cristal, le graphite met en jeu deux types de liaison :

- des liaisons covalentes au sein des plans, plus courtes (141,5 pm) et plus solides que celles du diamant ;
- des liaisons de type VAN DER WAALS perpendiculairement aux plans, plus longues et moins solides (335,4 pm) que celles du diamant.

Cette anisotropie des liaisons entre atomes de carbone dans le graphite permet d'expliquer l'anisotropie de certaines propriétés physico-chimiques du graphite (la conductivité électrique notamment). D'autre part, la faible énergie des liaisons de VAN DER WAALS entre les plans explique leur aptitude à glisser les uns par rapport aux autres et ainsi le caractère lubrifiant du graphite. Cependant, des études récentes montrent que l'insertion de gaz entre les plans est en partie responsable du caractère lubrifiant du graphite (sous vide, les propriétés lubrifiantes du graphite sont diminuées d'un facteur 8).

Enfin la grande distance entre les plans permet la formation de composés d'intercalation, notamment de métaux alcalins. Ainsi le potassium à l'état de vapeur (à 300 °C) s'intercale entre les plans du graphite pour donner un composé défini et coloré : C_8K. Ce composé possède une structure régulière dérivée du graphite : les plans d'atomes de carbone sont plus espacés (540 pm) que dans le graphite, disposés régulièrement et non selon une alternance ABAB comme dans le graphite. Les atomes de potassium placés au centre d'un hexagone forment un réseau de grande dimension (distance KK = 490 pm).

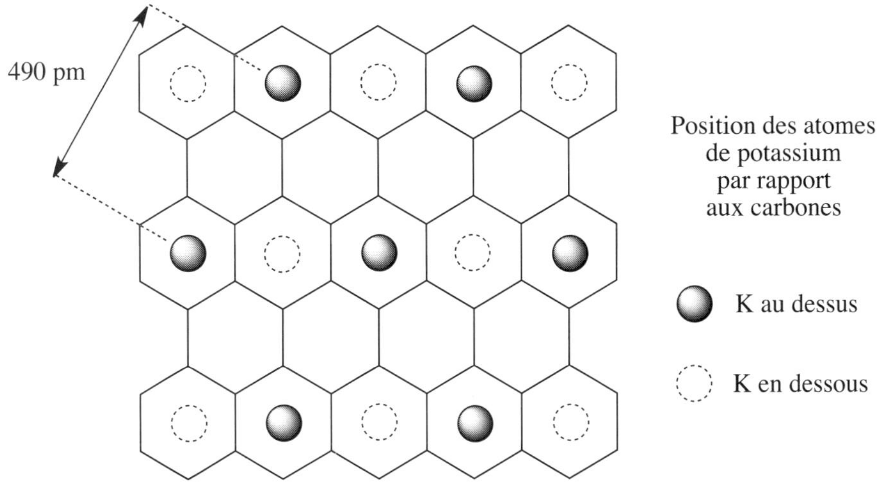

FIGURE 22.29 – Projection verticale de la structure du composé C_8K

Les composés d'intercalation présentent des propriétés physico-chimiques différentes de celles du graphite, particulièrement une augmentation de la conductivité.

3 Cristaux ioniques

3.1 Généralités

Les cristaux ioniques sont composés d'ions de signes contraires et leur interaction dans les cristaux ioniques sont modélisées par :

- une interaction coulombienne entre ions dont l'énergie varie comme l'inverse de la distance entre ceux-ci, énergie attractive lorsque les ions s'entourent d'ions de signe opposé ;
- une interaction répulsive à très courte distance, qui s'explique par le principe de PAULI ;

ces deux interactions conduisant à l'existence d'une distance d'équilibre. Les ions sont décrits comme des sphères dures chargées.

Pour avoir une contribution coulombienne stabilisante, chaque ion s'entoure d'un maximum d'ions de signe opposé, ces ions de signe différent étant alors en contact.

Les gros ions (les anions en règle générale) se groupent de manière compacte autour des petits ions (les cations en général) ; la proposition inverse n'est pas valable : en effet à égalité de charges, un petit ion exerce à sa périphérie un champ électrique plus intense qu'un gros ion. Ainsi les cations s'entourent d'un nombre maximal et ce nombre est fonction des tailles relatives des anions et des cations.

a. Structures MX

En première approximation, le type structural adopté par un composé ionique constitué d'un anion et d'un cation dépend du rapport des rayons ioniques (r_+/r_-). Il est possible de distinguer quatre grands domaines dont les principales caractéristiques sont présentées table 22.3 :

r_+/r_-	0,15 – 0,23	0,23 – 0,41	0,41 – 0,73	0,73 – 1,37
Figure de coordination	Triangle équilatéral	Tétraèdre	Octaèdre	Cube
Coordinence	3	4	6	8
Type	BN	ZnS	NaCl	CsCl
Exemples	BN	MgTe, BeO, BeS	LiI, CaS, SrS	CsI, CsBr

TABLE 22.3 – Taille des ions et coordination dans les solides ioniques MX

Les caractéristiques de ces différents types structuraux peuvent être établies en examinant l'évolution du rapport r_+/r_-. Considérons un cation et un ensemble d'anions ; dans une situation initiale pour laquelle $r_+ = r_-$, la structure stable de compacité maximale est du type *chlorure de césium*, chaque cation est au centre d'un cube dont les sommets sont occupés par des anions. Lorsque le rapport r_+/r_- diminue, les anions arrivent au contact les uns des autres. Dans cette situation, la relation entre r_+ et r_- permet de calculer le rayon limite du cation présent dans la cavité centrale : l'arête du cube est égale à $2r_-$ et la diagonale du cube vaut $2(r_+ + r_-)$. Le rapport entre la diagonale d'un cube et son arête est égal à $\sqrt{3}$, il vient :

$$2(r_+ + r_-) = 2\sqrt{3}r_-$$

d'où :

$$r_+ = r_-(\sqrt{3} - 1) = 0,73r_-$$

Lorsque $r_+ < 0,73r_-$, le cation ne remplit pas la cavité centrale et l'ensemble adopte une structure plus compacte correspondant au type *chlorure de sodium*. Dans ce type structural de coordinence 6, chaque cation est au centre d'un octaèdre dont les sommets sont occupés par des anions. L'arête de l'octaèdre est égale à $2r_-$ et la diagonale vaut $2(r_+ + r_-)$. Le rapport entre la diagonale d'un octaèdre et son arête est égal à $\sqrt{2}$, il vient :

$$2(r_+ + r_-) = 2\sqrt{2}r_-$$

d'où :

$$r_+ = r_-(\sqrt{2} - 1) = 0,41r_-.$$

Lorsque $r_+ < 0,41r_-$, un autre type structural tend à se réaliser : la structure de *type blende*. Dans ce type structural de coordinence 4, chaque cation est au centre d'un tétraèdre dont les sommets sont occupés par des anions. L'arête du tétraèdre est égale à $2r_-$, à partir des calculs effectués sur les sites tétraédriques, on montre que :

$$2(r_+ + r_-) = \sqrt{3}\sqrt{2}r_-$$

d'où :

$$r_+ = r_-(\sqrt{\frac{3}{2}} - 1) = 0,22r_-.$$

Lorsque l'ion positif devient encore plus petit ($r_+ < 0,22r_-$), un dernier type structural, assez rare, peut se réaliser, celui du *nitrure de bore* ou graphite blanc. Dans ce type structural de coordinence 3, chaque cation est au centre d'un triangle dont les sommets sont occupés par des anions. Le côté du triangle est égal à $2r_-$ et on montre que :

$$r_+ + r_- = \frac{2}{\sqrt{3}}r_-$$

d'où :

$$r_+ = r_-(\sqrt{\frac{4}{3}} - 1) = 0,15r_-.$$

Trois types structuraux MX sont examinés ici : les types CsCl, NaCl et ZnS.

b. Structure type CsCl

Le chlorure de césium cristallise dans un réseau cubique simple. L'ion césium occupe le centre de la maille et est entouré par huit ions chlorure qui occupent les sommets du cube. Chaque ion est entouré de huit voisins de signe contraire, la maille de structure contient un ion chlorure et un ion césium.

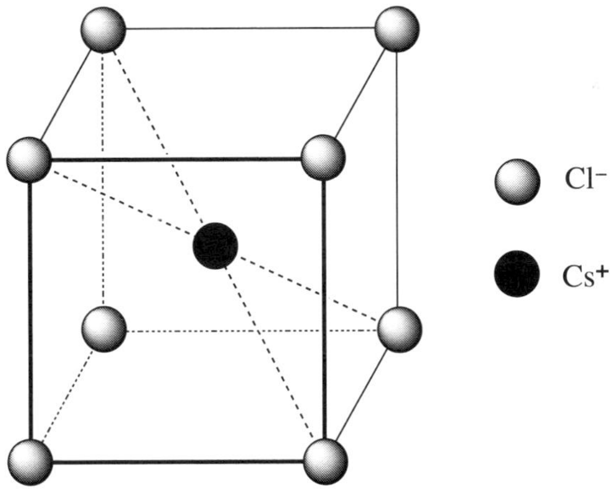

FIGURE 22.30 – Structure du chlorure de césium

Les positions des ions Cl^- et Cs^+ sont équivalentes, les coordinences sont égales :

$$Cl^-/Cs^+ = [8] \quad \text{et} \quad Cs^+/Cl^- = [8].$$

Comme les ions sont tangents selon la diagonale du cube, on a la relation :

$$r_+ + r_- = \frac{a\sqrt{3}}{2}.$$

Exemples de solides ioniques possédant la structure chlorure de césium :

Cristal	CsBr	CsCl	CsI	NH_4Br	NH_4Cl
r_+/r_-	1,00	0,80	0,73	0,68	0,59
a / pm	429	412	457	406	388

TABLE 22.4 – Rapports r_+/r_- des structures de type CsCl et paramètres de maille

La comparaison des rapports r_+/r_- dans la table 22.4 montre que le modèle purement géométrique ne s'applique pas à toutes les structures examinées. Dans le cas des espèces NH_4Br et NH_4Cl, l'approximation sphérique appliquée à l'ion NH_4^+ est certainement trop éloignée de la réalité.

c. Structure type NaCl

Le chlorure de sodium cristallise dans un réseau cubique faces centrées. Les ions chlorure occupent les nœuds du réseau et les ions sodium occupent le milieu des arêtes de la maille et le centre de la maille (c'est-à-dire les sites octaédriques du réseau des anions). Chaque ion est entouré de six voisins de signe contraire, lesquels occupent les sommets d'un octaèdre dont il est le centre.

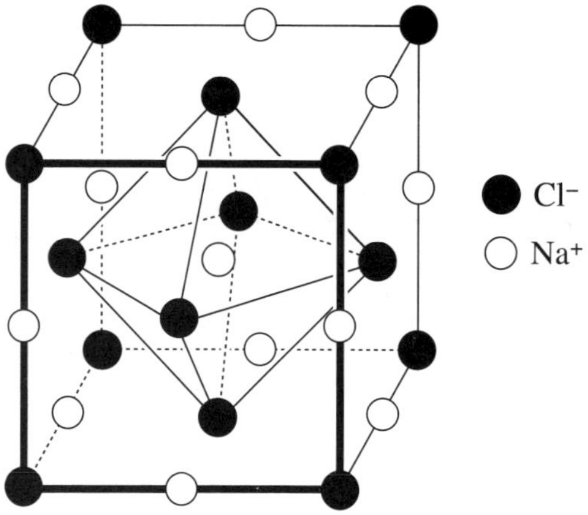

FIGURE 22.31 – Structure du chlorure de sodium

La maille de structure contient 4 ions chlorure et quatre ions sodium. Les positions des ions Cl^- et Na^+ sont équivalentes, les coordinences sont égales :

$$Cl^-/Na^+ = [6] \quad \text{et} \quad Na^+/Cl^- = [6].$$

Les ions sont tangents selon une arête du cube, on a la relation :

$$r_+ + r_- = \frac{a}{2}.$$

Exemples de solides ioniques possédant la structure chlorure de sodium :

Cristal	KF	CaO	KCl	KBr	LiF	NaCl	NaI	LiBr
r_+/r_-	1,00	0,80	0,73	0,68	0,59	0,54	0,45	0,40
a / pm	533	480	628	659	402	563	646	549

TABLE 22.5 – Rapports r_+/r_- des structures de type NaCl et paramètres de maille

La table 22.5 indique que les valeurs du rapport r_+/r_- s'écartent notablement des domaines de stabilité déterminés précédemment ; le fluorure de potassium cristallise dans le système NaCl avec $r_+/r_- = 1$ alors que la limite r_+/r_- est de 0,73. Le critère géométrique n'est donc pas suffisant pour expliquer la stabilité des structures.

d. Structure type ZnS

La blende (sulfure de zinc) possède une structure voisine de celle du diamant. Elle cristallise dans un réseau cubique faces centrées dont les nœuds sont occupés par les ions sulfure (S^{2-}), les ions zinc occupant la moitié des sites tétraédriques de la maille. Chaque ion est entouré de quatre voisins de signe contraire, lesquels occupent les sommets d'un tétraèdre dont il est le centre.

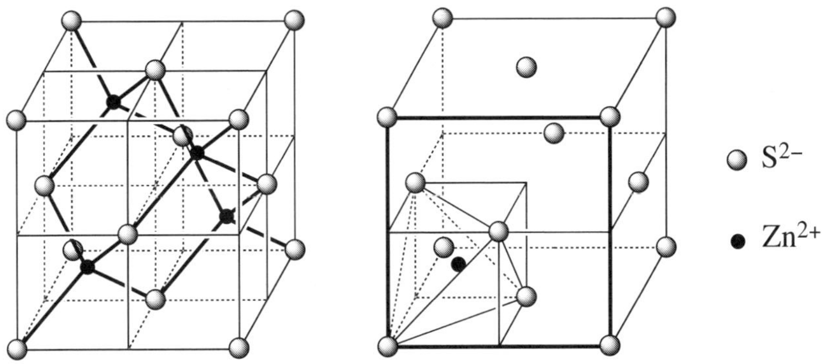

FIGURE 22.32 – Structure de la blende

La maille de structure contient 4 ions sulfure et quatre ions zinc. Les positions des ions S^{2-} et Zn^{2+} sont équivalentes, les coordinences sont égales : $S^{2-}/Zn^{2+} = [4]$ et $Zn^{2+}/S^{2-} = [4]$. Comme les ions sont tangents selon la diagonale du cube d'arête $\frac{a}{2}$, on a la relation :

$$r_+ + r_- = \frac{a\sqrt{3}}{4}.$$

Exemples de solides ioniques possédant la structure blende :

Cristal	HgS	AgI	CdS	CuCl	ZnS	CuI	BeS
r_+/r_-	0,54	0,52	0,51	0,42	0,40	0,35	0,20
a / pm	585	647	583	542	541	605	486

TABLE 22.6 – Rapports r_+/r_- des structures de type ZnS et paramètres de maille

Ici encore, les valeurs expérimentales rassemblées table 22.6 montrent que le critère géométrique est insuffisant pour expliquer la stabilité de la structure blende pour tous les composés qui cristallisent selon ce type.

3.2 Composés du type MX_2 (type Fluorine)

La fluorine (fluorure de calcium, CaF_2) cristallise dans un réseau cubique : les ions calcium sont disposés selon une structure *c.f.c.* avec les ions fluorure occupant tous les sites tétraédriques de la maille (partie gauche du dessin 22.33). La longueur de l'arête de la maille est de 546 pm.

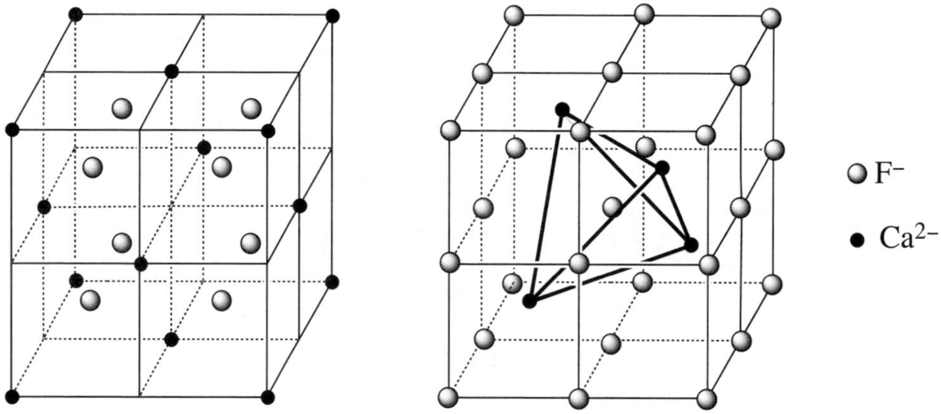

FIGURE 22.33 – Structure de la fluorine

Une structure de la fluorine équivalente à celle présentée ci-dessus correspond à un assemblage du type chlorure de césium. Les anions fluorure occupent les sommets d'un cube et le cation est au centre d'une cavité sur deux (partie droite du dessin 22.33). La maille comprend huit cubes possédant des anions sur tous les sommets, un cube sur deux possède un cation calcium central, l'ensemble de ces cations constitue un tétraèdre.

Comme il y a deux fois plus d'anions que de cations, les coordinences de ces deux ions sont différentes ; 4 pour les ions fluorure, 8 pour les ions calcium, soient :

$$\text{Ca/F} = [8] \quad \text{et} \quad \text{F/Ca} = [4].$$

Exemples de solides ioniques possédant la structure fluorine :

Cristal	BaF_2	SrF_2	ThO_2	CaF_2	CeO_2	$SrCl_2$	ZrO_2	CuF_2
r_+/r_-	1,07	0,95	0,83	0,80	0,78	0,70	0,66	0,53
a / pm	618	580	560	546	541	698	508	541

TABLE 22.7 – Rapports r_+/r_- des structures de type CaF_2 et paramètres de maille

Pour les composés de type MX_2, il n'existe pas de règles analogues à celles proposées pour les composés MX qui permettent de trouver le type structural de l'espèce chimique en fonction du rapport des rayons ioniques. Il est cependant possible de dégager l'orientation générale suivante :

- un rapport r_+/r_- supérieur à 0,73 favorise le **type structural fluorine** avec un nombre de coordination cationique 8 ;
- entre 0,73 et 0,41, un autre type structural prédomine, le **type rutile** (TiO_2) dont le nombre de coordination cationique est 6 ;
- enfin, lorsque r_+/r_- devient inférieur à 0,41 le type structural dominant est le **type quartz** (SiO_2) de nombre de coordination cationique 4.

4 Cristaux moléculaires

Les cristaux moléculaires sont des assemblages de molécules qui conservent leur individualité au sein du cristal, à la différence des cristaux métalliques, ioniques et covalents. Presque toutes les molécules organiques cristallisées appartiennent à ce type. L'énergie de cohésion provient de liaisons de type VAN DER WAALS et parfois de liaisons hydrogène. Les espèces simples, tels les gaz nobles, s'associent en assemblages compacts car elles possèdent la symétrie sphérique : le néon, l'argon, le krypton et le xénon cristallisent dans la structure *c.f.c.*. Les molécules diatomiques telles que H_2, CO, N_2 s'associent dans des empilements *h.c.* à des températures où ces molécules tournent sur elles-mêmes ; ce mouvement confère à la molécule une symétrie sphérique dynamique.

Un exemple remarquable de cristal moléculaire est constitué par la glace I, forme cristallisée de l'eau à 0 °C et à pression atmosphérique. Les molécules d'eau cristallisent dans une structure hexagonale (voir figure 22.34), chaque molécule est liée à quatre voisins par des liaisons hydrogène : deux liaisons à partir des doublets non liants de l'atome d'oxygène et deux à partir des atomes d'hydrogène de la molécule. Chaque atome d'oxygène possède deux atomes d'hydrogène proches et deux atomes d'hydrogène éloignés . Les angles $\widehat{OOO}$ sont très proches de 109,5°, alors que les angles $\widehat{HOH}$ sont de 105°(voir figure 22.35 page 820).

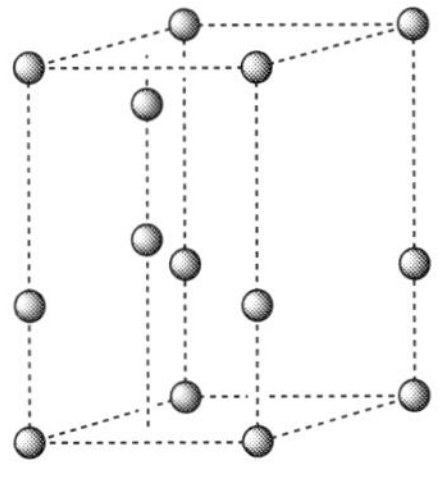

FIGURE 22.34 – Maille de structure de la glace I (seuls les oxygènes sont représentés)

Les liaisons hydrogène confèrent à la glace une grande énergie de cohésion qui peut être estimée à partir de l'enthalpie de sublimation de la glace. Cette enthalpie est de 50,8 $kJ{\cdot}mol^{-1}$ et chaque molécule est liée globalement par deux liaisons hydrogène (4 liaisons en tout mais le partage de chaque liaison hydrogène avec une autre molécule impose de diviser par deux le nombre de liaisons). L'énergie de la liaison hydrogène dans l'eau peut être estimée à 25,4 $kJ{\cdot}mol^{-1}$ en considérant que la cohésion du solide n'est due qu'à ce seul facteur.

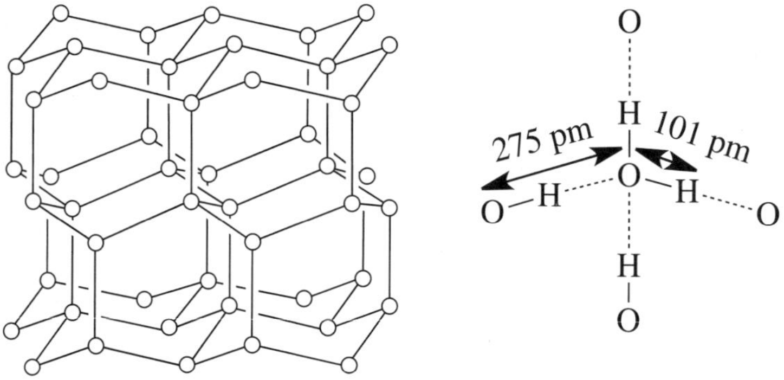

FIGURE 22.35 – Structure de la glace I (seuls les atomes d'oxygènes sont représentés)

Il est possible de calculer la masse volumique de la glace I ; les paramètres de la maille de structure sont $a = 452$ pm et $c = 737$ pm et la maille contient 4 molécules d'eau (une à chaque sommet comptant pour 1/8, une sur chaque face latérale partagée entre quatre mailles comptant pour 1/4 et 2 à l'intérieur de la maille lui appartenant en propre). La masse volumique calculée de la glace est alors :

$$\rho = \frac{8M}{\sqrt{3}.\mathcal{N}_A ca^2}.$$

Soit :

$$\rho = \frac{144,12}{\sqrt{3} \times 6,022.10^{23} \times 737 \times 452^2.10^{-36}} = 0{,}917\ \text{kg}{\cdot}\text{m}^{-3}.$$

La valeur calculée est en très bon accord avec la valeur expérimentale $\rho = 0{,}92$ $kg{\cdot}m^{-3}$. L'eau est une espèce chimique dont le comportement est inhabituel puisqu'elle est plus dense à l'état liquide qu'à l'état solide. La fusion de la glace s'accompagne d'une destruction partielle des liaisons hydrogène et conduit à un état dans lequel les molécules sont en moyenne plus proches les unes des autres.

La glace existe sous de nombreuses variétés allotropiques distinctes (neuf sont bien établies) ; l'obtention de chaque variété est déterminée par des conditions de température et de pression spécifiques. La variété allotropique glace III se forme au dessous de -20 °C à des pressions comprises entre 2 et 4 kbar. Cette variété possède une structure de type diamant : les oxygènes de la molécule d'eau sont positionnés sur les nœuds d'un réseau *c.f.c.* ainsi qu'au centre d'un site tétraédrique sur deux de la maille comme les atomes de carbone dans le diamant. Cette variété allotropique de la glace possède une masse volumique de 1,16 $kg{\cdot}m^{-3}$.

Pour les cristaux moléculaires en général, à mesure que la symétrie de la molécule qui constitue le cristal diminue, celle des cristaux diminue également ; ainsi, la plupart des molécules organiques cristallisent dans des organisations de basse symétrie (orthorhombique, monoclinique ou triclinique).

Exercice résolu

Masse volumique du benzène cristallisé

Le benzène (C_6H_6) cristallise à 100 K dans le système rhomboédrique à raison de 4 molécules par maille. La masse molaire moléculaire du benzène est $78{,}11.10^{-3}$ kg·mol^{-1}. Les paramètres de maille sont $a = 678{,}1$ pm, $b = 740{,}9$ pm, $c = 945{,}4$ pm, $\alpha = \beta = \gamma = 90$ °. Calculer la masse volumique du benzène cristallisé. ($\mathcal{N}_A = 6{,}022.10^{23}$ mol^{-1}). Comparer la valeur obtenue à la masse volumique du benzène liquide ($\rho_{(\ell)} = 873{,}6$ kg·mol^{-1} à 25 °C)

Réponse :

Le volume de la maille vaut : $V_{maille} = abc$; la masse d'une maille est : $m_{maille} = \dfrac{4m_{benzene}}{\mathcal{N}_A}$.

La masse volumique du benzène cristallisé vaut : $\rho_{(s)} = \dfrac{m_{maille}}{V_{maille}}$, soit :

$$\rho_{(s)} = \frac{4 \times 78,11.10^{-3}}{678,1 \times 740,9 \times 945,4 \times (10^{-12})^3 \times 6,022.10^{23}} = 1092 \text{ kg·mol}^{-1}.$$

Soit une valeur 25 % plus élevée que la masse volumique du benzène liquide à température ambiante. Le benzène cristallisé correspond à une organisation plus compacte de la matière que l'état liquide.

Les fullerènes

En septembre 1985, l'équipe de H.W. KROTO (prix NOBEL de Chimie en 1996) a mis en évidence de nouvelles variétés allotropiques du carbone, qui correspondent à des solides *moléculaires* dans lesquels les unités carbonées sont des structures comportant un nombre n fini d'atomes de carbone. Jusqu'à cette date, les seuls composés connus du carbone (graphite et diamant) étaient des formes non moléculaires. Ces nouvelles variétés allotropiques du carbone sont désignées aujourd'hui sous le nom générique de buckminsterfullerènes ou fullerènes (en référence à l'architecte R. B. FULLER) et possèdent la formule générique C_n dans laquelle n est pair. Le fullerène C_{60} a été le premier composé isolé de cette nouvelle famille de produits et, depuis 1985, de nombreux autres composés appartenant à la même famille ont été isolés et caractérisés : C_{70}, C_{76}, C_{78}, C_{84}, C_{90} et C_{94} ; certains possèdent plusieurs isomères et parfois des stéréoisomères. Les fullerènes sont des molécules en forme de cage constituées par l'assemblage de pentagones et d'hexagones ; deux propriétés générales les caractérisent :

- la présence de 12 pentagones dans toutes les structures ;
- un nombre d'hexagones égal à $\frac{n}{2} - 10$ (n est le nombre d'atomes de carbone).

- la présence de 12 pentagones dans toutes les structures ;
- un nombre d'hexagones égal à $\frac{n}{2} - 10$ (n est le nombre d'atomes de carbone).

Le fullerène C_{60}, constitué de 60 atomes de carbone, possède la géométrie d'un icosaèdre (polyèdre de 20 triangles équilatéraux) tronqué sur chaque sommet. La molécule possède 32 faces, 60 sommets et 90 arêtes de 140 pm de longueur ; son diamètre est de 700 pm. D'après la formule ci-dessus, il apparaît que le C_{60} est constitué de 12 pentagones et de 20 hexagones, chaque pentagone est entouré de cinq hexagones.

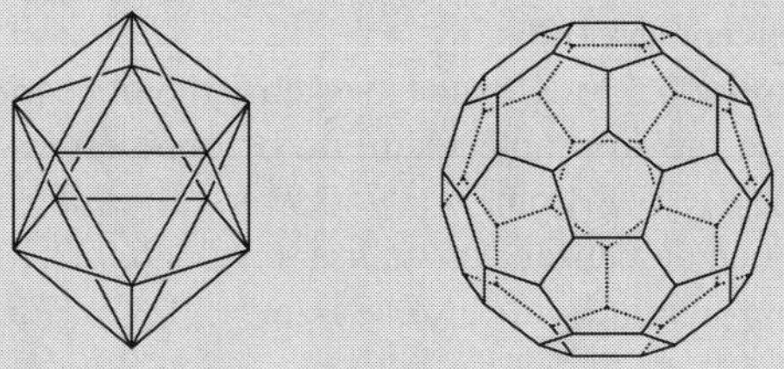

FIGURE 22.36 – Icosaèdre et fullerène C_{60}

Les fullerènes sont parfois sphériques, parfois tubulaires ou sans forme particulière, mais toujours fermés sur eux-mêmes, les formes pour lesquelles $n > 60$ ne présentent pas de pentagones contigus.

Produit au moyen d'un arc électrique (à 3500 °C) entre deux électrodes de graphite dans l'hélium, le fullerène C_{60} a été ensuite identifié dans des roches argileuses de Nouvelle Zélande âgées de 65 millions d'années ainsi que dans le cratère d'impact d'une météorite de 1,85 milliard d'années au Canada. Quelques propriétés physico-chimiques remarquables de cette famille de molécules méritent d'être évoquées.

• Les fullerènes sont solubles dans les solvants organiques, alors que le diamant et le graphite sont insolubles. Les solutions obtenues sont colorées (en rose, magenta, rouge foncé, jaune-brun) et cette coloration varie avec le nombre d'atomes de carbone ainsi qu'avec la nature du solvant.

• Le fullerène C_{60} cristallise à température ambiante dans une structure cubique faces centrées. Au sein de cette structure cristalline, les molécules de fullerène peuvent tourner sur elles-mêmes (1000 tours/seconde environ). En dessous de 249 K, le cristal de fullerène C_{60} change de structure et le réseau devient un réseau cubique simple (les molécules de C_{60} occupent alors les sommets d'un cube). La libre rotation observée dans la structure cubique faces centrées disparaît ; en dessous de 249 K l'énergie thermique est inférieure à l'énergie des liaisons faibles entre les molécules de C_{60}.

• Le rayon important du fullerène C_{60} (350 pm en l'assimilant à une sphère) a pour conséquence des sites cristallographiques volumineux dans la structure cubique faces centrées ($r_t \approx 0,225 r_{fullerene}$, soit 79 pm ; $r_o \approx 0,414 r_{fullerene}$, soit 145 pm). Dans ces sites, l'oxygène de l'air s'intercale spontanément et de façon réversible. Il est également possible d'insérer des atomes alcalins, comme le potassium, le rubidium ou le césium. Les composés obtenus sont définis et possèdent trois atomes de métal pour une molécule de C_{60}, leur formule brute est donc K_3C_{60}, Rb_3C_{60} et Cs_3C_{60}. Ces composés possèdent des propriétés supraconductrices en dessous de quelques dizaines de Kelvin (30 K pour Rb_3C_{60}).

• Enfin, soumis à une très forte pression ($\approx$ 20 GPa), le fullerène C_{60} se transforme en diamant polycristallin à température ordinaire.

EXERCICES

22.1 Structure cristallographique du niobium (★)

Le niobium Nb, élément de numéro atomique $Z = 41$, cristallise à température ambiante dans une structure cubique centrée I, de paramètre de maille $a = 330$ pm.

Données : Constante d'AVOGADRO $N_A = 6{,}022.10^{23}$ mol^{-1} ;
Masse molaire atomique du niobium : $M = 92{,}0$ g·mol^{-1}.

1. Dessiner la maille de structure du cristal de niobium.

2. Déterminer le nombre d'atomes n de niobium par maille.

3. Calculer la masse volumique ρ du niobium, et exprimer le résultat numérique en kg·m^{-3}.

4. Dans un modèle de sphères dures, déterminer le rayon atomique R du niobium.

5. Définir et calculer la compacité C de la structure cubique centrée en fonction de a et n.

22.2 Silicium et carbure de silicium (★★)

1. Le silicium cristallise selon un réseau cristallin semblable à celui du carbone diamant. Donner un schéma clair de la maille.

2. Calculer la compacité de cet empilement. Quelles sont les valeurs maximales des rayons des sites tétraédriques et octaédriques présents dans cette maille ? On exprimera ces rayons en fonction du rayon de covalence de l'atome de silicium r_{Si}, puis on donnera les valeurs numériques des rayons des deux types de site.

3. Le silicium forme avec le carbone un composé très dur, réfractaire et inerte chimiquement, le carbure de silicium SiC. Sachant que le paramètre de maille a passe de 540 pm dans le silicium à 460 pm dans SiC, s'agit-il d'un composé d'insertion ou de substitution ? Quelle est la nature des interactions entre le silicium et le carbone dans ce composé ?

Données : $r_{Si} = 118$ pm ; $r_C = 77$ pm.

22.3 Structure d'un alliage du titane $Al_xNi_yTi_z$ (★★)

L'alliage le plus utilisé dans l'industrie aéronautique a pour formule brute $Al_xNi_yTi_z$. Le titane y est présent sous forme β : son système cristallographique est le cubique faces centrées. Les atomes d'aluminium occupent la totalité des sites octaédriques, et ceux de nickel occupent les sites tétraédriques. Le paramètre de maille ainsi formée vaut : $a = 589$ pm.

1. Représenter la maille cubique en perspective.

2. Déterminer la formule de l'alliage.

3. Calculer le rayon des sites tétraédriques et des sites octaédriques. L'inversion d'occupation des sites est-elle possible ?

4. Calculer la compacité et la masse volumique de cet alliage.

5. Comparer les valeurs trouvées précédemment aux caractéristiques moyennes d'un acier courant : $\rho(\text{acier}) = 7800$ kg·m^{-3}, compacité $= 0,70$. À qualités mécaniques équivalentes, expliquer en quoi l'alliage de titane présente de l'intérêt.

Données :
Constante d'AVOGADRO : $N_A = 6{,}022.10^{23}$ mol^{-1}.

Atome	Rayon atomique / pm	Masse molaire atomique / g·mol^{-1}
Ti	147	47,90
Al	143	26,98
Ni	124	58,70

22.4 Étude du sulfure de plomb (★)

Le procédé d'élaboration du plomb par voie sèche repose sur l'extraction et l'exploitation d'un minerai, le sulfure de plomb PbS, aussi appelé galène, qui possède une structure de type chlorure de sodium.

1. Représenter la maille de structure du réseau cristallin de la galène.

2. Définir le terme « coordinence » et donner les coordinences des ions dans cette structure.

3. Montrer que la connaissance de la masse volumique ρ de ce solide permet la détermination du paramètre de maille a de la maille.

4. Peut-on prévoir une structure de type chlorure de sodium d'après les valeurs des rayons ioniques : $r(Pb^{2+}) = 118$ pm et $r(S^{2-}) = 184$ pm ?

22.5 Structure cristalline de l'arséniure de gallium (★★)

L'arséniure de gallium cristallise selon une structure de type blende (ZnS) dans laquelle les atomes d'arsenic (As) forment un réseau cubique à faces centrées, les atomes de gallium (Ga) occupant certains sites tétraédriques.

1. Faire un dessin en perspective de la maille élémentaire du réseau CFC en représentant les atomes d'arsenic ? Combien d'atomes d'arsenic y-a-t-il par maille ?

2. Où sont situés les sites tétraédriques ? Combien la maille élémentaire en compte-t-elle ? Quelle est la proportion des sites tétraédriques occupés par les atomes de gallium ?

3. Déterminer numériquement la masse volumique ρ de l'arséniure de gallium solide, sachant que l'arête de la maille cubique élémentaire est $a = 566$ pm.

4. Déterminer le rayon des sites tétraédriques r_T, en fonction de a et r_{As}, rayon covalent de l'arsenic. Calculer numériquement r_T. Le comparer au rayon covalent du gallium et conclure.

Données : Constante d'AVOGADRO : $N_A = 6{,}02.10^{23}$ mol^{-1}.

Atome	Rayon atomique / pm	Masse molaire atomique / g·mol^{-1}
Ga	126	69,7
As	119	74,9

22.6 La silice (★★)

La silice existe, selon la température, sous de nombreuses formes cristallines allotropiques, en particulier le quartz, la tridymite et la cristobalite. On peut facilement décrire le réseau cristallin de la cristobalite, stable à partir de 1470 °C, de la manière suivante : il dérive de la structure du cristal de silicium grâce à l'interposition d'un atome d'oxygène entre deux atomes de silicium directement liés.

1. Quel est le nombre d'unité formulaire SiO_2 par maille ?

2. Quelle est la relation entre l'arête de la maille a' et la somme des rayons $r_{Si} + r_O$?

3. Expérimentalement, la distance Si−O−Si n'est pas égale à deux fois la somme précédente ; justifier.

4. La cristobalite fond à 1723 °C. Quelle est la nature des interactions permettant d'expliquer une température de fusion élevée ?

22.7 Cristal de diiode (★★)

Le diiode I_2 cristallise suivant un système orthorhombique à faces centrées. Les paramètres de maille sont $a = 725$ pm, $b = 977$ pm et $c = 478$ pm.

1. Quelle est la nature du cristal de diiode ?

2. Combien de molécules de diiode contient la maille orthorhombique conventionnelle du diiode ?

3. Quelle est la densité du diiode solide ?

Données : Constante d'AVOGADRO $N_A = 6{,}022.10^{23}$ mol^{-1} ;
Masse molaire atomique $M(\text{I}) = 126{,}9$ g·mol^{-1}.

PROBLÈMES

22.8 Stockage du dihydrogène (★★)

Le dihydrogène peut être stocké sous différentes formes : à l'état gazeux sous pression, à l'état liquide à basse température et à l'état condensé sous forme d'hydrure ionique.
On se propose ici d'étudier une technique de stockage : l'adsorption du dihydrogène par le composé intermétallique FeTi :

$$\text{FeTi (s)} \quad + \quad \frac{m}{2}\,\text{H}_2\text{ (g)} \quad = \quad \text{FeTiH}_m\text{ (s)}.$$

L'alliage FeTi a une structure cubique simple : la maille élémentaire est cubique et comporte un atome de titane à chaque sommet du cube et un atome de fer au centre du cube.

1. Représenter cette maille élémentaire ; citer un composé ionique ayant une structure de ce type. Dans les composés intermétalliques FeTi, seuls les sites formés par deux atomes de fer et quatre atomes de titane peuvent être occupés par des atomes d'hydrogène.

2. Représenter à partir d'une maille cubique simple d'atomes de titane, les positions des atomes de fer et les sites octaédriques susceptibles d'accueillir les atomes d'hydrogène.

3. En déduire la formule stœchiométrique de l'hydrure contenant le maximum théorique d'hydrogène.

4. En réalité, l'adsorption maximale d'hydrogène correspond à l'hydrure $FeTiH_{1,9}$. En admettant que la maille reste encore cubique, calculer la capacité volumique d'adsorption de dihydrogène par le composé intermétallique FeTi (on exprimera cette capacité en kg d'hydrogène par m^3 d'hydrure).

Données :
- Masses molaires atomiques (en g·mol^{-1}) : H : 1,00 Fe : 55,8 Ti : 47,9 ;
- Paramètre de la maille cubique FeTi : $a = 298$ pm ;
- Constante d'AVOGADRO : $N_A = 6{,}022.10^{23}$ mol^{-1}.

22.9 Étude structurale d'une ferrite (★★)

L'oxyde Fe_3O_4 peut être décrit comme un empilement cubique compact (cubique à faces centrées) des ions oxyde, les ions fer(II) et fer(III) se plaçant dans les sites interstitiels.

1. Réaliser un schéma en perspective représentant les ions oxyde présents dans une maille élémentaire.

2. De combien d'ions oxyde est constitué le motif de cet empilement ?

3. Déterminer le rayon des sites tétraédriques.

4. Déterminer le rayon des sites octaédriques.

5. En ne tenant compte que de critères purement géométriques, est-il possible de placer les ions fer dans les sites interstitiels sans déformation de l'empilement des ions oxyde ? Discuter.

6. Dans le cas de l'oxyde de fer Fe_3O_4 les ions fer(III) se placent dans des sites octaédriques, les ions fer(II) se placent pour moitié dans les sites octaédriques et pour moitié dans les sites tétraédriques. Quelles proportions de chaque type de sites sont occupées par les ions fer ?

7. Préciser les dimensions de la maille élémentaire de l'oxyde Fe_3O_4.

Données des rayons ioniques (en pm) : ion oxyde O^{2-} : 140 ; ion Fe^{2+} : 76 ; ion Fe^{3+} : 64.

22.10 Structure du titanate de baryum (★★)

Le titanate de baryum est un solide ionique très utilisé dans l'industrie électronique, en raison de sa forte constante diélectrique, qui en fait le matériau de base de la fabrication des condensateurs. Sa structure cristalline, pour des températures supérieures à 120 °C est la structure perovskite, dont une maille cubique peut être décrite de la façon suivante :
- les ions baryum Ba^{2+} occupent le sommet du cube
- un ion titane Ti^{4+} occupe le centre du cube
- les ions oxyde occupent les centres des faces du cube

1. Représenter la maille cubique décrite ci-dessus.

2. En utilisant la description de la structure :

a. Donner la formule du titanate de baryum.

b. Vérifier la neutralité électrique de la maille cubique décrite.

3. Dans la structure décrite :

a. Indiquer, pour les ions titane, le nombre d'ions oxyde qui sont ses plus proches voisins.

b. Même question pour les ions baryum.

4. Dans une structure perovskite idéale, tous les cations sont en contact avec les anions qui les entourent.

a. Quelles relations devraient vérifier les rayons des différents ions si la structure du titanate de baryum était idéale ?

b. Les valeurs des rayons ioniques sont fournies (données numériques). La structure du titanate de baryum est-elle une structure parfaite ?

c. Quels sont en réalité les cations tangents aux anions ?

Données numériques :
Rayons ioniques : Ti^{4+} : 68 pm ; Ba^{2+} : 135 pm ; O^{2-} : 140 pm ; 1 pm $= 10^{-12}$ m.

22.11 Étude d'un électrolyte solide (★★★)

Une pile à combustible est fabriquée grâce à un électrolyte solide, la zircone ZrO_2, isolant électronique, tout en étant conducteur par diffusion des ions O^{2-} de la cathode vers l'anode. Ce solide ionique a la même structure que la fluorine CaF_2 : les ions Zr^{4+} constituent un sous-réseau cubique à faces centrées, de paramètre de maille a, au sein duquel les ions O^{2-} occupent la totalité des sites tétraédriques.

1. Représenter la maille élémentaire dans un schéma en perspective en plaçant les ions zirconium aux sommets du cube.

2. Évaluer le nombre d'ions Zr^{4+} et O^{2-} permettant de décrire cette maille.

3. Définir le sous-réseau formé par les ions O^{2-} ainsi que son paramètre de maille en fonction de a.

4. Donner une nouvelle représentation de la structure ZrO_2 en plaçant maintenant les ions O^{2-} aux sommets d'un cube.

5. Préciser les coordinences cations/anions, anions/cations, anions/anions et cations/cations de cette structure.

6. Comparer les tailles respectives des sites tétraédriques et octaédriques de la structure cubique à faces centrées. Quelle remarque s'impose compte tenu de la structure de la zircone ?

7. Calculer le nombre de sites octaédriques par maille conventionnelle et conclure. La phase étudiée jusqu'ici n'est stable qu'au-dessus de 2700 °C. Une méthode de stabilisation consiste à insérer 9 % d'oxyde d'yttrium $YO_{3/2}$ au sein de la zircone, ce qui donne un composé de formule $(ZrO_2)_{0,91}(YO_{3/2})_{0,09}$, noté Y9SZ, de paramètre de maille a'.

8. Comment expliquez-vous la différence de valeur entre a et a' ?

9. Déterminer la masse volumique ρ' du composé stabilisé.

Données :

- Rayons ioniques : $R(Zr^{4+}) = 79$ pm ; $R(O^{2-}) = 140$ pm ; $R(Y^{3+}) = 92$ pm ;
- Paramètres de maille : $a(ZrO_2) = 508$ pm ; $a'(Y9SZ) = 514$ pm ;
- Charge de l'électron $e = 1{,}6.10^{-19}$ C ;
- Constante d'AVOGADRO $N_A = 6{,}02.10^{23}$ mol^{-1} ;
- Masses molaires atomiques (en g·mol^{-1}) : $M(O) = 16,0$; $M(Zr) = 91,2$; $M(Y) = 88,9$.

22.12 Étude de l'iodure d'argent (★★★)

La conductivité ionique dans les solides et les liquides résulte du déplacement des ions sous l'influence d'un champ électrique externe. On peut classer les conducteurs ioniques en trois grandes catégories suivant l'état physique et la valeur de la conductivité.

Type	Conductivité / S·m^{-1} (ou Ω^{-1}·m^{-1})
Solides ioniques	de 10^{-16} à 10^{-2}
Électrolytes solides	de 10^{-1} à 10^{3}
Électrolytes liquides (forts)	de 10^{-1} à 10^{3}

La recherche de conducteurs ioniques solides présentant une conductivité électrique élevée (électrolytes solides) à température ordinaire est un objectif pour de nombreuses équipes de recherche, les applications étant la réalisation de piles (telles que les piles sodium-soufre), d'accumulateurs tout solide, de piles à combustibles, de sondes à oxygène... Parmi les électrolytes les plus étudiés, citons l'iodure d'argent AgI (au-dessus de 147 °C), l'oxyde de zirconium (au-dessus de 600 °C), l'alumine-β (à 20 °C). Nous nous intéresserons plus particulièrement à l'iodure d'argent et à ses dérivés. L'iodure d'argent AgI présente plusieurs variétés allotropiques suivant les conditions de température et de pression.

Données :

- Constante d'AVOGADRO : $N_A = 6{,}022.10^{23}$ mol^{-1} ;
- Masses molaires atomiques : $M(\mathrm{I}) = 126{,}9$ g·mol^{-1} $M(\mathrm{Ag}) = 107{,}9$ g·mol^{-1}.

1. AgI-γ (gamma) Cette variété est stable à 20 °C. La structure est du type blende ZnS. Le paramètre a de la maille cubique vaut 649,5 pm.

a. Dessiner en projection ou en perspective la maille de AgI-γ en différenciant clairement les atomes d'iode et les atomes d'argent. Quel est le mode d'empilement des anions ?

b. Quel est le type et le taux d'occupation des sites occupés par les cations argent ? Quel est le rayon en pm de ces sites si on admet le contact entre les anions ?

c. Déterminer le nombre de groupes formulaires par maille et le nombre de coordination de l'iode et de l'argent.

d. Déterminer la plus courte distance $d(\mathrm{Ag{-}I})$ entre les cations argent et les anions iodure.

e. Calculer la masse volumique ρ de AgI-γ.

2. AgI-α (alpha) Cette variété est stable à partir de 147 °C. Les anions forment un empilement cubique centré et les cations argent occupent des sites tétraédriques de l'empilement cubique centré. Le paramètre a' de la maille cubique vaut 504,8 pm et ρ la masse volumique 6,06 g·cm^{-3}.

a. Sachant qu'un site tétraédrique a comme coordonnées $(a'/4\,;\, a'/2\,;\, 0)$, représenter une face du cube en précisant la position des sites tétraédriques.

b. Calculer le rayon en pm des sites tétraédriques en admettant le contact anion-anion.

c. Déterminer le nombre de groupes formulaires et de sites tétraédriques par maille. En déduire le taux d'occupation de ces sites par les cations argent.

d. Calculer la distance $d(\mathrm{Ag{-}I})$.

3. Conductivité de AgI Au-dessus de 147 °C, l'iodure d'argent AgI-α est un conducteur ionique par Ag^+ et sa conductivité ionique est la plus élevée que l'on connaisse pour un solide :

θ / °C	20	150	200
σ / S·m^{-1}	0,01	131	152

Une pastille de ce composé est mise entre deux électrodes d'argent à 150 °C et une différence de potentiel de 0,2 V est imposée entre les électrodes. Interpréter à partir des taux d'occupation et des rayons des sites tétraédriques, la différence importante de conductivité à 20 °C et à 150 °C.

Corrigés des exercices du chapitre 2

2.1 Déplacement isotopique du spectre de l'hydrogène

1. La formule de RITZ donne le nombre d'onde d'émission sous la forme de la différence de l'inverse de carré d'entiers :

$$\sigma = \mathrm{R} \cdot \left(\frac{1}{n^2} - \frac{1}{p^2} \right)$$

où n et p sont des entiers avec $p > n$. La constante de RYDBERG sera notée $\mathrm{R_H}$ pour l'hydrogène et $\mathrm{R_D}$ pour le deutérium.

2. La détermination des constantes de RYDBERG conduit aux valeurs numériques :

$$\mathrm{R_H^{exp}} = 10\,970\,960\ \mathrm{m^{-1}} \qquad \text{et} \qquad \mathrm{R_D^{exp}} = 10\,973\,950\ \mathrm{m^{-1}}$$

le dernier chiffre annoncé n'étant pas significatif eu égard à précision des mesures.

3. Les applications numériques précises conduisent aux valeurs attendues suivantes :

$$\mathrm{R_H^{theo}} = 10\,967\,230\ \mathrm{m^{-1}} \qquad \text{et} \qquad \mathrm{R_D^{exp}} = 10\,970\,218\ \mathrm{m^{-1}}.$$

On constate un écart supérieur à la précision des mesures. Une description théorique plus fine de l'atome d'hydrogène est nécessaire ; elle dépasse le cadre de notre travail.

2.2 Normalisation d'une fonction d'onde

La procédure de normalisation d'une fonction d'onde revient à dire que la probabilité de trouver l'électron dans l'ensemble de l'espace est égale à 1.

$$\iiint_{espace} \psi\psi^* \mathrm{d}\tau = 1.$$

Les coordonnées adaptées à la symétrie sphérique d'un atome sont les coordonnées sphériques (r, θ, φ). L'élément de volume $\mathrm{d}\tau$ en coordonnées sphériques s'écrit :

$$\mathrm{d}\tau = \mathrm{d}r \cdot r\mathrm{d}\theta \cdot r \sin\theta \mathrm{d}\varphi$$

qui est scindé en deux contributions : celle de la variable r qui est attribuée à la partie radiale et celle des variables θ et φ qui sont attribuées à la partie angulaire. La normalisation de la partie radiale conduit à :

$$\int_0^\infty R_{2,0}^2(r) r^2 \mathrm{d}r = 1 \qquad \text{soit :} \qquad N_{2,0}^2 \int_0^\infty (2-u)^2 e^{-u} r^2 \mathrm{d}r = 1.$$

En introduisant la notation I_k, le coefficient de normalisation $N_{2,0}$ est défini par :

$$N_{2,0}^2\,(4I_2 - 4I_3 + I_4)\mathrm{a}^3 = 1$$

Pour l'intégrale I_0 :

$$\int_0^\infty e^{-u} \mathrm{d}u = \left[-e^{-u} \right]_0^\infty = 1.$$

La relation entre les intégrales I_k et I_{k-1} s'établit au moyen d'une intégration par parties :

$$I_k = \int_0^\infty u^k \cdot e^{-u} \mathrm{d}u = \int_0^\infty u^k \cdot \mathrm{d}(-e^{-u}) = \left[-u^k \cdot e^{-u} \right]_0^\infty - \int_0^\infty k \cdot u^{k-1} \cdot \mathrm{d}(-e^{-u}) = k \cdot \mathrm{I}_{k-1}.$$

Les différentes intégrales ont donc les valeurs numériques suivantes :

$$I_0 = 1 \quad ; \quad I_1 = 1 \quad ; \quad I_2 = 2 \quad ; \quad I_3 = 6 \quad ; \quad I_4 = 24.$$

Ainsi, l'équation numérique qui définit le coefficient de normalisation est :

$$N_{2,0}^2 \cdot (4 \cdot 2 - 4 \cdot 6 + 24) = 1 \qquad \text{soit :} \qquad \mathrm{N}_{2,0} = \frac{1}{\sqrt{8}\mathrm{a}^{3/2}}.$$

2.3 Configuration électronique et classification périodique

1. L'application de la règle de KLECHKOWSKI conduit à la configuration suivante de l'état fondamental de l'atome de numéro atomique $Z = 33$:

$$1s^2 2s^2 2p^6 3s^2 3p^6 4s^2 3d^{10} 4p^3.$$

2. La sous-couche $4p$ est en cours de remplissage : l'élément appartient donc au bloc p et la présence de trois électrons dans la sous-couche $4p$ montre que l'élément appartient à la quatrième période (= quatrième ligne) et la troisième colonne du bloc p. Dans la même colonne on trouve :
- l'azote N dans la deuxième période ($2s^2 2p^3$) ;
- le phosphore P dans la troisième période ($3s^2 3p^3$) ;
- l'arsenic As dans la quatrième période ($4s^2 4p^3$) : c'est l'élément de numéro atomique 33 ;
- l'antimoine Sb dans la quatrième période ($5s^2 5p^3$).

Dans la même période, se trouvent, de part et d'autre :
- le germanium Ge dans la colonne précédente ($4s^2 4p^2$) ;
- le sélénium Se dans la colonne suivante ($4s^2 4p^4$).

3. Les électrons de valence sont ceux de nombre quantique principal maximal et ceux des sous-couches incomplètes : il s'agit ici des électrons $4s$ et $4p$. Il y a donc 5 électrons de valence. Les autres électrons sont les électrons de cœur.

4. Les électrons de valence sont ceux qui sont éventuellement concernés par les réactions chimiques. Si l'arsenic perd des électrons, il perdra probablement 3 électrons (ceux de la sous-couche $4p$) ou 5 électrons (électrons de valence), ce qui correspond aux nombres d'oxydation +III ou +V. Par gain d'électrons, on peut atteindre éventuellement la structure du gaz rare le plus proche, soit la configuration $4s^2 4p^6$ par gain de 3 électrons, ce qui correspond au nombre d'oxydation −III. Pour la combinaison arsenic/hydrogène, l'hydrogène étant légèrement plus électronégatif que l'arsenic, le nombre d'oxydation de l'arsenic sera positif et égal à −III : l'hydrure d'arsenic a pour formule AsH_3. Pour la combinaison arsenic/oxygène, l'oxygène étant plus électronégatif que l'arsenic, ce dernier est à un nombre d'oxydation positif. Dans le cas d'oxyde, le nombre d'oxydation de l'oxygène est −II. Pour l'arsenic au nombre d'oxydation +III, la formule de l'oxyde est As_2O_3. Pour l'arsenic au nombre d'oxydation +V, la formule de l'oxyde est de formule As_2O_5.

5. L'ordre des niveaux de KLECHKOWSKI est :

$$1s^2 2s^2 2p^6 3s^2 3p^6 4s^2 3d^{10} 4p^6.$$

On met ainsi facilement en évidence le nombre d'électrons à ajouter pour passer d'une configuration $ns^x np^y$ à la configuration $(n+1)s^x (n+1)p^y$, soit 8 électrons quand on passe de n=2 à n=3 et 18 électrons quand on passe de $n = 3$ à $n = 4$.

2.4 Configuration électronique et classification périodique

1. L'application de la règle de KLECHKOWSKI conduit à la configuration suivante de l'état fondamental de l'atome de numéro atomique $Z = 42$:

$$1s^2 2s^2 2p^6 3s^2 3p^6 4s^2 3d^{10} 4p^6 5s^2 4d^4.$$

2. La sous-couche $4d$ est en cours de remplissage : l'élément appartient donc au bloc d et la présence d'électrons dans la sous-couche $5s$ montre que l'élément appartient à la cinquième période. Les quatre électrons d montrent que cet élément est localisé dans la quatrième colonne du bloc d. Comme cet élément appartient au bloc d, il est établi expérimentalement que les électrons les moins liés sont les électrons s. On préfère donc proposer la configuration électronique qui intègre cette observation, c'est-à-dire :

$$1s^2 2s^2 2p^6 3s^2 3p^6 4s^2 3d^{10} 4p^6 4d^4 5s^2.$$

Ce n'est pas encore la configuration observée expérimentalement. Dans la même colonne on trouve :

- le chrome (Cr) dans la première ligne du bloc d ($3d^5 4s^1$) ;
- le molybdène (Mo) dans la deuxième ligne du bloc $d(4d^5 5s^1)$: c'est l'élément étudié ;
- le tungstène (Ws) dans la troisième ligne du bloc d ($4f^{14} 5d^4 6s^2$).

Dans la même période, se trouvent, de part et d'autre :

- le niobium (Nb) dans la colonne précédente ($4d^4 5s^1$) ;
- le technétium (Tc) dans la colonne suivante ($4d^5 5s^2$)

3. Les électrons de valence sont ceux de nombre quantique principal maximal et ceux des sous-couches incomplètes : il s'agit ici des électrons $5s$ et $4d$. Il y a donc 6 électrons de valence. Les autres électrons sont les électrons de cœur. Les électrons de valence peuvent participer aux réactions chimiques : le nombre d'oxydation maximal observable sera donc $+$VI. La configuration électronique observée diffère de celle prévue car la sous-couche $4d$ à moitié remplie est reconnue comme étant un facteur de stabilité. On retrouve ici le même type d'anomalie que celle observée pour le chrome.

2.5 Configuration électronique et énergie d'ionisation

1. Lors d'un déplacement de la gauche vers la droite dans une période, on observe globalement l'augmentation de l'énergie d'ionisation. Cette augmentation n'est pas régulière.

2. L'application de la règle de KLECHKOWSKI à la détermination des configurations électroniques des états fondamentaux des atomes conduit à :

- le béryllium (Be) : $1s^2 2s^2$;
- le bore (B) : $1s^2 2s^2 2p^1$;
- le magnésium (Mg) : $1s^2 2s^2 2p^6 3s^2$;
- l'aluminium (Al) : $1s^2 2s^2 2p^6 3s^2 3p^1$.

3. Les énergies d'ionisation subissent une discontinuité dans l'évolution car l'électron qui est arraché n'appartient pas à la même sous-couche : il s'agit d'une couche s dans le cas du béryllium et du magnésium et d'une couche p dans le cas du bore et de l'aluminium. L'énergie d'ionisation diminue quand on passe du béryllium au bore (du magnésium à l'aluminium) car on passe d'une orbitale s à une orbitale p plus haute en énergie.

2.6 Règle de HUND et énergie d'ionisation

1. L'application de la règle de KLECHKOWSKI à la détermination des configurations électroniques des états fondamentaux des atomes conduit à :

- l'azote (N) : $1s^2 2s^2 2p^3$;
- l'oxygène (O) : $1s^2 2s^2 2p^4$;
- le phosphore (P) : $1s^2 2s^2 2p^6 3s^2 3p^3$;
- le soufre (S) : $1s^2 2s^2 2p^6 3s^2 3p^4$.

2. La règle de HUND spécifie que, en cas de sous-couches incomplètes, l'état d'énergie le plus bas est celui où le maximum d'orbitales de la sous-couche incomplète est occupé. Autrement dit, l'appariement de deux électrons est coûteux en énergie. Cette règle, appliquée aux configurations électroniques fondamentales, conduit à proposer l'occupation des orbitales indiquée sur la figure ci-dessous.

Remplissage des orbitales s et p pour les configurations ns^2 et ns^2np^1

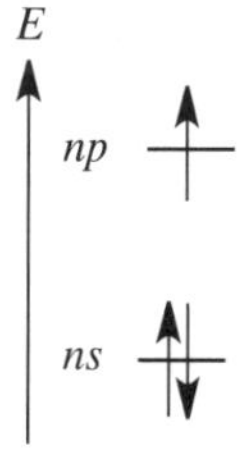

Cas de l'azote et du phosphore

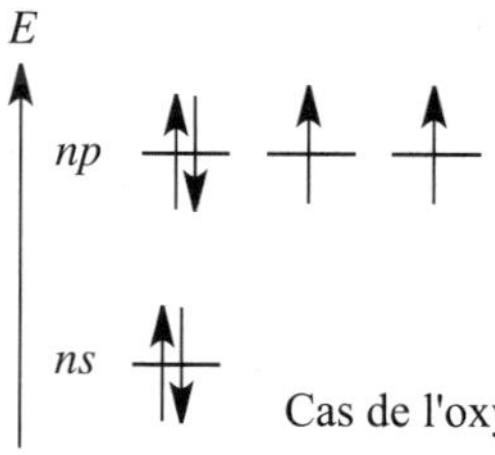

Cas de l'oxygène et du soufre

3. L'évolution générale de l'énergie d'ionisation est une augmentation lors d'un déplacement de la gauche vers la droite dans une période.
4. La variation de l'énergie d'ionisation entre azote/oxygène et phosphore/soufre s'explique par le remplissage comparé des orbitales p. Dans le cas de l'oxygène et du soufre, l'ionisation conduit au départ d'un électron d'une orbitale doublement occupée. Or l'appariement de deux électrons dans une même orbitale est un processus coûteux en énergie, qui nuit à la stabilité. D'autre part, l'ion obtenu est de configuration p^3 qui correspond à une sous-couche p à moitié remplie, ce qui est un facteur connu de stabilité supplémentaire. Dans le cas de l'azote et du phosphore, la structure initiale est à moitié remplie. Ainsi, pour l'azote et le phosphore, la structure initiale possède un facteur de stabilité propre, alors que dans le cas de l'oxygène et du soufre, ce facteur de stabilité existe dans l'ion : ceci explique l'évolution particulière, la diminution de l'énergie d'ionisation lors de ce déplacement vers la droite.

2.7 Électronégativité selon Pauling

1. Un électronvolt est l'énergie acquise par un électron soumis à une différence de potentiel de 1 volt. C'est une unité d'énergie adaptée à la description des phénomènes individuels atomiques ou moléculaires. La définition de l'électronvolt permet de calculer sa valeur en joule :

$$1 \text{ eV} \equiv 1{,}609.10^{-19} \text{ J}.$$

Les énergies de liaison indiquées ici sont des grandeurs molaires, c'est-à-dire données pour une mole de liaisons. Pour passer des valeurs indiquées en kJ.mol^{-1}, il faut donc diviser les grandeurs en J.mol^{-1} par le produit de la constante d'Avogadro par la valeur de l'électronvolt exprimé en joule.

Liaison	C–C	H–H	C–H	C–F	H–F	F–F
Énergie de liaison / eV	3,588	4,479	4,262	5,029	5,859	1,607

Liaison	O–O	C–O	O–H
Énergie de liaison / eV	1,472	3,712	4,759

Vue la précision des données, le dernier chiffre indiqué est peu sûr et les résultats finaux (d'électronégativité) seront indiqués avec trois chiffres significatifs.
2. Le carbone est d'électronégativité supérieure à celle de l'hydrogène. Il vient donc :

$$\chi_{\text{C}} - \chi_{\text{H}} = \sqrt{4,262 - \sqrt{3,588 \cdot 4,479}} = 0,503 \simeq 0,50$$

soit :

$$\chi_{\text{C}} = 2,2 + 0,50 = 2,70.$$

3. À partir des données relatives au fluor et à l'hydrogène, la différence d'électronégativité entre le fluor et l'hydrogène s'écrit :

$$\chi_{\text{F}} - \chi_{\text{H}} = \sqrt{5,859 - \sqrt{1,607 \cdot 4,479}} = 1,782 \simeq 1,78$$

soit :

$$\chi_F = 2,2 + 1,78 = 3,98.$$

À partir des données relatives au fluor et au carbone, la différence d'électronégativité entre le fluor et le carbone s'écrit :

$$\chi_F - \chi_C = \sqrt{5,029 - \sqrt{1,607 \cdot 3,588}} = 1,621 \simeq 1,62$$

soit :

$$\chi_F = 2,2 + 1,62 = 3,82.$$

4. Pour l'oxygène, en admettant la valeur obtenue pour le carbone (2,70), l'estimation à partir des liaisons simples carbone/oxygène conduit à :

$$\chi_O - \chi_C = \sqrt{3,712 - \sqrt{1,472 \cdot 3,588}} = 1,189 \simeq 1,19$$

soit :

$$\chi_O = 2,7 + 1,19 = 3,89.$$

L'estimation à partir des liaisons carbone/hydrogène conduit à :

$$\chi_O - \chi_H = \sqrt{4,759 - \sqrt{1,472 \cdot 4,479}} = 1,480 \simeq 1,48$$

soit :

$$\chi_O = 2,2 + 1,48 = 3,68.$$

5. Les résultats obtenus aux questions précédentes donnent le bon ordre de grandeur des électronégativités des éléments. Cependant les valeurs d'électronégativité qui dépendent des couples choisis montrent le caractère empirique de la définition de l'électronégativité selon PAULING. Les valeurs obtenues en envisageant différentes combinaisons de liaisons ne conduisent pas à une valeur unique et la valeur retenue par la littérature est une valeur moyenne qui tient compte le mieux possible des différentes situations.

2.8 Étude des atomes de chlore et de brome

1. Les orbitales atomiques sont remplies selon l'ordre fourni par la règle de KLECHKOVSKI ($n + \ell$ croissant) :

$$1s^2 2s^2 2p^6 3s^2 3p^6 4s^2 3d^{10} 4p^5.$$

Les lettres s, p et d indiquent la valeur du nombre quantique secondaire associé à l'orbitale concernée. Ainsi s correspond à $\ell = 0$, p correspond à $\ell = 1$ et d correspond à $\ell = 2$.

2. La n-ième ligne débute par le remplissage de l'orbitale atomique ns et s'achève par le remplissage de l'orbitale atomique np. Le brome est situé à la quatrième ligne, dix-septième colonne.

3. L'atome de brome bénéficie d'une forte électronégativité, il cherche à capter un électron pour obtenir la structure électronique du gaz rare qui le suit (krypton ici). L'électronégativité χ augmente de gauche à droite dans une ligne et de bas en haut dans une colonne.

4. La configuration électronique du chlore possède la même structure électronique de valence que celle du brome, mais se situant une ligne au-dessus, ce sont les orbitales $3s$ et $3p$ qui contiennent les électrons de valence. La configuration électronique s'écrit :

$$1s^2 2s^2 2p^6 3s^2 3p^5.$$

Cette configuration permet de déterminer le numéro atomique du chlore : $Z = 17$.

Les électrons de valence de l'atome de chlore sont les sept électrons occupant les orbitales atomiques $3s$ et $3p$. Les autres électrons de la configuration électronique sont des électrons de cœur. En appliquant les règles de SLATER nous calculons les écrantages σ relatifs aux électrons de valence du chlore :

$$\sigma_{3s,3p} = 0,35 \times 6 + 0,85 \times 8 + 2 = 10,9.$$

Ainsi le numéro atomique effectif est $Z^*_{3s,3p} = 17 - 10,9 = 6,1$. L'énergie d'une orbitale atomique de valence est donnée par :

$$\varepsilon_{3s,3p} = -13,6\frac{Z^{*2}_{3s,3p}}{n^{*2}} = -56{,}2 \text{ eV}.$$

5. Le numéro atomique effectif Z^* augmente de gauche à droite sur une ligne de la classification périodique.

6. L'énergie d'ionisation est associée au processus :

$$\text{Cl (g)} \quad = \quad \text{Cl}^+ \text{(g)} \quad + \quad \text{e}^- \text{(g)}.$$

Ainsi l'énergie d'ionisation EI vérifie la relation $EI = E\left(\text{Cl}^+\right) - E\,(\text{Cl})$. L'énergie $E\,(\text{Cl})$ est calculée par le modèle de SLATER : $E\,(\text{Cl}) = E_0 + 7\varepsilon_{3s,3p}$, avec E_0 énergie des électrons de cœur. Il faut désormais calculer l'énergie $E\left(\text{Cl}^+\right)$ par la même méthode et donc calculer l'énergie $\varepsilon^{'}_{3s,3p}$ (énergie d'une orbitale atomique de valence dans l'ion Cl^+). L'ion Cl^+ possède la configuration électronique :

$$1s^2 2s^2 2p^6 3s^2 3p^4$$

et nous calculons $Z^{*'}_{3s,3p} = 17 - (5 \times 0,35 + 8 \times 0,85 + 2) = 6,45$. Ainsi $\varepsilon^{'}_{3s,3p} = -62,9$ eV. L'énergie $E\left(\text{Cl}^+\right)$ est telle que $E\left(\text{Cl}^+\right) = E_0 + 6\varepsilon^{'}_{3s,3p}$. Il vient donc :

$$EI = 6\varepsilon^{'}_{3s,3p} - 7\varepsilon_{3s,3p}.$$

L'*application numérique* donne $EI = 16$ eV.

7. L'affinité électronique AE est l'opposée de l'énergie d'attachement électronique associée à la réaction :

$$\text{Br (g)} \quad + \quad \text{e}^-\text{(g)} \quad = \quad \text{Br}^-\text{(g)}.$$

Elle vérifie la relation $AE = E\,(\text{Br}) - E\left(\text{Br}^-\right)$. Ces deux énergies sont calculées comme dans la question précédente. Ainsi $E\,(\text{Br}) = E_0 + 7\varepsilon_{4s,4p}$, avec E_0, énergie des électrons de cœur. L'application des règles de SLATER à l'atome de brome conduit à $Z^*_{4s,4p} = 35 - 27,4 = 7,6$ et par conséquent :

$$\varepsilon_{4s,4p} = -13,6\frac{Z^{*2}_{4s,4p}}{n^{*2}} = -57{,}4 \text{ eV}.$$

De la même façon, $E\left(\text{Br}^-\right) = E_0 + 8\varepsilon^{'}_{4s,4p}$, avec E_0 énergie des électrons de cœur. La valeur du numéro atomique effectif dans le cas de l'ion bromure est $Z^*_{4s,4p} = 7,25$ et par conséquent :

$$\varepsilon^{'}_{4s,4p} = -13,6\frac{Z^{*2}_{4s,4p}}{n^{*2}} = -52{,}2 \text{ eV}.$$

Finalement $AE = 15{,}8$ eV.

2.9 Attachement électronique et énergie d'ionisation de l'atome de soufre

1. Les orbitales atomiques sont remplies selon l'ordre fourni par la règle de KLECHKOVSKI ($n + \ell$ croissant) :

$$1s^2 2s^2 2p^6 3s^2 3p^4.$$

2. La n-ième ligne débute par le remplissage de l'orbitale atomique ns et s'achève par le remplissage de l'orbitale atomique np. Le soufre est situé à la troisième ligne, seizième colonne. L'atome de soufre a tendance à capter deux électrons supplémentaires afin d'obtenir la structure électronique du gaz rare qui le suit dans la classification périodique.

3. La configuration électronique de l'élément situé au-dessus du soufre est :

$$1s^2 2s^2 2p^4.$$

Il s'agit de l'oxygène. La configuration électronique de l'élément situé au-dessous du soufre est :

$$1s^2 2s^2 2p^6 3s^2 3p^6 4s^2 3d^{10} 4p^4.$$

Pour information, il s'agit du sélénium.
4. Les orbitales atomiques sont remplies selon l'ordre fourni par la règle de KLECHKOVSKI :

$$1s^2 2s^2 2p^6 3s^2 3p^6.$$

L'énergie de double attachement électronique E_{att} est telle que $E_{att} = E\left(S^{2-}\right) - E\left(S\right)$. L'énergie $E\left(S\right)$ est calculée par le modèle de SLATER : $E\left(S\right) = E_0 + 6\varepsilon_{3s,3p}$, avec E_0 énergie des électrons de cœur. L'application des règles de SLATER conduit pour l'atome de soufre à $Z^*_{3s,3p} = 16 - 10,55 = 5,45$ et :

$$\varepsilon_{3s,3p} = -13,6 \frac{Z^{*2}_{3s,3p}}{n^{*2}} = -44,9 \text{ eV}.$$

De la même façon, $E\left(S^{2-}\right) = E_0 + 8\varepsilon'_{3s,3p}$, avec E_0 énergie des électrons de cœur. L'application des règles de SLATER conduit pour l'ion sulfure à $Z^*_{3s,3p} = 16 - 11,25 = 4,75$ et :

$$\varepsilon'_{3s,3p} = -13,6 \frac{Z^{*2}_{3s,3p}}{n^{*2}} = -34,1 \text{ eV}.$$

Finalement $E_{att} = E\left(S^{2-}\right) - E\left(S\right) = -3,4$ eV. Nous pouvons exprimer ce résultat en kJ·mol^{-1} :

$$E_{att} = -3,4 \times 1,6.10^{-19} \times \mathcal{N}_A \times 10^{-3} = -327,5 \text{ kJ·mol}^{-1}.$$

2.10 L'atome de phosphore et l'ion P^{3-}

1. Les orbitales atomiques sont remplies selon l'ordre fourni par la règle de KLECHKOVSKI ($n + \ell$ croissant) :

$$1s^2 2s^2 2p^6 3s^2 3p^3$$

pour l'atome de phosphore et :

$$1s^2 2s^2 2p^6 3s^2 3p^6$$

pour l'ion phosphure.
2. L'énergie de triple capture électronique E_{cap} est telle que $E_{cap} = E\left(P^{3-}\right) - E\left(P\right)$. L'énergie $E\left(P\right)$ est calculée par le modèle de SLATER : $E\left(P\right) = E_0 + 5\varepsilon_{3s,3p}$, avec E_0 énergie des électrons de cœur. Par ailleurs, l'application des règles de SLATER conduit pour l'atome de phosphore à $Z^*_{3s,3p} = 4,8$ et :

$$\varepsilon_{3s,3p} = -13,6 \frac{Z^{*2}_{3s,3p}}{n^{*2}} = -34,8 \text{ eV}.$$

De la même façon, $E\left(P^{3-}\right) = E_0 + 8\varepsilon'_{3s,3p}$, avec E_0 énergie des électrons de cœur. L'application des règles de SLATER conduit pour l'ion phosphure à $Z^*_{3s,3p} = 3,75$ et :

$$\varepsilon'_{3s,3p} = -13,6 \frac{Z^{*2}_{3s,3p}}{n^{*2}} = -21,25 \text{ eV}.$$

Finalement $E_{cap} = E\left(P^{3-}\right) - E\left(P\right) = 4$ eV.
3. Le rayon ρ est fourni par :

$$\rho = a_0 \frac{n^2}{Z^*}$$

avec Z^* numéro atomique effectif calculé pour les électrons de valence. Dans le cas de l'atome de phosphore, $Z^*_{3s,3p} = 4,8$ et $\rho = 99$ pm. Dans le cas de l'ion phosphure, $Z^*_{3s,3p} = 3,75$ et $\rho = 127$ pm (un anion est plus gros que l'atome dont il est issu).

2.11 Analogies entre atome de magnésium et atome de zinc

1. La configuration électronique de l'atome de magnésium dans son état fondamental est :

$$1s^2 2s^2 2p^6 3s^2.$$

L'atome de magnésium possède deux électrons de valence, il s'agit d'un métal alcalino-terreux.
2. La configuration électronique de l'atome de zinc dans son état fondamental est :

$$1s^2 2s^2 2p^6 3s^2 3p^6 4s^2 3d^{10}$$

réorganisée sous la forme :

$$1s^2 2s^2 2p^6 3s^2 3p^6 3d^{10} 4s^2.$$

Ces deux atomes possèdent une orbitale s haute en énergie occupée par deux électrons. Ils ont tendance à perdre ces deux électrons lors d'un processus d'ionisation. Les ions préférentiellement formés sont les ions Mg^{2+} et Zn^{2+}.
3. Soit EI_1 l'énergie de première ionisation et EI_2 l'énergie de deuxième ionisation. Nous avons :

$$EI_1 = E\left(Zn^+\right) - E\left(Zn\right) \qquad \text{et} \qquad EI_2 = E\left(Zn^{2+}\right) - E\left(Zn^+\right).$$

Les énergies $E\left(Zn^{2+}\right)$, $E\left(Zn^+\right)$ et $E\left(Zn\right)$ sont évaluées grâce au modèle de SLATER. Les configurations électroniques des ions Zn^+ et Zn^{2+} s'écrivent respectivement :

$$1s^2 2s^2 2p^6 3s^2 3p^6 3d^{10} 4s^1 \qquad \text{et} \qquad 1s^2 2s^2 2p^6 3s^2 3p^6 3d^{10} 4s^0.$$

Soit E_0 l'énergie associée aux électrons de l'ion Zn^{2+}. Alors $E\left(Zn\right) = E_0 + 2\varepsilon_{4s}$ avec ε_{4s} énergie d'une orbitale atomique $4s$ dans l'atome de zinc. Cette énergie est calculée par :

$$\varepsilon_{4s} = -13,6 \frac{Z^{*2}_{4s}}{n^{*2}} = -18,8 \text{ eV}$$

car $Z^*_{4s} = 30 - (10 + 18 \times 0,85 + 0,35) = 4,35$. De la même façon $E\left(Zn^+\right) = E_0 + \varepsilon'_{4s}$ avec ε'_{4s} énergie d'une orbitale atomique $4s$ dans l'ion Zn^+. Cette énergie est calculée par :

$$\varepsilon'_{4s} = -13,6 \frac{Z^{*'2}_{4s}}{n^{*2}} = -21,9 \text{ eV}$$

car $Z^{*'}_{4s} = 30 - (10 + 18 * 0,85) = 4,7$. Ainsi :

$$EI_1 = 15,7 \text{ eV} \qquad \text{et} \qquad EI_2 = 21,9 \text{ eV}.$$

2.12 L'atome de cobalt

1. Les orbitales atomiques sont remplies selon l'ordre fourni par la règle de KLECHKOVSKI ($n + \ell$ croissant) :

$$1s^2 2s^2 2p^6 3s^2 3p^6 4s^2 3d^7.$$

Cette configuration est corrigée sous la forme :

$$1s^2 2s^2 2p^6 3s^2 3p^6 3d^7 4s^2.$$

2. Il s'agit d'une raie du spectre d'absorption : l'énergie du rayonnement incident est absorbée pour permettre la transition $3d \rightarrow 5s$.
3. La configuration électronique du cobalt avant absorption s'écrit :

$$1s^2 2s^2 2p^6 3s^2 3p^6 3d^7 4s^2.$$

Elle s'écrit après absorption de lumière sous la forme :

$$1s^2 2s^2 2p^6 3s^2 3p^6 3d^6 4s^2 5s^1.$$

Soit E_0 l'énergie associée aux électrons compris entre la sous-couche $1s$ et la sous-couche $3p$ incluse. L'énergie associée à la configuration électronique du cobalt dans son état fondamental s'écrit : $E = E_0 + 7\varepsilon_{3d} + 2\varepsilon_{4s}$ avec ε_{3d} et ε_{4s} énergies des orbitales atomiques $3d$ et $4s$ dans l'atome de cobalt non excité. En utilisant la méthode de SLATER :

$$\varepsilon_{4s} = -13,6\frac{Z_{4s}^{*2}}{n^{*2}} = -15,1 \text{ eV}$$

car $Z_{4s}^* = 27 - (10 + 0,85 \times 8 + 0,85 \times 7 + 0,35) = 3,9$. De la même façon :

$$\varepsilon_{3d} = -13,6\frac{Z_{3d}^{*2}}{n^{*2}} = -71,9 \text{ eV}$$

car $Z_{3d}^* = 27 - (18 + 0,35 \times 6) = 6,9$. L'énergie associée à la configuration électronique du cobalt dans son état excité s'écrit : $E = E_0 + 6\varepsilon'_{3d} + 2\varepsilon'_{4s} + \varepsilon'_{5s}$ avec ε'_{3d} , ε'_{4s} et ε'_{5s} énergies des orbitales atomiques $3d$, $4s$ et $5s$ dans l'atome de cobalt excité. En utilisant la méthode de SLATER :

$$\varepsilon'_{4s} = -13,6\frac{Z_{4s}^{*'2}}{n^{*2}} - -22,4 \text{ eV}$$

car $Z_{4s}^{*'} = 27 - (10 + 0,85 \times 14 + 0,35) = 4,75$. De la même façon :

$$\varepsilon'_{3d} = -13,6\frac{Z_{3d}^{*'2}}{n^{*2}} = -79,4 \text{ eV}$$

car $Z_{3d}^{*'} = 27 - (18 + 0,35 \times 5) = 7,25$. Et enfin :

$$\varepsilon'_{5s} = -13,6\frac{Z_{5s}^{*'2}}{n^{*2}} = -1,4 \text{ eV}$$

car $Z_{5s}^{*'} = 27 - (24 + 0,85 * 2) = 1,3$. L'énergie de la radiation lumineuse susceptible de provoquer la transition vérifie :

$$E = 6\varepsilon'_{3d} + 2\varepsilon'_{4s} + \varepsilon'_{5s} - 7\varepsilon_{3d} - 2\varepsilon_{4s} = \frac{\text{hc}}{\lambda}.$$

Application numérique : $\lambda = 112$ nm.
4. Nous devons calculer les numéros atomiques effectifs dans chacun des deux ions. Les configurations électroniques des ions Co^{2+} et Co^{3+} s'écrivent respectivement :

$$1s^2 2s^2 2p^6 3s^2 3p^6 3d^7 4s^0$$

et :

$$1s^2 2s^2 2p^6 3s^2 3p^6 3d^6 4s^0.$$

Dans le cas de l'ion Co^{2+}, $Z^*_{3d} = 27 - (10 + 8 + 6 \times 0,35) = 6,9$.
Dans le cas de l'ion Co^{3+}, $Z^*_{3d} = 27 - (10 + 8 + 5 \times 0,35) = 7,25$. Ainsi :

$$\rho = a_0 \frac{n^{*2}}{Z^*} = 1,30a_0 \quad \text{pour } Co^{2+} \qquad \text{et} \qquad 1,24a_0 \quad \text{pour } Co^{3+}.$$

Plus l'ion est chargé plus il est petit (les petits cations sont très polarisants, ils créent un champ électrique $\vec{E}$ intense à leur proximité).

2.13 Orbitales de valence de l'atome de vanadium

1. Les orbitales atomiques sont remplies selon l'ordre fourni par la règle de KLECHKOVSKI ($n + \ell$ croissant) :

$$1s^2 2s^2 2p^6 3s^2 3p^6 4s^2 3d^3$$

corrigée en :

$$1s^2 2s^2 2p^6 3s^2 3p^6 3d^3 4s^2.$$

2. Les électrons de valence sont les électrons $3d$ et $4s$. L'énergie des électrons de valence s'écrit : $E = 3\varepsilon_{3d} + 2\varepsilon_{4s}$ avec ε_{3d} et ε_{4s} énergies des orbitales atomiques $3d$ et $4s$ dans l'atome de vanadium. En utilisant la méthode de SLATER :

$$\varepsilon_{4s} = -13,6 \frac{Z^{*2}_{4s}}{n^{*2}} = -10,8 \text{ eV}$$

car $Z^*_{4s} = 23 - (10 + 0,85 \times 8 + 0,85 \times 3 + 0,35) = 3,3$. De la même façon :

$$\varepsilon_{3d} = -13,6 \frac{Z^{*2}_{3d}}{n^{*2}} = -27,9 \text{ eV}$$

car $Z^*_{3d} = 23 - (18 + 0,35 \times 2) = 4,3$. Ainsi $E = 3\varepsilon_{3d} + 2\varepsilon_{4s} = -105,3$ eV.
3. Imaginons une configuration électronique écrite sous la forme :

$$1s^2 2s^2 2p^6 3s^2 3p^6 3d^5.$$

Les électrons considérés sont les électrons $3d$. L'énergie des électrons étudiés s'écrit $E = 5\varepsilon'_{3d}$ avec ε'_{3d} énergie des orbitales atomiques $3d$ dans cette configuration de l'atome de vanadium. En utilisant la méthode de SLATER :

$$\varepsilon_{3d} = -13,6 \frac{Z^{*'2}_{3d}}{n^{*2}} = -19,6 \text{ eV}$$

car $Z^{*'}_{3d} = 23 - (18 + 0,35 \times 4) = 3,6$. Ainsi $E = 5\varepsilon'_{3d} = -98,0$ eV. L'énergie électronique s'écrit sous la forme $E = E_0 - 105,3$ (eV) dans le premier cas, en notant E_0 l'énergie des électrons situés entre les sous-couches $1s$ et $3p$. Dans le deuxième cas, l'énergie électronique s'écrit $E = E_0 - 98,0$ (eV). La première situation est la plus stable.

Corrigés des exercices du chapitre 3

3.1 Représentation de Lewis de molécules à liaisons simples

1. Le nombre de paires de valence pour chacune des molécules est :

$$P_V(H_2O) = P_V(H_2S) = (2 \times 1 + 1 \times 6) \div 2 = 4 \quad \text{et} \quad P_V(H_2O_2) = (2 \times 1 + 2 \times 6) \div 2 = 7$$

conduisant aux représentations de Lewis suivantes, où tous les atomes respectent la règle de l'octet :

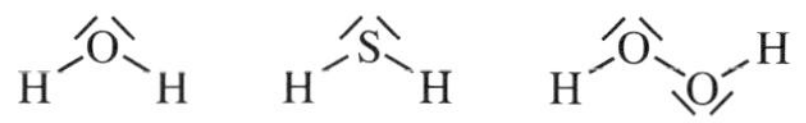

2. De la même manière :
$P_V(CH_4) = (1 \times 4 + 4 \times 1) \div 2 = 4$, $P_V(CCl_4) = (1 \times 4 + 4 \times 7) \div 2 = 16$ et
$P_V(SiHCl_3) = (1 \times 4 + 1 \times 13 \times 7) \div 2 = 13$, ce qui conduit aux représentations de Lewis suivantes :

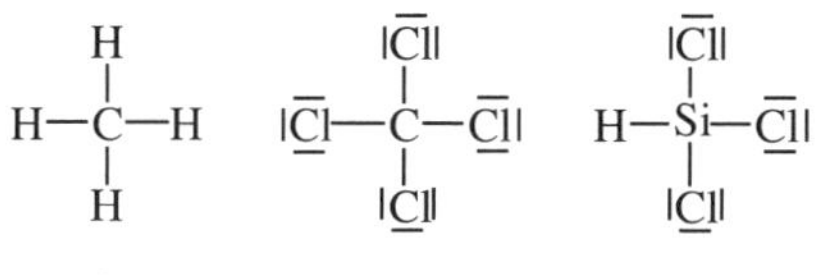

3. $P_V(NH_3) = (1 \times 5 + 3 \times 1) \div 2 = 4$; $P_V(NH_2OH) = (1 \times 5 + 3 \times 1 + 1 \times 6) \div 2 = 7$ et
$P_V(PCl_3) = (1 \times 5 + 3 \times 7) \div 2 = 13$, d'où les représentations de Lewis :

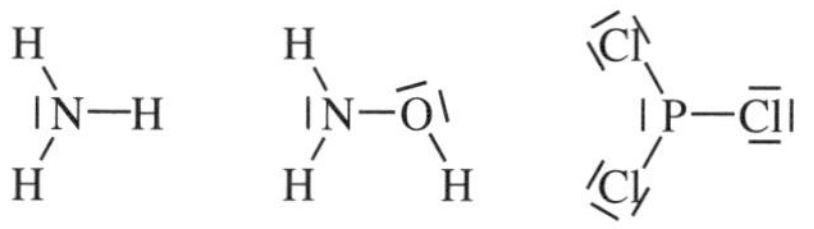

La façon d'écrire la formule brute de NH_2OH suggère que l'atome d'azote est entouré des groupes –H, –H et –OH, excluant ainsi toute autre représentation de Lewis.

4. $P_V(HCl) = (1 \times 1 + 1 \times 7) \div 2 = 4$ et $P_V(ICl) = (1 \times 7 + 1 \times 7) \div 2 = 7$ d'où :

3.2 Représentation de Lewis d'ions simples

1. Le nombre de paires de valence pour chacun des ions est :

$$P_V(H_3O^+) = P_V(H_3S^+) = (3 \times 1 + 1 \times 6 - 1) \div 2 = 4.$$

La répartition des paires de valence en respectant la règle de l'octet permet de calculer les charges formelles : $c_F(H) = 1 - 1 = 0$ et $c_F(O) = c_F(S) = 6 - 5 = +1$ conduisant aux représentations de Lewis suivantes, où tous les atomes respectent la règle de l'octet :

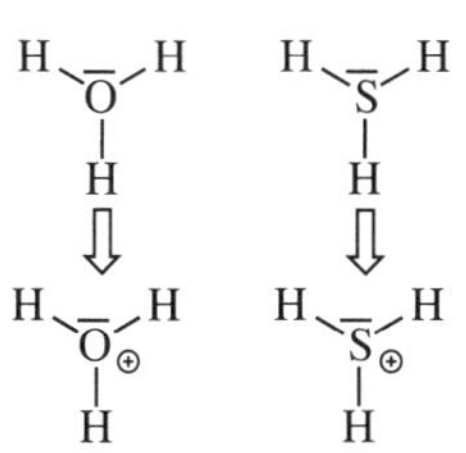

2. $P_V(NH_4^+) = P_V(PH_4^+) = (1 \times 5 + 4 \times 1 - 1) \div 2 = 4$. La répartition des paires de valence en respectant la règle de l'octet permet de calculer les charges formelles :

$$c_F(H) = 1 - 1 = 0 \quad \text{et} \quad c_F(N) = c_F(P) = 5 - 1 = +1,$$

d'où :

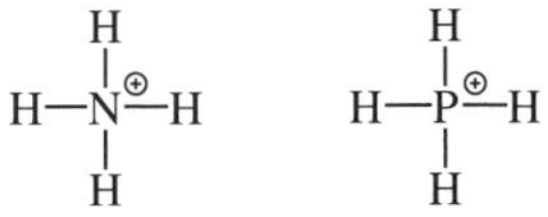

3. $P_V(BH_4^-) = (1 \times 3 + 4 \times 1 - (-1)) \div 2 = 4$. Après avoir réparti les paires de valence, le calcul des charges formelles conduit à : $c_F(B) = 3 - 4 = -1$. On s'abstient maintenant de plus de calculs en travaillant par analogie : l'environnement électronique de l'atome de bore est le même dans les deux ions. Les représentations de LEWIS sont :

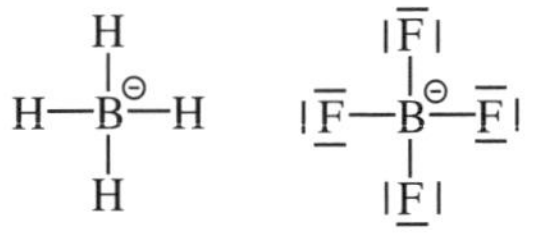

4. En appliquant la même méthode :

3.3 Représentation de LEWIS de molécules à liaisons multiples ; mésomérie

1. Le nombre de paires de valence du phosgène est de :

$$P_V = 1 \times 4 + 1 \times 6 + 2 \times 7 \div 2 = 12.$$

Seule l'existence d'une double liaison entre les atomes de carbone et d'oxygène permet d'assurer le respect de la règle de l'octet pour tous les atomes de la molécule, chaque atome ayant une charge formelle nulle.

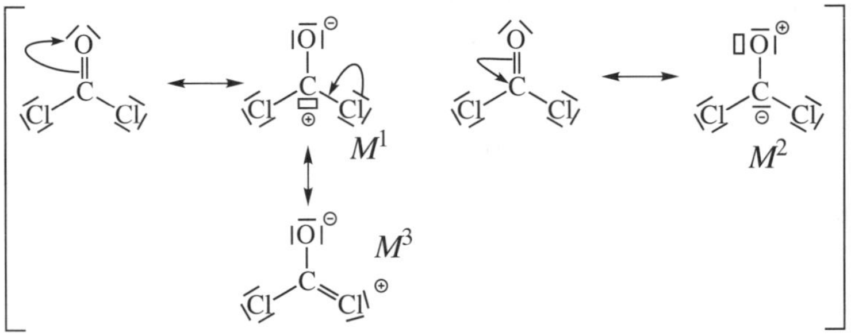

Les formes mésomères contribuent peu à la structure réelle de la molécule : elles sont toutes à séparation de charge, ne respectent pas la règle de l'octet (M^1 et M^2). M^2 représente encore moins la réalité que M^1 car elle attribue la charge formelle -1 à l'atome le plus électropositif.

2.3.4.5. Le même raisonnement permet de trouver les représentations de LEWIS des autres molécules :

Aucune forme mésomère envisageable ne représente bien la réalité car toutes font apparaître au moins une séparation de charges.

3.4 Hypervalence et géométrie

1. et **2.** Les ions sulfate et phosphate, de type AX_4E_0, s'inscrivent dans un tétraèdre et sont de forme tétraédrique :

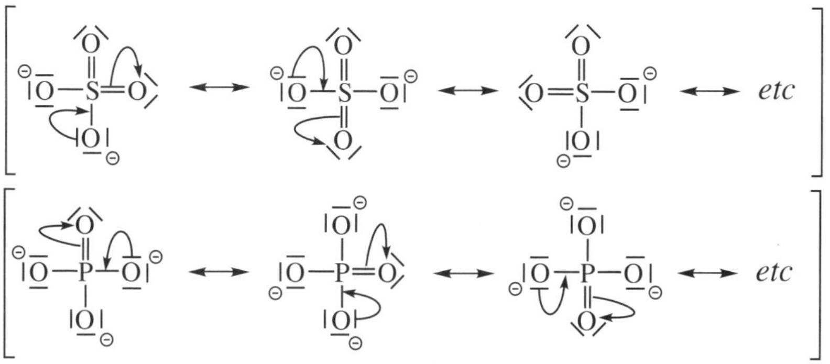

3. L'ion I_3^- existe sous deux formes mésomères ne s'inscrivant pas dans le même polyèdre de coordination : la seconde est de type AX_2E_2, dont le polyèdre de coordination est le tétraèdre. La molécule serait alors coudée, avec un angle de l'ordre de 109 °. La première est de type AX_2E_3, dont le polyèdre de coordination est la bipyramide à base triangulaire. Dans ce polyèdre, les deux atomes d'iode périphériques peuvent *a priori* se placer de manière à avoir $\widehat{III} = 90°$ (un atomc sur un sommet de la bipyramide, l'autre sur la base), $\widehat{III} = 120°$ (les deux atomes sur la base), ou $\widehat{III} = 180°$ (les deux atomes aux deux sommets de la bipyramide). Les doublets non liants tendant à se repousser le plus, c'est cette dernière solution (linéarité) qui est retenue car ils se placent tous à 120 ° les uns des autres. En définitive, on prévoit pour l'ion un angle $\widehat{III}$ intermédiaire entre 109 ° et 180 °.

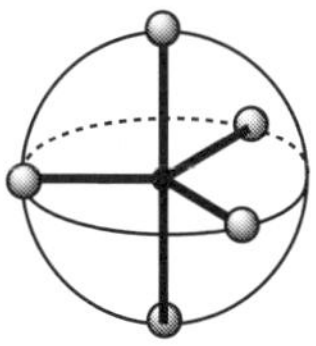

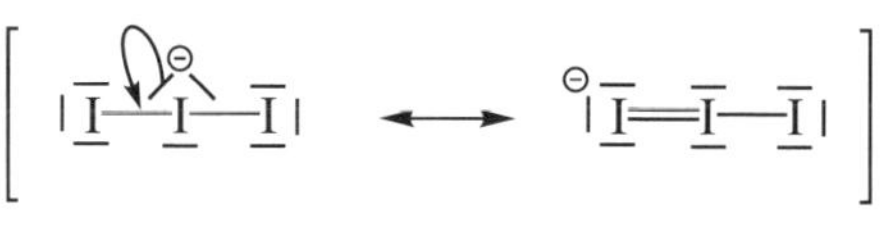

Expérimentalement I_3^- est linéaire (diffraction des rayons X).

4. L'ion ICl_2^- conduit au même raisonnement que l'ion I_3^-. La forme mésomère la plus représentative de ion ICl_4^- est la plus symétrique (la première représentée). L'ion s'inscrit donc dans un octaèdre. Les deux doublets non liants portés par l'atome central peuvent se placer à 90 ° l'un de l'autre ou à 180 °. Cette dernière solution est retenue afin de les éloigner au maximum. La géométrie obtenue est un plan carré.

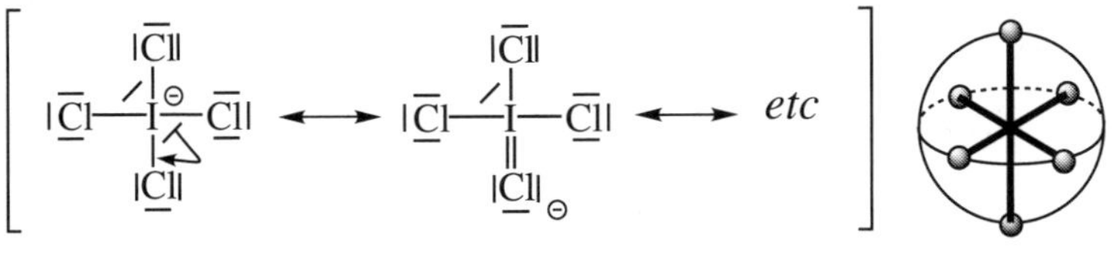

3.5 Représentation de Lewis et géométrie des molécules

La molécule d'acide nitreux HNO_2 a pour représentation de Lewis :

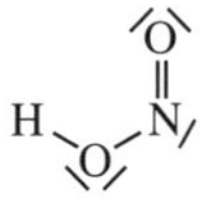

La molécule est du type AX_2E_1 et est donc coudée. L'angle $\widehat{ONO}$ est inférieur à 120 ° car les interactions entre doublet non liant et doublets liants sont plus fortes que celle entre doublet liant et doublet liant. La molécule d'ozone O_3 a pour représentation de Lewis :

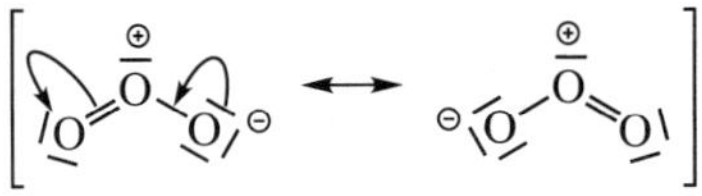

Elle est du type AX_2E_1 et est donc coudée. L'angle $\widehat{OOO}$ est inférieur à 120 ° (cf. la remarque ci-dessus). Notons que les charges formelles introduites par le formalisme de Lewis trouvent une confirmation expérimentale dans l'existence d'un moment dipolaire où la partie positive du dipôle est l'atome d'oxygène central. L'existence de deux formes mésomères équivalentes permet d'expliquer l'existence d'un moment dipolaire colinéaire à l'axe de symétrie de la molécule. La représentation de Lewis la mieux adaptée à la description de l'ion azoture N_3^- est représentée ci-dessous :

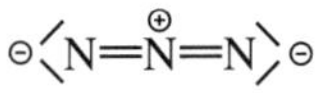

Elle est du type AX_2E_0 et est donc linéaire. Le soufre appartient à la troisième période de la classification périodique : il est donc possible de proposer des représentations de Lewis où l'atome de soufre ne vérifie pas la règle de l'octet. On propose donc pour le dioxyde de soufre l'écriture suivante :

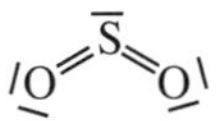

La molécule, du type AX_2E_1 est coudée. Le trioxyde de soufre est du type AX_3E_0 et donc trigonal plan avec des angles rigoureusement égaux à 120 °.

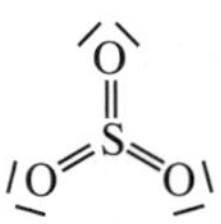

3.6 Composés possédant une ou plusieurs lacunes électroniques

1. L'hydrure de lithium possède une paire de valence. L'atome de lithium est donc entouré de trois lacunes électroniques. Les représentations de LEWIS sont données à la figure suivante :

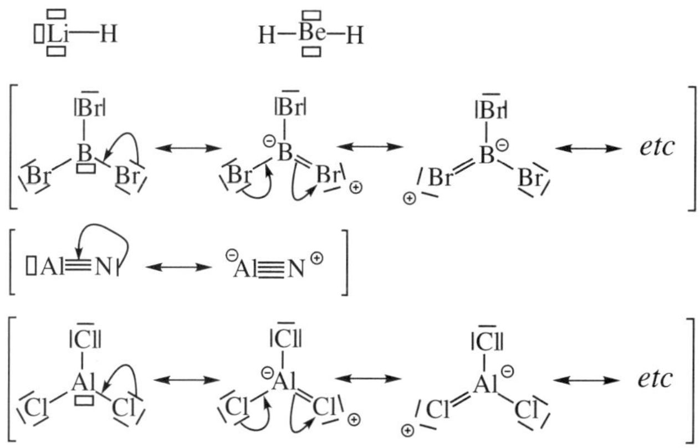

Tous ces composés présentent des lacunes électroniques (deux pour le béryllium, une pour le bore et l'aluminium). Les molécules qui présentent un doublet non liant sur l'atome adjacent à l'atome porteur de la lacune peuvent être représentés sous une forme mésomère avec séparation de charges, cependant moins apte à décrire la molécule.

2. La lacune portée par un atome d'aluminium peut être comblée par le doublet non liant d'un atome de chlore d'une autre molécule. Ainsi par une réaction chimique (les formes représentées ne sont pas des formes mésomères), on forme le dimère :

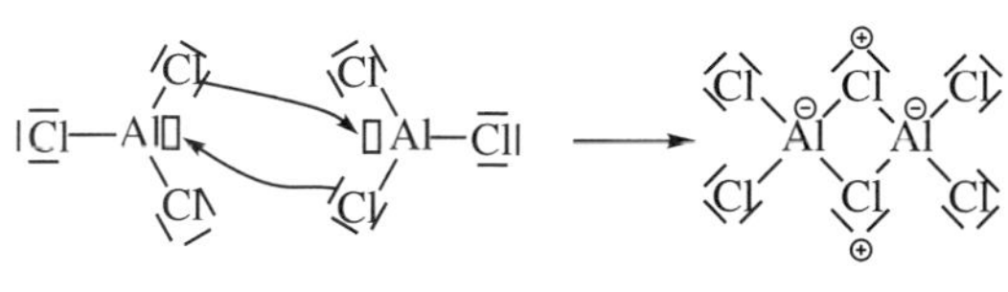

3.7 Molécule de fluorure d'hydrogène

Le moment dipolaire est décrit ici par une charge partielle $+\delta e$ sur l'atome d'hydrogène et $-\delta e$ sur l'atome de fluor. Ainsi, le module μ du moment dipolaire de la molécule est de :

$$\mu = \delta e d(\mathrm{H-F})$$

ce qui conduit à la fraction de charge δ portée par chaque atome :

$$\delta = \frac{\mu}{e d(\mathrm{H-F})}$$

ce qui donne *numériquement* :

$$\delta = \frac{1,98.\frac{1}{3}.10^{-29}}{(1,60.10^{-19}.91,8.10^{-12})} = 0,45.$$

3.8 Comparaison du fluorométhane et du trifluorométhane

1. Remarque préliminaire importante : dans un tétraèdre régulier, l'angle θ entre deux directions pointant du centre du tétraèdre vers un sommet est tel que le cosinus de l'angle est égal à $-\frac{1}{3}$. Le moment dipolaire est porté par les éléments de symétrie de la molécule : dans les molécules de trifluorométhane et de fluorométhane, il est donc porté par l'axe de symétrie de révolution d'ordre 3, c'est-à-dire la liaison C–H dans la molécule de trifluorométhane et la liaison C–F dans le fluororométhane.

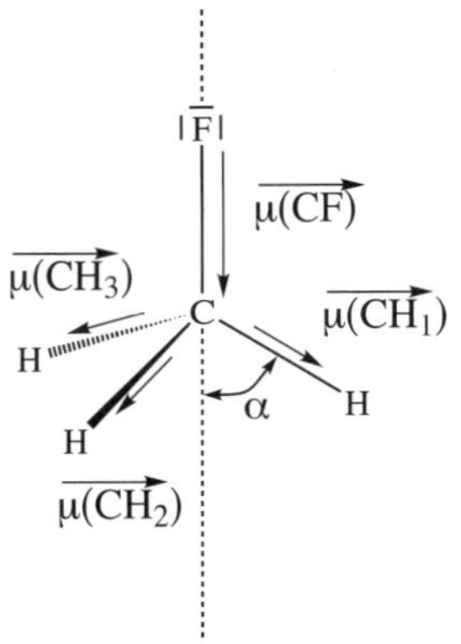

La projection des différents moments dipolaires de liaison sur cet axe conduit à :

- pour le fluorométhane : μ_1=μ(CF) + 3μ(CH).cos(α) où α est l'angle entre la liaison C–H et l'axe de révolution. Nous avons α=$\pi-\theta$ et donc :

$$\mu_1 = \mu(\text{CF}) + 3\mu(\text{CH}).\cos(\pi-\theta) = \mu(\text{CF}) - 3\mu(\text{CH}).\cos(\theta)$$

soit :

$$\mu_1 = \mu(\text{CF}) - 3\mu(\text{CH}).(-\frac{1}{3}) = \mu(\text{CF}) + \mu(\text{CH})$$

- pour le trifluorométhane : μ_2=μ(CH) + 3μ(CF).cos(α) où α est l'angle entre la liaison C–F et l'axe de révolution. Nous avons α=$\pi-\theta$ et donc :

$$\mu_2 = \mu(\text{CH}) + 3\mu(\text{CF}).\cos(\pi-\theta) = \mu(\text{CH}) - 3\mu(\text{CF}).\cos(\theta)$$

soit :

$$\mu_2 = \mu(\text{CH}) - 3\mu(\text{CF})(-\frac{1}{3}) = \mu(\text{CH}) + \mu(\text{CF}) = \mu_1.$$

2. Pour la liaison C–H, la différence d'électronégativité conduit au moment dipolaire de liaison μ(CH) dont la valeur est prédite par la formule empirique proposée par l'énoncé :

$$\mu(\text{CH}) = e\delta(\text{CH})d(\text{CH})$$

soit *numériquement* :

$$\mu(\text{CH}) = 1{,}602.10^{-19}.(0{,}16.0{,}3 + 0{,}035(0{,}3)^2).109.10^{-12} = 8{,}93.10^{-31}\ \text{C·m}.$$

On notera la très faible valeur du moment dipolaire de la liaison C–H. Pour la liaison C–F :

$$\mu(\text{CF}) = 1{,}602.10^{-19}.(0{,}16.1{,}6 + 0{,}035(1{,}6)^2).140.10^{-12} = 7{,}75.10^{-30}\ \text{C·m}.$$

Le moment dipolaire prévu est donc :

$$\mu_1 = (7,75 + 0,89).10^{-30} = 8,64.10^{-30}\ \text{C·m}$$

soit une valeur notablement supérieure à celle mesurée.
3. Les désaccords observés sont dus à la non-validité de l'hypothèse d'additivité : il n'est pas possible d'évoquer la polarité d'une liaison C–H sans spécifier la nature des autres atomes liés au carbone, cette remarque étant valable pour toutes les liaisons.

3.9 Le protoxyde d'azote

Dans l'hypothèse où une seule forme mésomère décrit la molécule de protoxyde d'azote, le moment dipolaire électrique correspondrait à celui de deux charges unité de signe opposées distante de 120 pm, soit :

$$\mu = 1,602.10^{-19}.120.10^{-12} = 1,92.10^{-29}\ \text{C}$$

valeur considérablement supérieure à celle observée expérimentalement. Les moments dipolaires de chaque forme mésomère sont de sens opposé : la molécule réelle est décrite par la superposition des deux formes et le moment dipolaire global, somme vectorielle des deux contributions est donc inférieur en module à chaque contribution. La valeur numérique très faible montre même que les deux formes mésomères contribuent de façon comparable à la description de la molécule.

Corrigés des problèmes du chapitre 3

3.10 La *para*-nitroaniline : le premier composé « *push-pull* »

Préliminaire : les oxydes d'azote

1. L'ion nitrate NO_3^-

a. Représentation de LEWIS

- Première étape : répartition des atomes liés par des simples liaisons selon la figure ci-dessous. L'énoncé ne précise pas que l'atome d'azote est un atome central : cette particularité est attendue comme une connaissance de culture générale ;

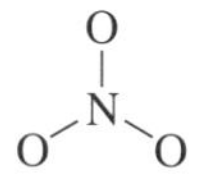

- deuxième étape : calcul du nombre de paires de valences : $P_V = E\left(\dfrac{5+6\times 3+1}{2}\right) = 12$.

  La représentation précédente met en évidence qu'il reste encore $1+3\times 3 = 10$ orbitales à remplir, pour $12-3 = 9$ paires restantes : l'ion nitrate possède une double liaison ;
- troisième étape : répartition de toutes les paires de valence, selon la figure 3.2.

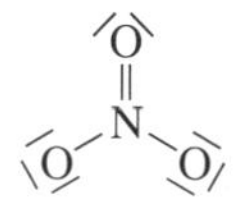

  Tous les atomes respectent la règle de l'octet.
- dernière étape : calcul des charges formelles de chaque atome : $C_F(\text{N}) = 5-4 = +1$

  $C_F(-\text{O}) = 6-7 = -1$

  $C_F(=\text{O}) = 6-6 = 0$

  Une représentation de LEWIS possible de l'ion nitrate est par conséquent :

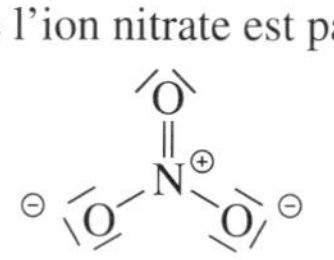

b. L'ion nitrate fait apparaître des systèmes conjugués de type $\pi\sigma n$, et on peut par conséquent proposer les trois formes mésomères équivalentes de la figure ci-dessous.

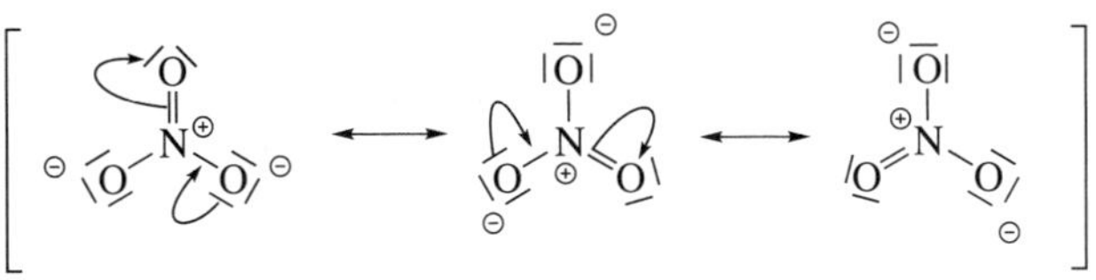

2. Le monoxyde d'azote NO

a. Électrons de valence Le nombre d'électrons de valence du monoxyde d'azote est :

$$N_V = 5 + 6 = 11$$

N_V est un nombre impair. Par conséquent, la molécule possède un électron célibataire (électron non apparié).

b. Mésomérie du monoxyde d'azote et représentativité

Le nombre de paires de valence du monoxyde d'azote est de :

$$P_V = E\left(\frac{N_V}{2}\right) = 5.$$

Deux répartitions possibles respectant la règle de l'octet sont :

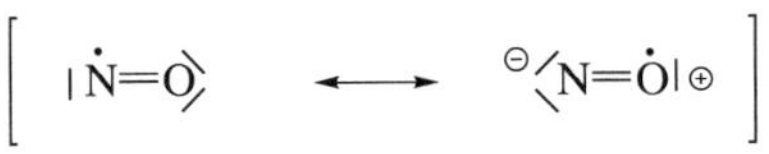

Du fait du nombre impair d'électrons de valence, la règle de l'octet ne peut jamais être respectée pour les deux atomes de la molécule. Par conséquent, le critère de meilleure représentativité à garder est celui des charges formelles : la forme neutre est plus représentative que la forme à séparation de charges. **c.** En appariant des molécules de monoxyde d'azote par leurs électrons célibataires, on peut construire *a priori* trois molécules de dioxyde de diazote, suivant qu'on lie deux atomes d'azote, deux atomes d'oxygène ou un atome de chaque nature (figure ci-dessous).

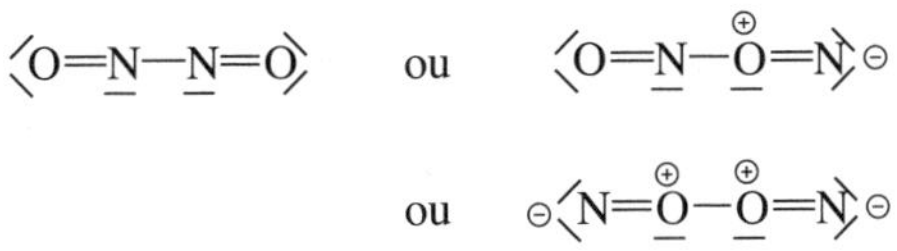

A priori, la première molécule est probablement celle qui est la plus abondante lors de la dimérisation car il n'y a pas de séparation de charges. Attention, il ne s'agit pas de comparer ici des formes mésomères, mais des molécules différentes (l'ordre d'enchaînement des atomes n'est pas le même).

3. Les composés organiques nitrés

En appliquant la même méthode qu'au début du problème, on peut proposer comme la représentation de LEWIS du nitrométhane ci-dessous.

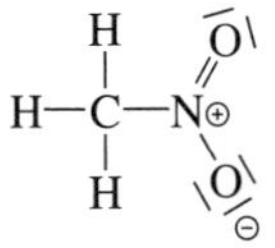

4. La *para*-nitroaniline

a. Le benzène fait apparaître un système conjugué avec une succession d'électrons délocalisés de type $\pi\sigma\pi$. Les deux formes mésomères représentatives du benzène sont :

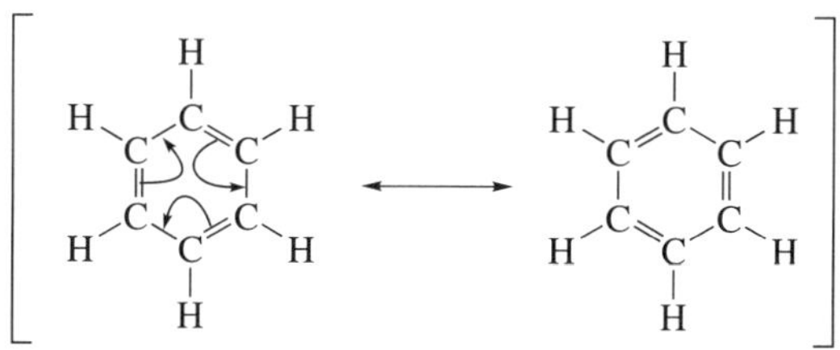

b. Pour l'aniline, l'atome d'azote est porteur d'une paire non liante, qui peut ainsi entrer en conjugaison avec le cycle par une mésomérie de type $n\sigma\pi$. On peut donc proposer au moins quatre formes mésomères de l'aniline (celles à séparation de charge étant un peu moins représentatives que les formes neutres) :

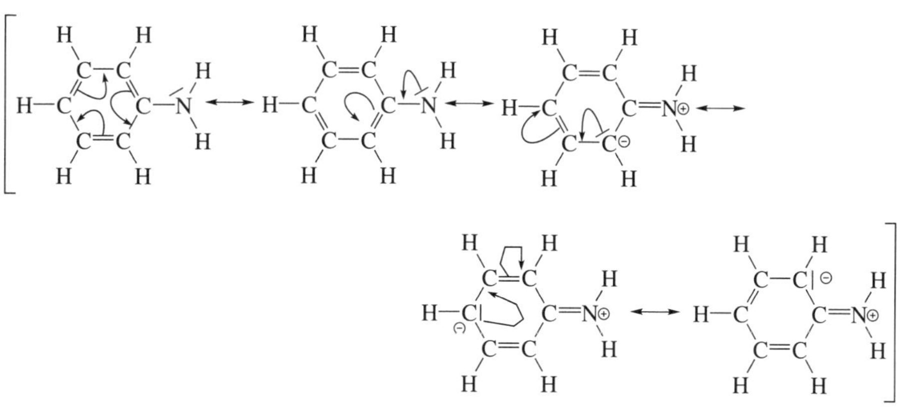

Le groupe amino $-NH_2$ est dit mésomère donneur car il peut « donner » sa paire non liante au cycle aromatique pour participer à la délocalisation des électrons de la molécule.

c. De la même manière, et en s'inspirant des résultats sur le nitrométhane, le nitrobenzène est une molécule pour laquelle on peut délocaliser les électrons du cycle aromatique en faisant participer le groupe nitro $-NO_2$. Quelques formes mésomères sont représentées ci-dessous.

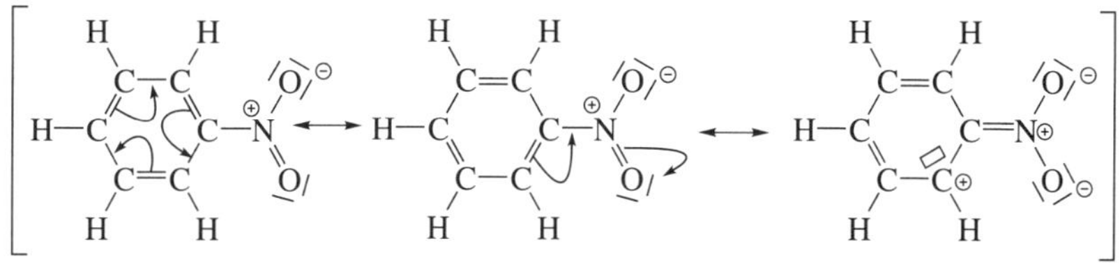

Le groupe nitro $-NO_2$ est dit mésomère accepteur car il peut « accepter » une paire non liante du cycle aromatique pour participer à la délocalisation des électrons de la molécule.

d. En conjuguant les résultats des questions précédentes, et en faisant participer les deux groupes substituants du cycle aromatique, on peut établir la mésomérie présentée figure ci-dessous.

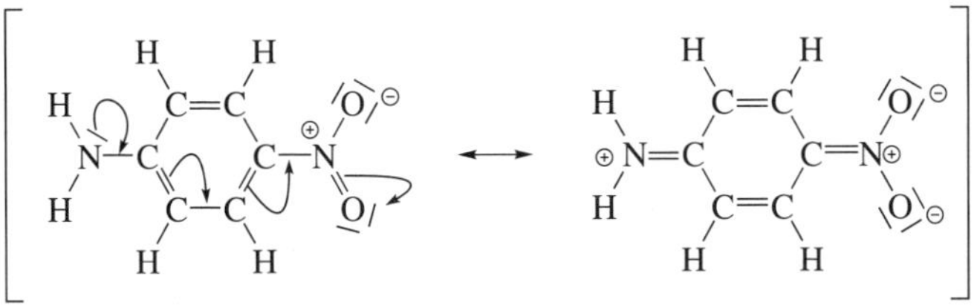

Un composé *push-pull* est un composé pour lequel un système conjugué (ici le cycle aromatique) sépare un groupe mésomère donneur (*push*) d'un groupe accepteur (*pull*). Un tel composé est aussi dit à transfert de charge intramoléculaire.

5. Composés « *push-pull* » et moments dipolaires.

a. Les atomes d'azote et d'oxygène sont notablement plus électronégatifs que le carbone. Ainsi, les substituants nitro sont électroattracteurs : ils sont qualifiés d'inductifs attracteurs, car seule la différence d'électronégativité entre le carbone et l'azote est prise en compte pour justifier ce comportement. Le substituant nitro porte un excédent de charge négative, comme le confirment les données du tableau.

b. Le caractère mésomère accepteur mis en évidence à la question 3.3. renforce le comportement électroattracteur du groupement nitro et explique la polarité plus grande du nitrobenzène lorsqu'il est comparé au nitrocyclohexane.

c. En revanche, dans le cas du substituant amino (NH_2-), les deux effets inductif (dû à l'électronégativité plus grande de l'azote, qui diminue la densité électronique sur le cycle) et mésomère (l'azote possède un doublet non liant qui peut se délocaliser sur le cycle aromatique et renforcer la densité électronique sur celui-ci) sont opposés. Les données du tableau montrent que c'est l'effet mésomère qui l'emporte car la polarité change de signe entre l'aminocyclohexane et l'aniline. Mais les effets antagonistes expliquent les plus faibles valeurs de moments dipolaires observées pour les substituants amino comparées à celles observées pour les substituants nitro.

6. Composition de moments dipolaires.

a. La possibilité nouvelle par rapport au nitrobenzène de délocaliser des charges sur le second cycle aromatique explique le moment dipolaire plus élevé du 4-nitrobiphényle par rapport au nitrobenzène. La même explication vaut pour la comparaison aniline/4-aminobiphényle.

b. L'angle θ entre les vecteurs moment dipolaire de groupe est égal à 120 ° dans le composé *C*, 60 ° dans le composé *D*, et est nul dans le composé *B*. Le module du moment dipolaire résultant de l'addition vectorielle de deux dipôles de module μ_1 et μ_2 faisant entre eux un angle θ est :

$$\mu = [\mu_1^2 + \mu_2^2 + 2\mu_1\mu_2.\cos(\theta)]^{1/2}$$

Ici, $\mu_1 = 1{,}53$ D et $\mu_2 = 4{,}01$ D. Nous obtenons alors :

Molécule	*C*	*D*	*B*
$\mu_{\text{théo}}$	3,51	4,96	5,54
$\Delta\mu$	0,79	-0,06	0,79

c. Les calculs des $\Delta\mu$ sont reportés au tableau précédent.

d. Les molécules qui permettent aux deux substituants d'interagir, c'est-à-dire les molécules *B* et *C* ne vérifient pas la règle de composition vectorielle. Les formes mésomères comme celles représentées plus haut permettent d'expliquer l'augmentation du moment dipolaire.

3.11 Un composé « *push-pull* » utilisant l'acide barbiturique

1. La perte d'un proton de la molécule permet de former le carbanion représenté ci-dessous.

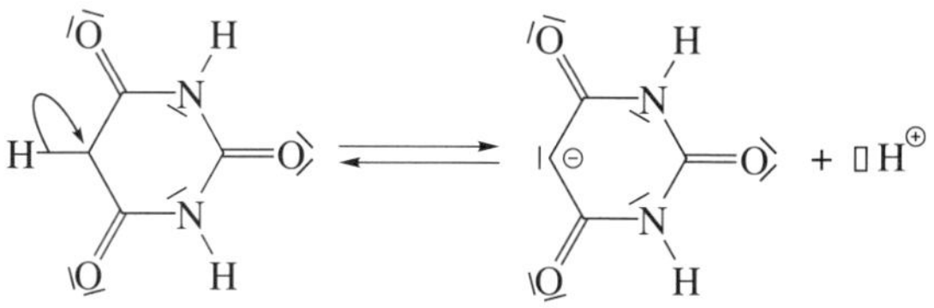

L'anion possède de nombreuses formes mésomères, délocalisant la charge négative sur de nombreux atomes :

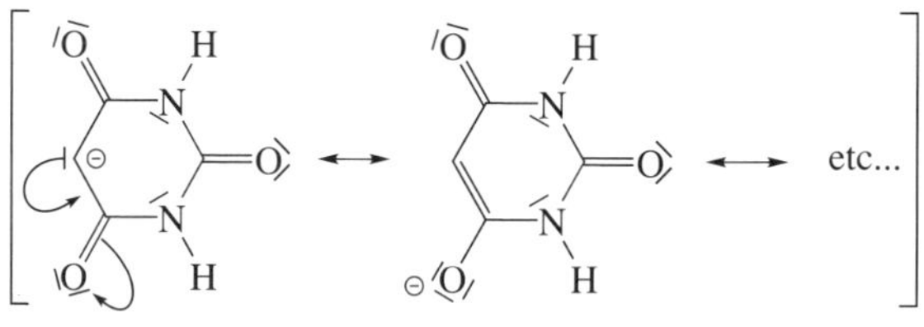

En particulier, une des formes mésomères fait apparaître un cycle à six atomes, enchaînant trois doubles liaisons de manière analogue au benzène, molécule aromatique :

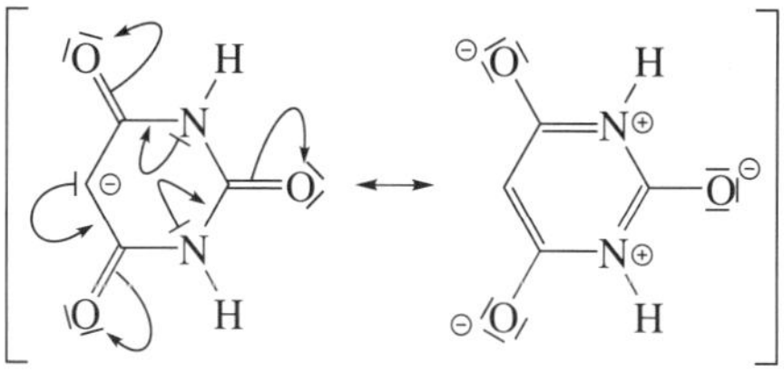

L'anion est dit *pseudo-aromatique* pour indiquer sa stabilité particulière.

2. L'atome d'azote, porteur d'un doublet non liant est mésomère donneur. Le groupe carbonyle C=O est mésomère accepteur. On a donc parmi les formes mésomères possibles celles représentées ci-dessous :

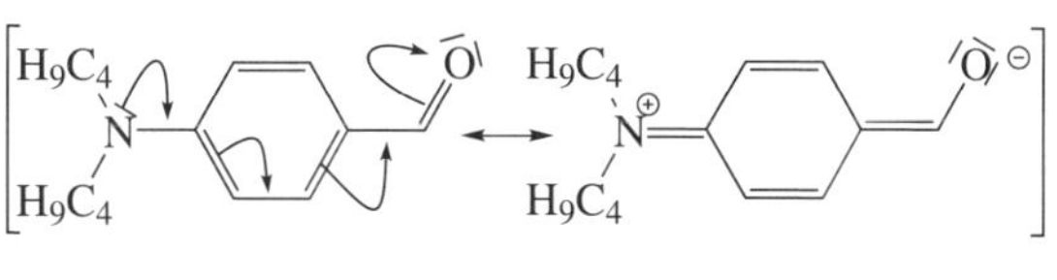

Les deux groupes sont séparés par un système totalement conjugué de type $\pi\sigma\pi$ (aromatique). Par conséquent, l'effet donneur (« *push* ») de l'atome d'azote se transmet, *via* le système conjugué, jusqu'au groupe accepteur (« *pull* ») carbonyle. Cependant, l'effet « *push-pull* » est ici de faible amplitude, car la seconde forme mésomère fait apparaître non seulement une séparation de charges, mais on perd aussi la propriété d'aromaticité du cycle : elle est assez peu représentative de la molécule.

3. On reconnaît dans la molécule **3** le groupe amino avec l'atome d'azote mésomère donneur, et un groupe thiobarbiturique, voisin de celui de la question 1. On peut proposer deux formes mésomères en s'inspirant des questions précédentes :

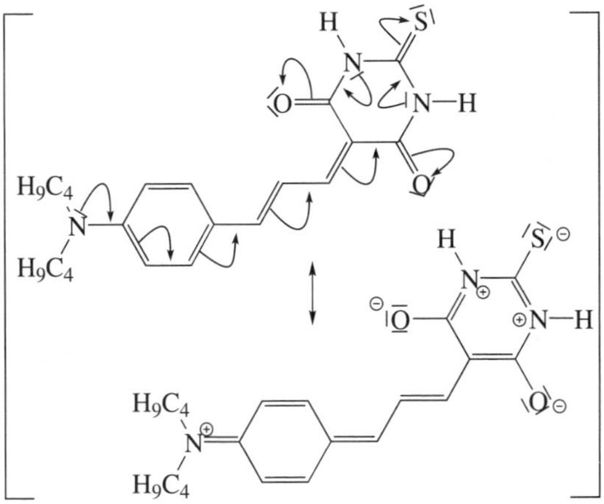

La première forme mésomère ne fait pas apparaître de séparation de charge, et le cycle de gauche est aromatique. La seconde forme mésomère fait apparaître un transfert intramoléculaire d'un électron depuis le groupe amine de gauche, vers le groupe thiobarbiturique de droite. On perd la propriété d'aromaticité du cycle de gauche, mais on gagne cette propriété pour le cycle de droite. Par conséquent, la seconde forme mésomère, bien qu'étant à séparation de charge, est assez représentative de la réalité. Il s'agit donc d'un composé « *push-pull* » présentant un fort caractère de transfert de charge intramoléculaire.

3.12 Étude des trihalogénures de bore

1. La représentation de LEWIS la plus représentative de la molécule BX_3 est :

2. La molécule est du type AX_3E_0 et donc trigonale plane (tous les atomes sont coplanaires).
3. La distance $B-X$ est plus courte que celle prévue par la somme des rayons covalents des atomes simplement liés. On note dans le tableau suivant $\Delta d(B-X)$ la différence entre la longueur observée et la longueur prévue à partir des rayons covalents des atomes simplement liés.

Halogène	F	Cl	Br	I
$r_{cov}(B) + r_{cov}(X)$ / pm	161	189	204	223
$\Delta d(B-X)$ / pm	−31	−24	−17	−13

L'écart diminue quand on descend dans la colonne. Ce phénomène s'explique par l'existence d'une orbitale vacante sur le bore : en conséquence, il est possible d'écrire des formes mésomères qui permettent au bore de vérifier la règle de l'octet et qui font apparaître un caractère de liaison double aux liaisons bore/halogène. Cette interaction est d'autant plus forte que les atomes ont des dimensions comparables et que les nombres quantiques principaux sont identiques : c'est pour cela que l'effet est le plus sensible pour le fluor.

Corrigés des exercices du chapitre 4

4.1 Dioxygène singulet

1. Par application de la règle de KLECHKOVSKI, la configuration de l'atome d'oxygène s'écrit :

$$1s^2 2s^2 2p^4.$$

2. On dénombre douze électrons de valence dans la molécule de dioxygène, le diagramme est construit par application des principes décrits dans le cours. Il est représenté figure ci-dessous.

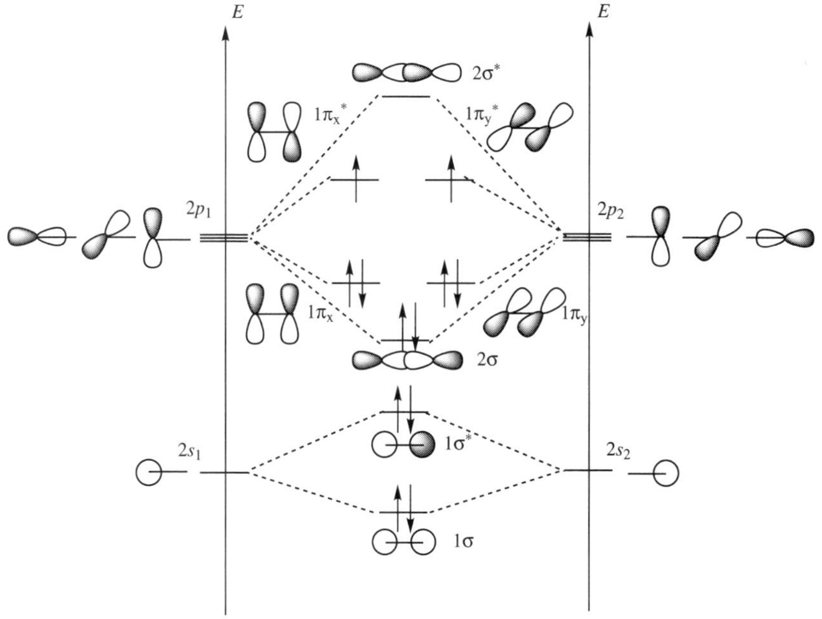

La configuration électronique s'écrit :

$$(1\sigma)^2\,(1\sigma^*)^2\,(2\sigma)^2\,(1\pi_x)^2\,(1\pi_y)^2(1\pi_x^*)^1(1\pi_y^*)^1.$$

3. L'indice de liaison est calculé par :

$$b = \frac{1}{2}(n - n^*)$$

avec n nombre d'électrons dans une orbitale liante et n^* nombre d'électrons dans une orbitale antiliante. Dans le cas de la molécule de dioxygène :

$$b = \frac{1}{2}(8 - 4) = 2.$$

4. La structure de LEWIS communément admise n'indique pas la présence de deux électrons célibataires. Elle n'est pas en accord avec le diagramme d'orbitales moléculaires fourni ici. Néanmoins, elle fournit le bon indice de liaison.

5. Une configuration électronique excitée (ne respectant pas la règle de HUND) s'écrit :

$$(1\sigma)^2\,(1\sigma^*)^2\,(2\sigma)^2\,(1\pi_x)^2\,(1\pi_y)^2(1\pi_x^*)^2(1\pi_y^*)^0$$

ou :

$$(1\sigma)^2\,(1\sigma^*)^2\,(2\sigma)^2\,(1\pi_x)^2\,(1\pi_y)^2(1\pi_x^*)^0(1\pi_y^*)^2.$$

avec appariement des électrons dans les orbitales $1\pi_x^*$ ou $1\pi_y^*$. Ces deux configurations sont de même énergie. Une autre configuration électronique excitée est :

$$(1\sigma)^2\,(1\sigma^*)^2\,(2\sigma)^2\,(1\pi_x)^2\,(1\pi_y)^2(1\pi_x^*)^1(1\pi_y^*)^1$$

avec les électrons des orbitales $1\pi_x^*$ et $1\pi_y^*$ de nombre quantique m_s opposés, tandis qu'ils sont identiques dans la configuration fondamentale.

4.2 Cyanure et monoxyde de carbone

1. Dans le cas de la molécule de dioxygène il n'y a pas de niveau σ entre les deux niveaux π. Il y a ici inversion des niveaux σ et π par rapport à la molécule de dioxygène. Ce cas est rencontré dans le cadre des diagrammes d'orbitales moléculaires *corrélés* qui sont adaptés à la description des molécules diatomiques Li_2, Be_2, C_2 et N_2.
2. L'atome d'azote apporte cinq électrons de valence, l'atome de carbone apporte quatre électrons de valence. L'ion étant chargé négativement il a reçu un électron supplémentaire. Au total nous dénombrons dix électrons de valence à répartir dans les orbitales moléculaires fournies. La configuration électronique s'écrit :

$$(1\sigma)^2\,(2\sigma)^2\,(1\pi)^4\,(3\sigma)^2.$$

3. Trois doublets d'électrons assurent la liaison entre atomes C et N. Le doublet d'électrons 2σ est localisé préférentiellement sur l'atome d'azote, il joue le rôle de doublet non liant dans une description de type LEWIS. De façon symétrique le doublet d'électrons 3σ est localisé préférentiellement sur l'atome de carbone, il joue le rôle de doublet non liant dans une description de type LEWIS. Nous proposons la structure dessinée à la figure 22.37 a).

a) $\ominus$ |C≡N| b) $\ominus$ $\oplus$ |C≡O|

FIGURE 22.37 – Structure de LEWIS de l'ion cyanure a) et du monoxyde de carbone b)

Le fait que le doublet non liant plutôt localisé sur l'atome de carbone soit de plus haute énergie (c'est-à-dire moins lié) que celui plutôt localisé sur l'atome d'azote explique que, lorsque les interactions entre orbitales régissent le comportement entre l'ion cyanure et un réactif, la liaison qui se forme met alors en jeu le carbone de l'ion cyanure. C'est le cas lorsque le cyanure réagit avec un halogénoalcane (voir le cours de chimie organique).
4. Le terme isoélectronique signifie que les deux molécules ont la même structure électronique (même nombre d'électrons occupant des orbitales moléculaires de même nature).
5. La réponse à la question **4** implique que les deux molécules possèdent des structures de LEWIS semblables. Nous proposons une structure à la figure 22.37.

4.3 Analyse des orbitales des molécules diatomiques

1. La probabilité de trouver l'électron (décrit par la fonction d'onde $\Psi(r,\theta,\varphi)$) dans le petit élément de volume $\mathrm{d}V$ (compris entre r et $r+\mathrm{d}r$, θ et $\theta+\mathrm{d}\theta$, φ et $\varphi+\mathrm{d}\varphi$) s'écrit :

$$\mathrm{d}P = |\Psi(r,\theta,\varphi)|^2\,r^2\sin\theta.\mathrm{d}r.\mathrm{d}\theta.\mathrm{d}\varphi.$$

car le volume $\mathrm{d}V$ s'exprime par :

$$\mathrm{d}V = (\mathrm{d}r).(r\mathrm{d}\theta).(r\sin\theta\mathrm{d}\varphi) = r^2\sin\theta.\mathrm{d}r.\mathrm{d}\theta.\mathrm{d}\varphi.$$

Ici, nous avons donc :

$$\mathrm{d}P = \kappa^2\exp\left(-\frac{2r}{a_0}\right)r^2\sin\theta.\mathrm{d}r.\mathrm{d}\theta.\mathrm{d}\varphi.$$

2. La constante κ est calculée par normalisation (appelée aussi normation) de la fonction d'onde Ψ_{1s} :

$$\iiint_{\text{espace}} |\Psi_{1s}|^2 \, \mathrm{d}V = 1.$$

3. La probabilité $\mathrm{d}P_r$ de trouver un électron entre r et $r+\mathrm{d}r$, quels que soient les angles, est chiffrée en sommant les volumes élémentaires sur tous les angles possibles, pour θ variant de 0 à π et φ variant de 0 à 2π :

$$\mathrm{d}P_r = \int_{\varphi=0}^{2\pi} \int_{\theta=0}^{\pi} \Psi.\Psi^*.\mathrm{d}V.$$

Ainsi :

$$\mathrm{d}P_r = \kappa^2 \exp\left(-\frac{2r}{a_0}\right) r^2.\mathrm{d}r \int_{\varphi=0}^{2\pi} \int_{\theta=0}^{\pi} \sin\theta.\mathrm{d}\theta.\mathrm{d}\varphi = \kappa^2 4\pi \exp\left(-\frac{2r}{a_0}\right) r^2.\mathrm{d}r$$

et donc :

$$DR_{1s} = \kappa^2 4\pi \exp\left(-\frac{2r}{a_0}\right) r^2.$$

4. En prenant $\kappa = \dfrac{1}{2\sqrt{\pi}}$, il vient :

$$DR_{1s} = \exp\left(-\frac{2r}{a_0}\right) r^2.$$

L'étude de cette fonction montre l'existence d'un maximum en $r = \mathrm{a}_0$. La densité vaut alors : $DR_{1s} = \exp(-2)\mathrm{a}_0^2$. Ce maximum de la densité radiale est interprété comme le rayon orbitalaire de l'atome.

5. Le diagramme est rappelé figure ci-dessous.

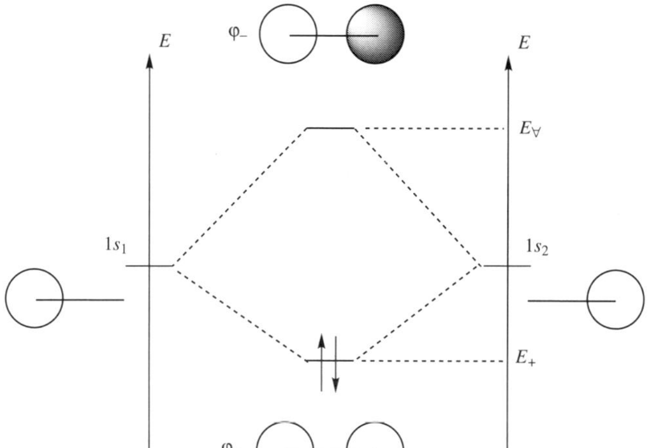

6. Le remplissage du diagramme d'orbitales moléculaires conduit à une double occupation du niveau d'énergie E_- (il y a quatre électrons de valence à répartir dans les deux orbitales moléculaires). Il a été établi en cours que le niveau liant est moins liant que le niveau antiliant n'est antiliant. En conséquence, le système où les deux orbitales moléculaires sont doublement occupées (l'hypothétique ion H_2^{2-}) est alors moins stable que celui constitué par deux ions libres H^- et l'ion H_2^{2-} n'existe pas.

7. Le diagramme d'orbitales moléculaires de He_2 est comparable à celui de l'ion H_2^{2-}, la molécule de dihélium n'existe pas. En fait on qualifie de gaz nobles les gaz qui ont une très faible tendance à établir des liaisons chimiques, ce qui est le cas de l'hélium.

8. De façon générale l'intensité d'une interaction est liée à la valeur du recouvrement entre orbitales atomiques, c'est-à-dire à l'étendue de la région de l'espace où les deux fonctions d'onde atomiques prennent des valeurs notables. Un recouvrement σ est un recouvrement frontal alors qu'un recouvrement π est un recouvrement latéral. Dans cette seconde situation, la partie commune est plus limitée et l'intégrale de recouvrement est plus faible.

4.4 Orbitales moléculaires de l'ion HeH^+

1. Les orbitales atomiques en interaction sont les orbitales atomiques de valence : il s'agit dans le cas de l'atome d'hydrogène et dans le cas de l'atome d'hélium de l'orbitale de type $1s$.
2. Les orbitales moléculaires sont des combinaisons linéaires des deux orbitales atomiques, on a la forme présentée ci-dessous pour le diagramme d'orbitales moléculaires.

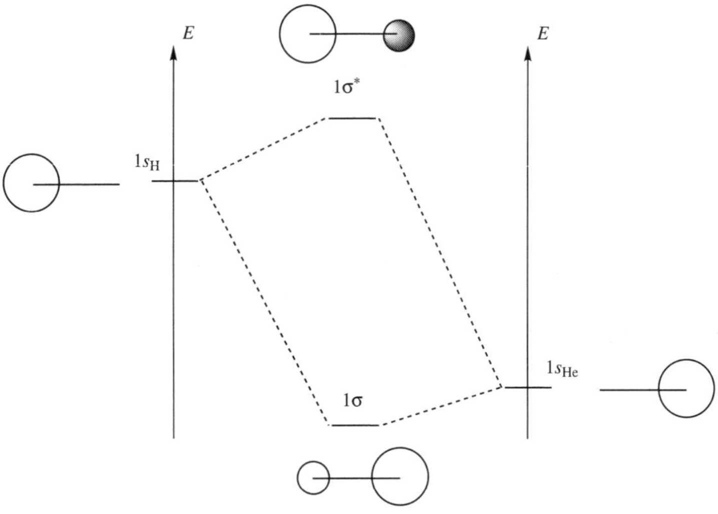

3. L'atome d'hydrogène apporte un électron de valence et l'atome d'hélium apporte deux électrons de valence. L'ion étant chargé positivement il y a un défaut d'un électron. Au total nous dénombrons deux électrons de valence, la configuration électronique de l'ion s'écrit $(1\sigma)^2$.
4. L'orbitale moléculaire 1σ est normalisée :

$$\iiint_{\text{espace}} (1\sigma)^2 .\mathrm{d}V = 1$$

et donc :

$$\iiint_{\text{espace}} \left(0,877^2\,(1s_{\mathrm{He}})^2 + 0,202^2\,(1s_{\mathrm{H}})^2 + 2\times 0,877\times 0,202\,(1s_{\mathrm{He}})\,(1s_{\mathrm{H}})\right).\mathrm{d}V = 1.$$

Comme les orbitales atomiques $1s_{\mathrm{H}}$ et $1s_{\mathrm{He}}$ sont elles aussi normalisées, il vient :

$$0,877^2 + 0,202^2 + 2\times 0,877\times 0,202.S = 1$$

avec S intégrale de recouvrement entre les orbitales $1s_{\mathrm{H}}$ et $1s_{\mathrm{He}}$. Il vient donc $S = 0,536$.
5. Il convient de calculer le recouvrement des deux orbitales moléculaires par :

$$\begin{aligned}\iiint_{\text{espace}} (1\sigma)\,(2\sigma)\,.\mathrm{d}V &= 0,70\iiint_{\text{espace}} (1s_{\mathrm{He}})^2 .\mathrm{d}V - 0,236\iiint_{\text{espace}} (1s_{\mathrm{H}})^2 .\mathrm{d}V - 0,863.S \\ &= 0,70 - 0,236 - 0,863\times 0,536 \approx 0.\end{aligned}$$

On ne trouve pas *exactement* zéro à cause des arrondis successifs.

4.5 Orbitales moléculaires de BeH_2

1. La forme des orbitales moléculaires du dihydrogène est rappelée à la figure 4.4 page 137.
2. Les orbitales atomiques contenant les électrons de valence sont les orbitales $2s$ et $2p$ (orbitales $2p_x$, $2p_y$ et $2p_z$).
3. Les orbitales qui interviennent dans une même combinaison linéaire sont de même symétrie (le recouvrement est non nul). Ainsi l'orbitale moléculaire φ_+ (symétrique par rapport à un plan passant perpendiculairement par le milieu de l'axe internucléaire et symétrique par rapport à un plan contenant l'axe internucléaire) peut interagir avec l'orbitale $2s$ de l'atome A. L'orbitale moléculaire φ_- (antisymétrique par rapport à un plan passant perpendiculairement par le milieu de l'axe internucléaire et symétrique par rapport à un plan contenant l'axe internucléaire) peut interagir avec l'orbitale $2p_z$ de l'atome A. Les orbitales $2p_x$ et $2p_y$ de l'atome A ne peuvent interagir ni avec l'orbitale φ_+ ni avec l'orbitale φ_-.
4. L'allure du diagramme est :

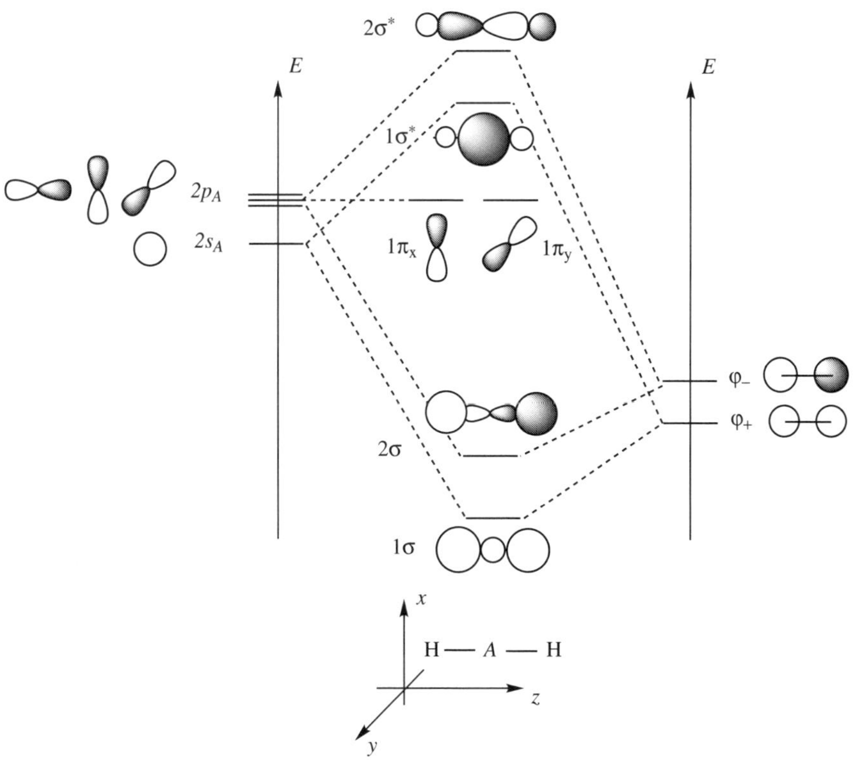

5. Chaque atome d'hydrogène apporte un électron de valence, le béryllium apporte deux électrons de valence, on dénombre donc quatre électrons de valence. La configuration électronique de BeH_2 s'écrit $(1\sigma)^2\,(2\sigma)^2$.

4.6 Molécule de disoufre S_2

Le soufre est au-dessous de l'oxygène dans la classification périodique des éléments. Le diagramme d'orbitales moléculaire de S_2 est analogue à celui du dioxygène (les orbitales atomiques $2s$ et $2p$ de l'oxygène sont remplacées par les orbitales $3s$ et $3p$ du soufre). En particulier, la molécule de disoufre, à l'instar de la molécule de dioxygène est paramagnétique (deux électrons célibataires dans des orbitales π antiliantes). La configuration électronique de S_2 s'écrit :

$$(1\sigma)^2\,(1\sigma^*)^2\,(2\sigma)^2\,(1\pi_x)^2\,(1\pi_y)^2(1\pi_x^*)^1(1\pi_y^*)^1.$$

Le passage du disoufre aux ions S_2^+ et S_2^{2+} se fait en enlevant un ou deux électrons π^* (antiliants). L'indice de liaison (ou ordre de liaison) augmente, la distance S–S diminue. Au contraire, le passage du disoufre aux ions S_2^- et S_2^{2-} se fait en ajoutant un ou deux électrons π^* (antiliants). L'indice de liaison (ou ordre de liaison) diminue, la distance S–S augmente.

4.7 Orbitales moléculaires de LiH

1. Les orbitales atomiques contenant les électrons de valence sont les orbitales atomiques $2s$ et $2p$ (orbitales $2p_x$, $2p_y$ et $2p_z$) pour l'atome de lithium et l'orbitale $1s$ pour l'atome d'hydrogène. Les interactions à envisager sont les interactions entre l'orbitale atomique $1s$ de l'atome d'hydrogène et les orbitales $2s$ et $2p_z$ de l'atome de lithium (nous désignons par z l'axe internucléaire). Les orbitales $2p_x$ et $2p_y$ de l'atome de lithium sont sans interaction avec l'atome d'hydrogène.
2. Le remplissage est indiqué ci-dessous, ainsi que la symétrie (σ ou π) des orbitales moléculaires. Il y a deux électrons de valence.

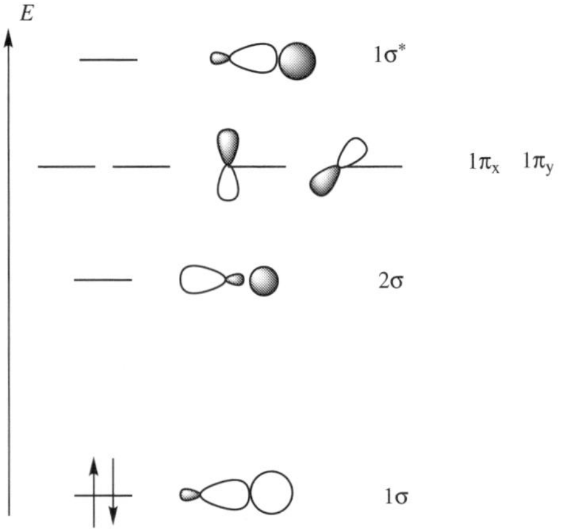

3. L'orbitale moléculaire 1σ occupée par deux électrons possède une expression faisant apparaître un coefficient plus important sur l'orbitale atomique $1s$ de l'atome d'hydrogène. Ces deux électrons ont une probabilité plus importante de se trouver au voisinage de l'atome d'hydrogène (alors à l'état d'ion H^- : hydrure).
4. L'orbitale moléculaire φ est normalisée : $\iiint_{\text{espace}} \varphi^2.\mathrm{d}V = 1$ et donc :

$$\iiint_{\text{espace}} \left(0,333^2\,(2s_{\text{Li}})^2 + 0,801^2\,(1s_{\text{H}})^2 + 2\times 0,333\times 0,801\,(1s_{\text{He}})\,(1s_{\text{H}})\right).\mathrm{d}V = 1.$$

Comme les orbitales atomiques $1s_{\text{H}}$ et $2s_{\text{Li}}$ sont elles aussi normalisées, il vient :

$$0,333^2 + 0,801^2 + 2\times 0,333\times 0,801.S = 1$$

avec S intégrale de recouvrement entre les orbitales $1s_{\text{H}}$ et $2s_{\text{Li}}$. Il vient donc $S = 0,464$.

Corrigés des exercices du chapitre 5

5.1 Datation au carbone 14

Le processus de décomposition radioactive suit une cinétique d'ordre 1. Par conséquent,

$$-\frac{d[^{14}C]}{dt} = k[^{14}C]$$

qui s'intègre directement en :

$$[^{14}C](t) = [^{14}C]_0 e^{-kt} \qquad (1)$$

Le temps de demi-réaction de ce processus est :

$$t_{\frac{1}{2}} = \tau = \frac{\ln 2}{k}$$

indépendant de la concentration initiale en carbone 14. On en déduit :

$$k = \frac{\ln 2}{\tau} = \frac{\ln 2}{5730} = 1,21.10^{-4}\ \text{an}^{-1}.$$

Tant que la matière est vivante, l'apport nutritionnel maintient la concentration en carbone 14 à la valeur de celle de l'environnement, considérée comme constante. Lors de la mort de la matière vivante, il n'y a plus d'apport de carbone 14 et sa concentration décroît en raison de la décomposition radioactive. En notant t_M le temps depuis la mort de l'échantillon de bois, la relation (1) permet d'écrire :

$$t_M = -\frac{1}{k}\ln\frac{[^{14}C]}{[^{14}C]_0}.$$

Pour l'échantillon qui nous concerne :

$$t_M = -\frac{1}{1,21.10^{-4}}\ln 0,74 = 2\,488\ \text{ans}.$$

L'échantillon de bois est mort depuis 2 500 ans.

5.2 Décomposition de l'azométhane en phase gazeuse

Si la réaction est d'ordre 1 par rapport au réactif, alors :

$$-\frac{d[CH_3N_2CH_3]}{dt} = k[CH_3N_2CH_3]$$

dont l'intégration conduit immédiatement à la loi horaire :

$$[CH_3N_2CH_3](t) = [CH_3N_2CH_3]_0 \exp(-kt) \qquad (2)$$

Afin de trouver la loi de vitesse en fonction de la pression, utilisons la loi des gaz parfaits :

$$p_0 = [CH_3N_2CH_3]_0 RT \quad \text{et} \quad p_A = [CH_3N_2CH_3]RT.$$

la loi horaire (2) se transforme donc en :

$$\ln\left(\frac{p_A}{p_0}\right) = -kt.$$

Par conséquent, si le tracé de $\ln\left(\frac{p_A}{p_0}\right)$ en fonction de t est une droite, la réaction est bien d'ordre 1, et sa constante de vitesse est l'opposé du coefficient directeur de la droite. La régression linéaire est de coefficient de corrélation $R = -1$; les points sont alignés et la constante de vitesse de la réaction est :

$$\boxed{k = 3,58.10^{-4}\ \mathrm{s}^{-1}}$$

5.3 Temps de demi-réaction

1. Le tableau d'avancement de ce système d'une seule réaction est :

	$N_2O_5 = 2\,NO_2 + \frac{1}{2}\,O_2$			
	N_2O_5	NO_2	$\frac{1}{2}\,O_2$	tous gaz
$t = 0$	n_0	0	0	n_0
$\forall t > 0$	$n_0 - \xi$	2ξ	$\frac{1}{2}\xi$	$n_0 + \frac{3}{2}\xi$

L'état de demi-réaction est obtenu lorsque le réactif limitant, ici le pentaoxyde de diazote, voit sa quantité de matière divisée par 2, c'est-à-dire $n_0 - \xi_{\frac{1}{2}} = \frac{1}{2}n_0$, soit $\xi_{\frac{1}{2}} = \frac{1}{2}n_0$. Or la quantité de matière gazeuse est liée à la pression par la loi des gaz parfaits :

$$\begin{cases} p_0V = n_0RT \\ p_{\frac{1}{2}}V = \left(n_0 + \frac{3}{2}\xi_{\frac{1}{2}}\right)RT = \frac{7}{4}n_0RT \end{cases}$$

On en déduit :

$$p_{\frac{1}{2}} = \frac{7}{4}p_0.$$

2. Démontrons, comme le suggère le tracé expérimental, que la réaction est d'ordre 1. Dans cette hypothèse,

$$-\frac{\mathrm{d}[N_2O_5]}{\mathrm{d}t} = k[N_2O_5]$$

dont l'intégration entre les instants initial 0 et courant t conduit à $\ln\frac{[N_2O_5]}{[N_2O_5]_0} = -kt$. D'autre part, la pression partielle en pentaoxyde de diazote s'exprime en fonction de la concentration gazeuse : $p(N_2O_5) = [N_2O_5]RT$ et $p_0 = [N_2O_5]_0RT$. La loi horaire devient donc $\ln p(N_2O_5) = \ln p_0 - kt$, qui est bien la loi affine observée expérimentalement, justifiant ainsi l'ordre 1.

D'autre part, $pV = \left(n_0 + \frac{3}{2}\xi\right)RT$, on en déduit :

$$\frac{\xi}{n_0} = \frac{2}{3}(p - p_0)\frac{V}{RT} \times \frac{RT}{p_0V} = \frac{2}{3}\left(\frac{p}{p_0} - 1\right).$$

La loi horaire $\ln\frac{[N_2O_5]}{[N_2O_5]_0} = \ln\frac{n_0 - \xi}{n_0} = -kt$ s'exprime donc en fonction de la grandeur physique mesurée (la pression) par :

$$\ln\left(\frac{5}{3} - \frac{2}{3}\frac{p}{p_0}\right) = -kt$$

d'où :

$$p = p_0\left(\frac{5}{2} - \frac{3}{2}\mathrm{e}^{-kt}\right)$$

L'allure de la courbe $p = f(t)$ est donnée figure ci-dessous.

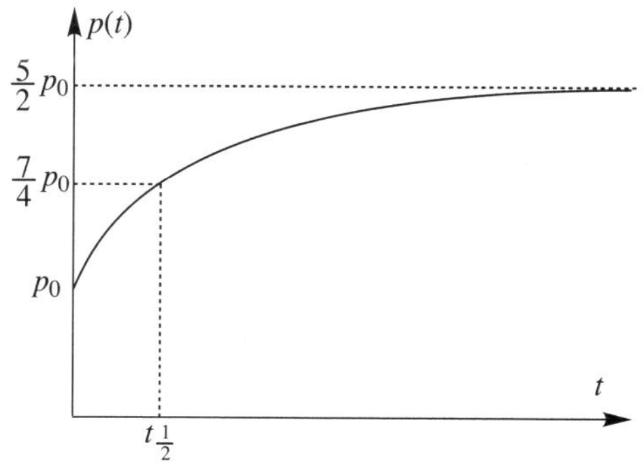

3. Pour la réaction d'ordre 1, on a :

$$k = \frac{\ln 2}{t_{\frac{1}{2}}}.$$

Applications numériques :

$$k = \frac{\ln 2}{7{,}5} = 9{,}242 \times 10^{-2}\ \mathrm{s}^{-1} \text{ et } k' = \frac{\ln 2}{7{,}0 \times 60} = 1{,}650 \times 10^{-3}\ \mathrm{s}^{-1}$$

soit, en tenant compte de la précision des données :

$$k = 9{,}2 \times 10^{-2}\ \mathrm{s}^{-1} \quad \text{et} \quad k' = 1{,}7 \times 10^{-3}\ \mathrm{s}^{-1}.$$

5.4 Énergie d'activation

En appliquant à deux reprises la relation de ARRHENIUS, on a :

$$\begin{cases} k = A \exp\left(-\dfrac{E_a}{RT}\right) \\ k' = A \exp\left(-\dfrac{E_a}{RT'}\right) \end{cases}$$

En prenant le logarithme du quotient de ces deux expressions, on a :

$$\ln \frac{k}{k'} = -\frac{E_a}{R}\left(\frac{1}{T} - \frac{1}{T'}\right)$$

dont on extrait :

$$E_a = R\frac{TT'}{T - T'} \ln \frac{k}{k'}$$

soit encore avec les températures θ exprimées en °C :

$$E_a = R\frac{(\theta + 273)(\theta' + 273)}{\theta - \theta'} \ln \frac{k}{k'}.$$

Applications numériques :

$$E_a = 8{,}31 \times \frac{(150 + 273)(100 + 273)}{150 - 100} \ln \frac{9{,}242 \times 10^{-2}}{1{,}650 \times 10^{-3}} = 105{,}6\ \mathrm{kJ{\cdot}mol^{-1}}$$

soit :

$$E_a = 110\ \mathrm{kJ{\cdot}mol^{-1}}.$$

5.5 Dismutation des ions hypochlorite

1. La vitesse de la réaction est définie par la vitesse de disparition des ions hypochlorite :

$$r \overset{def}{=} -\frac{\mathrm{d}[\mathrm{ClO}^-]}{\mathrm{d}t}.$$

Cette vitesse est proposée comme étant d'ordre 2. On a par conséquent l'équation différentielle :

$$-\frac{\mathrm{d}[\mathrm{ClO}^-]}{\mathrm{d}t} = k[\mathrm{ClO}^-]^2$$

dont la séparation des variables (t et $[\mathrm{ClO}^-]$) s'écrit :

$$\frac{\mathrm{d}[\mathrm{ClO}^-]}{[\mathrm{ClO}^-]^2} = -k\mathrm{d}t$$

qui s'intègre très facilement par sommation :

$$\int_{c_0}^{[\mathrm{ClO}^-](t)} \frac{\mathrm{d}[\mathrm{ClO}^-]'}{[\mathrm{ClO}^-]'^2} = \int_0^t -k\mathrm{d}t'$$

soit :

$$\frac{1}{[\mathrm{ClO}^-](t)} - \frac{1}{c_0} = kt$$

dont on extrait :

$$[\mathrm{ClO}^-](t) = \frac{c_0}{1+ktc_0}.$$

2. À $T = 343$ K À l'instant t_{30}, il reste 70 % des ions hypochlorite initialement présents dans la solution ; on a donc $[\mathrm{ClO}^-](t_{30}) = 0,70c_0$, qui permet d'extraire :

$$t_{30} = \frac{1}{kc_0}\left(\frac{1}{0,70} - 1\right) \tag{3}$$

$$t_{30} = \frac{0,4286}{kc_0}.$$

Application numérique :

$$t_{30} = \frac{0,4286}{3,1.10^{-3} \times 0,10} = 1382 \text{ s} = \frac{1382}{60} \text{ min} = 23,04 \text{ min}$$

$$t_{30} = 23 \text{ min}.$$

3. Notons $k' = k(T')$ la constante de vitesse de la réaction à la température T'. D'après la relation (3),

$$\frac{t'_{30}}{t_{30}} = \frac{k(T)}{k(T')} = \frac{k}{k'}. \tag{4}$$

Or selon la relation d'ARRHENIUS, $k = A\exp\left(-\frac{E_\mathrm{a}}{RT}\right)$, on a :

$$\frac{k}{k'} = \exp\left(-\frac{E_\mathrm{a}}{R}\left(\frac{1}{T} - \frac{1}{T'}\right)\right)$$

dont on extrait donc, grâce à la relation (4) :

$$t'_{30} = t_{30}\exp\left(-\frac{E_a}{R}\left(\frac{1}{T}-\frac{1}{T'}\right)\right).$$

Application numérique :

$$t'_{30} = 1382 \times \exp\left(-\frac{47.10^3}{8,31}\left(\frac{1}{343}-\frac{1}{363}\right)\right) = 557,1 \text{ s}$$

$$t'_{30} = 560 \text{ s} \quad (9 \text{ min } 20 \text{ s}).$$

5.6 Décomposition du monoxyde d'azote

1. Soit r la vitesse de disparition du monoxyde d'azote et α l'ordre en monoxyde de carbone ; nous avons :

$$r = -\frac{\mathrm{d[NO]}}{\mathrm{d}t} = 2k[\mathrm{NO}]^{\alpha} = k'.p_{\mathrm{NO}}^{\alpha}$$

car à température fixée, la concentration volumique molaire est proportionnelle à la pression partielle. k est la constante de la vitesse de réaction. Pour trouver la valeur de α, traçons le logarithme de la vitesse initiale r_0 en fonction du logarithme de la pression partielle initiale en monoxyde d'azote. Nous obtenons une droite de coefficient directeur 2,01 $\approx$ 2. L'ordre en monoxyde d'azote est donc 2.

2. La loi de vitesse s'écrit :

$$\frac{\mathrm{d[NO]}}{\mathrm{d}t} = -2k[\mathrm{NO}]^2.$$

La réaction se déroule à température constante et donc :

$$p_{\mathrm{NO}} = RT.\frac{n(\mathrm{NO})}{V} = RT[\mathrm{NO}].$$

En remplaçant dans l'expression précédente et en intégrant, nous obtenons :

$$\frac{1}{p_{\mathrm{NO}}} = -\frac{2k}{RT}.t + \text{cte}.$$

3. Ainsi, en traçant $\frac{R}{p_{\mathrm{NO}}}$ en fonction de t, nous devons obtenir une droite de coefficient directeur $-\frac{2k}{T}$. Nous obtenons, avec un coefficient de corrélation de 0,99999 :

$$\frac{2k}{T} = 17,58.10^{-3}\ \mathrm{mol^{-1}.L.min^{-1}.K^{-1}} = 0,293\ \mathrm{mol^{-1}.mL.s^{-1}.K^{-1}}$$

soit, pour la constante de vitesse k : $2k = 417\ \mathrm{mol^{-1}.mL.s^{-1}}$. **4.** Pour déterminer l'énergie d'activation, suposons que la dépendance de la constante de vitesse avec la température suive la loi d'ARRHENIUS :

$$k = A.\exp\left[-\frac{E_a}{RT}\right]$$

Pour vérifier cette loi et déterminer l'énergie d'activation E_a et le facteur préexponentiel A, traçons $\ln(k)$ en fonction de $1/T$ (attention, la température doit apparaître ici numériquement exprimée en kelvin : si la loi est suivie, nous obtenons une droite de coefficient directeur $-E_a/R$ et d'ordonnée à l'origine $\ln(A)$. Après exploitation des données (les trois du tableau de l'énoncé et celle obtenue à la question précédente), nous obtenons, avec un coefficient de corrélation de 0,99966 :

$$\ln(A) = 27,14 \qquad \text{et} \qquad -\frac{E_a}{R} = -31000$$

donc :

$$A = 6,14.10^{11}\ \text{mol}^{-1}.\text{mL.s}^{-1} \qquad \text{et} \qquad E_a = 258\ \text{kJ.mol}^{-1}.$$

Remarquons que le facteur préexponentiel dépend de l'unité choisie pour exprimer k tandis que l'énergie d'activation n'en dépend pas.

Corrigés des problèmes du chapitre 5

5.7 Suivi d'une isomérisation par spectrophotométrie

1. Loi horaire

Si la cinétique est d'ordre 1, la loi de vitesse s'écrit :

$$-\frac{\text{d}[cis]}{\text{d}t} = k[cis]$$

où k est la constante de vitesse de la réaction. Par une intégration directe entre l'instant courant t et l'instant initial pour lequel on pose $[cis](0) = [cis]_0$, on a :

$$\ln \frac{[cis]}{[cis]_0} = -kt.$$

2. Relation avec l'absorbance

L'additivité de la loi de BEER-LAMBERT permet d'écrire :

$$A = (\varepsilon_{cis}[cis] + \varepsilon_{trans}[trans])l$$

$$A_\infty = \varepsilon_{trans}[transs]_\infty l$$

car au bout d'un temps infini, on a supposé qu'il ne restait plus de complexe *cis* (réaction totale).

3. Absorbance en fonction du temps

La loi de conservation de la matière permet d'écrire :

$$[trans] = [cis]_0 - [cis] = [trans]_\infty - [cis]$$

d'où :

$$A = ((\varepsilon_{cis} - \varepsilon_{trans})[cis] + \varepsilon_{trans}[trans]_\infty)l$$

soit encore :

$$A = (\varepsilon_{cis} - \varepsilon_{trans})[cis]l + A_\infty$$

in fine

$$\ln[cis] = \ln(A - A_\infty) - \ln((\varepsilon_{cis} - \varepsilon_{trans})l).$$

On reporte cette expression dans la loi horaire trouvée précédemment :

$$\ln(A - A_\infty) - \ln((\varepsilon_{cis} - \varepsilon_{trans})l) - \ln[cis]_0 = -kt.$$

On trouve ainsi :

$$\ln(A - A_\infty) = -kt + \text{Cte}.$$

4. Ordre et calcul de la constante de vitesse

Le tracé de $\ln(A - A_\infty)$ en fonction du temps t donne avec un assez bon coefficient de corrélation ($R = 0,993$), une droite de coefficient directeur $p = -1,65.10^{-4}\text{s}^{-1}$ soit une constante de vitesse :

$$k = 1,65.10^{-4}\ \text{s}^{-1}.$$

5.8 Réaction entre le dioxygène et l'ion ferreux Fe^{2+}

1. Toutes les expériences sont conduites à pH fixé : la concentration en ions hydroxyde est constante et la vitesse s'écrit donc :

$$v = -\frac{\mathrm{d}[\mathrm{Fe}^{2+}]}{\mathrm{d}t} = k'[\mathrm{Fe}^{2+}]^{\alpha} \qquad \text{avec} \quad k' = k[\mathrm{HO}^-]^{\beta}.$$

En supposant $\alpha = 1$, l'intégration de l'équation différentielle donne :

$$\frac{\mathrm{d}[\mathrm{Fe}^{2+}]}{[\mathrm{Fe}^{2+}]} = -k\mathrm{d}t \qquad \text{soit} \quad \ln\frac{[\mathrm{Fe}^{2+}]}{[\mathrm{Fe}^{2+}]_0} = y = -kt.$$

L'exploitation des résultats expérimentaux confirme cette dépendance : l'ordre α est bien égal à 1.
2. La constante k' est liée à la fois au paramètre δ (d'origine expérimentale) et d'autre part à la valeur de k et du pH du milieu réactionnel selon :

$$k' = 10^{-\delta} = k[\mathrm{HO}^-]^{\beta} = k\left(\frac{K_e}{[\mathrm{H_3O^+}]}\right)^{\beta}$$

soit en passant aux logarithmes décimaux :

$$\log k' = -\delta = \log(kK_e^{\beta}) + \beta\mathrm{pH}$$

où $K_e = 10^{-14}$ est le produit ionique d'autoprotolyse du solvant eau. Le tracé de $-\delta$ en fonction du pH donne une droite de coefficient directeur 2 et d'ordonnée à l'origine -15
3. L'ordonnée à l'origine est égale à $\log(kK_e^2)$. Donc, en tenant compte de $K_e = 10^{-14}$, nous obtenons :

$$k = 10^{13}\ \mathrm{mol^{-2}{\cdot}L^{2}{\cdot}min^{-1}}.$$

4. Dans les solutions de pH fixé, la réaction est d'ordre 1 et le temps de demi-réaction $t_{1/2}$ est lié à la constante k' par la relation :

$$t_{1/2} = \frac{\ln 2}{k'} = \ln 2 \cdot 10^{\delta} = \ln 2 \cdot 10^{15-2\mathrm{pH}}.$$

Ce qui donne *numériquement* :
- à pH = 6, $t_{1/2}$ = 693 min = 11,5 heures ;
- à pH = 4, $t_{1/2}$ = 13,2 ans.

Ce qui montre l'intérêt de se placer en milieu acide pour éviter l'oxydation des solutions ferriques par le dioxygène de l'air.
5. Pour évaluer l'influence de la pression partielle en dioxygène, on peut faire barboter du dioxygène pur dans la solution, ce qui fixe la pression en dioxygène à 1 bar, au lieu des 0,2 bar obtenus quand l'air barbote dans la solution.

5.9 Étude d'une oxydation

1. La réaction d'oxydation étudiée est :

$$\mathrm{Fe}^{3+} \quad + \quad \mathrm{I}^- \quad = \quad \mathrm{Fe}^{2+} \quad + \quad \frac{1}{2}\,\mathrm{I}_2.$$

La vitesse v de la réaction est liée à la grandeur x par la relation :

$$v = -\frac{\mathrm{d}(c_o - x)}{\mathrm{d}t} = \frac{\mathrm{d}x}{\mathrm{d}t}.$$

2. La vitesse de la réaction est liée aux concentrations des réactifs par la loi :

$$v = k[Fe^{3+}]^a[I^-]^b$$

L'unité usuelle de la constante de vitesse est alors le $(mol^{-1}.L)^{a+b-1}.s^{-1}$

3. La dilution permet de ralentir considérablement la vitesse de réaction et donc de bloquer le système dans l'état où il se trouve au moment de la dilution. Cela permet de prendre tout le temps nécessaire au dosage.

4. La grandeur $x(t)/t$ est une approximation de la vitesse de réaction (approximation de la tangente, soit la vitesse, par la sécante). Cette grandeur diminue avec t car la vitesse décroît avec t, c'est-à-dire avec la diminution des concentrations des réactifs (sauf dans le cas très rare des réactions d'ordre zéro). Le tracé de $x(t)/t$ en fonction de t donne une droite (coefficient de corrélation 0,99972) d'ordonnée à l'origine $2{,}25.10^{0,10^{-7}}$ $mol{\cdot}L^{-1}{\cdot}s^{-1}$, ce qui est l'estimation de la vitesse initiale.

5. Les trois premières expériences sont conduites à concentration constante en ions iodure. On constate que la multiplication par deux de la concentration initiale en ion ferrique se traduit par une multiplication par deux de la vitesse initiale : on en déduit que l'ordre en ion ferrique est égal à 1 ($a = 1$). Pour déterminer l'ordre b, on compare la vitesse initiale de l'expérience 1 et de l'expérience 4 : la concentration en ions iodure est multipliée par trois et la concentration initiale en ions ferrique est identique dans les deux expériences. La vitesse passe de 5,7 à 52 $\mu mol{\cdot}L^{-1}{\cdot}s^{-1}$, et est donc multipliée par $9,12 \simeq 9 = 3^2$. Ceci montre que l'ordre en ions iodure est deux : $b = 2$. Ceci est confirmé par l'expérience 6 : la multiplication par 4 des deux concentrations initiales se traduit par la multiplication par $354/5,7 = 62 \simeq 64 = 4^3$: ce qui est bien compatible avec l'ordre 1 en ion ferrique et l'ordre 2 en ions iodure.

6. Une méthode possible est le calcul systématique de : $\left(\frac{dx}{dt}\right)_0 \cdot \frac{1}{[I^-]_0^2[Fe^{3+}]_0}$, ce qui donne une estimation de la constante k ; on prend ensuite la valeur moyenne des estimations :

Expérience	1	2	3	4	5	6
$10^{-5}k$ / $mol^{-2}{\cdot}L^2{\cdot}s^{-1}$	7,12	6,94	7,03	7,22	6,87	6,91

Ainsi :

$$k^* = 7{,}0.10^{11}\ mol^{-2}{\cdot}L{\cdot}s^{-1}.$$

7. La loi de vitesse s'exprime en fonction de la concentration initiale c_o et du paramètre x selon :

$$\frac{dx}{dt} = k(c_o - x)(c_o - x)^2 \qquad \text{soit} \qquad \frac{dx}{(c_o - x)^3} = -kdt$$

ce qui donne par intégration :

$$\frac{1}{(c_o - x)^2} = 2kt + \frac{1}{c_o^2}.$$

Le temps de demi-réaction τ correspond à $x(\tau) = c_o/2$ et donc :

$$\frac{4}{c_o^2} = 2k\tau + \frac{1}{c_o^2} \qquad \text{soit} \qquad \tau = \frac{3}{2kc_o^2}.$$

5.10 Réaction d'hydrolyse

1. La réaction de dosage est l'action de l'ion oxonium de la solution acide titrée sur les ions hydroxyde restant dans le milieu réactionnel :

$$H_3O^+ \quad + \quad HO^- \quad = \quad 2\,H_2O.$$

2. L'opération qui dilue dans de l'eau glacée le milieu réactionnel permet d'effectuer une trempe chimique : la dilution et le refroidissement permettent de ralentir considérablement la vitesse de la réaction et figent le système réactionnel au moment de cette dilution dans l'eau glacée.
3. La concentration initiale c_o en ions hydroxyde se déduit du volume équivalent du dosage du prélèvement effectué à $t = 0$ s, soit :

$$c_o V_\mathrm{p} = c_\mathrm{a} V_\mathrm{a}(t=0)$$

ce qui donne *numériquement* :

$$c_o = 0{,}125 \text{ mol}\cdot\mathrm{L}^{-1}.$$

Dans ces conditions $c_o = c'_o$ et donc à chaque instant de la réaction :

$$[\mathrm{HO}^-] = [B].$$

La loi de vitesse devient :

$$v = -\frac{\mathrm{d}[\mathrm{HO}^-]}{\mathrm{d}t} = k[\mathrm{HO}^-]^{p+q}.$$

4. Pour le dosage à l'instant t :

$$[\mathrm{HO}^-]V_\mathrm{p} = c_\mathrm{a}V_\mathrm{a}(t) \qquad \text{soit :} \quad [\mathrm{HO}^-] = \frac{V_\mathrm{a}(t)}{V_\mathrm{p}}c_\mathrm{a}.$$

La concentration en ions hydroxyde est bien proportionnelle au volume V_a de soude versée.
5. Supposons $p+q=2$. L'équation différentielle s'écrit :

$$-\frac{\mathrm{d}[\mathrm{HO}^-]}{\mathrm{d}t} = k[\mathrm{HO}^-]^2 \qquad \text{soit} \qquad -\frac{\mathrm{d}[\mathrm{HO}^-]}{[\mathrm{HO}^-]^2} = k\mathrm{d}t$$

qui s'intègre en :

$$\frac{1}{[\mathrm{HO}^-]} = kt + \text{cte}.$$

L'exploitation des résultats expérimentaux montre que la réaction est d'ordre global deux.
6. Avec un large excès de chlorhydrine, la concentration reste approximativement constante au cours de la réaction. La loi de vitesse s'écrit alors :

$$v = -\frac{\mathrm{d}[\mathrm{HO}^-]}{\mathrm{d}t} = k[B]_o^p[\mathrm{HO}^-]^q = k'[\mathrm{HO}^-]^q.$$

7. Supposons $q = 1$. L'intégration de l'équation différentielle établie à la question précédente donne :

$$\ln[\mathrm{HO}^-] = -kt + \text{cte'}.$$

Or le tracé en fonction du temps du logarithme de la concentration en ions hydroxyde est une fonction affine. Donc l'hypothèse $q = 1$ est vérifiée. Comme l'ordre global est égal à 2 nous en déduisons $p = 2-1 = 1$.
8. Reprenons les données du tableau de l'énoncé et traçons l'inverse de la concentration en ions hydroxyde en fonction du temps. On obtient une droite de corrélation d'ordonnée à l'origine $A = 7{,}95$ mol^{-1}.L et de coefficient directeur $B = 4{,}67.10^{-3}$ mol^{-1}.L.s^{-1}. La courbe de corrélation attendue est de la forme :

$$\frac{1}{[\mathrm{HO}^-]} = kt + \frac{1}{[\mathrm{HO}^-]_0}$$

où $[\mathrm{HO}^-]_0 = c_o$ est la concentration initiale en ions hydroxyde. La valeur attendue pour A est 1/0,125 = 8 mol^{-1}.L, soit un très bon accord. Nous en déduisons la constante de vitesse :

$$k = 4{,}67.10^{-3} \text{ mol}^{-1}\cdot\mathrm{L}\cdot\mathrm{s}^{-1}.$$

5.11 Temps de demi-réaction

1. Temps de demi-réaction

Cas de l'ordre 0 : par définition de la vitesse, on a $-r = \frac{\mathrm{d}[A]}{\mathrm{d}t}$, et si la vitesse est d'ordre 0 par rapport au réactif, on a $r = k$. On a donc l'équation différentielle :

$$\frac{\mathrm{d}[A]}{\mathrm{d}t} = -k$$

dont l'intégration, après avoir tenu compte des conditions initiales, conduit immédiatement à :

$$[A](t) = -kt + [A]_0. \qquad (5)$$

Le temps de demi-réaction, temps au bout duquel la moitié du réactif limitant est consommé, est défini par $[A](t_{1/2}) = \frac{[A]_0}{2}$. En reportant cette valeur dans la loi horaire (5), on a :

$$[A](t_{1/2}) = -kt_{1/2} + [A]_0 = \frac{[A]_0}{2}$$

dont on extrait :

$$t_{1/2} = \frac{[A]_0}{2k}.$$

En adoptant la même méthode pour les ordres 1 et 2, on établit les résultats regroupés dans le tableau suivant :

Ordre	0	1	2
Définition de r	$-r = \frac{\mathrm{d}[A]}{\mathrm{d}t}$	$-r = \frac{\mathrm{d}[A]}{\mathrm{d}t}$	$-r = \frac{\mathrm{d}[A]}{\mathrm{d}t}$
Loi horaire	$[A](t) = -kt + [A]_0$	$[A](t) = [A]_0 \exp(-kt)$	$\frac{1}{[A](t)} - \frac{1}{[A]_0} = kt$
$t_{1/2}$	$t_{1/2} = \frac{[A]_0}{2k}$	$t_{1/2} = \frac{\ln 2}{k}$	$t_{1/2} = \frac{1}{k[A]_0}$

On constate que seule la réaction d'ordre 1 admet un temps de demi-réaction qui est indépendant de la concentration initiale.

2. Première expérience

a. Temps de demi-réaction

Une telle expérience est dite en dégénérescence de l'ordre. Si la loi de vitesse admet un ordre, alors on a $r = k[R\mathrm{Br}]^a[\mathrm{HO}^-]^b$. Dans le cas d'une concentration très grande en ions hydroxyde par rapport au bromoalcane, on a $[\mathrm{HO}^-](t) \approx Cte = [\mathrm{HO}^-]_0$ ceci quel que soit le temps t. L'ordre de la réaction est dégénéré : $r \approx k[R\mathrm{Br}]^a[\mathrm{HO}^-]_0^b \approx k_{app}[R\mathrm{Br}]^a$ avec :

$$k_{app} = k[\mathrm{HO}^-]_0^b.$$

b. Constante apparente de vitesse

On constate, par analyse des valeurs expérimentales, que pour passer de la concentration 10 à $10/2 = 5{,}0$ il faut $10 - 0 = 10$ minutes.

Pour passer de la concentration 5 à $5/2 = 2{,}5$ il faut $20 - 10 = 10$ minutes.

Enfin, pour passer de la concentration 1,2 à $1,2/2 = 0,6$ il faut $40 - 30 = 10$ minutes. Le temps de demi-réaction étant indépendant de la concentration, on en déduit que la réaction est d'ordre $a = 1$ par rapport au bromoalcane RBr . On a $t_{1/2} = \dfrac{\ln 2}{k}$ d'où :

$$k_{app1} = \frac{\ln 2}{t_{1/2}}.$$

Application numérique : $k_{app1} = \dfrac{\ln 2}{10} = 6,931 \times 10^{-2}$ *Application numérique* : $k_{app1} = 6,9 \times 10^{-2}$ min^{-1}

3. Seconde expérience

a. Temps de demi-réaction

L'expérience est à nouveau en dégénérescence de l'ordre, mais avec une concentration différente en ions hydroxyde. Une analyse tout à fait similaire à la question précédente conduit au temps de demi-réaction de 20 minutes, et donc à une constante apparente de vitesse $k_{app2} = \dfrac{\ln 2}{20} = 3,466 \times 10^{-2}$ soit :

$$k_{app2} = 3,5 \times 10^{-2}\ \text{min}^{-1}.$$

b. Mécanisme

On a :

$$\frac{k_{app1}}{k_{app2}} = \frac{k[\text{HO}^-]_{01}^b}{k[\text{HO}^-]_{02}^b}$$

d'où :

$$b = \frac{\ln \dfrac{k_{app1}}{k_{app2}}}{\ln \dfrac{[\text{HO}^-]_{01}}{[\text{HO}^-]_{02}}}.$$

Application numérique :

$$b = \frac{\ln \dfrac{6,931 \times 10^{-2}}{3,466 \times 10^{-2}}}{\ln \dfrac{1,0}{0,50}} = 0,9998.$$

La réaction est d'ordre 1 par rapport aux ions hydroxyde. La réaction a lieu suivant un mécanisme S_N2.

5.12 Étude cinétique d'un équilibre

1. Établissement de l'équation différentielle

a. Vitesse d'apparition de l'énol

Par définition, la vitesse d'apparition de l'énol est $\dfrac{\mathrm{d}[E]}{\mathrm{d}t} = \dfrac{\mathrm{d}e}{\mathrm{d}t}$. Puisqu'on admet que les réactions proposées sont d'ordre 1, on a :

$$\frac{\mathrm{d}e}{\mathrm{d}t} = k'c - ke.$$

b. Relation en fraction molaire

Par définition de la fraction molaire, $x = \dfrac{e}{e+c}$. En divisant l'équation différentielle précédente par la constante $a_0 = (e+c)$, on a :

$$\frac{\mathrm{d}}{\mathrm{d}t}\left(\frac{e}{e+c}\right) = k'\frac{c}{e+c} - k\frac{e}{e+c}$$

$$\frac{dx}{dt} = k'(1-x) - kx \qquad \text{d'où :} \qquad \frac{dx}{dt} = -(k+k')x + k'.$$

c. Valeur à l'équilibre

Lorsque le système atteint l'équilibre thermodynamique, la concentration en énol ne varie plus, donc :

$$\frac{dx}{dt}(x_e) = 0.$$

On a donc $0 = -(k+k')x_e + k'$, d'où :

$$x_e = \frac{k'}{k+k'}.$$

2. Résolution

a. Intégration

L'équation différentielle est du premier ordre, linéaire, à coefficients constants, et non homogène. On peut la rendre homogène en lui soustrayant la valeur de la fraction molaire à l'équilibre :

$$\begin{cases} L1 & \dfrac{dx}{dt} & = & -(k+k')x + k' \\ L2 & 0 & = & -(k+k')x_e + k' \end{cases}$$

$$L1 - L2 : \frac{dx}{dt} = \frac{d(x-x_e)}{dt} = -(k+k')(x-x_e)$$

dont la solution générale est $x - x_e = A\exp(-(k+k')t)$. Or, à l'instant initial, $x - x_e = x_0 - x_e$, ce qui permet de trouver la valeur de la constante d'intégration A, d'où :

$$x - x_e = (x_0 - x_e)\exp(-(k+k')t).$$

b. Comparaison à l'expérience

Si le modèle est satisfaisant, le tracé de $\ln(x-x_e)$ en fonction du temps donne une droite d'ordonnée à l'origine (oo) $\ln(x_0 - x_e)$ et de coefficient directeur $p = -k$. Les points sont effectivement alignés sur la droite d'équation :

$$y = -5{,}09 \times 10^{-3}x - 1{,}25$$

La régression linéaire donne une droite d'équation $y = -5{,}09 \times 10^{-3}x - 1{,}25$ avec un coefficient de corrélation $R = -0{,}99998$. On a donc $k + k' = 5{,}09 \times 10^{-3}\ \text{h}^{-1}$. D'autre part, nous avions vu la relation $k' = x_e(k+k')$.

3. On en déduit donc les valeurs suivantes :

$$k' = 3{,}97 \times 10^{-4}\ \text{h}^{-1} \qquad \text{et} \qquad k = 4{,}69 \times 10^{-3}\ \text{h}^{-1}.$$

5.13 Dimérisation du buta-1,3-diène

1.a. La relation demandée s'obtient en intégrant la loi de vitesse proposée. La réaction étant modélisée par une réaction irrenversable d'ordre deux en réactif, l'équation différentielle vérifiée par c_B est :

$$\frac{dc_B}{dt} = -\ 2kc_B^2 \qquad \text{soit :} \qquad \frac{dc_B}{c_B^2} = -\ 2k dt.$$

L'intégration, en tenant compte des conditions initiales, donne :

$$\frac{1}{c_B} = 2kt + [\frac{1}{c_o}.$$

b. Pour vérifier la loi établie ci-dessus à partir des données expérimentales, il faut établir la relation existant entre c_B et la pression totale, la pression initiale étant connue. La phase gazeuse est supposée être un mélange parfait de gaz parfaits. Soit ξ l'avancement de la réaction :

$$n_B = n_o - 2\xi \quad \text{et} \quad n_D = \xi.$$

En appliquant l'équation des gaz parfaits à chaque participant :

$$pV_o = (n_D + n_B)RT = (n_o - \xi)RT \quad \text{et} \quad p_BV_o = (n_o - 2\xi)RT.$$

En tenant compte de la pression initiale ($p = p_o$ pour $\xi = 0$) et de la relation générale entre concentration volumique et pression ($c_i = \frac{n_i}{V} = \frac{p_i}{RT}$), il vient :

$$p_B = 2p - p_o \quad \text{et} \quad c_B = c_o.\left(\frac{2p}{p_o} - 1\right).$$

En recherchant une corrélation linéaire entre $\frac{1}{c_B}$ et t, la régression linéaire sur les données expérimentales conduit à une droite d'ordonnée à l'origine 0,0502 $\text{mol}^{-1}.\text{m}^3$ et de coefficient directeur $2{,}395.10^{-5}$ $\text{mol}^{-1}.\text{m}^3.\text{s}^{-1}$ et un coefficient de corrélation de 0,99999. Le coefficient directeur est le double de la constante de vitesse.

c. Ainsi la constante de vitesse de la réaction k vaut : $k = 1{,}20.10^{-5}\ \text{mol}^{-1}\cdot\text{m}^3\cdot\text{s}^{-1}$.

d. Le temps de demi-réaction est le temps pour lequel l'avancement est égal à la moitié de l'avancement maximal. La réaction étant ici irrenversable, elle est terminée lorsque le réactif butadiène a disparu, c'est-à-dire pour $c_B = 0$. La valeur de c_B au temps de demi-réaction vaut donc $\frac{c_o}{2}$ et la pression $p_{1/2} = \frac{3}{4}\,p_o$. Le temps de demi-réaction vérifie alors :

$$\frac{2}{c_o} = 2kt_{1/2} + \frac{1}{c_o} \quad \text{soit} \quad t_{1/2} = \frac{1}{2kc_o}.$$

Numériquement, avec $c_o = 20\ \text{mol.m}^{-3}$:

$$t_{1/2} = \frac{1}{2.1{,}20.10^{-5}.20} = 2083\ \text{s}.$$

2.a. Dans l'étude précédente, les relations établies supposent que le volume de réaction est constant, ce qui n'est plus le cas dans l'étude qui suit.

b. Les quantités de matière du réactif et du produit s'expriment en fonction de l'avancement ξ de la réaction :

$$n_B = n_o - 2\xi \quad \text{et} \quad n_D = \xi.$$

Écrivons l'équation des gaz parfaits pour le mélange gazeux à l'état initial, puis pour un avancement ξ :

$$p_oV_o = n_oRT \quad \text{et} \quad p_oV = (n_o - \xi)RT.$$

Le rapport de ces deux expressions conduit à :

$$\frac{V}{V_o} = 1 - \frac{\xi}{n_o} \quad \text{soit} \quad \frac{\xi}{n_o} = 1 - \frac{V}{V_o}$$

ce qui donne pour l'expression de n_B en fonction de n_o :

$$n_B = n_o\left(1 - 2\frac{\xi}{n_o}\right) = n_o\left(1 - 2\left(1 - \frac{V}{V_o}\right)\right) = n_o\left(2\frac{V}{V_o} - 1\right).$$

c. En tenant compte du caractère variable du volume, l'équation différentielle traduisant l'ordre deux en réactif s'écrit :

$$v = -\frac{1}{2V}.\frac{dn_B}{dt} = kc_B^2 = k\left(\frac{n_B}{V}\right)^2$$

L'expression établie au **2.b.** permet d'exprimer V en fonction de n_B, n_o et V_o :

$$\frac{1}{V} = \frac{2}{V_o}.\frac{1}{\left(1 + \frac{n_B}{n_o}\right)}$$

et donc :

$$\frac{\mathrm{d}n_B}{\mathrm{d}t} = -2k\frac{n_B^2}{V} = -2k.\left(\frac{2}{V_o}\right).\frac{n_B^2}{\left(1 + \frac{n_B}{n_o}\right)}$$

soit, l'équation différentielle attendue en variables n_B et t :

$$\frac{\mathrm{d}n_B}{\mathrm{d}t} = -\frac{4kn_o}{V_o}.\left(\frac{n_B^2}{(n_B + n_o)}\right).$$

d. Pour intégrer l'équation différentielle établie à la question **2.c.** , on peut chercher à séparer les variables selon :

$$\left(\frac{n_B + n_o}{n_B^2}\right).\mathrm{d}n_B = \left(\frac{1}{n_B} + \frac{n_o}{n_B^2}\right).\mathrm{d}n_B = -\frac{4kn_o}{V_o}.\mathrm{d}t$$

qui s'intègre aisément en :

$$\ln(n_B) - \frac{n_o}{n_B} = -\frac{4kn_o}{V_o}.t + \text{cte}.$$

La constante d'intégration est déterminée par la prise en compte des conditions initiales ; à $t = 0$, $n_B = n_o$, et donc :

$$\ln\left(\frac{n_B}{n_o}\right) + 1 - \frac{n_o}{n_B} = -\frac{4kn_o}{V_o}.t$$

e. On recherche une corrélation linéaire entre $\ln\left(\frac{n_B}{n_o}\right) + 1 - \frac{n_o}{n_B}$ et la variable t pour vérifier la loi établie à la question **2.d.**. La régression linéaire donne une droite d'ordonnée à l'origine $-0{,}0077$ (au lieu de 0) et de coefficient directeur $p = -9{,}574.10^{-4}$ avec un coefficient de corrélation 0,99998, ce qui confirme la validité du modèle proposé. Le coefficient directeur p est lié à la constante de vitesse k par la relation :

$$p = -\frac{4kn_o}{V_o} \quad \text{avec} \quad p_oV_o = n_oRT$$

et donc :

$$k = -\frac{pRT}{4p_o} = \frac{9{,}574.10^{-4}.8{,}314.609}{4.1{,}013.10^5} = 1{,}196.10^{-5} \simeq 1{,}20.10^{-5}\ \text{mol}^{-1}.\text{m}^3.\text{s}^{-1}$$

soit un excellent accord avec la valeur obtenue dans la première partie.

5.14 Réactions oscillantes

1.a. Les équations différentielles vérifiées par les concentrations $[X]$ et $[Y]$ sont :

$$\frac{\mathrm{d}[X]}{\mathrm{d}t} = k_1[A][X] - k_2[X][Y] \quad \text{et} \quad \frac{\mathrm{d}[Y]}{\mathrm{d}t} = k_2[X][Y] - k_3[Y].$$

b. En formant le rapport $\dfrac{d[Y]}{d[X]}$, il vient :

$$\frac{d[Y]}{d[X]} = \frac{(k_2[X] - k_3)[Y]}{(k_1[A] - k_2[Y])[X]}$$

qui est une équation différentielle vérifiée par les variables $[X]$ et $[Y]$. Pour établir la relation demandée, il faut intégrer cette équation, en commençant par séparer les variables :

$$\frac{(k_1[A] - k_2[Y])}{[Y]}.d[Y] = \frac{(k_2[X] - k_3)}{[X]}.d[X]$$

soit :

$$k_1[A].\frac{d[Y]}{[Y]} - k_2.d[Y] = k_2.d[X] - k_3.\frac{d[X]}{[X]}$$

ce qui donne après intégration :

$$[X] + [Y] - \frac{k_3}{k_2}.\ln([X]) - \frac{k_1[A]}{k_2}.\ln([Y]) = \text{cte}$$

qui est bien l'expression attendue.

c. Une grandeur est stationnaire si sa dérivée par rapport à la variable temps est nulle. Si on recherche des valeurs non nulles des concentrations qui assurent la nullité des dérivées temporelles de $[X]$ et $[Y]$, celles-ci vérifient :

$$k_1[A]_s - k_2[Y]_s = 0 \qquad \text{et} \qquad k_2[X]_s - k_3 = 0$$

soit :

$$[X]_s = \frac{k_3}{k_2} \qquad \text{et} \qquad [Y]_s = \frac{k_1[A]}{k_2}.$$

2a. On remplace, dans l'expression obtenue à la question **1.c.** , les concentrations $[X]$ et $[Y]$ par leurs expressions en fonction des concentrations stationnaires et des écarts par rapport à cet état (x et y) :

$$[X]_s + x + [Y]_s + y \quad \frac{k_3}{k_2}.\ln([X]_s + x) - \frac{k_1[A]}{k_2}.\ln([Y]s + y) = \text{cte}$$

En supposant les rapports $\dfrac{x}{[X]_s}$ et $\dfrac{y}{[Y]_s}$ comme des perturbations et en développant les logarithmes au deuxième ordre ($\ln(1+\varepsilon) \simeq \varepsilon - \dfrac{\varepsilon^2}{2}$), il vient :

$$[X]_s + x + [Y]_s + y - \frac{k_3}{k_2}.\ln([X]_s) - \frac{k_3}{k_2}.\left(\frac{x}{[X]_s} - \frac{1}{2}.\left(\frac{x}{[X]_s}\right)^2\right)$$
$$- \frac{k_1[A]}{k_2}.\ln([Y]_s) - \frac{k_1[A]}{k_2}.\left(\frac{y}{[Y]_s} - \frac{1}{2}.\left(\frac{y}{[Y]_s}\right)^2\right) = \text{cte.}$$

En remplaçant les constantes de vitesse par leurs expressions en fonction des concentrations stationnaires, nous obtenons :

$$[X]_s + x + [Y]_s + y - [X]_s.\ln([X]_s) - [X]_s.\left(\frac{x}{[X]_s} - \frac{1}{2}.\left(\frac{x}{[X]_s}\right)^2\right)$$
$$- [Y]_s.\ln([Y]_s) - [Y]_s.\left(\frac{y}{[Y]_s} - \frac{1}{2}.\left(\frac{y}{[Y]_s}\right)^2\right) = \text{cte.}$$

En transférant dans le membre de droite les termes constants (les grandeurs s'exprimant en fonction des concentrations stationnaires) :

$$\frac{x^2}{[X]_s} + \frac{y^2}{[Y]_s} = \text{cte}'.$$

En introduisant les valeurs initiales de x et de y au temps initial, soit x_o et y_o :

$$\frac{x^2}{[X]_s} + \frac{y^2}{[Y]_s} = \frac{x_o^2}{[X]_s} + \frac{y_o^2}{[Y]_s}.$$

La valeur maximale de x, notée x_M est atteinte lorsque $y = 0$ et donc :

$$x_M^2 = [X]_s.\left(\frac{x_o^2}{[X]_s} + \frac{y_o^2}{[Y]_s}\right).$$

De façon similaire, pour la variable y :

$$y_M^2 = [Y]_s.\left(\frac{x_o^2}{[X]_s} + \frac{y_o^2}{[Y]_s}\right).$$

b. En formant le rapport $\frac{y_M}{x_M}$, il vient :

$$\frac{y_M}{x_M} = \left(\frac{[Y]_s}{[X]_s}\right)^{\frac{1}{2}}$$

qui est bien indépendant des conditions initiales, c'est-à-dire de x_o et y_o.

c. Dans cette partie, les équations donnant les évolutions temporelles des concentrations $[X]$ et $[Y]$ sont transformées en équations des variables x et y :

$$\frac{dx}{dt} = (k_1[A] - k_2([Y]_s + y)).([X]_s + x) \quad \text{et} \quad \frac{dy}{dt} = (k_2([X]_s + x) - k_3).([Y]_s + y).$$

soit, en tenant compte de la relation entre concentrations stationnaires et constantes de vitesse :

$$\frac{dx}{dt} = -k_2.([X]_s + x).y \quad \text{et} \quad \frac{dy}{dt} = k_2.([Y]_s + y)x.$$

En se limitant aux termes du premier ordre, on néglige le terme xy devant les autres termes et le système différentiel approché est :

$$\frac{dx}{dt} = -k_2.[X]_s.y \quad \text{et} \quad \frac{dy}{dt} = k_2.[Y]_s x.$$

Pour découpler les équations, on dérive la première équation par rapport au temps et la dérivée de y par rapport au temps est remplacée par l'expression tirée de la seconde équation. Les équations différentielles vérifiées par $x(t)$ et $y(t)$ sont :

$$\frac{d^2x}{dt^2} = -k_2^2.[X]_s[Y]_s.x$$

$$\frac{d^2y}{dt^2} = -k_2^2.[X]_s[Y]_s.y$$

dont les solutions sont des fonctions sinusoïdales de pulsation ω et de période T :

$$\omega = k_2\sqrt{[X]_s[Y]_s} = \sqrt{k_1k_3[A]} \quad \text{et} \quad T = \frac{2\pi}{\sqrt{k_1k_3[A]}}.$$

Corrigés des exercices du chapitre 7

7.1 Décomposition thermique de l'éthanal

1. Nature du mécanisme

Le radical méthyle $^{\bullet}CH_3$ est un produit de la troisième étape, et un réactif dans l'étape 2. Par conséquent, $\boxed{\text{le mécanisme est en séquence fermée}}$.

initiation		CH_3CHO	$\xrightarrow{k_1}$	$^{\bullet}CH_3$	+	$^{\bullet}CHO$
propagation	$\boxed{^{\bullet}CH_3}$ +	CH_3CHO	$\xrightarrow{k_2}$	CH_4	+	$^{\bullet}CH_2CHO$
propagation		$^{\bullet}CH_2CHO$	$\xrightarrow{k_3}$	CO	+	$\boxed{^{\bullet}CH_3}$
terminaison		$2\,^{\bullet}CH_3$	$\xrightarrow{k_4}$	CH_3CH_3		

La première étape produit le radical méthyle : c'est l'étape d'initiation. Les deuxième et troisième étapes forment le cycle de production de CO et de CH_4 : ce sont les étapes de propagation. La quatrième étape fait disparaître les intermédiaires de réaction moteurs du cycle, en formant une espèce non attendue dans l'équation-bilan : c'est une étape de terminaison. On néglige dans ce mécanisme l'étape inverse de l'étape 1, une étape d'inhibition très probable de ce processus.

2. Vitesse de formation du méthane Par définition, $r_{\text{form}} = \dfrac{d[CH_4]}{dt}$. Selon le mécanisme, le méthane n'apparaît que comme produit dans l'étape 2. Par conséquent,

$$\frac{d[CH_4]}{dt} = r_2 = k_2[^{\bullet}CH_3][E] \qquad (6)$$

équation dont on souhaite éliminer $[^{\bullet}CH_3]$. En appliquant le principe de BODENSTEIN aux intermédiaires réactionnels, on a :

$$\begin{cases} \dfrac{d[^{\bullet}CH_3]}{dt} = r_1 - r_2 + r_3 - 2r_4 \approx 0 \\ \dfrac{d[^{\bullet}CH_2CHO]}{dt} = r_2 - r_3 \approx 0 \end{cases}$$

Par sommation des deux équations précédentes, on a $r_1 = 2r_4$, c'est-à-dire :

$$k_1[E] = 2k_4[^{\bullet}CH_3]^2.$$

En reportant cette expression dans l'équation (6), on en déduit :

$$\frac{d[CH_4]}{dt} = k_2\sqrt{\frac{k_1}{2k_4}}[CH_3CHO]^{\frac{3}{2}}.$$

7.2 Pyrolyse d'un peroxyde

1. Type de séquence

Pour cette séquence, aucun des composés qui apparaît comme produit d'une étape n'est aussi réactif d'une étape qui précède. Il s'agit donc d'un processus en séquence ouverte.

2. Définition des vitesses

Par définition :

$$r_{\text{disp}} = -\frac{d[ROOR]}{dt} \quad \text{et} \quad r_{\text{form}} = \frac{d[CH_3-CH_3]}{dt}$$

Ces vitesses ne sont pas rigoureusement égales. En effet, par conservation de l'élément carbone, on a :

$$8[ROOR]+4[RO^\bullet]+3[CH_3-CO-CH_3]+[CH_3^\bullet]+2[CH_3-CH_3]=8[ROOR]_0$$

qui conduit par dérivation à :

$$8\frac{d[ROOR]}{dt}+4\frac{d[RO^\bullet]}{dt}+3\frac{d[CH_3-CO-CH_3]}{dt}+\frac{d[CH_3^\bullet]}{dt}+2\frac{d[CH_3-CH_3]}{dt}=0.$$

3. Loi de vitesse et étape cinétiquement déterminante
Suivant la définition choisie, $r = r_{\text{form}} = r_3$. En appliquant le principe de BODENSTEIN aux intermédiaires réactionnels :

$$\begin{cases} \dfrac{d[CH_3^\bullet]}{dt} = r_2 - 2r_3 \approx 0 \\ \dfrac{d[RO^\bullet]}{dt} = 2r_1 - r_2 \approx 0 \end{cases}$$

On extrait de ce système $r_3 = r_1$, et par conséquent :

$$r = k_1[ROOR].$$

Dans le cadre du principe de BODENSTEIN, la vitesse de la réaction ne dépend que de la première étape : c'est elle qui gouverne la cinétique du processus. La première étape est donc l'étape cinétiquement déterminante.

7.3 Bromation du méthane

1. L'étape 1 crée l'intermédiaire réactionnel radicalaire : c'est l'étape d'initiation du processus. L'étape 2 consomme le radical et l'étape 3 le recrée : ce sont les étapes de propagation. Les étapes 4 et 5 consomment les espèces radicalaires pour former des produits qui peuvent ensuite intervenir de nouveau dans le processus : ce sont des étapes d'inhibition.

initiation	Br_2	+	M	$\xrightarrow{k_1}$	$2\,Br^\bullet$	+	M
propagation	$\boxed{Br^\bullet}$	+	CH_4	$\xrightarrow{k_2}$	HBr	+	$CH_3^\bullet$
propagation	$CH_3^\bullet$	+	Br_2	$\xrightarrow{k_3}$	CH_3Br	+	$\boxed{Br^\bullet}$
inhibition	HBr	+	$CH_3^\bullet$	$\xrightarrow{k_4}$	$Br^\bullet$	+	CH_4
inhibition	$2\,Br^\bullet$	+	M	$\xrightarrow{k_5}$	Br_2	+	M

2. Ce mécanisme peut être traduit par le schéma cyclique suivant :

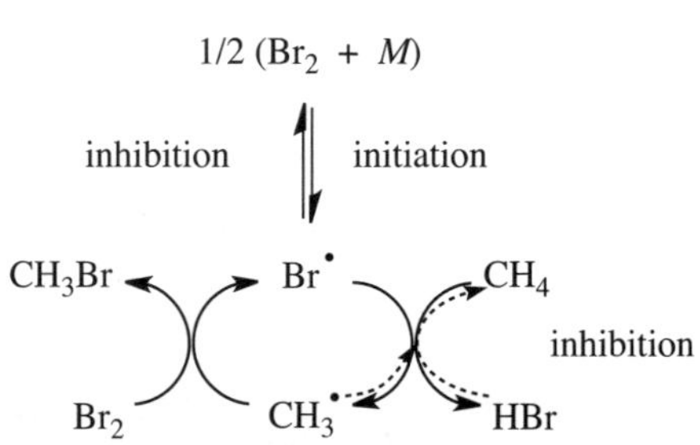

3. La vitesse de disparition du méthane est par définition $-\frac{d[CH_4]}{dt}$. L'analyse du mécanisme permet d'écrire :

$$\frac{d[CH_4]}{dt} \stackrel{def}{=} -r_2 + r_4 = -k_2[Br^\bullet][CH_4] + k_4[CH_3^\bullet][HBr]. \quad (7)$$

Cette expression fait apparaître les concentrations dans les deux intermédiaires réactionnels $Br^\bullet$ et $CH_3^\bullet$. L'application du principe de BODENSTEIN à ces deux radicaux fournit deux équations permettant d'exprimer ces deux inconnues en fonction des autres concentrations :

$$\frac{d[Br^\bullet]}{dt} = 2r_1 - r_2 + r_3 + r_4 - 2r_5 \approx 0 \quad (8)$$

$$\frac{d[CH_3^\bullet]}{dt} = r_2 - r_3 - r_4 \approx 0. \quad (9)$$

En faisant la somme (8)+(9), le système est équivalent à :

$$\begin{cases} r_1 - r_5 & = & 0 \\ r_2 - r_3 - r_4 & = & 0 \end{cases}$$

qui une fois développé en fonction des concentrations s'écrit :

$$\begin{cases} k_1[Br_2][M] - k_5[Br^\bullet]^2[M] & = & 0 \\ k_2[Br^\bullet][CH_4] - k_3[CH_3^\bullet][Br_2] - k_4[CH_3^\bullet][HBr] & = & 0 \end{cases}$$

dont on extrait :

$$\begin{cases} [Br^\bullet] = \sqrt{\frac{k_1}{k_5}[Br_2]} \\ k_2\sqrt{\frac{k_1}{k_5}[Br_2]}[CH_4] - [CH_3^\bullet](k_3[Br_2] + k_4[HBr]) = 0 \end{cases}$$

soit en définitive :

$$[CH_3^\bullet] = k_2\sqrt{\frac{k_1}{k_5}}\left(\frac{[Br_2]^{\frac{1}{2}}[CH_4]}{k_3[Br_2] + k_4[HBr]}\right).$$

En utilisant les équations (7) et (9) :

$$-\frac{d[CH_4]}{dt} = r_2 - r_4 = r_3 = k_3[CH_3^\bullet][Br_2]$$

on en déduit :

$$-\frac{d[CH_4]}{dt} = k_3k_2\sqrt{\frac{k_1}{k_5}}\left(\frac{[Br_2]^{\frac{3}{2}}[CH_4]}{k_3[Br_2] + k_4[HBr]}\right).$$

$$\boxed{-\frac{d[CH_4]}{dt} = k_2\sqrt{\frac{k_1}{k_5}}\left(\frac{[Br_2]^{\frac{1}{2}}[CH_4]}{1 + \frac{k_4[HBr]}{k_3[Br_2]}}\right)}$$

La réaction n'admet pas d'ordre. La vitesse décroît en fonction de la concentration en HBr : elle est inhibée par le produit. Dans les premiers temps de la réaction $[HBr] \approx 0$, et par conséquent l'expression de la vitesse initiale se simplifie en :

$$\boxed{\left(-\frac{d[CH_4]}{dt}\right)_0 = k_2\sqrt{\frac{k_1}{k_5}}[CH_4]_0[Br_2]_0^{\frac{1}{2}}}.$$

La réaction admet donc un ordre initial de $\frac{3}{2}$.

7.4 Couplage diazoïque en solution aqueuse

La vitesse de la réaction r s'exprime simplement en fonction de la troisième étape du mécanisme réactionnel :

$$r = k_2[D^+]$$

l'eau, solvant de la réaction n'apparaît pas dans la loi de vitesse. L'espèce D^+ est un intermédiaire de réaction instable : on lui applique le principe de l'état quasi-stationnaire :

$$\frac{\mathrm{d}[D^+]}{\mathrm{d}t} = 0 = k_1[A^+][B] - k_{-1}[D^+] - k_2[D^+]$$

ce qui conduit à l'expression de la concentration en intermédiaire D^+ :

$$[D^+] = \frac{k_1}{(k_{-1} + k_2)}[A^+][B]$$

et donc à la vitesse de réaction :

$$r = \frac{k_1 k_2}{(k_{-1} + k_2)}[A^+][B].$$

La constante k s'écrit donc :

$$k = \frac{k_1 k_2}{(k_{-1} + k_2)}.$$

7.5 Influence du pH sur la vitesse d'une réaction

1. En milieu acide, l'espèce A^+ est favorisée au détriment de AOH, inerte vis-à-vis de la réaction de couplage, ce qui est favorable à la vitesse de réaction. Cependant le milieu acide favorise l'existence de l'espèce BH$^+$ inerte pour le couplage au détriment de B qui est l'espèce active. En milieu basique, les espèces B et AOH sont favorisées, l'une est active, l'autre pas. Il existe donc un pH optimal qui maximise le produit $[A^+][B]$.

2.a. Il faut, pour chaque réactif, exprimer la relation qui existe entre la concentration initialement introduite et la concentration réelle en espèce active due à la protonation. Pour cela, on utilise la conservation de la matière couplée avec l'expression de l'équilibre acido-basique. Pour le réactif A^+ :

$$c_0 = [A^+] + [A\mathrm{OH}] \qquad K_n = \frac{[A\mathrm{OH}]}{[A^+][\mathrm{OH}^-]} = \frac{[A\mathrm{OH}]}{[A^+]}.\frac{h}{K_e}$$

soit pour l'expression de la concentration de l'espèce active A^+ :

$$[A^+] = \frac{c_0}{\left(1 + \dfrac{K_n K_e}{h}\right)}.$$

Pour le réactif B :

$$c_0 = [B] + [B\mathrm{H}^+] \qquad K_A = \frac{[B].h}{[B\mathrm{H}^+]}$$

soit pour l'expression de la concentration de l'espèce active :

$$[B] = \frac{c_0}{\left(1 + \dfrac{h}{K_A}\right)}.$$

L'expression de la vitesse de réaction pour les temps voisins de zéro s'écrit :

$$r_0 = \frac{kc_0^2}{\left(1 + \frac{h}{K_A}\right)\left(1 + \frac{K_n K_e}{h}\right)}$$

et donc la constante k_{obs} :

$$k_{obs} = \frac{k}{\left(1 + \frac{h}{K_A}\right)\left(1 + \frac{K_n K_e}{h}\right)} = \frac{k}{f(h)}.$$

b. Si on cherche à optimiser la constante k_{obs} en jouant sur le pH, on résout l'équation $\frac{\mathrm{d}k_{obs}}{\mathrm{d}h} = 0$, soit $f'(h) = 0$, ce qui donne :

$$\frac{1}{K_A} - \frac{K_n K_e}{h^2} = 0 \qquad \text{soit} \qquad h = \sqrt{K_n K_A K_e}.$$

7.6 Décomposition de l'urée en solution

1. La vitesse de disparition de l'urée est aussi la vitesse r de la réaction :

$$r = -\frac{\mathrm{d}[(H_2N)_2CO]}{\mathrm{d}t}.$$

2. C'est la dimension de la constante de vitesse qui renseigne sur l'ordre global de la réaction. Une réaction d'ordre global un a sa constante de vitesse homogène à l'inverse d'un temps.
3. L'intégration de la loi de vitesse d'ordre un donne une dépendance de la concentration du réactif avec le temps donné par la relation :

$$[(H_2N)_2CO] = [(H_2N)_2CO]_0.\exp(-kt)$$

Soit t_{80} le temps où 80 % de l'urée a disparu. Nous avons :

$$t_{80} = \frac{1}{k}.\ln\left(\frac{c_0}{c}\right) \qquad \text{avec} \qquad \frac{c}{c_0} = 0{,}2.$$

Numériquement :

$$t_{80} = 40\,240 \text{ s} = 11{,}18 \text{ h}.$$

4. La constante de vitesse de réaction k est supposée suivre la loi d' ARRHENIUS :

$$k = A.\exp\left(-\frac{E_a}{RT}\right).$$

En notant k_1 la constante de vitesse à la température T_1 (= 350 K), et k_2 la constante de vitesse à la température T_2 (= 300 K), nous avons :

$$\frac{k_2}{k_1} = \exp\left(-\frac{E_a}{R}.\left(\frac{1}{T_2} - \frac{1}{T_1}\right)\right)$$

ce qui permet le calcul de k_2 quand les autres grandeurs sont connues. Nous obtenons :

$$k_2 = 2{,}97.19^{-9} \text{ s}^{-1}.$$

Le nouveau temps $t'_{80\%}$ correspondant à un taux de transformation de 80 % vaut :

$$t'_{80} = 7{,}51.10^8 \ = \ 6299 \text{ jours.}$$

Le temps correspondant à un taux de transformation donné est indépendant de la concentration initiale dans le cas d'une réaction d'ordre 1, mais dépend de la température. L'effet de la température est très notable : l'énergie d'activation est très élevée (il est plus usuel de rencontrer des énergies d'activation de quelques dizaine de kJ·mol^{-1}).

5. L'uréase joue le rôle de catalyseur de la réaction d'hydrolyse de l'urée.

6. En supposant que le facteur préexponentiel est le même pour la réaction non catalysée et pour la réaction catalysée, nous avons :

$$\frac{k'}{k} = \exp\left(\frac{(E_a - E'_a}{RT}\right)$$

soit, en exprimant E'_a l'énergie d'activation pour la réaction catalysée :

$$E'_a = E_a + RT.\ln\left(\frac{k}{k'}\right)$$

ce qui donne *numériquement*, à la température $T = T_2 = 300$ K (k(T_2) $= 2{,}97.19^{-9}$ s^{-1} et k'(T_2) $=$ $3{,}00.10^4$ s^{-1}) :

$$E'_a = 91 \text{ kJ·mol}^{-1}$$

Corrigés des problèmes du chapitre 7

7.7 Cinétique de l'hydrolyse de l'ion tétrahydruroborate BH_4^-

1. Si la donnée expérimentale est l'évolution d'une concentration en fonction du temps, la méthode de détermination de l'ordre est de postuler un ordre, d'intégrer l'équation différentielle et de vérifier la loi ainsi obtenue. Si l'ordre est de un en tétrahydruroborate, la loi de vitesse est :

$$\frac{d[BH_4^-]}{dt} = -\, k_1.[BH_4^-]$$

et s'intègre en :

$$[BH_4^-] = [BH_4^-]_o.e^{-k_1 t}.$$

En prenant le logarithme de cette expression, la relation établit une loi linéaire entre le temps et le logarithme de la concentration en tétrahydruroborate :

$$\ln([BH_4^-]) = \ln([BH_4^-]_o) - k_1 t.$$

La corrélation linéaire donne une droite de corrélation d'ordonnée à l'origine 0,4049 et de coefficient directeur $p = -0{,}0201$ avec un coefficient de corrélation 0,99994. L'ordre un par rapport au réactif BH_4^- est donc vérifié et la constante de vitesse k qui est l'opposée du coefficient directeur précédent est donc :

$$k_1 = 0{,}0201 \text{ min}^{-1}.$$

2. Comme il a été établi à la question **1.** que la première réaction est d'ordre 1, l'équation différentielle vérifiée par la concentration en X est :

$$\frac{d[X]}{dt} = k_1.[BH_4^-] - k_2.[X]$$

avec la concentration en tétrahydruroborate donnée par la relation obtenue au **1.**. Il faut donc intégrer l'équation différentielle suivante :

$$\frac{\mathrm{d}[X]}{\mathrm{d}t} + k_2.[X] = k_1.[BH_4^-]_o.e^{-k_1 t}.$$

L'intégration de l'équation sans second membre conduit à :

$$[X] = \lambda.e^{-k_2 t} \qquad \text{où } \lambda \text{ est une constante.}$$

En utilisant la méthode de la variation de la constante :

$$[X] = \lambda(t).e^{-k_2 t} \qquad \text{où } \lambda(t) \text{ est une fonction à déterminer.}$$

En remplaçant $[X](t)$ par cette expression dans l'équation différentielle, la fonction $\lambda(t)$ vérifie l'équation différentielle :

$$\frac{\mathrm{d}\lambda}{\mathrm{d}t} = k_1.[BH_4^-]_o.e^{(k_2 - k_1)t}$$

dont l'intégration conduit à :

$$\lambda(t) = \frac{k_1.[BH_4^-]_o}{(k_2 - k_1)}.e^{(k_2 - k_1)t} + \lambda' \qquad \text{où } \lambda' \text{ est une constante.}$$

Cette expression est injectée dans la relation donnant $[X](t)$ pour conduire à :

$$[X](t) = \frac{k_1.[BH_4^-]_o}{(k_2 - k_1)}.e^{-k_1 t} + \lambda'.e^{-k_2 t}.$$

La constante d'intégration λ' est déterminée en prenant en compte les conditions initiales ; à $t = 0$, $[X](0) = 0$ et donc :

$$[X](t) = \frac{k_1.[BH_4^-]_o}{(k_2 - k_1)}.(e^{-k_1 t} - e^{-k_2 t}).$$

3. Pour déterminer la valeur numérique de la constante de vitesse k_2, il faut revenir à la forme non intégrée de la vitesse de formation de l'espèce X et de sa valeur nulle pour une valeur connue du temps :

$$\frac{\mathrm{d}[X]}{\mathrm{d}t} = 0 \qquad \text{pour } t = 2,4 \text{ min}$$

soit en affectant d'un signe prime ' les valeurs des concentrations pour ce temps particulier :

$$k_1.[BH_4^-]' - k_2.[X]' = 0 \quad \text{et donc } k_2 = \frac{k_1.[BH_4^-]'}{[X]'} = 1,72 \text{ min}^{-1}.$$

4. Pour obtenir l'expression de la concentration en ions borate en fonction du temps, le plus simple est d'exprimer la conservation de l'élément bore B :

$$[BH_4^-]_o = [BH_4^-] + [X] + [BO_2^-]$$

ce qui donne, en remplaçant les expressions de $[BH_4^-](t)$ et de $[X](t)$ obtenues, et après simplifications :

$$[BO_2^-](t) = [BH_4^-]_o.\left(1 - \frac{k_2}{(k_2 - k_1)}.e^{-k_1 t} + \frac{k_1}{(k_2 - k_1)}.e^{-k_2 t}\right).$$

7.8 Décomposition catalysée de l'ozone

1. On constate que le dioxyde de chlore ClO_2 est un intermédiaire de réaction consommé dans l'étape (2) et produit dans l'étape (3), permettant ainsi une réalisation « en boucle » de ces deux étapes : c'est un mécanisme en séquence fermée. *Remarque :* il s'agit là d'un mécanisme simplifié puisque on peut constater que le monoxyde de chlore ClO une fois créé n'est pas consommé (ce genre de mécanisme néglige en général les recombinaisons possibles entre différentes espèces radicalaires).

2. r est la vitesse de disparition de l'ozone : $r = -\dfrac{\mathrm{d}[O_3]}{\mathrm{d}t}$. D'après le mécanisme, on a donc :

$$r = r_1 + r_2 + r_3.$$

3. Les vitesses de formation des dioxyde et trioxyde de chlore sont :

$$\begin{cases} \dfrac{\mathrm{d}[ClO_2]}{\mathrm{d}t} = r_1 - r_2 + r_3 \\ \dfrac{\mathrm{d}[ClO_3]}{\mathrm{d}t} = r_2 - r_3 - 2r_4. \end{cases}$$

Après la période d'initiation de la réaction, l'application du principe de BODENSTEIN à ces deux intermédiaires de réaction permet d'écrire :

$$\begin{cases} \dfrac{\mathrm{d}[ClO_2]}{\mathrm{d}t} \approx 0 = r_1 - r_2 + r_3 \\ \dfrac{\mathrm{d}[ClO_3]}{\mathrm{d}t} \approx 0 = r_2 - r_3 - 2r_4. \end{cases}$$

Dans ces expressions, seules r_3 et r_4 font intervenir la concentration en trioxyde de chlore, alors que seule r_1 ne fait intervenir que les concentrations qu'on désire garder ($[O_3]$ et $[Cl_2]$). Il est donc souhaitable d'extraire du système précédent une relation entre r_4 (ou r_3) et r_1 uniquement. En faisant la somme des deux équations précédentes, on a $r_1 = 2r_4$. Les vitesses des actes élémentaires permettent d'écrire :

$$k_1[Cl_2][O_3] = 2k_4[ClO_3]^2$$

soit en définitive :

$$[ClO_3]^2 = k[Cl_2][O_3] \quad \text{avec} \quad k = \frac{k_1}{2k_4}.$$

Remarque : il serait absurde ici de vouloir appliquer le principe de BODENSTEIN au monoxyde de chlore ClO, ce qui conduirait à $r_1 \approx 0$, et donc à un résultat peu cohérent. Ceci vient du fait que le mécanisme simplifié néglige certaines étapes de disparition de cet intermédiaire, comme cela a déjà été signalé précédemment.

4. L'expression $r = r_1 + r_2 + r_3$ fait apparaître, par l'intermédiaire de r_2 la concentration en dioxyde de chlore qui n'a pas été calculée. Il est donc souhaitable de ne pas développer cette vitesse volumique de réaction, mais de l'exprimer en fonction de r_1 et r_3. En reprenant le système d'équations :

$$\begin{cases} L_1 : 0 = r_1 - r_2 + r_3 \\ L_2 : 0 = r_2 - r_3 - 2r_4. \end{cases}$$

on a $r_2 = r_1 + r_3$, qui permet d'établir $r = 2(r_1 + r_3)$, soit en utilisant les vitesses des actes élémentaires,

$$r = 2\left(k_1[Cl_2][O_3] + k_3[ClO_3][O_3]\right).$$

En reportant l'expression de $[ClO_3]$ trouvée aux questions précédentes, on a donc :

$$r = 2\left(k_1[Cl_2][O_3] + k_3\sqrt{\frac{k_1}{2k_4}}[Cl_2]^{1/2}[O_3]^{3/2}\right).$$

5. Du fait que l'ozone disparaît plus vite en raison des étapes de propagation qu'en raison de l'étape d'initiation, on peut écrire $r_1 \ll r_3$, et par conséquent, $r \approx 2r_3$, d'où :

$$r \approx k_3\sqrt{\frac{2k_1}{k_4}}[Cl_2]^{1/2}[O_3]^{3/2}.$$

6. Selon la définition donnée dans l'énoncé, on a donc $l = \dfrac{r}{r_1}$ c'est-à-dire :

$$l = \frac{k_3\sqrt{\dfrac{2k_1}{k_4}}[Cl_2]^{1/2}[O_3]^{3/2}}{k_1[Cl_2][O_3]} \qquad \text{soit :} \qquad l = \frac{\sqrt{2}k_3}{\sqrt{k_1k_4}}\sqrt{\frac{[O_3]}{[Cl_2]}}.$$

On constate que la longueur de chaîne augmente quand la concentration en catalyseur diminue pour une concentration fixée en réactif. Ce résultat semble cohérent : plus il y a de molécules de catalyseur, plus on crée de chaînes de propagation consommant le réactif, et donc moins chaque chaîne peut être longue. Dans les cas limites où une seule molécule de catalyseur est introduite, une seule chaîne de propagation peut être créée, qui sera donc de longueur maximale.

7.9 Modèle de la catalyse enzymatique

1. Établissement de la loi cinétique

a. D'après l'énoncé, la définition de r est $r = \dfrac{d[P]}{dt}$. En utilisant les lois de vitesse des actes élémentaires, on a d'autre part $\dfrac{d[P]}{dt} = k_2[ES]$. Par conséquent :

$$r = k_2[ES]$$

b. L'expression précédente de r fait intervenir la concentration en intermédiaire de réaction, qui est non mesurable. L'objet du calcul suivant est d'éliminer cette grandeur. Dans l'hypothèse du pré-équilibre rapide, $r_1 = r_{-1}$:

$$k_1[E][S] = k_{-1}[ES].$$

On en déduit l'expression de la constante de MICHAELIS-MENTEN :

$$K_M = \frac{[E][S]}{[ES]} = \frac{k_{-1}}{k_1}.$$

On en extrait l'expression de $[ES]$ en fonction de $[E]$ et $[S]$: $[ES] = \dfrac{[E][S]}{K_M}$, qui fait intervenir la concentration en enzyme dans le milieu, difficilement mesurable. Par conservation de la matière, l'enzyme introduite est à un instant quelconque sous forme d'enzyme libre en solution et de complexe enzyme-substrat : $[E]_0 = [E] + [ES]$. En reportant cette expression dans l'expression précédente de $[ES]$, on a donc :

$$[ES] = \frac{[E]_0 - [ES]}{K_M}[S]$$

dont on extrait la valeur de $[ES]$:

$$[ES] = \frac{[E]_0[S]}{([S]+K_M)}$$

d'où en définitive l'expression de la vitesse de réaction r :

$$r = \frac{k_2[E]_0[S]}{([S]+K_M)}.$$

c. Au début de la réaction, le substrat est encore peu consommé : $[S] \approx [S]_0$, et par conséquent :

$$r_0 = \frac{k_2[E]_0[S]_0}{([S]_0+K_M)}$$

d. Le principe de l'état quasi-stationnaire appliqué au complexe enzyme/substrat conduit à l'équation :

$$k_1[E][S] = k_{-1}[ES] + k_2[ES]$$

Cette relation est tout à fait similaire à celle obtenue à la question **1.b.** ; il suffit de définir la constante de MICHAELIS-MENTEN par :

$$K_M = \frac{[E][S]}{[ES]} = \frac{(k_{-1} + k_2)}{k_1}.$$

2. Analyse graphique

a. La courbe $r_0 = f([S]_0)$ est une branche d'hyperbole, passant par l'origine, et ayant une asymptote horizontale $y = r_{0max}$. L'allure du graphe est présenté ci-dessous :

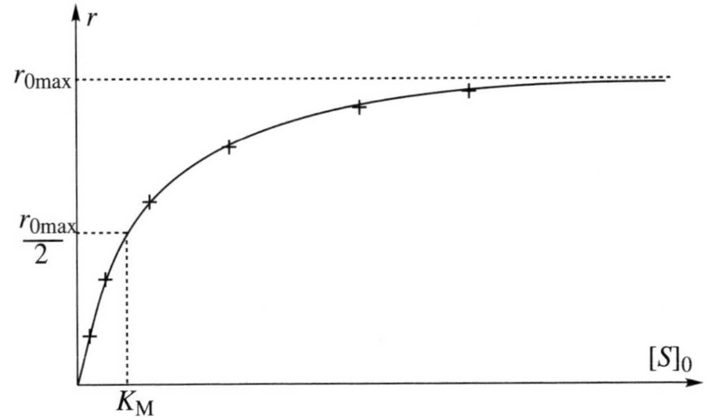

L'existence de cette asymptote signifie que pour une concentration donnée en enzyme, il existe une valeur maximale à la vitesse initiale de la réaction. Autrement dit, il existe des conditions optimales permettant d'avoir une vitesse raisonnable pour une concentration en enzyme donnée, qui est souvent le facteur limitant étant donné son coût. Une augmentation déraisonnable de $[S]_0$ n'améliore pas la vitesse initiale de la réaction. La vitesse asymptotique est :

$$r_{0max} = \lim_{[S]_0 \to +\infty} r_0 = k_2[E]_0$$

d'où en définitive l'expression de r_0 :

$$r_0 = \frac{[S]_0}{[S]_0 + K_M} r_{0max}.$$

b. Mesure expérimentale de K_M

On peut tracer point par point la courbe précédente, pour laquelle on constate que $r_0(K_M) = \frac{r_{0max}}{2}$: la constante de MICHAELIS-MENTEN est la valeur de la concentration initiale en substrat qu'il faut introduire pour obtenir une vitesse initiale valant la moitié de la vitesse initiale maximale. Or l'enzyme a une activité catalytique d'autant plus efficace que la vitesse initiale maximale est obtenue pour une faible valeur de substrat. On en déduit que l'enzyme est d'autant plus efficace pour transformer le substrat en produit, que la constante de MICHAELIS-MENTEN K_M est petite.

c. Représentation de LINEWEAVER et BURK

D'après l'expression trouvée pour r_0, on a :

$$\frac{1}{r_0} = \left(\frac{K_M}{r_{0\max}}\right)\frac{1}{[S]_0} + \frac{1}{r_{0\max}}.$$

Par conséquent, le tracé des points expérimentaux (figure ci-dessous) plaçant en abscisse $\frac{1}{[S]_0}$ et en ordonnée $\frac{1}{r_0}$ conduit à une droite d'ordonnée à l'origine $\frac{1}{r_{0\max}}$ et de coefficient directeur $\frac{K_M}{r_{0\max}}$.

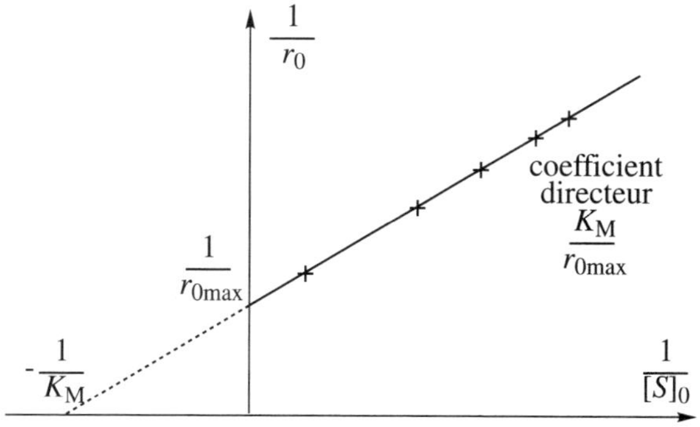

La mesure de $r_{0\max}$ pour une série d'expériences menées pour une concentration initiale en enzyme $[E]_0$ fixée permet de mesurer $k_2 = \frac{r_{0\max}}{[E]_0}$. Cette méthode graphique est plus précise que la précédente car :

- d'une part elle permet l'utilisation d'une régression linéaire sur plusieurs expériences plutôt que la mesure sur une seule courbe ;
- elle ne nécessite pas de connaître au préalable la valeur de $r_{0\max}$, qui n'est pas toujours accessible expérimentalement.

7.10 Croissance de l'arséniure de gallium par épitaxie

1. Comme la réaction mettant en jeu la disparition de AsH_3 est une étape élémentaire, on a :

$$\frac{d[AsH_3]}{dt} = -k_d[AsH_3]$$

qui après intégration en tenant compte de la condition initiale, conduit immédiatement à :

$$[AsH_3] = c_0 \exp(-k_d t).$$

2. En appliquant la loi d'ARRHENIUS, on a :

$$k_{d1} = A\exp\left(-\frac{E_a}{RT_1}\right) \text{ et } k_{d2} = A\exp\left(-\frac{E_a}{RT_2}\right)$$

d'où en faisant le rapport de ces deux expressions :

$$k_{d2} = k_{d1} \exp\left(-\frac{E_a}{R}\left(\frac{1}{T_2} - \frac{1}{T_1}\right)\right).$$

Application numérique :

$$k_{d2} = 1{,}0 \times 10^{-2} \exp\left(-\frac{184 \times 10^3}{8{,}31}\left(\frac{1}{750} - \frac{1}{580}\right)\right) = 57{,}28$$

$$k_{d2} = 57 \text{ s}^{-1}.$$

L'instant t_{99} est caractérisé par $c_A(t_{99}) = 0{,}01 c_0$ d'où en reportant cette valeur dans la loi horaire :

$$t_{99} = -\frac{\ln 0{,}01}{k_{d2}}$$

Application numérique :

$$t_{99} = -\frac{\ln 0{,}01}{57{,}28} = 8{,}039 \times 10^{-2} \qquad \text{soit :} \qquad t_{99} = 8{,}0 \times 10^{-2} \text{ s}$$

La réaction est donc presque complète au bout d'un temps « très court ».

3. Le processus (M0) étant très rapide, on peut considérer qu'avant même que les autres processus aient un avancement notable, le processus (M0) a atteint son avancement maximal. D'autre part, en raison des conditions opératoires ($c_1 \ll c_0$), seule une très faible fraction d'arsenic As est consommée par les autres processus. Dans ces conditions, après une très courte période d'induction, on a $[\text{As}](t) \approx c_0$ pour tout temps ultérieur. En écrivant la loi de vitesse du processus élémentaire (M2), on a :

$$r(\text{M2}) = k_2[\text{As}][\text{GaCH}_3] \approx c_0 k_2[\text{GaCH}_3].$$

Le processus (M2) peut être considéré du premier ordre avec la constante de vitesse :

$$k_2' = k_2 c_0.$$

4. L'espèce $Ga(CH_3)_3$ n'apparaît que dans le processus (M1). On a donc :

$$\frac{\mathrm{d}[\text{Ga}(\text{CH}_3)_3]}{\mathrm{d}t} = -k_1[\text{Ga}(\text{CH}_3)_3]$$

qui conduit par une intégration directe à :

$$c_T(t) = c_1 \exp(-k_1 t).$$

La vitesse d'apparition de $Ga(CH_3)$ s'écrit :

$$\frac{\mathrm{d}c_M}{\mathrm{d}t} = k_1 c_T - k_2' c_M \qquad \text{soit encore} \qquad \frac{\mathrm{d}c_M}{\mathrm{d}t} + k_2' c_M = k_1 c_1 \exp(-k_1 t)$$

Cette équation différentielle du premier ordre, linéaire, à coefficients constants et non homogène, s'intègre en faisant la somme de l'équation homogène associée et d'une solution particulière de l'équation entière.

- Solution de l'équation homogène : $c_{MH} = A \exp(-k_2' t)$

- Une solution particulière de l'équation entière doit être cherchée sous la forme $c_{Mpart} = B\exp(-k_1 t)$ dont la dérivée est $\dfrac{\mathrm{d}c_{Mpart}}{\mathrm{d}t} = -Bk_1\exp(-k_1 t)$. En reportant ces expressions dans l'équation différentielle :

$$-Bk_1\exp(-k_1 t) + Bk_2'\exp(-k_1 t) = k_1 c_1 \exp(-k_1 t)$$

qui conduit à trouver la valeur de B : $B = \dfrac{k_1 c_1}{k_2' - k_1}$

- La solution générale de l'équation différentielle est par conséquent :

$$c_M(t) = c_{MH} + c_{Mpart} = A\exp(-k_2' t) + \frac{k_1 c_1}{k_2' - k_1}\exp(-k_1 t)$$

- La condition initiale permet de trouver la constante A : à $t = 0$,

$$c_M(0) = 0 = A\exp(0) + \frac{k_1 c_1}{k_2' - k_1}\exp(0) \quad \text{d'où} \quad A = -\frac{k_1 c_1}{k_2' - k_1}.$$

En définitive :

$$c_M(t) = \frac{k_1 c_1}{k_2' - k_1}(\exp(-k_1 t) - \exp(-k_2' t)).$$

5. Le volume de GaAs solide formé est $V(\text{GaAs}) = Se(t)$ (ce volume n'a bien sûr rien à voir avec celui de la phase gazeuse, noté V). D'autre part, en notant $n(\text{GaAs})$ la quantité de matière de GaAs formée, on a $\rho = \dfrac{Mn(\text{GaAs})}{V(\text{GaAs})}$. On en déduit :

$$e(t) = \frac{Mn(\text{GaAs})}{\rho S}.$$

En dérivant cette expression :

$$\frac{\mathrm{d}e}{\mathrm{d}t} = \frac{M}{\rho S}\frac{\mathrm{d}n(\text{GaAs})}{\mathrm{d}t}.$$

Or, en utilisant le processus (M2) d'apparition de GaAs, on a :

$$\frac{1}{V}\frac{\mathrm{d}n(\text{GaAs})}{\mathrm{d}t} = k_2'[\text{Ga}(\text{CH}_3)] = k_2' c_M(t).$$

En conséquence, $\dfrac{\mathrm{d}e}{\mathrm{d}t} = \dfrac{MV}{\rho S}k_2' c_M(t)$:

$$\frac{\mathrm{d}e}{\mathrm{d}t} = \frac{Mk_2'}{\rho\alpha}c_M(t).$$

6. On a :

$$\frac{\mathrm{d}e}{\mathrm{d}t} = \frac{k_2' M}{\rho\alpha}\frac{k_1 c_1}{k_2' - k_1}(\exp(-k_1 t) - \exp(-k_2' t))$$

$\dfrac{\mathrm{d}e}{\mathrm{d}t}$ est extrémale (on admettra que c'est un maximum) lorsque $\dfrac{\mathrm{d}^2 e}{\mathrm{d}t^2} = 0$. Or :

$$\frac{\mathrm{d}^2 e}{\mathrm{d}t^2} = \frac{k_2' M}{\rho\alpha}\frac{k_1 c_1}{k_2' - k_1}(-k_1\exp(-k_1 t_{max}) + k_2'\exp(-k_2' t_{max}))$$

d'où :

$$t_{max} = \frac{1}{k_2' - k_1}\ln\frac{k_2'}{k_1}.$$

Application numérique :

$$t_{max} = \frac{1}{5,0\times 10^{-4} - 5,0\times 10^{-2}} \ln \frac{5,0\times 10^{-4}}{5,0\times 10^{-2}} = 93,03 \qquad \text{soit :} \qquad t_{max} = 93 \text{ s}$$

Le taux de croissance maximal est alors :

$$\left(\frac{\mathrm{d}e}{\mathrm{d}t}\right)_{max} = \frac{5,0\times 10^{-4}\times(69,7+74,9)\times 10^{-3}}{1,0\times 10^{4}\times 5310} \times \frac{5,0\times 10^{-2}\times 10}{5,0\times 10^{-4} - 5,0\times 10^{-2}}.$$

On remarquera qu'il a fallu dans l'expression ci-dessus, bien prendre garde aux unités, en particulier celle des concentrations qui sont exprimées en mol.m^{-3}.

$$\left(\frac{\mathrm{d}e}{\mathrm{d}t}\right)_{max} = 1,3\times 10^{-11} \text{ m.s}^{-1}.$$

7.11 Cinétique de l'iodation de la propanone

1. Spectrophotométrie

a. Définition de l'absorbance : lorsqu'une solution homogène de chromophore est traversée par un faisceau incident d'intensité $I_0(\lambda)$, l'expérimentateur observe en sortie de l'échantillon un faisceau transmis d'intensité $I_t(\lambda)$, la longueur d'onde n'ayant pas été modifiée. Si $I_0(\lambda) < I_0(\lambda)$ alors la substance a absorbé une partie de l'onde lumineuse à la longueur d'onde λ. L'absorbance $A(\lambda)$ mesure dans une échelle logarithmique le rapport de l'intensité transmise à l'intensité incidente. Par définition :

$$A(\lambda) = -\log_{10}\frac{I_t(\lambda)}{I_0(\lambda)}.$$

C'est un nombre sans dimension, compris entre 0 (pas d'absorption) et $+\infty$ (absorption totale). En pratique pour des mesures raisonnablement fiables, on a $0 < A(\lambda) < 1,5$. La loi de BEER-LAMBERT est une relation entre la concentration des espèces absorbantes en solution et l'absorbance :

- Pour une solution ne contenant qu'une seule substance absorbante notée X, à la concentration C, alors l'absorbance à la longueur d'onde λ d'un échantillon contenu dans une cuve de longueur L se décompose en un terme qui ne dépend que de λ et un terme qui ne dépend que de C :

  $$A_X(\lambda, C) = \varepsilon_X L C$$

  ε_X s'appelle le coefficient d'absorption molaire et ne dépend que de la substance étudiée de la longueur d'onde, du solvant et de la température.
- Pour une solution, mélange de substances absorbantes X_i ($i = 1$ à n), chacune à la concentration C_i, l'absorbance totale de la solution est la somme des absorbances dues à chaque substance absorbante :

  $$A(\lambda, C_i) = \sum_{i=1}^{n} A_{X_i}(\lambda, C_i) = L\sum_{i=1}^{n}(\varepsilon_{X_i} C_i).$$

b. Pour cette longueur d'onde, l'énoncé sous-entend (mais ne le précise pas explicitement) que seul le diiode absorbe : l'absorbance de la solution dépend de la concentration en diiode. Or I_2 est un réactif de ce système, dont la concentration diminue au cours du temps. Comme il n'est pas en excès dans les expériences proposées, l'évolution de cette concentration permettra de remonter à la cinétique de la réaction.

c. CLe coefficient h dont il est question est en fait ε_X qui ne dépend pas de la concentration en diiode. La relation entre A et $[I_2]$ est linéaire. Par conséquent, il faut mesurer l'absorbance de quelques solutions de diiode (5 ou 6) de concentrations connues (une décade de concentrations, pour lesquelles l'absorbance varie d'environ 0,15 à 1,5). Le tracé de la courbe $A([I_2])$ est une droite passant par l'origine et de coefficient directeur h.

d. En pratique, pour une longueur d'onde donnée, il n'y a pas que le phénomène d'absorption qui diminue l'intensité du faisceau émergent. Il faut tenir compte de l'absorption éventuelle d'autres espèces dont la concentration ne varie pas, de l'absorption éventuelle du solvant, de l'absorption des parois de la cuve, ainsi que de la réflexion partielle du faisceau sur les 4 dioptres successifs qui vont être traversés par le faisceau. Afin de retirer toutes ces contributions, il faut au préalable remplir la cuve de mesure du milieu réactionnel (ici eau, acétone, acide sulfurique) à l'exception de la substance dont on veut suivre l'absorbance (ici le diiode). On mesure alors l'absorbance de ce milieu, qui sera ensuite retranchée (automatiquement) par le spectrophotomètre.

2. Détermination des ordres partiels α, β et γ

a. On constate que toutes les dilutions se font au même volume. Les concentrations initiales en diiode sont inchangées, la quantité de matière initiale en propanone P est divisée par deux dans le mélange n°2, et la quantité de matière d'acide sulfurique est multipliée par 2 dans le mélange n°3. Les résultats sont résumés dans le tableau suivant.

Concentrations en mol.dm^{-3}	$[I_2]_{0i}$	$[P]_{0i}$	$[H^+]_{0i}$
mélange n°1	$4,54\times10^{-3}$	$6,19\times10^{-1}$	$9,10\times10^{-2}$
mélange n°2	$4,54\times10^{-3}$	$3,10\times10^{-1}$	$9,10\times10^{-2}$
mélange n°3	$4,54\times10^{-3}$	$6,19\times10^{-1}$	$1,82\times10^{-1}$

b. Le résultat expérimental (bien que les coefficients de corrélations ne soient pas donnés) semble montrer que la concentration en diiode suit une loi affine du temps sur un domaine notable de concentration : $[I_2]_{exp} = -k_{exp}t + [I_2]_0$. Les expériences ayant lieu en dégénérescence de l'ordre (les concentrations en propanone et en ion H^+ sont très grandes devant la concentration en diiode), la vitesse de réaction s'écrit sous la forme :

$$-\frac{d[I_2]}{dt} = k_{app}[I_2]^\gamma$$

avec $k_{app} = [P]_0^\alpha[H^+]_0^\beta$. En comparant la loi expérimentale avec la loi supposée, on établit $k_{exp} = k_{app}[I_2]^\gamma$, dont la seule solution cst

$$\gamma = 0.$$

c. Toutes les expériences sont menées en dégénérescence de l'ordre. Par conséquent, pour l'expérience n°i, $\forall t$, $[P](t) \approx [P]_{0i}$ et $[H^+](t) \approx [H^+]_{0i}$. En analysant les différents coefficients directeurs, on a :

$$\frac{k_{app1}}{k_{app2}} = \frac{p_1}{p_2} = \frac{[P]_{01}^\alpha[H^+]_{01}^\beta}{[P]_{02}^\alpha[H^+]_{02}^\beta}$$

or $[H^+]_{01} = [H^+]_{02}$, d'où $\frac{p_1}{p_2} = \frac{[P]_{01}^\alpha}{[P]_{02}^\alpha}$. On en déduit donc :

$$\alpha = \frac{\ln\frac{p_1}{p_2}}{\ln\frac{[P]_{01}}{[P]_{02}}}.$$

Application numérique :

$$\alpha = \frac{\ln\frac{-2,52\times10^{-2}}{-1,25\times10^{-2}}}{\ln\frac{6,19\times10^{-1}}{3,10\times10^{-1}}} = 1,01.$$

On en déduit :

$$\alpha = 1$$

De la même manière,

$$\frac{k_{app1}}{k_{app3}} = \frac{p_1}{p_3} = \frac{[P]_{01}^{\alpha}[\mathrm{H}^+]_{01}^{\beta}}{[P]_{03}^{\alpha}[\mathrm{H}^+]_{03}^{\beta}}$$

or $[P]_{01} = [P]_{03}$, d'où $\frac{p_1}{p_3} = \frac{[\mathrm{H}^+]_{01}^{\beta}}{[\mathrm{H}^+]_{03}^{\beta}}$. On en déduit donc :

$$\beta = \frac{\ln \frac{p_1}{p_3}}{\ln \frac{[\mathrm{H}^+]_{01}}{[\mathrm{H}^+]_{03}}}.$$

Application numérique :

$$\beta = \frac{\ln \frac{-2,52 \times 10^{-2}}{-5,13 \times 10^{-2}}}{\ln \frac{9,10 \times 10^{-2}}{1,82 \times 10^{-1}}} = 1,03.$$

On en déduit :

$$\beta = 1$$

3. Mécanisme de l'iodation de la propanone en milieu acide

a. L'intermédiaire réactionnel *IR* est instable : sa concentration sera en permanence faible devant les autres concentrations, et après la période d'initiation de la réaction, sa concentration sera quasi-stationnaire. L'approximation de l'état quasi-stationnaire est donc applicable.

b. D'après l'énoncé, la vitesse de la réaction est par définition $r = +\frac{\mathrm{d}[PI]}{\mathrm{d}t}$. La loi de vitesse de cette étape élémentaire s'écrit :

$$r = \frac{\mathrm{d}[PI]}{\mathrm{d}t} = k_3[IR][\mathrm{I}_2] \qquad (10)$$

expression dans laquelle on voudrait éliminer $[IR]$ qui est la concentration en intermédiaire réactionnel, souvent non mesurable. L'écriture des vitesses des actes élémentaires de ce mécanisme conduit à :

$$\frac{\mathrm{d}[IR]}{\mathrm{d}t} = k_2[\mathrm{PH}^+] - k_3[IR][\mathrm{I}_2].$$

L'application de l'approximation de l'état quasi-stationnaire permet d'écrire :

$$\frac{\mathrm{d}[IR]}{\mathrm{d}t} \approx 0.$$

Ce qui permet d'extraire :

$$[IR] = \frac{k_2[PH^+]}{k_3[\mathrm{I}_2]}.$$

D'autre part, l'étape (1) est un équilibre constamment réalisé. Par application de la loi de GULDBERG et WAAGE, on a :

$$K^\circ = \frac{[PH^+]}{[P][\mathrm{H}^+]}.$$

D'où l'expression de $[IR]$:

$$[IR] = \frac{k_2 K^\circ [P][\mathrm{H}^+]}{k_3[\mathrm{I}_2]}.$$

En reportant cette valeur dans l'expression 10, on a donc :

$$r = k_3[\mathrm{I}_2]\frac{k_2K^\circ[P][\mathrm{H}^+]}{k_3[\mathrm{I}_2]} = k_2K^\circ[P]^1[\mathrm{H}^+]^1[\mathrm{I}_2]^0$$

On en conclut que ce mécanisme microscopique est en accord avec le résultat expérimental de cinétique macroscopique, et on a par identification :

$$k = k_2K^\circ.$$

7.12 Photolyse de la propanone

1. Application du principe de BODENSTEIN

a. En tenant compte des différentes étapes contribuant à l'apparition ou la disparition de l'intermédiaire $CH_3^\bullet$, la vitesse d'apparition de cette espèce s'écrit :

$$\frac{\mathrm{d}[\mathrm{CH}_3^\bullet]}{\mathrm{d}t} = k_0.[P]_o - k_1.[R\mathrm{H}]_o.[\mathrm{CH}_3^\bullet] - 2k_2.[\mathrm{CH}_3^\bullet]^2.$$

Cet intermédiaire étant dans cette partie du problème supposé suivre le principe de BODENSTEIN, la concentration de l'intermédiaire réactionnel $[\mathrm{CH}_3^\bullet]_\mathrm{s}$ est solution de l'équation du second degré :

$$k_0.[P]_o - k_1.[R\mathrm{H}]_o.[\mathrm{CH}_3^\bullet]_\mathrm{s} - 2k_2.[\mathrm{CH}_3^\bullet]_\mathrm{s}^2 = 0$$

qui se réécrit :

$$[\mathrm{CH}_3^\bullet]_\mathrm{s}^2 + b.[\mathrm{CH}_3^\bullet]_\mathrm{s} - c = 0 \qquad \text{avec} \quad b = \frac{k_1}{2k_2}.[R\mathrm{H}]_o \quad \text{et} \quad c = \frac{k_0}{2k_2}.[P]_o.$$

La seule solution acceptable est celle qui est positive et donc :

$$[\mathrm{CH}_3^\bullet]_\mathrm{s} = \frac{1}{2}.(\sqrt{b^2+4c} - b)$$

b. Dans ces conditions, les vitesses d'apparition des différents produits sont :

$$\left(\frac{\mathrm{d[CO]}}{\mathrm{d}t}\right)_\mathrm{o} = k_0.[P]_\mathrm{o} \qquad \left(\frac{\mathrm{d[CH_4]}}{\mathrm{d}t}\right)_\mathrm{o} = k_1.[R\mathrm{H}]_\mathrm{o}.[\mathrm{CH}_3^\bullet]_\mathrm{s} \qquad \left(\frac{\mathrm{d[C_2H_6]}}{\mathrm{d}t}\right)_\mathrm{o} = 2k_2.[\mathrm{CH}_3^\bullet]_\mathrm{s}^2.$$

2. Validité du principe de BODENSTEIN

a. L'équation établie au **1.a.** est reprise et on cherche à résoudre cette équation différentielle. Pour cela, on tient compte de la résolution de l'équation du second degré qui justifie l'existence de deux racines et permet donc la décomposition du polynôme du second degré en produit de deux polynômes de degré un :

$$\frac{\mathrm{d}[\mathrm{CH}_3^\bullet]}{\mathrm{d}t} = -\,2\mathrm{k}_2([\mathrm{CH}_3^\bullet] - [\mathrm{CH}_3^\bullet]_\mathrm{s}).([\mathrm{CH}_3^\bullet] - [\mathrm{CH}_3^\bullet]')$$

où $[\mathrm{CH}_3^\bullet]_\mathrm{s}$ et $[\mathrm{CH}_3^\bullet]'$ sont les deux racines de l'équation du second degré étudiée à la question **1.1.** La séparation des variables conduit à :

$$\frac{\mathrm{d}[\mathrm{CH}_3^\bullet]}{([\mathrm{CH}_3^\bullet] - [\mathrm{CH}_3^\bullet]_\mathrm{s}).([\mathrm{CH}_3^\bullet] - [\mathrm{CH}_3^\bullet]')} = -\,2\mathrm{k}_2.\mathrm{d}t.$$

La décomposition en éléments simples de la fraction rationnelle conduit à :

$$\frac{1}{([\mathrm{CH}_3^\bullet] - [\mathrm{CH}_3^\bullet]_\mathrm{s}).([\mathrm{CH}_3^\bullet] - [\mathrm{CH}_3^\bullet]')} =$$

$$\frac{1}{([CH_3^\bullet]_s - [CH_3^\bullet]')}.\left(\frac{1}{([CH_3^\bullet] - [CH_3^\bullet]_s)} - \frac{1}{([CH_3^\bullet] - [CH_3^\bullet]')}\right).$$

La séparation des variables conduit à :

$$d[CH_3^\bullet].\left(\frac{1}{([CH_3^\bullet] - [CH_3^\bullet]_s)} - \frac{1}{([CH_3^\bullet] - [CH_3^\bullet]')}\right) = -\,2k_2.([CH_3^\bullet]_s - [CH_3^\bullet]').dt.$$

La différence des deux solutions s'exprime en fonction des paramètres b et c :

$$([CH_3^\bullet]_s - [CH_3^\bullet]') = \sqrt{b^2 + 4c}.$$

b. L'intégration conduit à :

$$\ln\left(\frac{([CH_3^\bullet] - [CH_3^\bullet]_s)}{([CH_3^\bullet] - [CH_3^\bullet]')}\right) = -\,2k_2.\sqrt{b^2 + 4c}.t + \text{cte}$$

La constante d'intégration est déterminée par la condition initiale sur la concentration en intermédiaire réactionnel : à $t = 0$, $[CH_3^\bullet] = 0$ et donc :

$$\frac{([CH_3^\bullet] - [CH_3^\bullet]_s)}{([CH_3^\bullet] - [CH_3^\bullet]')} = \frac{[CH_3^\bullet]_s}{[CH_3^\bullet]'}.\exp(-\,2k_2.\sqrt{b^2 + 4c}.t).$$

Cette expression est transformée de façon à exprimer la concentration en intermédiaire $CH_3^\bullet$:

$$[CH_3^\bullet](t) = [CH_3^\bullet]_s.\left(\frac{1 - \exp(-\,2k_2.\sqrt{b^2 + 4c}.t)}{1 - \frac{[CH_3^\bullet]_s}{[CH_3^\bullet]'}\exp(-\,2k_2.\sqrt{b^2 + 4c}.t)}\right).$$

c. Cette fonction est croissante et tend aux temps infinis vers la valeur asymptotique $[CH_3^\bullet]_s$. La dépendance temporelle est due au terme :

$$\exp(-\,2k_2.\sqrt{b^2 + 4c}.t) = \exp(-\frac{t}{\tau}) \quad \text{avec} \quad \tau = \frac{1}{2k_2.\sqrt{b^2 + 4c}}.$$

Le temps τ est caractéristique de l'établissement du régime quasi-stationnaire : si $t \ll \tau$, le régime quasi-stationnaire n'est pas atteint, si $t \gg \tau$, le régime quasi-stationnaire est atteint.

7.13 Oxydation des alcènes par les peracides en époxydes

1. Les étapes de propagation se traduisent par la production d'intermédiaires réactionnels. C'est le cas de la réaction (1). Les étapes de propagation sont en chaîne droite : il s'agit des étapes (2) et (3). Les étapes de terminaison se traduisent par la disparition des intermédiaires réactionnels : il s'agit ici des étapes (4), (5) et (6).

2. La constante d'équilibre de la première réaction s'écrit :

$$K = \frac{[(Por, O_2)]}{[Por][O_2]}.$$

3. La vitesse de formation d'une espèce est égale à la somme des vitesses algébriques des contributions de chaque réaction où l'espèce joue un rôle comme réactif ou comme produit.

$$\frac{d[RCO^\bullet]}{dt} = r_1 - r_2 + r_3 - 2r_4 - r_5$$

$$\frac{d[RCOOO^\bullet]}{dt} = r_2 - r_3 - r_5 - 2r_6.$$

4. Le principe de BODENSTEIN (ou principe de l'état quasi-stationnaire) postule une concentration constante pour les intermédiaires réactionnels. Appliqué aux intermédiaires $R\mathrm{CO}^\bullet$ et $R\mathrm{COO}^\bullet$, ceci donne :

$$r_1 = r_2 - r_3 + 2r_4 + r_5 \qquad \text{et} \qquad r_2 - r_3 = r_5 + 2r_6$$

ce qui donne en éliminant le terme $r_2 - r_3$:

$$r_1 = 2.(r_3 + r_4 + r_5)$$

qui est bien une relation liant les vitesses des étapes d'initiation et de terminaison.
5. Les deux relations obtenues à la question **4.** s'écrivent :

$$r_2 = r_3 + (r_1 - 2r_4 - r_5) \qquad \text{et} \qquad r_2 = r_3 + (r_5 + 2r_6).$$

Les termes entre parenthèses sont relatifs à des étapes d'initiation et de terminaison. En admettant que les vitesses de ces étapes sont négligeables devant celles des étapes de propagation, ces deux relations conduisent à la même relation approchée :

$$r_2 \approx r_3$$

ce qui donne en revenant à l'expression des vitesses en fonction des concentrations :

$$k_2.[R\mathrm{CO}^\bullet].[\mathrm{O}_2] = k_3.[R\mathrm{CHO}].[R\mathrm{COOO}^\bullet]$$

qui relie les concentrations des intermédiaires réactionnels.
6. Pour accéder à la loi de vitesse, il faut exprimer les concentrations en intermédiaires réactionnels en fonction des espèces stables, c'est-à-dire le dioxygène dissous, le catalyseur *Por* et le réactif benzaldéhyde. Pour cela, on repart de la relation obtenue à la question **5.** et on remplace systématiquement la concentration d'un intermédiaire réactionnel par la relation déduite de celle obtenue à la question **5.** .
La relation obtenue à la question **4.** s'écrit :

$$k_1.[(Por, \mathrm{O}_2)].[R\mathrm{CHO}] = 2(k_4.[R\mathrm{CO}^\bullet]^2 + k_5.[R\mathrm{CO}^\bullet].[R\mathrm{COOO}^\bullet] + k_6.[R\mathrm{COOO}^\bullet]^2).$$

Dans cette relation, on remplace :

$$[(Por, \mathrm{O}_2)] \quad \text{par} \quad K.[Por].[\mathrm{O}_2] \qquad \text{et} \quad [R\mathrm{COOO}^\bullet] \quad \text{par} \quad \frac{k_2.[\mathrm{O}_2]}{k_3.[R\mathrm{CHO}]}.[R\mathrm{CO}^\bullet].$$

Ceci permet d'accéder à la concentration en intermédiaire $R\mathrm{CO}^\bullet$:

$$[R\mathrm{CO}^\bullet] = \sqrt{\frac{k_1.K.[Por].[\mathrm{O}_2].[R\mathrm{CHO}]}{2.\left(k_4 + k_5.\dfrac{k_2.[\mathrm{O}_2]}{k_3.[R\mathrm{CHO}]} + k_6.\left(\dfrac{k_2.[\mathrm{O}_2]}{k_3.[R\mathrm{CHO}]}\right)^2\right)}}.$$

En se plaçant dans le cadre de la simplification proposée par l'énoncé, si la vitesse de l'étape (6) est très supérieure à celle des autres étapes de terminaison, seul le dernier terme du dénominateur subsiste et l'expression approchée de la concentration en intermédiaire $R\mathrm{CO}^\bullet$ s'écrit :

$$[R\mathrm{CO}^\bullet] = \sqrt{\frac{k_1.K.[Por].[\mathrm{O}_2].[R\mathrm{CHO}]}{2.k_6}}.\frac{k_5.[R\mathrm{CHO}]}{k_2.[\mathrm{O}_2]}.$$

La vitesse r d'apparition du peracide est la vitesse de l'étape (3), donc dans le cadre des approximations, aussi celle de l'étape (2) :

$$r = k_2.[O_2].[RCO^{\bullet}] = \sqrt{\frac{k_1.K.[Por].[O_2].[RCHO]}{2.k_6}}.k_5.[RCHO]$$

soit :

$$r = k_5.\sqrt{\frac{k_1.K}{2k_6}}.[Por]^{1/2}.[O_2]^{1/2}.[RCHO]^{3/2}.$$

7. La loi de HENRY prévoit une relation de proportionnalité entre la concentration en dioxygène dissous et la pression partielle en dioxygène au-dessus de la solution. La loi de vitesse de formation du peracide est donc de la forme :

$$r = k.P_{O_2}^{1/2}[Por]^{1/2}.[RCHO]^{3/2}$$

Pour vérifier cette loi de vitesse, on établit numériquement sur les huit expériences recensées la constance du rapport :

$$k = \frac{r}{P_{O_2}^{1/2}[Por]^{1/2}.[RCHO]^{3/2}}$$

On obtient :

$$k = 0,026 \pm 0,03 \text{ mol}^{-1}.\text{L.s}^{-1}.\text{bar}^{-1/2}$$

7.14 Cinétique de fixation du dioxygène par un complexe du cobalt(II)

1. La vitesse de formation du dimère est :

$$r = \frac{d[D]}{dt} = k_2[M][[CoL_5]^{3-}] - k_{-2}[D].$$

Aux temps courts, la concentration en dimére M est très faible et donc la vitesse de façon approchée s'écrit :

$$r \simeq k_2[M][[CoL_5]^{3-}].$$

2. L'application du principe de l'état quasi-stationnaire à l'espèce M s'écrit :

$$\frac{d[M]}{dt} = 0 = k_1[[CoL_5]^{3-}][O_2] - k_{-1}[M] - k_2[M][[CoL_5]^{3-}]$$

ce qui conduit à l'expression de la concentration en M :

$$[M] = \frac{k_1[[CoL_5]^{3-}][O_2]}{(k_{-1} + k_2[[CoL_5]^{3-}])}.$$

La vitesse de réaction s'écrit :

$$r = \frac{k_1k_2[[CoL_5]^{3-}]^2[O_2]}{(k_{-1} + k_2[[CoL_5]^{3-}])} = k_{obs}[O_2] \quad \text{avec} \quad k_{obs} = \frac{k_1k_2[[CoL_5]^{3-}]^2}{(k_{-1} + k_2[[CoL_5]^{3-}])}.$$

3. Lorsque la concentration en complexe $[CoL_5]^{3-}$ est élevée, le dénominateur tend vers $k_2[[CoL_5]^{3-}]$, et la constante k_{obs} est équivalente à $k_1[[CoL_5]^{3-}]$.

4. Pour vérifier la loi de vitesse établie à la question précédente, on trace la constante k_{obs} en fonction de la concentration en $[CoL_5]^{3-}$. On obtient une droite de coefficient directeur k_1 = 1,37.10^4 mol^{-1}.L.s^{-1} avec un coefficient de corrélation honorable de 0,987.

5. L'exploitation optimale des données pour la vérification d'une loi est obtenue en recherchant, lorsque cela est possible une représentation linéaire de cette loi, c'est-à-dire que tracer en fonction de quoi pour obtenir une droite. Ici, la transformation de la relation établie à la fin de la question **2.** conduit à :

$$\frac{[[\mathrm{Co}L_5]^{3-}]}{k_{obs}} = \frac{1}{k_1} + \frac{k_{-1}}{k_1k_2}.\frac{1}{[[\mathrm{Co}L_5]^{3-}]}.$$

La vérification de cette loi consiste à tracer $\frac{[[\mathrm{Co}L_5]^{3-}]}{k_{obs}}$ en fonction de $\frac{1}{[[\mathrm{Co}L_5]^{3-}]}$. Si la loi est suivie, on obtient une droite d'ordonnée à l'origine $\frac{1}{k_1}$ et de coefficient directeur $\frac{k_{-1}}{k_1k_2}$.

6. Lorsque l'équilibre est atteint, les différentes concentrations ne varient plus. Il faut tenir compte maintenant de toutes les étapes (jusqu'à présent, l'étape de transformation du dimére D en monomère M et en complexe $[\mathrm{Co}L_5]^{3-}$ a été négligée). Les conditions de constance des concentrations en M et D s'écrivent :

$$\frac{\mathrm{d}[M]}{\mathrm{d}t} = 0 = k_1[[\mathrm{Co}L_5]^{3-}][\mathrm{O}_2] - k_{-1}[M] - k_2[M][[\mathrm{Co}L_5]^{3-}] + k_{-2}[D]$$

$$\frac{\mathrm{d}[D]}{\mathrm{d}t} = 0 = k_2[\mathrm{M}][[\mathrm{Co}L_5]^{3-}] - k_{-2}[D]$$

Ce qui donne après combinaison linéaire :

$$K^{II}_{\mathrm{O}_2} = \frac{[D]}{[[\mathrm{Co}L_5]^{3-}]^2[\mathrm{O}_2]} = \frac{k_1k_2}{k_{-1}k_{-2}}$$

7.15 Réactions du chromehexacarbonyle $Cr(CO)_6$

1. Cas n° 1

a. La vitesse de réaction peut être définie par :

$$r = \frac{\mathrm{d}[\mathrm{CO}]}{\mathrm{d}t} \quad \text{ou} \quad r = \frac{\mathrm{d}[\mathrm{Cr_2(CO)_{11}}]}{\mathrm{d}t} \quad \text{ou} \quad r = -\frac{1}{2}\frac{\mathrm{d}[\mathrm{Cr(CO)_6}]}{\mathrm{d}t}.$$

Remarquons que ces définitions, lorsqu'elles seront appliquées au mécanisme réactionnel, ne donneront pas des résultats identiques à cause de la présence de l'intermédiaire réactif $Cr(CO)_5$. Si la concentration de celui-ci est très faible et constante au cours de la réaction, les trois propositions conduiront à la même vitesse.

b. Nous avons, en choisissant le produit CO :

$$r = \frac{\mathrm{d}[\mathrm{CO}]}{\mathrm{d}t} = k_1[\mathrm{Cr(CO)_6}] - k_{-1}[\mathrm{Cr(CO)_5}][\mathrm{CO}].$$

Si on ne souhaite faire apparaître que des concentrations en réactifs et produits apparaissant dans l'équation-bilan, il faut remplacer la concentration en chromepentacarbonyle par son expression en fonction des concentrations autorisées. On propose d'appliquer le principe de l'état quasi-stationnaire au chromepentacarbonyle :

$$\frac{\mathrm{d}[\mathrm{Cr(CO)_5}]}{\mathrm{d}t} = 0 = k_1[\mathrm{Cr(CO)_6}] - k_{-1}[\mathrm{Cr(CO)_5}][\mathrm{CO}] - k_2[\mathrm{Cr(CO)_6}][\mathrm{Cr(CO)_5}]$$

soit :

$$[\mathrm{Cr(CO)_5}] = \frac{k_1[\mathrm{Cr(CO)_6}]}{k_{-1}[\mathrm{CO}] + k_2[\mathrm{Cr(CO)_6}]}$$

et donc la vitesse s'écrit :

$$r = k_1[\mathrm{Cr(CO)_6}] - k_{-1}[\mathrm{Cr(CO)_5}][\mathrm{CO}] = k_2[\mathrm{Cr(CO)_6}][\mathrm{Cr(CO)_5}]$$

soit :

$$r = \frac{k_1 k_2[\mathrm{Cr(CO)_6}]^2}{(k_{-1}[\mathrm{CO}\,] + k_2[\mathrm{Cr(CO)_6}])}.$$

c. La réaction n'admet pas d'ordre : ce n'est pas un monôme des concentrations.
d. En début de réaction, la concentration en $Cr(CO)_5$ est nulle et donc la vitesse initiale r_0 s'écrit :

$$r_0 = k_1[\mathrm{Cr(CO)_6}]$$

soit d'ordre un vis-à-vis du réactif $Cr(CO)_6$.
2. Cas n° 2
a. La vitesse de disparition du chromepentacarbonyle, notée r_d, s'exprime en fonction des concentrations selon :

$$r_d = -\frac{\mathrm{d}[\mathrm{Cr(CO)_5}]}{\mathrm{d}t} = k_2[\mathrm{Cr(CO)_6}][\mathrm{Cr(CO)_5}] + k_{-1}[\mathrm{Cr(CO)_5}][\mathrm{CO}].$$

En effet, l'étape (1) est supposée ici n'avoir lieu qu'en présence du faisceau laser. Or $t = 0$ coïncide avec la fin de l'impulsion laser.
b. Remplaçons dans la loi établie au **2.a.** les concentrations par leurs expressions exprimées en fonction de c_0 et x_0 pour avoir la vitesse initiale :

$$r_{d,0} = k_2 c_0(1 - x_0)c_0 x_0 + k_{-1}(c_0 x_0)^2.$$

Pour que la réaction soit d'ordre un, il faut que le second terme soit négligeable devant le premier, c'est-à-dire que la perturbation produite par le laser doit être faible, soit :

$$x_0 \ll 1.$$

c. La vitesse aux temps courts s'écrit :

$$-\frac{\mathrm{d}[\mathrm{Cr(CO)_5}]}{\mathrm{d}t} \approx k_2[\mathrm{Cr(CO)_6}][\mathrm{Cr(CO)_5}]$$

avec $k' = k_2[\mathrm{Cr(CO)_6}] = k_2 c_0$.
d. Pour déterminer la constante de vitesse k_2, on trace k' en fonction de c_0. On obtient effectivement une droite de coefficient directeur :

$$k_2 = 3{,}6.10^9\ \mathrm{mol^{-1}.L.s^{-1}}$$

avec un coefficient de corrélation de 0,998. Le temps de demi-réaction (en supposant que seule l'étape (2) intervient) est lié à la valeur de la constante k' de pseudo-premier ordre par la relation :

$$\tau' = \frac{\ln 2}{k'}$$

soit *numériquement* :

$$\tau' = \frac{\ln 2}{(0{,}3.10^{-2}.3{,}6.10^9)} = 6{,}4.10^{-8}\ \mathrm{s}$$

ce qui correspond à un processus très rapide, nécessitant des moyens très performants pour être détecté.

e. En présence d'une quantité fixée de monoxyde de carbone en solution, la loi de vitesse pour la disparition du chromepentacarbonyle s'écrit :

$$r_d = -\frac{\mathrm{d}[\mathrm{Cr(CO)_5}]}{\mathrm{d}t} = k_2[\mathrm{Cr(CO)_6}][\mathrm{Cr(CO)_5}] + k_{-1}[\mathrm{Cr(CO)_5}][\mathrm{CO}]$$

où la concentration en $\mathrm{Cr(CO)_6}$ est très voisine de sa concentration initiale (faible perturbation créée par le faisceau laser et où la concentration du monoxyde de carbone est fixée et est égale à c_s). C'est alors une loi de pseudo-premier ordre avec la constante apparente k'' donnée par :

$$k'' = k_2[\mathrm{Cr(CO)_6}] + k_{-1}[\mathrm{CO}] = k_2c_0 + k_{-1}c_s.$$

f. La connaissance de τ'' permet d'accéder à k''. Comme c_0 et c_s sont connues, nous en déduisons k_{-1} :

$$k_{-1} = \left(\frac{\ln 2}{\tau''} - k_2c_0\right)/c_s \qquad \text{soit } \textit{numériquement} : \qquad k_{-1} = 3{,}5.10^9\mathrm{mol}^{-1}.\mathrm{L.s}^{-1}$$

g. Exprimons les vitesses d'apparition des deux produits $\mathrm{Cr_2\ (CO)_{11}}$ et $\mathrm{Cr(CO)_5(C_6H_{12})}$:

$$\frac{\mathrm{d}[\mathrm{Cr_2(CO)_{11}}]}{\mathrm{d}t} = k_2[\mathrm{Cr(CO)_6}][\mathrm{Cr(CO)_5}] \qquad \text{et} \qquad \frac{\mathrm{d}[\mathrm{Cr(CO)_5(C_6H_{12})}]}{\mathrm{d}t} = k_3[\mathrm{Cr(CO)_5}][\mathrm{C_6H_{12}}].$$

On effectue le rapport de ces deux expressions pour éliminer la variable temps. Nous obtenons :

$$\frac{\mathrm{d}[\mathrm{Cr_2(CO)_{11}}]}{\mathrm{d}[\ \mathrm{Cr(CO)_5(C_6H_{12})}]} = \frac{k_2[\mathrm{Cr(CO)_6}][\mathrm{Cr(CO)_5}]}{k_3[\mathrm{Cr(CO)_5}][\mathrm{C_6H_{12}}]} = \frac{k_2[\mathrm{Cr(CO)_6}]}{k_3[\mathrm{C_6H_{12}}]}.$$

On suppose que la quantité de chromepentacarbonyle créé par le faisceau laser est très faible devant la quantité des autres réactifs. Ainsi, le rapport :

$$\frac{[\mathrm{Cr(CO)_6}]}{[\mathrm{C_6H_{12}}]} \approx 1 \qquad \text{et :} \qquad \frac{\mathrm{d}[\mathrm{Cr_2(CO)_{11}}]}{\mathrm{d}[\ \mathrm{Cr(CO)_5(C_6H_{12})}]} = \frac{k_2}{k_3}$$

ce qui donne par intégration, en tenant compte du fait qu'à $t = 0$, les concentrations en produit sont nulles :

$$[\mathrm{Cr_2(CO)_{11}}] = \frac{k_2}{k_3}[\mathrm{Cr(CO)_5(C_6H_{12})}]$$

soit *numériquement* :

$$\frac{[\mathrm{Cr_2(CO)_{11}}]}{[\mathrm{Cr(CO)_5(C_6H_{12})}]} = \frac{k_2}{k_3} = 1{,}8.$$

7.16 Étude d'organostanniques

1. Le mécanisme de cyclisation (obtention du méthylcyclopentane) à partir du 6-bromohex-1-éne est un mécanisme en chaîne. La première étape est une étape d'initiation (production d'un intermédiaire réactif), l'étape (2) est qualifiée d'étape de transfert (production de l'intermédiaire réactif nécessaire à la transformation). Les étapes (3), (4), (5) et (6) sont les étapes de propagation : un intermédiaire réactif produit à l'étape (2) peut servir un grand nombre de fois. L'étape (5) est l'étape de cyclisation.
2. La vitesse r de formation du méthylcyclopentane est définie par :

$$r = \frac{\mathrm{d}[\mathrm{MCP}]}{\mathrm{d}t} = k_6[\ \mathrm{MCP}^{\bullet}][\mathrm{Bu_3SnH}].$$

La vitesse r' de formation de l'hex-1-ène est définie par :

$$r' = \frac{\mathrm{d}[\mathrm{Hex}]}{\mathrm{d}t} = k_4[\mathrm{Hex}^{\bullet}][\mathrm{Bu_3SnH}].$$

3. L'approximation des états quasi-stationnaires s'applique aux intermédiaires réactionnels réactifs, instables, dont il est raisonnable de penser que la concentration est très faible et quasi-constante au cours de la réaction. En appliquant ce principe aux intermédiaires $MCP^{\bullet}$ et $Hex^{\bullet}$, nous obtenons :

$$\frac{d[MCP^{\bullet}]}{dt} = k_5[Hex^{\bullet}] - k_6[MCP^{\bullet}][Bu_3SnH] = 0$$

$$\frac{d[Hex^{\bullet}]}{dt} = k_3[RBr][Bu_3Sn^{\bullet}] - k_4[Hex^{\bullet}][Bu_3SnH] - k_5[Hex^{\bullet}] = 0.$$

4.a. Nous déduisons de l'approximation des états quasi-stationnaires appliquée à l'intermédiaire $MCP^{\bullet}$:

$$[MCP^{\bullet}] = \frac{k_5[Hex^{\bullet}]}{k_6[Bu_3SnH]}.$$

b. En formant le rapport des deux équations établies à la question **2.**, nous obtenons :

$$\frac{d[Hex]}{d[MCP]} = \frac{k_4}{k_5}[Bu_3SnH].$$

En séparant les variables (les deux éléments différentiels), il est possible d'intègrer (on suppose constante la concentration en Bu_3SnH. La constante d'intégration est déterminée en tenant compte de l'absence des produits au temps initial $t = 0$:

$$d[Hex] = \frac{k_4}{k_5}[Bu_3SnH].d\,[MCP] \qquad \text{donne} \qquad [Hex] = \frac{k_4}{k_5}[Bu_3SnH].[MCP]$$

soit :

$$\frac{[Hex]}{[MCP]} = \frac{k_4}{k_5}[\,Bu_3SnH].$$

c. C'est l'utilisation d'un large excès d'hydrure de tributylétain Bu_3SnH devant les autres réactifs qui permet d'avoir une concentration quasi-constante au cours de la réaction.

5.a. Les réactions (4) et (5) ne sont pas de même ordre : ordre 2 pour la réaction (4) et ordre 1 pour la réaction (5). Les constante de vitesse n'ont pas la même dimension.

b. On souhaite favoriser la réaction de cyclisation, c'est-à-dire l'obtention du MCP à plus de 95 %, soit :

$$\frac{[MCP]}{[Hex]} = \frac{k_5}{k_4.[\,Bu_3SnH]} > f_l$$

où f_l est la valeur frontière limite choisie. Nous avons pour la valeur limite de la concentration en hydrure de tributylétain :

$$[Bu_3SnH]_l = \frac{k_5}{k_4.f_l} \qquad \text{soit } \textit{numériquement} : \qquad [Bu_3SnH]_l = \frac{0,05}{0,95}\frac{8,34}{44,3} = 10^{-2}\ \text{mol.L}^{-1}.$$

La condition pour avoir plus de 95 % de cyclisation est donc d'avoir :

$$[Bu_3SnH] < [Bu_3SnH]_l = 10^{-2}\ \text{mol.L}^{-1}.$$

6.a. Les deux produits de réaction sont représentés ci-dessous.

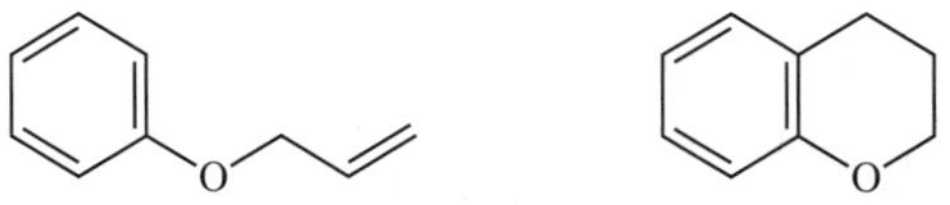

produit de cyclisation

b. En procédant de façon analogue à ce qui a été fait à la question **5.b.**, nous obtenons comme valeur limite à atteindre en concentration d'hydrure de tributylétain :

$$[\mathrm{Bu_3SnH}]'_l = \frac{k'_5}{k'_4.f_l} = \frac{0,05}{0,95}\frac{55}{3,9} = 0,74.$$

Nous voyons que la nouvelle valeur limite est plus élevée que dans le cas du 6-bromohex-1-éne. Autrement dit, il est plus difficile dans le cas du 1-allyloxy-2-bromobenzene d'éviter la réaction de cyclisation. Cela est dû à la structure cyclique initiale qui en rapprochant dans l'espace les centres actifs favorisent la cyclisation : cela se traduit dans la valeur numérique des constantes de vitesse des étapes de cyclisation : $k_5 \ll k'_5$. En revanche, la vitesse de capture d'un atome d'hydrogéne par les intermédiaires produits par les étapes (3) est de même ordre de grandeur : $k_4 \approx k'_4$.

7.17 Réaction de l'acide cyanhydrique avec un composé carbonylé

1. Étude qualitative du mécanisme

a. Pour le mécanisme A, la vitesse s'écrit :

$$r_A = k_A[CO-\mathrm{H^+}][\mathrm{CN^-}] \qquad \text{avec } K = \frac{[CO-\mathrm{H^+}]}{[CO][\mathrm{H^+}]}.$$

On tient compte aussi de la constante d'acidité K_a de l'acide cyanhydrique et on obtient :

$$r_A = k_A K K_\mathrm{a}[\text{cétone}][\mathrm{HCN}].$$

Pour le mécanisme B, la vitesse s'écrit :

$$r_B = k_B[\text{cétone}][\mathrm{CN^-}] = k_B K_\mathrm{a}\frac{[\text{cétone}][\mathrm{HCN}]}{[\mathrm{H^+}]}.$$

Le mécanisme C postule l'existence d'une seule étape et donc :

$$r_C = k_C[\text{cétone}][\mathrm{HCN}].$$

b. Les mécanismes A et C conduisent à la même loi de vitesse : celle-ci n'est pas satisfaisante car elle ne prédit pas une accélération en milieu basique.

2. Étude quantitative de la cinétique réactionnelle

Pour analyser de façon sereine les données du tableau, il est préférable d'avoir quelques connaissances sur l'influence de la (des) concentration(s) initiale(s) sur le temps de demi-réaction. En particulier celui-ci est indépendant de la concentration initiale dans le cas de réaction d'ordre 1 et est lié à la constante de vitesse par la relation :

$$t_{\frac{1}{2}} = \frac{\ln 2}{k}.$$

D'autre part, il faut identifier les situations correspondant à la dégénéréscence de l'ordre : un réactif en (large) excès a sa concentration qui reste quasiment constante au cours de la réaction et ce terme s'intègre dans une constante de vitesse apparente.

a. Les expériences 1, 4 et 5 sont conduites avec un large excès (au moins un facteur 20) d'acide cyanhydrique. La vitesse est alors de la forme $k'_\mathrm{app}[\mathrm{CH_3CHO}]^\beta$ où la constante k'_app est proportionnelle à $[\mathrm{HCN}]^\alpha$. Le fait que le temps de demi-réaction des expériences 4 et 5 soit identique montre que β = 1. Le fait que le temps de demi-réaction de la réaction 1 soit la moitié du temps de demi-réaction des réactions 4 et 5 montre que la constante de vitesse apparente a été multipliée par deux pour une concentration en acide cyanhydrique multipliée par deux, ce qui montre que la réaction est d'ordre 1 vis-à-vis du réactif HCN. Donc $\alpha = 1$. Les expériences 2 et 3 ont été conduites avec une concentration initiale c_o égale en acide cyanhydrique et en éthanal. La loi de vitesse attendue est donc :

$$\frac{\mathrm{d}x}{\mathrm{d}t} = k_{\text{app}}(c_o - x)^2 \qquad \text{soit} \qquad \frac{1}{c_o - x} = k_{\text{app}}t + \frac{1}{c_o}.$$

Le temps de demi-réaction $t_{\frac{1}{2}}$ est défini par $x(t_{\frac{1}{2}}) = \frac{c_o}{2}$ soit :

$$\frac{1}{c_o - \frac{c_o}{2}} = k_{\text{app}}t_{\frac{1}{2}} + \frac{1}{c_o} \qquad \text{soit} \qquad t_{\frac{1}{2}} = \frac{1}{k_{\text{app}}c_o}.$$

Ce comportement est bien vérifié car le temps de demi-réaction est bien divisé par deux quand la concentration initiale commune est multipliée par deux.
Estimation de la constante de vitesse
Pour les expériences 1, 4 et 5, la constante de vitesse s'estime en utilisant la relation :

$$k_{\text{app}} = \frac{\ln 2}{t_{\frac{1}{2}}c_o} \qquad \text{soit} \qquad k_{\text{app}} = 5{,}25.10^{-3}\ \text{L.mol}^{-1}.\text{s}^{-1}.$$

Pour les expériences 2 et 3, la constante de vitesse s'estime en utilisant la relation :

$$t_{\frac{1}{2}} = \frac{1}{k_{\text{app}}c_o} \qquad \text{soit} \qquad = 5{,}26.10^{-3}\ \text{L.mol}^{-1}.\text{s}^{-1}.$$

Les différentes expériences conduisent bien à :

$$k_{\text{app}}(\text{pH} = 4{,}2) = 5{,}25.10^{-3}\ \text{L.mol}^{-1}.\text{s}^{-1}.$$

b. Dans cette partie il faut bien faire la différence entre la concentration initiale introduite (c_o et c'_o) et les concentrations effectives due d'une part aux réactions acide-bases et d'autre part à l'existence de la réaction de formation de la cyanhydrine qui consomme les réactifs. Ainsi pour l'acide cyanhydrique :

$$[\text{HCN}]_{\text{tot}} = [\text{HCN}] + [\text{CN}^-] \qquad \text{et} \qquad K_{\text{a}} = \frac{[\text{H}^+][\text{CN}^-]}{[\text{HCN}]}$$

et donc :

$$[\text{HCN}] = \frac{[\text{HCN}]_{\text{tot}}}{1 + \dfrac{K_{\text{a}}}{[\text{H}^+]}} \qquad \text{et} \qquad [\text{CN}^-] = \frac{[\text{HCN}]_{\text{tot}}}{1 + \dfrac{[\text{H}^+]}{K_{\text{a}}}}.$$

De façon comparable pour l'éthanal et l'éthanal protoné (en notation condensée, CO représente l'éthanal et $CO\text{H}^+$ l'éthanal protoné) :

$$[CO] = \frac{[\text{CH}_3\text{CHO}]_{\text{tot}}}{1 + K[\text{H}^+]} \qquad \text{et} \qquad [CO\text{H}^+] = \frac{[\text{CH}_3\text{CHO}]_{\text{tot}}K[\text{H}^+]}{1 + K[\text{H}^+]}.$$

L'intérêt de l'étude est donc de pouvoir préciser la dépendance de la constante de vitesse apparente avec le pH. Pour le mécanisme A :

$$r_A = k_A K K_{\text{a}}[CO][\text{HCN}] = \frac{k_A K K_{\text{a}}}{\left(1 + \dfrac{K_{\text{a}}}{[\text{H}^+]}\right)\left(1 + K[\text{H}^+]\right)}[\text{HCN}]_{\text{tot}}[\text{CH}_3\text{CHO}]_{\text{tot}}.$$

Pour le mécanisme B :

$$r_B = k_B[CO][\mathrm{CN}^-] = \frac{k_B}{\left(1+\dfrac{[\mathrm{H}^+]}{K_\mathrm{a}}\right)\left(1+K[\mathrm{H}^+]\right)}[\mathrm{HCN}]_\mathrm{tot}[\mathrm{CH_3CHO}]_\mathrm{tot}.$$

Pour le mécanisme C, la loi de vitesse est identique à celle du mécanisme A : il faut remplacer le produit $k_A K K_\mathrm{a}$ par k_C. Dans chaque cas, les ordres partiels en acide cyanhydrique et en éthanal sont égaux à 1. À pH fixé, les constantes apparentes sont effectivement fixées.

c. Un carbonylé protoné est un acide fort : en conséquence, pour des pH compris entre 4 et 5 :

$$1+K[\mathrm{H}^+] \simeq 1 \qquad \text{et} \qquad 1+\frac{[\mathrm{H}^+]}{K_\mathrm{a}} \simeq \frac{[\mathrm{H}^+]}{K_\mathrm{a}} \qquad \text{et donc :} \qquad \log k_\mathrm{app} = \log k_B K_\mathrm{a} + \mathrm{pH}.$$

Le tracé issu des résultats expérimentaux confirme ce comportement. C'est donc le mécanisme B qui décrit le mieux le comportement cinétique de la réaction.

7.18 Étude d'une cinétique de complexation

Étude générale de la méthode de relaxation après perturbation

1. Juste avant la perturbation, l'équilibre existe à la température $T = T_o$ et donc :

$$\frac{\mathrm{d}x}{\mathrm{d}t} = -\frac{\mathrm{d}[A]}{\mathrm{d}t} = k_1[A]_o - k_{-1}[B]_o = 0 \qquad \text{soit :} \qquad \frac{[A]_o}{[B]_o} = \frac{k_{-1}}{k_1}.$$

2. La température passe de T_o à T. Les concentrations $[A]_o$ et $[B]_o$ ne sont plus des concentrations assurant l'équilibre à la nouvelle température : le système évolue vers un nouvel état d'équilibre. Notons $k_1(T)$ et $k_{-1}(T)$ les nouvelles constantes d'équilibre à la nouvelle température. Nous avons :

$$\frac{\mathrm{d}x}{\mathrm{d}t} = k_1(T)([A]_o - x) - k_{-1}(T)([B]_o + x).$$

3. L'équilibre final, à la température T est caractérisé par un avancement volumique x_e tel que :

$$\left(\frac{\mathrm{d}x}{\mathrm{d}t}\right)_\mathrm{eq} = 0 = k_1(T)([A]_o - x_e) - k_{-1}(T)([B]_o + x_e).$$

4. On soustrait la relation écrite au **2.** à celle écrite au **3.** :

$$\frac{\mathrm{d}x}{\mathrm{d}t} = k_1(T)(x_e - x) - k_{-1}(T)(x - x_e) = \frac{\mathrm{d}(x-x_e)}{\mathrm{d}t}$$

soit :

$$\frac{\mathrm{d}(x-x_e)}{\mathrm{d}t} = -(k_1(T) + k_{-1}(T))(x - x_e)$$

soit, avec la notation y :

$$\frac{\mathrm{d}y}{\mathrm{d}t} = -(k_1(T) + k_{-1}(T))y \qquad \text{et :} \qquad y(t) = y_o \exp\big(-(k_1 + k_{-1})t\big)$$

5. L'intégration de l''équation conduit à :

$$y(t) = y_o \exp\big(-(k_1 + k_{-1})t\big)$$

et le temps de relaxation τ est donc égal à :

$$\frac{1}{\tau} = k_1 + k_{-1}.$$

Application aux complexes des cyclodextrines
1. On reprend l'étude précédente avec comme réaction :

$$S + C = CS.$$

L'équation différentielle qui régit le comportement temporel des concentrations est :

$$\frac{dx}{dt} = k_1([S]_o - x)([C]_o - x) - k_{-1}x.$$

Or $[C]_o \gg [S]_o$. De plus $x < [S]_o$ et donc $[C]_o - x \simeq [C]_o$ et l'équation différentielle se simplifie en :

$$\frac{dx}{dt} = k_1[C]_o([S]_o - x) - k_{-1}x$$

et le terme $k_1[C]_o$ remplace le terme k_1 de la première partie. Ainsi le temps de relaxation τ s'écrit :

$$\frac{1}{\tau} = k_1[C]_o + k_{-1}.$$

2. On effectue des études pour différentes valeurs de $[C]_o$, on mesure τ pour chaque valeur de $[C]_o$ et on trace $(\tau)^{-1}$ en fonction de $[C]_o$. On attend une droite de coefficient directeur k_1 et d'ordonnée à l'origine k_{-1}.
3. Le tracé ne donne pas la droite attendue : la pente diminue avec la concentration en substrat. Le mécanisme proposé ne décrit pas le comportement du système.
4. L'étape cinétiquement déterminante est l'étape $(2, -2)$.
5. La vitesse de la réaction est définie par la vitesse d'apparition de CS :

$$v = \frac{d[CS]}{dt} = k_2[CS^*] - k_{-2}[CS].$$

Écrivons le fait que l'équilibre (1) est supposé vérifié :

$$K_1 = \frac{k_1}{k_{-1}} = \frac{[CS^*]}{[S][C]} \simeq \frac{[CS^*]}{[S][C]_o}.$$

La conservation du substrat s'écrit :

$$[S]_o = [S] + [CS] + [CS^*] = [S] + [CS] + K_1[C]_o[S] \qquad \text{soit} \qquad [S] = \frac{[S]_o - [CS]}{1 + K_1[C]_o}.$$

Nous en déduisons l'équation différentielle qui régit le comportement de la concentration en CS :

$$\frac{d[CS]}{dt} = k_2K_1[S][C]_o - k_{-2}[CS] = k_2K_1[C]_o\left(\frac{[S]_o - [CS]}{1 + K_1[C]_o}\right) - k_{-2}[CS]$$

soit :

$$\frac{d[CS]}{dt} + \left(k_{-2} + \frac{k_2K_1[C]_o}{1 + K_1[C]_o}\right)[CS] = \frac{k_2K_1[C]_o[S]_o}{1 + K_1[C]_o}.$$

Cette équation permet d'introduire le temps τ_2 caractéristique de retour vers l'équilibre avec :

$$\frac{1}{\tau_2} = k_{-2} + \frac{k_2K_1[C]_o}{1 + K_1[C]_o} = k_{obs}.$$

6. La relation liant K, K_1 et K_2 est :

$$K = K_1K_2 = 382 \times 6{,}5 = 2480 \text{ (plutôt } 2500 \pm 500).$$

Corrigés des exercices du chapitre 8

8.1 Réaction standard de formation

La réaction standard de formation d'un composé physico-chimique est la réaction où les réactifs sont tous les éléments constitutifs des composés pris dans leur état standard de référence, et où le produit est le composé avec un nombre stœchiométrique de +1. À 25 °C, les états standard de référence des éléments sont :

- hydrogène : H_2 (g) ;
- oxygène : O_2 (g) ;
- carbone : C(gr) (graphite) ;
- azote : N_2 (g) ;
- chlore : Cl_2 (g) ;
- soufre : S (α) variété allotropique alpha.

Les états de ces états de référence sont ces composés physico-chimiques purs, pris sous la pression p°. Les réactions standard de formation sont donc :

$$\mathrm{H_2\,(g)} + \frac{1}{2}\mathrm{O_2\,(g)} = \mathrm{H_2O\,(\ell)}$$

$$\mathrm{H_2\,(g)} + \frac{1}{2}\mathrm{O_2\,(g)} = \mathrm{H_2O\,(g)}$$

$$\mathrm{C\,(gr)} + \mathrm{O_2\,(g)} = \mathrm{CO_2\,(g)}$$

$$\frac{1}{2}\mathrm{N_2\,(g)} + \frac{3}{2}\mathrm{H_2\,(g)} = \mathrm{NH_3\,(g)}$$

$$\frac{1}{2}\mathrm{H_2\,(g)} + \frac{1}{2}\mathrm{Cl_2\,(g)} = \mathrm{HCl\,(g)}$$

$$\mathrm{S\,(\alpha)} + \mathrm{O_2\,(g)} = \mathrm{SO_2\,(g)}$$

$$2\,\mathrm{C\,(gr)} + 2\,\mathrm{H_2\,(g)} + \mathrm{O_2\,(g)} = \mathrm{CH_3COOH\,(\ell)}$$

À l'exception de la dernière réaction, elles constituent toutes une réaction de synthèse. Le mélange de graphite, de dihydrogène et de dioxygène ne conduit pas à la formation d'acide éthanoïque CH_3COOH.

8.2 Loi de KIRCHHOFF

En utilisant la loi de HESS, on a :

$$\Delta_r H^\circ = \Delta_f H^\circ(\mathrm{Si, s}) + 3\Delta_f H^\circ(\mathrm{HCl, g}) - \Delta_f H^\circ(\mathrm{SiHCl_3, g}) - \Delta_f H^\circ(\mathrm{H_2, g})$$

soit :

$$\Delta_r H^\circ(298\ \mathrm{K}) = 0 - 3 \times 92{,}00 + 488{,}6 - 0 = 212{,}6\ \mathrm{kJ.mol^{-1}}.$$

En utilisant la relation de KIRCHHOFF,

$$\frac{\mathrm{d}\Delta_r H^\circ}{\mathrm{d}T} = \Delta_r C^\circ_{p,\mathrm{m}}$$

on établit :

$$\Delta_r H^\circ(1273\ \mathrm{K}) - \Delta_r H^\circ(298\ \mathrm{K}) =$$
$$\int_{298}^{1273} \left(C^\circ_{p,\mathrm{m}}(\mathrm{Si, s}) + 3C^\circ_{p,\mathrm{m}}(\mathrm{HCl, g}) - C^\circ_{p,\mathrm{m}}(\mathrm{SiHCl_3, g}) - C^\circ_{p,\mathrm{m}}(\mathrm{H_2, g})\right) \mathrm{d}T$$

soit *numériquement* :

$$\Delta_r H^\circ(1273\ \text{K}) = 212,6 \times 10^3 + \int_{298}^{1273} \left(-20,0 + 8,90 \times 10^{-3}\, T + 19,1 \times 10^5\, T^{-2}\right) \mathrm{d}T$$

$$\Delta_r H^\circ(1273\ \text{K}) = 212,6 \times 10^3 + \left[-20,0\, T + 4,45 \times 10^{-3}\, T^2 - 19,1 \times 10^5\, T^{-1}\right]_{298}^{1273}$$

$$\Delta_r H^\circ(1273\ \text{K}) = 204,8\ \text{kJ.mol}^{-1}.$$

La réaction est donc endothermique pour ces deux températures.

8.3 Dissolution et refroidissement

1. La dissolution a pour équation-bilan :

$$Na_2S_2O_3{,}5H_2O\ (s) \longrightarrow 2\ Na^+\ (aq) + S_2O_3^{2-}\ (aq) + 5\ H_2O\ (\ell).$$

2. Par application de la loi de HESS,

$$\Delta_r H^\circ = 2\ \Delta_f H^\circ(Na^+, aq) + \Delta_f H^\circ(S_2O_3^{2-}, aq)$$

$$+ 5\ \Delta_f H^\circ(H_2O, \ell) - \Delta_f H^\circ(Na_2S_2O_3{,}5H_2O, s) = 48,8\ \text{kJ.mol}^{-1}.$$

3. Lors de ce processus à pression constante, $Q_p = \Delta H$. Or $\Delta H = \xi \Delta_r H^\circ$; la dissolution étant totale,

$$\xi = \xi_{\max} = n_0 = \frac{200}{23,0 \times 2 + 32,1 \times 2 + 16,0 \times 8 + 1,00 \times 10} \qquad \text{soit :} \qquad n_0 = \frac{200}{248,2} = 0,806\ \text{mol}$$

On en déduit que la dissolution nécessite un transfert thermique de $Q_p = 48,8 \times 10^3 \times 0,806 = 39,3$ kJ.

4.

- système thermodynamique : eau, sel ajouté, parois internes du récipient ;
- transformation : dissolution du sel ;
- caractéristiques de la transformation : adiabatique, isobare, sans autre transfert que le transfert mécanique ; le système est fermé, avec transformation chimique.

La transformation réelle peut être décomposée en deux transformations fictives pour lesquelles les transferts thermiques sont calculables :

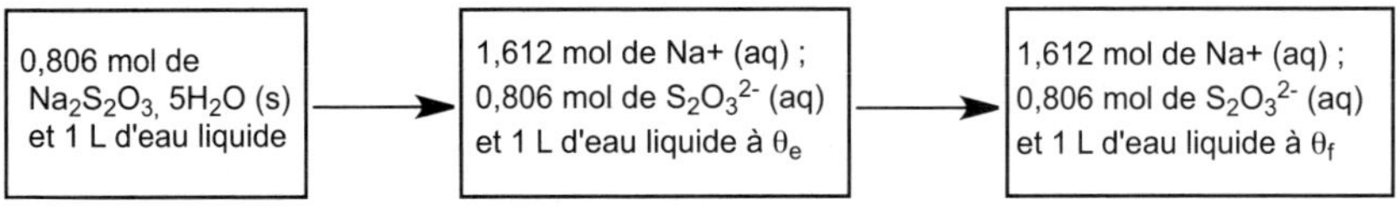

Pour la première transformation, le transfert thermique reçu par le système est $n_0 \Delta_r H^\circ(\theta_e)$ (on supposera que l'enthalpie standard de la réaction est indépendante de la température).

Pour la seconde transformation, les hypothèses suivantes sont nécessaires : la capacité thermique de la solution est assimilable à la capacité thermique de l'eau pure et la quantité d'eau apportée par la dissolution est négligeable. Dans ces conditions, le transfert thermique reçu par le système au cours de cette seconde transformation est $n_{\text{eau}} C^\circ_{p,\text{m}}(H_2O)(\theta_f - \theta_e)$, avec $n_{\text{eau}} = \dfrac{\rho V}{M(H_2O)}$. La transformation étant adiabatique, la somme de ces deux transferts thermiques est nulle, ce qui permet d'extraire :

$$\theta_e = \theta_f + \frac{n_0 \Delta_r H^\circ M(H_2O)}{\rho V C^\circ_{p,\text{m}}(H_2O)}.$$

Numériquement :

$$\theta_e = 25,0 + \frac{0,806 \times 48,8 \times 10^3 \times 18,0}{996 \times 1,00 \times 75,3} = 34,4\ °\text{C}.$$

8.4 Grillage de la blende

1. L'utilisation de la loi de HESS permet dans un premier temps de calculer l'enthalpie standard de réaction à 298 K :

$$\Delta_r H°(298\text{ K}) = \Delta_f H°(\text{ZnO, s}) + \Delta_f H°(\text{SO}_2\text{, g}) - \Delta_f H°(\text{ZnS, s}) - \frac{3}{2}\,\Delta_f H°(\text{O}_2\text{, g})$$

$$\Delta_r H°(298\text{ K}) = -348,0 - 296,9 + 202,9 - \frac{3}{2} \times 0 = -442,0\text{ kJ.mol}^{-1}.$$

L'utilisation de la relation de KIRCHHOFF permet de calculer l'enthalpie standard de réaction à une autre température :

$$\Delta_r H°(1\ 300\text{ K}) = \Delta_r H°(298\text{ K}) + \int_{298}^{1\ 300} \Delta_r C°_{p,\text{m}}\text{d}T$$

$$\Delta_r H°(1\ 300\text{ K}) = \Delta_r H°(298\text{ K}) + \int_{298}^{1\ 300} \left(C°_{p,\text{m}}(\text{ZnO, s}) + C°_{p,\text{m}}(\text{SO}_2\text{, g}) - C°_{p,\text{m}}(\text{ZnS, s}) - \frac{3}{2}\,C°_{p,\text{m}}(\text{O}_2\text{, g}) \right) \text{d}T$$

soit *numériquement* :

$$\Delta_r H°(1\ 300\text{ K}) = -442,0 \times 10^3 + \int_{298}^{1\ 300} -6,7\ \text{d}T \qquad \text{soit : } \Delta_r H°(1\ 300\text{ K}) = -448,7\text{ kJ.mol}^{-1}$$

2. Le transfert thermique *fourni* par la réaction à pression constante et à 1 300 K est :

$$Q_p = -\xi \Delta_r H°(1\ 300\text{ K}) = 448,7\text{ kJ.mol}^{-1}.$$

Ce transfert thermique sert à chauffer à pression constante le mélange proposé, contenant 1,00 mol de ZnS (s), 1,50 mol de O_2 (g) et 6,00 mol de N_2 (g), depuis 298 K à T_2. La transformation étant supposée à pression constante :

$$\left(1,00C°_{p,\text{m}}(\text{ZnS, s}) + 1,50C°_{p,\text{m}}(\text{O}_2\text{, g}) + 6,00C°_{p,\text{m}}(\text{N}_2\text{, g})\right)(T_2 - 298) = -\Delta_r H°(1300\text{ K})$$

relation permettant d'extraire $T_2 = 1826$ K. Cette température est supérieure à 1 300 K : la grillage de une mole de blende à 1 300 K permet de chauffer suffisamment une autre mole de mélange stœchiométrique : la réaction est auto-entretenue.

3. Par un raisonnement identique, le transfert thermique fourni lors de la réaction doit permettre de chauffer le mélange stœchiométrique accompagné d'une quantité de matière n de silice jusqu'à 300 K :

$$(T_2 - 298).\left(1,00C°_{p,\text{m}}(\text{ZnS, s}) + 1,50C°_{p,\text{m}}(\text{O}_2\text{, g}) + 6,00C°_{p,\text{m}}(\text{N}_2\text{, g}) + nC°_{p,\text{m}}(\text{SiO}_2\text{, s})\right) = -\Delta_r H°(1\ 300\text{ K})$$

soit *numériquement* :

$$n = \left(\frac{448,7 \times 10^3}{1\ 300 - 298} - (1,00 \times 58,1 + 1,50 \times 34,2 + 6,00 \times 30,7)\right) \times \frac{1}{72,5} \qquad \text{soit : } n = 2,13\text{ mol.}$$

La teneur maximale en gangue est de $\dfrac{2,13}{1,00 + 2,13} = 68,1$ %, et par conséquent la teneur minimale en minerai est 31,9 %.

Corrigés des problèmes du chapitre 8

8.5 Combustion des alcanes

1. Le signe de l'enthalpie standard de réaction $\Delta_r H^\circ$ informe sur le caractère d'une réaction chimique menée à pression constante et telle que la température initiale T_i soit identique à la température finale T_f : la réaction est exothermique ($\Delta_r H^\circ < 0$) ou endothermique ($\Delta_r H^\circ > 0$).

Le terme « standard » signifie « calculé dans les conditions standard ». Les conditions standard sont des conditions clairement établies pour chaque substance : pression $p = p^\circ = 10^5$ Pa ; état physique correspondant à celui de la substance considérée, elle-même à l'état de corps pur.

2. La réaction d'atomisation s'écrit :

$$C_nH_{2n+2}(g) \quad = \quad nC(g) \quad + \quad (2n+2)H(g).$$

On imagine un cycle thermodynamique qui permet de visualiser la succession d'équations dont le bilan est la réaction d'atomisation.

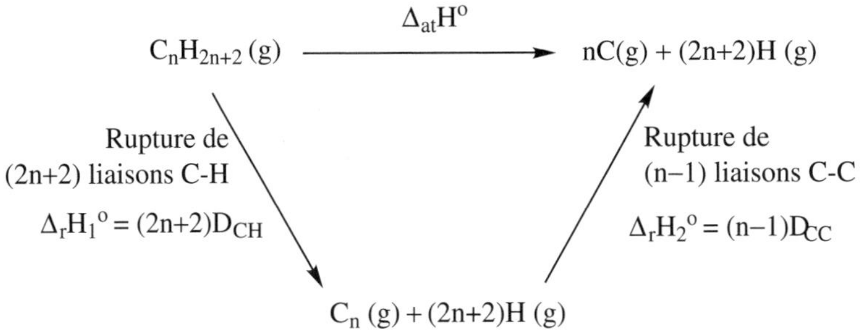

Par application de la loi de HESS, le cycle met en évidence la relation :

$$\Delta_{at}H^\circ = \Delta_r H_1^\circ + \Delta_r H_2^\circ = (n-1)D_{CC} + (2n+2)D_{CH}$$

avec D_{CC} et D_{CH} enthalpies standard de dissociation des liaisons CC et CH.

3. La réaction de combustion s'écrit :

$$C_nH_{2n+2}(g) \quad + \quad \frac{(3n+1)}{2}\, O_2(g) \quad = \quad nCO_2(g) \quad + \quad (n+1)H_2O(l)$$

On imagine à nouveau un cycle thermodynamique qui permet de visualiser la succession d'équations dont le bilan est la réaction de combustion.

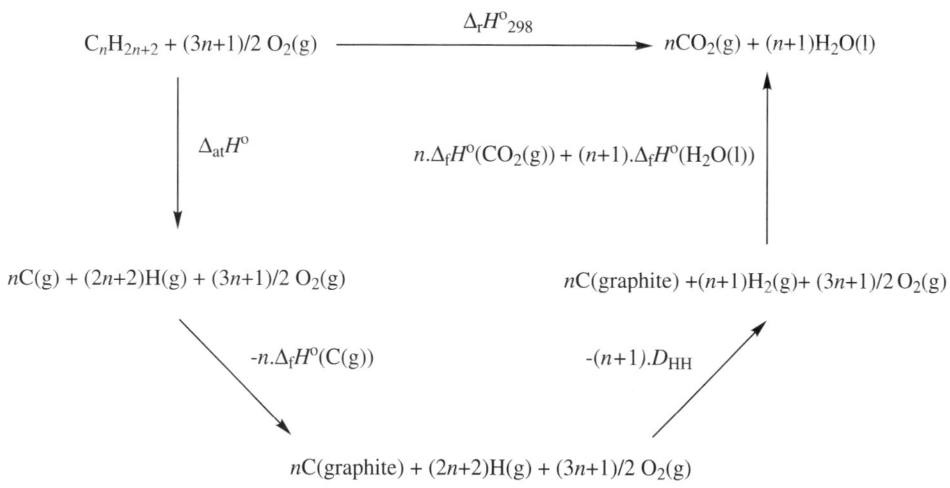

Par application de la loi de HESS, le cycle met en évidence la relation :

$$\Delta_rH^\circ_{298} = \Delta_{at}H^\circ - n\Delta_fH^\circ(C(g)) - (n+1)D_{HH} + n\Delta_fH^\circ(CO_2(g)) + (n+1)\Delta_fH^\circ(H_2O(\ell)).$$

En utilisant les valeurs numériques, il vient la relation :

$$\Delta_rH^\circ_{298} = -637n - 245 \text{ en kJ.mol}^{-1}.$$

4. La quantité d'énergie libérée s'écrit, avec les approximations usuelles :

$$Q = \int_{\xi=0}^{\xi=n} \Delta_rH^\circ_{298}.\mathrm{d}\xi = \Delta_rH^\circ_{298}a.$$

1 kg d'alcane de formule moléculaire C_nH_{2n+2} et de masse molaire $M = 14n+2$ (en grammes) contient $1000/(14n+2)$ moles. Ainsi :

$$q(n) = \frac{-637n - 245}{14n+2}\text{MJ.kg}^{-1}.$$

5. Les applications numériques conduisent aux valeurs suivantes :
- méthane : $n = 1$, $q = -55,1$ MJ.kg^{-1} ;
- propane : $n = 3$, $q = -49,0$ MJ.kg^{-1} ;
- butane : $n = 4$, $q = -48,2$ MJ.kg^{-1} .

la fonction $q(n)$ décroît de $n = 1$ à $n = 4$. L'énergie massique libérée est de moins en moins importante.
6. Pour chauffer un litre d'eau il faut fournir :

$$Q = \int_{20^\circ C}^{100^\circ C} mC^\circ_{p,\text{mas.}}\mathrm{d}T$$

avec $C^\circ_{p,\text{mas.}}$ la capacité thermique massique standard à pression constante. Ici $Q = 336$ kJ. Cette énergie peut être fournie par :
- $m_1 = 336/(55,1.10^3) = 6,1.10^{-3}$ kg = 6,1 g de méthane ;
- $m_2 = 6,9$ g de propane ;
- $m_3 = 7,0$ g de butane.

La combustion de 6,1 g de méthane fournit $n = 6,1/M_{CH_4} = 0,38$ mol de dioxyde de carbone, soit 16,7 g ; la combustion de 6,9 g de propane fournit $n = 3 \times 6,9/M_{C_3H_8} = 0,47$ mol de dioxyde de carbone, soit 20,7 g et la combustion de 7,0 g de butane conduit à l'apparition de $n = 4 \times 7,0/M_{C_4H_{10}} = 0,48$ mol de dioxyde de carbone, soit 21,1 g.

8.6 Température de flamme

1. La réaction s'écrit à 300 K :

$$Cr_2O_3\ (s) \quad + \quad 2Al\ (s) \quad = \quad Al_2O_3\ (s) \quad + \quad 2Cr\ (s)$$

2. La réaction étant totale, on obtient 0,90 mole d'alumine Al_2O_3 et 1,80 moles de chrome Cr.
3. La réaction est supposée adiabatique : $\Delta H = 0$. La fonction H étant une fonction d'état, sa variation ne dépend pas du chemin suivi : il est possible de calculer sa variation sur un chemin fictif. Le chemin retenu est le suivant.

- Étape 1 : réaction chimique à pression constante (température $T = T_i = 300$ K).
- Étape 2 : le chrome et l'alumine sont amenés à leur température de fusion respective.
- Étape 3 : le chrome et l'alumine fondent totalement à leur température de fusion.
- Étape 4 : le chrome et l'alumine liquides sont amenés à la température finale T_f.

La variation d'enthalpie occasionnée par l'étape i est notée ΔH_i. Nous avons :

$$\sum_i \Delta H_i = \Delta H = 0.$$

Il est possible d'exprimer ΔH_i. Pour l'étape 1,

$$\Delta H_1 = \xi \Delta_r H^\circ$$

avec ξ avancement de la réaction (ici $\xi = 0,90$ mole). Pour l'étape 2,

$$\Delta H_2 = \sum_i \int_{T_i=300}^{T_{fusion,i}} n_i C_{P,i} \mathrm{d}T = 2\,\xi C^\circ_{p,\mathrm{m}}(\mathrm{Cr})\,(T_{\mathrm{fus}}\,(\mathrm{Cr}) - 300) \;+\; \xi C^\circ_{p,\mathrm{m}}(\mathrm{Al_2O_3})\,(T_{\mathrm{fus}}\,(\mathrm{Al_2O_3}) - 300)$$

Pour l'étape 3,

$$\Delta H_3 = \Delta_{\mathrm{fus}} H^\circ(\mathrm{Cr}) 2\xi + \Delta_{\mathrm{fus}} H^\circ(\mathrm{Al_2O_3})\xi.$$

Pour l'étape 4,

$$\Delta H_4 = \sum_i \int_{T_{fusion,i}}^{T_f} n_i C_{P,i} \mathrm{d}T = 2\,\xi C^\circ_{p,\mathrm{m}}(\mathrm{Cr})\,(T_f - T_{\mathrm{fus}}\,(\mathrm{Cr})) + \xi C^\circ_{p,\mathrm{m}}(\mathrm{Al_2O_3})\,(T_f - T_{\mathrm{fus}}\,(\mathrm{Al_2O_3}))$$

Comme $\Delta H = 0$, il vient l'équation :

$$-560.10^3 \times 0,9 + 40(T_f - 300) \times 1,8 + 120(T_f - 300) \times 0,9 + 20.10^3 \times 1,8 + 110.10^3 \times 0,9 = 0$$

soit $T_f = 2350$ K. L'hypothèse d'un chrome et d'une alumine liquides est bien vérifiée.
4. À l'état liquide les deux liquides sont non miscibles et il est possible de recueillir le chrome pur en munissant le bas du dispositif d'un système d'évacuation.

8.7 Grillage de la galène

1. Pour l'équation de grillage de la galéne nous avons d'après la loi de HESS,

$$\Delta_r H_1^\circ \;=\; \sum_{i=1}^{n} \nu_i \Delta_f H_i^\circ$$

avec ν_i nombre stœchiométrique algébrique du constituant i de l'équation-bilan. Dans le cas étudié :

$$\Delta_r H^\circ = \Delta_f H^\circ\,(\mathrm{PbO(s)}) + \Delta_f H^\circ\,(\mathrm{SO_2(g)}) - \Delta_f H^\circ\,(\mathrm{PbS(s)})$$

Une application numérique fournit $\Delta_r H^\circ = -413{,}8\ \mathrm{kJ{\cdot}mol^{-1}}$.

2. Par application de la loi de KIRCHHOFF,

$$\frac{\mathrm{d}\Delta_r H^\circ}{\mathrm{d}T} = \sum_{i=1}^{n} \nu_i C^\circ_{p,\mathrm{m}}(i) = C^\circ_{p,\mathrm{m}}\,(\mathrm{PbO(s)}) + C^\circ_{p,\mathrm{m}}\,(\mathrm{SO_2(g)}) - C^\circ_{p,\mathrm{m}}\,(\mathrm{PbS(s)}) - \frac{3}{2} C^\circ_{p,\mathrm{m}}\,(\mathrm{O_2(g)})$$

L'*application numérique* conduit à :

$$\frac{\mathrm{d}\Delta_r H^\circ}{\mathrm{d}T} = -7{,}9\ \mathrm{J.K^{-1}.mol^{-1}}.$$

Par intégration entre $T = 298$ K et $T = 1\ 223$ K il vient :

$$\Delta_r H^\circ(1\ 223K) = \Delta_r H^\circ(298K) + \int_{298}^{1\ 223} -7{,}9.\mathrm{d}T.$$

L'*application numérique* conduit à :

$$\Delta_r H^\circ(1\ 223\mathrm{K}) = -421{,}1\ \mathrm{kJ.mol^{-1}}$$

La variation d'enthalpie standard de réaction vaut 7,3 $\mathrm{kJ{\cdot}mol^{-1}}$ (à moins de 2 près, nous pouvons donc supposer l'enthalpie standard de réaction indépendante de la température).

3. Nous pouvons recenser deux étapes :

- échauffement d'un système composé de n moles de sulfure de plomb PbS(s), 1,5n moles de dioxygène O_2(g) et 6n moles de diazote N_2(g) de la température $T = 298$ K à la température T ;
- réaction chimique à la température $T = 1\ 223$ K, conduisant aux produits.

La chaleur échangée à l'occasion de la première étape est notée ΔH_1, la chaleur échangée à l'occasion de la deuxième étape est notée ΔH_2. D'après les indications de l'énoncé, $\Delta H_1 = -\Delta H_2$. En estimant les valeurs ΔH_1 et ΔH_2 , il vient la relation :

$$(49{,}5.n\ +\ 1{,}5.29{,}4.n\ +\ 6.29{,}1.n)\,(T\ -\ 298)\ =\ -421{,}1.10^3.n$$

et donc finalement $T = 1\ 868$ K. Il faut donc prévoir un système de refroidissement entre la première et la deuxième étape, la réaction peut être auto-entretenue.

4. Les réactifs sont désormais : n moles de sulfure de plomb PbS (s), $n(1-x)/x$ moles de gangue, $1{,}5n$ moles de dioxygène O_2(g) et 6n moles de diazote N_2(g). La variation d'enthalpie ΔH_1 s'écrit :

$$\Delta H_1 = (49{,}5.n + 1{,}5.29{,}4.n + 6.29{,}1.n + n.48.(1-x)/x)\,(1\ 223 - 298)$$

La condition $\Delta H_1 = -\Delta H_2$ s'écrit :

$$268{,}2 + 48(1-x)/x = 455{,}2$$

soit $x = 0{,}20$. Il faut 20 % en moles de sulfure de plomb dans la gangue.

8.8 Étude thermochimique de l'étage cryotechnique d'ARIANE

1. La fraction molaire x_0 est donnée par :

$$x_0 = \frac{n_{O_2}}{n_{O_2} + n_{H_2}}$$

Une *application numérique* fournit :

$$x_0 = \frac{n_{O_2}}{n_{O_2} + n_{H_2}} = \frac{130.10^6/32}{130.10^6/32 + 25.10^6/2} = 0,245.$$

2. La réaction de combustion s'écrit :

$$O_2\,(g) \quad + \quad 2H_2\,(g) \quad = \quad 2H_2O\,(g).$$

La quantité de matière initiale de dioxygène est $n_{O_2} = 4,06.10^6$ moles et la quantité de matière initiale de dihydrogène est $n_{H_2} = 1,25.10^7$ moles : $n_{H_2} > 2n_{O_2}$, le dihydrogène est en excès.
3. Le dihydrogène gazeux et le dioxygène gazeux correspondent aux états standard de référence des éléments chimiques oxygène et hydrogène. Leur enthalpie standard de formation est nulle par définition.
4. Le dioxygène est le réactif limitant, le gaz résiduel ne contient que du dihydrogène et de la vapeur d'eau. Les quantités de matière sont données par : $n_{H_2O} = 2x_0n_0$ et $n_{H_2} = (1-x_0)n_0 - 2x_0n_0 = (1-3x_0)n_0$.
5. La réaction rapide peut être supposée adiabatique : $\Delta H = 0$. La fonction enthalpie est une fonction d'état, sa variation ne dépend pas du chemin suivi. En conséquence il est possible de calculer ΔH en utilisant un chemin fictif. Ce chemin fictif est constitué de deux étapes successives.

- Étape 1 : réaction de combustion à pression constante et à la température $T_i = 298$ K. La variation d'enthalpie au cours de cette étape est notée ΔH_1.
- Étape 2 : échauffement des produits (à pression constante), la température varie de $T_i = 298$ K à la température finale T_f. La variation d'enthalpie au cours de cette étape est notée ΔH_2.

Nous avons $\Delta H = \Delta H_1 + \Delta H_2 = 0$. Nous pouvons exprimer les variations d'enthalpie ΔH_1 et ΔH_2. $\Delta H_1 = \Delta_r H^\circ \xi$ avec $\Delta_r H^\circ$ enthalpie standard de réaction de combustion et ξ avancement correspondant : $\Delta H_1 = 2\Delta_f H^\circ\,(H_2O(g))\,x_0n_0$. La variation ΔH_2 est exprimée en réalisant une somme sur les gaz formés ou résiduels :

$$\Delta H_2 = \sum_i \int_{T_i}^{T_f} n_i C_{P,i}\,dT.$$

Ainsi :

$$\Delta H_2 = 2x_0n_0 \int_{T_i}^{T_f} C_{P2}\,dT + (1-3x_0)\,n_0 \int_{T_i}^{T_f} C_{P1}\,dT.$$

L'intégration fournit l'équation :

$$2x_0(-241800) + 2x_0 30,54(T_f - 298) + x_0 10,29.10^{-3}(T_f^2 - 298^2)$$
$$+ (1-3x_0)27,28(T_f - 298) + (1-3x_0)3,26.10^{-3}(T_f^2 - 298^2)/2 = 0.$$

L'*application numérique* conduit à l'équation du second degré :

$$-125358 + 22,2T_f + 2,95.10^{-3}T_f^2 = 0$$

soit $T_f \approx 3760$ K.
6. L'énergie libérée par le moteur au cours de la combustion est :

$$|\Delta H_1| = 2 \times 241,8.10^3 \times 0,245n_0 = 1,96.10^{12} \text{ J en } 570 \text{ s}.$$

La puissance moyenne P_{moy} est estimée par :

$$P_{moy} = \frac{1,96.10^{12}}{570} \approx 3,4.10^9 \text{ W}.$$

8.9 Élaboration d'un ciment

1. Par application de la loi de HESS nous avons pour la réaction **(1)** :

$$\Delta_r H_1^\circ = \sum_{i=1}^{n} \nu_i \Delta_f H_i^\circ$$

avec ν_i coefficient stœchiométrique algébrique du constituant i de l'équation-bilan. Nous avons ici :

$$\Delta_r H_1^\circ = \Delta_f H^\circ (Ca_3SiO_5) + 3\Delta_f H^\circ (CO_2) - 3\Delta_f H^\circ (CaCO_3) - \Delta_f H^\circ (SiO_2)$$

L'application numérique fournit $\Delta_r H_1^\circ = 419 kJ.mol^{-1}$.

2. Par application de la loi de KIRCHHOFF,

$$\frac{d\Delta_r H_1^\circ}{dT} = \sum_{i=1}^{n} \nu_i C_{p,m}^\circ(i) = C_{p,m}^\circ (Ca_3SiO_5) + 3C_{p,m}^\circ (CO_2) - 3C_{p,m}^\circ (CaCO_3) - C_{p,m}^\circ (SiO_2).$$

Si l'enthalpie standard de réaction $\Delta_r H_1^\circ$ ne dépend pas de la température T, nous avons :

$$\frac{d\Delta_r H_1^\circ}{dT} = C_{p,m}^\circ (Ca_3SiO_5) + 3C_{p,m}^\circ (CO_2) - 3C_{p,m}^\circ (CaCO_3) - C_{p,m}^\circ (SiO_2) = 0.$$

3. La chaleur de réaction à pression constante dans des conditions monothermes est fournie par la variation d'enthalpie correspondante. Ainsi $Q_P = \Delta H$. Par ailleurs, dans les conditions évoquées :

$$\Delta H = \int_0^{\xi_1} \Delta_r H_1^\circ d\xi = \Delta_r H_1^\circ \int_0^{\xi_1} d\xi = \Delta_r H_1^\circ \xi_1$$

avec ξ_1 avancement de la réaction **(1)**. Si la réaction transforme une tonne de calcaire, nous pouvons calculer l'avancement ξ_1 par :

$$\xi_1 = \frac{m_{CaCO_3}}{3M_{CaCO_3}} = \frac{1000.10^3}{3.(40+12+48)} = 3\ 333,3 \text{ mol}.$$

Ainsi $Q_p = 3\ 333,3.419.10^3 = 1,397.10^6$ kJ.

4. Réalisons un tableau d'avancement :

	$CH_4(g)$	+	$2O_2(g)$	=	$CO_2(g)$	+	$2H_2O(g)$
EI	1 mol		2 mol		0 mol		0 mol
EF	0 mol		0 mol		1 mol		2 mol

Notons qu'il y a aussi 8 moles de diazote $N_2(g)$.

5. Au cours de la transformation (supposée rapide), la variation d'enthalpie est nulle : $\Delta H = 0$. L'enthalpie est une fonction d'état, il est possible de calculer cette variation d'enthalpie sur le chemin imaginaire suivant : réaction chimique isobare (à la température $T = 298$ K) suivie d'une élévation de température des gaz présents jusqu'à la température T_f finale. Nous avons alors :

$$\Delta H = 0 = \Delta_r H_2^\circ \xi_2 + \left(C_{p,m}^\circ (CO_2) + 2C_{p,m}^\circ (H_2O) + 8C_{p,m}^\circ (N_2)\right)(T_f - 298).$$

L'application numérique fournit :

$$-830.10^3 + 337,1\,(T_f - 298) = 0, \quad \text{soit} \quad T_f = 2\ 760 \text{ K}.$$

6. Calculons la chaleur échangée au cours du retour des produits de la température $T_f = 2760$ K à la température $T'_f = 1700$ K :

$$\Delta H = \left(C^\circ_{p,m}(CO_2) + 2C^\circ_{p,m}(H_2O) + 8C^\circ_{p,m}(N_2)\right)\left(T'_f - T_f\right).$$

L'application numérique fournit $\Delta H = 337,1(1700 - 2760) = -3,6.10^5$ J pour une mole de méthane brûlée. Or, afin de réaliser la conversion d'une tonne de calcaire, un apport de $1,397.10^9$ J est nécessaire. Il faudra donc brûler :

$$\frac{1,397.10^9}{3,6.10^5} = 3\,880,6 \text{ mol de méthane}$$

soit une masse :

$$m = (12 + 4) = 62,1.10^3 \text{ g}.$$

8.10 Énergie réticulaire

1. Par application de la loi de HESS nous avons pour la réaction envisagée :

$$\Delta_r H_1^\circ = \sum_{i=1}^{n} \nu_i \Delta_f H_i^\circ$$

avec ν_i coefficient stœchiométrique algébrique du constituant i de l'équation-bilan. Nous avons ici $\Delta_r H_1^\circ = \Delta_f H^\circ(Ag(s)) + 1/2\Delta_f H^\circ(I_2(s)) - \Delta_f H^\circ(AgI(s))$. L'*application numérique* fournit $\Delta_r H_1^\circ = 61{,}8$ kJ·mol^{-1}.

2. Une nouvelle fois en appliquant la même relation, nous avons :

$$\Delta_r H_2^\circ = \Delta_f H^\circ(Ag(g)) + \Delta_f H^\circ(I(g)) - \Delta_f H^\circ(Ag(s)) - 1/2\Delta_f H^\circ(I_2(s)).$$

L'application numérique fournit $\Delta_r H_2^\circ = 391{,}4$ kJ·mol^{-1}.

3. L'enthalpie standard réticulaire est associée à l'équation :

$$AgI\ (s) \quad = \quad Ag^+\ (g) \quad + \quad I^-\ (g).$$

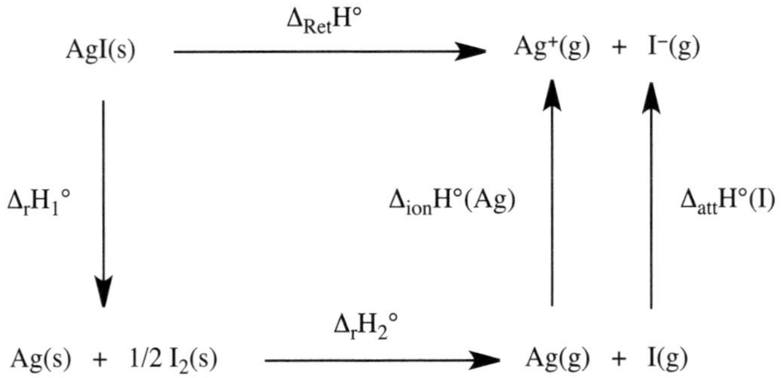

4. Le cycle établi à la question **3.** schématise la succession d'équations dont la somme fournit l'équation-bilan :

$$AgI\ (s) \quad = \quad Ag^+\ (g) \quad + \quad I^-\ (g).$$

L'enthalpie réticulaire $\Delta_{ret}H^\circ$ s'écrit en sommant les enthalpies standard de réaction des équations intervenant dans le cycle de BORN-HABER.

Ainsi, $\Delta_{ret}H^\circ = \Delta_r H_1^\circ + \Delta_r H_2^\circ + \Delta_{ion}H^\circ(Ag) + \Delta_{att}H^\circ(I)$. Une *application numérique* fournit $\Delta_{ret}H^\circ = 61,8 + 391,4 + 731 - 295 = 889{,}2$ kJ·mol^{-1}.

8.11 Énergie réticulaire

1. Considérons un solide ionique A_xB_y(s). Écrivons la réaction de dissociation du cristal en ses ions constitutifs gazeux sans interaction entre eux (en choisissant un coefficient stœchiométrique égal à -1 pour le cristal) :

$$A_xB_y\ (s) \quad = \quad xA^{m+}\ (g) \quad + \quad yB^{n-}\ (g).$$

L'énergie réticulaire est définie comme l'énergie interne de réaction à $T = 0$ K, notée $\Delta_r U^\circ(0\ K)$ pour cette réaction. L'enthalpie réticulaire est l'enthalpie de réaction $\Delta_r H^\circ(T)$ de la réaction précédente. Elle approxime généralement de façon convenable l'énergie réticulaire.

2. Cycle de BORN-HABER :

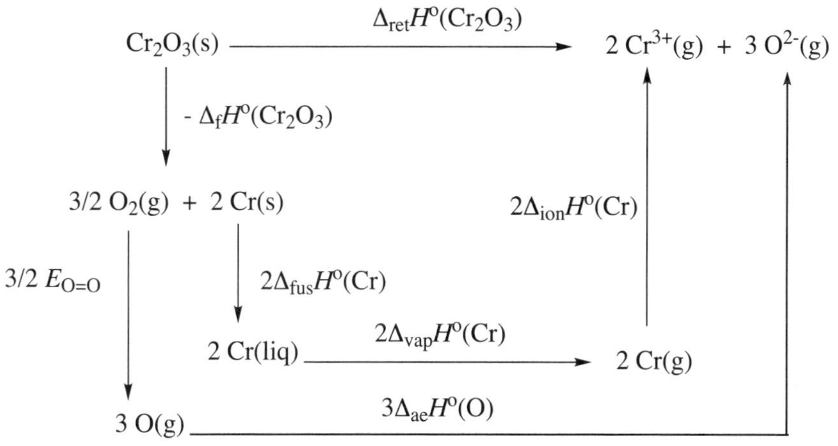

3. Le cycle établi à la question **2.** schématise la succession d'équations dont la somme fournit l'équation-bilan :

$$Cr_2O_3(s) \quad = \quad 2Cr^{3+}(g) \quad + \quad 3O^{2-}(g).$$

L'enthalpie réticulaire $\Delta_{ret}H^\circ$ s'écrit en sommant les enthalpies standard de réaction des équations intervenant dans le cycle de BORN-HABER. Ainsi :

$$\Delta_{ret}H^\circ = -\Delta_f H^\circ(Cr_2O_3(s) + 2\Delta_{fus}H^\circ(Cr) + 2\Delta_{vap}H^\circ(Cr) + 1,5E_{O=O} + 2\Delta_{ion}H^\circ(Cr) + 3\Delta_{ae}H^\circ(O)$$

L'application numérique fournit $\Delta_{ret}H^\circ = 14\ 796,3 \approx 14\,800\ kJ{\cdot}mol^{-1}$.

4. La valeur de l'enthalpie réticulaire est plus importante dans le cas de l'oxyde de chrome. L'origine est double : le nombre d'ions présents est plus important dans l'oxyde de chrome Cr_2O_3(s) que dans le chlorure de sodium NaCl (s), et il s'agit d'ions plus chargés (ions Cr^{3+} et O^{2-}) occasionnant une plus forte attraction électrostatique.

8.12 Hydratation et dissolution

1. Nous pouvons citer le changement de couleur associé à la solvatation de certains ions. Ainsi les ions cuivre(II) Cu^{2+} prennent une teinte bleue lorsqu'ils sont solvatés. Par ailleurs, l'expérience témoigne d'effets thermiques (endothermiques ou exothermiques) liés à la solvatation lors de l'introduction d'un solide ionique en solution.

2. Considérons le cas du bromure de lithium LiBr (s), la réaction associée à l'hydratation s'écrit :

$$Li^+\ (g) \quad + \quad Br^-\ (g) \quad = \quad Li^+\ (aq) \quad + \quad Br^-(aq) \qquad (\text{équation } E).$$

Cette équation est la somme des équations E_1 et E_2 :

$$\begin{array}{lllllll} & \text{LiBr (s)} & = & \text{Li}^+ \text{ (aq)} & + & \text{Br}^- \text{ (aq)} & \text{(équation } E_1\text{)} \\ \text{Li}^+ \text{ (g)} \;+ & \text{Br}^- \text{ (g)} & = & \text{LiBr (s)} & & & \text{(équation } E_2\text{).} \end{array}$$

Les enthalpies standard de réaction associées sont :

- E est l'enthalpie standard d'hydratation $\Delta_r H^\circ_{hyd}$ (LiBr) ;
- E_1 est l'enthalpie standard de dissolution $\Delta_r H^\circ_{diss}$ (LiBr) ;
- E_2 est confondue (avec une bonne approximation) avec l'opposé de l'énergie réticulaire : $-E_R$ (LiBr).

La loi de HESS assure alors que $\Delta_r H^\circ_{hyd}(\text{LiBr}) = \Delta_r H^\circ_{diss}(\text{LiBr}) - E_R(\text{LiBr})$. Un raisonnement analogue est mené pour chacun des halogénures, les résultats suivants sont obtenus.

Composé	LiBr	NaF	NaCl	NaBr	KF	KCl	KBr	KI
$\Delta_r H^\circ_{hyd}/\text{kJ}\cdot\text{mol}^{-1}$	$-846,8$	$-909,2$	$-771,5$	$-737,6$	$-824,7$	$-687,0$	$-653,1$	$-625,5$

3. $\Delta_r H^\circ_{hyd}(\text{Na}X) - \Delta_r H^\circ_{hyd}(\text{K}X) = -84{,}5\ \text{kJ}\cdot\text{mol}^{-1}$ pour le fluor, le chlore et le brome. Les différences $\Delta_r H^\circ_{hyd}(\text{Na}X) - \Delta_r H^\circ_{hyd}(\text{K}X)$ ne dépendent pas des ions halogénure. Cette différence permet d'estimer la différence des enthalpies d'hydratation des ions Na^+ et K^+.

4. Le but est de déterminer une succession d'équations, d'enthalpies standard connues, dont la somme fournit une équation-bilan dont l'enthalpie standard correspond à $\Delta_r H^\circ_{diss}(\text{HCl(g)})$. Visualisons cette succession d'équations sur un cycle.

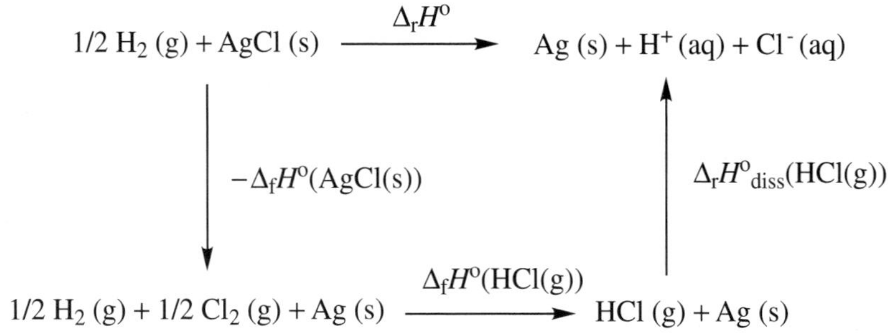

Ce cycle met en évidence la relation :

$$\Delta_r H^\circ = -\Delta_f H^\circ(\text{AgCl(s)}) + \Delta_f H^\circ(\text{HCl(g)}) + \Delta_r H^\circ_{diss}(\text{HCl(g)})$$

d'où le *calcul numérique* de l'enthalpie standard de dissolution :

$$\Delta_r H^\circ_{diss}(\text{HCl(g)}) = -73{,}5\ \text{kJ}\cdot\text{mol}^{-1}.$$

5. Le but est encore de rechercher une combinaison d'équations d'enthalpies standard connues, permettant un calcul de l'enthalpie standard d'hydratation du chlorure d'hydrogène HCl (g). Visualisons cette succession d'équations sur un cycle. Ce cycle met en évidence la relation :

$$\Delta_r H^\circ_{hyd}(\text{HCl(g)}) = \\ \Delta_r H^\circ_{diss}(\text{HCl(g)}) + \Delta_f H^\circ(\text{HCl(g)}) - \Delta_f H^\circ(\text{H(g)}) - \Delta_f H^\circ(\text{Cl(g)}) - N_A.EI + N_A.AE.$$

L'application numérique conduit à :

$$\Delta_r H^\circ_{hyd}(\text{HCl(g)}) = -1468{,}7\ \text{kJ}\cdot\text{mol}^{-1}.$$

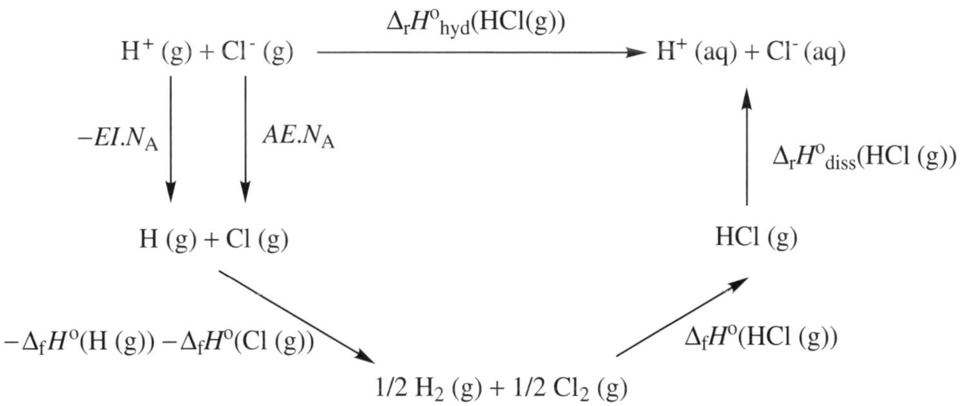
Δ_rH°_hyd(HCl(g))
H⁺ (g) + Cl⁻ (g)
H⁺ (aq) + Cl⁻ (aq)
−EI.N_A
AE.N_A
Δ_rH°_diss(HCl (g))
H (g) + Cl (g)
HCl (g)
−Δ_fH°(H (g)) −Δ_fH°(Cl (g))
Δ_fH°(HCl (g))
1/2 H_2 (g) + 1/2 Cl_2 (g)

Corrigés des exercices du chapitre 9

9.1 Variation de la conductivité molaire avec la concentration

1. Les concentrations sont exprimées en mol.m^{-3}

Concentration (mol.m^{-3})	:	0,5	1	5	10	50
Conductivité molaire (10^{-3} S.m^2.mol^{-1})	:	42,3	42,15	41,58	41,20	39,91

2. Le tracé de la conductivité molaire en fonction de la racine carrée de la concentration donne une droite de façon approchée (coefficient de corrélation égal à 0,996). L'important est l'ordonnée à l'origine : c'est la conductivité molaire à dilution infinie. Pour l'électrolyte acide chlorhydrique.

$$\Lambda = 42,5\ 10^{-3}\ \text{S.m}^2.\text{mol}^{-1} = 425\ \text{S.cm}^2.\text{mol}^{-1}.$$

9.2 Conductimétrie

1. La constante de cellule K est le coefficient dimensionné, homogène à l'inverse d'une longueur qui relie la conductivité σ de la solution placée entre les électrodes et la conductance G mesurée par le conductimètre :

$$G = \frac{\sigma}{K} \quad \text{soit numériquement pour } K : \quad K = 1,167.24,36 = 28,43\ \text{m}^{-1}$$

2. La conductivité de la solution est supposée être due d'une part aux ions déjà présents dans l'eau pure (H_3O^+ et OH^-) et d'autre part à ceux issus de l'ionisation de l'acide acétique. On suppose que ces contributions sont additives. Par différence, on obtient la contribution des ions oxonium et des ions acétate issus de l'acide acétique (noté AcOH) et donc :

$$\sigma((Ac\text{OH}) = 28,43/1982 = 1,434\ 10^{-2}\ \Omega^{-1}.\text{m}^{-1}.$$

Dans l'expérience, la conductivité résiduelle de l'eau pure n'a pas à être prise en compte car cela conduirait à une correction qui est inférieure à la précision des mesures.

3. La conductivité molaire de la solution d'acide acétique est donc :

$$\Lambda = \frac{\sigma}{c}$$

où c est la concentration volumique exprimée en mol.m^{-3} : 0,01 mol.L^{-1}= 10 mol.m^{-3}. Ce qui donne *numériquement* :

$$\Lambda = \frac{1,434\ 10^{-2}}{10} = 1,434\ 10^{-3}\ \Omega^{-1}.\text{m}^2.\text{mol}^{-1}.$$

4. La valeur trois fois plus faible obtenue s'explique par la dissociation partielle de l'acide acétique : à la concentration de l'étude seule une faible fraction des molécules est dissociée. Ce point est repris dans le chapitre consacré à l'étude des réactions acide-bases.

9.3 Influence de la température sur la conductivité molaire des électrolytes

1. En régime stationnaire, la résultante des forces s'exerçant sur un ion est nulle. Les forces sont d'une part la force électrique $ze\overrightarrow{E}$ et d'autre part la force de frottement visqueux $-\ 6\pi r\eta\overrightarrow{v}$. La condition d'existence du régime stationnaire s'écrit donc :

$$ze\overrightarrow{E} = 6\pi r\eta\overrightarrow{v}.$$

La définition de la mobilité u est $\vec{v} = u\vec{E}$ et celle-ci s'exprime, dans le cadre du modèle choisi en fonction de la charge ze, du rayon r et de la viscosité η du solvant selon :

$$u = \frac{z\mathrm{e}}{6\pi r\eta}.$$

La conductivité σ d'un électrolyte symétrique ($z_+ = |z_-| = z$) est liée à la mobilité de ses ions selon la formule (voir le cours) :

$$\sigma = (\lambda_+ + \lambda_-)c = z\mathrm{F}(u_+ + u_-)c = \frac{z^2\mathrm{eF}}{6\pi\eta}\left(\frac{1}{r_+} + \frac{1}{r}\right)c$$

2. Dans l'expression établie ci-dessus, dans le membre de droite seule la viscosité dépend de la température. Si le modèle proposé convient :

$$\ln(\sigma) = cte - \ln(\eta).$$

Le tracé de la conductivité en fonction de l'inverse de la température thermodynamique (en kelvin) donne une droite de coefficient directeur -1870 (coefficient de corrélation 0,999). Le tracé de la viscosité en fonction de l'inverse de la température thermodynamique donne une droite de $+2140$ (coefficient de corrélation 0,999). Les coefficients directeurs sont pratiquement égaux et de signes opposés.

3. Le modèle proposé permet de rendre correctement compte de l'évolution de la conductivité molaire avec la température. C'est donc la dépendance de la viscosité avec la température qui est responsable de la variation de la conductivité avec celle-ci. Il faut noter que la conductivité des métaux est beaucoup moins dépendante de la température que celle des électrolytes.

Corrigés des exercices du chapitre 10

10.1 Indicateur coloré

Un indicateur coloré acido-basique est un acide faible de constante d'acidité K_A dont la forme acide et la base conjuguée sont de couleur différente. Si le pH du milieu est inférieur à pK_A − 1, la forme acide est majoritaire et la solution a la couleur de la forme acide. Si le pH du milieu est supérieur à pK_A + 1, la forme basique est majoritaire et la solution a la couleur de la forme basique. Le rouge de méthyle est donc adapté pour mettre en évidence une variation brutale du pH au voisinage de son pK_A, donc au dosage d'une espèce dont le pH à l'équivalence est voisine du pK_A du rouge de méthyle.

10.2 Dissociation d'un acide faible

1. La réaction qui a lieu en solution est la dissociation de l'acide, et en supposant qu'il s'agit de la réaction prépondérante, c'est elle qui fixe la concentration en ion oxonium en solution (on néglige les ions oxonium apportés par la réaction d'autoprotolyse de l'eau) :

	AH	+	H_2O	=	A^-	+	H_3O^+
EI	c_0						
EF	$c_0 - x$				x		x

La constante d'équilibre s'écrit :

$$K_A = \frac{x^2}{(c_0 - x)}$$

soit, avec l'hypothèse d'une faible dissociation de l'acide en solution ($x \ll c_0$) :

$$x^2 \simeq c_0.K_A \quad \text{et donc} \quad \text{pH} = \frac{1}{2}(\text{p}K_A - \log(c_0)).$$

Le taux de dissociation α de l'acide est défini par :

$$\alpha = \frac{x}{c_0}.$$

Dans le cas d'une faible dissociation de l'acide, le taux de dissociation s'exprime en fonction de la constante d'acidité et de la concentration initiale :

$$\alpha = \frac{\sqrt{c_0 \cdot K_A}}{c_0} = \sqrt{\frac{K_A}{c_0}}.$$

Applications numériques :
Dans le cas de l'acide formique (pK_A = 3,8) en concentration initiale $c_0 = 0,1 \text{mol} \cdot \text{L}^{-1}$, il vient :

$$\text{pH} = \frac{1}{2}(3,8+1) = 2,4 \qquad \text{et} \qquad \alpha = \frac{10^{-2,4}}{0,1} = 10^{-1,4} = 4.10^{-2}.$$

Le taux de dissociation est faible ($x < 0,1$) et le pH notablement inférieur à 7, ce qui justifie les approximations effectuées (respectivement $x \ll c_0$ et on néglige l'autoprotolyse de l'eau).
2. Dans le cas d'une concentration initiale $c_0^{'} = 10^{-4}$ mol · L^{-1}, l'utilisation des expressions obtenues à la question précédente conduit à un pH de 3,9, où la faible dissociation de l'acide n'est plus vérifiée. Il faut donc reprendre le calcul de x, c'est-à-dire résoudre l'équation du second degré :

$$x^2 = K_A.(c_0 - x)$$

dont la solution acceptable ($x < c_0$) est :

$$x = \frac{1}{2}.(\sqrt{K_A^2 + 4K_A c_0} - K_A)$$

soit numériquement :

$$x = 7{,}0.10^{-5}\ \text{mol}\cdot\text{L}^{-1} \quad \text{soit} \quad \text{pH} = 4,2 \quad \text{et} \quad \alpha = 0,70.$$

10.3 pH d'un ampholyte

1. L'espèce introduite en solution est une espèce amphotère. La réaction de AH avec lui-même pour conduire aux formes protonée AH_2^{2+} et déprotonée A^- est de constante $K = \dfrac{K_{A2}}{K_{A1}} = 10^{-7,3}$. En introduisant l'avancement volumique x de la réaction, il vient :

	$2\,AH$	=	AH_2^+	+	A^-
EI	c_0				
EF	$c_0 - 2x$		x		x

et la constante de l'équilibre s'exprime en fonction de x et c_0 selon :

$$K = \frac{x^2}{(c_0 - 2x)^2} \quad \text{soit} \quad x = \frac{c_0}{(2 + \dfrac{1}{\sqrt{K}})} \simeq c_0\sqrt{K}.$$

La valeur de x est réinjectée dans une constante d'acidité et conduit à la valeur du pH :

$$K_{A1} = \frac{[AH]\cdot[H_3O^+]}{[AH_2^+]} = \frac{x\cdot[H_3O^+]}{(c_0 - 2x)} = \frac{c_0\sqrt{K}\cdot[H_3O^+]}{(c_0 - 2c_0\sqrt{K})}.$$

Si les pK_A sont nettement séparés ($\Delta pK_A > 4$), la valeur de x est négligeable devant c_0 et la relation devient :

$$K_{A1} \simeq \sqrt{K}\cdot[H_3O^+] \quad \text{soit} \quad [H_3O^+] = \sqrt{K_{A1}K_{A2}}.$$

L'hypothèse de réaction prépondérante est validée si les concentrations en ions AH_2^{2+} et A^- ne sont pas modifiées par d'autres réactions :

- la réaction de l'espèce AH sur l'eau qui conduit à A^- :

$$AH + H_2O = A^- + H_3O^+$$

  qui est négligeable si $[H_3O^+] \ll [A^-]$
- la réaction de l'espèce AH sur l'eau qui conduit à AH_2^+ :

$$AH + H_2O = AH_2^+ + OH^-$$

  qui est négligeable si $[OH^-] \ll [AH_2^+]$.

Dans le cas où la concentration initiale c_0 est égale à 10^{-1} mol · L^{-1}, les *applications numériques* conduisent à :

$$\text{pH} \simeq 6,0 \quad \text{et} \quad x = \sqrt{10^{-7,3}}\cdot 10^{-1} = 2,2.10^{-5}\ \text{mol}\cdot\text{L}^{-1} \gg 10^{-6}\ \text{mol}\cdot\text{L}^{-1}.$$

Les hypothèses sont donc vérifiées.

2. Pour la concentration initiale $c_0^{'} = 10^{-3}$ mol · L^{-1}, les *applications numériques* conduisent à :

$$\text{pH} \simeq 6,0 \quad \text{et} \quad x = \sqrt{10^{-7,3}}\cdot 10^{-3} = 2,2\cdot 10^{-7}\ \text{mol}\cdot\text{L}^{-1}.$$

La concentration en ions oxonium est désormais supérieure à celle de la forme déprotonée de l'amphotère : l'hypothèse simplificatrice de l'existence d'une réaction prépondérante n'est plus vérifiée et le système doit être traité en tenant compte de deux équilibres :

- la réaction d'amphotérisation $2\,AH \quad = \quad AH_2^+ \quad + \quad A^-$
- la réaction de l'amphotère sur l'eau qui conduit à la production d'ions oxonium :

$$AH \quad + \quad H_2O \quad = \quad A^- \quad + \quad H_3O^+.$$

On réalise un bilan sur le produit commun aux deux équilibres (l'ion A^-) sous la forme :

$$[A^-] \quad = \quad [AH_2^+] \quad + \quad [H_3O^+]$$

Les constantes d'équilibre permettent d'exprimer les concentrations $[A^-]$ et $[AH_2^+]$ en fonction des constantes d'acidité :

$$[A^-] = \frac{K_{A2}\cdot[AH]}{h} \qquad \text{et} \qquad [AH_2^+] = \frac{[AH]\cdot h}{K_{A1}}$$

en notant h la concentration en ion oxonium.

En supposant que la concentration en ampholyte est proche de la concentration initiale introduite c_0', l'équation devient :

$$\frac{K_{A2}.c_0'}{h} = h + \frac{c_0'\cdot h}{K_{A1}}$$

soit :

$$K_{A2}c_0' = (1 + \frac{c_0'}{K_{A1}})\cdot h^2.$$

Application numérique : avec $c_0' = 10^{-3}\ \text{mol}\cdot\text{L}^{-1}$: $\text{pH} = 6{,}33 \simeq 6{,}3$. Le pH est tel que l'espèce très majoritaire présente en solution est bien l'amphotère AH : l'approximation $[AH] \simeq c_0'$ est donc vérifiée ce qui valide le calcul précédent.

10.4 pH d'une base faible

La réaction de l'ion phosphate sur l'eau s'écrit :

	PO_4^{3-}	+ H_2O	=	HPO_4^{2-}	+ OH^-
EI	c_0				
EF	$c_0 - x$			x	x

La constante K_{B1} s'exprime en fonction de la constante d'acidité du couple HPO_4^{2-}/PO_4^{3-} et de la constante d'autoprotolyse de l'eau :

$$K_{B1} = \frac{[HPO_4^{2-}]\cdot[OH^-]}{[PO_4^{3-}]} = \frac{[HPO_4^{2-}]}{[PO_4^{3-}]\cdot[H_3O^+]}\cdot[H_3O^+]\cdot[OH^-] = \frac{K_e}{K_{A3}}$$

On suppose que l'écart des pK_A permet de négliger le rôle joué ici par les espèces $H_2PO_4^-$ et H_3PO_4. La constante K_{B1} de cet équilibre s'exprime aussi en fonction des concentrations des différents participants à la réaction :

$$K_{B1} = \frac{x^2}{(c_0 - x)} \quad \text{soit} \quad x^2 + K_{B1}x - K_{B1}c_0 = 0.$$

Comme pc_0 et pK_{B1} sont proches, il est *a priori* nécessaire de conserver tous les termes de cette équation. La résolution de l'équation du second degré conduit à :

$$x = \frac{1}{2}(\sqrt{K_{B1}^2 + 4K_{B1}c_0} - K_{B1}).$$

L'application numérique conduit à :

$$x = [OH^-] = 3{,}6\cdot 10^{-2}\ \text{mol}\cdot\text{L}^{-1} \quad \text{et donc} \quad \text{pH} = 12{,}6.$$

Cette valeur du pH, proche de pK_{A3}, rend effectivement nécessaire la résolution de l'équation du second degré et justifie le fait de négliger les autres espèces acido-basiques issues de la protonation de l'ion phosphate.

10.5 Vitamine C

1. Calculons d'abord la concentration initiale c_0 en acide ascorbique :

$$c_0 = \frac{0,5}{176.0,2} = 1,42.10^{-2}\ \text{mol.L}^{-1}.$$

Le pH de la solution est fixé par la réaction prépondérante :

$$Asc\text{H}_2 + \text{H}_2\text{O} = Asc\text{H}^- + \text{H}_3\text{O}^+.$$

En notant x l'avancement volumique de la réaction, la constante d'équilibre s'écrit :

$$K_{A1} = \frac{[Asc\text{H}^-].[\text{H}_3\text{O}^+]}{[Asc\text{H}_2]} = \frac{x^2}{(c_0 - x)}.$$

Avec l'hypothèse usuelle de faible dissociation d'un acide faible, c'est-à-dire $x \ll c_0$, la concentration x en proton est donnée par :

$$x = \sqrt{K_{A1}.c_0} \quad \text{soit} \quad \text{pH} = \frac{1}{2}.(\text{pK}_{A1} - \log c_0) = 3,0.$$

Le pH obtenu étant inférieur à $\text{pK}_{A1} - 1$, cela correspond au domaine de prépondérance de la forme acide $Asc\text{H}_2$, ce qui valide l'hypothèse $[Asc\text{H}^-] \ll [Asc\text{H}_2]$ et donc la valeur calculée du pH.

2. Lors de la dissolution d'un comprimé tamponné contenant à la fois la forme acide $Asc\text{H}_2$ et l'espèce $Asc\text{H}^-$, la réaction prépondérante en solution est :

$$Asc\text{H}_2 + Asc\text{H}^- = Asc\text{H}^- + Asc\text{H}_2.$$

Cette réaction ne modifie pas les concentrations en solution en acide ascorbique (notée c_0,a) et en ion monohydrogénoascorbate (notée c_0,b). Cette hypothèse de réaction prépondérante est vérifiée si les autres réactions dans lesquelles sont engagés l'acide ascorbique et l'ion monohydrogénoascorbate $Asc\text{H}^-$ conduisent à la formation d'ions en concentrations négligeables devant les concentrations en acide ascorbique et ions monohydrogénoascorbate. La connaissance du pH permet d'accéder au rapport de la concentration en base sur la concentration en acide :

$$K_{A1} = \frac{[Asc\text{H}^-].[\text{H}_3\text{O}^+]}{[Asc\text{H}_2]} = \frac{c_{0,\text{b}}.[\text{H}_3\text{O}^+]}{c_{0,\text{a}}} \quad \text{soit} \quad \frac{c_{0,\text{b}}}{c_{0,\text{a}}} = 10^{\text{pH} - \text{pK}_\text{A}}.$$

La concentration totale en acide ascorbique (sous ses deux formes diacide et monoacide) est égale à c'_0. En utilisant les résultats de la question **1.**, nous avons :

$$c'_0 = 2,84.10^{-2}\ \text{mol.L}^{-1} \quad \text{et} \quad c'_0 = c_{0,\text{a}} + c_{0,\text{b}}$$

ce qui donne, après résolution :

$$c_{0,\text{a}} = 1,10.10^{-2}\ \text{mol.L}^{-1} \quad \text{et} \quad c_{0,\text{b}} = 1,74.10^{-2}\ \text{mol.L}^{-1}.$$

Ces concentrations étant très supérieures aux concentrations en ions hydronium et hydroxyde, les réactions de l'acide ascorbique et de l'ion monohydrogénoascorbate avec l'eau sont négligeables devant la réaction prépondérante supposée et l'hypothèse de calcul est valable. Les masses d'acide ascorbique (notée $m_{0,\mathrm{a}}$) et de monohydrogénoascorbate de sodium (notée $m_{0,\mathrm{b}}$) qui sont introduites en solution sont donc :

$$m_{0,\mathrm{a}} = 176 \times 0,1 \times 1,10 \times 10^{-2} = 194 \text{ mg}$$
$$m_{0,\mathrm{b}} = 198 \times 0,1 \times 1,74 \times 10^{-2} = 345 \text{ mg.}$$

10.6 Mélange d'acides et de bases

Le diagramme des espèces en présence est :

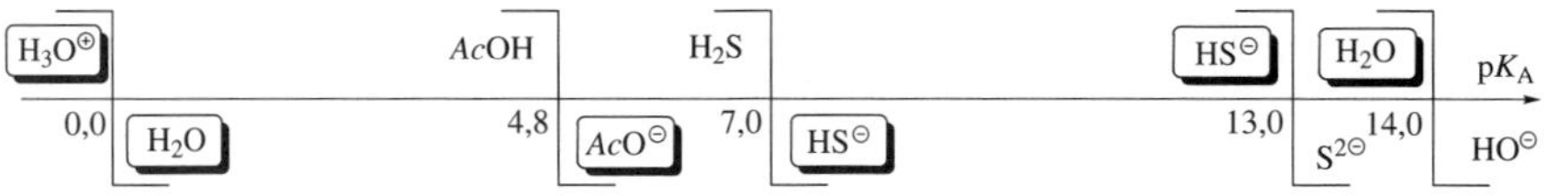

La première réaction prépondérante est par conséquent :

$$H_3O^+ \quad + \quad HS^- \quad = \quad H_2O \quad + \quad H_2S$$

dont la constante standard de réaction est :

$$K_1^\circ = K_{\mathrm{A}1}^{-1} = 1,0 \times 10^7 \gg 1.$$

La réaction est par conséquent quantitative (RPQ1), et le tableau d'avancement volumique est :

C^{ion}	H_3O^+ +	HS^- =	H_2O +	H_2S
avant RPQ1	0,15	0,10	–	0
après RPQ1	0,05	" 0 "	–	0,10

La solution intermédiaire est donc équivalente à un mélange d'une solution d'acide fort de concentration 0,05 mol.L^{-1} et de l'acide faible H_2S. Le pH de la solution équivalente intermédiaire est fixé par l'acide fort et vaut :

$$\mathrm{pH} = -\log(0,05) = 1,30.$$

Ce pH intermédiaire est incompatible avec la prédominance des ions acétate devant l'acide acétique, et ne représente donc pas le pH final. Le nouveau diagramme des espèces en présence est

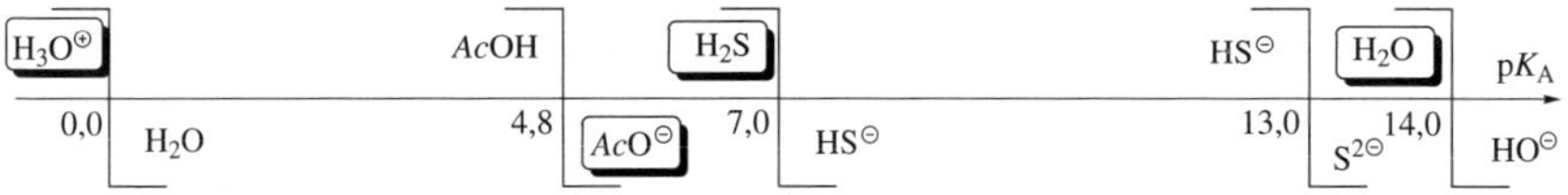

La deuxième réaction prépondérante est par conséquent :

$$H_3O^+ \quad + \quad AcO^- \quad = \quad H_2O \quad + \quad AcOH$$

dont la constante standard de réaction est :

$$K_2^\circ = (K'_{\mathrm{A}})^{-1} = 10^{4,8}$$

La réaction est donc notablement avancée et le tableau d'avancement volumique est :

C^{ion}	H_3O^+ +	AcO^- =	H_2O +	$AcOH$
avant RPEC	0,05	0,15		≈ 0
après RPEC	≈ 0	0,10		0,05

L'équilibre de contrôle est la réaction de la base acétate sur l'acide acétique :

$$AcOH \quad + \quad AcO^- \quad = \quad AcO^- \quad + \quad AcOH$$

de constante d'équilibre 1. Cette hypothèse sera vérifiée si les ions produits par les réactions secondaires (action de l'acide acétique ou de l'ion acétate sur l'eau conduisant aux ions hydronium ou hydroxyde) sont d'avancements négligeables, c'est-à-dire si la concentration en ions hydroxyde est négligeable devant celle d'acide acétique et si la concentration en ions hydronium est négligeable devant la concentration en ions acétate. L'utilisation de la constante d'acidité de l'acide acétique conduit à :

$$K'_A = \frac{[H_3O^+].[AcO^-]}{[AcOH]} \qquad \text{soit} \quad [H_3O^+] = K'_A.\frac{[AcOH]}{[AcO^-]}$$

soit *numériquement* :

$$[H_3O^+] = 10^{-4,8}.\frac{0,05}{0,10} \qquad \text{soit} \quad pH = 5,10.$$

10.7 Mélange d'acides et de bases

Le diagramme des espèces en présence est :

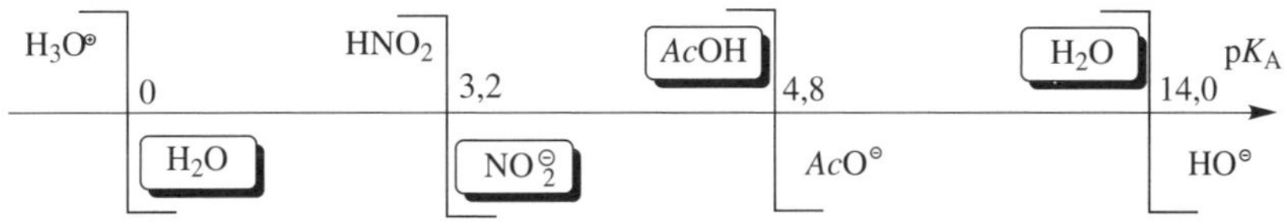

La première réaction prépondérante est par conséquent :

$$AcOH \quad + \quad NO_2^- \quad = \quad AcO^- \quad + \quad HNO_2$$

dont la constante standard de réaction est :

$$K^\circ = \frac{K_A(AcOH/AcO^-)}{K_A(HNO_2/NO_2^-)} = \frac{10^{-4,8}}{10^{-3,2}} = 2,512 \times 10^{-2} \ll 1.$$

La réaction est donc probablement peu avancée. En tenant compte du facteur de dilution, le tableau d'avancement volumique est :

C^{ion}	$AcOH$ +	NO_2^- =	AcO^- +	HNO_2
EI	$6,250 \times 10^{-2}$	$3,750 \times 10^{-2}$	0	0
EQ	$6,250 \times 10^{-2} - x$	$3,750 \times 10^{-2} - x$	x	x

L'application de l'égalité de GULDBERG et WAAGE à cet équilibre permet d'écrire :

$$K^\circ = \frac{[HNO_2][AcO^-]}{[NO_2^-][AcOH]} = \frac{x^2}{(6,250 \times 10^{-2} - x)(3,750 \times 10^{-2} - x)}$$

l'avancement volumique x est donc solution du polynôme :

$$38,81x^2 + 0,1000x - 2,344 \times 10^{-3} = 0.$$

La seule solution physiquement acceptable est :

$$x = 1,318 \times 10^{-2} \text{ mol.L}^{-1}.$$

L'application de l'égalité de GULDBERG et WAAGE (sous forme logarithmique) aux équilibres de constante $K_A(AcOH/AcO^-)$ ou $K_A(HNO_2/NO_2^-)$ conduit à exprimer le pH par :

$$pH = pK_A(AcOH/AcO^-) + \log\frac{[AcO^-]}{[AcOH]} = 4,8 + \log\frac{x}{6,250\times 10^{-2} - x} = 3,9$$

ou par :

$$pH = K_A(HNO_2/NO_2^-) + \log\frac{[NO_2^-]}{[HNO_2]} = 3,2 + \log\frac{3,750\times 10^{-2} - x}{x} = 3,9.$$

Ce pH est bien compatible avec le diagramme de prédominance des espèces en présence.

Corrigés des problèmes du chapitre 10

10.8 Dosage d'une solution aqueuse de dioxyde de soufre

1. Les réactions de titrage s'écrivent :

$$SO_2 + HO^- = HSO_3^-$$
$$HSO_3^- + HO^- = SO_3^{2-} + H_2O$$

de constantes d'équilibres valant respectivement $K_1^\circ = \dfrac{K_{A1}}{K_e} = 10^{12,2}$ et $K_2^\circ = \dfrac{K_{A2}}{K_e} = 10^{6,8}$.

2. Le titrage est un titrage successif des deux acidités (le rapport des constantes d'équilibre K_1°/K_2° est supérieur à 10^4). Un saut de pH est associé à la fin de chacune des deux réactions de titrage. À la première équivalence :

$$(n_{HO^-})_{\text{ajouté}} = (n_{SO_2})_0 \quad \text{ou encore :} \quad c\,(V_{NaOH})_{eq1} = c_{SO_2}V_0.$$

Application numérique : $c_{SO_2} = 1,0.10^{-1}$ mol.L^{-1} . Notons que la relation à la deuxième équivalence, écrite sous la forme :

$$c\left((V_{NaOH})_{eq2} - (V_{NaOH})_{eq1}\right) = c_{SO_2}V_0$$

conduit au même résultat.

3. Pour $V = 0$ mL, la solution est une solution d'acide sulfureux considéré comme un acide faible. La réaction prépondérante (équilibre de contrôle) s'écrit :

$$SO_2 + H_2O = HSO_3^- + H^+.$$

Il convient de tenir compte de la dissociation de l'acide en résolvant l'équation :

$$K_{A1} = \frac{h^2}{c_{SO_2} - h}$$

dont la solution fournit pH $= 1,49$. Nous vérifions le caractère négligeable de la réaction d'autoprotolyse de l'eau. Pour $V = 10,0$ mL, la solution contient après prise en compte de cette réaction prépondérante totale :

$$[HSO_3^-] = 0,050\ \text{mol.L}^{-1}.$$

La réaction prépondérante suivante (équilibre de contrôle) s'écrit :

$$2\,HSO_3^- = SO_3^{2-} + H_2SO_3$$

de constante d'équilibre $K_T^\circ = 10^{-5,4}$. Il s'agit de l'équilibre de contrôle d'un ampholyte. Nous avons :

$$\text{pH} = \frac{1}{2}(\text{p}K_{A1} + \text{p}K_{A2}) = 4,5.$$

Pour $V = 15,0$ mL, la solution contient après prise en compte des réactions prépondérantes totales :

$$\left[\text{SO}_3^{2-}\right] = \left[\text{HSO}_3^-\right] = 0,020 \text{ mol.L}^{-1}.$$

La réaction prépondérante suivante (équilibre de contrôle) s'écrit :

$$\text{SO}_3^{2-} \quad + \quad \text{HSO}_3^- \quad = \quad \text{HSO}_3^- \quad + \quad \text{SO}_3^{2-}$$

qui ne modifie pas la composition. Nous appliquons alors :

$$\text{pH} = \text{p}K_{A2} + \log\left(\frac{\left[\text{SO}_3^{2-}\right]}{\left[\text{HSO}_3^-\right]}\right) = 7,2.$$

Pour $V = 20,0$ mL, la solution contient après prise en compte des réactions prépondérantes totales :

$$\left[\text{SO}_3^{2-}\right] = 0,033 \text{ mol.L}^{-1}.$$

La réaction prépondérante suivante (équilibre de contrôle) s'écrit :

$$\text{SO}_3^{2-} \quad + \quad \text{H}_2\text{O} \quad = \quad \text{HSO}_3^- \quad + \quad \text{HO}^-.$$

Nous sommes ramenés au calcul du pH d'une solution de base faible. En supposant la base peu protonée il vient :

$$\text{pOH} = \frac{1}{2}(\text{p}K_{B2} - \log 0,033) = 4,14 \quad \text{et donc} \quad \text{pH} = 9,86.$$

L'approximation est valide car pH > $\text{p}K_{A2} + 1$ (domaine de prédominance de SO_3^{2-}).

10.9 Dosage de l'acide citrique dans la limonade

1. Le dégazage permet d'éliminer le dioxyde de carbone qui est naturellement présent dans une eau et qui possède des propriétés acido-basiques (CO_2(aq) manifeste un comportement de diacide faible). Sa présence influe sur l'allure d'une courbe de titrage, car il sera aussi titré par la soude ajoutée.

2. Utilisation d'une pipette jaugée (ou, à défaut, d'une burette graduée).

3. Les courbes 1 à 4 correspondent au pourcentage de chacune des formes acido-basiques de l'acide citrique, en fonction du volume de titrant ajouté. La courbe 1 correspond au pourcentage de la forme H_3A, la courbe 2 correspond au pourcentage de la forme H_2A^-, la courbe 3 correspond au pourcentage de la forme $\text{H}A^{2-}$ et la courbe 4 correspond au pourcentage de la forme A^{3-}. L'attribution des courbes de répartition des espèces est réalisée en tenant compte du fait que plus le pH augmente, plus les espèces basiques sont majoritaires.

4. On repère le volume de titrant ajouté pour lequel $[\text{H}_3A] = \left[\text{H}_2A^-\right]$.
On lit alors $\text{pH} = \text{p}K_A\left(\text{H}_3A/\text{H}_2A^-\right) = 3,1$. De la même façon, on repère le volume de titrant ajouté pour lequel $\left[\text{H}_2A^-\right] = \left[\text{H}A^{2-}\right]$. On lit alors $\text{pH} = \text{p}K_A\left(\text{H}_2A^-/\text{H}A^{2-}\right) = 4,8$. On repère enfin le volume de titrant ajouté pour lequel $\left[\text{H}A^{2-}\right] = \left[A^{3-}\right]$. On lit alors $\text{pH} = \text{p}K_A\left(\text{H}A^{2-}/A^{3-}\right) = 6,4$.

5. Les réactions de titrage s'écrivent :

$$\begin{aligned}
&\text{H}_3A + \text{HO}^- = \text{H}_2A^- + \text{H}_2\text{O} \qquad K_1^\circ = 10^{10,9}\\
&\text{H}_2A^- + \text{HO}^- = \text{H}A^{2-} + \text{H}_2\text{O} \qquad K_2^\circ = 10^{9,2}\\
&\text{H}A^{2-} + \text{HO}^- = A^{3-} + \text{H}_2\text{O} \qquad K_3^\circ = 10^{7,6}.
\end{aligned}$$

6. Il s'agit d'un titrage simultané des trois acidités, le rapport des constantes d'équilibre des réactions de titrage est inférieur à 10^4 (critére communément admis).
7. À l'équivalence (saut de pH) :

$$n_{HO^-} = c_{HO^-} v_e = 3 c_{H_3A} V_0$$

avec $V_0 = 50,0$ mL. *Application numérique* : $c_{H_3A} = 8.10^{-3}$ mol.L^{-1}.

10.10 Détermination d'une constante d'acidité par conductimétrie

1. La réaction de dissociation de l'acide en solution s'écrit :

$$AH \quad + \quad H_2O \quad = \quad A^- \quad + \quad H_3O^+.$$

Soit c_0 la concentration initiale en acide. Après réaction sur l'eau, la concentration en acide est $c_0(1-\alpha)$ et les concentrations en ions oxonium H_3O^+ et en ions A^- sont égales à $c_0\alpha$.
2. La conductivité σ de la solution est la somme des conductivités dues à chaque ion, soit :

$$\sigma = \lambda(H_3O^+)[H_3O^+] + \lambda(A^-)[A^-].$$

La notation $\lambda(X)$ représente la conductivité molaire de l'ion X. Celle-ci est confondue avec la conductivité molaire à dilution infinie, notée $\lambda^0(X)$. On remplace les concentrations par leurs expressions en fonction de la concentration initiale c_0 et du taux de dissociation α pour aboutir à la relation :

$$\sigma = (\lambda^0(H_3O^+) + \lambda^0(A^-)).c_0\alpha$$

soit, en introduisant Λ^0 la conductivité molaire à dilution infinie de l'électrolyte :

$$\sigma = \Lambda^0 c_0 \alpha \qquad \text{soit :} \qquad \alpha = \frac{\sigma}{\Lambda^0 c_0} = \frac{\Lambda}{\Lambda^0}.$$

3. La constante d'acidité K_A s'écrit :

$$K_A = \frac{[A^-][H_3O^+]}{[AH]c_{ref}} = \frac{(c_0\alpha)^2}{c_0(1-\alpha)c_{ref}} = \frac{c_0}{c_{ref}}\frac{\alpha^2}{(1-\alpha)}$$

Cette expression se réarrange en :

$$K_A\left(\frac{1}{\alpha} - 1\right) = \frac{c_0}{c_{ref}}\alpha$$

soit, en remplaçant α par son expression en fonction de Λ :

$$K_A\left(\frac{\Lambda^0}{\Lambda} - 1\right) = \frac{c_0}{c_{ref}}\frac{\Lambda}{\Lambda^0}$$

ce qui, après multiplication par Λ^0 et réarrangement, conduit à la relation demandée.
4. Pour déterminer la constante d'acidité, on porte la grandeur $\dfrac{c_0}{c_{ref}}\Lambda$ en fonction de $\dfrac{1}{\Lambda}$ et l'étude précédente montre que l'on doit obtenir une droite de coefficient directeur $K_A(\Lambda^0)^2$ et d'ordonnée à l'origine $- K_A\Lambda^0$. Ceci permet, *a priori*, de déterminer les grandeurs K_A et Λ^0. Parfois (ce n'est pas le cas ici), l'imprécision sur l'ordonnée à l'origine est telle que ce résultat n'est pas exploitable et il faut disposer de façon indépendante de la conductivité molaire de l'électrolyte à dilution infinie.
5. La conductimétrie pose souvent problème lorsqu'elle est utilisée pour la détermination de constantes d'équilibre car elle nécessite le choix d'une unité de longueur (le centimètre ou le mètre) et entre alors en conflit avec le litre implicitement présent dans la concentration de référence utilisée dans la constante. C'est la raison pour laquelle des précautions ont été prises avec le rôle joué par la concentration de

référence $c_{ref} = 1 \text{ mol}\cdot\text{L}^{-1}$: celle-ci apparaît ici explicitement. L'unité de longueur choisie sera le centimètre (qui apparaît dans les données numériques de conductivité molaires) et $c_{ref} = 1 \text{ mol}\cdot\text{L}^{-1}$ = 10^{-3} mol.cm^{-3}. Les concentrations seront exprimées en mol · cm^{-3}. Le tracé de $\dfrac{c_0}{c_{ref}\Lambda}$ en fonction de $\dfrac{1}{\Lambda}$ donne une droite de coefficient directeur p et d'ordonnée à l'origine oo avec *numériquement* :

$$p = 205{,}5\ \Omega^{-2}\text{cm}^4\cdot\text{mol}^{-2} \quad \text{et} \quad oo = -\,0{,}5608\ \Omega^{-1}\text{cm}^2\cdot\text{mol}^{-1}.$$

Ainsi :

$$K_A = \frac{oo^2}{p} = \frac{(0,5608)^2}{205,5} = 1,53.10^{-3} \qquad \text{soit} \qquad pK_A = 2,8$$

$$\Lambda^0 = -\frac{p}{oo} = \frac{205,5}{0,5608} = 366\ \Omega^{-1}\text{cm}^2\cdot\text{mol}^{-1}.$$

10.11 Analyse d'un oléum

1. L'équivalence se traduit par une brusque variation de pH ; on détermine l'endroit où le coefficient directeur est maximal soit :

$$v_e \simeq 22,3 \text{ mL}.$$

À l'équivalence, l'espèce majoritaire en solution est l'ion sulfate : à l'équivalence, le pH est supérieur à 7, soit très supérieur au pK_A du couple hydrogénosulfate/sulfate, soit dans le domaine de prédominance de l'ion sulfate.

2. On observe un seul saut de pH car les deux acidités de l'acide sulfurique sont de force voisine : il n'existe pas de pH où l'espèce soufrée très majoritaire serait l'ion hydrogénosulfate seul (ce qui correspondrait à la première équivalence).

3. Pour $0 < v < v_e$, les réactions qui ont lieu lors de l'introduction de l'hydroxyde sont :

$$H_3O^+ + OH^- = 2\,H_2O$$

$$HSO_4^- + OH^- = SO_4^{2-} + H_2O$$

4. Comme les deux acidités sont dosées simultanément, il ne faut pas oublier le facteur 2 dans le bilan de matière ; on dose deux fois plus de protons qu'il n'y a d'acide :

$$2c'V_0 = c_0 v_e \quad \text{soit} \quad c' = \frac{0,1\cdot 22,3}{2\cdot 100} = 1,11\cdot 10^{-2}\ \text{mol}\cdot\text{L}^{-1}.$$

5. Soit $n(SO_3)$ la quantité de matière de trioxyde de soufre dans l'échantillon et $n(H_2SO_4)$ la quantité de matière d'acide sulfurique dans l'échantillon. Le dosage acido-basique indique :

$$n_0 = n(SO_3) + n(H_2SO_4) = 1,11\cdot 10^{-2}\ \text{mol}.$$

La connaissance de la masse permet d'accéder aux différentes quantités de matière :

$$m = n(SO_3)\cdot M(SO_3) + n(H_2SO_4)\cdot M(H_2SO_4) = 1\ \text{g}$$

ce qui donne après résolution :

$$n(SO_3) = 4,88\cdot 10^{-3}\ \text{mol} \qquad \text{et} \qquad n(H_2SO_4) = 6,22\cdot 10^{-3}\ \text{mol}.$$

Les pourcentages molaires x et y sont donc :

$$x = \frac{4,88}{11,1} = 0,44 \qquad \text{et} \quad y = \frac{6,22}{11,1} = 0,56.$$

10.12 Dosages de l'ion ammonium

1. Pour $V = 0$ mL, la solution est une solution d'ions ammonium considérés comme un acide faible. La réaction prépondérante (équilibre de contrôle) s'écrit :

$$NH_4^+ \quad + \quad H_2O \quad = \quad NH_3 \quad + \quad H_3O^+.$$

En supposant l'acide peu dissocié il vient :

$$pH = \frac{1}{2}(pK_A - \log C_A) = 5,6 < pK_A - 1.$$

L'approximation est valide. Par ajout de soude le titrage débute : la réaction de titrage (réaction prépondérante quantitative) s'écrit :

$$NH_4^+ \quad + \quad HO^- \quad = \quad NH_3 \quad + \quad H_2O$$

dont la constante d'équilibre vaut $K_T^\circ = 10^{4,8}$. Pour $V = 1,0$ mL, la solution contient après prise en compte de cette réaction prépondérante totale :

$$\left[NH_4^+\right] = [NH_3] = \frac{0,01.200}{2.201} \approx 5.10^{-3}\ \text{mol.L}^{-1}.$$

La réaction prépondérante suivante (équilibre de contrôle) s'écrit :

$$NH_4^+ \quad + \quad NH_3 \quad = \quad NH_3 \quad + \quad NH_4^+$$

qui ne modifie pas la composition. Nous appliquons alors :

$$pH = pK_A + \log\left(\frac{[NH_3]}{[NH_4^+]}\right) = 9,2.$$

Pour $V = 2,0$ mL, la solution contient après prise en compte des réactions prépondérantes totales :

$$[NH_3] = \frac{0,01.200}{202} \approx 0,01\ \text{mol.L}^{-1}.$$

La réaction prépondérante suivante (équilibre de contrôle) s'écrit :

$$NH_3 \quad + \quad H_2O \quad = \quad NH_4^+ \quad + \quad HO^-.$$

Nous sommes ramenés au calcul du pH d'une solution de base faible. En supposant la base peu protonée il vient :

$$pOH = \frac{1}{2}(pK_B - \log 0,01) = 3,4 \quad \text{et donc :} \quad pH = 10,6.$$

L'approximation est valide car pH $> pK_A + 1$. Pour $V = 3,0$ mL, la solution contient après prise en compte des réactions prépondérantes totales :

$$[NH_3] = \frac{0,01.200}{203} \approx 0,01\ \text{mol.L}^{-1}$$

et des ions HO^- en excès :

$$\left[HO^-\right] \approx 5.10^{-3}\ \text{mol.L}^{-1}.$$

En supposant le rôle basique de l'ammoniac négligeable, pOH $= 2,3$ et pH $= 11,7$. Une représentation de l'évolution du pH au cours de ce titrage montre un saut de pH de faible amplitude (difficile à repérer expérimentalement) car l'acide titré est un acide très faible.

2. Déterminons la nature de la solution titrée après ajout du méthanal. Nous réalisons un tableau d'avancement (en concentrations) :

	$4\,NH_4^+$	+	$6\,CH_2O$	=	HX^+	+	$3\,H^+$	+	$6\,H_2O$
EI	$0,01$		excès		0		0		solvant
EF	0		excès		$2,5.10^{-3}$		$7,5.10^{-3}$		solvant

La solution titrée est en fait un mélange d'acide fort (H^+) et d'acide faible (HX^+). Ces acides sont titrés successivement par les réactions de titrage :

$$H_3O^+ \quad + \quad HO^- \quad = \quad 2\,H_2O$$

puis :

$$HX^+ \quad + \quad HO^- \quad = \quad X \quad + \quad H_2O.$$

Pour $V = 0$ mL la solution est un mélange d'acide fort et d'acide faible. En supposant que l'acide fort impose son acidité (en négligeant l'acide faible), il vient $\text{pH} = 2,1$.
Pour $V = 1$ mL, la solution contient après prise en compte de la réaction de titrage totale : un acide fort à la concentration $2,5.10^{-3}$ mol.L^{-1} et l'acide faible HX^+ à la même concentration. En supposant une nouvelle fois que l'acide fort impose son acidité (en négligeant l'acide faible), il vient $\text{pH} = 2,6$.
Pour $V = 1,5$ mL, la solution contient après prise en compte des réactions prépondérantes totales : HX^+ à la concentration $2,5.10^{-3}$ mol.L^{-1} (nous négligeons la dilution). Il s'agit d'une solution d'acide faible. La réaction prépondérante (équilibre de contrôle) s'écrit :

$$HX^+ \quad + \quad H_2O \quad = \quad X \quad + \quad H_3O^+.$$

En supposant l'acide peu dissocié il vient :

$$\text{pH} = \frac{1}{2}\left(\text{p}K_A - \log\left(2,5.10^{-3}\right)\right) = 3,9 < \text{p}K_A - 1.$$

L'approximation est valide.
Pour $V = 2,0$ mL, la solution contient après prise en compte des réactions prépondérantes totales :

$$[X] \approx 2,5.10^{-3} \text{ mol.L}^{-1}.$$

La réaction prépondérante suivante (équilibre de contrôle) s'écrit :

$$X \quad + \quad H_2O \quad = \quad HX^+ \quad + \quad HO^-.$$

Nous sommes ramenés au calcul du pH d'une solution de base faible. En supposant la base peu protonée il vient :

$$\text{pOH} = \frac{1}{2}\left(\text{p}K_B - \log\left(2,5.10^{-3}\right)\right) = 5,8 \quad \text{et donc} \quad \text{pH} = 8,2.$$

L'approximation est valide car $\text{pH} > \text{p}K_A + 1$.
Pour $V = 3,0$ mL, la solution contient après prise en compte des réactions prépondérantes totales :

$$[X] \approx 2,5.10^{-3} \text{ mol.L}^{-1}$$

et des ions HO^- en excès :

$$\left[HO^-\right] \approx 5.10^{-3} \text{ mol.L}^{-1}.$$

En supposant le rôle basique de l'ammoniac négligeable, $\text{pOH} = 2,3$ et $\text{pH} = 11,7$. Sur ce nouveau titrage la première équivalence est peu marquée (titrage de l'acide fort) mais la deuxième équivalence (fin du titrage de HX^+) est repérée par un saut de pH d'amplitude facilement localisable expérimentalement. Ce titrage permet facilement un titrage de l'ion ammonium (contrairement à la méthode directe exposée à la question **1**).

3. La réaction de titrage (totale) s'écrit :

$$NH_3 \quad + \quad H_3O^+Cl^- \quad = \quad NH_4^+Cl^- \quad + \quad H_2O$$

de constante d'équilibre $K_T^\circ = 10^{9,2}$. L'équivalence est rencontrée pour un volume d'ammoniaque versé égal à $V_{eq} = 20$ mL. La dilution ne sera donc pas négligeable lors de ce titrage. Afin d'obtenir des évolutions affines par morceau, il convient de tracer l'évolution de $y = \sigma\dfrac{V+V_0}{V_0} = f(V)$ avec V_0 volume initial de la solution d'acide. Pour $V < V_{eq}$, les ions H_3O^+ sont remplacés dans la solution par les ions NH_4^+ (moins conducteurs). La fonction $y = \sigma\dfrac{V+V_0}{V_0} = f(V)$ est décroissante. Pour $V > V_{eq}$, de l'ammoniac NH_3 (neutre) est ajouté : la fonction $y = \sigma\dfrac{V+V_0}{V_0} = f(V)$ n'évolue pas.

4. Pour $V < V_{eq}$:

$$\sigma\frac{V+V_0}{V_0} = \lambda^0_{H_3O^+}\frac{(CV_0 - CV)}{V_0} + \lambda^0_{Cl^-}C + \lambda^0_{NH_4^+}C\frac{V}{V_0} = \left(\lambda^0_{H_3O^+} + \lambda^0_{Cl^-}\right)C + \left(\lambda^0_{NH_4^+} - \lambda^0_{H_3O^+}\right)C\frac{V}{V_0}.$$

Une *application numérique* fournit : $y = 4,261 - 0,138V$ (avec V en mL et y en S.m^{-1}). Pour $V > V_{eq}$:

$$\sigma\frac{V+V_0}{V_0} = \lambda^0_{Cl^-}C + \lambda^0_{NH_4^+}C.$$

Une *application numérique* fournit : $y = 1,497$ S.m^{-1}.

10.13 Formules d'un anion polyphosphate

1. La courbe de dosage (B) est celle de l'acide phosphorique : on observe deux sauts de pH au voisinage de $v = v_{e,1} = 50$ mL et de $v = v_{e,2} = 100$ mL.

À la première équivalence, l'espèce très majoritaire est l'ion dihydrogénophosphate $H_2PO_4^-$ (c'est une espèce amphotère), et le pH observé est donné par :

$$\text{pH}(v_{e,1}) = \frac{1}{2}(\text{p}K_{A1} + \text{p}K_{A2}) = 4,65$$

Au voisinage de 75 mL, on observe un domaine ou le pH varie peu : c'est le domaine d' HENDERSON. Le pH à la deuxième demi-équivalence est égal à p$K_{A2} = 7,2$.

À la deuxième équivalence, l'espèce très majoritaire est l'ion hydrogénophosphate HPO_4^{2-} (c'est une espèce amphotère), et le pH observé est donné par :

$$\text{pH}(v_{e,2}) = \frac{1}{2}(\text{p}K_{A2} + \text{p}K_{A3}) = 9,75.$$

2. Au-delà de 100 mL, la réaction qui a lieu est la déprotonation de l'ion hydrogénophosphate. Cette réaction est de constante trop faible ($K_3 = \dfrac{K_{A3}}{K_e} = 10^{1,7}$) pour être quantitative : les ions hydroxyde introduits ne réagissent pas totalement avec l'ion hydrogénophosphate. Cela se traduit par l'absence de saut de pH en $v = 150$ mL.

3. Le point important est l'interprétation correcte des données qui détaillent les ordres de grandeur des pK_A des acides polyphosphoriques. L'essentiel est de remarquer que chaque atome de phosphore porte une acidité forte ou moyenne donc de p$K_A < 2$. Au premier saut de pH qui correspond à un volume

équivalent $v'_{e,1} = 50$ mL, il a été dosé un proton par atome de phosphore, ce qui correspond bien à la première équivalence du dosage de l'acide phosphorique obtenu lorsque l'acide polyphosphorique est hydrolysé.
On observe ensuite le dosage des acidités faibles, de pK_A compris entre 6 et 9 avec un second volume équivalent à $v'_{e,2} = 75$ mL. Or seuls les atomes de phosphore terminaux portent chacun une acidité faible. Ainsi le volume $v'_{e,2} - v'_{e,1}$ correspond au dosage de deux protons et donc le nombre q d'atomes de phosphore dans le polyacide est :

$$q = 2 \cdot \frac{v'_{e,1}}{(v'_{e,2} - v'_{e,1})} = 2 \cdot \frac{50}{25} = 4.$$

10.14 Dosage d'acide faible et de diacide faible

1. La valeur du pK_A est élevée : l'acide qui est titré est faible. La valeur du pH à la demi-équivalence est voisine du pK_A tandis que le pH à l'équivalence sera légérement basique. D'autre part, la solution à doser étant diluée, le pH pour un volume proche du volume équivalent (par exemple deux fois le volume équivalent) est celui d'une base forte aussi diluée, donc assez peu élevé. Ceci contribue à une faible amplitude du saut de pH.
2. À la demi-équivalence du titrage de l'acide AH, pH = pK_A lorsque l'équilibre de contrôle envisagé après prise en compte de la réaction quantitative de titrage s'écrit effectivement :

$$AH \quad + \quad A^- \quad = \quad A^- \quad + \quad AH$$

autrement dit lorsque les réactions prépondérantes secondaires :

$$AH \quad + \quad H_2O \quad = \quad A^- \quad + \quad H_3O^+$$

et :

$$A^- \quad + \quad H_2O \quad = \quad AH \quad + \quad HO^-$$

sont négligeables. Cette situation est rencontrée lorsque $h, \omega \ll C_A, C_B$ (concentrations en formes acide et basique après prise en compte de la réaction totale de titrage). La détermination du pK_A par lecture sur la courbe suppose de connaître avec précision la position de la demi-équivalence (et donc la position de l'équivalence). Cette détermination est rendue délicate par la faible amplitude du saut de pH identifiant l'équivalence du titrage. En utilisant la variable x de l'énoncé :

$$\text{pH} = \text{p}K_A + \log\left(\frac{[A^-]}{[AH]}\right) = \text{p}K_A + \log\left(\frac{x}{1-x}\right).$$

Ainsi :

$$\frac{\text{dpH}}{\text{d}x} = \frac{1}{2,3x(1-x)}$$

et donc :

$$\left(\frac{\text{dpH}}{\text{d}x}\right)_{x=0,5} = 1,74.$$

Au voisinage du point $x = 0,5$:

$$\Delta\text{pH} = 1,74\Delta x.$$

Comme la lecture de $x = 0,5$ est réalisée à 10 % près, $\Delta x = 0,05$ et donc $\Delta\text{pH} = 0,09 \approx 0,1$ (erreur commise sur la lecture du pH et par conséquent du pK_A).
3. Lorsque le pH augmente il y a de plus en plus de l'espèce absorbant une radiation de longueur d'onde voisine de 390 nm (et par conséquent de moins en moins de l'espèce absorbant une radiation

de longueur d'onde voisine de de 310 nm). Ainsi le *p*-nitrophénol (forme acide) absorbe une radiation de longueur d'onde voisine de de 310 nm tandis que le *p*-nitrophénolate (forme basique) absorbe une radiation de longueur d'onde voisine de de 390 nm.

4. Le point isobestique correspond à l'intersection commune de toutes les courbes $A = f(\lambda)$. Pour cette longueur d'onde :

$$A_{\text{iso}} = \varepsilon_{\text{iso}}\ell\,[BH] + \varepsilon_{\text{iso}}\ell\,[B] = \varepsilon_{\text{iso}}\ell\,([BH]+[B]) = \varepsilon_{\text{iso}}\ell C_0$$

en notant BH et B les formes acide et basique de l'espèce étudiée et C_0 la concentration totale (initiale) en substance AH et A^-. Nous constatons que l'absorbance A ne dépend pas du pH : toutes les courbes passent par le point de coordonnées $(\lambda_{\text{iso}}, A_{\text{iso}})$.

5.

$$A_1 = \varepsilon_{1,BH}\ell\,[BH] + \varepsilon_{1,B}\ell\,[B] = \varepsilon_{1,BH}\ell\,[BH] + \varepsilon_{1,B}\ell\,(C_0 - [BH])\,.$$

Ainsi :

$$[BH] = \frac{A_1 - \varepsilon_{1,B}\ell C_0}{(\varepsilon_{1,BH} - \varepsilon_{1,B})\ell}.$$

De la même façon :

$$[BH] = \frac{A_2 - \varepsilon_{2,B}\ell C_0}{(\varepsilon_{2,BH} - \varepsilon_{2,B})\ell}.$$

En égalant les deux expressions de la concentration $[BH]$:

$$\frac{A_1 - \varepsilon_{1,B}\ell C_0}{\varepsilon_{1,BH} - \varepsilon_{1,B}} = \frac{A_2 - \varepsilon_{2,B}\ell C_0}{\varepsilon_{2,BH} - \varepsilon_{2,B}}$$

et donc :

$$A_1\left(\varepsilon_{2,BH} - \varepsilon_{2,B}\right) = A_2\left(\varepsilon_{1,BH} - \varepsilon_{1,B}\right) - \varepsilon_{2,B}\ell C_0\left(\varepsilon_{1,BH} - \varepsilon_{1,B}\right) + \varepsilon_{1,B}\ell C_0\left(\varepsilon_{2,BH} - \varepsilon_{2,B}\right).$$

Finalement :

$$A_1\left(\varepsilon_{2,B} - \varepsilon_{2,BH}\right) = A_2\left(\varepsilon_{1,B} - \varepsilon_{1,BH}\right) - \ell C_0\left(\varepsilon_{1,B}\varepsilon_{2,BH} - \varepsilon_{1,BH}\varepsilon_{2,B}\right).$$

L'évolution $A_1 = f(A_2)$ est *a priori* une droite, ce qui est confirmé par l'expérience.

6. L'absorbance A_1 s'exprime par :

$$A_1 = \varepsilon_{1,BH}\ell\,[BH] + \varepsilon_{1,B}\ell\,[B] = \varepsilon_{1,BH}\ell\,(C_0 - [B]) + \varepsilon_{1,B}\ell\,([B]) = \varepsilon_{1,BH}\ell C_0 + \left(\varepsilon_{1,B} - \varepsilon_{1,BH}\right)\ell\,[B]$$

et par :

$$A_1 = \varepsilon_{1,BH}\ell\,[BH] + \varepsilon_{1,B}\ell\,[B] = \varepsilon_{1,B}\ell C_0 + \left(\varepsilon_{1,BH} - \varepsilon_{1,B}\right)\ell\,[BH]\,.$$

Comme $\text{pH} = \text{p}K_A + \log\left(\dfrac{[B]}{[BH]}\right)$, il vient :

$$\text{pH} - \text{p}K_A = \log\left(\frac{A_1 - \varepsilon_{1,BH}\ell C_0}{\varepsilon_{1,B}\ell C_0 - A_1}\right) = f.$$

L'évolution $f = \text{pH}-\text{p}K_A = f(\text{pH})$ est une droite d'ordonnée à l'origine égale à $-\text{p}K_A$. Une lecture graphique fournit p $K_A \approx 7,1$. Cette détermination est *a priori* plus précise que la lecture d'une courbe pHmétrique (avec faible amplitude du saut de pH).

7. Le diagramme de prédominance est indiqué ci-dessous. La forme acide est notée H_2A^+, la forme amphotère est notée HA et la forme basique est notée A^-.

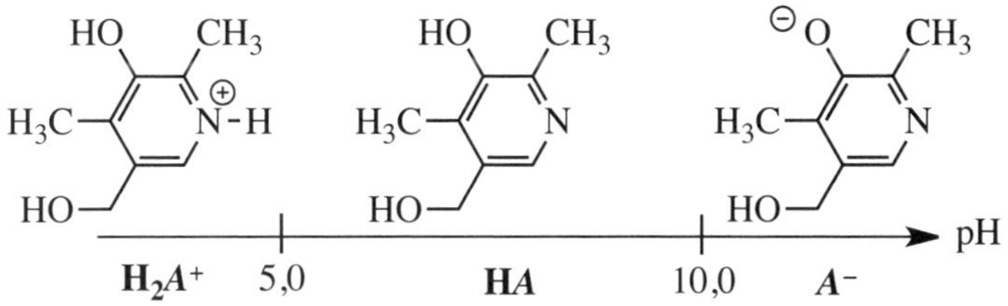

8. Au point de départ la solution contient approximativement 80 % de la forme H_2A et 20 % de la forme HA. Un seul saut de pH est observé, il est associé à la réaction de titrage :

$$H_2A^+ \quad + \quad HO^- \quad = \quad HA \quad + \quad H_2O.$$

Cette réaction est largement quantitative : K° est de l'ordre de 10^9. La réaction :

$$HA \quad + \quad HO^- \quad = \quad A^- \quad + \quad H_2O$$

n'est pas associée à un saut de pH à cause d'une constante d'équilibre insuffisante : K_T° est de l'ordre de 10^4. Les courbes de répartition des espèces H_2A^+, HA et A^- (correspondant respectivement aux courbes (1), (2) et (3) repérées sur le graphe) ne se coupent pas aux demi-équivalences : alors pH $\neq$ pK_{Ai} aux demi-équivalences.

9. La lecture directe des pK_{Ai} est impossible par utilisation des demi-équivalences du tracé pHmétrique.

10. L'existence d'un point isobestique est justifié par l'égalité des coefficients d'absorption molaire à une certaine longueur d'onde. Dans ce cas, il faudrait trouver une longueur d'onde λ_{iso} pour laquelle $\varepsilon_{H_2A^+} = \varepsilon_{HA} = \varepsilon_{A^-}$. Cette situation peu probable n'est pas rencontrée ici.

11. La partie gauche du diagramme voit croître simultanément les absorbances A_3 et A_4 pour des valeurs faibles du pH. Elles correspondent au couple H_2A^+/HA. La partie droite du diagramme voit croître l'absorbance A_3 tandis que l'absorbance A_4 diminue (les pH sont alors élevés) : le couple engagé est alors HA/A^-.

12. Entre $V = 0,0$ mL et $V = 0,1$ mL (pH compris entre 5,0 et 7,0) la solution ne contient que le couple H_2A^+/HA (voir les courbes de répartition). Le calcul opéré à la question **6** est donc valide. Nous avons :

$$f_1 = \log\left[\frac{A_3 - \ell\varepsilon_{3,AH_2}C_1}{\ell\varepsilon_{3,AH}C_1 - A_3}\right] = \text{pH} - \text{p}K_{A1}$$

qui s'annule en pH = pK_{A1}. De la même façon, l'étude des courbes de répartition entre $V = 0,1$ mL et $V = 0,3$ mL (pH compris entre 7,0 et 10,0) montre que la solution ne contient que le couple HA/A^-. Le calcul opéré à la question **6.** est donc valide. Nous avons :

$$f_2 = \log\left[\frac{A_3 - \ell\varepsilon_{3,AH}C_1}{\ell\varepsilon_{3,A}C_1 - A_3}\right] = \text{pH} - \text{p}K_{A2}$$

qui s'annule en pH = pK_{A2}. Le tracé des fonctions f_1 et f_2 en fonction du pH permet par régression linéaire de déterminer :

$$f_1 = -5,3 + \text{pH} \qquad \text{et} \qquad f_2 = -9,8 + \text{pH}$$

et donc finalement p$K_{A1} = 5,3$ et p$K_{A2} = 9,8$. Cette méthode est une façon précise de déterminer numériquement la valeur des pK_A.

Corrigés des exercices du chapitre 11

11.1 Complexe de l'ion zinc(II) avec les ions fluorure

1. La réaction prépondérante qui a lieu en solution est :

$$Zn^{2+} \quad + \quad F^{-} \quad = \quad [ZnF]^{+}.$$

Les concentrations initiales des deux réactifs sont identiques et égales, en tenant compte de la dilution, à $c_0 = 0{,}1$ mol·L^{-1}. En notant x la concentration à l'équilibre en complexe, les concentrations en ions zinc(II) et en ions fluorure s'expriment en fonction de c_0 selon :

$$[Zn^{2+}] = c_0 - x = [F^{-}].$$

La constante d'équilibre s'écrit alors en fonction de x et de c_0 selon :

$$K_f = \frac{x}{(c_0 - x)^2}.$$

La valeur de x est donc donnée par la résolution de l'équation du second degré :

$$x^2 - (2c_0 + K_f^{-1})x + c_0^2 = 0$$

soit :

$$x = \left(2c_0 + K_f^{-1} \pm \sqrt{(2c_0 + K_f^{-1})^2 - 4c_0^2}\right)/2.$$

La grandeur x est comprise entre 0 et c_0. La seule solution qui vérifie cette condition correspond à :

$$x = \left(2c_0 + K_f^{-1} - \sqrt{(2c_0 + K_f^{-1})^2 - 4c_0^2}\right)/2$$

soit *numériquement :*

$$x = 0{,}05 \text{ mol·L}^{-1}.$$

2. Le pH est fixé à une valeur notablement inférieure au pK_A. En conséquence le fluorure est majoritairement sous forme protonée et donc la concentration en ion fluorure est probablement insuffisante pour assurer la complexation notable des ions zinc(II). La réaction acido-basique est donc supposée être la réaction prépondérante et en notant y l'avancement volumique de la réaction acido-basique, les expressions des concentrations des différents participants à l'équilibre sont, en négligeant les ions fluorure complexés :

$$[HF] = c'_0 - y \qquad \text{et} \qquad [F^{-}] = y.$$

L'expression de la constante d'acidité de l'acide fluorhydrique en fonction de c'_0 et y donne :

$$K_A = \frac{y.[H^{+}]}{(c'_0 - y)}.$$

Comme le pH est fixé à 2,2, la concentration en ion fluorure vaut :

$$[F^{-}] = \frac{c'_0}{100} = 10^{-3} \text{ mol·L}^{-1}.$$

Avec l'hypothèse de la très faible complexation de l'ion zinc (II), nous avons $[Zn^{2+}]$= 0,1 mol.L^{-1} et l'utilisation de la constante de formation du complexe $[ZnF]^{+}$ avec la valeur précédemment calculée de la concentration de l'ion fluorure à l'équilibre conduit à une proposition pour la concentration en complexe $[ZnF]^+$, valeur qui sera acceptable si celle-ci est très inférieure à la concentration en acide fluorhydrique. Le calcul donne :

$$[[ZnF]^+] = K_f.[F^-][Zn^{2+}] = 10^{1,3}.10^{-3}.0,1 = 2.10^{-3} \text{ mol}\cdot\text{L}^{-1}.$$

Cette concentration est effectivement négligeable devant celle de l'acide fluorhydrique et ne remet donc pas en cause le calcul de la concentration des ions fluorure.

11.2 Compétition entre deux ions métalliques

1. Les concentrations initiales sont calculées en tenant compte de la dilution :

$$[Ag^+]_0 = 0,02.\frac{20}{50} = 8.10^{-3} \text{ mol}\cdot\text{L}^{-1} \quad [S_2O_3{}^{2-}]_0 = 0,05.\frac{30}{50} = 3.10^{-2} \text{ mol}\cdot\text{L}^{-1}.$$

La réaction de complexation est la RPQ ; le réactif en défaut (ici l'ion complexe) fixe la valeur de l'avancement volumique et les concentrations en complexe et en ligand :

$$[[Ag(S_2O_3)_2]^{3-}] = [Ag^+]_0 = 8.10^{-3} \text{ mol}\cdot\text{L}^{-1}$$

$$[S_2O_3{}^{2-}]_0 = (3.10^{-2} - 16.10^{-3}) = 1,4.10^{-2} \text{ mol}\cdot\text{L}^{-1}$$

La concentration en ions libre $[Ag^+]$ se calcule en injectant ces valeurs dans la constante d'équilibre β_2 :

$$\beta_2 = \frac{[[Ag(S_2O_3)_2]^{3-}]}{[Ag^+][S_2O_3^{2-}]^2} \qquad \text{d'où on déduit } [Ag^+] \qquad [Ag^+] = \frac{[[Ag(S_2O_3)_2]^{3-}]}{\beta_2[S_2O_3^{2-}]^2}$$

Ce qui donne *numériquement :*

$$[Ag^+] = \frac{1,4.10^{-2}}{10^{13,5}.(1,4.10^{-2})^2} = 1,29.10^{-12} \text{ mol}\cdot\text{L}^{-1}.$$

Cette valeur négligeable devant les autres concentrations d'ions valide les hypothèses faites pour résoudre le problème.

2. Les nouvelles concentrations initiales des réactifs sont, en tenant compte de la nouvelle dilution pour les réactifs Ag^+ et $S_2O_3^{2-}$:

$$[Ag^+]'_0 = 4.10^{-3} \text{ mol}\cdot\text{L}^{-1} \quad [S_2O_3^{2-}]'_0 = 1,5.10^{-2} \text{ mol}\cdot\text{L}^{-1} \quad \text{et} \quad [Hg^{+2}]_0 = 2.10^{-2} \text{ mol}\cdot\text{L}^{-1}.$$

Les deux réactions de complexation sont de constantes élevées : il est raisonnable de supposer que l'avancement de chaque réaction est fixé par le réactif en défaut et que le complexe avec l'ion mercurique étant plus stable, ce complexe se forme préférentiellement. Les concentrations initiales et les stœchiométries des réactions de complexation montrent que le ligand thiosulfate est en défaut pour la formation du complexe le plus stable. En effet, la complexation de l'ion mercurique nécessite, pour être totale, 6.10^{-3} mol·L^{-1}. Or on dispose de $1,5.10^{-2}$ mol·L^{-1} de thiosulfate. Le thiosulfate est donc totalement complexé, très majoritairement sous forme de $[Hg(S_2O_3)_3]^{4-}$.

$$[[Hg(S_2O_3)_3]^{4-}] = \frac{1}{3}.15.10^{-3} = 5.10^{-3} \text{ mol}\cdot\text{L}^{-1}$$

$$[Hg^{2+}] = [Hg^{2+}]_0 - [[Hg(S_2O_3)_3]^{4-}] = 2.10^{-2} - 5.10^{-3} = 1,5.10^{-3} \text{ mol}\cdot\text{L}^{-1}.$$

La concentration en thiosulfate est obtenue en utilisant l'expression de la constante d'équilibre β'_2 :

$$\beta'_2 = \frac{[[Hg(S_2O_3)_3]^{4-}]}{[Hg^{2+}][S_2O_3{}^{2-}]^3} \qquad \text{soit } [S_2O_3{}^{2-}] = \left(\frac{[[Hg(S_2O_3)_3]^{4-}]}{[Hg^{2+}]\,\beta'_2}\right)^{1/3}$$

ce qui donne *numériquement :*

$$[S_2O_3^{2-}] = \left(\frac{5.10^{-3}}{1,5.10^{-3}\ 10^{29}}\right)^{1/3} = 1{,}49.10^{-10}\ \text{mol·L}^{-1}.$$

L'ion argent(I) n'est quasiment pas complexé et la concentration en complexe $[Ag(S_2O_3)_2]^{3-}$ se déduit de l'expression de la constante d'équilibre β_2 :

$$[Ag^+] = [Ag^+]'_0 = 4.10^{-3}\ \text{mol·L}^{-1}$$

$$[S_2O_3^{2-}] = \beta_2\ [Ag^+][S_2O_3^{2-}]^2 \quad \text{soit :} \quad [S_2O_3^{2-}] = 10^{13,5}.4.10^{-3}.(1,49.10^{-10})^2$$

$$[S_2O_3^{2-}] = 2{,}82.10^{-9}\ \text{mol·L}^{-1}$$

ce qui justifie l'hypothèse de la faible complexation de l'ion argent(I) dans les conditions de l'expérience.

11.3 Complexe fluoroaluminate(III)

1. Avant l'équivalence, les ions fluorure introduits sont consommés par la réaction de complexation. Après l'équivalence, ils se retrouvent en excès. Ainsi la concentration en ions fluorure varie brusquement au voisinage de l'équivalence. Le point équivalent correspond au système où les réactifs sont dans les proportions stœchiométriques. On lit sur la courbe v_{eq}= 0,6 mL. L'énoncé suppose qu'il existe une seule réaction de complexation :

$$Al^{3+} \quad + \quad i\,F^- \quad = \quad [Al(F)_i]^{3\,-\,i}$$

où i est un entier.

La mesure du volume équivalent permet de déterminer i. En notant V_0 le volume de la solution à doser ($V_0 = 10$ mL), la relation entre quantité de matière à l'équivalence s'écrit :

$$i.V_0.c_0 = v_{eq}.c'_0 \qquad \text{soit avec les valeurs numériques :} \qquad i = 6.$$

2. La courbe n'est pas du tout symétrique au voisinage du point équivalent. Ceci est dû à la stœchiométrie de la réaction de dosage 1 :6. La méthode des tangentes n'est donc pas applicable ici. Pour déterminer le volume équivalent, il faut identifier le mieux possible le point où la tangente est maximale.

3. Avant l'équivalence ($v < v_{eq}$), le réactif en défaut est l'ion fluorure. Sa concentration est très faible. Les $c'_0 v$ moles d'ions fluorure versés réagissent avec 6 fois moins de moles d'ions aluminium. Il reste donc $c_0V_0 - c'_0v/6$ moles d'ions aluminium et il s'est formé $c'_0v/6$ moles de complexe. La concentration en ion fluorure se déduit de l'écriture de la constante de l'équilibre de complexation, qui sera notée β_6 :

$$\beta_6 = \frac{[[AlF_6]^{3-}]}{[Al^{3+}][F^-]^6} \qquad \text{soit pour les ions fluorure} \qquad [F^-] = \left(\frac{[[AlF_6]^{3-}]}{\beta_6\ [Al^{3+}]}\right)^{1/6}.$$

En remplaçant dans l'expression de la force électromotrice et en tenant compte des expressions des nombres de moles d'ions aluminium et de complexe, et de la relation à l'équivalence :

$$\Delta U = a + \frac{b}{6}.\log\left(\beta_6 \frac{(v_{eq} - v)}{v}\right) \quad \text{relation valable pour } v < v_{eq}.$$

Après l'équivalence, les ions fluorure sont en excès. Le nombre de moles d'ions fluorure en solution est égal au nombre de moles introduites (vc'_0) diminué du nombre de moles consommées par la réaction de complexation ($6V_0c_0$= $v_{eq}c'_0$). La concentration en ions fluorure s'écrit donc :

$$[F^-] = \frac{(vc'_0 - 6V_0c_0)}{V} = \frac{c'_0(v - v_{eq})}{V} = \frac{6c_0(v - v_{eq})}{v_{eq}}.$$

D'où l'expression de la force électromotrice :

$$\Delta U = a - b.\log\left(6c_0(\frac{v}{v_{eq}} - 1)\right) \quad \text{relation valable pour } v > v_{eq}.$$

4. Le calcul revient à étudier les concentrations à l'équivalence. Les réactifs sont introduits en quantité stœchiométrique : $n_0(F^-)= 6.n_0(Al^{3+})$. Ce rapport entre quantités de matière des deux réactifs reste vrai quel que soit l'avancement de la réaction de complexation. Ainsi lorsque l'équilibre est atteint $[F^-] = 6[Al^{3+}]$ et, en supposant la réaction de complexation totale, $[[AlF_6]^{3-}]= c_0$. En introduisant ces relations dans l'expression de la constante d'équilibre β_6, il est alors possible d'exprimer la concentration en ions fluorure :

$$\beta_6 = \frac{c_0}{\frac{[F^-]}{6}[F^-]^6} \quad \text{soit pour la concentration en fluorure} \quad [F^-] = \left(\frac{6c_0}{\beta_6}\right)^{1/7}.$$

Numériquement : $[F^-] = 4{,}5.10^{-5}$ mol·L^{-1}.

11.4 Propriétés complexantes des ions du cuivre(II)

1. Les constantes d'équilibre β_n s'écrivent :

$$\beta_1 = \frac{[[Cu(NH_3)]^{2+}]}{[Cu^{2+}][NH_3]} \quad \beta_2 = \frac{[[Cu(NH_3)_2]^{2+}]}{[Cu^{2+}][NH_3]^2} \quad \beta_3 = \frac{[[Cu(NH_3)_3]^{2+}]}{[Cu^{2+}][NH_3]^3} \quad \beta_4 = \frac{[[Cu(NH_3)_4]^{2+}]}{[Cu^{2+}][NH_3]^4}.$$

2. Les constantes d'équilibre de dissociation successives K_{dj} s'écrivent :

$$K_{d1} = \frac{[Cu^{2+}][NH_3]}{[[Cu(NH_3)]^{2+}]} \qquad K_{d2} = \frac{[[Cu(NH_3)]^{2+}][NH_3]}{[[Cu(NH_3)_2]^{2+}]}$$

$$K_{d3} = \frac{[[Cu(NH_3)_2]^{2+}][NH_3]}{[[Cu(NH_3)_3]^{2+}]} \qquad K_{d4} = \frac{[[Cu(NH_3)_3]^{2+}][NH_3]}{[[Cu(NH_3)_4]^{2+}]}$$

Les combinaisons des différentes constantes β_i conduisent aux expressions des constantes K_{dj} :

$$K_{d1} = \frac{1}{\beta_1} \qquad K_{d2} = \frac{\beta_1}{\beta_2} \qquad K_{d3} = \frac{\beta_2}{\beta_3} \qquad K_{d4} = \frac{\beta_3}{\beta_4}.$$

Les valeurs *numériques* sont :

$$pK_{d1} = \log(\beta_1) = 4{,}2 \qquad pK_{d2} = \log(\frac{\beta_2}{\beta_1}) = 7{,}6 - 4{,}2 = 3{,}4$$

$$pK_{d3} = \log(\frac{\beta_3}{\beta_2}) = 10{,}6 - 7{,}6 = 3 \qquad pK_{d4} = \log(\frac{\beta_4}{\beta_3}) = 12{,}6 - 10{,}6 = 2.$$

3.

- $pNH_3 > 4{,}2$, l'espèce majoritaire est Cu^{2+} ;
- $3{,}4 < pNH_3 < 4{,}2$, l'espèce majoritaire est $[Cu(NH_3)]^{2+}$;
- $3 < pNH_3 < 3{,}4$, l'espèce majoritaire est $[Cu(NH_3)_2]^{2+}$;
- $2 < pNH_3 < 3$, l'espèce majoritaire est $[Cu(NH_3)_3]^{2+}$;
- $pNH_3 < 2$, l'espèce majoritaire est $[Cu(NH_3)_4]^{2+}$.

4. et **5.** Comme la concentration initiale en ligand est très supérieure à celle de l'ion métallique à complexer, même en cas de formation totale du complexe possédant le plus de ligand (complexe $[[Cu(NH_3)_4]^{2+}]$), la concentration en ammoniac en solution est très proche de la concentration initiale introduite. Les concentrations initiales des réactifs, après avoir tenu compte de la dilution, sont :

$$[Cu^{2+}]_0 = \frac{3}{5}10^{-2}\ \text{mol·L}^{-1} \qquad [NH_3]_0 = \frac{2}{5}\text{mol·L}^{-1}.$$

En supposant que la concentration en ammoniac varie peu au cours de la complexation, celle-ci vaut lorsque l'équilibre est atteint :

$$[NH_3]_{eq} = \frac{2}{5}\text{mol·L}^{-1} \qquad \text{soit} \qquad pNH_3 = 0,4 < 2.$$

Le point représentatif du système dans le diagramme de prédominance est bien dans le domaine de prédominance du complexe $[[Cu(NH_3)_4]^{2+}]$. C'est cette espèce du cuivre(II) qui est donc très largement majoritaire. Ceci revient à proposer la réaction suivante comme réaction prépondérante quantitative :

$$Cu^{2+} \quad + \quad 4\,NH_3 \quad = \quad [Cu(NH_3)_4]^{2+}$$

La concentration en complexe à l'équilibre est donc :

$$[[Cu(NH_3)_4]^{2+}] = [Cu^{2+}]_0 = \frac{3}{5}10^{-2} = 6.10^{-3}\ \text{mol·L}^{-1}.$$

En tenant compte de l'ammoniac consommé par la réaction de complexation, il est possible de proposer une valeur plus exacte de la concentration en ammoniac à l'équilibre :

$$[NH_3]_{eq} = \frac{2}{5} - 4.\frac{3}{5}.10^{-2} = 0{,}376\ \text{mol·L}^{-1} \qquad \text{et donc} \qquad pNH_3 = 0,43$$

ce qui ne change pas de façon spectaculaire les résultats précédemment obtenus et ne modifie pas les conclusions. La concentration en cuivre(II) libre est obtenue en utilisant les concentrations précédentes et la constante d'équilibre β_4 ;

$$\beta_4 = \frac{[[Cu(NH_3)_4]^{2+}]}{[Cu^{2+}][NH_3]^4} \qquad \text{soit } [Cu^{2+}] = \frac{[[Cu(NH_3)_4]^{2+}]}{\beta_4[NH_3]^4}$$

soit *numériquement :*

$$[Cu^{2+}] = \frac{6.10^{-3}}{10^{12,6}.(0,376)^4} = 7{,}5.10^{-14}\ \text{mol·L}^{-1}$$

11.5 Complexes argent/glycinate

1. Le complexe $[Ag(Gly)_2]^-$ est chargé, donc conducteur en solution.

2. Les différentes constantes s'expriment en fonction des concentrations selon :
Constantes de formation globale :

$$\beta_1 = \frac{[AgGly]}{[Ag^+][Gly^-]} \qquad \text{et} \qquad \beta_2 = \frac{[[Ag(Gly)_2]^-]}{[Ag^+][Gly^-]^2}.$$

Constantes de dissociation partielle successives :

$$K_{d1} = \frac{[Ag^+][Gly^-]}{[AgGly]} = \frac{1}{\beta_I} \qquad \text{et} \qquad K_{d2} = \frac{[Ag(Gly)][Gly^-]}{[[Ag(Gly)_2]^-]} = \frac{\beta_I}{\beta_{II}}$$

ce qui donne *numériquement* :

$$pK_{d1} = 3,5 \qquad \text{et} \qquad pK_{d2} = 8,4 - 3,5 = 4,9.$$

3. Le diagramme de prédominance construit à partir des constantes de dissociation partielle conduit à :

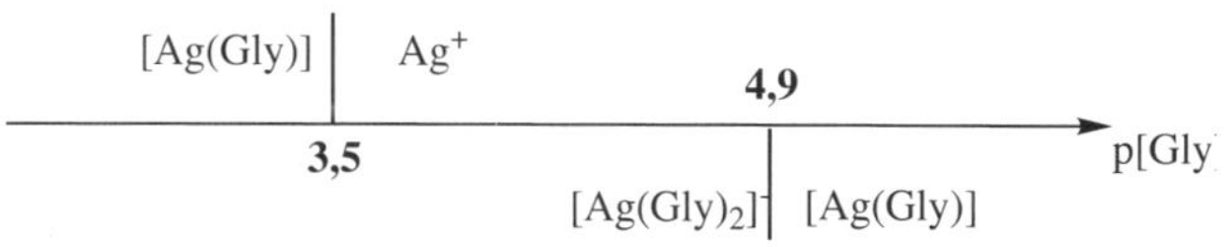

Il apparaît clairement que le domaine de stabilité du complexe [Ag(Gly)] est disjoint : en conséquence ce complexe n'est jamais majoritaire en solution et a tendance à se dismuter en complexe $[Ag(Gly)_2]^-$ et en ion Ag^+ selon la réaction :

$$2\,[Ag(Gly)] \quad = \quad Ag^+ \quad + \quad [Ag(Gly)_2]^-$$

L'expression de la constante K de cet équilibre en fonction des concentrations conduit à :

$$K = \frac{[[Ag(Gly)_2]^-][Ag^+]}{[Ag(Gly)]^2} = \frac{\beta_{II}}{\beta_I^2} = 10^{1,4} = 25$$

4. La solution initiale contient un mélange d'ions argent et d'ions glycinate (en concentration $c_0 = 10^{-2}$ mol·L^{-1}). La réaction prépondérante s'écrit :

$$Ag^+ \quad + \quad 2\,Gly^- \quad = \quad [Ag(Gly)_2]^- \quad (K = \beta_1 = 10^{8,4})$$

Il s'agit d'une réaction prépondérante quantitative. Réalisons un bilan de concentration.

	Ag^+	+	$2\,Gly^-$	=	$[Ag(Gly)_2]^-$
EI	0,01		0,01		
EF	5.10^{-3}		0		5.10^{-3}

La solution équivalente après prise en compte de cette RP contient le mélange du complexe $[Ag(Gly)_2]^-$ (concentration 5.10^{-3} mol·L^{-1}) et de l'ion argent Ag^+ (concentration 5.10^{-3} mol·L^{-1}). Nous proposons l'équation de contrôle :

	$[Ag(Gly)_2]^-$	=	Ag^+	+	$2\,Gly^-$
EI	5.10^{-3}		5.10^{-3}		
EF	$5.10^{-3} - x$		$5.10^{-3} + x$		$2x$

En supposant la réaction peu avancée, il vient :

$$K = 10^{-8,4} = \frac{(2x)^2\,5.10^{-3}}{5.10^{-3}} = (2x)^2$$

Numériquement :

$$2x = [Gly^-] = 10^{-4,2} = 6{,}3.10^{-5}\ \text{mol·L}^{-1} \quad [[Ag^+] \simeq 5.10^{-3}\ \text{mol·L}^{-1}$$

$$[[Ag(Gly)_2]^-] \simeq 5.10^{-3}\ \text{mol·L}^{-1}.$$

Nous vérifions *a posteriori* que $x \ll 5\ 10^{-3}$. Nous pouvons calculer la concentration en [Ag(Gly)] en utilisant par exemple la constante β_1 :

$$\beta_1 = \frac{[[Ag(Gly)]]}{[Ag^+][Gly^-]} \qquad \text{donc :} \qquad [[Ag(Gly)]] = \beta_1[Ag^+][Gly^-] = 10^{-5}\text{mol.L}^{-1}.$$

5. Le complexe $[Ag(Gly)_2]^-$ est engagé dans l'équilibre :

$$[Ag(Gly)_2]^- \quad = \quad Ag^+ \quad + \quad 2\,Gly^- \quad (K = \beta_2^{-1} = 10^{-8,4}).$$

L'ion glycinate Gly^- est susceptible de réagir avec les ions oxonium selon :

$$Gly^- \quad + \quad H^+ \quad = \quad HGly \qquad K = 10^{9,6}.$$

Nous pouvons écrire une RP généralisée (en négligeant la protonation de la glycine HGly en H_2Gly^+) selon :

$$[Ag(Gly)_2]^- \quad + \quad 2\,H^+ = \quad Ag^+ \quad + \quad 2\,HGly \qquad (K' = 10^{10,8}).$$

Réalisons un bilan de concentration lorsque 1 % (= 10^{-2}) de l'argent(I) est complexé :

$$[Ag^+] = 10^{-2}.(1 - 10^{-2})) = 9{,}9.10^{-3}\ \text{mol·L}^{-1}$$

$$[[Ag(Gly)_2]^-] = 10^{-2}.10^{-2} = 10^{-4}\ \text{mol·L}^{-1}$$

$$[HGly] = 2.(5.10^{-3} - 10^{-4}) = 9{,}8.10^{-3}\ \text{mol·L}^{-1}$$

L'écriture de la constante K' permet alors de calculer la concentration en protons :

$$K' = \frac{(9{,}9.10^{-3}).(9{,}8.10^{-3})^2}{h^2.(10^{-4})} = 10^{10{,}8} \quad \text{soit pour } h \ : \ h = 4.10^{-7}\ \text{mol·L}^{-1}$$

soit :

$$\text{pH} = 6{,}4 \qquad (\text{p}K_{A1} + 1 = 3{,}4 < \text{pH} < \text{p}K_{A2} - 1 = 8{,}6).$$

Le pH correspond à un système où la glycine HGly est très majoritaire. Ainsi la concentration en ion glycinate Gly^- et la concentration de la forme protonée de la glycine H_2Gly^+ sont bien négligeables devant les concentrations des autres espèces contenant le motif Gly.

11.6 Étude du complexe $[FeSCN]^{2+}$

1. Nous appliquons strictement la méthode de la réaction prépondérante : lors du mélange une réaction (favorable) de complexation est possible selon la réaction prépondérante quantitative :

$$Fe^{3+} \quad + \quad SCN^- \quad = \quad [FeSCN]^{2+}.$$

La solution contient après prise en compte de cette réaction : $\left[[FeSCN]^{2+}\right] = 2.10^{-3}$ mol.L^{-1} et $\left[SCN^-\right] = 8.10^{-3}$ mol.L^{-1}. L'état d'équilibre est obtenu après prise en compte de l'équilibre de contrôle (qui est ici l'inverse de la réaction précédente). Un tableau d'avancement (en concentration) s'écrit :

	$[FeSCN]^{2+}$	=	Fe^{3+}	+	SCN^-
EI	2.10^{-3}		0		8.10^{-3}
EF	$2.10^{-3} - x$		x		$8.10^{-3} + x$

L'utilisation de la constante d'équilibre $K_d = \dfrac{(8.10^{-3} + x)\,x}{(2.10^{-3} - x)}$ permet de déterminer la valeur de x : ainsi $x = 1{,}05.10^{-3}$ mol.L^{-1} qui permet une détermination de l'état final : $\left[[FeSCN\ ]^{2+}\right] = 9{,}5.10^{-4}$ mol.L^{-1}. La couleur rouge est visible.

2. Les deux réactions de complexation en compétition sont deux complexations de même stœchiométrie. La première réaction prépondérante quantitative est celle de plus grande constante, soit la formation du complexe $[FeF]^{2+}$. Réalisons un tableau d'avancement en tenant compte de cette réaction prépondérante quantitative. Nous notons f la concentration initiale en ions fluorure (supposé en excès). Nous obtenons une solution équivalente (état intermédiaire) :

	$[Fe]^{3+}$	+	F^-	=	$[FeF]^{2+}$
EI	2.10^{-3}		f		0
EF	0		$f - 2.10^{-3}$		2.10^{-3}

Le système après prise en compte de cette réaction ne contient plus que le complexe $[FeF]^{2+}$, les ions fluorure F^- et les ions thiocyanate SCN^-. L'état d'équilibre est obtenu après la réaction prépondérante qui fait intervenir ces espèces (il s'agit d'un équilibre de contrôle) :

$$[FeF]^{2+} \quad + \quad SCN^- \quad = \quad [FeSCN]^{2+} \quad + \quad F^-.$$

La constante de cet équilibre est $K_T^\circ = 10^{-3}$ (il s'agit bien d'un équilibre de contrôle). Nous réalisons un tableau d'avancement sachant que nous connaissons l'état d'équililibre : $\left[[FeSCN]^{2+}\right] = 10^{-5}$ mol.L^{-1} (limite d'apparition de la teinte rouge) :

	$[FeF]^{2+}$	+	SCN^-	=	$[FeSCN]^{2+}$	+	F^-
EI	2.10^{-3}		10^{-2}		0		$f-2.10^{-3}$
EF	$2.10^{-3}-10^{-5}$		$10^{-2}-10^{-5}$		10^{-5}		$f-2.10^{-3}+10^{-5}$

L'utilisation de la constante d'équilibre de cet équilibre de contrôle conduit à $f = 3,97.10^{-3}$ mol.L^{-1}. Il faut donc introduire $1,98.10^{-3}$ mol d'ions fluorure dans les 500 mL de solution.

3. Les concentrations en Fe^{3+} et SCN^- sont les mêmes que dans les questions **1.** et **2**. Ainsi la teinte rouge apparaît lorsque $\left[F^-\right] = 3,97.10^{-3} - 1,99.10^{-3} = 1,98.10^{-3}$ mol.L^{-1} (et par conséquent $[HF] = 1,8.10^{-2}$ mol.L^{-1}). Il est possible de calculer le pH correspondant à cette situation par $\text{pH} = \text{p}K_A + \log\left(\dfrac{[F^-]}{[HF]}\right) = 2,25$.

Corrigés des problèmes du chapitre 11

11.7 Stœchiométrie du complexe cuivre(II) – EDTA par spectroscopie : méthode de JOB

1. La loi proposée est la loi de BEER-LAMBERT qui régit l'absorption de l'énergie associée à un faisceau lumineux lorsque les centres absorbant la lumière sont indépendants en solution. Ici, l'ion Cu^{2+} et le complexe $[CuY_n]^{2-4n}$ absorbent à la longueur d'onde d'étude.

2. L'absorbance A' est celle d'une solution de concentration c en ions cuivre(II). Cette grandeur correspond à $x = 0$.

3. Pour un mélange défini par x, la concentration initiale en ions cuivrique est $c\dfrac{(10-x)}{10}$ et la concentration initiale en ligand est $c\dfrac{x}{10}$. La concentration en ion complexe à l'équilibre est notée c_2 et donc, pour la concentration en ion métallique libre :

$$[Cu^{2+}] = c_1 = c\frac{(10-x)}{10} - c_2.$$

L'expression de Ω donnée dans l'énoncé :

$$\Omega = A - A'\frac{(10-x)}{10} = l(\varepsilon_1 c_1 + \varepsilon_2 c_2 - \varepsilon_1 c\frac{(10-x)}{10})$$

et, en remplaçant par les expressions précédentes de c_1 et c_2 :

$$\Omega = l\left(\varepsilon_1.\left(\frac{c(10-x)}{10} - y\right) + \varepsilon_2 c_2 - \varepsilon_1 c\frac{(10-x)}{10}\right)$$

soit, en développant :

$$\Omega = l(\varepsilon_2 - \varepsilon_1)y$$

où y désigne la concentration en complexe à l'équilibre, soit c_2 avec les notations de l'énoncé. Ainsi :

$$\Omega = lc_2(\varepsilon_2 - \varepsilon_1).$$

4. Le tracé de la courbe $\Omega = \mathrm{f}(x)$ est une courbe passant par un maximum en $x_0 = 5$.
5. La conservation des ions cuivre(II) s'écrit :

$$\frac{c(10 - x)}{10} = c_1 + c_2$$

la conservation des ligands Y^{4-} s'écrit :

$$\frac{cx}{10} = c_Y + \mathrm{n}c_2.$$

L'écriture du logarithme de la constante d'équilibre donne :

$$\ln(\mathrm{K}) = \ln(c_2) - \ln\left(\frac{c(10 - x)}{10} - c_2\right) - n.\ln(\frac{cx}{10} - \mathrm{n}c_2)$$

ce qui donne, après différentiation à température constante (dK= 0) :

$$0 = \frac{\mathrm{d}c_2}{c_2} - \frac{\left(-\frac{c}{10}\mathrm{d}x - \mathrm{d}c_2\right)}{\frac{c(10 - x)}{10} - c_2} - n\frac{\left(\frac{c}{10}\mathrm{d}x - n\mathrm{d}c_2\right)}{\frac{cx}{10} - nc_2}$$

et donc, en divisant par dx et en regroupant les différents termes :

$$\frac{\mathrm{d}c_2}{\mathrm{d}x}\left(\frac{1}{c_2} + \frac{1}{\frac{c(10 - x)}{10} - c_2} + \frac{n^2}{\frac{cx}{10} - nc_2}\right) = \frac{\frac{nc}{10}}{\frac{cx}{10} - nc_2} - \frac{\frac{c}{10}}{\frac{c(10 - x)}{10} - c_2}.$$

La condition $\frac{\mathrm{d}c_2}{\mathrm{d}x} = 0$, vérifiée en $x = x_0$ est donc équivalente à :

$$\frac{\frac{nc}{10}}{\frac{cx_0}{10} - nc_2} = \frac{\frac{c}{10}}{\frac{c(10 - x_0)}{10} - c_2}$$

ce qui donne, après simplification :

$$n = \frac{x_0}{10 - x_0}.$$

6. Dans le cas particulier du complexe cuivre(II)-EDTA, le maximum est atteint en $x_0 = 5$ et donc la stœchiométrie du complexe est 1 :1, un ligand Y^{4-} pour un ion cuivre(II).

11.8 Dosage du magnésium en solution aqueuse

1.a. L'ion ethylénediamminotétraacétate possède six sites de coordination : deux atomes d'azote et quatre atomes d'oxygène (voir la figure 11.2. du chapitre 11).
b. Pour exprimer la fraction d'EDTA sous forme de ligand Y^{4-} libre, il faut exprimer la relation de conservation du motif Y et remplacer chaque concentration par son expression en fonction de la concentration de Y^{4-}. Dans cette question, on suppose qu'il n'y a pas complexation.

$$c_r = [Y^{4-}] + [HY^{3-}] + [H_2Y^{2-}] + [H_3Y^-] + [H_4Y]$$

$$K_{A4} = \frac{[Y^{4-}][[H^+]}{[HY^{3-}]} \quad K_{A4}K_{A3} = \frac{[Y^{4-}][[H^+]^2}{[H_2Y^{2-}]}$$

$$K_{A4}K_{A3}K_{A2} = \frac{[Y^{4-}][[H^+]^3}{[H_3Y^-]} \quad K_{A4}K_{A3}K_{A2}K_{A1} = \frac{[Y^{4-}][[H^+]}{[H_4Y]}$$

soit en remplaçant dans l'expression de la conservation du motif Y :

$$c_r = [Y^{4-}]\left(1 + \frac{[H^+]}{K_{A4}} + \frac{[H^+]^2}{K_{A4}K_{A3}} + \frac{[H^+]^3}{K_{A4}K_{A3}K_{A2}} + \frac{[H^+]^4}{K_{A4}K_{A3}K_{A2}K_{A1}}\right)$$

ce qui conduit à l'expression du paramètre α :

$$\alpha = \left(1 + \frac{[H^+]}{K_{A4}} + \frac{[H^+]^2}{K_{A4}K_{A3}} + \frac{[H^+]^3}{K_{A4}K_{A3}K_{A2}} + \frac{[H^+]^4}{K_{A4}K_{A3}K_{A2}K_{A1}}\right)^{-1}.$$

L'application numérique à pH = 10 conduit à $\alpha = 0,334$.
À pH= 10, l'espèce majoritaire non complexée de l'EDTA est l'ion HY^{3-}.

2. À pH = 10, l'espèce majoritaire non complexée contenant le motif Y est HY^{3-}. On notera que Y^{4-} est aussi en concentration notable. En négligeant les éventuels hydroxocomplexes formés par les ions magnésium, la réaction de dosage est :

$$Mg^{2+} \quad + \quad HY^{3-} \quad = \quad [MgY]^{2-} \quad + \quad H^+$$

où la concentration en ions oxonium est fixée par le tampon. Avant l'équivalence, la couleur de la solution est due au complexe $[MgE]^-$ (couleur rouge). Après l'équivalence, comme le complexe $[MgY]^-$ est plus stable que le complexe $[MgE]^-$, la coloration de ce dernier disparaît et est remplacée par celle de la forme libre de l'indicateur coloré, soit dans les conditions de pH de l'expérience, l'espèce HE^{2-} de couleur bleue. Si le pH fixé par le tampon était supérieur à 11,5 ou inférieur à 6,4, le choix du NET ne serait pas adapté pour visualiser l'équivalence car le changement de couleur (passage du rouge (dû à $[MgE]^-$) au rouge (dû à H_2E^-, pH < 6,4) ou à l'orange (dû à E^{3-}, pH < 6,4) ne serait pas net.

3.a. Les deux formes colorées sont $[MgE]^-$ (rouge) et HE^{2-} (bleu). Exprimons le rapport $\dfrac{[[MgE^-]]}{[HE^{2-}]}$ en fonction des constantes thermodynamiques, de la concentration en proton et de la concentration en ion magnésium(II).

$$K_f([MgE]^-)= \frac{[[MgE]^-]}{[Mg^{2+}][E^{3-}]} \qquad K_{A3}(H_3A)= \frac{[E^{3-}][H^+]}{[HE^{2-}]}$$

soit, en combinant les deux constantes d'équilibre :

$$\frac{[[MgE]^-]}{[HE^{2-}]} = K_f(MgE^-).K_{A3}H_3A\frac{[Mg^{2+}]}{[H^+]}.$$

La concentration $[Mg^{2+}]_1$ est telle que le rapport $\dfrac{[[MgE]^-]}{[HE^{2-}]}$ vaut 10. En utilisant la relation établie précédemment :

$$10 = 10^7.10^{-11,5}.\frac{[Mg^{2+}]_1}{10^{-10}} \qquad \text{soit} \qquad [Mg^{2+}]_1 = 3,16.10^{-5}\ \text{mol}{\cdot}\text{L}^{-1}.$$

De façon comparable, la concentration $[Mg^{2+}]_2$ est telle que le rapport $\dfrac{[MgE^-]}{[HE^{2-}]}$ vaut 1/10. Ainsi :

$$\frac{1}{10} = 10^7.10^{-11,5}.\frac{[Mg^{2+}]_2}{10^{-10}} \qquad \text{soit} \qquad [Mg^{2+}]_2 = 3,16.10^{-7}\ \text{mol}{\cdot}\text{L}^{-1}.$$

Le virage de l'indicateur coloré a lieu entre pMg $= 4,5$ et pMg $= 6,5$.
b. On définit de la même façon les concentrations frontières en ion calcium(II) $[Ca^{2+}]_1$ et $[Ca^{2+}]_2$ en remplaçant dans l'étude du **3.a.** la constante $K_f([MgE]^-)$ par la constante $K_f([CaE]^-)$. L'application numérique conduit aux valeurs :

$$[Ca^{2+}]_1 = 1{,}26.10^{-3}\ \text{mol}\cdot\text{L}^{-1} \qquad \text{et} \qquad [Ca^{2+}]_2 = 1{,}26.10^{-5}\ \text{mol}\cdot\text{L}^{-1}.$$

c. Remarquons que seul le complexe MgE est coloré ; il n'est pas indiqué que le complexe avec le calcium(II) le soit. Le NET est donc utilisable pour le dosage de l'ion magnésium et le domaine de concentration où est observé le changement de coloration est bien adapté au dosage de solution de concentration voisine de 10^{-3} mol·L^{-1} (concentration résiduelle 100 fois plus faible au changement de couleur).
4. Le complexe de l'EDTA est plus stable avec l'ion calcium qu'avec l'ion magnésium. Les deux ions sont dosés au cours de l'opération et le virage de l'indicateur coloré sera observé lors de la deuxième équivalence, celle de l'ion magnésium. Les concentrations en ions à doser sont :

$$[Ca^{2+}]_0 = \frac{202.10^{-3}}{40,1} = 5{,}04\ 10^{-3}\ \text{mol.L}^{-1} \quad [[Mg^{2+}]_0 = \frac{36.10^{-3}}{24,13} = 1{,}48\ 10^{-3}\ \text{mol.L}^{-1}$$

soit une concentration totale de 6,52 10^{-3}mol.L^{-1}. La réaction de dosage étant de stœchiométrie 1 :1, le volume équivalent est défini par :

$$6{,}52.10^{-3}.10 = 10^{-2}.v_{eq} \qquad \text{soit} \qquad v_{eq} = 6{,}52\ \text{mL}.$$

11.9 Complexes du fer(II) avec les ligands orthophénanthroline et éthylènediamine

1. Il s'agit du calcul du pH d'un acide faible. La réaction prépondérante (équilibre de contrôle) s'écrit :

$$ophen\text{H}^+ \quad + \quad \text{H}_2\text{O} \quad = \quad ophen \quad + \quad \text{H}_3\text{O}^+.$$

En supposant l'acide peu dissocié : pH $= \frac{1}{2}(\text{p}K_A - \log C_A) = 3,4$. L'hypothèse de faible dissociation de l'acide est vérifiée (pH $< \text{p}K_A - 1$).
2. La solution à titrer est placée dans un bécher, la solution titrante est versée en utilisant une burette graduée. Le pH est mesuré en utilisant une électrode de verre combinée à une électrode de référence (après un étalonnage préalable). La courbe pH $= f(V)$ est croissante, une saut de pH marque l'équivalence du titrage (pour un volume de soude ajouté égal à 10 mL).
Pour $V = 5$ mL la solution contient après prise en compte de la réaction quantitative de titrage (réaction prépondérante quantitative) un mélange équimolaire $ophen\text{H}^+/ophen$: $[ophen\text{H}^+] = [ophen] = 5.10^{-3}$ mol.L^{-1}. L'équilibre de contrôle s'écrit :

$$ophen\text{H}^+ \quad + \quad ophen \quad = \quad ophen \quad + \quad ophen\text{H}^+.$$

Il ne modifie pas les concentrations qui sont donc les concentrations à l'équilibre. Le pH est calculé par pH $= \text{p}K_A + \log\left(\frac{[ophen]}{[ophen\text{H}^+]}\right) = 4,8$. Nous pouvons vérifier que la réaction prépondérante secondaire manifestant le rôle acide de $ophen\text{H}^+$ est négligeable : $h \ll 5.10^{-3}$ mol.L^{-1}.
Pour $V = 10$ mL la solution contient après prise en compte de la réaction quantitative de titrage (réaction prépondérante quantitative) une solution de base faible $ophen$: $[ophen] = 10^{-2}$ mol.L^{-1} en négligeant la variation de volume due à l'ajout de soude (consigne de l'énoncé). L'équilibre de contrôle s'écrit :

$$ophen \quad + \quad \text{H}_2\text{O} \quad = \quad \text{HO}^- \quad + \quad ophen\text{H}^+.$$

En supposant la base peu protonée il vient : $\text{pOH} = \frac{1}{2}(\text{p}K_B - \log C_B) = 5{,}6$ et donc $\text{pH} = 8{,}4$. Nous vérifions la faible protonation de la base par $\text{pH} > \text{p}K_A + 1$.

3. La réaction qui a lieu s'écrit :

$$3\,ophen\text{H}^+ \quad + \quad 3\,\text{H}_2\text{O} \quad + \quad \text{Fe}^{2+} \quad = \quad [\text{Fe}\,(ophen)_3]^{2+} \quad + \quad 3\,\text{H}_3\text{O}^+.$$

La constante d'équilibre K_T° est calculée par :

$$K_T^\circ = \frac{\left[[\text{Fe}\,(ophen)_3]^{2+}\right] h^3}{[ophen\text{H}^+]^3\,[\text{Fe}^{2+}]} = \beta_3 K_A^3 = 10^{6,9}.$$

4. Réalisons un tableau d'avancement (en concentration) :

	$3\,ophen\text{H}^+$	+	$3\,\text{H}_2\text{O}$	+	Fe^{2+}	=	$[\text{Fe}\,(ophen)_3]^{2+}$	+	$3\,\text{H}_3\text{O}^+$
EI	10^{-2}		solvant		10^{-1}		0		0
EF	ε				$9{,}7.10^{-2}$		$3{,}3.10^{-3}$		10^{-2}

L'utilisation de la constante d'équilibre permet de déterminer la valeur de la concentration ε :

$$K_T^\circ = \frac{(3{,}3.10^{-3})\,(10^{-2})^3}{(9{,}7.10^{-2})\,\varepsilon^3} \qquad \text{et donc} \qquad \varepsilon = 1{,}63.10^{-5}\ \text{mol.L}^{-1}.$$

Nous avons alors $\text{pH} = -\log\left[\text{H}_3\text{O}^+\right] = 2{,}0$.

5. Nous recherchons la constante de l'équilibre :

$$ophen\text{H}^+ \quad + \quad \text{H}_2\text{O} \quad + \quad \frac{1}{3}\,\text{Fe}^{2+} \quad = \quad \frac{1}{3}\,[\text{Fe}\,(ophen)_3]^{2+} \quad + \quad \text{H}_3\text{O}^+.$$

Cette constante d'équilibre K_T^o est donnée par $K_T^o = \beta_3^{1/3} K_A = 199{,}5$. Cette constante peut être interprétée comme une constante d'acidité apparente de l'espèce $ophen\text{H}^+$ en présence d'ions fer(II) en concentration 1 mol.L^{-1}. Ainsi $\text{p}K_A^{'} = -2{,}3$: l'acide $ophen\text{H}^+$ a un comportement d'acide fort en présence d'ions Fe^{2+} en concentration 1 mol.L^{-1}. Dans ces conditions $\text{pH} = -\log\left(10^{-2}\right) = 2{,}0$.

6.

$$K_{d1} = \frac{1}{\beta_1} = 10^{-4,3} \qquad K_{d2} = \frac{\beta_1}{\beta_2} = 10^{-3,2} \qquad K_{d3} = \frac{\beta_2}{\beta_3} = 10^{-2}.$$

7.

$$\log K_{f1} = 4{,}3 \qquad \log K_{f2} = 3{,}2 \qquad \log K_{f3} = 2{,}0.$$

8. Le diagramme de prédominance est représenté ci-dessous.

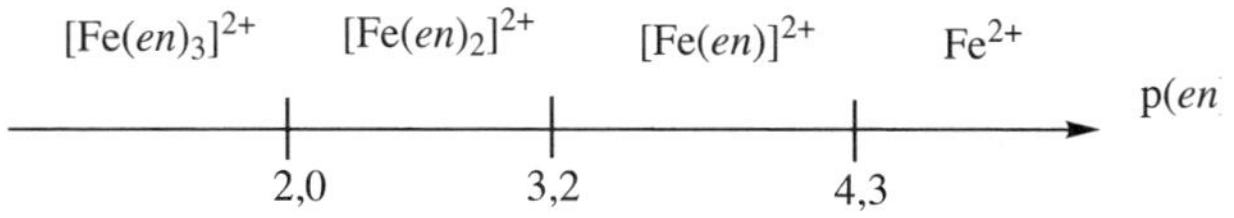

9. Par ajout du ligand à une solution d'ions Fe^{2+}, on forme successivement les complexes $[\text{Fe}\,(en)]^{2+}$, $[\text{Fe}\,(en)_2]^{2+}$ et $[\text{Fe}\,(en)_3]^{2+}$.

10.

$$\log K_{f1} = 5{,}9 \qquad \log K_{f2} = 5{,}2 \qquad \log K_{f3} = 10{,}2.$$

11. La situation n'est plus aussi simple, le tracé provisoire conduit au résultat proposé à la figure ci-dessous. Ce tracé présente une incohérence sur le domaine de stabilité de l'ion $[\text{Fe}\,(ophen)_2]^{2+}$.

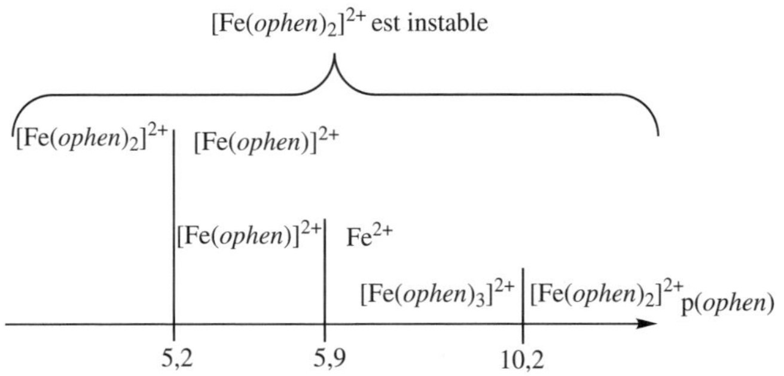

12. L'espèce $[Fe(ophen)_2]^{2+}$ est instable, nous envisageons un diagramme engageant $[Fe(ophen)_3]^{2+}$, $[Fe(ophen)]^{2+}$ et Fe^{2+}. La frontière séparant les domaines de $[Fe(ophen)_3]^{2+}$ et $[Fe(ophen)]^{2+}$ est déterminée en analysant l'équilibre :

$$[Fe(ophen)]^{2+} \quad + \quad 2\,ophen \quad = \quad [Fe(ophen)_3]^{2+}$$

de constante d'équilibre $K_T^\circ = \dfrac{\beta_3}{\beta_1} = 10^{15,4}$.

Lorsque $\left[[Fe(ophen)]^{2+}\right] = \left[[Fe(ophen)_3]^{2+}\right]$ alors $p(en) = 7,7$. Nous dressons le nouveau diagramme de prédominance ci-dessous.

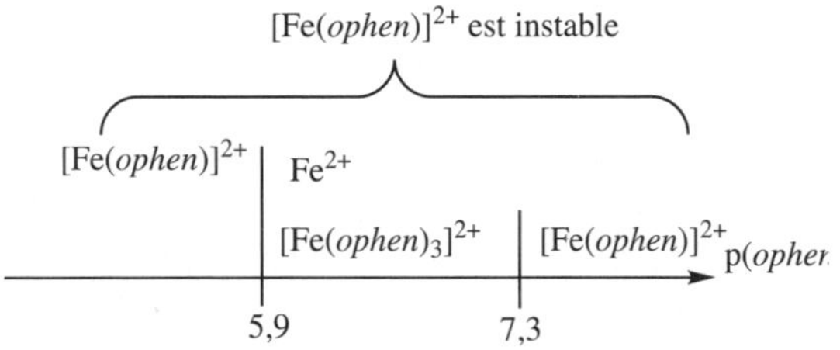

Ce diagramme présente une nouvelle incohérence : l'espèce $[Fe(ophen)]^{2+}$ est instable. Le diagramme définitif ne fait intervenir que les espèces $[Fe(ophen)_3]$ et Fe^{2+}. La frontière séparant les domaines de $[Fe(ophen)_3]^{2+}$ et Fe^{2+} est déterminée en analysant l'équilibre :

$$Fe^{2+} \quad + \quad 3\,ophen \quad = \quad [Fe(ophen)_3]^{2+}$$

de constante d'équilibre $K_T^\circ = \beta_3 = 10^{21,3}$. Lorsque $\left[Fe^{2+}\right] = \left[[Fe(ophen)_3]^{2+}\right]$ alors $p(en) = 7,1$. Nous dressons le diagramme de prédominance définitif ci-dessous.

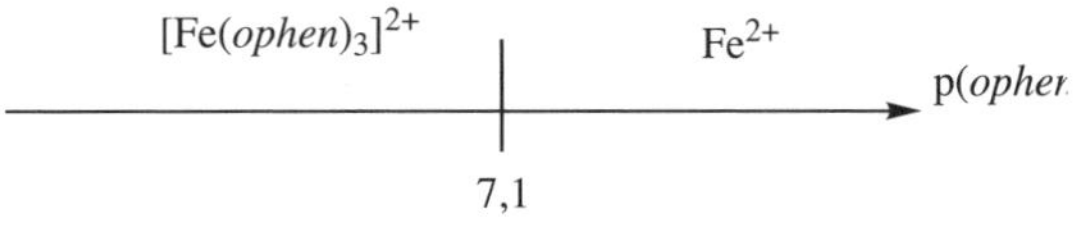

13. Par ajout de ligand, il y a directement formation du complexe $[Fe(ophen)_3]^{2+}$.

11.10 Titrage des ions argent(I) par les ions thiosulfate

1. Le diagramme est présenté ci-dessous. Les constantes successives de formation sont : $K_{f1} = 10^{8,5}$ et $K_{f2} = \dfrac{\beta_2}{\beta_1} = 10^5$.

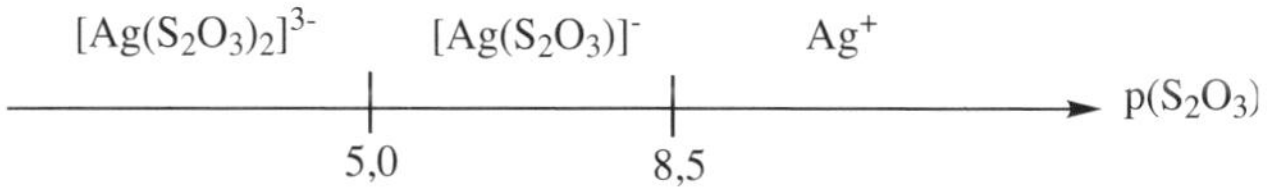

2. On assiste à deux réactions totales successives. Lorsque $V < V_1$ le milieu contient un mélange d'ions Ag^+ et d'ions $[Ag(S_2O_3)]^-$. Lorsque V est compris entre V_1 et V_2 le milieu contient un mélange d'ions $[Ag(S_2O_3)]^-$ et d'ions $[Ag(S_2O_3)_2]^{3-}$. Pour V supérieur à V_2, le milieu contient un mélange d'ions $[Ag(S_2O_3)_2]^{3-}$ et $S_2O_3^{2-}$. *Application numérique* : $V_1 = 0{,}3$ mL et $V_2 = 0{,}6$ mL.
3. Nous négligeons désormais la dilution due à l'ajout de la solution d'ions thiosulfate.
Pour $V = V_1$, la solution contient après prise en compte de la réaction prépondérante totale :

$$\left[[Ag(S_2O_3)]^-\right] = 0{,}01 \text{ mol.L}^{-1}.$$

La réaction prépondérante suivante (équilibre de contrôle) s'écrit :

$$2\,[Ag(S_2O_3)]^- \quad = \quad Ag^+ \quad + \quad [Ag(S_2O_3)_2]^{3-}$$

de constante d'équilibre $K_T^\circ = 10^{-3{,}5}$. Il s'agit de l'équilibre de contrôle d'un ampholyte complexe. En supposant la réaction peu avancée, il vient $K_T^\circ = 10^{-3{,}5} = \dfrac{[Ag^+]^2}{0{,}01^2}$ et donc $pAg = 3{,}75$. Nous vérifions que la réaction est effectivement peu avancée car $2.10^{-3{,}75} \ll 0{,}01$ mol.L^{-1}.
Pour $V = V_2$, la solution contient après prise en compte de la réaction prépondérante totale :

$$\left[[Ag(S_2O_3)_2]^{3-}\right] = 0{,}01 \text{ mol.L}^{-1}.$$

La réaction prépondérante suivante (équilibre de contrôle) s'écrit :

$$[Ag(S_2O_3)_2]^{3-} \quad = \quad S_2O_3^{2-} \quad + \quad [Ag(S_2O_3)]^-.$$

Il vient alors $\left[S_2O_3^{2-}\right] = \left[[Ag(S_2O_3)]^-\right]$ et $[Ag^+] = 10^{-8{,}5}$. Ainsi $pAg = 8{,}5$.
4. Pour $V < V_1$: l'ion Ag^+ est en excès : $[Ag^+] = 0{,}01 - \dfrac{V}{30}$ (avec V en mL) et donc :

$$pAg = -\log\left(0{,}01 - \frac{V}{30}\right).$$

Pour $V_1 < V < V_2$:
$\left[[Ag(S_2O_3)]^-\right] = 0{,}01 - \left(\dfrac{V-0{,}3}{30}\right) = 0{,}02 - \dfrac{V}{30}$ et $\left[[Ag(S_2O_3)_2]^{3-}\right] = \dfrac{V-0{,}3}{30} = \dfrac{V}{30} - 0{,}01.$
Ainsi l'utilisation des constantes d'équilibre K_{f1} et K_{f2} conduit à :

$$\frac{K_{f2}}{K_{f1}} = 10^{-3{,}5} = \frac{[Ag^+]\left[[Ag(S_2O_3)_2]^{3-}\right]}{\left[[Ag(S_2O_3)]^-\right]^2}$$

et donc :

$$[Ag^+] = 10^{-3{,}5}\frac{\left(0{,}02 - \dfrac{V}{30}\right)^2}{\left(\frac{V}{30} - 0{,}01\right)}.$$

Ainsi :

$$pAg = 3{,}5 - 2\log\left(0{,}02 - \frac{V}{30}\right) + \log\left(\frac{V}{30} - 0{,}01\right).$$

Pour $V_2 < V$: $\left[S_2O_3^{2-}\right] = \dfrac{V-0,06}{30} = \dfrac{V}{30} - 0,02$ et $\left[[Ag(S_2O_3)_2]^{3-}\right] = 0,01$ mol.L^{-1}. Ainsi :

$$\beta_2 = 10^{13,5} = \frac{\left[[Ag(S_2O_3)_2]^{3-}\right]}{[Ag^+]\left[S_2O_3^{2-}\right]^2}$$

et :

$$\text{pAg} = 15,5 + 2\log\left(\frac{V}{30} - 0,02\right).$$

La courbe pAg $= f(V)$ est croissante, elle présente deux sauts (un premier pour $V = 0,3$ mL et un deuxième pour $V = 0,6$ mL). À partir de la courbe expérimentale il est possible de mesurer la concentration des ions Ag^+. Par ailleurs, un traitement adapté de la courbe expérimentale permet de mesurer la valeur des constantes β_1 et β_2 (par comparaison de la courbe expérimentale avec les valeurs théoriques établies à la question **4**).

11.11 Stabilité thermodynamique d'un agent de contraste dans le milieu physiologique

1. Effet du pH sur la stabilité

a. Nous avons :

$$\tilde{K_0} = \frac{1}{\beta}\ ; \tilde{K_A} = \frac{[Gd^{3+}][HZ^{4-}]}{[Gd(Z)^{2-}][H_3O^+]} = \frac{[Gd^{3+}][Z^{5-}]}{[Gd(Z)^{2-}]}\cdot\frac{[HZ^{4-}]}{[Z^{5-}][H_3O^+]} = \frac{1}{\beta K_5}$$

De façon comparable, on établit les relations suivantes :

$$\tilde{K_B} = \frac{1}{\beta K_4K_5};\qquad \tilde{K_C} = \frac{1}{\beta K_3K_4K_5}\qquad \tilde{K_D} = \frac{1}{\beta K_2K_3K_4K_5};\qquad \tilde{K_E} = \frac{1}{\beta K_1K_2K_3K_4K_5}.$$

b. Soit C_o la concentration en complexe introduite dans le milieu. La conservation du gadolinium d'une part, de l'agent complexant Z d'autre part conduit aux deux relations suivantes :

$$C_o = [Gd^{3+}] + [Gd(Z)^{2-}] \qquad C_o = [Gd(Z)^{2-}] + [Z^{5-}] + [HZ^{4-}] + [H_2Z^{3-}] + [H_3Z^{2-}] + [H_4Z^-] + [H_5Z].$$

En égalant ces deux expressions et en simplifiant par la concentration en complexe $Gd(Z)^{2-}$, nous obtenons :

$$[Gd^{3+}] = [Z^{5-}] + [HZ^{4-}] + [H_2Z^{3-}] + [H_3Z^{2-}] + [H_4Z^-] + [H_5Z]$$

On exprime la concentration en ions Z^{5-} en utilisant la constante β puis les concentrations en formes protonées en combinant l'expression précédente aux constantes d'acidité de H_5Z, ce qui donne :

$$[Z^{5-}] = \frac{[Gd(Z)^{2-}]}{\beta[Gd^{3+}]} \qquad \text{et} \qquad [HZ^{4-}] = \frac{[H_3O^+][Gd(Z)^{2-}]}{[Gd^{3+}]}\cdot\frac{1}{\beta K_5}$$

Nous obtenons :

$$[Gd^{3+}] = \frac{[Gd(Z)^{2-}]}{\beta[Gd^{3+}]}\left(1 + \frac{[H_3O^+]}{K_5} + \frac{[H_3O^+]^2}{K_4K_5} + \frac{[H_3O^+]^3}{K_3K_4K_5} + \frac{[H_3O^+]^4}{K_2K_3K_4K_5} + \frac{[H_3O^+]^5}{K_1K_2K_3K_4K_5}\right)$$

qui est bien la relation demandée par l'énoncé.

c. Dans le cas d'un relargage faible, l'essentiel du complexe introduit reste sous forme de complexe et :

$$[Gd(Z)^{2-}] \simeq C_o$$

ce qui conduit à :

$$[\mathrm{Gd}^{3+}]_{\text{relargué}} = \sqrt{\frac{C_o}{\beta_{\text{app}}}} \qquad \text{avec} \quad \frac{1}{\beta_{\text{app}}} = \frac{1}{\beta} \cdot \left(1 + \sum_{i=1}^{5} \left(\frac{[\mathrm{H_3O^+}]^i}{\prod_{j=0}^{i-1} K_{5-j}} \right) \right).$$

d. En travaillant à pH = 7,4, l'espèce majoritaire de l'acide H_5Z est l'espèce H_2Z^{3-}, ce qui correspond au troisiéme terme. Donc la valeur numérique de la constante apparente est :

$$\beta_{\text{app}} = \frac{\beta K_4 K_5}{[\mathrm{H_3O^+}]^2} = \frac{10^{22,4}}{10^{4,4}} = 10^{18}.$$

Cette constante est suffisamment élevée pour que cela corresponde, pour la plupart des conditions initiales, à une réaction très déplacée dans le sens de la formation du complexe.

2. Effet des cations métalliques dissous sur la stabilité

En présence d'un autre cation métallique susceptible de se complexer avec l'anion Z^{5-}, il faut envisager la formation de l'espèce $M(Z)^{n+}$ selon :

$$M^{n+} \quad + \quad Z^{5-} \quad = \quad M(Z)^{p+} \qquad \text{avec} \qquad \beta_{\mathrm{M}} = \frac{[M(Z)^{p+}]}{[M^{n+}][Z^{5-}]}.$$

Dans l'équation de conservation du motif Z, il faut ajouter un terme : la concentration $[M^{n+}][Z^{5-}]$. En se plaçant dans l'hypothèse d'une faible dissociation du complexe du gadolinium, et en supposant la concentration initiale C'_o en ion $M(Z)^{p+}$ de même ordre de grandeur que C_o, nous aurons peu de ligands libres Z et donc :

$$M(Z)^{p+} \simeq C'_o.$$

Ainsi :

$$[\mathrm{Gd}^{3+}] = [M(Z)^{p+}] + [Z^{5-}] + [\mathrm{H}Z^{4-}] + [\mathrm{H_2}Z^{3-}] + [\mathrm{H_3}Z^{2-}] + [\mathrm{H_4}Z^{-}] + [\mathrm{H_5}Z]$$

soit :

$$[\mathrm{Gd}^{3+}] = \beta_{\mathrm{M}}[M^{n+}][Z^{5-}] + [\mathrm{H}Z^{4-}] + [\mathrm{H_2}Z^{3-}] + [\mathrm{H_3}Z^{2-}] + [\mathrm{H_4}Z^{-}] + [\mathrm{H_5}Z]$$

donc :

$$[\mathrm{Gd}^{3+}] = (1 + \beta_{\mathrm{M}}C'_o)[Z^{5-}] + [\mathrm{H}Z^{4-}] + [\mathrm{H_2}Z^{3-}] + [\mathrm{H_3}Z^{2-}] + [\mathrm{H_4}Z^{-}] + [\mathrm{H_5}Z]$$

et en introduisant les constantes d'acidité K_i et la constante de formation β :

$$[\mathrm{Gd}^{3+}]_{\text{relargué}} = \sqrt{\frac{C_o}{\beta_{\text{physio}}}} \quad \text{et} \quad \frac{1}{\beta_{\text{physio}}} = \frac{1}{\beta} \left(1 + \beta_{\mathrm{M}}C'_o + \sum_{i=1}^{5} \left(\frac{[\mathrm{H_3O^+}]^i}{\prod_{j=0}^{i-1} K_{5-j}} \right) \right).$$

S'il y a plusieurs cations complexables et que les approximations précisées ci-dessus s'appliquent, on remplace le terme $\beta_{\mathrm{M}}C'_o$ par la somme $\sum_k \beta_{\mathrm{M}_k} C'_{ok}$, la somme portant sur tous les cations présents en solution et susceptibles de se complexer avec le ligand Z^{5-}.

3. Application à la détermination des doses à administrer au patient

a. Sachant que la concentration maximale en ions gadolinium libres et la constante β_{physio} sont connues, on en déduit la concentration maximale en complexe $c_{\max}$ que l'on peut introduire :

$$c_{\max} = (10 \cdot 10^{-6})^2 \cdot 10^7 = 10^{-3}\ \text{mol.L}^{-1}.$$

Pour en déduire la dose létale, il faut convertir le volume de liquide de sang en masse corporelle. Pour une souris, le rapport vaut :

$$\frac{\text{volume}}{\text{masse}} = \frac{70 \cdot 10^{-3}}{40 \cdot 10^{-3}} = 1,75 \text{ L.kg}^{-1}$$

La dose létale chez la souris d_ℓ^{sour} est donc égale à :

$$d_\ell^{\text{sour}} = 1,75.10^{-3} \text{ mol.kg}^{-1}$$

b. La valeur expérimentale est environ 2,5 fois supérieure. Le texte suggère d'évoquer un critère cinétique : la décomplexation du complexe $\text{Gd}(Z)^{2-}$ doit être assez lente devant les processus physiologiques d'élimination par les urines et permet donc d'éviter, à cause de la lenteur des processus, d'atteindre les concentrations d'équilibre calculées à la question précédente.

c. Notons d_ℓ^{eff}, la dose létale effective, et m la masse d'un patient. Soit v_i le volume à injecter et C_o la concentration initiale en agent de contraste. Nous avons :

$$\frac{1}{50} d_\ell^{\text{eff}} m = C_o v_i$$

soit *numériquement* :

$$k_i = \frac{5 \cdot 10^{-3}}{50} \cdot 70 \cdot \frac{1}{0,5} = 14 \text{ mL}.$$

Corrigés des exercices du chapitre 12

12.1 Précipitation du chromate de plomb(II)

1. Pour que l'ion chromate soit prépondérant devant l'ion hydrogénochromate, il faut se placer à un pH supérieur à $pK_A + 1$, soit :

$$pH > 6,4 + 1 = 7,4.$$

2. La concentration maximale en plomb dans les eaux de lavage est fixée par le produit de solubilité de $PbCrO_4(s)$. Considérons l'équilibre de dissolution du chromate de plomb(II) et l'expression de sa constante d'équilibre :

$$PbCrO_4(s) \quad = \quad Pb^{2+}\ (aq) \quad + \quad CrO_4^{2-}\ (aq) \qquad K_{s1} = [Pb^{2+}].[CrO_4^{2-}].$$

La stœchiométrie de la réaction de dissolution impose :

$$[Pb^{2+}] = [CrO_4^{2-}] \quad \text{et donc :} \quad K_{s1} = [Pb^{2+}]^2.$$

Numériquement :

$$[Pb^{2+}] = \sqrt{K_{s1}} = 10^{-6,5} = 3,16.10^{-7}\ mol{\cdot}L^{-1} = 65,5\ \mu g{\cdot}L^{-1}.$$

Soit une teneur en plomb supérieure à la norme légale.
3. L'ion plomb(II) Pb^{2+} forme avec les ions sulfure S^{2-} un précipité particulièrement insoluble : le mélange de chromate de plomb avec le sulfure de manganèse se traduirait par la formation de sulfure de plomb noir.

12.2 Hydroxydes de fer(II) et (III)

1.a. Pour une concentration en ion fer(III) Fe^{3+} égale à 10^{-2} mol.L^{-1}, le produit de solubilité est vérifié lorsque la concentration en ion hydroxyde vaut :

$$K_s(Fe(OH)_3) = [HO^-]^3[Fe^{3+}]_0 \quad \text{soit} \quad [OH^-] = \left(\frac{K_s(Fe(OH)_3)}{c_0}\right)^{1/3}.$$

Numériquement, nous avons :

$$[OH^-] = \left(\frac{10^{-38}}{10^{-2}}\right)^{1/3} = 10^{-12}\ mol{\cdot}L^{-1} \qquad \text{soit :} \qquad [H_3O^+] = 10^{-2}\ mol{\cdot}L^{-1}.$$

Ainsi pour une concentration d'ions fer(III) égale à 10^{-2} mol.L^{-1}, si pH < 2, il n'y a pas de précipité d'hydroxyde de fer(III) et si pH > 2, l'hydroxyde de fer(III) est présent.
b. Pour que 99,9 % des ions ferriques soient sous forme de précipité, la concentration résiduelle en ions Fe^{3+} en solution doit être égale à 1/1000ème de la concentration initiale, soit 10^{-5} mol.L^{-1}. La concentration en ions hydroxyde doit vérifier la relation :

$$[OH^-] = \left(\frac{10^{-38}}{10^{-5}}\right)^{1/3} = 10^{-11}\ mol{\cdot}L^{-1} \qquad \text{soit :} \qquad [H_3O^+] = 10^{-3}\ mol{\cdot}L^{-1}.$$

Ainsi la précipitation de 99,9 % du fer(III) est assurée si le pH est supérieur à 3.
c. Avec les ions fer(II), une étude similaire à celle du **1.a.** conduit, pour la valeur minimale du pH à atteindre pour observer le précipité d'hydroxyde de fer(II), à :

$$K_s(Fe(OH)_2) = [HO^-]^2[Fe^{2+}]_0 \qquad \text{soit :} \qquad [OH^-] = \left(\frac{K_s(Fe(OH)_2)}{c_0}\right)^{1/2}$$

$$[OH^-] = \left(\frac{10^{-16}}{10^{-2}}\right)^{1/2} = 10^{-7}\ mol{\cdot}L^{-1} \quad \text{soit :} \quad [H_3O^+] = 10^{-7}\ mol{\cdot}L^{-1}.$$

Ainsi pour une concentration d'ions fer(II) égale à 10^{-2} mol.L^{-1}, si pH < 7, il n'y a pas de précipité d'hydroxyde de fer(II) et si pH > 7, l'hydroxyde de fer(II) est présent.

d. Comme les deux hydroxydes susceptibles de se former n'ont pas la même stœchiométrie, la simple comparaison des produits de solubilité ne permet pas de prévoir les valeurs relatives des deux pH de précipitation.

2.a. L'introduction d'hydroxyde de fer(III) dans de l'eau pure se traduit par la réaction de solubilisation, supposée être la réaction prépondérante :

$$Fe(OH)_3(s) \quad = \quad Fe^{3+}(aq) \quad + \quad 3\ OH^-(aq) \qquad \text{de constante } K_s(Fe(OH)_3).$$

En notant s la solubilité de l'hydroxyde de fer(III) dans l'eau pure, la stœchiométrie de la réaction de dissolution impose, si on admet que la concentration en ions hydroxyde est fixée par la réaction de dissolution :

$$[Fe^{3+}] = s \qquad \text{et} \qquad [OH^-] = 3s.$$

L'écriture du produit de solubilité de l'hydroxyde de fer(III) s'exprime en fonction de la solubilité s selon :

$$K_s(Fe(OH)_3) = s.(3s)^3 \qquad \text{soit :} \qquad s = \left(\frac{K_s(Fe(OH)_3)}{27}\right)^{1/4}.$$

Numériquement :

$$s = 1{,}39.10^{-10}\ mol{\cdot}L^{-1} \qquad \text{et donc :} \qquad [OH^-] = 3s = 4{,}17.10^{-10}\ mol{\cdot}L^{-1}.$$

Soit une valeur très inférieure à celle de la concentration des ions hydroxyde dans l'eau pure. Ainsi l'hypothèse de travail (la concentration en ions hydroxyde est fixée par la réaction de dissolution) est inexacte et il faut reprendre le calcul en supposant que la concentration des ions hydroxyde est égale à celle de l'eau pure (10^{-7} mol.L^{-1}) et que la concentration des ions ferrique Fe^{3+} est donnée par l'écriture du produit de solubilité :

$$[Fe^{3+}] = \frac{K_s(Fe(OH)_3)}{[OH^-]^3} \qquad \text{soit :} \qquad [Fe^{3+}] = \frac{10^{-38}}{10^{-21}} = 10^{-17}\ mol{\cdot}L^{-1}.$$

Cette concentration, très faible devant celle des ions de l'eau (10^{-7} mol.L^{-1}), montre que la nouvelle hypothèse est vérifiée et valide le calcul ci-dessus.

b. Le pH calculé montre que l'hydroxyde de fer(III) est trop peu soluble dans l'eau pure pour modifier le pH de la solution. Cette espèce chimique n'a donc pas de propriétés acido-basiques.

c. Si on reprend les calculs précédents dans le cas de la dissolution de l'hydroxyde de fer(II), en notant toujours s la solubilité du solide dans l'eau pure et en tenant compte de la stœchiométrie de la réaction de dissolution, la relation entre solubilité et produit de solubilité est :

$$K_s(Fe(OH)_2) = s.(2s)^2 \qquad \text{soit :} \qquad s = \left(\frac{K_s(Fe(OH)_2)}{4}\right)^{1/3}.$$

Numériquement :

$$s = [Fe^{2+}] = 2{,}92.10^{-6}\ mol{\cdot}L^{-1} \qquad \text{et donc :} \qquad [OH^-] = 2s = 5{,}86.10^{-6}\ mol{\cdot}L^{-1}.$$

Cette concentration étant notablement supérieure à celle de la concentration en ions hydroxyde dans l'eau pure, cela valide l'hypothèse de travail (la réaction de solubilisation est la réaction prépondérante). Le pH de la solution saturée en hydroxyde de fer(II) est donc :

$$pH = 14 + \log(5{,}86\ 10^{-6}) = 8{,}77.$$

d. Le pH de la solution saturée en hydroxyde de fer(II) correspond à une solution basique : la solubilité de l'hydroxyde de fer(II) est suffisante pour modifier le pH de la solution, ce qui n'est pas le cas de l'hydroxyde de fer(III).

12.3 Solubilité comparée de l'hydroxyde de magnésium(II) et de l'hydroxyde de fer(II)

1. La réaction s'écrit :

$$\mathrm{Mg(OH)_2\,(s)} \quad + \quad \mathrm{Fe^{2+}} \quad = \quad \mathrm{Mg^{2+}} \quad + \quad \mathrm{Fe(OH)_2\,(s)}.$$

Cette réaction ayant lieu, nous en déduisons que l'hydroxyde de magnésium est plus soluble que l'hydroxyde de fer. Nous avons $K_s\,(\mathrm{Mg(OH)_2}) > K_s\,(\mathrm{Fe(OH)_2})$.
2. Attention, lorsqu'on ajoute des ions hydroxyde, pOH diminue. Au point B apparaît le solide le moins soluble (hydroxyde de fer). Au point A apparaît l'hydroxyde de magnésium. Ainsi la courbe (1) désigne le pourcentage d'ions $\mathrm{Mg^{2+}}$ tandis que la courbe (2) désigne le pourcentage d'ions $\mathrm{Fe^{2+}}$.
3. Pour déterminer les produits de solubilité nous nous plaçons à la limite d'apparition des solides (points anguleux). Au point B, la première particule d'hydroxyde de fer apparaît, alors :

$$K_s\,(\mathrm{Fe(OH)_2}) = \left[\mathrm{Fe^{2+}}\right]\left[\mathrm{HO^-}\right]^2 = 0,1.10^{-14} = 10^{-15}.$$

De la même façon, au point A, la première particule d'hydroxyde de magnésium apparaît. Alors :

$$K_s\,(\mathrm{Mg(OH)_2}) = \left[\mathrm{Mg^{2+}}\right]\left[\mathrm{HO^-}\right]^2 = 0,1.10^{-9,6} = 10^{-10,6}.$$

4. La réaction dont l'équation-bilan a été écrite à la question **1.** a une constante d'équilibre K_T° qui s'exprime par $K_T^\circ = \dfrac{K_s\,(\mathrm{Mg(OH)_2})}{K_s\,(\mathrm{Fe(OH)_2})}$. Il vient donc *numériquement* $K_T^\circ = 10^{4,4}$.

12.4 Influence de la complexation sur la solubilité

1. La réaction observée est une réaction de redissolution d'un solide. Son équation-bilan est une RP généralisée (voir cours) :

$$\mathrm{Mg(OH)_2\,(s)} \quad + \quad Y^{4-} \quad = \quad [\mathrm{Mg}Y]^{2-} \quad + \quad 2\,\mathrm{OH^-}.$$

Il s'agit en fait de la somme des deux équations :

$$\mathrm{Mg(OH)_2\,(s)} \quad = \quad \mathrm{Mg^{2+}} \quad + \quad 2\,\mathrm{OH^-}$$

$$\mathrm{Mg^{2+}} \quad + \quad Y^{4-} \quad = \quad [\mathrm{Mg}Y]^{2-}.$$

Cette approximation consiste à négliger la présence des ions $\mathrm{Mg^{2+}}$. La constante de l'équilibre de redissolution $K_T^{\circ'}$ s'exprime par :

$$K_T^{\circ'} = \beta K_s\,(\mathrm{Mg(OH)_2}) = 10^{-1,8}.$$

2. Nous réalisons un bilan (tableau d'avancement en quantité de matière) sur la réaction de redissolution du solide :

	$\mathrm{Mg(OH)_2\,(s)}$	+	Y^{4-}	=	$[\mathrm{Mg}Y]^{2-}$	+	$2\,\mathrm{OH^-}$
EI	10^{-2}		n		0		0
EF	$\varepsilon \approx 0$		$n - 10^{-2}$		10^{-2}		2.10^{-2}

Au moment où la dernière particule d'hydroxyde de magnésium disparaît :

$$K_T^{\circ\prime} = 10^{-1,8} = \frac{\left(\frac{10^{-2}}{0,1}\right)\left(\frac{2.10^{-2}}{0,1}\right)^2}{\left(\frac{n-10^{-2}}{0,1}\right)}$$

qui conduit à $n = 0,035$ mol. Nous vérifions *a posteriori* le caractère négligeable de Mg^{2+} par rapport au complexe $[MgY]^{2-}$.

12.5 Précipitation sélective des hydroxydes

1. La réaction de dissolution de l'hydroxyde de magnésium(II) est supposée fixer la concentration en ions hydroxyde en solution.

$$Mg(OH)_2(s) \quad = \quad Mg^{2+}(aq) \quad + \quad 2\,OH^-(aq) \qquad \text{de constante d'équilibre } K_{s2}.$$

En notant s la solubilité de l'hydroxyde de magnésium(II) dans l'eau pure, la stœchiométrie de la réaction de dissolution impose :

$$[Mg^{2+}] = s \qquad \text{et} \qquad [OH^-] = 2s \qquad K_{s2} = s.(2s)^2.$$

La connaissance du pH de la solution saturée permet de déterminer la valeur de la concentration en ions hydroxyde et donc la constante K_{s2} :

$$[OH^-] = 2s = \frac{10^{-14}}{10^{-10,5}} = 10^{-3,5} \qquad \text{et} \qquad K_{s2} = \frac{10^{-3,5}}{2}.(10^{-3,5})^2 = 1,58.10^{-11}.$$

Soit pK_{s2}= 10,8.

2.a. La précipitation de 99 % du cobalt se traduit par une concentration résiduelle en ion Co^{2+} cent fois plus petite que la concentration initiale, soit :

$$[Co^{2+}] = \frac{c_0}{100} = 10^{-4}\ \text{mol·L}^{-1}.$$

Le pH qui permet d'assurer la précipitation de 99 % (noté par la suite pH_1) s'obtient en écrivant la relation entre concentrations imposée par le produit de solubilité :

$$K_{s1} = \left(\frac{c_0}{100}\right).[OH^-]^2 \qquad \text{soit :} \qquad [OH^-] = \left(K_{s1}.\frac{100}{c_0}\right)^{1/2} = \left(\frac{10^{-14,8}}{10^{-4}}\right)^{1/2}$$

d'où :

$$pH_1 = 14 + \frac{1}{2}\log(10^{-10,8}) = 8,6.$$

b. Si 1 % du magnésium précipite, la concentration en solution vaut 99 % de la valeur initiale, soit $0,99.c_0$ et l'écriture du produit de solubilité de l'hydroxyde de magnésium(II) conduit à :

$$K_{s2} = 0,99.c_0\,[OH^-]^2 \qquad \text{soit :} \qquad [OH^-] = \left(\frac{K_{s2}}{0,99.c_0}\right)^{1/2} = \left(\frac{10^{-10,8}}{0,99.10^{-2}}\right)^{1/2}.$$

En notant pH_2 le pH où 1 de l'hydroxyde de magnésium a précipité, il vient :

$$pH_2 = 14 + \frac{1}{2}\log\left(\frac{10^{-8,8}}{0,99}\right) = 9,6.$$

c. Pour pH > pH_1, plus de 99 % du cobalt(II) est précipité sous forme d'hydroxyde. Pour pH < pH_2, moins de 1 % du magnésium est précipité sous forme d'hydroxyde. Ainsi en se plaçant entre pH_1 et pH_2, il est possible de précipiter plus de 99 % du cobalt sans précipiter plus de 1 % du magnésium.

12.6 Détermination d'un produit de solubilité par conductimétrie

La conductivité due aux ions issus de la dissolution du chlorure d'argent est :

$$\sigma' = 1{,}27\ 10^{-4} - 6{,}3\ 10^{-6} = 1{,}21.10^{-4}\ \text{S}\cdot\text{m}^{-1}.$$

La connaissance de cette conductivité et des conductivités molaires des ions permet d'accéder aux concentrations :

$$\sigma' = \sum c_i \lambda_i = (\lambda^o_{\text{Ag}^+} + \lambda^o_{\text{Cl}^-}).c$$

où c est la concentration en ions chlorure et argent. Le produit de solubilité est $K_s(\text{AgCl}) = c^2$. Le point délicat ici est l'utilisation d'un système cohérent d'unités. En effet les grandeurs conductivité et conductivité molaire contiennent l'unité longueur qui sera ici le mètre. Les concentrations volumiques seront donc exprimées en $\text{mol}\cdot\text{m}^{-3}$ et les conductivités molaires en $\text{S.m}^2.\text{mol}^{-1}$ (il faut multiplier par 10^{-4} les conductivités molaires exprimées en $\text{S}\cdot\text{cm}^2\cdot\text{mol}^{-1}$). Ainsi nous obtenons :

$$c = \frac{1{,}21.10^{-4}}{(61{,}92 + 76{,}34).10^{-4}} = 8{,}75.10^{-3}\ \text{mol}\cdot\text{m}^{-3} = 8{,}75.10^{-6}\ \text{mol}\cdot\text{L}^{-1}.$$

D'où l'expression *numérique* du produit de solubilité du chlorure d'argent :

$$K_s(\text{AgCl}) = (8{,}75\ 10^{-6})^2 = 0{,}77\ 10^{-10} \quad \text{d'où } pK_s = 10{,}1.$$

La littérature indique la valeur $pK_s = 9{,}7$ à 25 °C, en bon accord avec la mesure effectuée ci-dessus.

12.7 L'ion zinc(II) en solution

1. La concentration en zinc(II) en solution est la somme des concentrations des différentes espèces contenant des atomes de zinc au degré d'oxydation deux, soit :

$$c_{Zn} = [\text{Zn}^{2+}] + [[\text{Zn(OH)}]^+] + [\text{Zn(OH)}_2] + [[\text{ZnO}_2\text{H}]^-] + [[\text{Zn(OH)}_4]^{2-}].$$

Les différentes constantes des équilibres (1) à (5) s'écrivent :

$$K_1 = \frac{[[\text{Zn(OH)}]^+].h}{[\text{Zn}^{2+}]} \qquad K_2 = [\text{Zn(OH)}_2] \qquad K_3 = [\text{Zn}^{2+}].[\text{OH}^-]^2 = [\text{Zn}^{2+}].\frac{K_e^2}{h^2}$$

$$K_4 = [[\text{ZnO}_2\text{H}]^-].h \qquad K_5 = [[\text{Zn(OH)}_4]^{2-}].h^2.$$

En remplaçant dans l'expression de c_{Zn}, celle-ci devient :

$$c_{Zn} = \left(\frac{K_3}{K_e^2}\right)h^2 + \left(\frac{K_3.K_1}{K_e^2}\right)h + K_2 + \frac{K_4}{h} + \frac{K_5}{h^2}.$$

2. Pour calculer les différents domaines de prédominance, il faut calculer les pH où deux espèces successives sont en même concentration. Pour la frontière séparant Zn^{2+} de $[\text{Zn(OH)}^+]$, l'écriture de la constante K_1 fait apparaître que le pH auquel on observe une égale concentration en ion Zn^{2+} et en ions $[\text{Zn(OH)}^+]$ est $\text{pH} = pK_1 = 8{,}3$. Le pH auquel il y a égale concentration en ions $[\text{Zn(OH)}^+]$ et en molécules Zn(OH)_2 (aq) vérifie l'équation :

$$\left(\frac{K_3.K_1}{K_e^2}\right)h = K_2 \qquad \text{soit :} \qquad h = \frac{K_e^2 K_2}{K_3 K_1} \qquad \text{et } \textit{numériquement :} \qquad \text{pH} = 8{,}1.$$

Ce résultat n'est pas satisfaisant car il est inférieur à celui précédemment calculé qui sépare les domaines de Zn^{2+} de $[Zn(OH)^+]$. Ceci signifie que l'espèce $[Zn(OH)^+]$ n'est jamais majoritaire en solution et il faut calculer le pH où les espèces Zn^{2+} et $Zn(OH)_2$ (aq) sont en concentrations égales, soit à résoudre :

$$\left(\frac{K_3}{K_e^2}\right)h^2 = K_2 \qquad \text{soit :} \qquad h = \sqrt{\frac{K_2 K_e^2}{K_3}} \qquad \text{et } \textit{numériquement :} \qquad \mathrm{pH} = 8,2.$$

Le pH séparant les domaines des espèces $Zn(OH)_2$ (aq) et $[ZnO_2H]^-$ est défini par la résolution de l'équation :

$$K_2 = \frac{K_4}{h} \qquad \text{soit :} \qquad h = \frac{K_4}{K_2} \qquad \text{et } \textit{numériquement :} \qquad \mathrm{pH} = 11,6.$$

Le pH séparant les domaines des espèces $[ZnO_2H]^-$ et $[Zn(OH)_4]^{2-}$ est défini par la résolution de l'équation :

$$\frac{K_4}{h} = \frac{K_5}{h^2} \qquad \text{soit :} \qquad h = \frac{K_5}{K_4} \qquad \text{et } \textit{numériquement :} \qquad \mathrm{pH} = 12,5.$$

3. Diagramme

$$\mathrm{pH} < 8,2 \qquad s = 10^{11}h^2 \qquad\qquad 8,2 < \mathrm{pH} < 11,6 \qquad s = 10^{-5,4}$$

$$11,6 < \mathrm{pH} < 12,5 \qquad s = \frac{10^{-17}}{h} \qquad\qquad \mathrm{pH} > 12,5 \qquad s = \frac{10^{-29,5}}{h^2}$$

4. Après mélange, la concentration en zinc(II) en solution est de 10^{-2} mol.L^{-1}. Pour obtenir un système sans précipité, il faudrait que la solubilité s soit égale à 10^{-2} mol.L^{-1}. Sur la courbe tracée, l'horizontale $\log(s) = -2$ montre que le système sans solide n'existe que pour des pH acides (pH $< 6,5$) ou notablement basiques (pH $> 13,75$). Donc, après mélange, il existe une quantité importante de précipité d'hydroxyde de zinc(II). La dissociation de l'hydroxyde de zinc(II) en solution fournit des ions hydroxyde et c'est cette réaction de dissociation (équation de constante K_3) qui est supposée être la réaction prépondérante qui fixe le pH. La stœchiométrie de cette réaction impose :

$$[OH^-] = 2x \qquad \text{et} \qquad [Zn^{2+}] = x$$

soit, en remplaçant dans la constante K_3 :

$$K_3 = \left(\frac{[OH^-]}{2}\right).[OH^-]^2 \qquad \text{soit :} \qquad [OH^-] = (2K_3)^{1/3}$$

$$\text{et numériquement :} \qquad \mathrm{pH} = 8,43 \qquad \text{et} \qquad [Zn^{2+}] = 1,36\ 10^{-6}\mathrm{mol.L^{-1}}$$

Ce résultat est acceptable si l'ion Zn^{2+} est en concentration notablement supérieure à celle des autres ions. L'utilisation de la constante K_4 donne :

$$K_4 = [[ZnO_2H]^-].h \quad \text{soit :} \quad [[ZnO_2H]^-] = \frac{10^{-17}}{10^{-8,43}} \quad \text{donc} \quad [[ZnO_2H]^-] = 2,69.10^{-9}\ \mathrm{mol{\cdot}L^{-1}}$$

concentration négligeable devant celle de l'ion Zn^{2+}, ce qui valide l'hypothèse de travail et la valeur du pH obtenue.

12.8 Le sulfate de baryum

1. L'équation chimique de solubilisation est :

$$BaSO_4\ (s) \quad = \quad Ba^{2+}\ (aq) \quad + \quad SO_4^{2-}\ (aq).$$

La constante d'équilibre de cette réaction est appelée produit de solubilité du sulfate de baryum dont l'expression est :

$$K_s = [Ba^{2+}][SO_4^{2-}].$$

2. La solubilité s est la quantité de matière par unité de volume de solution qui passe en solution. La stœchiométrie de la réaction dc dissolution impose :

$$s = [Ba^{2+}] = [SO_4^{2-}] \qquad \text{et} \qquad K_s = s^2 \qquad \text{donc} \qquad s = \sqrt{K_s}.$$

D'autre part, la masse molaire du sulfate de baryum est égale à $M(BaSO_4) = 233$ g.mol^{-1}.
Numériquement :

$$s = \sqrt{10^{-10}} = 10^{-5}\ \text{mol}\cdot\text{L}^{-1} \qquad \text{et donc} \qquad s = 2,33\ 10^{-3}\ \text{g.L}^{-1}.$$

3. Dans un bécher contenant la solution à doser de sulfate de sodium est introduite une cellule conductimétrique connectée à un conductimètre. La burette contient la solution titrante de chlorure de baryum. L'expérimentateur note la conductivité de la solution contenue dans le bécher en fonction du volume de solution titrante versée.
4. Par définition, l'équivalence correspond au système où les réactifs ont été introduits en proportions stœchiométriques. Ici la réaction de dosage (la précipitation du sulfate de baryum) est de stœchiométrie 1 :1. Le volume équivalent est tel que le nombre de mole d'ions baryum introduits est égal à celui des ions sulfate initialement présents.
5. La relation précédente s'écrit, où c_1 est la concentration à déterminer :

$$V_{eq}c = V_0c_1 \qquad \text{donc} \qquad c_1 = \frac{12}{100}0,05 = 6\ 10^{-3}\ \text{mol.L}^{-1}.$$

6. Soit la solution obtenue par mélange de la solution à doser et d'une goutte du réactif titrant. Les concentrations (avant évolution chimique) sont :

$$[SO_4^{2-}]_0 = 6.10^{-3}\ \text{mol}\cdot\text{L}^{-1} \qquad \text{et} \qquad [Ba^{2+}]_0 = 0,05.\frac{0,05}{100} = 2,5.10^{-5}\ \text{mol}\cdot\text{L}^{-1}.$$

Le quotient de réaction Q vaut :

$$Q = (6.10^{-3})(2,5.10^{-5}) = 1,5\ 10^{-7} > K_s.$$

Il y a donc apparition du précipité dés l'introduction de la première goutte.
7. Il ne faut pas oublier, pour justifier correctement l'évolution de la conductivité lors du dosage, de tenir compte de la présence de tous les ions, même ceux qui ne participent pas à la réaction, mais qui participent à la conductivité. La réaction de dosage s'écrit :

$$(SO_4^{2-} + 2\,Na^+) \quad + \quad (Ba^{2+} + 2\,Cl^-) \quad = \quad BaSO_4\ (s) \quad + \quad 2\,(Na^+ + Cl^-)$$

La réaction de précipitation observée par introduction du réactif chlorure de baryum se traduit par le remplacement d'un ion sulfate par deux ions chlorure. Le tableau des conductivités molaires à dilution infinie montre que un ion sulfate conduit un petit peu mieux que deux ions chlorure. Ainsi, avant l'équivalence, on observe au cours du dosage une diminution (très faible) de la conductivité. Après l'équivalence, le chlorure de baryum introduit fait croître la conductivité. Ainsi, en négligeant la dilution, la courbe donnant la conductivité en fonction du volume versé est constituée de deux segments de droites : l'une de pente très faiblement négative avant l'équivalence et l'autre de pente positive après l'équivalence.

12.9 Ions aluminium en solution aqueuse

1. La solubilité s de l'aluminium(III) est la somme des concentrations des espèces d'aluminium(III) solubles, soit :

$$s = [Al^{3+}] + [[Al(OH)]^{2+}] + [[Al(OH)_4]^-].$$

Pour exprimer les grandeurs x_i, il faut accéder à l'expression de s en fonction de la concentration en ion aluminium(III) ; cela suppose d'exprimer chaque concentration en espèce soluble en fonction d'une concentration unique, par exemple celle en ions aluminium(III), lorsque le précipité est présent. L'existence du précipité suppose que le produit de solubilité est vérifié :

$$K_s = [Al^{3+}].[OH^-]^3 = [Al^{3+}].\frac{K_e^3}{h^3} \quad \text{et donc} \quad [Al^{3+}] = \frac{K_s}{K_e^3}\, h^3.$$

L'écriture de la constante d'acidité K_A permet d'exprimer la concentration en ion $[Al(OH)]^{2+}$ en fonction de celle en ion aluminium(III) et donc en fonction des exigences de l'énoncé :

$$[[Al(OH)]^{2+}] = \frac{K_A}{h}\,[Al^{3+}] \quad \text{soit} \quad [[Al(OH)]^{2+}] = \frac{K_A K_s}{K_e^3}\, h^2.$$

Pour les ions tétrahydroxoaluminate (III), la réaction de formation globale du complexe s'écrit :

$$Al^{3+} + 4OH^- = [Al(OH)_4]^- \quad \text{de constante d'équilibre} \quad \frac{[[Al(OH)_4]^-]}{[Al^{3+}]\,[OH^-]^4} = \frac{K}{K_s}$$

d'où l'expression de la concentration en ion tétrahydroaluminate :

$$[Al(OH)_4^-] = \left(\frac{K}{K_s}\right)[Al^{3+}]\left(\frac{K_e}{h}\right)^4.$$

Ces trois concentrations permettent d'exprimer la grandeur s en fonction de la concentration en ion aluminium(III) :

$$s = [Al^{3+}].\left(1 + \frac{K_A}{h} + \frac{K\,K_e^4}{K_s}\frac{1}{h^4}\right).$$

Les expressions des grandeurs x_i sont donc :

$$x_1 = \frac{1}{\left(1 + \frac{K_A}{h} + \frac{K\,K_e^4}{K_s}\frac{1}{h^4}\right)} \quad ; \quad x_2 = \frac{1}{\left(\frac{h}{K_A} + 1 + \frac{K\,K_e^4}{K_s K_A}\frac{1}{h^3}\right)}$$

$$x_3 = \frac{\left(\frac{K}{K_s}\right)\left(\frac{K_e}{h}\right)^4}{\left(1 + \frac{K_A}{h} + \frac{K\,K_e^4}{K_s}\frac{1}{h^4}\right)} = \frac{1}{\frac{K_s}{K\,K_e^4}h^4 + \frac{K_A K_s}{K K_e^4}h^3 + 1}.$$

2. À pH faible (inférieur à 5), l'espèce majoritaire est l'ion Al^{3+}, à pH intermédiaire (à partir de pH = 5), c'est l'ion $[Al(OH)]^+$ et enfin en milieu basique, c'est l'ion tétrahydroxoaluminate. Ceci permet d'assigner les courbes : la courbe A représente x_1, la courbe C, x_2 et la courbe B, x_3.

3.a. L'ajout d'une solution concentrée d'hydroxyde de sodium fait croître le pH : lorsque le produit de solubilité est atteint, le précipité d'hydroxyde d'aluminium(III) apparaît. Des pH suffisamment élevés favorisent la formation de l'ion tétrahydroxoaluminate qui est une forme soluble de l'aluminium(III) : à pH élevé, il y a redissolution du précipité.
Calcul de pH_1 : supposons que lors de l'apparition du précipité, l'ion Al^{3+} est très majoritaire en solution ($pH < pK_A - 1$). Dans ce cas, parce que la dilution est négligée :

$$[Al^{3+}] = 0{,}5 \text{ mol·L}^{-1} \quad \text{et} \quad K_s = [Al^{3+}].\frac{K_e^3}{h^3} \quad \text{soit} \quad h = \left(\frac{c_0\, K_e^3}{K_s}\right)^{\frac{1}{3}}.$$

Numériquement : $pH_1 = 3,43$; hypothèse vérifiée : $pH_1 < 4$.
Calcul de pH_2 : lors de la redissolution en milieu basique, il est probable (ici, il n'y a pas d'autres possibilités) que l'aluminium est très majoritairement sous forme d'ion tétrahydroxoaluminate. Ainsi :

$$[[Al(OH)_4]^-] = c_0 = 0{,}5 \text{ mol·L}^{-1} \quad \text{(la dilution est négligée)}$$

L'écriture de la constante K permet d'accéder à la valeur de pH_2 :

$$K = \frac{[Al(OH)_4^-]}{[OH^-]} = \frac{h\, c_0}{K_e} \quad \text{et donc} \quad h = \frac{K\, K_e}{c_0}.$$

Numériquement : $pH_2 = 10,7$; hypothèse vérifiée : $pH_2 > (pK_A + 1) = 6$.
b. La valeur du pH qui assure la quantité maximale de précipité est celle qui assure la valeur minimale de la solubilité, ce qui numériquement correspond à l'annulation de la dérivée de s par rapport à h.

$$s = \frac{K_s}{K_e^3}\, h^3 + \frac{K_A\, K_s}{K_e^3}\, h^2 + \frac{K\, K_e}{h}.$$

La dérivée est donc :

$$\frac{ds}{dh} = \frac{3K_s}{K_e^3}\, h^2 + 2\frac{K_A\, K_s}{K_e^3}\, h - \frac{K\, K_e}{h^2}.$$

La valeur numérique de pH_3 est obtenue par résolution numérique de l'équation précédente (h est l'inconnue). Ce qui conduit à résoudre *numériquement* :

$$3\ 10^{10}\, h^2 + 2\ 10^5\, h - 10^{-11}\, h^{-2} = 0.$$

Une programmation sur calculatrice ou une résolution par approximations successives conduit à :

$$pH_3 = 5,49 \sim 5,5.$$

c. C'est à $pH = pH_3$ que la solublité est minimale. Calculons la solubilité s_m en ce point. Si la concentration initiale en aluminium est inférieure à cette valeur, il n'y aura pas formation de précipité.

$$s_m = 10^{10}\ 10^{3.(-5,5)} + 10^5\ 10^{2.(-5,5)} + \frac{10^{-11}}{10^{-5,5}} = 4{,}5.10^{-6} \text{ mol·L}^{-1}.$$

Corrigés des problèmes du chapitre 12

12.10 Solubilité de l'hydroxyapatite

1. Dans 0,01 mol d'*HAP*, il y a 0,05 mol de calcium(II) et 0,03 mol de phosphate. La masse molaire du nitrate de calcium est M_1= (40 + 2.(14 + 3.16))= 164 g.mol^{-1}. La masse à utiliser pour préparer

0,01 mol de *HAP* est donc m = 0,05.164 = 8,20 g. La masse molaire de l'hydrogénophosphate de diammonium est $M_2 = (1+31+4.16+2.(14+4)) = 132$ g·mol^{-1}. La masse à utiliser pour préparer 0,01 mol de *HAP* est donc $m = 0,03.132 = 3,96$ g. La quantité de matière calculée ci-dessous suppose que la quantité de matière restant en solution est négligeable devant celle présente dans le précipité. Ce point sera abordé à la question **4**.

2. Pour faciliter la précipitation, il est préférable de se placer dans une zone de pH où les espèces constituant le solide sont prépondérantes, soit entre pH = 8,2 et pH $= 11,2$ pour l'hydrogénophosphate et inférieur à pH $= 8,2$ pour l'ion ammonium. Le choix d'un pH voisin de 8,2 est donc un bon choix.

3. La réaction de dissolution de l'hydroxyapatite, notée (S), est :

$$Ca_5(PO_4)_3OH(s) = 5\,Ca^{2+}(aq) + 3\,PO_4^{3-}(aq) + OH^-(aq).$$

Cette réaction sera effectivement observée si le pH est supérieur à 13,2 (pour que l'espèce du phosphate qui est majoritaire soit l'ion PO_4^{3-}). L'écriture du produit de solubilité de l'hydroxyapatite donne :

$$K_s = [Ca^{2+}]^5.[PO_4{}^{3-}]^3.[OH^-].$$

4. L'écriture de la constante K_D en fonction des concentrations des ions participant donne :

$$K_D = [Ca^{2+}]^5.[HPO_4{}^{2-}]^3.[OH^-]^4$$

soit en introduisant la constante d'acidité K_{A3} et le produit ionique de l'eau :

$$K_{A3} = \frac{[PO_4{}^{3-}].[H_3O^+]}{[HPO_4{}^{2-}]} = \frac{[PO_4{}^{3-}].K_e}{[HPO_4{}^{2-}].[OH^-]}$$

soit :

$$[HPO_4{}^{2-}] = \frac{[PO_4{}^{3-}].K_e}{K_{A3}.[OH^-]}$$

et donc :

$$K_D = [Ca^{2+}]^5.[OH^-]^4.\left(\frac{[PO_4{}^{3-}].K_e}{K_{A3}.[OH^-]}\right)^3 = K_s.\left(\frac{K_e}{K_{A3}}\right)^3$$

ce qui donne *numériquement* :

$$K_D = 10^{-57}.\left(\frac{10^{-14}}{10^{-12,1}}\right)^3 = 10^{-62,7}.$$

La réaction (D) est prépondérante si les ions phosphate sont présents majoritairement en solution sous forme hydrogénophosphate, c'est-à-dire si le pH est inférieur à p$K_{A3} - 1 = 11,1$.

5. Supposons que la réaction (D) soit la réaction prépondérante de dissolution. L'énoncé suggère de définir la solubilité s en terme de concentration des ions calcium en solution. La stœchiométrie de la réaction (D) impose :

$$[Ca^{2+}] = s \quad ; \quad [HPO_4{}^{2-}] = \frac{3}{5}s \quad \text{et} \quad [OH^-] = \frac{4}{5}s$$

soit en remplaçant dans la constante d'équilibre K_D :

$$K_D = (s)^5.(\frac{3}{5}s)^3.(\frac{4}{5}s)^4$$

ce qui donne pour l'expression de la solubilité :

$$s = \left(\frac{5^7 K_D}{(3^3.4^4)}\right)^{\frac{1}{12}} \quad \text{soit } \textit{numériquement} \quad s = 7{,}3.10^{-6}\ \text{mol·L}^{-1}.$$

La concentration en ions hydroxyde est donc de :

$$[OH^-] = 4.7{,}3.10^{-6}\ \text{mol}\cdot\text{L}^{-1} = 2{,}9.10^{-5}\ \text{mol}\cdot\text{L}^{-1}$$

ce qui fixe un pH de :

$$\text{pH} = 14 + \log(2{,}9\ 10^{-5}) = 9{,}46.$$

résultat compatible avec l'hypothèse de prédominance de l'ion hydrogénophosphate (pH compris entre 8,2 et 11,1) et compatible avec le fait que cette réaction est la seule source d'ions hydroxyde dans le milieu. La quantité de matière résiduelle en solution est très faible (si on travaille sur un litre de solution, cela représente trois milliémes de la quantité de matière présente dans le précipité). Ce résultat justifie le calcul effectué au **1.**.

6. Le calcul de la dérivée de $\log_{10}(K_s)$ par rapport à la température conduit à :

$$\frac{\text{d}\log_{10}(K_s)}{\text{d}\,T} = \frac{8410}{T^2} - 0{,}1.$$

Pour avoir une dérivée positive, il faut avoir :

$$\frac{8410}{T^2} - 0{,}1 > 0 \quad \text{soit} \quad T < 290\ \text{K}$$

Donc le produit de solubilité est extrémal en T= 290 K et on peut comparer les valeurs de K_s à 273 K et à 373 K :

$$K_s(273) = 10^{-59{,}8} \quad \text{et} \quad K_s(373) = 10^{-61{,}5}$$

La différence entre les deux constantes est assez faible ; il est néanmoins préférable de travailler au voisinage de la température d'ébullition de l'eau où la solubilité est la plus faible.

12.11 Complexes des ions cyanure

1. La formation du solide est associée à une diminution de solubilité (augmentation de ps). Le solide est présent entre pCN = 7,2 et pCN = 13,8. Pour pCN > 13,8, la solution n'est pas assez riche en ions cyanure pour permettre une précipitation de AgCN(s), la solution contient essentiellement Ag^+. Pour pCN < 7,2, la solution est assez riche en ions cyanure pour permettre une solubilisation complète du solide AgCN(s) sous forme de complexe $[Ag(CN)_2]^-$. La situation est résumée par le diagramme suivant.

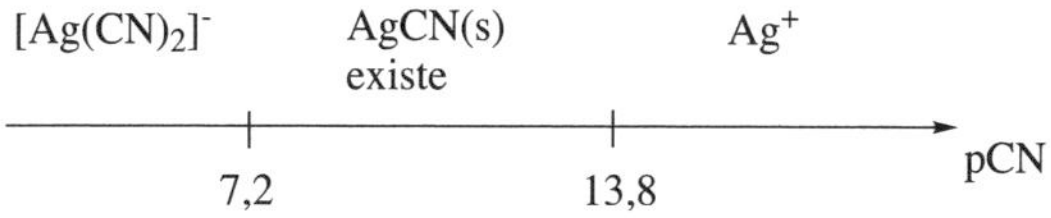

2. À l'apparition de AgCN(s) (par ajout d'une solution d'ions CN^- dans une solution d'ions Ag^+ à la concentration c_0) :

$$K_s = [CN^-]\,c_0 = 10^{-13{,}8}c_0$$

avec $c_0 = 10^{-2}$ mol.L^{-1} (ps = 2 lorsque la solution ne contient que l'ion Ag^+).
Application numérique : $K_s = 10^{-15{,}8}$.

3. la solubilité s s'exprime par :

$$s = [Ag^+] + [[Ag(CN)_2]^-].$$

Sur la portion AB (excès d'ions cyanure) :

$$s \approx [[Ag(CN)_2]^-] = \beta K_s[CN^-] = 10^{5{,}2}[CN^-] \qquad \text{et} \qquad \text{p}s = -5{,}2 + \text{pCN}.$$

Coordonnées du point M

$$s = \frac{10^{-15,8}}{[CN^-]} + 10^{5,2}[CN^-].$$

Au maximum :

$$\frac{ds}{d[CN^-]} = 0 = -\frac{10^{-15,8}}{[CN^-]^2} + 10^{5,2}$$

qui conduit à $[CN^-] = 3,2.10^{-11}$ mol.L^{-1} (pCN $= 10,5$). On calcule alors $s = 10^{-5}$ mol.L^{-1} et p$s = 5$.

12.12 Étude de la solubilité de la sidérite

1. En négligeant les propriétés acido-basiques de l'ion carbonate, le bilan sur la réaction de solubilisation s'écrit :

$FeCO_3(s)$	$=$	Fe^{2+}	$+$	CO_3^{2-}
exc s		s		s

et $K_s = s^2$ qui permet un calcul de s. *Application numérique* : $s = 10^{-5,5} = 3,2.10^{-6}$ mol.L^{-1}. Le calcul du pH d'une solution contenant des ions carbonate à la concentration $3,2.10^{-6}$ mol.L^{-1} conduit au résultat :

$$\text{pH} = 14 - \frac{1}{2}\left(14 - 10,3 - \log\left(3,2.10^{-6}\right)\right) = 9,4$$

en supposant que l'ion carbonate manifeste un comportement de base faible peu protonée. Le résultat obtenu est incohérent car la forme majoritaire observée à pH $= 9,4$ est l'ion hydrogénocarbonate. Il n'est pas raisonnable de négliger les propriétés basiques de l'ion carbonate.

2. Nous proposons une RP de solubilisation qui forme l'ion hydrogénocarbonate, et nous réalisons un bilan sur cette réaction :

$FeCO_3(s)$	$+$	H_2O	$=$	Fe^{2+}	$+$	HCO_3^-	$+$	HO^-
exc s		solvant		s		s		s

Ainsi $K^\circ = s^3$ avec K° constante d'équilibre de la réaction prépondérante : $K^\circ = 10^{-11}.10^{-3,7}$.
Application numérique : $s = 1,3.10^{-5}$ mol.L^{-1} et pH $= 9,1$ (résultat cohérent).

3.a. La solubilité s s'exprime par :

$$s = \left[Fe^{2+}\right] \quad \text{et} \quad s = \left[CO_3^{2-}\right] + [HCO_3^-] + [H_2CO_3].$$

En utilisant les constantes d'équilibre :

$$K_s = \left[Fe^{2+}\right]\left[CO_3^{2-}\right] \Rightarrow \left[CO_3^{2-}\right] = \frac{K_s}{s}.$$

par ailleurs :

$$K_{A1} = \frac{h[HCO_3^-]}{[H_2CO_3]} \quad \text{et} \quad K_{A2} = \frac{h\left[CO_3^{2-}\right]}{[HCO_3^-]}$$

qui permettent de calculer $[HCO_3^-]$ et $[H_2CO_3]$. Il vient finalement :

$$s = \frac{K_s}{s} + \frac{hK_s}{K_{A2}s} + \frac{h^2K_s}{K_{A1}K_{A2}s} = \frac{K_s}{s}\left(1 + \frac{h}{K_{A2}} + \frac{h^2}{K_{A1}K_{A2}}\right)$$

et donc :

$$s = \sqrt{K_s\left(1 + \frac{h}{K_{A2}} + \frac{h^2}{K_{A1}K_{A2}}\right)}.$$

b. Pour pH $> 10,3$:

$$s \approx \left[CO_3^{2-}\right] = \sqrt{K_s} \quad \text{et} \quad \log(s) = -5,5.$$

Pour $10,3 > \text{pH} > 6,4$:

$$s \approx \left[HCO_3^-\right] = \sqrt{K_s\left(\frac{h}{K_{A2}}\right)} \quad \text{et} \quad \log(s) = -0,35 - 0,5\text{pH}.$$

Pour $6,4 > \text{pH}$:

$$s \approx [H_2CO_3] = \sqrt{K_s\left(\frac{h^2}{K_{A1}K_{A2}}\right)} \quad \text{et} \quad \log(s) = 2,85 - \text{pH}.$$

4. La forme H_2CO_3 (ou CO_2(aq)) peut réagir avec l'ion carbonate qui apparaît dans l'équilibre de solubilisation, par une réaction acido-basique. Il y a alors déplacement de l'équilibre de solubilisation dans le sens de formation des ions carbonate. On assiste à une augmentation de la solubilité.
5. La réaction prépondérante de solubilisation, dans les conditions indiquées, rend compte du phénomène évoqué à la question précédente. Elle s'écrit :

$$FeCO_3(s) \quad + \quad H_2O \quad + \quad CO_2(aq) \quad = \quad Fe^{2+} \quad + \quad 2\,HCO_3^-$$

et correspond à la somme membre à membre des deux équations :

$$FeCO_3(s) \quad = \quad Fe^{2+} \quad + \quad CO_3^{2-}$$

et :

$$CO_3^{2-} \quad + \quad H_2O \quad + \quad CO_2(aq) \quad = \quad 2\,HCO_3^-.$$

La constante d'équilibre s'écrit $K^\circ = K_s \dfrac{K_{A1}}{K_{A2}} = 10^{-7,1}$. Un bilan sur cette réaction prépondérante s'écrit :

$FeCO_3(s)$	+	H_2O	+	$CO_2(aq)$	=	Fe^{2+}	+	$2\,HCO_3^-$
exc s		solvant		$0,05$ mol.L^{-1}		s		$2s$

et donc :

$$4s^3 = [CO_2(aq)]\,K^\circ.$$

La concentration $[CO_2(aq)]$ est fixée par la valeur de la pression p_{CO_2} : $[CO_2(aq)] = 0,05$ mol.L^{-1}.
Application numérique : $s = 10^{-3}$ mol.L^{-1}. Il y a bien eu augmentation de la solubilité (résultat qualitatif proposé à la question **4.**).

12.13 Solubilité du calcaire

1. La dissolution du carbonate de calcium s'écrit :

$$CaCO_3\ (s) \quad = \quad Ca^{2+}\ (aq) \quad + \quad CO_3^{2-}\ (aq) \qquad \text{de constante d'équilibre } K_s.$$

En supposant qu'il s'agit de la réaction prépondérante de dissolution, les deux concentrations ioniques sont égales à s_o et la relation entre le produit de solubilité et la solubilité est $K_s = s_o^2$, soit :

$$s_o = \sqrt{(K_s)} = 10^{\frac{-8,3}{2}} = 10^{-4,15} = 7{,}08.10^{-5}\ \text{mol}\cdot\text{L}^{-1}.$$

La solution proposée est valable si la concentration en hydrogénocarbonate est négligeable devant celle des ions carbonate, c'est-à-dire si le pH est supérieur à $\text{p}K_{A2} + 1 = 11,3$. Il faut donc calculer le pH d'une solution d'ions carbonate de concentration s_o. L'action acido-basique de l'ion carbonate sur l'eau se traduit par l'équation :

$$CO_3^{2-} + H_2O = HCO_3^- + HO^- \quad \text{de constante } K.$$

La constante K s'exprime en fonction des constantes K_{A2} et K_e :

$$K = \frac{[HCO_3^-][HO^-]}{[CO_3^{2-}]} = \frac{[HCO_3^-][HO^-][H_3O^+]}{[CO_3^{2-}][H_3O^+]} = \frac{K_e}{K_{A2}}.$$

Si la concentration en ions hydrogénocarbonate est négligeable devant celle des ions carbonate, celle-ci est égale à s_o et la concentration en ions hydroxyde est égale à celle en ions hydrogénocarbonate, ce qui donne :

$$K = \frac{[HCO_3^-][HO^-]}{[CO_3^{2-}]} = \frac{[HO^-]^2}{s_o} \quad \text{soit} \quad [HO^-] = \sqrt{K.s_o}$$

ce qui donne *numériquement* :

$$[HO^-] = \sqrt{\left(\frac{10^{-14}}{10^{-10,3}}\right).7,08\ 10^{-5}} = 1,19.10^{-4}\ \text{mol·L}^{-1}$$

soit un pH de 10,1, ce qui n'est pas compatible avec l'hypothèse initiale. Il faut donc tenir compte simultanément de la dissolution du carbonate de calcium et de la réaction de l'ion carbonate sur l'eau. Le plus simple est d'écrire de deux façons différentes la solubilité, d'une part pour le calcium et d'autre part pour le carbonate et sa forme protonée, soit :

$$s_o = [Ca^{2+}] \quad \text{et} \quad s_o = [CO_3^{2-}] + [HCO_3^-].$$

La réaction de l'ion carbonate sur l'eau est décrite par la réaction de constante d'équilibre K ; cette réaction est supposée fixer le pH de la solution et sa stœchiométrie impose :

$$[HCO_3^-] = [HO^-] \quad \text{et donc} \quad K = \frac{[HCO_3^-]^2}{(s_o - [HCO_3^-])}$$

La concentration en ion hydrogénocarbonate est donc solution d'une équation du second degré et la résolution conduit à :

$$[HCO_3^-] = \frac{1}{2}\left(-K + \sqrt{K^2 + 4Ks_o}\right).$$

La concentration en ion carbonate est donc égale à :

$$[CO_3^{2-}] = s_o - \frac{1}{2}\left(-K + \sqrt{K^2 + 4Ks_o}\right).$$

En remplaçant chaque concentration (en ion calcium et en ion carbonate) par son expression en fonction de s_o dans le produit de solubilité, il vient l'équation vérifiée par s_o, dont la résolution permet de déterminer la solubilité du carbonate de calcium dans l'eau pure :

$$K_s = s_o\left(s_o - \frac{1}{2}\left(-K + \sqrt{K^2 + 4Ks_o}\right)\right).$$

Pour résoudre cette équation, il faut procéder par approximations successives ou par utilisation d'une calculatrice programmable. Le résultat attendu ne doit pas être très éloigné de celui obtenu lors du travail préliminaire (hypothèse de l'ion carbonate majoritaire). La résolution conduit à :

$$s_o = 1,27.10^{-4}\ \text{mol·L}^{-1}$$

Les concentrations des différents ions sont donc :

$$[HCO_3^-] = [HO^-] = 8{,}81.10^{-5}\ \text{mol·L}^{-1} \quad \text{d'où pH} = 9{,}9$$

$$[Ca^{2+}] = 1{,}27.10^{-4}\ \text{mol·L}^{-1} \quad \text{et} \quad [CO_3^{2-}] = 3{,}9.10^{-5}\ \text{mol·L}^{-1}$$

2.a. Quand on verse une solution d'acide chlorhydrique sur du calcaire, il y a protonation des ions carbonate en ions hydrogénocarbonate, puis en acide carbonique. Les réactions qui ont lieu sont :

		$CaCO_3$ (s)	=	Ca^{2+} (aq)	+	CO_3^{2-} (aq)	dissolution du solide
CO_3^{2-}	+	H_3O^+	=	HCO_3^-	+	H_2O	
HCO_3^-	+	H_3O^+	=	H_2CO_3	+	H_2O	

Quand la concentration en acide carbonique dépasse le seuil indiqué, il y a dégagement gazeux de dioxyde de carbone.

b. Soit $M(CaCO_3)$ la masse molaire du carbonate de calcium :

$$M(CaCO_3) = 40 + 12 + 3 \times 16 = 100\ \text{g.mol}^{-1}.$$

La quantité de matière introduite est donc de 2,5 10^{-2} mol et la concentration initiale en ion carbonate et en ions calcium est donc de 0,25 mol.L^{-1}. On dispose d'une solution de pH = 0, soit avec les approximations usuelles sur les solutions de concentration 1 mol.L^{-1} et donc 0,1 mol d'acide chlorhydrique. La quantité de protons est donc largement suffisante pour assurer la protonation des ions carbonate en acide carbonique qui réagissent de façon totale selon la réaction (RP généralisée) :

$$CaCO_3\ (s) + 2\,H_3O^+ = Ca^{2+}\ (aq) + H_2CO_3\ (aq) + 2\,H_2O$$

Il reste donc en solution $0,1 - 2.0,025 = 0,05$ mol de proton. La concentration en gaz carbonique en solution est fixée par les conditions atmosphériques usuelles. À l'état final, les concentrations valent donc :

$$[Ca^{2+}] = 0{,}25\ \text{mol·L}^{-1} \quad [CO_2] = 0{,}04\ \text{mol·L}^{-1} \quad \text{et} \quad [H_3O^+] = 0{,}5\ \text{mol·L}^{-1} \quad \text{et donc} \quad \text{pH} = 0,3$$

Comme le pH est très inférieur à pK_{A1} − 1, l'espèce très majoritaire en solution est le dioxyde de carbone dissous. Le pH est connu, il est donc facile de calculer les concentrations en ions hydrogénocarbonate et en ions carbonate :

$$K_{A1} = \frac{[HCO_3^-]\,h}{[CO_2]} \quad \text{soit} \quad [HCO_3^-] = \frac{[CO_2]\,K_{A1}}{h}.$$

Ce qui donne *numériquement* :

$$[HCO_3^-] = \frac{10^{-6{,}4}.0{,}04}{10^{-0{,}3}} = 3{,}2.10^{-8}\ \text{mol·L}^{-1}.$$

Pour l'ion carbonate :

$$K_{A1}\,K_{A2} = \frac{[CO_3^{2-}]\,h^2}{[CO_2]} \quad \text{soit} \quad [CO_3^{2-}] = \frac{[CO_2]\,K_{A1}\,K_{A2}}{h^2}.$$

Ce qui donne *numériquement* :

$$[CO_3^{2-}] = \frac{10^{(-6{,}4\ -\ 10{,}3)}.0{,}04}{10^{-(0{,}3.2)}} = 3{,}2.10^{-18}\ \text{mol·L}^{-1}.$$

3. L'eau de pluie a comme caractéristique un pH de 5 et une concentration en dioxyde de carbone dissous de 0,04 mol·L^{-1}. La réaction prépondérante qui se produit est :

$$CO_2(g) \quad + \quad 2\,H_2O \quad = \quad H_3O^+ \quad + \quad HCO_3^-$$

La constante d'acidité K_{A1} permet de calculer la concentration en ions hydrogénocarbonate :

$$[HCO_3^-] = \frac{[CO_2]\,K_{A1}}{h} \quad \text{soit} \quad [HCO_3^-] = \frac{10^{-6,4}.0,04}{10^{-5}} = 1{,}6.10^{-3}\ \text{mol·L}^{-1}.$$

4.a. Les deux réactions qui ont lieu sont la dissolution du carbonate de calcium et la réaction du dioxyde de carbone (acide) avec l'ion carbonate (base) :

$$CaCO_3\,(s) \quad = \quad Ca^{2+} \quad + \quad CO_3^{2-}$$

$$CO_2(g) \quad + \quad H_2O \quad + \quad CO_3^{2-} \quad = \quad 2\,HCO_3^-$$

Les réactions qui font intervenir les ions oxonium H_3O^+ et les ions hydroxyde OH^- ne sont pas prépondérantes car, vu le pH, la concentration de ces ions est très faible et toujours notablement inférieure à celles des autres ions.

b. En adoptant les notations de l'énoncé, la stœchiométrie de la réaction de dissolution du carbonate de calcium impose, x étant la concentration en ions calcium :

$CaCO_3$ (s)	=	Ca^{2+}	+	CO_3^{2-}
présent		x		x

Ces ions réagissent ensuite selon la réaction d'amphotérisation avec, comme conditions initiales, le résultat obtenu à la question **3**, c'est-à-dire, c_0 pour le dioxyde de carbone (0,04 mol.L^{-1}) et c'_0 pour l'ion hydrogénocarbonate (1,6.10^{-3} mol·L^{-1}) :

CO_3^{2-}	+	CO_2	+	H_2O	=	$2\,HCO_3^-$
x		c_0				c'_0
$x - \xi_V$		$c_0 - \xi_V$				$c'_0 + 2\xi_V$

ξ_V est l'avancement volumique de la réaction d'amphotérisation :

$$[CO_2] = c_0 - \xi_V \quad ; \quad [HCO_3^-] = c'_0 + 2\xi_V = 2y \quad ; \quad [CO_3^{2-}] = x - \xi_V$$

Nous en déduisons :

$$\xi_V = y - \frac{c'_0}{2} \quad ; \quad [CO_2] = c_0 + \frac{c'_0}{2} - y \quad ; \quad [CO_3^{2-}] = x + \frac{c'_0}{2} - y.$$

c. *Numériquement :*

$$[HCO_3^-] = 2y = 2.10^{-3}\ \text{mol·L}^{-1} \quad \text{et} \quad [CO_2] = 0,04 + \frac{1,6\ 10^{-3}}{2} - 10^{-3} = 3,8\ 10^{-2}\text{mol.L}^{-1}.$$

La concentration en ions carbonate se calcule à partir de la constante d'acidité K_{A2} et permet le calcul de x :

$$K_{A2} = \frac{[CO_3^{2-}]\,h}{[HCO_3^-]} \quad \text{soit} \quad [CO_3^{2-}] = \frac{[HCO_3^-]\,K_{A2}}{h}$$

soit *numériquement* :

$$[CO_3^{2-}] = 2.10^{(-3\ -\ 10,3\ +\ 7,4)} = 2{,}52.10^{-6}\ \text{mol·L}^{-1}$$

$$x = 2,52\ 10^{-6} + 10^{-3} - 0,8.10^{-3} = 2.10^{-4}\ \text{mol·L}^{-1}$$
$$[Ca^{2+}] = x = 2.10^{-4}\ \text{mol·L}^{-1}$$

Formons le quotient de réaction Q pour la réaction de dissolution :

$$Q = [Ca^{2+}].[CO_3^{2-}] = (2.10^{-4}).(2,52.10^{-6}) = 5,04.10^{-10} < K_s = 5.10^{-9}.$$

Ainsi l'équilibre de dissolution n'est pas atteint.

d. L'ion calcium Ca^{2+} est le réactif limitant de la réaction de formation du carbonate de calcium $CaCO_3$ (s). C'est donc la quantité de matière d'ions calcium qui fixe la masse de précipité : la concentration d'ions Ca^{2+} est connue et vaut $2\ 10^{-4}$ mol.L^{-1}. Il y a donc dans un litre d'eau $2\ 10^{-4}$ mol d'ions calcium qui formeront, après évaporation $2\ 10^{-4}$ mol de carbonate de calcium, soit une masse de 20 mg.

12.14 Dosage du sel disodique de l'acide éthylénediamine tétracétique

1. La réaction s'écrit :

$$Ni^{2+} \quad + \quad H_2Y^{2-} \quad = \quad [NiY]^{2-} \quad + \quad 2\,H^+.$$

2. La constante d'équilibre K_T° s'exprime par :

$$K_T^\circ = \frac{\left[[NiY]^{2-}\right] h^2}{[Ni^{2+}]\,[H_2Y^{2-}]} = \frac{\left[[NiY]^{2-}\right]}{[Ni^{2+}]\,[Y^{4-}]}\,\frac{[Y^{4-}]\,h}{[HY^{3-}]}\,\frac{[HY^{3-}]\,h}{[H_2Y^{2-}]} = \beta K_{A3}K_{A4}.$$

Application numérique : $K_T^\circ = 10^{2,1}$. En supposant que cette constante est suffisamment élevée pour que la réaction soit supposée quantitative, la concentration en proton est fixée par la quantité de matière initiale d'ions H_2Y^{2-}, soit en tenant compte de la dilution et de la stœchiométrie de la réaction :

$$[H_3O^+] = 2.C_Y.\frac{5}{25}.$$

3. En supposant que l'ion Ni^{2+} a été placé en excès, la solution contient (après prise en compte de cette réaction) un mélange d'ions H^+ et Ni^{2+}.

4. La quantité des ions H^+ (ou H_3O^+ en solution aqueuse) est donnée par $n_{H^+} = 2n_{H_2Y^{2-}} = 2C_YV_{0,Y}$. Par ailleurs la quantité des ions Ni^{2+} est donnée par $n_{Ni^{2+}} = n_{Ni^{2+},0} - n_{H_2Y^{2-}} = C_{Ni}V_{0,Ni} - C_YV_{0,Y}$.

5. Les deux réactions de titrage s'écrivent :

$$H^+ \quad + \quad HO^- \quad = \quad H_2O \qquad (1)$$
$$Ni^{2+} \quad + \quad 2\,HO^- \quad = \quad Ni(OH)_2\,(s) \qquad (2).$$

Les constantes d'équilibre valent respectivement $K_{T,1}^\circ = 10^{14}$ et $K_{T,2}^\circ = 10^{14,7}$. Nous assistons au titrage des ions H^+ (premier titrage) puis au titrage des ions Ni^{2+} (deuxième titrage). Notons que la simple comparaison des constantes d'équilibre $K_{T,1}^\circ$ et $K_{T,2}^\circ$ ne justifie pas ce résultat (il convient de comparer $K_{T,1}^\circ$ et $\sqrt{K_{T,2}^\circ}$ afin de retrouver des équations-bilans témoignant d'une même stœchiométrie en espèce titrante HO^-). Il est possible de justifier l'ordre des titrages *a posteriori* en calculant le pH d'apparition de l'hydroxyde $Ni(OH)_2(s)$ lorsque la concentration en ions Ni^{2+} sera connue.

6. À la première équivalence :

$$(n_{HO^-})_{\text{ajouté}} = C_BV_{e1} = n_{H^+} = 2n_{H_2Y^{2-}} = 2C_YV_{0,Y}.$$

Application numérique : $C_Y = 0,116$ mol.L^{-1}. À la deuxième équivalence :

$$(n_{HO^-})_{\text{ajouté depuis } V_{e1}} = C_B\,(V_{e2} - V_{e1}) = 2\left(C_{Ni}V_{0,Ni} - C_YV_{0,Y}\right).$$

Application numérique : $C_{\text{Ni}} = 0,094 \text{ mol.L}^{-1}$.

7. Pour calculer le pH de début de précipitation, il faut évaluer la concentration résiduelle (après complexation) en ion Ni^{2+}. En tenant compte de la quantité de matière consommée par la complexation, il reste en solution, en tenant compte de la dilution, au voisinage de l'équivalence pour le dosage des protons :

$$[Ni^{2+}]_0 = (0,094.10 - 0,116.5)/(25 + 11,6) = 9,8.10^{-3} \text{ mol.L}^{-1}$$

et donc le pH de début de précipitation sera défini par :

$$K_s(\text{Ni(OH)}_2) = [Ni^{2+}]_0.([OH^-])^2 \quad \text{soit} \quad \text{pH} = 7,7.$$

Le pH initial vaut (application numérique de la question **2.**) : pH $= 1,33$.

Le saut de pH à l'équivalence est bien plus élevé et la précision du dosage est bien meilleure en présence d'ions nickel(II) que si on dose directement le sel disodique. Il faut tout de même avoir une idée de la concentration en ion H_2Y^{2-} pour savoir quelle quantité d'ions nickel(II) il faut ajouter pour être en excès de nickel(II).

12.15 Dosage d'un mélange

1. Les réactions s'écrivent :

$$H_3O^+ + HO^- = 2\,H_2O \qquad (1)$$

$$HCOOH + HO^- = HCOO^- + H_2O \qquad (2)$$

$$\frac{1}{2}\,Mg^{2+} + HO^- = \frac{1}{2}\,Mg(OH)_2\text{ (s)} \qquad (3)$$

Les réactions de titrage successives sont (1), (2) puis (3).

2. Lorsque $n = 1$ mmol : la solution contient 1 mmol d'ions H_3O^+, 2 mmol d'acide méthanoïque HCOOH et d'ions Mg^{2+} après prise en compte de la réaction (totale) de titrage. L'acide fort impose son acidité : $\text{pH} = -\log\left(\dfrac{10^{-3}}{20.10^{-3}}\right) = 1,3$.

Lorsque $n = 2$ mmol : la solution contient 2 mmol d'acide méthanoïque HCOOH et d'ions Mg^{2+} après prise en compte de la réaction (totale) de titrage. La réaction prépondérante proposée (équilibre de contrôle) s'écrit :

$$HCOOH + H_2O = HCOO^- + H_3O^+.$$

En supposant l'acide peu dissocié, il vient :

$$\text{pH} = \frac{1}{2}(\text{p}K_A - \log C_A) = \frac{1}{2}\left(4 - \log\left(\frac{2.10^{-3}}{20.10^{-3}}\right)\right) = 2,5.$$

Ce pH est bien compatible avec l'hypothèse de faible dissociation de l'acide.

Lorsque $n = 3$ mmol : la solution contient 1 mmol d'acide méthanoïque HCOOH, 1 mmol d'ion $HCOO^-$ et 2 mmol d'ions Mg^{2+} après prise en compte de la réaction (totale) de titrage. La réaction prépondérante proposée (équilibre de contrôle) s'écrit :

$$HCOOH + HCOO^- = HCOO^- + HCOOH.$$

Le pH est fourni par :

$$\text{pH} = \text{p}K_A + \log\left(\frac{[HCOO^-]}{[HCOOH]}\right) = 4,0.$$

Lorsque $n = 4$ mmol : la solution contient 2 mmol d'ions $HCOO^-$ et 2 mmol d'ions Mg^{2+} après prise en compte de la réaction (totale) de titrage. La réaction prépondérante proposée (équilibre de contrôle) s'écrit :

$$HCOO^- \quad + \quad H_2O \quad = \quad HCOOH \quad + \quad HO^-.$$

En supposant la base peu protonée, il vient :

$$\mathrm{pOH} = \frac{1}{2}\left(\mathrm{p}K_B - \log C_B\right) = \frac{1}{2}\left(10 - \log\left(\frac{2.10^{-3}}{20.10^{-3}}\right)\right) = 5,5.$$

Ainsi pH $= 8,5$. Ce pH est bien compatible avec l'hypothèse de faible protonation de la base. Le précipité d'hydroxyde de magnésium apparaît lorsque $K_s = \left[Mg^{2+}\right]\left[HO^-\right]^2$: le solide apparaît à pH $= 9,0$ (dés la première goutte de soude versée à l'issue du titrage de l'acide méthanoïque).
Lorsque $n = 6$ mmol : la solution contient 2 mmol d'ions $HCOO^-$, 1 mmol d'ions Mg^{2+} et 1 mmol d'hydroxyde $Mg(OH)_2$(s) après prise en compte de la réaction (totale) de titrage. Le solide étant présent, le produit de solubilité est vérifié :

$$K_s = \left[Mg^{2+}\right]\left[HO^-\right]^2 = 0,05\left[HO^-\right]^2$$

qui permet un calcul du pH : pH $= 9,2$.
Lorsque $n = 8$ mmol : la solution contient 2 mmol d'ions $HCOO^-$ et 2 mmol d'hydroxyde $Mg(OH)_2$(s) après prise en compte de la réaction (totale) de titrage. En supposant négligeable le rôle basique de l'ion méthanoate, l'équilibre de contrôle s'écrit :

$$Mg(OH)_2\ (s) \quad = \quad Mg^{2+} \quad + \quad 2\,HO^-$$

et donc $K_s = \left[Mg^{2+}\right]\left[HO^-\right]^2 = \frac{1}{2}\left[HO^-\right]^3$ qui permet un calcul du pH. Ainsi pH $= 10,4$. Nous pouvons vérifier *a posteriori* par un calcul de [HCOOH] que le rôle basique de l'ion méthanoate est négligeable (cette concentration évalue l'avancement volumique de la réaction prépondérante secondaire manifestant le rôle basique de $HCOO^-$).
3. L'allure est représentée ci-dessous.

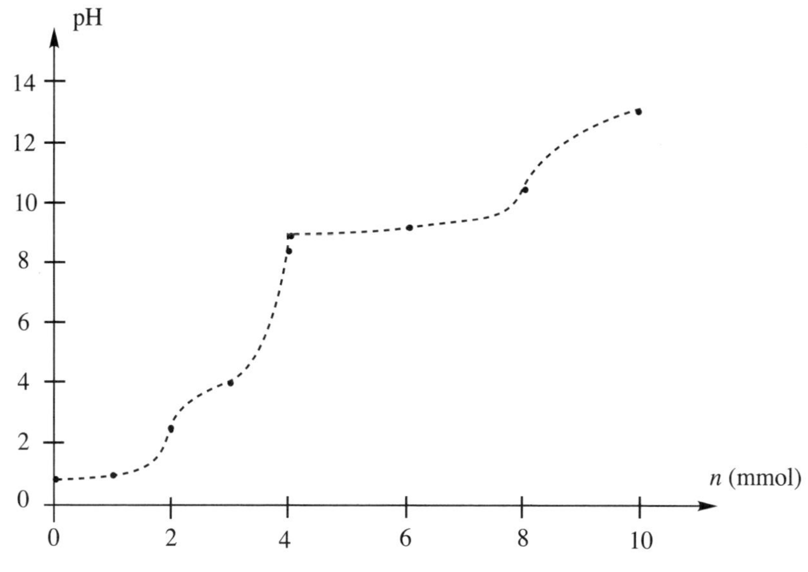

4. La conductance G est l'inverse de la résistance R de l'échantillon de solution présent dans la cellule de mesure. La conductance s'exprime en siemens S. La conductivité σ est telle que $G = \dfrac{\sigma}{K}$ avec $K = \dfrac{\ell}{s}$ (caractéristiques géométriques de la cellule). La conductivité σ s'exprime en $S \cdot m^{-1}$.

5. Nous utilisons un conductimètre (ohmmètre alimenté en courant alternatif). Une mesure de conductance est réalisée, la conductivité est fournie après prise en compte de la constante de cellule K. Cette constante de cellule peut être mesurée à l'aide d'une solution étalon de chlorure de potassium (solution dont la conductivité est connue avec précision à la température d'étude).

6. Si on trace la conductivité (ou la conductance) en fonction du volume versé, il est nécessaire que la solution titrante soit concentrée (la dilution due à l'ajout du réactif est négligeable) pour obtenir des segments de droite. Si la dilution n'est pas négligeable, il suffit de multiplier la grandeur portée par le facteur qui corrige de la dilution soit par la grandeur $(V_0 + v)/V_0$ pour obtenir des segments de droite.

7. Pour $0 < n < 2$ mmol :

$$\sigma = \lambda^0_{H^+} \frac{n_{H^+}}{V} + 2\lambda^0_{Mg^{2+}/2} \frac{n_{Mg^{2+}}}{V} + \lambda^0_{Cl^-} \frac{n_{Cl^-}}{V} + \lambda^0_{Na^+} \frac{n_{Na^+}}{V}.$$

Ainsi :

$$\sigma V = C + \lambda^0_{H^+} (n_0 - n_{HO^-}) + \lambda^0_{Na^+} n_{HO^-}$$

avec C grandeur constante, n_0 quantité de matière initiale en ions H^+ et $n_{HO^-} = n$ quantité d'ions hydroxyde ajoutée lors du titrage.

La fonction $\sigma V = f(n)$ est une droite de coefficient directeur $\left(\lambda^0_{Na^+} - \lambda^0_{H^+}\right) = -300 \text{ S.cm}^2.\text{mol}^{-1}$.

Pour $2 < n < 4$ mmol : $\sigma V = C' + \left(\lambda^0_{Na^+} + \lambda^0_{HCOO^-}\right) n$, avec C' grandeur constante.

La fonction $\sigma V = f(n)$ est une droite de coefficient directeur $\left(\lambda^0_{Na^+} + \lambda^0_{HCOO^-}\right) = 105 \text{ S.cm}^2.\text{mol}^{-1}$.

Pour $4 < n < 8$ mmol : $\sigma V = C'' + \left(\lambda^0_{Na^+} - \lambda^0_{Mg^{2+}/2}\right) n$, avec C'' grandeur constante.

La fonction $\sigma V = f(n)$ est une droite de coefficient directeur $\left(\lambda^0_{Na^+} - \lambda^0_{Mg^{2+}/2}\right) = -3 \text{ S.cm}^2.\text{mol}^{-1}$.

Pour $8 < n$: $\sigma V = C''' + \left(\lambda^0_{Na^+} + \lambda^0_{HO^-}\right) n$, avec C''' grandeur constante.

La fonction $\sigma V = f(n)$ est une droite de coefficient directeur $\left(\lambda^0_{Na^+} + \lambda^0_{HO^-}\right) = 249 \text{ S.cm}^2.\text{mol}^{-1}$.
L'évolution $\sigma V = f(n)$ est représentée ci-dessous.

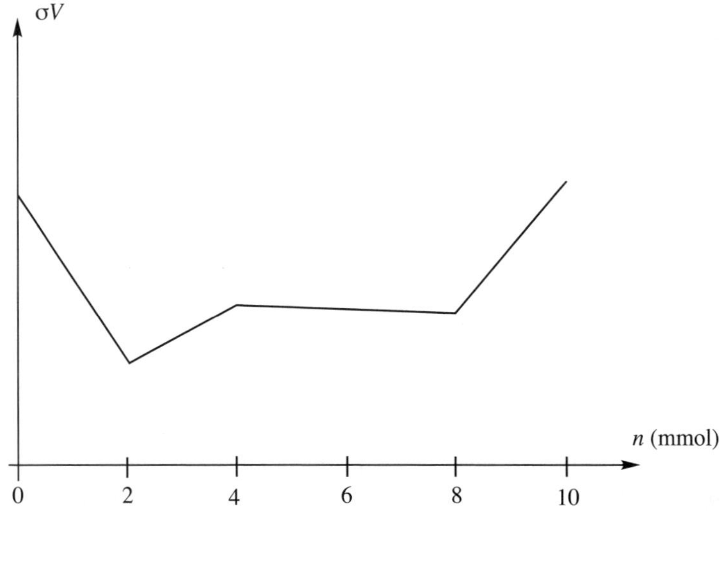

Corrigés des exercices du chapitre 13

13.1 Potentiel d'électrode, force électromotrice

1. L'application de la formule de NERNST à l'électrode de cuivre permet d'exprimer le potentiel de celle-ci :

$$E_{Cu} = E^\circ(Cu^{2+}/Cu(s)) + \frac{0,06}{2}.\log[Cu^{2+}]$$

soit, *numériquement* :

$$E_{Cu} = 0,34 + 0,03.\log(10^{-2}) = 0,34 - 0,06 = 0,28 \text{ V}.$$

2. Soit e la force électromotrice de la pile constituée de l'électrode de cuivre et d'une électrode au calomel saturée :

$$e = E_{Cu} - E_{ECS} = 0,28 - 0,25 = 30 \text{ mV}.$$

13.2 Détermination d'un produit de solubilité

Pour accéder au produit de solubilité, il faut connaître pour un même système, la concentration des deux ions constituant le solide. Ici, la concentration en ions chlorure est égale à la concentration initiale (la quantité de chlorure qui précipite est supposée négligeable et la mesure de la force électromotrice donne la concentration en ions argent(I) :

$$e = E_{Ag} - E_{ref} = E^\circ(Ag^+/Ag(s)) + 0,06.\log[Ag^+] - E_{ref}$$

La concentration en ions argent(I) est donc :

$$\log[Ag^+] = \frac{(-0,33 - 0,80 + 0,65)}{0,06} = -8$$

d'où :

$$[Ag^+] = 10^{-8} \text{ mol·L}^{-1}.$$

Ainsi le produit de solubilité du chlorure d'argent AgCl(s) vaut :

$$K_s = [Cl^-].[Ag^+] = 10^{-2}.10^{-8} = 10^{-10}.$$

13.3 Réaction d'oxydoréduction

1. Les deux couples oxydant-réducteur mis en jeu ici sont :

$$Fe^{3+} + e^- = Fe^{2+}$$

$$Ag^+ + e^- = Ag\,(s)$$

2. La réaction d'oxydoréduction susceptible d'avoir lieu est l'action du réducteur argent métallique sur l'oxydant ion fer(III) :

$$Fe^{3+} + Ag\,(s) = Fe^{2+} + Ag^+$$

3. Le potentiel d'une électrode de platine s'exprime en fontion de chaque couple présent en solution :

$$E = E^\circ(Ag^+/Ag(s)) + 0,06.\log[Ag^+] = E^\circ(Fe^{3+}/Fe^{2+}) + 0,06.\log\frac{[Fe^{3+}]}{[Fe^{2+}]}.$$

4. La deuxième égalité conduit à :

$$\log(K_T^\circ) = \log\left(\frac{[Fe^{2+}].[Ag^+]}{[Fe^{3+}]}\right) = \frac{(E^\circ(Fe^{3+}/Fe^{2+}) - E^\circ(Ag^+/Ag(s))}{0,06}$$

ce qui donne *numériquement* :

$$K_T^\circ = 10^{-0,5} = 0,316.$$

5. Pour calculer les concentrations à l'équilibre, il faut exprimer l'avancement volumique x en fonction des conditions initiales (la concentration initiale c_0 en ions fer(III)) :

	Fe^{3+}	+	Ag (s)	=	Ag^+	+	Fe^{2+}
EI	c_0		excès				
EF	$c_0 - x$		excès		x		x

x est donc solution de l'équation :

$$K_T^\circ = \frac{x^2}{(c_0 - x)}$$

ce qui donne *numériquement* :

$$x^2 + 10^{0,5}.x - 10^{-2,5} = 0$$

dont on prend la racine positive :

$$x_{eq} = \frac{1}{2}(\sqrt{10^{-1} + 4.10^{-2,5}} - 10^{-0,5}) = 9{,}7.10^{-3}\ \text{mol}\cdot\text{L}^{-1}.$$

Il est intéressant de constater sur l'exemple étudié qu'il ne faut pas tirer de conclusions définitives quant à la déduction hâtive de l'avancement d'une réaction à partir de la seule valeur numérique de la constante d'équilibre. Ici, la constante est peu élevée (inférieure à 1). Pourtant la réaction est notablement déplacée vers la droite (le taux de transformation de l'ion fer(III) est de 97 %). Ceci est dû à la stœchiométrie de la réaction qui ne fait pas intervenir le même nombre d'espèces appartenant à la même phase dans le membre de gauche et dans le membre de droite. C'est la dilution qui favorise la réaction dans le sens gauche vers droite.

13.4 Influence de la complexation

L'écriture de la loi de NERNST pour l'électrode platine donne :

$$E_{Pt} = E^\circ(Fe^{3+}/Fe^{2+}) + 0,06.\log\frac{[Fe^{3+}]}{[Fe^{2+}]}$$

où les concentrations en ions sont celles dans la solution (et non les concentrations initiales fixées par l'opérateur). Il faut donc tenir compte des réactions qui ont lieu, ici la complexation par les ions métalliques qui modifie la concentration des ions Fe^{2+} et Fe^{3+}. Pour l'ion Fe^{2+}, le calcul de la concentration à l'équilibre après complexation conduit à :

	Fe^{2+}	+	SO_4^{2-}	=	$[Fe(SO_4)]$
EI	c_0		c_0'		
EF	$c_0 - x$		$c_0' - x$		x

avec $c_0 = 10^{-2}$ mol.L^{-1} et c_0' =1 mol·L^{-1}.

L'ion sulfate étant en large excès, on suppose que sa concentration est inchangée par la réaction de complexation. La valeur de x se déduit de l'écriture de la constante de complexation :

$$\beta_{II} = \frac{x}{(c_0 - x).c_0'} \quad \text{soit} \quad x = \frac{\beta_{II}.c_0.c_0'}{(1 + \beta_{II}.c_0')}$$

ce qui donne *numériquement* :

$$x = \frac{10^{0,6}}{1 + 10^{2,6}} = 9{,}97.10^{-3}\ \text{mol·L}^{-1} \quad \text{et} \quad [\text{Fe}^{2+}] = 2{,}5.10^{-5}\ \text{mol·L}^{-1}.$$

Un calcul semblable pour les ions Fe^{3+} (avancement volumique x') conduit à :

$$x' = \frac{10^{2,1}}{1 + 10^{4,1}} \simeq 10^{-2}\ \text{mol·L}^{-1} \quad \text{et} \quad [\text{Fe}^{3+}] = 7{,}9.10^{-7}\ \text{mol·L}^{-1}.$$

La loi de NERNST donne :

$$E_{\text{Pt}} = 0,77 + 0,06.\log\frac{(7,9.10^{-7})}{(2,5.10^{-5})} = 0,77 - 0,09 = 0,68\ \text{V}.$$

On ne sera donc pas étonné lors du dosage des ions fer(II) par un oxydant en présence d'acide sulfurique de trouver des potentiels de demi-équivalence inférieurs à ceux attendus si on ne tient pas compte de la complexation des ions métalliques par les ions sulfate.

Corrigés des problèmes du chapitre 13

13.5 Étude d'une pile de concentration

1. L'application de la loi de NERNST à chaque électrode conduit à :

$$E_{\text{Pt,A}} = E^\circ(\text{Fe}^{3+}/\text{Fe}^{2+}) + 0,059.\log\left(\frac{[\text{Fe}^{3+}]_{0\text{A}}}{[\text{Fe}^{2+}]_{0\text{A}}}\right)$$

et la même relation pour le bécher B. Ceci conduit *numériquement* à :

$$E_{\text{Pt,A}} = E^\circ(\text{Fe}^{3+}/\text{Fe}^{2+}) + 0,059.\log\left(\frac{0,2}{0,1}\right) \quad \text{et} \quad E_{\text{Pt,B}} = E^\circ(\text{Fe}^{3+}/\text{Fe}^{2+}) + 0,059.\log\left(\frac{0,1}{0,2}\right)$$

et donc la différence de potentiel $E_A - E_B$ est positive et ne dépend pas du potentiel standard du couple d'oxydoréduction. La différence de potentiel n'est due qu'à des différences de concentration : cette pile est donc qualifiée de pile de concentration.

$$E_A - E_B = 2.0,059.\log(2) = 36\ \text{mV}.$$

Le pôle positif de la pile est donc le platine plongeant dans le compartiment A. Les électrons circulent à l'extérieur de la pile du pôle moins vers le pôle plus : ils arrivent en A où ils assurent une réaction de réduction (ici les ions Fe^{3+} se transforment en ions Fe^{2+}, au voisinage de l'électrode de platine).

a. La réduction dans le compartiment A peut s'écrire :

$$\text{Fe}_A^{3+} + e^- = \text{Fe}_A^{2+}$$

et de façon symétrique, l'oxydation dans le compartiment B s'écrit :

$$\text{Fe}_B^{2+} = \text{Fe}_B^{3+} + e^-$$

et la réaction de pile s'écrit :

$$\text{Fe}_A^{3+} + \text{Fe}_B^{2+} = \text{Fe}_A^{2+} + \text{Fe}_B^{3+}$$

b. Ainsi, lorsque la pile débite, la concentration en ions Fe^{2+} croît dans le compartiment A et la concentration en ions Fe^{3+} croît dans le compartiment B. Cette tendance à l'homogénéisation se traduit par une diminution de la force électromotrice de la pile lorsque celle-ci débite. Au terme de l'évolution, la différence de potentiel entre les électrodes tend vers zéro.
2. Pour obtenir les concentrations finales dans chaque compartiment, il suffit de calculer l'avancement de la réaction de pile qui assure le même potentiel des électrodes A et B, c'est-à-dire le même rapport des concentrations oxydant/réducteur. Soit x l'avancement volumique de la réaction de pile

	Fe_A^{3+}	+	Fe_B^{2+}	=	Fe_A^{2+}	+	Fe_B^{3+}
EI	0,2		0,2		0,1		0,1
EF	$0{,}2 - x$		$0{,}2 - x$		$0{,}1 + x$		$0{,}1 + x$

La condition d'égalité des potentiels des électrodes A et B impose :

$$\frac{[Fe^{3+}]_A}{[Fe^{2+}]_A} = \frac{(0,2 - x)}{0,1 + x} = \frac{[Fe^{3+}]_B}{[Fe^{2+}]_B} = \frac{(0,1 + x)}{0,2 - x}$$

équation dont la résolution conduit à :

$$x = 0{,}05 \text{ mol} \cdot \text{L}^{-1}$$

et donc les concentrations des ions ferreux et ferriques sont :

$$[Fe^{3+}]_A = [Fe^{3+}]_B = [Fe^{2+}]_A = [Fe^{2+}]_B = 0,15 \text{ mol.L}^{-1}.$$

13.6 Complexes cyanurés du cadmium

1. Soit V_0 le volume initial du contenu du bécher (2). La concentration initiale de l'ion cyanure dans le bécher (2) est liée au volume V_{CN^-} de solution versée par la relation :

$$[CN^-]_0 = c_0 . \frac{V_{CN^-}}{(V_{CN^-} + V_0)}.$$

Comme la solution est beaucoup plus riche en cyanure qu'en ion cadmium, on pose l'hypothèse que la complexation ne modifie pas la concentration de cyanure non complexé et que le volume ajouté est négligeable devant le volume initial. Ainsi :

$$[CN^-] \simeq c_0 . \frac{V_{CN^-}}{(V_{CN^-} + V_0)} \simeq c_0 . \frac{V_{CN^-}}{V_0}.$$

D'autre part, dans le compartiment (1), la concentration en cadmium est constante et égale à c. Dans le compartiment (2), la concentration en ion cadmium est beaucoup plus faible à cause de la complexation par les ions cyanure. La différence de potentiel e entre les deux électrodes s'écrit :

$$e = E_1 - E_2$$

soit :

$$e = E^\circ(Cd^{2+}/Cd) + 0,03.\log[(Cd^{2+}]_1 - (E^\circ(Cd^{2+}/Cd) + 0,03.\log[(Cd^{2+}]_2).$$

La connaissance du potentiel standard n'est pas nécessaire :

$$e = 0,03.\log\left(\frac{[Cd^{2+}]_1}{[Cd^{2+}]_2}\right).$$

La concentration en ions cadmium dans le compartiment (2) s'exprime en fonction de la constante d'équilibre de formation du complexe :

$$K = \frac{[[Cd(CN)_n]^{2-n}]}{[CN^-]^n.[Cd^{2+}]_2}$$

où la concentration en ions cyanure est fixée par la quantité initialement introduite :

$$[Cd^{2+}]_2 = \frac{[[Cd(CN)_n]^{2-n}]}{[CN^-]_0^n.K}.$$

La réaction de complexation est supposée quantitative : tout le réactif en défaut (ici l'ion cadmium) est transformé en complexe et donc $[[Cd(CN)_n]^{2-n}] = c$. Ainsi :

$$[Cd^{2+}]_2 = \frac{c}{[CN^-]_0^n.K}.$$

En remplaçant dans la relation donnant la force électromotrice e :

$$e = 0,03.\log([CN^-]_0^n.K) = 0,03.\log(K) + n0,03.\log([CN^-]_0)$$

soit, en tenant compte de la relation établie précédemment :

$$e = 0,03.\log(K) + n.0,03.\log\left(c_0.\frac{V_{CN^-}}{V_0}\right).$$

2. Ainsi le tracé de e en fonction de $\log(V_{CN^-})$ doit donner une droite de coefficient directeur 0,03.n et d'ordonnée à l'origine :

$$0,03.\log(K) + n.0,03.\log\left(\frac{c_0}{V_0}\right)$$

3. Le tracé donne une droite de coefficient directeur 119,8 mV et une ordonnée à l'origine de 290,8 mV (coefficient de corrélation : 0,999994). On en déduit : $n = 4 \qquad \log(K) = 18,9$.

13.7 Étude de la pile fer/iode

1. Étude du système fer/iode

a Dans la solution A, le mélange de diiode et d'ions iodure se traduit par la formation du complexe I_3^-. La concentration initiale en diiode est notée c_o et la concentration initiale en ions iodure est c_o' :

$$c_o = \frac{10^{-4}}{0,1} = 10^{-3}\ \text{mol·L}^{-1} \qquad \text{et} \qquad c_o' = \frac{6.10^{-2}}{0,1} = 0,6\ \text{mol·L}^{-1}.$$

Supposons que la réaction de complexation est quantitative, que la concentration en complexe est imposée par la concentration du réactif en défaut (ici le diiode) et que les ions iodure étant en large excès, la concentration $[I^-]$ est inchangée par la complexation :

$$[I_3^-] \simeq 10^{-3}\ \text{mol·L}^{-1} \qquad [I^-] \simeq 0,6\ \text{mol·L}^{-1}$$

La concentration résiduelle en diiode est déterminée par l'emploi de la constante d'équilibre de formation de l'ion I_3^- :

$$[I_2] = \frac{[I_3^-]}{[\beta_1][I^-]} = \frac{10^{-3}}{(790.0,6)} = 2,1.10^{-6}\ \text{mol·L}^{-1}.$$

La très faible concentration résiduelle en diiode confirme la validité des hypothèses de calcul.

b. Les demi-équations d'oxydoréduction s'écrivent :

$$I_2 \quad + \quad 2\,e^- \quad = \quad 2\,I^-$$

$$I_3^- \quad + \quad 2\,e^- \quad = \quad 3\,I^-$$

L'application de la loi de NERNST à la première demi-équation conduit à :

$$E = E^\circ(I_2/I^-) + 0,03.\log\left(\frac{[I_2]}{[I^-]^2}\right)$$

L'application de la loi de NERNST à la deuxième demi-équation conduit à :

$$E = E^\circ(I_3^-/I^-) + 0,03.\log\left(\frac{[I_3^-]}{[I^-]^3}\right)$$

Pour obtenir la relation entre les potentiels standard, il suffit d'égaler les deux expressions ci-dessus. En effet, le potentiel pris par l'électrode de platine plongeant dans la solution est unique. D'autre part, la concentration en complexe est remplacée par son expression issue de la constante d'équilibre de formation :

$$E^\circ(I_2/I^-) + 0,03.\log\left(\frac{[I_2]}{[I^-]^2}\right) = E^\circ(I_3^-/I^-) + 0,03.\log\left(\frac{\beta_1[I_2][I^-]}{[I^-]^3}\right)$$

ce qui donne après simplification : $E^\circ(I_2/I^-) = E^\circ(I_3^-/I^-) + 0,03.\log(\beta_1)$.

c. La différence de potentiel mesurée s'exprime en fonction du potentiel de l'électrode de platine donné par la loi de NERNST et du potentiel de l'électrode de référence :

$$E_A = E_{Pt,A} - E_{ref}$$

et donc :

$$E_{Pt,A} = E_A + E_{ref} = E^\circ(I_2/I^-) - 0,03.\log(\beta_1) + 0,03.\log\left(\frac{[I_3^-]}{[I^-]^3}\right)$$

ce qui donne *numériquement* :

$$E^\circ(I_2/I^-) = 0,211 + 0,245 + 0,03.\log(790) - 0,03.\log\left(\frac{10^{-3}}{(0,6)^3}\right)$$

soit : $E^\circ(I_2/I^-) = 0,61$ V et $E^\circ(I_3^-/I^-) = 0,53$ V.

2. Étude du système $[Fe(CN)_6]^{3-}/[Fe(CN)_6]^{4-}$

a. La demi-équation d'oxydoréduction qui met en œuvre le couple hexacyanoferrate(III)/ hexacyanoferrate(II) est :

$$[Fe(CN)_6]^{3-} \quad + \quad e^- \quad = \quad [Fe(CN)_6]^{4-}.$$

La relation de NERNST s'écrit :

$$E = E^\circ([Fe(CN)_6]^{3-}/[Fe(CN)_6]^{4-}) + 0,06.\log\left(\frac{[[Fe(CN)_6]^{3-}]}{[[Fe(CN)_6]^{4-}]}\right).$$

b. La différence de potentiel mesurée E_B s'exprime en fonction du potentiel de l'électrode de platine et de celui de l'électrode de référence :

$$E_B = E^\circ([Fe(CN)_6]^{3-}/[Fe(CN)_6]^{4-}) + 0,06.\log\left(\frac{[[Fe(CN)_6]^{3-}]}{[[Fe(CN)_6]^{4-}]}\right) - E_{ref}$$

soit :

$$E°([Fe(CN)_6]^{3-}/[Fe(CN)_6]^{4-}) = 0,176 - 0,06.\log\left(\frac{1,25}{0,625}\right) + 0,245$$

$$E°([Fe(CN)_6]^{3-}/[Fe(CN)_6]^{4-}) = 0,403 \text{ V}.$$

3. Fonctionnement d'une pile électrochimique

a. La différence de potentiel s'exprime en fonction des potentiels de chaque électrode de platine :

$$E_C = E_{Pt,A} - E_{Pt,B} = E_{Pt,A} - E_{ref} - (E_{Pt,B} - E_{ref})$$

$$E_C = E_A - E_B = 211 - 176 = 35 \text{ mV}$$

ce qui donne un très bon accord (1 mV d'écart, attribuable au pont salin).

b. Schéma de la pile

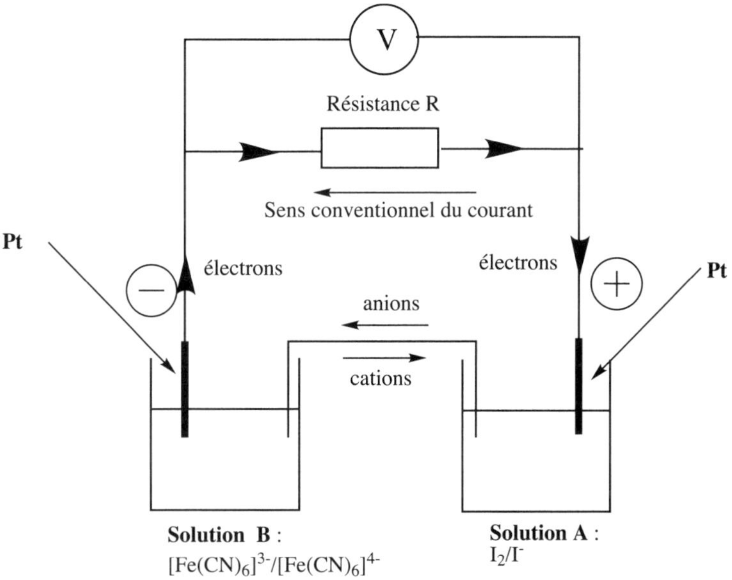

c. La borne positive est celle de plus haut potentiel, la borne négative est celle de plus bas potentiel. Les électrons circulent à l'extérieur de la pile de la borne moins vers la borne plus. Conventionnellement, le courant circule dans l'autre sens. Les électrons arrivant à la borne positive, sont transférés vers une espèce en solution et produisent une réaction de réduction : il y a donc réduction de l'ion I_3^- en ion iodure. À l'autre électrode, l'hexacyanoferrate(II) est oxydé en hexacyanoferrate(III).

d. D'après l'analyse précédente, la réaction de pile est donc :

$$I_3^- + 2\,[Fe(CN)_6]^{4-} = 3\,I^- + 2\,[Fe(CN)_6]^{3-}$$

e. Lorsque la force électromotrice de la pile est nulle, les deux électrodes sont au même potentiel et l'équilibre chimique est atteint (ce qui n'est pas le cas lorsqu'il existe une différence de potentiel). La loi de NERNST appliquée à chaque électrode de platine donne :

$$E°([Fe(CN)_6]^{3-}/[Fe(CN)_6]^{4-}) + 0,06.\log\left(\frac{[[Fe(CN)_6]^{3-}]}{[[Fe(CN)_6]^{4-}]}\right)$$

$$= E^\circ(I_3^-/I^-) + 0,03.\log\left(\frac{[I_3^-]}{[I^-]^3}\right)$$

soit en utilisant l'expression de la constante d'équilibre K :

$$\log(K) = \left(E^\circ(I_3^-/I^-) - E^\circ([Fe(CN)_6]^{3-}/[Fe(CN)_6]^{4-})\right)/0,03 = 10^4$$

4. Mélange de S_A et de S_B

a. Le potentiel pris par chaque électrode platine est unique : la différence de potentiel mesurée est donc nulle : $E_D = 0$

b. Le potentiel commun aux deux électrodes, noté E_{eq}, se déduit de la mesure de E_E. Le potentiel pris par l'électrode platine est noté $E_{Pt,D}$.

$$E_{Pt,D} = E_E + E_{ref}$$

et aussi :

$$E_{Pt,D} = E^\circ([Fe(CN)_6]^{3-}/[Fe(CN)_6]^{4-}) + 0,06.\log\left(\frac{[[Fe(CN)_6]^{3-}]}{[[Fe(CN)_6]^{4-}]}\right)$$

ce qui donne *numériquement* :

$$\frac{[[Fe(CN)_6]^{3-}]}{[[Fe(CN)_6]^{4-}]} = 10^{\frac{(0,450 - 0,403)}{0,06}} = 6,07.$$

c. Il faut calculer la concentration globale en fer dans la solution obtenue après mélange. La solution de 250 mL contient $(0,625 + 1,25).10^{-3}$ mol en fer (quel que soit le nombre d'oxydation). Le volume final de la solution est de 350 mL. La concentration totale en fer est donc :

$$[[Fe(CN)_6]^{3-}] + [[Fe(CN)_6]^{4-}] = (0,625 + 1,25).\frac{1}{350} \text{ mol.L}^{-1}$$

soit :

$$[[Fe(CN)_6]^{3-}] + [[Fe(CN)_6]^{4-}] = 5,357.10^{-3} \text{ mol.L}^{-1}.$$

La connaissance de la somme et du rapport des deux concentrations permet d'accéder aux concentrations en hexacyanoferrate (II) et en hexacyanoferrate (III) :

$$6,07.[[Fe(CN)_6]^{4-}] + [[Fe(CN)_6]^{4-}] = 5,357.10^{-3}$$

soit :

$$[[Fe(CN)_6]^{4-}] = \frac{5,357.10^{-3}}{7,07} = 7,57.10^{-4} \text{ mol.L}^{-1}$$

et :

$$[[Fe(CN)_6]^{3-}] = 6,07.7,57.10^{-4} = 4,60.10^{-3} \text{ mol.L}^{-1}.$$

13.8 Étude d'une pile à combustible

1. La constante d'équilibre s'écrit :

$$K^o = \frac{1}{P_{H_2}.P_{O_2}^{1/2}}$$

où les pressions sont exprimées en bar.

2. Les deux demi-équations d'oxydoréduction sont :

$$H_2\,(g) = 2\,H^+ + 2\,e^- \quad (1)$$

$$\frac{1}{2}\,O_2\,(g) + 2\,H^+ + 2\,e^- = H_2O\,(\ell) \quad (2).$$

3. Par définition, la réaction cathodique est la réaction de réduction et la réaction anodique est la réaction d'oxydation. La réaction qui a lieu étant la synthèse de l'eau, le dioxygène est réduit et le dihydrogène oxydé. Ainsi, la réaction (2) est la réduction (réaction cathodique) et la réaction (1) est l'oxydation (réaction anodique).

4. L'application de la formule de NERNST à chaque demi-équation d'oxydoréduction donne :

$$E_1 = E^\circ(H^+/H_2) + \frac{0,06}{2}\log\left(\frac{[H^+]^2}{P_{H_2}}\right)$$

$$E_2 = E^\circ(O_2/H_2O) + \frac{0,06}{2}\log(P_{O_2}^{1/2}.[H^+]^2).$$

5. Soit une pile à combustible dont la force électromotrice est nulle : les deux électrodes ont même potentiel. Dans ce cas, le potentiel commun vérifie :

$$E^\circ(H^+/H_2) + \frac{0,06}{2}\log\left(\frac{[H^+]^2}{P_{H_2}}\right) = E^\circ(O_2/H_2O) + \frac{0,06}{2}\log(P_{O_2}^{1/2}.[H^+]^2)$$

ce qui fait apparaître l'expression de la constante d'équilibre :

$$\log(K^0) = \frac{E^\circ(O_2/H_2O) - E^\circ(H^+/H_2))}{0,03}$$

soit *numériquement* :

$$K^\circ = 10^{\frac{1,23}{0,03}} = 10^{41}.$$

13.9 Le mercure et ses ions en solution aqueuse

1. Les solutions aqueuses d'ion mercureux

a. La demi-équation associée au couple ion mercurique/ion mercureux est :

$$2\,Hg^{2+} \quad + \quad 2\,e^- \quad = \quad Hg_2^{2+}.$$

b. La prévision des réactions d'oxydoréduction utilise la comparaison des potentiels standard d'oxydoréduction : un oxydant est d'autant plus fort que son potentiel standard est élevé. Comme le potentiel standard du couple O_2/H_2O est notablement supérieur à celui du couple Hg^{2+}/Hg_2^{2+}, l'oxydation du réducteur de ce second couple par l'oxydant du premier est thermodynamiquement possible.

Ce comportement peut être visualisé par un diagramme de prédominance : sur un axe on porte les potentiels standard d'oxydoréduction. Si le potentiel imposé est inférieur au potentiel standard, l'espèce chimique stable du couple est le réducteur. Dans l'autre cas, c'est l'oxydant. Dans le cas du mercure, des ions mercureux et des ions mercurique, le diagramme est :

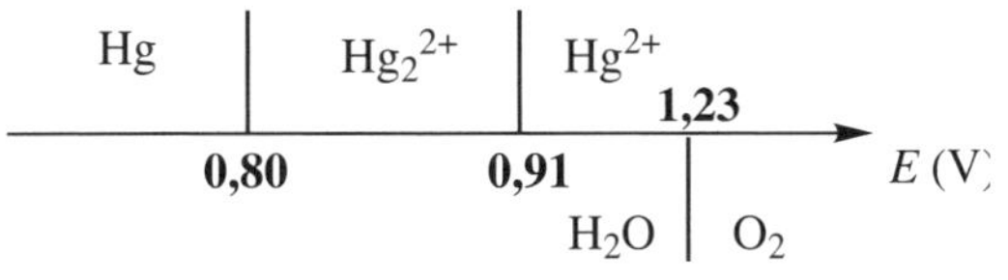

La demi-équation d'oxydoréduction du couple O_2/H_2O s'écrit :

$$O_2(g) \quad + \quad 4\,H^+ \quad + \quad 4\,e^- \quad = \quad 2\,H_2O(\ell).$$

En combinant les deux demi-équations d'oxydoréduction, nous obtenons la réaction chimique d'oxydation des ions mercureux par le dioxygène dissous :

$$Hg_2^{2+} \quad + \quad \frac{1}{2}\,O_2(g) \quad + \quad 2\,H^+ \quad = \quad 2\,Hg^{2+} \quad + \quad H_2O.$$

c. Le mercure métallique peut réagir avec les ions mercurique par une réaction de médiamutation :

$$Hg^{2+} \quad + \quad Hg \quad = \quad Hg_2^{2+} \quad \text{de constante d'équilibre } K = \frac{[Hg_2^{2+}]}{[Hg^{2+}]}.$$

Il apparaît sur le diagramme précédent que les domaines de stabilité du mercure et de l'ion mercurique sont disjoints : cela traduit l'instabilité des solutions d'ions mercurique en contact avec du mercure. Le calcul de la constante d'équilibre confirme ce point. En utilisant l'unicité du potentiel pris par une électrode de platine plongeant dans la solution :

$$E^\circ(Hg^{2+}/Hg_2^{2+}) \; + \; 0{,}03.\log\left(\frac{[Hg^{2+}]^2}{[Hg_2^{2+}]}\right) \; = \; E^\circ(Hg_2^{2+}/Hg) \; + \; 0{,}03.\log([Hg_2^{2+}])$$

ce qui donne :

$$\log(K) = \frac{(E^\circ(Hg^{2+}/Hg_2^{2+}) \; - \; E^\circ(Hg_2^{2+}/Hg))}{0{,}06} = \frac{(0{,}91 \; - \; 0{,}80)}{0{,}06} = 1{,}83.$$

d. Une solution de concentration initiale 0,1 mol.L^{-1} (= c_0) en ions mercureux est exposée au dioxygène de l'air ; on constate que la solution contient alors 0,02 mol.L^{-1} d'ions mercurique. Écrivons la réaction avec les conditions initiales et l'avancement volumique x :

Hg_2^{2+}	$+$	$\frac{1}{2}O_2$ (g)	$+$	$2\,H^+$	$=$	$2\,Hg^{2+}$	$+$	H_2O
c_0								
$c_0 - x$						$2\,x$		

La concentration en dioxygène est fixée par la pression partielle en dioxygène régnant au-dessus de la solution, la concentration en ion oxonium est fixée par le choix de la solution tampon qui fixe le pH et l'eau est le solvant. Nous avons :

$$2\,x = 0{,}02 \text{ mol.L}^{-1} \qquad \text{et donc :} \quad [Hg_2^{2+}] = 0{,}1 \; - \; 0{,}01 = 0{,}09 \text{ mol.L}^{-1}$$

e. Les deux valeurs obtenues à la question précédente servent de point de départ pour la réaction de médiamutation en présence de mercure :

Hg^{2+}	$+$	Hg	$=$	Hg_2^{2+}
0,02				0,09
$0{,}02 - x'$				$0{,}09 + x'$

Pour calculer la valeur de l'avancement volumique à l'équilibre, on utilise l'expression de la constante d'équilibre :

$$K = \frac{[Hg_2^{2+}]}{[Hg^{2+}]} = \frac{0{,}09 \; + \; x'}{0{,}02 \; - \; x'}$$

ce qui donne pour l'avancement volumique x' :

$$x' = \frac{(0{,}02.K \; - \; 0{,}09)}{(1 \; + \; K)} = \frac{0{,}02 \times 68{,}1 \; - \; 0{,}09}{1 \; + \; 68{,}1} = 0{,}0184 \text{ mol.L}^{-1}$$

et donc pour les concentrations des ions :

$$[Hg_2^{2+}] = 0{,}108 \text{ mol·L}^{-1} \quad \text{et} \quad [Hg^{2+}] = 0{,}0016 \text{ mol·L}^{-1}.$$

La concentration des ions mercurique a été divisée par 10 : 90 % des ions mercurique ont ainsi été éliminés.

2. Utilisation du mercure au nombre d'oxydation +II dans la pile au mercure ou « pile bouton ».

a. La loi de NERNST donne le potentiel de chaque électrode métallique :

$$E_{(1)} = E^\circ(Hg^{2+}/Hg) + \frac{0,06}{2}.\log([Hg^{2+}]) \quad \text{et} \quad E_{(2)} = E^\circ(Zn^{2+}/Zn) + \frac{0,06}{2}.\log([Zn^{2+}])$$

Dans chaque cas, on exprime la concentration en ion métallique en utilisant le produit de solubilité de l'hydroxyde métallique correspondant qui est présent dans le milieu réactionnel :

$$[Hg^{2+}] = \frac{K_{s1}}{[OH^-]^2} = \frac{K_{s1}}{K_e^2}.[H_3O^+]^2 \text{ et } [Zn^{2+}] = \frac{K_{s2}}{[OH^-]^2} = \frac{K_{s2}}{K_e^2}.[H_3O^+]^2$$

soit en reportant dans les écritures de la loi de NERNST :

$$E_{(1)} = E^\circ(Hg^{2+}/Hg) + 0,03.\log\left(\frac{K_{s1}}{K_e^2}\right) - 0,06.\text{pH}$$

$$E_{(2)} = E^\circ(Zn^{2+}/Zn) + 0,03.\log\left(\frac{K_{s2}}{K_e^2}\right) - 0,06.\text{pH}.$$

Application numérique :

$$E_{(1)} = 0,85 + 0,03.\log\left(\frac{2,36.10^{-26}}{10^{-28}}\right) - 0,06.\text{pH} = 0,92 - 0,06.\text{pH (V)}$$

$$E_{(2)} = -0,76 + 0,03.\log\left(\frac{7,08.10^{-28}}{10^{-28}}\right) - 0,06.\text{pH} = -0,43 - 0,06.\text{pH (V)}$$

Quel que soit le pH, le potentiel de l'électrode de mercure est supérieur à celui de l'électrode de zinc : en conséquence, le pôle positif est l'électrode de mercure et le pôle négatif est celui de l'électrode de zinc.

b. Soit e la force électromotrice de la pile :

$$e = E_{(1)} - E_{(2)} = 0,92 + 0,43 = 1,35 \text{ V}.$$

La force électromotrice est indépendante de la concentration en ions hydroxyde car la contribution du terme de pH au potentiel est identique pour les deux électrodes.

c. Les électrons circulent de la borne moins vers la borne plus et produisent donc une réduction à cette électrode (c'est donc la cathode). Les réactions observées sont donc :

En (1) : $Hg(OH)_2\text{ (s)} + 2\,e^- = Hg\ (\ell) + 2\,OH^-$

En (2) : $Zn\text{ (s)} + 2\,OH^- = Zn(OH)_2\text{ (s)} + 2\,e^-$

Soit pour l'équation-bilan, et dans le sens de la gauche vers la droite :

$$Hg(OH)_2\text{ (s)} + Zn\text{ (s)} = Hg\ (\ell) + Zn(OH)_2\text{ (s)}$$

d. L'autonomie s'exprime en charge (produit d'une intensité par un temps) : une intensité de 2 ampéres pendant une heure de fonctionnement correspond au transfert de Q = 2.3600 = 7200 C. Or pour une mole d'hydroxyde mercurique réagissant, il y a deux moles d'électrons transférées. Ainsi, pour transférer cette charge, il faut transformer $n(\mathrm{Hg(OH)_2})$ mole d'hydroxyde mercurique, soit une masse $m(\mathrm{Hg(OH)_2})$ définies par :

$$n(\mathrm{Hg(OH)_2}) = \frac{Q}{2F} = \frac{m(\mathrm{Hg(OH)_2})}{M(\mathrm{Hg(OH)_2})} \quad \text{soit :} \quad m(\mathrm{Hg(OH)_2}) = \frac{Q.M(\mathrm{Hg(OH)_2})}{2F}$$

numériquement :

$$m(\mathrm{Hg(OH)_2}) = \frac{7200.234,6}{2.96500} = 8,75 \text{ g.}$$

13.10 Dosage des ions iodure

1. Pour réaliser ce dosage, il faut utiliser une électrode de troisième espèce car les espèces mises en jeu sont en solution et l'électrode doit être le témoin de l'échange d'électrons entre réactifs et produits. L'autre électrode est une électrode de référence (par exemple électrode au calomel saturée).
Soit U la tension (force électromotrice de la pile) mesurée ; E_{Pt} est le potentiel de l'électrode de platine et E_{ref} le potentiel de l'électrode de référence :

$$U = E_{\mathrm{Pt}} - E_{\mathrm{ref}}.$$

2. Interprétation des courbes

a. Les deux réactions d'oxydoréduction successivement observées sont :

$$2\,\mathrm{I^-} + 2\,\mathrm{Ce^{4+}} = \mathrm{I_2} + 2\,\mathrm{Ce^{3+}} \qquad \text{réaction (1)}$$

$$\mathrm{I_2} + 4\,\mathrm{Cl^-} + 2\,\mathrm{Ce^{4+}} = 2\,\mathrm{ICl_2^-} + 2\,\mathrm{Ce^{3+}} \qquad \text{réaction (2)}$$

b. La méthode générale de calcul des constantes d'équilibre de réactions d'oxydoréduction à partir des potentiels standard d'oxydoréduction utilise la valeur unique du potentiel d'une électrode de platine plongeant dans la solution. L'écriture de la loi de NERNST pour les deux couples d'oxydoréduction permet, en éliminant la variable potentiel, d'accéder à l'expression de la constante d'équilibre. Dans le cas présent :

$$E = E^\circ(\mathrm{I_2/I^-}) + 0,03.\log\left(\frac{[\mathrm{I_2}]}{[\mathrm{I^-}]^2}\right) = E^\circ(\mathrm{Ce^{4+}/Ce^{3+}}) + 0,03.\log\left(\frac{[\mathrm{Ce^{4+}}]}{[\mathrm{Ce^{3+}}]}\right)^2$$

ce qui donne :

$$\log(K_1^0) = \frac{(E^\circ(\mathrm{Ce^{4+}/Ce^{3+}}) - E^\circ(\mathrm{I_2/I^-}))}{0,03} = \frac{(1,28 - 0,54)}{0,03} = 24,67$$

$$E = E^\circ(\mathrm{ICl_2^-/I_2}) + 0,03.\log\left(\frac{[\mathrm{ICl_2^-}]^2}{[\mathrm{I_2}].[\mathrm{Cl^-}]^4}\right) = E^\circ(\mathrm{Ce^{4+}/Ce^{3+}}) + 0,03.\log\left(\frac{[\mathrm{Ce^{4+}}]}{[\mathrm{Ce^{3+}}]}\right)^2$$

ce qui donne :

$$\log(K_2^\circ) = \frac{(E^\circ(\mathrm{Ce^{4+}/Ce^{3+}}) - E^\circ(\mathrm{ICl_2^-/I_2}))}{0,03} = \frac{(1,28 - 1,06)}{0,03} = 7,33.$$

3. Concentration des ions iodure

a. La stœchiométrie de la première réaction montre que le nombre de mole de cérium +IV à introduire pour avoir les réactifs dans les proportions stœchiométriques est :

$$n(\mathrm{Ce^{4+}}) = c_0 v_0 = c v_1$$

Si la réaction est totale, il se forme $c_0v_0/2$ mole de diiode. La stœchiométrie de la réaction (2) montre qu'il faut deux fois plus d'ions cérium (+IV) que de diiode pour être dans les conditions des proportions stœchiométriques, soit c_0v_0 moles d'ions cérium (+IV) pour atteindre la seconde équivalence à partir de la première :

$$(v_2 - v_1)c = c_0v_0.$$

b. Ainsi :

$$v_2 = 2v_1 = \frac{c_0v_0}{c}.$$

c. Nous avons :

$$v_2 = 6 \text{ mL} \quad \text{et donc } c_0 = \frac{cv_1}{v_0} = \frac{5.10^{-2} \times 3}{50} = 3.10^{-3} \text{ mol.L}^{-1}.$$

d. Lorsque 90 % des ions iodure ont été oxydés, les différentes concentrations sont :

$$[I^-] = 3.10^{-4} \text{ mol.L}^{-1} \text{ et } [I_2] = \frac{1}{2}(3 - 0,3).10^{-3} = 1,35.10^{-3} \text{ mol.L}^{-1}$$

Ces concentrations permettent, en utilisant la formule de NERNST de calculer le potentiel de l'électrode de platine :

$$E = E^\circ(I_2/I^-) + 0,03.\log\left(\frac{[I_2]}{[I^-]^2}\right)$$

ce qui donne *numériquement* :

$$E = 0,54 + 0,03.\log\left(\frac{1,35.10^{-3}}{(3.10^{-4})^2}\right) = 0,67 \text{ V}$$

e. Le saut de potentiel à la seconde équivalence est assez faible et celle-ci, peu marquée, ne fournit pas une bonne précision du dosage.

13.11 Dosage de l'étain

1.a. La pipette jaugée est l'instrument adapté pour prélever avec précision un volume de solution.
b. L'équivalence est l'état du système où les réactifs sont introduits en proportions stœchiométriques. Cela impose de connaître la réaction de dosage.
c. La réaction du diiode sur le cation stanneux s'écrit :

$$Sn^{2+} + I_2 = Sn^{4+} + 2\,I^- \qquad \text{réaction}(1) \text{ constante } K_1$$

d. La réaction du diiode avec l'anion thiosulfate (réducteur) s'écrit :

$$2\,S_2O_3^{2-} + I_2 = S_4O_6^{2-} + 2\,I^- \qquad \text{réaction}(2) \text{ constante } K_2$$

e. Le diiode est l'oxydant du couple I_2/I^- dont le potentiel standard (0,62 V) est notablement supérieur aux potentiels standard des couples $S_4O_6^{2-}/S_2O_3^{2-}$ et Sn^{4+}/Sn^{2+}. La réaction d'oxydoréduction entre l'oxydant diiode et les réducteurs ion stanneux et ion thiosulfate est donc thermodynamiquement favorisée.
f. Le potentiel d'une électrode de platine plongeant dans la solution où se déroule la réaction d'oxydoréduction est unique et peut être exprimé à partir de chaque couple d'oxydoréduction présent.
Pour la réaction d'oxydation de l'ion stanneux :

$$E = E^\circ(Sn^{4+}/Sn^{2+}) + 0,03.\log\left(\frac{[Sn^{4+}]}{[Sn^{2+}]}\right) = E^\circ(I_2/I^-) + 0,03.\log\left(\frac{[I_2]}{[I^-]}\right)$$

ce qui donne, en éliminant le potentiel E :

$$\log(K_1) = \frac{(E^\circ(I_2/I^-) - E^\circ(Sn^{4+}/Sn^{2+}))}{0,03} = 15,67 \quad \text{soit} \quad K_1 = 4,6.10^{15}.$$

2. La quantité de matière de diiode initialement introduite, notée $n_0(I_2)$ s'exprime en fonction de c_0 et v_0 = 5 mL :

$$n_0(I_2) = c_0.v_0$$

La quantité de diiode restant après réaction du diiode sur l'ion stanneux, notée $n(I_2)$, s'obtient à partir du volume équivalent du second dosage :

$$n(I_2) = \frac{1}{2}c'_0.v_{eq}$$

La différence $n_0(I_2) - n(I_2)$ représente la quantité de diiode consommée par l'oxydation de l'ion stanneux. La stœchiométrie de la réaction d'oxydation montre que c'est aussi la quantité d'ion stanneux présente en solution. La concentration en ion stanneux est donc :

$$c = \frac{(c_0.v_0 - \frac{1}{2}c'_0.v_{eq})}{v} = \frac{(5.10^{-3} \times 0,1 - 0,5 \times 0,9.10^{-3}.0,05)}{10.10^{-3}}$$

où v est la prise d'essai (v = 10 mL).

La valeur de concentration que l'on peut proposer est : $c = 4{,}8.10^{-2}$ mol·L^{-1}.

3.a. Pour diluer dix fois la solution titrante, on prélève 10 mL de la solution initiale à l'aide d'une pipette jaugée, on introduit la solution dans une fiole jaugée de 100 mL et on complète à 100 mL avec de l'eau distillée.

b. Les résultats obtenus avec les mesures précédentes sont discutables à cause de la faible précision sur la détermination du volume : lorsque l'expérimentateur rapporte un volume de 0,9 mL c'est en fait un volume compris entre 0,85 mL et 0,95 mL ce qui conduit à une concentration comprise entre $4{,}76.10^{-2}$ mol.L^{-1} et $4{,}79.10^{-2}$ mol.L^{-1}, soit effectivement $4{,}8.10^{-2}$ mol.L^{-1}.

c. La modification proposée par le professeur permet d'améliorer la précision de la détermination de la concentration en ion stanneux.

d. En reprenant le calcul, la concentration c en ion stanneux s'écrit :

$$c = \frac{(5.10^{-3} \times 0,1 - 0,5 \times 9,2.10^{-3}.0,005)}{10.10^{-3}} = 4{,}77.10^{-2}\ \text{mol·L}^{-1}.$$

13.12 Dosage des ions cuivrique en solution

1. Une première analyse sommaire consiste à comparer les potentiels standard d'oxydoréduction des couples mis en jeu : l'oxydant du couple I_2/I^- est plus fort que l'oxydant du couple Cu^{2+}/Cu ou dit autrement, le réducteur iodure est stable en présence de l'oxydant ion cuivrique. La simple connaissance des potentiels standard des couples ne permet pas de prévoir une réaction des ions iodure avec les ions cuivrique.

2. La demi-équation d'oxydoréduction du couple Cu^{2+}/CuI (s) s'écrit :

$$Cu^{2+} + I^- + e^- = CuI\ (s)$$

3. Si une électrode de platine plonge dans une solution contenant un mélange d'ions iodure et d'ions cuivrique, le potentiel pris par cette électrode est unique et s'exprime en appliquant la loi de NERNST à chaque couple d'oxydoréduction :

$$E = E^\circ(Cu^{2+}/Cu^+) + 0,06.\log\left(\frac{[Cu^{2+}]}{[Cu^+]}\right)$$

$$E = E^\circ(Cu^{2+}/CuI(s)) + 0,06.\log\left(\frac{[Cu^{2+}].[I^-]}{1}\right).$$

Dans la première équation, on remplace la concentration en ion cuivreux par l'expression tirée de l'expression du produit de solubilité et on égale les deux écritures du potentiel E :

$$E^\circ(Cu^{2+}/Cu^+) + 0,06.\log\left(\frac{[Cu^{2+}].[I^-]}{K_s}\right) = E^\circ(Cu^{2+}/CuI(s)) + 0,06.\log([Cu^{2+}].[I^-])$$

soit, après simplification :

$$E^\circ(Cu^{2+}/Cu^+) + 0,06.pK_s = E^\circ(Cu^{2+}/CuI(s))$$

ce qui donne *numériquement* :

$$E^\circ(Cu^{2+}/CuI(s)) = 0,17 + 0,06.12 = 0,89\text{V}.$$

C'est bien la valeur indiquée par l'énoncé.

4. La réaction qui a lieu lors du mélange d'ions cuivrique et d'ions iodure est :

$$Cu^{2+} \quad + \quad 2\,I^- \quad = \quad CuI\,(s) \quad + \quad \frac{1}{2}\,I_2$$

Il y a donc formation d'un précipité de CuI (s) et de diiode.

5. L'unicité du potentiel d'oxydoréduction permet d'écrire :

$$E^\circ(Cu^{2+}/CuI(s)) + 0,06.\log([Cu^{2+}].[I^-]) = E^\circ(I_2/I^-) + 0,06.\log\left(\frac{[I_2]^{1/2}}{[I^-]}\right)$$

La constante de la réaction de dosage est donc :

$$K = \frac{[I_2]^{1/2}}{[Cu^{2+}].[I^-]} \quad \text{et} \quad \log(K) = \frac{(E^\circ(Cu^{2+}/CuI(s)) - E^\circ(I_2/I^-))}{0,06} = 4,5.$$

6. La réaction de l'iode formé avec le thiosulfate est :

$$2\,S_2O_3^{2-} \quad + \quad I_2 \quad = \quad 2\,I^- \quad + \quad S_4O_6^{2-}.$$

Soit K' la constante de cette réaction de dosage. Une étude comparable à celle conduite à la question **5.** conduit à :

$$\log K' = \frac{(E^\circ(I_2/I^-) - E^\circ(S_4O_6^{2-}/S_2O_3^{2-}))}{0,03} = 18.$$

Une valeur aussi élevée rend la réaction totale dans la plupart des situations.

7.a. La quantité de matière de diiode formé est égale à :

$$\frac{1}{2} \times 18.10^{-3} \times 0,1 = 9.10^{-4}\ \text{mol}.$$

Or la quantité de diiode formé est la moitié de la quantité d'ions cuivrique initialement présents dans le volume initial. La concentration en ions cuivrique dans la solution initiale est donc :

$$[Cu^{2+}] = \frac{18.10^{-4}}{20.10^{-3}} = 9.10^{-2}\ \text{mol}\cdot\text{L}^{-1}.$$

b. La quantité initiale d'ions iodure $n_0(I^-)$ est égale à :

$$n_0(I^-) = 50.10^{-3} \times 0,2 = 10^{-2}\ \text{mol}.$$

Pour réagir avec les ions cuivrique initialement présents, il faut 18.10^{-4} mol. Les ions iodure sont donc en très large excès.

13.13 Dosage des ions fer(II) et cobalt(II)

1. Premier dosage

a. On souhaite éviter la précipitation des hydroxydes solides ($Fe(OH)_2(s)$ ou $Co(OH)_2(s)$).

b. La réaction de plus forte constante d'équilibre correspond à l'oxydation des ions fer(II) par la solution d'ions cérium(IV). La réaction s'écrit :

$$Ce^{4+} \quad + \quad Fe^{2+} \quad = \quad Ce^{3+} \quad + \quad Fe^{3+}.$$

c. À l'équivalence, les réactifs ont été introduits en proportions stœchiométriques :

$$\left(n_{Ce^{4+}}\right)_{\text{ajouté}} = \left(n_{Fe^{2+}}\right)_0$$

ou encore $10^{-2}v_e = c_0V_0$ avec v_e volume équivalent ($v_e \approx 11,5$ mL).
Application numérique : $c_0 \approx 5,8.10^{-3}$ mol.L^{-1}.

d. On montre (cf cours) qu'à la demi-équivalence : $E_{Pt} = E^\circ\left(Fe^{3+}/Fe^{2+}\right)$, et qu'à la double équivalence : $E_{Pt} = E^\circ\left(Ce^{4+}/Ce^{3+}\right)$. On lit alors sur la courbe : $E^\circ\left(Fe^{3+}/Fe^{2+}\right) = 0,48 + 0,25 = 0,73$ V et $E^\circ\left(Ce^{4+}/Ce^{3+}\right) = 1,16 + 0,25 = 1,41$ V.

e. L'écart est imputable aux propriétés complexantes de l'ion sulfate (on introduit de l'acide sulfurique, et l'ion sulfate peut former des complexes avec les cations présents).

2. Deuxième dosage

a. Un ligand bidentate possède deux sites de fixation au centre métallique du complexe.

b. On repère deux équivalences. La quantité de ligand étant importante, on suppose que la solution contient les complexes $[Fe(oph)_3]^{2+}$ et $[Co(oph)_3]^{2+}$. La concentration initiale en $[Fe(oph)_3]^{2+}$ est de $c_0 \approx 5,8.10^{-3}$ mol.L^{-1}. Il faudra verser 11,5 mL de titrant pour réaliser le titrage. Il s'agit donc de la deuxième réaction de titrage. Les titrages réalisés sont, dans l'ordre :

$$Ce^{4+} \quad + \quad [Co(oph)_3]^{2+} \quad = \quad Ce^{3+} \quad + \quad [Co(oph)_3]^{3+}$$
$$Ce^{4+} \quad + \quad [Fe(oph)_3]^{2+} \quad = \quad Ce^{3+} \quad + \quad [Fe(oph)_3]^{3+}$$

c. À la première équivalence :

$$\left(n_{Ce^{4+}}\right)_{\text{ajouté}} = \left(n_{Co^{2+}}\right)_0$$

ou encore $10^{-2}v_e = c_1V_0$ avec v_e volume équivalent ($v_e \approx 6,5$ mL).
Application numérique : $c_0 \approx 3,3.10^{-3}$ mol.L^{-1}.

d. La quantité de matière en ligand ajouté est $n = 1,0.10^{-3}$ mol. La quantité de matière en ions fer(II) et cobalt(II) vaut respectivement $1,2.10^{-4}$ mol et $6,6.10^{-5}$ mol. Le ligand est effectivement en net excès.

e. À la première demi-équivalence : $E_{Pt} = E^\circ$ (Co(III)/Co(II)) dans les conditions de l'expérience. Ainsi :

$$E_{Pt} = E^\circ\left([Co(oph)_3]^{3+} / [Co(oph)_3]^{2+}\right) = 0,40 + 0,25 = 0,65 \text{ V}.$$

À la deuxième demi-équivalence : $E_{Pt} = E^\circ$ (Fe(III)/Fe(II)) dans les conditions de l'expérience. Ainsi :

$$E_{Pt} = E^\circ\left([Fe(oph)_3]^{3+} / [Fe(oph)_3]^{2+}\right) = 0,88 + 0,25 = 1,13 \text{ V}.$$

f. On écrit l'égalité du potentiel du couple Co(III)/Co(II) exprimé à partir des cations Co^{3+}/Co^{2+} et des complexes $[Co(oph)_3]^{3+}$ / $[Co(oph)_3]^{2+}$:

$$E^\circ\left([Co(oph)_3]^{3+} / [Co(oph)_3]^{2+}\right) + 0,06\log\left(\frac{\left[[Co(oph)_3]^{3+}\right]}{\left[[Co(oph)_3]^{2+}\right]}\right) = E^\circ\left(Co^{3+}/Co^{2+}\right) + 0,06\log\left(\frac{[Co^{3+}]}{[Co^{2+}]}\right)$$

$$E^\circ\left([Co(oph)_3]^{3+} / [Co(oph)_3]^{2+}\right) + 0,06\log\left(\frac{\beta_3'\,[Co^{3+}]\,[oph]^3}{\beta_2'\,[Co^{2+}]\,[oph]^3}\right) = E^\circ\left(Co^{3+}/Co^{2+}\right) + 0,06\log\left(\frac{[Co^{3+}]}{[Co^{2+}]}\right)$$

qui conduit à :

$$E^\circ\left(Co^{3+}/Co^{2+}\right) - E^\circ\left([Co(oph)_3]^{3+} / [Co(oph)_3]^{2+}\right) = 0,06\log\left(\frac{\beta_3'}{\beta_2'}\right).$$

Application numérique : $\dfrac{\beta_3'}{\beta_2'} = 6,8.10^{19}$. De la même façon :

$$E^\circ\left(Fe^{3+}/Fe^{2+}\right) - E^\circ\left([Fe(oph)_3]^{3+} / [Feo(oph)_3]^{2+}\right) = 0,06\log\left(\frac{\beta_3}{\beta_2}\right).$$

Application numérique : $\dfrac{\beta_3}{\beta_2} = 10^{-6}$.

13.14 Étude d'un accumulateur Ni-Cd

1. La cathode est l'électrode où a lieu la réduction et l'anode est l'électrode où a lieu l'oxydation. Lorsque la pile débite (décharge), les électrons circulent du pôle moins vers le pôle plus : il y a donc réduction au pôle plus, soit ici l'électrode de nickel. Lors de la décharge, la cathode est l'électrode de nickel et l'anode est l'électrode de cadmium. Lors du processus de charge, le générateur extérieur impose la circulation des électrons dans le sens inverse : le rôle des électrodes est échangé. La cathode est l'électrode de cadmium et l'anode est l'électrode de nickel. Un accumulateur est rechargeable tandis qu'une pile ne l'est pas.

2. Dans les métaux (cadmium et nickel) les éléments sont au nombre d'oxydation zéro. Dans les hydroxydes $Cd(OH)_2(s)$ et $Ni(OH)_2(s)$, les éléments sont au nombre d'oxydation +II. Dans l'oxyde Ni_2O_3, le nickel est au nombre d'oxydation +III. Les deux couples oxydant-réducteur mis en jeu dans l'accumulateur sont donc :

$$Cd(OH)_2\,(s) \quad + \quad 2\,e^- \quad = \quad Cd\,(s) \quad + \quad 2\,OH^-$$

$$Ni_2O_3\,(s) \quad + \quad 2\,e^- \quad + \quad 3\,H_2O \quad = \quad 2\,Ni(OH)_2\,(s) \quad + \quad 2\,OH^-$$

Attention, les réactions ci-dessus ont été équilibrées en utilisant des ions hydroxyde. Il faut se souvenir que l'écriture de la loi de NERNST avec l'utilisation des potentiels standard impose l'utilisation des ions oxonium dans l'écriture des demi-équations d'oxydoréduction.

3. Lors du processus de décharge, d'après l'analyse du **1.**, la réduction a lieu au pôle plus, soit à l'électrode de nickel. Les réactions observées sont donc :

$$Ni_2O_3\,(s) \quad + \quad 2\,e^- \quad + \quad 3\,H_2O \quad = \quad 2\,Ni(OH)_2\,(s) \quad + \quad 2\,OH^-$$

$$Cd\,(s) \quad + \quad 2\,OH^- \quad = \quad Cd(OH)_2 \quad + \quad 2\,e^-$$

Lors de la charge, les réactions se déroulent dans l'autre sens.
4. Réaction globale de décharge :

$$Ni_2O_3\,(s) \quad + \quad Cd\,(s) \quad + \quad 3\,H_2O \quad \longrightarrow \quad 2\,Ni(OH)_2\,(s) \quad + \quad Cd(OH)_2.$$

Réaction globale de charge :

$$2\,Ni(OH)_2\,(s) \quad + \quad Cd(OH)_2\,(s) \quad \longrightarrow \quad Ni_2O_3\,(s) \quad + \quad Cd\,(s) \quad + \quad 3\,H_2O.$$

Ici, les flèches rendent compte de l'évolution du système au cours du temps (consommation des espèces du membre de gauche et production des espèces du membre de droite).
5. La dénomination alcaline est due à la présence d'un électrolyte fortement basique dans la pile.
6. On rappelle qu'un ampère est aussi un coulomb par seconde. Pour un processus à intensité constante :

$$Q = I \times t$$

où t est la durée pendant laquelle circule l'intensité constante I et où Q est la charge transférée.

$$Q_{ch} = 10 \times 60 \times 60 \times 0,5 = 18\,000\ \text{C}.$$

Il faut ouvrir l'accumulateur pendant la charge pour assurer le refroidissement de celui-ci : l'effet JOULE produit un échauffement.
7. Au cours de la charge, la réaction a lieu dans le sens :

$2\,Ni(OH)_2$ (s)	+	$Cd(OH)_2$ (s)	→	Cd (s)	+	Ni_2O_3 (s)	+	$3\,H_2O$
n_o		n'_o						
$n_o - 2\xi$		$n'_o - \xi$		ξ		ξ		en excès

Lorsque ξ moles de cadmium réagissent, deux moles d'électrons sont échangées. Ainsi, la charge qui traverse l'accumulateur lors du processus de charge est :

$$Q_{ch} = 2 \times \xi \times \text{F} \quad \text{soit} \quad \xi = \frac{Q_{ch}}{2\,\text{F}}$$

soit *numériquement* :

$$\xi = \frac{18000}{2.96500} = 93,3.10^{-3}\ \text{mol}.$$

8. La masse d'élément nickel transformée au cours de la réaction est donc :

$$m(\text{Ni}) = 2\xi M(\text{Ni}) = 2 \times 93,3 \times 10^{-3} \times 58,70 = 10,95\ \text{g}$$

$$m(\text{Cd}) = \xi M(\text{Cd}) = 93,3 \times 10^{-3} \times 112,4 = 10,48\ \text{g}$$

9. L'énergie reçue par l'accumulateur est celle cédée par le générateur de force électromotrice U :

$$W_{ch} = Q_{ch}.U = U \times I \times t = 1,8 \times 0,5 \times 10.3600 = 32,4\ \text{kJ}.$$

Cette énergie est stockée dans l'accumulateur sous forme chimique.

10. La loi d' OHM donne :

$$E = (R + r).I \quad \text{soit} \quad r = \frac{E}{I} - R$$

ce qui donne *numériquement* :

$$r = 3,33 \ \Omega.$$

11. La diminution de masse de nickel permet de calculer l'avancement ξ' lors de la décharge :

$$\Delta m(\mathrm{Ni_2O_3}) = \xi' M(\mathrm{Ni_2O_3})$$

ce qui donne *numériquement* avec $M(\mathrm{Ni_2O_3})$ = 165,4 g.mol^{-1} :

$$\xi' = \frac{-\ 14,65}{165,4} = -\ 0,08857 \text{ mol.}$$

Le signe négatif signifie que la réaction pour laquelle l'avancement a été défini (voir **7.**) a lieu de la droite vers la gauche. La charge $Q_{\text{déch}}$ délivrée au réseau par le générateur est donc :

$$Q_{\text{déch}} = 2 \mid \xi' \mid \mathrm{F} = 2 \times 0,08857 \times 96500 = 17\,100 \text{ C.}$$

Lors de la décharge, la pile fournit une force électromotrice E et l'énergie cédée à l'extérieur est :

$$W_{\text{déch}} = E.Q_{\text{déch}} = 17100 \times 1,3000 = 22,2 \text{ kJ.}$$

12. Le rendement électrique R_1 est défini par :

$$R_1 = \frac{Q_{\text{déch.}}}{Q_{\text{ch.}}} = \frac{17100}{18000} = 0,950.$$

Le rendement énergétique R_1 est défini par :

$$R_2 = \frac{W_{\text{déch.}}}{W_{\text{ch.}}} = \frac{22,2}{32,4} = 0,686.$$

13.15 Étude des piles

1. En négligeant les propriétés basiques de l'ion $\mathrm{SO_3^{2-}}$, la solubilité s s'exprime en fonction des concentrations : $\left[\mathrm{SO_3^{2-}}\right] = s$ et $\left[\mathrm{Ag^+}\right] = 2s$. L'application du produit de solubilité K_s conduit à la relation :

$$K_s = 4s^3 \qquad \text{et donc} \qquad s = \left(\frac{K_s}{4}\right)^{1/3} = 2.10^{-5} \text{ mol.L}^{-1}.$$

2. Dans un milieu tamponné à pH = 4, l'ion $\mathrm{SO_3^{2-}}$ est essentiellement présent sous forme $\mathrm{HSO_3^-}$. Il vient donc $\left[\mathrm{HSO_3^-}\right] = s$ et $\left[\mathrm{Ag^+}\right] = 2s$. L'application du produit de solubilité prend la forme :

$$K_s = [\mathrm{Ag}]^2 \left[\mathrm{SO_3^{2-}}\right] = 4s^2 K_{A2} \frac{\left[\mathrm{HSO_3^-}\right]}{h} = \frac{4K_{A2}}{10^{-\,\mathrm{pH}}} s^3$$

et donc :

$$s = \left(\frac{K_s 10^{-\,\mathrm{pH}}}{4K_{A2}}\right)^{1/3} = 2.10^{-4} \text{ mol.L}^{-1}.$$

Il est possible de prévoir l'augmentation de solubilité de façon qualitative : la consommation de l'ion $\mathrm{SO_3^{2-}}$ en milieu acide (par réaction acido-basique) déplace l'équilibre de solubilité de $\mathrm{Ag_2SO_3(s)}$ dans le sens de formation des espèces ioniques solubles (d'où une augmentation de la solubilité).

3. Demi-pile de droite :

$$O_2\,(g) \quad + \quad 4\,H^+ \quad + \quad 4\,e^- \quad = \quad 2\,H_2O.$$

Dans la demi-pile de gauche, la demi-équation d'oxydoréduction s'écrit :

$$Ag_2SO_3\,(s) \quad + \quad 2\,H^+ \quad + \quad 2\,e^- \quad = \quad 2\,Ag\,(s) \quad + \quad H_2O \quad + \quad SO_2\,(g).$$

L'équation-bilan de fonctionnement de la pile est écrite en supposant un pôle positif à droite (réaction de réduction) et un pôle négatif à gauche (réaction d'oxydation) :

$$4\,Ag\,(s) \quad + \quad O_2\,(g) \quad + \quad 2\,H_2O \quad + \quad 2\,SO_2\,(g) \quad = \quad 2\,Ag_2SO_3\,(s) \quad + \quad 2\,H_2O.$$

4. La force électromotrice s'exprime par :

$$\Delta E = E_2^\circ + \frac{0,06}{4}\log\left(\frac{p_{O_2}h^4}{p^\circ}\right) - E_1^\circ - \frac{0,06}{4}\log\left(\left[Ag^+\right]\right)^4.$$

Or :

$$K = \frac{[H_2SO_3]}{p_{SO_2}}\frac{p^\circ}{C^\circ} \qquad \text{et} \qquad [H_2SO_3] = \frac{h\left[HSO_3^-\right]}{K_{A1}} = \frac{h^2\left[SO_3^{2-}\right]}{K_{A1}K_{A2}}.$$

Ainsi :

$$\left[SO_3^{2-}\right] = \frac{KK_{A1}K_{A2}p_{SO_2}}{p^\circ h^2} \qquad \text{en omettant } C^\circ.$$

Par conséquent :

$$\left[Ag^+\right]^4 = \frac{K_s^2}{\left[SO_3^{2-}\right]^2} = \frac{K_s^2 p^{\circ,2}h^4}{K^2K_{A1}^2K_{A2}^2p_{SO_2}^2}.$$

Finalement :

$$\Delta E = E_2^\circ - E_1^\circ + 0,015\log\left(\frac{p_{O_2}K^2K_{A1}^2K_{A2}^2p_{SO_2}^2}{K_s^2p^{\circ,3}}\right).$$

5. *Application numérique* : $\Delta E = 0,571$ V.
6. Dans la demi-équation relative à la demi-pile de droite, c'est l'atome d'oxygène qui change de nombre d'oxydation : il passe de $n.o = 0$ dans le dioxygène à $n.o = -\text{II}$ dans l'ion sulfate. Formellement, il s'agit du couple O/O^{2-} ou encore O_2/O^{2-}.
7. La force électromotrice s'exprime par :

$$\begin{aligned}\Delta E &= E_3^\circ + \frac{0,06}{4}\log\left(\frac{p_{O_2}p_{SO_3}^2}{p^{\circ,3}a_{SO_4^{2-}}^2}\right) - E_1^\circ - \frac{0,06}{4}\log\left(\left[Ag^+\right]\right)^4\\ &= E_3^\circ - E_1^\circ + \frac{0,06}{4}\log\left(\frac{p_{O_2}^2p_{SO_2}^2}{K_2^2p^{\circ,4}a_{SO_4^{2-}}^2a_{Ag^+}^4}\right)\\ &= E_3^\circ - E_1^\circ + 0,03\log\left(\frac{p_{O_2}p_{SO_2}}{K_2p^{\circ,2}a_{SO_4^{2-}}a_{Ag^+}^2}\right).\end{aligned}$$

Corrigés des exercices du chapitre 14

14.1 Analyse conformationnelle du 1,2-dibromoéthane

L'angle de torsion pertinent pour l'étude est l'angle dièdre ω entre le plan contenant les atomes $Br^1C^1C^2$ et le plan contenant les atomes $C^1C^2Br^2$.

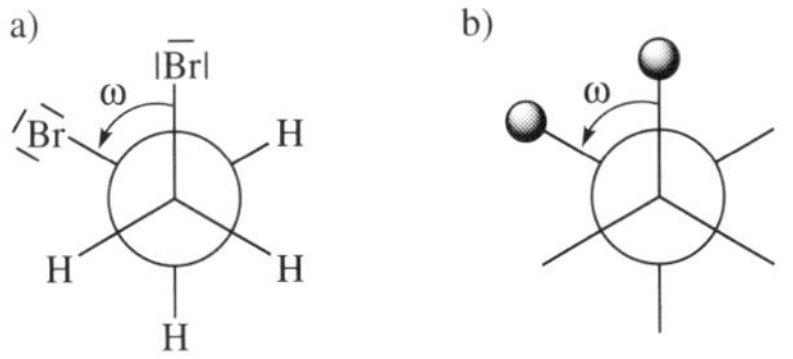

La courbe d'énergie potentielle molaire est analogue à celle du butane :

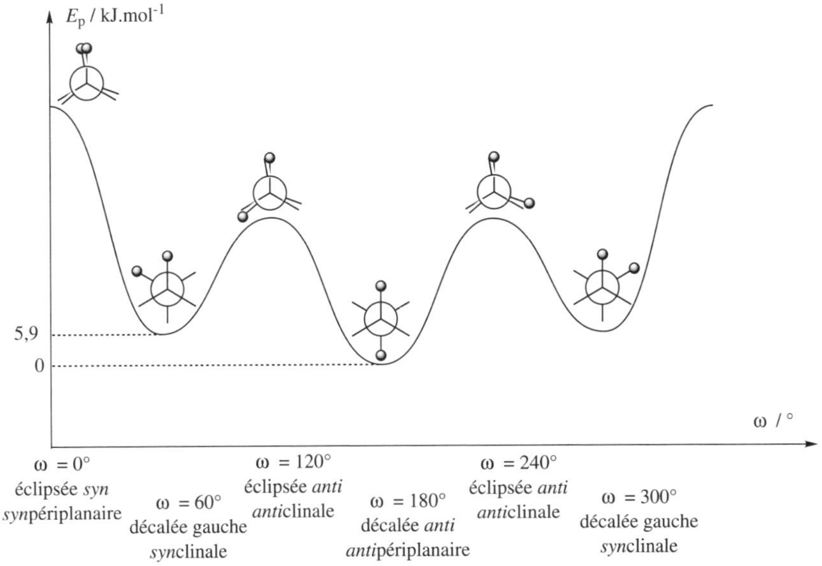

Les conformations éclipsées sont de plus haute énergie en raison de l'interaction de répulsion des doublets liants C – Br (plus précisément l'interaction déstabilisante à quatre électrons). La conformation décalée *gauche* est plus haute en énergie que la conformation décalée *anti* (expérimentalement, on mesure en phase gazeuse la valeur de 5,9 à 7,4 $kJ \cdot mol^{-1}$). Cette valeur est quelque peu plus élevée que celle du butane car les atomes de brome sont plus volumineux que les atomes d'hydrogène.

14.2 Analyse conformationnelle du 2-fluoroéthan-1-ol

1. Les différentes conformations sont reportées page suivante.

Les conformations éclipsées sont des états de transition alors que les conformations décalées sont des conformères. Cependant, dans le cas du butane, c'est le conformère décalé *anti* (*anti*périplanaire) qui a la plus basse énergie, en raison essentiellement des interactions stériques entre groupes méthyles. Ici, c'est le conformère décalé *gauche* (*syn*clinale) qui a la plus basse énergie. Bien que les rayons de VAN DER WAALS des groupes fluoro et hydroxy soient plus petits que ceux du groupe méthyle, ce n'est pas une raison suffisante pour expliquer ce phénomène.

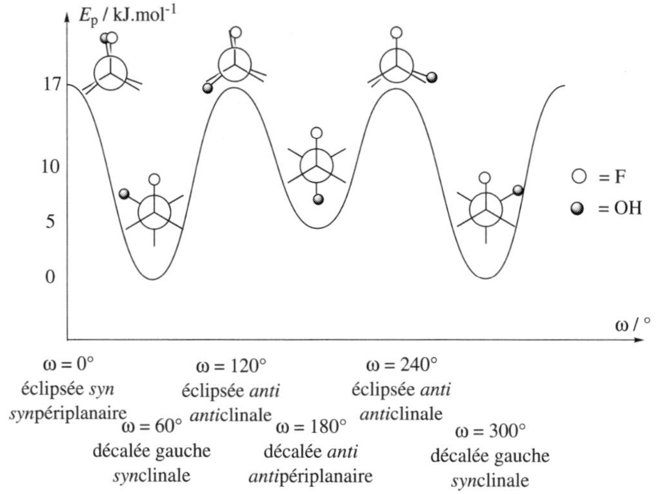

L'oxygène et le fluor sont des atomes très électronégatifs, capables de se lier par liaison hydrogène. Si la géométrie de la molécule le permet, l'établissement de la liaison hydrogène intramoléculaire permet d'abaisser le niveau d'énergie de la conformation correspondante ; c'est le cas des conformations décalées *gauche* (*syn*clinales).

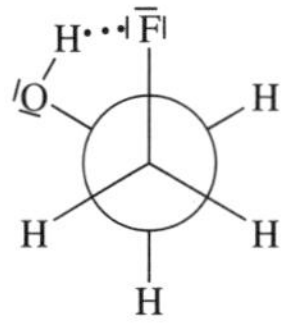

La conformation éclipsée *syn* (*syn*périplanaire) permet aussi l'établissement d'une liaison hydrogène, mais reste à un niveau d'énergie élevée car l'interaction stérique reste prédominante.

2. En estérifiant la fonction alcool pour former l'éthanoate de 2-fluoroéthyle, on retire l'atome d'hydrogène qui permettait l'établissement de la liaison hydrogène. On retrouve alors une courbe d'énergie potentielle molaire analogue à celle du butane.

14.3 Analyse conformationnelle du (–)-menthol

Le passage de la représentation de CRAM à la projection plane est :

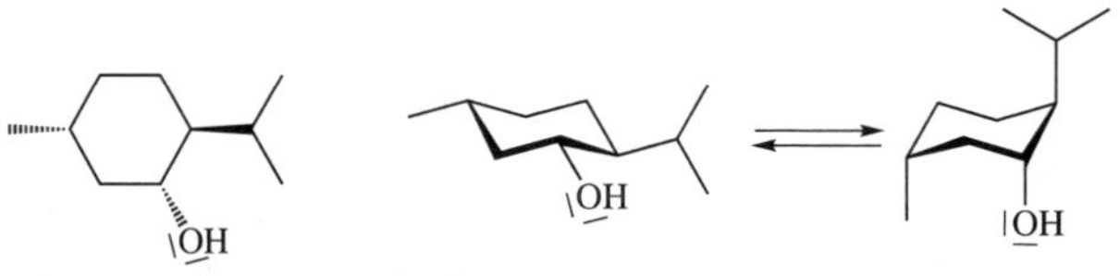

La conformation chaise de droite est d'énergie potentielle élevée car elle fait intervenir de nombreuses interactions 1,3-diaxiales en plus d'interactions butane *gauche* :

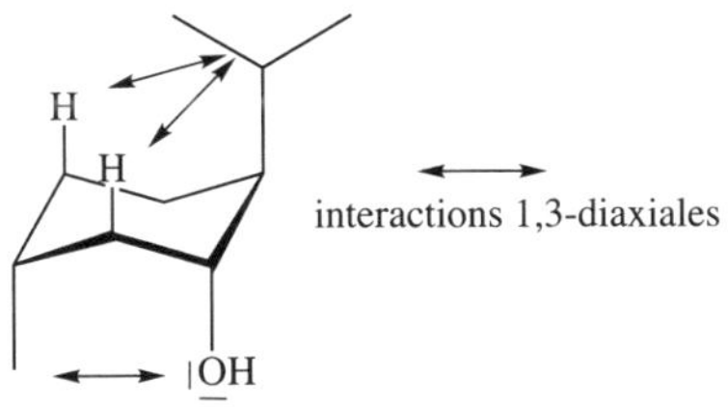

Les substituants ont donc une préférence équatoriale marquée, assurant ainsi la plus grande stabilité de la forme chaise de gauche.

14.4 Système 1,3-dioxane

1. La valeur *A* du substituant *X* correspond à l'opposé de l'énergie molaire du processus :

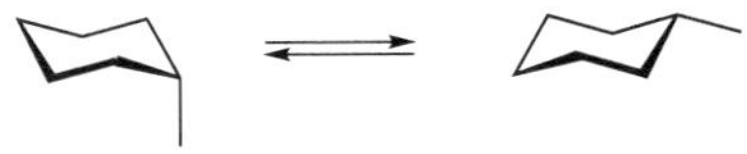

Dans le cas proposé, les substituants étant en position 1,4, ils n'interagissent pas, et par conséquent il y a additivité des valeurs *A*. Ainsi,

$$\Delta E_{\mathrm{p}} = -\left(A(Me) - A(tBu)\right) = -(7{,}3 - 20)\ \mathrm{kJ.mol^{-1}} \qquad \Delta E_{\mathrm{p}} = 12{,}7\ \mathrm{kJ{\cdot}mol^{-1}}.$$

La valeur trouvée étant positive, c'est le conformère de gauche qui est le plus stable, c'est-à-dire celui plaçant le groupe le plus volumineux en position équatoriale.

2. Dans le cas du 1,3-dioxane, c'est le conformère plaçant le groupe le plus volumineux en position axiale, ce qui pourrait paraître *a priori* surprenant. En fait, l'origine de la préférence équatoriale est essentiellement due à l'interaction 1,3-diaxiale pour les groupes volumineux. Or, les atomes d'oxygène divalent en positions 1 et 3 ne présentent pas d'atome d'hydrogène en position axiale, ce qui élimine les interactions 1,3-diaxiales de type *tBu*–H mais pas les interactions 1,3-diaxiales de type *Me*–H :

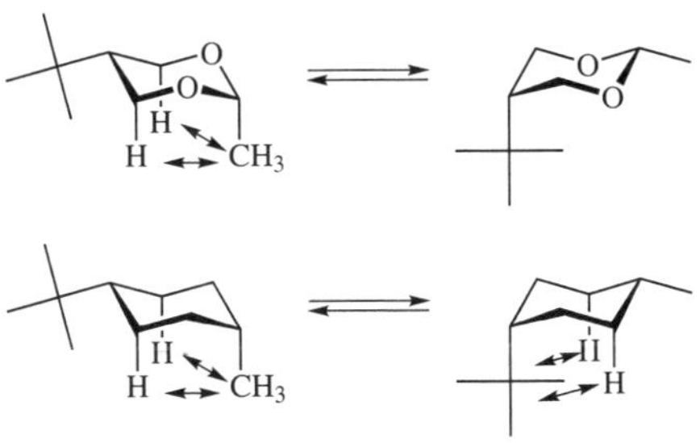

14.5 Influence de la concentration sur la conformation

En solution concentrée, les molécules sont suffisamment proches les unes des autres pour pouvoir établir des liaisons hydrogènes *inter*moléculaires. Les substituants se placent alors en accord avec la préférence équatoriale. En solution diluée, dans un solvant protique polaire, les molécules sont trop éloignées pour établir des liaisons *inter*moléculaires. Par conséquent, elles ont plus tendance à établir ces liaisons de façon *intra*moléculaire, ce qui ne peut géométriquement se faire que si les substituants sont en position axiale :

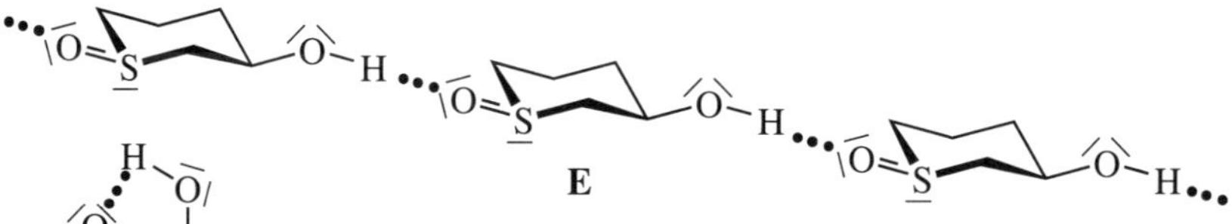

E

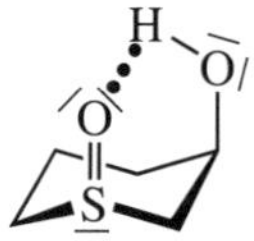

A

Corrigés des problèmes du chapitre 14

14.6 Conformation des décalines

1. Projections planes La *trans* décaline est la plus facile à représenter car les deux cycles peuvent se placer dans des projections usuelles :

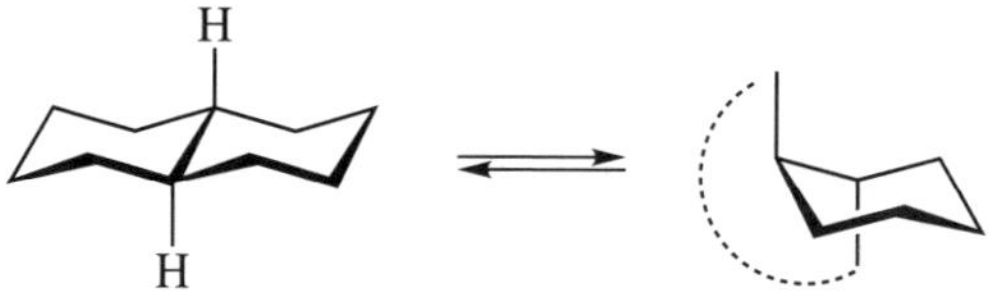

*trans*décaline

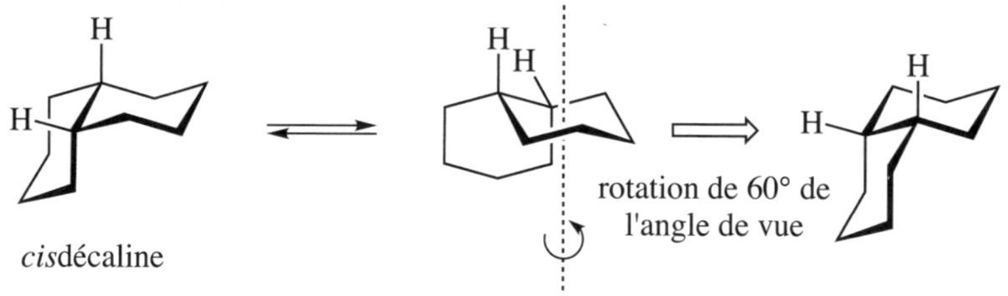

*cis*décaline

Pour la *cis* décaline, l'inversion chaise-chaise est possible : pour le cycle de droite, le cycle de gauche occupe une position équatoriale et une position axiale (et *vice versa* pour le cycle de gauche. En réalisant l'inversion chaise-chaise, le cycle de gauche occupe une position axiale et une position équatoriale (*idem* pour le cycle de droite). Par conséquent, les deux conformères possèdent la même énergie potentielle molaire. Il est à noter que lors de l'inversion conformationnelle chaise-chaise, il est plus aisé de réaliser une rotation de l'angle de vue pour identifier que tous les cycles sont en conformation chaise. Pour la *trans* décaline, l'inversion chaise-chaise n'est pas possible : pour le cycle de droite, le cycle de gauche occupe deux positions équatoriales (et *vice versa* pour le cycle de gauche). En réalisant l'inversion chaise-chaise, le cycle de gauche occuperait deux positions axiales ce qui est impossible en raison des contraintes imposées par le cycle à six chaînons (*idem* pour le cycle de droite).

2. Pour les deux décalines, au moins trois liaisons C – C sont parallèles, ce qui permet une projection de NEWMAN :

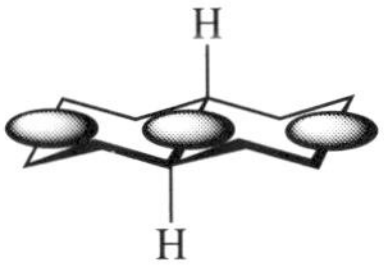

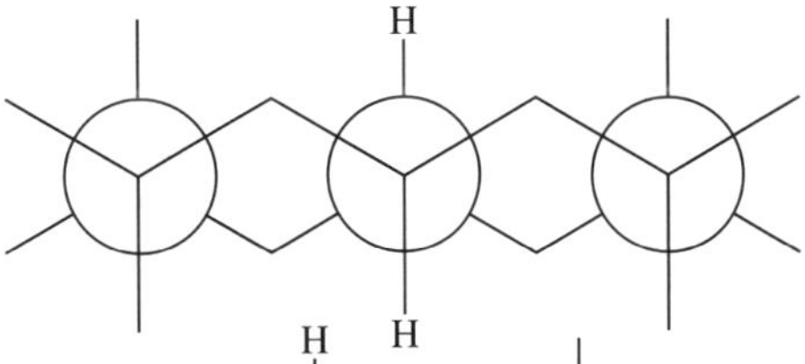

*trans*décaline

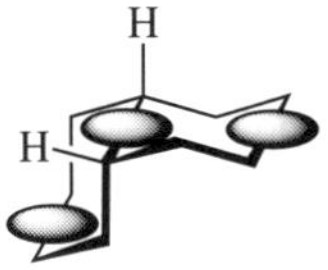

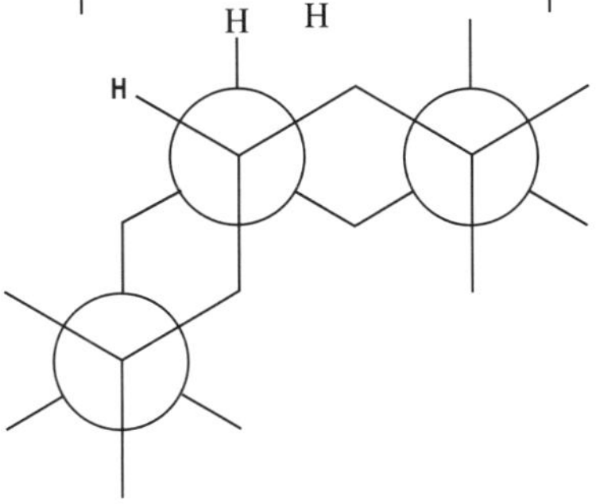

*cis*décaline

3. On constate que les deux cycles à six chaînons centraux sont en configuration *trans*. Par conséquent, ces deux cycles sont bloqués dans une unique conformation chaise-chaise possible. Le troisième cycle à six chaînons est pour sa part en configuration *cis* par rapport à l'autre cycle, mais aucune inversion n'est possible en raison de la rigidité de la *trans*décaline adjacente :

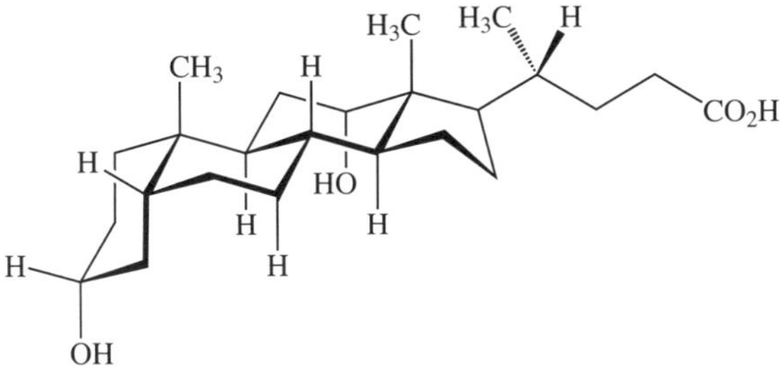

Le dernier cycle à cinq chaînons en jonction *trans* est forcé d'adopter une conformation demi-chaise.

14.7 Analyse conformationnelle par RMN

1. L'analyse de la constante de couplage ${}^3J_{H^2H^3}$ est ici la plus intéressante. Dans la conformation **G1** les protons H^2 et H^3 sont en position décalée *gauche* ($\omega = 60$ °), ce qui devrait conduire à une constante de couplage de l'ordre de 2 Hz. Dans la conformation **G3** les protons H^2 et H^3 sont en position décalée *anti* ($\omega = 180$ °), ce qui devrait conduire à une constante de couplage de l'ordre de 14 Hz.

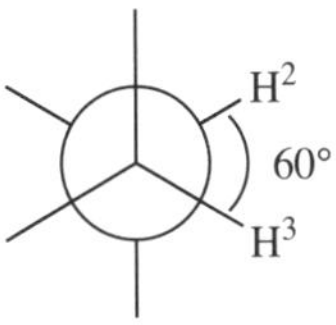

G1

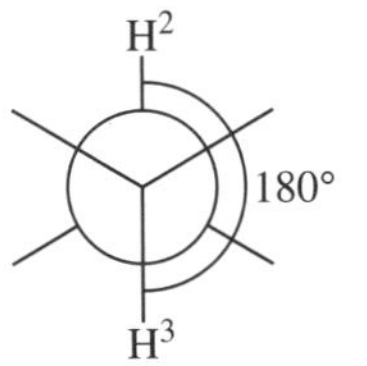

G3

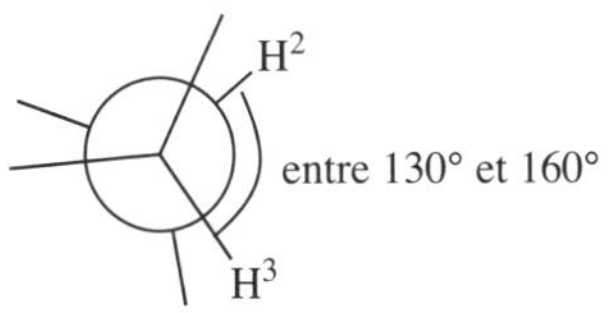

G2

La constante de couplage expérimentale de 10,1 Hz est intermédiaire entre ces deux valeurs. On peut donc en déduire qu'aucune de ces deux conformations ne conduit au bon résultat. Par élimination, l'unité **G** est par conséquent dans la conformation **G2**.

2. L'analyse des interactions de gène stérique permet de justifier ce résultat : dans la conformation **G1** quatre substituants volumineux sont en position axiale, multipliant les interactions 1,3-diaxiales. La conformation **G2** n'en fait apparaître qu'un seul, le groupe carboxylate. Cependant, ce groupe est volumineux, et, de surcroît, chargé : en solution, il s'entoure d'une sphère de solvatation qui amplifie l'interaction 1,3-diaxiale. Afin de minimiser son énergie potentielle, la molécule va adopter une conformation intermédiaire, dans laquelle les substituants du cycle vont se trouver dans des positions pseudo-équatoriales.

3. La structure cristallographique donne la conformation de la molécule en phase solide. L'activité thérapeutique de la molécule est due à sa conformation une fois dissoute, qui n'a *a priori* pas de raison d'être la même qu'en phase solide, d'autant plus que c'est une molécule chargée, donc en forte interaction avec l'eau.

Corrigés des exercices du chapitre 15

15.1 Configuration du bulnésol

La molécule possède trois atomes de carbone stéréogènes (C^4, C^5 et C^7). L'application des règles séquentielles de CAHN, INGOLD et PRELOG permet d'établir l'ordre de priorité :

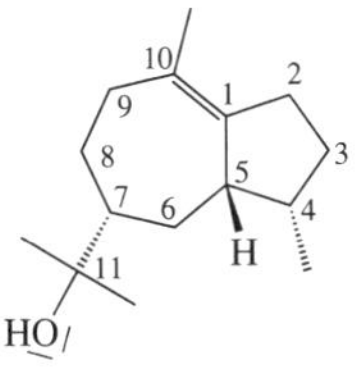

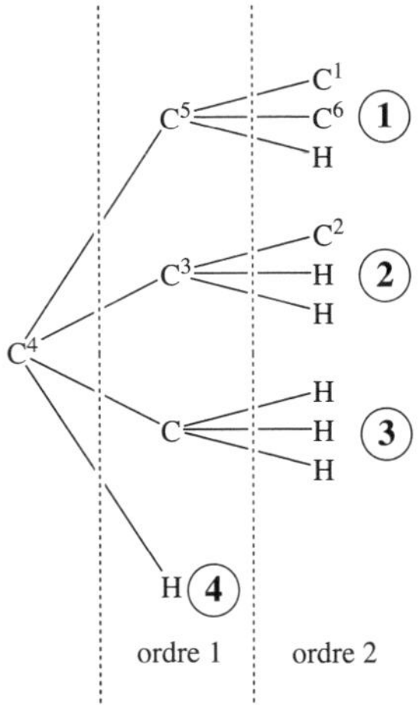

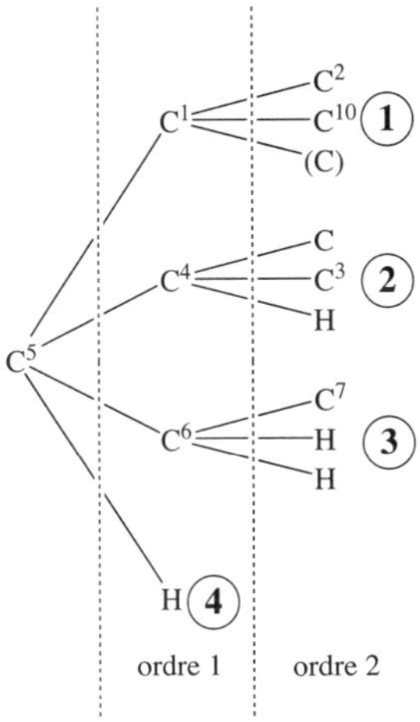

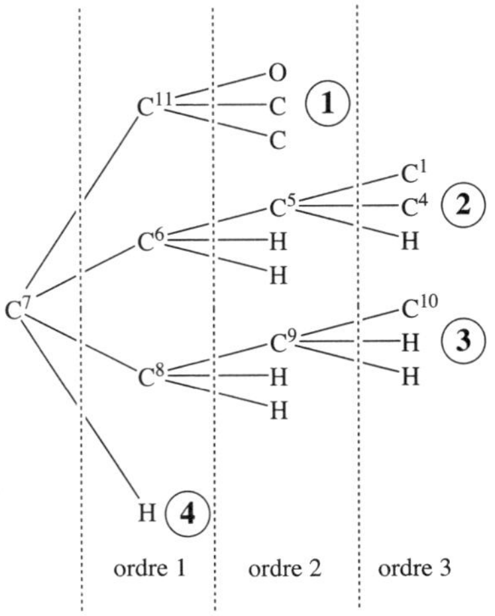

Pour chacun des atomes de carbone, le groupe le moins prioritaire est en arrière du plan de la feuille :

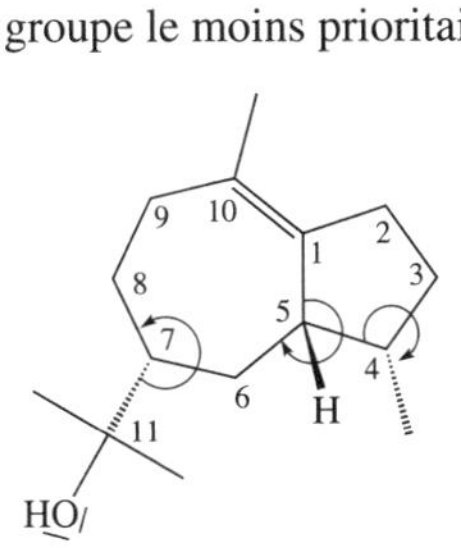

Les descripteurs stéréochimiques sont $4S, 5S, 7R$

15.2 Configuration de la Nootkatone

1. La molécule possède trois atomes de carbone stéréogènes (C^1, C^3 et C^{10}). L'application des règles séquentielles de CAHN, INGOLD et PRELOG permet d'établir l'ordre de priorité :

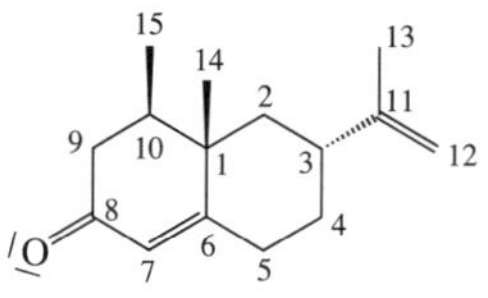

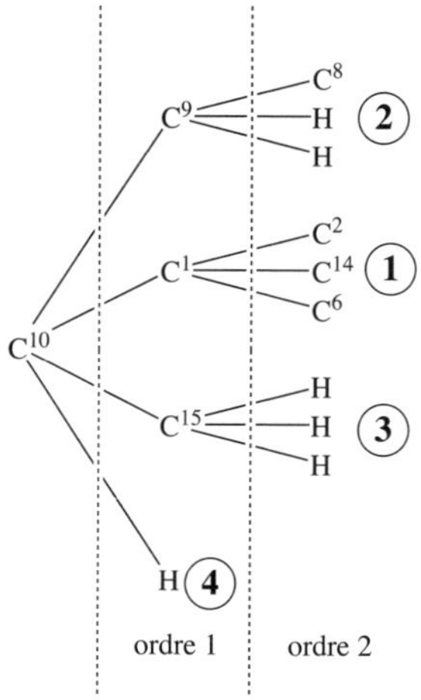

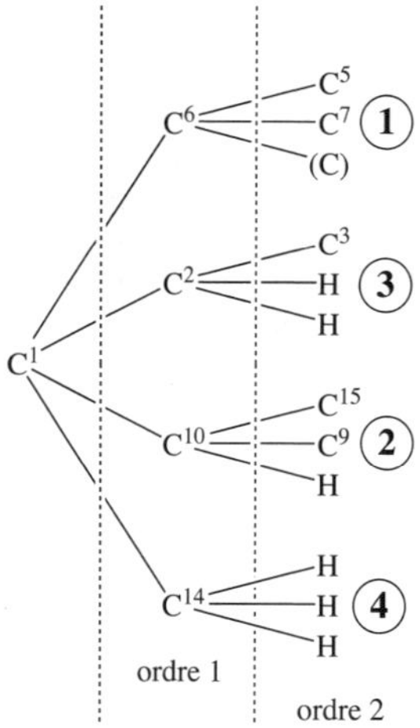

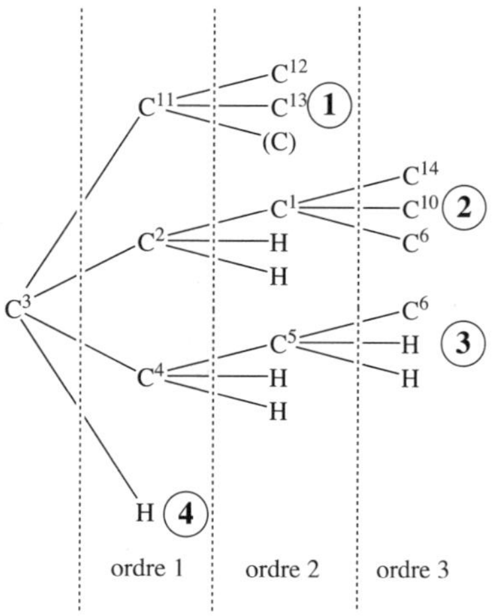

Pour les atomes de carbone C^1 et C^3, le groupe le moins prioritaire est en avant du plan de la feuille et pour l'atome de carbone C^{10} il est en arrière :

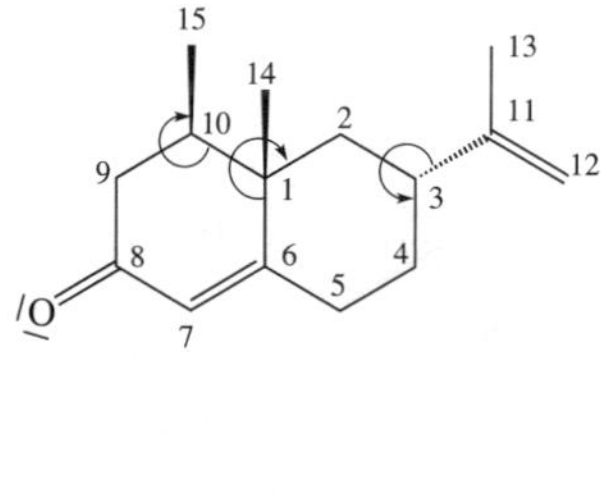

Les descripteurs stéréochimiques sont 1*S*, 3*R*, 10*R*.
2. Les groupes susbstituants sont en position relative *trans*, par conséquent une projection plane de la conformation chaise est :

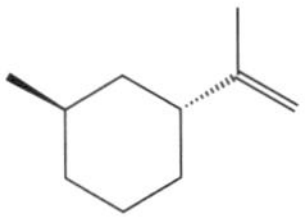

B

15.3 Configuration d'un précurseur de macrolide

L'application des règles séquentielles de CAHN, INGOLD et PRELOG permet d'établir l'ordre de priorité :

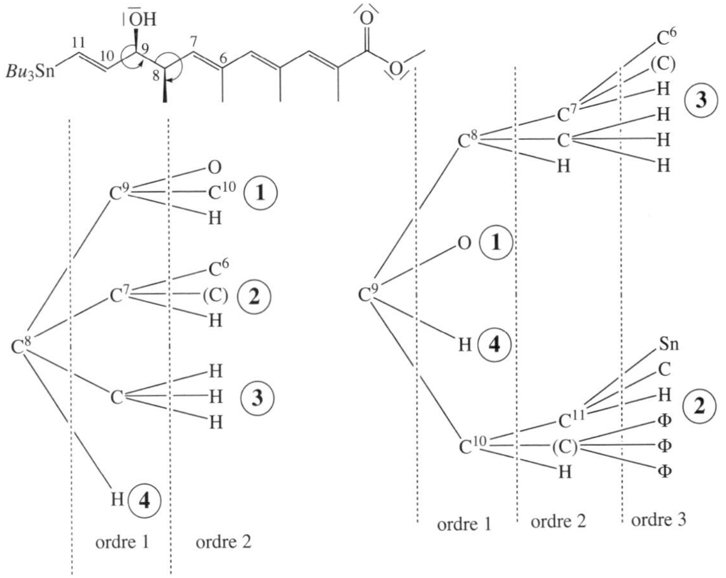

Pour les deux atomes de carbone concernés, le groupe le moins prioritaire est en arrière du plan de la feuille ; par conséquent, les descripteurs stéréochimiques sont 8*R*, 9*S*.

15.4 Stéréoisomérie du Cisplatine

Dans le complexe plan-carré, il n'y a pas *a priori* d'interconversion rapide des positions des ligands. Par conséquent, on peut envisager le stéréoisomère :

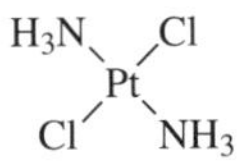

Ce stéréoisomère n'est pas l'image spéculaire du Cisplatine. C'est donc un diastéréoisomère. Le nom commercial de Cisplatine tire son origine de la position relative *cis* des ligands identiques deux à deux. Par analogie, on pourrait appeler ce diastéréoisomère le Transplatine.

15.5 Configuration d'un époxyde

La molécule possède deux atomes de carbone stéréogènes, dont chacun possède quatre substituants identiques deux à deux. On a donc les trois stéréoisomères de configuration :

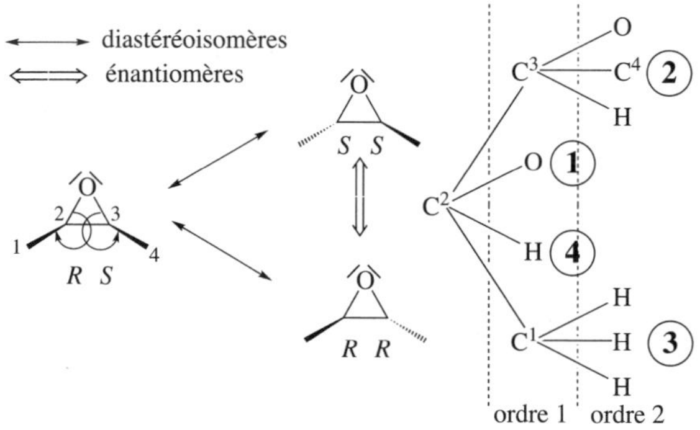

Le stéréoisomère de configuration S,R possède le plan orthogonal au plan de la feuille passant par O et par le milieu de la liaison $C^2 - C^3$ comme plan de symétrie. Par conséquent, ce composé est achiral.

15.6 Centre pseudo-asymétrique

Cas $n = 1$ **:** la molécule ne possède pas de carbone stéréogène. Elle est achirale.

Cas $n = 2$ **:** les deux atomes de carbone stéréogènes ont leur quatre substituants identiques deux à deux (voir figure 15.11). Il y a par conséquent un couple d'énantiomères (R,R et S,S) de molécules chirales, et un composé achiral (R,S) :

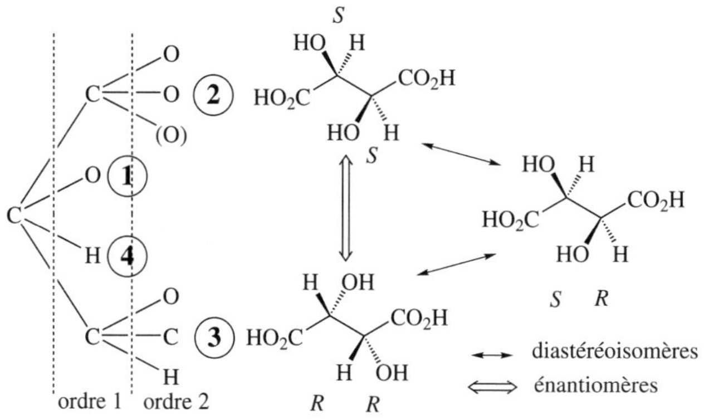

Ce composé achiral possède des stéréoisomères de configuration chiraux ; c'est donc le composé *méso*. C'est un diastéréoisomère pour chacun des éléments du couple d'énantiomères.

Cas $n = 3$ **:** ce cas est plus subtil, en raison du carbone C^3. Si les deux atomes de carbone C^2 et C^4 ont la même configuration, alors le carbone C^3 n'est pas stéréogène. Cela conduit à déterminer un premier couple d'énantiomères de descripteurs stéréochimiques $2R,4R$ et $2S,4S$. Si maintenant ces groupes ne sont pas de même configuration, alors le carbone C^3 est stéréogénique car l'échange de deux de ses substituants conduit d'une forme *méso* à l'autre, mais n'est pas un centre chiral, car il est contenu dans le plan de symétrie de la molécule.

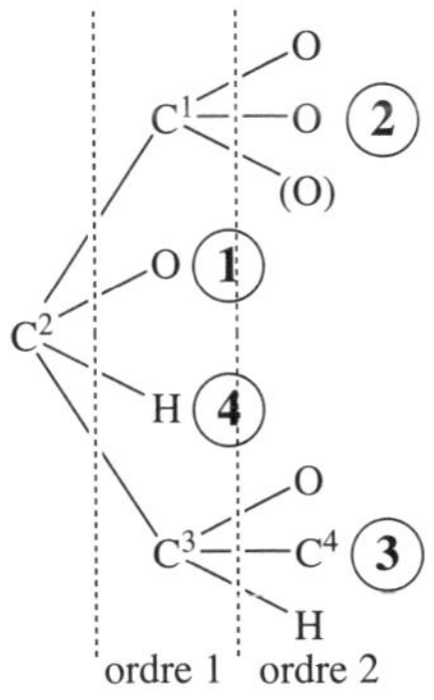

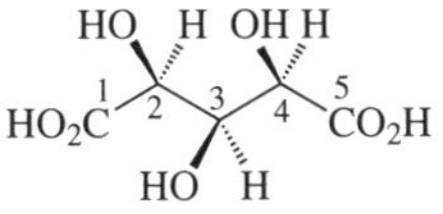

Cet atome de carbone est dit *pseudo-asymétrique*. On lui attribue alors des descripteurs stéréochimiques en lettres minuscules. On a ainsi les composés de descripteurs $2S,3s,4R$ et $2R,3r,4S$. Ce sont des molécules achirales car elles possèdent un plan de symétrie (le plan de la feuille sur le dessin ci-dessous) et ce sont donc des composés *méso*.

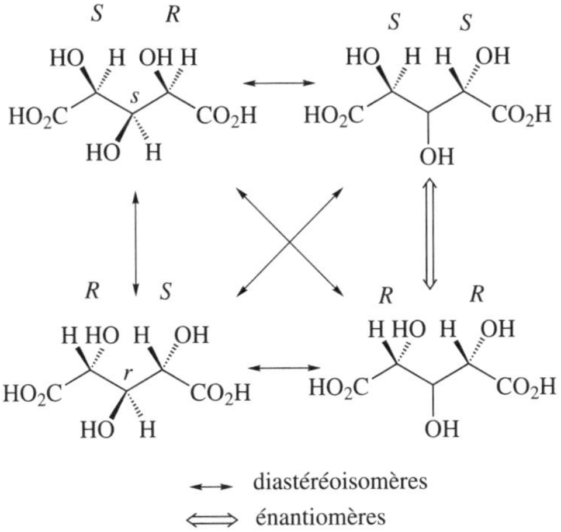

Corrigés des problèmes du chapitre 15

15.7 Étude stéréochimique d'une carboxylase à vitamine K

1.L-glutamique a la représentation de FISCHER présentée ci-dessous :

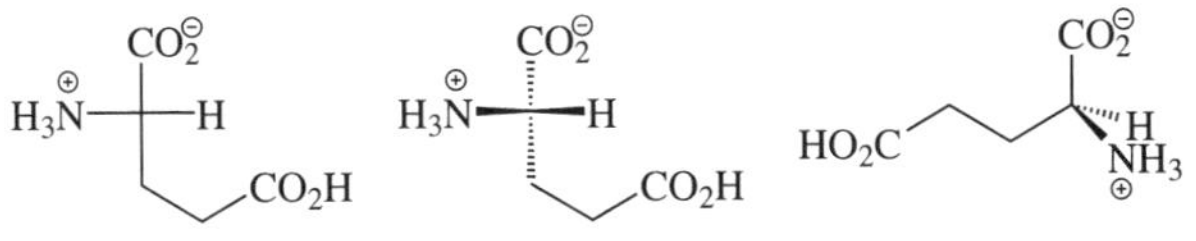

L'application des règles séquentielles de CAHN, INGOLD et PRELOG permet d'établir l'ordre de priorité suivant :

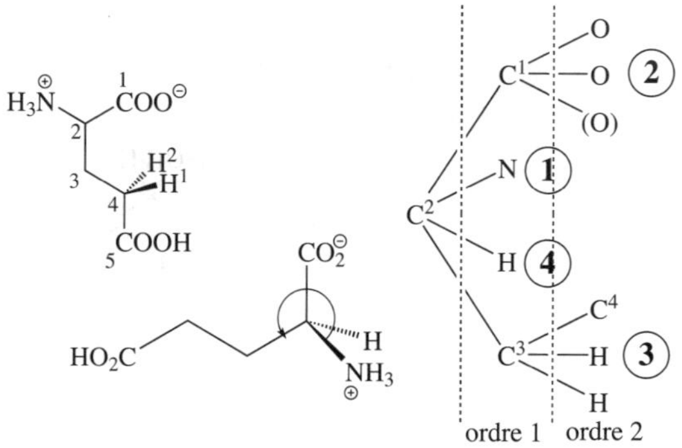

Par conséquent, l'acide L-glutamique est de descripteur stéréochimique *S*.

2. L'application des règles séquentielles de CAHN, INGOLD et PRELOG permet d'établir l'ordre de priorité :

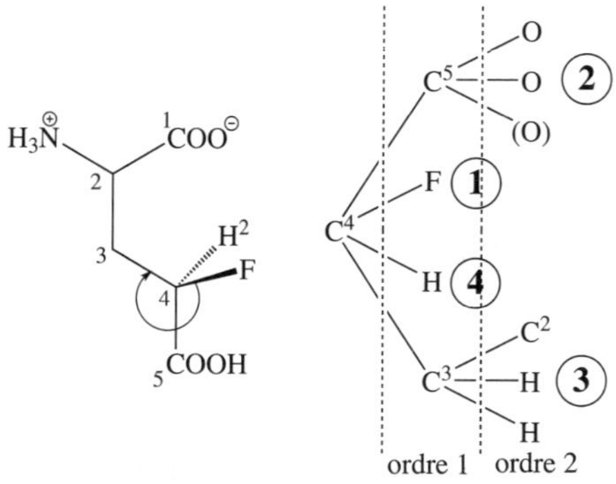

3. D'après le dessin précédent, c'est H^2 qui va être arraché.

4. Si on ne tient pas compte du marquage isotopique, l'atome de carbone C^4 de l'acide γ-carboxyglutamique n'est pas chiral. Il faut donc reprendre la règle séquentielle en attribuant la priorité à l'atome de carbone marqué :

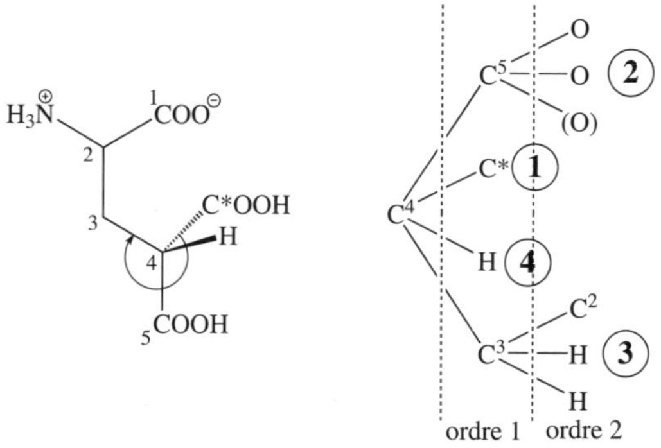

Le groupe le moins prioritaire étant vu en avant du plan de la feuille, le composé dessiné est bien celui de descripteur stéréochimique 4*S*.

5. Compte tenu des questions précédentes, seul H^2 est remplacé lors de la réaction de carboxylation :

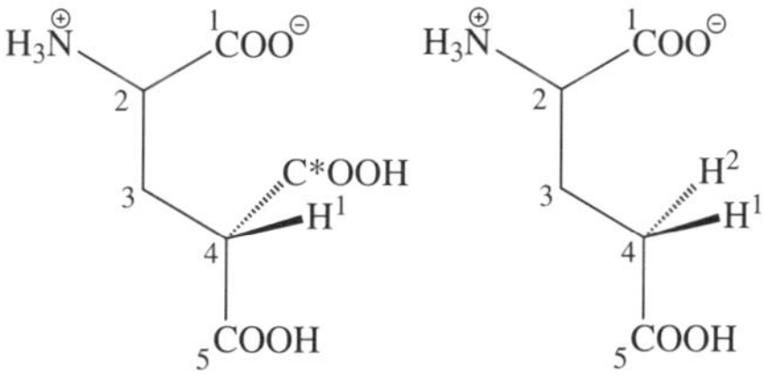

peut subir la carboxylation

Par conséquent, le dioxyde de carbone prend la place de l'atome d'hydrogène arraché.

15.8 Mutarotation du glucose

1. L'application des règles séquentielles de CAHN, INGOLD et PRELOG permet d'établir l'ordre de priorité :

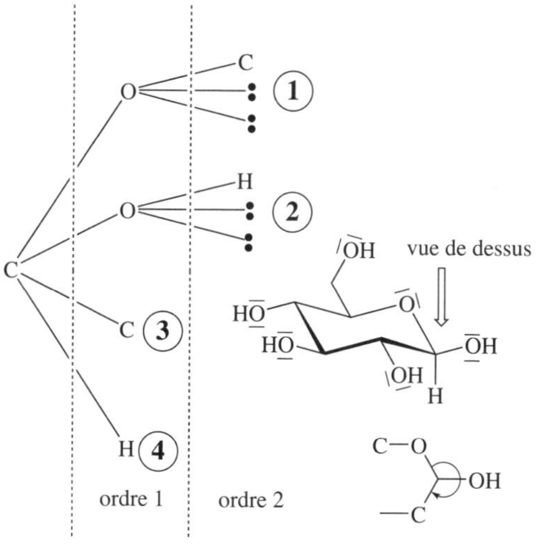

On en déduit donc que ce carbone anomère est de descripteur stéréochimique *R*. L'α-D-glucopyranose ne diffère du β-D-glucopyranose que par la configuration du carbone anomérique. Ces deux molécules ne sont donc pas images spéculaires l'une de l'autre et sont des stéréoisomères. Par conséquent, elles sont diastéréoisomères l'une de l'autre. On en déduit d'autre part que le descripteur stéréochimique du carbone anomère de l'α-D-glucopyranose est *S*

2. Notons $c-x$ et x les concentrations massiques à l'équilibre respectivement de l'α-D-glucopyranose et du β-D-glucopyranose. L'application de la loi de BIOT permet d'écrire ;

$$\alpha_{\text{lu}} = \ell((c-x)[\alpha]+x[\beta]) = \ell(c[\alpha]+x([\beta]-[\alpha])) \qquad \text{soit :} \quad x = \frac{\dfrac{\alpha_{\text{lu}}}{\ell} - c[\alpha]}{[\beta]-[\alpha]}.$$

Application numérique :

$$x = \frac{\dfrac{52,5}{1,0} - 1,0\times 112,2}{18,7-112,2}\ \text{g.L}^{-1} = 0,6385\ \text{g.L}^{-1} \qquad \text{soit :} \qquad x = C_{\text{mas}}(\beta) = 0,64\ \text{g.L}^{-1}$$

$$C_{\text{mas}}(\alpha) = 1,0 - C_{\text{mas}}(\beta) = 0,36\ \text{g.L}^{-1}.$$

La constante standard de cet équilibre est le rapport des concentrations molaires, qui se confond ici avec le rapport des concentrations massiques puisque les deux molécules ont la même masse molaire. Par conséquent,

$$K^\circ = \frac{x}{c-x} = \frac{0,6385}{1,0-0,6385} = 1,766 \qquad \text{soit :} \qquad K^\circ = 1,8.$$

3. L'utilisation de la relation liant la constante standard d'équilibre à la différence d'énergie potentielle molaire conduit à :

$$\Delta E_p \;=\; -8,314.298.\ln(1,8) \;=\; -1,5 \text{ kJ.mol}^{-1}.$$

Les deux stéréoisomères ne diffèrent que par la position axiale ou équatoriale d'un substituant. On retrouve bien la préférence équatoriale du substituant le plus volumineux et le β-D-glucopyranose est plus stable. Il est bien majoritaire à l'équilibre thermodynamique. Cependant, la préférence équatoriale est d'habitude plus nettement marquée avec ce type de substituant (la différence d'énergie potentielle devrait être plus élevée en valeur absolue). Il est donc très probable qu'intervienne un autre type d'interaction intramoléculaire. Certains modèles théoriques attribuent à cette stabilité « anormalement » grande du composé α des raisons orbitalaires, de recouvrement de l'orbitale σ^* de la liaison $C_{\text{anomère}} - OH$ avec un doublet non liant de l'oxygène intracyclique. Ce phénomène est appelé effet anomère.

15.9 Stéréoisomérie en chimie supramoléculaire

1. La molécule **A** possède un axe de symétrie C_3 :

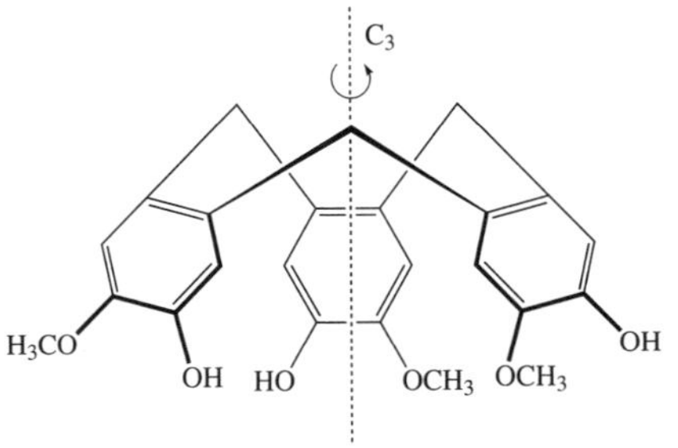

La molécule est invariante par une rotation de $\dfrac{2\pi}{3}$ autour de cet axe.

2. En raison de sa rigidité relative, le « chapeau » que constitue la molécule ne peut pas s'inverser, et par conséquent, l'image spéculaire de **A** n'est pas superposable à **A**.

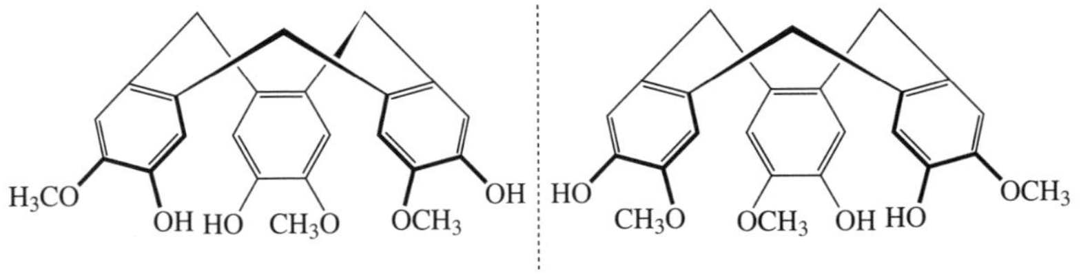

D'autres molécules sont chirales sans pour autant posséder d'atome stéréogène. Citons le biphényle **C** synthétisé pour la première fois en 1922 par CHRISTIE et KENNER. L'origine de la chiralité est l'absence de libre rotation de la liaison entre les deux cycles aromatiques en raison de l'encombrement stérique des groupes substituant les cycles. L'hexahélicène **D** a été synthétisé en 1956 par NEWMAN et LEDNICER. Ici, l'origine de la chiralité est le sens de rotation de la forme hélice de la molécule (penser au tire-bouchon farce et attrape dont l'hélice est inversée).

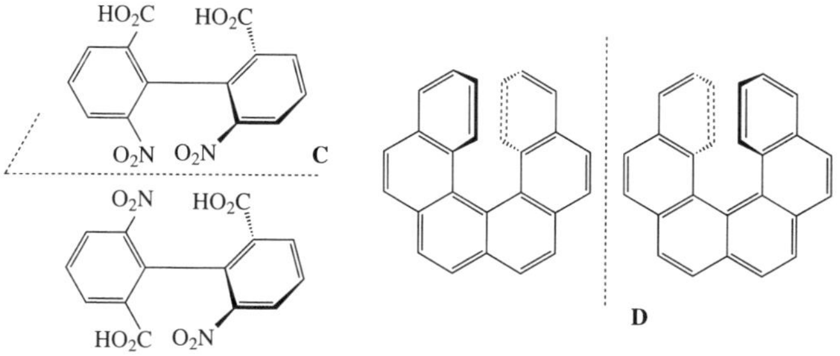

3. Le cyclotriguaiacylène existe sous forme d'un couple d'énantiomères. Il est à noter que l'inversion de deux groupes $-OH$ et $-OCH_3$ sur un même cycle ne conduit pas à des stéréoisomères car dans ce cas il y aurait changement de l'enchaînement relatif des atomes (isomérie de position).
4. Lors d'un léger chauffage, l'inversion du « chapeau » devient possible (on fournit suffisamment d'énergie pour franchir la barrière de rotation). Le composé obtenu est alors superposable à l'énantiomère de **A**. Par conséquent, en attendant suffisamment longtemps, on observe une racémisation du milieu, jusqu'à disparition totale de l'activité optique de la solution.

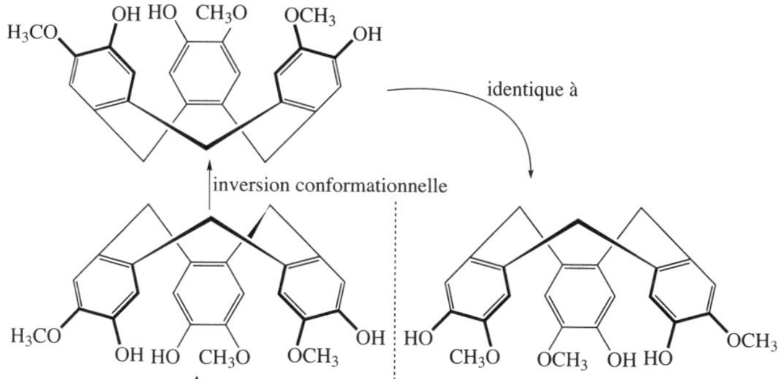

A

5.a. L'application des règles séquentielles de CAHN, INGOLD et PRELOG permet d'établir l'ordre de priorité :

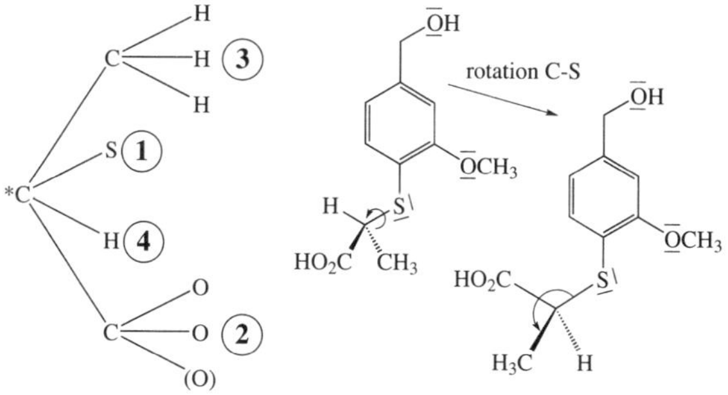

En plaçant l'atome le moins prioritaire en arrière du plan de la feuille, la séquence $1 \to 2 \to 3$ est dans le sens S. Par conséquent la molécule a pour descripteur stéréochimique S.
b. Le signe $(-)$ est le signe du pouvoir rotatoire de la molécule et désigne le sens de rotation du plan de polarisation d'une lumière polarisée rectilignement traversant l'échantillon. Cette propriété physique n'a aucun rapport avec le descripteur stéréochimique (S) qui n'est qu'une convention de nomenclature.

Corrigés des exercices du chapitre 16

16.1 Nucléophiles compétitifs

1. Les résultats expérimentaux montrent clairement que, si on admet la formation initiale du pont bromonium issu de l'action du dibrome sur le propène, il est ensuite soumis à l'action des différents nucléophiles présents dans le milieu réactionnel : ceux-ci sont essentiellement l'eau et l'ion chlorure (en concentration beaucoup plus élevée que les ions bromure issus de la première étape). Le pont bromonium n'est pas symétrique (les deux carbones du pont ne sont pas équivalents). Les différentes possibilités sont :

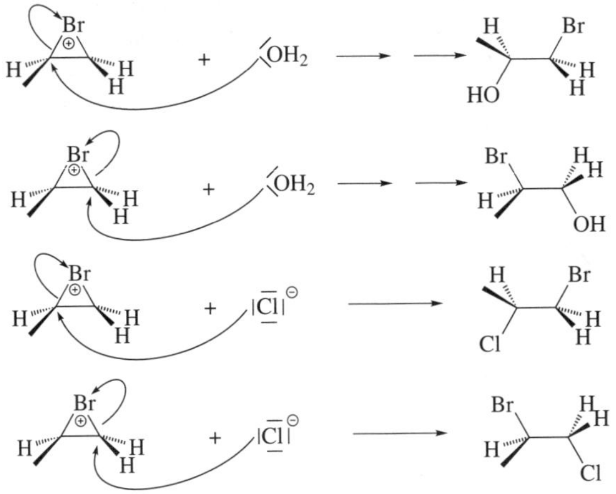

1-bromo-propan-2-ol (55 %)

2-bromopropan-1-ol (15 %)

1-bromo-2-chloropropane (16 %)

2-bromo-1-chloropropane (14 %)

Le fait que les produits majoritaires sont issus du nucléophile eau est probablement dû au large excès de ce réactif (c'est le solvant).

2. Quel que soit le nucléophile, dans les conditions de l'expérience, celui-ci attaque préférentiellement le carbone le plus substitué. Ce résultat est plus net pour le nucléophile eau (55/15) que pour le nucléophile chlorure (16/14).

16.2 Hydratation d'un alcène

La première étape est la protonation de l'alcène pour conduire au carbocation le plus stable, c'est-à-dire secondaire, la charge étant portée par le carbone 2. La présence d'un atome de brome permet de former un pont bromonium plus stable que le carbocation. C'est celui-ci qui est ensuite attaqué par le nucléophile eau. L'attaque du nucléophile sur le carbone 1 explique la formation du 2-bromopropan-1-ol. Le mécanisme ainsi décrit est résumé ci-dessous :

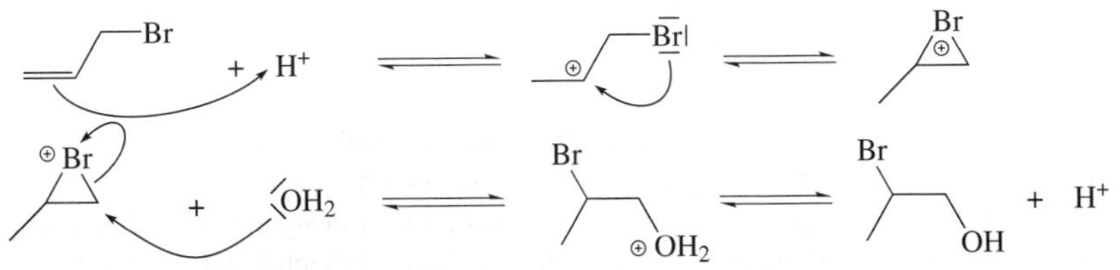

2-bromopropan-1-ol

16.3 Réaction d'un éther d'énol en milieu acide

En milieu acide, la double liaison C=C est protonée. Il y a deux sites de protonation. La possibilité d'écrire deux formes mésomères dans le cas de la protonation sur le carbone directement lié à l'oxygène explique que c'est cet intermédiaire réactionnel qui est très majoritaire dans le milieu réactionnel.

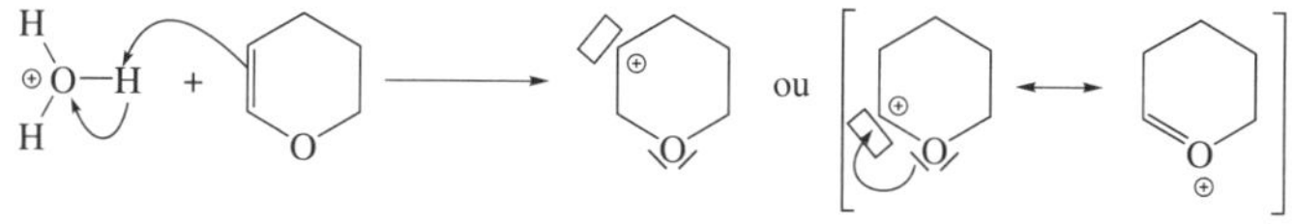

cation le plus stable

Ensuite cet intermédiaire, qui est un électrophile, réagit avec le méthanol nucléophile : il y a formation d'une liaison carbone/oxygène. La réaction se termine par la déprotonation.

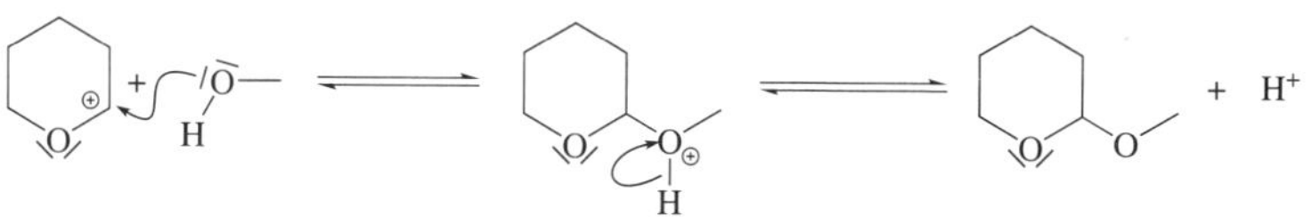

16.4 Réaction des acides hypohalogéneux sur les alcènes

La réaction d'un acide hypohalogéneux sur un alcène commence par l'action de l'halogène électrophile produit par la rupture hétérolytique de la liaison X-OH (l'oxygène est plus électronégatif que les halogènes chlore, brome et iode). Il est admis que les halogènes brome et iode conduisent alors aux ponts halonium correspondants selon le schéma :

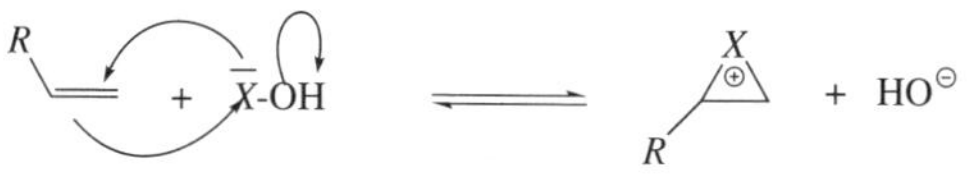

Le pont halonium réagit ensuite avec le nucléophile eau sur l'un des deux atomes de carbone du pont halonium pour conduire aux deux produits (A) et (B) :

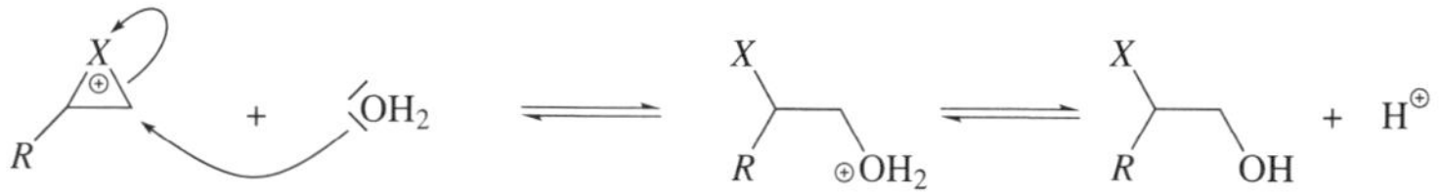

produit (A)

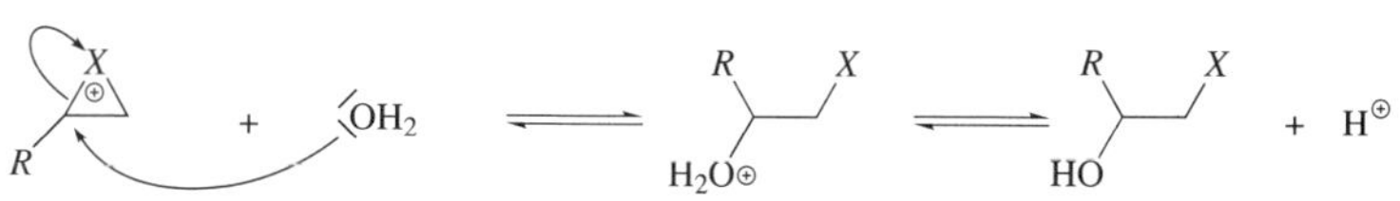

produit (B)

Les différents pourcentages indiqués montrent que le nucléophile réagit préférentiellement avec le carbone 2 car le produit (B) est majoritaire. Ceci a déjà été constaté à l'exercice 2. Remarquons que le changement d'halogène, en particulier dans le cas du chlore, ne modifie pas de façon sensible les pourcentages des produits obtenus. Il est donc probable que la réaction avec l'acide hypochloreux passe aussi par un pont chloronium.

16.5 Réaction d'iodolactonisation (réaction de Prévost)

1. La première étape de la réaction est probablement, après déprotonation de l'acide, la formation d'un pont iodonium selon le mécanisme :

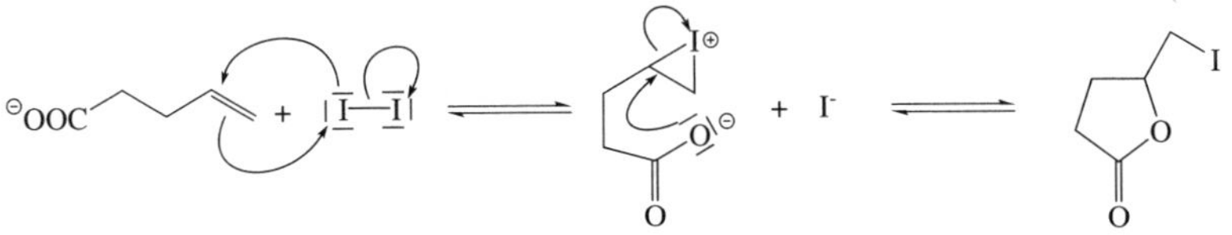

2. L'acide pent-4-énoïque est très peu soluble dans l'eau car il possède une chaîne carbonée importante avec un seul groupe polaire (COOH) favorisant la solubilisation dans l'eau, insuffisant pour assurer un solubilisation notable dans l'eau.

3. L'ion hydrogénocarbonate est un ampholyte qui se comporte ici comme une base vis-à-vis de l'acide carboxylique. Le remplacement d'un groupement polaire par un site ionique (COO^-) favorise la solubilisation dans l'eau et permet à la réaction de se dérouler en phase aqueuse.

4. Le rôle des ions iodure ajoutés est de favoriser la solubilisation du diiode en phase aqueuse. L'agent électrophile est probablement la faible fraction de diiode dissous sous forme de diiode, la réaction de dissociation du complexe I_3^- étant rapide et redonnant rapidement du diiode.

16.6 Réactions de transposition

1. La réaction débute par la protonation de la double liaison C=C par l'acide fort. Le carbocation obtenu peut ensuite évoluer par migration d'hydrure. Les différents carbocations subissent ensuite l'addition nucléophile de l'ion trifluoroacétate :

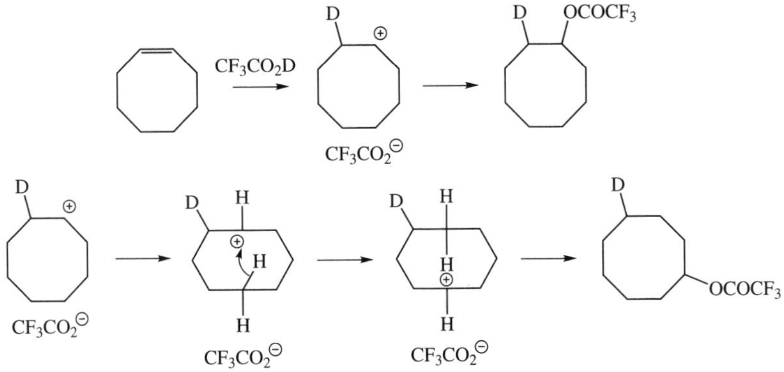

2. L'action de l'acide chlorhydrique sur l'α-pinène débute par une protonation de la double liaison. On constate que la molécule d'α-pinène contient un cycle à quatre atomes (et un cycle à six carbones). Comme il y a possibilité de migration d'alkylure dans les carbocations, celui obtenu par protonation se transpose pour passer d'un cycle à 4 à un cycle à 5 plus stable. La molécule de chlorure de bornyle contient deux cycles à 5 carbones.

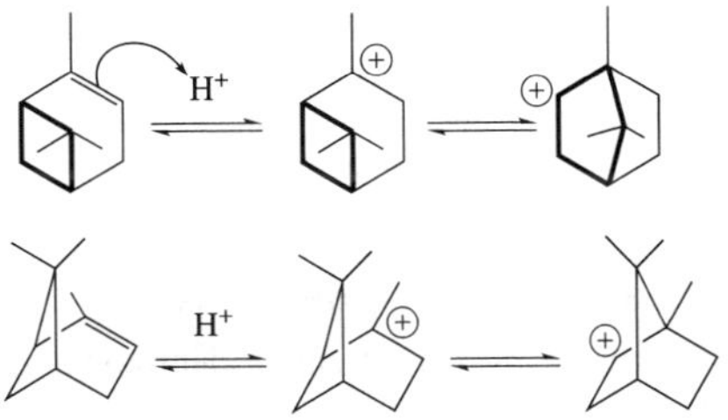

16.7 Identification d'une phéromone

1. Le bilan d'une ozonation suivie d'une hydrolyse dans des conditions réductrices se traduit par la formation de deux doubles liaisons C=O : le décompte des atomes d'oxygène dans les produits obtenus permet de décompter les liaisons C=C dans la molécule de départ, soit ici 4 doubles liaisons C=C.
2. L'ozonolyse introduit deux atomes d'oxygène par liaison double carbone/carbone. On vérifie que c'est le cas ici. Le squelette de la molécule est celui de la molécule de 2,6,10-triméthyldodécane :

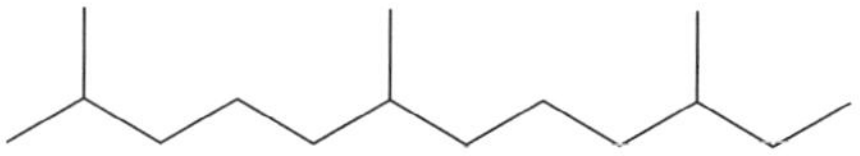

Le travail consiste à placer les quatre liaisons carbone/carbone. Un principe de travail consiste à d'abord situer les « petites » molécules, donc ici le méthanal et la propanone, à la périphérie du squelette. Il y a donc ici une seule possibilité pour la propanone et trois possibilités pour le méthanal (voir figure ci-dessous) :

donne la propanone

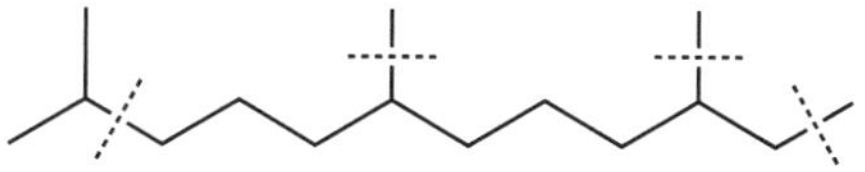

3 possibilités pour le méthanal

À partir de ces informations, il faut choisir la place des trois liaisons doubles restantes pour expliquer la formation du 2-oxopentanedial et du 4-oxopentanal (voir figure ci-dessous).

(a) (b)

Une façon possible pour obtenir un α-cétoaldéhyde (le 2-oxopentanedial) est de choisir les positions en bout de chaîne. Pour obtenir effectivement le 2-oxopentanedial, il faut alors localiser une double liaison entre les atomes 6 et 7. Une proposition de structure compatible avec les résultats de l'ozonolyse est détaillée à la figure ci-dessous.

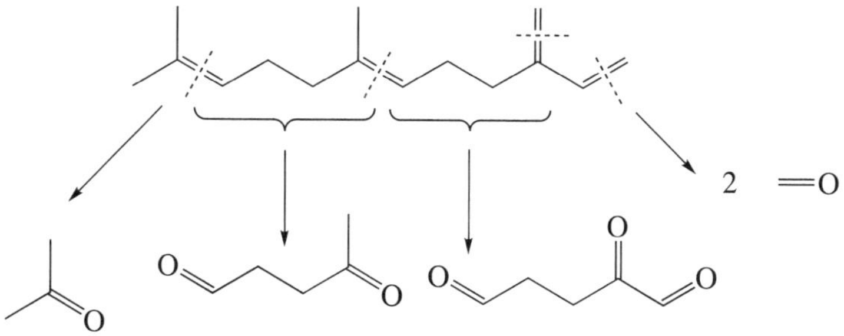

(b) (a)

Corrigés des problèmes du chapitre 16

16.8 Synthèses de 1,2-difluoroéthylènes

1. Si la réaction se déroulait dans des conditions polaires, l'étape préalable serait une protonation de la double liaison C=C pour conduire au carbocation le plus stable. Parmi les deux carbocations susceptibles de se former, le plus stable est celui qui ferait apparaître la charge positive sur le carbone le plus susceptible de la supporter. Notons d'abord que la présence d'atomes d'halogène est déjà défavorable à la formation de ces carbocations, donc rend les vitesses de réactions correspondantes très faibles. D'autre part, le fluor étant notablement plus électronégatif que le chlore, si la réaction avait lieu en milieu polaire avec formation transitoire d'un carbocation, le moins instable serait celui où la charge est portée par le carbone lié à un chlore et un fluor.

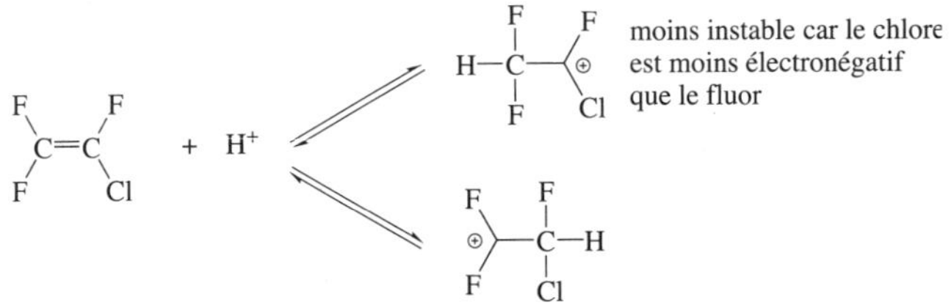

La réaction a donc lieu dans des conditions apolaires.

2. En référence à la réaction citée en préambule, l'action de la poudre de zinc se traduit par la formation formelle de "ZnBrCl" et donc de CF_2 =CFH.

3.a. D'après l'orientation constatée par les résultats de la question **1.**, la réaction d'action du bromure d'hydrogène en conditions apolaires se traduit par la formation préférentielle du radical où le carbone portant l'électron célibataire est lié au chlore.

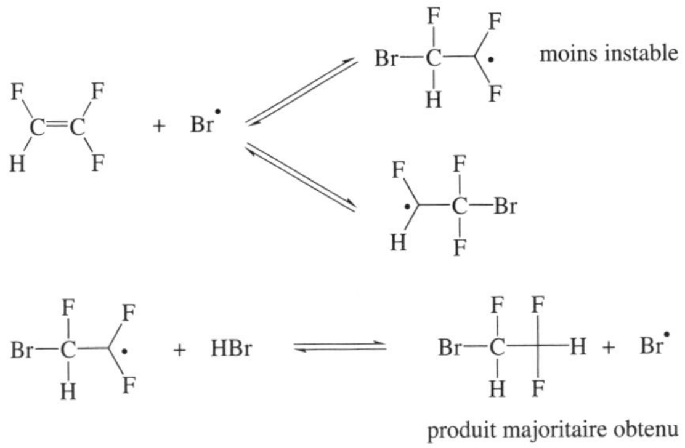

b. L'action de la poudre de zinc se traduit par le départ formel de « ZnBrF ». Les conditions opératoires sont beaucoup plus sévères que celles mises en œuvre pour le départ de « ZnBrCl ». Cela semble indiquer que les liaisons C–F sont notablement moins réactives vis-à-vis de ces réactions que les liaisons C–Cl ou C–Br. Notons que cette différence de réactivité a déjà été révélée par le fait que, à l'étape précédente, lorsque la molécule de $CBrF_2$–CHFCl est soumise à l'action de la poudre de zinc, les liaisons C–F ne réagissent (quasiment) pas.

c. Si la réaction était sous contrôle thermodynamique, la proportion de produits obtenus s'expliquerait par leur stabilité relative. À 350 K, la constante de l'équilibre entre isomères Z et E est égale à :

$$K^{\circ}_{350} = \exp\left[-\frac{467,0}{350} + 0,0672\right] = 0,28$$

Ainsi l'isomère E est moins stable que le Z. Notons que l'atome de fluor étant de taille comparable à celui de l'atome d'hydrogène , il n'est pas possible d'évoquer de raison de taille, d'encombrement stérique pour justifier des différences de stabilité entre isomères Z/E. Calculons les pourcentages attendus lorsque la constante d'équilibre est vérifiée. Soit x_Z la fraction molaire de l'isomère Z à l'équilibre. La constante d'équilibre s'écrit :

$$K^{\circ}_T = \frac{p_E}{p_Z} = \frac{x_E.p}{x_Z.p} = \frac{1-x_Z}{x_Z}$$

dont la résolution donne :

$$x_Z = \frac{1}{1+K^{\circ}_T} \qquad \text{soit à 350 K} \quad x_Z = 0,78$$

soit une valeur très proche des valeurs d'équilibre thermodynamique. Il faudrait une étude plus approfondie (par exemple à différentes températures) pour conclure un contrôle cinétique ou thermodynamique de la réaction.

4. Les liaisons C–F sont très polarisées. Donc l'isomère Z possède un moment dipolaire électrique notable tandis que l'isomère E ne possède pas de moment dipolaire (cette molécule possède un centre de symétrie). L'interaction entre molécules Z qui en résulte explique la cohésion plus grande du liquide et donc la température d'ébullition plus élevée du liquide pur de l'isomère Z en comparaison à l'isomère E.

16.9 Réactions enzymatiques et stéréospécifité

1.a. Le schéma de coupure d'une double liaison carbone/carbone par l'ozone, suivie d'hydrolyse dans des conditions non réductrices, est indiqué dans le schéma ci-dessous.

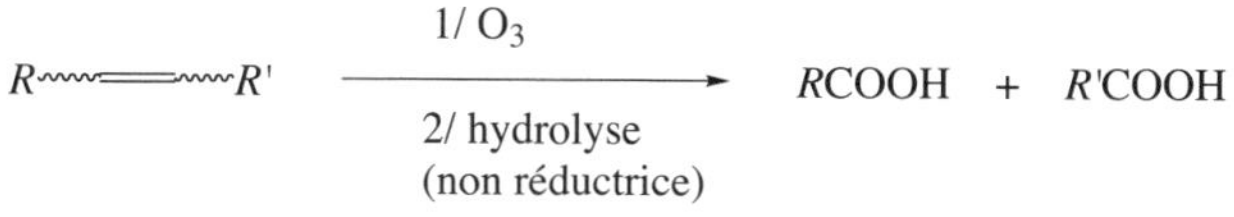

Les deux molécules obtenues comportant chacune 9 atomes de carbone, la double liaison est placée entre les carbones 9 et 10 de la molécule d'acide stéarique.

b. Le problème de la configuration de la double liaison C=C n'est pas résolu par la donnée de l'ozonolyse. Il reste à savoir si l'acide oléique est de descripteur stéréochimique Z ou E. Cette information sera donnée par les résultats de la réaction du dibrome sur la double liaison de l'acide oléique.

2.a. Les deux molécules obtenues par l'action du dibrome sur l'acide oléique sont les acides (9*R*, 10*R*)-9,10-dibromooctadécanoïque et (9*S*, 10*S*)-9,10-dibromooctadécanoïque.

b. En connaissant le mécanisme admis pour l'action du dibrome sur les doubles liaisons carbone–carbone, posons une hypothèse sur la configuration de la double liaison et déterminons le descripteur stéréochimique des produits obtenus : si ceux-ci sont ceux effectivement observés, l'hypothèse de configuration initiale sera correcte. Sinon l'acide oléique sera l'autre stéroisomère de configuration que celui choisi pour l'étude. Supposons que l'acide oléique soit l'isomère Z. La figure ci-dessous représente l'action du dibrome sur cette molécule avec précision de la configuration des produits d'arrivée. Remarquons que le schéma proposé ne fait apparaître qu'un seul pont bromonium : il se forme, en quantités égales, un autre pont bromonium énantiomère de celui représenté et qui conduit aux mêmes produits.

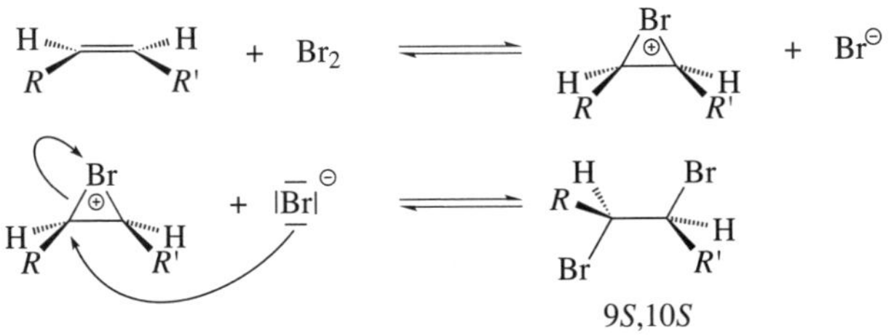

9*S*,10*S*

L'addition sur l'autre carbone du pont bromonium représenté conduit à l'isomère (9*R*, 10*R*) et l'hypothèse de travail est donc correcte : l'acide oléique est donc bien l'acide *Z*-octadéc-9-énoïque.

3.a. Les quatre stéréoisomères utilisés sont :

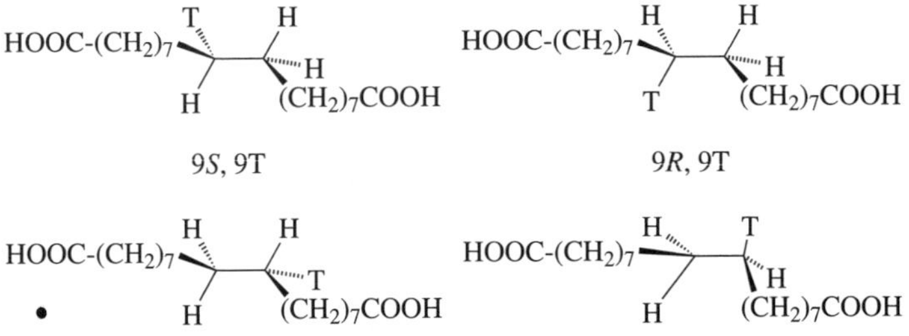

9*S*, 9T — 9*R*, 9T — 10*S*, 10T — 10*R*, 10T

b. Le double marquage isotopique permet de savoir, si lors d'une réaction de deshydrogénation, le tritium introduit participe à la réaction. Tel est le cas si, entre le réactif de départ et le produit d'arrivée, l'étude de radioactivité montre une diminution du rapport ${}^{3}_{1}H/{}^{14}C$. C'est le cas lorsque les isomères 9*R*, 9 T et 10*R*, 10 T sont utilisés comme réactifs. Cela signifie que les atomes de tritium de ces stéréoisomères sont mis en jeu. La figure ci-dessous représente les atomes concernés par la réaction de déshydrogénation catalysée par la *C. Diphtéria*.

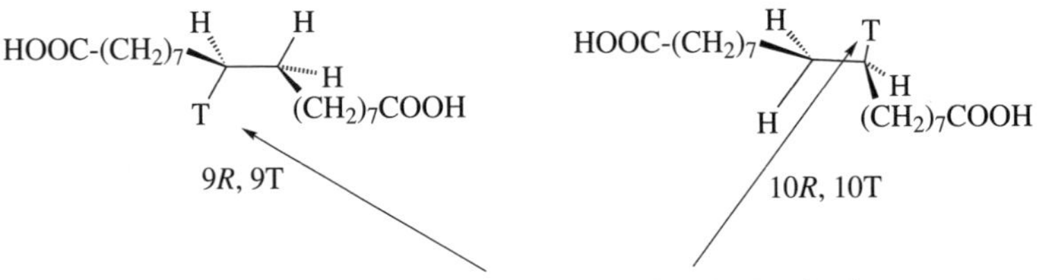

9*R*, 9T — 10*R*, 10T

ces atomes sont éliminés lors de la déhydrogénation de l'acide stéarique catalysée par la *C. Diphtéria*.

Corrigés des exercices du chapitre 17

17.1 Synthèse magnésienne

Pour proposer la synthèse d'une molécule organique, il faut une bonne connaissance des différentes réactions du cours, c'est-à-dire qu'il ne faut pas seulement être capable de retrouver le résultat et le mécanisme de l'action de *A* sur *B* mais aussi être capable de savoir de quelle façon il est possible de préparer une fonction donnée. Un élément indicatif important est le nombre de carbone du produit d'arrivée comparé à ceux de l'éventuel réactif de départ imposé. Une analyse plus fine consiste à identifier, dans les molécules de départ et d'arrivée, les éléments structuraux communs ou au contraire nouveaux qu'il faut construire. Ici, il y a cinq atomes de carbone dans le réactif de départ (avec un cycle à cinq atomes de carbone) et six atomes de carbone dans le produit obtenu (qui contient toujours le cycle à cinq atomes de carbone). Le produit obtenu possède une fonction acide carboxylique ; celle-ci s'obtient par action d'un organomagnésien sur le dioxyde de carbone suivie d'une hydrolyse acide. Une synthèse possible (mais non unique) de l'acide cyclopentane-carboxylique est donc :

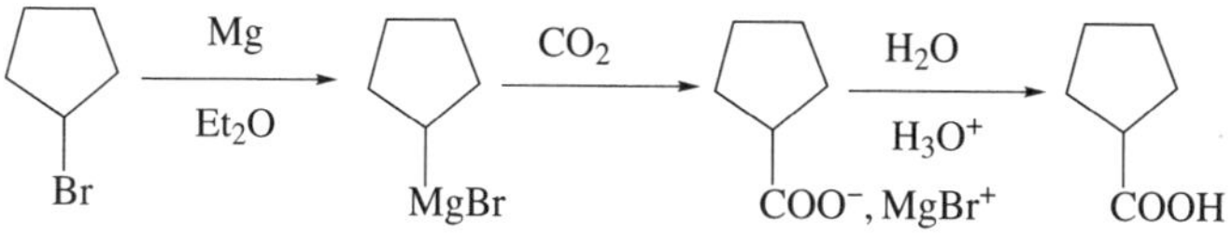

17.2 Synthèse magnésienne

L'action d'un organomagnésien sur un aldéhyde conduit après hydrolyse douce à un alcool secondaire. Donc *A* est un aldéhyde de formule *R*−CHO. La réaction du bromure d'éthylmagnésium sur *A* s'écrit :

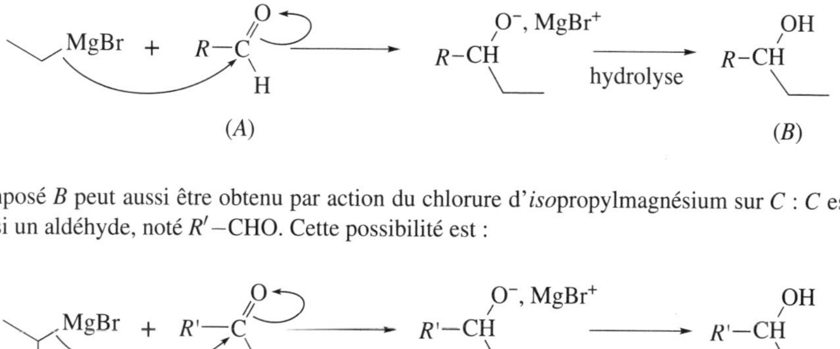

(*A*) (*B*)

Le composé *B* peut aussi être obtenu par action du chlorure d'*iso*propylmagnésium sur *C* : *C* est donc lui aussi un aldéhyde, noté *R′*−CHO. Cette possibilité est :

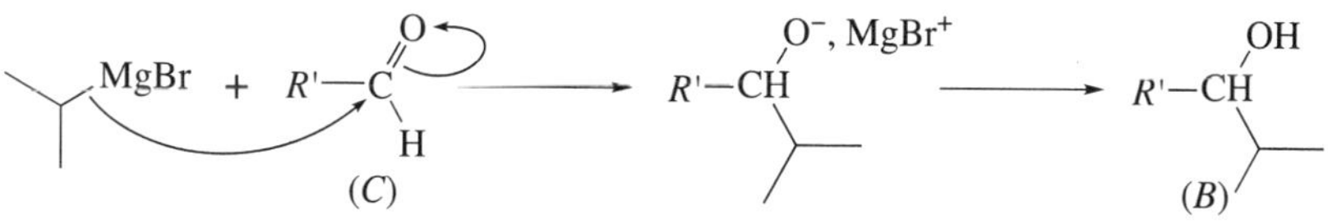

(*C*) (*B*)

L'identité des deux formules de la molécule *B* permet de conclure à la structure des groupes *R* et *R′* et donc à celle des molécules *A*, *B* et *C* représentées ci-dessous.

A :
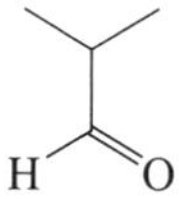

B :
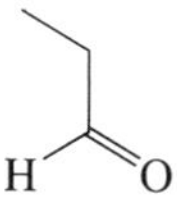

C :
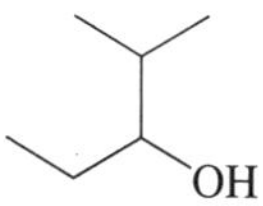

17.3 Synthèse magnésienne

Le 3-phénylpentan-3-ol est un alcool tertiaire symétrique (dont deux substituants sont identiques) : une bonne méthode de préparation est l'action d'un organomagnésien sur un ester. Il faut deux équivalents d'organomagnésien : celui-ci apporte les deux substituants identiques. On propose donc l'action du bromure d'éthylmagnésium (2 équivalents), préparé par action du magnésium métallique sur le bromoéthane, sur le benzoate de méthyle (un autre ester peu encombré de l'acide benzoïque convient). La séquence réactionnelle est :

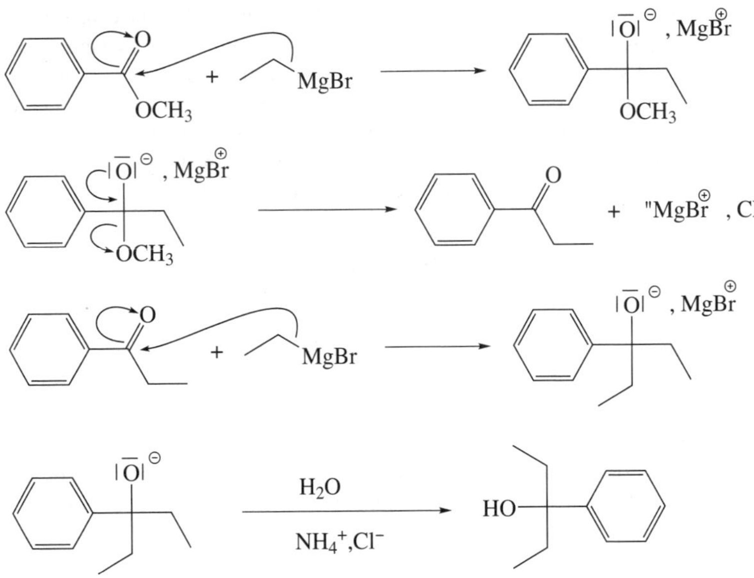

17.4 Addition conjuguée

1. La 1,3-diphénylprop-2-én-1-one appartient à la catégorie des cétones dites α,β-éthyléniques où la double liaison carbone-carbone est conjuguée avec la double liaison C=O. La figure ci-dessous met en évidence le caractère électrophile de l'atome de carbone en β du carbone de la double liaison C=O. Le bromure de phénylmagnésium peut donc réagir soit avec le carbone de la double liaison C=O, soit avec le carbone en β comme cela est indiqué ci-dessous :

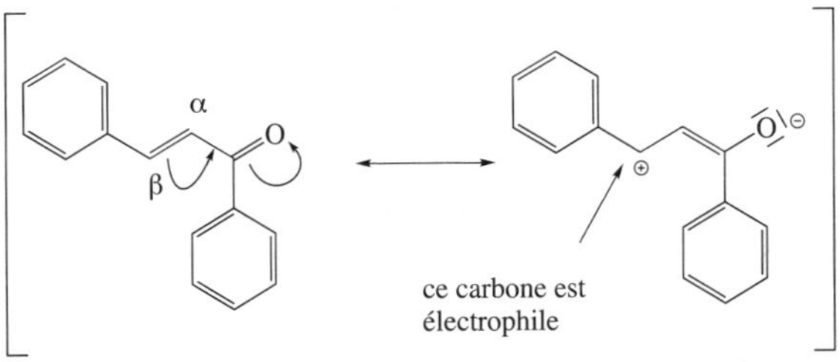

2. Le produit d'addition 1,2 est le 1,1,3-triphénylprop-2-én-1-ol et le produit d'addition 1,4 est la 1,3,3-triphénylpropan-1-one.

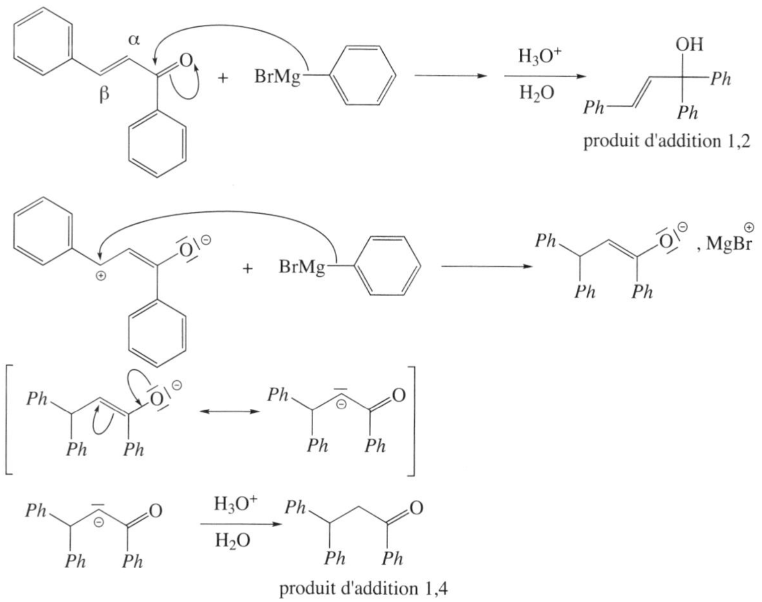

17.5 Réactions des organomagnésiens sur les isocyanates

Le carbone de la fonction isocyanate est lié à deux atomes notablement électronégatifs : il est donc déficient en électron et se comporte comme un centre électrophile. La figure ci-dessous propose un mécanisme réactionnel qui rend compte de la transformation observée.

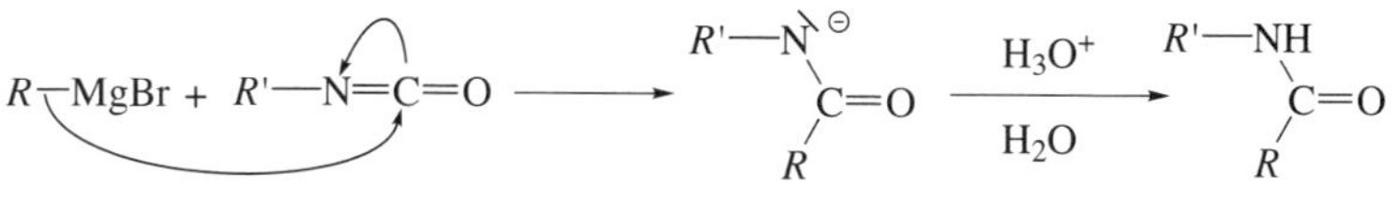

17.6 Réaction des organomagnésiens sur les orthoesters

Un mécanisme est proposé figure suivante :

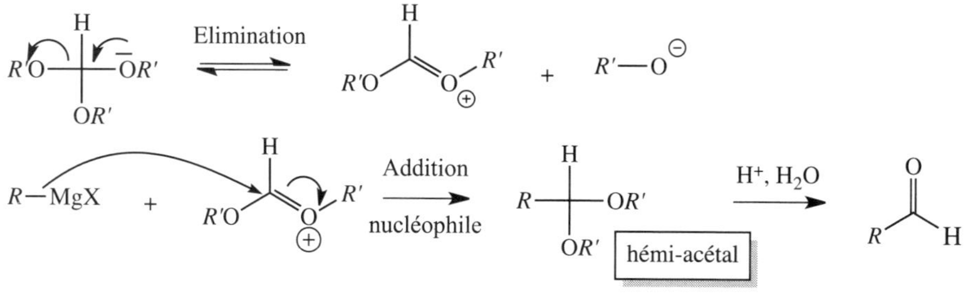

17.7 Réaction avec les ions pyridinium

La carbone lié à l'azote dans l'ion pyridinium est notablement électrophile : pour s'en convaincre, il suffit d'écrire la forme mésomère où le doublet de la liaison double est localisé sur l'azote. Cet atome peut subir l'addition de l'organomagnésien nucléophile. Le mécanisme réactionnel est :

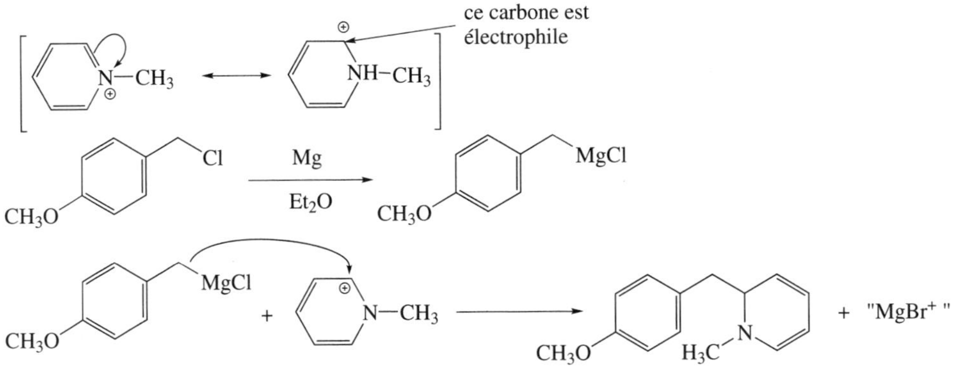

Corrigés des problèmes du chapitre 17

17.8 Dosages d'un organomagnésien

1. La quantité de matière n d'iodoalcane introduite dans le système est :

$$n = \frac{m}{M(\mathrm{I})} = \frac{15,0 \times 1516,1 \times 10^{-3}}{(5 \times 12 + 11 + 126,9)} = 11,49.10^{-2} \text{ mol}$$

La réaction de préparation de l'organomagnésien étant conduite en présence d'un excès de magnésium, le réactif en défaut est l'iodoalcane et c'est lui qui fixe la quantité de matière maximale qui peut se former. La concentration en organomagnésien dans le cas d'une réaction totale est donc :

$$[R\mathrm{MgI}] = \frac{11,49.10^{-2}}{112.10^{-3}} = 1,03 \text{ mol.L}^{-1}$$

2. Dosage acido-basique

a. Comme un organomagnésien est une base forte, l'introduction de celui-ci dans une solution d'acide chlorhydrique se traduit par la protonation du carbone lié à l'atome de magnésium. La première réaction est donc :

$$CH_3(CH_2)_4MgI \quad + \quad H_3O^+ \quad = \quad CH_3(CH_2)_3CH_3 \quad + \quad Mg^{2+} \quad + \quad I^-$$

L'acide chlorhydrique a été introduit en excès ; l'excès d'acide réagit ensuite avec l'ion hydroxyde introduit lors du dosage acido-basique selon :

$$H_3O^+ \quad + \quad OH^- \quad = \quad 2\,H_2O$$

b. La quantité d'acide chlorhydrique introduite est :

$$n_0 = 100.10^{-3}.0,20 = 0,020 \text{ mol}$$

Le dosage permet de déterminer la quantité d'acide restante n_r après réaction de celui-ci avec l'organomagnésien, et donc, par différence, la quantité $n_{R\mathrm{MgI}}$ d'organomagnésien présente dans les 10 cm^3 prélevés :

$$n_r = 11,3.10^{-3}.1,00 = 0,0113 \text{ mol}$$

et donc :

$$n_{R\mathrm{MgI}} = 0,02 - 0,0113 = 8,7.10^{-3} \text{ mol} \quad \text{soit} \quad [R\mathrm{MgI}] = 0,87 \text{ mol.L}^{-1}$$

Le rendement ρ de la préparation de l'organomagnésien est donc :

$$\rho = \frac{0,87}{1,03} = 0,84$$

3. Dosage par le diiode

a. L'organomagnésien réagit avec le diiode où celui-ci se comporte comme électrophile (qui accepte le doublet d'électron en provenance du nucléophile $R\text{Mg}X$. Le mécanisme est :

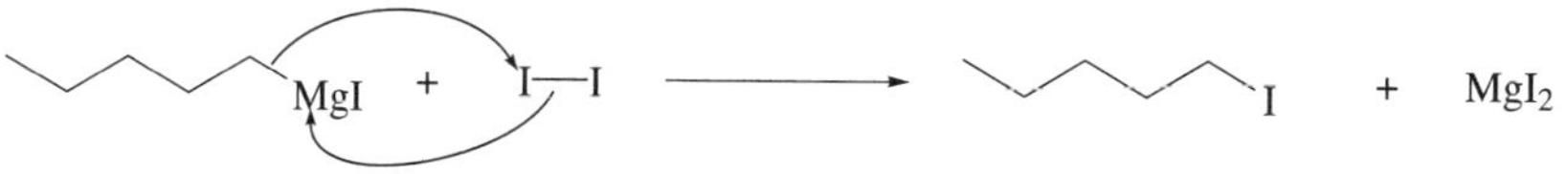

Le diiode introduit en excès est ensuite dosé par le thiosulfate (le diiode se comporte comme un oxydant et l'ion thiosulfate comme un réducteur) selon la réaction-bilan :

$$I_2 + 2\,S_2O_3^{2-} = 2\,I^- + S_4O_6^{2-}$$

b. Comme un organomagnésien, base très forte, réagit quantitativement et très rapidement avec l'eau (qui a alors un comportement d'acide), il n'est pas possible, pour effectuer le dosage précédent d'utiliser une solution aqueuse de diiode.

c. La stœchiométrie de la réaction de dosage du diiode montre que la quantité de matière de thiosulfate consommée est double de celle de diiode à doser et la quantité de diiode consommée lors de la réaction de celui-ci avec l'organomagnésien est égale à la quantité d'organomagnésien présente. Ainsi, dans les 10 cm^3 de solution magnésienne à doser, il y a la quantité de matière $n'_{R\text{MgI}}$ d'organomagnésien donnée par la relation :

$$n'_{R\text{MgI}} = n_{I_2,0} - n_{I_2,\text{r}}$$

où $n_{I_2,0}$ est la quantité de matière initiale de diiode introduite pour le dosage et $n_{I_2,r}$ la quantité de matière restante de diiode après réaction avec l'organomagnésien, celle-ci étant calculée par la connaissance de la quantité de thiosulfate nécessaire pour atteindre l'équivalence du dosage du diiode restant, soit :

$$n'_{R\text{MgI}} = 10.10^{-3}.1 - \frac{1}{2}.25,7.10^{-3}.0,20 = 7,4.10^{-3}\ \text{mol}$$

La concentration en organomagnésien ainsi déterminée est :

$$[R\text{MgI}]' = 0,74\ \text{mol.L}^{-1}$$

et la nouvelle détermination du rendement ρ' est :

$$\rho' = \frac{0,74}{1,03} = 0,72$$

d. Le désaccord entre les deux déterminations peut être attribué :

- au caractère non anhydre de la solution de diiode dans le toluéne ; au lieu de réagir avec le diiode, l'organomagnésien réagit avec les traces d'eau présentes dans le toluéne
- à la possibilité qu'à l'organomagnésien de réagir avec l'iodoalcane formé lors de la réaction de celui-ci avec le diiode selon la réaction indiquée ci-dessous.

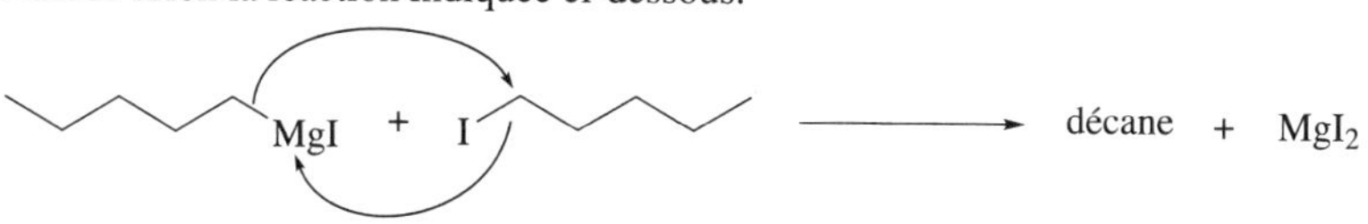

Ces deux réactions diminuent la quantité d'organomagnésien et expliquent la raison pour laquelle la quantité d'organomagnésien mesurée par le second dosage est plus faible que celle obtenue par le premier.

17.9 Réactions des organomagnésiens sur les époxydes

1.a. La réaction observée se traduit par une modification du squelette de la molécule : il s'agit d'une réaction de transposition. L'atome d'oxygène de l'époxyde possède des propriétés de base de LEWIS et peut se complexer sur l'atome de magnésium. Les liaisons C–O sont suffisamment affaiblies par la complexation pour qu'une migration d'une liaison C–C soit possible : la transposition est :

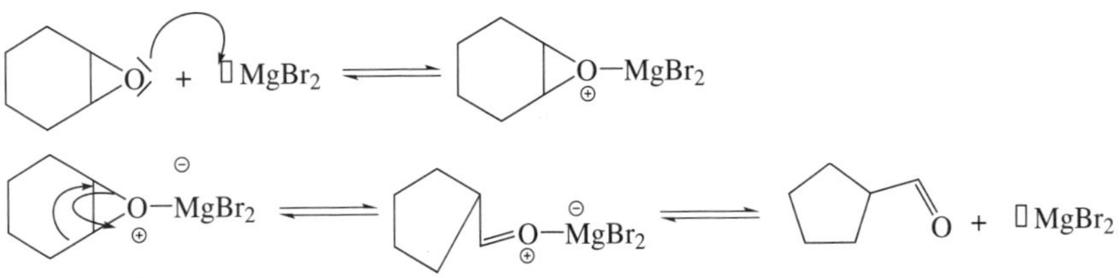

b. La réaction est thermodynamiquement favorisée car :
- le cycle à trois atomes, très tendu, thermodynamiquement instable disparaît ;
- il apparaît une double liaison C=O très stable.

2.a. La réaction observée est la classique ouverture d'un époxyde par un nucléophile : ici il s'agit de l'atome de carbone lié au magnésium : le mécanisme est représenté ci-dessous. Les deux atomes de carbone de l'époxyde ne sont pas substitués de façon identique. Ici, c'est le carbone le moins encombré qui réagit le plus rapidement.

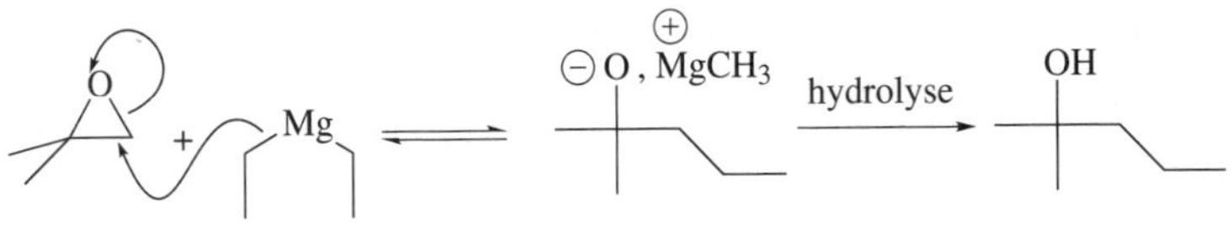

b. Lors de l'ouverture d'un époxyde, la fonction alcool apparaît sur le carbone adjacent à celui qui réagit avec le nucléophile. Or ce n'est pas le cas ici car la fonction alcool est portée par le carbone 2 comme le groupe méthyle. Le produit obtenu est donc relativement inattendu. On explique sa formation par l'isomérisation préalable de l'époxyde qui se complexe sur les atomes de magnésium. L'équilibre de SCHLENK postule un équilibre entre les formes mixtes $RMgX$, les dialkylmagnésium R_2Mg et le bromure $MgBr_2$ qui catalyse la transposition de l'époxyde en aldéhyde. L'alkylation de l'aldéhyde par l'organomagnésien explique la formation du produit obtenu, selon :

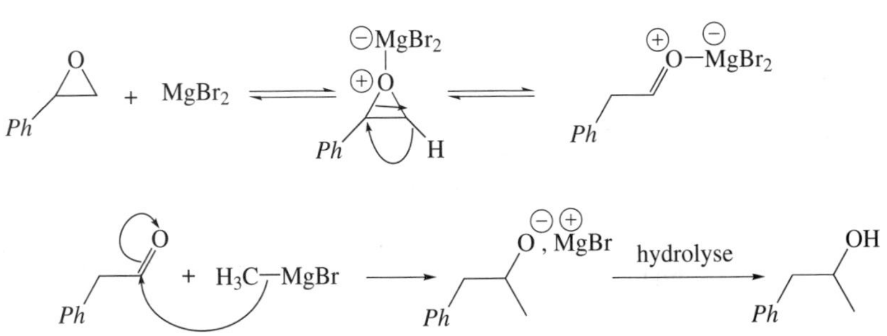

Il y a d'abord complexation de l'oxygène de la fonction époxyde, puis migration d'un hydrure pour obtenir le 2-phényléthanal qui ensuite réagit avec l'organomagnésien.

c. Il s'agit ici de l'ouverture de l'époxyde par l'organomagnésien, mais contrairement à ce qui est observé dans de nombreux cas, c'est le carbone lié au cycle aromatique qui subit l'addition nucléophile, bien qu'il soit le plus substitué. La réaction est :.

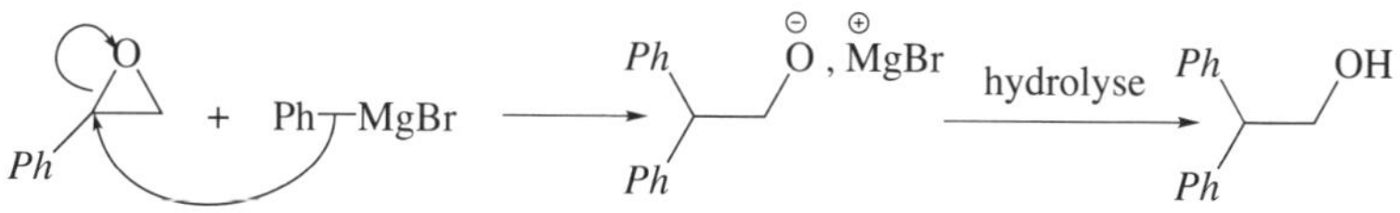

d. Il s'agit ici d'une addition inverse : sauf en tout début de réaction, il y a, en contact avec l'époxyde, des espèces contenant des atomes de magnésium possédant des propriétés d'acide de LEWIS. La transposition de l'époxyde peut avoir lieu. Dans le cas d'une addition normale, l'époxyde est ajouté au magnésien et dans le cas du bromure de phénylmagnésium, celui-ci semble suffisamment réactif pour ne pas laisser le temps à l'époxyde de se transposer en aldéhyde. Dans le cas de l'addition inverse, c'est donc la réaction de l'organomagnésien bromure de phénylmagnésium avec le 2-phényléthanal qui explique le produit obtenu.

3. Sur l'exemple choisi, remarquons que dans des conditions opératoires usuelles (réactifs en quantités équimolaires, addition directe), l'action de l'organomagnésien sur l'époxyde ne permet pas d'obtenir un produit issu de l'ouverture de l'époxyde par le nucléophile carboné. La formation du 2-méthylpentan-3-ol s'explique par la transposition de l'époxyde en aldéhyde (ici, on obtient le 2-méthylpropanal) qui réagit ensuite avec le magnésien. La formation du 1-bromo-2-méthylpropan-2-ol s'explique par l'ouverture de l'époxyde par un bromure. Seul le 2-méthylpentan-2-ol est issu de l'ouverture de l'époxyde par addition seule sur le carbone le moins substitué de l'époxyde. En conclusion, la réaction des organomagnésiens sur les époxydes est loin d'être une réaction aux résultats facilement prévisibles.

Corrigés des exercices du chapitre 18

18.1 Composés halogénés : réactivités comparées

1. À propos de l'expérience (a)

a. Les réactions sont des substitutions (voir ci-dessous).

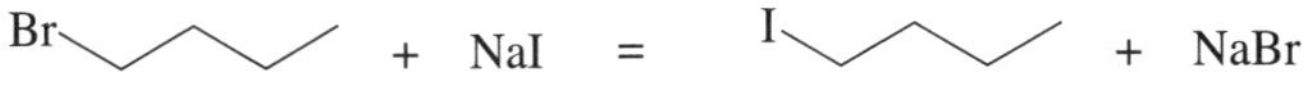

1-bromobutane

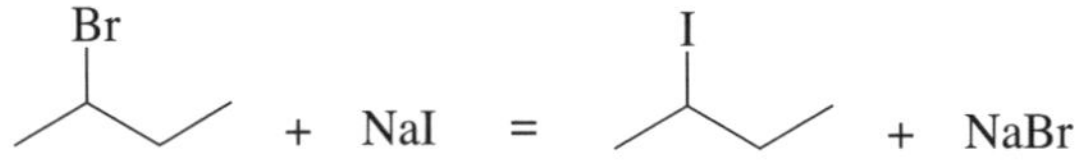

2-bromobutane

Il s'agit de réactions de substitutions nucléophiles. Comme l'halogénoalcane primaire réagit rapidement, il s'agit d'un mécanisme S_N2.

b. Dans l'expérience (a), le nucléophile est l'ion iodure, et le nucléofuge est l'ion bromure.

c. L'ion iodure est réputé être un bon nucléophile.

d. La propanone appartient à la catégorie des solvants aprotiques de polarité moyenne : il est possible d'y dissoudre des composés ioniques et les anions y sont mal solvatés, donc réactifs (ici nucléophiles).

e. Les constatations expérimentales sont compatibles avec un mécanisme S_N2. L'halogénoalcane primaire réagit le plus rapidement car le carbone est plus accessible (encombrement stérique moindre). Le solvant n'est pas assez polaire pour favoriser nettement la formation d'un carbocation

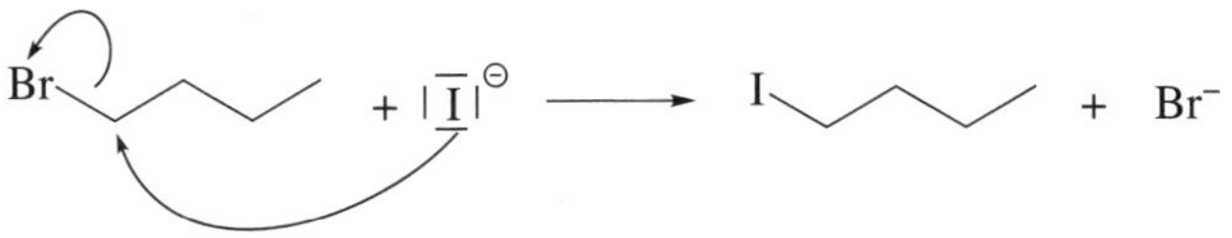

f. L'encombrement stérique joue un rôle important dans la vitesse des réactions qui suivent le mécansime S_N2 : plus le carbone est accessible, plus il réagit rapidement selon un mécanisme S_N2. Les halogénoalcanes primaires sont donc plus réactifs que les secondaires, eux-mêmes plus réactifs que les tertiaires.

2. À propos de l'expérience (b)

a. Le nucléophile est ici la molécule de solvant : l'éthanol (l'ion nitrate est un mauvais nucléophile). Le nucléofuge est l'ion bromure. L'éthanol n'est pas un bon nucléophile (l'atome d'oxygène de petite taille et notablement électronégatif est peu polarisable).

b. L'éthanol est un solvant protique polaire : la nucléophilie des nucléophiles anioniques est diminuée par une solvatation efficace.

c. Le nitrate d'argent permet de faciliter le départ de l'ion bromure par formation de bromure d'argent peu soluble.

d. Les résultats de l'expérience montrent que l'halogénoalcane tertiaire réagit plus vite que le secondaire : ceci s'explique dans le cadre du mécanisme S_N1. La liaison C$-$Br du 2-méthyl-2-bromopropane se coupe de façon hétérolytique : il y a formation d'un carbocation relativement stabilisé par effet inductif donneur des groupes méthyles et précipitation du bromure d'argent. Le 2-bromobutane réagit beaucoup plus lentement selon ce mécanisme car le carbocation ne serait que secondaire, donc moins stable et se formant plus lentement. Les halogénoalcanes primaires sont encore moins réactifs selon ce mécanisme.

e. Le mécanisme de la réaction la plus rapide est représenté ci-dessous.

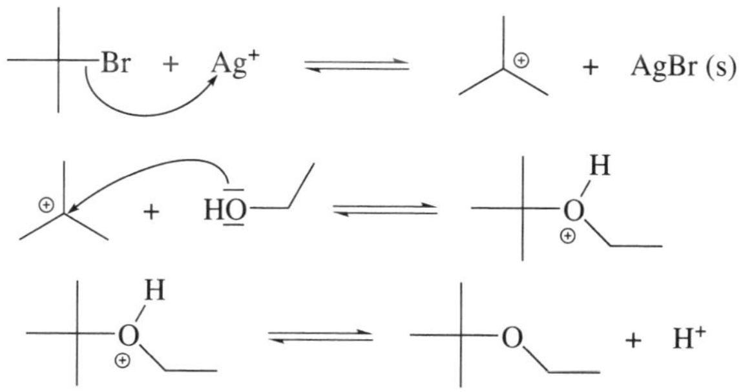

18.2 Aspects stéréochimiques des réactions des dérivés halogénés

1. La molécule *A* est le (1*S*, 3*S*)-1-bromo-1-méthyl-3-éthylcyclohexane.

2.a La formule brute fournie permet de conclure que la réaction qui a eu lieu est une substitution nucléophile. Comme l'halogénoalcane est tertiaire, il est raisonnable de proposer un mécanisme S_N1.

b. Le carbocation obtenu par départ du bromure présente un plan de symétrie : l'attaque du nucléophile éthanol est équiprobable de part et d'autre du plan du carbocation. Le mélange final est donc le mélange racémique (B_1 et B_2 forment un couple d'énantiomères) et le mélange n'a pas de pouvoir rotatoire (pas d'action sur la lumière polarisée).

3. Si la molécule *A* réagit avec de la soude, deux réactions concurrentes peuvent se produire : une substitution de l'atome de brome par le substituant OH ou une élimination (formation d'une double liaison C=C). Le produit *C* ne contient pas d'atome d'oxygène : c'est le produit issu de l'élimination et le produit *D* est issu de la réaction de substitution. Il n'y a pas un seul produit d'élimination à envisager. La figure ci-dessous représente les trois isomères attendus. Notons que, pour qu'une élimination E2 puisse avoir lieu, l'atome d'hydrogène et le groupe partant doivent être en *anti*, donc axiaux tous les deux lorsqu'ils sont portés par un cycle cyclohexanique.

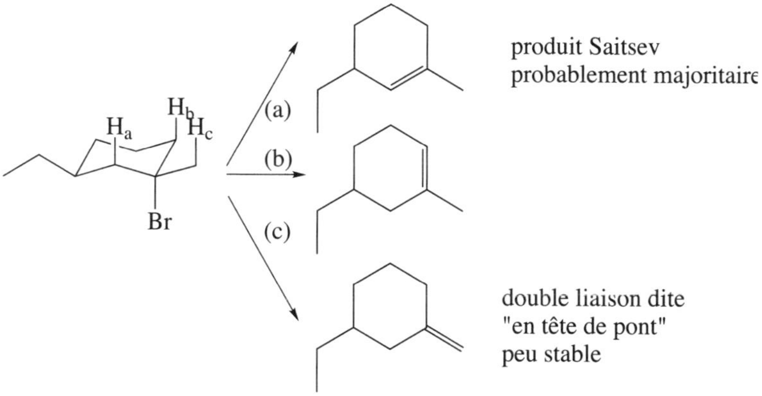

4.a Les molécules *E* et *F* sont :

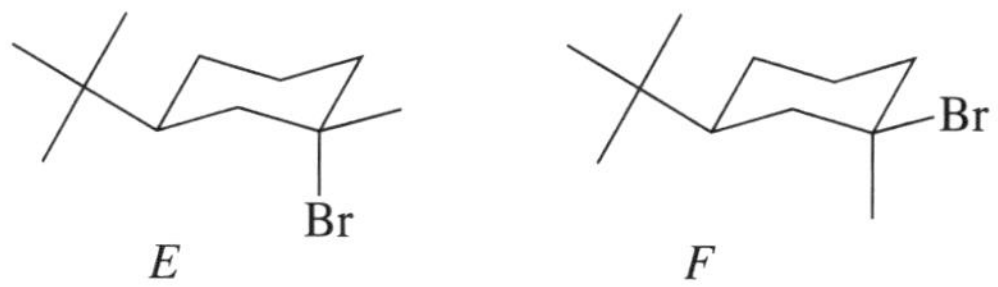

E *F*

b. Pour observer une élimination E2, le groupe partant (ici l'atome de brome) et l'atome d'hydrogène doivent être en position *anti* donc axiaux tous les deux. Sont représentés à la figure précédente les conformères qui satisfont à cette exigence. Le conformère de F qui peut donner une réaction E2 a le substituant très volumineux en position axiale. Il est donc peu présent dans le milieu réactionnel et la vitesse de l'élimination E2 est donc beaucoup plus lente.

18.3 Préparations des composés halogénés à partir des alcènes

1. Dans le cas du propène, le composé qui se forme le plus rapidement est le 2-bromopropane car l'intermédiaire réactionnel qui se forme le plus rapidement par protonation de la double liaison C=C est celui qui est le plus stable donc le carbocation secondaire. Le 1-phényl-2-méthylprop-1-ène conduit préférentiellement par protonation au carbocation où le carbone qui porte la charge positive est lié au noyau aromatique (carbocation benzylique)

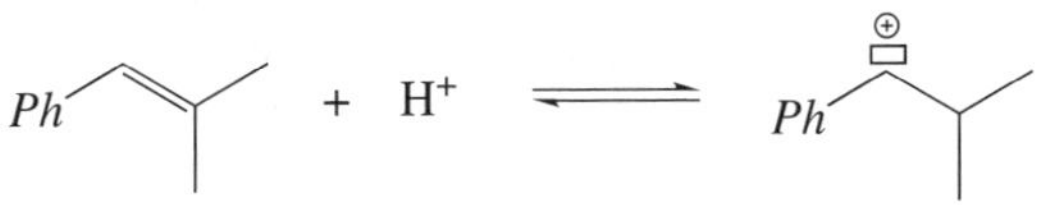

carbocation le plus stable

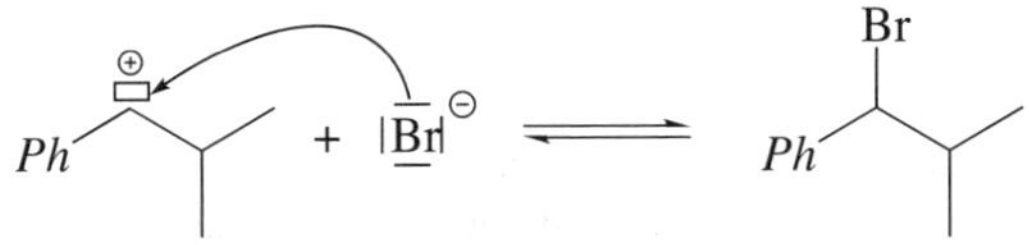

2. Les produits obtenus par action du dibrome sur le (*Z*)-but-2-ène sont des stéréoisomères du 2,3-dibromobutane. Le fait que les produits de réaction soient dédoublables en deux énantiomères montre qu'il s'agit des stéréoisomères de descripteurs stéréochimiques (*R*, *R*) et (*S*, *S*). Leur formation exclusive (pas de stéréoisomère *méso*) s'explique par le caractère stéréospécifique de l'addition de dibrome ; il y a formation de ponts bromonium responsables d'une addition *anti*.

18.4 Étude de la déshydrohalogénation du dibromostilbène

1. La molécule A_1 est le composé *méso* optiquement inactif où les carbones stéréogènes sont de descripteurs stéréochimiques *R* et *S*

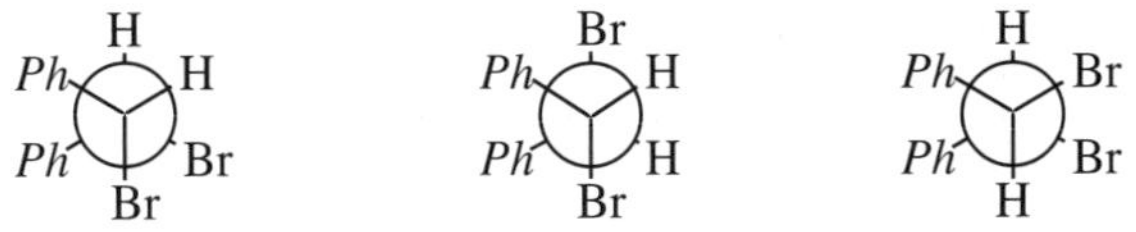

A_1 : *méso R,S* A_2 : *R,R* A_3 : *S,S*

2. Le composé B présente l'isomérie Z/E.

3.a. L'emploi d'une base forte encombrée est le choix optimal pour favoriser les réactions d'élimination. Les alcoolates sont des bases fortes et parmi celles-ci le 2-méthylpropan-2-olate (appelé aussi *tertio*butanolate) est notablement encombré.

b. Le choix d'une température élevée favorise les réactions d'élimination au détriment des réactions de substitutions. Une première explication à l'observation de cette orientation est de rappeler qu'une augmentation de température favorise les états d'entropie élevés (notion introduite dans le cours de physique de première année et dont les applications à la chimie seront vues en deuxième année), donc plutôt les éliminations que les substitutions. Mais les réactions sus-citées étant sous contrôle cinétique (ce n'est pas la stabilité relative des différents produits qui expliquent leur proportions relatives, mais leur vitesse d'apparition), il faudrait raisonner sur les différents états de transition et ceci est beaucoup plus délicat.

c. La réaction se déroule selon un mécanisme E2 : l'atome d'hydrogène et l'atome de brome sont en position antipériplanaire. Le mécanisme est reproduit ci-dessous.

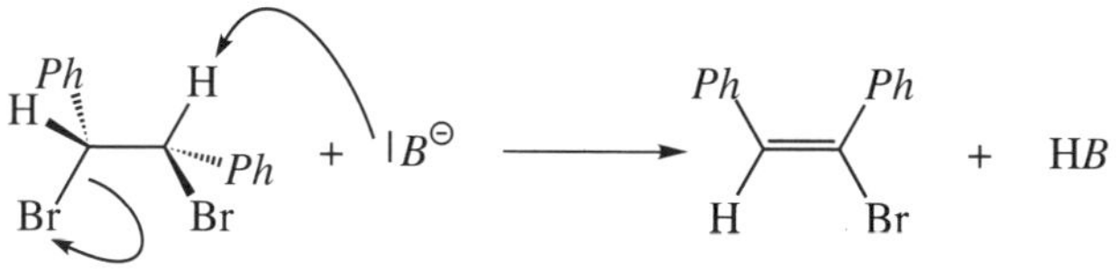

Le stéréoisomère est de descripteur stéréochimique E : Ph est prioritaire sur H, et Br est prioritaire sur Ph.

4. Une élimination E2 conduite sur les isomères A_2 et A_3 conduit au stéréoisomère Z ; le produit obtenu est le (Z)-1,2-diphényl-1-bromoéthène

5.a. Les réactions observées sont :

$$Ph-\text{CHBr}-\text{CHBr}-Ph \quad + \quad \text{Zn (s)} \quad = \quad Ph-\text{CH}=\text{CH}-Ph \quad + \quad \text{ZnBr}_2$$

$$Ph-\text{CH}=\text{CH}-Ph \quad + \quad \text{Br}_2 \quad = \quad Ph-\text{CHBr-CHBr}-Ph$$

$$Ph-\text{CH}=\text{CH}-Ph \quad + \quad \text{HCl} \quad = \quad Ph-\text{CH}_2-\text{CHCl}-Ph$$

b. Le dibrome réagit avec l'alcène pour conduire à la formation d'un pont bromonium. Lors du traitement par l'acide chlorhydrique, il y a d'abord protonation de la double liaison C=C et formation d'un carbocation.

c. La bromation d'un alcène par le dibrome est stéréospécifique : c'est une addition *anti*. Le mécanisme est précisé dans le cours sur les alcènes (chapitre 16).

d. La réaction d'un alcène avec un acide fort n'est pas stéréospécifique lorsque le carbocation obtenu est achiral : dans ce cas la réaction du nucléophile avec le carbocation se fait de façon équiprobable par une face ou l'autre définie par le plan de symétrie du carbocation.

e. La basse température favorise les réactions de substitutions nucléophiles. Le produit F est donc $Ph-\text{CH}_2-\text{CHOH}-Ph$.

18.5 Participation de groupes voisins

Comme le titre de l'exercice le suggère, la réactivité plus élevée des molécules s'explique par la présence de groupes dans la molécule qui favorisent les réactions de substitution.

1. La présence de l'oxygène assiste le départ de l'ion chlorure pour donner un cation stabilisé par mésomérie :

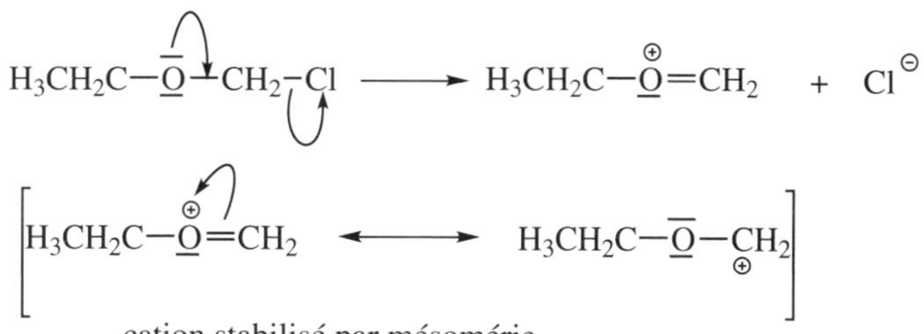

cation stabilisé par mésomérie

Cette stabilisation explique la réactivité élevée des α-chloroéther vis-à-vis des substitutions nucléophiles.

2. La présence de l'atome de soufre se traduit par une réaction de substitution nucléophile interne où l'atome de soufre, bon nucléophile réagit avec le carbone porteur de l'atome de chlore pour former de façon transitoire un cycle à trois atomes, très réactif vis-à-vis des nucléophiles (ici l'eau). Le mécanisme de la réaction est :

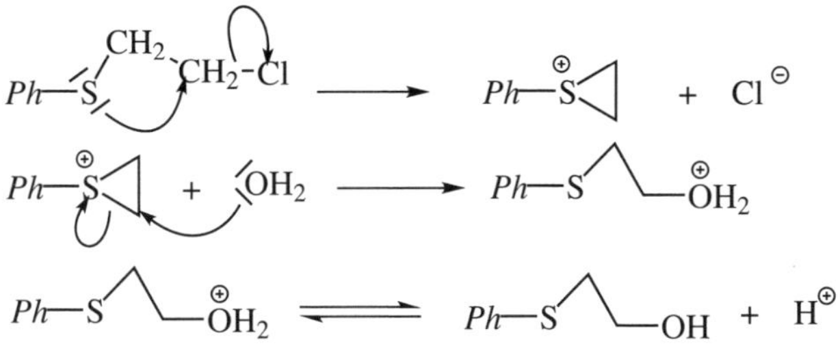

Cet effet n'existe pas dans le 1-chloropropane.

3. Dans un milieu riche en ion hydroxyde, le chemin réactionnel suivi est celui correspondant à un mécanisme S_N2 classique, dont le déroulement stéréochimique est l'inversion de la configuration du carbone qui subit la substitution. En milieu faiblement concentré en ion hydroxyde et en présence d'ion argent(I), la vitesse de la réaction S_N2 directe est trop lente et la transformation observée est une substitution nucléophile interne où le nucléophile est l'oxygène de la fonction carboxylate, la présence de l'ion argent assistant le départ de l'ion bromure par formation du précipité de bromure d'argent. Le composé à cycle tendu obtenu est très réactif vis-à-vis d'un nucléophile externe (H_2O ou OH^-). Ainsi, le carbone qui porte initialement l'atome de brome subit une double substitution nucléophile de type S_N2 et la double inversion de configuration explique la rétention observée.

18.6 Stéréochimie des réactions S_N1

Les deux exemples fournis montrent que la stéréochimie des produits de substitution S_N1 est dépendante de la stabilité du carbocation obtenu. Dans le cas de l'hydrolyse du 1-bromo-1-phényléthane, le carbocation obtenu est tertiaire et benzylique, donc assez stable. Sa durée de vie en solution est suffisante pour que le devenir du carbocation soit indépendant de celui de l'ion bromure. La réaction du carbocation avec le nucléophile eau se fait donc de façon équiprobable de part et d'autre du plan défini par le carbocation. Dans le cas de l'hydrolyse du 2-bromooctane, le carbocation qui se forme est secondaire non benzylique, donc beaucoup moins stable que le précédent et de durée de vie beaucoup plus courte. Dans ce cas, la réaction du nucléophile a lieu avant le départ complet de l'ion bromure et les deux faces du carbocation ne sont pas équivalentes ; l'arrivée du nucléophile se fait préférentiellement du côté opposé à celui occupé par le nucléofuge. Plus le solvant utilisé est polaire et plus le carbocation est stable, plus la racémisation sera observée.

18.7 Effet de substituant

Le choix du solvant méthanol (solvant très polaire) permet de favoriser le mécanisme S_N1. La présence des substituants méthoxy CH_3O- et nitro NO_2 modifie la stabilité du carbocation. Le substituant méthoxy permet de délocaliser la charge positive sur l'atome d'oxygène donc stabilise le carbocation. Le substituant nitro comportant des atomes très électronégatifs est électroattracteur et déstabilise les édifices comportant des charges positives (figure ci-dessous)

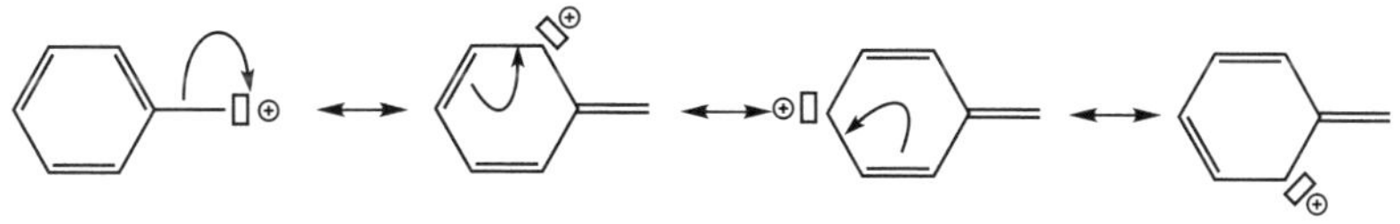

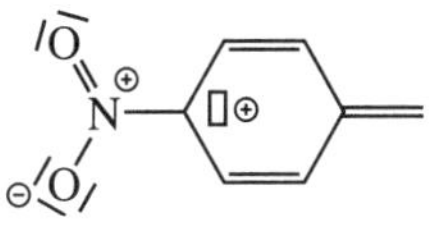

instable

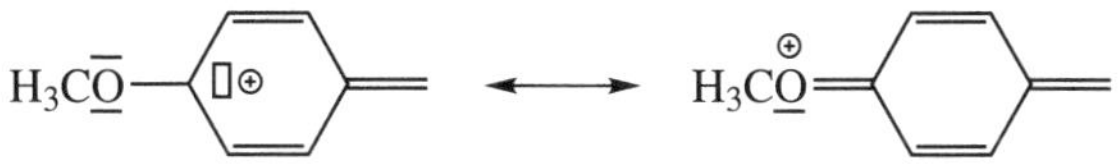

délocalisation de la charge
sur le substituant méthoxy

La stabilisation (déstabilisation) de l'intermédiaire réactionnel explique l'accélération (le ralentissement) de la réaction par rapport à la situation initiale (pas de substituant sur le cycle).

18.8 Substitutions allyliques

1. Réactions S_N1'.

a. Le carbocation obtenu par réaction du 1-chlorobut-2-ène est représenté ci-dessous : il est possible d'écrire deux formes mésomères. La réaction du nucléophile avec l'un ou l'autre site électrophile du carbocation explique la formation des deux alcools.

b. Le 3-chlorobut-1-ène conduit au même carbocation et donc aux mêmes produits et dans les mêmes proportions.

paire d'ions

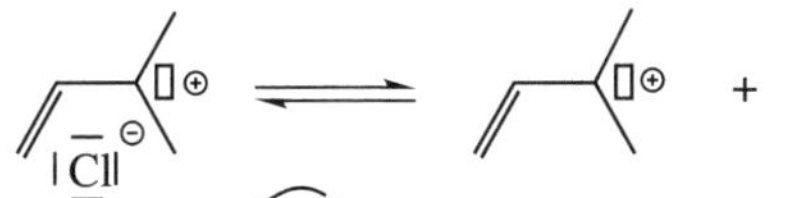

dissocation de la paire d'ions

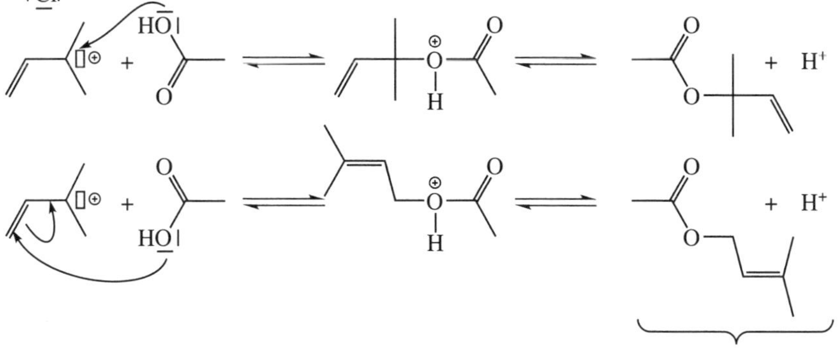

les deux acétates isomères

c. Les résultats obtenus pour l'hydrolyse du 1-chlorobut-2-ène et du 3-chlorobut-1-ène montrent qu'il semble, dans les conditions où les réactions sont conduites, qu'il existe une préférence pour le carbone qui porte le groupe partant. Ceci s'explique si l'on admet que l'intermédiaire n'est pas le carbocation libre mais une paire d'ions où le nucléofuge est encore à proximité. Lorsque la polarité du solvant croît, les interactions entre ions diminuent et le carbocation est commun au deux réactions. Dans le cas du 3-chloro-3-méthylbut-1-ène, l'acide acétique est un solvant peu polaire et les paires d'ions sont solides : la reformation de la liaison C−Cl est plus probable que la réaction avec un nucléophile externe et l'attaque de l'ion chlorure sur l'autre site électrophile du carbocation est plus rapide que la réaction avec l'acide acétique. Le mécanisme réactionnel est représenté figure précédente.

2.a. Les conditions expérimentales suggèrent une réaction de type bimoléculaire (le nucléophile iodure est un nucléophile fort en solvant aprotique). Dans les conditions d'une réaction S_N2, les composés allyliques (tout comme les composés benzyliques) réagissent plus rapidement car une stabilisation de l'état de transition par conjugaison (avec la double liaison) est envisageable.

b. Le mécanisme de type S_N2 peut être validé par une étude cinétique. Un mélange équimolaire d'ions iodure et de dérivé halogéné est analysé, les résultats expérimentaux témoignent d'un ordre global égal à deux.

c. Le nucléophile utilisé est un nucléophile encombré. La réaction est sensible à l'encombrement stérique et a lieu sur un carbone plus dégagé que le carbone directement lié à l'atome de chlore : le carbone terminal engagé dans la liaison alcène. Le mécanisme est toujours bimoléculaire concerté, il est qualifié de mécanisme S_N2'. La figure suivante résume le mouvement des doublets d'électrons.

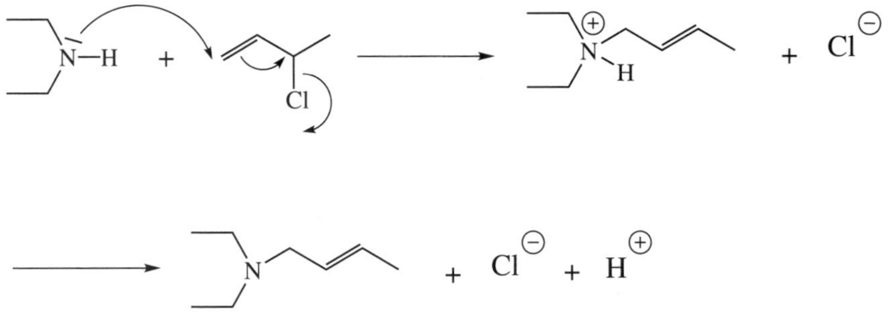

Corrigés des problèmes du chapitre 18

18.9 Synthèse d'un raticide

1. Les différentes structures sont indiquées en fin de corrigé.

a. La première étape est une réaction de substitution nucléophile : le nucléophile est le monoanion de l'acétylène et le centre électrophile est le carbone du 1-bromo-8-fluorooctane car la liaison C−Br est plus polarisable, donc plus réactive que la liaison C−F. Lorsque *A* est traité par l'amidure de sodium (base très forte), on forme l'ion alcynure correspondant (espèce *B*).

b. L'espèce *B* qui se comporte comme un bon nucléophile, réagit avec le carbone 7 du 1-chloro-7-iodoheptane car la liaison C−I est plus polarisable donc plus réactive que la liaison C−Cl.

c. La transformation de *C* en *D* est une réaction de substitution nucléophile où le nucléophile est l'ion cyanure (le carbone est le centre nucléophile) et le carbone de la liaison C−Cl (C−F est quasiment inerte vis-à-vis des nucléophiles).

2. L'ion alcynure est une base forte car il faut une base très forte pour déprotoner l'alcyne vrai. La réaction concurrente est donc l'élimination de type E2 et la formation de 8-fluorooct-1-ène.

3. Les réactions d'élimination sont en général favorisées par augmentation de la température : en travaillant à basse température, on favorise la substitution par rapport à l'élimination.

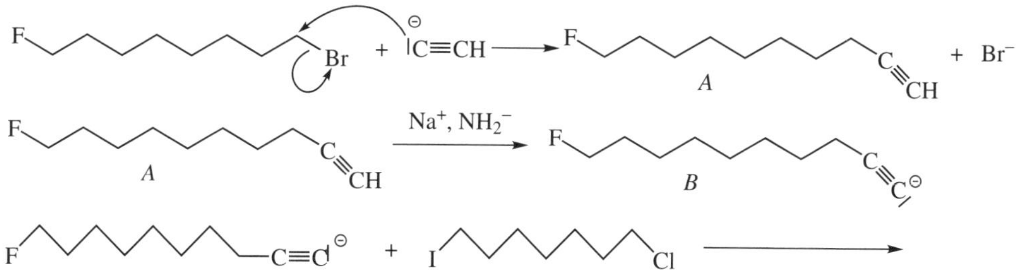

$$F(H_2C)_8C{\equiv}C(CH_2)_7Cl \ + \ I^-$$

C

$$\underset{D}{F(H_2C)_8C{\equiv}C(CH_2)_7{-}CN} \xrightarrow{H_2O\ ,\ OH^-} \underset{E}{F(H_2C)_8C{\equiv}C(CH_2)_7{-}COOH}$$

$$\underset{E}{F(H_2C)_8C{\equiv}C(CH_2)_7{-}COOH} \xrightarrow[Pd\ ,\ BaSO_4]{H_2}$$

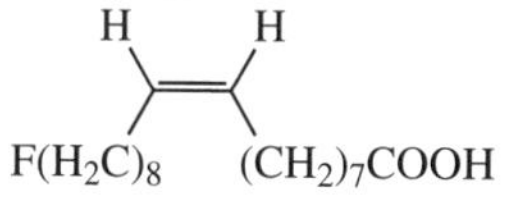

F

18.10 Utilisation de la stéréospécificité des réactions d'élimination

1. Le mécanisme réactionnel est proposé ci-dessous. Les réactions de terminaison sont des recombinaisons de carboradicaux ou d'atomes : elles n'ont pas été représentées ici.

$$RO{-}OR \rightleftharpoons 2\ RO\bullet \qquad \text{initiation}$$

$$RO + D{-}Br \rightleftharpoons ROD + Br\bullet \qquad \text{transfert}$$

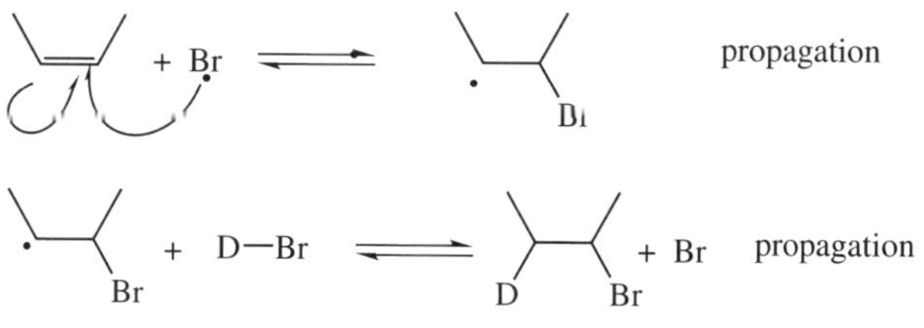

2. Les deux expériences montrent que la séquence des deux réactions est stéréospécifique : les deux réactions mises en jeu sont donc stéréospécifiques. La réaction d'élimination E2 est une élimination *anti*. Il est ainsi possible de déduire la stéréochimie des isomères obtenus lors de l'hydrobromation du produit d'addition du bromure de deutérium sur le (*Z*)-but-2-ène. Le raisonnement est résumé ci-dessous.

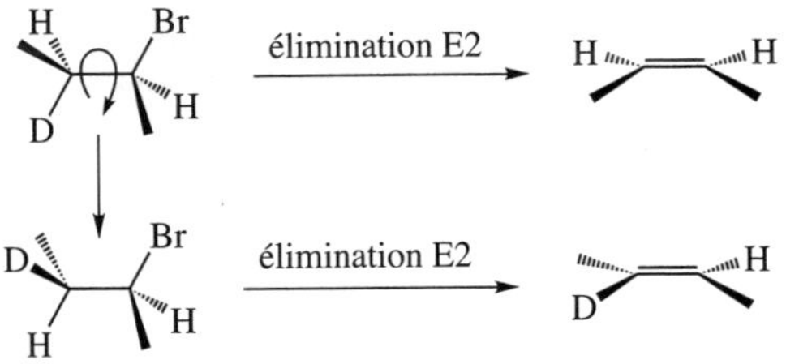

Il apparaît que l'addition de DBr est elle-aussi *anti*. La situation est résumée en projection de NEWMAN ci-dessous

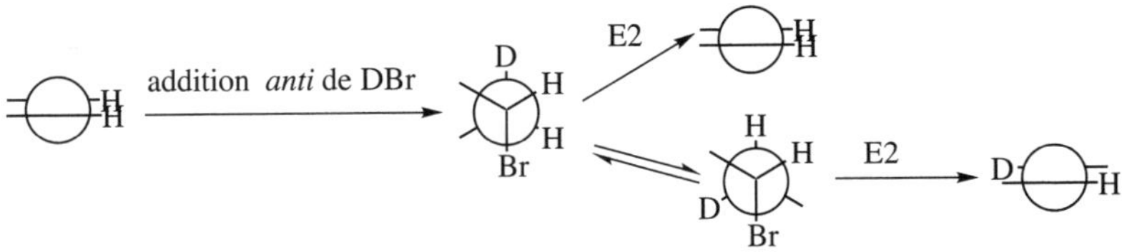

Pour expliquer l'addition *anti*, on peut évoquer la possibilité d'un carboradical ponté, représenté ci-dessous. La stéréospécificité est due à la formation, à basse température du carboradical ponté avant qu'il y ait rotation possible autour de la liaison C^2-C^3.

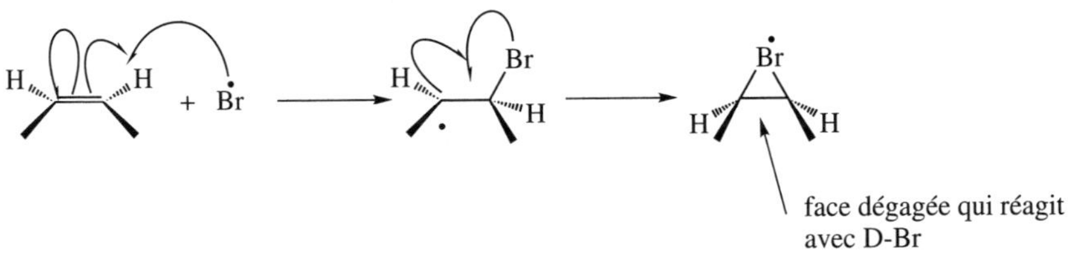

3. En travaillant à basse température, les rotations internes autour des liaisons sont ralenties.
4. Dans le cas du but-1-ène, deux carboradicaux sont susceptibles de se former. Le plus stable est le plus substitué et il conduit, après réaction avec D–Br au 1-bromobutane (produit *anti*MARKOVNIKOV).

18.11 Réactions de substitutions nucléophiles en chimie organique du fluor

1. Les deux réactions se déroulent dans des conditions favorables au mécanisme S_N2 : il y a donc inversion de WALDEN sur le carbone qui subit la substitution nucléophile : les produits *C* et *D* obtenus sont représentés ci-dessous (seule la partie de la molécule qui est modifiée a été représentée.

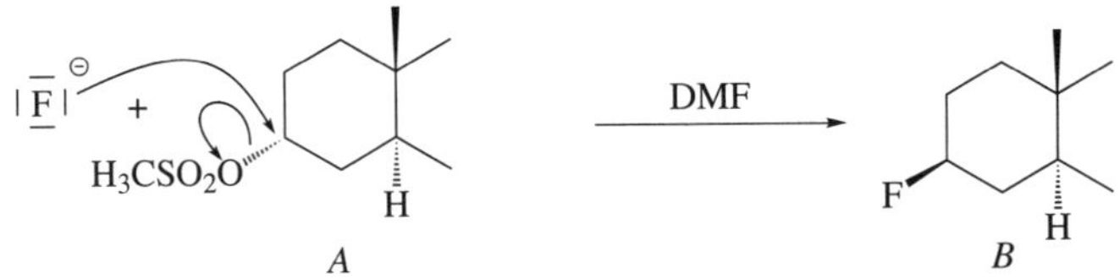

A *B*

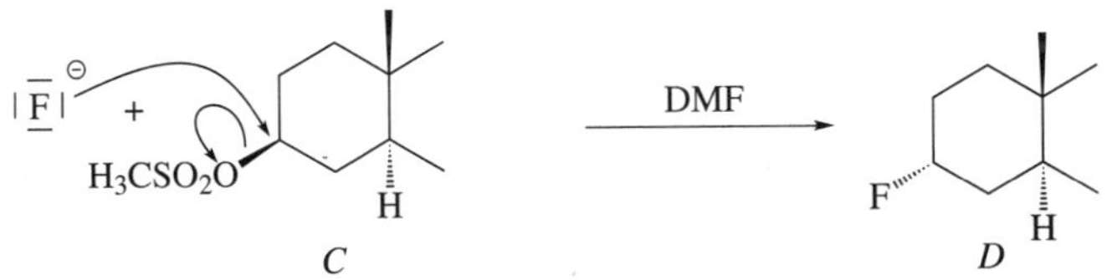

C *D*

a. Le groupe méthylsulfonate est un bon groupe partant car la liaison C–O qui se rompt est notablement polarisable et la charge négative qui apparaît sur le groupe partant est délocalisée sur trois atomes (voir ci-dessous), ce qui contribue de façon notable à sa stabilité.

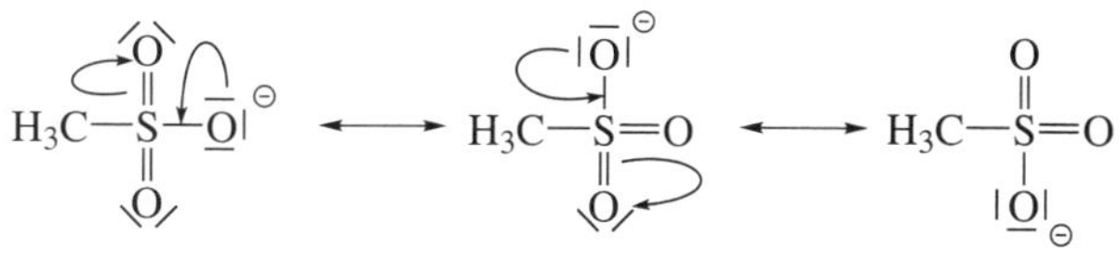

b. Les méthylsulfonates d'alkyle, de formule CH_3SO_2OR, sont des esters de l'acide méthylsulfonique qui peuvent être préparés par action de l'alcool *R*OH sur le chlorure de l'acide méthylsulfonique, soit CH_3SO_2Cl. Le mécanisme de ces réactions est une addition nucléophile (l'oxygène de la fonction alcool est le nucléophile) sur une double liaison S=O suivie de l'élimination du chlorure (bon groupe partant).
c. Les réactions observées sont des substitutions nucléophiles *a priori* en concurrence avec des réactions d'élimination. Pour savoir précisément les produits d'élimination qui peuvent se former, il faut écrire les conformères où les deux groupes participants sont en position antipériplanaire. Le comportement des molécules *A* et *C* vis-à-vis des éliminations E2 est résumé ci-dessous.

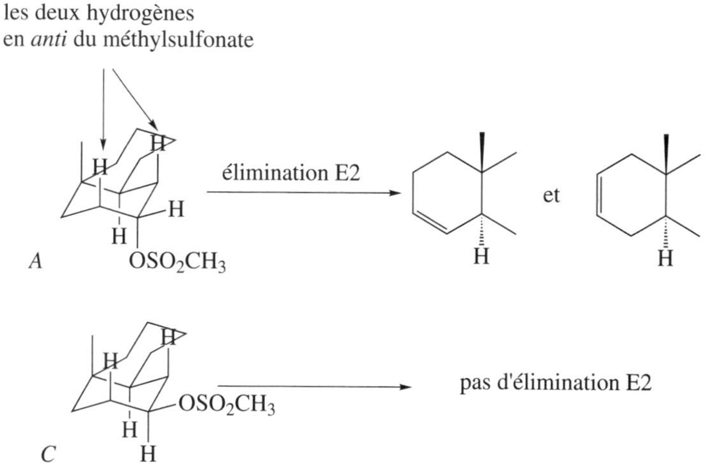

On constate dans le composé *C*, que la jonction de cycle *trans* ne permet pas d'interconversion chaise-chaise et donc il n'est pas possible d'obtenir de façon notable un stéréoisomère avec le groupe méthylsulfonate en position axiale, seule position qui autorise l'élimination E2.
d. La présence de l'éther couronne permet de solubiliser le fluorure de potassium dans le benzène. En effet, il est très difficile de solubiliser des espèces ioniques dans le benzène qui est un solvant apolaire, dont les molécules interagissent faiblement avec des petits ions : ceux-ci restent au sein du cristal ionique où elles interagissent fortement et de façon stabilisante entre elles. En présence d'un éther-couronne, le cation potassium est complexé par les atomes d'oxygène des éthers, il se place au centre de la structure et les parties organiques assurent la solubilisation dans le solvant peu polaire.
2. Exemple de substitution nucléophile aromatique
a. La présence des substituants nitro électroattracteurs permet de diminuer la densité électronique sur les carbones aromatiques et autorise l'addition nucléophile d'un ion fluorure. L'anion obtenu, appelé intermédiaire de MEISENHEIMER, est stabilisé par délocalisation de la charge sur les substituants nitro : l'écriture de nombreuses formes mésomères rend compte de ce phénomène (voir figure ci-dessous).

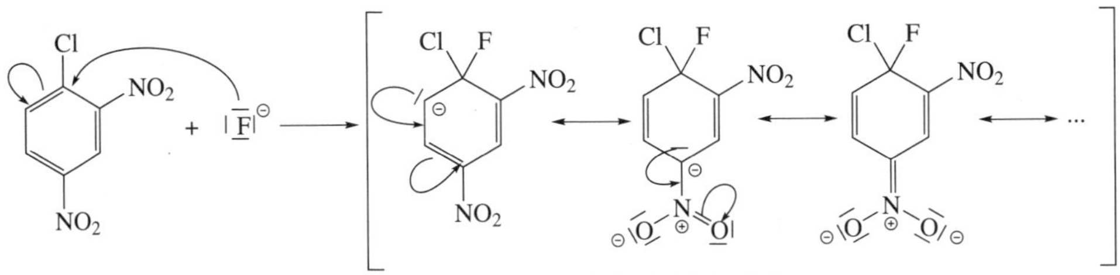

intermédiaire de Meisenheimer

La délocalisation a aussi lieu sur un troisième atome du noyau aromatique (le carbone lié à l'autre substituant nitro et sur l'autre substituant nitro. Cette importante délocalisation de la charge rend cet anion relativement stable et il se forme assez rapidement (beaucoup plus vite qu'en l'absence des deux substituants nitro).

b. L'évolution ultérieure, représentée à la figure 18.22, est un départ de l'anion chlorure, assez bon groupe partant, meilleur nucléofuge que l'ion fluorure. Cette dernière étape se justifie par la stabilité thermodynamique du produit finalement obtenu : on restaure l'aromaticité (facteur stabilisant, ce point sera repris en deuxième année) et la liaison carbone-fluor est plus solide que la liaison carbone-chlore.

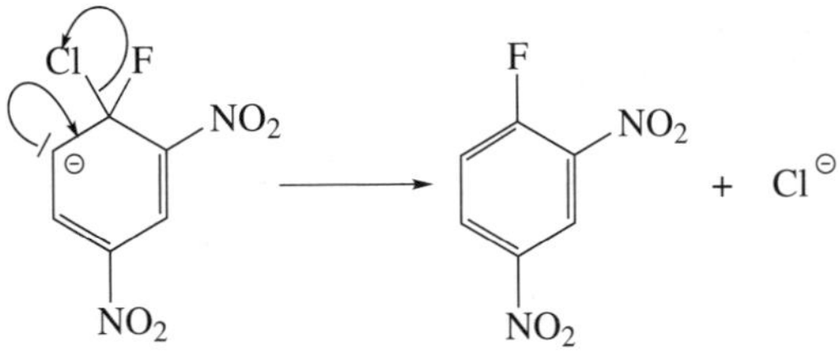

c. La comparaison de la molécule de départ et de la molécule d'arrivée permet de mettre en évidence la nature de la (ou des) liaison(s) formée(s). L'oxygène de la fonction phénol se comporte comme nucléophile et effectue une substitution nucléophile sur le noyau aromatique portant le fluor. L'ion fluorure joue le rôle de base pour déprotoner le phénol, l'ion phénate étant notablement plus nucléophile que le phénol. La cyclisation favorise la réaction car les deux réactifs n'ont pas à se rencontrer en solution pour réagir : ils appartiennent à la même structure. Le mécanisme est représenté ci-dessous.

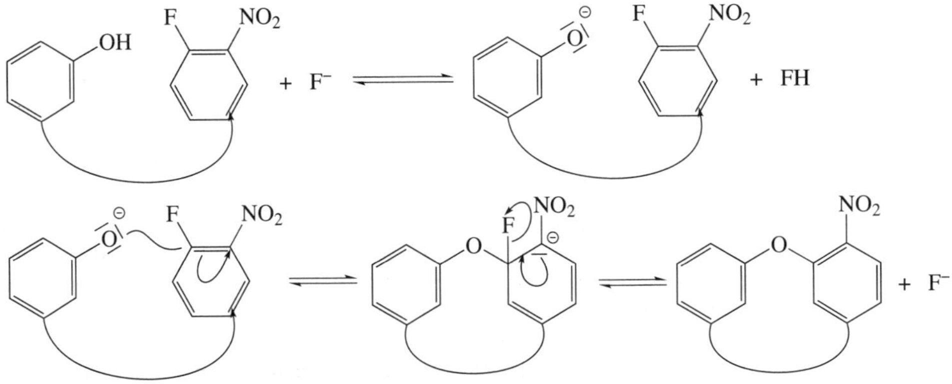

d. L'ion fluorure dans un solvant aprotique est particulièrement réactif car mal solvaté. Il joue le rôle de base.

18.12 Synthèse de dérivés organostanniques vinyliques

Première synthèse

1. Un organomagnésien se prépare en plaçant dans un bicol équipé d'une ampoule de coulée (pour additionner un liquide) et d'un réfrigérant (destiné à refroidir et recondenser les vapeurs émises par le liquide contenu dans le ballon), du magnésium en suspension dans un solvant adéquat (très souvent l'éther diéthylique ou le THF). Toute la verrerie et les réactifs doivent être secs, sans la moindre trace d'eau. On ajoute une petite portion d'halogénoalcane. Normalement, un trouble apparaît et le solvant est à ébullition au voisinage de la surface du métal, signe d'une réaction exothermique. Une fois la réaction démarrée, on ajoute goutte à goutte, assez lentement, une solution de l'halogénoalcane dont on souhaite préparer l'organomagnésien correspondant. Ici, la réaction-bilan de synthèse de l'organomagnésien s'écrit :

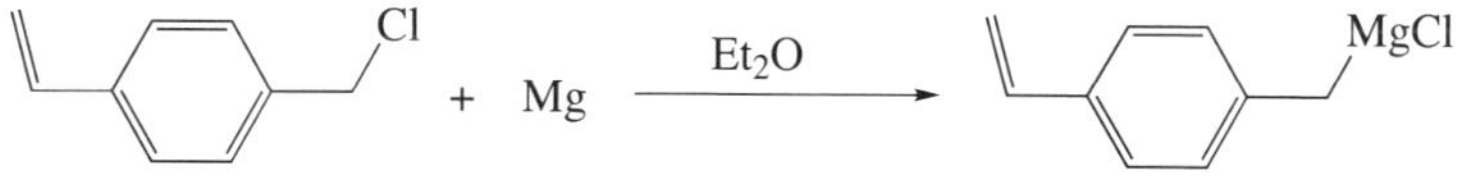

L'addition doit être lente pour minimiser la réaction de couplage de l'organomagnésien (dont le carbone lié au magnésium est nucléophile) avec l'halogénoalcane utilisé pour le préparer (dont le carbone est électrophile).

2.a. Les réactions mises en jeu lors du dosage sont :

$$R-\mathrm{MgCl} \quad + \quad \mathrm{I_2} \quad = \quad R-\mathrm{I} \quad + \quad \text{"IMgCl"}$$

Les guillemets signifient que la nature exacte des espèces en solution contenant le magnésium ne sont pas précisément connues et cela n'a pas beaucoup d'importance car l'essentiel ici est la stœchiométrie de la réaction. Dans cette réaction, l'organomagnésien se comporte comme un nucléophile et le diiode est l'électrophile. Le diiode en excès est ensuite dosé par le thiosulfate selon la réaction :

$$\mathrm{I_2} \quad + \quad 2\,\mathrm{S_2O_3^{2-}} \quad = \quad 2\,\mathrm{I^-} \quad + \quad \mathrm{S_4O_6^{2-}}$$

Cette réaction est une réaction d'oxydoréduction où l'oxydant est le diiode et l'ion thiosulfate est le réducteur.

b. Il faut prélever rapidement car les solutions d'organomagnésiens sont sensibles au dioxygène. Les volumes devant être mesurés avec précision, il faut utiliser des pipettes graduées pour prélever les deux solutions et une burette pour effectuer le dosage.

c. Soit $n^0_{\mathrm{I_2}}$ la quantité de matière de diiode initiale et $n_{\mathrm{I_2}}$ la quantité de matière de diiode restante après réaction avec l'organomagnésien. Nous avons :

$$n^0_{\mathrm{I_2}} = 25.10^{-3} \times 5.10^{-2} = 1,25.10^{-3}\ \mathrm{mol}$$

$$n_{\mathrm{I_2}} = \frac{1}{2} \times 10.10^{-3} \times 0,1 = 5.10^{-4}\ \mathrm{mol}$$

La quantité de matière d'organomagnésien $n_{R\mathrm{MgCl}}$ présente dans le volume de 5,00 mL prélevé est donc de :

$$n_{R\mathrm{MgCl}} = n^0_{\mathrm{I_2}} - n_{\mathrm{I_2}} = 7,5.10^{-4}\ \mathrm{mol}$$

et donc la concentration en organomagnésien est :

$$[R\mathrm{MgCl}] = \frac{7,5.10^{-4}}{5.10^{-3}} = 0,15\ \mathrm{mol.L^{-1}}$$

Si la réaction était totale, la concentration attendue, notée $[R\text{MgCl}]_{\max}$, serait (la masse molaire de RCl vaut 152,5 g.mol^{-1}) :

$$[R\text{MgCl}]_{\max} = \frac{15,2}{152,5 \times 0,5} = 0,20 \text{ mol.L}^{-1}$$

Ainsi le rendement ρ de la synthèse est égal à :

$$\rho = \frac{0,15}{0,20} = 0,75.$$

3. Quand on fait agir l'organomagnésien obtenu sur le 1,2-dichloroéthane, on effectue une réaction de substitution nucléophile dans laquelle l'organomagnésien *B* est le nucléophile et un carbone du 1,2-dichlororéthane joue le rôle de centre électrophile. La formule brute du composé obtenu comporte toujours un atome de chlore : il y a eu monosubstitution. Le mécanisme le plus probable est de type S_N2 car le carbone est relativement accessible et le passage par un carbocation est peu probable car celui-ci serait primaire et plutôt déstabilisé par l'effet inductif attracteur du chlore voisin restant.

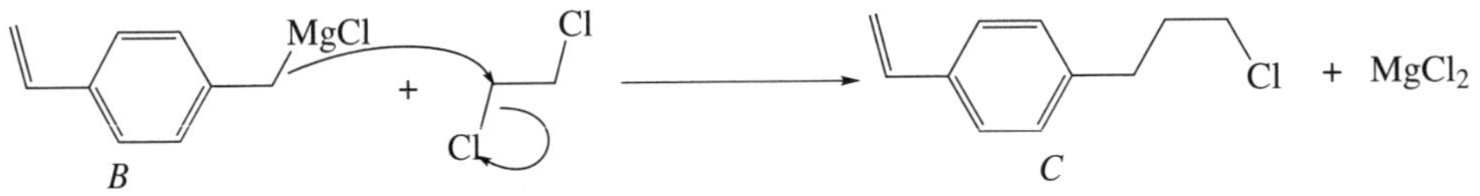

Le dispositif expérimental qui permet l'addition goutte à goutte du 1,2-dichloroéthane est similaire à celui utilisé pour préparer l'organomagnésien : le ballon contenant la solution magnésienne est équipé d'un réfrigérant et d'une ampoule de coulée contenant la solution à ajouter.

4. La réaction de *C* avec le magnésium conduit à l'organomagnésien correspondant, noté *D*. Comme l'étain est moins électronégatif que le chlore, la liaison Sn−Cl est polarisée avec déficience d'électrons sur l'atome d'étain et celui-ci peut réagir avec des nucléophiles où l'atome de chlore joue le rôle de groupe partant (sous forme d'ion chlorure). Le passage de *D* à *E* s'explique par une substitution sur l'atome d'étain électrophile du chlorure de tributylétain par le carbone nucléophile de l'organomagnésien de *D*. La séquence réactionnelle est représentée ci-dessous.

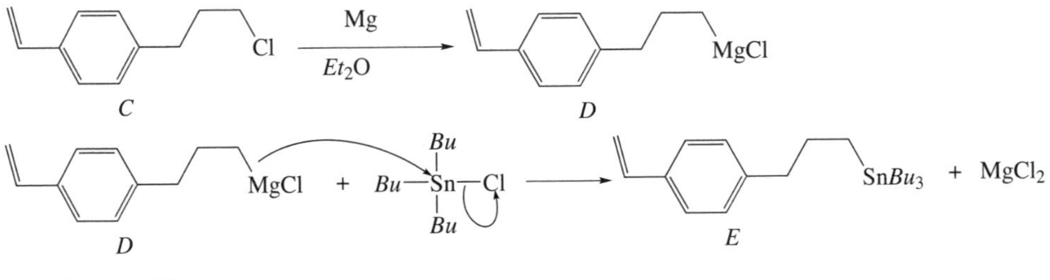

Deuxième synthèse

5. La première étape est la déprotonation de l'alcool par l'ion hydrure, base forte.

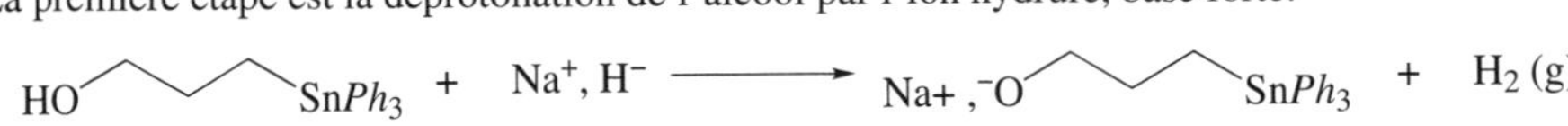

La seconde étape est une substitution nucléophile sur le carbone benzylique (voir figure ci-dessous).

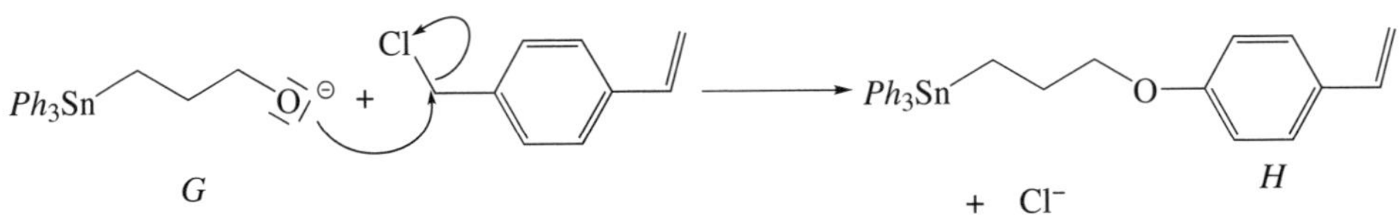

6. La soude ou la potasse seraient des bases suffisamment fortes pour déprotoner l'alcool ; mais l'ion hydroxyde est un nucléophile suffisant pour réagir de façon compétitive sur le carbone portant l'atome de chlore. En revanche, l'ion hydrure est un piètre nucléophile lorsque son contre-ion est l'ion sodium.
7. Le *DMF* appartient à la catégorie des solvants aprotiques polaires. Il arrive à solvater les composés ioniques, mais les anions y sont mal solvatés, donc très réactifs (par exemple très nucléophiles ici).
8. Le chauffage des peroxydes de formule *ROOR* se traduit par la dissociation de la liaison O–O et la production de radicaux $RO^{\bullet}$. Ceux-ci arrachent un atome d'hydrogène à l'hydrure de triphénylétain Ph_3SnH qui conduit à l'intermédiaire réactif $Ph_3Sn^{\bullet}$. Celui-ci s'additionne ensuite à une double liaison C=C. Le carboradical obtenu arrache un atome d'hydrogène à une autre molécule d'hydrure de triphénylétain : le cycle continue (mécanisme en chaîne). Le mécanisme est résumé ci-dessous.

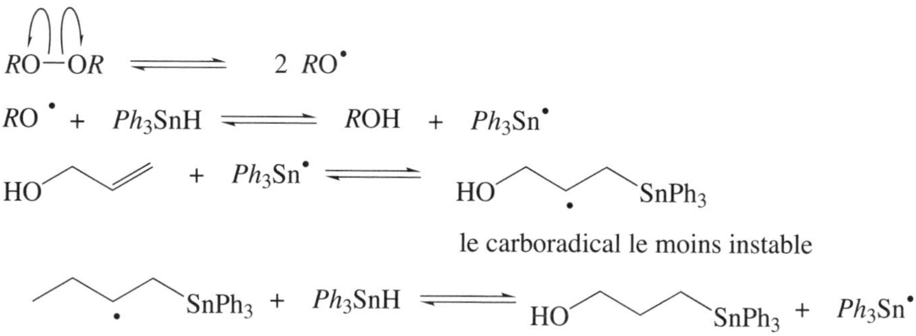

Corrigés des exercices du chapitre 19

19.1 Racémisation

En milieu acide, l'alcool se protone. Le départ d'une molécule d'eau se traduit par la formation d'un carbocation qui présente un plan de symétrie (le plan défini par le carbone portant la charge positive et les trois atomes qui lui sont liés). L'eau se comporte comme un nucléophile vis-à-vis du carbone électrophile du carbocation pour redonner l'alcool. Le nucléophile arrive de façon équiprobable par une face ou l'autre : il y a donc racémisation.

19.2 Synthèse d'éthers couronnes

1. En absence de chauffage, l'ion éthanolate peut jouer le rôle d'un nucléophile et intervenir dans une réaction de type S_N2 sur un dérivé bromé. La réaction est une synthèse de WILLIAMSON. L'équation-bilan s'écrit :

$$C_2H_5Br \quad + \quad C_2H_5O^- \quad = \quad C_4H_{10}O \quad + \quad Br^-.$$

Le mécanisme de la réaction est :

2. La molécule couronne peut être synthétisée par une succession de réactions de substitution nucléophile. Le nucléophile est à chaque fois un ion alcoolate (formé par réaction acido-basique entre la molécule *A* et l'ion éthanolate de l'éthanolate de thallium). Le début du schéma réactionnel est :

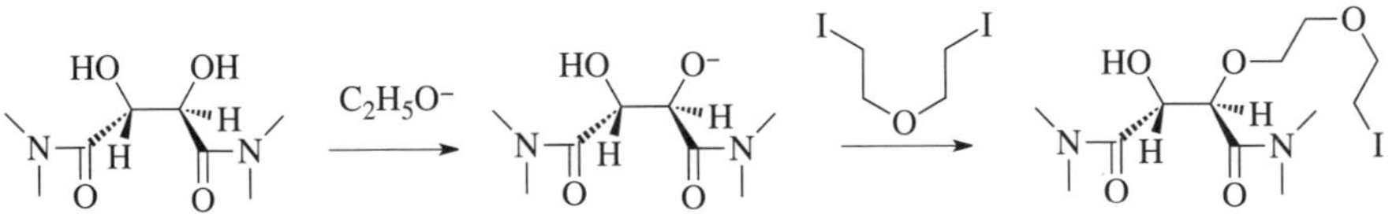

Le processus peut alors se poursuivre sur la deuxième fonction alcool de la molécule *A* :

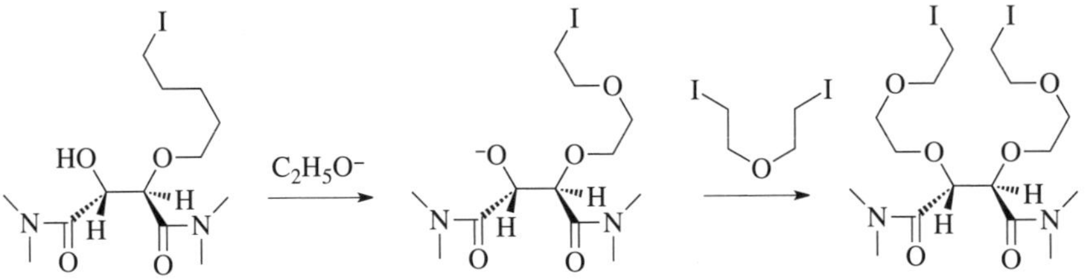

La molécule finale présentée ci-dessous est obtenue après un nouvel enchaînement mené sur la partie droite de la molécule.

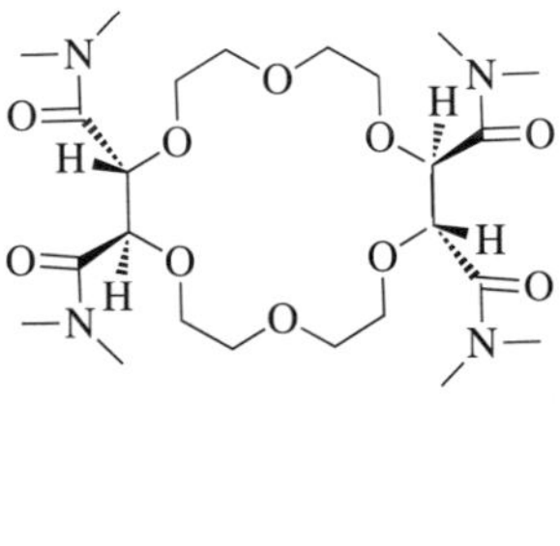

19.3 Participation d'un groupe voisin

Le mécanisme proposé doit rendre compte des constatations stéréochimiques. Les mécanismes connus pour les réactions de substitutions nucléophiles ne peuvent expliquer les réactions. En effet, si le mécanisme suivi était de type S_N1, il y aurait deux configurations possibles pour le carbone qui initialement porte la fonction alcool. Dans ce cas, le (*R*,*R*)-3-bromobutan-2-ol conduirait à un mélange (*R*,*R*) et (*R*,*S*) tandis que le (*S*,*S*)-3-bromobutan-2-ol conduirait à un mélange (*S*,*S*) et (*R*,*S*). Ceci n'est pas observé.

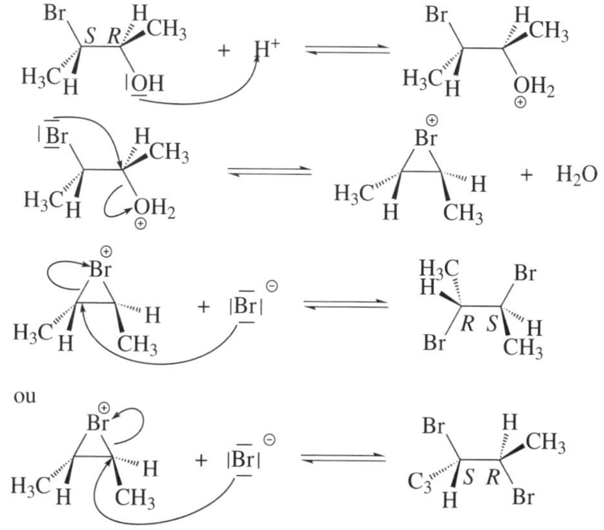

Si le mécanisme suivi était de type S_N2, on observerait l'inversion de la configuration du carbone portant la fonction alcool. Dans ce cas, le (2*R*,3*S*)-3-bromobutan-2-ol conduirait exclusivement au (*S*,*S*) et le (2*S*,3*R*)-3-bromobutan-2-ol exclusivement au (*S*,*S*). Le déroulement stéréochimique se comprend si on fait intervenir l'atome de brome porté par l'atome de carbone voisin. La figure précédente décrit le déroulement stéréochimique de la réaction dans le cas du stéréoisomère (2*R*,3*S*)-3-bromobutan-2-ol : ce chemin permet de comprendre la nature du stéréoisomère obtenu. Il ne faut pas être surpris de l'intermédiaire obtenu qui est un pont bromonium déjà rencontré dans les bromations (action du dibrome) des alcènes.

19.4 Déshydratation décarboxylante du pyrophosphate de l'acide 3*R*-mévalonique

1. Les structures des molécules *C* et *D* sont représentées ci-dessous. L'atome de deutérium est prioritaire sur l'atome d'hydrogène.

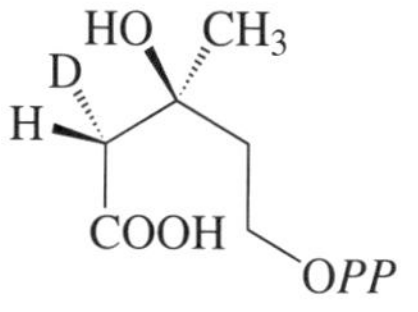

C : 2*R*,3*R*

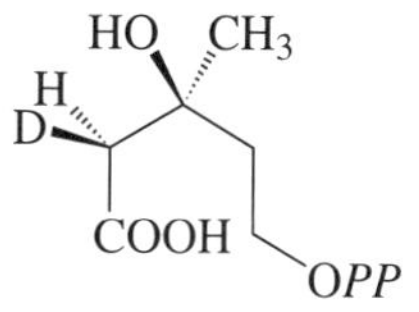

D : 2*S*,3*R*

2. On positionne les groupes qui réagissent en position *syn* et nous vérifierons *a posteriori* que l'hypothèse était correcte. Si ce n'était pas le cas, nous reviendrions sur l'hypothèse posée. La figureci-dessous résume le déroulement de la réaction.

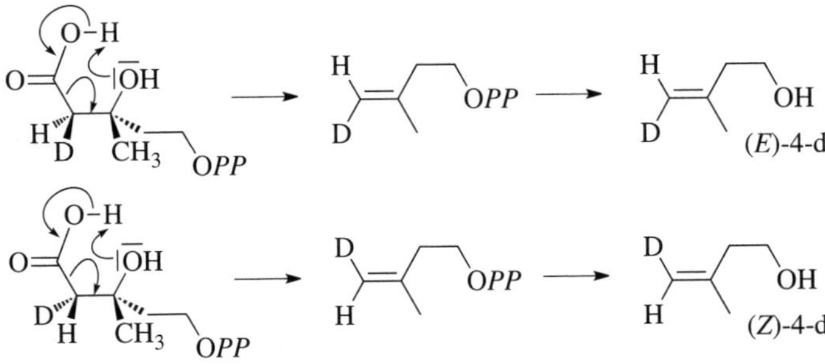

molécule E
(*E*)-4-deutéro-3-méthylbut-3-én-1-ol

molécule F
(*Z*)-4-deutéro-3-méthylbut-3-én-1-ol

19.5 Transposition lors d'une déshydratation

La modification du squelette est la signature d'une transposition. Le carbocation obtenu par protonation de l'alcool et départ de la molécule d'eau est secondaire. La migration d'un groupe méthylure conduit à un carbocation tertiaire plus stable. Le mécanisme réactionnel est donné figure ci-dessous

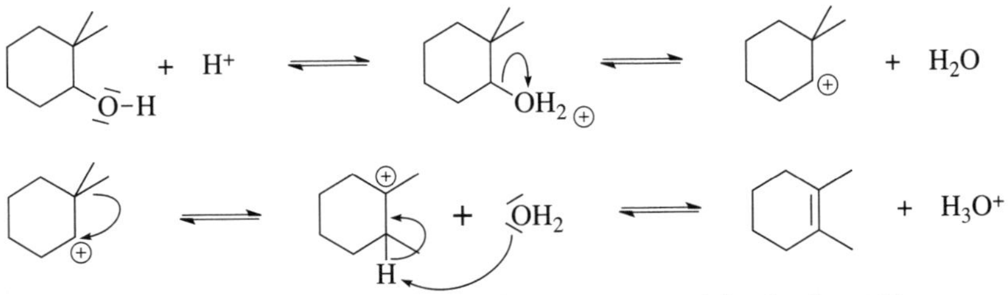

carbocation le plus stable alcène le plus stable

19.6 Transposition pinacolique

1. La modification du squelette carboné fait suspecter une transposition. La protonation de l'alcool et le départ d'une molécule d'eau se traduit par la formation d'un carbocation. Celui-ci est secondaire et se transpose en carbocation tertiaire par migration d'un méthylure. Le mécanisme est :

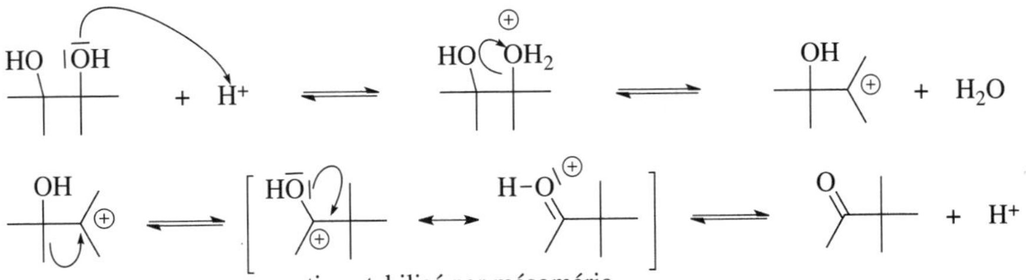

cation stabilisé par mésomérie

2. Dans le cas du substrat 1,1-diphényl-2-méthylpropane-1,2-diol, le carbocation qui se forme préférentiellement est le carbocation dibenzylique tertiaire qui ensuite, par migration d'un méthylure et déprotonation conduit au produit annoncé.

Corrigés des problèmes du chapitre 19

19.7 Synthèse de WILLIAMSON

1. Les descripteurs stéréochimiques relatifs à chacun des deux carbones asymétriques sont *R*. Le dérivé chloré est par conséquent le (*R*)-2-chlorobutane et l'ion alcoolate est l'ion (*R*)-butan-2-olate.
2. Le passage du butan-2-ol noté *R*–OH au dérivé chloré correspondant peut être réalisé par ajout de chlorure de thionyle $SOCl_2$ ou par action du trichlorure de phosphore PCl_3. Les équations-bilans équilibrées sont :

$$R-OH \quad + \quad SOCl_2 \quad = \quad SO_2\,(g) \quad + \quad HCl\,(g) \quad + \quad R-Cl$$
$$3\,R-OH \quad + \quad PCl_3 \quad = \quad H_3PO_3 \quad + \quad 3\,R-Cl.$$

3. Le passage du butan-2-ol noté *R*–OH à l'alcoolate peut se faire par une réaction acido-basique (en utilisant une base forte type hydrure H^-). L'équation-bilan s'écrit :

$$R-OH \quad + \quad H^- \quad = \quad H_2\,(g) \quad + \quad R-O^-.$$

Ce même résultat peut être obtenu par action du sodium métallique Na(s) au moyen d'une réaction d'oxydoréduction :

$$R-OH \quad + \quad Na\,(s) \quad = \quad Na^+ \quad + \quad \frac{1}{2}\,H_2\,(g) \quad + \quad R-O^-.$$

4. La molécule *X* possède une fonction éther-oxyde, elle est issue d'une réaction de WILLIAMSON. La formule semi-développée de *X* est :

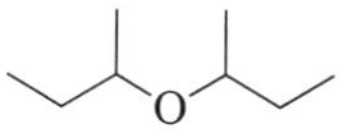

5. Dans l'hypothèse d'un mécanisme S_N1, la stéréochimie du carbone stéréogène de l'alcoolate n'est pas modifiée par la réaction et conserve le descripteur stéréochimique *R*. En revanche, du fait du passage par un intermédiaire de type carbocation, le carbone fonctionnel du chloroalcane change de descripteur stéréochimique à hauteur de 50 %. On obtient en fin de réaction un mélange de deux diastéréoisomères, le mélange est optiquement actif. De façon plus précise, la réaction produit le dérivé (*R*,*S*) qui n'est pas optiquement actif (composé *méso*) et le dérivé (*R*,*R*) qui est optiquement actif. Les deux molécules obtenues sont présentées ci-dessous

Composé *méso*

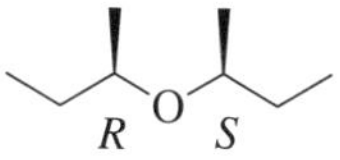

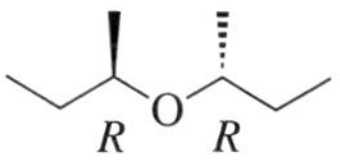

6. Dans l'hypothèse d'un mécanisme S_N2, le carbone stéréogène de l'ion alcoolate n'est pas modifié par la réaction et conserve le descripteur stéréochimique *R*. En revanche, du fait de la stéréochimie du processus S_N2, on assiste à une inversion de configuration du chloroalcane, ce qui se traduit par la formation de l'éther-oxyde de stéréochimie (*R*,*S*). Il s'agit de la molécule *méso* présentée figure précédente, aucune activité optique n'est détectée.
7. Les sous-produits envisageables sont les alcènes issus d'une élimination E2 (les ions alcoolate sont aussi des bases fortes). On obtient le (*E*)-but-2-ène, le (*Z*)-but-2-ène et le but-1-ène (minoritaire d'après la règle de ZAITSEV).

19.8 Synthèse d'un parfum

1. On propose la formule mésomère suivante :

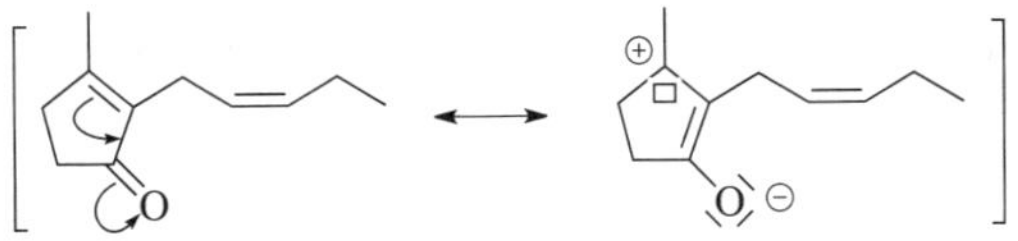

2. Le passage de T_1 à T est une déshydratation, elle est menée par chauffage de l'alcool en milieu acide. Le mécanisme est une élimination E1 sur la forme protonée de l'alcool. Le mécanisme est rappelé figure suivante, ainsi que les régioisomères envisageables au cours de cette réaction.

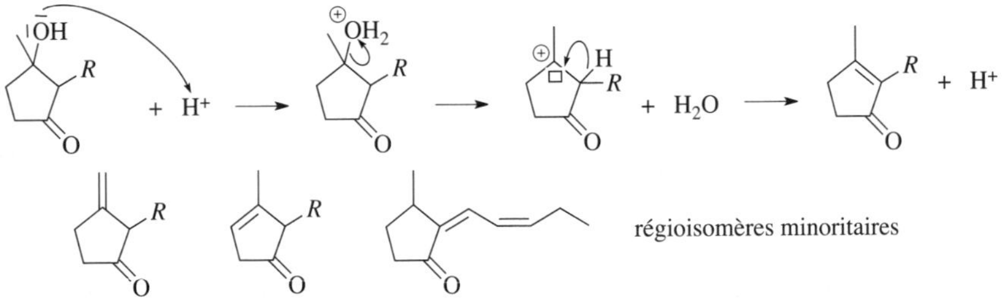

3. La molécule T_1 possède deux carbones stéréogènes et une liaison alcène. Chaque carbone asymétrique peut être de descripteur stéréochimique *R* ou *S*. Il y a quatre stéréoisomères de configuration (si on admet que la stéréochimie de la liaison alcène est fixée de descripteur stéréochimique *Z*). Il y a deux couples d'énantiomères. Dans la mesure où le mécanisme transite par un carbocation plan, chacun des diastéréoisomères permet la formation de *T* par déshydratation, il n'est pas nécessaire d'isoler l'un ou l'autre des énantiomères.

4. Il y a libre rotation autour des liaisons simples, les deux fonctions cétones sont équivalentes. Le passage de $T_{1.1}$ à T_1 est possible par addition nucléophile d'un équivalent d'organomagnésien CH_3MgBr sur une fonction cétone (suivie d'une hydrolyse prudente).

5. En milieu acide, la formation d'un alcool isomère de T_2 est possible selon le mécanisme proposé figure ci-dessous. Cet alcool est oxydé dans un deuxième temps par le trioxyde de chrome en cétone correspondante.

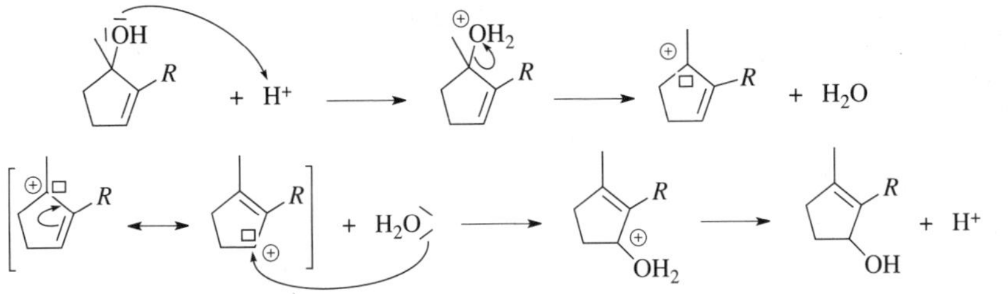

19.9 Participation d'un groupe voisin

1. La réaction a lieu avec rétention de configuration.

2. Cette spécificité est due à la participation du groupe amino qui assiste la substitution sur le carbone voisin. La rétention de configuration est due à une double inversion sur le carbone portant la fonction alcool. Le mécanisme proposé est représenté figure suivante. La régiosélectivité de la réaction de l'ion fluorure avec l'intermédiaire cyclique est souvent observée : en cas d'intermédiaire cationique cyclique, le carbone qui subit l'addition nucléophile est celui qui supporterait le mieux la charge positive si le carbocation se formait, soit ici la position benzylique.

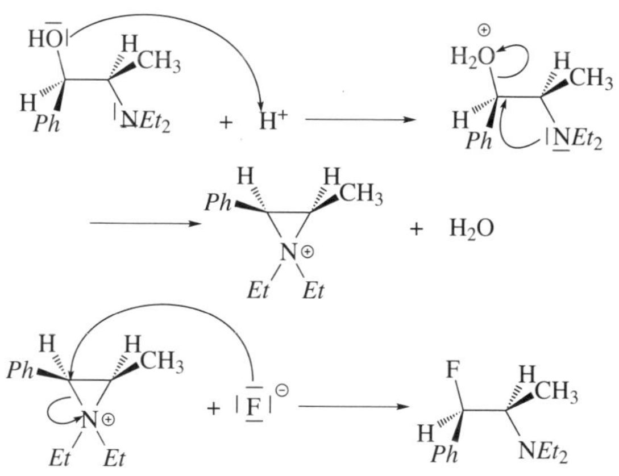

3. La réaction se déroule en milieu acide pour obtenir par protonation de la fonction alcool, un meilleur groupe partant. Il faut une concentration élevée en ion fluorure, nucléophile nécessaire pour l'ouverture de l'intermédiaire cyclique.
4. L'ouverture de l'intermédiaire cyclique peut se faire par n'importe quel nucléophile présent dans le milieu. Si on utilise un acide quelconque, sa base conjuguée peut se comporter comme nucléophile compétitif et le composé final obtenu risque de ne pas être un dérivé fluoré. Ce risque est d'autant plus important que l'ion fluorure n'est pas un bon nucléophile.

19.10 Les thiols

1. Comparaison alcools - thiols

a. Constantes physiques

Les températures de changement d'état plus basses pour les thiols traduisent l'existence de forces intermoléculaires plus faibles dans les thiols liquides que dans les alcools liquides. Ceci est attribué aux liaisons hydrogène plus solides dans les alcools que dans les thiols.

b. Acidité

Pour mettre en évidence les facteurs influençant les propriétés acides d'un thiol ou d'un alcool, effectuons un cycle thermodynamique où l'état initial est l'espèce moléculaire et l'état final est le composé dissocié en sa base et en proton solvaté (voir figure ci-dessous).

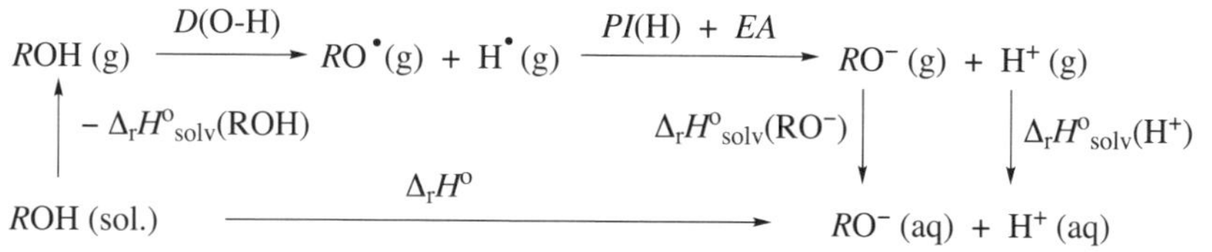

Nous verrons en deuxième année que la constante d'équilibre n'est pas directement liée à l'enthalpie standard de réaction mais à une grandeur de réaction nommée enthalpie libre standard. Nous admettrons néanmoins ici que tout facteur contribuant à diminuer l'enthalpie standard de réaction contribue à favoriser la réaction vers la formation des produits. Ici, il faut détailler la ou les raisons qui explique(nt) que le passage de l'alcool au thiol correspondant se traduit par une enthalpie standard de réaction plus négative. Dans le cycle construit à la figure précédente, PI(H) désigne le potentiel d'ionisation de l'atome d'hydrogène et EA l'électroaffinité de l'oxygène dans le radical $RO^{\bullet}$ (notons que cette grandeur est négative car le système ($RO^{\bullet} + e^-$) est moins stable que RO^-). Il faut donc estimer ou justifier l'effet de la substitution de l'oxygène par le soufre sur les termes $\Delta_r H^{\bullet}_{solv}(ROH)$, $D(RO{-}H)$, EA et $\Delta_r H^{\bullet}_{solv}(RO^-)$.

Les données sur les températures d'ébullition montrent que $\Delta_r H^{\bullet}_{\text{solv}}(R\text{OH}) > \Delta_r H^{\bullet}_{\text{solv}}(R\text{SH})$. L'oxygène étant plus électronégatif que le soufre, $EA(\text{O}) < EA(\text{S})$. L'atome de soufre étant plus volumineux que l'atome d'oxygène, les ions $R\text{O}^-$ sont mieux solvatés que les ions $R\text{S}^-$. Enfin, la liaison S–H est moins solide que la liaison O–H : $D(\text{SH}) = 360\ \text{kJ·mol}^{-1}$ et $D(\text{OH}) = 460\ \text{kJ·mol}^{-1}$. Dans tous les termes évoqués ci-dessus, les deux termes qui permettent de justifier l'acidité des thiols par rapport aux alcools correspondants sont la solvatation des espèces moléculaires et surtout, et c'est en réalité le facteur essentiel, la faiblesse (relative) de la liaison S–H.

c. Nucléophilie

Les données du tableau illustrent un comportement général : la nucléophilie de la base conjuguée est notablement plus élevée que celle de l'acide : le thiolate est plus nucléophile que le thiol et l'alcoolate est plus nucléophile que l'alcool. D'autre part, quand on descend dans une colonne de la classification périodique, la nucléophilie augmente : ce comportement est attribué à une augmentation de la polarisabilité des atomes (plus volumineux, ils retiennent moins bien leurs électrons).

2. Quelques propriétés des thiols

a. Synthèse à partir des dérivés halogénés des alcools

On peut synthétiser les thiols par des réactions de substitution nucléophile.

L'équation-bilan de la transformation s'écrit :

$$CH_3-Br \quad + \quad HS^- \quad = \quad CH_3-SH \quad + \quad Br^-$$

Cette réaction est une substitution nucléophile S_N2 (très bon nucléophile et iodoalcane primaire).

L'équation-bilan de la transformation s'écrit :

$$CH_3CH(OH)CH_3 \quad + \quad H_2S \quad = \quad CH_3CH(SH)CH_3 \quad + \quad H_2O$$

Le mécanisme est une protonation préalable de la fonction alcool suivie d'une substitution nucléophile par le sulfure d'hydrogène qui est un bon nucléophile.

b. Synthèse à partir des alcènes

Comme cela a été signalé précédemment (question **1.b**), la relative faiblesse de la liaison S–H permet d'envisager une rupture homolytique de celle-ci. Le peroxyde de benzoyle est initiateur de radicaux libres :

$$Ph\text{COO}-\text{OOC}Ph \longrightarrow 2\,Ph\text{COO}^{\bullet}$$

Le radical $Ph\text{COO}^{\bullet}$ réagit avec le sulfure d'hydrogène selon :

$$Ph\text{COO}^{\bullet} \quad + \quad H_2S \longrightarrow Ph\text{COOH} \quad + \quad HS^{\bullet}$$

Cette réaction est thermodynamiquement favorisée car la liaison OH est plus solide que la liaison SH. Le radical $HS^{\bullet}$ s'additionne sur une double liaison C=C en réagissant avec le carbone le plus dégagé pour conduire au radical le plus stable (le plus substitué).

c. Thioacétalisation

L'action des organomagnésiens sur les cétones montre que le carbone C=O est électrophile. En milieu acide, il y a d'abord protonation de la cétone, puis addition nucléophile sur le carbone de la cétone protonée. Le mécanisme est :

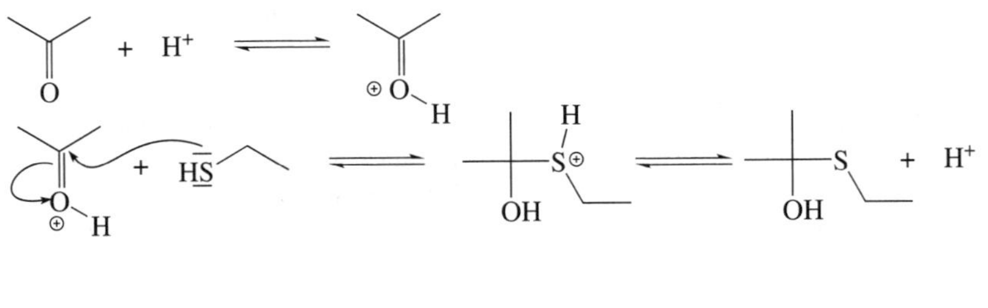

Le produit obtenu par action de l'éthane-1,2-dithiol sur la propanone est représenté figure précédente. La première partie du mécanisme est identique à celle décrite au **2.c**. Le produit obtenu par action de l'éthane-1,2-dithiol sur la propanone est représenté figure suivante, la première partie du mécanisme est identique à celle qui vient d'être décrite.

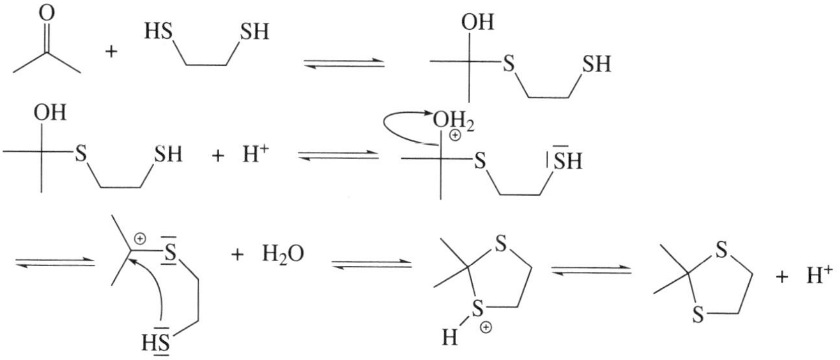

En catalyse acide, le composé bifonctionnel $HSCH_2CH_2CH_2\text{-}CO\text{-}CH_3$ conduit au produit représenté figure ci-dessous.

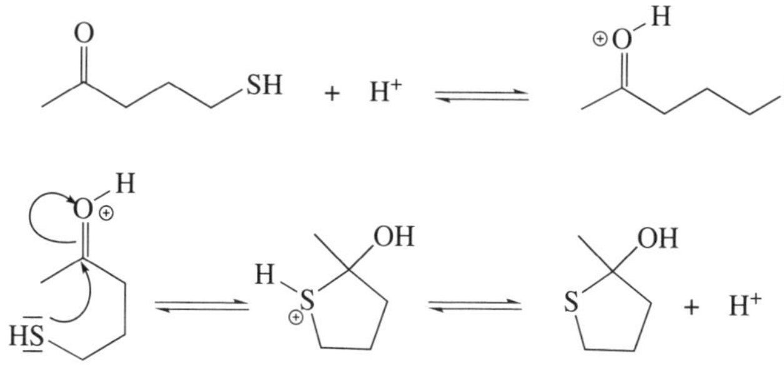

d. Synthèse du gaz moutarde

La synthèse du gaz moutarde est résumée ci-dessous.

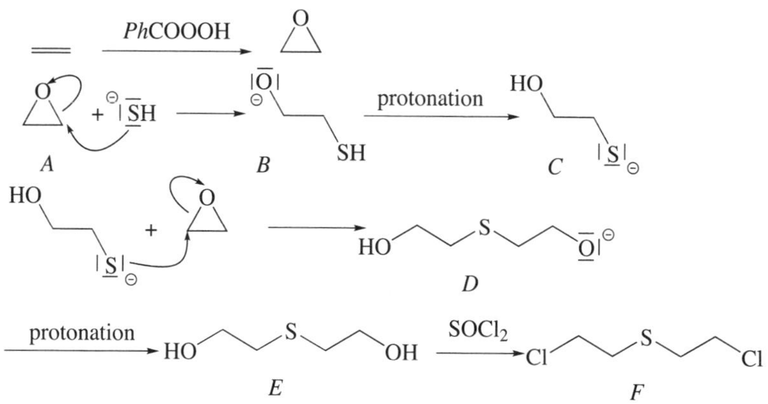

Corrigés des exercices du chapitre 20

20.1 Comparaison pyridine/diméthylaminopyridine

La différence de réactivité entre la pyridine et la DMAP s'explique par la présence, en position 4 sur le cycle, du substituant diméthylamino-. Le doublet non liant est conjugué avec le noyau aromatique et renforce la nucléophilie de l'azote intracyclique comme en rend compte la forme mésomère représentée ci-dessous. La DMAP est plus basique que la pyridine car son acide conjugué, espèce chargée du couple acido-basique étudié, est stabilisé par délocalisation de la charge positive sur l'atome d'azote du substituant diméthylamino (voir figure ci-dessous).

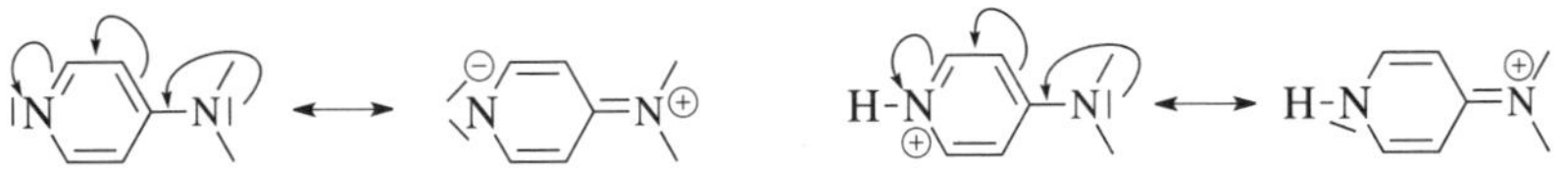

20.2 Résolution d'un mélange d'énantiomères

1. Les deux stéréoisomères sont image l'un de l'autre par un miroir plan et ne sont pas superposables : ce sont des énantiomères. Les deux carbones stéréogènes sont engagés dans le cycle à trois atomes de carbone, le carbone stéréogène de gauche est appelé carbone 1 tandis que le carbone stéréogène de droite est appelé carbone 2.

Dans la molécule H^1, le carbone 1 est de descripteur stéréochimique *R* et le carbone 2 est aussi de descripteur stéréochimique *R*. Dans la molécule H^2, le carbone 1 est de descripteur stéréochimique *S* et le carbone 2 est aussi de descripteur stéréochimique *S*.

2. Le mélange est un mélange racémique. Il est impossible de séparer deux énantiomères par distillation fractionnée (les deux énantiomères ont la même température d'ébullition).

3. On assiste à une réaction acide/base entre l'amine (base) et l'acide carboxylique. La réaction conduit à une paire d'ions qualifiée de *sel*.

Les deux paires d'ions ne sont plus énantiomères mais diastéréoisomères. Il est alors possible de les séparer (l'une précipite tandis que la deuxième reste soluble). La séquence est résumée ci-dessous (on la qualifie de dédoublement du mélange racémique) en notant $R^*-N(CH_3)_2$ l'amine chirale utilisée.

énantiomères non séparables

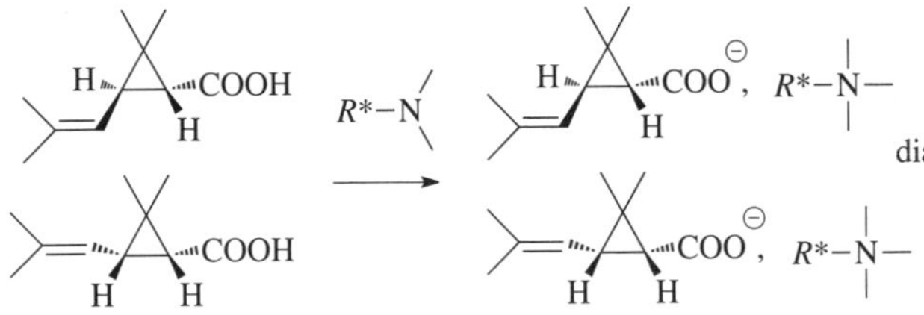

diastéréoisomères séparables

4. Un dispositif de filtration sous vide permet de séparer la paire d'ions soluble de la paire d'ions solide. Les deux molécules H^1 et H^2 sont régénérées par passage en milieu acide.

20.3 Synthèses d'amines

1. La propanamine *B* est préparée par substitution nucléophile d'une molécule d'ammoniac NH_3 sur le 1-bromopropane. Cette réaction est suivie d'une déprotonation (un deuxième équivalent d'ammoniac est ajouté) qui conduit à la propanamine *B*.

2. Par action de magnésium dans les conditions idoines, le dérivé bromé conduit à l'organomagnésien correspondant (bromure de propylmagnésium). Une addition nucléophile de cet organomagnésien est réalisée sur le méthanal et est suivie d'une hydrolyse en milieu acide. Le butan-1-ol est synthétisé. Le passage au dérivé bromé correspondant a lieu par action de PBr_3 : le 1-bromobutane est obtenu. Par une réaction analogue à celle évoquée à la question **1.**, la butanamine *C* est synthétisée.

3. Le propène est obtenu après une élimination E2 menée par action de l'ion *tertio*butanolate sur le 1-bromopropane. L'addition du bromure d'hydrogène (en milieu polaire) conduit à la formation du 2-bromopropane. Par une réaction analogue à celle évoquée à la question **1.**, l'isopropylamine *D* est synthétisée. L'ensemble de ces synthèses est résumé ci-dessous.

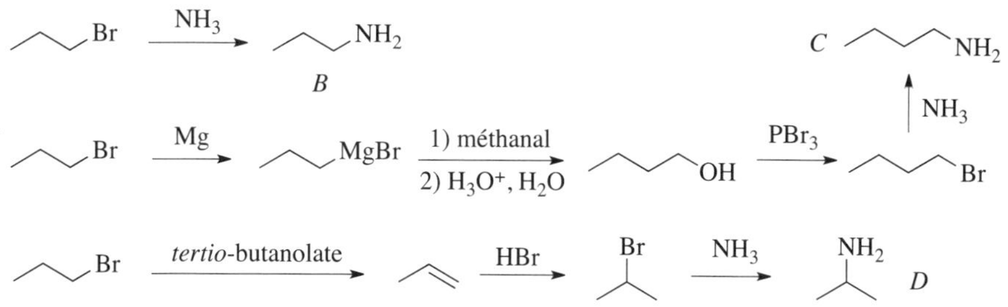

20.4 Synthèse et réactivité de la quinuclidine

1. Synthèse de la quinuclidine

a. La structure de la molécule *A* est :

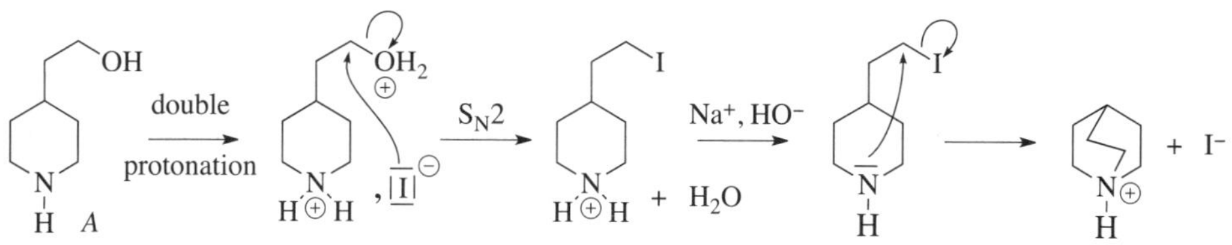

La réduction transforme le noyau aromatique de type pyridine en azacyclohexane (cycle saturé).

b. Le passage de *A* à *B* est la transformation d'une fonction alcool primaire en dérivé iodé correspondant. Comme le milieu reste acide et que *B* conserve la fonction amine secondaire intracyclique, le produit *B* est une amine protonée avec un contre-ion iodure.

c. En milieu basique, la déprotonation de l'ammonium permet de retrouver une amine nucléophile qui effectue une substitution nucléophile sur le carbone porteur de l'atome d'iode (l'iodure est un bon groupe partant. Un mécanisme de type S_N2 permet la cyclisation et l'obtention de la quinuclidine.

2. Réactivité de la quinuclidine

a. On trace pour chaque expérience le logarithme néperien de la constante de vitesse en fonction de $1/T$. On obtient les résultats rassemblés dans le tableau ci-dessous.

amine	iodoalcane	Énergie d'activation / $kJ \cdot mol^{-1}$
triéthylamine	iodoéthane	52,3
quinuclidine	iodométhane	39,8
	iodoéthane	45,6
	2-iodopropane	54,3

b. Plus l'iodoalcane est encombré, plus la réaction est lente. Les réactions sont plus rapides avec la quinuclidine et l'écart est d'autant plus grand que l'iodoalcane utilisé est encombré : par exemple à 25 °C, la réaction de la quinuclidine est 57 fois plus rapide que la triéthylamine vis-à-vis du iodométhane tandis que le facteur est 254 avec l'iodoéthane. Les énergies d'activation qui traduisent macroscopiquement la barrière d'énergie à franchir dans l'étape cinétiquement déterminante sont plus élevées pour la triéthylamine que pour la quinuclidine pour un même iodoalcane et, pour une amine donnée, croissent avec la taille de l'iodoalcane.

c. Les résultats précédents s'interprètent en terme de gêne stérique autour du carbone portant le groupe partant. La quinuclidine, de par le repliement des chaînes carbonées, possède un atome d'azote de la fonction amine bien dégagé et celui-ci accède plus facilement au centre électrophile. Dans la triéthylamine, les chaînes carbonées peuvent adopter des conformations qui nuisent à la nucléophilie. Plus l'iodoalcane est encombré autour du carbone électrophile, plus cet effet est sensible.

Corrigés des problèmes du chapitre 20

20.5 Synthèse d'un analogue de la méthadone

1. Le bromure de phénylmagnésium réagit avec le méthanal pour donner après hydrolyse l'alcool primaire *Ph*CH_2OH qui est ensuite oxydé en benzaldéhyde *Ph*CHO. L'action du bromure de phénylmagnésium sur le benzaldéhyde conduit après hydrolyse à l'alcool secondaire Ph_2CHOH. Le traitement par le chlorure de thionyle conduit à Ph_2CHCl. L'action de l'ion cyanure conduit à $(Ph)_2CH{-}C{\equiv}N$ par substitution nucléophile. Les mécanismes réactionnels sont précisés dans le cours. Seule se pose la question du mécanisme S_N1 ou S_N2 de la dernière réaction. Le nucléophile cyanure est un excellent nucléophile qui tend à fortement privilégier les réactions S_N2. L'éventuel carbocation qui se formerait lors d'une réaction suivant un mécanisme S_N1 est $(Ph)_2CH^+$, soit un carbocation deux fois benzylique stable. C'est le choix du solvant qui déterminera le mécanisme : dans un solvant polaire le mécanisme sera S_N1, dans un solvant peu polaire ce sera S_N2.

2. Le diphénylcyanométhane est relativement acide car la base conjuguée est stabilisée par délocalisation de la charge négative sur plusieurs atomes, dont un atome d'azote assez électronégatif. Les différentes formes mésomères de l'anion sont :

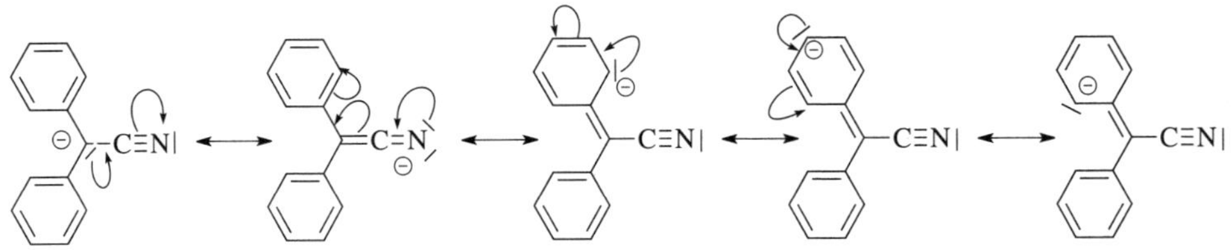

↔ les autres formes mésomères où la charge négative est délocalisée sur l'autre noyau aromatique.

3. Le 3-bromoprop-1-ène réagit avec l'anion du diphénylcyanométhane : il s'agit d'une substitution nucléophile (voir figure ci-dessous). L'addition ultérieure de bromure d'hydrogène doit probablement se dérouler en présence de radicaux libres pour conduire à la fixation de l'atome de brome sur le carbone le moins substitué.

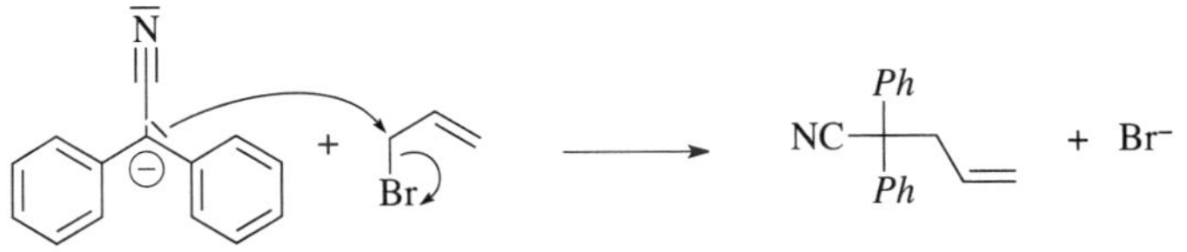

4. Cette étape est une substitution nucléophile où la diéthylamine est le nucléophile et le groupe partant l'ion bromure. Le mécanisme est :

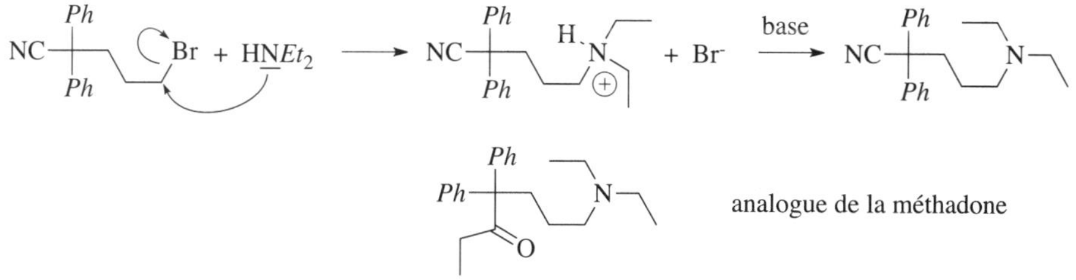

5. L'action du bromure d'éthylmagnésium permet de convertir la fonction nitrile en éthylcétone. Le composé obtenu n'est pas optiquement actif car il n'y a pas de carbone stéréogène ou d'autre source de chiralité.

20.6 Inhibiteurs d'enzymes

1. Le produit *A* est le 2-hydroxy-4-phénylbutyrate d'alkyle où le nom alkyl est fixé par la nature du groupe $R^{(1)}$.

2. La première réaction (réaction *a*) est une addition nucléophile sur la double liaison S=O suivie de l'élimination de l'ion chlorure. La deuxième étape est une substitution nucléophile de mécanisme S_N2 où le nucléophile est l'amine primaire RNH_2. C'est elle qui réagit d'abord avec le chlorure de l'acide trifluorométhanesulfonique (voir figure ci-dessous). L'acide trifluorométhanesulfonique est de formule CF_3-SO_2-OH.

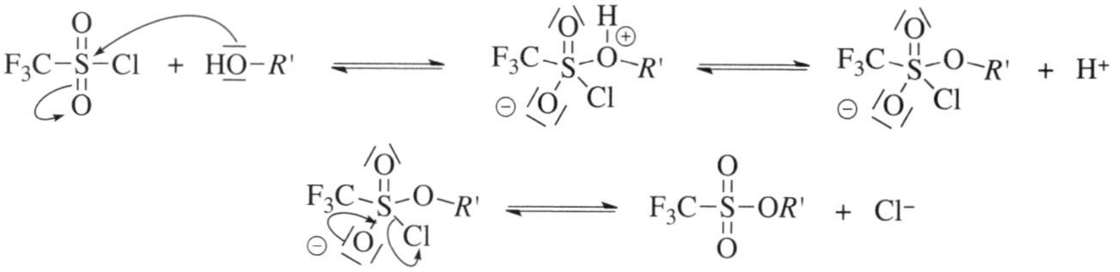

Le rôle de la pyridine est de capter les protons produits par la réaction. Une étude approfondie montrerait que la pyridine permet de produire un meilleur électrophile que le chlorure d'acide.

3. La réaction *b* se traduit par une inversion de configuration. Il s'agit donc d'un mécanisme S_N2. La loi de vitesse est donc d'ordre 1 en nucléophile et d'ordre 1 en triflate (nom courant pour l'ester de l'acide trifluorométhanesulfonique) :

$$r = k.[Nu].[R-Nf]$$

4. Le groupe CF_3-SO_3- est le groupe partant. Comme la charge négative est délocalisée sur trois atomes d'oxygène par effet mésomère (voir figure ci-dessous), cet anion est relativement stable et constitue *a priori* un bon groupe partant. Le groupe CF_3 est électroattracteur et contribue à la stabilité de l'anion et à sa qualité de bon groupe partant.

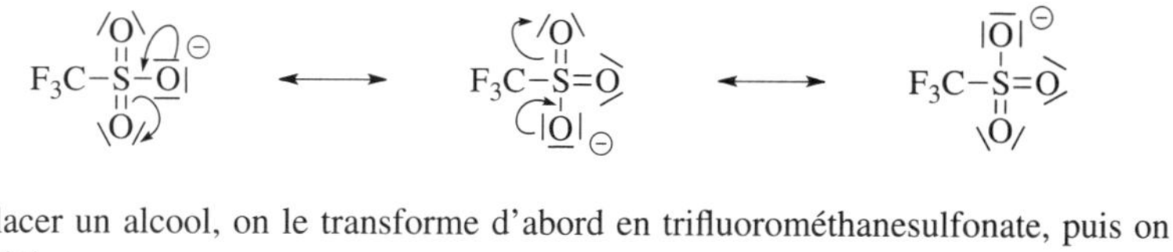

5. Pour remplacer un alcool, on le transforme d'abord en trifluorométhanesulfonate, puis on fait agir l'amine souhaitée.

6.a. Le carbone 1 est *R*, le carbone 2 est *S* et le carbone 5 est *R*.

b. Les substituants volumineux se placent de préférence en position équatoriale. Les deux conformères chaises sont :

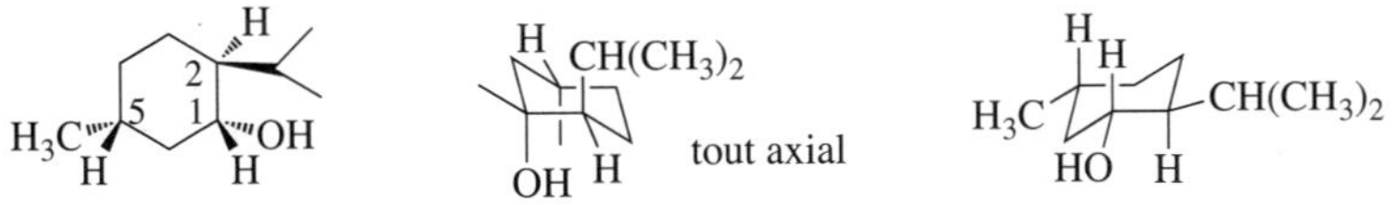

7.a. L'utilisation d'un réactif organomagnésien, base très forte, impose de se placer en milieu non aqueux et non protique. La réaction de formation de *F* est donc la monoaddition de l'organomagnésien *E* sur le diester *D*.
b. La réactivité particulière observée est due aux deux fonctions ester voisines qui rendent le carbone de chaque fonction ester inhabituellement électrophile.
c. Le réactif *E* réagit avec le centre le plus accessible.
8.a. Dans la réaction de *F* avec le borohydrure complexe, le nucléophile est l'hydrure porté par l'atome de bore et le centre électrophile est l'atome de carbone C=O de la fonction cétone. Ce carbone est plus électrophile que celui d'une fonction ester : la réactivité plus faible des fonctions ester est expliquée par l'existence d'une écriture mésomère où le déficit électronique est comblé par la présence de l'alkoxy mésomère donneur, comme en rendent compte les formes mésomères indiquées figure ci-dessous.

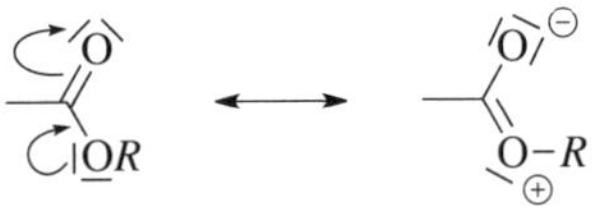

b. Lors de cette réaction, il peut se former le stéréoisomère *G′* où le carbone de la fonction alcool formée possède l'autre configuration. Le stéréoisomère *G′* est représenté figure ci-dessous. Le descripteur stéréochimique de la fonction alcool formée lors de cette étape de réduction par un hydrure est *S*.

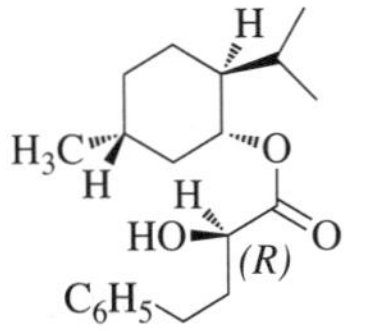
G

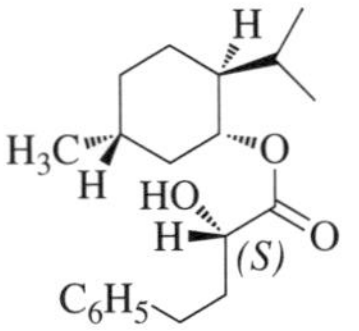
G'

c. Les stéréoisomères *G* et *G′* possèdent quatre atomes de carbone et ne diffèrent que par la configuration d'un carbone stéréogène. Ils s'agit donc de diastéréoisomères.
9. L'obtention de *A* à partir de *G* est une réaction de saponification : passage d'un ester à l'alcool et l'acide correspondant par réaction avec l'ion hydroxyde.
10. Le bromure de phénylmagnésium est préparé par action du magnésium métallique sur le bromobenzène dans le solvant éther diéthylique. L'action de cet organomagnésien sur l'époxyéthane conduit, après hydrolyse, au 2-phényléthan-1-ol qui traité par le tribromure de phosphore conduit au 1-bromo-2-phényléthane.

20.7 Synthèse de la dopamine et rôle biochimique

1. Acidité et méthylation des fonctions phénol

a. Dans un phénol, la charge négative se délocalise sur le noyau aromatique : cet élément est un facteur stabilisant qui explique la plus grande acidité des phénols par rapport aux alcools.

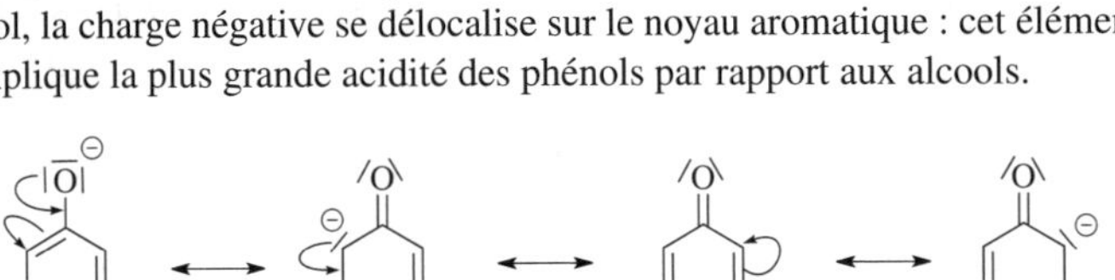

b. Le monoanion du catéchol est stabilisé par formation d'une liaison hydrogène intramoléculaire. Ceci explique que la première acidité du catéchol est plus grande que l'acidité du phénol et aussi le fait que, étant stabilisé il est plus difficile à transformer en dianion (où il n'y a pas de liaison hydrogène stabilisante).

c. Éthérification du catéchol

Calculons les quantités de matière utilisées dans la réaction d'éthérification :

$$n(\text{catéchol}) = \frac{27,5}{110} = 0,25 \text{ mol} \qquad \text{et} \qquad n(\text{CH}_3\text{O} - \text{SO}_2 - \text{OCH}_3) = \frac{31,5}{126} = 0,25 \text{ mol}$$

La réaction bilan est représentée figure ci-dessous.

formules de Lewis

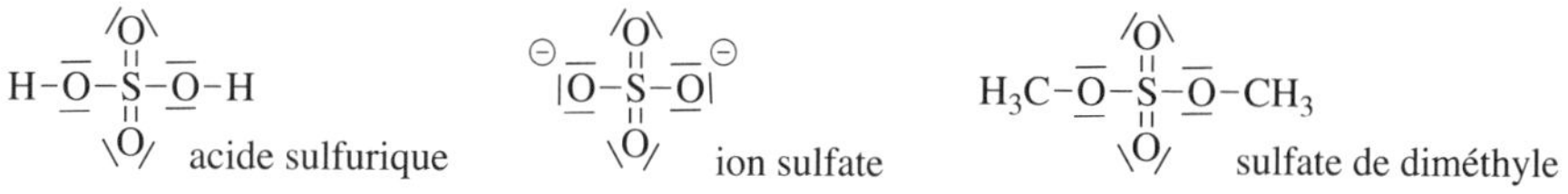

Les réactifs ont été introduits en proportions stœchiométriques. La quantité de matière de vératrole obtenue est donc :

$$n(\text{vécratrole}) = \frac{27,6}{138} = 0,20 \text{ mol}$$

et le rendement ρ de la réaction est donc :

$$\rho = \frac{0,20}{0,25} = 0,80$$

Dans le sulfate de diméthyle, les atomes de carbone sont liés à de bons groupes partants (ion méthylsulfate ou ion sulfate où la charge négative est délocalisée sur plusieurs atomes d'oxygène). Ils sont donc susceptibles de réagir avec des nucléophiles (ici les oxygènes des bases conjuguées des phénols). Le mécanisme réactionnel est reporté, pour la formation d'un éther-oxyde à la figure ci-dessous. La réaction se déroule de la même façon sur l'autre phénate.

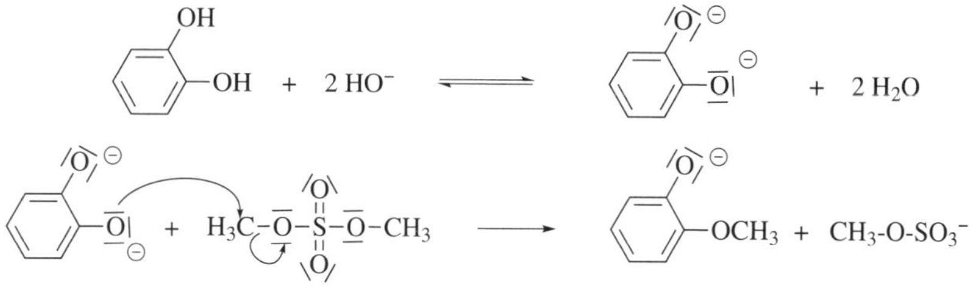

2. Construction du squelette par voie magnésienne

Le 4-bromovératrole est transformé en organomagnésien correspondant par action du magnésium métallique dans le solvant éther diéthylique. Le milieu doit être anhydre. On additionne ensuite une solution d'époxyde d'éthylène. Lorsque la réaction est terminée, une hydrolyse acide suivie d'une extraction permet d'isoler A. Le mécanisme de la réaction est :

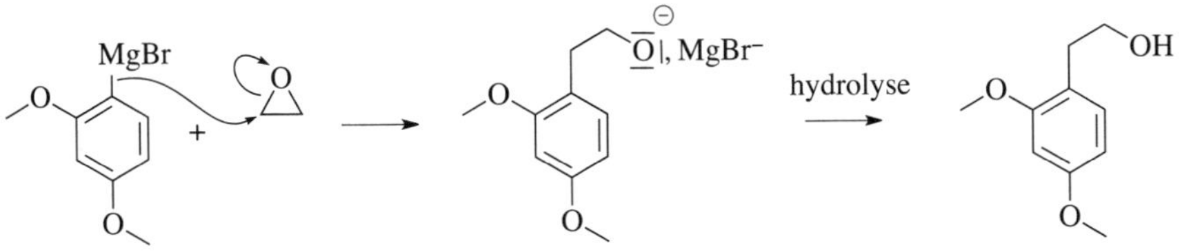

3. Aménagement fonctionnel : synthèse de la dopamine

a. En milieu basique (action de l'ammoniac), le groupe partant est l'ion hydroxyde, connu pour être un piétre groupe partant. Un milieu acide permettrait, par protonation de la fonction alcool, d'améliorer la nature du groupe partant. Mais dans ce cas, le nucléophile est protoné et n'est donc plus réactif.

b. Méthode d'HOFFMANN

L'inconvénient principal de la méthode d'HOFFMANN est qu'il est très difficile de s'arrêter à la monoalkylation de l'amine. En effet, l'amine monoalkylée est de réactivité comparable à celle de l'amine de départ et elle peut donc subir elle aussi, en paralléle, la réaction d'alkylation. La réaction n'est donc pas sélective.

c. Méthode de GABRIEL

Le phtalimide de potassium est nucléophile par l'atome d'azote chargé négativement. Une fois alkylé, le phtalimide ne peut réagir avec un autre halogénoalcane. Il y a seulement monoalkylation. L'intérêt de l'utilisation de l'hydrazine est double : d'une part, l'hydrazine est réputée être un excellent nucléophile (la dernière étape est alors rapide) et le phtalylhydrazide précipite, ce qui facilite sa séparation du milieu réactionnel.

d. Le passage de *B* à la dopamine correspond à la transformation des fonctions éther-oxyde en fonctions phénol. L'utilisation de l'acide iodhydrique permet la protonation préalable de l'oxygène de la fonction éther-oxyde et améliore le caractère nucléofuge du groupe partant. Le mécanisme est :

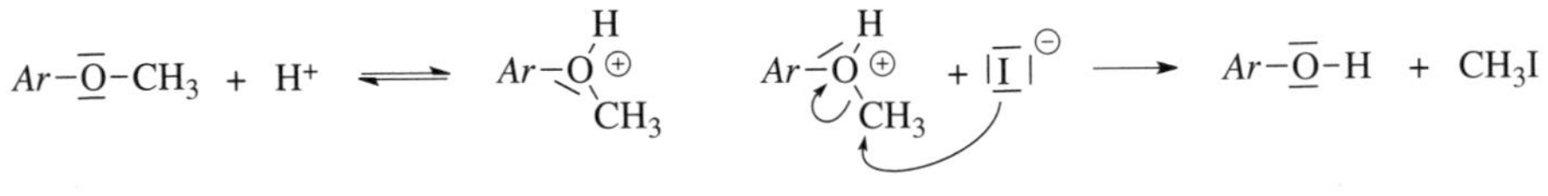

Cette coupure ne conduit qu'au phénol et à l'iodométhane car les carbones des cycles aromatiques ne sont pas connus pour donner facilement des réactions de substitutions nucléophiles. Ce point sera expliqué en seconde année. L'utilisation de l'organomagnésien n'est pas compatible avec la présence des fonctions phénol, suffisamment acides pour protoner les organomagnésiens. Il est donc nécessaire de protéger les fonctions phénol par éthérification.

4. Oxydation biochimique de la dopamine

a. Le symbole (−) dans le nom (−)-noradrénaline signifie que la molécule est lévogyre (fait tourner le plan de polarisation de la lumière vers la gauche pour un observateur qui regarde la lumière qu'il reçoit). Les substituants du carbone asymétrique de la (−)-noradrénaline sont dans l'ordre de priorité décroissante selon les règles de CAHN, INGOLD et PRELOG :

- 1 pour OH
- 2 pour CH_2NH_2
- 3 pour le carbone restant

Le carbone asymétrique de la molécule de (−)-noradrénaline est de descripteur *R*.

b. L'enzyme est chirale : elle distingue les énantiomères en formant par association avec eux des diastéréoisomères. **5. Transformation de la noradrénaline en adrénaline**

La réaction 1 est une alkylation de la méthionine par l'ATP : il s'agit d'une substitution nucléophile où le nucléophile est l'atome de soufre de la méthionine et le centre électrophile, l'atome de l'ATP qui porte le bon groupe partant triphosphate.

La réaction 2 est une méthylation de la (−)-noradrénaline. Cette molécule se comporte comme un nucléophile par son atome d'azote et c'est le sel de sulfonium qui joue le rôle d'électrophile (le groupe partant est un thioéther : on rappelle que les liaisons C−S sont très polarisables et donc augmentent l'aptitude nucléofuge du groupe).

La formule de l'adrénaline est :

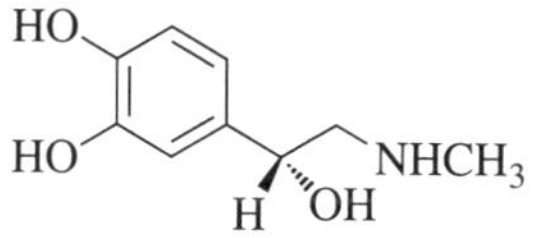

20.8 Synthèse du cyclooctatétraène

1. La molécule *B* est constituée de deux cycles à 6 atomes accolés. Le schéma ci-dessous rend compte de la stéréochimie de la molécule *B*.

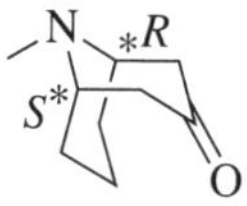

molécule *B*

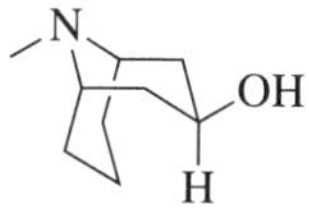

molécules *C* et *C'*
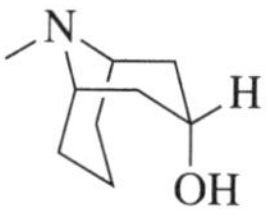

La molécule *B* possède un plan de symétrie (qui passe par les atomes N, et la double liaison C=O). Elle possède néanmoins deux carbones asymétriques (c'est un composé *méso*). Les descripteurs stéréochimiques sont indiqués sur la figure.

2. Les molécules *C* et *C'* se déduisent de *B* par la réduction de la fonction cétone en alcool. Il y a deux stéréoisomères possibles (selon la position axiale ou équatoriale de la fonction alcool). Les deux molécules sont achirales : elles possèdent un plan de symétrie (le plan qui contient la liaison CH_3-N et la liaison C-OH). Les molécules *C* et *C'* ne forment pas un couple d'énantiomères (elles ne sont pas chirales) : la relation stéréochimique qui lie *C* et *C'* est donc une relation de diastéréoisomérie. Ces molécules peuvent donc être séparées par des méthodes physico-chimiques courantes (solubilité, température de fusion...).

3. Les molécules *C* et *C'* sont soumises à une réaction d'élimination : passage d'une fonction alcool à un alcène. La formation d'un alcène à partir des alcools *C* et *C'* conduit en fait à un mélange de deux alcènes énantiomères dont les structures sont indiquées ci-dessous.

molécules *D* et *D'*
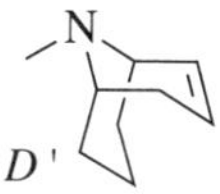

sels *E* et *E'*
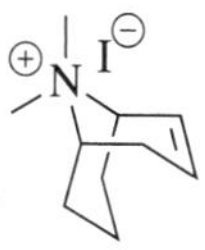

4. Le traitement des alcènes *D* et *D'* par l'iodométhane conduit aux iodures d'ammonium quaternaire correspondants, notés *E* et *E'*.

5. Quand on traite les iodure par de l'hydroxyde d'argent, on échange les anions iodure par des anions hydroxyde. La force motrice de la réaction est la faible solubilité de l'iodure d'argent(I) dans de nombreux solvants. L'équation-bilan est :

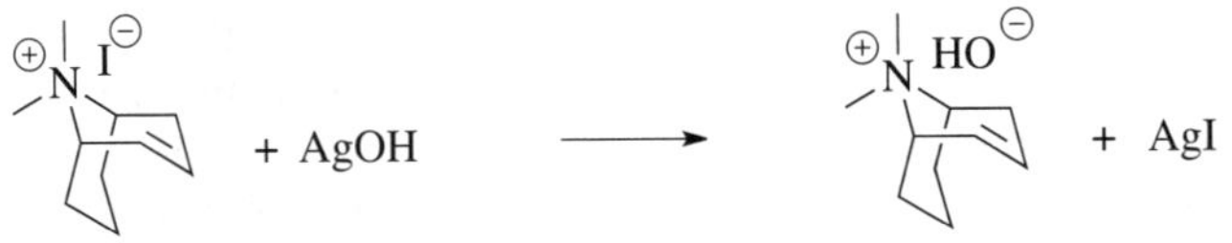

6. La réaction suivante est une élimination sous l'action de la base hydroxyde, anion présent dans le sel F. La réaction suit un mécanisme bimoléculaire : il s'agit d'une élimination E_2. Le déroulement stéréochimique est une réaction *anti*périplanaire. Le schéma suivant explique la formation de G

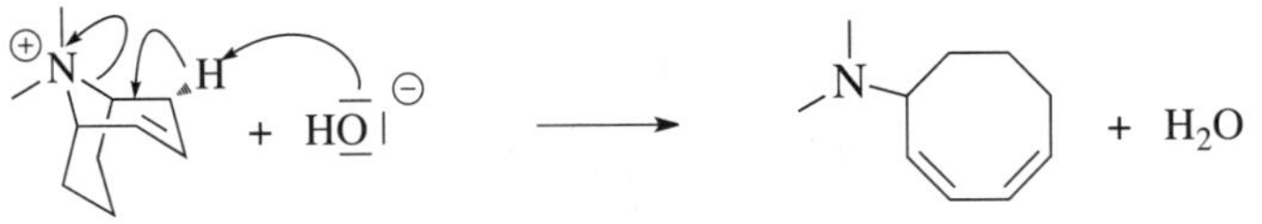

Remarquons que le diène obtenu est conjugué (c'est un facteur de stabilité supplémentaire). D'autres alcènes peuvent être obtenus car il existe d'autres sites de déprotonation

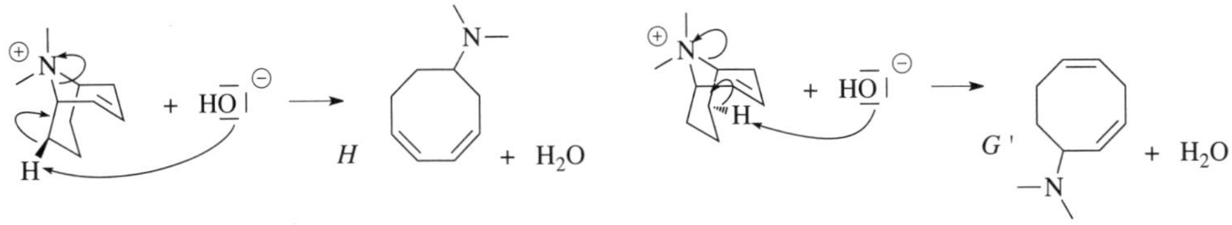

La molécule H est aussi un diène conjugué alors que G' n'est pas conjugué, donc moins stable.

7. La séquence d'élimination de HOFMANN sur les régioisomères G/H peuvent conduire au triène conjugué I selon la séquence indiquée ci-dessous.

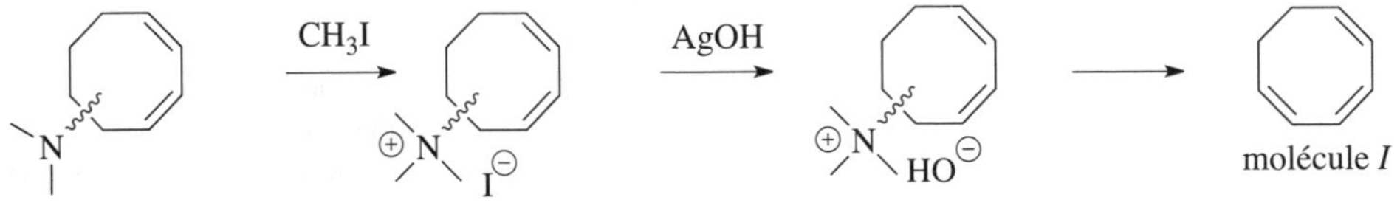

Le sel d'ammonium quaternaire issu de l'amine H peut conduire à un triène non conjugué.

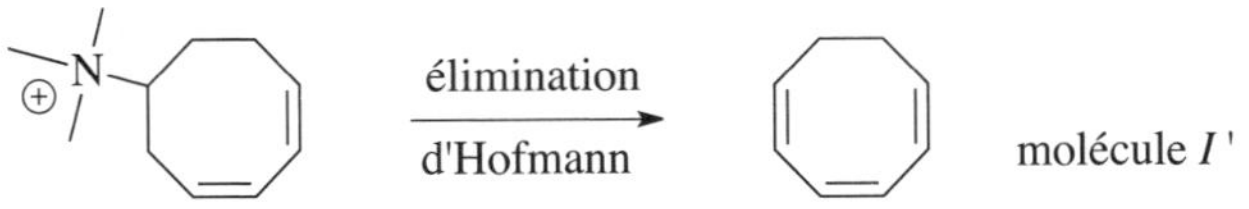

8. L'action du dibrome sur un alcène se traduit par la formation initiale d'un pont bromonium (dans les conditions usuelles). Le pont bromonium est ouvert par les nucléophiles présents, en particulier l'ion bromure.

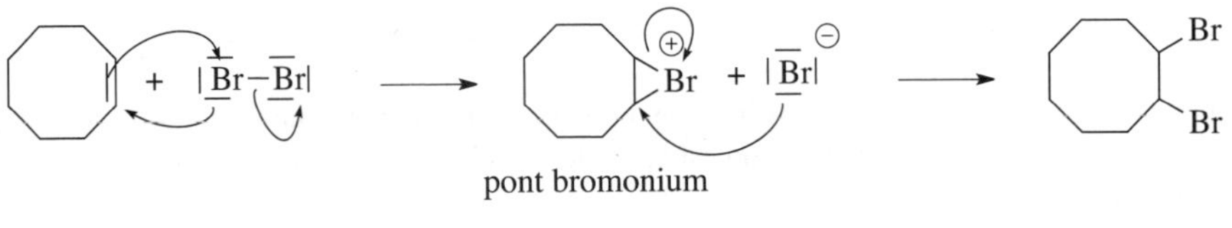

9. Par action du dibrome sur le triène *I*, il y a d'abord formation d'un pont bromonium. Celui-ci possède plusieurs carbones électrophiles : celle du carbone terminal du système conjugué explique la formation du produit obtenu.

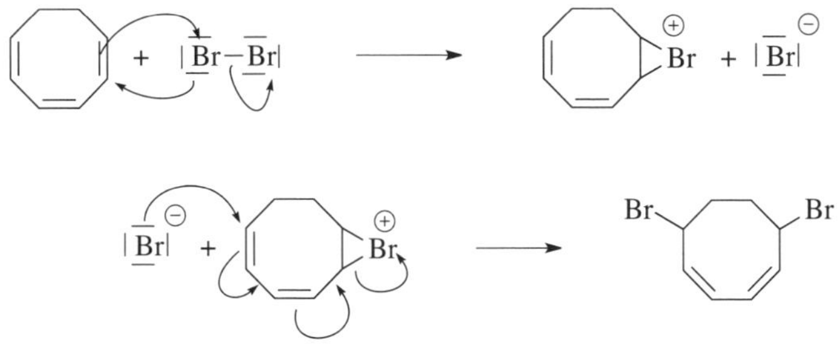

10. Pour obtenir le cyclooctatétraène, on traite *J* par une base forte en milieu polaire aprotique et en chauffant pour effectuer une double élimination.

Corrigés des exercices du chapitre 22

22.1 Structure cristallographique du niobium

1. La structure est représentée figure ci-dessous.

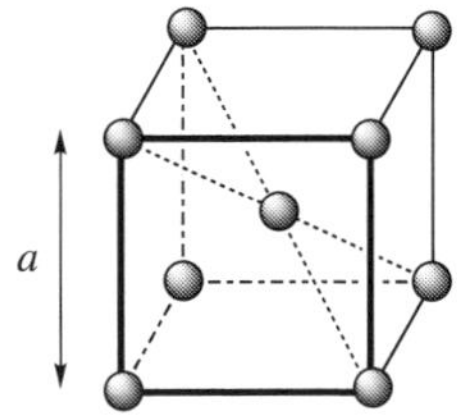

2. Le nombre d'atomes par maille est de $n = 8 \times \frac{1}{8} + 1$, soit :

$$n = 2$$

3. Masse volumique : en reprenant le calcul développé dans le cours :

$$\rho = \frac{nM}{N_A a^3}$$

soit *numériquement* :

$$\rho = \frac{2 \times 92,0 \times 10^{-3}}{6,02 \times 10^{23} \times (330 \times 10^{-12})^3} = 8\,505,1$$

soit :

$$\rho = 8\,510\ \text{kg.m}^{-3}$$

4. Rayon atomique du niobium : dans cet assemblage, le contact entre les sphères dures a lieu sur les diagonales du cube

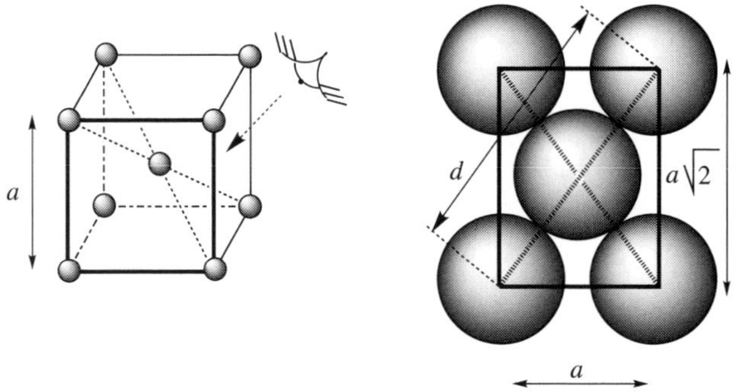

Le rectangle défini par les sphères en contact a pour côtés a et $a\sqrt{2}$, et par application du théorème de PYTHAGORE, $d = 4R = a\sqrt{3}$, d'où :

$$R = \frac{a\sqrt{3}}{4}$$

soit *numériquement* :

$$R = \frac{330 \times \sqrt{3}}{4} = 142,89 \qquad \text{soit} \qquad R = 143\ \text{pm}$$

5. Compacité de la structure cubique centrée La compacité, rapport du volume occupé par les atomes d'une maille au volume de la maille est ici :

$$C = \frac{n\frac{4}{3}\pi R^3}{a^3} = \frac{n\frac{4}{3}\pi\left(\frac{a\sqrt{3}}{4}\right)^3}{a^3}$$

$$C = \frac{n\pi\sqrt{3}}{16}$$

Application numérique :

$$C = 0,680$$

22.2 Silicium et carbure de silicium

1. La structure diamant peut être décrite comme un arrangement cubique faces centrées avec un site tétraédrique sur deux occupé (voir « cours »).
2. Le nombre d'atomes par maille est égal à :
– $8 \times \frac{1}{8} = 1$ pour les atomes aux sommets du cube ;
– $6 \times \frac{1}{2} = 3$ pour les atomes aux centres des faces ;
– 4 pour les atomes placés dans les sites tétraédriques qui appartiennent pleinement à la maille ;
soit 8 atomes par maille qui occupent un volume V_{at} :

$$V_{at} = 8.\left(\frac{4}{3}\pi r_{Si}^3\right)$$

Le volume de la maille V_{ma} est égal à :

$$V_{ma} = a^3$$

La compacité est définie comme le rapport du volume occupé par les atomes au volume occupé par la maille. Afin d'obtenir le résultat, il faut exprimer le paramètre de maille en fonction du rayon de l'atome de silicium. Ceci s'obtient en identifiant la distance minimale entre deux atomes de silicium, c'est-à-dire le long de la diagonale principale du cube : le quart de la diagonale principale est égale à deux fois le rayon covalent de l'atome de silicium soit :

$$\frac{\sqrt{3}}{4}a = 2r_{Si}$$

La compacité C est donc égale à :

$$C = \frac{8.\left(\frac{4}{3}\pi r_{Si}^3\right)}{\left(\frac{8}{\sqrt{3}}r_{Si}\right)^3} = \frac{\sqrt{3}\pi}{16} = 0,34.$$

Les sites tétraédriques ont exactement le rayon r_T de l'atome de silicium, soit :

$$r_T = 118 \text{ pm}$$

Les sites octaédriques sont situés au centre de la maille conventionnelle et au milieu des arêtes. Le rayon r_O de ces sites est obtenu en écrivant la tangence des sphères (les atomes de silicium et l'atome introduit dans le site octaédrique) le long d'une arête :

$$a = 2(r_O + r_{Si})$$

En remplaçant le paramètre de maille en fonction du rayon de l'atome de silicium, il vient :

$$r_{\text{O}} = (\frac{4}{\sqrt{3}} - 1)r_{\text{Si}} = 1,31 r_{\text{Si}} = 155 \text{ pm}$$

3. La diminution importante du paramètre de maille montre que le composé obtenu est un alliage d'insertion : on peut comparer le paramètre de maille du carbure de silicium à la valeur attendue, notée a', en plaÁant le long d'un quart de la diagonale principale d'un cube un atome de silicium et un atome de carbone :

$$a' = \frac{4}{\sqrt{3}}(r_{\text{Si}} + r_{\text{C}}) = \frac{4}{\sqrt{3}}(118 + 77) = 450 \text{ pm}$$

soit un bon acord avec la valeur expérimentale de 460 pm. La différence d'électronégativité entre le silicium et le carbone est suffisamment faible pour que le modèle du cristal covalent soit adapté à la description du carbure de silicium.

22.3 Structure d'un alliage du titane $Al_xNi_yTi_z$

1. La structure est représentée sur la figure page suivante.

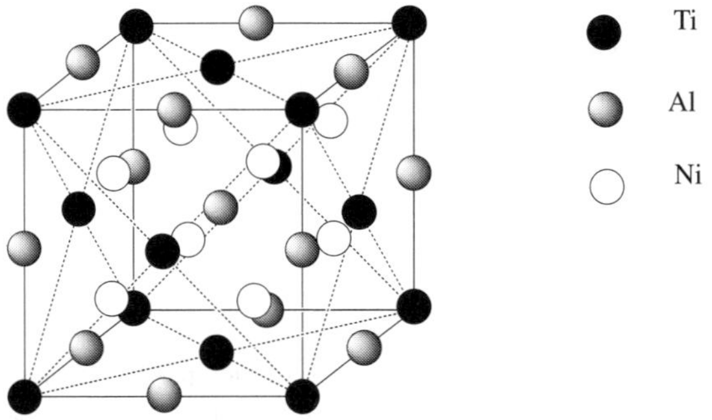

2. Dans une structure cubique faces centrées, il y a autant de sites octaédriques que d'atomes par maille, et deux fois plus de sites tétraédriques que d'atomes par maille ; ainsi, la formule de l'alliage est :

$$AlNi_2Ti$$

3. L'arête est de longueur $a = 589$ pm. On trouve les sites octaédriques au milieu de l'arête. La condition de tangence s'écrit :

$$a = 2(r_{\text{Ti}} + r_{\text{O}})$$

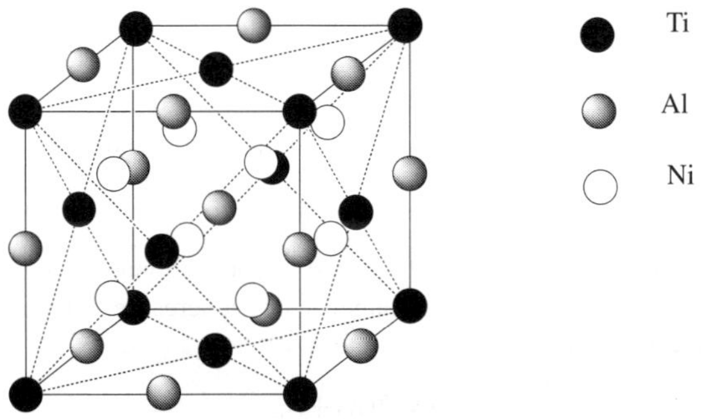

où r_O est le rayon du site octaédrique. *Numériquement* :

$$r_O = \frac{589}{2} - 147 = 147{,}5 \text{ pm}$$

soit un rayon suffisant effectivement pour l'atome d'aluminium. Le site tétraédrique est sur la diagonale principale des petits cubes d'arête $a/2$:

$$a\frac{\sqrt{3}}{2} = r_{Ti} + 2r_T + r_{Al}$$

où r_T est le rayon du site tétraédrique. *Numériquement* :

$$r_T = \frac{1}{2}\left(589\frac{\sqrt{3}}{2} - 147 - 143\right) = 110 \text{ pm}$$

soit un rayon un peu faible pour accueillir l'atome de nickel.

4. La compacité C est le rapport du volume occupé par les atomes au volume de la maille :

$$C = \frac{4 \times \frac{4}{3}\pi r_{Ti}^3 + 4 \times \frac{4}{3}\pi r_{Al}^3 + 8 \times \frac{4}{3}\pi r_{Ni}^3}{a^3} = \frac{16\pi}{3a^3}(r_{Ti}^3 + r_{Al}^3 + 2r_{Ni}^3)$$

ce qui donne *numériquement* :

$$C = 0,813$$

Pour la masse volumique :

$$\rho = \frac{4\,(M(\text{Ti}) + M(\text{Al}) + 2M(\text{Ni}))}{(a^3.N_A)}$$

ce qui donne *numériquement* :

$$\rho = 6\ 250 \text{ kg.m}^{-3}$$

5. L'alliage est utilisé car notablement moins dense, donc la masse des appareils s'en trouve réduite.

22.4 Étude du sulfure de plomb

1. Dans cette structure, les anions se situent sur un réseau cubique à faces centrées, les cations occupant tous les sites octaédriques de ce réseau (voir la figure ci-dessous).

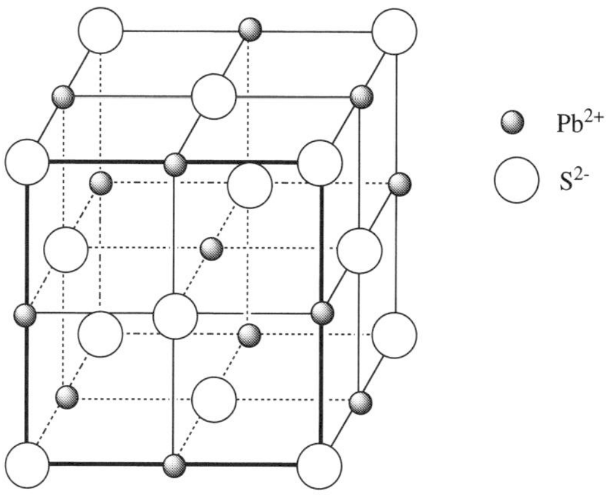

2. La coordinence d'un atome dans le réseau est le nombre d'atomes, d'une nature donnée, a plus courte distance :
– coordinence de Pb^{2+} : cation/anion(S^{2-}) = 6 et cation/cation = 12,
– coordinence de S^{2-} : anion/cation(Pb^{2+}) = 6 et anion/anion = 12,
3. La maille conventionnelle contient 4 unités PbS. La masse volumique est donc :

$$\rho = \frac{4(M(\mathrm{Pb})+M(\mathrm{S}))}{N_{\mathrm{A}}a^3}$$

où N_A est la constante d'AVOGADRO. On en déduit :

$$a = \sqrt[3]{\frac{4(M(\mathrm{Pb})+M(\mathrm{S}))}{N_{\mathrm{A}}a^3}}$$

La mesure de ρ permet donc de déterminer a.
4. La structure est de type NaCl si $\sqrt{2}-1 < \frac{r+}{r-} < \sqrt{3}-1$, c'est-à-dire $0,41 < \frac{r+}{r-} < 0,73$. Ici, $\frac{r+}{r-} = 0,64$. La structure est donc possible.

22.5 Structure cristalline de l'arséniure de gallium

1. On se reportera à la partie du cours sur les métaux de structure cubique faces centrées. Il y a quatre atomes d'arsenic par maille (8 fois un huitième pour les atomes aux sommets du cube et 6 fois un demi pour les atomes aux centres des faces.
2. Il est possible de définir huit petits cubes d'arête $a/2$ inscrits dans le grand cube. Les sites tétraédriques sont au centre de ces petits cubes. Ces sites appartiennent pleinement à la maille décrite : il y a donc huit sites tétraédriques (deux fois plus que d'atomes d'arsenic). Comme il y a autant d'atomes de gallium que d'atomes d'arsenic, la moitié des sites tétraédriques est occupée.
3. La masse volumique ρ est le rapport de la masse d'une maille au volume d'une maille, soit :

$$\rho = \frac{4(M(\mathrm{Ga})+M(\mathrm{As}))}{N_{\mathrm{A}}a^3}$$

ce qui donne *numériquement* :

$$\rho = \frac{4(126+119).10^{-3}}{6,02.10^{23}(566.10^{-12})^3} = 8\ 970\ \mathrm{kg.m^{-3}}$$

4. La distance d'un sommet au centre d'un petit cube vaut $\frac{\sqrt{3}}{4}a$ et est égale à la somme du rayon de l'atome d'arsenic et du rayon du site tétraédrique r_{T}. Ainsi :

$$\frac{\sqrt{3}}{4}a = r_{\mathrm{As}} + r_{\mathrm{T}}$$

ce qui donne *numériquement* :

$$r_{\mathrm{T}} = \frac{\sqrt{3}}{4}566 - 119 = 126\ \mathrm{pm}$$

ce qui est rigoureusement égal au rayon de l'atome de gallium. Il y a bien tangence arsenic/gallium le long de la diagonale principale.

22.6 La silice

1. En se reportant à l'exercice sur le silicium et le carbure de silicium, le décompte des unités dans la maille conventionnelle donne 8 atomes de silicium, donc 8 unités formulaires SiO_2 par maille conventionnelle.

2. Dans les structures de type diamant, la distance minimale est observée le long de la diagonale principale du cube : le quart de la longueur de la diagonale principale est égale à deux fois la somme des rayons des atomes disposés sur cet axe, soit ici :

$$\frac{\sqrt{3}}{4}a' = 2(r_{\text{Si}} + r_{\text{O}})$$

soit :

$$r_{\text{Si}} + r_{\text{O}} = \frac{\sqrt{3}}{8}a'$$

3. La relation attendue n'est pas vérifiée car l'atome d'oxygène n'est pas sur l'axe Si–Si : les liaisons Si–O–Si sont coudées.

4. La température de fusion n'est pas en elle-même un indicateur suffisant pour prédire la nature des interactions responsables de la cohésion du cristal : il faut aussi tenir compte de la différence d'électronégativité des éléments constitutifs du composé. Pour la silice de formule brute SiO_2, on hésite entre un cristal moléculaire où il existerait au sein du cristal des molécules de SiO_2 et un cristal ionique (au moins partiellement) où il existerait des ions, l'oxygène étant notablement plus électronégatif que le silicium. Les cristaux moléculaires sont en général caractérisés par des températures de fusion notablement plus basses (inférieures ou voisines de la température ambiante) que celles des cristaux ioniques. La valeur élevée de la température de fusion de la cristobalite montre que les interactions au sein du cristal sont fortes (interactions ion/ion donc cristal ionique).

22.7 Cristal de diiode

1. I_2 est un cristal moléculaire.

2. La maille conventionnelle contient $8 \times \frac{1}{8} + 6 \times \frac{1}{2} = 4$ molécules de diiode.

3. La densité est le rapport de la masse volumique du solide à la masse volumique de l'eau liquide à 4 °C sous 1 bar (soit 1 000 kg.m^{-3}).

$$d = \frac{\rho(\text{I}_2)}{\rho(\text{eau})} = \frac{4M(\text{I}_2)}{N_{\text{A}}abc} \times \frac{1}{\rho(\text{eau})} = 4{,}98.$$

Corrigés des problèmes du chapitre 22

22.8 Stockage du dihydrogène

1. La maille élémentaire est représentée figure ci-après. Le chlorure de césium a cette structure (deux empilements cubiques simples emboités).

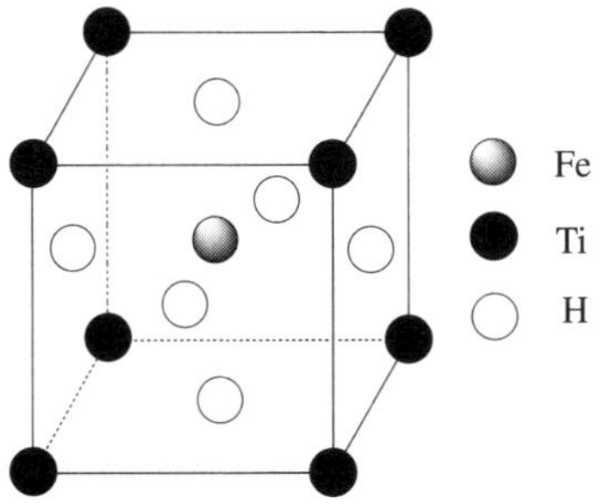

2. Les sites qui peuvent être occupés par les atomes d'hydrogène sont les faces du cube : il y a six faces par cube, le centre des faces appartenant à deux cubes, il y a donc 3 atomes d'hydrogène susceptibles d'être fixés par maille, donc par atome de fer.
3. La stœchiométrie théorique de l'hydrure est donc :

$$FeTiH_3$$

4. Une mole d'hydrure de formule $FeTiH_{1,9}$ contient 1,9 g d'hydrogène et occupe le volume $N_A a^3$. La capacité volumique d'absorption c est donc :

$$c = \frac{1,9.10^{-3}}{(6,023.10^{23}.(298.10^{-12})^3)} = 119 \text{ kg.m}^{-3}$$

22.9 Étude structurale d'une ferrite

1. Les ions oxyde forment un empilement compact cubique à faces centrées représenté dans le cours au paragraphe 1.4. On remarquera que l'emploi de l'expression « maille élémentaire » est ambigë : on lui préfèrera le terme maille conventionnelle.
2. Le décompte des ions oxyde dans la maille conventionnelle donne quatre ions : 8 aux sommets appartenant à 8 mailles donc comptant pour un huitième, et 6 aux centres des faces, appartenant à deux faces et donc comptant pour moitié soit :

$$8 \times \frac{1}{8} + 6 \times \frac{1}{2} = 4$$

3. Les sites tétraédriques sont aux centres des petits cubes d'arête $\frac{a}{2}$. La diagonale du grand cube est de longueur $\sqrt{3}a$ donc la diagonale du petit cube est de longueur $\frac{\sqrt{3}}{4}a$. Cette distance est égale à la somme du rayon de l'ion oxyde (placé aux sommets) et du rayon de la sphère de rayon maximal susceptible d'être placée au centre du petit cube, noté r_T :

$$\frac{\sqrt{3}}{4}a = r_{O^{2-}} + r_T$$

La relation liant le paramètre de maille a et le rayon de l'ion oxyde $r_{O^{2-}}$ est obtenue en écrivant la condition de tangence, c'est-à-dire trouvant la distance minimale anion-anion, soit sur la diagonale d'une face. Cette relation s'écrit :

$$a\sqrt{2} = 4r_{O^{2-}}$$

et donc le rayon r_T du site tétraédrique s'exprime en fonction du rayon $r_{O^{2-}}$ de l'ion oxyde selon :

$$\frac{\sqrt{3}}{4}2\sqrt{2}r_{O^{2-}} = r_{O^{2-}} + r_T \qquad \text{soit} \qquad r_T = \left(\sqrt{\frac{3}{2}} - 1\right) r_{O^{2-}}$$

Numériquement :

$$r_T = 31{,}5 \text{ pm}$$

4. Les sites octaédriques de la structure sont situés au centre de la maille conventionnelle et au milieu des arêtes. Le rayon maximal de la sphère placée au centre d'un site octaédrique, noté r_O, est tel que la distance du centre du site octaédrique à un sommet, soit a, est égale à la somme du rayon de l'ion oxyde et du rayon de la sphère placée au centre du site octaédrique, soit :

$$\frac{a}{2} = r_O + r_{O^{2-}}$$

soit, en tenant compte de la relation entre a et $r_{O^{2-}}$:

$$r_O = \sqrt{2}r_{O^{2-}} - r_{O^{2-}} \qquad \text{soit} \qquad r_O = (\sqrt{2}-1)\, r_{O^{2-}}$$

Numériquement :

$$r_O = 58 \text{ pm}$$

5. La taille des sites octaédriques ou tétraédriques est trop faible pour pouvoir accueillir les ions fer (II) et fer (III) : en conséquence les ions oxyde s'écartent et ne sont pas tangents dans la ferrite.
6. Il y a un site octaédrique par ion oxyde et deux sites tétraédriques par ion oxyde. Dans l'oxyde de fer Fe_3O_4, il y a deux ions fer (III) et un ion fer (II). Comme tous les ions fer (III) occupent des sites octaédriques, la moitié de ceux-ci sont occupés par les ions fer (III). Il y a 4 fois moins d'ions fer (II) que d'ions oxyde : ainsi 12,5 des sites octaédriques sont occupés par des ions fer (II) et 6,25 des sites tétraédriques sont occupés par les ions fer (II). Au total, 62,5 des sites octaédriques sont occupés.
7. Les dimensions de la maille sont fixées par l'environnement tétraédrique, soit :

$$\frac{\sqrt{3}}{4}a = r_{O^{2-}} + r_{Fe^{2+}} = 140 + 76 = 499 \text{ pm}$$

22.10 Structure du titanate de baryum

1. La structure du titanate de baryum est représentée à la figure ci-après.

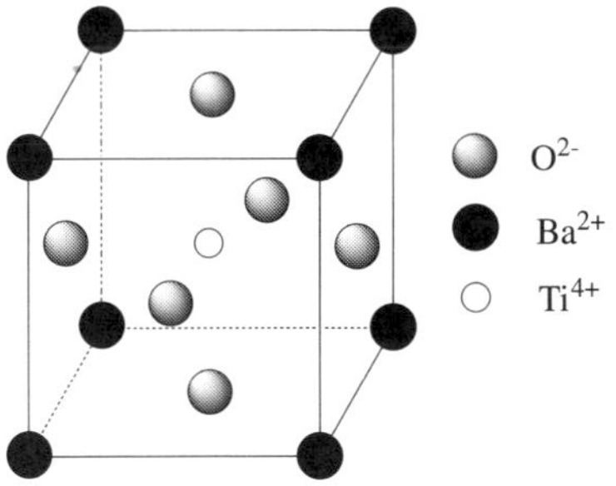

2.a. Les atomes aux sommets du cube appartiennent à 8 mailles et comptent donc pour un huitième. Les atomes au milieu des faces appartiennent à 2 mailles et comptent donc pour moitié. Le décompte des ions dans la maille conduit à :
– $8 \times \frac{1}{8} = 1$ ion baryum Ba^{2+} ;
– $6 \times \frac{1}{2} = 3$ ions oxyde O^{2-} ;
– 1 ion titane Ti^{4+} au centre.
La formule du titanate de baryum est donc : $BaTiO_3$. **b.** Par maille, il y a $2+4=6$ charges élémentaires positives et $3 \times 2 = 6$ charges élémentaires négatives. La maille est électriquement neutre.
3.a. et **b.** L'ion titane, placé au centre du cube, est entouré de 6 ions oxyde situés aux milieux des faces du cube. Les ions baryum sont entourés de 12 ions oxyde.
4.a. Pour le contact baryum/oxyde, on recherche la distance minimale entre ces deux ions, qui est observée le long de la diagonale d'une face. La relation liant le rayon de l'ion oxyde et le rayon de l'ion baryum en cas de contact est :

$$a\sqrt{2} = 2(r(Ba^{2+}) + r(O^{2-}))$$

Pour le contact titane/oxyde, la relation de tangence s'écrit :

$$a = 2(r(Ti^{4+}) + r(O^{2-}))$$

En éliminant a entre les deux relations :

$$\sqrt{2}(r(\mathrm{Ti}^{4+})+r(\mathrm{O}^{2-}))=r(\mathrm{Ba}^{2+})+r(\mathrm{O}^{2-})$$

b. Si les ions oxyde et baryum étaient tangents, leurs rayons imposeraient le paramètre de maille a_1 par :

$$a_1=\sqrt{2}(r(\mathrm{Ba}^{2+})+r(\mathrm{O}^{2-}))=\sqrt{2}(135+140)=389\ \mathrm{pm}$$

Si les ions oxyde et titane étaient tangents, leurs rayons imposeraient le paramètre de maille a_2 par :

$$a_2=2(r(\mathrm{Ti}^{4+})+r(\mathrm{O}^{2-}))=2(68+140)=416\ \mathrm{pm}$$

c. C'est le second paramètre qui est observé (celui qui nécessite le plus de place) : les ions titane et les ions oxyde sont tangents et il n'y a pas contact entre les ions baryum et les ions oxyde.

22.11 Étude d'un électrolyte solide

1. Dans la représentation conventionnelle de la maille cubique à faces centrées, il y a 8 sites tétraédriques.

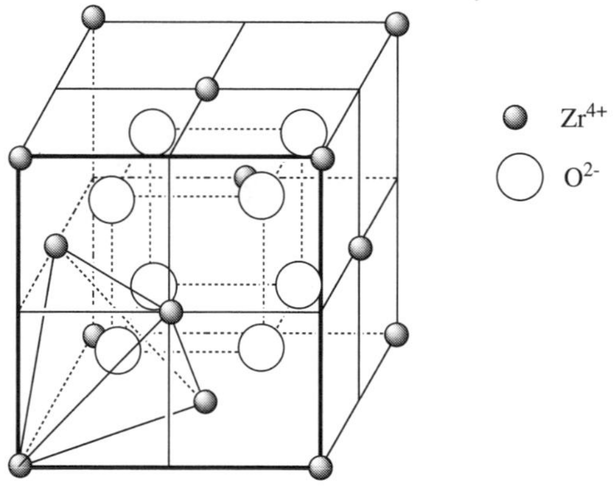

2. Le nombre d'ions en propre à chaque maille est :

$$n(\mathrm{Zr}^{4+})=8\times\frac{1}{8}+6\times\frac{1}{2}=4$$

$$n(\mathrm{O}^{2-})=8\times 1=8$$

ce qui est bien en accord avec la formule ZrO_2.

3. Le sous-réseau formé par les ions O^{2-} est un réseau cubique simple de paramètre de maille $a'=\frac{1}{2}a$

4. Les ions Zr^{4+} occupent le centre de la moitié des mailles cubiques simples des ions O^{2-}. Une représentation possible est donnée ci-dessous.

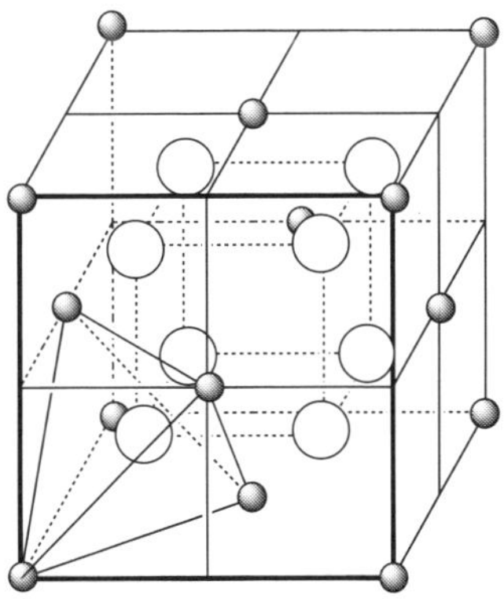

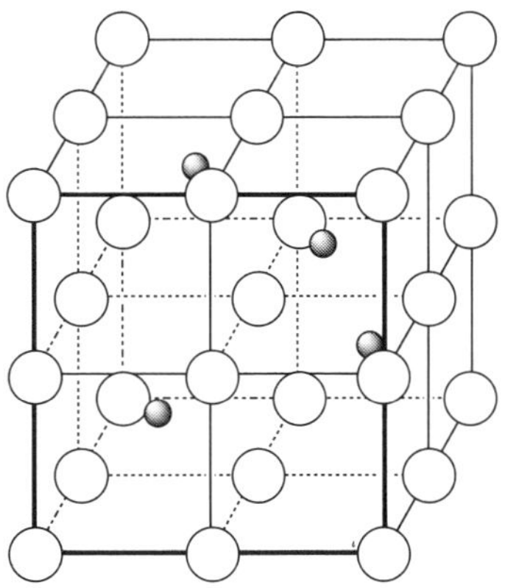

5. Les différentes coordinences sont :

– coordinence des ions Zr^{4+} : cation/anion(O^{2-}) = 8 et cation/cation = 12,

– coordinence des ions O^{2-} : anion/cation(Zr^{4+}) = 4 et anion/anion = 6.

6. Le site tétraédrique est situé au centre du cube de côté $\frac{a}{2}$. Sur la diagonale principale du cube,

$$r(\mathrm{T}) + r(\mathrm{Zr}^{4+}) = \frac{a\sqrt{3}}{4} \quad \text{d'où} \quad r(\mathrm{T}) = \frac{a\sqrt{3}}{4} - r(\mathrm{Zr}^{4+}) = 141 \text{ pm}$$

Le site octaédrique est situé au centre du cube de côté a, par conséquent,

$$r(\mathrm{O}) + r(\mathrm{Zr}^{4+}) = \frac{a}{2} \quad \text{d'où} \quad r(\mathrm{O}) = \frac{a}{2} - r(\mathrm{Zr}^{4+}) = 175 \text{ pm}$$

On constate donc que les deux sites peuvent accepter l'ion O^{2-} de 140 pm. Cependant, l'anion se situe dans le plus petit des deux sites.

7. Chaque maille conventionnelle comporte 12 sites octaédriques sur les arêtes, partagés par 4 maille et 1 site octaédrique au centre de la maille. Le nombre de sites octaédriques par maille est donc de $12 \times \frac{1}{4} + 1 = 4$. Or cette maille contient aussi 4 ions Zr^{4+} : l'occupation de tous les sites octaédriques par des ions O^{2-} n'est pas suffisante pour assurer l'électroneutralité du cristal.

8. Le composé proposé correspond à une substitution des ions Zr^{4+} par des ions Y^{3+}, plus volumineux, conduisant à un accroissement du paramètre de la maille.

9. La masse volumique de Y9SZ est (N_A constante d'AVOGADRO) :

$$\rho' = \frac{4M(Y9SZ)}{N_A a'^3} = \frac{4(0,91M(\mathrm{ZrO_2}) + 0,09M(\mathrm{YO_{3/2}}))}{N_A a'^3} = 5\,980 \text{ kg.m}^{-3}$$

car la maille contient 4 unités $(ZrO_2)_{0,91}(YO_{3/2})_{0,09}$.

22.12 Étude de l'iodure d'argent

1. AgI-γ (gamma)

a. La structure, représentée ci-dessous est celle de la blende : les anions forment un mode d'empilement cubique faces centrées.

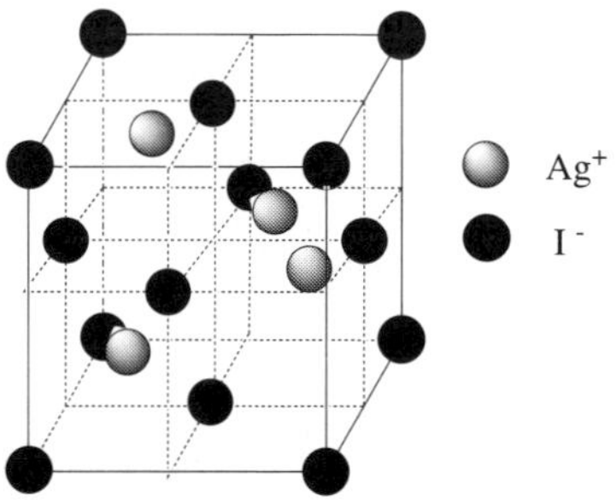

b. Les cations occupent un site tétraédrique sur deux. La distance minimale anion/anion est observée le long de la diagonale d'une face. Si on admet le contact anion/anion, la relation existant entre le rayon r_- et le paramètre de maille a est :

$$4r_- = \sqrt{2}a$$

Le rayon du site tétraédrique est obtenu en écrivant la condition de tangence d'une sphère placée sur la diagonale principale du cube, au centre d'un petit cube d'arête $\frac{a}{2}$, soit :

$$a\frac{\sqrt{3}}{4} = r_- + r_T$$

où r_T est le rayon du site tétraédrique. Nous obtenons le rayon des sites tétraédriques :

$$r_T = a\left(\frac{\sqrt{3}}{4} - \frac{\sqrt{2}}{4}\right) = \frac{649,5}{4}(\sqrt{3} - \sqrt{2}) = 51{,}6 \text{ pm}$$

c. Dans une maille conventionnelle, il y a quatre ions iodure (8 à chaque sommet, appartenant à 8 mailles et donc comptant pour un huitième et 6 au centre des faces, appartenant à 2 mailles et donc comptant pour moitié) et quatre ions argent (occupant des sites tétraédriques appartenant en totalité à la maille). La coordinence des ions (cations ou anions) est 4.

d. La plus courte distance cation/anion est observée le long de la diagonale principale :

$$d(\text{Ag} - \text{I}) = a\frac{\sqrt{3}}{4} = 649,5\frac{\sqrt{3}}{4} = 281{,}2 \text{ pm}$$

e. La masse volumique de l'iodure d'argent γ, notée $\rho(\text{AgI-}\gamma)$, est définie par :

$$\rho(\text{AgI} - \gamma) = \frac{4(M(\text{I}) + M(\text{Ag}))}{N_A.a^3}$$

ce qui donne *numériquement* :

$$\rho(\text{AgI} - \gamma) = 5\,694 \text{ kg.m}^{-3}$$

2. AgI-α (alpha)

a. La figure ci-dessous représente une face, avec les quatre sites tétraédriques associés à cette face. On remarquera que ces tétraèdres ne sont pas réguliers : il existe deux distances entre sommets.

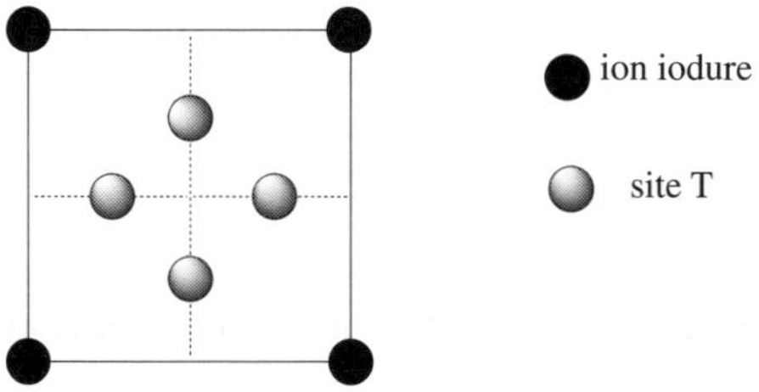

b. La distance du centre du site à un sommet est égale à la somme du rayon de l'anion r_- et du rayon de la sphère que l'on place au centre du site, noté r_T. Comme les coordonnées du site tétraédrique sont connues :

$$r_- + r_T = \sqrt{\left(\frac{a}{2}\right)^2 + \left(\frac{a}{4}\right)^2} = a\frac{\sqrt{5}}{4}$$

Le contact anion/anion est observé le long de la diagonale principale du cube. Ceci permet d'établir la relation entre la paramètre de maille a et le rayon r_- de l'anion :

$$\sqrt{3}a = 4r_-$$

ce qui permet d'obtenir le rayon du site tétraédrique en fonction du paramètre de maille :

$$r_T = \frac{a}{4}(\sqrt{5} - \sqrt{3})$$

soit, *numériquement* :

$$r_T = \frac{504,8}{4}(\sqrt{5} - \sqrt{3}) = 63{,}6 \text{ pm}$$

c. Dans la maille conventionnelle de la structure cubique centrée, le nombre d'ions par maille est égal à 2 (huit sommets comptant pour un huitième et l'ion au centre qui appartient à la maille). Il y a donc, pour respecter l'électroneutralité du solide, deux ions argent et donc deux groupements formulaires AgI par maille. Sur chaque face, il y a quatre sites tétraédriques appartenant à deux mailles. Il y a six faces par cube et donc 12 sites tétraédriques par maille donc 6 sites par groupement formulaire. La fraction de sites tétraédriques occupés est donc de $\frac{1}{6}$.

d. La distance Ag-I est égale à la distance centre/sommet d'un site tétraédrique, soit :

$$d(\text{Ag} - \text{I}) = a\frac{\sqrt{5}}{4} = 504,8\frac{\sqrt{5}}{4} = 282{,}2 \text{ pm}$$

soit une valeur très proche de celle obtenue précédemment dans le cas de la variété allotropique γ

3. Conductivité de AgI La conductivité élevée de l'iodure d'argent α est liée au faible taux d'occupation des sites tétraédriques : un ion argent occupant un site tétraédrique est entouré de sites vacants susceptibles eux aussi d'accueillir cet ion. Si la température est suffisante, la probabilité de saut d'un site à un autre est notable et le cristal devient conducteur : le porteur de charge est le cation.

Index

D

E

F

G

M

N

O

R

S

T

U

V

Z

54728-(I)-(1,2)-OSB 60°-EPR-JME

Cet ouvrage a été achevé d'imprimer en août 2010
dans les ateliers de Normandie Roto Impression s.a.s.
61250 Lonrai
N° d'impression : 10-2868
Dépôt légal : septembre 2010

Imprimé en France